欧标钢结构设计手册

STEEL DESIGNERS' MANUAL（7TH EDITION）

[英] 别克·戴维森 BUICK DAVISON
[英] 格拉汉姆·W·欧文斯 GRAHAM W. OWENS
编著

刘 毅 钟国辉 李国强 等译 李志明 等审

北 京
冶 金 工 业 出 版 社
2014

北京市版权局著作权合同登记号　图字：01-2013-7335 号

Steel Designers' Manual(7th Edition)
Edited by
Buick Davison(Department of Civil & Structural Engineering,The University of Sheffield)
Graham W. Owens(Consultant, The Steel Construction Institute)
ISBN-13：978-1-4051-8940-8

图书在版编目(CIP)数据

欧标钢结构设计手册/［英］戴维森(Davison,B.)，［英］欧文斯(Owens,G. W.)编著;刘毅等译.—北京:冶金工业出版社，2014.8
书名原文:Steel Designers' Manual (7th Edition)
ISBN 978-7-5024-6637-4

Ⅰ.①欧…　Ⅱ.①戴…　②欧…　③刘…　Ⅲ.①钢结构—结构设计—标准—欧洲—手册　Ⅳ.①TU391.04-65

中国版本图书馆 CIP 数据核字(2014)第 089356 号

出 版 人　谭学余
地　　址　北京市东城区嵩祝院北巷 39 号　邮编　100009　电话　(010)64027926
网　　址　www.cnmip.com.cn　电子信箱　yjcbs@cnmip.com.cn
策　　划　徐　萍　张登科　责任编辑　张登科　美术编辑　彭子赫
版式设计　孙跃红　责任校对　王永欣　刘　倩　责任印制　牛晓波
ISBN 978-7-5024-6637-4
冶金工业出版社出版发行；各地新华书店经销；北京百善印刷厂印刷
2014 年 8 月第 1 版，2014 年 8 月第 1 次印刷
787mm×1092mm　1/16；74.75 印张；1679 千字；1172 页
380.00 元

冶金工业出版社　投稿电话　(010)64027932　投稿信箱　tougao@cnmip.com.cn
冶金工业出版社营销中心　电话　(010)64044283　传真　(010)64027893
冶金书店　地址　北京市东四西大街 46 号(100010)　电话　(010)65289081(兼传真)
冶金工业出版社天猫旗舰店　yjgy.tmall.com

(本书如有印装质量问题，本社营销中心负责退换)

《欧标钢结构设计手册》
译审委员会

主任委员 刘 毅

副主任委员 钟国辉 李国强

委　　员 （按姓氏笔画排序）

石永久 关建祺 刘 毅 刘万忠 任志浩
李开原 李志明 李国强 吴耀华 邱海雁
张汉耀 陈水荣 陈志华 陈启明 林向晖
周树佳 钟国辉 侯兆新 贺明玄 秦国鹏
彭耀光 韩静涛

总 审 校 李志明

审　　校 秦国鹏 李秀川 王绍基 陈水荣

责任编辑 张登科

参 译 单 位

中国钢结构协会 国家钢结构工程技术研究中心
中冶建筑研究总院有限公司 香港建筑金属结构协会
澳门金属结构协会 清华大学 同济大学 香港理工大学
天津大学 北京科技大学 宝钢钢构有限公司

各章译者

		译者
第1章	绪论——按欧洲规范设计	刘　毅　沈　婧　戴长河
第2章	钢结构建筑一体化设计	刘　毅　崔宏伟
第3章	欧洲规范的荷载	刘　毅　刘美思
第4章	单层建筑	关建祺
第5章	多层建筑	邱海雁
第6章	工业钢结构	王敬烨　吴耀华
第7章	特殊钢结构	任志浩
第8章	轻型钢结构与模块化施工	陈志华
第9章	辅助钢结构	陈启明
第10章	钢材生产	韩静涛
第11章	失效过程	韩静涛
第12章	分析	石永久
第13章	结构振动	李国强
第14章	局部屈曲和截面分类	石永久
第15章	受拉构件	陈志华
第16章	立柱和压杆	钟国辉
第17章	梁	钟国辉
第18章	板梁	李开原
第19章	压弯构件	刘　毅　秦国鹏
第20章	桁架	林向晖
第21章	组合楼板	周树佳
第22章	组合梁	陈志华
第23章	组合柱	陈志华
第24章	薄壁钢构件设计	彭耀光
第25章	螺栓连接	侯兆新　龚　超
第26章	焊接和焊缝设计	侯兆新　邱林波
第27章	节点设计和简单连接	段　鑫　吴耀华
第28章	抗弯连接设计	李秀敏　吴耀华
第29章	基础和锚固系统	苟兴文　吴耀华
第30章	钢桩和钢结构地下室	李开原
第31章	结构中变形的设计考虑	张汉耀
第32章	容许偏差	贺明玄
第33章	加工制作	贺明玄
第34章	安装	贺明玄
第35章	防火保护和防火工程	李国强
第36章	腐蚀和防护	李国强
附　录		石永久

Introduction 1

It is my pleasure to learn that China Steel Construction Society, National Engineering Research Centre for Steel Construction, Hong Kong Constructional Metal Structures Association and Macau Society of Metal Structures have worked together to compile and publish a Chinese version of the 7th Edition of *the Steel Designers' Manual.*

The Steel Designers' Manual was first published in the U. K. in 1955, and a number of editions followed:

Second Edition in 1960
Third Edition in 1966
Fourth Edition in 1972
Fifth Edition in 1992
Sixth Edition in 2003
Seventh Edition in 2012

Over the past 57 years, the Manual has been regularly updated and expanded, not only to cover new materials and improved design methods, but also the latest developments in construction practice, structural forms and systems, connections and joints and welds as well as corrosion and fire protection. It is widely regarded as one of the most extensively used professional manuals for structural steel designers in the world, in particular, among the Commonwealth Countries.

Owing to the introduction of Structural Eurocodes in the U. K. in 2010, all Chapters in the 7th Edition of *the Steel Designers' Manual* had been comprehensively revised to ensure compliance with the Structural Eurocodes.

We believe that the Chinese version of *the Steel Designers' Manual* 7th Edition will have significant positive impact on the Chinese steel construction industry, enabling Chinese designers to get familiar with the latest international construction practice, to follow readily the Eurocode systems and notations as well as to acquire advanced design, construction, testing and quality control methods.

Being the largest steel maker in the world, China will inevitably make an increasing impact on the international steel construction industry. Welcome to the world stage!

Yours sincerely,

Dr. Graham W. Owens
Editor, The Steel Designers' Manual, 5th Edition, 6th Edition and 7th Edition
Director, The Steel Construction Institute, 1992-2007
President, The Institution of Structural Engineers, 2009

序1（译文）

欣闻中国钢结构协会、国家钢结构工程技术研究中心联合香港建筑金属结构协会、澳门金属结构协会，正式启动了《Steel Designers' Manual》（7th Edition）的中文版翻译工作。

该手册于1955年首次在英国出版，之后又经历了多次再版：第2版（1960年）、第3版（1966年）、第4版（1972年）、第5版（1992年）、第6版（2003年）、第7版（2012年）。

经历了57年的充实与完善，手册不仅涵盖了新材料、成熟的设计理念，而且更新了工程实例、结构形式与体系、节点连接与焊接、防腐与防火保护等内容。在英联邦国家中，本手册一直是钢结构设计人员最常用的工具书之一。

2010年，英国引入了“欧洲规范”。为了确保与欧洲规范相一致，手册中的各章节均做了相关、必要的修改。

该手册第7版的中文译名为《欧标钢结构设计手册》，相信它的出版，将对中国钢结构行业的发展起到积极的作用，使中国的设计人员了解最新的国际建筑实例，掌握欧洲规范的体系和用法，以获得先进的设计、施工、检测与质量控制方法。

作为世界最大的钢铁生产国，中国将对国际钢结构行业的发展起到更加显著的影响。世界的大舞台期待着中国的精彩！

Graham Owens

Graham W. Owens 博士

《Steel Designers' Manual》第5、6、7版主编

原英国钢结构学会主任（1992～2007年）

原英国结构工程师学会主席（2009年）

序 2

由 Buick Davison 和 Graham W. Owens 主编的《Steel Designers' Manual》(7th Edition）一书是一本按欧洲规范（Eurocodes）编写，供钢结构设计人员使用的手册。该书的第 1 版始于 1955 年，经历近 60 年，始终得到欧洲和世界各国使用者的好评和推颂，至今印数已达数万册之巨，实为一本值得钢结构设计人员深入阅读的优秀设计手册。

《Steel Designers' Manual》(7th Edition）一书的特色主要体现在以下两方面：第一，在内容组织上，该书除了具有一般手册都有的构件设计、节点设计、基础和施工等内容外，还包含了结构体系整体设计的内容。作者用了约占全书 30% 的篇幅极其精炼、扼要而又全面地阐述了结构整体设计中应考虑的各种关键问题。特别在耐久性设计中提出了社会、经济和环境等三大方面以及全寿命设计等内容，同时还提出了结构工程师能在其中做些什么。在具体的结构体系方面，几乎涉及钢结构的所有应用领域，包括单层建筑、多层建筑、工业建筑、空间格构结构、索结构、轻型刚性空间结构、轻钢结构和模块结构以及各种次结构等。第二，在阐述各种类型钢结构整体设计时，对设计一个成功的钢结构应考虑哪些要求作了全面的介绍，包括平面布置、建造速度、环境保护、建筑美观、使用舒适、运行安全、节约钢材、减少能耗等方面。同时为了达到这些要求，对项目规划、概念设计、各种结构体系的优缺点及其合理选择、抗侧力结构的布置、结构所受的荷载以及可用的分析方法、梁柱楼盖及节点等主要结构的设计要点、围护结构和次结构的选择和布置要求等都做了极为言简意赅的论述。

《Steel Designers' Manual》(7th Edition）一书由于有上述特点，使它与同类的设计手册相比，显示了非同一般的特色，具有高出一筹的优点。

这是一本不但能使读者会做设计，而且能使读者树立合理的设计理念，做出好设计的优秀的钢结构设计手册。

《Steel Designers’ Manual》（7th Edition）的中译本《欧标钢结构设计手册》由中国钢结构协会、国家钢结构工程技术研究中心和中冶建筑研究总院有限公司联合组织22位专家和学者精心翻译而成。他们的辛勤劳动，为我国钢结构领域的广大工程技术人员做了一件很有意义和十分有价值的事情。我希望钢结构领域广大工程技术人员在阅读时，应重视手册中提到的有关钢结构设计理念、各类钢结构建筑设计中应考虑的各种要求以及结构工程师应承担的责任等，使我们的钢结构事业能够借鉴国外的有用经验得到进一步的发展。

同济大学　教授
中国工程院院士　沈祖炎

2013年12月1日

译者前言

在欧洲钢铁联盟（The Iron and Steel Federation）的推动下，《Steel Designers' Manual》（1st Edition）（《钢结构设计手册》第1版）于1955年首次在英国出版。在随后的五十多年时间里，该手册先后共经历了6次再版，且每次再版都反映了当时最前沿的分析手段、最流行的设计方法、最成熟的施工工艺。正是由于这种坚持不懈、与时俱进的创作风格，该手册一直以来都是英国、欧美及全世界许多国家钢结构工程技术行业的经典畅销工具书。

2012年初，英国钢结构学会（The Steel Construction Institute）推出了《Steel Designers' Manual》（7th Edition），在传承前6版经典内容的同时，第7版采用了全新的欧洲标准（Eurocode 3），故本书译名为《欧标钢结构设计手册》。本手册更加专注于建筑结构版块，新增加了节点连接设计的相关内容及计算实例，更新了轻钢结构和辅助钢结构的有关章节；提出了“一体化”设计的可持续发展理念，以综合应对环境与气候问题；更加侧重于用欧洲标准中的分析手段和方法来分析和处理问题，强调了计算机数值分析的重要性等。

目前，国家“十二五”规划纲要对建筑业明确提出“推广绿色建筑、绿色施工，着力用先进建造、材料、信息技术优化结构和服务模式”。同时，住房和城乡建设部出台的《建筑业发展“十二五”规划》也明确了“钢结构工程比例增加”的目标，把高层钢结构技术作为建筑业重点推广的十大技术之一。

钢结构建筑本身由于具有绿色、低碳、环保的工业特色，是国家大力推广的建筑形式之一。在国家新型城镇化建设之际，整个钢结构行业都应乘势而上，借力而行，及时引进、吸收发达国家优秀的钢结构设计、施工理念，以积极响应国家所提出的建设生态文明的战略目标，突出绿色发展主题，推动钢结构行业的转型升级。

为此，中国钢结构协会、国家钢结构工程技术研究中心特联合香港建筑金属结构协会、澳门金属结构协会，与冶金工业出版社合作，及时引进了《Steel Designers' Manual》(7th Edition) 的简体中文版翻译版权，并确定其中文译名为《欧标钢结构设计手册》，计划于2014年完成该手册的简体中文版翻译及出版发行工作。

《欧标钢结构设计手册》全书内容丰富，主要涉及结构设计、结构分析、钢材冶炼、钢构件加工与制作、钢构件安装、钢结构涂装与维护等相关技术章节，且囊括了国外众多先进、实用的技术资讯，适合钢结构设计、施工相关的技术人员，特别是涉外专家、学者、工程技术人员使用，也可供在校相关专业的师生参阅。

本手册共36章，各章主要译者如下：

第1、2、3、19章由刘毅译；第13、35、36章由李国强译；第12、14章及附录部分由石永久译；第32、33、34章由贺明玄译；第8、15、22、23章由陈志华译；第25、26章由侯兆新译；第6、27、28、29章由吴耀华译；第10、11章由韩静涛译；第16、17章由钟国辉译；第31章由张汉耀译；第18、30章由李开原译；第7章由任志浩译；第9章由陈启明译；第24章由彭耀光译；第20章由林向晖译；第4章由关建祺译；第5章由邱海雁译；第21章由周树佳译。全书由刘毅、秦国鹏统稿，李志明总校审。

此外，本手册译审委员会有幸邀请到了原书作者Graham W. Owens先生、同济大学沈祖炎院士为手册分别作序，并得到了中国钢结构协会、国家钢结构工程技术研究中心、香港建筑金属结构协会、澳门金属结构协会、冶金工业出版社等机构的鼎力支持，同时获得了中冶建筑研究总院有限公司、清华大学、同济大学、香港理工大学、天津大学、北京科技大学、宝钢钢构有限公司等单位的大力协助。在此，对参与本手册各项工作的单位和个人，一并表示衷心的感谢。

由于本手册涉及专业范围广、内容多，限于翻译、审校人员的专业知识和外文水平，难免有不妥之处，恳请读者批评、指正。

今后，中国钢结构协会、国家钢结构工程技术研究中心将一如既往地发挥行业协会、国家级工程技术中心的引领作用，服务于全行业，为政府和企业架设桥梁、搭建平台，在技术研发、规范制定、产品生产等领域提供长时期、强有力的支持。站在新的起点上，中国钢结构协会、国家钢结构工程技术研究中心与广大行业同仁一起将更加努力，抓住机遇，迎接挑战，以绿色建筑引领产业升级，从而推动我国钢结构行业稳步、健康发展。

中国钢结构协会　常务副会长
国家钢结构工程技术研究中心　常务副主任
中冶建筑研究总院有限公司　副院长

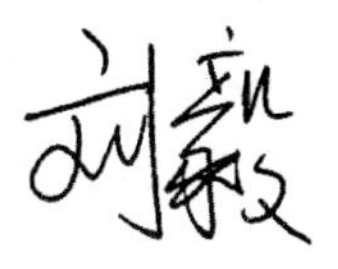

2014 年 2 月 20 日

目　录

1 绪论——按欧洲规范设计*

Introduction-designing to the Eurocodes

GRAHAM COUCHMAN

1.1 引言

二十多年以来，英国对钢结构包括（钢与混凝土）组合结构建筑的设计，一直采用英国标准 BS 5950。该标准于 1985 年问世就取代了 BS 449，并为设计人员引入了极限状态设计的概念。然而，到了 2010 年 3 月，BS 5950 宣布作废，并为多部有关建筑物的欧洲规范所取代。在英国，桥梁设计通常采用 BS 5400，该标准于 20 世纪 80 年代初推出，也已于 2010 年被新的欧洲规范所取代。

建筑物的欧洲规范是一套完整的结构设计标准，欧洲标准化委员会（CEN）经过 30 年的努力，其内容涵盖了钢结构、混凝土结构、木结构、砌体结构、铝结构等所有结构类型的设计。在英国，这些规范由英国标准协会（BSI）按 BS EN 1990 ~ BS EN 1999 定名出版发行。欧洲规范共 10 卷，每卷以分册的形式颁布，与欧洲标准化委员会（CEN）的文本一起，每个分册都附有国别附录（National Annex），以在英国实施时增加某些英国特定的条款。

在英格兰，实施这些建筑设计标准是通过批准文件 A（Approved Document A）建筑法规（Building Regulations）来实现的。在苏格兰和北爱尔兰，也会根据各自的法规做出相应的调整。从 2010 年起，采用欧洲规范的建筑设计人员的数量稳步增长。

作为一个公共机构，英国高速公路局承诺，只要欧洲规范实用可行，就会将其应用到公路、桥梁的设计当中。届时，英国高速公路局将会更新 BDs 和 BAs 中[1]的众多英标信息，并将颁布一个全面的互补性、指导性文件。

---

* 本章主译：刘毅，参译：沈婧、戴长河。

[1] 英国高速公路局出版的《道路和桥梁设计手册》（Design Manual for Roads and Bridges, DMRB）共分 16 卷，其中包括大量的“导则—桥梁和结构部分”（BA 系列）ADVICE NOTES—BRIDGES AND STRUCTURES（BA SERIES）和“规范标准—桥梁和结构部分”（BD 系列）STANDARDS—BRIDGES AND STRUCTURES（BD SERIES），本章该处的 BDs 和 BAs 即为此意（译者注）。

1.2 欧洲规范的建立

建筑物的欧洲规范是由欧洲共同体委员会编制的一套通用结构设计标准，为消除贸易壁垒提供了一种手段。随后，其范围扩大到了包括欧洲自由贸易联盟（EFTA）的国家，且其产品也在CEN的控制之下。CEN成立于1961年，由欧洲经济共同体和欧洲自由贸易联盟中的国家标准机构组成。其技术委员会及分支委员会掌控着整合最先进技术成果的实际过程，并形成欧洲规范。

该项任务的规模及各成员国间达成一致的难度是显而易见的，不仅体现在完成最终版本的欧洲规范（EN）所需的时间，而且还体现在对中期试行版的欧洲预备标准（ENV）文件以及建立一种准许各成员国做出变动机制的需求。试行版的欧洲规范出现于20世纪90年代初，旨在宣传、推广该规范，并准许设计人员在“实际使用”过程中给予反馈。在英国，这种“反馈”并没有真正发生，主要是由于商业压力，除非是迫不得已，大多数设计人员是不会改变的。

在过去的15年间，试行版的欧洲预备标准（ENV）已经转换成了最终欧洲规范（EN）。针对欧洲规范的各个部分，形成了项目专家团队，并充分考虑了各成员国的意见。英国在所有主要的项目团队中有着重要的作用，这积极地反映出了英国的专业技术水平，也确保了其观点与意见的表达。

1.3 欧洲规范的组成体系

建筑物的欧洲规范共10卷，见表1-1。

表1-1 建筑物的欧洲规范

卷编号	卷 名 称	卷编号	卷 名 称
EN 1990	欧洲规范：结构设计基础	EN 1995	欧洲规范5：木结构设计
EN 1991	欧洲规范1：对结构的作用	EN 1996	欧洲规范6：砌体结构设计
EN 1992	欧洲标准2：混凝土结构设计	EN 1997	欧洲规范7：岩土工程设计
EN 1993	欧洲规范3：钢结构设计	EN 1998	欧洲规范8：结构抗震设计(根据不同的位置)
EN 1994	欧洲规范4：钢与混凝土组合结构设计	EN 1999	欧洲规范9：铝结构设计

每卷欧洲规范由若干个分册组成，每个分册作为独立文件出版，各分册内容包括：

（1）文本主体；

（2）规范附录（normative annexes）；

（3）资料性附录（informative annexes）。

使用上述最终欧洲规范（EN）的名称，CEN分别用三种语言（英语、法语和德

语）全文出版了各卷欧洲规范。各成员国的标准化机构可以将其翻译成其他语言，但不得对其做出任何技术上的变动。因此，对欧洲的每个国家而言，各卷规范内容是相同的。

为了便于每个国家使用，EN 文件统一提供封面，由各个成员国的标准化机构负责编写序言，并冠以适当的前缀出版（例如，EN 1990 由 BSI 出版，则为 BS EN 1990）。其文本可连同国别附录一起出版，也可将国别附录单独出版。

各卷欧洲规范及其分册的组成体系依逻辑排列。因此，EN 1990 中的基本设计原则适用于各类建筑材料或不同结构类型。对于任何一种建筑材料，总则部分都会给出（遵照设计要求）独立于结构类型的相应规定，而特殊规定将会在其他部分中予以说明。以欧洲规范 3 为例，该规范就将这一理念运用到了极致，如表 1-2 所列。

表 1-2　欧洲规范 3 及其分册（标题仅供参考，具体应以出版物为主）

分册编号	欧洲规范分册名称
EN 1993-1-1	欧洲规范 3：钢结构设计——分册 1-1：一般规定及建筑准则
EN 1993-1-2	欧洲规范 3：钢结构设计——分册 1-2：一般规定——结构防火设计
EN 1993-1-3	欧洲规范 3：钢结构设计——分册 1-3：一般规定——冷弯薄壁型钢构件及薄钢板
EN 1993-1-4	欧洲规范 3：钢结构设计——分册 1-4：一般规定——不锈钢结构
EN 1993-1-5	欧洲规范 3：钢结构设计——分册 1-5：一般规定——平面内荷载作用下，平面板式结构的强度与稳定
EN 1993-1-6	欧洲规范 3：钢结构设计——分册 1-6：一般规定——壳结构的强度与稳定
EN 1993-1-7	欧洲规范 3：钢结构设计——分册 1-7：一般规定——平面外荷载作用下，板式结构件的设计值
EN 1993-1-8	欧洲规范 3：钢结构设计——分册 1-8：一般规定——节点设计
EN 1993-1-9	欧洲规范 3：钢结构设计——分册 1-9：一般规定——疲劳强度
EN 1993-1-10	欧洲规范 3：钢结构设计——分册 1-10：一般规定——材料韧性和厚度方向的性能
EN 1993-1-11	欧洲规范 3：钢结构设计——分册 1-11：一般规定——受拉构件结构设计
EN 1993-1-12	欧洲规范 3：钢结构设计——分册 1-12：一般规定——高强钢材补充规定
EN 1993-2	欧洲规范 3：钢结构设计——分册 2：桥梁
EN 1993-3-1	欧洲规范 3：钢结构设计——分册 3-1：塔、桅杆和烟囱——塔、桅杆
EN 1993-3-2	欧洲规范 3：钢结构设计——分册 3-2：塔、桅杆和烟囱——烟囱
EN 1993-4-1	欧洲规范 3：钢结构设计——分册 4-1：筒仓、容器、管道——筒仓
EN 1993-4-2	欧洲规范 3：钢结构设计——分册 4-2：筒仓、容器、管道——容器
EN 1993-4-3	欧洲规范 3：钢结构设计——分册 4-3：筒仓、容器、管道——管道
EN 1993-5	欧洲规范 3：钢结构设计——分册 5：桩
EN 1993-6	欧洲规范 3：钢结构设计——分册 6：起重机支撑结构

每卷规范的内容是按物理现象进行组织编排的，而不是按结构构件。例如，BS 5950-1-1 的章节内容为“压弯构件”，而 EN 1993-1-1 的章节内容为“杆件的抗屈曲

承载力”和“横截面承载力”。为此，对结构构件进行设计时，就必须查阅规范文件的许多章节。

按照逻辑排列的另一个重要特征是不可能有重复的内容，即相关的参数和属性只在一卷标准中出现。欧洲规范分为独立的卷，不允许同一规定重复出现，因此，当进行钢结构设计时，需要查阅多卷欧洲规范。这样做，虽合乎常理，但对使用者而言很不方便。

各卷欧洲规范包含两种不同类型的规定，即原则规定（Principles Rules）和实用规定（Application Rules）。当设计要与规范相符时，就必须遵循这些原则规定；后者则是给出满足原则规定的一些途径和方法，但若采用替代规定且仍能满足基本原则的要求也是可行的（尽管在实践中如何实现这一点，还有待观察）。

关于某些参数设置和设计方法选取等方面，各卷欧洲规范的正文中，对成员国的选定内容做出了规定（例如当资料性附录中给出了指导建议时，成员国的观点和意见就可能作为适用“信息”被采纳）。通常，选定内容被称为“成员国国别确定参数”（NDPs），详细说明会在各卷的国别附录中给出。在大多数情况下，国别附录仅告诉设计人员采用推荐值和推荐方法（即全国一致）。此外，国别附录可供那些包含“非冲突性补充信息”（NCCI）的出版物参考，并将对设计人员提供帮助。

采用了各成员国的国别差异的功能，为相关成员国的标准化机构提供了维持现有安全水平的一种手段。在一个国别附录中的指导建议，适用于建造在发行该附录的国家中的建筑物（例如英国的设计人员要在德国设计一幢建筑，就必须符合德国标准化学会（DIN）颁布的国别附录，而不采用 BSI 的国别附录）。由此可见，当使用欧洲规范的分册时，国别附录（NA）是必不可少的。

1.4 非冲突性补充信息——NCCI

欧洲规范是设计标准，而不是设计手册。这已体现在它们的组织架构上，如同上文所述。对于那些很容易在教科书或其他刊物上检索到的设计资料，欧洲规范予以省略。这也是可以接受的，因为欧洲规范不可能提供设计过程中所需的全部资料。在房屋建筑设计方面，英国钢结构协会（SCI）已整理了一些额外的资料以满足设计人员需要，其中部分内容包含在 BS 5950 中。在公路桥梁方面，高速公路局已对欧洲规范展开了全面的检查，来确定需要补充的技术条款，以确保桥梁的持续安全、经济、易维护、适用及耐久性。

欧洲规范形式上允许纳入所谓的非冲突性补充信息（NCCI），以帮助设计人员使用欧洲规范进行结构设计。根据 CEN 的规定，国别附录不能包含非冲突性补充信息（NCCI），但其参考文献中可以有包含 NCCI 的出版物。正如 NCCI 的字面含义，国别附录中所索引的文献刊物，必须与欧洲规范的原则是不冲突的。

钢结构联盟设立了一个主要针对钢结构与组合结构建筑设计的网站（www. steel-ncci. co. uk），存储有最新的 NCCI 信息内容。这些内容在适当的国别附录中有所引

用。此外，BSI 以发表文件（PDs）的形式出版了 NCCI 指南。这些文件只是资料性的，是不能作为标准使用的，其内容包含了大量有关英国国别附录的背景文件。高速公路局也打算将大多数附加指南按照 BSI PDs 的形式刊印出版。

1.5　欧洲规范在英国的实施

欧洲规范所定的目标是使其成为欧洲公共建设工程中的强制性标准，并成为私营部门项目的“默认标准”。然而，对于房屋建筑而言，必须从英国规范体系的角度去理解这个目标，它并不要求设计人员采取包含在批准文件（Approved Document）中的任何具体方案去解决问题。在起草过程中，建筑法规（英格兰和威尔士）的批准文件 A（Approved Document A）指出，“这些欧洲规范……，在与它们的国别附录一起使用且通过国家有关机构的批准时，就被规定为批准文件所引用的实用性指南，且符合 A 部分（Part A）要求”。在适当的时候，将具体参照欧洲规范，对批准文件 A 进行更新。随后，苏格兰和北爱尔兰的建筑法规也会参照欧洲规范做出相应的调整。

这意味着，原则上，假如客户和/或保险公司还愿意使用“过时的”指南，在未来的一段时间内，在房屋建筑设计中仍然可以广泛采用这些标准。随着时间的推移，对这些英国标准（BSs）所包含的资料信息不会再加以维护管理（维护结束期为 2010 年）。

桥梁的情况则有所不同，因为作为公共机构的高速公路局，只要欧洲规范切实可行，他们就会将欧洲规范用于所有公路结构的设计之中。可见，该机构为引进欧洲规范已经做了一番准备。

1.6　采用欧洲规范设计的效益

在纯粹的技术层面上，欧洲规范的优势在于它有“准确”的规定，且规定所涵盖的领域又较以前的规范更为宽广，从而使解决问题的方法变得更加广泛、多样。因此，在那些现有规范已过时或规范覆盖范围有限的那些国家里，欧洲规范的效益会更大。而对英国而言，其技术效益却很有限，而这一点也不足为奇。

然而，若只考虑技术效益就没有领会欧洲规范的主旨。欧洲规范是为了更好地消除贸易壁垒，而不是越过由最好的国家标准提出的实践经验、推行最新成果。事实上，欧洲规范的一个永久特征是它们所具有的基本优势——面向未来。当前，设计人员很大程度上依赖于设计指南、培训课程和设计软件。在不久的将来，这些都将会依据欧洲规范进行编写和制定，事实上人们可以预期，对软件进行显著改进会极大改善软件开发成本与销售价格之比值，这也就是“泛国家标准”所产生的优势所在。

根据高速公路局的研究，其更多的结论是有普遍意义的，即欧洲规范中采用指定的方法越少，就会为创新提供更广阔的空间，从而鼓励设计人员选用更为先进的技术手段。

欧洲规范的其他特点，可考虑以下几个方面。

1.6.1　条理与格式

在英国，往往倾向于采用比较实用的设计方法，这时常被欧洲同行误认为是缺乏严格性。英国设计方法的特点之一是更多的使用表格，其中的数据信息大都来自于试验研究。欧洲规范倾向于采用更加清晰和显而易见的方式，来表明结构特性背后所呈现的物理现象。虽然使用起来不太方便，但这会有利于减少信息被断章取义的情形，使读者能更好地理解规范编制者的意图。

高速公路局对欧洲规范开展了广泛的研究，其研究的结论之一是规范的条款较英国标准更具“数学式”风格。也有人指出，欧洲规范的设计原则通常是清晰的（尽管也有人认为如何满足这些设计原则，不总是显而易见）。经过一个充分的学习过程，设计人员发现，尽管使用了不同的规范，但难度不一定会更大。

1.6.2　适用范围

BS 5950 中建筑物设计规定所涵盖的范围可与 EN 1993 相媲美，这一点不足为奇。但最明显的区别是，BS 5950 不包括钢-混凝土组合结构。而 EN 1994 则增加了包括在 BS 5950-3-1 中的范围，如连续梁及更为实用的组合柱部分。组合柱部分还包括了钢管混凝土和型钢混凝土组合柱等。与 BS 5950 的内容相比，欧洲规范还有相当多的关于节点连接设计和性能等方面的指南，当然，以往在 SCI-BCSA 出版的《绿皮书》❶ 中，已经为英国设计人员做过详细的介绍。

显然，EN 1993 及其各个分册所涵盖的范围体现了设计方法的一致性，并在房屋建筑、桥梁、筒仓、桅杆等领域里得以应用。

1.6.3　技术进步

如上所述，期待欧洲规范在内容上赶超当今的英国标准、实现重大的技术改进，其理由还不充足。根据高速公路局对公路桥梁的试算表明，欧洲规范“对于常见形式的桥梁和公路结构，就构件截面尺寸而言，只会产生很小影响”，且在同等条件下，通常采用欧洲规范与英国标准的截面承载力计算结果相差不到 10%。虽然作者没有对房屋建筑设计进行详细的比较，但相信结论是类似的。

欧洲规范的最大好处是可以选择较低的荷载分项系数。例如，在 EN 1990 给出的

❶ 原书名为《Joints in Steel Construction：Simple Connections》Publication P212，2002，通常被称为绿皮书（译者注）。

荷载组合公式中，当没有风荷载作用时，梁的重力荷载可做相应的折减。相应的恒载和活荷载分项系数由原来的1.4和1.6分别下降到1.25和1.5。因此，其荷载值则会减少5%～10%。

在欧洲规范的多个技术领域里，在构件性能方面也有一些重大的成果。它清楚地表明，BS 5950 中的条款看似“简单”，其结果却偏于保守。

1.7 行业对引入欧洲规范的支持

尽管过早的“放弃”英国标准有些不妥，但是自从2007年年底以来，钢铁行业（Tata、SCI和BCSA的联合体）就一直着手设计指南的准备工作。这就确保了欧洲规范的普及推广，也确保了设计人员能使用上高品质的设计指南。2009年出版了10卷设计指南，包括条文说明、计算实例和设计参数（截面和构件特性）。这些及今后的出版物将涵盖建筑物与桥梁在钢结构和组合结构设计方面的关键内容。

除了传统的设计指南外，可通过行业网站获取大量信息。“走进钢结构”（www. access-steel. com）网站为项目启动、方案开发和细部设计等方面提供了指导。虽然最初通行的只是协调欧洲标准（Harmonised European Standard），但是新的英国特定条款（反映在国别附录中的）却在不断增补。该网站还包含许多有关杆件构造设计的相互关联模块，通过逐步的指导、全面的帮助信息和计算实例，能对欧洲规范的使用有全面、透彻的理解。

在 www. steel-ncci. co. uk 网站上，可以找到有关的非冲突性补充信息（NCCI）。该网站为欧洲规范3和欧洲规范4的各分册中的国别附录所引用，并提供了“非冲突性补充信息”（NCCI）清单，以供钢结构和组合结构的设计之用。NCCI中的参考文献是与规范的相应条款关联的，并提供了与其他资源的链接。

一段时间以来，SCI和其他行业组织已提供了一系列教程，涵盖了各种欧洲规范的设计内容。随着对欧洲规范的认知程度的稳步提升，一些设计机构意识到欧洲规范不会因此消失，事实上已经有客户开始向这些机构咨询符合欧洲规范的设计项目的费用。

所有主流软件公司对符合欧洲规范的工具软件的研发已有一段时间，只要时机成熟，就会把它们投放市场。与之类似，购买设计指南和参加培训课程的情况，好比是“鸡与蛋”的关系——只有欧洲规范实用可行，设计人员才会使用；只有设计人员开始使用，这方面的市场需求才会显现。相信随着建筑法规的进一步修订，新的局面也会随之到来。

1.8 结语

全欧洲资深工程师已经为欧洲规范的编制工作耗费了大量的精力。SCI自1986

年成立以来，已经与欧洲规范的发展联系在一起，在20世纪80年代中后期，作者第一次使用了欧洲规范4的欧洲预备标准（ENV）版本，对一幢位于Sizewell B的建筑进行了设计。

在这段漫长的酝酿期中，现有的英国标准只做出了少量的技术改进（事实上，在某些情况下，它是一个回归技术的步骤），但可以预期，大多数英国标准会取得更多发展。对于其他一些国家，例如，没有组合结构方面国家级规范的、也没有资源来开发规范的那些国家来说，技术发展是非常重要的。

欧洲规范的最大益处在于，它们为消除贸易壁垒提供了途径，在不久的将来，不同国家的专家和软件企业都将齐聚一堂，共促技术进步。

英国钢结构行业为设计人员合理使用欧洲规范做了充分的准备，包括众多的设计指南、软件及教程等，今后还将陆续推出更多的资源。

2　钢结构建筑一体化设计*

Integrated Design for Successful Steel Construction

GRAHAM COUCHMAN and MICHAEL SANSOM

2.1　客户对建筑整体性能、价值和影响力的要求

本节将从多个方面来论述建筑性能要求。关于建筑的可持续性和经济性等方面，将在本章第2.2节和第2.3节中予以详细讨论。

2.1.1　客户至上

作为一名有着专业知识的工程师或技术人员，我们有时需要知道，其实，一般建筑物的拥有者和/或居住者并不关心钢结构的连接是多么美观、漂亮。他们关注的是建筑物作为一个整体是否与最初的预期目标相一致。当然，还要满足建筑美学方面的要求。本章中，我们将仔细考虑客户到底希望从他们的建筑中得到什么，以及如何判定一个优秀的钢结构设计以满足这些纷繁多样的需求。

为了使一幢建筑物能真正称之为符合需求，就必须满足：

（1）所提供的性能要满足“当前”之需；

（2）为未来可能需要的性能提供便利，即面向未来；

（3）这样做是最为（经济）节约的方式；

（4）这样做是最有利于环保的方式。

以上着重强调的部分与可持续发展的三个层面（即社会、经济和环境）密切联系。它们中的每个要求都会在下文予以详述。

2.1.2　当今建筑性能

对于给定的建筑类型，其性能要满足两个方面的要求，即建筑法规要求和客户/用户的特定要求。在英格兰和威尔士建造的建筑，必须符合建筑法规[1]中的相关规定。这些法规的目的是为了确保建筑物内及周边人们的健康和安全。法规还关注了建

---

* 本章主译：刘毅，参译：崔宏伟。

筑的能源节约和易于残疾人士使用等问题。为了达到建筑法规的要求，批准文件（ADs）还提供了实用指南，其内容包括：

（1）A 部分——结构；

（2）B 部分——防火；

（3）L 部分——能源节约；

（4）E 部分——隔声。

批准文件中列出了相关的参考资料文献，已获得认可和批准的资料文献可作为实用指南的支持与补充。2004 年出版的批准文件 A 中明确指出，“欧洲规范正在编制，将会在适当的时候问世”。新版的批准文件 A 引入了欧洲规范，计划于 2009 年年底出版，但从编制情况看，要到 2013 年才会正式出版。在苏格兰和北爱尔兰，其建筑法规体系也有类似的情况。

实际上，英国的规范体系对批准文件中的指南和参考文献的使用没有硬性要求，尽管设计方的投保商对此持有不同的看法。对于某些类型的建筑，可能还要满足其他规范的要求，例如，学校必须符合各种《建筑公告》(Building Bulletins）的规定，医院还必须满足《健康技术备忘录》(Health Technical Memoranda）的要求等。

除了要满足相关规范的要求之外，受建筑的使用功能或品牌意识的影响，建筑物的拥有者还可以对建筑物提出自己的要求。重要的是应合理考虑当前和将来的建筑用途，以便在设计中考虑适当的楼面荷载。EN 1991-1-1[2]（“欧洲规范 1”）中给出了活荷载（注：欧洲规范中称之为“作用”）特征值、密度及自重等。一些主要参数如下：

（1）A 类，居室和住宅楼面：$1.5\sim2.0\text{kN/m}^2$；

（2）B 类，办公区：$2.0\sim3.0\text{kN/m}^2$。

上述两类活荷载取值范围的上限值是“建议值”，这意味着该值如同相关的国别附录所列，可能会因不同国家而异。最高的活荷载值建议取为 5.0kN/m^2，适用于没有特殊要求且人员密集的商场和公共场所。其他荷载（作用）均在欧洲规范 1 的各个分册中予以阐述，例如 EN 1991-1-4 涵盖了风荷载作用的详细内容。

显然，在某些情况下，会存在潜在的矛盾。在住宅建筑中，设计其楼盖可以采用相对较小的楼面荷载值，结果会比较经济，但无法在将来进行建筑改造以作其他用途（可能会有更高的楼面荷载作用）。在这些荷载作用下，对楼盖刚度的要求，也将根据使用情况而有所不同，如医院某些科室的楼盖就是很典型的例子，如何避免楼盖“振动”显得尤为重要。

因此，这样设计出来的建筑才会坚固耐用，并且在预期的荷载水平下不会产生过度的变形，接下来最重要的就是建筑的抗火性能。建筑法规中规定，建筑物应具备一定的耐火时间（30min ~2h），具体情况视建筑物的高度、用途及消防设施和措施而定。钢结构建筑通过结构防火（保持钢材温度足够低）和/或所谓的防火工程（采用合适的梁柱尺寸，使在温度升高、强度降低的情况下，构件仍能够承受一定的荷载）等实现防火。除了规程要求，客户可考虑采用主动消防系统（自动喷水灭火系统），保护建筑物及其中的财产安全。

除在多种荷载作用下的结构性能之外（包括火灾作用），对建筑物的“舒适性”设计也尤为重要。这里主要指的是热性能和隔声性能。此外，提供充足的采光也是十分必要的，但是钢结构设计人员不能做到面面俱到（所以在此不予讨论）。在本手册其他章节中，还详细阐述了相关的结构性能。结构的“舒适性”主要考虑如下两个方面。

2.1.2.1 热性能

为了达到热舒适性，设计人员有必要考虑：当室外气温偏低时，适当地提高室内温度；当室外气温偏高时，相应地降低室内温度。它们的相对重要性显然取决于外部环境，而环境是随时间变化的。建筑法规的L部分（Part L）（L1涵盖住宅建筑，L2涵盖其他类型的建筑）明确反映了当前英国气象条件的规范要求。对于室内温度的控制，必须最大限度地减少材料、能源的消耗和排放，以达到可持续的建筑解决方案。

在已颁布出版的建筑法规和实用指南中，充分考虑了如何保持室内温度高于室外温度的各种方法。这些方法包括外墙、屋面及地面（U值）的保温绝热以及实现气密性。同时，还应考虑在适当的季节，以受控方式促进太阳能增益（利用）。

由于在传统上，它不是关注的主要问题，在英国对如何控制夏季过热的方法掌握得不多。相应的对策有：

（1）控制阳光入射量；

（2）提供热质量（热介质、热质）；

（3）控制通风；

（4）保证围护结构的绝热和气密性；

（5）控制室内温度。

为了控制阳光入射量，设计人员必须考虑到窗户朝向及房间布置，如在白天防止阳光过度入射有人居住的房间。众所周知，来自其他方面的限制往往也会影响方案的选择。选用玻璃和/或遮阳屏板（见图2-1），将影响到日光的入射量。

图2-1 带遮阳屏板的豪华建筑立面

在“轻型钢结构”与“重型混凝土结构”各自优势的争论中，热质量是一个很“热门”的话题。适度的热质量无疑是有利的，建筑作为蓄热片，会在白天吸收能量。然而，作为整体对策的一部分，提供热质量只能是有益的，在晚间较凉爽时，可采用合理的（安全）、可控的（不是通过围护结构的缝隙排出）通风系统，将吸收的能量释放出来。

热质量的多少不仅反映外部气候（典型炎热天气的持续天数），而且反映建筑物的使用模式。例如，白天住宅无人，室内不需要过多的热量；在寒冷的天气里，人们下班回家时，又需要室内迅速升温。到了晚间，白天住宅所吸收的热量就会释放到起居室的各个角落，导致卧室内的温度过高，令人不适。为此，在这方面仍需一些细致的规划。

提供热质量的另一个问题就是结构外露的情况。研究表明，采用石膏板装饰的砌块墙体与“湿”抹灰的砌块墙体相比，前者只能提供一半的有效热质量。当试图实现“一体化设计”时，或许还会带来一些矛盾；楼板作为“散热器”，其底面应该外露，以最大限度发挥其功效；但是为了改善隔声性能和增加美观，就需要采用吊顶，这样势必会与楼板外露的方式发生直接冲突。

家用电器的性能虽然不在建筑工程领域的范畴，但其对室内温度的控制也十分重要。研究表明，通过使用低能耗电器，可将27℃（这是一个公认的指标，此时人在室内会感到不适）以上的度时数（degree hours）❶ 减少25%。最终，人们会认同上述情况，将不再使用高能耗的电器了。

2.1.2.2 隔声性能

对隔声性能要求的级别取决于建筑物和房间的类型。通常情况下，人们主要关注的是公共场所的噪声不要影响居住空间的舒适性。而且，明确规定了公共场所的噪声最低级别（例如，确保在餐厅的谈话不被偷听）。控制隔声性能的法规，包括《建筑法规E部分》(Building Regulations Part E)、《建筑公告93（学校隔声设计）》(Building Bulletin 93 (Acoustic design of schools))[3]和《卫生技术备忘录08-01》(Health Technical Memorandum 08-01)[4]。

对于由一个房间分隔出来的区域，声音即可通过分隔构件直接传播（直接传声），又可绕开分隔构件通过相邻的建筑构件传播（迂回（非直接）传声）。阻断这两种传声途径，主要考虑以下三个因素：

（1）质量；

（2）隔离；

（3）密封。

直接传声取决于隔墙或楼板的性质，其值可由实验测得。由于受建筑构件间的连

---

❶ 每小时平均室内温度低于或高于标准温度的度数（65℉，在美国约为19.3℃）（译者注）。

接构造和现场施工的质量等因素的影响，迂回（非直接）传声较难预测。在某些情况下，迂回（非直接）传声比直接传声会有更多的传声通道。因此，为减少迂回（非直接）传声，分隔构件间的连接构造和施工精度显得尤为重要。典型的建筑节点做法见图2-2。

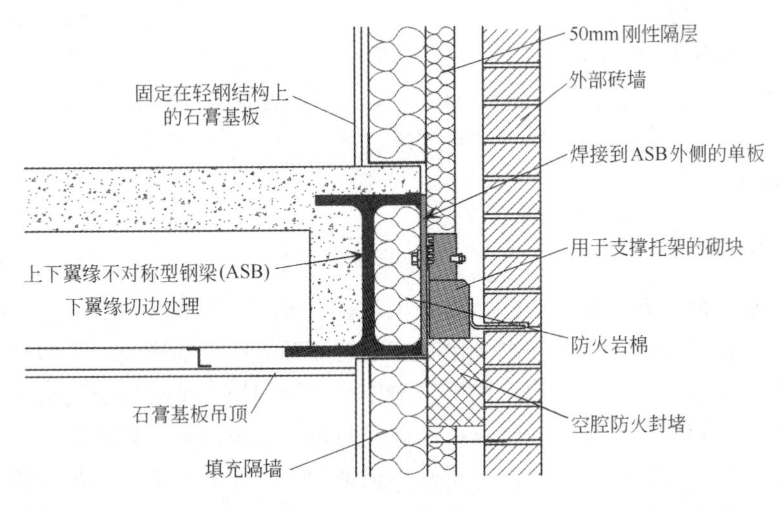

图2-2 迂回（非直接）传声

空气声在实体墙或单面层隔墙中的传播会遵循隔声质量定律❶，当实体墙的质量每增加一倍时，其隔声量约增加5dB。然而，轻钢结构的隔声效果要远比隔声质量定律所建议的好得多，正是因为轻钢结构墙体中存在的空腔，它在一定程度上阻隔了声音在墙体各构造层间的传播。可以证明，双面层隔墙的隔声性能，相当于各单层材料隔声性能的组合并满足简单线性叠加关系。

因此，通常可以将双面层隔墙中各构造层的隔声指标进行简单相加，确定其整体隔声性能。按照这种方法，可以对两个相对轻质的隔墙进行组合，来得到比质量定律建议方法更好的隔声效果。这就是许多轻质隔墙体系的基本原理。各个分开的构造层间的空腔宽度是很重要的，且其宽度至少应为40mm。为了满足隔声性能的要求，需要将各构造层分隔开来；而为了达到预期的结构性能要求，又应将各构造层连接在一起，当然这样会存在一定的矛盾。

做好楼板及隔墙周边的密封是十分重要的，因为即便是很小的缝隙也会对隔声效果产生显著的影响。墙与墙间、墙与天花板间的接缝应该用胶条或密封胶封堵。墙与相邻的压型金属板或类似构件间的任何空隙，都应采用岩棉和隔声密封剂进行封堵。在墙端的节点处常常会发生位移，为此，这些区域需要特殊的构造做法。

❶ 具有高密度或者高面密度的材料具有很高的吸声或隔声能力，而且面密度越大，吸声或隔声性能越好，通常把这一原理称为质量定律。质量定律说明，在墙的材料已经决定后，为增加其隔声量，唯一的办法是增加墙的厚度，厚度增加一倍，单位面积质量即增加一倍（译者注）。

理想的情况下，管线的布置不应该穿透墙衬，这一点对住宅单元之间的分户墙来说尤其重要。若管线在敏感区域贯穿，应特别注意这些区域的构造做法。

关于热轧型钢和冷弯型钢结构的构造做法，SCI 已出版了相关的指南，并给出了指导性的隔声性能值。

可靠的构造做法（Robust Details）已经发展成为符合建筑法规 E 部分要求的一种方法和手段。Robust Details 的应用避免了现场隔声性能检测，为了成为 Robust Details，必须建造大量工程实例并测试其隔声性能，同时，为了涵盖现场施工的各种情况，其要求的隔声性能已超过建筑法规要求。

2.1.3 未来建筑的性能

值得庆幸的是，近年来人们已不再认可“旧的不去，新的不来”这样一种观点。受人口增长、人口结构变化、气候变化和有限的资源等因素的影响，我们应该多考虑修复、改善，而不是淘汰、拆除。这不仅适用于建筑领域，也适用于其他方面，实际上，在施工建造和运营中使用的材料和能源，对建筑环境的影响是非常重要的。

可以注意到，对设计人员而言，要做出正确的选择并非易事。一幢按规定作用荷载级别设计的住宅建筑，意味着这幢建筑今后不可再作办公之用，因为某些办公房间的荷载会高得多。但是，按最高的荷载级别来设计建筑物（包括所有可能的未来用途），显然很不经济，既浪费了材料，也浪费了客户的资金。

结构设计（Design for deconstruction）作为一种节约建筑用料的方法，经常被人们所提及。这种方法很有意义，当建筑物达到其使用寿命时，即可将其拆解，拆解下来的部件即可实现循环再利用。由于与 Meccano（一种儿童金属插件玩具的商标品牌）原理相似，钢结构建筑完全具备这一优势。为便于对建筑物实施解构，其构、部件必须是相对易于拆分的。然而，目前在建筑物中使用的一种最有效的结构形式——钢与混凝土组合梁、组合楼板，其有效性就是各种材料间共同作用的结果。通过焊接在钢梁上并埋入混凝土的剪力连接件，钢梁与混凝土板一起共同受力，充分发挥了钢材抗拉和混凝土抗压的性能。钢楼承板的压型钢板板形和压痕，可将剪力传递给与之相连的混凝土，同时也可作为混凝土的外部加筋。因此，通过钢与混凝土的紧密结合，实现了材料的节约。组合结构方案也是解决大跨度问题的一种非常有效的方法，因为它可以减少柱子或承重墙的数量，赋予内部空间更大的灵活性。所以，是采用一个可以很容易拆解的方案（譬如采用非组合结构形式），还是把节省材料放在首位并延长建筑物使用寿命，这一点还需要设计人员仔细斟酌。

2.1.4 建筑经济

结构框架的成本在建筑物的总成本中占相对较小的一部分（低于 10%）。较为昂贵的部分是建筑设备和围护结构，其中任何一项通常都有可能是框架成本的 3 倍。本

手册的其他章节介绍了如何设计经济高效的框架并对其做了详细的说明，但假如降低框架成本对建筑设备和围护结构造成影响，那么意义就不大了。

通过减少建筑物的整体高度，可以降低围护结构的成本。减少楼盖结构的有效高度，即可达到这一目标。一种是实际减少结构区的高度，另一种是允许设备管线使用结构区的空间，而有效地减小了结构层的高度。钢结构扁梁楼盖方案的出现，率先解决了这一问题（使钢梁与混凝土板使用同一空间），而蜂窝梁方案则使设备管线能够穿过钢梁腹板，从而避免其占用结构区以下的更多空间。一些扁梁楼盖方案，至少在一个方向上允许在楼板的高度范围内布置设备管线。可见，楼盖方案的选择会影响到围护结构的成本、安装的便利性、管线的成本，以及结构自身的成本。交界面的细部构造及其对建筑经济的影响，详见本章第2.3节中的相关部分。同时，减小围护结构面积也减少了建筑构造热损失（Fabric Heat Loss）❶。

设计人员还要考虑的另一个经济因素，就是施工工期。对于特定用途的建筑，这一点是非常重要的。多年以前，有一个广为人知的案例，即麦当劳（免下车服务）餐厅采用了模块化的轻钢框架（轻钢框架事先经异地拼装）方案，仅在24h内就完成了项目的建设。异地拼装方案还能较好地满足教育机构的需求，在暑假期间即可完成校舍的建设。虽然以上两个例子不太普遍，但总的来说，采用钢结构方案会节约一定的工期。2004年修订的SCI成本对比研究[5]表明，快捷、迅速的钢结构建造方案可以转化成真正的经济利益。

2.1.5 对环境的影响

当前，客户对具有较低环境影响的建筑物的呼声越来越高。然而，其不确定性是如何量化这些影响，“比什么低?”会成为重要的问题。

尽管立法是一个重要的驱动因素，但是许多客户都自愿采取措施推动“绿色建筑”，有的措施还高于法规要求。一些公司甚至不惜重金，大打“运营能源效率”牌等策略，来提升本公司的声誉和品牌价值。

建筑物和施工建造对环境的影响是多种多样的，总的来看，建筑行业具有糟糕的环境形象。该行业是最大的不可再生资源消费者和废弃物制造者，建筑物在建设过程中排放的二氧化碳量约占英国二氧化碳排放总量的一半。因此，在这些领域里已经采取了自愿性和强制性措施来实现现状的转变，这是不言而喻的。

同时，区分物化环境影响（embodied impacts）和运营环境影响（operational environmental impacts）是尤为重要的。物化环境影响是指建筑产品和建筑材料在原材料开采、加工、运输和安装等过程对环境的影响。运营环境影响是指在供暖、照明、制冷和建筑物维护等过程对环境的影响。

到目前为止，主要是通过建筑法规的L部分，来确定建筑物的运营环境影响。根

❶ 这是指建筑物的门窗、墙体、屋面和地板等建筑构造部分的热量损失（译者注）。

据以往记载，建筑运营环境影响要远远大于其物化环境影响。例如按2006年版的建筑法规，一幢设计寿命超过60年的商业建筑，其物化环境影响与运营环境影响之比约为1∶6。

然而，这一比例关系正在发生改变，随着建筑围护结构、设备管线的改进，以及引入零碳及低碳技术，使得建筑物的运营环境影响减少，物化环境影响则变得更大。因此，在将来的建筑法规中，极有可能会同时体现建筑物的物化环境影响与运营环境影响。然而，与运营环境影响相比，对物化环境影响进行量化会更复杂、更具争议，并有可能在一段时间里妨碍其纳入建筑法规。

在可持续发展议程中，突出的问题是气候变化和碳排放，这也意味着对环境影响的评估将主要集中在物化能耗（embodied energy）和/或碳排放这两方面。在采暖、制冷、照明等过程中，碳排放量是运营环境影响的主要参数，且其值相对容易量化。然而，物化环境影响往往更为多样，尽管碳排放量是一项重要的指标，但还应考虑其他影响。包括水提取、矿产资源开采、毒性、废弃物、水体富营养化及臭氧形成等。为此，如何客观地比较这些不同因素所带来的影响，就成为了一项重要课题。

在量化建筑对环境影响的众多方法中，生命周期评估（LCA）是使用最广泛、最受重视的方法。尽管在概念上非常简单，但由于许多重要的、经常指定的材料及明显影响结果的假定条件等因素，LCA过程可能会非常复杂。

在英国，对建筑材料和建筑产品的环境影响，主要采用英国建筑研究院的环境配置文件（档案）评估法（BRE's Environmental Profiles Methodology）。尽管因其缺乏透明度屡次受到行业的批评，但该方法以LCA原理为基础，形成了《绿色指南说明》（Green Guide to Specification）[6]，并被英国建筑研究所环境评估法（BRE Environmental Assessment Method）REEAM[7]和《可持续化住宅标准》（Code for Sustainable Homes）[8]采纳，用于对建筑产品物化环境影响的评估。

通常，结构的物化碳排量影响占建筑物的总物化碳排量影响的15%。设计人员应该了解其所选用的结构材料对环境的影响，但在建筑的可持续发展方面，不应只注重于材料的成本。关于广泛的可持续发展问题，详见本章第2.2节中的相关内容。

2.2 可持续性设计

上述讨论的许多问题，都可以置于"可持续发展"的大标题下。本节的目的是按照相关的法规、指南、方法和主题，以更详细、更集中的方式，来讨论可持续发展议题。

工程师在开始设计之前，必须理解可持续建筑的实质。这与他们职业生涯中遇到的任何结构设计难题相比，无疑是一项更大的挑战。一般来说，工程师们只需与计算程序和确定的数值打交道，其结果也很直观明了，虽然为了考虑材料性质的变化和在设计模型中的必要简化，会在结构设计中采用安全系数以提供一定程度的安全储备，但是，可持续发展则不同，它是一个概念而不是能由计算程序精确求得的确定值。为

了形成更强大的可持续发展指标，人们正在开展工作，但因问题的复杂性，将不可能在短期内达成共识。

可持续发展的概念很简单，但给以清晰的说明却很复杂。尽管人们无数次尝试，但仍难以实现 1987 年 Brundtland[9] 所给出的定义，即“发展要满足目前的需求，但不能为了满足自己的需求，而不顾下一代的利益”。这个定义的核心是对非再生资源的消耗和人类活动对环境的影响（对空气、土地和水）。

该定义引申出一个与可持续发展建筑相关的议题，即建造一栋建筑物，无论其规模多小，都会消耗一定的资源并对环境产生一定的影响。工程师所面临的挑战是履行他们的传统职责，提供可靠的、安全的、经济适用的建筑，同时，又要减小对非可再生资源的消耗和环境的影响。

因此，放在首位和最重要的决定是，一栋拟建的建筑是否真的有必要建造。通常，这样的决定一般都不在结构工程师的职权范围内。假设我们要设计一幢建筑，摆在设计团队面前的问题是确保建筑物符合使用要求且经济合理，并以最可持续的方式，来满足这些目标的要求。这项任务没有唯一的解决方案，而由客户来设定一些具体的、切实可行的目标则更有可能得到实现。

迄今为止，大多数可持续建设议程仍受到材料因素的制约。这个问题一直困扰着设计人员进行更多的可持续建筑设计。虽然建筑材料的环境影响是可持续发展的一个重要组成部分，但建筑物本身才是主要考虑的因素。无论是学校、医院、办公楼或住宅，如何成功地实现其预定功能才是最重要的。满足这一要求的建筑，才会受用户喜爱，也会更加耐久，这也是可持续建筑的一个重要特征。混凝土结构和钢结构建筑同样可以达到很高的 BREEAM 等级（参见本章第 2.2.4 节）。因此，无论材料有多么不同，通常它们要相互结合在一起，才能建成可持续性的建筑物，这才是关键。

可持续发展被公认为具有三个相互关联的层面，那就是经济、社会和环境三个层面。虽然从整体上考虑和平衡这些不同层面的关系，是人们面临的挑战，但是在解决经济和社会层面问题的同时，应重点或优先考虑减少对环境的影响。有鉴于此，迄今为止的大部分努力都集中在理解、量化和为物化环境影响及运营环境影响设定目标。

2.2.1 社会层面

可持续建设的社会层面问题是多种多样的。规划师特别关注建筑环境对社会的影响，并通过处理与新建设项目和基础设施相关的空间发展问题来实现这个目标。所有的国家和地方规划政策，包括《地方发展框架》(Local Development Frameworks) 和《区域空间战略》(Regional Spatial Strategies)，其核心都是可持续发展。通常，建筑师关注的大多是地方规模的社会问题（包括整体规划）和单个建筑物的位置或建筑物等级。

建筑质量和建筑环境是一个关键的、社会可持续发展议题。经过良好的设计和建设过程的建筑，可以提高客户的生活质量。可持续建筑的社会属性包括安保措施、室内空气质量、热舒适性、安全性和无障碍通行等。

然而，可持续建设在社会层面上却比有形的建筑物本身要多得多，应考虑的其他问题还有：

（1）建筑工人的福利，尤其是他们的健康和安全、技能和培训；

（2）建造过程中对当地的影响，包括交通拥挤、噪声和破坏；

（3）建筑材料供应链对社会的影响；

（4）承包商和材料供应商的企业社会责任感（CSR）。

可持续建设的社会层面可能是最不好理解的，尤其是涉及评估和度量。目前，欧洲标准化机构 CEN 已经着手制定建筑物的社会绩效评估框架，但还需要一段时间才能正式形成可靠的评估方法。

2.2.2 经济层面

据估计，英国的建筑业约占其国内生产总值（GDP）的 10%，是国民经济的重要基础。在设计、研发、规范和标准及产品制造领域中，英国处于世界领先地位。这些活动对英国经济的可持续发展的贡献不容小觑。

在计划层面上，经济方面的考虑常常取决于当时的市场条件。众所周知，建筑行业会更专注于初期投入的成本，而不是建筑物的寿命成本和全寿命价值。虽然已有基于全寿命成本/价值的决策案例，但为使其成为业内的共识，仍有很长的路要走。这种对初期投入成本的偏重，常与可持续化建设的整体决策背道而驰。

基于全寿命成本计算的建筑节能决策，就是一个很好的例子，既可产生环境效益，特别是对建筑的业主而言又会形成经济效益。对于其他许多环境影响问题，不管怎样要减轻这些影响还是要考虑其经济成本的。

虽然材料、建设和能源成本具有显著的波动性，但相对而言，却比较容易管理。可持续发展的其他要素可能具有经济价值属性。碳因素就是一个明显的例子，除此之外还包括建筑质量、灵活性、可改造性及建筑和部件的重复使用性。虽然上述的属性可依据质量进行定性，但是却很难对它们进行经济量化。这种评估的复杂性在于，对于典型建筑的设计寿命，采用资金折现率方法进行传统的全寿命成本核算，只能产生较少的净现值利润。

至于社会层面的影响，CEN 已着手进行建筑物的经济绩效评估框架的制定。

2.2.3 环境层面

降低施工建造和建筑的环境影响是行业所面临的最大可持续发展挑战，其主要反映在近几年来所采取的大量主动、积极的行动上。

对环境的可持续发展问题做详细阐述已超出了本章的范围，本章会对可持续建筑

设计的基本内容进行总结，并对一些钢结构设计人员可以发挥作用的关键领域进行重点介绍。在本章中还将阐述用于衡量建筑环境可持续性的评估方法。

2.2.4 可持续建筑评估

虽然关于建筑可持续性的评估有很多方法，但是这些方法大多只专注于环境方面。

在英国，BREEAM 方法是领先的建筑环境评估方法，也是目前的国家标准。该方法自 1990 年推出以来，就一直被改版和更新，以反映对这个问题理解的改进和提高。尽管 BREEAM 方法的核心相同，但其不同的版本适用于不同类型的建筑，包括办公楼、工业建筑、学校、医院等。BREEAM 方法具有（非强制）自愿性，然而许多公共资金（财政）资助的建筑都需要具有最低的 BREEAM 评级。BREEAM（EcoHomes）[10]的住宅版本已发展成了《可持续性住宅标准》。自 2008 年以来，新建住宅要有《可持续性住宅标准》的评级已成为强制性要求，虽然并不强求对建筑物一定要进行评估，但如果不进行评估，评级即为零。

根据 BREEAM 方法，按建筑物在九种环境类型中的性能予以评分。每种环境类型所对应的评分值，并不一定反映被评估问题的相对重要性。所得到的评分值通过一组环境加权后再相加，就得出了该建筑物的综合得分。表 2-1 总结了在九种环境类型中的每一种评估事项。

表 2-1 BREEAM 分类及相关问题（基于 BREEAM 文件 2008）

类　别	性能评估事项
管　理	建筑调试和用户指南；施工方案和施工现场产生的影响监测；建筑安保
健康与福利	天然采光和人工照明；景观；眩光控制；室内空气质量及挥发性有机化合物的排放；照明和温度的区域划分及控制；声学性能；自然通风能力
能　源	减少运营过程中的二氧化碳排放量；分户计量；外部照明；零碳和低碳技术；高效节能电梯和交通运输系统节能
交通运输	公共交通网络的可达性；临近当地的设施；提供单车设施；为业主提供出行计划；行人和骑车人的安全
水资源	减少水的消耗；水计量；泄漏检测；盥洗设施检测
材　料	建筑材料对环境的影响；现有外立面的再利用；建筑材料采购责任制；可靠的设计
废弃物	施工现场的废物管理；骨料的回收/二次利用；可循环废水的贮存；房屋居住者对楼面装修的详细说明
土地利用与生态	废弃场地的开发；受污染场地的修复和利用；场地生态价值的保护和改善；尽量减小对周围生物多样性的影响
污　染	降低温室效应的制冷管线；防止制冷剂泄漏；降低锅炉中的氮氧化物排放；尽量减小水灾危害；最大限度地减少建筑物的地表水径流；尽量减小夜间光污染；尽量降低建筑物对邻里的噪声影响

2.2.5 可持续建筑设计和施工的基础

针对可持续性建筑和可持续性建造过程的复杂性，设计人员要考虑各种各样的设计问题。这些问题可以包括与法规的兼容性，例如建筑法规中的 L 部分，或客户的特殊需求，例如要达到一个确定的 BREEAM 评级。

下面列出了可持续建筑设计的基本原理，这也是目前英国建设项目中最常考虑的内容。这个内容清单不一定全面，也难以从中对内容的优先性或重要性做出推断。

2.2.5.1 位置

（1）选择一个合适的场地，并考虑其邻近的公共交通网络及当地设施；

（2）在条件允许的情况下，对废弃场地进行重新开发；

（3）考虑对建设场地中的既有建筑物的再利用；

（4）最大限度回收利用建设场地中的现有材料，例如，通过使用土木工程师协会（ICE）的《拆除协议》(Demolition Protocol)[11]；

（5）通过建筑选址和使用园林绿化以形成良好的微气候；

（6）通过建筑选址以提高场所内的生态价值和生物多样性；

（7）调节回风，并用它来促进自然通风和/或作为可再生能源加以利用。

2.2.5.2 运营中的能源效率

（1）布置建筑的朝向和间距，充分利用太阳能、自然采光和任何适当的零碳、低碳技术；

（2）保持建筑物内适量的热质量；

（3）使用玻璃、天窗等，充分利用太阳能；

（4）提供遮阳系统，以防止过热和眩光；

（5）做好建筑的保温绝热，以减少建筑构造层的热量损失；

（6）保持适度的气密性；

（7）在建筑物内及其周围，考虑适当的零碳和低碳技术的整合；

（8）采暖、通风与空调系统应与建筑物的响应和用途相匹配；

（9）尽可能采用自然通风；

（10）设计建筑和设备管线，具有满足未来气候变化的能力；

（11）为用户提供良好的控制，分户计量和操作说明；

（12）承担建筑物的季节性调试；

（13）提供适当的、易于操控的通风系统，以确保良好的室内空气质量。

2.2.5.3 材料

（1）明确材料采购职责；

(2) 采用“绿色指南说明”[6]等相关手段，来分析建筑材料对全寿命的环境影响；

(3) 从整体上对建筑进行评估，例如考虑结构材料的效率、可回收性等；

(4) 明确提出能再生、重复利用或可循环再利用的材料和产品；

(5) 减少初级骨料的使用；

(6) 仔细考虑现代方法或异地拼装方法在施工速度、废物排放等环节上是否具有优势；

(7) 使用惰性和低排放的装饰装修材料；

(8) 在可能的情况下，使用预制的、标准化的部品（件），以减少浪费并便于日后重复利用；

(9) 使用“设计质量指标”（DQIs）[12]方法，确保良好的设计质量。

2.2.5.4 现场

(1) 制订现场废弃物管理方案（Site Waste Management Plans）；

(2) 使用体贴的施工计划（Considerate Construction Scheme）[13]❶；

(3) 监控并减少现场施工的影响，包括废料、运输、二氧化碳排放、生产等；

(4) 减少施工活动对当地的影响，如交通拥堵、噪声和扬尘。

2.2.5.5 使用中的建筑物

(1) 设计灵活的建筑，能够满足用户日后多变的需求，例如对大跨度和非承重内隔墙的重新布置；

(2) 设计坚固的建筑；

(3) 设计的建筑要能减少日常维护；

(4) 考虑场地和建筑物的安保问题，例如，采用安全设计认证（Secured by Design）[14]❷原则。

2.2.5.6 生命周期终结的建筑物

(1) 设计的建筑易于拆解；

---

❶ 体贴的施工计划是由英国建筑行业用以改善自身形象，创立于1997年的一项计划。该计划自创立以来，已有超过60000个施工工地在该计划中进行了注册并受到相应的监控（registered and monitored）。计划是一个非营利的、独立的机构，由业界创立并得到地方当局和政府的推荐。该计划既没有补助，也没有政府资助，其经费完全来自它的注册费用（译者注）。

❷ 安全设计认证（SBD）是一个非营利组织，属于英国首席警官协会（ACPO）管辖，成立于1989年，是众多全国治安项目的总称，该项目重点放在新建的和翻新的住宅、商业楼宇和停车场的设计和安保，以及质量安全产品和犯罪预防项目的确认。其目标是通过安保的物理手段和处理过程来达到“远离犯罪的设计”（Design out Crime）的原则，降低在英国的盗窃和其他犯罪行为（译者注）。

（2）设计的建筑所使用的部件和材料，易于回收、隔离和再生或重复利用——应包括附属结构，特别是桩基础。

2.2.6　结构工程师的职责

实现可持续性建筑，需要设计团队的前期介入及所有相关各方的努力、配合。十分重要的是，应明确规定项目的可持续性要求，并在设计过程前期与客户达成一致，各方都应充分认识到他们所做的设计选择和决定对今后的影响。

看来，如果上述许多原则得以充分考虑，则结构工程师的作用是相对较小了。然而，结构设计的很多方面事关建筑的可持续性。需要结构工程师考虑和平衡的问题，包括以下内容。

2.2.6.1　结构效率和对环境的影响

工程师的重要职责是设计一个对环境影响低、高效的结构。重要的是，当对整体建筑进行评估时，要考虑不同材料的结构效率。例如，上部结构较轻，其基础可以较小。

就环境影响而言，在任何评估过程中适当考虑结构材料的回收利用和可再生循环性是很重要的。

2.2.6.2　设计应对气候变化

面对气候变化，要求建筑物在其设计寿命内经得起未来考验。结构工程师考虑的问题包括：

（1）气候模式的改变，包括狂风和暴雪等情况；

（2）潮湿和干燥期的延长所产生的地面运动，对建筑物下部结构的影响；

（3）漫长的炎热期，致使温度过高；

（4）如有必要，将来设计采用低碳和零碳技术的新建筑。

2.2.6.3　低碳和零碳技术

新建和既有建筑物越来越需要低碳和零碳技术及其他绿色技术的集成。结构工程师应该考虑如何优化建筑物的结构形式，使新技术的性能（如风能和太阳能）实现最大化。此外，荷载和振动问题，也是结构工程师应该考虑的问题，例如屋顶绿化和屋顶安装的风力发电机组等问题。

2.2.6.4　既有建筑的改建和扩建

在考虑如何对既有建筑物进行扩建和/或改建，来提高建筑物的使用寿命，结构工程师起到关键的作用。外立面保存、楼板和墙体的重新布置，以及水平和垂直空间

的扩展，都需要结构设计方面的专业知识。

2.2.6.5 具有改建潜力的建筑

除了对既有建筑物进行翻新，为满足用户不断变化的需求，在设计具有改建潜力的新建筑物，即实现面向未来的建筑方面，结构工程师可以起到重要的作用。例如，通过提供结构冗余度或加大跨度，以便于重新布置内隔墙。这些做法可能对结构形成过度设计而使之偏于保守，因此工程师需要权衡其利弊。

建筑设备管线的使用寿命比结构要短，因此提供灵活、易于更换的管线布置方案是结构工程师需要考虑的一个更加重要的因素。实例包括通过楼板开洞和使用蜂窝钢梁使管线穿过钢梁腹板等方式，提供了灵活的管线布置方案。这种在结构区与管线的整合方案，降低了层间高度，对于建筑立面的成本和降低通过外围护结构的热损失，都会产生相应的经济效益。

2.2.6.6 结构对管线方案的影响

通过与建筑师、机电（M&E）工程师合作，结构工程师要协调结构形式与合适的管线布置方案的关系。这个课题过于复杂难以在此仔细讨论。其关键问题包括：

（1）自然通风——在适当的场所，结构形式能够提升交叉型或叠合型自然通风的效率；

（2）热质量——是自然通风的建筑中提供最佳热工性能的关键问题，取决于建筑物的位置和暴露程度，例如，楼板底部外露方式就是一个值得考虑的问题；

（3）热桥——通过热桥，所造成的建筑构造层热量损失，应予以重视。具体情况包括：结构界面间的热桥现象，例如，楼板与墙体的连接处、挑檐处、建筑围护结构的孔洞处，例如阳台支撑、固定件和结构部件等；

（4）遮阳——提供恰当的外部遮阳设备，如遮阳挡板，以抵挡过量的阳光入射。

2.2.6.7 解构性设计

设计人员们越来越需要考虑如何处理这些超过使用寿命的建筑。在尽可能的情况下，建筑物应按易于实现解构进行设计，使建筑物或其部件便于重新使用，或者使最终的建筑材料可以实现分离回收。

以钢结构建筑为例，在可能的情况下，截面应实现标准化，并在相应的位置，按照钢材的材性给予明确标识，采用简单的螺栓连接应优先于焊接连接。

2.3 整体经济性设计

钢框架并不是孤立存在的，其坐落在基础上，并支撑围护墙、管线等，所以它的设计不能片面、孤立。如果对钢结构与这些因素的相互关系给予应有的考虑，就能取得最大的整体经济效益，且只有设计人员认识和理解到以下两个基本观点时，才能实现这个目标：

（1）施工现场出现的几何偏差。虽然部件的位置是在容许偏差范围内，但这肯定与图纸中的“预期”位置不符。容许偏差取决于部件和/或材料，反映了在制造和安装过程中部件和/或材料所能实际达到的真实结果。虽然有时能得到比“标准”更好的产品，但这必然会发生与此相关的成本。

（2）最有效地利用空间（例如楼盖的厚度）往往能实现功能的组合。下面的实例说明了这种情况。

要了解本节中所涉及问题的更多细节，详见 SCI 出版物——《施工设计》(Design of Construction)[15]。

2.3.1 建筑管线

考虑内部空间的采光问题，就可能会影响到楼层的平面布置。通常，采用大跨度楼盖方案最为可取，可减少内部承重墙和柱子的数量。采用这种方案，会增加室内空间的可改造性，有助于成为“面向未来”的建筑。然而，这种大跨度楼盖解决方案的潜在不利因素是楼盖的高度问题；典型组合梁的跨高比约为 18 ~ 22。如果建筑物的总高度不变，那么增加楼盖高度就意味着增加围护墙面积，或减少楼层数（因此成本也会增加）。

为此，有多种钢结构与组合结构方案可供选择。其中一些方案允许管线通过楼盖的结构高度，缓解了“肋形楼板梁”过高的问题。其中最常见的新型产品就是蜂窝梁，见图 2-3，蜂窝梁是在型钢腹板上按一定的折线进行切割，然后将这两个“T”

图 2-3 管线与蜂窝梁的整合（Westok 公司资料）

形梁（沿腹板中线对中）重新焊接组合而成的新型梁。切割和再组合的过程包括腹板开洞，洞口形状通常是圆形，也可为椭圆形。顶部和底部“T”形梁可以是不同的热轧型钢，因此，其下翼缘宽度可以大于上翼缘。这种不对称形式有时很有用，通常，当采用组合梁时，可以将混凝土板作为其受压上翼缘。与之类似的做法是在焊接型钢的腹板上简单开洞。还有一些做法，在过去的二十多年里较为常用，如楔形梁，其梁高的变化是梁跨中某特定点处结构需求的函数，这样允许管线在梁高较小的截面下部通过。桁架方案也可允许管线“穿行”于桁架腹杆之间。但这些做法较为复杂，其不利之处是会增加防火方面的成本。

通过采用端部为刚接的连续梁或者半连续梁，可以减小梁截面高度。挠度问题经常制约着大跨度梁的设计，相对于简支梁，采用连续梁则能大大减小梁的挠度。但是这种做法也存在弊端，柱子为了承担梁传来的弯矩，会增加其截面尺寸，其框架设计和节点构造可能会变得更加复杂。

与大跨度肋形楼盖梁相比，在一些建筑中采用“扁梁楼盖”方案似乎更为合理。钢梁与混凝土楼板成为一体，而不是置于其下方。楼板可以是预制混凝土板，也可以是压型钢楼承板与现浇混凝土形成的组合楼板。为此，已开发出“深波楼承板”，其厚度可超过200mm，并置于钢梁的下翼缘外（梁下翼缘必须具有足够的宽度）。在无支撑的情况下，板跨可以达到6m左右。这种板形具有足够的空间，管线可以在楼板的高度范围内通过，并在钢梁腹板的孔中穿过，见图2-4。因此，这种方案首先通过钢梁与混凝土在同一区域内的整合，又在此区域中设置了（一部分）管线，因此减小了楼盖厚度。

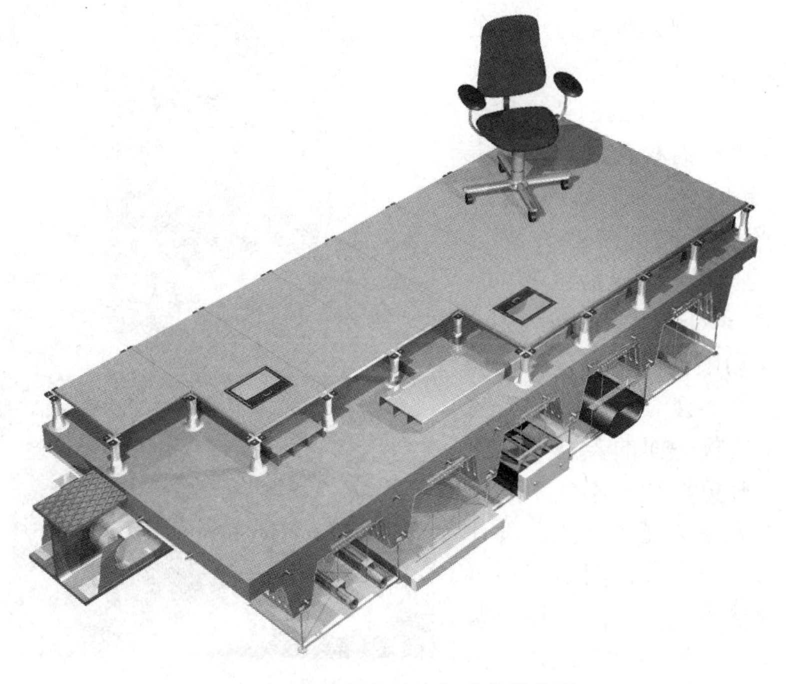

图2-4　扁梁楼盖的施工及管线布置

设计方面的重中之重，就是必须对各种问题加以权衡，以形成最佳的解决方案。同样重要的是，考虑如何以最佳的方式实现结构楼盖和管线的整合。对于建筑物中的那些经常维修、频繁更换的管线，最好是将其吊挂于结构楼盖的下方，以便于安装和拆卸，因此，允许管线通过的大跨度梁解决方案，就具有很大的吸引力。

除了考虑两者在共用空间中的整合，作为建筑物的供暖和通风设施规划的一部分，建筑管线和结构间也会彼此影响。如上所述，近来有很多争论，其中关于在炎热季节时需要提供热质量来控制室内温度的说法上，还存在一些误导。在选择最佳的建筑解决方案时，设计人员必须考虑一些美观方面（热质量与楼板外露间的关系），及结构性能和室内温度控制等方面相互矛盾的要求。也可考虑，如水冷式楼板等更为特殊的解决方案。

2.3.2 围护结构

钢框架建筑可以使用的围护结构的范围很广，这主要取决于美观、成本及耐久性等方面的要求。设计人员需要考虑的其中一个最大问题是，钢框架的制作与安装的容许偏差，通常，要比围护结构的容许偏差大出许多（可能是10倍）。这些都不是人为的限制，将钢框架构件的位置精度控制在5mm是不太可能的，因为在一根构件的跨中、在现场来调整其位置是很难的（可以将梁端调整在容许偏差范围内，而梁跨中点的位置相对于梁端是梁制作偏差和荷载作用的函数），并且钢框架构件会随着荷载的增加而移动（例如，混凝土楼板浇筑时），甚至取决于太阳的位置（产生不同的热胀冷缩）。《英国钢结构工程施工规范》(National Structural Steelwork Specification)意识到这些局限性。另外，围护墙板的位置偏差，会对墙板之间密封的完整性及墙板平面的美观等产生影响。为了避免增加成本、工期延误和现场事故等情况的发生，设计人员应采取各种措施，例如使用可调支架来调整偏差，并使各种建筑部件控制在容许偏差范围之内。图2-5所示的是具有视觉冲击效果的建

图 2-5 静面的防雨屏表面具有良好的反射效果

筑立面，其外部围护墙体可以进行细部调节。

设计人员也应充分考虑在荷载作用下建筑会发生怎样的变形。某些围护墙板是脆性的——玻璃就是最明显的例子。脆性的围护墙板，如果通过刚性连接固定在弹性的支撑结构上，就会出现问题。例如，一个 20m 跨的梁在荷载作用下，其跨中挠度可能为 50mm，所以适当的做法是，将脆性墙板固定在结构较为刚性的部位和/或采用支架系统以应对框架的侧移。当围护墙体较重时，如砌体结构，则要考虑其对框架结构的影响。在梁上施加很大的偏心荷载就会产生扭矩。

当进行结构与围护墙板的连接设计和构造做法时，另一个重要问题是将冷桥减至最低。冷桥主要发生在金属（或其他导热材料）穿透绝热层时。既要固定外层面板，又要避免任何从外层面板到室内的热桥，这可能会存在矛盾。这种情况，常见于基础（见下文）和阳台处。针对阳台部位的连接，结合必要的结构承载能力和隔热性能，已经开发了许多专门的材料和产品。

2.3.3　基础

当进行基础与其他构件连接部位的构造设计时，设计人员所面对的最大问题是，通常大多数类型基础的施工容许偏差要远远高于钢框架基础的标准。如图 2-6 所示，必须采取措施来控制轴线和标高的偏差。通常的做法是采用垫片来调节柱脚底板与混凝土板或基础上表面之间的间隙。调整基础的轴线偏差，最好使用带套筒的地脚螺栓（一旦柱子最终就位即可注入灌浆料充填）。也可以考虑现浇基础或后钻孔螺栓等方式。

图 2-6　地脚螺栓和柱脚底板

在进行柱基连接构造设计时，设计人员还应考虑可建造性[1]和成本，包括降低在

---

[1] 可建造性：衡量计划中的建筑物设计有利于其建造与使用的程度（译者注）。

施工安装工程中的风险。从可建造性方面来说，四螺栓连接总是可以采用的方案，将柱子安放在垫片上（以保证平面水平），然后通过四根螺栓调整柱子位置（纵、横向和竖向）。虽然用两根螺栓就可以满足水平和柱子位置的要求，但是在安装过程中不建议采用。为降低成本，基础连接应尽量简单——虽然刚接基础可减少构件尺寸及柱脚底板的厚度，似乎节省了钢结构工程的成本，但忽略了混凝土基础中会增加更多配筋的事实，并且除了材料成本外，还会给安装带来更多困难。在设计过程中还应认识到，特定的施工顺序可能会受现场条件所控制，因此，设计人员不能自由选择先吊装哪些柱子，来形成基本（永久性的）的带支撑的单元（或刚性单元），以便于后续钢构件的安装。

还有一种不同的情况也会对基础界面产生影响，即热桥现象。显然柱脚底板必须坐落在具有一定刚度和强度的基础上，且要保证其标高准确、方位的水平（可采用垫片调整偏差）。然而，柱脚底板也要与寒冷的外部环境相隔绝，且不会因穿透建筑物基础的绝热层而形成明显的热桥。为此，不能孤立地考虑结构设计，还应考虑建筑物的“热工设计”，只有采用一体化的设计方法，问题才能最终得到有效的解决。

2.4　结语

要保证社会、经济和环境等三个层面的可持续发展，一体化的设计方法是必不可少的。

客户希望建筑物要具有“当今”特色，具有可靠承载能力，并且还应具有出色的保温和隔声等性能。客户也希望建筑物能满足未来的性能要求，适应性强且易于改造，来满足不同的需求。他们希望这些建筑物在实现最佳经济性的同时，也要将对环境的影响降至最低。

为了取得最经济、有效的解决方案，结构工程师要将结构与整个建筑物进行通盘考虑。围护结构和管线的费用要比结构本身大得多，所以在进行结构设计时，要充分认识到这一点，如便于管线通行。各专业的正确交流，是实现经济的解决方案之关键。

同样重要的是，要注意“物化”和“运营”因素重要性的相对关系正在发生改变。在过去，建筑物的“运营”因素产生的影响超过了其他因素，但当建筑节能得到改善时（主要由政策法规推动），建筑物“物化”因素产生的影响变得越发重要。

显然在此过程中，也要做一些妥协。如果按较高的荷载水平来进行楼盖设计，可为将来的用途改变提供最大的灵活性。然而，这种做法也会加大原材料使用并增加成本。设计一个可以实现解构的结构，将有利于材料的重复使用或回收利用，采用组合结构方案时，虽然不能实现解构，但在组合结构中，由于这种结构形式材料间特殊的结构效应，也会降低材料的消耗。

尽管钢框架的成本只占建筑物整体成本的一小部分，在范围广泛的设计技能中，

结构工程只是其中的一项，本章列出了若干由结构工程师提出决策意见的领域，其关键是为了开发更为出色的一体化解决方案。

参考文献

[1] Building Regulations-see www. planningportal. gov. uk

[2] British Standards Institution (2002) EN 1991-1-1: 2002 Eurocode 1: Actions on structures-Part 1-1: General actions-Densities, self-weight, imposed loads for buildings. London, BSI.

[3] Department for Education and Skills (2003) Building Bulletin 93: Acoustic Design of Schools. London, The Stationery Office. http://www. ribabookshops. com/search/Department + for + Education + and + Skills +/

[4] Department of Health. Health Technical Memorandum 08-01. London, The Stationery Office.

[5] Steel Construction Institute (2004) Comparative Structure Cost of Modern Commercial Buildings (2nd edn), SCI Publication P137. Ascot, SCI.

[6] Building Research Establishment Green Guide to Specification, www. bre. co. uk/greenguide

[7] Building Research Establishment BRE Environmental Assessment Method, www. breeam. org

[8] Code for Sustainable Homes, www. planningportal. gov. uk

[9] United Nations World Commission on Environment and Development (1987) Our Common Future. Oxford, Oxford University Press.

[10] Building Research Establishment Ecohomes 2006-The environmental rating for homes-The Guidance-2006/Issue 1. 2. Watford, BRE.

[11] Institution of Civil Engineers (2008) Demolition Protocol. London, ICE.

[12] Design Quality Indicators, www. dqi. org. uk

[13] Considerate Constructors scheme, www. ccscheme. org. uk/

[14] Secured by Design, www. securedbydesign. com/

[15] Steel Construction Institute (1997) Design for Construction, SCI Publication P178. Ascot, SCI.

3 欧洲规范的荷载*

Loading to the Eurocodes

DAVID G. BROWN

本章内容包括作用的确定及其在承载能力极限状态和正常使用极限状态下的作用组合。在欧洲规范的 BS EN 1991 系列中介绍了作用，BS EN 1990 则介绍了作用的组合。在所有情况下，参考规范各卷、分册的相应国别附录尤为重要。本章反映了英国国别附录的影响——如果要在某一国家建造一幢建筑，那么就需要使用该国的国别附录。

3.1 活荷载

活荷载取自 BS EN 1991-1-1 及其国别附录。除了活荷载，BS EN 1991-1-1 还包括建筑材料的密度和储物密度。而设计人员主要关注的是楼面活荷载、最小屋面活荷载和作用于女儿墙及护栏上的水平荷载。

3.1.1 楼面活荷载

BS EN 1991-1-1 确定了四种使用类别：

A 家庭和居住活动区域；

B 办公区域；

C 人群密集区域；

D 商场区域。

所有类别都包含附加的子类——英国国别附录提供了大量的子类及示例。对于每个类别的荷载区域，活荷载分为集中荷载 Q_k 和均布荷载 q_k。对于大多数设计，集中荷载的影响非常小，只用于局部校核；一般设计情况下，常采用均布荷载。

表 3-1 中给出了最常见的活荷载分类。

表 3-1 楼面活荷载（常见类别）

类别	示 例	荷载 $q_k/kN\cdot m^{-2}$
A1	独立式单一家庭住宅或模块化的学生宿舍内的全部区域 公寓楼的公共区域（包括厨房），其层数不超过 3 层、每层只有 4 户，且共用一部楼梯	1.5

* 本章主译：刘毅，参译：刘美思。

续表 3-1

类别	示 例	荷载 q_k/kN·m^{-2}
A2	卧室和集体宿舍，不包括 A1 和 A3 类	1.5
A3	酒店和汽车旅馆的卧房、医院病房、卫生间	2.0
B1	一般办公用途，不包括 B2 类及公寓楼层公共区域的	2.5
B2	地面层或低于地面的办公区域	3.0
C31	不受人群或轮式车辆影响的走廊、门厅、过道，以及 A1 类没有包括的公寓楼的公共区域	3.0
C51	人群易于密集的区域	5.0
C52	人群密集的看台区域	7.5
D	一般的零售商店和百货公司	4.0

英国 BS EN 1991-1-1 中的国别附录（以下简称“英国国别附录”）列出了完整的使用类别及活荷载。值得一提的是，表 3-1 中（等同于以前的英国标准）给出的活荷载，通常是按密集人群来取楼面活荷载，即使是商用办公区及类似建筑的楼面也是如此，实际做法是很保守的。其实，在设计过程中不必这样保守。

英国国别附录的表 NA-4 和表 NA-5 中给出了贮存货物的活荷载，如果货物是长期贮存时，应当查阅这些附录加以考虑。尽管英国国别附录对特别的场所，如图书馆、纸张储藏室及档案室等，给出了参考指南，但表 NA-5 建议设计人员多与客户保持沟通，力求得出更为准确的荷载。

对于可移动式隔墙，BS EN 1991-1-1 给出了非常明确的活荷载值，并应与楼面活荷载叠加。标准规定可移动式隔墙分为三类，相应的等效均布荷载值，见表 3-2。

表 3-2 可移动式隔墙分类及等效均布荷载值

可移动式隔墙自重/kN·m^{-1}	荷载 q_k/kN·m^{-2}	可移动式隔墙自重/kN·m^{-1}	荷载 q_k/kN·m^{-2}
≤1.0	0.5	≤3.0	1.2
≤2.0	0.8		

3.1.2 活荷载的折减

根据荷载所作用的面积大小，活荷载可以进行相应的折减；根据楼层的层数，柱子的活荷载也可以相应折减。相关的折减系数，见英国国别附录。

3.1.2.1 荷载作用面积折减系数

荷载作用面积折减系数 α_A 为：

$\alpha_A = 1.0 - A/1000$，但 $\alpha_A \geq 0.75$

当面积超过 250m^2 时，折减系数取最大值。

3.1.2.2 楼层折减系数

多楼层的荷载折减系数为 α_n，依层数而定，n 值见表 3-3。

表 3-3 多楼层活荷载折减系数

楼层数（n）	折减系数（α_n）	楼层数（n）	折减系数（α_n）
$1 \leqslant n \leqslant 5$	$1.1 - n/10$	$n > 10$	0.5
$5 < n \leqslant 10$	0.6		

设计多层建筑的柱子时，建议采用楼层折减系数。

英国国别附录指出，如果 $\alpha_A < \alpha_n$，可以采用荷载作用面积的折减，但 α_A 与 α_n 不能同时使用。因此，对于建筑面积较大的两层或三层结构，荷载作用面积折减系数 α_A 可取为 0.75，且可先于楼层折减系数 α_n 使用，α_n 值为 0.9 或 0.8。但是，这两个折减系数不得同时使用。

BS EN 1991-1-1 第 3.3.2(2) 条给出了一个非常重要的限制性条款，来限制 α_n 的使用。假如楼面活荷载是一种伴随的作用（不是主导的可变作用），在计算承载力极限状态（ULS）的荷载时（见本章第 3.5.2 节），应采用组合系数 ψ。条款 3.3.2(2) 要求，无论是采用组合系数 ψ 还是采用折减系数 α_n，两者不得同时使用。显然，这两个系数都是表示在所有受荷载作用区域上的荷载标准值所折减的概率，因此，不得同时使用。

3.1.3 女儿墙/护栏上的荷载

作用在女儿墙和隔墙上的水平荷载，见英国国别附录中的表 NA-8。假定该荷载作用在与相邻连接部位以上不高于 1.2m 处。针对不同荷载区域类别，表 NA-8 做了相应的规定。表 3-4 中给出了较为重要的荷载区域类别，应注意，表 3-4（即英国国别附录中的表 NA-8）中不包括体育场馆看台护栏和隔墙上的活荷载（此部分必须要向有关当局进行咨询）。

表 3-4 作用在隔墙和女儿墙上的水平荷载

作用区域分类①	子类	示　例	荷载 q_k/kN · m^{-2}
B 和 C1	(iii)	人群不密集的办公区域和公共建筑	0.74
	(iv)	餐厅和咖啡厅	1.5
C2，C3，C4，D	(viii)	所有零售区域	1.5
C5	(x)	剧院、电影院、迪斯科舞厅、酒吧、礼堂、大型购物中心、集会区域、工作室	3.0
F 和 G	(xv)	停车场的步行区域，包括楼梯、休息平台、坡道、边缘或室内地面、人行道、屋面边缘	1.5

① 作用区域分类已在英国国别附录的表 NA-2 中列出。

3.2 屋面活荷载

此前的英国标准中，最小屋面活荷载的概念模糊不清，似乎是雪荷载的一部分。而在欧洲规范荷载体系下，屋面活荷载有别于雪荷载，是完全分开确定的。BS EN 1991-1-1 的英国国别附录中给出了屋面活荷载，其值依据屋面坡度而定。Q_k 为集中荷载，用于屋面材料和连接件的局部校核，q_k 为竖向均布荷载，其值见表 3-5。

表 3-5　屋面活荷载

屋面坡度(α)/(°)	荷载 q_k/kN·m^{-2}	屋面坡度(α)/(°)	荷载 q_k/kN·m^{-2}
$\alpha < 30$	0.6	$\alpha \geqslant 60$	0
$30 \leqslant \alpha < 60$	$0.6 \times [(60 - \alpha)/30]$		

表 3-5 给出的屋面活荷载，仅适用于不上人屋面，日常维护与检修除外。

BS EN 1991-1-1 的第 3.3.2(1)条规定：“屋面（尤其是 H 类屋面）活荷载，不必与雪荷载和/或风荷载（作用）进行组合。”

其含义是：(1) 屋面活荷载不应与风荷载进行组合；(2) 屋面活荷载不应与雪荷载进行组合；(3) 风荷载应与雪荷载进行组合。

3.3 雪荷载

雪荷载应按照 BS EN 1991-1-1 及其国别附录予以确定。

根据 BS EN 1991-1-3 及 NA 中的 NA.2.2 条的要求，应考虑三种设计情况：

(1) 非堆积雪；

(2) 堆积雪（在风作用下，斜坡屋面上部分积雪漂移[1]而形成堆积）；

(3) 特殊堆积雪，应视为偶然荷载（作用）。

除特殊堆积雪外，NA.2.6 已明确地将“特殊地表积雪”的可能性作为设计的前提。

应将非积雪和积雪情况作为持续（永久）性的设计工况，并按照 BS EN 1990 中式 (6-10) 或式 (6-10*a*) 及式 (6-10*b*)，与其他作用进行组合，此部分详见本章第 3.5.2 节。特殊堆积雪载是偶然荷载（作用），应按式 (6-11*b*) 与其他作用进行组合。

[1] 积雪漂移是指雪在降落过程中，或者降落到地面之后，由于气流经过地面建筑物或构筑物时，会出现绕流、再附现象，在风力作用下，雪颗粒会发生复杂的漂移堆积现象，从而造成积雪的不均匀分布（译者注）。

3.3.1 非堆积雪载

屋面雪荷载按下式计算：

$$s = \mu_i C_e C_t s_k$$

式中，μ_i 为雪荷载分布系数；C_e为暴露系数；C_t为热系数；s_k为地表雪荷载标准值；C_e和 C_t建议取值为 1.0（NA. 2. 15 和 NA. 2. 16）。

在英国国别附录中，s_k 的取值通过海拔 100m 高度处的标准地表积雪分布图（characteristic ground snow map）来确定。

标准地表积雪分布图划分为多个区域，其标准值 s_k 按下式计算：

$$s_k = [0.15 + (0.1Z + 0.05)] + \left(\frac{A - 100}{525}\right)$$

式中，A 为场地海拔高度，m；Z 为标准地表积雪分布图中的区域编号。

英格兰和威尔士的大部分地区处在 3 区。海拔高度为 150m，地面雪荷载标准值 s_k，按下式确定：

$$s_k = [0.15 + (0.1 \times 3 + 0.05)] + \left(\frac{150 - 100}{525}\right) = 0.60\mathrm{kN/m^2}$$

英格兰的部分地区及苏格兰的大部分地区处于 4 区。苏格兰本土的一些区域还处于 5 区。BS EN 和 NA 只包括海拔在 1500m 内的区域。气象局专家建议，还应对更高海拔区域的雪荷载分布进行调查。

屋面雪荷载分布系数，见图 3-1。屋面坡度小于 30°时，$\mu_1 = 0.8$。如果女儿墙或类似结构阻止了雪从屋面滑落时，雪荷载分布系数的取值不应小于 0.8。

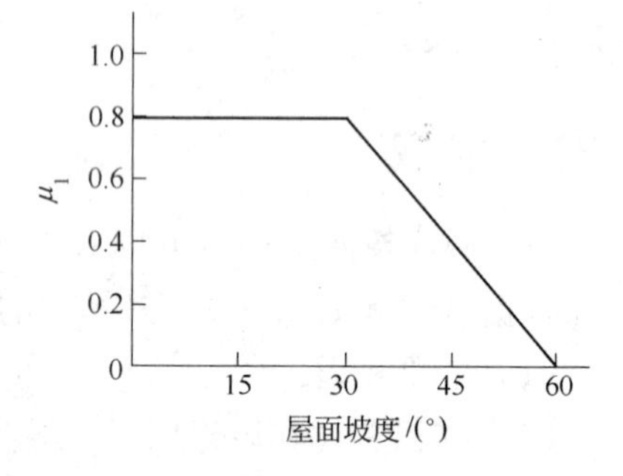

图 3-1 雪荷载体型系数——均布雪载

（取自 BS EN 1991-1-3 中图 5-1）

BS EN 1991-1-3 中第 5. 3. 5 条给出了拱形屋面的雪荷载分布系数，其值取决于拱形屋面切线的坡度。当坡度大于 60°，雪荷载分布系数为零时，对于所有切线坡度小于 60°的区域，雪荷载按均布考虑，其分布系数根据矢跨比计算，且如 BS EN 1991-1-3 中图 5-6 所示，最小值不应小于 0. 8。国别附录中规定该系数的最大值取为 2. 0。

3.3.2 堆积雪载

堆积雪载工况适用于双坡屋面，并假定雪从一个坡面一次性全部移除。需要注意的是，其雪荷载分布系数与“均布”雪荷载分布系数略有不同，见图 3-2。当屋面坡度小于15°时，$\mu_1 = 0.8$。

英国国别附录给出了拱形屋面的堆积雪的雪荷载分布系数，相关数据见表NA-2，并假设拱形屋面的一侧，雪载体形系数为零，而另一侧则按表NA-2取值。当拱形屋面的檐口和拱顶连线与水平面夹角大于15°时，就需要考虑堆积雪，这意味着对于许多低层房屋的屋面可不考虑。

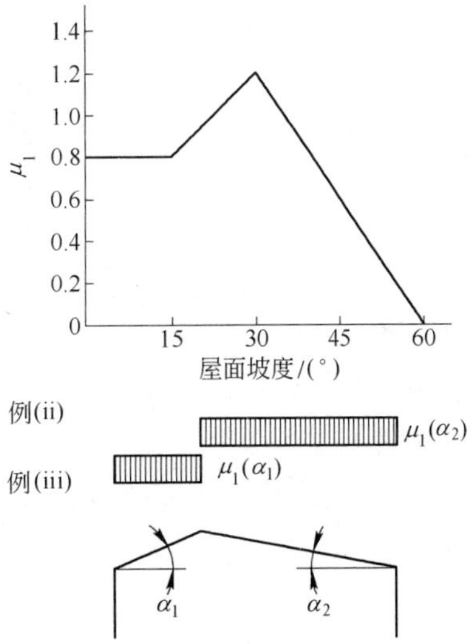

图3-2 雪荷载分布系数——堆积雪载

3.3.3 特殊堆积雪

英国国别附录在第NA.2.3和NA.2.18条中规定，应利用BS EN 1991-1-3附录B来确定特殊堆积雪载。这些堆积雪载大多发生在：

（1）多跨屋面的天沟内；

（2）女儿墙后；

（3）障碍物后；

（4）毗邻较高建筑的建筑物（因受较高建筑的影响，积雪重新分布）。

考虑特殊积雪荷载时，应先假定屋面斜坡上没有积雪；在多跨屋面的天沟里，堆积雪的数量是有限制的；一个天沟里的最大堆积雪量，取三个屋面斜坡上的非堆积雪总和（假设三个屋面斜坡面的非堆积雪量相等）；全部天沟里最大堆积雪总量，不应超过整个屋面上的非堆积雪的总量，虽然总雪量的分布方式是不对称的。如果建筑物间距小于1.5m，通常只需考虑由较高建筑向较低建筑屋面上的积雪飘移效应。

在BS EN 1991-1-3附录B1中，给出了不同情况下的雪荷载分布系数。在多跨屋面中一个天沟的常见的情况，见图3-3（该图取自BS EN 1991-1-3的图B1）。

3.3.3.1 风作用

本节风作用内容引自BS EN 1991-1-4及其国别附录。英国国别附录是一份重要文件，依据欧洲规范的核心内容做了重要的修改——参考英国国别附录是极其重要的。设计人员应使用最新版规范及国别附录；2011年1月颁布的1号修正案对屋面风压系数做出了重要调整。

PD 6688-1-4[1]包括了背景资料和补充指南。此次颁布文件（PD）中涵盖了带凹角、凹入跨、内天井、不规则表面、嵌入式表面及嵌入式楼层等建筑物的相关信息——欧洲规范中没有提供这些内容。PD也提供了墙体的方向风压系数。

[1] PD 6688-1-4为BS EN 1991-1-4及英国国别附录的背景信息及补充指南（Background Information to the Nation Annex to BS EN 1991-1-4 and additional guidance）（译者注）。

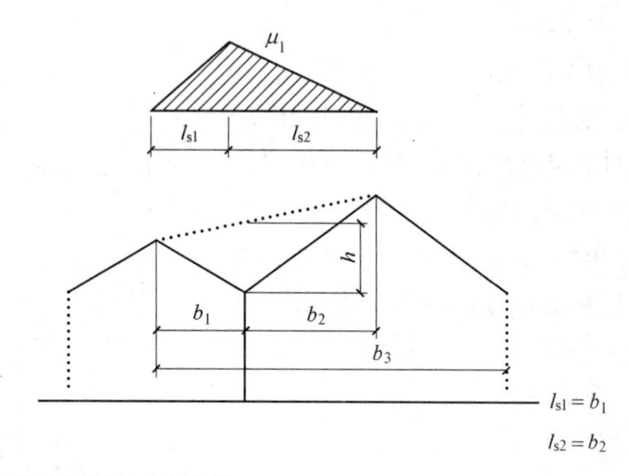

μ_1取以下三者中的最小值：

$2h/s_k$

$2b_3/(l_{s1}+l_{s2})$

5

图 3-3　多跨屋面天沟内特殊积雪的体型系数和堆积长度

3.3.3.2　总体思路

计算风载作用有多种途径可供设计人员选用。本节给出了相关的简介——后面还会有更具体的介绍。计算风载作用可分为四个阶段：

（1）计算峰值速度压力；

（2）计算结构系数；

（3）确定内部和外部的风压系数；

（4）计算风力。

通过计算峰值速度压力、结构系数、内部和外部风压系数等参数，来计算风压力。内部和外部的风压系数由欧洲规范给定。欧洲规范给出的外部风压系数是考虑了与建筑表面的法线方向两侧各 45°的扇区内受到的风载作用。在 PD 6688-1-4 中，以 15°为间隔给出了墙体的方向系数，但本手册不建议使用方向系数——标准中的系数只局限于规整结构。标准还给出了构件受风面积小于 1m^2 和大于 10m^2 时的系数，当受风面积为 $1\sim10\text{m}^2$ 时，系数采用对数内插取值。英国国别附录对此做了简化，并规定了受风面积为 10m^2 的系数为 $C_{pe,10}$，可用于任何受风面积超过 1m^2 的情况。

欧洲规范还给出了作用力系数，这有助于计算作用于结构上的荷载并考虑摩擦效应。当计算作用于支撑体系的荷载时，采用作用力系数非常方便。对于门式刚架和类似的结构来说，需要求出作用在构件上的荷载，其大小与内部风压力和外部风压力直接有关。

3.3.3.3　峰值速度压力的计算

速度峰值压力值基于下述各项：

(1) 基本风速的基础值❶;

(2) 场地海拔高度;

(3) 结构高度;

(4) 粗糙度系数，考虑当地迎风面的地面粗糙度;

(5) 地势系数，如果地形影响显著，要考虑丘陵等情况的影响;

(6) 地形，可能是乡村或城镇；如为城镇地形，由于迎风阻力的影响，峰值速度压力会减小;

(7) 到海边、城郊的距离。

以下是四种用于计算峰值速度压力的备选方法。不同的方法需要不同层次的有关场地的信息，并会涉及不同层次的计算工作，各种方法的总结，见表3-6。

表3-6　四种计算峰值速度压力方法的对比

方　法	方法1	方法2	方法3	方法4
峰值速度压力	按30°为间隔划分12个方位进行计算	场地周围360°范围内确定最复杂的因素	按90°为间隔划分4个方位进行计算	按90°为间隔且与法线方向呈±45°划分4个方位进行计算
建筑朝向	不需要	不需要	不需要	需要
计算结果	通常最简单	最繁复	通常比方法2简单	通常比方法2简单，但需要指定建筑物各立面朝向
计算量	相当大	最少	适中	适中
应　用	两个正交方向上使用相同的峰值速度压力	两个正交方向上使用相同的峰值速度压力	两个正交方向上使用相同的峰值速度压力	每个受荷面都需要使用不同的峰值速度压力
结　论	易于确定峰值速度压力，但计算量大	简单，但过于保守	推荐的方法	适用于非对称结构或敞口占主导地位的建筑

方法1

峰值速度压力可在围绕场地的12个方位上进行计算。在每个方位上，分别计算上述各项参数及峰值速度压力。然后，用最大峰值速度压力，来计算作用在构件上的压力。这种方法不需要了解结构的朝向情况。

方法2

本方法通过选用最为保守的各项参数来计算峰值速度压力。这种方法简单，得到单一的峰值速度，并以此来计算作用在构件上的压力。这种方法不需要了解结构的朝

---

❶ 可根据基本风压换算（译者注）。

向情况。

方法 3

此方法为本手册的推荐方法，考虑以 90°为一象限，并求取对峰值速度压力有影响的各个参数值中最重要的数值，这样会计算出四个峰值速度压力值，取其中的最大值，来计算作用在构件上的压力。此方法不需要了解结构的朝向情况。因为四个象限覆盖了全部 360°，各个象限的任意方向都是可以选择的。

方法 4

如果结构朝向已知，根据建筑物的各个表面来定出四个象限（方法 3）的指向，可能是比较有利的。由各个表面的法线两侧各 45°夹角的区域形成每个 90°象限。此方法需要了解建筑物的朝向，但也意味着每个建筑表面上的风作用是与峰值速度压力有关的。这种方法可用于非对称的或形状特别的结构，如明显的孔洞，在这些部位，重要的是对特定表面上的风作用进行详细了解。对于大多数规则的结构，不必使用此种方法，方法 3 完全可以满足要求。

上述各种方法中值得注意的是，在确定峰值速度压力时，必须“充分掌握”对围绕场地 360°的范围内各项参数的影响。方法 3 与方法 4 的对照，见图 3-4。

方法 3：象限可任意设置；建筑朝向未知

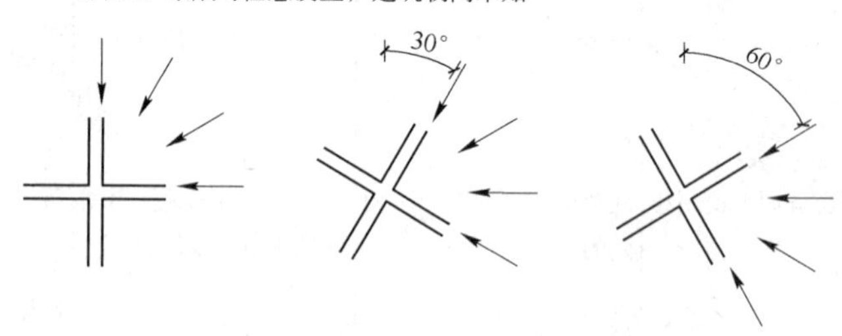

方法4：与各个表面法线呈 ±45° 组成的象限；建筑朝向已知

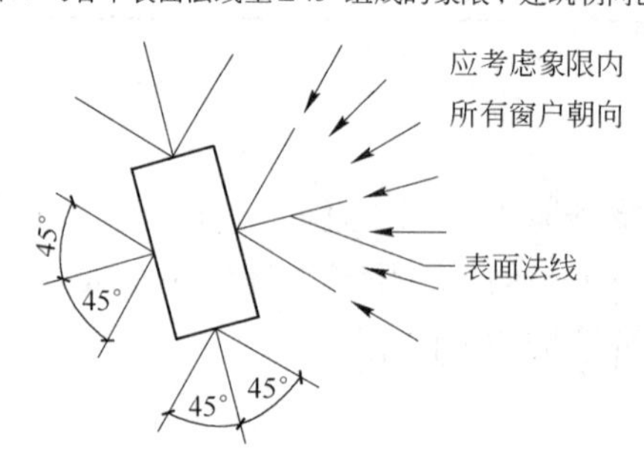

图 3-4　方法 3 与方法 4 的对照

3.3.3.4　计算峰值速度压力的步骤

（1）根据图 NA-1 给出的风速分布图来确定基本风速的基础值 $v_{b,map}$（修正前海

拔高度)。

(2) 计算海拔高度系数 c_{alt}:

海拔高度系数取决于高度 z。对 z 的定义尚未完全明确，根据 NA 的要求，z 可以采用 BS EN 1991-1-4 图 6-1 中的 z_s 或图 7-4 中的 z_e。根据参考文献 [1]，z_e 也可以用来计算速度压力。因此，在本手册中，建议采用 z_e 作为该结构的高度。在某些情况下（高度大于宽度的高大建筑），峰值速度压力可以按高度计算——见 BS EN 1991-1-4 中图 7-4。z 为所考虑的构件顶部的高度。

英国国别附录中给出了两种海拔高度系数计算公式。对于高度小于 10m 的所有建筑物，可偏于保守地按下式计算:

$$c_{alt} = 1 + 0.001A \tag{NA-2a}$$

对高度超过 10m 的建筑物，可按下式计算:

$$c_{alt} = 1 + 0.001A(10/z)^{0.2} \tag{NA-2b}$$

对于任何采用式（NA-2a）的建筑物，随着建筑高度和场地海拔高度的增加，其海拔高度系数计算结果会愈加偏于保守。对于一栋位于海拔 200m、高度为 40m 的建筑物，海拔高度系数 c_{alt} 按式（NA-2a）和式（NA-2b）的计算结果分别为 1.2 和 1.15。针对本例若采用式（NA-2a），峰值速度压力的计算结果会增加 8%。对于一栋位于海拔 100m、高度为 40m 的建筑物，采用式（NA-2a），其计算结果偏于保守会增加 4.5%。当建筑高度超过 10m 时，本手册建议采用式（NA-2b）进行计算。

(3) 计算基本风速的基础值 $v_{b,0} = v_{b,map}c_{alt}$。

(4) 确定方向系数 c_{dir}:

英国国别附录的表 NA-1 中，从正北方向开始，按顺时针方向，以 30°为一间隔给出了 c_{dir} 值。如果需要即可按计算 12 个方位的峰值速度压力（参见本章上述方法 1）。此外，c_{dir} 可简单地偏于保守取为 1.0。

确定季节系数，c_{season}。

针对一年内的特定季节，英国国别附录的表 NA-2 给出了 c_{season} 取值。若该系数小于 1.0 时，就表示在特定的几个月或一年中的部分时间内，结构都会受到风载的作用。在本手册中，建议 c_{season} 取为 1.0。

(5) 计算基本风速，$v_b = c_{season}c_{dir}v_{b,0}$。

(6) 计算基本风压，$q_b = 0.613v_b^2$。

(7) 确定峰值速度压力。在本阶段可采用两种方法：如果地势影响明显，且 z 大于 50m 时，必须采用常规方法；如果地势影响不显著，或者地势影响明显但 z 小于 50m 时，则可采用简化方法。

上述两种方法都需要了解迎风的地形条件，根据国别附录可分为以下三种类型:

1) 乡村地形，包括远离海边，但仅覆盖低矮植被和建筑稀疏的地区;

2) 城镇地形，包括城市市区和郊区，以及有永久性森林的地区;

3) 海岸地形，包括沿海地区。

简化方法

NA 中给出了两组数据——NA-7 适用于乡村地形的场地，NA-8 适用于城镇地形的场地。由于城镇的建筑密集，风由地表抬升到一定的高度，记为 h_{dis}。BS EN 1991-1-4 的附录 A. 5 给出了 h_{dis} 的计算步骤。对于乡村地形的场地，$h_{dis}=0$。计算 h_{dis} 需要了解迎风障碍物的平均高度及到迎风的障碍物的距离。A. 5 指出，在城镇地形，迎风障碍物的平均高度可取为 15m。关于到迎风的障碍物的距离，还没有明确规定，但对城市地区的结构来说，以往已假定取为 30m。

根据与海岸的距离，图 NA-7 给出了高度 z 处（或在城镇地形记为 z-h_{dis}）的暴露系数 $c_e(z)$。取决于到城镇边的迎风距离及高度 z-h_{dis}，图 NA-8 给出了城镇地形场地的修正系数。

速度峰值压力 $q_p(z)$，由下式得出：

$q_p(z) = c_e(z)q_b$　　适用于乡村地形的场地

$q_p(z) = c_e(z)c_{e,T}q_b$　适用于城镇地形的场地

当采用简化方法时，其计算过程如下。

简化方法（当地势影响不明显时，$c_o = 1.0$）：

选择地形类别：

	乡　村	城　镇
步骤 1		根据附录 A. 5 计算 h_{dis}
步骤 2	根据到海边的距离及高度 $z(h_{dis}=0)$，从 NA-7 中选取 $c_e(z)$	根据到海边的距离及高度（$z-h_{dis}$），从 NA-7 中选取 $c_e(z)$
步骤 3		根据到城镇边的距离和高度（$z-h_{dis}$），从 NA-8 中选取 $c_{e,T}$
步骤 4	$q_p(z) = c_e(z)q_b$	$q_p(z) = c_e(z)c_{e,T}q_b$

简化方法（当地势影响明显，但 $z<50$m 时）：按照上述步骤 1 到 4，来计算 $q_p(z)$。

步骤 5	根据 BS EN 1991-1-4 的附录 A. 3，计算地势系数 $c_o(z)$
步骤 6	计算 $q_p(z) = q_p(z)[(c_o(z)+0.6)/1.6]^2$

常规方法

常规方法与简化方法相比，略显复杂。当地势影响明显，且 $z>50$m 时，必须使用此方法。常规方法涉及地势系数 $c_o(z)$、粗糙度系数 $c_r(z)$ 和湍流强度 $I_v(z)$ 的确定。根据到海边的距离及高度 z（或城镇地形时取 $z-h_{dis}$），并分别按图 NA-3 和图 NA-5，选取粗糙度系数和湍流强度。对于城镇地形，应对粗糙度系数和湍流强度进行修正，并分别按图 NA-4和图 NA-6 来选用修正系数。这两个修正系数都取决于到城镇边的距离及高度 $z-h_{dis}$。

常规方法的计算过程如下：

常规方法（当地势影响明显，且 $z>50\text{m}$ 时）：

选择地形类别：

	乡 村	城 镇
步骤 1	根据 BS EN 1991-1-4 的附录 A.3，计算地势系数 $c_o(z)$	
步骤 2	根据到海边的距离及高度 $z(h_{dis}=0)$，由表 NA-3 确定 $c_r(z)$	根据到海边的距离及高度$(z-h_{dis})$，由表 NA-3 确定 $c_r(z)$
步骤 3		根据到城镇边距离和高度$(z-h_{dis})$，由表 NA-4 确定 c_{rT}
步骤 4	根据到海边的距离及高度 $z(h_{dis}=0)$，由表 NA-5 确定 $I_v(z)_{,flat}$	根据到海边的距离及高度$(z-h_{dis})$，由表 NA-5 确定 $I_v(z)_{,flat}$
步骤 5		根据到海边的距离及高度$(z-h_{dis})$，由表 NA-6 确定 $k_{1,T}$
步骤 6	由式 $v_m=c_r(z)c_o(z)v_b$，计算平均风速 v_m	
步骤 7	由式 $q_p(z)=(1+(3I_v(z)_{,flat}/c_o(z)))^2\times0.613v_m^2$，计算峰值速度压力 $q_p(z)$	

3.3.3.5 风力

风力可以使用风力系数进行计算，或根据表面风压来求得。

在这两种情况下，都要使用结构系数 c_sc_d，对于大多数传统的低层或框架结构建筑，其值可偏于保守，设为 1.0。国别附录将该结构系数分为尺寸系数 c_s 和动力系数 c_d，当受力较小时建议分别考虑每个系数。需要注意的是，系数 c_sc_d 不适用于内部风压力计算——仅对计算总体风力时（BS EN 1991-1-4 的式（5-3）和式（5-4）），以及根据 BS EN 1991-1-4 第 5.3 条的规定，计算外部风压力（BS EN 1991-1-4 的式（5-5））时适用。

根据建筑物（或构件）的宽度、高度及其所处的区域类别，由表 NA-3 确定尺寸系数。乡村地形和城镇地形区域类别分别由图 NA-7 和图 NA-8 中给出。尺寸系数主要考虑了阵风作用于建筑物外表面的非同步影响。该系数适用于单个构件或受荷载作用下的整体结构。

动力系数由图 NA-9 确定。该系数是指结构阻尼的大小，必须根据 BS EN 1991-1-4 的表 F-2，选择结构类型并确定 δ_s。根据该表，钢结构的 δ_s 值为 0.05。动力系数 c_d 可由结构的高度及其高宽比来确定。

虽然取 $c_sc_d=1.0$ 方法简单，且往往是偏于安全的，但通常为了减少计算风力，还是建议将其分成两个单独的系数。

3.3.3.6 整体风力系数

整体风力系数见表 NA-4。这些系数在验算结构倾覆、滑移，或设计竖向支撑体系时，是非常有用的。

3.3.3.7 外部风压系数

在欧洲规范中给出了关于墙面和屋面的外部风压系数。

当风在建筑物之间吹过时，会产生“漏斗”效应，其效应的大小取决于建筑物的间距。在表 NA-4 的注解中详细说明了在产生“漏斗”效应时外部压力系数的背景及取值。

对于受风面积为 $1\mathrm{m}^2$ 和 $10\mathrm{m}^2$ 的两种情况，给出了相应的风压系数值。英国国别附录规定，当受风面积大于 $1\mathrm{m}^2$ 时，均可采用 $10\mathrm{m}^2$ 时的风压系数——该系数适用于几乎所有结构设计情况。

风压系数分为多个区域，在角部区域有较大风吸力，如墙角或屋面檐口和双坡屋面的屋脊附近等部位。图 3-5 所示为墙面典型分区，图 3-6 所示为双坡屋面的典型分区。

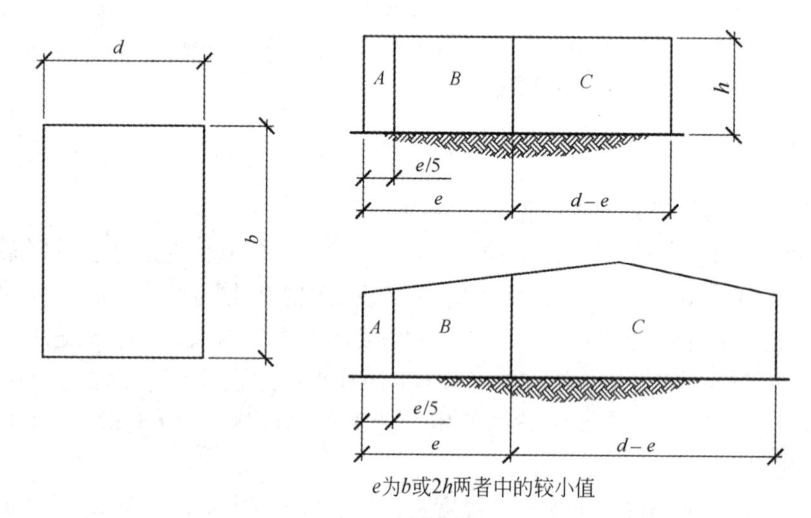

图 3-5 典型墙面分区

区域的宽度取决于 e，e 为 $2h$ 或 b 两者中的较小值，其中，h 为建筑高度，b 为建筑迎风面宽度。由于屋面与墙面的风压系数区域划分并不对应，因此在确定典型结构中单榀框架上的荷载时，会呈现复杂性。需要对确定承受最不利荷载组合的框架做出判断。对于多数低层工业建筑而言，倒数第二排框架很可能是最关键框架。

如果采用风压系数来计算整体风荷载，由于所计算的迎风面与背风面的最大风力值之间缺少关联性，国别附录允许风压系数值取为 0.85（根据 BS EN 1991-1-4 第 7.2.2(3)条），该值可以用于所有墙面和屋面风荷载的水平分量。对于坡屋面来说，如何实现将风力的水平分量分离出来，或者在计算门式刚架弯矩时是否进行折减，还尚待研究。

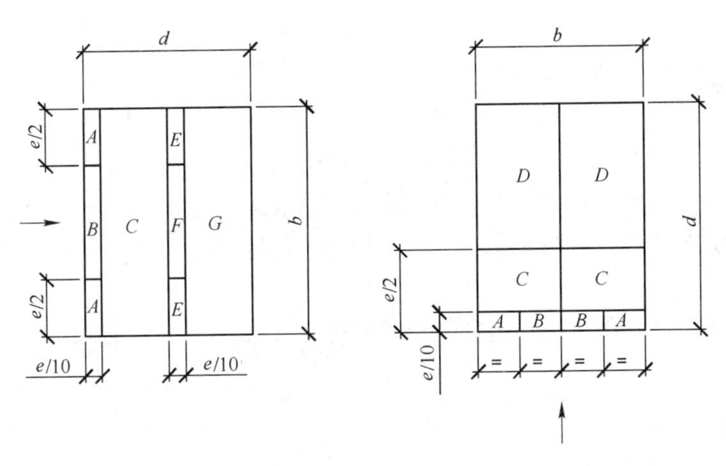

e 为 *b* 或 2*h* 两者中的较小值

图 3-6 典型的屋面分区

3.3.3.8 内部风压系数

BS EN 1991-1-4 的第 7.2.9 条规定了内部风压系数。对于敞口不占主导的建筑物，内部风压系数值由欧洲规范的图 7-13 给出，可以根据所考虑墙面的开口率来计算内部风压系数。开口率 μ 计算公式如下：

$$\mu = \frac{\Sigma(c_{pe} \leqslant -0.0\ 处)\ 敞口面积之和}{\Sigma\ 所有敞口面积之和}$$

欧洲规范中图 7-13 的注 2 建议，如果在特定情况下不可能或者无法合理确定 μ 时，c_{pi} 的取值应为 +0.2 和 −0.3。国别附录赋予了建筑选型的灵活性，如果还没有掌握更多的资料，保守的方法是 c_{pi} 取为 +0.2 和 −0.3 来确定风荷载。

3.3.3.9 敞口占主导地位

对于敞口占主导地位的建筑，内部压力或吸力会随着敞口的增大而显著增加，其敞口处的 c_{pe} 值会高达 75% 或 90%，这主要取决于建筑敞口尺寸与剩余墙面大小的比值。对在风暴来临时这些敞口可能是打开的还是会关闭的，设计人员必须做出决定。如果假定敞口是会关闭的，就必须把风作用作为偶然荷载按承载力极限状态（ULS）进行验算。在英国通常的做法是在基本风速上乘以概率系数 c_{prob}，来进行二次验算。通常取 c_{prob} 值为 0.8，因此，可使峰值速度压力降至最初值的 0.64 倍。c_{prob} 取为 0.8，是假定该计算方法可以确保在风暴来临时敞口是关闭的。

3.3.3.10 计算峰值速度压力

参见本章文末的计算实例。

3.4 偶然作用

以下三种常见的设计情况视为偶然的设计情况：

（1）堆积雪，按 BS EN 1991-1-3 的附录 B（见本章第 3.3.3 节）予以确定；

（2）假定在承载力极限状态下，占主导地位的敞口是关闭的（见本章第 3.3.3.9 节）；

（3）BS EN 1991-1-7 及其国别附录的鲁棒性（robustness）要求。

3.4.1 鲁棒性

提出鲁棒性要求是为了避免不相称的结构垮塌破坏。其设计计算有别于“常规的”设计验算且预计会出现相当大的永久变形——通常构件和连接部件的设计要基于极限强度理论。在英国，结构的鲁棒性要求由建筑法规规定。

为限制局部破坏的影响，BS EN 1991-1-7 及国别附录确定并提出了三种对策：

（1）“关键构件”的设计；

（2）设计要限制破坏发生在适度的区域内——由建筑法规规定，取楼面面积的 15% 或 $70m^2$ 两者中的较小者，直接紧邻的楼层；

（3）遵照规范规定，为结构提供令人满意的鲁棒性。

根据不同的结构类型来决定应采取的对策，建筑法规及 BS EN 1991-1-7 的附录 A 给出了重要性分类。按建筑的重要性，划分为 1、2A、2B 或 3 类四个类型。例如，1 类结构是指用途单一的结构和农业建筑，2A 类结构是指层数不超过 4 层的办公楼，2B 类结构包括办公楼和层数大于 4 层且不超过 15 层的民用建筑，3 类结构包括较大型结构、体育场馆及向大批公众开放的建筑等。

对于 1 类结构，只需按常规做法，不需要进行特殊规定。

对于 2A 类结构，必须要设水平受拉连系构件（ties）。这些受拉连系构件应沿结构周边及内部布置，并按照一定的角度与柱子连接在一起。BS EN 1991-1-7 的附录 A1 规定，至少有 30% 的受拉连系构件应紧靠柱网和墙体进行布置。受拉连系构件可以由热轧型钢、混凝土板的钢筋、钢筋网片和组合楼板中的压型钢板（如果采用剪力连接件与钢梁直接相连）等构成，或者上述各种形式的组合使用。

每个连续的受拉连系构件包括其端头连接，应能承受的拉伸荷载设计值为：

内部受拉连系构件 $T_i = 0.8(g_k + \psi q_k)sL$ 或 75kN，取两者中的较大值

周边受拉连系构件 $T_p = 0.4(g_k + \psi q_k)sL$ 或 75kN，取两者中的较大值

式中，s 为受拉连系构件的间距；L 为受拉连系构件的长度；ψ 为考虑偶然作用时，与之相关的组合值系数（ψ_1 或 ψ_2）。在缺少任何其他资料的情况下，应选用较大的 ψ 值。

如果 $g_k=3.5\text{kN/m}^2$，$q_k=5\text{kN/m}^2$，$s=3\text{m}$，$L=7\text{m}$，并假设 $\psi_1=0.5$，则内部受拉连系构件的拉伸荷载设计值为：

$$T_i = 0.8(g_k+\psi q_k)sL = 0.8\times(3.5+0.5\times5)\times3\times7 = 101\text{kN}$$

注意，如果采用 BS EN 1990 中的式（6-10）来计算承载力极限状态（ULS）内力时，则端部剪力应为：

$0.5\times(1.35\times3.4+1.5\times5)\times3\times7=128\text{kN}$，表明在规整的结构中，受拉连系构件内力通常小于端部剪力。

对于 2B 类结构，要求设置水平和竖向受拉连系构件，在移除任意柱子的情况下，还能限制结构破坏并保持在上述适度的区域内。如果该条件不能得到满足，构件必须按“关键构件”设计。

设置竖向受拉连系构件的要求会影响柱子中拼接部位的设计。拼接部位应能承担在偶然荷载作用下的拉力设计值，其值等于柱子本身承受的最大的竖向永久荷载和任一楼层传至柱子的可变荷载效应。

“关键构件”应能承受在水平方向和垂直方向上（一次作用在一个方向上）施加于杆件及任何附属部件的一个偶然设计荷载（建议取为 34kN/m^2）。欧洲规范指出，在荷载作用下，附属部件，如围护体系，应先达到其极限强度而破坏，而不是将荷载传递到主体结构、构件上。

对于 3 类结构，除满足 2B 类结构的要求外，还应对建筑物进行系统的风险评估，以考虑可预见的及不可预见的危害。通常，需要针对危害的类型制定具体规定。

3.4.2　施工过程中的荷载作用

在 BS EN 1991-1-6 及国别附录中给出了施工（建造）过程中的荷载作用。一个常见的设计工况是，风对部分安装完成的结构所产生的影响——设计人员可参考 BCSA 的出版物 No. 39/05《在大风条件下的钢结构安装指南》（Guide to Steel Erection in Windy Conditions）[2] 的相关内容。

第二个常见的设计工况是浇筑混凝土时产生的施工荷载，BS EN 1991-1-6 的第 4.11.2 条对此有相关规定。参考文献［3］建议，对整个混凝土区域，除了其自重外，要施加一个 0.75kN/m^2 的施工荷载。此外，在“施工作业区”上还要施加楼板自重的 10%，且不小于 0.75kN/m^2 的施工荷载，“施工作业区”的面积为 $3\text{m}\times3\text{m}$，位于影响最大的区域。

3.5　作用组合

BS EN 1990 给出了作用组合，各项重要系数可参见英国国别附录。BS EN

1990 涵盖了承载力极限状态（ULS）和正常使用极限状态（SLS），尽管对于（SLS）在具体的相关规范中（例如钢结构的 BS EN 1993-1-1），就其计算公式和限制条件已做出了规定。

3.5.1 承载力极限状态

BS EN 1990 规定了四种承载力极限状态：

（1）EQU，当考虑倾覆或滑移时，应进行结构验算；

（2）STR，与结构强度有关的极限状态；

（3）GEO，考虑地基强度，用于基础设计；

（4）FAT，考虑疲劳失效等情况。

在以上四种情况中，STR 是结构设计人员最感兴趣的部分，在本手册中有详细的介绍。关于其余三种承载力极限状态的相关内容，详见 BS EN 1990。

设计条件分类如下：

持续的	适用于正常使用荷载条件
短暂的	适用于结构上的临时情况，如施工期间作用的荷载条件
偶然的	作用于结构可能造成的有害影响或其薄弱部位上的异常情况，如火灾、爆炸或局部失效所产生的连续倒塌
地震	地震发生时作用于结构的荷载条件

“持续的”设计条件是最为常见的。“偶然的”设计条件包括特殊堆积雪及鲁棒性等方面的要求。在施工或翻新期间的荷载作用，可视为“短暂的”设计条件。

3.5.2 作用组合——适用于“持续的”和“短暂的”作用

BS EN 1990 中的式（6-10），给出了各种作用（不包括疲劳、地震和偶然设计条件）效应的组合：

$$\sum_{j\geqslant 1}\gamma_{G,j}G_{k,j}\text{"}+\text{"}\gamma_{Q,1}Q_{k,1}\text{"}+\text{"}\sum_{i\geqslant 1}\gamma_{Q,i}\psi_{0,i}Q_{k,i} \tag{6-10}$$

由于预应力与钢结构设计完全无关，在式（6-10）中删除了此部分内容。

在式（6-10）中：

（1）永久作用 G，乘以分项系数 γ_G；

（2）确定“起控制作用的”或“主要的”可变作用 Q，乘以分项系数 γ_Q；

（3）任何其他可变作用乘以分项系数 γ_Q，并乘以组合值系数 ψ_0。

组合值系数 ψ_0 与作用的类型有关。为此，风载作用有一个特定的 ψ_0 值，楼面活荷载则有另一个系数与之对应。其下标是重要的标识——应采用 ψ_0 值，而不是 ψ_1 或 ψ_2 值。

如果可变作用的数量不止一个，必须依次确定哪一个是“最重要的”或“主要的”可变作用，并与其他可变作用进行组合，但每个可变作用，应分别采用与之相应的 ψ_0 值。

符号“+”仅仅代表“与某某组合”，可以设想，作用的不同组合使得设计的结果会是多种多样的。

仅在 STR 和 EQU 承载力极限状态时，其作用组合的设计值可按式（6-10a）和式（6-10b）计算：

$$\sum_{j\geqslant1}\gamma_{G,j}G_{k,j}\text{"}+\text{"}\gamma_{Q,1}\psi_{0,1}Q_{k,1}\text{"}+\text{"}\sum_{i\geqslant1}\gamma_{Q,i}\psi_{0,i}Q_{k,i} \tag{6-10a}$$

$$\sum_{j\geqslant1}\xi_j\gamma_{G,j}G_{k,j}\text{"}+\text{"}\gamma_{Q,1}Q_{k,1}\text{"}+\text{"}\sum_{i\geqslant1}\gamma_{Q,i}\psi_{0,i}Q_{k,i} \tag{6-10b}$$

本手册建议使用这两个公式——其作用组合的设计值要小于式（6-10）的计算结果。通过式（6-10a）、式（6-10b）与式（6-10）的比较，可知：

（1）式（6-10a）中的“最重要的”可变作用乘组合值系数 ψ_0，使其值小于式（6-10）的计算结果；

（2）式（6-10b）中的永久作用乘系数 ξ，使其值小于式（6-10）的计算结果。

由于上述原因，采用式（6-10a）和式（6-10b）得到的作用组合设计值会小于按式（6-10）的计算结果。如果采用式（6-10a）和式（6-10b），需对两个公式的计算结果进行对比，以确定其中较大者。在实际应用中，对于大多数普通荷载，式（6-10b）会起决定作用。

作用分项系数 γ_G、γ_Q、ψ_0 和 ξ 的取值，参见英国国别附录表 3-7。

表 3-8 中给出了适用于建筑物的组合值系数 ψ_0。此外，表中也给出了系数 ψ_1 和 ψ_2 取值。

以永久作用 G 和两个可变作用——办公区的楼面活荷载 Q_f 和雪荷载 Q_s 为例，采用式（6-10），来计算各项作用组合的设计值：

$$\sum_{j\geqslant1}\gamma_{G,j}G_{k,j}\text{"}+\text{"}\gamma_{Q,1}Q_{k,1}\text{"}+\text{"}\sum_{i\geqslant1}\gamma_{Q,i}\psi_{0,i}Q_{k,i}$$

当楼面活荷载为最重要的可变作用时，则有：

$$1.35\times G\text{"}+\text{"}1.5\times Q_f\text{"}+\text{"}1.5\times0.5\times Q_s$$

当雪荷载为最重要的可变作用时，则有：

$$1.35\times G\text{"}+\text{"}1.5\times Q_s\text{"}+\text{"}1.5\times0.7\times Q_f$$

表 3-7 荷载分项系数

承载力极限状态	永久作用 $\gamma_{G,j}$		最重要的可变作用 $\gamma_{Q,1}$	其余的可变作用 $\gamma_{Q,i}$
	对结构不利时	对结构有利时		
EQU	1.1	0.9	1.5	1.5
STR	1.35	1.0	1.5	1.5

注：当可变作用对结构有利时，Q_k 值应取为 0。

表 3-8 用于建筑物的组合值系数 ψ 的取值

作 用	ψ_0	ψ_1	ψ_2
建筑物内的活荷载，类型（参见 EN 1991-1-1）			
类型 A：家庭、住宅区域	0.7	0.5	0.3
类型 B：办公区域	0.7	0.5	0.3
类型 C：人群密集区域	0.7	0.7	0.6
类型 D：商场区域	0.7	0.7	0.6
类型 E：贮藏区域	1.0	0.9	0.8
类型 H：屋面	0.7	0	0
建筑物上的雪荷载（参见 EN 1991-3）			
（1）适用于海拔高度 $H>1000$m 的场地	0.70	0.50	0.20
（2）适用于海拔高度 $H\leqslant1000$m 的场地	0.50	0.20	0
建筑物上的风荷载（参见 EN 1991-1-4）	0.5	0.2	0
建筑物内的温度（非火灾条件下）（参见 EN 1991-1-5）	0.6	0.5	0

当采用式（6-10a）时，作用组合的设计值由下式给出：

$$\sum_{j\geqslant1}\gamma_{G,j}G_{k,j}\text{ "+" }\gamma_{Q,1}\psi_{0,1}Q_{k,1}\text{ "+" }\sum_{i\geqslant1}\gamma_{Q,i}\psi_{0,i}Q_{k,i}$$

当楼面活荷载为最重要的可变作用时，则有：

$$1.35\times G\text{ "+" }1.5\times0.7\times Q_f\text{ "+" }1.5\times0.5\times Q_s$$

当雪荷载为最重要的可变作用时，则有：

$$1.35\times G\text{ "+" }1.5\times0.7\times Q_s\text{ "+" }1.5\times0.5\times Q_f$$

当采用式（6-10b）时，作用组合的设计值由下式给出：

$$\sum_{j\geqslant1}\xi_j\gamma_{G,j}G_{k,j}\text{ "+" }\gamma_{Q,1}Q_{k,1}\text{ "+" }\sum_{i\geqslant1}\gamma_{Q,i}\psi_{0,i}Q_{k,i}$$

当楼面活荷载为最重要的可变作用时，则有：

$0.925 \times 1.35 \times G" + "1.5 \times Q_f" + "1.5 \times 0.5 \times Q_s$

当雪荷载为最重要的可变作用时，则有：

$0.925 \times 1.35 \times G" + "1.5 \times Q_s" + "1.5 \times 0.7 \times Q_f$

在永久荷载和风作用 $Q_{w,up}$ 下，采用式（6-10）对结构进行验算时，作用组合的设计值由下式给出：

$$\sum_{j\geq 1} \gamma_{G,j} G_{k,j} " + " \gamma_{Q,1} Q_{k,1} " + " \sum_{i\geq 1} \gamma_{Q,i} \psi_{0,i} Q_{k,i}$$

即有：

$1.0 \times G" + "1.5 \times Q_{w,up}$

表3-9给出了式（6-10）与式（6-10*a*）、式（6-10*b*）的计算结果。算例中假定，永久荷载为3.5kN/m^2，楼面活荷载为5kN/m^2，雪荷载为0.8kN/m^2。

表3-9所示结果表明，采用式（6-10）通常是偏于保守的，而且在式（6-10*a*）与式（6-10*b*）两者中，式（6-10*b*）的计算结果是最大的。

对于只考虑永久荷载及办公区域楼面活荷载的梁（如，$\psi_0 = 0.7$），若 $\xi = 0.925$，$\gamma_G = 1.35$ 和 $\gamma_G = 1.5$ 时，式（6-10*b*）的计算结果大于式（6-10*a*），若不考虑分项系数，且当永久作用 G 大于可变作用 Q 的4.45倍时，则得到相反的结果。

表3-9　式（6-10）与式（6-10*a*）、式（6-10*b*）的应用实例

公式	最重要的可变作用	永久作用	最重要的可变作用	其余的可变作用	总　计
		已考虑分项系数的荷载值/kN·m^{-2}			
6-10	楼面活荷载	4.73	7.50	0.60	12.83
	雪荷载	4.73	1.20	5.25	11.18
6-10*a*	楼面活荷载	4.73	5.25	0.60	10.58
	雪荷载	4.73	0.60	5.25	10.58
6-10*b*	楼面活荷载	4.37	7.50	0.60	12.47
	雪荷载	4.37	1.20	5.25	10.92

注：假定永久荷载为3.5kN/m^2，楼面活荷载为5kN/m^2，雪荷载为0.8kN/m^2。

3.5.3　作用组合——适用于“偶然的”作用

BS EN 1990给出了偶然设计条件下的作用组合公式（6-11*b*）：

$$\sum_{j\geq 1} G_{k,j} " + " A_d " + " \psi_{1,1} Q_{k,1} " + " \sum_{i\geq 1} \psi_{2,i} Q_{k,i} \quad (6\text{-}11b)$$

在欧洲规范中已删除了式（6-11*b*）中的预应力项。此外，BS EN 1990的英国国别附录规定，式（6-11b）中的最重要的可变作用项应采用组合值系数 ψ_1。

常见的偶然设计条件如下：

（1）堆积雪；

（2）鲁棒性（避免不相称的结构垮塌破坏）；

（3）对占主导地位的敞口偶然打开的情况，进行验算。

3.5.4 正常使用极限状态

BS EN 1990 给出了可用于校核正常使用极限状态的三个计算公式，并指导设计人员采用相应的具体规范。对于钢结构建筑，BS EN 1993-1-1 又借鉴了国别附录的相关内容。英国国别附录规定，在正常使用极限状态下，要采用作用的标准组合。作用的标准组合公式，见 BS EN 1990 中的式（6-14b）：

$$\sum_{j\geqslant 1} G_{k,j}\text{"}+\text{"}Q_{k,1}\text{"}+\text{"}\sum_{i>1}\psi_{0,i}Q_{k,i} \qquad (6\text{-}14b)$$

英国国别附录规定，正常使用极限状态下的变形计算要采用可变作用的标准值，且不包括永久作用。因此，在英国，式（6-14b）可简化为：

$$Q_{k,1}\text{"}+\text{"}\sum_{i>1}\psi_{0,i}Q_{k,i}$$

英国国别附录还规定了主要构件的极限变形值。挠度容许值，见表 3-10。

表 3-10　建议的挠度容许值

构　件	挠度容许值
悬臂梁	长度/180
承担石膏板及脆性板材的梁	跨度/360
其他梁（檩条和墙面板的轻钢龙骨除外）	跨度/200
檩条和墙面板的轻钢龙骨	满足相应围护结构的要求

水平位移容许值，见表 3-11。

表 3-11　建议的水平位移容许值

构　件	水平位移容许值
单层建筑的柱顶，门式刚架除外	高度/300
无吊车的门式刚架建筑的柱顶	满足相应围护结构的要求
多层建筑中的每个楼层	该楼层高/300

在某些情况下，诸如对观感有特别要求时，控制在永久作用和可变作用下的绝对变形是很重要的。设计人员应认真考虑上述情况，必要时，应给予适当的计算。

3.6 设计实例

<table>
<tr><td rowspan="5">The Steel Construction Institute
Silwood Park, Ascot,
Berks SL5 7QN
Telephone: (01344) 623345
Fax: (01344) 622944
CALCULATION SHEET</td><td>编 号</td><td colspan="2"></td><td>第1页</td><td colspan="2">备 注</td></tr>
<tr><td>名 称</td><td colspan="5">钢结构设计手册</td></tr>
<tr><td>标 题</td><td colspan="5">BS EN 1991-1-4 中风载计算
峰值速度压力计算</td></tr>
<tr><td rowspan="2">客 户
SCI</td><td>编 制</td><td>DGB</td><td>日期</td><td colspan="2">2009-12</td></tr>
<tr><td>审 核</td><td></td><td>日期</td><td colspan="2"></td></tr>
</table>

峰值速度压力计算

本例演示了峰值速度压力计算的方法，场地位置为英国诺里奇东部，相关情况见下图。本例分别采用了方法1、方法2、方法3进行计算，以上三种方法均不需要了解建筑朝向。

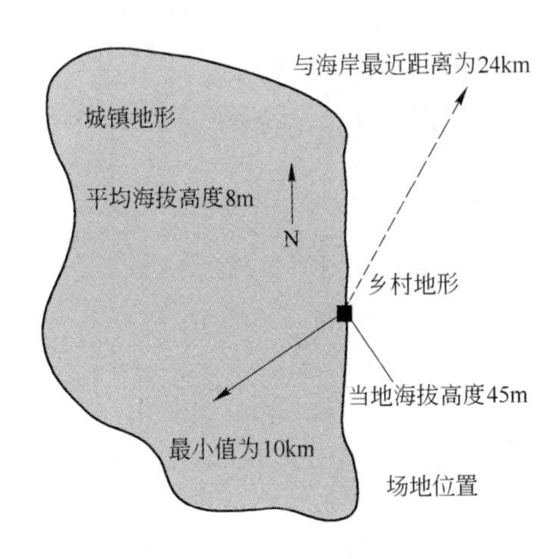

场地详细资料图

该场地详细信息：

海拔高度　　海平面以上45m

建筑高度　　27m

地形类别：

0°～180°方向为乡村地形

180°～360°方向为城镇地形——迎风物平均高度（h_{ave}）为8m，迎风物间距（x）为30m。该场地所处城镇范围，至少为10km。

与海岸最近距离为24km，且与地场方向呈30°角。

引用的计算公式、表格、图片均取自UK国别附录——简称为“NA”——其余部分取自BS EN 1991-1-4

计算实例　第2页	备　注
方法1	
该方法简单，却最为保守。	
$v_{b,map}=22.5\text{m/s}$	图 NA-1
$c_{alt}=1+0.001A(10/z)^{0.2}$	NA-2b
$c_{alt}=1+0.001\times45\times(10/27)^{0.2}=1.037$	
$v_{b,0}=v_{b,map}\times c_{alt}$	NA-1
$v_{b,0}=22.5\times1.037=23.3\text{m/s}$	
$c_{dir}=1.0$（任意方向最大值）	表 NA-1
$c_{season}=1.0$	表 NA-2
$v_b=c_{season}c_{dir}v_{b,0}$	4.1
$v_b=1.0\times1.0\times23.3=23.3\text{m/s}$	4.10 和 NA.2.18
$q_b=0.613v_b^2$	
$q_b=0.613\times23.3^2\times10^{-3}=0.33\text{kN/m}^2$	
地形：城镇，风从东面吹来	
与海岸距离：24km	NA.2.11
最小高度 $z=27\text{m}$	
$c_e(z)=3.1$	表 NA-7
$q_p(z)=c_e(z)q_b$	
$q_p(z)=3.1\times0.33=1.02\text{kN/m}^2$	
利用速度峰值压力可计算结构正交方向上的受力。	
方法2	
该方法需要了解场地周围所有的迎风地形。以330°和60°的两个方向为例，相关的数据以表格形式给出。	

330°	60°	备　注
$v_{b,0}=23.3\text{m/s}$（同上）	$v_{b,0}=23.3\text{m/s}$（同上）	
$c_{dir}=0.82$	$c_{dir}=0.73$	表 NA-1
$c_{season}=1.0$	$c_{season}=1.0$	表 NA-2
$v_b=c_{season}c_{dir}v_{b,0}$	$v_b=c_{season}c_{dir}v_{b,0}$	4.1
$v_b=0.82\times1.0\times23.3$	$v_b=0.73\times1.0\times23.3$	
$=19.1\text{m/s}$	$=17.0\text{m/s}$	
$q_b=0.613v_b^2$	$q_b=0.613v_b^2$	
$q_b=0.613\times19.1^2\times10^{-3}$	$q_b=0.613\times17.0^2\times10^{-3}$	4.10 和 NA.2.18
$=0.22\text{kN/m}^2$	$=0.18\text{kN/m}^2$	
地形：城镇	地形：乡村	
$h_{ave}=8\text{m}$		附录 A.5
$x=30\text{m}$（迎风物间距）		
$2\times h_{ave}<x<6\times h_{ave}$		
$2\times8<30<6\times8$		
$16<30<48$		

计算实例	第3页	备注

因此，

h_{dis} = 最小值（$1.2h_{ave}-0.2x$；$0.6h$）

h_{dis} = 最小值（$1.2\times8-0.2\times30$；0.6×27）

h_{dis} = 最小值（3.6；16.2）= 3.6m

与海岸距离 = 42km

$c_e(z)=2.94$（在 $z-h_{dis}=23.4\text{m}$）

与城镇中心距离 = 10km

$c_{e,T}=0.88$（在 $z-h_{dis}=23.4\text{m}$）

$q_p(z)=c_e(z)c_{e,T}q_b$

$q_p(z)=2.94\times0.88\times0.22=0.57\text{kN/m}^2$

与海岸距离 = 25km

$c_e(z)=3.10$（在 $z=27\text{m}$）

$q_p(z)=c_e(z)q_b$

$q_p(z)=3.1\times0.18=0.56\text{kN/m}^2$

备注：由图 NA-7，内插值得到；图 NA-8；NA. 2. 17

角度/(°)	0	30	60	90	120	150	180	210	240	270	300	330
$v_{b,0}$/m·s^{-1}	23.33	23.33	23.33	23.33	23.33	23.33	23.33	23.33	23.33	23.33	23.33	23.33
c_{dir}	0.78	0.73	0.73	0.74	0.73	0.80	0.85	0.93	1.00	0.99	0.91	0.82
c_{season}	1.0	1.0	1.0	1.0	1.0	1.0	1.0	1.0	1.0	1.0	1.0	1.0
v_b/m·s^{-1}	18.20	17.03	17.03	17.26	17.03	18.66	19.83	21.70	23.33	23.10	21.23	19.13
q_b/kN·m^{-2}	0.20	0.18	0.18	0.18	0.18	0.21	0.24	0.29	0.33	0.33	0.28	0.22
与海岸距离/km	32	24	25	27	34	47	73	>100	>100	>100	66	42
$c_e(z)$	3.07	3.1	3.1	3.08	3.06	3.04	3.00	2.88	2.88	2.88	2.91	2.94
$c_{e,T}$								0.88	0.88	0.88	0.88	0.88
$q_p(z)$/kN·m^{-2}	0.61	0.56	0.56	0.57	0.55	0.64	0.72	0.73	0.84	0.84	0.72	0.57

使用方法2计算峰值速度压力最大值为0.84kN/m²，而方法1的结果为1.02kN/m²。为此，利用速度峰值压力0.84kN/m²，来计算结构正交方向上的受力。

方法3

方法3，在选定象限内，确定任意方向上的相关系数。选择象限时要认真仔细，尤其是最小峰值速度压力对的象限。方法3计算的最小峰值速度压力，总是大于方法2的计算结果，但总是小于方法1的计算结果。

本例以两个象限为例，相关的计算结果以表格形式给出。假定象限为0°~90°范围，及90°~180°的范围，本例以90°~180°的象限为例。

其数据可参见方法2中的相关表格：

$v_{b,0}=23.3\text{m/s}$

90°~180°象限内 c_{dir} 的最大值 = 0.85（在180°）

$c_{season}=1.0$

$v_b=c_{season}c_{dir}v_{b,0}$

$v_b=0.85\times1.0\times23.3=19.8\text{m/s}$

$q_b=0.613v_b^2q_b=0.613\times19.8^2\times10^{-3}=0.24\text{kN/m}^2$

地形：乡村

在90°~180°的象限范围内，与海岸的最近距离 = 27km（在90°）

高度 $z=27\text{m}$

备注：表 NA-1；表 NA-2；4.1；4.10 和 NA. 2. 18；NA. 2. 11

计算实例　第4页	备　注
$c_e(z)=3.08$	由图 NA-7，内插值得到
$q_p(z)=c_e(z)q_b$	NA. 2. 17
$q_p(z)=3.08\times0.24=0.74\text{kN/m}^2$	
以210°～300°的象限作为第二个实例。	
$v_{b,0}=23.3\text{m/s}$	
210°～300°象限内 c_{dir} 的最大值 = 1.0（在240°）	表 NA-1
$c_{season}=1.0$	表 NA-2
$v_b=c_{season}c_{dir}v_{b,0}$	4. 1
$v_b=1.0\times1.0\times23.3=23.3\text{m/s}$	
$q_b=0.613v_q^2=0.613\times23.3^2\times10^{-3}=0.33\text{kN/m}^2$	4. 10 和 NA. 2. 18
地形：城镇	NA. 2. 11
$h_{dis}=3.6\text{m}$	附录 A. 5
在210°～300°的象限范围内，与海岸的最近距离 = 66m（在300°）	
$c_e(z)=2.91(z-h_{dis}=23.4\text{m})$	由图 NA-7，内插值得到
$c_{e,T}=0.88(z-h_{dis}=23.4\text{m})$	由图 NA-8，内插值得到
$q_p(z)=c_e(z)c_{e,T}q_b$	NA. 2. 17
$q_p(z)=2.91\times0.88\times0.33=0.85\text{kN/m}^2$	
数据汇总如下：	

范　围	峰值速度压力/kN·m^{-2}
30°～120°	0.57
120°～210°	0.88
210°～300°	0.85
300°～30°	0.86

按上述象限划分时，其峰值速度压力最大值为0.88kN/m²，利用该速度峰值压力可计算结构各正交方向上的受力

范　围	峰值速度压力/kN·m^{-2}
0°～90°	0.63
90°～180°	0.74
180°～270°	1.00
270°～0°	1.00

按上述象限划分时，其峰值速度压力最大值为1.00kN/m²，利用该速度峰值压力可计算结构各正交方向上的受力。

在以上算例中，方法3的峰值速度压力最大值小于方法1的计算结果，但却大于方法2的计算结果。方法3的实例表明，认真判断、选取象限，对于整个计算结果是至关重要的。

参考文献

[1] Cook N. (2007) Designers' Guide to EN 1991-1-4. Eurocode 1: Actions on struc tures, general actions Part 1-4. Wind actions. London, Thomas Telford.

[2] British Constructional Steelwork Association (2005) Guide to steel erection in windy conditions, Publication 39/05. London, BCSA.

[3] Brettle M. E and Brown D. G. (2009) Steel Building Design: Concise Eurocodes. SCI publication P362. Ascot, Steel Construction Institute.

4 单层建筑*

Single-storey Buildings

GRAHAM W. OWENS

4.1 钢材在单层建筑物中的作用

据统计，全英国约有50%的结构用热轧钢材用于单层建筑的建造，占这类建筑物总用钢量的40%左右。其余的则是以薄壁钢材经冷弯成型的檩条、墙梁、围护结构以及其他一些构（配）件。超过90%的单层非住宅类建筑都采用了钢框架结构，这充分显示了该结构形式在此领域的主导地位。钢框架结构质量相对较轻、跨度大、耐久性强、设计与建造简单快捷，且钢结构围护系统技术的迅猛发展，使得建筑师们可以设计出经济美观，满足不同功能和预算需求的各类建筑。

除了机库和展览厅，人们对于工业建筑的印象是简陋的工棚。随着零售业以及电子产品工业的发展，逐渐取代了传统重工业成为主导产业，由此，人们对于建筑造型和建筑外观有了更高的需求。

客户都希望他们建筑的布局规划在其生命周期内，具有进行多次变化的潜力，这也是建筑的投资者和实际用户所期望的。因此，建筑的主要特点应具有灵活、多变的平面布置，简单地说，就是要在考虑经济效益的前提下，尽可能地减少结构承重柱，以获得更多自由的、可调整的空间。其最大跨度能到60m，最常见的跨度在30m左右，为超市、DIY商店以及分布在英国各个城镇的诸如此类的建筑，提供了最受欢迎的结构形式。随着形状各异、色彩丰富的钢结构围护系统的发展和进步，设计人员可以创建出拥有独特个性魅力的建筑形式和风格。

新型的钢结构集约屋面系统近年来不断涌现，由于其可靠性得到了提高，在公共建筑、要求内部环境可控的智能建筑中，得到了推广应用。

结构形式可随着跨度、美学功能、与设备管道集成、成本以及建筑物功能需求的适应性等诸多因素而变化。例如，水泥生产厂房显然与仓库、食品加工厂或计算机制造厂有不同的功能要求。

图4-1给出了钢结构质量、结构形式与跨度变化的关系[1]。

娱乐、休闲产业的迅速发展给设计人员带来了挑战，最直接的如：从简单的遮盖

---

* 本章译者:关建祺。

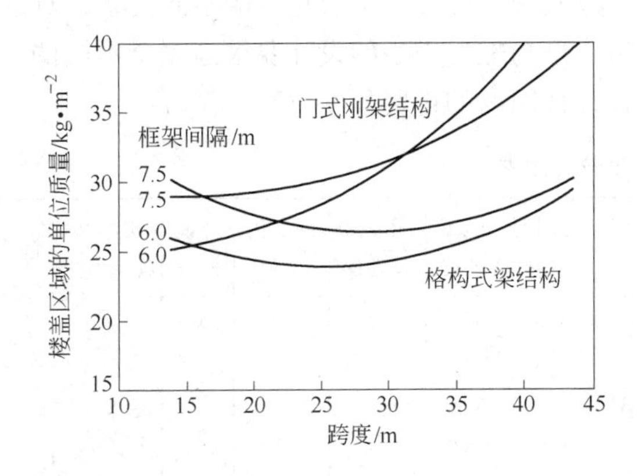

图 4-1　门式刚架结构与格构式结构的净重比较

保龄球、网球等活动场地到提供人们度假、休闲愉悦的环境；需要建造可常年提供娱乐功能且内部环境可调节的建筑，如室内水上游乐场等。

上述情况，都需要为人们进行某项特定的活动时提供一个屋盖；通过选择合适的柱距，合理使用空间，并与其经济性保持一致。常用的跨度为 12 ~ 50m，但对于机库和封闭的体育场馆来说，跨度可能要更大一些。

4.2　基于长期性能的设计

4.2.1　总体设计考虑因素

相比于商业和住宅楼宇等建筑物，单层建筑物（如大型室内空间或工业设施）的设计方案，更多的是取决于建筑物的用途和未来的空间需求。在设计环节中，虽然对工业建筑物的功能需求是主要因素，但通常受规划要求和客户品牌形象的影响，需要有建筑师的参与。

在工业建筑和大型室内空间的概念设计阶段，应根据建筑形式和用途，考虑以下的总体设计要求：

（1）空间的使用，例如，在生产设施中材料或组件搬运的具体要求；

（2）空间的灵活性，可供当前和未来使用；

（3）施工速度；

（4）环保性能，包括设备要求和热工性能；

（5）美学和视觉效果；

（6）隔声效果，特别是在生产设施中；

（7）无障碍及安保设施；

（8）可持续发展的考虑；

（9）设计寿命和维护要求，包括报废问题。

为了使概念设计得以实施，应针对单层建筑的不同类型，对这些设计因素进行检验和评析。例如，制造工厂与配送中心的设计要求是完全不同的。在表4-1中，列出了常见建筑类型中各种设计因素的重要程度。

表4-1 单层建筑物的重要设计因素

单层建筑类型	空间要求	使用的灵活性	施工速度	无障碍及安保	标准化组件	环境性能	美学和视觉效果	隔声	可持续发展	设计寿命维护和再利用
高货架仓库	√√	√√	√√	√√	√√	√	√		√	
制造工厂	√√	√√	√	√	√		√	√√	√	√
配送中心	√√	√√	√√	√√	√√	√	√		√	√
零售超市	√√	√√	√	√√	√√	√√	√√		√	√
储存/冷藏	√	√	√	√√	√	√√	√		√	√√
办公建筑和轻工制造业	√	√	√	√	√	√√	√	√√	√	√
加工设施	√		√	√√	√	√		√√	√	√
休闲中心	√	√√	√	√	√	√√	√√	√	√√	√
运动大厅	√√	√√	√	√	√	√√	√√		√√	√
展　馆	√√	√√	√	√	√	√√	√√	√√	√√	√
机　库	√√	√	√	√√	√	√	√	√	√	√

注：没有打钩＝不重要；√＝重要；√√＝非常重要。

4.2.2 使用能源最小化

在日常使用中，建筑结构因耗能所排放的温室气体，在英国温室气体中占了很大的比重，因此在《建筑法规（英格兰和威尔士）-批准文件L部分，适用于非住宅类建筑》[2]中，有关此方面的内容已经进行了修订。

修订内容概述如下：

（1）通过使用改进的U值增加保温绝热标准；

（2）引入空气渗透量指标；

（3）引入竣工验收；

（4）通过把建筑构造与供暖、制冷和空调要求进行集成，考虑建筑物的整体设计；

（5）对既有结构的材料变更实施监控；

（6）对于操作使用手册和能耗计量表的要求。

改进的U值

在《批准文件L部分》中，包含了对于建筑构造的绝热性能要求的巨大变化，这些变化将会给燃料和电力的使用带来相当的影响。

表4-2中给出了建筑法规L部分中关于屋面和墙体的U值。

表 4-2 建筑法规 L 部分中的 U 值

结 构	2003 年	2006 年	2010 年
墙 面	0.35	0.25	0.20
屋 顶	0.20	0.16	0.13

由于上述 U 值的变化，对复合的、玻璃棉和岩棉的围护墙板系统中的绝热层厚度要求已明显加大。这对支承（承重）结构上的恒荷载会产生一定的影响，而主体钢结构和附属钢结构的截面尺寸只会有很小的增加。

空气渗透量指标（单位空气渗透量）

在进行建筑物设计和建造时，空气渗透量指标是一项必须执行的强制性指标。该指标规定：建筑物内外压差为 50Pa、单位的建筑物外表面面积（$1m^2$）、在单位时间（1h）内由室外渗入的最大空气量为 $5m^3$，单位为 $m^3/(m^2 \cdot h)$。

为了达到上述指标，必须在所有相邻的建筑单元之间的接缝部位，按照指定的方法，采取有效的密封连接。

空气渗透量是通过现场气密试验测得的。当建筑物楼层面积超过 $1000m^2$ 时，试验需要使用风扇。

如果测试结果不满足要求，则要采取相应的补救措施，然后再进行试验，直到结果满足控制标准为止。

竣工验收

为了满足绝热标准的要求，有必要确保墙体构造绝热材料的技术参数都符合规范的要求。例如，在墙板与墙板之间应无明显的缝隙并尽量减少热桥；绝热层应该连续、干燥且尽可能是“未经压缩的”。

检查建筑物的绝热性能，可采用红外热成像法。该方法采用特殊设备给建筑物的外部构造层“拍照”，通过这种方法，建筑物外部构造层较“热”的区域（表明该区域绝热效果不好导致热量逸出）会出现在光谱的红色端；相反，外部构造层较“冷”的区域会出现在光谱的蓝色端。

整体建筑设计

正如本节标题所言，建筑设计应该综合考虑建筑物的各个构成部分之间的相互影响。涉及绝热材料、气密性、门、窗、天窗及供热系统等诸多因素，不能孤立地考虑，而应该考虑到它们在建筑物使用过程中的相互联系和影响。

材料更换

材料更换主要涉及在《批准文件 L 部分》修订之前、已经设计及建造好的大多数工程。

例如，若屋面或墙面围护结构需要改造时，则应该按照新建建筑的 U 值标准来设计绝热层，包括采取措施改进建筑物的气密性。

更换门窗时，应该采用符合新建建筑标准的相关产品，新建的供热系统同样也应如此。

建筑物使用手册和能耗计量表

最初，应向业主提供建筑物中采用的所有部品（件）的详细使用要求，包括基于建筑设计规范的本建筑物年度耗能预测值等。

接下来，要求房屋业主必须保留详细的维护记录，以确保建筑物中的各个部品（件）都得到适当的维护，当更换这些部品（件）时，应完全符合新的要求。

建筑物应配置能耗计量表，以便于将实际能耗与设计阶段的预测值进行比较。同时，这些计量表也能够为房屋的新业主或居住者提供详细的信息，并以此为基础对未来的能耗进行预测。

4.3　结构组成剖析

典型的单层建筑物由围护系统、附属钢结构和相关的支撑体系组成，如图 4-2 所示。

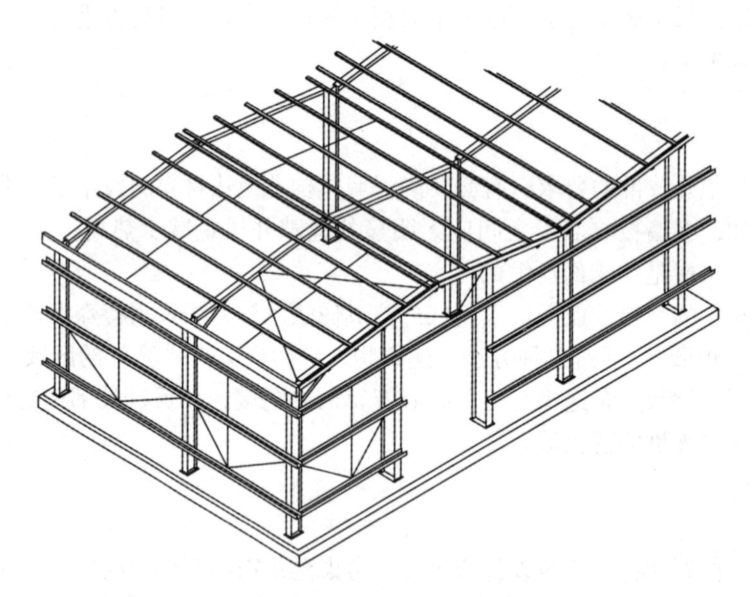

图 4-2　门式刚架建筑物的结构形式

（为清楚起见，省略了一些刚架梁支撑）

4.3.1　围护系统

围护系统应有防水、绝热、透光性能、可达性、美观，以及预算成本内的最低维

护需求，以达到最长的使用寿命。

外围护系统还应该能够承受雪荷载、风荷载以及施工和维护时的上人荷载。同时，要为檩条和墙架系统的侧向稳定提供必要的支承。此外，某些情况下，还会为结构侧向稳定提供蒙皮效应。

对于屋面和墙面围护系统，其性能要求也略有不同。

对于屋面围护系统而言，遮风挡雨是首要功能，随着对小坡度屋面建筑需求的不断增加，这方面问题愈加突出；而对于墙面围护系统来说，则需优先考虑美观要求。

三十多年来，以钢板或铝板为基板的金属围护系统一直是屋面和墙面最常用的形式。

单从价格方面考虑，钢基板比铝基板围护系统会更经济一些，加之钢材热膨胀系数比铝小，所以实际应用中钢基板围护系统更有优势。然而，钢基板易受腐蚀，需靠表面涂层来保持其防腐性能；相比特殊情况，采用铝基板可能会更好满足要求。

4.3.1.1　围护系统材料

下面列出了由塔塔钢铁（Tata Steel）❶ 生产的用于钢基板的几种内、外涂层的详细情况：

基板—钢材

Galvatite，热浸镀锌钢，符合 BS EN 10326：2004 要求。钢材等级 Fe E220G，镀锌层 Z275（最大的镀锌层质量为 $275g/m^2$）。

Galvalloy，热浸合金镀层钢板（95% 锌，5% 铝），符合 BS EN 10326：2004 要求。钢材等级 S220 GD + ZA，锌铝合金镀层 ZA255❷。

镀层—外侧

Colorcoat Prisma——有机涂层厚 50μm，提供 25 年保证期。

Colorcoat HPS200 Ultra——在 Galvalloy（参见上文）的迎风面上，涂层厚 200μm。提供了优越的耐久性、色彩稳定性和耐腐蚀性。

Colorcoat PVDF——在 Galvatite（参见上文）上，烤氟碳涂层厚 27μm。提供了优良的色彩稳定性。

Colorcoat Silicon Polyester——在 Galvatite（参见上文）上，加涂硅酮聚酯涂层。经济，耐久性能中等，应用广泛。

---

❶ 塔塔钢铁集团内包括塔塔钢铁有限公司（印度）、塔塔钢铁欧洲有限公司（前身为 Corus 公司）、大众钢铁和塔塔钢铁泰国（原千年钢铁）（译者注）。

❷ 连续热浸镀锌（Z）、镀锌铁合金（ZF）、镀锌铝合金（ZA）、镀铝锌合金（AZ）和镀铝硅合金（AS）（译者注）。

镀层—内侧

Colorcoat Lining Enamel——涂层厚 22μm，瓷釉内衬，亮白色，表面易清洗。

Colorcoat HPS200 Plastisol——涂层厚 200μm，涂层着色塑料溶胶涂层，适用于腐蚀性环境或室内高潮湿环境。

Colorcoat Stelvetite Foodsafe——涂层厚 150μm，含化学惰性聚合物，适用于冷藏库和食品加工产业相关厂房。

可通过以下网址浏览完整系列的彩钢板产品：http：//www. colorcoat-online. com/en/products。

应该注意的是，现在人们越来越重视建筑物的生命周期成本，而建筑围护系统对此影响显著。对建筑物的业主来说，廉价的围护系统设计方案在项目初期可能花费较少，但到建筑物生命周期的后期，运营、维护费用会抵消甚至超过在之前所节省的成本，而经合理优选的围护系统不仅可以减少供热成本，还可以减低建筑物的碳排放。

4.3.1.2 围护系统种类

建筑物外围护结构可采取多种形式，最常用的有以下几种。

单层压型板

单层板广泛应用于保温性能要求不高的农业、工业建筑。通常可以用于最小坡度接近 4°的斜坡屋面，只要小坡度屋面的搭接和密封胶符合相关的要求。单层板直接固定在檩条和外墙龙骨或墙檩上，如图 4-3 所示，并且对檩条和外墙龙骨形成了实际约束。有时，绝热材料就直接浮搁在单层板的下面。

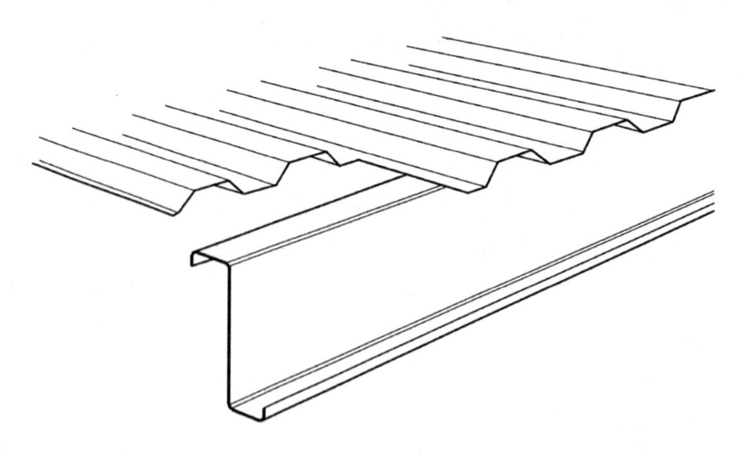

图 4-3 单层压型板

双层压型板系统

双层压型板屋面或复合板屋面系统，通常采用钢制的内层压型板（底板）与檩

条紧固，上设间隔系统（塑料垫片和间隔件或者龙骨和支架间隔件），铺设绝热层和外层压型板。由于外层压型板和内层板（底板）之间的连接可能没有足够的刚度，因此必须合理选择底板和紧固件，对檩条提供必要的约束。图4-4中给出了这种采用塑料垫片的施工形式。

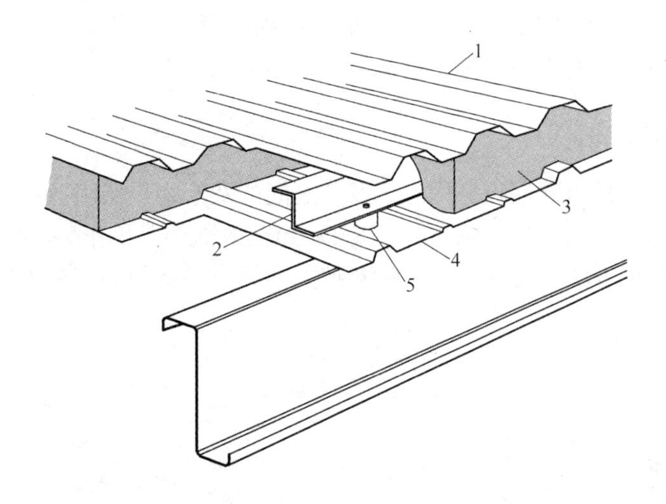

图4-4 双层压型板系统，采用塑料垫片和Z形龙骨

1—外层板；2—Z形龙骨；3—绝热层；4—内层板（底板）；5—塑料垫片

当绝热层厚度增加时，可采用“龙骨和固定支架”的解决方案，为檩条提供更大的侧向约束。该系统的做法，见图4-5。

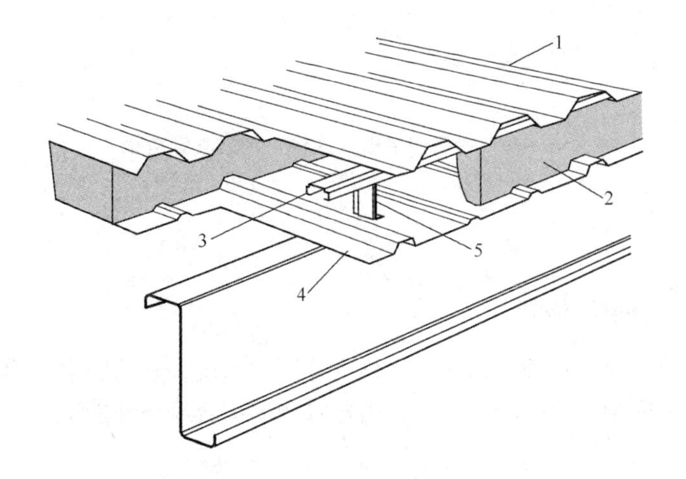

图4-5 双层压型板系统，采用“龙骨和固定支架”的间隔件

1—外层板；2—绝热层；3—龙骨；4—底板；5—固定支架

内层板（底板）的接缝能够保证足够的密封，以形成密闭的边界。此外，应在内层板（底板）的上方，铺设不透气膜（防渗膜）。

直立锁边（压型）板

直立锁边（压型）板隐藏了紧固件，其固定长度可达30m。其优点是屋面板安装速度快、不直接穿透压型板，从而可以避免漏水。紧固件是以扣件的形式把屋面板拉住，但允许沿板的纵向滑动。其缺点是与常规的紧固系统相比，对檩条的约束偏小。如果对底板紧固的方法正确，就能够保证足够的约束。

复合板或夹芯板

复合板或夹芯板由外层板、内层板及其之间的发泡绝热层组成。由于夹芯层与钢制面板之间的组合作用，复合板的适用跨度会比较大。可采用直立锁边（见图4-6）或直接固定等两种方法，每种固定方法对檩条的约束是不同的，具体情况应向制造商咨询。

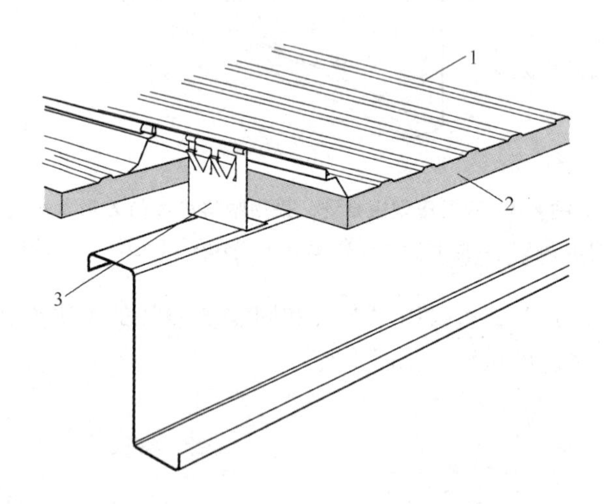

图4-6　带有内层板（底板）的直立锁边板

1—外层板；2—绝热层；3—专用连接件

4.3.2　次级（辅助）构件

在一般的单层建筑物中，由次级构件支撑围护系统，并将荷载传递给钢结构主体刚架。一般刚架间距为5～8m，其主要由建筑物的综合经济性能决定，常用的间距为6m和7.5m。

对于按经济性进行优化设计的主体刚架而言，综合考虑了围护系统性能、施工条件和对刚架的约束要求等诸多因素，檩条和龙骨的间距一般应取1.5～2m。

在这个范围内，采用冷弯薄壁型钢构件是最经济的方案，构件具有专门的截面形式和尺寸由数控（CNC）轧机加工而成。这种方案具有很高的效率，因为运送到工地的构（部）件都是按照实际要求加工预制的，从而减少了制作和安装的时间，并

且避免了材料的浪费。由于冷弯型钢需求量多，生产厂商开发出了各种高效的截面形式，并对这些截面进行了大量的试验研究。截面主要分为三种类型：即Z形钢、改进型Z形钢和Σ形钢，如图4-7所示。

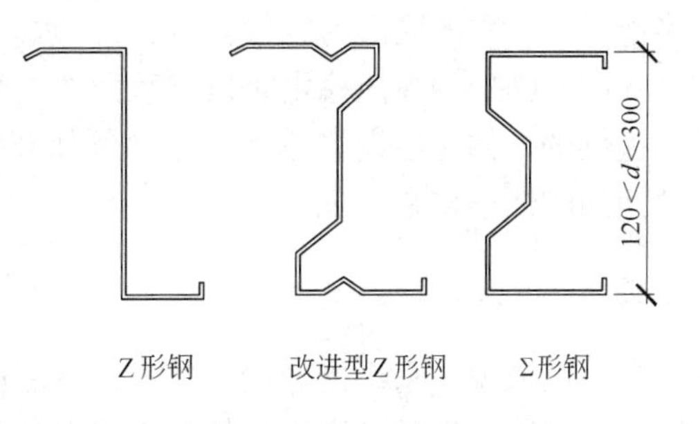

图4-7　檩条和刚架的常用截面形式

Z形钢是最先得到应用的一种截面形式。这种截面有利于发挥材料的性能，但主要缺点是截面主轴与腹板是倾斜的。如果对腹板平面内受到的弯矩作用不加限制，就会产生出平面位移；如果对位移进行约束，那就会产生出平面的作用力。

对于复杂截面形式的冷弯型钢，应采用轧制而不是折弯成形生产。英国的一个特点是，冷弯型钢市场由相对少的生产商占有，而每个厂家的生产量较大，需要使用先进的制造技术，来提供具有竞争力的产品和服务。

由于建筑物的屋面坡度变得越来越小，已经开发出了改进型Z形钢，这种截面的主轴相对于腹板的倾角更小，整体性能更佳。另外，由于引入了加劲肋，材料利用效率得到进一步提高。

Σ形钢截面的剪切中心与荷载作用线近似一致，所以更利于承载。已经有生产商轧制出了该截面形式的第三代产品，非常经济。

4.3.3　主体结构

单层建筑物按基本结构形式可简单分为几类，见图4-8。图中给出了各种建筑物的概念性结构简图，现对各种结构类型的基本设计概念叙述如下。

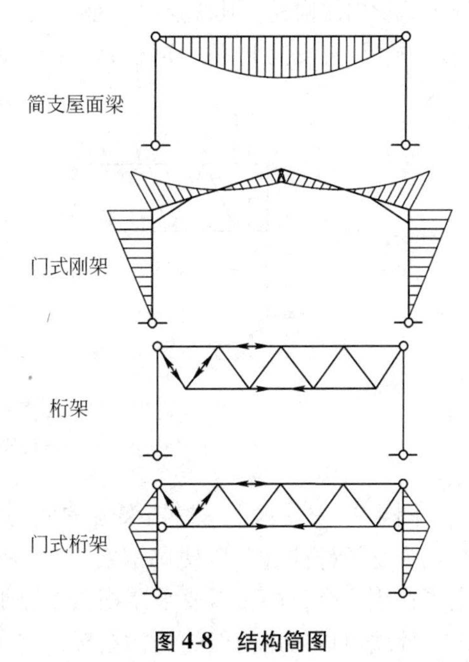

图4-8　结构简图

简支屋面梁

跨度通常较小，最大约15m，屋面梁可能要采取起拱措施。在屋面和建筑物的所有立面，均需设置支撑，来保证结构在平面内和纵向的稳定性。

门式刚架

门式刚架是以抗弯连接来保证平面内稳定的刚接框架。门式刚架可以是单跨或多跨，构件通常为普通的轧制型钢，可以通过局部加设梁腋来提高屋面梁的承载力。在许多情况下，刚架底部为铰接。

门式刚架的纵向稳定是由其屋面的一端或两端开间设置的屋面支撑、垂直支撑共同提供的。如无法设置垂直支撑（例如开间内有大门），则其稳定性需要通过刚架构件间的刚性连接来实现。

桁架

一般来说，采用桁架的建筑应设置屋面支撑并在各个立面设置垂直支撑，以提供两个正交方向上的稳定性。桁架可采取各种形式，以适应不同的屋面坡度。

虽然平面内桁架可以设计成刚性，但更常见的是采用支撑来稳定。

其他结构形式

经常采用组合柱（两根普通的梁式构件相连形成组合柱）支承如吊车一类的重型荷载。这类构件可用于门式结构，但其柱脚多为刚接，并且设有支撑以确保其平面内的稳定性。

在本章第 4.4 节中将对不同类型的主体刚架结构设计进行更详细的讨论。

4.3.4　抗侧移承载力

大多数常见形式的刚架都可在其平面内抵抗侧向力。而至关重要的是刚架还应能抵抗平面外的作用力，这部分作用力通常是由水平和垂直支撑桁架传递给基础的。在屋盖平面内的水平支撑桁架一般有两种形式，见图 4-9*a* 中的水平支撑桁架通常由能受拉或受压的管构件构成。其优点之一是，在安装阶段可先安装有水平支撑桁架的开间，并进行对中、调直及找平，这样就为后续的构件吊装提供了一个可靠的施工平台。

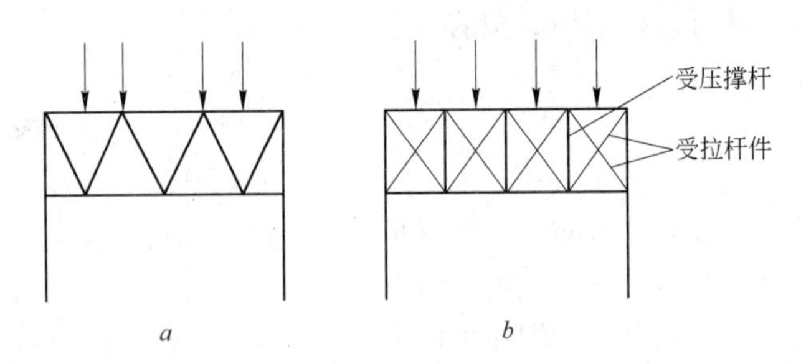

图 4-9　屋面支撑

a—桁架 1；*b*—桁架 2

图 4-9*b* 中的水平支撑桁架通常使用材料较少，但要求构件数量较多。其交叉构件均为受拉杆件（可以使用钢索），而垂直撑杆采用最小有效长度的受压杆件。有时为了达到这个目的，需要采用檩条予以加强。

外墙可以采用类似的结构布置，将外荷载传递到基础上。当水平支撑桁架和垂直

支撑不在同一开间时，要注意提供可靠的构件连接。

在本章第 4.7 节中将会对支撑进行详细讨论。

4.4 荷载

在本手册第 3 章中，介绍了 BS EN 1991 的总体使用情况。下面将针对单层建筑物的一些具体问题进行归纳和总结。

4.4.1 外部重力荷载

重力荷载中最主要的是雪荷载。

目前，曲面和多跨斜坡屋面结构或者拱形屋面结构已成为单层建筑物的设计趋势，这类建筑还往往带有檐口和女儿墙，对此，设计人员必须充分考虑其荷载组合工况的增加。除了屋面有高度突变的地方，在多跨屋面的天沟或女儿墙附近，应仔细考虑积雪漂移而形成的堆积雪效应。由于在最大堆积雪位置，雪荷载强度要远远超出最低基本均匀雪荷载值，因此在设计刚架及支撑屋面板的檩条时，均须考虑积雪漂移而形成的堆积雪载工况。

在实际设计中，设计人员通常采用均布荷载来设计檩条，从而得到具体的构件截面高度和厚度。在有堆积雪的区域，设计人员可以保持构件截面尺寸不变，但在局部减少檩条间距。然而，有时也可以保持檩条高度不变而增加其壁厚。檩条壁厚增加意味着檩条强度增大，同时在采用厚壁檩条时，其间距可以大于薄壁檩条的间距。可是，在现场很难用肉眼区分檩条壁厚，从而出现檩条误铺的情况。因此，应充分考虑现场施工的各种因素，尽量降低施工误差。

多年来，主要的檩条制造商已简化了堆积雪荷载计算及檩条设计，其中大部分制造商还提供了免费的、最先进的快捷设计软件以供使用。

4.4.2 风荷载

风荷载对单层建筑物有相当大的影响，加之荷载本身复杂，很可能对建筑物的设计结果产生影响。正如本手册第 3 章中所讨论的，设计人员是采用精确、复杂方法，还是采用简化方法来确定风荷载，还需谨慎选择。因为，后者可以简化设计过程，但得出的风荷载值会偏于保守。

4.4.3 内部重力荷载

按照习惯做法，在总体的“雪”荷载中已经包括了照明等设备荷载。随着使用功能需求的增加，有必要仔细考虑设备的附加荷载。

大多数檩条制造商都会为其产品提供专用挂钩，以方便用户吊挂重物之用。在设计用于吊挂设备管道和喷淋装置部位处的檩条时，通常取一个大小为0.1～0.2kN/m^{2}的总体设备荷载。考虑到荷载在传递时会有减小，在计算主体刚架时对此可做适当折减。制造商必须将檩条的吊挂荷载作为专门课题进行单独处理。由于檩条对荷载强度相当敏感，虽然荷载值看似很小，但从局部来看这可能已占了相当大的比重，为此，还应派专人对吊挂荷载进行实际评估。

4.4.4 吊车荷载

最常见的吊车类型是桥式吊车，吊车在吊车梁上运行。吊车梁支承在牛腿上，当吊车吨位较大时，会采用双肢柱支撑的形式。

除了吊车自重及其吊重外，还必须考虑吊车加速和减速的影响。对于简易吊车，可采用拟静力法，乘以一个动力系数来加大吊车荷载。

对于重型、高速或多台吊车的情况，其吊车荷载需要参考制造商的资料进行专门计算。

吊车不断移动会引发疲劳问题。然而，这仅限于局部支承吊车的区域，即吊车梁本身、牛腿和与柱子的连接处。由于吊车移动导致的应力水平相对较低，因此在设计整体框架时，通常无需考虑疲劳问题。

4.5 常见的主体结构类型

在本节中，将对本章第4.3节中介绍的常见结构形式进行更详细的讨论，着重强调一些设计中的特殊问题，包括如何使用欧洲规范等。

4.5.1 梁和柱

概述

图4-10所示的建筑物剖面，是一个可用于单层建筑物的最简单的结构方案，主要用于跨度小于15m的平屋顶建筑。其刚架由标准规格的热轧型钢组成，节点可采用简支连接（铰接）或刚性连接（刚接）。

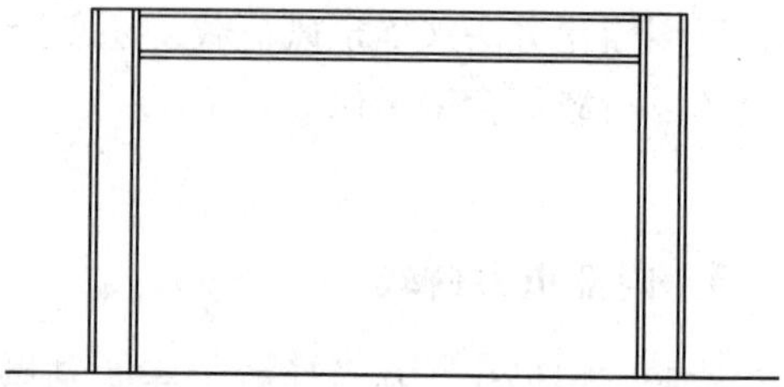

图4-10 最简单的单层建筑结构

平屋顶非常不利于防水，因为水平横梁的挠曲会引起屋面下陷，从而使雨水在屋面积存，这就会在传统屋面板的搭接处以及外层屋面防水材料的薄弱部位引发雨水渗漏。为了避免这种情况发

生，让雨水及时从屋面排走，可以采取横梁预起拱，形成一定的坡度以便于排水（结构防水），或者屋面板本身起坡来保证屋面雨水的排放（构造防水）。

为了将挠度控制在一定范围内，构件截面往往会比按强度控制时大，尤其是在横梁简支的情况。最简单的形式是在柱之间架设横梁，当承受重力荷载时，除了因梁连接偏心在柱的顶端引起少量弯矩之外，柱子主要承受压力。横梁因重力荷载作用而受弯，受压翼缘会受到支承屋面板的檩条的约束，或者受跨越主体刚架的屋顶平台板的约束，这时刚架和屋面平台板的连接必须足够牢靠。当框架受平面内风荷载作用时，可将柱子看成竖向的悬臂构件。

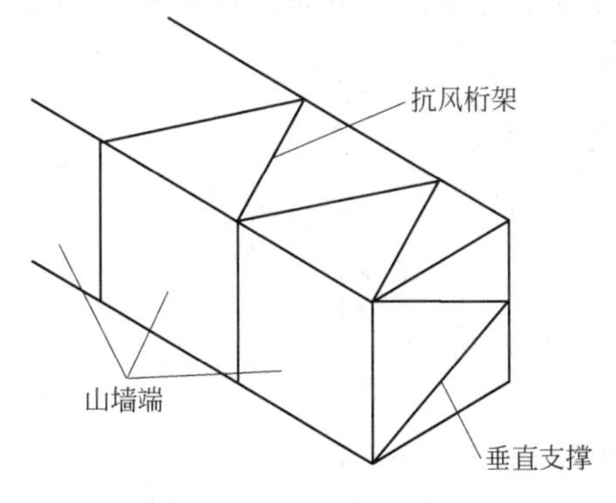

图 4-11　简单抗风支撑体系

可以通过设置纵向抗风桁架来承受侧向荷载，通常将抗风桁架设于横梁的全高。抗风桁架将荷载从柱顶传递到垂直支撑，然后再传给基础。支撑体系一般按铰接框架设计，与主体刚架连接按铰接考虑，图 4-11 为典型的抗风桁架布置图（为清晰起见省略了檩条）。

在采用梁、柱结构的建筑物中，通常在竖向平面内会有砌体围护结构。通过对砌体构造进行仔细的设计，砌体可以提供垂直侧向支撑的功能，其作用类似于多层建筑物中的剪力墙。

对于侧向荷载的承载力也可以通过以下措施来实现：将梁柱节点设为刚接，或将柱子设计成柱脚为固端的悬臂构件。在下面的有关桁架和立柱框架体系的章节中，对此会做详细讨论。

根据欧洲规范设计

根据欧洲规范对梁、柱结构进行详细设计并不困难。单层框架结构的稳定问题将作为多层框架稳定的一个特例，将在本手册的第 5 章中进行讨论。梁、柱及其连接将分别在本手册的第 16 章、17 章、25 章和 27 章中论述。

4.5.2　桁架和立柱

概述

桁架和立柱体系，实际上是梁-柱结构方案的延伸，它能比较经济地实现跨度的增加。

典型的桁架形状如图 4-12 所示。

承受较轻荷载的桁架，其腹杆通常为热轧角钢，弦杆为

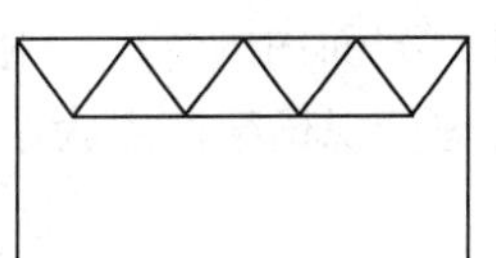

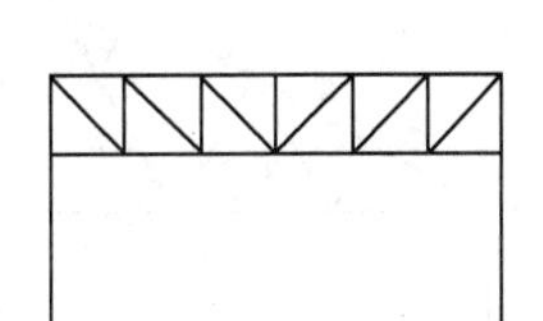

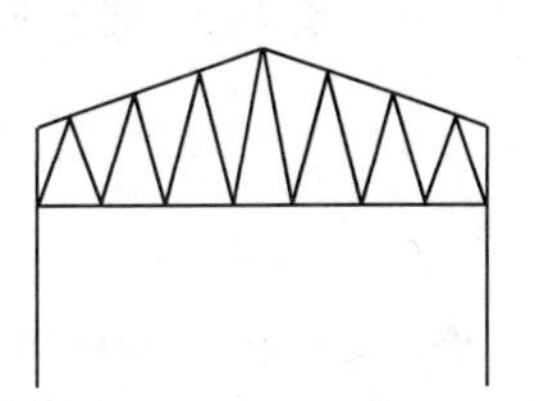

图 4-12　桁架形式

T形钢，这样易于连接而无需使用节点板。对于承受较大荷载的桁架，其杆件采用通用型钢梁、通用型钢柱及热轧槽钢，采用大型节点板连接。

特殊考虑

有时由于平面使用要求，需要交替抽去柱子。此时，通常需要设置大跨度托架梁，中间桁架承受的重力荷载通过托架梁传到柱上，然后传至基础。中间桁架将侧向荷载传到垂直支撑点，实际上可以将纵向支撑视为竖向的悬臂结构，如图4-13所示。相邻的钢架设计时需要考虑由此引起的附加荷载。

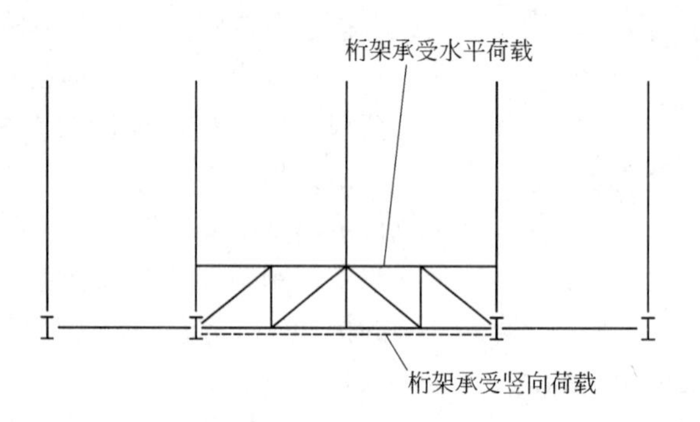

图4-13　抽取边柱处的附加桁架

现对图4-14所示的桁架、立柱构成的框架结构进行分析，基本假定是桁架的全部节点均为铰接，即不能承受弯矩。在对框架结构进行计算机分析或手算时，要建立计算分析模型，考虑各种荷载工况，并假定荷载均作用于节点。从图中明显可见，檩条的位置与桁架节点❶并不一致，所以必须考虑由此引起的刚架梁（即桁架的上弦杆）截面内的弯矩。对刚架梁进行受力分析时，对屋脊至檐口间的部分按连续杆件考虑，视桁架节点为刚架梁的支座，檩条位置作为荷载作用点，如图4-15所示。

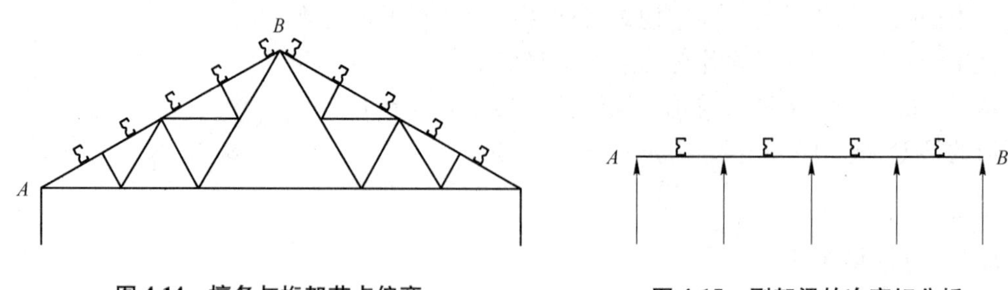

图4-14　檩条与桁架节点偏离

图4-15　刚架梁的次弯矩分析

↑—屋架梁；Σ—荷载作用点

---

❶ 原文中使用了RAFTER一词，在现代建筑中椽子已不再使用，而仅限于传统的木结构建筑中。而RAFTER的英文释义为：ONE OF SEVERAL PARALLEL SLOPING BEAMS THAT SUPPORT A ROOF，即用于支承屋面的，互相平行的梁构件（译者注）。

进行刚架梁设计时，要同时考虑轴向荷载和弯矩的作用；而桁架的腹杆和下弦杆件设计则只需考虑轴向荷载作用。

分析

运用结构计算软件时，工程师可以快速地进行各种荷载组合条件下的分析计算。一般来说，永久荷载、活荷载和风荷载这几种荷载工况需要单独计算，然后进行各种荷载组合，来确定对应于每个构件的最不利荷载工况。大多数计算软件都会提供桁架在全部荷载组合条件下的内力包络线，给出每个构件的最大拉力和压力，从而可以实现桁架构件的快速设计。

平面外支撑

在重力荷载作用下，桁架的下弦杆受拉，上弦杆受压。为了减小受压构件的长细比，需要沿其长度方向提供侧向约束，在单层结构中通常是由支承屋面板的檩条来提供这个约束。当荷载反向时，下弦杆受压，则必须对其进行约束。约束下弦杆的一个典型措施是，沿着建筑物的纵向增设系杆，系杆的间距必须保证下弦杆满足相应受压构件长细比的要求，其两端受下弦横向支撑的约束。另一种措施是在下弦杆和檩条之间设置压杆，类似于门式刚架中约束轧制型钢受压翼缘的隅撑。所有约束杆件的截面尺寸，是与所约束构件中的压力大小直接相关的，该压力通常表示为弦杆中压力的百分数。值得注意的是，当压杆支承在薄壁型钢檩条上时，需考虑薄壁材料的承压问题。图 4-16 所示为所采用的约束措施。

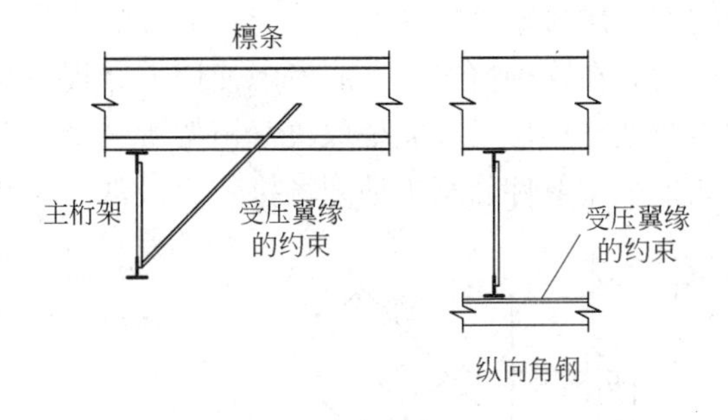

图 4-16　对下弦杆的约束

连接

假定所有节点均为铰接，即同一节点所有构件的形心轴交于同一点。但实际结构往往并非如此，在桁架结构中经常会出现因实际约束条件及安装误差等因素引起的构件偏心。这种偏心会产生节点的次弯曲应力，必须在相关构件的两端进行局部受弯和轴向荷载作用下的承载力验算，并且在节点设计中也应考虑这个因素。典型的桁架节点见图 4-17。

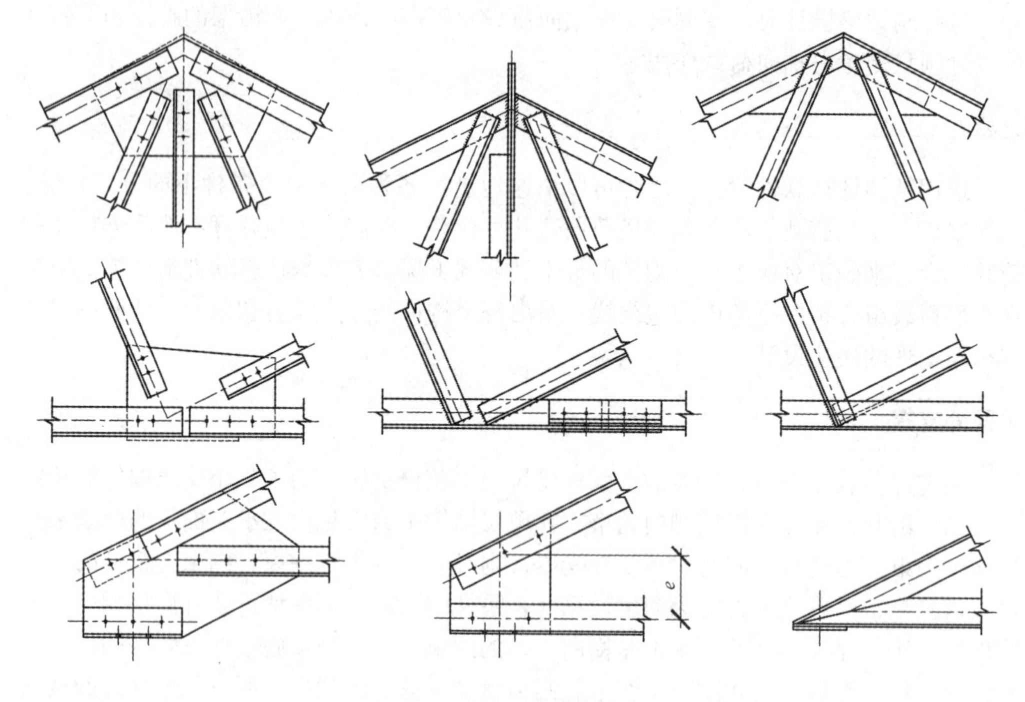

图 4-17 桁架中的典型节点

常用的方法是算出每个节点由构件偏心引起的净弯矩，然后根据与节点相连的各个构件的刚度，将该弯矩按比例进行分配。

对于受力较大的构件，次弯矩可能会产生相当大的影响，其构件截面尺寸会比只考虑轴力作用时明显增大。在这种情况下，应考虑使用节点板，来保证节点处的构件不会偏心，见图4-18。桁架连接形式，完全取决于桁架所受荷载大小和构件的截面尺寸。对于轻型桁架，如果采用散件运至工地现场拼装，最常用的是直接焊接，桁架的

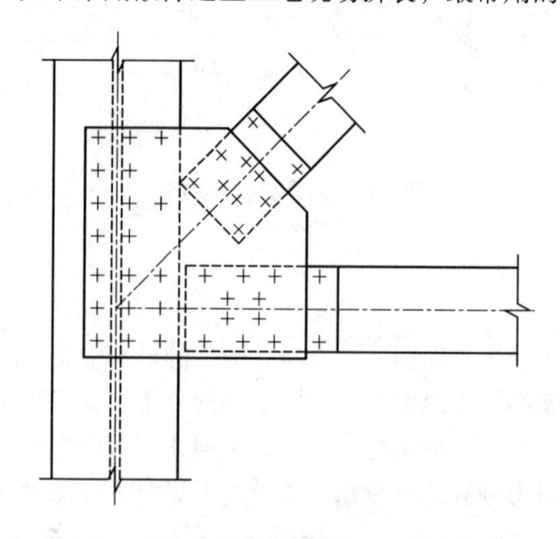

图 4-18 所有构件形心轴交汇一点的理想节点

弦杆拼接可采用螺栓连接。对于重型桁架，可采用节点板连接，焊接、螺栓连接或栓焊混合连接。一般来说，连接形式可由桁架制作商根据具体情况确定。

支撑体系为建筑基础提供了纵向稳定性，并承担了一定的荷载，如图 4-19 所示，这些支撑体系常用于建筑的端部。更多关于温度方面的考虑，请参见本手册第 31 章。

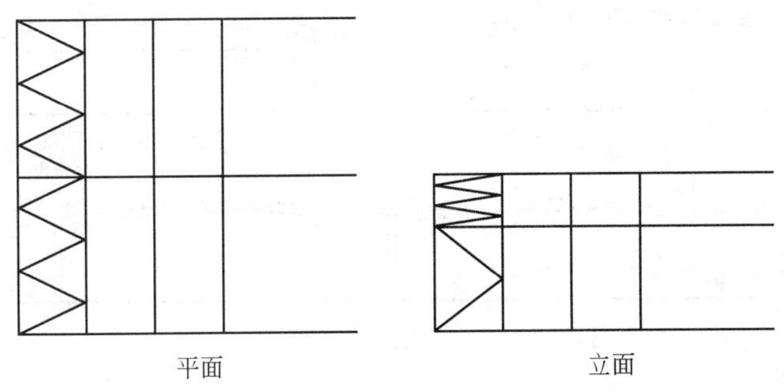

图 4-19　山墙端支撑体系

根据欧洲规范设计

根据欧洲规范对桁架和立柱结构进行详细设计并不困难。其整体稳定性问题可以采用与多层建筑物相似的技术方法来解决，详见本手册第 5 章的相关内容。桁架、立柱以及连接将分别在本手册的第 16 章、20 章、25 章、27 章和 28 章中进行讨论。

4.5.3　门式刚架

概述

目前单层建筑物最常用的结构形式是门式刚架，不同形式的门式刚架其概念都是相同的，如图 4-20 所示。

坡屋面门式钢架

单跨对称门式刚架（如图 4-21 所示），通常其各部分构件特性如下：

（1）跨度取 15 ~ 50m（25 ~ 35m 最有效）。

（2）檐口高度（从刚架梁中心线算起）为 5 ~ 10m（通常采用 7.5m）。檐口高度取地平面的上皮至梁腋下端之间的净距。

（3）屋面坡度为 5° ~ 10°（通常采用 6°）。

（4）刚架的间距为 5 ~ 8m（在大跨门式刚架结构中会采用更大的间距）。

（5）考虑门式刚架构件主要是承受弯矩并提供平面内刚度，其截面杆件宜采用工字形，而不用 H 型钢。

（6）构件通常采用 S275 钢材，在挠度不起控制作用的情况下，可以使用更高强

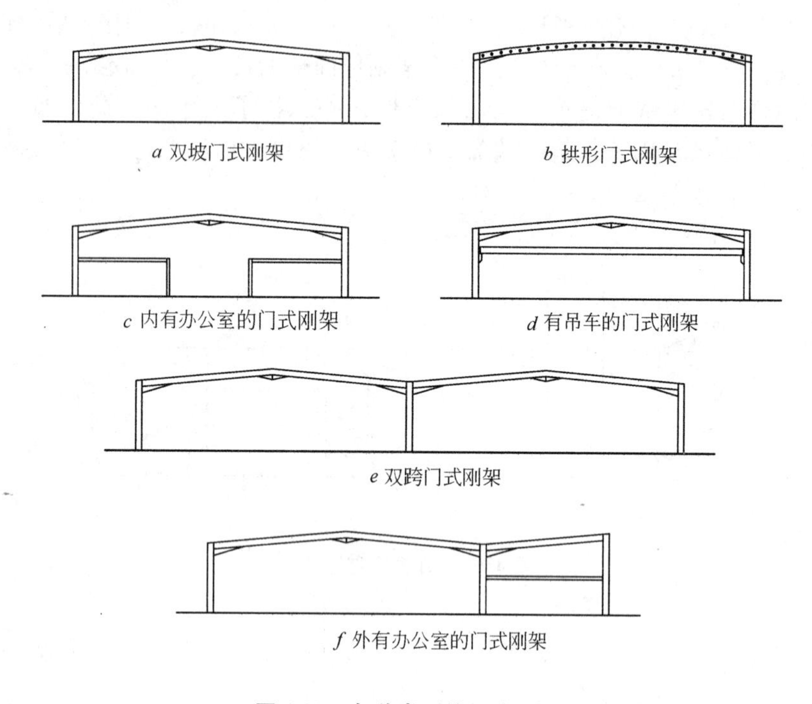

图 4-20　各种类型的门式刚架

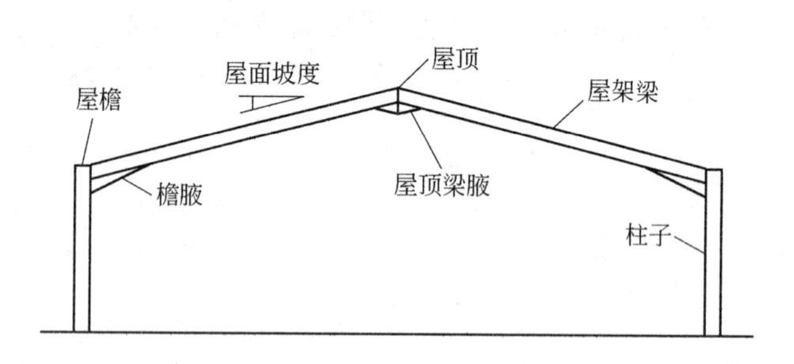

图 4-21　单跨对称门式刚架

度的钢材。

（7）刚架梁在檐口位置加设梁腋，以增强其抗弯承载力，并便于柱子之间采用螺栓连接。

（8）刚架梁在屋脊位置加设梁腋，以方便螺栓连接。

通常，从与刚架梁规格相同或截面尺寸稍大的轧制型钢中切割一块用做檐口梁腋，并与刚架梁底面焊接。檐口梁腋的长度通常为跨度的 10%，此时梁腋“尖角”处的负弯矩与刚架梁顶点的最大正弯矩大致相等，见图 4-22。

建筑物的端部刚架通常称为山墙刚架。山墙刚架由山墙柱支承，可设计得轻巧一些。即使山墙刚架承受的荷载较小，但其形式和截面尺寸与内部刚架通常相同。如果建筑物将来需要进行改造和扩建，采用这样的山墙刚架就会减少因变更所带来的影响。

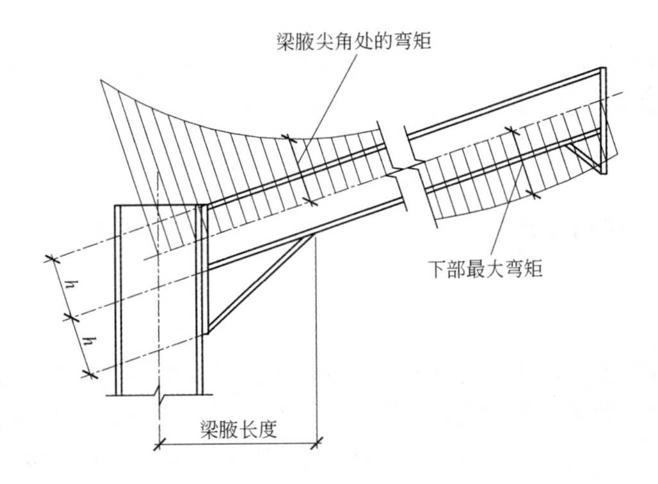

图 4-22 刚架梁弯矩和梁腋长度

典型的山墙刚架如图 4-23 所示。

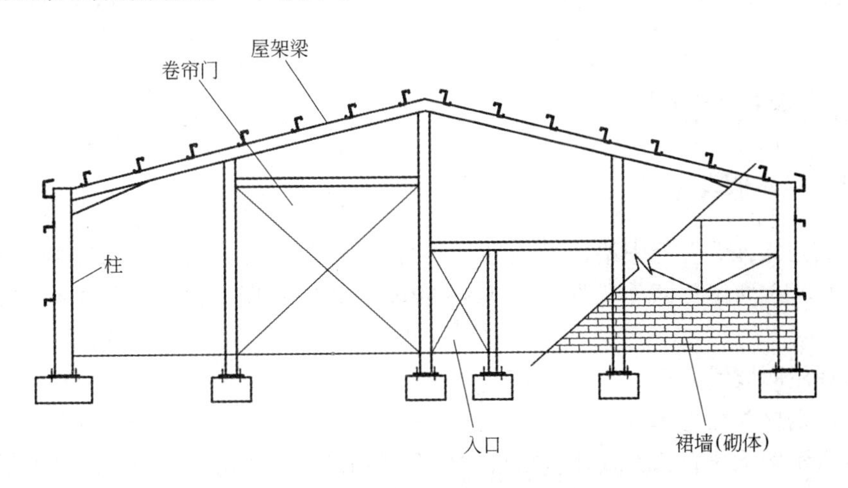

图 4-23 门式刚架建筑的典型山墙构造

还有一种做法是采用柱子以及与柱子简支连接的屋架短梁，形成山墙刚架，如图 4-24 所示。此外，必须在山墙平面内设置支撑。

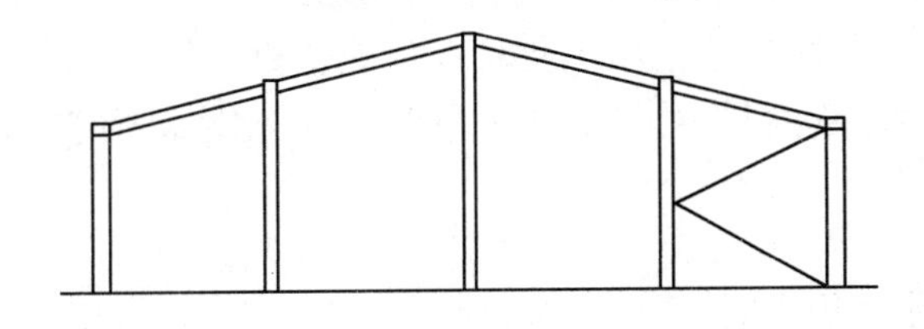

图 4-24 山墙刚架（非门式刚架）

首先应通过整体结构分析来检查实际结构体系和构件布置的合理性，然后进行构件的强度验算。

由于门式刚架应用广泛，更多细节请参见以下各节：第4.6节门式刚架的初步设计；第4.7节支撑；第4.8节根据BS EN 1993-1-1设计门式刚架。

4.6 门式刚架的初步设计

4.6.1 概述

在初步设计阶段，可采用两种方法来确定单跨门式刚架柱与梁的截面尺寸。在施工图设计阶段，需做进一步的设计、计算。相对于承载力极限状态下的设计，这两种方法都偏于保守。并且应该指出，这两种方法都没有考虑以下两种情况：

（1）在承载力极限状态下的稳定性问题；

（2）在正常使用极限状态下的挠度问题。

为此，还需做进一步的验算。在某些情况下，构件的截面尺寸还会增大。

4.6.2 方法1——查表法

4.6.2.1 基本假设

在《门式刚架》[3]中给出了一系列构件截面参数表，可用于构件截面的快速估算。表4-3列出门式刚架跨度为15～40m的新版数据。该表适用的前提条件如下：

（1）屋面坡度为6°；

（2）钢材等级为S275；

（3）刚架梁荷载总恒载（包括自重）和活荷载，且均考虑了相应的分项系数；

（4）梁腋长度是刚架跨度的10%；

（5）当沿柱子全长设有扭转约束时，可视柱子为有约束（因此，柱截面会比相应的无约束柱子要小）。

当沿柱子全长未设扭转约束时，视柱子为无约束。

表中提供的构件截面尺寸适用于初步设计或估算阶段。如果对挠度有严格的限制，需要增大构件的截面尺寸。表中加星号（*）处，则表示构件截面尺寸不可用。

4.6.2.2 计算实例：使用方法1

一个跨度为30m的刚架，其檐口高7m，屋面坡度6°，底部铰接，总荷载为11.3kN/m。根据表4-3，设檐口高为8m，跨度30m，刚架梁荷载为12kN/m。

表 4-3　对称单跨门式刚架

构件	刚架梁荷载 /kN·m^-1	檐口高度 /m	刚架跨度/m					
			15	20	25	30	35	40
刚架梁	8	6	254×102×22 UB	356×127×33 UB	406×140×39 UB	406×140×46 UB	406×178×60 UB	457×191×67 UB
	8	8	254×102×22 UB	356×127×33 UB	406×140×39 UB	406×178×54 UB	457×191×67 UB	457×191×74 UB
	8	10	254×102×22 UB	356×127×33 UB	406×140×39 UB	406×178×54 UB	457×191×67 UB	457×191×74 UB
	8	12	*	356×127×33 UB	406×140×39 UB	406×178×54 UB	457×191×67 UB	457×191×74 UB
有约束柱	8	6	305×165×40 UB	356×171×51 UB	457×191×67 UB	533×210×82 UB	533×210×92 UB	610×229×113 UB
	8	8	305×165×40 UB	356×171×51 UB	457×191×67 UB	533×210×82 UB	610×229×101 UB	610×229×113 UB
	8	10	305×165×40 UB	406×178×54 UB	457×191×67 UB	533×210×82 UB	610×229×101 UB	686×254×125 UB
	8	12	*	406×178×54 UB	457×191×67 UB	533×210×82 UB	610×229×101 UB	686×254×125 UB
无约束柱	8	6	356×171×51 UB	457×191×67 UB	533×210×82 UB	533×210×92 UB	610×229×113 UB	686×254×125 UB
	8	8	406×178×60 UB	533×210×82 UB	610×229×101 UB	610×229×113 UB	686×254×125 UB	762×267×147 UB
	8	10	457×191×67 UB	533×210×92 UB	610×229×113 UB	686×254×125 UB	762×267×147 UB	762×267×173 UB
	8	12	*	610×229×101 UB	686×254×125 UB	762×267×147 UB	762×267×173 UB	838×292×194 UB
刚架梁	10	6	305×102×25 UB	356×127×33 UB	406×140×46 UB	406×178×60 UB	457×191×67 UB	533×210×82 UB
	10	8	305×102×25 UB	356×127×33 UB	406×140×46 UB	406×178×60 UB	457×191×74 UB	533×210×82 UB
	10	10	305×102×25 UB	406×140×39 UB	406×140×46 UB	406×178×60 UB	457×191×74 UB	533×210×82 UB
	10	12	*	406×140×39 UB	406×140×46 UB	457×178×67 UB	457×191×74 UB	533×210×92 UB
有约束柱	10	6	356×171×45 UB	406×178×60 UB	457×191×74 UB	533×210×92 UB	610×229×113 UB	686×254×125 UB
	10	8	356×171×45 UB	406×178×60 UB	533×210×82 UB	533×210×92 UB	610×229×113 UB	686×254×125 UB
	10	10	356×171×45 UB	406×178×60 UB	533×210×82 UB	610×229×101 UB	610×229×113 UB	686×254×140 UB
	10	12	*	406×178×60 UB	533×210×82 UB	610×229×101 UB	686×254×125 UB	686×254×140 UB

续表 4-3

构件	刚架梁荷载/kN·m⁻¹	檐口高度/m	刚架跨度/m					
			15	20	25	30	35	40
无约束柱	10	6	406×178×54 UB	457×191×74 UB	533×210×92 UB	610×229×101 UB	686×254×125 UB	686×254×125 UB
	10	8	457×191×67 UB	533×210×92 UB	610×229×113 UB	686×254×125 UB	686×254×140 UB	762×267×173 UB
	10	10	457×191×74 UB	610×229×101 UB	686×254×125 UB	762×267×147 UB	762×267×173 UB	838×292×194 UB
	10	12	*	610×229×113 UB	686×254×140 UB	762×267×173 UB	838×292×194 UB	914×305×224 UB
刚架梁	12	6	305×102×28 UB	406×140×39 UB	406×178×54 UB	457×191×67 UB	533×210×82 UB	533×210×92 UB
	12	8	305×102×28 UB	406×140×39 UB	406×178×54 UB	457×191×67 UB	533×210×82 UB	533×210×92 UB
	12	10	305×102×28 UB	406×140×39 UB	406×178×54 UB	457×191×67 UB	533×210×82 UB	610×229×101 UB
	12	12	*	406×140×39 UB	406×178×54 UB	457×191×67 UB	533×210×82 UB	610×229×101 UB
有约束柱	12	6	356×141×45 UB	457×191×67 UB	533×210×82 UB	610×229×101 UB	686×254×125 UB	686×254×140 UB
	12	8	356×171×45 UB	457×191×67 UB	533×210×82 UB	610×229×101 UB	686×254×125 UB	762×267×147 UB
	12	10	356×171×51 UB	457×191×67 UB	533×210×92 UB	610×229×113 UB	686×254×125 UB	762×267×147 UB
	12	12	*	457×191×67 UB	533×210×92 UB	610×229×113 UB	686×254×125 UB	762×267×147 UB
无约束柱	12	6	406×178×60 UB	533×210×82 UB	610×229×101 UB	610×229×113 UB	686×254×125 UB	762×267×147 UB
	12	8	457×191×74 UB	610×229×101 UB	610×229×113 UB	686×254×140 UB	762×267×173 UB	838×292×176 UB
	12	10	533×210×82 UB	610×229×113 UB	686×254×140 UB	762×267×173 UB	838×292×194 UB	914×305×224 UB
	12	12	*	686×254×125 UB	762×267×173 UB	838×292×176 UB	914×305×224 UB	914×305×253 UB
刚架梁	14	6	356×127×33 UB	406×140×46 UB	406×178×60 UB	457×191×74 UB	533×210×82 UB	610×229×101 UB
	14	8	356×127×33 UB	406×140×46 UB	406×178×60 UB	457×191×74 UB	533×210×92 UB	610×229×101 UB
	14	10	356×127×33 UB	406×140×46 UB	406×178×60 UB	457×191×74 UB	533×210×92 UB	610×229×101 UB
	14	12	*	406×140×46 UB	406×178×60 UB	533×210×82 UB	533×210×92 UB	610×229×113 UB

续表 4-3

构件	刚架梁荷载/kN·m^{-1}	檐口高度/m	刚架跨度/m					
			15	20	25	30	35	40
有约束柱	14	6	356×171×51 UB	457×191×74 UB	533×210×92 UB	610×229×113 UB	686×254×140 UB	762×267×147 UB
	14	8	406×178×54 UB	457×191×74 UB	533×210×92 UB	610×229×113 UB	686×254×140 UB	762×267×173 UB
	14	10	406×178×54 UB	457×191×74 UB	610×229×101 UB	686×254×125 UB	686×254×140 UB	762×267×173 UB
	14	12	*	457×191×74 UB	610×229×101 UB	686×254×125 UB	762×267×147 UB	762×267×173 UB
无约束柱	14	6	457×191×67 UB	533×210×82 UB	610×229×101 UB	686×254×125 UB	686×254×140 UB	762×267×173 UB
	14	8	533×210×82 UB	610×229×101 UB	686×254×125 UB	762×267×147 UB	762×267×173 UB	838×292×176 UB
	14	10	533×210×92 UB	686×254×125 UB	762×267×147 UB	762×267×173 UB	838×292×194 UB	914×305×224 UB
	14	12	*	686×254×140 UB	762×267×173 UB	838×292×194 UB	914×305×224 UB	914×305×289 UB
刚架梁	16	6	356×127×33 UB	406×140×46 UB	457×191×67 UB	533×210×82 UB	533×210×92 UB	610×229×113 UB
	16	8	356×127×33 UB	406×140×46 UB	457×191×67 UB	533×210×82 UB	610×229×101 UB	610×229×113 UB
	16	10	356×127×33 UB	406×140×46 UB	457×191×67 UB	533×210×82 UB	610×229×101 UB	610×229×113 UB
	16	12	*	406×140×46 UB	457×191×67 UB	533×210×82 UB	610×229×101 UB	686×254×125 UB
有约束柱	16	6	406×178×54 UB	533×210×82 UB	610×229×101 UB	686×254×125 UB	762×267×147 UB	762×267×173 UB
	16	8	406×178×54 UB	533×210×82 UB	610×229×101 UB	686×254×125 UB	762×267×147 UB	838×292×176 UB
	16	10	406×178×60 UB	533×210×82 UB	610×229×101 UB	686×254×125 UB	762×267×173 UB	838×292×176 UB
	16	12	*	533×210×82 UB	610×229×101 UB	686×254×125 UB	762×267×173 UB	838×292×194 UB
无约束柱	16	6	457×191×67 UB	533×210×92 UB	610×229×113 UB	686×254×125 UB	762×267×147 UB	762×267×173 UB
	16	8	533×210×82 UB	610×229×113 UB	686×254×140 UB	762×267×173 UB	838×292×176 UB	914×305×201 UB
	16	10	610×229×101 UB	686×254×125 UB	762×267×173 UB	838×292×194 UB	914×305×224 UB	914×305×253 UB
	16	12	*	686×254×140 UB	838×292×176 UB	914×305×224 UB	914×305×253 UB	914×305×289 UB

构件截面选择

刚架梁截面 457×191×67 UB，钢材等级 S275。

有约束柱截面 610×229×101 UB，钢材等级 S275。

4.6.3 方法 2——曲线图形设计法

在许多出版物中提供的设计曲线图形，有助于快速估算出柱底水平反力、刚架梁和柱中的弯矩，以及刚架梁塑性铰位置。采用曲线图形设计的工作量，比上述查表法稍微大一点，但对于特定的设计项目，这种方法会更加灵活和准确。

柱底铰接的门式刚架设计曲线图形是由 A D Weller 在其著作《根据 BS 5950-1：2000 的钢结构设计入门》[4] 中提出的。Surtees 和 Yeap 在专业期刊“结构工程师”[5] 中提出了具有不同程度柱底约束的门式刚架设计曲线图形。

图 4-25 ~ 图 4-28 转载了柱底铰接的门式刚架的设计曲线图形。它们均基于以下假定：

（1）在柱子的梁腋底部和刚架梁的靠近屋脊节点处，会形成塑性铰；

（2）刚架梁高度约为刚架跨度的 1/55；

（3）刚架梁下的梁腋高度与刚架梁高度大体相等；

（4）梁腋长度约为刚架跨度的 10%；

（5）檐口梁腋顶部处的刚架梁弯矩不大于 $0.87M_p$，即加腋区域仍处于弹性状态；

（6）风荷载不是控制荷载。

矢高是指屋脊点到檐口的高度。曲线图包括的范围（跨度/檐口高）为 1 ~ 10，

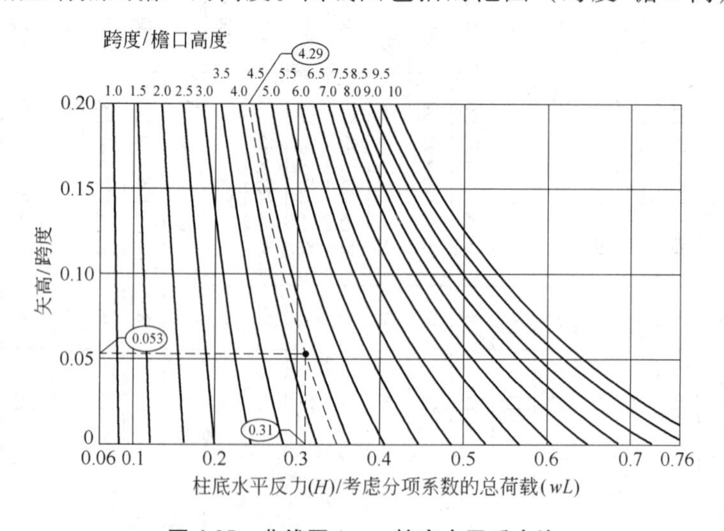

图 4-25 曲线图 1——柱底水平反力比

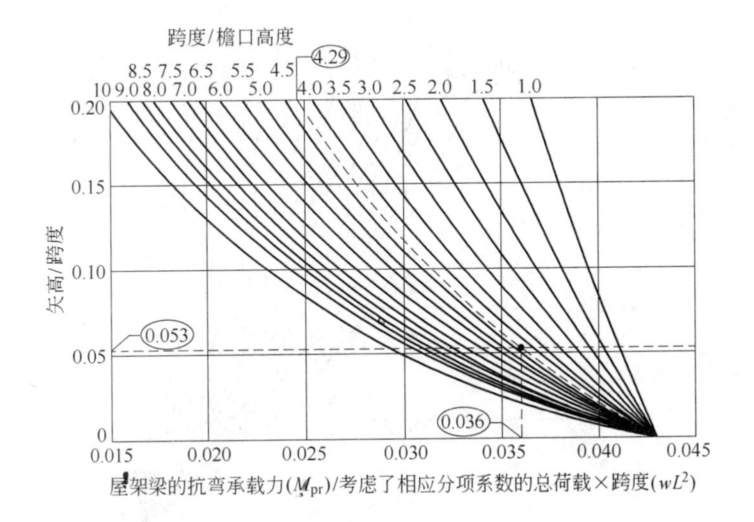

图 4-26　曲线图 2——刚架梁的抗弯承载力比

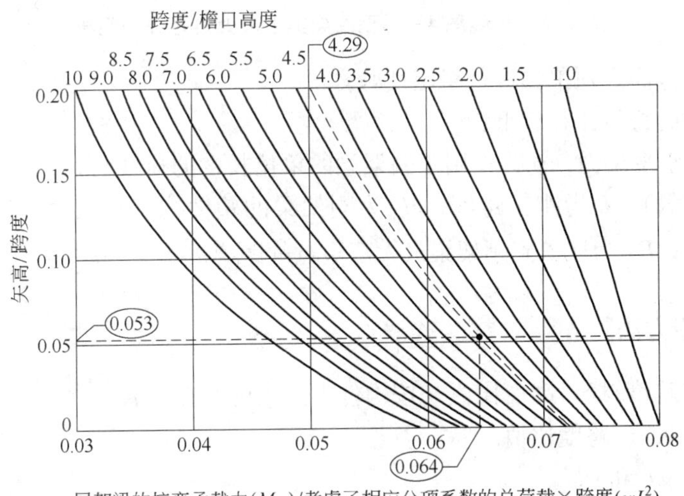

图 4-27　曲线图 3——柱子的抗弯承载力比

（矢高/跨度）为 0～0.2（即平屋面至 22°的坡屋面）。其间可以采用插值法，但超过此范围时不得延伸。

在图 4-25 中，曲线图 1 给出了刚架柱底的水平力与考虑了相应分项系数的总荷载 wL 的比值。

在图 4-26 中，曲线图 2 给出了刚架梁的抗弯承载力与 wL^2 的比值。

在图 4-27 中，曲线图 3 给出了柱子的抗弯承载力与 wL^2 的比值。

在图 4-28 中，曲线图 4 给出了刚架梁塑性铰的位置，以与总跨度 L 的比值来表示。

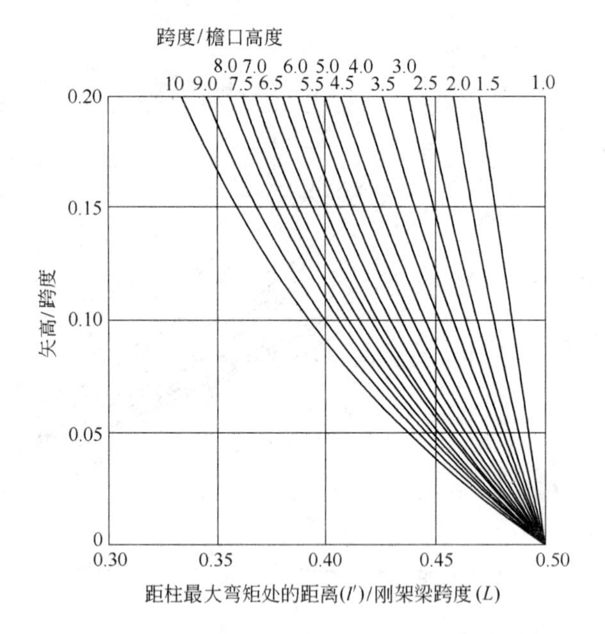

图 4-28　曲线图 4——到刚架梁上最大弯矩处的距离

选择后的截面必须单独进行稳定性验算。

以上图中的符号注释如下：

H 为柱底水平反力；w 为作用于刚架梁的单位长度的荷载（恒载 + 活载，均考虑相应的分项系数）；L 为刚架跨度；M_{pr} 为刚架梁的塑性抗弯承载力；M_{pl} 为柱子的塑性抗弯承载力；P^{N} 为柱子到刚架梁最大弯矩点的距离。

4.6.3.1　使用方法

（1）求出跨度/檐口高度比值（按构件中心线的交点计）。

（2）求出矢高/跨度比值。

（3）计算 wL 和 wL^2。

（4）从曲线图中查得以下数据值：

1）柱底水平反力 H = 曲线图 1 给出的值 × wL；

2）刚架梁：M_{pr} = 曲线图 2 给出的值 × wL^2；

3）柱：M_{pl} = 曲线图 3 给出的值 × wL^2；

4）到刚架梁上最大弯矩处的距离 l' = 曲线图 4 给出的值 × L。

4.6.3.2　使用设计曲线图形的计算实例

采用与本章第 4.6.3.1 节的相同实例，跨度为 30m；檐口高度为 7m；屋面坡度为 6°；柱底采用铰接；总荷载为 11.3kN/m。

跨度/檐口高度 $L/h = 30/7 = 4.23$

矢高/跨度 $h_r/L = 1.58/30 = 0.053$
竖向荷载 $wL = 11.3 \times 30 = 339\text{kN}$
$wL^2 = 11.3 \times 30^2 = 10170\text{kN} \cdot \text{m}$
从曲线图中求得：
刚架梁的抗弯承载力 $= 0.036 \times 10170 = 366\text{kN} \cdot \text{m}$
柱子的抗弯承载力 $= 0.064 \times 10170 = 651\text{kN} \cdot \text{m}$
基于以上承载力要求，采用：
刚架梁　457 × 191 × 67 UB　钢材等级 S275 $M_{cx} = 405\text{kN} \cdot \text{m}$
柱　533 × 210 × 101 UB　钢材等级 S275 $M_{cx} = 692\text{kN} \cdot \text{m}$

4.7 支撑

4.7.1 概述

支撑是用来抵抗侧向荷载，主要是风荷载以及因缺陷所产生的不稳定作用，在 BS EN 1993-1-1 第 5.3 节中对此已有明确的规定。支撑必须正确定位，具有足够的强度和刚度，并与结构分析和构件承载力验算中所采用的计算假设保持一致。

在 BS EN 1993-1-1 第 5.3 节中，将缺陷描述为几何缺陷或等效水平力的形式。

等效水平力会引起支撑中的内力，且不增加结构上的总荷载，因为它们形成了自平衡体系。

由于门式刚架结构的广泛应用，本节中所有实例都与门式刚架有关。而且，有关设计原则和分析方法，同样适用于其他结构形式。

4.7.2 垂直支撑

垂直支撑设在建筑物侧墙内（即纵向支撑），其主要功能包括：
(1) 将水平荷载传递到建筑物的端部，再传至基础；
(2) 形成一个刚性构架，与墙梁相连后又对柱子提供了稳定性；
(3) 在施工安装期间，起到临时稳定的作用。
通常采用的支撑系统形式包括：
(1) V 形支撑，采用圆管型材；
(2) K 形支撑，采用圆管型材；
(3) 采用交叉扁钢（设在空心墙中），只考虑受拉；
(4) 采用交叉热轧角钢。
支撑可设置在下列部位：
(1) 设在建筑物的一端或两端，视结构长度而定；

（2）设在建筑物的中部，但是吊装往往会从建筑物的端部开始（设有支撑的开间或相邻开间），所以一般就不设在建筑物的中部；

（3）在伸缩缝的两侧（如设计有伸缩缝）。

当柱间垂直支撑与屋面横向水平支撑不在同一开间时，要求设置檐口压杆，将屋面横向水平支撑中作用力传递到柱间垂直支撑中。

采用圆形空心型材的支撑

圆形空心型材在受压时非常有效，可以减少交叉支撑的使用。当檐口高度与刚架的间距相等时，在任何位置设置单支撑构件（见图 4-29）会比较经济。当檐口高度大于刚架间距时，则通常采用 K 形支撑（见图 4-30）。

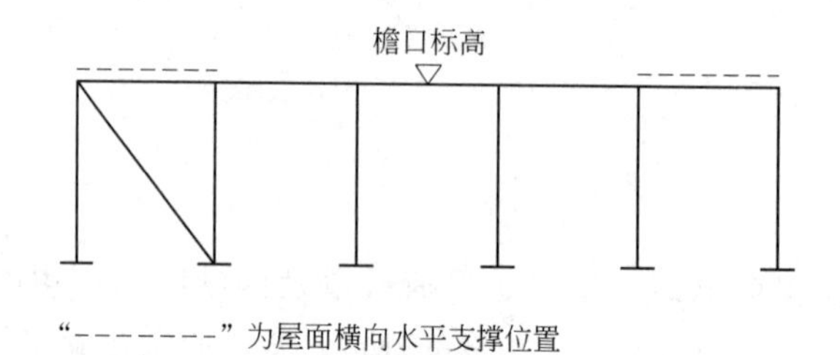

图 4-29 低门式刚架中采用圆形空心型材的单支撑体系

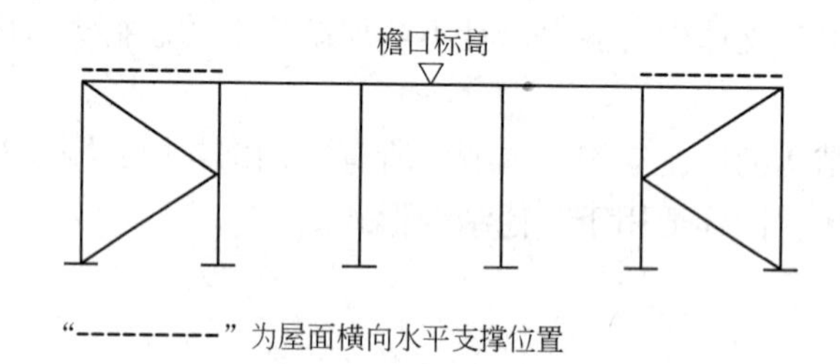

图 4-30 在较高门式刚架中采用圆形空心型材的 K 形支撑体系

采用角钢或扁钢的支撑

角钢或扁钢（在空心砌体墙中）可以用做交叉支撑（图 4-31）。这时，假定在风

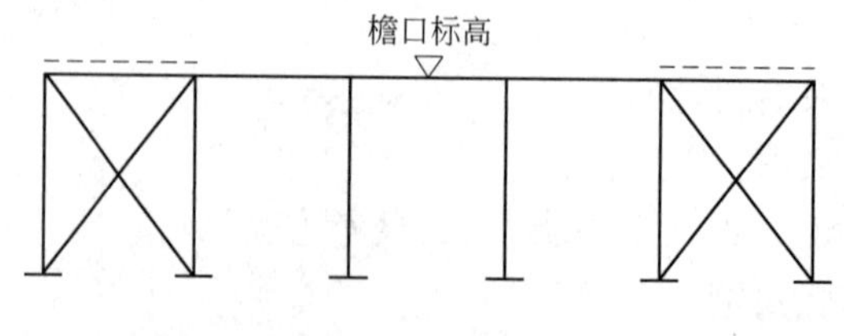

图 4-31 采用角钢或扁钢多跨刚架

荷载作用下，只有其中一根斜杆受拉。

带有刚架约束的组合支撑

如图4-32所示，对垂直支撑的几何形状进行改进，从而在梁腋底部位置形成对柱子的扭转约束。

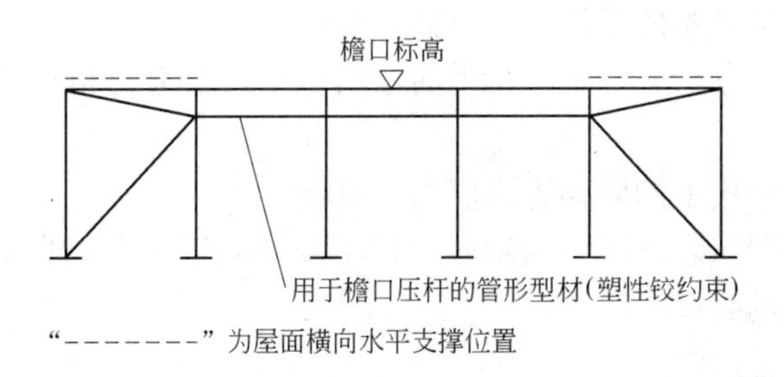

图4-32　采用空心型材为柱约束及檐口压杆的支撑布置

纵向柱间门架式支撑

当门式刚架的纵向垂直支撑难以或无法使用常规的支撑形式时，可采用门架式支撑结构。有两种基本的处理方法：

(1) 在结构纵向的一个或多个开间设置门架式结构（图4-33）；

(2) 在结构纵向的全长设置一个刚接/铰接混合结构（图4-34）。

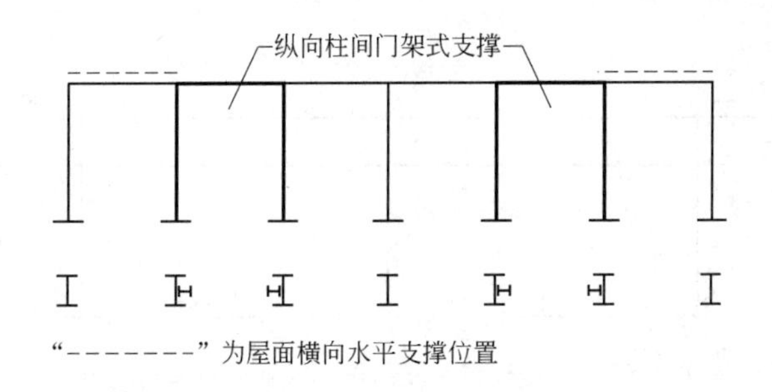

图4-33　纵向独立的柱间门架式支撑

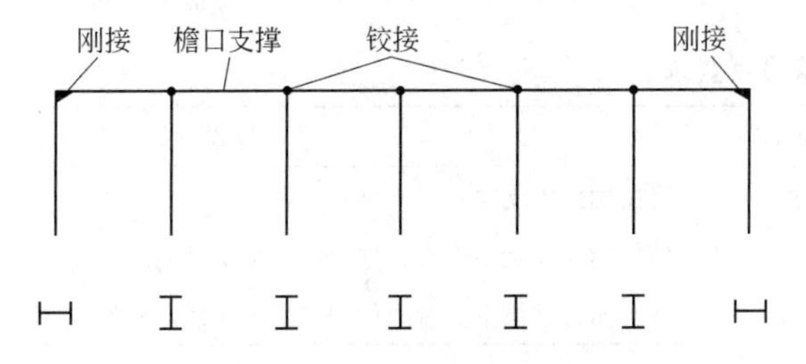

图4-34　沿结构纵向全长的混合门架式支撑

第一种方法的优点是，确定这种常规的门架式结构相对比较简单。其不足之处是要增设附加构件，且可能要对建筑物侧边开设洞口进行限制。

在第二种方法中，结构会较轻型和更加开敞。这种结构形式的实际刚度可能会比计算值小（由于这种结构内部的压杆会比较柔），但这种方法已在实际工程中得到成功应用。

对于这两种结构体系的设计，提出如下建议：

应采用弹性框架分析方法来进行纵向柱间门架式结构（勿与横向门式刚架混淆）的抗弯承载力验算。

在假想水平力作用下的侧移容许值为 $h/1000$。

将正常使用极限状态下的结构侧移控制在 $h/360$ 内，以保证其刚度，式中 h 为纵向柱间门架式结构的高度。

吊车纵向刹车力支撑

当吊车直接支承在门式刚架上时，其吊车纵向刹车力会对柱子形成偏心，如果对柱子没有设置附加约束，柱子就会发生扭曲。通常为了对吊车纵向刹车力进行必要的限制，会在吊车梁的上翼缘标高设置吊车制动桁架，对于轻型吊车则可在柱子翼缘的内侧设置水平吊车制动梁，该构件可以和结构纵向支撑统一考虑。

当吊车的水平刹车力较大时，应在吊车梁平面设置附加支撑，即吊车制动桁架或制动梁（分别见图 4-35 及图 4-36）。表 4-4 中所给出的吊车梁支撑设置要求是由 Fisher 提出的，见参考文献［4］。

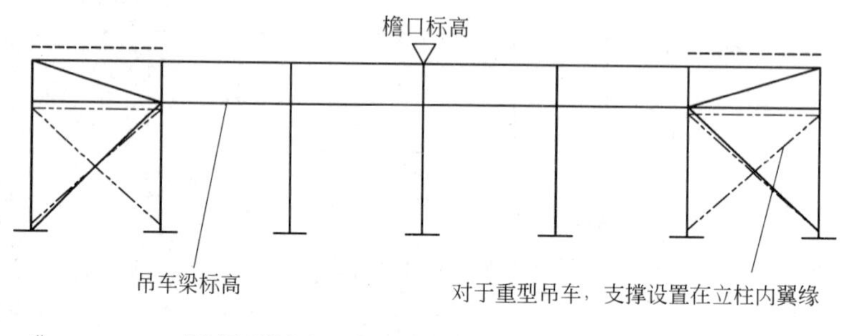

图 4-35　在吊车梁平面内的附加支撑的位置

表 4-4　吊车梁的支撑设置要求

考虑分项系数的纵向力	支撑设置要求
小（<15kN）	可使用抗风支撑
中等（15～30kN）	可使用屋面水平支撑，把力传递至支撑平面
大（>30kN）	在纵向力平面上设置附加支撑（吊车制动桁架或制动梁）

如果支撑直接与柱连接，会分担部分竖向荷载，因此对于重型吊车的吊车梁，有

必要设置一根附加的水平构件（见图4-37），来防止支撑与柱连接部位的疲劳破坏。

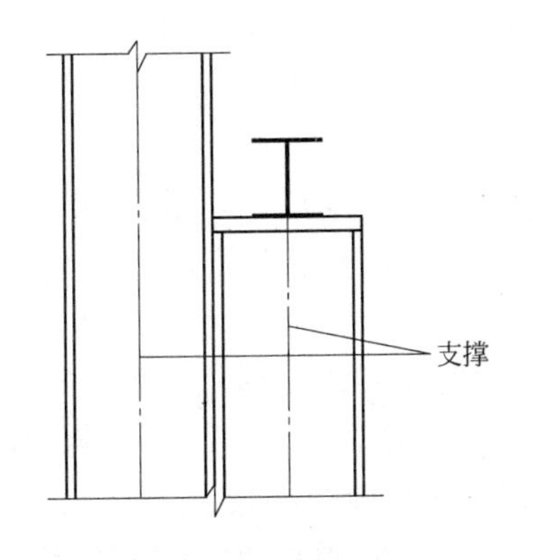

图4-36 在吊车梁平面内的附加支撑的位置

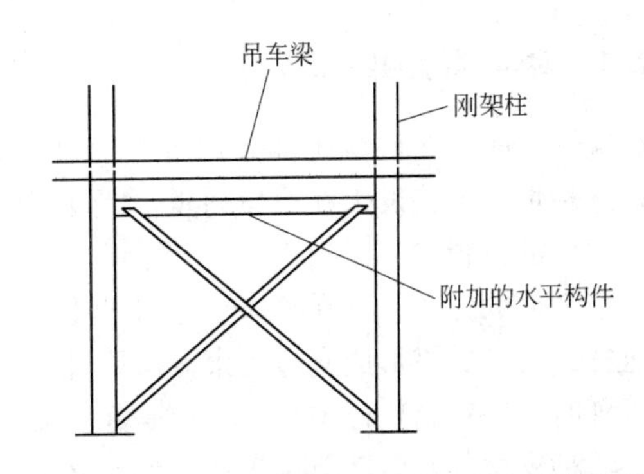

图4-37 为防止疲劳失效而设置的附加支撑构件

4.7.3 屋面支撑

概述

屋面支撑设置于屋盖平面内，其主要功能为：

（1）把水平风荷载从山墙抗风柱中传递至墙上的垂直支撑；

（2）在施工安装过程中保证结构的稳定；

（3）对檩条起到稳定锚固作用，使檩条对屋架梁形成约束。

为有效地传递风荷载，山墙抗风柱的柱顶应尽可能与屋面支撑进行连接。

通常不考虑檩条承受因风荷载所引起的轴向力。

支撑采用圆形空心型材

在现代建筑中，屋面支撑构件通常采用圆形空心型材，并按抗拉和抗压构件进行设计。屋面支撑的布置方案较多，主要取决于刚架的间距（柱距）和山墙抗风柱的位置。图4-38所示为一典型屋面支撑布置方案。

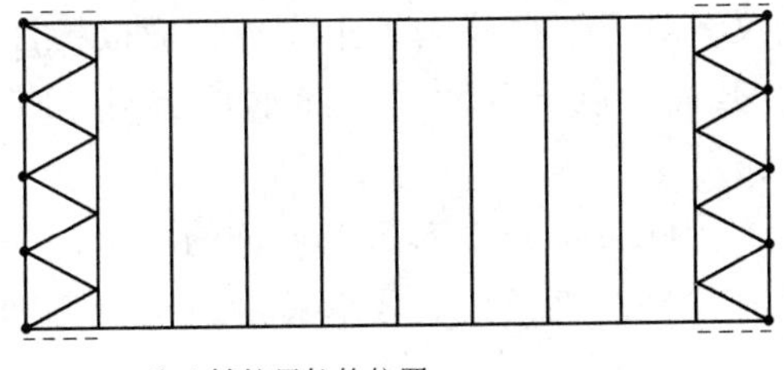

"•" 为山墙抗风柱的位置
"----" 为垂直支撑位置

图4-38 两端开间设置屋面支撑平面图（采用圆形空心型材）

该方案采用了一个很好的做法，在沿建筑物的长度方向设置了檐口系杆。

4.7.4 对下翼缘的约束支撑

应在主刚架构件受压部分设置支撑，对其受压翼缘进行约束。在重力荷载作用下，这种情况会在发生在檐口附近。当承受负风压（风吸力）作用时，则会发生在靠近跨中的位置。

最简便的方法就是在檩条（或压型板龙骨）与下翼缘（或腹板）加劲肋间设置斜压杆，对下翼缘形成支撑约束。斜压杆通常会采用冷弯薄壁角钢，当采用扁钢作为斜压杆时，一对斜压杆中只有一根是起作用的，所以就有可能削弱其强度。

这种支撑的有效性取决于屋面结构体系，尤其是檩条的刚度。图 4-39 给出了檩条柔性对下翼缘支撑的影响。当刚架梁截面、檩条截面及其间距的大小与经实践验证的工程数据不同时，应对其有效性应进行验算。验算可按本章第 4. 7. 5 节所给出的公式进行，亦可使用其他方法，如桥梁规范中的 U 形框架效应（U-frame action）。

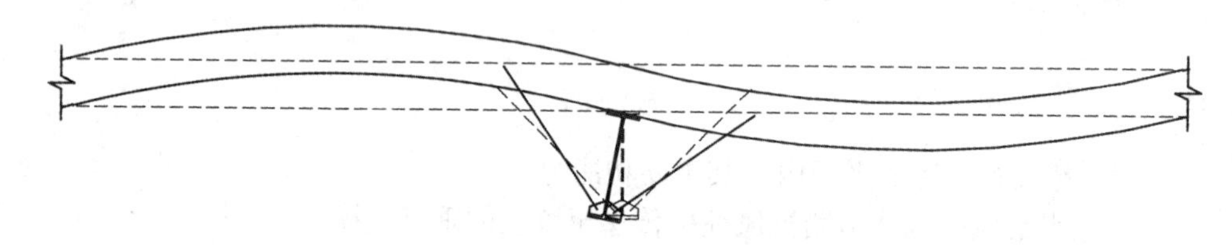

图 4-39 檩条柔性对下翼缘支撑的影响

除经稳定分析或试验验证外，必须在柱与梁腋的连接处，对檐口和天沟处梁腋的受压翼缘加以约束。由于梁腋的稳定验算是以此处的扭转约束为前提的，因此设置这种约束是很有必要的。

4.7.5 对于塑性铰的约束支撑

BS EN 1993-1-1 的第 6. 3. 5. 2 节建议，应在塑性铰处或其 0. 5h 范围内的受拉与受压翼缘设置约束支撑，其中 h 为构件的高度。

BS EN 1993-1-1 建议，对于塑性铰的约束支撑，应按构件受压翼缘一个大小为（构件塑性抗弯承载力/截面高度 = 2. 5%），并垂直于构件腹板的侧向荷载来进行设计。

此外，应根据 BS EN 1993-1-1 第 6. 3. 5. 25B 款的要求，验算约束支撑是否能够承受 Q_m 的效应，Q_m 为作用在塑性铰位置设有稳定约束支撑的每根构件上的局部作用力，其值为：

$$Q_m = 1.5\alpha_m \frac{N_{f,Ed}}{100}$$

式中，$N_{f,Ed}$为作用于构件受压翼缘的轴向力，该构件的塑性铰位置设有稳定约束支撑。

$$\alpha_m = \sqrt{0.5\left(1 + \frac{1}{m}\right)}$$

式中，m 为受稳定约束的构件数量。

当塑性铰受到与檩条连接的斜压杆约束支撑时，由檩条和斜压杆所形成的“U框架”的刚度就显得尤为重要。当刚架梁截面、檩条截面及其间距的大小与经实践验证的工程数据不同时，应对其有效性应进行验算。在没有其他方法的情况下，可根据 Horne 和 Ajmani 所提出的方法进行验算，详见本章参考文献［7］。因此，支承构件（檩条或屋面压型板龙骨）的截面惯性矩 $I_{y,s}$ 可按下式计算：

$$\frac{I_{y,s}}{I_{y,f}} \geqslant \frac{f_y}{190 \times 10^3} \frac{L(L_1 + L_2)}{L_1 L_2}$$

式中 f_y——为门式刚架构件（刚架梁）的屈服强度；

$I_{y,s}$——支承构件（檩条或屋面压型板龙骨）关于其主轴的截面惯性矩，该主轴与门式刚架构件纵轴平行；

$I_{y,f}$——门式刚架构件关于其自身主轴的截面惯性矩；

L——檩条或屋面压型板龙骨的跨度；

L_1，L_2——分别为刚架每一侧的塑性铰到檐口（天沟）或反弯点的距离，取两者之中的小值。

铰从形成、转动，然后停止转动，乃至卸载和反向旋转，因此必须对其进行完全约束。然而，在倒塌机制中出现的铰，只有在超过承载力极限状态后才会转动，因此在承载力极限状态验算中，这种铰无需考虑为塑性铰。通过弹塑性分析或图形分析很容易对这些铰进行判别，但在虚功（刚-塑性）分析中则无法显示。然而，值得注意的是，在数值分析中可以发现铰的存在，即在同一荷载水平下形成了铰后随即消失，这就表明该处没有发生转动，也就是没有铰出现。这时，就没有必要设置常用的塑性铰约束，普通的弹性稳定约束就可满足要求。

对于所有的截面尺寸偏差、残余应力和材料缺陷，计算分析是无法完全考虑到的。应注意约束支撑点会对形成塑形铰的位置产生影响，如将约束支撑设在梁腋的尖端（shallow end）而不设在柱顶。无论在什么位置，只有构件的内力接近其塑性弯矩承载力，才会考虑塑形铰出现的可能性。

4.8 根据欧洲规范 BS EN 1993-1-1 设计门式刚架

4.8.1 适用范围

本节按欧洲规范 3 的要求进行门式刚架的全过程设计，给出指导意见，并适当考虑了商业分析软件对计算分析过程的作用。

本节主要着重于柱底铰接或刚接的单跨门式刚架的设计。结论部分对多跨门式刚架所涉及的一些问题做了概述。

4.8.2 门式刚架中的二阶效应

只有从整体结构分析中得到结构的实际性能时，结构强度验算才有效。任何刚架受荷载作用时都会产生侧移，并且其结构的形状与未变形时是完全不同的。结构侧移在构件中引起了轴向荷载，该荷载的作用线与在计算分析中所假定的作用线是不同的，图 4-40 和图 4-41 对此做了概要说明。如侧移较小，其影响会很小，因此一阶分析（忽略结构产生侧移后形状的影响）的结果就足够精确。然而，如果轴向荷载对结构侧移后形状的影响大到足以引起明显的附加弯矩并增加了结构侧移，那么可以认为该刚架结构对二阶效应敏感。二阶效应，或称为 $P\text{-}\Delta$ 效应，会导致刚架承载力的降低。

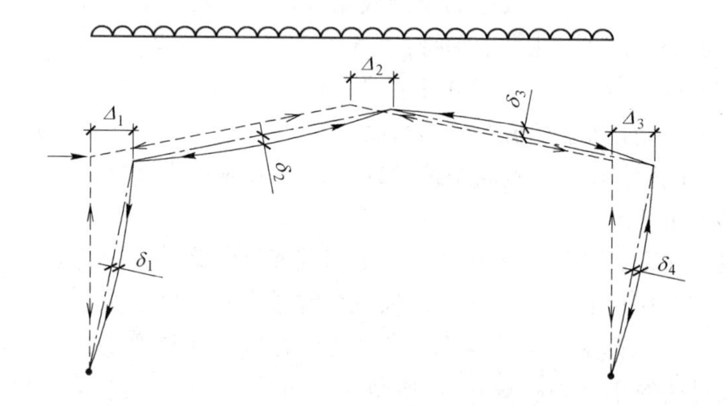

图 4-40 非对称或侧移模式的变形

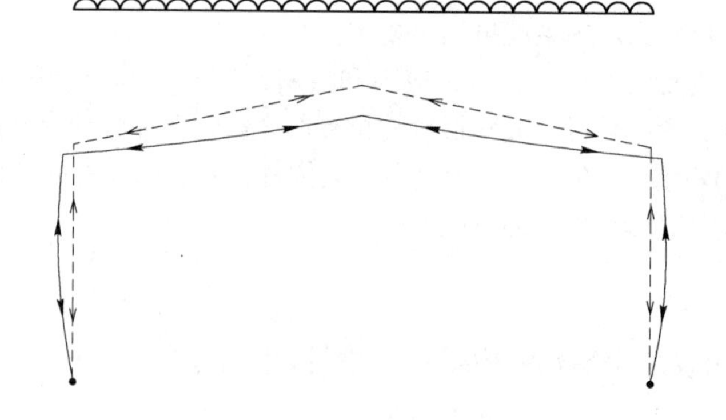

图 4-41 对称模式的变形

二阶效应可分为两大类：

（1）在构件长度范围内侧移的影响，可称为 $P\text{-}\delta$ 效应；

（2）对构件节点位移的影响，可称为 $P\text{-}\Delta$ 效应。

4.8.3 二阶效应计算方法

二阶效应不仅加大了构件的侧移变形，而且构件的弯矩和内力值也比一阶分析的结果有所增加。二阶分析是描述解析方法的用语，该方法对在不断增加的荷载作用下侧移随之增加的效应给出解析解，因此，分析结果中包括了上述 $P\text{-}\Delta$ 效应和 $P\text{-}\delta$ 效应的影响。该分析结果与一阶分析结果不同，其差别取决于 $P\text{-}\Delta$ 和 $P\text{-}\delta$ 效应的大小。

BS EN 1993-1-1 是通过计算系数（α_{cr}）来评估对变形后结构几何形状的影响。在 BS EN 1993-1-1 第 5.2.1(3) 节中，规定了一阶分析的使用范围：

对于弹性分析：$\alpha_{cr} \geqslant 10$；

对于塑性分析：$\alpha_{cr} \geqslant 15$。

本章稍后给出关于系数 α_{cr} 的详细计算方法。

当要求进行二阶分析时，主要可采用两种方法来进行：

（1）精确二阶分析方法（在实际工程中，可利用适当的二阶分析软件）。

（2）近似二阶分析方法（即手算，使用一阶分析方法再将结果乘以放大系数）。虽然计算结果是近似取值，但在 BS EN 1993-1-1 所规定的一阶分析使用范围内，已保证了足够的精度。该方法也被称为“修正的一阶分析方法”，系数 α_{cr} 是用来确定侧移影响的系数。可以使用该系数来计算一个等效水平力，以通过一阶分析计算来考虑二阶效应。

确定 α_{cr}

BS EN 1993-1-1 的第 5.2.1(4)B 款建议：

$$\alpha_{cr} = \left(\frac{H_{Ed}}{V_{Ed}}\right)\left(\frac{h}{\delta_{H,Ed}}\right)$$

然而，由于刚架梁受压（$P\text{-}\delta$）引起的二阶效应，对于门式刚架而言，使用简单的 α_{cr} 计算方法并不算保守。下面将详细讨论一个更为精确的公式，式中使用了由 J. Lim 和 C. King[7] 研究并提出的一个新的系数 $\alpha_{cr,est}$。

对于每种荷载工况，可以得到弹性临界屈曲荷载系数的估计值。

当门式刚架中柱子之间的刚架梁是等截面构件时：

$$\alpha_{cr,est} = \alpha_{cr,s,est}$$

当门式刚架的刚架梁是变截面构件（用于坡屋面）时：

$$\alpha_{cr,est} = \min(\alpha_{cr,s,est}, \alpha_{cr,r,est})$$

式中，$\alpha_{cr,s,est}$ 为 α_{cr} 的估计值，适用于侧移屈曲模式；$\alpha_{cr,r,est}$ 为 α_{cr} 的估计值，适用于刚架梁跃越屈曲（snap-through buckling）模式。

计算门式刚架的侧移系数 $\alpha_{cr,r,est}$ 所需的各项参数可见图 4-42。由图可见，δ_{EHF} 为刚架受任意侧向荷载 H_{EHF} 时柱顶的侧移。（总侧向荷载值的大小可以是任意的，只是

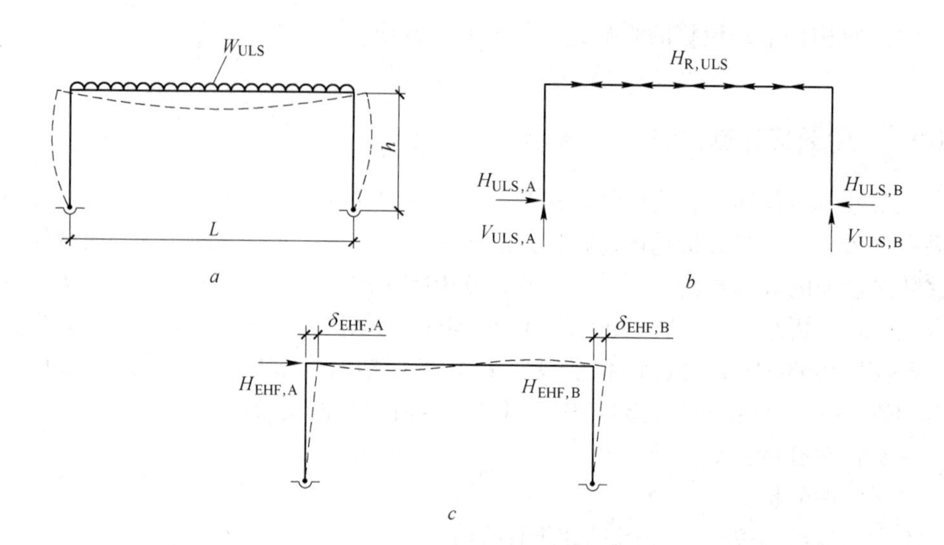

图 4-42　求 α_{cr} 的所需参数

a—荷载作用下处于承载力极限状态的门式刚架；*b*—承载力状态下的反力及屋架梁中的轴力；*c*—柱顶侧移

用来计算侧移刚度 H_{EHF}/δ_{EHF}。）作用在每根柱顶上的水平荷载应与竖向反力成正比。因此，对于单根柱，即有：

$$\frac{H_{EHF,i}}{V_{ULS,i}} = \frac{H_{EHF}}{V_{ULS}}$$

式中，H_{EHF} 为柱顶的所有等效水平力的总和。V_{ULS} 为在承载力极限状态下，根据一阶塑性分析求得的所有竖向反力设计值（已考虑分项系数）的总和。$H_{EHF,i}$ 为第 i 根柱的柱顶的等效水平力（对于单跨门式刚架有两根柱，对于双跨门式刚架有三根柱）。$V_{ULS,i}$ 为在承载力极限状态下，根据一阶塑性分析求得的第 i 根柱竖向反力设计值（已考虑分项系数）。

α_{cr} 的估计值可从下式得出：

$$\alpha_{cr,s,est} = 0.8\left\{1 - \left(\frac{N_{R,ULS}}{N_{R,cr}}\right)_{max}\right\}\left\{\left(\frac{h_i}{V_{ULS,i}}\right)\left(\frac{H_{EHF,i}}{\delta_{EHF,i}}\right)\right\}_{min}$$

式中　$\left(\frac{N_{R,ULS}}{N_{R,cr}}\right)_{max}$——任何刚架梁中的最大比值；

$N_{R,ULS}$——刚架梁中的轴力（见图 4-42*b*）；

$N_{R,cr} = \frac{\pi^2 E_{I_r}}{L^2}$——对于刚架梁满跨的欧拉荷载（设两端为铰接）；

I_r——刚架梁的平面内截面惯性矩；

$\delta_{EHF,i}$——柱顶部的侧移（见图 4-42*c*）；

$\left\{\left(\frac{h_i}{V_{ULS,i}}\right)\left(\frac{H_{EHF,i}}{\delta_{EHF,i}}\right)\right\}_{min}$——取第 1 根到第 n 根柱子中的最小值（n = 柱子数）。

对于跃越屈曲，也有必要考虑与之相关的系数 $\alpha_{cr,r,est}$。

当刚架梁的坡度小于 1∶2(26°)时，$\alpha_{cr,r}$可从下式得出：

$$\alpha_{cr,r,est}=\left(\frac{D}{L}\right)\left(\frac{55.7(4+L/h)}{\Omega-1}\right)\left(\frac{I_c+I_r}{I_r}\right)\left(\frac{275}{f_{yr}}\right)(\tan 2\theta_r)$$

式中　D——刚架梁的截面高度；

L——刚架的跨度；

h——柱底到檐口或天沟的柱平均高度；

I_c——刚架平面内柱的截面惯性矩（如柱与刚架梁不是刚接或者刚架梁支承在天沟梁上，则取值为零）；

I_r——刚架平面内刚架梁的截面惯性矩；

f_{yr}——刚架梁的名义屈服强度，N/mm^2；

θ_r——如果屋面为对称的，则为屋面坡度，否则 $\theta_r=\tan^{-1}(2h_r/L)$；

h_r——柱顶间连线与屋顶的垂直距离；

Ω——拱效应比（arching ratio）❶，$\Omega=W_r/W_0$；

W_0——跨度为 L、与柱刚接的刚架梁，承受塑性破坏时的总竖向荷载的设计值；

W_r——作用于该跨刚架梁上的总竖向荷载的设计值（已考虑分项系数）。

应该注意，当 $\Omega\leqslant 1$ 时，$\alpha_{cr,r}=\infty$。

在设计三跨或三跨以上、并带有对内跨的刚架梁提供水平支承的刚性边跨的门式刚架时，就有必要进行复核验算。这时，内跨的刚架梁如同一个受到边跨水平推力的拱，在拱效应起作用时，刚架梁会比仅作为梁构件而承受更大的竖向荷载，这个验算就是用来保证刚架梁不是太柔，从而出现“跃越屈曲”。

如果跨内的两根柱子或两根刚架梁不同时，应取 I_c 的平均值。

4.8.4　正常使用极限状态（SLS）

正常使用极限状态（SLS）下的结构分析，应使用 SLS 的荷载工况进行，以确保在“工作荷载”作用下的结构变形能够满足要求。

BS EN 1993-1-1 没有明确给出允许变形的要求。按照 BS EN 1993-1-1 第 7.2 条和 BS EN 1990 附录 A1.4，应根据各工程项目的要求来确定允许变形，并应征得客户的同意。BS EN 1993-1-1 的有关国别附录，可以对应用于各具体国家中的变形要求做出规定，并必须得到满足。

通常采用一阶分析方法对正常使用极限状态（SLS）进行评估，且验算中不做塑性分析，仅做变形验算。

---

❶ 在门式刚架中，刚架梁上均有竖向的均布荷载．在竖向荷载作用下，梁与柱的连接处存在水平推力，此推力使斜梁产生拱效应，拱效应有利于减小内跨刚架梁的截面尺寸，使得门式刚架有发生对称失稳而不是侧移失稳的可能（译者注）。

4.8.5 承载力极限状态分析

概述

在承载力极限状态下，刚架分析方法，大致可分为两类：弹性分析和塑性分析。塑性分析，包括刚塑性分析和弹塑性分析。在塑性分析中，由于塑性铰的转动，整个刚架中会出现相对较大的弯矩再分配，因此刚架设计通常会比较经济。当截面弯矩在低于极限荷载条件下达到其塑性弯矩时，截面塑性铰会出现转动。一般认为这种转动局限于“塑性铰”处。

图 4-43 为典型的对称门式刚架在对称竖向荷载作用下的“塑性”弯矩图。图中给出了塑性倒塌机制中塑性铰的位置。第一个塑性铰通常在梁腋附近形成（在本例中，出现在柱子上），之后，根据门式刚架的各部分尺寸比例，会在屋脊点的下方、最大正弯矩处形成塑性铰。

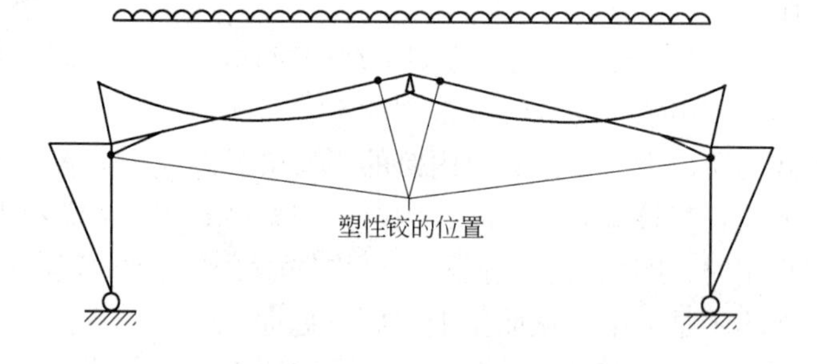

图 4-43 在对称荷载作用下对称门式刚架的塑性分析弯矩图

实际上，大多数荷载组合是不对称的，其中包含了等效水平力（参见本章第 4.8.3 节）或风荷载。图 4-44 给出了典型的荷载和弯矩图。

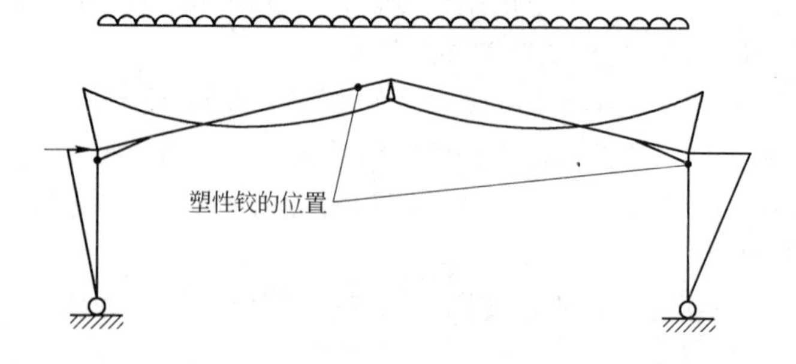

图 4-44 在非对称荷载作用下对称门式刚架的塑性分析弯矩图

图 4-45 给出了一个典型的柱底铰接刚架的弹性分析弯矩图。在这种分析下，最大弯矩值较高，且必须根据此分析结果来进行结构设计。

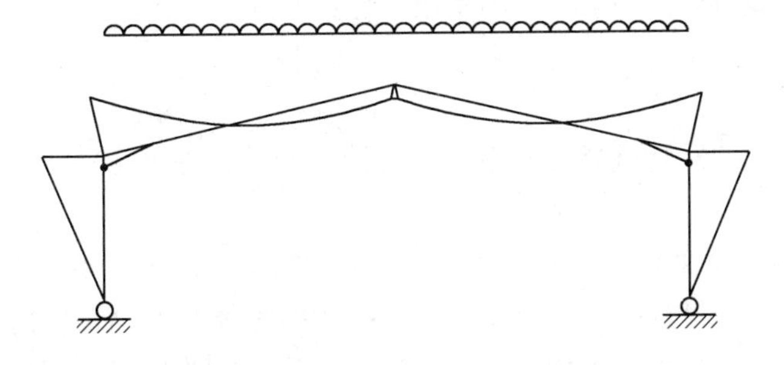

图 4-45　在对称荷载作用下对称门式刚架的弹性分析弯矩图

弹性与塑性分析的比较

一般情况下，采用塑性分析结构会比较经济，因为塑性分析的内力重分布使得在相同的荷载条件下可采用较小的构件。对于刚架塑性分析来说，梁腋长度一般为跨度的 10% 左右。当梁腋长度取跨度的 15% 并且侧向荷载较小时，刚架的弹性弯矩图与其塑性失效弯矩图几乎相同。在这种情况下，考虑二阶效应的方法对薄柔刚架（slender frames）设计的经济性会有一定的帮助。这些方法中最简单的是近似二阶分析方法，所以在某些情况下，采用弹性分析方法对门式刚架进行设计，可能是最为经济的。

当变形（正常使用极限状态）为控制设计的主要因素时，在承载力极限状态下采用塑性分析就无任何优势可言。塑性分析的经济性取决于支撑体系，因为塑性内力重分配会对构件支撑增加很多附加要求。因此，刚架的综合经济性能与其设置支撑的难易程度有关。

众所周知，即使采用弹性假定也可能有一定程度的弯矩重分配。BS EN 1993-1-1 第 5.4.1.4(B) 节对此规定，允许有 15% 的弯矩重分配。

弹性分析

一般而言，弹性分析是结构分析中最常用的方法，但其经济性通常会不及塑性分析。BS EN 1993-1-1 允许塑性截面承载力（如塑形弯矩）与弹性分析结果一起使用，其前提是截面分类为Ⅰ类截面或Ⅱ类截面。此外，如 BS EN 1993-1-1 第 5.4.1.4(B) 节中规定，允许有 15% 的弯矩重分配。如要在门式刚架设计中完全采用这些条款，很重要的是要了解条款只适用于等截面的水平连续梁。因此，在加腋刚架梁中，在梁腋的尖端处最多可以有 15% 的弯矩进行重分配，如果弯矩值超过刚架梁的塑性抗弯承载力，那么由重分配引起的弯矩和内力就要由刚架的其他构件承担。也就是说，如果门式刚架跨中的弯矩值超过其塑性抗弯承载力，这个弯矩最多可以减少 15% 来进行重分配，条件是结构的其余部分能够承担由内力重分配引起的弯矩和内力。

重要的是要理解，重分配不能将弯矩降低至小于截面的塑性抗弯承载力。如果重分配后弯矩降低至小于截面的塑性抗弯承载力，就会出现不合理的现象，并且还会造成在构件屈曲承载力计算中引入了不安全的计算前提。

塑性分析

实际上，几乎塑性分析都是采用合适的计算分析软件进行的，并采用了理想弹-塑性假定。

理想弹-塑性方法采用小增量加载，随着荷载的增加，在结构中逐一形成塑性铰。假定构件的变形曲线符合线弹性单元特性，在达到屈服点 M_y 后，直至达到全塑性弯矩 M_p。假定屈服点 M_y 以后的性状为完全塑性，无应变硬化。对于塑性铰的形成、转动然后消失，乃至卸载以及反向转动都是可以预测的。最终的机构将是真正的倒塌机构，这与通过传统的刚-塑性方法获得的对应于最小塑性极限荷载的机构是相同的。图 4-46 给出了随着荷载的增加，塑性机构的发展趋势。

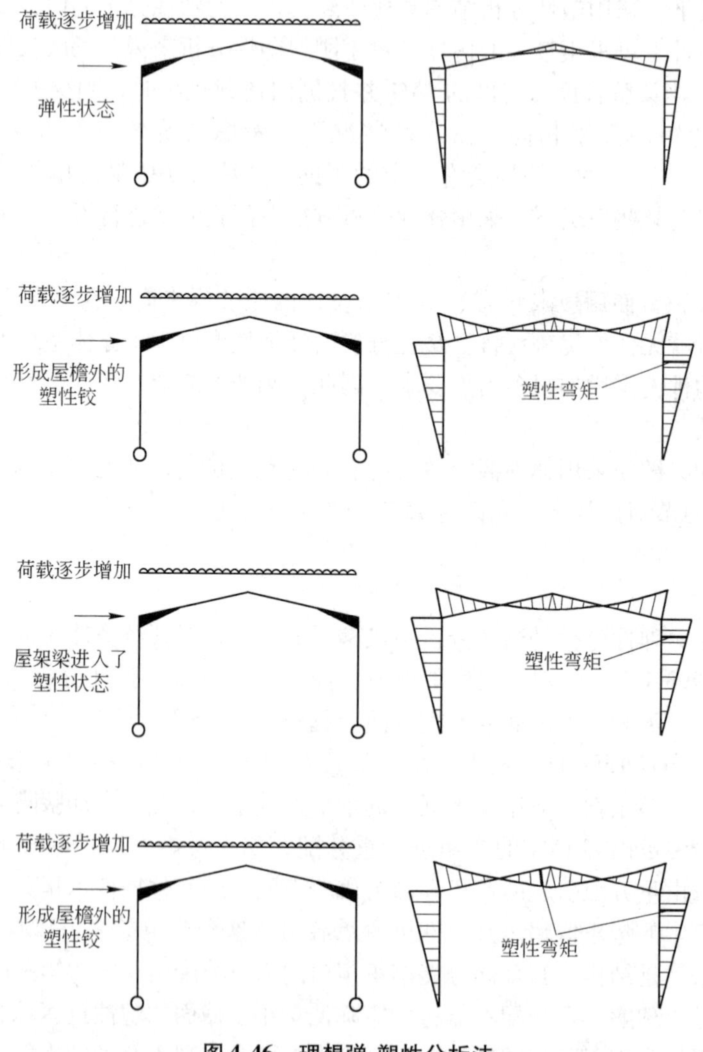

图 4-46　理想弹-塑性分析法

该方法具有以下优点：

（1）可以确定出真正的破坏机构。

（2）可以确定出所有塑性铰，包括所有曾经形成并消失的塑性铰。所有消失的塑性铰将不会再出现在倒塌机构中，但需要对其进行约束。

（3）可以确定出在荷载大于极限荷载时所形成的塑性铰。在适当的情况下，可以减少这些位置的约束，以降低成本。当设计由变形控制或采用了超大构件截面时，构件承载力可能会大于其强度设计值，此时经济效益比较明显。

（4）可以确定出倒塌时或倒塌全过程中任一阶段的实际弯矩图。

一阶和二阶分析

对于刚架采用塑性分析还是弹性分析、一阶分析还是二阶分析，取决于刚架在其平面内的变形能力，以系数 α_{cr} 来表征（参见本章第 4.8.3 节）。当要求进行二阶分析，而完整的二阶分析又无法进行时，可以采用修正的一阶分析方法。该方法与弹性和塑性分析略有不同，将在后文做详细介绍。

对于刚架的弹性分析，使用“放大侧移弯矩法”是引入二阶效应的最简单的方法；在 BS EN 1993-1-1 第 5.2.2 条中，对该方法做了介绍。

首先应进行一阶弹线性分析，然后把水平荷载 H_{Ed}（如风载）和由缺陷引起的等效荷载 $V_{Ed}\phi$ 乘以一个“放大系数”，以此来确定二阶效应。

对于小坡度的门式刚架，如果刚架梁中轴压力并不大，而且 $\alpha_{cr} \geqslant 3$，“放大系数”可以按照下式计算：

$$\frac{1}{1-1/\alpha_{cr}}$$

式中，α_{cr}可按本章第 4.8.3 节计算。

刚架的一阶弹性/塑性分析方法，其设计理念是采用放大后的荷载来考虑变形后结构几何形状的影响（二阶效应）。使用这些放大后的荷载，通过一阶分析，得出了弯矩、轴力和剪力，其分析结果近似地考虑了二阶效应的影响。这种放大的计算方法，有时称为 Merchant-Rankine 法。它为刚架的弹性分析提供了一种等效的塑性分析方法，对此，BS EN 1993-1-1 的第 5.2.2(4) 款指出：“对于以侧移屈曲（失稳）模式占主导的框架，应进行一阶的框架弹性分析，且采用适当的系数对相应的荷载作用效应（例如弯矩）进行放大。”而在塑性分析中，因为塑性铰限制了刚架的抗弯能力，所以对一阶分析时所使用的全部作用（不单是风荷载和缺陷引起的作用）进行放大，而非对计算分析得到的作用效应进行放大。

此方法将刚架分为两类：

（1）A 类：规则的、对称和单坡刚架；

（2）B 类：除 A 类外，但不包括带拉条的门式刚架。

两类刚架中的每一类，其荷载放大系数各不相同。对于满足以下条件的门式刚架，该分析方法已经得到了验证：

（1）任意跨度的刚架，均应满足 $L/h \leqslant 8$；

（2）刚架应满足 $\alpha_{cr} \geqslant 3$。

式中 L——刚架跨度（见图 4-47）；

h——刚架所考虑跨两侧较低柱子的高度（见图 4-47）；

α_{cr}——弹性临界屈曲荷载系数，可通过分析软件或根据一阶模态进行计算（见 4.6.3 节）。

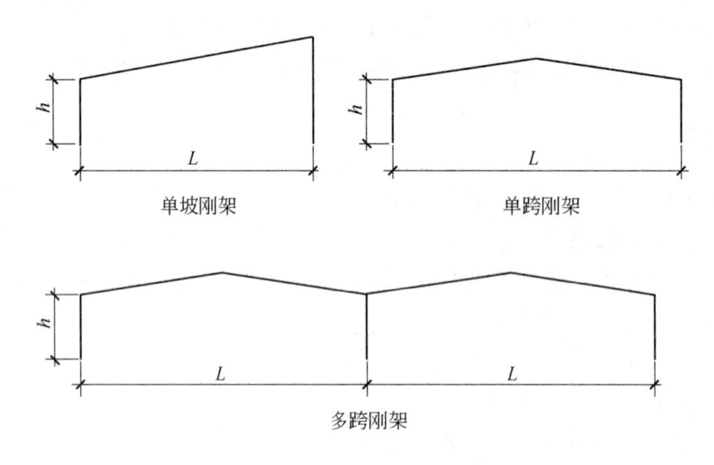

图 4-47 A 类框架实例

（h 为从刚架梁和柱的中心线交点来量度，而不考虑任何梁腋的影响）

其他形式的刚架应采用二阶弹塑性分析软件设计。

放大系数的确定方法如下：

（1）A 类：规则的、对称和非对称斜坡刚架及单坡刚架。

规则的、对称和单坡刚架一般为单跨或多跨刚架，不同的是高度（h）和不同跨的跨度（L）有较小的变化；该变化在高度和跨度的 10 % 左右，可被认定为足够小。

在实际应用中，如果出于安全和简化的原因，把全部力与弯矩乘以 $\left(\frac{1}{1-1/\alpha_{cr}}\right)$ 进行放大，这类刚架可以使用一阶分析方法，尽管求得的柱轴力偏于保守。系数 α_{cr} 可根据本章第 4.8.3 节进行计算。

从上述可知，由于二阶弹-塑性分析方法直接考虑了所有的影响，因此有着明显的优势。

（2）B 类：除 A 类外，但不包括带拉条的门式刚架。

对于不属于 A 类的刚架，如果把全部作用荷载乘以 $\left(\frac{1.1}{1-1/\alpha_{cr}}\right)$ 进行放大，则可采用一阶分析方法，其中系数 α_{cr} 按照本章第 4.8.3 节计算。

基础刚度的处理

在计算分析时应考虑柱子基础的转动刚度。区分柱子基础的承载力和基础的刚度

非常重要。柱子基础承载力只是与刚架承载力的刚塑性计算有关，与变形无关。柱子基础的刚度与刚架的弹-塑性或弹性分析下所计算的承载力与变形都有关系。如果柱脚和基础构造具有足够的承载力来承受计算的内力和弯矩，那么就可以考虑柱子基础的刚度。

应区分以下四种不同的条件：

（1）当采用真实铰或滚动支座时，其转动刚度为零。

（2）如果柱子与基础刚接时，应采用以下建议：

1）弹性整体分析。承载力极限状态计算：取柱子基础刚度与柱子刚度相等。正常使用极限状态计算：柱子基础可按刚性处理，确定在正常使用极限状态荷载作用下的变形。

2）塑性整体分析。可以假定基础的抗弯承载力介于零至柱子塑性抗弯承载力之间，只要基础的设计条件满足：弯矩取值应与所假定的基础抗弯承载力相等；其他作用力取值应取计算分析结果。

3）弹-塑性整体分析。柱子基础的假设刚度与假定的基础承载力必须一致，但不得超过柱子的刚度。在分析中，当采用“虚设杆”来模拟基础的稳固性（base fixity）时，必须考虑其对基础反力的潜在影响。必须把基础反力作为柱轴向力，该轴向力等于基础和“虚设杆”铰接端底部的反力总和。

（3）名义半刚性柱子基础：在弹性整体分析中，可以假定一个名义柱子基础刚度，其刚度值最大可取为柱刚度的 20%，前提是基础应按此分析所得到的弯矩和作用力来进行设计。

（4）名义铰接基础：如果一根柱子铰接在按零弯矩来设计的基础上时，那么当采用弹性整体分析来计算刚架在极限荷载作用下的弯矩和作用力时，应假定基础为铰接。

应按以下的柱子刚度的百分比，假定基础的刚度：

1）当进行刚架的稳定验算或确定平面内有效长度时，取柱子刚度的 10%；

2）在计算正常使用极限状态下的变形时，取柱子刚度的 20%。

4.8.6 构件设计

应对塑性铰附近的杆件段和远离塑性铰的杆件段分别进行设计。

4.8.6.1 塑性铰附近的杆件段的稳定长度

欧洲规范 3 介绍了四种类型的稳定长度：L_{stable}、L_m、L_k 和 L_s。分别在后文对每一种类型进行讨论，所有内容均引自 BS EN 1993-1-1：2000。

L_{stable}（BS EN 1993-1-1 第 6.3.5.3(1)B 款）

L_{stable}为受线性弯矩并无“明显”轴压力作用的等截面梁段的基本稳定长度。其为一种简单的基本情况，很少用于实际的门式刚架设计验算中。

文中“明显”一词与 α_{cr} 有关，可根据 BS EN 1993-1-1：2000 第 5.2.14(B) 款，注解 2B 的要求确定。当 α_{cr} 小于下式计算结果时，可以认为轴压力不“明显”：

$$\frac{A_{fy}}{11\bar{\lambda}^2}$$

式中，$\bar{\lambda}$ 为刚架梁或柱子的平面内长细比（无量纲参数），刚架按铰接考虑。

L_m（BS EN 1993-1-1 附录第 BB3.1.1 款）

L_m 为塑性铰处的扭转约束与相邻的侧向约束之间的稳定长度，同时考虑了构件受压和沿构件的分布弯矩。对于不同形式的构件，其表达式为：

（1）等截面构件，见 BS EN 1993-1-1 式（BB.5）；

（2）带有三个翼缘的加腋构件，见 BS EN 1993-1-1 式（BB.9）；

（3）带有两个翼缘的加腋构件，见 BS EN 1993-1-1 式（BB.10）。

在扭转约束之间有两个稳定长度 L_k 和 L_s，考虑了中间约束对受拉翼缘的稳定影响。

L_k（BS EN 1993-1-1 附录第 BB.3.1.2(1)B 款）

L_k 为塑性铰与相邻的扭转约束之间的稳定长度，其中构件受均布弯矩作用，构件的受拉翼缘或受压翼缘设置了间距都不大于 L_m 的约束。这个限制亦适用于构件受非均布弯矩作用，但会偏于保守。

L_s（BS EN 1993-1-1 附录第 BB3.1.2(2)B 和(3)B 款）

L_s 为塑性铰与相邻的扭转约束之间的稳定长度，其中构件受轴压力和线性变化弯矩作用，构件的受拉翼缘或受压翼缘设置了间距都不大于 L_m 的约束。

不同的弯矩修正系数 C 及公式适用于不同的情况，式（BB.7）用于构件受线性变化弯矩和均布弯矩作用；式（BB.8）用于等截面构件受非线性变化弯矩作用。

沿长度方向截面有变化的杆段，即梁腋，可按以下两种方法处理：

（1）受线性或非线性变化弯矩作用，带有三个翼缘的加腋构件，采用式（BB.11）计算；

（2）受线性或非线性变化弯矩作用，带有两个翼缘的加腋构件，采用式（BB.12）计算。

关于塑性铰附近的任意杆件段稳定长度的计算，在图 4-48 流程图中做了归纳总结。（在不出现塑性铰的情况下，可以采用 BS EN 1993-1-1 中式（6-61）和式（6-62），以常规的弹性分析设计标准来进行杆件段的验算）。

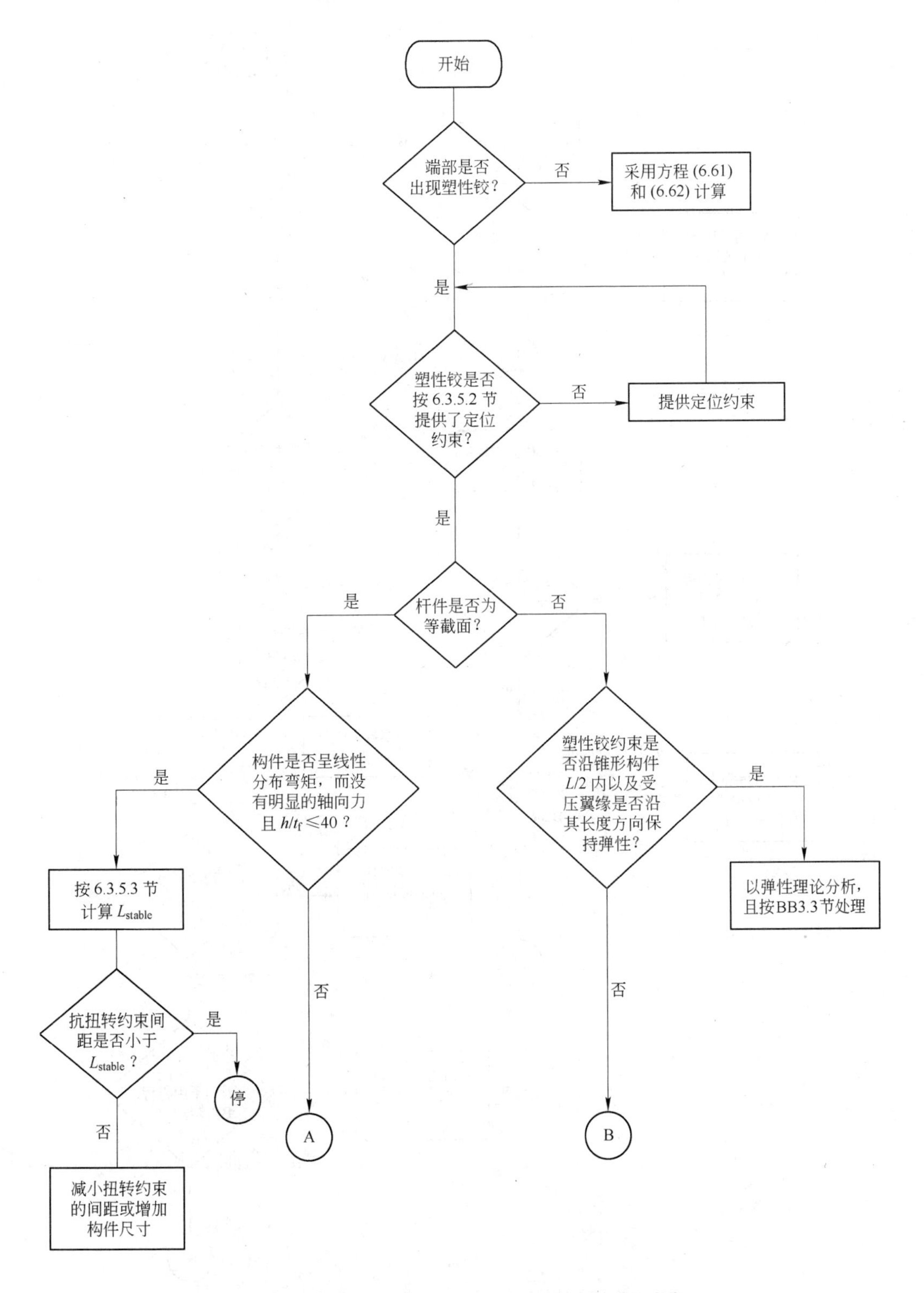

图 4-48 决策树：门式刚架杆件稳定长度的选取依据

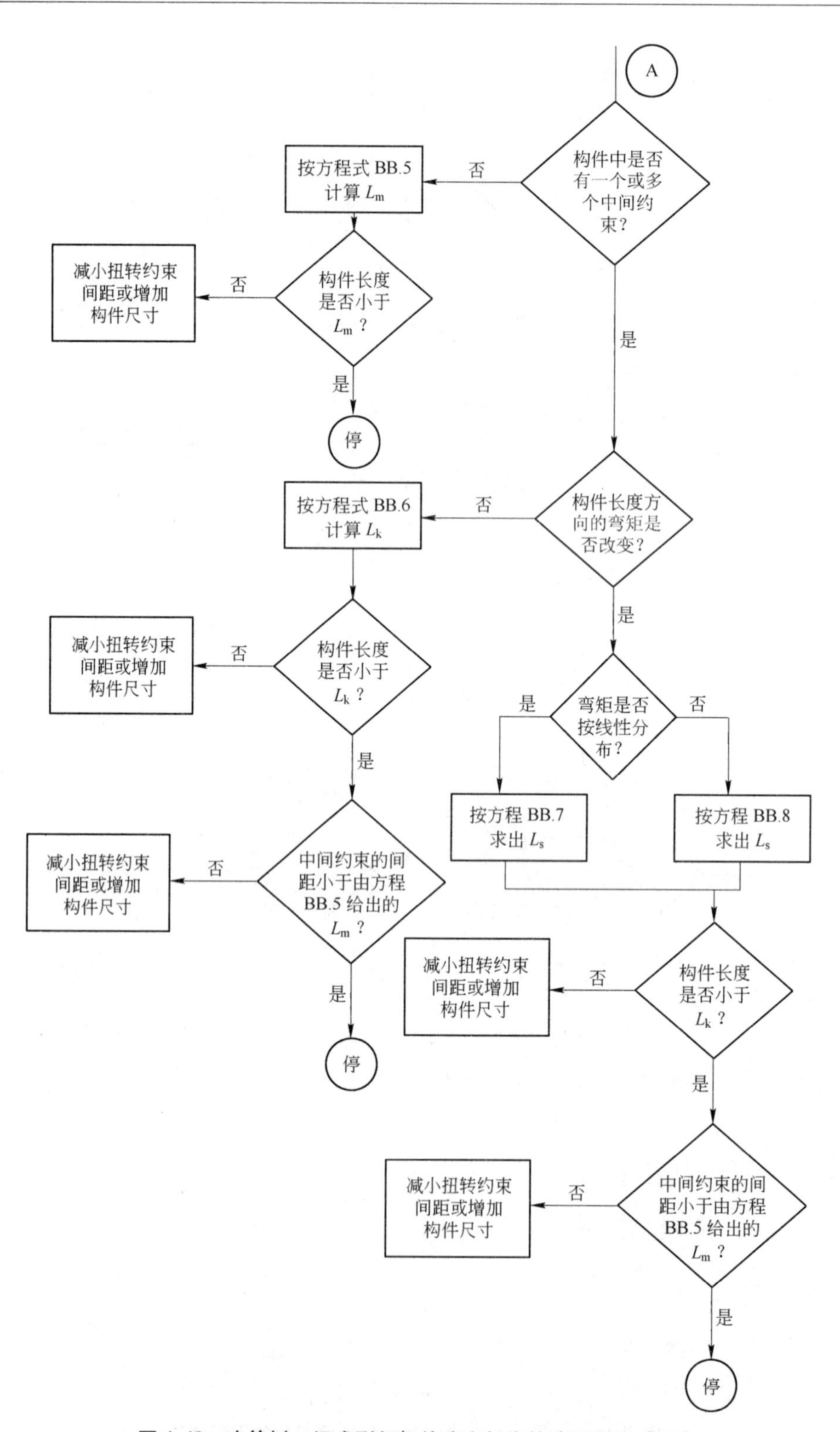

图 4-48 决策树：门式刚架杆件稳定长度的选取依据［续］

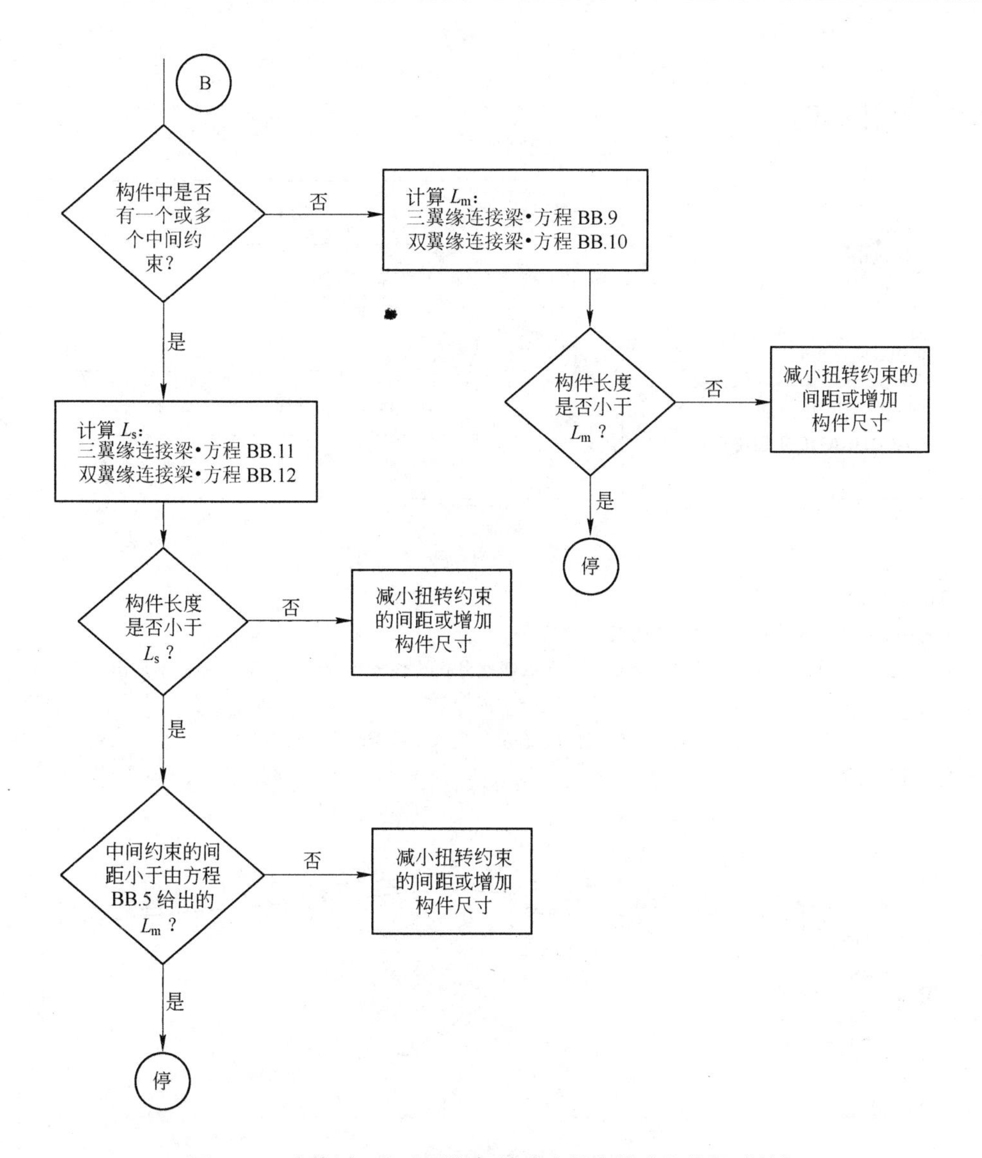

图 4-48　决策树：门式刚架杆件稳定长度的选取依据［续］

4.8.6.2　远离塑性铰的杆件段的设计

对于远离塑性铰的杆件段，必须按照本手册第 19 章的相关要求，对刚架梁和柱子进行验算。

验算目的是：

（1）减少扭转约束的数目；

（2）在刚架平面内及平面外的作用效应影响下，确保构件的稳定性。

以下是与本章（第 4 章）内容直接相关的设计范例。

4.9 设计实例

<table>
<tr><td rowspan="5">The Steel Construction Institute
Silwood Park, Ascot,
Berks SL5 7QN
Telephone: (01344) 623345
Fax: (01344) 622944
CALCULATION SHEET</td><td>编 号</td><td></td><td>第1页</td><td colspan="2">备 注</td></tr>
<tr><td>名 称</td><td colspan="4">门式刚架设计实例</td></tr>
<tr><td>标 题</td><td colspan="4">第4章</td></tr>
<tr><td rowspan="2">客 户
SCI</td><td>编 制</td><td>LRN</td><td>日期</td><td></td></tr>
<tr><td>审 核</td><td>GWO</td><td>日期</td><td></td></tr>
</table>

门式刚架设计

实例：采用塑性分析方法设计门式刚架

本例讨论了一单层建筑中的门式刚架设计，并以塑性分析法作整体分析。刚架梁和柱子均由热轧工字钢组成。

本例给出了框架的整体尺寸（包括约束位置）、荷载的定义及荷载组合的选择等情况。

刚架几何条件

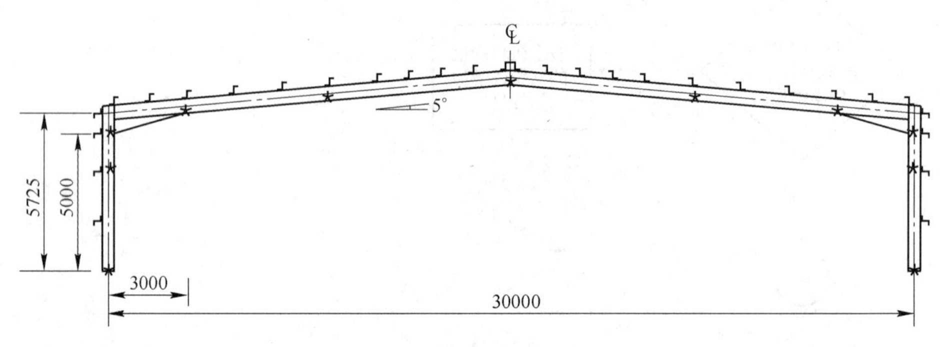

门式刚架间距 =7.2m

★ 为扭转约束

门式刚架尺寸

围护结构如屋面和外墙均以檩条及墙梁支承，如图所示。檩条及墙梁的位置和间距做如下安排：

（1）在梁腋的两端设扭转约束（即一端为柱端，另一端为屋架梁端）。

（2）沿刚架梁的中间位置设一扭转约束。

（3）檩条及墙梁间距通常约为1800mm，以确保刚架梁和柱子的侧向稳定性。在框架构件中接近其塑性抗弯承载力的地方，檩条及墙梁的间距要相应减小。

（4）在上述约束之间的檩条及墙梁按等间距分布。

门式刚架设计	第2页	备 注

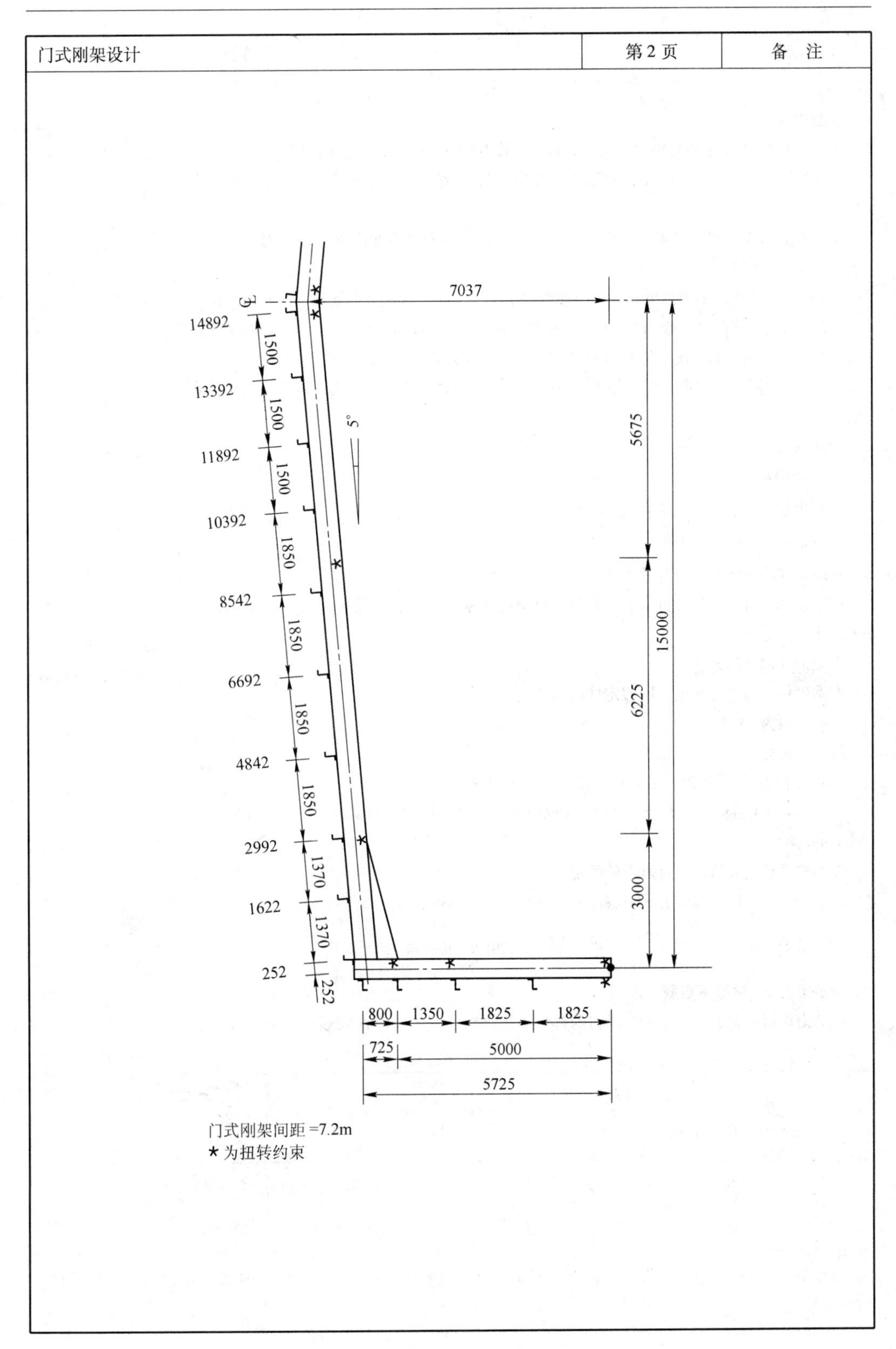

门式刚架间距 =7.2m

* 为扭转约束

门式刚架设计	第3页	备 注

荷载

荷载组合

BS EN 1990 给出了组合值系数 ψ，其数值可按 BS EN 1990 的国别附录求得。

BS EN 1990：2002 表 A1.1 的建议值一般为0.7，但结构用于支承货物时，建议值应为1.0。

请注意此门式刚架的屋面坡度小，故风载对屋面荷载的影响亦随之减小。因此，关键的设计组合一般为：

（1）重力荷载，不考虑风荷载：会在刚架梁跨中引起正弯矩及在梁腋中引起负弯矩。

（2）向上风荷载（风吸力），考虑最小重力荷载：会引起和组合（1）完全相反的效应。最不利的风荷载工况可能是纵向风或横向风，故必须对两者进行验算。

（3）必须同时考虑重力荷载与风荷载的作用，对某些形状的建筑物，可能是关键的荷载工况。

刚架缺陷

$\phi_0 = 1/200$

为简化起见，取 $\alpha_h = 1.0$ 和 $\alpha_m = 1.0$。

$\phi = \phi_0 \cdot \alpha_h \cdot \alpha_m = 1/2000 \times 1.0 \times 1.0 = 1/200$

将刚架缺陷简化考虑为等效水平力。

柱子荷载可通过框架分析求得，但对于单层门式刚架来说，可以采用按平面面积分配的简化计算方法。

承载力极限状态分析

在本例中，为简化起见，已假定柱脚为铰接。

钢材等级为 S355。

设计假定如下：

（1）进行整体分析时，所有构件均假定为 I 类截面。

（2）轴向压力将假定为处于 BS EN 1993-1-1 的限制范围内，忽略轴向力对塑性抗弯承载力的影响。

在结构分析完成后，应对以上的假定验算。

柱塑性弯矩：IPE 500：$t_f < 40\text{mm}$；$f_y = 355\text{N/mm}^2 = 355 \times 10^6\text{N/m}^2$

$$M_p = W_{pl,y} f_y/\gamma_{M0} = \frac{2.194 \times 355 \times 10^6}{1 \times 10^6} = 779\text{kN} \cdot \text{m}$$

荷载组合1：恒载+雪载

承载力极限状态下，二阶分析所得的弯矩如下页图所示。各塑性铰形成时的荷载系数如下表所示：

荷载因子（极限承载力的百分数）	塑性铰编号	构件	位置/m
0.898	1	右侧柱	5.000
1.070	2	左侧刚架梁	12.041

备注：BS EN 1993-1-1 第5.3.21(3)条

直至第二个塑性铰形成，荷载系数为1.07时，才形成破坏机制。因此，构件的截面尺寸应适应于该荷载组合。

门式刚架设计	第4页	备 注
		来源：12433a. wmf

M=891.5kNm
N=172.4kN
V=196.2kN

M=778.7kNm
N=214.3kN
V=155.7kN

2.992m

5.691m

M=366.7kNm
N=168.8kN
V=154.6kN

M=0kNm
N=165.6kN
V=117.1kN

M=487.2kNm
N=154.3kN
V=13.1kN

30m

M=494.1kNm
N=155.3kN
V=0kN

M=0kNm
N=165.2kN
V=117.2kN

5°

M=356.9kNm
N=168.7kN
V=153.8kN

5.626m

M=879.3kNm
N=172.4kN
V=195.4kN

2.992m

M=0kNm

M=768.0kNm
N=213.5kN
V=153.6kN

0.725m

5.000m

荷载组合1：弯矩，剪力及轴力

门式刚架设计	第5页	备 注

荷载组合2：恒载+横向风载

该荷载组合会造成风吸力荷载工况，引起构件受拉，但不会导致结构失稳。因此，欧洲规范3的第5.3.2条中所提的整体初始侧移缺陷（译者注：在BS EN 1993-1-1 2005中定义为global initial sway imperfections）可在此组合中省略。

荷载分项系数应取 $\gamma_G=1.00$ 和 $\gamma_Q=1.50$。

破坏荷载因子=6.22，该值要大于荷载组合1的结果。所以，该荷载组合对于截面承载力的影响不大，但由于弯矩的作用方向与荷载组合1的作用方向恰恰相反，因此必须对构件进行稳定性验算。

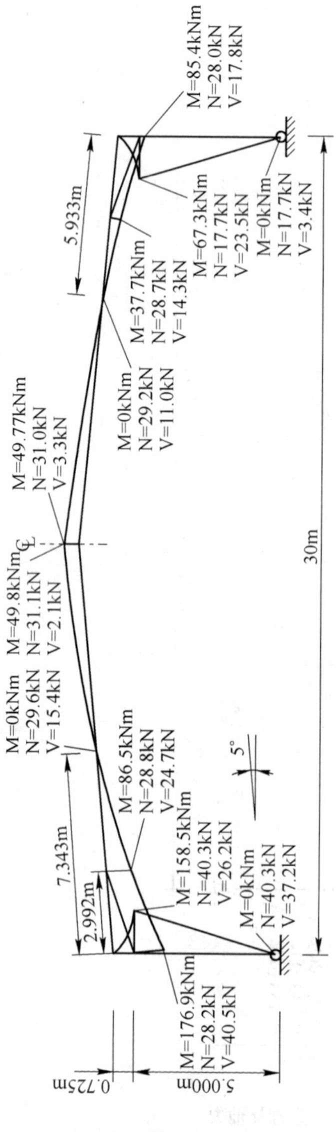

来源：12495. wmf

荷载组合2：弯矩，剪力及轴力

门式刚架设计	第6页	备 注
荷载组合3：恒载+纵向风载 该荷载组合中，作用于结构的风荷载造成了屋盖承受净风吸力（除了柱子 *LH*），其结果与荷载组合2相同。 破坏荷载因子=2.69，该值要大于荷载组合1的结果。所以，该荷载组合对于截面承载力的影响不大，但由于弯矩的作用方向与荷载组合1的作用方向恰恰相反，因此必须对构件进行稳定性验算。 荷载组合3：弯矩，剪力及轴力		来源：12496. wmf

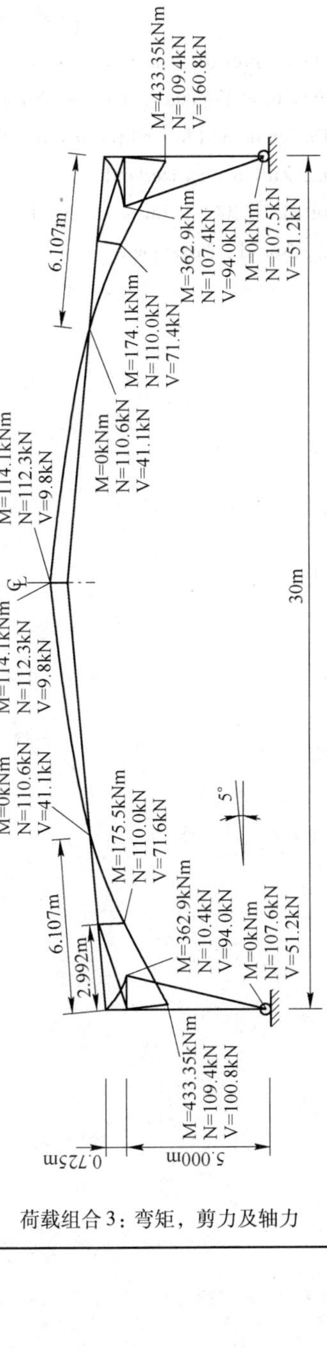

参考文献

[1] Horridge J. F. (1985) Design of Industrial Buildings, Civil Engineering Steel Supplement, November.

[2] The Building Act 1984: the Building Regulations and the Building (Approved Inspectors etc.) Regulations 2000 Building Regulations 2000, schedule 1, part L approved documents L1A, L1B, L2A, L2B multi-foil insulation.

[3] Todd A. J. (1996) Portal frames. British Steel Structural Advisory Service.

[4] Way A. G. J. and Salter P. R. (2003) Introduction to steelwork design to BS 5950-1: 2000 (P325), The Steel Construction Institute, Ascot.

[5] Surtees J. O. and Yeap S. H. (1996) Load strength charts for pitched roof, haunched steel portal frames with partial base restraint, The Structural Engineer, Vol. 74, No. 1, January.

[6] Davies J. M. and Raven G. K. (1986) Design of cold formed purlins. In: Thin Walled Metal Structures in Buildings, 151-60. IABSE Colloquium, Zurich, Switzerland.

[7] Lim J., King C. M., Rathbone A. J. et al. (2005) Eurocode 3: The in-plane stability of portal frames, The Structural Engineer, Vol. 83, No. 21, November.

5 多层建筑*

Multi-storey Buildings

BUICK DAVISON❶

5.1 引言

商业建筑，如写字楼、商铺及商住综合体，占欧盟年建筑业产值的20%，相当于超过每年2000万立方米的建筑面积。商业部门对于建筑物的要求是，建造工期短，施工质量高，具有较高的使用灵活性和适用性，并且可以高效地使用能源。由于钢结构及组合结构具有跨度大、施工速度快、设备管线集成、施工质量高和环境影响小等优点，在一些欧洲国家中，这类结构已经取得了超过60%的市场份额。现对这些优点做简要概述。

施工速度快

所有钢结构建筑都使用能够在现场进行迅速安装的预制组件。较短的建设周期可以减少现场准备工作，缩短投资回收期并降低利息费用。因工期缩短而节省下来的开支，可以占到整个项目造价的3%～5%，从而降低了对客户的运营资金需求，并改善了现金流。许多城区中的建设项目，需要降低对附近建筑物和道路的影响，这一点非常重要。钢结构建筑，特别是预制程度很高的建筑体系，能大大降低施工作业对当地的影响。

灵活多变

大跨度空间能适应开敞式、不同布局的办公室，以及沿建筑物高度办公布局上的多样性。当采用梁-楼板集成体系时（见本章第5.7.1节），其平整的底板使得所有内隔墙可以重新布局、灵活布置，从而大大提高了建筑物的适应性。

---

* 本章译者：邱海雁。

❶ 本章的数据大部分来源于《Access Steel》系列的文案当中，后经该作者统编成稿。原文请浏览以下网站：www. access-steel. com。

设备管线集成

通过把主要设备管线集成于楼盖结构高度内以直接减少结构厚度，钢结构及组合结构可以降低楼盖区域的整体高度。有时，因规划或改造项目原因，对建筑物的高度有所限制，使得建筑物设备管线集成技术变得非常重要。如果层间高度减少300mm，那么就相当于每平方米建筑面积节省了20～30欧元的建造成本。

质量与安全

通过工厂控制生产，场外预制加工可提高产品质量，也能减小对现场作业及天气的依赖。在受控的加工制作环境下工作，实际上要比在现场工作更加安全。对于框架结构而言，使用预制组件可以减少多达75%的现场施工作业，从而大大促进了总体施工的安全性。

环境效益

建筑用钢的固有特性具有显著的环境效益，如钢结构百分之百可回收利用，可重复使用且不降低强度，施工速度快并且减少了施工现场对当地环境的破坏。由于钢结构的灵活性和适应性，可以容许建筑物用途做大幅改变，从而大大增加了建筑物的经济效益。

5.2　成本和施工计划

5.2.1　建造成本

典型办公楼建筑的施工成本明细如下：

基础	5%～15%
上部结构及楼盖	10%～15%
围护墙体及屋面	15%～25%
设备（机械和电气）	15%～25%
设备（给排水和其他设备等）	5%～10%
装修材料隔墙及配件	10%～20%
措施费（现场管理）	10%～15%

措施费是指现场设施管理的成本费用，包括起重机、仓库和设备等费用。现场措施费会随项目规模的变化而变化。对于以钢结构为主的工程来说，措施费通常会占总施工费用的15%，而大量采用预制构件则可降低至10%。上部结构或框架结构的成

本很少超过总数的10%，但会对其他成本产生很大的影响。如前面所提到的，如果吊顶-楼盖区域的高度减少100mm，围护墙体的费用就可以节省2.5%，或总建筑成本就可以节约0.5%。

5.2.2　拥有成本❶

据估计，在60年的设计寿命期内，总的建筑物运营成本一般为其初始建造成本的3至5倍。长期成本中的主要组成部分包括供热、照明、空调等直接运行成本，室内翻新、小型的重新装修（每3~5年）、重大重新装修（每10~20年）、设备更换（每15~20年），还有在25~30年后有可能对建筑物外立面的重新装修等。

关于建筑物节能性能的《欧盟导则》[1]要求，办公建筑必须获得节能认证，与能源使用基准进行比较。许多现代化建筑在设计中融入了节能理念，包括双层幕墙、外保温、自然通风、烟囱以及光伏屋顶等。

5.2.3　施工计划

典型的中等规模办公楼的施工进度计划见图5-1。钢结构建筑的优点之一是，在现场准备和基础施工时，可以进行主要型钢的采购以及“组件”的场外预制加工，以便于现场快速安装。主体结构和楼盖的安装工期约占总工期的20%~25%，这一部分完工后，围护墙体及设备安装就可提前开始。正由于钢结构建筑的预制及“干”法施工模式，其在施工速度方面具有相当大的优势。

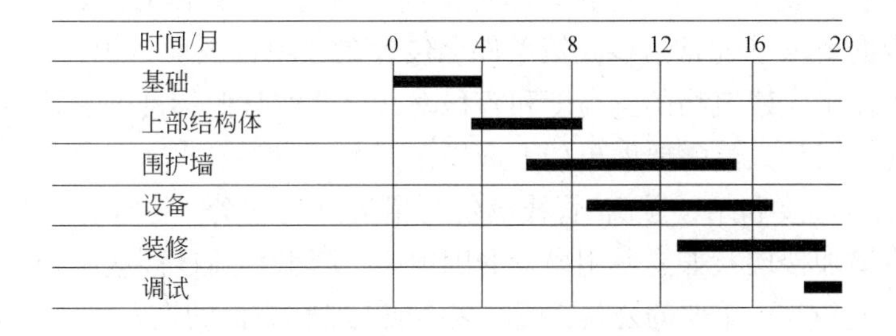

图5-1　典型的中等规模办公楼施工进度计划

典型工期相关的成本节约，可达总施工成本的2%~4%，在上部结构成本中占非常重要的比例。此外，在翻新工程或大型建筑的扩建项目上，提高施工速度、减少对用户或相邻建筑物的影响是非常重要的。典型的办公建筑荷载值如表5-1所示。

❶ 拥有成本（cost of ownership / occupancy）由购置成本、运营成本、维护成本三个部分构成（译者注）。

表 5-1 典型的办公室活荷载 (kN/m^2)

应　用	活荷载	吊顶、管线等	自　重*
办公室-通用	2.5 + 1.0⁺	0.7	3.5
办公室-专用	3.5 + 1.0⁺	1.0	3.5
走廊和通道	5.0	0.7	4.0
图书馆	7.5	0.7	4.0
储物区	3.5 + 1.0⁺	0.7	3.5

注：+包括隔墙；*典型组合楼盖的自重。

为了保证钢结构方案的有效实施，在总体设计阶段，要充分意识到钢结构方案的价值所在。这样做，既能满足最终设计目标，又能使施工过程简单快捷。其深化设计既可由钢结构承包商的设计团队进行，也可由独立的设计工程师来完成。

另一个关键问题是各专业分项工程之间要分工明确，例如，主体结构和围护墙体之间的分界。在各专业分项工程的交接部位，其成本控制很重要，要在采购的前期予以适当考虑。

5.3 理解设计任务书

5.3.1 设计决策

任何一个多层建筑方案的推进，都需要进行一系列复杂的、缜密的设计决策。由于客户本身的需求可能会随着设计阶段的深入而变化，为此，在早期的决策过程中，会产生一些矛盾。设计决策，首先要尽可能地了解客户的需求，以及项目当地的情况、地方法规的要求（通常这些决策条件会包含在“项目规划”中）。

规划要求需确定建筑物的总高度和容积率，以及按日照标准的建筑要求。通过与客户密切沟通，设计人员需要做出如下选择：

（1）楼盖区高度和结构总高/管线设备的相互协调方案。是否有可能在总高度限制的前提下再增加楼层？如要使用昂贵的围护墙，降低楼盖区高度是否可以更经济？

（2）对于建筑物中重要的公共交流区域，加大结构方面的投入的必要性及正当性。

（3）在结构和管线设备之间提供适当的“松适配”（“loose fit”），以适应未来建筑的功能需求。

（4）在不考虑额外成本的前提下，可加大结构跨度来增加建筑布局的灵活性。

在设计决策的基础上，设计团队和客户开始着手准备概念设计，并进行仔细的研究和审核。正是这种早期的互动阶段的重要设计决策，决定着最终项目的成本和价值。而且此阶段，客户的密切参与也是必不可少的。

一旦概念设计获得通过，就可以进行建筑物及其各部分的详细设计，相应地，与客户间的交流环节就会减少一些。虽然各建筑组成部分间的节点连接，通常由制造商

或专业设计师来设计，但首席建筑师需要了解这些细部节点的构成形式。

5.3.2 客户需求

首先，可通过建筑物的一般物理特征来界定客户需求，例如，住户数量、计划分区、层高（3.6~4.2m）、净高（通常为2.7~3m）等。层高是一个关键的参数，受建筑总高度、围护墙成本等要求的影响。在国家法规中，对最小楼面荷载和耐火极限做了相关规定，但客户的要求可能还会更高。

客户的其他需求可能包括运营服务、信息技术和其他通讯问题。在大多数市区项目，因自然通风受限，采用空调或舒适性制冷则是必不可少的。在城郊或农村地区，自然通风条件是首选。客户对主要建筑设备的设计要求，通常是每人每秒8~12L的新风供给量，室内温度控制在(22±2)℃，冷负载4070W/(m^2·℃)和墙面绝热系数$U<0.3$ W/(m^2·℃)。

数据通讯线路，通常置于架空地板下方，以便于用户接入及日后改进。

在国家法规或EN 1991-1-1中规定了楼面荷载，其最小值可以根据客户的要求予以增加。楼面荷载有三个基本组成部分：

（1）活荷载，包括隔墙；

（2）吊顶、管线设备，以及架空地板；

（3）结构自重。

活荷载根据建筑物的用途确定，设计荷载的范围为2.5~7.5kN/m^2。轻质隔墙通常按1kN/m^2的附加荷载考虑，吊顶、管线设备和架空地板的总荷载为0.7~1.0kN/m^2。对于建筑物的边梁，要考虑幕墙和内墙饰面传来的荷载，轻质围护墙为3~5kN/m^2，砖砌体为8~10kN/m^2，预制混凝土砌体为10~15kN/m^2。典型的组合楼板自重为2.5~4kN/m^2，是厚约200mm钢筋混凝土平板重量的50%~70%。空心混凝土板和混凝土面层的重量为3.5~4.5kN/m^2。

5.3.3 建筑物位置和场地条件

任何具体的建设项目所面临的最大的不确定性和随之而来的最大风险，都与不可预见的建设场地条件有关。为此，有必要进行适当的地质勘查来降低这些风险。虽然钢结构和混凝土结构建筑的基础形式通常很相似，但是钢结构建筑的重量却不到混凝土结构建筑的一半。在地质条件差的场地上，钢结构建筑就更容易建造。

在熟地[1]上兴建建筑，存在许多特定的技术问题，包括既有的基础、管线设备等

[1] 又称棕色地块，棕地是相对于绿地（greenfield）的一种规划上的术语。绿地一般指不能用于开发和建造的，覆盖有绿色植物的土地。棕地则指曾经用于开发建造，但是又被遗弃的荒地，无论受污染与否；曾经兴建过房屋或工厂而现今废弃不用的土地（译者注）。

障碍物以及相邻建筑物的附属设施（涉及这些设施的业主或用户的合法权益）；而在既有的基础之间打桩也会存在很多问题。钢结构具有大跨度空间的适应能力，其上部结构的布局更加灵活。因此，可绕开既有基础来进行设计，或者重新利用这些基础。幕墙维修方案通常采用临时的外部或内部钢结构来支撑幕墙。这种支撑结构相对复杂一些，必须由施工图给出具体设计。

在拥挤的城市中心的建筑存在物流方面的问题，如缺少建筑材料和设备的存储场地，主要构（部）件需要现场“同步”交付，以及要减少邻近物业的噪声和振动强度。安装速度是与吊车数量、吊车吊装能力直接相关的。对于大多数钢结构工程而言，每台塔吊每天可以吊装 20~30 件钢结构构件。

利用钢结构重量相对较轻的特点，可以跨越铁路线、既有建筑物或河流，也可以在墙体的全高范围设置支撑以作为“深梁”。横跨隧道的建筑需要严格控制基础的沉降（通常在5mm 以内），减少结构自重产生的荷载，并对施工方法和施工时间进行必要的限制。

毗邻河流或运河的建筑物，无论是临时的和永久的荷载条件，都会对其地下室和地下工程的设计产生影响。钢板桩通常可用于临时基坑支护和降水，在采用地基冻结法施工时，还可用来防止进水。

地下工程施工需要仔细考虑地下水压力、地质条件和可能产生的变形，土方工程的临时支护和永久地下室防水等问题。钢板桩可设计用于临时和永久性的抵抗土压力和水压力，并且可用于完全防水的地下停车场。

逆作法施工可用于大型工程，在这些工程中，首层楼板和地下室结构可以承受因地下室开挖所形成的土压力而产生的水平力。采用钢板桩的施工形式，见图 5-2。

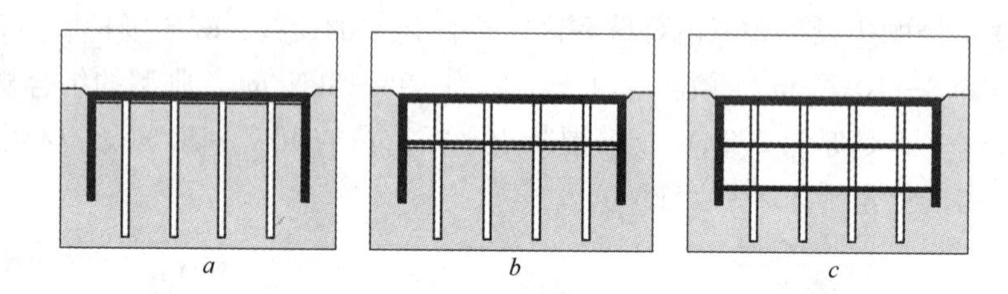

图 5-2 逆作法施工步骤

a—打桩并浇筑首层楼板；*b*—在楼板下开挖以及地下室施工；*c*—完成地下室及下部结构

5.4 抗侧力结构布置

5.4.1 概述

在 EN 1993-1-1[2] 中，关于抵抗侧移荷载作用、保证结构整体稳定性、处理结构的整体和局部缺陷，以及简单型、半连续型或连续型连接构造等使用方面的问题，提

供了多种不同的选择。虽然 EN 1993-1-1 对各类框架提供了全面的处理方法，但这些方法比较复杂而令人难以理解。在本章第 5.4.3 节中，对一系列简化方法做了说明，可用于框架形式和分析方法的选择。应该指出的是多层框架（通常）是由正交的水平网格构成的三维结构，即主梁和次梁在两个方向的夹角为 90°。需要在结构的两个主轴方向，分别考虑抵抗水平力和满足侧向稳定的要求，并且在这两个主轴方向可能会采用不同的解决方案。

本章涉及低层和多层建筑适用于各种行业，主要是商业建筑和居住建筑。要求低、多层建筑能够抵抗水平荷载作用并满足侧向稳定的要求，且对结构形式不产生重大影响。对于位于非地震区的大多数建筑，最高可为 10 层。

5.4.2 主要设计概念、定义和重要性

5.4.2.1 有支撑和无支撑框架

如图 5-3 所示，有支撑的框架可以通过以下两种方法来抵抗水平作用：

（1）钢框架与混凝土核心筒结构体系，通常在核心筒内设置电梯、垂直设备管井和楼梯等；

（2）采用支撑来抵抗水平作用。

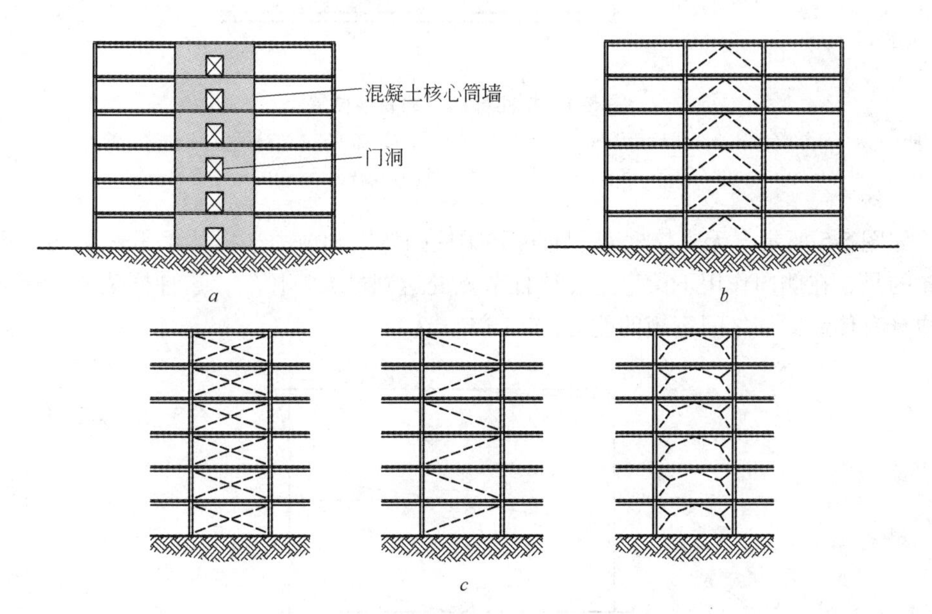

图 5-3 带支撑框架的类型

a—刚性混凝土核心筒；*b*—倒 V 形支撑；*c*—其他类型的三角支撑

凡不能使用交叉支撑的建筑，可以采用稳定门架来替代。

如图 5-4 所示，为提高结构体系的有效性，要求核心筒或设置支撑的开间相对于

建筑总平面是大致对称布置的。如果建筑物被伸缩缝分为几个部分时，则每个部分应视为一个单独的建筑。楼板作为横膈板将整体水平作用传递给刚性核心筒或带支撑的开间。

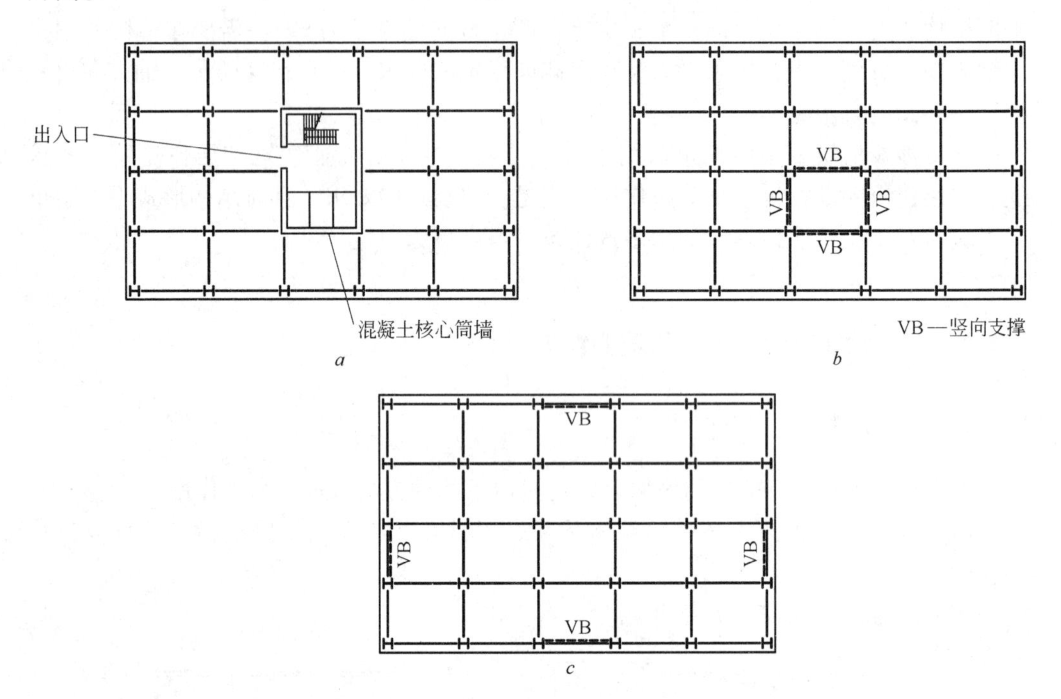

图 5-4　抗侧移作用的有效位置

a—混凝土核心筒内设置楼梯、电梯及管道井等；*b*—带交叉撑墙板组成刚性核心筒；*c*—未形成核心筒的刚性墙板

如图 5-5 所示，无支撑框架是通过其梁柱的弯矩和剪力来抵抗水平作用的。值得注意的是，在侧向作用下梁弯矩在梁柱节点处达到最大。显然，这种框架的连接节点必须具有传递梁柱之间弯矩的能力。

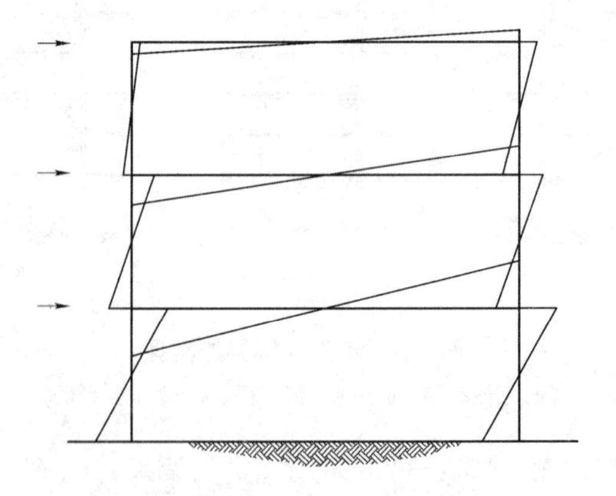

图 5-5　在侧向力作用下多层、单跨、无支撑框架的柱和梁的弯矩

这种框架效应会在建筑物中所有互相平行的框架之间进行传播，更多详细内容可以参阅本章第5.4.3.3节，或查看在第5.4.3.4节中对所选的“稳定门架”实例所做的介绍。

5.4.2.2 框架的侧移刚度

框架的侧移刚度会对框架分析方法的选择产生影响。对于满足EN 1993-1-1第5.2条所规定刚度要求的框架可采用一阶分析方法，参考文献［3］中给出了一阶分析方法的设计步骤。对于其他所有类型的框架，应考虑变形所产生的影响，其设计步骤见参考文献［4］。所有框架都会产生一定程度的侧移，可以根据变形所产生影响的大小，分为非侧移框架和侧移框架。对于后者，应在框架分析中考虑几何变形，即二阶效应的影响。如果框架的支撑体系比较弱，就可能成为侧移框架。

5.4.2.3 简单型、半连续型和连续型连接构造

结构构造类型是按照梁柱连接方式来划分的（见图5-6），在本手册第27章中对此会有更详细的说明。

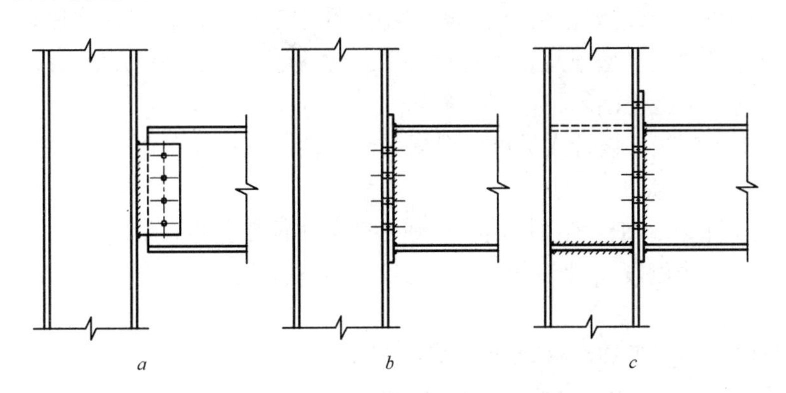

图5-6 梁柱连接方式

a—名义铰接；*b*—半刚接；*c*—刚接

在简单型连接（梁柱连接采用名义铰接）中，梁柱连接只从梁端向柱子传递剪力。作为简支梁，必须允许其节点连接处能够充分转动，以保证设计的安全性。

在半连续型连接中，半刚性梁柱连接，除了传递剪力外，还能从梁端向柱子传递相当大的弯矩。然而，梁柱连接部位的局部转动非常大，会对框架中的整个弯矩分布产生影响。在进行框架结构的整体分析时，半刚性连接的计算模型要恰当反映实际的性状，因此会比较复杂。

在连续型连接中，梁柱连接实际上是刚性的。在进行框架结构的整体分析时，不需要考虑连接部位的局部转动。刚性梁柱连接必须能从梁端向柱子传递全部弯矩和剪力。

5.4.2.4 缺陷

分析和设计多层钢框架时，通过缺陷等效方法来考虑残余应力和几何缺陷的影响，对此，在 EN 1993-1-1 第 5.3 条中有详细介绍。对于许多实际结构，正如 EN 1993-1-1 第 5.3.2(7)条所述，处理结构整体缺陷的最有效的方法是采用等效水平力来替代缺陷。关于缺陷的详细内容，可见参考文献［5］；关于竖向支撑设计问题，可见参考文献［6］。

在 EN 1993-1-1 第 5.3.4(1)条中，构件抗屈曲部分介绍了构件缺陷的处理方法。

5.4.3 关于特定建筑框架形式的经济选择

可供设计人员选择的框架结构形式，按其复杂程度是逐步加大的，而按其建造成本则通常会愈来愈高，即应该优先考虑最简单、最经济的框架形式。应在柱网的每个主要（轴）方向分别进行考虑，不同主轴方向有不同的框架结构选择形式。对于无支撑框架，只能通过框架本身来提供其侧移稳定性，因此，框架必须采用连续型连接构造形式（使用半连续型连接提供抗侧移稳定性也是可行的，但通常比较复杂）。可以全部框架都采用连续型连接，也可以在几个“稳定门架”中采用连续型连接，其余框架中采用简单型连接。

对于有支撑框架，设计人员可以根据其经济性，选择简单型或连续型连接，并应注意：

（1）当设计是由结构强度控制时，则必须采用简单型连接。

（2）当设计由刚度（使用状态）控制时，采用简单型连接通常仍然可以获得更大的经济效益。

但如果梁的高度受到严格限制，考虑采用连续型连接会更有利。建议在做出决定之前，提供几种备选方案，与钢结构承包商进行讨论，并做出相应的成本分析。

5.4.3.1 采用简单型连接的有支撑框架

框架中所采用的简单型梁柱连接节点，见图 5-6*a*。

参考文献［7］对简单型连接的设计概念和设计假定做了介绍。

其优点是：

（1）梁柱连接构造简单、经济；

（2）减小柱子尺寸，减轻重量；

（3）对于只承受正弯矩的梁，最简单的是采用组合结构；

（4）对静定钢结构进行简单分析，有利于梁、柱构件的优化。

其缺点是：

（1）如果可以设置支撑且楼盖结构设计主要受强度控制，则不适用于小规模的

建筑。

（2）如果楼盖结构设计受变形控制，则可能会导致梁不经济。

如果框架设有刚性支撑，即满足 $\alpha_{cr}\geqslant10$，则可以采用一阶分析方法进行设计。刚性支撑可以由一个混凝土核心筒或交叉钢支撑提供，见图 5-3。随着框架高度和楼层数的增加，支撑的截面尺寸也会相应增加，为此，可能会不太经济或难以满足建筑布局的要求。为了保证三角形钢支撑达到 $\alpha_{cr}\geqslant10$ 的要求，参考文献［8］给出了相关的指导意见。对于大多数低、多层建筑来说，如果采用了混凝土核心筒，就可以认为混凝土核心筒提供了足够的侧向刚度，保证了 $\alpha_{cr}\geqslant10$（如果设计人员对此存有疑问，可以进行刚度分析）。一阶分析可以使用手算。计算机分析的主要优点是便于进行荷载工况组合，以及确定结构的控制荷载。

如果从建筑上或经济上有所限制，交叉支撑不能达到 $\alpha_{cr}\geqslant10$ 的要求，那么可以设计一个较轻型的支撑系统。在参考文献［9］中给出了选择最小等效水平力方面的实用指南。对于某些类型的结构，可以根据 EN 1993-1-1 第 5.2.1.4(B)条，采用手工计算来近似确定 α_{cr}。然而，合理的计算机分析方法可以同时提供精确的 α_{cr}值，并进行荷载工况组合，以及确定对结构的控制荷载。

从理论上讲，根据 EN 1993-1-1 第 5.2.1 条的要求，使用二阶分析方法设计一个 $\alpha_{cr}<3.0$ 的框架结构是有可能的。但是，这种框架在侧向会非常柔，以至于无法满足常规连接构造的侧移变形控制标准。因此，这种方法只适用于特殊的构造形式，这已超出了本章的讨论范围。

5.4.3.2 采用连续型连接的有支撑框架

如果楼盖设计是由刚度控制的，例如梁高受到严格限制，在有支撑框架中采用连续型连接可能更为经济。

在连续型连接的有支撑框架中，支撑设置的注意事项与采用简单型连接的有支撑框架是相同的。需要进行框架整体分析，确定柱、梁、支撑和连接的内力和弯矩。这些框架采用塑性设计可能比较合适。

其优点是：连续型梁柱连接能大大提高楼盖体系的刚度，在大跨和/或梁高受限的情况下，保证了结构的正常使用性能。

其缺点是：

（1）要求加大柱（尤其是边柱）截面来承受弯矩。

（2）连续型梁柱连接造价高。

（3）梁的控制弯矩可能会出现在支座处，从而明显减少了使用组合结构所带来的好处。

（4）整体计算分析复杂，不易于杆件尺寸优化。

采用计算机分析是十分必要的，可以得到以下结果：

（1）确定梁和柱的内力和力矩。

（2）确定侧移作用在支撑和框架中的分配。

（3）确定 α_{cr}。

如果可以进行完全二阶计算机分析，则比 EN 1993-1-1 第 5.2.1(3)条中的放大系数法更有效。

5.4.3.3 无支撑的侧移框架

如果在建筑上限制了支撑设置，那就必须采用连续型的或半刚性的连接构造，来提供侧向稳定和抵抗侧向力（半刚性连接构造十分复杂，已超出了本手册的讨论范围）。

设计一个高超静定结构是相当复杂的。为了使最终的结构设计经济合理，对构件初始尺寸的选择尤为重要：

（1）使用参考文献［10］确定柱的尺寸。图表中近似考虑了轴向荷载和弯矩同时作用的情况。

（2）梁尺寸为 $wl/12$，其中 w 为每单位长度的分布荷载，l 为梁的跨度。

（3）首先，对于水平力和竖向力作用，分别采用一阶分析方法进行分析，然后根据 EN 1993-1-1 第 5.2.1(4)B 条的规定估计 α_{cr}值，并对结构是否符合水平位移限值进行验算，具体内容见参考文献［11］。

在分析中必须考虑二阶效应。如果 $\alpha_{cr} \geqslant 3.0$，EN 1993-1-1 第 5.2.2(5)B 条和(6)B 条规定，对于水平作用可以采用放大弯矩和作用力的方法，这种放大系数法比完全二阶分析方法更为方便。

其优点是：不设任何对角支撑，有利于建筑布局。

其缺点是：

（1）要求加大柱（尤其是边柱）截面来承受弯矩。

（2）梁柱连接复杂且造价高。

（3）梁的控制弯矩可能会出现在支座处，从而明显减少了使用组合结构所带来的好处。

（4）整体计算分析复杂，不易于杆件尺寸优化。

有必要采用完全二阶分析，其原因与本章第 5.4.3.2 条所述相同。

5.4.3.4 分散布置的抗侧力框架（stability frames）

如图 5-7*a* 所示，根据建筑的要求，可能要分散布置“强劲”（strong）框架或“门架式”（portalised）框架，来提供全部的侧移稳定性和侧向承载能力。假定各榀框架的侧移刚度相互之间是协调的，就可能在一个结构中同时使用抗侧力框架与有支撑框架，见图 5-7*b*。那么，对于结构的不同部位就可以采用不同的设计方法：

（1）对于抗侧力框架，可采用本章第 5.4.3.3 节的方法。抗侧力框架必须提供整个建筑的侧移刚度和侧向承载力。因此，需要非常大的框架梁柱刚度，来抵抗整个结构的侧移效应。

（2）对于结构中其余部分，可采用本章第 5.4.3.1 节中关于简化的带支撑框架

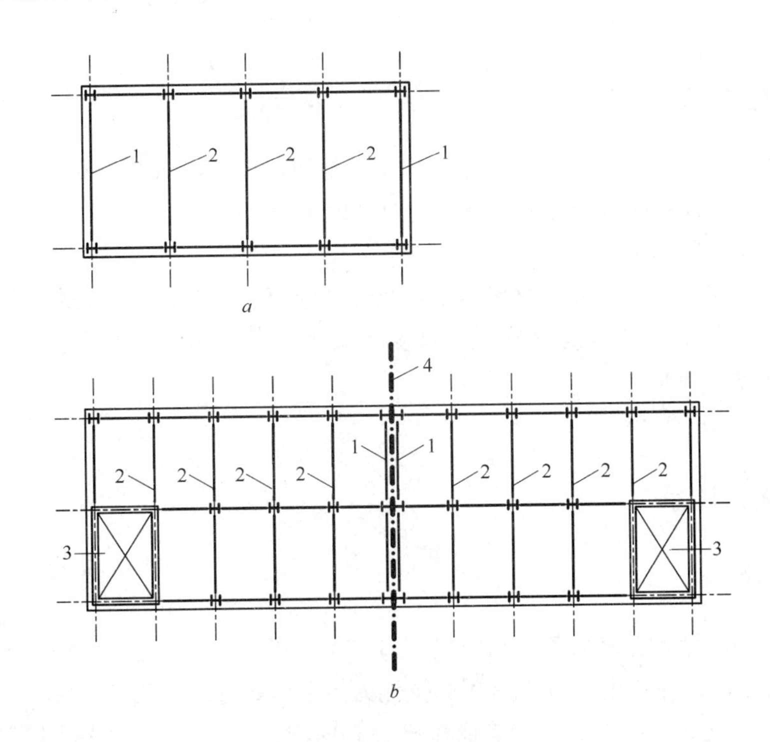

图 5-7 抗侧力门架实例

a—小型、大跨结构，无内柱，无核心筒；*b*—小型、大跨结构，有内柱，有核心筒

1—采用刚性连接的分散布置抗侧力框架；2—采用简单连接的框架；3—刚性核心筒；4—伸缩缝

分析方法。

对于这种混合布置的结构形式，应采用整体分析来确定 α_{cr}值。

其优点是：

(1) 不设任何对角支撑，有利于建筑布局。

(2) 减少了承受较大弯矩的梁柱连接和柱子的数量。如果框架效应在整个结构中发挥作用，所有的梁柱连接都能承担更大的弯矩，那么这种混合布置形式通常就会更加经济合理。

其缺点是：

(1) 要求加大“门架式”框架柱（尤其是外边柱）截面来承受弯矩。

(2) “门架式”框架的梁柱连接复杂且造价高。

(3) 应仔细考虑“门架式”框架、简单型连接框架和有支撑框架（如果有）之间的侧移刚度协调。

(4) 整体计算分析复杂，不易于杆件尺寸优化。

对于抗侧力“门架式”框架，必须进行结构的整体分析，在本章的第 5.4.3.2 节中已做了概述。采用结构的整体计算模型，进行荷载工况组合和控制荷载分析会更加方便。

5.4.4 建议的水平位移容许值

BS EN 1990[12]的附录 A1.4.3 中给出了正常使用极限状态下的位移定义：

u 为建筑物顶点的水平位移，建筑物总高度为 H。

u_i 为第 i 层层间水平位移，第 i 层层高为 H_i。

EN 1993 和 EN 1990 对位移没有设定具体的限值，虽然有些国家在其国别附录中指定了限值，但英国并没有这样做。在参考文献［13］中，对水平位移容许值（u 和 u_i）建议取 $H/300$。

5.5 抗侧力体系

5.5.1 概述

水平作用的形式有风荷载、侧向作用力，在一些地区还有地震作用。可以根据建筑物的高度和建筑平面的尺度，常用的抗侧力体系形式有以下几种：

（1）多层建筑（4～8 层）：围绕在核心筒周围，或在外墙或混凝土核心筒中设置支撑；

（2）高层建筑（8～20 层）：混凝土核心筒或钢板核心筒；

（3）超高层建筑（20 层以上）：外框支撑或“框筒”。

如本章第 5.4.3.4 节所述，框架本身可以代替支撑来提供侧移稳定性和侧向承载力，但会加大柱子的截面尺寸，并显著增加连接成本。从经济角度考虑，如建筑师允许，应尽量避免使用刚性框架。对于低层或多层建筑，采用半刚性框架会比较经济合理，有关半刚性框架的使用要求和具体内容在欧洲规范中已有介绍。

5.5.2 支撑类型

常用的支撑形式包括 X 形支撑、K 形支撑和 V 形支撑，见图 5-8。如果采用 X 形支撑，支撑构件按受拉构件设计（构件细长，受很小压力即发生屈曲，因此不考虑其受压）。如果采用 K 形支撑或 V 形支撑，支撑构件必须能承受压力。

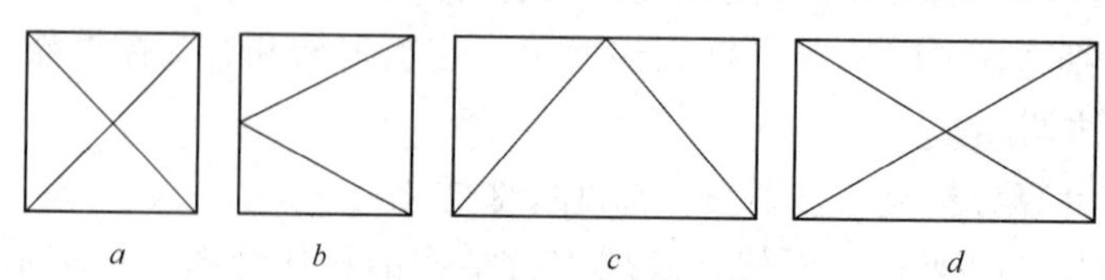

图 5-8 不同的支撑类型

a，d—X 形支撑；b—K 形支撑；c—V 形支撑

X 形支撑可采用钢板条或角钢，而管材或 H 型钢一般用于 K-形支撑或 V 形支撑。

图 5-9 中给出了支撑构件中力的性质（力的大小取决于支撑设置跨的几何形状）。如图所示，在超静定支撑系统中，压力可忽略不计。

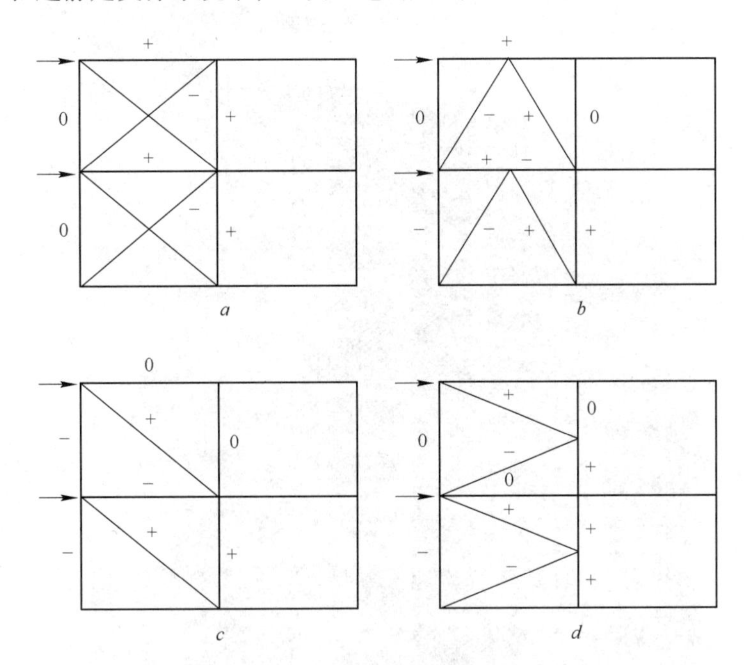

图 5-9　X 形、K 形和 V 形支撑的内力

a—交叉支撑；*b*—V 形支撑；*c*—单支撑；*d*—K 形支撑（压力为正，拉力为负）

通常可以将支撑设置在墙宽范围内，从而减少对建筑的影响。影响最小的是 X 形支撑；要求在墙上开门洞时，可以设置倒 V 形支撑或单支撑。

X 形支撑，见图 5-10。V 形支撑和 K 形支撑构件，通常采用空心型材（在空间比较狭窄的部位也可以采用角钢），X 形支撑构件大多采用钢板条。在造型简单的矩形钢框架建筑中，当采用 V 形或 X 形竖向支撑时，按表 5-2 和表 5-3 进行支撑构件的初始设计，表中数值与建筑物（迎风面）的长度和楼层数有关。

表 5-2　钢管 V 形支撑构件的尺寸（直径 × 壁厚）

楼 层 数	建筑长度/m			
	20	30	40	50
4	100 × 10	120 × 8	120 × 12.5	150 × 8
6	120 × 8	120 × 12.5	150 × 10	150 × 12.5
8	120 × 12.5	150 × 10	150 × 16	2 × 150 × 8
12	2 × 120 × 8	2 × 120 × 12.5	2 × 150 × 10	2 × 150 × 12.5

注：支撑在建筑物的两端；2 × 表示在每端各有一个支撑榀。

楼层高为 4m，风荷载为 $1kN/m^2$。

图 5-10 11 层建筑中的 X 形支撑

（Access Steel）（www. access-steel. com 提供了建筑钢材使用的信息，由多个专业机构共同维护。本项工作受欧盟和该行业资助。钢结构协会（SCI）负责对网站进行维护，提供相应的设施和技术支持）

表 5-3 钢板条 X 形支撑构件尺寸（板宽 × 板厚）

楼层数	建筑长度/m			
	20	30	40	50
2	120 × 10	150 × 12	150 × 15	200 × 20
4	150 × 15	2 × 150 × 12	2 × 200 × 15	2 × 200 × 20
6	2 × 200 × 12	2 × 200 × 20	2 × 220 × 20	2 × 220 × 22
8	2 × 200 × 15	2 × 220 × 20	2 × 250 × 20	2 × 250 × 25

注：支撑在建筑物的两端；2 × 表示支撑在每端各有一个支撑榀。

楼层高为 4m，风荷载为 $1kN/m^2$。

5.5.3 通过混凝土核心筒提供稳定

混凝土核心筒通常用于多层建筑，从建筑平面上分析，核心筒一般会使内部通行便捷，并提供了各种辅助功能的空间。对于高层建筑（见图5-11），通常将核心筒布置在平面的中央，在安装周围的钢结构之前，核心筒可采用“滑模”工艺施工。核心筒的平面尺寸主要根据电梯的数量、设备立管和盥洗室位置来确定。在多层建筑中，核心筒区域一般约占楼面建筑面积的5%～7%，而在高层建筑中，则会增加到12%～20%。

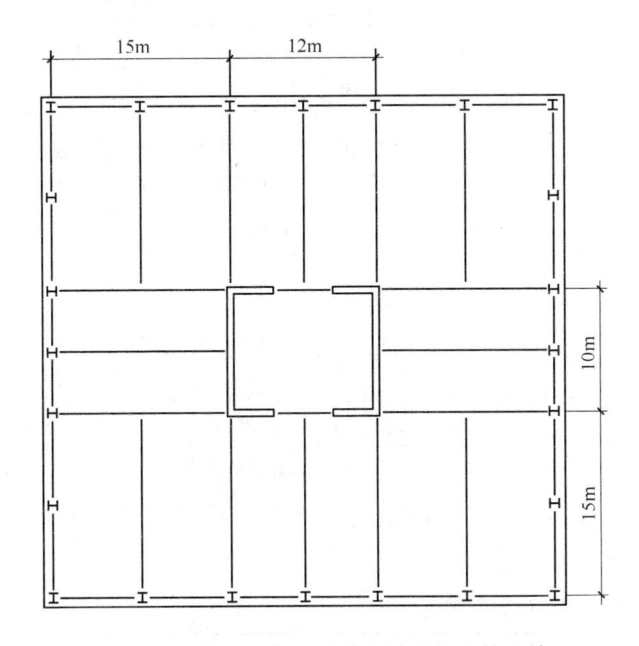

图5-11 钢结构框架建筑中的混凝土核心筒

可以采用多种方法将钢梁连接到混凝土核心筒上：

（1）在混凝土墙上预埋焊有抗剪连接件的钢板，并在现场制作梁连接接头；

（2）在混凝土墙上开洞或留槽，安装钢梁。

采用预埋钢板方法要考虑焊接预埋件的位置，并注意现场施工可能产生的误差。混凝土墙的厚度通常为200～300mm。要保证足够的配筋量，以承受由于风作用产生的倾覆影响，并在洞口上部的混凝土连梁中增加配筋。

5.6 柱

在设计柱和结构中的其他竖向承重构件时，通常应降低对建筑使用空间的影响，因此，要尽可能减小柱子的截面尺寸。柱子的截面尺寸取决于建筑物的高度和其所支承的楼面面积。此外，在使用高强钢材和考虑综合耐火设计环节上，也具有一定的优势（见本章第5.6.2节和5.6.3节）。柱子的各种截面形式，见图5-12。

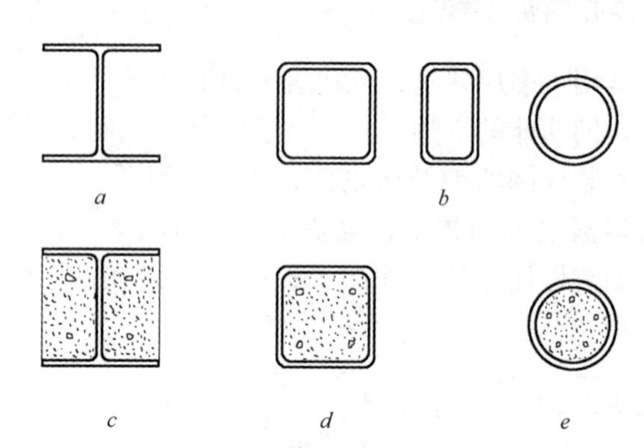

图5-12 柱截面类型

a—HE或UC型钢；*b*—结构用空心型钢；*c*—部分包覆的H型钢；
d—方管混凝土；*e*—圆钢管混凝土

5.6.1 H型钢

H型钢是一种最简单的柱子截面形式，通常是将大梁（主梁）与柱子翼缘相连来确定H型钢的方向，以简化梁柱连接构造。常规做法是，柱子在各个楼层可以选择同一截面系列的尺寸，截面重量虽然不同，但简化了柱子的拼接接头。为了便于安装、降低施工成本，会取两层一柱或三层一柱的柱子长度。在概念设计阶段，可参考表5-4和表5-5，进行HE和UC柱❶选用。表中，活荷载为4kN/m^2，永久荷载（包括自重）为4kN/m^2，层高为4m。

表5-4 有支撑框架中的HE柱典型截面尺寸

楼层数	柱网尺寸/m×m			
	6×6	6×9	6×12	6×15
4	HE 220 B	HE 280 B	HE 240 M	HE 260 M
6	HE 280 B	HE 240 M	HE 260 B	HE 300 M
8	HE 300 B	HE 260 M	HE 300 M	HE 320 M
10	HE 240 M	HE 300 M	HE 320 M	HD 400×347

注：1. S355钢，活荷载=3kN/m^2，隔墙及其他零星荷载取1kN/m^2。
2. 表中尺寸适用于短柱，用于长柱要进行大幅折减。

❶ HE欧洲宽翼缘梁（European Wide Flange Beams）；UC英国通用柱（BRITISH UNIVERSAL COLUMNS）（译者注）。

表 5-5 有支撑框架中的 UC 柱典型截面尺寸

楼层数	柱网尺寸/m×m			
	6×6	6×9	6×12	6×15
4	230 UC 86 S275	254 UC 132 S275	254 UC 167 S275	305 UC 198 S275
6	254 UC 132 S275	254 UC 167 S275	305 UC 198 S275	305 UC 240 S355
8	305 UC 240 S275	305 UC 198 S275	305 UC 240 S355	356 UC 235 S355
10	305 UC 198 S275	305 UC 240 S355	356 UC 340 S355	356 UC 340 S355

注：1. 钢材等级如表中所示，活荷载 = 3kN/m^2，隔墙及其他零星荷载取 1kN/m^2。

2. 表中尺寸适用于最短的柱，用于长柱要进行大幅折减。

参考文献［10］中给出了关于确定柱子初始截面尺寸的详细指导意见。

H 型钢柱通常采用被动防火保护方法，由于外观原因最常用的是采用防火板保护。但是，如果建筑上有要求，也可以采用膨胀型防火涂料保护。

5.6.1.1 柱子拼接接头

为了便于安装连接螺栓，柱子的拼接接头通常设在楼层面以上 1m 左右处。图 5-13给出了四种拼接接头形式。对于未经机械加工的柱子端头，可以通过拼接板和多根螺栓连接来传递轴向荷载。在实际工程中，柱端头可直接采用冷锯工艺而不再需要进一步机加工。当柱翼缘有足够厚度，以及螺栓头会影响柱子的面漆时，可采用埋头螺栓。当荷载较小时，柱子可采用端板连接。柱子长度为 8 ~ 12m，相当于两层或三层层高，是最为经济的。

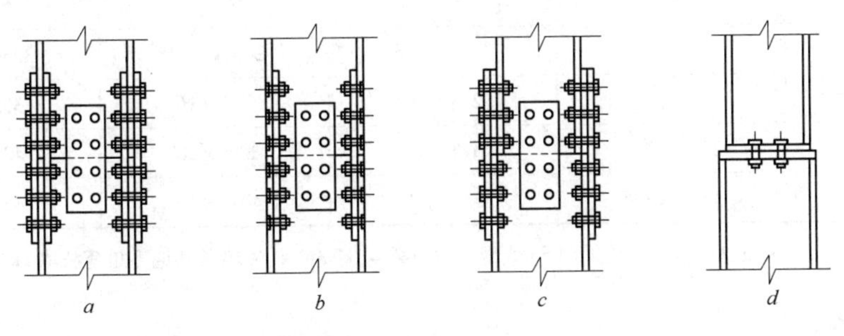

图 5-13 典型柱子拼接节点

a—拼接连接：剪力通过螺栓传递；*b*—端部承压连接：采用埋头螺栓；

c—拼接连接：柱子截面尺寸不同；*d*—端板连接：柱子截面尺寸不同

5.6.2 部分包覆的 H 型钢

在柱子翼缘之间进行部分包覆，以增加柱子抗压承载力和耐火性能。通常情况下，部分包覆柱子的耐火极限可以达到60min或90min[14]，根据其配筋量的不同，耐火极限会有所差异。部分包覆的HE型钢的设计见表5-6，可供概念设计阶段采用。

表5-6 有支撑框架的部分包覆型钢的典型截面尺寸

楼层数	柱网尺寸/m×m			
	6×6	6×9	6×12	6×15
4	HE 240A	HE 240B	HE 280B	HE 300B
6	HE 240B	HE 280B	HE 340B	HE 400B
8	HE 280B	HE 340B	HE 450B	—
10	HE 300B	HE 400B	—	—

注：均采用S355钢，附加荷载 = 3kN/m²，隔墙及其他零星荷载取1kN/m²。

5.6.3 钢管混凝土结构用空心型钢

圆管和方管钢管混凝土在建筑中发挥了非常重要的作用，并且钢管对填充混凝土起到约束作用，因此能取得极好的组合性能。由于压力转移到温度较低的混凝土和钢筋上，钢管混凝土也能达到优良的耐火性能。为了达到耐火性能的要求，最小配筋率通常应不低于EN 1994-1-2所规定的限值。一般而言，不配钢筋时耐火极限可达到60min。对于直径较大的钢管可以从柱底充填混凝土，但对于大部分小直径钢管则可从柱顶充填。概念设计阶段，典型截面尺寸见表5-7。

表5-7 有支撑框架的钢管混凝土钢管典型截面尺寸

楼层数	柱网尺寸/m×m			
	6×6	6×9	6×12	6×15
4	219×10	219×12.5	273×12.5	323×12.5
6	219×12.5	273×16	323×16	355×16
8	273×12.5	323×16	355×20	406×16
10	323×12.5	355××16	406×20	457×20

注：直径(mm)×壁厚(mm)；均采用S355钢，活荷载=3kN/m²，隔墙及其他零星荷载取1kN/m²。

5.7 楼盖体系

5.7.1 概述

图5-14给出了常见的楼盖体系。在大多数情况下，要求设置承重梁系，其上覆以混凝土板，可采用组合板的形式，也可采用预制混凝土板。

组合结构采用压型楼承板

跨度范围 6～15m

楼盖结构高度 400～800mm

a

组合结构中的蜂窝梁

跨度范围 9～18m

楼盖结构高度 600～1000mm

b

梁与深波楼承板组合

跨度范围 5～9m

楼盖结构高度 300～350mm

c

腹板有大洞口的焊接或轧制梁

跨度范围 9～20m

楼盖结构高度 600～1000mm

d

梁支承预制混凝土板

跨度范围 5～9m

楼盖结构高度 300～400mm

e

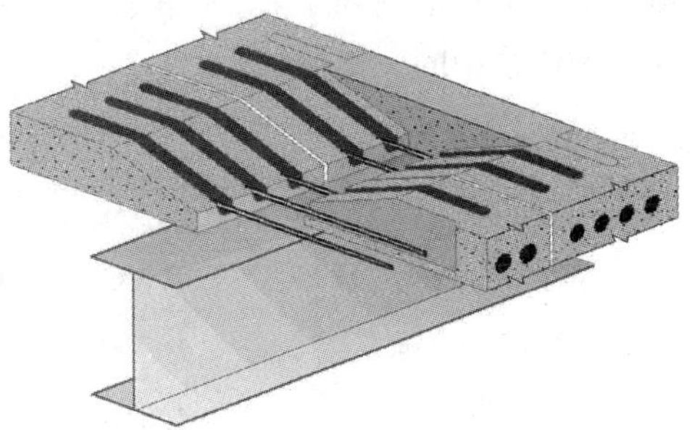

钢梁支承预制混凝土板

跨度范围 5～10m

楼盖结构高度 500～900mm

f

图 5-14 楼盖结构体系及其适用范围

5.7.2 组合板

组合板是结构高度相对较小的楼板，在施工过程中采用钢楼承板作为湿混凝土的临时支承模板，还作为楼盖体系中的组合构件来承受活荷载。组合楼板由梁直接支承。有两种常用的组合楼板形式，浅波组合板（典型高度为100~180mm）与深波组合板（典型高度为280~350mm）。浅波组合板的压型钢板截面高度变化范围为35~80mm，深波组合板的压型钢板截面高度变化范围为200~225mm。用于组合板的典型钢楼承板截面，见图5-15。可采用开口型（梯形）和闭口型（凹形）压型板，其中闭口型（凹形）压型板在欧洲应用十分广泛。在压型楼承板上轧以刻痕可以改善与现浇混凝土的组合作用。

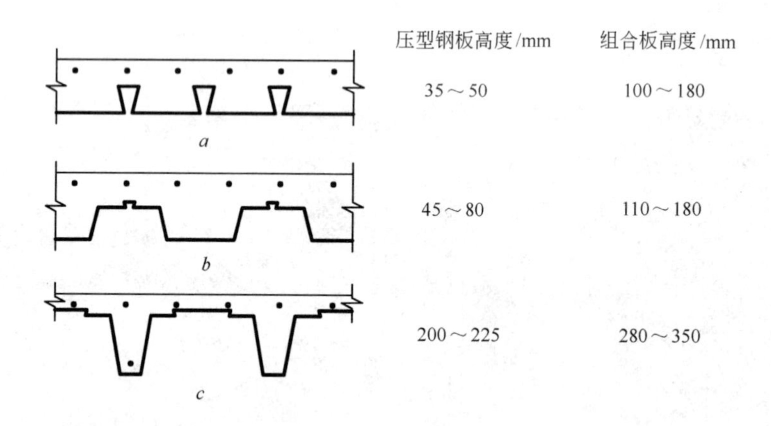

图5-15 不同形式的组合板（目前部分产品在欧洲并不通用）

a—闭口型（凹型）压型板；*b*—开口型（梯型）压型板；*c*—深波压型板

组合板的适用范围列于表5-8中。组合板可以通过抗剪连接件与梁连接，成为组合楼盖结构体系中的一部分。

表5-8 组合板的适用范围

成型钢板形状	压型钢板高度/mm	组合板高度/mm	跨度范围/m
闭口型（凹型）压型板	35~50	100~150	2~3.5
开口型（梯型）压型板	45~80	120~180	2.5~4.5
深波压型板	200~225	280~350	4.5~8.5

5.7.2.1 组合板的应用优势

组合板在建造中的优势可以概括为：

（1）施工速度快。板跨在常规跨度范围内时（见表5-9），可不设施工临时支承。

（2）质量轻。2.0 ~ 3.5kN/m²（仅为钢筋混凝土平板质量的40% ~60%）。

（3）传递水平力。能承受暂时和长期的风荷载作用。

（4）楼承板可作为安全施工平台。楼承板安装快捷。

（5）耐火性能好。根据组合板的不同厚度及配筋，耐火极限可达到 R30 ~ R120 级（译者注：即 30 ~ 120min）。

（6）隔声。表面减振层以及天花板可以使空气载声量降低 56 ~ 60dB。

表 5-9　组合板的典型跨度选用表

板　形	压型钢板高度/mm	组合板厚度/mm	最大跨度/m		
			无施工支承		有施工支承
			t = 0.9mm	t = 1.2mm	
	50	100	3.2	3.5	3.6
		120	2.9	3.2	4.2
		150	2.7	3.0	4.5
	60	120	3.2	3.6	4.0
		150	2.8	3.2	4.2
	200	300	5.5	5.0	7.0
		350			8.0

注：t 为钢板厚度（钢材等级 S355）；活荷载 = 3kN/m²；隔墙及其他零星荷载取 1kN/m²。

5.7.2.2　设计考虑

施工条件下组合板的设计，应考虑板自重及 0.75 ~ 1.5kN/m² 的临时施工荷载，该施工荷载表示浇筑混凝土时的作用荷载。组合作用取决于混凝土与压型钢板之间的剪切黏结强度或黏着力，黏结强度提供了承受后续活荷载的承载力。通常，在混凝土和压型钢板之间保证足够的组合作用，而对组合板设计起控制作用的主要是施工工况。在组合板中配以各种规格的钢筋网，以满足组合板的耐火极限要求。

组合板的跨度选用，见表 5-9。50 ~ 60mm 高的楼承板需要设楼盖次梁，次梁间距应与结构柱网尺寸相适应。为了加快施工进度、简化施工工艺，组合板通常无施工临时支承，此时，钢楼承板的板厚一般应取 0.9 ~ 1.2mm。在有施工支承的情况下，可以采用较薄的钢板（最低为 0.7mm）。当施工过程中设临时支承时，深波压型钢板可不用次梁。个别生产厂家会为其产品提供全面的设计参数表。

表 5-10 中给出了组合板耐火极限要求，以组合板的最小高度和板内最小配筋来表示，表中内容均来自燃烧试验实测结果。配筋量是依据国家法规的有关要求确定的，而组合板的最小高度出自 EN 1994-1-2。当组合板板跨或板高超出本表范围时，可采用 EN 1994-1-2 中的性能化消防工程方法予以确定。

表 5-10 典型的组合板的耐火极限要求

板 形	耐火极限	组合板最小高度/mm	最小配筋
	R60	100	A142
	R90	120	A193
	R120	130	A252
	R60	130	A142
	R90	140	A193
	R120	160	A252
	R60	280	16mm 钢筋
	R90	300	25mm 钢筋
	R120	320	32mm 钢筋

注：所有数据为不设临时支承下的最大跨度；配筋要求依据国家法规的有关要求而定；A142 = $142\text{mm}^2/\text{m}$；组合板内设置钢筋；活荷载 = 3kN/m^2，隔墙及其他零星荷载取 1kN/m^2。

5.7.3 次梁

楼盖梁体系由直接支持楼板的次梁及支承次梁的主梁所组成。次梁和主梁均可考虑与板进行组合，按组合梁设计。次梁间距取决于楼板的跨度特性，通常可取 2.5 ~ 3.6m。当柱网呈方形时，相对于主梁，次梁的承载范围较小，因此其截面尺寸可以更小一些。

当柱网呈矩形时，通常有以下两种楼盖布置：

（1）主梁支承短跨方向的次梁，见图 5-16*b*。

（2）大跨次梁直接支承于柱子，或支承在短跨方向的主梁上，见图 5-16*c*。

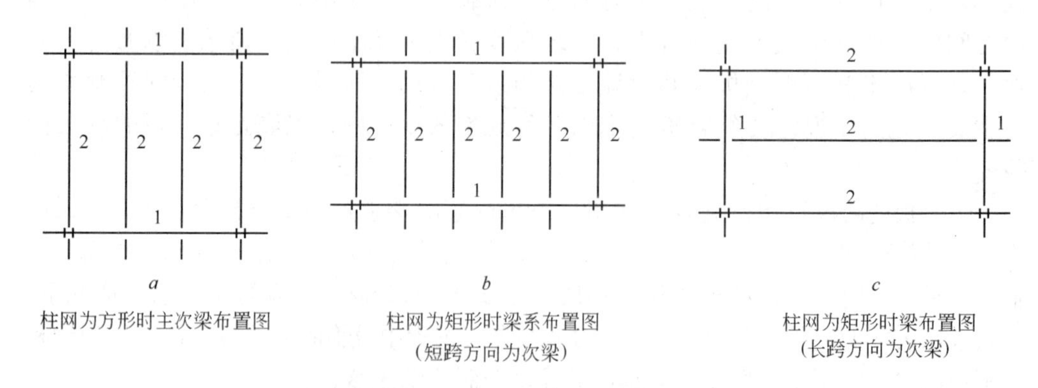

a 柱网为方形时主次梁布置图

b 柱网为矩形时梁系布置图（短跨方向为次梁）

c 柱网为矩形时梁布置图（长跨方向为次梁）

图 5-16 主、次组合梁的布置形式

1—主梁；2—次梁

第一种情况，次梁比主梁截面高度小，而第二种情况，次梁和主梁的截面高度大致相等。选择哪种体系，取决于结构和管线设备集成化的设计方案。如果不考虑这方

面的限制，通常会更经济一些。

大跨次梁可以制作成在腹板有多个规则的开孔形式，一般称为“蜂窝梁”（见图5-17）。蜂窝梁是在工字钢或H型钢的腹板上，按圆弧线切割后变换位置重新焊接而成的；也有按折线切割后变换位置重新焊接形成六角形开孔的蜂窝梁。通过将不同尺寸的梁进行重新焊接组合，得到了横截面不对称的蜂窝梁，从而在组合楼盖设计中获得最佳性能。此外，此类梁可以制作成板梁，与具有等效结构功能的轧制型钢相比，虽然制造成本较高，但可以对其上下翼缘和腹板进行优化，从而减轻质量。

图5-17 大跨蜂窝梁

大跨次梁具有结构效能高的优点，按组合梁设计时，其跨高比可达20～25，梁腹板中的规则开孔高度可达梁高的70%，为铺设设备管线提供了条件。

5.7.3.1 设计考虑

次梁的结构设计取决于楼盖的梁格布置及设备管线集成的条件。下面讨论两种常见的情况：轧制型钢梁（表5-11为采用IPE/HE型钢的截面尺寸选用表，表5-12为采用UB/UC型钢的截面尺寸选用表）；不对称截面的蜂窝梁列于表5-13和表5-14。在所有情况下均考虑梁板的组合作用，并应根据EN 1994-1-1[15]有关要求进行设计。表中列出了梁截面尺寸的选用建议。

表5-11 采用IPE / HE型钢的组合次梁截面尺寸选用表（S235钢材）

热轧型钢梁	最大梁跨/m				
	6	7.5	9	10.5	12
最小质量	IPE 270A	IPE 300	IPE 360	IPE 400	IPE 500
最小高度	HE 220A	HE 240A	HE 280A	HE 320A	HE 340B

注：活荷载 = 3kN/m²，隔墙及其他零星荷载取1kN/m²；组合板厚 = 130mm；梁间距 = 3m。

表 5-12 采用 UB/UC 型钢的组合次梁截面尺寸选用表（S275 钢材）

热轧型钢梁	最大梁跨/m				
	6	7.5	9	10.5	12
最小质量	254×146×31kg/m	305×127×42kg/m	356×171×51kg/m	406×178×60kg/m	457×191×74kg/m
最小高度	203×203×46kg/m	203×203×71kg/m	254×254×89kg/m	305×305×97kg/m	305×305×158kg/m

注：活荷载 = 3kN/m²，隔墙及其他零星荷载取 1kN/m²；组合板厚 = 130mm；梁间距 = 3m。

表 5-13 采用组合蜂窝梁的次梁截面尺寸选用表（S355 钢材，IPE/ HE 型钢）

蜂窝梁	最大梁跨/m				
	12	13.5	15	16.5	18
开口直径/mm	300	350	400	450	500
梁深度/mm	460	525	570	630	675
上　弦	IPE 360	IPE 400	IPE 400	IPE 450	IPE 500
下　弦	HE 260A	HE 300A	HE 340B	HE 360B	HE 400M

注：活荷载 = 3kN/m²，隔墙及其他零星荷载取 1kN/m²；组合板厚 = 130mm；梁间距 = 3m。

表 5-14 采用组合蜂窝梁的次梁截面尺寸选用表（S355 钢材，UC 型钢）

蜂 窝 梁	最大梁跨/m				
	12	13.5	15	16.5	18
开口直径/mm	300	350	400	450	450
梁深度/mm	415	490	540	605	625
上　弦	360 UC 54	356 UC 67	406 UC 67	457 UC 67	457 UC 82
下　弦	254 UC 89	305 UC 54	305 UC 137	356 UC 153	356 UC 287

注：活荷载 = 3kN/m²，隔墙及其他零星荷载取 1kN/m²；组合板厚 = 130mm；梁间距 = 3m。

相关的选用表对典型的办公室楼面活荷载及根据不同板厚、板跨和梁的尺寸确定的自重做了设定。次梁通常采用 S275 钢材，次梁设计主要受变形控制。而蜂窝梁经常采用 S355 钢材，因为蜂窝梁设计主要是由蜂窝梁的实腹部分[1]（称为“梁墩”）中的剪力所控制的。

在蜂窝梁中，可以通过切除其腹板的实腹部分（即孔间的“梁墩”部分）形成长孔。这些长孔的最佳位置应靠近跨中，见图 5-18。

5.7.4 主梁

主梁除了承受次梁传来的荷载以外，还要承受自身的荷载，因此主梁截面会比同

[1] 蜂窝梁的空腹部分由上翼缘或下翼缘和部分腹板所组成的 T 形截面部分称为“梁桥”；蜂窝梁的实腹部分称为“梁墩”；梁桥与梁墩相接处称为“桥趾”（译者注）。

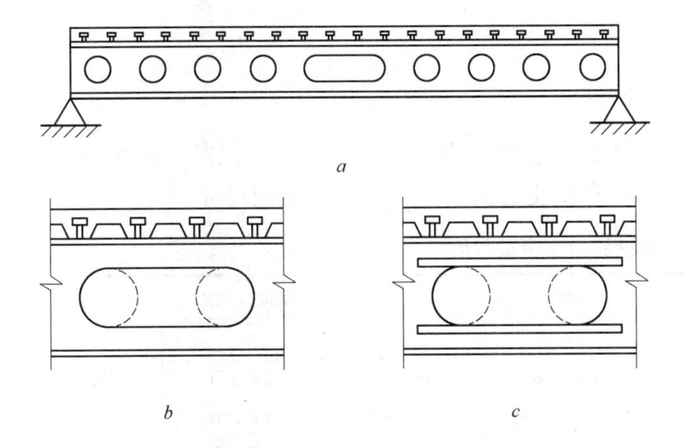

图 5-18 大跨、开长孔的蜂窝梁示意图

a—长孔蜂窝梁；*b*—跨中的长孔；*c*—孔边加劲

样跨度的次梁更强或更大一些。主梁承受一个或多个集中荷载，集中荷载的间距取决于楼板的跨度。主梁可以有两种常用形式：

（1）热轧型钢（采用 IPE 或者 UB 型钢）；

（2）焊接型钢（由钢板焊接而成）。

如图 5-19 所示，对于大跨主梁（跨度大于 12m），有可能在腹板上开较大的矩形孔，孔可以开在靠近跨中剪力很低的位置。由于主梁可以设计成不对称截面以提高其结构性能，所以经常采用焊接型钢。主梁也可以采用蜂窝梁，但由于主梁要承受很大的剪力，从而会降低其结构性能。通常应将主梁与柱翼缘相连，以提高连接节点的刚度、改善连接拼装的性能。

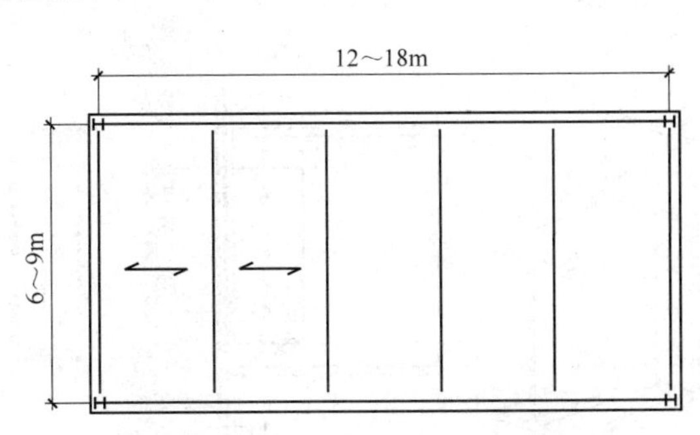

图 5-19 12～18m 的大跨主梁平面布置

大跨主梁有以下优点：

（1）主梁设计的跨度范围大。可以采用热轧型钢或焊接型钢。

（2）焊接型钢结构性能高。可根据跨度和荷载“定制”。

（3）设备管线集成。腹板可在靠近跨中处开较大孔。

（4）降低防火保护层成本。大截面重型型钢在无防火保护层时可以达到 30min

的耐火极限。

5.7.4.1 设计考虑

主梁的结构设计取决于楼盖的梁格尺寸及平面布置。表5-15和表5-16给出了对应于不同柱距、在两个正交方向上的主梁典型截面尺寸。

表5-15 采用IPE型钢的组合主梁截面尺寸选用表

次梁跨度/m	主梁最大跨度/m				
	6	7.5	9	10.5	12
6	IPE 360	IPE 400	IPE 450	IPE 550	IPE 600R
7.5	IPE 400	IPE 450	IPE 550	IPE 600R	IPE 750×137
9	IPE 450	IPE 550	IPE 600	IPE 750×137	IPE 750×173

注：活荷载=3kN/m²，隔墙及其他零星荷载取1kN/m²。

表5-16 采用UB型钢的组合主梁截面尺寸选用表

次梁跨度/m	主梁最大跨度/m				
	6	7.5	9	10.5	12
6	305×127×42kg/m	356×171×57kg/m	406×178×74kg/m	457×191×98kg/m	533×210×122kg/m
7.5	356×171×45kg/m	406×178×67kg/m	457×191×89kg/m	533×210×122kg/m	610×229×140kg/m
9	406×178×54kg/m	457×191×74kg/m	533×210×101kg/m	610×229×140kg/m	610×305×179kg/m

注：活荷载为3kN/m²，隔墙及其他零星荷载取1kN/m²。

主梁应与柱翼缘相连，例如通过端板连接，其连接构造，见图5-20。加长的端板可以增大连接的刚度，并减少梁的变形。

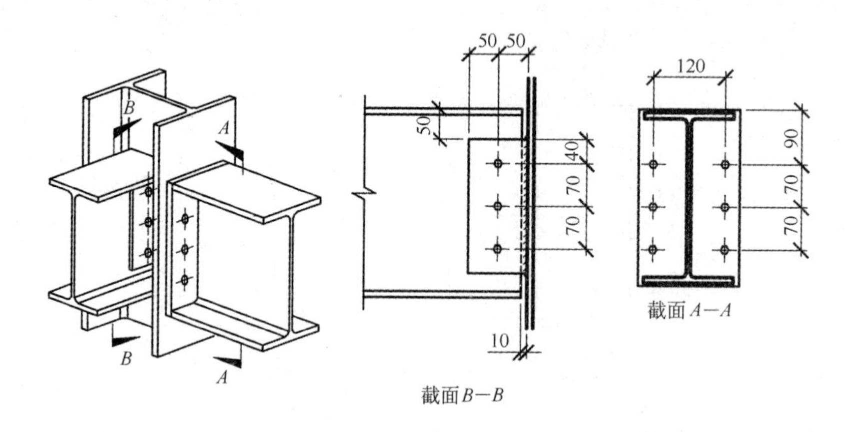

图5-20 主梁与柱的端板连接和次梁与柱的鳍板连接

次梁可通过端板连接到主梁，但是当主次梁位于同一标高时，次梁端部上缘需要切除，见图5-21。可使用鳍板或双角钢连接板连接。采用连接板连接时，安装环节变得经济、合理，因为所有次梁只需要按长度下料，并用螺栓固定，而焊接工作仅用在

少数主梁上。

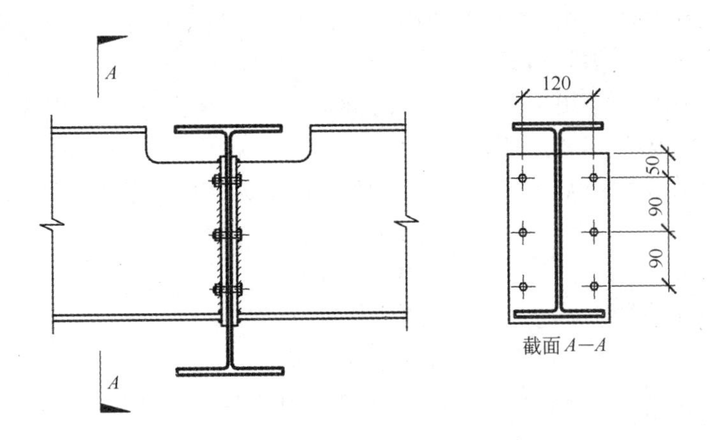

图 5-21 梁-梁连接节点的梁端部翼缘切除

焊接型钢梁的截面尺寸可能是多种多样的。要使组合主梁的结构设计满足经济而高效的要求，其跨高比宜控制在 15 ~ 18 的范围内。然而，为了加大腹板开孔尺寸（通常可达到截面高度的 70%）来满足设备管线集成条件，可以增加主梁截面高度。主梁结构焊接实例，见图 5-22。

图 5-22 各种开孔形式的大跨度焊接型钢梁

5.7.5 正常使用极限状态

除了进行强度和稳定验算之外，对楼盖体系的变形、振动、声音传递进行验算和控制也是十分必要的。有关振动方面的内容，在本手册的第 13 章和参考文献［16］中已给出了详细的介绍，在此不再赘述。

在 EN 1993-1-1 中没有给出具体的变形限值，但 EN 1993-1-1 的第 7.2 条规定，应针对每个工程项目，规定在正常使用极限状态下的设计标准（包括变形限值），并征得客户的同意。应根据变形限值的设计标准进行检验和核实，确保楼盖的变形不会影响外观、舒适度、结构的使用功能，以及引起装修面层或非结构构件的破坏。虽然一些国家在 EN 1993-1-1 的国别附录中规定了变形限值，但这些规定并不适用于英国。下面给出了参考文献［17］所建议的变形限值，其具体定义见图 5-23。

一般梁：　W_{max} 可不作验算

$W_2 + W_3 < L/200$

梁的上部有脆性面层：　W_{max} 可不作验算

$W_2 + W_3 < L/360$

注意：通常 W_2 可忽略不计，因为对于钢梁和不设施工临时支承的钢结构，此部分变形量极小。

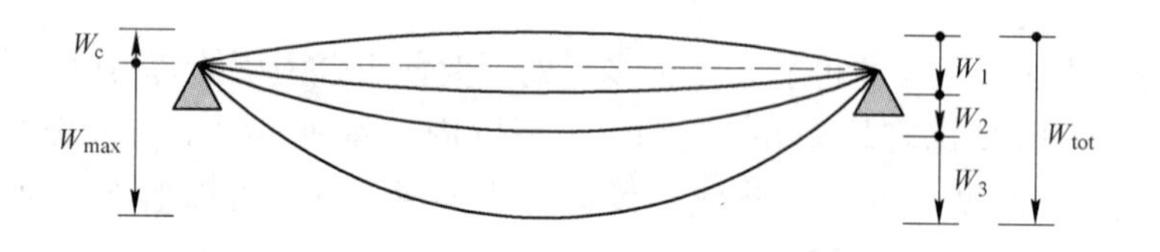

图 5-23　竖向变形（挠度）的定义

图中符号说明：

W_c 为未受力结构构件的预起拱挠高度；

W_1 为在永久荷载所对应的荷载组合作用下的初始挠度；

W_2 为在永久荷载作用下的长期挠度；

W_3 为在可变荷载所对应的荷载组合作用下的附加挠度；

W_{tot} 为总挠度，即 W_1、W_2 和 W_3 之和；

W_{max} 为考虑了预起拱的残余总挠度。

分户楼板的隔声性能取决于降低空气载声和减少冲击声传递。而控制撞击声往往是比较严重的问题，为了减少声音的直接传递，在楼盖的顶部需要铺设减振面层。虽然，住宅建筑中对隔声性能没有太明确的要求，但用户对此却提出相当挑剔和苛刻的要求。这不仅取决于构造设计，也在很大程度上取决于施工质量。英国已采用了一系列 RD 建造方法[18]❶，从而提出一种比较全面的“失效-安全”（“fail-safe”）❷ 方法，这种方法符合英国国家建筑法规的要求[19]，而无需在竣工前进行测试、验证，以证

❶ Robust Detail（RD）是一种分户墙或分户楼板建造方法，该方法已获得 Robust Details Limited 的认证和批准（译者注）。

❷ 在 AC 25.571-1C 中对此的描述为：Fail-safe is the attribute of the structure that permits it to retain its required residual strength for a period of unrepaired use after the failure or partial failure of a principal structural element.

失效一安全是结构的属性，允许在结构失效或其主要构件部分失效后，在一段时间后或不经修复，仍能使用结构的剩余强度（译者注）。

明其符合法规的规定。类似的构造做法，也适合在欧洲推广、使用[20]。

参考文献

[1] Directive 2002/91/EC of the European Parliament and of the Council 16 December 2002 On the energy performance of buildings. *Offcial Journal of the European Communities*, 4. 1. 2003.

[2] Britrsh Standards Institution (2005) BS EN 1993-1-1: 2005 Eurocode 3: *Design of steel structures-Part-1-1: General rules and rules for buidings.* London. BSI.

[3] *Flow Chart: Simple method for the design of no-sway braced frames*, SF015a-EN-EU. www. access-steel. com.

[4] *Flow chart: Frame analysis*, SF002a-EN-EU, www. access-steel. com.

[5] *NCCI: Simplified approaches to the selection of equivalent horizontal forces for the global analysis of braced and unbraced frames*, SN047a-EN-EU. www. steel-ncci. co. uk.

[6] *Flow Chart: Vertical bracing design*, SF007a-EN-EU, www. access-steel. com.

[7] *NCCI: 'Simple Construction' -concept and typical frame arrangements*, SN020a-EN-EU, www. steel-ncci. co. uk.

[8] *NCCI: 'Simple Construction' -concept and typical frame arrangements*, SN020a-EN-EU, www. steel-ncci. co. uk.

[9] *NCCI: Simplified approaches to the selection of equivalent horizontal forces for the global analysis of braced and unbraced frames*, SN047a-EN-EU, www. steel-ncci. co. uk.

[10] *NCCI: Sizing guidance-non-composite columns-UC sections*, SN012a-EN-GB, www. steel-ncci. co. uk.

[11] *NCCI: Vertical and horizontal deflection limits for multi-storey buildings* SN034a-EN-EU, www. steel-ncci. co. uk.

[12] British Standards Institution (2002) BS EN 1990: 2002 *Eurocode-Basis of strutural design.* London, BSI.

[13] The Institution of Structural Engineers (2010) *Manual for the disign of steel-work building structures to Eurocode* 3. London. ICE.

[14] British Standards Institution (2005) BS EN 1994-1-2: 2005 *Eurocode* 4-*Design of composite steel and concrete struture Part* 1-2: *General rules-Structural fire design.* London. BSI.

[15] British Standards Institution (2004) BS EN 1994-1-1: 2004 *Eurocode* 4-*Design of composite steel and concrete structure Part* 1-1: *General rules and rules for buildings.* London, BSI.

[16] *NCCI: Vibrations*, SN036a_EN-EU, www. access-steel. com.

[17] *NCCl: Verbical and horizontal deflection limits for multi-storey buildings* SN034a-EN-EU, www. access-steel. com.

[18] www. robustdetails. com.

[19] The Building Regulations (2000), Approved Document E-Resistance to the passage of sound, 2003 edn. incorporating 2004 amendments. RIBA Bookshops, London (download from www. planningportal. gov. uk).

[20] Scheme development: Acoustic performance in residential construction with light steel framing. SS032a-EN-EU, www. access-steel. com.

6 工业钢结构*

Industrial Steelwork

JOHN ROBERTS，ALLAN MANN

6.1 引言

6.1.1 结构的应用范围及构造方法

重型工业钢结构的特点在于它的工艺要求，即主要用于满足设备的支承和安装、人员的防护和操作需要。它包括的范围很广，小到简单的单个罐体、发动机或类似设备的支承结构，大到大型的整体式钢结构，如发电厂等。

通常，民用的单层和多层建筑的主要功能是通过墙面和屋面形成封闭的围护空间，多层建筑更多的则是为楼面提供支撑。但是对于工业钢结构这些因素不再起主要作用。虽然大多数的工业钢结构本身需要围护结构，但是一般仅需简单的遮风挡雨，有时一些设备无需任何防护就能正常运行，对于温度和噪声控制要求较高的情况是很少见的。通常，围护功能的设计都是配合工业设施和设备的使用需求而进行的。大多数的工业建筑也有一些类似于楼层的结构，但其主要是为配合设备的安装和运行而设置的。此外，还需要设置大量的楼梯和平台以便日常维护。

楼层主要是提供设备通道和安装操作空间。因此各楼层的竖向间距不能设计成各层相同，其各层的平面布局也不会完全一样。钢结构设计人员必须注意以下两个主要因素：第一，不能想当然地假设楼层会起到水平抗风梁或水平隔板的作用，将侧向荷载传递到竖向支撑或刚性开间上，因为楼板开洞、构件缺失或错层，都很容易破坏平面内刚性的假定；第二，由于缺少通常在多层建筑中由梁提供的两个方向的侧向支撑，柱的设计将受到很多限制。楼盖设计也需要更深入的考虑构造（见本章第 6.2.3 节）和荷载要求（见本章第 6.3 节）。

6.1.2 设计管理

工业钢结构的设计和构造要符合工业设备的要求，其设计过程主要受以下因素影响：

---

* 本章译者：王敬烨、吴耀华。

（1）荷载；

（2）空间要求，包括避免与框架连接的冲突（特别注意管线走向）；

（3）框架布置应首先满足安装和通行的要求，以及后续移除的可能性；

（4）加工制作和安装。

详细的工业厂房信息，对于 CAD 结构模型的建立是至关重要的。因此获取和控制（可改变的）信息是在常规的设计过程管理中的重要内容，也是一个随着工厂工艺设计的逐步进展（通常会平行或滞后于结构设计）而不断修正的过程（将在本章第 6.1.2.3 节和第 6.3.2 节中详细介绍）。

6.1.2.1 设备荷载

不同于其他结构，作用于工业结构的荷载受工艺设备专用荷载的控制。这种荷载通常是重载，并且作用形式一般是集中力。特别是当大型设备布置在几个支承梁上，而支承结构的刚度和设备刚度又是耦合的，设备荷载就可能具有不确定性。设备荷载还可能有惯性力分量（如在吊车刹车时）和动力分量（设备转动频率与支承结构的固有频率间的共振响应）。设备荷载通常施加在三个方向：重力方向和两个正交的水平方向，例如，对管道约束点或管道变向点的推力。

除了这些起控制作用的设备荷载之外，通常还要考虑满布的均布荷载（u. d. l.）以涵盖面荷载和模拟管线吊挂荷载。作为设计过程的一部分，应从截面尺寸和埋设件的功能两个方面，考虑承受局部荷载构件的布置。

通常，设备安装是在主体结构工程完工之后进行的，因此关注整个施工进程是非常重要的。这就需要确定设备安装运输的路线（确保具有适当的强度），以及到建筑物后期因设备移除后所要加固的“设备安放”区域。

某些情况下出于对设备安全的考虑，需要考虑一些特殊的荷载。在核电站中，要考虑地震或极端气候情况。在化工厂中，就需要考虑爆炸荷载。由于英国设计的设备产品可能用在世界各地的工厂中，这就需要了解和掌握当地的具体条件，包括设备的抗震设计。由于设备的质量非常大，当考虑设备抗震时，其地震作用将会产生决定性的影响。

侧向荷载是一个特别的问题。应由设备供应商提供，但设备中的许多内部结构无法像风荷载那样给出明确的水平荷载，因此只有根据设备自重给出一个假想水平力来模拟侧向荷载。总之，设备的支承结构要有足够的强度和侧向稳定性。

无论是垂直荷载还是侧向荷载作用，重要的是支承结构都要满足所需的刚度要求。在本章第 6.3 节中将就荷载和刚度问题，给出更详细的建议。

6.1.2.2 结构平面布置

设备操作和维护的要求会对结构平面布置产生重要影响。支撑经常无法布置在比较理想的位置。在厂房内部，楼盖和屋盖可能会有很多的开洞区域，一些开洞大的地方需要设置次梁，而小的开孔则仅穿过楼板即可。此外需要考虑梁开孔的问题：管线走向与节点连接区域潜在的冲突，以及日后的维护（甚至在安装时）还可能需要设置吊装梁等。

6.1.2.3 资料管理

成功的工业项目的关键所在，就是如何获取和控制相关的设计资料。从专业角度讲，钢结构设计人员要对信息收集具有一定的前瞻性，并明确哪些内容是必须知道的。在整个项目生命周期中，工艺的设计很可能一直在演变，提供的资料一般也是分阶段的，开始很粗略，再逐步细化、具体。例如一开始仅有的资料可能只需要设一台吊车，随后提供了吊车吨位，到最终阶段才会确定吊车工作制和轮压等。同样，也不要认为最初阶段就能知道具体的开洞要求。但是设计工作却要继续进行，因此在方案设计时，应考虑结构会有楼板大开洞的可能，并在随后的设计中逐渐深化，甚至还要适应后期现场变更的要求。

因此，对于提交的合同信息，钢结构设计人员必须要做好心理准备，项目设计团队也要为意外的、偶发荷载情况留有余地，以避免在最终阶段进行大规模的设计变更。为达到这个目的，作为工业项目的钢结构设计人员，要尽可能地熟悉整个工艺流程和操作过程，可以参观现有的工业设施，工厂的设计人员和操作人员通常也会提供有关的资料。这样在设计前期，就可以确定结构的形式，从而避免产生分歧。

在所有情况下，设计阶段之初，就需要确定分阶段提供设计资料的计划、设计资料的准确性以及当出现后期变更时所采取的应对措施。

6.1.2.4 加工制作与安装

如果厂房较大并且具有一定的重复性，例如大跨度屋面梁，这就需要考虑设计、加工制作、运输和安装环节之间的相互影响，并做好优化工作，以使整体构想和建设成本取得最佳的效果，这将是设计过程的一部分。同时，这也会对采购方式和采购渠道、合同安排产生影响，因此，宜尽早让承包方参与到项目建设中来。

在设计构想与安装要求之间会存在相互影响并需要进行协调，特别是在重型工业厂房中，设置永久支撑的开间可能并不是开始吊装的最佳位置。因此，要重视所有柱子、柱脚和柱子基础的施工，确保在安装过程中柱子能保持稳定并可独立站立而无需支撑，并且要综合考虑主体结构施工和设备安装之间的关系，包括提供设备定位的辅助钢结构或临时稳定支撑等措施。

6.1.3 厂房类型

6.1.3.1 发电厂结构

发电厂工业钢结构，根据电站规模和所使用的燃料可分为多种类型。其区别最明

显的就是锅炉房结构（燃煤或者燃油），对于燃气电站的建筑结构则相当简单。无论哪种类型的发电厂，都有汽轮机房，与燃料的种类无关。汽轮机房为条形厂房，通常设置电动桥式吊车（EOT）。发电厂一般要求有机修附属用房、配电间、水泵房、通廊、煤斗和储料仓等。

锅炉房

燃煤或燃油锅炉房（见图6-1）的功能要求单一，因此可以将其作为纯粹的结构设计。锅炉设备单体庞大，500MW 燃煤锅炉的典型尺寸一般是 20m×20m×60m。如果使用的是低质煤或要求更大发电量，则锅炉尺寸还需增大，容量为 900MW 的锅炉尺寸最大会做到 25m×25m×80m。可想而知，支承这些设备的结构用钢量也是相当大的，上述这种尺寸锅炉的厂房用钢量通常会有 7000～10000t。

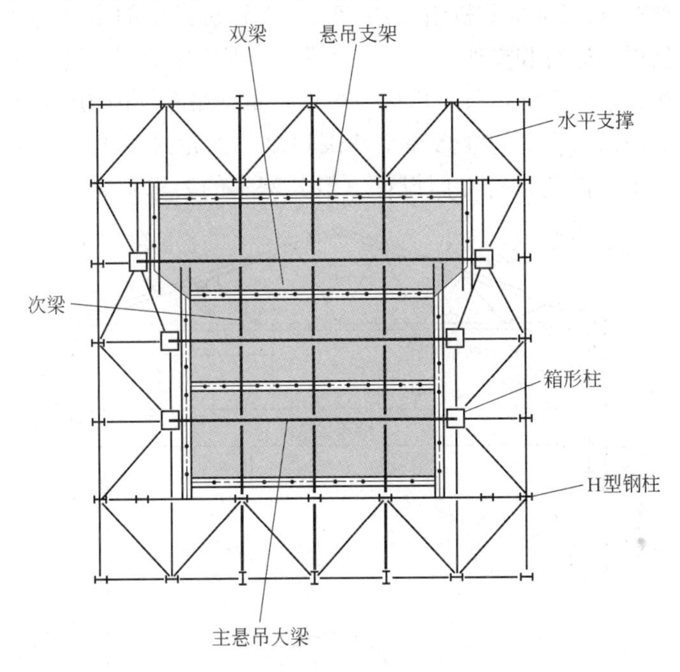

图6-1　锅炉房钢结构布置图

（阴影部分为锅炉，竖向支撑未示意）

锅炉都是悬吊在支承结构上而不是直接支承在基础上，由于锅炉的热膨胀原因，也不采用上、下共同支承的结构形式。这是因为锅炉的热膨胀，不允许采用支承体系。并且如果采用底部支承形式，热膨胀就会引发锅炉外壳的薄壁筒体结构的受压屈曲和稳定性问题，而在顶部悬吊的锅炉上则是受拉。显然，不允许有任何物体穿过锅炉，因此锅炉中间不能设置柱。常规的锅炉悬吊结构体系是一个横跨锅炉的、具有很大高度和刚度的悬吊大梁（为钢板焊接组合梁或箱形梁），连同上部的主梁、次梁和三级梁（双梁）组成的一个很大的悬吊刚架，其刚架上还设有直接支承锅炉周边和顶面的单根专门的吊杆或挂钩，用来支承锅炉本体周边的墙面和屋面。

柱子承受非常大的荷载，通常可采用焊接箱形截面，因为它的承载力要远大于轧制型钢的承载力。通常的做法是，在锅炉本体周边约 5 ~ 10m 宽范围内设置结构格栅板，格栅板的跨距要适当，这样就可以起到侧向稳定支撑的作用。格栅板上可以设置辅助设施、设备，可以铺设各种管道和阀门，也可用于走道或楼板等。

通常对管道支架的要求非常严格，管道设计人员可能会对侧移提出严格的限制，如在风载作用下 90m 高的结构顶部的侧移要控制在 50mm 以内。

汽轮机机房

如图 6-2 所示，汽轮机机房结构的主要功能是支承并安置涡轮式发电机，涡轮式发电机利用锅炉产生的蒸汽将热能转化为机械能。涡轮式发电机呈条状布置，主要围绕着一根转动轴布置，500MW 机组长约 25m。汽轮机机房的主要功能就是保护发电机，为操作人员提供通行和操作空间，保障蒸汽供应和冷凝水回水管路，以及其他大量的辅助设施和设备的正常运行。机房一般设有重型吊车，因为发电机是转动机械设备，需要日常维护以及定期的维修和小范围检修。涡轮式发电机的基础模块（即转动机械设备的支座）需要进行专门设计，但其基本的要求就是要禁止在涡轮式发电

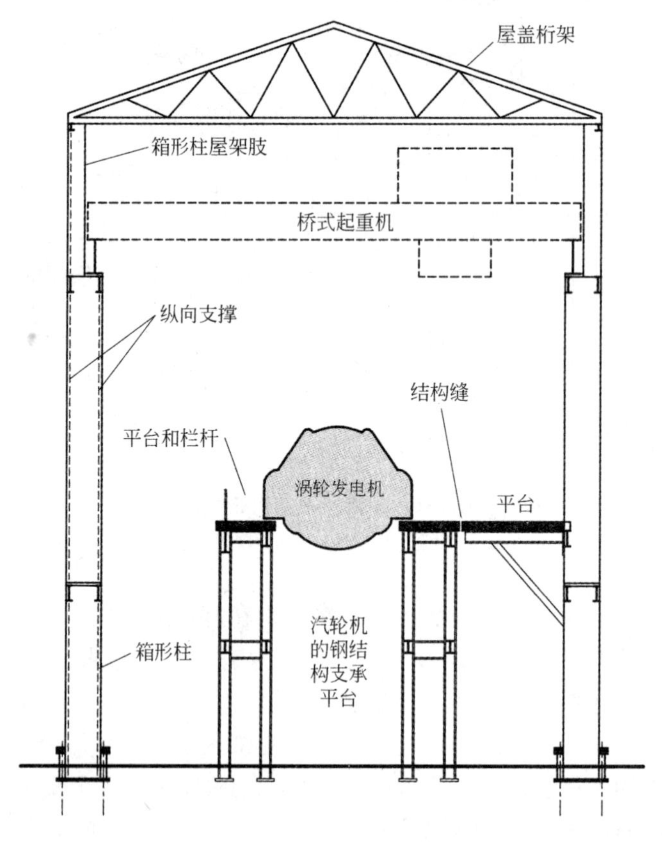

图 6-2 汽轮机机房剖面图

机与其支承结构之间产生动力耦合。为此，有必要在涡轮式发电机系统与机房主体结构间形成结构分离。

毗邻涡轮式发电机的悬空平台楼面用于设备拆卸和维护，设计这些区域时，考虑到维修及特殊的“堆积”荷载的影响，应施加较大的集中力和均布荷载。汽轮机厂房一般比较长，因此还需要考虑温度变形以及设置多道墙面支撑。另外一些特殊问题包括吊车梁的设计，以及大型滑动门的传动装置和滑道等。

6.1.3.2　加工制造厂房钢结构工程

钢结构厂房适用范围非常广泛，包括各种不同工业用途的加工、制造厂房和机修车间等。这里，所说的钢结构工程与厂房、设备的保养、维护及运行密切相关，而不仅仅是加工制造厂房的钢结构外壳。

虽然加工制造的工艺过程、设备多种多样，但这类工业钢结构的基本特征在许多方面都有共同之处，可以通过一些典型实例来予以说明。这和前文提到的发电厂锅炉房和汽轮机房钢结构有许多相似之处。

装配和维修厂房

装配厂房的主要特征就是各种装配线上面有大量的架空设备装置。因此，常规的做法是把承受吊挂荷载和支承屋面板功能结合起来，设计成可以承受重载的、小间距网格屋盖结构。采用合理的大跨度结构形式，可以灵活布置装配线而不受柱子位置的影响。自动化的装配工艺过程会要求结构具有足够的刚度，特别是当使用工业机器人进行焊接和粘接之类的精细操作时。双向空腹桁架大都能满足这些要求，通过调整桁架高度可以达到控制挠度的目的，并且在桁架下弦杆以上的空间中可供设备管线通行。建筑平面一般采用规则的矩形，屋面采用通用的、规则的压型钢板。大跨度屋面是很常见的，因此在设计中要特别注意控制其挠度，可以采取预起拱和构件施工的临时稳定措施等来满足要求。

石油化工厂房和类似的“露天”工艺装置

石油化工厂房多为开放式露天结构，很少设或不设围护结构。钢结构一般是用于设备和管道的支架，以及人行走道的支撑架、通道、楼梯和爬梯等设施。工厂的布局在运行很长时间后也很少变动，与设备成本相比，钢结构的成本相对要低得多。因此，钢结构的结构布置一般都是与设备装置紧密配合的，而不考虑柱网的规则性。但若是采用标准化的尺寸和构件，以及采用正交柱网，则会更加易于连接、便于维护。但是总体来说，钢结构设计相对简单，尽管存在大量的构造措施。对于通行楼板及连接走道、楼梯等应精心设计，以使其能满足各种天气条件下的通行需要，最常用的是钢格栅板。钢结构的防护系统应该同时考虑因液体或气体逸出和排放所造成的潜在的局部腐蚀环境的危害。

要仔细考虑风荷载在一个露天结构上所形成的荷载作用，因为设备本体上有各种法兰和突出部位，所以很难确定合适的风荷载的体形系数，因此需要进行鲁棒性评估。此外，这类结构没有常规结构楼板那样的水平隔板，从而造成了复杂的荷载传递路径。

6.1.3.3　通廊，传送和堆料设备

许多工业生产过程需要大量的或连续的材料供应，其典型的工艺流程如下：

（1）卸料，从散装供料或直接从采矿场或采石场供料；

（2）运输，散装区运至临时储存区[1]（堆放或储存区）；

（3）二次运输，从临时储存区运至二次料场并运至加工厂。

在这些生产过程中所使用的工业厂房钢结构，实际上是相关加工机械设备的有机组成部分，见图6-3。因此需要进行抗疲劳设计，特别是在动载设备的直接支承处。设计和施工规范必须认真分析荷载的动力特性，特别是需要考虑设备在失衡条件下运

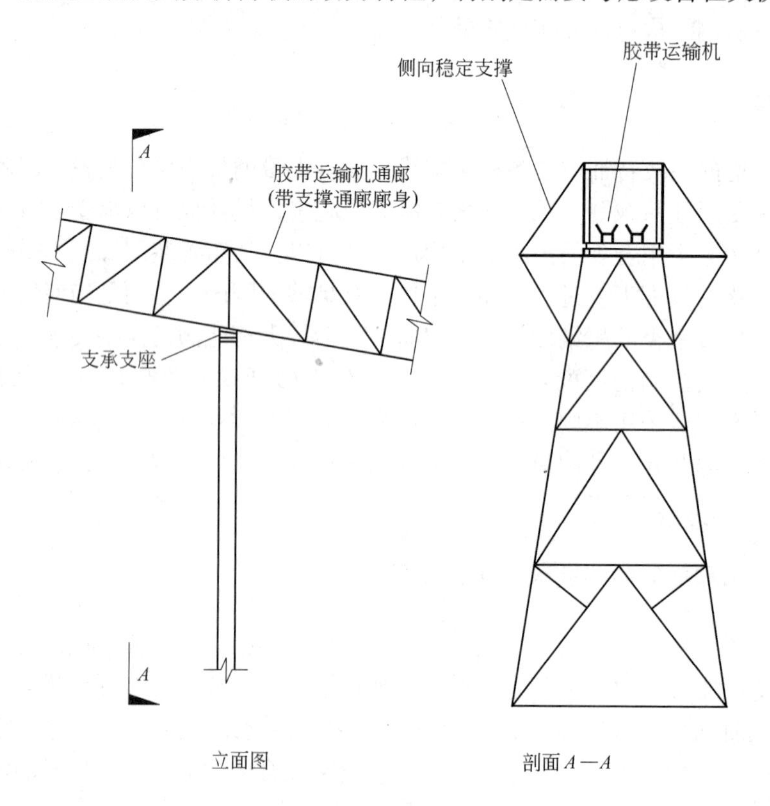

图6-3　典型的传输装置支承结构

[1] 亦称一次料场（译者注）。

行、超载、设备或机械故障等特殊情况，在其中的任何一种情况下，所产生的应力和变形都会远远超过正常运行状态下的结果。大多数设计人员会采取稍微降低结构安全系数的方法，来处理这种非正常荷载条件，但必须对这种非正常荷载条件的发生概率进行工程判断后，方可做出相应的对策。设备设计人员可能并不了解在设备支承钢结构上所采取的设计对策，往往只给出一个最大荷载值，来概括所有这些非正常荷载条件，而不会针对各种情况分别给出具体的规定。因此钢结构设计人员应认真了解设备的运行情况，收集合适的设计资料并很好地加以利用。

塔架和长距离胶带运输机的支承结构通常只承受较轻的荷载，因此结构形式一般采用轻型的带支撑框架，其中主要构件均采用角钢。对于大跨度的廊身结构，必须考虑其挠度对传送带运行的影响，可以采用恰当的预起拱方法。

基础可以设在同一标高上，如果标高有变化，那么标准高度的上、下阶梯变化应符合模数的要求。选择路线时，在直线段之间应采用标准平面角连接，在两个不同高度的水平段之间应采用坡度不变的斜坡段连接。可采用常规的柱底板构造和基础锚栓连接的构造做法，尽管这样做会在设备初次安装时造成一些浪费。应考虑将通廊支架结构拆分成易于搬运的若干段而不是单根构件，以便于运输和安装。

6.1.3.4　储罐与筒仓

在工业厂房中经常会用到容器。由于在储料和卸料过程中，储料对容器产生的压力十分复杂，因此容器的设计要相当专业。其主要特点就是需要设计特殊的耐磨内衬，还需要和混料器或其他上料和卸料装置进行配合。这些工艺装置通常由专门的供应商提供，这里就不进一步展开了。

6.1.4　一般设计要求

6.1.4.1　设计流程

和所有的结构设计一样，第一步是确定对结构的功能要求，在这一过程中，设备荷载和几何尺寸会对支承设备的钢结构的位置起控制作用。第二步是确定结构骨架，以确保明确的荷载传递路径，可以将重力荷载和水平荷载传至基础，然后进行细部构造设计。结构骨架还必须考虑节点、运输、安装及后期的设备安装要求。这些步骤完成后，还必须进行一系列的设计完善和修改。在本章第 6.1.2.3 节中已经指出，工艺设备的设计资料很可能是不断变化的，因此结构设计也必须同步跟进。至关重要的是，在任何阶段所使用的工艺设备设计资料都可能会有不确定性，因此要避免在设计中采用不恰当的设计标准（以对结构的成本进行定期的评估）。

为了应对设计发生变更的可能性，开始可以采用低强度等级的钢材来确定构件的尺寸（如果采用高强度钢材，其后续的花费要高得多），并且采用偶然荷载来进行设计（假设工艺设计人员没有考虑偶然荷载）。由于设备的造价和运行成本要远高于钢结构的成本，如果设计发生变更的这种风险会导致整个项目的延期，那么从全面工程项目管理的角度出发，片面地追求钢结构用量的节约，就不太明智。

结构设计人员应提前收集设备支座的容许偏差要求和面层做法的设计资料，以确保这些条件能够满足设备运行需要。腐蚀风险和耐久性会对某些类型的厂房产生严重的影响，因此往往要求对构件进行镀锌处理（本手册第36章会给出具体指导建议）。

6.2 结构的骨架

在结构设计开始时，钢结构工程师需要与工艺设计师保持沟通，因为其他专业并不能完全理解结构专业的要求。例如，需要就下列问题进行说明：

（1）支撑构件所需要的物理空间，不能随意去除支撑或者为了净空要求而局部改变其位置。

（2）成品钢结构的实际尺寸，要考虑拼接板、螺栓头以及从构件截面突出的板件，通常图纸上只标构件截面尺寸，而不标配件大小。

（3）钢结构并不是百分之百的刚性，并且在所有荷载作用下会产生变形。

（4）钢结构对于任何动力荷载都会产生动力响应，在计算或考虑动力放大作用时，假定钢结构完全刚性或质量无限大是不恰当的。

6.2.1 重力荷载传递路径

作用在工业钢结构上的竖向荷载可能会非常大，有些设备单台质量就可达10000t，甚至更大。此外由于设备本身的特点，这些荷载并不是均布荷载，而是不连续的集中荷载或线荷载。通常由于荷载大小和作用位置等的不确定因素所引起的复杂性，因此，必须在设计的早期阶段就确定重力荷载传递路径，提供一种简单、合乎逻辑、概念明确的结构体系。应该具有这样的功能，即在常规设备区域中新增荷载时，可以无需改变既有结构主要构件的位置。通常，这意味着确定一个由梁或桁架组成的分层次的结构体系，其主跨方向和间距是给定的，带有次梁（布局复杂时会设三级梁），实际上为设备提供了直接的垂直支承系统。结构设计人员总是比较偏爱简单和规则的结构布置形式，而设备的不均匀荷载条件和不规则形状，意味着设备的支承柱不能采用完全规则的柱网布置形式，而不得不根据实际情况确定其位置，以提供最直接和最有效的荷载传递路径。一个最好的结构布置方法是采用短跨度以及使得重力荷载通过一个简单直接的路径传递到柱子，而非采用规则柱网设计，从而造成采用几种类型的梁或桁架以及构件尺寸繁多的结果，见图6-4。

同样，虽然最理想的情况是柱子从头到基础始终保持连续，但常常会出现低楼层的柱子与新增设备或装置相冲突的情况，比较好的传递竖向荷载的做法是把发生冲突的柱子水平移位错开，而非在各楼层都加大跨度的方案。应主动了解生产工艺过程的各个方面，并与工艺设计人员密切沟通，让他们认识到一个提前确定的、并且准确无

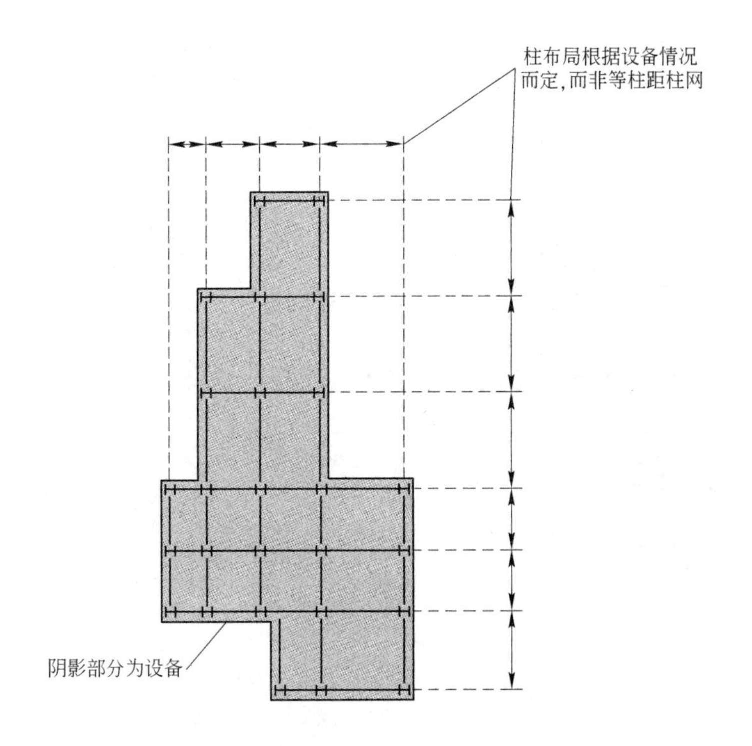

图 6-4 支承设备的非对称钢结构布置

误的工艺方案，对于柱子定位的重要性。为了解决这些问题，工艺设计人员和结构设计人员有必要同时发挥作用，相互配合。如果由不同的工艺设计人员，在建筑物的不同楼层进行设备布置，就会加大结构布置的难度，如果因荷载作用点改变而柱子的布局要有很大变化，那么对某些设备可以考虑采用悬吊式或者上承式方案。这方面的典型例子就是组装生产线（或检修设备），架空的传送带或加工系统可以悬吊在具有规则柱网布置的大型屋架上。否则，采用下部支承的方案，将会需要大量的柱子和基础。而且在设计中随着有关设备资料的不断完善，这些支柱的位置也需要重新调整。所以，上承式方案对于确立重力荷载传递路径可能是更为合理的。

6.2.2 侧向荷载传递路径

在工业钢结构中，出于两个基本的考虑，需要特别注意侧向荷载的传递路径。第一，设备本身会产生相当大的侧向荷载，这种侧向荷载的作用点就在设备位置处，而与通常的围护结构与楼层交接位置上的侧向荷载不同，因此必须明确这些侧向荷载传递到基础的路径。例如当设有吊车梁时，一般要设置水平制动梁，这样就可以把吊车的水平荷载传到基础。第二，许多工业钢结构缺乏规则的和完整的楼板，来提供有效的横隔板作用。因此在设计的早期阶段，必须从总体上仔细考虑侧向荷载的传递体系，见图 6-5。

当然，提供侧向稳定性可以有很多种方法。如果在整个建筑物的各楼层都有规则

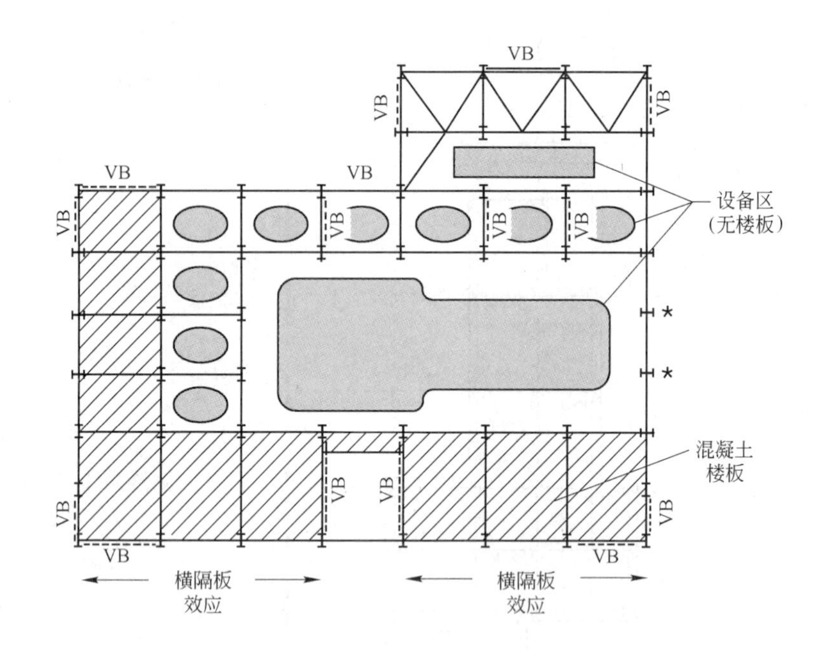

图 6-5　建立侧向荷载传递路径

（VB 为竖向支撑；* 为由其他层提供的侧向支撑）

的、完整的楼盖结构，那么设计时可考虑其水平横隔板作用，将荷载传递到沿建筑物长度或宽度方向间隔布置的竖向构件上。如果楼板上有很大的挑空或者孔洞存在时，那么就需要对楼板本身及楼板和支承钢结构之间的连接部位进行细致设计，而不能不考虑孔洞存在，就简单地采用水平隔板作用假定。为保证沿建筑物的每个外表面的楼板具有合理的宽度，设计时应有意识地对结构进行布置，例如可以取楼板宽度为支撑（跨）开间之间或者其他竖向刚性构件之间水平间距的 10%。

如上所述，当存在混凝土楼板整块或大面积缺失的情况时，可以考虑增设其他形式的水平梁或横隔板结构。如果采用实心楼板或钢格栅楼板，可以考虑这种楼板的横隔板作用，通常可以把楼盖梁作为理想化大梁的“翼缘”，而钢格栅楼板作为大梁的腹板。但是在实际工程中，这种方案常常并不可行，因为钢格栅楼板的固定无法满足荷载传递的要求，并且有时为了满足设备运行的要求，部分或全部的钢格栅楼板是可移动的。另外需要考虑的是，对于所有作为“翼缘”的梁都必须进行附加压力或拉力荷载的验算，端部连接设计也必须满足传递轴向力的要求。

在缺少混凝土楼板的结构中，通常会设置平面支撑。然而这种支撑会对设备通行、管道的走向及许多其他问题造成一定的影响，对此必须尽早与设备工程师沟通并加以考虑。当然，对于平面支撑范围内的楼层钢梁，在进行设计时不能忽略其双重功能。实际上，最好能把限制设备引起侧向荷载的钢结构与水平面内的其他钢结构完全隔离开，这样可以避免（各个专业）在设计目的上的冲突，而且能让设备工程师更清楚理解相应钢结构的功能，从而防止后期阶段的误用或滥用。在以往的设备改造案

例中，就曾出现过许多拆除水平支撑的情况，对结构的稳定性造成了危害。

如果无法设置任何形式的水平支撑，刚接框架体系和支撑体系最好不要混合使用，因为它们的刚度明显不同，在荷载作用下的变形也不一样。

如果考虑了横隔板或水平大梁作用，那么承受由楼层传来的侧向荷载的垂直支撑开间通常要设钢支撑。在普通结构中经常采用“X”形拉杆支撑，一些如槽罐支架和通廊支腿等简单结构，使用这些拉杆支撑就可以满足要求，但是由于拉杆支撑体系的刚度低，当支撑中的应力经常处于受拉和“松弛”频繁交替变化状态时，就不应采用这种支撑体系。因此，有必要采用更加有效的拉压支撑体系，如“N”形、“K”形、“M”形或类似形式的支撑，其具体形式取决于开间宽度和高度之间的相对尺寸关系，及支撑构件对设备通行所产生的影响（在本章参考文献［1］中给出了支撑体系设计的一般建议）[1]。建议设计人员开始时多设置一些支撑，例如采用沿着轴线在两个、三个甚至更多的开间内设置支撑的方案，来加强结构刚度和结构鲁棒性。当将来设备布置发生变化时，必须对支撑位置做出更改甚至撤除，经过重新验算或重新设计后，仍能保证结构的侧向稳定性，就不需要对支撑位置做大的变动。

当竖向构件采用较大的焊接组合截面时，通常会设置两道支撑，分别与其两个翼缘连接。这种方法对于吊车梁系统来说是十分必要的，可以确保将吊车的纵向刹车力直接传递到基础。

设计竖向支撑时需要特别注意的一个问题是，要考虑上拔力对拉压支撑中的受拉肢的影响。当设备自重在全部恒载中占有很大比例时，要采用与设备相关的最小恒载值进行稳定计算。几乎对每一个设计要求，尤其是在设计的早期阶段，很可能要考虑不确切的因素或意外事故而引起荷载增加。此外，重要的是要确定是否会因设备内部的储料改变而引起设备荷载变化，如果有这种情况，在进行整体稳定性验算时应扣除这部分。对于料斗、筒仓和储罐一类设备，很明显会有这种荷载变化。但是对于锅炉和汽轮机这些与蒸汽动力有关的设备，它们的重量在充满水时可以用液压测试方法得到。结构设计人员必须知道这些设备的特点，以获取正确的设计数据。

6.2.3 楼板

在工业钢结构中，很少见到规则的和连续的“悬吊式混凝土楼板”❶（suspended concrete floors），所采用的楼板材料有以下几种类型：

（1）在可拆除模板上现浇混凝土（混凝土中也可以配筋）；

（2）金属楼承板作模板上现浇混凝土（混凝土中也可以配筋）；

（3）全预制板（无叠合层）；

（4）预制混凝土板上铺现浇混凝土面层；

（5）浮刻花纹（Durbar）实心钢板；

❶ suspended concrete floors，此处译为“悬吊式楼板”，主要是指无中间支点的楼板（译者注）。

（6）光面实心钢板；
（7）钢格栅板。

6.2.3.1　楼板选型

楼板选型取决于使用功能要求以及楼板区域的预期用途。功能要求包括强度（对应于均布静荷载和集中荷载）、刚度、易于开洞、耐磨、防滑、易于清洁甚至要耐化学腐蚀。此外，楼板施工所要求的容许偏差也是很重要的。

实心钢板通常用于货物及材料搬运通道及人员极少进入的区域，或者将来需要拆除楼板以便安装设备的区域。实心钢板一般仅用在室内（至少在英国是这样），以防止表面湿滑。钢格栅板的使用功能与钢板相似，宜在建筑物内部使用，尤其是在要求楼板能够透气通风的区域就显得十分重要。楼梯踏步和休息平台也会使用钢格栅板。需要注意的是，休息平台和人行通道上每隔一段距离应设置实心钢板，以增加行人的安全感。由于钢格栅板在潮湿环境下的优异性能，所以也经常在室外使用。

混凝土楼板用于承受重载的、永久性的楼面区域，这些区域的楼板必须有很高的强度，来承担均布荷载或集中荷载（为此限制使用空心楼板）。在现代化的施工方法中，经常会在架空安装时采用可移动式升降平台，因此楼板材料的类型应能承受平台的车轮荷载。

采用预制板和金属楼承板作为永久模板的特点在于，许多工业建筑中楼盖的平面形状和标高不规则，因此一般无法使用廉价的、可重复使用的普通模板。金属楼承板能够解决这些问题，尤其适合与现浇混凝土结合使用（包括组合楼板）。即使那些明显可以使用普通模板的地方，由于主要设备安装会和钢结构吊装同步进行，也使得模板的支承体系十分复杂，并对施工进度产生影响。

6.2.3.2　楼板开洞和穿孔

在工业建筑中应该允许在楼板的任意部位打孔、开口以及设备穿透，而且设备留洞资料经常会在设计后期才提出，或者在施工完成后又提出变更要求。这种情况对某些类型的楼板来说，特别是预制楼板，就会有很大的问题。在现浇混凝土楼板施工前，绝大多数类型的孔洞设置都没有问题，但是充分考虑孔洞位置还是很有必要的，当孔洞大到一定尺寸时，应在孔洞的两个方向，在指定的范围内加设附加配筋，起到孔洞边框的作用，但附加钢筋面积不必大于被洞口切断的钢筋面积。

金属楼承板用做模板时，也许不太适用于大开洞和穿孔的情况，因为它一般是用做单向板，特别是当模板本身用做组合楼板的配筋时。当金属楼承板上的混凝土厚度足够时，可以采用常规的钢筋来加固洞口。许多设计人员都在组合楼板中设置受力钢筋，而只把金属楼承板作为模板，这种做法有时还能解决金属楼承板的耐火极限问题，因为金属楼承板模板用做组合楼板的配筋而不做防火涂层保护时，其耐火极限是

极低的。

实心钢板楼板一般应尽可能地设计成双向板的形式，以增加其处理孔洞的适应能力，如果需要，也可以局部改为单向板（虽然会有挠度大的缺点）。钢格栅板在这方面适应能力差一些，因为它一般都是单向板，因此一般都需要通过在洞边加设支承构件，进行特殊的处理。实心钢板通过埋头螺钉与其下部的支承钢构件连接。为了便于拆除实心钢板，有些部位在背面可以找到螺帽，就可以采用埋头螺栓；有些部位钢板是永久性的并且钢板受损也不一定需要更换，就可以采用焊接。可以采用专用夹具把钢格栅板固定到支承梁的翼缘上。

6.2.3.3　面层

除了特别强腐蚀性的环境以外，工业钢结构的楼板一般都不另做面层。对于混凝土楼板，硬镘抹面、浮镘出面和表面磨光均可以使用。一般根据使用要求和可能产生的磨损情况来选用（如果有叉车行走时，要予以特别注意）。对于实心钢板或钢格栅板楼板，一般应根据腐蚀性环境的情况，采用油漆面层或热浸锌涂层。更多的建议可参见 BS 4592：Part 5[2] 和向楼板供应商进行咨询。铁爬梯和栏杆通常应镀锌处理。

6.2.3.4　资料收集流程

作为项目管理和资料收集的一部分，首先就是要收集留洞方面的资料，并且随着设计的开展对此逐步进行细化。非常重要的是，对于可能开孔的最大范围和结构对孔洞位置的限制，应尽早与设备和管道工程师达成一致。其他的一些工程做法也应尽早确定，如孔洞边缘、楼板边缘、不同楼板材料之间的转换和交接以及设备基座和基础的处理等。

对于设备基座或基础的处理是非常重要的，因为很多设备都带有可直接固定的锚固件或支座以及很精确的接口构造，所以相应的厂房钢结构就必须满足这些限定条件。钢结构的安装误差有时会远远超过设备工程师所预料的，通常需要对设备的位置进行调整。当设备设在混凝土楼板上时，设备底座一般要高于楼板标高面，以方便管道或缆线等的连接。设备底座混凝土会在主体楼板之后进行浇筑，但在底座和混凝土楼板的连接部位应进行适当的处理，例如预埋竖向钢筋和接合面凿毛等。对于小型钢结构和采用锚栓固定的设备，一般采用先钻孔然后固定预埋钢筋或锚栓的方法，这要比在浇筑混凝土楼板时直接设预埋件更为实用。

6.2.4　主梁和次梁

6.2.4.1　平面布置

工业钢结构中主次梁的布置一般是由主要设备的布局来决定的，而主梁显然要和柱子对齐。因此在工业钢结构设计中通常是由主梁来决定柱子的位置，而不是由柱子来决定主梁的位置。如果主要设备布置在不同的标高上，那么柱子的位置和梁的布置可能需要相应地做一些折中和妥协，以协调各方面的要求。由于大型设备通常会形成线荷载或集中荷载（会导致很高的剪力和局部承压等问题），直接在设备支承部位的下方设置主梁或次梁，其优点是很明显的。设备的支架、底座或支座，以及设备主要的部件等可以直接固定在钢结构上，而把设备直接设置在混凝土楼板或钢楼板上则是最好的选择。对于那些要求在机器设备周边设有可供通行或操作的楼面区域，常见的做法是先不做设备下部的楼板，这部分楼板可在以后施工，考虑到设备的突出部分会低于楼面，也可以留空省去不做。

6.2.4.2 刚度

设计时应明确构件支承点之间的挠度限制要求。它们可能对梁的设计起控制作用，例如可以采用梁跨的1/1000作为容许挠度值。此外，当有管道与主要设备连接时，还需要考虑设备支承梁相对于梁-柱节点的总挠度值，并对其进行限制。控制相对挠度的最好方法是使用深梁（如有必要，可使用较低强度钢材），而控制总挠度的最好方法则是使柱尽可能地靠近设备的支点部位。当在梁上设有栏杆时，则梁应具有一定的抗扭刚度（受由作用在栏杆上的侧向荷载所产生的扭矩）。

一些用于精密加工的工业设备，必须降低其振动水平。要对设备支承结构的自振频率进行评估，并将其限制在一定的范围内。

6.2.4.3 细部构造

在钢结构技术设计和详图设计过程中，如果设备尺寸未知，最好不要在支承点处提前设置加劲肋。但是，若设备尺寸事先已确定，即使设计并不要求设受力加劲肋，那么也应设置加强区来防止上翼缘（如果是悬挂支承，则为下翼缘）产生次弯矩。这种措施可以调整设备支承点的位置偏差，而不会引起局部应力过大。

应该注意节点连接的形式，确保它们不会与管线产生冲突（另外，如果梁有加腋，则应尽早告知管道工程师）。同样，应与管道工程师保持沟通，了解是否在梁上要为穿管留孔，若确定开孔，建议采用蜂窝梁的形式来解决此类问题。

当采用吊架式支承时，可以使用双梁或双槽钢，这样吊架就可以很方便地沿纵向随意布置，见图6-6。对于小型设备，有许多可以承载的专用支承系统，吊架支承装置带有弹簧和承压支座，以减少因设备温度改变而引起的各种支承条件的变化，或避免发生设备间刚度的相互影响。

在对主要设备进行安装或移动时，经常要求设备上方或其下方（通常很少见）的梁必须满足设备起吊或顶升的相关要求，通常这需要设置专门的起重梁或千斤顶支点。如果主梁或次梁是专门为使用次数不多但重型的起重作业而设计的，比较实用的方法是在梁上设置一个连接吊点，给出确定的起吊操作部位，并在梁上标明安全起吊

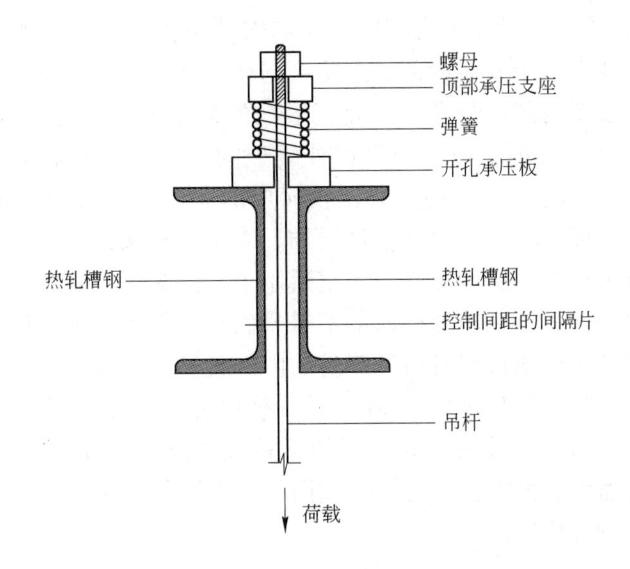

图 6-6 吊架支座详图

荷载值。

工业建筑的墙面通常采用支承在专用的冷弯型钢墙梁上的围护墙体系。特别是当高层建筑的墙面上会有很强的风吸力时，其围护墙面的构造要求是要保证墙梁具有足够的壁厚来承受紧固力。通常采用自攻螺钉或自钻螺钉来固定围护墙板，墙梁间距对螺钉的抗拔承载力有比较大的影响，因此选择墙梁不仅要考虑其抗弯承载力，还应考虑构件的壁厚。屋面通常采用冷弯型钢檩条，如果建筑物有吊挂荷载的要求，还应验算檩条的吊挂荷载承载力。

6.2.5 柱子

工业厂房中的柱子位置，和梁一样，会受到设备支承要求的制约。尽管希望柱网布置规则整齐，但出于设备的位置要求，有时难免采用不规则的柱网。显然，一定程度的规则性对于水平构件的标准化相当有利。要达到这一目的，常用的做法是在一个行距相等的轴线网格上布置柱子，这种折中方案可以在一个方向（纵向）上采用标准长度的梁或类似构件，而至少在另一个方向上（横向）为跨度（列距）变化和直接支承设备提供了可能性。如果有可能的话，柱的行轴线应垂直于结构的长度方向。

如果竖向荷载很大并已超出了热轧型钢截面的承载能力时，有多种类型的组合柱可供使用。如果以抗弯为主或由抗弯承载力控制时，可以使用大型焊接工字形截面柱，例如在框架结构的某个方向，要求采用刚接框架（这时，柱构件实际上是“直立的梁”，而不是“柱”）。为了满足较大的承载力要求，用比较厚的腹板和翼缘焊接成大梁并不困难。但是，当竖向荷载起控制作用时，则通常采用焊接箱形柱，见图6-7。箱形柱设计主要受实际制作和安装条件的限制。加工制作时通常需要设置内部通行孔以用于安装内部加劲肋，同样，在安装柱子拼接或梁柱连接部位时，也可能需要设置内部通行孔。因此箱形柱的最小尺寸宜为1m，且最小净空应约为900mm。只要有可能，应恰当选用柱钢板的厚度，避免采用设置纵、横向加劲肋的办法来保证钢板的局部稳定。比较简单的方法就是采用厚钢板而不设加劲肋，由此而导致的成本提高和构件重量增加，对于柱子来说并不是一个很严重的问题。但对于大跨箱形梁，这样做就不一定适用了，因为梁自重的影响很大。在绝大多数的室内环境条件下，在箱形柱内部不需要做涂装保护处理。如果需要在柱内设置安装通道，可以在详图设计时增设简易的内部爬梯。柱截面内部应每隔一段距离（通常取柱子截面最小尺寸的3～4倍）设置横隔板，以使柱子保持平直，不出现扭曲，通常在柱子的拼接接头处和重要的梁柱连接处，即使有时梁柱节点不是刚接，也要设置横隔板。横隔板应与箱形截面的四个边都焊接上，并且应在有人进入的地方设置内部通行孔。

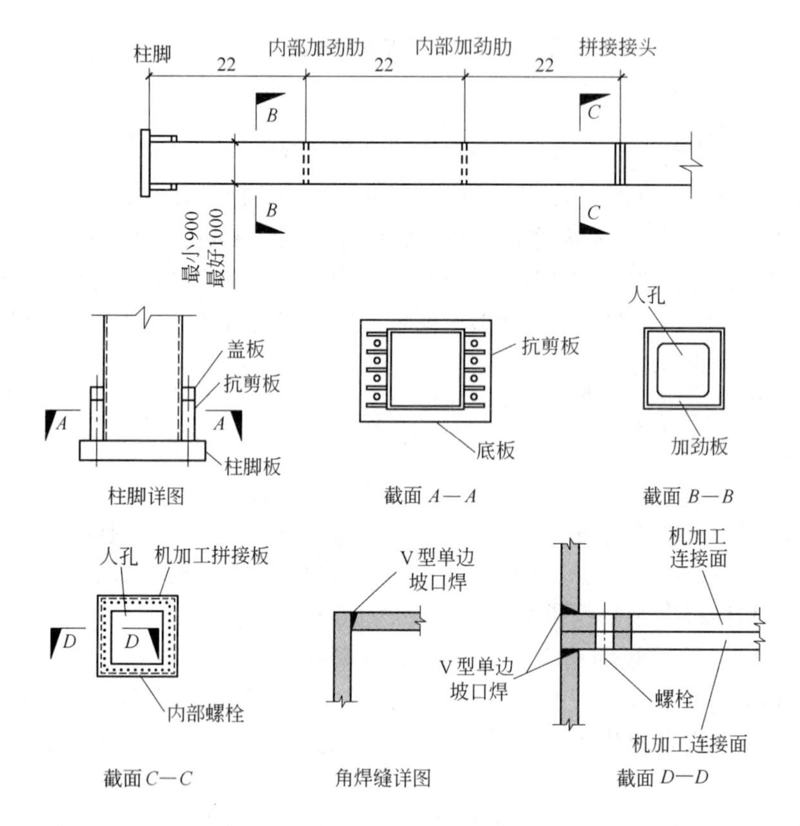

图6-7 典型箱形柱构造详图

如果柱子的体量较大（重量大或高度大），设计中需要特别注意柱脚的设计，可以把柱脚固定在桩帽上，但即使是普通的“铰接”柱脚，也要保证柱子在安装过程中的稳定性。

6.2.6 连接

工业钢结构中结构构件之间的连接和普通结构相似，但是由其承受荷载大，通常需要将连接设计得很强。甚至当荷载并没有像所规定的那样大时，通过在节点连接上节省，从而危及到框架结构的强度，这种也是错误的做法。一般来说，在构件连接节点和所连接构件的尺寸之间应当存在一些关联性，其中一部分可以用做潜在的框架承载能力，另一部分则可用做结构的“鲁棒性”。下面主要介绍与工业钢结构有关的一些特殊要求。

有时，工业设备和装置可能会在结构上引起显著变化的动荷载，所以应该考虑由此可能产生的疲劳效应。由于钢结构构件在正常条件下一般不容易出现疲劳损伤问题，所以注意力应放在对于疲劳敏感的细部构造上，尤其是那些焊接或其他连接形式有关的部位。对于某些类型的结构，可以采用专门的指导手册中的内容，而如果不是与结构直接有关的部位，则可参考疲劳设计指南中的相关内容（见本手册第10章）。

带有普遍意义的问题是，振动以及由此可能引起的螺栓连接破坏（螺栓容易松动）。常见的做法是在钢结构与任何动力机械有密切接触的部位采用减振锚固件。对于钢结构的主要连接部位，有两种方案可供选择，采用本身具有减振功能的高强螺栓（HSFG 螺栓）或者采用带有锁紧螺母或锁紧（防松）垫圈的普通螺栓。通过向各种生产厂商咨询，应该有各种各样的锁紧系统可供选用。当疲劳问题很突出时，需要采用预拉力螺栓（HSFG 螺栓），因为施加预拉力可以提高其抗疲劳承载力。

对于普通尺寸的构件，其连接设计可按已有方法进行。但是对于在重要工业建筑中所使用的大型箱形截面和焊接工字形截面构件，其连接设计必须同时满足构件类型和节点的设计假定要求。对于特殊的深梁构件，大梁高度要比柱子尺寸大好几倍，如果假定梁柱连接为铰接，那么就要特别注意连接的构造处理，避免因疏忽引起不该有的弯矩。如果对连接部位的构造处理不加注意，由于梁的相对高度很大，即使铰接，也会在柱子中引起较大的弯矩。如果还存在疲劳情况，那么就必须考虑次弯矩的影响。

有时，要求在柱子上只是轴心荷载而不能有弯矩作用，典型的例子就是电站锅炉钢架上使用的悬臂深梁会对在其支承柱上施加非常大的竖向荷载。这里经常使用一种辊轴支座（Rocker bearing）的构造，以确保传到柱顶的荷载为轴心荷载，见图6-8。较小尺寸构件之间的普通连接一般不会用到这种精密的连接做法，因为在设计中考虑了荷载偏心的影响。

由于构件及其节点连接会非常大，因此在节点连接的详图设计过程中，应考虑便于现场安装，而不是采用标准图的构造做法，就显得尤为重要。

6.2.7 支撑、剪力墙或核心筒

在本章的第6.2.2节中，对工业钢结构中的水平或侧向荷载传力路径问题进行了

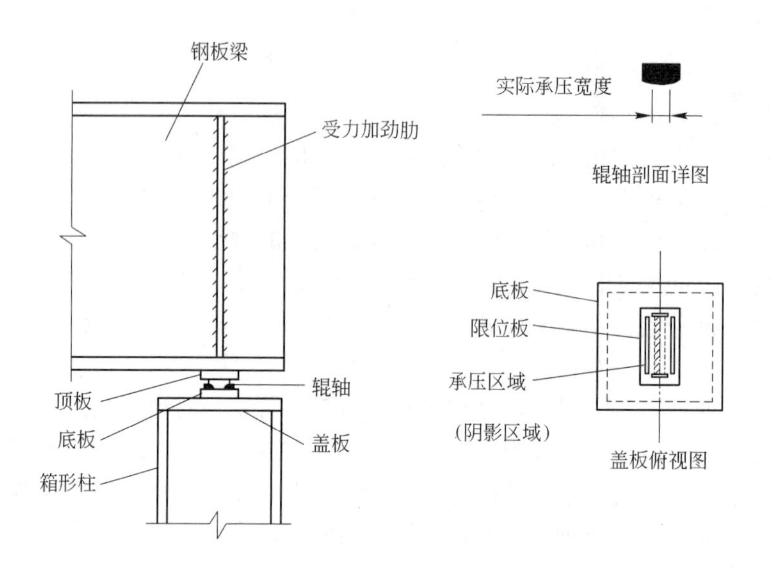

图 6-8　板梁和箱形柱间的辊轴支座

讨论，介绍了几种将水平荷载可靠传递到支撑开间或其他竖向抗侧力构件上的方法，并给出了支撑体系设计的总体要求以及一些比较实用的建议。

竖向抗侧力构件在平面上的布置往往会比较困难，即便是对于普通的规则框架结构。总的指导原则是，在任何方向上支撑体系的抗侧力刚度中心应和该方向的水平力作用中心相吻合。实际上，这就意味着应在框架结构平面的两个正交方向上，对水平力作用和抗侧力刚度进行初步的定性评估。

对许多结构很常见的另一个必要的功能是，其设支撑开间或刚性核心区应位于结构平面的中央，而不是在边缘部位。这样就允许远离核心区的结构可以自由伸缩变形，而不会受到刚性构件的过度约束，这同样适用于单个结构或由变形缝分开的结构的独立部分。这种理想状态，即便对于布置规则、分布均匀的结构来说都是难以实现的，对于高度不规则的工业钢结构来说更是几乎不可能实现的。值得庆幸的是，钢结构建筑物对于温度变化具有一定的适应能力，很少因为抗侧力构件布置不合理而出现问题，见第 6. 4 节。

设计时应按以下流程进行：首先必须确定一个将水平荷载传递到基础上的基本方法，要有明确清晰的荷载路径，这方面的内容在本章第 6. 2. 2 节中已做介绍。然后，在结构的任一个方向或在两个方向上，设置一些相互独立的带支撑开间、剪力墙或核心筒，接着把结构平面划分为几个部分，各部分的边界取各个竖向刚性单元之间的中线，然后将总荷载按各部分的面积分配到这些竖向刚性单元上。这样得到的荷载值就可以用来设计各个竖向刚性单元。该过程完成以后，如果结构中设有水平横隔板或适当的平面支撑，以保证各个竖向刚性单元的水平位移相等，那么就需要对每个抗侧力构件的相对刚度进行二次评估。这样水平荷载在这些竖向刚性单元之间的分配就能更加精确合理，这个过程是需要反复进行的。

当在一个结构的同一方向上，同时使用了基本性能完全不同的抗侧力构件时，才需要进行这种反复的调整过程。例如，在设有水平横隔板或平面支撑的部位，如果抗侧力构件是带支撑框架或者有些是刚性框架时，那么带支撑框架与刚性框架相比，通常其刚度会更大一些，因此带支撑框架所分担的荷载比例也要高于刚性框架。同样，当钢筋混凝土剪力墙（或核心筒）和带支撑框架同时使用时，并且水平横隔板或平面支撑具有足够大的平面内刚度，可以保证各抗侧力构件的水平位移相等，那么就需要按照各抗侧力构件的相对刚度进行力的分配，见图 6-9。

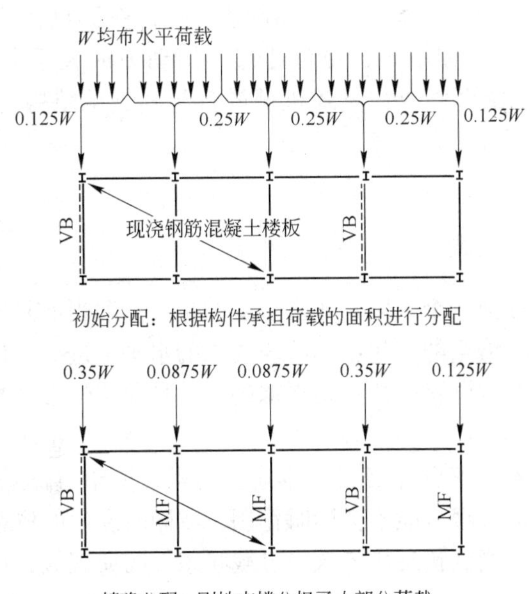

图 6-9 竖向构件的水平荷载分配

（VB 为竖向支撑；MF 为刚性框架（假定竖向支撑的刚度是刚性框架的 4 倍））

6.2.8 防火

许多工业建筑都没有防火保护。部分原因是由于厂房内人员稀少，另外由于构件的截面尺寸都相当大，基本可以保证足够的耐火极限。尽管如此，由于设备会非常昂贵，必须仔细检查所采用的防火保护措施。

6.3 荷载

6.3.1 概述

要对作用在工业结构上的荷载做出恰当的规定，存在三个方面的困难：

首先，必须确定设备的实际重量，特别是设备和装置中各部件的荷载作用位置和荷载施加方式等具体细节。即使是常用的或反复使用的设备，结构工程师也往往很难得到这方面的资料。如果设备是根据用户要求定制的，时间是个大问题，对于结构设计来说相关的设备资料也不能及时获得。

其次，经常出现的难点是任何未设置设备的楼面区域的均布活荷载的取值问题。当考虑各种设备间及周边区域的荷载取值时，必须谨慎对待相关规范中给出的荷载条件，为了使之更加符合实际，应该充分考虑设备安装和日后维修等荷载的影响。

再次，普遍的难点是当设备与其支承结构之间存在动力响应耦合时，如何确定设计荷载。对于普通的设备如吊车，规范建议使用动力放大系数（把设备的恒载放大），但是如果旋转机械设备或往复式机械设备与其支承结构之间存在动力响应耦合，其荷载情况就会更加复杂。

6.3.2 设计资料的准确性

在设计过程中的任何一个阶段，非常重要的是要了解当前阶段的设计资料的准确程度，并避免在一个不恰当的、超出本阶段要求的水平上进行设计。经验表明，在初步设计阶段所提供的荷载资料往往只是近似的，并且荷载经常会被修改，或在新的位置上增加新的荷载。

此外，还需要深入理解设计资料的本质。通常，所给出的荷载是单个最大重量值，而各个荷载组成部分很可能不会同时作用，或同时发生的概率非常小。另外，最大荷载很可能代表的是测试状态或者故障过载状态下的荷载值，正常运行情况下的荷载可能远小于这个荷载值。如果对于这些非常规荷载条件发生的预期频率和持续时间，采用基于概率统计的方法来进行分析，则可以对荷载进行折减而又不降低结构整体的安全性，在钢结构设计中采取这种节约措施是十分合理的，也是值得考虑的。例如，可以采用类似于风荷载的处理方式，在一个合理的基础上确定荷载的折减系数。

结构设计人员应该仔细询问设备安装的确切方法和安装路径，确保钢结构能够满足设备起吊、顶升、摇晃或设备落位等临时施工荷载的承载要求。经验表明，通常是不会提供这些设备荷载资料。为简化这些问题，如果设备安装和钢结构安装能够同步进行，那么对于结构而言，在建筑物生命周期内进行设备拆除、移动所产生的临时荷载是最值得注意的。

6.3.3 工艺装置及设备荷载

大多数工厂设施都是为了特定目的而设计的，一开始会给出大致的设备布置和近似的荷载值。可以把设备与其支承结构之间的刚度耦合视为一个单独的问题。设备设计人员提供荷载分布时可能会自动地把设备的支承结构假定为完全刚性（无变形）。例如，当高大的储罐、煤仓或筒仓等需要横跨在多根支承梁上时，这些支承构件可能

会在相应的荷载作用下产生相同的变形，但是当支承结构的刚度不相同而与被支承的设备有关时，那么作用荷载就会发生明显的重分布。当支承结构出现变形时，所引起的荷载重分布与架设在支承梁上的设备刚度（难以确定）直接相关。如果设备的支承点、荷载及结构布局是对称布置的，那么可以根据工程经验进行判断而无需做定量评估。在极端情况下，可能需要进行结构-设备的相互作用分析，来精确确定作用荷载。但无论怎样，充分掌握支承结构的刚度要求和强度要求是必不可少的。

6.3.4　均布荷载

必须明确规定所有楼面上的均布活荷载。既要包括一般的通行区域（荷载较轻）上的活荷载，也要包括一些难以确定的荷载，如偶然使用的重型工具、设备落位、堆放和维修荷载等。楼板下方可能还会布置一些轻型管道和电缆。在一些灰尘较大的厂房中，还要考虑积灰荷载。

按照 BS 6399：Part 1[3] 的规定，在设备的位置和荷载给定以后，设备中的物料可以按恒载处理，但是在设计的早期阶段，一般会取一个相对大的楼面活荷载值，仅仅用来考虑这些设备和设施中的固定部件或物料，在这个设计阶段，对于荷载的作用位置和数值可能都并不了解。此时，可参考以下的活荷载取值：

（1）轻型工业生产工艺，7.5kN/m^2；

（2）中型工业生产工艺，10～15kN/m^2；

（3）重型工业生产工艺，20～30kN/m^2。

影响活荷载取值的一个主要因素是提交最终设备和设计数据的时间，这会直接关系到钢结构技术设计和施工详图设计的进程。如果有可能进行第二阶段设计的话，那么可以考虑将活荷载值取低一些，当设备中的固定部件或物料超过预计的活荷载允许值时，如果必要的话，可以做些局部的变动。

在这些条件下，特别是那些之前对工业生产工艺有经验的设计人员，可以考虑设计柱子和基础时的活荷载取值比设计梁的低一些。对一些设有大跨度、宽间距的主梁或桁架的结构布置，在对其中的梁构件进行设计时，也可以对初始的活荷载设定值进行折减。（注意，尽管这些较大的荷载作为活荷载很可能出现在楼面的任何位置，但是不太可能所有楼面上同时出现这些荷载，也不可能在几个楼层上同时出现这些荷载）。应该强调的是，这些建议并不打算否定或推翻 EN 1991-1-1：2002 的第 6.2.1（4）条中关于荷载折减的相关内容，但可以作为初步设计阶段的一个实用性建议。

在详细的设备安装位置和荷载数据等资料明确以后，固定的设备和设施可按恒载考虑，并应考虑相应的荷载分项系数。与主要设备无关的其他楼面区域，其活荷载取值可以仅考虑人员通行及楼面的潜在用途，因此可能会对活荷载初始设定值有较大的折减，通常会折减 5～10kN/m^2。用于重型设备的拆除、更换或维修的特定落位区域，属例外情况，而不做折减。

6.3.5 设备支承结构上的侧向荷载

设备支承结构上的侧向荷载来自于设备本身以及与设备自重直接相关的“假想的”水平力。这些等效水平荷载源自弹性侧移，而出现弹性侧移是由竖向荷载在刚性框架上的偏心作用，或者是由柱构件的垂直安装偏差等情况引起的。无论哪种情况，侧移的大小都是由所支承设备的重量来决定的。当没有任何确定的荷载作用时，如设备荷载或风荷载，楼面假想水平力对于结构的稳定性验算是特别重要的。

设备在结构中引起的侧向荷载，来自三个方面。对它们可以分别进行考虑，尽管普遍认为，侧向荷载的起因与设备运行过程中状态的变化直接相关。许多导致水平荷载的操作活动也会引起竖向荷载，或至少是竖向荷载分量，对此必须在设计中加以考虑。然而设备会产生竖向荷载很容易理解，而会产生水平荷载分量却常常引起混淆，通过平衡分析可以得出水平荷载分量确实存在，而设备工程师可能对此有所忽略或没有全部确定。这种情况就无法满足结构设计人员的要求，因为水平荷载分量的作用位置可能相距较远，甚至可能作用在不同的标高上。在所有情况下，必须详细检查全部的荷载传递路径，考虑到荷载传递有可能会通过支承结构，所以必须沿着钢结构设计人员规定的荷载路径进行传递。产生侧向荷载的三种原因是：温度变形受到约束；转动或者往复运动受到约束（吊车的纵向和横向刹车）；对水压或气压的约束。

(1) 当设备经受显著的温度变化时，设备工程师一般会假定结构是完全刚性的，即其刚度足够大而可以防止自由的热胀和冷缩。然后，设备工程师就用这样的作用力以及相应的附加应力来设计设备本体。由于在结构和设备中所形成的作用力都是最大值，所以会处于安全的上限，而随着支承结构的任何变形，结构和设备上的作用力都会下降。尽管这种方法很显然是保守的，但是为了方便起见，对于小型设备，或者为了避免设备部件之间相互连通的复杂情况，以及带有管道的大型设备等，还是常常使用这种方法。通常，对于像锅炉、加热炉等存在显著温度变化的主要设备，也可以采用另一种方法，就是假定设备支座对热胀和冷缩完全没有约束。这是一种取安全下限方法，需要对由于支座或导槽的施工误差、设备故障或完全失效等情况可能引起的荷载进行合理的评估。对于大型设备，这类情况下支座或导槽上的荷载可能会很大，在支承结构的设计中至少应该考虑温度变形引起的纵向摩擦力（其值等于设备的标称重量乘以摩擦系数μ）。

(2) 匀速转动的机械设备所引起的侧向荷载通常会比较小，而且一般会与来自动力源的一个大小基本相等、方向相反的作用力相平衡。然而，必须考虑它们的作用位置和传递路径，这些作用力最终是会互相抵消或者通过常规方法传到基础。结构设计人员必须清楚地了解所有由动力设备引起的作用力的来源及所产生的影响，并确保考虑了所有设备和装置之间的关键界面上的作用力。

设备启动时克服自身质量的惯性所引起的启动荷载，以及转动或往复式机械紧急制动时引起的干扰荷载或“故障”荷载都是必须考虑的。显然，这些荷载的持续时

间都很短，所以可以按特殊情况处理而取较低的安全系数。同时，只对那些确实会同时出现的荷载进行组合，以避免设计中的浪费。

（3）在许多工厂装置中，压力管道荷载（液体或气体）是相当重要的荷载。只要管道的方向有改变就会产生这种荷载，并作用在管道支架或管卡、管托等约束装置上。温度变化也是必须考虑的影响因素，管道设计人员可能会综合这些影响，并提供一份作用在各个支承点处的全部荷载的清单。设备设计人员很少会给出这些作用荷载所产生的反力，即在设备运行过程中有意识地引入，用来抵消这些荷载。而这些都是与支承结构的刚度有关的。与确定荷载大小同样重要的是，在任何情况下都要确定设备荷载的所有分量的作用方向。因为这些作用力通常会对支承钢结构形成偏心作用。

6.3.6 惯性力与动力荷载

惯性荷载来自于加速或制动（例如吊车大车及小车的运动），其大小通常定义为质量×加速度，惯性荷载只是动力荷载的一种形式，而一般来说，动力荷载是一种等效荷载，来自于一件设备的输入运动频率（可能是不平衡转动或往复运动）和设备支承结构的固有频率之间的相互关系，如果输入运动频率与结构的固有频率一致，就会产生共振响应，结构上的等效力会非常大，只有通过阻尼来加以限制。

动力荷载的评估是一个非常专业的问题（详见本手册第 13 章），最好由经验丰富的工程师来进行这项工作。在非常简单的情况下，对常规的静荷载进行一定的放大就可以满足要求，但对此必须慎重处理。钢结构设计人员应该注意以下三点：

（1）在不了解支承结构刚度（或振动频率）的情况下，设备设计人员不能自行确定荷载。

（2）总是要仔细谨慎地对待任何处于运动状态的设备（防止产生疲劳）。作为工程管理的一部分，结构工程师需要确认，被支承的设备中是否存在做往复式运动或旋转式运动的机械设备。

（3）采用某种形式的隔振弹簧把振动设备与结构进行隔离，是经常采用的措施。但是，设备设计人员还是需要给出作用在弹簧基座的作用力。

对于大跨度楼盖上的设备需要特别注意（见本手册第 13 章），如果有必要对设备的动力作用做出更准确的评估，那么就必须进行设备-结构的相互作用分析。

6.3.7 风荷载

作用在全封闭的工业厂房结构上的风荷载，与作用在普通结构上的风荷载并无区别。唯一需要特别考虑的是，必须给出适用于不规则的或异形建筑物的风压或风荷载体形系数。可以通过多种渠道来获得有关这一问题的指导和建议[5]。由于工业建筑物可能比较高大，应该注意在局部很大的风吸力作用下，围护结构墙板、连接固定件和墙梁（檩条）的设计。另外，在设有大门的工业罩棚建筑中，还需要考虑由此引起的大开口效应。

对于部分或全部开敞的结构，当其内部设置有无遮挡的设备或装置时，在处理风荷载时必须十分小心。设备上大量的凸出物、操作平台和爬梯等会增加摩擦阻力，并且这些风荷载不易精确确定。经常会出现的一种现象是，作用在开敞式建筑上的总的风荷载值会大于同样尺寸的全封闭式建筑，这主要是由两方面的原因造成的。首先，小的结构构件与全封闭建筑立面上相同面积相比，前者要吸引更多的风荷载。其次，那些受到设备遮挡的结构构件，表面上设备在某个方向上遮挡风的作用，但实际上并非如此，每个构件还是会分别受到风荷载作用。有关这方面的估算方法，BS 6399：Part 2[6]中并没有详细的论述，但该规范列出的参考文献中给出了相应的指导意见。钢结构设计人员应仔细规定设备本体的设计责任（在风荷载作用下），它不同于从设备传递至支承框架上的风荷载（但作为项目资料收集的一部分，需要确定作用到结构上的设备局部风荷载）。当对作用于框架的风荷载进行评估时，对“正面”吹风或“斜向”吹风情况都应予以考虑。

对于特别大型的暴露在风中的单件设备或装置，可以把它们当做一个小型单体建筑物来计算其风荷载，并根据其尺寸和形状来确定相应的风荷载系数。对于较小的或形状比较复杂的设备，如管道、通廊和独立的小型设备等，其风荷载最好是采用保守的、易于使用的经验公式进行计算，对于突出的暴露区域，净风压系数取 $C_p = 2.0$。如果在设备中采用了滑动支座或导槽，那么设备传到结构上的风荷载的作用点可能和竖向荷载的作用点不同。设计人员应该始终注意和掌握这些荷载的作用点，因为很可能会对支承结构产生偏心效应。

6.3.8 安全状态荷载（Safety case loading）

许多工业结构一旦失效会产生很大的危害，例如石化工厂、炼油厂、钢铁厂、危险品储存库房等。因此，工厂的总体安全状态（Safety Case）可以定义为钢结构的某些偶然荷载工况，例如地震、爆炸（可能是内部灾害或者恐怖活动引发的爆炸）、火灾或者严重的腐蚀，意外的坠落荷载或剧烈的冲击也属于偶然荷载工况，在核电工业中，还应考虑极端的风或雨等天气条件。钢结构设计人员应负责确定这些工况的荷载强度以及功能需求。

确定功能需求或设计标准是至关重要的，因为在这些罕见的荷载条件下，通常的情况是结构仅仅只需要“生存”。因此在强震作用、爆炸或撞击下，钢结构的优势在于可利用其固有的延性，在一定的程度内进行耗能。虽然这是一个合理的策略，但其隐含的条件是，构件的连接节点必须足够坚固，必须能够承受构件的全截面塑性弯矩。现在可进行复杂的分析，来确定结构从弹性阶段进入弹塑性的结构体系的性能，但是这种高级分析需要经受过特定培训并有适当技巧的工程师进行（见本手册第13章、第35章）。

6.4 温度作用

设备引起的温度作用作为一种特殊的侧向荷载，已在本章第6.3.5节中有所论述。本节主要讨论环境因素引起的温度作用。常规的做法是，要求设置能适应结构热胀和冷缩的温度缝，但在实际工程中常常并不合适，也难以实现，而且温度缝经常会失效而无法达到预期的性能要求。

避免因温度变形出现问题和引起破坏的关键，在于要仔细处理容易受温度变形影响的面层材料的构造做法（例如砖墙、砌块、混凝土楼板、安装配有大块玻璃的区域以及类似的刚性材料或易碎材料）。如果已针对这些材料的位移采取了措施，那么通常就可以避免在钢结构中设置温度缝，除非基础和底层钢结构之间有特别严格的约束。这是因为最大的伸缩变形是在屋面上，并且由于屋面变形而在支承柱中产生的弯矩是与柱子高度的平方成反比的。这就意味着纵向很长但很高大的建筑物可能会满足要求，而同样长度但相对较低的建筑物未必能满足要求，因此需要慎重考虑。

许多已经建成的工业厂房，平面尺寸达到100~200m甚至更长，都没有设置温度缝，通常采用轻质的、非脆性的围护墙面板和屋面板及不连续的混凝土组合楼板。其成功应用的部分原因可以归结于这样一个事实：即尽管外部温度变化较大，但内部温度波动范围却很小，特别是如果厂房内有高热质量存在，那么实际的钢结构温度就会远远低于空气的温度。

当在靠近基础的部位存在很强的约束，或建筑物内有易受损害的设备和脆性的装修面层材料时，需要对结构进行温度应力分析，验算温度变形引起的应力和变形，然后决定是否需要设置温度缝或改变结构的约束条件。在英国，当钢结构处于露天环境下时，各地的气候条件各不相同，但对于初始的敏感性研究（initial sensitivity study），其温度变化范围取-5~+35℃就能满足要求。许多结构的施工安装温度可以假定为中间值15℃，然后取+20℃的变化范围进行验算（很可能是偏于保守的）。采用这些温度变化范围假定进行初始研究时，可能会出现问题，这时可以根据实际的最低和最高温度，以及可能的室内温度变化，做更专门的研究（英国的空气温度建议值由气象局提供）。

6.5 吊车梁与起重梁的设计

6.5.1 吊车梁

吊车梁在工业建筑中极为常见，需要对吊车梁进行可靠的设计，否则会对工厂的生产过程造成严重的影响。吊车梁上的荷载是通过吊车轮压施加的，其正常的荷载传递路径是吊车轮→吊车轨道→轨道连接→吊车梁上翼缘，最后沿着梁传递到支座上。

吊车荷载施加在三个方向上。竖向荷载是最明显的，在小车满载运行至大车的一端时才会达到峰值吊车荷载。要考虑两种工况——最大弯矩和最大剪力。最大弯矩会发生在吊车梁的跨中附近，而确切位置取决于吊车的轮子数量和轮距。一旦掌握了吊车资料，就能很容易确定峰值弯矩。同样，根据这些资料就可以计算出最大剪力。横向水平荷载是受到侧向冲击（小车刹车力或卡轨力）而产生的，与吊车小车重量及额定起重量之和有关，而纵向水平荷载则与吊车的大车运行的加速度和刹车力有关，这些荷载通常都按轮压值的百分数取值。规范中对这三个方向的荷载的百分数均有规定。当大车出现偏斜时还会产生另一种摇摆力，这种情况发生在大车整体在其平面内相对于两个吊车梁发生了扭转（也就是说如果吊车一侧运行得比另一侧快时），并且这种扭转会在轨道和吊车梁上施加一对力偶。摇摆力的取值在规范中也有明确的规定。

上翼缘的应力峰值是由竖向荷载和横向荷载的共同作用而产生的。为了承受横向水平荷载，吊车梁一般会采用非对称截面的梁，即在上翼缘倒扣一个槽钢或者在柱子之间设置制动梁（标准图使用手册给出了吊车梁的截面特性）。通常，吊车梁按简支考虑。

很显然，上翼缘必须满足应力的要求，而且还必须有足够宽度来铺设吊车轨道（通常由吊车供应商提供）及轨道夹具。各种专用轨道夹具可以固定轨道，承受荷载并能对吊车轨道进行调整和校直。显然，吊车轨道不可能完全对准吊车梁的腹板，因此重型竖向荷载会引起吊车梁侧翻，应该通过吊车梁与支承柱的端部连接避免这种情况（可以通过上翼缘或制动梁传递荷载）。在焊接吊车梁中，竖向荷载的传递是另外一个值得注意的问题，经验表明，上翼缘的内侧与腹板之间完全顶紧就可以传递竖向荷载，并不是一种很好的设计方法。由于焊接吊车梁上翼缘与腹板之间的焊缝将承担纵向剪力和竖向荷载，当采用角焊缝时就会产生疲劳破坏。为解决这个问题，应规定采用对接焊缝[7,8]。

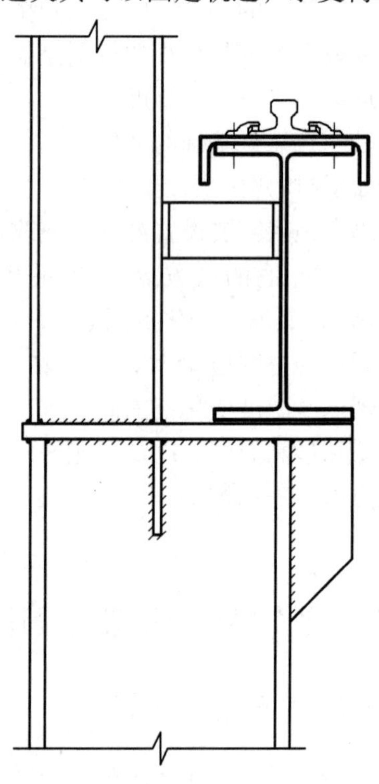

图 6-10　中级和重级工作制吊车梁支承结构的推荐做法

除了角焊缝出现破坏的情况（以及轨道夹具）外，一般并不需要进行梁的疲劳设计，但应该检查吊车的工作制。尽管如此，并不建议将吊车梁支承在柱的牛腿上，除非吊车的起重吨位很小，譬如低于 5t）。在其他情况下，可参见图 6-10 中的常见构造做法。

保证吊车梁的竖向刚度是相当重要的问题，通常会限制在跨度的 1/1000。同样，通常会对吊车两端的吊车梁之间的水平位移进行限制，尤其是当

吊车两侧的支承结构呈现外张的变形模式[1]时（譬如带斜坡的门式刚架）。在计算侧向位移（和应力）时，通常把所有横向荷载都施加在一根吊车梁上。当对于对称变形模式进行验算时，可以采用“全部刹车力 + 风载的一半”或者“全部风荷载 + 刹车力的一半”作为设计荷载工况。保持吊车轨道的顺直是至关重要的，为了能达到这个目的，可以考虑在吊车梁的端头加塞侧向垫片（在应力计算时要考虑引起的偏心）。此外，轨道在上翼缘上的应该是可调的。《英国钢结构工程施工规范》（NSSS）中规定了吊车梁加工制作的容许偏差。

吊车梁构造通常包括端部车挡（其承载和高度与吊车缓冲器匹配）以及一些电源附件，例如母线等。还包括一些人行和检修用的设施，如带护笼的钢直爬梯。设计人员还应仔细了解桥式吊车的安装方式，因为这可能会影响主体结构的一些构造细节。

6.5.2 起重梁

起重梁通常有一台小车沿着梁的下翼缘行走，由于轮压的作用，起重梁的设计工况是整体的平面弯曲与下翼缘横向弯曲的叠加。当车轮接近下翼缘的边缘时，就会产生最大的横向弯矩。由于翼缘的横向弯曲对于车轮的数量和位置十分敏感，因此确定这些数据是相当重要的。当起重梁的支吊点设在上翼缘时，而作用在下翼缘的荷载就会使其（薄）腹板受拉，对设置在上翼缘上的支吊连接进行设计时，应相对保守一些，以避免出现疲劳失效。现行规范中通常只提供了起重梁的设计原则。起重梁的端头应设置车挡，梁身标示安全工作荷载，还应进行起吊测试以确保安全。

6.6 关于结构性能的更深层次的探讨

工业钢结构本质上应是非常坚固的，它是为了满足某一种特定的功能和生产工艺而专门设计的，而且常常需要采取许多构造措施，来满足主要设备和设施中一些相当特殊的部件的要求。不过，对于工业钢结构来说，重要的是尽量使其至少具有一些局部的灵活性，允许进行设备的小规模布局改造、升级或更换。要实现这一点，最好的办法就是采用本章提供的大量的相关建议和措施。结构设计人员应该了解所涉及的工业生产工艺，以及其他类似项目中采用的结构方案和设备布置方案。以前的结构方案可能并不正确，但最好是了解这些方案并进行积极、合理的判别，而不是一切从零开始。

对于工业建筑而言，仅仅通过正常的途径和采用一些常规的措施，譬如采用简单、合理的形状和结构形式，制定合理的荷载传递路径，设置有效的支撑体系

---

[1] 在本手册第4章中称为“对称变形模式”（译者注）。

或采用其他提高稳定性措施等，还难以达到整体鲁棒性❶的要求。作为这些措施的补充，合理的方法是确保构件和连接的设计留有适当的裕度。通常在设计的初始阶段，结构承载能力使用率取原计划的60% ~80%是比较合适的，此后，到最终设计阶段和审核阶段，这些裕度会有所下降，但可能仍然存有足够的备用承载能力，以保证不会因单个构件或节点的问题而不成比例地削弱整个建筑物的强度。正如前文所述，为确保鲁棒性，具有很大质量的设备对其本身的不稳定影响是不容忽视的。当建筑物划分为几个部分时，对每个部分的鲁棒性都应进行检查校核。

参考文献

[1] Ji T. (2003) Concepts for designing stiffer structures, Journal of the Institution of Structural Engineers, Vol. 81, No. 21, 4th Nov.

[2] British Standards Institution(2006) BS 4592：5 Industrial type flooring and stair treads. Solid plates in metal and GRP Specification. London, BSI.

[3] British Standards Institution(1996) BS 6399 Loading for buildings Part I：Code of practice for dead and imposed loads. London, BSI.

[4] British Standards Institution(1991) BS EN 1991-1-1：2002 Clause 6.2.1(4).

[5] Cook N. J. (1985) The designer's guide to wind loading of building structures. Part 1. Cambridge, Butterworths.

[6] British Standards Institution(1995) BS 6399 Loading for buildings. Part 2：Code of practice for wind loads. London, BSI.

[7] Senior A. G. and Gurney, T. R. (1963) The Design and Service life of the upper part of welded crane girders, Journal of the Institution of Structural Engineers, Vol. 41, No. 10, 1st Oct.

[8] Kuwamura H. and Hanzawa M. (1987) Inspection and repair of fatigue cracks in crane runway girders, Journal of Structural Engineering, ASCE, 113, No. 11, Nov., 2181-95.

拓展与延伸阅读

1. Masterton, G. T. Power and Industry (2008) Centenary Special Edition, Journal of the Institution of Structural Engineers, Vol. 86, No. 14, 21st July.

2. Morris, J. M. (2000) An overview of the Design of the AAT Air Cargo handling Terminal, Hong Kong, Journal of the Institution of Structural Engineers, Vol. 78, No. 16, 15th Aug.

3. Luke, S. J. McElligott, M. and Everett, M. (1998) General Electric Aircraft Engine Services GE 90 Test Cell, Journal of the Institution of Structural Engineers, Vol. 76, No. 7, 7th April.

❶ 根据 EN 1991-1-7 的定义，结构的鲁棒性是结构承受诸如火灾、爆炸、撞击或人为错误导致破坏等各种事件的能力，而不会发生与结构设计的初始目标不相称的严重破坏（译者注）。

4. Luke, S. J. and Corp, H. L. (1996) British Airways Heavy Maintenance Hanger, Cardiff Wales Airport: Structural System, Journal of the Institution of Structural Engineers, Vol. 74, No. 14, 16th July.

5. Ford, R. F. and Lilley, C. (1996) Alusaf Hillside Aluminium Smelter, Richards Bay, Journal of the Institution of Structural Engineers, Vol. 74, No. 19, 1st Oct.

6. Krige, G. J. (1996) The Design of Shaft Steelwork Towers at Reef Intersection in Deep Mines, Journal of the Institution of Structural Engineers, Vol. 74, No. 19, 1st Oct.

7. Zai, J., Cao, J and Bell, A. J. (1994) The Fatigue Strength of Box Girders in Overhead. Travelling Cranes. Journal of the Institution of Structural Engineers, Vol. 72, No. 23, 6th Dec.

8. Bloomer, D. A. (1993) Stainless Steel Ventilation Stack: WEP Sellafield, Journal of the Institution of Structural Engineers, Vol. 71, No. 16, 17th Aug.

9. Tvieito, G., Froyland, T. and Wilson, R. A. (1992) The Development of Kvaerner Govan Shipyard, Govan, Glasgow, Journal of the Institution of Structural Engineers, Vol. 70, No. 2, 21st Jan.

10. Jordan, G. W. and Mann, A. P. (1990) THORP Receipt and Storage-design and construction. Journal of the Institution of Structural Engineers, Vol. 68, No. 1, 9th Jan.

11. Forzey, E. J. and Prescott, N. J. (1989) Crane supporting girders in BS 15-a general review, Journal of the Institution of Structural Engineers, Vol. 67, No. 11, 6th June. Dickson, H. (1964) Power Stations as a Structural Problem, Journal of the Institution of Structural Engineers, 45, No. 5, 1st May.

12. Fisher, J. M. and Buckner, D. R. (1979) Light and Heavy Industrial Buildings. American Institute of Steel Construction, Chicago, USA.

13. Mann, A. P. and Brotton, D. M. (1989) The design and construction of large steel framed buildings. Proc. Second East Asia Pacific Conference on Structural Engineering and Construction, Chiang Mai, Thailand, 2nd Jan, 1342-7.

7 特殊钢结构*

Special Steel Structures

IAN LIDDELL and FERGUS M^c CORMICK

7.1 引言

本章主要是面向一些有机会设计和接触“特殊”钢结构的读者。特殊钢结构不是通常接触的基本梁柱结构或普通门式刚架结构，而是那些能够在建设环境中激发戏剧性效果、创造热情和悦目的建筑。关于钢结构在特殊的、非标准结构设计中的广泛应用，本章将就这些内容的最新成果进行重点介绍。

特殊结构通常具有复杂的三维传力路径或者具有非常规的几何形状，抑或是那些跨度超过设计标准或低于正常自重的结构。当今典型的特殊结构包括：

（1）基于正多面体的三维网格结构，如空间网架。

（2）通过平衡找形的结构，如：表面张拉结构（张拉式薄膜结构）和索网；由倒悬链成形的受压结构。

（3）可折叠结构或移动结构。

（4）曲线形（如圆形、椭圆形）的穹顶和拱顶结构等。

（5）曲线形（采用 CAD 方法，由样条曲线产生）的不规则几何形状结构。

（6）其他具有随机的不规则几何形状的结构。

对于普通的工程项目来说，人们总是能够找到一整套有效的解决方案。然而，建筑潮流以及新技术所带来的可能性，改变并扩大了特殊结构的形式和应用范围。而且，建筑的布置也不必局限于对称性和重复性的规则；20 世纪 60 年代所流行的空间框架体系现在也几乎快要消失，并被“自由形态”表面及“混沌”框架结构形式所取代。

在 20 世纪 90 年代开发的 3D CAD 计算机建模程序的推动下，程序使用了非均匀有理 B 样条线方法（NURBS，Non-Uniform Rational B-Splines）（该方法是采用三次函数来拟合曲线或曲面上的多个节点），建筑师和工程师们能够演化出复杂的曲面形式，来展示他们的设计理念。对于具有曲面或者锯齿形的、扭曲的或悬空的新建筑形

---

* 本章译者：任志浩。

式，采用钢结构已经成为首选。

使用这些设计软件所开发出来的结构形式，推动了钢结构制作工艺的发展，且新的计算方法使一切变成可能。以审美要求为目标的建筑形式，其结构功效可能不高，而且比纯粹的结构设计会耗费更多材料。但是，随着计算和分析方法的发展，通过将新的结构模型软件与分析程序互连，实现模型自动改进和有效性的提高，这方面的问题是可以解决的。

与标准的建筑结构相比，对于具有复杂几何形状结构的所有解决方案，无论是在设计阶段还是在施工阶段都会带来大量的、复杂的技术问题，因此，更加专业的工程师和钢结构承包商就显得尤为重要。对于计算分析、设计、制造和施工安装过程中出现的一些关键问题，本手册将结合实际工程案例进行介绍和研究。

7.2　空间网架结构：基于正多面体的三维网格结构

三维空间网格的发展有着悠久的历史，曾一度被广泛应用。这种结构体系具有质量轻、空间开放等优点，在建造过程中，还可以循环使用一些标准化构件。其中，最著名的结构体系是由 Max Mengeringhausen 公司于 20 世纪 30 年代开发的 Mero 预制三维空间网架体系。该体系使用带有特殊端头配件的方钢管，可以按预定角度连接到球铰节点上。最初，这种形式用来建造正多面体的多层空间网架，随着节点加工数控技术的应用，使得其使用范围扩大到圆柱形、球形穹顶及类似的空间结构中。可将直线型构件和球节点运送到施工现场，后在现场拼装，从而大大提高了的工作效率。

该结构体系的应用实例：1979 年建造于斯普利特（Split）的足球场屋盖结构，其复杂程度要远远超过简单的平屋顶。该屋盖采用了双层空间曲面网格拱，球场主看台两侧的跨度为 210m。在 20 世纪 60 年代和 70 年代，采用这种结构形式已是相当先进的技术。自那时起，现代化的设计和制造方法，使得结构在几何形式上有了更大的自由度，规则的空间网格结构开始逐渐退出舞台。近来，最具代表性的、采用空间网架结构形式的工程实例为英国的伊甸园穹顶（见 Jones et al.，2001[1]）项目。

案例研究：伊甸园（Eden Project）穹顶，英国康沃尔

穹顶结构是一种具有常规几何形状的现代结构（见图 7-1 和图 7-2）。该结构是在正十二面立方体的基础上再细分的五边形组成的空间网格结构。生成的六边形和五边形的图案让人联想起某种浮游动物（学名为放射虫）的轮廓，被认为是与自然界的沟通和连接。在承受外荷载时，单层网格结构的构件中会产生很大的弯矩。为了提高网格结构的结构有效性并采用预制结构部件，在结构中增加了第二层空间网格，形成了上弦为六边形网格，下弦为三角形加六边形网格的“6-3-6”三角锥网格结构。该空间网格结构的外层网架的构件和杯形节点，以及内层网架的球铰节点均可使用 Mero 体系所开发的产品。如果每个节点都能按正确的角度进行加工和钻孔，每根杆件的两端就会与其轴线保持一致。

图 7-1 伊甸园圆顶鸟瞰图（由 Grimshaw 提供）

图 7-2 穹顶内部图（由 Grimshaw 提供）

7.3 轻型张拉索结构

7.3.1 概述

轻型张拉结构包括一系列设计内容，其常用的方法就是采用索杆来实现结构的造型。对于一些特殊结构（像屋面或桥梁等），使用轻型张拉结构形式的设计方案是很有吸引力的。索杆的强度为普通钢材强度的3倍左右，由于索杆具有较高的强-质比，因此，在承受同样的荷载时，可以节省钢材。在大型桥梁和屋面中，自重通常为主要的荷载形式，为此，减少结构断面和降低自重可明显提高整体结构的效率并节约成本。索杆的截面积通常很小，因此，用在透光要求高的建筑中就非常有吸引力，如玻璃幕墙的支承结构及透明屋顶等结构。

索杆具有较低的弯曲刚度，但这对工程师来说并不是一种限制，索杆的特殊性质为其提供了创新设计的可能性。许多轻型索杆结构都进行了认真的找形设计，以确保索杆承受轴向应力的能力。当然，也可以将索杆设计为承受拉力、压力和侧向载荷的构件。下面将逐一介绍钢杆的不同承载机制及索杆的设计方案。

7.3.2 索杆承载形式

在抗拉或抗压结构中，可以使用钢棒，其功能与索杆是相同的。索杆承载形式如表7-1所示。

表7-1 索杆承载形式

荷载方式	图示	要点提示
（1）拉力荷载		最常见的是两端受轴向力的拉索； 粗略地说，索杆构件的特性与任何受拉杆件，如具有弹性刚度特征的梁、钢棒构件，区别不大； 如果拉应力较高时，就与索杆构件的“抗拉刚度”有关
（2）压力荷载		如果索杆构件通过自重或内部自应力来施加预应力，索杆构件只能承受压力； 索杆构件的净轴向荷载必须总是拉力

续表 7-1

荷载方式	图　示	要 点 提 示
(3) 侧向荷载		索杆构件的初始弹性刚度和承受外加侧向荷载的承载力很小； 索杆构件不能直接受弯矩，但当变形达到平衡位置时，通过索杆中的轴向应力来承受侧向力； 对于受均布荷载的索杆构件，其变形曲线为悬链线。但实际上，索杆构件通常会在沿其长度的几个点上受集中荷载，索杆构件的变形曲线就会呈折线形式

7.3.3　线性及非线性特性和大位移

关于索杆结构的分析层次与其复杂程度还有许多不明确之处。为了便于话题展开（对于受压结构将在本章第 7.4 节中介绍），表 7-2 对所有的钢结构非线性的成因做了归纳和总结。

索杆结构所呈现的非线性由下述原因引起：

(1) 个别受轴向或侧向荷载作用的索杆构件中产生的拉伸强化；

(2) 为平衡外力而产生的整体索杆结构体系的位移（通常称为“大”位移）；

(3) 由于索杆松弛而脱离整个结构体系。

表 7-2　结构非线性性状的成因

类　别	成　因
(1) 材料非线性来自：发生屈服、塑性变形和塑性铰的形成；非线弹性模量关系；受残余应力影响的截面发生塑性变形	1) 钢材截面在屈服之前呈线性表现，且与应变应力成正比； 2) 一旦达到屈服，通常是在弯曲作用下最外缘纤维达到屈服，则线性比例关系就会发生改变； 3) 当达到全截面屈服时，如果截面不发生局部失稳并且其变形在规定的延性范围内，那么截面仍然可以继续承受荷载； 4) 精确分析软件能对钢材的弹塑性应力-应变关系进行模拟
(2) p-δ 效应的非线性来自：由刚度或几何刚度决定的作用力，会导致拉伸硬化或压缩软化	1) 在拉力增加情况下，钢索/钢线/钢棒的轴向或侧向刚度会相应增加，即出现“拉伸硬化”，其中所增加的刚度（相对于材料的杨氏模量刚度）是因杆件单元受力时刚度矩阵变化的函数； 2) 有拉伸硬化，就会出现“压缩软化”，也是因杆件单元受力时刚度矩阵变化的函数； 3) 压缩弯曲效应是一个杆件单元逐步由脆弱到屈曲的过程，该过程是非线性的，并且屈曲荷载接近于欧拉荷载

续表 7-2

类 别	成 因
(3) 稳定非线性来自：受拉杆件松弛；受压杆件屈曲；后屈曲或“后松弛”，初始模型已经发生改变，因为一些杆件不能参与抵抗外力	1）达到极限情况时，在大压缩荷载作用下杆件单元会失效，根据结构的几何形状和受力情况，失效模式可能是屈曲或屈服。无论发生哪一种情况，非线性分析软件都会识别出失去承载力的杆件单元，并把荷载分配到其他杆件单元上； 2）非预应力受拉杆件单元受压时会出现松弛，可以采用非线性分析来寻找替代的传力路径； 3）有时会在结构体系中特意设置松弛的索杆，在许多轻型索结构中，在经受向下（正风压）和向上（负风压）的荷载工况时，可以对索杆的形态进行配置，给出不同的传力路径
(4) P-Δ 非线性来自：对于已出现挠曲的结构形态，荷载迭代的效应；对具有大位移的索结构，并且当伯努利简单弯曲理论不再适用时，通常会很重要	1）由于位移会影响力的分布，因此大位移结构不能用简单的近似公式来计算； 2）必须采用非线性分析程序迭代求解结构方程，如动力松弛分析方法

斜拉索结构的性状基本上是线弹性的。在结构体系中采用“直线索杆”，是基于构件杆端荷载作用形式——拉力或压力（见表 7-1 中的荷载方式（1）和荷载方式（2）），其非线性影响很小，可以采用简单的线性程序来进行大部分初步分析。通常，如果可以通过手算或计算机来对结构进行计算分析，那么结构的非线性效应就不会很大。

在结构体系中采用了受侧向荷载作用的索杆构件，结构体系的初始弹性承载力都非常小，且在达到新的平衡位置前，会产生一定的变形。因此，通常这些结构被称为索网结构，需要使用几何非线性分析程序对结构进行分析。在这种情况下，尽管可以用手算得到初步结果，但还是要进行非线性分析，不能像华伦式桁架（Warren truss）那样，视其为静定结构。非线性分析通常采用逐步增量（迭代）的方式求解结构方程，使结构从某个初始位置逐渐移动到最终的平衡位置，这就是众所周知的“动力松弛法”。

索网结构的初始几何形态要通过找形来实现力的平衡。为此，可在非线性程序中事先对所建的结构模型施加恒定的力来模拟预应力。在这个过程中，可以通过对预设力大小及索刚度的调整，来达到所要求的结构几何形状。调整好的形状将成为结构最终形态，并通过该形态来确定所需的索长和张拉力。为了构建索网结构，索长要按照计算长度来进行切割，计算长度包括了弹性张拉和非弹性张拉（亦称为“施工张拉”）的补偿。此过程相当复杂，需由经验丰富的工程师进行指导、操作。

7.3.4 使用钢索的结构方案

根据张拉结构中索的功能（索的加载及受荷方式），可以把张拉结构分为几种类型。一个复杂的结构可能会具有多种功能，但其主要功能的分类可见表 7-3。

表 7-3　索在结构方案中的应用

结　构	应　　用
（1）拉索结构	1）钢索受轴向承载； 2）索端结点通常支承钢梁或桁架； 3）典型的应用实例为斜拉桥，例如达特福德（Dartford）的女王伊丽莎白二世大桥和塞文河二桥； 4）大量应用于大跨度屋顶，包括纽波特的 INMOS 工厂，伯明翰国家展览中心等 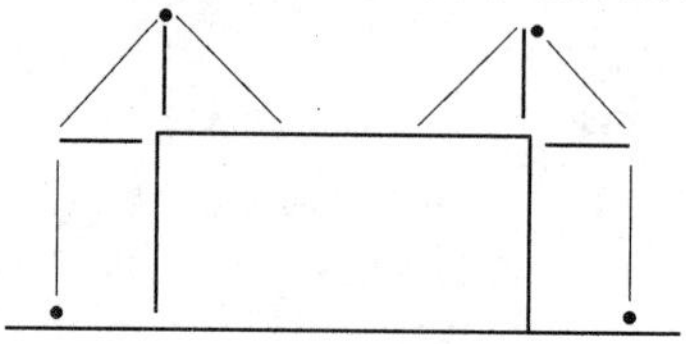
（2）悬索结构	1）钢索受侧向荷载； 2）最典型的应用实例是悬索桥，如老塞文河大桥，在这些结构中，悬链线或抛物线形状的钢索主要支承桥面梁和桥面板； 3）对于大部分的悬索桥结构，矢跨比通常大于 1∶12，并且通常由主索来承受结构静荷载。在这种情况下索拉伸对于结构挠度的影响很小 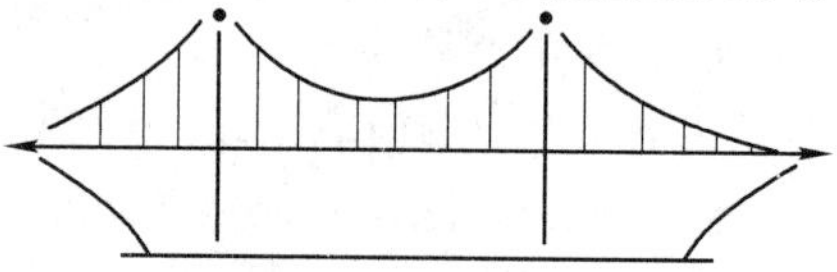
（3）表面张拉结构	1）通过对钢索的支承构件反顶，对钢索施加预张力使之产生自应力状态，然后侧向加载； 2）钢索拉伸对于变形是非常重要的，必须采用非线性分析方法来计算挠度和力； 3）结构可以由单根直钢索或互呈直角的钢索形成的一个钢索网来构成； 4）索网可以是平面，也可被张拉为三维形状； 5）初始几何形态是在初始预张力作用下由力的平衡来控制，因此，只能通过计算来确定到达平衡位置的位移； 6）最终的几何形态是由预应力和外荷载作用下的张力的平衡来控制的，并且同样只能通过计算来确定到达平衡位置的位移； 7）最近有许多索结构应用在建筑外立面上的工程实例，采用了单层平面索网来承受风荷载，通常这种情况下变形会很大； 8）索网已成功地用来形成鸟巢状的结构，如慕尼黑动物园（Addis，2001[2]），其他著名的工程有 1972 年慕尼黑奥林匹克体育场及卡尔加里奥林匹克中心等（见 Bobrowksi，1985[3]） 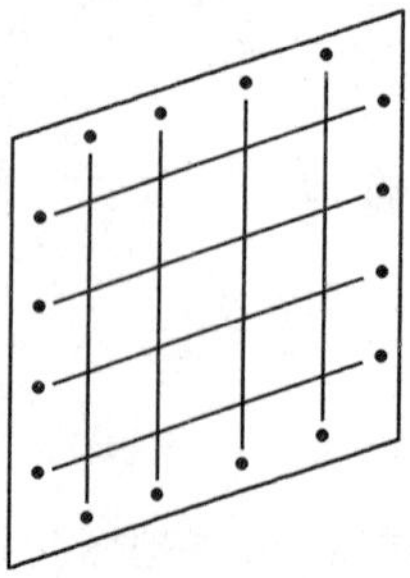 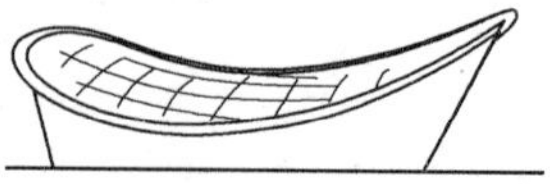

续表 7-3

结 构	应 用
（4）平面索桁架	1）当索桁架可以完全由三角形构成时，这时每根杆件单元均以表 7-1 中的方式（1）的形式来承受荷载，即在杆端节点处受拉的方式； 2）然而，下述结构形式通常也可称为索桁架（也许不太确切）： 3）当结构体系不能完全由三角形构成时，索杆就会按照表 7-2 中方式（3）的形式来承受荷载，这是表面张拉结构的一个特例，所选择的是在最常见的荷载作用下索绷紧的结构几何形态； 4）有很多采用这种结构体系的工程实例，来固定建筑物的外立面并承受风荷载
（5）空间索网结构	1）“空间索网结构”一词并不能完全定义一些复杂的、不寻常的结构体系，但可以作为通用术语，用来描述索具有不同受力方式的某些结构； 2）已经研发了使用直索的空间结构，其中全部索杆单元受节点荷载，可以用表 7-1 方式（1）的形式来承受荷载，伦敦眼（见 Wernick，2000[4]）即为此类结构的应用实例； 3）其他利用索来承受侧向荷载的应用实例有格林威治的千禧年穹顶（见 Liddell et al.，1999[5]）

7.3.5 索和索杆体系的分析和设计

（1）执行规范：与本节内容最直接相关的设计规范是欧洲规范 EC3，第 1-11 部分，《BS EN 1993-1-11 受拉构件的结构设计》[6]。在关于桥梁或后张法预应力混凝土的行业设计指南中，索的资料也有所涉及[7,8]。

（2）索类型：欧洲规范 3 规定了一些索的类型，包括单捻钢丝绳、多股钢丝绳、密封钢丝绳及平行钢丝束。

（3）索刚度：索的刚度一部分由材料本身的弹性模量决定，另一部分取决于钢丝绳和钢丝束捻转而引起的长度的改变。必须通过测试或由制造商提供其精确值（注：往往是用刚度而不是强度来规定钢索的规格）。

（4）工作应力设计法或荷载系数（分项系数）设计法：早期建筑物中钢索的设

计是采用工作应力设计法。由工作应力设计法向分项系数设计法过渡的过程比较缓慢，部分原因是一些工程师认为在设计需要找形的结构时，采用工作应力设计法比较合适。在新版欧洲规范中则采用了分项系数设计法。

（5）索强度：通常，制造商将钢索的最小破断拉力（MBL）定义为索的强度。在以往，工作荷载设计法是把破断拉力乘以比较低的利用系数来设计钢索。通常，将不考虑折减的最大拉力限制在最小破断拉力（MBL）的50%之内。不过，无论是用工作应力设计法还是用极限状态设计法（注：即分项系数设计法），把最小破断拉力（MBL）转换成设计值时都要小心，确保不同的制造商，在他们给出的最小破断拉力范围内，对钢索疲劳性状进行评估所使用的方法是相同的。逐步用极限状态设计方法来替代工作应力设计法是当今的一个趋势。同时，在索结构设计中，还需要对索杆的连接部位是否强于钢索这一点进行核实。

（6）荷载分项系数：一般轻型张拉结构的非线性意味着在使用荷载系数法时，要注意确保所的形成荷载条件是安全、有效及真实的。荷载分项系数变化对结构性状的影响，需要从其基本原理并在相比于其他结构更高的层次上去理解。有时在同一个结构中，一些杆件需要使用工作应力法（如钢索），而另一些杆件则使用极限设计方法（如钢管）。在索结构中，通常采用与其他结构相同的荷载分项系数。当考虑预应力时，要注意有时恒载部分已考虑了带分项系数的预应力荷载。但是，如果恒载和预应力荷载是相互独立的（如果在索结构体系中内置入预应力索单元），那么荷载分项系数就应视为独立的变量。在伦敦眼（London Eye）设计中，一个关键的设计考虑，就是在较低位置的钢索中使用内力的最大值，而在较高位置的钢索中使用内力的最小值（以确保钢索紧绷，避免松弛）。

四种主要荷载条件对摩天轮钢索的影响，见图7-3。

钢索中内力的最大值和最小值，是使用考虑了荷载分项系数后的预应力而求得

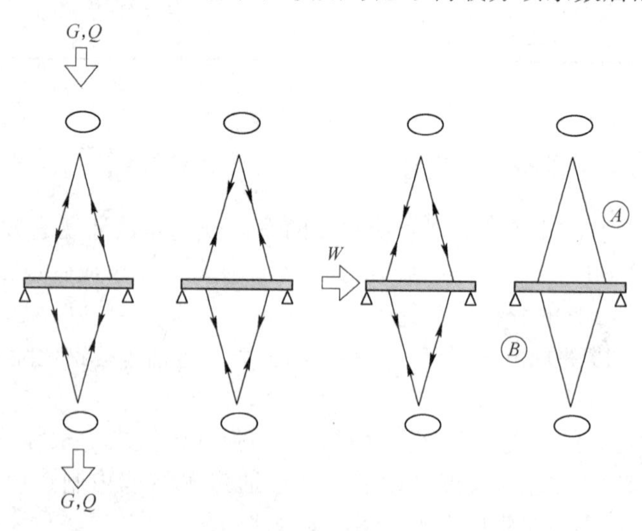

图7-3　恒载、活载、预应力和风荷载条件下伦敦眼的受力情况

的，恒载和预应力的荷载分项系数是相互独立的，要分开考虑，现对此举例说明：

（1）为了得到较低位置的钢索“B”中的最大拉力：

$\gamma_{f\,max}G+\gamma_{f\,max}Q+\gamma_{f\,max}PS+\gamma_{f\,max}W$

（2）为了得到较高位置的钢索“A”中的最小拉力：

$\gamma_{f\,max}G+\gamma_{f\,max}Q+\gamma_{f\,min}PS+\gamma_{f\,max}W$

（3）施工阶段的拉伸补偿：应仔细考虑索长偏差及其对设计的影响。应对钢索采取预拉伸措施，并安装可调节长度的紧索器。

（4）索振动：需要考虑风致驰振或旋涡脱落振动效应，以及由下雨引起的振动的影响（见 Caetano，2007[9]）。

（5）索疲劳：即使不存在因气流不稳对钢索所产生的恶劣影响，也需要考虑疲劳荷载（见 Raoof，1991[10]）。

（6）索端连接器（件）：钢索在安装和使用时会产生位移，使得索端连接部位的转动和位移要远远大于正常钢结构连接处的转动和位移。通常索结构所使用的叉形端头连接器（件）允许钢索绕一个轴转动，但当要求钢索绕多轴转动并且转动量要比常规大时，就需要特殊的连接器（件）。

（7）钢索的索鞍和换向器（diverter）：由于钢索的端头连接相对昂贵，因此最好是采取大直径钢索直通的节点，如有可能，可以使用索鞍、索卡或分支（换向）器。这类节点需要满足一些特别的考虑，包括钢索的允许轴向应力的折减、摩擦性能、允许承压应力以及泊松比等对安装的影响。

案例研究：千禧年穹顶，英国格林威治

为了举办千禧年展览，需要建造一个巨大的穹顶来覆盖整个场地，其下面展馆的内部单元可以进行后续的建造（见图 7-4 和图 7-5）。该穹顶结构的主要组件是由 72

图 7-4　千年穹顶的鸟瞰图（Buro Happold 提供）

根张拉钢索形成的放射状索网，节点间的跨度为25m，张紧的织物面层由钢索支承。节点是由一组悬吊在100m高桅杆上的钢索来支承的。沿着穹顶的周边，径向钢索由桅杆支承，并且固定到锚点上，这些锚固点上的竖向力由抗拔桩承担，径向力由地上的一道受压环梁来承担。

图7-5 千年穹顶的外部视图（Buro Happold提供）

由于荷载的作用，钢索在垂直和水平方向都会产生挠度，钢索与每个节点连接，节点的构造做法应允许钢索在两个方向上有位移。这样可以避免在钢索端部产生疲劳破坏的风险。放射形的球冠状屋盖减少了雨雪情况下的积水现象。

案例研究：2012年奥林匹克体育场屋顶，英国伦敦

该屋顶表现出了在复杂结构体系中，索以不同方式工作的一个工程实例。在外圈水平受压环向桁架的腹杆和内圈水平受拉环之间，设置了受拉的成对径向辐射状钢索（见图7-6）。整个索网在安装织物面层时要进行预张拉，下部的辐射状钢索用于支承张紧的织物面层（参见Crockford等[11]）。

7.4 轻型受压钢结构

7.4.1 概述

本节的关注点是单层的轻型钢结构屋盖的设计，其结构构件主要承受压力。不同

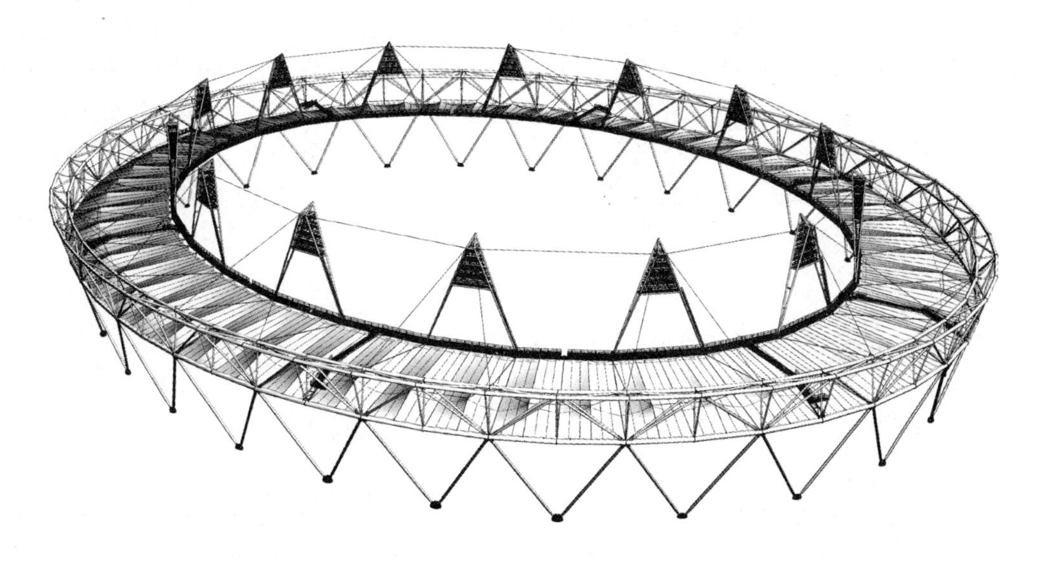

图 7-6 2012 年伦敦奥运会体育场钢屋盖和支柱渲染图（Populous™ 提供）

的设计方案包括拱结构、筒状拱顶结构、圆顶和壳状结构等。

使用三角形网格的双曲拱与壳结构的性能相似，可以通过两端为铰接的轴向受力构件来承担非均布荷载。为了满足壳结构的性能要求，其边界必须采取刚性支承以形成有效封闭的壳体。蛋壳就是一个封闭的、能非常有效承受局部荷载的壳体例子。如果壳体被开口，其性能就会被严重削弱。自 1951 年建成“探索圆顶”以来，20 世纪 50 年代和 60 年代在世界各地建了很多的三角形网格的球冠壳结构，这些壳结构跨度都达到 250m 左右。摄政王城堡休闲中心（Fort Regent leisure centre）就是一个较早期的、有趣的应用实例（见 Davies 等[12]）。

7.4.2 索网格受压结构

只要三角形网格穹顶能够满足双同向曲率的要求，其结构就可以适用于各种各样的形状。也可以采用具有双向网格的壳，但它们对不规则荷载的承载能力较低。通常情况下，这类屋盖结构设计的目的在于通过调整索结构的几何形态来尽量减少构件弯矩，并通过构件轴向受压来承担自重和活荷载。利用这种设计原理仔细找形，可以设计出非常高效的承载结构，并且使其构件尺寸减少到最低限度。另外，需要提高额外的结构刚度来抵抗大变形和屈曲。这可以通过添加斜向系杆或者提高构件的平面内和平面外的抗弯刚度来实现。

索网格受压结构的几何形态是一个倒置的悬链线。因此，在张拉结构中所采用的找形技术，也同样适用于对受压结构几何形态的优化。优化可以采用物理模拟，或更常见的是使用专业的找形软件进行计算机分析。应当注意的是，对应于特定的荷载分布，索网格的几何形态是唯一的。一个拱形网格结构，当受到向下的均布荷载（如均布雪荷载）作用时，则结构会处于完全轴向受压状态。然而，当荷载分布不均匀时（如风荷载或考虑活荷载的最不利布置），则在结构中会产生弯矩。当已知荷载（通常为恒载和均布荷载）大于可变荷载（如环境荷载）时，使用索网格结构是最合理的。

7.4.3　使用受压钢结构的方案

受压结构可分成很多类型，其主要类型列于表 7-4 中。

表 7-4　结构方案——受压结构

类　型	案　　例
（1）拱，单曲壳	如瑞士的库尔铁路/巴士站，双钢管拱，其间设系杆防止失稳（参见 Addis，2001[2]）
（2）穹顶，同向弯曲形状	如大英博物馆大中庭屋盖（参见 Brown，2005[13]；Williams，2000[14]）
（3）筒形穹顶	如帝国战争博物馆中庭，英国伦敦（参见 Pearce 等，2002[15]）
（4）鞍壳	呈现为更加自由的形态，如英国 Sage 音乐中心、盖茨海德（参见 Cook，2006[16]）

7.4.4　边界条件

索网格结构的主要受力状态为受压，会对其支座产生平面内推力。必须由支承结构或者通过连接索网格结构的端头系杆来承担该推力的水平分量。

如果水平推力由支承结构来承担，那么在支承结构和屋顶之间就不可能提供一个滑动节点，两者之间因不同的温度变形就会导致结构中的内力逐渐增大。

7.4.5　构建结构网格

筒形穹顶屋盖的结构形式比较简单，由横向的拱和纵向连接的檩条构成。然而，圆穹顶和更复杂的屋顶形状就需要在屋盖表面构建一个比较复杂的结构网格。通常结构网格决定了屋面板的几何形状，屋面板往往横跨在结构杆件之间。如果结构杆件之间的连接节点具有相同的尺寸和连接角度，并且每块屋面板的几何形状都能相同，那么结构杆件的加工制作和结构施工就是最为经济合理的。除了最简单的结构之外，要实现上述目标几乎是不可能的，但如果在设计阶段仔细考虑网格的几何形状，便可以大大降低屋盖的建造成本。行业中杰出的工程专家已经开发了专门定制的计算机软

件，并对最复杂的曲面形状构建出相应的网格图案。以往通常采用三角形网格，但为了减少杆件和连接的数量，现在更多的是采用正方形和长方形网格。

7.4.6 受压结构的屈曲

屈曲机理概述

在受压情况下，构件刚度的非线性退化有可能引起构件屈曲，这对于特殊受压结构而言是一个重要的问题。全面地来看，可以有两种方法来理解屈曲的机理，这两种方法对应了两种主要的屈曲分析手段。

欧洲规范提出的简单方法，是通过降低钢柱的受压允许应力值，来考虑屈曲对钢柱的削弱，其耦合作用公式可以表示为：

单一因子（单参数）(Unity Factor)(UF)，$UF = P/P_c \downarrow + M/M_c$

上述表达式中的箭头，表示的是传统规范中所使用的降低轴向承载力的方法。该两端铰接柱的公式体现了柱有效长度对其承载力降低的影响，其本质是欧拉屈曲理论。

在一个由大量杆件构成的复杂结构体系中，可以采用特征值分析法来确定等效欧拉屈曲效应和等效的有效长度。从而可以采用规范的简单方法分析“构件”的屈曲以映射“结构体系”的失稳。

然而，对于所有结构，包括最复杂的结构，更容易想到的是由结构体系中弯矩增大而导致杆件屈曲（弯矩被放大），这种情况可以表示为：

$$UF = P/P_c + M\uparrow/M_c$$

上述表达式中的箭头，表示的是一个细柔结构的侧移引起的弯曲应力的增加。这是一种常规的方法，可以适用于大多数类型的结构。

根据一个细柔结构的初始几何形状，以下各种因素会引起侧移：

(1) 初始缺陷；

(2) 一阶侧移（可通过常规的简单线性分析得到）；

(3) 由 $P\text{-}\delta$，$P\text{-}\Delta$ 以及其他效应引起的非线性侧移。

复杂结构屈曲分析的两种主要方法

用于屈曲分析的主要方法有两种：特征值屈曲分析和非线性屈曲分析。需要注意的是，这两种方法都应符合规范的相应规定。

(1) 特征值屈曲分析：

1）特征值屈曲分析是一个简单但功能强大的方法，推荐在实际中使用。该方法的分析速度快，可对于复杂结构采用矩阵方法建立等效的欧拉屈曲。在其最基本的特征值模态（可以用来表征屈曲模态的形状），以及临界荷载系数 λ_{cr}（即特征值），所以对于一个复杂结构，就可以采取与处理铰接柱相同的方法了；

2）屈曲模态的形状揭示了结构的易弯曲部位（即薄弱区域），对其性状的了解有助于结构设计的改进和优化；

3）通常，无法直接得到复杂结构的有效长度，但在早期设计阶段，可以采用与类似结构进行比较的方法来做出估计；

4）特征值给出了荷载与屈曲载荷的比值，从而可以确定结构何时屈曲，以及判断附加弯矩和结构几何缺陷影响结构屈曲的可能性，特征值还揭示了是否需要考虑非线性效应以及非线性效应的重要程度；

5）关于结构中任何位置的力-位移曲线的相关信息，特征值分析是无法提供的；

6）先进的分析技术可以只使用特征值方法，来达到前文提到的（单一因子、单参数 *UF*）的效果，而无需进行完整的非线性分析。这种技术把两端铰接柱的纯欧拉屈曲荷载到规范允许的屈曲荷载之间的应力降低作为安全裕度，并把这样的"应力降低"用在复杂结构中；

7）特征值模态（即模态的形状），在完全非线性分析中，可以用来确定结构的几何形态，该几何形态需要考虑结构的初始几何缺陷。

（2）完全非线性分析：

1）可以明确地考虑在表 7-2 中所定义的所有非线性影响，如大侧移效应；

2）可以通过对不同分项系数的承载能力极限状态（*ULS*）荷载作用下的结构分析，确定结构对屈曲的敏感性，并得出荷载与侧移的关系曲线；

3）较难确定"屈曲"性状，并且由于没有得出每个模态的形状，因此很难将其与"纯屈曲"性状进行比较；

4）通常分析比较耗费时间；

5）需要注意跃越屈曲模态（snap-through modes）❶ 的出现；

6）通常需要将结构的初始几何缺陷，依据结构的模态形状进行模型化；

7）可以直接考虑 P-δ 和 P-Δ 效应，这样就可以将结构的屈曲设计简化为通过节点间有效长度来确定屈曲的杆件设计。

案例研究：英国女王伊丽莎白二世大中庭，大英博物馆，英国伦敦

大中庭屋盖是一个从固定几何形状向自由形态转换，并由工业化预制构件建造的具有里程碑意义的地标性建筑（见图 7-7 和图 7-8）。屋顶的几何形状为"圆形"，要求将屋盖放在设置于既有博物馆建筑物的支座上，又要求环形的屋顶与矩形的庭院相匹配，而且这个矩形庭院设有一个不在正中央的圆形阅览室，因此必须对屋盖的几何形状进行专门的优化。

大中庭的表面几何形态是通过数学计算产生的复杂圆环面，以适应其边界条件。将表面离散化为三角形，通过一定的算法对这些三角形的边长进行优化。屋盖的边界是一

❶ 跃越屈曲，其特点是结构由一个平衡位置形态突然跳跃到另一个平衡位置形态，其间出现很大的变形（译者注）。

图 7-7 大英博物馆的内部视图（由 **Mandy Reynolds/Buro Happold** 提供）

图 7-8 夜晚大中庭屋盖鸟瞰图（由 **Mandy Reynolds/Buro Happold** 提供）

道坐落在建筑物周边既有石墙上的环梁，环梁只传递竖向荷载。在环梁的边角部分由于拱壳作用，会受到拉力作用。在两侧环梁的中间部位，拱壳作用很小，环梁主要受弯。

个别的矩形截面构件高度可以有所变化，以适应局部弯矩的变化，节点和构件的几何形状和长度都是不规则的，但一个精心设计的节点可在不改变设计原则的基础上，适应不同几何形状的杆件。其中，星形节点由厚达200mm的钢板切割、制成，后将杆件端部插入该节点的凹槽与之相连。通过焊接将屋顶分段组装，然后将各分段吊装到脚手架上，最后再完成整体焊接拼装工作。

7.5 体育场馆用钢结构

过去的20年是体育场馆建设的黄金时期，其中足球场占了很大比例。真正推动大规模建设的原因，主要有：

（1）关于“全坐席”球场（all-seat stadiums）必须配备屋盖的规定；

（2）俱乐部的业务需要增加一定数量的席位，尤其是贵宾席及配套设施，以提高收入；

（3）四年一度的世界杯，要求主办国建设新的体育场馆。

目前，针对体育场屋盖的设计，已产生了大量的、创新性的设计方案（参见McCormick，2010[17]）。在本节的案例分析中，将介绍近期完成的一个设计方案——优美、简练的酋长球场（Emirates Stadium）（参见Liddell，2006[18]）。它展现了一个高效抗弯结构体系，该体系中的构杆截面高度和结构形式都经过了充分的优化。本章的前几节介绍了形式驱动的受压和受拉钢结构，但采用桁架作为抗弯体系的屋盖（通常结构是单方向的）仍在建筑领域里发挥着重大的作用。坐落在诺里奇（Norwich）的东安格利亚大学（the University of East Anglia）的塞恩斯伯里中心（Sainsbury Centre）就是一件经典之作。通过计算机辅助设计和制作（CAD-CAM）技术，使得在更加现代化的建筑工程中可以采用更为复杂的几何形态，如2012年伦敦奥运会水上运动中心。

案例研究：酋长球场钢屋盖，阿森纳足球俱乐部，英国伦敦

俱乐部要在旧球场的附近新建一个体育场，以保持球迷对俱乐部的支持，但是，唯一可用的场地却处于两条铁路线之间。

根据这些设计条件，设计人员直接把碗状的观众席布置在这个场地之中（见图7-9和图7-10）。但是直到建设后期，一部分施工场地都无法启用，为此，他们不得不在结构设计中考虑施工的顺序。特别是对屋盖有严格的高度限制，并且必须分成两半进行施工。解决方案是在施工过程中采用了可保持自稳定的三弦杆钢桁架。主桁架跨度210m，使用中间临时支撑。二级桁架跨过主桁架与三级桁架，三级桁架与屋盖边桁架相连，也都采用了三弦杆钢桁架，不需要设置中间临时支撑。大型钢桁架采取散件运输、现场进行组装的施工方式。

图 7-9　酋长球场立面图，阿森纳足球俱乐部（Arsenal FC）（由 Buro Happold 提供）

图 7-10　酋长球场鸟瞰（由海陆航空摄影提供）

7.6　当今数字化时代的信息与信息处理技术的发展

7.6.1　简介

本节介绍一些现代化的先进方法，运用这些方法，工程师和钢结构加工制造商可以对数字化的分析和设计信息进行处理。工程师通过对钢结构的计算分析来证明他们设计的正确性，并将这些信息提供给制造商（通常为电子版文档）。制造商把这些数据转化为可以处理的信息，并交给自动化机械设备和制作车间的操作人员，通过使用这些信息，来完成钢结构的加工、制作。

对于特殊的结构，控制和处理数据需具有相当丰富的经验，使用最先进的数字技术可以在整个过程中获取最大的效率。业界的目标是，建筑师、工程师和加工制作商使用同一类型的数字信息，他们之间交互的数据格式是相同的，并且在同一个计算机平台上，根据规定要求生成尽可能少的纸质文档。

最新流行的建筑信息模型（BIM）正在推动行业走向建筑设计、工程设计和加工制作方法的集成和整合，这是一个与实施对象对应的、唯一的3D模型，能够满足更广泛的业界需求。这不仅促成了新一代计算机建模工具的使用，如Autodesk Revit、Digital Projects、Bentley BIM和Tekla Structures等，而且推动了专注于三维、参数化建模和互操作性的全新一代设计思维。在建模-分析一体化和模型-制作一体化方面，已取得大量的进展。

本节介绍以下相关的关键问题：

（1）有关工程师所使用的几何图形生成工具和方法（本章第7.6.2节）；

（2）有关承包商所使用的钢构件的制作和安装方法（本章第7.6.3节）。

7.6.2 工程师所使用的工具：几何图形生成、分析和数据传输

初始化几何模型

现代结构的节点、构件和整个外观的初始几何形状，可以通过CAD软件在计算机上绘制，或者借助于编程技术或电子表格来生成。最近开发的CAD技术，包括在软件中采用的参数化、4-D和协同建模技术，如Digital Projects和Bentley BIM，这些软件可以通过一系列数学语言，来生成或调整数学模型。在几何形态的图形控制和数学控制之间，它们提供了强大的、直接的衔接。以往，建筑师只绘制外形，而工程师则用数学手段来处理和调整，但现代信息处理的双重性质意味着，建筑师和工程师必须具有绘图和计算机分析的技能，并且保持密切合作。

在这个阶段，建筑模型只包含了几何形式以及一些潜在的数学信息，但没有具体的属性，如材料的类别和等级。

分析与图纸设计

结构工程师所使用的计算机软件，包括了一些独特的分析功能，并根据规范要求，具备了结构构件的设计功能，从而加快了结构计算的迭代过程。相对于结构分析计算，结构构件设计是一个后处理过程。例如钢结构，需要考虑和充分了解压弯构件的有效长度系数，以确保设计的正确和有效。

大多数分析软件都具有出色的渲染功能，有一些软件则能生成复杂的二维图形。近年来，这种完整的设计和图形软件包已经得到了广泛应用，特别是在几何形状规则的组

合钢结构楼盖上，已经开发了可以处理更加复杂形式的分析软件。最完整的分析平台是建筑信息模型（BIM）软件，该软件可以涵盖建筑物的全部构（部）件和建筑结构体系（对设备管线进行集成，并避免发生碰撞），同时还具有结构分析的功能。这些功能可以帮助工程师将数据信息整合在一个模型中，从而把计算、分析、几何信息数据、截面尺寸和节点连接的内力等有限信息纳入到一个紧凑的、高效的数据集中。

正如前文所述，张拉和受压结构的结构分析会对由 CAD 初始生成的结构形态产生影响，并得到新的、经过找形分析的结构。分析和设计完成后，工程师会得到一组构件尺寸、节点连接内力以及几何形态数据，然后把这些信息提供给钢结构加工制作商。

向钢结构加工制作商交付的数据

在理想的情况下，工程师将钢结构设计完成时的信息提供给加工制作商，这种信息对加工制作商最有帮助。但从工程师角度来看，这通常很难实现，因为随着设计过程的推进，绝大部分的数据需要不断地加以完善和更新，来满足其他各方，如客户、建筑师及其他专业工程师的要求。

因此，在实际情况下，需要由工程师或由承包商来完成数据的定制操作。在下面的锡德拉树（Sidra Trees）案例分析中，介绍了工程师如何直接向制造商交付定制的数字化的几何和材料信息，而不是交付那些不必要的、低效的常规图纸。

特殊钢结构在安装过程中往往需要特殊的考虑。需要承包商通过分析，制订详细的安装方案。在理想情况下，工程师和承包商可以使用相同的计算分析工具，以便双方都能迅速和有效地掌握施工安装阶段对最终设计可能产生的影响。有时，限于合同条款的要求，双方可能不愿意共享数据信息，但在一些最需要协作的过程和工程项目中，需要共享计算分析模型。

7.6.3　承包商所使用的分析和建模工具：钢结构加工制作与安装方法

加工制作商以有组织、程序化及高效的方式收集数据信息，并将其传递到制作车间。现代化的钢结构工程设计和详图设计软件的开发，均可提取每一个部品（件）的切割和加工制作信息。这些数据可以直接链接到能够处理线材的自动切割和钻孔机械设备，而无需打印图纸。用于制作节点板的钢板也可以进行自动切割和钻孔。程控机床还可以用于钢管端头的精确相贯线切割，以保证钢管结构节点的高效连接。钢结构详图设计软件还可以用来设计辅助钢结构、围护结构与主体结构相连的连接件（锚固件）。

对于复杂的特殊结构，加工成形的构件通常先进行组合拼装，再运输到施工现场，然后用螺栓连接。在制作过程中所面临的挑战是将要拼合和连接的部件进行定位和放线，以保证它们在现场能很合适地安装在一起。要把构件连接成曲面是一个非常艰巨的任务。以往的做法，相邻的组件需要匹配制造，以实现在现场的完美拼装，但现代技术已经不需要这一复杂过程。

如今，钢结构加工制作商使用 CAD 设计软件来提取设计完成的组合件，并将其旋转到要加工的姿态。然后在车间地面（制作平台）上，相对于基准线对拼合面的尺寸和角度进行放样，同时使用激光测量设备来确保连接面的精确定位。对每个组合件的构（部）件进行确认和构件准备，然后进行焊接组装，并根据准时制（同步just-in-time）施工原则运至工地以备安装。

现代集成参数化建模环境的优越性，将直接体现在加工制作阶段。这使得在对细部构造进行精心制作的同时，保持与建筑设计意图、工程的制约因素、碰撞自动检查与4-D施工计划等环节的一致性。

复杂结构的现场放线、拼装及安装完成后的检查工作，都需要使用现代测量技术。对于特殊结构，施工承包商除了检查结构、构件的轴线尺寸和垂直度以外，有时候还需要在现场检查和校核结构的受力情况。

案例研究：锡德拉树，多哈会议中心，卡塔尔

卡塔尔教育城的建筑典范，在建筑的概念设计中，把一个巨大、自然的树状结构融合在建筑物的主立面上，作为锡德拉树的象征（见图7-11～图7-13）。

设计和建造这个250m长、20m高的标志性入口结构，面临了几何形态的合理化、施工以及加工制作等诸多方面的挑战。自由形态的形状、杆件尺寸（树干直径高达7m）以及结构、屋盖和树基础的受力状态都对问题的复杂性产生了很大影响。锡德拉树为全钢结构，该树支承了一个复杂的钢板梁和系梁组成的体系，该体系用来

图7-11　锡德拉树的钢核心筒和外部钢壳的细部视图（由维克多 Buyck 钢结构有限公司提供）

图 7-12 施工中的锡德拉树（由维克多 Buyck 钢结构有限公司提供）

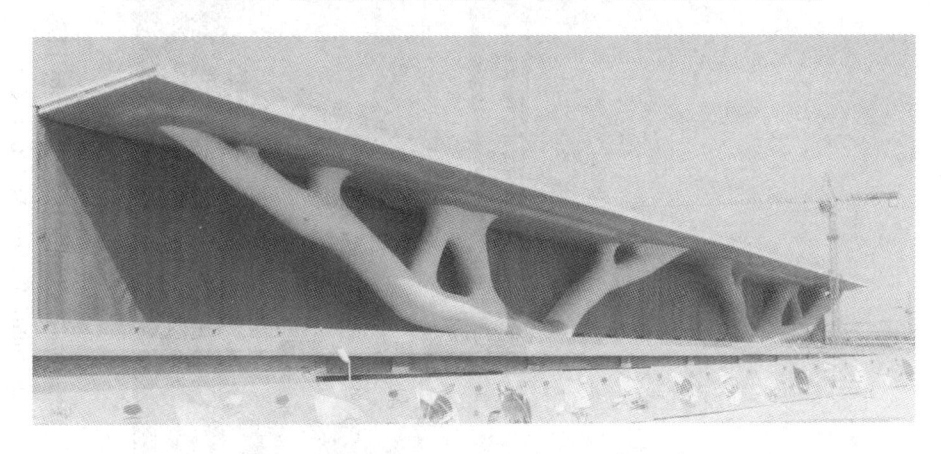

图 7-13 接近完成的锡德拉树（由 Victor Buyck 钢结构建筑有限公司提供）

支承混凝土屋面。受到该标志性建筑表述的限制，设计师给出了由一个沿着树干中心线的高效结构核心筒和支承在核心筒上的镶板外壳所构成的真实的、最佳的设计方案。这个工程的目标就是要确定结构的几何形态，要确保内部结构能保持其自然的形式，同时又能保证结构的有效性和可建造性。工程师们开发了用于模拟树表面平滑化的参数化模型，进行了形态优化（包括减少了昂贵的双曲面面板的用量），采用了详细的有限元分析和数字化加工制作技术，降低了对上千种板形和框架的图纸的需求（见 Liddell 等，2010[19]）。

案例研究：英杰华体育场（Aviva Stadium）钢屋盖和围护结构，兰斯当路，都柏林，爱尔兰

在施工图设计和形成施工文件方面，通过使用一个共享的参数化模型，建筑师和结构工程师之间的合作过程得到了强化，这个参数化模型可以生成和定义钢屋盖结构、钢屋面板支承结构、钢屋面板的外壳和各个楼层（见图 7-14 ~ 图7-16）。体育场的外表设计很大程度上受到建设场地、采光权（rights to light）、空中交通管理法规和

图 7-14 Aviva 体育场的内部视图(由 Donal Murphy 摄影,Populous^{TM}和 Scott Tallon Walker Architects 提供)

规划要求的限制（参见 McCormick 等，2011[20]）。在初步设计阶段，建筑物的基本几何形状构想（包括体量、高度等）受到这些限制条件和设计规则的影响。当项目进入到施工图设计阶段时，设计团队预期这些限制条件会有所变化和调整，因此使用一种集成技术，可以很容易地对设计进行修改并在建筑师和工程师之间进行沟通。由建筑师所做出的任何改变外部表面层的信息，都将提交给工程师，然后对结构的几何形态和相应的结构分析进行自动更新。参数化设计方法意味着可以从数值上对体育场的几何形态进行控制，当几何形态发生变化时，无需手工编辑或重新建模。

图 7-15 Aviva 体育场鸟瞰图（由 Peter Barrow 摄影，LRSDC 提供）

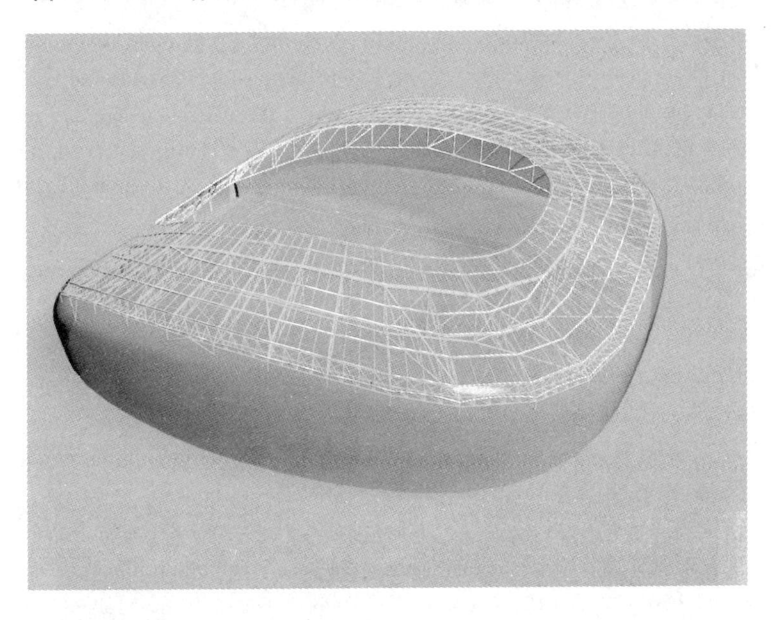

图 7-16 Aviva 体育场钢屋盖结构模型（由 Buro Happold 提供）

案例研究项目致谢

Eden Project Domes: *Engineer*: *SKM Anthony Hunt*, *Architect*: *Grimshaw*, *Fabricator*: *Mero*; *Millennium Dome*: *E*: *Buro Happold*, *A*: *Richard Rogers Partnership*, *F*: *Watson Steel Ltd.*; *London* 2012 *Olympic Stadium*: *E*: *Buro Happold*, *A*: *Populous*™, *F*: *Watson Steel Ltd.*; *British Museum*: *E*: *Buro Happold*, *A*: *Foster and Partners*, *F*: *Wagner Buro*; *Emirates*: *E*: *Buro Happold*, *A*: *Populous*™, *F*: *Watson Steel Ltd.*; *Sidra Trees*: *A*: *Isozka*, *E*: *Buro Happold*, *F*: *Victor Steel Construction Ltd.*; *Aviva Stadium*: *E*: *Buro Happold*, *A*: *Populous*™, *and Scott Tallon Walker Architects*, *F*: *SIAC-Butler and Cimolai.*

参考文献

[1] Jones A. C. and Jones M. (2001) Eden Project, Cornwall: *design*, *development and construction*, *The Structural Engineer*, Vol. 79, Issue 20, 16th October.

[2] Addis W. (2001) *Creativity and Innovation*: *The Structural Engineer's Contribution to Design.* Oxford, Architectural Press.

[3] Bobrowski J. (1985) Calgary's Olympic Saddledome. In: *Space structures.* Elsevier Applied Science Publishers, Barking, England, 1, No. 1, 13-26.

[4] Wernick J. (2000) Full circle. The story of the London Eye, *Architecture Today* 108, May.

[5] Liddell W. I. and Miller P. (1999) The design and construction of the Millennium Dome, *The Structural Engineer*, Vol. 77, Issue 7, 6th April.

[6] British Standards Institution (2006) BS EN 1993-1-11: 2006 *Eurocode* 3-*Design of steel structures-Part* 1-11, Design of structures with tension components. London, BSI.

[7] International Federation for Structural Concrete (FIB) *Acceptance of stay cable systems using pre-stressing steels* Bulletin 30, see http://ukfib.concrete.org.uk/and http://ukfib.concrete.org.uk/bulletins.asp.

[8] Post Tensioning Institute (2008) *Recommendations for stay cable design*, *testing and installation*, 5th edn. Phoenix, AZ, PTI. http://post-tensioning.org/product/x_zETPk3lGcmMY2lkPT/Bridges.

[9] de Sá Caetano E. (2007) *Cable vibrations in cable-stayed bridges*, IABSE, see http://www.iabse.ethz.ch/publications/seddocuments/SED9.php.

[10] Raoof M. (1991) Axial fatigue life prediction of structural cables from first principles, *Proceedings of the Institution of Civil Engineers*, Part 2, March, 19-38.

[11] Crockford I., Breton M., Westbury P., Johnson P., McCormick F., McLaughlin T. (2011) *The London* 2012 *Olympic Stadium. Part* 1: *Concept and Philosophy.* International Association of Steel and Spatial Structures, London. CD-ROM (in publication).

[12] Davies W. H., Gray B. A. and West F. E. S. (1973) Fort Regent leisure center, *The Structural Engineer*, Vol. 51, Issue 11, 1st November.

[13] Brown S. (2005) Millennium and Beyond, *The Structural Engineer*, Vol. 83, Issue20, 18th October.

[14] Williams C. J. K. (2000) The definition of curved geometry for widespan enclosures. In: *Widespan roof structures*, Barnes M. and Dickson M. (eds): 41-49. London, Thomas Telford.

[15] Pearce D. and Penton A. (2002) The Imperial War Museum, *Arup Journal*, Issue 2.

[16] Cook M. , Palmer A. and Sischka J. (2006) SAGE Music Centre, Gateshead-Design and construction of the roof structure, *The Structural Engineer*, Vol. 84, Issue 10, 16th May.

[17] McCormick F. (2010) Engineering stadia roof forms. ABSE Conference, Guimaraes, Portugal. CD-ROM.

[18] Liddell I. (2006) Pitch perfect, The construction of the new Arsenal Emirates stadium, *Ingenia*, Issue 28, September.

[19] Liddell I. , McCormick F. , Sharma S. (2010) State of the art optimized computer techniques in design and fabrication of unique steel structures-Aviva Stadium, Sidra Trees, The Louvre Museum. In International Association of Steel and Space Structures, Shanghai. CD-ROM.

[20] McCormick F. , Werran G. (2011) Aviva Stadium, Ireland, *Structural Engineering International*, Vol. 21, No. 1.

拓展与延伸阅读

1. Abel R. ,(2004) *Architecture, Technology and Process.* Oxford, Architectural Press.
2. Addis W. (1998) *Happold: The Confidence to Build.* London, Taylor and Francis.
3. Bechtold M. , Mordue B. , Rentmeister F. -E. (2008) Special bridges-special tension members. Locked coil cables for footbridges. In: *Footbridge* 2008, 3*rd International Conference.*
4. Barnes M. , Dickson M,(2000) *Widespan Roof Structures.* London, Thomas Telford.
5. Blanc A. , McEvoy E. , Plank R. (1993) *Architecture and Construction in Steel.* London, E. and FN. Spon, SCI.
6. Chilton J. (2000) Space Grid Structures, 1st edn. Oxford, Architectural Press.
7. Chaplin F. , Calderbank G. , Howes J. London, (1984) *The Technology of Suspended Cable Net Structures.* Longman.
8. Eggen A. , Sandaker B. (1995) *Steel, Structure and Architecture: A Survey of the Material and its Applications.* New York, Watson-Guptill Publications.
9. Makowski Z. S. ,(1965) *Steel Space Structures.* London, Michael Joseph.
10. Manning M. and Dallard P. (1998) Lattice shells, recent experiences, *The Structural Engineer* Vol. 76, Issue 6, 17th March.
11. RamaswamyG. S. , Eekhout M. , Suresh G. R. (2002) *Analysis, Design and Construction of Steel Space Frames.* London, Thomas Telford.
12. Robbin T. (1996) *Engineering a New Architecture.* New Haven, Yale University Press.
13. Rice P. (1998) *An Engineer Imagines.* London, Artemis.
14. Sebestyen G. (2003) New Architecture and Technology. Oxford, Architectural Press.
15. Sharma S. , Fisher A. (2010) A SMART integrated optimisation. In: *The New Mathematics of Architecture*,(ed. Jane Burry). London, Thames and Hudson.
16. Tekin S. (1997) Modern geometric concepts in architectural representation, *IAED* 501 *Graduate Studio-Commentary Bibliography Series*, p2, December.
17. Williams, C. J. K. (2001) The analytic and numerical definition of the geometry of the British Museum Great Court Roof, *Mathematics and Design* 2001, Burry, M. , Datta, S. , Dawson, A. , and Rollo, A. J. (eds.),434-440. Deakin University, Geelong, Victoria 3217, Australia.

18. American Society of Civil Engineers (1996) *Structural applications of steel cables for buildings*, 19-96. Reston, Virginia, ASCE.

19. British Standards Institution(2005) *BS EN* 1993-1-9, *Eurocode* 3: *Design of steel structures. Part* 1-9: *Fatigue*. London, BSI.

20. British Standards Institution(1997) Eurocode 3, 1993-2: 1997. Design of steel structures-Part 2: Steel bridges Annex A-High strength cables. London, BSI.

8 轻型钢结构与模块化施工*

Light Steel Structures and Modular Construction

MARTIN HEYWOOD, MARK LAWSON and ANDREWWAY

8.1 引言

在英国的各类建筑中，冷成型薄壁钢材在建筑中的应用越来越普遍[1]。虽然冷成型薄壁钢材的很多物理性质与热轧钢材有相似之处，但其结构性能却有显著差异，破坏模式往往以局部屈曲为主。在采用冷成型薄壁钢材的建筑结构中，钢构件的布置也完全不同于传统的热轧型钢框架，其承重墙通常是由轻钢立柱按中心距400mm 或 600mm 布置构成，代替柱距为 4 ~ 6m 的热轧钢柱。其施工建造形式及结构构件的轻质特性对建筑设计的一些方面，如隔声性能、隔热性能以及楼盖的动力特性等都会产生影响。

本章着重研究了轻钢结构在各种建筑中的应用，介绍了轻钢框架、轻型楼盖和辅助钢结构最常用的施工建造形式，并对轻钢结构在这些建筑中的使用进行了说明；对结构和非结构性的设计问题进行了详细的讨论，提出了解决这些问题的一些切实可行的方案。本手册的第 24 章将对轻钢构件的结构分析和设计做更详细的讨论。

8.1.1 轻钢

术语“轻钢”一般是指壁厚为 0.9 ~ 3.2mm 的镀锌冷弯型钢。壁厚为 0.9 ~ 1.6mm 的型材，通常应用于轻钢框架中，包括墙立柱、楼盖格栅梁及屋架等。一般屋面檩条和外围护墙檩条的壁厚为 1.4 ~ 3.2mm，取决于构件的截面高度（当截面高度增大时，需同时增大构件壁厚，以限制局部屈曲对截面性能的不利影响）。

轻钢构件通常是由热镀锌的带钢冷弯而成。由于提供给型材制造商的是经过镀锌处理的钢卷，所以轻钢构件在加工后无需任何防护涂层。使用者可以从一系列钢材等级和涂层中进行挑选，但所指定的材料必须符合标准 BS EN 10346：2009[2] 的要求。该标准给出了连续热浸涂覆扁钢制品的技术交付条件，包括化学成分、力学性能、涂

---

* 本章译者：陈志华。

层及表面处理的要求。它取代了标准 BS EN 10326：2004、BS EN 10327：2004、BS EN 10336：2007 和 BS EN 10292：2007。

对于轻钢框架，通常使用的钢材等级为 S350、S390 和 S450，而屋面檩条和外围护墙檩条则通常使用 S390 和 S450 等级的钢材。随着 S450 钢材纳入标准，目前的趋势是使用更高强度的钢材，特别是对于辅助钢结构工程。最常用的表面镀层有锌、锌-铁、锌-铝、铝-锌和铝-硅。建筑制品的标准镀锌层为275g/m^2（即 Z275），相当于每面涂层厚度为 0. 02mm。为此，在进行结构分析、计算截面特性时，不应包括此涂层厚度。因此，在所有计算中使用的钢材厚度应较其标称厚度小 0. 04mm。

8. 1. 2 冷弯型钢的施工建造应用

与热轧钢构件不同，冷弯型材的制作并没有一系列标准的形状和尺寸范围。尽管行业内对钢框架立柱和楼盖格栅梁标准截面的选用范围很窄，但每个制造商都按各自的截面型材系列进行生产。屋面檩条和外围护墙檩条的制造商通常会制造更富想象力的各种截面形状，通过使用卷边和加劲肋进一步提高其截面性能。

顾名思义，冷弯成型产品是将冷轧带钢通过一组轧辊获得理想的截面形状，见图 8-1。

图 8-1 用于冷弯型钢的轧辊形式

冷弯成型过程是将钢板卷直接送入冷弯成型机连续辊压成型的，对于墙立柱、楼盖格栅梁及屋面檩条而言，由钢材生产商提供的标准钢板卷带通常较宽（钢板卷宽度一般为 1200 ~ 1250mm），因此必须在成型前切割成合理的宽度。规模较大的辊压成型公司可自行切割钢卷带，而那些没有相关设备的公司必须从供应商处购买切割好的钢板卷带。当厂家自己切割钢板卷时，应精细调整成品型材的截面尺寸，以确保母

钢板卷全宽度的充分利用且钢材无浪费。

轻钢框架墙体单元最常采用的截面形成为C形（平边或卷边），见图8-2。截面高度一般为70～120mm，类似的截面也常用于轻钢屋架。

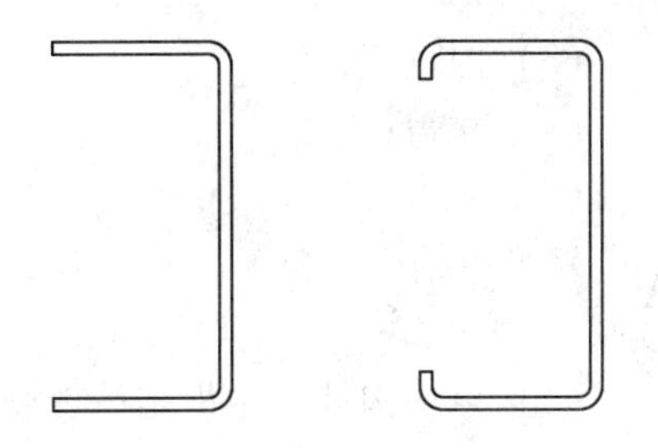

图8-2　轻钢墙体常用的C形钢截面

C型截面同样可用于楼盖格栅梁，但由于承受的弯矩更大，截面通常更高，一般为120～250mm。为了防止截面腹板的局部屈曲，同时又不需增大钢材的厚度，通常的做法是将腹板碾压加劲肋成Σ形。楼盖格栅梁常用的截面形状，见图8-3。

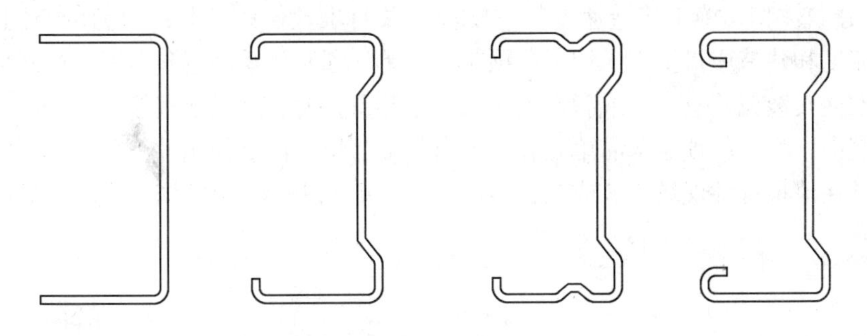

图8-3　常用的楼层格栅梁截面

如图8-4所示，檩条通常采用Z形或Σ形截面。由于辅助钢结构工程市场的竞争和对已发布的基于试验的荷载－跨距数据的使用，在翼缘和腹板布置复合加劲肋来降低钢材用量已成为近年来的发展趋势。通过采取减小翼缘和腹板局部屈曲有效长度，该方法可使截面厚度更薄（最小为1.2mm），而且优于其他任何方法。类似截面也适用于外围护墙檩条，当然也可采用带卷边的C形截面。

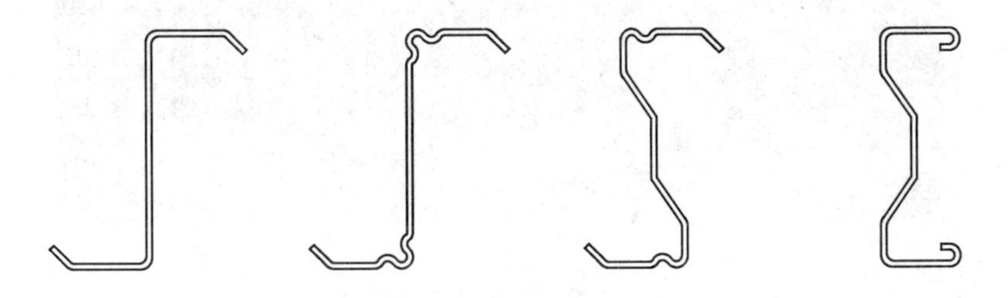

图8-4　常用的檩条截面

8.1.3　建造形式

轻型钢结构一般用于下列房屋部品单元：

（1）承重墙；

（2）非承重外墙；

（3）内隔墙；

（4）楼盖；

（5）屋盖。

轻型钢结构适合于工厂预制，上述房屋部品单元都可以进行如下不同程度的预制：

（1）单根构件（单根构件现场拼装）；

（2）二维平面部品组件；

（3）空间或模块单元。

工厂预制程度通常取决于钢框架供应商和总承包商的偏好（熟悉该项技术是重要因素）、建筑体型、施工建造速度的重要性以及对堆放储存和装卸材料的空间限制等。在安装速度和建造质量上，采用工厂预制房屋单元通常优于现场建造方式。然而，当体型复杂致使安装偏差过大，或者现场无法使用起重机时，现场建造会是更好的选择。在房屋建筑中，将工厂预制部品单元和现场组装部品单元混合使用并不罕见，其中常见的例子就是在单根构件现场拼装或在轻钢框架部品单元中使用整体浴室模块，见图 8-5。

图 8-5　轻钢框架中的整体浴室模块

8.2　房屋建筑中的应用

轻型钢结构在房屋建筑结构中的应用，通常可分为两类：

（1）轻钢结构；

（2）辅助钢结构。

在住宅建筑中采用轻钢结构是最为常见的，特别是低层公寓[3]。近年来，世界也尝试将轻钢结构引入独栋住宅市场，但是这必须同传统砌体结构和木结构进行艰难的竞争。由于多户居住的社会保障用房和学生公寓要求在2层或3层以上，通过对比，轻钢迅速成为这类房屋建筑的首选材料。轻钢结构也普遍用于综合开发，如在公寓楼底层的零售商店。有时，使用热轧型材或混凝土框架作为建筑的裙房，在其上建造轻钢住宅单元。轻钢结构在住宅中的应用实例如图8-6、图8-7和图8-8所示。

图8-6　半独立式的轻钢结构住宅（由Terrapin公司提供）

图8-7　轻钢结构公寓（由Metsec提供）

图 8-8 模块化施工的社会保障住房

图 8-9 某中学校舍采用的轻钢填充墙板

轻钢结构也被医疗保健和教育部门所采用，通常用做热轧型材或混凝土框架的填充墙。图 8-9 所示为某中学校舍采用轻钢结构填充墙的实例。在此例中，已安装有外围护墙板和窗户的填充墙被运送到工地现场进行组装。

近年来，在旅店、学生宿舍、哨所和军营中都大量采用轻钢结构和模块化产品，充分证明了在各种建筑用途中，轻钢材料的多功能性。

在英国建筑行业中，轻型钢材的另一个主要用途是门架式钢棚屋和类似结构中的辅助钢结构工程。此时，轻钢结构具有双重功能，支承主结构构件之间的屋面板和围护墙板，以及对主体钢结构提供侧向支撑约束。这种结构形式通常用于工业厂房、仓库、零售店、休闲设施、体育场馆和农业建筑等。图 8-10 所示为采用轻钢檩条的工业建筑。更多关于单层建筑中轻型辅助钢结构的设计，请见本手册第 4 章。

图 8-10 用于工业建筑的轻钢檩条

8.3 轻钢结构的优越性

轻钢结构为客户、承包商和当地社区提供了许多传统结构形式所不具备的优势：一是轻钢材料本身的特性，二是轻钢结构可以实现异地加工制造（构件标准化预制）。下面介绍其主要的优越性。

（1）薄壁型钢的优越性：

1）与传统建筑相比，可降低自重（在较差的场地条件下，是有利的）；

2）易于现场装卸（单根构件现场拼装）；

3）强度高、刚度大、可减少墙体厚度和楼盖高度；

4）良好的耐久性；

5）材料质量可靠、稳定；

6）可以采用叠轧工艺，制造容许有误差，特别当构件进行非现场切割时；

7）钢材易于回收利用；

8）不易收缩；

9）不易遭受真菌或虫害。

（2）工厂预制的优越性：

1）施工速度快；

2）可更早交付客户；

3）对当地居民的影响小；

4）围护结构快速、干法作业，允许下道工序提前进入；

5）降低噪声并减少尘土；

6）减少施工用车；

7）减少大型车辆使用（包括运送、设备和建筑垃圾）；

8）材料的高利用率和高回收率可减少建筑垃圾；

9）降低施工现场管理成本；

10）提高劳动生产率（减少施工现场用工）；

11）降低存储费用；

12）适于施工作业和存储空间受限的狭窄场地。

作为英国政府资助项目的一部分，钢结构学会（SCI）调查了现代化施工模式（MMC）在城市地区的优势。《在城市中钢结构预制施工方法的优越性》[4]（Benefits of Off-Site Steel Construction in Urban Locations）中总结了该报告的调查结果，详细的内容可参阅 SCI 报告 RT1098《城市环境影响案例研究—最终项目报告》[5]（Urban Impact Case Studies-Final Project Report）。该项研究考察了一些具有不同预制化程度的建设项目，并通过案例分析对上述优越性进行了量化。在一所中学的建设项目中，当使用工厂预制的填充墙板时，施工周期从 76 周减少至 54 周，时间节省了 29%。案例二是一栋住宅楼，据估计，通过空间模块化施工的应用，大型车辆的使用减少了 40%。

最近，SmartLIFE initiative [6]❶突出强调了轻钢结构建筑的优越性，作为该研究的一部分，英国建筑研究院（BRE）对位于剑桥附近的一些住房项目进行了监测。该住宅项目位于三块相似的待开发场地上，由 106 栋两层房屋组成，这些房屋均为矩形或 L 形平面，两居室和三居室户型。并采用了以下的施工建造形式：

（1）传统砖石砌块；

（2）木制框架；

（3）绝热混凝土模块体系；

（4）轻钢框架。

对于矩形平面的三居室房屋，轻钢结构体系的施工造价为 51900 英镑（约合 66000 欧元），比传统建造方式要低 3%。重要的是，其成本也比木制框架低 18%，比绝热混凝土模块体系低 12%。对于 L 形平面的三居室房屋，轻钢结构体系的施工

---

❶ SmartLIFE initiative 是一个欧洲协调项目，参与者主要来自于公用事业部门、实验室、研发机构和 9 个国家的大学等共 26 个合作机构，涉及资产管理的分布和信息传输网络。该项目主要关注两方面的问题：一是作为欧洲信息网络的重要组成部分，早在 20 世纪 60 ~ 70 年代就已经开发，目前正在接近它们的预期寿命，应有计划地进行更新，但需要大量的投资；二是可以预计，由于分布式计算的形成、发展和市场的变化，信息传输网络将会发生改变（译者注）。

造价为53400英镑（约合68000欧元），在同一场地上建造时比传统建造方式要高8%，但在不同场地上建造时则比传统建造方式低11%。同样，轻钢结构体系的成本比木制框架低10%，比绝热混凝土模块体系低19%。对于2居室房屋，轻钢结构体系的建造成本是49800英镑（约合63000欧元），在同一场地上建造时比采用传统砖块结构高3%，在不同场地上建造时则要比传统建造方式低10%。此时，轻钢结构体系的成本比木制框架低12%，比绝热混凝土模块体系低15%。

将同一场地上总的房屋建造工时数按房屋栋数平均，可作为生产力的适当度量方法。建造每栋轻钢结构体系的房屋需用846工时（包括基础施工但不包括现场管理），相比之下，采用木制框架需用1002工时，采用传统施工建造方式平均需用1070个工时，采用绝热混凝土模块体系需用1338个工时。轻钢结构的上部结构建造所需工时占总工时的25%，而传统施工建造方式则需占60%。

8.4 轻型钢结构房屋建筑单元

8.4.1 承重墙

承重墙由竖向立柱、水平墙梁和斜撑构件组成的框架体系构成，用于承担自重和风荷载。图8-11所示实例为，竖向立柱按400mm或600mm中心距布置，并对墙板和上部楼板（或屋盖）提供持续的支承。它们一般可应用于高达6层的高度，可以现场建造，作为预制墙板或空间体系的一部分。

立柱承受来自重力荷载的压力和风荷载的平面外弯矩。平面内风荷载可由整体

图8-11 轻钢承重墙（由Metek提供）

支撑、扁钢条支撑或贴覆在立柱上的石膏板或夹衬板的抗挤压能力承担。墙上可开门窗洞口，但需要对洞口的两侧进行加固（在立柱的600mm间距之内开洞可除外）。

8.4.2 非承重外墙

在钢或混凝土框架建筑中，其围护结构可由非承重外墙形成。按填充墙设计（填充相邻柱子和楼盖之间的空间），可进行单根构件的现场拼装或将预制墙板运抵现场组装。如果采用预制墙板，可以安装外墙板和绝热材料但不带窗户，或者可以在工厂提前装上玻璃。这样，为墙板安装提供了一个干燥的内部环境，并允许下道工序立即进入，其优势是十分明显的。图8-12所示为一典型实例。

图8-12 轻钢填充墙

在非承重墙中，位于两层楼盖之间的竖向立柱仅按抗风构件设计。为了确保立柱不承担上层楼盖或墙板的重力荷载，其端头的构造应能提供适当变位，当上部墙梁弯曲变形时不会将荷载传给立柱。否则有可能导致不利的竖向荷载作用在不适当的立柱上。由于轻钢龙骨截面对侧向扭转屈曲的敏感性，许多设计人员通过使用附加板对立柱翼缘提供侧向约束，来防止其侧向扭转屈曲破坏。

8.4.3 内隔墙

轻型钢龙骨一般用于非承重的带有干式衬垫的内隔墙。此时，钢龙骨的主要功能是支承石膏板，而没有其他结构功能。因此，用于内隔墙的轻钢龙骨截面可比外墙的更小、更轻，也可以使用强度更低的钢材。隔墙由顶部、底部导梁和立柱组成，构件

均采用平整的C形钢（可能会开槽）。常见的内隔墙，见图8-13。需特别注意其端头的可变位构造，以避免荷载从上层楼盖传至隔墙。

图8-13 轻钢内隔墙

8.4.4 楼盖

楼盖可以采用轻钢格栅梁或格构桁架建造。为加快安装速度，可以预制楼盖格栅梁并形成盒式楼盖。这适用于规则的楼层平面，但是考虑到建筑的几何外观，当盒式楼盖根据位置不同或布置在非直角处要改变其尺寸时，应予以特别注意。

如前所述，卷边的C形和Σ形截面通常用于楼盖格栅梁，其高度可达250mm（根据跨度和间距而定）。楼层铺板可以提供对格栅梁上翼缘（受压区）的约束。C形截面一般用于格构桁架。楼盖设计需要考虑在承载能力极限状态下恒荷载和外加荷载的共同作用。与任何楼盖梁一样，必须验算在正常使用极限荷载下的挠度和行走引起的振动。常用的楼盖桁架见图8-14。

8.4.5 屋盖

轻钢结构有时可以代替传统木制桁架用于住宅建筑的屋盖结构（虽然木制桁架也经常使用在轻钢框架的房屋建筑中）。随着可用土地的逐渐稀缺，规划提出了对房屋高度的限制和改善建筑能效的强烈需求，住宅建筑中正在日益普及适合居住的屋顶空间。在这种情况下，轻钢结构由于其构件尺寸小（比木制结构），以及保温框架（warm-frame）建造方法的使用，而备受青睐。图8-15所示为带有轻钢屋顶的房屋。

图 8-14 轻钢结构楼盖

图 8-15 带有轻钢屋顶的轻钢框架建筑（由 Metek 提供）

8.5 模块化施工

术语“模块”或“空间”施工是指一种特殊的非现场房屋的建造技术，它是将楼盖、墙体及天花板在工厂提前装配成一个预制的建筑部品单元[7]。这些通常称为“模块”的单元，运输到现场并使用起重机将其码放在一起，在几周甚至几天内组成一个完整的建筑。通常“模块”已完成内部装修，因此现场几乎不需要技术工人

(虽然，模块仍然需要进行管道/电源接入，装修完善，特别是模块之间的结合处)。毋庸置疑，即使同其他现代施工方法相比，这类建筑的建造速度也是一个显著的优势。其他的优势还包括质量好（在工厂环境下可改进加工质量）、减少作业车辆和减少建筑垃圾[8]。

自从10年前模块化施工引入英国以来，已成功应用在一系列建筑中，在社会保障住房方面尤为显著。近些年来又大量用于学生宿舍，也用于酒店、兵营用房等，模块化的独栋住房则使用较少。此外，模块化施工通常与其他建造方式组合使用，例如，在不能完全使用模块化施工的情况下，可与预制轻钢框架部品单元或单根构件现场拼装的轻钢框架相结合。例如，在住宅建筑的承重框架内使用被称为“舱室”的非承重厨房和浴室模块。

在英国，有5种常用的轻钢房屋建筑模块：

(1) 四面墙体模块；

(2) 部分开敞模块；

(3) 角支承模块；

(4) 楼梯模块；

(5) 非承重模块。

8.5.1　四面墙体模块

顾名思义，四面墙体模块包括四面墙体，由竖向立柱、水平横杆和支撑组成。楼板和天花板格栅梁的跨度方向平行于模块单元的短边。除了四面“外”墙，也可以包括非承重隔墙，用于将所围空间划分为适当大小的房间。这种类型的建筑通常由许多小房间组成，特别适用于旅馆、学生宿舍和社会保障住房或员工宿舍，但不适用于需要更大开放空间的建筑，因为房间的大小既受到模块最大宽度的影响，又受到运输的限制。这种建造形式的最大高度可为6~10层，并取决于风荷载的大小。常见的四面墙体模块，见图8-16。

四面墙体模块由平面的楼层板、墙体和天花板组成。每一种墙体都是由本章前文所介绍的轻钢龙骨截面制造而成。两道纵墙设计为承担由天花板格栅梁以及其上部竖向堆放的所有模块传来的重力载荷。因此，模块直接安放在另一个模块之上，重力荷载可通过每一道纵墙直接传到下面的模块。因此，底层的墙体必须承担整个建筑的重量，以及来自屋顶和各楼层的作用荷载（不包括底层）。因此，建筑物的最大高度受底层墙立柱抗压承载力的限制。同时，稳定也是另一个限制因素，本章稍后进行讨论。

四面墙体模块的另一个限制是不能在纵向承重墙体上开设窗户、门或其他洞口。因此，门和窗户总是位于这类模块的两端。这显然对房屋的建筑设计，尤其是对模块的布置会产生影响。在需要时，窗口可以设置在模块的端部而形成阳台。

图 8-16 常用的四面墙体模块（由 Terrapin 有限公司提供）

8.5.2 部分开敞模块

部分开敞模块是由四面墙体模块变化而来，它可以在纵向墙体上设置门、窗户或其他洞口。这为建筑师在建筑内部模块布局方面提供了更多的灵活性，并且可以通过合并多个模块单元来实现大空间设计。典型的例子如图 8-17 所示，图中模块左侧较

图 8-17 部分开敞模块，伦敦温德姆路（Wyndham）建筑

大的洞口，可作为一个开放式厨房、餐厅或起居室。

由于部分开敞模块中引入了角柱和中间支柱，并在盒式楼盖内采用刚性连续边梁，因此可以在其纵向侧墙上开设洞口。通常采用小截面的方钢管（70mm×70mm至100mm×100mm）作为附加的中间支柱，角支柱则采用方管与角钢组合截面。这种形式可建造6~8层楼房。洞口的宽度受盒式楼板中边梁的刚度和抗弯承载力的限制。当需要开更大的洞口时，可设置附加边梁。

部分开敞模块可以用于员工宿舍、旅馆和学生宿舍，特别适用于需要有内走廊和开放式公共空间的场所，也可用于既有建筑物的翻新和扩建。在这种情况下，模块按自承重设计，而其稳定性则由模块所附属的既有建筑物提供。

8.5.3 角支承模块

角支承模块类似于传统的热轧型钢结构，在方钢管（SHS）角柱间布置梁高较高的纵向边梁（通常采用翼缘平行的槽钢）。与常见的带有轻钢龙骨承重墙的四面墙体模块形成明显的对比。边梁梁高一般为300~450mm，跨度（即模块的长度）为5~8m。模块的宽度一般为3~3.6m，便于运输到现场。角支承模块的关键优势是其一个或多个侧面可以完全敞开，当模块并排放置时，可以形成较大的开敞空间，这种建造形式对学校和医院是很理想的。图8-18所示为一个典型的角支承模块的主钢框架。

图8-18 角支承模块的主钢框架（由 Terrapin 有限公司提供）

当只要求对模块的一端或两端的墙面开大洞（即两侧为实墙体）时，可以将四面墙体模块的端部墙体由刚性框架代替，见图8-19。刚性框架可不设支撑，可以全装玻璃。该框架还为阳台提供了连接点。

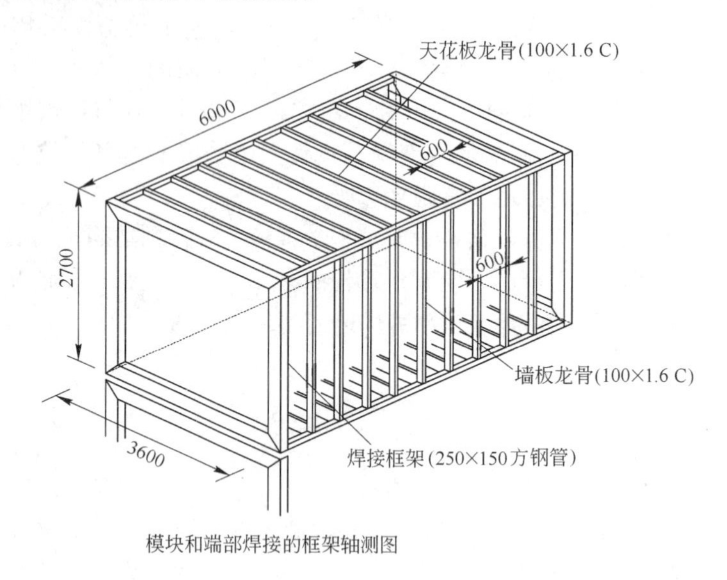

模块和端部焊接的框架轴测图

图 8-19 采用刚性框架的端部开口模块

8.5.4 楼梯模块

楼梯模块提供了通往模块化房屋建筑上部楼层的通道，一个独立的预制楼梯单元通常包括楼梯踏步（两跑，中间为休息平台）和上、下楼梯平台。它们一般与常规的公寓模块（卧室、客厅等）一起组成模块化住宅公寓。楼梯平台和中间休息平台由纵向墙体支承，并根据需要设置一定的附属钢结构。这种建造形式一般可用于完全模块化房屋建筑，最高可为四层。

8.5.5 非承重模块

非承重模块用于在非模块化建筑，提供空间预制的部品单元通常用于浴室、厨房和机房，因为在工厂环境下安装这些设施具有明显的优点。厨房和浴室一般在运送到现场时是配备齐全的，包括水暖、电气、配套家具和装修。顾名思义，非承重模块的结构强度有限，必须依靠于其他结构构件的支承，如钢结构构件或楼层板。然而，它们需要按自承重和施工吊装荷载进行设计。

8.6 混合施工建造形式

在一些工程应用中，为了给房屋建筑提供优化的结构解决方案，将两个或两个以

上的施工建造形式结合起来是很有利的。例如，在建筑设计要求房屋为不规则形状（包括建筑物中一部分可能为非矩形楼层平面）的场合，可将不同的预制结构和单根构件现场拼装的方法混合使用。当建筑体型较为复杂时，这种方式可以在兼顾非现场施工优势（建造速度快、减少垃圾等）的同时，还具有单根构件现场拼装的灵活性。

本章考虑两种独特的混合施工建造形式：

（1）模块与墙板混合；

（2）在主结构框架上安装模块。

8.6.1 模块与墙板混合

在这种建造形式中，将模块叠放形成一个核心，在其周围布置承重墙和盒式楼板。通常模块形成楼梯井，并在建筑内部提供了公用设施的中心区域。在建筑物的模块部分，选择主要的区域（如厨房和浴室等），集中设置设备、管线；在非模块区域，布置卧室和客厅。从结构角度看，除了模块化核心的承载功能外，还为整个建筑物提供稳定性。这种布置通常用于4～6层的住宅建筑是比较理想的。图8-20所示为模块与墙板混合建造形式的典型实例。

图8-20 模块与墙板的混合建造形式（伦敦）

8.6.2 在主结构框架上安装模块

当建筑物的高度或荷载超出了纯轻钢结构的极限时，在结构框架中采用非承重模块是较理想的选择。主框架按常规方式建造，且随着主框架的施工同步安装相应的模块。此时，结构框架提供了承重和稳定功能，而模块的轻钢墙体只用做隔断。另一种变化形式，是外部采用钢骨架结构并在其中安装承重模块。在这种情况下，主钢结构的主要功能是承担建筑物的外立面荷载并为其提供稳定性。以上两种建筑形式已广泛地应用于中、多层住宅项目中，包括员工宿舍和学生宿舍。

混合结构的另一种形式是需要建造裙房，并将其作为上部模块建筑的基础。裙房可采用热轧型钢结构或钢筋混凝土结构建造，通常为一层或两层。一般按两个或三个模块宽度的间距布置结构柱，将模块安放在钢结构梁上或混凝土板上。在裙房中采用传统的商业建筑技术可以形成大型的开放空间，这是理想的零售场所和停车场。通常，裙房层之上的模块化建筑高 4 ~6 层，常用于住宅公寓。典型的混合应用形式，见图 8-21。

图 8-21　由裙房结构支承上部住宅建筑的典型混合应用实例

8.7　结构设计要点

8.7.1　构件设计

根据结构形式及构件在框架中的功能，每个轻钢构件需要对其承受的轴向荷载、弯矩或两者组合作用进行设计。为了简化设计并减少施工过程中的风险，常见的做法是合理调整框架设计，尽量使用较少的构件截面类型。例如，建筑承重墙的立柱，通

常采用相同截面尺寸且按等间距设置，即使各墙体所受的风荷载可能有所不同。因此，构件设计变成了在最不利荷载工况下，对所选的每种类型构件（墙立柱、楼盖格栅梁等）进行的截面尺寸校核。

应根据相应的行业规范，对已选用轻钢截面的结构适用性进行核实。如英国和其他欧盟国家，应按照欧洲结构规范进行设计。该规范已于2010年3月取代了各成员国国别标准，它提供了设计方法、设计准则和相关公式，使结构工程师能够对作用于结构的荷载（如风、雪、外加荷载和结构自重等）以及所选截面的承载力进行计算。关于薄壁型钢结构的具体规定可参见BS EN 1993-1-3[9]，该规范在英国取代了BS 5950-5。

EN 1993-1-3规定可以通过计算或试验，对构件的适用性予以验证，并提供了具体的方法。根据计算进行设计与通过试验来进行设计相比，其费用较低，非常适合于结构设计的定制。然而，由于BS EN 1993-1-3中的计算规定偏于保守，通过计算进行设计的结构构件有时会比通过试验进行设计的要重。尽管这样，在房屋建筑结构中的大部分轻钢框架仍是根据计算进行设计的。按照BS EN 1993-1-3进行构件设计的相关内容，在本手册第24章中予以详细介绍。

尽管在经认证的实验室中进行物理性能试验的成本很高，但对于那些大量使用的标准化体系来说，通过试验途径来验证设计方案，是较为经济可行的。在工业建筑中用于支承屋面和围护墙板的檩条和墙梁属于这一类，可通过试验来进行常规“设计”。更确切地说，该结构体系的制造商通过适当的试验方法得到一系列截面尺寸的构件承载力，并以荷载/跨度表的形式公布这些数据信息。结构工程师可以使用这些表格，依据给定的荷载和跨度选用合适的截面尺寸。

有时也可以采取一种混合的设计方式，即通过计算来进行构件设计，并有试验结果的支持。例如，在对于墙架柱进行抗风设计时，结构工程师会假定受压翼缘由墙面板或石膏板完全约束。由于不需要进行侧向扭转屈曲设计，极大简化了设计过程，降低了结构重量。此时，试验的目的是验证完全约束假设的合理性。如上所述，试验的高成本将使这种方法无法应用到单个的设计中去。然而，制造商有能力对整套的墙板体系（轻钢龙骨和墙面板）进行试验，并公布有关问题（如侧向约束）的建议，供结构工程师参考。

8.7.2 框架稳定性

验算钢框架中的每一个构件能否承受所作用的荷载，是结构设计过程中的一个重要部分，此外，还必须对建筑物的整体稳定性进行验算。虽然热轧型钢和冷弯型钢提供稳定性的方法不同，但其原理是相同的：

（1）必须提供合适的荷载传递路径以确保将水平力传递至基础；

（2）提供稳定性的结构体系应具有足够的刚度，以避免过度侧向变形；

（3）应该考虑框架的缺陷所导致的失稳；

（4）在适当情况下，需要考虑 $P\text{-}\Delta$ 效应或二阶效应。

上述四个问题可以按 BS EN 1993-1-1 中的设计准则进行处理。这些准则适用于热轧和冷弯型钢结构。有关框架稳定性的详细设计见本手册第 5 章相关内容。

轻钢框架的稳定性通常由下列方法实现：

（1）整体支撑；

（2）X 形支撑；

（3）蒙皮效应。

整体支撑由 C 形钢构件组成，对角设于竖向墙柱之间，其截面高度不超过墙立柱的截面高度。使用 C 形钢意味着整体支撑构件能够承受拉力和压力。但重要的是仔细进行构造和节点的设计。图 8-22 所示为整体支撑应用实例。

图 8-22　整体支撑实例

X 形支撑由对角交叉布置的扁钢条构成，与竖向墙立柱表面贴紧。与整体支撑不同，扁钢条通常跨越多根立柱并与每根立柱相连接。交叉撑的每个构件只能受拉（因此需要 X 形布置）。图 8-23 所示为 X 形支撑应用实例。

设计人员可以选择依靠墙体本身的抗挤压能力来代替传统支撑构件。在这种情况下，稳定性可由围护墙板或贴覆层所产生的墙体平面内的蒙皮效应来提供。

可供选择的墙板包括：

（1）胶合板；

（2）水泥刨花板；

（3）定向刨花板（OSB）；

（4）石膏板。

特殊墙板与框架龙骨结合的抗挤压承载力需由试验确定。

图 8-23　X 形支撑实例

8.7.3　鲁棒性

在房屋建筑设计中，术语“鲁棒性”是指结构在偶然荷载作用下，不会产生不相称的垮塌或扩散破坏的能力。在这个意义上说，鲁棒性等同于结构的整体性。

鲁棒性的基本原则总结如下（适用于各种结构形式和材料）：

（1）鲁棒性是指结构抵抗爆炸、撞击或人为失误导致破坏等情况的能力。建筑法规并不要求所设计的建筑物能够承受恐怖手段或其他蓄意破坏建筑物行为的作用。

（2）鲁棒性的目的在于限制局部破坏的扩大，并防止结构发生与开始遭受局部损坏不相称的垮塌。

（3）鲁棒性的主要目标是在建筑居住者实施逃生且紧急救援部门到位时，确保其结构的安全性。

（4）允许结构有大变形和塑性发展，并不要求结构还能正常使用。预期在重新使用该结构前需对其进行维修，有时会将其拆除。

设计的步骤必须遵照建筑法规，并取决于建筑物的类型和功能。为此，批准文件 A（适用于英格兰和威尔士）（Approved Document A（in England and Wales））[10]引入了与鲁棒性相关的分类系统。BS 5950 也曾采用了同样的分类系统，2006 年对 BS 5950-5（适用于轻型结构）进行了修订。

该分类系统中，类别 1 最为简单，适用于最多四层的房屋和农业建筑。类别 2A 的建筑物包括最多为四层的住宅公寓楼、酒店和办公楼。因此，许多轻钢框架建筑属于此类。该类别还包括最多为三层的较小零售商店和工业建筑。类别 2B 建筑物包括可高达 15 层的酒店、住宅、学校、零售店、写字楼以及最多为 3 层的医院。最后一类是类别 3，很少在轻钢结构设计中涉及，它用于超出上述限制的建筑、运动场看台和存储危险品的建筑物。

如果结构构件（或采用平面墙体单元或空间模块的房屋单元）能够充分地连接在一起，类别 1 和类别 2A 的建筑物一般可视为满足规范要求。BS 5950-5 和 BS EN 1991-1-7[11]（有关偶然作用内容的欧洲规范）中给出了适用于轻钢结构的拉结承载力计算公式。在采用规范 BS EN 1991-1-7 时，英国国别附录允许在轻型结构中使用较小的拉结力值（与 BS 5950-5 相一致）。

类别为 2B 的建筑物需要满足一套更复杂的拉结规定，包括边柱的水平拉结和所有柱子的竖向拉结（在拼接位置）。规定还要求支撑体系沿着结构周圈布置，这对轻型钢框架来说通常都可实现。当拉结规定不能满足时，结构设计人员必须明确如果从概念（或理论）上移除任意柱子或建筑单元，不会发生不相称的倒塌（BS 5950-5 中定义结构倒塌面积为楼面面积的 15% 或 $70m^2$ 中的较小值），或者将它们作为“关键单元”进行设计。在进行了概念（理论）上移除的部位，必须进一步检查以确保掉落的碎片不会导致下面楼层的垮塌。对模块化建筑而言，“单元”即指一个单独的模块。因此，模块化建筑的设计应保证当移除一个模块时结构不会垮塌。“关键单元”的设计目的是通过确保重要构件和建筑单元在经历爆炸等偶然事件后继续存在，以避免发生不相称倒塌。根据 BS 5950-5 和 BS EN 1991-1-7 的要求，应在特殊的偶然荷载工况下对关键单元进行设计。

8.7.4 框架锚固

由于轻钢框架建筑重量较轻，存在着滑动、倾覆或与基础脱开的危险，除非采取合适的锚固措施予以充分固定就位。通常采用如下两种类型的锚固：

（1）通过紧固螺栓将立柱和墙架梁连接至底板；

（2）通过钢带将墙立柱连接至基础。

8.8 非结构设计问题

8.8.1 隔声

8.8.1.1 隔声原理

通过采用以下的组合方法，来实现房间之间的隔声：

（1）增加结构厚度（provision of mass）；

（2）单层隔离；

（3）接缝密封。

图 8-24 所示为使用多层及层间隔离的组合方式。由图可知，仅仅使用多层而不做层间分隔会减小隔声效果。

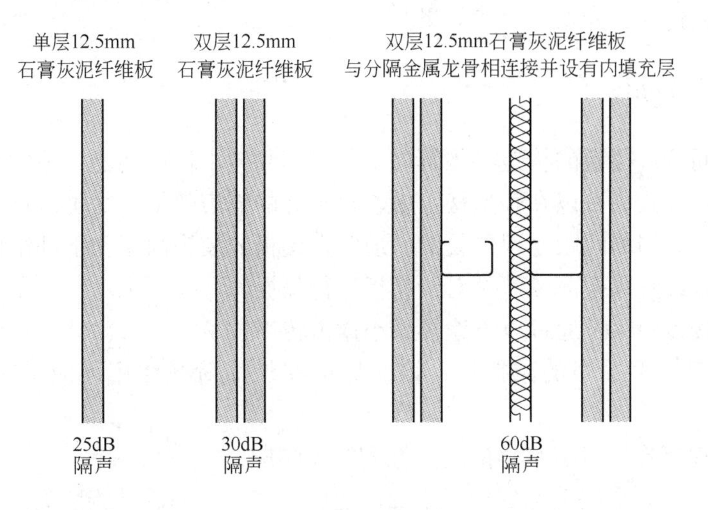

图 8-24 使用分层材料的聚集和分隔进行隔声

墙体或楼盖的隔声性能与噪声的频率有关。对任何给定的结构，某些频率可能会比其他频率衰减（减弱）得更快。通常低沉声音比高音的衰减更快。从某种程度上讲，不同频率的衰减是间隙宽度的函数。当使用干燥衬板时，确保对空气路径的有效密封，以避免局部的声音传导是十分重要的。此外，通过良好的构造处理，尽量减少地板和墙体结合部位的迂回（非直接）声音传导。在钢结构中有关隔声的更多资料可参考 SCI 刊物 P372[12]。

8.8.1.2 分户隔墙

在采用轻钢龙骨的分户隔墙或共用墙体中，通常会并排建造两道墙体。墙体的每一层墙皮（面）在结构上和物理上都独立于其他墙皮（面），以提供必要的隔声性能。在双墙皮的墙体中，如果两层墙皮在结构上有较大间距，则各个组件的隔声性能可按简单的线性叠加关系进行组合。因此，墙体的隔声性能通常可以通过将其组成部分的隔声等级进行简单的叠加来进行估计。

采用轻型干法施工的分户隔墙具有良好的隔声性能，通常应满足以下要求：

（1）分户墙体采用双墙皮（面）构造；

（2）每层墙皮（面）相互独立，且应尽可能减少墙皮（面）间的连接；

（3）每个墙皮（面）的最小重量为 22kg/m^2（即两层 12.5mm 的石膏板，或其他等价情况）；

（4）两层石膏板墙皮（面）之间留有较大的分隔空腔（建议取 200mm）；

（5）所有连接处具有良好的密封性；

（6）矿物纤维棉毡置于一层或两层墙皮（面）之内侧或置于在两层墙皮（面）

之间。

采用减振薄壁铁件（Resilient bars）连接石膏板和轻钢龙骨，可以进一步减少声音向结构直接传递，并增强隔声效果。

8.8.1.3 分户楼板

住户之间分户楼板的构造必须解决空气传声和撞击传声问题。采用与前文所述墙体相似的处理方式，可以在轻型楼盖中取得很好的隔声效果。尽可能远地拉开楼盖表层与天花板层之间的间距是很重要的。通常在楼板的装饰面层和下部结构之间设置一个减振层，并设置减振薄壁铁件对天花板进行隔振。

在轻型楼盖中，可通过以下途径减小撞击传声：

（1）确定一个适当的减振层，该减振层在外加荷载作用下应具有准确的动力刚度；

（2）确保减振层具有足够的耐久性和共振响应；

（3）通过将减振层上翻到地板表面的边缘，使其与周围结构隔离。

在轻型楼盖中，可通过以下途径实现楼板的空气隔声：

（1）在各层之间，结构上是分离的；

（2）每层具有合适的质量；

（3）多采用吸声材料；

（4）减少楼盖板与墙体连接处的侧向迂回声音传递。

采取与上述双层墙体相似的做法，将楼盖与天花板结构完全分离，可以进一步改进轻型楼盖的设计。楼盖装饰面层下面的减振层有助于阻隔由空气和撞击传来的声音。通常，密度为 70 ~ 100kg/m^2 的矿物纤维具有足够的刚度，避免其局部下挠，且其柔软性也足以隔振。在钢格栅梁的下方，减振薄壁铁件可以将干衬层与结构部分隔离。在钢格栅梁间的空间内铺设岩棉层具有吸声作用。需要考虑每一层的精确规格，以优化楼盖的性能。增加浮筑楼盖最上层的质量对阻隔空气传声有显著的改进作用。有限的证据表明，600mm 间距的楼盖格栅梁与 400mm 间距的楼盖格栅梁相比，隔声效果稍好。较厚的纸面石膏板和石膏纤维板质量较大，从而可减少声音传播。

8.8.1.4 侧向迂回传声

侧向迂回传声是指当空气载声绕过结构的分隔单元，而通过邻近的房屋建筑单元实现声音的传递。由于侧向迂回传声与楼盖、墙体接合处的构造设计与现场施工质量有关，所以对此很难预测。一栋建筑物可以有高质量的分户墙体和楼盖，但声音仍可通过侧墙传播，因为侧墙连续贯穿了分离构件。侧向迂回传声与以下因素有关：

（1）周围结构的特性，是否有声音传播的间接通道；

（2）墙体或楼盖的尺寸以及侧向迂回损失的比例效应；

（3）楼盖/墙体结合处的构造做法。

侧向迂回传声会使声音在实际建筑物中的传播比在实验室声学测试结果大3～7dB。为了减少侧向迂回传声，需要通过在墙体与楼板之间设置减振条来防止楼面板与墙立柱接触。此外，在分户隔墙和外墙中，可以使用岩棉绝缘材料填充其间的空隙，填充高度应高出楼板300mm。

8.8.2 隔热性能

8.8.2.1 能源效率

根据相关的法规要求（《英格兰和威尔士的建筑法规之L篇》），建筑物的能源效率问题正变得越来越重要，且这也是房屋业主和住户的期望。在住宅领域里，《可持续住宅规范》[13]目前是房屋建筑设计过程中的核心，而且今后适用于非住宅类建筑的类似规范可能会相继出台。一般情况下，提高建筑物能源效率的措施可分为3类：

（1）减少建筑物运营过程中的能源浪费（如供暖和照明）；

（2）提高建筑设备和电器的能源利用效率；

（3）使用可再生能源（例如，风力发电、太阳能或光电池）。

在这些选择中，第一项应始终是最优先考虑的，并特别强调降低建筑物围护结构的热损失。如果由于设计不当或施工质量差导致所产生的热量从建筑物向外渗漏，那么即使安装了高效锅炉或太阳能集热器机组也毫无意义。

热量通过围护结构向外渗漏，通常由下列一个或多个原因造成[14]：

（1）通过墙体、楼盖和屋盖的热传递；

（2）接缝处空气泄漏；

（3）热桥。

8.8.2.2 热传导系数（传热系数）

建筑物的热传导系数通过U值给出。U值定义为围护结构在内侧与外侧的温差为1℃通过$1m^2$面积所传递的热量（以瓦计）。U值越低，墙体或屋顶的绝热等级越高。因此，多年来，建筑法规试图通过规定最大允许U值的方式来提高能源效率。从2006年开始，《英格兰和威尔士的建筑法规之L篇》已采取更全面的方法对绝热性能进行评估，而不再借助于建筑单元的U值实现能源效率，但是降低U值仍是提高建筑物绝热性能的核心。

通过规定合适的保温绝热层的厚度，可以实现对特定建筑单元U值的控制。对于给定的U值，绝热材料的密度越低，则其厚度越大。因此，岩棉绝热材料往往要比聚氨酯材料更厚一些。在英国的轻钢框架建筑中，常见做法是将大部分绝热材料放置在框架的外侧面，形成一个“保温框架”。这种技术可以最大限度地减少钢框架中冷凝的形成。将绝热材料布置在框架外侧，或将绝热材料置于墙立柱之间均可得到更低的U值。图8-25所示为典型的墙体构造。

8.8.2.3 气密性

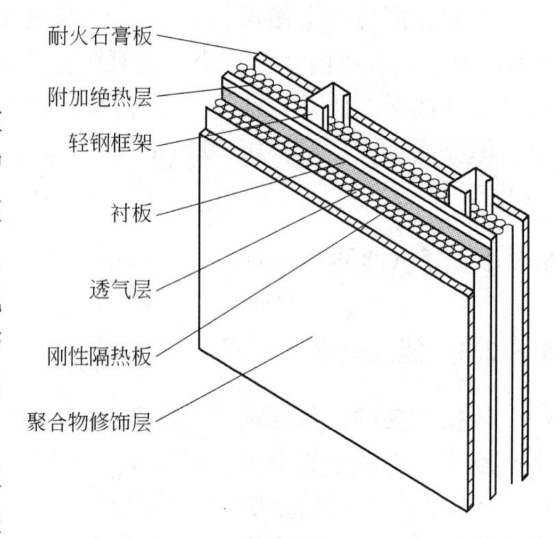

图 8-25 附属在轻钢墙体上的隔热外层

为了尽量减少因接缝处空气泄漏导致的热量损失，设计人员必须确保建筑围护结构的气密性。建筑法规明确了气密的重要性，对空气渗透率限值有强制性要求，并要求对每栋完工后的新建建筑物进行气密性能试验。事实上，随着对 U 值的密切关注，气密性已成为建筑节能措施的另一大焦点。

实际工程中能达到的气密性程度，取决于承包商对建筑围护结构所给予的关注。由于严格的施工允许偏差和接缝部位的正确密封，如图 8-25 所示的典型墙体很容易满足建筑法规范的最低要求，从而使建筑设计人员可以在放宽对 U 值要求的同时，提高能源效率。然而，当依靠气密性来满足建筑法规的要求时，必须十分小心，因为建筑物竣工时的性能很大程度上取决于施工质量。

8.8.2.4 热桥

热桥是指在建筑围护结构中绝热性能比周围材料要低（通常低得多）的区域或组件，从而使局部的高热量通过建筑围护结构散失。热桥也可以导致围护结构内表面温度降低，并在一定条件下导致冷凝。有一些典型轻钢框架建筑应对热桥的例子，通过采用良好的构造处理可以降低热桥的影响。框架柱脚板和混凝土底板之间的热桥应予以特别的重视，此外，门窗的构造做法也会导致热桥现象的产生。

参考文献

[1] Grubb P. J. , Gorgolewski M. T. and Lawson R. M. (2001) Light Steel Framing in Residential Construction. SCI Publication 301. Ascot, Steel Construction Institute.

[2] British Standards Institution(2009) BS EN 10346 Continuously hot-dip coated steel flat products-Technical delivery conditions. London, BSI.

[3] Lawson R. M. (2003) Multi-storey Residential Buildings using Steel. SCI Publication 329. Ascot, Steel Construction Institute.

[4] Heywood M. D. (2007) Benefits of off-site steel construction in urban locations. SCI Publication 350. Ascot, Steel Construction Institute.

[5] Heywood M. D. (2007) Urban impact case studies-Final project report. SCI Report RT1098. Ascot, Steel Construction Institute.

[6] Cartwright P., Moulinier E., Saran T., Novakovic O. and Fletcher K. (2008) Building Research Establishment. Watford, BRE.

[7] Gorgolewski M. T., Grubb P. J. and Lawson R. M. (2001) Modular Construction using Light Steel Framing. SCI Publication 302. Ascot, Steel Construction Institute.

[8] Lawson R. M. (2007) Building Design Using Modules. SCI Publication 348. Ascot, Steel Construction Institute.

[9] British Standards Institution (2006) BS EN 1993-1-3 Eurocode 3: Design of steel structures-Part 1-3: General Rules-Supplementary rules for cold-formed members and sheeting. BSI, London.

[10] Building Regulations 2000-Approved Document A (2004 Edition) Structure. The Stationery Office.

[11] British Standards Institution (2006) BS EN 1991-1-7 Eurocode 1: Actions on structures-Part 1-7: General actions-Accidental actions. London, BSI.

[12] Way A. G. J. and Couchman G. H. (2008) Acoustic Detailing for Steel Construction. SCI Publication 372. Ascot, Steel Construction Institute.

[13] Department for Communities and Local Government (2009) Code for Sustainable Homes-Technical Guide-Version 2. Communities and Local Government Publications.

[14] The Steel Construction Institute (2009) Code for Sustainable Homes: How to satisfy the code using steel technologies. Ascot, Steel Construction Institute.

9 辅助钢结构*

Secondary Steelwork

RICHARD WHITE

9.1 引言

为了定义“辅助钢结构”，就有必要先给出主体结构的定义。主体结构是由对结构框架的整体性和鲁棒性不可或缺的构件组成，其中结构框架是支承所有其他建筑部件的骨架。而支承在主体结构上，却完全不会改变主体结构的强度或刚度的钢构件，则称为辅助钢结构。

本章共两节，第一节介绍了辅助钢结构在设计和采购时应考虑的问题；第二节给出了部分辅助钢结构构件的设计和采购指南。

9.2 需考虑的问题

9.2.1 设计准则

9.2.1.1 强度和刚度

不同于主体结构，辅助钢结构的构件强度很少起控制作用。这意味着辅助钢结构将趋于轻型化，通常，在主体结构设计时其设计很可能受到影响，但一般会很轻微。这些影响包括：

（1）步行振动——受步行影响的构（部）件，如楼梯和中庭连桥，在荷载作用下会产生振动，其动态响应必须满足在正常行走情况下，行人不会产生不舒适感。不舒适感是与结构的物理响应和人的主观反应两者直接相关的。因此，辅助构件可接受的响应因子应高于相应楼层的响应因子。

（2）活荷载——活荷载的大小和荷载作用区域的形状和大小有关，通常由规范规定，例如作用在围护墙板上（特别是在拐角处）的风压和局部堆积雪荷载，这些

---

* 本章译者：陈启明。

部位的支承檩条和立挺要采用增大的荷载进行设计，同样，楼梯的每个踏步板将承担其区域内的全部设计荷载。通常临界载荷因构（部）件的不同而异，包括车辆冲击荷载、人群荷载、设备及电梯荷载等。必要时，应咨询相关分包商。

（3）挠度限值——规范挠度限值是为了防止主体结构上装修面层开裂，而对辅助构件通常无此要求。挠度限值应同时保证构（部）件的完整功能和用户的舒适性，例如，电梯导轨及其支架应有足够刚度以保证电梯正常工作；扶手应保证在人群荷载作用下不出现过大的变形。

（4）$P\text{-}\Delta$ 效应——由外加荷载作用于变形后的结构上所产生的附加力。当辅助框架较轻时，在重力作用下极可能对晃动十分敏感。$P\text{-}\Delta$ 效应会在柱子和其他受压构件中产生显著的附加屈曲弯矩。为此，有效地约束受压构件、充分考虑附加弯矩是十分重要的。

9.2.1.2 鲁棒性

尽管建筑法规考虑了建筑物出现不合理倒塌情况的鲁棒性，在设计辅助构件时也应采用类似方法考虑其鲁棒性。所考虑的设计准则是人身安全。如果倒塌的后果是不可接受的，如可能是扶手栏杆、阳台或走道等，那么这些构（部）件及其固定件的设计，就应有足够的冗余度，这可通过提供多道传力路径来实现。若构（部）件设计没有足够的冗余度，则应采用相对保守的设计方法。应特别注意连接部位的连接件的设计，在BS 6180《建筑物内部及周边护栏应用规范》[1]中，对此给出了相关的设计指南：

（1）所有节点应按所连接构件的满应力强度设计。

（2）当连接件的任何部件的强度存在不确定性时，则其设计荷载应相应增加50%。

（3）应避免依赖于单独一根连接件的抗拔承载力。

上述这些建议，是为了保证在最不利荷载条件下，结构的破坏形式是由于构件变形过大，而不是由于固定件、连接件或锚固系统失效而引起的结构完全倒塌。

9.2.1.3 变形和安装容许偏差

根据定义，辅助钢结构支承在主体结构上。主体结构在安装时存在安装偏差，且受荷时会发生变形。辅助结构的设计人员需要充分了解支座处的安装偏差，以及在实际运行荷载作用下的变形情况。另外，必须避免辅助结构的构（部）件对主体结构变形造成任何约束。而在大多数情况下，对于工程项目而言，建筑物的《变形和安装偏差报告》会成为辅助结构的设计依据。

《变形和安装偏差报告》是由工程项目结构工程师编写的，该报告可作为其他设计单位和施工单位的设计指南，以避免安装偏位和其他构件的损坏。报告编制最好在所有设计单位共同协商下完成，以确保各方都能接受预计的变形量。

辅助结构的设计人员应该注意，在固定位置处的偏差包括施工偏差，以及在辅助钢结构安装之前就可能出现的建筑物的变形，通常，这种变形是由结构自重引起的。

9.2.1.4 其他设计准则

（1）火灾——在《建筑法规（英格兰和威尔士）2002：（B 部分）》，附表 1[2] 中，包括了建筑物具有结构抗火性能的强制性要求："对于建筑物的设计和建造，应该保证一旦发生火灾时，在一段合理的时间内仍能保持其稳定性。"由此可知，辅助结构一般不需要进行防火保护，但需要保持建筑防火分区的完整性。所有构件（包括支承防火隔墙的辅助构件）的防火等级应与防火隔墙相同。此外，在辅助构件与主要构件的连接处，应保证主要构件防火保护的完整性。

（2）温度作用——如果构件和其支承结构间可能存在温差，则应考虑温度作用。这种情况通常会发生在当固定外部构（部）件要穿过围护结构，并且与内部可能存在温差的部位（例如在采用玻璃围护墙的楼梯间内）。若由温度约束引起的应力过大，则支承结构的构造应该允许适当的温度变形，这些连接部位的装修面层也要能够适应温度变形。

9.2.2 与主体结构的接合部位

接合部位往往是容易出错的地方，对于职责分工、具体的设计要求以及资料交换的时间等方面，经常会存在不确定因素。

9.2.2.1 不同设计范围之间的界面（Design interfaces）

就辅助钢结构而言，与主体结构的连接设计应由辅助钢结构分包商的设计人员负责。连接件的设计人员和主体结构设计工程师应及时交换以下信息：

（1）荷载——结构工程师需要对所作用连接荷载的位置和大小进行复核，以检查其对主体结构的影响是否能满足要求。荷载资料由连接件设计人员提供，但这些资料通常会在结构设计完成后才能得到。在这种情况下，结构工程师就需要在设计中给出假定值，并与连接件设计人员进行沟通。

（2）柔度——虽然主体结构不会以任何方式依赖于辅助钢结构，但是支承部位的柔度可能会对辅助构件的设计产生很大影响，例如，如果与电梯导轨支架相连接的结构太柔，那么就无法保证电梯的运行性能。除结构工程师有特别要求外，分包商的辅助构件设计人员通常假定支承结构为刚性。

（3）容许偏差——在辅助钢结构安装之前，结构就已经存在了安装偏差，并且会有在自重作用下所产生的变形。结构工程师应在变形和安装偏差报告中，将可能的安装偏差信息告知连接件设计人员，以便他们所做的连接设计能够适应这些偏差。

（4）变形——通过结构工程师的评估和与连接件设计人员的相互沟通（通常是以变形和安装偏差报告的形式），来对建筑物的变形进行估计。最关键的连接界面一般都会与围护墙板承包商有关，通常，把结构设计得刚度大一些要比设计柔性的围护墙体系会更加经济，常规的做法是把其外围结构在外加荷载作用下的变形值限制在10mm左右。

一般情况下，会按人为假定的辅助结构变形和荷载先设计主体结构，这就应该让辅助结构的设计人员给出有关辅助结构变形和荷载的相应标准，而不是采用预先设定的数值来进行设计。

9.2.2.2 不同材料之间的连接界面

除了传递荷载、调节安装偏差与变形外，界面还应该具有以下特性：

（1）足够的耐腐蚀性——取决于环境条件、维护要求和设计寿命。《英国钢结构工程施工规范》（NSSS）[3]中给出了相关的指导意见。

（2）避免冷桥——钢材是一种很好的热导体，如果界面与建筑物的热表面形成了桥结，就应在连接处设置专用的断桥装置以阻断热传导，并降低形成冷凝水的风险（注意，这种装置数量多且价格昂贵，因此，应在招标文件中注明）。典型的断桥装置实例，见图9-1。

图9-1 断桥装置实例

主体结构所使用的材料也会对连接设计产生影响，例如：

（1）钢结构与混凝土之间的连接，如图9-2所示。在混凝土中预埋槽钢比钻孔设置锚固件的方式要好，可以避免伤及钢筋，还可避免因钻孔带来的噪声、振动和粉尘。使用垫板可以进行水平和垂直方向的调节，而座托（seating brackets）可作为钢梁的临时支承。连接的承载力将主要与预埋的槽钢抗拔承载力有关，因此，应避免过大偏心。这种连接构造适用于现浇混凝土和预制混凝土结构。

（2）钢结构与砌体之间的连接——砌体是一种易变异的材料，不适合承受集中

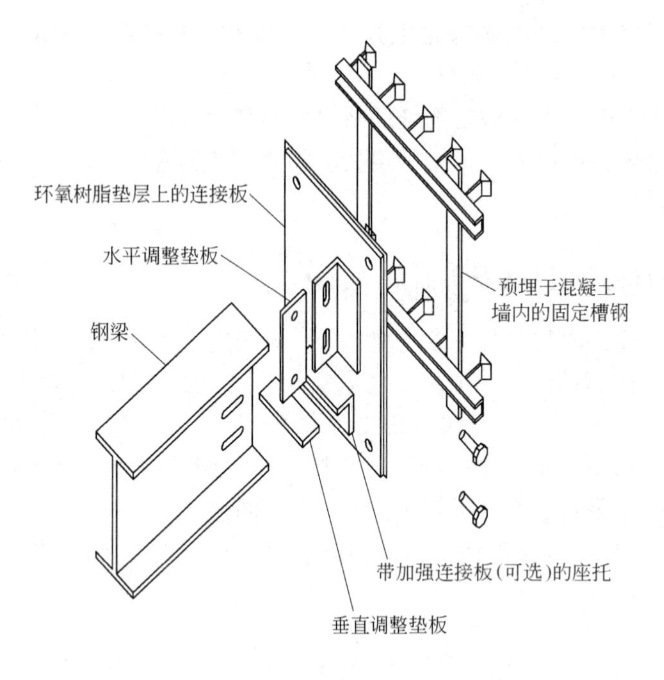

图 9-2 通用详图——钢和混凝土墙间的连接

荷载。在图 9-3 中，钢梁支承在混凝土梁垫上，梁垫的尺寸决定了作用在墙体上的应力大小。先将带混凝土现浇槽的梁垫对中、找平置于砂浆层上，使用钢垫片仔细调整，然后在预留槽中把预埋螺栓灌浆填实，最后用螺栓将钢梁固定。

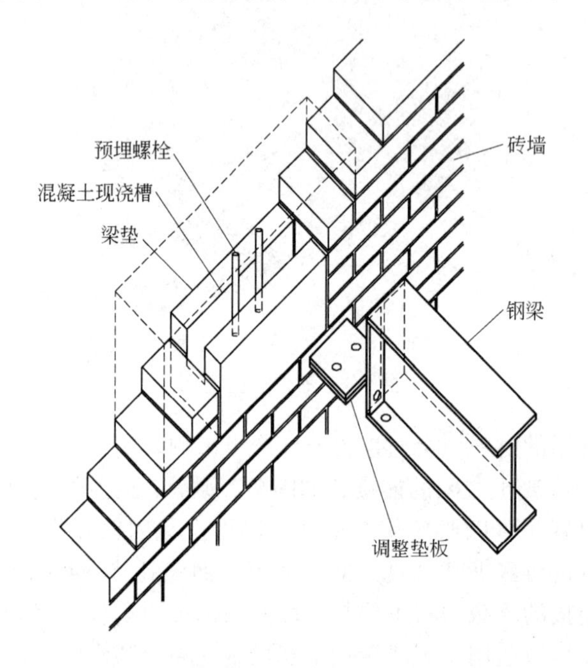

图 9-3 通用详图——钢与砌体墙间的连接

更多参考资料，可参见 SCI 出版物 102——《钢材与其他材料之间的连接》[4] 中的相关内容。

9.2.3 职责

CIRIA❶ 系列出版物 C556[5]，《项目变更管理——最佳实用指南》对建设项目的设计责任分工提供了指导意见，本节内容就是基于该指南编写的。

最初，建筑师要对所有辅助结构设计负责。结构工程师必须就结构方面的可行性提出咨询建议，建筑师应负责实现这些建议，协调各种构造要求，并反映到其建筑设计图中。

一旦项目完成招标，虽然建筑师仍负责总体协调各种构造要求，但设计责任通常会移交给相关承包商或专业供应商。因此，所有辅助构件（包括围护结构、电梯、管线设施等）将由各自分包商负责。但是，也有由设计单位负责的例外情况，例如：

（1）多种功能构件。如果某个构（部）件具有一种以上的功能，如同时支承围护墙支架和电梯导轨支架的梁或框架，那么设计单位就应对其设计负责。这样就可以简化详图设计的协调工作，并减少承包商的工作量。

（2）依赖于施工顺序的构件。当承包商没有按时提供设计资料时，则仍应由设计单位对此负责。例如，围护结构要支承在预制混凝土墙板上，预制构件的承包商就希望在围护结构承包商开始工作之前得到所有预埋件的详细资料。在这种情况下，建筑师就应给出埋件的构造做法，并提供给围护结构承包商，作为其设计的前提条件。

（3）定制构件。如果一根构件主要是为了体现建筑上的特征，具有较强的美学要求，那么设计单位就会希望由其来完成最终设计。

在建筑师负责的情况下，结构工程师应继续提出相关的建议来完善建筑设计。如果是辅助的框架结构，结构工程师就要负责该辅助框架的结构设计和施工图设计。

9.2.4 采购

采购方法由构（部）件的性质决定，其主要内容有：

（1）主体钢结构承包商——除了加工制作和安装主体钢框架外，该承包商还可以提供相关的辅助钢结构（如设备洞口和电梯井周边的辅助钢构件）、围护墙及屋面板与钢框架连接所需要的固定连接板和连接孔。

（2）专业钢结构承包商——负责完成某种建筑风格的辅助钢结构（例如楼梯及中庭走廊），这部分钢结构通常会比较复杂，既要保证其连接的美观，又要严格控制

---

❶ CIRIA 为“Construction Industry Research and Information Association”（建筑工业研究与信息协会）的缩写（译者注）。

其安装偏差。因此，最好由专业厂家来加工制作。

（3）其他工程承包商——属于单独合同规定的特殊功能构（部）件。例如围护墙支承件、电梯导轨支架、设备管线支架以及走道等，最好由围护墙、电梯及设备承包商提供。

（4）专业供应商——提供专用的构（部）件，如立挺、紧固件、支架、冷弯檩条、隔墙刚架、格栅板等。此部分工作，应由相关专业承包商从专业供应商处采购。

辅助钢结构采购时面临的主要问题是，在工程招标时，辅助钢结构部分的内容尚未完全确定。因此，为了在投标文件中合理地考虑此部分的工程量，设计单位提供必要的前期支持十分重要，见表9-1。

表9-1 辅助钢结构暂估工程量清单实例

项　目	A 区		B 区	
	数　量	规　格	数　量	规　格
*门　　框	5t	200×75PFC	8t	305×305×97UC
*立挺（3.5m高）	100件	HalfenBW11606 不锈钢角钢	50件	HalfenBW 1 1606 不锈角钢
与楼面梁连接的墙体约束件	1t	150×150×10RSA	1t	150×150×10RSA
*砌体底部角钢	50m	Halfen HZA 100×100×10不锈角钢	125m	Halfen HZA 100×100×10不锈角钢
板上设备洞口	2t	305×102×25UB	2t	305×102×25UB
屋顶设备支架	2t	305×65×46UB	2t	305×65×46UB
*楼梯——休息平台吊架及托梁	5t	152×152×30UC	5t	152×152×30UC
楼板中台阶和凹槽处的配件	2t	100×100×8RSA	2t	100×100×8RSA
*吊装横梁——用于电梯及设备	2t	203×203×46UC	2t	203×203×46UC
设备遮蔽和围挡——通用	2t	152×152×30UC	无	
*冷弯墙檩和屋面檩条	2t	172Z14 檩条	2t	172Z14 檩条
*盖板、吊耳及支架	3t	100×100×8RSA	1t	100×100×8RSA
	1000mm	6mm FW	500mm	6mm FW
钻孔式锚栓和不锈钢角钢	350个	HILTI HST-RM20/60	350个	HILTI HST-RM20/60
	150m	150×150×10RSA	150m	150×150×10RSA

9.2.4.1 工程项目案例

D标段——对于设计图中未表示的辅助钢结构，无预留工程量。

表9-1列出了每个区域的暂估工程量（allowances），但各区域的实际工程量可能有所不同。标有“＊”的项目由承包商设计。除非另有说明，表列值按以下假定编制：

低碳钢

（1）A区钢材强度等级为S275、B区为S355；

（2）加工制作（切割，钻孔，焊接）1t钢构件需要100个工时；

（3）每个项目：25%的钢构件无镀层，25%的钢构件镀锌，50%的钢构件涂覆薄涂层发泡型防火涂料。

其他辅助钢结构：

以下项目为表9-1未列的工程量。所有标有“＊”的项目均由承包商设计。

＊设备及管道的内置支座

＊设备及管道的螺栓支座

＊设备及管道的焊接耳板

＊设备及管道的支架

＊设备及管道的支承吊杆

＊设备及管道的支承吊架

＊设备上和设备周边的通道支架

与设备机房连接的通道支架

＊设备管线支承架

＊设备立管用花纹钢板

预埋管线综合支架或哈芬槽式预埋件（Halfen channels）

管道沟盖板

＊安保系统装置和附件

＊栏杆

剧院设备的支撑导轨

＊舞台照明设备的支架和马道支架

＊标牌支架和支承

不锈钢

（1）强度等级为S316L；

（2）加工制作（切割，钻孔，焊接）每吨钢材需用200个工时。

9.3 应用

9.3.1 楼梯

楼梯的基本构件包括踏步板、踢板、楼梯斜梁、休息平台及其支承件。将这些构件按照不同方式进行组合，即可设计出实用且风格迥异的楼梯。

BS 5395《直楼梯和旋转楼梯的设计、施工及维护应用规范》[6]给出了以下建议：

（1）几何造型——依建筑法规的要求而定。楼梯踏步高度、踏步宽度、斜跑倾角之间的关系，必须保证楼梯的安全性和舒适性，其相关尺寸取决于楼梯的用途。公用楼梯的典型尺寸如下：

踏步高度：100~190mm

踏步宽度：250~350mm

斜跑倾角：最大38°

楼梯净宽：最小1000mm

在同一时段有密集人群通行的楼梯（如公共建筑中的楼梯）应采用较大的踏步宽度和较小的踏步高度，且保证斜跑倾角不超过33°，逃生楼梯净宽应大于1000mm。

每跑楼梯的踢板不少于3个但不超过16个，且所有休息平台的净宽不应小于楼梯净宽。

（2）荷载和鲁棒性——楼梯设计时应允许承受偶然荷载，尤其是逃生楼梯，当建筑物在偶然荷载作用下发生破坏时，楼梯不应坍塌。楼梯与主体结构间必须可靠连接，楼梯的构造做法要提供足够的承压面积和拉结承载力。

（3）如果楼梯中只使用踏步板（即不设踢板），楼梯踏步板的设计就可能由步行荷载的动力效应所控制，因此设计时应做得保守一些。

（4）因为钢楼梯的固有阻尼往往很小，所以其动力响应是至关重要的。

（5）其他标准——安全性、防滑性、耐久性、隔声要求和照明要求都会影响到楼梯的设计，这些问题在BS 5395中均有说明。

9.3.1.1　构造形式

踏步板及踢板由楼梯斜梁支承并组成一个楼梯梯段，每个楼层通常有两个楼梯梯段，且两个梯段呈180°，其投影面积不大于6m×3m（装配式建筑中的楼梯所占的空间可能会大一些），梯段两端与楼梯休息平台相连。最简单的构造形式是把楼梯建在楼梯间内，楼盖结构对应楼梯间位置要开洞口，在这种情况下，楼层平面和楼梯休息平台可以直接由主体结构支承，楼梯梯段可直接横跨在楼梯休息平台之间。楼层平面的平台可设计成楼梯的一部分，也可设计成楼板结构的一部分。楼梯踏步板可以设在楼梯斜梁上方，也可以把它支承在楼梯斜梁平面内，见图9-4。

如果楼梯踏步板支承在楼梯斜梁平面内，应保证其尺寸与楼梯斜梁结构相符；同时，如果楼梯踏步板和踢板是由钢板弯折成形的，那么楼梯梯段本身就会具有足够的刚度，来满足其动力响应的要求。这种形式的构造是非常有效的，见图9-5。

如果楼梯间位于楼板的边缘，楼梯平台（特别是中间楼梯休息平台）的支承就会非常重要。图9-6所示为一个简单、常见的工程实例。

如图9-6所示，单层的室外逃生楼梯，其楼梯梯段在水平和竖直方向都支承在楼

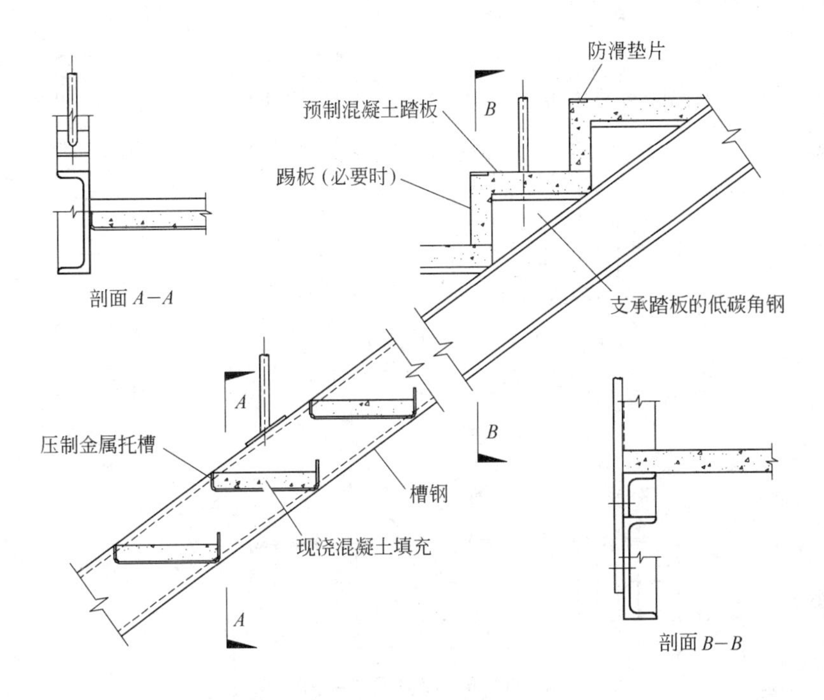

图 9-4　钢楼梯斜梁与不同的踏步板形式

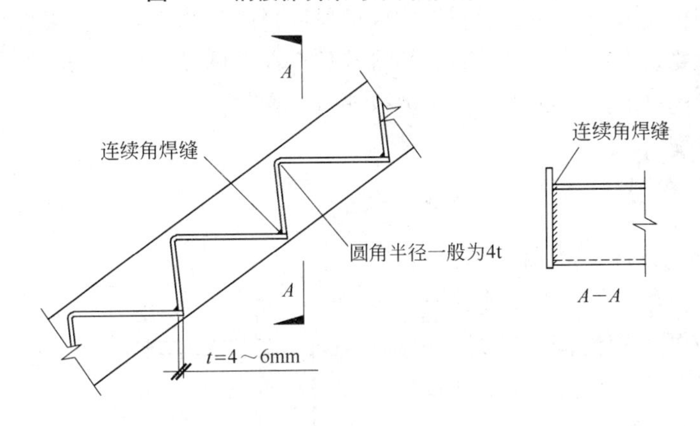

图 9-5　钢板弯折成形的楼梯梯段

梯平台上，楼梯平台则由设置了支撑的钢柱支承。关于此类楼梯的一个比较复杂的工程实例，可见本章 9.3.1.3 节的介绍。

9.3.1.2　设计责任与采购

建筑师负责楼梯设计，结构工程师要向建筑师提出相关的建议，建筑师再将这些建议融合到建筑设计图中，其设计深度应满足招标要求。当前，具有楼梯设计资质和制作能力的专业承包商为数众多，因此，最常用的是由这些加工制作厂家承担楼梯施

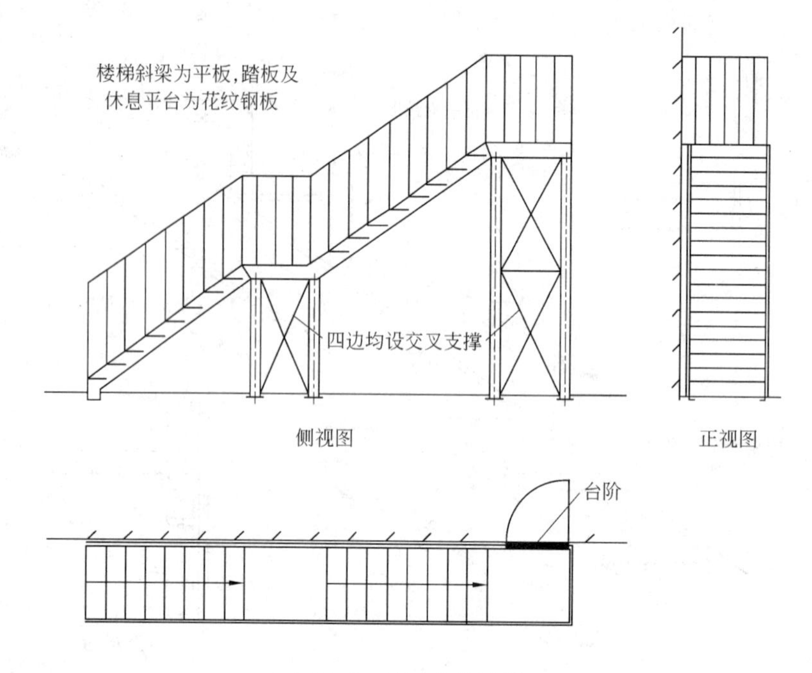

图 9-6 简易室外楼梯

工图的设计。相应地，这些加工制作厂家可根据自己的制作方式，来进行施工详图的设计。建筑师要负责审批加工详图，并将其整合在总体设计中，则结构工程师则应就楼梯对主体结构可能产生的任何影响进行评估。

9.3.1.3 工程案例

本实例为一个 18 层混凝土结构商务办公楼，周边设有 6 个公用设施管道井。这些井筒内布置了盥洗间、管线、电梯和楼梯等。钢框架结构外挂玻璃幕墙构成了这栋办公楼的主要建筑特色。其中，楼梯设计需考虑的主要因素包括：

（1）从平面上看，楼梯悬挑在管道井筒的侧面，所以其自身的稳定性较小；

（2）楼梯结构支承玻璃幕墙；

（3）由于楼梯突出的造型和透明的特点，对于建筑构造措施应予以特别的重视；

（4）必须适应变形和安装偏差。

典型楼梯筒的平面布置见图 9-7。

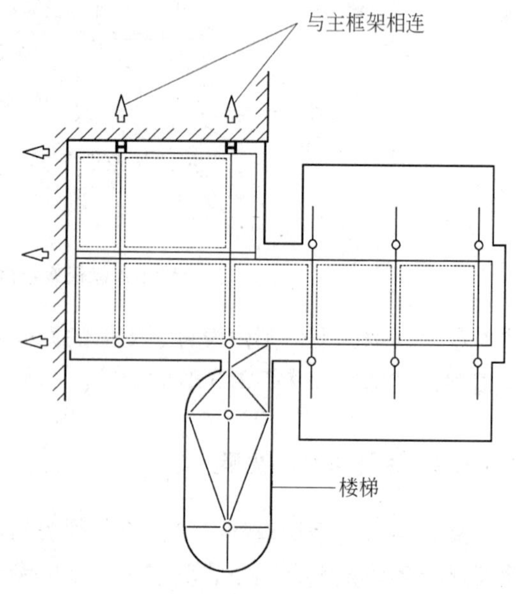

图 9-7 典型楼梯筒的平面布置图

楼梯梯段的踏步板由5mm厚钢板经弯折而成，不带踏步踢板（open tread），踏步板与楼梯斜梁螺栓连接。梯段和楼梯平台横跨在从两根柱子上悬挑出来的径向伸臂上，见图9-8和图9-9。

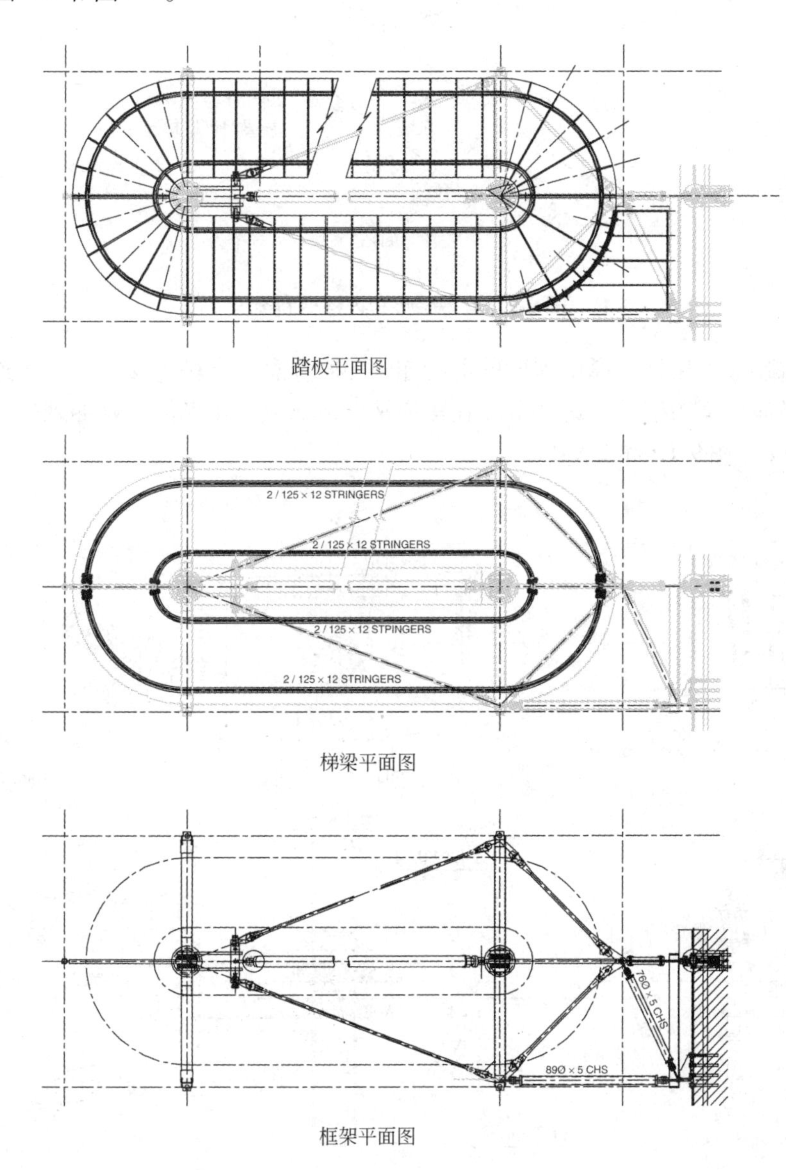

图9-8 典型支撑布置图

径向伸臂还与起竖向立挺作用的拉杆相连接，来承担来自玻璃幕墙的横向风荷载。这些拉杆对楼梯支柱所施加的应力为抵抗平面外荷载提供了所需的刚度。在楼梯筒顶部和底部的框架为这些拉杆提供锚固点和张拉点。

由于梯段本身刚度很小，将由一个施加预应力的拉杆支撑体系来保证柱子在平面

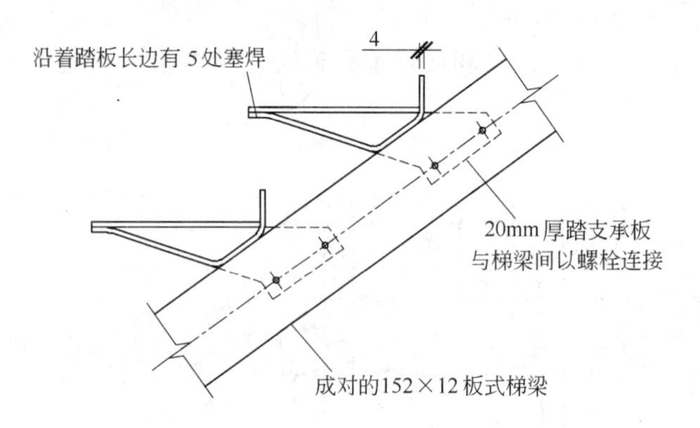

图 9-9　典型踏步和内楼梯斜梁

内的稳定。预应力拉杆支撑由梯段的下端连到中间休息平台柱连接节点，再连至中柱上伸出的径向伸臂的端部。这些节点在楼梯平台下形成三角形向后延伸到核心筒楼板上，见图9-8、图9-10和图9-11。

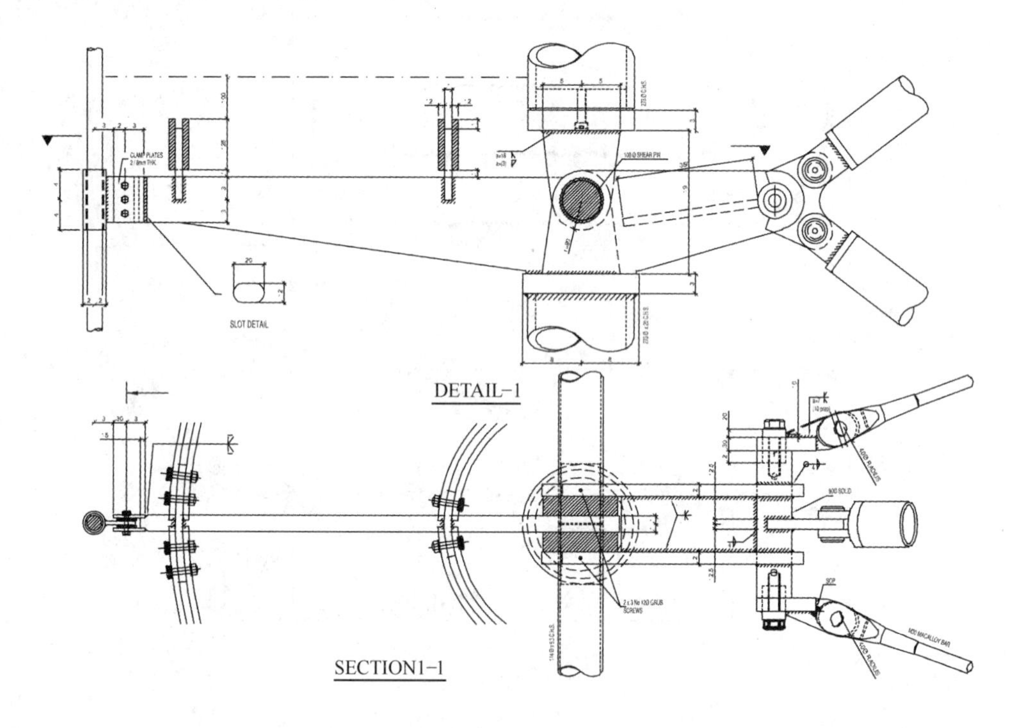

图 9-10　楼梯中间休息平台处的典型柱节点详图

为了抵抗作用在柱节点上的不平衡力，将柱节点与一系列竖向支撑连接在一起。

所有的支撑构件，包括连接楼板的构件，均通过调节螺纹长度来保证安装精度和施加预应力。与楼板的连接设计也采用铰接，以适应由安装时施加预应力及使用阶段的温度变形引起的竖向变形。

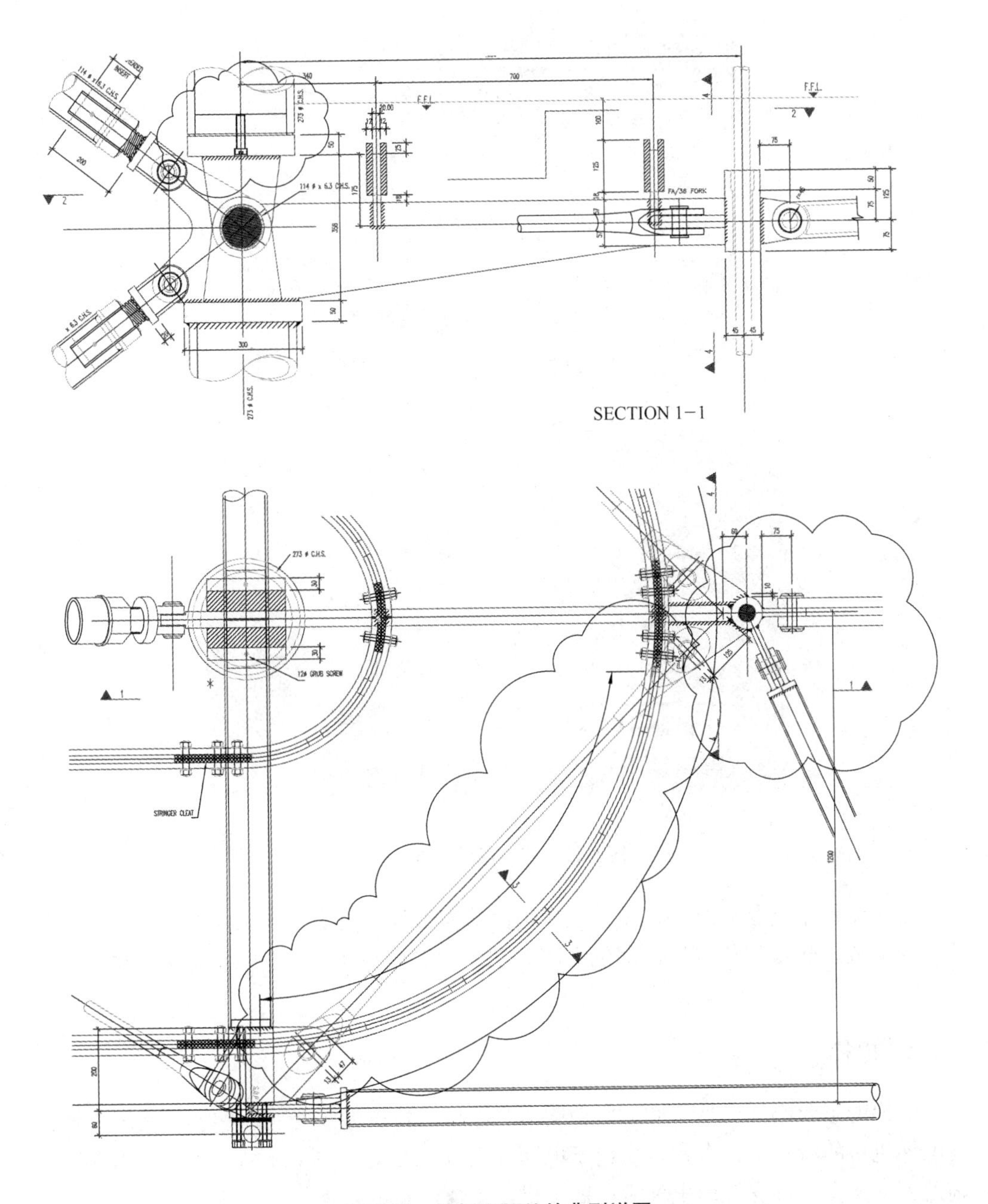

图 9-11　楼板平面处的典型详图

图 9-12 和图 9-13 所示为竣工后的楼梯图。

若将楼梯设在建筑物的后部，那么楼梯做法会稍微简单些，这样建筑上的限制就会少很多。梯段起悬臂空腹梁的作用，来保证离楼板最远柱子的稳定性，这样，就可取消预应力拉杆体系。此外，支承在径向伸臂端头的竖向立挺可以采用常规的结构型钢，也不必施加预应力。

图 9-12　竣工后的楼梯（一）

由于楼梯结构受力复杂，设计工作仍由结构工程师负责，施工详图由专业加工制作厂家完成，建筑师负责连接部位组件（如围护墙板和楼梯扶手）的总体协调。

9.3.2　电梯

电梯的主要部件包括轿厢、平衡配重和电机。传统做法是将轿厢和平衡配重悬挂在电梯机房的滑轮上，电梯机房位于电梯井上方，并支承在主体结构上。电梯导轨由辅助钢支架支承，支架由电梯生产商提供。需要注意的事项如下：

（1）轿厢、平衡配重都必须配备导轨。为使电梯正常工作，导轨必须牢固就位。

（2）电梯生产商会假定用于固定电梯导轨支架的结构具有足够大的刚度。

（3）电梯导轨支架的竖向间距最大不能超过 4.5m，高速电梯还需设置中间支座。

（4）电梯导轨支架仅提供水平约束；竖向荷载通过轨道传到电梯基坑。在 BS 5655[7]《客梯和货梯安装应用规范》中，对设计荷载和变形限值给出了指导意见。

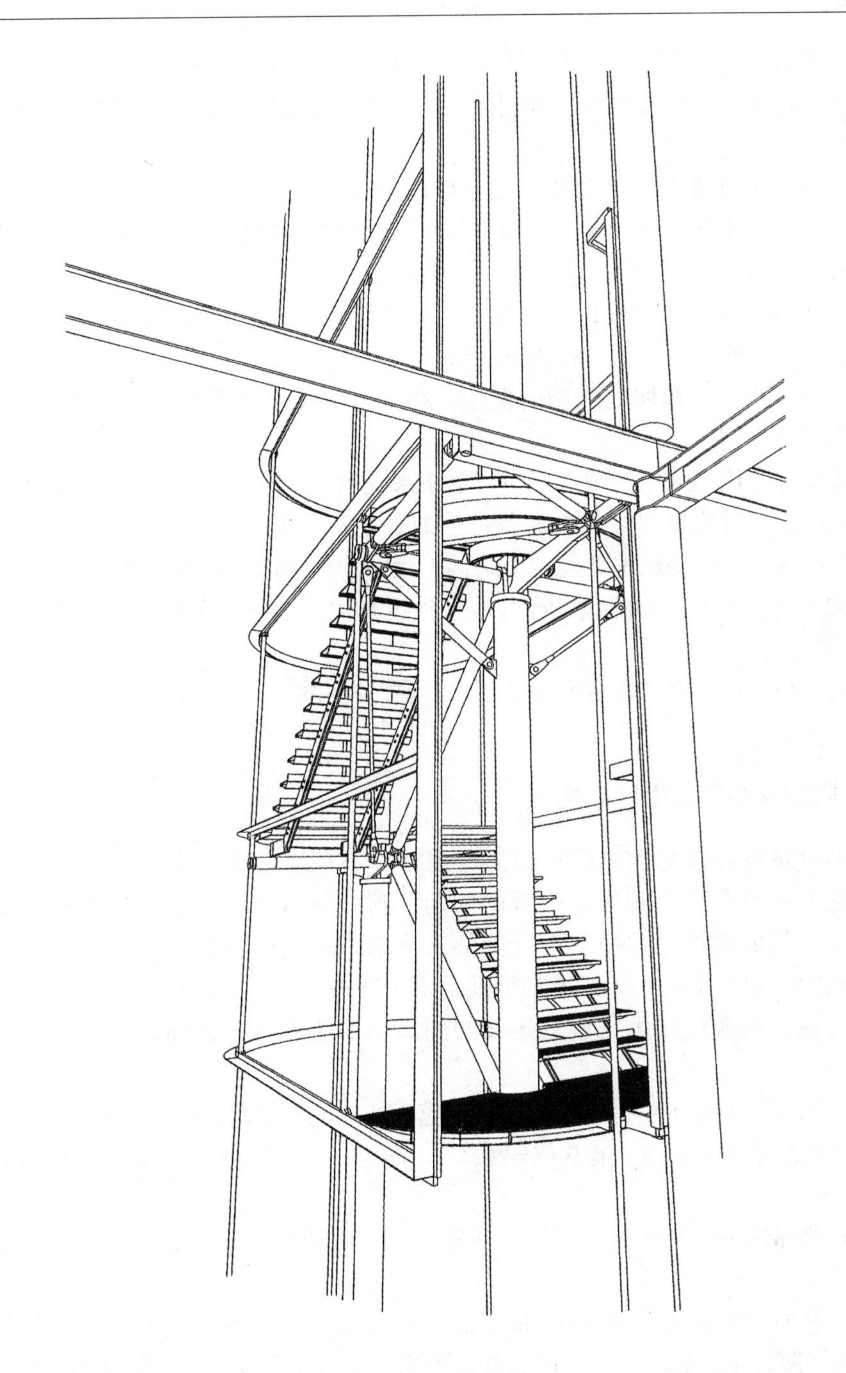

图 9-13　竣工后的楼梯（二）

（5）必须能对电梯导轨支架进行充分的水平调节，以保证准确安装电梯导轨。

如果电梯位于混凝土或砌体电梯井内，上述条件很容易满足。如果主体框架是钢结构，电梯井可由轻质隔墙构成，SCI 出版物 103[8] 为该类电梯的导轨安装提供了指导，并给出如下建议：

（1）导轨支架必须支承在楼层标高处，可以直接固定在主体钢结构上或者混凝土楼板边。混凝土中的锚固件应采用槽式预埋件，避免后续钻孔固定，也可采用专用固定装置。

（2）如果有几部电梯组合在一起，可以用钢梁将它们隔开，这些钢梁可用来支承导轨。与导轨支架一样，分隔梁与主体钢结构可以用螺栓连接，也可以与混凝土楼板边连接。

（3）电梯门需支承在辅助钢框架上。无论是悬挂式还是底部固定，电梯门在每层都要支承，且构造上要适应楼板的变形。

（4）支承电梯井筒四周隔墙的框架，在构造上要允许相对的竖向变形，不能对楼板形成支柱作用。

如果电梯井筒不封闭，则需要另设框架来支承电梯导轨支架。该框架必须提供足够的侧向刚度，且连接支架必须具备足够的（平动和旋转方向）调节能力，以便于准确安装电梯导轨。辅助框架通常由结构工程师设计。由于仅按强度设计的话，辅助框架结构可能会太柔，因此，工程师应根据电梯生产商给出的刚度设计要求来继续设计。

最后，为了便于电梯安装和设备更换，在电梯井中心的上方应设置吊装梁。

9.3.3 附属核心筒和中庭结构

如果附属核心筒对整个建筑物的稳定性并不产生影响，那么对于结构工程师来说，它们就只是开洞和作用荷载的问题。这就使得建筑师和设备工程师可以自由地优化他们的设计，并使其设计能够适应未来的变化。在这种情况下，建筑师希望把楼梯、电梯和/或盥洗间安排在脱开楼板的位置，而布置在建筑物的周边或者中庭内。筒身构件由与楼板连接的辅助钢框架支承，该辅助框架设计的关键因素有：

（1）刚度——限制步行产生的楼梯响应，并对电梯导轨提供足够约束。

（2）P-Δ 效应——柱子通常比较柔，并且提供的抗弯能力有限，故其屈曲承载力十分有限。

（3）鲁棒性——在偶然情况下，柱子发生断裂或柱约束失效时，框架仍有足够的抗倒塌能力。

（4）柱缩短效应（column shortening）——附属核心筒的柱与柱之间、柱与主体结构之间间距较小。如果柱子较高，就应考虑不均匀缩短效应，特别是不均匀温度效应。电梯井筒柱的荷载主要来自电梯机房，因为荷载作用于柱顶，因此在安装过程中要对柱的缩短量做出估算。如果主体结构是混凝土结构，考虑到混凝土的长期徐变和收缩效应，则核心筒与主框架间的连接可能需铰接。

附属核心筒的造价昂贵，尽管其结构功能有限，在成本计划中也应适当考虑。

由于结构功能的多样性和设计的复杂性，其设计应该由结构工程师负责。核心筒

钢架可作为主钢结构合同（如果存在）的一部分来采购，当建筑设计有特殊要求时，也可以通过专业钢结构制造商采购。

9.3.3.1 工程案例-伦敦 EC3 圣博托尔夫大厦

圣博托尔夫大厦（The St. Botolph Building）为 15 层商业办公楼，由 M1 开发有限公司承建。主体结构为钢框架-混凝土核心筒结构，在建筑物中部设有中庭，其中设有一组观光电梯，布置在电梯大堂的两侧。电梯大堂一端与主体结构楼板相连，另一端与横跨中庭的连桥相连，见图 9-14 和图 9-15。

图 9-14 伦敦 EC3 圣博托尔夫大厦：核心筒结构效果图

本项目设计的主要特点是：

（1）大堂楼板——从主楼板伸出的水平悬臂为柱子提供稳定。为了让楼板单元与核心筒钢架分开，由钢梁和楼板单元之间的支撑所形成的水平桁架，可以视为非结构构件。

（2）中庭连桥——设计方案中至少设有三座永久性连桥，每隔三层设一座。这些连桥用于电梯大堂楼板的水平支撑，并增加结构的侧向刚度。连桥与大堂楼板之间的连接，除传递约束力外，还必须能够承受一定的温度变形。这可通过一组在设计荷载作用下最大压缩量为 10mm 的碟形弹簧来实现（见图 9-16）。连桥本身的设计是由

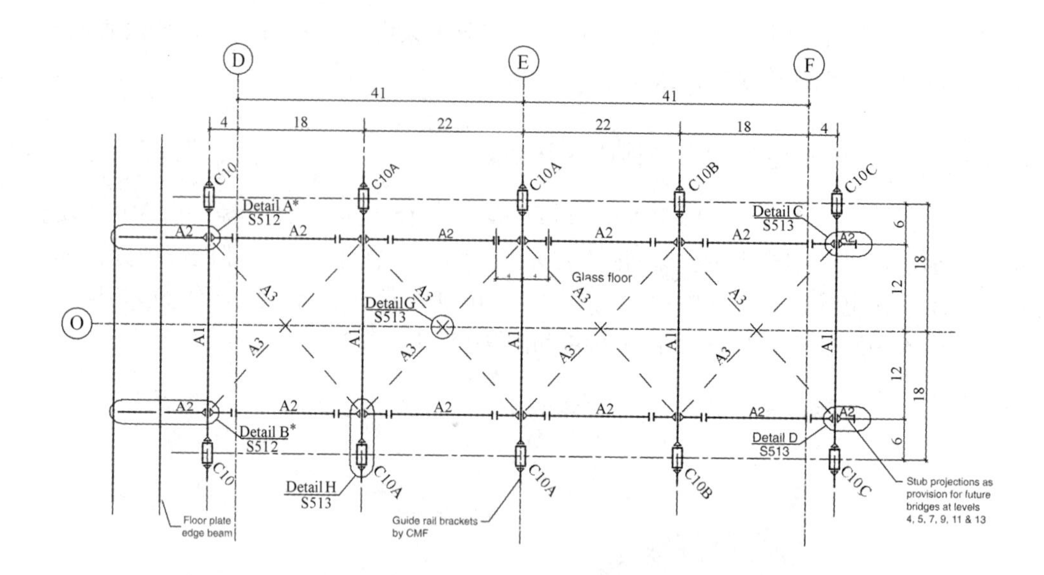

图 9-15　典型大堂平面图

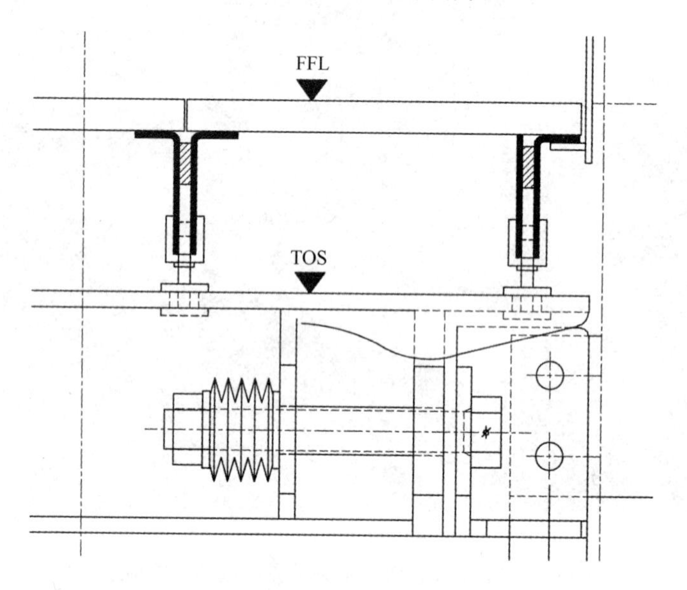

图 9-16　碟形弹簧连接

步行振动引起的响应控制的。

（3）柱——每个电梯井设有两部轿厢，因此作用在柱上的荷载很大，其机房重量为普通机房的两倍。此外，最外面的柱子支承中庭连桥，对柱的约束仅由悬臂式楼面梁提供。受空间限制，建筑设计要求使用轧制箱形截面。由于无法采购到所需的轧制箱形截面柱，最后，只能采用焊接箱形截面，其焊接完成后的外观与标准轧制箱形截面相同。

图 9-17 给出了确保外表面光滑的连接大样。

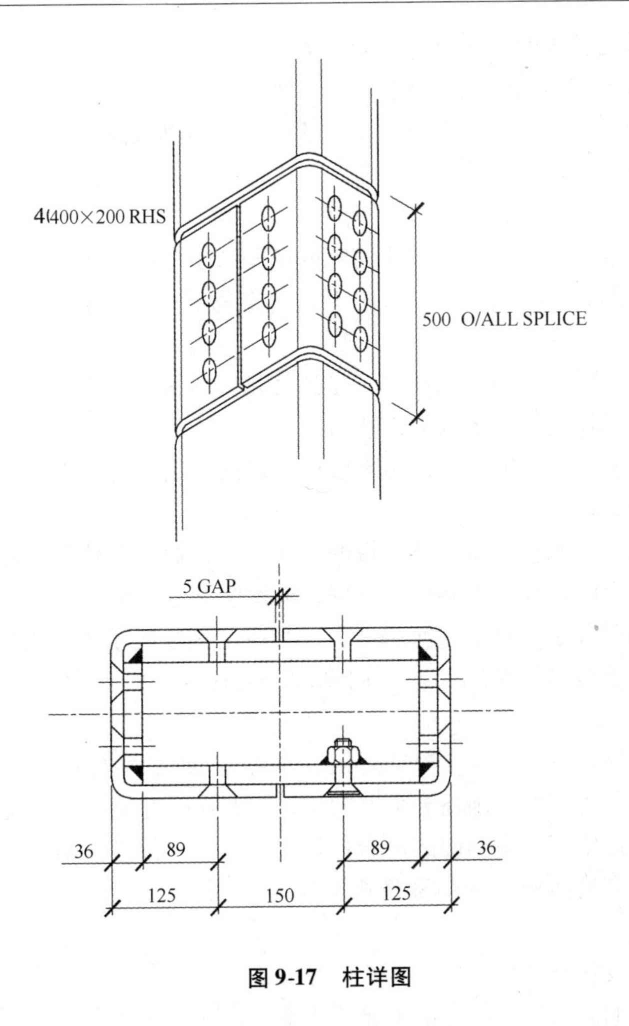

图 9-17　柱详图

(4) 鲁棒性——基于该结构的重要性，对于当移除某根柱子以及大堂楼板与主框架的连接失效时（实际上是在特定楼层上取消与所有柱之间的约束），对结构所产生的影响进行复核。

由于结构的复杂性和对主框架连接进行简化的需要，结构工程师应负责整个工程的结构设计。

9.3.4　雨篷

最为常见的雨篷是玻璃雨篷，玻璃雨篷设计的关键问题是选择玻璃及其支承方法，因为在英国建筑行业中最大的单个伤亡事故就是由屋顶脆性材料坍塌所造成的。雨篷应易于清洗、维护和更换玻璃，也应允许工人在玻璃表面走动，因此，就会存在人员跌倒或工具掉落在玻璃上面所发生的危险。此外，雨篷下面往往会有行人通过，尤其是在建筑物入口等显著位置，容易对行人造成威胁。雨篷也易受到风暴碎片冲击，若雨篷离地面较近时，还容易遭到人为破坏。

基于上述原因，玻璃应采用夹层玻璃。当玻璃出现破损时，分层夹胶可以使得玻璃仍黏合在一起，玻璃设计时应预留足够的残余强度以保证玻璃破碎时上面的人员不至于摔落。此外，玻璃夹持系统应具备防止夹层玻璃板整体脱落的能力。因此，玻璃的四周连续支撑（如带全框的玻璃）优于点式支撑。

应对雨篷挠度进行限制，以防止雨篷变形而影响外观，挠度允许值通常为跨度的1/350，这就使得雨篷所采用的玻璃比用在建筑物其他位置的玻璃刚度更大，也更厚重。

作用在雨篷上的雪荷载和风荷载，受到其几何形状的影响，例如，雨篷向建筑物倾斜，就会受负风压作用或形成局部积雪。

由于雨篷结构是外露的，应该考虑温度作用的影响，使其能承担温度作用所产生的变形和应力。

支承玻璃的钢结构应根据玻璃面板的尺寸进行布置，当对支承玻璃的钢结构进行平面内的强度验算时，要考虑其挠度以保证玻璃能够适应相应的变形。由于玻璃是分层的，设计时假定分层材料没有剪切刚度，其挠度仅取决于支承玻璃的钢结构性能。因此为了保证支承玻璃钢结构的平面内刚度，应在其平面内设水平支撑，或采用刚节点。

支承玻璃的钢结构与主体框架的连接需要与其外围护墙协调，并应采取构造措施避免形成冷桥。因为大部分雨篷为悬臂结构，因此连接部位应能传递侧向荷载和竖向荷载。为此，就需要有一个明确的荷载传递路径，来把这些荷载传递到主体结构上，对于雨篷向主体结构所施加的荷载作用的安全性问题，结构工程师要对此进行验算校核。

雨篷结构的设计既受到其所支承的雨篷覆盖面层的影响，又受到与建筑物围护结构连接部位的影响。所以，通常由雨篷覆盖面层的承包商来负责其详图设计和采购。也有例外情况，如果雨篷相当大时，那么就应该由钢结构承包商来负责制作和安装。如果主体结构也是钢结构，理所当然就应由主体结构承包商负责，否则（特别是在对建筑的细部构造有很高要求的情况时）应由专业钢结构承包商进行采购。

9.3.5　幕墙支承

幕墙支承的主要功能是在幕墙和支承结构之间传递荷载，并能适应变形和安装误差。在各种规模的工程项目中，最常见的就是幕墙和支承钢结构之间的连接匹配和使用中抗变形能力的问题。设计幕墙支承的关键就在于解决这些问题。

幕墙支承结构的设计同时受主体结构性能以及幕墙构造类型的影响。幕墙构造通常包含以下几种构（部）件：

（1）围护墙板——建筑物的“皮肤”。它可以直接附在主体结构上，也可以由立挺和横梁构成的辅助框架支承。

（2）立挺——跨越楼层或其他相当的约束，并用于支承围护墙板的垂直梁构件。通常由铝材制成。

（3）横梁——横跨竖框之间的水平梁构件。

两种最为常见的幕墙形式为：

（1）构件式系统——现场将单根立挺和横梁组装在一起形成辅助框架，再固定围护墙板。

（2）单元式系统——将立挺、横梁和面板在工厂组装成单元，再运至现场，每个单元通常为1.5m宽、1层楼高。

幕墙由围护结构承包商设计、生产和安装。但在指定承包商之前，建筑师和结构工程师必须对若干关键的因素做出决定，这些决定会对幕墙性能产生影响，它们包括：

（1）围护墙板重量；

（2）围护墙板支承类型和位置，以及由支承传递到结构的局部作用力；

（3）固定围护板墙的结构构件的合理变形限值；

（4）围护墙板的区域；

（5）固定围护墙板的结构的施工偏差。

结构工程师应在变形和安装偏差报告中对这些因素加以说明，以便围护墙承包商进行施工图设计。由于幕墙的建造成本通常会两倍于结构的成本，因此过分限制幕墙的设计费用，来优化结构设计是一种不妥的做法。此外，幕墙周边结构应有适当的刚度。

9.3.5.1 常见问题

幕墙支承在楼板板边，在楼板上设置幕墙支架，该支架应与专用的槽式预埋件相连，避免在混凝土上钻孔固定。在初步设计阶段，结构工程师和建筑师必须确保楼板表面有足够的空间安装支架（根据CDM❶的观点，在顶部固定幕墙是不可取的）。应对所有位置进行校核，而不仅仅是典型区域。对一些特殊的区域如电梯井或在建筑物周边楼板有大开洞等，可能需要设置附加钢结构，设计中应注意采取相应的构造措施。

如果主体钢框架支承的是轻质混凝土板，则其板边可能强度不足而无法承受围护墙板荷载。这时，应设边梁用来支承围护墙板，边梁应该具有足够抗扭刚度以抵抗荷载偏心引起的局部效应（例如，在型钢梁的下翼缘设置抗风限位固定件（wind restraint fixings））。

❶ CDM（Construction design and management）项目建设（设计及管理），简称CDM。《项目建设（设计及管理）规定2007》从设计概念开始，主要着眼于建设项目的有效规划和管理，把健康及安全考虑视为一个建设项目开发的常规组成部分，而不是可有可无的或额外的部分。《规定》的目标是降低结构在建造、使用、维护和拆除的过程中所受到伤害的风险（译者注）。

当考虑围护墙板和主体结构之间的位移时，在拐角部位就会出现特别的问题，因一面外墙的平面外位移会与另一面外墙的平面内位移相等。在理想情况下，建筑物的层间侧向位移不要超过围护墙板在其平面内的抗倾斜能力（the racking capability of the cladding）（通常为层高的1/500）。否则（如大型屋面的温度变形）就会形成非常规的、复杂的情况，需要通过角部支架来提供变形能力（如采用幕墙而不是用结构来约束角部立挺，见图9-18）。

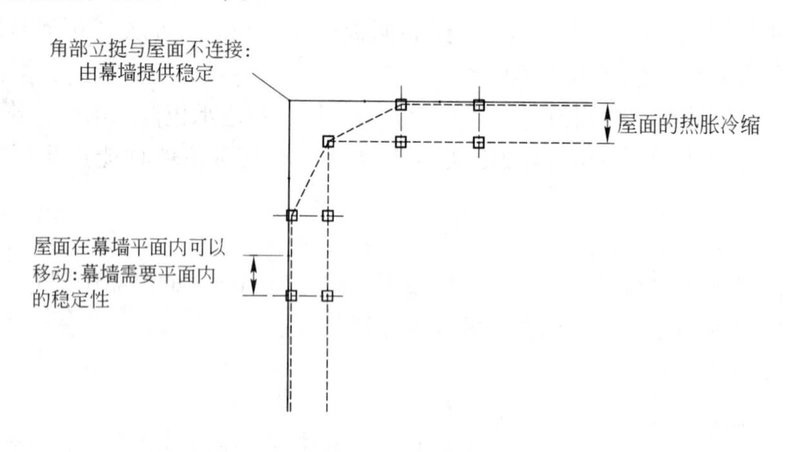

图9-18 拐角构造详图

构件式和单元式围护墙板系统有两种连接形式可以采用。主要连接承受重力荷载和水平荷载，辅助连接只提供水平约束，允许在围护墙板和主体结构之间有相对的竖向位移。每个围护墙板单元都由主要连接和辅助连接支承，主要连接设在围护墙板单元的顶部或底部。由于幕墙一般是挂在主体结构的外侧，所以重力荷载会在连接部位产生弯矩。在建筑物的角部和相对小的边缘区域上，作用于围护墙板的风压会起控制作用，由此导致围护结构设计所采用的风压要比结构设计所采用的风压大得多。

这些连接也必须满足所有必要的位移及安装误差的要求。

9.3.5.2 构件式系统（Stick systems）

先把立挺连接到支架上，然后把墙面的其他构件逐一组装在立挺上。立挺通常在其底部支承，并且可以连续两层或者三层高。可以通过立挺之间的滑动承插式套管接头来调节竖向位移。由结构变形引起的转动位移只在立挺中引起微小的轴向弯曲，并不需要采取特殊的连接措施。因此，同一楼层可采用相同的围护墙板支架（见图9-19）。

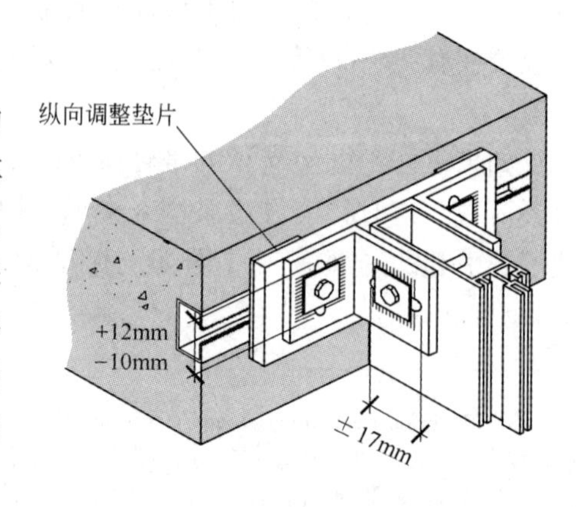

图9-19 典型构件式系统的固定支架

构件式系统通常由普通轧制槽钢和角钢

制成，常采用不锈钢，偶尔也采用热浸镀锌低碳钢。在正常情况下，可以通过直接安装在楼板支架上的槽形孔，来实现在墙板平面内的边对边的调节，通过与墙面呈直角的槽形孔和（或）使用垫片，可以进行墙板的出平面的调节。槽形孔可以设在立挺上，也可以设在固定在立挺的支架上。采用在直接固定在结构楼板上的支架下加塞垫片的方法，或通过支架上设置的竖向槽形孔，来进行竖向调节。当立挺调直并调平后，就可以用带齿的垫圈与支架上的凹槽咬合在一起，锁定就位。

9.3.5.3 单元式系统（Panel systems）

每块墙面板预制成一个结构单元，其自重一般由两个支架来支承，支架通常设在墙面板的底部或顶部的两个角上。水平荷载一般由设置在墙板两边的附加支架或固定件承担。在平面内，围护墙板的倾斜会在墙面板之间产生相互作用，从而使得作用在支架上的荷载进行重新分配。在极端的情况下，一个竖向支架可以支承三块墙面板。

单元式系统的支架通常要比构件式系统的支架复杂和坚固，图 9-20 所示为单元式系统的支架的典型实例。支架由钢板或铝板制成，或者采用由铸铝或铸钢。这种支架系统一般固定在预埋在楼板上的槽式预埋件中，与板边平行的支架可以进行边对边调节。当调直且调平后，支架由带齿的垫圈锁定就位。墙面板挂在支架上，并通过螺杆或螺丝进行上下调节。

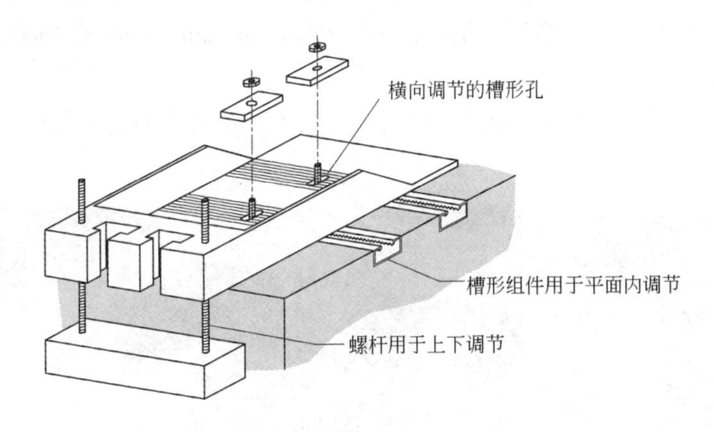

图 9-20　典型单元式系统的支架

9.3.5.4 防腐蚀与防火

为了降低锈蚀的风险，固定件通常由镀锌钢板或不锈钢制成。然而当不同金属，如不锈钢和黑色金属在潮湿空气中接触时，就会发生金属间电化学腐蚀。这种情况下，有必要采用聚四氟乙烯、尼龙或者氯丁橡胶等垫片或涂层把两种不同的金属隔开。

围护墙板和楼板之间的缝隙一般需要密封，以防止烟和火在防火分区之间蔓延。

通常，对围护墙板一般没有防火要求，因此围护墙板的支承件本身不需要进行防火保护，但如果围护墙板固定件是设置在有防火保护的构件（如钢梁）上，那么，对于围护墙板固定件的设计，必须保证钢梁的性能不受损害。这种情况下，如果要做防火保护，就不能对围护墙板在其支承部位的自由变形产生限制。

9.3.5.5　责任

在指定围护结构承包商之前，建筑师要负责围护墙板设计并确定给支架预留的空间。如果建设项目比较复杂，幕墙工程师可能要协助建筑师进行工作。结构工程师要负责对所预估的建筑物变形进行验算，并准备《变形和安装误差报告》。在围护结构承包商指定后，该承包商要负责围护墙板系统的设计，包括墙板的支架设计。建筑师仍负责围护结构与总体设计之间的协调工作，而结构工程师则要负责对在幕墙支座部位的主体结构的承载能力进行验算。

9.3.6　阳台

建造阳台的传统方法只是把楼板结构延伸到建筑物之外。但为了避免穿过围护结构而形成冷桥，这种方法已经不再是首选方案。实际上，阳台已经成为附着的辅助结构。

SCI 出版物 P332[9]《多层钢结构住宅》（Steel in multi storey residential buildings）一文中，将阳台分为以下三类：

（1）（支承在地面上的）叠装式阳台——它由一组延伸到地面的柱支承，可以成组吊装到指定位置，见图 9-21。

图 9-21　典型的叠装式阳台

（2）悬臂式阳台——它由与主体结构刚接的悬臂梁来支承，见图9-22。

图9-22　典型的悬臂式阳台

（3）拉杆式阳台——它的外边缘由一对拉杆支承，这些拉杆斜拉在上一楼层主体结构上，见图9-23，也可以垂直连接在屋顶的支承结构上。

叠装式阳台，一般不会将竖向荷载传递到主体结构上，只对主体结构形成了水平约束，要求阳台与主体结构的连接构造能够适应不均匀沉降或温度作用引起的位移。悬臂式阳台，其大小受主体结构承受悬臂弯矩能力的限制。拉杆式阳台，斜拉杆会在主体结构上施加水平荷载，但该荷载对主体结构的影响并不明显。

在以上三种类型的阳台中，均应在阳台与主体结构之间的连接部位设置专用的断桥装置，来降低由于冷桥而产生冷凝水的风险。

因为阳台结构相对简单，其设计开始可以由建筑师来负责，结构工程师提供相应的建议和予以配合。阳台部品（件）的供应商通常要负责阳台的详图设计、制作和安装，建筑师负责总体设计协调，对于阳台施加在主体结构上的荷载作用，结构工程师要负责对主体结构的承载能力进行验算。

图 9-23 典型的拉杆式阳台

9.3.7 护栏

以下建议摘自 BS 6180《建筑物内外护栏设计应用规范》(the Code of Practice for the Design of Barriers in and around Buildings)[10]。本节所涉及的护栏是用于防止人员摔落，或者是保护重要的结构构件，使其免受速度不大于 16km/h 的车辆的撞击。

护栏高度是根据建筑法规确定的。在体育场地，护栏间距是非常重要的，其设计可参考《运动场地安全指南》(Guide to Safety at sports Grouds)[11]。用于保护人员的护栏不得采用边缘锋利、薄壁即端部开口管，突出的零配件也会对人员造成伤害。其作用荷载应按 BS 6399-1[12]要求取值。在正常使用条件下的变形不应引起恐慌，应限制在 25mm 以内。

设计用于防止车辆撞击的护栏，在受到撞击都可能会产生扭曲，但应基本保持在原有位置。其作用荷载应按 BS 6180 要求取值。可能的话，护栏的设计应做到在护栏受到撞击后使得车辆转向，以减小损失。

护栏的支承结构应能抵抗所有荷载而不产生过大的应力和扭曲，其支座固定件设

计应做到：

（1）所有节点应按所连接构件的满应力强度设计。

（2）当任何固定件的任何组（配）件的强度存在不确定性时，则其设计荷载应增加50%。

（3）应避免依赖于单个固定件的抗拔承载力。

这些建议是用来确保在极端荷载条件下，可能由护栏的固定件、配件或锚固系统失效而引起的护栏发生扭曲，这就表示护栏已经达到破坏，而没必要到完全破坏。

如果对护栏有外观或者良好耐久性的要求，则护栏宜采用不锈钢或采用热浸镀锌钢材、喷锌或喷铝钢材，也可选择镀锌或涂层带钢。紧固件和固定件应采用不锈钢或热浸锌钢材。

9.3.8 工业楼梯、爬梯和走道

对于建筑物的所有区域，尤其是对屋面和设备机房，有必要设置用于检查、清扫和维修的通道。这就需要提供楼梯、爬梯和走道，其设计要求可参见 BS 5395-3[13]。设计中要优先考虑的是安全问题，以保护使用人员，以免滑倒和摔落。要提供边缘防护还应设踢脚板，以防止工具或设备意外掉落。

踏步板和通道表面，通常铺设镀锌的钢板或格栅板。

采购这些构（部）件通常要有相关的合同，一般是与设计和制作专业供应商签订的设备管线或围护结构的分包合同。

参考文献

[1] British Standards Institution (2011) BS 6180：2011 *Barriers in and about buildings-Code of practice*. London，BSI.

[2] The Building Regulations fou England and Wales 2000：Part B. B1 Means of warning and escape，B2 Internal fire spread (linings)，B3 Internal fire spread (Structure)，B4 External fire spread，B5 Access and facilities for the fire service. London，The Stationery Office. 2004.

[3] National Structural Steelwork Specification (2007) *Specification for Building Construction*，5th. ed.，2007(BCSA Publication 203/07). London，BCSA.

[4] The Steel Construction Institute (2006) *Connections between steel and other materials*，SCI Publication 102. Ascot，SCI.

[5] CIRIA (2001) *Managing Project Change-a best practice guide*. Guide C556. London. CIRIA.

[6] British Standards Institution (2010) BS 5395-1：2010 *Code of practice for the design，construction and maintenance of straight stairs and winders*. London，BSI.

[7] British Standards Institution (1998) BS 5655-1-1986 *Code of practice for the installation of lifts and service lifts*. Replaced by BS EN 81-1：1998 + A3：2009. London，BSI.

[8] The Steel Construction Institute (1994) Electric lift installations in steel frame buildings，SCI Publi-

cation 103. Ascot, SCI.

[9] The Steel Construction Institute (2004) Steel in multi storey residential buildings SCI Publication P332. Ascot, SCI.

[10] British Standards Institution (2011) BS 6180: 2011 Barriers in and about buildings-Code of practice. London, BSI.

[11] Great Britain. Department of Culture, Media and Sport and The Scottish Office (1997) Guide to Safety at Sports Grounds. London, The Stationery Office.

[12] British Standards Institution (1996) BS 6399-1: 1996 Loading for buildings-Part1: Code of practice for dead and imposed loads. Replaced by BS EN 1991-1-1: 2002, BS EN 1991-1-7: 2006. London, BSI.

[13] British Standards Institution (2001) BS 5395-3: 1985 Code of practice for the design of industrial type stairs, permanent ladders and walkways. Replaced in part by BS EN ISO 14122. London, BSI.

10 钢材生产*

Applied Metallurgy of Steel

RICHARD THACKRAY and MICHAEL BURDEKIN

10.1 引言

钢材在结构领域的用途多种多样，主要体现在钢材可以及时供应，价格相对低廉，产品形式丰富多样并且具有一系列有效的材料特性。理解钢材的多用途的性质，关键在于了解其基本的冶炼加工原理。对于结构来说，钢材是一种高效材料，因为它具有很好的强度重量比。各种结构材料的强度重量比随其单位重量价格的变化情况，见图 10-1。常见的结构用钢材的强度为 250 ~ 2000N/mm^2，但随着强度的变化，与之对应的产品形式也将发生一定的改变。在大多数工程实际应用中，钢材通常具有较好的延性和断裂韧性。钢铁制品的范围包括薄板材、结构用型材和板材以及形状复杂的大型铸锻件。尽管钢材强度的变化范围很大，但直至达到其屈服强度或保证强度（弹性极限）之前，仍是一种高弹性模量（基本上为常量）的弹性材料。达到屈服强

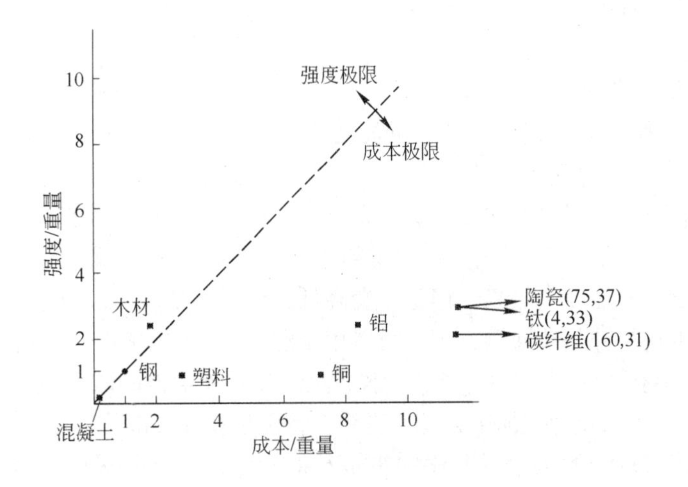

图 10-1　不同材料换算为钢材的强度重量比和成本重量比关系曲线

* 本章译者：韩静涛。

度后，钢材具有很大的塑性变形能力，这对不同钢铁制品的拉拔、成形及结构的延性，都具有很大的意义。

钢材的力学性能取决于其化学成分、热处理方法和制作工艺。钢的主要成分是铁，添加极少量其他元素会对钢种及其性能产生显著的影响。当对钢材进行热处理时，这些元素会有不同的反应，热处理就是以指定的速率从某一特定的峰值温度将钢材冷却。钢材的生产过程包括热处理和机械加工，这对于掌握成品钢材的性能，以及如何应用和加工这些钢材，是非常关键的。

虽然钢材是一种用途广泛、诱人的材料，但必须认真对待两个重要问题，即钢材的防腐蚀和防火问题，关于这两个方面的问题将分别在本手册的第 36 章和第 35 章中予以详细论述。通过选择钢材的化学成分和热处理工艺，以及采用合适的抗腐蚀措施，可以明显改变钢材的防腐蚀性能。虽然普通的结构用钢材在高达约 300℃ 的温度下仍然能够保持其强度，但当温度继续升高时，其强度会逐渐丧失，所以在火灾中，钢材可能会丧失大部分结构强度。通过采用特殊的化学成分配方，可以提高在高温条件下钢材的高温强度和蠕变强度，但对于普通的结构用钢材，采用防火涂层或者结构防火保护的处理方法会比较经济。

10.2 化学成分

10.2.1 概述

了解化学成分和热处理对钢材冶炼及其性能的影响，主要考虑以下因素：

（1）微观结构；

（2）结晶粒度；

（3）非金属夹杂物；

（4）结晶颗粒内部或其边界处的沉淀物；

（5）吸收或溶解的气体。

钢的主要化学成分是铁和少量的碳，此外还会掺加一些用来改善其力学性能的其他元素，其中最大碳含量为 1.67%。碳含量超过 1.67% 时，一般就会成为铸铁。随着碳含量的增加，钢材的强度会提高，但延性会降低，且对热处理更加敏感。因此，通常最经济、简单的钢材品种是普通碳素钢，可以用做混凝土结构中的钢筋、钢索，一般工程中常用的钢条或钢棒，以及某些钢板/带钢等。当普通碳素钢的碳含量处于中等或很高的水平时，在其后续的制作/加工处理过程中，特别是在焊接部位，就会出现一些问题。通过保持钢的相对较低的碳含量并添加少量其他元素，就可以获得更多性能各异的钢种。当结合适当的热处理工艺时，这些添加的元素就会提高钢材强度，且仍保持很好的延性、断裂韧性及可焊性，或者改善钢材的高温强度及防腐蚀性能。对于厚截面构件以及在低温环境下易出现脆性断裂问题的钢结构，提供强度高、断裂韧性好的钢种特别重要。对于长期处于高温环境下的钢结构，例如压力容器、发电厂和化工厂的管道等，钢

材的高温强度也很重要。对于所有暴露在室外环境下的钢结构，尤其是那些浸在海水中的结构，钢材的防腐蚀性能就显得尤为重要。耐候钢的表面附着有一层致密氧化物薄膜，可以减缓或抑制钢材在正常的干湿交替的大气环境下发生持续腐蚀。不锈钢的表面有一层氧化保护面层，该面层一旦出现破损，就会在破损处自动重新生成这种保护膜，因此不锈钢在氧化条件下不会发生锈蚀。不锈钢特别适用于化学工业领域。

10.2.2　添加元素

在铁中掺加少量的碳元素可以提高其强度及热处理的敏感性（或称可淬性）。其他一些元素（如锰、铬、钼、镍和铜）也会影响钢材的强度和可淬性，但影响程度不及碳元素。这些元素的影响主要是在钢材的微观结构上，它们能够使钢材在指定的热处理工艺/制作条件下达到要求的强度，同时保持较低的碳含量。细化钢材的晶粒结构，可提高钢材的屈服强度并同时改善断裂韧性和延性，因此这是增强钢材性能的重要途径。虽然热处理，特别是冷却速率，是实现晶粒细化的关键因素，但钢材中存在一种或几种元素，可以在冷却过程中促进新的晶粒成核来促进晶粒细化，也是非常有益的。可以促进晶粒细化的元素包括铌、钒和铝等，在钢材中的添加量都很低，最高也只有 0.050% 左右。

为提高钢材高温强度和抗腐蚀性能，一般主要掺加铬元素、镍元素和钼元素。铬特别有利于抗腐蚀性能的增强，因为它能在钢材表面形成一层氧化铬保护膜，这也是在氧化环境下不锈钢抗腐蚀能力的基础。同时掺加铬元素和镍元素，当铬元素的掺加比例为 12% ~25%，镍元素掺加量低于 20% 以下时，就会得到不同类型的不锈钢。如同在铁基体中对碳的基本影响一样，也有其他几种元素会对铬或镍产生相似的影响，但影响是很小的。从化学成分产生的影响来看，由不同含量的铬、镍可以组成各种类型的不锈钢，可用舍夫勒组成图（the Schaeffler diagram）来表示，见图 10-2。不锈钢的三种基本类型分别是铁素体不锈钢、奥氏体不锈钢和马氏体不锈钢，它们有着不同的固有晶格结构和微观结构，因而会表现出显著不同的性能。

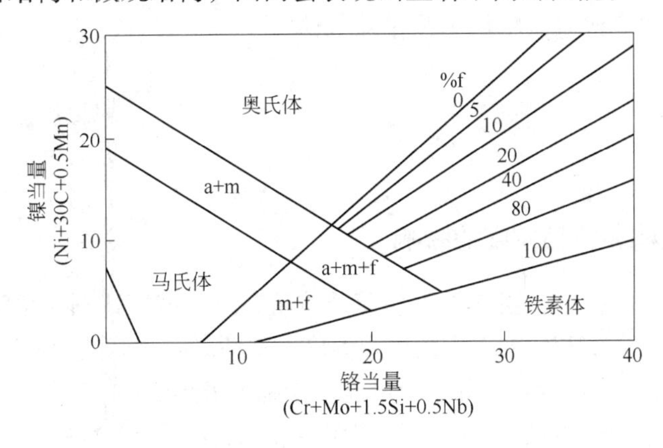

图 10-2　舍夫勒（Schaeffler）不锈钢组成图

10.2.3 非金属夹杂物

对于一些特定用途的钢材，必须严格控制非金属夹杂物。这种夹杂物是炼钢过程中矿石或废料留下的残渣，主要是由于精炼时多余的二次氧化或者对耐火材料所产生的侵蚀而形成的，必须采取措施把这些夹杂物降低到指定水平。钢的洁净度是在钢中夹杂物的数量和大小的度量。即使是少量的夹杂物聚集在一起，也可能会导致构（部）件中出现应力集中或产生疲劳等问题。

最常见的杂质是硫和磷，它们的含量较高时，会造成钢材抵抗塑性断裂的能力降低，并有可能引起焊接接头的开裂。对于可焊接钢材，其中的硫、磷含量必须控制在0.050%以下，现代炼钢的实践结果表明，宜控制在0.010%以下。当然，这两种杂质也并不总是有害的，在某些情况下对于焊接性能和断裂韧性要求不高部位所用的钢材，可以有意增加硫含量，当含量达到0.15%左右时就会提高钢材的机械加工质量，也可以在非焊接用的耐候钢中添加少量的磷。在钢材中可能形成杂质及产生严重影响的其他元素，还有锡、锑和砷，在某些钢材中它们会加剧所谓的回火脆化问题，即当钢材温度一直维持在500~600℃时，这些元素就会迁移到晶粒边界处。当这样的钢材处在常温下时，由于晶粒间发生断裂，钢材的断裂韧性会变得非常差。尤为重要的是要确保从低合金钢中将这些元素排除干净。当钢材中的溶解气体含量较高时，特别是氧和氮，会使钢材变脆。可以通过添加少量的脱氧元素，如铝、硅和锰等，来控制溶解气体的含量。这些脱氧元素对氧有很高的亲和性，它们在高温下和气体结合后，或上浮从钢水中逸出，或成为固态非金属夹杂物残留下来，其中一些夹杂物会浮到钢水的表面并变成钢渣。

夹杂物的组成成分也是相当重要的。在钢材进行热加工时一些夹杂物具有一定的延性并会变形，而氧化铝等夹杂物却没有这种特性。因此在某些情况下，例如生产棒材或线材，必须避免使用含有这类夹杂物的钢材。没有添加脱氧元素来控制氧含量的钢材称为沸腾钢。铝还有助于控制游离氮的含量，在应变时效脆化现象影响较大的部位，控制钢材中的游离氮含量是十分重要的。可以进行钢水真空脱气，或通过重熔工艺，如真空电弧重熔或电渣精炼工艺排除气体。

10.3 热处理

10.3.1 微观结构和结晶粒度的影响

在钢材的生产过程中，当其处于高温液体状态时，就能达到其化学成分方面的要求。钢材冷却时，会在1350℃左右的熔点温度下逐渐凝固，但是在随后的冷却过程中，其材料结构会发生很大的变化，并且还可能会受到未来热处理的影响。如果钢材是缓慢冷却的，就能形成平衡的晶格结构，以与温度和其化学成分相协调。

这些条件可以归纳为与特定成分相关的相态平衡图，铁-碳化铁的相态平衡图，

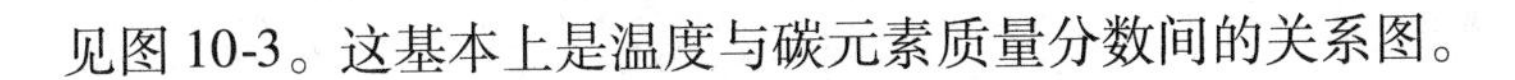

见图 10-3。这基本上是温度与碳元素质量分数间的关系图。

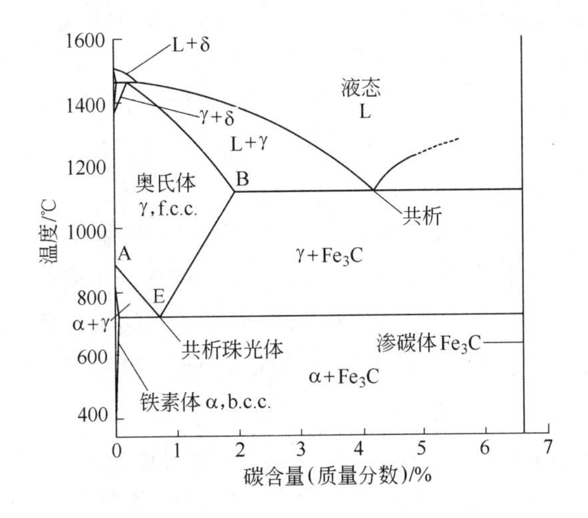

图 10-3 铁-碳化铁系统的相态平衡图

(f. c. c. 指面心立方; b. c. c. 指体心立方)

当碳含量为 6.67% 时，会生成一种叫做渗碳体的金属间化合物，[1] 它是一种十分坚硬的脆性材料。在相态平衡图的左端，碳含量非常低，此时在室温下的平衡结构是铁素体。当碳在这些极值之间时，平衡结构为铁素体和渗碳体的混合物，两者的比例取决于碳含量。当从熔点温度开始冷却，碳含量很低时，先形成被称为 δ 铁素体的相态，然后转化成另一种叫做奥氏体的相态。当碳含量更高时，随着碳含量增加而熔点温度开始降低，且一开始就直接转化为奥氏体。奥氏体相的晶格结构为面心立方结构，奥氏体相态可以保持到图 10-3 中的 AE 线和 BE 线。随着冷却过程的缓慢进行，奥氏体开始转化成铁素体和渗碳体的混合物，最终在室温状态下结束转化。尽管如此，图中的 E 点表示在碳含量为 0.83% 时出现了共析现象，即铁素体和渗碳体呈窄条状交替沉淀形成了珠光体。碳含量低于 0.83% 时，随着缓慢冷却，微观结构的类型将从奥氏体转化为铁素体和珠光体的混合物。在适当的温度下存在的各种相态都有它自己的晶粒度，且铁素体/珠光体晶粒容易在先前形成的奥氏体中或其边界结构的晶粒之上沉淀，呈网络状。构成基本“基”（matrix）的铁素体的晶格结构实质上是一个体心立方结构。因此，在从液体状态逐渐冷却的过程中，晶格结构和微观结构发生的复杂变化取决于钢材的化学成分。为了能观测到平衡相图的情况，冷却过程必须足够慢，以便有足够的时间进行晶格结构的转化和碳元素的扩散/迁移，以形成适当的微观结构。

如果钢从一个很高的温度开始冷却，并在一个较低的温度上保持足够长的时间，可能会出现不同的情况。这种情况可以用等温转化图来进行描述。等温转化图的形式取决于化学分析，特别是碳及相关元素的含量。普通碳钢的等温转化图的形式，通常

[1] 金属间化合物是金属与金属或与类金属元素之间形成的化合物（译者注）。

是两个形如字母C、且在各自的底部有一水平线的曲线，见图10-4。在转化图中左侧/上部的温度-时间曲线表示转化的开始，右侧/下部的曲线表示转化随时间结束。当钢材中的碳含量低于共析时的0.83%时，保持在某一温度所对应的等温转化图为图中C形曲线的上半部分，这样将会导致形成铁素体/珠光体的微观结构。如果转化温度较低，处于C形曲线的下部，但位于其底部水平线以上，就会形成一种新的微观结构类型，即所谓的贝氏体，它比珠光体稍微坚硬一些，但其断裂韧性很差。如果转化温度进一步降到两条底部水平线以下，就会形成一种极其坚硬和极脆性的马氏体物质。在这种情况下，奥氏体的面心立方晶格结构不会转化成铁素体的体心立方晶格结构，并且晶格结构会被锁定在一种叫做体心四角晶格的扭歪状态。贝氏体和马氏体不会在平衡冷却（即正常的缓慢冷却）过程中形成，但是可以由淬火的方式生成，即不让其有足够的时间发生平衡冷却。

沿时间轴C形曲线的形状及其位置，取决于钢材的化学成分。随着碳含量的增大，C形曲线沿着时间轴向右移动，冷却速率更慢时生成马氏体的可能性增大。添加合金元素会改变C形曲线的形状，图10-5所示的是一种低合金钢的等温转化图。在碱性钢（basic steel，不锈钢大多为碱性钢）的生产过程中，在适当的温度下通过各种机械加工，就能对其微观结构、晶粒大小和钢材性能产生附加的影响。

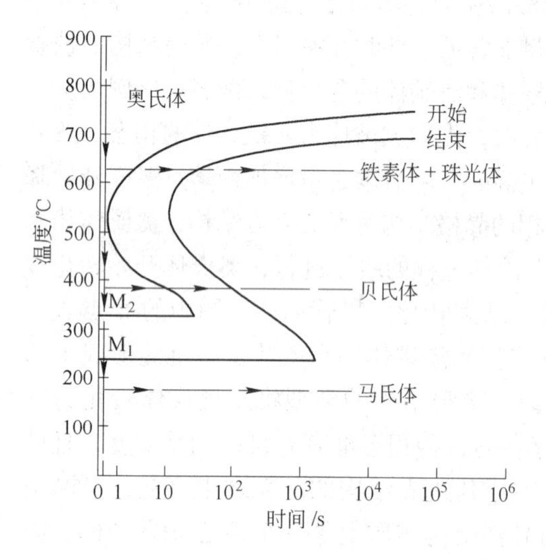

图10-4 碳含量为0.2%、锰含量为0.9%的钢材的等温转化图

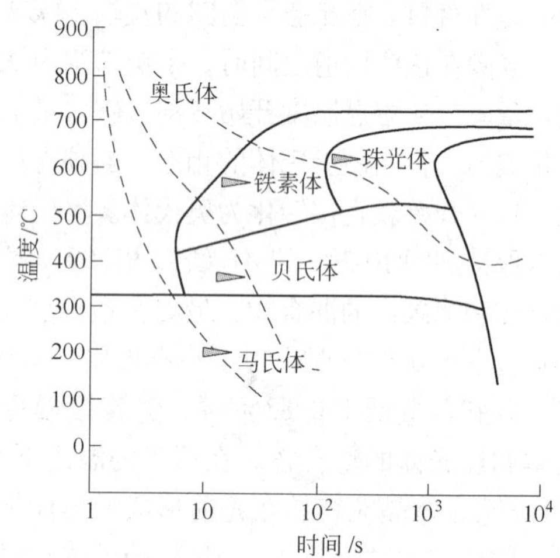

图10-5 碳含量为0.4%、锰含量为0.8%、铬含量为1%、钼含量为0.2%的钢材持续冷却时的转化图

除了冷却速率会影响微观结构外，高温所持续的时间及随后的冷却速率也会显著影响晶粒大小。如果长时间保持较高温度并处在一种特定的相态上，就会导致晶粒边界融合并形成更大的晶粒。对于铁素体晶格结构，在温度约高于600℃时晶粒开始增长，随后长时间温度处于600～850℃并且缓慢冷却，就往往会形成粗晶粒的铁素体/

珠光体微观结构。在C形曲线的上部进行快速冷却，就会得到更细的晶粒结构，但其微观结构仍是铁素体/珠光体。

将经过精心打磨和蚀刻的样品放在显微镜下，可以显示和检查钢材的微观结构。蚀刻采用的专用试剂会有选择地腐蚀微观结构的某些部位，被腐蚀的部分即可显示出微观结构的特征。在图10-6中给出了前面已经提及的几种较常见的微观结构。通常

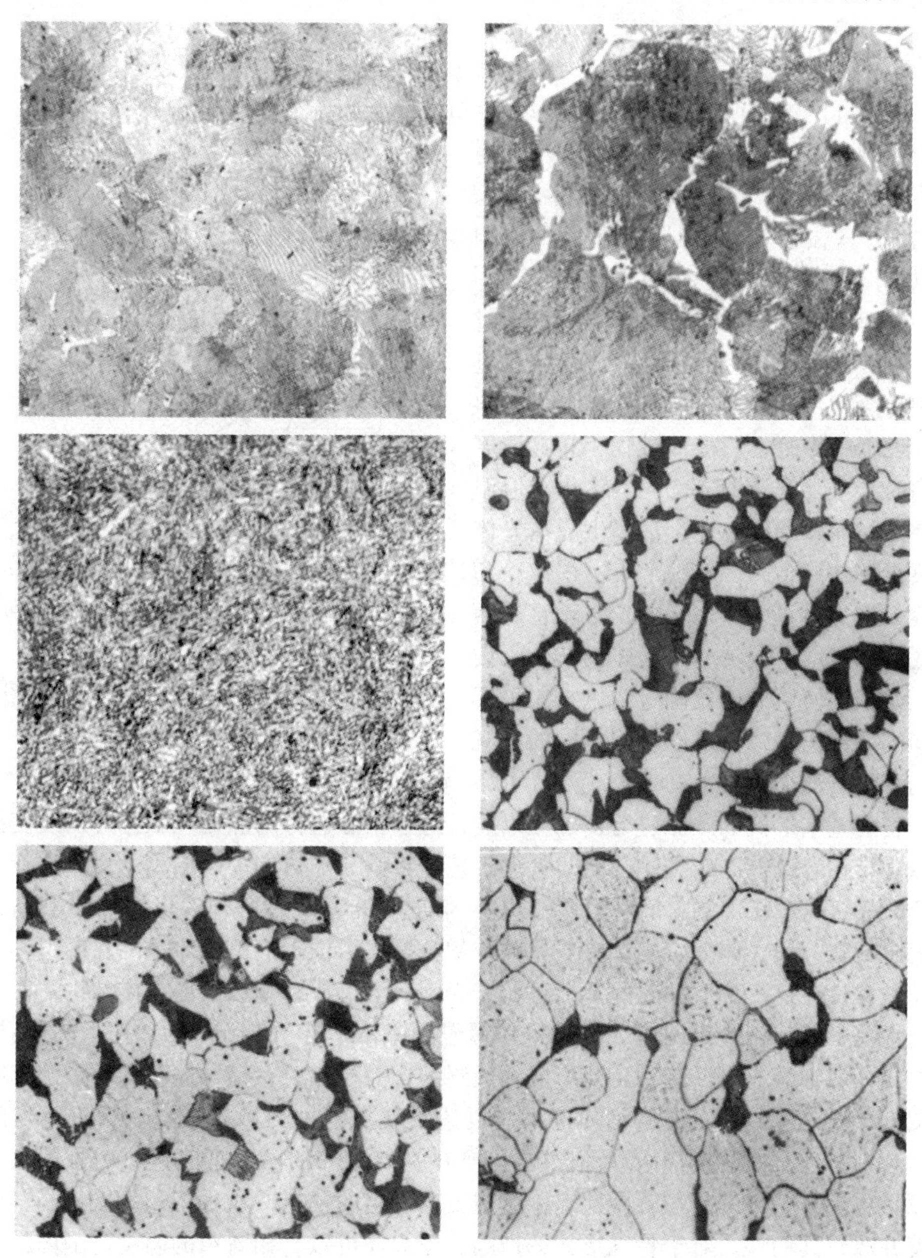

图10-6 钢材中常见的微观结构实例（放大倍率500倍）

（由Manchester Materials Science Centre，UMIST提供）

可用100～500倍放大倍数的显微镜来检查钢材的基本微观结构。如果需要检查精细沉淀物或晶粒边界的影响，就可能要用更高倍率的显微镜。电子显微镜的放大倍率可以达到几千倍甚至上万倍，再结合一些特殊的技术，就可以观察到晶格自身的位错及缺陷。

10.3.2 实用热处理工艺

在实际的炼钢或钢材加工过程中，冷却过程会从高温到较低温度持续进行。钢材对于这种形式的冷却的反应可以表示成连续冷却转化图（CCT图），见图10-7。该图类似于等温转化图，但冷却速率的影响可以用图中不同斜率的直线表示出来。例如，图10-7中的斜线 *a* 表示缓慢冷却过程，它穿过C形曲线的顶部，表示此过程中将会生成铁素体/珠光体混合物。斜线 *b* 表示中等速率的冷却过程，它在温度较高时会经历珠光体/铁素体转化，但温度降低时向贝氏体转化，最终生成珠光体和贝氏体的混合物。斜线 *c* 表示快速冷却过程，它完全脱离了C形曲线且通过两条底部水平线，表示向马氏体的转化。因此，对于任何组成成分确定的钢材，采用不同的冷却速率，就可以得到不同的微观结构和材料性能。

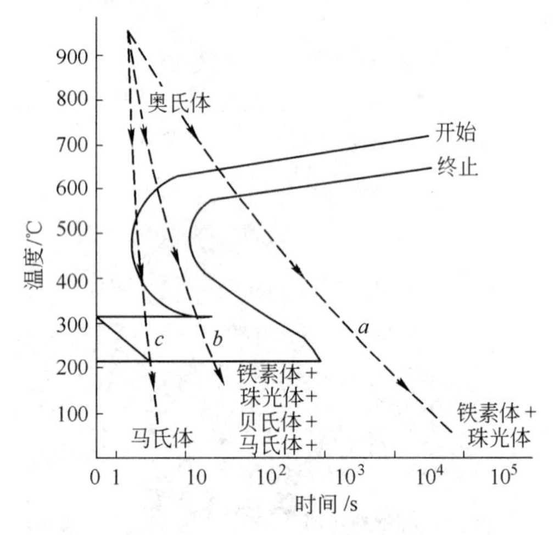

图10-7 碳含量为0.2%、锰含量为0.8%的钢材连续冷却转化图

在对基本形式的产品进行初加工以后，通过精心选择的热处理工艺可以改变钢材的微观结构和性能。一类主要的热处理工艺是将钢材加热到一定温度，使其重新转化为奥氏体，这个温度通常为850～950℃。很重要的一点是必须确保温度足够高，使其完全转化为奥氏体，否则会形成粗颗粒的铁素体结构。但奥氏体化的温度也不能过高，且保持在这一温度的时间不能过长，否则将会形成粗颗粒的奥氏体结构，使得随后向细晶粒的转化会更困难。冷却过程缓慢且基本上在（退火）炉内进行的热处理工艺，一般称为退火。这种工艺形成的最终结构晶粒相对粗糙，这和基本平衡相图所预测的结果是一致的，通常利用退火可以达到软化钢材的目的（以利于进行切削加工）。允许钢材从奥氏体化温度开始在空气中自然冷却的热处理工艺，叫做正火。它可以形成更为精细的晶粒；因此对于组成成分确定的钢材，这种工艺可以提高其屈服强度并改善其韧性。对于特殊形式的产品，正火还可以与相对窄的温度范围内的轧制工艺结合使用，随后将钢材置于空气中自然冷却，这种工艺被称为控轧。将钢材直接浸入油中或水中使其加速冷却的热处理工艺，叫做淬火。在水池中进行的淬火，通常

要比在油池中的淬火更剧烈。

在温度低于奥氏体化的温度范围内，经常会进行二次热处理，称为回火。回火可为先前被缩短的转化过程提供更多的时间，并且会使碳化物的沉淀发生一些变化，即允许它们结合在一起并发展成为球状或更大的形式。对于特定组成成分的钢材，这些热活化活动高度依赖于温度和时间条件。回火的实际效应是对先前已经硬化的晶格结构进行软化，并提高它们的韧性和延性。

普通碳素钢和低合金钢都可以采用淬火和回火，以生产出符合指定要求的板材和工程用型钢。术语“淬透性”是表示钢从其表面至更深处形成马氏体层（淬硬层）的能力。因此，通过上述工艺生产具有特定性能的钢材时，实际截面厚度和尺寸会受到一定的限制。应该指出的是，指标“淬透性”并不表示钢可以达到的真实的硬度水平，而是指使横截面实现均匀淬火的能力。横截面上不同部位的冷却速率差别很大，因为淬火过程中热量是从钢的表面放出来的。

有时需要在构件或结构制作完成以后进行热处理，尤其是在它们经过焊接以后。这样做的目的主要是消除残余应力，但在一些因焊接造成不良影响的区域，可能也要利用热处理使这些区域内的钢材发生可控的金相变化。在高温环境下钢材在使用过程中也可能会发生金相组织的变化。因此，充分考虑任何热处理形式对特定钢种有可能出现的金相影响，是极其重要的。

热处理有时候会被用于控制形状改变或进行扭曲矫正，在这些热处理过程中，对于特定的钢种，必须仔细选择热处理的温度和时间。

10.4 钢铁生产及其对材料性能的影响

10.4.1 炼钢

目前，主要的炼钢途径有两种：一是传统的高炉/碱性氧气炼钢（BOS），即高炉/转炉炼钢法，约占全世界钢产量的65%；二是使用电（弧）炉把废钢熔化和细化。在高炉/转炉炼钢法中，铁的来源是铁矿石。先将铁矿石和焦炭混合并进行烧结，加入石灰石，然后将炉料（burden）送进高炉顶部，高炉基本上是一个内衬耐火砖的圆柱形钢壳。通过靠近高炉底部的喷嘴导入预热空气，在高温下，空气中的氧与焦炭结合生成一氧化碳。然后，一氧化碳上升并通过炉料，加热矿石并使其转化为熔化的铁水，铁水可以从高炉底部收集。这种所谓的热金属凝固，基本上会形成铸铁，而不是钢，因此，其强度和韧性都比较差。炼钢过程的目的是减少碳、锰和硅的含量，并消除磷和硫，在可能的情况下，同时保留铁。为了实现这一点，先把铁水倒入碱性氧气炼钢容器（转炉）中，并在转炉中加入废钢与适量石灰石。然后使用水冷喷枪以超声波的速度将氧气吹入炉中，发生所需的精炼反应。在此期间，可以监控温度和化学成分。到吹氧结束，将转炉倾斜，把钢水倒入钢包等待进一步处理。在此阶段，也可添加合金元素或脱氧剂。

电炉炼钢方法不同于转炉炼钢。电炉炼钢通常采用废钢作为原料，而不是利用铁矿石作为原材料。电炉可以使用的原料非常灵活，但原料的主要成分通常是通过购买或工程中产生的废钢。废钢是经过精心挑选的，因此其成分无需做太多调整，考虑到会有一些杂质存在，只需进行一些精炼。将废钢料装入电炉，关闭炉顶，降下电极，炉料开始熔化。同样，可以监控温度和成分，如果有必要的话，可以将氧气吹入炉内，以帮助精炼反应。在熔化过程结束后，倾斜炉体，把钢水倒入钢包等待进一步处理。

在过去的20年来，炉外精炼的重要性已大大增加了。对于钢铁企业来说，有许多种工艺方法可用于精炼钢液，这就使得钢更具可再生性和优异的性能。炉外精炼工艺的主要目的，是去掉任何不需要的元素，尤其是硫、氢和氮，并且能更好地控制钢液中夹杂物的类型和数量。鉴于在一些关键用途中对洁净钢的需求，这个控制钢液中夹杂物的目标就显得尤为重要。

经过炉外精炼后，钢水就可以凝固了。虽然对于特殊级别的钢种还在使用铸锭，但大约95%的钢是采用连铸工艺生产的。钢液从钢包里，通过一个中间包，在中间包除去夹杂物，然后通过浸入式耐火喷嘴浇入（连铸）结晶器（mould）中。振动结晶器并对其进行润滑，可以防止粘附以及控制钢液的凝固速度。在水冷铜结晶器的出口，形成了一个连续的带钢液芯的铸坯，并进一步受喷水的强制冷却，在完全凝固后用气炬将铸坯切割成规定的尺寸。这些半成品的形式有大方坯、板坯和小方坯，具体情况依尺寸而定。通常大方坯尺寸要大于小方坯且横截面可以是方形或矩形，而小方坯通常为圆形。然后，通过冷、热加工，将这些连铸坯进一步加工为成品形式。

可以采用电炉方法生产不锈钢，但更常见的是使用氩-氧脱碳法（AOD）工艺进行生产。在这个工艺过程中，用电炉熔化废钢，然后将熔融的金属转移到另一个容器中进行精炼。为了避免在精炼中铬的损失，所用的氧化气体为氧气和氩气的混合物。用这样的方式，可以除去碳而不会过多损失昂贵的铬，并且保证不锈钢的成分正确。

通常，高炉/转炉炼钢法适用于大量生产的低碳、大多数结构用等级的钢种，而电炉炼钢法适合于生产特种的、高合金的工程用等级的钢种。

10.4.2 铸造和锻造

如果最终的产品形式是铸件，那么需要将钢液直接浇铸于所需的形状和尺寸的铸型中。铸钢为成品的生产提供了一种通用方法，尤其是当同一类铸件需要很多，且/或当铸件的形状特别复杂时。设计和加工铸型需要采用专门技能，以确保铸件质量优良、力学性能符合要求且没有明显的缺陷或瑕疵。在结构领域采用的高致密铸件，已被成功地应用于生产桥梁的关键部件，例如悬索桥的主索鞍座、铸钢节点、近海结构中的管形部件，以及压水反应堆系统中的导流壳等。一般来说，近十年来，能采用铸造的部件尺寸已经增加了很多，现在可以生产超过350t的钢铸件。但在实际应用中，铸件在全部成品钢中只占很小一部分。

锻造是另一种可生产成品钢的专门方法，它是在奥氏体化温度范围内将钢锭进行加热，并通过在不同方向的反复机械冲压，得到所要求的形状。在温度和机械加工的共同作用下，可以生产出具有优良力学性能的高质量产品。采用高致密锻钢件的一个实例——压水反应堆系统中反应堆压力容器的壳/筒体的钢环。另外，直接用于工程中的锻钢制品，也只占全部成品钢的很小一部分，且仅限于某些特殊的场合使用。

10.4.3 轧制

迄今为止，数量最多的成品钢是轧制钢材。轧制的原理很简单，对半成品大方坯、小方坯或板坯进行再加热，并通过一系列轧辊，减少材料的厚度，同时又增加了材料的长度。初轧一开始就破坏了粗铸态组织，在初轧的过程中，钢坯多次来回通过同一组轧辊，也可以是旋转90°并在横向轧制来达到正确的宽度。精轧是将材料轧制成正确的最终厚度，此时材料可能要按顺序通过的几组轧辊。大部分带钢产品是采用冷轧加工的，经过酸洗后，把氧化铁皮去除。

在轧制过程的最后，把带钢打成卷，然后再做进一步处理。例如，为了提高钢材的耐腐蚀性，在电镀工艺过程中，钢材可以涂锌，也可以涂塑料，或配有图案花纹来改进其外观和防腐性能。

板坯一般用于生产板材和带材，而大方坯和小方坯则用来生产棒材或钢筋、结构用型材，如格栅梁、柱、梁等，以及钢轨。管子或管道可用板材或带材来制造。

2008年，建筑行业约占英国钢铁需求量的29%（约400万吨），其中14%用于钢结构工程，其余15%用于房屋建筑和土木工程[1,2]。

对于结构行业来说，钢板坯可以被轧制成要求厚度的板材或结构用型材件，如通用柱、通用梁、角钢、钢轨等。可以用无缝管轧机将圆形钢坯或钢锭轧制成不同直径和厚度的无缝钢管，或者轧制成实心钢棒并再将其拉拔成钢绞线。管子可以是输送流体的小口径管道，也可以是圆形或方形结构用中空型材。工程结构型材的截面形状，取决于所要求的截面特性（如横截面面积和关于不同轴的惯性矩），以满足结构设计目标实现材料质量的有效分配。在BS 4：Part 1：2005中给出了标准系列的结构用轧制型钢的详细内容，在本手册的附录中给出了可供选用的典型截面形式和相关的截面特性。

10.4.4 缺陷

在任何一种大批量生产过程（包括钢材产品的生产）中，都不可避免地会有很小一部分产品带有缺陷，从产品的预期使用功能角度来看，可以将这些缺陷控制在不影响使用的范围。通常，在产品使用标准中都会有相应的规定，将这类缺陷限制在可以接受并且不产生危害的水平上。在铸件中，会出现一类特别的缺陷，它取决于用于铸件的材料及其几何形状尺寸。最严重的缺陷是在冷却过程中由收缩应力引起的裂缝，特别是在截面发生变化的部位。有时会发展形成网状的收缩细裂纹或撕裂，尤其是在横截面发生变化的部位，该部位的金属承受了不同的冷却速率。铸件中产生的第二类缺陷是固体夹杂物，尤其是型砂残留（sand inclusions），它是一种用来制成铸型的型砂。从某种程度上讲，气孔或气态夹杂物在铸件中是很常见的，同样也是在截面发生变化的部位容易产生这类缺陷。对一些轻微缺陷（如砂眼或气孔等），只要它们没有达到很严重的程度，通常还是可以允许的。

在轧制或拉拔产品中，最常见的缺陷类型是折叠（cold laps）或氧化铁皮轧入表面缺陷（rolled-in surface imperfections）。当材料被回碾到其自身表面，而被滚碾的部分没有完全与表层金属相互熔合时，会产生表面折叠缺陷。相同原因也可能造成氧化铁皮轧入表面缺陷，即材料表面的氧化铁皮被轧下但没有和下层材料充分熔合。以上这两种缺陷通常都发生在材料的表面，当此类缺陷的情况比较严重时，在钢厂最后的产品检验中必须将其淘汰。第三种缺陷是分层，会在板材中发生（尤其是用钢锭轧制的板材）：材料未熔合而形成断层，通常会出现在钢板厚度的中间部位。往往是由于管坯延伸（the rolling-out of pipes），或在浇铸时钢锭的底部或顶部偏离其中心线，容易出现分层缺陷。通常的做法是，在轧制前，将铸锭的两端切除足够长度，来防止轧制成品中出现分层缺陷，但即便如此，仍然时有发生。值得庆幸的是，在轧制产品中，裂纹相对比较少见，虽然会偶尔出现在拉制产品或是采用淬火热处理工艺生产的产品中。

由于大多数钢材生产都要经过高温处理，并经历从高温到冷却的过程，因此应该了解在不同的冷却过程，会产生很高的热应力，从而会在成品钢材中引起残余应力。多数情况下，残余应力对以后的产品性能不会造成明显影响，但有的情况，必须考虑它们的影响。在钢材生产过程中引起的残余应力中，有两种情况最为重要：要求精密公差机械加工时，或细长的结构用型材承受压力荷载时。对于前者，可能有必要进行消除应力处理，或者进行一系列非常精细的切削加工。固有的制作（钢材生产）所引起的残余应力对结构截面特性的影响，欧洲规范 3[3] 通过选择屈曲曲线和缺陷系数 α，对此进行了考虑（参见 BS EN 1993-1-1 第 6.3.1.2（2）款的相关规定）。

10.5 工程性能和力学性能试验

作为钢铁生产厂家质量控制程序的组成部分，以及对于生产不同规格钢铁产品的规定，需要对每个批次产品的钢材样品进行相关的检验，并将检验结果记录在检验合格证明文件上。当钢的化学分析在炼钢炉内校准的阶段以后，需要在不同熔化阶段从钢液中取样，来检查分析结果。在钢液即将出炉前也要进行取样，这个样品的检验结果就可以代表钢液完成浇铸时的化学成分。该项分析结果要在所有产品的检验合格证明文件中给出，这些产品都采用了相同的浇铸初始状态。通常，所有钢的检验合格证明中会给出碳、锰、硅、硫和磷元素的分析结果。对于规定要求的在指定范围内的特殊元素，也要在检验证明中给出这些元素的分析结果。即使有时所添加元素并不是指定的，钢铁生产厂家通常也会提供分析结果，因为这些微量元素可能来自所用的废

钢，或者可能会影响后续的加工制作性能，特别是要进行焊接加工时尤须注意。因此，按照BS标准[4,5]供货的钢通常在检验合格证明中要给出铬、镍、铜、钒、锰和铝等元素，以及上述的5种主要元素的分析结果。

在有些规定中，除了浇铸分析外，还要求对成品钢材的各个项目进行附加化学分析检验，并且要求将检验结果写入检验合格证明中。当然这会增加额外的费用支出。《焊接结构用钢规范，采用耐候钢的热轧结构空心型材》（BS 7668—1994 Specification For Weldable Structural Steels. Hot Finished Structural Hollow Sections In Weather Resistant Steels）中规定，钢厂必须提供有关碳当量的资料，以帮助钢结构制作厂家制定在焊接过程中的预防措施（详见下文）。当然，对于低合金钢和不锈钢，在其检验合格证明中，应给出合金元素（如铬元素、镍元素等）的含量。

检验合格证明还应当给出试样的力学试验结果，这些试样代表了此类产品符合相应的产品标准。提供的力学试验结果通常包括拉伸试验给出的屈服强度、极限强度和试件拉断时的伸长率。断裂韧性作为结构用钢一个重要的指标，规范规定其冲击韧性试验（夏比V形缺口冲击试验）应符合BS 131：Part 2[6]的有关要求。夏比冲击试验（冲击韧性试验）是一个标准缺口冲击试验，试件截面为10mm×10mm的正方形且一面带有深为2mm的V形缺口。试验过程是在某一指定的温度下（或在一定的温度范围内），一系列试样经受的冲击荷载作用，并记录下试样沿缺口冲断时所吸收的冲击功。在欧洲规范[7]中，使用字母JR、J0、J2和K2来表示这些缺口的冲击韧性要求的级别。基本上，这些要求是指在的指定试验温度下，与其字母级别对应的钢材，吸收的能量至少为27J。

规范通常要求钢厂所提取试样的长度方向与主轧制方向平行。事实上，钢材不可能是完全各向同性的，对不同方向提取试样进行试验所得到的材料性能会有显著的差别，这种差别在常规的检验合格证明中并不明显，除非进行特殊的试验。在一些规范中，会要求在垂直于主轧制方向和厚度方向对轧制产品进行试验。由于在使用过程中轧制产品受其表面焊接件的影响，厚度方向会受到荷载作用，因此进行厚度方向的试验特别重要。因为，这类试验并不属于钢厂的常规测试项目，试验本身及由此造成的生产中断，都会引起额外的费用支出。由此可见，为了证明钢材在其他方向的性能而需要进行的试验，会比仅对钢材单个方向的基本试验要花费更多。通常钢厂的质量控制体系以数字或字母形式，在每种长度或批次的产品上打上标记，这样一来就可以追溯到产品对应的浇铸件及生产路径。在要求严格的结构中，非常重要的一点，是要能保证这种标记从加工制作到成品结构贯穿始终，从而可以对每一根构件的钢材等级和制作质量进行识别、判定。因此对于钢厂以及成品构（部）件或结构的购买者来说，每个批次钢材的检验合格证明是一份极其重要的产品文件。除了化学成分和力学性能以外，还应当在检验合格证明中，详细记录炼钢工艺方法以及钢厂对材料所采用的热处理工艺。

钢厂经常会把一些半成品出售给其他的产品制作商或第三方。如果这些企业或个人没有保留材料供货的详细记录，其购买的钢材及相关信息就很难溯源。

如果产品是用半成品钢材生产的并进行了热处理，则中间制作商应该给出他们的检验合格证明，内容应同时包含钢材的化学成分分析和成品钢材的力学性能。例如，用于结构连接中的螺栓，是用棒材加工成的，通常会在螺栓上标明钢材等级和钢种。每一批经过热处理的螺栓，要从中抽出试样进行力学试验，再次确认钢材的强度等级和热处理工艺。

10.6　加工制作的影响和使用性能

由钢厂提供的基础钢铁产品，绝大多数需要经过再加工才能使用。加工制作过程中涉及的各种工艺，会对钢材使用时的适宜性产生影响。多年来，欧洲已经形成了一整套非常实用的规定（生产）程序，并为特种行业和特殊用途所接受。

10.6.1　切割、钻孔、成形和拉拔

在钢部件的加工制作过程中，基本的加工形式是切割和钻孔。切割薄形截面，如板材，用剪板机就能达到令人满意的效果，尽管会形成硬边，但影响不大。厚度在15mm以内的结构用型材，可以用重型剪板机进行切割，尤其对小型零部件很有用，如节点板、角撑等。更厚的型材通常要用冷锯、砂轮或火焰切割进行切割。冷锯和砂轮切割几乎不会产生不利的影响，并且切口干净，尺寸精确。火焰切割是用氧-乙炔割炬沿着窄缝把钢材烧掉，这种方法广泛应用于较厚型材的切割，且一般使用机控切割设备进行切割。火焰切割中的火焰会对切口边缘的金属进行剧烈加热，使其处于快速的冷热循环中，因此，有些钢材可能会形成硬边。为此，可采用一些措施来控制这种影响，例如，可以对割炬的端头进行预热，或采用慢速切割，如有必要，也可以通过后续的机械加工将硬边切除。近年来，激光切割已经变成薄形材料的另一种有效切割方法，这种方法可控制激光束沿预定路径绕行，从而快速切割出复杂的形状和图案。

钻孔涉及的问题较少，现在高效的数字/计算机控制系统可以按照要求的孔洞尺寸和间距同时钻出多组孔洞。对于薄型材料，通常会使用冲床进行冲孔，尽管这会像“切割”一样形成硬边，但如果冲头很锋利，就不会对薄型材料产生影响。

有时需要将钢材弯折、成形或拉拔成不同的形状。钢筋混凝土结构中的钢筋通常要弯钩或制成箍筋。近海结构中管构件的曲线部分或压力容器的圆筒部分，通常是按一定的曲率将平板轧制成形的。此时，如果材料的变形超过弹性极限，就会发生屈服和塑性应变。因此，需要对加工过程中的塑性应变加以限制，以提高后续使用阶段的适用性。通常，限制钢材在冷成型过程中塑性应变的一个重要参数是，弯曲部分的材料厚度或直径与弯曲半径的比值。如果该比值较大，就应限制其塑性应变。对于在制作中过度冷加工的部分，则需要重新进行热处理，以恢复材料状态，使其性能达到指定要求。生产钢丝时，钢材通过拉拔过程，其直径逐渐减小，相应的原材长度也在逐渐增加。这种冷拔相当于发生了塑性应变，且同时产生两方面的影响：提高钢材的强

度和降低剩余延性。因为该过程中，材料将按其本构关系发生变化。在某些类型的钢丝生产过程中，为了消除冷成型操作造成的损害，提高和改善最终的力学性能，需要加入中间的热处理环节。

10.6.2 焊接

对于钢材的应用而言，焊接是最重要的加工过程之一。其焊接形式多样，涉及物理、化学、电子、冶金、机械工程、电机工程以及结构工程等多门学科。虽然焊接工艺种类繁多，但最为常见和重要的是：电弧焊和电阻焊两大类。其中，较新的焊接工艺是高能束流工艺，如电子束焊接和激光焊接等。

电弧焊工艺是依靠电弧产生的剧烈热源，将基材局部熔化，并借助于焊接耗材的熔化，提供附加的填充金属。这些焊接工艺在施工建造行业中应用广泛，厚度超过薄板（如压型钢板）的任何钢材都可以进行焊接。电阻焊工艺是在相对的电极之间通过非常强的电流，直接在两个板件的接触面上产生电阻热进行焊接。电阻焊不需要额外的焊材，而且点焊时就能形成局部接头，或一连串焊点形成一条连续的焊缝。这种焊接工艺特别适合于薄板材料，且广泛应用于汽车制造和家用电器市场。

如前所述，熔焊过程会在接头的部位形成局部钢材的快速加热和冷却，与焊接相关的温度梯度非常大，在冷却时会产生很高的温度应力并引发残余应力。焊接引起的残余应力，通常要比钢材初步加工过程中产生的残余应力要大得多，因为前者的温度梯度更加集中、剧烈。两块钢板之间的对接焊缝和 T 形对接焊缝的残余应力分布，见图 10-8。

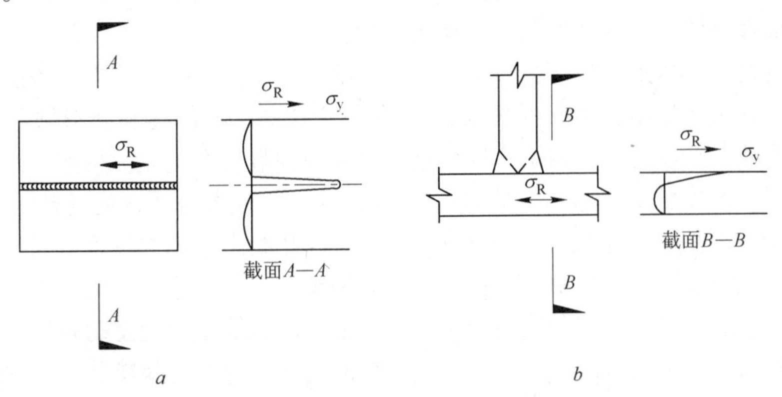

图 10-8 典型的焊接残余应力的分布

a—对接焊缝；b—T 形对接焊缝（σ_R 残余应力，σ_y 屈服应力）

可以从本手册的其他章节了解到，残余应力可能会引起脆性破坏、疲劳和扭曲，因此，其对钢结构性能来说非常重要。如果钢材的断裂韧性很低，并在低于其韧脆转变温度（transition temperature）以下工作时，就会在较低的应力水平发生脆性断裂进而破坏，残余应力可能会在其中起着非常重要的作用。相反，如果材料韧性很高且在

其破坏之前已进入塑性状态，那么残余应力对于整体结构强度的影响就微乎其微了。以上这些影响在图 10-9 中有相应的总结。

在承受疲劳荷载的结构中，非常重要的是焊接残余应力会引起平均应力及应力比的改变。虽然与疲劳应力范围相比，这些都是次要因素，但残余应力的影响还是非常显著的。现在普遍认为，焊缝处实际应力范围的上限为钢材的屈服强度，就是考虑到这些部位的内部焊接残余应力（locked-in residual stresses）在这一水平。因此，虽然实验研究表明，对于普通的非焊接材料，在相同应力范围内施加不同的平均应力会表现出不同的疲劳性能，但在焊接接头中，倾向于用内部焊接残余应力来代替应力比造成的影响。

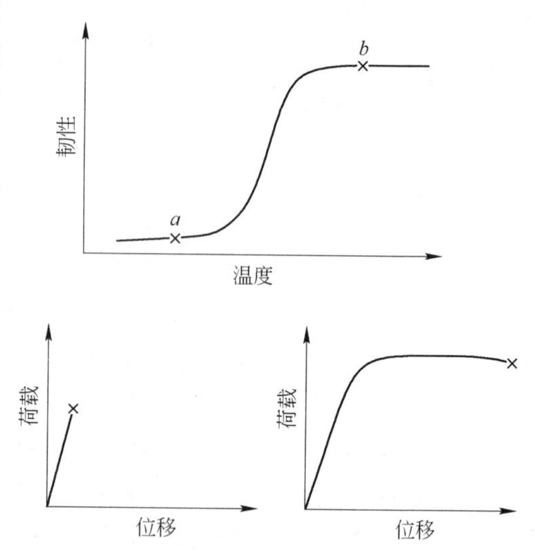

图 10-9　材料韧性和残余应力对抗拉强度的影响

a—低韧性；*b*—高韧性

无论是在加工制作还是后续机械加工过程，因焊接残余应力而产生的扭曲影响十分显著。

焊缝收缩引起的荷载很大，而且会引起零部件的整体收缩和平面外弯曲或屈曲。这些效应都必须予以考虑，可以通过在相反方向预置（反变形）来补偿平面外变形，或者为零部件预留一定的初始长度以作为收缩补偿。

正如钢材的基本加工过程会导致一定的缺陷一样，焊接也会产生严重的缺陷。缺陷可分成三种主要类型：平面不连续、非平面（空间）不连续和外形缺陷。迄今为止，最严重的是平面不连续缺陷，因为这些缺陷锋利且尺寸很大。目前，钢材中发生的四种类型的焊接裂纹，都属于平面不连续缺陷，它们分别是硬化（热）裂纹、氢致（冷）裂纹、层状撕裂裂纹和再热裂纹。图 10-10 给出了相关裂纹情况。热裂纹发生在焊缝硬化的过程中，是由存在低熔点杂质偏析造成的。这类杂质包括硫和磷，通常通过控制它们的含量，避免采用窄、深的焊缝。冷裂纹是由敏感的硬化微观结构和钢晶格中氢的共同作用造成的。通过控制钢材的化学成分、电弧热输入、预热程度和焊接接头厚度的淬火效应，并注意保持焊条涂层的氢离子浓度（pH 值）处以较低的水平，可避免冷裂纹的出现。在 BS 5135 中，给出了避免在焊接结构用钢材的热影响区出现类似裂纹的相关规定。

层状撕裂裂纹主要是由于轧制钢材产品中非金属夹杂物的含量过多，在焊缝表面收缩力的作用下，引起这些夹杂物发生开裂。其中涉及的非金属夹杂物通常会是硫化物或硅酸盐一类，最为常见的可能是硫化锰。避免这一问题的方法是使降低杂质含量，尤其是硫含量应低于 0.010%；并且规定进行厚度方向的拉伸试验，通过测定钢

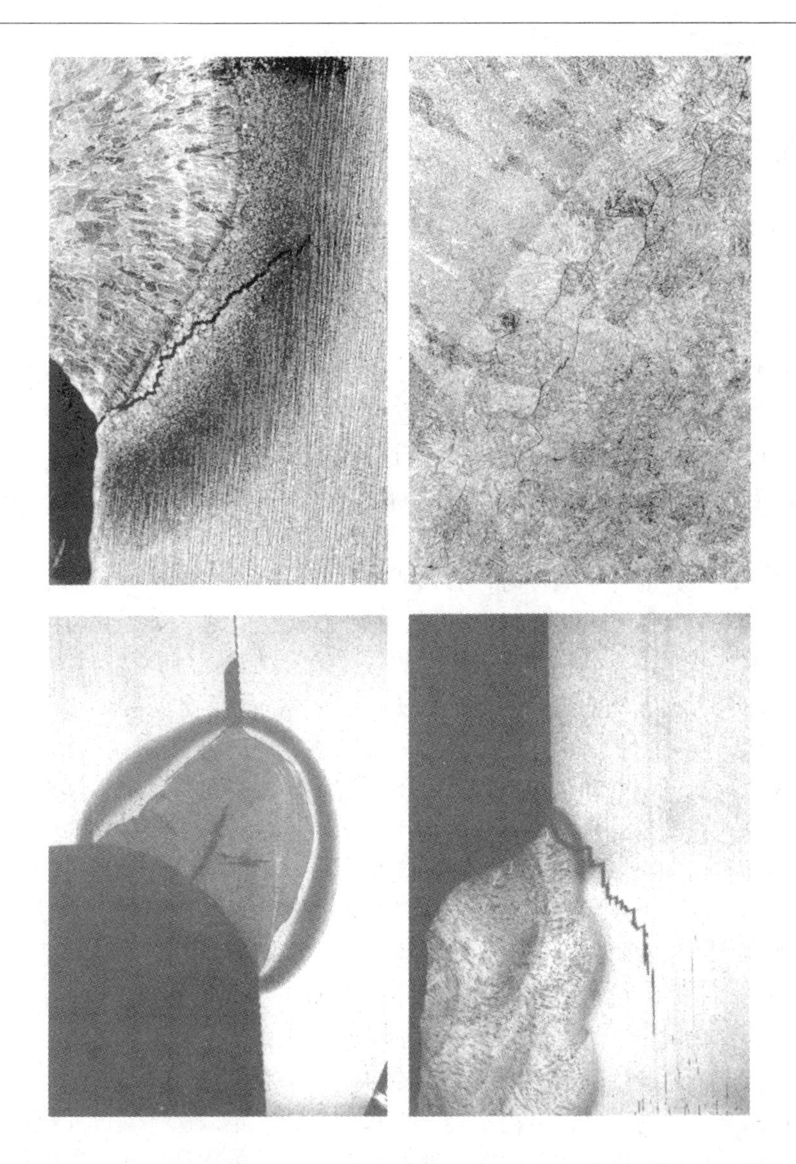

图 10-10 钢材焊接接头中可能出现的不同类型的裂纹（由焊接协会提供）

材断面收缩率来反映其最小延性，断面收缩率取决于预期的焊缝收缩量（例如，对于要焊接的连接件，通常 R 与 A 的比值为 10% ~20% 比较合适）。再热裂纹可能会在应力消除的热处理过程中，或在处于高温环境下使用的某些特种钢材（通常含钼或钒）中产生，此时碳化物会在残余应力松弛之前发生二次沉淀。

焊缝中其他形式的平面不连续缺陷，包括操作人员失误或焊接工艺缺陷造成的未焊透和未熔合。非平面（空间）不连续缺陷可分为固体夹杂物和气体夹杂物两大类。固体夹杂物通常为来自焊条或焊剂涂层的熔渣，气体夹杂物通常是由焊缝凝固过程中形成的孔隙造成的。一般来说，非平面（空间）不连续缺陷的危险性要比相同尺寸的平面不连续缺陷小得多。

10.7 结语

10.7.1 影响钢材选择的标准

特定的钢材选用的基本要求是，必须要满足产品的使用要求和设计条件，在产品形式和形状要求方面必须是适用的，并且针对需求应做到成本最低。很显然，如果同时有钢材和其他类型的材料可供选择，那么在选用钢材之前必须证明所采用的钢材确实要比采用其他材料更有优势，因此材料必须具有令人满意的强度重量比和成本率。

钢材强度、延性以及指定使用环境条件下的使用寿命都必须达到规定的要求。对于结构中用到的钢材，还必须具有一定的断裂韧性，这项要求需要通过标准冲击韧性试验来测定。

当钢材在加工成部件或结构时，必须明确保证这些部件或结构在加工条件下仍能保持其所需的性能。对于大多数行业来说，最重要的因素之一就是钢材的可焊性，必须严格控制钢材的化学成分，而且采用的焊接工艺必须与选用的材料相一致。

在有些情况下，钢材的防腐性能、耐火/耐高温性能是比较重要的因素。必须在设计阶段明确，抵御这些因素作用是通过外部的或附加的防护措施，还是通过钢材本身的化学成分来实现。铬和镍含量较高的不锈钢价格，要比碳素钢和锰钢贵得多。相关的应用标准，通常会给出这类材料的适用范围。

提高钢材的强度可以通过多种途径来实现，包括提高合金含量、采取热处理和冷加工等。一般来说，钢材的强度提高时，其价格会随之上升；而且当疲劳或屈曲有可能成为破坏的主导模式时，采用高强钢的优势就不大明显。不容忽视的是，随着钢材强度的提高，原材料的成本也会有一定的增加，对于一些更复杂类型的高强度钢材，要采取额外的预防措施，有可能显著增加加工制作成本。

有些产品形式只能用某些强度等级的钢材。一些产品的形状可能无法达到高强度，一些产品经过热处理阶段后由于会产生扭曲变形，难以保持其尺寸规格不变。

总之，要尽可能地借鉴相关经验，或利用原型试验来指导实践，以确保所选用的材料与用途相匹配。

10.7.2 钢材规格和等级选择

本节解释了欧洲标准中使用的牌号体系。例如，一种普通的结构用钢，牌号为S355。S 表示用于结构的钢，355 表示厚度为 16mm 时钢材的最小屈服强度（MPa）。牌号进一步标示，如 S355J2 + AR，（J2）表示该钢材在 -20℃时纵向的冲击韧性值不低于 27J，并以轧制状态（AR）供货。以字母 N 结尾时，表示以正火或正火轧制状态供货。另一个例子是结构用高强钢板材产品的淬火和回火状态（EN 10025：第 6 部分）。钢材牌号为 S460QL，其含义：结构用钢，厚度为 16mm 时钢材的最小屈服强

度为 460MPa，在 0℃时纵向的冲击韧性值不低于 50J。

关于钢材等级、牌号体系的信息，可参阅 EN 10025（2004）中的相关资料及有关出版物，如 Corus 公司（现在是 Tata 公司）出版的《欧洲结构用钢标准信息手册》（2004）。

钢结构工程用钢主要采用轧制板材、型材及空心管材，通常以可焊接的碳素钢或碳锰钢（低合金高强度）为主，并符合 BS EN 10025 的相关要求。对于钢材子等级的选择，见图 10-11（转载自参考文献［8］），在参考文献［9］和参考文献［10］

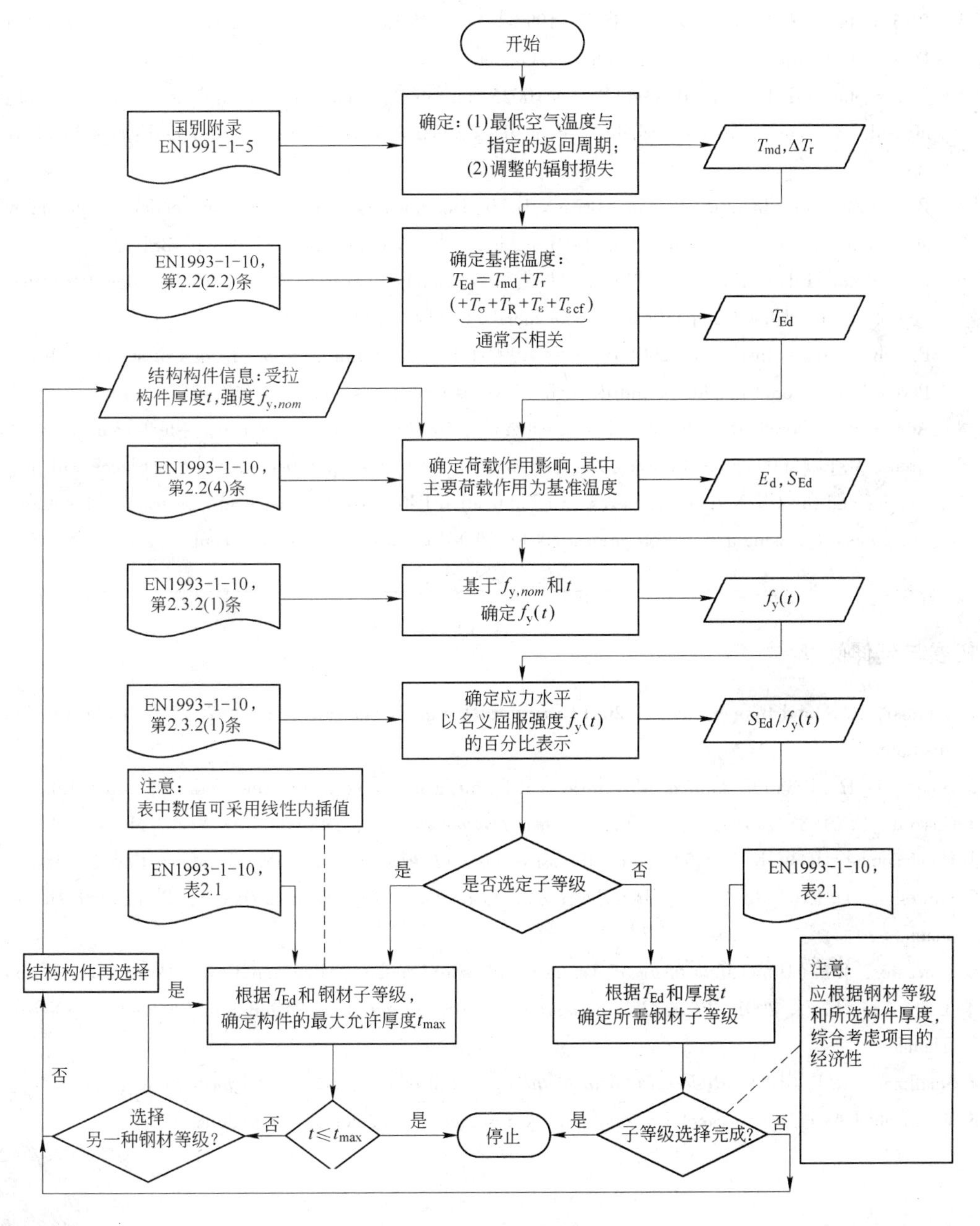

图 10-11　钢材子等级的选择

中介绍了需要做出不同选择的详细流程图。

参考文献

[1] UK Steel, UK Steel Key Statistics Leaflet, EEF, 2009, www. uksteel. org. uk.

[2] Corus EN10025 Information brochure, 2004, www. tatasteeleurope. com.

[3] British Standards Institute(2005) BS EN 1993-1-1: 2005 Eurocode 3: Design of steel structures-Part 1-1: General rules and rules for buildings. London, BSI.

[4] British Standards Institution(2004) BS EN 10025 Hot rolled products of structural steels. Part 3: Technical delivery conditions for normalised/normalised rolled weldable fine grain structural steels. London, BSI.

[5] British Standards Institution(2006) BS EN 10210 Hot finished structural hollow sections of non-alloy and fine grain structural steels, Part 1: Technical delivery requirements. London, BSI.

[6] British Standards Institution(1998) BS 131-6: 1998 Notched bar tests. Method for precision determination of Charpy V-notch impact energies for metals. London, BSI.

[7] British Standards Institution(2005), BS EN 1993-1-10: 2005 Eurocode 3: Design of steel structures-Part 1-10: Material toughness and through-thickness proper-ties. London, BSI.

[8] Access-steel Flowchart: Choosing a steel subgrade, SF013a-EN-EU. www. access-steel. com.

[9] Brettle M. E. (2009) Steel Building Design: Worked Examples-Open Sections In accordance with Eurocodes and the UK National Annexes. SCI Publication P364. Ascot, The Steel Construction Institute.

[10] Example: Choosing a steel sub-grade, SX005a-EN-EU, www. access-steel. com.

拓展与延伸阅读

1. Baddoo, N. R. and Burgan, B. A. (2001) *Structural Design in Stainless Steel.* © 2012 Steel Construction Institute.

2. Dieter, G. E. (1988) *Mechanical Metallurgy*, 3rd edn(SI metric edition). New York, McGraw-Hill.

3. Gaskell, D. (1981) *Introduction to Metallurgical Thermodynamics*, 2nd edn. New York, McGraw-Hill.

4. Honeycombe, R. W. K. (1995) *Steels: Microstructure and Properties*, 2nd edn. London, Edward Arnold.

5. Llewellyn, D. T. (1992) *Steels: Metallurgy and Applications*, 2nd Edition. Oxford, Butterworth-Heinemann.

6. Lancaster, J. F. (1987) *Metallurgy of Welding*, 4th edn. London, Allen and Unwin. Porter, D. A. and Easterling, K. F. (2001) *Phase Transformations in Metals and Alloys*, 2nd edn. Cheltenham, Nelson Thomas.

7. Smallman, R. E. (1999) *Modern Physical Metallurgy*, 6th edn. Oxford, Butterworth-Heinemann.

8. World Steel Association, Steel University online resource, www. steeluniversity. org.

11 失效过程*

Failure Processes

JOHN YATES

钢结构对许多失效作用比较敏感，其中一些失效作用可能会相互影响。这些失效主要包括潮湿腐蚀、塑性破坏、疲劳开裂和快速断裂。快速断裂本身包含了几种机制，最常见的是脆性断裂和韧性撕裂。本章将讨论快速断裂和疲劳开裂引起的破坏。

11.1 断裂

11.1.1 概述

所谓脆性断裂，是指发展速度很快且整个过程中吸收的能量很少的不稳定的断裂。与之相反，韧性撕裂的发展过程相对缓慢，一般通过塑性变形来吸收相当数量的能量。有些金属，如铜和铝，其晶体结构使它们能够在任何荷载条件及所有温度下抵抗脆性断裂。许多铁合金则不具有这一性能，特别是结构用钢，往往在低温条件下表现出脆性，而在较高的温度下则表现出延性。在一个结构中脆性断裂的后果可能是意想不到的、灾难性的破坏，因此，对于所有结构工程师来说，了解这个学科的基本原理是非常重要的。

11.1.2 韧性和脆性

在韧性断裂发生之前，一般会有很大的塑性变形。这种断裂过程缓慢，而且通常是由孔隙的形成和聚合而导致的。由于在夹杂物和金属之间的接触面上的较大的拉应力作用，常常会在夹杂物处形成这些孔隙，见图 11-1*a*。一般情况下，韧性断裂的路径是贯穿晶粒的。如果在晶粒边界处的夹杂物或已存在的孔隙的密度，要比晶粒的密度更大，那么就可能会沿着边界断裂。在不存在夹杂物的情况时，可以发现在通过局部滑移带的变形剧烈的区域形成孔隙，以及肉眼可见的不稳定性，从而导致颈缩或形成集中剪力区，见图 11-1*b*。韧性断裂的断裂路径一般是不规则的，大量小孔隙的存在会使断裂表面呈模糊的纤维状。

对于许多结构用钢材来说，非常需要其具有超过弹性极限的塑性变形和加工硬化

---

* 本章译者：韩静涛。

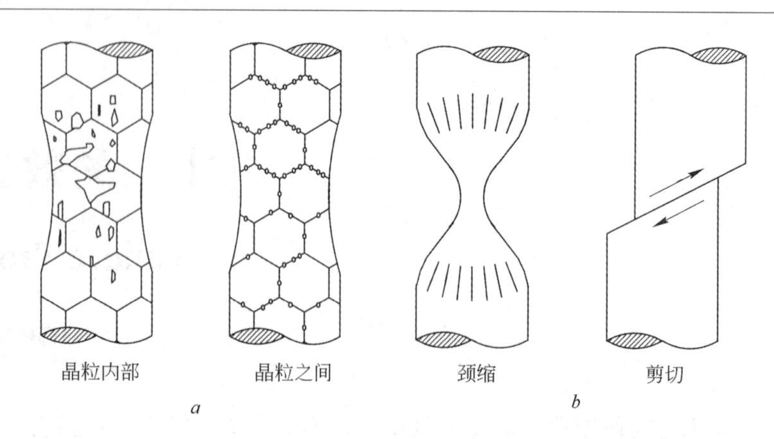

图 11-1 由孔隙增长和聚合引起的塑性变形（*a*）及由颈缩和剪切引起的塑性变形（*b*）

的能力，因为它们可为设计失误、偶然超载以及由疲劳、腐蚀或蠕变引起开裂而造成的破坏提供安全储备。

脆性断裂通常是指材料的应力水平低于其屈服应力，且在未发生任何塑性变形时，裂纹就快速扩展而引起的断裂。然而，实际上大多数脆性断裂还是会有一定的塑性变形，其塑性变形会出现在裂纹尖端的前部，且变形量非常有限。脆性断裂可能是晶内断裂（劈裂），也可能是晶间断裂，见图 11-2。

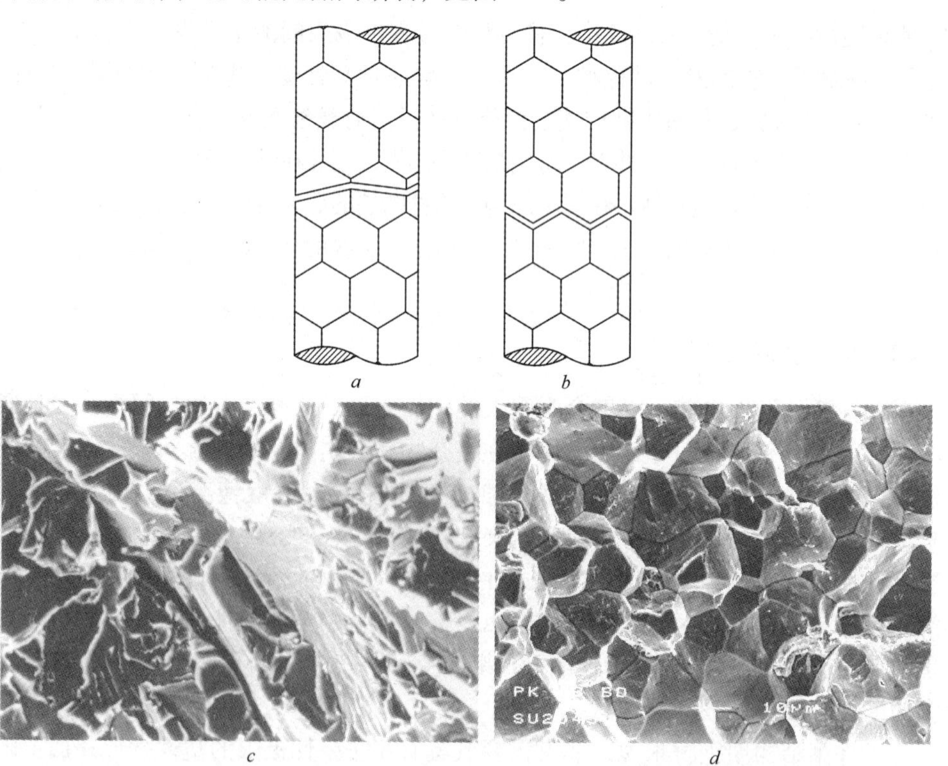

图 11-2 晶内脆性断裂（*a*）、晶间脆性断裂（*b*）、铁素体钢的典型断裂面的显微照片：晶内劈裂（*c*）和铁素体钢的典型断裂面的显微照片：晶间裂纹（*d*）

值得一提的是，虽然通常铁素体钢表现出具有一定的韧性，但在低温或高加载速率情况下，也会表现出脆性。这导致了不稳定的裂纹快速发展，这已被多年间发生的许多事故所验证，其中涉及船舶、桥梁、近海结构、输气管道、压力容器以及其他一些重要结构。例如，澳大利亚墨尔本市的自由轮（the Liberty ships）事故和国王街大桥（the King Street bridge）事故，以及北海天然气项目中的海宝石号浮动式钻井平台（the Sea Gem drilling rig）倾覆事故和亚历山大凯兰德号石油钻井平台（the Alexander Kielland oil rig）沉没事故，就是由一些脆性断裂原因所引发的伤亡事故的案例。

铁素体钢的一个重要特征参数是韧性断裂和脆性断裂之间的转化温度。了解影响这一转化温度的相关因素，有利于设计人员在要求的工作温度下，为结构选配更加韧性的材料。确定钢材从韧性到脆性转化的传统方法是带有小缺口梁的冲击试验[1]。断裂过程中吸收的能量是衡量材料韧性的度量指标，该值一般在低温下较小，温度升高时会增大。冲击能量-温度曲线图的特征形状，称为上平台、下平台（the upper and lower shelf）。下平台与低温脆性性状相对应；上平台则与高温韧性性状相对应[2]。

夏比V形缺口试验[1]是最流行的冲击试验方法，本章将在稍后进行介绍。在不同温度下，根据夏比试验得到的碳素钢的冲击韧性值，见图11-3。在BS EN 10025-2：2004[3]的表9中，给出了在不同温度和不同截面厚度时，对应于各种结构用钢材等级的最小冲击韧性值。在限制钢材截面尺寸方面，BS 1993-1-10：2005的表2-1中提供了关于钢材截面最大厚度的指导意见，截面最大厚度是与温度直接相关的，当钢材等级确定时，应使用该最大厚度限值来避免脆性断裂。

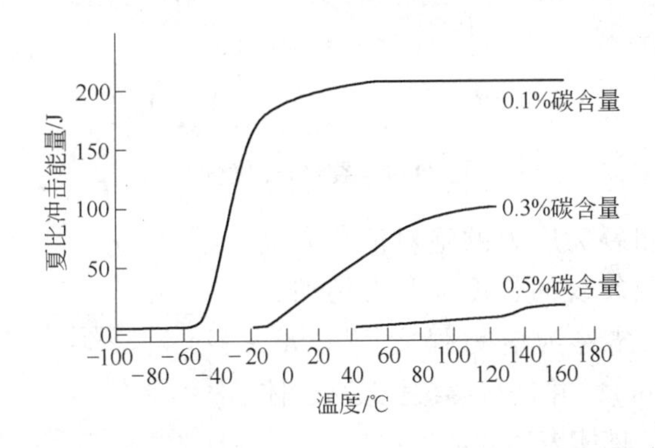

图11-3　温度和碳含量对铁素体钢的冲击能量的影响

冲击过渡曲线是用来定义诸如热处理工艺、合金元素和焊接效应等可变因素对钢材断裂性状影响的一种简单方法。夏比冲击韧性值对于质量控制非常有用，但如果要了解材料的完整的性能，则需进行更为复杂和精密的试验[4,5]。

对于焊接结构，了解钢材的断裂显得尤为重要。焊接操作会明显降低钢板熔线附近区域钢材的韧性，并且会在焊接部位引入缺陷。这些因素，再加上焊接过程中加热和冷却引起的残余拉应力，会导致节点产生裂纹直至最终失效。

11.2　线弹性断裂力学

断裂力学的创立和发展，使设计人员能够通过断裂和疲劳机理评估钢结构对于失效的敏感性。断裂力学是基于已知尺寸或假设缺陷，来评估结构上已测得或预测的应力、裂纹及疲劳抗力的情况。在处理焊接接头时，断裂力学是一种非常有效的工具，因为焊接接头处的缺陷要远大于轧制或锻造产品的缺陷。

线弹性断裂力学是一门应对理想弹性体中出现的较大裂纹问题的学科。该学科的建立基于一个基本假定，即裂纹是在一个各向同性、均匀的弹性连续体内产生的。在工程实践中，这一假定意味着裂纹尺寸必须远远大于所有的微观特征尺寸，如晶粒尺寸，但相对于结构尺寸而言它又必须很小。此外，结构中的应力必须小于材料屈服应力的1/3。这些条件意味着，缺陷处的局部塑性变形对失效评估的影响可忽略不计。

实体中的裂纹有三种不同的开口模式，见图 11-4。其中最常见的是正应力拉开的裂纹模式，即图中的模式Ⅰ或称开口模式。线弹性断裂韧性的本质特征是，模式Ⅰ中的所有裂纹采用相同的抛物线轮廓，并且裂尖之前部位的拉应力按照函数 $1/\sqrt{d}$ 衰减，其中 d 为到裂尖的距离。

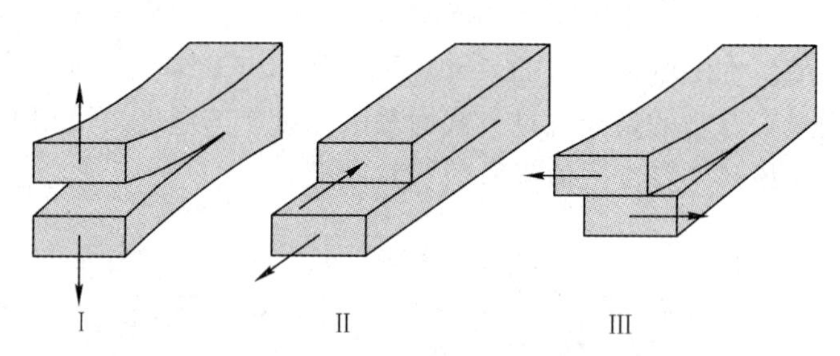

图 11-4　裂纹开口模式

裂纹开口尺寸和裂尖应力的绝对值，取决于施加的荷载值以及裂纹的长度。应力场和裂纹位移的缩放因子被称为应力强度因子 K_{I}（Stress Intensity Factor），并且与裂纹长度 a、体中远程应力 σ 有关，具体表达式如下：

$$K_{\mathrm{I}} = Y\sigma\sqrt{\pi a} \tag{11-1}$$

式中，Y 为考虑结构边界的邻近效应和荷载形式影响的几何修正系数；下标Ⅰ代表模式Ⅰ，或称荷载作用的开口模式。

需要说明的一点是，按照惯例，有两个裂尖的嵌入式裂纹的长度写成 $2a$，而只有一个裂尖的边缘裂纹的长度写成 a，见图 11-5。修正项

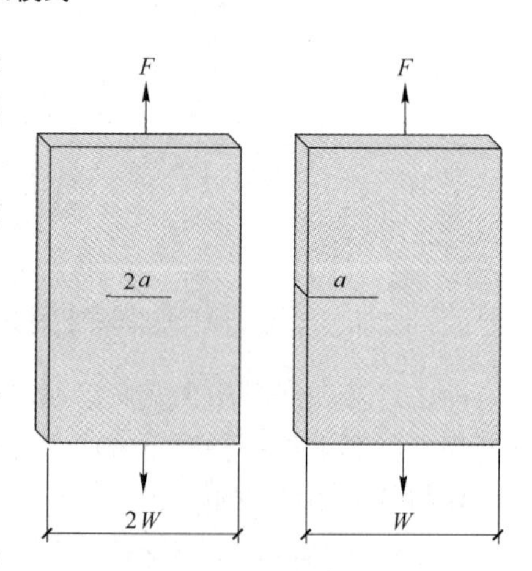

图 11-5　嵌入式裂纹和边缘裂纹长度的常规描述

Y 已经考虑了参考文献［5］和参考文献［6］中的多种裂纹几何形状和荷载工况。计算应力强度因子时用的单位也很重要，应谨慎处理。最后的结果可以表示成 $\mathrm{MPa}\sqrt{m}$，$\mathrm{MN\cdot m^{-1.5}}$ 或 $\mathrm{N\cdot mm^{-1.5}}$。它们之间的转换关系如下：

$$1\mathrm{MPa}\sqrt{m} = 1\mathrm{MN\cdot m^{-1.5}} = 31.62\mathrm{N\cdot mm^{-1.5}}$$

应力强度因子的作用体现在相似性的概念中。相似性是指两个裂纹，其中一个是实验室试样中的裂纹，另一个是结构中的裂纹，如果它们有相同的 K_{I} 值，那么它们也有相同的开口位移和裂尖应力场；如果实验室试样在一个临界的 K_{I} 值处发生脆性的、突然性的失效，那么实际结构在应力强度因子达到该值时也将发生失效。这个临界值是一种材料性能，称为断裂韧性（Fracture Toughness），用 K_{Ic} 表示，在量测断裂韧性时，应遵照 BS 7448：第 1 部分：1991[5] 的相关要求。

线弹性断裂力学的实际应用是对会引起突然断裂的作用荷载和裂纹尺寸的特定组合进行评估。如果下式成立，结构就存在失效的危险：

$$Y\sigma\sqrt{\pi a} \geqslant K_{\mathrm{Ic}} \tag{11-2}$$

如果最大应力、裂纹尺寸和断裂韧性这三个参数中的两个已知，就可以由上式确定第三个参数的限值。例如，一块边缘开裂的钢板，如果最大容许应力为 160MPa，最大裂纹尺寸容许值为 100mm，而 $Y=1.12$（参考文献［6，7］中的实例），那么为避免断裂，材料的最小断裂韧性值不能低于 $100\mathrm{MPa}\sqrt{m}$。注意单位换算：$1\mathrm{MPa}\sqrt{m}=31.62\mathrm{N\cdot mm^{-1.5}}$。

试验研究表明，实验室中测得的断裂韧性值受试件规格的影响。特别是试件的尺寸、厚度及未开裂部分的剩余长度（ligament），直接控制着裂尖的约束水平。约束是通过形成的三轴应力状态来限制材料的变形。较厚的试样中会形成较强的约束状态或平面应变状态，其断裂韧性值低于厚度较薄的试样。试件的尺寸最小，其约束就最强，这样就可得到最小韧性值：

$$\text{厚度、宽度和未开裂部分的剩余长度} \geqslant 2.5\left(\frac{K_{\mathrm{Ic}}}{\sigma_{\mathrm{y}}}\right)^2 \tag{11-3}$$

这样就可保证裂尖的局部塑性小于体尺寸的 2%，从而不会扰乱裂尖的弹性应力场。

式（11-3）中的尺寸要求会给实际的试验带来问题。例如，钢材在室温下的屈服强度为 $275\mathrm{N/mm^2}$，要得到最小断裂韧性值 $100\mathrm{MPa}\sqrt{m}$，需要用厚度为 160mm 的试样，才能保证形成平面应变状态。而实际工程中，绝大多数钢结构中的构件厚度都比这个值小，且其断裂韧性也要远远大于根据 BS 7748：第 1 部分：1991 所推导出来的 K_{Ic} 值。在很多工程方法中，都是利用与实际构件厚度相近的试样来衡量断裂韧性，以确保在结构完整性评估中采用最合适的断裂韧性值，这种方法值得推荐。

线弹性断裂力学多用在钢材的韧性-脆性性状曲线的下平台区中，而不在上平台区中使用。温度较低时，屈服强度更高，断裂韧性较低，且平面应变状态可以在相对尺寸比较薄的截面中形成。在上平台区，线弹性断裂力学不再适用，需要采用其他分析方法。

11.3　弹塑性断裂力学

对于大多数工程设计来说，当超出了平面应变线弹性断裂力学（LEFM）的适用范围时，如何考虑材料的抗断裂性能，尤为重要。对于冲击韧性相对较强的材料，为了得到正确的 K_{Ic} 值，可能需要用尺寸很大的试样进行试验，而这些试样往往不能代表实际结构中所使用的构件。

以往，当发生明显的塑性变形时，断裂力学采用的方法是考虑裂尖拉伸位移，或者考虑使用 J 积分。现行的关于断裂力学韧性试验的英国规范 BS 7448：第 1 部分：1991 中，对如何采用单一性试验方法来考虑线弹性和全截面屈服的断裂力学情况进行了介绍。

裂尖的明显屈服会导致裂纹表面发生物理分离，这个分离的数值就称为裂尖张口位移（CTOD），并且用给定的符号 δ 表示。CTOD 方法可指导临界韧性试验，得到相应的 δ_c 值，然后用它来确定结构构件的容许缺陷尺寸。

J 积分是一个用来描述裂纹前端周围的局部应力场和应变场的数学公式。像 CTOD 法一样，当线弹性断裂力学的适用条件占支配地位时，J 积分法的简化结果也是与应力强度因子法一致的。当非线性条件起支配作用时，CTOD 值或 J 值就会是表征裂尖场的有效参数。

在线性条件下 K_I，δ 和 J_I 的关系如下：

$$J_I = G_I = \frac{K_I^2}{\sigma_\gamma E} \tag{11-4}$$

$$\delta = \frac{K_I^2}{\sigma_\gamma E} \tag{11-5}$$

式中，G_I 为应变能释放率，用于原始的、基于能量的断裂研究方法中。

在所有的情况下，无论是处于线弹性状态还是全截面屈服，都一个描述开裂体上作用的荷载状态的参数，该参数可能是 K_I、δ 或者 J_I，应视具体条件而定。对于一种特定的材料，极限状态就是失效发生时的临界值。在弹性条件下，会发生突然断裂，相应的性能参数为 K_{Ic}。在弹塑性条件下，失效过程一般较慢，且临界值 δ_c 或 J_{Ic} 通常和韧性断裂过程的初始状态有关。

在 BS 7910：2005[8] 中，允许使用以 K_{Ic}、δ_c 或 J_{Ic} 形式表征的材料断裂韧性值，来对焊接结构中缺陷进行评定。在缺少采用真正断裂力学方法求得的韧性数据时，则可以根据夏比 V 形缺口冲击能量值的经验公式来估计 K_{Ic} 的值。当然采用这种方法时需特别小心，因为经验公式的拟合度不高。

对于给定应力水平下已知缺陷的可接受性，规范 BS 7910：2005 给出了相关的评估步骤。就分析的复杂程度而言，有三个水准（Level），要使评估结果更加准确，就

需要提供更精确的应力和材料性能信息。这套评估步骤具有很强大的功能，因为它考虑了断裂或者塑性倒塌（用来代替失效过程）的可能性。第一水准用了一种简单方法，其中设置了安全系数，该方法对材料的断裂韧性、作用在结构上的应力和残余应力的估计偏于安全。规范允许在第一水准中使用夏比冲击韧性试验来估计韧性值。第二水准适用于钢结构的常规评估，需对应力、材料性能、缺陷尺寸和形状进行更加准确的估计。第三水准要比前两种复杂得多，并且涵盖了韧性金属的撕裂性状（tearing behaviour）。规范中还包括了处理多裂纹、残余应力及弯曲应力和薄膜应力共同作用等问题的具体内容。对于许多工程实际问题，第一水准评估就已足够。

BS 7910：2005 的附录 N 中介绍了使用第一水准评估方法，来确定结构中缺陷的可接受性的手算过程。首先，把一块承受远程张拉荷载的无限大钢板厚度方向裂纹长度的一半定义为等效裂纹参数 $\bar{a}$；然后，按下式估计得到等效容许裂纹参数 $\bar{a}_m$，它可以用来表征各种不同形状和尺寸缺陷的等效严重程度（equivalent severity）：

$$\bar{a}_m = \frac{1}{2\pi}\left(\frac{K_{mat}}{\sigma_{max}}\right)^2 \tag{11-6}$$

式（11-6）中的参数 K_{mat} 可以用来衡量材料的抗断裂特性，即断裂韧性。与 BS7448：第 1 部分：1999[4] 中确定的断裂韧性值有所不同，它可能不是真正的平面应变状态下的 K_{Ic} 值，但该值与试验中试件的荷载条件和截面尺寸相对应。此外，第一水准评估方法允许根据规范 BS 7910：2005 的附录 J 中给出的夏比冲击试验数据来估计断裂韧性值。由于这些估计值非常近似，使用时应充分注意。

必须通过计算 S_r——材料的参考应力和流动应力的比值，对开裂截面发生塑性倒塌概率进行校核。其中流动应力为屈服强度和抗拉强度的平均值；参考应力与作用在结构上的应力和残余应力有关，且取决于结构和缺陷的几何形状。在附录 *P* 中给出了计算参数 S_r 值的相关内容。假定参数 S_r 值小于 0.8，就不存在倒塌而引起失效的危险，而所有失效都将是断裂所导致的。

高韧性结构钢对裂纹的耐受性相当大。例如，考虑典型的结构用钢，其屈服应力为 275N/mm^2，最小断裂韧性值为 100MPa$\sqrt{m}$在最大容许应力 160N/mm^2 的作用下，由式（11-6）得出的最大容许裂纹长度约为 60mm。（注意：a_m 是无限大钢板在厚度方向上的裂纹长度的一半）。假如钢板宽度为裂纹长度的 4 倍时，该钢板的裂纹尺寸的修正值要小于 10%。

降低结构中的最大容许应力值会对容许裂纹尺寸产生很大的影响。比如，最大应力值减半，则容许裂纹尺寸就可以增加到 240mm 左右，即增加了 4 倍。由此可以推断，采用的金属强度越高，则结构对缺陷就越敏感。材料的强度越高，就意味着容许更高的结构应力，因此高强度钢的断裂韧性也往往会低于低强度钢；这就意味着最大容许缺陷尺寸就更小，以至于在制造和使用过程中很难发现这些致命的缺陷。此种情形下，结构就会在毫无征兆的情况下发生断裂，为此，未经权威部门检测及评估的结构不宜使用。

11.4 材料的断裂性能试验

断裂试验有两种方法：一种是传统的摆锤冲击试验，试件为带微小缺口的钢棒，这种试验源自 Izod 或 Charpy 的工作；另一种是断裂韧性试验，试件为带有单边缺口的受弯试件或紧凑拉伸试件（compact tension specimen）。

冲击韧性试验的主要优点是试验操作简单、快速、经济。它提供了有关不同强度等级钢材韧性方面的定性信息，非常适用于钢材质量控制及验收。

通过预设单边缺口试件的断裂韧性试验，可直接测量断裂力学中的韧性参数 K_{Ic}、J_{Ic}或临界裂纹尖端张口位移值。但是，试验费用较为昂贵，需要更大的试件和更复杂的试验设备。断裂韧性试验的主要优点是可为结构的设计及评估提供定量数据。

11.4.1 夏比冲击韧性试验

参考文献［1］中专门介绍了夏比 V 形缺口冲击韧性试验的操作步骤和方法。试验内容是量测带缺口的钢棒试件在摆锤冲击下发生断裂的过程中所吸收的能量，见图 11-6。试验可在一系列的温度下进行，从而确定材料的韧性和脆性性状之间的转换温度。夏比冲击试验结果一般用符号 C_v 表示，单位为 J。

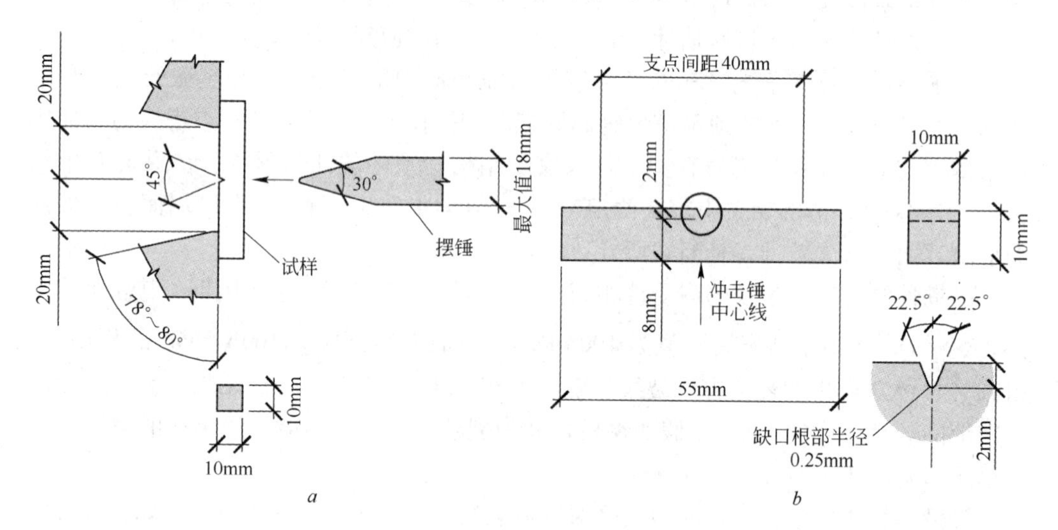

图 11-6 夏比冲击试验

a—试验布置；*b*—试样

人们曾经做出许多努力，尝试在夏比冲击能量值和断裂韧性值两者之间建立一种关联性。但冲击试验结果的巨大离散性，使得这种关联性难以有很高的可信度。目前尚没有任何一种单一的方法能够描述结构用铁素体钢的完整的温度-韧性的关系。BS

7910：2005 中附录 E 所基于的相关性方法，是最新的欧洲规范中裂纹评估方法[9]的指导方针，即所谓的“通用曲线”（“master curve”）法。通常将某一特定的夏比冲击能量（一般取 27J）对应的温度作为一个固定点，然后以由该温度生成转换曲线。

11.4.2　断裂力学试验

BS 7448：第 1 部分，1991[5]中介绍了用来确定金属材料的断裂韧性值的推荐方法。该方法同时考虑了线弹性和弹塑性条件。单一性试验方法的优点在于，如果发现试验不满足真正的平面应变状态下 K_{Ic}的结果要求，则可以对试验结果进行重新分析，进而得到一个临界 CTOD 值或临界 J 值。

这些试验的原理是，对单边缺口的受弯试件或紧凑拉伸试件（见图 11-7），在规定的限值范围内进行循环加载直至有一条尖锐的疲劳裂纹出现，然后对试件施加基于位移控制的单调荷载直至发生脆性断裂或者达到规定的最大荷载为止。在此过程中，可以得出所施加的荷载相对于位移的变化曲线，而且若能满足规定的有效性判据，就可以通过数据分析找到一个平面应变 K_{Ic}值。当不能满足有效性判据时，则可以通过重新分析数据，计算出材料的临界 CTOD 值或临界 J 值。在确定临界 CTOD 值时需要了解所施加的荷载和裂纹开口尺寸之间的关系，可用夹式量测计（clip gauge）测得。计算临界 J 值时需要了解荷载-加载线位移响应的关系，因此这两种试验的具体布置略有不同。

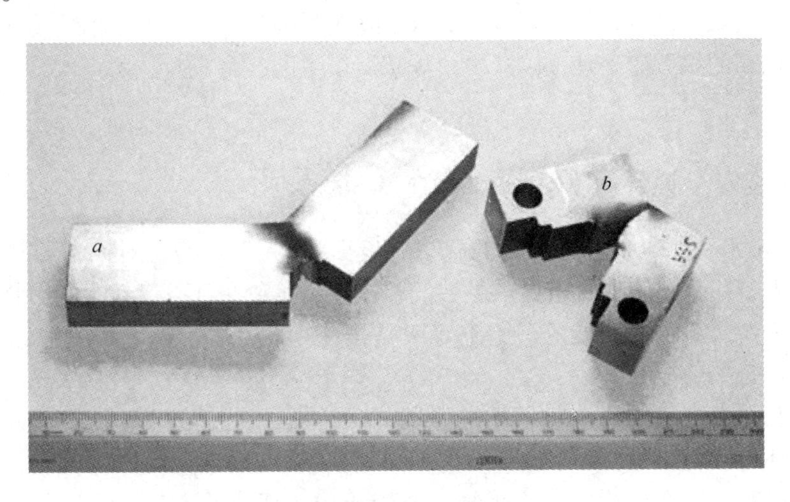

图 11-7　典型的断裂韧性试验

a—三点弯曲试件；*b*—紧凑拉伸试件

为保证断裂韧性 K_{Ic}值的有效性，试件尺寸应满足下列条件：

$$\text{厚度、宽度和未开裂部分的剩余长度} \geqslant 2.5\left(\frac{K_{Ic}}{\sigma_y}\right)^2 \tag{11-7}$$

为保证 J 值的有效性，试件尺寸应满足下列条件：

$$\text{厚度、宽度和未开裂部分的剩余长度} \geqslant 25\left(\frac{J_{\mathrm{Ic}}}{\sigma_{\mathrm{y}}}\right) \tag{11-8}$$

这表示临界 J 值试验所要求的试件尺寸要明显小于 K_{Ic} 值试验中的试件尺寸。

11.4.3　其他试验

还可以进行一些其他的试验，如用来测试焊接钢板连接部位的宽钢板试验，该试验由焊接协会（the Welding Institute）的 Walls[10] 开发，全厚度钢板试件❶通常尺寸为 $1\mathrm{m}^2$ 见方，采用对接接头，其焊接工艺和焊接方法与在实际情况下的相同。试验的优点是它可以代表实际焊接接头的失效状态，而无需在试验之前进行（分层取样）机械加工。

11.4.4　试件

如前所述，每个试验都需要制备一定尺寸的试件。另外，试件相对于焊缝的位置，或以厚板情况为例，试件在钢板厚度方向的位置，也有很大影响。现代的结构用钢中，母材的冲击韧性很少出现问题。但是，一旦焊缝熔化，则焊缝周围，尤其是在热影响区（HAZ）范围内，钢材的韧性就会降低。尽管会低于母材，但是在所有标准工作温度状态下，应该提供足够大的 C_{v} 值或断裂韧性值。对于较厚的连接部位，应该进行适当的焊后热处理，以减少由焊接所产生的残余应力。

11.5　断裂安全设计（Fracture-safe design）

在 EN1090-2：2008[11] 中引入的施工等级 EXC1 ~ EXC4❷，对钢材质量和焊接质量的要求做了区分，后者对于提供足够的整体性、避免在日益苛刻的使用状态下的结构（构件）失效是至关重要的。施工等级是按使用状态、产品、产生后果的严重性等类别的组合来确定的。

使用状态类别 SC1 适用于承受准静态荷载，或者在其使用寿命期间有可能承受极少的循环荷载的结构。对于这些结构（如建筑物），要避免的失效机制是在施工期间或使用过程中过度加载所造成焊缝、连接或构造部位的断裂。使用状态类别 SC2 适用于承受波动（fluctuating）或循环荷载的结构，例如振动、风荷载或操作条件频繁变化等情况。这些结构中的微小缺陷都会因疲劳影响而加剧，最终导致结构构件

---

❶ 在厚板工艺评定的拉伸时取样时，根据 JB 4708 不能进行全厚度拉伸试验时，可将试件在厚度方向上均匀分层取样，等分后制取试样厚度应接近试验机所能试验的最大厚度（译者注）。

❷ 在 EN 1090-2 中将施工等级分为四类，分别为 EXC1 ~ EXC4，质量要求的严格程度依次增加（译者注）。

断裂。

针对非焊接部件和低强度钢焊接部件，采用了两种不同的产品分类：PC1 为通过焊接的高强钢制品或部件，PC2 为具有产生大量缺陷风险的产品。实际上，列为 PC1 类产品，具有不太明显的微小缺陷，或是由工作在低应力水平下的高冲击韧性钢材制成的钢制品。PC2 类产品可能在焊缝或火焰切割边缘上会有大的缺陷，或是由工作在相对较高的应力水平下的低冲击韧性钢材制成的钢制品。PC2 类产品的疲劳与断裂失效风险要比 PC1 类高。

接下来，需要考虑断裂造成后果的严重性，CC1 ~ CC3 级，按对人类、经济或环境影响后果的严重程度依次增加。在 EN 1090-2：2008 的表 B.3 中给出了施工等级划分，EXC1 为非焊接钢部件制成的结构，承受准静态荷载，如果出现失效，产生的后果影响很小；EXC4 为焊接高强钢制成的结构，承受疲劳荷载，如果出现失效，产生的后果很严重。

在大多数结构设计规范中，都有关于钢结构脆性断裂方面的设计要求。当确定一个结构中脆性断裂的风险时，需要考虑几个关键因素：

（1）最低工作温度；

（2）加载，特别是加载速率；

（3）金相特征，如母材、焊材或热影响区（HAZ）；

（4）所使用材料的厚度。

以上所有因素都有可能对发生脆性断裂产生影响。

如前所述，在正常的工作温度和缓慢的加载速率条件下，通常不能得到结构用钢的 K_{IC} 有效值，因此海洋平台和核工业广泛采用了临界 CTOD 和 J 值试验法。在上述这些条件下，由低温试验得到的 K_{IC} 有效值就会比较保守。如果可以接受这些保守数据对结构的评估结果，就没有必要对此深究，因为相比于常规质量控制试验，开展全系列断裂力学试验，如夏比冲击韧性试验，其费用是很昂贵的。

一般而言，结构用钢的断裂韧性与温度变化成正比，与加载速率成反比。温度对断裂韧性的影响前文已经介绍得很清楚了。而加载速率不仅对于新结构的设计，而且对于了解既有结构（使用了工作温度下低冲击韧性的材料）的性状可能具有同样重要的影响。通过慢弯试验和夏比冲击韧性试验加载速率的对比，可以发现其间钢材韧性-脆性转换温度的变化很大。试验结果显示，符合 BS EN 10025 要求的 S355 J 等级钢材，随着加载速率的降低，其转换温度变化为 0 ~ 60℃。

基于夏比冲击韧性试验，“材料标准”对不同钢材等级的转换温度做出了限定。当为给定的结构选择钢材时，必须记住，标准中给出的夏比冲击韧性试验值适用于母材，焊缝以及焊接连接处的热影响区部位的材料韧性会有很大变化，这些部位都应进行校核，保证其足够的韧性，此方面内容请参阅 BS 7910-2005 附录 L。此外，因为焊接区域中存在的缺陷可能会比母材中的大，所以应采取适当的措施以确保焊接结构的相关性能达到设计要求。这些措施可能会涉及到包括外观检查在内的无损检测等。若发现有缺陷，则应运用参考文献[8,9]中介绍的断裂力学方法，对缺陷的影响进行评估。

11.6　疲劳

11.6.1　概述

构件或结构在承受荷载的单次作用时是安全的，但如果该荷载重复多次作用，则构件或结构就可能发生断裂。此类问题可归为疲劳失效。把疲劳寿命定义为：达到一个预定的失效判据时荷载的循环次数及其经历的时间。疲劳断裂不是一门很严谨的科学，带有固有的理想化和近似性，即便是最简单的结构，也无法准确计算出其疲劳寿命。

在结构的疲劳分析中，主要有三个方面的内容难以预测：

（1）结构的运行环境以及环境和实际作用荷载之间的关系；

（2）由外部荷载所引起的结构最危险点（critical point）的应力；

（3）由最不利截面处的损伤累积造成失效的时间。

承受循环荷载的结构，其施工等级由 EXC1 ~ EXC2、EXC2 ~ EXC3、EXC3 ~ EXC4 的上升关系，取决于产品类别和产生后果的严重性，反映了钢材产品质量的提高，需要设计和加工制作环节来保证结构在其全寿命过程中，微小的缺陷不会发展，进而引发灾难性的结构破坏。

有三种方法可以用来对构（部）件的疲劳寿命进行评估。在 19 世纪中叶，首先开始使用的是传统的 *S-N* 曲线法。这种方法主要是根据经验推断出所作用的弹性应力幅和疲劳寿命之间的关系。另一种是应变-寿命法，是对 *S-N* 曲线法的再发展，该方法充分考虑了塑性应变，并得出了应变范围和疲劳寿命之间的经验关系式。第三种是基于断裂力学的一种方法，它着重考虑了已有缺陷的增长速率，其中缺陷容限（defect tolerance）的概念直接来源于断裂力学评估。

11.6.2　导致疲劳的荷载

导致疲劳的波动变化（Fluctuating）荷载有多种来源。有些是可预估的，如桥梁上的公路和铁路交通荷载；有些是不可避免的，如近海石油平台受到的波浪荷载；还有一些是偶然发生的，例如，一座细高的塔架在阵风荷载作用下产生的共振会引起大量的小振幅振动荷载（即脉动风）。在本章参考文献［12 ~ 15］中，给出了关于疲劳荷载来源的相关资料。

设计人员的目的是预见在结构的全生命周期内，承受的使用荷载作用的先后次序。对于静力分析，荷载峰值是非常关键的，但在疲劳分析中通常很少关注，因为它只能代表数百万次循环中的一次而已。例如，公路桥大梁在其全生命周期内经历荷载循环作用的次数可能会达到 10^8 次之多。荷载的作用先后次序是非常重要的，特别是当结构受到多个独立荷载作用时，它会对应力幅产生影响。

为简便起见，通常将荷载简化成一个荷载谱，规定荷载谱为一系列恒幅荷载段，以及各个荷载段所经历的循环次数，见图11-8。

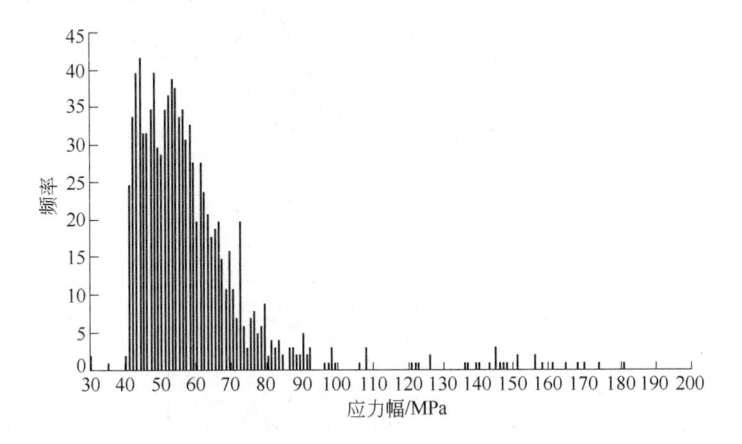

图11-8 试样受1000次循环作用的疲劳荷载谱
（低应力幅对应大循环次数，高应力幅对应小循环次数）

11.6.3 疲劳的本质

当材料经受了足够大的循环的可变应力幅作用时，其力学性能会发生改变。在实际情况下，相当大比例的工程事故都是由疲劳造成的。大多数这类事故，可归因于设计不合格或加工制作水平低下。

疲劳失效是裂纹扩展的过程，该过程是由在裂尖或冶金缺陷处，发生非常大的、局部的反复塑性化引起的。它不是一种单一机制，而是在结构全生命周期内多种机制依次作用的结果，包括在材料微观结构中缺陷的蔓延、长裂纹的缓慢扩展以及最终的不稳定断裂。

可以用裂纹萌生来形象地描述早期阶段难以察觉到的裂纹生长的情况。实际上，裂纹从第一次循环荷载作用时，就开始生长，并直至失效。在焊接结构或铸件中，萌生阶段一般会被忽略，因为一开始就已经存在了大量的裂纹缺陷。

11.6.4 *S-N* 曲线

对疲劳试验的描述，传统上所采用的形式是 *S-N* 曲线，即总的应力循环范围（*S*）与失效时的循环次数（*N*）的关系曲线图。一个典型的 *S-N* 曲线如图11-9所示，图中给出了疲劳的常用术语。两个坐标轴通常采用对数坐标系，但这也并不绝对，有时 *S-N* 试验数据也可以用应力表示在线性坐标系上来代替对数坐标系，采用应力幅值而不是应力幅，用反向次数来代替循环次数。

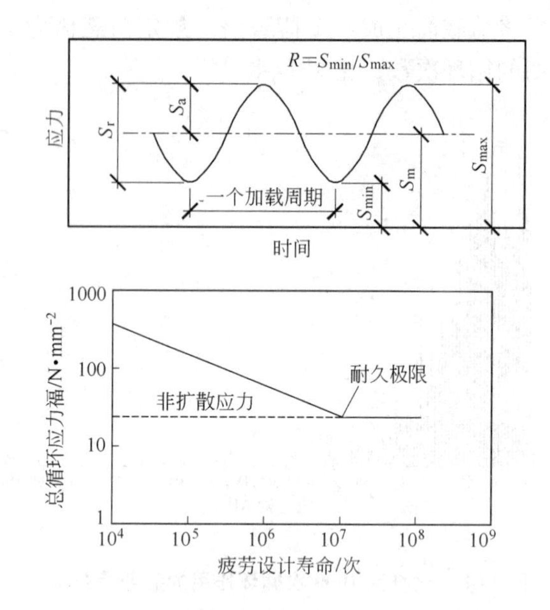

图 11-9　典型的 *S-N* 曲线和疲劳用术语

S_a—交变应力幅；S_r—应力幅；S_{min}—最小循环应力；S_m—平均应力；S_{max}—最大循环应力

通过试验可以得到疲劳耐久性数据。对一种材料进行试验可采用光滑试样，也可以对一个构（部）件或复杂的组件，如焊接节点进行试验。在所有的情况下，都要在一组试样上施加恒幅循环荷载，直至发生失效。必须对足够数量的试样进行试验，然后对试验结果进行统计分析，从而确定平均疲劳强度及其标准差。根据所采用的设计原理，设计疲劳强度可取为平均值减去适当倍数的标准差。

通常，由钢材试件的试验结果得出，在某一应力水平以下，材料可以承受无限次应力循环而不发生破坏，这一应力水平称为“疲劳极限”或“耐久极限”。实际上，在经过 2×10^6、10×10^6 或 100×10^6 次循环加载后，试验会酌情停止，如果此时试样还没有失效，那么就认为疲劳极限高于此时的应力水平。在变幅荷载作用下或在腐蚀性环境中，不会存在疲劳极限或耐久极限，这就意味着无论循环加载的应力水平高低，实际构件最终都有可能发生失效。

通常认为钢材的焊接接头由焊接工艺本身引起微小缺陷。大量的试验研究表明，疲劳寿命和施加的应力幅之间存在以下关系：

$$N_f \Delta\sigma^a = b \tag{11-9}$$

式中，N_f 为发生失效时的循环次数；$\Delta\sigma$ 为施加的应力幅；a 和 b 为取决于连接形状的常数。普通钢的焊接接头 a 值一般为 3 ~4。

在 BS EN 1993-1-9：2005[12] 中，对不同的设计连接构造，采用不同的 *S-N* 曲线进行疲劳评估，欧洲规范 BS EN 1993-1-9 中的表 8-1 ~ 表 8-10 对此有详细介绍。容许疲劳应力可以采用修正后的名义正应力和剪应力来确定，用以考虑应力集中、次弯矩

作用、截面尺寸、变幅加载以及其他相关因素的影响。

英国标准 BS 7608：1993[13]《焊接结构疲劳设计和评定实用规范》中所包含的内容，与 BS 7910：2005[8]《焊接结构裂纹验收评定方法指南》中的规定是一致的。这些规范都是以不同形状的焊接接头和裂纹位置下的系列 *S-N* 设计曲线为基础的。每一种接头对应可能的裂纹位置都用字母 S、B、C、D、E、F，F2、G 和 W 来进行分类，每个具体的类别都有一条特定的 *S-N* 设计曲线与之对应。图 11-10 中的曲线给出了在任意给定的应力幅下存活概率（probability of surviving）为 97.7% 时相应的循环次数。各种类型接头所对应的 *S-N* 设计曲线都是通过大量的试验数据得到的，且只适用于铁素体钢材。其他金属材料的详细内容会在 BS 7910：2005 中予以介绍。

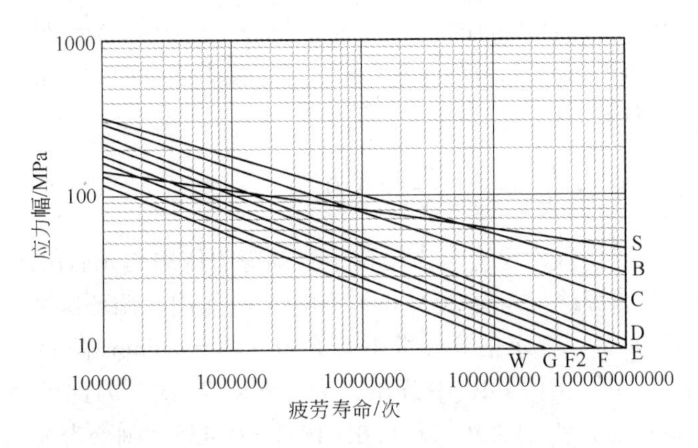

图 11-10　焊接连接的疲劳设计曲线（根据 BS 7608：1993）

这个评定过程是用来确定设计中最不利的焊缝构造部位以及结构所经历的循环应力幅。如果只有一种应力幅，那么可以从适当的 *S-N* 设计曲线中读取相应的疲劳寿命。这个疲劳寿命也就是确保结构有 97.7% 存活概率时的荷载循环次数。

考虑图 11-11 给出的焊缝构造，分类为 F2 类。如果它每 10s 承受的循环应力幅为 20N/mm^2，图 11-10 的 F2 类 *S-N* 曲线表明，结构应能承受 66×10^6 次循环加载。

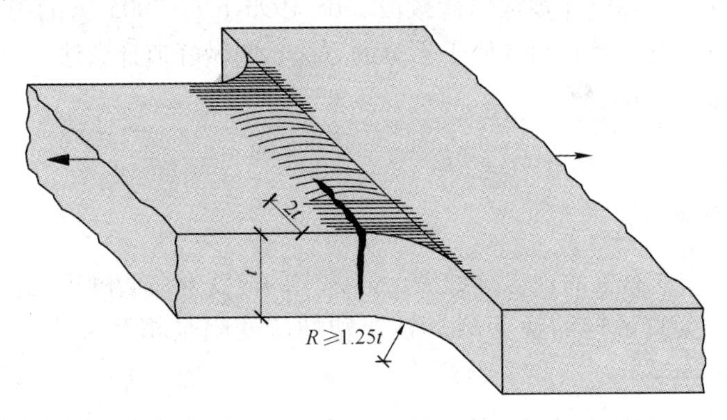

图 11-11　F2 类开裂焊缝实例

相当于疲劳寿命为 4.8×10^8s 或约 14 年。

11.6.5　变幅荷载

对于常幅荷载，可以根据所要求的疲劳设计寿命，直接从图 11-10 中得到相应的容许应力幅。而在实际工程中，结构受变幅荷载作用或者受随机振动荷载作用的情况更为常见。对于此类情况，需要用到 Miner 准则[16]。

Miner 准则就是对结构在全生命周期内的累计疲劳损伤进行线性求和。对于一个承受循环次数为 n_i 的荷载作用的连接节点，每个对应的应力幅为 $\Delta\sigma_i$，与每个 $\Delta\sigma_i$ 相对应的 n_i 值应根据应力谱来确定，应力谱应使用相似的试验设备进行测量，或通过对预期的使用历史进行合理的假设来得到。与每个应力幅 $\Delta\sigma_i$ 对应的容许循环次数 N_i，应根据图 11-10 来确定，图中 *S-N* 曲线与连接类别和应力幅相对应，因此线性累计疲劳损伤之和小于 1.0。

$$\frac{n_1}{N_1}+\frac{n_2}{N_2}+\frac{n_3}{N_3}+\cdots+\frac{n_j}{N_j}=\sum_{i=1}^{i=j}\frac{n_i}{N_i}<1.0 \tag{11-10}$$

Miner 疲劳积累损伤理论没有考虑结构中变幅应力作用的先后次序。

例如，一条 F2 类焊缝，承受 20N/mm² 的应力幅作用，循环次数为 3×10^7，然后应力幅提高至 30N/mm²，要求估算焊缝的剩余寿命（remaining life）。20N/mm² 的应力幅所对应的寿命，可从图 11-10 中读出，为 6.6×10^7 次。因此已经使用寿命的占比（fraction of life used）为$(3\times10^7)/(6.6\times10^7)=0.455$，剩余寿命的占比为 0.545。对于 30N/mm^{-2}的应力幅，从图 11-10 可得其对应的全寿命为 1.9×10^7 次，故该焊接接头的剩余寿命为 $0.545\times1.9\times10^7=1\times10^7$ 次。

可有多种方法进行应力循环谱的求和，其中，雨流计数法（the rainflow counting method）应用最为广泛，可通过计算机来分析长应力历程的方法。该方法将通常情况下叠加在较大循环中的小循环分离出来，从而确保两者都有计入。该方法还涉及到采用适当的计数算法进行时间历程模拟或量测序列的使用。一旦确定了应力循环谱，整个荷载序列就可以分解成许多常幅荷载段。BS 1993-1-9：2005[12] 的附录 A 中还介绍了一种适用于短应力历程问题且便于手算的方法，叫做峰值计数法，又称蓄水池计数法（the reservoir method）❶。

11.6.6　应变寿命

疲劳与塑性应变有关的观念导致疲劳问题中的应变寿命法的出现。在由应变控制的疲劳试验中，实验试样的疲劳耐久性与塑性应变幅是相互关联的。S355 等级钢

❶ 该计数法在国内尚无明确的译名，实际上是一种单参数的峰值计数法，建议称其为峰值计数法（译者注）。

材[17]和类似的 BS 4360 50D 等级钢材[18]的典型试验数据，见图 11-12。常见的拟合疲劳寿命试验数据的经验曲线可以表示为：

$$\varepsilon_a = \frac{\sigma_f'}{E}(2N_f)^b + \varepsilon_f'(2N_f)^c \tag{11-11}$$

式中，E 为弹性模量；σ_f'、ε_f'、b 和 c 为反映材料性能的参数。值得注意的是，表达式右侧的第一项为弹性应力项，在低荷载和长疲劳寿命情况下。第二项为塑性应变项，在高荷载和短疲劳寿命情况下该项起控制作用。

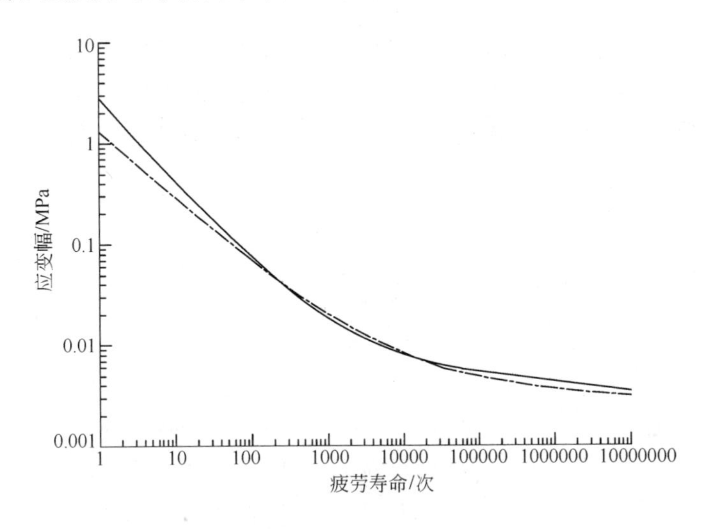

图 11-12　结构用钢材应变-寿命曲线

（点划线为 EN S355 钢，实线为 BS4360 50D 钢）

应变-寿命法要优于 S-N 曲线法，因为在长寿命段和弹性应力段，它和 S-N 曲线法几乎是完全相同的，但更加适用于处理短寿命、大应变、高温以及缺口局部塑性等方面的问题。

应变寿命法可用于：

（1）确定结构中的应变，通常使用有限元法进行分析；

（2）确定最大局部应变幅，即“热点”应变；

（3）从应变-寿命曲线上读出裂纹首次出现位置处的应变所对应的疲劳寿命。

可采用与 S-N 曲线法中相同的方式来处理变幅荷载，对于每个加载段来确定局部热点应变和对应的疲劳寿命。

应变-寿命法或称局部应变法，在机械制造业的疲劳评定中的应用要比 S-N 曲线法更为广泛，并可采用商用计算软件来进行。

11.6.7　断裂力学分析方法

对疲劳寿命评估可使用断裂力学方法，可以通过观测应力强度因子改变量 ΔK 与

疲劳裂纹增长速率 da/dN 之间的关系来实现。如果将裂纹增长速率的试验数据和 ΔK 之间的关系表示在对数坐标系上，就会得到一个近似的反 S 形曲线，见图 11-13。当应力强度因子幅小于其门槛值 ΔK_{th} 时，裂纹不会增长。对于中间的 ΔK 值，其增长速率可理想化为一条直线。Paris 和 Erdogan[19] 首先提出了这个方法，并将其表示为幂函数的形式：

$$\frac{da}{dN} = A(\Delta K)^m \tag{11-12}$$

式中，da/dN 为每次循环中的裂纹扩展量；A、m 为裂纹的扩展常数；$\Delta K = K_{max} - K_{min}$，$K_{max}$ 和 K_{min} 分别为每次循环中应力强度因子的最大值和最小值。因为裂纹增长速率和 ΔK 呈指数关系，所以要想得到有意义的裂纹增长速率预测值，ΔK 的取值就必须尽量精确。

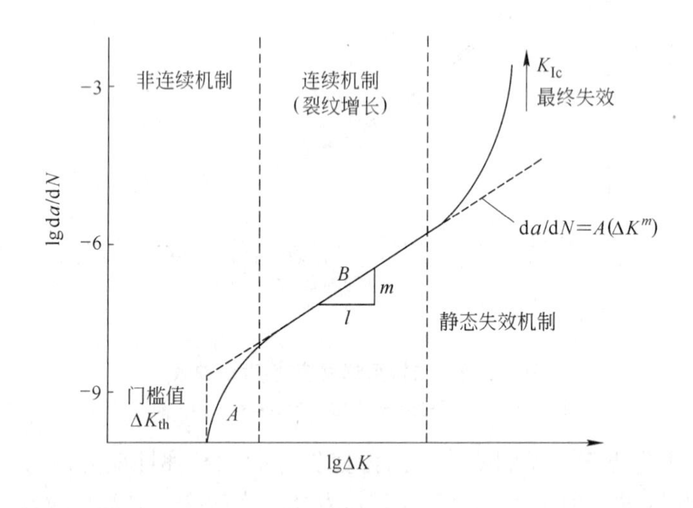

图 11-13　裂纹增长示意图

用来定义疲劳裂纹增长速率的参数 A 和 m，可通过材料试验获得。根据公开发表的数据，适用于铁素体钢的疲劳裂纹增长速率的参数值为[9]：

$m = 3$；

$A = 5.21 \times 10^{-13}$，适用于温度低于 100℃ 的非侵蚀性环境；

$A = 2.3 \times 10^{-12}$，适用于温度低于 20℃ 的海洋环境；

裂纹增长速率的量纲为 mm/次循环，应力强度因子的量纲为 $N \cdot mm^{-15}$。

估计腐蚀性环境下的疲劳寿命需要特别小心，以确保疲劳裂纹增长数据与钢材等级和环境条件组合相符。钢材化学成分或环境条件的微小变化都会引起裂纹扩展性状的显著变化。

在焊接钢结构中，所采用的断裂力学的传统做法与其他行业稍有不同。对于一个焊接连接的焊趾部位裂纹，有：

$$\Delta K = M_K Y \Delta\sigma \sqrt{\pi a} \tag{11-13}$$

式中，$\Delta\sigma$ 为作用的应力幅；a 为裂纹深度；Y 为修正系数，取决于裂纹尺寸、形状和荷载条件；M_K 为考虑连接的应力集中效应的函数，与裂纹位置、钢板厚度和荷载条件有关。

在许多行业中，把放大因子 M_K 合并到几何修正系数 Y 中。这样，可将式(11-12)变回到疲劳表达式（11-1）的形式。

将式（11-12）代入式（11-11），重新整理合并得到：

$$N_f = \frac{1}{A\pi^{\frac{m}{2}}\Delta\sigma^m}\int_{a_i}^{a_f}\frac{da}{[M_K Y\sqrt{a}]^m} \tag{11-14}$$

式中，a_i 为初始裂纹深度；a_f 为失效时的最终裂纹深度。

式（11-13）功能非常强大。如果一个焊接接头带有一条裂纹或类似裂纹的缺陷，就可以用式（11-13）来预测它的疲劳耐久性。这样就得到一个合理的假定，即疲劳寿命是从一条预先存在的裂纹开始到裂纹扩展的全过程。这种方法需要掌握以下几方面内容：

（1）式（11-11）所描述的裂纹扩展行为；

（2）初始裂纹尺寸；

（3）最终裂纹尺寸；

（4）几何尺寸及荷载条件修正系数 Y 和 M_K。

如果 Y 和 M_K 与裂纹长度无关（这种情况并不常见），则合并可以直接进行；否则需要采用合适的数值计算技术来处理。疲劳寿命对于最终裂纹长度非常不敏感，但高度依赖于初始裂纹尺寸。在选择合适的裂纹尺寸值时，通常需要工程经验。

如果 Y 和 M_K 与裂纹长度无关，且 $m \neq 2$，则：

$$N_f = \frac{1}{(m/2-1)A\pi^{m/2}(M_K Y\Delta\sigma)^m}\left[a_i^{\left(1-\frac{m}{2}\right)} - a_f^{\left(1-\frac{m}{2}\right)}\right] \tag{11-15}$$

将不使用技术探测手段就能够得到的最大缺陷作为初始裂纹尺寸。对于大型焊接结构，目视或超声波探伤的结果可能为几毫米。

最终裂纹容许尺寸可根据式（11-5）求得，这种裂纹可能会贯穿密闭容器壁并导致液体泄漏。其他的失效条件包括过大位移引起的裂纹，或者目视可见的裂纹以及客户不能接受的裂纹等。

BS 7910：2005 第 8 部分提供了按断裂力学法进行疲劳评定的方法指南。规范中还介绍了通过考虑焊缝构造的质量等级，按 Q1 级（最好）~ Q10 级（最差）分类，用 *S-N* 曲线进行疲劳寿命评估。

由表达式（11-8）给出的 *S-N* 设计曲线，和在欧洲规范 BS EN 1993-1-9：2005 及英国标准 BS 7910：2005 中给出的曲线，与裂纹扩展的综合表达式（11-14）是同样有效的。

11.6.8　改善措施

11.6.8.1　概述

通过改进焊接技术可以提高焊接接头的疲劳性能。目前已经有大量关于焊接技术改进对疲劳寿命影响方面的数据，但迄今在开发实用的设计规范方面进展甚微。现代的钢材冶炼加工技术已经能够生产出具有出色可焊性的结构用钢材产品。焊接连接的疲劳强度低，通常可归结为由于在焊接过程中产生各种缺陷从而导致裂纹萌生期非常短的缘故。可以通过以下措施达到延长裂纹萌生期的目的：

（1）降低焊缝的应力集中；

（2）消除焊趾部位的类似裂纹的缺陷；

（3）降低受拉焊接残余应力，或引入受压应力。

具体的改善措施大致可分为两类：

（1）改善焊缝形状：磨光，焊缝打磨，焊缝断面控制等；

（2）降低残余应力：敲击，释放热应力等。

目前大多数与焊缝性能改善相关的信息，都是由小尺度试件获得的。当考虑实际结构时，尺寸是一个重的影响因素。在一个大型结构中，由于构件装配会出现长期残余应力并会影响结构的疲劳寿命。相比之下，小型连接的峰值应力只是局限于焊趾部位，而大型的多杆件的连接节点的峰值应力区可能包括多条焊缝重叠和堆积，在这一高应力区的就会产生裂纹。当然，也可通过工程实践来寻求技术上的改进。

11.6.8.2　打磨

为了改善焊趾外形轮廓和清除夹渣，可以采用钻、铣或砂轮等方式进行打磨。为了得到最佳效果，打磨深度应足够大，以便清除所有的微小咬边及夹渣缺陷。通过对焊缝的仔细打磨和精心操作，就会取得满意的修复效果。

参考文献［11］全面研究了经打磨过焊趾的十字形试件的性能。在自由腐蚀（freely corroding）条件下❶，打磨的作用是很小的。但在大气环境中，结果一般落在平均曲线偏于安全的一侧：疲劳耐久性可用 2.2 倍的系数进行放大。因此，对焊缝实施可控的局部加工或打磨，其疲劳寿命可以延长至原来的 2.2 倍。

11.6.8.3　焊趾重熔

焊趾重熔，是指采用 TIG（Tungstcn-arc Inert-Gas welding 钨极电弧惰性气体保护焊）或等离子电弧修整工艺，焊枪与母材的夹角控制在 50°或 90°，使焊趾区域的金

❶ 自由腐蚀亦称化学腐蚀，是由金属与周围直接接触的气体或液体发生氧化还原反应引起的（译者注）。

属重新熔化（不添加焊材）。TIG 和等离子修整之间的区别在于，后者需要更高的热输入。

焊趾重熔可以大幅提高焊缝的疲劳强度，因为它使焊缝和母材之间过渡区域的接触角变得很小，并清除了焊趾部位的夹渣和咬边等缺陷。

11.6.8.4 锤击

通过用锤敲打焊缝来改进焊缝的疲劳性能，实际上是对焊趾区域进行了大量的冷加工。这些疲劳性能的改进是由于以下原因：

（1）引入了很高的残余压应力；

（2）焊趾部位的类似裂纹的缺陷进行整平；

（3）改善了焊趾的外形轮廓。

实践证明，焊缝修复技术能够极大地提高焊接件的疲劳寿命。对于承受弯曲和轴向荷载的焊接件，锤击法对改善疲劳性能的效果最好，其次是采用打磨和 TIG 修整法。

11.6.9 抗疲劳设计

现在对于疲劳的本质已经有了很好的了解，在计算复杂结构的疲劳寿命时也有一些可供使用的分析工具。任何一种疲劳寿命计算结果的精度，在很大程度上都取决于能否正确地了解和掌握结构全生命周期内预期的加载次序。在建立整体模型以后，接下来还需要对结构中的特别部位进行更详细的检查，因为荷载对这些部位（如节点的几何形状特殊）可能有更大的影响。

多年来，已经收集到的有关桥梁、塔架、起重机和近海结构性能方面的数据表明，疲劳是设计时主要考虑的因素。BS 7608《焊接结构疲劳设计和评定实用规范》中给出了估计疲劳寿命的详细方法。当结构受到疲劳荷载作用时，应该认真考虑焊接连接对结构疲劳性能的影响。在截面发生变化的部位、孔洞、缺口以及裂纹等引起局部应力过高的区域都会产生疲劳断裂和脆性断裂。通过精心设计，避免出现过高的局部应力和缺口峰值应力，是延长疲劳寿命的最有效的方法。

非常重要的一点是，在设计过程中要充分考虑到结构的施工环节。难以施焊以及不良的焊接条件都会导致焊缝中形成缺陷，并且在一些危险的部位也很难进行无损探伤检测。例如，小于30°的锐角焊缝就很难施焊，尤其是在管结构中。同样，当几个构（部）件交汇在同一个地方时，有些焊缝的施焊就会受到限制。尽管存在这些问题，但某些结构中还是无法避免。

焊工的技能水平对结构的耐久性和完整性至关重要。不合理的焊接方法会造成较大的焊接缺陷和残余应力，从而增加断裂的风险，降低疲劳寿命。此外，由专职的焊工对在调试和安装期间或使用过程中所发现的缺陷进行修理和矫正，也是十分重要的。

结构在使用期内进行维修是比较昂贵的，最不利的情况是还要临时关闭一些设施。技术人员需要对辅助构件和主体结构进行详细说明和仔细区分。由于设计和制作辅助构件的过程并不复杂，在设计阶段，通常不会仔细考虑辅助构件和主体结构。但是也有许多由焊接辅助构件引起疲劳裂纹扩展从而导致近海结构发生失效的案例。下面给出的一般性建议，有助于设计人员设计出疲劳强度满足要求的焊接结构：

（1）宜优先采用角焊缝，其次为对接焊缝或单、双坡口对接焊缝；

（2）宜采用双边角焊缝，而不用单边角焊缝；

（3）宜把焊缝布置在低应力区域，特别是焊趾、焊根和焊缝的端头部位；

（4）确保采用良好的焊接工艺和无损探伤（NDT）的试验方法；

（5）宜考虑局部应力集中效应的影响；

（6）宜考虑残余应力的潜在影响和焊后热处理来降低内部应力的可能性。

11.7 结语

现有规范 BS EN 1993-1-9：2005、BS EN 1993-1-10：2005 和 EN 1090-2：2008 中给出的相关信息是，通过精心设计可以使失效风险降低到一个可以接受的水平；减少焊接量和截面的急剧变化，同时，做到认真加工制作和仔细检测；任何存在的缺陷都应是细微的，并在可以接受的范围之内；应选择冲击韧性高的钢材。

在 EN 1090-2：2008 中引入了施工（实施）等级，强调需要精心控制钢结构加工制作质量，确保在预期的荷载条件和设计应力作用下的钢材能够容许所产生的缺陷，并保证其失效后果在一个可接受的风险水平上。在最苛刻的环境和条件下，应采用高冲击韧性并应降低其设计应力，专职技术人员应全程控制钢结构的加工制作质量。

参考文献

[1] British Standards Institution (2004) BS EN 10045-1 *Charpy impact test on metallic materials.* London, BSI.

[2] Bhadeshia H. K. D. H. and Honeycombe, Sir Robert (2006) *Steels Microstructure and Properties*, 3rd edn. Oxford, Elsevier Butterworth-Heinemann.

[3] British Standards Institution (2005) BS EN 1993-1-10 *Eurocode* 3: *Design of steel structures. Part* 1-10: *Material toughness and through-thickness properties.* London, BSI.

[4] American Society for Testing and Materials (1981) *The standard test for* J_{Ic} *a measure of fracture toughness.* ASTM E813-81.

[5] British Standards Institution (1991) BS7448-1: 1991 *Fracture mechanics tough-ness tests. Part* 1. *Method for determination of KIc, critical CTOD and critical J values of metallic materials.* London, BSI.

[6] Murakami Y. (1987) *Stress Intensity Factors Handbook*. Oxford, Pergamon Press.

[7] Tada H. , Paris P. C. and Irwin G. R. (1985) *The Stress of Cracks Handbook*. Del Research Corporation, Hellertown, PA, USA.

[8] British Standards Institution(2005) BS 7910: 2005 *Guidance on methods for assessing the acceptability of flaws in fusion welded structures*. London, BSI.

[9] SINTAP (1999) *Structural Integrity Assessment Procedures for European Industry*. Project BE95-1426. Final Procedure, British Steel Report, Rotherham, UK.

[10] American Society for Testing and Materials(1982) *Design of fatigue and fracture resistant structures*. ASTM STP 1061.

[11] British Standards Institution(2008) BS EN 1090-2 *Execution of steel structures and aluminium structures*. London, BSI.

[12] British Standards Institution(2005) BS EN 1993-1-9 *Eurocode 3: Design of steel structures. Part 1-9: Fatigue*. London, BSI.

[13] British Standards Institution(1993) BS 7608: 1993 *Fatigue design and assessment of steel structures*. London, BSI.

[14] Department of Energy(1990) *Offshore Installations: Guidance Design Construction and Certification*, 4th edn. London, HMSO.

[15] British Standards Institution (1983 and 1980) BS 2573 *Rules for the design of cranes. Part 1. Specification for classification, stress calculations and design criteria for structures. Part 2: Specification for classification, stress calculations and design of mechanisms*. London, BSI.

[16] Miner M. A. (1945) Cumulative damage in fatigue, *Journal of Applied Mechanics*, 12: A159-A164.

[17] Nip K. H. , Gardner L. , Davies C. M. and Elghazouli A. Y. (2010) Extremely low cycle fatigue tests on structural carbon steel and stainless steel, Journal of Constructional Steel Research, 66: 96-110.

[18] Divsalar F. , Wilson Q. and Mathur S. B. (1988) Low cycle fatigue behaviour of a structural steel (B. S. 4360-50D rolled plate), *International Journal of Pressure Vessels and Piping*, 33: 301-315.

[19] Paris P. C. and Erdogan F. (1963) A critical analysis of crack propagation laws, *Journal of Basic Engineering*, 85: 528-534.

拓展与延伸阅读

1. Dowling, N. E. (1999) Mechanical Behavior of Materials: Engineering Methods for Deformation, Fracture and Fatigue, 2nd edn. Englewood Cliffs, NJ, Prentice-Hall, Inc.
2. Gray, T. F. G. , Spence, J. and North, T. H. (1975) Rational Welding Design, 1st edn (2nd edn 1982) . London, Newnes-Butterworth.
3. Gurney, T. R. (1979) Fatigue of Welded Structures, 2nd edn. Cambridge, Cambridge University Press.
4. Pellini, W. S. (1983) Guidelines for Fracture-Safe and Fatigue-Reliable Design of Steel Structures. Cambridge, The Welding Institute.
5. Radaj, D. (1990) Design and Analysis of Fatigue Resistant Welded Structures. Cambridge, Woodhead Publishing.

12 分　析*

Analysis

RICHARD DOBSON and ALAN J RATHBONE

12.1　引言

本章主要论述结构受力的分析方法，即求取结构（构件）承受的荷载和弯矩值的过程。传统的手算方法，例如弯矩分配法、节点法以及虚功法，可能过于陈旧。为此，本章将从结构分析软件入手，系统地介绍一些当下流行的数值计算和分析方法。

多年来，随着个人电脑的普及，以及电脑性能的快速提升，设计人员可以轻松地使用各种软件。传统软件的模式与功能也在发生变化，由原来的 MS-DOS 环境下的单用户界面，到当今能够呈现完整 3D 图像的 Windows 界面。此外，从具有三维特性的结构中隔离出二维框架的传统分析方法，似乎更容易实现可视化，并且尽管忽略了某些三维情况下的影响，对二阶效应也未做精确考虑，但对于简单的直线形结构还是偏于安全的。SCI 在 15 年前出版的指南[1]中就涉及到了二维分析方法，其中的主要方法及原理仍沿用至今。

然而，对于多层建筑而言，情况就相对复杂些——其建筑物的平面布置可能是曲线形式，立面为多面体形式，且对支撑系统的布置有更严格的规定。对于这种复杂结构，按一系列二维框架进行简化处理，对处理方式的解释、适用程度及精确性都会变得具有更大的不确定性，但这并不意味着要否定二维分析方法。其实，二维分析方法具有许多优点，其最明显的就是降低了分析过程的复杂性。例如，在二维分析中，每个节点只有 3 个自由度，在三维分析中，每个节点就有 6 个自由度。应用二维分析方法的典型案例是门式刚架的分析和设计（见本章第 12.7 节的相关内容）。

日益成熟的分析方法提高了结构性能预测的准确性。这些进展在更加综合的行业标准和规范中得到反映，如欧洲规范 3。这些规范允许使用各种不同的分析方法，但要求设计人员理解每种分析方法的适用范围。其目的是利用更为准确的数值分析方法来预测结构的真实受力情况，使结构变得更加高效而受其布局的限制会更小。三维分析和设计方法的使用迎合了这一趋势，同时还支持当今迅速发展的可视化 3D 建模、施工图设计、钢结构详图和建筑信息化建模（BIM）等最新技术。不仅是主体结构，

---

* 本章译者：石永久。

可以将建筑物中所有的结构构件进行模型化，还可以把子结构导入到分析/设计软件中，并且这个完整的建筑模型会贯穿于项目全过程，最终形成常见的3D钢结构详图模型的基础。

建模不仅需要选择合适的软件，还应聘请有经验的操作人员，他们能结合经验和工程实践判断结果的合理性。更多信息可参见IStructE❶及相关指南[2]。

12.2 基本知识

对于常规的建筑结构，分析过程主要是确定由外加荷载所产生的外力、内力和弯矩，以及与之同时形成的结构位移。为了获得这些结果，分析过程将分析模型中的结构刚度和数值化的荷载加载过程相结合，通过“求解器”来确定计算结果。

12.2.1 术语

为了便于理解，给出如下定义：

（1）**节点与连接**（joints and connections）：一个结构中会有节点和连接，在分析模型将其按节点（node）处理。在一个节点处可以有多种连接形式出现。

（2）**构件**（member）：在结构中的一根构件（如梁、支撑、柱、楼板、墙体），可以由一个或多个分析单元组成。

（3）**求解器**（solver）：用于分析模型的数学求解工具，以确定荷载作用所引起的节点位移和杆端力。

（4）**绝对位移与转角**（absolute displacements and rotations）：分析模型中的节点与单元相对于结构支座的位移。

（5）**相对位移与转角**（relative displacements and rotations）：单元相对于其端部节点的位移——不考虑端部节点的绝对位移和转角。

（6）**自由度**（degrees of freedom）：节点可以“自由”平动和转动的自由度。在3D分析模型中，节点通常有6个自由度，即三个平动自由度和三个转动自由度。

（7）**一阶分析**（first-order analysis）：考虑结构保持其初始无应力状态下几何形状的分析方法。

（8）**二阶分析**（second-order analysis）：考虑变形对结构内力和弯矩分布影响的分析方法，分为精确解或近似解：

1）**精确二阶分析**（rigorous second-order analysis）：是一个迭代处理的过程，应考虑前一步分析结果所产生的几何形状和应力条件，并同时考虑结构对加载过程和内

❶ “IStructE”——英国结构工程师学会（The Institution of Structural Engineers），是世界上较为知名的专业机构之一，旨在培养结构工程专业的技术人才和制定本国先进的技术标准（译者注）。

力的响应对下一步分析的影响。

2）**近似二阶分析**（approximate second-order analysis）：是一种一阶分析方法，通过增加水平荷载来模拟侧移结构的变形后的形状，以考虑二阶效应。

12.2.2 数值模拟

结构分析是确定结构模型对外加荷载产生响应的一个数值模拟过程。所有的结构分析模型，都是对实际结构的理想化或近似化，包括对几何形状、材料性能、支座形式和荷载类型的简化。因此，通过对结构响应的评估，就可以根据简化得到对结构的内在关系的最佳估计。为简化结构模型，所必不可少的简化包括：

（1）结构构（部）件的几何尺寸简化。例如，结构的骨架是由一系列的杆件单元构成。通常，忽略杆件单元之间的节点尺寸，并且假定在节点处所连接的杆件单元之间的夹角保持不变（节点不变形）。通常也忽略在构件的正直度和结构垂直度方面的缺陷对模型几何形状的影响，可以通过其他方法考虑这些因素的影响（详见本章第 12.6 节和第 12.7 节的相关内容）。

（2）材料性能的简化。例如，材料的应力-应变本构关系可假设为线弹性，或理想塑性；不考虑屈服应力沿构件纵向或截面横向的变化。通常也不直接考虑由于热加工所产生的残余应力的影响（如热轧和火焰切割），以及由于冷加工和辊压矫直过程产生的影响（但也有些研究分析软件考虑了这些因素的影响）。

（3）通常忽略荷载作用的局部效应。例如，在结构分析中，可不考虑连接处的局部塑性发展或几何尺寸变化所引起的局部失稳，如果有局部效应的影响，在分析中应予以考虑。

（4）用于评估结构响应的设计荷载本身就是近似的。

因此，选择的分析方法要与分析要求相适应，并能提供满足经济成本所需的解决方案。

工程师的基本职责之一就是，要意识到建模过程中的局限性，要充分理解分析模型的理想化并完全掌握所得到的分析结果的准确程度。

12.2.3 分析过程

通过定义理想化的几何形状、材料性能和边界条件，建立结构的分析模型。然后，确定作用在结构上的荷载位置、大小及方向等，来建立荷载模型，这些荷载通常按类型分为荷载工况，如恒载、活荷载、风荷载和雪荷载等。最后，将荷载工况乘以规范规定的相应的分项系数后进行叠加，建立荷载组合（见 BS EN 1990 第 6.10 条和本手册第 3 章）[3]。

如果材料特性是非线性的，例如，对只承受拉力的构件或只承受压力的支座，也要进行“非线性”分析。同样，如果荷载为非静力荷载，例如，由机械所产生的随

时间变化的荷载，或模拟地震作用的加速度反应谱，则需要进行时程分析或反应谱分析，这部分内容已超出本章的范畴，其更进一步的介绍可参见 ASCE7-05[4]。

一旦分析开始，根据所使用的分析方法，建立结构刚度和荷载矩阵，并计算结构变形。根据结构的变形，就可以确定杆端内力和弯矩。然后，再根据这些介绍结果以及荷载工况，就可以计算出沿杆件长度方向的内力和弯矩。

12.2.4 结构模型

任何复杂的结构都可以视为是由简单的单元（element）❶ 的组合体。大体上，可以把这些结构分为以下三类：

（1）由一维单元组成的结构骨架。单元的长度远大于其宽度和高度，此类单元可称为梁或桁架单元（beam or truss elements），用来完全或部分地模拟梁、柱、支撑或受拉系杆（ties）。这些单元通过铰接或刚接，可模拟各类结构。如果所有单元都处于同一平面，称为平面框架或二维结构。如果所有单元不在同一个平面内，该结构通常称为空间框架或三维结构。

（2）由平面单元组成的结构。二维单元的长度和宽度在同一个数量级上，但远大于其厚度。此类结构单元还可以进一步分为膜单元、板单元及壳单元，分别取决于它们平面内的、平面外的刚度或整体刚度。在建模过程中，二维单元通常与一维单元组合使用。平板、膜结构（tented structures）和剪力墙则要求采用网格化的二维单元建模。

（3）由三维实体单元组成的结构。单元的长度、宽度和厚度在同一个数量级上。分析此类结构，即使做了简化假定，也还是很复杂。例如，大坝、某些筏板基础、铸钢件、沉箱等复杂结构都需要采用三维单元进行模拟。

在大多数情况下，结构工程师所关注的是，采用一维单元构成结构骨架，再与用二维单元模拟的墙体和楼板组合，最终形成结构的三维模型。对于房屋建筑来说，很少采用三维单元来进行结构分析，这方面内容已超出了本章的讨论范围。

12.2.5 结构刚度

结构刚度受到结构模型中很多因素的影响，其中大部分内容会在本章后文进行详细的讨论，这些因素包括：

（1）结构单元的几何形状；

（2）所使用的结构单元类型；

（3）单元的截面特性；

（4）单元的材料特性；

（5）单元端部的约束条件；

---

❶ 在有限元分析中，通常将“element”译成“单元”，亦指分析模型中的某个构件（译者注）。

（6）结构支承条件及其他边界条件。

12.2.6 静力平衡

静力平衡是结构分析的基本原则之一。根据牛顿运动定律（Newton's law of motion），物体保持静力平衡的条件为：

（1）作用于物体上的所有力沿任意方向分解的分量之和为零。若所有各自沿 x、y、z 方向分解的力的分量得零，就可以完全满足该条件。

（2）作用于物体上所有力的分量在任意所选定的平面内对该平面内任意一点的力矩之和为零。当所有各自在 XY、YZ 和 ZX 平面上分解的力矩分量相加得零，就可以完全满足该条件。

12.2.7 叠加原理

叠加原理仅适用于荷载和位移为线性关系，如一阶分析的情况。

在一阶分析中，当结构受到多个荷载作用时，可以分别计算出每个荷载所产生的效应，然后，再将这些荷载的效应相加，就可得到总的荷载效应。

这一原理对计算多个荷载的组合效应非常有效，在分析过程中，可逐一计算各荷载效应，当分析结束时再将其进行叠加即可。应该指出，当荷载和位移为非线性关系时，如在精确二阶分析或非线性分析时，就不能采用叠加原理。这就意味着，在分析过程中，必须对分析模型施加不同荷载工况下的全部组合来获得所需的分析结果。

12.2.8 分析结果

静力分析的基本结果是获得节点的位移和转角，以及杆端力和弯矩，从而能够得出单元的内力、弯矩和变形。值得注意的是，变形由两部分组成——弯曲变形和剪切变形。剪切变形通常出现在较短的刚性单元中，弯曲变形主要发生在较长的柔性单元中。

在动力分析中，所得到的主要结果是不同振型下的自振频率和结构的振动模态。

12.3 分析与设计

12.3.1 概述

虽然本章的主要关注点是分析过程，但在当今的钢结构工程中，并不可能像从前那样将分析与设计环节加以明确区分。本节主要阐述与设计相关的、时下流行的分析方法。

目前，主流趋势是通过建立复杂的3D模型对结构进行分析和设计，这是由于当今复杂建筑形式的要求，还因为当前功能强大建筑设计软件在整体设计方面可以更加有效。

多年以来，结构分析与设计环节是相对独立的。通过分析模型来获得结构的内力和弯矩。对于简单结构，如采用简支结构（参见本章第12.6节）或平面桁架结构的多层建筑，可以很容易地进行手算分析。对于结构中的较复杂的区域，可以通过计算机软件来获得内力和弯矩，再利用这些内力和弯矩结果通过手算或者简单的构件设计软件进行设计。虽然，有的分析软件在后处理程序中嵌套了设计功能模块，但仍采用与分析时相同的模型。

一方面，设计模型采用了当今流行的三维软件进行设计，易于结构工程师的理解，即板、梁、柱、桁架、支撑和连接（如图12-1所示的设计模型中的构件）。

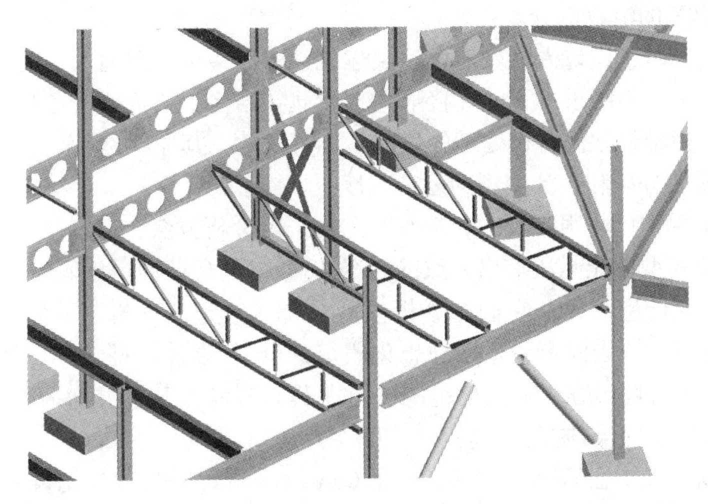

图12-1　设计模型中的构件（由英国 Fastrak Building Designer Courtesy CSC 公司提供）

另一方面，用于三维设计的在设计软件中所采用的设计模型，是由具体的部件构建起来的，结构工程师对这些部件会很熟悉，如梁、柱、支撑、桁架、支座和连接节点等（见图12-1设计模型中的构件）。其中的每一个单元都具有特定的功能，更重要的是，整个建模过程可以采取和在施工现场组装过程同样的方式。在这种情况下，分析就成了对设计有帮助的环节，在屏幕上就可以将需要设计的杆件适当地分解成节点和单元，来构建分析模型，例如在分析模型中可将桁架的腹杆两端设为铰接。设计模型不但可以表现结构的建造过程，而且还可以还原和重复这一过程，在传统的设计方法中，设计人员必须去逐一检查这个过程。例如，设计人员要确保所有的侧向荷载都作用到设支撑的框架或抗弯框架上，而不考虑简单柱（simple columns）对抗侧力的贡献。在一个好的设计模型中，软件会满足这一要求，通过在楼板标高上把柱子铰接，使得所有的侧向荷载就会由抗侧力体系来承担。

12.3.2　分析和设计模型

无论在分析/设计过程中是采用手算，还是使用二维或三维分析方法，或者采用设计建模软件，设计人员都需要对结构进行理想化并构建一个“分析模型”。

实际上一个结构包含了许多对其特性不会产生影响的部件，如吊顶、窗户和大门等，所以在设计模型中可以不必考虑，其中大部分可以按荷载处理并作用到结构上。但是，有些部件可能不是太明确，如内墙，尤其是砌体墙，除非砌体墙与主要的框架体系在结构上是完全分离的，在实际处理时不仅要把它考虑成作用荷载（自重），还应考虑其对结构抗侧力的影响，如墙体在其平面内的抗侧移能力（racking）。它的主要目的是承受填充墙对框架在平面内的对角荷载作用（racking loads）并保证结构的稳定性，但当不需要或不希望考虑这种影响时，在分析或设计模型中，通常就不会将其作为“结构”的组成部分。

在开始建模时，设计人员就需要确定建筑物中哪些单元会纳入到模型当中。把一切都放到模型中，不注重单元的连接形式、荷载在结构中的传递路径及如何保持结构的整体稳定，而希望软件自行处理的做法是不可取的，其原因是：

（1）会增加分析和设计模型的复杂程度；

（2）分析模型可能很难收敛，特别是采用二阶分析方法；

（3）设计模型可能无法求出一致的和/或有效的构建截面尺寸。

所有的设计模型（以及它们的分析模型）都具有很多理想化的假定，相关内容见本章后续章节。应当注意，基于理想化假定的分析/设计模型，其计算结果均为实际结构性状的近似解。在工程精度范围内，尤其是当考虑某些已知荷载的准确性时，这是完全可以接受的最佳方法，甚至可以采用软件来实现。

（1）根据定义，在简单结构（Simple Construction）中梁和柱构件并不受因框架效应而引起的弯矩影响，因此，在建模时，应注意到此类构件的特点。

（2）楼盖横隔板常常用来将横向荷载传递至结构抗侧力体系。通常将其考虑为平面内无限刚度，而平面外刚度几乎为零。

（3）不像实际的物理模型所要求的那样具体，分析和设计模型是一种按单元的“中心线”构建的模型，即假定构件特性都集中在其中心线上。然而，对于多层建筑中的梁构件，通常取钢构件的顶面作为模型中“线单元”的位置。

（4）这些“中心线”单元并不总是相交于同一节点。在对这些影响进行理想化时，需要判断在设计阶段是否可以安全地忽略任何偏心，或者必须在建模时加以考虑。

（5）构件端部的连接方式分为“铰接”或“固接”等方式。分析软件中默认为刚接。因此，如何加工制作这些连接节点以及应该对此怎样建模，都要予以认真考虑。值得注意的是，在3D分析/设计系统中，每个连接有六个自由度，并且平面内或平面外的性状是完全不同的。

12.3.3 分析基础

与上文所涉及的模型的理想化一样，分析也要进行理想化与简单化处理。为了确定

一个建筑框架结构的内力和弯矩，下列问题（如果这些问题足够重要）应予以考虑：

（1）二阶 P-Δ 效应——由框架变形引起的附加力；

（2）二阶 P-δ 效应——由构件变形引起的附加力；

（3）结构的整体缺陷——例如，偏离垂线的柱子“倾斜”；

（4）构件的局部缺陷——例如，构件的初始弯曲；

（5）在钢构件中的残余应力；

（6）弯曲、剪切和轴向变形；

（7）连接性能。

此外，可能还有更多对结构性能有影响的衍生效应，如连接缺陷、非弹性性状及支座沉降等。在建筑设计中，结构分析所追求的最高目标是在结构整体分析中把所有这些影响和效应都考虑进去，即所谓的**高级分析**（advanced analysis）。增加屈服准则的校核功能，并且把分析纳入到设计中，从而可以省略构件的设计与验算。目前，虽然这种高级分析方法可供研究目的和特殊结构中使用，但对于在实际环境的普通建筑结构中的普及还有一段距离。但是人们也存在这样的担忧，这种发展可能会导致工程师放弃了对结构性状的把握，而过度地依赖于电脑。如今的相当精密的计算分析程序，结合成熟的并基于合理理想化的设计规范，从而可以给出一个实用、安全的解决方案。

BS EN 1993-1-1[5]规定，除了在特殊情况下可以使用一阶分析方法（见本章第12.6节）外，一般要进行二阶分析。BS EN 1993-1-1 强调了前文所述的内容，并给出了两种相关的处理方法：如果在整体分析中完全考虑了构件中的二阶效应和相关构件的缺陷，就可不用进行单根构件的稳定验算，只需进行强度验算。否则，没有包括在分析中的上述影响因素，就必须在单根构件的稳定验算加以考虑。

前一项要求某种形式的高级分析（用于研究的分析软件），而第二项则是目前大多数商用软件所使用的方法。

不仅提供了在承载力极限状态设计下的内力和弯矩，分析程序还可以给出在正常使用极限状态下的构件变形情况。通常，设计人员感兴趣的是相对变形，并将其与特定荷载条件下的容许变形进行比较，或根据总荷载计算出变形，并将该变形值与绝对最大值进行比较。如前文所述，模型中的连接通常被简化为铰接或固接，所以根据按经验所确定的容许变形来校核计算得到的变形近似值，并不能反映结构的实际情况，所以，计算得到的变形值尚不能准确地预测实际情况。

12.4　手算分析

12.4.1　一般规定

采用简支梁理论计算剪力和弯矩，是固端梁、连续梁及其他超静定结构分析计算的基础。

对于所有按一阶分析（线性静力分析）的梁式构件，有许多一般规定，有关梁式构件的剪力和弯矩图的规定如下：

（1）最大弯矩值出现在剪力为零的位置。

（2）任意截面处的剪力值等于作用在该截面一侧所有外力的代数和，要包括构件端部的剪力。

（3）当截面左侧的剪力的合力方向向上时，剪力通常取为正，见图 12-2。

（4）任意截面处的弯矩值等于作用在该截面一侧所有外力关于该截面弯矩的代数和，要包括构件端部的弯矩。

（5）当梁的中部相对其端部下挠或梁底部纤维受拉时，弯矩通常取为正，见图 12-2。

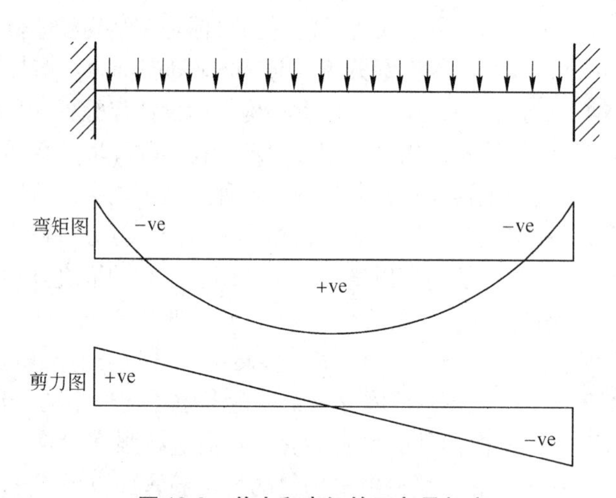

图 12-2 剪力和弯矩的正负号规定

12.4.2 简支梁

不同荷载条件下，悬臂梁和简支梁的计算公式，见附录。

对于简支梁，在计算弯矩之前，要先计算支座反力，其计算过程与固端梁和连续梁恰好相反。

12.4.3 较复杂的梁

由于梁端连接方式会在梁端产生弯矩，所以不是简支的梁构件会比较复杂。典型的连续梁情况，见附录。相关的教科书都给出了常见类型梁的弯矩和内力的手算方法（例如，Coates，Coutie and Kong，（1998）[6]）。

12.4.4 梁的内力和弯矩

如果是简支梁，通过计算支座处的剪力和弯矩以及由梁上荷载所产生的剪力和弯

矩，即可得出梁的内力和弯矩。

图 12-3 所示为固端梁的剪力和弯矩图。根据分析，梁左端的剪力和弯矩为 F_1 和 M_1，梁右端的剪力和弯矩为 F_2 和 M_2。需要注意的是，剪力（F_1 和 F_2）和弯矩（M_1 和 M_2）与构件附近的结构刚度和构件本身的刚度，以及构件的承载情况都有关。

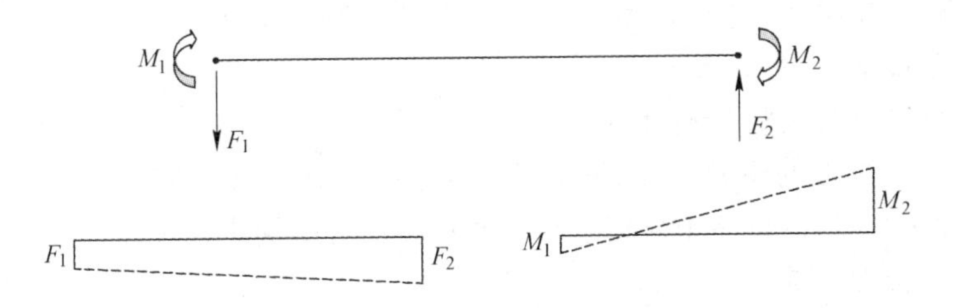

图 12-3　固端梁的剪力和弯矩图

"自由体"的剪力和弯矩图与作用在简支梁上的荷载所引起的剪力和弯矩是一致的，对于典型的简支梁，可参见附录。见图 12-4。

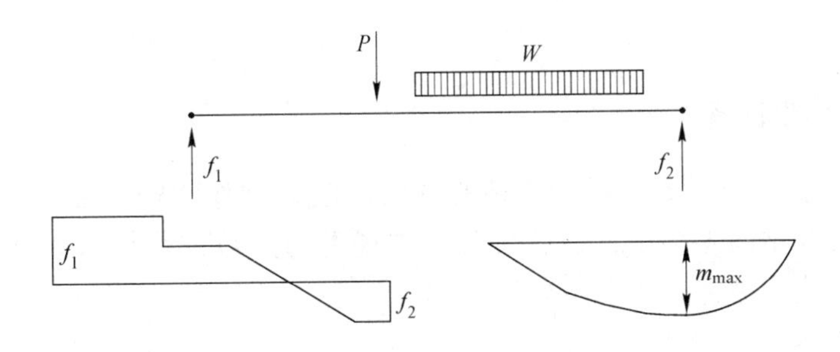

图 12-4　简支梁的剪力和弯矩图

总的剪力和弯矩值为上述两项相加，如图 12-5 所示。

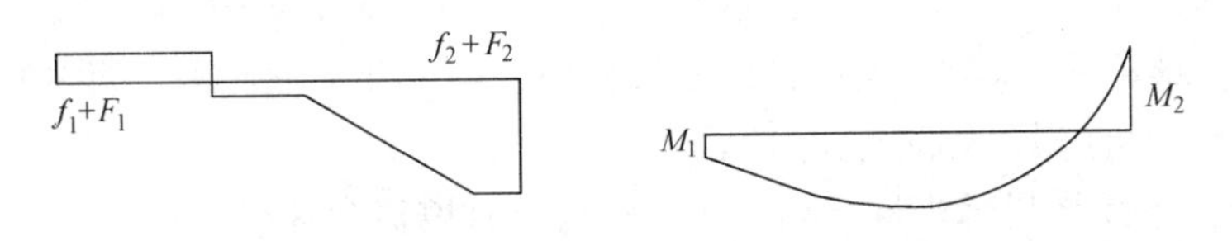

图 12-5　叠加后的总剪力和弯矩图

12.5　分析软件

目前，市场上有多种分析软件可供选择，它们具有丰富的单元库和强大的分析功能。本节的目的是阐明这些软件的相关特性和功能，以便于读者能更好地理解软件的内容。

值得一提的是，在下文所提及的单元种类中，钢结构房屋建筑设计通常只需要用到最常见的一些单元。

12.5.1 3D 分析软件

通用分析软件是根据确定的结构模型来实施分析的。它们可广泛用于各种结构形式：房屋建筑、桥梁、塔桅、膜结构等。一般情况下，在进行分析前，需要工程师对所有构件给定尺寸。

目前流行的趋势是将分析作为“设计软件”的一个组成部分。用户可在设计软件中构建一个“物理的模型”，来确定构件及连接，软件会根据工程经验来选择初始构件尺寸，然后自动创建一个分析模型。通常用户看不到这个过程，但仍然可以在一定程度上进行合理的控制。

12.5.2 坐标系

所有分析软件，至少有两个坐标系：用于结构整体的整体坐标系和用于个别单元的局部坐标系。

12.5.2.1 整体坐标系

通常用大写 X、Y、Z 表示三个轴的方向，把 Z 轴作为竖向轴。在通用分析软件中，常常取 Z 轴向上为正，这就意味着常规重力荷载的作用形式是负的 Z 向作用力。

12.5.2.2 局部坐标系

通常用小写 x、y、z 表示三个轴的方向。对于线性单元，沿构件的长度方向通常取为 x 轴，而用 y 和 z 轴来表示横截面坐标轴（见 BS EN 1993-1-1 第 1.7 条和图 1-1）。对于二维单元，z 轴代表平面的法线方向，而 x 和 y 轴代表平面内的坐标轴。

通常，单元可绕其局部坐标系旋转：

（1）线性单元绕局部坐标 x 轴旋转，转角有时被称为 β 或 γ 角；

（2）二维单元绕局部坐标 z 轴旋转。这对保证单元的局部坐标轴对齐（如楼板平面单元）就特别有用。

12.5.3 单元类型

分析软件中包括各种不同的单元类型，其中一些最常见的单元类型如下。

12.5.3.1 非活跃单元（inactive elements）

非活跃单元对于刚度和质量矩阵的贡献可以忽略不计。这种构件类型允许用户利

用分析程序来进行试验研究。通常情况下，删除一个单元就会删除单元的所有特性以及作用在单元上的荷载。把单元置于非活跃状态，就可以保留全部数据供将来使用。对于交叉支撑体系，非活跃单元就特别适用，可使一个支撑处于非活跃状态，而另一个保持活跃状态。

12.5.3.2 线性单元——适用于所有分析类型

梁单元（beam element）——在默认情况下，在梁单元的每一端有6个自由度。自由度与轴力、y向和z向剪力、扭矩、y向和z向弯矩相对应。在单元的端部，通常可以在轴向和任意转动方向释放其自由度，这样在这个自由度上构件就不会对连接节点增加任何刚度。同样，在轴向或那些转动方向上，连接节点也不会将力分配到构件的端部。

桁架单元（truss element）——桁架单元承受轴向压力和拉力，并且每个节点只有一个自由度，即沿单元x方向的平动。

线性弹簧（linear spring）——线性弹簧单元在一个或多个自由度上提供刚度。要求用户输入刚度值。

链杆单元或刚性梁单元（link element or rigid beam element）——实际上为无限刚度的两节点单元。这种类型的单元可以用来改善分析模型，以更加准确地反映构件的真实性状。例如，当一根柱子上、下两段的中心线有偏离时，为了将这两段柱子的翼缘沿一个面对齐，可以引入刚性链杆单元来模拟两段柱子中心线不对齐的局部影响。值得一提的是，通常在钢结构中，可以认为这些影响很小而忽略不计（如楼盖中的梁用其上翼缘与楼盖平面对齐，而不是用梁的中心线），或在构件设计时考虑（当柱子有中心线不对齐的情况时，直接加偏心弯矩）。

12.5.3.3 非线性单元——只适用于非线性分析

只受拉单元（tension-only element）——只有在受拉时才具有刚度的桁架单元。在非线性分析中，如果在上一个分析迭代步该单元受压，则该单元的刚度为零。

只受压单元（compression-only element）——只有在受压时才具有刚度的桁架单元。

索单元（cable element）——只有在受拉时才具有刚度的单元。在非线性分析过程中，如果在上一个分析迭代步该单元受压，则该单元的刚度为零。此外，一个真正的索单元要包括轴向预应力并考虑大挠度的影响，索的弯曲刚度与索中的轴力是有关的。对于一个真实的索单元，应该把轴力施加到已经变形的索上，而不是施加到初始（未变形）的索上。

非线性弹簧单元（non-linear spring）——非线性弹簧单元在一个或多个自由度方向上提供刚度。通常把这种刚度定义为一条刚度-位移相关曲线。

间隙单元（gap element）——一种2节点单元，在一个自由度方向上具有刚度，而在另一个方向上刚度为零。

12.5.3.4 二维单元（2D element）

膜单元（membrane element）——只有平面内的刚度，因此只能承受平面内荷载的三角形或四边形的薄膜单元。这些单元在每个节点处有两个自由度。其中，x、y 轴为平面内方向，z 轴为垂直于平面方向，节点在 x 和 y 方向上为平动自由度。膜单元通常用于模拟膜结构。

板单元（plate element）——只有平面外刚度（弯曲刚度），因此允许承受平面外荷载的三角形和四边形厚板单元。每个节点处有三个自由度。其中，x、y 轴为单元平面内方向，z 轴为垂直平面方向，节点在 z 方向上为平动自由度，在 x 和 y 方向上为转动自由度。板单元通常用来模拟楼板。

壳单元（shell element）——可以同时承受平面内和平面外荷载的三角形和四边形壳单元。每个节点处通常有五个或六个自由度，主要取决于单元的形状和分析软件功能。一个额外的自由度是绕 z 轴转动的自由度，有时称为旋转自由度（the drilling degree of freedom）。最形象化的就是梁与用壳单元的墙垂直相交的情形。如果梁受扭矩作用，某些带有旋转自由度的壳单元就可以正确地处理扭矩作用，否则就无法处理这个问题。通常情况下，三角形壳单元没有旋转自由度，而四边形壳单元可以在这个自由度上提供刚度。壳单元常用来模拟墙体。

12.5.4 分析类型

12.5.4.1 环境设置

值得注意的是，在英国，大部分建筑结构设计主要使用一阶分析（线性静力分析）和二阶分析（P-Δ 静力分析），后者是用于易受二阶效应影响的结构。然而，为了帮助理解现有商用软件中所提供的多种分析类型，可以把它们分成以下几类：

（1）静力分析。用于确定节点位移、单元变形，以及单元力、弯矩和应力。

（2）动力分析。也称为振动分析，用于确定振动的自振频率和相应的振型。

（3）屈曲分析。用于确定模态和相应的屈曲荷载系数，判断结构在哪个荷载等级下发生屈曲破坏。

（4）反应谱分析。用于地震作用情况，对结构施加加速度谱，确定单元的设计剪力和弯矩。

（5）时程分析。用于对结构施加与时间相关的荷载。

12.5.4.2 一阶分析、二阶分析和非线性分析

目前，工程师通常使用一阶分析（线性静力）方法，确定荷载对建筑结构所产

生的设计内力和弯矩。一阶分析假设结构发生小变形，即不考虑外加荷载产生的变形对力和弯矩的附加影响，假设附加影响是很小的，因此可以忽略不计。

二阶分析有精确二阶分析和近似二阶分析两种形式：

（1）精确二阶分析——为了求解要考虑的两种 P-Δ 效应：

1）大位移理论——求出力和弯矩要考虑由于结构和构件的变形形状的影响。

2）“应力硬化”——单元所受轴向荷载对结构刚度的影响。拉伸荷载拉直了一个单元，因此使其刚度增加。而压缩荷载加大了单元的变形，因此降低了单元刚度。

（2）近似二阶分析——仅考虑一种 P-Δ 效应，即通过对结构施加“假想的”水平荷载，使结构产生水平位移以模拟侧向变形，来实现近似二阶分析。求出力和弯矩要考虑结构的变形形状的影响。

P-Δ 效应

当结构比较柔并且其抗变形能力降低时，就要考虑 P-Δ 效应的影响会加大。为了反映这一点，现行的行业规范（包括欧洲规范），越来越多地推荐工程师们使用二阶分析，以保证在适当的时候，在设计中考虑 P-Δ 效应和“应力硬化”的影响。在混凝土和木结构设计中，这种情况与钢结构设计是完全相同的。

多年来，工程师们对 P-Δ 效应的影响已有比较充分的认识。只是到最近，计算技术及其强大的功能才得到广泛的应用，并提供了必要的近似分析手段。在过去，由于缺乏更精准的分析手段，许多设计规范采用了经验验算和“习惯做法”相结合的设计原则，把 P-Δ 效应影响的大小控制在一定限值范围内，这种限值本身就已经考虑了一定的裕度。尽管可以保证设计的安全性，但对准确理解 P-Δ 效应对结构的影响也许是有妨碍的。

首先，让我们只考虑静力分析问题，如受重力荷载作用的结构。这些都是小变形的和线性的问题。这意味着，如果荷载增加一倍，所有变形、弯矩等也都增加一倍，可以采用叠加原理。随着荷载的增加，结构最终会由于屈服或屈曲而失效，并且结构的响应将不再是线性的。此外，对于大部分结构，当位移足够大时，二阶效应（P-Δ）的影响变得更为显著。现代结构设计规范认为小变形理论（一阶分析）可能不再适用于所有结构，在某些情况下必须考虑 P-Δ 效应。通常这些结构称为“对侧移敏感结构”（sway sensitive）（但 BS EN 1993-1-1 中并没有使用这一术语）。当结构属于这种类型时，就必须进行二阶分析（可参见 BS EN 1993-1-1 第 5.2.1（3）条的相关规定）。

什么是 P-Δ 效应？

P-Δ 效应是结构中构件受到轴向荷载产生的非线性效应。P-Δ 效应其实只是许多二阶效应中的一种。它是与所作用的轴向荷载（P）和位移（δ）的大小紧密相关的效应。

有两种 P-Δ 效应：

（1）P-Δ 效应，一种对结构的效应，见图 12-6；

（2）P-δ 效应，一种对构件的效应，见图 12-7。

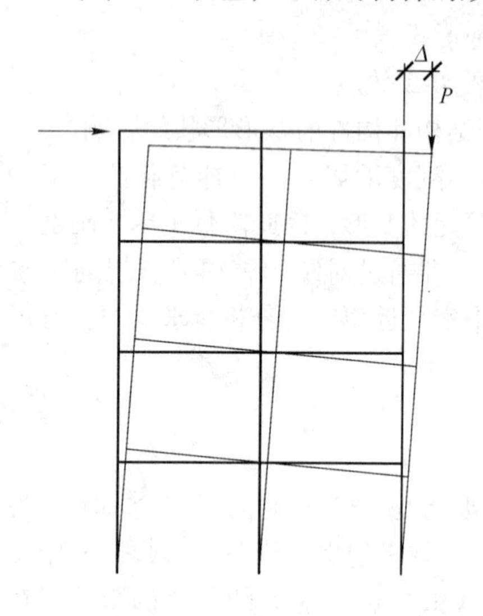

图 12-6　P-Δ 效应

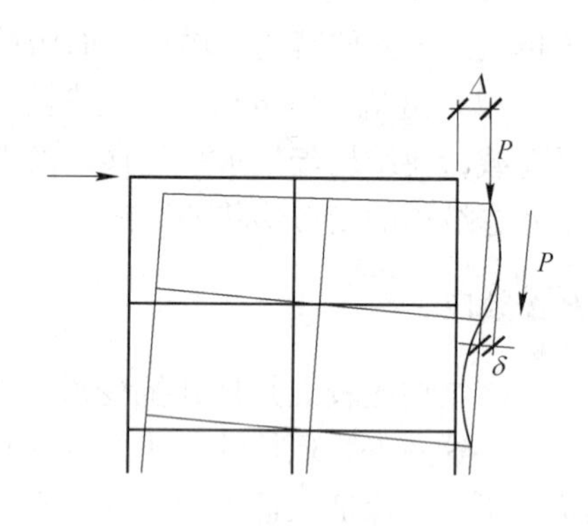

图 12-7　P-δ 效应

P-Δ 效应与轴向荷载 P 的大小、结构整体刚度和单个构件的刚度有关。值得注意的是，精确 P-Δ 分析时看似不符合静力平衡理论，但实际上却并非如此（见图 12-8）。

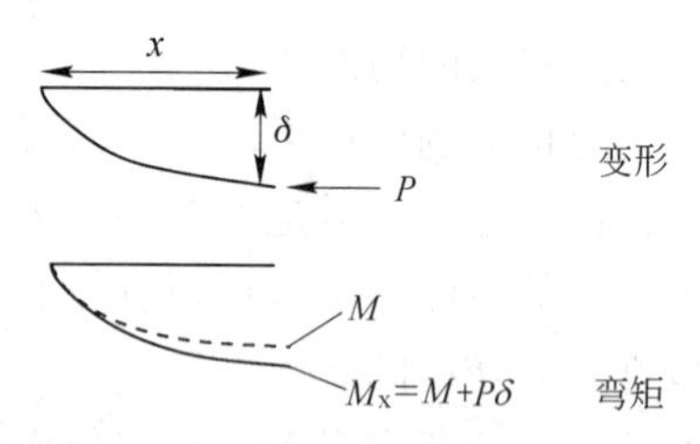

图 12-8　考虑了 P-Δ 效应的构件弯矩

非线性效应

只要在模型中定义了结构的非线性（例如，只受拉构件、只受压支座以及索单元），就需要进行非线性分析。在默认情况下，非线性分析通常考虑了 P-Δ 效应（几何非线性）的影响。

采用何种分析类型？

简而言之，并不是指分析方法是线性的或是非线性的，而是结构的行为是线性的或是非线性的。因此，选择合适的分析类型对于结构的计算分析是至关重要的：

（1）一阶分析（线性静力分析）——如果由变形引起的内力或弯矩增加很小时，对此则可以忽略不计；

（2）二阶分析（P-Δ 静力分析）——如果二阶效应会显著地增加内力和弯矩或者会明显改变结构的性能时，要考虑二阶效应的影响；

（3）非线性分析——如果确定结构或构件具有非线性特性（一阶或二阶），则应进行非线性分析。

如图 12-9 所示，可能对于不同的荷载-位移变化路径，其后要采用不同的分析类型。

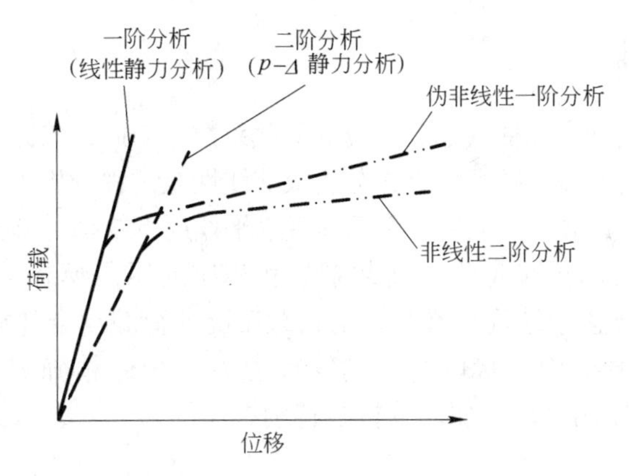

图 12-9　一阶分析和二阶分析类型

12.5.4.3　静力分析

一阶分析——线性静力分析

线性静力分析的目的是确定节点位移、单元变形以及单元内力、弯矩和应力。假定所有刚度的影响和所作用的荷载与时间无关。

精确二阶分析——一种考虑 P-Δ 效应的静力分析

精确 P-Δ 分析的目的是确定节点位移、单元变形以及内力、弯矩和应力。在精确 P-Δ 效应分析中，考虑了轴向荷载对结构刚度的影响。然而，也假定对刚度的这些影响和所作用的荷载与时间无关。在分析中必须采用组合后荷载，而不能用未考虑分项系数的荷载工况，因为在二阶分析中叠加原理是不适用的。

非线性静力分析

属于一阶分析或二阶分析。非线性静力分析的目的是确定节点位移、单元变形以及内力、弯矩和应力，且加载条件均与时间无关。在非线性分析中，对刚度的影响和所作用的荷载通常与结构变形有关。所以在分析中也必须采用组合后荷载，而不能用未考虑分项系数的荷载工况进行叠加。

非线性求解

完整的非线性迭代计算方法可同时考虑几个非线性因素，包括“应力硬化”，以及 P-Δ 效应和 P-δ 效应。求解采用逐步增量分析法，将总的作用荷载分为若干个荷载子步。一个常用的非线性方程解法是 Newton-Raphson 方法（参见 Suli 和 Mayers

2003)[7]。当采用整体“几何刚度（应力）矩阵”方法时，对其使用范围或适用性没有特别限制。

12.5.4.4　屈曲分析

该分析的目的是确定屈曲模态和相应的荷载系数。因此，该方法能判断结构在何种荷载水平会产生屈曲。在进行精确 P-Δ 分析或非线性全过程分析中，这种分析对错误或警告特别有用，因为计算结果表明了在低荷载水平作用下结构的哪些部位更易屈曲。

弹性屈曲分析可用于确定临界荷载系数和相应的屈曲模态。能够确定结构（单个单元、一组单元或整个结构）在指定的荷载工况或荷载组合作用下的最小（临界）荷载系数。对于理解结构性状以及追溯线性静力分析或精确 P-Δ 分析失败的原因（结构失效可能由屈曲引起），屈曲分析是特别有用的。

12.5.4.5　动力或振动分析

有很多种的动力分析类型，所有分析方法都是针对结构的一阶及高阶振动模态的固有频率。在有应力及无应力状态下都可以进行动力分析。无应力状态下的动力分析肯定适用于 P-Δ 效应不显著的结构。通常会发现，除非结构处在相当高的应力状态下，考虑 P-Δ 效应的强迫振动分析和自由振动分析，所得到的振动频率是类似的。

单元中的轴向应力或薄膜应力（无论是受拉还是受压）会影响结构的自振频率，就像绷紧的琴弦会改变音阶一样。振动分析一般认为荷载是不随时间变化的、忽略阻尼影响的简谐振动。确保分析类型与结构相适应也是很重要的，例如，结构变形的影响可以忽略时可采用一阶分析（自由振动分析）；如果 P-Δ 效应影响显著，则需要采用二阶分析（考虑 P-Δ 效应的强迫振动分析），如果确定构件具有非线性特性（一阶或二阶），就需要进行非线性分析。

无应力状态下（自由）振动分析

自由振动分析属于一阶分析。其目的是得到固有频率和相应振型。例如，在抗震设计时需要这些信息。当结构对侧移不敏感，处于非高应力状态并且也没有非线性单元或弹簧单元时，无应力状态下（自由）振动分析可以得到较好的结果。

考虑 P-Δ 效应的有应力状态下（强迫）振动分析

它属于二阶分析。可以用来确定振动的固有频率和相应振型，同时考虑了与时间无关的轴向荷载。当结构对侧移敏感，但处于非高应力状态并且没有非线性单元或弹簧单元时，需要进行考虑 P-Δ 效应的有应力状态下（强迫）振动分析。

非线性有应力状态下（强迫）振动分析

它属于一阶或二阶分析。分析用来确定振动的固有频率和相应的振型，同时考虑

与时间无关荷载作用下非线性的影响。

无论结构是否对侧移敏感，无论结构是否处于非高应力状态，也无论在结构中是否有非线性单元或弹簧单元，均可以采用非线性有应力状态下（强迫）振动分析。

12.5.4.6　反应谱分析

传统的反应谱分析是在地震地区结构设计中应用最广泛的方法。这种分析方法，使用加速度谱在结构的支承部位产生振动，这样就能激励结构的多种振动模态。结构的质量参与到模态振动中，而每个模态中所参与的质量是不同的。对这些参与质量所产生的加速度响应进行评估，并通过复杂的组合技术，就能确定结构单元中的内力和弯矩。

反应谱分析通常用于结构经受地震加速度作用的响应评估。

通常所做的基本假设包括：

（1）结构在其所有支座节点处受到相同的加速度谱的激励作用；

（2）输入加速度谱的方向和频谱是已知的。

如前所述，反应谱分析不属于线性或非线性分析方法，因此确保结构的分析类型与结构相适应是非常有必要的：

（1）一阶分析（自由振动反应谱分析）——当小变形理论适用时；

（2）二阶分析（强迫振动反应谱分析）——当 $P\text{-}\Delta$ 效应十分显著时；

（3）非线性强迫振动反应谱分析——当确定结构或构件具有非线性特性（一阶或二阶）时。

就动力分析而言，反应谱分析可分为三种类型，即自由振动反应谱分析、强迫振动反应谱分析和非线性强迫振动反应谱分析。

12.5.4.7　时程分析

时程分析通常用来确定受随时间变化荷载作用下的结构响应，如爆炸荷载、冲击荷载、从振动机械中形成的荷载（节点激励）和地震荷载作用（支座激励），这种分析方法比反应谱分析更加精确。

12.5.4.8　小结

总之，普通的建筑结构分析中，通常会使用一维和二维单元，进行一阶线性静力分析或二阶静力分析。

应该指出：

（1）EN 1993-1-1 的应用前提是采用考虑二阶 $P\text{-}\Delta$ 效应的分析方法。

（2）考虑 $P\text{-}\Delta$ 效应不必一定进行精确二阶效应分析，在核设施、比较复杂的结构以及经受振动或地震区的结构中，通常可以采用其他类型的分析方法。

12.6 多层建筑分析

多层建筑物，其结构由水平的楼板（采用预制或组合楼板）、水平的钢梁或组合梁（钢/混凝土组合）以及垂直的柱组成，当然现在采用斜柱的情况会越来越普遍。通常情况下，这些结构有两层或两层以上的楼板及屋盖，侧向稳定一般通过带支撑的框架、抗弯框架或剪力墙结构，也可能是上述三种抗侧力构件的组合来提供。图12-10所示为这种多层建筑物的一个实例。

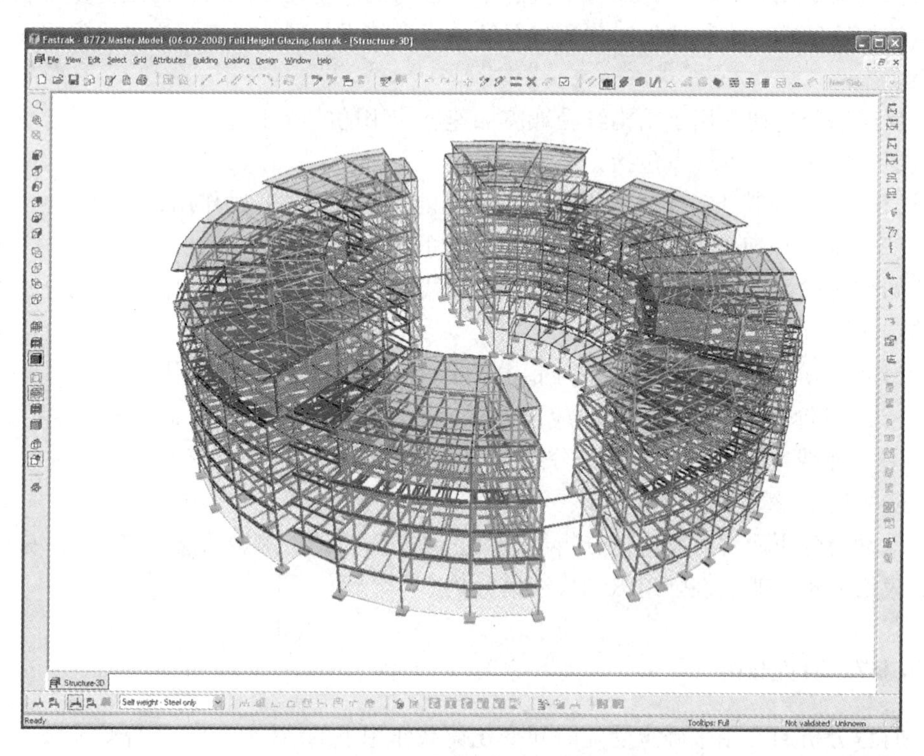

图 12-10 建筑物模型(Fastrak Building Designer 由 CSC(UK)Ltd. ,Robinson Construction Ltd. 提供)

12.6.1 步骤

下列步骤有助于设计简单的带支撑的多层建筑体系。在英国，多层钢框架结构的分析和设计，通常考虑两种类型的荷载——重力荷载和侧向荷载。对于楼盖柱网布置相同，且各层楼盖结构一致的结构，通过按以下顺序进行分析，就能得到比较经济、合理的设计：

（1）在重力荷载作用下的分析和设计：

1）首先考虑标准楼层——确保采用常见的尺寸，在可能情况下尽量标准化；

2）尽可能地在建筑物中复制该标准楼层，根据重力荷载设计全部楼板和柱子。

（2）在侧向荷载作用下进行抗侧力体系的分析和设计。在设计过程中，所需要考虑的其他内容包括：

1）按预计的最不利荷载组合进行设计，并对按其他荷载组合的设计结果进行验算。这样可以节省大量时间，并增强对结构性状的了解。

2）先进行一阶分析，然后再尝试进行二阶分析。这样就可以保证基本结构在提交二阶分析之前是稳定的，因为如果结构中存在任何不稳定的因素，二阶分析就会失败。

3）如果允许使用近似方法考虑二阶效应，例如，在结构上施加假想的水平荷载，而不必采用精确的二阶分析方法。

12.6.1.1　建模

通常，多层钢框架建筑包括：

（1）承受重力荷载（自重、获荷载和雪荷载）的结构，包括水平的楼盖，通常是与钢梁形成组合或非组合的楼承板，以及竖向的柱子。

（2）承受侧向荷载（风、竖向荷载作用在一个假定初始缺陷（见 BS EN 1993-1-1 第5.3 条）的框架上所产生的影响）的结构。抗侧力体系可以由下列一种或一种以上结构构成：

1）带支撑框架——在跨间设有对角支撑或交叉支撑，通过支撑的受拉或受压来承受侧向荷载；

2）连续框架——通过框架作用以及梁柱间的刚性连接来承受侧向荷载；

3）混凝土剪力墙——典型的平面单元或平面单元组合，分别以抗剪或抗剪弯的形式来承受侧向荷载。

12.6.1.2　梁和柱子

结构建模时，需要进行以下简化和假设：

（1）在楼层位置，分析单元取钢梁的上皮对齐，从而忽略了不同高度的梁中心线之间的小偏差；

（2）边梁的水平偏差（指分析单元为楼板边而不是梁的中心线）通常很小，可以忽略不计；

（3）所有柱子通常都沿其中心线进行模拟；

（4）在设计中通常忽略柱子与柱网之间的小的偏差；

（5）为了保证所有的侧向荷载由带支撑框架或抗弯框架（连续框架）承担，通常假定在不带支撑开间或抗弯框架内的柱子在每个楼层处设为铰接，不承担侧向荷载。

如果柱子按这种方式建模，那么就有必要确保采用“施工简单”（Simple Construction）方法设计的柱子，其设计中的假定是有效的，例如，关于偏心弯矩的考虑

（见本章第 12.6.6.3 节）。

12.6.1.3 带支撑框架和抗弯框架

在带支撑框架中，支撑通常设在每个楼层的梁-柱节点之间，但支撑在结构中的最终位置还是会受节点板的连接设计和制作的影响。

在抗弯框架中，梁-柱节点通常在框架平面内为刚接，但在平面外为铰接。抗弯连接节点只是用来抵抗平面内的弯矩（抗弯连接通常会连接到柱子的翼缘上，连接到柱子腹板上的抗弯连接需要专门制作，应尽量避免使用）。

12.6.1.4 剪力墙

剪力墙可采用多种方式建模。最常见的两种方法为：

（1）中线柱模型——理想化为具有等效刚度的竖向构件以及在各支承楼层处设为刚性臂（见本章第 12.8.4 节的相关介绍）；

（2）采用壳单元进行网格划分。剪力墙中网格的细化需要根据工程情况来判断，有关详情请参阅 Arnott，2005[8] 的介绍。值得注意的是，某些壳单元无法处理由垂直于壳单元的梁传递来的扭矩（请参见本章第 12.5.3 节中有关旋转自由度的说明）。

对于有开洞剪力墙的建模需要特别注意。可以通过上面给出的方法得到一个合理的分析模型。

12.6.1.5 连接

构件之间、梁与梁、梁与柱之间的连接通常包括：

（1）简单节点（simple joints）——在各个坐标轴方向上均为铰接；

（2）连续（全强度，刚性连接）节点——在强轴方向刚接，在弱轴方向铰接；

（3）完全固接——在强轴方向和弱轴方向均为固接。

在分析中，可以通过对单元端部进行约束或释放，来模拟以上节点的约束类型。

在使用连续节点和完全固接节点时应仔细加以考虑，确保其与工程实际相符合（见本章第 12.8.5 节的相关介绍）。

12.6.1.6 支座

应特别注意结构的支座。设计时，在支座部位要考虑以下两部分：

（1）基础连接，例如，柱子与其基础通过柱脚板连接；

（2）基础本身、基础垫层、地梁、桩帽和桩等。

以上两部分的设计内力需在分析结果中得出。在英国，基础连接通常采用铰接形式，当然，这取决于传递到基础的弯矩大小（见本章第 12.8.6 节）。

12.6.1.7 材料特性

BS EN 1993-1-1 第 3.2.6 条对钢材性能有明确的规定：

（1）弹性模量 $E=210000\text{N/mm}^2$；
（2）泊松比 $\nu=0.3$；
（3）剪切模量 $G=80770\text{N/mm}^2(G=E/2(1+\nu))$；
（4）线膨胀系数：
结构用钢　$\alpha=12\times10^{-6}/\text{K}$
混凝土和钢组合材料　$\alpha=10\times10^{-6}/\text{K}$（BS EN 1994-1-1）[9]

如果结构是考虑了二阶效应来设计的，并且结构中除了钢结构还有混凝土构件时，就需要适当考虑是否有混凝土开裂或受弯的情况。这可以通过调整受弯截面的特性来加以考虑。典型常规情况下可按以下结构取值（见 ACI 318-08 第 10.10.4.1 款）[10]：

（1）梁：$0.35\times I_{\text{gross}}$；
（2）柱：$0.7\times I_{\text{gross}}$；
（3）未开裂墙体：$0.7\times I_{\text{gross}}$；
（4）已开裂墙体：$0.35\times I_{\text{gross}}$。

此外，当对混凝土构件建模时，需要考虑收缩、徐变的影响。这通常可以通过采用短期（不考虑收缩徐变）或长期 E_c 值来考虑。

12.6.2 荷载及荷载组合

重力荷载（或作用）通常作用到楼板上。在现代建筑设计软件中，此荷载可以加在楼板上的任意位置，软件能够自动将楼板上荷载分配到支承的梁和柱上。同样，在结构的顶层要考虑所作用的屋面重力荷载、雪荷载、堆积雪荷载。

在任何建筑物上，所作用的主要侧向荷载是风荷载。然而，按照欧洲规范的要求，所有框架应该考虑一个初始的整体缺陷，通常可以用施加等效水平力（equivalent horizontal forces，EHFs）的方法很容易实现这一点。这些假想的水平力同所有的荷载组合同时作用在结构上，并且其大小因竖向荷载的不同而异。因此，侧向风荷载应该和等效水平力进行组合。

根据 BS EN 1990 的规定，有多种可能的荷载组合。分析的最终结果很可能是通过大量的荷载组合所分析得到的，采用了最不利的设计内力作用来设计构件和节点连接（见本章第 12.8.8 节和本手册第 3 章的相关介绍）。

12.6.3 初始尺寸

在结构分析中，荷载产生的构件内力和弯矩取决于结构和构件本身两者的刚度。有些分析软件要求在分析前人工定义截面尺寸。其他更多的面向设计的软件（如 CSC 的 Fastrak Building Designer）会自动定义构件尺寸，而不需要给出初始值。这样就可以在进行分析前，采用在以往工程实践中有代表性的构件初始尺寸，确保第一次分析能得到一个合理的估计，并且在第二次分析时构件的内力和弯矩不会有明显的变化。

12.6.4 整体分析

根据 BS EN 1993-1-1 第 5.2.1 条，结构分析可以采用以下方法确定内力和力矩：

（1）采用结构的初始几何形状，进行一阶分析；

（2）考虑结构变形的影响，进行二阶分析。

一阶分析可以用于二阶效应的影响不大且可忽略不计的情况。BS EN 1993-1-1 规定，如果在多层结构中设计荷载比弹性失稳荷载小 10%，则可以使用一阶分析方法。规范用 $\alpha_{cr} \geqslant 10$（α_{cr}定义为在整体分析中由设计荷载增加引起弹性失稳的系数）来表示这种限制。规范允许使用近似的方法来计算 α_{cr}，根据层与层之间的关系得到以下关系式：

$$\alpha_{cr} = (H_{Ed}/V_{Ed}) \times (h/\delta_{H,Ed}) \qquad \text{BS EN 1993-1-1 中的式（5.2）}$$

式中　H_{Ed}——考虑水平荷载以及假想水平力作用后，所得到的楼层底部总水平反力设计值；

V_{Ed}——楼层底部的总竖向荷载设计值；

h——楼层高；

$\delta_{H,Ed}$——楼层顶部的水平位移。

如图 12-11 所示：当结构的 $\alpha_{cr} < 10$ 时，二阶效应的影响相当明显而不能忽略，必须进行二阶分析。（BS EN 1993-1-1 第 5.2.1（3））。二阶分析可以是精确的 P-Δ 分析，也可采用在一阶分析的基础上乘以一个放大系数的近似方法，因此：

（1）如果 $\alpha_{cr} < 3.0$，必须进行精确的二阶分析，例如，进行精确的 P-Δ 分析方法（BS EN 1993-1-1 第 5.2.1(5)B）。

（2）如果 $10 > \alpha_{cr} \geqslant 3$，不必采用精确的 P-Δ 分析方法进行二阶分析，可以采用近似方法。欧洲规范提供了一种可供选择的方法，通过在一阶分析中把所有水平荷载乘以一个放大系数，来考虑二阶侧移效应（P-Δ）（BS EN 1993-1-1 第 5.2.1(5)B 条）。

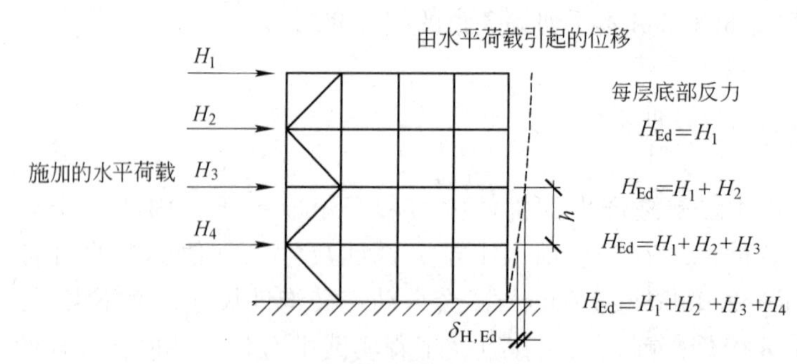

图 12-11　水平荷载作用下多层框架的位移

如果 $\alpha_{cr} \geq 3$，可以在一阶分析中通过把水平荷载 H_{ED}（如风荷载）和假想水平力作用（$V_{Ed} \times \phi$）乘以放大系数 $1/(1-1/\alpha_{cr})$ 来考虑二阶侧移效应。

有关假想水平力作用的详细内容，请参见本章第 12.6.6.1 节（BS EN 1993-1-1 第 5.2.1(5)B）的详细介绍。对于多层建筑，如果所有楼层的竖向荷载、水平荷载并且相对于楼层剪力的框架刚度都具有相同的分布（BS EN 1993-1-1 第 5.2.1(6)B），则可以采用这种简化的方法进行分析。

12.6.5 分析结果

分析结果可用于多种用途，包括：

（1）可以用楼层位移和层间力来计算 α_{cr}，以确定结构是采用一阶分析方法还是采用考虑侧移作用的一阶分析方法或者二阶分析方法；

（2）用构件内力和弯矩来进行构件设计；

（3）用构件变形来进行构件设计；

（4）用构件端部力来进行连接节点设计和基础连接设计；

（5）基底作用力用于基础设计。

详见本章第 12.9.1 节相关介绍。

12.6.6 特殊考虑的因素

12.6.6.1 稳定性

BS EN 1993-1-1 规定，当结构的缺陷和二阶效应有明显影响时，需要考虑其对结构稳定的影响。结构缺陷包括残余应力的影响，几何缺陷，如垂直偏差、安装偏移和节点偏心等。

以下缺陷应在计算中考虑，见 BS EN 1993-1-1 第 3.1（3）条的相关内容：

（1）框架和支撑系统的整体缺陷；

（2）单个构件的局部缺陷。

常规的做法是在整体分析中考虑结构的整体缺陷，而通常在单根构件的弯曲或侧向扭转屈曲验算中考虑构件的局部缺陷。在分析中整体缺陷通常可以用一组能够产生与所要求的缺陷等效侧移的水平力来体现。这些水平力称为等效水平力（EHFs），见图 12-12。

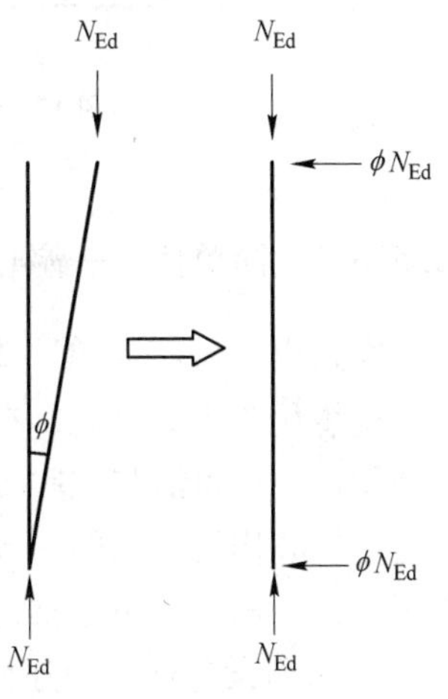

图 12-12 初始侧移缺陷

根据 BS EN 1993-1-1 第 3.2.3（a）条，等效水平力（EHFs）可以按下式计算：

$$\phi = \phi_0 \times \alpha_h \times \alpha_m$$

式中，$\phi_0 = 1/200$；$\alpha_h = 2/\sqrt{h}$，但 $2/3 \leqslant \alpha_h \leqslant 1.0$，$h$ 为建筑高度[11]；$\alpha_m = \sqrt{0.5 \times (1 + 1/m)}$，$m$ 为框架为侧移变形模式时柱子的数量。

对于受很大压力并且至少一端为抗弯节点的构件，欧洲规范提出了一个规定，在分析模型中来考虑这种构件的局部缺陷：

$\bar{\lambda} > 0.5\sqrt{[(A \times f_y)/N_{Ed}]}$（BS EN 1993-1-1 第 5.3.2（6）条）

这相当于 $N_{cr}/N_{Ed} < 4.0$ 的构件。

12.6.6.2　楼层横隔板

楼板可以用横隔板来模拟。横隔板为水平的板构件，板中的所有节点在平面内一起平动，但在横隔板平面外（垂直方向）的移动是相互独立的。应当指出，横隔板内所有单元的两端节点都不承受轴力，因为横隔板承担这种荷载。因此，如果认为在设计支撑开间内的梁要考虑轴向荷载，那么在模拟横隔板时需要注意这些轴向荷载对这些梁及周围梁的影响。例如，比较图 12-13 和图 12-14。

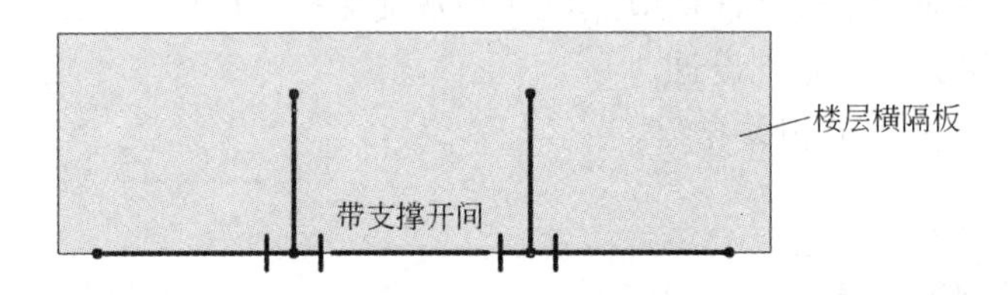

图 12-13　例 1：所有节点都在横隔板上，梁不受轴力作用

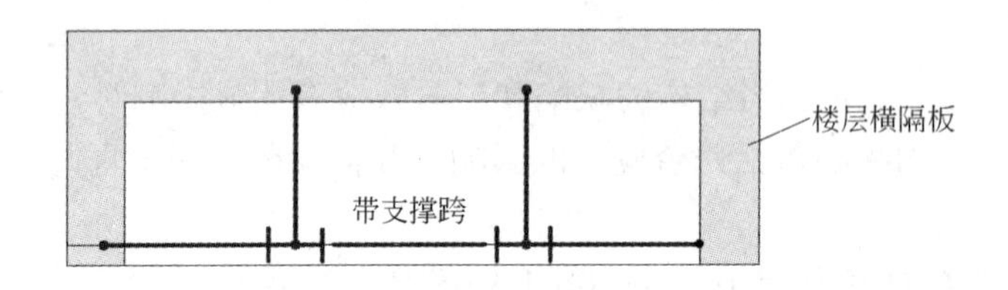

图 12-14　例 2：带支撑跨的梁端节点不在横隔板中

12.6.6.3　简单柱——偏心弯矩

在采用“施工简单”方法建造的多层建筑中，其分析模型要满足梁端为铰接的节点理想化要求。因此，在柱中不会因梁端反力而产生弯矩。而实际上，梁可能与柱翼缘相连，也可能与柱腹板相连，所以梁端反力对柱子中心线会有一个偏心。为了考虑这一偏心作用带来的局部弯矩，会在支承梁的部位对柱子局部施加偏心弯矩或名义弯矩。这些偏心弯矩通常设定为：

（1）当梁与柱翼缘连接时，偏心距取 $0.5D + 100$mm，其中 D 为柱截面高度；

（2）当梁与柱腹板连接时，偏心距取 $0.5t + 100$mm，其中 t 为柱腹板的厚度。

应当注意的是，这些都是名义弯矩，主要影响范围局限在支承梁的连接部位。对于这些名义弯矩与由于框架效应在柱子中产生的“实际”弯矩应区别对待（Access steel，2005 年）[12,13]。

12.6.6.4　外荷载的折减

结构的所有构件不太可能会同时受到满载作用，因此，可以对梁和柱上的作用荷载进行折减。但不允许同时对梁和柱的荷载进行折减。

BS EN 1991-1-1 的英国国别附录[14]允许使用另一种按附录第 2.6 条的折减方法，即：

（1）如果 $1 \leqslant n \leqslant 5$，$\alpha_n = 1.1 - n/10$；

（2）如果 $5 \leqslant n \leqslant 10$，$\alpha_n = 0.6$；

（3）如果 $n > 10$，$\alpha_n = 0.5$。

式中，n 为可以进行荷载折减的楼层数，在 BS EN 1991-1-1 的式（6-2）中，n 为楼层作用“荷载类型”相同的楼层数。作用于屋面的荷载不能进行折减。

注：只有当活荷载是诸可变荷载中起控制作用者时，该活荷载才可以进行折减。而当它不起控制作用时，则不能使用系数 α_n 进行荷载折减。

12.6.6.5　X-支撑框架

采用 X 形支撑的框架中，一般 X 形支撑只承受拉力。虽然有可能对带 X 形支撑的框架进行非线性分析，在分析中如果支撑受拉时考虑其作用，而如果受压时则忽略支撑的作用（见本章第 12.5.3 节只受拉单元），但并不建议在结构分析中使用这种方法，因为在非线性分析中，X 支撑可能会引起分析的不稳定。在重力荷载作用下，结构中的 X 形支撑都会受到轻微的压力，从而使得支撑的刚度立即为零，常导致计算不收敛。

最好是人为地加以控制，使得 X 支撑在受拉和受压时成为活跃或非活跃单元，进而能得到想要的计算结果，但这可能需要耗费一定的时间。对于复杂的计算模型，这也可能很难实现。在计算中应考虑所有正向和反向侧向荷载，以得到准确的柱子轴力和基础反力。

在线性分析中可以使用一些“技巧”来模拟非线性特性，然而设计人员应该谨慎地使用这些方法，因为对于 X 形支撑构件，这种做法并不总能提供正确解。

12.7　门式刚架建筑

12.7.1　建模

用于门式刚架的专用分析软件，通常包括以下分析内容：在正常使用极限状态下，采用弹性分析验算结构变形；在承载力极限状态下，采用弹塑性分析确定刚架中的内力和弯矩。在很大程度上这些方法已经取代了刚-塑性分析方法，因为刚-塑性方法无法考虑在轻型门式刚架中二阶效应的重要影响。虽然如此，如果满足某些条件（见 BS EN 1993-1-1 第 5. 2. 1（3）条），可以保证忽略二阶效应仍处于安全，那么 BS EN 1993-1-1 第 5. 4. 3（1）条就允许使用刚-塑性分析方法。

12. 7. 2　分析

BS EN 1993-1-1 提供了三种用于整体塑性分析的备选方案：

（1）弹塑性分析。考虑截面和/或节点塑性发展并出现塑性铰，以下称“弹塑性方法”。

（2）非线性弹塑性分析。考虑构件在塑性区部分进入塑性。这种方法在商业用的门式刚架中一般不采用，故本章不做讨论。

（3）刚塑性分析。忽略铰与铰之间的弹性特性。出于历史原因和对比分析的目的，将其作为“刚-塑性方法”来考虑。

除非二阶效应的影响相当小而可以忽略不计，BS EN 1993-1-1 是把进行二阶分析作为先决条件的。为了便于说明，下面阐述了一阶弹塑性分析，然后对一些在二阶分析中需要注意的问题进行说明。在本章第 12. 5. 4 节中，对基本的分析类型做了解释，这里仅讨论二阶弹塑性分析。有关二阶弹性分析方法的更完整的介绍可见本章第 12. 5. 4. 2 款。

12. 7. 2. 1　刚-塑性方法

刚-塑性方法是一种适用于手算和图形法计算的简化方法。该方法假定，刚架在荷载作用下形成指定的破坏机构所必需的全部塑性铰之前，是不会变形的（不含线弹性单元），在形成机构后框架倒塌。设计过程包括对一系列预定的破坏机构进行比较，来评估哪一个破坏机构的荷载系数最低，从而得到刚架在倒塌前能承受的最大荷载。在每种情况下，对沿构件分布的弯矩图进行验算，确保不超过塑性弯矩。对于简单结构，例如单跨的刚架，这个过程相对简单，因为可能的破坏机构非常有限。然而，对于较复杂的刚架，如多跨、檐口高度不相等、柱脚标高抬高或下落等情况，特别是在复杂的加载条件下，就可能会出现很多破坏机构。因此，替代方法通常是把破坏机构进行合并，以尽快地确定与最不利情况近似的一个破坏机构，而不需要尝试所有的可能性。

12. 7. 2. 2　弹塑性方法

弹塑性方法中，除了找到破坏荷载外，还需要明确铰的生成顺序和形成每个铰相关的荷载系数，以及在形成每个铰之间刚架弯矩的变化情况。假设在形成每个铰的中间过程，刚架具有线性性状。

增量法能够确定是否形成铰以及随后的塑性铰退化的情况，即由于框架内弯矩的再分配导致铰不再转动，并开始卸载的现象。以图12-15中的框架为例，来说明这种现象和增量方法使用。弹塑性分析表明，本例中，第一个铰出现在加腋的尖角端B处，荷载系数为0.88。这可以通过线弹性分析证实，因为在形成第一个铰前框架仍保持其弹性行为。支柱顶部A处所对应的弯矩要小于塑性弯矩M_P。

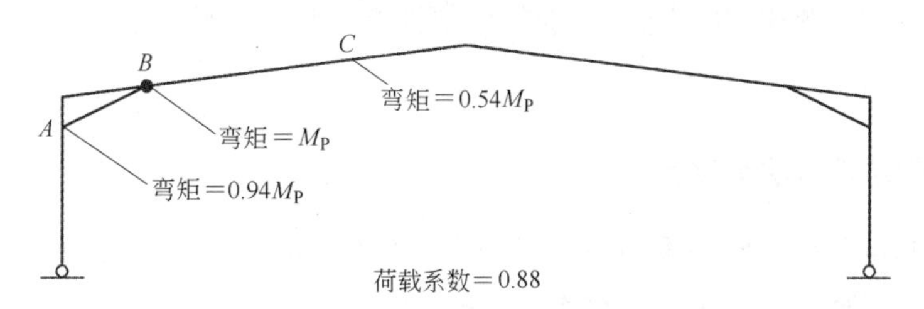

图12-15　增量法——第一步

随着荷载的增加，下一个铰在该支柱的顶部形成，荷载系数为0.99（图12-16）。因此，目前已在A、B两处形成铰，随着荷载的持续增加，铰B处的弯矩开始降低，主要是由于框架弯矩不断地进行重分布，称为铰反转。

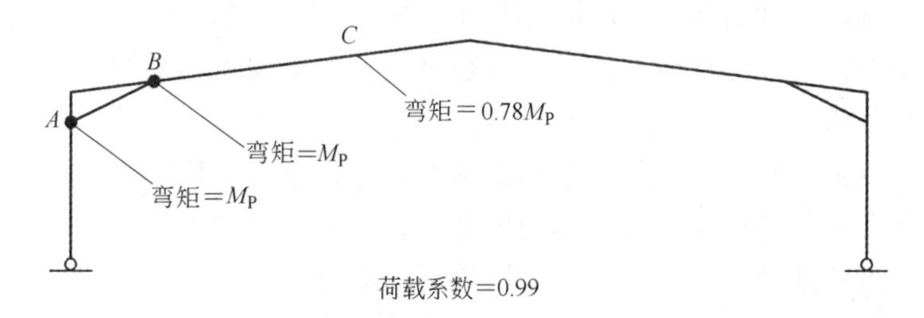

图12-16　增量法——第二步

随后，最后一个铰在靠近刚架梁顶点的C处形成，荷载系数为1.05（图12-17）。可以看出，在承载力极限状态下（荷载系数＝1.0），B点的弯矩会非常接近M_p，重要的是该处的铰会产生一定的转动。

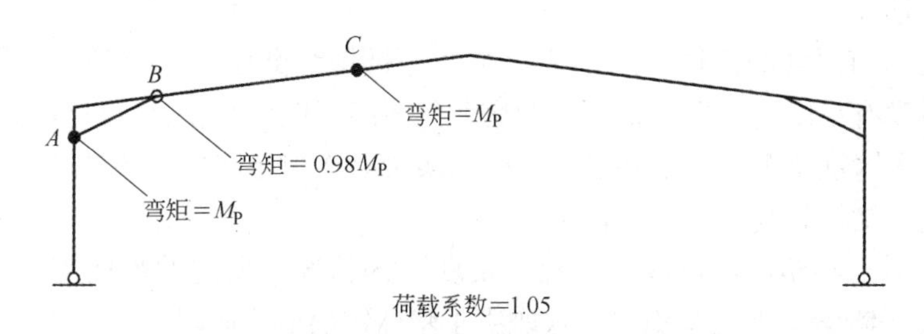

图12-17　增量法——最终弯矩

基于以下原因，弹塑性分析软件已在很大程度上取代了刚-塑性分析软件：

（1）可以在任意荷载条件下确定框架的状态，而不仅仅是只有在倒塌时才能确定其荷载系数。这就提供了一种在荷载系数为1.0时（即承载力极限状态下）确定弯矩图的精确方法。

（2）对于比较复杂的框架，采用刚-塑性方法确定最不利的破坏机构并非易事，可能要做适当的近似。而弹塑性方法却总能找到最不利的倒塌机构。

（3）弹塑性方法有一个完整的铰形成的过程，而刚-塑性方法只能考虑倒塌状态下的塑性铰。

因此，采用刚-塑性方法无法识别任何塑性铰的形成、转动、停止转动然后卸载这个过程。

12.7.2.3 弹塑性方法全过程

可以在弹性分析程序中采用一种“分步进行”（step-wise）方式来实施拟弹塑性分析。这种方式从概念上来讲相对比较简单，但除了最简单的框架结构外，其过程可能会非常烦琐。这个过程是一个帮助理解弹塑性分析的方式。

第一步是在全设计荷载下进行弹性分析。然后，需要分析框架的弯矩图，确定截面所作用的弯矩与其塑性抗弯承载力（考虑轴力适当折减）比值最大的点，这是第一个塑性铰形成的位置。然后建一个带有塑性铰的新的模型，并在铰上施加一对大小等于截面塑性抗弯承载力 M_P 而方向相反的弯矩。通过对新的模型进行再次分析，以确定下一个塑性铰形成的位置。然后，再在该位置上添加铰和施加一对弯矩，重建模型并继续进行分析。

这是早期的弹塑性分析软件所采用的基本方法，在每个塑性铰形成时都需要重组刚度矩阵从而形成新的模型。就计算角度而言，这种方法效率低下，并且与手算方法一样，无法很方便地处理塑性铰发生反转等复杂情况。

12.7.2.4 结果

除了本章第 12.9.1 节中给出的建议外，采用弹塑性分析还可能会产生某些特殊影响。最重要的是对于每个设计组合要检查“塑性铰历程”（hinge history），并判断其出现的合理性：

（1）是否有足够的塑性铰来形成一个倒塌机构？倒塌不一定是整体倒塌，即塑性铰的数量没有足以引起框架整体的倒塌，只要局部框架倒塌也可以认为是倒塌。例如，在一个多跨框架中，一根柱子和一根刚架梁上出现足够数量的塑性铰，就会引起倒塌，而这个结构的其余部分是稳定的。

（2）是否存在塑性铰形成后出现“反向”的情况？反向的塑性铰可能需要用檩条或边龙骨（墙梁）来使其稳定，这取决于塑性铰的形成阶段。

（3）要对对称形成塑性铰进行检查。例如，在竖向荷载下，如果左侧梁腋尖端处出现塑性铰，那么由于对称性，右侧相同位置处也可能形成塑性铰。在这种情况下，只是在数学模型上非常细微的差别，使得塑性铰在左侧形成。因此在刚架两侧的梁腋尖端处都需要采取约束措施。

当采用二阶弹塑性分析时，一个塑性铰历程还是存在的，虽然在这种情况下还有一个更大的可能性，很可能塑性铰的数量并不充分而引起倒塌。这是因为形成一个塑性铰和在该位置引入一个真正的铰所产生的影响是相类似的。因此，在每个塑性铰形成时，框架的刚度会降低，因此二阶效应（主要是 $P\text{-}\Delta$ 效应）会非线性地增加。这就可能产生“失控”效应并在荷载响应历程曲线上形成“下降段”。图 12-18 所示为典型的门式刚架的荷载响应历程曲线。其纵坐标是倒塌过程的荷载系数，其中在达到承载力极限状态时的荷载系数为 1，横坐标则是某个位移或者变形值。上面一根曲线表示了典型的塑性铰形成的响应过程，斜率变化处即表示有一个塑性铰形成。最后，形成了足够数量的塑性铰，倒塌机构建立并出现刚架倒塌，即在曲线变为水平时，在荷载不增加的情况下变形会无限加大。下面一根曲线则表示了二阶效应的影响足够大时所引起的“下降段”——由于塑性铰形成造成刚度退化，并会迅速加大下一个塑性铰形成时的二阶效应，在一定程度上会导致在下一个塑性铰形成之前承载能力的下降（荷载系数降低）。

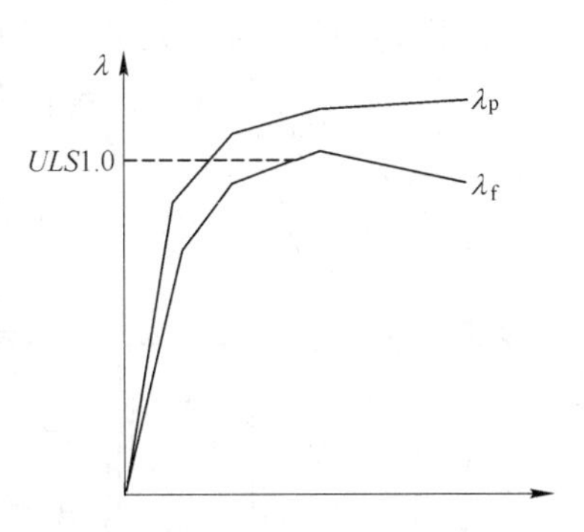

图 12-18 荷载响应历程曲线

需要用到刚架柱底（柱脚板）和基础的内力或反力，后者可能在设计初期就会用到。这些结果有几个重要的方面，首先，通常可以适用于钢结构分析模型；其次，对于弹塑性分析特别有用。

（1）计算结果无论是用来设计基础还是柱脚底板，都需要对其进行认真分析。无论是分析软件给出的文本档，还是运行一个简单的（容易理解的）分析模型所得到的结果，都应确定其给出的结果是“内力”还是“反力”——也可以称为荷载，虽然严格意义上来说不是荷载。此外，正负号规则也需要进行约定。例如，在普通门式刚架中，基底的水平反力应为刚架抵抗刚架梁推力的水平分量。在常规的符号约定中，整体坐标 X 正向反力为正，左侧基底水平反力应为正，右侧为负。

（2）根据实际应用的情况，所要求的结果可能需要按荷载标准值来计算内力或反力值，也可能需要按荷载设计值来计算内力或反力值。弹塑性分析本质上是非线性的，所以叠加原理不再适用。此外，由于刚架中形成了塑性铰，其内力分布与弹性分析不同（即便在相同荷载作用下）。因此，对于承载力极限状态，只有采用荷载设计值所进行的弹塑性分析结果才是正确的，而按荷载标准值所得的计算结果只能由弹性分析来得到。需要注意的是，按荷载标准值所得的计算结果变换为荷载系数工况时，不能与弹塑性分析结果进行组合，请见本章的相关章节。

12.7.3 梁腋

梁腋经常设置在门式刚架的檐口和屋脊连接部位。分析软件通常不能考虑“楔形单元”。在这种情况下，在门式刚架设计时，可按下述的方法用多个等截面单元来模拟楔形构件。

采用两个“刚架梁”单元和一个“柱”单元就可以对屋檐梁腋的特性进行完全模拟，横截面见图 12-19。加腋的刚架梁段对应取腋长的 1/3 和 2/3，取各段的平均截面特性建模。柱子顶部可采用梁腋最高段的截面特性建模。假定中和轴保持在刚架梁的中心线而不向下降，因为采用这一假定往往会高估下翼缘的压力和剪力，因此梁腋是偏于安全的。对于大多数常规的屋檐梁腋，单元的精细化并不能提高计算的精度，等效单元在它们相交的部位应按刚性连接考虑。

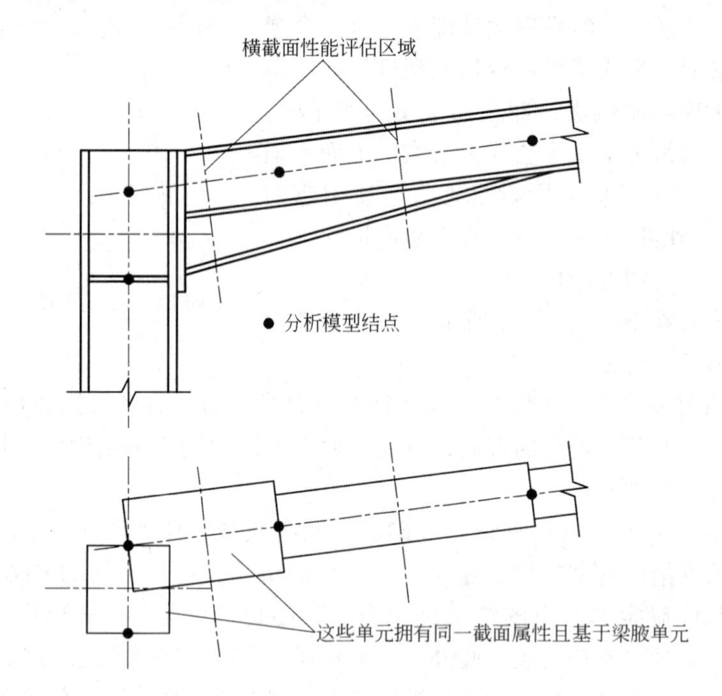

图 12-19 梁腋建模

在弹塑性分析过程中，不得在加腋区内形成塑性铰。因此，在定义梁腋单元的截面特性时，应将其抗弯承载力设置为一个较大值。（具体方法取决于软件，可以通过直接输入一个较高的抗弯承载力值，或者输入一个较大的截面模量。）

常规的屋脊梁腋通常对刚架分析没有明显影响，因此在分析模型中可不必考虑。有摇摆柱的门式刚架或单斜坡屋面的门式刚架中，“屋脊”梁腋对刚架有较大的影响，应在建模中考虑。

12.7.4 门式刚架柱脚

柱脚建模的具体方法可见本章第 12.8.6 节的相关介绍。特别是以下几点与门式刚架的弹塑性分析有关，在分析中可以把水平、竖直和转动弹簧刚度与抗弯承载力结

合起来使用。

如果门式刚架柱脚按具有高抗弯承载力和相对低的转动弹簧刚度来建模，那么为了在柱脚处形成塑性铰，就需要相当大转角。相反，如果门式刚架柱脚按具有低抗弯承载力和相对高的转动弹簧刚度来建模，那么最终倒塌机构的塑性铰区很可能发生在柱脚部位。此外，正常使用极限状态下弹性分析得到的柱脚弯矩可能会大于柱脚的抗弯承载力。

实际上，一般柱脚只能承受小于10°的转角，所以合理地选择柱脚的抗弯承载力和转动弹簧刚度，使之达到合理平衡是十分重要的。否则，应通过手算或电算来检查分析结果，以保证柱脚的转角（弹性的或塑性的）在可接受范围内。分析程序可预先设定转动限值，超过时显示警告，或者显示出节点的转角值以便于用户检查。特别重要的是，在低抗弯承载力和相对高的转动弹簧刚度的情况下，根据柱脚构造来判断是否能够承受所推断的塑性转动，也就是说，柱脚是否有足够延性，而不应依靠锚栓和焊缝来提供这种延性。

12.7.5　支承屋面天沟的托梁（valley supports）

在门式刚架建筑中，采用“设置或抽除中柱”(hit and miss)的双(多)跨带天沟刚架是很常见的（见图12-20）。每隔一个刚架就会去掉一根或多根立柱，称为“抽除中柱”刚架(miss frame)。在抽柱位置沿纵向设置支承屋架梁的天沟托梁(valley beam)，天沟托梁将荷载传给相邻刚架的柱子，这种刚架称为“设置中柱”(hit frame)刚架。

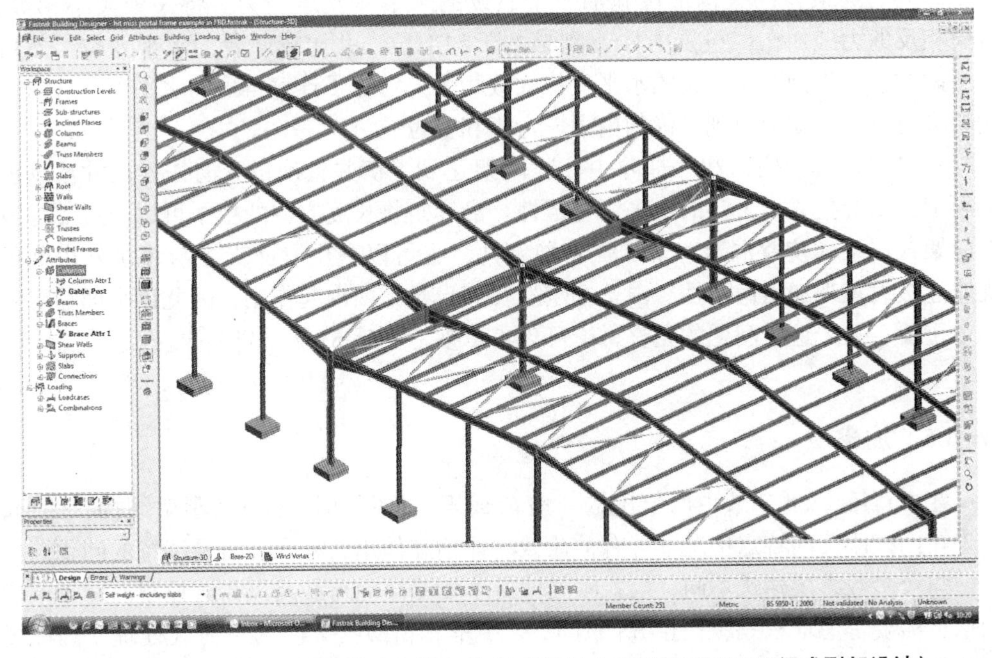

图12-20　典型的“设置或抽除中柱”的门式刚架（CSC FASTRAK门式刚架设计）

在常规的二维弹塑性分析中，支承屋面天沟的托梁通常可以通过在其支承部位考虑竖向、水平和转动弹簧刚度来进行建模。设定天沟托梁的支座处的抗弯承载力就决定了天沟托梁的塑性扭转能力，但通常在门式刚架的专用分析软件中不能实现这个功能。

“抽除中柱”的刚架性能对“设置中柱”的刚架性能会有影响，反之亦然。因此，需要采用一种同时考虑这两者之间相互影响的分析和设计方法，因为天沟托梁的反力已经包含在“设置中柱”的刚架荷载中，但要在对“抽除中柱”的刚架进行分析和设计后才能得到这个结果，而“抽除中柱”刚架中的天沟托梁的弹簧刚度也要在完成梁设计或者预先估计梁截面尺寸才能得到。两种刚架的水平变形必须保持一致，因为实际上刚度很大的墙面板会对刚架产生约束，使得两种刚架位移同步。

如果知道（或者采取预估）了天沟托梁的尺寸，竖向弹簧的刚度是比较容易计算的。梁在单位集中荷载作用下的挠度可以用弯曲理论计算得到，并且将其定义为转角和力的比值。弹簧刚度是这个值的倒数。天沟托梁的竖向挠度就会与在“设置中柱”的刚架上支承处的约束程度有关。

可以使用天沟托梁沿弱轴的截面特性，以类似方法来计算水平弹簧刚度。然而，天沟托梁的水平支座（即“设置中柱”的刚架）不是刚性的，在确定等效弹簧刚度前，计算梁的水平方向变形必须考虑支座的位移。水平弹簧刚度会产生作用在天沟托梁上的水平荷载，并且设计托梁时需要考虑双向弯曲。此外，屋面会对托梁提供支撑作用，上述这两种情况在设计“设置中柱”的刚架时都应加以考虑。

对天沟托梁加支撑的一个常规做法是，在“抽除中柱”刚架（要释放该刚架在水平方向的约束）的天沟部位施加一个假设的水平“支承”力。将一个大小相等、方向相反的力施加在“设置中柱”刚架的天沟部位，并比较两者的水平变位。然后重复此方法，直到两个刚架的水平变位大致相等。考虑了计算得出的水平力，对每个刚架进行分析，就会得到正确的内力、弯矩和变位。

一旦“设置中柱”和“抽除中柱”刚架达到平衡并且确定天沟托梁尺寸后，就必须十分重视托梁沿天沟的出平面稳定性。沿建筑物长度方向的柱子可以通过支撑或者门架式框架（抗弯框架）来加强其稳定性，也可以利用屋面支撑与建筑外表面的支撑连续设置来加强稳定性。由于主刚架在其自身平面内起作用，因此出平面稳定性非常重要，关于这个问题的完整讨论可见本章参考文献 King，2007[15]。

12.7.6 加载

在本章第 12.8.7 节中所给出的一般荷载规定同样适用于门式刚架结构。然而，对于在门式刚架的特定情况下. 有关荷载的评估和作用，有几个需要注意的问题。

与大多数多层建筑不同，门式刚架建筑主要受屋面荷载及风荷载控制。对于前者的估算需要考虑堆积效应，在 BS EN 1990 中堆积荷载按“偶然”荷载处理，因此要与常规的恒荷载及活荷载进行各种不同形式的组合，在本节中只给出简单的说明，更

详细的处理方法可参考本手册第4章中相关介绍。对风荷载的评估可能更复杂一些，而多层建筑受风荷载的具体分布的影响相对会较小，通过对风荷载的仔细评估，就可以设计出高效的门式刚架结构。

最初，各种“风荷载”、“雪荷载”和“屋面活荷载”的作用是通过围护结构施加的，然后分配到檩条、墙梁上，并通过檩条和墙梁的反力再施加到门式刚架结构上。在三维“建筑设计”软件和三维通用分析软件中，如果在非模型中包括了檩条和墙梁，这些荷载将转换成刚架梁和支柱上的集中荷载（见本章第12.3.2节的相关介绍）。而在专用的二维门式刚架设计软件和二维通用分析软件中，这些集中荷载可能按等效均布荷载（UDL）进行建模。在所有情况下，将这些荷载作为等效均布荷载，在实际工程中是可以接受的。

当使用专用二维门式刚架设计软件或二维通用分析软件时，需要注意确保考虑了不在刚架平面内的其他结构所产生的荷载影响，详见本章第12.7.7节“需要特别注意的事项”。发生这种影响的若干区域有：

（1）山墙刚架，山墙抗风柱承受风荷载并将反力从平面外施加到屋架梁上。根据抗风柱柱顶的构造，该反力也可以向上施加到屋架梁上，抗风柱对屋架梁提供了中间支座。

（2）对于屋面支撑也同样，会对屋架梁形成附加的轴向力，屋架梁的作用就是构成屋面支撑“桁架”中的弦杆。

（3）多跨门式刚架建筑的一种典型形式就是采用“设置中柱”和“抽除中柱”的刚架。前者是一组标准的门式刚架（两跨或两跨以上），而后者则抽去了一根或多根内立柱。在“抽除中柱”的刚架中“抽柱”刚架的“天沟”支承在“天沟托梁”上，该天沟托梁将反力传给“设置中柱”刚架。由于建筑物是作为一个整体来移动的，因此要在“设置中柱”和“抽除中柱”的刚架之间取得力和变形的平衡有很多技巧（请参见本章12.7.5节）。

（4）门式刚架建筑物中通常会设有库房和办公区。需要仔细考虑其内部结构和主刚架之间的相互作用。处理方法取决于内部结构的楼盖的支撑体系是否独立，反力是传到主刚架上还是对主刚架提供了支承，或者两者兼有。从内部结构的楼盖向主刚架上传递适当的荷载，这个问题并不简单，取决于结构的平面布置，相对于主刚架结构，楼盖可能是稳定的也可能是不稳定的。

另外，当结构内部有吊车运行时，通常将其处理成附加荷载。支座牛腿一般会同时产生竖向反力和对门式刚架立柱产生的一个弯矩。吊车小车的移动由于刹车会产生水平荷载。在吊重过程中，由于动力效应也会增强竖向荷载。在多跨刚架中，要确定吊车荷载和风荷载或雪荷载的最不利（但是合理的）组合，可能会变得非常复杂。

12.7.7　需要特别注意的事项

在BS EN 1993-1-1中涉及到分析的主要条款有：

（1）第5.2条，整体分析；
（2）第5.3条，缺陷；
（3）第5.4条，考虑材料非线性的分析方法；
（4）第5.6条，塑性整体分析的截面要求。
基于上述各条款，对于在门式刚架结构中的专门要求介绍如下。

12.7.7.1　整体分析

第5.2.1（3）条用来判定二阶效应是否很小而可以忽略不计。BS EN 1993-1-1的英国国别附录[16]与基础欧洲规范（base Eurocode）有很大不同，在基础欧洲规范中，在进行建筑物的塑性整体分析时，通常把弹性临界屈曲荷载系数 α_{cr} 的界限值取为10，即10以上时二阶效应可以忽略不计（在BS EN 1993-1-1中取为15）。如果满足特定的条件，在对门式刚架进行塑性分析时，英国国别附录将该界限值设定为5。配合使用第5.2.1（4）条来确定 α_{cr} 值，这就很有可能允许尺寸合理的单跨门式刚架采用一阶弹塑性方法来进行分析。

当必须考虑二阶效应时，BS EN 1993-1-1提供了两种方法：
（1）基于 α_{cr} 采用放大系数来考虑侧移的影响，见5.2.2（5）条；
（2）采用合理的二阶分析方法。
前者是大家熟悉的“力放大法”，但仅适用于弹性分析。后者则可以理解为：
（1）改进的“力放大法”，该方法可以用来考虑塑性倒塌系数与弹性临界屈曲荷载系数之间的相互关系（基于“Merchant Rankine”破坏准则）（见Lim等2005[17]）；
（2）或者采用更精确的二阶分析方法，可以用来直接考虑最重要的影响因素。
但需注意，对于这两种情况，仍然需要进行构件的稳定验算。

12.7.7.2　缺陷

第5.3.2款规定，在“对侧移模式屈曲敏感的框架”（即门式刚架）进行整体分析时，需要考虑两种缺陷的影响，即刚架的初始侧移缺陷和构件的初始弯曲缺陷的影响。

刚架缺陷可采用初始“倾斜”给出，倾角的基准值为1/200，这种缺陷可以用一组“等效水平力”来予以平衡。侧移缺陷由下式给出：

$$\phi = \phi_0 \alpha_h \alpha_m$$

式中，ϕ_0 为基准值1/200；α_h 和 α_m 分别为与柱子高度和柱子数量相关的系数，计算公式为：

$$\alpha_h = 2/\sqrt{h} \qquad \alpha_m = \sqrt{0.5(1+1/m)}$$

α_h 的上限值为1.0，下限值为0.67，通常门式刚架 ϕ 按以下刚架取值：
$\phi = 0.7\phi_0$，适用于中等规模的单跨门式刚架；

$\phi=0.5\phi_0$，适用于檐口高度不小于9m的三跨门式刚架。

在分析中，侧移缺陷或者可通过节点和构件相对于刚架的垂直位置施加一个位移，更常见的是在节点处施加一组较小的水平力（“等效水平力”）来加以考虑。这些水平力常常是由软件自动生成的。

构件缺陷可采用初始弯曲 e_0 值与构件长度的比值形式表示，即 e_0/L。BS EN 1993-1-1 指出，因为在构件设计验算中已经考虑了局部弯曲缺陷的影响，因此在分析中可以忽略不计。而对于至少有一端刚接且长细比超限的构件，初始弯曲缺陷的影响应在分析模型中给予考虑。但对门式刚架中的立柱可以不做要求，而对屋架梁构件（rafter members），在得到最终的设计内力之前，可能需要考虑构件初始弯曲缺陷，而对分析模型进行调整。

12.7.7.3 考虑材料非线性的分析方法

目前，有弹性分析和塑性分析两种分析方法可供选择。对于门式刚架，常采用后者。前者可以在所有情况下使用，而后者则有一些特殊的要求：

（1）刚架中的构件必须是双轴对称，或者当单轴对称时，其对称平面必须与塑性铰的转动平面一致。

（2）塑性铰可以出现在节点或者构件中。如果不做特殊处理的话，不建议塑性铰出现在节点上，对于门式刚架采用加梁的处理方法，可以保证塑性铰出现在构件中。

（3）塑性铰处的截面类型必须为第Ⅰ类。

（4）在荷载-响应直至达到承载力极限状态的过程中，构件应具有足够的转动能力，允许重分配弯矩。应对塑性铰进行约束以保证构件的稳定性。

（5）一般采用双线性应力-应变关系，但也可以采用更为精确的关系曲线。如果不考虑应变硬化，通常双线性应力-应变关系可以满足要求。

值得一提的是，上述条款是“设计”要求，而非“分析”要求，如确保在出现塑性铰的位置施加约束。而进行分析时，则无需知道是否会提供这种约束。

12.7.7.4 塑性整体分析的截面要求

塑性铰处的截面必须为第Ⅰ类截面，更多的相关信息见本手册第4章和第14章的介绍。

12.8 特殊结构构件

12.8.1 惯性矩变化的梁

这里所说的梁是指，按常规采用两个正交方向的截面惯性矩的简单表示方法，尚不能准确反映这些梁的截面性能。属于这一类的梁有：

（1）组合梁；

（2）蜂窝梁和多孔梁；

（3）加腋或楔形梁。

加腋梁可视为有三个翼缘的构件，由剖分型钢（或一组板件）与标准梁焊接而成。楔形梁有两个翼缘，腹板为楔形。这些几乎都是用于门式刚架结构，有关这方面的内容，可参见本章第 12.7.3 节的介绍，此处不再赘述。

12.8.1.1 组合梁

由于受收缩和徐变的长期影响，组合梁的特殊性在于其弹性特性会随着时间而变化。此外，在正弯曲情况下，可以使用已开裂的或未开裂的毛截面的惯性矩，而在负弯曲情况下，即使考虑了混凝土翼缘板中钢筋的作用，但由于混凝土受拉也需要对其进行折减。这就使得混凝土截面特性随着弯矩的符号改变以及弯矩大小的不同而改变。当组合梁没有实现完全抗剪连接时，混凝土和钢梁不能视为整体，其性能会介于钢梁和完全的组合梁之间。

但值得庆幸的是在大多数情况下，上述影响一般很小或者不会产生影响。大多数组合梁都是简支的，这就意味着，从整体分析的角度来说，梁的截面惯性矩对结构的其他部分没有任何影响，而且梁只受正弯矩作用。因此，在分析中可以把梁的截面惯性矩近似假定为钢梁截面和完全组合梁截面之间的某值。但整体分析中所得到的挠度就不会是梁构件按正常使用极限状态设计的结果。

由于很少使用连续组合梁和组合柱，因此，在本手册中不太可能给出相关的通用性的使用指南。钢管混凝土柱，由于钢管包覆并对混凝土形成约束，通常可以充分发挥出组合的特点。

12.8.1.2 蜂窝梁和多孔梁

在梁腹板上开有大孔或多个规则的孔洞时，梁的变形会受孔边的空腹效应（vierendeel effect）的影响。通常在正常使用极限状态设计时需考虑这种影响，但一般都不会在整体分析中考虑。对于这种情况需要采用特殊的“梁单元”或者采用“壳单元”的网格来模拟这种梁。笔者并不了解有任何包含“梁单元”方法的分析工具，而对于普通建筑结构来说，采用“壳单元”这样复杂的方法，依据也是不太充分的。

这种类型的梁大多数为简支梁，这意味着在整体分析中梁的截面惯性矩对结构的其余部分没有影响。此外，梁只受正弯矩作用，因此在分析中可以采用任何“合理的”截面惯性矩。对于蜂窝梁或有规则孔洞的其他类型的梁来说，一个简单的方法就是考虑梁中心线两侧的净截面惯性矩。对于孔洞尺寸大小不规则的梁构件，其净截面特性沿梁的长度方向是会变化的，这时可采用毛截面惯性矩或者最小净截面。在所有情况下，整体分析时所得到的梁变形与单根梁在正常使用极限状态设计下所得到的

结果不同。根据孔洞大小、数量和分布规律，开孔对梁变形的影响可能是相当大的，对此应予以充分考虑。

关于确定开孔梁挠度的更多信息，在美国钢结构学会的一些出版物[18~20]中有所介绍。在美国钢结构学会出版的设计指南丛书第二册（American Institute of Steel Construction, Design Guide #2）[21]的第6.5节中，给出了形成特殊“梁单元”的一种矩阵解法。

12.8.2 曲线形构件

大多数分析工具只能处理直线单元，并没有专门的“曲线单元”。因此有必要采用一系列直线单元来模拟曲线构件。所使用的直线单元越多，模型的精确性就越高，但就会使得整体模型非常庞大并且很不实用。一个合理的做法是确保每个直线单元之间的折角在2.5°左右（见本章第12.9.2节）。

支座条件对于曲线构件的影响是非常重要的：

（1）当构件在立面上弯曲时，构件会有拱的特点，其支座刚度会显著影响拱的性能。如果对支座不加以准确模拟，就会明显影响曲线构件的计算精度。

（2）当构件在平面内弯曲时，在梁中所产生的扭转和支座刚度的相互作用是相当重要的。分析模型中的假定必须与实际情况相符，否则梁就会出现超过预期的扭转。

当曲线形构件用一系列直线单元进行模拟时，这些单元按一定角度相交，该角度与曲线的半径和所使用的单元数量有关。在实际的曲线构件中，这些点位于曲线的切线上，因此任意两点之间并不存在夹角。这样就可能根据每个直线单元之间的折角，而产生两个问题：第一，分析所得到的内力是在直线单元的局部坐标系下的，这些内力并不在同一直线上。因此，力、弯矩和扭转均需进行分解，来求出对曲线构件切向的实际影响。第二，构件端部力的微小差别在预期弯矩图上可能产生异常（见本章第12.9.2节）。其实，这些是同一个问题，但表现形式不同。当然在直线单元的端部，这些力会处于平衡状态。

关于曲线构件设计和分析方面的更多信息，可参见SCI出版物P281[22]。

12.8.3 桁架

12.8.3.1 桁架结构建模

桁架分析可采用以下几种模型：

（1）铰接桁架；

（2）弦杆采用连续而腹杆与之铰接；

（3）刚接桁架。

第（2）种模型是最为常见的，应作为首选，因为它反映了桁架的实际性状。在这种情况下，弦杆承担了一部分因荷载作用在“节间”（“panel points”）之间而产生的弯矩，但还是以轴向荷载为主，其性能类似于轴向荷载作用下的连续梁。腹杆只受轴向荷载，通常忽略由于自重产生的弯矩。该种模型的优点是，在大多数情况下连接设计可以不用考虑弯矩的作用。采用空心型材的钢管桁架中，尽管腹杆与弦杆完全焊接，但当达到加载的最终阶段，即达到承载力极限状态时，这种连接形式的性状就仿佛是铰接。这是因为空心型材的壁厚相对较薄，且这类连接可以承受较大的变形。实际上所有类型的桁架，由于桁架产生变形而造成几何形状变化、连接部位的实际刚度和杆件的刚度等原因，都会造成次弯矩的存在。关于在 BS EN 1993-1-8 [23,24] 中对此的具体处理方法，会在本章稍后予以详细介绍。

第（3）种模型通常只用于要使用空腹效应的桁架中。这时，桁架承受荷载的方式是通过弦杆和腹杆的抗弯。这种模型的优点是可以省去斜腹杆，但是由于受力状态由轴压变成了以抗弯为主，空心型材的截面效率会有所损失。由于需要承受由于空腹效应而产生的较大的弯矩，因此对于空心型材之间连接的鲁棒性需要更加予以关注。

大多数桁架是“平面结构”，即它们的主要功能是在二维平面内的。因此，在分析中可按下述方式进行建模。当从结构中取出桁架进行单独分析时，需要特别注意其支座条件。在桁架的一端必须在水平方向对其加以约束，而在桁架的另一端在水平方向可加以约束，也可释放。其内力、变形和反力的计算结果，这两种情况会有所不同。实际上桁架大多是由柱子支承的，其支座条件在水平方向既不是完全释放也不是完全约束。当桁架搁置在支承梁上时，在桁架的垂直方向上也会发生同样的情况。对于这类支座条件，要采用整体结构的三维分析。当然，如果桁架是一个“空间结构”或者是三角格构式桁架，那么就很有必要采用三维模型进行分析。

12.8.3.2 规范要求

大多数分析和设计情况下，在完成构件的分析和设计后，再进行连接设计，这样既方便又合理。因此，连接的类型（名义铰接或刚接等）应与分析过程中所采用的假设相一致。

然而，在桁架和格构式结构中，弦杆和腹杆之间的连接设计常常是由构件设计来控制的（BCSA，2005 年）[25]。通常会使用间隙节点（gap joint）或搭接节点（overlap joint）来增加节点的承载力或用来改善加工制作的构造要求。由于采用这种节点处理方法就会引入偏心，因此在计算构件内力和弯矩时，有必要考虑偏心的影响。由于在构件确定之前偏心是未知的，通常进行手工计算，把节点放在构件中心线交点处做初步分析。如果偏心大小已知，则可按图 12-21 所示建模。

BS EN 1993-1-8 第 5.1.5 条给出了 有关“格构式梁”分析的规范要求，第 5.1.5 条的前面几款条文中，重申了以上涉及到的铰接桁架和在节间节点之间的弯矩等一般性的要求。在下列情况下，偏心所引起的弯矩可以不考虑：

（1）受拉弦杆和腹杆；

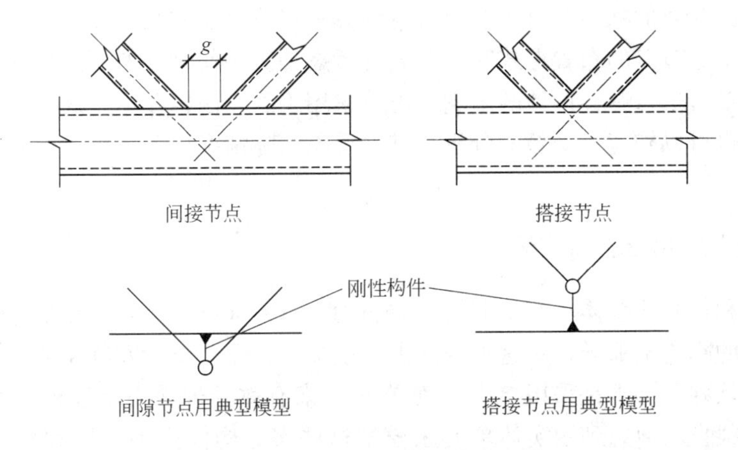

图 12-21　间隙节点和搭接节点的模拟

（2）腹杆和弦杆间的连接，如果节点偏心符合某些限值的要求。

这里不包括偏心距超过有效限值的那些连接以及受压弦杆。值得注意的是：

（1）即使节点和构件由同一人设计，但这两部分工作通常也是分开进行的；

（2）构件设计由一个单位（顾问公司）承担，节点设计可由另一个单位（钢结构承包商）负责；

（3）即便在一体化的建筑设计模型（building design model）系统中，用于构件设计的软件也可能与节点设计的软件不同。

综上所述，如果出于性能要求或施工方面的原因需要考虑一定的偏心时，应确保在构件设计中考虑该偏心弯矩。

还应注意的是，虽然规范要求通常适用于格构式大梁，但这些要求却是从空心型材的角度来编制的。

12.8.3.3　桁架分析设计的实施过程

由于构件尺寸对连接设计的性能有很大影响，所以初步假定构件尺寸最好是偏大一些，然后再进行迭代来接近最终尺寸，现将分析和设计过程的要点概括如下：

按常规方法确定桁架形式、跨度、高度、节间长度及侧向支撑等，使节点数量降至最少，并保证弦杆和腹杆之间的夹角不小于30°。

确定荷载，尽可能将荷载简化为作用于节点的等效荷载。

假定所有节点铰接并且所有杆件的轴线在节点处相交，从而确定所有杆件的轴力。

确定初始的构件尺寸，验算由于桁架几何形状改变以及节点的铰接假定所引起的次应力是否可以忽略。如果次应力不能忽略，最好的办法是重新布置桁架形式。另一种方法是按刚性节点重新分析桁架。由于节点不是完全“刚性”的，因此，这也是一种简化的方法。

对节点的几何形状与节点承载力进行验算。修改节点的几何形状，特别要注意限制偏心。在确定节点的布置形式时，要充分考虑加工制作过程的可能性和便易性。

验算主要弯矩对弦杆设计的影响。可以采用手算方法，在需要的部位考虑节点偏心的影响，也可以构建一个新的分析模型来反映实际情况。

12.8.4 剪力墙和核心筒墙体

剪力墙和核心筒墙体具有足够的"稳固性"（solidity），因而很难用杆单元，就像建筑物中的刚构架那样，对这类构件进行模拟。目前，设计人员经常采用性能很强的三维分析软件，特别是采用二维"壳单元"来有效处理剪力墙和核心筒墙体的问题。因此，很自然地想到用实体单元来模拟这些实心构件（剪力墙和核心筒墙体）。使用有限元技术显然是可行的并且是很实用的方法。但由于其内容庞杂，在此就不再详述，可参考文献 Rombach，2004[26] 的详细介绍。然而也有一些设计指南中建议使用杆单元和壳单元来模拟剪力墙和核心筒墙体（与此相关的更多信息可参阅文献 Arnott，2005）[8]。

在对建模技巧进行概述和归纳之前，应先注意建模目的。如果结构的变形和内力分布很重要，那么要做出相当准确的计算时，就需要特别注意分析模型的各个方面，包括：

（1）每根构件准确的材料特性；

（2）每根构件准确的截面特性；

（3）采取合理构件的布置，以对结构实际情况进行理想化。

BS EN 1992-1-1[27] 对任何给定等级的混凝土性能规定了一个大致的范围。例如，圆柱体强度为 $30N/mm^2$（立方体强度为 $37N/mm^2$）的混凝土，其短期弹性模量为 $33kN/mm^2$，在规范的表 3-1 中给出。但第 3.1.3（2）条指出，该数值仅适用于石英岩骨料混凝土，而对其他类型骨料的混凝土，该值修正的范围为：石灰岩骨料要减少 10% ~30%，而玄武岩骨料则要增加 20%，即根据前面所引用的弹性模量，其相应的混凝土强度为 $23\sim40kN/mm^2$。然后要考虑荷载的持续时间（以及其他可能的因素），对强度进行调整。当考虑混凝土开裂时，还可能需要调整构件的毛截面特性。因此，在对截面和材料特性进行选择时需要做很多判断，因为这会对结果产生直接影响，而且在讨论理想化分析模型的复杂性和优势时，必须牢记这一点。不管采用何种分析模型（杆单元或其他类型单元），考虑到基本材料性能的变化，都有可能需要进行敏感性的研究分析。

如果分析的主要目的是求取设计用的内力而并不关注变形，那么传统的方法是确保分析模型自始至终其构件的特性保持一致，并且每个类型的构件都有一组具体的特性与之相适应，比如弹性模量就不太重要了。然而，BS EN 1992-1-1 做出的推断是，相同的分析模型可以适用于所有用途，如用于确定变形和确定构件内力。

对沿高度连续且匀质的简单剪力墙，可以用一组"梁单元"来模拟，即采用把剪力墙截面特性集中在墙中心线上的杆单元。为了实现梁和楼板与剪力墙的连接，采

用了一种用梁单元来模拟的“中间柱”（mid-pier）理想化模型，在下文将做详细说明，其模型如图 12-22 所示：

（1）在墙底部，设两个水平单元连接两个端节点和中间节点；

（2）在墙顶部，设两个水平单元连接两个端节点和中间节点；

（3）在任何有楼盖功能的中间楼层位置，设一对水平单元；

（4）在墙体的底部和顶部以及任意中间楼层位置，用竖向单元在墙体中点连接；

（5）在墙体基底的中点设支座，支座的嵌固程度取决于剪力墙底部的支承条件，如采用基础、多根柱子、其他剪力墙或者转换梁等。

若在墙体上开洞，那么应对中间柱模型进行相应的修改，见图 12-23。可在洞口的两侧引入竖向单元，洞口的上方设置连梁。墙体开洞将会降低墙体的强度、刚度和自重。

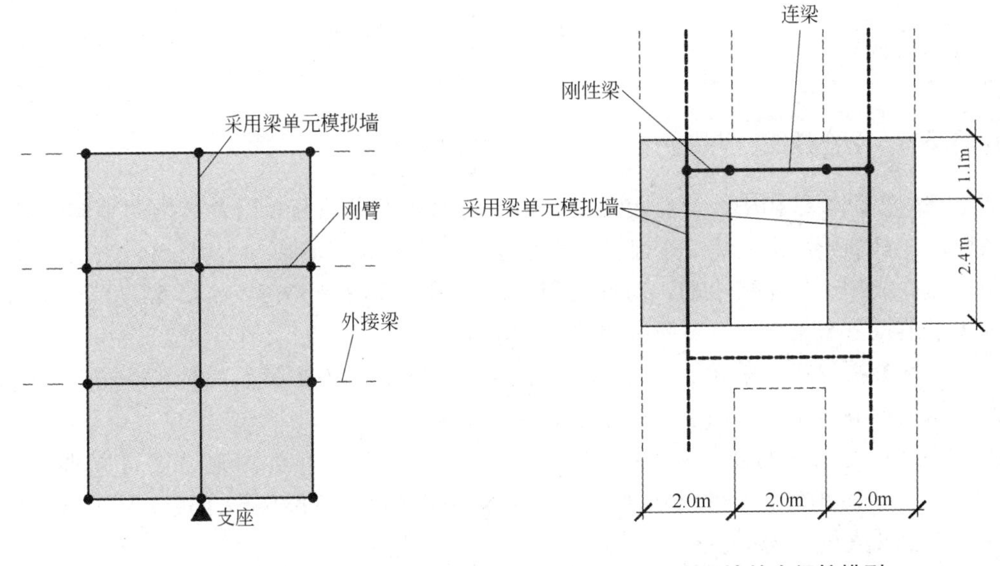

图 12-22　中间柱模型

图 12-23　开洞墙的中间柱模型

核心筒墙体（一组剪力墙）可以用类似的方式建模，如图 12-24 和图 12-25 所示。图 12-24 为实际墙体及它所支承的梁的一个模型，图 12-25 则为理想化的分析模型。

对剪力墙和核心筒墙体采用网格模型及采用“中间柱”模型（梁单元）进行比较，可见本章参考文献（Arnott，2005）[8] 的相关介绍，对于该文献中的一些结论，应予以足够的注意：“无论采用哪种方式来对结构进行模拟，如果对分析结果有疑问，那么最好的做法是采用另一种方式建模并对分析结果进行比较。不要认为采用壳单元来模拟墙体就一定会提高其分析精度，在许多情况下，似乎被认为是一种得到相同结果的新方式，但或许更令人担忧的是有时新方法也有可能会产生新的错误。”

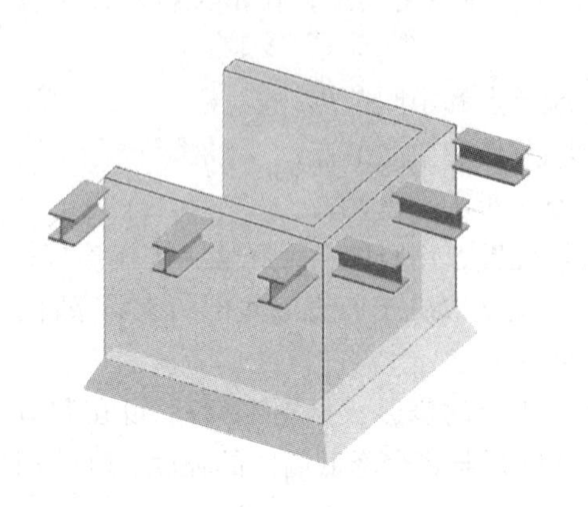

图 12-24　实际的核心筒墙体

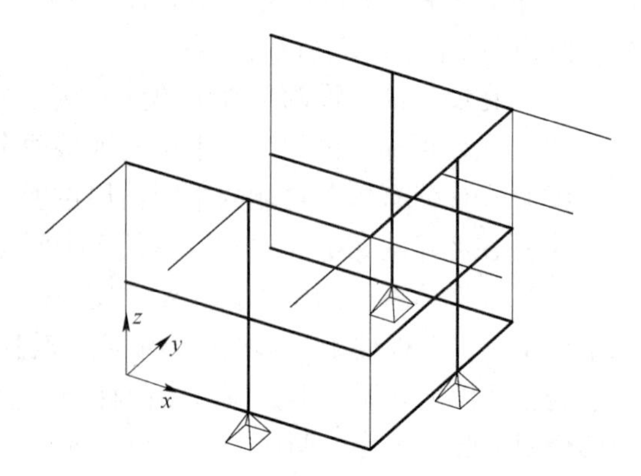

图 12-25　核心筒墙体的理想化分析模型

12.8.5　连接

12.8.5.1　节点性能

在一个框架结构中，节点的性能会影响内力和弯矩的分布以及结构的整体变形。然而，在许多情况下，将一个刚性节点模拟为完全刚接或者模拟为完全铰接，其影响与实际性能相比是相当小的，对此可以忽略不计。BS EN 1993-1-8 第 5.1.1（1）条的关于节点分类条款中，对此有相关规定。

弹性分析程序只考虑了节点的刚度。在 BS EN 1993-1-8 第 5.1.1（2）条（见本章的相关章节）中，给出了三种类型节点的定义。

注意有关术语的使用，欧洲规范中“节点”一词，在英国则通常可以理解为“连接”。上述两个术语可以互换使用，这样就既可以适应欧洲规范的引用，又可以使英国设计人员对此不会感到生疏。

（1）**简单节点**（simple）——假定不传递弯矩的节点。这种节点必须具有足够的易转动性，有时称为铰接节点，在分析中可按“铰”处理。

（2）**连续节点**（continuous）——具有足够大刚度的节点，其变形对框架弯矩图的影响可以忽略不计。有时称为“刚性”连接，定义为抗弯节点。

（3）**半连续节点**（semi-continuous）——具有很大的易转动性，但不能作为连续也不能按“铰”来处理的节点。必须在框架分析中对此类节点的性能加以考虑。

BS EN 1993-1-8 要求，对于弹性分析，节点应按其刚度来进行“分类”，且节点应有足够的强度来传递作用在节点处的内力和弯矩。对于弹塑性分析，节点的分类应同时考虑其刚度和强度。BS EN 1993-1-8 提供了同时考虑刚度和强度进行分类的相关资料。在 BS EN 1993-1-8 第 6.3 条（见本章第 12.8.5.2 节的“实际节点刚度的评估”）中，给出了确定工字形钢和 H 型钢构件节点刚度的相关规定。并且 BS EN 1993-1-8 也允许根据试验数据或者之前的经验，对节点进行分类。就建筑物而言，对

于简单（铰接）连接、连续连接和半连续连接的分类，英国国别附录就是采用按经验的方法来进行的。

当节点按刚度分类时：

简单节点——定义为“名义上铰接”（nominally pinned）而不是真正的铰接，因为这种节点会传递部分弯矩，而根据规定这些弯矩对构件设计的影响是可以忽略不计的。英国国别附录[24]指出，按照《钢结构的节点设计——简单连接》（*Joints in Steel Construction, Simple Connections*）（BCSA/SCI，2002 年）[28]给定原则所设计的节点连接，可归类为名义铰接。

连续节点——定义为“刚性连接”（rigid）。英国国别附录要求设计人员参考《钢结构的节点设计——抗弯连接》（*Joints in Steel Construction, Moment Connections*）（BCSA/SCI，1995 年）[29]，为了进行设计，对于其中大多数（当然不是所有）情况，只进行强度设计的节点连接，可按刚性连接考虑。

半连续节点——定义为“半刚性连接”（semi-rigid），通常也具有“部分强度”。在英国的实际工程中，这种节点称为“延性连接”（ductile connection），并在按塑性设计的半连续框架中使用。对于设支撑的半连续框架，英国国别附录指出可按本章的参考文献《设支撑的半连续框架》（*Design of Semi-continuous Braced Frames*）（SCI，1997 年）[30]中的原则设计，连接则可按《钢结构的节点设计——抗弯连接》第二章中的规定进行设计。此外，对于未设支撑的半连续框架（称为抗风框架），英国附录指出可按本章的参考文献《低层框架的抗风设计》(Moment Design of Low Rise Frames)（SCI，1997）[31]中的规定进行设计。

12.8.5.2 节点建模的精确方法

由上一节所述可知，节点建模最常用的方法是采用完全刚接或者完全铰接方法，并且多年来一直沿用这种做法。然而，对节点进行精确模拟就要了解，所有“刚接”连接都有一定程度的可转动性，而所有“铰接”连接都会有一定的刚度。为了模拟这一点并利用半连续连接的特点，结构工程师需要解决以下两个问题：

（1）刚接、铰接或半刚性连接的界限是什么？

（2）如何确定特定连接的刚度？

要解决这两个问题，可从以下两个方面进行考虑：

（1）刚度限值。图 12-26 给出了若干表示不同刚度节点的弯矩-转角曲线，并给出了 BS EN 1993-1-8 中刚性、半刚性和铰接节点之间的界限。对于按刚接考虑的节点，其刚度必须大于：

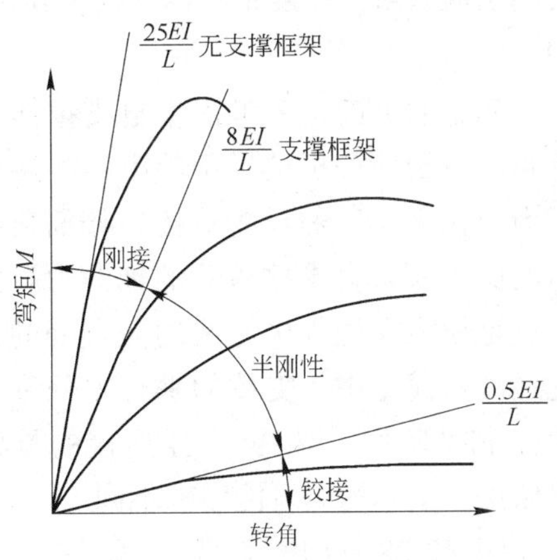

图 12-26 节点弯矩-转角曲线

1）对于设支撑的框架，其值为 $8EI/L$；

2）对于未设支撑的框架，其值为 $25EI/L$。

对于分类为（名义）铰接的节点，其刚度必须小于 $0.5EI/L$。

名义铰接节点也可以按强度分类。如果节点的抗弯承载力小于构件抗弯承载力的 25%，并有足够的转动能力，那么该节点即为名义铰接节点。

所有在刚度界限之间的节点可归类为半刚性节点。

（2）实际节点刚度评估。目前，确定节点的弯矩-转角性能的唯一精确方法就是通过试验确定。BS EN 1993-1-8 第 6.3 条中给出了节点刚度（针对工字形钢和 H 型钢）的计算方法。然而，英国国别附录对此有如下说明：

“在 BS EN 1993-1-8：2005 的 6.3 节中给出了计算转动刚度的数值方法；在 BS EN 1993-1-8：2005 的 5.2.2 节的刚度分类方法得到验证之前，半刚性弹性设计只适用于经过 BS EN 1993-1-8：2005 的 5.2.2.1（2）中方法试验验证过的情况，或在相似情况下满足基本的性能要求。”

建议：鉴于上文所述的不确定性，节点刚度很少会在分析之前或分析过程中确定。特别是很少在框架分析中采用弹簧单元来代替节点刚度，即使节点的特性已知或可以求取，而且确实有分析程序，把节点的转动性影响纳入到了框架分析中（参见 Li，Choo 和 Nethercot，1995）[32]。

目前，不建议在“常规设计”中采用半刚性连接来模拟节点的性能。今后，作为一种标准的技术手段，可能证明模拟半刚性节点是可行的，但作为一种方法其整体效益仍需进一步证实。当前，在模型中定义一个节点是刚性还是铰接，通常的做法是，结合分析中所做的假定和节点设计，提出相应的建议。

12.8.5.3　支撑连接

支撑系统的建模通常比较复杂，且会在进行结构分析的设计人员和节点设计人员之间引起误解。一般把支撑、柱子和楼层梁构件的模型建在构件中心线的交点，见图 12-27。

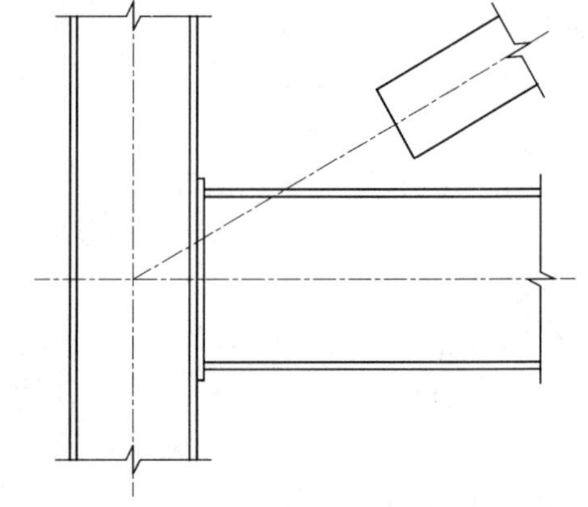

图 12-27　取构件中心线的典型支撑连接节点

问题的关键是要考虑来自支撑体系的垂直力分量。分析结果中给出的楼层梁端反力只包含了（假设为铰接）楼面荷载产生的剪力和来自支撑体系的轴向力。由于节点是模拟在构件中心线的交点处的，因此在分析模型中，支撑的垂直力分量直接由柱子“吸收”。根据支撑连接的具体构造做法，实际情况可能略有不同。

图 12-28 给出了两个实例：在图 12-28a中，很明显，支撑所作用的力与楼

层梁无关，但所有构件的中心线仍相交于一点。可是节点构造表明其传力路径并不直接。图 12-28*b* 所示节点为支撑轴线与楼层梁轴线相交于柱子表面。在后一种情况下，通常根据楼层梁端反力计算得出的偏心弯矩中必须要考虑支撑作用力的分量。在前一种情况下，支撑作用力分量是否要考虑偏心（该偏心值取柱表面至中心线距离，且不小于 100mm）是一个有争议的问题（BCSA，SCI，Corus，2006 年 10 月）[33]。

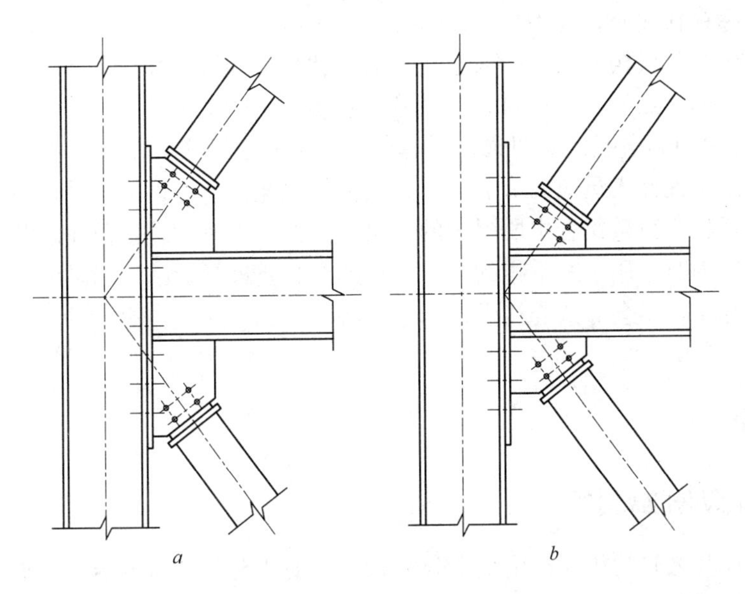

图 12-28　两种支撑布置图

a—类型一；*b*—类型二

这些连接构造可在分析模型中进行局部的模拟，有时需要采用很短的刚性杆。但出于以下几个原因，通常应避免使用这种方法：

（1）分析模型的细节调整取决于构件尺寸和连接的布置，而在分析阶段，这些通常是未知的。同时，构件截面尺寸等发生任何改变，都需要重建模型。

（2）随着所有节点和构件都添加到模型中，分析模型的规模会变得越来越大，但随着计算机性能的提升，处理大型的分析模型并不是什么难题。

（3）把很短的刚性杆用在大尺寸但刚度不大的构件临近，可能会引起程序中数学求解的不稳定，尤其是在考虑二阶效应时。

因此，对分析模型做出改变并在设计过程中去处理上述情况，通常是不现实的。作为一种例外，可能是在偏心处考虑直接施加支撑作用力，因为在大多数的建筑建模软件（而不是一般的分析软件）中，已经在柱子设计中考虑了由楼层梁端反力产生的偏心弯矩。

12.8.5.4　小结

原则上讲，在整体分析中节点的模型应能反映出在相应荷载作用下它们的预期性能。应该注意，在一般分析软件（不是指建筑建模软件）中缺省状态是所有节点在所有方向上完全受约束（约束六个自由度）。梁柱之间的抗弯节点具有足够大的刚度，可以在其弯曲平面内按刚性考虑，但在平面外几乎没有刚度，因此最好释放在盖方向的自由度。

在一般情况下，在对梁柱结构进行分析时，建议在构件的中心线交点处设置节点。如果实际存在偏心，在构件设计时应予以考虑。

由于在分析阶段构件尺寸一般是未知的，就初步分析而言，支撑节点还是应该设在构件中心线的交点处。然后可以采用在支撑和主构件之间带有粗短杆（stub members）的模型来进行分析，也可以用手算的方法来考虑其实际影响。本书建议采用后一种方法。结构设计人员应向节点设计人员准确地递交节点连接的设计荷载资料，其中可能要包括相应荷载组合中所引用的荷载，例如，当风荷载包括在承载力极限状态下的荷载工况内时，用于梁承担的楼层荷载的系数要进行折减。如果节点作用力的荷载组合与实际不符，会导致连接设计的不经济。

12.8.6 支座

12.8.6.1 转动刚度要求

基础和地基之间的相互作用是十分复杂的。对土与结构间相互作用的具体模拟，通常也会在常规分析中加以考虑。BS EN 1993-1-8 没有对基础连接的转动刚度作特殊规定，所以仍与上一节“节点”中的分类内容相同，即名义铰接、半刚接和刚接。然而，在“非冲突性补充信息”（NCCI）出版物中给出了一种经验方法，该文件主要参考了 Access Steel 的出版物 SN045，即《关于在整体分析中的柱脚刚度问题》（*Column base stiffness for global analysis*）[34]。

名义铰接柱脚（*nominally pinned bases*）——BS EN 1993-1-8 中并未对按名义铰接考虑的柱脚构造作出规定，可以采用 BS EN 1993-1-8 第 5.2.2.1（2）款给出的常规方法。假定视柱脚为名义铰接，那么柱子基础就可以按弯矩为零进行设计，并且应满足以下要求：

（1）当采用弹性整体分析方法来求取承载力极限状态下的内力和弯矩设计值时，应假设柱脚为铰接。

（2）当验算框架稳定性，即对框架是否易受二阶效应影响进行验算时，可假设柱脚刚度为柱子刚度（可取值 $4EI/L$）的 10%。

（3）在计算正常使用极限状态下的变形时，可假设柱脚刚度为柱子刚度的 20%。

名义刚接柱脚（*nominally rigid bases*）——BS EN 1993-1-8 中对按名义刚接考虑的柱脚构造也未作出规定，可以借助于 BS EN 1993-1-8 第 5.2.2.1（2）条的相关要求。在以下条件成立时，可视柱脚为名义刚接：

（1）当采用弹性整体分析来求取承载力极限状态下的内力和弯矩设计值时，柱脚刚度不得大于柱子刚度。

(2) 在计算正常使用极限状态下的变形时，可假设柱脚为刚接。

(3) 对于弹塑性整体分析，所假定的柱脚刚度必须与假设的柱脚抗弯承载力一致，但不得超过柱子的刚度。如果基础和柱脚底板的设计抗弯能力与假设的抗弯承载力相等，并考虑了分析得到的内力，那么柱脚的抗弯承载力就可假定零到柱子塑性抗弯承载力之间的任意值。

半刚性柱脚（*semi- rigid bases*）——NCCI SN045 建议，基于以往英国的做法，如果基础是按照分析得出的弯矩和内力进行设计的，那么在弹性整体分析中，可以假定柱脚的名义刚度不超过柱子刚度的 20%。

在通过计算确定柱脚刚度时，需遵循英国国别附录中的注意事项，这在本章的第 12.8.5.2 节已有所概括。

12.8.6.2　转动刚度的模拟

尽管上文对刚度的要求非常明确，但重要的是要认识到柱脚刚度必须按梁的刚度，而不是按柱子刚度来进行处理，如图 12-29 所示（详细说明可参见 SCI，1991）[35]。

在许多情况下，可以采用一根梁构件刚性地连接到柱脚上，使转动刚度具体化并用于分析建模。如果虚拟梁的长度和截面惯性矩与柱子相同，且与柱脚相连的虚拟梁远端为嵌固，这样就能得到所需的柱脚刚度。

为了减少虚拟梁杆端弯矩引起的影响，更方便的方法是将虚拟梁远端铰接，如图 12-30 所示，并将虚拟梁的长度降低为柱子长度的 0.75 倍。

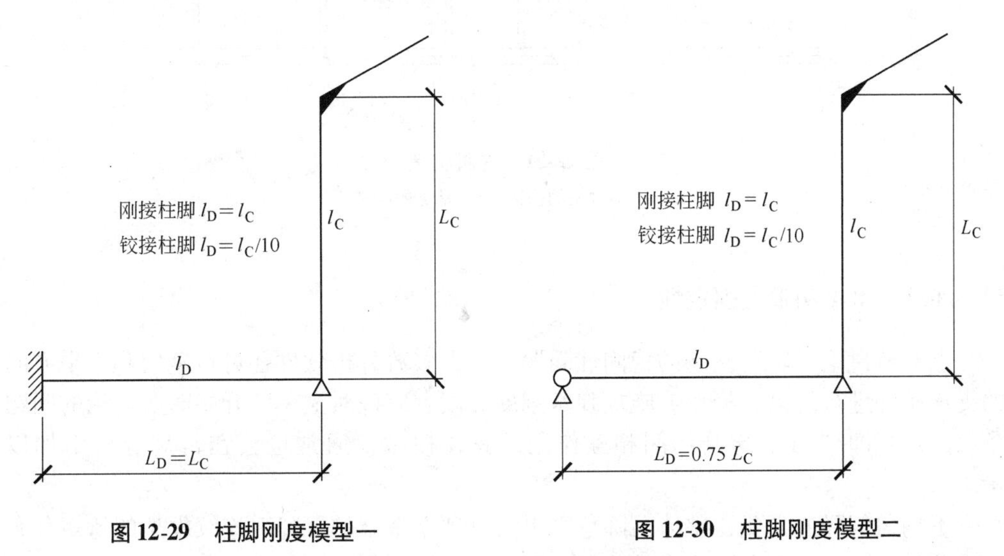

图 12-29　柱脚刚度模型一　　**图 12-30　柱脚刚度模型二**

在这两种模型中，虚拟梁的截面惯性矩在刚性柱脚情况下，等于柱子的截面惯性矩，在名义铰接柱脚情况下，等于柱子截面惯性矩的 10% 或 20%。

许多分析程序允许直接按弹簧刚度输入柱脚刚度。这时，刚性柱脚按 $4EI_c/L_c$ 输入，名义铰接柱脚在计算变形时按 $4EL_c/5L_c$ 输入，验算框架稳定性时按 $4EL_c/10L_c$ 输入。

柱脚和基础之间的连接在建模和实际使用中都是一个很不确定的问题，并且在实际构造上很难区分铰接和刚接柱脚。门式刚架通常按铰接柱脚进行分析，因为采用刚接柱脚所形成的造价增加，通常要超过因采用铰接柱脚而减轻刚架质量所带来的经济效益。当然，如图 12-31*a* 所示那样，从构造上直接就能认出是铰接的柱脚也是很少见的。更常见的是如图 12-31*b* 所示的构造做法，在分析中这种构造常常被视为铰接。优先采用这种柱脚构造，原因有二：

（1）采用四个锚栓固定，吊装柱子时无需拉索或者支撑，并且更容易进行调整和对直。

（2）如果柱子位于场地边界，为保证发生火灾时柱子的稳定性，可能要求按抗弯柱脚考虑。建筑法规（Building Regulation）对有这类要求的建筑物作了相关的规定。读者可以参考《火灾条件下的单层钢框架建筑》(*Single Storey Steel Framed Buildings in Fire Boundary Conditions*)(SCI，2002)[36]。

需要注意的是，图 12-31*b* 所示的柱脚也可以归类为抗弯柱脚。当为边柱时，柱脚的构造做法必须能够承受弯矩，虽然在框架分析中目前的做法是将柱脚按铰接建模。

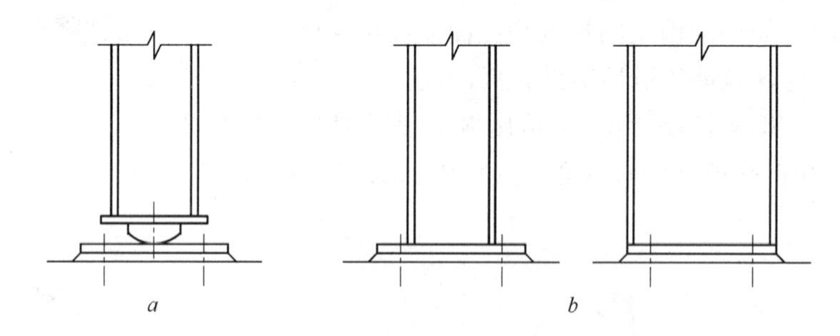

图 12-31 柱脚构造

a—不常见的构造；*b*—常见的构造

12.8.6.3 水平和垂直固定性

上一节讨论了转动柱脚的稳固性问题，但大多数分析软件还可对竖向和水平方向的支承条件进行约束、释放或施加弹簧刚度。读者应该对上一节开始时所讨论的问题予以注意，即“对土与结构间相互作用的具体模拟，通常也会在常规分析中加以考虑”。

不均匀沉降通常要比整体沉降危害更大。独立基础的沉降对连续框架的弯矩分布有显著的影响，这一点往往会被忽视。图 12-32 所示为第三个基础相对于其余基础发生 30mm 竖向位移时的梁弯矩图。

如果基础的构造和地基土特性是已知的，可以引入弹簧支座来模拟地基土的力学

性状，也可用“只受压”弹簧、“间隙单元”等来改善方向模型，但却加大了复杂性并需要进行非线性分析。

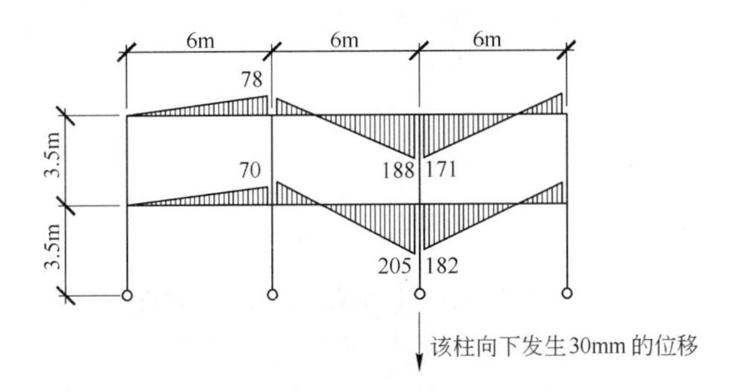

图 12-32 不均匀沉降引起的弯矩图

（图中显示的为作用在梁上的弯矩，单位为 kN · m；
柱尺寸：203×203×46，梁尺寸：457×152×52）

如果要求模型准确地反映真实情况，常需释放水平方向的自由度。除了基础，其他任何支座几乎都允许结构“扩张”（spread），支座必须释放一个或多个自由度来反映这一点。

为了说明这一点，以一个两根柱子简支的三角屋架为例，见图 12-33。如果桁架是设计的，支座建模时必须释放水平自由度，否则分析结果就会在下弦杆的某些节间上产生压力，这种情况显然是不正确的。

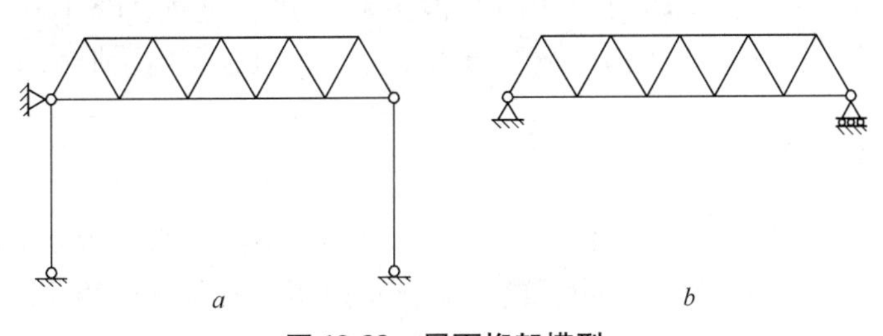

图 12-33 屋面桁架模型

a—包括柱的；*b*—隔离体

12.8.6.4 小结

如果分析是按铰接柱脚进行的，而实际情况柱脚是半刚性的，对于框架构件来说，其弯矩的分析结果会偏于保守。因此，通常采用铰接柱脚进行分析可能比较合理，即使柱脚的构造看似能够承受弯矩。

采用刚性柱脚必须考虑柱脚嵌固程度对基础费用的影响，有可能会变得相当昂贵。应该注意的是，上文中所给出的指南允许在正常使用极限状态下的分析中假设柱脚为完全固定，但在承载力极限状态的分析中不按完全固定来考虑。

大部分用来承受弯矩的名义铰接的柱脚，具有一定的优势，特别是有利于减小侧移变形。

在没有地质条件和基础性能的详细资料时，一种通常接受的做法是假定基础在垂直和水平方向为刚性支承，并认为钢框架具有弯矩重分布能力且具有延性性能。

12.8.7　荷载模拟

12.8.7.1　概述

在大多数结构中，不能很精确地确定荷载的大小，并且在分析所中采用的荷载表示的是结构将会受到的可能最大荷载的估计值。某些荷载作用，如结构自重，要比其他荷载（如风荷载）更容易估计。外加荷载，如风荷载和雪荷载，可以根据对历史上气象条件的观察，并应用概率方法来预测结构在设计基准期内可能发生的最大效应。

与结构用途有关的作用，例如楼面活荷载，只能根据使用的性质来估计。大多数情况下，要采用完全统计的方法，其数据还不够充分，因此会由客户或者规范指定估计值，详细内容可参见 BS EN 1991 系列规范的介绍。

在极限状态设计中，荷载标准值是所有设计的基础。标准值是在结构设计基准期内最大荷载统计分布的特征值。为了提供足够大的安全裕度，尤其是抗倒塌，在标准值的基础上考虑荷载分项系数，得到设计荷载。再将设计荷载组合成一系列的设计荷载组合。每个特定类型荷载的分项系数可以是不同的，取决于设计组合内所包含的其他荷载类型。这些分项系数也可以用组合值系数 ψ 进行修正，BS EN 1990 对此的详细规定及相关要求已在本手册的其他章节做了介绍，可参见本手册第 3 章的内容。

12.8.7.2　荷载模拟

一旦确定了所要考虑的荷载作用，分析模型中的荷载在很大程度上就会取决于该模型的简化程度，包括辅助构件单元的三维分析模型，其所作用的荷载可能会比较复杂，与之相比平面框架分析中所采用的荷载则可以进一步简化。以门式刚架为例，风荷载和屋面荷载通过围护系统将荷载传递给辅助构件，如檩条或墙梁，再通过辅助构件施加到主框架上。如果三维分析模型中包括了檩条或墙梁，那么荷载应该作用在这些单元上，而如果围护体系也被构建在模型中，那么就可以在围护体系施加面荷载，并且模型会将这些面荷载分解到檩条和墙梁上。如果考虑单榀二维框架模型，那么可以计算出檩条位置处（如果知道的话）的等效节点荷载，或者更常见的做法是，在框架上施加等效均布荷载。

在计算等效节点荷载和等效均布荷载时建议进行简化。在图 12-34 所示的楼板上，楼面梁通常按如图 12-34*a* 所示的均布荷载设计，而不按图 12-34*b* 所示的方法。

同样地，任意构件上的多个集中荷载可按分布荷载处理。5 个及以上等距且相等的集中荷载通常可视为分布荷载，而不会有明显的计算精度差别。

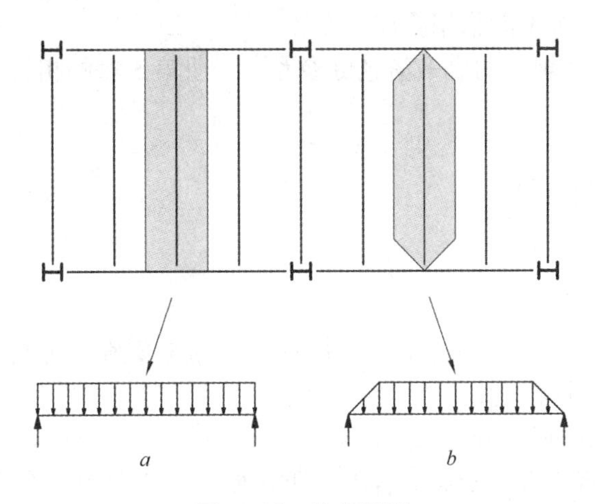

图 12-34　荷载模拟

12.8.7.3　荷载类型

通用分析程序中会有多种加荷方式。需要相对于整体或局部（杆件）坐标系，对荷载作用进行定义。以下给出了一部分常用的荷载类型（当然并不完整）：

（1）节点荷载；

（2）节点位移；

（3）作用于单元上的均布荷载；

（4）作用于单元上的非均匀分布荷载；

（5）作用于单元上的集中荷载；

（6）自重；

（7）温度变化。

建筑建模软件往往允许采用更通用的荷载类型，如整体楼面荷载、面荷载、局部均布荷载和局部非均布荷载以及线荷载。所有这些荷载都会按建筑建模软件的要求来进行分解。

12.8.8　荷载组合

通常把各种荷载工况的标准值定义为荷载作用，每一种荷载工况都与一种“荷载类型”相关，如“恒荷载”、“活荷载”、“风荷载”、“雪荷载”。应该把这些荷载组合成各种带分项系数的组合设计值。通常，软件会以下列两种形式提供计算结果：

（1）受单个荷载工况标准值作用的计算结果，例如在验算变形时；

（2）在承载力极限状态下验算强度或抗力时，受荷载组合设计值作用的计算结果。

此外，在一阶分析中，只对荷载工况的标准值进行分析，然后把分析结果进行叠加得到设计组合结果。然而，对于精确的二阶分析，必须根据不同的荷载组合分别进行分析，因为二阶分析不能采用叠加的方法。

关于 BS EN 1990 规定的更多信息可参考本手册第 3 章的相关介绍。

12.9 非常重要的问题

12.9.1 结果检查

对计算结果要经常进行一些基本的检查，目的是要确认分析模型的有效性（而不是确认软件的准确性）。其检查内容包括：

（1）对输入数据进行彻底的检查；

（2）在每个荷载工况和荷载组合下，所施加的荷载之和应等于反力之和；

（3）结构变形的数量级和方向正确；

（4）轴力图、剪力图和弯矩图的形状合理。

通过查看图形化的计算结果要比采用其他方法更容易执行以上检查。检查分析模型的一种简便方法常常是引入由非常简单集中荷载构成的额外的“测试”荷载工况。如果结果看起来正确，那么模型很可能是正确的，如果看起来不正常，那么就应该对模型做进一步研究。

对结构刚度的简单检查方法是把建筑物近似为一个独立的垂直悬臂构件，并采用手算来确定在水平力作用下大致的预期水平变位，并将相同的荷载施加到整个结构模型上，并比较两种计算结果。

同样地，对预期基础荷载的分布也可进行手算并与分析结果比较。当有很大差别存在时，应可以对此做出解释或者调整。软件只是一种工具，永远不会取代工程师对结构性能的直观判断。

工程师为验证软件分析的结果，可在另一个软件中运行相同的模型，但所有的软件给出的结论相差不大。在一阶分析的情况下，这些差异应该是非常小的，在第四位或第五位有效数字上才有差别。这样小的计算结果差异，很可能是模型的不同而不是软件的错误。分析模型在不同的软件之间的自动转换，并不能验证该模型的正确性，通常只会说明这两个软件中的模型是完全相同的。为充分验证一个模型的正确性，应分别重新建模并比较两种模型的计算结果。

12.9.2 一般建议和常见错误

在分析模型中经常会出现一些常见的错误，可以借助于以下建议来加以避免：

（1）**没有必要把结构中的所有细部构造都构建在模型中**。在建筑结构中，有很多细部构造通常不受主结构上荷载的影响，例如门窗框钢架。为了简化分析模型，应仔细研究哪些应该、哪些不应该构建在模型中。模型越大，建模时间就越长，检查模型的时间就会越长，就要花费更多的时间来发现错误，且产生错误的可能性也就越大。

(2) **重要的是尽可能把问题简单化**。对设计目标的近似表述仍然是作为工程师的一个重要工作内容。分析模型越复杂，出现错误的风险就越大，并且当需要重建模型时就会耗费更多时间。

(3) **随时对预期结果进行评估**。检查实际分析结果并与预期结果进行比较。

(4) **敞开式型钢截面的抗扭能力非常弱**。重要的是，结构的稳定性并不依赖于构件的扭转刚度。工程师通常不将扭转作为设计的主要因素。运行分析模型，检查扭矩图以确保扭转不会影响整体结构（某些分析软件允许采用一个整体系数来对构件扭转刚度进行折减，以确保扭转在结果中不是控制因素）。

(5) 如果未能正确构建模型，大多数分析软件都会给出**警告和错误提示信息**。有些提示信息会很有帮助，有些信息采用了“分析的语言”，因此还需要进行翻译。分析给出的所有警告和错误提示信息都是有原因的。通常，这些原因会影响到结果的完整性。十分重要的是，如果有必要的话，就要对形成这些警告和错误的原因进行评估并加以纠正，以便得到令人满意的结果。

这些错误的常见原因有：

(1) **结构缺乏足够的支承**。

(2) **分析模型中的一部分处于不稳定状态**。这可能是楼板、屋面中的一个区域，或者是建筑物中的一小部分，从而使得整个分析模型成为可变机构。

(3) 未定义**构件的材料属性**，而被当作零处理。

(4) 模型中节点“**旋转**”，所有与该节点相交的单元端部释放，并导致该节点对特定轴没有转动刚度，因此可以在空间中旋转。

(5) 当在节点相交的单元的**抗弯刚度相差** 10^6 及以上时，会导致许多分析程序不能提供可靠的解法。

(6) 共线的单元，在远端释放扭转自由度，这样的单元可绕自己的轴旋转。

(7) 建模过于粗糙的单元，因此产生二阶效应而掩盖了实际的设计内力。受轴力作用的曲线构件就是一个很好的例子（如图 12-35 所示）。上部结构模型沿曲线共

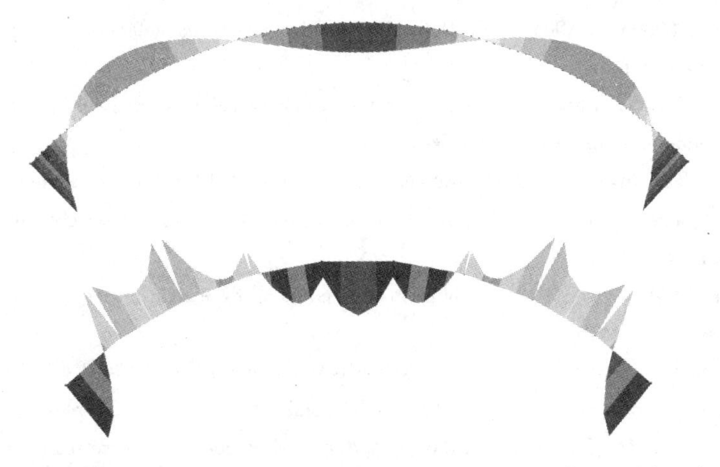

图 12-35　粗糙的和精细的模型对比（照片转载自 CSC S-Frame，由 CSC（UK）Ltd.，提供）

有90个单元，因而相邻单元之间的角度差异相当小，使得单元方向变化所产生的二阶效应就是实际的二阶效应。而下部结构是同样的曲梁，但采用9个单元建模，使得二阶效应超出了主要的荷载效应，因此无法得到正确的设计内力。

参考文献

[1] The Steel Construction Institute(1995). Modelling of steel structures for com- puter analysis. SCI Publication P148. Ascot, SCI.

[2] The Institution of Structural Engineers(2002) Guidelines for the use of comput- ers for engineering calculations. London, IStructE.

[3] British Standards Institution(2002) BS EN 1990 Eurocode Basis of Structural Design. London, BSI.

[4] American Society of Civil Engineers (2005) Minimum Design Loads for Buildings and Other Structures. USA, ASCE/SEI 7-05.

[5] British Standards Institution(2005) BS EN 1993-1-1 Eurocode 3 Design of Steel Structures. Part 1-1 General rules and rules for buildings. London, BSI.

[6] Coates R. C., Coutie M. G. and Kong F. K. (1998) Structural Analysis, 3rd edn. London, Chapman and Hall.

[7] Süli E. and Mayers D. (2003) An Introduction to Numerical Analysis. Cambridge, Cambridge University Press.

[8] Arnott K. (2005) Shear wall analysis-new modelling, same answers. Journal of The Institution of Structural Engineers, Volume 83, No. 3, 1 February.

[9] British Standards Institution(2004) BS EN 1994-1-1 Eurocode 4 Design of Composite steel and Concrete Structures. Part 1-1 General rules and rules for buildings. London, BSI.

[10] American Concrete Institute(2008) ACI318-08, Building Code Requirements for Structural Concrete (ACI318-08) and Commentary. Farmington Hills, MI, ACI.

[11] The Steel Construction Institute(2009) Advisory Desk AD 333 New Steel Con- struction, Volume 17, No. 4, April. BCSA, SCI, Corus.

[12] Access Steel (2005) SN005 NCCI Determination of moments on columns in simple construction, www. access-steel. com.

[13] Access Steel(2005) SN048b-EN-GB, NCCI Verification of columns in simple construction-a simplified interaction criterion, www. access-steel. com.

[14] British Standards Institution(2002) National Annex to BS EN 1991-1-1 UK National Annex to Eurocode 1: Actions on Structures-Part 1-1 General Actions-Densities, self-weight, imposed loads for buildings. London, BSI.

[15] King C. M. (2007) Overall stability of multi-span portal sheds at right-angles to the portal spans. New Steel Construction, May.

[16] British Standards Institution(2005) UK National Annex to BS EN 1993-1-1 UK National Annex to Eurocode 3 Design of Steel Structures. Part 1-1 General rules and rules for buildings. London, BSI.

[17] Lim J., King C. M., Rathbone A. J. et al. (2005) Eurocode 3: The in-plane stability of portal frames. The Structural Engineer, Volume 83, No. 21, November.

[18] Knowles P. R. (1986) Design of castellated beams. For use with BS 5950 and BS 449. Ascot, SCI.

[19] Ward J. K. (1990) Design of Composite and Non-composite Cellular Beams. SCI Publication P100. Ascot, SCI.

[20] CIRIA/The Steel Construction Institute (1987) Design for openings in the webs of composite beams. SCI Publication P068. Ascot, SCI.

[21] Darwin D. (2003) Steel and Composite Beams with Web Openings. American Institute of Steel Construction, Steel Design Guide Series No. 2. USA, AISC.

[22] The Steel Construction Institute(2001) Design of Curved Steel. SCI Publication P281. Ascot, SCI.

[23] British Standards Institution(2005) BS EN 1993-1-8 Eurocode 3 Design of Steel Structures. Part 1-8 Design of Joints. London, BSI.

[24] British Standards Institution(2005) UK NA to BS EN 1993-1-8 UK National Annex to Eurocode 3 Design of Steel Structures. Part 1-8 Design of Joints. London, BSI.

[25] British Constructional Steelwork Association(2005) Steel Details. BCSA Publication 41/05, Chapter 3, 10-15. London, BCSA.

[26] Rombach G. A. (2004) Finite Element Design of Concrete Structures. London, Thomas Telford Publications.

[27] British Standards Institution(2005) BS EN 1992-1-1 Eurocode 2 Design of Con- crete Structures. Part 1-1 General rules and rules for buildings. London, BSI.

[28] The British Constructional Steelwork Association and The Steel Construction Institute(2002) Joints in Steel Construction, Simple Connections. BCSA/SCI Publication P212. London, Ascot BCSA/SCI.

[29] The British Constructional Steelwork Association and The Steel Construction Institute(1995) Joints in Steel Construction, Moment Connections. BCSA/SCI Publication P207. London, Ascot BCSA/SCI.

[30] The Steel Construction Institute(1997) Design of Semi-continuous Braced Frames. SCI Publication P183. Ascot, SCI.

[31] The Steel Construction Institute(1999) Wind Moment Design of Low Rise Frames. SCI Publication P263. Ascot, SCI.

[32] Li T. Q., Choo B. S. and Nethercot D. A. (1995) Connection element method for the analysis of semi-rigid frames. Journal of Constructional Steel Research, Volume 32.

[33] The Steel Construction Institute(2006) Advisory Desk AD 304. New Steel Construction, Volume 14, No. 9. BCSA, SCI, Corus, October.

[34] Access Steel, SN045, Column base stiffness for global analysis, www. accesssteel. com35. The Steel Construction Institute (1991) Advisory Desk AD 090. Steel Construction Today, Volume 5, No. 6. Ascot, SCI.

[35] The Steel Construction Institute(2002) Single Storey Steel Framed Buildings in Fire Boundary Conditions. SCI Publication P313. Ascot, SCI.

13 结构振动*

Structural Vibration

ANDREW SMITH

13.1 引言

结构的振动可由来自结构内部和外部的许多激励源引起。表 13-1 列出了其中有代表性的例子。

根据振动发生的频率和振幅，主要考虑以下三种影响：

（1）强度——结构必须有足够的强度以抵抗振动所引起的动力峰值。

（2）疲劳——多次往复振动将使结构产生较大的应力，导致疲劳裂缝的产生和发展，进而导致结构强度的减弱甚至破坏。

（3）感觉——建筑内居住者能察觉到很小振幅的振动，如果振幅大到一定程度，会使人产生不安或者恐慌，某些精密仪器也对振幅很敏感。但对使用中的建筑物而言，人们的感觉通常是最重要的动力判定准则。

有些影响比其他影响更常见，全部列出这些影响已超出了本书的范围；具体细节可参考相关文献。迄今为止，最常见的影响是人在建筑物内对振动的感觉，而最典型的振源是人的活动（通常为行走）。本章将讨论行走活动引起的结构响应（即加速度），但该理论也可引申到其他形式的振源输入和响应输出。

13.1.1 振动基本原理

一个振动体系的运动可以用三个参数来描述。频率定义振动的快慢，振幅定义振动的大小，而阻尼决定振动的持续时间。

13.1.1.1 频率

如图 13-1 所示，频率（f）是振荡体系完成振动的速率，为时间（T）的倒数，该时间是某点从一端极限位置运动到另一端极限位置再返回至初始位置所需要的时间。频率以每秒周数（s^{-1}）或赫兹（Hz）为单位，频率与刚度和质量之比的平方根

* 本章译者：李国强。

成正比。传统的做法是振动设计仅要求梁的振动频率高于某限值。

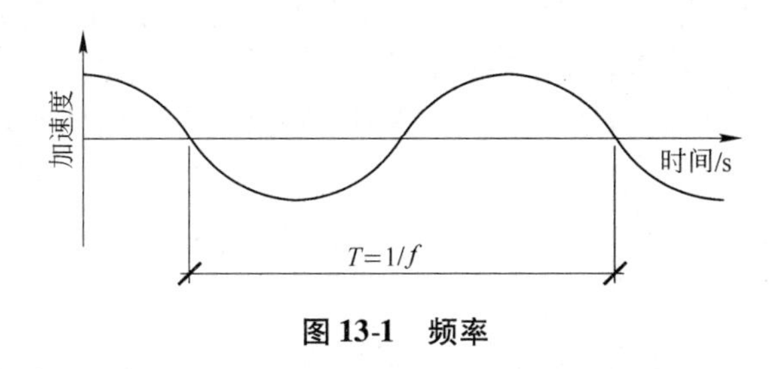

图 13-1　频率

13.1.1.2　振幅

如图 13-2 所示，振幅度量体系从平衡位置运动到极限位置的位移、速度或加速度。对于楼盖振动，通常用加速度来确定可接受性，可由作用力与有效质量（或模态质量）的比值确定，并乘以动力放大系数以考虑响应的惯性效应。该放大系数将考虑结构自振频率（即结构在无外界干扰情况下的振动频率）与输入荷载频率之间的关系。这两个频率越接近，惯性效应越明显，振幅就越大。当两个频率一致时，会发生共振，振幅达到最大值。

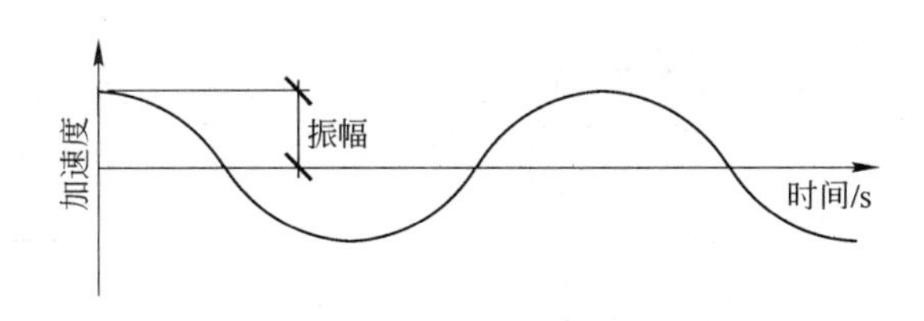

图 13-2　振幅

振幅可由峰值（从平衡位置到极限位置的距离）或采用均方根值（rms）表示。后者表征输出的平均值，不会受高峰值异常的控制，常用来定义可接受性判定标准。

通常，楼盖的可接受性判定标准以加速度幅值的形式给出。

13.1.1.3　阻尼

阻尼是指在一个体系中机械能的损耗。结构的阻尼来自结构的许多方面，包括连接、设备及装修处的摩擦和通过非结构构件（如隔墙）的耗能，随着能量通过阻尼从结构中耗散出去，响应的振幅会减小。阻尼越大，振幅减小越多。

13.1.2　现行规范

BS EN 1990[1] 附录第 A1.4.4 条指出，应限制振动以免引起使用者不适，并确保结构或结构构件的功能。该条款指出可用频率极限值作为可接受性判定标准，“也可通过更精确的结构动力响应分析加以确定，并考虑阻尼的影响”。该条款建议读者参考 ISO

10137[2]，并且还列举了许多可能的振源，其中包括步行及人员与设备的同步移动。

BS EN 1993-1-3[3]指出："对于公众可在其上行走的结构，对此类结构的振动应加以限制以免引起使用者的明显不适，每个工程项目应确定振动限制标准，并得到客户的同意"。关于更详尽的建议，可参见英国国别附录中引用的专业文献。

13.2 振源

表 13-1 列出了可能的振源形式。根据振动形式的不同，可分为连续激励、冲击激励以及两者的组合。旋转式压缩机就是一种连续激励例子，当压缩机以稳定的频率工作时，其传递到结构上的任何力也具有相同的频率。巴士驶过坑洼路面或减速路坎时会引起冲击激励，车体结构在突发力作用下，上下颠簸后又逐渐稳定到初始状态。

表 13-1 振源

结构内部产生的力	机器设备； 冲击； 人的活动（步行、跳舞等）
外 力	风振及其他空气动力作用； 波浪（海洋结构）； 车辆等的撞击
地面运动	地震； 由铁路运输、公路运输、打桩等引起的地面振动

一些振源（尤其像行走）则同时包含两种激励方式。如图 13-3 所示，当脚后跟与地面接触时，脚步会产生一个冲击力，此外在行走过程中，行人质心起落，还产生稳态周期力。

该激励中的部分周期力，可通过傅里叶变换，展开成一系列单一频率正弦波的叠加。本例的步行频率是 2Hz（由周期的倒数算得），冲击力可分解为 2Hz、4Hz、6Hz 和 8Hz 频率，表现为四个显著的正弦波。第一频率的贡献是最大的（通常约乘以系数 4），但是其他频率也可能传递给楼盖足够大的能量，引起更大的响应。

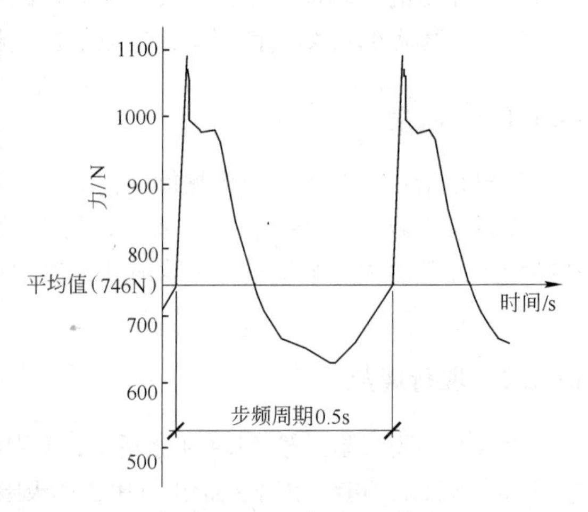

图 13-3 步行激励下典型的力-时间曲线

13.3　对振动的认识

13.3.1　人的感觉

正如通过对结构挠度的限制，使居住者感到安全、可靠，同时，确保结构具有可靠的动力性能也是很重要的。如果不限制振幅，建筑物内的居住者会感到烦躁、不安。

虽然有些振动并没有引起人们的不良反应，但这主要取决于人们活动的形式、背景噪声量、一天中产生振动的时间、振源以及振动的频率或持续时间。与旁人走过书桌时的相对强烈振动相比，机器整日运转所产生的低强度振动，会令人更加难以忍受。

13.3.2　楼盖响应

大振幅、低频率振动下的位移，是有可能观测到的；但对于高频率振动产生的位移，虽然肉眼无法分辨，但是其后果可能很严重。因此，人们对振动的感觉通常与加速度水平有关而非位移，而且用加速度计测量楼盖的响应也比较容易。楼盖响应可定义为楼盖在外荷载作用下运动的加速度。

13.3.3　频率的影响

人的听力与声音的频率有关，人耳听不到频率很低（低音音符）或者频率很高（如雷达的超声波）的声音。人的听觉范围不存在阶跃式的变化，即不存在突然听到（或听不到）某种频率声音的现象；而对于恒定频率的声音，则会感受到该声音的高低变化。人对运动的感觉也存在同样的现象，只是人体对低频的感觉比耳朵更加敏感。

ISO 10137 给出的人对振动感觉的基准线，如图 13-4 所示。该基准线表明了平常人能感觉到的振动加速度的下限和振动频率的关系，从图中可以看出，人对 4 ~ 8Hz 频率范围内的振动最为敏感，在这个范围内可察觉的加速度均方根值为 $5mm/s^2$，此加速度值为人能感觉到振动的临界值。

13.3.4　倍增因子

如上所述，根据不同情况需要制定相应的可接受性判定标准。对于手术室的要求是，外科医生不能感觉到任何振动，以免造成不必要的失误；而对于门诊室，则不必过度要求，偶尔感觉到小幅的振动是可以接受的。制定不同的可接受性判定准则，可在图 13-4 所示基准线的基础上乘以相应的倍增因子。

所以，对于手术室，倍增因子可取 1.0，对于门诊室，倍增因子可取 8.0，是一个更合理的设计标准（此值取自 HTM 08-01[4]）。

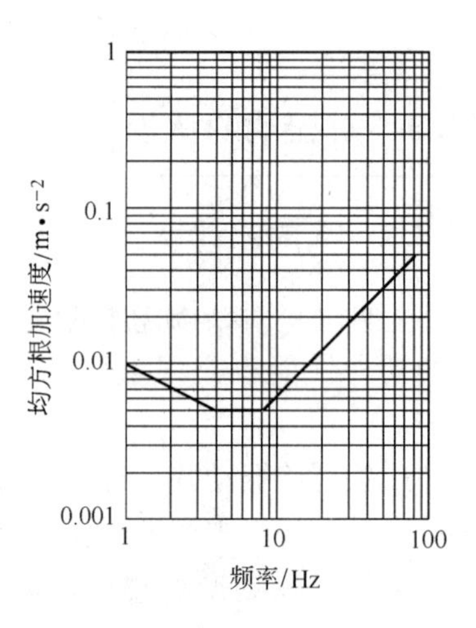

图 13-4 人能感觉到的加速度的临界值（出自 ISO 10137）

13.3.5 加权因子

把多频率响应与相应基准线进行对比的方法不同，权重曲线是根据常人的感觉，对加速度进行正则化。频率权重值可通过倒置基准线（见图 13-4）得到。常用的两种权重曲线为：W_g 用于视觉和手的支配能力，而 W_b 用于人的感觉。两种权重曲线如图 13-5所示，表 13-2 列出了它们的使用范围。在大多数情况下，振动分析的目的是减少或消除不舒适感，但在像手术室这样的特殊情况下，应将振动水平控制在不被感知的程度，且不影响视觉和人手操作的稳定性。

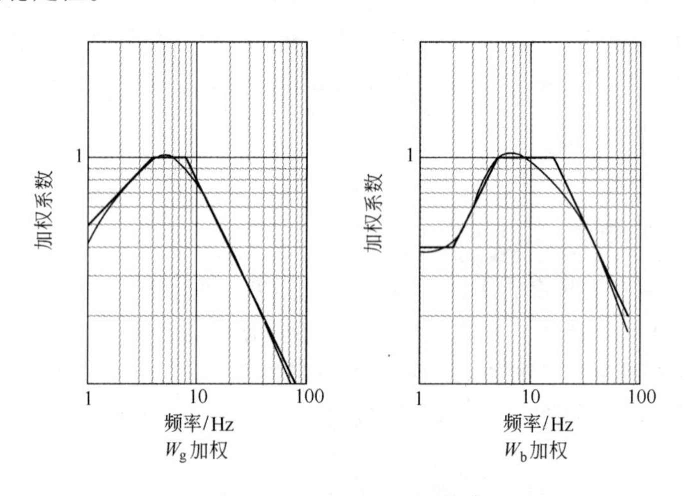

图 13-5 W_g 和 W_b 权重曲线

表 13-2 不同楼层设计的权重因子

房间形式	分 类	权重曲线
重要的工作场所（例如医院手术室、精密实验室）	视觉/手的支配能力	W_g
住宅、办公室、病房、一般实验室、诊室，车间和社交场所	人的感觉	W_b

为了举例说明曲线的使用方法，用 W_b 曲线来表征不舒适感，8Hz 的正弦波与

2.5Hz 或 32Hz 的两倍振幅的正弦波，其感觉是相同的，所以对应这些频率的加速度绝对值应减半后再与可接受性判定标准相比较。

图 13-5 所示的曲线也可用以下公式表示：

Z 轴振动的 W_g 加权

$$\left.\begin{array}{ll} \text{当 } 1\text{Hz} < f < 4\text{Hz 时} & W = 0.5\sqrt{f} \\ \text{当 } 4\text{Hz} \leqslant f \leqslant 8\text{Hz 时} & W = 1.0 \\ \text{当 } f > 8\text{Hz 时} & W = \dfrac{8}{f} \end{array}\right\} \tag{13-1}$$

Z 轴振动的 W_b 加权

$$\left.\begin{array}{ll} \text{当 } 1\text{Hz} < f < 2\text{Hz 时} & W = 0.4 \\ \text{当 } 2\text{Hz} \leqslant f < 5\text{Hz 时} & W = \dfrac{f}{5} \\ \text{当 } 5\text{Hz} \leqslant f \leqslant 16\text{Hz 时} & W = 1.0 \\ \text{当 } f > 16\text{Hz 时} & W = \dfrac{16}{f} \end{array}\right\} \tag{13-2}$$

13.4　响应形式

13.4.1　稳态响应

当连续的周期力作用于一个体系时，该体系将产生与输入力频率相同的响应。可动质量的惯性将逐渐增强，直到振幅保持不变达到稳态。该响应的一个例子，见图 13-6。

振幅的大小取决于移动质量、激励力的大小、激励力频率与系统自振频率的比值以及系统的阻尼。当激励力频率与系统自振频率相同时，响应最大，即所谓的共振。对于一个典型楼盖，共振时的响应，约是频率不同时响应的 16 倍。

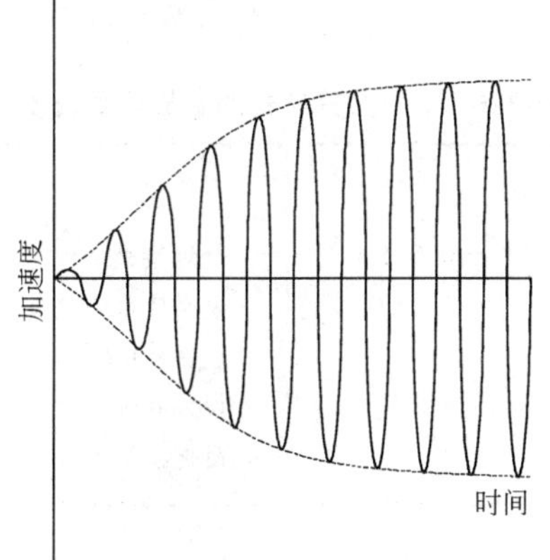

图 13-6　理想的稳态响应

13.4.2　瞬态响应

瞬态响应是体系受到一个冲击力或一系列冲击力作用时的反应。该响应好比弹拨吉他弦，响应会猛增到最大，然后由于阻尼耗能响应而逐渐衰减。一个瞬态（或冲击）响应的典型例子，见图 13-7。

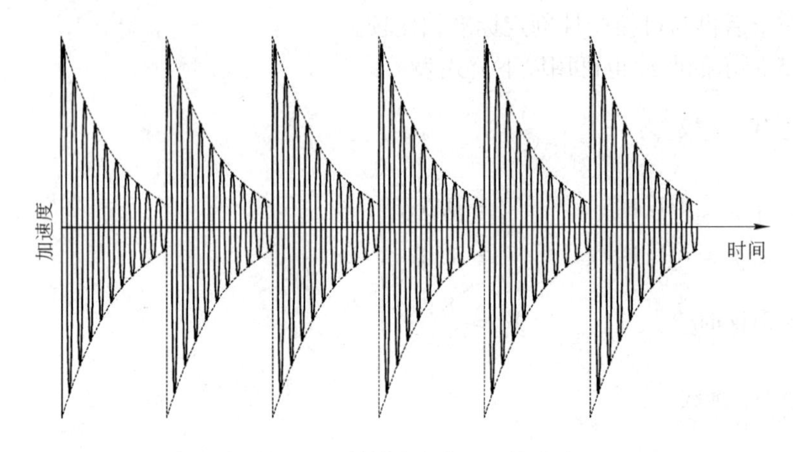

图 13-7 一系列冲击作用下的响应

在这种情况下，体系将按照其自振频率振动，振幅取决于冲击力和移动质量的大小。

13.5 模态特征确定

模态特征定义了结构的振动特性，包括频率、模态质量、振型和模态阻尼四个要素。任何结构都有无穷多个模态，每个模态的参数都不同，但分析中只考虑最低阶频率的模态。

对于单一模态：自振频率是结构自由振动的频率；振型是对应自振频率下结构的变形形状；模态质量是振型和分布质量的函数，表示参与运动的质量的多少；模态阻尼反映了该模态内能量的消耗。前三个要素可由结构尺寸、质量和刚度算得，最后一个要素要在结构建成后才能确定，通常预先估计一个合理的取值。表 13-3 给出了典型的临界阻尼比，大多数情况下，设计中取 $\zeta=3\%$。

表 13-3 不同楼盖形式的临界阻尼比 ζ

ζ/%	楼 盖 形 式
0.5	全焊接钢结构，如楼梯；
1.1	全空楼盖或只有少量陈设的楼盖；
3.0	正常使用下的全装修和陈设齐全的楼盖；
4.5	设计者确信隔断布置适当，足以阻断相关振动模态的楼层（即隔断线垂直于关键振型的主要振动部分）

振型没有物理单位，一般根据模态质量确定，常见的方法是令振型取最大值 1.0 或缩放振型使模态质量为 1kg。同时，设计者应确保取值的兼容性。

随着模态频率的增大，振型变得越来越复杂。从如图13-8所示的简支梁振动中很容易发现该现象，其中最低阶频率对应单个半正弦波，对于这个简单例子，很容易计算频率和其他模态特性。

表13-4为简支梁的振动模态特征，其中，L为跨度；x为沿梁长度方向的坐标；EI为梁的刚度；m为梁单位长度的分布质量。

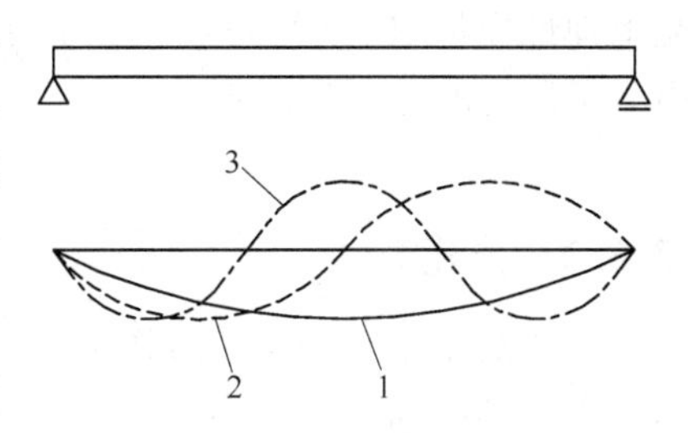

图13-8　简支梁的前三阶模态

表13-4　简支梁的振动模态特征

模　态	频率/Hz	振　型	模态质量/kg
1	$f=\frac{\pi}{2}\sqrt{\frac{EI}{mL^4}}$	$\mu=\sin\left(\frac{\pi x}{L}\right)$	$M=\frac{mL}{2}$
2	$f=2\pi\sqrt{\frac{EI}{mL^4}}$	$\mu=\sin\left(\frac{2\pi x}{L}\right)$	$M=\frac{mL}{2}$
3	$f=\frac{9\pi}{2}\sqrt{\frac{EI}{mL^4}}$	$\mu=\sin\left(\frac{3\pi x}{L}\right)$	$M=\frac{mL}{2}$
n	$f=\frac{(n\pi)^2}{2\pi}\sqrt{\frac{EI}{mL^4}}$	$\mu=\sin\left(\frac{n\pi x}{L}\right)$	$M=\int_0^L \mu^2 m\mathrm{d}x$

实际上，结构由许多构件组成，确定其模态特征不像均质简支梁那样简单。确定结构模态特征的最精确方法是计算分析方法，通常采用有限元分析方法，但对于一些较简单的结构也可用简化方法。

13.5.1　计算分析方法

有限元分析软件可以准确地计算结构频率、振型和模态质量。其最重要的优越性在于可综合考虑不同的建筑单元、几何形状、约束和荷载之间的复杂相互作用关系。采用有限元分析软件可直接进行结构模态的分析，但要采取正确的模型假设，确保结果的准确性。

结构的质量不仅要包含梁和楼板的自重，还要合理考虑使用过程中在楼盖上的分布质量。分析中质量考虑过多会产生较低的频率，但其响应也会偏于不安全；相反，质量考虑过少会导致较高的频率，则会影响楼盖的响应形式，也会产生不安全的响应。通常建议，分析模型要考虑全部的恒载，包括天花板、吊顶和设备管线，还要考虑大约10%的设计附加荷载和隔断荷载。设计者应根据具体的情况，合理考虑荷载的取值。

在结构建模时，通常可以假定所有的节点都是固端约束，即使那些被设计为铰接的节点；由结构振动产生的挠度和转角一般很小，不足以克服节点处的摩擦力。可以认为核心墙是完全嵌固的，且通常假定围护墙板可以防止建筑物边梁的变形，但不能约束其扭转。应注意在模拟组合梁和组合板时，要确保模型能体现各向异性性状。注意在动力作用下（短期荷载）可假设混凝土取更高的弹性模量值（通常对于普通混凝土弹性模量取 38kN/mm^2，对于轻质混凝土取 22kN/mm^2），因为在较小的时间间隔内，可以忽略徐变的影响。

13.5.2 简化方法

均质简支梁在均布荷载作用下的自振频率可由表 13-4 提供的公式计算。考虑不同支座条件的通用公式为：

$$f_n = \frac{K_n}{2\pi}\sqrt{\frac{EI}{mL^4}} \tag{13-3}$$

式中 EI——构件的动力抗弯刚度，N · m^2；

m——有效质量，kg/m；

L——构件跨度，m；

K_n——常数，表征梁第 n 阶振动模态的支座条件。

表 13-5 给出了不同边界条件下 K_n 的标准取值。

表 13-5 均质梁的 K_n 系数

支座条件	模态 n 的 K_n		
	$n=1$	$n=2$	$n=3$
铰接/铰接（简支）	π^2	$4\pi^2$	$9\pi^2$
两端固接	22.4	61.7	121
固接/自由（悬臂）	3.52	22	61.7

计算梁的基本（即最低）自振频率 f_1（有时表示为 f_0），一种简化方法是采用由单位长度均布质量 m 所引起的最大挠度 δ。对于承受均布荷载的简支梁（其中 $K_1=\pi^2$），可得以下熟知的公式：

$$\delta = \frac{5mgL^4}{384EI} \tag{13-4}$$

式中 g——重力加速度（9.81m/s^2）。

重置式（13-4）并将 m 和 K_1 的值代入式（13-3），式中 δ 的单位为 mm，得到：

$$f_1 = \frac{17.8}{\sqrt{\delta}} \approx \frac{18}{\sqrt{\delta}} \tag{13-5}$$

式中 δ——结构在其自重和其他永久荷载作用下的最大挠度。

显然，如果应用恰当的公式计算挠度和式（13-3）中的系数 K_n，对于不同支座条件的梁，可得该分子值近似为 18。因此，作为设计使用，可将式（13-5）作为通用公式计算单根构件的自振频率，只要给出适当的 δ 值，该公式也适用于非简支梁。

此外，Dunkerly 的近似法（式（13-6））表明，当 δ 表示各个结构构件（例如主次梁和楼板）的挠度之和时，式（13-5）计算得到的是整个楼盖的基本自振频率。

$$\frac{1}{f_1^2} = \frac{1}{f_s^2} + \frac{1}{f_b^2} + \frac{1}{f_p^2} \tag{13-6}$$

式中　f_s，f_b，f_p——分别为楼板、次梁和主梁的频率。

在传统的钢-混凝土楼盖体系中，工程师应对楼盖的变形形态（振型）进行判断，并考虑支座和边界条件对单个结构构件响应的影响，来确定楼盖的基本频率。例如，对于由刚性主梁支撑的次梁、多个次梁支撑连续楼板的简单复合楼盖，可考虑两种可能的振型：

（1）在次梁模态中，主梁形成节线（即挠度为零处），这使相邻两跨次梁朝相反方向振动，同时在主梁中会有少量转动，因而可根据端部简支条件来确定次梁频率（见图13-9*a*）。次梁间的楼板随次梁振动，由于板惯性的影响，会出现对应板端固定约束的振型，所以楼板的频率也应根据此支座条件确定。

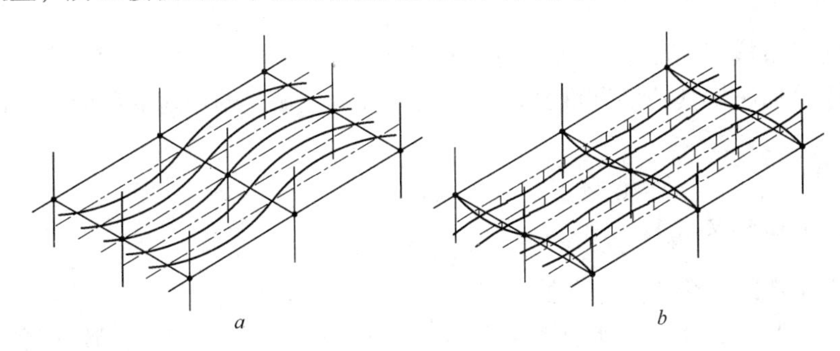

图13-9　钢-混凝土组合楼盖典型振型

a—次梁柔度控制；*b*—主梁柔度控制

（2）在主梁模态中，柱间主梁按照简支构件振动（见图13-9*b*），且惯性效应引起了次梁和楼板发生对应固端约束的振动。以上两种振动模态的自振频率应按式（13-5）计算。基本频率f_0应取两种模态的较小值，δ应取根据上述端部约束条件计算的楼板、次梁和主梁挠度的总和（以毫米计），计算时采用构件的毛截面惯性矩，作用荷载应考虑构件自重和其他永久荷载，以及一定比例的可按永久荷载计入的附加荷载。当相邻跨度近似相同时，δ可按表13-6给出的公式计算。

表13-6　不同框架形式挠度的计算

框架布置	次梁振动模态	主梁振动模态
b　L	$\delta=\frac{mgb}{384E}\left(\frac{5L^4}{I_b}+\frac{b^3}{I_s}\right)$	—
b　L	$\delta=\frac{mgb}{384E}\left(\frac{5L^4}{I_b}+\frac{b^3}{I_s}\right)$	$\delta=\frac{mgb}{384E}\left(\frac{64b^3L}{I_p}+\frac{L^4}{I_b}+\frac{b^3}{I_s}\right)$
b　L	$\delta=\frac{mgb}{384E}\left(\frac{5L^4}{I_b}+\frac{b^3}{I_s}\right)$	$\delta=\frac{mgb}{384E}\left(\frac{368b^3L}{I_p}+\frac{L^4}{I_b}+\frac{b^3}{I_s}\right)$

表13-6中公式字母含义：m 为楼盖均布荷载，kg/m²；g 为重力加速度，g = 9.81m/s²；E 为钢材的弹性模量，N/m²；I_b 为组合次梁的截面惯性矩，m⁴；I_s 为单位宽度楼板按换算钢材弹性模量确定的截面惯性矩，m⁴/m；I_p 为组合主梁的截面惯性矩，m⁴。

13.6 振动响应计算

13.6.1 计算分析方法

一旦确定了模态特性，依次对每个模态施加施力函数（S），可求得加速度值，并采用振型叠加法将其结果进行合并，对应两种响应形式的加速度值应按不同的公式计算。

13.6.1.1 稳态响应

当施力函数的一个或多个谐波分量与楼盖的自振频率接近时，会产生显著的稳态响应。这种情况下，建议对所有不大于输入力最高频率3Hz的自振频率考虑其振动模态，以考虑除共振以外的最高阶谐波共振的影响。单频率外力作用下单模态的加权均方根加速度响应可按下式计算：

$$a_{w,rms,e,r} = \mu_e \mu_r \frac{F}{M\sqrt{2}} DW \tag{13-7}$$

式中 μ_e——在激励力作用处，楼盖的振幅值（无量纲，见图13-10）；

μ_r——在响应计算处，楼盖的振幅值（无量纲，见图13-10）；

F——激励力；

M——模态质量；

D——加速度动力放大系数（见式（13-8））；

W——相应规范规定的加权因子，以考虑人们对不同激励力频率 f_p 引起的振动的可接受性差异。

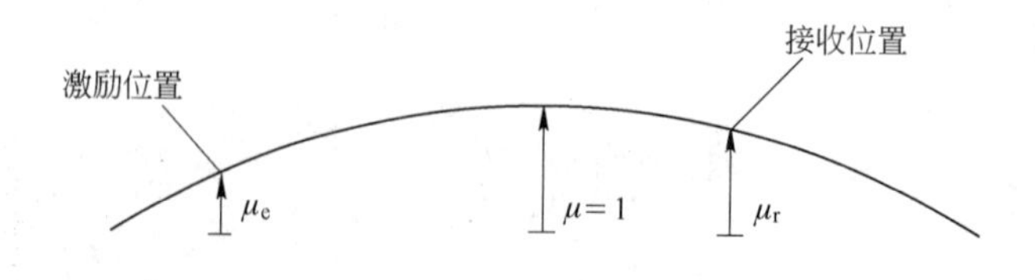

图13-10 振型幅值

加速度的动力放大系数是动力峰值与静力振幅的比值，可按下式计算：

$$D = \frac{\beta^2}{\sqrt{(1-\beta^2)^2 + (2\zeta\beta)^2}} \tag{13-8}$$

式中 β——频率比（取 f_p/f）；

ζ——阻尼比；

f_p——对应第一阶简谐振动的频率；

f——所考虑模态的频率。

输入力的频率会在一定范围内变化（如步行），当激励力频率（或其简谐部分）与所考虑的模态频率相等时，会发生最大临界响应。此时 $\beta=1$ 而 $D=1/(2\zeta)$。模态振型幅值要考虑振型在激励点和响应点处的幅值，还要考虑不同振型形式对结构不同区域的影响（例如当主梁模态被激励时，只有主梁上的响应点在振动，而在次梁模态被激励时，主梁则保持静止），或可用来确定振动在结构不同部分间的传递。

每个简谐振动产生的总响应是施力函数中的每个谐振激励下体系振动的各个模态的加速度响应之和。所有简谐振动的组合效应可采用平方和开方的方式计算。

响应通常由单一模态控制但也受其他振型的影响。通过重复计算和综合不同激励点和响应点的振幅，设计者可确定结构的哪些部分比其他部分更易产生响应，并且有助于确定关键的工作区域。

13.6.1.2 瞬态响应

瞬态响应是体系在一个冲击或一系列冲击作用下的响应。这种情况下，建议考虑自振频率不超过两倍基本频率或 20Hz（取其较大者）的全部模态，若超过此限值，频率加权将对结果不会产生影响。单一振动模态的加权峰值加速度可按下式计算：

$$a_{\mathrm{w,peak,e,r}} = 2\pi f_{\mathrm{d}} \mu_{\mathrm{e}} \mu_{\mathrm{r}} \frac{F_{\mathrm{I}}}{M} W \tag{13-9}$$

式中 f_d——所考虑模态的有阻尼自振频率（等同于 $f=\sqrt{1-\zeta^2}$）；

f——所考虑模态的自振频率；

ζ——所考虑模态的临界阻尼比；

μ_e——冲击力 F_I 作用点处的楼盖振幅值（无量纲，见图 13-10）；

μ_r——响应计算处的楼盖振幅值（无量纲，见图 13-10）；

F_I——冲击激振力；

M——模态质量；

W——相应规范定义的加权因子，以考虑人们对相当于激振力频率 f_d 的振动的可接受性。

假设各个模态的响应同时发生而且按指数形式衰减，各个冲击作用下的加速度可按下式计算：

$$a_{\mathrm{w,e,r}}(t) = 2\pi f_{\mathrm{d}} \mu_{\mathrm{e}} \mu_{\mathrm{r}} \frac{F_{\mathrm{I}}}{M} \sin(2\pi f_{\mathrm{d}} t) \mathrm{e}^{-\zeta 2\pi f_{\mathrm{d}} t} W \tag{13-10}$$

通过累加各个模态的加速度响应并进行均方根积分可确定总的加速度。

13.6.2 简化方法

确定楼盖在步行活动作用下响应的简化方法可参见 SCI P354[5]、CCIP-016[6]、HiVOSS[7]和 AISC DG11[8]参考文献中的相关内容。上述资料中都尝试着提出一种分析方法，这些方法不必通过大量计算就可以直接应用于设计，只是实现手段不同。就简化的实质而言，每种方法都会有一定程度的保守。

SCI 方法根据楼盖的尺寸和刚度特性定义一个有效模态质量，该模态质量反映施力函数中各个简谐激励对不同振动模态的共同作用，所以不能直接将它与有限元分析软件计算的模态质量相比较。根据所采用的楼盖体系有两组公式。

13.6.2.1 由肋形梁和浅波楼承板组成楼盖的模态质量

对于由浅波楼承板和肋形梁构成的楼盖（即楼承板支承于梁上翼缘），变量 L_{eff} 和 S 应按下式计算：

$$L_{eff} = 1.09(1.10)^{n_y-1}\left(\frac{EI_b}{mbf_0^2}\right)^{\frac{1}{4}} \qquad L_{eff} \leqslant n_y L_y \tag{13-11}$$

式中 n_y——沿次梁跨长方向的开间数（但 $n_y \leqslant 4$）；

EI_b——组合楼盖次梁的动力抗弯刚度(单位为 N · m^2，当 m 单位为 kg/m^2 时)；

b——次梁间距（单位为 m）；

f_0——基本频率（定义见 13.5.2 节）；

L_y——次梁的跨度（单位为 m，见图 13-11）。

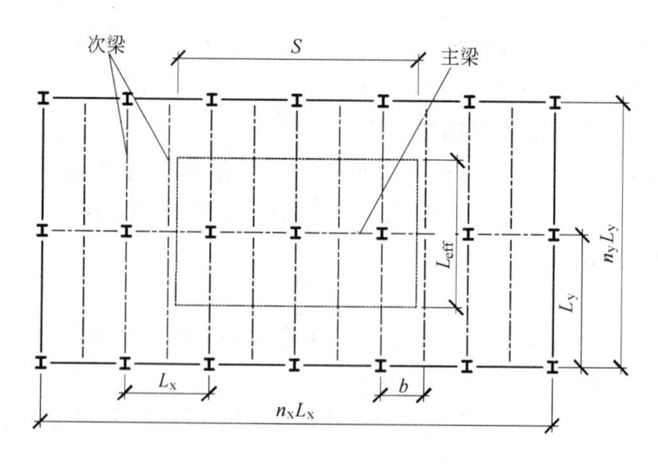

图 13-11 有效模态质量的参数定义

有效楼盖宽度 S，应按下式计算：

$$S = \eta(1.15)^{n_x-1}\left(\frac{EI_s}{mf_0^2}\right)^{\frac{1}{4}} \qquad S \leqslant n_x L_x \tag{13-12}$$

式中 L_x——主梁的跨度（单位为m；见图13-11）；

n_x——沿主梁跨长方向（见图13-11）的开间数（但 $n_x \leqslant 4$）；

η——考虑楼盖频率对楼板响应的影响的系数（见表13-7）；

EI_s——楼板的动力抗弯刚度（单位为N·m²，当 m 单位为kg/m²时）；

f_0——基本频率（定义见13.5.2节）；

L_x——开间宽度（见图13-11）。

表13-7　频率系数 η

基本频率 f_0	η
$f_0 < 5\text{Hz}$	0.5
$5\text{Hz} \leqslant f_0 \leqslant 6\text{Hz}$	$0.21f_0 - 0.55$
$f_0 > 6\text{Hz}$	0.71

13.6.2.2　由深波楼承板和扁梁组成楼盖的模态质量

对于深波楼承板置于支承构件下翼缘的楼盖（如Slimdek体系），变量 L_{eff} 可按下式计算：

$$L_{eff} = 1.09\left(\frac{EI_b}{mL_x f_0^2}\right)^{\frac{1}{4}} \qquad L_{eff} \leqslant n_y L_y \tag{13-13}$$

式中 EI_b——组合楼盖次梁的动力抗弯刚度（单位为N·m²，当 m 单位为kg/m²时）；

L_x——楼盖梁的间距（单位为m）；

n_y——沿次梁跨长方向（见图13-12）的开间数（但 $n_y \leqslant 4$）；

f_0——基本频率（定义见13.5.2节）。

有效楼层宽度 S 应按下式计算：

$$S = 2.25\left(\frac{EI_s}{mf_0^2}\right)^{\frac{1}{4}} \qquad S \leqslant n_x L_x \tag{13-14}$$

式中 EI_s——楼板在强轴方向的动力抗弯刚度（单位为N·m²，当 m 单位为kg/m²时）；

f_0——基本频率（定义见13.5.2节）；

L_x——开间宽度（见图13-12）；

n_x——沿主梁跨长方向（见图13-12）的开间数（但 $n_x \leqslant 4$）。

13.6.2.3　有效模态质量

有效模态质量 M，可根据参与楼盖振动的有效面积按下式计算：

$$M = mL_{\text{eff}}S \tag{13-15}$$

式中 m——楼盖单位面积的质量，包括恒载和使用阶段的附加荷载（见13.5.1节）；

L_{eff}——有效楼层长度（见式（13-11）或式（13-13））；

S——有效楼层宽度（见式（13-12）或式（13-14））。

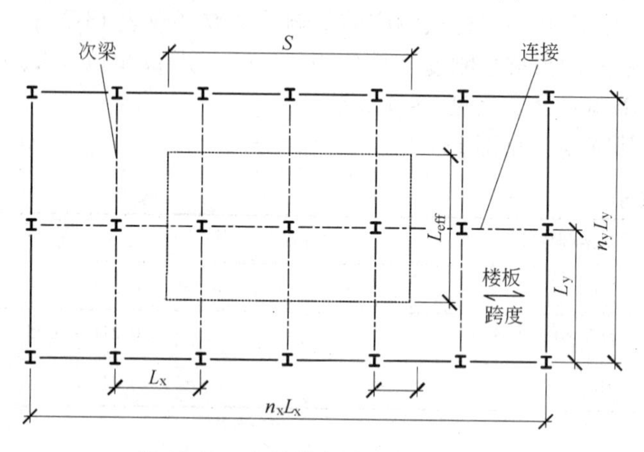

图13-12　有效模态质量的参数定义

13.6.2.4　加速度响应

A　低频楼盖的加速度响应

如果基本频率为3~10Hz，可以假定行走频率中的某个简谐分量会引起的共振响应，则楼盖均方根加速度值可按下式计算：

$$a_{\text{w,rms}} = \frac{0.1Q}{2\sqrt{2}M\zeta}W \tag{13-16}$$

式中 ζ——临界阻尼比，取值见表13-3；

Q——单人的体重，常取746N（$=76\text{kg}\times9.81\text{m/s}^2$）；

M——模态质量（单位为kg），定义见13.6.2.3节；

W——相应规范规定的加权因子，以考虑人们对相当于激振力频率f_0的振动的可接受性。

B　高频楼盖的加速度响应

如果基本频率高于10Hz，能源假定楼盖具有瞬态响应，则其均方根加速度值可按下式计算：

$$a_{\text{w,rms}} = 2\pi\frac{185}{Mf_0^{0.3}}\frac{Q}{700}\frac{1}{\sqrt{2}}W \tag{13-17}$$

式中 f_0——楼盖的基本频率，Hz；

M——模态质量（单位为kg），定义见13.6.2.3节；

Q——“普通”施加的静态力，常取746N（$=76\text{kg}\times9.81\text{m/s}^2$）；

W——相应规范规定的加权因子，以考虑人们对相当于激振力频率 f_0 的振动的可接受性。

13.6.3 响应因子

响应因子可由频率加权的均方根加速度与本章第 13.3.3 节所确定的加速度临界值（5mm/s^2）的比值来确定。

13.7 可接受性判定准则

13.7.1 倍增因子

最常用的可接受性判定准则是在的基准线（见图 13-4）上再乘以倍增因子。该倍增因子可作为按上述加权均方根加速度所计算的响应因子的上限。ISO 10137（和针对医疗建筑的 HTM 08-01）给出了倍增因子的限值，以考虑“出现不利情况的小概率性”。根据 ISO 10137，表 13-8 给出的对于连续振动和不经常发生的冲击激励的倍增因子限值。

除了表 13-8 所示的限值外，SCI P354 还给出了针对诸如大型购物商场和楼梯间的其他场所的限值。其中，对于办公室的限值建议取 8.0，但这只适用于单人行走活动的激励作用，所以不适用于设备产生的振动。该限值反映了行走的间歇性特点。

13.7.2 振动剂量（vibration dose values）

表 13-8 列出的倍增因子限值是针对连续振动和不经常发生的间歇性振动。

表 13-8 倍增因子限值（引自 ISO 10137）

地　点	时　间	连续和间歇振动	不经常发生的冲击激振
重要办公区域		1	1
居住区域	白天	2~4	30~90
	黑夜	1.4	1.4~20
安静办公室		2	60~128
一般办公室		4	60~128
车间		8	90~128

然而还有一些活动（如行走）引起的振动，则不属于连续振动和间歇性振动这些分类。考虑到这一点，可用振动剂量值（VDV_s）来代替响应因子和倍增因子。振动剂量值是 BS 6472[9] 规定的唯一限制标准，由加速度响应的均四次方根值（与均方

根相似，但将二次方换成四次方以突出峰值的重要性）计算。然而振动剂量值也可根据计算求得的加权均方根加速度（$a_{w,rms}$）按下式进行估算：

$$VDV = 1.4a_{w,rms}\sqrt{t}$$

式中 t——振动的总持续时间，通常白天取16h，夜间取8h。

计算得到的振动剂量值可与表13-9中BS 6472给出的限制进行比较。

表13-9 振动剂量值限值（引自BS 6472和ISO 10137）

时间/h	几乎不发生负面批评	有可能发生负面批评	很可能发生负面批评
16（白天）	0.2~0.4	0.4~0.8	0.8~1.6
8（晚上）	0.13	0.26	0.51

注：对于办公室，表中限值可乘以2，而对于车间应乘以4。

由于很难准确确定活动的持续时间，振动剂量值在设计中的应用还存在很多问题。所以设计中一般通过计算响应因子，并与ISO 10137和SCI P354中给出的倍增因子限值相比较。

13.8 实际考虑

设计人员还应考虑许多因素，来减少出现不理想的动力性能的可能性。

13.8.1 悬臂梁

悬臂梁具有模态质量小和振动频率低的特点，因此，对动力激励反应非常敏感，需仔细设计，以限制其响应水平。

13.8.2 楼板的连续性

当采用预制构件单元时，十分重要的是，设计人员要确保在构件单元和横梁之间的楼板保持适当的连续性；若此连续性要求没有得到满足，振动就可能只影响单个开间或单个单元，从而参与振动的质量会非常小，响应会变得较大。楼盖的结构面层通常可以提供这种连续性，但是仔细做好构件单元之间的灌浆和梁周边填充也会得到令人满意的结果。

13.8.3 建筑布局

通过仔细考虑建筑布局和结构布置可以解决许多振动问题，而不必对已设计

完成的结构进行改造。通过对结构有可能采用的振型进行仔细分析，就有可能保证走廊和关键区域不参与到相同的振动中去，从而收到天然隔振的效果。例如，将结构划分成长跨（办公/行政区）和短跨（走廊），而不是把它们布置成两个等跨，因其刚度和跨度的不同将产生天然的隔振效果，从而减少了响应的传递。

健身房、舞厅和机房所在楼层与其他设施的位置关系也是很重要的，因为这些区域通常会产生较大的振动响应。理想的做法是将这些区域直接布置在首层，但如果做不到，设计人员必须确保这些区域产生的振动不会传递给建筑物的其他区域，以至于产生不舒适的振动。

13.8.4　钢楼梯

钢楼梯采用全焊接结构，其阻尼很小，通常取临界阻尼比为0.5%。与楼盖相比，虽然钢楼梯上的移动荷载较小，但人们上下楼梯所产生的力和频率却比行走产生的要高。鉴于以上三种因素对楼梯响应的影响，应进行仔细的振动设计。通常要求楼梯的基本频率应超过10~12Hz，但即使能满足此频率要求，仍需要楼梯结构的响应进行评估。

13.9　同步人群活动

BS EN 1991-1-1[10]的英国国别附录第N.A.2.1.2条中指出：“结构在受到舞蹈和跳跃作用下，会与结构上的人们活动产生同步运动，有时还伴有如流行音乐会和有氧健身活动中的强烈节奏的音乐，这些活动产生的动力效应会增大竖向和水平向荷载。如果结构的自振频率与同步运动的频率之比为整数倍时，会发生共振现象并极大地放大了动力响应”。

在某些场所，包括可举办音乐会的体育场、可进行健美或舞蹈活动的健身房或体育中心以及夜总会中的舞池等场所的建筑设计中，该条款就显得特别重要。这些场所的荷载会对结构承载力极限状态产生影响，通常有两种方法确保其满足要求：

第一种方法是，对结构构件进行设计，使得楼盖体系（注意这里指的是组合体系而不仅仅是楼盖梁）的基本频率高于8.4Hz，结构的水平方向的振动频率高于5Hz。当高于该频率时，由大量人群产生的作用力会比正常的设计荷载低。

第二种方法是，精确计算会在人为活动和结构之间产生共振所应施加的作用力。一般来说，当使用该方法时，由少量有氧活动产生的荷载会在常规的设计活荷载的范围之内，但由密集人群跳跃或舞蹈产生的荷载可能会更高。在SCI P354或BRE Digest 426[11]中。对此给出了其计算过程。

参考文献

[1] British Standards Institution（2002）BS EN 1990：2002 Eurocode-Basis of structural design. London，BSI.

[2] International Organization for Standardization（2007）ISO 10137：2007. Bases for design of structures-Serviceability of buildings and walkways against vibrations. Geneva，ISO.

[3] British Standards Institution（2005）BS EN 1993-1-1：2005. Eurocode 3：Design of steel structures-Part 1-1：General rules and rules for buildings. London，BSI.

[4] Department of Health Health Technical Memorandum 08-01：Acoustics. London，The Stationery Office，2008.

[5] Smith A. L.，Hicks S. J. and Devine P. J.（2007）SCI P354-Design of Floors for Vibration：A New Approach. Ascot，SCI.

[6] The Concrete Centre，Willford M. R. and Young P.（2006）CCIP-016-A Design Guide for Footfall Induced Vibration of Structures. London，TSC.

[7] www. stb. rwth-aachen. de/projekte/2007/HIVOSS/download. php.

[8] Murray T. M.，Allen D. E. and Ungar E. E.（1997）AISC DG11-Floor Vibrations. Due to Human Activity. Chicago，AISC.

[9] British Standards Institution（2008）BS 6472-1：2008 Guide to evaluation of human exposure to vibration in buildings. Part 1：Vibration sources other than blasting. London，BSI.

[10] British Standards Institution（2002）BS EN 1991-1-1：2002 Eurocode 1：Actions on structures-Part 1-1：General actions-Densities，self-weight，imposed loads for buildings. London，BSI.

[11] Ellis B. R. and Ji T.（2004）BRE Digest 426-The response of structures to dynamic crowd loads. Watford，Building Research Establishment.

14 局部屈曲和截面分类*

Local Buckling and Cross-section Classification

LEROY GARDNER and DAVID NETHERCOT

14.1 引言

为了提高钢构件的材料利用率，就需要对影响构件承载力的特性参数进行优化。同时考虑构件之间连接的需要，大多数结构截面均设计成如图 14-1 所示的薄壁形式。而且，除了圆管之外，结构型钢（例如，普通工字形截面梁和柱、冷成形檩条、组合箱形柱和钢板梁等）通常都是由一系列板件（plate elements）组成的。基于材料用量最少的原则，通常都会把板件制作得很薄。但为了避免结构出现破坏，就必须限制其厚度。而在钢结构设计中，最常见现象就是局部屈曲。

图 14-2 所示的是一根短的、通用柱型钢用做柱子时的试验破坏形态。该构件横截面随着翼缘相对于其初始位置发生位移，出现了明显的变形；而腹板则没有发生明显的变形。因此，屈曲仅局限于某些板件中，而并非构件的整体侧向变形（构件的中心轴线没有发生挠曲）。在图 14-2 的实例中，直到柱子承受的荷载达到屈服荷载（该荷载等于柱子的截面面积与材料强度的乘积），才明显出现局部屈曲。由于腹板和翼缘板足够厚实（stock），局部屈曲对构件的极限承载力并未产生影响。事实上，翼缘发生局部屈曲先于腹板是由于翼缘的厚度要相对更薄一些。

采用术语“厚实”（stock）和“薄柔”（slender），来描述构件截面中单个板件的尺寸关系，是基于板件对局部屈曲的敏感程度。而其中最重要的控制参数是板件的宽-厚比 λ_p，欧洲规范 3 中表示为 c/t，或更常见的是表示为 b/t。其他影响因素还包括材料强度、应力分布及支承条件等。值得注意的是，欧洲规范中的宽-厚比（c/t）是根据板件的平板宽度，如图 14-3 所示，工字形截面的腹板宽度为圆角半径（root radius）端部之间的平板部分，而外伸翼缘宽度为圆角半径端部到翼缘最外边缘的平板部分。

虽然堆板件屈曲进行严格处理是一个复杂的问题[1,2]，但充分考虑板件屈曲有可能保证设计安全。在大多数情况下，出于经济方面的考虑，可不必考虑这一问题。例如，在实际设计时，由于绝大多数标准规格热轧型钢的性能参数都已经过优选，在用做梁或柱子时，局部屈曲效应一般不会对其承载力产生显著影响。但当采用组合截面时，设计

* 本章译者：石永久。

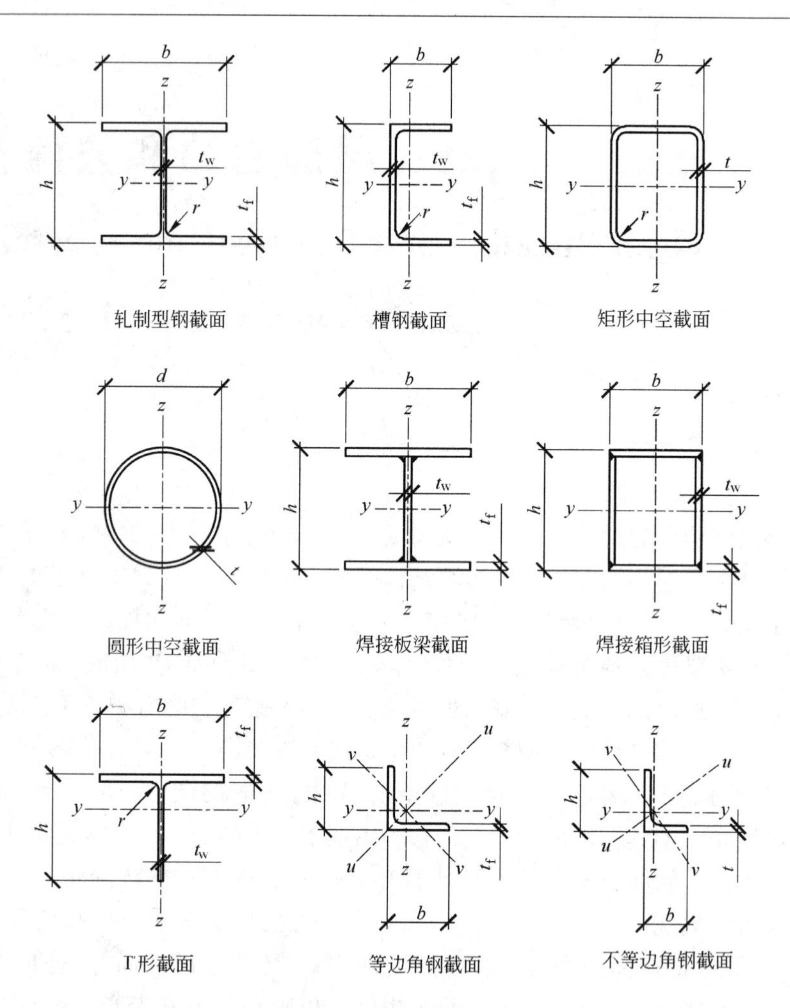

图 14-1　构件截面形式

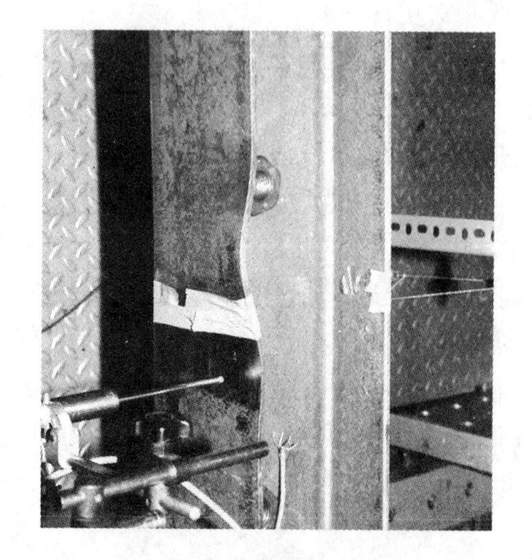

图 14-2　柱子翼缘局部屈曲

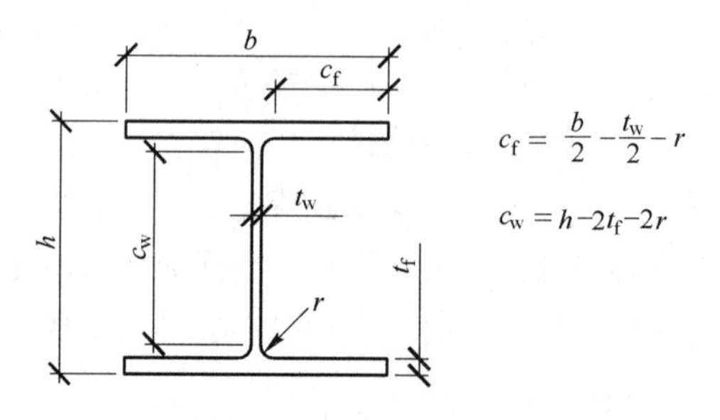

图 14-3　平板构件宽度 c_f 和 c_w 的定义

人员就需要格外注意各部分板件的尺寸关系。此外，正如本手册第 24 章中所述，冷弯型钢截面的各部分板件的厚度通常是相同的，所以必须考虑其局部屈曲效应。

14.2 截面尺寸和弯矩-转角性能

图 14-4 所示为受主轴弯曲作用的矩形箱形截面，及其翼缘和腹板的弹性应力分布图。翼缘和腹板的宽厚比分别为 c_f/t_f 和 c_w/t_w，如果梁构件受到一对大小相等、方向相反的杆端弯矩 M 作用，则可定性地得到弯矩 M 与对应转角 θ 之间的不同形式的关系曲线，如图 14-5 所示。

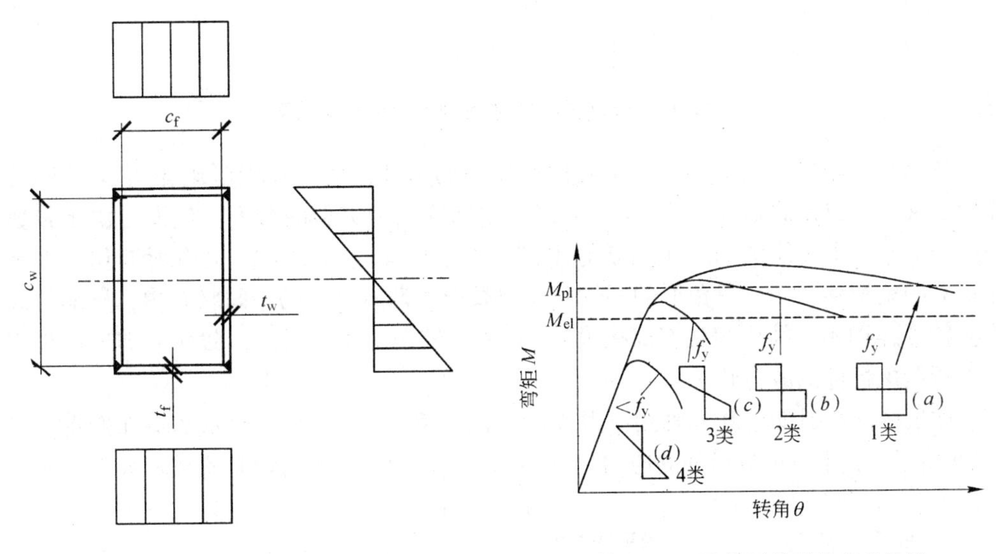

图 14-4 受弯的矩形箱形截面

图 14-5 不同截面类型的弯曲特性

假定腹板的 c_w/t_w 满足条件且不发生局部屈曲，则随着受压翼缘宽厚比 c_f/t_f 的变化，构件会出现如图 14-5 所示的四种不同形式的结果。分别把这四种情况定义为：

(1) 第Ⅰ类截面——$c_f/t_f \leqslant \lambda_{p1}$，可达到全塑性抗弯承载力 M_{pl}，并可产生较大转角，适用于塑性设计。

(2) 第Ⅱ类截面——$\lambda_{p1} \leqslant c_f/t_f \leqslant \lambda_{p2}$，可达到全塑性抗弯承载力 M_{pl}，但只能产生较小的转角，适用于使用其全部承载能力的弹性设计。

(3) 第Ⅲ类截面——$\lambda_{p2} \leqslant c_f/t_f \leqslant \lambda_{p3}$，可达到弹性抗弯承载力 M_{el}（但 $M_{el} \neq M_{pl}$），适用于使用其有限承载能力的弹性设计。

(4) 第Ⅳ类截面——$\lambda_{p3} \leqslant c_f/t_f$，局部屈曲限制抗弯承载力要小于 M_{el}。

图 14-6 给出了抗弯承载力 M_c 和受压翼缘的宽厚比 c_f/t_f（表示各种 λ_p 界限值）之间的关系。在上述分析中，构件的截面分类只是考虑了受压翼缘的尺寸划分，但如果按腹板宽厚比 c_w/t_w 值来划分时，则其截面分类结果会比按受压翼缘分类得到的类别更高或者相同。例如，若按翼缘宽厚比划分，其截面分类属于第Ⅲ类，若改为按腹板宽厚比

来划分，那么该截面分类就会是第Ⅰ类、第Ⅱ类或第Ⅲ类，但不可能是第Ⅳ类。

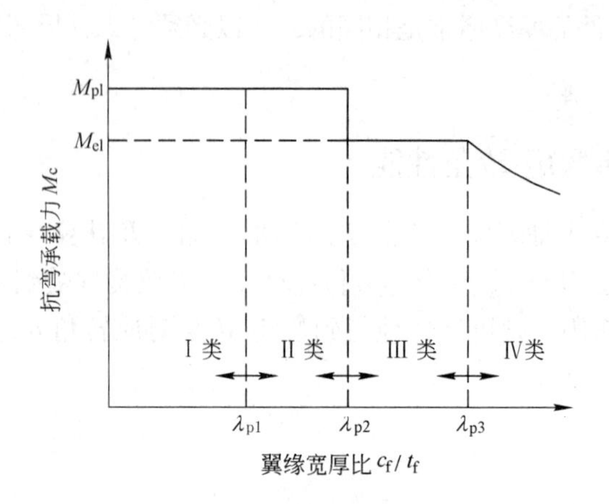

图 14-6 抗弯承载力与翼缘宽厚比的函数关系

如果考虑相反的情况，腹板是起控制作用的板件，那么基于弯矩-转角关系的同样的定义，可以用腹板宽厚比 c_w/t_w 值来确定同样四种类型的截面。然而，由于腹板的应力分布与上翼缘中的纯压缩状态不同，界限值 λ_{p1}、λ_{p2} 和 λ_{p3} 会有所变化。由于在矩形的全塑性状态、三角形的弹性状态以及介于两者之间的中间状态中，压缩的成分会较少（即不像纯压缩状态那么大），λ_p 值会较大一些。因此，截面分类也还是取决于所考虑板件的应力状态。

如果构件受到弯矩 M 和轴向压力 N 的共同作用，腹板内的弹性应力分布图形如图 14-7a 所示。其上、下翼缘处的应力值 σ_1、σ_2 取决于 N/M。当轴向荷载较大而弯矩较

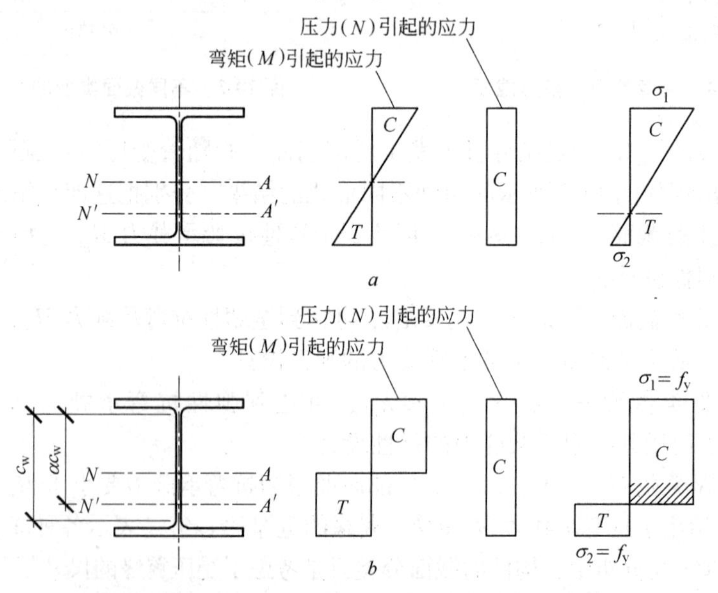

图 14-7 弯矩和压力共同作用下对称截面腹板的应力分布

a—第Ⅲ类截面，弹性应力分布；b—第Ⅰ或第Ⅱ类截面，塑性应力分布

小时，$\sigma_2 \approx \sigma_1$；而当弯矩较大而轴向荷载较小时，$\sigma_2 \approx -\sigma_1$。可以认为，合适的 λ_p 界限值介于纯压状态和纯弯状态对应值之间，当 $\sigma_2 \approx \sigma_1$ 时，则该界限值接近于前者；而当 $\sigma_2 \approx -\sigma_1$ 时，则该界限值接近于后者。作为一种定性的说明，假定图 14-8 中给定的材料符合弹性性状，图中，对应于三种不同的 σ_2/σ_1，包括纯压状态、$\sigma_2/\sigma_1 = 0$ 及纯弯状态，M_c 随着 c_w/t_w 而变化。如果 c_w/t_w 值相当小，腹板就可以按第Ⅰ类或第Ⅱ类分

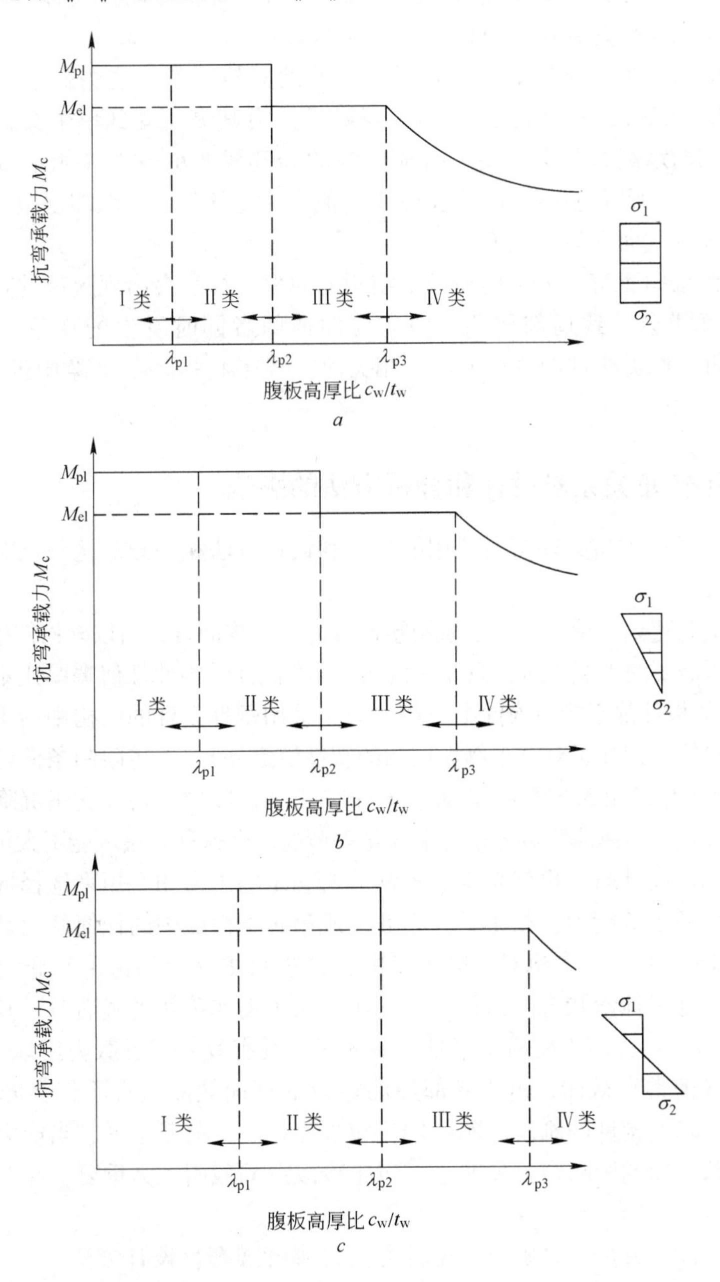

图 14-8 腹板不同应力分布形式下的抗弯承载力与 c_w/t_w 间的关系曲线

a—全截面受压；b—部分受弯、部分受压；c—纯弯状态

类，那么就可以采用图14-7*b*的应力分布图形，其中α为腹板内受压区所占的比例。

对于构件中处于纯压状态的板件，其极限承载力不会受超过第一个屈服后的变形程度的影响，因为该处的应力水平不会发生显著变化，即始终保持在f_y。与梁式构件不同，如图14-4所示，随着变形的增加，腹板的塑性区域会逐渐发展并且其抗弯承载力还会有一定的上升。对于纯压状态，第Ⅰ类和第Ⅱ类截面并没有明显不同，唯一需要考虑的是该构件是否属于第Ⅳ类截面（薄柔）。

在本章的引言中，还列举了影响局部屈曲的其他因素。这些因素都会对界限值λ_p产生影响。例如，一个工字形截面的翼缘只是沿其纵向受到单个腹板的支撑，因此，其局部屈曲承载力要小于箱形截面翼缘的局部屈曲承载力（箱形截面翼缘两侧都受腹板支撑），所以对应的λ_p也就较小。值得注意的是，在欧洲规范3中的截面分类没有区分轧制截面和焊接截面。

对于板梁结构而言，为了提高板梁结构的效率，往往会出现腹板的宽厚比较大的情况，从而可能会导致局部屈曲、剪切屈曲或两者同时发生的现象。规范BS EN 1993-1-5提供了此类构件的设计方法，相关内容将在本手册第18章中进行介绍。

14.3 弯矩-转角关系对设计和分析方法的影响

结构中构件的类型必须与所选用的分析和设计方法相一致。这一点对构件的截面分类尤为重要。

先讨论最为苛刻的情况。对于采用塑性设计的结构而言，当依靠构件中塑性铰的作用实现结构所需要的承载力时，只允许使用第Ⅰ类截面，因此任何宽厚比不满足相应界限值λ_{pl}要求的板件都不能在构件中采用。对于采用塑性设计的结构中的不要求出现塑性铰的那些构件（即除了对应于倒塌机构的塑性铰之外），上述限制条件可以放松（见BS EN 1993-1-1中的第5.6条）。然而，对于采用高强度的材料、支座沉降或构件的初始缺陷而引起截面的弹性弯矩分布发生变化等情况，则这种方法可能不太可靠。

当采用弹性设计时，也就是基于弹性分析确定的内力和弯矩来选择构件时，只要合理确定构件的承载能力，第Ⅰ类、第Ⅱ类或第Ⅲ类截面中的任何截面都可采用。在本手册的第16~20章中，将对不同类型的构件进行更充分的讨论和介绍。举一个简单的例子，对处于纯弯状态的构件，当使用了第Ⅰ类和第Ⅱ类截面时，其有效抗弯承载力M_c应取为M_{pl}；而当使用了第Ⅲ类截面时，其有效抗弯承载力应取M_{el}。如果使用了第Ⅳ类（薄柔）截面，由于局部屈曲造成的截面效能丧失不仅会降低构件的强度，而且还会降低构件的刚度。刚度的折减程度取决于荷载水平，当应力增大到一定程度时，局部屈曲的影响会更加明显。对于冷成形的截面尤为重要，相关内容可参见本手册第24章。

实际上，设计人员一旦确定了设计方法（弹性或塑性设计方法），应使用现有的任何设计辅助方法，来验算截面分类。对于大多数S275和S355强度等级的热轧型钢来说，至少应为第Ⅱ类截面，这种验算工作通常并不复杂。当采用冷加工成形的截面

时，通常属于第Ⅳ类截面，合理利用供应商提供的资料，会减少大部分的计算量。当采用板材加工的截面时必须更加谨慎，由于板件尺寸是自由选择的，故 c_f/t_f 和 c_w/t_w 比值具有不确定性，相应的截面分类结果也不确定。

14.4　分类表

表 14-1 给出了典型截面分类表部分内容，该表摘自 BS EN 1993-1-1。表中所列 λ_{p1}、λ_{p2} 和 λ_{p3} 值，包括了在纯压状态下的外伸翼缘（工字形截面翼缘沿其纵向受到单个腹板的支承），以及在纯压状态下的内部板件或腹板（箱形截面翼缘沿其纵向两侧都受腹板支承），还包括了纯弯状态以及压弯共同作用下的界限值。值得注意的是，在压弯共同作用下，当 $\alpha=1$ 或 $\Psi=1$ 时，宽厚比界限值减少到纯压状态的界限值；当 $\alpha=0.5$ 或 $\Psi=-1$ 时，其值减少到纯弯状态的界限值。

表 14-1　摘自截面分类界限值（BS EN 1993-1-1）

板件和荷载类型	截　面　分　类		
	第Ⅰ类截面（λ_{p1}）	第Ⅱ类截面（λ_{p2}）	第Ⅲ类截面（λ_{p3}）
处于纯压状态的外伸翼缘	$c_f/t_f \leqslant 9\varepsilon$	$c_f/t_f \leqslant 10\varepsilon$	$c_f/t_f \leqslant 14\varepsilon$
处于纯压状态的内部板件	$c_f/t_f \leqslant 33\varepsilon$	$c_f/t_f \leqslant 38\varepsilon$	$c_f/t_f \leqslant 42\varepsilon$
中和轴位于腹板中部	$c_w/t_w \leqslant 72\varepsilon$	$c_w/t_w \leqslant 83\varepsilon$	$c_w/t_w \leqslant 124\varepsilon$
常规腹板	当 $\alpha>0.5$ 时： $c_w/t_w \leqslant 396\varepsilon/(13\alpha-1)$ 当 $\alpha \leqslant 0.5$ 时： $c_w/t_w \leqslant 36\varepsilon/\alpha$	当 $\alpha>0.5$ 时： $c_w/t_w \leqslant 456\varepsilon/(13\alpha-1)$ 当 $\alpha \leqslant 0.5$ 时： $c_w/t_w \leqslant 41.5\varepsilon/\alpha$	当 $\Psi>-1$ 时： $c_w/t_w \leqslant 42\varepsilon/(0.67+0.33\Psi)$ 当 $\Psi \leqslant -1$ 时： $c_w/t_w \leqslant 62\varepsilon\ (1-\Psi)(-\Psi)^{0.5}$

注：$\Psi=\sigma_2/\sigma_1$ 为在弹性应力分布状态时，上、下翼缘处的应力比值；α 为在塑性应力分布状态下，腹板内受压区所占的比例。

14.5　经济因素

当在设计中仅限于使用标准热轧型钢时，通常局部屈曲就不是主要的考虑因素。对于采用塑性设计的结构，在有可能出现塑性铰的地方，只能采用第Ⅰ类截面。当截面受纯弯作用时，只有 S275 钢的三种通用柱（UC）截面、S355 钢的一种通用梁（UB）截面和六种通用柱截面超出了 BS EN 1993-1-1 规定的第Ⅰ类截面界限值，设计人员在进行选择时，应予注意。如果腹板承受很大的压力作用时，相当多的截面是不能满足要求的，但在实际工程中，采用塑性设计的门式刚架中，禁止使用的截面只是极少数。同样，在弹性设计中，如果不需要截面腹板承受很大的压力，通用梁（UB）截面为第Ⅲ类或更高，而所有通用柱（UC）截面至少为第Ⅲ类截面，即使受到压溃荷载（full squash load）作用时。

设计人员在设计初期就应对试算截面的分类进行校验，校验工作可以利用参考文献3中提供的截面类型信息完成。对于受弯共同作用的腹板，首先要验算腹板受纯压的状态，因为这是最不利的情况。假如截面满足界限值要求，无须再进行额外的验算；否则，还应考虑在不是最不利荷载组合工况作用下，进行验算。

如果要经济合理地使用冷成形型钢（包括用于楼承板和围护墙板的压型钢板），往往需要其截面具有薄柔的特性。需要严格控制成形工艺，以得到匀称的截面形状，典型的就是第Ⅳ类截面的板件，这些截面通常设有中间或边缘加劲肋。由于冷成形型钢为专有的产品，制造商通常会在设计文件中列出相应构件的承载力。如果需要进行严格计算，BS EN 1993-1-3 和 BS EN 1993-1-5 提供了必要的计算方法，本手册的第24章将对此进行详细的介绍。

当采用组合截面时（见本手册的第18章），设计人员就可以对材料使用进行优化，其优化方法可以在下述三种方法中进行选择：

（1）通过保证每块板件的宽厚比足够小，可以不考虑局部屈曲的影响。

（2）当采用大宽厚比且超过了相应宽厚比界限值的构件时，需要考虑由局部屈曲所引起的截面承载力的降低。

（3）使用加劲肋来改善板件的特性，或者完全消除局部屈曲，或者减小局部屈曲的发生而达预定的承载能力。

如果进行塑性设计，只有第一种方法是有效可行的。对于弹性设计，当采用第三种方法且截面为第Ⅳ类时，需要做更多的计算，通过使用有效宽度的概念，来考虑局部屈曲影响，以确定截面的基本承载力[1]（见本手册第24章的相关介绍）。

参考文献

[1] Bulson P. S. （1970） The Stability of Flat Plates. London，Chatto and Windus.

[2] Trahair N. S.，Bradford M. A.，Nethercot D. A. and Gardner L. （2008） The Behaviour and Design of Steel Structures to EC3，4th edn. London，Taylor and Francis.

[3] The Steel Construction Institute and the British Constructional Steel Association（2009） Steelwork Building：Design Data，In Accordance with Eurocodes and the UK National Annexes. SCI Publication No. P363. Ascot，SCI，and London，BCSA.

15 受拉构件*

Tension Members

DAVID NETHERCOT and LEROY GARDNER

15.1 引言

从理论上讲，在结构的两点之间传递直接拉力的受拉构件（或系杆）是最简单和最有效的结构单元。但在许多情况下，需要将受拉构件和结构中的其他构件连接起来，而相应的杆端连接会严重削弱受拉构件的这种有效性。在某些情况下（如在设置了交叉撑的墙板中），构件中的荷载反向时（通常是由风荷载引起的），则受拉构件将变成受压构件。对于荷载能够反向的情况，设计者通常会允许构件发生屈服，从而使荷载转移到其他的构件上。

15.2 受拉构件的类型

受拉构件的主要类型、应用范围和特性如下：

（1）开敞式和封闭式单轧制型钢，如角钢、T形钢、槽钢，以及结构用空心截面型钢。这些是轻型桁架和支撑用格构梁中用做受拉构件的主要型钢类型。

（2）由双角钢或槽钢组成的组合式型钢。这种类型的型钢截面至少有一根对称轴，以使得端头连接部位的偏心量最小化。当使用角钢或其他形状的型钢组合时，应在两根构件之间按一定间隔相互连接以防止发生振动，尤其是当存在移动荷载时。

（3）重型轧制型钢和重型组合式型钢，后者包括拼装H型钢和箱型截面型钢等。其中，拼装型钢的各个板件之间可每隔一段距离设置连接件（缀板），也可通长设置连接件（缀条或穿孔盖板）。缀板或缀条不会额外提高构件的承载力，但可以提供一定的刚度，并可在各个主要板件之间进行荷载分配。可考虑穿孔盖板作为受拉构件的组成部分。

（4）钢筋和钢板条。就常用的尺寸而言，这类构件的（抗弯）刚度都很低；它们在自重或工人的体重作用下就可能下挠。横截面尺寸越小，其长细比就越大，因

* 本章译者：陈志华。

此，在风荷载或移动荷载的作用下，可能会发生颤振。

钢丝绳和钢索。有关这类受拉构件的内容，将在本章第 15.7 节和第 7 章第 7.3 节中作详细讨论。

受拉构件的主要类型，见图 15-1。

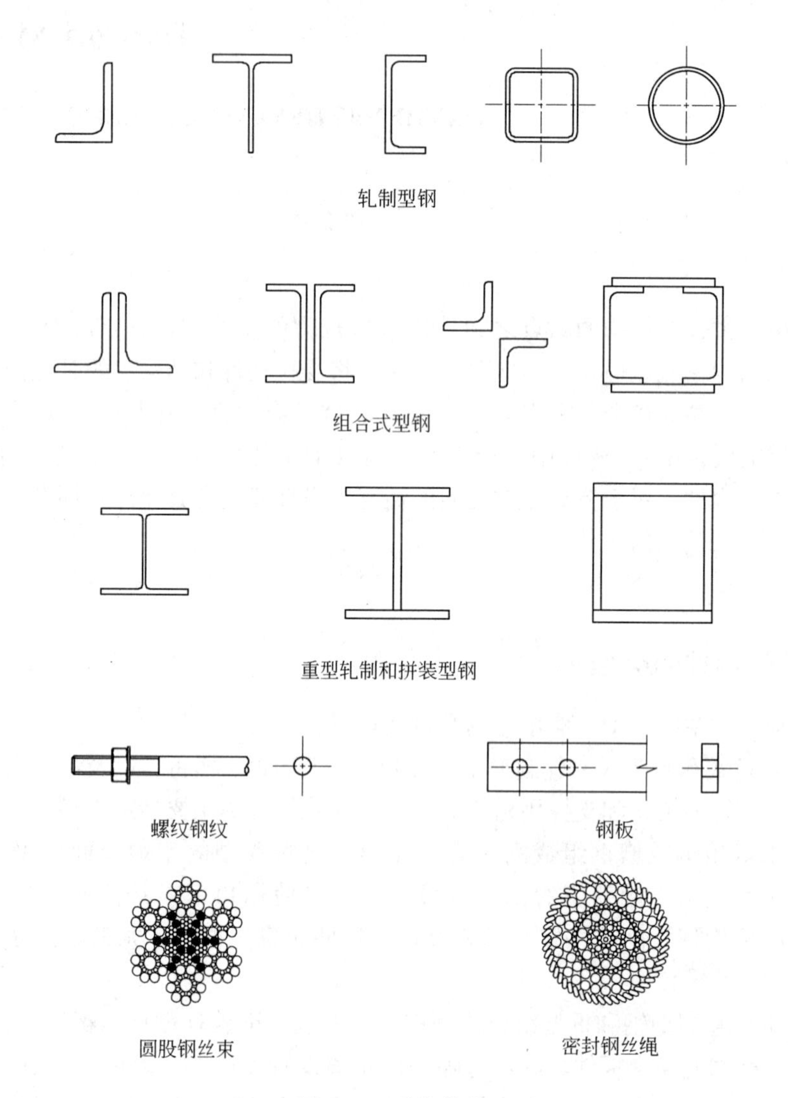

图 15-1 受拉构件

受拉构件的典型用途如下：

（1）建筑物和桥梁中的桁架及格构大梁的受拉弦杆和内部系杆；

（2）建筑物中的支撑构件；

（3）斜拉桥和悬索桥中的主缆及桥面拉索。

悬吊结构中的吊杆/架。受拉构件在建筑和桥梁中的典型用途，见图 15-2。

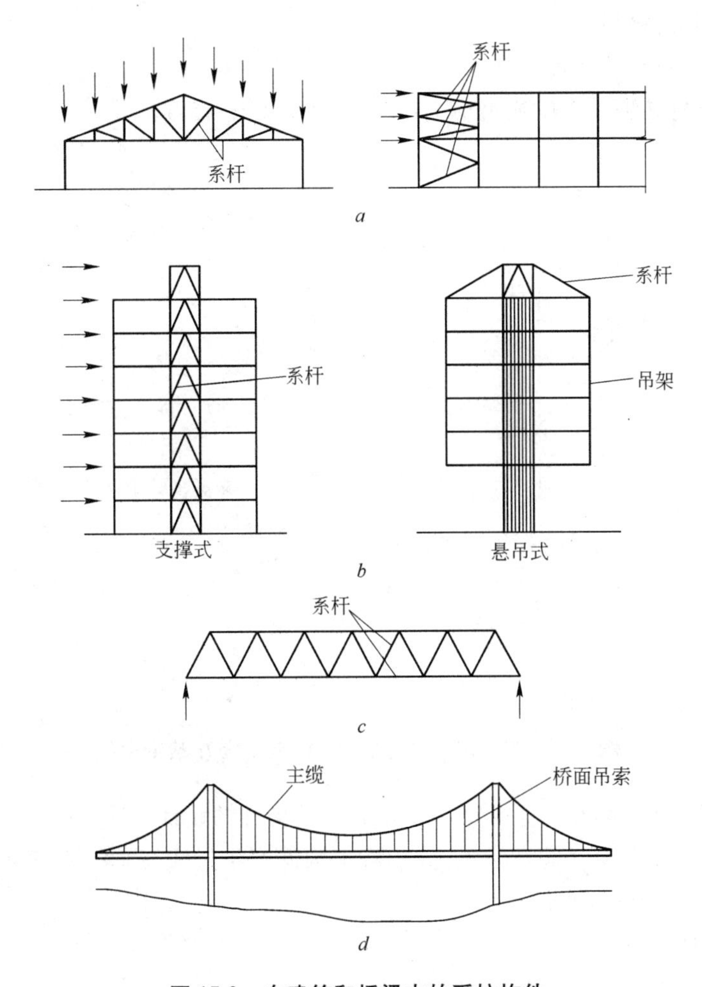

图 15-2 在建筑和桥梁中的受拉构件

a—单层建筑-屋顶和桁架支撑；*b*—多层建筑；*c*—桥桁架；*d*—吊桥

15.3 轴心受拉设计

各种轧制型钢试件在轴心拉伸试验中的性能都比较相似（见图 15-3）。

对于一个承受轴心拉力 N 的线性构件：

拉应力：$f_t = \dfrac{N}{A}$

伸长量：$\delta_L = \dfrac{NL}{EA}$（在线弹性范围内）

构件屈服时的荷载：$N_{pl} = Af_y$，为破坏荷载（忽略应变硬化）

式中 A——受拉构件横截面面积；

L——构件长度；

E——杨氏模量；

f_y——材料屈服强度。

结构用钢材和钢丝绳的典型应力-应变曲线，见图 15-3。

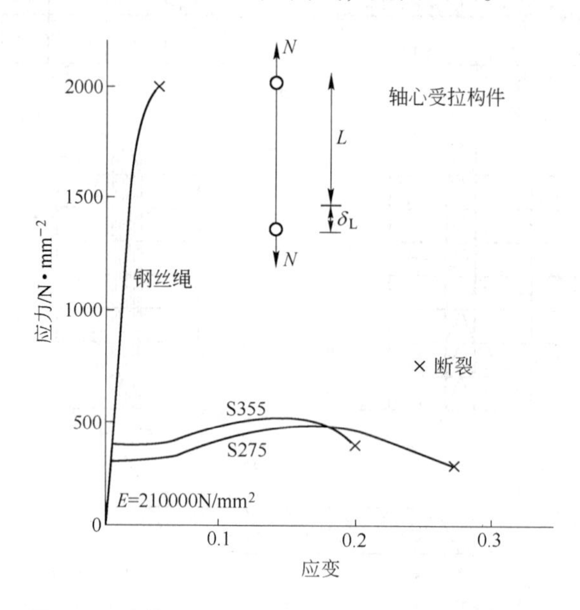

图 15-3　结构用钢材与钢丝绳的典型应力-应变曲线

BS EN 1993-1-1 第 6.2.3 条给出了轴心受拉构件的设计方法。受拉承载力设计值 $N_{t,Rd}$ 取毛截面屈服强度（塑性）$N_{pl,Rd}$（防止构件产生过大变形）和净截面的极限断裂强度 $N_{u,Rd}$ 两者中的较小值：

$$N_{pl,Rd} = \frac{Af_y}{\gamma_{M0}}$$

式中　γ_{M0}——截面抗力分项系数，对于房屋建筑和桥梁，该值取为 1.0。

$$N_{u,Rd} = \frac{0.9A_{net}f_u}{\gamma_{M2}}$$

式中　A_{net}——考虑螺栓孔或其他孔洞后的净截面面积（在 BS EN 1993-1-1 第 6.2.2.2 条中定义）；

f_u——材料的极限抗拉强度；

γ_{M2}——断裂强度分项系数，在 BS EN 1993-1-1（房屋建筑）和 BS EN 1993-2（桥梁）中均建议 γ_{M2} 取为 1.25。同时，在 BS EN 1993-2 的英国国别附录指出桥梁建议值应保留，对于房屋建筑，BS EN 1993-1-1 的英国国别附录允许采用较为宽松的值 1.1。

对于有错列孔洞的构件，应参照 BS EN 1933-1-1 中第 6.2.2.2（4）条。为了保证受拉构件在抗震设计中要求的延性（见 BS EN 1998），毛截面的屈服应发生在净截面断裂之前（即 $N_{pl,Rd} < N_{u,Rd}$）。结合上述两个承载力计算公式，可得到保证构件延

性的条件：

$$\frac{A_{net}}{A} \geqslant \frac{f_y \gamma_{M2}}{0.9 f_u \gamma_{M0}}$$

对于 S275 级钢材，取 $f_y = 275\text{N/mm}^2$，$f_u = 410\text{N/mm}^2$（参见 BS EN 10025-2），以及 $\gamma_{M0} = 1.0$，$\gamma_{M2} = 1.1$，则满足上述表达式 A_{net}/A 的最小值为 0.82。

15.4 弯矩和拉力共同作用

受拉构件中的弯矩主要来自于：

（1）连接偏心；

（2）构件上的侧向荷载作用；

（3）刚性框架作用。

当结构构件同时受到轴心拉力和关于 y-y 轴、z-z 轴的弯矩作用时，假设在弹性状态下，构件的最大应力等于各个荷载单独作用引起的最大应力之和：

$$f_{max} = f_t + f_{by} + f_{bz}$$

式中，拉应力 $f_t = N/A$，关于 y-y 轴的最大弯曲应力 $f_{by} = M_y/W_{el,y}$，关于 z-z 轴的最大弯曲应力 $f_{bz} = M_z/W_{el,z}$。

这些荷载单独作用时的应力图，见图 15-4a。构件发生屈服时对应的荷载分别为：

屈服拉力：$N_{pl} = Af_y$

屈服弯矩（关于 y-y 轴）：$M_{el,y} = W_{el,y} f_y$

屈服弯矩（关于 z-z 轴）：$M_{el,z} = W_{el,z} f_y$

以上 N_{pl}、$M_{el,y}$ 和 $M_{el,z}$ 值构成了一个三维的相互作用曲面，该曲面上的任意一点都代表有荷载 N、M_y 和 M_z 共同作用，且最大应力等于屈服应力。矩形空心截面受拉构件的弹性相互作用曲面，见图 15-4b。

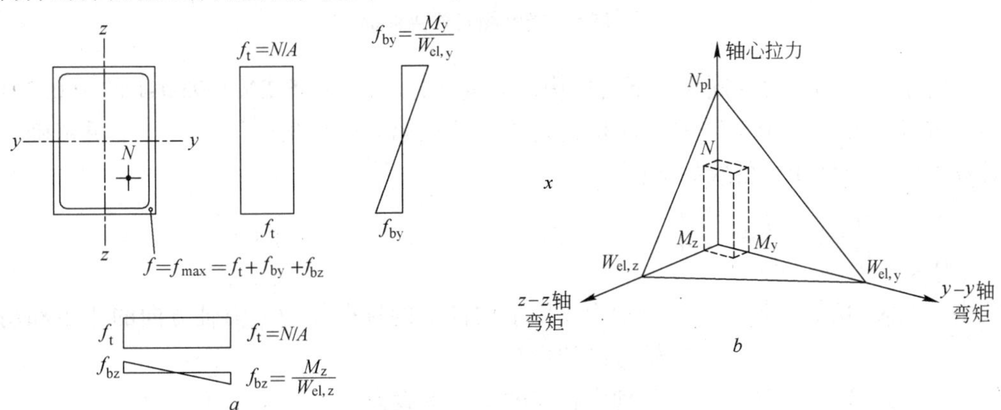

图 15-4 弯矩和拉力共同作用——弹性分析

a—应力图；b—弹性的相互作用曲面

同一构件的最大轴向拉力值和最大塑性弯矩为：

轴向拉力：$N_{pl}=Af_y$

塑性弯矩（关于 y-y 轴）：$M_{pl,y}=W_{pl,y}f_y$

塑性弯矩（关于 z-z 轴）：$M_{pl,z}=W_{pl,z}f_y$

弹性和塑性相互作用曲面两者的差异表明，如果考虑了钢材的塑性，会提供额外的设计强度；一个凸起的塑性相互作用曲面，见图 15-5。

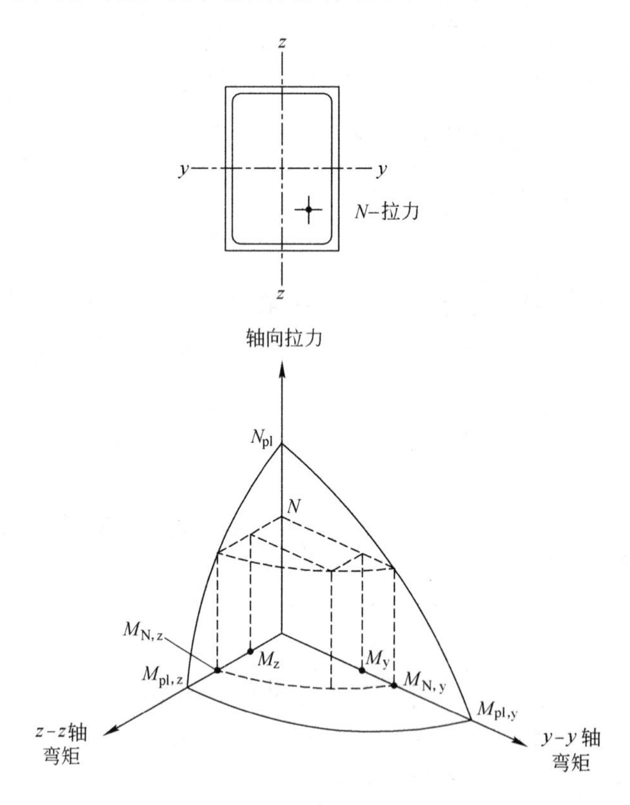

图 15-5　塑性相互作用曲面

对于弯矩和拉力共同作用下受拉构件的设计方法，在 BS EN 1993-1-1 的第 6.2.1（7）条中给出了一个保守的线性相关公式，并在第 6.2.9 条中给出了一个更精确的计算方法。线性相关公式如下：

$$\frac{N_{Ed}}{N_{Rd}}+\frac{M_{y,Ed}}{M_{y,Rd}}+\frac{M_{z,Ed}}{M_{z,Rd}}<1$$

式中　N_{Ed}，$M_{y,Ed}$，$M_{z,Ed}$——分别为作用于构件上的轴向拉力、强轴方向的弯矩和弱轴方向的弯矩；

N_{Rd}，$M_{y,Rd}$，$M_{z,Rd}$——分别为相应的构件承载力。

该公式适用于第Ⅰ类、Ⅱ类和Ⅲ类截面，第Ⅰ类和第Ⅱ类截面的抗弯强度采用塑性弯矩承载力（$W_{pl}f_y$），第Ⅲ类截面的抗弯强度采用弹性弯矩承载力（$W_{el}f_y$）。

对于第Ⅰ类和第Ⅱ类截面，采用 BS EN 1993-1-1 第 6.2.9 条的设计规定更为经济。双向对称的工字形、H 形截面单向弯曲时，第 6.2.9（4）条定义了不会降低全塑性弯矩承载力的轴向荷载最大数值。当轴向荷载超过此数值，弯矩不应超过折减的弯矩承载力。对于工字形、H 形截面以及空心截面，第 6.2.9（5）条给出了确定关于强轴和弱轴的折减弯矩承载力（分别记为 $M_{N,y,Rd}$ 和 $M_{N,z,Rd}$，“N”代表有轴向荷载作用）的计算公式。对于双向受弯构件，第 6.2.9（6）条给出了如下相关准则：

$$\left(\frac{M_{y,Ed}}{M_{N,y,Rd}}\right)^{\alpha}+\left(\frac{M_{z,Ed}}{M_{N,z,Rd}}\right)^{\beta}\leqslant 1$$

式中，常数 α 和 β 按以下取值：圆形空心截面（CHS）取为 2.0；工字形和 H 形截面，$\alpha=2.0$，$\beta=5n$（且 $\beta\geqslant1.0$），式中 $n=N_{Ed}/N_{pl,Rd}$；矩形空心截面，$\alpha=\beta=(1.66/1\text{-}1.13n^2)\leqslant6$；其他截面，$\alpha=\beta=1$。

BS EN 1993-1-1 没有具体给出拉弯共同作用下构件的侧扭屈曲承载力。按梁受纯弯、并忽略拉力对构件稳定性的有利作用，对梁进行验算是偏于安全的。

15.5 杆端连接偏心

对于因杆端连接导致构件受偏心轴力而产生拉弯共同作用时，BS EN 1993-1-8 给出了简化设计规定。

BS EN 1993-1-8 中第 3.10.3 条给出的规定，仅适用于单角钢且其一肢由单排螺栓连接，而对于其余截面类型，应参考第 15.4 节。考虑到单角钢仅一肢连接所产生的偏心影响，构件只能按轴心受拉构件设计，且应用有效（折减的）净截面面积代替实际的净截面面积。第 3.10.3（2）条给出的设计表达式适用于等边角钢和长肢相连的不等边角钢。对于短肢相连的不等边角钢，可按一个假定的等边角钢进行设计，该假定等边角钢的肢长为实际的不等边角钢的短肢长度。当单角钢端头焊接时，其有效面积应取等边角钢或长肢相连的不等边角钢的毛截面面积（见 BS EN 1993-1-8 第 4.13（2）条）。对于短肢相连的不等边角钢，其有效面积应采用假定的等边角钢的毛截面面积，假定的等边角钢的两肢长度等于实际不等边角钢的短肢长度。

15.6 其他考虑因素

15.6.1 可维护性能和防腐蚀性能

由于钢丝绳和钢杆缺乏（抗弯）刚度，这些构件在房屋建筑中并不常用，但有时在悬吊结构中被用做拉索或吊杆。自重轻、细小的受拉构件很容易在轴心拉力的作用下，产生过大的伸长量，而且在自重和侧向荷载的作用下容易产生侧向变形。对于出现构件受到振动或导致疲劳破坏的情况时，会产生一些特殊的问题，例如桥梁中的桥面板吊索。因腐蚀引起破坏是我们不希望看到的，因而必须采取足够的防护措施。所有这些因素有时会使受拉构件的设计工作变得非常复杂。

用做桁架的拉杆和支撑构件的轻型轧制型钢，在运输过程中就很容易受损，所以为了防止这种情况发生，对这类构件通常会规定一个最小截面尺寸。例如对于角钢拉杆，一般情况下规定其肢长不小于构件长度的1/60。

对于拉杆，如果作用在其上的轴向力会反向，比如风荷载作用，则它可能会发生屈曲。当这类屈曲会造成危险（如缺少可替代的荷载传递路径）或会影响外观时，受拉构件应按受压构件进行验算（见图16-3）。

15.6.2　应力集中因子和疲劳性能

当受拉构件出现几何不连续（如截面发生变化或有一个孔洞）时，所产生的应力集中，可采用数值分析或采用应力集中因子来确定。通常应力集中对于延性材料来说并不重要，但它有时也会成为疲劳破坏或在一定条件下脆性断裂破坏的原因。在一块板条构件上开孔以后，其净截面上的局部应力会增大，增大系数取决于孔径与板条宽的比值。

进行疲劳设计时，按照以下三个层次来考虑应力集中的影响会比较方便：

（1）结构层次，即由实际的结构行为和所选用的静态模型之间的差别而引起的应力集中；

（2）宏观（肉眼可见的）层次，即应力流在较大范围内被截断而引起的应力集中；

（3）局部微观层次，即由焊缝或热影响区内的材料缺陷引起的局部应力集中。

关于焊缝的细部设计和连接设计的疲劳评估，应进一步参阅BS EN 1993-1-9。但是，对于非标准情况，应直接根据数值分析或相应的试验模型的结果，确定应力集中因子的数值。

在许多情况下，某些构造措施可能不会单纯归为某一类问题。在施工现场，对应与某种特定的荷载条件的实际应力范围，很可能受到节点的构造或结构整体安装过程的影响。因此，结构的形式应使荷载传递路径尽可能顺畅，尤其是当安装效果会显著影响结构性能时，要尽量避免意想不到的荷载传递路径。另外，采用变截面的锥形构件时，选择适当的转角半径可以避免截面不连续的情况。

15.6.3　制作和安装

受拉构件的实际使用性能取决于制作误差、安装顺序和步骤。必须注意确保所有受拉构件在安装完毕后不会松弛，以便有效承受作用荷载。

在钢棒和拉索就位以后，可以使用螺纹端头和套筒螺母来调节长度。由轧制型钢制成的支撑构件，在接头和柱脚板处的螺栓紧固前，构件应适当拉紧，以使结构主要

构件纵横对齐。通常支撑构件的实际长度要比精确计算长度稍短一些，以避免构件下垂并使其在安装完毕后立即发挥作用。

对于重型工业桁架和桥梁构件，通常在车间进行整体或部分试装配，以确保制作误差满足要求，并避免现场安装问题的出现。

15.7 拉索

拉索在房屋建筑中并不常用，本手册的第 7 章 7.3 节中对一些相应的应用实例作了介绍。

15.7.1 组成

一根拉索可能由一条或多条结构用钢丝绳、结构用钢绞线、铠装钢绞线索或平行钢绞线组成。除了平行钢绞线，钢绞线索是由多条钢丝沿纵向绕一条位于中心的钢丝形成一个或多个对称外包层而形成的。钢绞线可以用做单独的承载构件，此时曲率半径不是主要指标；另外，还可以用做结构用钢丝绳的组件。

钢丝绳是由多束钢绞线沿纵向绕一个核心而组成的。与钢绞线索相比，钢丝绳的弯曲能力更强，且用于拉索曲率比较重要的场合。钢丝绳和钢绞线索的主要区别如下：

（1）尺寸相等时，钢丝绳的断裂强度低于钢绞线索；

（2）钢丝绳的弹性模量要低于钢绞线索；

（3）钢丝绳的弯曲能力比钢绞线索强；

（4）钢丝绳中的钢丝要比同样直径的钢绞线索中的钢丝细；因此对一根给定直径的钢丝绳，由于较小直径钢丝的涂层较薄，其耐腐蚀性能会较差。

15.7.2 应用

拉索在结构中的应用通常分为以下几类：

（1）平行钢筋（钢棒）拉索；

（2）平行钢丝拉索；

（3）钢丝束式拉索（见图 15-1）；

（4）铠装钢绞线拉索（见图 15-1）。

最终的选择取决于设计者对拉索相关性能的要求，即弹性模量、极限抗拉强度和耐久性能等。其他设计标准包括经济性和结构构造要求。

15.7.3 平行钢筋（钢棒）拉索

平行钢筋（钢棒）拉索由钢杆或钢棒组成，它们互相平行地排列在金属管内，用聚乙烯定位隔板固定位置。张拉过程中，钢杆或钢棒可以沿纵向滑动。安装结束后，向管内注入水泥浆把空隙填满，以确保钢管能够发挥作用，抵抗活荷载引起的应力。

只有直径较小的拉索可以成卷运输，而较大的直径拉索一般以长度为 15.0 ~ 20.0m 的直杆形式来运输。钢筋（钢棒）拉索的连接，可以采用连接器（couplers）来实现，但这样做会显著降低拉索的疲劳强度。

采用普通强度的钢材时，拉索的截面要比采用高强度钢丝或钢绞线时的截面更大，这样就降低了应力变化的程度，从而也降低了疲劳破坏的风险。

15.7.4　平行钢丝索

平行钢丝索一般用于斜拉桥和预应力混凝土构件中。由于其具有良好的力学性能，故疲劳强度较高。

15.7.5　腐蚀防护

拉索中的钢丝应该进行腐蚀防护处理。其中最有效的防腐处理措施是热镀锌法，即把钢丝浸泡入熔化的锌液中，为避免过热，应控制浸锌时间。镀锌钢丝可采用先镀后拔工艺或中镀后拔（镀锌复拉）工艺，即钢丝拉拔后进行镀锌操作或钢丝经一次拉拔再镀锌，又经过第二次拉拔至所要求的直径。对于起加劲作用的钢杆或拉索，通常采用第一种镀锌方法。镀锌量通常为 250 ~ 330g/m^2，锌层厚度为 25 ~ 45μm。

15.7.6　涂层

目前，用于铠装缆索的涂装工艺是在裸钢丝的表面涂上一层具有良好粘接性能、使用寿命长的防腐涂料。一般使用各种高滴点的材料，可保证其不会淌流到位置较低的锚具上。它们通常是高黏度树脂、油基脂膏、石蜡或化学混合物等。

15.7.7　锚具的防护

管道和锚具之间的连接构造，必须确保不发生任何渗漏或积水。实际的构造情况取决于所用的锚具类型、拉索的防护系统以及倾斜角度。对于关键部位，可采用不同的处理方法，以确保其防水性能满足要求。

15.7.8　事故防护

拉索应防止各种突发事故所造成的危险，如交通工具的撞击、火灾、爆炸或人为的破坏。防护措施可基于以下几个方面展开：

（1）保护位置较低部分的拉索，保护高度应大于2.0m，可用钢管固定在桥面板上，并固定到拉索所连接的管道上；必须采用适当的钢管直径或壁厚。

（2）为抵抗交通工具的撞击，应对位置较低的锚固处进行加固处理。

（3）置换拉索的防护构件时，应不影响拉索本身的工作状态，且尽可能不妨碍交通。

拓展与延伸阅读

1. Adams P. F. , Krentz H. A. and Kulak G. L. (1973) Canadian Structural Steel Design. Ontario, Canadian Institute of Steel Construction.
2. Dowling P. J. , Knowles P. and Owens G. W. (1988) Structural Steel Design. London, Butterworths.
3. Gardner L. and Nethercot D. A. (2005) Designers' Guide to EN 1993-1-1: Eurocode 3: Design of Steel Structures. London, Thomas Telford Publishing.
4. Home M. R. (1971) Plastic Theory of Structures, 1st edn. Walton-on-Thames, Nelson.
5. Owens G. W. and Cheal B. D. (1989) Structural Steelwork Connections. London, Butterworths.
6. Timoshenko S. P. and Goodier J. N. (1970) Theory of Elasticity. London, McGraw-Hill.
7. Toy M. (1995) Tensile Structures. London, Academy Editions.
8. Trahair N. S. , Bradford M. A. , Nethercot D. A. and Gardner L. (2008) The Behaviour and Design of Steel Structures to EC3, 4th edn. London and New York, Taylor and Francis.
9. Troitsky M. S. (1988) Cable-Stayed Bridges, 2nd edn. London, BSP Professional Books.
10. Vandenberg M. (1988) Cable Nets. London, Academy Editions.

16 立柱和压杆*

Columns and Struts

DAVID NETHERCOT and LEROY GARDNER

16.1 引言

承受压力的竖向构件称为柱，而一般情况下则可称为压杆。受压构件是一种承载的基本构件形式。这类构件在结构中很常见，例如，建筑物框架中的垂直杆件，桁架中的受压弦杆或者网架结构中全部杆件都属于受压构件。

许多实际工程中，立柱或压杆不仅仅受压，而取决于结构中荷载的具体传递路径，它们也需要承受一定程度的弯矩。例如，在建筑物中的一根角柱，受到梁荷载作用，通常会在两个坐标轴方向都受弯，网架的压杆不一定受轴心荷载，屋盖桁架的受压弦杆还可能承受侧向荷载。因此，许多受压构件实际上应按受复合荷载的压弯构件来进行设计。但无论是只受压力作用的构件，还是进行压弯构件的组合受力分析，在设计中确定纯压构件的承载力都是特别重要的。

在支柱设计中，必须考虑的最重要的因素是屈曲。根据构件的类型和实际应用中的不同情况，可能会有几种屈曲形式。其中之一是独立板件在受压下的局部屈曲，本手册的第 14 章中已经对这部分内容作了介绍。本章主要讨论的是，在压杆设计中如何考虑杆件的屈曲。

16.2 常见的构件类型

压杆可以采用多种形式的型钢截面来承受压力荷载，图 16-1 给出了其中一部分。实际的工程情况，如所采用的连接方法等，常常会影响截面的选择，尤其是对于轻型构件。尽管从理论上，管材这种闭合截面的承载效率是最高的，但是如果使用开敞截面，通常会更有利于现场连接，可以减少雇用熟练工人和使用特殊设备。图 16-1 给出适用于各种用途的典型截面选择：

（1）轻型桁架和支撑——角钢（包括背对背组合角钢）和 T 形钢；

（2）大型桁架——圆钢管、方钢管、组合截面和通用型钢柱；

---

* 本章译者：钟国辉。

（3）框架——通用型钢柱、组合截面，如带加劲肋的通用型钢截面；
（4）桥梁——箱形柱；
（5）发电站——加劲的箱形柱。

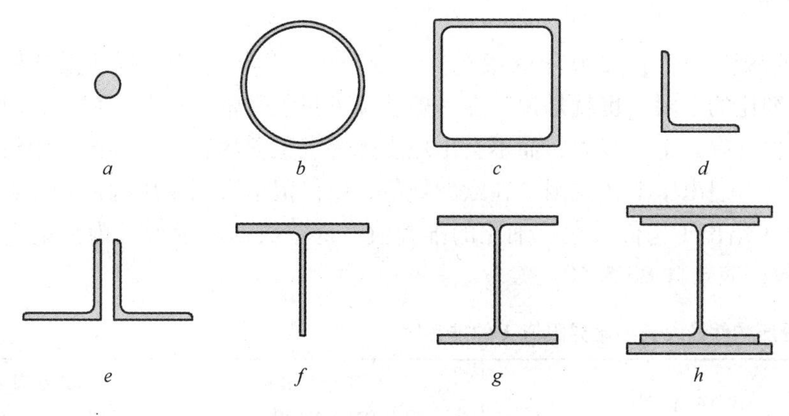

图 16-1　典型的柱子截面

a ~ *h*—典型柱子截面形状

16.3　设计思路

受压构件的最重要特性，就确定其承载能力而言，则是构件的长细比。在欧洲规范 3 中，构件的长细比，或无量纲的长细比 $\bar{\lambda}$ 可定义为：

$$\bar{\lambda} = \sqrt{\frac{Af_y}{N_{cr}}}$$

式中　A——截面面积；

f_y——材料屈服强度；

N_{cr}——弹性屈曲荷载。

构件在受压下最常见的屈曲模式——弯曲屈曲，是由构件绕弱轴的弯曲特性所决定的，N_{cr}的表达式为：

$$N_{cr} = \frac{\pi^2 EI}{L_{cr}^2}$$

式中　E——弹性模量；

I——绕弱轴的惯性矩；

L_{cr}——柱子的有效长度（见本章第 16.7 节）。

注意在欧洲规范 3 中，通常会用“有效长度”来表示“屈曲长度”。另外，构件的长细比也可表达为无量纲的形式：

$$\bar{\lambda} = \frac{\lambda}{\lambda_1}$$

式中　λ——柱子截面的回转半径 i 除以其有效长度 L_{cr}；

λ_1——柱子屈服承载力为 Af_y 的情况下，对应弹性屈曲时的长细比，其表达式为：

$$\lambda_1 = \pi\sqrt{\frac{E}{f_y}}$$

在 BS 5950（早于 2000 年的版本）等规范中，为了避免出现薄柔结构，习惯采用构件长细比的上限。也就是说，在一般情况下只承受轴向荷载的构件，对于意外的侧向荷载也具有一定承载力，而不会出现震颤等现象。尽管欧洲规范 3 中没有明确地指出这一点，但出于上述原因，在欧洲规范 3 中保留了限制受压构件最大长细比的方法。表 16-1 给出了构件最大长细比的推荐值；这些数据表示形式为无量纲的构件长细比 $\bar{\lambda}$，数据摘录自 BS 5950。

表 16-1　受压构件最大长细比界限值 $\bar{\lambda}$ 的推荐值

构件条件	长细比界限值（适用于 $f_y=275\text{N/mm}^2$）	长细比界限值（适用于 $f_y=355\text{N/mm}^2$）
一般构件	2.1①	2.4①
仅承受自重和风荷载的构件	2.9①	3.3①
受拉构件因风载变向而受压	4.0	4.6

①如果 $\bar{\lambda}>2.1$，检查自重下挠度，如果挠度超过 $L/1000$，设计中允许弯曲效应。

通常，压杆设计的要求是，一旦选定构件并确定其荷载和支承条件之后，对应于特定的设计用途，要注意进行下列各项检查验算：

（1）整体弯曲屈曲。很大程度上受无量纲的构件长细比 $\bar{\lambda}$ 控制，它是构件长度、截面形状和支承条件的函数，同样也受构件的类型的影响。

（2）局部屈曲。受构件的板件的宽厚比控制（见本手册第 14 章），只需在最初选择构件时给予一定注意，不需要再进行任何实际计算。

（3）部分组件的屈曲。只与组合构件有关，比如采用缀条和缀板的格构柱；必须对单个组件的强度进行验算，可以通过限制相邻两缀条（或缀板）的中心距来避免发生屈曲。

（4）扭转和弯扭屈曲。对于冷弯型钢和大开敞的特殊形状截面等极端情况，其本身的抗扭刚度很低，就会产生这种形式的屈曲，这比简单的弯曲屈曲更加严重。

原则上，无一例外地应进行局部屈曲和整体屈曲（弯曲屈曲、扭转或弯扭屈曲）验算。实际上，如果所使用的构件截面至少可以满足第Ⅲ类截面对纯压的限制，就不需要进行局部屈曲验算，因为这时是全截面受力状态。

16.4　截面选择的考虑

因为结构构件的最大承载能力是由截面局部承载力控制的（而实际上，屈曲可

能成为控制因素），因此，压杆设计的第一步必须考虑其局部屈曲的问题，因为它影响着构件的轴向承载力。只有两大类截面与纯轴压构件有关：第Ⅰ～Ⅲ类截面和第Ⅳ类（薄柔）截面。前者可以达到全截面抗压 Af_y，后者则需要对承载力进行折减。如本手册第 14 章所述，当构件用做压杆时，可以不考虑第Ⅰ类、第Ⅱ类和第Ⅲ类截面之间的区别。

当构件中包含有薄柔板件时，欧洲规范 3 通常的处理方法是，定义一个有效截面，来代替设计计算中的毛截面。实际上，要从截面中去除任何因局部屈曲而失效的第Ⅳ类截面的板件，且由剩余的有效截面来确定其截面特性。图 16-2 给出了受压薄柔板件局部屈曲的折减系数 ρ，BS EN-1993-1-5 的第 4.4 节给出了相应的规定，本手册第 24 章的冷弯型钢内容中，对此有更深入的讨论。一种比较简单、但通常更为保守的设计方法，是采用折减的屈服强度进行构件设计，其折减幅度取决于超出第Ⅲ类截面承载极限值的大小（该界限值是全截面有效和薄柔截面之间的分界线）。使用折减的屈服强度后，长细比界限值因系数 ε 的影响会有所放松；对屈服强度进行折减，直至所有板件满足第Ⅲ类截面的界限值，从而变成全截面有效，实质上，是假定构件的钢材强度要远比实际使用的低。

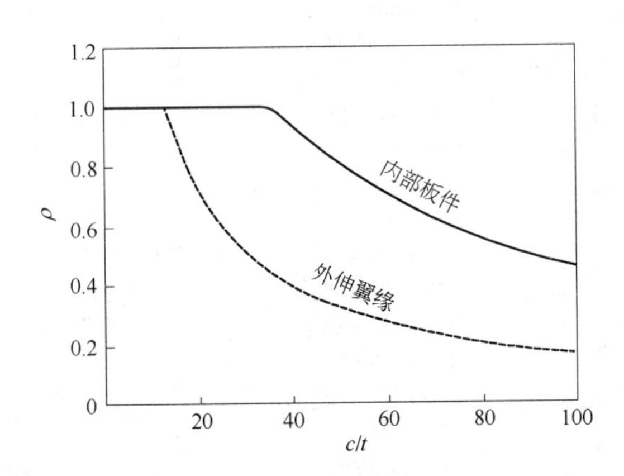

图 16-2　折减系数（ρ）与板件宽厚比（c/t）的关系曲线

（适用于纯压，钢材屈服强度 $f_y = 275\text{N/mm}^2$）

图 16-3 对于包含第Ⅳ类截面板件的构件给出了两种设计方法。在方法 1 中，采用实际的屈服强度，而截面则采用有效（折减后的）截面面积。有效截面的定义是毛截面积减去根据折减系数 ρ 确定的薄柔板件中无效部分。在方法 2 中，材料的屈服强度逐步折减，直到截面中所有板件都达到了第Ⅲ类截面的界限值。

需要强调的是，采用热轧型钢进行设计时，在绝大多数情况下，只要保证截面的板件宽厚比满足第Ⅲ类的界限值就可以了。参考文献 1 除列出标准型钢的翼缘和腹板的宽厚比（分别为 c_f/t_f 和 c_w/t_w）外，还给出那些符合 BS EN 1993-1-1 要求的第Ⅳ类（薄柔）截面，所用钢材等级为 S275 或 S355。表 16-2 对此列出了常用热轧型钢的相关数据。

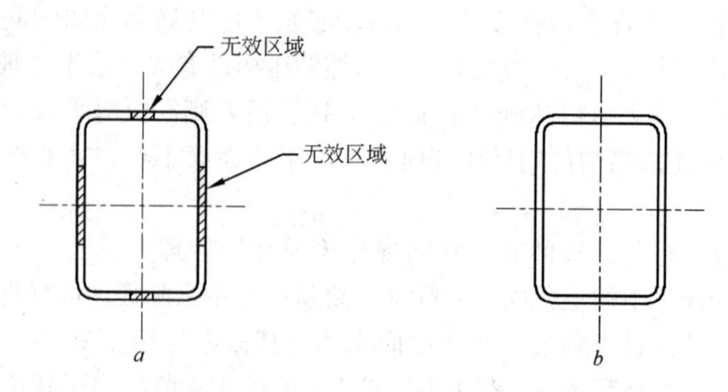

图 16-3 处理第Ⅳ类截面局部屈曲的两种不同的设计方法

a—采用有效面积、全屈服强度设计；*b*—采用全面积、均匀折减的屈服强度设计

表 16-2 受轴向压力的第Ⅳ类（薄柔）截面 （mm × mm × mm）

截面类型	S275	S355
	全部，除下列截面外	全部，除下列截面外
通用梁	1016 × 305 × 487	1016 × 305 × 487
	1016 × 305 × 437	1016 × 305 × 437
	1016 × 305 × 393	
	914 × 419 × 388	
	610 × 305 × 238	610 × 305 × 238
	610 × 305 × 179	610 × 305 × 179
	533 × 312 × 150	
	533 × 210 × 122	
	457 × 191 × 98	
	457 × 191 × 89	
	457 × 152 × 82	
	406 × 178 × 74	
	356 × 171 × 67	
	356 × 171 × 57	
	305 × 165 × 54	305 × 165 × 54
	305 × 127 × 48	305 × 127 × 48
	305 × 127 × 42	305 × 127 × 42
	305 × 127 × 37	
	254 × 146 × 43	254 × 146 × 43
	254 × 146 × 37	
	254 × 146 × 31	
	254 × 102 × 28	
	254 × 102 × 25	
	203 × 133 × 30	203 × 133 × 30
	203 × 133 × 25	203 × 133 × 25
	203 × 102 × 23	203 × 102 × 23
	178 × 102 × 19	178 × 102 × 19
	152 × 89 × 16	152 × 89 × 16
	127 × 76 × 13	127 × 76 × 13
通用柱	无	无

续表 16-2

截面类型	S275	S355
	全部，除下列截面外	全部，除下列截面外
热成形方钢管		400×400×10.0 350×350×8.0 300×300×6.3 和 8.0 260×260×6.3 250×250×6.3 200×200×5.0
热成形矩形钢管		500×300×8.0～12.5 500×200×8.0～12.5 450×250×8.0 和 10.0 400×300×8.0 和 10.0 400×200×8.0 和 10.0 400×150×5.0～10.0 400×120×5.0～10.0 350×250×5.0～8.3 300×150×5.0～8.0 300×250×5.0～8.0 300×200×6.3 和 8.0 300×150×8.0 300×100×8.0 260×140×5.0 和 6.3 250×150×5.0 和 6.3 200×120×5.0 200×100×5.0 160×80×4.0 150×125×4.0
热成形圆形钢管		406.4×6.3
热成形椭圆形钢管		500×250×10.0～16.0 400×200×8.0～12.5 300×150×8.0 和 10.0 250×125×6.3 和 8.0 200×100×5.0 和 6.3 150×75×4.0 和 5.0
轧制角钢	200×200×16.0 和 18.0 150×150×10.0 和 12.0 120×120×8.0 和 10.0 100×100×8.0 90×90×7.0 和 8.0	200×200×16.0～20.0 150×150×10.0～15.0 120×120×8.0～12.0 100×100×8.0～10.0 90×90×7.0 和 8.0

续表 16-2

截面类型	S275	S355
	全部，除下列截面外	全部，除下列截面外
轧制角钢	 75 ×75 ×6. 0 70 ×70 ×6. 0 60 ×60 ×5. 0 50 ×50 ×4. 0 200 ×150 ×12. 0 和 15. 0 200 ×100 ×10. 0 和 12. 0 150 ×90 ×10. 0 150 ×75 ×10. 0 125 ×75 ×8. 0 100 ×75 ×8. 0 100 ×65 ×7. 0 100 ×50 ×6. 0 65 ×50 ×5. 0	80 ×80 ×8. 0 75 ×75 ×6. 0 和 8. 0 70 ×70 ×6. 0 和 7. 0 60 ×60 ×5. 0 和 6. 0 50 ×50 ×4. 0 和 5. 0 200 ×150 ×12. 0 ~ 18. 0 200 ×100 ×10. 0 ~ 15. 0 150 ×90 ×10. 0 和 12. 0 150 ×75 ×10. 0 和 12. 0 125 ×75 ×8. 0 和 10. 0 100 ×75 ×8. 0 100 ×65 ×7. 0 和 8. 0 100 ×50 ×6. 0 和 8. 0 80 ×60 ×7. 0 80 ×40 ×6. 0 75 ×50 ×6. 0 70 ×50 ×6. 0 65 ×50 ×5. 0 60 ×40 ×5. 0

16.5 立柱屈曲承载力

单个受压构件的轴向荷载承载力，与其长细比、材料强度、截面形状及其制作方法有关。使用规范 BS EN 1993-1-1，立柱屈曲承载力 $N_{b,Rd}$ 由规范的第 6.3.1.1（3）款给出：

$$N_{b,Rd}=\frac{\chi A f_y}{\gamma_{M_1}}$$，适用于第Ⅰ类、Ⅱ类、Ⅲ类截面

$$N_{b,Rd}=\frac{\chi A_{eff} f_y}{\gamma_{M_1}}$$，适用于第Ⅳ类截面

式中 A——立柱截面积；

A_{eff}——有效截面面积，仅用于允许发生局部屈曲的第Ⅳ类截面；

γ_{M_1}——构件屈曲计算的分项系数，在 BS EN 1993-1-1 及英国国别附录中均取值为 1.0；

χ——屈曲折减系数，在 BS EN 1993-1-1 的第 6.3.1.2（1）款中，按下式确定：

$$\chi=\frac{1}{\phi+\sqrt{\phi^2-\overline{\lambda}^2}}\leqslant 1.0$$

式中，$\phi = 0.5[1 + \alpha(\bar{\lambda} - 0.2) + \bar{\lambda}^2]$；$\bar{\lambda}$ 为无量纲构件长细比，在本章第16.3节中已有讨论；α 为缺陷系数，可以取为五个值中的一个。在 BS EN 1993-1-1 的表 6-1 中给出了这五个值——a_0、a、b、c 和 d，对应于不同的屈曲曲线，在本章的表 16-3 中也列出了这些数值。

表 16-3　缺陷系数 α

屈曲曲线	a_0	a	b	c	d
缺陷系数 α	0.13	0.21	0.34	0.49	0.76

图 16-4 给出了直接由以上公式得到的这五条屈曲曲线。这些屈曲曲线，除了一条额外的曲线（a_0 曲线）外，均与 BS 5950-1（2000）中表 24 所列值等价。这些曲线是根据一系列完整的足尺试验，并通过详细的数值研究得到的，对于各种截面类型具有广泛代表性[2]。它们常常被称为“欧盟柱子曲线”（European Column Curves）。

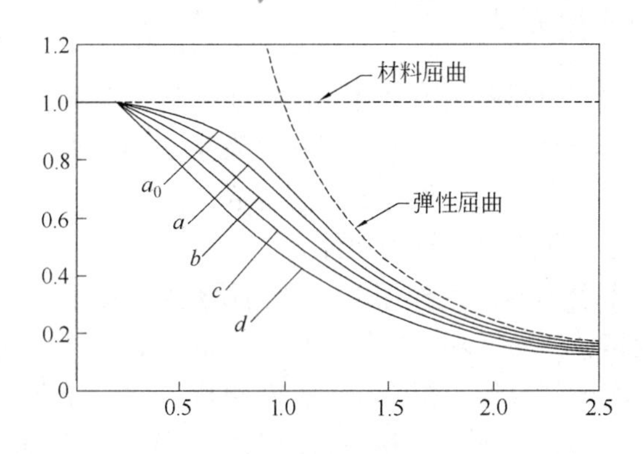

图 16-4　BS EN 1993-1-1 中的立柱屈曲曲线

在使用众多的屈曲曲线时（欧洲规范 3 中为五条），要承认这样一个事实，即在相同长细比的前提下，作为压杆时某些类型的截面，其性能要优于其他截面。这是由于截面上的材料分布、不同的几何缺陷水平及残余应力的影响所致。热轧和焊接工字形钢的典型残余应力分布如图 16-5 所示。在设计中可以通过 BS EN 1993-1-1 的表 6-2 来选择屈服曲线，考虑不同的、相应的屈曲性能。

柱子设计的第一步是参考 BS EN 1993-1-1 的表 6-2，查看适用的屈曲曲线（由此确定缺陷系数 α）。例如，如果需要验算一根通用柱构件能否抵抗绕弱轴的屈曲，那么就要采用 c 类屈曲曲线。选取试算截面，确定截面的回转半径 i 和截面面积 A，几何长度 L 由实际需要确定，而有效（屈曲）长度 L_{cr} 则取决于边界条件。由此，可求得 $\bar{\lambda}$、χ 和 $N_{b,Rd}$。

上述计算过程应该适用于所有类型的结构截面，包括采用焊接盖板加强的截面。BS EN 1993-1-1 规范认为，除了截面的屈曲曲线不同外，轧制截面和焊接截面并无任何区别。

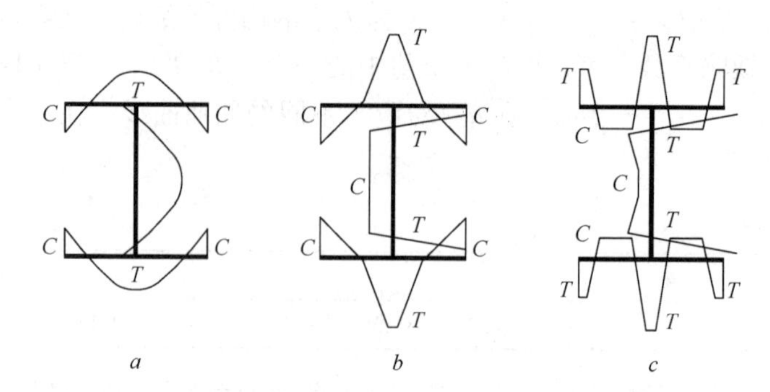

图 16-5 三种截面中的典型残余应力分布（*T* = 受拉；*C* = 受压）

a—热轧型钢截面；*b*—轧制边焊接工字形钢；*c*—焰切边焊接工字形钢截面

16.6 扭转屈曲和弯扭屈曲

除了我们所熟知的弯曲屈曲模式之外，压杆在绕弱轴弯曲时，还会发生绕杆件轴向的纯扭转或者是弯扭结合。第一种情况，只会发生在轴向加载的双轴对称截面中，该截面形心和剪切中心重合。第二种情况更为普遍，会发生在轴向加载的压杆上，比如截面形心和剪切中心不相重合的槽钢构件。

在实际工程中，当较小的荷载作用时，结构用热轧型钢通常会出现单纯弯曲屈曲，而几乎不会发生扭转屈曲，除非压杆采用了异形截面形状（如十字形截面），这种截面的扭转和翘曲刚度都很低。扭转屈曲计算可以按弯曲屈曲计算方法进行处理，但是，在计算构件无量纲长细比时，用扭转屈曲的弹性屈曲荷载 $N_{cr,T}$ 来代替弯曲屈曲荷载，$N_{cr,T}$ 由 BS EN 1993-1-3 的第 6.2.3（5）条给出。如屈曲曲线选择表（见 BS EN 1993-1-3 的表 6-3）所规定，不同的屈曲曲线也同样适用。同样，对于不对称截面构件，其稳定性可能会由扭-弯屈曲控制，这时可以根据其弹性屈曲荷载 $N_{cr,TF}$ 来计算构件长细比，$N_{cr,TF}$ 由 BS EN 1993-1-3 的第 6.2.3（7）条给出。

在本手册第 24 章中，将对扭转屈曲和弯-扭屈曲与畸变屈曲同时发生的情况作进一步讨论，因为在冷弯型钢的设计和应用中，这些屈曲模式具有更加重要的实用意义。其主要原因有两个方面：

（1）截面的扭转常数 I_t 取决于 t^3，因此与热轧型钢相比，使用薄壁材料会导致扭转刚度与弯曲刚度之比减小很多。

（2）由于薄壁型钢可以由一块板材弯折而成，其成形过程很自然会使得单轴对称或者非对称开敞型材具有相当的优势。

如上所述，BS EN 1993-1-3 给出了根据基本的构件几何特性，确定扭转屈曲和弯-扭屈曲的弹性屈曲荷载的公式。图 16-6 给出了不同弹性屈曲模式下一种典型槽钢的屈曲曲线。在图示案例中，临界屈曲模式（即最低的弹性屈曲模式）从弯-扭屈曲（在低长细比时起控制作用），改变为绕弱轴弯曲屈曲（较高长细比时起控制作用）。

一般而言，绕弱轴的弯曲屈曲往往会对较长的柱子起到控制作用，但是这种屈曲模式的改变，主要取决于所考虑截面的特定几何参数。

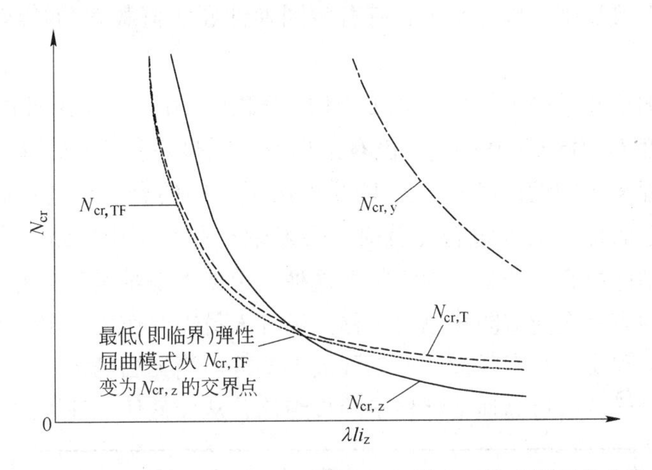

图 16-6 典型槽钢在弯曲、扭转和弯-扭模式下的弹性屈曲曲线

16.7 有效（屈曲）长度 L_{cr}

立柱屈曲承载力（通过屈曲折减系数χ 表达）与长细比的关系，通常是从一个两端铰接的构件推导而来的，如图 16-4 所示。铰接构件就是两端不能发生相对位移，但是可以自由转动的构件。而在实际结构中的受压构件，具有各种不同的支承条件，很可能在平动方向的约束没有这么强，而转动方向则可能有或者没有相应的约束。

设计中解决这一问题的常规方法是采用柱有效长度（或者柱的屈曲长度）L_{cr}的概念。工程上定义有效长度的方法是，确定一个两端铰接柱的等效长度，该柱的承载能力与所考虑的、实际支承条件下的柱子承载能力相等。有效长度的定义在图 16-7

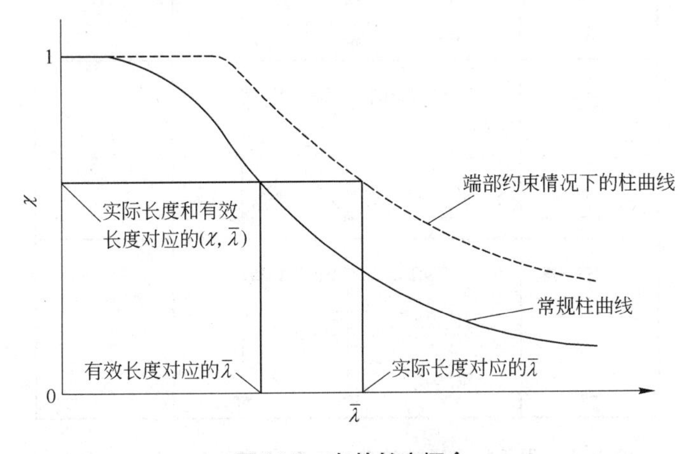

图 16-7 有效长度概念

中予以说明，该图对在端部有一定程度转动约束的构件与同一根构件两端铰接时的基本曲线作了比较。最近的做法以及欧洲规范 3 的相关要求是，在设计中采用理论有效长度，该理论有效长度可以定义为，有着相同弹性屈曲荷载 N_{cr} 的等效两端铰接压杆的长度。

因此，在确定柱子的无量纲长细比 λ 时，就应该用有效长度或者屈曲长度 L_{cr} 来代替其几何长度 L。BS EN 1993-1-1 没有给出有效长度系数 $k = L_{cr}/L$，但是根据对许多现有标准工程案例的设计经验，图 16-8 列出了相应的有效长度系数。当与根据弹性屈曲荷载确定的理论值[2]进行比较时，会发现这些案例中的结果会高一些，因为这些端部的转动已被充分约束。而实际上这种约束条件很难实现。另外，具有相对适当刚度的平动约束完全能够防止侧向位移。设计人员需要作出一定程度的判断，来决定哪一种标准工程实例与实际设计的工程最为接近。当无法确定时，比较安全的方法是尽量接近，这样就会过高地估计柱子的长细比，从而低估了柱子的承载力。这种有

构件形式	典型实例	$k = L_{cr}/L$
	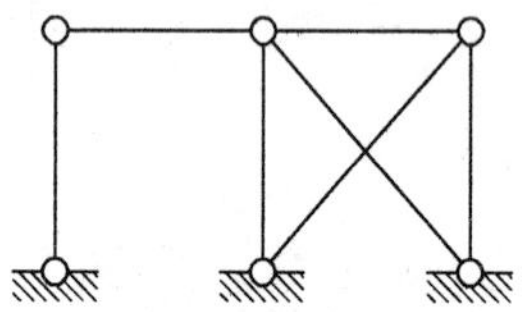	1.0
	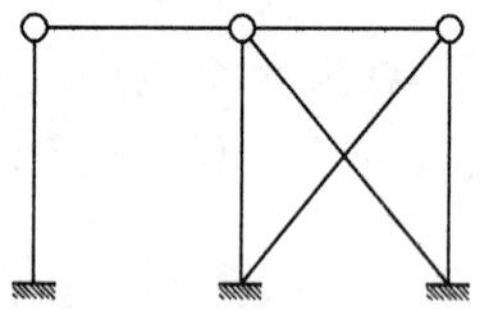	0.85
	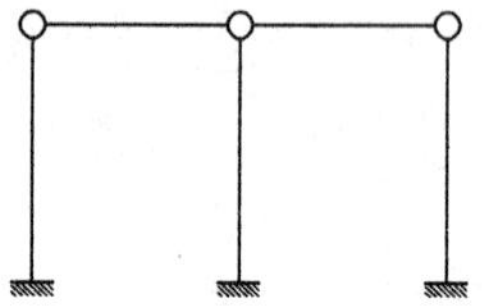	2.0
	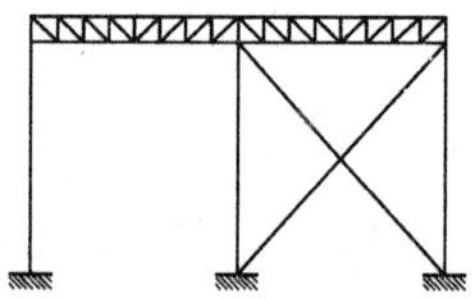	0.7
	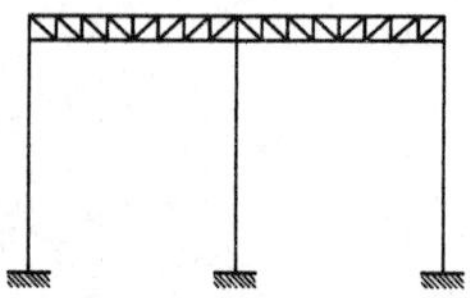	1.0

图 16-8　用于柱子设计的典型有效长度系数（$k = L_{cr}/L$）

效柱子长度的做法，也可用来作为一种处理特殊类型柱子的工具，譬如组合构件或者锥形变截面构件。这一做法可以将一个复杂问题转化为等效的简单柱子，就可以应用屈曲折减系数和构件长细比之间基本关系的设计方法来解决这个问题。

在确定合适的长细比时，柱子截面的分类是一个根本性的重要问题，是两端可以有相对位移的有侧移柱，还是两端无相对位移的无侧移柱。对于有侧移柱，有效长度至少等于几何长度，对于基础为铰接且其顶端没有约束的柱子，其有效长度在理论上为无限长。对于无侧移柱而言，有效长度不会超过几何长度，且根据其端部转动受约束程度的增加而减少。

对于非标准的工程案例，可以进行结构体系的弹性屈曲分析，或者可以参照已公开发表的、根据弹性稳定理论得到的分析成果。在这些工程案例中，如果屈曲涉及到一组构件之间的相互影响，那么关键部位的约束越少，产生的屈曲就越严重，图16-9对此给出了说明。已有的工程实践证明，直接使用从弹性理论推导出来的有效长度，且采用图16-4中的立柱设计屈曲曲线，则能够很好地估算柱子的实际轴向承载能力。BS EN 1993-1-1 的第6.3.4条还包括了“用于侧向屈曲和侧向扭转屈曲的通用方法”的相关内容。该方法主要针对非标准的结构，譬如变截面构件（如楔形柱）或者变截面框架的设计。通常，该方法一开始采用数值模拟分析（如有限元方法）来确定结构构件的平面内和平面外的弹性屈曲承载力。然后，用这两种荷载（或者荷载系数）来定义长细比，并且通过柱子曲线，可以确定构件或者框架的屈曲折减系数。最后，将平面内的弹性屈曲承载力乘以屈曲折减系数，得到结构承载力。

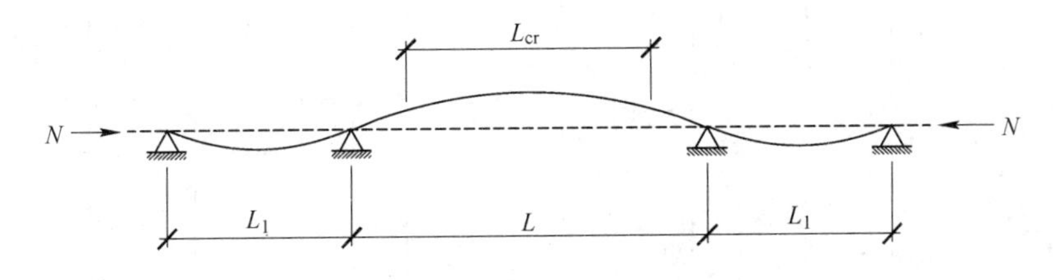

图16-9 最不利柱段与相邻柱段间的约束

对于刚接框架（有侧移和无侧移的）中的受压构件，该受压构件的有效长度与周围构件对其的约束情况是直接相关的，可以根据这些构件的刚度，通过查阅NCCI SN008[3]中的相关图表来确定，这可能要与欧洲规范3一起使用。对各种更复杂的情况，可以从许多资料[4,5]中找到柱子有效长度的设计指南和建议。

基于简单构造（simple construction）组成的框架，当设计其中的受压构件时，采用柱子有效长度是最为简单的一种方法，可以认为构件间的实际连接通常会提供某种程度的端部转动约束，会导致柱子的抗压强度比按铰接柱考虑时的抗压强度稍微大一些。如果轴向荷载大小和无支撑长度在构件长度范围内发生改变，该构件连续跨过多个柱段，譬如建筑框架柱是拼接成连续构件的，但是随着柱子所在高度或者桁架弦杆的变化，其所承受的压力不断减小，那么承受较小荷载的杆段就会对最不利杆段形成有效的约束。即便构件内力分布是根据铰接假设得出的，在设计受压构件时，允许一定的端部转动约束也是恰当的。因此，按铰接结构考虑，却使用小于构件实际长度的受压构件有效长度，这个明显的矛盾就可以得到一个合理的解释。图16-10给出了多层连续柱的弹性稳定理论分析结果，所示结果表明，如果有更多的稳定柱段（在此即为更短的无支撑长度），就会减小最不利柱段的有效长度。对应于每一种梁柱连接采用铰接的、带支撑的简单连接框架，本表还给出了实用的等效计算模型。

构件形式	典型实例	0	0.1	0.2	0.3	0.4	0.5	0.6	0.7	0.8	0.9	1.0	a/L
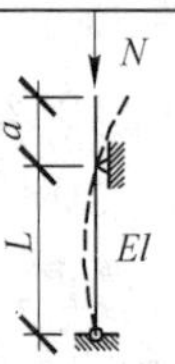	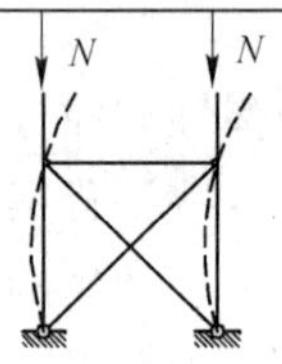	1.10	1.11	1.24	1.40	1.56	1.74	1.93	2.16	2.31	2.50	2.70	L_{cr}/L
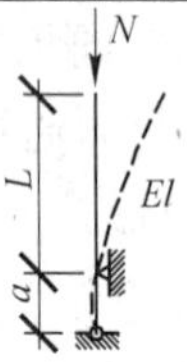	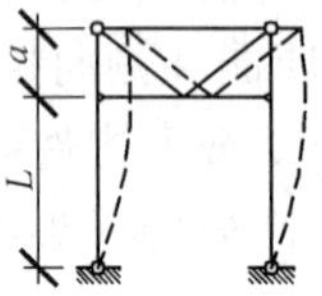	2.0	2.07	2.13	2.20	2.27	2.34	2.41	2.48	2.55	2.62	2.70	L_{cr}/L
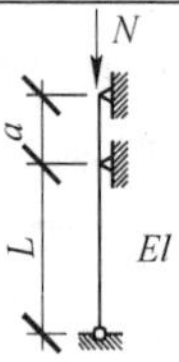	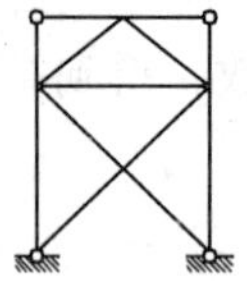	0.70	0.72	0.74	0.77	0.79	0.81	0.84	0.87	0.91	0.95	1.0	L_{cr}/L
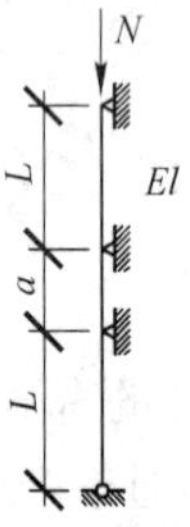	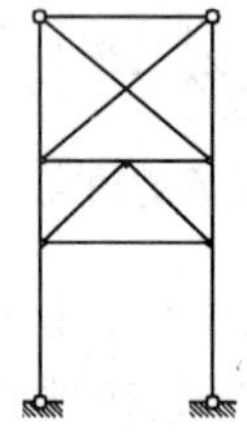	0.70	0.73	0.76	0.79	0.82	0.85	0.88	0.91	0.94	0.97	1.0	L_{cr}/L
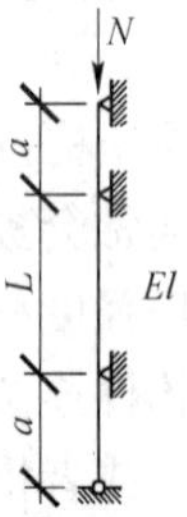	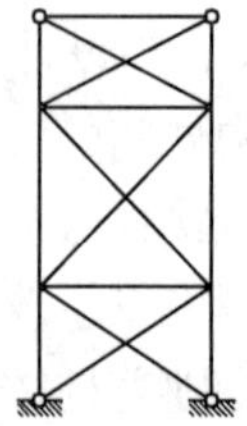	0.50	0.53	0.57	0.61	0.65	0.70	0.75	0.81	0.87	0.93	1.0	L_{cr}/L

图16-10　基于弹性稳定理论的连续柱的有效长度系数

刚接节点框架的受压构件有效长度，与周边构件提供的约束直接相关。严格来说，框架内的所有构件都有互相的约束作用，因为实际情况是一部分框架屈曲，而不是立柱屈曲，但对于设计来说，通常考虑局部框架性能就能满足要求。“局部框架”（limited frame）概念的变化，可以从一些实用规范和设计手册中找到。NCCI SN008 中所使用的局部框架，在图 16-11 中给出。

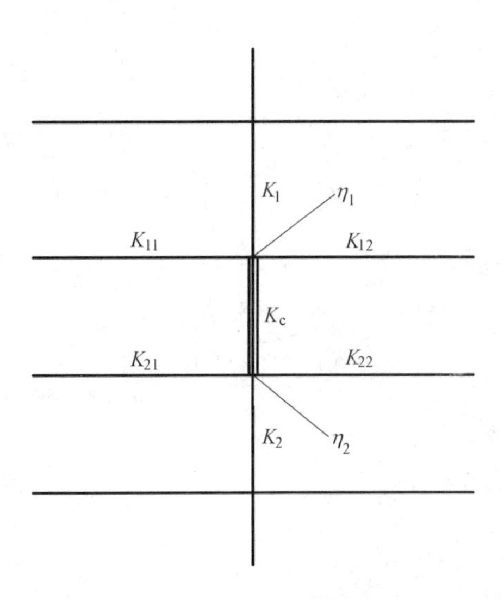

图 16-11　NCCI SN008 中给出的局部框架

刚接框架中受压构件的有效长度，与周围构件对其的约束情况是直接相关的。严格来说，框架内的所有构件都是相互影响的，因为真实的情况是框架中的一部分发生了屈曲，而不是柱子屈曲，但是对于设计而言，只要考虑框架的一个局部区域的性能通常就足够了。在一些应用规范和设计手册中可以发现各种各样关于“局部框架”（limited frame）概念的介绍，图 16-11 中给出的是 NCCI SN008 中所采用的内容。

局部框架由所需考虑的立柱和与其直接相连的构件组成，这些构件的远端视为固接。只需要输入两个参数 η_1 和 η_2，就可以从图表中得到最不利柱子的有效长度。这两个值依赖于周围构件的刚度 K_1、K_2、K_{11}、K_{12} 和 K_{22}，与柱子刚度 K_c 的比值有关，这个概念与众所周知的“弯矩分配法”是类似的。考虑两个不同的实例：无侧移框架中的柱和有侧移框架中的柱。图 16-12a 和图 16-12b 给出了这两种情况，以及相关的有效长度表。无侧移框架中的柱，其有效长度系数变化范围为 0.5～1.0，取决于系数 η_1 和 η_2 值，而有侧移框架中的柱，其有效长度系数变化范围则为 1.0～∞。柱端分别对应下述两种情况：无侧移柱的不可转动柱端和无侧移柱的可转动柱端；以及有侧移柱的不可转动柱端和有侧移柱的可转动柱端。

对于三角形布置和格构式构件（比如桁架）的屈曲，BS EN 1993-1-1 的第 BB.1 条给出了有效长度的计算方法。这些内容将在本手册第 20 章中予以讨论。

对于和柱子不是刚性连接的梁，或者是在梁端或柱端的约束会阻止塑性发展到柱子上的情况，就必须对 K 值（以及 η）进行适当的修改。同样，在柱子基础处，所采用的 η_2 的值应与所提供约束程度相一致。手册还给出了梁的 K 值计算方法，对有侧移框架还是无侧移框架，以及梁支承混凝土楼板还是纯钢结构的情况作了区分。确定刚接框架中柱子有效长度的方法的详细背景资料，可参见 Wood 的著作[5]。

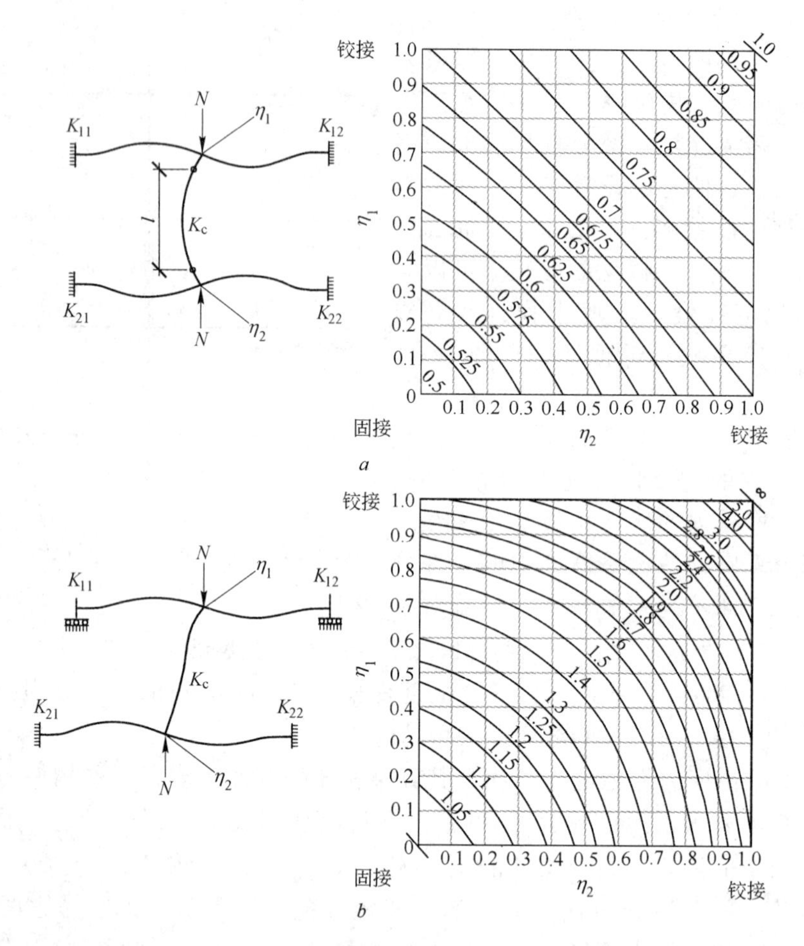

图 16-12　NCCI SN008 中的图表，给出了非侧移与有侧移框架对应的有效长度系数 L_{cr}/L

a—非侧移框架；*b*—侧移框架

16.8　特殊类型的压杆

以下两种压杆的设计，需要考虑更多的因素：

（1）拼装构件或者组合压杆（见图 16-13），必须考虑单个组件的性能。

（2）角钢（见图 16-14），对一般端部连接加载产生的偏心必须要了解。

然而，在这两个实例中，常常可将这种复杂的构件按等效的轴向受压杆对待。

16.8.1　组合压杆的设计

单个构件可能以不同的方式，构成更多的有效组合截面。图 16-15 描述了最普通

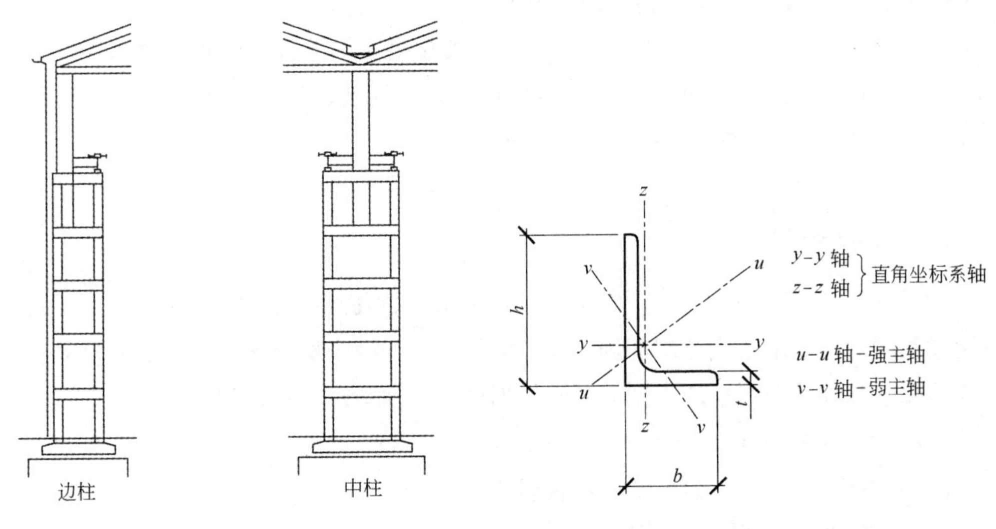

图 16-13 组合柱 **图 16-14 角钢的几何特性**

的布置方法。每个实例中，组合构件的设计理念，就是组合后的构件总的轴向荷载承载能力，远远超出各个组件单独轴向承载能力之和。比如，在图 16-15*b* 中，缀条压杆柱的承载能力远远高于 4 个角钢的单独承载能力之和。

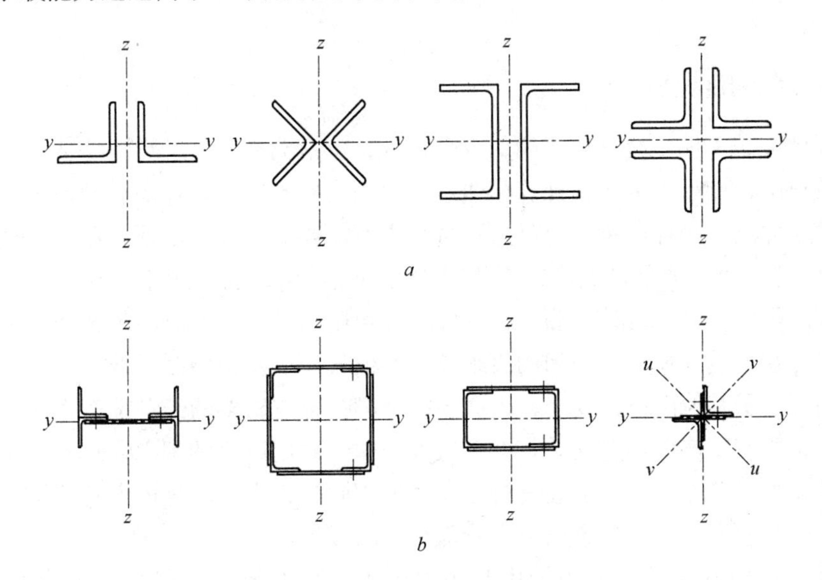

图 16-15 典型的组合柱截面

a—实腹式紧密组合；*b*—缀条式或者缀板式组合

组件相互接触或相距很近的组合构件，如图 16-15*a* 所示，可以视为如 16.5 节讨论的单个整体构件。上述简化计算的前提是组件间的剪切刚度达到无穷大，这些条件见 BS EN 1993-1-1 的 6.6.4 条。

组合构件不能满足这些条件时，必须计算剪切刚度 S_v，如 BS EN 1993-1-1 的6.6.2 条对缀条式构件所作说明，以及6.4.3 条对缀板构件所做说明。设计将以抗剪刚度为 S_v 的等效连续构件的二阶分析为依据，见 BS EN 1993-1-1 的条款6.4.1。还要对单个缀条或缀板进行设计验算。

16.8.2　角钢的设计

用做支撑的角钢受压构件，其设计要点见 BS EN 1993-1-1 的条款 BB.1.2。如果其两端的构件提供了适当的端部约束，且端部由至少两个螺栓连接，那么荷载偏心就可以忽略，且允许通过使用下列的有效长细比 $\overline{\lambda}_{eff}$，来考虑端部的刚性：

$\overline{\lambda}_{eff,v} = 0.35 + 0.7\overline{\lambda}_v$，用于绕 v-v 轴屈曲；

$\overline{\lambda}_{eff,y} = 0.50 + 0.7\overline{\lambda}_y$，用于绕 y-y 轴屈曲；

$\overline{\lambda}_{eff,z} = 0.50 + 0.7\overline{\lambda}_z$，用于绕 z-z 轴屈曲。

端部连接采用一个螺栓时，设计中要考虑荷载的偏心（设计采用轴向荷载和弯矩叠加的方法），而且构件长细比应该根据有效长度 L_{cr} 等于体系长度 L 计算。更详细的讨论见第 20 章。

16.9　经济性的观点

压杆设计是一种相对直接明确的设计任务，包括选择截面种类，评估端部约束并计算有效长度，计算长细比，计算屈曲承载力，最后验算所选择的截面是否满足了设计荷载的条件。一些补充验算也是这一过程中所需要的步骤，以保证截面不是第Ⅳ类截面（薄壁截面），如果是的话，应预留适当的允许值，以及防止局部失效在组合构件中出现。因此，对于设计者而言，从经济性角度出发，只有有限的选择。设计者所能做的只是在合适的地方加中间约束来控制有效长度以及初始截面选择。

然而，柱子其他的设计要点，也会与整个钢框架或桁架的经济性产生关系。重要的一点就是要使得连接构造简单。在多层框架中，使用厚重的 UC 截面的好处是，梁柱连接处无须对翼缘或者腹板处进行加劲处理。同样，为了能让进入到柱子腹板的梁与之相适应，增大钢柱尺寸可以免去特殊细节的要求。

组合角钢构件在早期的桁架中是主要采用的截面形式。但是维护成本导致了后来大量改用管形截面，维护成本包括表面涂漆，以及对内部脏污和潮湿导致的锈蚀的预防等。如果要采用最少的现场连接，那么管桁架可以按以长段形式运输到现场后进行拼接。另外，采用这种形式也会具有更好的经济性和更悦目的结构外观。

与第 16 章相关的设计实例见后文。其他的实例见有关文献。

16.10 设计实例

<table>
<tr><td rowspan="5">The Steel Construction Institute
Silwood Park, Ascot,
Berks SL5 7QN
Telephone: (01344) 623345
Fax: (01344) 622944
CALCULATION SHEET</td><td>编 号</td><td></td><td>第 1 页</td><td colspan="2">备 注</td></tr>
<tr><td>名 称</td><td colspan="4">轧制标准型柱设计</td></tr>
<tr><td>题 目</td><td colspan="4">受压构件</td></tr>
<tr><td rowspan="2">客 户</td><td>编 制</td><td>LG</td><td>日期</td><td>2010</td></tr>
<tr><td>审 核</td><td>DAN</td><td>日期</td><td>2010</td></tr>
</table>

受压构件

轧制标准型柱设计

问题描述

验算 S275 钢的 203×203×52UC 标准型柱的承载能力，是否能够抵抗 1150kN 的轴向设计压力，钢柱为 3.6m 高的无侧向支撑柱，假设两端为铰接。设计参考 BS EN 1993-1-1。

问题的简图如下图所示：

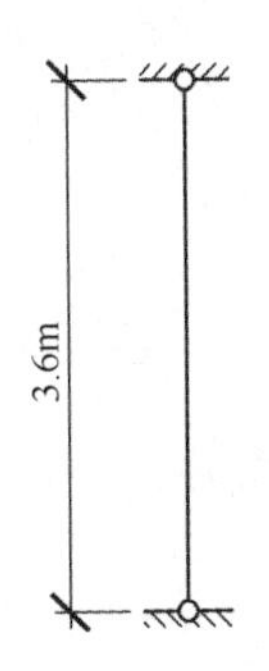

BS EN 1993-1-1, UK NA

钢结构设计：

分项系数：

$\gamma_{M0}=1.0$，$\gamma_{M1}=1.0$

设计数据

几何特性：

$A=66.3\text{cm}^2=6630\text{mm}^2$；$i_z=5.18\text{cm}=51.8\text{mm}$

$t_f=12.5\text{mm}$；$c_f/t_f=7.04$；$c_w/t_w=20.4$

BS EN 10025-2

材料特性：

屈服强度 $f_y=275\text{N/mm}^2$，$t_f\leqslant16\text{mm}$。

轧制标准型柱设计	第 2 页	备　注
柱子纯压情况下，检查截面分类： 只需要检查截面不是第Ⅳ类（薄壁）即可 对于外伸翼缘 $c_f/t_f\varepsilon<14$ 对于腹板 $c_w/t_w\varepsilon<42$ $\varepsilon=\sqrt{\frac{235}{f_y}}=\sqrt{\frac{235}{275}}=0.92$ $c_f/t_f\varepsilon=7.04/0.92=7.62$，在界限值范围内 $c_w/t_w\varepsilon=20.4/0.92=20.2$，在界限值范围内 ∴ 截面不是第Ⅳ类		BS EN 1993-1-1，表 5-2
受压截面承载力 $N_{c,Rd}=\frac{Af_y}{\gamma_{M0}}=\frac{6630\times275}{1.0}\times10^{-3}=1823\text{kN}>1150\text{kN}=N_{Ed}$，满足条件		BS EN 1993-1-1 第 6.2.4 条
构件屈曲承载力： 取有效长度 $L_{cr}=1.0L=1.0\times3600=3600\text{mm}$； 假设弱轴弯曲屈曲控制承载力，采用屈曲曲线 c： $\lambda_1=\pi\sqrt{\frac{E}{f_y}}=\pi\sqrt{\frac{210000}{275}}=86.8$ $\bar{\lambda}_z=\frac{\lambda_z}{\lambda_1}=\frac{L_{cr}/i_z}{\lambda_1}=\frac{3600/51.8}{86.8}=0.80$		BS EN 1993-1-1 表 6-2
$\phi_z=0.5[1+\alpha(\bar{\lambda}_z-0.2)+\bar{\lambda}_z^2]$ $=0.5[1+0.49(0.80-0.2)+0.8^2]=0.97$ $\chi_z=\frac{1}{\phi_z+\sqrt{\phi_z^2-\bar{\lambda}_z^2}}=\frac{1}{0.97+\sqrt{0.97^2-0.80^2}}=0.66\leqslant1.0$		BS EN 1993-1-1 第 6.3.1.2 条
$N_{b,z,Rd}=\frac{\chi_z Af_y}{\gamma_{M1}}=\frac{0.66\times6630\times275}{1.0}\times10^{-3}=1207\text{kN}>1150\text{kN}=N_{Ed}$，满足条件 ∴ 采用 S275 号钢的 203×203×52UC 柱 注意：相同的答案可以直接通过使用参考文献 1 获得。		BS EN 1993-1-1 第 6.3.1.1 条

The Steel Construction Institute Silwood Park, Ascot, Berks SL5 7QN Telephone: (01344) 623345 Fax: (01344) 622944 **CALCULATION SHEET**	编　号	PUB809	第1页	备　注
	名　称	中间带侧向约束的铰接柱		
	题　目	受压构件		
	客　户	编　制 LG	日期	2010
		审　核 DAN	日期	2010

受压构件

中间带侧向约束的铰接柱

问题描述

一个S275号钢的254×254×89UC柱，长12.0m，两端铰接，柱子中间的第三点，采用侧向支撑提供绕弱轴的约束。根据BS EN 1993-1-1，验算柱子的承载能力能否承受轴向压力1250kN。

问题的简图如下图所示：

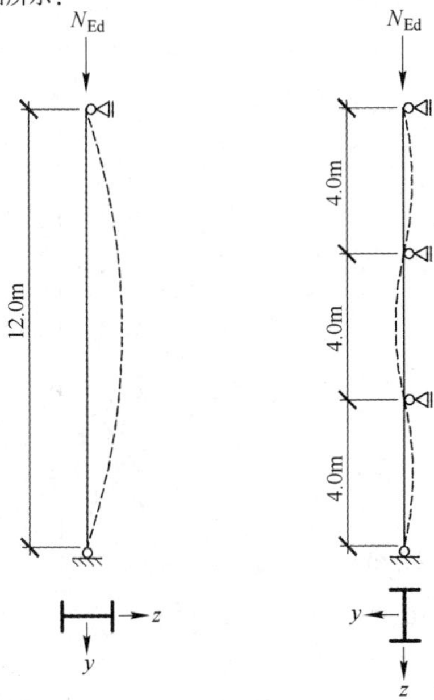

分项系数：　　　　　　　　　　　　　　　　　　BS EN 1993-1-1, UK NA

$\gamma_{M0}=1.0$，$\gamma_{M1}=1.0$

几何特性：　　　　　　　　　　　　　　　　　　钢结构设计：设计数据

$A=113\text{cm}^2=11300\text{mm}^2$；$i_y=11.2\text{cm}=112\text{mm}$；$i_z=6.55\text{cm}=65.5\text{mm}$；

$t_f=17.3\text{mm}$；$c_f/t_f=6.38$；$c_w/t_w=19.4$

材料特性：　　　　　　　　　　　　　　　　　　BS EN 10025-2

屈服强度$f_y=265\text{N/mm}^2$，$16\leqslant t_f\leqslant 40\text{mm}$。

中间带侧向约束的铰接柱	第2页	备　注
柱子纯压情况下，检查截面分类： 只需要检查截面不是第Ⅳ类（薄壁）即可 对于外伸翼缘 $c_f/t_f\varepsilon<14$ 对于腹板 $c_w/t_w\varepsilon<42$ $\varepsilon=\sqrt{\frac{235}{f_y}}=\sqrt{\frac{235}{265}}=0.94$ $c_f/t_f\varepsilon=7.04/0.94=6.77$，在界限值范围内 $c_w/t_w\varepsilon=20.4/0.94=20.7$，在界限值范围内 ∴ 截面不是第Ⅳ类		BS EN 1993-1-1，表 5-2
受压截面承载力： $N_{c,Rd}=\frac{Af_y}{\gamma_{M0}}=\frac{11300\times265}{1.0}\times10^{-3}=2995\text{kN}>1250\text{kN}=N_{Ed}$，满足条件		BS EN 1993-1-1 第 6.2.4 条
有效长度 $L_{cr,y}=1.0L=1.0\times12000=12000\text{mm}$，为绕 y-y 轴的屈曲 $L_{cr,z}=1.0L=1.0\times4000=4000\text{mm}$，为绕 z-z 轴的屈曲 正则化长细比为： $\lambda_1=\pi\sqrt{\frac{E}{f_y}}=\pi\sqrt{\frac{210000}{265}}=88.4$ $\bar{\lambda}_y=\frac{\lambda_y}{\lambda_1}=\frac{L_{cr,y}/i_y}{\lambda_1}=\frac{12000/112}{88.4}=1.21$ $\bar{\lambda}_z=\frac{\lambda_z}{\lambda_1}=\frac{L_{cr,z}/i_z}{\lambda_1}=\frac{4000/65.5}{88.4}=0.69$		
屈曲曲线： 绕强轴弯曲屈曲，采用屈曲曲线 b； 绕弱轴弯曲屈曲，采用屈曲曲线 c；		BS EN 1993-1-1 表 6-2
屈曲折减系数 χ： $\phi_y=0.5\left[1+\alpha(\bar{\lambda}_y-0.2)+\bar{\lambda}_y^2\right]$ $=0.5\left[1+0.34(1.21-0.2)+1.21^2\right]=1.40$ $\chi_y=\frac{1}{\phi_y+\sqrt{\phi_y^2-\bar{\lambda}_y^2}}=\frac{1}{1.40+\sqrt{1.40^2-1.21^2}}=0.47\leqslant1.0$		BS EN 1993-1-1 第 6.3.1.2 条
$\phi_z=0.5\left[1+\alpha(\bar{\lambda}_z-0.2)+\bar{\lambda}_z^2\right]$ $=0.5\left[1+0.49(0.69-0.2)+0.69^2\right]=0.86$ $\chi_z=\frac{1}{\phi_z+\sqrt{\phi_z^2-\bar{\lambda}_z^2}}=\frac{1}{0.86+\sqrt{0.86^2-0.69^2}}=0.73\leqslant1.0$		BS EN 1993-1-1 第 6.3.1.2 条
构件屈曲承载力： $N_{b,y,Rd}=\frac{\chi_y Af_y}{\gamma_{M1}}=\frac{0.47\times11300\times265}{1.0}\times10^{-3}=1422\text{kN}>1250\text{kN}=N_{Ed}$，满足条件		BS EN 1993-1-1 第 6.3.1.1 条
$N_{b,z,Rd}=\frac{\chi_z Af_y}{\gamma_{M1}}=\frac{0.73\times11300\times265}{1.0}\times10^{-3}=2189\text{kN}>1250\text{kN}=N_{Ed}$，满足条件 ∴ 采用 S275 号钢的 254×254×89UC 柱。		BS EN 1993-1-1 第 6.3.1.1 条

参考文献

[1] SCI and BCSA (2009) *Steel Building Design: Design Data-In accordance with Eurocodes and the UK National Annexes.* SCI Publication No. P363. Ascot, The Steel Construction Institute.

[2] Ballio G. and Mazzolani E. M. (1983) *Theory and Design of Steel Structures.* London, Taylor and Francis.

[3] NCCI SN008 (2006) *Buckling lengths of columns: rigorous approach.* http://www. steel-ncci. co. uk

[4] Allen H. G. and Bulson P. S. (1980) *Background to Buckling.* New York, McGraw-Hill.

[5] Wood R. H. (1974) Effective lengths of columns in multi-storey buildings. *The Structural Engineer*, 52, Part 1, July, 235-44, Part 2, Aug., 295-302, Part 3, Sept., 341-6.

[6] Access-Steel (2007) SX002 *Example: Buckling resistance of a pinned column with intermediate restraints*, www. access-steel. com

[7] Access-Steel (2006) SX010 *Example: Continuous column in a multi-storey building using an H-section or RHS*, www. access-steel. com

[8] Trahair N. S., Bradford M. A., Nethercot D. A. and Gardner L. (2008) *The Behaviour and Design of Steel Structures to EC3*, 4th edn. London, Taylor & Francis.

[9] Gardner L. and Nethercot D. A. (2005) *Designers' Guide to* EN 1993-1-1: *Eurocode* 3: *Design of Steel Struclures.* London, Thomas Telford Publishing.

[10] Martin L. & Purkiss J. (2008) *Structural design of steelwork to* EN 1993 *and* EN 1994, 3rd edn. Oxford, Butterworth-Heinemann.

[11] Brettle M. (2009) *Steel Building Design: Worked Examples-Open Sections-In accordance with Eurocodes and the UK National Annexes.* SCI Publication No. P364. Ascot, The Steel Construction Institute.

拓展与延伸阅读

1. Galambos T. V. (Ed.)(1998) *Guide to Stability Design Criteria for Metal Structures.* 5th edn. New York, Wiley.

2. Gardner L. (2011) *Stability of Beams and Columns.* SCI Publication No. P360. Ascot, The Steel Construction Institute.

3. Trahair N. S. and Nethercot D. A. (1984) Bracing requirements in thin-walled structures. In: *Developments in Thin-Walled Structures*-2 (ed. by J. Rhodes and A. C. Walker), 92-130. Barking, Elsevier Applied Science Publishers.

17 梁*

Beam

DAVID NETHERCOT and LEROY GARDNER

17.1 引言

梁是土木工程结构中最基本的一类构件。其主要功能是将竖向荷载通过弯曲作用传递给支承构件（如框架结构中的柱或桥梁中的桥墩等）。

17.2 常见的钢梁类型

表 17-1 给出不同结构形式中适用于钢结构梁的常用指南，图 17-1 对其中几种形式作了图示说明。对于中等跨度的梁，包括在建筑物中所使用的大多数梁，采用普通热轧型钢即可满足要求（一般采用通用梁型钢（Universal Beams）或 IPE 型钢，但如果考虑楼板厚度最小化，则可能采用通用柱型钢（Universal Columns）或 HE 型钢；如果荷载较小，则可采用槽钢）❶。如果在上、下翼缘加焊盖板，轧制型钢的适用跨度范围可以扩大。对于承受很小荷载的构件，如门式刚架结构中支承屋面板的檩条，通常选用冷弯型钢。这种型钢由厚度仅为几毫米的薄钢板制成，通常已经过镀锌防腐处理，具有各种高效的截面形式，轧制成形工艺的优势就是可以生产出符合具体需求并具备特定性能的冷弯型钢。关于冷弯型钢结构的设计，将在本手册的第 24 章中予以详细介绍。腹板开孔梁（即按圆弧线或折线切割通用梁截面的腹板，然后将腹板的上、下部分变换位置重新焊接形成圆形或六角形开孔）已广泛取代了传统的蜂窝梁，其结构效率高，外形美观，便于设备管线在楼盖高度内通过。但如果开孔梁承受较大集中荷载时，则需要予以精心设计。

表 17-1　不同形式的梁的典型用途

梁的类型	跨度范围/m	说　　明
角钢	1 ~ 6	用做屋面檩条、墙梁等荷载较小的构件
冷弯型钢	2 ~ 8	用做屋面檩条、墙梁等荷载较轻的构件

---

* 本章译者：钟国辉。

❶ 本手册中涉及的型钢截面均为符合欧洲标准规格的型钢，其中 IPE（European I beams）为欧标窄翼缘型钢梁，HE（European wide flange beams）为欧标宽翼缘型钢梁。

续表 17-1

梁的类型	跨度范围/m	说　明
轧制型钢：通用梁、IPE 型钢、通用柱型钢、HE 型钢	1~30	最常用的型钢类别，其比例恰当，以避免某些破坏模式
空腹格栅梁	4~40	以角钢或钢管做弦杆、以钢筋做斜腹杆预制而成，用以替代轧制型钢
蜂窝梁	6~60	适用于大跨度和/或轻荷载情况；其截面高度比轧制型钢高出 50%；腹板上的开口可用于铺设设备管线等
复合截面型钢	5~30	当单根轧制型钢构件不能提供足够的承载力时使用
板梁	10~100	由三块钢板焊接而成，通常采用自动焊接，腹板高度可达3~4m；可能需要加劲肋（详见本手册第 18 章）
桁架	10~100	由角型钢或钢管组成，大跨度的桁架可由轧制型钢组成（详见本手册第 20 章）
箱形梁	15~200	由钢板组成，通常设有加劲肋；由于其抗扭性能和横向刚度良好，可用于吊式吊车和桥梁中

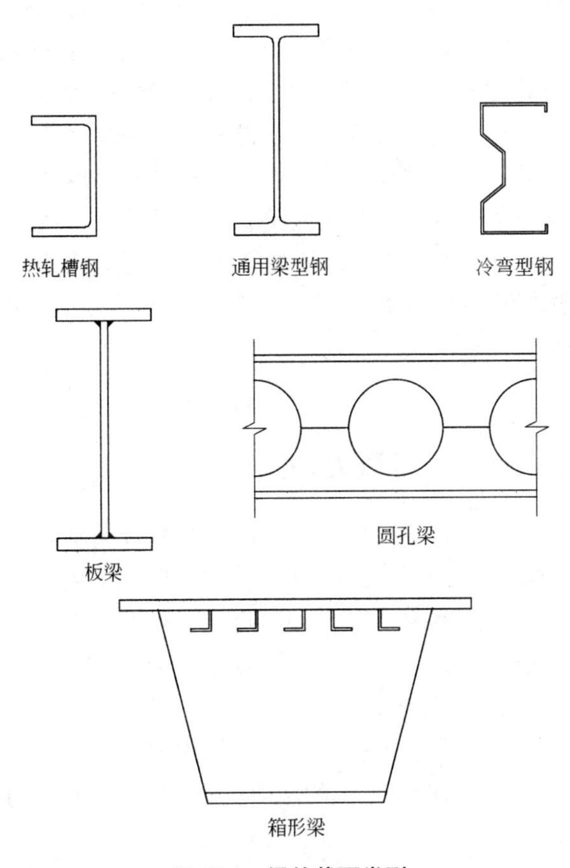

图 17-1　梁的截面类型

另外，完全采用板件焊接组装而成的梁，通过其板件高度和/或翼缘厚度的变化，可以改变梁的性能。在某些情况下，要求使用很薄的腹板，就有必要对腹板设置加劲肋，以避免过早发生屈曲破坏。在本手册的第 18 章中，提供了关于板梁设计的专题讨论和全面论述。当跨度过大，采用单一构件很不经济时，可考虑选择使用桁架。除了用敞口热轧型钢、方管型钢（或两者同时使用）制作成的深桁架，可用来满足体育场馆和超市等的较大净跨要求外，由矩形钢管或圆形钢管制成的较小的预制构件，还可以为中小跨度结构提供具吸引力的、用以代替使用常规型钢的解决方案。桁架设计将在本手册的第 20 章中予以讨论。

因为对梁的主要要求是要有足够的竖向抗弯能力，因此其跨高比是判断梁截面尺寸时一个非常有用的指标。跨高比可以简单地定义为梁的净跨与梁界面的总高之比值。设计合理的钢梁，其跨高比的平均值为 15 ~ 20，如果要求梁的体形比较细长，则跨高比取值可能更大一些，如果荷载很大时，则取值可能会更小一些。

设计梁时，除了简单的竖向弯曲外，还必须注意许多其他问题，以确保其性能良好。通常可以通过采取合理的构造措施来消除扭转荷载，或者在某些情况下，应该通过对结构实际性能的正确评估，来判定忽略扭转荷载影响的合理性。由于梁截面中不同组件的应力状态不同，梁的截面分类（需考虑可能造成的局部屈曲影响）要比压杆的截面分类更加复杂。例如，对于弹性范围内的工字形钢梁，其翼缘大致上是均匀受拉或均匀受压，而其腹板截面上的应力分布则呈线性变化。构件是采用弹性设计还是塑性设计，包括整体结构是否采用完全塑性设计，均会影响梁的截面分类。还需要考虑梁可能出现的各种失稳形式，如整体失稳或局部应力过高引起的局部失稳（如支座处的腹板）。最后，某些结构形式可能会引起难以接受的振动，尽管可通过对梁的选择来改变这种情况，有关结构振动方面的内容在本手册第 13 章已有详细论述。

17.3 截面分类及截面抗弯承载力 $M_{c,Rd}$

在本手册的第 14 章中，概括地讨论了局部屈曲对特定截面所能达到的，以及维持其抗弯承载力的潜在影响。特别在第 14.2 节中，探讨了翼缘的宽厚比（c_f/t_f）和腹板的高厚比（c_w/t_w）对弯矩-转角特性的影响（见第 14 章的图 14-5），以及对抗弯承载力的影响（见第 14 章的图 14-6）。设计梁时，通常可以分别考虑腹板和受压翼缘，并采用相应的截面分类界限值即可[1]。

在建筑结构设计中，当采用热轧型钢时，其相关性能参数已经被制成表格[2]。通过查阅相应的表格，就可以确定型钢的截面类型及其抗弯承载力。本章文后所附的计算实例 1 中，对此会有说明。

查阅参考文献 2 中的相关表格得知，当用做梁构件时，其截面的分级如下：

S275 钢

（1）所有通用梁型钢为Ⅰ类截面。

（2）除了一种通用柱型钢为Ⅱ类截面外，其余均为Ⅰ类截面。

S355 钢

（1）除了一种通用梁型钢为Ⅱ类截面外，其余均为Ⅰ类截面。

（2）除了六种通用柱型钢（其中三种为Ⅱ类截面，另三种为Ⅲ类截面）外，其余均为Ⅰ类截面。

无论采用哪种等级的钢材，Ⅰ、Ⅱ类截面的抗弯承载力 $M_{c,Rd}$ 均为对应于截面塑性抗弯承载力 M_{pl} 的可能达到的最大值，该值由下式确定：

$$M_{c,Rd} = \frac{W_{pl} f_y}{\gamma_{M0}} \tag{17-1}$$

式中，W_{pl} 为塑性截面模量，且 $\gamma_{M0} = 1.0$。当为Ⅲ类截面时，应根据首次出现屈服时的弯矩 M_{el} 来确定抗弯承载力，其值由下式确定：

$$M_{c,Rd} = \frac{W_{el} f_y}{\gamma_{M0}} \tag{17-2}$$

式中，W_{el} 为弹性截面模量。

表 17-2 列出所有非第Ⅰ类截面的受弯构件。

表 17-2　非第Ⅰ类截面的受弯通用梁和通用柱型钢

截 面 类 型	第Ⅱ类截面	第Ⅲ类截面
S275		
通用柱型钢截面	356×368×129	
S355		
通用梁型钢截面	356×171×45	
通用柱型钢截面	356×368×153	356×368×129
	254×254×73	305×305×97
	203×203×46	152×152×23

当设计组合构件时，必须采用初选板件的尺寸，分别对腹板和受压翼缘进行验算，如果板件的尺寸比例选择恰当，即确保截面类型至少为第Ⅲ类，通常设计过程就会简单一些，可避免其后牵涉到薄柔截面（第Ⅳ类截面）的各种复杂计算。当采用第Ⅳ类截面时，由于在确定 $M_{c,Rd}$ 的过程中需要考虑局部屈曲所引起的部分截面失效，计算量会显著增加。可能最常用的薄柔截面型钢就是冷弯型钢，如屋面檩条。由于此种型钢都是专利产品，所以生产商通常会提供相关的设计信息，例如抗弯承载力等性能参数，其中大部分数据是通过实验方法测得的。如果没有相关的设

计资料，应参照欧洲规范3第1~3部分（即BS EN 1993-1-3），选用适当的计算方法。

在蜂窝梁中，虽然翼缘与开孔的水平边缘间的腹板部分的高厚比经常会超出第Ⅱ类截面的界限值，但充分的试验数据表明，这并不会影响蜂窝梁的抗弯承载力。因此，蜂窝梁应采用和实腹梁同样的截面分类方法，在确定$M_{c,Rd}$值时应采用腹板孔洞中央位置截面的净模量值。

17.4 基本设计规定

理论上，表17-3所列出的不同的限定条件中的一项（或多项）会对某根梁的设计起控制作用；但在实际设计时，可能只需要对其中一部分限定条件进行验算。因此，最简便的做法就是依次考虑各种可能性，同时注意每项限定条件的适用范围。为方便起见，在讨论各种不同特性时，首先考虑采用普通的热轧型钢的情况，即通用梁型钢、通用柱型钢、格栅梁及槽钢等。在本章的稍后将会对其他类型的型钢进行讨论。

表17-3 梁设计过程中的限定条件

承载力极限状态	正常使用极限状态
抗弯承载力（包括局部屈曲的影响）$M_{c,Rd}$	弯曲引起的挠度（有时还需考虑剪切引起的挠度）
侧向扭转屈曲承载力$M_{b,Rd}$	扭矩引起的扭曲
抗剪承载力$V_{c,Rd}$	振动
抗剪切屈曲承载力$V_{b,Rd}$	
弯-剪共同作用	
抗侧向荷载承载力F_{Rd}	
抗扭承载力T_{Rd}	
弯-扭共同作用	

可能设计中最重要的决定是，确定梁是否应被视为具有侧向约束。在本章第17.5节中，对此有详细的介绍。本章的其余部分（17.4.1~17.4.5）对有侧向约束和无侧向约束梁的设计验算进行了讨论。在本章第17.5节中还对仅用于无侧向约束的梁的附加验算内容作了介绍。

17.4.1 抗弯承载力$M_{c,Rd}$

对梁而言，最基本的设计要求是，梁要具备足够的平面内抗弯强度。要满足这个要求，就必须确保选定截面的$M_{c,Rd}$高于设计值。$M_{c,Rd}$的计算方法与截面分类（见本手册的第14章）有密切关系，在本章第17.2节中对已作了详细介绍。

对于静定梁，只需要利用静力方法计算出作用荷载引起的弯矩，然后对$M_{c,Rd}$进

行验算。而对于超静定梁，则需要采用合适的弹性分析方法。对于第Ⅰ类和第Ⅱ类截面，一般采用弹性分析方法得出弯矩分布，再采取塑性分析方法验算其承载力，对此，在 Johnson 和 Buckby 的著作[3]中有全面的论述。

17.4.2　抗剪承载力 $V_{c,Rd}$

只有当梁截面上同时作用有较大的剪力和弯矩（如连续梁的中间支座处）时，剪力才会对梁的设计产生显著的影响。

一般来说，截面的抗剪承载力 $V_{c,Rd}$ 为剪切屈服应力（即单轴抗拉屈服应力值的 $1/\sqrt{3}$）和适当的受剪面积 A_V 的乘积。该计算方法对梁腹板的实际剪切应力分布作了近似处理，并假定了截面有一定程度的塑性变形。这种处理方法对于轧制型钢截面比较合适，但可能不太适用于板梁。另外一种设计方法更适合用于腹板开有大孔，或者腹板变厚度的梁。该方法是利用最大主应力以及对剪应力最大值进行适当的限制，譬如 $0.7f_y$。当腹板的高厚比 h_w/t_w（h_w 为上、下翼缘之间的净距，t_w 为腹板厚度）超过 72ε 时，按 BS EN 1993-1-5 的英国国别附录规定，取 $\eta = 1.0$，式中 $\varepsilon = \sqrt{235/f_y}$，剪切屈曲会限制腹板承载能力的发挥，此时应参考本手册第 18 章的相关方法来确定腹板折减后的承载力。

原则上，梁截面中剪力的存在会降低其抗弯承载力。在实际结构中，只要所作用的剪力荷载与相应截面的抗剪承载力相比不是很大，就可以忽略其抗弯承载力的降低。例如，在 BS EN 1993-1-1 中规定，只有当所作用的剪力荷载超过 $0.5V_{c,Rd}$ 时，才需要对 $M_{c,Rd}$ 进行折减。因此，在多数的实际情况下，例如简支梁中弯矩最大的区域，一般就不需考虑剪切与弯矩的相互影响。当在同一位置出现较大剪力及弯矩，例如在连续梁的支座处，则应使用本手册第 18 章第 18.4.5 节中的相互作用方法进行验算。图 18-6 说明了该方法的应用，表明了只要所作用的弯矩小于翼缘单独的抗弯承载力（通常为整个截面的抗弯承载力的 75%），BS EN 1993-1-1 还容许对截面抗剪承载力不予折减。对于第Ⅲ类或第Ⅵ类截面，以及腹板使用了有可能出现剪切屈曲失效的薄柔截面（任何英国通用梁型钢截面（UKB）或英国通用柱型钢截面（UKC）都不属于这种情况），对此，在本手册 18 章的第 18.4.5.1 款和第 18.4.5.2 款中分别给出了应用和处理方法。对于绝大多数的情况，设计可以根据全截面的抗剪承载力和抗弯承载力来进行。

17.4.3　挠度

当按照极限状态理论设计时，通常要验算梁在工作荷载水平下的挠度，确保其不会削弱结构正常的使用功能。对于梁来说，挠度过大而引起的不良后果包括：

（1）抹灰天花板开裂；

（2）吊车轨道错位；

（3）大门开启困难。

虽然早期的设计规范中专门给出了构件在工作状态下的挠度限值，但近来的发展趋势[1]是，规范中会指出设计时需要验算挠度，并当在没有其他更具体规定时提供挠度的建议限值。BS EN 1993-1-1 的英国国别附录第 NA. 2. 23 条给出了某些类型的梁和檩条的挠度“建议限值”，并指出“某些情况下，设计采用的挠度限值取大于或小于这些‘建议限值’会更合适”。

当在正常使用极限状态荷载作用下进行钢结构的挠度验算时，对于承受均布荷载作用的简支梁，假定其处于线弹性状态，则梁的跨中挠度 Δ_{max} 为：

$$\Delta_{max} = \frac{5}{384}\frac{WL^3}{EI} \times 10^{12} \tag{17-3}$$

式中 W——总荷载值，kN；

E——弹性模量，N/mm^2；

I——截面惯性矩，mm^4；

L——跨度，m。

如果要将 Δ_{max} 的限值写成 L 的分数形式，重新整理式（17-3）可得到

$$I_{rqd} = 0.62 \times 10^{-2}\alpha WL^2 \tag{17-4}$$

式中，α 定义挠度限值：

$$\Delta_{max} = L/\alpha \tag{17-5}$$

I_{rqd} 的量纲为 cm^4。

将式（17-4）改写成 $I_{rqd} = KWL^2$，表 17-4 列出了一系列 α 值及相应的 K 值。

由于挠度验算基本上是属于“不得超过最大容许值”之类的验证，特别是如果可以简化计算时，一定程度上的近似通常还是可以接受的。

设计时把分布复杂的荷载转化为大致等效的均布荷载（UDL），对于大量的实际工程问题，可以使用表 17-4。为了求梁的近似最大挠度值，表 17-5 给出了在实际荷载分布情况下应乘以的系数 K 值。

表 17-4 均布荷载作用下不同挠度限值的简支梁的 K 值

α	200	240	250	325	360	400	500	600	750	1000
K	1. 24	1. 49	1. 55	2. 02	2. 23	2. 48	3. 10	3. 72	4. 65	6. 20

表 17-5 跨度为 L 的梁的等效均布荷载（UDL）系数 K

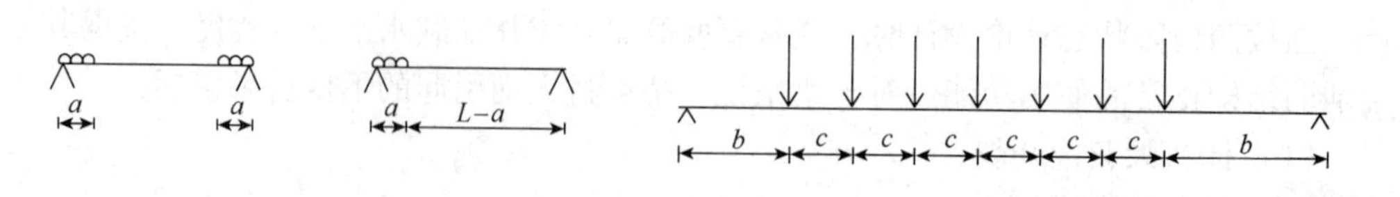

续表 17-5

a/L	K	等效荷载数量	b/L	a/L	K
0.5	1.0	2	0.2	0.6	0.91
0.4	0.86		0.25	0.5	1.10
0.375	0.82		0.333	0.333	1.3
0.333	0.74	3	0.167	0.333	1.05
0.3	0.68		0.2	0.3	1.14
0.25	0.58		0.25	0.25	1.27
0.2	0.47	4	0.125	0.25	1.03
0.1	0.24		0.2	0.2	1.21
		5	0.1	0.2	1.02
			0.167	0.167	1.17
		6	0.083	0.167	1.01
			0.143	0.143	1.15
		7	0.071	0.143	1.01
			0.125	0.125	1.12
		8	0.063	0.125	1.01
			0.111	0.111	1.11

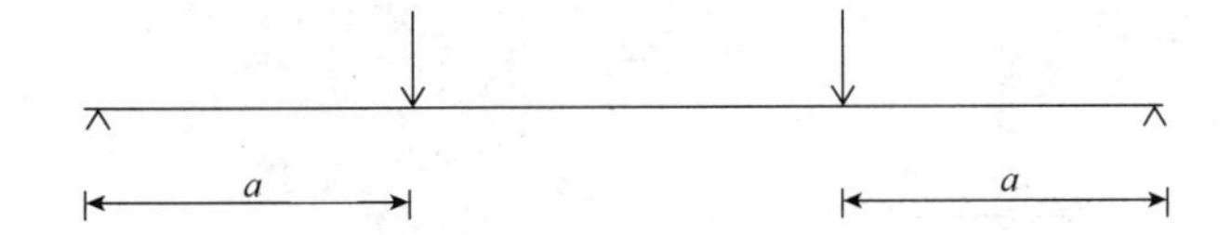

$$K=1.6\frac{a}{L}\left[3-4\left(\frac{a}{L}\right)^2\right]$$

a/L	0.01	0.05	0.1	0.15	0.2	0.25	0.3	0.35	0.4	0.45	0.5
K	0.05	0.24	0.47	0.70	0.91	1.10	1.27	1.41	1.51	1.58	1.60

在本手册的附录表中，提供了大量标准情况下的梁挠度值。

17.4.4　扭转

当作用在梁上的荷载不通过横截面上的剪力中心（剪心）时，梁通常会发生扭转。本章参考文献［4］中给出了确定各种形状截面的剪心位置的方法。对于双轴对称的截面，比如通用梁型钢截面和通用柱型钢截面，剪心与其形心重合；对于槽钢截面，剪心与其形心分别位于腹板截面的两侧。在本章参考文献［2］的表中，给出了轧制槽钢截面的剪心位置。图 17-2 对一些轧制型钢截面的剪心位置及其翘曲常数值 I_w 作了说明。

一般来说，当考虑荷载在构件之间的传递时，通过具体的构造措施来降低扭转荷载的影响，是特别有效的。通常采用适当的构造措施就可以安排荷载传递路径，来避免构件发生扭转[4]。只要有可能，应把这种方法应用于敞口截面的梁构件，因为其本身的抗扭能力较弱。当需要梁承受较大的扭转荷载时，应考虑采用能有效抗扭的截面形式，如管截面。在本章参考文献［4］中，对于许多实际工程出现的弯扭共同作用的处理方法作了详细的介绍。

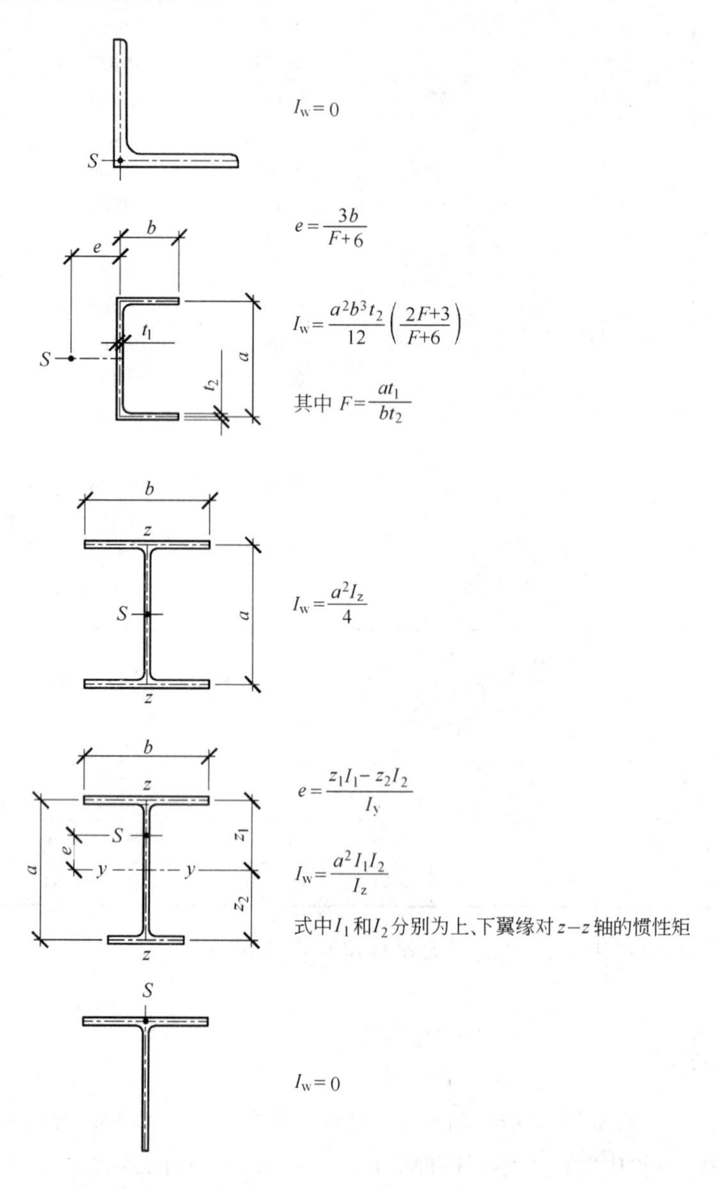

图 17-2　常规的轧制型钢截面剪心（S）的位置

17.4.5　作用于腹板上的局部侧向力

梁在竖向荷载作用下，其受力位置的腹板截面上除了梁的整体弯曲引起的应力之外，还会出现应力集中现象。在这种情况下，梁会发生屈曲破坏（相当于竖向压杆

的形式)，或者因为在与翼缘连接处的腹板相对较薄，会因承压应力过高而发生破坏。在 BS EN 1993-1-5 中给出了对以上两种形式破坏的评估方法，另外，本章的参考文献［2］中给出了计算数据表格与轧制型钢的评估计算。相应的冷弯型钢梁的设计方法将在本手册的第 24 章中讨论。

当腹板不足以承受所施加的荷载时，可以使用加劲件来提供额外的承载力。BS EN 1993-1-5 给出了腹板加劲肋的设计规定，在本手册的第 18 章中会作详细介绍。进一步的设计建议和相关资料可参考本章的参考文献［5］。

17.5 侧向无约束梁

对于不满足表 17-6 所列条件的梁，其承载力很容易受到图 17-3 所示的破坏模式的限制。因此，在进行梁设计时，首先要检查的是评估实际情况是否确实符合表 17-6 的要求，由于侧向受约束的梁既设计简单，又有更高的承载力，所以应该尽量采用。

表 17-6 不易发生侧向扭转屈曲的梁

梁类型	在荷载作用下只发生沿弱轴方向弯曲的梁
	具有密集或连续的侧向约束的梁
	闭口截面梁（高宽比不能过高）

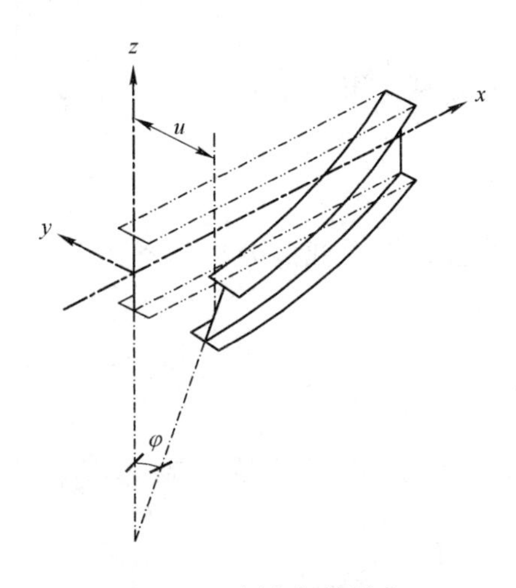

图 17-3 侧向扭转屈曲

（受拉翼缘的变形被特意夸大，以说明屈曲现象）

沿弱轴方向弯曲的梁会在梁的弱轴平面内产生变形，即当梁构件在较弱的方向受力时，不会因在其刚度较大方向的变形而产生屈曲。同样地，如果采用的结构形式可以避免如图 17-3 所示的变形，例如把梁的上翼缘与横向刚度很大的混凝土楼板连接在一起，那么就不会发生侧向扭转屈曲。在本章的第 17.5.2 节中，对部分满足或完全满足该条件的处理方式进行了讨论，更详尽的介绍可参阅本章的参考文献［6］。最后，如果梁的横截面的抗扭刚度非常高，如方钢管（SHS），那么在实际使用时就会有很高的抗侧向扭转屈曲承载力，设计中可以不考虑侧向扭转屈曲的影响。

通常，梁侧向扭转失稳是与以下因素相联系的，即梁受竖向载荷作用，并且梁由于侧向弯曲和扭曲而产生荷载作用平面外的屈曲，其性状类似于压杆的弯曲屈曲。由于同时存在侧向变形和扭转变形，这就导致了在计算分析和设计处理两方面都更为复杂。

17.5.1 关于侧向无约束梁的设计

当设计一根考虑侧向扭转屈曲的梁时，可以根据梁截面的材料特性和几何特性、支座条件及作用荷载的形式等信息，来对该构件的最大抗弯承载力进行评估。设计规范，如 BS EN 1993-1-1 以及起协助作用的“非冲突性补充信息”（NCCI），只对此有详细的设计指导意见。一般情况下，验算的基本步骤如下（根据 BS EN 1993-1-1，以通用梁型钢截面为例）：

（1）确定梁的长细比，可以通过使用本章参考文献［7］中的方法 1 来计算 M_{cr}（弹性临界弯矩），或通过使用该文献中的较简单的方法 3 直接计算$\bar{\lambda}_{LT}$。后者在 NCCI SN002中也有所介绍[8]。

（2）根据 BS EN 1993-1-1 中的第 6.3.2.3（1）款要求，计算截面抗弯承载力的折减系数χ_{LT}。

因此，其侧向扭转屈曲承载力 $M_{b,Rd}$为：

$$M_{b,Rd} = \frac{\chi_{LT} W_y f_y}{\gamma_{M1}} \tag{17-6}$$

式中，W_y 是强轴的截面模量（根据截面分类的不同，可分别取 W_{pl}、W_{el}或 W_{eff}），$\gamma_{M1} = 1.0$。

17.5.1.1 确定梁长细比$\bar{\lambda}_{LT}$

梁的弹性临界弯矩 M_{cr}类似于压杆的欧拉临界压力 N_{cr}。不过与简单按下式计算的 N_{cr}值不完全相同：

$$N_{cr} = \frac{\pi^2 EI}{L_{cr}^2} \tag{17-7}$$

对于任何给定形式的截面，计算 M_{cr}是比较困难的。对于双轴对称、荷载作用于剪心的工字形型钢，M_{cr}可由下式计算：

$$M_{cr} = C_1 \frac{\pi^2 EI_z}{L_{cr}^2} \sqrt{\frac{I_w}{I_z} + \frac{L_{cr}^2 GI_t}{\pi^2 EI_z}} \tag{17-8}$$

式中，E 和 G 分别为钢材的杨氏模量和剪切模量（分别为 210000N/mm^2 和 81000N/mm^2），I_z 为截面关于弱轴的惯性矩，I_t 为扭转常数，I_w 为翘曲常数，$L_{cr}=kL$ 为构件屈曲长度，C_1 为取决于弯矩分布的系数。表 17-7 列出了一些常见情况下的 C_1 值。

表 17-7　当荷载作用不会引起失稳时，各种弯矩分布下的 $1/\sqrt{C_1}$ 和 C_1 值

梁端弯矩荷载	ψ	$\frac{1}{\sqrt{C_1}}$	C_1
M　ψM　$-1\leqslant\psi\leqslant+1$	+1.00	1.00	1.00
	+0.75	0.92	1.17
	+0.50	0.86	1.36
	+0.25	0.80	1.56
	+0.00	0.75	1.77
	−0.25	0.71	2.00
	−0.50	0.67	2.24
	−0.75	0.63	2.49
	−1.00	0.60	2.76
中间侧向荷载			
		0.94	1.17
2/3　1/3		0.62	2.60
		0.86	1.35
		0.77	1.69

当求得 M_{cr} 时，梁的无量纲化长细比 $\bar{\lambda}_{LT}$ 可由下式计算：

$$\bar{\lambda}_{LT}=\sqrt{\frac{W_y f_y}{M_{cr}}} \tag{17-9}$$

原则上，通过计算 M_{cr} 来确定长细比的方法可以用于任何情况，包括更复杂的截面形状，例如翼缘不对称的工字形型钢、复杂的弯矩分布及复杂的侧向支承条件等情况。然而，采用此方法时，不仅需要巧妙地找出计算 M_{cr} 的正确途径，还要了解所面对问题的物理特性如何影响梁的侧向扭转屈曲。有一个可供免费下载的软件 LT-Beam[9]，可用于确定不同类型截面、荷载分布及支座条件的梁的弹性临界弯矩 M_{cr}。

除了通过 M_{cr} 确定梁的长细比这种方法以外，另一种简单的梁长细比计算方法，可以根据以下公式直接确定梁长细比 λ_{LT}。该方法在 NCCI SN002 和本章参考文献 [7] 中的方法 3 有所介绍，公式为：

$$\bar{\lambda}_{LT} = \frac{1}{\sqrt{C_1}} UV\bar{\lambda}_z \sqrt{\beta_w} \quad (17\text{-}10)$$

式中 $1/\sqrt{C_1}$——与弯矩图形状有关的参数，C_1 在表 17-7 中（可参见参考文献［7］中的表 6-4）给出，表中数值是荷载作用不会引起失稳时的情况；

U——截面特性（可在截面特性表中找到，或保守地取为 0.9）；

V——与长细比有关的参数，对于荷载作用不会引起失稳情况下的双轴对称轧制型钢，可保守地取为 1.0 或按下式计算：

$$V = \frac{1}{\sqrt[4]{1 + \frac{1}{20}\left(\frac{\lambda_z}{h/t_f}\right)^2}} \quad (17\text{-}11)$$

式中，$\lambda_z = \frac{L_{cr}}{i_z} = \frac{kL}{i_z}$；对于两端支承并设有抗扭约束的梁，$k$ 可保守地取为 1.0；当设有更多约束时，k 的取值可能要小于 1.0，可参见本章参考文献［7］中第 F.1 节的相关介绍。对于悬臂梁的 k 值，可参见本章参考文献［7］中第 F.3 小节。

$$\bar{\lambda}_z = \frac{\lambda_z}{\lambda_1} \quad (17\text{-}12)$$

L 为侧向约束点之间的距离。

$$\lambda_1 = \pi\sqrt{\frac{E}{f_y}} \quad (17\text{-}13)$$

$$\beta_w = \frac{W_y}{W_{pl,y}} \quad (17\text{-}14)$$

可保守地假定 $UV = 0.9$ 及 $\beta_w = 1.0$。

其最保守的形式表达，S275 等级钢材的梁的长细比为 $\bar{\lambda}_{LT} = \frac{L/i_z}{96}$，S355 等级钢材的梁的长细比为 $\bar{\lambda}_{LT} = \frac{L/i_z}{85}$。

17.5.1.2 确定屈曲折减系数 χ_{LT}

屈曲折减系数 χ_{LT} 取决于梁的长细比 $\bar{\lambda}_{LT}$。梁的 χ_{LT} 的计算方法与确定柱屈曲折减系数的方法类似，对于“一般情形”（见 BS EN 1993-1-1 中第 6.3.2.2 条：侧向扭转屈曲曲线——一般情形），梁的屈曲折减系数可由下式得到：

$$\chi_{LT} = \frac{1}{\phi_{LT} + \sqrt{\phi_{LT}^2 - \bar{\lambda}_{LT}^2}} \text{ 且 } \chi_{LT} \leqslant 1.0 \quad (17\text{-}15)$$

$$\phi_{LT} = 0.5[1 + \alpha_{LT}(\bar{\lambda}_{LT} - 0.2) + \bar{\lambda}_{LT}^2] \quad (17\text{-}16)$$

式中，α_{LT} 为缺陷系数，与 BS EN 1993-1-1 中表 6-4 所定义的屈曲曲线相对应，其下

标“LT”代表了侧向扭转屈曲。对于轧制型钢、热成型和冷弯钢管，如果梁的长细比 $\lambda_{LT} \leqslant 0.4$，可以不需要考虑侧向扭转屈曲折减（即 $\chi_{LT}=1.0$）。

对于轧制型钢或等效的焊接型钢，可以采用 BS EN 1993-1-1 第 6.3.2.3 款给出的修正屈曲曲线（见式（17-17）和式（17-18））。不同类型型钢的屈曲曲线的选用，应参照 BS EN 1993-1-1 中表 6-5。但要注意，此表已被英国国别附录中的相关规定所取代。

$$\chi_{LT} = \frac{1}{\phi_{LT} + \sqrt{\phi_{LT}^2 - \beta\bar{\lambda}_{LT}^2}} \quad 且 \quad \begin{cases} \chi_{LT} \leqslant 1.0 \\ \chi_{LT} \leqslant \dfrac{1}{\bar{\lambda}_{LT}^2} \end{cases} \tag{17-17}$$

$$\phi_{LT} = 0.5[1 + \alpha_{LT}(\bar{\lambda}_{LT} - \bar{\lambda}_{LT,0}) + \beta\bar{\lambda}_{LT}^2] \tag{17-18}$$

在英国国别附录中，对于轧制型钢、热成形和冷弯钢管，$\bar{\lambda}_{LT,0}=0.4$ 和 $\beta=0.75$；对于焊接型钢，$\bar{\lambda}_{LT,0}=0.2$ 和 $\beta=1.00$。如果有更经济的轧制型钢或等效的焊接型钢，可以根据 BS EN 1993-1-1 中第 6.3.2.3 条规定，通过系数 f 来得到修正屈曲折减系数 $\chi_{LT,mod}$。

17.5.2　侧向约束

通过设置适当形式的侧向约束来限制梁的屈曲变形，可以改善梁受侧向扭转屈曲影响的稳定性。必要时，结构设计可以使梁充分发挥其平面内承载力，也就是说不会因侧向扭转屈曲的影响而丧失其承载能力。

为了增加侧向约束的有效性，应该满足下列要求：

（1）具备足够的刚度，以限制屈曲变形；

（2）具备足够的强度，以承载因限制这些屈曲变形而产生的荷载。

第一项要求直接提高构件的承载力，第二项要求则是前者的必然结果。

本章参考文献［6］给出了提供侧向约束的实用指南，包括许多实际设计时的具体注意事项。特别是在该文献的第 2 节中对全部基本技术背景作了介绍，明确了关键的物理性能，并对使用欧洲规范提出了直接的说明和建议。

单个侧向约束的设计重点是要确定侧向约束要承受多大的作用力。虽然要求约束同时具有足够的强度和刚度，但设计规范往往只是规定了最低的强度要求，并且作了这样的假定，即能够满足强度要求的实际约束构件也会具有足够的刚度。然而，在 BS EN 1993-1-1 的第 5.3.3 条中，明确考虑了支撑约束体系的刚度（通过计算其受稳定力和其他外部荷载，如风荷载，作用下的变形 δ_q），来决定其承载力。因此，为了承受较低的约束力，就需要刚度较大的支撑约束体系。对于建筑物的典型支撑体系，对支撑约束体系的变形提出了如下要求，规定任何单根约束构件所受的约束力，不要超过梁受压翼缘最大设计值的 2.0%[6]。

另外一个重要的问题，是当构件达到极限承载力时，确定最大无约束长度的计算方法。显然，把约束设置在这些最大无约束长度的间隔处，是最高效的和最容易理解的，这样就不再需要考虑侧向扭转屈曲了。虽然，BS EN 1993-1-1 的附录 BB. 3 中的规定主要是针对门式刚架的柱子和屋架梁，如果能够正确地理解其原理，就可以更加广泛地使用上述规范中的相关的条文。这些原理包括：

（1）扭转约束措施，可以防止侧向变形和扭曲，例如同时约束受拉翼缘和受压翼缘；

（2）侧向约束措施，只能防止受压翼缘侧向变形，因此仍然有可能出现受拉翼缘的侧向变形和扭曲。

从 BS EN 1993-1-1 中转载的图 17-4，同时给出约束的布置形式，以及其他几个概念：

（1）本方法适用于含塑性铰的构件（即必须具备塑性设计所必不可少的转动能力），但可以（偏于保守）用于无须具备转动能力的区域和完全弹性的区域。

（2）确定设置完全约束（即扭转约束）的位置是至关重要的。

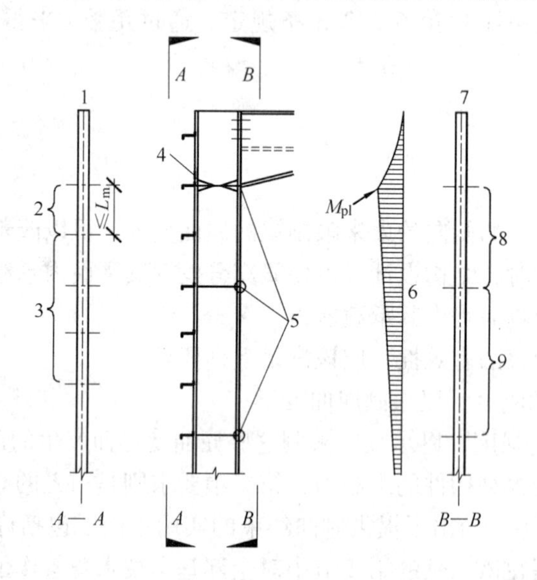

图 17-4　包含塑性铰的构件中约束之间的稳定长度

1—受拉翼缘；2—塑性稳定长度（参考 BB. 3. 1. 1）；3—弹性截面；4—塑性铰；5—约束；6—弯矩图；7—受压翼缘；8—塑性区有受拉翼缘约束，稳定长度 $=L_s$（参考 BB. 3. 1. 2，公式（BB. 7）或（BB. 8））；9—弹性区有受拉翼缘约束（见本手册第 6. 3 节），χ 和 χ_{LT} 根据 N_{cr} 和 M_{cr} 求得，包括受拉翼缘约束

这种方法的基础是，确定两个完全约束点之间梁段的最大距离 L_k（或在梁段上弯矩呈线性变化时，则采用 L_s），在该梁段内的侧向扭转屈曲可以忽略不计。当要求该梁段的一端形成一个塑性铰，即出现最不利情况时，该稳定长度可定义为：

$$L_k = \frac{\left(5.4 + \frac{600f_y}{E}\right)\left(\frac{h}{t_f}\right)i_z}{\sqrt{5.4\left(\frac{f_y}{E}\right)\left(\frac{h}{t_f}\right)^2 - 1}} \qquad (17\text{-}19)$$

式中，h 为梁的高度，其条件是在受拉翼缘上至少有一个侧向约束，该约束与梁段端头的扭转约束间的距离不超过 L_m，L_m 可按下式确定（假定忽略轴向荷载和均布弯矩作用）：

$$L_m = \frac{38 i_z}{\frac{1}{27.5}\left(\frac{f_y}{235}\right)\sqrt{\frac{W_{pl,y}^2}{A I_t}}} \tag{17-20}$$

式中，A 为构件的横截面面积；$W_{pl,y}$ 为构件的塑性截面模量；I_t 为构件的扭转常数；f_y 为屈服强度（以 N/mm^2 计）。

当 $f_y = 275\text{N/mm}^2$ 时，从式（17-19）可求得 L_k/i_z 值，表 17-8 给出了计算结果。

表 17-8　当 $f_y = 275\text{N/mm}^2$ 时的 L_k/i_z 的值

h/t_f	20	30	40	50
L_k/i_z	91.5	80.1	77.0	75.7

如果梁段的中间未设侧向约束，扭转约束之间允许的最大距离为 L_m。以一些典型的型钢为例，并假定受均布弯矩作用（$C_1 = 1.0$），轴向荷载可以忽略不计，$f_y = 275\text{N/mm}^2$，可求得 L_m/i_z 值，该计算结果是偏于安全的，见表 17-9。

表 17-9　当 $f_y = 275\text{N/mm}^2$ 时的 L_k/i_z 的值

$W_{pl,y}^2/AI_t$	200	400	600	800	1000
L_k/i_z	63.1	44.7	36.5	31.6	28.2

可以根据 BS EN 1993-1-1 中附录 BB.3 所规定的计算流程求出更为精确的结果。需要注意的是，规范附录给出的方法主要是针对门式刚架的柱子和屋架梁的。还应指出，使用上述附录 BB.3 的方法时，就是假定会出现塑性铰的情况。因此，对于较常见的和要求不太严格的情况，认为在最大弯矩点处直接达到了塑性弯矩，但这样的处理会偏于保守。

17.6　腹板开孔梁

随着加工制作技术的进步，特别是采用了按圆弧线或折线自动切割工字型钢，再将腹板的上、下部分变换位置重新焊接，形成了包括六边形、圆形和椭圆形的腹板开孔梁。这些型钢制品大部分都是专利产品，其设计资料往往以专用软件的形式，由供应商提供。通常，所有重要的设计验算都会包括在这些设计资料中，甚至还可能包括许多更丰富的内容，例如抗火设计等。

本章最后提供了许多计算实例，更多的应用实例可参见本章参考文献［10～13］的相关内容。

17.7 设计实例

<table>
<tr><td rowspan="5">The Steel Construction Institute
Silwood Park, Ascot,
Berks SL5 7QN
Telephone: (01344) 623345
Fax: (01344) 622944
CALCULATION SHEET</td><td>编 号</td><td></td><td>第1页</td><td colspan="2">备 注</td></tr>
<tr><td>名 称</td><td colspan="4"></td></tr>
<tr><td>题 目</td><td colspan="4">梁计算实例1</td></tr>
<tr><td rowspan="2">客 户</td><td>编 制</td><td>DAN</td><td>日期</td><td>2010</td></tr>
<tr><td>审 核</td><td>LG</td><td>日期</td><td>2010</td></tr>
</table>

梁计算实例1

使用设计表格选用轧制通用梁型钢截面

问题

当（1）钢材等级为S275和（2）钢材等级为S355时，梁采用通用梁型钢，截面尺寸为533×210×82，确定其截面分类和抗弯承载力。

（1）钢材等级为S275

从参考文献［2］的第C-66页可得出，截面分类为第Ⅰ类，$M_{c,t,Rd}=566\text{kN}\cdot\text{m}$

另外，从参考文献［2］的第B-4页可得出：

$c_f/t_f=6.58$，$c_w/t_w=49.6$，$W_{pl,y}=2060\text{cm}^3$ （BS EN 10025-2）

因为 $t_f=13.2\text{mm}\leqslant16\text{mm}$，所以屈服强度 $f_y=275\text{N/mm}^2$

$$\varepsilon=\sqrt{\frac{235}{f_y}}=\sqrt{\frac{235}{275}}=0.92$$

（BS EN 1993-1-1 表5-1）

从BS EN 1993-1-1的表5-1中得出：

对于第Ⅰ类截面的受压外伸翼缘，应满足：$c_f/t_f\varepsilon\leqslant9$

对于第Ⅱ类截面的受弯腹板，应满足：$c_w/t_w\varepsilon\leqslant72$

实际 $c_f/t_f\varepsilon=6.58/0.92=7.12$；小于界限值

实际 $c_w/t_w\varepsilon=49.6/0.92=53.7$；小于界限值

∴截面属于第Ⅰ类

$$\therefore M_{c,y,Rd}=M_{pl,y,Rd}=\frac{W_{pl,y}f_y}{\gamma_{M0}}=\frac{2060\times275}{1.0}\times10^{-3}=566.5\text{kN}\cdot\text{m}$$

（BS EN 1993-1-1 第6.2.5（2）条）

（2）钢材等级为S355

从参考文献［2］的第D-66页得出，截面分类为第Ⅰ类，$M_{c,y,Rd}=731\text{kN}\cdot\text{m}$

梁计算实例 1	第 2 页	备 注
另外，从参考文献［2］的第 B-4 页可得出：		
$c_f/t_f=6.58$，$c_w/t_w=49.6$，$W_{pl,y}=2060\text{cm}^3$		BS EN 10025-2
因为 $t_f=13.2\leqslant16\text{mm}$，所以屈服强度 $f_y=355\text{N/mm}^2$		
$\varepsilon=\sqrt{\frac{235}{f_y}}=\sqrt{\frac{235}{355}}=0.81$		
从 BS EN 1993-1-1 中表 5-1 得出：		
对于第Ⅰ类截面的受压外伸翼缘，应满足：$c_f/t_f\varepsilon\leqslant9$		BS EN 1993-1-1 表 5-1
对于第Ⅱ类截面的受弯腹板，应满足：$c_w/t_w\varepsilon\leqslant72$		
实际 $c_f/t_f\varepsilon=6.58/0.81=8.09$；小于界限值		
实际 $c_w/t_w\varepsilon=49.6/0.81=61.0$；小于界限值		
∴ 截面属于第Ⅰ类		
$\therefore M_{c,y,Rd}=M_{pl,y,Rd}=\frac{W_{pl,y}f_y}{\gamma_{M0}}=\frac{2060\times355}{1.0}\times10^{-3}=731.3\text{kN}\cdot\text{m}$		BS EN 1993-1-1 第 6.2.5（2）条

<table>
<tr><td rowspan="4">The Steel Construction Institute
Silwood Park, Ascot,
Berks SL5 7QN
Telephone: (01344) 623345
Fax: (01344) 622944
CALCULATION SHEET</td><td>编 号</td><td></td><td>第1页</td><td colspan="2">备 注</td></tr>
<tr><td>名 称</td><td colspan="4"></td></tr>
<tr><td>题 目</td><td colspan="4">梁计算实例2</td></tr>
<tr><td>客 户</td><td colspan="4">编 制 | DAN | 日期 | 2010
审 核 | LG | 日期 | 2010</td></tr>
</table>

梁计算实例2

有侧向约束的普通型钢梁

问题

选择一适当的英国通用梁型钢截面（UKB），用做简支梁，钢材等级为S275，要求能承受140mm厚实心混凝土楼板及7.0kN/m^{2}的活荷载；梁的跨度为7.2m，间距为3.6m。假定楼板可以为梁的上翼缘提供连续的侧向约束。设混凝土的密度为2400kg/m^3，挠度限值为跨度/360。

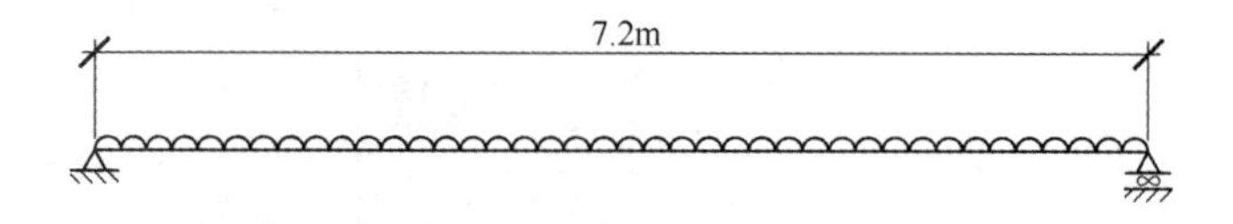

由于楼板提供了侧向约束，所以梁不会发生侧向扭转屈曲，则设计只需考虑以下几项：

（1）截面抗弯承载力；

（2）抗剪承载力；

（3）挠度。

荷载

假定梁自重 = 1.0kN/m

永久荷载（混凝土楼板） = 2400 × 9.81 × 0.14 × 10^{-3} × 3.6 = 11.9kN/m

可变的作用荷载 = 7.0 × 3.6 = 25.2kN/m

承载力极限状态的总荷载 = (1.35 × [1.0 + 11.9]) + (1.5 × 25.2) = 55.2kN/m

弯矩设计值 M_{Ed} = 55.2 × 7.22/8 = 357.5kN·m

剪力设计值 V_{Ed} = 55.2 × 7.2/2 = 198.6kN

初步估算

采用S275等级钢材，并假定板件厚度不超过16mm（稍后再作确认），屈服强度标准值 f_y 为275N/mm^2。

备注：BS EN10025-2

<table>
<tr><td>梁计算实例 2</td><td>第 2 页</td><td>备 注</td></tr>
<tr><td colspan="2">
假设截面在受弯曲时为第Ⅰ类或第Ⅱ类截面（当截面被选定时，要再确认）：
要求 $W_{pl,y}=357.5\times10^6/275=1.30\times10^6\text{mm}^3=1300\text{cm}^3$
从截面表格可得，457×152×67UKB 对应的 $W_{pl,y}$ 值为 1450cm^3，其自重要比假定值小，板件厚度最大的是翼缘，厚度 $t_f=15.0\leqslant16.0\text{mm}$
$\therefore f_y=275\text{N/mm}^2$ 满足要求。
截面分类验算
$$\varepsilon=\sqrt{\frac{235}{f_y}}=\sqrt{\frac{235}{275}}=0.92$$
从 BS EN 1993-1-1 中的表 5-1 可知：
对于第Ⅰ类截面的受压外伸翼缘，应满足：$c_f/t_f\varepsilon\leqslant9$
对于第Ⅱ类截面的受弯腹板，应满足：$c_w/t_w\varepsilon\leqslant72$
实际 $c_f/t_f\varepsilon=4.15/0.92=4.49$；小于界限值
实际 $c_w/t_w\varepsilon=45.3/0.92=49.0$；小于界限值
∴ 为第Ⅰ类截面。
抗弯承载力
对于第Ⅰ类或第Ⅱ类截面
$$M_{c,y,Rd}=\frac{W_{pl,y}f_y}{\gamma_{M0}}$$
$$M_{c,y,Rd}=\frac{1450\times10^3\times275}{1.00}\times10^{-6}=398.8>357.5\text{kN}\cdot\text{m}$$
∴ 截面抗弯承载力满足要求。
抗剪承载力
$$v_{pl,Rd}=\frac{A_v(f_y/\sqrt{3})}{\gamma_{M0}}$$
对于荷载作用方向与腹板平行的工字形型钢，剪切面积 A_v 由下式计算：
$A_v=A-2bt_f+(t_w+2r)t_f$ （但不得小于 $\eta h_w t_w$）
根据 BS EN 1993-1-5 的英国国别附录，$\eta=1.0$。当 $\eta=1.0$ 时，对于所有的 UKB 和 UKC，$A_v>\eta h_w t_w$。
$\therefore A_v=8560-(2\times153.8\times15.0)+(9.0+2\times10.2)\times15.0=4387\text{mm}^2$
$$V_{pl,Rd}=\frac{4387\times\left(\frac{275}{\sqrt{3}}\right)}{1.00}\times10^{-3}=696.5>198.6\text{kN}$$
∴ 抗剪承载力满足要求。
挠度
验算在可变荷载标准值作用下挠度。
假定挠度限值为跨度的 1/360＝7200/360＝20.0mm
实际挠度：
$$\delta=\frac{5}{384}\frac{wL^4}{EI}=\frac{5\times25.2\times7200^4}{384\times210000\times28900\times10^4}=14.5<20.0\text{mm}$$
∴ 挠度满足要求。
∴ 故可选用钢材等级为 S275 的 457×152×67UKB。
</td><td>
BS EN10025-2

BS EN 1993-1-1 表 5-2

BS EN 1993-1-1 第 6.2.5 条

BS EN 1993-1-1 第 6.2.6 条

BS EN 1993-1-5 的英国国别附录

BS EN 1993-1-1 的英国国别附录
</td></tr>
</table>

<table>
<tr><td rowspan="5">The Steel Construction Institute
Silwood Park, Ascot,
Berks SL5 7QN
Telephone: (01344) 623345
Fax: (01344) 622944
CALCULATION SHEET</td><td>编 号</td><td></td><td>第1页</td><td colspan="2">备 注</td></tr>
<tr><td>名 称</td><td colspan="4"></td></tr>
<tr><td>题 目</td><td colspan="4">梁计算实例3</td></tr>
<tr><td rowspan="2">客 户</td><td>编 制</td><td>DAN</td><td>日期</td><td>2010</td></tr>
<tr><td>审 核</td><td>LG</td><td>日期</td><td>2010</td></tr>
</table>

梁计算实例3

无侧受约束的通用梁型钢截面

问题

荷载和支座条件与计算实例2相同，选择一适当的UKB，钢材等级为S275，并假定构件必须按无侧向约束设计。

本例不可能采用直接选择构件截面的方式进行计算（因为尚不了解构件受侧向扭转屈曲影响的程度），而要采用另一种方法。在本计算实例中，采用NCCI SN002中的简化方法及参考文献［7］中的方法3。

试选610×229×125英国通用梁型钢截面（UKB）

几何特性：

$h=612.2\text{mm}$；$b=229.0\text{mm}$；$t_w=11.9\text{mm}$；$t_f=19.6\text{mm}$；

$c_f/t_f=4.89$；$c_w/t_w=46.0$；$i_z=4.97\text{cm}=49.7\text{mm}$；

$W_{pl,y}=3680\text{cm}^3=3680\times10^3\text{mm}^3$

板件厚度最大的是翼缘，其厚度 $t_f=19.6>16.0\text{mm}$

$\therefore f_y=265\text{N/mm}^2$

截面分类验算：

$$\varepsilon=\sqrt{\frac{235}{f_y}}=\sqrt{\frac{235}{265}}=0.94$$

由BS EN 1993-1-1中的表5-1可知：

对于第Ⅰ类截面的受压外伸翼缘，应满足：$c_f/t_f\varepsilon\leqslant9$

对于第Ⅱ类截面的受弯腹板，应满足：$c_w/t_w\varepsilon\leqslant72$

实际 $c_f/t_f\varepsilon=4.89/0.94=5.19$；小于界限值

实际 $c_w/t_w\varepsilon=46.0/0.94=48.8$；小于界限值

∴截面属于第Ⅰ类。

采用NCCI SN002（参考文献［7］中的方法3），侧向扭转屈曲的长细比按下式计算：

备注：钢结构建筑设计：设计数据 BS EN10025-2

备注：BS EN 1993-1-1 表5-2

梁计算实例 3	第 2 页	备 注
$\bar{\lambda}_{LT}=\frac{1}{\sqrt{C_1}}UV\bar{\lambda}_z\sqrt{\beta_w}$		
对于第Ⅰ类和第Ⅱ类截面 $\beta_w=1.0$，取 $UV=0.9$.		本章表 17-7
对于本例题中的弯矩图：$\frac{1}{\sqrt{C_1}}=0.94$		
$\lambda_1=\pi\sqrt{\frac{E}{f_y}}=\pi\sqrt{\frac{210000}{265}}=88.4$		
$\bar{\lambda}_z=\frac{\lambda_z}{\lambda_1}=\frac{L_{cr}/i_z}{\lambda_1}=\frac{7200/49.7}{88.4}=1.64$		
$\therefore\ \bar{\lambda}_{LT}=\frac{1}{\sqrt{C_1}}UV\bar{\lambda}_z\sqrt{\beta_w}=0.94\times0.9\times1.64=1.39$		
选择屈曲曲线： $h/b=612.2/229.0=2.67$		
对于工字形型钢和等效的焊接工字形型钢，而且符合 $2<h/b\leqslant3.1$，应使用屈曲曲线‘c’（$\alpha=0.49$）。对于轧制型钢，$\beta=0.75$ 以及 $\lambda_{LT,0}=0.4$		BS EN 1993-1-1 的英国国别附录
屈曲折减系数 χ_{LT}：		
$\phi_{LT}=0.5[1+\alpha_{LT}(\bar{\lambda}_{LT}-\bar{\lambda}_{LT,0})+\beta\bar{\lambda}_{LT}^2]$ $=0.5[1+0.49(1.39-0.4)+(0.75\times1.39^2)]=1.46$		BS EN 1993-1-1 第 6.3.2.3 条
$\chi_{LT}=\frac{1}{\phi_{LT}+\sqrt{\phi_{LT}^2-\beta\bar{\lambda}_{LT}^2}}=\frac{1}{1.46+\sqrt{1.46^2-0.75\times1.39^2}}=0.44$		
侧向扭转屈曲承载力：		
$M_{b,Rd}=\chi_{LT}W_y\frac{f_y}{\gamma_{M1}}=0.44\times3680\times10^3\times\frac{265}{1.0}\times10^{-6}$ $=424.7>357.5\text{kN}\cdot\text{m}=M_{Ed}$ ∴ 满足条件		BS EN 1993-1-1 第 6.3.2.1
由于截面比前面例题的还要大，$V_{c,Rd}$ 和 δ 也将满足要求。 ∴ 可选用 S275 等级钢材的 610×229×125UKB。		

<table>
<tr><td rowspan="5">The Steel Construction Institute
Silwood Park, Ascot,
Berks SL5 7QN
Telephone: (01344) 623345
Fax: (01344) 622944
CALCULATION SHEET</td><td>编 号</td><td></td><td>第1页</td><td>备 注</td><td></td></tr>
<tr><td>名 称</td><td colspan="4"></td></tr>
<tr><td>题 目</td><td colspan="4">梁计算实例4</td></tr>
<tr><td rowspan="2">客 户</td><td>编 制</td><td>DAN</td><td>日期</td><td>2010</td></tr>
<tr><td>审 核</td><td>LG</td><td>日期</td><td>2010</td></tr>
</table>

梁计算实例4

承受集中荷载的通用梁型钢截面

问题

选择适当的英国通用梁型钢截面（UKB），钢材等级为S275，由横梁传来的一对集中力作用在梁的三分点处，如下图所示：

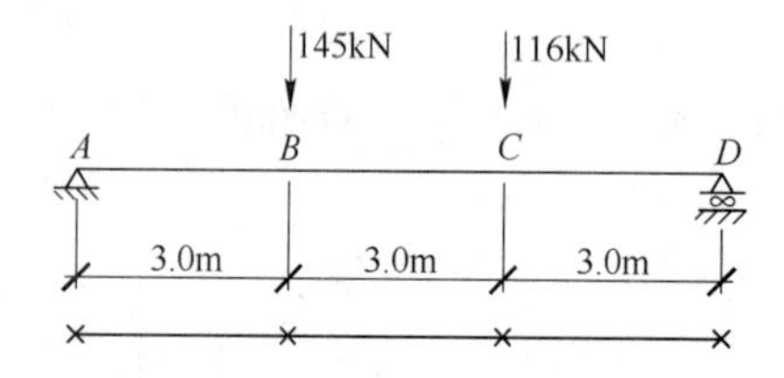

可作如下合理的假设：在B点和C点处横梁提供了完全的侧向约束和扭转约束，且在端点A和D处同样有侧向约束和扭转约束。因此，在B、C两点所传递荷载的大小（相对于主梁的剪心）对主梁的不会产生影响。设计时只需要分别验算AB、BC和CD三个梁段的侧向扭转屈曲强度。在本计算实例中，采用NCCI SN002中的简化方法及参考文献［7］中的方法3。

通过静力求解，可得梁的弯矩图（BMD）和剪力图（SFD），如下图所示：

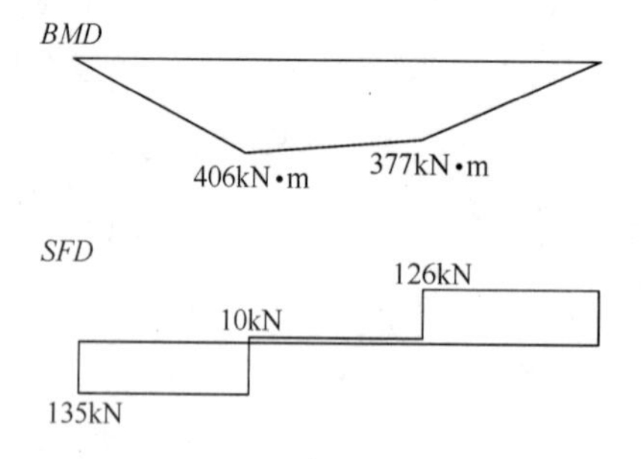

钢结构建筑设计：设计数据

由上图可见，试选的UKB需满足$M_{c,Rd}>406\text{kN}\cdot\text{m}$

457×152×74UKB属于第Ⅰ类截面，$M_{c,Rd}=431\text{kN}\cdot\text{m}$。考虑到每个无约束梁段（$AB$、$BC$和$CD$）长度相等（$L_{cr}=3.0\text{m}$），从弯矩图可以明显看出，$BC$段是最不利的（因为弯矩值最大）。因此，只需考虑$BC$梁段的侧向扭转屈曲。

梁计算实例4	第2页	备　注
试选457×152×74英国通用梁型钢截面（UKB）		
几何参数：		钢结构建筑设计：设计数据
$h=462.0\mathrm{mm}$；$b=154.4\mathrm{mm}$；$t_w=9.6\mathrm{mm}$；$t_f=17.0\mathrm{mm}$；		
$c_f/t_f=3.66$；$c_w/t_w=42.5$；$i_z=3.33\mathrm{cm}=33.3\mathrm{mm}$；		
$W_{pl,y}=1630\mathrm{cm}^3=1630\times10^3\mathrm{mm}^3$		
板件厚度最大的是翼缘，其厚度 $t_f=19.6>16.0\mathrm{mm}$		
$\therefore f_y=265\mathrm{N/mm}^2$		BS EN10025-2
采用NCC ISN002（参考文献［7］中的方法3），侧向扭转屈曲的长细比按下式计算：		
$\bar{\lambda}_{LT}=\frac{1}{\sqrt{C_1}}UV\bar{\lambda}_z\sqrt{\beta_w}$		
对于第Ⅰ类或第Ⅱ类截面，$\beta_w=1.0$。对于工字形型钢，可保守地取 $UV=0.9$。		本章表17-7
从表16-7可知（参考文献［7］中的表6-4），当梁段两端的弯矩比 $\psi=377/406=0.93$ 时，$1/C_1=0.98$（线性插值）。		
$\lambda_1=\pi\sqrt{\frac{E}{f_y}}=\pi\sqrt{\frac{210000}{265}}=88.4$		
$\bar{\lambda}_z=\frac{\lambda_z}{\lambda_1}=\frac{L_{cr}/i_z}{\lambda_1}=\frac{3000/33.3}{88.4}=1.02$		
$\therefore\bar{\lambda}_{LT}=\frac{1}{\sqrt{C_1}}UV\bar{\lambda}_z\sqrt{\beta_w}=0.98\times0.9\times1.02\times1.0=0.90$		
选择屈曲曲线：		
$h/b=462.0/154.4=2.99$		
对于轧制工字形型钢和等效的焊接工字形型钢，且符合 $2<h/b\leqslant3.1$，可采用屈曲曲线‘c’（$\alpha=0.49$）。		BS EN 1993-1-1的英国国别附录
对于轧制型钢，$\beta=0.75$ 并且 $\lambda_{LT,0}=0.4$		
屈曲折减系数 χ_{LT}：		
$\phi_{LT}=0.5[1+\alpha_{LT}(\bar{\lambda}_{LT}-\bar{\lambda}_{LT,0})+\beta\bar{\lambda}_{LT}^2]$		
$=0.5[1+0.49(0.90-0.4)+(0.75\times0.90^2)]=0.92$		BS EN 1993-1-1第6.3.2.3条
$\chi_{LT}=\frac{1}{\phi_{LT}+\sqrt{\phi_{LT}^2-\beta\bar{\lambda}_{LT}^2}}=\frac{1}{0.92+\sqrt{0.92^2-0.75\times0.90^2}}=0.70$		

梁计算实例4	第3页	备 注
侧向扭转屈曲承载力		
$M_{b,Rd}=\chi_{LT}W_y\frac{f_y}{\gamma_{M1}}=0.70\times1630\times10^3\times\frac{265}{1.0}\times10^{-6}$		BS EN 1993-1-1 第6.3.2.1条
$=303<406\text{kN}\cdot\text{m}=M_{Ed}$		
∴不满足要求，需要选取更大的截面。		
选用457×191×82UKB		
几何特性：		钢结构建筑设计：设计数据
$h=460.0\text{mm}$；$b=191.3\text{mm}$；$t_w=9.9\text{mm}$；$t_f=16.0\text{mm}$；		
$i_z=4.23\text{cm}=42.3\text{mm}$；$W_{pl,y}=1830\text{cm}^3=1830\times10^3\text{mm}^3$；截面属于第Ⅰ类		
$A=104\text{cm}^2=10400\text{mm}^2$；$I_y=37100\text{cm}^4=371\times10^6\text{mm}^4$		BS EN 10025-2
板件厚度最大的是翼缘，其厚度 $t_f=16.0\text{mm}\leqslant16.0\text{mm}$		
$\therefore f_y=275\text{N/mm}^2$		
与上述算例相同，采用NCC ISN002（参考文献［7］中的方法3），侧向扭转屈曲的长细比可按下式计算：		
$\bar{\lambda}_{LT}=\frac{1}{\sqrt{C_1}}UV\bar{\lambda}_z\sqrt{\beta_w}$		本章表17-7
对于第Ⅰ类或第Ⅱ类截面，$\beta_w=1.0$。对于工字形型钢，可保守地取 $UV=0.9$。如上例，当梁段两端的弯矩比为 $\psi=377/406=0.93$ 时，$\therefore\frac{1}{\sqrt{C_1}}=0.98$		
$\lambda_1=\pi\sqrt{\frac{E}{f_y}}=\pi\sqrt{\frac{210000}{275}}=86.8$		
$\bar{\lambda}_z=\frac{\lambda_z}{\lambda_1}=\frac{L_{cr}/i_z}{\lambda_1}=\frac{3000/42.3}{86.8}=0.82$		
$\therefore\bar{\lambda}_{LT}=\frac{1}{\sqrt{C_1}}UV\bar{\lambda}_z\sqrt{\beta_w}=0.98\times0.9\times1.02\times1.0=0.72$		
选择屈曲曲线：		
$h/b=460.0/191.3=2.40$		BS EN 1993-1-1 的英国国别附录
对于轧制工字形型钢和等效的焊接工字形型钢，且符合 $2<h/b\leqslant3.1$，可采用屈曲曲线‘c’（$\alpha=0.49$），对于轧制型钢，$\beta=0.75$ 并且 $\bar{\lambda}_{LT,0}=0.4$		
屈曲折减系数 χ_{LT}：		BS EN 1993-1-1 第16.3.2.3条
$\phi_{LT}=0.5[1+\alpha_{LT}(\bar{\lambda}_{LT}-\bar{\lambda}_{LT,0})+\beta\bar{\lambda}_{LT}^2]$		
$=0.5[1+0.49(0.72-0.4)+(0.75\times0.72^2)]=0.77$		
$\chi_{LT}=\frac{1}{\phi_{LT}+\sqrt{\phi_{LT}^2-\beta\bar{\lambda}_{LT}^2}}=\frac{1}{0.77+\sqrt{0.77^2-0.75\times0.72^2}}=0.81$		

梁计算实例4	第4页	备　注
抗侧向扭转屈曲弯矩： $M_{b,Rd}=\chi_{LT}W_y\dfrac{f_y}{\gamma_{M1}}=0.81\times1830\times10^3\times\dfrac{275}{1.0}\times10^{-6}$ $=409>406\text{kN}\cdot\text{m}=M_{Ed}$　∴ OK BC梁段采用457×191×82 UKB，具有足够的侧向扭转屈曲承载力，经检查，AB和CD梁段的承载力也满足要求。因此，该梁满足抗弯要求。 抗剪承载力： $V_{pl,Rd}=\dfrac{A_v(f_y/\sqrt{3})}{\gamma_{M0}}$ 对于工字形型钢，荷载作用方向与腹板平行，其剪切面积由下式给出： $A_v=A-2bt_f+(t_w+2r)t_f$　（但不得小于$\eta h_w t_w$） 根据BS EN 1993-1-5的英国国别附录，得出$\eta=1.0$。当$\eta=1.0$时，对于全部英国通用梁型钢截面（UKB）和英国通用柱型钢截面（UKC），均满足$A_v>\eta h_w t_w$。 $\therefore A_v=10400-(2\times191.3\times16.0)+(9.9+[2\times10.2])\times16.0=4763\text{mm}^2$ $V_{pl,Rd}=\dfrac{4763(275/\sqrt{3})}{1.00}\times10^{-3}=756>135\text{kN}=V_{Ed}$ ∴ 抗剪承载力满足要求。 挠度： 验算在可变荷载标准值作用下的挠度。对于初步设计，假设可以用等效均布荷载来代替集中荷载，并且可以把设计荷载降低1.5倍，来估计正常使用极限状态下的作用荷载。 假设挠度限值为跨度的1/360=3000/360=25.0mm 假定正常使用极限状态下的均布荷载： $W=\dfrac{145+116}{1.5\times9}=19.3\text{kN/m}$ 实际挠度： $\delta=\dfrac{5WL^4}{384EI}=\dfrac{5\times19.3\times9000^4}{384\times210000\times371\times10^6}=21.2<25.0\text{mm}$　∴ 满足条件 由于以上的近似计算考虑了全部荷载，而不是只考虑了活荷载（可变荷载），很明显，梁满足挠度限值的要求。 ∴ 可采用钢材等级为S275的457×191×82英国通用梁型钢截面。		BS EN 1993-1-1 第6.3.2.1条 BS EN 1993-1-1 第6.2.6条 BS EN 1993-1-5 英国国别附录 BS EN 1993-1-1 英国国别附录

参考文献

[1] British Standards Institution（2005）BS EN 1993-1-1 Eurocode 3：Design of steel structures-Part 1-1：General rules and rules for buildings. CEN. London，BSI.

[2] SCI and BCSA（2009）Steel Building Design：Design Data-In accordance with Eurocodes and the UK National Annexes. SCI Publication No. P363. Ascot，SCI.

[3] Johnson R. P. and Buckby R. J.（1979）Composite Structures of Steel and Concrete，Vol. 2：Bridges with a Commentary on BS 5400：Part 5，1st edn.（also 2nd edn，1986）. London，Granada.

[4] Hughes A. S. and Malik A.（2010）Steel Building Design：Combined bending and torsion. SCI Publication 385. Ascot，SCI.

[5] Hendy C. R. and Murphy C. J.（2007）Designers' Guide to EN 1993-2. Eurocode 3：Design of Steel Structures. Part 2：Steel bridges. London，Thomas Telford Publishing.

[6] Gardner L.（2011）Stability of Beams and Columns. SCI Publication No. P360. Ascot，SCI.

[7] SCI and BCSA.（2009）Steel Building Design：Concise Eurocodes. SCI Publication No. P362. Ascot，SCI.

[8] NCCI SN002 Access Steel Determination of non-dimensional slenderness of I-and H-sections. www. access-steel. com.

[9] CTICM：LTBeam. Lateral torsional buckling of beams software. http：//www. steelbizfrance. com/telechargement/desclog. aspx？idrub = 1andlng = 2.

[10] Trahair N. S.，Bradford M. A.，Nethercot D. A. and Gardner L.（2008）The Behaviour and Design of Steel Structures to EC3，4th edn. London and New York，Taylor and Francis.

[11] Gardner L. and Nethercot D. A.（2005）Designers' Guide to EN 1993-1-1：Eurocode 3：Design of Steel Structures. London，Thomas Telford Publishing.

[12] Martin L. and Purkiss J.（2008）Structural Design of Steelwork to EN 1993 and EN 1994，3rd edn. Oxford，Butterworth-Heinemann.

[13] Brettle M.（2009）Steel Building Design：Worked Examples-Open Sections-In accordance with Eurocodes and the UK National Annexes. SCI Publication No. P364. Ascot，SCI.

18 板　梁*

Plate Girders

LEROY GARDNER

18.1 引言

板梁是一种组装型钢，用于承受大跨度下的重型竖向荷载，其承载能力一般大于轧制型钢。最简单的板梁形式是用两块翼缘板用角焊缝与腹板相连，形成工字形截面(见图18-1)。上、下翼缘板的主要功能是抵抗弯矩产生的轴向压力和轴向拉力；而腹板的主要功能是抵抗剪力。实际上，这种结构功能上的区分是一些设计应用规范中的设计基础。

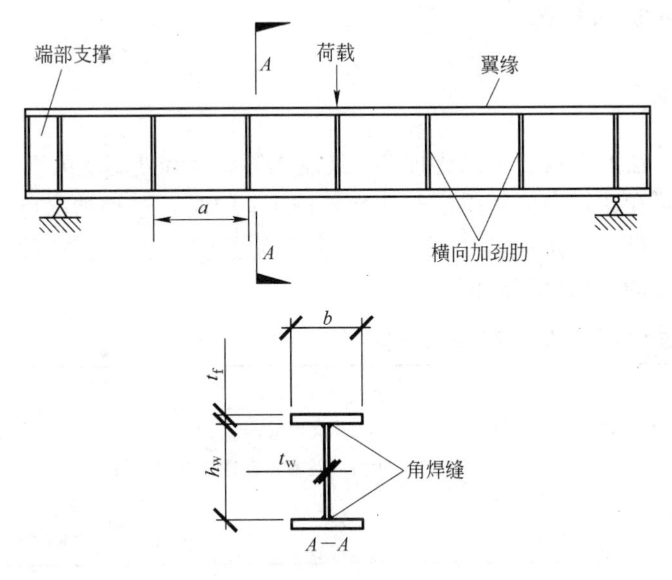

图18-1　典型板梁的立面和剖面

对于给定的弯矩，可通过增加腹板的高度来减少所需的翼缘面积。因此，要使板梁设计经济合理，增加上、下翼缘之间的距离是一个有利的措施。为了尽量减轻梁的自重，当腹板的高度增加时，应该减少其厚度；但是，这就会使得板梁中的腹板屈曲

* 本章译者：李开原。

问题要比轧制型钢梁更加明显和不容忽视。

板梁有时会用在建筑物中，如转换梁，通常也会用在中小跨度的桥梁中，其设计规范见 BS EN 1993-1-5(2006)[1]。本章介绍了当前在板梁设计中的做法和实际应用，主要着重于在建筑物中的应用，并参考了相关的规范条款。

18.2 板梁的优缺点

高度自动化的钢结构制作车间的发展，大大降低了板梁的制作成本，而由于制作箱形梁和桁架仍需大量的人工，因此成本较高。与轧制型钢相比，板梁能够更有效地使用材料，设计人员可根据受力变化，自由地选择截面的尺寸。因此，近些年来，越来越多的设计方案采用了板梁。板梁比桁架更加美观，也比箱形梁更易于运输和安装。

板梁的使用也会存在一些局限性。与桁架相比，板梁会比较重，运输难度会更大一些，并且受风面积比较大。梁腹板上用于设备管线的开孔也会比较困难。在安装过程中，板梁的受压翼缘还可能出现稳定性问题。

18.3 板梁截面的初选

18.3.1 跨高比

由于制作方法的发展，可以比较经济地制作等高度和变高度的板梁。从传统上来说，等高度板梁在建筑中应用得已经非常普遍了；但是，这种情况可能会有所改变，这是因为设计人员会更加倾向于对钢结构进行调整，来适应设备管线的布置[2]。表18-1 给出了板梁的跨高比建议值。

表 18-1　用于建筑物中的板梁跨高比的建议值

应　用	跨高比
(1) 与混凝土楼承板组合的和不组合的、高度不变的简支板梁；	12 ~ 20
(2) 不与混凝土楼承板组合的、高度不变的连续板梁（注意：在建筑物中，很少采用与混凝土楼承板组合连续板梁）；	15 ~ 20
(3) 简支吊车梁（通常为非组合结构）	10 ~ 15

18.3.2 板件厚度及尺寸建议值

在一般情况下，建筑物中使用的板梁，其板件的宽厚比不应超过第Ⅲ类截面的界限值（见 BS EN 1993-1-1[3] 第 5.5 条及本手册第 14 章中的相关介绍），即使如此，也允许使用宽厚比更大的板件。板件厚度的选择取决于横截面的局部屈曲。如果板件太薄，可能要采取加劲措施来提高其刚度和强度，但所需要的额外加工成本是比较昂贵的。

鉴于上述情况，工程中板梁腹板的高厚比（c_w/t_w）通常限制在：

$$c_w/t_w < 124\varepsilon = 124\left(\frac{235}{f_{yw}}\right)^{1/2}$$

受压翼缘外伸部分的宽厚比（c_f/t_f）通常限制在：

$$c_f/t_f < 14\varepsilon = 14\left(\frac{235}{f_{yf}}\right)^{1/2}$$

式中，f_{yw}为腹板的屈服强度；f_{yf}为受压翼缘的屈服强度；c_w、c_f 分别为腹板高度、1/2翼缘宽度，注意该高度（宽度）要从角焊缝的边（或轧制型钢的圆角边）算起，本手册第 14 章中，对此已有介绍。在开始设计时，焊缝尺寸是未知的，这时可以保守地忽略焊脚尺寸，取腹板高度为 $c_w = h_w$（翼缘之间的距离），取外伸翼缘的宽度为 $c_f = b/2 - t_w/2$。

在建筑物中沿板梁纵向的翼缘的尺寸通常是不变的。对于非组合板梁的翼缘宽度通常取其截面高度的0.3～0.5 倍（最常见为0.4 倍）。对于简支的组合板梁，在初选受压翼缘宽度时，还是可以采用这些尺寸关系的。受拉翼缘的宽度则要增加 30%。

18.3.3　加劲肋

在建筑物所使用的板梁，其腹板通常不设置纵向加劲肋。腹板的横向（竖向）加劲肋可以用来增强支座附近的抗剪力或承受作用在翼缘上的横向集中力。在远离支座的位置，由于这些区域的剪力较低，可以相应减少在其间设置加劲肋。

横向腹板加劲肋可以同时增加腹板的弹性抗剪屈曲强度τ_{cr}和极限抗剪屈曲强度τ_u（包括屈曲后强度或屈曲后临界强度）。通过降低腹板区格的宽高比 a/h_w（宽度/高度），可以进一步地提高弹性抗剪屈曲强度。而通过增强的张力场作用（tension field action），极限抗剪屈曲强度则有所提高，在屈曲后阶段产生的斜对角的拉伸薄膜应力，是由边界构件（横向加劲肋和翼缘）来承担的。

确定腹板横向加劲肋间距的原则是，把腹板区格的宽高比设为 1.0～2.0，因为腹板宽高比较小的区格，其强度增加相对较少。有时在梁端支座处，采用成对的加劲肋，以形成刚性的端部加劲段（End Post），此部分内容见本章第 18.4.6 节。通常把支座以外悬臂梁的长度限制在板梁高度的 1/8 之内。

18.4　板梁设计（按照 BS EN 1993-1-5 要求）

18.4.1　概述

板梁的任何横截面，通常会受到剪力和弯矩的组合作用，且剪力和弯矩的比例是变化的。要求对板梁平面内的抗弯承载力、抗剪承载力和抗弯剪组合作用承载力进行设计验算。对于无侧向约束的板梁，还需要验算其侧向扭转屈曲，在本手册的第 17 章中对此有详细的介绍。

18.4.2　腹板和翼缘的尺寸

腹板厚度必须符合最小厚度的要求，以防止受压翼缘屈曲时向腹板发展（见 BS EN 1993-1-5 第 8（1）条）。此外，要确保其具备良好的使用性能，如避免安装和使用过程中出现屈曲。

可以通过设置加劲肋来提高薄柔腹板的抗屈曲承载力。一般情况下，在建筑物中所使用的板梁，其腹板可以不采取加劲措施或只采用横向加劲肋（见图 18-1）。

在 BS EN 1993-1-5 中，并没有规定腹板的最小厚度，以避免使用中出现问题，但建议使用 BS 5950-1 中给出的腹板厚度限值：

对于无加劲肋的腹板：$t_w \geqslant \dfrac{h_w}{250}$。

对于有横向加劲肋的腹板：

当 $a > h_w$ 时，$t_w \geqslant \dfrac{h_w}{250}$，

当 $a \leqslant h_w$ 时，$t_w \geqslant \dfrac{h_w}{250}\left(\dfrac{a}{h_w}\right)^{1/2}$。

一个更进一步的使用方面的问题是也会引起疲劳破坏的腹板反复屈曲（web breathing）。腹板反复屈曲是指腹板在可变荷载下出现的反复的平面外变形（由板件屈曲引起）。它主要出现在受重复荷载作用的桥梁中，当满足 BS EN 1993-2 第 7.4 条中宽厚比限值的要求时，腹板反复屈曲可忽略不计。

为避免受压翼缘屈曲压向腹板（即翼缘引起的腹板屈曲），BS EN 1993-1-5 第 8（1）条对腹板的最小厚度作了如下规定。

$$t_w \geqslant \left(\frac{h_w}{k}\right)\left(\frac{f_{yf}}{E}\right)\sqrt{\frac{A_{fc}}{A_w}}$$

式中，A_w 为腹板的截面面积；A_{fc} 为受压翼缘的有效截面面积；h_w 为腹板高度；t_w 为腹板厚度；k 与受弯时截面的状态有关：当处于塑性铰转动时（即杆件中形成塑性铰并产生转动，成为倒塌机构的一部分），取 $k = 0.3$；当处于塑性状态时，$k = 0.4$；当处于弹性（抗弯）状态时，$k = 0.55$。

如果受压翼缘的宽厚比较大（为第Ⅳ类截面），也可能会发生局部屈曲。一般来说，建筑物中所使用的板梁，其受压翼缘的 c_f/t_f 比很少会超过第Ⅲ类截面的界限值，即 BS EN 1993-1-1 第 5.5 条中规定的 14ε。

18.4.3　抗弯承载力

有侧向约束的板梁的抗弯承载力 $M_{c,Rd}$ 取决于共同存在的剪力值的大小。当所作

用的剪力小于塑性抗剪承载力 $V_{pl,Rd}$的 50%（用于不会出现剪切屈曲的腹板）或抗剪屈曲承载力的 50%（用于会出现剪切屈曲的腹板）时，可视截面处于低剪力的状态，并且可以实现全平面受弯，其抗弯承载力可达到 $M_{c,Rd}$。在本章的第 18.4.5 节中，对截面处于高剪力状态时的性状会进行介绍。截面的抗弯承载力应按照 BS EN 1993-1-1 的第 6.2.5 条的要求来确定，并且取决于截面的分类。详见本手册第 14 章的相关介绍。

对于第Ⅰ类和第Ⅱ类截面

$$M_{c,Rd} = M_{pl,Rd} = \frac{W_{pl} f_y}{\gamma_{M0}}$$

式中，f_y 为材料的屈服强度，W_{pl}为塑性截面模量，$\gamma_{M0} = 1.0$ 为横截面抗力的分项系数。注意，如果截面中各部分的屈服强度不同（例如翼缘的材料强度高于腹板），则不能使用截面塑性模量，而截面承载力应该直接由塑性应力的分布来确定。

对于第Ⅲ类截面：

$$M_{c,Rd} = M_{el,Rd} = \frac{W_{el} f_y}{\gamma_{M0}}$$

式中，W_{el}为弹性截面模量。

对于第Ⅳ类截面，局部屈曲会先于屈服，导致抗弯承载力低于弹性抗弯承载力。为了考虑局部屈曲的影响，需要确定一个有效截面模量来代替弹性截面模量。因此，第Ⅳ类截面的抗弯承载力为：

$$M_{c,Rd} = \frac{W_{eff} f_y}{\gamma_{M0}}$$

式中，W_{eff}为有效截面模量。

18.4.4　抗剪承载力

18.4.4.1　对剪切屈曲不敏感的腹板

腹板对剪切屈曲的敏感度取决于腹板的高厚比（高度与厚度的比值）。根据 BS EN 1993-1-1 第 6.2.6（6）节，对于无加劲的腹板，如果满足下式：

$$\frac{h_w}{t_w} \leqslant 72\,\frac{\varepsilon}{\eta}$$

式中，h_w 为腹板高度，取翼缘间的净距离（见图 18-1）；t_w 为腹板厚度，$\varepsilon = (235/f_{yw})^{0.5}$和 $\eta = 1.0$（适用于 BS EN 1993-1-5 英国国别附录第 NA.2.4 节所指定的钢材），则表明腹板对剪切屈曲不敏感。这时，抗剪承载力可以根据 BS EN 1993-1-1 第 6.2.6（2）条的要求，取塑性抗剪承载力 $V_{pl,Rd}$，其值按下式计算：

$$V_{pl,Rd} = \frac{A_v f_{yw}}{\sqrt{3}\gamma_{M0}}$$

式中，A_v 为剪切面积，见 BS EN 1993-1-1 第6.2.6（3）条，其定义为：

$A_v = h_w t_w$适用于受力方向与腹板平行的焊接工字形型钢；

$A_v = A - h_w t_w$适用于受力方向与翼缘平行的焊接工字形型钢。

18.4.4.2 对剪切屈曲敏感的腹板

宽薄的腹板（即高厚比超过指定的界限值）容易发生剪切屈曲。从开始加载到破坏，可由三个相继发生的阶段来说明这种腹板的反应，见图 18-2 说明。在第一阶段（图 18-2*a*），荷载水平较低，腹板处于纯剪状态，其主压应力和主拉应力与水平方向呈45°角。对于宽薄的腹板域，当所作用的剪应力τ达到弹性剪切屈曲应力τ_{cr}时，则达到了第一阶段（即纯剪力场）的极限，并沿受压对角线的方向发生屈曲。在第二阶段，即屈曲后状态，沿受压对角线的方向，应力不会进一步增加，但是沿受拉对角线的方向，应力可以继续增加，导致所谓的拉力场作用（见图 18-2*b*）。随着荷载的增加，主拉应力方向逐渐转向水平方向。这些拉应力由腹板域的水平和垂直边界（即翼缘和横向加劲肋）来承担，形成的受力机制类似于普拉特（Pratt）桁架。在第三阶段（图 18-2*c*），由于腹板域的屈服及在梁的翼缘处形成了塑性铰，造成梁腹板失效，这时达到了极限抗剪承载力。在本章的参考文献［4］和［5］中，会对上述问题作进一步的讨论和介绍。

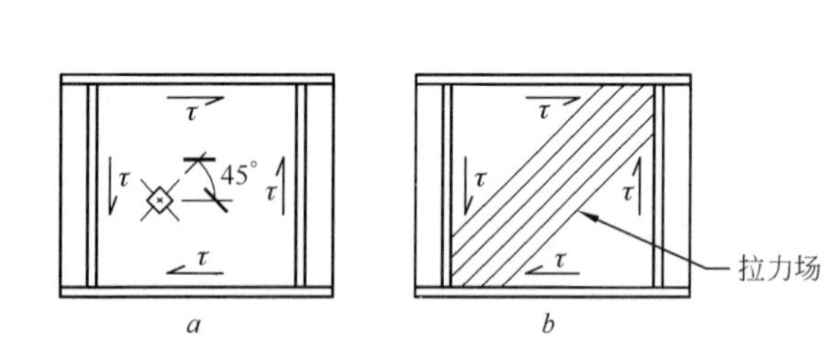

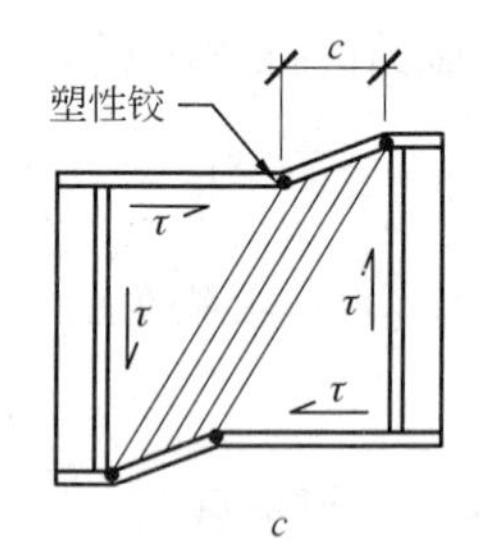

图 18-2 从开始加载到破坏，宽薄腹板域的反应

a—纯剪切；*b*—屈曲后阶段；*c*—破坏机制

根据BS EN 1993-1-5 第5.1（2）条，在下列条件下，无加劲腹板易发生剪切屈曲：

$$\frac{h_w}{t_w} > 72\frac{\varepsilon}{\eta}$$

在下列条件下，有加劲腹板易发生剪切屈曲：

$$\frac{h_w}{t_w} > 31\frac{\varepsilon}{\eta}\sqrt{k_\tau}$$

式中，k_τ为剪切屈曲系数，当腹板未设纵向加劲肋时，在 BS EN 1993-1-5 的附录 A.3 中，对该系数规定如下：

若 $a/h_w \geqslant 1, k_\tau = 5.34 + 4.00(h_w/a)^2$

若 $a/h_w < 1$，$k_\tau = 4.00 + 5.34(h_w/a)^2$

式中，a 为横向加劲肋中心线之间的距离。以上 k_τ 和 a/h_w 之间的关系，见图 18-3。

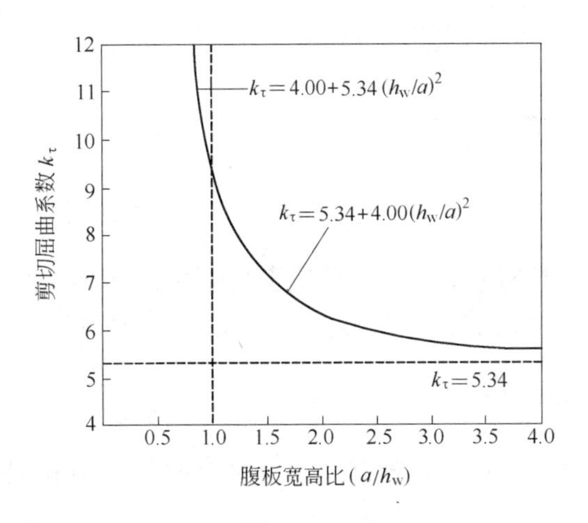

图 18-3　剪切屈曲系数 k_τ 和腹板域的宽高比（a/h_w）之间的关系

当梁腹板易发生剪切屈曲时，应该在支座处设置横向加劲肋，以防止其腹板像柱一样屈曲（见 BS EN 1993-1-5 第 5.1（2）条），并根据 BS EN 1993-1-5 第 5.2 条的要求，对剪切屈曲承载力 $V_{b,Rd}$ 进行验算。剪切屈曲承载力主要是由腹板的 $V_{bw,Rd}$ 来提供的，但如果翼缘在抵抗弯矩作用时尚未完全使用其承载能力，那么翼缘还可以提供部分附加的剪切屈曲承载力 $V_{bf,Rd}$。剪切屈曲承载力不能超过截面的塑性剪切承载力。在 BS EN 1993-1-5 中的设计方法是基于转动应力场法（the rotated stress field method）[6]。该方法允许使用屈曲后强度（即超出弹性屈曲的承载力），这部分强度是相当大的，如图 18-4 所示。

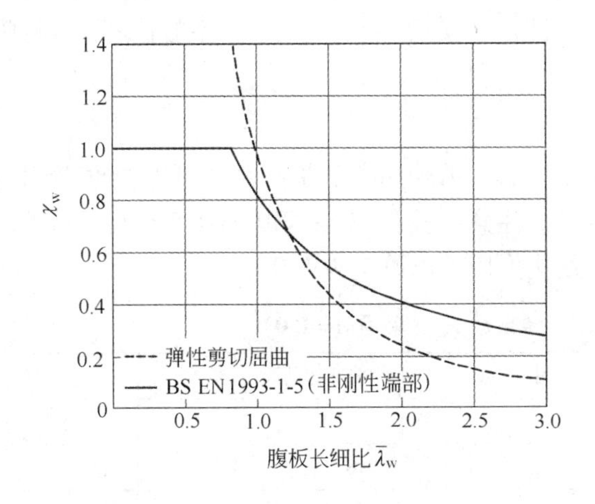

图 18-4　弹性剪切屈曲承载力与有非刚性端部加劲段时腹板承载力（BS EN 1993-1-5）的比较

在 BS EN 1993-1-5 第 5.2（1）条中，对剪切屈曲承载力规定如下：

$$V_{b,Rd} = V_{bw,Rd} + V_{bf,Rd} \leqslant \frac{\eta h_w t_w f_{yw}}{\sqrt{3}\gamma_{M1}}$$

式中，$\gamma_{M1} = 1.0$ 为失稳的分项系数。

腹板提供的剪切屈曲承载力 $V_{bw,Rd}$ 为：

$$V_{bw,Rd} = \frac{\chi_w h_w t_w f_{yw}}{\sqrt{3}\gamma_{M1}}$$

式中，χ_w 为剪切屈曲的折减系数，其值取决于腹板的长细比和梁支座处端部加劲肋的刚度（刚性或非刚性的情况，见本章第 18.4.6 节）。腹板的高厚比通常可定义为：

$$\bar{\lambda}_w = \sqrt{\frac{\tau_{yw}}{\tau_{cr}}} = 0.76\sqrt{\frac{f_{yw}}{\tau_{cr}}}$$

式中，τ_{yw} 为腹板材料的剪切屈服强度；τ_{cr} 为腹板的弹性剪切屈曲应力，可由下式得出：

$$\tau_{cr} = k_\tau \sigma_E$$

式中，k_τ 为剪切屈曲系数（前面已有所说明），σ_E 的定义见 BS EN 1993-1-5 附录 A.1：

$$\sigma_E = \frac{\pi^2 E}{12(1-\nu^2)}\left(\frac{t}{b}\right)^2 = 190000\left(\frac{t}{b}\right)^2 \text{N/mm}^2$$

将 τ_{cr} 代入上面给出的腹板高厚比的通用公式，支座处和中间有横向加劲肋的腹板的 λ_w 可由下式得出：

$$\bar{\lambda}_w = \frac{h_w}{37.4 t_w \varepsilon \sqrt{k_\tau}}$$

对于只在支座处设有横向加劲肋的板梁，其腹板被称为“无加劲的”。这种腹板域的宽高比 a/h_w 较大，且 k_τ 会接近于 5.34。此种情况下，可以将腹板高厚比简化为：

$$\bar{\lambda}_w = \frac{h_w}{86.4 t_w \varepsilon}$$

确定了腹板长细比之后，剪切屈曲的折减系数可以根据 BS EN 1993-1-5 的表 5-1 确定，见本章的表 18-2。注意，按照 BS EN 1993-1-5 英国国别附录规定，参数 η 用来表示厚实腹板应变硬化作用，已设定为 1.0。

表 18-2　腹板的剪切屈曲折减系数 χ_w（采用 $\eta = 1.0$）

腹板高厚比范围	刚性端部加劲段	非刚性端部加劲段
$\bar{\lambda}_w < 0.83$	1.0	1.0
$0.83 \leqslant \bar{\lambda}_w < 1.08$	$0.83/\bar{\lambda}_w$	$0.83/\bar{\lambda}_w$
$\bar{\lambda}_w \geqslant 1.08$	$1.37/(0.7+\bar{\lambda}_w)$	$0.83/\bar{\lambda}_w$

对于梁端部的腹板域，剪切屈曲的折减系数取决于端部加劲段的刚度，具有较大

刚度的端部加劲段可以对拉力场提供更强的锚固，从而提高承载能力。在 BS EN 1993-1-5 中，梁端部加劲段分为刚性或非刚性两种情况，本章第 18.4.6 节将介绍两者之间的区别。图 18-5 给出了该两种情况的折减系数（从表 18-2 导出）。对于中间腹板域，可以假定由相邻的腹板域提供了类似于刚性端部加劲段的约束。

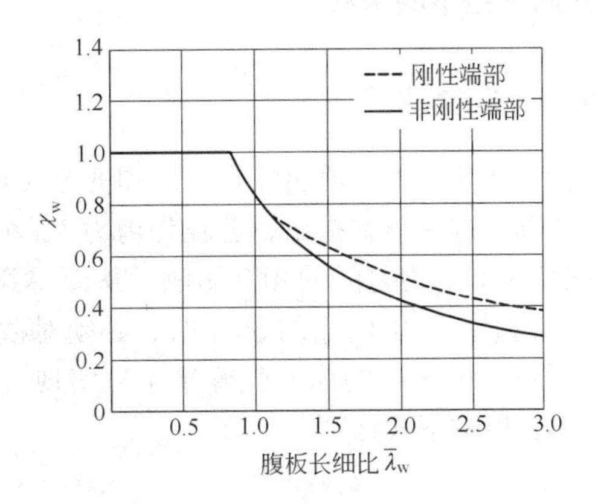

图 18-5　刚性和非刚性端部加劲段时，剪切屈曲折减系数对比

翼缘所提供的剪切屈曲承载力 $V_{bf,Rd}$，在 BS EN 1993-1-5 第 5.4（1）条中，按下式确定：

$$V_{bf,Rd} = \frac{b_f t_f^2 f_{yt}}{c\gamma_{M1}}\left[1 - \left(\frac{M_{Ed}}{M_{f,Rd}}\right)^2\right]$$

式中，b_f 为翼缘总宽度，但腹板任一侧的翼缘外伸宽度都不得大于 $15\varepsilon t_f$；$M_{f,Rd}$ 为翼缘的抗弯承载力，如果受压翼缘是第Ⅳ类截面板件，则计算 $M_{f,Rdv}$ 时应基于采用有效截面；c 为拉力带的宽度（见图 18-2c），可按下式确定，剪切屈曲承载力：

$$c = a\left(0.25 + \frac{1.6 b_f t_f^2 f_{yf}}{t_w h_w^2 f_{yw}}\right)$$

当截面作用的弯矩 M_{Ed} 为 0 时，只能完全由翼缘来抵抗剪切屈曲。随着弯矩的增大，翼缘所提供的贡献会逐渐减少，直到 $M_{Ed} = M_{f,Rd}$，此时翼缘完全用于抵抗弯矩而对抗剪承载力无任何帮助。同样需要注意，翼缘所提供的抗剪承载力与拉力带的宽度 c 成反比，而 c 与横向加劲肋的距离 a 成正比。因此，随着横向加劲肋的间距的增加，翼缘所提供的抗剪承载力则减少，对于无加劲肋的腹板（除了在支座处），翼缘所提供的抗剪承载力可忽略不计。

在弯矩和剪力共同作用下，板梁的承载力问题，可见本章第 18.4.5 节的相关内容。

18.4.4.3　有开孔的腹板域

在建筑物中所使用的板梁，经常为了满足设备管道等要求而必须在梁腹板上开孔。在不设置加劲肋的情况下，当梁腹板上开孔直径超过腹板域最小尺寸的 5% 时，BS EN 1993-1-5 给出的关于有效宽度及剪切屈曲等设计规定将不再适用。可能需要通过有限元分析进行设计，其详细内容可见 BS EN 1993-1-5 的第 2.5（1）条、第 10 节、附录 B 和附录 C，或参照 NCCI SN019[7]。

18.4.5 弯矩和剪力共同作用下的承载力

18.4.5.1 对剪切屈曲不敏感的腹板

在 BS EN 1993-1-1 第 6.2.8 条中，给出了在弯矩和剪力共同作用下，对剪切屈曲不敏感的腹板的承载力计算。这一条款指出，若设计剪力 V_{ED} 小于截面塑性抗剪承载力 $V_{pl,Rd}$ 的 50%，可忽略弯矩和剪力之间的相互影响，从而得到纯抗弯承载力。当设计剪力 V_{ED} 超过截面塑性抗剪承载力 $V_{pl,Rd}$ 的 50% 时，必须对截面的抗弯承载力进行折减，可以通过降低截面中受剪区域的屈服强度来予以实现。折减后的屈服强度 f_{yr} 取决于所作用剪力的大小，可按下式计算：

$$f_{yr} = (1-\rho)f_y$$

式中，f_y 为材料的屈服强度，ρ 由下式确定：

$$\rho = \left(\frac{2V_{Ed}}{V_{pl,Rd}} - 1\right)^2$$

根据上述分析，具有相等翼缘、翼缘和腹板的屈服强度一致的第Ⅰ类或第Ⅱ类截面的工字形型钢，且作用剪力大于塑性抗剪承载力 50% 时，折减后的关于强轴的折减弯承载力 $M_{y,V,Rd}$，可直接从下式得到：

$$M_{y,V,Rd} = \frac{\left(W_{pl,y} - \frac{\rho A_w^2}{4t_w}\right)f_y}{\gamma_{M0}} \leqslant M_{y,c,Rd}$$

式中，$A_w = h_w t_w$ 为腹板面积；$M_{y,c,Rd}$ 为截面平面内的抗弯承载力，见 BS EN 1993-1-1 第 6.2.5（2）条规定。图 18-6 为一个典型工字形型钢的弯矩和剪力相互作用关系。一个被归类为第Ⅲ类、相当薄柔的截面，通常不可能对剪切屈曲不敏感，但是如果这种情况没有出现（如横向加劲肋设置得很密的情况），建议考虑上述剪力和弯矩的相互作用（基于塑性抗弯承载力），但最大的抗弯承载力应小于截面的弹性抗弯承载力。对于第Ⅳ类截面，考虑到板件的局部屈曲，最大的抗弯承载力应小于有效截面的弹性抗弯承载力。在弯矩和剪力共同作用下，对第Ⅲ类和第Ⅳ类截面的进一步分析讨论，见本章参考文献［4］。

18.4.5.2 对剪切屈曲敏感的腹板

对剪切屈曲敏感的腹板，在 BS EN 1993-1-5 的第 5 条中，给出了当没有完全利用翼缘的抗弯承载力（$M_{ED} < M_{f,Rd}$）时，弯矩和剪力之间的相互作用；在 BS EN 1993-1-5 的第 7.1 条中，给出了当完全利用翼缘的抗弯（$M_{Ed} \geqslant M_{f,Rd}$）时，弯矩和剪力之间

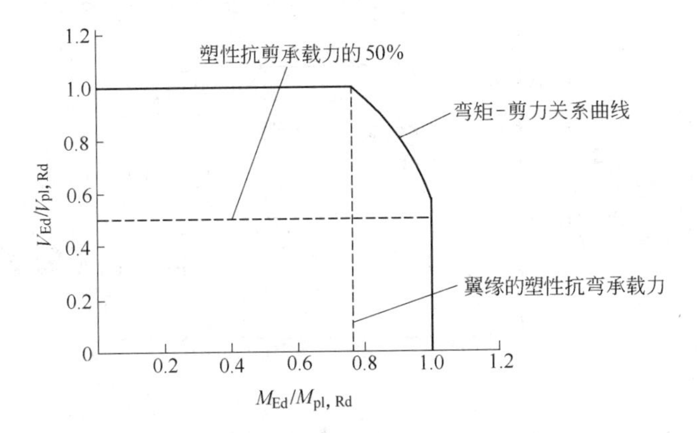

图 18-6 第Ⅰ类和第Ⅱ类截面受剪-弯共同作用，其中腹板对剪切屈曲不敏感

的相互作用。在本章第 18.4.4.2 节中讨论了前一种情况，而对于后一种情况，在 BS EN 1993-1-5 的第 7.1（1）条中，给出了下列相互作用关系的表达式：

$$\frac{M_{Ed}}{M_{pl,Rd}}+\left(1-\frac{M_{f,Rd}}{M_{pl,Rd}}\right)\left(\frac{2V_{Ed}}{V_{bw,Rd}}-1\right)^2\leqslant 1.0$$

对于第Ⅰ类和第Ⅱ类截面，完整的弯-剪相互作用关系曲线的主要特点如下：

（1）如果设计剪力 V_{ED} 小于或等于腹板抗剪屈曲承载力 $V_{bw,Rd}$ 的一半，就可以达到截面完全的塑性抗弯承载力。

（2）单独考虑腹板的抗剪承载力为 $V_{bw,Rd}$，单独考虑翼缘的抗弯承载力为 $M_{f,Rd}$，两者可以同时使用。

（3）最大抗剪承载力（$V_{b,Rd}=V_{bw,Rd}+V_{bf,Rd}$），包括完全由翼缘提供的抗剪承载力，只有当截面上没有弯矩作用时才会达到。

（4）当截面上的弯矩增加时，翼缘所提供的抗剪承载力会通过折减系数 $(1-M_{Ed}/M_{f,Rd})^2$ 而减小，直到 $M_{Ed}=M_{f,Rd}$，此时翼缘完全用于抵抗弯矩，而不提供任何抗剪承载力。在 BS EN 1993-1-5 的第 5 节中，阐述了这种相互作用关系，并在本章第 18.4.4.2 节中对此进行了讨论。

（5）当 $M_{Ed}>M_{f,Rd}$ 时，弯矩和剪力的相互作用关系，见 BS EN 1993-1-5 第 7.1（1）条中的相关说明。

上述的剪力-弯矩相互作用关系曲线，见图 18-7。

对于第Ⅲ类和第Ⅳ类截面，可以使用相同的相互作用关系的表达式（即基于塑性抗弯承载力），但可以达到的最大抗弯承载力是受到限制的。对于第Ⅲ类横截面，其抗弯承载力以弹性抗弯承载力为限，而对于第Ⅳ类横截面，则以有效截面的弹性抗弯承载力为限，如图 18-7 所示。对于具有完全有效的翼缘和第Ⅳ类腹板的截面，可以假定弯矩由翼缘单独承担，剪力则由腹板单独承担，而不必计算有效截面特性。

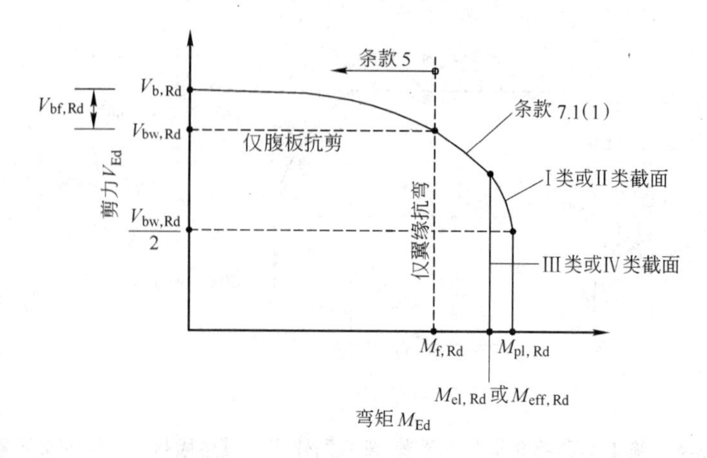

图 18-7　截面受剪-弯共同作用，其中腹板对剪切屈曲敏感

18.4.6　端部加劲段及端部锚固（End posts and end anchorage）

18.4.6.1　概述

当腹板对剪切屈曲敏感时，要求在支座处设置端部锚固来抵抗在已屈曲腹板中形成的屈曲后薄膜应力（拉力场）。板梁端部的受力情况显然要比其中间部位更加不利，因为中间部位有相邻的腹板域对其形成支撑。如果把塑性抗剪承载力 $V_{pl,Rd}$（见本章第 18.4.4.1 节）作为设计控制条件，而不是用剪切屈曲承载力 $V_{b,Rd}$（见本章第 18.4.4.2 节）来控制设计，那么就不需要设置梁端锚固（此时腹板对剪切屈曲不敏感）。

在 BS EN 1993-1-5 中，把端部加劲段分为刚性或非刚性两种。对于长细比 $\overline{\lambda}_w$ 小于 1.08 的腹板，抗剪屈曲承载力不受这种区别的影响（见表 18-2），但对于长细比较大的腹板，由刚性端部加劲段所提供的更强的锚固，可提高腹板的抗剪屈曲承载力。端部加劲段也可作为承压加劲肋来承担支座反力，这方面的内容在本章的第 18.4.7 节中有所介绍。因此，刚性端部加劲段应设计成用来抵抗拉力场的水平分量和支座反力产生的压力。非刚性端部加劲段只需要设计成用来抵抗支座反力的承压加劲肋。

18.4.6.2　刚性端部加劲段

根据 BS EN 1993-1-5 第 9.3.1（2）条的定义，刚性端部加劲段应该包括两个双侧横向加劲肋，或者用一个轧制型钢与梁腹板端头连接，详见图 18-8。这两种情况，端部加劲段都可视为一个竖向跨度为翼缘之间的短梁，来抵抗拉力场效应所产生的纵向薄膜应力。

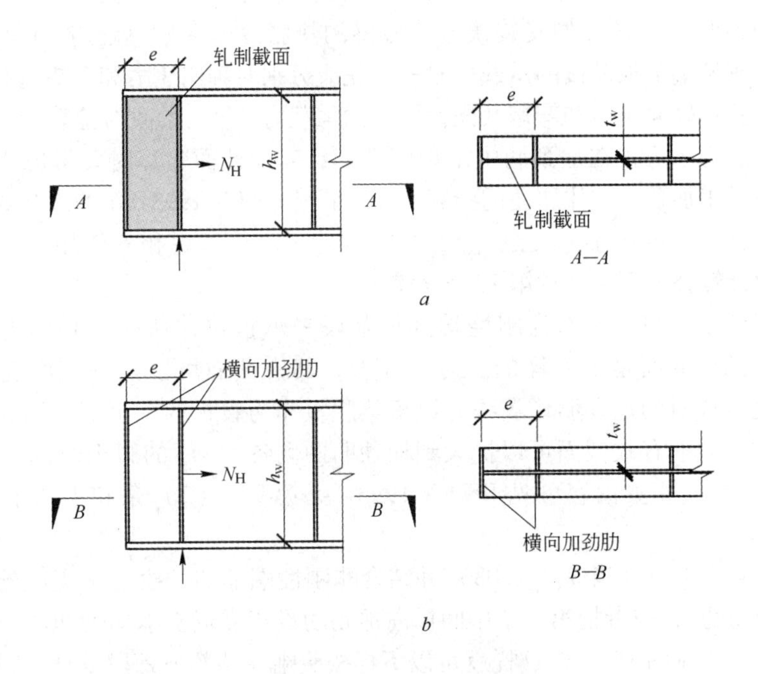

图 18-8 刚性端部加劲段

a—由轧制型钢组成；*b*—由一对双侧加劲肋组成

由一个轧制截面或一对双侧加劲肋构成的刚性端部加劲段，在 BS EN 1993-1-5 第 9.3.1（3）条中，其最小截面模量 W_{min} 可按下式计算：

$$W_{min} = 4h_w t_w^2$$

式中，t_w 为板梁腹板的厚度。对于间距为 e 的一对双侧加劲肋（根据 BS EN 1993-1-5 第 9.3.1（3）条，e 必须至少为 $0.1h_w$），其所对应（忽略了腹板对抗剪承载力的贡献）的每块加劲肋的最小面积 A_{min} 为：

$$A_{min} = 4h_w t_w^2/e$$

在 BS EN 1993-1-5 中，对刚性端部加劲段所承担的纵向薄膜应力 N_H 的大小并没有作出规定，但在本章的参考文献［4］中根据理想平板模型作出了公式推导，并为了便于设计而进行了简化。

$$N_H = h_w t_w \left(\frac{\tau_{Ed}^2}{\tau_{cr}/1.2} - \tau_{cr}/1.2 \right) \geq 0$$

式中，τ_{Ed} 可取为 $V_{Ed}/h_w t_w$；τ_{cr} 为腹板的弹性剪切屈曲应力（见本章第 18.4.4.2 节中规定）。可以假定该薄膜应力是作用在端部加劲段上的均布荷载，在端部加劲段中部的最大弯矩为 $N_H h_w/8$。

由拉伸薄膜应力引起的弯矩，应与支座反力所产生的压力同时考虑。如果支座反力与承压加劲肋有偏心（如安装误差或板梁的热胀冷缩[4]），就会产生一个附加弯矩。在确定刚性端部加劲段的承载力时，首先应分别对轴向压力和弯矩进行承载力验算，然后再验算轴向压力和弯矩共同作用下的承载力，包括梁截面验算和加劲肋整体屈曲的验算。为了防止在加劲肋中出现塑性[4]，建议截面验算时要考虑线弹性的相互作用，而对于加劲肋整体屈曲的验算，可以采用 BS EN 1993-1-1 第 6. 2. 3 条中的相互作用计算公式。本章参考文献［4］中，推荐了一个考虑相互作用的简化计算公式，该简化计算公式可见本章第 18. 4. 7 节。

要注意的是，当考虑作为刚性端部加劲段来承担拉伸薄膜力和作为承压加劲肋，加劲肋的横截面是不一样的。对于前者，其横截面可以是一个由轧制型钢构成，或者是由成对的加劲肋作翼缘并以板梁腹板作为腹板的工字钢。当起承压作用时，承压加劲肋的有效截面可以扩大到加劲肋两侧各 $15\varepsilon t_w$ 的腹板范围（只要腹板材料是可用的），相关内容可见 BS EN 1993-1-5 第 9. 1（2）条和本章第 18. 4. 7. 1 款介绍。

通过承载力折减（当 $\lambda_w > 1.08$）并结合非刚性端部加劲段（在支座处只设单个双侧横向加劲肋），或者把第一个中间横向加劲肋设于靠近支承加劲肋的位置来形成一个锚固域（参见图 18-9），这样就可以不再按照刚性端部加劲段设计。锚固域本身应设计为非刚性的（见 BS EN 1993-1-5 第 9. 3. 1（4）条），但所降低了的承载力可以通过减小加劲肋的间距来弥补，这将形成有较小高厚比的腹板。在第一个中间横向加劲肋以外的部分，可以假定按刚性端部加劲段的条件来设计腹板域（如果中间横向加肋满足最小刚度要求，该要求在 BS EN 1993-1-5 第 9. 3. 3（3）条中给出，在本章第 18. 4. 7 节中对此有所介绍）。以两个横向加劲肋为边界的锚固域，应采用类似于一对刚性端部加劲段的方法来进行设计。

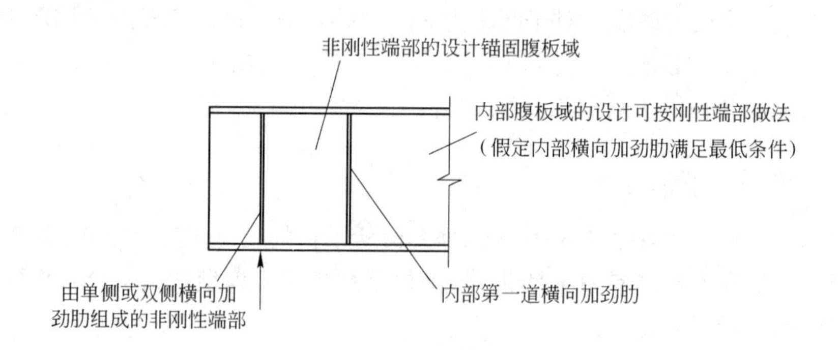

图 18-9　非刚性端部加劲段和锚固腹板域

18. 4. 6. 3　非刚性端部加劲段

一个非刚性端部加劲段仅包括单个双侧加劲肋，如图 18-9 所示。与刚性端部加

劲段相比，所减少的锚固作用可由与其相邻的腹板域来提供，结果导致了薄柔腹板（$\bar{\lambda}_w > 1.08$）剪切屈曲承载力的降低，这方面内容在本章第 18.4.7 节中介绍，可参见图 18-9。

根据本章第 18.4.7.3 条，非刚性端部加劲段应按承压加劲肋设计，它不需要承受任何拉伸锚固力，因为已假定由腹板来承受这部分作用力。

18.4.7 腹板加劲肋

18.4.7.1 加劲肋的类型

横向加劲肋通常用来确保薄柔板梁的腹板域具有良好的性能。两种最常见类型的加劲肋是：(1) 梁中间的横向加劲肋，用来增强腹板的抗剪承载力；(2) 承压加劲肋，用来防止在集中荷载或通过翼缘所施加的反力作用下的腹板出现的局部失效。有些加劲肋可能需要同时满足以上两种功能，这时就要在设计中考虑其综合影响，例如：一个中间横向加劲肋也可能用来承压。在 BS EN 1993-1-5 第 9.1 (2) 条中，规定加劲肋的有效横截面（用于检查加劲肋的最小刚度和进行屈曲验算）为加劲肋的面积加上每侧宽度为 $15\varepsilon t_w$ 的腹板面积，但显然不得大于实际的可用宽度，见图 18-10。

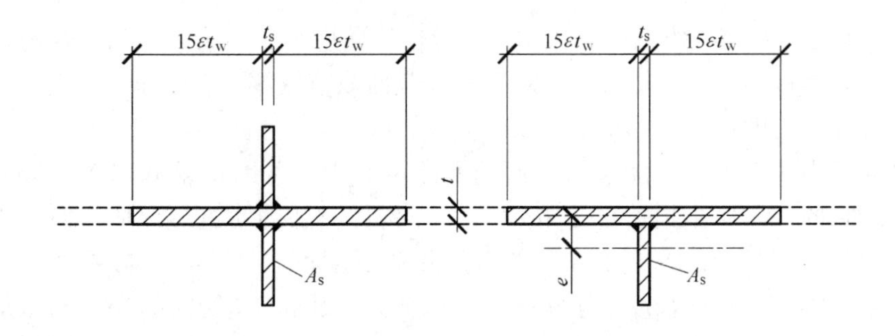

图 18-10 加劲肋有效截面的范围

平板加劲肋的外伸宽度应满足下式要求：

$$\frac{h_s}{t_s} \leqslant 13.0\varepsilon$$

式中，h_s 和 t_s 分别为加劲肋外伸部分的宽度和厚度。该规定见 BS EN 1993-1-5 第 9.2 (8) 条。

18.4.7.2 中间横向加劲肋

中间横向加劲肋可以用来增加薄柔的腹板域的弹性剪切屈曲承载力和极限抗剪屈

曲承载力 $V_{B,c,Rd}$。通常，中间横向加劲肋只设置在腹板的一侧，并根据 BS EN 1993-1-5 第 9.3.3（1）条所规定的，按最小刚度和最小抗屈曲承载力进行设计。

为了控制加劲肋处的腹板侧向变形，并将其作为腹板的刚性约束，中间横向腹板加劲肋的最小惯性矩 I_{st}（参见 BS EN 1993-1-5 第 9.3.3（3）条）应满足以下要求：

$$I_{st} \geqslant 1.5 h_w^3 t_w^3 / a^2 \quad (\text{当 } a/h_w < \sqrt{2} \text{ 时})$$

$$I_{st} \geqslant 0.75 h_w t_w^3 \quad (\text{当 } a/h_w \geqslant \sqrt{2} \text{ 时})$$

对中间横向加劲肋的屈曲承载力也应进行验算。加劲肋的有效截面应能承受由剪切产生的拉力场所引起的轴向压力 P_{ED}，以及任何外力和弯矩。P_{ED} 作用在腹板的中间区域，因此在加劲肋的有效截面上会同时产生轴向应力和弯曲应力。在 BS EN 1993-1-5 英国国别附录的第 NA.2.7 条中，P_{ED} 按下式确定：

$$P_{Ed} = V_{Ed} - 0.8\tau_{cr} h_w t_w \sqrt{1 - \frac{\sigma_{x,Ed}}{0.8\sigma_{cr,x}}} \quad (\text{当 } a \geqslant h_w \text{ 时})$$

$$P_{Ed} = \left[V_{Ed} - 0.8\tau_{cr} h_w t_w \sqrt{1 - \frac{\sigma_{x,Ed}}{0.8\sigma_{cr,x}}} \right] \frac{a}{h_w} \quad (\text{当 } a < h_w \text{ 时})$$

式中，$\sigma_{cr,x}$ 为腹板在直接纵向压力作用下的弹性屈曲应力；τ_{cr} 为腹板的弹性剪切屈曲应力；$\sigma_{x,Ed}$ 为腹板的纵向直接应力，对于对称截面该值取零，对于非对称截面可取腹板顶部和底部应力的代数平均值。

在轴向压力作用下加劲肋有效截面的屈曲承载力，可以根据 BS EN 1993-1-1 第 6.3.1 条的要求，采用屈曲曲线 c，按常规受压构件对加劲肋进行评估。如果假定加劲肋的两端都是顶紧的，那么加劲肋的有效屈曲长度可取 $0.75h_w$。如果加劲肋的端部没有约束，则应取有效长度等于实际长度。轴向荷载和弯矩在共同下，有效加劲肋截面的承载力可以根据 BS EN 1993-1-1 第 6.3.3 条的规定进行评估，也可以采用本章参考文献［4］提出的一个简化的相互作用关系的表达式，该表达式假定加劲肋不会发生侧向扭转屈曲：

$$\frac{N_{Ed}}{\chi_y A f_y} + \frac{1}{1 - (N_{Ed}/N_{cr,y})} \frac{M_{y,Ed}}{W_{el,y} f_y} + \frac{M_{z,Ed}}{W_{el,z} f_y} \leqslant 1.0$$

图 18-11 所示为坐标轴的规定。应当注意，对弯矩 $M_{z,Ed}$ 没有放大，因为腹板阻止了平面内屈曲。

18.4.7.3 承压或承载加劲肋

承压加劲肋用来防止在集中荷载或通过翼缘所施加的反力作用下的腹板出现的局

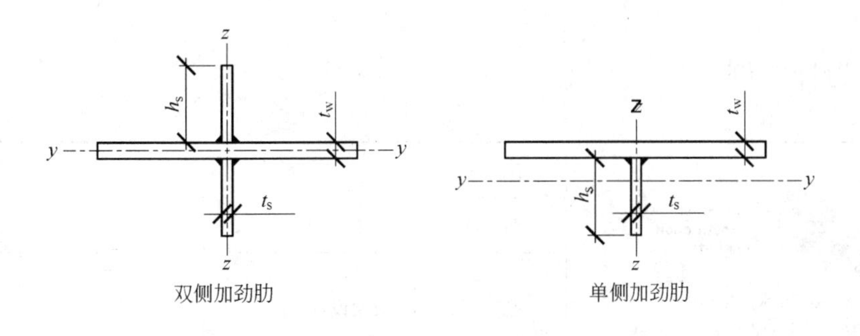

图 18-11 加劲肋有效截面的坐标轴规定

部失效。BS EN 1993-1-5 第 5.1（2）条要求，设置在梁支座部位的加劲肋处的腹板高厚比 h_w/t_w 要超过 $72\varepsilon/\eta$。承压加劲肋一般应对称置于腹板中心线的两侧，否则在设计中要考虑所引起的偏心（见 BS EN 1993-1-5 第 9.4（3）条）。与在支座处不同，如果集中荷载超过了按照 BS EN 1993-1-5 第 6 条得出的无加劲腹板的承载力，应在荷载作用处设置承载加劲肋（见 BS EN 1993-1-5 第 9.4（1）条）。当集中力作用在加劲肋之间时，BS EN 1993-1-5 的第 6 条也适用于局部荷载，这种荷载属于常见，如车辆行驶产生的荷载作用。

如上所述，在组合荷载作用下，要对截面承载力和屈曲承载力进行验算。在本章第 18.4.7.2 条中给出的简化的相互作用关系的表达式也适用于承载加劲肋。需要注意的是，对于也可用做刚性端部加劲段的承压加劲肋，必须同时考虑拉力场的锚固作用所产生附加弯矩和支座反力，并且，当抵抗不同的荷载作用时，要采用不同的截面，这方面内容在本章第 18.4.6.2 条中已有介绍。

18.5 设计实例

<table>
<tr><td rowspan="6">The Steel Construction Institute
Silwood Park, Ascot,
Berks SL5 7QN
Telephone: (01344) 623345
Fax: (01344) 622944
CALCULATION SHEET</td><td>编　号</td><td></td><td>第1页</td><td colspan="2">备　注</td></tr>
<tr><td>名　称</td><td colspan="5"></td></tr>
<tr><td>题　目</td><td colspan="5">板梁设计</td></tr>
<tr><td rowspan="2">客　户</td><td>编　制</td><td>LG</td><td>日期</td><td>2010</td></tr>
<tr><td>审　核</td><td>KAC</td><td>日期</td><td>2010</td></tr>
</table>

板梁

板梁设计实例

设计简介

图示板梁沿其长度方向受完全的侧向约束。受如下设计荷载作用，设计一个有横向加劲肋的板梁，钢材采用S275钢。

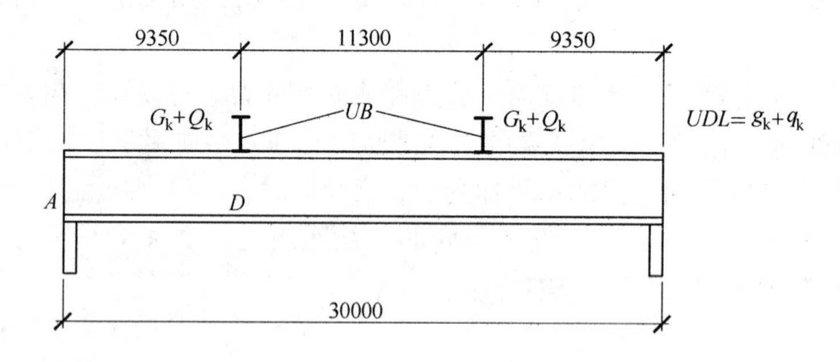

板梁跨度和荷载

作用（荷载）

永久作用：均布荷载　$g_k=25\text{kN/m}$

集中荷载　$G_k=200\text{kN}$

可变作用：均布荷载　$q_k=40\text{kN/m}$

集中荷载　$Q_k=450\text{kN}$

作用的分项系数

永久作用的分项系数　$\gamma_G=1.35$　　BS EN 1990

可变作用的分项系数　$\gamma_Q=1.50$

永久作用的折减系数　$\xi=0.925$

承载力极限状态下的荷载组合

均布荷载设计值　$F_d=(1.35\times0.925\times25)+(1.5\times40)=91.2\text{kN/m}$

集中荷载设计值　$F_d=(1.35\times0.925\times200)+(1.5\times450)=925\text{kN}$

板梁设计	第 2 页	备 注
设计剪力和弯矩图 在承载力极限状态的荷载组合作用下，剪力和弯矩如下图所示：		

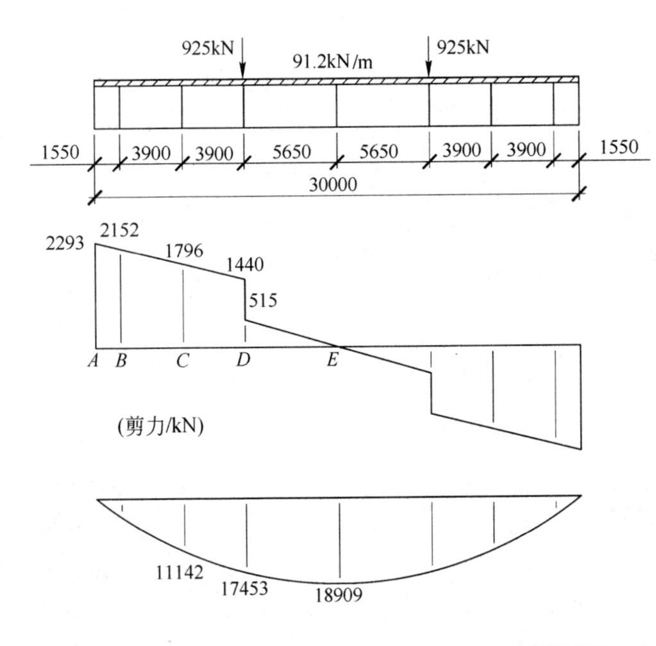

（弯矩/kN · m）

设计剪力、弯矩和加劲肋间距

板梁的初始尺寸

对于简支的、非组合板梁的跨高比建议值为12（适用于短跨梁）~20（适用于长跨梁），在此假定梁高为跨度的1/15。

$$h_w = \frac{跨度}{15} = \frac{30000}{15} = 2000\text{mm}$$

翼缘面积估计，设 $f_{yf} = 255\text{N/mm}^2$ （即假定 $40\text{mm} < t_f < 63\text{mm}$）。

$$A_f = \frac{M_{max}}{h_w f_{yf}} = \frac{18909 \times 10^6}{2000 \times 255} = 37076\text{mm}$$

备注：BS EN10025-2

对于非组合板梁，翼缘的宽度通常在梁高度的0.3~0.5倍范围内。假定翼缘面积为 $750 \times 50 = 37500\text{mm}^2$。

建筑物中，通常板梁的腹板的最小厚度为 $t_w \geqslant h_w/124\varepsilon$，以确保是一个非薄柔截面。设腹板厚度 $t_w = 15\text{mm}$，由于建议采取横向加劲措施，腹板稍低于第Ⅲ类截面的要求。

板梁设计	第3页	备 注
截面分类 初步建议的板梁尺寸为翼缘 750mm × 50mm，腹板 2000mm × 15mm，检查截面分类。 翼缘： 因为 $t_f = 50\text{mm}$，$f_{yf} = 255\text{N/mm}^2$ $\varepsilon = \sqrt{\frac{235}{f_{yf}}} = \sqrt{\frac{235}{255}} = 0.96$ 确定翼缘宽度时忽略焊缝的尺寸： $c_f = \frac{750 - 15}{2} = 367.5\text{mm}$ $\frac{c_f}{t_f} = \frac{367.5}{50} = 7.35$		BS EN 10025-2
第Ⅰ类截面的翼缘的长细比界限值为 $9\varepsilon = 8.64 > 7.35$ ∴ 翼缘属于第Ⅰ类截面。 腹板： 因为 $t_w = 15\text{mm}$，$f_{yw} = 275\text{N/mm}^2$ $\varepsilon = \sqrt{\frac{235}{f_{yf}}} = \sqrt{\frac{235}{275}} = 0.92$ 确定腹板宽度时忽略焊缝尺寸：		BS EN 1993-1-1 表 5-2 BS EN 10025-2
$c_w = 2000\text{mm}$ $\frac{c_w}{t_w} = \frac{2000}{15} = 133$		BS EN 1993-1-1 表 5-2
第Ⅲ类截面的受弯腹板长细比的界限值为 $124\varepsilon = 114.63 < 133$ ∴ 腹板属于第Ⅳ类截面。 由于 $\frac{h_w}{t_w} > \frac{72\varepsilon}{\eta} = 72\varepsilon = 66.56$，必须验算腹板的剪压屈曲。		BS EN 1993-1-1 第 6.2.6（6）条

板梁设计	第4页	备　注
腹板和翼缘的尺寸 假设加劲肋间距 $a > h_w$ 为避免正常使用出现问题，规定的最小腹板厚度： $t_w = 15 \geqslant \frac{h_w}{250} = \frac{2000}{250} = 8.0\text{mm}$，满足条件 为了避免翼缘压入腹板： $t_w = 15 \geqslant \left(\frac{h_w}{k}\right)\left(\frac{f_{yf}}{E}\right)\sqrt{\frac{A_{fc}}{A_w}}$ $= \left(\frac{2000}{0.55}\right)\left(\frac{255}{210000}\right)\sqrt{\frac{750 \times 50}{2000 \times 15}} = 4.94\text{mm}$，满足条件		BS EN 1993-1-5 第8（1）条
抗弯承载力 对于有第Ⅰ、Ⅱ、Ⅲ类截面的翼缘和第Ⅳ类截面的腹板的截面，可以假定由翼缘单独承担弯矩，而腹板仅承受剪力： 翼缘的抗弯承载力 $M_{f,Rd} = A_f f_{yf} \times (h_w + t_f) M_{f,Rd} = (750 \times 50 \times 255) \times (2000 + 50)/10^6 = 19603\text{kN} \cdot \text{m}$ $M_{f,Rd} = 19603 > M_{max} = 18909\text{kN} \cdot \text{m}$，满足条件		
梁端部（锚固）腹板域 AB 的剪切屈曲承载力 计算端部（锚固）腹板域 AB 的剪切屈曲承载力，假定一个非刚性端部加劲段，并通过缩小加劲肋间距来补偿所降低的承载力。根据前文所述，忽略翼缘所提供的剪切屈曲承载力。 $h_w = 2000\text{mm}$；$a = 1550\text{mm}$；$f_{yw} = 275\text{N/mm}^2$；$V_{Ed} = 2293\text{kN}$ 腹板的宽高比 $a/h_w = 1550/2000 = 0.78$ 屈曲系数（当 $a/h_w < 1$）： $k_\tau = 4.00 + 5.34(h_w/a)^2 = 4.00 + 5.34(2000/1550)^2 = 12.89$		BS EN 1993-1-5 第A.3（1）条
腹板长细比： $\bar{\lambda}_w = 0.76\sqrt{\frac{f_{yw}}{\tau_{cr}}} = \frac{h_w}{37.4 t_w \varepsilon \sqrt{k_\tau}} = \frac{2000}{37.4 \times 15 \times 0.92\sqrt{12.89}} = 1.07$		BS EN 1993-1-5 第5.3（3）条
腹板屈曲折减系数（对于非刚性端部加劲段）： $\bar{\lambda}_w < 1.08 \quad \therefore \chi_w = \frac{0.83}{\bar{\lambda}_w} = \frac{0.83}{1.07} = 0.77$		BS EN 1993-1-5 第5.3（1）条
腹板的剪切承载力 $V_{bw,Rd}$： $V_{bw,Rd} = \frac{\chi_w f_{yw} h_w t_w}{\sqrt{3}\gamma_{M1}} = \frac{0.77 \times 275 \times 2000 \times 15}{\sqrt{3} \times 1.0 \times 10^3} = 3681 > 293\text{kN} = V_{Ed}$ 满足条件		BS EN 1993-1-5 第5.2（1）条

板梁设计	第5页	备 注
梁腹板域 BC 的剪切屈曲承载力 计算梁腹板域 BC 的抗剪承载力，假定一个刚性端部加劲段，但忽略翼缘所提供的剪切屈曲承载力。 $h_w=2000\text{mm}$；$a=3900\text{mm}$；$f_{yw}=275\text{N/mm}^2$；$V_{Ed}=2152\text{kN}$ 腹板宽高比 $a/h_w=3900/2000=1.95$ 屈曲系数（当 $a/h_w\geqslant1$ 时）： $k_\tau=5.34+4.00(h_w/a)^2=5.34+4.00(2000/3900)^2=6.39$		BS EN 1993-1-5 第 A.3（1）条
腹板长细比： $\bar{\lambda}_w=0.76\sqrt{\frac{f_{yw}}{\tau_{cr}}}=\frac{h_w}{37.4t_w\varepsilon\sqrt{k_\tau}}=\frac{2000}{37.4\times15\times0.92\sqrt{6.39}}=1.53$		BS EN 1993-1-5 第 5.3（3）条
腹板屈曲的折减系数（对于刚性端部加劲段） $\bar{\lambda}_w\geqslant1.08\quad\therefore\chi_w=\frac{1.37}{(0.7+\bar{\lambda}_w)}=\frac{1.37}{(0.7+1.53)}=0.62$ 腹板的剪切承载力 $V_{bw,Rd}$： $V_{bw,Rd}=\frac{\chi_w f_{yw}h_w t_w}{\sqrt{3}\gamma_{M1}}=\frac{0.62\times275\times2000\times15}{\sqrt{3}\times1.0\times10^3}=2932>2152\text{kN}=V_{Ed}$ 故满足条件		BS EN 1993-1-5 第 5.3（1）条
梁腹板域 DE 的剪切屈曲承载力 计算梁腹板域 DE 的抗剪承载力，假定一个刚性端部加劲段，但忽略翼缘所提供的剪切屈曲承载力。 $h_w=2000\text{mm}$；$a=3900\text{mm}$；$f_{yw}=275\text{N/mm}^2$；$V_{Ed}=515\text{kN}$ 腹板宽高比 $a/h_w=5650/2000=2.83$ 屈曲系数（当 $a/h_w\geqslant1$）： $k_\tau=5.34+4.00(h_w/a)^2=5.34+4.00(2000/5650)^2=5.84$		BS EN 1993-1-5 第 5.2（1）条
腹板长细比： $\bar{\lambda}_w=0.76\sqrt{\frac{f_{yw}}{\tau_{cr}}}=\frac{h_w}{37.4t_w\varepsilon\sqrt{k_t}}=\frac{2000}{37.4\times15\times0.92\sqrt{5.84}}=1.60$		BS EN 1993-1-5 第 A.3（1）条
腹板屈曲的折减系数（对于刚性端部支撑） $\bar{\lambda}_w\geqslant1.08\quad\therefore\chi_w=\frac{1.37}{(0.7+\bar{\lambda}_w)}=\frac{1.37}{(0.7+1.60)}=0.60$		BS EN 1993-1-5 第 5.3（3）条
腹板的抗剪承载力 $V_{bw,Rd}$： $V_{bw,Rd}=\frac{\chi_w f_{yw}h_w t_w}{\sqrt{3}\gamma_{M1}}=\frac{0.60\times275\times2000\times15}{\sqrt{3}\times1.0\times10^3}=2843>515\text{kN}=V_{Ed}$ 故满足条件		BS EN 1993-1-5 第 15.3（1）条

板梁设计	第6页	备　注

关于A处的承压加劲肋的设计

A处的承压加劲肋至少需要承担2293kN的支座反力。对于单侧（双侧）加劲肋组成的非刚性端部，不需要承受任何拉伸锚固力。

A处的加劲肋由两块280mm×24mm的钢板组成（例：$h_s=280\text{mm}$；$t_s=24\text{mm}$）

校核平板加劲肋的外伸宽度：

当$t_s=24\text{mm}$，$f_{yf}=265\text{N/mm}^2$时，有　　　　BS EN 10025－2

$$\varepsilon=\sqrt{\frac{235}{f_{yf}}}=0.94$$

$$h_s=280\leqslant 13\varepsilon t_s=13\times 0.94\times 24=294\text{mm}$$

因$h_s/t_s\leqslant 13.0\varepsilon$，故可不考虑扭转屈曲；且对于受压情况下的外伸宽度，当$h_s/t_s\leqslant 14.0\varepsilon$时，属于第Ⅲ类截面。　　　　BS EN 1993-1-5 第9.2.1（8）条

有效加劲段的截面积，由加劲肋和有效宽度（$15\varepsilon t_w=15\times 0.92\times 15=208\text{mm}$，$\varepsilon$与腹板材料有关）内的腹板区域组成。

其有效加劲段的截面，如下图所示：

A处的有效加劲段

假设支座反力通过有效加劲段的中心，即没有产生附加的弯矩。因此，该区域承受的轴压力为$N_{Ed}=2293\text{kN}$。并假定梁两端的加劲肋与端部牢固固定，其有效长度取为$0.75h_w$。

有效加劲段参数：

$$A_s=(2\times 280\times 24)+([280+24]\times 15)=16920\text{mm}^2$$

$$I_s=(24\times[15+2\times 280]^3/12)+(208\times 15^3/12)=380.28\times 10^6\text{mm}^4$$

板梁设计	第7页	备　注
$i_s=\sqrt{\frac{I_{st}}{A_s}}=\sqrt{\frac{380.28\times10^6}{16920}}=149.9\text{mm}$		
加劲段截面承载力：		
$N_{c,Rd}=\frac{Af_y}{\gamma_{M0}}=\frac{16920\times265}{1.0}\times10^{-3}=4484\text{kN}>2293\text{kN}=N_{Ed}$，所以满足要求。		
加劲段屈曲承载力：		
$\lambda_1=\pi\sqrt{\frac{E}{f_y}}=\pi\sqrt{\frac{210000}{265}}=88.4$		
$L_{cr}=0.75h_w=0.75\times2000=1500\text{mm}$		BS EN 1993-1-5 第9.4（2）条
$\bar{\lambda}=\frac{\lambda}{\lambda_1}=\frac{L_{cr}/i_s}{\lambda_1}=\frac{1500/149.9}{88.4}=0.11$		
因$\bar{\lambda}<0.2$，可忽略屈曲影响，且可仅考虑截面的校核。		BS EN 1993-1-5 第6.3.1.2（4）条
B和C处的加劲肋设计		
B和C处的加劲肋应做到尺寸最小，且能承受由拉力场产生的轴向压应力P_{Ed}。		
对于平板BC和CD，有$a=3900\text{mm}$。		
其加劲肋由两块80mm×15mm的钢板组成（例：$h_s=80\text{mm}$；$t_s=15\text{mm}$）		
验核平板加劲肋的外伸宽度：		
当$t_s=15\text{mm}$，$f_{yf}=275\text{N/mm}^2$时，有：		BS EN 10025-2
$\varepsilon=\sqrt{\frac{235}{f_{yf}}}=0.92$		
$h_s=80\leqslant13\varepsilon t_s=13\times0.92\times15=180\text{mm}$		
因$h_s/t_s\leqslant13.0\varepsilon$，故可不考虑扭转屈曲；且对于受压情况下的外伸宽度，当$h_s/t_s\leqslant14.0\varepsilon$时，属于第Ⅲ类截面。		BS EN 1993-1-5 第9.2.1（8）条
有效劲段的截面积，由加劲肋和有效宽度（$15\varepsilon t_w=15\times0.92\times15=208\text{mm}$）内的腹板区域组成。其中，B、C有效加劲段的截面，如下图所示：		

板梁设计	第8页	备 注
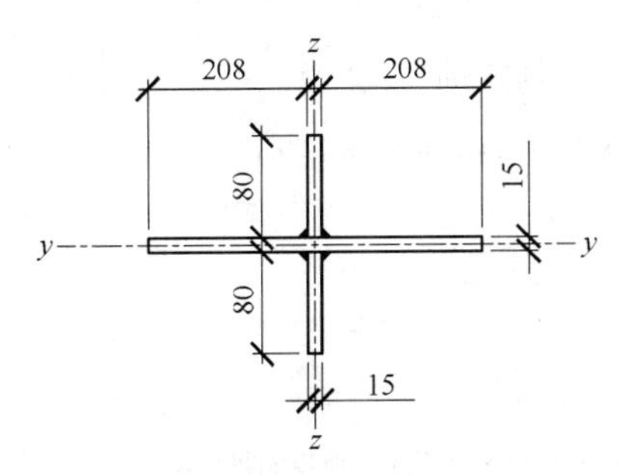		
B和C处的有效加劲段截面 校验最小加劲尺寸： $\frac{a}{h_w}=\frac{3900}{2000}=1.95\geqslant\sqrt{2}$		
最小惯性矩，$I_{st}=0.75h_wt_w^3=0.75\times2000\times15^3=5.06\times10^6\text{mm}^4$ 实际上，有： $I_s=(15\times[15+2\times80]^3/12)+(2\times208\times15^3/12)=6.82\times10^6\text{mm}^4$ 实际惯性矩值 $I_{st}=6.82\times10^6>$ 最小值 $I_{st}=5.06\times10^6\text{mm}^4$ 当 $a\geqslant h_w$ 时，该加劲段承受的轴向压应力 P_{Ed} 值为：		BS EN 1993-1-5 第9.3.3（3）条
$P_{Ed}=V_{Ed}-0.8\tau_{cr}h_wt_w\sqrt{1-\frac{\sigma_{x,Ed}}{0.8\sigma_{cr,x}}}$ 当截面对称时，有 $\sigma_{x,Ed}=0$，$V_{Ed}=2152\text{kN}$ $\tau_{cr}=k_\tau\sigma_E$ $\sigma_E=\frac{\pi^2E}{12(1-v^2)}\left(\frac{t}{b}\right)^2=190000\left(\frac{t}{b}\right)^2=190000\left(\frac{15}{2000}\right)^2=10.7\text{N/mm}^2$		BS EN 1993-1-5 第N.A.2.7条
当 $a/h_w\geqslant1$ 时， $k_\tau=5.34+4.00(h_w/a)^2=5.34+4.00(200/3900)^2=6.39$ $\tau_{cr}=k_\tau\sigma_E=6.39\times10.7=68.2\text{N/mm}^2$ $P_{Ed}=V_{Ed}-0.8\tau_{cr}h_wt_w\sqrt{1-\frac{\sigma_{x,Ed}}{0.8\sigma_{cr,x}}}$ $=2152-(0.8\times68.2\times2000\times15\times10^{-3})=514\text{kN}$		BS EN 1993-1-5 附录A.3

板梁设计	第9页	备　注
有效加劲段参数： $A_s=(2\times80\times15)+([2\times280+15]\times15)=8865\text{mm}^2$ $I_s=(15\times[15+2\times80]^3/12)+(2\times208\times15^3/12)=6.82\times10^6\text{mm}^4$ $i_s=\sqrt{\frac{I_s}{A_s}}=\sqrt{\frac{6.82\times10^6}{8865}}=27.7\text{mm}$ 加劲段横截面承载力： $N_{c,Rd}=\frac{Af_y}{\gamma_{M0}}=\frac{8865\times275}{1.0}\times10^{-3}=2438\text{kN}>514\text{kN}=P_{Ed}$，所以满足要求。 加劲段屈曲承载力： $\lambda_1=\pi\sqrt{\frac{E}{f_y}}=\pi\sqrt{\frac{210000}{275}}=86.8$ $L_{cr}=0.75h_w=0.75\times2000=1500\text{mm}$ $\bar{\lambda}=\frac{\lambda}{\lambda_1}=\frac{L_{cr}/i_s}{\lambda_1}=\frac{1500/27.7}{86.8}=0.62$ 考虑到加劲段的屈曲，由屈曲曲线"c"，查$\alpha=0.49$，即： $\Phi=0.5[1+\alpha(\bar{\lambda}-0.2)+\bar{\lambda}^2]=0.5[1+0.49(0.62-0.2)+0.62^2]=0.80$ $\chi=\frac{1}{\Phi+\sqrt{\Phi^2-\bar{\lambda}^2}}=\frac{1}{0.80+\sqrt{0.80^2-0.62^2}}=0.77\leqslant1.0$ $N_{b,Rd}=\frac{Af_y}{\gamma_{M1}}=\frac{0.77\times8865\times275}{1.0}\times10^{-3}=1881\text{kN}>514\text{kN}=P_{Ed}$,所以满足要求。 **D处加劲肋的设计** D处的加劲肋应做到尺寸最小，能承受92kN及由拉力场产生的轴向压应力P_{Ed}。其加劲肋由两块80mm×15mm的钢板组成（例：$h_s=80\text{mm}$；$t_s=15\text{mm}$），具体图形可参照B、C处的截面形状。最小加劲肋的尺寸要求，同上。		BS EN 1993-1-5 第9.4（2）条 BS EN 1993-1-5 第9.4（2）条 BS EN 1993-1-1 第6.3.1.2条 BS EN 1993-1-1 第6.3.1.1条

板梁设计	第10页	备　注
对于 DE 处板，$a=5650\text{mm}$。 当 $a \geqslant h_w$ 时，该加劲段承受的轴向压应力 P_{Ed} 值为： $$P_{Ed} = V_{Ed} - 0.8\tau_{cr}h_w t_w\sqrt{1-\frac{\sigma_{x,Ed}}{0.8\sigma_{cr,x}}}$$ 当截面对称时，有 $\sigma_{x,Ed}=0$，$V_{Ed}=1440\text{kN}$ $$\tau_{cr} = k_\tau\sigma_E$$ $$\sigma_E = \frac{\pi^2 E}{12(1-v^2)}\left(\frac{t}{b}\right)^2 = 190000\left(\frac{t}{b}\right)^2 = 190000\left(\frac{15}{2000}\right)^2 = 10.7\text{N/mm}^2$$ 当 $a/h_w \geqslant 1$ 时： $$k_{c\tau} = 5.34+4.00(h_w/a)^2 = 5.34+4.00(200/5650)^2 = 5.84$$ $$\tau_{cr} = k_\tau\sigma_E = 5.84\times10.7 = 62.4\text{N/mm}^2$$ $$P_{Ed} = V_{Ed} - 0.8\tau_{cr}h_w t_w\sqrt{1-\frac{\sigma_{x,Ed}}{0.8\sigma_{cr,x}}}$$ $= 1440-(0.8\times62.4\times2000\times15\times10^{-3}) = -96.7\text{kN}$，故取 $P_{Ed}=0$ 为此，轴向压力合力为 $925+0=925\text{kN}$， 加劲段屈曲承载力 $N_{b,Rd}=1881\text{kN}>925\text{kN}$，所以满足要求。 **最终板梁尺寸及细部构造** 基于上述计算，最终的板梁尺寸和细部构造如下： 所有内部加劲肋尺寸均为 2×80×15 2×80×15　2×280×22 1550　3900　3900　5650　5650　3900　3900　1550 30000 750　15　50　2100　50 最终板梁截面尺寸		BS EN 1993-1-5 第 NA.2.7 条 BS EN 1993-1-5 附录 A.3 条

参考文献

[1] British Standards Institution(2006) BS EN 1993-1-5 Eurocode 3-Design of steel structures-Part 1.5: Plated structural elements. CBS EN. London, BSI.

[2] Owens G. W. (1989) Design of Fabricated Composite Beams in Buildings. Ascot, The Steel Construction Institute.

[3] British Standards Institution(2005) BS EN 1993-1-1 Eurocode 3-Design of steel structures-Part 1.1: General rules and rules for buildings. CBS EN. London, BSI.

[4] Hendy C. R. and Murphy C. J. (2007) Designers' Guide to BS EN 1993-2-Eurocode 3: Design of steel structures. Part 2: Steel bridges. London, Thomas Telford.

[5] Subramanian N. (2008) Design of Steel Structures. New Delhi, OUP India.

[6] Höglund T. (1981) Design of Thin Plate I Girders in Shear and Bending, with Special Reference to Web Buckling. Bulletin No. 94, Division of Building Statics and Structural Engineering, Royal Institute of Technology, Sweden.

[7] NCCI SN019. (2009) Design rules for web openings in beams, www.steel-ncci.co.uk.

19 压弯构件*

Members with Compression and Moments

DAVID NETHERCOT and LEROY GARDNER

19.1 压弯荷载的形成

本手册的第 16 章和第 17 章分别讨论了构件单独承受压力和弯矩时的设计方法。然而，在实际工程中，经常出现的是这两种荷载的共同作用。图 19-1 给出了一些常见的实例。

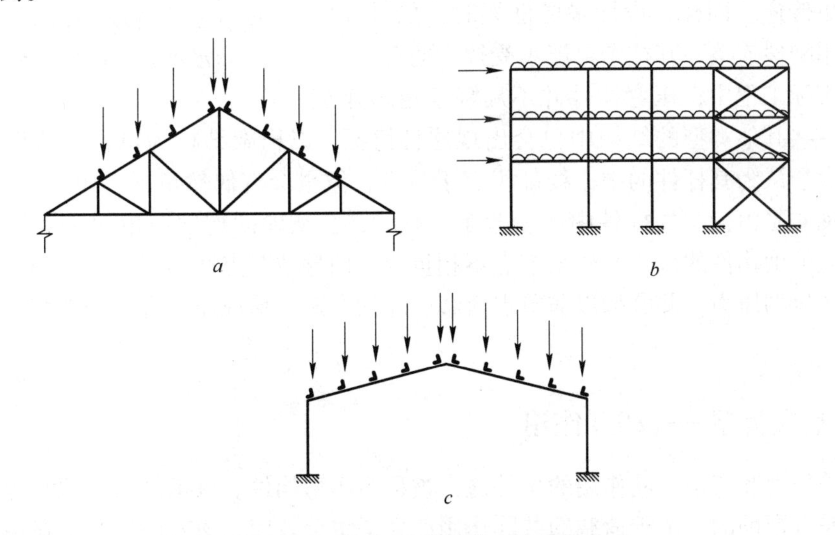

图 19-1 不同钢框架类型的节点连接方式

a—屋面桁架——上弦杆承受檩条传来的弯矩和整体弯曲引起的压力作用；
b—简单框架——柱子承受梁的偏心反作用力引起的弯矩和重力荷载引起的压力作用；
c—门式刚架——屋架梁和柱子承受由框架作用引起的弯矩和压力作用

对于一根压弯构件而言，关于其某一主轴或两个主轴的压弯之间的平衡取决于多种因素，其中最重要的是结构类型、所作用荷载的形式、构件在结构中位置以及构件间的节点连接方式等。

根据施工简单原则（principles of simple construction）设计结构框架时，通常认为

* 本章主译：刘毅，参译：秦国鹏。

柱中弯矩只是由梁的反力出现偏心而引起的，见图19-2。因此，建筑结构中柱子内的轴向荷载会逐层向下传递累积，但柱子内的弯矩则只和柱所在的楼层有关，通常的结果就是从上到下各层柱中的压力与弯矩的比值逐渐增大。为此，许多柱子设计时对应的轴向荷载很大，弯矩却很小。角柱中在两个坐标轴的方向都承受弯矩，但很可能承受较小的轴向荷载；边柱至少承受来自一个坐标轴方向的弯矩；至于中柱，如果梁系布置和作用荷载都是对称的，则设计时可只考虑轴向荷载作用。

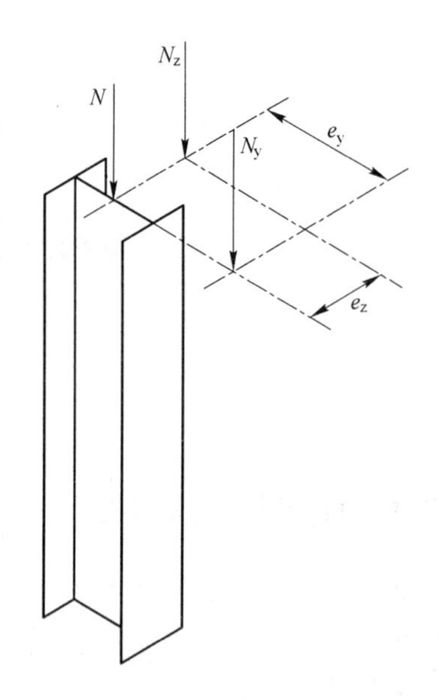

图 19-2　作用在“简化设计”框架梁-柱节点上的荷载

相反，门式刚架的柱子必须在刚架平面内承受很大的弯矩，但轴向载荷相对较小，除非它直接支承吊车。屋架梁也会承受一些小的轴向荷载。门式刚架的构件之间采用刚性节点连接，允许在框架内进行弯矩传递。同样，设计多层框架时，如果梁柱节点采用刚性连接，其柱子可能承受较大的弯矩。

在实际工程中，压弯构件并不局限于矩形建筑框架，一些其他类型的结构中也会出现这种情况。以桁架结构为例，虽然设计桁架时，通常会认为其杆件的中心线都相交于节点，但也会有偶然情况，由于偏心连接，会在以轴向受力为主的杆件中产生弯矩。有时，会从辅助构件向桁架主弦杆传递荷载，因此辅助构件的位置与桁架节点不相重合，而导致节点间的梁段受到因桁架整体弯曲而产生的压力，并叠加以非节点荷载引起的弯矩，形成压、弯共同作用。

19.2　响应类型——相互作用

承受压力和弯矩共同作用的构件通常被称为压弯构件。该术语对认识和理解构件的反应是有帮助的。由于荷载的共同作用产生了组合效应，该效应包含了在两种极端情况下构件的特性：即梁只受弯矩作用，柱只承受压力荷载。

由此很自然地引出了作为压弯构件设计理论基础的相互作用概念，一种使用图表或公式相结合的方法，来确定在各种荷载作用下构件承载力的比例关系。图 19-3 以两个和三个独立的荷载分量为例，概要阐述了压弯相互作用的概念。图上的一点可以表示任意一种荷载组合，一组数值不断增大、但两种荷载分量间的比例关系保持不变的压弯荷载，对应于从原点出发的一条直线。位于边界线以内的点满足设计承载力的要求，位于边界线上的点刚好满足设计承载力的临界条件，而位于边界线以外的点则为不安全的荷载组合。对于双荷载分量的情况而言，如果其中一个荷载类型固定不变，则需要确定另一个荷载的最大容许值，首先确定已指定荷载所对应的竖向坐标，然后在水平方向作投影使其与设计边界线相交，即可从图中读取相应的水平坐标。

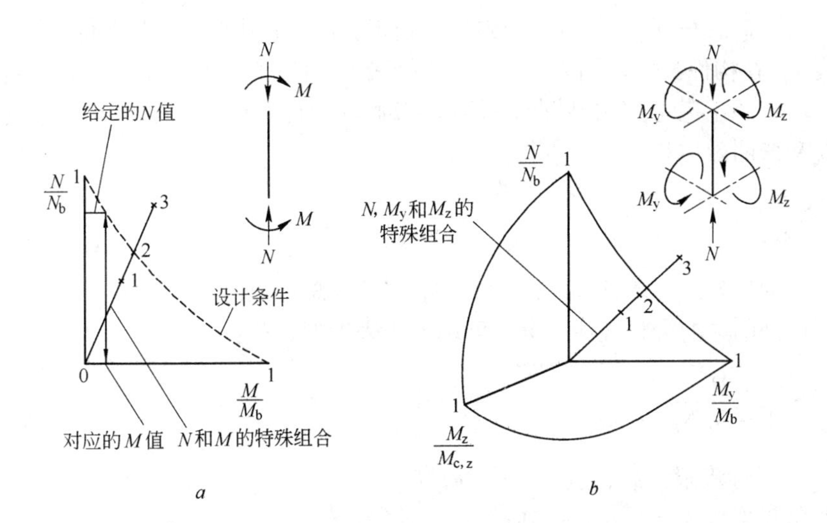

图 19-3 压弯组合荷载的相互作用图

a—二维；*b*—三维

图 19-3 作为设计基础，其准确性取决于多种因素，包括作用荷载的形式、可能出现的响应类型、构件的长细比以及横截面的形状等。因此，压弯构件的设计方法必须在图形准确性和使用简易性这两者之间寻求矛盾的平衡，其中提高准确性就是调整图 19-3 中设计边界线的形状，以反映上述各种因素的影响。然而，即使是采用最简单的设计方法，也有必要了解上述各种因素所起的作用。

以图 19-4 所示的二维平面构件为例，很容易理解构件长细比的重要性。图中的构件端部同时受到轴向压力和一对大小相等、方向相反的弯矩作用，并且假定其产生

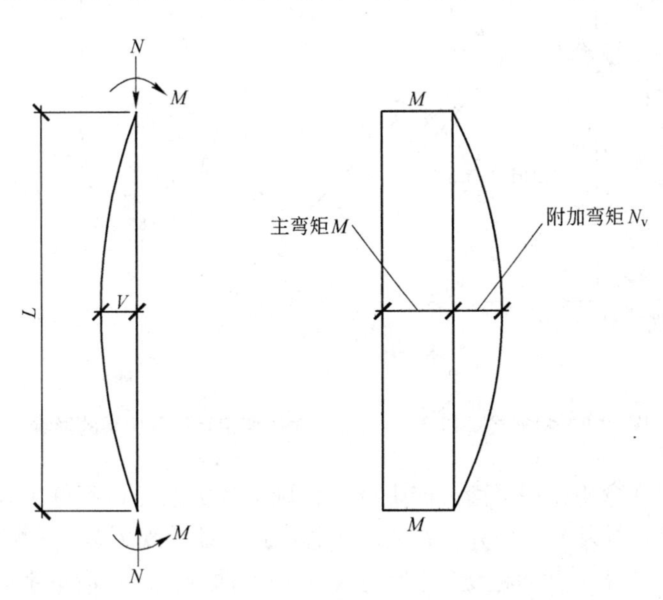

图 19-4 压弯构件的平面内性状

的变形与所受荷载在同一平面内。构件在外加弯矩的作用下会发生弯曲，从而产生了侧向挠度 v。在构件长度范围内任意一点的弯矩，由以下两部分组成：在端部作用的一个固定不变的主弯矩 M 和由轴向压力 N 及侧向挠度 v 作用产生的附加弯矩 N_v。将压缩效应和弯曲效应相加，可以得到：

$$\frac{N}{N_b}+\frac{M_{max}}{M_c}=1.0 \tag{19-1}$$

式中，N_b 和 M_c 分别为压杆和梁的承载力；M_{max} 为总弯矩值。

压弯构件问题的分析表明，M_{max} 可用下式来近似计算：

$$M_{max}=\frac{M}{1-N/N_{cr}} \tag{19-2}$$

式中，N_{cr} 为弹性极限荷载，且 $N_{cr}=\pi^2 EI/L^2$。

将上述两个表达式合并，得到：

$$\frac{N}{N_b}+\frac{M}{M_c(1-N/N_{cr})}=1.0 \tag{19-3}$$

图 19-5 所示为该表达式对应的函数曲线。通过分析可知，随着构件长细比的增加，曲线开始逐渐下凹，且主弯矩 M 的放大系数也变化显著。显然，在设计构件时，如果忽略附加弯矩的作用，只将 N 和 M 引起的效应简单叠加，而不考虑两者之间的相互作用，所得到的结果将是偏于不安全的。

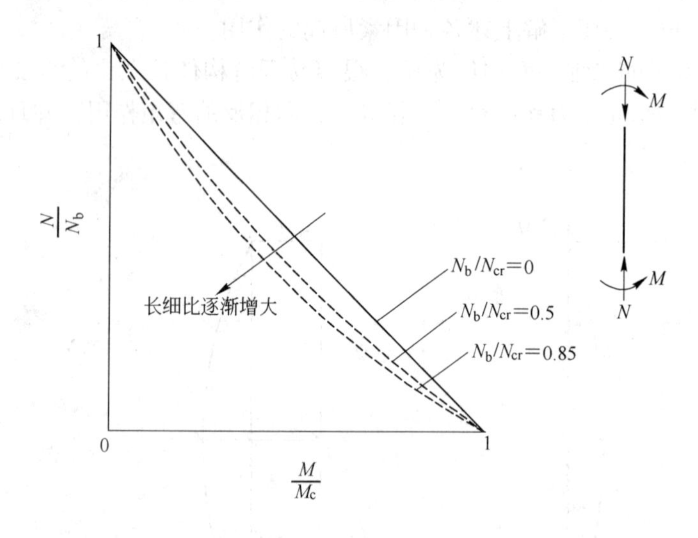

图 19-5　根据式（19-3），长细比对压弯相互作用关系的影响

如果构件只在弯矩作用平面内产生变形，则上述方法可以很好地表示这种响应，并可作为构件的设计基础。但是，在实际工程中还可能出现更多形式复杂的响应。图 19-6 所示说明了工字形截面柱受压和绕主轴方向弯曲的情况。由本手册第 16 章和第 17 章关于柱和梁的相关讨论可知，如果构件只受轴压或只受弯矩作用，都会绕弱轴

发生破坏，前者是在荷载 $N_{b,z}$ 作用下发生的简单弯曲屈曲，后者是在弯矩 M_b 作用下发生的侧向-扭转屈曲。相关试验和精确分析的结果表明，压弯荷载的组合作用同样会引起弱轴方向的破坏。注意到由于在腹板平面内的弯曲变形而轴向荷载作用会产生放大效应，且最终的破坏模式也与平面外变形没有关联，因此需要对相互作用关系式（19-3）进行修正，从而得到一个适用于设计的计算公式：

$$\frac{N}{N_{b,z}} + \frac{M_y}{M_b(1 - N/N_{cr,y})} = 1.0 \tag{19-4}$$

需要注意的是，承载力 $N_{b,z}$ 和 M_b 都与平面外破坏有关，但是放大效应只取决于平面内的欧拉荷载。考虑式中的 $N/N_{cr,y}$ 项，已知 N 的上限为 $N_{b,z}$，并且 $N_{b,z} < N_{b,y} < N_{cr,y}$，因此这里的放大效应要明显小于完全的平面内情况。

压弯构件的作用弯矩不一定局限于单一平面内。最常见的情况如图 19-7 所示，图中轴压力和绕构件截面两主轴方向的弯矩同时作用，此时，构件呈三维响应，包括了绕两个主轴方向的弯曲及扭转。由于无法提供一个直接的相互作用关系式来作为设计的基础，从而造成了问题分析的复杂性。但从实际解决问题角度来看，可以把前面提到的两种情况进行某种形式的组合，所提供的任何解决问题的方案要与相关试验及可靠分析所得的数据进行检查核对。为此，就形成了两种可能性：第一种方案是把可接受的弯矩 M_y 和 M_z 进行组合，其中 M_y 和 M_z 是由式（19-3）和式（19-4）求得、分别与轴向荷载 N 组合的弯矩值：

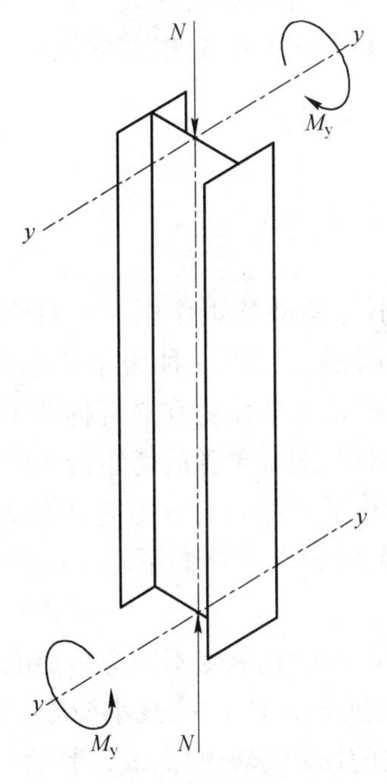

图 19-6　工字形截面柱受压及绕主轴方向弯曲

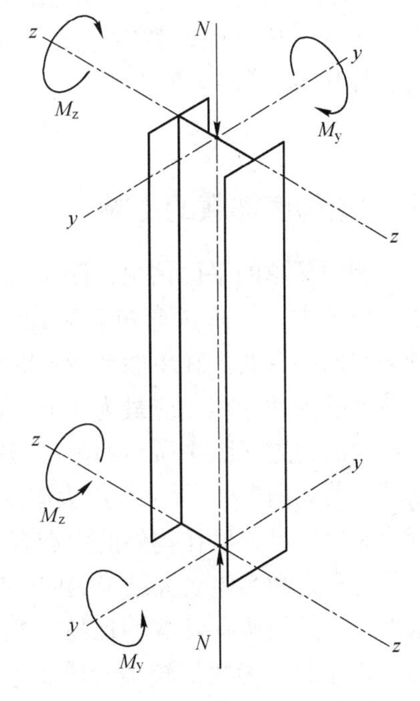

图 19-7　工字形截面柱受压及绕主轴和弱轴方向弯曲

$$\frac{M_y}{M_{ay}} + \frac{M_z}{M_{az}} = 1.0 \tag{19-5}$$

式中，M_{ay}和M_{az}分别为式（19-3）和式（19-4）的求解结果；或者第二种方案是直接在式（19-4）上加上弱轴方向的弯曲效应，即：

$$\frac{N}{N_{b,z}} + \frac{M_y}{M_b(1 - N/N_{cr,y})} + \frac{M_z}{M_{c,z}(1 - N/N_{cr,z})} = 1.0 \tag{19-6}$$

虽然第一种方案看起来不像第二种方案那样可以直接得到最终的结果，但其优点是两主轴方向的相互作用关系可以分别进行处理，从而在处理“强轴方向的弯曲不会引起弱轴方向破坏”的情况时显得更合乎逻辑，以矩形钢管为例，其中 $M_b = M_{c,y}$（实际情况），其 $N_{b,y}$与 $N_{b,z}$可能更接近于通用梁构件（UB）。与之相似的是，对于在两个平面内的有效长度不相等的构件来说，例如，对于仅在弱轴方向设有中间支撑的构件，将平面内和平面外的响应分开处理，且将较弱的一方与弱轴弯曲相结合所得到的结果就会比较合理。

前面所讨论的都比较笼统，其主要意图在于阐述设计压弯构件所应遵循的原则。现归纳如下：

（1）必须了解不同荷载分量间的相互作用；如果仅仅将各荷载分量进行叠加，所得到的结果会偏于不安全。

（2）随着构件长细比的增加，相互作用的效应就越发明显。

（3）构件可能产生不同的响应形式，主要取决于所作用荷载的形式。

明确了这三条原则，就能更容易地理解 BS EN 1993-1-1 中的相关的设计方法，具体内容详见本章第 19.5 节。

19.3 弯矩梯度加载的影响

回到相对简单的平面情况，图 19-8 给出了承受不等端部弯矩作用的一对压弯构件，所对应的主（一阶）弯矩和附加（二阶）弯矩图形，其中一种为单曲率弯曲，另一种为双曲率弯曲。在单曲率弯曲时，弯矩叠加后的最大值发生在靠近构件中点的位置，该处的附加弯矩效应最为明显。在双曲率弯曲时，两个单独的弯矩最大值发生在完全不同的位置，图中所示的附加弯矩被人为地缩小了，最大的弯矩绝对值发生在构件顶端。若如图 19-9 所示，加大附加弯矩，则最大弯矩点将略向下移，但仍与单曲率弯曲时弯矩最大值在构件的中点有一定的距离。

相关的理论和实验研究结果表明，对于只在平面内响应且承受不同弯矩梯度的钢压弯构件，当其他所有参数均保持常数时，破坏荷载随着系数 ψ 的减小而增加，其中 ψ 是比例系数，为数值较小的端部弯矩与数值较大的端部弯矩的比值，其值为 +1（均匀单曲率弯曲）~ −1（均匀双曲率弯曲）。图 19-10 给出了一组相互作用关系曲线。显然，如果所有的压弯构件设计都采用 $\psi = +1$，则所得结果虽然安全但过于

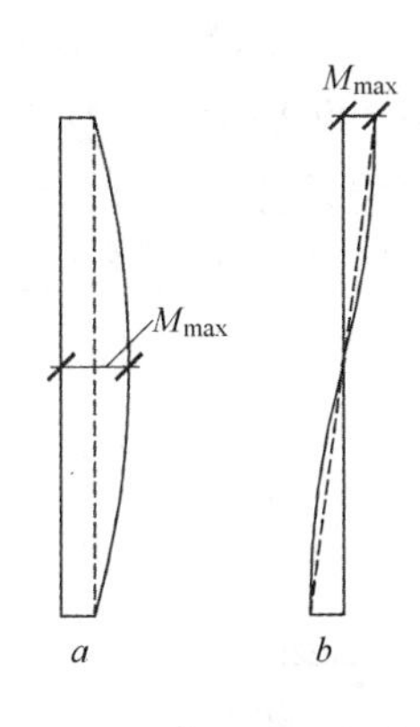

图 19-8　主弯矩和附加弯矩 1

a—单曲率；*b*—双曲率

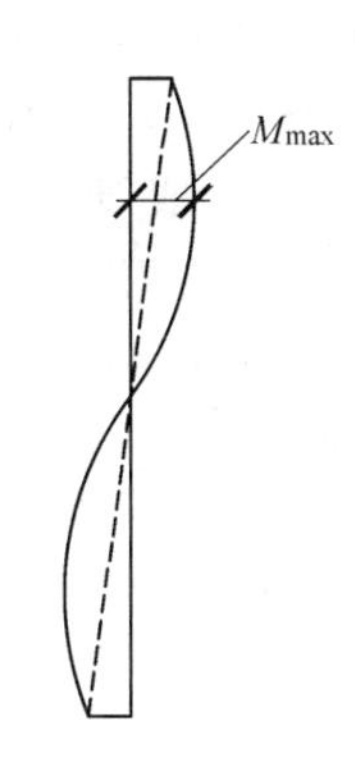

图 19-9　主弯矩和附加弯矩 2

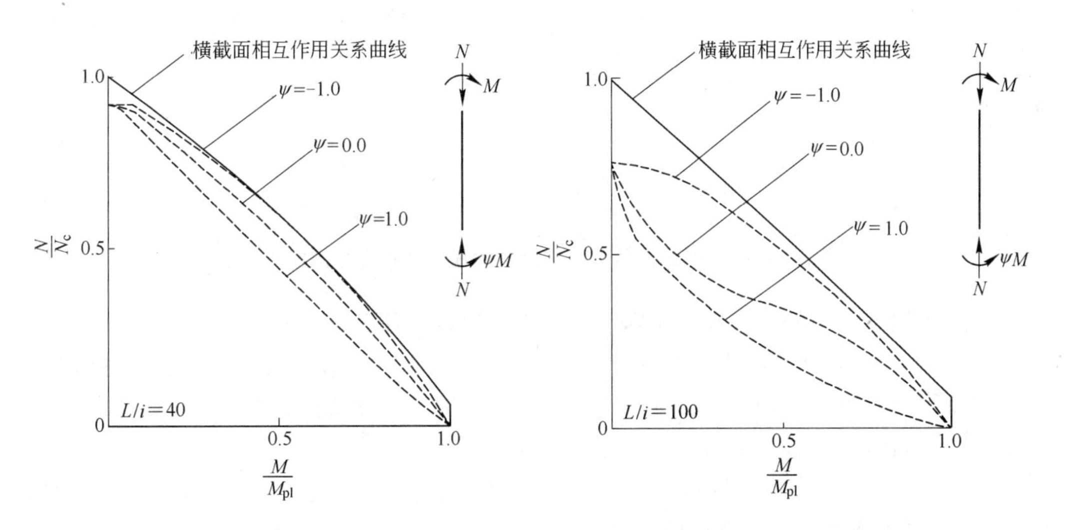

图 19-10　弯矩梯度对相互作用关系曲线的影响

保守。

从图 19-10 还可以发现，当弯矩很大时，$\psi \neq +1$ 所对应的曲线趋于合并为一条曲线，该曲线所对应的情况是，构件应力较大的一端对构件的设计起控制作用，参见图 19-8 和图 19-9 就可以说明这一点。图 19-10 中的左侧（弯矩值相对较小的）、位置偏下的曲线（及 ψ 接近 1）对应于图 19-9 的情况起控制作用，而右侧、位置偏上的曲线表示构件在端部发生破坏。有时，也将上述两种情况分别称为“稳定破坏”和“强度破坏”（或“屈曲”破坏和“横截面”破坏）。

虽然这可能违反了纯粹性原则，但这两种情况所对应的极限条件是只要横截面达到“屈曲”和“强度”承载力其中之一的状态即可，尽管在构件中所处的位置不同，但是，还是要注意在性能上两者的主要区别。另外，图 19-10 给出的是横截面的相互作用关系曲线：与构件全截面强度相对应的 *N* 和 *M* 组合。这是一种“强度”极限状态，代表在主弯矩和轴向荷载共同作用下构件全截面达到承载力极限状态。

根据本手册第 17 章中所提出的梁侧向扭转屈曲时的等效均匀弯矩概念，可将图 19-10 的内容综合成与本章第 19.2 节类似的相互作用关系公式；其压弯构件的含义及公式用法实际上是相同的。因此，对于弯矩梯度作用下的压弯构件，通过引入均匀弯矩系数 C_m，将轴向荷载 N 和等效均匀弯矩 C_mM 进行组合，对构件稳定性进行验算，如图 19-11 所示。

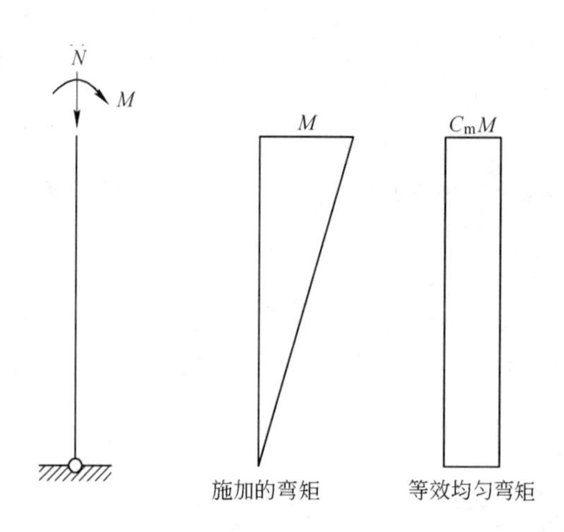

图 19-11　压弯构件主弯矩对应的等效均布弯矩的概念

对于图 19-10 中的上边界（上限）或强度破坏的情况，必须采用适当的方法对 N 和 M 作用时的横截面承载力分别进行校核。对于 $\psi = +1$ 的情况，因为强度不起控制作用，因此可不作强度验算，而当 $\psi \to -1$ 且 $M \to M_c$ 时，强度起控制作用的可能性则会越来越大。对于平面问题，验算步骤如下：

（1）将轴向压力 N 和等效弯矩 C_mM 代入含有屈曲承载力 N_b 和弯矩承载力 M_c 的相互作用关系公式中进行稳定性验算。

（2）将轴向压力 N 和最大的作用端部弯矩 M_1 代入含有轴向承载力 N_c 和弯矩承载力 M_c 的相互作用关系公式中进行强度验算（如果 $C_m = 1.0$，则此项校核可省略；在稳定性验算过程中，采用 $C_mM = M_1$）。

考虑其他一些包括平面外破坏或双轴弯曲的情况时，同样可以采用等效均布弯矩的概念。虽然在不同情况下 C_m 值会有微小差别，但为了简单起见，设计时常常使用相同的 C_m 值。对于双轴弯曲，比较恰当的是对于两个主轴方向弯曲采用两个不同的 C_m 值。

19.4　截面类型选择

本章第 19.2 节概要介绍了压弯构件的几个不同设计案例及响应类型。在选择适当的构件用于压弯构件时，必须考虑各种因素的不同要求。除了单纯的结构方面因素

外，还应充分考虑工程实际，如要求构件与相邻结构的连接简单而有效。对于一组给定的结构条件，包括压力、端部弯矩和长度等，管形构件可能是最佳选择，但是如果需要现场连接，则必须仔细斟酌以确保其操作简单且经济可行。另外，如果桁架腹杆是同一类构件，且桁架可以在工厂整体加工制作，并作为一个装配单元运到施工现场时，则应采用简单的焊接连接，而且最佳结构方案极有可能是最佳的工程方案。

一般来讲，当要求现场连接时，通常会采用螺栓连接，应优先选用敞开型的构件截面以便于使用连接板或端板。通用柱构件（UCs）主要是用来抵抗轴向荷载的，但在两个主轴方向亦有相当大抗弯承载能力。虽然当构件受纯轴压时，起控制作用的是翼缘（而非腹板）的平面内屈曲，而最实用的构件截面形式是采用相对较宽的翼缘，来保证构件不会因侧向扭转屈曲的影响而大大降低强轴方向的抗弯承载力 $M_{c,y}$。实际上，$M_b = M_{c,y}$ 的条件通常会得到满足。

在根据构造简单原则设计的房屋建筑框架中，通常并不要求柱子承受很大的弯矩。这是因为柱内的轴向荷载会逐层向下累积，但影响一根特定柱子长度设计的弯矩则只和该柱所在楼层高度有关。在几乎所有情况下，最经济的结构柱子形式是采用通用柱构件（UCs）。在构件初选时，可以在实际的轴向荷载上增加一小部分，来考虑可能存在的相对小的弯矩，然后按照参考文献［1］中所给出的抗压承载力表格选择适当的构件进行试算。对于双轴受弯，如角柱，通常在实际轴向荷载上增加的更大一部分，来考虑双向受弯的影响；对于规则柱网中的内柱，当不考虑荷载的不利布置时，其设计条件实际上可以是一个纯轴压工况。

为了提高柱的抗弯承载力，十分普遍并且比较经济的方法是将主梁设计成与柱翼缘相连，因为这样 $M_{c,y}$ 总是会大于 $M_{c,z}$，对通用柱构件（UCs）相也是适用的。如果设计的结构是一系列的平面刚架，且要求柱在刚架平面内能承受较大的弯矩和相对较小的轴向压力时，则选用通用梁构件（UBs）可能是一个合适的选择。通常，由于在单层门式刚架建筑中设有吊车，在柱子中产生了较大的轴向荷载，建筑的高度也加大了柱子的长细比，有时以上两种情况还会同时存在，选用通用柱构件（UCs）可能更为合适。通用梁构件（UBs）用做柱时，还会遇到一个问题：当作用荷载引起腹板应力中的平均压应力分量超过 70～100N/mm^2 时，许多规格的通用梁构件的腹板宽厚比值（c_w/t_w）都不满足薄柔截面（第Ⅳ类）的要求。

BS5950 和 EC3 截面分类比较❶

BS 5950 的用词		EC3 的分类
Plastic	塑性截面	Class 1（第Ⅰ类）
Compact	厚实截面	Class 2（第Ⅱ类）
Semi-compact	半厚实截面	Class 3（第Ⅲ类）
Slender	薄柔截面	Class 4（第Ⅳ类）

❶ 本表由译者加注。

19.5 采用欧洲规范3的基本设计过程

对于简单结构可以采用静力方法，对于连续结构可采用刚架分析方法来确定结构中的内力分布，当上述工作完成时，就可以着手进行压弯构件的设计了，即检查试算构件是否满足指定的设计条件，以确保其落在图19-3所示的相应图线中的设计边界线之内。BS EN 1993-1-1中给出了多组相互作用关系公式，均接近上述设计的边界条件。使用在本手册第16章和第17章中已经阐述的轴向受压和沿主轴受弯的屈曲承载力计算方法，来分别确定设计边界线的两个端点。如果采用小于1的系数 C_m 来计算等效均匀弯矩时，还应在荷载最大的区域分别进行截面承载力校核（这些区域可能不明显，因此要在几个可能的区域内进行校核）。

19.5.1 截面承载力

首先应采用BS EN 1993-1-1第6.2条的规定，进行截面承载力校核。

BS EN 1993-1-1第6.2.1（7）条中的线性相互作用公式，适用于第Ⅰ、Ⅱ、Ⅲ类截面，其形式最简单，但往往比较保守。

$$\frac{N_{Ed}}{N_{Rd}}+\frac{M_{y,Ed}}{M_{y,Rd}}+\frac{M_{z,Ed}}{M_{z,Rd}}\leqslant 1 \tag{19-7}$$

式中，N_{Ed}、$M_{y,Ed}$、$M_{z,Ed}$分别为所作用的轴力和弯矩；N_{Rd}、$M_{y,Rd}$、$M_{z,Rd}$分别为构件轴向承载力和抗弯承载力。

对于第Ⅰ、Ⅱ类截面，更为经济的解决方案可见BS EN 1993-1-1第6.2.9.1（2）款，公式如下：

$$M_{Ed}\leqslant M_{N,Rd} \tag{19-8}$$

式中，$M_{N,Rd}$为轴向压力 N_{Ed}作用下的塑性抗弯承载力设计值。

对于双轴对称的工字形钢和H型钢构件，如果满足以下两式，其绕 y-y 轴方向的抗弯承载力可不必折减：

$$N_{Ed}\leqslant 0.25N_{pl,Rd} \tag{19-9}$$

$$N_{Ed}\leqslant \frac{0.5h_w t_w f_y}{r_{M0}} \tag{19-10}$$

同样，当满足下式时，其绕 z-z 轴方向的抗弯承载力可不必折减：

$$N_{Ed}\leqslant \frac{h_w t_w f_y}{r_{M0}} \tag{19-11}$$

对于普通轧制工字形钢和H型钢，当 N_{Ed}值较大时，可采用如下公式计算其抗弯承载力：

$$M_{N,y,Rd} = M_{pl,y,Rd}(1-n)/(1-0.5a) \text{ 且 } M_{N,y,Rd} \leqslant M_{pl,y,Rd} \tag{19-12}$$

$$M_{N,z,Rd} = M_{pl,z,Rd} \quad \text{当 } n \leqslant a \text{ 时} \tag{19-13}$$

$$M_{N,z,Rd} \leqslant M_{pl,z,Rd}\left[1-\left(\frac{n-a}{1-a}\right)^2\right] \quad (\text{当 } n > a \text{ 时}) \tag{19-14}$$

式中，$n = N_{Ed}/N_{pl,Rd}$；$a = (A-2bt_f)/A$，且 $a \leqslant 0.5$。

对于矩形钢管（RHS）构件，考虑到存在轴向荷载，其折减的抗弯承载力计算公式为：

$$M_{N,y,Rd} = M_{pl,y,Rd}(1-n)/(1-0.5a_w) \text{ 且 } M_{N,y,Rd} \leqslant M_{pl,y,Rd} \tag{19-15}$$

$$M_{N,z,Rd} = M_{pl,z,Rd}(1-n)/(1-0.5a_f) \text{ 且 } M_{N,z,Rd} \leqslant M_{pl,z,Rd} \tag{19-16}$$

式中，$a_w = (A-2bt)/A$，且 $a_w \leqslant 0.5$；$a_f = (A-2bt)/A$，且 $a_f \leqslant 0.5$。

对于承受双轴向弯曲的第Ⅰ类和第Ⅱ类截面构件，可以采用下列相互作用关系表达式：

$$\left[\frac{M_{y,Ed}}{M_{N,y,Rd}}\right]^{\alpha} + \left[\frac{M_{z,Ed}}{M_{N,z,Rd}}\right]^{\beta} \leqslant 1 \tag{19-17}$$

式中，对于工字形钢和H型钢，$\alpha = 2$，$\beta = 5n$，且 $\beta \geqslant 1$。

19.5.2　构件屈曲承载力

对于第Ⅰ、Ⅱ、Ⅲ类截面构件的屈曲承载力，BS EN 1993-1-1 中的式（6-61）和式（6-62）可简化为：

$$\frac{N_{Ed}}{M_{b,y,Rd}} + k_{yy}\frac{M_{y,Ed}}{M_{b,Rd}} + k_{yz}\frac{M_{z,Ed}}{M_{c,z,Rd}} \leqslant 1 \tag{19-18}$$

和

$$\frac{N_{Ed}}{M_{b,z,Rd}} + k_{zy}\frac{M_{y,Ed}}{M_{b,Rd}} + k_{zz}\frac{M_{z,Ed}}{M_{c,z,Rd}} \leqslant 1 \tag{19-19}$$

式中，$N_{b,y,Rd}$和$N_{b,z,Rd}$分别为强轴和弱轴方向上的屈曲承载力设计值；$M_{b,Rd}$为侧向扭转屈曲弯矩设计值；$M_{c,z,Rd}$为绕弱轴抗弯承载力；k_{yy}、k_{yz}、k_{zy}和k_{zz}为相互作用系数，可根据 BS EN 1993-1-1 中的附录A或附录B予以确定。

BS EN 1993-1-1 中的附录A或附录B提供了确定相互作用系数的两种不同方法。两种方法均获得了英国国别附录的批准。虽然都不是太简单，但附录B方法所涉及的计算较少。对于第Ⅰ类和第Ⅱ类工字形截面，根据 BS EN 1993-1-1 的附录B，图19-12给出了确定相互作用系数的图解方法。其中，k_{yy}由图19-12a确定，k_{zy}由图19-12b确定（出于保守考虑，取$C_{mLT} = 1.0$），k_{zz}由图19-12c确定，k_{yz}可取为$0.6k_{zy}$；有关其他截面类型相互作用系数的进一步讨论，可参见参考文献［2］中的附录D。

在参考文献［2］中给出了相互作用系数的最大值（偏于安全），并将该内容在表19-1中予以重复，其中的等效均布弯矩系数C_{my}和C_{mz}可根据 BS EN 1993-1-1 的附

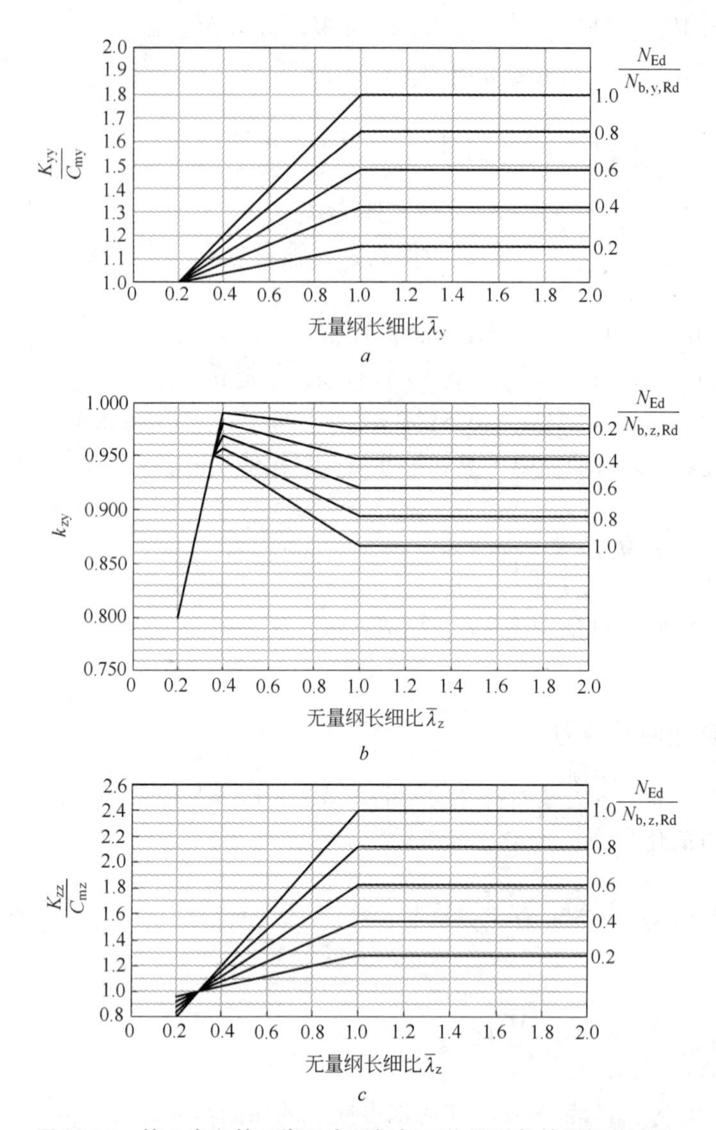

图 19-12 第Ⅰ类和第Ⅱ类工字形钢相互作用系数的图解确定法

a—k_{yy}适用于第Ⅰ类和第Ⅱ类截面；*b*—k_{zy}适用于第Ⅰ类和第Ⅱ类截面；（偏于保守地取 $C_{mLT}=1.0$）；*c*—k_{zz}适用于适用于第Ⅰ类和第Ⅱ类截面

录 B 确定。当所作用的端部弯矩由 M 线性变化到 ψM 值时，C_m 可按下式计算：

$$C_m = 0.6 + 0.4\psi \geq 0.4 \tag{19-20}$$

在基于“构造简单”原则设计的结构中，对于第Ⅰ、Ⅱ、Ⅲ类截面的热轧工字形钢、H 型钢和矩形钢管柱构件，还可以采用一种特殊方法进行设计。施工简单原则适用于带抗侧移支撑的多层、矩形框架结构，结构中的梁和柱构件只需承受重力荷载，且梁和柱为“简单”连接，梁只能向柱子传递有限的弯矩。在非冲突性补充信息（NCCI）SN048[3] 中给出的简化设计方法，将相互作用方程组有效地简化为单个

相互作用关系公式，并提供了偏于安全的相互作用系数值：

$$\frac{N_{\mathrm{Ed}}}{M_{\mathrm{b,z,Rd}}}+\frac{M_{\mathrm{y,Ed}}}{M_{\mathrm{b,Rd}}}+1.5\frac{M_{\mathrm{z,Ed}}}{M_{\mathrm{c,z,Rd}}}\leqslant 1.0 \tag{19-21}$$

该方法假定式中第一项（即轴向分量）在相互作用中是起控制作用的，并假定在弱轴方向发生破坏。

表 19-1　偏于安全的相互作用系数值

相互作用系数	第Ⅰ类和第Ⅱ类截面	第Ⅲ类截面
k_{yy}	$1.8C_{my}$	$1.6C_{my}$
k_{yz}	$0.6k_{zz}$	k_{zz}
k_{zy}	1.0	1.0
k_{zz}	$2.4C_{mz}$	$1.6C_{mz}$

19.6　门式刚架构件的特殊设计方法

19.6.1　设计要求

在一个典型的坡屋顶门式刚架中，柱子和刚架横梁构件都承受轴压和弯曲的共同作用。假如这种门式刚架是采用弹性方法设计的，则可以采用前面提到的确定局部截面承载力和整体屈曲承载力的那些方法。然而，这些常用的方法却无法考虑常规门式刚架结构的某些特点，当予以适当考虑时，其中某些因素可能会使相关构件的屈曲承载力显著增大。

当采用塑性设计方法时，对构件稳定性的要求会有一些改变。此时不再只是简单地保证构件能够安全地抵抗所作用的弯矩和侧向推力，而对于需要考虑塑性铰作用的构件，必不可少的是，在有轴压作用的情况下，当在框架倒塌机构形成和发展过程中产生较大转角时，构件能继续保持其弯矩承载力。这一要求与本手册第 14 章中讨论的第Ⅰ类截面本质上是相同的。因此，在按塑性设计的框架中，那些确实需要考虑塑性铰作用的构件，其性能要求与本手册第 14 章中图 14-5 所描述的最复杂的那种响应类型是等价的。如果相应构件的性能不能达到这个水平，如局部屈曲造成了过早的卸载，则它们会妨碍作为设计的基本假定条件的塑性倒塌机构的形成，其结果是无法达到所想要的荷载系数。简而言之，对于采用塑性方法设计的结构，为使其中构件的稳定性达到要求，必须限制其长细比和轴向荷载的大小，当构件承受大小等于其塑性弯矩承载力（考虑到轴力的存在，应进行适当的折减）的弯矩作用时，必须确保它处于稳定状态（即不能发生失稳现象）。对于门式刚架而言，在设计中可以充分利用其构造形式本身的特殊约束，如分别固定在刚架横梁和柱子翼缘外侧的檩条和压型钢板墙板龙骨。

图 19-13 给出了一个仅承受重力荷载（恒载 + 活载）作用，单跨、柱脚为铰接的门式刚架的典型的倒塌弯矩图，在英国，这种荷载组合是常用的控制工况。假定该刚架是按照典型的英国工程惯例设计而成的，即柱子比刚架横梁截面稍大些，横梁加腋长度近似等于刚架净跨的 10%，在檐口部位，梁腋的高度为刚架横梁高度的 2 倍。进一步假定，支承屋面板及围护墙板的檩条和外墙龙骨固定在刚架横梁和柱子翼缘的外侧，并为刚架提供了定位约束，即在这些固定点处防止了翼缘发生侧移。以下四个区域内的构件稳定性是必须得到保证的：

（1）柱的全高，*AB* 区域；

（2）横梁加腋区域，其整个长度范围内要保持弹性状态；

（3）刚架横梁的挑檐区域（从梁腋端头开始），其无支撑的下翼缘会由于弯矩作用而受压；

（4）刚架横梁的屋脊区域，两个受压上翼缘约束之间的范围。

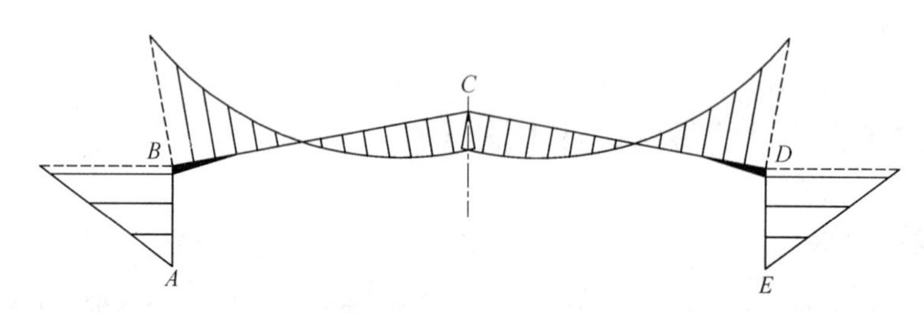

图 19-13　门式刚架在恒载与活载组合作用下的典型弯矩分布

19.6.2　柱子的稳定性

图 19-14 给出了柱 *AB* 的详图，包括由外墙龙骨提供的支撑和整个柱子的弯矩分布图。假定就在梁腋的下方存在一个塑性铰，则相应的设计要求就是在结构最终形成倒塌机构前，要确保柱子的稳定性。

根据 BS EN 1993-1-1 第 6.3.5.2（4）B 款的规定，必须在从梁腋下表面开始、在柱子高度不超过 $h/2$（h 为柱子沿其轴线量测的全高）的范围提供有效的扭转约束。图 19-15 给出了设置隅撑的方案，该方案通过对刚架横梁翼缘进行侧向约束，来达到对其提供有效扭转约束的要求。要保证此支撑点的邻近区域具有足够的稳定性，最简单的方法就是在距离该点不超过 L_{stable} 的某处另外设置一根抗扭转支撑构件，其中 L_{stable} 的确定方法，见 BS EN 1993-1-1 第 6.3.5.3（1）B 款的相关要求：

$$L_{stable} = 35\varepsilon i_z \qquad 0.625 \leqslant \psi \leqslant 1 \tag{19-22}$$

$$L_{stable} = (60 - 40\psi)\varepsilon i_z \qquad -1 \leqslant \psi \leqslant 0.625 \tag{19-23}$$

根据钢材的强度等级，ε 的取值会略小于 1，且由图 19-14 可知，在刚架横梁加腋部位下的柱身，其 ψ 值也略小于 1，当对（次）龙骨及刚架横梁相关的隅撑进行大致定位时，可近似采用极限值 $35i_z$。

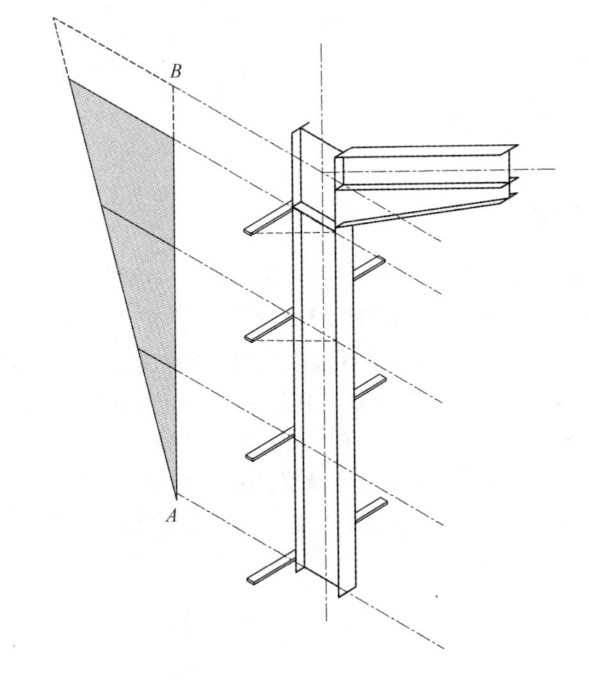

图 19-14　构件的稳定性——柱子

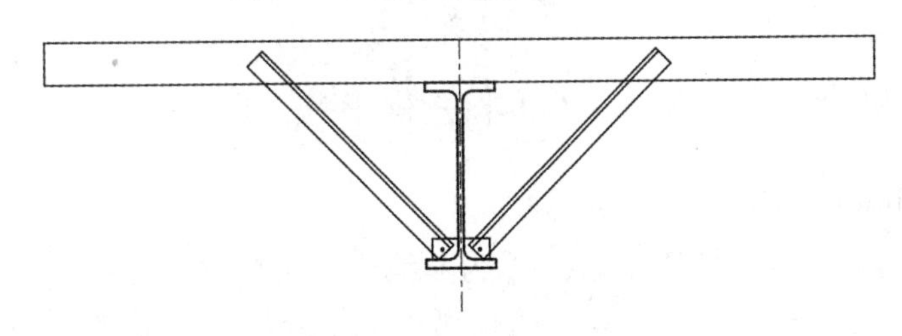

图 19-15　有效扭转约束

对于该区域以下的柱子，通常其弯矩分布会保证这部分均处于弹性状态，因此其稳定性可以采用本章第 19.5 节介绍的方法进行校核。因为弹性稳定条件要比塑性情况宽松得多，往往不再需要设置额外的中间约束。

严格来讲，式（19-22）和式（19-23）只适用于 $h/t_{\mathrm{f}} \leqslant 40\varepsilon$ 的均匀工字形钢，且在没有轴向荷载作用时弯矩是线性变化的。大多数的 UKB（UK beam）截面能满足几何尺寸的限制要求——除了尺寸较大、质量最轻的规格型号。除非有吊车荷载作用，门式刚架柱中的轴向荷载往往非常小。因此，作为一种初始的方法，采用式（19-22）和式（19-23）应当是合适的。更明确的指导意见可参见 BS EN 1993-1-1 的第 BB.3 条，其中塑性铰与相临近的被约束处之间的最大稳定长度 L_{m} 的计算公式为：

$$L_{\mathrm{m}} = \frac{38 i_{z}}{\sqrt{\frac{1}{54.7}\left(\frac{N_{\mathrm{Ed}}}{A}\right) + \frac{1}{756 C_{1}^{2}}\left(\frac{W_{\mathrm{pl,y}}^{2}}{A I_{\mathrm{t}}}\right)\left(\frac{f_{\mathrm{y}}}{235}\right)^{2}}} \tag{19-24}$$

式中，C_1 的取值参见参考文献［3］中的表6-4。

对于塑性设计的框架中部分约束构件，其稳定性校核的更多应用背景，见参考文献［4］及本手册第4章中的相关内容。

19.6.3 刚架横梁的稳定性

要保证挑檐区域的刚架横梁（该处横梁的下翼缘通常受压）的稳定性，最简单的方法是使其满足 BS EN 1993-1-1 第 BB.3 条规定的要求。如果在受压翼缘约束点之间不存在受拉翼缘约束，即檩条的间距很宽且要求的自由长度很小时，则需要采用式(19-24）来校核受压翼缘约束间的距离，其最大值不能超过 L_m。应该注意，梁腋区域的 L_m 值可能要按 BS EN 1993-1-1 第 BB.3.2.1 条的要求进行修订。

如果存在如图 19-16 所示的中部受拉翼缘约束，并假设中部受拉翼缘约束的间距满足式（19-24）的要求，则可按第 BB.3.1.2 条之规定确定受压翼缘约束间的距离 L_s，其计算公式为：

均匀弯矩作用下
$$L_s = L_k = \frac{\left(5.4 + \frac{600 f_y}{E}\right)\left(\frac{h}{t_f}\right) i_z}{\sqrt{5.4\left(\frac{f_y}{E}\right)\left(\frac{h}{t_f}\right)^2 - 1}} \tag{19-25}$$

线性弯矩梯度作用下
$$L_s = \sqrt{C_m} L_k \left(\frac{M_{pl,y,Rk}}{M_{N,y,Rk} + a N_{Ed}}\right) \tag{19-26}$$

非线性弯矩梯度作用下
$$L_s = \sqrt{C_n} L_k \tag{19-27}$$

式中，C_m 为线性弯矩梯度修正系数；C_n 为非线性弯矩梯度修正系数；a 为带塑性铰构件的中心线与约束构件的中心线间的距离；$M_{pl,y,Rk}$ 为沿主轴塑性抗弯承载力标准值，其值与 $M_{pl,y,Rd}$ 相等，当 $\gamma_{M0} = 1.0$（在英国的做法）时，且 $M_{N,y,Rk}$ 为轴力 N_{Ed} 作用

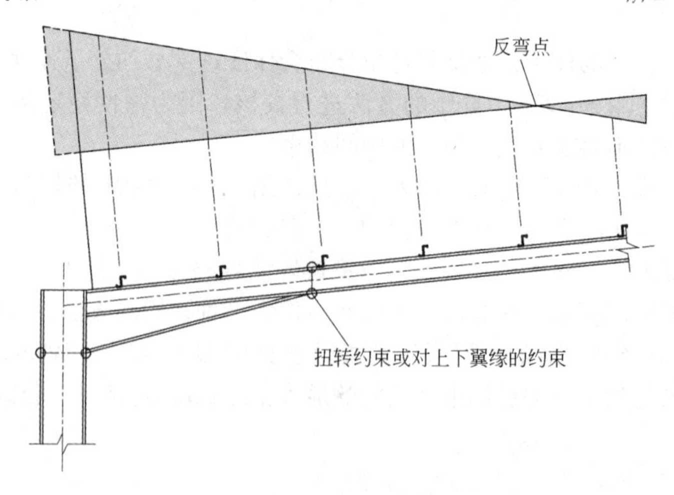

图 19-16 门式刚架横梁构件的稳定性

下的折减塑性抗弯承载力。考虑到加腋区域呈斜锥状，上述公式可按 BS EN 1993-1-1 第 BB. 3. 2. 2 条要求进行修正。

19. 6. 4　支撑

对侧向支撑系统的一般要求，本手册第 17 章的第 17. 3 节、第 17. 4 节，特别是第 17. 5 节已有所涉及。当檩条或围护墙龙骨直接连接在刚架横梁或柱子的受压翼缘上时，通常假定这些构件具有足够的支撑强度和刚度，无须进行专门的计算。但是，BS EN 1993-1-1 还是对构件在其长度范围内出现塑性铰的约束问题，给出了的专门的设计规定，BS EN 1993-1-1 第 6. 3. 5. 2 条指出：

（1）在每个塑性铰处，侧向约束必须能承受大小为被支撑构件受压翼缘中的最大内力 $N_{f,Ed}$ 的 2. 5% 的一个作用力，且与其他荷载不作任何组合。

（2）对于支撑系统的设计，除了需验算由受约束构件的初始缺陷引起的约束力（见 BS EN 1993-1-1 的第 5. 3. 3 条）外，当与其他荷载组合时，支撑体系还应抵御作用在被支撑构件的塑性铰处的局部作用力 Q_m，其值可按下式计算：

$$Q_m = 1.5\alpha_m \frac{N_{f,Ed}}{100} \tag{19-28}$$

式中，α_m 为折减系数，与受约束构件的数目有关，确定方法见第 5. 3. 3（1）条。为了保证足够的约束刚度，建议受压的约束构件的长细比不应超过 1. 2。

当檩条或围护墙龙骨连接在主体构件的受拉翼缘上时，在任何位置上对主体构件受压翼缘的约束作用必须通过主体构件中的相互连接杆件（如双肢柱中的缀杆或缀条）和主体构件腹板来实现传递。假定发生支撑间屈曲而要求支撑能提供完全扭转约束时，通常采用图 19-14 中的支撑布置形式。其中，撑杆（撑条）可以是角钢、钢管（端部连接可按简支处理）或扁钢条（受拉时比受压时更有效）。从理论上讲，只要尺寸满足要求，采用单根构件是比较合适的，但通常出于实际考虑（如出洞口要求[4,5]）会采用成对的支撑。还应注意的是，当角钢支撑与水平的夹角大于 45°时，其有效性会显著降低。

19. 6. 5　风对刚架横梁稳定性的影响

前面章节讨论了门式刚架承受最大重力荷载的相关内容。在静载和最大风荷载的作用下，部分门式刚架可能会出现整体提离。如果发生这种情况，考虑到刚架横梁跨中截面的下翼缘受压，有必要对其进行附加的稳定性校核。校核应遵循本章第 19. 6. 3 节所述方法。

文后给出了与本章所述内容相关的一系列计算实例。更多的计算实例可参阅参考文献[6 ~ 9]的相关部分。

19.7 设计实例

<table>
<tr><td rowspan="5">The Steel Construction Institute
Silwood Park, Ascot,
Berks SL5 7QN
Telephone: (01344) 623345
Fax: (01344) 622944
CALCULATION SHEET</td><td>编 号</td><td></td><td>第1页</td><td colspan="2">备 注</td></tr>
<tr><td>名 称</td><td colspan="4"></td></tr>
<tr><td>题 目</td><td colspan="4">压弯构件设计实例1</td></tr>
<tr><td rowspan="2">客 户</td><td>编 制</td><td>DAN</td><td>日期</td><td>2010</td></tr>
<tr><td>审 核</td><td>LG</td><td>日期</td><td>2010</td></tr>
</table>

压弯构件设计实例1

轧制通用柱

问题

试选择一根适当的通用UKC以安全地承担以下压弯荷载：轴压力840kN，弱轴方向的均布弯矩为12kN·m。柱的无支撑高度为3.6m，构件钢材强度等级为S275。

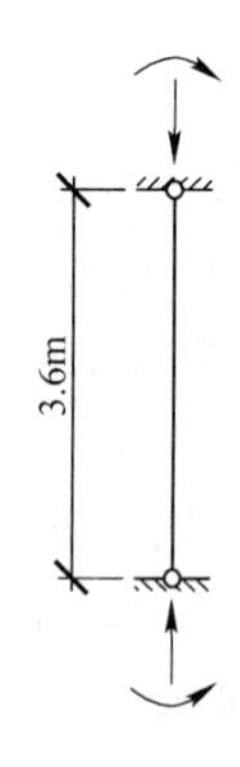

试用S275级钢材，UKC构件截面尺寸203×203×60——短轴屈曲承载力近似等于1400kN，可提供适当的富余，以承担弯矩作用。

钢结构设计：设计参数

分项系数：

$\gamma_{M0} = 1.0; \gamma_{M1} = 1.0$

BS EN 1993-1-1 英国国别附录

几何参数：

钢结构设计：设计参数

$h = 209.6\text{mm}; b = 205.8\text{mm}; t_w = 9.4\text{mm}; t_f = 14.2\text{mm};$

$c_f/t_f = 6.20; c_w/t_w = 17.1; A = 76.4\text{cm}^2 = 7640\text{mm}^2;$

$i_y = 8.96\text{cm} = 89.6\text{mm}; i_z = 5.20\text{cm} = 52.0\text{mm};$

$W_{pl,y} = 656\text{cm}^3 = 656 \times 10^3\text{mm}^3; W_{pl,z} = 305\text{cm}^3 = 305 \times 10^3\text{mm}^3;$

材料参数：

当 $t_f < 16\text{mm}$ 时，屈服强度为 $f_y = 275\text{N/mm}^2$

BS EN10025-2

压弯构件设计实例 1	第 2 页	备 注
检查横截面分类： 对于第Ⅰ类截面的受压翼缘 $c_f/t_f\varepsilon \leqslant 9$ 对于第Ⅰ类截面的受压腹板 $c_w/t_w\varepsilon \leqslant 33$ $\varepsilon = \sqrt{\frac{235}{f_y}} = \sqrt{\frac{235}{275}} = 0.92$ 实际构件：$c_f/t_f\varepsilon = 6.20/0.92 = 6.70$；在界限范围内 实际构件：$c_w/t_w\varepsilon = 17.1/0.92 = 18.5$；在界限范围内 受纯压时，构件截面为第Ⅰ类，所以，当受压弯共同作用时，截面应力分布更为有利，此时，构件截面仍为第Ⅰ类。 柱子关于强轴和弱轴的屈曲承载力 有效长度： y-y 轴方向 $L_{cr,y} = 1.0L = 1.0 \times 3600 = 3600\text{mm}$ z-z 轴方向 $L_{cr,z} = 1.0L = 1.0 \times 3600 = 3600\text{mm}$ 柱的无量纲长细比： $\lambda_1 = \pi\sqrt{\frac{E}{f_y}} = \pi\sqrt{\frac{210000}{275}} = 86.8$ $\bar{\lambda}_y = \frac{\lambda_y}{\lambda_1} = \frac{\frac{L_{cr,y}}{i_y}}{\lambda_1} = \frac{3600/89.6}{86.8} = 0.46$ $\bar{\lambda}_z = \frac{\lambda_z}{\lambda_1} = \frac{\frac{L_{cr,z}}{i_z}}{\lambda_1} = \frac{3600/52.0}{86.8} = 0.80$ 屈曲曲线： $h/b = 209.6/205.8 = 1.02 < 1.2$ 对于绕强轴屈曲，使用屈曲曲线“b”（$\alpha = 0.34$） 对于绕弱轴屈曲，使用屈曲曲线“c”（$\alpha = 0.49$） 屈曲折减系数 χ： $\Phi_y = 0.5[1+\alpha(\bar{\lambda}_y - 0.2) + \bar{\lambda}_y^2] = 0.5[1 + 0.34(0.46 - 0.2) + 0.46^2] = 0.65$ $\chi_y = \frac{1}{\Phi_y + \sqrt{\Phi_y^2 - \bar{\lambda}_z^2}} = \frac{1}{0.65 + \sqrt{0.65^2 - 0.46^2}} = 0.90 \leqslant 1.0$ $\Phi_z = 0.5[1+\alpha(\bar{\lambda}_z - 0.2) + \bar{\lambda}_z^2] = 0.5[1 + 0.49(0.80 - 0.2) + 0.80^2] = 0.96$ $\chi_z = \frac{1}{\Phi_z + \sqrt{\Phi_z^2 - \bar{\lambda}_z^2}} = \frac{1}{0.96 + \sqrt{0.96^2 - 0.80^2}} = 0.66 \leqslant 1.0$		BS EN 1993-1-1 表 5-2 BS EN 1993-1-1 表 6-2 BS EN 1993-1-1 第 6.3.1.2 条 BS EN 1993-1-1 第 6.3.1.2 条

压弯构件设计实例 1	第 3 页	备　注

柱的屈曲承载力：

$$N_{b,y,Rd}=\frac{\chi_y A f_y}{\gamma_{M1}}=\frac{0.90\times7640\times275}{1.0}\times10^{-3}=1892>840\mathrm{kN}=N_{Ed}$$

BS EN 1993-1-1 第 6.3.1.1 条

满足要求

$$N_{b,z,Rd}=\frac{\chi_z A f_y}{\gamma_{M1}}=\frac{0.66\times7640\times275}{1.0}\times10^{-3}=1395>840\mathrm{kN}=N_{Ed}$$

BS EN 1993-1-1 第 6.3.1.1 条

满足要求

绕弱轴的抗弯承载力：

$$M_{c,z,Rd}=\frac{W_{pl,z}f_y}{\gamma_{M0}}=\frac{305\times10^3\times275}{1.0}\times10^{-6}=83.9>12\mathrm{kN\cdot m}=M_{Ed}$$

压弯组合荷载：

为了验算压弯荷载作用下的构件承载力，必须满足 EN1993-1-1 中的式 6-61 和式 6-62 的要求。本例子不存在主轴弯曲，故 $M_{y,Ed}=0$。

k_{yz}的最大值（保守值），可按表 18-1 选取，结果如下：

BS EN 1993-1-1 表 B-3

$k_{yz}=0.6k_{zz}$，$k_{zz}=2.4C_{mz}$。当 $\Psi=1$ 时，查 BS EN 1993-1-1 的表 B-3 可知，$C_{mz}=1.0$。

BS EN 1993-1-1（式 6-61）

$$\therefore k_{zz}=1.4C_{mz}=2.4\times1.0=2.4;k_{yz}=0.6k_{zz}=0.6\times2.4=1.44$$

$$\therefore \frac{N_{Ed}}{N_{b,y,Rd}}+k_{yz}\frac{M_{z,Ed}}{M_{c,z,Rd}}=\frac{840}{1892}+1.44\times\frac{12}{83.9}=0.44+0.21=0.65<1.0$$

∴ 满足要求

BS EN 1993-1-1（式 6-62）

$$\therefore \frac{N_{Ed}}{N_{b,z,Rd}}+k_{zz}\frac{M_{z,Ed}}{M_{c,z,Rd}}=\frac{840}{1395}+2.4\times\frac{12}{83.9}=0.60+0.34=0.95<1.0$$

∴ 满足要求

∴ 采用 203 × 203 × 60 UKC

The Steel Construction Institute Silwood Park, Ascot, Berks SL5 7QN Telephone: (01344) 623345 Fax: (01344) 622944 **CALCULATION SHEET**	编　号		第1页	备　注
	名　称			
	题　目	压弯构件设计实例2		
	客　户	编　制	DAN	日期	2010
		审　核	LG	日期	2010

压弯构件设计实例2

轧制通用梁

问题

如图所示，一门式刚架净高为5.6m，其中一根柱子上的轴压力为160kN，柱顶弯矩为530kN·m，柱脚为铰接。若该柱采用533×210×82 UKB，钢材强度等级为S355，柱子强轴方向受弯。柱脚受到充分约束，不会发生出平面的侧向位移和转动。试对该柱的进行校核。采用BS EN 1993-1-1的附录B，来确定该压弯构件的相互作用系数。

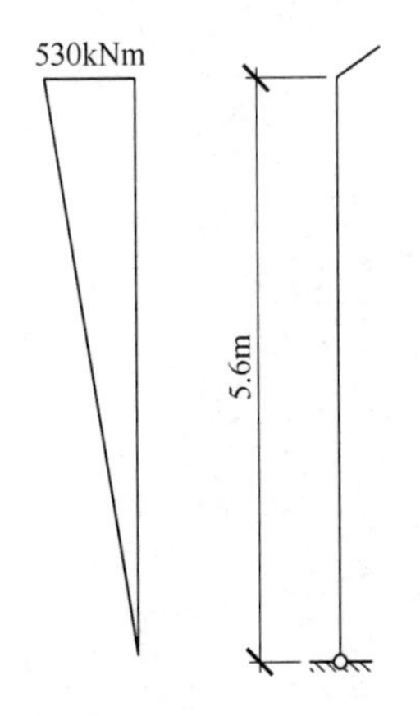

沿柱高度进行初始校核。

分项系数：　　　　　　　　　　　　　　　　BS EN 1993-1-1 英国国别附录

$\gamma_{M0} = 1.0$；$\gamma_{M1} = 1.0$

几何参数：　　　　　　　　　　　　　　　　钢结构设计：设计参数

$h = 528.3\text{mm}$；$b = 208.8\text{mm}$；$t_w = 9.6\text{mm}$；$t_f = 13.2\text{mm}$；

$c_f/t_f = 6.55$；$c_w/t_w = 49.6$；$A = 105\text{cm}^2 = 10500\text{mm}^2$；

$i_y = 21.3\text{cm} = 213\text{mm}$；$i_z = 4.38\text{cm} = 43.8\text{mm}$；

$W_{pl,y} = 2060\text{cm}^3 = 2060 \times 10^3\text{mm}^3$；$W_{pl,z} = 300\text{cm}^3 = 300 \times 10^3\text{mm}^3$；

材料参数：　　　　　　　　　　　　　　　　BS EN 10025-2

由于 $t_f < 16\text{mm}$，屈服强度 $f_y = 355\text{N/mm}^2$

压弯构件设计实例 2	第 2 页	备　注

校核截面分类：

对于第 I 类截面的受压翼缘 $c_f/t_f\varepsilon \leqslant 9$

对于第 I 类截面的腹板抗弯 $c_w/t_w\varepsilon \leqslant 72$

BS EN 1993-1-1
表 5-2

$$\varepsilon = \sqrt{\frac{235}{f_y}} = \sqrt{\frac{235}{355}} = 0.81$$

实际构件 $c_f/t_f\varepsilon = 6.55/0.81 = 8.05$，在界限范围内

实际构件 $c_w/t_w\varepsilon = 49.6/0.81 = 61.0$，在抗弯要求的界限范围内

由于轴向荷载 160kN 远小于构件截面轴向承载力（$A_{f_y} = 10500 \times 355/10^3 = 3727$kN），故在压弯共同作用时，该构件的截面类型为第 I 类。

柱子关于强轴和弱轴的屈曲承载力

有效长度：

y-y 轴方向 $L_{cr,y} = 1.0L = 1.0 \times 5600 = 5600$mm

z-z 轴方向 $L_{cr,z} = 1.0L = 1.0 \times 5600 = 5600$mm

柱的无量纲长细比：

$$\lambda_1 = \pi\sqrt{\frac{E}{f_y}} = \pi\sqrt{\frac{210000}{355}} = 76.4$$

$$\bar{\lambda}_y = \frac{\lambda_y}{\lambda_1} = \frac{\dfrac{L_{cr,y}}{i_y}}{\lambda_1} = \frac{5600/213}{76.4} = 0.34$$

$$\bar{\lambda}_z = \frac{\lambda_z}{\lambda_1} = \frac{\dfrac{L_{cr,z}}{i_z}}{\lambda_1} = \frac{5600/43.8}{76.4} = 1.67$$

屈曲曲线：

$h/b = 528.3/208.8 = 2.53 > 1.2$。

BS EN 1993-1-1
表 6-2

绕强轴方向屈曲，使用屈曲曲线“a”（$\alpha = 0.21$）

绕弱轴方向屈曲，使用屈曲曲线“b”（$\alpha = 0.34$）

屈曲折减系数 χ：

BS EN 1993-1-1
第 6.3.1.2 条

$$\Phi_y = 0.5[1 + \alpha(\bar{\lambda}_y - 0.2) + \bar{\lambda}_y^2] = 0.5[1 + 0.21(0.34 - 0.2) + 0.34^2] = 0.57$$

$$\chi_y = \frac{1}{\Phi_y + \sqrt{\Phi_y^2 - \bar{\lambda}_z^2}} = \frac{1}{0.57 + \sqrt{0.57^2 - 0.34^2}} = 0.97 \leqslant 1.0$$

BS EN 1993-1-1
第 6.3.1.2 条

$$\Phi_z = 0.5[1 + \alpha(\bar{\lambda}_z - 0.2) + \bar{\lambda}_z^2] = 0.5[1 + 0.34(1.67 - 0.2) + 1.67^2] = 2.15$$

压弯构件设计实例 2	第 3 页	备注
$\chi_z = \dfrac{1}{\Phi_z + \sqrt{\Phi_z^2 - \overline{\lambda}_z^2}} = \dfrac{1}{2.15 + \sqrt{2.15^2 - 1.67^2}} = 0.29 \leqslant 1.0$		
柱屈曲承载力：		
$N_{b,y,Rd} = \dfrac{\chi_y A f_y}{\gamma_{M1}} = \dfrac{0.97 \times 10500 \times 355}{1.0} \times 10^{-3} = 3604 > 160\text{kN} = N_{Ed}$ 故满足要求		BS EN 1993-1-1 第 6.3.1.1 条
$N_{b,z,Rd} = \dfrac{\chi_z A f_y}{\gamma_{M1}} = \dfrac{0.29 \times 10500 \times 355}{1.0} \times 10^{-3} = 1065 > 160\text{kN} = N_{Ed}$ 故满足要求		BS EN 1993-1-1 第 6.3.1.1 条
侧向扭转屈曲承载力		
梁的无量纲长细比可采用 NCCI SN002[6] 和参考文献［2］中的简化方法予以确定：		NCCI SN002
$\overline{\lambda}_{LT} = \dfrac{1}{\sqrt{C_1}} UV \overline{\lambda}_z \sqrt{\beta_w}$		
对于第Ⅰ类和第Ⅱ类截面，$\beta_w = 1.0$。对于工字形钢截面，可偏于保守地取 $UV = 0.9$。端部弯矩比为 $\Psi = 0$，根据本手册第 17 章及参考文献［2］中表 6-4，得 $1/\sqrt{C_1} = 0.75$。		
$\overline{\lambda}_{LT} = \dfrac{1}{\sqrt{C_1}} UV \overline{\lambda}_z \sqrt{\beta_w} = 0.75 \times 0.9 \times \dfrac{5600/43.8}{76.4} \times 1.0 = 1.13$		
对于轧制和焊接工字形钢截面，$2 < h/b \leqslant 3.1$，使用屈曲曲线 "c"（$\alpha = 0.49$）。对于轧制截面，$\beta = 0.75$，$\overline{\lambda}_{LT,0} = 0.4$。		BS EN 1993-1-1 英国国别附录
屈曲折减系数 χ_{LT}：		
$\Phi_{LT} = 0.5[1 + \alpha_{LT}(\overline{\lambda}_{LT} - \overline{\lambda}_{LT,0}) + \beta \overline{\lambda}_{LT}^2]$		
$= 0.5[1 + 0.49(1.13 - 0.4) + (0.75 \times 1.13^2)] = 1.16$		BS EN 1993-1-1 第 6.3.2.3 条
$\chi_{LT} = \dfrac{1}{\Phi_{LT} + \sqrt{\Phi_{LT}^2 - \beta \overline{\lambda}_{LT}^2}} = \dfrac{1}{1.16 + \sqrt{1.16^2 - 0.75 \times 1.13^2}} = 0.56$		
侧向扭转屈曲承载力：		
$M_{b,Rd} = \chi_{LT} W_y \dfrac{f_y}{\gamma_{M1}} = 0.56 \times 2060 \times 10^3 \times \dfrac{355}{1.0} \times 10^{-6}$		BS EN 1993-1-1 第 6.3.2.1 条
$= 412 < 530\text{kN} \cdot \text{m} = M_{Ed}$ 故构件破坏		
显然，侧向抗扭转屈曲承载力不足。为此，可通过加设支撑以减小绕弱轴方向的屈曲长度及 $\overline{\lambda}_{LT}$ 值，来加以改善。		

压弯构件设计实例 2	第 4 页	备 注

加设支撑以减少绕弱轴方向的屈曲长度

估计合适的支撑位置为距柱顶 1. 6m 处。

对于绕弱轴 z-z 轴屈曲及侧向扭转屈曲（LTB），对于柱子的上部 $L_{cr}=1.6\text{m}$，对于柱子下部为 4m，对于绕强轴 y-y 轴屈曲 $L_{cr}=5.6\text{m}$。因此，强轴方向的屈曲承载力不变，而弱轴方向的屈曲承载力和侧向扭转屈曲承载力则有所增大。对于柱子的上部，弯矩由 530kN · m 线性变化到 379kN · m（$=530\times4/5.6$），而柱子下部的弯矩，则由 379kN · m 线性变化到 0。

对于柱子的上部有：

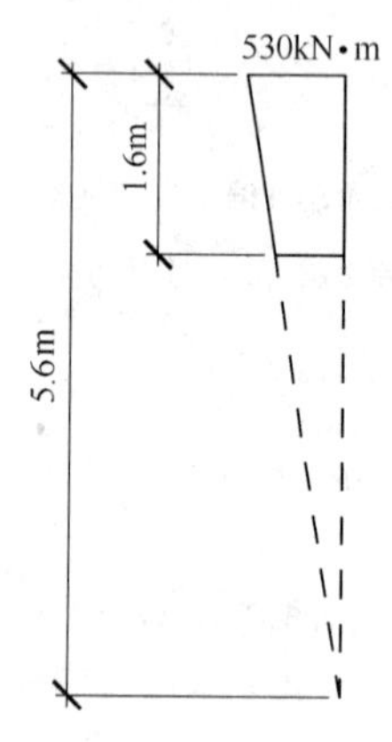

柱子绕弱轴方向的屈曲承载力

有效长度：

对于 z-z 轴向屈曲有，$L_{cr,z}=1.0L=1.0\times1600=1600\text{mm}$

柱子的无量纲长细比：

$$\lambda_1=\pi\sqrt{\frac{E}{f_y}}=\pi\sqrt{\frac{210000}{355}}=76.4$$

$$\bar{\lambda}_z=\frac{\lambda_z}{\lambda_1}=\frac{\frac{L_{cr,z}}{i_z}}{\lambda_1}=\frac{1600/43.8}{76.4}=0.48$$

屈曲曲线：

$h/b=528.3/208.8=2.53>1.2$

对于绕弱轴方向屈曲，使用屈曲曲线“b”（$\alpha=0.34$）

屈曲折减系数 χ：

$$\Phi_z=0.5[1+\alpha(\bar{\lambda}_z-0.2)+\bar{\lambda}_z^2]=0.5[1+0.34(0.48-0.2)+0.48^2]=0.66$$

备注：BS EN 1993-1-1 表 6-2；BS EN 1993-1-1 第 6. 3. 1. 2 条

压弯构件设计实例 2	第 5 页	备 注

$$\chi_z = \frac{1}{\Phi_z + \sqrt{\Phi_z^2 - \bar{\lambda}_z^2}} = \frac{1}{0.66 + \sqrt{0.66^2 - 0.48^2}} = 0.89 \leqslant 1.0$$

柱屈曲承载力

$$N_{b,z,Rd} = \frac{\chi_z A f_y}{\gamma_{M1}} = \frac{0.89 \times 10500 \times 355}{1.0} \times 10^{-3} = 3332\text{kN} > 160\text{kN} = N_{Ed}$$

故满足要求

（备注：BS EN 1993-1-1 第 6.3.1.1 条）

侧向扭转屈曲承载力

梁的无量纲长细比可采用 NCCI SN002[6] 和参考文献［2］中的简化方法予以确定：

（备注：NCCI SN002）

$$\bar{\lambda}_{LT} = \frac{1}{\sqrt{C_1}} UV \bar{\lambda}_z \sqrt{\beta_w}$$

对于第Ⅰ类和第Ⅱ类截面，$\beta_w = 1.0$。对于工字形钢截面，可偏于保守地取 $UV = 0.9$。端部弯矩比为 $\Psi = 379/530 = 0.71$，由本手册第 17 章及参考文献［2］中表 6-4，得 $1/\sqrt{C_1} = 0.91$（线性内插值法）。

$$\bar{\lambda}_{LT} = \frac{1}{\sqrt{C_1}} UV \bar{\lambda}_z \sqrt{\beta_w} = 0.91 \times 0.9 \times \frac{1600/43.8}{76.4} \times 1.0 = 0.39$$

因为 $\bar{\lambda}_{LT} < 0.4$，在此就不予考虑侧向扭转屈曲的折减问题，故 $M_{b,Rd} = M_{c,y,Rd}$。

$$M_{c,y,Rd} = W_{pl,y} \frac{f_y}{\gamma_{M0}} = 2060 \times 10^3 \times \frac{355}{1.0} \times 10^{-6} = 731 > 530\text{kNm} = M_{Ed}$$

故满足要求

压弯荷载共同作用：

为了校核压弯荷载作用下的构件承载力，必须满足 EN 1993-1-1 中的式（6-61）和式（6-62）的要求。本设计实例中不存在绕弱轴弯曲，故 $M_{z,Ed} = 0$。

k_{yy} 和 k_{zy} 的取值可按本章图 19-12 进行选取。

由于 $\Psi = 0.71$，$C_{my} = 0.6 + 0.4 \times 0.71 = 0.89$

（备注：BS EN 1993-1-1 表 B-3）

由于 $\frac{N_{Ed}}{N_{b,y,Rd}} = \frac{160}{3604} = 0.04$，$\bar{\lambda}_y = 0.34$，$\frac{k_{yy}}{C_{my}} = 1.01$

（备注：图 18-12*a*）

$\Rightarrow k_{yy} = 1.01 \times 0.89 = 0.89$

由于 $\frac{N_{Ed}}{N_{b,z,Rd}} = \frac{160}{3332} = 0.05$，$\bar{\lambda}_z = 0.48$，$k_{zy} \approx 1.00$

（备注：图 18-12*b*）

压弯构件设计实例 2	第 6 页	备 注
运用 BS EN 1993-1-1 中相互作用公式（式（6-61）和式（6-62））： $\frac{N_{Ed}}{N_{b,y,Rd}} + k_{yy}\frac{M_{y,Ed}}{M_{b,Rd}} = \frac{160}{3604} + 0.89 \times \frac{530}{731} = 0.04 + 0.65 = 0.69 < 1.0$, 所以，满足条件	BS EN 1993-1-1 式（6-61）	
$\frac{N_{Ed}}{N_{b,z,Rd}} + k_{zy}\frac{M_{y,Ed}}{M_{b,Rd}} \leqslant 1 = \frac{160}{3332} + 1.0 \times \frac{530}{731} = 0.05 + 0.73 = 0.78 < 1.0$, 所以，满足条件	BS EN 1993-1-1 式（6-62）	
对于柱子的下部： **柱子弱轴方向的屈曲承载力** 有效长度： z-z 轴方向屈曲 $L_{cr,z} = 1.0L = 1.0 \times 4000 = 4000\text{mm}$ 柱子的无量纲长细比： $\lambda_1 = \pi\sqrt{\frac{E}{f_y}} = \pi\sqrt{\frac{210000}{355}} = 76.4$ $\bar{\lambda}_z = \frac{\lambda_z}{\lambda_1} = \frac{\frac{L_{cr,z}}{i_z}}{\lambda_1} = \frac{4000/43.8}{76.4} = 1.20$ 屈曲曲线：		
$h/b = 528.3/208.8 = 2.53 > 1.2$ 对于短轴方向屈曲，使用屈曲曲线“b”（$\alpha = 0.34$）	BS EN 1993-1-1 表 6-2	
屈曲折减系数χ： $\Phi_z = 0.5[1 + \alpha(\bar{\lambda}_z - 0.2) + \bar{\lambda}_z^2] = 0.5[1 + 0.34(1.20 - 0.2) + 1.20^2] = 1.38$ $\chi_z = \frac{1}{\Phi_z + \sqrt{\Phi_z^2 - \bar{\lambda}_z^2}} = \frac{1}{1.38 + \sqrt{1.38^2 - 1.20^2}} = 0.48 \leqslant 1.0$	BS EN 1993-1-1 第 6.3.1.2 条	
柱屈曲承载力： $N_{b,z,Rd} = \frac{\chi_z A f_y}{\gamma_{M1}} = \frac{0.48 \times 10500 \times 355}{1.0} \times 10^{-3} = 1792 > 160\text{kN} = N_{Ed}$ 故满足要求	BS EN 1993-1-1 第 6.3.1.1 条	
侧向扭转屈曲承载力 梁的无量纲长细比可采用 NCCI SN002[6] 和参考文献［2］中的简化方法予以确定： $\bar{\lambda}_{LT} = \frac{1}{\sqrt{C_1}}UV\bar{\lambda}_z\sqrt{\beta_w}$	NCCI SN002	
对于第Ⅰ类和第Ⅱ类截面，$\beta_w = 1.0$。对于工字形钢截面，可偏于保守地取 $UV = 0.9$。端部弯矩比为 $\Psi = 0$，由本手册第 17 章及参考文献［2］中表 6-4，得 $1/\sqrt{C_1} = 0.75$（线性内插值法）。 $\bar{\lambda}_{LT} = \frac{1}{\sqrt{C_1}}UV\bar{\lambda}_z\sqrt{\beta_w} = 0.75 \times 0.9 \times \frac{4000/43.8}{76.4} \times 1.0 = 0.81$		

压弯构件设计实例 2	第 7 页	备 注
对于轧制和焊接的工字形钢，$2 < h/b \leqslant 3.1$，使用屈曲曲线"c"（$\alpha = 0.49$）。对于轧制截面，$\beta = 0.75$，$\overline{\lambda}_{LT} = 0.4$。		BS EN 1993-1-1 英国国别附录
屈曲折减系数 χ_{LT}： $\Phi_{LT} = 0.5[1 + \alpha_{LT}(\overline{\lambda}_{LT} - \overline{\lambda}_{LT,0}) + \beta\overline{\lambda}_{LT}^2]$ $= 0.5[1 + 0.49(0.81 - 0.4) + (0.75 \times 0.81^2)] = 0.84$ $\chi_{LT} = \dfrac{1}{\Phi_{LT} + \sqrt{\Phi_{LT}^2 - \beta\overline{\lambda}_{LT}^2}} = \dfrac{1}{0.84 + \sqrt{0.84^2 - 0.75 \times 0.81^2}} = 0.76$		BS EN 1993-1-1 第 6.3.2.3 条
侧向扭转屈曲承载力： $M_{b,Rd} = \chi_{LT}W_y\dfrac{f_y}{\gamma_{M1}} = 0.76 \times 2060 \times 10^3 \times \dfrac{355}{1.0} \times 10^{-6}$ $= 555 < 530\text{kN}\cdot\text{m} = M_{y,Ed} = 530 \times (4.0/5.6)$ 故满足要求		BS EN 1993-1-1 第 6.3.2.1 条
压弯荷载共同作用： 为了校核压弯荷载下的构件承载力，必须满足 EN 1993-1-1 中的式（6-61）和式（6-62）的要求。本设计实例中不存在绕弱轴弯曲，故 $M_{z,Ed} = 0$。 k_{yy} 和 k_{zy} 的取值可按本章图 19-12 进行选取。 由于 $\Psi = 0$，$C_{my} = 0.6$ 对于柱的上部分有 $\dfrac{N_{Ed}}{N_{b,y,Rd}} = \dfrac{160}{3604} = 0.04$，$\overline{\lambda}_y = 0.34$，$\dfrac{k_{yy}}{C_{my}} = 1.01$		
所以，有 $k_{yy} = 1.01 \times 0.60 = 0.60$ 由于 $\dfrac{N_{Ed}}{N_{b,z,Rd}} = \dfrac{160}{1792} = 0.09$，$\overline{\lambda}_z = 1.20$，$k_{zy} \approx 0.99$		BS EN 1993-1-1 表 B-3 图 18-12*a* 图 18-12*b*
运用 BS EN 1993-1-1 中相互作用公式（式（6-61）和式（6-62））： $\dfrac{N_{Ed}}{N_{b,y,Rd}} + k_{yy}\dfrac{M_{y,Ed}}{M_{b,Rd}} = \dfrac{160}{3604} + 0.60 \times \dfrac{379}{555} = 0.04 + 0.41 = 0.46 < 1.0$ 故满足要求		BS EN 1993-1-1 式（6-61）
$\dfrac{N_{Ed}}{N_{b,z,Rd}} + k_{zy}\dfrac{M_{y,Ed}}{M_{b,Rd}} \leqslant 1 = \dfrac{160}{1792} + 0.99 \times \dfrac{379}{555} = 0.09 + 0.67 = 0.76 < 1.0$ 故满足要求		BS EN 1993-1-1 式（6-62）
∴ 采用 533×210×82UKB 注：若使用本章表 19-1 中相互作用系数的最大值，构件将会发生破坏。构件破坏主要受系数 k_{yy} 的影响，且其最大值为 $1.8C_{my}$，但当轴压力和柱绕强轴的无量纲长细比较小时，$k_{yy} = 1.0C_{my}$，具体请参见本章图 19-12*a*。		

The Steel Construction Institute
Silwood Park, Ascot,
Berks SL5 7QN
Telephone: (01344) 623345
Fax: (01344) 622944

CALCULATION SHEET

编号		第1页	备注	
名称				
题目	压弯构件设计实例3			
客户	编制	DAN	日期	2010
	审核	LG	日期	2010

压弯构件设计实例3

构造简单的轧制通用柱

问题

一简单框架（即按照构造简单原则的假定进行设计），其内柱高度为5m，采用254×254×73UKC，钢材强度等级为S275。由于偏心连接，引起沿强轴方向的弯矩设计值为$M_{y,Ed}=9.4\text{kN}\cdot\text{m}$，沿弱轴方向的弯矩设计值为$M_{z,Ed}=2.3\text{kN}\cdot\text{m}$。柱子的轴向荷载设计值为$N_{Ed}=1253\text{kN}$。试校核该构件的承载力。

采用构造简单原则的柱子，其简化的相互作用公式如下：

$$\frac{N_{Ed}}{N_{b,z,Rd}}+\frac{M_{y,Ed}}{M_{b,Rd}}+1.5\frac{M_{z,Ed}}{M_{c,z,Rd}}\leqslant 1.0$$

分项系数：

$\gamma_{M0}=1.0;\gamma_{M1}=1.0$

BS EN 1993-1-1
英国国别附录

几何参数：

$h=254.1\text{mm};\ b=254.6\text{mm};\ t_w=8.6\text{mm};\ t_f=14.2\text{mm};$

$c_f/t_f=7.77;c_w/t_w=23.3;A=93.1\text{cm}^2=9310\text{mm}^2;$

$i_y=11.1\text{cm}=111\text{mm};\ i_z=6.48\text{cm}=64.8\text{mm};$

$W_{pl,y}=992\text{cm}^3=992\times103\text{mm}^3;W_{pl,z}=465\text{cm}^3=465\times103\text{mm}^3;$

钢结构设计：
设计参数

材料参数：

由于$t_f<16\text{mm}$，屈服强度$f_y=275\text{N/mm}^2$

BS EN 10025-2

校核截面分类：

对于第Ⅰ类受压翼缘$c_f/t_f\varepsilon\leqslant 9$

对于第Ⅰ类受压腹板$c_w/t_w\varepsilon\leqslant 33$

BS EN 1993-1-1
表5-2

$$\varepsilon=\sqrt{\frac{235}{f_y}}=\sqrt{\frac{235}{275}}=0.92$$

压弯构件设计实例 3	第 2 页	备 注
实际构件 $c_f/t_f\varepsilon=7.77/0.92=8.40$；在界限范围内 实际构件 $c_w/t_w\varepsilon=23.3/0.92=25.2$；在界限范围内 当受纯压时，构件截面类型为第Ⅰ类，当受压弯共同作用时，截面应力分布更为有利，此时，构件截面类型仍为第Ⅰ类。 柱子绕弱轴的屈曲承载力 有效长度： 对于 z-z 轴向屈曲 $L_{cr,z}=1.0L=1.0\times5000=5000\text{mm}$ 柱子的无量纲长细比： $\lambda_1=\pi\sqrt{\frac{E}{f_y}}=\pi\sqrt{\frac{210000}{275}}=86.8$ $\bar{\lambda}_z=\frac{\lambda_z}{\lambda_1}=\frac{\frac{L_{cr,z}}{i_z}}{\lambda_1}=\frac{5000/64.8}{86.8}=0.89$ 屈曲曲线： $h/b=254.1/254.6=1.0<1.2$ 对于绕弱轴屈曲，使用屈曲曲线"c"（$\alpha=0.49$） 屈曲折减系数χ： $\Phi_z=0.5[1+\alpha(\bar{\lambda}_z-0.2)+\bar{\lambda}_z^2]=0.5[1+0.49(0.89-0.2)+0.89^2]=1.06$ $\chi_z=\frac{1}{\Phi_z+\sqrt{\Phi_z^2-\bar{\lambda}_z^2}}=\frac{1}{1.06+\sqrt{1.06^2-0.89^2}}=0.61\leqslant1.0$ 柱屈曲承载力 $N_{b,z,Rd}=\frac{\chi_z Af_y}{\gamma_{M1}}=\frac{0.61\times9310\times275}{1.0}\times10^{-3}=1553>1253\text{kN}=N_{Ed}$,故满足要求 侧向扭转屈曲承载力 梁的无量纲长细比可采用 NCCI SN002[6] 和参考文献［2］中的简化方法予以确定： $\bar{\lambda}_{LT}=\frac{1}{\sqrt{C_1}}UV\bar{\lambda}_z\sqrt{\beta_w}$ 对于第Ⅰ类和第Ⅱ类截面，$\beta_w=1.0$。对于工字形钢截面，可偏于保守地取 $UV=0.9$，$C_1=1.0$。 $\bar{\lambda}_{LT}=0.9\bar{\lambda}_z=0.9\times0.89=0.80$		BS EN 1993-1-1 表 6-2 BS EN 1993-1-1 当 6.3.1.2 条 BS EN 1993-1-1 当 6.3.1.1 条 NCCI SN002

压弯构件设计实例 3	第 3 页	备 注
对于轧制和焊接的 I 型构件截面而言，$h/b \leqslant 2.0$，使用屈曲曲线“b”（$\alpha = 0.34$）。对于轧制构件截面，$\beta = 0.75$，$\bar{\lambda}_{LT,0} = 0.4$。 屈曲折减系数 χ_{LT}：		BS 1993-1-1 英国国别附录
$\Phi_{LT} = 0.5[1 + \alpha_{LT}(\bar{\lambda}_{LT} - \bar{\lambda}_{LT,0}) + \beta\bar{\lambda}_{LT}^2]$ $= 0.5[1 + 0.34(0.80 - 0.4) + (0.75 \times 0.80^2)] = 0.81$		BS EN 1993-1-1 第 6.3.2.3 条
$\chi_{LT} = \dfrac{1}{\Phi_{LT} + \sqrt{\Phi_{LT}^2 - \beta\bar{\lambda}_{LT}^2}} = \dfrac{1}{0.81 + \sqrt{0.81^2 - 0.75 \times 0.80^2}} = 0.82$		
侧向扭转屈曲承载力： $M_{b,Rd} = \chi_{LT} W_y \dfrac{f_y}{\gamma_{M1}} = 0.82 \times 992 \times 10^3 \times \dfrac{275}{1.0} \times 10^{-6} = 223 > 9.4\text{kN} \cdot \text{m} = M_{y,Ed}$ 故满足要求		BS EN 1993-1-1 第 6.3.2.1 条
绕弱轴的抗弯承载力： $M_{c,z,Rd} = \dfrac{W_{pl,z} f_y}{\gamma_{M0}} = \dfrac{465 \times 10^3 \times 275}{1.0} \times 10^{-6} = 128 > 2.3\text{kN} \cdot \text{m} = M_{z,Ed}$ 故满足要求		BS EN 1993-1-1 第 6.3.1.1 条
压弯荷载共同作用： 对于采用构造简单原则设计的柱子，要按下列简化的相互作用关系式进行校核： $\dfrac{N_{Ed}}{N_{b,z,Rd}} + \dfrac{M_{y,Ed}}{M_{b,Rd}} + 1.5\dfrac{M_{z,Ed}}{M_{c,z,Rd}} = \dfrac{1253}{1553} + \dfrac{9.4}{223} + 1.5 \times \dfrac{2.3}{128}$ $= 0.81 + 0.04 + 0.03 = 0.88 \leqslant 1.0$ 故满足要求 ∴ 采用 254×254×73UKC 注：上式第一项（轴向荷载）起主要控制作用，说明了为何不需要很精确地考虑两个方向受弯，并采用偏于保守的相互作用系数。		

参考文献

[1] SCI and BCSA(2009) Steel Building Design: Design Data-In accordance with Eurocodes and the UK National Annexes. SCI Publication No. P363. Ascot, SCI.

[2] SCI and BCSA(2009) Steel Building Design: Concise Eurocodes. SCI Publication No. P362. Ascot, SCI.

[3] NCCI SN048. Verification of columns in simple construction-a simplified inter-action criterion. http://www. steel-ncci. co. uk.

[4] Gardner L. (2011) Stability of Steel Beams and Columns. SCI Publication No. P360. Ascot, SCI.

[5] Morris, L. J. (1981 and 1983) A commentary on portal frame design. *The Structural Engineer*, 59A, No. 12, 394-404 and 61A, No. 6181-9.

[6] CCI SN002. *Determination of non-dimensional slenderness of I and H sections.* http: //www. steel-ncci. co. uk.

[7] Trahair N. S. , Bradford M. A. , Nethercot D. A. and Gardner L. (2008) *The Behaviour and Design of Steel Structures to EC*3, 4th edn. London and New York, Taylor and Francis.

[8] Gardner L. and Nethercot D. A. (2005) *Designers' Guide to EN* 1993-1-1: *Eurocode* 3: *Design of Steel Structures.* London, Thomas Telford Publishing.

[9] Martin L and Purkiss J. (2008) *Structural Design of Steelwork to EN* 1993 *and EN* 1994, 3rd edn. Oxford, Butterworth-Heinemann.

[10] Brettle M. (2009) *Steel Building Design*: *Worked Examples-Open Sections-In accordance with Eurocodes and the UK National Annexes.* SCI Publication No. P364. Ascot, SCI.

拓展与延伸阅读

1. Chen W. F. and Atsuta T. (1977) *Theory of Beam-Columns*, *Vols* 1 *and* 2. New York, McGraw-Hill.

2. Davies J. M. and Brown B. A. (1996) *Plastic Design to BS* 5950. Oxford, Blackwell Science.

3. Galambos T. V. (1998) *Guide to Stability Design Criteria for Metal Structures*, 5th edn. New York, Wiley.

4. Horne M. R. (1979) *Plastic Theory of Structures*, 2nd edn. Oxford, Pergamon.

5. Horne M. R. , Shakir-Khalil H. and Akhtar S. (1967) The stability of tapered and haunched beams. *Proc. Instn Civ. Engrs*, 67, No. 9, 677-94.

6. Morris L. J. and Nakane K. (1983) Experimental behaviour of haunched members. In: *Instability and Plastic Collapse of Steel Structures* (ed. by L. J. Morris), pp. 547-59. London, Granada.

20 桁　架*

Trusses

LEROY GARDNER and KATHERINE CASHELL

20.1 引言

桁架是一种主要由每根构件中的轴向力来承受荷载作用的承重结构。桁架通常用来支承建筑物的屋面、楼板以及其他内部构（部）件，如设备管道和吊顶等。与普通的钢梁相比，桁架在用于大跨度结构时会更加经济。桁架也用做横向支撑，这方面内容可见本章第20.7节的相关介绍。此外，在本手册的第4章、第5章和第17章中，分别详细介绍了桁架在门式刚架、多层建筑和梁方面的应用。格构式大梁是桁架的一种形式，在桥梁结构中得到广泛的应用，它主要由平行的由上、下弦杆及交叉的斜腹杆组成。

20.2 桁架类型

桁架可分为多种类型，图20-1给出了其中最常用的形式。在设计中采用哪种桁架类型，除了几何形状和经济因素之外，通常还取决于建筑方面和客户要求的影响。

图20-1*a*、*e*所示为普拉特桁架（Pratt truss），在常规的垂直荷载作用下，斜腹杆承受拉力，而相对较短的竖向腹杆承受压力。在一定程度上，这种受力特点弥补了在常规垂直荷载作用下跨中的受压弦杆要比受拉弦杆受力更大的情况。值得注意的是，坡度较缓的屋顶普拉特桁架在风荷载作用下，可能会引起荷载反向，从而在较长的腹杆中出现压力。

把普拉特桁架的腹杆由内斜转为外斜就成为豪式桁架（Howe truss 或 English Truss），如图20-1*b*所示。对于荷载很小的屋面采用豪式桁架具有一定优势，由于风荷载的影响，它会产生反向的竖向荷载。另外，在垂直荷载作用下，跨中受拉弦杆比受压弦杆要承受更大的内力。如图20-1*c*所示的芬克式桁架（Fink truss），用于大跨、坡度陡的屋顶时，各构件被再分为较短的构件，因此在用钢量方面显得更为经济。根据设计人员的要求，桁架的弦杆和腹杆可以进行多种形式的布置和再分。

图20-1*d*所示为折线形桁架（mansard truss）。它是芬克式桁架的一种变形，其优

---

* 本章译者：林向晖。

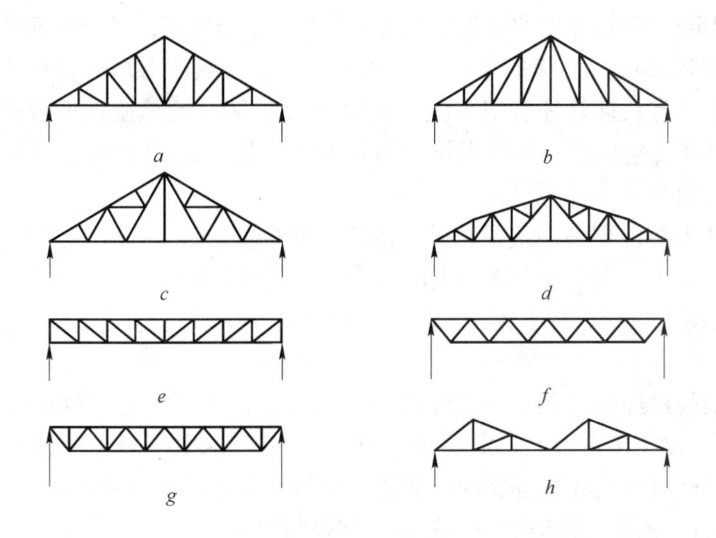

图 20-1 常见的屋盖桁架类型

a—普拉特桁架；*b*—豪式桁架；*c*—芬克式桁架；*d*—折线形桁架；
e—平行弦普拉特桁架；*f*—华伦桁架；*g*—改进的华伦桁架；*h*—锯齿形桁架

点在于减少了无法使用的屋顶空间，因此降低了建筑物的运营成本。但是，这种桁架的主要缺点是因跨高比较小而上、下弦杆的内力会有所增大。

图 20-1*f* 所示为华伦桁架（Warren truss）。由于桁架的斜腹杆长度相等，因此降低了制作的成本。与普拉特桁架不同，华伦桁架中间节间的斜腹杆在重力荷载作用下是受压的。当跨度较大时，可以采用改进的华伦桁架，这种桁架增设竖向腹杆，对弦杆提供了支撑的间距变得更小，见图 20-1*g*。这样就能够减小受压弦杆的有效屈曲长度，同时减小局部弯曲所引起的次应力（详见本章第 20.5.2 节）。尽管改进的华伦桁架比平行弦普拉特桁架用料要多，但由于其具有对称和美观的特点而弥补了这方面的不足。图 20-1*h* 所示为锯齿形桁架，或称蝶形桁架，只是在多开间建筑物中所采用的多种桁架实例中的一种。

在材料使用方面，桁架可以提供非常有效的结构解决方案。然而，值得注意的是，通过采用数量多而截面相对小的构件来节省钢材用量的方法，通常会增加制作成本和长期维护费用。一般来说，设计简单、构件规格上大体相同，才是最好的选择。设计人员也应该考虑建造的可实施性，如构件的运输及现场安装所用的机械设备，因为这些因素也可能对桁架设计起控制作用。

20.3 概念设计指南

对于坡屋顶桁架，如图 20-1*a*、*b*、*c* 所示的普拉特桁架、豪式桁架和芬克式桁架，最经济的跨高比为 4 ~ 5，跨度范围为 6 ~ 12m。跨度较大时，芬克桁架最为经济，桁架跨度可达 15m，但是过多的屋顶空间无法使用，会导致建筑物的运营成本的显著提高。在跨度达到 15m 时，跨高比会加大到 7 左右，而额外增加的材料成本，在一定程度上要通过节省长期管理费用来抵消。对于 15 ~ 30m 的跨度，折线型桁架可以减少无法使用的屋顶空间，同时也保持了斜屋顶的外观，见图 20-1d，这种形式的桁架经济跨高比约为 7 或 8。

平行弦杆桁架（即格构式梁）的经济跨度为 6 ~ 50m，跨高比为 15 ~ 20，取决于所作用荷载的大小。在跨度范围的上限附近时，节间宽度应该使得斜腹杆的倾斜角近似等于 50°或稍大一些。对于较长、较高的桁架，如果节间宽度太大，通常需要将腹杆进行再分。

屋面桁架的最经济的间距与桁架跨度和荷载大小有关，也与辅助横向构件（如檩条等）的跨度和间距有一定关系。然而，一般来说，桁架间距应为跨度的 1/4 ~ 1/5，这样对于最经济合理的桁架跨度范围，其间距为 4 ~ 10m。对于短跨屋面桁架（6 ~ 15m）来说，桁架的最小间距应该限制为 3 ~ 4m。

屋顶坡度较缓的建筑物，由于风吸力和内部压力作用可能会受到反向荷载的作用（见图 20-2）。这就会对桁架结构产生显著的影响，通常要求小型构件受拉（在恒载和活荷载作用下）的，而当承受压力时就可能发生屈曲。在风荷载作用下，下弦杆可能受压，其平面外的屈曲验算就会变得尤为重要。可能还需要在相邻桁架的下弦杆之间设置一排系杆（即支撑），来提供侧向约束。对坡度较陡的屋顶或平屋顶，荷载反向一般不是问题，因为这时恒荷载一般会超过风荷载的上吸力。

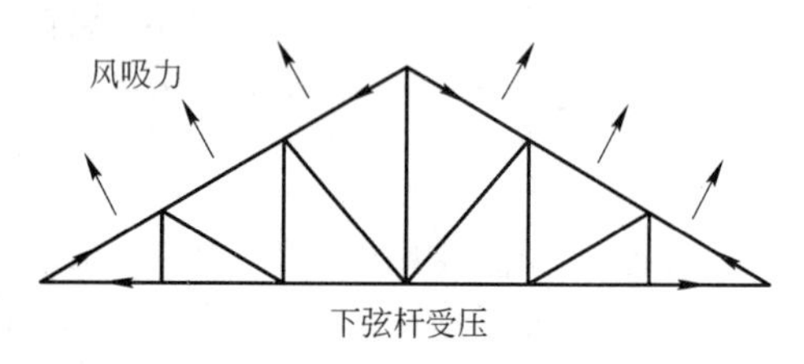

图 20-2 由风荷载引起的反向荷载示例

20.4 杆件和连接的选择

20.4.1 杆件

杆件的选择取决于所在区域、用途、跨度、所采用的连接形式和外观需求。轻型屋盖桁架中的杆件，通常采用最经济的型钢，一般为角钢、槽钢和 T 形钢等，见图 20-3a。由于结构用钢管截面的良好的受压性能和整洁美观的外观，也变得越来越常用。然而，这些截面形式需要较高的制作成本，而且仅适用于焊接结构。对于大跨度、承受重载的屋盖桁架，往往需要使用更大型的型钢截面，如轧制的通用梁和通用柱型钢，或者是组合的小型轧制型钢，比如背靠背连接的角钢和槽钢等，见图20-3b。

设计时要考虑的主要问题是，要提供适当的通道，能够到达所有桁架构件及其表面处，用来检查和维护，并提供相关的构造设计。在恶劣使用环境下（如高腐蚀环境），需要对构件进行定期的维护，这一点尤为重要。为此，在这种环境下常常采用

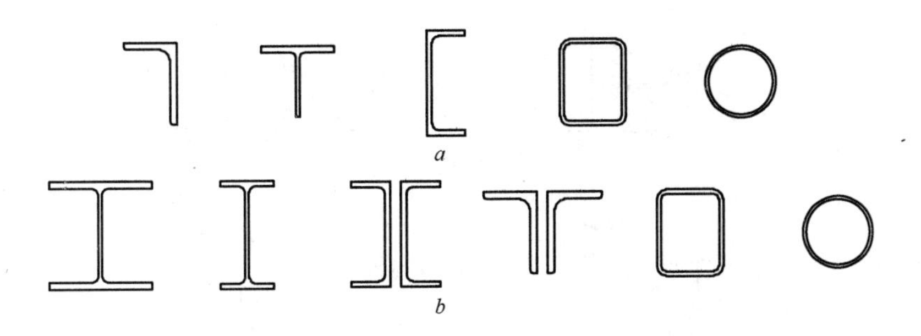

图 20-3　典型的杆件截面

a—轻型桁架；*b*—重型桁架

焊接箱形截面或圆管截面以及焊接连接节点。

20.4.2　连接

桁架结构中主要有三种连接形式：焊接、螺栓连接和铆接连接。在英国，由于人工成本非常高，很少采用铆接。但由于发展中国家的劳动力成本相对较低，则仍然还在使用这种方法。从制作厂整体运送到施工现场的小跨度桁架可以全部采用焊接连接。相反，对于大跨度桁架，就不能进行整体运输，而是将它分段运送至工地，然后以拴接或者焊接进行拼接。

焊接桁架通常比螺栓连接桁架更轻，也易于涂装和维护。可是，现场螺栓连接要比焊接的速度快，也更经济，因此被承包商所青睐。此外，使用螺栓连接，可以不借助大型起重设备塔吊完成每根构件的现场安装。但是，螺栓连接的不足之处在于，这种连接经常用到节点板，这使得结构的外观显得笨重而突兀。节点板的尺寸取决于所连接构件的尺寸和螺栓间距。理想情况下，节点板的相邻边应呈直角，并且应将节点板的边数减至最少。如果设计和安装正确，那么在定位所连接构件时节点板就非常有用，构件的形心轴线也会交于一个点，从而避免出现荷载偏心（见本章第 20.5.2 节）。

典型的节点连接构造，见图 20-4。

20.5　桁架分析

20.5.1　概述

桁架受力分析中，通常假定荷载作用在构件的交点上，因此各构件主要承受轴向应力的作用。为简化分析，桁架自重常常沿着弦杆分布到节点上。通常，每根杆件的两端均假定为铰接，尽管实际情况大多并非如此，这将在以下章节中作详细的介绍。

桁架分析的手算方法可用于计算简单桁架的杆件内力。对于静定桁架，分析方法

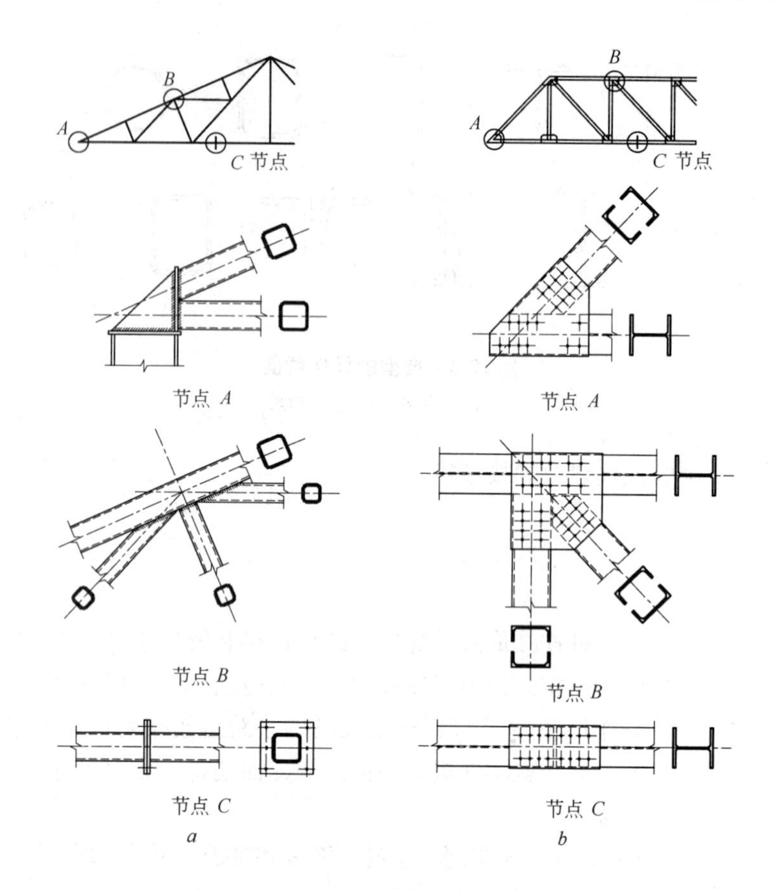

图 20-4　典型的桁架节点

a—焊接连接的钢管桁架；*b*—螺栓连接的重型桁架

包括节点法，图形分析法（包氏符号标注法（Bow's notation）或麦克斯韦图解法（Maxwell diagram））和截面法等。如果只需求解几根关键构件上的轴力时，其中截面法尤其有效。

采用手算方法来进行超静定桁架分析会比较麻烦，可用的分析方法包括虚功法、最小功法和带影响线的功的互等定理法及刚度法。如需进一步了解这些分析方法，可参考相关结构分析的教科书。采用结构分析软件来进行详细分析已十分普遍，特别是对于比较复杂的桁架，其效果就更为明显。另外，在分析模型中可以考虑节点和杆件的刚度，这样就可以避免烦琐的手算来确定节点变形引起的次应力（见本章第 20.5.2 节）。

桁架分析中必须仔细考虑桁架的平面外稳定性问题，以及对风荷载之类的侧向荷载或引发沿桁架长度方向扭转的偏心荷载的承载力进行验算。单个桁架的结构效能经常会很差，因此桁架间通常需要设置足够的支撑来防止平面外失稳（见本章第 20.7 节）。

铰接桁架的挠度可采用虚功法或者结构分析软件来确定。桁架的挠度与屋面排水密

切相关。桁架在使用期间产生的挠度，某种程度上可以通过制作过程中预起拱来弥补。

20.5.2 次应力

如前文所述，典型的桁架分析中，假定所有的荷载都作用在节点上，所有节点都是铰接的，这样，单根构件仅承受轴力。然而，在某些情况下，构件内会产生弯矩。由此产生的应力称为“次应力”，次应力可能由以下原因产生：（1）刚性节点（如图20-5a所示）；（2）节点偏心或构件的安装偏差（如图20-5b所示）；（3）在节点之间有荷载作用。

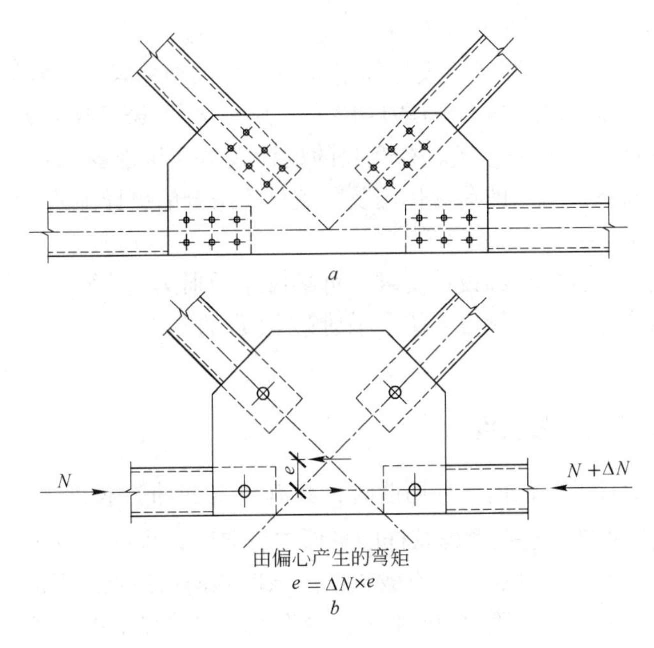

图 20-5　附加弯矩的产生

a—刚性节点；b—连接杆件的偏心

次应力的大小取决于诸多因素，比如构件的布置、节点刚度、节点处所连接构件的相对刚度以及安装偏差等。通常，在设计中要使各构件的形心轴交于一点，从而不会产生因节点偏心引起的次应力。对于偏心连接，构件设计应该能够抵抗偏心产生的弯矩以及轴力。同样，由于作用在桁架节点间的荷载所产生的弯矩也应该加以考虑。尽管假定节点是铰接的，但还是存在一定程度的固结情况，从而会产生次弯矩。虽然通常根据经验可以忽略这些次弯矩，但是设计人员要能够分辨在哪些情况下，节点刚度对桁架的结构性能有显著影响（如构件为短粗杆件时）。这时，就需要进行更加详细的结构分析。

在 BS EN 1993-1-8[1] 中对采用钢管节点的格构式梁作出了专门的规定。规定指出，如果在大梁平面内，构件的长高比小于6，那么设计中就应考虑由节点刚度引起的附加弯矩。此外，由节点偏心引起次应力，并导致的附加弯矩，应在节点两边的受压弦杆之间进行分配。所分配的弯矩大小与两边杆件的相对刚度系数 I/L 有关，其中，I 为在桁架平面内构件的截面惯性矩。因此，腹杆就只承受轴向力。作用在桁架节点间的荷载所产生的弯矩，只需要在杆件设计时进行考虑。也就是说，仍然可以认为腹杆是铰接的，而应把弦杆考虑为连续杆件。

20.6 构件的设计

20.6.1 概述

在 BS EN 1991 中给出了关于设计作用（荷载）的相关规定。恒载和活荷载见 BS EN 1991-1-1[2]，雪荷载见 BS EN 1991-1-3[3]，风荷载见 BS EN 1991-1-4[4]。BS EN 1990[5]给出了荷载组合的表达式。有经验的设计人员应该能够确定每个构件的控制荷载组合。有关欧洲规范中的荷载作用及荷载作用组合的更详细的设计指南，可参见本章参考文献［6］及本手册第 3 章。

有关轴向受力杆件的详细设计要求，可参阅本手册第 15 章、16 章，关于构件承受轴力和弯矩组合作用的问题可参阅本手册第 19 章的介绍。

20.6.2 受压杆件的有效长度

在考虑桁架腹杆的平面内、外屈曲时，其有效（屈曲）长度 L_{cr} 可以偏于保守地取为构件的几何长度 L。这在考虑弦杆的平面内屈曲时，也同样适用于弦杆的有效长度计算。对于弦杆的平面外屈曲，有效长度应该取侧向约束点之间的距离。

在 BS EN 1993-1-1[7]的附录 BB.1 中，允许在某些情况下由于考虑了节点的牢固性（fixity）和相邻构件的刚度，其有效长度可取更小的值。例如当采用两个或更多的螺栓连接时（如图 20-6 所示），在腹杆的屈曲验算时可采用折减的有效屈曲长度（L_{cr}）。在欧洲规范中所规定的弦杆和腹杆在平面内、外屈曲的、适用于各种截面类型的有效长度系数（$k=L_{cr}/L$），见表 20-1 所列数值。任何情况下，只要有试验依据，或者经过严格的分析，设计计算中就可以采用较小的有效长度。

表 20-1 按照 BS EN 1993-1-1 附录 BB.1 的有效长度系数

构 件	有效屈曲长度系数 $k=L_{cr}/L$	
	平面内屈曲	平面外失稳
一般规定		
弦 杆	1.0	1.0
腹 杆	0.9①	1.0
工字形和 H 型钢		
弦 杆	0.9	1.0

续表 20-1

构　件	有效屈曲长度系数 $k=L_{cr}/L$	
	平面内屈曲	平面外失稳
腹　杆	0.9①	1.0
钢　管		
弦　杆	0.9	0.9
腹　杆	1.0	1.0
角　钢		
弦　杆	1.0	1.0
腹　杆	—	—

①必须提供充分的端部约束，端部连接能保证适当的固接（即至少两个连接螺栓）。

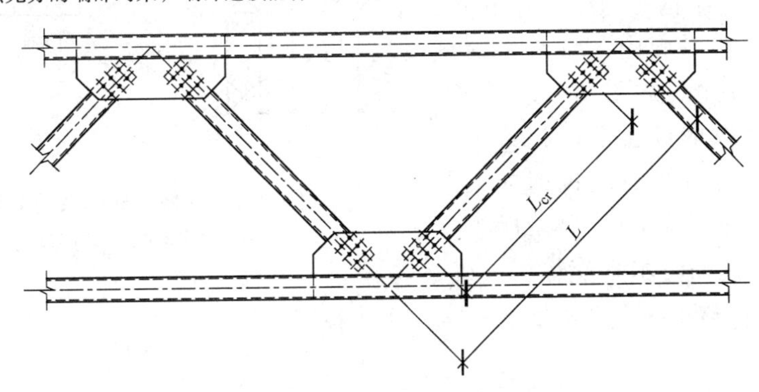

图 20-6　桁架腹杆的几何长度 L 以及屈曲长度 L_{cr}

对于用做腹杆的受压角钢，如果在连接部位至少有两个螺栓，且弦杆能够提供足够的端部约束，那么 BS EN 1993-1-1 附录 BB. 1. 2 允许忽略腹杆轴力的偏心影响并将构件端部视为刚接。构件的无量纲有效长细比 λ_{eff}可按下式计算：

$\bar{\lambda}_{eff,v}=0.35+0.7\bar{\lambda}_v$，绕 v-v 轴屈曲；

$\bar{\lambda}_{eff,y}=0.5+0.7\bar{\lambda}_y$，绕 y-y 轴屈曲；

$\bar{\lambda}_{eff,z}=0.5+0.7\bar{\lambda}_z$，绕 z-z 轴屈曲。

式中，$\bar{\lambda}$ 由构件绕相关轴的几何长度 L 确定。如果角钢腹杆端部的连接只有一个螺栓，那么必须在设计中考虑偏心作用，而且上述定义的无量纲的有效长细比不再适用。而应根据第 6. 3. 1. 3 条，按几何长度 L 确定相应的长细比。

对于格构式梁，如果腹杆与弦杆截面的宽度（或直径）之比 β 小于 0. 6，依据 BS EN 1993-1-1 附录 BB1. 3(3)的规定，空心截面腹杆沿其相贯线围焊于弦杆，其平面内、外屈曲的有效长度 L_{cr}通常可取 0. 75L。有关圆管和方矩管构件的 L_{cr}与 β 关系的详细公式，在 NCCI SN031a[8] 中有更多的介绍。

20.7　支撑

建筑物中桁架的一个常见的用途是，以构建三角形支撑的形式保证结构的稳定

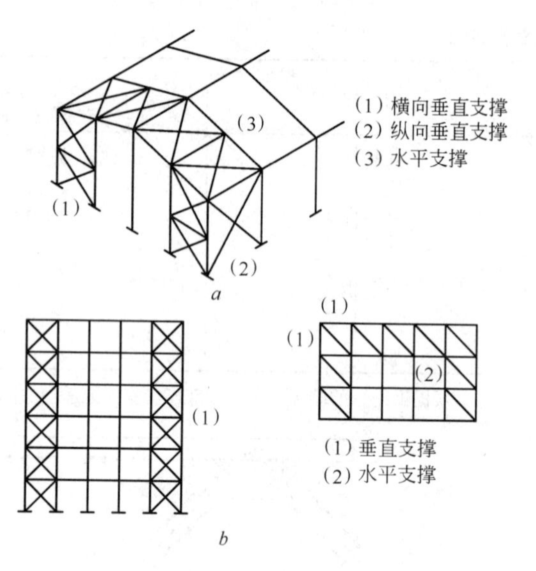

图 20-7　用做支撑体系的桁架

a—单层建筑；*b*—多层建筑

性，并将水平荷载（如风荷载）或者吊车的刹车力传至基础。图 20-7*a*、*b* 分别给出了单层和多层建筑的实例。

支撑通常布置在建筑物的墙体和屋盖体系中。如果支撑采用交叉的形式，即使其受压杆件失稳退出工作，受拉杆件仍可传递水平拉力。这样可避免采用粗大的压杆。竖向支撑常常用来保证结构的整体稳定性，尤其是采用铰接连接的结构。对于单层建筑，支撑布置在屋盖平面内，将水平荷载传递至竖向构件，见图 20-7。此外，多层建筑的楼板本身通常也起着水平支撑的作用。然而如果建筑钢框架是在楼板施工之前安装的，则在楼板安装之前必须设置临时水平支撑。此外，如果楼板是不连续的，则需要布置永久水平支撑。

20.8　刚接空腹桁架

20.8.1　空腹桁架的应用

通过在竖向腹杆和上、下弦杆之间采用刚性节点连接，桁架可以不设斜腹杆。这种桁架被称为空腹桁架（Vierendeel girder）。空腹桁架的上、下弦杆一般呈平行或接近平行，其典型的形式见图 20-8*a*。

与构件主要承受轴力的常规桁架不同，空腹桁架的构件除承受直接的拉力和压力之外，还承受弯矩和剪力。空腹桁架通常比常规桁架更为昂贵，在斜腹杆有妨碍或不希望出现斜腹杆的场合才会使用。因此，当在桁架高度范围内需要开洞（比如门、窗、走廊和设备管道等）时，在建筑物中最常用的就是这种桁架。

空腹桁架的经济跨度和尺寸比例与平行弦桁架类似，可参见本章第 20.2 节的相关内容。

20.8.2　分析

虽然空腹桁架是超静定结构，但已经开发出多种的手算求解方法。其中，静定法假定对于每个桁架节间，竖直腹杆与水平弦杆构件的中点均为铰接，但这种方法只适

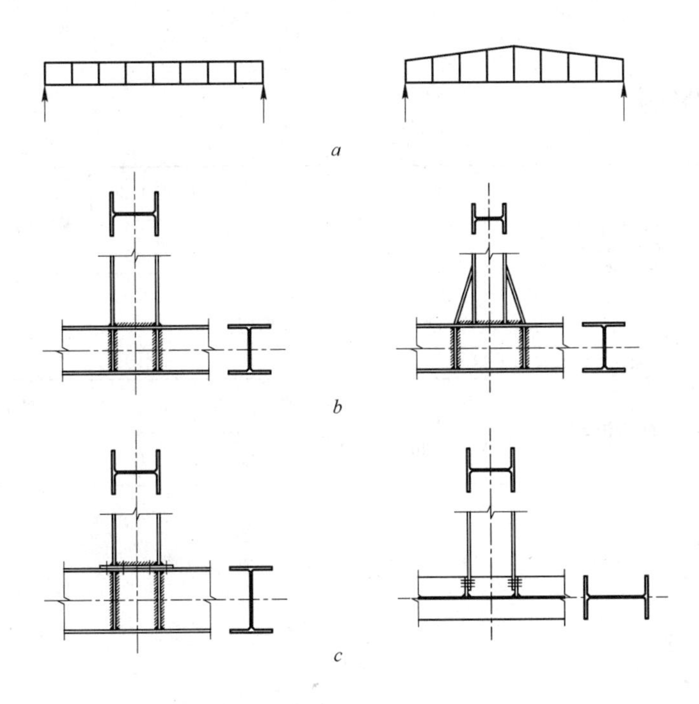

图 20-8 典型的空腹桁架局部形式

a—典型的形式；*b*—焊接连接；*c*—螺栓连接

用于弦杆相互平行、弦杆的刚度相同且荷载是作用于节点的情况。如今，结构分析软件通常提供了最准确、有效的工具，来分析空腹桁架。

在设计空腹桁架时可以采用塑性理论，其使用方法与其他刚性框架的设计方法类似，如门式刚架等。总的来说，结构的整体失效是由少数构件的局部失效而形成机构所造成的。一旦破坏模式确立后，应保证所设计的弦杆和腹杆的截面足以抵抗破坏。结构分析软件可用于平面结构（包括空腹桁架）的塑性分析。

20.8.3 连接

空腹桁架的节点均为完全固定的刚性节点。因此，连接形式必须保证所连接的构件不允许产生转动或者滑移，即采用焊接或摩擦型螺栓连接。焊接连接通常是最有效、可靠的，但如果是现场连接，就会有很多不便。采用螺栓现场拼接则十分经济并易于施工。对于需要分段运输和吊装的大型空腹桁架，通常会采用全螺栓连接。为了优化构件及节点性能，竖直腹杆的端部常呈八字形。这种做法非常适合于承受重载的空腹桁架，因为可以降低高度集中的局部应力，从而节省大量的加劲板。图 20-8*b*、*c* 所示为典型的空腹桁架节点实例。

20.9 设计实例

<table>
<tr><td rowspan="5">
Silwood Park, Ascot,
Berks SL5 7QN
Telephone: (01344) 623345
Fax: (01344) 622944
CALCULATION SHEET</td><td>编 号</td><td></td><td>第1页</td><td colspan="2">备 注</td></tr>
<tr><td>名 称</td><td colspan="4"></td></tr>
<tr><td>题 目</td><td colspan="4">屋盖桁架设计</td></tr>
<tr><td rowspan="2">客 户
Client</td><td>编 制</td><td>KAC</td><td>日期</td><td></td></tr>
<tr><td>审 核</td><td>LG</td><td>日期</td><td></td></tr>
</table>

屋盖桁架设计

屋盖桁架设计实例

设计简介

设计长120m、宽25m的工业厂房屋盖桁架。屋面为保温的金属板，檩条设置在桁架的节点上。

结构形式

跨度为25m，若采用单坡屋顶，其屋脊高度会达到5.5m，做法很不经济。理想的解决方案是采用折线型桁架或平行弦的普拉特桁架、豪式桁架或者华伦桁架。

对于本设计实例，将采用折线型桁架，最经济的跨高比为7～8。

桁架高度为3.5m时，$\frac{跨度}{高度}=\frac{25\text{m}}{3.5\text{m}}=7.14$ 可接受。

理想的桁架间距为跨度的1/4～1/5。

当桁架间距为6m时，$\frac{间距}{跨度}=\frac{6\text{m}}{25\text{m}}=\frac{1}{4.17}$，可接受。

建筑物长120m，桁架间距取6m是比较合理的。有20个间距相同的开间。

连接通常采用工厂焊接，在适当位置进行现场拼接，便于运输并避免使用重型吊车。

屋盖桁架设计	第2页	备　注

桁架尺寸

1500
2000
5000
25000

12个节间，每个节间长度2083mm。(图中尺寸以mm表示)

典型中间桁架上的作用（荷载）

永久作用

（1）屋盖荷载：

压型钢板：　0.075kN/m^2

保温层：　0.02kN/m^2

锚固件：　0.025kN/m^2

设备等：　0.1kN/m^2

总荷载：　33.0kN

（2）檩条：

檩条重：　**11.8kN**

（3）桁架结构

自重：　30.0kN

总永久荷载：　**74.8kN**

每个节点上作用的荷载，G_k：　6.2kN

（注意：在支座节点处，取上述节点荷载的一半）

可变作用

（1）活荷载：不上人屋面，维修除外，因此，屋面类别为“H”

备注：BS EN 1991 第6.3.4.1条表6-9

活荷载 q_k：　0.6kN/m^2

每个节点上作用的活荷载 Q_k：　7.5kN

备注：BSEN 1991 英国国别附录表 NA.2.10

屋盖桁架设计	第3页	备　注

（2）雪荷载：由于雪引起的活荷载作用于屋面，如下图所示。按照 BS EN 1991-1-3 计算荷载值。

BS EN 1991-1-3

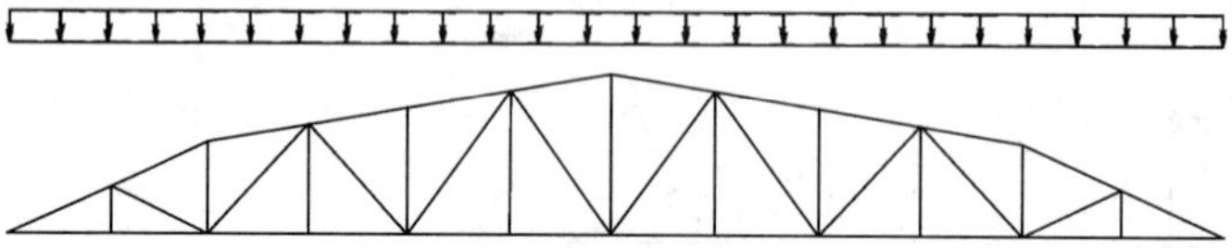

雪荷载 q_k：　0.32kN/m^2

各节点上作用的雪荷载 Q_k：　4.0kN

（3）风荷载：风沿建筑物的纵向作用时，风荷载如下图所示。荷载作用在坡面上，其方向与屋面垂直。按照 BS EN 1991-1-4 计算荷载值。

BS EN 1991-1-4

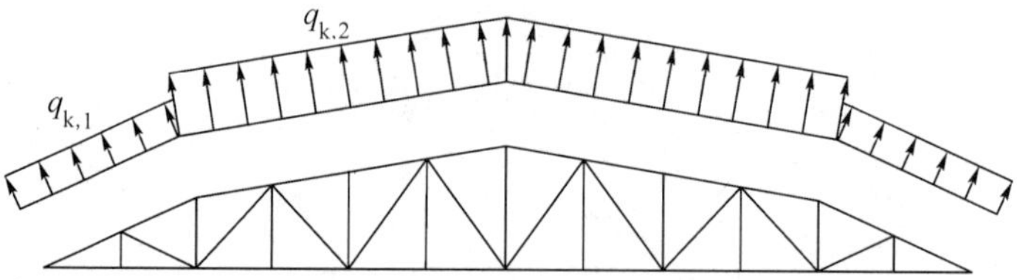

表 NA.2.10

风荷载 $q_{k,1}$：　0.32kN/m^2

各节点上作用的风荷载 $Q_{k,1}$：　4.0kN

风荷载 $q_{k,2}$：　0.82kN/m^2

各节点上作用的风荷载 $Q_{k,2}$：　10.3kN

如同其他作用一样，风荷载是作用在桁架节点上的。

杆件内力标准值（未考虑分项系数）

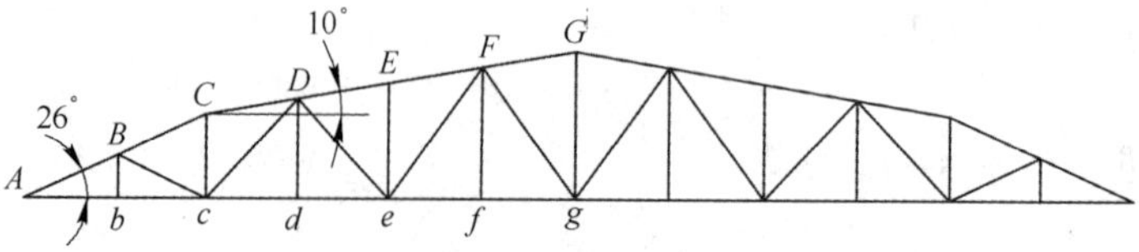

屋盖桁架设计	第4页	备 注

表 20-2 杆件内力标准值（未考虑分项系数）

构件	恒载/kN	活载/kN	风荷载/kN	雪荷载/kN
上弦杆				
A-B	-79.2	-95.3	119.7	-50.8
B-C	-72.0	-86.7	116.3	-46.2
C-D	-66.0	-79.4	108.4	-42.3
D-E	-76.8	-92.4	135.4	-49.3
E-F	-76.8	-92.4	137.2	-49.3
F-G	-67.9	-81.6	127.9	-43.5
下弦杆				
A-b	71.4	85.9	-107.0	45.8
b-c	71.4	85.9	-107.0	45.8
c-d	73.8	88.8	-120.9	47.4
d-e	73.8	88.8	-120.9	47.4
e-f	72.7	87.5	-124.1	46.7
f-g	72.7	87.5	-124.1	46.7
垂直腹杆				
B-b	0.0	0.0	0.0	0.0
C-c	13.2	15.9	-24.0	8.5
D-d	0.0	0.0	0.0	0.0
E-e	-6.2	-7.5	10.5	-4.0
F-f	0.0	0.0	0.0	0.0
G-g	17.8	21.4	-24.9	11.4
斜腹杆				
B-c	-7.2	-8.7	5.6	-4.6
c-D	-13.5	-16.2	28.7	-8.6
D-e	2.6	3.2	-8.8	1.7
e-F	5.1	6.1	-4.7	3.3
F-9	-10.7	-12.9	15.0	-6.9

注：表中的负值对应于压力。计算值基于铰接假设得出。

作用的分项系数（BS EN 1990 英国国别附录第 NA. 2. 2. 3. 2 条）

永久作用的分项系数（其效应对结构不利） $\gamma_{G,sup}=1.35$

永久作用的分项系数（其效应对结构有利） $\gamma_{G,inf}=1.00$

可变作用的分项系数（其效应对结构不利） $\gamma_Q=1.50$

永久作用的折减系数 $\xi=0.925$

承载力极限状态下的荷载作用组合（BS EN 1990 第6.3.4.2(3)条 式（6-10*b*））

最不利荷载作用组合如下：

荷载组合 1　（1.35×0.925×恒载）+（1.5×活载）

荷载组合 2　（1.0×恒载）+（1.5×风载）-风吸力

屋盖桁架设计	第5页	备 注

构件内力设计值（已考虑分项系数）

表20-3　构件内力设计值（已考虑分项系数）

构件	荷载组合1	荷载组合2
上弦杆		
A-B	-242.0	100.4
B-C	-220.0	102.4
C-D	-201.5	96.6
D-E	-234.5	126.3
E-F	-234.5	129.0
F-G	-207.3	124.0
下弦杆		
A-b	218.2	-89.0
b-c	218.2	-89.0
c-d	225.5	-107.5
d-e	225.5	-107.5
e-f	222.2	-113.4
f-g	222.2	-113.4
垂直腹杆		
B-b	0.0	0.0
C-c	40.5	-22.8
D-d	0.0	0.0
E-e	-19.0	9.6
F-f	0.0	0.0
G-g	54.4	-19.6
斜腹杆		
B-c	-22.0	1.2
c-D	-41.2	29.6
D-e	8.1	-10.6
e-F	15.6	-1.9
F-9	-32.7	11.8

构件设计

所有桁架构件采用钢管。

(1)　上弦杆的设计

受最大荷载作用的受压上弦杆为AB杆。其构件长度最长，几何长度 L 为2311mm。

∴ 最大压力　N_{Ed}　242.0kN

尝试采用截面尺寸　　80×80×3.6 SHS　(S355)

$c = 69.2\text{mm}$；$i = 31.1\text{mm}$；$I = 1.05\times10^{6}\text{mm}^4$；$A = 1090\text{mm}^2$；$f_y = 355\text{N/mm}^2$；$E = 210\times103\text{N/mm}^2$

1）截面分类

$= \sqrt{235/f_y} = 0.81$

$c/t = 69.2/3.6 = 19.2$

（备注：BS EN 1993-1-1 第5.5条，表5-2）

屋盖桁架设计	第6页	备 注

第Ⅰ类截面的界限值为 $33\varepsilon = 26.8$

$26.8 > 19.2$ ∴ 截面分类为第Ⅰ类

2）截面受压承载力

对于第Ⅰ、Ⅱ类和第Ⅲ类截面，$N_{c,Rd} = \dfrac{Af_y}{\gamma_{M0}}$。（BS EN 1993-1-1 第6.2.4条）

$$N_{c,Rd} = \frac{1090 \times 355}{1.0} \times 10^{-3} = 386.9 > 242.0\text{kN} = N_{Ed}$$

∴ 受压满足条件。

3）构件抗弯屈曲承载力

对于弦杆的平面内、外屈曲验算，其屈曲长度 L_{cr} 为 $0.9 \times L$。考虑平面内屈曲时，L 为节点间的距离，当考虑平面外屈曲时，取侧向约束之间的距离（在本例中为节点间的距离）。（BS EN 1993-1-1 第B.B.1条）

∴ 屈曲长度 L_{cr} $0.9 \times L = 2080\text{mm}$

构件截面对称，平面内、外的屈曲长度相同；因此，平面内、外的屈曲承载力相同。

对于第Ⅰ、Ⅱ类和第Ⅲ类截面 $N_{b,Rd} = \dfrac{\chi Af_y}{\gamma_{M1}}$。（BS EN 1993-1-1 第6.3.1.1条）

$$\chi = \frac{1}{\phi + \sqrt{\phi^2 - \lambda^2}}，且\ \chi \leqslant 1.0$$

式中：

$$\phi = 0.5[1 + \alpha(\bar{\lambda} - 0.2) + \bar{\lambda}^2]$$

且对于第Ⅰ、Ⅱ类和第Ⅲ类截面，无量纲长细比为：$\bar{\lambda} = \sqrt{\dfrac{Af_y}{N_{cr}}}$

对于弯曲屈曲，构件的弹性临界力和无量纲长细比分别为：

$$N_{cr} = \frac{\pi^2 EI}{L_{cr}^2} = \frac{\pi^2 \times 210000 \times 1050000}{2080^2} \times 10^{-3} = 503.1\text{kN}$$

$$\bar{\lambda} = \sqrt{\frac{1090 \times 355}{503.1 \times 10^3}} = 0.88$$

屋盖桁架设计	第7页	备　注

柱子屈曲曲线选用和缺陷系数 α

对于热轧方管截面，使用屈曲曲线 a

对屈曲曲线 a，缺陷系数 $\alpha = 0.21$

屈曲曲线

$\Phi = 0.5[1 + 0.21(0.88 - 0.2) + 0.88^2] = 0.96$

$$\chi = \frac{1}{0.96 + \sqrt{0.96^2 - 0.88^2}} = 0.75$$

$$\therefore N_{b,Rd} = \frac{0.75 \times 1090 \times 355}{1.0} \times 10^{-3} = 289.8 > 242.0\text{kN} = N_{Ed}$$

∴ 构件屈曲满足要求。

BS EN 1993-1-1 第6.3.1.2(2)条 表6-2

(2)　下弦杆设计

下弦杆中最大压力出现在 c-d 和 d-e 构件，而最大的拉力出现在 e-f 和 f-g 构件。所有构件长度相等，$L = 2083$mm。

∴　最大压力　N_{Ed}　113.4kN

　　最大拉力　N_{Ed}　225.5kN

尝试采用与上弦杆相同的截面尺寸　80×80×3.6 SHS　(S355)

$c = 69.2$mm；$i = 31.1$mm；$I = 1.05 \times 10^6\text{mm}^4$；$A = 1090\text{mm}^2$；$f_y = 355\text{N/mm}^2$；$f_u = 510\text{N/mm}^2$；$E = 210 \times 10^3\text{N/mm}^2$

1）截面分类

同上，截面属于第Ⅰ类。

BS EN 1993-1-1 第5.5条,表5-2

2）截面抗压承载力

同上，$N_{c,Rd} = 386.9 > 113.4\text{kN} = N_{Ed}$　　∴受压满足要求。

BS EN 1993-1-1 第6.2.4条

3）构件的抗弯屈曲承载力

与上弦杆相似，下弦杆的平面内、外屈曲长度 L_{cr} 均取为 $0.9 \times L$。考虑平面内屈曲时，L 为节点间的距离，当考虑平面外屈曲时，取侧向约束之间的距离。在下弦杆的每隔一个节点设置纵向系杆，因此平面外的几何长度为4167mm。

BS EN 1993-1-1 第BB.1条

∴　平面内屈曲长度 L_{cr}　$0.9 \times L = 1875$mm

　　平面外屈曲长度 L_{cr}　$0.9 \times L = 3750$mm

平面内屈曲

同上，$N_{b,Rd} = 289.8 > 113.4\text{kN} = N_{Ed}$

∴ 平面内屈曲满足要求。

屋盖桁架设计	第8页	备 注
平面外屈曲 弹性临界力和无量纲长细比 $N_{cr}=\frac{\pi^2 EI}{L_{cr}^2}=\frac{\pi^2\times210000\times1050000}{3750^2}\times10^{-3}=154.8\text{kN}$ $\bar{\lambda}=\sqrt{\frac{1090\times355}{154.8\times10^3}}=1.58$ 柱子屈曲曲线选用和缺陷系数 α 对于热轧空心方管截面，使用曲线 a 对屈曲曲线 a，$\alpha=0.21$ 屈曲曲线 $\Phi=0.5[1+0.21(1.58-0.2)+1.58^2]=1.90$ $\chi=\frac{1}{1.90+\sqrt{1.90^2-1.58^2}}=0.34$ $N_{b,Rd}=\frac{0.34\times1090\times355}{1.0}\times10^{-3}=131.6>113.4\text{kN}=N_{Ed}$ ∴ 平面外屈曲满足要求。		BS EN 1993-1-1 第6.3.1.2(2)条,表6-2
4）截面抗拉承载力 $N_{t,Rd}$取毛截面的塑性承载力设计值 $N_{pl,Rd}$ 和净截面极限承载力设计值 $N_{u,Rd}$ 中的较小者： $N_{pl,Rd}=\frac{Af_y}{\gamma_{M0}}=\frac{1090\times355}{1.0}\times10^{-3}=386.9\text{kN}$ $N_{u,Rd}=\frac{0.9A_{net}f_u}{\gamma_{M2}}=\frac{0.9\times1090\times510}{1.1}\times10^{-3}=454.8\text{kN}$ $N_{t,Rd}=386.9>225.5\text{kN}=N_{Ed}$ ∴ 受拉验算通过。		BS EN 1993-1-1 第6.2.3条
(3) 腹杆设计 在腹杆中拉力最大的构件是 G-g，受压力最大的构件是 c-D。 最大压力 N_{Ed} 41.2kN 最大拉力 N_{Ed} 54.4kN 尝试采用截面尺寸 80×60×3RHS (S355) $c_w/t=21.7$；$c_f/t=15$；$i_y=30\text{mm}$；$i_z=24\text{mm}$；$I_y=0.7\times10^6\text{mm}^4$； $I_z=0.449\times10^6\text{mm}^4$；$A=781\text{mm}^2$；$f_y=355\text{N/mm}^2$；$f_u=510\text{N/mm}^2$； $E=210\times10^3\text{N/mm}^2$		

屋盖桁架设计	第9页	备　注

1）截面分类

$\varepsilon = \sqrt{235/f_y} = 0.81$

$c_w/t = 21.7$；$c_f/t = 15$

（BS EN 1993-1-1 第5.5条，表5-2）

第Ⅰ类截面的界限值为$33\varepsilon = 26.8$，∴ 截面分类为第Ⅰ类截面。

2）截面抗压承载力

$N_{c,Rd} = \dfrac{Af_y}{\gamma_{M0}}$　　对于第Ⅰ～Ⅲ类截面

（BS EN 1993-1-1 第6.2.4条）

$N_{c,Rd} = \dfrac{781 \times 355}{1.0} \times 10^{-3} = 277.3 > 41.2\text{kN} = N_{Ed}$

∴ 抗压承载能力满足要求。

3）构件抗弯屈曲承载力

对于腹杆的平面内、外屈曲验算，其屈曲长度L_{cr}均取$1.0 \times L$。L为构件节点之间的距离。对于最大受压构件$c\text{-}D$，L为3159mm。然而，屈曲承载力也和构件的屈曲计算长度呈负相关，因此还要考虑更长的构件。在本设计实例中，对每一根构件都进行了检查，发现$c\text{-}D$是对屈曲最为关键的构件。因此，此处仅对$c\text{-}D$构件进行相关的验算。

∴ 构件屈曲长度L_{cr}为$1.0 \times L = 3159\text{mm}$。

（BS EN 1993-1-1 第BB.1条）

构件截面为非对称，构件的弱轴是在桁架平面内。由于在两个方向上的屈曲长度相同，只验算绕弱轴方向的屈曲。

弹性临界力与无量纲长细比分别为：

$$N_{cr} = \frac{\pi^2 EI}{L_{cr}^2} = \frac{\pi^2 \times 210000 \times 449000}{3159^2} \times 10^{-3} = 93.2\text{kN}$$

$$\bar{\lambda} = \sqrt{\frac{781 \times 355}{93.2 \times 10^3}} = 1.72$$

柱子曲线选用和缺陷系数α

对于热轧空心方管截面，使用柱子曲线a

对屈曲曲线a，$\alpha = 0.21$

（BS EN 1993-1-1 第6.3.1.2(2)条 表6-2）

屈曲曲线

$\Phi = 0.5[1 + 0.21(1.72 - 0.2) + 1.72^2] = 2.15$

屋盖桁架设计	第10页	备　注

$$\chi=\frac{1}{2.15+\sqrt{2.15^2-1.72^2}}=0.29$$

$$N_{\mathrm{b,Rd}}=\frac{0.29\times781\times355}{1.0}\times10^{-3}=80.9>41.2\mathrm{kN}=N_{\mathrm{Ed}}$$

∴构件屈曲满足要求。

4）截面抗拉承载力

$N_{\mathrm{t,Rd}}$取毛截面的塑性承载力设计值$N_{\mathrm{pl,Rd}}$和净截面极限承载力设计值$N_{\mathrm{u,Rd}}$中的较小者：

（备注：BS EN 1993-1-1 第6.2.3(2)条）

$$N_{\mathrm{pl,Rd}}=\frac{Af_{\mathrm{y}}}{\gamma_{\mathrm{M0}}}=\frac{781\times355}{1.0}\times10^{-3}=277.3\mathrm{kN}$$

$$N_{\mathrm{u,Rd}}=\frac{0.9A_{\mathrm{net}}f_{\mathrm{u}}}{\gamma_{\mathrm{M2}}}=\frac{0.9\times781\times510}{1.1}\times10^{-3}=325.9\mathrm{kN}$$

（备注：BS EN 1993-1-1 第6.3.1(1)条）

$$N_{\mathrm{t,Rd}}=277.3\mathrm{kN}>54.4\mathrm{kN}=N_{\mathrm{Ed}}$$

∴受拉满足要求。

桁架设计结果

所有节点焊接
螺栓铰接
80×80×3.6SHS
80×60×3RHS
80×60×3RHS
2000
3500
80×80×3.6SHS
纵向支撑
12500

21 组合楼板*

Composite Slabs

MARK LAWSON

21.1 定义

压型楼承板作为组合楼板的组成部分，在施工期间，为现浇混凝土提供永久性模板支承。当混凝土达到足够强度时，楼承板与混凝土相组合来承受所作用的各种荷载。楼承板承担施工荷载，通常可以按在施工阶段不设支撑进行设计。设置于混凝土中的钢筋网可作为“抗火钢筋”，用来分散局部荷载，并能在内部支座处承受负弯矩的位置控制混凝土的裂缝宽度。

组合楼板通常还与组合梁协同作用，且楼板的设计还会影响楼板和梁组合作用的有效性，例如，焊接抗剪键的使用（参见本手册第 22 章）。另外，在组合楼板的设计中也可以考虑楼承板的端部锚固采用穿透钢板焊接的抗剪栓钉。图 21-1 所示为在

图 21-1 位于边梁的组合楼板（由 Kingspan 提供）

---

* 本章译者：周树佳。

边梁处的一个典型组合楼板截面，可以看出采用了封边件来形成组合楼板的板边。

原则上，如果楼板按非组合楼板设计，并且所作用的荷载是由压型楼承板板肋中的钢筋来承担的，那么任何形状的压型楼承板都可以用做永久性模板。然而，目前大多数组合楼板中，压型楼承板与混凝土之间一定程度的剪切连接，是通过轧制在楼承板上的刻痕或者轧制成凹形所形成的力学咬合来实现的。BS EN 1994-1-1（欧洲规范4）[1] 和先前的 BS 5950-4[2] 对组合楼板的设计采用了相同的方法，但在试验方法上有微小的差别。

21.2　概述

21.2.1　压型钢板的板形

通常组合楼板中所采用的压型楼承板高为 45～80mm，板肋间距（rib spacing）为 150～333mm。大多数压型楼承板设有形式多种多样的加劲肋，凹形（闭口形）加劲肋便于与设备管线吊钩的连接。有两种常见的类型，带不同形式刻痕的梯形（开口形）截面和闭口形（凹形或称燕尾形）截面。近年来，为了满足不设支撑的跨度达到 4～4.5m 的要求，已开发出了多种压型楼承板的板形，见图 21-2。在 SCI 出版物 P300[3]（SCI Pulication300）中，对组合楼板的实际使用提供了详细的指导意见和建议。

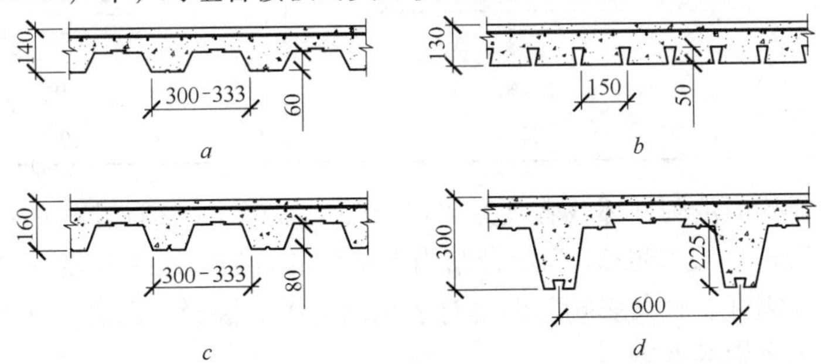

图 21-2　组合楼板中典型的槽形和梯形压型钢板（轮廓）截面形状

a—梯形（开口形）压型楼承板，高 60mm；*b*—凹形（闭口形）压型楼承板，高 50mm；
c—梯形（开口形）压型楼承板，高 80mm；*d*—深肋压型楼承板，高 225mm

在深肋组合扁梁楼盖（slimdek construction）中使用了一种型号为 SD225 的深肋压型楼承板，见图 21-2*d*，在这种楼盖中，楼承板放在梁的下翼缘上或者放在一块外伸的翼缘板上。楼板和梁置于同一高度范围内，从而形成了一个高度大致为 300mm 的扁平楼盖。当在梁的上翼缘焊接抗剪键时，深肋压型楼承板可以和组合扁平楼盖梁协同工作。

21.2.2　钢材等级和厚度

用于组合楼承板中镀锌钢板应符合 BS EN 10327[4] 的规定，其厚度通常为 0.9～

1.2mm。然而，在 BS EN 1994-1-1 中，允许使用厚度小至 0.7mm 的钢板（但在 BS 5950-4 中不允许使用）。在总的厚度中，镀锌层的厚度可以有 0.04mm 的标称允许偏差。钢材的屈服强度一般为 280N/mm^2 或 350N/mm^2，更高强度级别的钢材则常用于更大跨度的深肋截面。

21.2.3 混凝土种类和等级

在组合楼板中，可以采用普通混凝土（NWC）和轻质混凝土（LWC），而轻质混凝土在大型工程中更为适宜，因为此种情况下减轻自重尤为重要。泵送混凝土浇筑是比较先进的方法。在英国，常用的轻质混凝土主要由“粉煤灰陶粒”和沙子组成，其干密度值的范围为 1800～1900kg/m^3。在确定施工阶段作用于压型楼承板的荷载时，所采用的湿密度值通常比干密度值大 100kg/m^3。BS EN 1991-1-6[5]建议，普通混凝土的湿密度值可按 25kg/m^3 加上钢筋重（钢筋网的标称重 50kg/m^3）取值，该值高于 BS5950-4 中的湿密度值 2400kg/m^3。而轻质混凝土的湿密度值为 20kg/m^3（见表 21-1）。

表 21-1 根据 BS EN 1991-1-6，设计使用的混凝土密度值

密度/kN·m^{-3}	混凝土种类	
	普通混凝土（NWC）	轻质混凝土（LWC）
湿密度	25	20
干密度	24	19
干密度(含钢筋)	24.5	19.5

混凝土强度等级由圆柱体或者立方体抗压强度来标定（圆柱体/立方体强度单位为 N/mm^2）。C25/30 或 C30/37 为组合结构中常用的普通混凝土强度等级。混凝土种类对截面的弹性刚度有轻微影响。但是对于相同等级的混凝土而言，其剪切黏结强度几乎不受混凝土类别的影响。

21.2.4 楼板跨度和厚度

依据 BS EN 1994-1-1 中第 9.2.1 条的规定，按组合设计的楼板的最小厚度为 90mm，而且当考虑组合楼板与组合梁的组合作用时，压型楼承板上部混凝土的高度应不小于 50mm（若不考虑组合作用，则为 40mm）。实际工程中楼板的厚度很大程度上取决于防火要求，一般为 120～170mm。虽然 BS EN 1994-1-1 并未给出正常使用状态下性能的设计要求，但是对于大多数楼板跨高比进行设计时，不得超过本章第 21.7.2 节中给出的限值。

在 BS EN 1994-1-1 中，楼板在其支座处的最小支承长度为 75mm（BS 5950-4 中规定为 70mm），当为连续楼承板时，其跨中支座处的最小支承长度为 100mm。压型楼承板在支座处的最小支承长度为 50mm。

3～3.6m 的组合楼板跨度，其使用效率最高，若采用深肋压型楼承板，则其跨度可达4.5m，且在施工期间无须设置支撑。因受到施工后期压型楼承板挠度的影响，其压型楼承板的最大跨高比一般为 50～60。

21.3 施工阶段设计

21.3.1 压型楼承板施工荷载

在组合楼板中，用压型楼承板来承担上部混凝土的质量。此外，还要考虑因压型楼承板的挠度而产生的过量混凝土的自重（称为"堆积"），以及临时施工荷载和其他冲击荷载。除了楼板和梁的自重荷载外，在 BS EN 1994-1-1 中并没有规定施工荷载，但是可参照 BS EN 1991-1-6[5] 中的相关规定。在设计压型楼承板时，施工阶段荷载应按下列要求取值：

（1）取作用在 3m×3m 工作面上的均布荷载为 1.5kN/m^2；

（2）该工作面以外的均布荷载为 0.7kN/m^2。

对于多跨压型楼承板上的施工荷载，考虑了楼承板上浇筑混凝土的先后顺序，因此，应考虑如下两种设计工况：

（1）考虑一跨加载时，在一跨中的 3m 范围内施加 1.5kN/m^2 的均布荷载，其余部分的均布荷载为 0.75kN/m^2 再加上自重；相邻跨不加载。

（2）相邻跨同时加载时，在两相邻全跨上施加 0.75kN/m^2 的均布荷载及其自重，再在 3m 范围内施加 0.75kN/m^2 的均布荷载。

在图 21-3 中对这些荷载工况作了规定。楼板和梁的自重也包含在施工荷载中（密度见表 21-1）。荷载工况（1）与跨中的最大弹性弯矩对应。荷载工况（2）与支座处的最大弹性弯矩对应。

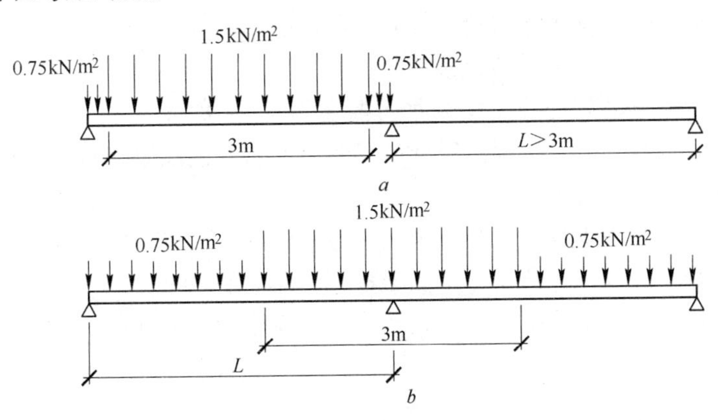

图 21-3 作用于压型楼承板的施工荷载

a—单跨加载；*b*—相邻跨同时加载

根据 BS EN 1991-1-6 的规定，在施工阶段时，施工荷载以及混凝土自重（混凝土自重在该阶段被认为是可变荷载）的荷载分项系数均取 1.5，该值高于 BS 5950-4 中的规定值。而压型楼承板和钢筋自重的荷载分项系数可取为 1.35。在楼板达到组合作用所要求的适当强度之前，不应考虑超出荷载设计值的那部分荷载。

21.3.2 压型楼承板的设计

BS EN 1993-1-3[6] 中包括了钢楼承板的设计要求，涉及薄壁型钢、楼承板和屋面压型板的设计等方面的内容，与 BS 5950-6[7] 中给出的方法相类似。其中截面的弹性抗弯承载力的计算考虑了受压薄壁板件的有效宽度。加劲肋（呈 V 形）常用来减少受压板件的宽度，并增加截面的有效宽度。

对于以上给定的荷载工况，连续的压型楼承板，按弹性弯矩分布进行设计，其结果会偏于安全。支座处的状态（受负弯矩）通常在设计中起控制作用。对于那些对局部屈曲较为敏感的第Ⅳ类截面，这种状态代表了对楼承板失效荷载的一种偏于安全的考虑。

基于小尺度的弯矩-转角试验的结果，BS EN 1993-1-3 中允许负弯矩区的弯矩进行重分配。实际上，对于许多截面都会发生弯矩重分配，从而导致失效荷载的增加。通常生产商进行双跨压型楼承板的足尺试验，以证明能够承受比弹性设计给出的更高的荷载。只要楼承板的性能通过试验验证，在设计施工中所采用的楼承板时，用于重分配的负弯矩最大可达 30%。为此，当考虑在施工阶段荷载的最不利布置时，正、负弯矩的设计值均可近似取为 $w_u L^2/10$。

21.3.3 施工后期挠度限值

对于混凝土浇筑后的楼承板的挠度限值，BS EN 1994-1-1 中没有作出规定。但是当楼承板的计算挠度超过楼板厚度的 10%（通常为 15mm）时，对于由混凝土“堆积”效应产生的附加质量大小应该加以考虑。

混凝土的附加质量可等效于按附加混凝土厚度为 0.7δ 的一个均布荷载，其中 δ 为混凝土的公称质量产生的挠度。BS EN 1994-1-1 的英国国别附录与 BS 5950-4 仍然采用相同的挠度限值，具体如下：

若不考虑混凝土“堆积”效应，$\delta_{s,max} = L/180$ 且小于 20mm；

若计入混凝土“堆积”效应，$\delta_{s,max} = L/130$ 且小于 30mm。

若产生了明显的可见挠度，也还有必要进一步地限制楼板的挠度。

21.4 组合楼板设计

组合楼板通常设计成简支构件，该类构件的破坏往往是由于楼承板和混凝土之间

的剪切黏结失效所造成的。这种失效模式发生在组合截面达到塑性抗弯承载力之前。这被称为“部分抗剪连接”。

先进的楼承板截面都轧制有刻痕和轧成凹形（闭口形），具有优良的剪切黏结承载能力。这就意味着在大多数建筑中，组合板对于所作用荷载的承载力要超过对它的设计要求。对不设支撑的组合楼板的设计通常是由施工条件来控制的。设支撑的楼板在撤除临时支撑时也能承受楼板的自重。

21.4.1 失效模式

组合楼板的抗弯承载力是由楼承板和混凝土之间的化学黏结和力学咬合的破坏所决定的，通常称为“剪切黏结”失效。这种失效会发生在板跨的端部，出现2～3mm的滑移（相对位移），但当楼承板的组合作用有限时，在失效时会突然发生滑移。剪切黏结的失效模式及其相应的内力情况，如图21-4所示。

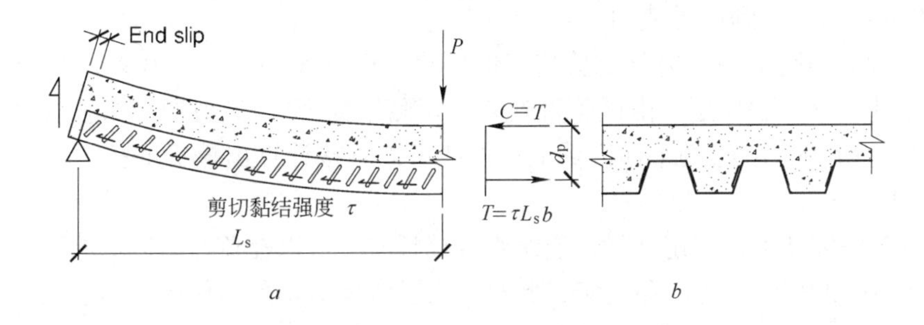

图21-4 组合楼板典型的剪切黏结失效

a—剪切黏结作用；*b*—楼板横截面

组合楼板中，由于楼承板上的刻痕会阻止混凝土在刻痕处形成“滑动”，所以组合楼板的承载力应远远大于初始滑移所对应的承载力。刻痕限制了两种材料出现分离，通过力学咬合改善了剪切黏结性能。

对应大跨楼板，可能会发生纯弯曲失效。这是一种延性的失效模式，当剪切黏结强度足以引起楼承板的受拉屈服时才会发生这种失效模式。除了在靠近支座处有冲切剪力作用，很少会发生纯剪切失效。

21.4.2 设支撑或不设支撑楼板

若楼板在施工阶段不设支撑，那么楼承板承受自重，组合楼板承受随后作用的使用荷载。若楼板在施工阶段设支撑，那么自重和活荷载的设计值会作用在组合截面上，组合楼板所能承受的活荷载会有所减小。在混凝土达到规定强度之前，不得拆除支撑。

通常组合楼板设置施工临时支撑并非是优先的选择，因为设支撑会减慢施工进度，但是对于大跨度构件可能是很有必要的。对于设施工支撑的楼板，在其中间支座处的裂缝宽度可能会比不设施工支撑的大。为了合理的控制裂缝宽度，BS EN 1994-1-1 中第 9. 8. 1（2）条要求，在楼板负弯矩区的截面最小配筋率加大为 0. 4%。此外，为了把裂缝宽度控制在满足耐久性要求的界限之内，该配筋率有可能需要进一步增大。相比之下，不设施工支撑的楼板的最小配筋率为 0. 2%，这些钢筋承担楼板的局部荷载，并作为抗剪键所在区域的横向钢筋。

21. 4. 3　其他设计方法

BS EN 1994-1-1 中的第 9. 7. 2 条给出了组合楼板的两种设计方法。这两种方法都是根据组合楼板“剪切黏结”承载力的试验结果，并以线性内插的方法获得其他不同跨度和厚度的楼板承载力。

在英国，设计人员更倾向于使用所谓的“*m*-*k* 值法”，该方法自 1982 年被引入 BS 5950-4 以来，得到广泛使用。

另一种方法则是基于部分抗剪连接的原理，BS EN 1994-1-1 第 9. 7. 2（8）条对此有所阐述。该方法使用了由试验得到的剪切黏结强度τ，该剪切黏结强度作用在对应于楼板剪切跨度为 L_s 的平面区域上，由此可以直接计算出楼板的抗弯承载力（见本章第 21. 4. 5 节）。

BS EN 1994-1-1 还规定在设计连续组合楼板时，可以在负弯矩区域配置钢筋。BS EN 1994-1-1 第 9. 7. 2（6）条规定，此时，为了考虑剪切黏结作用，连续板的有效跨度在边跨取 0. 8L，在中间跨取 0. 7L，其中 L 为实际跨度。

BS EN 1994-1-1 第 9. 7. 4 条所公称的方法，包括通过焊接抗剪键提供端部锚固和在正弯矩区设置钢筋，以保证混凝土与楼承板的组合作用（见本章第 21. 4. 6 节）。

21. 4. 4　组合楼板设计的“*m*-*k* 值”法

对于组合楼板中所采用的某些特殊板形，只有通过试验来对其性能进行评估，详细情况可见本章第 21. 6 节。根据 BS EN 1994-1-1 和 BS 5950-4 中规定，至少需要进行 6 次试验，才能涵盖主要的设计参数。试验结果以端部剪力的形式给出，其中包括了楼板的自重。失效荷载的标准值取试验组中的最小值再减小 10%。

两组试验的失效荷载的标准值可用直线关系表示，通过这条直线的斜率和在 y 轴上的截距则可以得到经验系数 m 和 k（单位为 N/mm^2）。这两个系数对剪切黏结承载力中的力学咬合和化学黏结组成部分作了大体上的定义。

图 21-5 说明了用于推导 m 和 k 值的各组试验之间的关系。处于试验数据范围之内的、所有楼板板形的抗剪承载力设计值，可依据 BS EN 1994-1-1 第 9. 7. 2（4）条规定，按下式计算：

$$V_{Rd} = \frac{bd_p}{\gamma_{vs}}\left(\frac{mA_p}{bL_s} + k\right) \quad (21\text{-}1)$$

式中 A_p——压型楼承板截面积；

d_p——楼板上表面至压型楼承板形心的有效高度；

L_s——剪切跨度（对于均布荷载，取 $L/4$）。

剪切黏结承载力标准值应除以分项系数 $\gamma_m(=1.25)$。由于组合楼板设计带有经验性的特点，制造商提供的资料一般不会给出 m 和 k 值，而是直接提供荷载-跨度设计表。同样，由于试验方法不同，在 BS EN 1994-1-1 和 BS 5950-4 中 m 和 k 值是无法互相转换的。

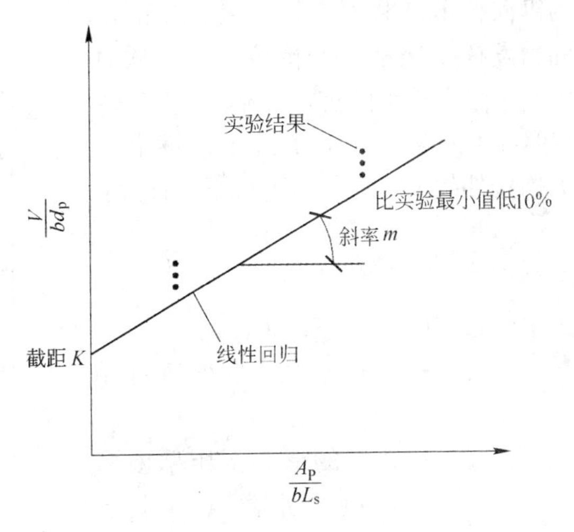

图 21-5 试验得出 m 和 k 的值

21.4.5 部分抗剪连接

在 BS EN 1994-1-1 第 9.7.2（8）条中的另一种设计方法是把剪切黏结承载力视为组合梁的抗剪连接件。纵向抗剪承载力标准值$\tau_{u,Rd}$是基于试验来确定的。然后将该纵向抗剪承载力包含在修正的部分抗剪连接分析中。楼承板所承受的拉力及楼板抗压承载力，可按下式计算：

$$N_c = \tau_{u,Rd} bL_x \leqslant A_p f_y \quad (21\text{-}2)$$

式中，L_x 为截面至最近支座的距离。

组合楼板的抗弯承载力为：

$$M_{Rd} = N_c(d_p - 0.5x_{pl}) + M_{Rd,p} \quad (21\text{-}3)$$

式中，$x_{pl} = N_c/(bf_{cd})$；f_{cd}为混凝土抗压强度设计值，取 $0.85f_{ck}/\gamma_c$；$M_{Rd,p}$为楼承板的抗弯承载力，该值要小于 M_{Rd}。

图 21-6 对抗弯承载力随剪切连接程度变化的关系作了说明。在所采用的试验参数范围之内，使用“m-k 值”法和部分抗剪连接法所得到的结果是相似的（两种方法在图中有对比）。应该指出，由于用于计算 m、k 及τ 的设计方法有微小差异，两种方法得到的承载力不可能完全相同。

21.4.6 端部锚固

组合楼板中的端部锚固可由焊接抗剪键或者采用其他方式来实现，使得组合楼板的纵向抗剪承载力得以提高。端部锚固力发挥了楼承板的抗拉能力，从而提高了组合楼板的抗弯承载力。BS EN 1994-1-1 的第 9.7.4 条规定，每个剪力连接件的锚固承载力可按下式计算：

$$P_{pb,Rd} = k_{\Phi} d_{do} t f_{yp,d} \tag{21-4}$$

式中 $k_{\Phi} = 1 + a/d_{do} \leqslant 6.0$；

d_{do}——焊根直径，取栓钉直径的 1.1 倍；

a——栓钉的形心至压型楼承板边缘距离（不小于 $1.5d_{do} \approx 32$m）；

t——楼承板厚度。

通常每个抗剪键的 $P_{pb,Rd}$ 会高达每毫米板厚 30kN。在验算组合楼梁的横向配筋时要采用同样的端部锚固承载力（参见本手册第 22 章）。

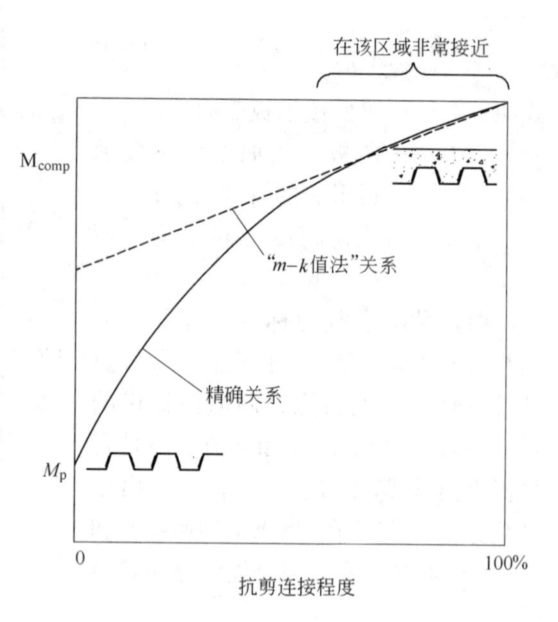

图 21-6 采用部分抗剪连接法，欧洲规范 4 和 BS 5950-4 的对比

21.4.7 塑性抗弯承载力

对于大跨楼板，有可能如钢筋混凝土楼板一样，发挥组合楼板的塑性抗弯承载力。式（21-2）中 $\tau_{u,Rd} b L_x$ 值的上限是 $A_p f_{yp}$，其中 f_{yp} 为楼承板的钢材强度。

21.5 剪力与集中力

组合楼板在集中荷载作用下时，应根据 BS EN 1994-1-1 的第 9.7.6 条进行验算。抗剪承载力计算中，假定剪力作用的有效宽度为（$b_m + 2h_c$），其中 b_m 为集中荷载在垂直于板跨方向的宽度。

计算单跨楼板的抗弯及纵向抗剪承载力，当荷载靠近支座时，楼板的有效宽度可按下式计算：

$$b_{cm} = b_m + 2L_p(1 - L_p/L) \tag{21-5}$$

式中 b_m——荷载在垂直于板跨方向的宽度；

L_p——荷载与较近支座的距离。

对于纯剪，其有效宽度的计算公式为：

$$b_{cm} = b_m + L_p(1 - L_p/L) \tag{21-6}$$

图 21-7 所示的计算方法与 BS 5950-4 中的相同。对于平行于板跨方向的线荷载，应将其分成几个部分并分别计算这些部分的 b_{cm}，然后将所得到的剪力叠加起来。

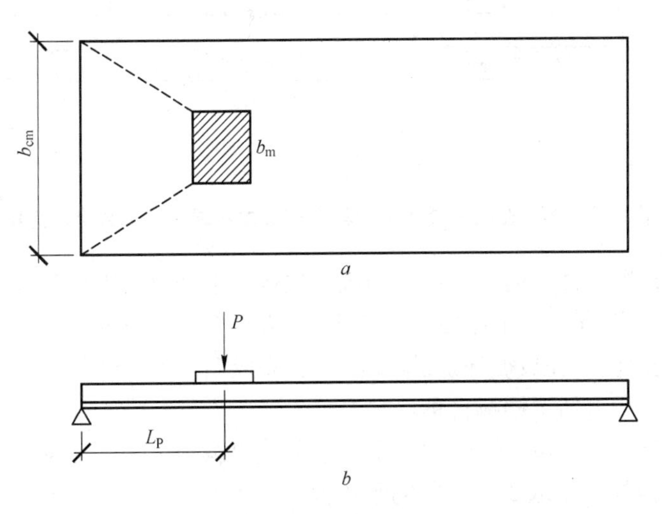

图 21-7　集中荷载处因剪切黏结作用的传力机制

a—楼板有效宽度平面图；*b*—集中荷载作用下的立面图

在有较大集中荷载作用的位置或者在需要控制裂缝的地方，楼板的最小配筋率应有所增大（参见本章第 21.7 节）。

对于集中荷载处的冲切验算，要对集中荷载周边的一个有效范围加以考虑（参阅 BS EN 1994-1-1 的图 9-8）。在计算抗冲切承载力时，所采用的有效板厚为平行于楼承板板肋的混凝土的最小厚度。

21.6　组合楼板试验

本章第 21.4 节中给出的设计方法是基于试验结果的，试验方法和试验结果的评价见 BS EN 1994-1-1 的附录 B3，该附录为资料性附录。

由于组合楼板混凝土采用水平浇筑（cast flat）方法，因此在试验时要设置充分、有效的支撑。楼板试件受两个线荷载作用，分别作用在板跨的 1/4 和 3/4 处，见图 21-8。该线荷载的最小宽度为 100mm，以避免楼板发生冲切失效。还需要在加载点布置裂缝诱导件（crack *inducers*），来降低这些部位的凝土的受拉强度。只需在楼承板高度范围设置裂缝诱导件，而 BS 5950-4 则要求在整个组合楼板的厚度内设置。

试验需进行两组，每组各三个试件：

（1）大跨薄板趋于纵向剪切失效，而非纯弯失效；

（2）短跨厚板是纵向剪切失效，而非纯剪切失效。

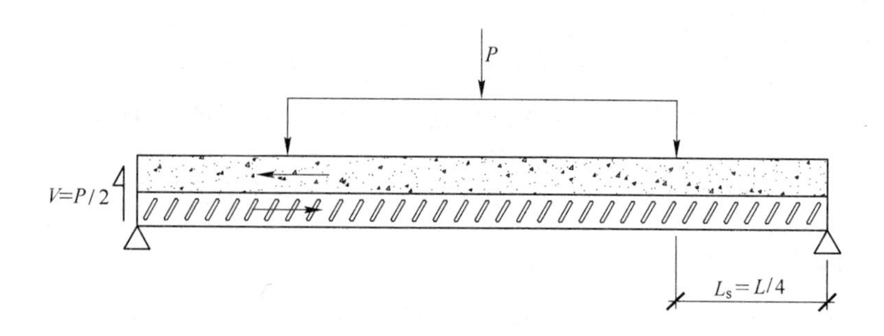

图 21-8 作用在组合楼板上的集中荷载加载试验（加载点示意图）

首次，对每组试件中的一个试件加载至失效，来获取其工作荷载。该组的其余试件需要进行 0.2 ~0.6w_t 的循环加载，其中 w_t 为首个通过静载试验得到的失效荷载。在不少于 3h 的时间内完成循环加载 5000 次，完成循环加载试验后，静力加载至试件失效。该失效荷载包括了楼板自重。

在每组试验中，取该组试验的最小失效荷载再减 10% 作为承载力标准值（与 BS 5950-4 不同，该规范是取 3 个试验的平均值再减 15%），并要求各试件的试验值与平均值的偏差均小于 10%。因此，当该组的最小试验值低于试验平均值约 5% 时，两种方法是相同的。

如图 21-5 所示，在有效剪应力 $V_t/(bd_p)$ 与剪切跨度倒数 $A_p/b(L_s)$ 的坐标图上，由试验所得的标准值绘制了一条直线，用来确定斜率 m 和截距 k。然后由式（21-1）得出抗剪承载力设计值，且仅适用于试验所用的参数范围内（即楼板跨度与板厚）。某些大跨楼板可能会出现纯弯曲失效，这种情况下的 m 值是被低估的，因为剪切黏结承载力没有完全发挥作用。

另一种方法见 BS EN1994-1-1 的附录 B3.6。该方法基于部分抗剪连接的原理，通过反算来确定组合楼板纵向剪切黏结强度 τ_a。该方法需要确立楼承板的抗弯承载力，尽管与组合楼板的抗弯承载力相比，这一部分比较小。τ_{Rd} 的标准值仍按取每组试验结果中最小值再减 10% 取值，并除以分项系数 γ_{vs}。

21.7 正常使用极限状态与裂缝控制

21.7.1 正常使用极限状态设计

钢筋混凝土楼板挠度的计算是偏于保守的，设计人员常采用简单方法来满足其使用性能的要求。该方法也可用于组合楼板设计，BS EN 1994-1-1 第 9.8.2（4）条偏于保守地引用了 BS EN 1992-1-1 第 7.4 条中对组合楼板的跨度厚度比的规定。

对于连续组合楼板（设置了常规的构造钢筋网），其挠度计算可采用以下近似法：

（1）组合截面的惯性矩取已开裂和未开裂截面惯性矩的平均值；

（2）对短期和长期荷载作用，取钢筋与混凝土弹性模量比值的平均值；

（3）对于端跨，当受正常使用极限状态下荷载的1.2倍时，试验所测得的端部滑移应小于0.5mm，否则应设置端部锚固措施。这个限制可以减小滑移对挠度的影响。

21.7.2　跨度厚度比

作为通用的设计指南，当使用普通混凝土和轻质混凝土时，表21-2给出了组合楼板的最大跨度厚度比。其厚度取楼板的总厚度。对于不设支撑的组合楼板，如果设计所取的跨度厚度比满足表中的要求，其挠度一般会在可接受的范围内。对于设支撑的组合楼板，则应该考虑混凝土的徐变效应。

表21-2　组合楼板满足使用极限状态的最大跨高比

设计情况	按现行英国组合楼板规范		钢筋混凝土楼板
	NWC	LWC	EN 1992-1-1（NWC）
配筋的简支楼板	28	26	20
配钢筋网的连续楼板：			
端跨	36	33	26
中间跨	38	35	30

注：轻质混凝土（LWC）干密度值为$19kN/m^3$。

对于低应力状态的混凝土构件，BS EN 1992-1-1[8]提供的限值更加保守。这些限值并不适用于组合楼板，因为对于组合楼板来说，很明显，钢楼承板是处于受拉区的。

21.7.3　裂缝控制

对于有可能影响结构的正常功能或其外观的情况下，有必要对混凝土裂缝加以控制。这种情况可能出现在楼板要承受交通荷载的工业厂房或者停车楼中。在建筑物的内部，耐久性不会受裂缝的影响。同样，当使用架空楼板时，从外观上看裂缝就显得并不重要了。

在需要控制裂缝的位置，配筋量应大于最小配筋率，以使负弯矩区的裂缝可以均匀分布。BS EN 1992-1-1中规定，最小配筋率ρ可按下式计算：

$$\rho = \frac{A_s}{A_c} \times 100\% = k_s k_c k \frac{f_{ct}}{\sigma_s} \times 100\% \tag{21-7}$$

式中　k_s——考虑因初始开裂和剪力键滑移而引起楼板上法向内力减小的系数，按0.9取值；

k_c——考虑截面内弯曲应力分布的系数，按0.4～0.9取值；

k——考虑抗拉强度折减的系数，取0.8；

f_{ct}——混凝土有效抗拉强度，最小取$3N/mm^2$；

σ_s——钢筋应力。

BS EN 1994-1-1 第9.8.1（2）条建议，不设支撑的组合楼板的截面最小配筋率取0.2%，而设支撑的组合楼板的最小配筋率则取0.4%。

为了控制裂缝宽度，配筋率ρ一般取为0.4%～0.6%。这大大超出了为控制混凝土收缩和在不设支撑的组合楼板中考虑荷载横向分布所要求的0.2%的最小配筋率。在设支撑的楼板中，则需要更高的配筋组合量来对支撑拆除之后的裂缝进行控制。只需在楼板或者梁的负弯矩区域布置钢筋或钢筋网。这些钢筋也可作为抗火钢筋或者横向受力筋。

此外还规定，应采用小直径钢筋并应按较小间距配置，以便更有效地控制裂缝。表21-3列出了在给定的钢筋应力条件下的最大钢筋间距。其他情况，则应根据BS EN 1992-1-1[8]的要求进行裂缝宽度验算。

表21-3　不同设计裂缝宽度下的钢筋最大间距

钢筋应力σ_s/N·mm^{-2}		≤160	200	240	280	320	360	400
钢筋最大间距/mm	$w_k=0.2$	200	150	100	50	—	—	—
	$w_k=0.3$	300	250	200	150	100	50	—
	$w_k=0.4$	300	300	250	200	150	100	80

注：w_k为设计裂缝宽度（mm）。

21.8　收缩和徐变

混凝土收缩对简支楼板的长期挠度的影响或在大跨连续板中出现开裂的风险，可能是一个要考虑的问题。BS EN 1994-1-1 附录C规定，干燥环境下在建筑内部的自由收缩应变值可按下式取值：

$\varepsilon_s = 325 \times 10^{-4}$,适用于普通混凝土(NWC)；

$\varepsilon_s = 500 \times 10^{-4}$,适用于轻质混凝土(LWC)。

组合楼板因收缩产生的挠度可按以下简化公式进行计算：

$$\delta_{sh} = \frac{\varepsilon_s h_c(y_e - 0.5h_c)L^2}{8I_c} \tag{21-8}$$

式中　h_c——楼承板以上的混凝土厚度；

y_e——组合楼板中和轴的高度（同I_c）；

I_c——利用n_L计算得到的组合楼板惯性矩（以混凝土刚度为单位），n_L为弹性模量比，对于长期荷载作用，BS EN 1992-1-1 第5.4.2.2款给出

$n_L = n_o(1+\varphi_L\varphi_t)$，其中：$\varphi_L$ 对永久荷载取 1.1，对混凝土收缩计算取 0.55；$n_o = E_a/E_{cm}$，在持续荷载（如设支撑的组合楼板的自重）作用下，组合楼板设计时可取 $n_L = 2.5n_o$；φ_t 为蠕变系数，应符合 BS EN 1992-1-1 第 3.1.4 条的要求，取决于混凝土的龄期和初始加载的时间。

对于 C30/37 混凝土，$E_{cm} = 33\text{kN/mm}^2$，从而得到 $n_o = 6.3$。

由于水汽只向上运动，在考虑徐变因素和随着时间变化而收缩时，组合楼板的有效高度通常取实际高度 d_p（200～300mm）的两倍。

当连续组合楼板的跨度小于 3.5m 时，通常可以忽略板中的混凝土收缩，但在简支的组合楼板中，由于混凝土收缩会影响楼板的使用性能，则必须予以考虑。

21.9　防火

BS EN 1994-1-2[9] 中包括了组合楼板的防火设计。其设计方法大体上与 BS 5950-8[10] 相同。楼板的最小厚度应满足耐火极限的要求，配筋量由抗火极限状态下所承受的荷载确定。

然而，BS EN 1994-1-2 所给出的最小楼板厚度是指“平均”的楼板厚度，而在 BS 5950-8 中则是压型楼承板以上的楼板厚度，因此，前者的值小于后者（见表 21-4）。

表 21-4　组合楼板最小楼板厚度以及抗火设计中的配筋

规　范	参　数	耐火极限/min			
		R30	R60	R90	R120
BS EN 1994-1-2	楼板最小厚度/mm	110	110	130	150
BS 5950-8		120	130	140	150
BS 5950-8	最小钢筋网	A142	A142	A193	A252

注：以上数据适用于高度为 60mm 的梯形压型楼承板，钢筋网面积的单位为 mm^2/m。

在 BS 5950-8 中，因为轻质混凝土的骨料具有更好的隔热功能，其楼板厚度允许再减小 10%。然而，无论何种情况，钢楼承板以上的最小楼板厚度均应为 50mm，这是由 30min 的耐火极限所控制的。

在英国，工程中允许采用简化设计表格。当超出简化设计表格所给出试验数据范围时，其计算过程可参见 BS EN 1994-1-2 的介绍。

对于方案设计，可以假定 130mm 厚的组合楼板的耐火极限最长达到 90min。根据楼板跨度及荷载分布（见表 21-4），在楼板内可采用 A142 或 A193（分别为 $142\text{mm}^2/\text{m}$ 和 $193\text{mm}^2/\text{m}$）标准钢筋网，无论设支撑还是不设支撑的组合楼板，其配筋率都不应小于楼板的最小配筋率。

21.10 设计实例

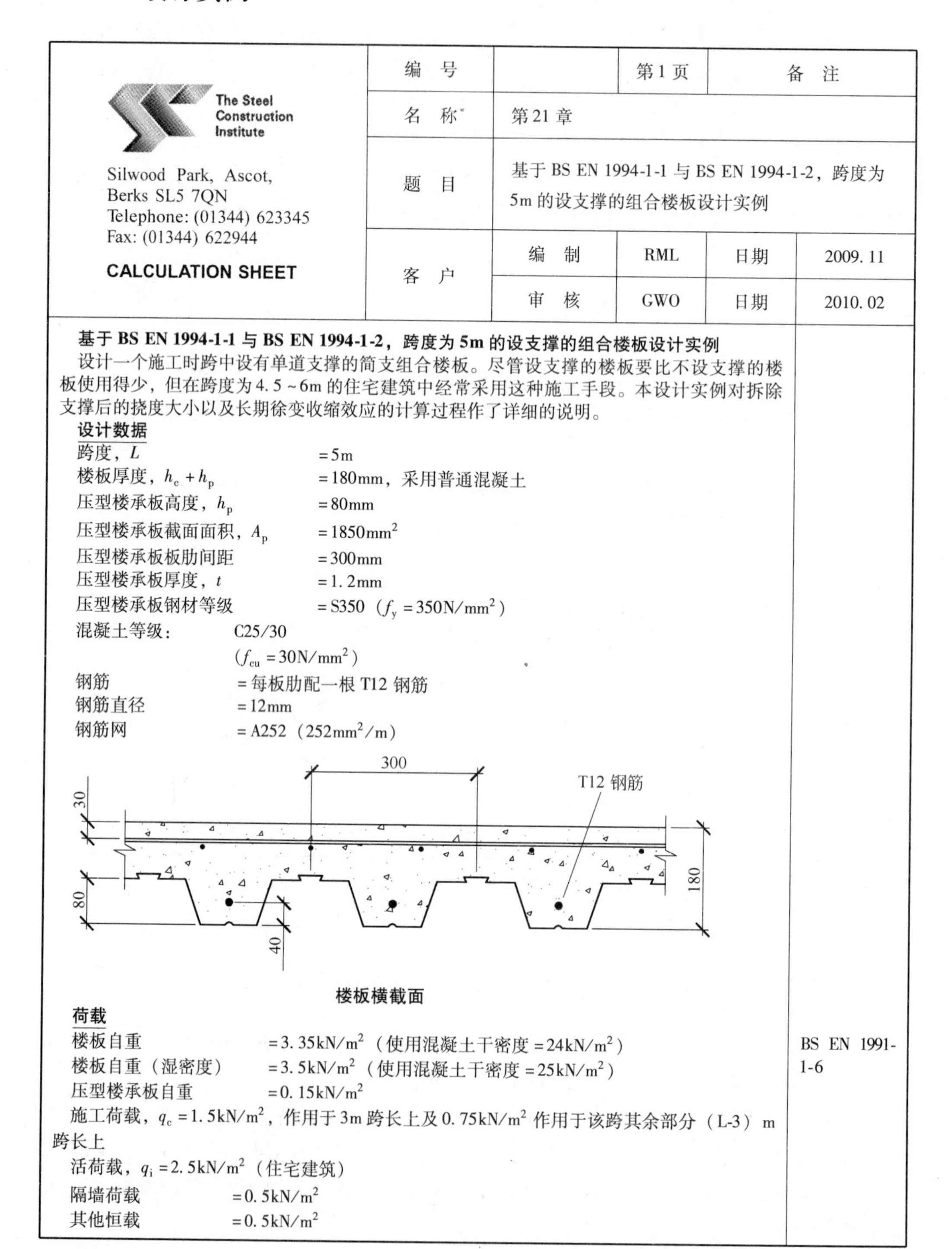

The Steel Construction Institute Silwood Park, Ascot, Berks SL5 7QN Telephone: (01344) 623345 Fax: (01344) 622944 **CALCULATION SHEET**	编 号		第1页	备 注	
	名 称	第21章			
	题 目	基于BS EN 1994-1-1与BS EN 1994-1-2，跨度为5m的设支撑的组合楼板设计实例			
	客 户	编 制	RML	日期	2009.11
		审 核	GWO	日期	2010.02

基于BS EN 1994-1-1与BS EN 1994-1-2，跨度为5m的设支撑的组合楼板设计实例

设计一个施工时跨中设有单道支撑的简支组合楼板。尽管设支撑的楼板要比不设支撑的楼板使用得少，但在跨度为4.5～6m的住宅建筑中经常采用这种施工手段。本设计实例对拆除支撑后的挠度大小以及长期徐变收缩效应的计算过程作了详细的说明。

设计数据

跨度，L = 5m

楼板厚度，$h_c + h_p$ = 180mm，采用普通混凝土

压型楼承板高度，h_p = 80mm

压型楼承板截面面积，A_p = 1850mm^2

压型楼承板板肋间距 = 300mm

压型楼承板厚度，t = 1.2mm

压型楼承板钢材等级 = S350（f_y = 350N/mm^2）

混凝土等级： C25/30（f_{cu} = 30N/mm^2）

钢筋 = 每板肋配一根T12钢筋

钢筋直径 = 12mm

钢筋网 = A252（252mm^2/m）

楼板横截面

荷载

楼板自重 = 3.35kN/m^2（使用混凝土干密度 = 24kN/m^2）

楼板自重（湿密度） = 3.5kN/m^2（使用混凝土干密度 = 25kN/m^2） BS EN 1991-1-6

压型楼承板自重 = 0.15kN/m^2

施工荷载，q_c = 1.5kN/m^2，作用于3m跨长上及0.75kN/m^{2}作用于该跨其余部分（L-3）m跨长上

活荷载，q_i = 2.5kN/m^2（住宅建筑）

隔墙荷载 = 0.5kN/m^2

其他恒载 = 0.5kN/m^2

基于 BS EN 1994-1-1 设支撑的组合楼板设计实例	第 2 页	备 注

分项系数

在施工阶段，混凝土自重作为活荷载处理，因此采用外加荷载的分项系数。分项系数的取值如下：

$\gamma_{fi}=1.5$ 用于活荷载和施工荷载；

$\gamma_{fd}=0.925\times1.35=1.25$ 用于自重荷载；

ζ——当活荷载是主要荷载时，取值为 0.95 用于浇筑完成的楼板自重

混凝土性能

混凝土强度 $f_{cd}=0.85\times25/1.5=14.2\text{N/mm}^2$ （BS EN 1992-1-1 表 3-1）

初始弹性模量 $E_{cm}=31\text{kN/mm}^2$，用于 C25/30 混凝土

长期效应下的弹性模量，$E_c=10\text{kN/mm}^2$（蠕变系数为 2） （BS EN 1994-1-1 附录 C）

弹模比，$n_s\approx7$ 用于短期荷载

弹模比，$n_s\approx21$ 用于长期荷载

自由收缩应变，$\varepsilon_s=325\times10^{-6}$

施工阶段设计

含分项系数的荷载　$q_c=1.5\times1.5+1.5\times3.65=7.7\text{kN/mm}^2$

含分项系数的荷载（$L>3\text{m}$）$=1.5\times0.75+1.5\times3.65=6.6\text{kN/mm}^2$

简支压型楼承板所受弯矩

$M_{Ed}=7.7\times5^2/8-(7.7-6.6)\times1.5^2/2=22.8\text{N/mm}^2$

压型楼承板截面正弯矩承载力

$M_{Rd}=12.0\text{kN}\cdot\text{m/m}$，可由生产商提供的表格查得。

这表示若不设临时支撑，该压型楼承板无法承受施工荷载。

在单道支撑处，压型楼承板所受的弯矩为：

$M_{Rd}=q_c(0.5L)^2/8=7.7\times2.5^2/8=6.0\text{kN}\cdot\text{m/m}$

支撑受力，$N_{Ed}=1.25\times q_c\times(0.5\text{L})=1.25\times7.7\times2.5=24.0\text{kN/m}$

压型楼承板截面负弯矩承载力

从生产商提供的数据查得，压型楼承板负弯矩承载力为：

$M_{Rd}=10.5\text{kN}\cdot\text{m/m}>6.0\text{kN}\cdot\text{m/m}$，满足条件

中间支撑处的腹板混凝土的破碎承载力（crushing resistance）： （BS EN 1993-1-3 第 6.1.7.3（2）条）

$R_{W,Rd}=\alpha t^2\sqrt{f_{yb}E}(1-0.1\sqrt{\gamma/t})(0.5+\sqrt{l_a/(50t)})(2.4+\phi/90)^2$

式中，l_a 为承压长度，在支撑处取 100mm

对于压型楼承板截面，$\varphi=70°$（与水平方向的夹角），$\alpha=0.15$，$\gamma=2t$

$R_{W,Rd}=0.15\times1.16^2(350\times210\times10^3)^{0.5}(1-0.1\times0.71)$

$(0.5+(100/(50\times1.16))^{0.5})(2.4+(70/90)^2)\times10^{-3}$

$=1.73\times0.93\times1.8\times3.0=8.7\text{kN/web}=2\times8.7/0.3=58\text{kN/m}$

弯矩与腹板压碎的共同作用： （BS EN 1993-1-3 第 6.1.11 条）

$$\frac{M_{Ed}}{M_{Rd}}+\frac{R_{Ed}}{R_{W,Rd}}\leqslant1.25$$

$$\frac{6.0}{10.5}+\frac{23.9}{58}=0.57+0.41=1.08<1.25$$

因此，最小宽度为 100mm 的单道支撑，可以承担施工阶段的荷载。

基于 BS EN 1994-1-1 设支撑的组合楼板设计实例	第3页	备　注

极限状态下的组合楼板设计

含分项系数的荷载

$q_{Ed}=1.5\times(2.5+0.5)+1.25\times(3.35+0.15+0.5)=9.5\text{kN/m}^2$

剪力设计值，$V_{Ed}=9.5\times5.0/2=23.8\text{kN/m}$

弯矩设计值，$M_{Ed}=9.5\times5.0^2/8=29.7\text{kN}\cdot\text{m/m}$

> 备注：BS EN 1994-1-1 第9.7.3（8）条及附录B3.6

（1）采用有效纵向抗剪承载力设计法：

由试验得出，$\tau_{Rd}=0.45/1.25=0.36\text{N/mm}^2$

压型楼承板在剪跨范围内所受的拉力：

$N=\tau_{Rd}L_v$，其中 $L_v=L/4=1250\text{mm}$

$N=0.36\times10^3\times5/4=450\text{kN}$

混凝土受压区高度：

$y_c=N/(f_{cd}b)=450\times10^3/(14.2\times10^3)=32\text{mm}$

组合楼板有效高度至压型楼承板形心的距离为：

$d_p=180-40=140\text{mm}$

组合楼板的抗弯承载力：

$M_{Rd}=N(d_p-0.5y_c)=450\times(140-0.5\times32)\times10^{-3}=55.8\text{kN}\cdot\text{m/m}$

超过作用于楼板的弯矩设计值29.7kN · m/m（比值为0.53）

（2）采用“m-k 值”剪力设计法

根据试验：$m=0.204$，$k=0.156$

抗剪承载力：$V_{Rd}=bd_p(mA_p/L_v+k)/1.25$

$V_{Rd}=10^3\times140\times(0.204\times1850/1250+0.156)/1.25\times10^{-3}=51.3\text{kN/m}$

> 备注：BS EN 1994-1-1 附录B3.2

超过作用于楼板的剪力设计值23.8kN/m（比值为0.46）

组合楼板弹性性能

对于挠度计算，组合楼板刚度取未开裂截面（毛截面）刚度和已开裂截面刚度的平均值。设置于40mm保护层至楼承板板肋中的钢筋面积宜计算在内。

> 备注：BS EN 1994-1-1 第9.8.2（5）条

组合楼板未开裂截面的惯性矩

截面总惯性矩 I_g（取楼板单位宽度的范围）：

$I_g=bd_p^3/12+n(A_p+A_r)(d_p-y_g)^2+bd_p(y_s-0.5d_p)^2+nI_p$

中和轴距离楼板上表面的高度：

$y_g=d_p(n(A_p+A_r)+0.5bd_p)/(n(A_p+A_r)+bd_p)$

而且，A_r = 单位宽度内的钢筋截面面积 $=113/0.3=376\text{mm}^2/\text{m}$

$A_p+A_r=2226\text{mm}^2/\text{m}$

I_p = 单位宽度内的压型楼承板截面面积矩（由生产商提供）

$=2.37\times10^6\text{mm}^4/\text{m}$

用于计算短期挠度的弹性模量比，$n_s=7$；

$y_g=140\times(7\times2226+0.5\times140\times10^3)/(7\times2226+140\times10^3)=77\text{mm}$

$I_g=10^3\times140^3/12+7\times2226\times(140-77)^2+140\times10^3\times(77-70)^2+7\times2.37\times10^6$

$=(228+62+7+16)\times10^6=313\times10^6\text{mm}^4/\text{m}$

$E_cI_g=30\times313\times10^6=9.39\times10^9\text{kN/mm}^2/\text{m}$

基于 BS EN 1994-1-1 设支撑的组合楼板设计实例	第4页	备 注
y_g = 87mm $I_g = (228+131+40+50)\times10^6 = 449\times10^6\text{mm}^4/\text{m}$ $E_cI_g = 10\times449\times10^6 = 4.49\times10^9\text{kN/mm}^2/\text{m}$ 用于计算长期挠度的弹性模量比，$n_s=21$，（比短期刚度减小了52%） **组合楼板开裂截面的惯性矩** 开裂截面惯性矩 I_{cr}（取楼板单位宽度的范围） $I_{cr} = by_e^3/3 + n(A_p+A_r)(d_p-y_e)^2$ 中性轴距离楼板上表面的高度： $y_e = d_p[-nr+\sqrt{2nr+(nr)^2}]$ 和 $r=(A_p+A_r)/(bd_p)$ 用于计算短期挠度的弹性模量比，$n_s=7$； $r = 2226/(140\times10^3) = 0.016$ 和 $nr = 7\times0.016 = 0.11$ $y_e = 140\times[-0.11+\sqrt{2\times0.11+0.11^2}] = 52\text{mm}$ $I_{cr} = 76^3\times10^3/3+21\times2226\times(140-76)^2+21\times2.37\times10^6$（是未 开裂截面惯性矩的58%） $EI_{cr} = 30\times154\times10^6 = 4.62\times10^9\text{mm}^4/\text{m}$ 用于计算长期挠度的弹性模量比，$n_s=21$； $n_Lr = 0.016\times21 = 0.33$ $y_e = 140\times[-0.33+\sqrt{2\times0.33+0.33^2}] = 76\text{mm}$ $I_{cr} = 76^3\times10^3/3+21\times2226\times(140-76)^2+21\times2.37\times10^6$ $= (146+191+50)\times10^6 = 387\times10^6\text{mm}^4/\text{m}$（是未开裂截面惯性矩的86%） $EI_{cr} = 10\times3.87\times10^6 = 3.87\times10^9\text{mm}^4/\text{m}$ 对于设支撑的楼板，在进行自重荷载下的挠度验算时，将由于拆除支撑而产生的反向作用的集中荷载作为长期荷载来考虑。 支撑力 $=1.25\times3.65\times5/2=11.4\text{kN/m}$ **组合截面的有效惯性矩** 其有效刚度为已开裂截面和未开裂截面的长期刚度的平均值： $I_{eff} = (I_g+I_{cr})/2 = 0.5\times(449+387)\times10^6 = 418\times10^6\text{mm}^4/\text{m}$ $\delta_{de} = \dfrac{11.4\times5.0^3\times10^9}{48\times10\times418\times10^6} = 7.1\text{mm}$（跨度的1/705），故满足要求 活荷载作为短期荷载时的挠度验算： 在计算因拆除支撑而产生的挠度时，楼板的有效刚度为已开裂截面和未开裂截面的长期刚度的平均值： $I_{eff} = (313+183)\times10^6/2 = 248\times10^6\text{mm}^4/\text{m}$ $\delta_i = \dfrac{5\times2.5\times5.0^4\times10^9}{384\times30\times248\times10^6} = 2.7\text{mm}$（跨度的1/1805），刚度非常大，故满足要求 将其他恒荷载作为长期荷载时的挠度验算：		第9.8.2（5）条

基于 BS EN 1994-1-1 设支撑的组合楼板设计实例	第5页	备 注

$$\delta_d = \frac{5 \times 1.0 \times 5.0^4 \times 10^9}{384 \times 10 \times 418 \times 10^6} = 2.0\text{mm}$$

混凝土收缩产生的挠度

因混凝土收缩产生的挠度（使用已开裂楼板的长期刚度）对应的应变为 $\varepsilon_s = 325 \times 10^{-6}$。在计算收缩产生的挠度时，用已开裂楼板的长期刚度得到的结果偏于保守：

$$\delta_s = \frac{\varepsilon_s b h_c (y_e - 0.5h_c) L^2}{8I_{cr}}$$ （式中，h_c 为楼承板以上的混凝土厚度）　　〔备注：式（21-8）〕

$$= \frac{325 \times 10^{-6} \times 10^3 \times 100 \times (76-50) \times 5.0^2 \times 10^6}{8 \times 387 \times 10^6}$$

$= 6.8\text{mm}$（= 跨度/735）

总挠度 = 7.1 + 2.7 + 2.0 + 6.8 = 18.6mm（相当于跨度的 1/270）

该结果小于总挠度的限值，即跨度的 1/250，为 20mm，满足要求。

振动敏感性-简化设计

检验楼板的自振频率：

$f = 18/\sqrt{\delta_d} > 5\text{Hz}$

式中，δ_d 为由于楼板自重重新作用而产生的瞬时挠度，取永久荷载及 10% 的活加荷载（= 4.65kN/mm²）

$\delta_d = 2.7 \times (4.65/2.5) = 5.3\text{mm}$

$f = 18/\sqrt{5.3} = 7.8\text{Hz} > 5\text{Hz}$

结果表明，180mm 厚的楼板在跨度为 5m 时对振动不敏感。

组合楼板的耐火极限状态设计

根据 BS EN 1994-1-2，进行抗火极限状态下的组合楼板设计。耐火极限为 90min。假定压型楼承板在火灾中失效，配筋的楼板在抗火极限状态下承受弯矩。

根据 BS EN 1994-1-2 中表 D.6，检查楼板的最小厚度：

楼板最小有效厚度 = 100m　　〔备注：BSEN1994-1-2 表 D.6〕

楼板平均高度，$h_{eff} = h_c + 0.5h_p = 140\text{mm} > 100\text{mm}$，故满足要求。

抗火极限状态下承受的荷载

$q_{fi} = \phi q_i + q_d$

$= 0.6 \times 2.5 + 3.5 + 1.0 = 6.0\text{kN/m}^2$

式中，ϕ 为活荷载在耐火极限状态下的分项系数（= 0.6）

抗火极限状态下承受的弯矩：

$M_{fi} = 6.0 \times 5.0^2/8 = 18.8\text{kN} \cdot \text{m/m}$

在每个板肋中设单根 T12 钢筋，底部混凝土保护层厚度为 40mm。

由 BS EN 1994-1-2 表 D5 中查得，火灾 90min 后的温度为 428℃。　　〔备注：表 D.5〕

基于 BS EN 1994-1-1 设支撑的组合楼板设计实例	第6页	备 注
对于冷加工钢筋，其强度折减系数可从 BS EN 1994-1-2 表 3-4 中查得 $k_{y\varphi}=0.86$。 钢筋在火灾下的抗拉承载力：$N_{Rd}=0.86\times113\times460\times10^{-3}=44.7kN$ 混凝土在火灾下的抗压强度：$f_{cd,ft}=0.85\times25=21N/mm^2$ 混凝土受压区高度：$y_c=44.7\times10^3/(21\times300)=7mm$ 火灾下折减后的抗弯承载力： $M_{Rd,fi}=44.7\times(140-0.5\times7)\times10^{-3}/0.3=20.3kN\cdot m/m$ 这已经超过了作用于楼板的弯矩 18.8kN·m/m，并且表明 180mm 厚的组合楼板在楼承板的每个板肋中配单根 T12 钢筋可以提供 90min 抗火承载力。 **钢筋网** 钢筋网一般取 A252，对应为 0.25% 的配筋率。因为组合楼板按简支楼板设计，故无需提供钢筋来控制裂缝。但是，如果楼板在梁上连续时，则需要用两层 A252 的钢筋网，以满足 0.4% 配筋率的要求。 **结论** 上述计算表明，对于跨度为 5m 的组合楼板，板厚 180mm 是满足要求的。该楼板的极限设计准则是，当考虑混凝土收缩和徐变效应时，其总挠度最大取跨度的 1/250。每个板肋中配单根 T12 钢筋能够提供 90min 的抗火承载力。另外可以表明，本设计实例中的楼板跨度可以加大到 5.2m（等效于跨高比为 29）。		BS EN 1994-1-2 表 3-4

参考文献

[1] British Standards Institution (2004) BS EN 1994-1-1 *Eurocode* 4: *Design of composite steel and concrete structures. Part* 1. *General rules and rules for buildings*. London, BSI.

[2] British Standards Institution (1992) BS 5950-4 *Structural use of steelwork in buildings*, *Part* 4: *Code of practice for design of composite slabs using profiled steel sheeting*. London, BSI.

[3] Rackham J. W. , Couchman G. H. , and Hicks S. J. (2009) *Composite slabs and beams using steel decking*: *Best practice for design and construction* (Revised Edition) The Steel Construction Institute Publication 300, (with the MCRMA). Ascot, SCI.

[4] British Standards Institution (2004) BS EN 10327 *Continuously hot dip coated strip and steel of low carbon steels for cold forming. Technical Delivery Conditions*. London, BSI.

[5] British Standards Institution (2005) BS EN 1991-1-6 *Actions on structures. General Actions*, *Actions during Execution*. London, BSI.

[6] British Standards Institution (2006) BS EN 1993-1-3 *Eurocode* 3: *Design of steel structures Part* 1. 3. *General rules. Supplementary rules for cold formed steel members and sheeting*. London, BSI.

[7] British Standards Institution (1995) BS 5950-6 *Sturctural use of steelwork in buildings. Part* 6 *Code of practice for design of light steel profiled steel sheeting*. London, BSI.

[8] British Standards Institution (2004) BS EN 1992-1-1: *Eurocode* 2: *Design of concrete structures Part* 1. 1 *General rules and rules for buildings*. London, BSI.

[9] British Standards Institution (2005) BS EN 1994-1-2 *Design of composite steel and concrete structures*, *Part* 1-2 *Structural fire design*. London, BSI.

[10] British Standards Institution (2003) BS 5950-8 *Structural use of steelwork in buildings. Part* 8: *Code of practice for fire resistant design*. London, BSI.

22 组合梁*

Composite Beams

MARK LAWSON and KWOK-FAI CHUNG

22.1 引言

BS EN 1994-1-1 欧洲规范 4：《钢混凝土组合结构设计：一般规则和关于建筑物的规定》[1]是涉及组合梁、柱和板设计的相关内容。“组合”一词在此指混凝土板和型钢之间的结构作用，其中混凝土板主要受压，型钢主要受拉。组合作用增加了梁的抗弯承载力和刚度，相比于非组合结构还能够减轻 30% ~50% 的用钢量。在 BS EN 1994-1-1 正式实施前，采用的设计标准为 BS 5950-32 和 BS 5950-4[3]。

22.1.1 适用范围

本章主要关注现代建筑中组合梁的设计。SCI 的出版物《铺设钢楼承板的组合梁板设计》[4]一书中介绍了满足 BS 5950-3[2]要求的组合结构设计。本章对 BS EN 1994-1-1 及英国国别附录中关于采用组合梁板的设计原理和实施规则，做了回顾和综述。

本章包括在带支撑框架中简支组合梁设计的常见情况，其典型应用实例见图 22-1。简支钢梁通过和混凝土或组合楼板的连接，有效满足了 BS EN 1993-1-1[5]中有关第 I 类截面的要求（或是 BS 5950-1[6]中的塑性要求），这意味着所有使用热轧型钢的组合梁都是可以采用塑性设计的。

BS EN 1994-1 中涵盖了连续组合梁和部分型钢混凝土梁内容，但在本章中只是概要地进行了探讨。有关采用预应力混凝土楼板的组合梁的设计方法，在最近的 SCI 的出版物中对此做了介绍（见参考文献［7］），本章不再赘述。

本手册的第 21 章介绍了组合楼板的设计内容，第 23 章则介绍有关组合柱的设计内容。

22.1.2 国别附录

BS EN 1994-1-1：2004 的国别附录中给出了成员国国别确定参数（nationally de-

* 本章译者：陈志华。

图 22-1 浇筑混凝土前钢梁上铺设的组合楼板

termined parameters，NDP），其中包括分项系数，以及其他如剪力连接件的性能和一些材料及使用方面的限制。

在承载能力极限状态和正常使用极限状态下，组合梁板设计中所采用的分项安全系数与欧洲规范中钢结构和混凝土结构的取值是一致的。对所有材料荷载分项系数都相同，EN 1990-1-1[8]对此作出了规定（见表 22-1）。当自重不起控制作用时，分项系数可以适当折减。对此，ξ 的英国国别确定值为 0.925，自重载荷的分项系数则为 $0.925 \times 1.35 = 1.25$。

表 22-1 荷载和材料的分项系数

设 计 参 数		极 限 状 态		
		承载能力	正常使用	抗 火
荷载，γ_Q	活荷载	1.5	1	0.5
	恒荷载	1.25	1	1
材料，γ_G	结构用钢材，γ_a	1	1	1
	混凝土，γ_c	1.5	1.3	1
	剪力连接件，γ_{vs}	1.25	1	1
	剪切粘接，γ_{sb}	1.25	1	—
	钢筋，γ_s	1.15	1	1

在 BS EN 1993-1-1 和 BS EN 1994-1-1 中，结构用钢材的分项系数 γ_a，取为 1.0。

钢材强度和热轧型钢的几何性质的统计变异保证了足够的安全裕度，所以钢材的强度标准值可作为其屈服强度f_y的保证值。该分项系数也是由“成员国国别确定的数值”（BS EN 1993-1-1 沿用了 BS 欧洲标准的试行版本（ENV）中的材料分项系数值，取为 1.05）。

其他分项系数在 BS EN 1993-1-1[5]和 BS EN 1992-1-1[9]中列出。由此可见，作用荷载都要乘以γ_f系数，而材料强度要由γ_a、γ_c等系数折减。对于正常使用极限状态和结构的抗火设计，材料分项系数会降低。在正常使用极限状态和火灾条件下的荷载水平，要通过系数ψ予以折减，该系数反映了在这些极限状态中荷载的统计变异。

在 Johnson 和 Anderson 发表的文献（见参考文献［10］）中，对 BS EN 1994-1-1 的规范条款逐条进行了讨论和研究，该文献可以作为背景资料参考。

22.2 材料性能

22.2.1 钢材性能

组合梁设计中可以使用各种强度等级的钢材。在英国，常用 S275 和 S355 级别的钢材，除了由正常使用极限状态所控制的设计之外，在组合结构中还经常选用较高强度等级的钢材。对高于 S460 等级的钢材，规范中尚未包括相关的设计规定。

在 BS EN 10326[11]中规定了压型钢板的钢材等级（取代 BS EN 10147）。带钢的常用强度等级是 S280 和 S350。组合楼板中使用的钢板最小厚度是 0.7mm，实际使用的厚度通常为 0.9～1.2mm。

22.2.2 混凝土

根据 BS EN 1992-1-1[9]，混凝土强度等级由圆柱体抗压强度f_{ck}和立方体抗压强度f_{cu}决定（后者在 BS 8110[12]和 BS 5950-3 中使用）。两者的近似转换关系为：

$$f_{ck} \approx 0.8 f_{cu}$$

所以，根据圆柱体抗压强度确定的 C30/37 混凝土，其立方体抗压强度约为 37N/mm^2。表 22-2 给出了平均抗拉强度f_{ct}和混凝土弹性模量E_c等相关数据。BS EN 1992-1-1 的第 3.1 条规定，该规范适用于强度等级为 C20/25～C60/75 的普通混凝土。

表 22-2 混凝土特性（BS EN 1992-1-1 中表 3-1）

混凝土强度	混凝土强度等级						
	C20/25	C25/30	C30/37	C35/45	C40/50	C50/60	C60/75
f_{ck}	20	25	30	35	40	50	60
f_{cu}	25	30	37	45	50	60	75

续表 22-2

混凝土强度	混凝土强度等级						
	C20/25	C25/30	C30/37	C35/45	C40/50	C50/60	C60/75
f_{ct}	2.2	2.6	2.9	3.2	3.5	4.1	4.4
E_c	29	30.5	32	33.5	35	37	39

注：除弹性模量 E_c 的单位为 kN/mm² 以外，所有数值的单位均为 N/mm²。

在 BS EN 1992-1-1 中，塑性设计时混凝土的强度设计值f_{cd}取为 $0.85f_{ck}/\gamma_c$，并得到了组合设计所采用的弯曲模型的验证。这相当于混凝土受弯时的抗压强度为 $0.45f_{cu}$，这和 BS 5950-3 相一致。

BS EN 1994-1-1 允许使用强度等级为 LC20/22 ~ LC60/66 的轻质混凝土。轻质混凝土的弹性模量假定按（ρ/2400）[2]变化，其中 ρ 表示干密度，单位为 kg/m³。

在 BS EN 1994-1-1 的附录 C 中给出了混凝土的自由收缩应变数据，但在特殊情况下，譬如支承柱子的大跨度梁，这种影响有可能需要进行专门的计算。

22.2.3 钢筋

在 BS EN 10080[13]中给出了钢筋等级，其强度特性可参考 BS EN 1992-1-1。常用的钢筋等级是 S500B，其抗拉强度为 500N/mm²，并且其延性性能要优于 S500A，推荐在组合结构设计中采用。

组合板中的最小配筋率是上部混凝土的 0.2%，用以使局部荷载分布均匀，并用做横向钢筋。对于组合梁的支座部位或暴露的混凝土板处，可能还需要设置附加钢筋，来控制开裂形成和发展。

22.2.4 剪力连接件

在 BS EN 1994-1-1 的第 6.6 条和 EN ISO 13918[14]中规定了剪力栓钉的性能和尺寸规格。从图 22-2 可见，根据所传递剪力的大小，在每个板肋中设一个或多个抗剪切连接件。通常情况下，栓钉连接件所用钢材的极限抗拉强度为 450N/mm²，但 BS EN1994-1-1 的第 6.6.3.1 条允许实心板中剪力连接件的极限抗拉强度可达 500N/mm²。为了防止梁板分离，栓钉头部尺寸是十分重要的。用 SD 来表示栓钉连接件，例如，SD19mm × 100mm 表示直径为 19mm、长度为 100mm 的栓钉连接件。

允许采用其他形式的剪力连接件，如果能够通过试验证明其具有足够的变形能力。由火药击钉器固定的喜利得 HVB 剪力连接件，可用于传递相对较小剪力的场合（见图 22-3），或者在不允许现场进行焊接时可以使用。

22.3 组合梁

组合梁在本质上是由一系列相互平行、翼缘薄而宽的 T 形梁组成的结构体系。

图 22-2 采用穿透楼承板焊接，成对栓钉连接件和梁连接

图 22-3 成对排列的火药击打 HVB 剪力连接件

其混凝土翼缘主要受压，型钢主要受拉。在两种材料之间的纵向力由抗剪切连接件传递。组合作用的优点在于提高了组合截面的抗弯能力和刚度，并使得型钢截面尺寸更为经济。

22.3.1 施工条件

对于不设支撑的组合梁施工情形，首先要求在混凝土已经达到足够强度前，钢梁能承受混凝土板自重和其他施工荷载，并以此确定其截面尺寸。在钢梁设计中要考虑多少施工荷载，在 BS EN1994-1-1 中并没有给出具体说明，但它引用了 BS EN 1991-1-6[15] 的有关规定，假定除了板的自重外，再在钢梁所支承的整个钢楼承板区域上，作用一个 0.75kN/m^2 的施工荷载。然而，视施工荷载和楼板自重均为可变荷载，其分项系数取为 1.5（在 BS 5950-3 中，相应的施工荷载是 0.5kN/m^2）。

然后，按照 BS EN 1993-1-1 进行钢梁设计。如果楼承板的跨度方向与梁垂直并与其直接连接时，则可以假定梁受到钢楼承板的侧向约束。受约束的钢梁可以充分发挥其抗弯承载力。如果楼承板的跨度方向与梁平行，那么只靠梁与梁的连接来提供侧向约束，这时钢梁的抗屈曲承载力则取决于侧向约束之间的有效长度。

22.3.2 有效板宽

在一根 T 形梁中，其混凝土翼缘的作用受到了与板横截面中的平面应变有关的“剪力滞后效应”的限制。有效板宽考虑了这种影响，取按混凝土抗压强度受力的板的名义宽度。有效宽度取决于荷载的形式和荷载在跨中的位置，并且在大多数规范中采用代表值来体现。板中纵向力的典型分布如图 22-4 所示。

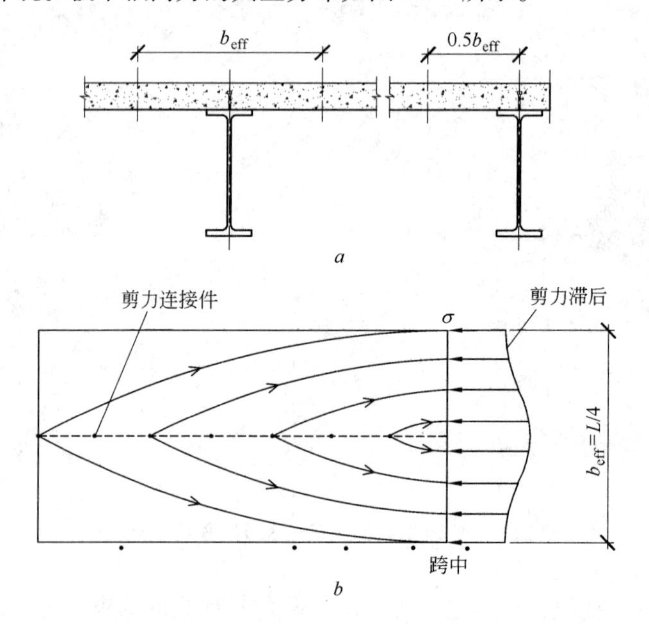

图 22-4 在组合梁的混凝土翼缘中的压力

a—有效板宽截面示意图；*b*—板中主应力平面视图

BS EN1994-1-1 第 5.4.1.2 条规定，在按承载能力极限状态和正常使用极限状态设计时，梁两侧有效板宽均取跨度的 1/8（见图 22-5）。对于中跨的简支梁，其有效板宽取跨度的 1/4，但不得超过每根梁之间的实际板宽（与 BS 5950-3 的规定相同）。混凝土板肋的高度可以包括在主梁中，如图 22-5*b* 所示。作为组合梁由于受弯曲和压缩的共同作用，可以不考虑板中的共存应力偏差，因为这些影响相对比较小。

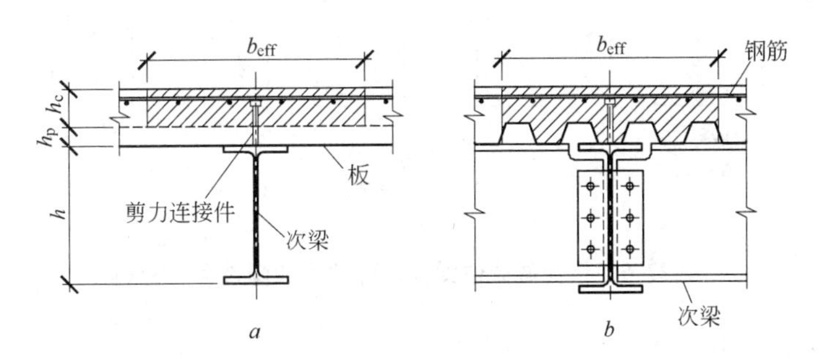

图 22-5 用来确定组合截面特性的有效板宽

a—楼承板垂直于次梁；*b*—楼承板平行于主梁

BS EN 1994-1-1 和 BS 5950-3 对于连续梁的处理方法是相同的（见本章第 22.8 节）。对于连续梁的边跨，板的有效宽度取决于梁受正弯矩（下侧受拉）的区域，此时取边跨的等效跨度 $L_e = 0.85L$。

22.4 组合截面的塑性分析

22.4.1 塑性应力图形

组合截面的抗弯承载力可以利用塑性分析原理来确定。可以假定已经达到足够高的应变，因此其整个截面的钢材应力都接近或达到屈服极限，且混凝土也已经达到其抗压设计强度设计值。

图 22-6 所示为组合梁全截面从弹性到塑性的应力分布变化。可以假定，当下翼缘的应变达到 $5\varepsilon_y$ 时，其中 ε_y 为钢材的屈服应变，则全截面进入塑性。这时，组合梁的抗弯承载力大约是其塑性抗弯承载力的 95%。

组合梁截面塑性抗弯承载力和荷载的加载顺序并无关系（即组合梁施工时设支撑或不设支撑的情况），而是由作用在梁上的总弯矩设计值所决定的。

混凝土板的抗压承载力为：

$$R_c = 0.56 f_{ck} b_{eff} h_c = 0.45 f_{cu} b_{eff} h_c \tag{22-1}$$

式中 h_c——压型楼承板上部的混凝土板厚度；

b_{eff}——板的有效宽度（见本章第 22.3.2 条）。

如果压型楼承板板肋与梁平行，就需要考虑压型楼承板板肋中的混凝土（实际

上由于在设计初期，无法确切了解楼承板的尺寸，而往往忽略了这种有利因素）。

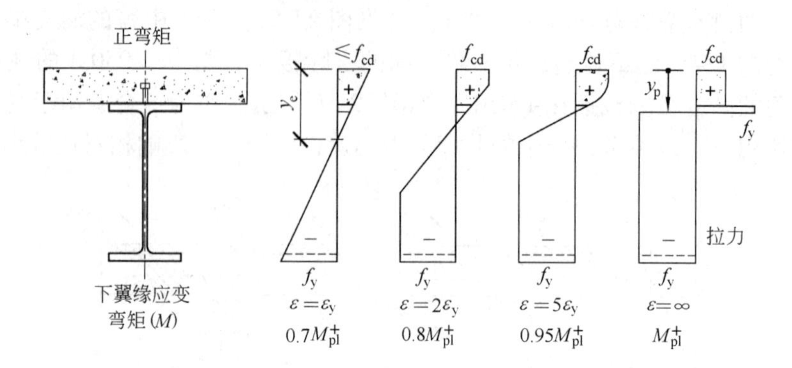

图 22-6　组合截面中弹性、弹塑性和塑性应力分布

型钢的抗拉承载力为：

$$R_s = f_y A_a \tag{22-2}$$

通过整个截面的压力和拉力的平衡可以得出横截面的抗弯承载力，此时假设混凝土在受拉时退出工作。根据力的平衡，塑性中和轴位置有三种可能的情况：中和轴在混凝土板中、在上翼缘中和腹板中。BS EN 1994-1-1 中没有直接给出计算公式，但是下面的公式适用于受正弯矩（下侧受拉）的、对称的工字形钢截面。对于非对称截面，应根据塑性中和轴的三种可能的位置，由第一准则（first principles）来得到相应的计算公式。

22.4.2　塑性中和轴位于混凝土板中

当 $R_c > R_s$ 时，则塑性中和轴位于混凝土板的区域内。这种情况如图 22-7 所示。混凝土板中的压力降到了与型钢截面的抗拉承载力相等。混凝土板中塑性中和轴的高度由下式给出：

$$y_p = \frac{R_s}{R_c} h_c \tag{22-3}$$

通过对混凝土板中受压区的形心取矩，则可确定抗弯承载力，见下式：

$$M_{pl,Rd} = R_s \left[\frac{h_a}{2} + h_p + h_c - \frac{R_s}{R_c} \frac{h_c}{2} \right] \tag{22-4}$$

式中　h_a——型钢截面的高度；

　　h_p——压型楼承板的高度。

22.4.3　塑性中和轴位于型钢的上翼缘中

当 $R_c \leqslant R_s$ 时，混凝土板的全部达到其抗压承载力，并且塑性中和性轴位于型钢

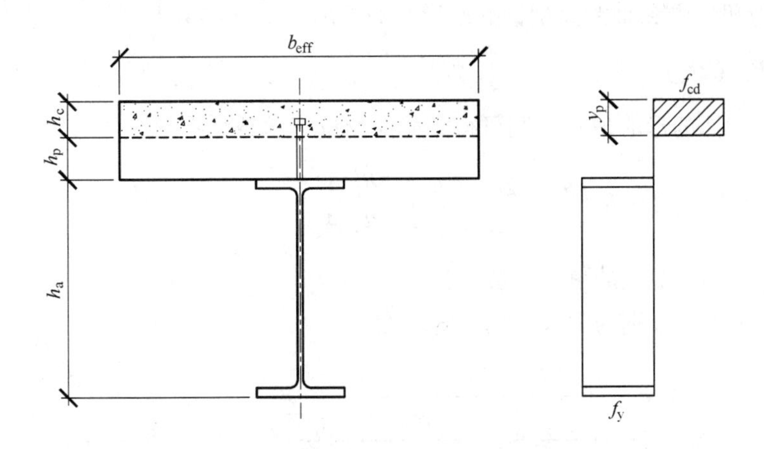

图 22-7　塑性中和轴位于混凝土板中的塑性分析

中。这种情况如图 22-8 所示。当 $R_c \geqslant R_w$ 时，塑性中和轴位于型钢的上翼缘中，R_w 为型钢腹板的抗拉承载力。这时，对上翼缘的形心取矩，则可以得到如下组合截面抗弯承载力的近似公式：

$$M_{pl,Rd} = R_s \frac{h_a}{2} + R_c\left(\frac{h_c}{2} + h_p\right) \tag{22-5}$$

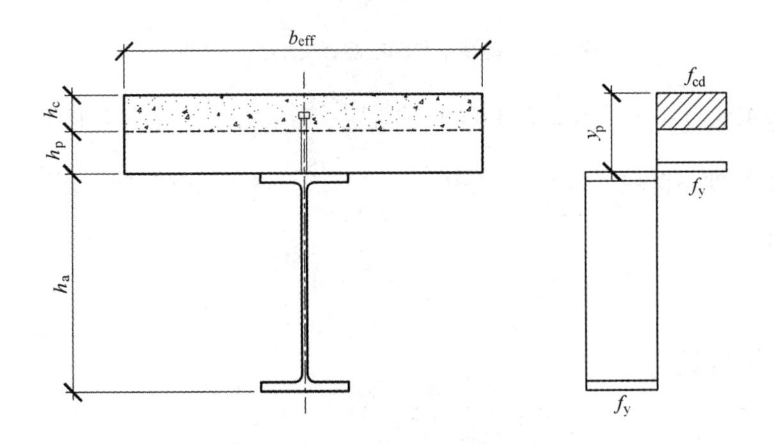

图 22-8　塑性中和轴位于型钢上翼缘处的塑性分析

22.4.4　塑性中和轴位于型钢截面腹板中

当 $R_c < R_w$ 时，塑性中性轴位于型钢腹板中，这种情况如图 22-9 所示。塑性中和轴的高度由下式给出：

$$y_p = 0.5h_a + h_c + h_p - y_w$$

式中，y_w 为塑性中和轴距离型钢截面形心的距离，由下式给出：

$$y_w = R_c/(2t_w f_y)$$

对型钢截面的形心取矩，则可得到截面的抗弯承载力：

$$M_{pl,Rd} = M_{a,pl,Rd} + R_c\left(\frac{h_c + 2h_p + h_a}{2}\right) - \frac{R_c^2}{R_w}\frac{h_a}{4} \tag{22-6}$$

式中 $M_{a,pl,Rd}$——型钢的抗弯承载力，且 $R_w = f_y t_w(h_a - 2t_f)$；

t_w，t_f——分别为腹板和翼缘的厚度。

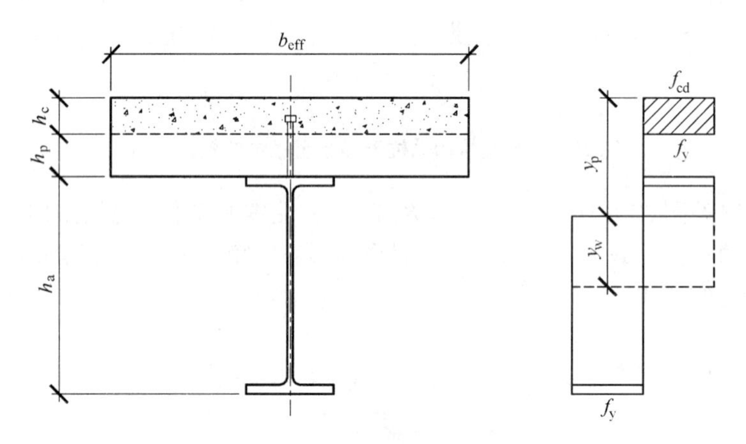

图 22-9 塑性中和轴在腹板处的塑性分析

BS EN 1993-1-1 的第 6.2.2.4（6）款规定，若要归为“第Ⅱ类截面”，则其腹板中受压区的高度不得超过 $40t_w\varepsilon$，式中，$\varepsilon = \sqrt{\frac{235}{f_y}}$，这种情况只能在很不对称的板梁中才会发生。

22.5 抗剪承载力

22.5.1 纯剪切

在 BS EN 1993-1-1 的第 6.2.6(2)条中，型钢腹板的抗剪承载力按下式取值：

$$V_{pl,Rd} = \frac{f_y}{\sqrt{3}\gamma_a}\cdot A_v = 0.58f_y A_v \tag{22-7}$$

式中 A_v——型钢的剪切面积。

在 BS 5950-1 中，钢材的抗剪强度为 $0.6f_y$。对于热轧型钢，A_v 可以取为 $A_v = h_a t_w$。当 $d/t > 76\varepsilon$ 时，腹板的剪切屈曲强度应代替纯剪切强度。在所有情况下，所作

用的剪力都应满足 $V_{Ed} \leqslant V_{pl,Rd}$。

22.5.2 弯剪共同作用

当在跨中同一点同时存在很大的剪力和弯矩时（即梁承受集中荷载），竖向剪力的存在会导致梁抗弯承载力的下降。BS EN 1993-1-1 的第 6.2.8（3）条给出了相互作用关系式：

$$M_{Ed} \leqslant M_{f,Rd} + (M_{Rd} - M_{f,Rd})(1 - (2V_{Ed}/V_{pl,Rd} - 1)^2) \tag{22-8}$$

式中 $M_{f,Rd}$——组合截面的抗弯承载力，不考虑腹板的影响；

M_{Ed}，V_{Ed}——分别为跨内同一点上所作用的弯矩和剪力。

图 22-10 给出了这种相互作用关系曲线。可以看出，如果 $V_{Ed} \leqslant 0.5V_{pl,Rd}$，则抗弯承载力不会下降。对于承受均布荷载的梁，也不会出现这种情况，因为在同一截面上最大弯矩和最大剪力不会同时发生。

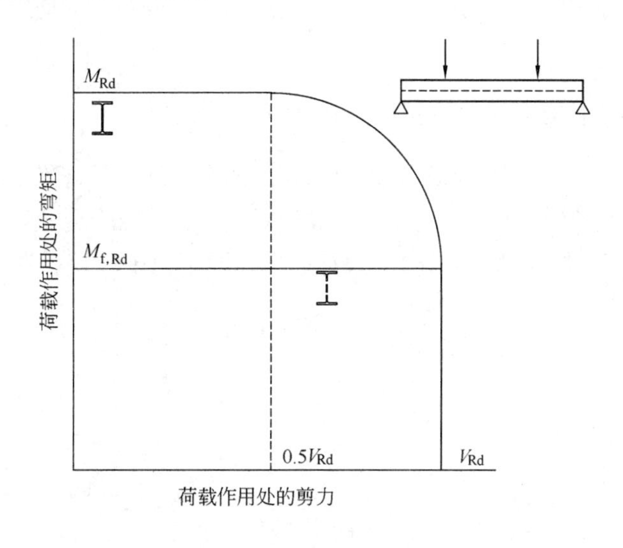

图 22-10 组合梁中弯矩和剪力的相互关系曲线

22.6 剪切连接

22.6.1 剪切连接件的形式

比较流行的剪力连接件的形式是直径为 19mm、长度为 100mm 或 125mm 的栓钉剪力连接件。通常采用栓钉焊机，沿着压型楼承板的肋槽进行栓钉焊接（如图 22-2 所示）。

然而，对采用穿透楼承板的焊接会有一定的限制：首先，型钢的上翼缘不得进行涂装，或要清除掉需要焊接剪力连接件处的涂装；其次，镀锌的钢楼承板厚度不得超过1.25mm，并要求清洁和保持干燥。

另外一种施工方法是，可以把剪力连接件预先焊在型钢上并在楼承板上开孔，或采用楼承板在剪力连接件部位进行对接。然而，这些技术在可建造性方面都有一定的局限性。

如图22-3所示的"火药击打"的剪力连接件，经常用在较小的工程项目中，施工现场的电源可能会有些问题。这时，可以采用火药击钉器来固定抗剪连接件。

构件BS EN 1994-1-1第6.6.1.1（8）款规定，所有的抗剪连接件应该能够抵抗因混凝土板和型钢可能分离而引起的上拔力。因此，要采用带头的栓钉而不是普通的栓钉。

当采用塑性设计时，剪力连接件应具有足够的变形能力，规定滑移的标准值为6mm。在BS EN 1994-1-1的附录B中，对用于实心混凝土板中的剪力连接件的试验方法和试验结果处理进行了规定，但该试验应适用于组合板中的剪力连接件。

22.6.2 实心混凝土板中的栓钉抗剪承载力

在BS EN 1994-1-1的第6.6.3.1条中，采用两个设计公式来确定实心混凝土板中栓钉的承载力。第一个公式是与混凝土失效相对应的，第二个公式则与栓钉的剪切破坏相对应（在栓钉的焊脚部位破坏）。设计时取这两个值中的较小者（如以下公式所示）：

$$P_{\mathrm{Rd}} = 0.29ad^2\sqrt{f_{\mathrm{ck}}E_{\mathrm{cm}}}/\gamma_{\mathrm{v}} \tag{22-9}$$

$$P_{\mathrm{Rd}} = 0.8f_{\mathrm{u}}\frac{\pi d^2}{4\gamma_{\mathrm{v}}} \tag{22-10}$$

考虑了栓钉的长度，$\alpha = 0.2(h_{\mathrm{sc}}/d + 1) \leqslant 1.0$

式中，h_{sc}为栓钉的全长；d为栓钉的直径，范围为$16\mathrm{mm} \leqslant d \leqslant 25\mathrm{mm}$。

表22-2给出了混凝土的特性值f_{ck}和E_{cm}。在使用轻质混凝土时，其容重不得低于$1750\mathrm{kg/m^3}$。设计时，在采用穿透楼承板焊接的栓钉时，被施焊的型钢的极限抗拉强度值f_{u}不得超过$450\mathrm{N/mm^2}$。

在承载能力极限状态下安全分项系数γ_{v}取值为1.25，该值为0.8的倒数，是BS 5950-3中用来调整栓钉承载力的系数。然而，当考虑压型楼承板的板形而采用折减系数时，分项系数应予以修正（参见本章第22.6.3节）。

表22-3给出了常用栓钉的承载力设计值。这些承载力设计值比BS 5950-3的表5中所列的等效值要小将近10%。在式（22-10）中对承载力做了折减，规定了当采用强度等级高于C35/45的混凝土时，抗剪连接件为纯剪破坏。

表 22-3 BS EN 1994-1-1 中常用栓钉的承载力设计值

栓钉尺寸(直径×长度)/mm×mm	混凝土强度/N·mm⁻²			
	C20/25	C25/30	C30/37	C35/45
19×100	63	73	81	81
22×100	85	98	108	108
16×75	45	52	57	57

注：承载力设计值=0.8×承载力标准值。

对于轻质混凝土，BS EN 1994-1-1 假定，由于较低 E_{cm} 的影响，式（22-9）中的承载力设计值与 $\rho/2400$ 成正比，式中 ρ 为混凝土的干容重（kg/m^3）。这种方法比 BS 5950-3 要保守得多，其中对于容重在 1800～2000kg/m^3 范围内的混凝土，允许有10%的强度折减。在英国，设计时做如下考虑，在轻质混凝土中（容重在上述范围内）的剪力连接件与相当等级的普通混凝土中的剪力连接件相比，其承载力要折减90%。

22.6.3 楼承板板形对抗剪连接件的影响

受楼承板板形和每个板肋中连接件数量的影响，组合板和钢梁之间抗剪连接件的功效可能会有所降低。抗剪连接件的承载力在很大程度上取决于其周边的混凝土和其头部在混凝土板中的埋设状态。在大多数有关组合结构设计的标准中，采用简单的折减系数公式，来考虑楼承板板形和楼承板板肋中成组抗剪连接件数量的影响。

图 22-11 所示为组合板中抗剪连接件的几种可能的破坏模式。对于板肋相对较宽的组合板，由于在栓钉上形成了一个混凝土锥，会发生剪切和拉脱破坏（见图22-11*a*）。

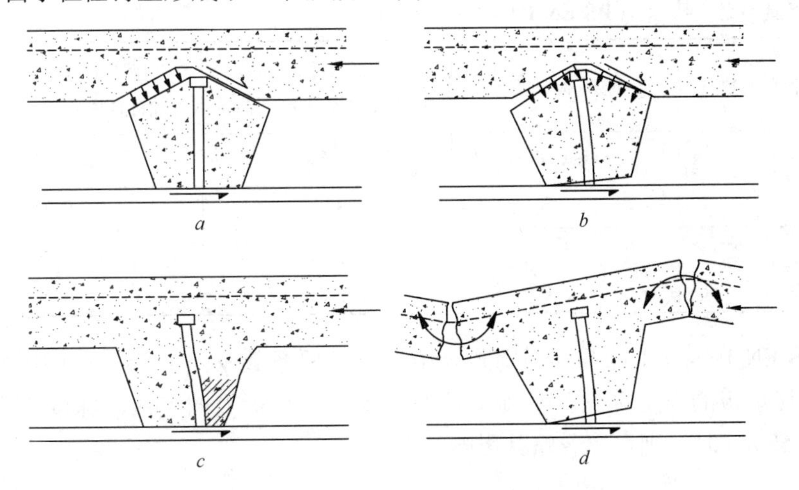

图 22-11 组合板中剪力连接件的破坏

a—混凝土板的剪切受拉破坏；*b*—窄板肋时的受扭破坏；
c—剪力连接件前部的混凝土压碎破坏；*d*—楼承板上部过薄弯曲破坏

对于板肋较窄的组合板，有可能发生扭转破坏（见图22-11b）。在设计中通过对各种尺寸的限制，可以防止发生图22-11c和图22-11d所示的各种破坏模式。

在此，首先考虑压型楼承板与梁（即次梁）垂直的情况。

22.6.3.1 强度折减系数（楼承板与梁垂直放置时）

根据BS EN 1994-1-1，剪切连接件（相对于实心混凝土板而言）的强度折减系数k_t，由BS EN 1994-1-1的第6.6.4.2款给出的下列经验公式确定：

$$k_t = \frac{0.7}{\sqrt{n_r}} \frac{b_o}{h_p} \frac{h_{sc} - h_p}{h_p} \qquad (22\text{-}11)$$

式中 b_o——板肋的平均宽度，对有刻痕的压型楼承板取其最小宽度；

h_{sc}——栓钉的长度；

n_r——每个板肋上的栓钉数量（$n_r \leqslant 2$）。

BS EN 1994-1-1的第6.6.5.8款指出，剪切连接件应该高出压型楼承板肋顶至少两倍栓钉直径。对于19mm直径的剪力连接件，要求露出38mm，这比BS 5950-3要求露出35mm更严格。对于板肋更深的压型楼承板，要求采用125mm甚至150mm长的剪切连接件。

在式（22-11）中的系数0.7，是根据最近的实验验证进行统计得到的，比BS 5950-3中所采用的0.85有所降低。当每个板肋设一根剪切连接件时，该公式是相对保守的。但当每个板肋设两根剪切连接件时，其结果则不再保守了。因此，在表22-4中给出了k_t的上限值，可以视为钢板厚度的函数。可以肯定，在向组合板传递剪力方面，楼承板起到了有益的作用。

表22-4 折减系数上限（见BS EN 1994-1-1表6-2）

每板肋中栓钉的数量	压型楼承板厚度/mm	直径不超过20mm，穿透楼承板焊接的栓钉	有洞口的压型楼承板和栓钉直径为19mm或22mm
$n_f = 1$	≤1.0	0.85	0.75
	>1.0	1.0	0.75
$n_f = 2$	≤1.0	0.70	0.60
	>1.0	0.80	0.60

在BS EN 1994-1-1的英国国别附录中，取分项系数$\gamma_v = 1.25$。英国国别附录中还规定，楼承板的高度算到腹板顶，且如果压型楼承板上的刻痕的深度小于15mm、长度小于55mm时，则可以忽略其影响。

22.6.3.2 强度折减系数（剪切连接件偏心设置时）

许多新型的压型楼承板在板肋的中央设有刻痕加劲，所以设置抗剪连接件时会有

偏心。最理想的连接位置是把抗剪连接件置于靠近最近梁支座的板肋一侧（如图22-12所示）。这就要求改变跨中抗剪连接件的位置。如果在施工现场无法实现，可以考虑采用偏于安全的强度折减方法。

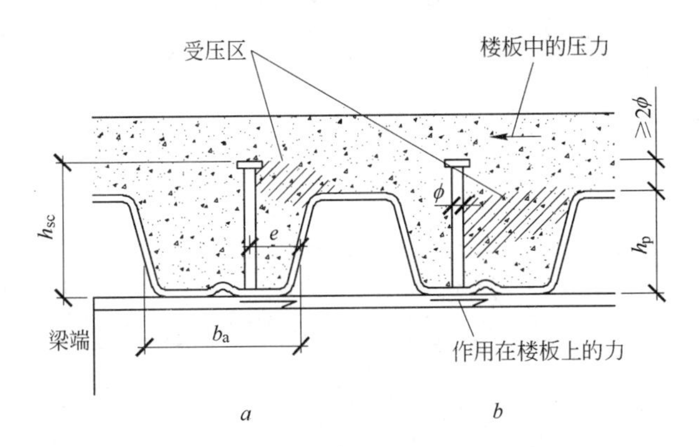

图 22-12　在压型楼承板板肋中剪切连接件偏心的影响

a—不利情况；*b*—有利情况

BS EN 1994-1-1 对于设计偏心设置的抗剪连接件，并没有给出指导意见，但这时可采用 BS 5950-3 中的相关规定。抗剪连接件中心到毗邻的楼承板半高点之间的距离 e 是一个很重要的尺寸（见图 22-12）。当抗剪连接件的焊接位置不理想时，式(22-11)中的 b_o 应取为 $2e$。这只适用于楼承板的铺设方向与梁垂直（即次梁）的情况。

另外，还可以采用楼承板生产厂家根据标准“拔出”试验中得到的试验数据。这些试验结果取决于试验的次数多少，进行统计分析后其数值会有所减少，还应除以 1.25 的分项系数。

22.6.3.3　强度折减系数（楼承板与梁平行）

压型楼承板的铺设方向与梁平行放置时，BS EN 1994-1-1 第 6.6.4.1（2）条给出了与式（22-11）相同的公式，但是折减系数从 0.7 降低到 0.6（参见 BS 5950-3）。但这时剪切连接件每一排的数量 n_r 不能减少。

22.7　完全和部分剪切连接

22.7.1　塑性剪力流

在承受均布荷载简支的组合梁中，纵向的剪力流精确地解释了混凝土板与型钢之间的剪力传递。弹性剪力流是线性分布的，在梁的两端增加到最大值。在超过抗剪连接件的弹性极限后，沿着梁会发生剪力的重新分配，在破坏时，可以假定每个剪切连接件承受了对应于“塑性”剪力流的相当的剪力。图 22-13 说明了这种特性。塑性设计要求剪切连接件具有足够变形的能力，以满足剪力沿梁的再分配。

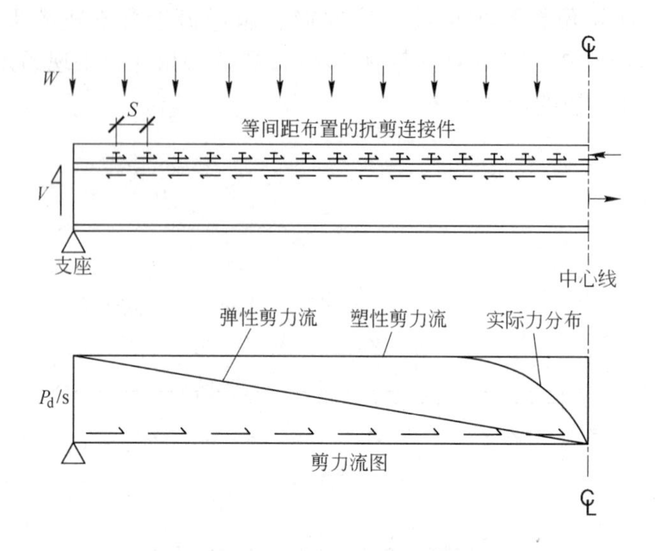

图 22-13 组合梁承受均布荷载时的纵向剪应力重分布

在组合梁的塑性设计中，在零弯矩点至弯矩最大点之间传递的纵向剪应力应比 R_c 或 R_s 小（参见本章第 22.4.1 节）。若能满足该条件，就可实现完全剪切连接。

22.7.2 剪切连接程度（the degree of shear connection）

在那些抗剪连接件数量不足以满足完全剪切连接要求的情况下，组合截面的完全塑性抗弯承载力就不可能得到完全发挥。这可以称为“部分”剪切连接。

剪切连接程度可按以下定义：

当 $R_s < R_c$ 时，$\eta = \dfrac{n}{n_f} = \dfrac{R_q}{R_s}$　　(22-12)

或者

当 $R_c < R_s$ 时，$\eta = \dfrac{n}{n_f} = \dfrac{R_q}{R_c}$　　(22-13)

式中　R_q——从零弯矩点至弯矩最大点之间由剪切连接件传递的全部剪力；

n_f——完全剪切连接所要求的剪切连接件数量；

n——从零弯矩点至弯矩最大点之间的剪切连接件数量。

22.7.3 线性相互作用法

对包含部分抗剪连接的组合截面，可以有两种方法用来确定其抗弯承载力，最简单的方法是“线性相互作用法”，在 BS EN 1994-1-1 第 6.2.1.2 条中对该方法给出了直接的规定。折减的弯矩承载力可由下式得出：

$$M_{Rd} = M_{a,pl,Rd} + \eta(M_{pl,Rd} - M_{a,pl,Rd}) \tag{22-14}$$

式中 $M_{pl,Rd}$——完全抗剪连接的组合截面的抗弯承载力；

$M_{a,pl,Rd}$——型钢的抗弯承载力。

还需要保证设计苛刻，应满足 $M_{Ed} \leqslant M_{Rd}$，其中 M_{Ed}是作用在梁上的最大弯矩。通过调整从支座到集中荷载作用点的抗剪连接件的个数 n，在集中荷载作用处对是否满足上述条件可能要进行反复检查。

如图 22-14 所示，线性相互作用法和应力图形法相比，是偏于保守的（见下节内容）。

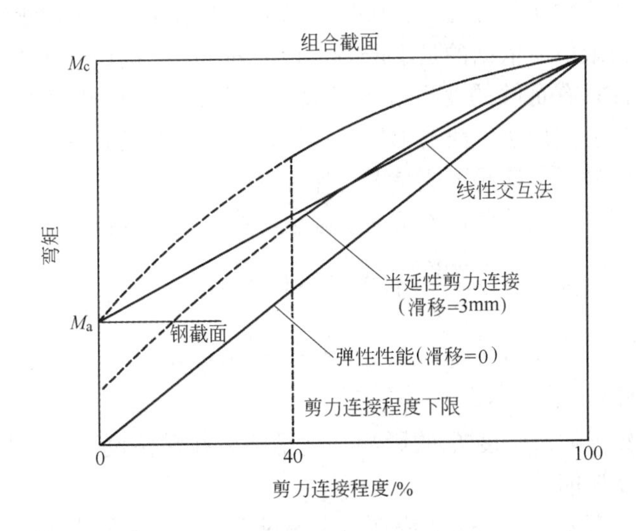

图 22-14 抗弯承载力与剪力连接程度之间的相互作用关系曲线

22.7.4 应力图形法

"应力图形"法是在 BS EN 1994-1-1 第 6.2.1.3 款中所提出的。这是一种精确方法。该方法令混凝土板中的压力和剪切连接件传递的纵向剪力 R_q 相等，建立截面平衡。BS EN 1994-1-1 并没有给出设计公式，但 BS 5950-3 附录 B 所给出的公式则是基于相同的原理。

使用"应力图形"法时，将式（22-5）和式（22-6）中的 R_c，用纵向剪力 R_q 来代替，求出组合梁的塑性承载力。由于混凝土板中的压力受到纵向剪力的限制，部分抗剪连接并不适用于塑性中和轴位于混凝土板内的情况。式（22-5）所对应的是塑性中和轴位于型钢截面上翼缘的情况，当 R_q 大于 R_w 时，R_w 为型钢腹板的抗拉承载力，该式可以得到满足。

式（22-6）所对应的是塑性中和轴位于型钢截面腹板中的情况，当 R_w 大于 R_q 时，该式可以得到满足。这时，还有必要确认腹板中受压区的高度大于 $40t_\varepsilon$，以检查腹板是否仍为第Ⅱ类截面。该条件对于非对称截面可能无法满足，因为非对称截面的塑性中和轴会比轧制的对称截面更靠近下翼缘。

这两种方法由于抗剪连接程度的不同会引起抗弯承载力的变化，如图 22-14 所示。当剪切连接程度 η 为 0.4 ~ 0.7 时，与线性相互作用法相比，应力图形法得到的抗弯承载力会明显偏高，该结论已经被具有这个剪切连接程度的组合梁试验所证实。

22.7.5 剪切连接程度限值

在使用上节所述的两种方法时，BS EN 1994-1-1 第 6.6.1.2 款规定了一个剪切连接程度的限值，该限值所依据的是 Johnson 和 Molenstra[16] 的研究成果。引入限值是为了保证抗剪连接件具有足够的变形能力，规范规定的滑移标准值为 6mm。与线性相互作用法相比，应力图形法一般要求抗剪连接件在破坏时具有更大的变形。因此，对于线性相互作用法来说，这些限值是偏于保守的。

对于对称型钢，一般的剪切连接程度限值可按下式计算：

$$L \leqslant 25\text{m}: \quad \eta_f \geqslant 1 - \left(\frac{355}{f_y}\right)(0.75 - 0.03L) \tag{22-15}$$

$$L > 25\text{m}: \quad \eta_f \geqslant 1$$

式中，L 为梁的跨度，m。

这里考虑了钢材屈服强度 f_y 的影响。这是因为在塑性设计中采用高强钢材就意味着需要更大的变形能力。

对于非对称型钢截面，当下翼缘面积不超过上翼缘面积的 3 倍时，剪切连接程度限值可按下式计算：

$$L \leqslant 20\text{m}: \quad \eta_f \geqslant 1 - \left(\frac{355}{f_y}\right)(0.30 - 0.015L)$$

$$L > 20\text{m}: \quad \eta_f \geqslant 1 \tag{22-16}$$

如果满足以下所有条件，第 6.6.1.2（3）款中的剪切连接程度限值可适当放宽：

（1）采用直径 19mm 的栓钉抗剪键，穿透楼承板焊接；

（2）每个楼承板板肋设一根栓钉；

（3）楼承板板肋尺寸满足 $b_o/h_p \geqslant 2$ 和 $h_p \leqslant 60\text{mm}$；

（4）采用本章第 22.7.3 节介绍的线性相互作用法。

在每个板肋布置一个剪力键：

$$L \leqslant 25\text{m}: \quad \eta_f \geqslant 1 - \left(\frac{355}{f_y}\right)(1 - 0.04L) \tag{22-17}$$

$$L > 25\text{m}: \quad \eta_f \geqslant 1$$

BS 5950-3 中关于剪切连接程度限值的相应规定为：

$$L \geqslant 10\text{m}: \quad \eta_f \geqslant (L - 6)/10 \tag{22-18}$$

$L \leqslant 16\text{m}$：　　$\eta_f \leqslant 1.0$

对于跨度小于10m的组合梁，其剪切连接程度限值不低于0.4。在BS 5950-3.1中，并没有区分钢材的等级和型钢截面是对称还是非对称的。BS 5950的方法是基于1990年以前所进行的组合梁试验结果，这些试验中通常使用高强钢，并且没有与BS EN 1994-1-1中规定的6mm滑移标准值在数值上进行比较。

在图22-15中对上述各规范规定的剪切连接程度限值进行了对比。式（22-14）与BS 5950-3的要求相似，但当跨度大于13m时，对其剪切连接程度给以折减。显然，对于非对称截面，BS EN 1994-1-1的限值要求要比BS 5950-3更为严格。

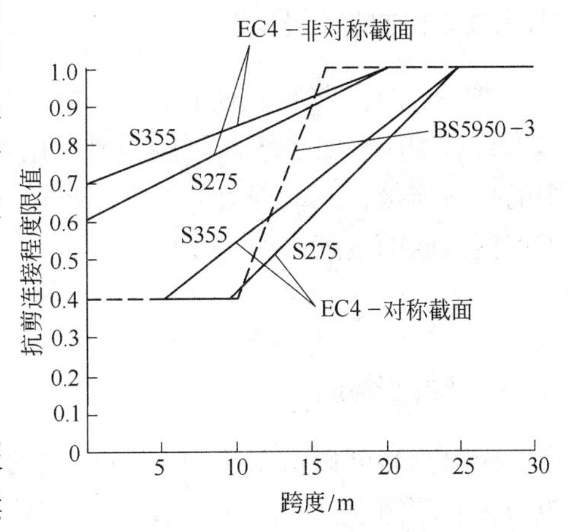

图22-15　剪力连接程度限值随组合梁跨度的变化

22.7.6　比例加载的影响

当按照BS EN 1994-1-1进行设计时，假定对组合梁加载直至达到其塑性承载力。然而，在实际工程中，绝大多数组合梁都是根据正常使用极限状态下的挠度和自振频率来进行设计的，这就是受弯时应力比（UF）会远小于1.0（通常为0.7～0.9）的原因。

有人提出，当使用BS EN 1994-1-1时，式(22-15)～式(22-17)中的比值（$355/f_y$）应替换成（$355/\sigma$），其中σ为梁下翼缘抵抗作用于梁上弯矩的应力。对于一般的对称组合梁，其公式如下：

对于S275钢材，$\eta_f \geqslant 1-(1.0-0.04L)/UF$　　(22-19)

对于S275钢材，$\eta_f \geqslant 1-(0.75-0.03L)/UF$　　(22-20)

为避免在弹性状态下发生破坏，在所有情况下，应满足$\eta_f \geqslant 0.4$，η_f是剪切连接程度的最低值（与应力比无关）。这里提出了一种方法，即组合梁可以按低于其塑性承载力进行设计，虽然没有明确说明，但已经包含在BS EN 1994-1-1第6.6.1.2款的基本原则中了。

22.7.7　抗剪连接件的间距

在实际工程中，所采用的最大或最小剪切连接程度也会受到对抗剪连接件间距的限制的影响。以下有关间距的规定可参考BS EN 1994-1-1的相关条款：

第6.6条规定，最小抗剪连接件间距：纵向$5d$，横向$4d$。

第6.6.5.5（2）条规定，第Ⅲ类截面的翼缘按第Ⅱ类截面考虑。这时，抗剪连接件间距不得大于$15t_f(235/f_y)^{0.5}$，其中t_f为翼缘厚度。

第6.6.5.5（3）条规定，抗剪连接件最大间距取6倍楼承板厚或800mm两者中较小者。

第6.6.5.6（2）条规定，边距（抗剪连接件到翼缘边的距离）不得小于20mm。

第6.6.5.6（3）条规定，为保证焊接，t_f 不得小于0.4倍栓钉直径。

22.7.8　其他验算要求

进一步的要求是，对于承受集中荷载的组合梁，荷载作用在梁的所有位置时其抗弯承载力均应满足要求。可能需要采用本章第22.7.3节的线性相互作用法来验算跨中的抗剪连接，或根据梁的剪力图形按比例来布置抗剪连接件。第二种方法由于忽略了型钢截面的贡献，而更加偏于安全。

22.8　横向钢筋

横向钢筋可以有效保证从抗剪连接件向未曾开裂的混凝土板的剪力传递。BS 5950-3和欧洲规范4的试行版本（ENV）都使用一种考虑了通过抗剪连接件两侧的混凝土的潜在剪切面的方法。BS EN 1994-1-1所提出的方法有所不同，该方法是一种基于按照BS EN 1992-1-1的混凝土T形梁方法，其所用的横向钢筋通常会比BS 5950-3所要求的少。

22.8.1　应力图形模型

参考BS EN 1992-1-1第6.2.4条中用于混凝土T形梁的方法，布置横向钢筋来防止混凝土沿抗剪连接件排列方向出现开裂。基于简化的应力图形模型，抗剪连接件传来的纵向剪力 F_{sc} 在混凝土板内形成压力 F_c，其向外的分力 F_t 则由垂直于梁跨方向的横向钢筋来承担。图22-16*a* 所示给出了有关这种作用的说明。

该压力的作用方向与梁轴线的夹角为26.5°～45°，它取决于钢筋的抗拉承载力。通常，当 $\theta=26.5°$（或者梁内压力与梁轴线夹角的斜率为1∶2）时，横向钢筋用量最小。横向和纵向力的平衡关系如下：

$$F_t = F_L \tan\theta \tag{22-21}$$

式中　$F_t \leqslant A_s f_{yp} s$；

F_L——每个剪切面中的纵向剪力，是抗剪连接件传给梁的力的二分之一，$F_L=n_r P_{Rd}/2$；

n_r——压型楼承板板肋中抗剪连接件的数量；

s——板肋或抗剪连接件的纵向间距；

A_s——梁在单位长度内的横向钢筋面积。

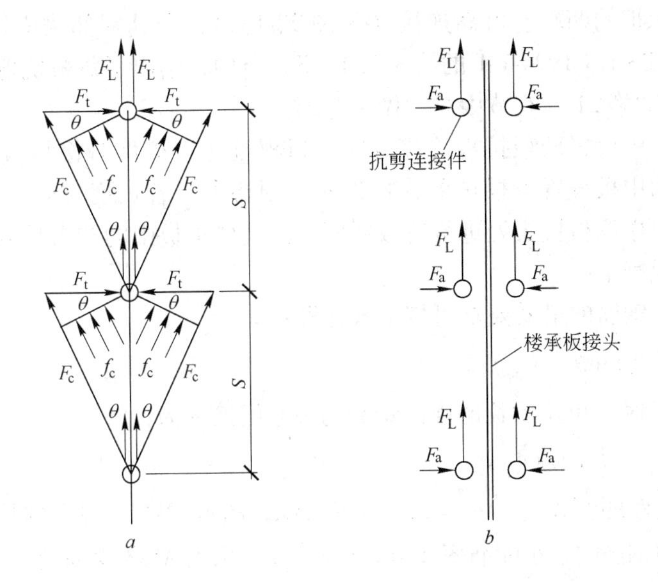

图 22-16 由抗剪连接件和横向钢筋所转移的作用力

a—混凝土中应力图形模型；b—抗剪连接件端头锚固

在抗剪连接件前方、作用在混凝土板上的压力由下式确定：

$$F_C = F_L/\cos\theta = F_t/\sin\theta \tag{22-22}$$

混凝土板的局部抗压承载力或承压承载力由下式确定：

$$F_C \leqslant f_c h_c s\sin\theta \tag{22-23}$$

混凝土抗压强度 f_c 由下式确定：

$$f_c = 0.6(1 - f_{ck}/250)f_{ck}/\gamma_c \tag{22-24}$$

重新整理上述公式，并令 $\theta = 26.5°$，可以得到在混凝土压坏之前横向钢筋的最大配筋率为：

$$\frac{A_s}{h_c s} \leqslant 0.29\frac{f_{ck}}{f_y} \tag{22-25}$$

对于 C30/37 混凝土和 S500 级钢筋，相当于楼承板面层混凝土面积的 1.6%，当 $h_c = 70$mm 时，约为 1100mm²/m 的钢筋用量。也可以说，对于 $h_c = 70$mm 的情况，当混凝土的局部抗压承载力到达限值时，成对设置的抗剪连接件最小间距为 130mm。

22.8.2 压型楼承板的端部锚固

在纵向抗剪承载力中，包括楼承板端部锚固所产生的额外附加力 F_a。当压型楼承板为连续板跨过次梁时，就能充分利用压型楼承板的全部抗拉强度。当楼承板不连续时，假定楼承板的两端能可靠连接（见图 22-16*b*），则其端部锚固承载力 P_{bp}会包含在 F_t 中。在 BS EN 1994-1-1 的第 9.7.4（3）节中，给出了每根抗剪连接件的锚固力，并在 21 章的第 21.4.6 节中对此做了介绍。

当每个板肋中设置两根抗剪连接件时，每根抗剪连接件对楼承板的一端进行锚固。而当每个肋中板设置单根抗剪连接件时，则要求沿着长度方向“交错”设置抗剪连接件，以对楼承板接头处进行有效锚固。假定楼承板中的拉力是通过剪切粘接作用均匀传递到混凝土中。

因此，横向钢筋的最低要求可按下式计算：

$$A_s f_y s \geqslant n_r (P_d \tan\theta - P_{pb})/2 \tag{22-26}$$

当 $\theta = 26.5°$时，单位梁长的横向钢筋的最小配筋率为：

$$A_s \geqslant n_r (P_d - 2P_{pb})/(4f_y s) \tag{22-27}$$

一种有代表性的情况是，$n_r = 2$，$s = 300$mm，$P_d = 73$kN，端部锚固承载力 $P_{pb} = 20$kN，则其横向钢筋的最小配筋率 $A_s \geqslant 111\text{mm}^2/\text{m}$。采用 A193 钢筋网片即可满足要求。

当锚固不可靠时，应该不考虑压型楼承板参与工作（详见第 22.9.1 节主梁的相关内容）。通常，这种方法同 BS 5950-3 中的纵向剪力法相比，横向钢筋用量偏少，混凝土板中的压力会增大。

22.9 主梁和边梁

22.9.1 主梁

主梁上的抗剪连接件，应更多地配置剪力较大的区域（如图 22-17 所示）。抗剪

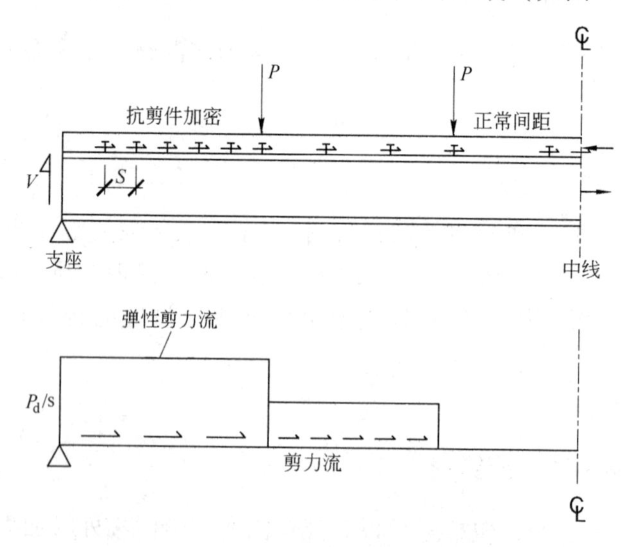

图 22-17 主梁中的纵向剪力流

连接件的数量可根据各个区域的剪力大小按比例分布。然而，这样布置抗剪连接件可能是不切实际的，这时，需要根据抗剪连接件的实际分布情况，确定集中荷载作用处的抗弯承载力。

增加横向钢筋数量也是很有必要的。此外，当压型楼承板平行于主梁铺放时，在主梁处要将楼承板断开，这就意味着应该忽略其端部锚固承载力 P_{pb}。通常，在高剪力区，需在混凝土板的有效宽度上设置第二层钢筋网片或者附加钢筋。

22.9.2 边梁

边梁的抗剪连接件设置在靠近板边位置，通常可以忽略其端部锚固作用，在 BS EN 1994-1-1 第 6.6.5.3（2）条中，要求在板边设置 U 形钢筋并环套在抗剪连接件上。如果没有设置 U 形钢筋，可忽略其组合作用以偏于安全，而只是在刚度计算中予以考虑。

22.10 连续组合梁

在 BS EN 1994-1-1 中，根据两种方法来确定连续组合梁设计在正弯矩（梁下凹）和负弯矩（梁上拱）区的抗弯承载力设计值：

（1）第 5.4.4 节规定，所用截面类型的组合梁均可采用线弹性分析方法，并使用最大允许弯矩重分配。

（2）第 5.4.4 节规定，第 I 类截面可采用刚塑性分析方法（基于截面下翼缘的大小）。

这种常用方法与 BS 5950-3 中所给出的方法类似。

22.10.1 弹性分析

是否采用弹性分析方法，主要取决于组合截面是按未开裂考虑还是按在负弯曲区域开裂来考虑。第一种情况，梁的刚度沿其长度方向不变。第二种情况，对梁在负弯矩（上拱）区域的刚度进行折减，因此其弯矩重分配比例会低于未开裂的情况。

截面类型决定了弯矩重分配程度，这种弯矩重分配可以防止局部屈曲发生。第 I 类截面和第 II 类截面可以考虑截面的塑性特性。当钢材强度等级高于 S355 时，仅第 I 类截面和第 II 类截面可采用弹性弯矩重分配。

在 BS EN 1991-1-1 的表 5-1 中给出了最大的负（上拱）弯矩重分配值（见表 22-5）。为了保持平衡，重分配弯矩将被转移到正（下凹）弯矩区域。

表 22-5 用于连续组合梁的弹性整体设计的最大弯矩重分配比例 (%)

组合梁截面分析方法	按照 BS EN 1993-1-1 的截面分类			
	Ⅰ	Ⅱ	Ⅲ	Ⅳ
未开裂截面	40	30	20	10
开裂截面	25	15	10	0

22.10.2 塑性分析

根据 BS EN 1994- 1-1 的第 5.4.5（4）条规定，采用刚塑性分析时应满足下列要求：

（1）梁受均布荷载；

（2）相邻跨度相差不超过短跨的 50%；

（3）边跨跨度不超过相邻跨跨度的 115%。

支座处型钢梁翼缘应为第Ⅰ类截面，当腹板为第Ⅲ类截面时，通过考虑其受压区的有效宽度，可以按第Ⅰ类截面考虑。

22.10.3 抗弯承载力

在负弯曲区域的混凝土板的有效跨度为 $L_e = 0.5L$，相应的有效宽度为 $L/8$，其中 L 为梁净跨（而不是简支梁受正弯矩时的 $L/4$）。这就意味着在连续梁的内支座处梁的配筋会集中在相对狭窄的区域内。

对于第Ⅰ类截面和第Ⅱ类截面的组合梁，可以采用塑性应力图形法进行组合梁负弯曲抗弯承载力计算。这时，可采用与本章第 22.4 节的相同公式进行此项计算，只需将混凝土板的抗压承载力 R_c 换成钢筋的抗拉承载力 R_r。

如果型钢腹板的受压区高度大于 $40t\varepsilon$，通过考虑腹板面积的有效部分，第Ⅲ类截面可按第Ⅱ类截面考虑，在塑性设计中令 $d_{eff} = 40t\varepsilon$。

可以采用本章第 22.4 节的塑性应力图形法进行组合梁抗弯强度计算，但要根据有效跨度 $L_e = 0.85L$ 板的有效宽度进行修正。

22.11 正常使用极限状态

22.11.1 概述

根据 BS EN 1994-1-1 第 7.1 条～第 7.3 条的规定，组合梁的正常使用要求包括挠度控制、混凝土裂缝控制和振动响应控制。为了防止内隔墙和外围护墙的开裂和变形，或者避免楼板和天花板的明显变形，挠度控制显得非常重要。在大跨度结构应用

方面，楼盖振动的影响相当大，但是对振动的分析计算超出了 BS EN 1993-1-1 和 BS EN 1994-1-1 的范围，可参考 BS EN 1990 的 A1.4.4 节中的相关内容[8]。

对结构进行正常使用极限状态的评估是建立在弹性状态上的（对徐变和开裂作了修正）。为了避免考虑后弹性效应，正常使用极限状态下的型钢截面的应力应小于钢材的屈服强度。但是，BS EN 1994-1-1 中并未规定在正常使用极限状态下的极限应力，结论如下：

（1）在正弯矩区域的轻微局部屈曲对挠度影响较小；

（2）由于可以忽略节点对挠度的影响，采用连续梁是十分有利的。

BS EN 1994-1-1 中没有规定挠度限值，永久荷载和可变荷载作用下的挠度限值可参考相关厂家的有关规定。许多设计人员认为总挠度没有外加荷载的挠度重要，例如在架空楼板和吊顶设计时使用活荷载的挠度来控制。采用跨度的 1/200 作为总挠度限值考虑比较合理（对于架空楼板，最大挠度限制在 60mm），或者考虑预起拱以及在大跨度梁施工时加设临时支撑。

实际上，由于梁柱节点连接以及板配筋所提供的连续性，真实的挠度会小于计算得到的结果。

22.11.2　截面惯性矩

使用组合截面的惯性矩计算挠度是建立在截面处于弹性状态。当截面承受对于正弯矩时，假设混凝土未开裂。为了避免因两种材料而引起的不便，混凝土被换算成等效的钢材面积，如图 22-18 所示。换算后的型钢的截面惯性矩为：

$$I_c = \frac{A_a(h_c + h_p + h)}{4(1 + nr)} + \frac{b_{eff}h_c^3}{12n} + I_{ay} \tag{22-28}$$

式中　n——考虑混凝土徐变后，钢材和混凝土的弹性模量比；

r——型钢截面积和与之相应的混凝土截面面积比；

I_{ay}——型钢（换算前）的截面惯性矩；

其他符号意义如前。

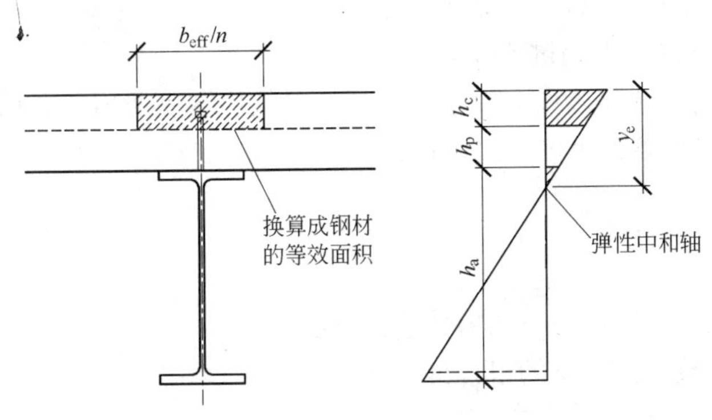

图 22-18　组合梁换算截面的弹性性能

因此，式（22-28）中的比值 I_c/I_{ay} 定义了组合截面相对于型钢截面在刚度上的改善。通常，I_c/I_{ay} 为2.5～4.5，表明了组合作用的一个主要优点就是减少了活荷载作用的挠度和降低了振动响应。

22.11.3 弹性模量比

BS EN 1992-1-1 的表3-1 中给出了短期荷载作用下的混凝土弹性模量值。在长期荷载作用下，混凝土弹性模量受徐变的影响，徐变引起混凝土刚度降低，BS EN 1994-1-1 的第5.4.2.2(2)条中对此有详细介绍。弹性模量比 n 是钢材的弹性模量与混凝土弹性模量（与时间相关）的比值。在短期荷载（可变）作用下，普通混凝土的弹性模量比 $n_s=6.5$。对于长期荷载作用，BS EN 1994-1-1 建议采用一个有代表性的弹性模量比值，相应取弹性模量为 $E_{cm}/2$ 或者 $n_L=13$。采用 BS EN 1992-1-1 第3.1.4 条的徐变系数后，梁承受永久荷载作用时（例如梁施工时加设支撑）弹性模量比可取为20。对轻质混凝土应取更高的弹性模量比。

调查发现，一般用途的建筑物其可变荷载和永久荷载的比值会超过3：1。虽然可以分开计算可变荷载和永久荷载作用下的挠度，但 BS 5950-3 推荐，在进行外加荷载挠度计算时，通常取有代表性的弹性模量比为10 是比较合适的。

22.11.4 部分剪力连接的影响

一般来说，所有抗剪连接件在荷载作用下都不是刚性的，而是会变形的。所以，在混凝土板和型钢上翼缘之间会有滑移或相对移动。在正常使用极限状态下，滑移影响相对较小，因此由滑移而产生的挠度也比较小。BS EN 1994-1-1 的第7.3.1（4）规定，当满足下列条件时附加变形可以忽略不计：

（1）剪切连接程度超过50%；

（2）抗剪连接件的弹性力不超过 P_{Rd}；

（3）楼承板厚高度不超过80mm。

相比之下，当剪切连接程度低于50%时，其挠度会有所增加，根据 BS EN 1994-1-1 的第7.3.1（7）条，可按下式计算：

$$\frac{\delta}{\delta_c}=1+C(1-\eta)\left(\frac{\delta_a}{\delta_c}-1\right) \tag{22-29}$$

式中 η——承载力极限状态下的剪切连接程度；

δ_c——完全抗剪连接下的组合梁挠度；

δ_a——钢梁的挠度；

C——当梁施工无支撑时，取0.3，当梁施工有支撑时，取0.5。

在梁施工时设置支撑是考虑因滑移影响所产生的附加挠度，与梁施工时不设支撑的情况相比，前者作用在抗剪连接件上的力要大得多。

22.11.5 收缩引起的挠度

BS EN 1994-1-1 规定，当简支梁跨高比大于20，并且混凝土的自由收缩应变超过400×10^{-6}时，应考虑其收缩变形。实际上，只有跨度大于15m且处于干燥环境下，收缩变形才有影响。

自由收缩应变ε_s所引起的截面曲率K_s为：

$$K_s = \frac{\varepsilon_s(h_c + 2h_p + h_a)A_a}{2(1 + nr)I_c} \tag{22-30}$$

式中，n为适用于收缩计算的弹性模量比（普通混凝土，$n=20$）。

由收缩引起截面曲率而产生的挠度按下式计算：

$$\delta_s = 0.125K_sL^2 \tag{22-31}$$

该挠度计算公式忽略了梁支座处连续性的影响，因此会过高估计因收缩产生的挠度。

22.11.6 应力验算

BS EN 1994-1-1 并不要求进行正常使用状态的应力极限验算，这表示相对于BS5950-3 减少了设计工作量。然而，为了慎重起见，防止出现非弹性挠度，对正常使用状态下的应力进行验算是有必要的。对于支承大型围护墙板或重载柱的梁，就可能需要进行这方面的验算。

22.11.7 振动敏感性

进行振动敏感性和振动响应的验算，对于承受轻荷载作用的大跨梁是十分必要的。关于振动敏感性问题，BS EN 1994-1-1 中并没有专门的指导意见，但对其在各种建筑物中的重要性给予了充分的重视。

梁自振频率f的简单计算方法为：

$$f = \frac{18}{\sqrt{\delta_{sw}}}(\mathrm{Hz}) \tag{22-32}$$

式中，δ_{sw}为楼板自重和其他作用于组合梁的永久荷载所引起的瞬时挠度，mm。永久荷载为指定活荷载的10%加上设备荷载（不包括隔墙）。

在英国的实际工程中，大多数建筑物的自振频率f的下限为4Hz。停车楼的自振频率可以较低，为3Hz，而医院或其他要求振动响应较低的建筑物，f最大可达6Hz。

医院或其他对振动敏感的建筑物，应采用响应因子分析法，相关内容可参见 SCI 出版物 354[17]。

22.11.8 跨高比

当组合梁的跨度和梁高比值小于某个值时，假定其正常使用性能可以得到适当的发挥。确切的限值取决于荷载形式和钢材等级。在方案设计阶段，可通过以下限值来选择组合梁的尺寸。

均布荷载作用：跨高比为 18 ~20。

两个集中荷载作用：跨高比为 15 ~18。

此处的“高度”为混凝土板厚和钢梁高度之和。通常，当梁跨大于限值时，正常使用极限状态设计准则就会起控制作用，相关内容已在本章中多有涉及。

22.11.9 裂缝控制

为了避免影响结构的正常使用功能和建筑物外观受损，对混凝土裂缝进行控制是完全有必要的。工业建筑物和停车楼就属于这种情况，这类建筑的楼盖受到车辆通行引起的动荷载影响。建筑物内部的耐久性不受混凝土开裂影响。同样，当采用架空楼板时，混凝土裂纹没有直接外露，所以就显得不太重要。

在需要控制裂缝的地方，为使裂缝分布均匀，配筋数量应该超过最小限值。在 BS EN 1994-1-1 的第 7. 4. 2 条中给出的最小配筋率 ρ 可按下式计算：

$$\rho = \frac{A_s}{A_c} \times 100\% = k_s k_c k \frac{f_{ct}}{\sigma_s} \times 100\% \tag{22-33}$$

式中 k_s——系数，它考虑了由于初始开裂和抗剪连接件滑移，受作用在混凝土板上法向力降低的影响，取值 0. 9；

k_c——截面弯曲应力分布系数，取值 0. 4 ~0. 9；

k——考虑混凝土抗拉强度降低的系数（k =0. 8）；

σ_s——钢筋应力；

f_{ct}——混凝土有效抗拉强度，最小取为 3N/mm^2。

适用于裂缝控制的最小配筋率 ρ 为 0. 4% ~0. 6%。该配筋率超过了不设施工临时支撑的混凝土板的 0. 2% 最小配筋率（主要是使横向荷载分布均匀）。在混凝土板施工时设置临时支撑时，需增加钢筋用量来控制开裂。这些钢筋或钢筋网片只需布置在梁或混凝土板的负弯矩区。它们也可用作抗火钢筋和横向钢筋。

另一个要求是应采用小直径、小间距配置钢筋，以更有效控制裂缝。当已知钢筋应力时，可根据表 22-6 得到最大钢筋间距。否则，应根据 BS EN 1992-1-1 进行裂缝宽度验算。

表 22-6 高粘接力钢筋的最大间距（引自 BS EN 1994-1-1 表 7-2）

钢材应力 σ_s/N · mm^{-2}	≤160	200	240	280	320	360	400
w_k = 0.2mm	200	150	100	50	—	—	—
w_k = 0.3mm	300	250	200	150	100	50	—
w_k = 0.4mm	300	300	250	200	150	100	80

注：w_k 为裂缝宽度设计值。

22.12 组合梁设计表格

在方案设计阶段，可使用“直接”设计表格而无需额外的计算（但在施工图设计阶段不应使用这种方法）。

22.12.1 常用资料及数据

在组合梁中型钢截面尺寸的选择取决于许多因素，包括跨度、荷载、梁间距、混凝土板厚、混凝土种类和等级、钢材强度等级和压型楼承板板形等。其中一部分参数，在编制设计表格的过程中已经得以确定：

（1）钢梁采用通用梁（UKB）；

（2）当梁间距为 3 ~ 3.75m 时，楼承板的典型高度为 50 ~ 60mm；当间距为 4m 时，楼承板的高度为 80mm；

（3）组合板的厚度是根据耐火极限要求确定的，耐火极限 90min，典型板厚为 130mm，对于板肋较高的楼承板，板厚可加大到 150mm；

（4）普通混凝土等级为 C25/30，混凝土等级对截面特性或所选择梁的尺寸影响较小；

（5）主梁的钢材强度等级通常为 S355，次梁钢材强度等级为 S275，设计是由挠度控制的；

（6）每个楼承板板肋中设置一个焊接抗剪连接件，通常每个板肋中焊一个抗剪连接件，对宽肋楼承板则焊一对抗剪连接件；

（7）主梁跨度是根据次梁的数量和间距确定的；

（8）钢梁在施工时不设临时支撑，因此钢梁要承担混凝土板自重；

（9）活荷载为 3.5kN/m^{2}加上 1kN/m^2 的隔墙和设备荷载，混凝土板的自重根据其厚度计算。

22.12.2 设计表格

设计中要考虑两种情况：直接受组合楼板传来荷载作用的次梁，以及受次梁传来的集中荷载作用的主梁。对受集中荷载作用的主梁，次梁间距为 3 ~ 3.75m。

受均布荷载作用，间距为 3m 和 4m 的次梁设计表格如表 22-7 所示。

表 22-7 按照 BS EN 1994-1-1 的组合次梁设计表格（适用于方案设计）

梁跨度/m	梁间距 = 3m 梁高 = 130mm 楼承板肋高 = 50 ~ 60mm	梁间距 = 4m 梁高 = 150mm 楼承板肋高 = 80mm
6.0	254 × 146 × 31UKB	254 × 146 × 37UKB
7.0	254 × 146 × 37UKB	305 × 127 × 42UKB
8.0	305 × 127 × 48UKB	356 × 171 × 45UKB
9.0	356 × 171 × 57UKB	406 × 178 × 60UKB
10.0	406 × 178 × 54UKB	406 × 178 × 67UKB
11.0	406 × 178 × 67UKB	457 × 191 × 74UKB
12.0	457 × 191 × 74UKB	457 × 191 × 98UKB
13.0	457 × 191 × 98UKB	533 × 210 × 101UKB
14.0	533 × 210 × 92UKB	610 × 229 × 101UKB
15.0	610 × 210 × 101UKB	686 × 254 × 125UKB
16.0	610 × 210 × 125UKB	686 × 254 × 140UKB

注：本表数据适用于钢材强度等级为 S275，施工时不设临时支撑，活荷载为（3.5 + 1.0）kN/m^2 加上普通混凝土组合楼板自重，梁高及楼承板肋高见本表。

在各种柱网条件下的主梁和次梁设计表格如表 22-8 所示。柱网在优化后，主梁跨度为次梁跨度的 50% ~ 67%，因此主、次梁的截面尺寸大致相当（例如 6m × 9m 的柱网）。

表 22-8 各种楼盖网格条件下的典型主、次梁尺寸规格

主梁跨度	次梁跨度/m	主梁规格/mm × mm × mm	次梁规格/mm × mm × mm
6m 一个集中荷载	6	305 × 127 × 37UKB	245 × 126 × 31UKB
	7.5	305 × 165 × 46UKB	305 × 127 × 37UKB
	9	356 × 171 × 51UKB	356 × 171 × 51UKB
	10.5	406 × 178 × 54UKB	406 × 178 × 60UKB
	12	57 × 191 × 67UKB	457 × 191 × 74UKB
	13.5	457 × 191 × 74UKB	533 × 210 × 82UKB
	15	457 × 191 × 89UKB	610 × 210 × 101UKB
7.5m 一个集中荷载	7.5	356 × 171 × 51UKB	305 × 165 × 40UKB
	9	406 × 178 × 54UKB	356 × 171 × 57UKB
	10.5	457 × 191 × 67UKB	406 × 178 × 74UKB
	12	457 × 191 × 89UKB	457 × 191 × 89UKB
	13.5	533 × 210 × 92UKB	533 × 210 × 101UKB
	15	533 × 210 × 101UKB	610 × 210 × 125UKB
9m 两个集中荷载	7.5	406 × 198 × 74UKB	305 × 127 × 37UKB
	9	457 × 191 × 82UKB	356 × 121 × 51UKB
	10.5	533 × 210 × 92UKB	406 × 178 × 60UKB
	12	533 × 210 × 101UKB	406 × 178 × 74UKB

注：本表数据适用于主梁钢材强度等级为 S355，次梁为 S275，活荷载为（3.5 + 1.0）kN/m^2 加上 130mm 厚普通混凝土组合楼板自重。

22. 13 设计实例

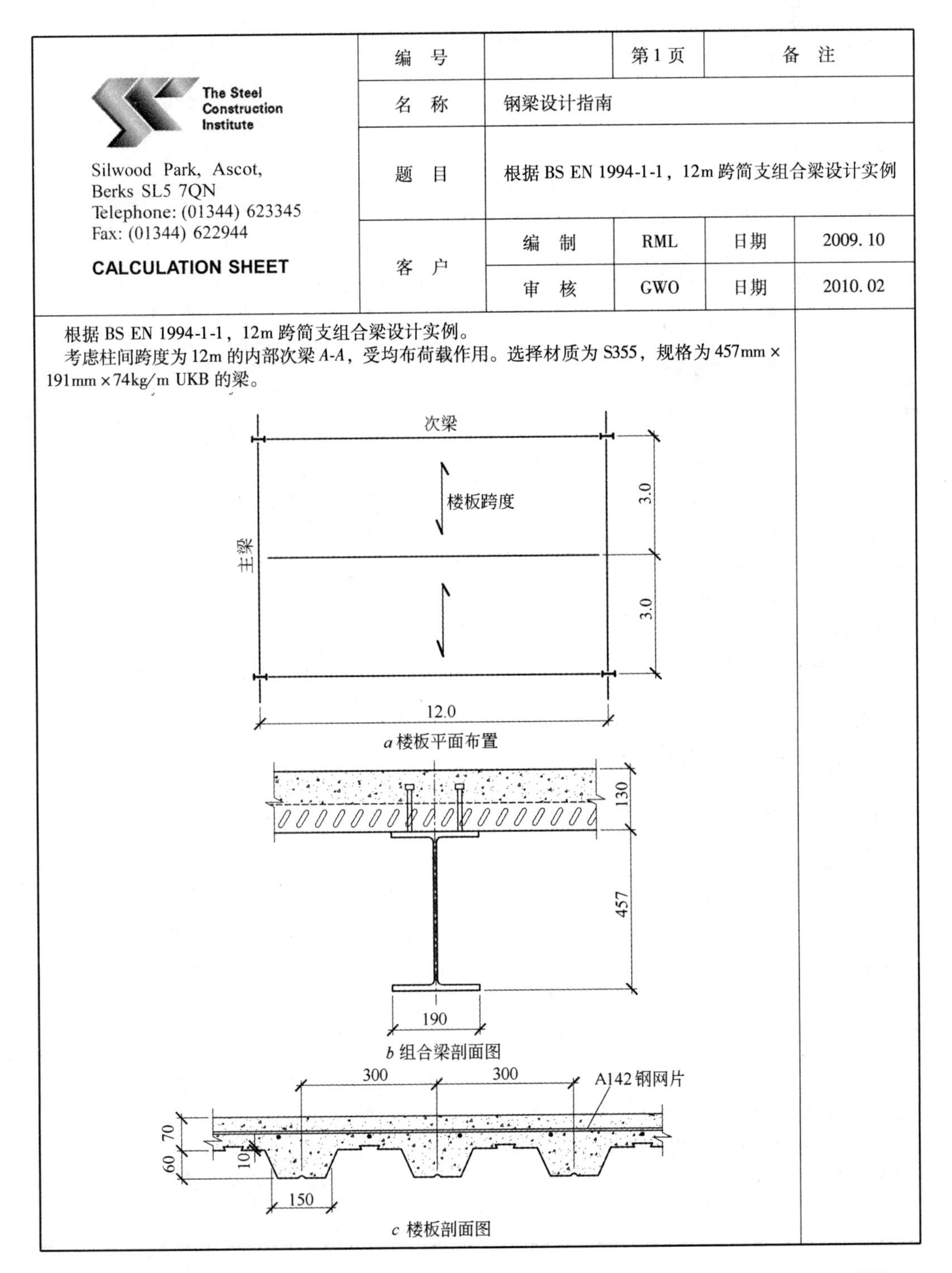

The Steel Construction Institute Silwood Park, Ascot, Berks SL5 7QN Telephone: (01344) 623345 Fax: (01344) 622944 **CALCULATION SHEET**	编 号		第1页	备 注
	名 称	钢梁设计指南		
	题 目	根据BS EN 1994-1-1，12m跨简支组合梁设计实例		
	客 户	编 制	RML	日期 2009. 10
		审 核	GWO	日期 2010. 02

根据BS EN 1994-1-1，12m跨简支组合梁设计实例。

考虑柱间跨度为12m的内部次梁*A-A*，受均布荷载作用。选择材质为S355，规格为457mm×191mm×74kg/m UKB的梁。

a 楼板平面布置

b 组合梁剖面图

c 楼板剖面图

根据 BS EN 1994-1-1，12m 跨简支组合梁设计实例	第2页	备　注

设计基本要求

楼板设计要求的耐火极限为90min。

荷载　5kN/m^2（4kN/m^2 居住荷载及 1kN/m^2 隔墙荷载）

楼板尺寸

梁跨度 L　=12.0m

梁间距 b　=3.0m

楼板高度　=130mm

楼板波高 h_p　=60mm（允许设10mm的刻痕加劲肋）

梁和楼板在施工阶段不设临时支撑

材料

钢材强度等级 S 355，屈服强度值 f_y =355N/mm^2，安全分项系数 γ_a =1.0

设计强度 $f=\dfrac{f_y}{\gamma_a}$ =355N/mm^2　　第3.3.2条　表3-3

混凝土：普通混凝土强度等级 C25/30　　第3.1.2条

密度　=2400kg/m^3

圆柱混凝土标准强度　f_{ck} =25N/mm^2

弹性模量　E_{cm} =30.5kN/mm^2

楼承板：板厚　=0.9mm

材质　=S350（f_y =350N/mm^2）

钢筋：A142 钢筋网

材质：　=S460（f_y =460N/mm^2）

剪力连接键

直径19mm，总长100mm

焊接后长度95mm

荷载

施工阶段荷载

混凝土板

自重 =（130 －60/2）×24/10^3　=2.4kN/m^2

kN/m

混凝土楼承板　=2.40

钢板　=0.12

钢筋　=0.04

钢梁　=0.25

2.81kN/m^2

在梁支承面积上的施工荷载为0.75kN/m^2

（注：此处与楼承板设计不同，在3m长度范围内的施工荷载为1.5kN/m^2，在其他区域为0.75kN/m^2）　　BS EN 1991-1-6

根据 BS EN 1994-1-1，12m 跨简支组合梁设计实例	第 3 页	备 注

外加荷载和其他荷载

荷载 $=4.0\text{kN/m}^2$

隔墙荷载 $=1.0\text{kN/m}^2$

总计 5.0kN/m^2

设计中荷载（作用）极限根据 BS EN 1991 确定。按照 BS 6399 的规定，梁支撑面积上的活荷载要予以折减。考虑本设计实例的目的，该折减可忽略不计。

BS EN 1991 国别附录

吊顶和管线荷载 $=0.50\text{kN/m}^2$

梁截面的尺寸初选

次梁承受 5.0kN/m^2 的活荷载，其适合的截面尺寸为：457mm × 191mm × 74mm UKB，钢材等级为 S355

截面特性和尺寸：

$h=457\text{mm}$

$b=190\text{mm}$

$t_w=9.0\text{mm}$

$t_f=14.5\text{mm}$

$c=190/2=95\text{mm}$

$\varepsilon=\sqrt{235/f_y}=0.81$

$d=407\text{mm}$

$A_a=9460\text{mm}^2$

$I_{ay}=33320\text{cm}^4$

$W_{pl}=1650\text{cm}^3$

截面类型

BS EN 1993-1-1 表 4-1 表 4-2

$c/t_f=6.6<9\varepsilon=7.3$

$d/t_w=45.3<72\varepsilon=58.3$

根据 BS EN 1993-1-1 规定，施工阶段的截面类型为第 I 类

施工阶段设计

恒荷载的分项系数 γ_G $=0.925\times1.35=1.25$

活荷载的分项系数 γ_Q $=1.5$

楼板和梁上作用荷载 $=2.81\times1.25$ $=3.51\text{kN/m}^2$

施工荷载 $=0.75\times1.5$ $=\underline{1.13}\text{kN/m}^2$

总荷载 4.64kN/m^2

弯矩设计值 $=M_{Ed}=\dfrac{4.64\times3\times12^2}{8}=250\text{kN}\cdot\text{m}$

当楼承板的跨度方向与梁垂直，并直接支承在梁上时，梁将受到侧向约束。

根据 BS EN 1994-1-1，12m跨简支组合梁设计实例	第4页	备 注

钢梁的抗弯承载力：　　　　BS EN 1993-1-1

$M_{a,pl,Rd}=W_{pl}\times f_d\quad=1650\times355\times10^{-3}\text{kN}\cdot\text{m}$

$=585\text{kN}\cdot\text{m}>M_{Ed}=250\text{kN}\cdot\text{m}$

梁在施工阶段满足要求。

组合阶段设计

楼板和梁 $=2.81\times1.25\quad=3.51\text{kN/m}^2$

设置有管线的吊顶 $=0.50\times1.25\quad=0.63\text{kN/m}^2$

活荷载 $=5.0\times1.5\quad=\underline{7.50}\text{kN/m}^2$

11.6kN/m^2

剪力 $V_{Ed}=11.6\times3\times12/2=209\text{kN}$

弯矩设计值，$M_{Ed}=\dfrac{11.6\times3\times12^2}{8}=626\text{kN}\cdot\text{m}$

受压翼缘的有效宽度 b_{eff}　　　　第5.9.1（5）条

$b_{eff}=\dfrac{2\times l_0}{8}$　（对于简支梁，跨度为 l_0）

$=\dfrac{2\times12}{8}=3.0\text{m}=3\text{m}$

楼承板受压承载力

$$R_c=\frac{0.85f_{ck}}{\gamma_c}\times b_{eff}\times h_c$$

式中　γ_c——混凝土的分项安全系数，$\gamma_c=1.5$

f_{ck}——混凝土圆柱体抗压强度标准值，$f_{ck}=25\text{N/mm}^2$

$h_c=130-60-10=60\text{mm}$（允许再植入钢筋）

$R_c=0.85\times(25/1.5)\times3000\times60/10^3=2550\text{kN}$

型钢截面的抗拉承载力 R_c

$R_s=f_{yd}\times A_a$

$=355\times9460/10^3=3358\text{kN}>2550\text{kN}$

全部剪力连接键的抗弯承载力

当 $R_s>R_c$ 时，塑性中性轴（PNA）位于钢梁的翼缘内。因此，组合梁的抗弯承载力可以对梁的上翼缘取矩如下：

$$M_{a,pl,Rd}=R_s\frac{h}{2}+R_c\left(\frac{h_c}{2}+h_p\right)$$

$$=3358\times0.457/2+2550\times(30+70)\times10^{-3}$$

$$=1022\text{kN}\cdot\text{m}>M_{Ed}$$

抗弯承载力的比值 $=626/1022=0.61$

根据 BS EN 1994-1-1，12m 跨简支组合梁设计实例	第 5 页	备 注

型钢截面的抗剪承载力

$$V_{pl,Rd} = \frac{457 \times 9.0 \times 355}{\sqrt{3} \times 10^3} = 843\text{kN} > V_{Ed} = 179\text{kN}$$

注：均布荷载作用下，支座处剪力不影响截面的抗弯承载力。

剪力键承载力

剪力键的抗剪承载力设计值

$P_{Rd} = 0.29\alpha \times d^2 \sqrt{(f_{ck}E_{cm})}/\gamma_v$ 或

$P_{Rd} = 0.8f_u(\pi d^2/4)\gamma_v$

取两者的最小值：

当 $d = 19\text{mm}$、$h_{sc} = 95\text{mm}$、$f_u = 450\text{N/mm}^2$、$\gamma_v = 1.25$、$f_{ck} = 25\text{N/mm}^2$、 （第 6.3.2.1 条）

$E_{cm} = 30.5\text{kN/mm}^2$ 时，

$h/d = 95/19 > 4 \therefore \alpha = 1.0$

$P_{Rd} = 0.29 \times 1.0 \times 19^2(\sqrt{25 \times 30.5/10^3})/1.25 = 73\text{kN}$

$P_{Rd} = 0.8 \times 450 \times (\pi \times 19^2/4) \times 10^{-3}/1.25 = 81.7\text{kN} > 73\text{kN}$

$P_{Rd} = 73\text{kN}$（对于实心混凝土板）

第 6.3.3.2 条

楼承板板形的影响——楼承板垂直于梁铺设时

每个板肋设置一个剪力键，有 $n_r = 1$

$$k_t = \frac{0.7}{\sqrt{n_r}}(b_0/h_p)[(h_{sc}/h_p) - 1] \leqslant 1.0$$

式中，k_t 为楼承板板形影响下的折减系数

$k_t = 0.7 \times 150/60[(95/60) - 1] = 1.02 > 1.0$

k_t 值上限取决于剪力键数量、楼承板的厚度，在表 22-4 中给出了 $k_t = 0.85$。 （表 22-4）

根据 BS EN 1994-1-1，12m 跨简支组合梁设计实例	第 6 页	备 注

$P_{Rd}=0.85\times73=62kN$

每个板肋设置两个剪力连接键，即 $n_r=2$

$$k_t=\frac{0.7}{\sqrt{n_r}}(b_0/h_p)[(h/h_p)-1]\leqslant0.8$$

$$=\frac{0.7}{\sqrt{2}}(150/60)[(95/60)-1]=0.72$$

当 $n_r=2$ 且 $t_s=0.9mm$ 时，k_t 的上限为 0.75。因此，$k_t=0.72$

当每个板肋设置两个剪力连接键时，$P_{Rd}=0.72\times73=52kN$

剪力连接键的布置

从支座到跨中，总计为 19 个板肋可以用于设置剪力连接键。

纵向剪力传递 R_q

R_q（每板肋设置一个剪力键）$=19\times P_{Rd}=19\times62kN=1178kN$

R_q（每板肋设置两个剪力键）$=19\times2\times P_{Rd}=19\times2\times52kN=1976kN$

剪力连接程度 n/n_f（每个板肋设置一个剪力键）

第 6.6.1.2（3）条

$$\eta=\frac{R_q}{R_c}=\frac{1178}{2550}=0.46$$

最小剪力连接程度（每个板肋设置一个剪力键）

$$\eta\geqslant1-\left(\frac{355}{f_y}\right)(1-0.04L)\geqslant0.4$$

当 $f_y=355N/mm^2$ 且 $L=12m$，$\eta>0.48$ 时，单个剪力键不满足要求

η 剪力连接程度 n/n_f（每个板肋设置两个剪力键）

$$\eta=\frac{R_q}{R_c}=\frac{1976}{2550}=0.70$$

最小剪力连接程度（每个板肋设置两个剪力键）

$$\eta\geqslant1-\left(\frac{355}{f_y}\right)(0.75-0.03L)\geqslant0.61(>0.4)$$

实际的剪力连接程度 $\eta=0.70$，超过了最低限值 0.61。

部分剪力连接的抗弯承载力

考虑每个板肋设置两个剪力连接键，其剪力连接程度 $\eta=0.70$。

根据 BS EN 1994-1-1，12m 跨简支组合梁设计实例	第 7 页	备 注
使用简化的线性相互作用法： $M_{Rd}=M_{a,pl,Rd}+\eta(M_{pl,Rd}-M_{a,pl,Rd})$ $=585+0.70\times(1022-585)$ $=891kN\cdot m>626kN\cdot m$ 抗弯承载力比值 $=626/891=0.70$ **横向钢筋校核** 混凝土翼缘的纵向开裂的极限承载力验算： 在混凝土板中采用 A142 钢筋网片 每个剪力面的剪切承载力，V_{Rd} 垂直于梁轴线的钢筋抗拉承载力 $F_t=142\times460\times10^{-3}=65kN/m$ 每个平面一个剪力键的纵向受力（间隔 300mm） $F_L=2\times52/(0.3\times2)=173kN/m$ $\tan\theta=F_t/F_L=65/173=0.37<0.5$，不满足要求 由此可见，在不考虑楼承板的有利影响时，横向钢筋的数量不能满足要求。对每个板肋设置两个剪力键时，考虑了端部锚固下的最小锚固距离，按下式计算： $P_{pb,Rd}=2.5\times19\times0.9\times350\times10^{-3}=15kN$/每个剪力键或 $50kN/m$ $F_t=65+50=115kN/m$ $\tan\theta=F_t/F_L=115/173=0.66>0.5$，满足要求 与梁轴线夹角 $\theta=26°$ 混凝土板上的压应力 $F_C=0.5F_L/\cos\theta=0.5\times173/\cos26°=96kN/m$ 混凝土抗压强度 $f_c=0.6(1-f_{ck}/250)f_{ck}/\gamma_c$ $=0.6(1-25/250)25/1.5=9N/mm^2$ 楼承板抗压承载力 $F_C=f_c h_c s\sin\theta$ $=9\times60\times\sin26°\times10^3\times10^{-3}=236kN/m>96kN/m$，满足要求 由此可见，A142 钢筋网满足要求。在楼承板不连续铺设的地方，应使用 A193 钢筋网。 **正常使用极限状态** 通常情况下，BS EN 1994 规定不需要进行应力校核。		BS EN 1994-1-1 第 9.7.4 条

根据 BS EN 1994-1-1，12m 跨简支组合梁设计实例	第 8 页	备 注

非组合阶段挠度 δ_d

梁和楼承板自重为：

$q_d = 2.81\text{kN/m}^2$

根据第 2 页的截面特性，在楼承板和钢梁自重作用下钢梁的挠度为：

$$\delta_d = \frac{5qbL^4}{384E_aI_{ay}} = \frac{5 \times 2.81 \times 3.0 \times (12 \times 10^3)^4 \times 10^{-3}}{384 \times 210 \times 33320 \times 10^4} = 32.5\text{mm}$$

组合阶段挠度

弹性状态下（未开裂）组合截面的惯性矩由下式计算：

$$I_c = \frac{A_a(h + 2h_p + h_c)^2}{4(1 + nr)} + \frac{b_{eff}^3 \times h_c}{12n} + I_{ay}$$

$$r = \frac{A_a}{b_{eff} \times h_c} = \frac{9460}{3000 \times 60} = 0.052$$

在可变荷载作用下，普通混凝土的弹性模量比 $n = 10$

$$I_c = \frac{9460(457 + 2 \times 70 + 60)^2}{4(1 + 10 \times 0.052)} + \frac{3000 \times 60^3}{12 \times 10} + 33320 \times 10^4$$

$$= (6.71 + 0.05 + 3.33) \times 10^8 = 10.09 \times 10^8\text{mm}^4$$

（同钢梁的刚度相比增加 203%）

完全剪切连接时，活荷载作用下的挠度

活荷载和设备荷载为 5.5kN/m²

$$\delta_i = \frac{5q_ibL^4}{384E_aI_c} = \frac{5 \times 5.5 \times 3 \times (12 \times 10^3)^4 \times 10^{-3}}{384 \times 210 \times 10.09 \times 10^8} = 21.0\text{mm}$$

活荷载作用下的挠度为 19.1mm。

对于每个板肋设置两个剪力键的情况，剪力连接程度达 70% 时，可不考虑滑移影响。BS EN 1993-1-1 没有给出挠度限值，设计人员应参考相应的国别规定。BS 5950-1 规定，活荷载产生的挠度应小于 $L/360$，并指出这时的梁具有足够大的刚度。

总挠度

施工阶段 = 32.5mm

活荷载 = 19.1mm

吊顶和管线 = 1.9mm

总计 53.5mm（$= L/224$）

根据 BS EN 1994-1-1，12m 跨简支组合梁设计实例	第 9 页	备 注

通常，在英国的实际工程中，组合梁的最大挠度限值为 $L/200$（ = 60mm），验算结果满足要求，并且在架空地板和天花板预起拱范围内。

根据 BS EN 1993-1-1，总挠度限值为 $L/250 = 48\text{mm}$，采用这种梁不能满足要求。通常为 12m 的梁，不考虑预起拱。在本计算实例中，可以适当考虑梁柱连接的部分固定，以减小梁的挠度。

振动敏感性

楼板和钢梁 = 2.81kN/m²

吊顶和管线设备 = 0.50kN/m²

活荷载的 10% = 0.50kN/m²

总计 3.81kN/m²

在简化方法中，把组合梁的惯性矩 I_c 增加 10%，来考虑组合梁的动态刚度 I_{c1}

$$I_{c1} = 10.09 \times 10^8 \times 1.1 = 11.1 \times 10^8\,\text{mm}^4$$

简化固有频率

将组合楼板和梁的自重加上活荷载的 10%，引起的瞬时挠度重新作用于组合梁

$$\delta_d = \frac{5q_d bL^4}{384E_a I_c} = \frac{5 \times 3.81 \times 3.0 \times (12 \times 10^3)^4 \times 10^{-3}}{384 \times 210 \times 11.10 \times 10^8} = 13.2\text{mm}$$

固有频率 $f = \dfrac{18}{\sqrt{\delta_{sw}}} = \dfrac{18}{\sqrt{13.2}} = 4.9\text{Hz} > 4\text{Hz}$，满足要求

固有频率的简化验算结果表明，组合梁是满足要求的。

结论

钢材强度等级为 S355，跨度为 12m 的次梁，采用尺寸规格为 457 × 191 × 74kg/m 的 UKB 满足要求。当采用 S355 钢材时，抗弯承载力应力比为 0.61。可以在板肋中成对设置剪力连接件，中-中间距为 300mm，这时，剪切连接程度为 70%。相比设计主要是受总挠度限值的控制，而不是抗弯承载力或者其他适用性标准的控制。所以采用 S275 钢材也可满足要求。

本手册第 13 章中的响应系数法可用来确定楼盖振动的适用性。

<table>
<tr><td rowspan="4">The Steel Construction Institute
Silwood Park, Ascot,
Berks SL5 7QN
Telephone: (01344) 623345
Fax: (01344) 622944
CALCULATION SHEET</td><td>编　号</td><td></td><td>第1页</td><td colspan="2">备　注</td></tr>
<tr><td>名　称</td><td colspan="4">钢梁设计指南</td></tr>
<tr><td>题　目</td><td colspan="4">BS EN 1994-1-1——15m跨连续组合梁的设计实例</td></tr>
<tr><td rowspan="2">客　户</td><td>编　制</td><td>RML</td><td>日期</td><td>2009. 10</td></tr>
<tr><td></td><td>审　核</td><td></td><td>日期</td><td></td></tr>
</table>

BS EN 1994-1-1——15m跨连续组合梁的设计实例。

均布荷载作用下的连续组合梁，跨度为15m。基于12m跨简支梁的设计实例，选取S355级钢材，规格为457×191×74kg/m的UKB截面。本设计实例，选择该梁的规格进行计算时，尚需增加梁的尺寸来满足振动响应的要求。本连续梁的设计，包括了施工阶段和承载力极限状态下的侧向扭转屈曲的校核。施工阶段的校核，应根据BS EN 1993-1-1进行计算。

（BS EN 1994-1-1 条款）

设计基本要求

采用与上例简支梁相同的荷载及设计要求。

设计基础

作用在连续梁上的弯矩及设计校核结果如下：

（1）施工阶段，支座处负弯矩由楼承板和钢梁自重及0.75kN/m^{2}施工荷载决定。BS EN 1991-1-6规定的施工阶段的分项系数为1.5。

（2）梁在负弯矩的作用下是否失稳，主要因素包括梁的跨度、梁底部的约束条件。

（3）组合梁在设计荷载的作用下，其负弯矩承载力由支座处钢筋布置区域的有效楼承板宽度决定。半连续梁的极限承载力由负弯矩和正弯矩承载力决定。对于I类截面，支座到跨中范围内，有40%的负弯矩将进行重分配。（5.4.5 表5-1）

在正弯矩作用下，楼承板的有效跨度为0.8倍的跨度，该组合梁的截面特性与12m跨的简支梁相同。（第 5.4.2.1（5）条）

施工阶段的设计

承载力极限状态下的荷载（表2-2）

恒荷载分项系数　$\gamma_G = 0.925 \times 1.35 = 1.25$

活荷载分项系数　$\gamma_Q = 1.5$

楼承板和钢梁上作用荷载　$= 2.81 \times 1.25 \quad = 3.51\text{kN/m}^2$

BS EN 1994-1-1——15m 跨连续组合梁的设计实例	第 2 页	备 注

施工荷载 $=0.75\times1.5$ $=1.13\text{kN/m}^2$

总荷载 4.64kN/m^2

施工阶段作用在梁上的荷载

弯矩设计值 $M_{\text{Ed}}=\dfrac{4.64\times3\times15^2}{16}=196\text{kN}\cdot\text{m}$

校核 I 类截面钢梁的抗弯承载力

$M_{\text{a,pl,Rd}}=404\text{kN}\cdot\text{m}>196\text{kN}\cdot\text{m}$

（备注：BS EN 1993-1-1 5.4.5.2 参见简支梁设计实例）

基于本设计实例的目的，在此阶段的荷载作用下，该梁处于稳定状态。

施工阶段下的侧向扭转屈曲（LTB）校核

当跨中无侧向约束时，需要校核在荷载作用下梁底部翼缘的稳定性。

长细比：

$\bar{\lambda}_{\text{LT}}=C_1^{-0.5}uv\bar{\lambda}_z\sqrt{\beta_w}$

（备注：BS EN 1993-1-1 表 6-6）

假设弯矩的变化系数为 $C_1^{-0.5}=1.33^{-1}=0.75$

$457\times191\times74\text{kg/m}$ 的 UKB 截面参数：

$u=0.9$（热轧型钢梁）

$h_a/t_f=457/14.5=31.5$

$v=(1+0.05(h_s/t)^2)^{-0.25}$

$=(1+0.05(31.5)^2)^{-0.25}=0.37$

$\lambda_1=\pi(205000/355)^{0.5}=75.4$

$\lambda_z=15000/42=357$

$\bar{\lambda}_z=357/75.4=4.73$

$\bar{\lambda}_{\text{LT}}=0.75\times0.9\times0.37\times4.73=1.18$

（备注：BS EN 1993-1-1 第 6.3.2.3 条）

侧向扭转屈曲的抗弯承载力折减系数

$\chi_{\text{LT}}=[\phi_{\text{LT}}+(\phi_{\text{LT}}^2-\bar{\lambda}_{\text{LT}}^2)^{0.5}]^{-1}$

式中，$\phi_{\text{LT}}=0.5[1+\alpha_{\text{LT}}(\bar{\lambda}_{\text{LT}}-0.2)+\bar{\lambda}_{\text{LT}}^2]$。

BS EN 1994-1-1——15m 跨连续组合梁的设计实例	第3页	备 注
根据屈曲曲线 b，有 $\alpha_{LT}=0.34$ $\varphi_{LT}=0.5[1+0.34(1.18-0.2)+1.18^2]=1.36$ $\chi_{LT}=[1.36+(1.36^2-1.18^2)^{0.5}]^{-1}=0.49$ 由于弯矩设计值 $M_{Ed}=196kN/m$ 而抗弯承载力 $M_{b,Rd}=0.49\times404=198kN\cdot m>196kN\cdot m$，刚好超出弯矩设计值。		BS EN 1993-1-1
组合阶段的设计 **荷载设计值** 组合阶段的设计，包括活荷载、自重以及其他永久荷载： 楼承板和梁 $=2.81\times1.25=3.51kN/m^2$ 管线和吊顶 $=0.50\times1.25=0.63kN/m^2$ 活荷载 $=5.0\times1.5=\underline{7.50}kN/m^2$ 剪力 $=V_{Ed}=11.6\times3\times15/2=261kN$ 弯矩设计值 $=M_{Ed}=11.6\times3\times15^2/8=979kN\cdot m$		
混凝土翼缘的有效宽度 b_{eff} 正弯矩作用下，有效跨度为 $l_e=0.8l$，则有 $b_{eff}=\frac{2\times0.8l_e}{8}=\frac{2\times0.8\times15}{8}=3m$（对于简支梁，$l_0$＝跨度） 负弯矩作用下，有效跨度为 $l_e=0.5l_0$，$l_e=0.5l_0=2\times(0.5\times15)/8=1.87m$，则有 $b_{eff}=2\times(0.5\times15)/8=1.87m$ 楼承板负弯矩处，钢筋布置的有效宽度为1.85m。 全部剪力键的抗弯承载力为 $M_{aplRd}=1022kN\cdot m>979kN\cdot m$ 但基于工程实际，需要考虑部分剪力键的抗弯承载力。		第5.4.1.2（5）条

BS EN 1994-1-1——15m跨连续组合梁的设计实例	第4页	备 注

剪力键承载力

$P_{Rd}=0.72\times73=52kN$（每个板肋设置两个剪力键）

从支座到0.8倍跨度处（超过12m），总共有19个肋需设置剪力键。

R_q（每个板肋设置两个剪力键）$=19\times2\times P_{Rd}=19\times2\times52kN=1976kN$

剪力连接程度

剪力连接程度 n/n_f（每个板肋设置两个剪力键）

$$\eta=\frac{R_q}{R_c}=\frac{1976}{2550}=0.77$$

最小剪力连接程度（每个肋设置两个剪力键）

$$\eta\geqslant1-\left(\frac{355}{f_y}\right)(0.75-0.03L)=0.61>0.4$$

对于简支梁，$L=12m$

部分剪力连接的抗弯承载力

$$M_{pl,Rd}=404+0.77\times(1022-404)$$
$$=880kN\cdot m$$

抗剪承载力 $V_{pl,Rd}$

$$V_{pl,Rd}=A_v\frac{f_{yd}}{\sqrt{3}}$$

（备注：BS EN 1993-1-1 第6.2.8条）

式中，$A_v=ht_w$

$$V_{pl,Rd}=\frac{457\times9.0\times355}{\sqrt{3}\times10^3}=843kN>V_{Ed}=261kN$$

注：对于连续梁支座处的剪力，可能会影响截面负弯矩区的抗弯承载力。但是在本例中，弯矩比值小于0.5，所以剪力的影响可以忽略不计。

负弯矩区的抗弯承载力

在楼承板有效宽度1875mm范围内，采用直径为20mm、间距为200mm、等级为S460的钢筋。

相应的10根钢筋的截面面积：

$10\times3.14\times(20^2/4)=3140mm^2$

钢筋抗拉承载力 $R_r=3140\times460\times10^{-3}=1444kN$

腹板受压区高度，$y_w=d/2+R_r/(2t_wf_y)$

$y_w=0.5\times407+1444\times10^3/(2\times9.0\times355)=429mm>d=407mm$

整个腹板处于受压区，中性轴位于钢梁上翼缘。因此，也需要考虑腹板局部屈曲的问题。

BS EN 1994-1-1——15m 跨连续组合梁的设计实例	第5页	备注
负弯矩区的塑性抗弯承载力计算：		BS EN 1993-1-1
第Ⅲ类腹板的极限高度 $=40t_w\varepsilon=40\times9.0\times0.81=291\text{mm}<407\text{mm}$		第6.2.2.4条
折减后的腹板抗压承载力		
$R_{w,red}=291\times9.0\times355\times10^{-3}=931\text{kN}$		
折减后的塑性抗弯承载力		
$M_{pl,Rd}=0.5(h_c+h_p)R_r+h_s(R_f+0.5R_{w,ned})$		
式中 $R_f=0.5\times(3358-9.0\times407\times355\times10^{-3})=1029\text{kN}$		
$M_{pl,Rd}=100\times1444\times10^{-3}+457\times(1029+0.5\times931)\times10^{-3}$		
$=144.4+682.7=827\text{kN}\cdot\text{m}$		
连续组合梁的塑性破坏荷载		
半连续梁的塑性破坏荷载根据边跨梁的计算公式确定		
$M_{pl,Rd}=M_{pl,Rd,p}+0.5M_{pl,Rd,n}\left(1-\dfrac{M_{pl,Rd,n}}{q_uL^2}\right)\geqslant q_uL^2/8$		设计实例1中的 $M_{pl,Rd}$
或 $M_{pl,Rd}=880+0.5\times827\times[1-827/(11.8\times3\times15^2)]$		
$=1250\text{kN}\cdot\text{m}\geqslant979\text{kN}\cdot\text{m}$ 满足要求		
负弯矩区的剪力连接		
钢筋拉应力：		
$2M_{pl,Rd,n}/(qbL)=3.1\text{m}$(或跨度的20%)		
共10个板肋，其上剪力键成对布置		
剪力键数量 $=10\times2\times52=1040\text{kN}<1444\text{kN}$		
负弯矩区域存在着部分剪力连接（剪力连接程度 $=0.72$）		
折减的负弯矩抗弯承载力 $M_{pl,Red,Rd}=144.4\times0.72+682.7=786\text{kN}\cdot\text{m}$		
半连续梁修正后的塑性抗弯承载力 $=1230\text{kN}\cdot\text{m}>979\text{kN}\cdot\text{m}$		
组合梁侧向扭转屈曲的校核		
考虑腹板及下翼缘的屈曲问题。		
防止组合梁下翼缘侧向失稳，对其长细比的折减：		第6.4.1（6）条
$\bar{\lambda}_{LT,mod}=\bar{\lambda}_{LT}\left[1+\dfrac{k_s}{EI_f}\left(\dfrac{L}{\pi}\right)^4\right]^{-0.5}$		

BS EN 1994-1-1——15m 跨连续组合梁的设计实例	第6页	备 注

式中，k_s 为腹板的抗弯刚度

$$k_s = \frac{Et_w^3}{4h_s^3}$$

下翼缘长细比的折减系数

$$\bar{\lambda}_{LT,mod} = \bar{\lambda}_{LT}\left[1 + 0.03\left(\frac{t_w}{f_f}\right)^3\left(\frac{t_f}{t_b}\right)^2\left(\frac{h_s}{b}\right)\left(\frac{L}{h_s}\right)^4\right]^{-0.5}$$

引入 UKB 构件的参数

$$\bar{\lambda}_{LT,mod} = \bar{\lambda}_{LT}[1 + 0.03 \times 0.62^3 \times 13.1^{-2} \times 2.4 \times 32.8^4]^{-0.5}$$

$$= 0.092\,\bar{\lambda}_{LT}$$

$\lambda_{LT} = C_1^{0.5} uv\lambda_z$（对于扭转屈曲，$v = 1.0$）

$= 0.75 \times 0.9 \times (15000/42)/75.4 = 3.19$

$\lambda_{LT,mod} = 0.092 \times 3.19 = 0.29$

$\varphi_{LT} = 0.5[1 + 0.34(0.29 - 0.2) + 0.29^2] = 0.56$

$\chi_{LT} = [0.56 + (0.56^2 - 0.29^2)^{0.5}] = 1.04 > 1.00$

屈曲抗弯承载力，$M_{pl,Red,Rd} = 827\text{kN} \cdot \text{m}$ 　　第5页

单跨荷载作用下，施加的负弯矩 $M_{Ed} = 0.5 \times 979 = 490 < 827\text{kN/m}$，满足要求 　　第5页

侧向扭转屈曲下的弯矩比值 = 0.59 　　第3页

正常使用极限状态

一般情况下，BS EN 1994-1-1 不需进行应力校核。

非组合状态下的挠度 δ_d

楼承板和梁自重 $w_d = 2.81\text{kN/m}^2$

根据本实例第2页的截面特性，在楼承板和梁自重作用下，连续钢梁的挠度为

$$\delta_d = \frac{2.1 w_d b L^4}{384EI} = \frac{2.1 \times 2.81 \times 3.0 \times (15 \times 10^3)^4 \times 10^{-3}}{384 \times 210 \times 33320 \times 10^4} = 33.3\text{mm}$$

BS EN 1994-1-1——15m 跨连续组合梁的设计实例	第 7 页	备 注

组合阶段挠度

活荷载 $w_i = 5.0\text{kN/m}^2$

$I_c = 10.09 \times 10^8 \text{mm}^4$（与钢梁的刚度相比，增加 203%）

全部剪力连接下的活荷载挠度

活荷载和管线荷载 = 5.5kN/m²

$$\delta_d = \frac{2.1 w b_i L^4}{384 E_a I_c} = \frac{2.1 \times 5.5 \times 3.0 \times (15 \times 10^3)^4 \times 10^{-3}}{384 \times 210 \times 10.09 \times 10^8} = 21.5\text{mm}$$

活荷载作用下的挠度 19.6mm。

对于每个板肋两个剪力键的情况，剪力连接程度达 77% 时，可不考虑滑移影响。BS EN 1993-1-1 没有给出挠度限值，设计人员应参考相应的国别规定。BS 5950-1 规定，活荷载产生的挠度应小于 $L/360$，并指出这时的梁具有足够大的刚度。

最终挠度

施工阶段荷载 = 33.2mm

活荷载 = 19.5mm（不考虑滑移的影响）

吊顶和管线荷载 = 2.0mm

总计 54.7mm（$= L/274$）$< L/250$，所以满足要求

振动敏感性：简化方法

恒荷载

楼承板和钢梁 = 2.81kN/m²

吊顶和管线 = 0.50kN/m²

活荷载的 10% = 0.50kN/m²

总计 3.86kN/m²

在简化方法中，把组合梁的惯性矩 I_c 增加 10%，来考虑组合梁的动态刚度 I_{c1}

$I_{c1} = 10.09 \times 10^8 \times 1.1 = 11.10 \times 10^8 \text{mm}^4$

BS EN 1994-1-1——15m 跨连续组合梁的设计实例	第 8 页	备　注

简化固有频率

该挠度是由组合梁在楼板和钢梁自重和 10% 活荷载作用下引起的。但是，对于连续梁，动态情况下，需要考虑相邻跨的反向振动，挠度计算公式如下：

$$\delta_d = \frac{5w_d bL^4}{384E_a I_{cl}} = \frac{5 \times 3.86 \times 3.0 \times (15 \times 10^3)^4 \times 10^{-3}}{384 \times 210 \times 11.10 \times 10^8}$$

$$= 32.7\text{mm}$$

简化固有频率，$f = \frac{18}{\sqrt{\delta_{sw}}} = \frac{18}{\sqrt{32.7}} = 3.1\text{Hz} < 4\text{Hz}$，不满足要求

但是，固有频率超过了 SCI-publication 354 中规定的 3Hz 的最小频率，相应的方法见本手册第 13 章的有关内容。

结论

钢材强度等级为 S355，跨度为 15m 的连续梁，采用的尺寸规格为 457 × 191 × 74kg/m 的 UKB 满足要求（除简化固有频率校核不满足外）。抗弯承载力应力比 78%。该梁在施工阶段和使用阶段处于稳定状态，不需要进一步侧向约束。可以在板肋中成对设置剪力连接件，中-中间距为 300mm，这时，剪切连接程度为 77%，满足要求。

相比抗弯承载力和其他适用性准则，本设计实例主要受振动控制的影响。利用响应系数法，计算表明，本例梁的振动敏感性可以被接受。相比之下，可以再增加该梁的尺寸。

参考文献

[1] British Standards Institution (2004) BS EN 1994-1-1 Eurocode 4. Design of composite steel and concrete structures Part 1-1: General rules and rules for buildings. London, BSI.

[2] British Standards Institution (1990) BS 5950-3 Structural use of steelwork in buildings Part 3: Design in composite construction. London, BSI.

[3] British Standards Institution (2004) BS 5950-4 Structural use of steelwork in buildings Part 4: Code of practice for design of floors with profiled steel sheeting. London, BSI.

[4] Lawson R. M. (1989) Design of composite slabs and beams with steel decking. The Steel Construction Institute P55. Ascot, SCI.

[5] British Standards Institution (2005) BS EN 1993-1-1 Eurocode 3: Design of steel structures Part 1. 1 General rules and rules for buildings. London, BSI.

[6] British Standards Institution (2000) BS 5950 Structural use of steelwork in building: Code of practice for design in simple and continuous construction Part 1: Hot rolled sections. London, BSI.

[7] Lawson R. M. and Chung K. F. (1993) Composite beam design to Eurocode 4. The Steel Construction Institute P121. Ascot, SCI.

[8] British Standards Institution (2002) BS EN 1990-1-1 Eurocode-Basis of struc-tural design. London, BSI.

[9] British Standards Institution (2004) BS EN 1992-1-1 Design of concrete structures Part 1-1: General rules and rules for building. London, BSI.

[10] Johnson R P and Anderson D (2005), Designers Guide to EN 1994-1-1Eurocode 4: Design of composite steel at concrete structures. Part 1. 1 General Rules and Rules for Buildings. London, Thomas Telford.

[11] British Standards Institution (2004) BS EN 10 326 Continuously hot-dip coated strip steel of structural steel: Technical delivery conditions. London, BSI.

[12] British Standards Institution (1997) BS 8110 Structural use of concrete Part 1: Code of practice for design and construction. London, BSI.

[13] British Standards Institution (2005) BS EN 10 080 Steel for reinforcement of concrete. Weldable reinforcing steels. General. London, BSI.

[14] British Standards Institution (2008) BS EN ISO 13918 Welding studs and ceramic ferrules for arc stud welding. London, BSI.

[15] British Standards Institution (2005) BS EN 1991-1-6 Eurocode 1-Actions on structures Part 1. 6-Actions during execution. London, BSI.

[16] Johnson R. P. and Molenstra N. (1991) Partial shear connection in composite beams for buildings, Proc Inst Civil Engineers Vol. 91 No4 Dec., 679-704.

[17] Hicks S. J. and Smith A. (2009) Design of floors for vibrations-A new approach. The Steel Construction Institute P354. Ascot, SCI.

23 组合柱*

Composite Columns

KWOK-FAI CHUNG and MARK LAWSON

23.1 引言

钢-混凝土组合柱是由 H 型钢外包混凝土或钢管内填混凝土组成的受压构件。图 23-1*a* 所示为典型的 H 型钢全外包混凝土的组合柱截面；图 23-1*b* 所示为典型的混凝土部分包覆的 H 型钢的组合柱截面；图 23-1*c* 所示为典型的十字形型钢部分包覆混凝土的组合柱截面；钢管混凝土组合柱截面见图 23-2。

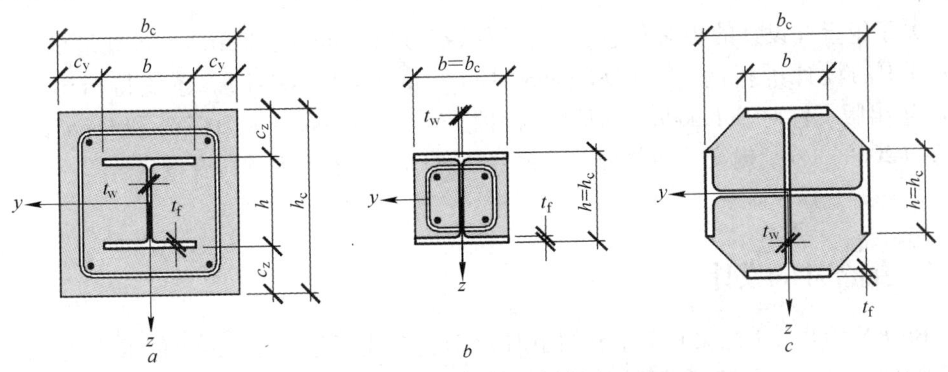

图 23-1　H 型钢完全或部分包覆混凝土组合柱的典型截面

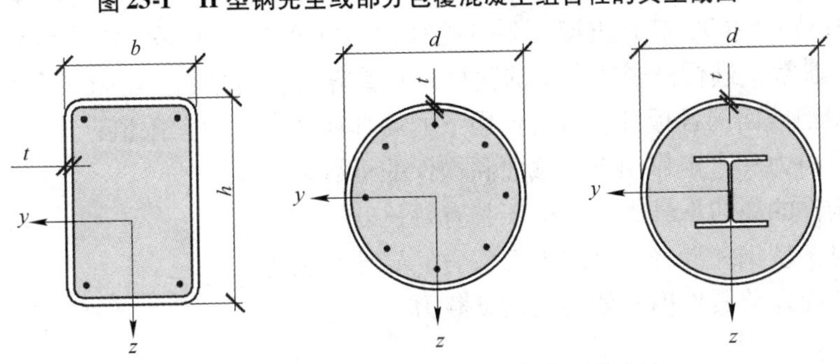

图 23-2　钢管混凝土组合柱的典型截面

* 本章译者:陈志华。

最早开发组合柱的目的是，借助于钢柱外包混凝土来提供有效的耐火性能。虽然外包混凝土可以提高其抗屈曲承载力，但并不考虑构件因外包混凝土而产生的强度和刚度的提高，典型的实例见 BS 449 所介绍的“外包柱计算法”（encased strut）。直到 20 世纪 60 年代初期，相关的研究表明，外包混凝土可以显著提高钢柱的轴压承载力，从而促进了各类形式组合柱的发展。

组合柱具有以下的优点：

（1）提高给定尺寸构件的承载力，从而使型钢的使用更加经济；

（2）增加刚度，从而降低长细比和提高抗屈曲承载力；

（3）通过由型钢制成的附件提高节点的连接性能；

（4）优良的耐火性能；

（5）外包混凝土柱具有杰出的防腐蚀性能；

（6）增强抗震性能。

在英国，最早的组合柱设计规范是 BS 5400：Part 5[1]。BS EN 1994-1-1 欧洲规范 4[2]提出了各种组合柱的最新设计建议。本章对于欧洲规范中所涉及的有关 H 型钢外包混凝土柱和钢管混凝土柱的设计方法作了回顾。在之前的一篇 SCI 文献[3]中，给出了符合 BS EN 1994-1-1 的 EN（最终欧洲规范）版本要求的组合柱设计指南。

关于组合柱设计的更多信息，读者可以参考由 Johnson 和 Anderson 编著的《EN 1994-1-1 的设计师指南》[4]（Designers' Guide to EN 1994-1-1）。还值得指出的是，2008 年出版了针对 Eurocode 4 的英国国别附录[5]。由 Leon[6]（2007）和 Leon 及 Hajjar[7]（2008）分别提交了两部分关于组合柱设计方法的详细的调查报告。

23.2 组合柱的设计

BS EN 1994-1-1 的第 6.7 条介绍了 H 型钢完全或部分包覆混凝土的组合柱和组合受压构件，以及矩形钢管或圆钢管混凝土柱的设计方法，所述设计方法适用于钢材强度等级为 S235 ~ S460，普通混凝土强度等级为 C20/25 ~ C50/60[8]的受压构件。

组合柱通常应进行极限状态下的验算，其验算内容包括：

（1）型钢截面的各板件在压力作用下的局部屈曲的宽厚比限值；

（2）在内力和弯矩作用下，截面和构件的承载力；

（3）构件的屈曲承载力，取决于其有效长度；

（4）对于型钢和混凝土之间界面剪力的局部承载力；

（5）截面在荷载作用点处的局部承载力。

23.2.1 设计方法

在 BS EN 1994-1-1 的第 6.7 节中，介绍了有支撑框架或无侧移框架中组合柱的两

种设计方法：

（1）常规设计方法，适用于对称或非对称截面的等截面和变截面柱；

（2）简化设计方法，适用于具有双轴对称截面的等截面柱。

本章将详细介绍简化设计方法的应用。应当指出，当不满足简化设计方法的适用条件时，应该采用常规设计方法。

23.2.2 耐火性能

通常，组合柱的耐火性能要比组合柱中的钢柱的耐火性能高得多。经常在正常（常温）条件下进行组合柱设计，然后按在火灾条件下进行验算。可以通过配置附加钢筋来提高柱子的耐火性能。

在 BS EN 1994-1-2[9] 和 BS 5950-8[10] 中，论述了关于组合柱耐火性能的设计指南。现将在火灾条件下组合柱的结构特性归纳如下：

（1）对于混凝土完全包覆的 H 型钢组合柱的耐火性能，可以采用与钢筋混凝土柱类似的方法进行分析。型钢被混凝土保护层隔离，为了保持混凝土保护层的完整性，需要设置少量钢筋。在这种情况下，当混凝土保护层最小为 40mm 时，耐火极限可达到 120min。

（2）对于混凝土部分包覆的 H 型钢组合柱，由于型钢的翼缘外露，只有一小部分混凝土发挥了“吸热器”（‘heat sink’）的作用，其在火灾条件下的结构性能与钢筋混凝土柱有所不同。一般来说，如果在常规设计中忽略混凝土强度，其耐火极限可达到 60min。如要超过 60min 的耐火极限设计，则需要配置附加钢筋。通常由焊接在型钢腹板上的抗剪键来固定这些钢筋。

（3）对于处于火灾条件下的钢管混凝土柱，钢管直接暴露在高温下，而这时管内混凝土起到了“吸热器”的作用。一般来说，在高温的钢管和温度相对较低的管内混凝土之间，会发生充分的内应力重分布，所以通常可以达到 60min 的耐火极限。为了达到更长的耐火极限，需要配置附加钢筋，但在正常设计阶段暂不考虑其对承载力的贡献。钢纤维也能够有效地改善钢管混凝土组合柱的耐火性能。

23.3 简化设计方法

针对双轴对称的等截面组合柱（其中型钢可以采用热轧、冷成形及焊接型钢）已经开发出来简化设计方法。

为了防止局部屈曲，型钢中各板件的宽厚比必须满足 BS EN 1994-1-1 表 6-3 的要求：

对于圆钢管混凝土柱 $\frac{d}{t} \leqslant 90\varepsilon^2$ （23-1a）

对于矩形钢管混凝土柱 $\frac{h}{t} \leqslant 52\varepsilon$ (23-1b)

对于混凝土部分包覆的H型钢的组合柱 $\frac{b}{t_f} \leqslant 44\varepsilon$ (23-1c)

式中，$\varepsilon = \sqrt{\frac{235}{f_y}}$；$f_y$ 为钢材的屈服强度（单位为N/mm^2）。

对于混凝土完全包覆的H型钢的组合柱，钢材不可能发生局部屈曲，因此，无须验算其局部屈曲。

23.3.1 截面抗压承载力

组合截面受压时的塑性承载力代表了它能承受的最大荷载，可以把这个荷载作用到短柱上而不会发生构件屈曲。需要注意的是，由于钢管的约束作用，钢管混凝土柱截面具有更高的抗压承载力。而且，随着圆钢管中套箍作用的充分发挥，钢管混凝土柱的截面承载力还会进一步地增大。

23.3.1.1 混凝土包覆H型钢柱和矩形钢管混凝土柱

H型钢包覆混凝土组合柱、矩形或方钢管混凝土柱在受压时的塑性承载力为组合构件各组成部分的承载力之和，对此，BS EN 1994-1-1 第6.7.3.2条规定如下：

$$N_{pl,Rd} = A_a f_{yd} + \alpha_c A_c f_{cd} + A_s f_{sd} \tag{23-2}$$

式中，A_a、A_c 和 A_s 分别为型钢、混凝土和钢筋的截面面积；f_{yd}、f_{cd}和f_{sd}分别为型钢的强度设计值、混凝土的抗压强度设计值及钢筋的强度设计值，其计算公式如下：

$$f_{yd} = \frac{f_y}{\gamma_a} \qquad f_{cd} = \frac{f_{ck}}{\gamma_c} \qquad f_{sd} = \frac{f_{sk}}{\gamma_s}$$

式中，f_y、f_{ck}和f_{sk}分别为型钢的屈服强度、混凝土轴心抗压强度标准值及钢筋的屈服强度；γ_a、γ_c 和 γ_s 分别为型钢、混凝土和钢筋的材料分项系数；α_c 为混凝土强度系数，对于矩形或圆钢管混凝土柱按1.0取值，对于H型钢部分或完全包覆混凝土组合柱按0.85取值。

图23-3所示为理想状态下的截面应力分布情况，基于该应力分布，建立了式(23-3)。

δ 是一个非常重要的参数，称为钢材的贡献系数，定义如下：

$$\delta = \frac{A_a f_{yd}}{N_{pl,Rd}} \tag{23-3}$$

值得注意的是，δ 的取值应为0.2～0.9。

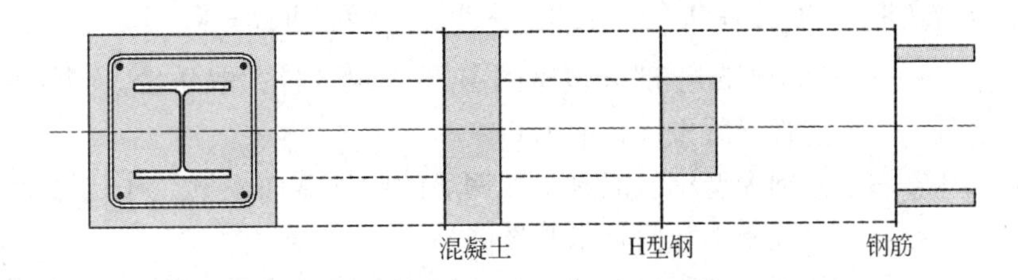

图 23-3 混凝土完全包覆 H 型钢组合柱的截面塑性应力分布

23.3.1.2 圆钢管混凝土柱

对于圆钢管混凝土组合柱，由于圆钢管所提供的套箍作用，混凝土的抗压承载力有所提高。值得注意的是，这种承载力的提高与柱子的长细比有关，只有在短粗柱中效果才明显。此外，作用荷载的偏心距 e 不得超过 $0.1d$（d 为钢管混凝土柱的外径）。

根据 BS EN 1994-1-1 第 6.7.3.2(6) 条的规定，圆钢管混凝土柱受压时的塑性承载力由下式计算：

$$N_{pl,Rd} = \eta_a A_a f_{yd} + \left[1 + \eta_c \frac{t}{d}\frac{f_y}{f_{ck}}\right] A_c f_{cd} + A_s f_{sd} \tag{23-4}$$

式中

$$\eta_a = \eta_{a0} + (1 - \eta_{a0})\frac{10e}{d} \tag{23-5a}$$

$$\eta_c = \eta_{c0}\left[1 - \frac{10e}{d}\right] \tag{23-5b}$$

基本值 η_{a0} 和 η_{c0} 取决于相对长细比 $\bar{\lambda}$，由下式计算：

$$\eta_{a0} = 0.25(3 + 2\bar{\lambda}), \text{且 } \eta_{a0} \leqslant 1,0 \tag{23-6a}$$

$$\eta_{c0} = 4.9 - 18.5\bar{\lambda} + 17\bar{\lambda}^2, \text{且 } \eta_{c0} \geqslant 0 \tag{23-6b}$$

相对长细比见本章第 23.3.5.2 款说明。如果偏心距 e 超过 $0.1d$，或者 $\bar{\lambda}$ 超过 0.5 时，$\eta_c = 0$ 和 $\eta_a = 1.0$。不同 $\bar{\lambda}$ 下的 η_{a0} 和 η_{c0} 取值，见表 23-1。

表 23-1 考虑圆钢管混凝土柱套箍作用下的 η_{a0} 和 η_{c0} 取值

参 数	$\bar{\lambda}=0$	$\bar{\lambda}=0.1$	$\bar{\lambda}=0.2$	$\bar{\lambda}=0.3$	$\bar{\lambda}=0.4$	$\bar{\lambda}=0.5$
η_{a0}	0.75	0.80	0.85	0.90	0.95	1.00
η_{c0}	4.90	3.22	1.88	0.88	0.22	0.00

23.3.2 截面抗弯承载力

组合截面受弯时的塑性承载力，由下式计算：

$$M_{\mathrm{pl,Rd}} = f_{\mathrm{y}}(W_{\mathrm{p}} - W_{\mathrm{pn}}) + 0.5\alpha_{\mathrm{c}} f_{\mathrm{cd}}(W_{\mathrm{pc}} - W_{\mathrm{pcn}}) + f_{\mathrm{sd}}(W_{\mathrm{ps}} - W_{\mathrm{psn}}) \tag{23-7}$$

式中 α_{c}——对于混凝土部分包覆的 H 型钢组合柱，取 0.85，对于矩形或圆钢管混凝土柱，取 1.0；

W_{p}，W_{pc}，W_{ps}——分别为型钢、混凝土和钢筋的塑性截面模量（在计算 W_{pc}时，假定混凝土截面是未开裂的）；

W_{pn}，W_{pcn}，W_{psn}——分别为在距组合柱截面中线 $2h_{\mathrm{n}}$ 的区域内的塑性截面模量；

h_{n}——横截面塑性中和轴到中心线的距离。

23.3.3 截面抗剪承载力

通常，可以偏于安全地假定所作用的剪力 V_{Ed}完全由型钢来承受。当 V_{Ed}小于型钢抗剪承载力的一半，即 $0.5V_{\mathrm{a,Rd}}$时，对截面的抗压和抗弯承载力就不需要进行折减。

然而，当 $V_{\mathrm{Ed}} > 0.5V_{\mathrm{a,Rd}}$时，在受剪区域，要对设计强度进行折减来计算截面的抗弯和抗压承载力，折减的设计强度值为 $(1-\rho)f_{\mathrm{yd}}$，型钢的截面积 A_{v} 根据 BS EN 1994-1-1 第 6.2.2.4(2) 款计算，ρ 可由下式得出：

$$\rho = \left(2\frac{V_{\mathrm{Ed}}}{V_{\mathrm{a,Rd}}} - 1\right)^2 \tag{23-8}$$

当 $V_{\mathrm{Ed}} > V_{\mathrm{a,Rd}}$ 时，需要考虑混凝土对抵抗 V_{Ed} 的贡献，见 BS EN 1994-1-1 第 6.7.3.2(4) 条的详细介绍。

23.3.4 截面抗压-弯共同作用的承载力

在压力 N 和单向弯矩 M 的共同作用下，组合截面承载力和相应的 N-M 相互作用曲线是根据截面各组成部分的矩形应力分布得出的。

值得注意的是，在一个型钢截面的典型 N-M 相互作用曲线中，随着轴力增加，其抗弯承载力几乎是线性下降的，如图 23-4a 所示。然而，从图 23-4b 中可以发现，

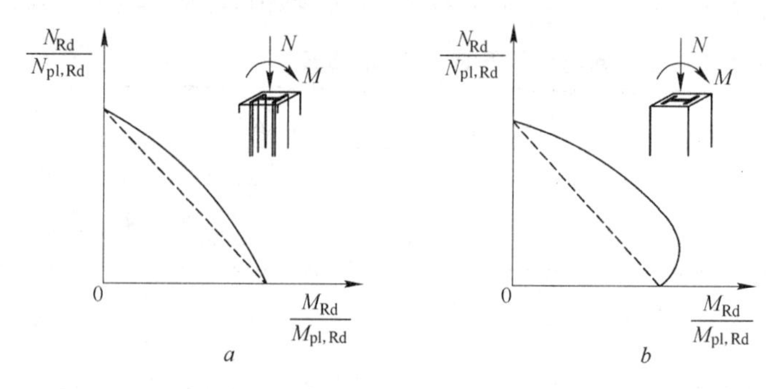

图 23-4 轴力和单向弯矩共同作用下的典型 *N-M* 相互作用曲线

a—纯钢截面；b—组合截面

在轴力作用下，组合截面的抗弯承载力可能会有显著的提高。这是因为在某些有利条件下，轴压力会阻碍混凝土发生开裂，并使得组合截面能够更有效地承受弯矩。

这种组合截面的非线性的 *N-M* 相互作用曲线可以简化成具有 3 ~5 个关键点的多段线性的相互作用曲线，如图 23-5 所示。

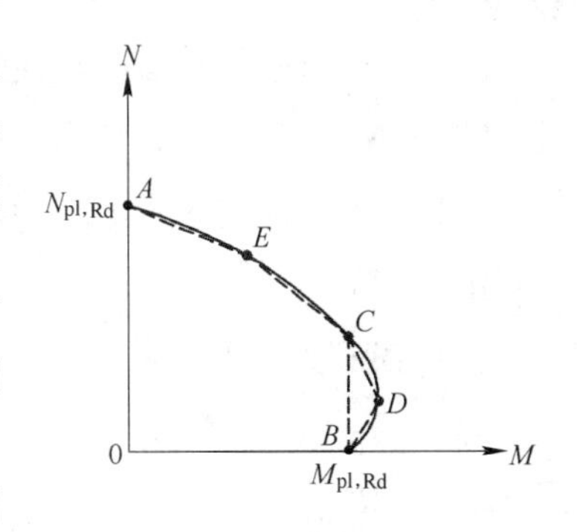

图 23-5 典型多段线性 *N-M* 相互作用曲线

根据在截面中和轴的不同位置（h_n）处，在内力及弯矩作用下的组合截面各个组成部分的矩形应力分布，可以确定多段线性的相互作用曲线上的关键点坐标，如图 23-6 所示。

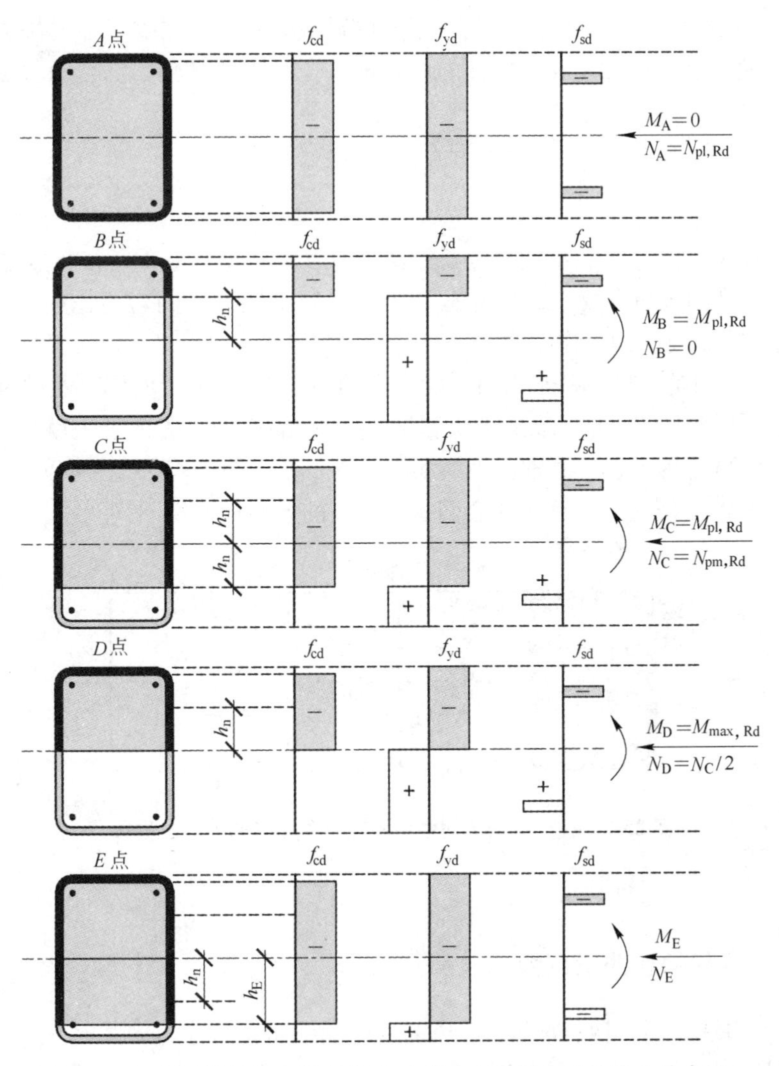

图 23-6 矩形钢管混凝土截面 *N-M* 曲线中各关键点处的应力分布图

（1）A 点对应的是截面塑性阶段的抗压承载力：

$$N_A = N_{pl} \tag{23-9}$$

（2）B 点对应的是截面塑性阶段的抗弯承载力：

$$M_B = M_{pl,Rd} \tag{23-10}$$

（3）在 C 点，截面的受压和受弯的塑性承载力可分别由下式计算：

$$N_C = N_{pm,Rd}(\text{或 } N_{c,Rd}) = A_c f_{cd} \tag{23-11a}$$

$$M_C = M_{pl,Rd} \tag{23-11b}$$

可以通过把 B 点和 C 点的截面应力分布进行叠加得到该表达式。在 B 点的混凝土受压区面积等于 C 点混凝土的受拉区面积。C 点和 B 点的抗弯承载力是相同的，因为由额外的受压面积所产生的合应力在截面的中和轴区域相互抵消。可以看出，额外的受压区域产生了一个等同于混凝土塑性抗压承载力 $N_{pl,Rd}$ 或 $N_{c,Rd}$ 的轴力。

（4）在 D 点，塑性中和轴截面的形心轴重合，因此其轴力的合力等于 C 点处轴力的一半。

$$N_D = M_{pm,Rd}/2 \tag{23-12a}$$

$$M_D = M_{max,Rd} \tag{23-12b}$$

（5）通常，在设计中 C 点的重要性要高于 D 点。E 点是 A 点和 C 点之间的中点。一般对于 H 型钢包覆混凝土的组合截面，在受到主轴方向的弯矩作用时，并不需要采用高精度的非线性相互作用曲线。

需要注意的是，B 点和 C 点对应的中和轴高度 h_n 的位置，可以通过 B 点和 C 点的应力之差来确定。为此，取决于中和轴位置 h_n 的截面轴力的合力就可以很容易地确定，如图 23-7 所示，这些轴向力的和等于 $N_{pm,Rd}$。采用这种方法可以确定求取中和轴高度 h_n 的计算公式，计算公式会因截面类型的差异而有所不同。

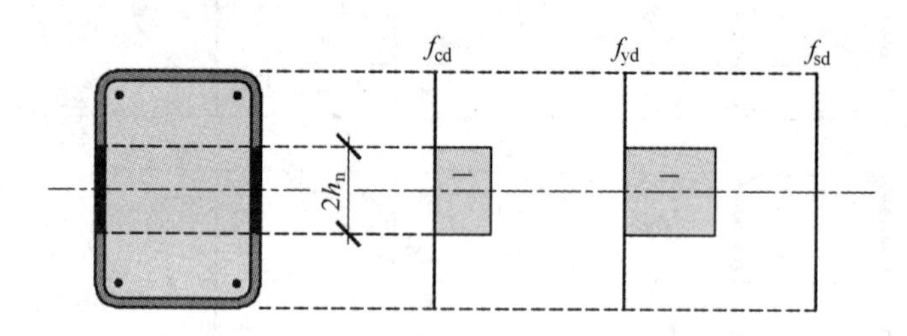

图 23-7　柱子截面的塑性中和轴与中心线的相对位置关系

23.3.5　组合柱的屈曲承载力

组合柱可能会因二阶效应或“P-Δ”效应发生屈曲破坏，为此，可通过常规的屈曲曲线（buckling curve）来评估构件的承载力。本方法采用了 BS EN 1993-1-1 欧洲

规范3[11]中常规的柱屈曲概念，组合柱的承载力取决于柱子的相对长细比，并应采用相应的屈曲曲线。因此，可以根据组合柱的长细比来折减组合截面的塑性承载力，并确定组合柱的屈曲承载力。

23.3.5.1 临界屈曲荷载

确定组合柱的弹性临界屈曲荷载 N_{cr} 是非常重要的，BS EN 1994-1-1 第6.7.3.3(3)款规定如下：

$$N_{cr} = \frac{\pi^2 (EI)_{eff}}{l^2} \tag{23-13}$$

式中 l——柱子的屈曲计算长度；

$(EI)_{eff}$——组合柱有效抗弯刚度的特征值，可通过合并组合截面各部分的抗弯刚度得到。

$$(EI)_{eff} = E_a I_a + 0.6 E_{cm} I_c + E_s I_s \tag{23-14}$$

式中 I_a，I_c，I_s——分别为型钢截面、混凝土截面（假定为未开裂）和钢筋截面关于弯曲轴的惯性矩；

E_a，E_s——分别为型钢和混凝土的弹性模量；

E_{cm}——根据 BS EN 1992-1-1 规定的混凝土的割线模量，见表22-2。

通常，独立的无侧移组合柱的屈曲计算长度 l 可以偏于安全地按理论长度 L 取值。另外，屈曲计算长度 L 也可以根据 BS EN 1993-1-1 的附录 E 确定。

此外，细长的组合柱在长期荷载作用下，混凝土的徐变和收缩可能会导致组合柱的有效抗弯刚度的减小，从而减小其屈曲承载力。在这种情况下，E_{cm} 应乘以下列系数进行折减：

$$\frac{1}{1 + \left(\frac{N_{G,Ed}}{N_{Ed}}\right)\varphi_t} \tag{23-15}$$

式中，φ_t 为混凝土的徐变系数，可根据 BS EN 1994-1-1 第5.4.2.2(2)款计算；N_{Ed} 为总轴向压力设计值；$N_{G,Ed}$ 为 N_{Ed} 中的永久荷载。作为简化考虑，当组合柱的屈曲长度与截面高度之比超过15时，需要考虑荷载的长期效应。

23.3.5.2 相对长细比

组合柱的屈曲承载力可以用柱子受压时截面的塑性承载力 $N_{pl,Rd}$ 乘以系数 χ 来表示，并且与柱子的相对长细比 $\bar{\lambda}$ 有关，$\bar{\lambda}$ 可按下式计算：

$$\bar{\lambda} = \sqrt{\frac{N_{pl,Rk}}{N_{cr}}} \tag{23-16}$$

式中 $N_{pl,Rk}$——柱子受压时截面的塑性抗压承载力特征值，基于材料强度的特征值；

N_{cr}——相应屈曲模式下柱子的弹性屈曲临界力。

23.3.5.3 柱屈曲曲线

对于柱子的两个主轴方向，均需按下式进行验算：

$$N_{Ed} \leqslant \chi N_{pl,Rd} \tag{23-17}$$

式中 $N_{pl,Rd}$——柱子受压时组合截面的塑性抗压承载力设计值；

χ——考虑柱子屈曲对承载力影响的折减系数，根据组合柱的相对长细比与相应的屈曲曲线来确定。

根据 BS EN 1993-1-1 的规定，采用了三种柱子的屈曲曲线，这些曲线的数学表达式如下：

$$\chi = \frac{1}{\phi + \sqrt{\phi^2 - \bar{\lambda}^2}} \leqslant 1.0 \tag{23-18}$$

$$\phi = 0.5[1 + \alpha(\bar{\lambda} - 0.2) + \bar{\lambda}^2] \tag{23-19}$$

式中，α 是考虑了柱子中不同程度的几何缺陷和材料缺陷的系数，对应于屈曲曲线 a、b 和 c，α 分别取值为 0.21、0.34、0.49，见图 23-8。

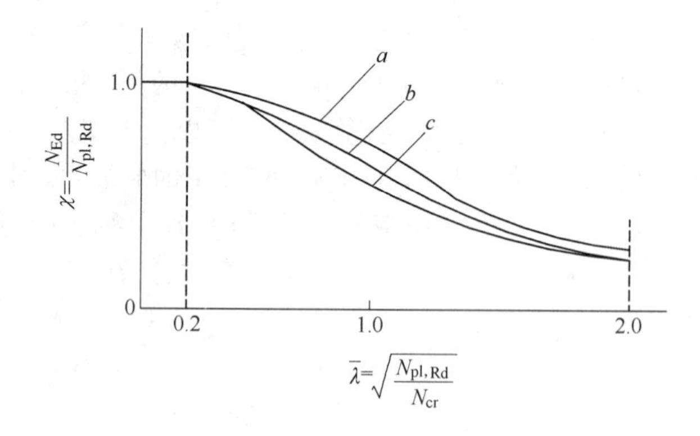

图 23-8 Eurocode 3 中采用的柱子屈曲曲线

值得注意的是，要根据 BS EN 1994-1-1 表 6-5 的规定，按组合柱的类型及屈曲主轴来选取系数 α 值，其值列于表 23-2 中。

表 23-2 组合柱屈曲曲线的选择建议

截面		屈曲主轴	屈曲曲线	构件缺陷
混凝土包覆 H 型钢截面	混凝土完全包覆 H 型钢截面	*y-y*	*b*	*L*/200
		z-z	*c*	*L*/150
	混凝土部分包覆 H 型钢截面	*y-y*	*b*	*L*/200
		z-z	*c*	*L*/150
	混凝土部分包覆工字形钢截面	*y-y* 或 *z-z*	*b*	*L*/200

续表 23-2

截面		屈曲主轴	屈曲曲线	构件缺陷
钢管混凝土截面	圆钢管/矩形钢管混凝土柱截面	y-y 或 z-z	a ($\rho_t \leqslant 3\%$)	$L/300$
		y-y 或 z-z	b ($3\% \leqslant \rho_t \leqslant 6\%$)	$L/200$
	带 H 型钢的圆钢管/矩形钢管混凝土柱截面	y-y	b	$L/200$
		z-z	b	$L/200$

注：ρ_t 代表截面含钢量。

23.3.6 压-弯共同作用下组合柱的承载力

在轴压力和弯矩的共同作用下，细长组合柱可能会在二阶或"P-Δ"效应下，因侧向屈曲而失效。因此，有必要对细长柱的内力和弯矩进行精确分析。

23.3.6.1 直接评估法

根据 BS EN 1994-1-1 第 6.7.3.5 条的规定，可以采用考虑初始缺陷的二阶效应分析，来检查在对于轴压力和弯矩共同作用下的细长组合柱的结构足够性（structural adequacy）。将这种方法称为直接评估法（Direct Evaluation Approach），该方法通过将大变形时的截面承载力与所作用的轴力和弯矩直接进行比较，来评估组合柱的结构足够性。在直接评估法中，可根据 BS EN 1994-1-1 表 6-5 确定柱子的初始几何缺陷 i_o，或根据本章的表 23-2 对在荷载 N_{Ed} 作用下所产生的二阶弯矩 δM_i 进行直接评估，即 $\delta M_i = N_{Ed} i_o$，如图 23-9 所示。将该弯矩 δM_i 和所作用的弯矩 M_{Ed} 进行叠加，通过组合使用截面的 N-M 相互作用曲线，把叠加得到的弯矩与作用有外加荷载 $M_{pl,N,Rd}$ 的组合截面的抗弯承载力直接进行比较。

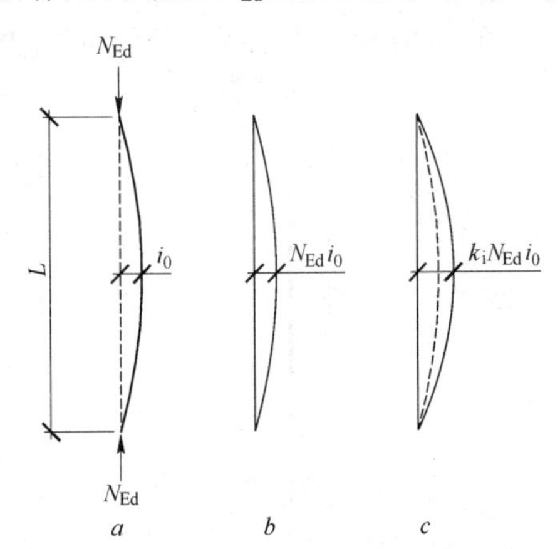

图 23-9 柱子在受压状态下的附加弯矩

a—带有初始缺陷的柱子；b—由初始缺陷引起的一阶弯矩；c—由初始缺陷引起的二阶弯矩

一般来说，对于具有良好结构性状的常规结构形式，只需进行常规的线弹性分析，由此得到的柱子内力和弯矩通常称为"一阶"轴力和弯矩。必要时，可以通过对"一阶"轴力和弯矩乘以放大系数 k 来考虑任何形式的二阶效应，其中 k 值取决于柱子的长细比。

然而，当结构构件布置不规则，以及柱子和梁的长细比较大时，应该通过采用能同时考虑几何非线性和材料非线性的先进的结构分析软件，来求解精确的内力和弯矩。此种情况下，需要重点考虑的内容有构件的初始几何缺陷和材料缺陷、型钢和混凝土之间的界面剪切性状、混凝土的开裂和压碎、梁柱节点及柱拼接处的抗弯刚度和混凝土在长期荷载作用下的力学性能。

23.3.6.2 放大系数 k

对于相对长细比小于 2.0 的细长组合柱，可以通过将最大的一阶弯矩设计值 $M_{Ed,max}$ 乘以相应的调整系数 k_m，来考虑其二阶效应，BS EN 1994-1-1 第 6.7.3.4(5) 款规定，k_m 按下式计算：

$$k_m = \frac{\beta}{1 - \frac{N_{Ed}}{N_{cr,II}}} (k_m \geqslant 1.0) \tag{23-20}$$

式中 N_{Ed}——荷载设计值；

$N_{cr,II}$——根据计算长度 L 确定的组合柱的弹性临界屈曲承载力，计算公式如下：

$$N_{cr,II} = \frac{\pi^2 (EI)_{eff,II}}{L^2} \tag{23-21}$$

为了确定柱的内力，其有效抗弯刚度设计值 $(EI)_{eff,II}$ 可按下式计算：

$$(EI)_{eff,II} = 0.9(E_a I_a + 0.5E_{cm} I_c + E_s I_s) \tag{23-22}$$

式中，两个系数 0.9 和 0.5，是对柱子的试验数据进行校正后给定的。

β 为等效弯矩系数，根据 BS EN 1994-1-1 表 6-4，按下式确定：

$$\beta = 0.66 + 0.44r \text{ 且 } \beta \geqslant 0.44 \tag{23-23}$$

式中，r 为较小端部弯矩与较大端部弯矩之比。

当在柱长范围内承受侧向荷载时，β 取 1.0。另外，考虑到由于构件存在缺陷，在确定细长柱的二阶弯矩时，β_i 可以保守地取 1.0。

图 23-10 所示为承受端部弯矩作用，柱子单曲率弯曲的典型一阶和二阶弯矩。

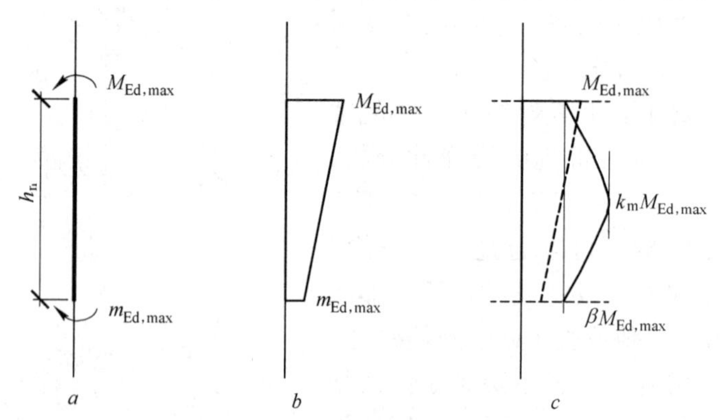

图 23-10 端部弯矩作用，柱子单曲率弯曲的弯矩设计值（$r \geqslant 0$）

a—柱受弯矩作用（单向受弯）；*b*—由端部弯矩引起的弯矩分布（一阶值）；
c—由端部弯矩引起的等效弯矩分配（二阶值）

23.3.6.3 结构验算

如图 23-11 所示，BS EN 1994-1-1 第 6.7.3.6 款给定，如果满足以下条件，即认为设计是满足要求的。

$$\frac{M_{\mathrm{Ed}}}{M_{\mathrm{pl,N,Rd}}}=\frac{M_{\mathrm{Ed}}}{\mu_{\mathrm{d}}M_{\mathrm{pl,Rd}}}\leqslant\alpha_{\mathrm{M}} \tag{23-24}$$

式中 M_{Ed}——弯矩设计值，必要时可以通过加大此值来考虑二阶效应的影响；

$M_{\mathrm{pl,N,Rd}}$——在有轴力存在的情况下，组合截面的塑性抗弯承载力；

μ_{d}——抗弯承载力比（moment resistance ratio），从 *N-M* 图中获取；

$M_{\mathrm{pl,Rd}}$——组合截面的塑性抗弯承载力；

α_{M}——当钢材等级为 S235 ~ S335 时，取 0.9；当钢材等级为 S420 ~ S460 时，取 0.8。

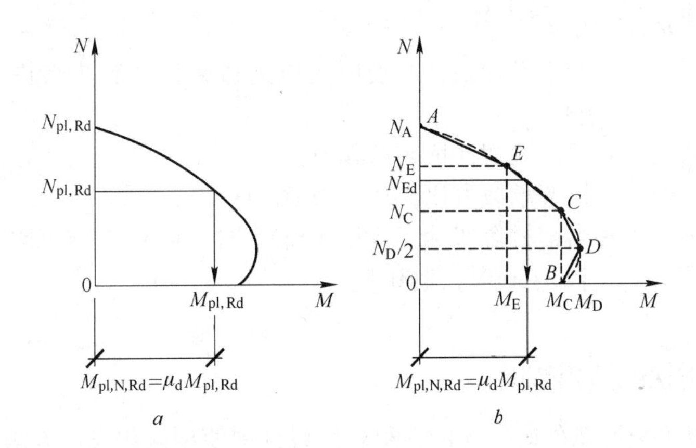

图 23-11 组合截面在轴力和单向弯曲作用下的典型多段线性 *N-M* 相互作用曲线

a—非线性 *N-M* 相互作用曲线；*b*—多段线性 *N-M* 相互作用曲线

μ_{d} 也可以按下式简化计算：

当 $\chi_{\mathrm{d}}>\chi_{\mathrm{pm}}$ 时 $\mu_{\mathrm{d}}=1-\dfrac{\chi_{\mathrm{d}}-\chi_{\mathrm{pm}}}{1-\chi_{\mathrm{pm}}}$ (23-25*a*)

当 $\chi_{\mathrm{d}}\leqslant\chi_{\mathrm{pm}}$ 时 $\mu_{\mathrm{d}}=1$ (23-25*b*)

式中 χ_{pm}——（混凝土）轴向承载力设计值比[1]（axial resistance ratio），由 $N_{\mathrm{pm,Rd}}/N_{\mathrm{pl,Rd}}$ 确定；

χ_{d}——设计轴向承载力比（design axial resistance ratio），由 $N_{\mathrm{Ed}}/N_{\mathrm{pl,Rd}}$ 确定。

该公式是由多段线性模拟 *N-M* 相互作用曲线得到的，如图 23-11 所示。

---

[1] 轴向承载力比（axial resistance ratio）为组合柱受压时，混凝土的承载力设计值与组合截面的塑性承载力设计值之比（译者注）。

23.3.7 轴压和双向弯曲共同作用下的构件承载力

对于承受轴压和双向弯曲共同作用下组合柱的设计，应根据本章第23.4.2的规定，对于每个轴分别计算μ_d值。计算时只需在预计会发生破坏的平面内考虑缺陷的影响，当无法确定哪个平面是最不利的平面时，两个平面都需要进行验算。

在关于两个主轴的抗弯承载力比u_{dy}和u_{dz}确定后，应根据BS EN 1994-1-1第6.7.3.7款的要求，需要验算在轴向荷载作用下，沿构件长度方向上不同位置处的弯矩的相互作用，其计算公式如下：

$$\frac{M_{y,Ed}}{\mu_{dy}M_{pl,y,Rd}} \leqslant \alpha_{M,y} \tag{23-26}$$

$$\frac{M_{z,Ed}}{\mu_{dz}M_{pl,z,Rd}} \leqslant \alpha_{M,z} \tag{23-27}$$

$$\frac{M_{y,Ed}}{\mu_{dy}M_{pl,y,Rd}} + \frac{M_{z,Ed}}{\mu_{dz}M_{pl,z,Rd}} \leqslant 1.0 \tag{23-28}$$

式中 $M_{y,Ed}$，$M_{z,Ed}$——弯矩设计值，必要时可以通过乘以系数来考虑二阶效应的影响；

$M_{pl,y,Rd}$，$M_{pl,z,Rd}$——截面的塑性抗弯承载力；

μ_{dy}，μ_{dz}——抗弯承载力比，从N-M图中获得；

$\alpha_{M,y}$，$\alpha_{M,z}$——当钢材等级为S235和S335时，取0.9，当钢材等级为S420和S460时，取0.8。

23.3.8 设计方法的适用范围

只有满足以下全部条件时，才能在组合柱设计中使用简化设计方法：

（1）组合柱为双轴对称的等截面柱；

（2）组合柱截面的高宽比h/b_c的范围为0.2~5.0；

（3）对于混凝土完全包覆的H型钢组合柱，z向、y向的混凝土保护层厚度c_z和c_y，要分别小于$0.3h$和$0.4b$，其中h和b分别为H型钢的截面高度和翼缘宽度；

（4）型钢截面的轴向承载力设计值比[1]（The steel contribution ratio）δ的范围为0.2~0.9；

（5）组合柱截面的配筋面积A_r不超过$0.06A_c$，A_c为混凝土截面面积；组合柱的相对长细比$\bar{\lambda} \leqslant 2.0$。

23.4 组合柱设计的应用实例

下面将举例说明按照简化方法进行组合柱设计的设计结果。如图23-12所示，截

[1] 该值为型钢截面的承载力设计值与组合截面的塑性承载力设计值之比（译者注）。

面尺寸为500mm×300mm的矩形钢管混凝土组合柱，在不同壁厚的情况下，绕强轴和弱轴弯曲的*N-M*相互作用曲线。

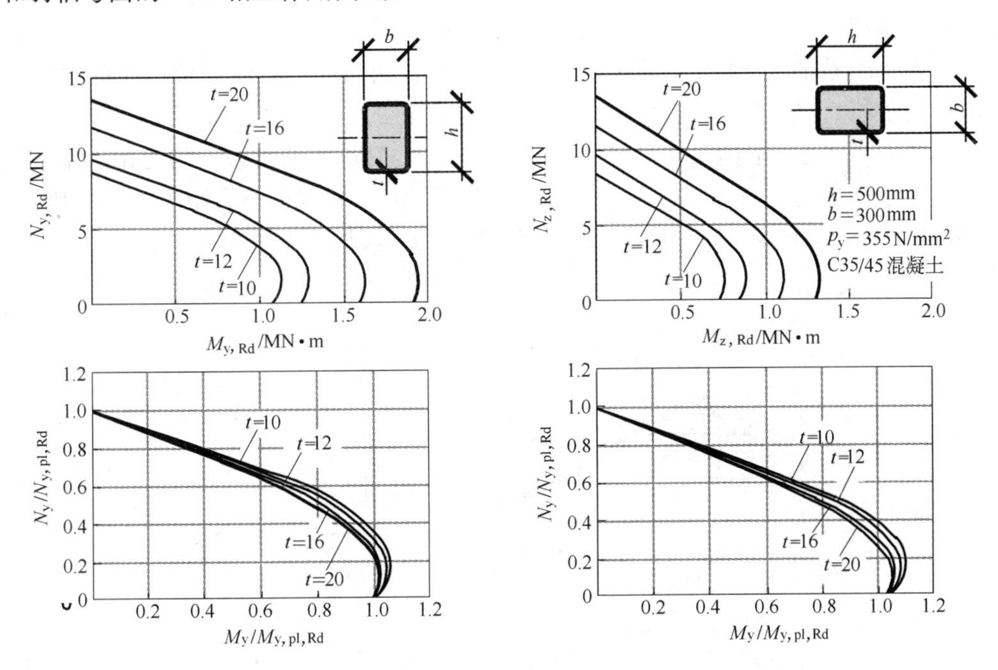

图23-12　矩形钢管混凝土组合柱的非线性*N-M*相互作用曲线

图23-13给出构件长度L不同的组合柱，绕强轴和弱轴的弯曲屈曲承载力的变

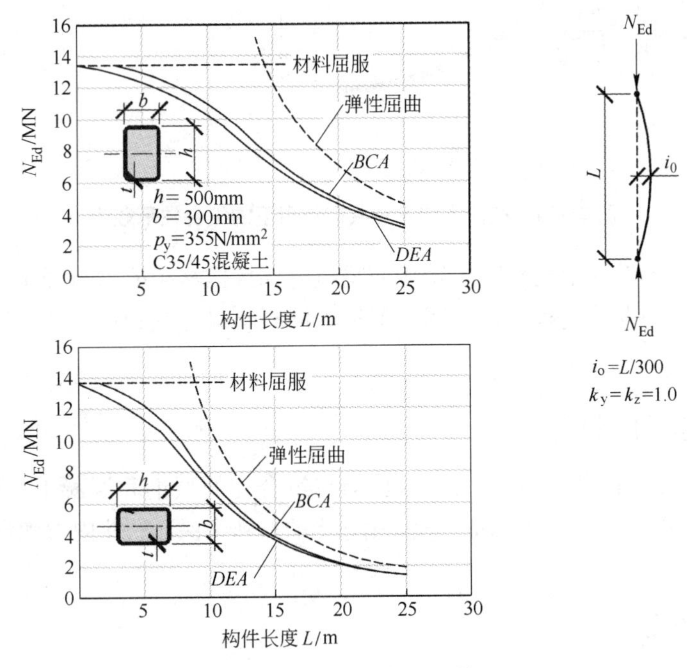

图23-13　组合柱抗压承载力

化。值得注意的是，柱子是按轴心压力 N_{Ed} 设计的。此外，将使用柱子的屈曲曲线法（Buckling Curve Approach-BCA）和直接评估法（Direct Evaluation Approach-DEA）得到的构件承载力画于同一图中，以便于进行比较。

由图可以看出，使用直接评估法（DEA）获得的结果要略低于使用屈曲曲线法（BCA）的结果，这是由于考虑了较大的构件缺陷 i_o 的结果（见表 23-2）。

图 23-14 给出了不同长度的组合柱，绕强轴和弱轴的屈曲承载力的变化。需要注意的是，柱承受的是偏心压力 N_{Ed}，柱顶的偏心距为 e，柱底的偏心距为 $e \times r$，其中 r 为端部弯矩比（end moment ratio），变化范围为 -1.0 到 +1.0。

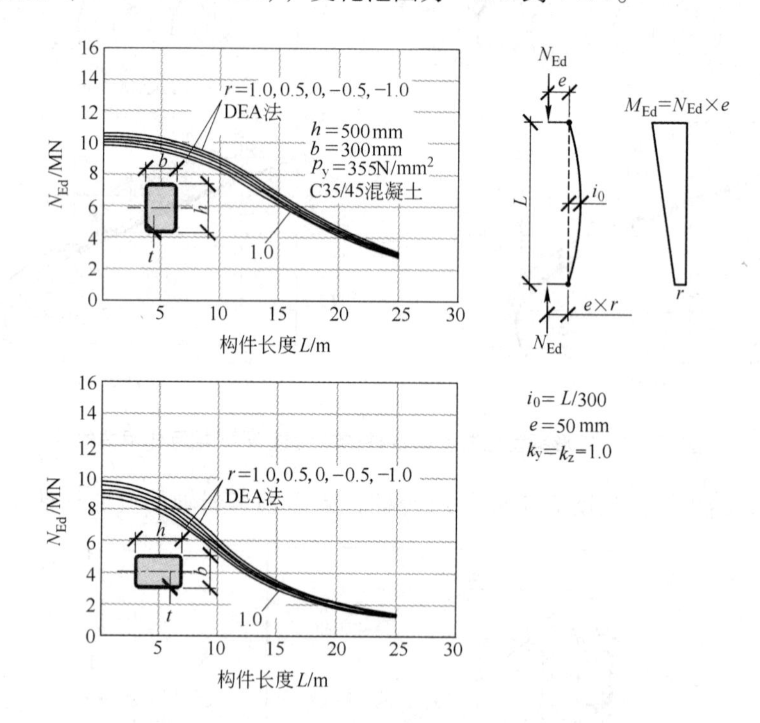

图 23-14 在压力和弯矩共同作用下的组合柱承载力

一般来说，本设计中的端部弯矩比使得组合柱抗压承载能力下降了 15% 到 25%。关于更具体的设计过程，请参阅矩形钢管混凝土组合柱的设计实例。

23.5 纵向和横向剪力

一般来说，作用于柱端的内力和弯矩会在组合柱的型钢和混凝土之间进行分配。BS EN 1994-1-1 第 6.7.4.2 条要求，应采用适当的措施来保证这些内力和弯矩的分配。

23.5.1 剪力传递

在 BS EN 1994-1-1 表 6-6 中，对由化学黏结力和摩阻力决定的设计抗剪强度作了

如下限制：

(1) 对于混凝土完全包覆的 H 型截面 0.3N/mm²

(2) 对于圆钢管混凝土截面 0.55N/mm²

(3) 对于矩形钢管混凝土截面 0.4N/mm²

(4) 对于混凝土部分包覆的 H 型截面的翼缘 0.2N/mm²

(5) 对于混凝土部分包覆的 H 型截面的腹板 0

对于承受轴向荷载的柱子，通常可以发现，钢与混凝土接触面的抗剪强度足以保证在最不利截面（柱中点处截面）处两种材料的组合强度的发挥。对于端部承受较大弯矩的柱子，型钢和混凝土之间需要具备足够的传递纵向剪力的能力。为了简化起见，设计时假定柱子的横向剪力只作用在型钢上。

23.5.2 荷载引入区（Regions of load introduction）

在有荷载作用到组合柱上时，必须保证在一个规定的荷载引入区之内，组合截面的各组成部分所承受的荷载必须低于它们的承载力。为此，必须按照 BS EN 1994-1-1 第 6.7.3.2(4)款的规定，考虑型钢与混凝土之间的荷载分配。

为了对荷载和弯矩的分配作出估计，必须了解在荷载引入区的起始和结束处的应力分布情况。根据这些应力的差异，就可以确定传递到截面各部分的荷载。荷载引入区的长度应小于 $2d$ 和 $L/3$，其中 d 为垂直于弯曲轴方向的截面尺寸，L 为柱子的理论长度。

如果荷载是通过连接件作用在型钢上的，那么荷载引入部件（即抗剪连接件）(the elements of the load introduction) 必须具备足够的强度，以承担由混凝土截面所承担的那部分荷载。

对于单层柱，柱顶板通常可用做荷载引入部件。多层连续柱的情况需要采取特殊的构造措施。对于此种情况，当组合柱中采用开敞型钢截面时，使用栓钉是较为经济的，如图 23-15 所示。

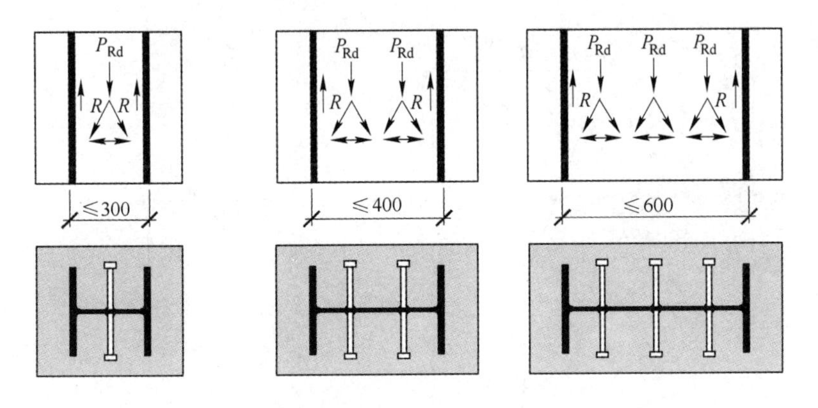

图 23-15 用于直接向混凝土传递荷载的栓钉的抗剪强度

关于钢管混凝土组合柱的设计，参见本章实例。

23.6 设计实例

<table>
<tr><td rowspan="4">The Steel Construction Institute
Silwood Park, Ascot,
Berks SL5 7QN
Telephone: (01344) 623345
Fax: (01344) 622944
CALCULATION SHEET</td><td>编 号</td><td colspan="2"></td><td>第1页</td><td colspan="2">备 注</td></tr>
<tr><td>名 称</td><td colspan="5"></td></tr>
<tr><td>题 目</td><td colspan="5">矩形钢管混凝土组合柱设计</td></tr>
<tr><td rowspan="2">客 户</td><td>编 制</td><td>KFC</td><td>日期</td><td colspan="2">2009</td></tr>
<tr><td></td><td>审 核</td><td>RML</td><td>日期</td><td colspan="2">2010</td></tr>
</table>

实例：矩形钢管混凝土组合柱设计

BS EN 1994-1-1

本设计实例给出了矩形钢管混凝土组合柱受压弯荷载作用的设计过程和计算结果。

组合柱的参数：

柱长：4.8m

屈曲系数：$k_y = 1.0$（强轴方向）

$k_z = 0.85$（弱轴方向）

截面形式：500mm×300mm×20mm 薄壁矩形钢管

钢材等级：S355 级

混凝土：C35/45（圆柱体/立方体强度）

钢筋：无

设计荷载：

轴向压力设计值 $N_{Ed} = 11000\text{kN}$

绕 *y-y* 轴方向最大弯矩设计值 $M_{y,max,Ed} = 215\text{kN}\cdot\text{m}$

绕 *z-z* 轴方向最大弯矩设计值 $M_{z,max,Ed} = 0\text{kN}\cdot\text{m}$

端部弯矩比值（见下图） $r = -0.5$

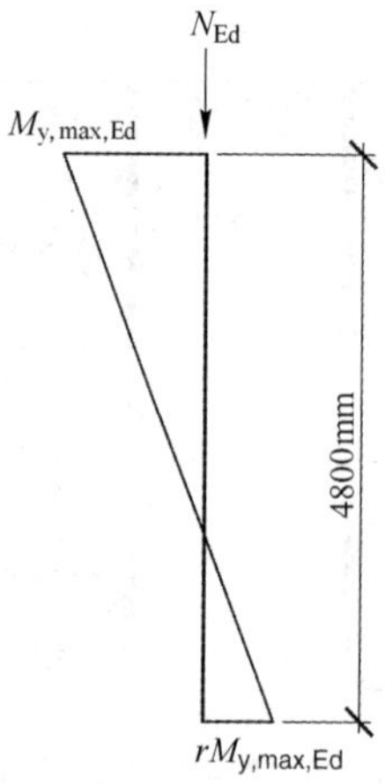

N_{Ed}

$M_{y,max,Ed}$

4800mm

$rM_{y,max,Ed}$

材料特性：

钢材

矩形钢管混凝土组合柱设计	第 2 页	备　注
钢材等级　S355 级		第 3.3.2 条
屈服强度　$f_y = 355\text{N/mm}^2$		
弹性模量　$E_a = 210\text{kN/mm}^2$		
混凝土（普通混凝土）		第 3.1.2 条
混凝土强度等级C35/45		
值强度标准　$f_{ck} = 35\text{N/mm}^2$（圆柱体强度）		
割线弹性模量　$E_{cm} = 33.5\text{kN/mm}^2$		
分项系数		BS EN 1994-1-1 UK NA
钢　$\gamma_a = 1.0$		
混凝土　$\gamma_c = 1.5$		
钢筋　$\gamma_s = 1.15$		
设计强度		
$f = f_y = 355 = 355\text{N/mm}^2$		
$\gamma_a = 1.0$		
$f = f_{ck} = 35 = 23.3\text{N/mm}^2$		
$\gamma_c = 1.5$		
简化方法适用条件		第 6.7.3.1 条
根据 BS EN 1994-1-1，简化方法的适用范围条件如下：		
（1）柱子为双轴对称的等截面柱；		
（2）对于混凝土完全包覆的型钢组合柱，其外包混凝土的厚度须满足下列条件：z 方向 c_z 最大值为 $0.3h$，y 方向 c_y 最大值为 $0.4b$；		
（3）$0.2 \leqslant \delta$(含钢率)$\leqslant 0.9$；		
（4）相对长细比 $\lambda \leqslant 2.0$；		

矩形钢管混凝土组合柱设计	第3页	备　注

（5）组合柱截面的配筋率不超过 $0.06A_c$；

（6）截面高宽比，$0.2 \leqslant h/b \leqslant 5$，其中 h 为柱截面高度，b 为柱截面宽度。

截面几何参数及矩形钢管特性

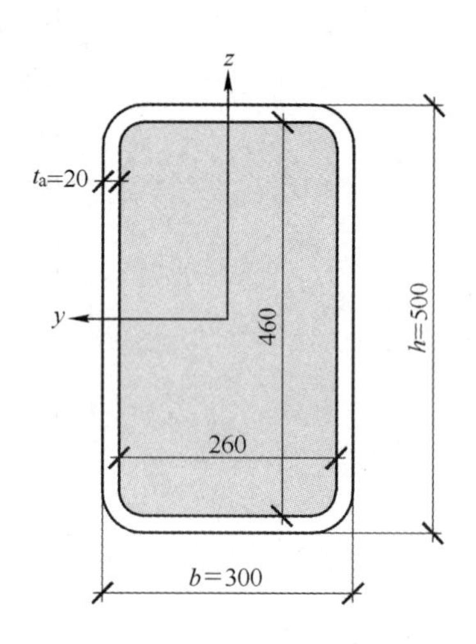

截面尺寸及 500×300×20RHS（矩形钢管）截面特性

$b = 300\text{mm}$，$h = 500\text{mm}$，$t_a = 20\text{mm}$

$A_a = 30.4 \times 10^3 \text{mm}^2$

$I_{ay} = 1016 \times 10^6 \text{mm}^4$

$I_{az} = 451 \times 10^6 \text{mm}^4$

混凝土截面特性

$A_c = 260 \times 460 = 119.6 \times 10^3 \text{mm}^2$

$I_{cy} = 2109 \times 10^6 \text{mm}^4$

$I_{cz} = 674 \times 10^6 \text{mm}^4$

$W_{pc,y} = 13.7 \times 10^6 \text{mm}^3$

极限状态下的设计验算

组合截面的塑性抗压承载力

组合截面的塑性抗压承载力 $N_{pl,Rd}$ 由组合截面各部分的塑性抗压承载力之和求得：

矩形钢管混凝土组合柱设计	第4页	备 注
$N_{pl,Rd} = A_a f_{yd} + 1.0A_c f_{cd} + A_s f_{sd} = (30.4 \times 355 + 1.0 \times 119.6 \times 23.3 + 0) \times 10^3 \times 10^{-3}$		
$= 10792 + 2786 = 13578\text{kN}$		第6.7.3.2(1)条
注：允许对于矩形钢管混凝土柱，对f_{cd}使用1.0的系数		
组合截面有效抗弯刚度		第6.7.3.3(3)条
强轴方向：		
$(EI)_{eff,y} = E_a I_{ay} + K_e E_{cm} I_{cy} + E_s I_{sy}$		
$E_a I_{ay} = 210 \times 1016 \times 10^6 \times 10^{-6} = 213360\text{kNm}^2$		
$K_e E_{cm} I_{cy} = 0.6 \times 33.5 \times 2109 \times 10^6 \times 10^{-6} = 42390\text{kNm}^2$		
$(EI)_{eff,y} = 213360 + 42390 = 255750\text{kNm}^2$		
弱轴方向：		
$(EI)_{eff,z} = E_a I_{az} + E_s I_{sz} + K_e E_{cm} I_{cz}$		第6.7.3.3(3)条
$E_a I_{az} = 210 \times 451 \times 10^6 \times 10^{-6} = 94710\text{kNm}^2$		
$K_e E_{cm} I_{cz} = 0.6 \times 33.5 \times 674 \times 10^6 \times 10^{-6} = 13547\text{kNm}^2$		
$(EI)_{eff,z} = 94710 + 13547 = 108257\text{kNm}^2$		
相对长细比		
$\bar{\lambda} = \sqrt{\dfrac{N_{pl,Rk}}{N_{cr}}}$		第6.7.3.3(2)条
$N_{pl,Rk} = A_a f_y + 1.0A_c f_{ck} + A_s f_{sk}$		第6.7.3.2(1)条
$= (30.4 \times 355 + 1.0 \times 119.6 \times 35 + 0) \times 10^3 \times 10^{-3}$		
$= 10792 + 4186 = 14978\text{kN}$		
$L_{ey} = k_y L = 1.0 \times 4.8 = 4.8\text{m}$		
$N_{cr,y} = \dfrac{\pi^2 (EI)_{eff,y}}{l_{ey}^2} = \dfrac{\pi^2 \times 255750}{4.8^2} = 109560\text{kN}$		

矩形钢管混凝土组合柱设计	第5页	备 注

强轴长细比：

$$\bar{\lambda}_y = \sqrt{\frac{N_{pl,Rk}}{N_{cr,y}}} = \sqrt{\frac{14978}{109560}} = 0.37$$

$l_{ez} = k_z L = 0.85 \times 4.8 = 4.08\text{m}$

弱轴长细比：

$$N_{cr,z} = \frac{\pi^2 (EI)_{eff,z}}{l_{ez}^2} = \frac{\pi^2 \times 108257}{4.08^2} = 64165\text{kN}$$

$$\lambda_z = \sqrt{\frac{N_{p,rk}}{N_{cr,z}}} = \sqrt{\frac{14978}{64165}} = 0.48 > 0.37$$

简化方法的适用性验算

型钢截面的轴向承载力比由下式求得：　　第6.7.1(4)条

$$\delta = \frac{A_a f_{yd}}{N_{pl,Rd}} = \frac{30.4 \times 10^3 \times 355 \times 10^{-3}}{13578} = 0.795$$

$0.2 \leqslant \delta \leqslant 0.9$ 满足要求

第6.7.3.1(1)条

$\bar{\lambda}_y = 0.37$；$\bar{\lambda}_z = 0.48$

$\bar{\lambda} \leqslant 2$ 满足要求

$\frac{h}{b} = \frac{500}{300} = 1.67$；因此，$0.2 \leqslant \frac{h}{b} \leqslant 5$，满足要求　　第6.7.3.1(4)条

轴向力作用下组合柱的屈曲承载力

$N_{Ed} \leqslant \chi N_{pl,Rd}$

第6.7.3.5(2)条

$N_{pl,Rd} = 13578\text{kN}$

χ 为柱的屈曲折减系数，由下式求得：

对矩形钢管混凝土柱，采用屈曲曲线“a”：

$$\chi = \frac{1}{\phi + \sqrt{\phi^2 - \lambda^2}} \text{但} \chi \leqslant 1.0$$

式中，$\phi = 0.5[1 + \alpha(\bar{\lambda} - 0.2) + \bar{\lambda}^2]$，$\alpha = 0.21$

矩形钢管混凝土组合柱设计	第6页	备　注
$\phi = 0.5[1+0.21\times(0.48-0.2)+0.48^2] = 0.646$		
$\chi = \dfrac{1}{0.646+\sqrt{0.646^2-0.48^2}} = 0.93$		
$\chi N_{pl,Rd} = 0.93\times13578 = 12628\text{kN} > N_{Ed} = 11000\text{kN}$		
受纯压时屈曲的应力水平为0.87		
组合柱的抗弯承载力		
塑性抗弯承载力 $M_{pl,Rd}$ 为型钢、钢筋以及混凝土各部分相应的承载力之和，对于矩形截面，可按下式计算：		
$W_{pa} = \dfrac{b\times h^2}{4} - W_{pc,a} = \dfrac{300\times500^2}{4} - 1.38\times10^6 = 4950\times10^3\text{mm}^3$		表3
塑性中和轴与截面翼缘外边缘的距离为：		
$h_n = \dfrac{A_c f_{cd} - A_{sn}(2f_{sd}-f_{cd})}{2bf_{cd}+4t(2f_{yd}-f_{cd})} = \dfrac{119.6\times10^3\times23.3-0}{2\times300\times23.3+4\times20\times2\times(355-23.3)}$		表2
$=40.4\text{mm}$		
$W_{pcn} = (b-2t)\times h_n^2 - W_{psn}$		
$=(300-2\times20)\times40.4^2-0=424\times10^3\text{mm}^3$		
$W_{pan} = bh_n^2 - W_{pcn} - W_{psn}$		
$=300\times40.4^2-424\times10^3=65.6\times10^3\text{mm}^3$		
注：由于在距截面中心线 $2h_n$ 的范围内没有设置钢筋，$W_{psn}=0$。		
组合截面的塑性抗弯承载力，可按下式计算：		
$M_{pl,Rd} = f_{yd}(W_{pa}-W_{pan}) + 0.5f_{cd}(W_{pc}-W_{pcn}) + f_{sd}(W_{ps}-W_{psn})$		
$M_{pl,Rd} = [355\times(4950\times10^3-65.6\times10^3)+0.5\times23.3\times(13.7\times10^6-424\times10^3)]\times10^{-6}$		
$=1734+155=1889\text{kN}\cdot\text{m}$		

矩形钢管混凝土组合柱设计	第7页	备 注

$N_{pm,Rd} = f_{cd}A_c = 23.3 \times 119600 \times 10^{-3} = 2786\text{kN}$

$M_{max,Rd} = f_{yd}W_{pa} + 0.5f_{cd}W_{pc,a}$

$= [355 \times 4950 \times 10^3 + 0.5 \times 23.3 \times 13.7 \times 10^6] \times 10^{-6}$

$= 1917\text{kN} \cdot \text{m}$

确定在 N-M 相互作用曲线上的关键点：

$M_E = M_{max,Rd} - \Delta M_E$

式中，$\Delta M_E = (bh_E^2 - W_{cE})f_{yd} + 0.5W_{cE}f_{cd}$

$h_E = 0.25h + 0.5h_n$

$= 0.25 \times 500 + 0.5 \times 40.4 = 145.2\text{mm}$

$W_{aE} = bh_E^2 - W_{cE}$

$= 300 \times 145.2^2 - 5481 \times 10^3$

$= 844 \times 10^3\text{mm}^3$

式中，$W_{cE} = (b - 2t)h_E^2$

$= (300 - 2 \times 20) \times 145.2^2$

$= 5481 \times 10^3\text{mm}^3$

$\Delta M_E = (bh_E^2 - W_{cE})f_{yd} + 0.5W_{cE}f_{cd}$

$= [(300 \times 145^2 - 5481 \times 10^3) \times 355 + 0.5 \times 5481 \times 10^3 \times 23.3] \times 10^{-6}$

$= 299.6 + 63.9 = 363.5\text{kN} \cdot \text{m}$

$M_E = 1917 - 363.5 = 1553.5\text{kN} \cdot \text{m}$

$N_E = 4h_Etf_{yd} + [0.5A_c + (b - 2t)h_E] \times f_{cd}$

$= \{4 \times 145.2 \times 20 \times 355 + [0.5 \times 119600 + (300 - 2 \times 20) \times 145.2] \times 23.3\} \times 10^{-3}$

$= 4124 + 2273 = 6397\text{kN}$

矩形钢管混凝土组合柱设计	第 8 页	备 注

下图所示为根据 A 点到 E 点并被完全相互作用曲线所覆盖的简化 N-M 相互作用曲线：

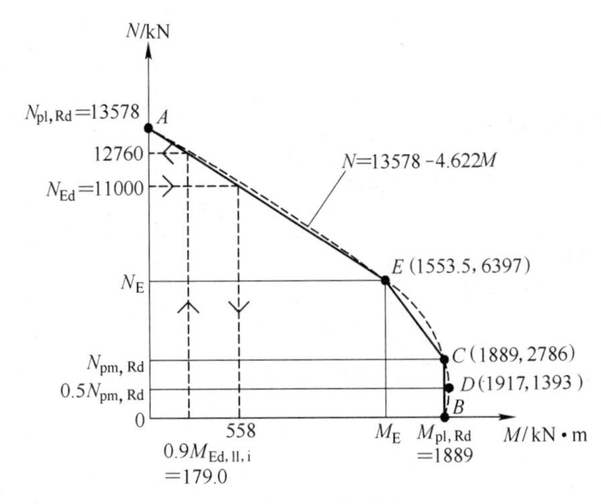

承受轴压与单向弯曲作用的组合截面的相互作用曲线图

直线 AE 的方程如下：

$$\frac{N - N_{\mathrm{pl,Rd}}}{M} = \frac{N_{\mathrm{Ed}} - N_{\mathrm{pl,Rd}}}{M_{\mathrm{Ed}}}$$

故 $N = 13578 - 4.622M$，其中 M 为所作用的弯矩。

用于二阶线弹性分析的有效弯曲刚度

备注：第 6.7.3.4(2)条

强轴方向：

$$(EI)_{\mathrm{eff,y}} = K_{\mathrm{o}}(E_{\mathrm{a}}I_{\mathrm{ay}} + K_{\mathrm{e,II}}E_{\mathrm{cm}}I_{\mathrm{cy}} + E_{\mathrm{s}}I_{\mathrm{sy}})$$

其中，$K_{\mathrm{e,II}} = 0.5$ 且 $K_{\mathrm{o}} = 0.9$

$$E_{\mathrm{a}}I_{\mathrm{ay}} = 210 \times 1016 \times 10^{6} \times 10^{-6} = 213360\mathrm{kN \cdot m^2}$$

$$K_{\mathrm{e,II}}E_{\mathrm{cm}}I_{\mathrm{cy}} = 0.5 \times 33.5 \times 2109 \times 10^{6} \times 10^{-6} = 35325\mathrm{kN \cdot m^2}$$

$$(EI)_{\mathrm{eff,y}} = 0.9 \times (213360 + 35325 + 0) = 223816\mathrm{kN \cdot m^2}$$

$$N_{\mathrm{cr,y,eff}} = \frac{\pi^2 (EI)_{\mathrm{y,eff,II}}}{l_{\mathrm{ey}}^2} = \frac{\pi^2 \times 223816}{4.8^2} = 95876\mathrm{kN}$$

备注：第 5.2.1(3)条

$$\frac{N_{\mathrm{Ed}}}{N_{\mathrm{cr,y,eff}}} = \frac{11000}{95876} = 0.11 > 0.1$$

结果表明，尽管实际结果很接近 0.1，但在本设计实例中应考虑二阶效应。

矩形钢管混凝土组合柱设计	第 9 页	备 注

基于二阶线弹性分析的组合柱的抗压承载力

$$e_{o,y} = \frac{L}{300} = \frac{4800}{300} = 16\text{mm}$$

$$M_i = N_{Ed} e_{o,y} = 11000 \times 16 \times 10^{-3} = 176\text{kN} \cdot \text{m}$$

确定于放大系数，$k_i(\beta_i = 1)$

$$k_i = \frac{\beta_i}{1 - \dfrac{N_{Ed}}{N_{cr,y,eff}}} = \frac{1}{1 - \dfrac{11000}{95876}} = 1.13$$

$M_{Ed,II,i} = 1.14 \times 176 = 198.9\text{kN} \cdot \text{m}$

沿着柱长的弯矩分布图如下：

M/kN·m
$k_i = 1.13$
$M_{Ed,II,i} = 198.9$
$M_i = 176$
---一阶曲线
$k_i M_i$
0
2.4
4.8
x/m

由杆件缺陷引起的二阶弯矩

根据简化的相互作用关系曲线，$0.9M_{Ed,II,i} = 179.0\text{kN} \cdot \text{m}$；（备注：第 6.7.3.5(1) 条）

$N_{Rd} = 13578 - 4.622 \times 179.0$

$= 12750\text{kN}$（但 $\chi N_{pl,Rd} = 12628\text{kN}$）

$> N_{Ed} = 11000\text{kN}$（根据柱的屈曲曲线）

在考虑缺陷情况下，柱子的抗压承载力满足要求。

基于二阶线弹性分析的压-弯共同作用下组合柱的承载力

确定于放大系数 k_m（由于 $r = -0.5$，$\beta = 0.66 + 0.44$，$r = 0.44$）

矩形钢管混凝土组合柱设计	第 10 页	备　注

$$k_m = \frac{\beta_m}{1 - \dfrac{N_{Ed}}{N_{cr,y,eff}}} = \frac{0.44}{1 - \dfrac{11000}{95876}} = 0.497$$

表 6-4

$M_{Ed,II,m} = k_m M_{Ed,max} = 0.497 \times 215 = 106.9\text{kN} \cdot \text{m}$

第 6.7.3.4(5)条

组合柱柱端弯矩的影响如下图所示：

$M_{y,Ed}$/kN·m
k_m=0.497
$M_{y,max,Ed}$=215
--- 一阶曲线
$M_{Ed,II,i}$=106.9
βM_{Ed}= 94.6
$k_m M_{Ed}$
0
2.4
4.8
x/m
rM_{Ed}=−107.5

由端部弯矩引起的二阶弯矩

1/2 柱高处总弯矩 = 198.9 + 106.9

$$= 305.8\text{kN} \cdot \text{m} > M_{y,Ed} = 215\text{kN} \cdot \text{m}$$

因此 $M_{y,max,Ed,II} = 305.8\text{kN} \cdot \text{m}$

按照简化的 *N-M* 相互作用曲线，由于 $N_{Ed} = 11000\text{kN}$；

$$M_{y,Rd} = \frac{13578 - 11000}{4.622} = 558\text{kN} \cdot \text{m}$$

因 $M_{y,Rd}$位于线段 *AC* 上，所以 BS EN 1994-1-1 第 6.7.1(7)条中的附加验算不会影响计算结果，由此得出：

$$\frac{M_{y,Ed,max}}{\mu_{dy} M_{y,pl,Rd}} = \frac{305.8}{1.0 \times 558} = 0.55 < 0.9$$

第 6.7.3.6(1)条

结论：柱长 4.8m 的 500mm×300mm 矩形钢管混凝土组合柱，在压-弯共同作用下，其屈曲承载力满足要求。

压-弯共同作用的应力水平（unity factor for combined bending and compression）：0.55/0.9 = 0.61。

参考文献

[1] British Standards Institution (2005) BS 5400-5 Steel, concrete and composite bridges. Part 5: Code of practice for the design of composite bridges. London, BSI.

[2] British Standards Institution (2005) BS EN 1994-1-1 Design of composite steel and concrete structures. Eurocode 4 Part 1-1: General rules and rules for build- ings. London, BSI.

[3] Chung K. F. and Narayanan R. (1994) Composite column design to Eurocode 4 The Steel Construction Institute, Ascot, SCI.

[4] Johnson R. P. and Anderson D. (2004) Designers' Guide to EN 1994-1-1. Eurocode 4: Design of composite steel and concrete structures. Part 1. 1: General rules and rules for buildings. London, Thomas Telford Services Ltd.

[5] British Standard Institution (2008) UK National Annex to EN 1944: Design of composite steel and concrete structures. Part 1-1: General rules and rules for buildings. London, BSI.

[6] Leon R. T., Kim D. K. and Hajjar J. F. (2007) Limit State Response of Composite Columns and Beam-Columns. Part 1: Formulation of Design Provisions for the 2005 AISC Specification, Engineering Journal, AISC, 4th Quarter, 341 ~ 358.

[7] Leon R. T. and Hajjar J. F. (2008) Limit State Response of Composite Columns and Beam-Columns. Part II: Application of Design Provisions for the 2005 AISC Specification, Engineering Journal, AISC, 1st Quarter, 21 ~ 46.

[8] British Standards Institution (2004) BS EN 1992-1-1 Eurocode 2: Design of concrete structures. Part 1-1: General rules and rules for buildings. London, BSI.

[9] British Standards Institution (2005) BS EN 1994-1-2 Eurocode 4: Design of composite steel and concrete structures. Part 1-1: General rules-Structural fire design. London, BSI.

[10] British Standards Institution (2003) BS 5950 Structural use of steelwork in build-ing: Part 8: Code of practice for fire resistant design. London, BSI.

[11] British Standards Institution (2005) BS EN 1993-1-1 Eurocode 3: Design of steel structures. Part 1-1: General rules and rules for buildings. London, BSI.

24 薄壁钢构件设计*

Design of Light Gauge Steel Elements

MARTIN HEYWOOD and ANDREW WAY

24.1 引言

冷弯薄壁型钢构件常用于各种建筑物的辅助钢结构工程中（如工业建筑中的檩条和墙板龙骨）和轻钢结构框架（如低层住宅建筑）的主要承重构件。它们可用做独立的结构构件（如楼盖格栅梁）或结构框架的组件。轻钢构件通常在场外预制，制成不同的预制件，如外墙拼装大板、盒式楼盖(floor cassettes)或大体积的模块化单元，但也同样适用于单根构件的现场拼装建造（stick build）（请参阅本手册第8章的相关介绍）。

本章将集中探讨建筑结构中的薄壁钢构件设计。构件的受压和受弯设计将遵循BS EN 1993-1-3[1]的设计原则。由于薄壁钢构件特别容易出现局部屈曲，对此问题会深入地加以探讨，其中包括有效面积的计算。而对于构件同时承受轴压和弯曲时的相互作用影响，将在轻钢构件连接的简化设计指南中作简要的讨论。本章的最后部分以多个设计实例阐明该设计规范在实际结构设计中的应用。

24.1.1 薄壁钢材

本章主要讨论薄壁钢材。所谓“薄壁”是指最大厚度为4mm的镀锌冷弯型钢，而轻型钢框架最常采用的壁厚为1.2~2.0mm。对于檩条和外墙板龙骨或墙梁，其壁厚范围通常为1.4~3.2mm。通常，钢材生产商按照BS EN 10346：2009[2]标准的要求提供预镀锌的带钢卷，由型钢制造商将热浸镀锌带钢冷弯成形，制作薄壁钢构件。对于轻钢框架，通常采用的钢材等级为S350、S390和S450钢材，而对于檩条和外墙板龙骨则倾向于采用的钢材等级为S390和S450钢材。

卷边C形钢是轻型钢框架中最常用的截面形状，如墙板立柱和楼盖格栅梁[3]。C形钢容易轧制和量产，同时卷边为翼缘提供了附加刚度，提高了翼缘防局部屈曲能力。墙板立柱的截面高度范围通常为70~120mm。而楼盖格栅梁的截面高度范围通常为

---

* 本章译者：彭耀光。

120~250mm。檩条通常采用“Z”形或“Σ”形钢，其高度范围为140~300mm。

图24-1所示为一个典型的轻型钢框架。照片中所显示的是预制的大体积模块，但类似的框架布局也可以用在拼板式和单根构件的现场拼装施工建造形式中。

图24-1 大体积模块中的承重轻钢框架

24.1.2 按BS EN1993-1-3要求设计

在建筑结构中使用的轻钢构件同其他结构构件一样，通常应遵循得到行业认可的规范要求来进行设计。在欧洲（包括英国），适用于轻型钢结构设计的规范为BS EN 1993-1-3[1]。该规范代替了过去的BS 5950-5。BS EN 1993-1-3是为轻型钢结构专门编制的设计规范，并根据轻型钢结构所常用钢材的结构特性制定了专门的条款。除BS EN 1993-1-3和适用于薄壁钢材的行业规范外，用于重型热轧结构钢的设计规范，如BS EN 1993-1-1，不得在轻型钢结构设计中使用。

BS EN 1993-1-3提供了两种可供选择的设计方法：

（1）通过计算进行设计；

（2）通过试验进行设计。

顾名思义，前一种方法是指结构设计人员根据BS EN 1993-1-3，直接计算得到截面的承载力（抗压、抗弯等）。采用该计算方法相当复杂，需要通过采用有效宽度来考虑局部屈曲，但对于简单截面，如卷边C形钢，则可通过手算完成。这种方法的

一个的缺点是，由于该方法建立在多项假设和简化之上，其计算结果会偏于保守。为此，檩条和墙板龙骨的生产商很少采用这种方法，以免其产品失去商业优势。此外，虽然 BS EN 1993-1-3 的设计方法涵盖了多种截面形状，但对于某些较复杂的截面不是那么合适，特别是对那些有多道加劲肋和腹板、翼缘和卷边呈曲线形的截面。尽管这种方法具有明显的局限性，但在设计轻型钢框架和楼盖格栅梁时，通过计算进行设计仍然是设计人员的优先选择，也是本章所介绍的重点内容。

另一种方法是通过试验来克服采用计算方法的局限性，就有可能精确地获得几乎任何截面形状的设计承载力。然而，根据 BS EN 1993-1-3 的要求，进行试验之后要进行统计分析，将原始数据转化成有效的设计值，因此必须权衡效益和所耗费成本的利弊关系。当采用试验方法时，如檩条和墙板龙骨，设计数据通常以“荷载-跨度”关系的表格形式给出。这些表格通常由轻钢产品的生产商发布，提供给潜在的客户根据给定的跨度和荷载级别来选择合适的截面类型。

试验设计方法可细分为以下两种：

（1）直接通过试验得到设计值；

（2）通过数值模型得到设计值。

前一种方法是对组试验样品进行合适数量的试验，通过统计分析得到每个截面的承载力值。统计分析需按 BS EN 1993-1-3（或 BS EN 1990 附件 D）所列的方法进行。标准承载力值需通过实验数据的平均值减去规定倍数的标准偏差而得到，而该规定倍数需依据试验的数量确定。

这种方法是两种设计方法中较为简单的一种，但其缺点是必须对产品中的每种尺寸截面做多个样品的测试，因此该方式不适合于尺寸范围较广的产品，如檩条和墙面板龙骨。通常檩条和墙面板龙骨有较广的高度与厚度尺寸范围。但对于类似檩条和撑杆等高度与厚度的尺寸范围较小的产品，是一种非常有效的方法。

而后一种方法，则仅需在产品全部尺寸范围内挑选有限的试验样本进行测试。测试结果将被标准化处理（与理论值作比较），并建立数值模型，精准地推测出所有产品的安全设计承载力。这种方法避免了对所有尺寸的产品样本进行测试，甚至允许日后推出新截面时，也无须进行额外的测试。此外，由于测试涵盖了产品的尺寸范围，测试结果按理论值标准化后往往可应用于不同截面尺寸的产品，可以把不同的截面归属于同一组产品，从而减少了标准化中标准偏差的数值。最终截面承载力准确程度将依据数值模型的复杂性及进行测试的数量。例如，对于一个简支梁，可以采用一个简单的数值模型计算其实际抗弯承载力。相比较而言，为了提高梁的安全承载力，则要采用一个更复杂的数值模型，需要考虑梁端连接刚度，并采用一系列实验数据。

图 24-2 展示了一个典型的轻钢薄壁檩条承载力测试。在此实例中，一个点荷载施加在两根同样长度简支檩条跨中位置的连接钢板上。该测试的目标在于评估此节点的弯矩-转角特性，进而建立一个准确的整体檩条系统模型。可以利用这组测试的数据和两组其他类型试验的数据（施加在带有屋面板双檩条上的重力荷载测试及向上荷载测试）建立一个数值模型。该数据模型则用来给出所有截面檩条的“荷载-跨度”表。

图 24-2 檩条试样的力学试验

24.2 截面特性参数

在计算薄壁构件受弯、受压或其他荷载类型的承载力之前，必须要确定截面的尺寸特性参数。对于初学轻钢结构的设计人员来说，第一步也许就是要进行计算截面面积和惯性矩的练习环节，但实际上，这是一个复杂的过程，也是欧洲设计规范中关于薄壁钢构件设计的重要内容。

区分以下两类截面特性参数是非常重要的：

（1）毛截面特性参数；

（2）有效截面特性参数。

“有效截面特性参数”是指一个虚拟的横截面面积，亦即考虑局部屈曲的影响后，减少了的毛截面面积（详见本章第 24.3 节）。而当考虑畸变屈曲时，进一步减少面积也是必要的（见本章第 24.4 节）。轻钢构件的抗弯与抗压承载力全部是基于有效截面特性参数进行计算的。而有效截面特性参数的计算方法细则将在本章稍后部分详加说明。本节的余下部分将集中论述毛截面特性参数的计算。

顾名思义，“毛截面”是指不考虑局部屈曲影响的全部截面。对多数截面形状来说，计算毛截面特性参数相对简单，涉及计算多个组件（包括翼缘、腹板和加劲肋等）的面积、一次面积矩和二次面积矩的总和，也包含了主形心轴及次形心轴的位置计算。并根据以上所得，算出整体截面的二次面积矩。而其他的截面特性参数，可以用相同方法进行。在考虑薄壁构件截面特性时，应注意以下三点：

（1）钢板净厚度；

（2）中线法的应用；
（3）圆角半径的影响。

24.2.1 钢板净厚度

用于轻钢结构建筑的冷轧带钢通常要进行预镀锌处理。因此，钢材规格所规定的钢材厚度一般包括镀层厚度。然而，根据 BS EN 1993-1-3（条款 13.2.4）中的规定，所有截面特性是基于钢材的净厚度，而不包括镀层厚度。建筑产品的标准锌层规格为 275g/m^2（称为 Z275），转化为镀层厚度则为每面 0.02mm。因此，钢板的设计厚度应取值为标称钢板厚度减去 0.04mm。

24.2.2 中线法

当计算薄壁构件的截面特性时，标准做法是基于各组件的中心线来测定其尺寸。这个假设也忽略了圆角半径的存在（见本章第 24.2.3 节）以简化计算，从而得出由多个矩形组件所组成的一个理想化截面。在计算单个组件的长度时，相邻组件的重叠区域必须作出协调，以避免重复计算。中线法的运用大大简化了截面的形状，各组件的长度可简单地按中心线交点之间的距离计算。但在该假设下，根据角部数量，各组件的长度将被减少半个至一个标称钢材厚度，即 $t/2$ 至 $1t$。图 24-3 所示为一个卷边槽形钢的中心线测定尺寸。

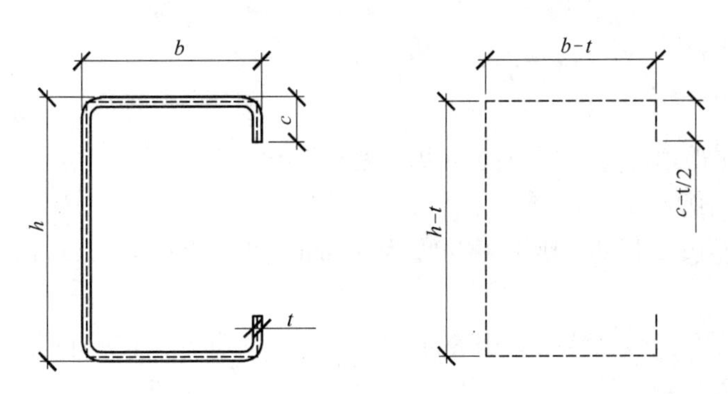

图 24-3 卷边槽形钢的中心线测定尺寸

24.2.3 圆角半径的影响

按照本章第 24.2.2 节提到的中线法所得出的理想化截面，易于进行截面分析。但如果不对此作出适当的修正，圆角部分的特性则将被忽略。此问题在图 24-4 中列出。

按中线法，腹板与翼缘的中心线将交叉于 X 点。而实际上，P 点才是真正的交叉

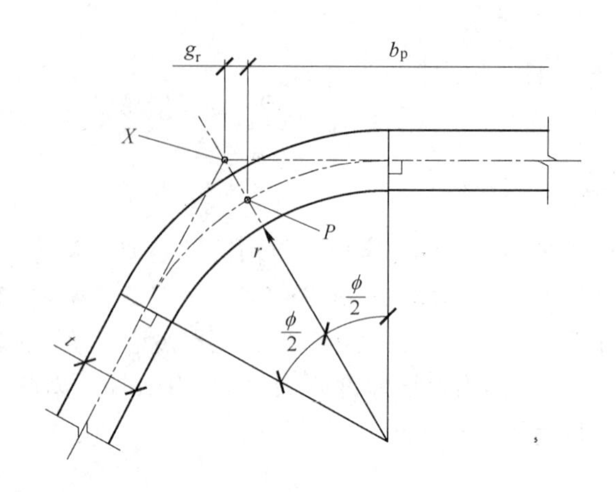

图 24-4 薄壁型钢截面的圆角

点，与 X 点的径向距离为 g_r：

$$g_r = r_m\left[\tan\left(\frac{\phi}{2}\right) - \sin\left(\frac{\phi}{2}\right)\right] \tag{24-1}$$

式中，$r_m = r + t/2$。

显然，按中线法所得的截面特性某种程度上包含着一定的误差。对于设计人员来说，要了解这个误差是否显著。在此问题上，BS EN 1993-1-3（在条款 1.1 中）给出了条文指引，指出圆角相对于整体截面的影响可忽略不计，但必须满足以下两个条件：

$$r \leqslant 5t$$

$$r \leqslant 0.1b_p$$

式中，b_p为所测得角部组件中点间距离（见图 24-4）。

请看以下实例：

一典型的卷边 C 形钢，其标称宽度为 65mm，圆角半径为 3.0mm，其标称钢板厚度为 1.5mm。

按标准的 275g/m^2 锌涂层，其钢板净厚度 $t = 1.46$mm。按中心法测量的翼缘宽度为 65 − 1.5 = 63.5mm。

（由于假设标称宽度 65mm 也包含镀层厚度，所以按照中心线法，计算翼缘宽度时直接用标称宽度减去标称厚度是合理的。）

$$r_m = r + \frac{t}{2} = 3.73\text{mm}$$

$$g_r = r_m\left[\tan\left(\frac{\phi}{2}\right) - \sin\left(\frac{\phi}{2}\right)\right] = 1.09\text{mm}$$

$$b_p = 63.5 - 2g_r = 61.32\text{mm}$$

圆角半径条件检查：

$5t=7.3\text{mm}$ 及 $r=3.0\text{mm}$，因此 $r\leqslant 5t$

$0.1b_p=6.13\text{mm}$，$r=3.0\text{mm}$，因此 $r\leqslant 0.1b_p$

所以本例中，当计算截面承载力时，圆角的影响可以忽略不计。

注意：计算截面刚度特性时，应考虑到圆角的影响。

当需要考虑圆角的影响时，应假设截面的转角为钝角以初步计算截面特性（即忽略了圆角的影响），然后引入折减系数来处理：

对于面积，$A_g \approx A_{g,sh}(1-\delta)$ (24-2)

对于二次面积矩，$I_g \approx I_{g,sh}(1-2\delta)$ (24-3)

对于翘曲作用，$I_w \approx I_{w,sh}(1-4\delta)$ (24-4)

式中，下标"sh"表示基于钝角假设所计算的截面特性，而 δ 为折减系数，公式如下：

$$\delta = 0.43\frac{\sum_{j=1}^{n} r_j \frac{\phi_j}{90°}}{\sum_{i=1}^{m} b_{p,i}} \tag{24-5}$$

式中 r_j——圆弧组件 j 的内侧半径；

n——圆弧组件的数目（转角的数目）；

ϕ_j——相邻平直组件之间的夹角；

$b_{p,i}$——平面组件 i 的名义宽度；

m——平面组件的数目。

当计算有效截面特性时，包括 A_{eff}、$I_{y,eff}$、$I_{z,eff}$ 和 $I_{w,eff}$，应采用相同的折减系数；其中，相邻平直组件的名义宽度值为两个相邻交叉点间的距离。

当 $r_j>0.04tE/f_y$ 时，截面的承载力应通过试验来确定。这种情况很少出现于轻钢框架结构的标准截面设计中，但对市面上不常见的截面时，设计人员便需要知晓此种限制。

24.3 局部屈曲

由于能充分运用材料的截面性能，建筑用薄壁型钢构件是非常有效的。然而从设计人员的角度出发，考虑局部屈曲对于构件截面承载力的影响，相应的折减措施是必需的。

热轧型钢是结构设计人员十分熟悉的构件类型。其中，型钢截面受到局部屈曲影响的敏感性取决于组件的尺寸比例限值（例如腹板的高厚比）。每种型钢截面依据不同的尺寸比例限值进行分类（在某些情况下，取决于该构件受压程度）。BS EN 1993-1-1[4] 描述了四类截面分类，并针对每个级别制定了相应的设计规则，以反映局部屈曲对截面承载力的影响。分类范围为Ⅰ～Ⅳ类。Ⅰ类截面定义为能承受塑性弯矩并且适应塑料铰完全转动要求的截面；而Ⅳ类截面则定义为抗弯承载力在局部屈曲影响下，只能达到初始屈服弯矩值的截面（即距离中性轴最远点的弯曲应力达到材料屈服强度时的弯矩）。

对于轻钢结构设计，所采用的方法是完全不同的。薄壁型钢一般被假设为Ⅳ类截面（即使 BS EN 1993-1-3 中没有提到这个概念）。基于这个假设，设计过程中将着重于有效截面特性的计算方法。该方法遵循 BS EN 1993-1-3 中设计Ⅳ类截面的程序。该方法简化了局部屈曲导致的复杂应力分布的情况，可有效地减低运算难度，同时又不会过于保守。

24.3.1 有效宽度的概念

当处理细长板件的局部屈曲问题时，板的力学性能可以用有效宽度法作出近似值分析，见图 24-5。

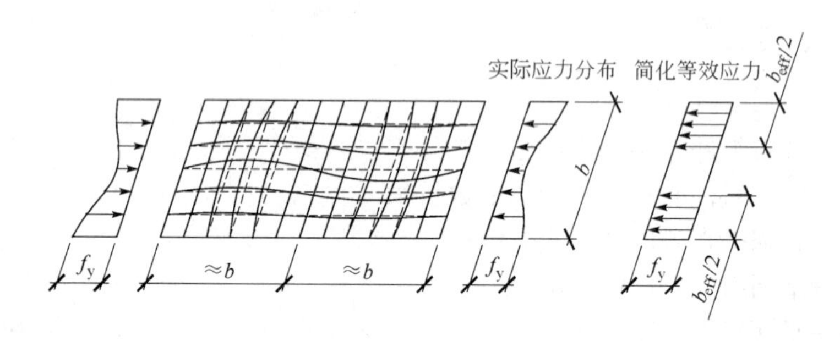

图 24-5 应用于板件的有效宽度概念

在此方法中，作用于板件宽度 b 的实际应力分布，将简化为作用于两个板件宽度 $b_{eff}/2$ 的等效应力。

板的中央部分是受局部屈曲影响最严重的部分，该区将被假设为无应力区，可完全忽略不计。简化模型的结果是将等效于钢材屈服的应力均匀作用于（被折减后的）板宽方向上。

BS EN 1993-1-3 采用了以上的有效宽度法来分析轻钢构件的截面特性。截面被分为多个组件（如翼缘、腹板及卷边等），各组件均被当作（如图 24-5 所示）扁平板件处理。有效宽度 b_{eff}的计算是根据板单元的受压应力大小来决定。所有受压板单元（轴向压缩或弯曲作用）均以有效宽度概念处理。然后，有效宽度 b_{eff}乘以钢板净厚度 t 即得出板单元有效面积 A_{eff}。因为非受压板单元不会出现局部屈曲，所以计算非受压板单元的有效截面特性时，有效宽度可取整个的组件宽度 b。

在获得板件的有效宽度和面积后，其有效截面特性可通过计算方式来获得；即通过计算得到中和轴位置后，计算截面对于该中和轴的一次面积矩和二次面积矩。当计算截面的抗压承载力和抗弯承载力时，应使用相对应的“有效截面特性”来计算。

由于纯受压板单元与受弯板单元的应力分布有所不同，故两者的有效截面特性也会有所不同。此外，非对称截面在受弯情况下，其正弯矩及负弯矩所对应的有效截面特性也各有不同。所以在不同的受力情况下使用相对应的有效截面特性是非常重要的。

对于较厚的薄壁型钢截面，特别是那些具有较厚实的腹板和翼缘的截面，通过折减其截面特性以考虑局部屈曲的方法是行不通的。因为 BS EN 1993-1-3 并没有给出热轧型钢的截面分类概念，所以即使是那些较厚实的薄壁型钢截面也应遵循上述程序来进行设计。然而，在此情况下有效宽度 b_{eff}将自动等效为完整宽度 b。因此，其有效截面特性将完全等于毛截面特性。

24.3.2 欧洲规范对无加劲板件的计算方法

本节重点讨论受压组件的有效宽度 b_{eff}的计算方法。当获得截面中所有受压组件的有效宽度 b_{eff}后，应采用本章第 24.3.1 节概述的方法来确定其有效截面特性。

BS EN 1993-1-3 的第 15.5.2 条中介绍了无加劲肋平面组件有效宽度 b_{eff}的计算方法。然而，详细方法包括相关的公式，可从 BS EN 1993-1-5 中找到[5]。

对于各组件，有效宽度由下式给出：

$$b_{eff} = \rho b \tag{24-6}$$

式中，b 为组件宽度；ρ 为考虑局部屈曲的折减系数。

无论是内部的组件还是突出的组件，折减系数 ρ 均考虑了组件的长细比特性及其应力分布。

对于内部组件，ρ 值由下式给出：

$$\rho = \frac{\overline{\lambda}_p - 0.055(3+\psi)}{\overline{\lambda}_p^2} \leqslant 1.0 \tag{24-7}$$

对于突出组件，ρ 值由下式给出：

$$\rho = \frac{\overline{\lambda}_p - 0.188}{\overline{\lambda}_p^2} \leqslant 1.0 \tag{24-8}$$

式中，ψ 为组件两端之间的应力比值；$\overline{\lambda}_p$ 为的组件的长细比，由下式给出：

$$\overline{\lambda}_p = \sqrt{\frac{f_y}{\sigma_{cr}}} = \frac{\overline{b}/t}{28.4\varepsilon\sqrt{k_\sigma}} \tag{24-9}$$

式中 f_y——设计强度；

σ_{cr}——板的弹性临界屈曲应力；

$\overline{b}$——受压组件的合理宽度；

t——钢板净厚度（即减去镀层厚度）；

k_{σ}——对应于应力比值ψ及边界条件的屈曲系数。对于内部组件和突出组件的 k_{σ} 值可分别从 BS EN 1993-1-5 表 4-1 和表 4-2 中找到。

$\varepsilon = \sqrt{235/f_y}$。

如第 24. 3. 1 小节所述，组件长细比应有其限值。低于此值时，局部屈曲将不会影响截面承载力。此限值则通过式（24-7）和式（24-8）中 $\rho = 1$ 来体现。根据 BS EN 1993-1-5，可得到如下数值：

对于内部组件：

$\bar{\lambda}_p \leqslant 0.673$

对于突出组件：

$\bar{\lambda}_p \leqslant 0.748$

当 $\bar{\lambda}_p$ 低于设定限值时，在该组件的有效宽度运算中，ρ 值应取为 1.0。这并不一定意味着整个截面是完全有效的，因为截面中其他组件的有效宽度可能会出现 $\rho <$ 1.0 的情况。

24.4 畸变屈曲

在局部屈曲的讨论中，截面角部被假设保持在固定位置上。因此，屈曲变形将发生在组件的长度范围内，此情况如图 24-6*a* 所示。相反情况，如图 24-6*b* 所示，翼缘的右上角部分并未保持在固定位置上，并且还被允许转动，这就是畸变屈曲。

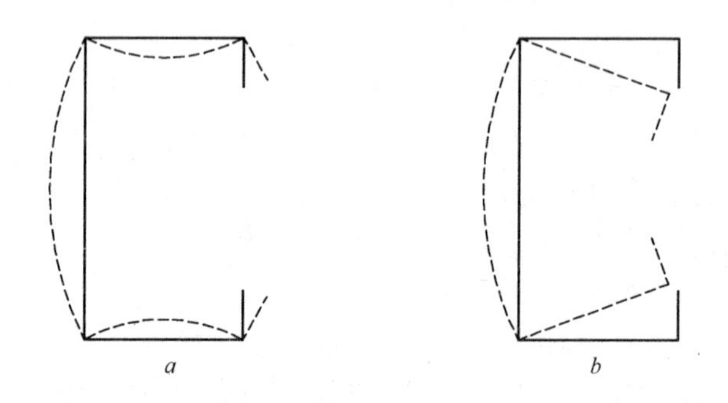

图 24-6 局部屈曲与畸变屈曲

a—局部屈曲；*b*—畸变屈曲

截面的畸变屈曲敏感性取决于加劲肋阻止相邻翼缘圆角发生位移的能力。这取决于翼缘与加劲肋之间的相对几何特性，尤其是它们的相对刚度。针对加劲肋的设计，BS EN 1993-1-3 提出了一个基于简单弹簧模型的计算方法。此方法见本章第 24. 4. 1 节，而第 24. 4. 2 节则给出了该方法的概要。

24.4.1 加劲截面设计

由于薄壁型钢对局部屈曲与畸变屈曲非常敏感，所以制造商的惯常解决方法是在型钢轧制过程中引入卷边加劲肋。最常见的加强截面特性方法是在翼缘的自由边，引入单卷边或双卷边。而翼缘中央设置加劲肋则方便于较薄规格钢材的使用。虽然腹板加劲技术使截面较深的檩条和地板格栅应用受益，但对于轻钢框架截面腹板加劲技术并不常见。对常用于楼盖和楼板的开口式压型钢板来说，其钢板厚度很薄，翼缘和腹板加劲肋则会被经常用到。

BS EN 1993-1-3 为解决上述问题提供了相关指南。通常情况下，先假设加劲肋作为受压杆件提供持续约束。这个假设是合理的，因为不论该构件是否受轴向压缩或弯曲，至少有一个翼缘及其加劲肋将受到纵向压缩应力。如图 24-7 所示，设计模型中的加劲肋可采用线性刚度为 K 的弹簧模拟。

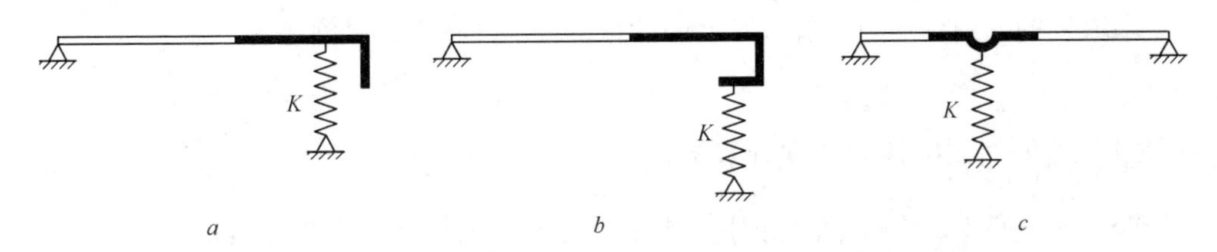

图 24-7 线性弹簧模型

a—单折卷边加劲肋；*b*—双折卷边加劲肋；*c*—中间加劲肋

弹簧刚度取决于边界条件与相邻平面组件的弯曲刚度。假定该弹簧作用于加劲肋有效截面的形心处。图 24-7 给出了卷边加劲和中部加劲两种不同的加劲类型。在所有情况下，“加劲肋有效截面”均以黑色实线表示，包含了加劲肋本身及相邻翼缘部分长度。

为了使加劲肋提供足够的刚度，且本身不发生屈曲，BS EN 1993-1-3 给出了加劲肋相对于相邻翼缘部分的几何形状限制，细则如下：

（1）对于单卷边或双卷边截面，卷边长度 c 与其垂直的翼缘宽度 b 的比例应为：$0.2 \leqslant c/b \leqslant 0.6$；

（2）对于双卷边截面，回卷边长 d 跟其平行的翼缘宽度 b 的比例应为：$0.1 \leqslant d/b \leqslant 0.3$。

对于卷边 C 形钢和 Z 形钢的卷边加劲肋，翼缘 1 的弹簧刚度 K_1 可以根据下式求得：

$$K_1 = \frac{Et^3}{4(1-v^2)} \cdot \frac{1}{b_1^2 h_w + b_1^3 + 0.5 b_1 b_2 h_w k_f} \tag{24-10}$$

式中 b_1，b_2——分别为“腹板-翼缘交点”与翼缘 1、翼缘 2 卷边加劲肋有效截面形心处之间的距离；

h_w——腹板高度；

k_f——这两个卷边加劲肋的有效面积之比（包括翼缘部分的面积）。

其他所有符号则按其通用意义。

k_f 取值如下：

（1）对于轴向受压截面，翼缘 1 和翼缘 2 均受压，故 $k_f = A_{s2}/A_{s1}$（式中，A_{s1} 和 A_{s2} 分别为各卷边加劲肋的有效面积）；

（2）对于主轴受弯截面，翼缘 1 受压，而翼缘 2 受拉，故 $k_f = 0$；

（3）对于对称受压截面，$k_f = 1$。

计算加劲肋的弹簧刚度后，按 BS EN 1993-1-3 中所述的方法求出加劲肋的弹性临界应力 $\sigma_{cr,s}$，随后算出其相对长细比 $\overline{\lambda}_d$ 及畸变屈曲折减系数 χ_d。最后，χ_d 将被用于确定加劲肋折减后的有效面积。在计算其截面的有效特性时，一般以折减厚度表示。

求取 χ_d 的详细算法与其折减厚度的计算，在下文将作详尽阐述。

24.4.2 关于加劲板件的欧规计算方法

BS EN 1993-1-3 的第 55.3 条中列出了卷边和中间加劲肋平板组件的详细设计方法。该方法把 b_{eff} 与加强肋折减厚度的计算结合在一起。前者考虑了组件长度范围内的局部屈曲，而后者则考虑了畸变屈曲的影响。

下面所介绍的内容为翼缘端部加劲的设计方法。它分为三个步骤，其中最后一步涉及了可选的迭代程序，以精确求出折减系数 χ_d 的数值。BS EN 1993-1-3 也提出了翼缘中部加劲、腹板加劲和开口压型钢板的设计方法。

步骤 1：

首先按照本章第 24.3.2 节的方法计算翼缘的有效宽度 b_{eff}。在此阶段，卷边加劲肋被假定为刚度无限大，能为翼缘的自由端提供充分约束。如图 24-6*a* 所示，截面的圆角部分被保持固定在其原位置上，破坏模式由局部屈曲造成。并假定翼缘当中最大的受压应力为材料的设计强度，即：

$$\sigma_{com,Ed} = f_{yb}/\gamma_{M0} \tag{24-11}$$

步骤 2：

在此步骤中，卷边加劲肋被独立分离考虑，以计算出其畸变屈曲折减系数 χ_d。在此阶段，卷边加劲肋不再如步骤 1 假定的刚度无限大，而以弹簧约束取代，其刚度为 K，见图 24-7。弹簧刚度 K 可根据式（24-10），使用步骤 1 所求得截面的初始有效面积来计算。当求得 K 值后，卷边加劲肋的弹性临界应力 $\sigma_{cr,s}$ 可按以下式

求得：

$$\sigma_{cr,s} = \frac{2\sqrt{KEI_s}}{A_s} \tag{24-12}$$

式中，I_s 与 A_s 分别为加劲肋的有效二次面积矩及面积。

加劲肋畸变屈曲的相对长细比 $\overline{\lambda}_d$ 为：

$$\overline{\lambda}_d = \sqrt{\frac{f_{yb}}{\sigma_{cr,s}}} \tag{24-13}$$

式中，f_{yb}为钢材的基本设计强度。

畸变屈曲折减系数χ_d 与长细比 $\overline{\lambda}_d$ 有关，其关系如下：

当 $\overline{\lambda}_d \leqslant 0.65$ 时，$\chi_d = 1.0$ (24-14a)

当 $0.65 < \overline{\lambda}_d \leqslant 1.38$ 时，$\chi_d = 1.47 - 0.723\overline{\lambda}_d$ (24-14b)

当 $\overline{\lambda}_d \geqslant 1.38$ 时，$\chi_d = \dfrac{0.66}{\overline{\lambda}_d}$ (24-14c)

步骤3：

χ_d 系数值可通过回到步骤 1 可进行多次迭代，并修正其数值。迭代过程中，翼缘有效宽度 b_{eff}也根据受压应力值 $\sigma_{com,Ed}$的修正而随之作出修正。

有效宽度的修正值可通过折减系数ρ 的修正计算求得（见本章第24.3.2 节）。而 ρ 的修正值可由折减后的 $\overline{\lambda}_p$ 求出，其算式如下：

$$\overline{\lambda}_{p,red} = \overline{\lambda}_p\sqrt{\chi_d} \tag{24-15}$$

继步骤 1 之后，步骤 2 可按新求出的有效截面再次进行计算，以求出新的畸变屈曲折减系数χ_d。程序 1 与程序 2 应不断重复迭代，直至χ_d 的数值达到趋同。

步骤 3 是可选的。以初始χ_d 值来求出加劲肋的折减后面积是完全可以接受的。如设计人员选择迭代以获得修正后的χ_d值，一次或两次迭代应该是足够的。一旦χ_d值已达到理想的趋同效果，加劲肋的折减有效面积 $A_{s,red}$可按下式计算：

$$A_{s,red} = \chi_d A_s \frac{f_y/\gamma_{M0}}{\sigma_{com,Ed}} \tag{24-16}$$

式中，$\sigma_{com,Ed}$为加劲肋中心线的受压应力，可按有效面积求得。

以扣减厚度的形式来表示，通常使设计计算更方便：

$$t_{red} = tA_{s,red}/A_s \tag{24-17}$$

或可直接作如下计算：

$$t_{red} = t\chi_d \tag{24-18}$$

在本章结尾的实例 1 和实例 2 分别说明了如何按照以上步骤求卷边槽钢截面在受弯和受轴向压力下的有效截面特性。

24.5　受压构件设计

24.5.1　设计概念

薄壁钢构件（如承重墙内立柱）经常承受轴向压力。相对于热轧型钢，控制薄壁钢构件的破坏模式常为截面的屈曲强度而非屈服强度。这导致实际构件承载力远远低于截面挤压破坏的承载力。因此，这类构件的设计方法是集中计算其屈曲承载力，也在很多方面与热轧钢柱的设计方法相似。然而，薄壁型钢墙体的立柱与热轧型钢柱的结构性能在某些方面有所差异，这些差异必须在设计过程中予以说明。

不同于作为结构框架内独立构件的立柱，薄壁钢墙立柱常常与石膏板或一些防水建筑面板组合使用，形成一个承重墙板。因墙板的存在，对立柱提供了一定程度的侧向约束。当计算其屈曲承载力时，应考虑该约束的有利影响。然而，任何有利影响均必须结合工程实际，对有代表性长细比的立柱和类似的复合墙板进行测试验证。

通常，热轧型钢由弯曲屈曲控制，轻钢构件则易受弯扭屈曲影响。如在受压过程中，假如弯扭屈曲比弯曲屈曲承载力低，这自然代表该破坏模式控制了构件承载力。这已反映在了“欧规”的设计条文中。该条文规定设计弹性临界荷载应为弯曲屈曲、扭转屈曲和弯扭屈曲三者承载力中的最小值。

最后，正如本章第 24.3 节和第 24.4 节所述，轻钢构件更容易受局部屈曲和畸变屈曲的影响，两者都对构件的受压承载力产生不利影响。因此，在计算受压承载力时，应采用有效截面面积而非毛截面面积进行计算处理。

24.5.2　欧洲规范的计算方法

BS EN 1993-1-3 的第 6.2 条中描述了薄壁轻钢受压构件的设计方法。然而由于与热轧钢柱的设计相似，设计人员也可参考 BS EN 1993-1-1 的第 6.3 条，以获取更多设计数据，包括屈曲曲线。

轴向受压构件的屈曲承载力为：

$$N_{b,Rd} = \frac{\chi A_{eff} f_y}{\gamma_{M1}} \tag{24-19}$$

式中　χ——弯曲屈曲的折减系数；

A_{eff}——有效截面面积（参阅本章第 24.3 节及 24.4 节）；

f_y——设计强度；

γ_{M1}——屈曲破坏的安全系数。

因为 f_y 和 γ_{M1} 为已知（英国采用 $\gamma_{M1}=1.0$），并在本章前部分解释了有效面积 A_{eff}

的计算方法，故本章以下部分将阐释如何计算折减系数χ值。

折减系数χ值用于量化屈曲破坏的影响，并为构件承载力带来折减效应。该系数可从 BS EN 1993-1-1 中所列出合适的屈曲曲线及其相应的长细比值$\bar{\lambda}$求得。

BS EN 1993-1-1 提供了 5 条屈曲曲线，但 BS EN 1993-1-3 的第 6.2.2 条给薄壁钢构件设计提供了 3 条屈曲曲线。BS EN 1993-1-3 表 6-3 提供了适用于不同截面形状的屈曲曲线以供读者选择。

图 24-8 给出了屈曲曲线 b，即折减系数χ值与长细比值$\bar{\lambda}$的关系。截面受压的承载力则对应于$\chi=1.0$。

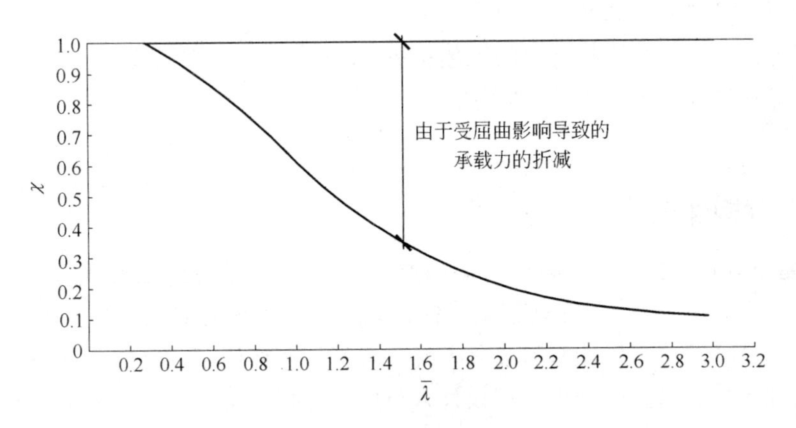

图 24-8　典型的屈曲曲线

长细比值$\bar{\lambda}$按下式求得：

$$\bar{\lambda}=\sqrt{\frac{A_{\mathrm{eff}}f_{\mathrm{y}}}{N_{\mathrm{cr}}}} \tag{24-20}$$

式中，N_{cr}为弹性临界荷载，按弯曲屈曲破坏则为欧拉荷载，其公式如下：

$$N_{\mathrm{cr}}=\frac{\pi^2 EI}{L_{\mathrm{cr}}^2} \tag{24-21}$$

式中　E——材料的杨氏模量；

I——适当的二次面积矩（按毛截面计算）；

L_{cr}——约束点之间的有效长度。

而长细比值$\bar{\lambda}$可按下式求得

$$\bar{\lambda}=\frac{L_{\mathrm{cr}}}{i}\frac{\sqrt{A_{\mathrm{eff}}/A}}{\lambda_1} \tag{24-22}$$

式中，i为回转半径，而λ_1可按下式求得：

$$\lambda_1=\pi\sqrt{\frac{E}{f_{\mathrm{y}}}} \tag{24-23}$$

显然，强轴和弱轴的有效计算长度是不同的。举例来说，当墙柱的中部处存在对于弱轴的侧向约束时，强轴和弱轴的 $\bar{\lambda}$ 值均应计算（因为在这种情况下，强轴弯曲屈曲可能起控制作用）。在失效模式为扭转屈曲或弯扭屈曲时，$\bar{\lambda}$ 应通过式（24-20）及破坏模式相关的弹性临界荷载 N_{cr}求得。两种破坏模式的 N_{cr}的计算公式已列于 BS EN 1993-1-3 中。

折减系数χ 可直接从 BS EN 1993-1-1 给出的屈曲曲线查到，或由下式求得：

$$\chi = \frac{1}{\Phi + \sqrt{\Phi^2 - \bar{\lambda}^2}} \quad (\text{且} \ \chi \leqslant 1.0) \tag{24-24}$$

$$\Phi = 0.5[1 + \alpha(\bar{\lambda} - 0.2) + \bar{\lambda}^2] \tag{24-25}$$

式中，α 为已选屈曲曲线相对应的缺陷系数。α 值可从 BS EN 1993-1-1 表 6-1 中获取。

本章结尾收录了 $N_{b,Rd}$的计算实例。

24.6 受弯构件设计

某些工程应用要求薄壁钢构件以受弯形式承载。例子包括地板格栅梁、屋面檩条和墙柱（受风荷载时）。与热轧钢梁一样，必须区分构件有侧向约束和侧扭屈曲两种情况，因为两者的抗弯性能有着显著差异。虽然许多格栅梁、檩条和横梁都附有不同形式的附加支撑提供侧向约束，但设计人员应注意在施工过程中潜在的侧向约束缺失和荷载反向的风险。除了检查构件承载力外，还有必要检查使用状态的限制值，如挠度和动态响应。

24.6.1 侧向约束构件

当梁和类似的结构构件的受压翼缘被固定并能阻止侧向扭转屈曲时，可以认为该构件有侧向约束。附加有覆盖层、石膏板（墙）的轻钢框架构件和楼板类产品（如木地板或混凝土楼板）常有这种情况。檩条和墙面板龙骨也经常由墙板提供侧向约束。

然而，由于屋面板仅连接到构件的一侧，并且因荷载方向的影响需要承受正弯矩或负弯矩，故檩条和墙面板龙骨在设计时，应至少考虑一种荷载情况下的侧向扭转屈曲。

有侧向约束的薄壁钢梁设计与等效的热轧钢构件设计相类似。因此，需要考虑以下问题：

（1）抗弯承载力；

（2）抗剪承载力；

（3）局部腹板失效；

（4）挠度要求。

正如前面提到的，薄壁钢和热轧钢之间的主要区别是对于局部屈曲和畸变屈曲的

敏感性，以上两种屈曲失效均按有效截面特性来处理。然而，薄壁材料还会有其他后果，如剪切屈曲、腹板压溃破坏、腹板皱曲或腹板在横向力下屈曲的风险增加。图24-9给出薄壁钢构件在受弯情况下的典型破坏模式。图中所示的构件是一个Z形截面檩条，钢框架结构中的卷边槽钢截面也可观测相类似的破坏模式。

图24-9 薄壁型钢檩条的弯曲破坏模式

在BS EN 1993-1-3的第6.1.4条中给出了薄壁型钢的截面抗弯承载力的计算，其抗弯承载力的计算公式为：

$$M_{c,Rd} = \frac{W_{eff} f_{yb}}{\gamma_{M0}} \tag{24-26}$$

式中，W_{eff}为有效弹性截面模量，见本章第24.3节及24.4节中的有关论述（见章后范例1）。

式（24-26）假设了构件的失效模式为受压翼缘屈服。当受拉翼缘首先出现屈服状态时，如BS EN 1993-1-3的第6.1.4.2条所述，受拉区的塑性区对构件承载力有利。在此种情况下，弯矩将受材料的最大承压应力$\sigma_{com,Ed}$限制，其最大值为f_{yb}/γ_{M0}。

在BS EN 1993-1-3的第6.1.5条中给出了抗剪承载力的计算公式：

$$V_{b,Rd} = \frac{\frac{h_w}{\sin\phi} t f_{bv}}{\gamma_{M0}} \tag{24-27}$$

式中 f_{bv}——考虑屈曲影响后的抗剪强度；

h_w——腹板高度，以翼缘中心线的垂直距离计算；

ϕ——腹板与翼缘之间的夹角。

很明显，$V_{b,Rd}$在此代表构件的抗屈曲承载力，而非其截面承载力。这是由于薄壁型钢对剪切屈曲的敏感性。由于剪切屈曲的失效风险是取决于腹板的长细比，所以较高的薄壁型材存在更大的风险。设计过程中，剪切屈曲将通过参数f_{bv}处理，此参数是基本屈服强度f_{yb}与腹板相应的长细比$\overline{\lambda}_w$的函数值。参数f_{bv}也可从 BS EN 1993-1-3 表 6-1 中查得。

在 BS EN 1993-1-3 的第 6. 1. 7 条中给出了局部横向力的设计方法。其中有数项公式给出了腹板的局部承载力$R_{w,Rd}$的计算方法，且考虑了荷载的作用部位（如是否靠近构件端部）、截面中包含腹板的数量及有无加劲肋等情况。

24. 6. 2　侧向扭转屈曲

理想情况下，薄壁钢构件应组成为一个系统，该系统能够对构件提供侧向及扭转约束，以防侧向扭转屈曲出现。然而，在某些不可能提供约束的情况下，该构件应设计为非约束梁。这种情况下的设计方法在 BS EN 1993-1-3 的第 6. 2. 4 条中已加以考虑。另外，对于檩条和墙面板龙骨，面板可以为与其相连的受压翼缘提供充分的侧向约束，但当翼缘受拉时，它只能提供部分侧向约束。此种情况的设计方法则在 BS EN 1993-1-3 的第 10. 1. 4 条中作了介绍。

强轴受弯的无约束梁与轴向受压柱具有类似的结构性能，其屈曲曲线如图 24-8 所示，同样适用于侧向扭转屈曲。这种失效模式的基本特征是受压翼缘因不受约束失稳而趋向侧向屈曲。然而，因为受压翼缘通过腹板与受拉翼缘连接，故其不能自由挠动，并且在变形过程中必将带动受拉翼缘。因受拉翼缘的抵抗，而导致典型的侧向变形与扭转变形的组合，通常称为侧向扭转屈曲。此种失效模式只能发生于强轴受荷情况；而对于弱轴受荷情况，失效模式必定为弱轴弯曲破坏，而非侧向扭转屈曲。

侧向扭转屈曲对梁抗弯承载力的影响基于若干因素。横截面的几何形状和构件的长细比是这些因素中比较重要的因素。依据几何形状，相比于构件的强轴抗弯刚度，弱轴抗弯刚度较低的构件更容易发生横向扭转屈曲，而且构件是否容易出现扭曲和翘曲也是重要因素。薄壁型钢（如 C 形钢与 Z 形钢）的这两项特性相对较弱。与此相反，方管型钢由于以上两项特性都强，则不易发生侧向扭转屈曲。

长细比与抗弯承载力的关系可从图 24-8 所示的屈曲曲线反映出来。对于粗短构件，其抗弯承载力受截面承载力控制（见式（24-26）），但随着长细比的增加，侧向扭转屈曲的影响变得越来越明显，故其抗弯承载力也随之显著降低。借鉴轴向受压的设计方法，引入折减系数可以更方便地量化侧向扭转屈曲的影响，以截面承载力的百分比表示。至于无约束梁，欧规规定该折减系数为χ_{LT}。

因无约束的薄壁型钢梁与热轧钢构件设计原理相类似，设计人员可以参考 BS EN 1993-1-1 的第 6. 3 条中所列的详细设计流程与屈曲曲线来进行设计。但也需按照 BS EN 1993-1-3 的第 6. 2. 4 条中的重要指引来选取合适的设计方法及屈曲曲线。

受弯构件的设计抗弯承载力由下式计算：

$$M_{b,Rd}=\frac{\chi_{LT}W_{eff,y}f_y}{\gamma_{M1}} \tag{24-28}$$

式中　χ_{LT}——侧向扭转屈曲的折减系数；

$W_{eff,y}$——有效截面的弹性模量（强轴）；

f_y——设计强度；

γ_{M1}——屈曲设计的分项安全系数。

BS EN 1993-1-1 给出了计算χ_{LT}的另外两种方法；而对于薄壁钢构件设计，规范中只有第6.3.2.2条所提到的“一般情况”方可采用。此方法相似于柱的受压屈曲设计，并使用相同的屈曲曲线。因此，相似于本章第24.5.2节所列的方程，其系数均以下标“LT”表示。

折减系数χ_{LT}由下式给出：

$$\chi_{LT}=\frac{1}{\Phi_{LT}+\sqrt{\Phi_{LT}^2-\bar{\lambda}_{LT}^2}}\left(且\chi_{LT}\leqslant 1.0\right) \tag{24-29}$$

$$\Phi_{LT}=0.5\left[1+\alpha_{LT}(\bar{\lambda}_{LT}-0.2)+\bar{\lambda}_{LT}^2\right] \tag{24-30}$$

式中，α_{LT}为与选定的屈曲曲线相对应的缺陷系数，可从 BS EN 1993-1-1 表6-3得出。由于 BS EN 1993-1-3 的第6.2.4条中列出了薄壁钢设计应采用屈曲曲线b，α_{LT}值则恒常取为0.34；

$\bar{\lambda}_{LT}$为侧向扭转屈曲的长细比，并按下式计算：

$$\bar{\lambda}_{LT}=\sqrt{\frac{W_{eff}f_y}{M_{cr}}} \tag{24-31}$$

式中，M_{cr}为侧向扭转屈曲的弹性临界弯矩，可按毛截面特性求得。

24.6.3　使用性能

除了检查构件在承载状态下的承载力，包括弯曲与剪切，设计人员还应该检查构件是否满足使用极限状态（SLS）下的要求。对于正常的建筑工程，应检查构件在附加荷载下的挠度是否超标。偶尔，轻钢构楼板的动态响应也需要进行检查。在这个问题上，还有专业的设计规程，如 SCI 出版物 P354《楼板抗震设计：新方法》（“*Design of floors for vibration*：*A new approach*”）[6]。

关于挠度计算，型钢的二次面积矩可按下式计算：

$$I_{fic}=I_{gr}-\frac{\sigma_{gr}}{\sigma}\left[I_{gr}-I(\sigma)_{eff}\right]$$

式中　I_{gr}——按毛截面计算的二次面积矩；

σ_{gr}——使用极限状态（SLS）下毛截面的最大弯曲压应力；

$I(\sigma)_{eff}$——计算截面最大应力值σ的有效截面二次面积矩，其中$\sigma\geqslant\sigma_{gr}$。

24.7　设计实例

The Steel Construction Institute

Silwood Park, Ascot,
Berks SL5 7QN
Telephone: (01344) 623345
Fax: (01344) 622944

CALCULATION SHEET

编　号		第1页	备　注
名　称			
题　目	受弯冷弯卷边槽钢的有效截面特性		
客　户	编　制	AW	日期
	审　核	MH	日期

计算受弯冷弯卷边槽型钢的有效截面特性

此范例介绍了如何计算一个冷弯薄壁型钢在弯曲荷载下的有效截面特性的设计过程。

截面尺寸及材料特性

截面高度	$h = 200\text{mm}$
翼缘宽度	$b_1 = b_2 = 65\text{mm}$
加劲肋高度	$c = 25\text{mm}$
圆角半径	$r = 3\text{mm}$
标称厚度	$t_{nom} = 2\text{mm}$
净厚度	$t = 1.96\text{mm}$
设计强度	$f_y = 350\text{N/mm}^2$
杨氏模量	$E = 210000\text{N/mm}^2$
泊松比	$v = 0.3$
分项安全系数	$\gamma_{M0} = 1.0$

中心线测定尺寸

腹板高度　$h_p = h - t_{nom} = 200 - 2 = 198\text{mm}$

翼缘宽度　$b_{p1} = b_{p2} = b_1 - t_{nom} = 65 - 2 = 63\text{mm}$

加劲肋高度　$b_{p,c} = c_p = c - t_{nom}/2 = 25 - 2/2 = 24\text{mm}$

几何特性检查

检查横截面的几何尺寸，以确保符合 BS EN 1993-1-3 的指南范围。

BS EN 1993-1-3 第5.2条

$b_1/t = 65/1.96 = 33.16 < 60$，满足条件

$c/t = 25/1.96 = 12.76 < 50$，满足条件

$h/t = 200/1.96 = 102.04 < 500$，满足条件

检查加劲肋的尺寸

$c/b_1 = 25/65 = 0.38$　　$0.2 < 0.38 < 0.6$，满足条件

检查圆角是否可以忽略不计

BS EN 1993-1-3 第5.1(3)条

$r/t = 3/1.96 = 1.53 < 5$，满足条件

$r/b_{p1} = 3/63 = 0.05 < 0.10$，满足条件

毛截面特性

$A = t(2c_p + b_{p1} + b_{p2} + h_p) = 1.96 \times (2 \times 24 + 63 + 63 + 198) = 729\text{mm}^2$

因为截面关于强轴对称，其中和轴位于腹板的中间高度。

$z_{b1} = 99.0\text{mm}$

受弯冷弯卷边槽钢的有效截面特性	第2页	备注

有效截面特性

下图所示为冷弯薄壁型钢在受弯荷载下的有效截面。应注意翼缘和腹板的失效部分，以及加劲肋和相邻翼缘的折减厚度。

（备注：BS EN 1993-1-3 第5.5条）

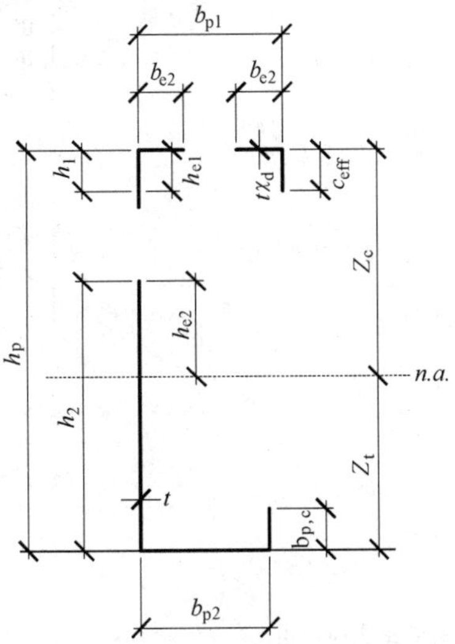

如图所示，翼缘和腹板的有效特性应分开计算。而后，截面的有效特性则可计算出来。

（备注：BS EN 1993-1-3 第5.5.3.2条）

受压卷边与翼缘的有效特性

（备注：BS EN 1993-1-3 第5.5.2条及 BS EN 1993-1-5 第4.4条）

第1步

受压翼缘的有效宽度

对于应力比 $\psi=1$（均匀受压），$k_\sigma=4$

$$\varepsilon = \sqrt{235/f_y}$$

$$\bar{\lambda}_{p,b} = \frac{b_{p1}/t}{28.4\varepsilon\sqrt{k_\sigma}} = \frac{63/1.96}{28.4\times\sqrt{235/350}\times\sqrt{4}} = 0.691$$

（备注：BS EN 1993-1-5 第4.4条）

$$\rho = \frac{\bar{\lambda}_{p,b}-0.055(3+\psi)}{\bar{\lambda}_{p,b}^2} = \frac{0.691-0.055\times(3+1)}{0.691^2} = 0.987 \leqslant 1.0$$

$b_{eff}=\rho b_{p1}=0.987\times63=62.2\text{mm}$

$b_{e1}=b_{e2}=0.5b_{eff}=0.5=62.2=31.1\text{mm}$

（备注：BS EN 1993-1-3 第5.5.3.2(5a)条）

受压卷边的有效宽度

屈曲系数由下式给出：

如 $b_{p,c}/b_{p1}\leqslant0.35$：$k_\sigma=0.5$

如 $0.35<b_{p,c}/b_{p1}\leqslant0.60$：$k_\sigma=0.5+0.83\sqrt[3]{(b_{p,c}/b_{p1}-0.35)^2}$

$b_{p,c}/b_{p1}=24/63=0.38$，所以 $k_\sigma=0.5+0.83\sqrt[3]{(0.38-0.35)^2}=0.58$

受弯冷弯卷边槽钢的有效截面特性	第3页	备 注

$$\overline{\lambda}_{p,c} = \frac{c_p/t}{28.4\varepsilon\sqrt{k_\sigma}} = \frac{24/1.96}{28.4 \times \sqrt{235/350} \times \sqrt{0.58}} = 0.690$$

BS EN 1993-1-5 第4.4条

$$\rho = \frac{\overline{\lambda}_{p,c} - 0.188}{\overline{\lambda}_{p,b}^2} = \frac{0.690 - 0.188}{0.690^2} = 1.05$$

BS EN 1993-1-5 第4.4条

但$\rho \leqslant 1$，所以取$\rho = 1$

卷边的有效宽度由下式给出：

$c_{eff} = \rho c_p = 1 \times 24 = 24\text{mm}$

BS EN 1993-1-3 第5.5.3.2(5a)条 第5.5.3.2(6)条

边缘加劲肋的有效面积为：

$A_s = t(b_{e2} + c_{eff}) = 1.96 \times (31.1 + 24) = 108.0\text{mm}^2$

第2步

BS EN 1993-1-3 第5.5.3.2(7)条

边缘加劲肋的弹性临界屈曲应力由下式给出：

$$\sigma_{cr,s} = \frac{2\sqrt{KEI_s}}{A_s}$$

式中，K为单位长度的弹簧刚度；I_s为加劲肋的有效二次面积矩。

$$K = \frac{Et^3}{4(1-\nu^2)}\frac{1}{b_1^2 h_p + b_1^3 + 0.5 b_1 b_2 h_p k_f}$$

BS EN 1993-1-3 第5.5.3.1(5)条

$$b_1 = b_{p1} - \frac{b_{e2} t b_{e2}/2}{(b_{e2} + c_{eff})t} = 63 - \frac{31 \times 1.96 \times 31.1/2}{(31.1 + 24) \times 1.96} = 54.23\text{mm}$$

$k_f = 0$ （强轴弯曲）

$K = 0.586\text{N/mm}^2$

$$I_x = \frac{b_{e2}t^3}{12} + \frac{c_{eff}^3}{12} + b_{e2}t\left[\frac{c_{eff}^2}{2(b_{e2}+c_{eff})}\right]^2 + c_{eff}t\left[\frac{c_{eff}}{2} - \frac{c_{eff}^2}{2(b_{e2}+c_{eff})}\right]^2 = 6100\text{mm}^4$$

$$\sigma_{cr,s} = \frac{2\sqrt{0.586 \times 210000 \times 6100}}{108.0} = 507.4\text{N/mm}^2$$

BS EN 1993-1-3 第5.5.3.2(7)条

$$\overline{\lambda}_d = \sqrt{f_y/\sigma_{cr,s}} = \sqrt{350/507.4} = 0.831$$

由于$0.65 < \overline{\lambda}_d < 1.38$，$\chi_d = 1.47 - 0.723\overline{\lambda}_d$

BS EN 1993-1-3 第5.5.3.1(7)条

$\chi_d = 1.47 - 0.723 \times 0.831 = 0.870$

第3步

EN 1993-1-3 允许设计人员选择是否以迭代法完善χ_d值。此范例并没有选择迭代法，所以将采用χ_d的初始值及有效截面特性，故对翼缘的最后一步计算是加劲肋的折减厚度。

BS EN 1993-1-3 第5.5.3.2(12)条

$t_{red} = t\chi_d = 1.96 \times 0.87 = 1.70\text{mm}$

受弯冷弯卷边槽钢的有效截面特性	第4页	备　注

腹板的有效特性

当翼缘受压时，中和轴的位置为：

$$h_c = \frac{c_p(h_p - c_p/2) + b_{2p}h_p + h_p^2/2 + c_{eff}^2\chi_d/2}{c_p + b_{p2} + h_p + b_{e1} + (b_{e2} + c_{eff})\chi_d} \qquad h_c = 101.1\text{mm}$$

应力比由下式给出：

$$\psi = \frac{h_c - h_p}{h_c} = \frac{101.1 - 198}{101.1} = -0.959$$

参考 EN 1993-1-5，腹板的屈曲系数由下式给出：

$k_\sigma = 7.81 - 6.29\psi + 9.78\psi^2 \quad k_\sigma = 22.83$

（备注：BS EN 1993-1-5 第4.4条）

$$\bar{\lambda}_{p,h} = \frac{h_p/t}{28.4\varepsilon\sqrt{k_\sigma}} = \frac{198/1.96}{28.4 \times \sqrt{235/350} \times \sqrt{22.83}} = 0.908$$

$$\rho = \frac{\bar{\lambda}_{p,b} - 0.055(3 + \psi)}{\bar{\lambda}_{p,h}^2} = \frac{0.908 - 0.055 \times (3 - 0.959)}{0.908^2} = 0.965$$

$h_{eff} = \rho h_c = 0.965 \times 101.1 = 97.5\text{mm}$

$h_{e1} = 0.4h_{eff} = 0.4 \times 97.5 = 39.0\text{mm}$

$h_{e2} = 0.6h_{eff} = 0.6 \times 97.5 = 58.5\text{mm}$

腹板的有效宽度可分为两部分，由下式算出：

$h_1 = h_{e1} = 39.0\text{mm}$

$h_2 = h_p - (h_c - h_{e2}) = 198 - (101.1 - 58.5) = 155.4\text{mm}$

整体截面的有效特性

$A_{eff} = t[c_p + b_{p2} + h_1 + h_2 + b_{e1} + (b_{e2} + c_{eff})\chi_d]$

$A_{eff} = 1.96 \times [24 + 63 + 39 + 155.4 + 31.08 + (31.08 + 24) \times 0.870]$

$A_{eff} = 706.4\text{mm}^2$

考虑受压翼缘时，中和轴的位置为：

$$z_c = \frac{t[c_p(h_p - c_p/2) + b_{p2}h_p + h_2(h_p - h_2/2) + h_1^2/2 + c_{eff}^2\chi_d/2]}{A_{eff}} = 101.7\text{mm}$$

考虑受拉翼缘时，中和轴的位置为：

$Z_t = h_p - z_c = 198 - 101.7 = 96.3\text{mm}$

$$I_{eff,y} = \frac{h_1^3 t}{12} + \frac{h_2^3 t}{12} + \frac{t^3 b_{p2}}{12} + \frac{c_p^3 t}{12} + \frac{t^3 b_{e1}}{12} + \frac{b_{e2}(\chi_d t)^3}{12} + \frac{c_{eff}^3(\chi_d t)}{12}$$
$$+ c_p t(z_1 - c_p/2)^2 + b_{p2}tz_1^2 + h_2 t(z_1 - h_2/2)^2 + h_1 t(z_c - h_1/2)^2$$
$$+ b_{e1}tz_c^2 + b_{e2}(\chi_d t)z_c^2 + c_{eff}(\chi_d t)(z_c - c_{eff}/2)^2$$

$I_{eff,y} = 4235508\text{mm}^4$

$$W_{eff,y,c} = \frac{I_{eff,y}}{z_c} = \frac{4235508}{101.7} = 41657\text{mm}^3$$

$$W_{eff,y,t} = \frac{I_{eff,y}}{z_t} = \frac{4235508}{96.3} = 43971\text{mm}^3$$

<table>
<tr><td rowspan="5">The Steel Construction Institute
Silwood Park, Ascot,
Berks SL5 7QN
Telephone: (01344) 623345
Fax: (01344) 622944
CALCULATION SHEET</td><td>编 号</td><td></td><td>第1页</td><td colspan="2">备 注</td></tr>
<tr><td>名 称</td><td colspan="4"></td></tr>
<tr><td>题 目</td><td colspan="4">受压卷边槽钢的有效截面特性</td></tr>
<tr><td rowspan="2">客 户</td><td>编 制</td><td>AW</td><td>日期</td><td></td></tr>
<tr><td>审 核</td><td>MH</td><td>日期</td><td></td></tr>
</table>

受压卷边槽钢的有效截面特性计算

此范例介绍了受压冷弯卷边槽形钢的有效截面特性的设计计算过程。这里所选用的型钢与范例1所选用的一样，所以有部分毛截面设计计算及检查将被省略。

截面尺寸和材料特性

截面高度	$h = 200\text{mm}$
翼缘宽度	$b_1 = b_2 = 65\text{mm}$
加劲肋高度	$c = 25\text{mm}$
圆角半径	$r = 3\text{mm}$
标称厚度	$t_{nom} = 2\text{mm}$
净厚度	$t = 1.96\text{mm}$
设计强度	$f_y = 350\text{N/mm}^2$
杨氏模量	$E = 210000\text{N/mm}^2$
泊松比	$v = 0.3$
分项安全系数	$\gamma_{M0} = 1.0$

中心线测定尺寸

腹板高度	$h_p = h - t_{nom} = 200 - 2 = 198\text{mm}$
翼缘宽度	$b_{p1} = b_{p2} = b_1 - t_{nom} = 65 - 2 = 63\text{mm}$
加劲肋高度	$b_{p,c} = c_p = c - t_{nom}/2 = 25 - 2/2 = 24\text{mm}$

毛截面特性

$$A = t(2c_p + b_{p1} + b_{p2} + h_p) = 1.96 \times (2 \times 24 + 63 + 63 + 198) = 729\text{mm}^2$$

因为截面关于强轴对称，其中和轴位于腹板的中间高度。

$z_{b1} = 99.0\text{mm}$

受压卷边槽钢的有效截面特性	第2页	备注

卷边和翼缘的有效特性

BS EN 1993-1-3 第5.5.3.2条

第1步

翼缘的有效宽度

BS EN 1993-1-3 第5.5.2条和 BS EN 1993-1-5 第4.4条

当应力比 $\psi=1$（均匀受压），$k_\sigma=4$

$\varepsilon=\sqrt{235/f_{yb}}$

$$\bar{\lambda}_{p,b}=\frac{b_{p1}/t}{28.4\varepsilon\sqrt{k_\sigma}}=\frac{63/1.96}{28.4\times\sqrt{235/350}\times\sqrt{4}}=0.691$$

$$\rho=\frac{\bar{\lambda}_{p,b}-0.055(3+\psi)}{\bar{\lambda}_{p,b}^2}=\frac{0.691-0.055\times(3+1)}{0.691^2}=0.987\leqslant1.0$$

$b_{eff}=\rho b_{p1}=0.987\times63=62.2\text{mm}$

$b_{e1}=b_{e2}=0.5b_{eff}=0.5=62.2=31.1\text{mm}$

受压卷边的有效宽度

BS EN 1993-1-3 第5.5.3.2(5a)条

屈曲系数由下式给出：

当 $b_{p,c}/b_{p1}\leqslant0.35$：$k_\sigma=0.5$

当 $0.35<b_{p,c}/b_{p1}\leqslant0.60$ 时：$k_\sigma=0.5+0.83\sqrt[3]{(b_{p,c}/b_{p1}-0.35)^2}$

$b_{p,c}/b_{p1}=24/63=0.38$，所以 $k_\sigma=0.5+0.83\sqrt[3]{(0.38-0.35)^2}=0.58$

BS EN 1993-1-5 第4.4条

$$\bar{\lambda}_{p,c}=\frac{c_p/t}{28.4\varepsilon\sqrt{k_\sigma}}=\frac{24/1.96}{28.4\times\sqrt{235/350}\times\sqrt{0.58}}=0.690$$

$$\rho=\frac{\bar{\lambda}_{p,b}-0.188}{\bar{\lambda}_{p,b}^2}=\frac{0.690-0.188}{0.690^2}=1.05$$

但由于 $\rho\leqslant1$，所以取 $\rho=1$

有效宽度由下式给出：

BS EN 1993-1-3 第5.5.3.2(5a)条 第5.5.3.2(6)条

$c_{eff}=\rho c_p=1\times24=24\text{mm}$

边缘加劲肋的有效面积为：

$$A_s=t(b_{e2}+c_{eff})=1.96\times(31.1+24)=108.0\text{mm}^2$$

第2步

BS EN 1993-1-3 第5.5.3.2(7)条

边缘加劲肋的弹性临界屈曲应力由下式给出：

$$\sigma_{cr,s}=\frac{2\sqrt{KEI_s}}{A_s}$$

式中，K 为单位长度的弹簧刚度；I_s 为加劲肋的有效二次面积矩。

受压卷边槽钢的有效截面特性	第3页	备 注

$$K = \frac{Et^3}{4(1-v^2)} \frac{1}{b_1^2 h_p + b_1^3 + 0.5 b_1 b_2 h_p k_f}$$

BS EN 1993-1-3 第5.5.3.1(5)条

$$b_1 = b_{p1} - \frac{b_{e2} t b_{e2}/2}{(b_{e2}+c_{eff})t} = 63 - \frac{31 \times 1.96 \times 31.1/2}{(31.1+24) \times 1.96} = 54.23\text{mm}$$

$b_2 = b_1 = 54.23$ （当截面的上、下翼缘尺寸相同时）

$k_f = \frac{A_{s2}}{A_{s1}} = \frac{108}{108} = 1.0$ （当构件轴向受压时）

$K = 0.421\text{N/mm}^2$

$$I_s = \frac{b_{e2}t^3}{12} + \frac{c_{eff}^3 t}{12} + b_{e2}t\left[\frac{c_{eff}^2}{2(b_{e2}+c_{eff})}\right]^2 + c_{eff}t\left[\frac{c_{eff}}{2} - \frac{c_{eff}^2}{2(b_{e2}+c_{eff})}\right]^2 = 6100\text{mm}^4$$

因为截面有相同尺寸翼缘，故上、下两个边缘加劲肋有着相同的弹簧刚度 K 与二次面积矩 I_s。

如截面为非对称时，可重复以上程序计算上、下两个边缘加劲肋的相关特性。

$$\sigma_{cr,s} = \frac{2\sqrt{0.421 \times 210000 \times 6100}}{108.0} = 430\text{N/mm}^2$$

$$\bar{\lambda}_d = \sqrt{f_y/\sigma_{cr,s}} = \sqrt{350/430} = 0.902$$

BS EN 1993-1-3 第5.5.3.1(7)条

当 $0.65 < \bar{\lambda}_d < 1.38$ 时，$\chi_d = 1.47 - 0.723\bar{\lambda}_d$

$\chi_d = 1.47 - 0.723 \times 0.902 = 0.818$

第3步

EN 1993-1-3 允许设计人员选择是否以迭代法完善 χ_d 值。此范例用迭代法，所以将采用 χ_d 的初始值及其有效截面特性。

BS EN 1993-1-3 第5.5.3.2(12)条

$t_{red} = t\chi_d = 1.96 \times 0.818 = 1.60\text{mm}$

翼缘的有效宽度

BS EN 1993-1-5 第4.4条

在均匀受压荷载下，应力比 $\psi = 1$ 和屈曲系数 $k_\sigma = 4$（内部受压构件）

$$\bar{\lambda}_{p,h} = \frac{h_p/t}{28.4\varepsilon\sqrt{k_\sigma}} = \frac{198/1.96}{28.4 \times \sqrt{235/350} \times \sqrt{4}} = 2.171$$

$$\rho = \frac{\bar{\lambda}_{p,h} - 0.055(3+\psi)}{\bar{\lambda}_{p,h}^2} = \frac{2.171 - 0.055(3+1)}{2.171^2} = 0.414$$

$h_{eff} = \rho h_p = 0.414 \times 198 = 82.0\text{mm}$

$h_{e1} = h_{e2} = 0.5 h_{eff} = 0.5 \times 82.0 = 41.0\text{mm}$

整体截面的有效特性

$$A_{eff} = t[2b_{e1} + h_{e1} + h_{e2} + (b_{e2} + c_{eff})\chi_d]$$

$A_{eff} = 459.1\text{mm}^2$

因为型钢截面是对称而同时承载单纯的轴向压力，与毛截面对比，截面形心位置将依旧不变，即距离翼缘 99mm。

<table>
<tr><td rowspan="6">The Steel Construction Institute
Silwood Park, Ascot,
Berks SL5 7QN
Telephone: (01344) 623345
Fax: (01344) 622944
CALCULATION SHEET</td><td>编 号</td><td></td><td>第1页</td><td colspan="2">备 注</td></tr>
<tr><td>名 称</td><td colspan="4"></td></tr>
<tr><td>题 目</td><td colspan="4">受压卷边槽钢承载力计算</td></tr>
<tr><td rowspan="2">客 户</td><td>编 制</td><td>AW</td><td>日期</td><td></td></tr>
<tr><td>审 核</td><td>MH</td><td>日期</td><td></td></tr>
</table>

受压卷边槽钢的承载力计算

此范例介绍了冷弯卷边槽形钢的有效截面特性的承载力 $N_{b,Rd}$ 计算过程。现假设其失效模式为弯曲屈曲，而非扭弯屈曲。然而，由于弱轴方向中部存在一个侧向约束，其在这个方向上的有效长度则折减一半，故此截面强轴和弱轴的抗屈曲力 $N_{b,Rd}$ 均应计算。此范例不会介绍如何计算截面特性，因其计算方法已在范例1与范例2介绍。

截面尺寸和材料特性

约束之间的构件长度

$L_y = 3.00\text{m}$

$L_z = 1.50\text{m}$

有效长度（假设构件的两端为铰接）：

$L_{cr,y} = 3.00\text{m}$

$L_{cr,z} = 1.50\text{m}$

截面高度	$h = 200\text{mm}$
翼缘宽度	$b = 65\text{mm}$
加劲肋高度	$c = 25\text{mm}$
圆角半径	$r = 3\text{mm}$
标称厚度	$t_{nom} = 2\text{mm}$
净厚度	$t = 1.96\text{mm}$
设计强度	$f_y = 350\text{N/mm}^2$
杨氏模量	$E = 210000\text{N/mm}^2$
分项安全系数	$\gamma_{M0} = 1.0$

毛截面特性

毛截面面积	$A = 729\text{mm}^2$
强轴二次面积矩	$I_y = 440.5\text{cm}^4$
弱轴二次面积矩	$I_z = 44.26\text{cm}^4$

有效截面特性

压载下的有效截面面积 $A_{eff} = 459.1\text{mm}^2$

受压卷边槽钢承载力计算	第2页	备 注
抗弯曲屈曲力		
$N_{b,Rd} = \frac{\chi A_{eff} f_y}{\gamma_{M1}}$		BS EN 1993-1-3 第6.2.2条
$\chi = \frac{1}{\phi + \sqrt{\phi^2 + \bar{\lambda}^2}}$，且$\chi \leqslant 1.0$		BS EN 1993-1-1 第6.3.1.1条
$\phi = 0.5[1 + \alpha(\bar{\lambda} - 0.2) + \bar{\lambda}^2]$		
强轴		BS EN 1993-1-1 第6.3.1.2条
$L_{cr,y} = 3.00\text{m}$		
$N_{cr,y} = \frac{\pi^2 EI_y}{L_{cr,y}^2} = \frac{\pi^2 \times 210000 \times 4405000}{3000^2} = 1014431\text{N}$		
$\bar{\lambda}_y = \sqrt{\frac{A_{eff} f_y}{N_{cr,y}}} = \sqrt{\frac{459.1 \times 350}{1014431}} = 0.398$		BS EN 1993-1-1 第6.3.1.3条
采用屈曲曲线 *b*		
屈曲曲线 b 的缺陷系数 $\alpha = 0.34$		BS EN 1993-1-3 表6-3
$\Phi = 0.5[1 + \alpha(\bar{\lambda}_y - 0.2) + \bar{\lambda}_y^2] = 0.5[1 + 0.34(0.398 - 0.2) + 0.398^2] = 0.613$		
$\chi_y = \frac{1}{\Phi + \sqrt{\Phi^2 - \bar{\lambda}_y^2}} = \frac{1}{0.613 + \sqrt{0.613^2 - 0.398^2}} = 0.927$		BS EN 1993-1-1 表6-1
抗弯曲屈曲力		
$N_{b,y,Rd} = \frac{\chi_y A_{eff} f_y}{\gamma_{M1}} = \frac{0.927 \times 459.1 \times 350}{1.0} = 149\text{kN}$		
弱轴		
$L_{cr,z} = 1.50\text{m}$		
$N_{cr,z} = \frac{\pi^2 EI_z}{L_{cr,z}^2} = \frac{\pi^2 \times 210000 \times 442600}{1500^2} = 407707\text{N}$		
$\bar{\lambda}_y = \sqrt{\frac{A_{eff} f_y}{N_{cr,y}}} = \sqrt{\frac{459.1 \times 350}{407707}} = 0.628$		BS EN 1993-1-1 第6.3.1.3条
根据屈曲曲线 *b*		
得到缺陷系数 $\alpha = 0.34$		BS EN 1993-1-3 表6-3
$\Phi = 0.5[1 + \alpha(\bar{\lambda}_z - 0.2) + \bar{\lambda}_z^2] = 0.5[1 + 0.34(0.628 - 0.2) + 0.628^2] = 0.770$		
$\chi_z = \frac{1}{\Phi + \sqrt{\Phi^2 - \bar{\lambda}_z^2}} = \frac{1}{0.770 + \sqrt{0.770^2 - 0.628^2}} = 0.823$		BS EN 1993-1-3 表6-1
弹性屈曲承载力		
$N_{b,z,Rd} = \frac{\chi_z A_{eff} f_y}{\gamma_{M1}} = \frac{0.823 \times 459.1 \times 350}{1.0} = 132\text{kN}$		
控制弹性屈曲承载力		
$N_{b,Rd}$取$N_{b,y,Rd}$与$N_{b,z,Rd}$两者的最小值		
因此，有 $N_{b,Rd} = 132\text{kN}$		

参考文献

[1] British Standards Institution (2006) BS EN 1993-1-3 *Eurocode* 3: *Design of steel structures-Part* 1-3: *General Rules-Supplementary rules for cold-formed members and sheeting*. London, BSI.

[2] British Standards Institution (2009) BS EN 10346 *Continuously hot-dip coated steel falt products-Technical delivery conditions*. London, BSI.

[3] Grubb P. J., Gorgolewski M. T. and Lawson R. M. (2001) *Light Steel Framing in Residential Construction*. SC1 Publication 301. Ascot, Steel Construction Institute.

[4] British Standards Institution (2005) BS EN 1993-1-1 *Eurocode* 3: *Design of steel structures-Part* 1-1: *General rules and rules for buidings*. London, BSI.

[5] British Standards Institution (2006) BS EN 1993-1-5 *Eurocode* 3: *Design of steel structures-Part* 1-5: *Plated structural elements*. London, BSI.

[6] Smith A. L., Hicks S. J. and Devine P. J. (2009) *Design of floors for vibration*: *A new approach*, *Revised Edition*. SCI Publication 354. Ascot, Steel Construction Institute.

25 螺栓连接*

Bolting Assemblies

MARK TIDDY and BUICK DAVISON

25.1 结构用螺栓连接副的类型

25.1.1 结构用非预紧螺栓连接副

结构连接中最常用的螺栓连接副的性能等级为4.6级和8.8级。栓孔间隙为2mm的非预紧螺栓，称其为普通非预紧螺栓连接副，符合BS EN 150481[1]的相关要求，详见表25-1[2]。

表25-1 配套的普通螺栓、螺母和垫圈[2]

等　级	螺　栓	螺　母①	垫　圈
一体化全螺纹螺栓			
4.6	BS EN ISO 4018	BS EN ISO 4034③(4级)	BS EN ISO 7091(100HV)
8.8	BS EN ISO 4017②	BS EN ISO 4032②(8级)④	BS EN ISO 37091(100HV)❶
10.9	BS EN ISO 4017②	BS EN ISO 4032②(10级)⑤	BS EN ISO 7091(100HV)
一体化部分螺纹螺栓			
4.6	BS EN ISO 4016	BS EN ISO 4034③(4级)	BS EN ISO 7091(100HV)
8.8	BS EN ISO 4014②	BS EN ISO 4032②(8级)④	BS EN ISO 7091(100HV)
10.9	BS EN ISO 4014②	BS EN ISO 4032②(10级)⑤	BS EN ISO 7091(100HV)

① 也可以使用较高级别的螺母。

② 也可以使用强度等级分别符合BS EN ISO 4014或BS EN ISO 4017的8.8级和10.9级螺栓（尺寸和公差分别符合BS EN ISO 4016或BS EN ISO 4018），并且采用配套的BS EN ISO 4032强度等级的螺母（尺寸和公差符合BS EN ISO 4034）。

③ M16及更小的螺栓采用5级螺母。

④ 镀锌或喷镀锌的8.8级螺栓应采用10级螺母。

⑤ 镀锌或喷镀锌的10.9级螺栓应采用符合BS EN ISO 4032的12级螺母。

结构用螺栓连接副的性能等级标识体系与BS EN ISO 898-1[3]相一致，由两组数字构成：第一组数字代表“名义抗拉强度的1%”（单位为MPa）；第二组数字代表“名义屈服强度与名义抗拉强度比值的10倍”（单位为MPa）。将这两个数字相乘可

* 本章主译：侯兆新，参译：龚超。

❶ 维氏硬度级别（译者注）。

以得到屈服强度值（单位为 MPa）。例如，4. 6 级螺栓表示：该螺栓的名义抗拉强度为 400MPa，屈服强度为 240(=0. 6 ×400) MPa。

用一组数字来指定螺母，以表示能够与之配套的最合适的螺栓性能等级。因此，一个性能等级为 8 级的螺母通常与 8. 8 级螺栓配套使用。当然，采用的螺母性能级别高于螺栓级别的做法也是允许的，可以避免螺纹滑扣。当为镀锌或喷镀锌螺栓时，必须采用较高级别的螺母（见表 25-1 中的注④和注⑤）。通常采用符合 BS EN 15048 要求、性能等级为 8. 8 级的螺栓，其标准栓杆直径为 20mm，并推荐用于所有主要的结构连接。通常，采用性能等级为 4. 6 级且其直径为 12mm 或 16mm 的螺栓时，仅适用于轻型部件的固定，如檩条或压型板及墙面板的轻钢龙骨等。

一些情况下，工程师要求节点不能出现滑移，如在支撑跨内，承受较大荷载反向的柱子拼接接头，需要采用符合 BS EN 14399-3[4] 的结构用高强度螺栓连接副来施加预紧力。结构用预紧式高强度螺栓连接副，也可按普通的非预紧式螺栓连接副的使用方法，作为非预紧用。

25. 1. 2　结构用预紧式高强度螺栓连接副

结构用预紧式高强度螺栓连接副的生产制造应按照 BS EN 14399-3 的规定。该英国标准涵盖了 8. 8 级和 10. 9 级两个不同性能等级的螺栓。一般钢结构工程最常使用的是 8. 8 级，10. 9 级则不常使用，因此可能需要按订单生产。使用 8. 8 级和 10. 9 级预紧式螺栓连接副时，均需符合 BS EN 1090-2[5] 的相关规定（见表 25-2）。

表 25-2　配套的预紧螺栓、螺母及垫圈[2]

相关规定	螺栓/螺母/垫圈零件 HR 体系		螺栓/螺母/垫圈零件 HRC 体系
一般要求	BS EN 14399-1		
螺栓/螺母安装	BS EN 14399-3	BS EN 14399-7	BS EN 14399-10
	六角头螺栓	埋头螺栓	张力控制螺栓
螺栓标识	HR	HR	HRC
螺母标识	HR	HR	HR 或 HRD
性能等级	8. 8/8 或	8. 8/8 或	10. 9/10
	8. 8/10 或	8. 8/10 或	
	10. 9/10	10. 9/10	
垫　圈	BS EN 14399-5	或 BS EN 14399-6	
垫圈标识	H		
直接张力指示器，螺母面垫圈和螺栓面垫圈	BS EN 14399-9		根据用户的考虑
直接张力指示器标识	H8 或 H10		
螺母面垫圈标识	HN		

续表 25-2

相关规定	螺栓/螺母/垫圈零件 HR 体系	螺栓/螺母/垫圈零件 HRC 体系
螺栓面垫圈标识	HB　　不适用	
预紧的适用性测试	BS EN 14399-2 和特定产品标准的附加测试	
螺栓杆长度的选择要保证螺母受压面和栓杆没有螺纹的部分之间留有最少 4 个螺纹长度（不包括已用的螺纹）		

25.1.3　全螺纹螺栓

过去常用的做法是使用螺纹长度较短的螺栓，如 1.5d，并规定再增加 5mm 长，这样就导致螺栓的种类繁多，从而导致管理费用昂贵，并影响施工进度。建议将全螺纹螺栓（行业术语上可称其为螺杆）作为行业标准，全螺纹螺栓所提供的螺纹长度要比特定连接所需的更长，从而可大大减少螺栓的长度规格种类。

研究表明：全螺纹螺栓轴向受力时产生的变形对典型节点性能的影响并不明显。在特殊考虑附加变形的例子中，通常建议在实际工程中采用预紧式螺栓，例如，可用于受剪/承载的受拉和受压连接，或柱端不承载的柱端连接。Owens[6] 给出了螺栓受拉和受剪情况下全螺纹螺栓的使用背景。

25.2　紧固方法及其应用

BS EN 1090-2 中允许采用三种方法紧固预紧式螺栓：扭力控制法、扭力控制配合传统的螺帽旋转法和直接拉力指示器法。本章的参考文献［7］中，对这些方法简要介绍如下：

（1）扭力控制法（torque control）。分两步施加扭力。第一步是在安装好节点后对全部螺栓施加扭力，直至达到所需值的 75%；第二步是对每个螺栓施加其余的扭力，直至每个螺栓上的扭力达到所需名义扭力值的 110%，额外的 10% 扭力，是为了补偿在紧固扳手撤掉后节点中预紧力的扭力松弛。

（2）联合法（combined method）。它是扭力控制法和传统的螺帽旋转法的结合，安装好节点后，预紧按两步进行，第一步是对全部螺栓施加扭力，直至达到所需值的 75%；第二步是在每个螺栓上施加一个预定螺帽旋转量，螺帽旋转量的大小取决于螺栓的长度。

（3）直接拉力指示器法（direct tension indicator）。在英国这是一种最为普及的方法，依靠直接拉力指示器上具有数个凸块的垫圈，即荷载指示垫圈，在对螺栓连接副进行预紧前，这些凸块会形成一个间隙，安装好节点后，将直接拉力指示器（DTI）初步锁紧直到凸块逐渐开始变形，在这个阶段，大约施加了 50% 的预紧力，当间隙接近额定值时，螺栓的受力将不会低于规定的预紧力值。

25.3 相关的尺寸要求

25.3.1 栓孔尺寸

普通螺栓的栓孔应有合适的间隙以便于螺栓插入，对于直径小于等于24mm的螺栓，间隙尺寸应为2mm，对于直径大于24mm的螺栓，间隙应为3mm。BS EN 1993-1-8[8]的表3-3给出了采用非预紧式螺栓的标准栓孔直径。当使用大圆孔或长槽孔时，需要注意，应使用足够大且足够厚的垫圈，以盖住栓孔。需要采用大直径垫圈时，应符合BS 4320[9]的相关要求。

通常，标准间隙的栓孔可以用于预紧式螺栓连接副，但预紧式螺栓连接副允许采用大圆孔、短槽孔或长槽孔，这时应在外层连接板的栓孔上使用合格的淬火垫圈，应在螺栓的两端使用淬火垫圈，而不仅在螺栓紧固端使用。

多层连接板的螺栓连接中可以采用大圆孔和短槽孔，但长槽孔仅适用于单层连接板的螺栓连接。当最外层的连接板开有长槽孔时，应在长槽孔上加盖垫片或垫板，其长度要比孔更长且厚度不小于8mm。

栓孔的孔型会影响螺栓抗滑移承载力的计算。其中孔型系数k_s值（参见BS EN 1993-1-8的表3-6），当使用标准孔时取为1.0，当使用大圆孔或长槽孔时可折减为0.85～0.63，这取决于槽孔的长度方向与荷载传递方向是相互垂直还是平行。

25.3.2 紧固件间距、端距和边距

在BS EN 1993-1-8的第3.5节中规定了紧固件的所有间距要求，现概括如下。

（1）最低要求（见图25-1）：

紧固件的中心间距　　$2.2d_0$

端距或边距　　$1.2d_0$

如果端距小于$3d_0$，则连接部位螺栓的承载力将不能完全发挥作用——详见第25.5.3条中有关承压的内容。

（2）最高要求（见图25-2）：

在受力方向的紧固件的中心间距——取$14t$或200mm中的较小者，其中t为较薄板件的厚度。

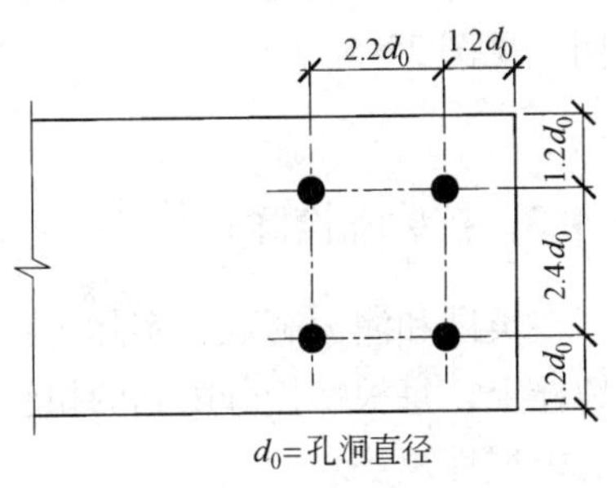

图25-1　最小尺寸

25.3.2.1 边距

从非加劲部件边缘到最接近的紧固件轴线的距离应为$4t+40$mm，其中t是外层较薄板件

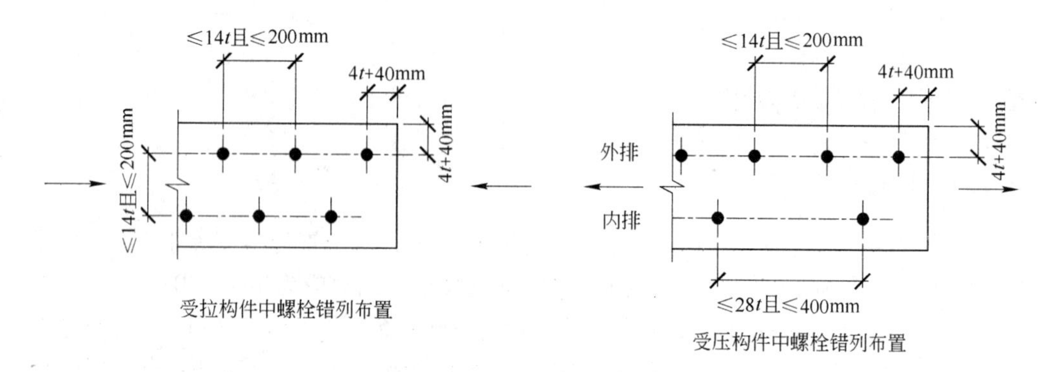

图 25-2 最大尺寸

的厚度。

25.3.3 背部边距和栓孔中心距

背部边距（back marks）是角钢肢或槽钢翼缘上螺栓孔的中心至角钢或槽钢腹板外缘的最小距离。该尺寸是按满足标准棘轮扳手紧固螺栓的使用要求来确定的，并尽可能靠近杆件的形心轴线且满足边距要求。在本手册附录中，给出了槽钢和角钢的背部边距和栓孔直径的建议值。

在考虑了可安装性和边距要求后，格栅梁、普通梁和普通柱翼缘上的栓孔间距（中心距）亦可同样予以确定。

栓孔中心距和直径的建议值，详见附录。

25.4 螺栓群分析

25.4.1 简介

螺栓群是由通过其形心的平面外或平面内所分别产生的剪力或拉力，来抵抗外加荷载的。外加荷载可能会产生偏心作用，从而产生附加的扭剪效应或拉弯效应。相关实例，见图 25-3。

25.4.2 抗剪螺栓群

在英国和澳大利亚，实际工程中的做法是将因荷载偏心产生的扭转剪力分配到每根螺栓上，每根螺栓分配到的扭转剪力与其到螺栓群形心的距离线成正比，这就是所说的极惯性矩法。

在一些国家，尤其是加拿大，采用瞬时中心法，美国在某些情况下也采用这种方

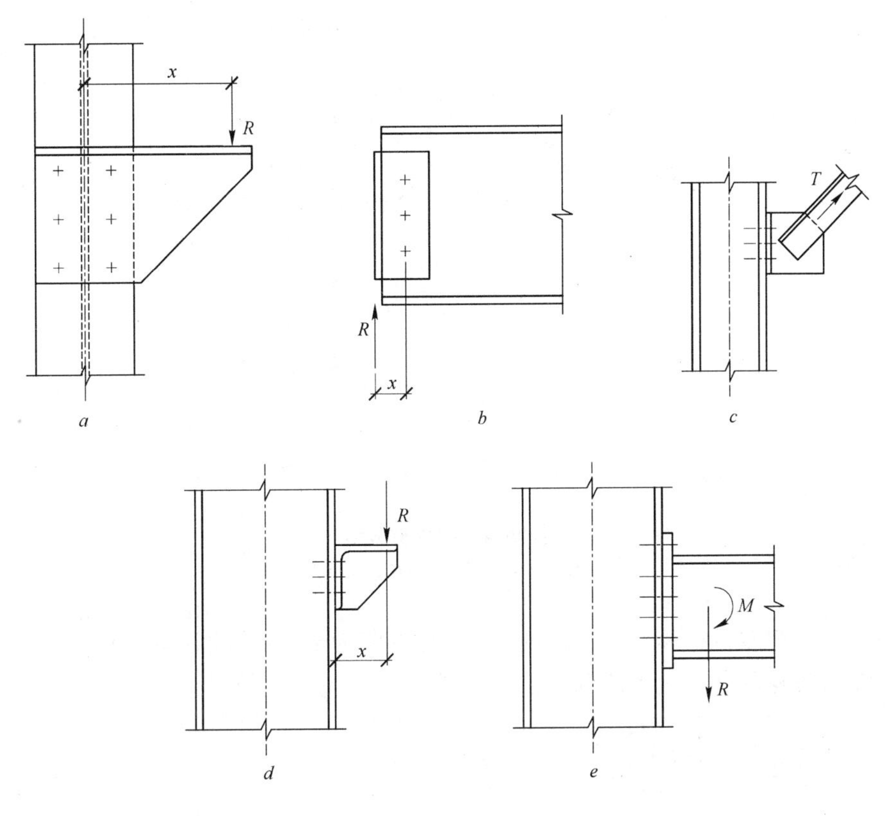

图 25-3　螺栓群

$a \sim e$—类型一～类型五

法。该方法是由 Crawford 和 Kulak[10] 发明的再分配体系，该体系要求，对假定的螺栓群旋转中心进行连续调整，直至三个基本平衡方程得到满足。该方法是一种极限状态的概念，并已被证明与传统的弹性方法相比，其保守性会更小一些。

首先，考虑单排螺栓承受扭矩，见图 25-4a。如果每根螺栓的面积为 a，则一根典型螺栓的截面惯性矩为 ay^2，螺栓群的惯性矩为 $\Sigma ay^2 = a\Sigma y^2$，因偏心荷载在最不利的螺栓引起的应力即为：

$$\frac{My_1}{I} = \frac{My_1}{a\Sigma y^2}$$

每个螺栓的力为

$$\frac{May_1}{a\Sigma y^2} = \frac{My_1}{\Sigma y^2}$$

任意包含 n 个螺栓且螺栓距离为 P 的单排螺栓群，对其形心的极惯性矩为：

$$I_0 = \sum_{J=0}^{J=n-1} \left(\frac{n-1-2J}{2} p \right)^2$$

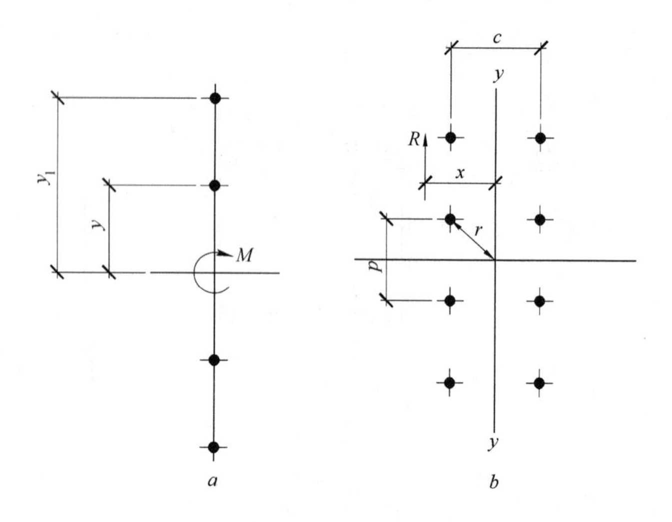

图 25-4　螺栓群分析

a—单排螺栓受力；*b*—双排螺栓受力

其次，考虑双排螺栓受力，荷载为 R，偏心距为 x（如图 25-4*b* 所示）。

距最近螺栓的半径由下式确定：

$$r = \sqrt{\left[\left(\frac{p}{2}\right)^2 + \left(\frac{c}{2}\right)^2\right]}$$

$$r^2 = \left(\frac{p}{2}\right)^2 + \left(\frac{c}{2}\right)^2$$

一根特定螺栓的 I_0 为 ar^2，整个螺栓群的 I_0 为 $I_{xx} + I_{yy}$，如果螺栓群有 m 列、n 行螺栓时，则有：

$$I_{00} = m\sum_{J=0}^{J=(n-1)}\left(\frac{n-1-2J}{2}p\right)^2 + n\sum_{J=0}^{J=(m-1)}\left(\frac{m-1-2J}{2}c\right)^2$$

式中，c 为相邻两竖排螺栓孔中心距，最不利螺栓至螺栓群形心的距离为：

$$r = \sqrt{\left(\frac{n-1}{2}\right)^2 + \left(\frac{m-1}{2}\right)^2}$$

由弯矩在最不利螺栓中引起的力为：

$$f_m = \frac{Rxr}{I_{00}}$$

由剪力引起的每个螺栓的受力为（假定每个螺栓受力相同）：

$$f_v = \frac{R}{mn}$$

每根螺栓所承受的合力为上述两个力共同作用的结果，见图 25-5。

然后，将最终螺栓受力进行单剪、双剪或承压的螺栓强度验算，不过在承压验算时，应注意如果沿合力作用方向的端距小于螺栓直径两倍时，则螺栓强度不能得到充分发挥。这种情况下，承压强度要按比例进行折减。

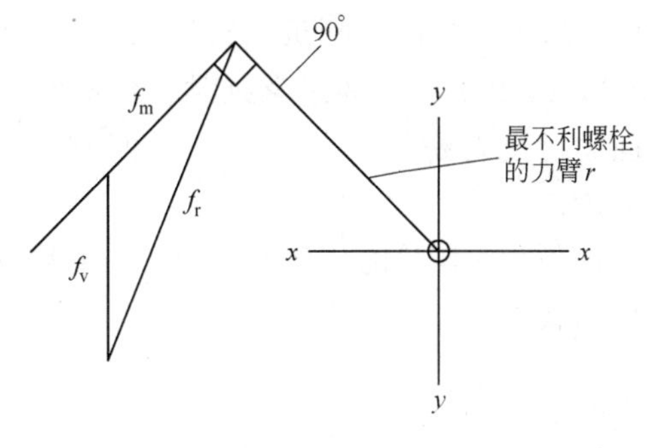

图 25-5　合力

25.5　设计承载力

25.5.1　概述

结构用非预紧式螺栓连接副在使用过程中，需要抵抗剪力、拉力或压力，或者是这些力的共同作用。结构用高强度预紧式螺栓连接副是通过紧固螺栓使被连接板件之间产生摩擦力来抵抗剪力的，螺栓也可能抵抗外部拉力。如果螺栓长度过大，因为有较长的夹握长度（grip length）、所连接板件的厚度过大或受到撬力作用，则连接节点的承载能力可能会受到影响。

BS EN 1993-1-8 将螺栓连接分为 5 类：

A 类：承压型——无需预紧，其承载力设计值取抗剪或承压设计承载力中较小者。

B 类：抗滑移型（用于正常使用极限状态）——施加足够的预紧力来保证在正常使用荷载作用下不会发生滑移，但在承载能力极限状态下，可用做 A 类承压型螺栓。

C 类：抗滑移型（用于承载能力极限状态）——其抗滑移承载力设计值要大于设计最大剪力。

D 类：非预紧式螺栓受拉力作用，不适用于节点承受的拉力有变化的情形。

E 类：预紧式螺栓受拉力作用，要求对螺栓的拧紧程度进行控制。

25.5.2　抗剪承载力

当部分螺纹螺栓承受剪力作用时，其中的一部分螺纹可能会处于剪切面中，此时，螺栓的剪切强度可根据螺栓的受拉截面来确定。如果螺栓的螺纹段没有位于剪切面内时，则可以使用螺杆的全截面计算其抗剪强度。每个剪切面的抗剪承载力 $F_{v,Rd}$ 由下式确定：

$$F_{v,Rd} = \frac{\alpha_v f_{ub} A}{\gamma_{M2}}$$

式中，f_{ub}为螺栓的极限抗拉强度（8.8 级螺栓为 $800N/mm^2$，10.9 级螺栓为 $1000N/mm^2$）；α_v 在剪切面通过螺纹时，对 8.8 级螺栓取 0.6，对 10.9 级螺栓取 0.5；当剪切面通过没有螺纹的螺杆时，对所有级别的螺栓都取 0.6；γ_{M2} 可根据 UK NA[11] 取 1.25。

在预紧式螺栓的抗剪连接中，在滑移发生前，剪力是靠摩擦力来传递的，螺栓抗滑移承载力$f_{s,Rd}$由下式确定：

$$F_{s,Rd} = \frac{k_s n\mu}{\gamma_{M3}} F_{p,C}$$

式中 k_s——对于标准间隙孔取 1.0°，对于大圆孔、荷载作用方向与槽长方向垂直的短槽孔取 0.85°，对于荷载作用方向与槽长方向垂直的长槽孔取 0.7°，对于荷载作用方向与槽长方向平行的短槽孔取 0.76°，对于荷载作用方向与槽长方向平行的长槽孔取 0.63°；

μ——滑移系数，可以按 BS EN 1090-2 的要求由试验测定，或由该标准中的表 18（本章中为表 25-3）取得，根据接触面的情况，其取值为 0.2～0.5；

$F_{p,C}$——预紧力，对于控制拧紧程度的 8.8 级和 10.9 级螺栓，可取为 $0.7f_{ub}A_s$；

n——摩擦面的数量。

表 25-3 滑移系数（源自 BS EN 1090-2 中的表 18）

表面处理	类 别	滑移系数μ
表面喷砂处理，去除铁屑，无凹痕（或麻点）	A	0.5
表面喷砂处理： （1）喷涂金属铝基或锌基涂料； （2）喷涂 50 ～ 80μm 厚的碱性硅酸锌涂料	B	0.4
表面钢丝刷清理或火焰清除法处理，并去除铁屑	C	0.3
轧制表面	D	0.2

对于 B 类预紧式螺栓，设计要求在正常使用极限状态下不能发生滑移，γ_{M3}取为$\gamma_{M3,ser}$，且在 BS EN 1993-1-8 的表 2-1 中建议其值取 1.1（这也是 UK NA 中所采用的值）。对于 C 类预紧式螺栓，设计要求承载能力极限状态下不能发生滑移，在 BS EN 1993-1-8 和 UK NA 中，γ_{M3}均取为 1.1。对于 B 类和 C 类预紧式螺栓，抗剪承载力设计值 $F_{v,Rd}$和承压强度设计值 $F_{b,Rd}$都必须大于设计最大剪力荷载。另外，对于抗拉连接中使用的 C 类预紧式螺栓，要验算螺栓孔处净截面的设计塑性承载力。

25.5.3 承压承载力

承压承载力是由螺栓变形或由连接板中栓孔孔壁的承压强度所决定的，且承压承载力与螺栓孔的位置，例如，与螺栓孔的端距、边距和孔间距有关。

对于极限抗拉承载力为f_{ub}的螺栓，其承压承载力 $F_{b,Rd}$要小于连接板件的极限抗

拉承载力 f_u，其值可由下式确定：

$$F_{b,Rd} = \frac{f_{ub}dt}{\gamma_{M2}}$$

式中，γ_{M2} 在英国取为 1.25（与 EC3-1-8 中表 2-1 的推荐值相同），d 和 t 分别为螺栓的直径和连接板厚度。

由于螺栓材料的强度通常要高于连接板件的强度（即 $f_{ub}/f_u > 1$），通常承压承载力主要受到连接板件与螺栓接触面的承压破坏的限制。开始时螺栓与孔壁仅在非常小的区域内接触，接着发生屈服，且接触面积增大到约为 $d \times t$，连接板的承载力 $F_{b,Rd}$ 可由下式确定：

$$F_{b,Rd} = \frac{k\alpha_d f_u dt}{\gamma_{M2}}$$

系数 α_d 考虑了在荷载方向连接板因剪力的撕裂破坏（如图 25-6 中所示的区域 a 和 b），对于端部的螺栓和内部的螺栓，α_d 分别取为 $e_1/3d_0$（但不得大于 1）或（$p_1/3d_0 - 0.25$）（但不得大于 1），其中，d_0 为螺栓孔直径。对于最大承压承载力，最小的端距（e_1）为 $3d_0$，最小的螺栓孔间距（p_1）为 $3.75d_0$。k_1 与连接板在垂直于荷载方向的拉裂强度有关（图 25-6 中的线 c），也与螺栓布置有关。对于靠近连接板端部的螺栓，k_1 为 $2.8e_2/d_0 - 1.7$，对于内部的螺栓 k_1 为 $1.4p_2/d_0 - 1.7$；在上述两种情况下，k_1 值均不得大于 2.5，因此最大承压承载力要求 $e_2 > 1.5d_0$ 且 $p_2 > 3d_0$。EC3-1-8 中表 3-4 的附注中给出了在采用大圆孔、槽孔和埋头螺孔时的承压承载力折减。

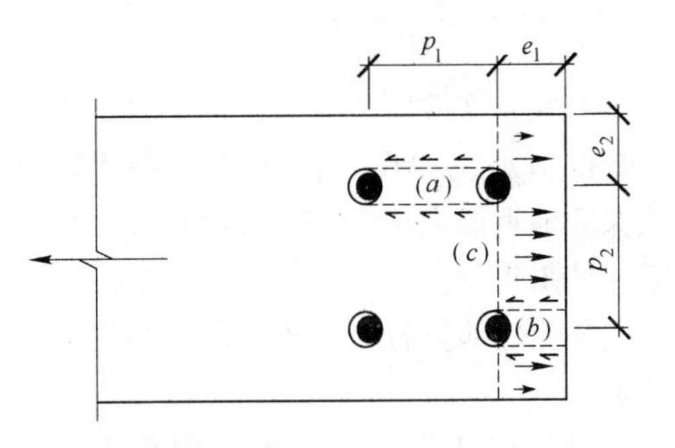

图 25-6　承压型连接的破坏模式

25.5.4　抗拉承载力

螺栓受拉连接可能采用非预紧式螺栓（D 类）或预紧式螺栓（E 类），如果采用非预紧式螺栓，其螺栓级别可以为 4.6 级 ~10.9 级，而如果采用预紧式螺栓，螺栓级别只允许为 8.8 级和 10.9 级且必须对其拧紧程度进行控制。当连接部位所承受的拉力作用有变化时（不包括正常情况下风荷载引起的荷载增大），不得采用非预紧式螺栓。

EC3-1-8 中表 3-4 给出了抗拉承载力设计值 $F_{t,Rd}$ 的计算式：

$$F_{t,Rd} = \frac{k_2 f_{ub} A_s}{\gamma_{M2}}$$

式中，γ_{M2}取为1.25（EC3-1-8和英国国别附录的推荐值），k_2为0.9，不包括埋头螺栓，对于埋头螺栓要折减到0.63。式中系数k_2考虑了螺栓受拉时限制延性发展的因素。

当螺栓受拉时，由于撬力作用可能会产生附加轴向力，在根据EC3-1-8第6.2.4条设计T形连接时，已经隐含地考虑了撬力作用。当直接计算撬力作用时，螺栓上施加的全部拉力应与抗拉承载力设计值$F_{t,Rd}$进行比较。EC3-1-8没有给出计算撬力的方法，但是在本章的参考文献[12～14]中对如何计算撬力做了详细的介绍。

25.5.5　剪力和拉力共同作用

承受剪力和拉力共同作用的非预紧式螺栓，应满足下述关系式：

$$\frac{F_{v,Ed}}{F_{v,Rd}} + \frac{F_{t,Ed}}{1.4F_{t,Rd}} \leqslant 1.0$$

上式允许螺栓完全受拉，同时还可以承受抗剪承载力设计值30%的剪力。该式保守地近似表达了实际拉剪相互作用关系，见图25-7。

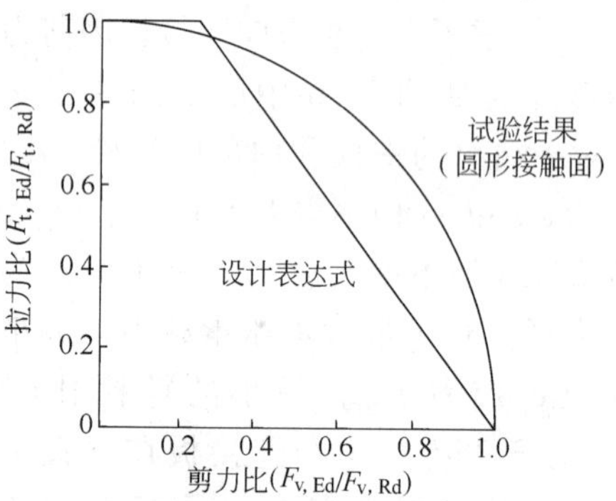

承受外部拉力的摩擦型预紧螺栓，应满足：

（1）对B类螺栓连接（用于正常使用极限状态，抗滑移型）：

$$F_{s,Rd,ser} = \frac{k_s n\mu(F_{p,C} - 0.8F_{t,Ed,ser})}{\gamma_{M3,ser}}$$

（2）对C类螺栓连接（用于承载能力极限状态，抗滑移型）：

$$F_{s,Rd} = \frac{k_s n\mu(F_{p,C} - 0.8F_{t,Ed})}{\gamma_{M3}}$$

图25-7　承压螺栓受剪力和拉力共同作用[15]

在本章第25.5.2节中，已对上述公式中的符号做了说明。该表达式考虑了夹紧力的折减，以及由于拉力$F_{t,Ed}$作用而摩擦力降低的影响。

25.5.6　长接头和压紧板

在杆件的拼接接头或端部连接中，将接头长度定义为接头任一边的首个螺栓至最后一个螺栓的距离，当接头长度L_j大于500mm（如图25-8示例）时，连接的强度要按系数β_{LF}进行折减。

$0.75 \leqslant \beta_{LF} \leqslant 1.0$

在螺栓通过压紧板来传递剪力和拉力的部位，当总压紧板厚度t_p大于螺栓名义

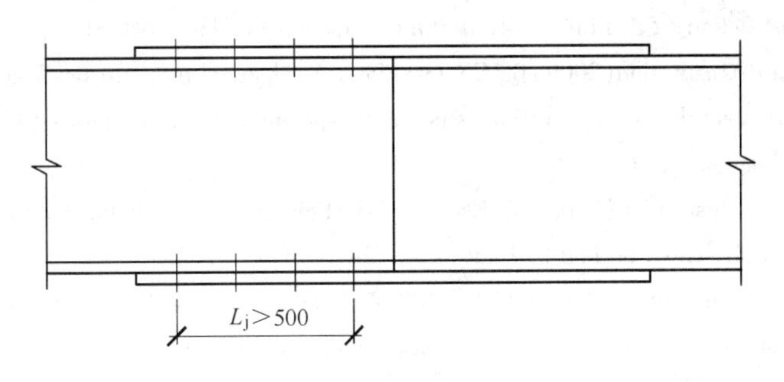

图 25-8 长节点

直径 d 的 1/3 时(见图 25-9)，设计抗剪承载力 $F_{v,Rd}$应乘以折减系数β_p，由下式给出：

$$\beta_p = \frac{9d}{8d + 3t_p}, 但 \beta_p \leq 1$$

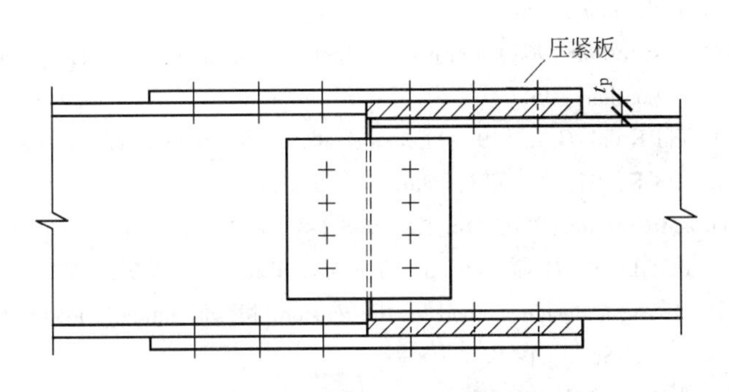

图 25-9 通过压紧板进行紧固

BS EN 1998-1-8 对压紧钢板的总厚度并没有限制，但建议其厚度 t_p 不应超过 $4d/3$，其中 d 为螺栓的名义直径。

当上述几种情况中有一种及一种以上情况同时存在时，则计算时只需要采用较大的折减系数。对于预紧式的抗滑移连接，上述折减系数适用于板承压和滑移后螺栓的剪力验算，而不适用于设计滑移承载力计算。

25.6 承载力表

螺栓的承载力表在附录中给出。

参考文献

[1] British Standards Institution(2007) BS EN 15048 Parts 1 and 2 Non-preloaded structural bolting assemblies-Part 1: General requirements and Part 2: Suitability Test-specification. London, BSI.

[2] British Constructional Steelwork Association (2010) National Structural Steelwork specification for

Building Construction, 5th Edn. (CE Marking Version) London, BCSA.

[3] British Standards Institution(2009) BS EN ISO 898-1 Mechanical properties of fasteners made of carbon steel and alloy steel. Bolts, screws and studs with specified property classes-Coarse thread and fine pitch thread. London, BSI.

[4] British Standards Institution(2005) BS EN 14399-3 High-strength structural bolting assemblies for preloading-System HR-Hexagon bolt and nut assemblies. London, BSI.

[5] British Standards Institution(2008) BS EN 1090-2 Execution of steel structures and aluminium structures Technical requirements for the execution of steel structures. London, BSI.

[6] Owens G. W. (1992) Use of fully threaded bolts for connections in structural steelwork for buildings. The Structural Engineer, 1 September, 297-300.

[7] BCSA/SCI (2008) European Standard for Preloadable Bolts, Steel Industry Guidance Note SN26, 06/2008.

[8] British Standards Institution(2005) BS EN 1993-1-8, Eurocode 3: Design of steel structures-Part 1: 8: Design of joints. London, BSI.

[9] British Standards Institution(1968) Metric series BS4320 Specification for metal washers for general engineering purposes. London, BSI.

[10] Crawsford S. F. and Kulak G. L. (1971) Eccentrically loaded bolted connections. Journal of the Structural Division, ASCE, 97, No. ST3, March, 765-83.

[11] British Standards Institution(2008) BS EN 1993-1-8 UK National Annex to Eurocode 3: Design of steel structures-Part 1: 8: Design of joints. London, BSI.

[12] Zoetemeijer. P. (1974) A design method for the tension side of statically loaded beam-to-column connections. Heron, 20, No. 1, 1-59.

[13] Owens G. W. and Cheal B. D. (1989) Structural Steelwork Connections. London, Butterworths.

[14] Swanson, J. A. (2002) Ultimate strength prying models for bolted T-stub connections, Engineering Journal, 39(3), September, 136-147.

[15] Trahair, N. S., Bradford, M. A., Nethercot, D. A. and Gardner, L. (2008) The behaviour and design of steel structures to EC3, 4th edn. Abingdon, Taylor and Francis.

拓展与延伸阅读

1. British Constructional Steelwork Association/The Steel Construction Institute(2010) Joints in Steel Construction. Simple Connections. London, BCSA, SCI.
2. British Constructional Steelwork Association(2010) National Structural Steelwork Specification for Building Construction, 5th edn. (CE Marking Version), Publication No. 52/10. London, BCSA.
3. Kulak G. L., Fisher J. W. and Struik J. H. A. (1987) Design Criteria for Bolted and Riveted Joints, 2nd edn. Chicago, John Wiley and Sons.

26 焊接和焊缝设计*

Welds and Design for Welding

JEFF GARNER and RALPH B. G. YEO

焊接在钢结构制作中是必不可少的。优秀的设计，可以通过使用配套规范来达到所需的生产标准并降低制作成本，这为控制焊接质量提供了定量方法。本章讨论了焊接的优势及控制焊接质量的方法，并提出了相应的设计建议。

26.1 焊接的优势

与其他连接方式相比，焊接具有以下优势：

（1）设计灵活，并有利于开发新颖的结构形式；

（2）易于采用加劲板件；

（3）由于需要节点板的数量较少，相比于螺栓连接的质量更轻；

（4）在结构中采用了焊接节点，增大了使用空间；

（5）防火和防腐处理更加简捷、有效。

与螺栓连接相比，焊接结构的最大好处是设计具有较大的自由度。对于一些重要类型的结构，比如空腹桁架结构、钢管框架结构、变截面梁以及大多数 T 形接头，若采用其他连接方式都会给加工制作带来诸多不便。即便最终的连接采用螺栓连接的方式，也需要通过焊接将矩形和圆形管构件连接在一起。

在使用轧制型钢、高强钢材和耐候钢材时，焊接节点更加自由。如果节点采用了合理的材料和正确的施工方法，设计人员就可以随意地开发出既美观又实用的结构。

设计人员可以在焊接结构的所需位置增加刚度和强度，但必须小心谨慎并充分考虑其结构的有效性。采用焊接的方式可以均匀、连续地传递荷载和刚度，而非螺栓连接板件中的跳跃式变化。

对于所有类型的结构，包括维护成本在内的全寿命周期成本是最为重要的，其中最关键的是耐久性，对于钢结构而言，首先涉及到的是防腐问题。钢结构的防腐可以通过控制周围环境、使用有效的涂装体系和使用耐腐蚀钢材（和焊缝金属）等三种方式实现。控制周围环境通常是不切实际的，因此使用有效的涂装体系是首选的方

---

* 本章主译：侯兆新，参译：邱林波。

法。虽然这些涂装体系在钢板表面很有效，但是对于在螺栓连接缝隙部位的防腐却很困难。但焊接结构中简洁、清晰的焊缝，是涂装体系有效性的充分保证。耐腐蚀（耐候）钢（BS EN 10025-5）具有较长的使用寿命，但在螺栓连接的缝隙处，该钢材的性能表现一般；而在焊接方案中表现较好。虽然这些涂装体系在钢板表面是有效的，但却很难对螺栓连接的所有缝隙进行防腐处理。然而，焊接结构的表面简洁、清晰，充分发挥了涂装体系的有效性。采用耐腐蚀（耐候）钢（根据 BS EN 10025-5[1]）可以延长使用寿命，虽然耐腐蚀钢可以用于螺栓连接，但在有缝隙的部位还存在很多不足，而采用焊接的连接方案则相对较好。

26.2 通过使用标准保证焊缝质量和性能

由于焊缝的质量和性能在焊接完成后不易检验，因此要求按指定的程序，对焊接进行连续控制，以保证焊接过程的质量。目前，全欧洲已经制定了一套全面、统一的欧洲标准，该标准详细介绍了如何对焊接过程中的各个方面进行控制和检验。欧洲规范 BS EN 1993[2]的颁布使用，也就意味着这些统一标准的实施，以保证焊接节点的性能满足设计要求。一旦制定了焊接过程的操作程序，钢结构工程承包商就应提交全部相关资料，来证明其制作方法满足这些统一标准的要求，在此之前设计人员无需进行额外的干预。焊接结构的设计、制作和检验所涉及的信息流程图，见图 26-1。

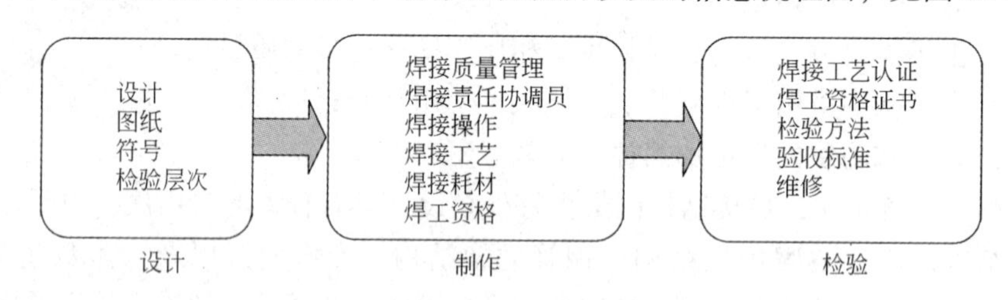

图 26-1 保证焊接质量和焊接性能的必要信息

BS EN 1090-2[3]汇集了所有与质量相关的焊接标准，在统一标准中是最重要的。该标准规定了钢结构及其构（部）件的制作要求应符合四个施工（制作）等级（Execution Classes）(EXC1 ~ EXC4)，EXC1 ~ EXC4 质量要求的严格程度依次增加。设计人员的职责是根据结构的使用要求和结构破坏所产生的后果，确定合适的施工（制作）等级。然而，对于钢结构工程承包商而言，指定了施工（制作）等级就决定了焊接质量管理体系（Welding Quality Management System-WQMS）的制定和实施要求，这个管理体系是与 BS EN ISO 3834[4]的有关部分相一致的。

除了焊接过程控制外，施工（制作）等级还决定了对进行焊接的员工的要求，同时引进了“焊接责任协调员”（Responsible Welding Coordinator-RWC）这个概念。除了 EXC1 外，其他施工（制作）等级都要求进行焊接协调。每个钢结构工程承包商应任命至少一位具有技术知识和经验的焊接责任协调员，来监督焊接施工。设计人员

负责选择节点类型、焊缝尺寸、焊接性能和确定质量要求，焊接责任协调员负责建立和监督焊接施工，以符合标准的要求。图 26-2 所示为焊接责任协调员所使用标准的范围，以及这些标准如何相互联系，确保钢结构工程的焊缝质量和性能。

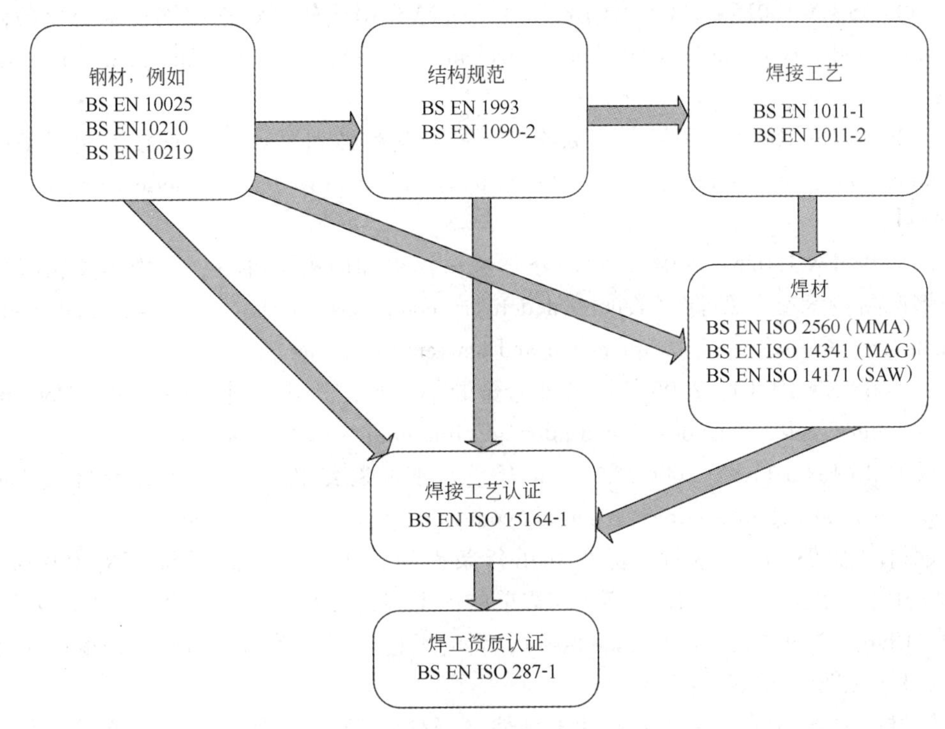

图 26-2 保证焊缝质量和性能所采用的标准

26.2.1 标准——接头类型、焊缝形式、焊接符号和坡口加工

设计人员应该确定焊接位置、焊缝形式和焊喉尺寸，所使用焊接符号应符合 BS EN 22553[5] 的相关要求。在 BS EN ISO 9692-1[6] 和 BS EN 1011-2[7] 中，给出了推荐钢结构工程承包商采用的坡口加工形式。焊接接头应适合或便于焊接施工，设计人员不应制定一种不适合焊接施工操作的焊接接头及坡口加工形式。

26.2.2 标准——钢材等级，钢材的选择

设计人员应采用具有屈服强度为 185 ~ 460N/mm^2 的钢材等级和质量水平的可焊接结构用钢材，相关欧洲标准如下：

（1）BS EN 100025：2004 第一部分[8]——通用技术交货条件（General technical delivery conditions）；

（2）BS EN 10025：2004 第二部分[9]——结构用非合金钢技术交货条件（Technical delivery conditions for non-alloy structural steels）；

（3）BS EN 10025：2004 第三部分[10]——结构用正火/正火轧制细粒钢技术交货条件（Technical delivery conditions for normalised/normalised rolled weldable fine grain structural steels）；

（4）BS EN 10025：2004 第四部分[11]——结构用热轧可焊细粒钢技术交货条件（Technical delivery conditions for thermo-mechanically rolled weldable fine grain structural steels）；

（5）BS EN 10025：2004 第五部分[1]——结构用改进的耐腐蚀钢技术交货条件（Technical delivery conditions for structural steels with improved atmospheric corrosion resistance）；

（6）BS EN 10025：2004 第六部分[12]——淬火和回火条件下，结构用高屈服强度带钢产品技术交货条件（Technical delivery conditions for flat products of high yield strength structural steels in the quenched and tempered condition）；

（7）BS EN 10210：2006[13]——非合金及细晶粒结构用热轧空心型材（Hot finished structural hollow sections of non-alloy and fine grain structural steels）；

（8）BS EN 10219：2006[14]——非合金及细晶粒结构用冷弯空心型材（Cold formed structural hollow sections of non-alloy and fine grain structural steels）。

钢材的强度、冲击韧性、品种和供货条件的标识，例如，在 BS EN 10025-2：2004[9] 中的标识号为 S355J2C + N，与以前的体系相比具有更多的信息量，（如在 BS 4360：1990[15] 中的标识号为 Grade 50D），新的钢材标识体系为钢结构工程承包商在选择焊材时提供了更好的指导。

钢材在常温、0℃或 -20℃时冲击韧性（至少为 27J）试验，对于在英国的大多数钢结构而言是可以满足要求的。当在低温条件下使用钢材时，根据 BS EN 10025-3[10] 要求某些等级的钢材冲击韧性应为 40J（-20℃）及 27J（-50℃）（详细内容可参考本手册的第 9 章和第 10 章）。为了防止冷裂纹和层状撕裂，应遵照 BS EN 1011-2：2001[7] 中的相关建议。

在结构用钢材中，采用统一的产品形式（如板材、开口截面、矩形和圆管型材等）、标准尺寸和适用钢材强度等级，可以大大节省切割和焊接成本，但并非所有的强度等级钢材都能制作成各类截面形状。因此，设计人员在选用钢材强度等级和截面时，应检查各种产品的适用性及相应的成本。

26.2.3 代换——厚度、屈服强度、冲击韧性、焊接及质量

鉴于适用性和成本方面的原因，钢结构工程承包商可能会要求用另一个强度等级和厚度的钢材对设计人员所指定的钢材等级和厚度进行代换。承包商和工程师应该熟悉几个重要因素：厚度、屈服强度、屈强比、冲击韧性、可焊性和焊缝质量。尽管代换后的钢材强度会更高和/或构件会更厚，从强度的角度而言可能是有利的，但其对应的冲击功可能会不符合规范要求，并且钢材的可焊性也会受到不利的影响。

钢材厚度的增加会产生不利的影响。BS EN 1993-1-10[16]的第2.3条和其国别附录中引用的PD 6695-1-10[17]均指出，采用厚度更大或者屈服强度更高的代换钢材时，可能需要更高的冲击韧性。BS EN 1011-2[7]还指出，需要提高焊接的预热温度来防止开裂。

设计时不应采用冲击韧性差的钢材，例如，不能采用标号为27J(0℃)的钢材去代换27J(－20℃)的钢材，当然，在冲击韧性相同的情况下，可以采用比原钢材的测试温度更低的钢材进行代换。

而钢结构承包商会合理地寻求降低工程成本的途径，通常便宜的钢材质量较差，从而增加了焊接成本。由于在钢材生产过程中轧制和整平的质量较差，对钢材进行切割和焊接时就会出现变形和失真。在一些约束条件较高的焊接节点也存在出现层状撕裂的危险。焊接前的无损检测往往无法揭示这些潜在的问题，因此钢材应该在厚度方向具有良好的延性，以降低发生层状撕裂的风险。通常，通过采用杂质含量较低的优质钢材和利用改善冲击韧性所带来的额外优势来达到要求，一般来说，采用廉价钢材几乎不可能降低工程总成本。

26.2.4　标准——焊接过程及施工

BS EN 1011-2[7]提供了用于各种建筑结构和桥梁结构规范的焊接施工指南，尤其是避免冷裂纹、热裂纹和其他不可接受的不连续型缺陷方面的有关内容。更重要的是，它为钢结构工程承包商提供了一些方法，以评估（为避免由氢引起的冷裂纹）所需的预热温度。BS EN 1011对避免冷裂纹提出了相关建议，综合考虑了焊接金属中可扩散氢含量、母材的碳当量值（CEV）、所焊连接板件的总厚度、热输入（由输入焊缝的能量确定）以及预热温度等各项要素。BS EN 1011的建议被纳入了《焊接工艺说明》(Welding Procedure Specification-WPS）中，用来指导焊接施工。从而保证了焊缝性能和可靠性，例如不再出现冷裂纹。

26.2.5　标准——焊接耗材

一套统一的欧洲标准提供了通用标识，包括各种焊接过程所用的焊材熔融形成的熔敷金属相应的屈服强度和冲击韧性，还给出了针对焊接过程的额外的附加信息(如保护气体、焊剂种类等)：

（1）BS EN ISO 14341：2011[18]非合金钢及细晶粒钢的气体保护电弧焊用焊丝和熔敷金属-分类（Wire electrodes and deposits for gas shielded metal arc welding of non alloy and fine grain steels. Classification.）。

（2）BS EN ISO 14175：2009[19]电弧焊和切割用保护气体（Shielding gases for arc welding and cutting)。

（3）BS EN ISO 2560 ：2009[20]非合金钢及细晶粒钢手工电弧焊用包覆焊条-分类

(2009 Covered electrodes for manual arc welding of non-alloy and fine grain steels. Classification)。

(4) BS EN ISO 17632：2008[21]非合金钢及细晶粒钢的有/无气体保护金属电弧焊用管状药芯焊条-分类（Tubular cored electrodes for metal arc welding with and without a gas shield of non-alloy and fine grain steels. Classification)。

(5) BS EN ISO 14171：2010[22]焊接耗材。非合金钢及细晶粒钢的埋弧焊用实芯焊丝，管状药芯焊条和电极/熔剂组合制品-分类（Welding consumables. Solid wire electrodes，tubular cored electrodes，and electrode/flux combinations for submerged arc welding of non-alloy and fine grain steels. Classification.)。

(6) BS EN 760：1996[23]埋弧焊用焊剂（Fluxes for submerged arc welding. Classification)。

上述标准是基于标准焊接条件下，通过试验手段测试焊缝中焊材熔敷的金属性能并进行分类的。从这些试验焊缝，焊材制造商采用了未稀释的焊缝金属来确定特定焊材的强度和冲击韧性。术语“未稀释的（undiluted)”是指在焊材和母材之间没有任何相互熔合并相互渗透，而只是焊材的熔敷金属，因此，试验样品被做成有明显的熔合线（见图26-3)。

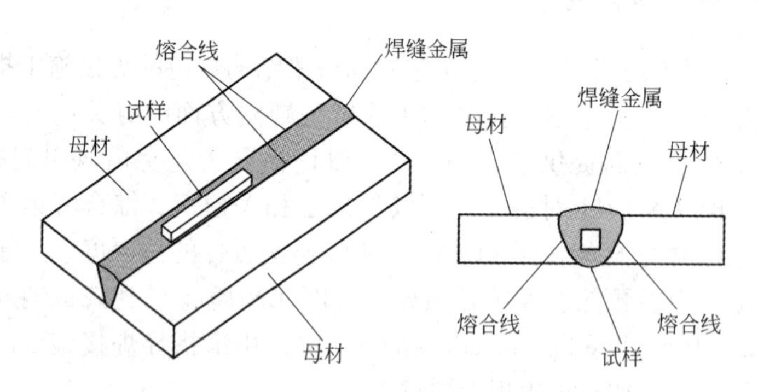

图26-3 保证无相互熔合的焊缝金属试验样品示意图

可以根据焊缝金属的屈服强度和冲击韧性及其系列施工操作性能（例如适应平焊、横焊、立焊和仰焊的能力)，来对焊材进行分类标识。

成品焊缝的屈服强度和韧性可能会因测试数据不同而异，主要取决于对母材的熔合程度和热输入，焊材的标识有助于设计人员选择焊材，使形成的焊缝金属与母材特性相匹配。

有关所用焊材和焊接条件的详细内容均应列入《焊接工艺说明》(WPS) 中。

26.2.6 标准——焊接工艺

在英国，为了符合 BS EN 1090-2[3]的要求，所有的焊接工艺均应使用 BS EN ISO 15614-1[24]进行评定。该标准给出了评定《焊接工艺说明》(WPS) 的要求和方法。所

有新的焊接工艺评定都应符合这个标准。经过评定的《焊接工艺说明》均会提供一个合格焊工所需要的全部信息，以保证焊接节点的性能完全符合要求。

26.2.7　标准——焊工资格认证

BS EN 1090-2[3]要求使用合适的、经过相应资格认证的焊工。采用经过评定的《焊接工艺说明》只是保证焊缝质量达到所需要求的一个要素，另一个要素是焊工的技能，其焊工的专业水准需符合 BS EN 287-1[25]的要求。在该标准中所规定的各项考核标准（焊接过程、焊接位置、钢材厚度等），对于评定焊工制备规定焊缝的能力很有必要。焊工必须理解并遵照《焊接工艺说明》中给出的书面要求，制作紧固、可靠的焊缝。

26.2.8　标准——焊缝质量和检验

所有结构材料都会有一定的缺陷，相关标准给出了材料缺陷的检测方法并定义了可接受程度。在很大程度上，缺陷的重要性取决于它的尺寸、形状和位置，还有局部的应力和温度作用等因素。应拒绝使用可能会引起结构破坏的有缺陷的材料，或对其进行修复，但是很多常见缺陷例如小孔隙还是可以接受的。在《英国钢结构工程施工规范》（NSSS）的表 B、附录 B 和表 C1、表 C2 中，对焊缝的检验范围、焊缝质量验收标准和修复措施等内容提出了有用的指导意见。

26.3　对降低成本的建议

构造设计上的微小变化能显著影响焊接效率和成本，而不会对结构分析和结构设计产生影响。本节着重讨论定性的设计改进措施，并通过一些简单措施来降低焊接成本，这些措施将在本章第 26.3.5 节中给予归纳、总结。

26.3.1　总体原则

计算机辅助设计在结构分析中可以发挥很大的功效，并可最大限度地节约材料用量，但在计算软件中通常都不考虑相应的制作成本。提高钢材的利用率通常会增加制作的复杂性，特别是对构件设置加劲肋时，会形成许多难以施焊的短焊缝，从而造成制作成本的增加，通常会超过节省出的用钢量的那部分费用。采用标准规格的轧制型钢，可以有效减少切割、焊接的成本。设计中的控制因素因结构不同而异，除非最关键的因素是减轻结构质量，否则设计人员应以降低总造价为目标，而施焊的数量对总造价会有很大影响。当进行设计方案比选时，一般认为，如果减少单独构（部）件的数量，则会降低制作成本。对很多结构来说，采用焊脚尺寸为 6mm 的标准角焊缝时，制作会相当方便，但是相应的输入热量可能不足以防止厚板件中冷裂纹的出现。当焊接人员对技术细节存有疑惑时，应及时咨询、征求意见。

焊缝尺寸要满足设计的要求。角焊缝的有效焊缝高度 α 是指从焊缝根部到焊缝横截面中熔融面连接线的垂直距离，它的取值不应超过有效焊脚尺寸的 0.7 倍，在焊缝检验时要检测焊脚尺寸。焊缝尺寸过大不仅会增加成本，并且会加大扭曲变形的不利影响。因此，设计人员应该标明角焊缝和对接焊缝的焊脚尺寸，并要求钢结构承包商按指定的尺寸进行焊接制作。

对于构件排列密集以及必须在内部组装节点的区域，焊缝设计要十分小心。设计所有焊接节点都必须保证焊接部位易于施焊，焊工或者焊机操作工人必须看到需要施焊的位置，并能使用手工金属电弧焊枪（manual metal arc，MMA）或活性气体保护电弧焊枪（metal-arc active gas，MAG），以便电弧能以正确的角度指向节点的底部，并保证根部焊透。一个 MAG 焊枪实际上就是一个大型手枪，枪管直径 20mm，长 100mm，与手柄夹角为 60°，手柄上连着一根粗电缆。手工金属电弧焊需要给焊条足够的操作空间，焊条长度为 350mm 或 450mm，它的焊剂涂层直径往往超过 6mm，且由连接在焊接电缆上的焊钳或夹具夹住。在施焊可能受影响的地方，建议设计人员向焊接工程师咨询，来确认焊接的可行性。如图 26-4 所示，焊接位置是影响制作的便易性、制作成本和焊缝力学性能的重要因素之一[1]。

焊接位置会对许多重要方面产生影响，介绍如下。

26.3.1.1 熔敷速度

在平焊（PA 和 PB）位置允许最大的熔敷速度，当焊缝处于立焊（PF 和 PG）位置，尤其是需要仰焊（PD 和 PE）位置时，不能使熔敷速度过高。

26.3.1.2 焊工资格和合格焊工的实用性

在仰焊位置（PD 和 PE）比平焊位置（PA 和 PB）施焊更加困难。因此，焊工要获得仰焊资格会比较难，而且对于难度更大的焊接位置，能施焊的合格焊工就少之更少了。

26.3.1.3 焊缝质量

PD、PE 和 PF 位置的焊缝施焊更加困难，相比施焊位置较为容易的同类焊缝，更有可能出现焊接缺陷。为此，应尽量采用 PA 或 PB 焊接位置的焊缝，并减少更换焊接位置的次数。

---

[1] 焊接位置按照 AWS，有平焊 F、横焊 H、立焊 V、仰焊 OH：按照 ISO 标准，有 PA、PB、PC、PD、PE、PF、PG、JL-045、HL-045，详见 BS EN ISO 6947：2011（译者注）。

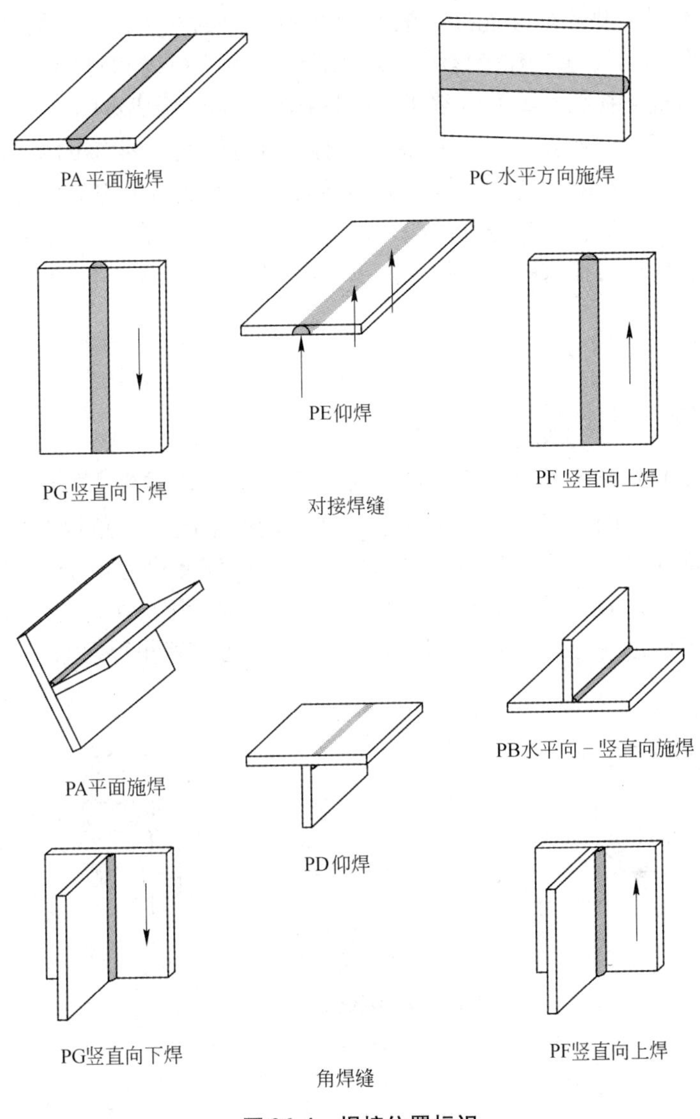

图 26-4　焊接位置标识

26.3.1.4　焊缝金属性能

影响焊缝金属的韧性、强度和硬度等性能的因素，不仅包括焊材种类选择，还包括输入焊缝的热能量。热输入主要与以下变量有关：焊接过程的电弧功率系数、焊接电流、电弧电压和用来熔敷焊缝的焊接速度。当指定了冲击性能和硬度极限时，必须对焊接工艺进行评定，保证能覆盖低和高热输入的整个范围。然而，如果所有焊缝都在 PA 和 PB 位置施焊，则仅需做一组焊接工艺评定测试。

焊接接头可分为五个类型，在一个结构组件中会包含一种或多种类型的接头形式，最常见的是对接接头（沿轴向）、T 形接头、角接接头及搭接接头。每种类型接头可能由几种不同类型的焊缝连接。根据 BS 499-1[27]的规定，焊缝类型（不要和接头类型混淆）包括角焊缝、对接焊缝、组合焊缝（由角焊缝和对接焊缝组合而成）、塞焊缝和边缘焊缝。接头类型和焊缝类型的选择是影响焊接成本的主要因素，它们的材料费用可能接近，但制作成本却有很大差别。结构中大约 80% 的接头都是 T 形布置的，这就可能既要用到角焊缝又要用到对接焊缝。除必须采用对接焊缝的部位外，设计人员还应该尽量选择角焊缝的接头，以显著降低成本；在必须采用对接焊缝的部位，如有可能，应尽可能选择部分熔透焊缝，以满足强度、疲劳性能和耐腐蚀等方面的要求。

26.3.2 角焊缝

角焊缝的横截面形状为三角形，通常被用来制作 T 形接头、有多种变形的角接接头和搭接接头，见图 26-5。如前文所述，在可能的情况下，角焊缝应以 PA 和 PB 位置施焊。在这种焊接位置施焊时，单道焊的最大焊脚尺寸为 8mm。当焊接时在接头部位产生的拉力会引起撕开焊根的弯曲应力时，不应采用单边焊缝。在靠近焊根的部位发生弯曲还是允许的，若构件采用双面角焊缝就可以阻止焊根撕裂。

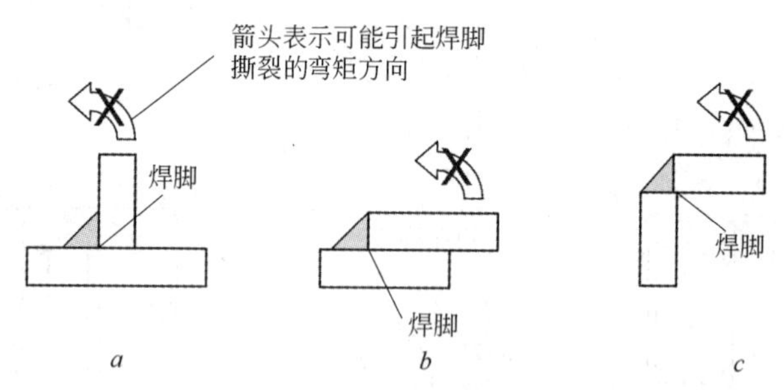

图 26-5 典型的角焊缝布置

a—T 形接头；*b*—搭接接头；*c*—角接接头

26.3.3 对接焊缝

与角焊缝只在相邻构件表面进行连接有所不同，对接焊缝则是把构件的部分或全部横截面连接起来，因此对接焊缝也可称为全部或部分熔透焊缝。即使在接头布置要求采用对接焊缝，通常部分熔透就足够了，也不必使用全熔透焊缝；设计人员也应标明焊缝尺寸，若全部采用全熔透焊缝，不仅增加制作难度还会带来额外的成本。目前的做法是利用合适的焊缝坡口加工方法、经评定的焊接工艺和合格的焊工来确保焊缝尺寸所对应的熔融深度。当部分熔透焊满足要求时，设计人员就不应加以“所有对接焊缝都必须全熔透”的标注，对焊接工程师来说，该标注的意思是要将截面完全熔透，那么钢结构承包商就要提供足够的证据，来证明焊缝深度已达到指定的要求。

图 26-6 所示为对接焊缝的不同方式。部分熔透焊缝（见图 26-6*a*）对应的坡口

加工和施焊都是最经济的。通过采用大电流活性气体保护电弧焊、药芯焊丝电弧焊或埋弧焊，可以保证焊缝尺寸，应要求钢结构承包商提供连续熔透的证明。对于厚度约12mm 的钢板，采用全熔透焊是比较合理的，应一面施焊并设永久性垫板焊缝（见图26-6*b*）。

在不允许使用垫板但可以施焊的部位，可以通过单面焊双面成形工艺，先在一面施焊，再从经磨削或刨削至合格金属的另一面，进行背面清根，然后再进行封底焊（见图26-6*c*）。对于厚度大于12mm 的钢板，全熔透对接焊缝，最好从两面施焊，这样可以减少变形并降低焊材的用量。

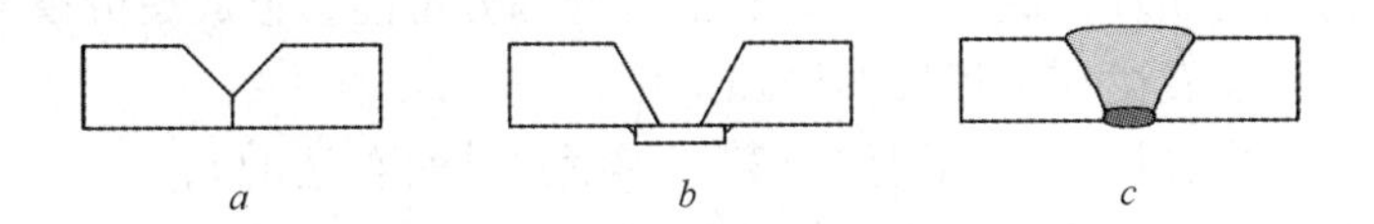

图 26-6 对接焊缝常用形式

a—部分熔透焊缝；*b*—设永久性垫板焊缝；*c*—封底焊

有多种永久或临时的焊缝垫板可供全熔透对接焊缝使用，其中部分垫板见图26-7。通常将定位焊接钢条置于接头的背面，以作为永久性垫板。由于垫板已成为成品焊缝不可分割的一部分，它应该和所接头的板件具有相同的钢材等级。有时相邻构件可以作为永久性垫板，尤其是角接接头。临时垫板通常使用陶瓷衬垫或铜衬条，可以采用耐热胶带或磁性夹具对临时垫板进行固定。

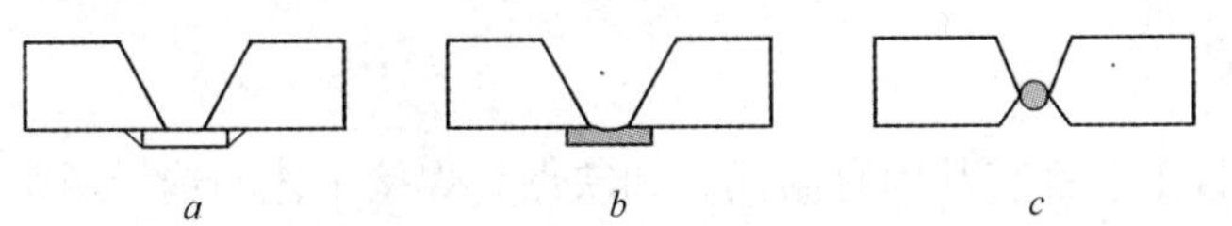

图 26-7 带有临时或永久垫板的常用全熔透节点接头形式

a—永久性钢条；*b*—铜衬条；*c*—陶瓷衬垫

加了垫板后，焊工就可以输入足够的热量来确保熔透和接头板件的全厚度熔融。在采用临时垫板的部位，可以控制熔透焊成品焊缝的熔融轮廓，减少在接头背面再加工的工作量。

26.3.4 与钢结构承包商协商

钢结构承包商经常会将焊接问题交由设计人员处理，对于提出的改进建议（非专业的）焊接人员不愿意接受。然而，设计人员不可能熟悉所有焊接方面的最新进展，也很难了解焊接车间和焊接工人的能力，因此确保焊接构造有效性的最好方法是设计人员和钢结构承包商积极地协商对话，并对不同的焊接方案进行充分的考虑。

26.3.5 有关建议的总结

以上讨论的各项内容可总结如下：

（1）减少焊缝数量并尽量少采用不同类型的焊缝。

（2）降低焊接成本（例如使用角焊缝而非对接焊缝）。

（3）仅在以下部位采用全熔透焊缝：

1）对于单面焊，外加荷载可能会撕裂焊缝根部；

2）外加荷载为循环荷载，在接头的未熔透部分可能会形成疲劳裂缝；

3）腐蚀，可能发生在未焊接的缝隙部位；

4）尽量减小焊缝尺寸（同时注意某些焊缝尺寸是首选的）；

5）尽量采用易于施焊的焊缝和焊接位置；

6）应采用焊接垫板，以便于全熔透对接焊缝施焊；

7）尽量使焊缝均匀布置（在中和轴的两侧），以减少扭曲变形和降低对尺寸误差的敏感性；

8）易于检验。

26.4 焊接工艺

26.4.1 概述

所有的焊接工艺都有其固有的优点和缺点。焊接工艺的选择通常是钢结构承包商的责任，并且取决于焊接设备和焊工的能力。本节的主要目的是对当前流行的电弧焊焊接工艺的一些功能和特点做简要介绍。

在钢结构制作中所采用的重要的焊接工艺，其技术上的区别在于采用不同的焊条耗材和电弧保护方法。在 BS EN ISO 4063[28] 中对此定义和编号如下：

（1）111 采用包覆焊条的电弧焊（Metal-arc welding with covered electrode）；

（2）114 采用自保护管状药芯焊丝的电弧焊（Self-shielded tubular cored arc welding）；

（3）121 采用实心焊丝的埋弧焊（Submerged arc welding with solid wire electrode）；

（4）135 采用实心焊丝活性气体保护焊（Metal-arc active gas welding（MAG）welding with solid wire electrode）；

（5）136 采用药芯焊条的活性气体保护焊（Metal-arc active gas welding（MAG）welding with flux cored electrode）；

（6）138 采用金属芯焊条的活性气体保护焊（Metal-arc active gas welding（MAG）welding with metal cored electrode）。

根据国家的有关统计调查，在英国市场上，活性气体保护电弧焊（MAG）大约占75%，药芯焊丝焊接（包括有气体保护和无气体保护）所占比例增加了7%，而手工金属电弧焊（MMA）现在约占焊接耗材总量的9%，多年来埋弧焊所占市场份额一直为7%～8%。各种焊接方式的普及程度主要取决于生产率，而生产率的高低则直接影响焊接成本。

26.4.2 手工金属电弧（MMA）焊

多年来手工金属电弧焊之所以在钢结构产业占有支配地位，这是因为该焊接形式能广泛适用于工厂制作和现场安装的各种用途，并且合格焊工数量多、分布广。MMA焊接俗称“拐杖式（stick）”焊接，相对于其他工艺，MMA设备使用广泛并且较为经济。

一根典型的MMA焊条，长度一般为230～460mm，固定在焊钳或把手上并通过柔性电缆和动力源连接，动力源可以是变压器、整流器、逆变器或者发电机，见图26-8。焊条的涂层在电弧作用下会熔化，并且具有：（1）保护焊缝金属以免接触周围空气；（2）形成焊渣以保护和支承焊缝金属；（3）通常可向焊缝金属内添加合金元素。

图26-8 MMA焊修复防撞护栏（照片由林肯电气公司提供）

26.4.3 活性气体保护（MAG）焊

MAG焊用焊丝通常镀铜以提供焊枪端部的良好导电性，MAG焊的大部分焊丝主要成分包括高含量的硅元素和锰元素，来防止活性保护气体中的氧气进入焊缝金属从而产生气泡。对于高强钢材和高韧性钢材，适用的低合金焊丝还是很有限的。

MAG焊设备主要由手持焊枪（或机械焊头）、送丝机和恒压焊接电源组成，焊丝穿过手持焊枪连续地送入电弧，见图26-9。由于该项工艺的连续性，它可以实现焊接的半自动化、机械化、自动化和机器人操作。电弧条件（电压和电流）主要由设备控制，半自动焊一词由此而生。

图26-9　在工厂里薄板T形接头MAG焊（照片由林肯电气公司提供）

MAG焊枪的主要功能是送入焊丝、传导电流并输送保护气体。施焊时焊丝从导电铜管（导电嘴）中送出焊枪，导电嘴被一个同心气体喷嘴所包围。焊枪的所有配件应该有足够的电流承载能力并紧密连接，以提供良好导电性和热传导性。

送丝机装有适用于实心MAG焊丝的V形槽辊，或适用于药芯焊丝和埋弧焊丝的网纹辊芯，送丝机的功能是从焊丝盘中抽出焊丝，并通过电缆（或焊机的送丝嘴）将焊丝送到焊枪位置。

药芯焊丝焊是MAG焊的一种改进，所采用的焊丝是充填粉末的中空钢管。与实心焊丝MAG焊和MMA焊相比，使用药芯焊丝的独特优点在于焊接生产效率和焊接质量的提高。大多数的药芯需要焊丝采用气体保护，但也有些是自保护的，当焊接现场有风时，会刮走保护气体从而使焊缝金属变脆，这时自保护焊就是非常理想的形式。

26.4.4　埋弧焊

如图26-10所示，埋弧焊工艺采用焊剂而不是保护气体来保护焊缝金属。施焊时颗粒状的焊剂粉末被连续地输送到焊丝周围，其主要功能是保护电弧和熔融的焊缝金属。所以埋弧焊工艺实际上仅限于在平焊（PA）位置和横向立焊（PB）位置进行施焊。由于埋弧焊的生产效率和焊接质量要高于其他焊接工艺，因此板梁制作宜优先考虑采用埋弧焊工艺。通常埋弧焊采用机械化操作，焊接设备可以沿着大梁、筒形部件和管道的纵向和环向上，准确地布置直线焊道实施焊接。

图 26-10 安装有两个焊嘴的自动埋弧焊焊机，焊剂由料斗供给用以保护焊丝和焊弧（照片由林肯电气公司提供）

26.4.5 焊接生产率

通过采用连续焊丝提供焊接填充金属的工艺，有可能使焊接生产率得到大幅度的提高。最早在钢结构制作中，普遍采用的是 MMA 焊，它使用由钢棒切成一定长度的单根焊条。每根焊条只能用 1min，必须丢弃焊条残根再在焊钳上装上新焊条。这种间歇的工艺已经被连续性的 MAG 焊和药芯焊丝所取代。采用这种工艺焊工可以连续焊接，直到无法靠近需焊部位、需要焊工停止焊接并变换到新的位置的情况。如有可能，在焊丝盘中的焊丝（通常可装约 15kg）全部用完之前，焊缝会一直保持连续。在 MMA 焊中，焊接缺陷会在起弧和收弧的位置出现。一般来说，焊丝连续的工艺会有更高的焊接生产率，施焊中停止和启动的次数更少，因此，减少焊接所用时间和提高焊接质量是可以同时满足的。

26.4.6 焊缝质量

焊缝缺陷的检验、修补及复检的成本，是其一次施焊成功的成本的 10 倍。因此，应尽力做到焊缝符合质量验收标准。焊缝质量验收包括焊缝形状检查、焊缝无瑕疵和力学性能等。

评估焊缝质量，可以通过一系列无损检测来发现、确定和测定焊接缺陷的尺寸。

焊缝的力学性能可以通过预生产焊接工艺试验进行检测，并按实际生产条件制作测试焊缝来对检测结果予以评定。

市场供应的商用材料存在缺陷是不可避免的，但并不是所有的缺陷都会对结构性能产生不利影响。因此，一条焊缝是否合格主要取决于对“特定用途适用性”的评估。在国家级的规范、标准中已规定了焊缝的验收标准，其中包括《英国钢结构工程施工规范》(NSSS)[26]。

焊缝缺陷分类如下：

(1) 未焊透；

(2) 裂纹；

(3) 气孔；

(4) 夹渣；

(5) 焊接飞溅；

(6) 焊缝尺寸和形状。

其中有两种缺陷通常是不可接受的——未焊透和裂纹。这两种缺陷削弱了焊缝的横截面面积，降低了焊缝的承载能力，而且会显著降低焊缝在循环荷载作用下的抗疲劳承载力。

26.4.7 扭曲变形

即使焊缝没有瑕疵且其力学性能符合要求，但如果焊缝使结构出现不可接受的扭曲变形，那也会被评为不合格焊缝。扭曲变形是由焊缝金属和热影响区（HAZ）冷却时所产生的收缩而引起的。一般不能消除收缩，但是可以减小由此产生的扭曲变形，最常用的方法如下：

(1) 选择焊缝填充金属用量最少的接头类型；

(2) 采用减少所需焊缝填充金属用量的坡口加工方式；

(3) 在独立构件中性轴的两面平衡施焊；

(4) 厚板中的对接焊缝，采用双面 V 形坡口代替单面 V 形坡口，平衡施焊；

(5) 尽量加大施焊速度（采用机械化焊机）以减少向相邻金属板件的热量输入；

(6) 使用临时定位焊缝和夹具来防止板件移动；

(7) 采用分段退焊法来防止板件移动（见图 26-11）。

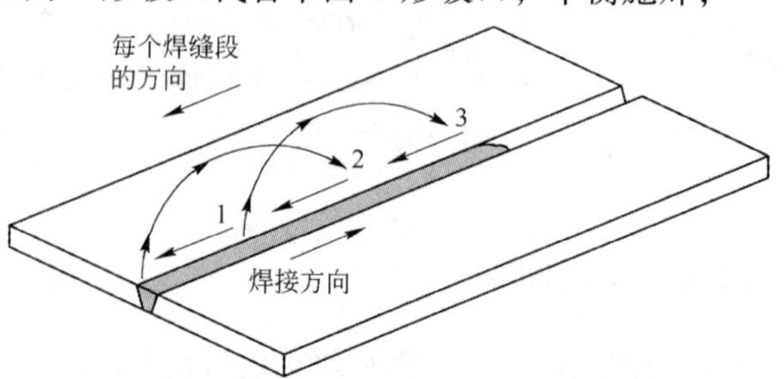

图 26-11 采用分段退焊法来防止板件移动

26.5 几何尺寸要求

26.5.1 有效焊缝厚度

表 26-1 给出了角焊缝的焊缝厚度。表中给出的系数近似取等焊脚长度焊缝两熔融面之间夹角的半角余弦，将其乘以焊脚长度，则得到焊根至焊缝横截面内熔融面的连接线之间的垂直距离，这就是所定义的有效焊缝厚度（焊喉厚度）。对于熔融面之间夹角小于90°的焊缝，其有效焊缝厚度会大于直角焊缝的焊缝厚度，但该系数的上限为0.7。同样，在不等焊脚长度焊缝的情况下，其有效焊缝厚度不超过两焊脚中较短者的0.7倍（如图26-12所示）。

表 26-1　角焊缝的焊缝厚度

熔合面间的角度/(°)	系数（应用于焊脚长度）	熔合面间的角度/(°)	系数（应用于焊脚长度）
60～90	0.7	107～113	0.55
91～100	0.65	114～120	0.5
101～106	0.6		

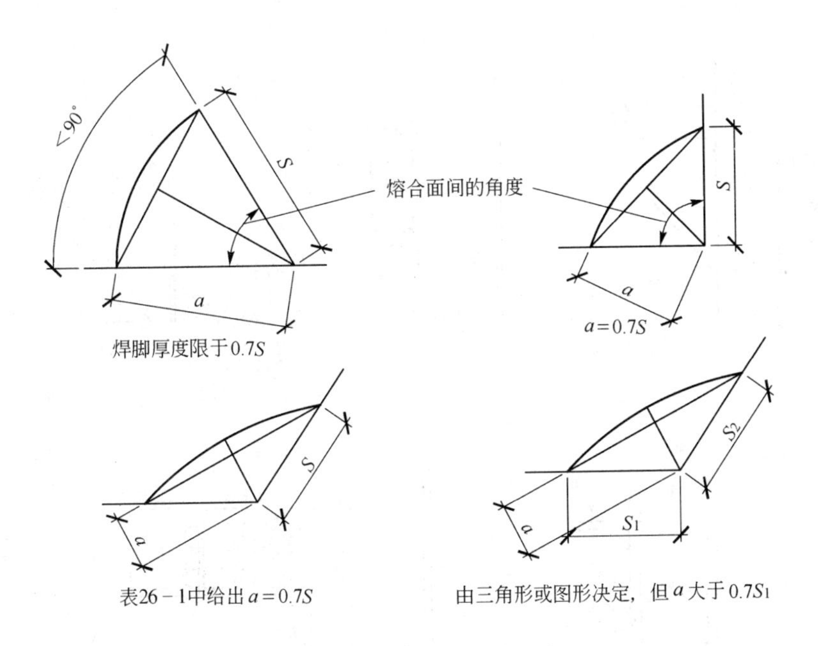

图 26-12　角焊缝的焊缝厚度

在由埋弧焊产生的深熔透焊缝的部位，有效焊缝厚度可取最小熔融深度（参见BS EN 1993-1-8：2008[29]第4.5.2条）。

26.5.2　计算长度

角焊缝的计算长度为其实际长度减去两倍的有效焊缝厚度，主要是考虑焊缝的起弧和熄弧缺陷影响，计算长度不应小于 30mm 或 6 倍的有效焊缝厚度。当角焊缝的端部位于板端或板边时，应做两倍焊脚长度的绕角焊缝，并连续施焊。

间断角焊缝是以多条间断施焊，长度较短的焊缝构成，如 BS EN 1993-1-8[29] 中图 4-1 所示。在承受疲劳荷载的情况下或因毛细管作用可能形成锈斑的部位不能采用间断角焊缝。间断角焊缝中的每个焊段的计算长度可根据角焊缝的一般要求来计算。

26.6　焊缝群的分析方法

26.6.1　概述

任何焊缝群都要能抵抗通过其形心的平面内或平面外的外加荷载的作用，并分别产生剪力和拉力，当外加偏心荷载作用时，则会产生附加的弯曲拉力和扭转剪力，见图 26-13。

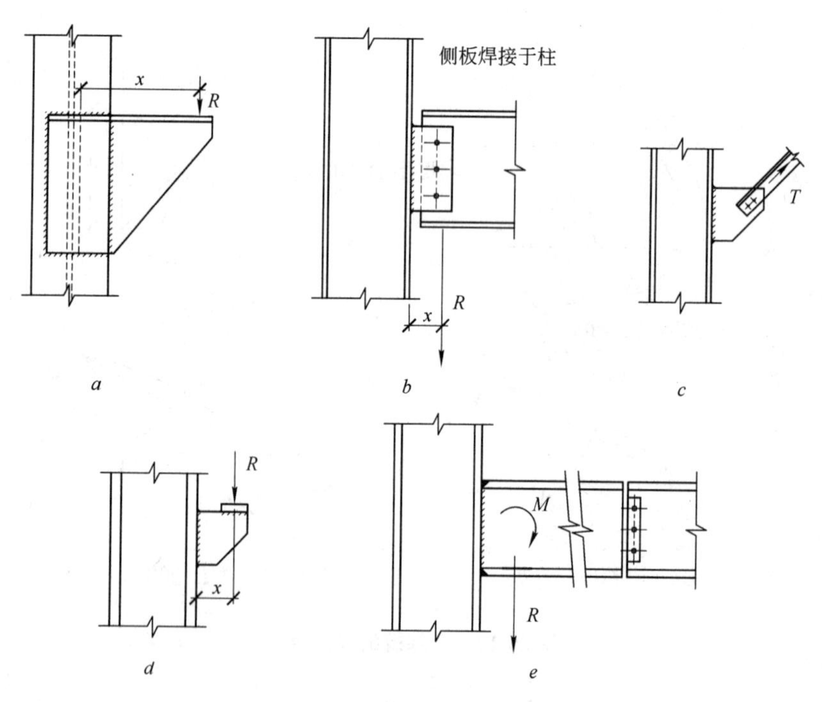

图 26-13　偏心加荷的焊缝群

a ~ *e*—类型一 ~ 类型五

26.6.2 焊缝群受剪

在英国和澳大利亚，考虑焊缝群受剪的做法是将因偏心作用引起的弹性扭转剪力分配到螺栓群中的每条焊缝上，大小与其到焊缝群形心的距离成正比。这种方法称为极惯性法。在一些国家，特别是加拿大以及（有时在）美国，也会采用瞬时中心法来进行焊缝群分析（参考本手册第23章螺栓群的相关内容）。

26.6.2.1 极惯性法

考虑由四边焊缝组成的焊缝群 见图26-14a。

假设有效焊缝厚度为单位长度。

$$I_{xx} = \frac{2b^3}{12} + 2a\left(\frac{b}{2}\right)^2$$

$$I_{yy} = \frac{2a^3}{12} + 2b\left(\frac{a}{2}\right)^2$$

$$I_{00} = I_{xx} + I_{yy}$$

$$I_{00} = \frac{b^3 + 3ab^2 + 2ba^2 + a^3}{6}$$

焊缝群形心到最外缘纤维的距离 r，如图26-14所示。

$$r = \frac{1}{2}\sqrt{a^2 + b^2}$$

$$Z_{00} = \frac{b^3 + 3ab^2 + 3ba^2 + a^3}{3\sqrt{a^2 + b^2}}$$

根据类似于本手册第23章所给出的关于螺栓群的推导，由弯矩引起的单位长度

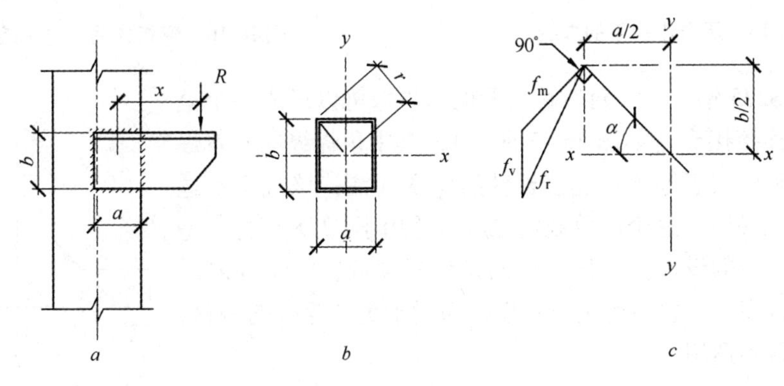

图26-14 焊缝群受剪

a~c—类型一~类型三

焊缝上的力 f_m 为：

$$f_m = \frac{R_{xr}}{Z_{00}}$$

假定焊缝群中剪力 f_v 为均匀分布：

$$f_v = \frac{R}{2a + 2b}$$

由此产生的单位长度焊缝所受的力 f_r，可以通过图解法或用三角解析方法确定，如图 26-14c 所示：

$$f_r = \sqrt{(f_{00}\cos\alpha + f_v)^2 + (f_{00}\sin\alpha)^2}$$

然后，可将计算值 f_r 与相应的焊缝强度值进行比较，在本手册附录表 8-4 中给出了焊缝强度值。

26.7 设计强度

26.7.1 概述

如图 26-15 所示，当角焊缝接头受压时，假定母材金属的表面是不能承压的，除非有专门的规定来保证这一点。在这种情况下，应按角焊缝承受全部荷载进行设计。当接头处作用有绕板件纵轴的弯矩时，不得采用单侧角焊缝，见图 26-16。理想情况下，角焊缝是不能承受拉力的。

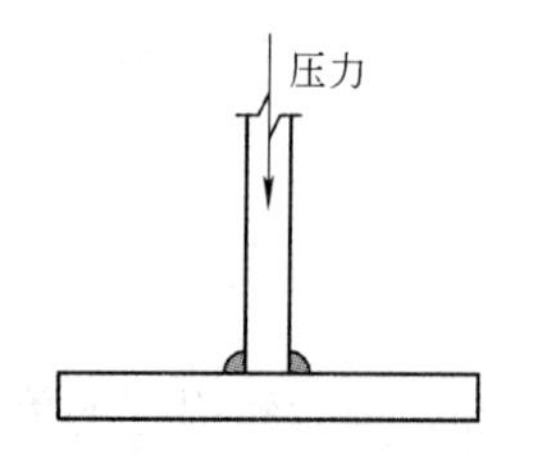

图 26-15 压力作用下的焊缝

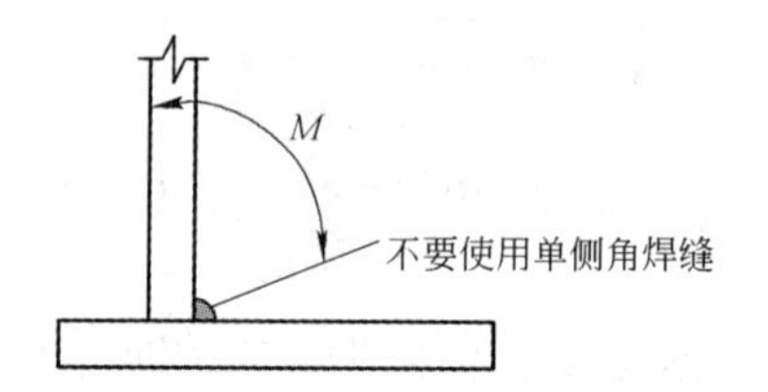

图 26-16 弯矩作用下的焊缝

采用 S275 钢材，一对对称布置的角焊缝可以形成一个全强度 T 形连接接头（如图 26-17 所示），其中角焊缝的有效焊缝厚度总和应大于等于被连接板件的厚度（注：该规定不适用于 S335 钢材）。这个简单规定之所以适用于 S275 钢材，是因为即使焊缝的设计强度比母材的设计强度低，而角焊缝的横向强度较高，可以对此进行补偿。而对于更高等级的钢材，这项规定就不适用了。

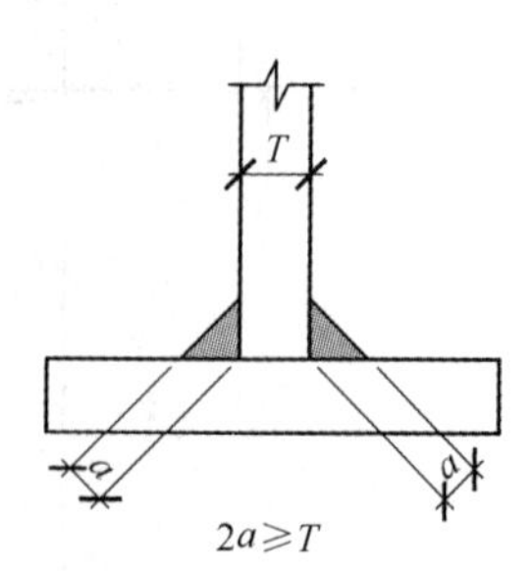

图 26-17 由对称角焊缝组成的全强度 T 形焊缝

强度

角焊缝的设计剪切强度在表 26-2 中给出。

表 26-2 角焊缝设计抗剪强度 $f_{vw,d}$

钢材级别	$f_{vw,d}$/N · mm^{-2}	较薄连接板件的厚度	$f_{vw,d}$/N · mm^{-2}
S275	410	$3mm \leqslant t_p \leqslant 100mm$	223
S355	470	$3mm \leqslant t_p \leqslant 100mm$	241

BS EN 1993-1-8 提供了两种计算角焊缝设计承载力的方法——在 BS EN 1993-1-8 的第 4.5.3.2 款中介绍了定向方法（the directional method），在第 4.5.3.3 款中介绍了简化方法。在简化方法中，单位长度焊缝的设计承载力 $F_{w,Rd}$ 可取为：

$$F_{w,Rd} = f_{vw,d}a$$

式中，$f_{vw,d}$ 为焊缝的设计剪切强度；a 为有效焊缝厚度。

焊缝的设计剪切强度 $f_{vw,d}$ 可按下式计算：

$$f_{vw,d} = \frac{f_u \sqrt{3}}{\beta_w \gamma_{M2}}$$

式中，f_u 为所连接的板件中较弱者的名义极限抗拉强度；β_w（S275 钢材取 0.85，S335 钢材取 0.9）为与所用钢材的等级和类型有关的修正系数（参阅 BS EN 1993-1-8 中表 4-1），根据英国国别附录建议，γ_{M2} 取 1.25。

在定向方法中，通过单位长度焊缝传递的力可分解为平行和垂直于焊缝纵轴的两个分力，分别对应于焊喉平面的法线方向和切线方向，见图 26-18。这种方法考虑到当角焊缝受到沿焊缝纵轴的荷载作用时，角焊缝在横断面方向的承载力更高。平行于焊缝纵轴方向的正应力可以不考虑，其他各应力项应予以组合（详见下文所述），并且必须小于焊缝的设计强度。

$$\sigma_{\perp}^2 + 3(\tau_{\perp}^2 + \tau_{\parallel}^2)^{0.5} \leqslant \frac{f_u}{\beta_w \gamma_{M2}} \text{ 且 } \sigma_{\perp} \leqslant 0.9 f_u / \gamma_{M2}$$

式中 f_u，β_w——定义同上；

$\sigma_{\perp}$——垂直于焊缝平面的正应力；

$\sigma_{\parallel}$——平行于焊缝轴线的正应力；

$\tau_{\perp}$——垂直于焊缝轴线的剪应力（在焊缝平面内）；

$\tau_{\parallel}$——平行于焊缝轴线的剪应力（在焊缝平面内）。

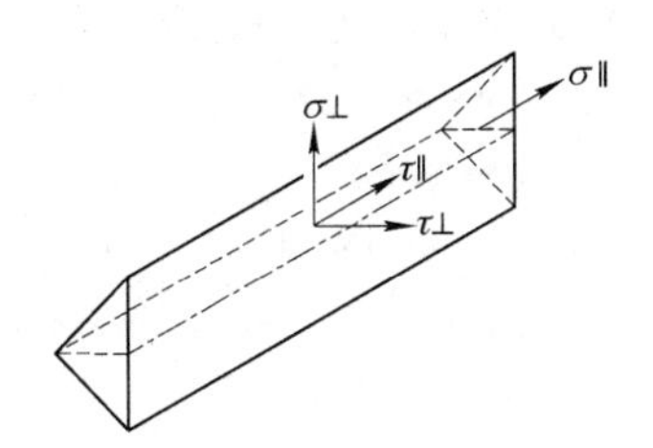

图 26-18 角焊缝的应力

当不同强度等级的钢材采用焊接连接时，则应根据强度等级低的钢材的相关数据来计算焊缝承载力。

在本手册的附录中，分别给出了按 S275 钢材和 S355 钢材相应的设计剪切强度进行计算的角焊缝设计承载力。

26.8 结语

优秀的设计会有效地降低制作成本。这可以通过采用统一、协调的规范来达到规定标准，同时也提供了定量控制焊缝质量的方法和手段。在施焊结束后，焊缝的质量和性能的检验工作比较困难，所以要求对焊接操作进行连续控制并采用规定的焊接工艺，以确保焊接成功。

BS EN 1090-2 明确了关于钢结构工程中结构及其构（部）件的制作要求，这些要求是根据四个施工（制作）等级制定的，从 EXC1 至 EXC4 的质量要求严格程度依次增加，设计人员的职责是根据结构的使用要求和结构破坏所产生的后果，确定合适的施工（制作）等级。

接头类型和焊缝类型的选择是影响焊接成本的主要因素，只要条件允许，设计人员应该尽量采用角焊缝而非对接焊缝，并且焊缝尺寸不应大于传递设计荷载所需的尺寸。为了确保焊接构造的有效性和经济性，设计人员应尽早和钢结构承包商进行沟通和对话。

钢结构工程承包商应任命至少一位具有技术知识和经验的焊接责任协调员，来监督焊接施工。BS EN 1090-2 要求采用经过评定的《焊接工艺说明（WPS）》和合格的焊工。钢结构承包商负责确保《焊接工艺说明（WPS）》和焊工资格，以开展相应的工程建设。《英国钢结构工程施工规范》（NSSS）中，对钢结构焊缝的检验制度和质量验收标准提出了相关的指导意见。

参考文献

[1] British Standards Institution(2004) BS EN 10025-5 Technical delivery conditions for structural steels with improved atmospheric corrosion resistance. London, BSI.

[2] British Standards Institution(Various) BS EN 1993-All parts. BSI Eurocode 3. Design of steel structures. London, BSI.

[3] British Standards Institution(2011) BS EN 1090-2 Execution of steel structures and aluminium structures. Technical requirements for the execution of steel structures. London, BSI.

[4] British Standards Institution(2005) BS EN ISO 3834 Quality requirements for fusion welding of metallic materials. London, BSI.

[5] British Standards Institution(1995) BS EN 22553 Welded, brazed and soldered joints. Symbolic representation on drawings. London, BSI.

[6] British Standards Institution(2003) BS EN ISO 9692-1 Welding and allied processes-Recommendations for joint preparation-Part 1: Manual metal-arc welding, gas-shielded metal-arc welding, gas welding, TIG welding and beam welding of steels. London, BSI.

[7] British Standards Institution(2001) ES EN 1011-2 Welding. Recommendations for welding of metallic materials Arc welding of ferritic steels. London, BSI.

[8] British Standards Institution(2004) BS EN 10025-1 General technical delivery conditions. London, BSI.

[9] British Standards Institution(2004) BS EN 10025-2 Technical delivery conditions for non-alloy structural steels. London, BSI.

[10] British Standards Institution(2004) BS EN 10025-3 Technical delivery conditions for normalised/normalised rolled weldable fine grain structural steels. London, BSI.

[11] British Standards Institution(2004) BS EN 10025-4 Technical delivery conditions for thermo mechanically rolled weldable fine grain structural steels. London, BSI.

[12] British Standards Institution(2004) BS EN 10025-6 Technical delivery conditions for flat products of high yield strength structural steels in the quenched and tempered condition. London, BSI.

[13] British Standards Institution(2006) BS EN 10210 Hot finished structural hollow sections of non-alloy and fine grain structural steels. London, BSI.

[14] British Standards Institution(2006) BS EN 10219 Cold formed structural hollow sections of non-alloy and fine grain structural steels. London, BSI.

[15] British Standards Institution(1990) BS 4360 Specification for weldable structural steels. London, BSI.

[16] British Standards Institution(2005) BS EN 1993-1-10 Eurocode 3. Design of steel structures. Material toughness and through-thickness properties. London, BSI.

[17] British Standards Institution(2009) PD 6695-1-10 Recommendations for the design of structures to BS EN 1993-1-10. London, BSI.

[18] British Standards Institution(2011) BS EN ISO 14341 Wire electrodes and deposits for gas shielded metal arc welding of non-alloy and fine grain steels. Classification. London, BSI.

[19] British Standards Institution (2008) BS EN ISO 14175 Shielding gases for arc welding and cutting. London, BSI.

[20] British Standards Institution(2009) BS EN ISO 2560 Covered electrodes for manual arc welding of non-alloy and fine grain steels. Classification. London, BSI.

[21] British Standards Institution(2008) BS EN ISO 17632 Tubular cored electrodes for metal arc welding with and without a gas shield of non-alloy and fine grain steels. Classification. London, BSI.

[22] British Standards Institution(2010) BS EN ISO 14171 Welding consumables. Solid wire electrodes, tubular cored electrodes, and electrode/flux combinations for submerged arc welding of non-alloy and fine grain steels. Classification. London, BSI.

[23] British Standards Institution(1996) BS EN 760 Fluxes for submerged arc welding. Classification. London, BSI.

[24] British Standards Institution(2008) BS EN ISO 15614-1 Specification and qualification of welding procedures for metallic materials. Welding procedure test. London, BSI.

[25] British Standards Institution(2004) BS EN 287-1 Qualification test of welders. Fusion welding. Lon-

don, BSI.

[26] The British Constructional Steelwork Association (2007) National Structural Steelwork Specification, 5th edn. London, BCSA/SCI.

[27] British Standards Institution (2009) BS 499-1 Welding terms and symbols. Glossary for welding, brazing and thermal cutting. London, BSI.

[28] British Standards Institution (2010) BS EN ISO 4063 Welding and allied processes. Nomenclature of processes and reference numbers. London, BSI.

[29] British Standards Institution (2008) BS EN 1993-1-8 Eurocode 3. Design of steel structures. Design of joints. London, BSI.

27 节点设计和简单连接*

Joint Design and Simple Connections

DAVID MOORE and BUICK DAVISON

27.1 引言

一般而言，对于一栋钢结构框架的建筑物来说，钢结构的设计、加工制作和安装等部分的成本约占建造总成本的30%；而在这三个环节中，加工制作和安装部分的成本约占67%。因此，减小加工制作和安装的成本能使建造总成本显著降低。在加工制作成本中，连接所耗的费用通常占有相当大的比例，而且连接形式的选择会对加工的速度、简易性以及与这些密切相关的安装成本产生显著的影响。很显然，降低钢结构成本的潜在空间，主要是梁-柱连接和梁-梁连接形式的适当选择。事实上，由于实际结构中的连接大多具有重复的特性，所以即便一个连接所耗费的材料和人工等只有很少量的节省，也会对建筑物的总体经济效益产生重要的有利影响。

出乎意料的是，就设计和构造措施的重要性而言，连接设计通常在整个设计过程中并没有给予足够的重视。欧洲规范3与现行规范相比更加注重连接设计，BS EN 1993-1-8[1]也有一定的篇幅专门讨论这个问题。对于连接部位的局部影响往往会留给设计人员自行处理，从而造成了在连接类型及设计方法上都缺乏统一性，变得参差不齐。另外，按照传统的责任分工，设计人员只负责框架构件的设计，而连接的设计及其构造处理则由钢结构承包商来负责，这就使得上述问题变得更加复杂。在BS EN 1993-1-8的第5部分中，较详细地概述了框架性能分析和节点响应类型之间的联系，以及如何对其进行建模的问题。规范规定："一般来说，必须考虑节点性能对结构中内力和弯矩的分配及其对结构整体变形的影响，只有当这些影响足够小时，才可以忽略不计"。然而，如果节点是简单连接，就可以不考虑节点性能的影响，即它们并不明显地传递弯矩或者说不是连续的，在这种情况下，可以认为框架构件之间是完全铰接的。

图27-1中列出了用于多层钢框架结构中的多种梁-柱连接类型中的一部分。一般来说，连接类型的选择应当遵循构造简单、易于复制和施工简便的原则，这些都是出于降低成本、提高经济效益的考虑。焊接节点可以充分传递弯矩，但由于需要

---

* 本章译者：段鑫、吴耀华。

现场焊接操作，所以成本通常较高。螺栓连接的优点在于，所需的现场检查要比焊接连接少，安装时间短，且螺栓一旦就位即可承担荷载。另外，螺栓连接的构造简单，易于处理，对于少量的梁柱尺寸误差可以进行调节，但是，当荷载很大时，螺栓连接将不再适用，由于连接的尺寸会相当大，会与“线条简洁”的建筑要求发生冲突。

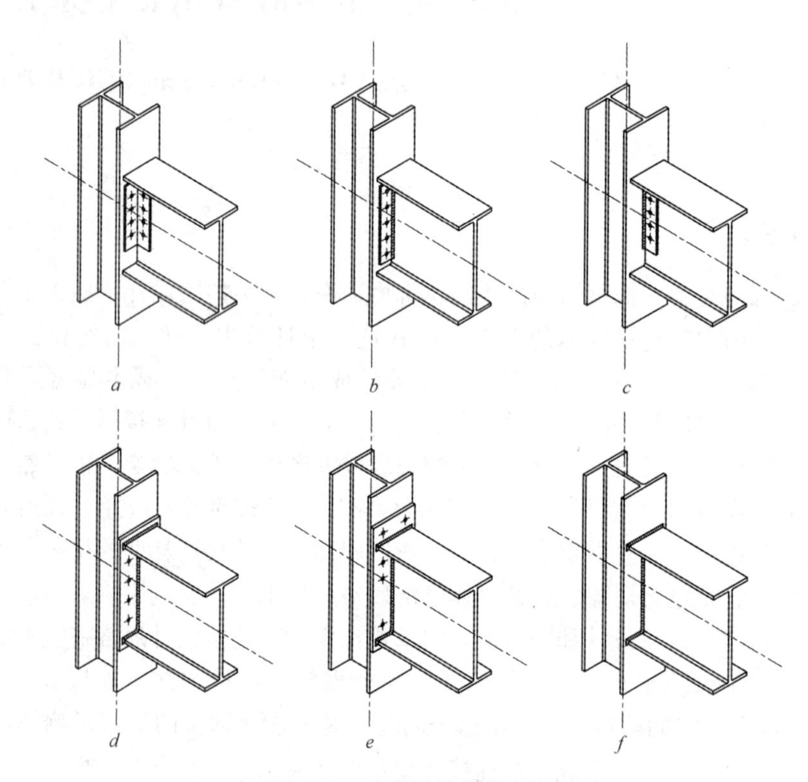

图 27-1　典型梁柱节点连接

a—双角钢腹板连接；*b*—部分高度端板连接；*c*—鳍板连接；
d—全高度端板连接；*e*—扩大端板连接；*f*—焊接连接

连接不仅种类繁多，而且每种连接类型又会有很多变化（各种连接都有不同的特性），这就使得设计人员很难选择合适的连接类型及其相应的设计方法。对此做出正确选择的关键，就在于理解特定节点形式的性能特点（包括强度、刚度和延性），以及分析/设计方法与节点性能之间的关系。

1987 年，英国钢结构学会（the Steel Construction Institute，SCI）和英国建筑钢结构协会（the British Constructional Steelwork Association，BCSA）成立了 SCI/BCSA 连接专题小组，旨在通过增加结构中构件的重复率和节点连接的标准化来提高钢结构建造业的效率和效益。专题小组致力于明确界定标准的连接和标准的设计方法的范围，并指定出总体架构，以便可以在使用标准化的构（部）件的同时，广泛采用合理的节点连接。目前该专题小组已经出版了下列两本专著：《钢结构的节点设计：简单连接》(Joint in Steel Construction ：Simple Connections[2]）和《钢结构的节点设计：抗弯

连接》(Joints in Steel Construction: Moment Connections[3])。以上这两份出版物已经成为最常用连接的标准设计方法的行业标准。随着欧洲规范3的发布，第一份出版物现已根据最新的设计理论、欧洲规范3中所采用的连接分类系统，以及与当前钢结构加工制作和施工技术密切相关的实践经验，进行了更新和修订[4]，使之可以对连接的强度做出比较符合实际的估计。而用于抗弯连接的绿皮书（The Green Book for Moment Connections）还没有进行修订。但是，读者会发现绿皮书中所采用的原理和欧洲规范3中所提供的建议是相同的，仅符号有所不同，设计过程也基本一致。在本章第27.2节和第28节中，针对简单连接和抗弯连接的设计验算方法就源于这些出版物。

27.1.1　设计原理

一般来说，连接设计必须要和结构工程师关于钢结构框架结构性能的假定条件保持一致。因此，在选择连接类型和进行具体设计时，设计人员应始终牢记一些基本要求，如连接的刚度（或弹性）、强度和所需要的转动能力等。设计时还应确保，要同与节点连接所关联的各个不同构件的设计假定相互协调一致。例如，不可同时使用普通螺栓（受到剪力和拉力作用）和角焊缝来共同承担荷载，因为普通螺栓和角焊缝的变形性能是不能相互兼容的。

另外，在设计阶段就考虑经济性因素，这一点也是必不可少的。一般而言，如果钢结构的加工制作和安装成本能够得到有效的控制，则其总成本也就容易控制在较低的水平。但是，应该注意到钢结构工程的总成本是与钢结构工程的承包商密切相关的。设计人员可以在满足设计假定条件的前提下给出一系列标准的连接类型，然后承包商就可以根据具体情况选择成本最低的连接类型；与只给承包商指定某一种连接的方式相比，这样更有利于节约成本。最后，连接还应为所有焊接操作和螺栓的安装和拧紧提供足够的空间。

27.1.2　连接分类

连接设计与采用的结构分析方法密切相关。BS EN 1993-1-1[5]的第5.1.2（2）条（读者亦可参考BS EN 1993-1-8第5.1.1条的相关内容）给出了三种可能的节点模型，以适应不同的框架分析方法，这些节点模型是：

（1）简单连接节点，假定节点不传递弯矩；

（2）连续连接节点，假定节点性能对结构分析不产生影响；

（3）半连续连接节点，在分析过程中，必须考虑节点性能的影响。

在整体分析中可以采用弹性和塑性方法。表27-1所列内容基于BS EN 1993-1-8的表5-1，给出了节点类型、框架类型和相应的整体分析方法。

简支框架是根据梁为简支的假定而得到的，同时也意味着梁-柱连接必须具有足够大的弯曲性能，以避免端部弯矩的发展。所有水平力必须由支撑或剪力墙等来承担。如果采用这种节点模型，那么无论采用哪种整体分析方法，连接都可以视为名义铰接[6]。然而，研究表明绝大多数连接，即便是所谓的“简单连接”，都具有某种程度的弯矩传递能力。

表 27-1　整体分析模型、节点类型和框架类型之间的关系

整体分析方法	节　点　类　型		
弹　性	名义铰接	刚　性	半刚性
刚-塑性	名义铰接	完全强度	部分强度和延性
弹塑性	名义铰接	刚性和完全强度	半刚性和部分强度
框架类型（即节点模型）	简单连接	连续连接	半连续连接

如果采用连续节点模型，那么连接类型会与所采用的整体分析方法有关。当采用弹性分析方法时，节点刚度非常重要，并且应将其划分为刚性连接；适用的节点模型称为“连续节点模型”。采用塑性分析方法时，节点强度是关键因素，且节点的类型应根据其强度（弯矩承载力）来划分。其中“完全强度”是针对连接的强度与其相连梁的强度的相对大小而言的。如果连接的强度大于与其相连梁的强度，则该连接就称为完全强度连接。进行这种比较的目的在于确定结构的承载力究竟是由节点的强度决定还是由它所连构件的强度决定。如果采用弹塑性整体分析方法，则节点的类型应根据其强度和刚度来划分，且必须采用刚接的、完全强度连接。这些连接必须能够承担弯矩设计值、剪力和轴力等荷载的作用，同时还必须保证所连构件之间的夹角不变。与采用简支框架实际相比，采用连续连接设计时梁的尺寸会更小一些，但在截面尺寸上所节省的部分，通常会用在节点处，以保证其有足够的强度或刚度。

尽管在简支节点连接方法中忽略了节点的实际刚度，而连续节点连接方法中只允许完全强度连接，但绝大多数实际工程中的连接都具有一定的刚度，而它们的抗弯能力却可能是有限的。采用半连续设计方法时，整体的分析方法会决定所采用的连接类型。当采用弹性分析方法时，可以采用半刚性连接，且应根据节点的刚度来划分类型（应该注意的是，术语“半刚性”是一种常规所使用的分类方法，可用来概括铰接和刚接在内的所有类型的连接节点）。如果采用塑性整体分析方法，应该根据节点的强度来划分类型。如果连接的弯矩承载力小于它所连的构件，则该连接称为部分强度连接。当属于这种连接类型时，连接会先于所连构件而达到其极限承载力。因此，此类连接必须具有足够的延性，以便在结构的其他部位形成塑性铰。在采用弹塑性整体分析方法时（可能是最实用的、能精确表达框架分析中节点实际性能的方法），应根据节点的强度和刚度来划分类型，且必须采用半刚性连接或部分强度连接。

由以上讨论可知，连接具有三个基本属性：

（1）抗弯能力：据此可将连接分为完全强度、部分强度和名义铰接（即完全没有抗弯能力）。

（2）转动刚度：据此可将连接分为刚性、半刚性和名义铰接（即完全没有转动

刚度）。

（3）转动能力：连接有时候需要具有足够的延性。该项标准对于大多数设计人员来说还比较陌生。但应该承认，在循环加载的某一个阶段，连接可能需要出现塑性转动而并不失效。铰接节点必须具有这种转动能力，但这一原则也适用于在采用塑性设计的框架中的部分强度抗弯连接。

这三条属性可用来对连接进行分类，图 27-2 所示为对连接进行归类的不同方法。BS EN 1993-1-8 第 5.2.2.1（2）款明确规定："节点可在实验验证的基础上，或者根据以往在相似情况下、满足性能要求的经验，或者根据实验数据通过计算的基础上进行分类"。对英国的实际情况而言，英国国别附录（第 NA2.6 条）提供了下列重要的额外信息：

（1）名义铰接节点，在英国习惯称为"简单连接"（simple connection）。依据《钢结构的节点设计——简单连接》(joints in steel construction-simple connections）中的设计原则进行设计的连接节点可划分为名义铰接节点。

（2）具有延性的、部分强度的节点，在英国习惯称为"延性连接"。在按塑性设计的半连续框架中采用这种连接。半连续连接框架可以按照《设支撑的半连续连接框架的设计》(Semi-continuous Design of Braced Frames）中所给出的设计原则进行设

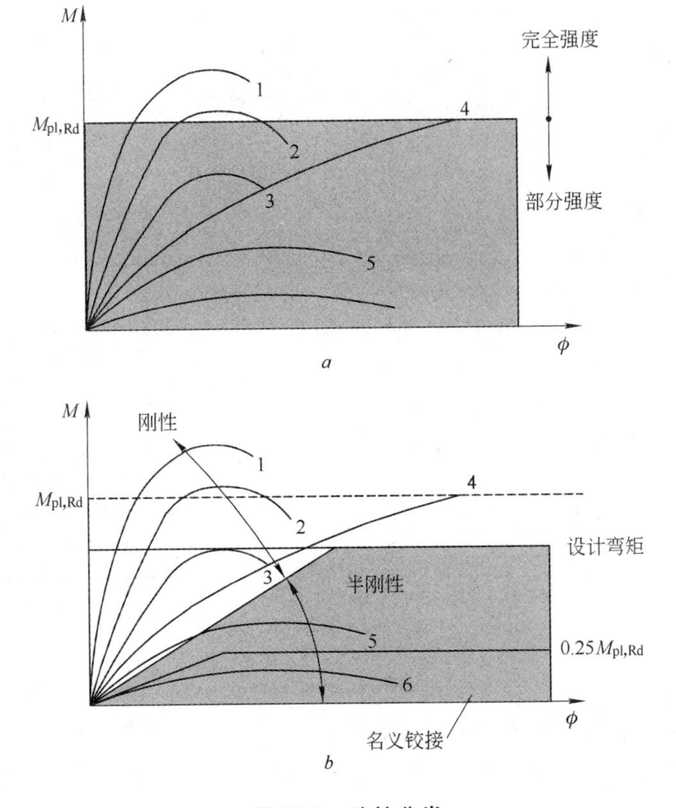

图 27-2　连接分类

a—根据强度进行分类；*b*—根据刚度进行分类

计，同时，连接可以按照《钢结构的节点设计：抗弯连接》(Joints in Steel Construction：Moment Connections) 中的第2节所给出的设计原则进行设计。未设支撑的半连续连接框架（称为抗风框架）可以按照《低层框架的抗风设计》(Wind-moment Design of Low Rise Frames) 一书中所给出的设计原则进行设计。

(3) BS EN 1993-1-8：2005 第6.3条给出了计算转动刚度的数值方法，BS EN 1993-1-8：2005 第5.2.2条给出了依据刚度进行分类的方法，而采用上述规范所取得的经验还不够时，半连续连接的弹性设计只能根据实验的方法（遵照 BS EN 1993-1-8：2005 第5.2.2.1（2）款要求)，或者根据在类似情况下所得到的符合要求的性能来进行设计。

(4) 当按照《钢结构的节点设计——抗弯连接》(Joints in Steel Construction：Moment Connections) 中所给出的设计原则进行连接设计时，可以根据该书第2.5节的要求，对连接节点进行分类。

在采用上述方法进行设计的框架中，根据连接的属性要求，表27-2中给出了一些关于框架设计方法的指导意见。

表 27-2 框架设计方法

设计		连接			说明
框架类型	整体分析	属性	对应图27-2中的曲线标号	所涉及的本手册章节编号	
简单连接	铰接节点	名义铰接	6	27.2	用于设支撑的多层框架比较经济；连接设计只需考虑抗剪强度。
连续连接	弹性	刚性	1，2，3，4	28.1	常规的弹性分析方法；
	塑性	全强度	1，2，4	28.1	塑性铰出现在相邻的构件中而非连接中；
	弹塑性	全强度和刚性		28.1	在门式刚架的设计中尤为常用
半连续连接	弹性	半刚性	1，2，4	未涉及	建模时连接用转动弹簧来模拟；难以预测连接刚度时；
	塑性	部分强度和延性	5，6	未涉及	抗风设计是该方法的一种变异；
	弹塑性	部分强度和/或半刚性	所有	未涉及	分析时连接的所有属性都需要模拟，目前仅作为一种研究工具使用，尚未达到实用的程度

27.1.3 定义

欧洲规范3在描述节点类型和相关特性的用词上非常严谨。英国的习惯往往是更自由地使用这些术语，例如，"刚性节点"一词就被广泛地理解为完全强度连接，并且对大多数设计人员而言，可能已经认为"抗弯"是刚性的同义词。欧洲规范3对节点连接做了更精确的规定，这就导致了对整体分析方法选择和所要求的节点性能之

间的关系有了更清晰的理解。为了帮助设计人员理解其中一些较为生疏的术语，本章对有关节点连接的术语给出如下定义：

（1）完全强度连接（full strength connections），所具有的抗弯承载力不小于其所连构件的抗弯承载力。

（2）部分强度连接（partial strength connections），所具有的抗弯承载力小于所连构件的抗弯承载力。

（3）刚性连接（rigid connections），连接的刚度足够大，以致连接的柔性对框架中弯矩分布的影响可以忽略不计。

（4）半刚性连接（semi-rigid connections），连接的刚度介于刚性连接和铰接连接之间。

（5）名义铰接（nominally pinned connections），连接的刚度足够小，可将其视为理想铰进行分析。根据定义，这种连接是非抗弯连接，可视其为是名义铰接，虽然部分强度连接的抗弯承载力最大能达到梁塑性抗弯承载力的25%。

（6）延性连接（ductile connections），连接具有足够的转动能力，可以起塑性铰的作用。连接的延性不应与材料延性相混淆。

（7）框架采用简单设计（simple design）方法进行设计时，假定连接不传递弯矩从而对构件或整个结构产生不利的影响。

（8）框架采用连续设计（continuous design）方法进行设计时，在框架分析中不需要模拟连接性能。该方法同时涵盖了弹性分析和塑性分析，两者对应的连接分别为刚性连接和完全强度连接。

（9）框架采用半连续设计（semi-continuous design）方法进行设计时，在框架的分析中必须模拟连接性能。该方法同时涵盖了弹性分析（对应的半刚性连接用转动弹簧来模拟）和塑性分析（对应的部分强度连接用塑性铰来模拟）。

（10）节点（joint）和连接（connection）两个用词的含义有所区别。连接是指“两个或两个以上单元相交的位置。对于设计而言，连接就是基本部件的集合体，当在连接部位传递相关内力和弯矩时，要求能够体现出这些基本部件的特性”。节点是指“两个或两个以上构件互相连接的区域。对于设计而言，节点就是所有这些基本部件的集合体，当在所连构件之间传递相关力和弯矩时，要求能够体现出这些基本部件的特性。一个梁-柱节点就由一个腹板域，以及一个连接（单侧节点构造）或者两个连接（双侧节点构造）所构成”。两个用词之间的区别非常细微，而且有时节点和连接往往被当成同义词使用。

27.2 简单连接

27.2.1 设计原理

如果连接只能传递相应构件的端部剪力，且转动能力可以忽略不计，从而在承载力极限状态下可以忽略其所传递的弯矩，这种连接可称为简单连接。这一定义可以作为这类结构[7]的设计基础，其中梁构件可按简支梁设计，而设计柱子时只需要考虑轴力及梁端反力引起的少量弯矩。但是实际上，连接总是会具有一定的刚度，尽管在设计中可以忽略这部分刚度，但它往往足以满足施工安装的要求，而不必设置临时支承。

本节主要讨论以下三种形式的简单连接：

（1）双角钢腹板连接；

（2）弹性端板连接；

（3）鳍板式连接。

为了和设计假定保持一致，简单连接必须允许与之相连的梁端能够充分转动，使梁的变形符合简支梁的特征，并且实际构造上也没有对梁产生嵌固作用。同时，这种转动不得削弱连接的抗剪和对梁的约束承载能力（出于结构的整体性的考虑——见下文）。从理论上讲，一个跨度为6.0m、高度为457mm的简支梁，在最大荷载设计值作用下，梁端的最大转角可达0.022弧度（即1.26°）。但实际上由于连接的约束作用，梁端的转角要远远小于该数值。当梁转动时，应尽量避免梁下翼缘对柱子产生挤压，因为这样会在梁-柱连接中引起较大的内力，而满足这个要求，常用方法是确保梁端与柱子的距离不小于10mm，或者也可以使用一块薄端板。

27.2.2 结构的整体性

1968年所发生的Ronan Point局部倒塌事件引起了建筑行业对结构主要构件间因缺乏有效连接而引起连续倒塌的警惕。这就促使对《建筑法规批准文件A——结构》(Building Regulations Approved Document A-Structure）和英国钢结构设计规范进行了相应的修改。从本质上来讲，这些修改体现了人们对上述破坏模式的认识，并要求结构具备一个最低的鲁棒性水平，来抵抗偶然荷载的作用。

在欧洲规范中，充分体现了对鲁棒性和结构整体性的要求，并将其纳入了承载力极限状态和正常使用极限状态的设计要求之中。结构整体性/鲁棒性是结构承受诸如Ronan Point那样的爆炸、撞击或人为错误导致破坏等各种事件的能力，而不会发生与结构设计的初始目标不相称的严重破坏。为了保证不会出现不相称的破坏，BS EN 1990要求设计人员在进行结构设计时采取下列一种或多种措施：

（1）避免、消除或降低结构可能遭受的危险；

（2）选择一种对所考虑的危险不敏感的结构形式；

（3）选择一种结构形式，并按移除结构中的个别构件或有限部分，或者发生了可接受的局部破坏后仍有足够安全裕度的条件进行设计；

（4）尽可能避免采用在毫无征兆的情况下可能倒塌的结构体系；

（5）将结构构件相互拉结的建议。

针对建筑物，BS EN 1991-1-7给出了建筑类型重要程度分类表，它与《批准文件

A——结构》(Approved Document A-Structure) 中的分类体系十分相似。根据建筑物的重要性类别，BS EN 1991-1-7 规定，建筑物应具备一个可接受水平的鲁棒性，这和《批准文件 A——结构》中提出的对支承构件进行拉结，并且（或者）假想把支承构件移除的设计建议是完全一致的。

对框架结构而言，应沿各楼层和屋面的周边布置水平拉结构件，在建筑物内部则将柱子和墙单元与结构垂直拉结。采用近似垂直的构件相互之间拉结，或者在混凝土楼板中借助于钢筋以及在钢/混凝土组合楼盖体系中借助于压型钢板，这些都是提高整体性/鲁棒性最为有效的做法。这些拉结构件及其连接部位都应能承受以下设计拉力：

对于内部拉结构件，取 $T_i = 0.8(g_k + \psi q_k)sL$ 和 75kN 中之较大值

对于周边拉结构件，取 $T_i = 0.4(g_k + \psi q_k)sL$ 和 75kN 中之较大值

式中 s——拉结构件的间距；

L——拉结构件的跨度；

ψ——偶然设计工况下荷载效应组合表达式中的组合值系数（见 BS EN 1990）；

g_k——恒荷载标准值；

q_k——活荷载标准值。

27.2.3 设计过程

简单连接的设计方法是以 BS EN 1993-1-8 为基础的。紧固件及相关配件的承载力和设计强度应满足 BS EN 1993-1-8 第 3.6 条的相关规定。紧固件的行距及列距应符合该规范第 3.5 条（表 3-3）中的要求，并遵照《绿皮书》(Green Book)[2,4] 所提出的相应建议。

当加工制作和安装这些节点连接时，通常会用到以下组件：

（1）普通螺栓，一般为 M20，性能等级为 8.8 级；

（2）钢材等级为 S275 的夹板、端板、鳍板及其他配件；

（3）6mm 角焊缝；

（4）使用半自动化设备冲孔的板件。

应尽可能遵照行业惯例，以及《英国钢结构工程施工规范》（National Structural Steelwork Specification）[8] 中给出的相关要求。ECCS 出版物 No. 126[6] 亦提供了按照欧洲规范 3 要求进行简单连接设计的有益建议。

27.2.4 双角钢腹板连接

典型的拴接双角钢夹板连接如图 27-3 所示。当采用栓孔间隙为 2mm 的普通螺栓时，这种连接形式在现场的调整余地很小。且夹板通常是成对使用的。设计这种连接时，可以采用简单的平衡分析方法。本书推荐的方法是假设梁柱之间所传递的剪力的

作用线位于柱子的翼缘。如果采用这种计算假定，在设计连接角钢夹板和梁腹板的螺栓群时，必须考虑由端部剪力与螺栓群相对于柱子翼缘偏心距的乘积所引起的剪力和弯矩。而对于角钢夹板和柱子翼缘的连接螺栓，则只需考虑外加剪力的作用。实际上，柱子翼缘和夹板之间的连接很少会出现问题，梁腹板上的受力螺栓几乎总是设计的控制因素。而这种连接的转动能力在很大程度上是取决于角钢的变形能力及其所连组（配）件之间的相对滑移。角钢的变形引起了连接中的大部分转动，而紧固件的变形往往是非常小的。为了减小对转动的抗力（并增大转动能力），应尽可能地减小角钢夹板的厚度并增大螺栓的列距。

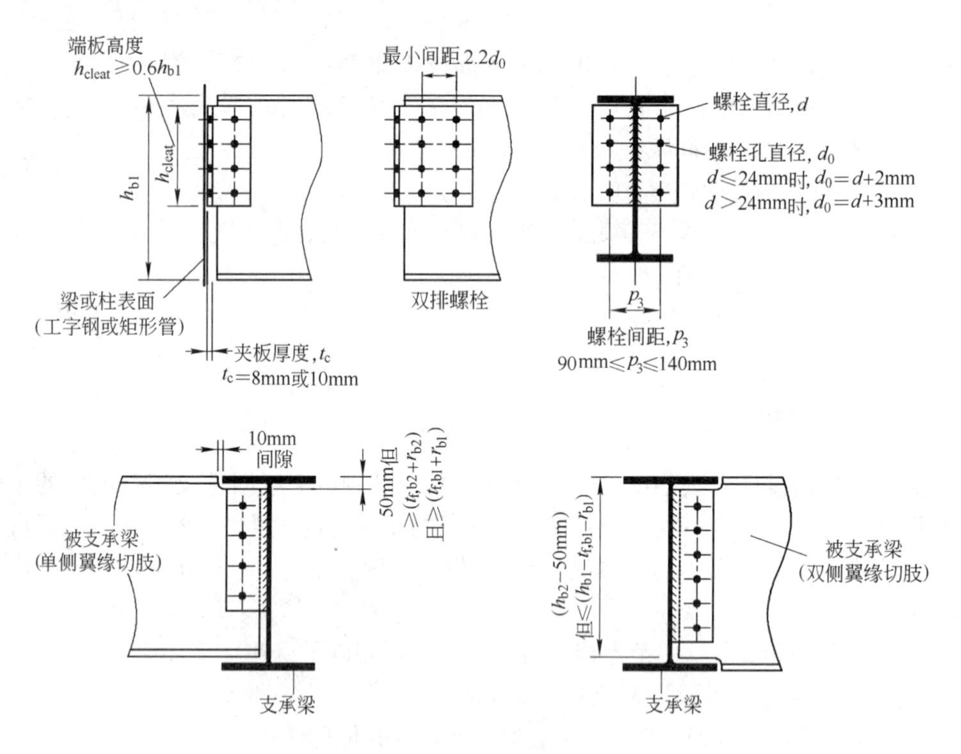

图 27-3 双角钢腹板夹板

当连接布置在柱子的弱轴方向时，很可能要切除梁端翼缘，但这并不会改变梁的抗剪承载力。在安装时，把带夹板的梁放到柱子的两个翼缘之间。

图 27-3 所示为简单连接的基本构造要求，表 27-3 给出了详细的设计验算内容。该表适用于梁与柱翼缘连接或者梁与柱腹板连接的情况。

27.2.5 单角钢腹板连接

单角钢腹板连接通常仅用于较小的连接，或者由于空间所限不宜使用双角钢腹板/端板连接等情况。

表 27-3 双角钢腹板连接的设计验算内容

验算项目编号	概述	设计验算要求
1	构造要求	参见图 27-3
2	被支承梁-螺栓群	腹板夹板及梁腹板上螺栓群的抗剪和承压承载力。螺栓群上的最大受力应考虑假定的剪力传递线（柱子或支承梁腹板的表面）至螺栓中心线（当双排螺栓时，取螺栓群的中心线）之间的偏心距（Z）。对螺栓剪力、角钢和被支承梁腹板的螺栓孔承压进行验算
3	被支承梁-连接构件	角钢夹板的剪力。所作用的剪力 V_{ed} 必须小于以下三者中的最小值：毛截面的抗剪承载力 $V_{Rd,g}$、净截面抗剪承载力 $V_{Rd,n}$ 和破坏面抗剪承载力 $V_{Rd,b}$
4	被支承梁-连接处的承载力	被支承梁腹板的设计抗剪承载力。$V_{Rd,min}$ 必须大于所作用的剪力 V_{Ed}。$V_{Rd,min}$ 是毛截面抗剪承载力 $V_{Rd,g}$、净截面抗剪承载力 $V_{Rd,n}$ 和破坏面抗剪承载力 $V_{Rd,b}$ 中的较小值。当采用双排螺栓且切肢长度超过了第二排螺栓时，对第二排螺栓，验算时要考虑剪力和弯矩的相互作用。可能是最危险的部位在梁切肢的端部，详见验算项目 5
5	被支承梁-切肢处的承载力	切肢处的弯矩，当有剪力存在时，$M_{v,Rd}$ 必须小于被支承梁在切肢处的受弯承载力。当 $V_{Ed} \leqslant 0.5V_{pl,Rd}$ 时，$M_{v,Rd}$ 可取梁的屈服强度乘以切肢处的弹性模量；当 $V_{Ed} > 0.5V_{pl,Rd}$，时，由于存在较大的剪力，$M_{v,Rd}$ 必须予以折减（详见欧洲规范 3-1-1 第 6.3.8（3）条）
6	被支承梁-切肢梁的局部稳定	如果对梁设有防止其产生侧向扭转屈曲的约束，且梁顶部的切肢深度小于梁高的一半，或梁顶部和底部的切肢深度均未超过梁高的 20% 时，切肢长度应满足以下要求： 当 $h_{b1}/t_{w,b1} \leqslant 54.3$(S275) 或 $\leqslant 48.0$(S355)时，$l_n \leqslant h_{b1}$ 当 $h_{b1}/t_{w,b1} > 54.3$(S275) 时，$l_n \leqslant 160000h_{b1}/(h_{b1}/t_{w,b1})^3$ 当 $h_{b1}/t_{w,b1} > 48.0$(S355) 时，$l_n \leqslant 110000h_{b1}/(h_{b1}/t_{w,b1})^3$
7	切肢梁整体稳定性	当对切肢梁未设防止其产生侧向扭转屈曲的约束时，应按欧洲规范 3 第 6.3.2 条对梁的整体稳定性进行验算。可按参考文献[4]所给出方法计算其有效长度
8	支承梁/柱-螺栓群	螺栓群的剪力和承压承载力，F_{Rd} 必须大于所作用的剪力 V_{Ed}
9	支承梁/柱-连接构件	腹板夹板的抗剪承载力，$V_{Rd,min}$（毛截面抗剪承载力 $V_{Rd,g}$、净截面抗剪承载力 $V_{Rd,n}$ 和破坏面抗剪承载力 $V_{Rd,b}$ 中的较小者）必须大于所作用的剪力 V_{Ed}
10	支承梁/柱-局部承载力	验算支承梁的腹板，或柱子腹板，或圆管或矩形管壁的局部抗剪和抗冲切承载力。详见本章参考文献［2］验算项目 10
11	结构整体性-连接构件	双角钢腹板连接的抗拉承载力可以保守地估计如下： 对于 S275 钢的腹板角钢夹板，取 $0.6L_e t_{cleat} f_y$ 对于 S355 钢的腹板角钢夹板，取 $0.5L_e t_{cleat} f_y$ 式中，L_e 为夹板的净有效长度。仅适用于支承梁或柱中螺栓中心距 ≤ 140mm 且 $t_{cleat} \geqslant 8$mm 的情况。有关更详细的计算在 BCSA 的《钢结构的节点设计：简单连接》[2]（Joints in Steel Construction: Simple Connections）的附录 B 中有所介绍

续表 27-3

验算项目编　号	概　述	设计验算要求
12	结构整体性-被支承梁	腹板的受拉和承压承载力必须大于拉力。梁腹板的受拉承载力取破坏面抗撕裂受拉承载力 $F_{Rd,b}$ 和净截面受拉承载力 $F_{Rd,n}$ 中的较小值。螺栓群的承压承载力取决于梁腹板中螺栓孔的边距和端距
13	结构整体性-受拉螺栓群	螺栓群的抗拉承载力必须大于拉力。为考虑边缘翘力（extreme prying）作用，性能等级 8.8 级螺栓的设计抗拉强度不得超过 300N/mm² （见参考文献［2］中的附录 D）
14	结构整体性-支承柱腹板（*UC* 或 *UB* 截面）	仅在与柱腹板的单面连接，或受不均等荷载的柱腹板双面连接时，要求进行该项验算。腹板域平面外的抗弯承载力必须大于所作用的拉力。承载力计算时假定在腹板域形成一种“薄膜”塑性铰破坏机制（‘envelope’ hinge collapse mechanism）
15	结构整体性-支承柱壁板（圆管）	轴心受压圆管柱管壁的抗拉承载力必须大于所受的拉力。验算时采用与验算项目 14 中相同的假定，但用管壁厚度代替腹板厚度
16	不用	

从安装人员的角度来看，这种类型的连接并不可取，因为在安装过程中容易发生扭曲。在轴向拉力很大的区域（如由于结构整体性要求而引起轴向拉力很大的区域）使用这种连接时应特别小心。单角钢腹板连接所要求的设计验算内容与表 27-3 中所列的内容相似，除此之外，还需对夹板和柱子的连接螺栓进行承载力验算，验算所采用的弯矩值等于端部剪力乘以螺栓距梁中轴线的距离。

图 27-3 所示分别为单侧翼缘切肢和双侧翼缘切肢的典型梁-梁双角钢腹板连接。在连接部位，所连梁的上翼缘应位于同一标高，把被支承梁的翼缘切除，并考虑翼缘切除所产生的影响，对其腹板进行验算。切肢处腹板顶部处于受压状态，必须对此处未受约束的腹板进行局部屈曲的验算。如果被支承梁在侧向受到楼板的约束，就可以确保切肢处腹板顶部不会发生屈曲，建议翼缘切肢长度不要超过表 27-3 中第 6 项所规定的限值。对于侧向未受约束、梁端翼缘切肢的被支承梁，需要对其抵抗侧向扭转屈曲的整体稳定性做进一步详细分析。

仅单翼缘切肢的梁应按下述方法对侧向扭转屈曲进行验算，但要注意的是：

（1）本验算仅适用于单侧翼缘切肢的梁（见图 27-4）。关于双侧翼缘切肢梁的相关设计要求，可参见参考文献［9］中的第 5.12 节的介绍。

（2）如果梁两端的翼缘切肢长度 l_n 和/或切肢深度 d_{nt} 不同，则应取 l_n 和 d_{nt} 中的较大值。

（3）应根据 BS EN 1993-1-1 第 6.3.2 条的规定，验算梁的侧向扭转屈曲。

（4）下面所给出的修正有效长度（L_E）是以参考文献［10～12］中的有关要求为基础的，它只在 $l_n/L_b < 0.15$ 且 $d_{nt}/h < 0.2$ 时有效（当梁的翼缘切肢超过这些限值时，应按 T 形截面进行校核，或采取加劲措施）。

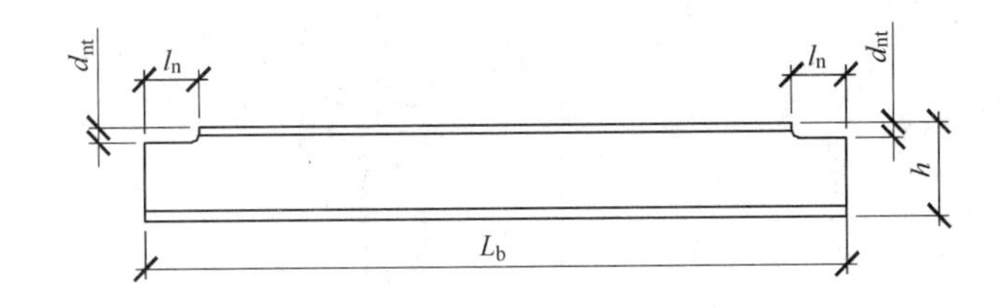

基本要求：

$$L_E = L_b\left[1+\frac{2l_n}{L_b}(K^2+2K)\right]^{1/2} \quad K = K_0/\lambda_b \quad \lambda_b = \frac{UVL_b}{i_z}$$

若 $\lambda_b < 30$，$K_0 = 1.1g_0X$，但应 $\leqslant 1.1K_{max}$

若 $\lambda_b \geqslant 30$，$K_0 = g_0X$，但应 $\leqslant K_{max}$

式中，X、U、V 和 i_z 适用于未切肢的工字形截面，并在截面参数表中做了规定（偏于安全，可取 $U=0.9$，$V=1.0$）

g_0 和 K_{max} 值列于下表：

L_n/L_b	g_0	K_{max}	
		UB 截面	UC 截面
≤0.025	5.56	260	70
0.050	5.88	280	80
0.075	6.19	290	90
0.100	6.50	300	95
0.125	6.81	305	95
0.150	7.13	315	100

图 27-4　未受约束的切肢梁

当连接两根高度不相等的梁时，采用角钢腹板连接会比较麻烦。这时，可以把高度较小的梁的下翼缘切除以避免影响连接螺栓的布置。另外也可把高度较大的梁的夹板延长，把螺栓布置在较小梁的下方。

27.2.6　弹性端板连接

图 27-5 所示为典型的弹性端板连接。这种连接由与梁端采用角焊缝焊接的一块端板，以及与支承柱的现场螺栓连接所组成。这种连接虽然成本相对较低，但其缺点是现场调节的余地很小。因此，尽管可以使用垫片来补偿加工制作和安装误差，但加工制作时仍需要严格控制梁的整体长度。在构造上，通常是取端板长等于梁高，但端板与梁翼缘不必焊接，当然有许多钢结构承包商选择将其与翼缘焊接，以提高抗拉承载力。

有时，会将端板与梁翼缘焊接，用来提高框架结构在施工安装时的稳定性，并避免设置施工临时支承。这种连接的弹性较好，因为采用了相对薄的端板以及较大的螺

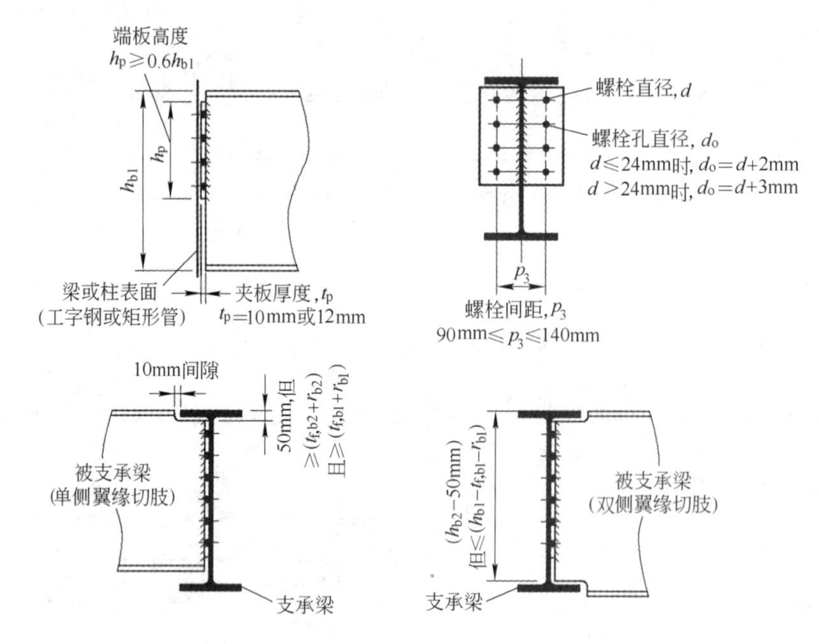

注：(1) 通常，将端板靠近于钢梁截面的上翼缘布置，以提供足够的约束。端板高度至少为 $0.6h_{b1}$，以提供足够的扭转约束。

(2) 尽管 $t_p<8$mm 的情况满足设计要求，但基于工程经验（制作过程中的焊接变形及运输过程中的损坏），端板厚度也不宜过薄。如果出于结构整体性的考虑，端板厚度应增加至 10mm 或 12mm。

(3) 板厚度与螺栓间距的限值，应与半高或全高端板的情况相同。

图 27-5　典型的弹性端板连接

栓间距。对于截面规格为 457×191 及以下的 UBs（通用梁型钢）梁，通常采用 8mm 厚的端板和 90mm 的螺栓间距。而对于截面规格为 533×210 及以上的 UBs（通用梁型钢）梁，则建议采用 10mm 厚的端板和 140mm 的螺栓间距。

必须对梁腹板的局部抗剪承载力进行校核，并且由于端板与梁腹板之间的焊缝延性较差，必须避免使其成为最薄弱的部位。

这种连接的基本构造要求如图 27-5 所示，在表 27-4 中详细给出了设计验算要求。表中给出的设计步骤可应用于梁和柱子翼缘或腹板相连的情况，对于部分高度端板/全高端板连接也同样适用。

当这种连接类型用于梁-梁连接时，需要切除被支承梁的上翼缘，使其与支承梁的腹板相连。如果两根梁的梁高接近，则被支承梁的上、下翼缘都要切除。无论哪一种情况，如果切肢长度 l_n 超过了表 27-4 验算项目 6 中规定的限值，必须对未受约束的腹板和梁，就其侧向扭转屈曲[10~12]承载力进行验算。在实际工程中，端板往往延长至切肢梁的全高且与梁下翼缘焊接，这种做法就要比部分高度端板连接的刚度相对大一些，但如果端板相对较薄且螺栓间距较大时，端板仍可具有足够的弹性而可以视其为一个简单连接。

表 27-4 弹性端板连接的设计验算内容

验算项目编号	概述	设计验算要求
1	构造要求	见图 27-5
2	被支承梁-焊缝	如果符合以下条件，则焊缝满足要求： 梁采用 S275 钢，有效焊缝高度 $a \geqslant 0.45t_{w,b1}$； 梁采用 S355 钢，有效焊缝高度 $a \geqslant 0.53t_{w,b1}$
3	无	
4	被支承梁-连接处抗剪承载力	基于抗剪面积 $0.9h_p t_{w,b1}$ 的连接处被支承梁的抗剪承载力设计值 $V_{c,Rd}$ 必须大于所作用的剪力 V_{Ed}
5	被支承梁-切肢处承载力	切肢处的弯矩 $V_{Ed}(t_p + l_n)$ 必须小于被支承梁在剪力作用下切肢处的受弯承载力 $M_{v,Rd}$。当 $V_{Ed} \leqslant 0.5V_{pl,Rd}$ 时，$M_{v,Rd}$ 可取梁的屈服强度乘以切肢处的弹性模量。当 $V_{Ed} > 0.5V_{pl,Rd}$ 时，由于存在较大的剪力，$M_{v,Rd}$ 必须予以折减（详见 EC3-1-1 第 6.3.8（3）条）
6	被支承梁-切肢梁局部稳定性	如果符合以下条件，切肢梁的局部稳定性则满足要求： 如果对梁设有能防止侧向扭转屈曲的约束，且梁顶部的切肢深度没有超过梁高的一半，或梁顶部和底部的切肢高度均未超过梁高的 20% 时满足： 当 $h_{b1}/t_{w,b1} \leqslant 54.3$（S275 钢）或 $\leqslant 48.0$（S355 钢）时，$l_n \leqslant h_{b1}$ 当 $h_{b1}/t_{w,b1} > 54.3$（S275 钢）时，$l_n \leqslant 160000\ h_{b1}/(h_{b1}/t_{w,b1})^3$ 当 $h_{b1}/t_{w,b1} > 48.0$（S355 钢）时，$l_n \leqslant 110000\ h_{b1}/(h_{b1}/t_{w,b1})^3$
7	切肢梁整体稳定性	当对切肢梁未设防止侧向扭转屈曲的约束时，应对梁的整体稳定性进行验算。验算过程详见本章第 27.2.5 节
8	支承梁/柱-螺栓群	螺栓群的剪力和承载力 F_{Rd} 必须大于所作用的剪力 V_{Ed}
9	支承梁/柱-连接构件	端板的抗剪承载力 $V_{Rd,min}$（毛截面抗剪承载力 $V_{Rd,g}$、净截面抗剪承载力 $V_{Rd,n}$ 和破坏面抗剪承载力 $V_{Rd,b}$ 中的最小值）必须大于所作用的剪力 V_{Ed}
10	支承梁/柱-局部承载力	支承梁腹板、柱腹板，或圆管或矩形管壁板的局部抗剪承载力必须大于所作用的、由被支承梁引起的总剪力
11	结构整体性-连接构件	破坏模式 1（端板完全屈服），破坏模式 2（螺栓失效伴随端板屈服）或模式 3（螺栓失效）等三种模式中的端板的最小抗拉承载力必须大于所作用的拉力 F_{Ed}
12	结构整体性-被支承梁	被连接梁的受拉承载力必须大于所施加的拉力 F_{Ed}。受拉承载力可取腹板的极限抗拉强度乘以连接端板的高度
13	结构整体性-焊缝	如果符合以下条件，则焊缝满足要求： 被支承梁采用 S275 钢，有效焊缝高度 $a \geqslant 0.45t_{w,b1}$； 被支承梁采用 S355 钢，有效焊缝高度 $a \geqslant 0.53t_{w,b1}$
14	结构整体性-支承柱腹板（通用柱或通用梁）（UC 或 UB）	仅对与柱腹板的单面连接或承受不均衡荷载的双面连接，需要进行此项验算。腹板域平面外的抗弯承载力应大于所作用的拉力。承载力计算时假定腹板域出现了“周边”塑性铰破坏机制
15	结构整体性-支承柱管壁（圆管）	轴心受压圆管柱管壁的受拉承载力应大于所受的拉力。验算方法同验算项目 14，只是用管壁厚度代替腹板厚度
16	不用	

如果支承梁可以自由扭曲，那么即使端板很厚，梁也会有足够的转动能力。当支承梁不能自由扭曲时，例如在双面连接中，梁的转动能力必须由连接本身来提供。在这种情况下，全高端板可能会导致螺栓和焊缝应力超限。当采用相对薄的端板以及较大的螺栓间距时，无论是部分高度还是全高端板连接，其连接的弹性都是相当好的。端板厚度通常不宜超过 8mm，应采用 10mm 板厚。

图 27-5 所示为连接的基本构造要求，表 27-4 中所给出的设计验算要求适用于梁-梁连接和梁-柱连接。表中给出的设计步骤对部分高度端板和全高端板连接均可使用。

27.2.7　鳍板（Fin plates）连接

在澳大利亚和美国的实际工程中鳍板连接得到了广泛的应用。这种连接主要用来传递梁端反力，它不仅制作经济，而且安装简便。在被支承梁的梁端和支承柱之间一般留有一定的空隙，以便于调试安装。图 27-6 所示为一个典型的柱和梁采用拴接的鳍板连接，在工厂将鳍板焊接到柱子翼缘或腹板上，鳍板上预先带有钻孔或冲孔。

在鳍板的设计模型中（图 27-6），重要的是要确定剪力作用线的准确位置。存在两种可能性：剪力的作用在柱子的表面，或者剪力沿着鳍板和梁腹板连接螺栓群的形心作用。因此，对于所有最不利截面，都必须验算其在最小弯矩作用下的承载力，该最小弯矩可取竖向剪力和柱子（或梁腹板）表面到螺栓群形心的距离的乘积，并且还应在弯矩和竖向剪力共同作用下对这些最不利截面进行验算。有较长外伸段的鳍板（图 27-6 中的尺寸“z_p”）容易发生扭曲和侧向扭转屈曲破坏。当鳍板的外伸段较短时，即 z_p（焊缝到螺栓群形心之间的距离）$\leqslant t_p/0.15$ 时，在英国国别附录（UK NA）中，取鳍板的屈曲承载力为其弹性抗弯承载力 $W_{el}f_{yp}/\gamma_{M0}$，式中 $W_{el}=t_p h_p^2/6$ 且 $\gamma_{M0}=1.0$。当 $z_p \geqslant t_p/0.15$ 时，鳍板的屈曲承载力[4,6]可根据 BS 5950 版的绿皮书[2]中给出的方法进行验算，并取 $W_{el}f_{pLT}/0.6\gamma_{M1} \leqslant W_{el}f_{yp}/\gamma_{M0}$，式中 f_{pLT} 为鳍板的侧向扭转屈曲强度（可按 BS 5950-1 中表 17 取值），在英国国别附录（UK NA）中，$\lambda_{LT}=2.8(z_p h_p/1.5t_p^2)^{0.5}$ 且 $\gamma_{M1}=1.0$。

鳍板连接的平面内转动能力是由螺栓的受剪变形、螺栓孔承压和鳍板受到平面外的弯矩作用所导致的变形而产生。

图 27-6 所示为这种连接的基本构造要求，在表 27-5 中给出了具体的设计验算项目。表 27-5 中给出的设计过程可适用于梁与柱翼缘连接，以及在梁-梁连接中的梁与柱腹板或者梁腹板连接的情况。梁-梁鳍板连接需要采用长鳍板（图 27-7*a*），或者采用梁切肢（图 27-7*b*）的方法。因此，采用长鳍板会导致鳍板的承载力下降，而采用梁切肢会造成梁承载力的降低，对此设计人员必须做出选择。另一个需要注意的是当鳍板与被支承梁腹板采用单面连接时会产生扭曲，但是实验证明，这种情况下的扭矩是很小的，可以忽略不计。

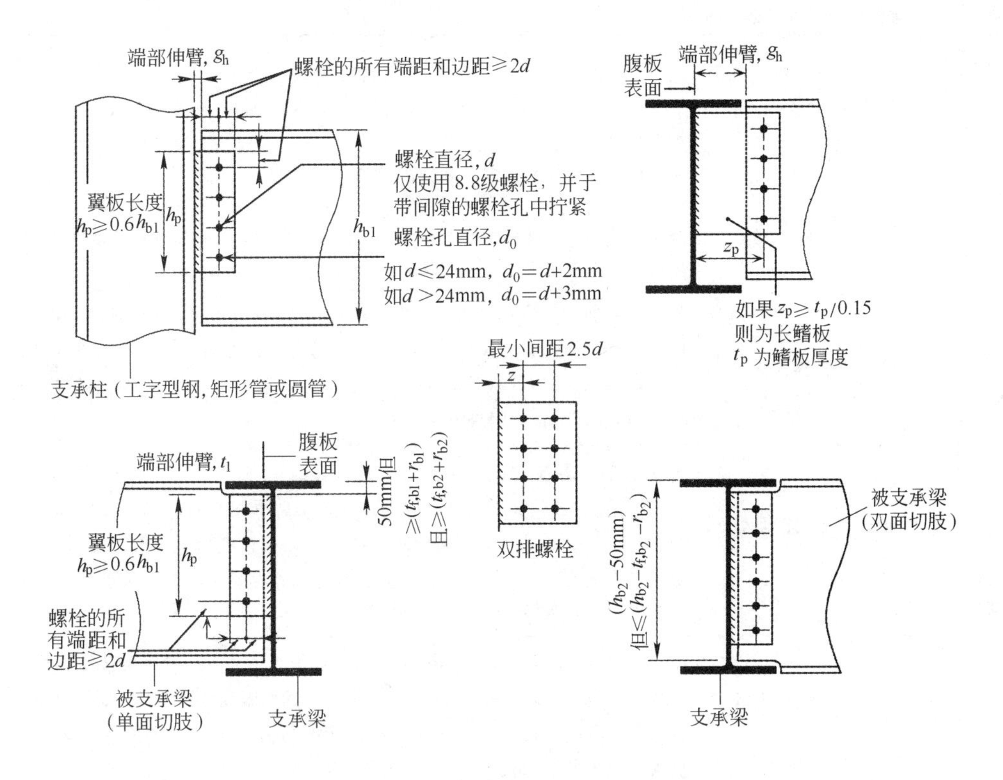

注：(1) 鳍板一般布置在梁的上翼缘附近以提供足够的位置约束。其长度应至少为 $0.6h_{b1}$ 以提供足够的“名义扭转约束”。

(2) 对于梁高大于610mm的被支承梁，此处给出的设计方法仅在以下三个条件均满足的情况下才能使用：

1) 被支承梁跨高比≤20；

2) 端部外伸段 $g_h≥20$；

3) 最边缘螺栓间的竖向间距 $(n-1)p≤530mm$。

(3) 螺栓间距和距板边缘的距离应符合 BS EN 1993-1-8 中的建议值。

(4) 对于长鳍板（即厚度 t_p 小于 $0.15z$ 的鳍板），除了端部外伸段 g_h 会更大一些外，构造要求是也同样适用。

图 27-6 典型的鳍板连接

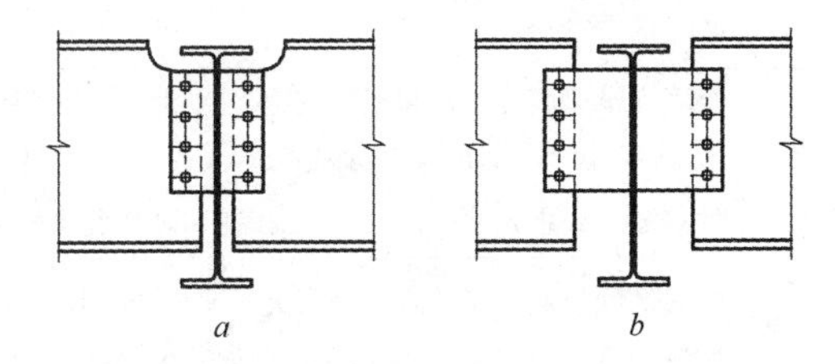

图 27-7 梁-梁鳍板连接

a—与切肢梁连接；b—与未切肢梁连接

表 27-5 鳍板连接设计验算内容

验算项目编号	概述	设计验算要求
1	构造要求	见图 27-6
2	被支承梁-螺栓群	在鳍板和梁腹板上，螺栓群的抗剪和承压承载力。螺栓上的最大受力应考虑所假定的剪力传递线（柱或支承梁腹板的表面）至螺栓中心线（或对于两排螺栓而言取螺栓群的中心）之间的偏心距（z）。验算螺栓所受的剪力，鳍板和被支承梁腹板所受的承压力
3	被支承梁-连接构件	鳍板的抗剪和抗弯承载力。所作用的剪力 V_{Ed} 必须小于毛截面抗剪承载力 $V_{Rd,g}$、净截面抗剪承载力 $V_{Rd,n}$ 和破坏面抗剪承载力 $V_{Rd,b}$ 中的较小值。如果鳍板 $h_p \geqslant 2.73z$，鳍板受弯时承载力满足要求。当采用长鳍板时（$z > 6t_p$），应验算鳍板的侧向扭转屈曲
4	被支承梁-连接处承载力	被支承梁梁腹板的设计抗剪承载力 $V_{Rd,min}$ 必须大于所作用的剪力 V_{Ed}。$V_{Rd,min}$ 是毛截面抗剪承载力 $V_{Rd,g}$、净截面抗剪承载力 $V_{Rd,n}$ 和破坏面抗剪承载力 $V_{Rd,b}$ 中的较小值。当采用双排螺栓且切肢长度超过了第二排螺栓时，对第二排螺栓，验算时要考虑剪力和弯矩的相互作用。可能是最危险的部位在梁切肢的端部，详见验算项目 5
5	被支承梁-切肢处承载力	切肢处的弯矩，当有剪力存在时，$M_{v,Rd}$ 必须小于被支承梁在切肢处的受弯承载力。当 $V_{Ed} \leqslant 0.5V_{pl,Rd}$ 时，$M_{v,Rd}$ 可取梁的屈服强度乘以切肢处的弹性模量；当 $V_{Ed} > 0.5V_{pl,Rd}$ 时，由于存在较大的剪力，$M_{v,Rd}$ 必须予以折减（详见欧洲规范 3-1-1 第 6.3.8（3）条）
6	被支承梁-切肢梁的局部稳定性	如果对梁设有防止其产生侧向扭转屈曲的约束，且梁顶部的切肢深度小于梁高的一半，或梁顶部和底部的切肢深度均未超过梁高的 20% 时，切肢长度应满足以下要求： 当 $h_{b1}/t_{w,b1} \leqslant 54.3$(S275) 或 $\leqslant 48.0$(S355) 时，$l_n \leqslant h_{b1}$ 当 $h_{b1}/t_{w,b1} > 54.3$(S275) 时，$l_n \leqslant 160000h_{b1}/(h_{b1}/t_{w,b1})^3$ 当 $h_{b1}/t_{w,b1} > 48.0$(S355) 时，$l_n \leqslant 110000h_{b1}/(h_{b1}/t_{w,b1})^3$
7	切肢梁整体稳定性	当对切肢梁未设防止其产生侧向扭转屈曲的约束时，应对梁的整体稳定性进行验算。具体验算方法详见本章 27.2.5 节
8	支承梁/柱-焊缝	如果符合以下条件，则焊缝满足要求： 鳍板采用 S275 钢，有效焊缝高度 $a \geqslant 0.5t_p$ 鳍板采用 S355 钢，有效焊缝高度 $a \geqslant 0.6t_p$
9	无	
10	支承梁/柱-局部承载力	验算支承梁腹板、柱腹板，或圆管或矩形管壁的局部抗剪和抗冲切承载力。V_{Ed} 必须小于局部抗剪承载力 $F_{Rd} = h_p t_2 f_{y,2}/3^{0.5}\gamma_{M0}$，式中 t_2 和 $f_{y,2}$ 和支承构件有关。如果 $t_p < t_2 f_{u,2}/f_{y,p}$，在冲切破坏前会发生鳍板屈服
11	结构整体性-连接构件	鳍板的抗拉和承压承载力必须大于所作用的拉力 F_{Ed}。抗拉承载力为破坏面抗撕裂承载力 $F_{Rd,b}$ 和净截面抗剪承载力 $V_{Rd,n}$ 中的较小值。水平抗剪承载力的最大值为螺栓的极限抗剪强度；鳍板的承压承载力取决于螺栓孔的边距和端距

续表 27-5

验算项目编　号	概　述	设计验算要求
12	结构整体性-被支承梁	腹板的抗拉和承压承载力必须大于所施加的拉力。梁腹板的抗拉承载力为破坏面抗撕裂承载力 $F_{Rd,b}$ 和净截面抗拉承载力 $F_{Rd,n}$ 中的较小者。螺栓群的承压承载力取决于梁腹板上螺栓孔的边距和端距
13	无	
14	结构整体性-支承柱腹板（通用柱或通用梁）(UC 或 UB)	仅对与柱腹板的单面连接或承受不均衡荷载的双面连接，需要进行此项验算。腹板域平面外的抗弯承载力应大于所作用的拉力。承载力计算时假定腹板域出现了“周边”塑性铰破坏机制
15	结构整体性-支承柱管壁（方矩管 RHS）	在柱受到轴向压力作用时，方矩管壁板的受拉承载力必须大于所施加的拉力。验算方法同验算项目 14，只是用管壁厚度代替腹板厚度
16	结构整体性-支承柱管壁（圆管 CHS）	拉力≤F_{Rd}，其中 $F_{Rd} = 5f_{u,c}t^2(1+0.25h_p/d)0.67/\gamma_{Mu}$ $\gamma_{Mu} = 1.1$；$f_{u,c}$、t、d 分别采用与圆管有关的数据

27.2.8 柱的拼接

本节主要叙述在带支撑的多层建筑中柱的拼接节点的设计要求。在这种类型的建筑物中，要求在柱子的两个主轴方向上，柱拼接节点能够提供强度和刚度的连续性。一般来说，柱子同时承受轴力和由梁端反力引起的弯矩。如果拼接节点靠近侧向受约束点（即位于楼板标高以上 500mm 范围之内），且柱子在该处按铰接设计，拼接节点就可能只能承担轴向荷载而不能承受任何所作用的弯矩。然而，如果拼接节点远离侧向受约束点（即超过楼板标高以上 500mm 范围），或是在计算柱的有效长度时，已经假设了端部的固定性或连续性时，就必须考虑由支柱效应（strut action）引起的附加弯矩。在欧洲规范 3 中没有给出计算这些附加弯矩的过程，但是参考文献［13］对这个问题有所论述。

本节主要介绍两种类型的拼接节点，端部经过加工的承压柱拼接节点和端部未加工的柱拼接节点。

无论端部是否经过加工，柱子拼接节点都应该使其所连接的两根柱子平直对接，并且应当尽可能使上、下的柱子截面的形心主轴与接头材料的形心轴保持一致。

27.2.8.1 端部经过加工的承压柱拼接节点

这种柱拼接节点的典型构造详图如图 27-8 ~ 图 27-10 所示。每一种拼接节点都用到了腹板和翼缘盖板。另外，可以采用垫板来弥补拼接柱的腹板和翼缘之间的厚度差。翼缘盖板可以布置在柱子的外侧，也可以布置在内侧。后者的优势在于可以减小柱子截面的总高度。所有的柱拼接节点都必须能够承受轴向压力，以及由于弯矩和任何水平剪力可能引起的拉力（如果有）的作用。

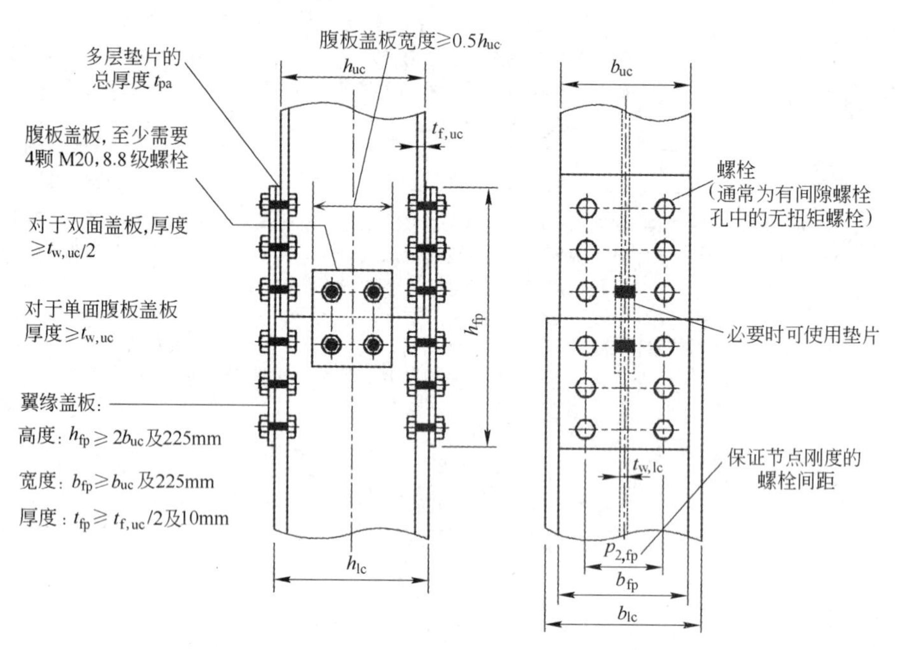

图 27-8　端部经过加工的带外连接连接板的柱拼接接头

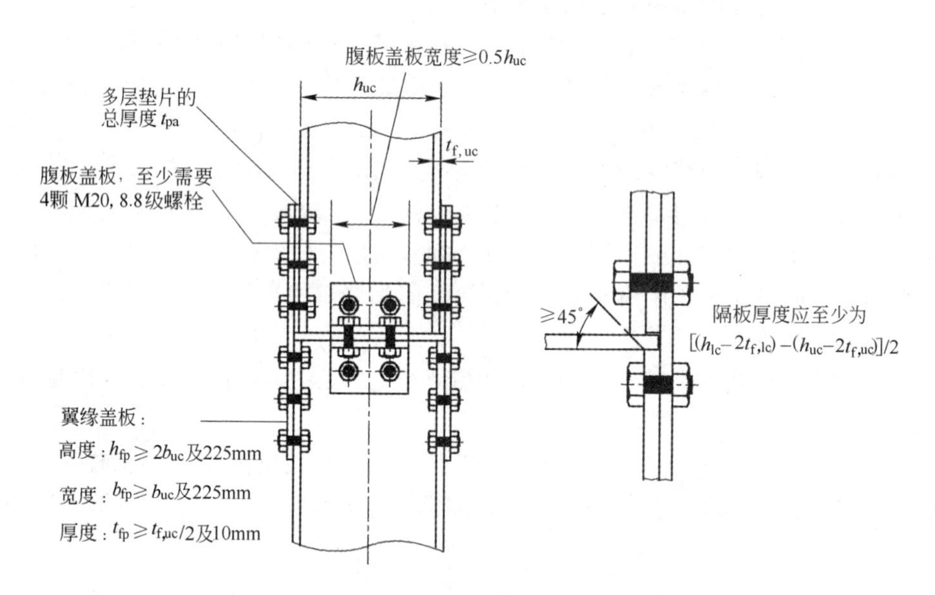

图 27-9　带外侧盖板和隔板的承压柱拼接接头

A　轴压力

在以承压的方式传递轴向压力的柱子拼接节点中，为了使上、下两根柱子的端部紧密接触，通常需要对柱端进行加工，但并没有必要在柱子的全截面上完全的紧配

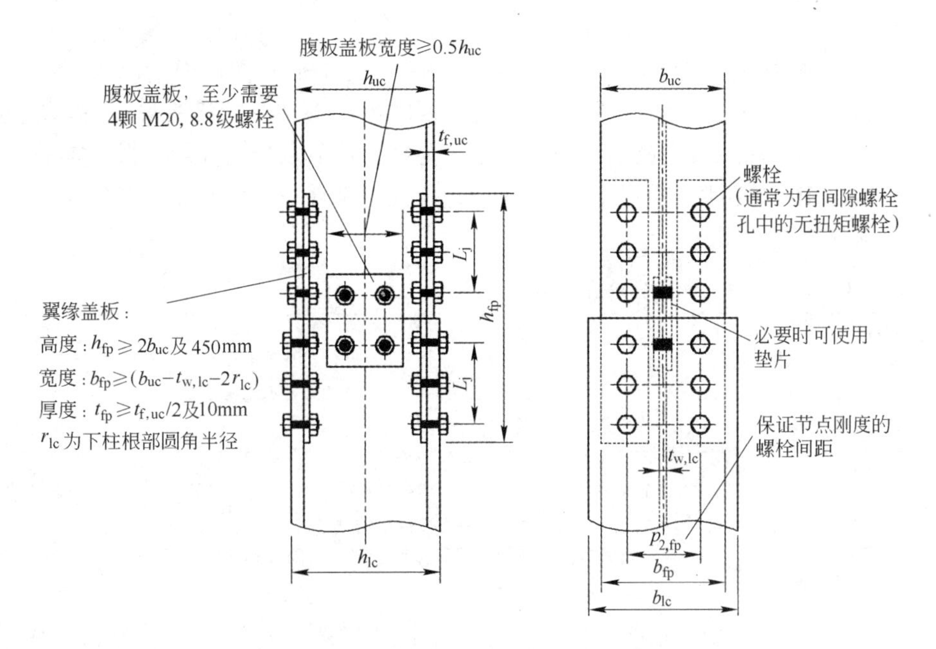

图 27-10 带内侧盖板的承压柱拼接接头

合。带锯切割端的柱子，其端头用于承压已足够光滑和平整，而无需再进行机械加工。这是因为在柱子吊装完成后，当连续的恒荷载加载到结构上时，柱端就会固定在一起。

B 拉力

拼接节点中使用盖板是为了保证刚度的连续性，并且当节点部位的弯矩足够大时可能会抵消柱子中的压力，从而使柱子截面受拉，在这种情况下盖板应能够抵抗这部分拉力的作用。如果紧邻拼接接头以下楼面上作用的恒荷载和活荷载设计值所引起的名义弯矩 M_{Ed}（即柱弯矩设计值）小于 $N_{Ed,G}h/2$（此处的 $N_{Ed,G}$ 是仅由恒荷载设计值引起的轴向压力，h 是两拼接柱子中较小柱子的截面高度），那么就不会出现净拉力。如果不满足此条件，就会出现净拉力，此时必须按照拉力 F_{ed} 对翼缘盖板及紧固件进行验算，其中 $F_{Ed} = M_{Ed}/h - N_{Ed,G}/2$。当净拉力在柱上翼缘引起的应力大于柱设计强度的10%时，应使用预紧抗滑移螺栓。翼缘板的设计验算项目详见本章第27.2.8.2节的相关介绍。

当从结构整体性方面对拼接节点进行验算时，可以假设由两块翼缘盖板来承担拉力，并且应按受力 $N_{tie}/2$，对 F_{Ed} 重复进行验算。如果仅仅是由结构整体性校核而引起显著的拉力，则没必要使用预紧抗滑移螺栓。

C 剪力

在柱子接头中，由柱子中的弯矩梯度而产生的水平剪力，通常是通过两根柱子承压接触面上的摩擦力及腹板上的盖板来抵抗的。一般情况下，作用在建筑物外立面上的风荷载会直接传给楼板。在简单结构中，很少会出现柱拼接接头传递风荷载引起剪力的情况。

表 27-6 中所列出的设计验算项目都是基于以上的假定条件而给出的，这些设计验算项目和图 27-9、图 27-10 中的基本构造要求给出了柱拼接接头设计的经验规定。这些规定保持了最后所完成结构的连续性，为柱拼接节点接头提供了最基本的鲁棒性并使其刚度满足施工阶段的要求。这些设计建议对于翼缘带外部盖板或翼缘带内部盖板的拼接接头均适用。

表 27-6　承压柱拼接接头的设计验算项目

验算项目编号	概　述	设计验算要求
1	构造要求	见图 27-7、图 27-8、图 27-9
2	翼缘盖板-净拉力作用	如果 $M_{Ed} \leqslant N_{Ed,G}h/2$，则不存在净拉力，其中，$N_{Ed,G}$ 为仅由恒载设计值引起的轴向压力，h 为尺寸较小的柱子的截面高度。 如果存在净拉力，翼缘盖板及其上紧固件均应验算拉力 F_{Ed}，其中，$F_{Ed} = M_{Ed}/h - N_{Ed,G}/2$。 在净拉力作用下，当上部柱翼缘处的应力大于其设计强度的 10% 时，应采用抗滑移预紧式螺栓
3	翼缘盖板-抗拉承载力	盖板内最大拉力值应小于以下三者的最小值： 盖板抗拉承载力 $N_{pl,Rd}$，净截面极限承载力 $N_{u,Rd}$，抗撕裂承载力 $N_{bt,Rd}$
4	翼缘盖板-螺栓群	$N_{Ed} < V_{Rd,fp}$ $N_{Ed} = N_{Ed,t}$ $V_{Rd,fp}$ 为翼缘盖板螺栓群设计承载力： 如果 $(F_{b,Rd})_{max} \leqslant F_{v,Rd}$，则 $V_{Rd,fp} = \Sigma F_{b,Rd}$； 如果 $(F_{b,Rd})_{min} \leqslant F_{v,Rd} \leqslant (F_{b,Rd})_{max}$，则 $V_{Rd,fp} = n_{fp}(F_{b,Rd})_{min}$； 如果 $F_{v,Rd} \leqslant (F_{b,Rd})_{min}$，则 $V_{Rd,fp} = n_{fp}F_{v,Rd}$ 其中，$F_{v,Rd}$ 和 $F_{b,Rd}$ 分别为单个螺栓的抗剪和承压承载力（见 BS EN 1993-1-8 表 3-4）。 对于节点连接按无滑移预紧式螺栓设计时，盖板中的内力 N_{Ed} 必须小于螺栓群的抗滑移承载力设计值 $F_{s,Rd}$（BS EN 1993-1-3. 9. 1）
5	结构整体性（承压状态）	进行验算项目 3 和 4 时，取拉力值为 $N_{tie}/2$（其中，N_{tie} 为 BS EN 1997-1-7 第 A. 6 条中给定的拉力值）

27. 2. 8. 2　端部未加工的柱拼接节点

这种柱拼接接头的典型构造如图 27-11 和图 27-12 所示。拼接接头采用了腹板和翼缘盖板，并根据需要，使用垫片来弥补拼接柱之间腹板和翼缘的厚度差。当所连接的柱子尺寸规格不同时，就要采用多层垫片来调整其尺寸差值。

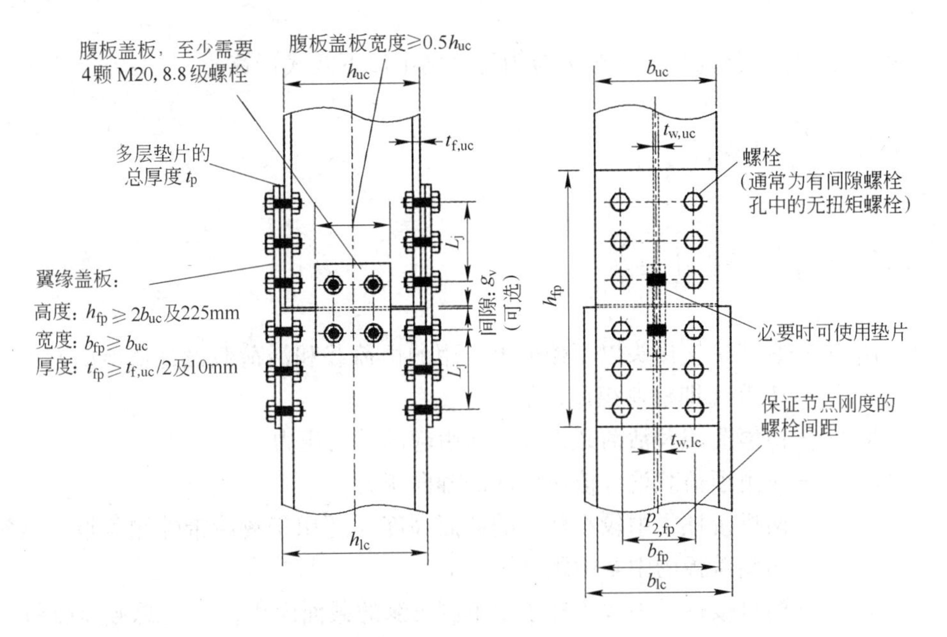

图 27-11　带外侧盖板的非承压柱拼接接头

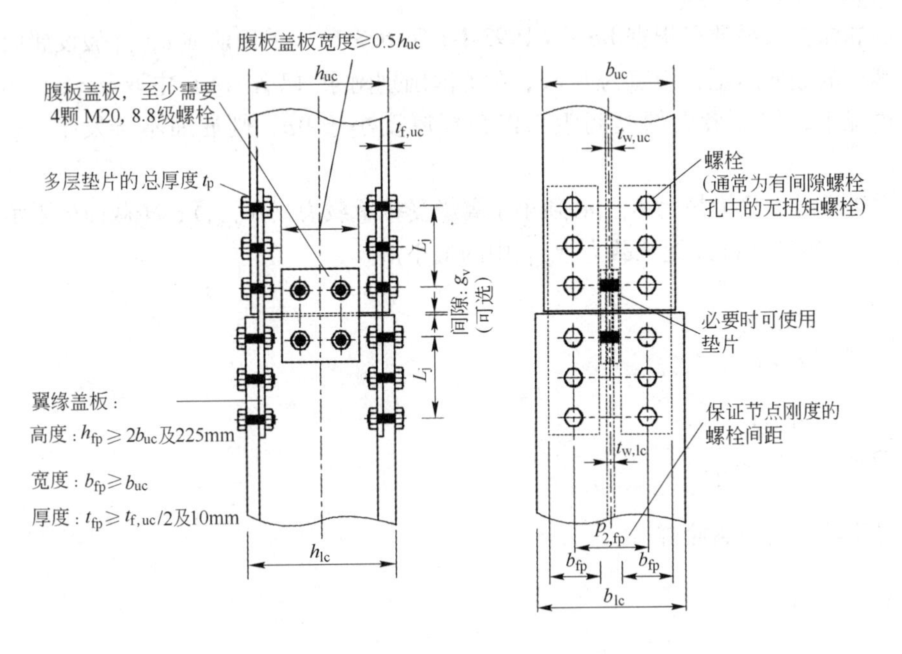

图 27-12　带内侧盖板的非承压柱拼接接头

采用端部未加工的柱拼接接头时，全部力和弯矩都由盖板来承担，通过柱端直接承压不传递任何荷载。一般而言，柱子中的轴向荷载通常由翼缘盖板和腹板盖板共同承担并按两种盖板的截面面积来分配，而弯矩则由翼缘盖板单独承担。

翼缘盖板中的最大压力和最大拉力可分别由以下两式计算：

$$N_{\mathrm{Ed},0} = \frac{M_{\mathrm{Ed}}}{h} + N_{\mathrm{Ed}}\left(\frac{A_{\mathrm{f},1}}{A_1}\right)$$

$$N_{\mathrm{Ed},1} = \frac{M_{\mathrm{Ed}}}{h} + N_{\mathrm{Ed,G}}\left(\frac{A_{\mathrm{f},1}}{A_1}\right)$$

式中　M_{Ed}——紧邻拼接接头以下楼面上作用的恒荷载和活荷载设计值所引起的名义弯矩（即柱弯矩设计值）；

N_{Ed}——由恒荷载及活荷载设计值所引起的轴向压力；

$N_{\mathrm{Ed,G}}$——仅由恒荷载设计值所引起的轴向压力；

h——两拼接柱子中较小柱子的截面高度（适用于翼缘带外侧盖板）或翼缘内侧盖板的中至中距离；

$A_{\mathrm{f},1}$——两拼接柱子中较小柱子中单侧翼缘的截面面积，A_1 为总截面面积。

贴附在一翼缘上的盖板的抗压承载力由下式给出：

$N_{\mathrm{c,Rd}} = \chi A_{\mathrm{fp}} f_{\mathrm{yp}} / \gamma_{\mathrm{M0}}$

式中的屈曲折减系数可根据 BS EN 1993-1-1 第 6.3 节，采用曲线 c，并假设屈曲长度等于螺栓的竖向间距，板宽为 $b_{\mathrm{fp}}/2$；在英国国别附录（UK NA）中取 $\gamma_{\mathrm{M0}} = 1.0$。在所有情况下，如果最大螺栓间距除以盖板厚度小于 9ε，则屈曲不会发生，χ 可取为 1。

在受拉时，最大拉力 $N_{\mathrm{Ed,t}}$必须小于翼缘受拉承载力（$N_{\mathrm{pl,Rd}}$）、净截面极限承载力（$N_{\mathrm{u,Rd}}$）或破坏面抗撕裂承载力 $N_{\mathrm{bt,Rd}}$中的最小值。

$$N_{\mathrm{pl,Rd}} = \frac{A_{\mathrm{fp}} f_{\mathrm{yp}}}{\gamma_{\mathrm{M0}}}$$

$$N_{\mathrm{u,Rd}} = \frac{0.9 A_{\mathrm{fp,net}} f_{\mathrm{u,fp}}}{\gamma_{\mathrm{M2}}}$$

对于轴心受力螺栓群：

$$N_{\mathrm{bt,Rd}} = V_{\mathrm{eff,1,Rd}}$$

$$V_{\mathrm{eff,1,Rd}} = \frac{f_{\mathrm{u,fp}} A_{\mathrm{fp,nt}}}{\gamma_{\mathrm{M2}}} + \frac{f_{\mathrm{y,fp}} A_{\mathrm{fp,nv}}}{\sqrt{3}\gamma_{\mathrm{M0}}}$$

对于偏心受力螺栓群：

$$N_{\mathrm{bt,Rd}} = V_{\mathrm{eff,2,Rd}}$$

$$V_{eff,2,Rd}=\frac{0.5f_{u,fp}A_{fp,nt}}{\gamma_{M2}}+\frac{f_{y,fp}A_{fp,nv}}{\sqrt{3}\gamma_{M0}}$$

上述等式中各项详见图 27-13。表 27-7 所示的非承压柱拼接节点的设计验算项目。

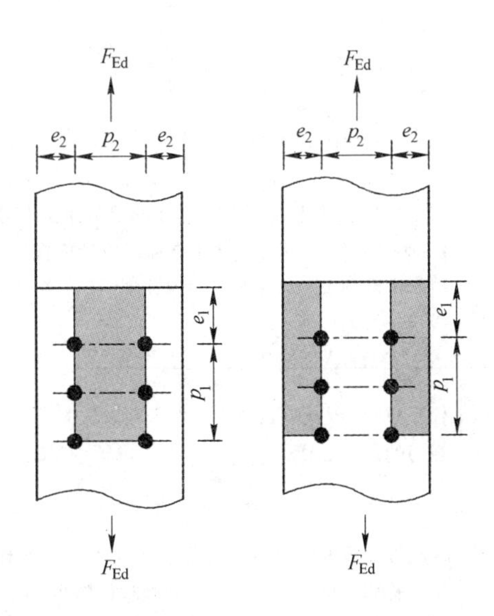

$A_{fp,net}$为附在某一翼缘上的翼缘盖板净面积；

$A_{fp,nv}$为受剪净面积 $A_{fp,nv}=t_p(e_1+(n_1-1)p_1-(n_1-0.5)d_0)$；

$A_{fp,nt}$为受拉净面积 如果 $P_2<2e_2$，破坏面撕裂失效面积应考虑取：$A_{fp,nt}=t_p(p_2-d_0)$；

如果 $P_2>2e_2$，破坏面撕裂失效面积应考虑取：$A_{fp,nt}=t_p(2e_2-d_0)$；

f_{yp}为翼缘盖板的屈服强度；

$f_{u,fp}$为翼缘盖板的极限抗拉强度；

γ_{M0}为横截面承载力部分系数（UK National Annex（英国国别附录）给出值为 1.0）；

γ_{M2}为净截面受拉承载力部分系数（UK National Annex（英国国别附录）给出值为 1.1）。

图 27-13 翼缘盖板破坏面抗撕裂承载力

表 27-7 非承压柱拼接节点的设计验算项目(根据《绿皮书》(Green Book))

验算项目编号	概述	设计验算要求
1	构造要求	见图 27-11 或图 27-12
2	翼缘盖板承载力	**受压** 盖板中的最大压力 $N_{Ed,c}$（推导过程详见本文）必须小于盖板的屈曲承载力 $N_{c,Rd}$ **受拉** 盖板中所形成的最大拉力不得超过盖板的抗拉承载力（$N_{pl,Rd}$）、净截面极限承载力（$N_{u,Rd}$）或破坏面抗撕裂承载力（详见本文）中的最小值

续表 27-7

验算项目编号	概述	设计验算要求
3	翼缘盖板-螺栓群	$N_{Ed} \leqslant F_{Rd,fp}$ $N_{Ed} = \max(N_{Ed,c};\ N_{Ed,t})$ $V_{Rd,fp}$为翼缘盖板螺栓群设计承载力 如果 $(F_{b,Rd})_{max} \leqslant F_{v,Rd}$，则 $V_{Rd,fp} = \Sigma F_{b,Rd}$ 如果 $(F_{b,Rd})_{min} \leqslant F_{v,Rd} \leqslant (F_{b,Rd})_{max}$，则 $V_{Rd,fp} = n_{fp}(F_{b,Rd})_{min}$ 如果 $F_{v,Rd} \leqslant (F_{b,Rd})_{min}$，则 $V_{Rd,fp} = n_{fp}F_{v,Rd}$ 式中，$F_{v,Rd}$和 $F_{b,Rd}$分别为单个螺栓的抗剪和承压承载力（见 BS EN 1993-1-8 表 3.4）。对于在连接中在荷载设计值作用下按无滑移预紧螺栓设计时，盖板中的内力 N_{Ed}必须小于螺栓群的抗滑移承载力设计值 $F_{s,Rd}$（BS EN 1993-1-3.9.1）
4	腹板盖板承载力	柱腹板中的内力 $F_{Ed,c,web}$（保守地取为 $F_{Ed,c}A_{w,1}/A_1$）必须小于盖板塑性承载力的总和 $\Sigma A_w p_{fy,wp}/\gamma_{M0}$（在英国国别附录中取 $\gamma_{M0} = 1.0$）
5	腹板盖板-螺栓群	柱腹板盖板中的内力（$F_{Ed,c,web}$）必须小于螺栓群的设计承载力，其计算方法与验算项目 3 相同。如果柱腹板的厚度小于腹板盖板的总厚度，那么应该对柱腹板的承压承载力进行验算
6	结构整体性	进行验算项目 2 和 3 时，取拉力值为 $N_{tie}/2$（其中 N_{tie}为 BS EN 1997-1-7 第 A.6 条中给定的拉力值）并基于一个保守的假设，即翼缘盖板仅承担拉力。对于非承压拼接接头，可不进行此项验算

总结：

欧洲规范 3 强调了节点性能和框架反应之间的内部关系。尽管出于便于分析的目的，可以假定节点的性状为完全铰接或完全刚接，但规范还是对节点的实际性状和这些假定有所偏离这一事实进行了仔细的讨论，并要求设计人员应考虑所采用的连接构造是否充分反映了框架整体分析和设计中所做出的假定。在简单连接情况下，人们认识到这种多年来一直在采用的构造做法可以满足铰接节点的必要条件，而且作为一种完善的设计方法可以继续予以使用，对此在 SCI/ BCSA《简单连接绿皮书》(SCI/BC-SA Simple Connections Green Book）中有详细的介绍。

文后给出了一系列设计例题。为了方便那些熟悉 BS5950 的读者，这些都是基于《钢结构设计手册》(*Steel Designers' Manual*）第六版中的相关例题，在所使用方法上的一致性（以及关键点上的差异）应该是显而易见的。更多详细的设计实例可参见 www. access-steel[14~16]，其中还带有设计流程图[17~19]。在许多“非冲突性补充信息”(NCCIs)[20~22]提供了关于各种简单连接的尺寸初选的设计建议。

27.3 设计实例

<table>
<tr><td rowspan="4">The Steel Construction Institute
Silwood Park, Ascot,
Berks SL5 7QN
Telephone: (01344) 623345
Fax: (01344) 622944
CALCULATION SHEET</td><td>编 号</td><td></td><td>第1页</td><td colspan="2">备 注</td></tr>
<tr><td>名 称</td><td colspan="4"></td></tr>
<tr><td>题 目</td><td colspan="4">柱拼接节点（UKC 承压拼接节点）</td></tr>
<tr><td rowspan="2">客 户</td><td>编 制</td><td>DBM</td><td>日期</td><td></td></tr>
<tr><td></td><td>审 核</td><td>JBD</td><td>日期</td><td></td></tr>
</table>

拼接节点所连的上柱为 305×305×97 UKC，下柱为 356×3686×153UKC。两节钢柱所用的钢材均为 S275 等级。

作用在拼接节点上的轴力和弯矩设计值为：

轴向压力 $N_{Ed}=600kN$ （$N_{Ed,G}=275kN$，$N_{Ed,Q}=325kN$）

弯矩 $M_{Ed}=100kN \cdot m$

校核 1：细部要求——见本章图 27-7 和图 27-8。

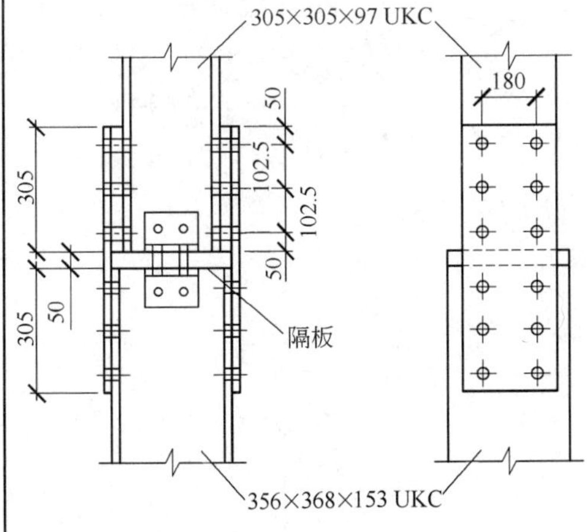

翼缘盖板：2片，305×10×640mm

垫板：2片，305×27×305mm

螺栓：M24，8.8级

BS EN 1993-1-8

校核 2：由轴力和弯矩引起的拉力作用

校核拼接节点中的轴力和弯矩引起的拉力

若 $M_{Ed} \leqslant N_{Ed,G} \quad h/2$

则没有拉力产生，此时拼接节点只需要以直接承压的方式来传递轴向拉力。

若 $M_{Ed} > N_{Ed,G} \quad h/2$

则会产生净拉力，此时设计翼缘盖板及其锚固件时需要考虑此拉力。

$N_{Ed,G} = 600kN$

$M_{Ed} = 100kN \cdot m$

$h=307.8mm$ （保守地取为截面较小的柱子的截面高度）

柱拼接节点（UKC 承压拼接节点）	第 2 页	备 注

$N_{Ed,G}\dfrac{h}{2}=\dfrac{275}{1000}\times\dfrac{307.8}{2}=42.3\text{kN}\cdot\text{m}$

$\underline{100>42.3}$

因此，拼接节点受净拉力控制。

净拉力

净拉力可按下式计算：

$$F_{Ed}=\frac{M_{Ed}}{h}-\frac{N_{Ed,G}}{2}=\frac{100}{0.308}-\frac{275}{2}=187.2\text{kN}$$

拼接节点和翼缘盖板存在拉力，设计其紧固件时，应使其能抵抗这些拉力。

校核 3：翼缘盖板的抗拉承载力

最大拉力 F_{ed} 必须小于板抗拉承载力（$N_{pl,Rd}$），净截面极限承载力（$N_{u,Rd}$）或破坏面抗撕裂承载力（$N_{bt,Rd}$）中的最小值

翼缘连接板抗拉承载力，$N_{pl,Rd}$

$N_{pl,Rd}=A_{fp}f_{y,fp}/\gamma_{M0}$

式中，$f_{y,fp}$ 为翼缘连接板的屈服强度；A_{fp} 为连接板的（毛）横截面面积。

$$N_{pl,Rd}=\frac{A_{fp}f_{y,fp}}{\gamma_{M0}}=\frac{305\times10\times275}{1000\times1.0}=838.8\text{kN}$$

净截面极限承载力，$N_{u,Rd}$

$N_{u,Rd}=0.9A_{fp,net}f_{u,fp}/\gamma_{M2}$ （BS EN 1993-1-8）

式中，$f_{u,fp}$ 为翼缘连接板的极限抗拉强度；$A_{fp,net}$ 为连接板的净横截面面积。

$$N_{u,Rd}=\frac{0.9A_{fp,net}f_{u,fp}}{\gamma_{M2}}=\frac{0.9\times(305\times10-2\times26\times10)\times430}{1000\times1.25}=783.3\text{kN}$$

破坏面抗撕裂承载力，$N_{bt,Rd}$

$$N_{bt,Rd}=\frac{f_{u,fp}A_{fp,nt}}{\gamma_{M2}}+\frac{f_{y,fp}A_{fn,nv}}{\sqrt{3}\gamma_{M0}}$$

因为 $p_2>2e_2$　（$180>2\times62.5$）

所以 $A_{fp,nt}=t_p(2e_2-d_0)=10(2\times62.5-26)=990\text{mm}^2$

$$\begin{aligned}A_{fn,nv}&=t_p[e_1+(n_1-1)p_1-(n_1-0.5)d_0]\\&=10[50+(3-1)102.5-(3-0.5)26]=1900\text{mm}^2\end{aligned}$$

$$\begin{aligned}N_{bt,Rd}&=\frac{f_{u,fp}A_{fp,nt}}{\gamma_{M2}}+\frac{f_{y,fp}A_{fn,nv}}{\sqrt{3}\gamma_{M0}}\\&=\frac{430\times900}{1000\times1.25}+\frac{275\times1900}{1000\times\sqrt{3}\times1.0}=642.3\text{kN}\end{aligned}$$

翼缘连接板的抗拉承载力为 $N_{bt,Rd}$，

$\underline{642.3\text{kN}>187.2\text{kN}}$　　满足要求

柱拼接节点（UKC 承压拼接节点）	第3页	备注
校核4：连接翼缘连接板和柱翼缘的螺栓群设计承载力 螺栓群设计承载力，$V_{Rd,fp}$必须大于外加拉力 F_{Ed}， 若$(F_{b,Rd})_{max} \leqslant F_{v,Rd}$则 $V_{Rd,fp} = \Sigma F_{b,Rd}$ 若$(F_{b,Rd})_{min} \leqslant F_{v,Rd} \leqslant (F_{b,Rd})_{max}$，则 $V_{Rd,fp} = n_{fp}(F_{b,Rd})_{min}$ 若 $F_{v,Rd} \leqslant (F_{b,Rd})_{min}$，则 $V_{Rd,fp} = n_{fp}F_{v,Rd}$ 式中，$F_{v,Rd}$和 $F_{b,Rd}$分别为单个螺栓的抗剪和承压承载力。 $F_{b,Rd}$为内部螺栓的最大值。 $F_{b,Rd} = k_1\alpha_b \ f_u dt/\gamma_{M2}$ k_1 为 $1.4p_2/d_o - 1.7$ 或 2.5 中的最小值 $1.4 \times 180/26 - 1.7 = 8.0 > 2,5 \quad \therefore k_1 = 2.5$ α_b 为 $\alpha_d = p_1/3d_o - 0.25$；$f_{ub}/f_u$；1.0 中的最小值 $\alpha_d = 102.5/3 \times 26 - 0.25 = 1.06$ $f_{ub}/f_u = 800/430 = 1.86 \quad \therefore \alpha_b = 1.0$ $F_{b,Rd} = k_1 abf_u dt/g_{M2}$ $= 2.5 \times 1.0 \times 430 \times 24 \times 10/1.25 = 206.4\text{kN} \quad (F_{b,Rd})_{max} = 206.4\text{kN}$ $F_{b,Rd}$为端部螺栓的最小值 k_1 为 $2.8e_2/d_o - 1.7$ 或 2.5 中的最小值 $2.8 \times 62.5/26 - 1.7 = 5.0 > 2.5 \quad \therefore k_1 = 2.5$ α_b 为 $\alpha_d = e_1/3d_o$；f_{ub}/f_u；1.0 中的最小值 $\alpha_d = 50/3 \times 26 = 0.64$ $f_{ub}/f_u = 800/430 = 1.86 \quad \therefore \alpha_b = 0.64$ $F_{b,Rd} = k_1\alpha_b f_u dt/\gamma_{M2}$ $= 2.5 \times 0.64 \times 430 \times 24 \times 10/1.25 = 132.1\text{kN} \quad (F_{b,Rd})_{min} = 132.1\text{kN}$ 螺栓的抗剪承载力，$F_{v,Rd}$ $F_{v,Rd} = \alpha_v f_{ub} A/\gamma_{M2}$ 如果受剪平面穿过螺纹面，对于 M24 螺栓而言，$\alpha_v = 0.6$，螺纹处面积 $= 353\text{mm}^2$ $F_{v,Rd} = 0.6 \times 800 \times 353/1.25 = 135.6\text{kN}$ **垫片** 垫片的折减系数，是为了考虑到较厚的垫片在螺栓中引起的弯曲效应，而引入的一个经验系数。 折减系数 $\beta_p = \dfrac{9d}{8d + 3t_p} = \dfrac{9 \times 24}{8 \times 24 + 3 \times 27} = 0.79, \quad \beta_p \leqslant 1$ $\therefore F_{v,Rd} = 0.79 \times 135.6 = 107.1\text{kN}$ 因为 $F_{v,Rd} \leqslant (F_{b,Rd})_{min}$，$V_{Rd,fp} = n_{fp}F_{v,Rd} = 6 \times 107.1 = 642.6\text{kN} > 33.3\text{kN}$ 因此，螺栓群的设计承载力满足要求。		BS EN 1993-1-8 表 3-4 表 3-4 3.6.1（12）

<table>
<tr><td rowspan="5">
Silwood Park, Ascot,
Berks SL5 7QN
Telephone: (01344) 623345
Fax: (01344) 622944
CALCULATION SHEET</td><td>编 号</td><td colspan="2"></td><td>第1页</td><td colspan="2">备 注</td></tr>
<tr><td>名 称</td><td colspan="5"></td></tr>
<tr><td>题 目</td><td colspan="5">翼板连接</td></tr>
<tr><td rowspan="2">客 户</td><td>编 制</td><td>DBM</td><td>日期</td><td colspan="2"></td></tr>
<tr><td>审 核</td><td>JBD</td><td>日期</td><td colspan="2"></td></tr>
</table>

连接类型为梁-梁连接，支承梁为610×229×101 UKB（S275），被支承梁为457×152×52 UKB（S275）

荷载设计值在简支梁中引起的端部反力为110kN。

设计校核项参考本章的表27-5。

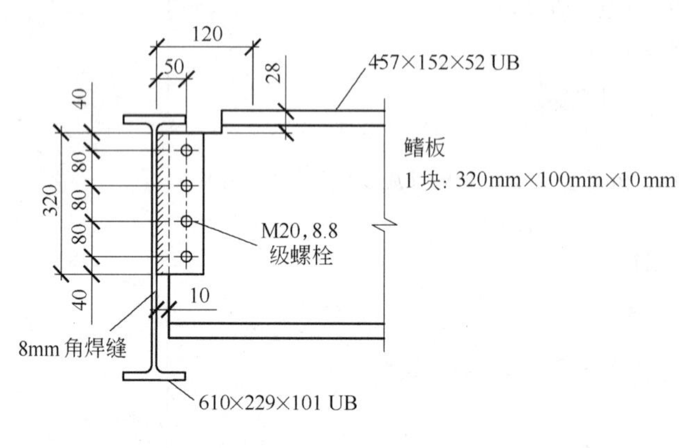

BS EN 1993-1-8

校核1：建议细部做法——满足本章图27-5的要求

校核2：连接鳍板与被支承梁腹板的螺栓群的承载力

NCCI：鳍板连接的抗剪承载力 SN017a-EN-EU

（1）螺栓抗剪

基本要求 $V_{\rm Ed} \leqslant V_{\rm Rd}$

$$V_{\rm Rd} = \frac{nF_{\rm v,Rd}}{\sqrt{(1+\alpha n)^2 + (\beta n)^2}}$$

对于单排螺栓而言： $\alpha = 0$，$n = n_1$

$$\beta = \frac{6z}{n_1(n_1+1)p_1} = \frac{6\times 50}{4(4+1)80} = 0.1875$$

$F_{\rm v,Rd} = \alpha_{\rm v} f_{\rm ub} A/\gamma_{\rm M2}$

对于 M20 8.8 级螺栓：$F_{\rm v,Rd} = 0.6\times 800\times 245/(1.25\times 1000) = 94{\rm kN}$

$$\therefore V_{\rm Rd} = \frac{4\times 94}{\sqrt{1+(0.1875\times 4)^2}} = 300.8{\rm kN}$$

$V_{\rm Ed} = 110{\rm kN} < 300.8{\rm kN}$ ∴ 满足

（2）鳍板承压

表3-4

基本要求 $V_{\rm Ed} \leqslant V_{\rm Rd}$

$$V_{\rm Rd} = \frac{n}{\sqrt{\left(\frac{1+\alpha n}{F_{\rm b,Rd,ver}}\right)^2 + \left(\frac{\beta n}{F_{\rm b,Rd,hor}}\right)^2}}$$

$\alpha = 0$ 且 $\beta = 0.19$（如上所示）

翼板连接	第2页	备注
单个螺栓的竖向承载力： $F_{b,Rd,ver}=\dfrac{k_1\alpha_b f_{u,p}dt_p}{\gamma_{M2}}$ 式中 $k_1=\min\left(2.8\times\dfrac{e_2}{d_0}-1.7;2.5\right)$ $=\min\left(2.8\times\dfrac{e_2}{d_0}-1.7=\dfrac{2.8\times 50}{22}-1.7=4.66;2.5\right)=2.5$ $\alpha_b=\min\left(\dfrac{e_1}{3d_0};\dfrac{p_1}{3d_0}-\dfrac{1}{4};\dfrac{f_{ub}}{f_{u,p}};1.0\right)$ $=\min\left(\dfrac{40}{3\times 22}=0.61;\dfrac{80}{3\times 22}-0.25=0.96;\dfrac{800}{430}=1.86;1.0\right)=0.61$ $\therefore F_{b,Rd,ver}=\dfrac{2.5\times 0.61\times 430\times 20\times 10}{1.25}\times 10^{-3}=104.9\text{kN}$ 单个螺栓的水平向承载力： $F_{b,Rd,hor}=\dfrac{k_1\alpha_b f_{u,p}dt_p}{\gamma_{M2}}$ 式中 $k_1=\min\left(2.8\times\dfrac{e_1}{d_0}-1.7;1.4\times\dfrac{p_1}{d_0}-1.7;2.5\right)$ $=\min\left(2.8\times\dfrac{40}{22}-1.7=3.39;1.4\times\dfrac{80}{22}-1.7=3.39;2.5\right)=2.5$ $\alpha_b=\min\left(\dfrac{e_2}{3d_0};\dfrac{f_{ub}}{f_{u,p}};1.0\right)$ $=\min\left(\dfrac{50}{3\times 22}=0.76;\dfrac{800}{430}=1.86;1.0\right)=0.76$ $\therefore F_{b,Rd,hor}=\dfrac{2.5\times 0.76\times 430\times 20\times 10}{1.25}\times 10^{-3}=130.7\text{kN}$ $V_{Rd}=\dfrac{n}{\sqrt{\left(\dfrac{1+\alpha n}{F_{b,Rd,ver}}\right)^2+\left(\dfrac{\beta n}{F_{b,Rd,hor}}\right)^2}}$ $=\dfrac{4}{\sqrt{\left(\dfrac{1+0\times 4}{104.9}\right)^2+\left(\dfrac{0.19\times 4}{130.7}\right)^2}}=358.2\text{kN}$ $V_{Ed}=110\text{kN}<358.2\text{kN}$ ∴ 满足要求。 （3）梁腹板承压 基本要求 $V_{Ed}<V_{Rd}$ $V_{Rd}=\dfrac{n}{\sqrt{\left(\dfrac{1+\alpha n}{F_{b,Rd,ver}}\right)^2+\left(\dfrac{\beta n}{F_{b,Rd,hor}}\right)^2}}$ $\alpha=0$ 且 $\beta=0.19$（如上所示）		BS EN 1993-1-8 表3-4

翼板连接	第3页	备 注
被支承梁腹板上单个螺栓竖向承载力： $F_{b,Rd,ver}=\dfrac{k_1\alpha_b f_{u,b1}dt_{w,b1}}{\gamma_{M2}}$ 式中 $k_1=\min\left(2.8\times\dfrac{e_{2,b}}{d_0}-1.7;2.5\right)$ $=\min\left(\dfrac{2.8\times40}{22}-1.7=3.39;2.5\right)=2.5$； $\alpha_b=\min\left(\dfrac{e_{1,b}}{3d_0};\dfrac{p_1}{3d_0}-\dfrac{1}{4};\dfrac{f_{ub}}{f_{u,b1}};1.0\right)$ $=\min\left(\dfrac{40}{3\times22}=0.61;\dfrac{80}{3\times22}-0.25=0.96;\dfrac{800}{430}=1.86;1.0\right)=0.61$ $\therefore F_{b,Rd,ver}=\dfrac{2.5\times0.61\times430\times20\times7.6}{1.25}\times10^{-3}=79.7kN$		BS EN 1993-1-8 表3-4
被支承梁腹板上的单个螺栓的水平方向承载力： $F_{b,Rd,hor}=\dfrac{k_1\alpha_b f_{u,b1}dt_{w,b1}}{\gamma_{M2}}$ 式中 $k_1=\min\left(2.8\times\dfrac{e_{1,b}}{d_0}-1.7;1.4\times\dfrac{p_1}{d_0}-1.7;2.5\right)$ $=\min\left(\dfrac{2.8\times40}{22}-1.7=3.39;1.4\times\dfrac{80}{22}-1.7=3.39;2.5\right)=2.5$ $\alpha_b=\min\left(\dfrac{e_2}{3d_0};\dfrac{f_{ub}}{f_{u,p}};1.0\right)=\min\left(\dfrac{40}{3\times22}=0.61;\dfrac{800}{430}=1.86;1.0\right)=0.61$ $\therefore F_{b,Rd,hor}=\dfrac{2.5\times0.61\times430\times20\times7.6}{1.25}\times10^{-3}=79.7kN$ $V_{Rd}=\dfrac{n}{\sqrt{\left(\dfrac{1+\alpha n}{F_{b,Rd,ver}}\right)^2+\left(\dfrac{\beta n}{F_{b,Rd,hor}}\right)^2}}$ $=\dfrac{4}{\sqrt{\left(\dfrac{1+0\times4}{79.7}\right)^2+\left(\dfrac{0.19\times4}{79.7}\right)^2}}=253.8kN$ $V_{Ed}=110kN<253.8kN$ ∴满足 **校核3：被支承梁所连翼板的抗剪和抗弯承载力** （1）抗剪 基本要求是翼板的抗剪承载力必须大于外加的剪力，$V_{Rd,min}>V_{Ed}$ 对于 $V_{Rd,min}$ 必须进行以下验算： 1）毛截面抗剪承载力，$V_{Rd,g}$ 2）净截面抗剪承载力，$V_{Rd,n}$ 3）破坏面抗剪承载力，$V_{Rd,b}$		表3-4

翼板连接	第4页	备　注
抗剪（毛截面）		

$$V_{Rd,g} = \frac{h_p t_p}{1.27} \times \frac{f_{y,p}}{\sqrt{3}\gamma_{M0}}$$

（注：系数1.27是出于考虑弯矩的影响，从而对抗剪承载力进行的折减）　　BS EN 1993-1-8

$$V_{Rd,g} = \frac{320 \times 10}{1.27} \times \frac{275}{\sqrt{3} \times 1.0} = 400.0\text{kN}$$

抗剪（净截面）

$$V_{Rd,n} = A_{v,net}\frac{f_{u,p}}{\sqrt{3}\gamma_{M2}}$$

式中，净截面，$A_{v,net} = t_p(h_p - n_1 d_0)$

$$A_{v,net} = 10(320 - 4 \times 22) = 2320\text{mm}^2$$

$$\therefore V_{Rd,n} = 2320 \times \frac{410}{\sqrt{3} \times 1.1} \times 10^{-3} = 499.3\text{kN}$$

破坏面抗剪承载力

破坏面抗剪承载力由下式给出：

$$V_{Rd,b} = \frac{0.5 f_{u,p} A_{nt}}{\gamma_{M2}} + \frac{f_{y,p} A_{nv}}{\sqrt{3}\gamma_{M0}}$$

式中，对于竖向单排螺栓（即 $n_2=1$），抗拉净面积 A_{nt} 由下式给出：

$$A_{nt} = t_p\left(e_2 - \frac{d_0}{2}\right)$$

受剪净面积

$$A_{nv} = t_p[h_p - e_1 - (n_1 - 0.5)d_0]$$

$$A_{nt} = 10(50 - 22/2) = 390\text{mm}^2$$

翼板连接	第5页	备 注

$A_{nv} = 10[320-40-(4-0.5)22] = 2030\text{mm}^2$

$\therefore V_{Rd} = \left(\dfrac{0.5\times410\times390}{1.1} + \dfrac{275\times2030}{\sqrt{3}\times1.0}\right)\times10^{-3} = 395.0\text{kN}$

抗剪承载力由破坏面抗剪承载力所给出　395kN > 110kN

因此，鳍板的抗剪承载力满足要求。

（2）抗弯

基本要求是鳍板的抗弯承载力必须大于外加的弯矩。如果 $h_p \geqslant 2.73z$，此项即可得到保证。

$h_p = 320 > 2.73\times50\ (=136.5)$

因此，鳍板抗弯性能满足要求。

鳍板的侧向扭转屈曲亦需要进行验算

若 $z < t_p/0.15$，则 $V_{Rd} = \dfrac{W_{el,p}f_{yp}}{z\gamma_{M0}}$，

式中，$W_{el,p} = \dfrac{t_p h_p^2}{6}$。

$50 < 10/0.15$，$V_{Rd} = \dfrac{10\times320^2}{6\times50}\times\dfrac{275}{1.0}\times10^{-3} = 939\text{kN} > 110\text{kN}$　　满足要求。　　BS EN 1993-1-8

校核4：被支承梁的抗剪承载力

基本要求是梁的抗剪承载力必须大于外加的剪力，$V_{Rd,min} > V_{Ed}$

对于 $V_{Rd,min}$ 的校核共包括三项：

1）毛截面抗剪承载力，$V_{Rd,g}$；

2）净截面抗剪承载力，$V_{Rd,n}$；

3）破坏面抗剪承载力，$V_{Rd,b}$。

抗剪（毛截面）

$V_{Rd,g} = A_{v,wb}\dfrac{f_{y,b1}}{\sqrt{3}\gamma_{M0}}$

毛截面面积：

$A_{v,wb} = A_{Tee} - b_{tf,b1} + (t_{w,b1}+2r)t_{f,b1}/2$

$A_{Tee} = (422-10.9)7.6 + 152.4\times10.9 = 4785\text{mm}^2$

$A_{v,wb} = 4785 - 152.4\times10.9 + (7.6+2\times10.2)10.9/2 = 3276\text{mm}^2$

$V_{Rd,g} = 3276\dfrac{275}{\sqrt{3}\times1.0}\times10^{-3} = 520.2\text{kN}$

翼板连接	第6页	备注

抗剪（净截面）

$$V_{Rd,n}=A_{v,wb,net}\frac{f_{u,bl}}{\sqrt{3}\gamma_{M2}}$$

式中 $A_{v,wb,net}=A_{v,wb}-n_1d_0t_{w,bl}=3276-4\times22\times7.6=2607\text{mm}^2$

$$\therefore V_{Rd,n}=2607\times\frac{410}{\sqrt{3}\times1.0}\times10^{-3}=617.1\text{kN}$$

破坏面抗剪（破坏面抗撕裂）

$$V_{Rd,b}=\frac{0.5f_{u,bl}A_{nt}}{\gamma_{M2}}+\frac{f_{y,bl}A_{nv}}{\sqrt{3}\gamma_{M0}}$$

受拉净面积：

$$A_{nt}=t_{w,bl}(e_{2,b}-0.5d_0)$$

$$=7.6(40-0.5\times22)=220\text{mm}^2$$

受剪净面积：

$$A_{nv}=t_{w,bl}[e_{1,b}+(n_1-1)p_1-(n_1-0.5)d_0]$$

$$=7.6(40+3\times80-2.5\times22)=1710\text{mm}^2$$

$$V_{Rd}=\left(\frac{0.5\times410\times220}{1.1}+\frac{275\times1710}{\sqrt{3}\times1.0}\right)\times10^{-3}=312.5\text{kN}$$

（备注：BS EN 1993-1-8）

破坏面抗撕裂（破坏面抗剪）给出最小抗剪承载力，

$V_{Rd,b}=312.5\text{kN}>100\text{kN}$

∴ 切肢处抗剪承载力满足要求

校核5：切肢处剪力和弯矩的相互作用

基本要求：剪力作用存在时，切肢部位的抗弯承载力$M_{v,Rd}$必须大于由端部反力与其到切肢边缘距离的乘积所得到的弯矩值，

$$M_{v,Rd}>V_{Ed}\times(g_h+l_n)$$

当$V_{Ed}\leqslant0.5V_{pl,Rd}$，时 $M_{v,Rd}$可取为梁的屈服强度乘以切肢处的弹性模量。

剪力水平较低时的校核：

由前面的计算结果可知，$V_{pl,Rd}=520.2\text{kN}$（见校核4(1)）

$\therefore 0.5V_{pl,Rd}=260.1\text{kN}$

$110\text{kN}<296.1\text{kN}$ ∴ 截面承受较低的剪力水平

因此 $M_{v,Rd}=f_{y,bl}W_{el,notch}/\gamma_{M0}$

$W_{el,notch}$ = 切肢处剩余T形截面的弹性截面模量 $=373\text{cm}^3$

$\therefore M_{v,Rd}=(275\times373/1.0)\times10^{-3}=102.6\text{kN}\cdot\text{m}$

所施加弯矩 $=110\times(10+110)/10^3\text{kN}\cdot\text{m}=13.2\text{kN}\cdot\text{m}$

$$102.6\text{kN}\cdot\text{m}>13.2\text{kN}\cdot\text{m}$$

所以，切肢梁的抗弯承载力满足要求。

翼板连接	第7页	备　注

校核6：被支承梁-切肢梁的局部稳定性

梁受到侧向扭转屈曲的约束，因此无须考虑所给切肢的稳定性（对于S275钢单翼缘切肢且切肢高度不大于梁高的一半的情况）：

对于 $h_{b1}/t_{w,b1} \leqslant 54.3$（S275）的情况 $l_n \leqslant h_{b1}$

对于 $h_{b1}/t_{w,b1} > 54.3$（S275）的情况 $l_n \leqslant 160000h_{b1}/(h_{b1}/t_{w,b1})^3$

$l_n = 120\text{mm}; h_{b1} = 449.8\text{mm}; t_{w,b1} = 7.6\text{mm}$

$h_{b1}/t_{w,b1} = 449.8/7.6 = 59.2 > 54.3$

$\therefore l_n \leqslant 160000h_{b1}/(h_{b1}/t_{w,b1})^3$

$$= \frac{160000 \times 449.8}{(449.8/7.6)^3} = 347.2\text{mm}$$

切肢长度120mm<347.2mm，切肢处的局部稳定满足要求。

校核7：切肢梁的整体稳定性

切肢梁受到约束，因此梁的整体稳定性无须验算

校核8：支撑梁的焊缝

对于材料为S275的鳍板，基本要求是角焊缝的有效高度 $\geqslant 0.5t_p$

焊缝高度=8mm，有效高度=0.7×8=5.6mm>0.5×10mm，因此8mm角焊缝满足要求。

校核9：不适用

校核10：支承梁-局部承载力

（备注：BS EN 1993-1-8）

基本要求是支承梁腹板的局部抗剪承载力必须大于端部反力。

需要考虑以下两种破坏模式：

1）支撑梁腹板的局部剪切破坏；

2）冲剪破坏。

局部剪切破坏（梁腹板）

基本要求是 $V_{Ed}/2 \leqslant F_{Rd}$

式中，$F_{Rd} = A_v = \dfrac{f_y}{\sqrt{3}\gamma_{M0}}$

$A_v = h_p t_w$

鳍板高度 $h_p = 320\text{mm}$

支承梁的腹板厚度 $t_w = 10.6\text{mm}$

$A_v = 320 \times 10.6\text{mm}^2 = 3392\text{mm}^2$

翼板连接	第8页	备注

$$\therefore F_{Rd} = 3392\frac{275}{\sqrt{3}\times 1.0}\times 10^{-3} = 538.6\text{kN}$$

$$V_{Ed}/2 = 110/2 = 55\text{kN}$$

538.6kN > 55kN，因此，局部抗剪承载力满足要求。

冲剪承载力

如果以下条件得到满足，则认为支承梁腹板的冲剪承载力满足要求：

$$t_p \leqslant t_{b,w}\times\frac{f_{u,b}}{f_{y,p}}$$

$$10 \leqslant 10.6\times\frac{410}{275} = 15.8$$

式中 t_p——鳍板厚度；

$t_{b,w}$——支撑梁腹板厚度；

$f_{u,b}$——支撑梁极限抗拉强度（$=410\text{N/mm}^2$）；

$f_{y,p}$——鳍板的设计强度。

$t_f = 10\text{mm}$ 且 $t_{b,w} = 10.6\text{mm}$。

10mm < 15.8mm，因此冲剪承载力满足要求。

校核11：结构整体性-连接构件

基本要求是鳍板的抗拉和受压承载力必须大于连接力。最小的连接力为75kN，但是在很多情况下连接力往往超过此数值，因此，在校核时，有必要将连接力取为被支承梁的端部反力值。（备注：BS EN 1993-1-8）

鳍板的抗拉承载力

抗拉承载力为破坏面抗撕裂承载力 $F_{Rd,b}$ 和净截面抗拉承载力 $F_{Rd,n}$ 中的较小值。

破坏面抗撕裂承载力

$$F_{Rd,b} = \frac{f_{u,p}A_{nt}}{\gamma_{Mu}} + \frac{f_{y,p}A_{nv}}{\sqrt{3}\gamma_{M0}}$$

$$A_{nt} = t_p[(n_1-1)p_1-(n_1-1)d_0]$$

$$= 10\times[3\times 80-(4-1)\times 22] = 1740\text{mm}^2$$

$$A_{nv} = 2t_p(e_2-d_0/2)$$

$$= 2\times 10\times(50-22/2) = 780\text{mm}^2$$

$$\therefore F_{Rd,b} = \left(\frac{410\times 1740}{1.1}+\frac{275\times 780}{\sqrt{3}\times 1.0}\right)\times 10^{-3} = 772.4\text{kN}$$

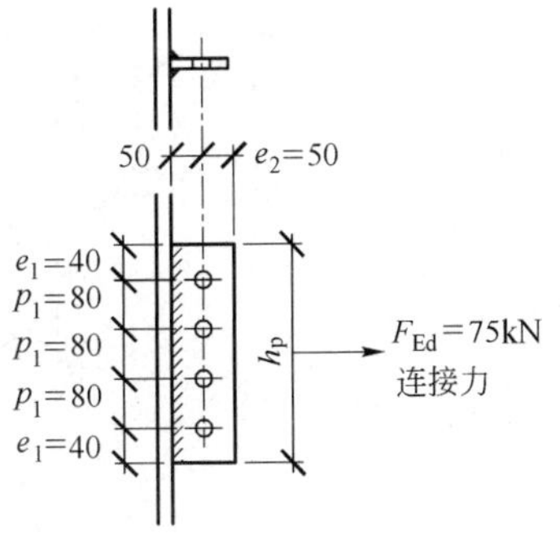

50　$e_2=50$
$e_1=40$
$p_1=80$
$p_1=80$
$p_1=80$
$e_1=40$
h_p
$F_{Ed}=75\text{kN}$
连接力

翼板连接	第9页	备注

净截面抗拉承载力

$$F_{\mathrm{Rd,n}} = \frac{0.9A_{\mathrm{net,p}}f_{\mathrm{u,p}}}{\gamma_{\mathrm{Mu}}}$$

$$A_{\mathrm{net,p}} = t_{\mathrm{p}}(h_{\mathrm{p}} - d_0 n_1)$$

$$= 10 \times (320 - 22 \times 4) = 2320\mathrm{mm}^2$$

$$\therefore F_{\mathrm{Rd,n}} = \frac{0.9 \times 2320 \times 410}{1.1} \times 10^{-3} = 778.3\mathrm{kN}$$

鳍板的抗拉承载力取自 min（$F_{\mathrm{Rd,b}}$；$F_{\mathrm{Rd,n}}$），则有772.4kN > 75kN，因此鳍板的抗拉承载力满足要求。

水平抗剪承载力

基本要求：$F_{\mathrm{Ed}} \leqslant F_{\mathrm{Rd}}$，其中 $F_{\mathrm{Rd}} = nF_{\mathrm{v,u}}$

且 $F_{\mathrm{v,u}} = \dfrac{0.6 \times 800 \times 245}{1.1} \times 10^{-3} = 107\mathrm{kN}$

$\alpha_{\mathrm{v}} = 0.6$；$f_{\mathrm{ub}} = 800\mathrm{N/mm}^2$；$A = 245\mathrm{mm}^2$

$F_{\mathrm{Rd}} = 4 \times 107 = 428\mathrm{kN}$

$\therefore F_{\mathrm{Ed}} = 75\mathrm{kN} < 428\mathrm{kN}$，螺栓抗剪承载力满足要求。

鳍板承载力

基本要求：$F_{\mathrm{Ed}} \leqslant F_{\mathrm{Rd}}$，其中 $F_{\mathrm{Rd}} = \Sigma F_{\mathrm{b,hor,u,Rd}}$ 　　BS EN 1993-1-8

且 $F_{\mathrm{b,Rd}} = \dfrac{k_1 \alpha_{\mathrm{b}} f_{\mathrm{u}} dt}{\gamma_{\mathrm{M,u}}}$

式中 $\alpha_{\mathrm{b}} = \min\left(\dfrac{e_2}{3d_0};\ \dfrac{f_{\mathrm{ub}}}{f_{\mathrm{u,p}}};\ 1.0\right) = \min\left(\dfrac{50}{3 \times 22};\ \dfrac{800}{410};\ 1.0\right) = 0.76$

对于边部螺栓，

$$k_1 = \min\left(2.8\frac{e_1}{d_0} - 1.7; 2.5\right) = \min\left(2.8 \times \frac{40}{22} - 1.7; 2.5\right) = 2.5$$

对于内部螺栓，

$$k_1 = \min\left(1.4\frac{p_1}{d_0} - 1.7; 2.5\right) = \min\left(1.4 \times \frac{80}{22} - 1.7; 2.5\right) = 2.5$$

对于连接承载力有 $\gamma_{\mathrm{M,u}} = 1.1$

两种情况下均有 $k_1 = 2.5$，

说明边部和内部螺栓的承载力相等。

$$F_{\mathrm{b,hor,u,Rd}} = \frac{2.5 \times 0.76 \times 410 \times 20 \times 10}{1.1} \times 10^{-3} = 142\mathrm{kN}$$

$\therefore F_{\mathrm{Rd}} = 4 \times 142 = 568\mathrm{kN} > 75\mathrm{kN}$，因此鳍板承载力满足要求。

翼板连接	第10页	备 注

校核12：结构整体性-被支承梁

被支承梁腹板的抗拉和承压承载力必须大于连接力。

拉力

破坏面抗撕裂承载力 $F_{Rd,b}$ 和净截面抗拉承载力 $F_{Rd,n}$ 中的较小值，须大于连接力。

破坏面抗撕裂承载力

$$F_{Rd,b} = \frac{A_{nt} f_{u,b1}}{\gamma_{M,u}} + \frac{A_{nv} f_{y,b1}}{\sqrt{3}\gamma_{M0}}$$

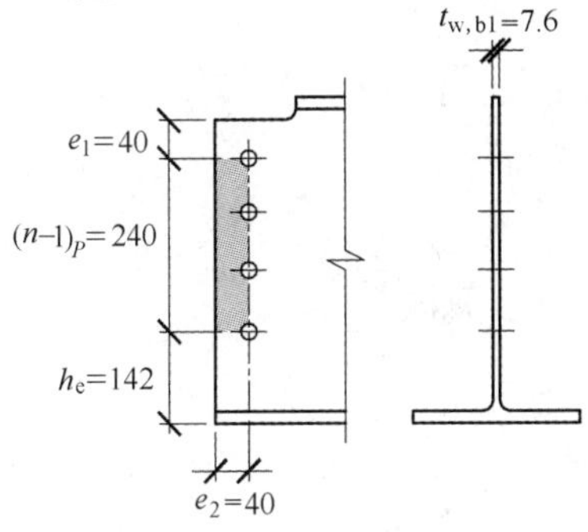

式中，受拉净截面面积为：

$$A_{nt} = t_{w,b1}[(n_1-1)p_1-(n_1-1)d_0]$$

单排竖向螺栓的受剪净截面面积为：

$$A_{nv} = 2t_{w,b1}\left(e_{2,b} - \frac{d_0}{2}\right)$$

对于连接承载力有 $\gamma_{M,u} = 1.1$　　BS EN 1993-1-8

$$A_{nt} = 7.6 \times (3 \times 80 - 3 \times 22) = 1322\text{mm}^2$$

$$A_{nv} = 2 \times 7.6(40 - 11) = 441\text{mm}^2$$

$$F_{Rd,b} = \left(\frac{1322 \times 420}{1.1} + \frac{441 \times 275}{\sqrt{3} \times 1.0}\right) \times 10^{-3} = 562.8\text{kN}$$

净截面拉力为：

$$F_{Rd,n} = \frac{0.9A_{net,wb} f_{u,b1}}{\gamma_{Mu}}$$

$$A_{net,b1} = t_{w,b1}(h_{w,b1} - d_0 n_1)$$

$$h_{w,b1} = h_p \quad (\text{保守取值})$$

$$A_{net,wb} = 7.6(320 - 22 \times 4) = 1763\text{mm}^2$$

$$\therefore F_{Rd,n} = \frac{0.9 \times 1763 \times 410}{1.1} \times 10^{-3} = 591.4\text{kN}$$

梁腹板的抗拉承载力取自 min（$F_{Rd,b}$；$F_{Rd,n}$），则有 562.8 kN > 75kN

因此，鳍板的抗拉承载力满足要求。

翼板连接	第 11 页	备　注

承载力

螺栓群承载力必须大于连接力。

$$F_{Rd} = nF_{b,hor,u,Rd}$$

$$F_{b,hor,u,Rd} = \frac{k_1 \alpha_b f_{u,bl} d t_{w,bl}}{\gamma_{M,u}}$$

$$\alpha_b = \min\left(\frac{e_{2,b}}{3d_0};\frac{f_{ub}}{f_{u,bl}};1.0\right) = \left(\frac{40}{3 \times 22};\frac{800}{410};1.0\right) = (0.62;1.95;1.0) = 0.61$$

$$k_1 = \min\left(1.4\frac{p_1}{d_0} - 1.7;2.5\right) = \left(1.4 \times \frac{80}{22} - 1.7;2.5\right) = 2.5$$

对于连接承载力，有 $\gamma_{M,u} = 1.1$

$$F_{b,hor,u,Rd} = \frac{2.5 \times 0.61 \times 410 \times 20 \times 9.5}{1.1} \times 10^{-3} = 108\text{kN}$$

$F_{Rd} = 4 \times 108 = 432\text{kN} > 75\text{kN}$

因此，腹板承载力满足要求。

校核 13～16：不适用

BS EN 1993-1-8

编 号		第1页	备 注
名 称			
题 目	腹板盖板连接		
客 户	编 制	DBM	日期
	审 核	BD	日期

The Steel Construction Institute
Silwood Park, Ascot,
Berks SL5 7QN
Telephone: (01344) 623345
Fax: (01344) 622944

CALCULATION SHEET

该连接处，相连的梁为 356×171×45 UKB(S275)，柱为 254×254×73 UKC(S275)。由荷载设计值引起简支梁的端部反力为 185kN。
设计校核项，可参考本章的表 27-3。

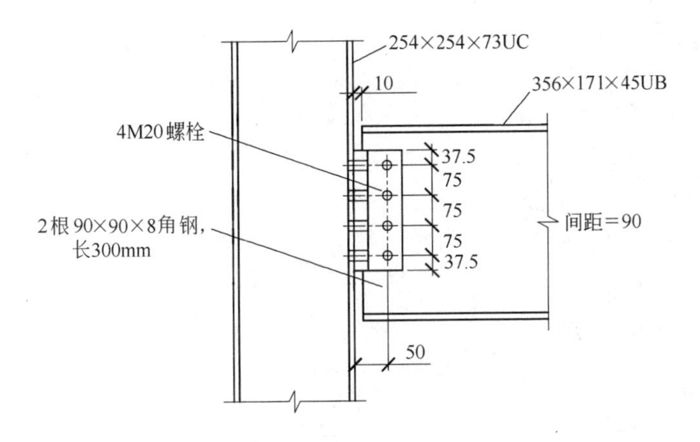

校核1：建议细部做法——满足本章的图 27-3 的要求

BS EN 1993-1-8

校核2：连接板与被支承梁腹板间的螺栓群的抗剪承载力及承压承载力

（1）螺栓抗剪

基本要求　$V_{Ed} \leqslant V_{Rd}$

$$V_{Rd} = \frac{nF_{v,Rd}}{\sqrt{(1+\alpha n)^2 + (\beta n)^2}}$$

单个螺栓的抗剪承载力，$F_{v,Rd}$ 由下式给出：

表 3-4

$$F_{v,Rd} = \frac{\alpha_v f_{ub} A}{\gamma_{M2}}$$

式中，对于抗剪承载力，有 $\gamma_{M2} = 1.25$

对于 8.8 级螺栓，有 $\alpha_v = 0.6$

$A = A_s = 245\text{mm}^2$

∴ 每个抗剪面　$F_{v,Rd} = \dfrac{0.6 \times 800 \times 245}{1.25} \times 10^{-3} = 94.1\text{kN}$

腹板盖板连接	第2页	备 注

对于单排竖向螺栓，有 $\alpha=0$，且

$$\beta=\frac{6z}{n(n+1)p_1}=\frac{6\times 50}{4\times 5\times 75}=0.20$$

$$V_{\mathrm{Rd}}=\frac{4\times(94.1\times 2)}{\sqrt{(1+0\times 4)^2+(0.2\times 4)^2}}=587.8\mathrm{kN}$$

$V_{\mathrm{Rd}}>V_{\mathrm{Ed}}(587.8>185)$

∴ 螺栓抗剪满足要求。

BS EN 1993-1-8

（2）角钢盖板承载力

基本要求：$V_{\mathrm{Ed}}/2\leqslant V_{\mathrm{Rd}}$

$$V_{\mathrm{Rd}}=\frac{n}{\sqrt{\left(\frac{1+\alpha n}{F_{\mathrm{b,Rd,ver}}}\right)^2+\left(\frac{\beta n}{F_{\mathrm{b,Rd,hor}}}\right)^2}}$$

对于单排竖向螺栓，$\alpha=0$，$\beta=0.2$（如上所示）

单个螺栓承载力，$F_{\mathrm{b,Rd}}$ 由下式给出：

$$F_{\mathrm{b,Rd}}=\frac{k_1\alpha_{\mathrm{b}}f_{\mathrm{u}}dt}{\gamma_{\mathrm{M2}}}$$

腹板盖板上的单个螺栓的竖向承载力为：

$$F_{\mathrm{b,Rd,ver}}=\frac{k_1\alpha_{\mathrm{b}}f_{\mathrm{u,cleat}}dt_{\mathrm{cleat}}}{\gamma_{\mathrm{M2}}}$$

表3-4

$$k_1=\min\left(2.8\frac{e_2}{d_0}-1.7;2.5\right)=\min\left(2.8\times\frac{50}{22}-1.7;2.5\right)$$

$$=\min(4.66;2.5)=2.5$$

$$\alpha_{\mathrm{b}}=\min\left(\frac{e_1}{3d_0};\frac{p_1}{3d_0}-\frac{1}{4};\frac{f_{\mathrm{ub}}}{f_{\mathrm{u,cleat}}};1.0\right)$$

$$=\min\left(\frac{37.5}{3\times 22};\frac{75}{3\times 22}-0.25;\frac{800}{410};1.0\right)$$

$$=\min(0.57;0.89;1.95;1.0)=0.57$$

$$\therefore F_{\mathrm{b,Rd,ver}}=\frac{2.5\times 0.57\times 410\times 20\times 8}{1.25}\times 10^{-3}=74.8\mathrm{kN}$$

腹板盖板上的单个螺栓的水平承载力为：

$$F_{\mathrm{b,Rd,hor}}=\frac{k_1\alpha_{\mathrm{b}}f_{\mathrm{u,cleat}}dt_{\mathrm{cleat}}}{\gamma_{\mathrm{M2}}}$$

腹板盖板连接	第3页	备 注
$k_1 = \min\left(2.8\frac{e_1}{d_0} - 1.7; 1.4\frac{p_1}{d_0} - 1.7; 2.5\right)$ $= \min\left(2.8 \times \frac{37.5}{22} - 1.7; 1.4 \times \frac{75}{22} - 1.7; 2.5\right)$ $= \min(3.07; 3.07; 2.5) = 2.5$ $\alpha_b = \min\left(\frac{e_2}{3d_0}; \frac{f_{ub}}{f_{u,cleat}}; 1.0\right) = \min\left(\frac{50}{3 \times 22}; \frac{800}{410}; 1.0\right)$ $= \min(0.76; 1.95; 1.0) = 0.76$ $\therefore F_{b,Rd,hor} = \frac{2.5 \times 0.76 \times 410 \times 20 \times 8}{1.25} \times 10^{-3} = 99.7\text{kN}$ $V_{Rd} = \frac{n}{\sqrt{\left(\frac{1+\alpha n}{F_{b,Rd,ver}}\right)^2 + \left(\frac{\beta n}{F_{b,Rd,hor}}\right)^2}} = \frac{4}{\sqrt{\left(\frac{1+0\times 4}{74.8}\right)^2 + \left(\frac{0.2\times 4}{99.7}\right)^2}}$ $= 256.5\text{kN}$ $V_{Ed}/2 = 185/2 < V_{Rd}(256.5)$ ∴ 盖板承载力满足要求。 （3）梁腹板承载力 $V_{Rd} = \frac{n}{\sqrt{\left(\frac{1+\alpha n}{F_{b,Rd,ver}}\right)^2 + \left(\frac{\beta n}{F_{b,Rd,hor}}\right)^2}}$ 对于单排竖向螺栓，有 $\alpha = 0$，$\beta = 0.2$（如上所示） 梁腹板上的单个螺栓的竖向承载力，$F_{b,Rd,ver}$为： $F_{b,Rd,ver} = \frac{k_1 \alpha_b f_{u,b1} d t_{w,b1}}{\gamma_{M2}}$ $k_1 = \min\left(2.8 \times \frac{e_{2,b}}{d_0} - 1.7; 2.5\right)$ $= \min\left(2.8 \times \frac{40}{22} - 1.7; 2.5\right)$ $= \min(3.39; 2.5) = 2.5$ $\alpha_b = \min\left(\frac{p_1}{3d_0} - \frac{1}{4}; \frac{f_{ub}}{f_{u,b1}}; 1.0\right)$ $= \min\left(\frac{75}{3 \times 22} - 0.25; \frac{800}{410}; 1.0\right)$ $= \min(0.89; 1.95; 1.0) = 0.89$ $F_{b,Rd,hor} = \frac{2.5 \times 0.89 \times 410 \times 20 \times 7.0}{1.25} \times 10^{-3} = 102.2\text{kN}$ 梁腹板上的单个螺栓的水平承载力，$F_{b,Rd,hor}$为： $F_{b,Rd,hor} = \frac{k_1 \alpha_b f_{u,b1} d t_{w,b1}}{\gamma_{M2}}$		BS EN 1993-1-8

腹板盖板连接	第4页	备 注

$$k_1 = \min\left(1.4\frac{p_1}{d_0} - 1.7;2.5\right) = \min\left(1.4\times\frac{75}{22} - 1.7;2.5\right)$$

$$= \min(3.07;2.5) = 2.5$$

$$\alpha_b = \min\left(\frac{e_{2,b}}{3d_0};\frac{f_{ub}}{f_{u,b1}};1.0\right) = \min\left(\frac{40}{3\times 22};\frac{800}{410};1.0\right)$$

$$= \min(0.61;1.95;1.0) = 0.61$$

$$F_{b,Rd,hor} = \frac{2.5\times 0.61\times 410\times 20\times 7.0}{1.25}\times 10^{-3} = 70\text{kN}$$

$$V_{Rd} = \frac{n}{\sqrt{\left(\frac{1+\alpha n}{F_{b,Rd,ver}}\right)^2 + \left(\frac{\beta n}{F_{b,Rd,hor}}\right)^2}} = \frac{4}{\sqrt{\left(\frac{1+0\times 4}{102.2}\right)^2 + \left(\frac{0.20\times 4}{70.0}\right)^2}}$$

$$= 265.9\text{kN}$$

$V_{Ed} = 185 < V_{Rd}$ (265.9) ∴ 被支撑梁腹板承载力满足要求。

校核3：与被支承梁相连的腹板盖板的抗剪和抗弯承载力

（1）抗剪承载力

BS EN 1993-1-8

基本要求：一块腹板盖板的抗剪承载力必须大于剪力的一半，即 $V_{Rd,min} > V_{Ed}/2$

对于 $V_{Rd,min}$ 必须进行以下验算：

1）毛截面抗剪承载力，$V_{Rd,g}$

2）净截面抗剪承载力，$V_{Rd,n}$

3）破坏面抗剪承载力，$V_{Rd,b}$

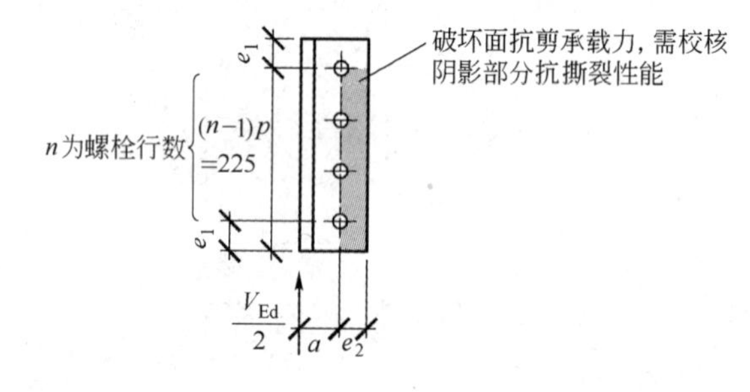

抗剪（毛截面）

$$V_{Rd,g} = \frac{h_{cleat}t_{cleat}}{1.27}\frac{f_{y,cleat}}{\sqrt{3}\gamma_{M0}}$$

（注：系数1.27是为了考虑存在的弯矩作用，而导致的抗剪承载力的折减）。

$$V_{Rd,g} = \frac{300\times 8}{1.27}\frac{275}{\sqrt{3}\times 1.0} = 300.0\text{kN}$$

腹板盖板连接	第5页	备　注

抗剪（净截面）

$$V_{Rd,n} = A_{v,net}\frac{f_{u,cleat}}{\sqrt{3}\gamma_{M2}}$$

式中，净截面面积 $A_{v,net} = t_{cleat}(h_{cleat} - n_1 d_0)$

$$A_{v,net} = 8 \times (300 - 4 \times 22) = 1696mm^2$$

$$\therefore V_{Rd,n} = 1696 \times \frac{410}{\sqrt{3} \times 1.1} \times 10^{-3} = 365.0kN$$

破坏面抗剪

破坏面抗剪承载力由下式给出：

$$V_{Rd,b} = \frac{0.5f_{u,p}A_{nt}}{\gamma_{M2}} + \frac{1}{\sqrt{3}}f_{y,p}\frac{A_{nv}}{\gamma_{M0}}$$

BS EN 1993-1-8

式中，A_{nt}为受拉净面积，对于单排竖向螺栓有：

$$A_{nt} = t_p\left(e_2 - \frac{d_0}{2}\right)$$

A_{nv}为受剪净面积

$$A_{nv} = t_{cleat}[h_{cleat} - e_1 - (n_1 - 0.5)d_0]A_{nt} = 8 \times (40 - 22/2) = 232mm^2$$

$$= 8 \times [300 - 37.5 - (4 - 0.5) \times 22] = 1484mm^2$$

$$\therefore V_{Rd,b} = \left(\frac{0.5 \times 410 \times 232}{1.1} + \frac{275 \times 1484}{\sqrt{3} \times 1.0}\right) \times 10^{-3} = 278.9kN$$

抗剪承载力取自破坏面抗剪承载力278.9kN

$V_{Rd}(192.6kN) > V_{Ed}/2(92.5kN)$

∴ 腹板盖板的抗剪承载力满足要求。

（2）抗弯承载力

基本要求：腹板盖板分肢的抗弯承载力必须大于所施加的弯矩，如果 $h_{cleat} \geqslant 2.73z$ 即可满足此要求。

$h_{cleat} = 300 > 2.73 \times 50$（$= 136.5$），因此，腹板盖板抗弯承载力满足要求。

校核4：被支承梁的抗剪承载力

基本要求：梁的抗剪承载力必须大于所施加的剪力，$V_{Rd,min} > V_{Ed}$

对于 $V_{Rd,min}$需考虑以下三项验算：

（1）毛截面抗剪承载力，$V_{Rd,g}$；

（2）净截面抗剪承载力，$V_{Rd,n}$；

（3）破坏面抗剪承载力，$V_{Rd,b}$。

腹板盖板连接	第6页	备 注

抗剪（毛截面）

$$V_{Rd,g} = A_{v,wb}\frac{f_{y,b1}}{\sqrt{3}\gamma_{M0}}$$

$$A_{v,wb} = A - 2bt_{f,b1} + (t_{w,b1} + 2r)t_{f,b1}$$

$$A_{v,wb} = 5730 - 2 \times 171.1 \times 9.7 + (7.0 + 2 \times 10.2) \times 9.7 = 2676\text{mm}^2$$

$$V_{Rd,g} = 2676 \times \frac{275}{\sqrt{3} \times 1.0} \times 10^{-3} = 424.9\text{kN}$$

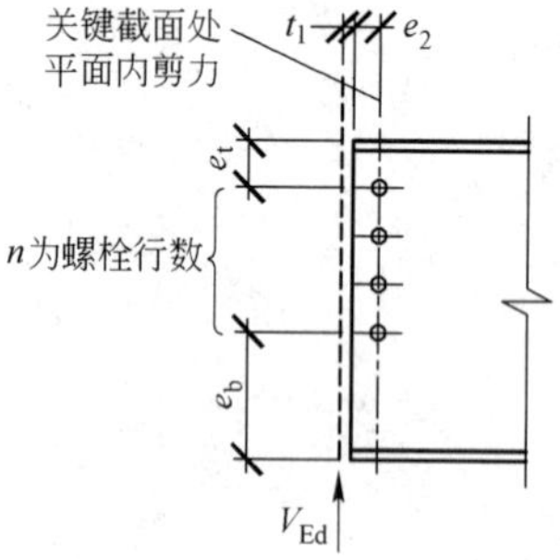

抗剪（净截面）

$$V_{Rd,n} = A_{v,wb,net}\frac{f_{u,b1}}{\sqrt{3}\gamma_{M2}}$$

式中，$A_{v,wb,net} = A_{v,wb} - n_1 d_0 t_{w,b1} = 2676 - 4 \times 22 \times 7.0 = 2060\text{mm}^2$

$$\therefore V_{Rd,n} = 2060 \times \frac{410}{\sqrt{3} \times 1.0} \times 10^{-3} = 487.6\text{kN}$$

破坏面抗剪（破坏面抗撕裂）

BS EN 1993-1-8

$$V_{Rd,b} = \frac{0.5f_{u,b1}A_{nt}}{\gamma_{M2}} + \frac{f_{y,b1}}{\sqrt{3}}\frac{A_{nv}}{\gamma_{M0}}$$

受拉净面积：

$$A_{nt} = 2t_{w,b1}(e_{2,b} - 2 \times 0.5d_0)$$

$$= 2 \times 7.0 \times (40 - 0.5 \times 22) = 406\text{mm}^2$$

受剪净面积：

$$A_{nv} = t_{w,b1}[(n_1 - 1)p_1 - (n_1 - 0.5)d_0]$$

$$= 7.0 \times (3 \times 75 - 2.5 \times 22) = 1190\text{mm}^2$$

$$V_{Rd,b} = \left(\frac{0.5 \times 410 \times 406}{1.1} + \frac{275 \times 1190}{\sqrt{3} \times 1}\right) \times 10^{-3} = 264.6\text{kN}$$

最小受剪承载力由破坏面抗撕裂（破坏面抗剪）决定

$V_{Rd,b} = 264.6\text{kN} > 185\text{kN}$

∴ 切肢处的抗剪承载力满足要求。

腹板盖板连接	第7页	备　注
校核5~7：不适用（梁未切肢）		
校核8：支承梁-螺栓群		BS EN 1993-1-8
基本要求：$V_{Ed} \leq V_{Rd}$		
螺栓群承载力，F_{Rd}由下式给出：		
如果$(F_{b,Rd})_{max} \leq F_{v,Rd}$　则 $F_{Rd} = F_{b,Rd}$		注：为允许螺栓中出现拉力，取折减系数0.8-见 Jaspart et al.(2009)钢结构简支节点设计之欧规建议，ECCS No. 126
如果$(F_{b,Rd})_{min} \leq F_{v,Rd} < (F_{b,Rd})_{max}$　则 $F_{Rd} = n_{cleat}(F_{b,Rd})_{min}$		
如果$(F_{v,Rd}) < (F_{b,Rd})_{min}$　则 $F_{Rd} = 0.8 n_{cleat} F_{v,Rd}$		
单颗螺栓抗剪承载力：		
$F_{v,Rd} = \dfrac{\alpha_v f_{ub} A}{\gamma_{M2}}$		
对于 M20 8.8 级螺栓		
$F_{v,Rd} = \dfrac{0.6 \times 800 \times 245}{1.25} \times 10^{-3} = 94\text{kN}$		
单颗螺栓受压承载力：		
$F_{b,Rd} = \min(F_{b,Rd,cleat};F_{b,Rd,c})$		
因为柱翼缘厚度＞盖板厚度，故 $F_{b,Rd,cleat}$起控制作用。		
$F_{b,Rd,cleat} = \dfrac{k_1 \alpha_b f_u d t_{cleat}}{\gamma_{M2}}$		
边部螺栓：		
$k_1 = \min\left(2.8\dfrac{e_{2,b}}{d_0} - 1.7;2.5\right) = \min\left(2.8 \times \dfrac{40}{22} - 1.7;2.5\right)$		
$= \min(3.39;2.5) = 2.5$		
端部螺栓：		
$\alpha_b = \min\left(\dfrac{e_1}{3d_0};\dfrac{f_{ub}}{f_{u,cleat}};1.0\right) = \min\left(\dfrac{37.5}{3 \times 22};\dfrac{800}{410};1.0\right)$		
$= \min(0.57;1.95;1.0) = 0.57$		

腹板盖板连接	第8页	备注

内部螺栓：

$$\alpha_b = \min\left(\frac{p_1}{3d_0} - 0.25; \frac{f_{ub}}{f_{u,cleat}}; 1.0\right)$$

$$= \min\left(\frac{75}{3 \times 22} - 0.25; \frac{800}{410}; 1.0\right)$$

$$= \min(0.89; 1.95; 1.0) = 0.89$$

端部螺栓：

$$F_{b,Rd,cleat} = \frac{k_1 \alpha_b f_u d t_{cleat}}{\gamma_{M2}} = \frac{2.5 \times 0.75 \times 410 \times 20 \times 8}{1.25} = 74.8\text{kN}$$

内部螺栓：

$$F_{b,Rd,cleat} = \frac{k_1 \alpha_b f_u d t_{cleat}}{\gamma_{M2}} = \frac{2.5 \times 0.89 \times 410 \times 20 \times 8}{1.25} = 116.8\text{kN}$$

因为腹板盖板厚度小于柱翼缘厚度，且柱翼缘的螺栓边距、端距及螺栓间距等于或大于盖板中的相应数值，故受压承载力由腹板盖板控制。

$(F_{b,Rd})_{min} \leqslant F_{v,Rd} < (F_{b,Rd})_{max}$　即 $74.8 < 94.0 < 116.8$

$\therefore F_{Rd} = n_{cleat}(F_{b,Rd})_{min}$

因此，$F_{Rd} = 8 \times 74.8 = 598.4\text{kN} > 185\text{kN}$　$\therefore$ 柱翼缘螺栓群满足要求。

（备注：BS EN 1993-1-8）

校核9：支撑梁-连接构件

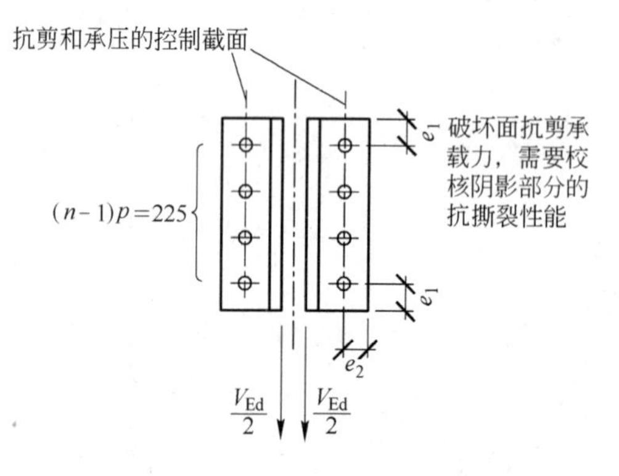

基本要求：一块腹板盖板的抗剪承载力必须大于剪力的一半，$V_{Rd,min} > V_{Ed}/2$

对于 $V_{Rd,min}$ 必须进行以下验算：

（1）毛截面抗剪承载力，$V_{Rd,g}$；

（2）净截面抗剪承载力，$V_{Rd,n}$；

（3）破坏面抗剪承载力，$V_{Rd,b}$。

腹板盖板连接	第9页	备 注

由于腹板盖板是等肢角钢（90×90×8）且螺栓为对称布置（即顶部和底部 e_1 相同），所以本校核过程与校核3相同，并且满足要求。

校核10：不适用

校核11：结构整体性-连接构件

基本要求：双角钢腹板盖板的连接承载力必须大于连接力

连接承载力≥连接力

无论是内部连接还是边缘连接，最小连接力均为75kN。在很多情况下，连接力等于端部反力。

双角钢腹板盖板的连接承载力由下式给出：

连接承载力 $=0.6L_e\,t_{cleat}f_y$（S275 钢）

式中 $L_e=2e_1+(n-1)p_e-nd_0$；

e_1 为端部间距；

$p_e=p$ 但 $\leqslant 2e_2$，其中 e_2 为边缘间距；

d_0 为螺栓孔直径；

t_{cleat} 为盖板厚度。

$$\therefore L_e=2\times37.5+(4-1)\times75-4\times22=212\text{mm}$$

$$\therefore \text{连接承载力}=0.6\times212\times8\times275/10^3\text{kN}=279.8\text{kN}$$

$$279.8\text{kN}>75\text{kN}$$

故角钢盖板的连接承载力满足要求。

（备注：BS EN 1993-1-8）

校核12：结构整体性-被支承梁

被支承梁腹板的抗拉和受压承载力必须大于连接力。

抗拉

破坏面撕裂抗拉承载力 $F_{Rd,b}$ 和净截面抗拉承载力 $F_{Rd,n}$ 中的较小值必须大于连接力

破坏面抗撕裂承载力

$$F_{Rd,b}=\frac{A_{nt}f_{u,bl}}{\gamma_{M,u}}+\frac{A_{nv}f_{y,bl}}{\sqrt{3}\gamma_{M0}}$$

式中，受拉净面积为：

$$A_{nt}=t_{w,bl}[(n_1-1)p_1-(n_1-1)d_0]$$

对于单排竖向螺栓的受剪净面积为：

$$A_{nv}=2t_{w,bl}\left(e_{2,b}-\frac{d_0}{2}\right)$$

对于连接承载力，有 $\gamma_{M,u}=1.1$

$$A_{nt}=7.0\times(3\times75-3\times22)=1113\text{mm}^2$$

$$A_{nv}=2\times7.0\times(40-11)=406\text{mm}^2$$

$$F_{v,Rd}=\left(\frac{1113\times410}{1.1}+\frac{406\times275}{\sqrt{3}\times1.0}\right)\times10^{-3}=479.3\text{kN}$$

腹板盖板连接	第10页	备 注

净截面抗拉

$$F_{\mathrm{Rd,n}} = \frac{0.9A_{\mathrm{net,wb}} f_{\mathrm{u,b1}}}{\gamma_{\mathrm{Mu}}}$$

$$A_{\mathrm{net,wb}} = t_{\mathrm{w,b1}}(h_{\mathrm{w,b1}} - d_0 n_1)$$

$$A_{\mathrm{net,wb}} = 7.0 \times (351.4 - 22 \times 4) = 1844\mathrm{mm}^2$$

$$\therefore F_{\mathrm{Rd,n}} = \frac{0.9 \times 1844 \times 410}{1.1} \times 10^{-3} = 618.6\mathrm{kN}$$

梁腹板的抗拉承载力由 min（$F_{\mathrm{Rd,b}}$；$F_{\mathrm{Rd,n}}$）给出，有 479.3kN > 75kN

因此，梁腹板的抗拉承载力满足要求。

受压

螺栓群的受压承载力必须大于连接力

$$F_{\mathrm{Rd}} = nF_{\mathrm{b,hor,u,Rd}}$$

$$F_{\mathrm{b,hor,u,Rd}} = \frac{k_1 \alpha_{\mathrm{b}} f_{\mathrm{u,b1}} dt_{\mathrm{w,b1}}}{\gamma_{\mathrm{M,u}}}$$

$$\alpha_{\mathrm{b}} = \min\left(\frac{e_{2,\mathrm{b}}}{3d_0};\frac{f_{\mathrm{ub}}}{f_{\mathrm{u,b1}}};1.0\right) = \min\left(\frac{40}{3 \times 22};\frac{800}{410};1.0\right)$$

$$= \min(0.61;1.95;1.0) = 0.61$$

$$k_1 = \min\left(1.4\frac{p}{d_0} - 1.7;2.5\right) = \min\left(1.4 \times \frac{75}{22} - 1.7;2.5\right)$$

BS EN 1993-1-8

$$= \min(3.07;2.5) = 2.5$$

$$F_{\mathrm{b,hor,u,Rd}} = 79.6\mathrm{kN}$$

对于连接承载力，有 $\gamma_{\mathrm{M,u}} = 1.1$

$F_{\mathrm{Rd}} = 4 \times 79.6 = 318\mathrm{kN} > 75\mathrm{kN}$　　因此腹板的受压承载力满足要求。

校核13：结构整体性-螺栓群的抗拉承载力

螺栓的抗拉承载力必须大于连接力。由于角钢的变形和可能由此变形引起的端部翘曲力，8.8级螺栓的设计抗拉强度应限制在 300N/mm² 以内

因此，螺栓群的抗拉承载力

$$F_{\mathrm{t,Rd}} = 2n_1 A_{\mathrm{t}} f_{\mathrm{b,t}}^{*}$$

式中，n_1 为螺栓排数；A_{t} 为螺栓的拉应力区域面积；$f_{\mathrm{b,t}}^{*}$ 为存在端部翘曲时螺栓的折减设计抗拉强度

$$F_{\mathrm{t,Rd}} = \frac{2 \times 4 \times 245 \times 300}{10^3} = 588\mathrm{kN}$$

故螺栓群的抗拉承载力满足要求。

校核14～16：不适用

参考文献

[1] British Standards Institution(2005)BS EN 1993-1-8Eurocode 3：Design of steel structures-Part 1-8：Design of joints. London，BSI.

[2] The Steel Construction Institute/The British Constructional Steelwork Association LTD(2002)Joints in Steel Construction：Simple Connections，Publication No. 212. London，SCI，BCSA.

[3] The Steel Construction Institute/The British Constructional Steelwork Association LTD(1995)Joints in Steel Construction：Moment Connections，Publication No. 207. Ascot，SCI，BCSA.

[4] The Steel Construction Institute/The British Constructional Steelwork Association(2010)Joints in Steel Construction：Simple Connections. Ascot，SCI，BCSA.

[5] British Standards Institution(2005)BS EN 1993-1-1Eurocode 3：Design of steel structures-Part 1-1：General rules and rules for buildings. London，BSI.

[6] Jaspart J.，Demonceau J. F.，Renkin S. and Guillaume M. L. (2009)European Recommendations for the Design of Simple Joints in Steel Structures，ECCS Publication No. 126，European Convention for Constructional Steelwork，Portugal.

[7] NCCI：'Simple Construction'-concept and typical frame arrangements，SN020a-EN-EU. www. steel-ncci. co. uk.

[8] The British Constructional Steelwork Association and the Steel Construction Institute(2010) National Structural Steelwork Specification for Building Construction，5th edn (CE Marking Version)，Publication No. 52/10. London，BCSA，SCI.

[9] Hogan，T. J. and Thomas，I. R. (1988)Design of Structural Connections，3rd edn，Australian Institute of Steel Construction，Milsons Point，Australia.

[10] Cheng J. J. R. and Yura J. A. (1988)Lateral buckling tests on coped steel beams，Journal of Structural Engineering，ASCE，114，No. 1，1-15.

[11] Gupta A. K. (1984)Buckling of coped beams，Journal of Structural Engineering，ASCE，110，No. 9，1977-87.

[12] Cheng J. J. R.，Yura J. A. and Johnson C. P. (1988)Lateral buckling of coped steel beams，Journal of Structural Engineering，ASCE，114，No. 1，16-30.

[13] Steel Construction Institute (nd) Advisory Notes：AD 314：Column splices and internal moments；AD 243：Splices within unrestrained lengths；AD 244：Second order moments. Ascot，SCI.

[14] Example：Column splice-non-bearing splice，SX018a-EN-EU，www. access-steel. com

[15] Example：End plate beam-to-column flange simple connection，SX012a-EN-GB，www. access-steel. com.

[16] Example：Fin plate beam-to-column flange connection，SX13a-EN-GB，www. access-steel. com.

[17] Flow Chart：Design model for non-bearing column splices，SF018a-EN-EU，www. access-steel. com.

[18] Flow Chart：Simple end plate connection，SF008a-EN-EU，www. access-steel. com.

[19] Flow Chart：Fin plate connection，SF009a-EN-EU，www. access-steel. com.

[20] NCCI：Initial sizing of non-bearing column splices，SN024a-EN-EU，www. steel-ncci. co. uk.

[21] NCCI：Initial sizing of simple end plate connections，SN013a-EN-EU，www. steel-ncci. co. uk.

[22] NCCI：Initial sizing of fin plate connections，SN016a-EN-EU，www. steel-ncci. co. uk.

28 抗弯连接设计[*]

Design of Moment Connections

DAVID MOORE and BUICK DAVISON

28.1 引言

在多层框架中，抗弯连接设计通常采用平齐端板连接和外伸端板连接。当外伸部分较长时，可能需要采用加腋连接设计。但是，最好能避免增加额外的制作工作量或加大建筑高度等情况。在门式刚架中，在刚架的屋檐和屋脊处，一般都会采用加腋抗弯连接。图28-1所示为各种抗弯连接节点形式。由于经济方面的原因，选择连接类型通常要考虑连接的简单性、通用性和易于制作等原则。在美国和日本，地震区建筑物广泛采用现场焊接节点。这种连接可充分提供弯矩传递，但生产成本较高。在英国很少使用这种类型的连接，但通过精心的设计，这种连接形式也可以在很多框架结构中使用。

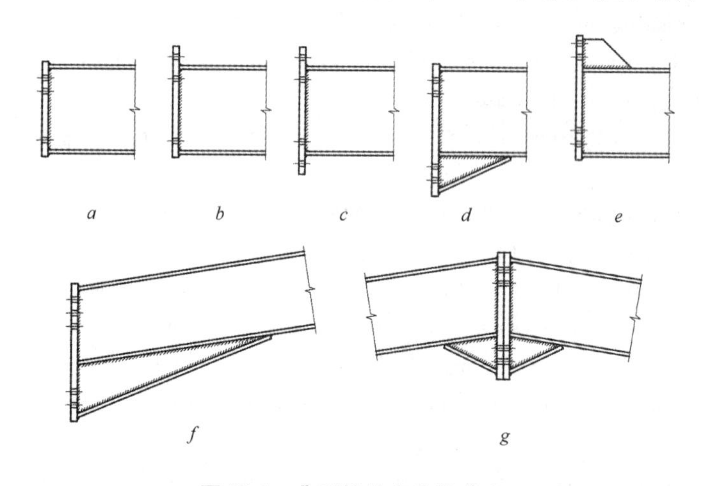

图28-1 典型的抗弯连接节点

a—平齐端板；*b*—单侧外伸端板；*c*—双侧外伸端板；*d*—小型加腋外伸端板；
e—加劲；*f*—加腋（可与外伸端板结合）；*g*—屋脊加腋

在英国SCI/BCSA设计指南《钢结构节点设计-抗弯连接》(*Joints in Steel Con-*

---

* 本章译者：李秀敏、吴耀华。

struction-Moment Connections)[1]中，提供了现场焊接和工厂焊接的梁-柱节点连接设计方法。尽管该文献还尚未按 BS EN 1993-1-8[2]进行修订，但在英国国别附录（UK NA）[3]中引用了该文献作为基础资料，可以认为按照该指南的设计会满足欧洲规范 3 的要求。欧洲规范的英国国别附录（UK NA）还允许使用"抗风抗弯框架（wind moment frames）"（作为无支撑半刚性框架的一个特例）。在这种设计方法中，假定在重力荷载作用下连接为铰接，并且所支承的梁为简支梁。而在侧向风荷载作用下，假定连接是刚性的。这种连接方式被称为抗风抗弯连接（wind-moment connections）。这种连接通常带有平齐或外伸的端板，柱子很少或不设加劲肋。连接节点制作简单，且对于低层、无支撑建筑物具有良好的经济效益。对于抗风抗弯连接的主要要求就是连接应具有足够的延性。也就是说，在重力作用下连接会像塑性铰一样转动，且仍有足够的强度来承受侧向风荷载所产生的弯矩。为了确保连接具有这种性能，连接设计必须采用这种方式，使用足够薄的端板以使之能充分变形，只要螺栓或焊缝不破坏，就具有足够的强度来承受风荷载产生的弯矩。在本章参考文献［4］中给出了详细的实用指南，英国国别附录引用了该文献资料。

本章将阐述 BS EN 1993-1-8 中抗弯节点的设计原则和部件组合法计算抗弯承载力的基本原理。虽然重点会放在螺栓连接的端板式梁-柱（beam-to-column）节点设计上，但读者应该了解，欧洲规范中还包括有柱脚、焊接连接和钢管结构节点等相关内容。

28.2 设计原理

BS EN 1993-1-8 包含了大量抗弯连接节点的设计信息资料。但规范本身不是特别好用，大部分节点连接设计要借助手册，如 SCI/BCSA 出版的《钢结构节点设计——抗弯连接》(*Joints in Steel Construction-Moment Connections*)。尽管该手册还未更新为欧洲规范版本，但手册所采用的方法将承载力验算和设计分析模型进行了结合，承载力验算源于 BS 5950 的第 1 部分[5]，而后者则取自欧洲规范 3 试行版：第 1.1/A1 部分[6]的 1 号正案中的附录 J。该协调标准则成为 BS EN 1993-1-8[3]。

端板连接通过螺栓中的拉应力和下翼缘中的压应力耦合（在有负弯矩作用的情况下）传递弯矩，见本章第 28.7 节的介绍。如果每行螺栓均达到设计强度（取柱翼缘或端板强度中的最小值），则不必假设螺栓的受力分布情况。该方法取决于最上一行螺栓处的连接部分要有足够的延性，以使最下一行的螺栓达到设计强度。为了确保足够的延性，要对与螺栓强度相应的柱翼缘或端板厚度进行限制（见 BS EN 1993-1-8[3]的英国国别附录第 NA 2.7 条）。当采用 S275 钢和 8.8 级螺栓时，端板或柱翼缘厚度宜分别小于 18.3mm（M20 螺栓）、21.9mm（M24 螺栓）和 27.5mm（M30 螺栓）。如端板或柱翼缘厚度不满足该要求，则最下一行螺栓的内力以按线性分布计算得到的数值为限。

欧洲规范 3 中所采用的设计方法称为“**部件组合法**”（component approach）[7,8]，在这个方法中，计算每个部件的可能的承载力（如有要求的，还要计算刚度或转动能力），表 28-1 中对各种部件做了概述。通过计算各部件的承载力并将这些部件组装成节点，就可以得到一个特定的节点的设计抗弯承载力，如图 28-2 所示。

表 28-1　基本部件及确定设计承载力的相应规范条款（基于 BS EN 1993-1-8 表 6-1）

部　件	部　件
1. 柱腹板受剪（6.2.6.1） 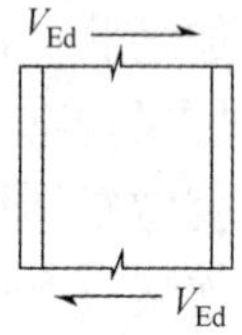	7. 翼缘腹板受压（6.2.6.7） 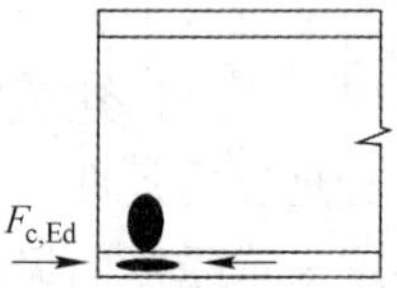
2. 柱腹板横向受压（6.2.6.2） 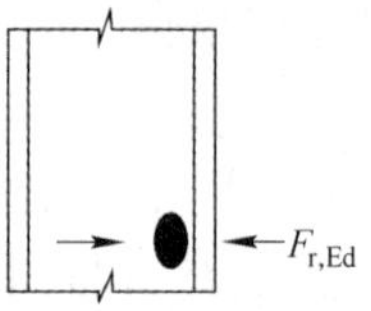	8. 梁腹板受拉（6.2.6.8） 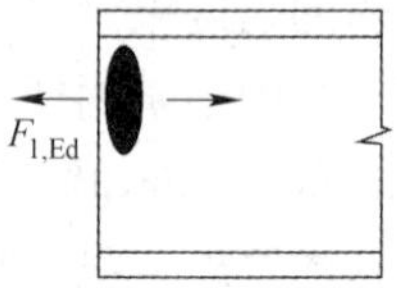
3. 柱腹板横向受拉（6.2.6.3） 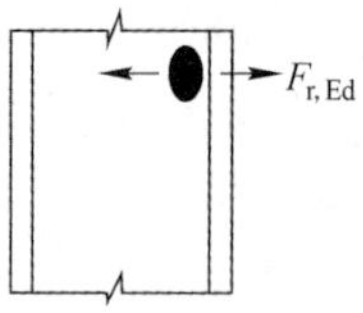	9. 板受拉或受压（EN1993-1-1） 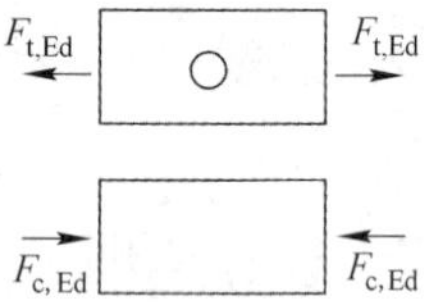
4. 柱翼缘受弯（6.2.6.4） 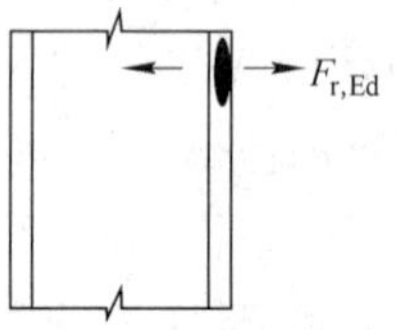	10. 螺栓受拉（6.2.6.4-6） 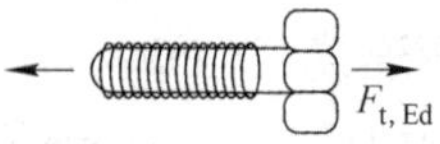
5. 端板受弯（6.2.6.5） 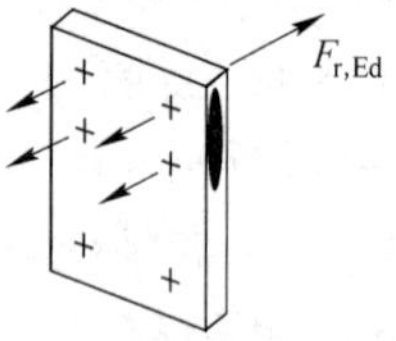	11. 螺栓受剪（3.6） 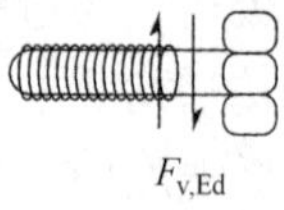
6. 翼缘连接件受弯（6.2.6.6） 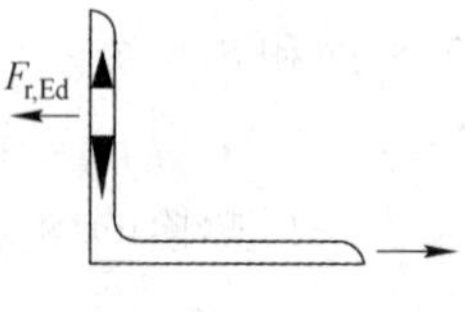	12. 螺栓承压（3.6） 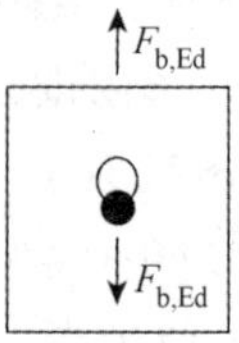

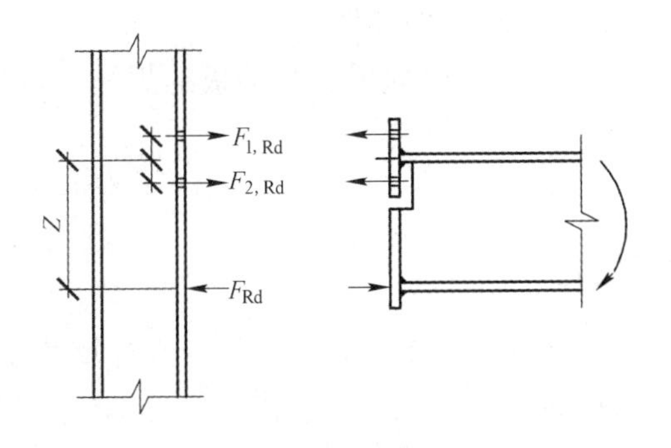

图 28-2 螺栓连接端板的部件模型

图 28-3 所示为一个典型的端板连接。为了达到设计要求，需要对梁、柱、螺栓和焊缝等位置进行 15 项主要的验算。相关验算可划分为四个区域——受拉区、受压应力区、受水平剪力区和竖向剪切区。与这些区域相关联的验算内容见下面几节，所涉及的部件见表 28-1。

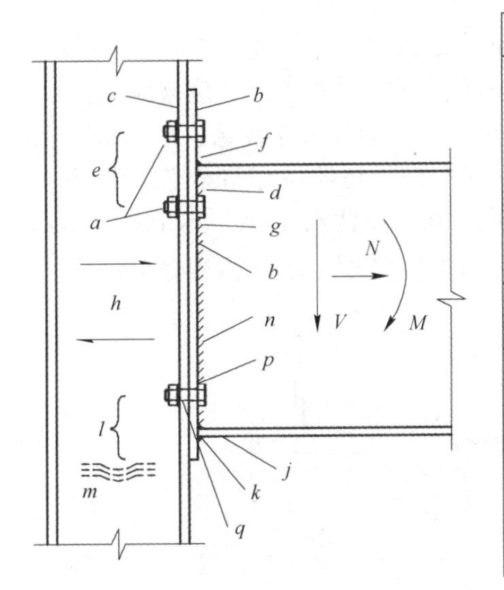

区 域	符号	名 称
受拉	a	螺栓受拉
	b	端板受弯
	c	柱腹翼缘受弯
	d	梁腹板受拉
	e	柱腹板受拉
	f	翼缘与端板间焊缝
	g	腹板与端板间受剪
水平剪力	h	柱腹板受剪
受压	j	梁翼缘受压
	k	梁翼缘焊缝
	l	柱腹板压溃
	m	柱腹板屈曲
竖向剪力	n	腹板与端板
	p	螺栓受剪
	q	栓杆承压（受端板或翼缘影响）

图 28-3 螺栓连接抗弯连接节点的设计验算[1]

28.3 受拉区

可通过考虑下列破坏模式，确定受拉区的承载力：

（1）螺栓受拉（表 28-1 中部件 10）；

（2）端板受弯（表 28-1 中部件 5）；

（3）柱翼缘受弯（表 28-1 中部件 4）；

（4）梁腹板受拉（表 28-1 中部件 8）；

（5）柱腹板横向受拉（表28-1中部件3）。

此外，设计人员还应对受拉区内的翼缘与端板的焊缝、腹板与端板的焊缝（BS EN 1993-1-8 表6-1中的部件19）进行验算。

28.3.1 端板和柱翼缘受弯

在受拉区，欧洲规范3采用了等效T形件的概念来计算柱翼缘与端板的抗弯设计承载力。这种方法在Zoetemeijer[9]工作的基础上，并经多年研究列入了欧洲规范3，采用一个有效长度为l_{eff}的简化等效T形件，来代替实际的端板或柱翼缘。图28-4对这种概念做了说明。关于对不同螺栓配置的有效长度做完整的介绍已超出了本章的范围，在BS EN1993-1-8第6.2.4款、第6.2.6.4款和第6.2.6.5款中，以及SCI/BCSA设计指南《钢结构节点设计——抗弯连接》(*Joints in Steel Construction-Moment Connections*）中提供了完整的详细信息。值得注意的是，T形件的有效长度是一种假想的长度，而没有必要与它所代表的部件的实际长度来对应。

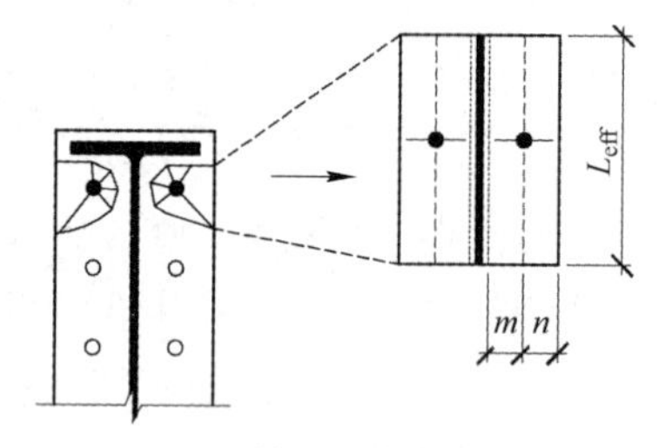

图28-4 等效T形件的概念

T形件的破坏模式可能为图中三种形式中的一种，这取决于翼缘、端板和螺栓的相对刚度。破坏模式分为翼缘完全屈服破坏（模式1）、螺栓破坏与翼缘屈服同时发生（模式2）及螺栓破坏（模式3）。图28-5所示为三种破坏模式。BS EN 1993-1-8的表6-2中给出了每种破坏模式可能具有的承载力的计算公式，具体内容介绍如下。

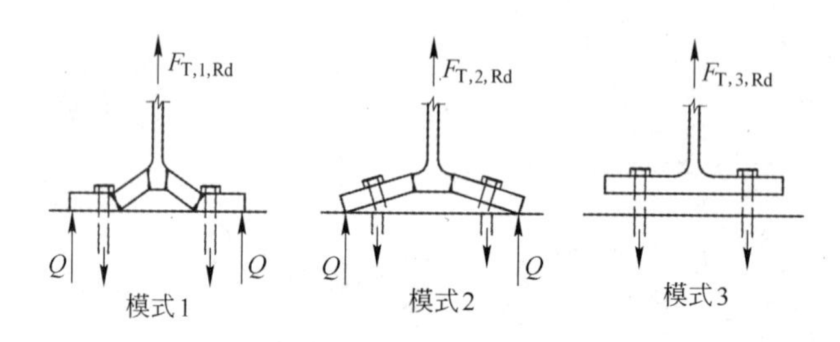

图28-5 T形件的破坏模式（Q为撬力作用）

模式1—翼缘完全屈服；模式2—螺栓破坏和翼缘屈服同时发生；
模式3—螺栓破坏

28.3.1.1 模式1——翼缘完全屈服破坏

柱翼缘或端板可能具有的承载力$F_{T,1,Rd}$，可以由下式确定：

$$F_{T,1,Rd} = \frac{4M_{pl,1,Rd}}{m}$$

式中，$M_{pl,1,Rd}$为在模式 1 中，代替柱翼缘或端板的等效 T 形件的塑性抵抗弯矩，该值等于：$M_{pl,1,Rd} = 0.25\Sigma l_{eff,1} t^2 f_y/\gamma_{M0}$；$m$ 为螺栓中心线到轧制圆角或者焊脚的距离。

对于模式 1，BS EN 1993-1-8 表 6-2 中也给出了另一种较复杂的公式。该公式假定作用于等效 T 形件的作用力在螺栓头、螺母或垫圈下是均匀分布的，而非作用在螺栓中心线上的集中力。对于破坏模式 1，这个假定给出一个较高的承载力值。

28.3.1.2 模式 2——螺栓破坏与翼缘屈服同时发生

在拉力作用下，柱翼缘或端板可能具有的承载力，可由下式确定：

$$F_{T,2,Rd} = \frac{2M_{pl,2,Rd} + n\Sigma F_{t,Rd}}{m + n}$$

式中 $\Sigma F_{t,Rd}$——螺栓群中所有螺栓的总抗拉承载力；

$M_{pl,2,Rd}$——代替柱翼缘或端板的等效 T 形件的塑性抵抗弯矩，$M_{pl,2,Rd} = 0.25\Sigma l_{eff,2} t_f^2 f_y/\gamma_{M0}$；

m——螺栓中心线到轧制圆角边或者焊脚的距离；

n——最小边距 e_{min}，且 $n \leqslant 1.25m$。

28.3.1.3 模式 3——螺栓破坏

在受拉区，螺栓可能具有的承载力，可以由下式确定：

$$F_{T,3,Rd} = \Sigma F_{t,Rd}$$

式中，$F_{t,Rd}$为单个螺栓的设计承载力，BS EN 1993-1-8 表 3-4 中此值取为 $F_{t,Rd} = 0.9 f_{ub} A_s/1.25$。

BS EN 1993-1-8 建议，假定在螺栓连接的梁-柱节点中会产生撬力，但使用上述计算公式确定设计承载力时，这种影响已做了考虑，因为在有效长度 L_{eff}的计算公式中隐含了撬力效应。

在可能产生撬力的部位，等效 T 形件的设计抗拉承载力取三种可能破坏模式（模式 1、模式 2、模式 3）中的最小值。

对于未设加劲肋的柱翼缘，考虑了不同的撬力水平，Zoetemeijer[9] 提出了三个计算等效有效长度的计算式：

当撬力为 0 时，$l_{eff} = p + 5.5m + 4n$

当撬力为最大时，$l_{eff} = p + 4m$

当撬力为中间值时，$l_{eff} = p + 4m + 1.25n$

式中，p 为螺栓的间距，m 和 n 的定义同本章第 28.3.1.2 节。

Zoetemeijer 考虑到第一个计算式对螺栓破坏的安全裕度不足，而第二个计算式的安全裕度太高。因此，他建议使用第三个计算式，该式考虑了约33%的撬力作用。这种方法通过省略确定撬力作用的复杂表达式，从而简化了计算过程。

28.3.2　柱腹板受拉

未设加劲的柱腹板在拉力作用下的设计承载力计算公式如下：

$$F_{t,wc,Rd} = \frac{\omega b_{eff,t,wc} t_{wc} f_{y,wc}}{\gamma_{M0}}$$

式中，$b_{eff,t,wc}$为螺栓连接节点的柱腹板在受拉区的有效宽度，取代替柱翼缘腹板的等效T形件的长度；t_{wc}为柱腹板厚度；$f_{y,wc}$为柱或梁的钢材强度设计值；ω为折减系数，用以考虑在柱腹板域中剪力的相互作用。其计算公式见BS EN 1993-1-8表6-3，ω为转换系数（transformation parameter）β的函数（见BS EN 1993-1-8第5.3（7）条和表5-4的相关内容），取决于节点连接两侧梁的弯矩大小及方向。当两侧弯矩大小相等、方向相反时，腹板域不受剪，$\beta=0$，取ω为1；当两侧弯矩大小相等、方向相同时，β取最大值为2，ω值小于1。

28.3.3　梁腹板受拉

对于螺栓连接的端板节点，梁腹板的抗拉承载力设计值为：

$$F_{t,wb,Rd} = b_{eff,t,wb} t_{wb} f_{y,wb} / \gamma_{M0}$$

式中，$b_{eff,t,wb}$为端板受弯时代替梁腹板的等效T形件的有效宽度。

28.4　受压区

受压区的计算与常规腹板承压和屈曲计算相似，包含以下部分：

（1）柱腹板承压（表28-1中部件2）；

（2）柱腹板屈曲（表28-1中部件2）；

（3）梁翼缘受压（表28-1中部件7）。

在大多数设计中，柱腹板所承受荷载的程度通常会对连接设计起控制作用。为此，需通过选取更大柱断面或者采用受压加劲肋来加强腹板，如图28-6所示。

未设加劲肋的柱腹板的抗压承载力$F_{c,wc,Rd}$，可取柱腹板承压承载力和柱腹板屈曲承载力中的较小值。

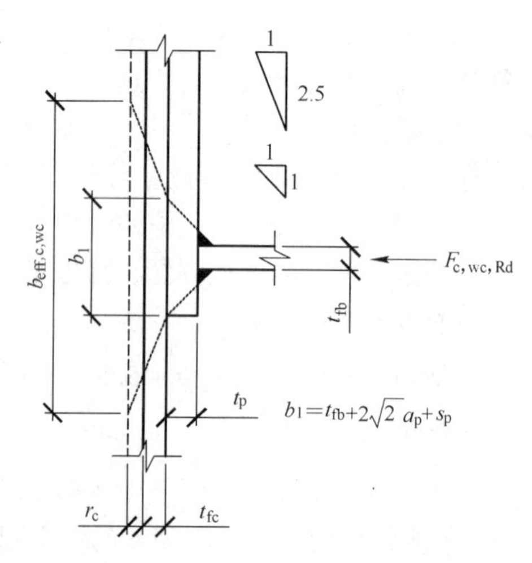

图28-6　压力分布

28.4.1 柱腹板承压

通过假定由梁翼缘传递的压力扩散在一个 $b_{eff,c,wc}$ 长度上，来计算得到腹板受压区，并根据受压区面积求得柱腹板的承压承载力，如图 28-6 所示。并由此可以得到柱腹板压碎破坏的承载力：

$$F_{c,wc,Rd} = \frac{\omega k_{wc} b_{eff,c,wc} t_{wc} f_{y,wc}}{\gamma_{M0}}$$

式中，当采用轧制型钢柱以及螺栓连接端板时，$b_{eff,c,wc}$ 按下式计算：

$$b_{eff,c,wc} = t_{fb} + 2\sqrt{2}a_p + 5(t_{fc} + s) + s_p$$

假定荷载传递是从焊缝边缘以 45°通过端板扩散，然后以 1∶2.5 斜率通过柱翼缘和柱截面倒角（a_p 为焊缝有效高度，s 为柱轧制圆角半径，s_p 为以 45°角通过端板扩散的长度，通常为 $2t_p$）。k_{wc} 为折减系数，以考虑柱轴向压应力超过其屈服强度 70% 时的影响。ω 为折减系数，以考虑在柱腹板域中剪力的相互作用，见上节柱腹板受拉中的说明。

28.4.2 柱腹板屈曲

柱腹板的屈曲承载力采用与计算承压承载力类似的计算公式，但增加了一个稳定系数 ρ，用来考虑腹板域屈曲的影响，其计算公式如下：

$$F_{c,wc,Rd} \leqslant \frac{\omega k_{wc} \rho b_{eff,c,wc} t_{wc} f_{y,wc}}{\gamma_{M1}}$$

ρ 值取决于腹板域的宽厚比 $\bar{\lambda}_p$，按下式计算：

$$\bar{\lambda}_p = 0.932\sqrt{\frac{b_{eff,c,wc} d_{wc} f_{f,wc}}{E t_{wc}^2}}$$

式中，d_{wc} 为腹板高度，取轧制圆角根部之间的距离：

当 $\bar{\lambda}_p \leqslant 0.72$ 时，$\rho = 1.0$；

当 $\bar{\lambda}_p > 0.72$ 时，$\rho = (\bar{\lambda}_p - 0.2)/\bar{\lambda}_p^2$。

28.4.3 梁翼缘受压

梁翼缘与邻近腹板（见表 28-1 中部件 7）的抗压设计承载力 $F_{c,fb,Rd}$，可认为梁横截面的设计抗弯承载力（$M_{c,Rd}$）除以梁翼缘板的中-中间距。对采用螺栓连接的端板，可以假定该力作用在受压翼缘厚度的中心。如果梁高（包括加腋）超过 600mm，应将梁腹板对抗压设计承载力的贡献限制在 20% 以内。为了确保这种情况出现，根据设计抗弯承载力来计算的 $F_{c,fb,Rd}$ 值，必须按全截面和翼缘分别计算。

28.5　受剪区

柱腹板域必须能抵抗水平剪力（表28-1中部件1）。为了计算这些合力，设计人员必须考虑所有连接到柱翼缘的构件。当柱单侧连接且无轴力作用时，所得剪力合力等于梁翼缘标高处的水平压力值（即由弯矩产生的螺栓合力）。当柱两侧对称连接且受大小相等的弯矩作用时，所得剪力合力为零。当柱两侧连接且受相同方向弯矩作用时，所得剪力合力应是叠加的。对于任何形式的连接，剪力合力值可以由下式确定：

$$V_{\mathrm{wp,Rd}} = (M_{\mathrm{b1,Ed}} - M_{\mathrm{b2,Ed}})/z - (V_{\mathrm{c1,Ed}} - V_{\mathrm{c2,Ed}})/2$$

式中　$M_{\mathrm{b1,Ed}}$，$M_{\mathrm{b2,Ed}}$——分别为连接1和连接2中的弯矩（负弯矩为正）；

z——力臂（通常为梁翼缘中心之间的距离）；

$V_{\mathrm{c1,Ed}}$，$V_{\mathrm{c2,Ed}}$——分别为节点以上和节点以下柱子中的水平剪力。

未设加劲的柱腹板域的塑性抗剪承载力设计值 $V_{\mathrm{wp,Rd}}$ 由下式确定：

$$V_{\mathrm{wp,Rd}} = \frac{0.9 f_{\mathrm{y,wc}} A_{\mathrm{vc}}}{\sqrt{3}\gamma_{\mathrm{M0}}}$$

式中，A_{vc} 为柱的剪切面积（对轧制H型钢为 $A - 2b_{\mathrm{tf}} + (t_{\mathrm{w}} + 2r)t_{\mathrm{f}}$）。

如果采用横向加劲肋来提高受压和受拉区的承载能力，柱腹板域的塑性承载力设计值就会增加为：

$$V_{\mathrm{wp,add,Rd}} = \frac{4M_{\mathrm{pl,fc,Rd}}}{d_{\mathrm{s}}}$$

但应满足：$V_{\mathrm{wp,add,Rd}} \leqslant \dfrac{2M_{\mathrm{pl,fc,Rd}} + 2M_{\mathrm{pl,st,Rd}}}{d_{\mathrm{s}}}$

式中　d_{s}——加劲肋的中心线之间的距离；

$M_{\mathrm{pl,fc,Rd}}$——柱翼缘的塑性抗弯承载力设计值；

$M_{\mathrm{pl,st,Rd}}$——加劲肋的塑性抗弯承载力设计值。

大多数通用柱型钢（UC）的腹板域会在承压破坏或者屈曲破坏之前发生剪切破坏，因此多数单侧连接可能会剪切破坏。可通过选择更大的截面或采用剪切加劲来提高柱腹板的强度（见本章第28.6节的相关内容）。

28.6　加劲肋

在设计过程中如果构件选择恰当，通常情况下不必设置加劲肋。当必须设置加劲肋时，可参见图28-7中所示的设一个或多个加劲肋的形式。

当来自梁翼缘的集中力使柱腹板应力过限时，通常会在柱腹板上产生很大的剪应力，尤其是在单侧连接时需要设置加劲肋。为此会使用水平加劲肋（如图28-7*a*和*b*所示），也可采用对角加劲肋和腹板局部加厚等方式（见图28-7*c*），且对角加劲肋的

角度应尽可能控制为 30° ~ 60°。然而当柱高比梁高小很多时，可采用“K”形加劲肋。选用加劲肋类型，一般来说必须在连接部位避免与其他部件相冲突。

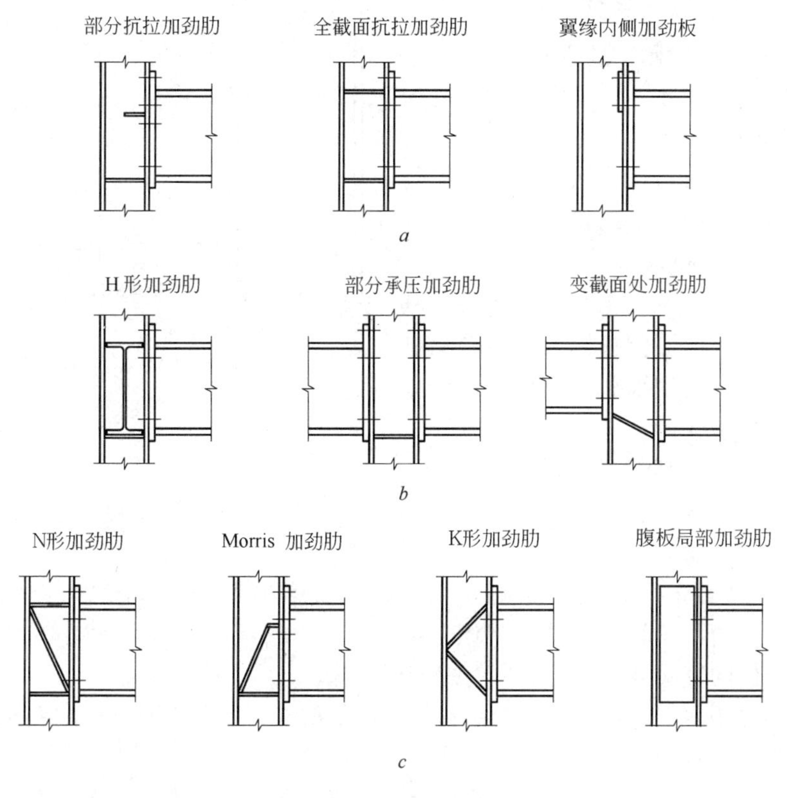

图 28-7 柱中加劲肋

a—受拉；*b*—受压；*c*—受剪

28.7 端板连接节点的弯矩设计值

螺栓连接端板的梁-柱节点的抗弯承载力设计值 $M_{j,Rd}$，可通过对每行螺栓的有效抗拉承载力设计值（$F_{tr,Rd}$）乘以力臂（h_r）所产生的弯矩求和得出，力臂（h_r）为每行螺栓至假设的受压中心的距离。在 BS EN 1993-1-8 中的式（6-25）为：

$$M_{j,Rd} = \Sigma h_r, F_{tr,Rd}$$

BS EN 1993-1-8 第 6.2.7.2 款对应用该公式的详细要求做了概述。某一行螺栓的有效抗拉承载力设计值取基本受拉部件的抗拉承载力中的最小值，这些基本受拉部件主要指柱腹板受拉、柱翼缘受弯、端板受弯或梁腹板受拉（表 28-1 中部件 3、4、5 和 8）。如果连接破坏位于受压侧（如柱腹板屈曲），为保证水平方向的受力平衡，必须对受拉区的承载力进行折减，其说明见 BS EN 1993-1-8 第 6.2.7.2(7)条。应首先考虑对最靠近受压侧的螺栓行的承载力进行折减。在 SCI/BCSA《钢结构节点设计：

抗弯连接》(*Joints in Steel Construction: Moment Connections*)[1]中对此方法做了充分的说明，以下是从中摘录的相关内容(按欧洲规范3术语做了修改)：

该方法首先是计算每行螺栓的承载力$F_{tr,Rd}$，如图28-8所示。

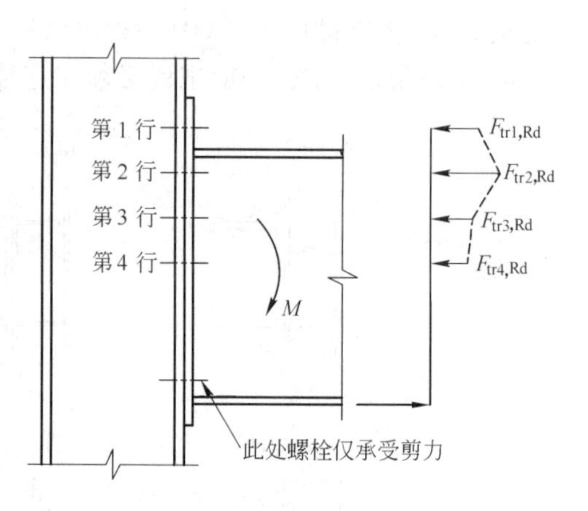

图28-8 螺栓群的承载力

按由上至下的顺序，从最上面第1行开始，忽略当前行以下的螺栓行，依次计算每行螺栓的抗拉承载力$F_{tr1,Rd}$、$F_{tr2,Rd}$、$F_{tr3,Rd}$。每一螺栓行要单独验算，然后与其上面的螺栓行进行组合（因为在组合后破坏形式中，螺栓行的承载力有可能低于单独一行螺栓的承载力）。因此，

$F_{tr1,Rd}$ = 第1行螺栓单独的承载力；

$F_{tr2,Rd}$ = 取第2行螺栓单独的承载力、第2行螺栓和第1行螺栓组合的承载力——$F_{tr1,Rd}$中较小者；

$F_{tr3,Rd}$ = 取第3行螺栓单独的承载力、第3螺栓群和第2行螺栓的组合承载力——$F_{tr2,Rd}$、第1、2、3行螺栓的组合承载力——$F_{tr1,Rd}$、$F_{tr2,Rd}$中较小者。

并以类似的方式继续进行随后的螺栓行计算。

该计算方法假定每行螺栓都有足够的塑性变形能力，允许所有行的螺栓都能充分发挥其承载力。对于使用较厚端板与柱翼缘的连接，其变形能力相对较小，就有可能存在这样的危险，即靠近下部的螺栓行尚未充分发挥其承载力时，而上部的螺栓行可能已发生破坏，在BS EN 1993-1-8第6.2.7.2(9)条中引用英国国别附录对这个问题做了说明。英国国别附录建议限制端板厚度$t_p \leqslant (d/1.9)(f_u/f_{y,p})^{0.5}$或柱翼缘厚度$t_{fc} \leqslant (d/1.9)(f_u/f_{y,fc})^{0.5}$，其中$d$为螺栓直径。

BS EN 1993-1-8第6.2.7.1条确定了几种情况，对上述一般方法给出了合理的、偏于安全的简化。例如，仅有一行螺栓的平齐端板连接受拉时（或者只考虑一行螺栓时），其弯矩承载力设计值可按图28-9*a*所示进行计算。对于仅有两行螺栓的外伸端板连接节点受压时，可将整个受拉区按一个部件处理，偏于安全地计算其弯矩承载力设计值，作用力臂为受压翼缘中心到两行螺栓中间点之间的距离（见图28-9*b*)。只要螺栓近似按等距离分布在梁翼缘的两侧，就可认为$F_{2,Rd}$等于上部螺栓行计算值$F_{1,Rd}$，总抗拉承载力设计值F_{rd}可以取为$2F_{r1,Rd}$（但不得大于单个螺栓的设计抗拉强度的3.8倍)。

28.8 转动刚度和转动能力

一个节点的转动刚度可以根据其基本部件的柔度来确定，BS EN 1993-1-8表6-11

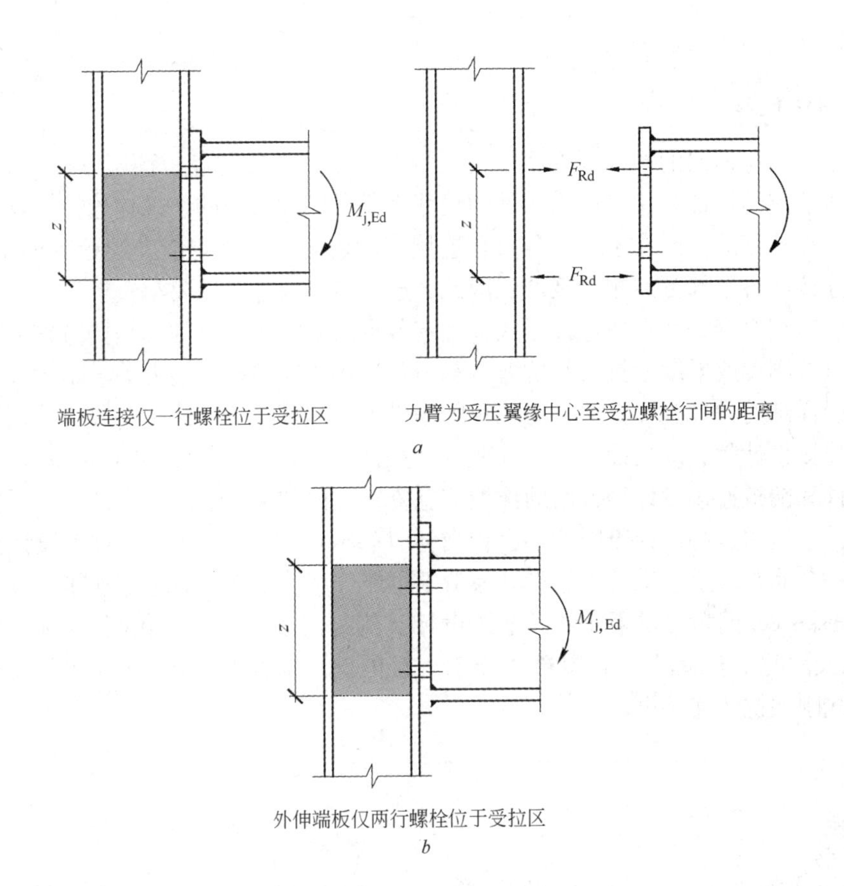

图 28-9　平齐端板和外伸端板的简化模型

中给出了节点基本部件的刚度系数。然而，英国国别附录第（NA2.6）条指出："在采用 BS EN 1993-1-8：2005 第 6.3 条给出的计算转动刚度的方法取得一定的经验之前……半刚性节点的弹性设计方法只能适用于有试验数据支持的情况……或在类似情况下具有令人满意的性能。"这个评论意见实际上对在英国采用转动刚度计算方法做出了限制。

当使用刚塑性整体模型分析时，节点连接转动能力是非常重要的。如果节点的抗弯承载力设计值 $M_{j,Rd}$ 大于所连接构件的塑性抗弯承载力 $M_{pl,Rd}$ 20% 以上，那么就可以假定塑性铰出现在所连接的构件中而不在节点上，并且不需要对节点的转动能力进行验算。在螺栓连接的梁柱节点中，节点的抗弯承载力 $M_{j,Rd}$ 受到柱腹板域的抗剪承载力所控制，当 $d/t_w \leqslant 69\varepsilon$ 时，可假定节点具有充分的转动能力。如果节点抗弯设计承载力由柱翼缘或端板受弯所决定且柱翼缘或梁端板厚度 $\leqslant 0.36d(f_{ub}/f_y)^{0.5}$（式中 d 为螺栓的直径，f_{ub} 为螺栓极限抗拉强度，f_y 为柱翼缘或端板的屈服强度），那么可以假定螺栓连接的端板节点具有足够的转动能力。

28.9 结语

每个钢结构框架的性能（在实际使用性能及制作安装的经济性两方面），主要取决于连接节点的设计，这与结构构件的尺寸大小是同样重要的。螺栓连接尤其是抗弯连接，节点特性的复杂在于应力分布和连接中的内力取决于焊缝、螺栓等的承载力，以及所连接的各个部分的相对延性。因此，连接节点设计必须要与钢框架的结构性状有关的假定相符合。在选择连接形式，确定节点尺寸时，工程师总是要考虑的基本要求是节点的刚度或柔度、抗弯和抗剪承载力及连接所需的转动能力等。本章介绍的设计理念及详细的设计验算方法，为工程师提供了一些基本的方法与手段，使用这些方法进行连接设计就能满足设计假定的要求。虽然 BS EN 1993-1-8 中包括关于紧固件、基本部件和端板连接设计等方面的详细信息资料，但如果不借助于辅助设计手段，在常规设计中运用这些设计原则就将会相当耗时。本章参考文献［1］对于设计抗弯连接仍是一个非常重要的工具，但设计人员不可能会用手算来进行抗弯连接的设计。然而，Access-steel 网站提供了非常详细的设计实例与图表，包括门式刚架-屋檐抗弯连接[10]以及同时带有屋檐[11]和屋脊[12]抗弯连接的设计流程图。NCCIs 的相关资料也适用于门式刚架抗弯连接设计[13,14]。

参考文献

［1］The Steel Construction Institute/The British Constructional Steelwork Association LTD（1995）Joints in Steel Construction：Moment Connections，Publication No. 207. Ascot，SCI，BCSA.

［2］British Standards Institution（2005）BS EN 1993-1-8：2005，Eurocode 3：Design of steel structures Part 1. 8 Design of joints. London，BSI.

［3］British Standards Institution（2008）NA to BS EN 1993-1-8：2005，UK National Annex to Eurocode 3：Design of steel structures Part 1. 8 Design of joints. London，BSI.

［4］Salter P. R.，Couchman G. H. and Anderson A. （1999）Wind-moment design of Low Rise Frames，Publication No. 263. Ascot，The Steel Construction Institute.

［5］British Standards Institution（2000）BS 5950：Structural use of steelwork in building Part 1：Code of practice for design-Rolled and welded sections. London，BSI.

［6］British Standards Institution（1992）ENV1993-1-1/A1：1992 Eurocode 3：Design of steel structures Part 1. 1 General rules and rules for buildings. London，BSI.

［7］Faella C.，Piluso V. and Rizzano G. （1999）Structural steel semi rigid connections：theory，design and software. Florida，CRC Press LLC.

［8］Jaspart，J-P. （2000）General report：session on connections. Journal of Constructional Steel Research，55：69-89.

［9］Zoetemeijer P. （1974）A design method for the tension side of statically loaded bolted beam-to-column connections，Heron 20，No. 1，Delft University，Delft，The Netherlands.

[10] Example: Portal frame-eaves moment connection, SX031a-EN-EU, www. access-steel. com.
[11] Flow chart: Portal frame eaves connection, SF025a-EN-EU, www. access-steel. com.
[12] Flow chart: Portal frame apex connection, SF026a-EN-EU, www. access-steel. com.
[13] NCCI: Design of portal frame eaves connections, SN041a-EN-EU, www. steel- ncci. co. uk.
[14] NCCI: Design of portal frame apex connections, SN042a-EN-EU, www. steel- ncci. co. uk.

29 基础和锚固系统*

Foundations and Holding-down Systems

COMPILED by GRAHAM OWENS

29.1 基础类型

筏板基础常用于支承单层和多层建筑中的主体结构。筏板基础可以是大体积混凝土或钢筋混凝土板，后者主要用于荷载较大或者地基条件很差的情况。在设有外围护墙的建筑物中，这类基础也可用于支承结构的中间立柱，由于这些立柱主要承担墙梁传来的荷载，所以作用在基础上的荷载几乎主要是风荷载引起的水平力。

条形基础可用来支承钢结构建筑物中的砌体或砖石外围护结构或砌体内隔墙。有时，在支承外围护结构或砌体内隔墙的部位，可把首层地板加厚用做基础，但应注意与黏土层保持合适的距离，以避免含水量变化和冻胀的影响改变黏土的体积，另外还需注意基础与上部主体结构之间的协调性。

桩基主要用于地基条件较差或沉降差对建筑/结构影响较大的情况，桩的形式有预制桩、螺旋钻孔桩和现场灌注桩等。另外，当存在较大的集中荷载时也需要采用桩基。一般而言，当采用桩基时，所有的上部结构都应该由桩基来支承，而首层的地板、围护结构及内隔墙都应由桩承台之间的地梁来支承。如果出于经济的考虑而独立支承首层时，则应当设置适当的沉降缝，以适应沉降差。

对于一些较差的地基，可以采用适当的地基处理技术。其中最常用的方法是振冲密实法和振冲置换法，而强夯法对于大片独立场地也很有用。一般在制订地基处理方案之前，需咨询相应的专家或专业顾问，因为经济性是最关键的一项因素。

典型的基础布置，如图 29-1 所示。

29.2 基础设计

为了确定基底压力的分布情况，必须对基础的重量进行合理的估算。除了能将荷载有效传给地基之外，在可能出现的倾覆力矩时，基础还应具有足够的稳定性。

---

* 本章译者：苟兴文、吴耀华。

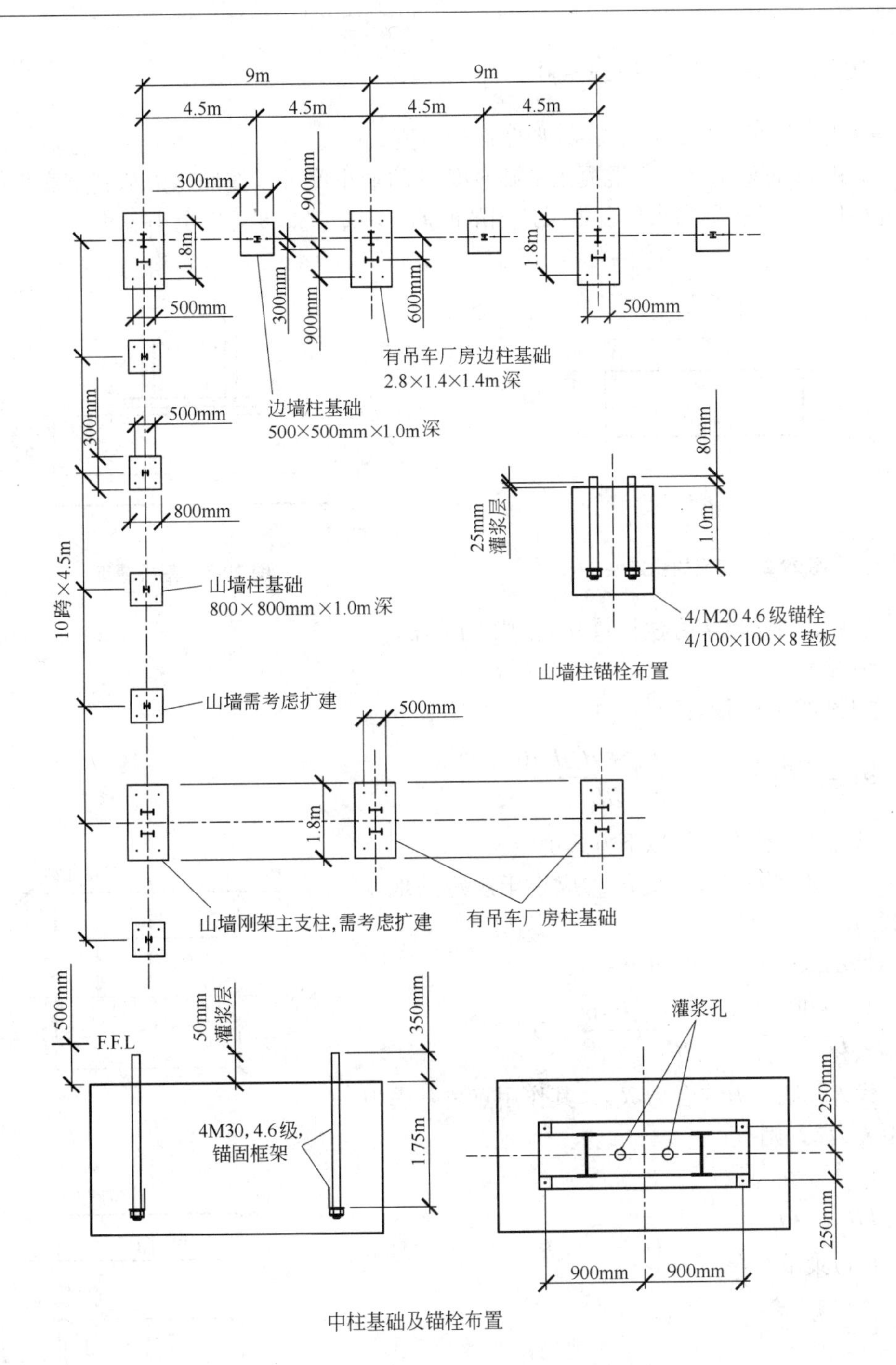

图 29-1　带吊车双跨库房的部分平面布置图

如图 29-2 所示，N_{Ed}，H_{Ed}和 M_{Ed}为作用在基础上的荷载设计值，而 W 为基础的自重，乘以 1.0 系数，可作为平衡力矩。对于 A 点的力矩为：

$$M_{Ed} + H_{Ed}D - N_{Ed}K - \frac{WL}{2} \leqslant 0$$

从上式即可求出满足稳定要求的 W 最小值。

如图 29-3 所示，一个混凝土基础厚度 D 的最小值可以按照压力从基础底板的边缘开始以 45°角扩散来求得。如果适当的配筋，则基础厚度可以更小一些。

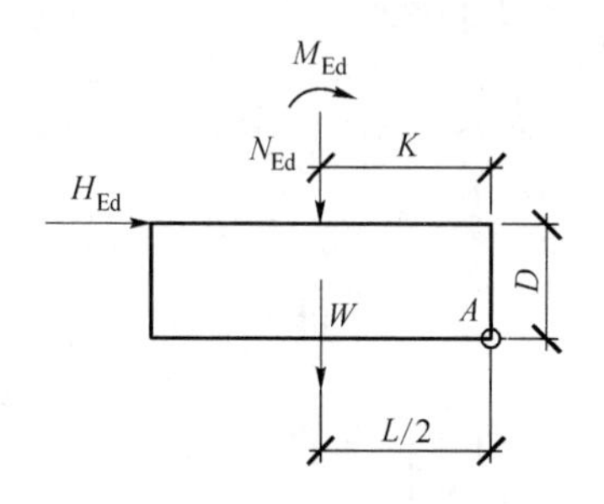

图 29-2　基础的稳定性

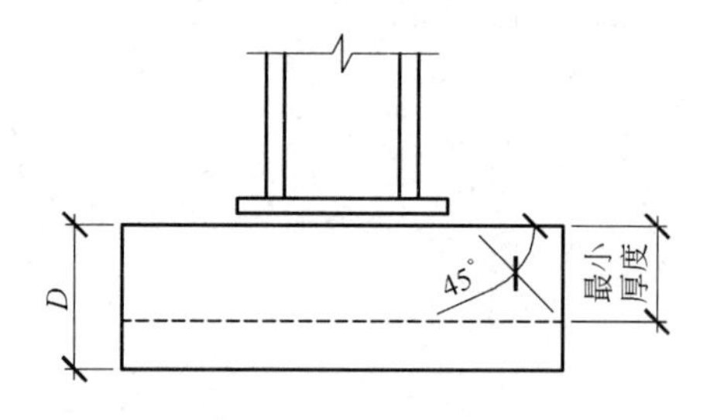

图 29-3　基础厚度

然后，可按以下方法计算基底的压力分布。

情况 1

如图 29-4a 所示：

$$\sigma_g = \frac{N_{Ed} + W}{LB} \pm \frac{(M_{Ed} + H_{Ed}D)6}{BL^2}$$

基底压力分布可按以下方式确定。

为使基础满足要求，σ_{gmax} 应小于规定的地基承载力。

当 $\sigma_{gmin}=0$ 时，见图 29-4b：

$$\frac{N_{Ed} + W}{LB} - \frac{(M_{Ed} + H_{Ed}D)6}{BL^2} = 0$$

代入基底反力的合力 R_{ed}，其作用点离基底中心距离为 x，则有：

$$\frac{R_{Ed}}{LB} - \frac{6R_{Ed}x}{BL^2} = 0$$

可以求出：

$$x = \frac{L}{6}$$

这是情况 1 对应的临界值。

情况 2

当 σ_{gmin} 为负值时，会发生这种情况。由于基础底面与地基土之间不可能存在拉力，所以在基

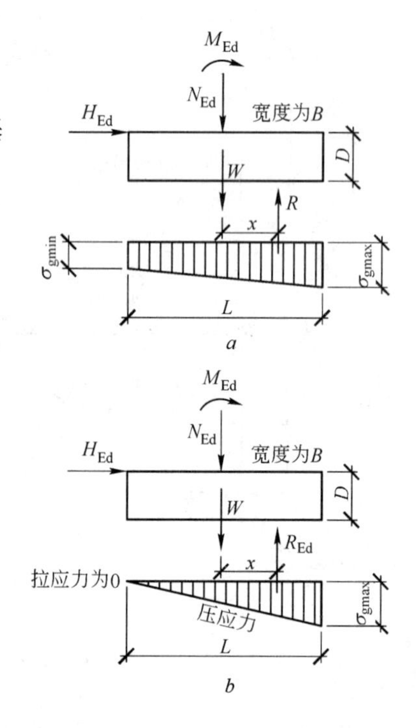

图 29-4　基底压力——情况 1

a—类型一；b—类型二

础的受压一侧压应力会呈三角形分布。基底的压应力合力等于上部所施加荷载的合力。当 $x > L/6$ 时，上述三角形的应力分布的长度是边距 $(L/2 - x)$ 的3倍，即基底反力的合力刚好作用在三角形的形心。从理论上来说，$3(L/2 - x)$ 为基础与地基接触面的长度，见图29-5。

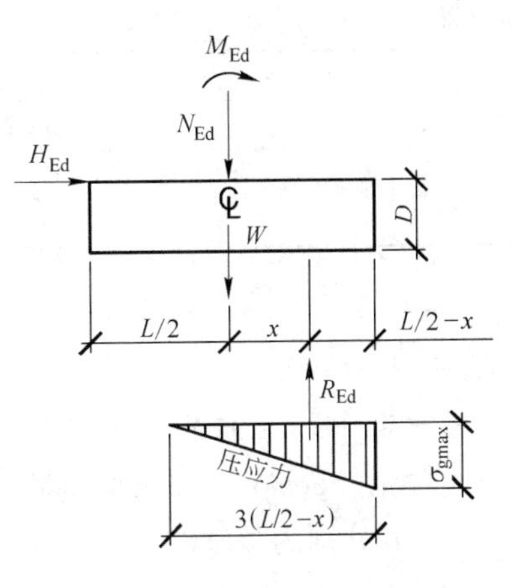

图 29-5 基底压力——情况 2

$$\frac{\sigma_{gmax}}{2}\left(\frac{L}{2} - x\right)3B = N_{Ed} + W$$

$$\sigma_{gmax} = \frac{2(N_{Ed} + W)}{3B\left(\frac{L}{2} - x\right)}$$

当 σ_{gmax} 大于规定的地基承载力时，在考虑经济性的前提下，首先应考虑加大 B 或 L，或者同时加大 B 和 L。若还不能满足要求，则考虑采用桩基或者进行地基处理。

29.2.1 基础承压性能

实践中，需根据试验结果和原位测试得到的数据来确定地基承载力。事实上，绝大多数场地的土层强度和性质都有较大的差异，因此需进行全面勘察，获取较多的测试结果和数据，以得到各种参数的合理均值。为保证地基的安全性，一般取地基承载力的安全系数为3。

29.2.1.1 黏性土-太沙基方法

（1）对于基础长度与宽度相比较大的情况，即条形基础：

$$q = cN_c + \gamma z N_q + 0.5\gamma B N_\gamma$$

式中 q——抗压（极限）承载力，kN/m²；

c——黏聚力，kN/m²；

γ——土的容重，kN/m³；

z——基础埋置深度，m；

B——基础宽度，m；

N_c，N_q，N_γ——取决于土的内摩擦角度的承载力常数，具体取值可参见土力学方面的教科书，常用的参考值见表29-1。

表 29-1 黏性土对应的太沙基（Terzaghi）常数

ϕ	N_c	N_q	N_γ
0	5.7	1.0	0
10	10.0	3.0	2.0

续表 29-1

ϕ	N_c	N_q	N_γ
20	18.0	8.0	6.5
30	36.0	21.0	20.0
35	60.0	50.0	45.0

（2）方形和圆形独立基础：矩形、方形和圆形基础的承载力要大于条形基础。调整后的太沙基公式为：

$$q = 1.3cN_c + \gamma z N_q + 0.3\gamma B N_\gamma$$

该式由 Skempton 在条形基础太沙基公式前乘以（$1+0.2B/L$）的系数得到。式中，B、L 分别为基础的宽度和长度。因此，方形基础的放大系数为 1.2。

29.2.1.2 砂土或非黏性土

对于非黏性土，一般应进行现场试验——标准贯入试验（SPT），应记录标准圆杆贯入土中单位深度的锤击次数，击打时采用标准重量的落锤。根据 Meyerhof 理论，可得到极限承载力（kN/m^2）：

$$q = 10.7NB(1+z/B)$$

式中 N——每米贯入深度对应的锤击次数；

q，z，B 符号意义同前。

当土被水浸没时，其承载力要折减。

被浸没时的承载力 = K × 未被浸没时的承载力

式中，$K=(\gamma-9.8)/\gamma$，γ 为土的容重，kN/m^3。

29.3 刚接和铰接柱脚

柱脚底板的作用是将柱子的荷载传递给混凝土基础。一般而言，普通的平板底板用于铰接柱脚或底板与混凝土之间的拉力很小的情况。当荷载较大时，以往常见的做法是采用有加劲肋的底板。对于刚接柱脚，有时也可以采用普通的平底板。但是当竖直荷载产生的弯矩很大时，应采用有加劲肋的柱脚。加劲肋的主要作用是当地脚锚栓的力臂增大时，可以提供有效的抗弯作用，使底板厚度保持合理的较小值。有加劲肋的柱脚或者组合型柱脚为工业厂房中的组合柱或格构柱提供了理想的解决方案。

刚接柱脚主要用于设计成刚接的门式刚架柱和厂房的排架柱。另外，它偶尔也会用于多层框架。无论是何种情况，设计时都会假定柱脚没有转动（即便事实上不可能实现），只要刚度足够大，可认为上述假定是成立的。

铰接柱脚可认为是没有转动约束的柱脚。虽然完全没有转动约束也很难实现，但通常只要尽量减小柱脚尺寸并使锚固体系弱化，即可认为条件成立。铰接柱脚主要用于门式刚架和多层刚架。

典型的铰接和刚接柱端平板柱脚设计见下节。

29.4 铰接柱脚——受轴力作用的 I 形柱

简单的 I 形柱柱脚主要将轴向压力和剪力传递至基础（即铰接柱脚）。矩形底板对称焊接于柱底，使得底板在柱翼缘均有外伸段，见图 29-6。

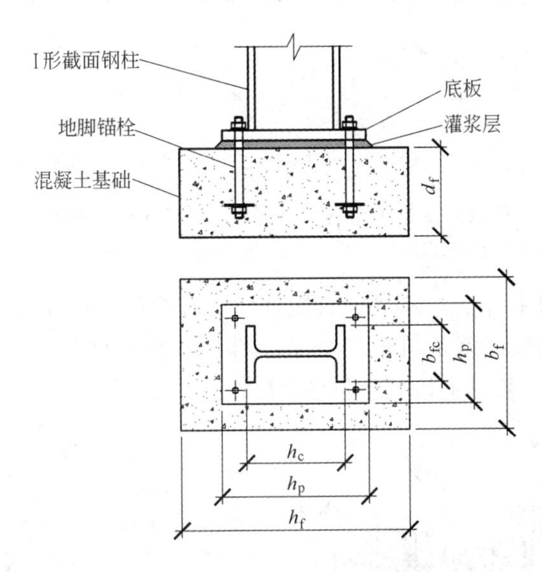

图 29-6 典型的铰接柱脚

需布置 4 根锚栓以保证施工过程中柱子的稳定性。锚栓也可承担偶然情况下柱中产生的拉力，在某些特殊情况下也用于承担柱脚剪力，见本章第 29.4.3、29.4.4 节。

实践中，柱子截面尺寸和设计轴力是从结构整体计算得到的，柱脚设计中则要求确定柱脚底板尺寸。

29.4.1 设计模型

受轴向压力作用的设计模型基于 BS EN 1993-1-8[1] 的第 6.2.5 和 6.2.8.2（1）条。基本设计方法就是保证基底反力既不超过基础强度，也不能大于底板的抗弯强度。

设计模型假定，基础上部柱脚反力是通过三个不重叠的 T 形受压区域来传递的，分别位于柱翼缘和腹板区域，见图 29-7。对每一个 T 形件，设计承载力等于截面面积（长 × 宽）乘以基础的强度。

T 形件的长度和宽度取决于相应的翼缘和腹板的尺寸，以及从 T 形件根部的外伸宽度，见图 29-8。从理论上说，外伸宽度取决于底板的弹性抗弯承载力和基础的设计强度。若这些 T 形件区域有重叠，则应进行调整，相关内容请见下文。

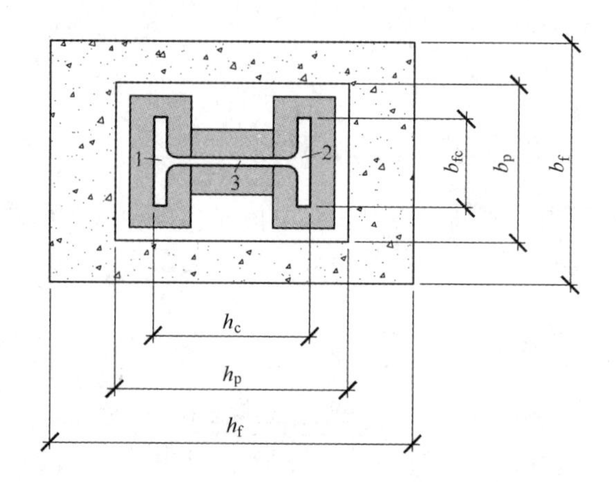

图 29-7 柱脚及未重叠 T 形件承压区域（见 BS EN 1993-1-8 图 6-19）

1—柱左翼缘 T 形件承压区；2—柱右翼缘 T 形件承压区；3—柱腹板 T 形件承压区

在 BS EN 1993-1-8 中，柱脚底板有短外伸段底板和长外伸段底板两种类型。

所谓长外伸段底板，就是对于三个 T 形件，底板在柱截面外的各边的设计承压宽度等于外伸宽度 c。长外伸段底板见图 29-8a。

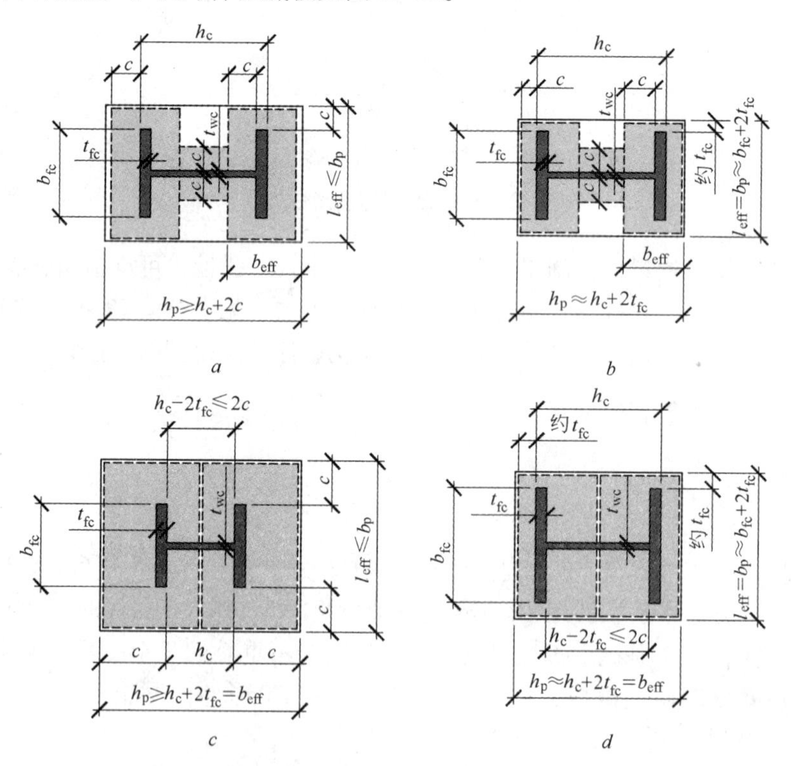

图 29-8 等效 T 形件承压区尺寸及面积

a—长外伸段底板 T 形件未重叠承压面积；b—短外伸段底板 T 形件未重叠承压面积；c—长外伸段底板 T 形件重叠承压面积；d—短外伸段底板 T 形件重叠承压面积

所谓短外伸段底板，就是由柱子截面周边至底板边缘的宽度小于 c，但也足以保证柱与底板的角焊缝要求。为了满足焊缝要求，通常需保证底板外伸宽度不小于柱翼缘厚度。短外伸段底板见图29-8b。

如前所述，当一些H形截面柱使用厚底板时，翼缘T形件的外伸宽度在中间区域重叠，见图29-8c 和29-8d。在这种情况下，将不存在腹板T形件承压区，有效承载面积简化为以下一个矩形区域：

（1）短外伸段底板：

$$A_{\mathrm{eff.\,bearing}} = A_{\mathrm{c0}} = l_{\mathrm{eff}} b_{\mathrm{eff}} = h_{\mathrm{p}} b_{\mathrm{p}}$$

（2）长外伸段底板：

$$A_{\mathrm{eff.\,bearing}} = A_{\mathrm{c0}} = l_{\mathrm{eff}} b_{\mathrm{eff}} = (h_{\mathrm{c}} + c)(b_{\mathrm{fc}} + c) \leqslant h_{\mathrm{p}} b_{\mathrm{p}}$$

29.4.2 设计方法

29.4.2.1 步骤1：选定材料设计强度

底板钢材强度

通常采用S275钢材，底板钢材设计值采用屈服强度 f_{yp}。

基础材料承压强度（灌浆层）

在大部分实际工程中，通常保守的取基础灌浆层材料设计承压强度与混凝土的承压设计强度相等，即 $f_{\mathrm{jd}} = f_{\mathrm{cd}}$。表29-2给出了常用各等级混凝土和灌浆料的承压强度。

表29-2 典型基础混凝土及基础节点材料承压强度

混凝土等级 f_{ck}	20	25	30	35	40	45
承压强度 $f_{\mathrm{jd}}/\mathrm{N \cdot mm^{-2}}$	13.3	16.7	20	23.3	26.7	30

基于本章参考文献［3］，参考文献［2］中的附录A给出了一种较为精确的计算 f_{jd} 的方法。

29.4.2.2 步骤2：估算底板面积

估算的底板面积，取下列两者中的较大者（值）。

$$A_{\mathrm{c0}} = \frac{1}{h_{\mathrm{c}} b_{\mathrm{fc}}}\left(\frac{N_{\mathrm{j,Ed}}}{f_{\mathrm{cd}}}\right)^2; \quad A_{\mathrm{c0}} = \frac{N_{\mathrm{j,Ed}}}{f_{\mathrm{cd}}}$$

29.4.2.3 步骤3：选择底板类型

下面是两种推荐的底板类型：

$A_{c0} \geq 0.95h_c b_{fc}$　　　　采用长外伸段底板

$A_{c0} < 0.95h_c b_{fc}$　　　　采用短外伸段底板

注：长外伸段底板可用于所有情形。

29.4.2.4 步骤4：确定外伸宽度

外伸宽度 c 是通过满足以下相关设计承压强度条件得到的，见图29-8。

短外伸段底板设计承载力

假定底板自柱翼缘边缘的承压宽度等于柱翼缘厚度 t_{fc}，设计承载力如下：

$$N_{j,Rd} = f_{jd}[2(b_{fc} + 2t_{fc})(c + 2t_{fc}) + (h_c - 2c - 2t_{fc})(2c + t_{wc})]$$

长外伸段底板设计承载力

假定沿柱截面周边的承压宽度等于外伸宽度 c，设计承压强度如下：

$$N_{j,Rd} = f_{jd}[2(b_{fc} + 2c)(2c + t_{fc}) + (h_c - 2c - 2t_{fc})(2c + t_{wc})]$$

将上式中的 $N_{j,Rd}$ 以 $N_{j,Ed}$ 代入，求解关于未知量 c（只取正值）的二次方程，可以得到：

$$c = \frac{-B \pm \sqrt{B^2 - 4AC}}{2A}$$

表29-3给出了柱T形件区域未重叠的柱的相关常数 A、B、C 的表达式。

表29-3　关于 c 的二次方程中各参数的意义

常　量	短外伸段底板	长外伸段底板	
	T形件未重叠	T形件未重叠	T形件重叠
A	2	2	2
B	$-(b_{fc} - t_{wc} + h_c)$	$+(2b_{fc} - t_{wc} + h_c)$	$+(b_{fc} + h_c)$
C	$+(N_{j,Ed}/2f_{jd}) - (2b_{fc}t_{fc} + 4t_{fc}^2 + 0.5h_c t_{wc} - t_{fc}t_{wc})$	$+(b_{fc}t_{fc} + 0.5h_c t_{wc} - t_{fc}t_{wc}) - (N_{j,Ed}/2f_{jd})$	$+(b_{fc}h_c)/2 - (N_{j,Ed}/2f_{jd})$

检查T形件重叠

若上述求解出的 c 值大于柱腹板高度的1/2，说明T形件有重叠区域，不采用此 c 值。

对于短外伸段底板，改用长外伸段底板的计算公式，重新进行计算。

对于长外伸段底板，按柱翼缘之间的全部面积重新计算 c。长外伸段底板设计条件则为：

$$N_{j,Ed} \leq N_{j,Rd} = f_{jd}[(b_{fc} + 2c)(h_c + 2c)]$$

相应的求解 c 用的常数 A、B、C 见表29-3最后一列。

29.4.2.5 步骤5：确定底板所需最小尺寸

底板尺寸需满足下列条件：

短外伸段底板：

$b_p \geqslant b_{fc} + 2t_{fc}$

$h_p \geqslant h_c + 2t_{fc}$

长外伸段底板：

$b_p \geqslant b_{fc} + 2c$

$h_p \geqslant h_c + 2c$

29.4.2.6 步骤6：确定底板所需最小厚度

假定底板沿柱周边为悬臂板，有效宽度 c 范围内的均布压力为 f_{jd}，在其作用下，悬臂板的弯矩需小于板的弹性抗弯承载力。底板最小厚度为：

$$t_p \geqslant \frac{c}{\left(\dfrac{f_{yp}}{3f_{jd}\gamma_{M0}}\right)^{0.5}}$$

29.4.3 柱脚节点的抗剪承载力

抗剪承载力由柱压力在底板与基础之间产生的摩擦力确定。BS EN 1993-1-8 第6.2.2（6）条中给出了以下公式：

$$F_{v,Rd} = F_{f,Rd}$$

式中，$F_{f,Rd} = C_{f,d}N_{c,Ed}$，$N_{c,Ed}$为柱压力设计值；$C_{f,d}$为柱脚底板与灌浆层之间的摩擦系数，对水泥砂浆，取0.2。对其他类型灌浆层的摩擦系数，应根据BS EN 1990附录D要求的方法，由试验得到。

设计检验条件为：$V_{c.Ed} \leqslant F_{v.Rd}$。

29.4.4 采用抗剪键加强柱脚节点的抗剪承载力

通常，上述方法计算得到的柱脚底板与灌浆层之间的摩擦力能满足大部分简单柱脚节点。

然而，在一些荷载工况下，例如柱承受拉力，此时，不能考虑摩擦力。即使没有拉力，在轴力小而剪力大的情况下，摩擦力也不足以抵抗此剪力。

在这些情况下，需采用其他的方法来传递剪力。

有以下一些方法：

（1）锚栓抗剪（见 BS EN 1993-1-8[1]标准第 6.2.2（7）条）。

（2）柱脚插入混凝土基础杯口，杯口深度大于 300mm。杯口用无收缩混凝土填实。这种方法也适用于刚接柱脚节点。剪力是通过柱子埋入部分与杯口混凝土的横向承压来传递的。杯口混凝土可能需要配筋加强满足 BS EN 1992-1 中传递柱端剪力和弯矩的要求。

（3）在柱端与地面楼板之间设置拉结钢筋，这需要在地板中配置适当的钢筋以保证水平剪力的传递。

（4）在柱脚底板下焊接抗剪键，基础需预留有足够深度、与抗剪键尺寸相匹配的槽口。在锚栓固定和柱子安装后，槽内用无收缩混凝土灌实。

如果使锚栓承受剪力，则需保证锚栓所传递的剪力不会使锚栓在底板处的横向位移过大（见 BS EN 1993-1-8[1]第 6.2.2（5）条）。若采用有套筒锚栓，在剪力作用下，锚栓与灌浆之间的接触可能不密实。为满足锚栓安装误差，常对底板开较大孔，此时需把螺帽下的垫板焊接在底板上，以保证锚栓能传递剪力。因此垫板上的锚栓孔只需满足最小尺寸，如孔径为 $d+1.5$mm（d 为锚栓公称直径）。在这些前提下，BS EN 1993-1-8 标准第 6.2.2（7）条给出的锚栓抗剪承载力可以同摩擦力一并考虑。

本章既不包括刚接柱脚杯口的设计，也不包括与楼板连梁的设计，仅限于把剪力传递至基础的抗剪键的设计。

典型的抗剪键是焊接在柱脚底板上的一小段型钢。当为锚栓预留的孔洞中灌入混凝土且柱脚灌浆就位（固定）后，抗剪键就埋入在基础中，作用在柱子上的剪力就可以通过抗剪键的竖向面与混凝土基础间的横向承压传递到基础。

图 29-9 给出了两种常用的抗剪键，一种是小段角钢，可以传递相对较小的剪力，另一种是 I 形截面，可以传递较大的剪力。抗剪键的力学模型见图 29-10。柱脚的剪力由埋入混凝土基础中的抗剪键竖向表面产生的压力来承担。由于抗剪键水平反力与柱脚底板剪力之间的偏心，会产生次弯矩，从而在底板处产生一对竖向力，一个拉力和一个压力（$N_{sec,Ed}$），拉力可以由锚栓或者抗剪键

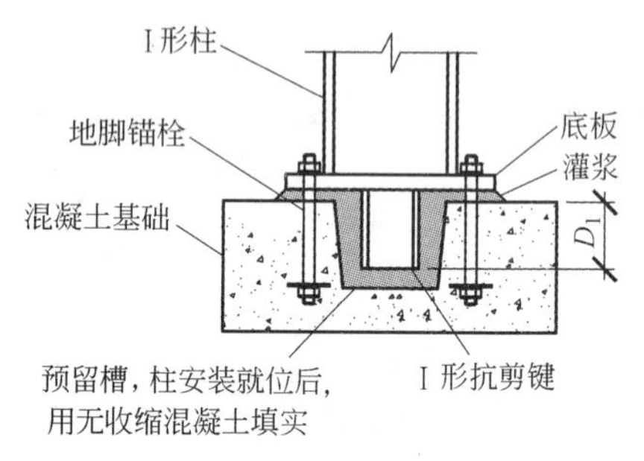

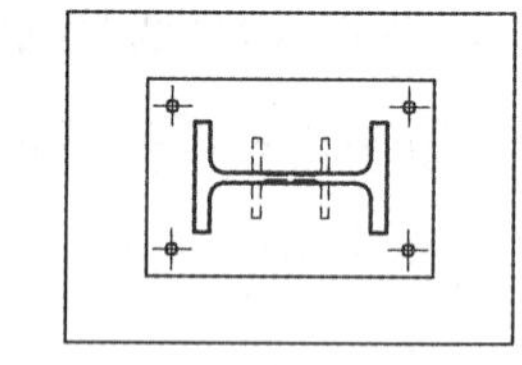

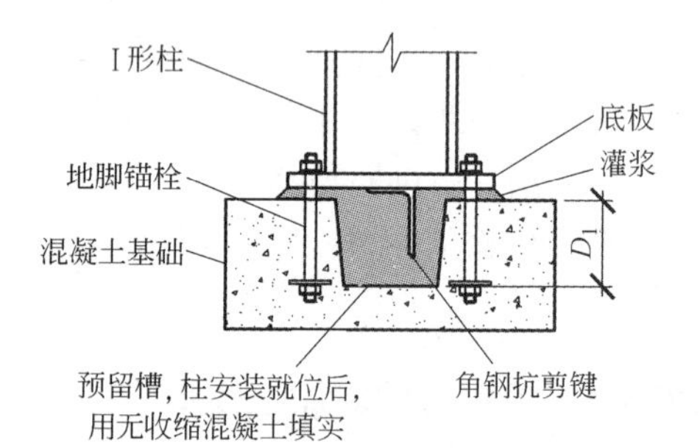

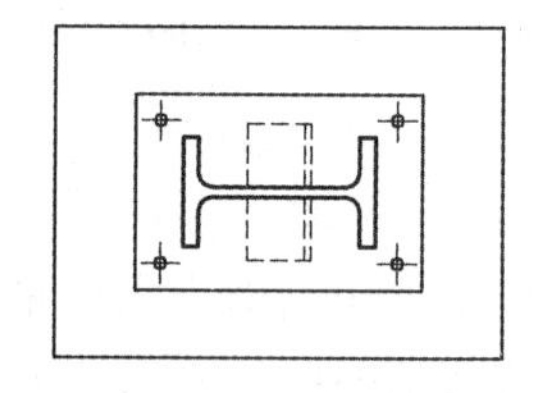

图 29-9　典型的有抗剪键柱脚节点

自身承担。这里可保守地假设拉力由抗剪键承担。在底板与灌浆层之间产生的额外压力可以忽略不计，尽管这个压力在底板校核中会使柱翼缘对应的T形件区域的压力增大。

由本章参考文献［3］得到的设计模型的简化假定：

（1）I形截面抗剪键的两个翼缘传递柱脚剪力能力相同；

（2）在混凝土基础中的整个角钢肢宽或者翼缘有效深度上的压力为三角形分布，见图29-10。

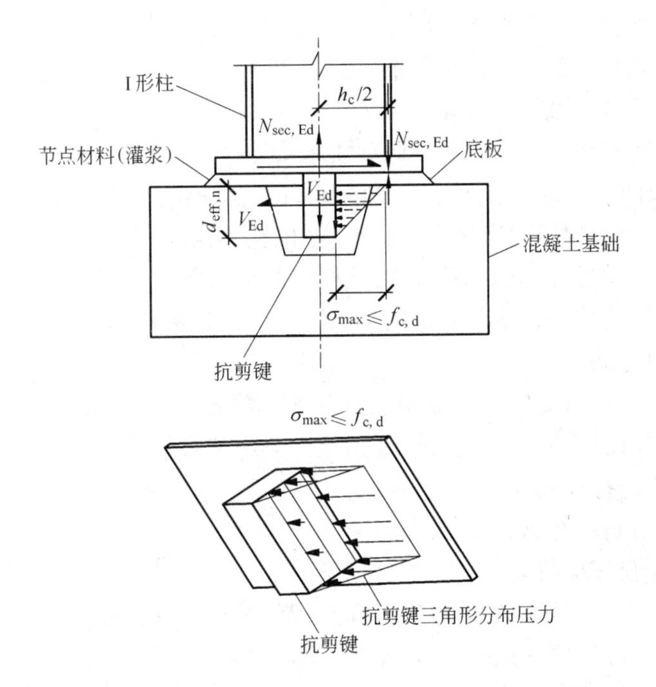

图29-10　抗剪键上作用的力及次弯矩产生的应力分布模型

（3）抗剪键的有效深度 $d_{eff,n}$ 等于抗剪键的高度 d_n 减去柱脚底板下灌浆层的厚度。通常假定灌浆层的厚度为30mm，很少超过50mm。

（4）次弯矩由作用于柱脚底板的一对拉压力平衡。一个是作用于抗剪键的法向拉力；一个是作用于柱底板与灌浆层之间、作用点通过柱翼缘中心的压力。假设抗剪键置于柱中心，灌浆层为30mm厚。则可得轴向拉力设计值：

I形截面抗剪键：一个抗剪键翼缘拉力 N_{Ed}，由下式得到：

$$N_{Ed} = V_{Ed}\left(\frac{d_{eff,n}}{3} + 30\right)\left(\frac{1}{h_n - t_{fn}}\right) + V_{Ed}\left(\frac{d_{eff,n}}{3} + 30\right) \times \frac{2}{h_c} \times \frac{1}{2}$$

$$= V_{Ed}\left(\frac{d_{eff,n}}{3} + 30\right)\left(\frac{1}{h_n - t_{fn}} + \frac{1}{h_c}\right)$$

角钢抗剪键：竖肢承受轴向拉力 $N_{Ed} = V_{Ed}\left(\frac{d_{eff,n}}{3} + 30\right)\frac{2}{h_c}$。

1）为防止抗剪键从混凝土基础中拔出，抗剪键需满足下述构造要求：

I 形截面抗剪键截面高度：$h_n \leqslant 0.4h_c$

I 形截面抗剪键在基础中的有效高度：$60\text{mm} \leqslant d_{\text{eff},n} \leqslant 1.5h_n$

角钢抗剪键在基础中有效高度：$60\text{mm} \leqslant d_{\text{eff},n} \leqslant 1.5b_n$

在铰接柱脚中，抗剪键的构造限制是为了避免柱脚被设计成刚接柱脚。

2）埋入混凝土中的 I 形或角钢抗剪键要能承受较小的局部弯矩。为满足这个假设，下面给出最大宽厚比：

I 形截面抗剪键：最大翼缘宽厚比：$b_{fn}/t_{fn} \leqslant 20$

（大部分热轧型钢都满足此项要求）

角钢抗剪键：单肢最大宽厚比：$d_n/t_{an} \leqslant 10$

（并不是所有的热轧角钢都满足此项要求）

对于 I 形截面抗剪键，剪力是从柱底板通过抗剪键的腹板来传递的。底板下的弯矩则是由翼缘的一对拉压力来平衡，而不是由锚栓来承担。由次弯矩产生的拉力则由两翼缘分担。柱子的腹板也需要抵抗由此得到的全部剪力。

3）对于角钢抗剪键，剪力和由次弯矩产生的法向力均由竖向肢来抵抗。竖向肢顶部的弯矩可以忽略。

基本设计原则是需要保证抗剪竖向表面与混凝土基础之间的接触面应力不超过混凝土的强度，同时也不能超过抗剪键（角肢、翼缘和腹板）本身的强度。

另外还需要进行补充验算。

4）校核在抗剪键单肢或翼缘中的二次拉力作用下柱腹板承载力。

5）校核抗剪键与底板之间的角焊缝在水平剪力和二次拉力作用下的承载力。

更多有关抗剪键的（详细）设计细则，见本章参考文献［4］。

29.5　刚接柱脚设计

I 形柱的刚接柱脚可以传递轴力、剪力和弯矩。矩形底板对称地焊接于柱底，这样各边在柱翼缘外均有一定的外伸段，见图 29-11。锚栓连线正交于柱轴线，均匀对称地布置于柱弱轴。底板相对基础可以偏心布置。

设计模型

BS EN 1993-1-8 第 6.2.8 条给出了在轴力和绕强轴的弯矩共同作用下刚接柱脚

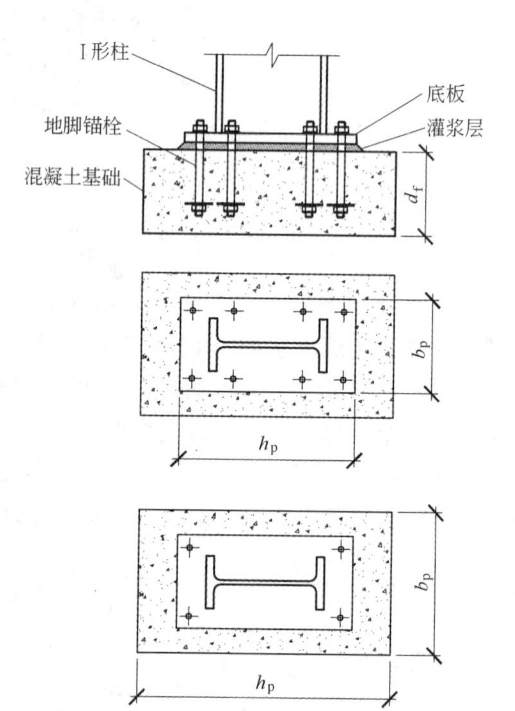

图 29-11　典型的刚接柱脚

节点设计模型。

刚接柱脚节点可能的荷载分布情况，见图 29-12$a \sim d$：

（1）轴力较大，两侧均为压力，同时有：

1）或者为顺时针弯矩；

2）或者为逆时针弯矩。

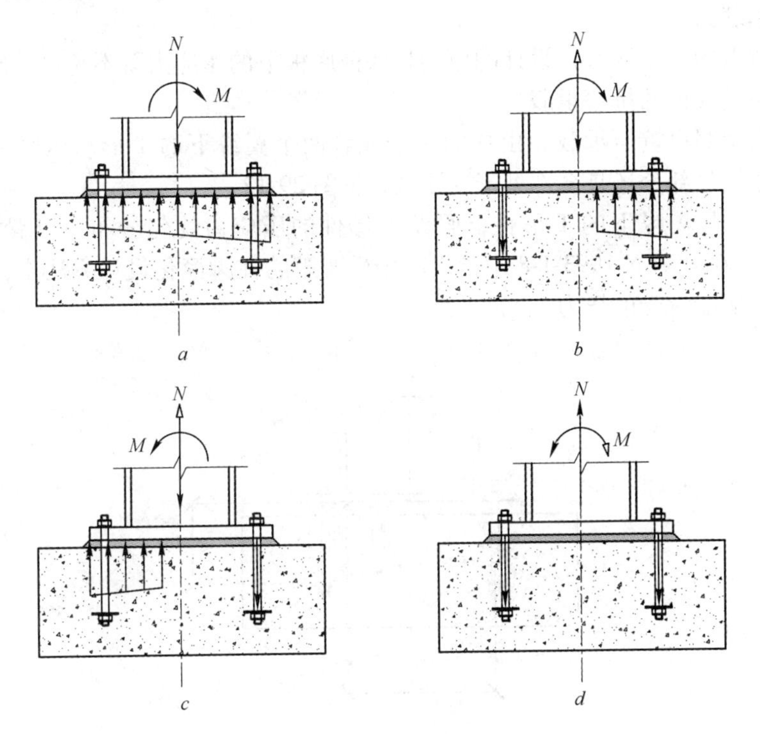

图 29-12　荷载分布

a—两侧均受压；*b*—左侧受拉，右侧受压；

c—左侧受压，右侧受拉；*d*—两侧均受拉（情况较为罕见）

（2）顺时针弯矩较大，左侧为拉力，右侧为压力，同时有：

1）或者为轴向压力；

2）或者为轴向拉力。

（3）逆时针弯矩较大，左侧为压力，右侧为拉力，同时有：

1）或者为轴向压力；

2）或者为轴向拉力。

BS EN 1993-1-8 表 6-7 给出的设计公式中，对于后两种情况分别表达，但采用相同的参数、符号及正负号规则，这将简化非对称节点复杂荷载工况下的计算。

图 29-12*d* 为另外一种两侧均为拉力的工况，轴向拉力为主，仅仅是一种理论可能性。刚接柱脚节点出现拉力不是一种常见的情形，在有支撑结构的竖向构件需传递较大的横向荷载时可能会出现。例如，有吊车的工业厂房或者是在较强地震作用下的建筑。

一种简化力学模型认为，节点任何一侧的反力可能是单排锚栓受拉或者是柱翼缘中心下的承压区受压。节点关键部位的设计承载力（受拉或受压的T形区域）直接决定了在给定轴力下的抗弯承载力。

BS EN 1993-1-8 中表6-7 给出的设计公式是由施加的弯矩与底板上产生的反力平衡推导出来的。

抗压承载力

对于节点的受压区域，设计的原则是保证底板下的压应力既不超过基础材料的强度，也不超过底板的抗弯承载力。

设计模型假设抗压承载力由柱的一个或者两个翼缘下的T形承压区承担，这取决于柱脚底板是部分还是全部处于受压区，见图29-12。

对于一个柱翼缘下的T形件，假设T形件的压应力均匀分布，以翼缘为中心，见图29-13。在 BS EN 1993-1-8 中给出的传递弯矩的柱脚简化设计方法中，未考虑柱腹板T形件所能承受的压力。

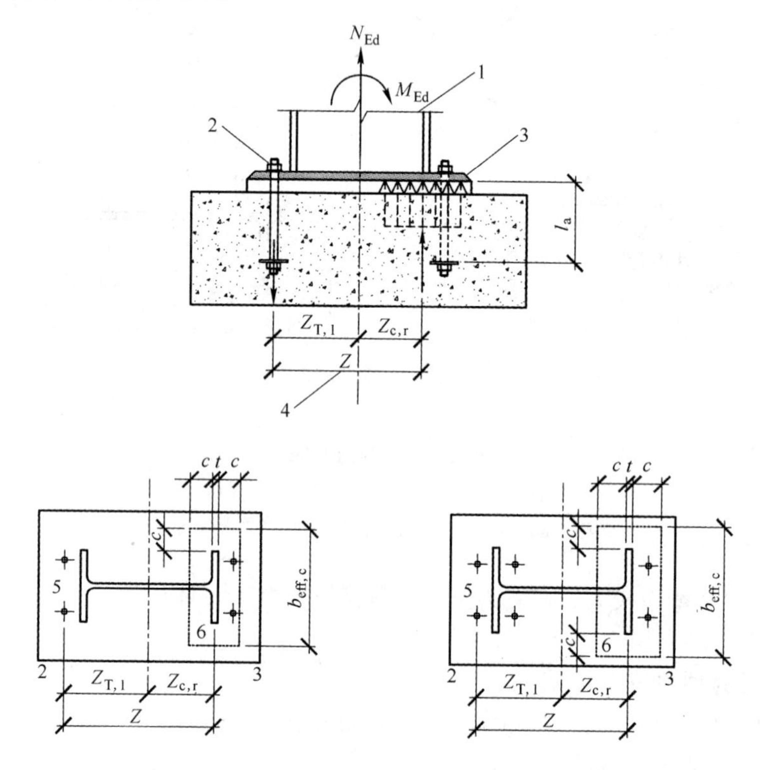

图 29-13 由法向力及弯矩产生的压力及锚栓拉力

注：（1）图示的法向力及弯矩为正，如 BS EN 1993-1-8 规定，轴向力拉为正，弯矩顺时针为正。
（2）柱脚节点左侧，锚栓受拉；拉力由底板T形件及锚栓承担。
（3）柱脚节点右侧，柱底板受压；压力由柱翼缘下底板T形件承担。
（4）力臂为受拉锚栓与底板压力之间的距离。
（5）锚栓。
（6）受压T形件面积。

单排锚栓的抗拉承载力

单排锚栓受拉设计模型与传递弯矩的端板连接中螺栓相似。因此，设计原则是保证锚栓的拉力不超过下列中的任何一条：

（1）底板T形件的抗拉承载力设计值。此处考虑了BS EN 1993-1-8 中表6-2 所列出的三种T形件受拉破坏模式。有可能用一个单个模型代替模型1 和模型2（见BS EN 1993-1-8 表6-2）。若由于锚栓伸长而使得底板与基础之间的撬力消失，这种模型是可能存在的。

（2）如有必要，例如，在柱翼缘间的锚栓，需考虑柱翼缘下的T形件受拉承载力。

确定锚栓的抗拉承载力时需考虑锚固黏结力，除此之外，锚栓的设计方法与端板连接中的螺栓设计方法相同。

在简化设计的力学模型中，仅给出了单排锚栓的情形。对于一个翼缘的两侧均有锚栓的情形，建议采用拉力等于两排之合力的等效单排锚栓，这样就可以直接应用单排锚栓公式。

除了靠近柱翼缘的，对承受弯矩和轴力刚接柱脚有贡献的锚栓外，其余不予考虑。

更多指南

本章参考文献［5］给出了更多关于刚接柱脚节点设计的指南，其附件还给出了锚栓设计的详细数据。

29.6 锚固系统

29.6.1 地脚锚栓

最常用的地脚锚栓为4.6 级，有时也会采用8.8 级。锚栓通常为方头、方轴肩（square shoulder）、圆杆、六角螺母。每根锚栓需配一个锚固垫圈（开方孔以与轴肩相配），当拔力较大时，锚栓可借助由角钢或槽钢组成的锚固框架埋入混凝土。典型的框架如图29-14 所示。当所需的锚固长度较大时，可以采用两端都有螺纹的螺杆，在某些需要用到预拉力的情况下，可以采用高强度抗杆（通常为Macalloy 拉杆）。在以上这两种情况下，应注意在紧固锚栓的过程中不能让螺杆转动，以防嵌入的螺母松动。

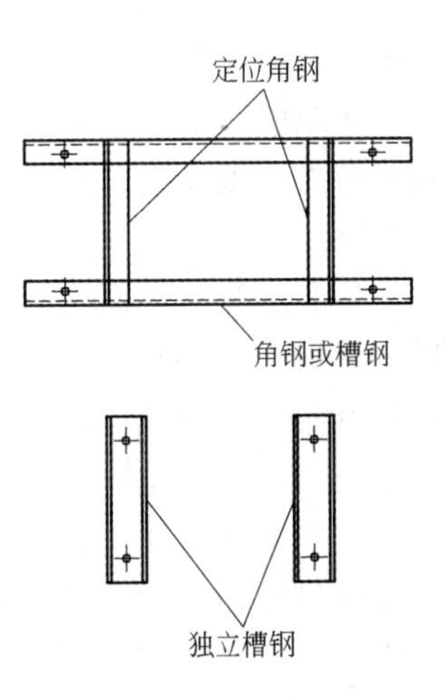

图29-14　典型的地脚锚栓锚固体系

有报告指出，在一些实际工程中，地脚锚栓腐蚀严重。腐蚀通常发生在混凝土与柱脚底板之间的部位，这种情况多发生在充满腐蚀性化学物质的环境中或者该部位会经受循环潮气侵蚀的环境中。采用高质量的混凝土、搅拌均匀及振捣密实将有助于提高锚栓的抗腐蚀性能。但是在某些环境中，这些措施效果不明显时，可以考虑加大锚栓或者采用更高等级的锚栓，提高锚栓抗拉安全系数。

29.6.2　灌浆

埋入地脚锚栓时需要进行适当的调整，所以一般将锚栓布置在圆锥或圆柱状的管子或者聚苯乙烯模子中，然后进行浇灌。

在理想状态下，浇筑混凝土后，锚栓在钢结构安装过程中的适当时间内可以摆动，以保证柱子的最终就位。另一种对中的方法是在浇筑混凝土后，在钢结构安装前调整到柱子最终中心线前，弯曲锚栓。如果使用的是开口式管子，则应加上盖子或者顶帽，以防止水、杂物和泥土进入管子。在刚架安装、调直、调平和校直后，才可进行灌浆。在灌浆之前，需用压缩空气清扫锚栓周围的空腔。锚栓灌浆及底板后浇层浇灌需分开单独进行，以使收缩能自由发展。在调平和校直的过程中，楔子和填片会塞入灌浆孔中，在最终灌浆之前，应将它们移除，否则，在灌浆料收缩之后，它们会变成硬块，使得压力不能均匀传递到混凝土底座上。

29.6.3　垫层

垫层材料要具有多种功能，其中一种功能就是第29.4.2.1节提到的防腐功能。在29.4.2.1节中已注明，钢底板承受的抗压强度为$0.67f_{ck}$，f_{ck}是其中混凝土底座和垫层材料二者标准立方体强度中的较小值。因此，垫层材料需传递竖向应力，包括由弯矩引起的应力。垫层材料的第三个作用是传递由风或者吊车引起的水平剪力或冲击力。很显然，垫层材料属于结构中间介质，应当对其进行相应的规定、控制和检验。

对于承受的轴向力或者弯矩较大的柱子，垫层压应力较大，需采用较好的混凝土，最大骨料粒径需小于10mm。配合比通常为1∶1.25∶2，水灰比为0.4～0.45（因为过于黏稠，不适用于填充锚栓套管；通常采用纯水泥浆，因其流动性好）。由于纯水泥浆具有较强的收缩性，在浇筑垫层之前需待其充分收缩。对于荷载一般的柱子，通常采用水泥砂浆。合适的配合比为1∶2.5。强度更低的垫层材料只可适用于荷载较小的柱子，且施工阶段的垫板需保留下来以有效地传递荷载。

为使垫层材料具有更好的整体性，通常会在底板中心附近开孔，孔径大于等于50mm，以便于气体逸出，从而确保垫层材料可以浇实到中心部位。

29.7 设计实例

The Steel Construction Institute Silwood Park, Ascot, Berks SL5 7QN Telephone: (01344) 623345 Fax: (01344) 622944 CALCULATION SHEET	编　号		第1页	备　注
	名　称	第29章		
	题　目	例1：基础和锚固系统		
	客　户	编　制	GWO	日期
		审　核	DGB	日期

柱子254×254×73UC设计一块简单柱脚的底板，设计荷载为1000kN轴力。

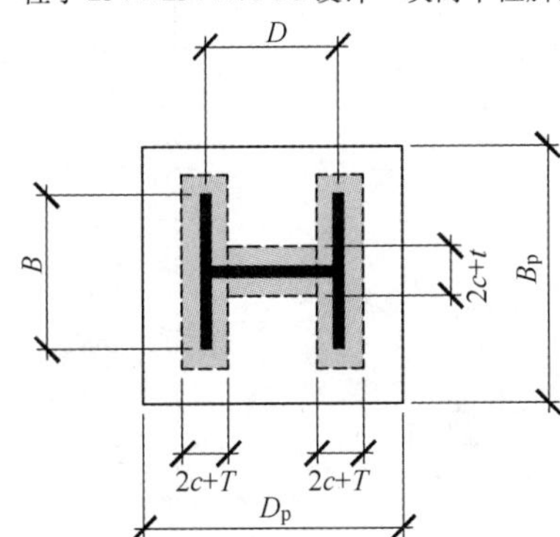

根据第6.2.8.2条设计　　BS EN 1993-1-8: 2005

C40混凝土或垫层（f_{jd}）承压强度为26.7N/mm^2

需要的面积 $= \dfrac{1000 \times 10^3}{26.7} = 37453\text{mm}^2$

承压面积 = 阴影部分的面积

$= 4c^2 +$（柱子的周长）$\times c +$ 柱截面面积

因此，$4c^2 + [254.6 \times 4 + 2 \times (254.1 - 28.4)] \times c + 9310 = 37453, 4c^2 + 1470c - 28143 = 0$

$$c = \frac{-1470 \pm \sqrt{1470^2 + 4 \times 4 \times 28143}}{2.4} = 18.2\text{mm}$$

$$t_p = \left(\frac{6 \times f_{jd} \times c^2}{2 \times f_y}\right)^{0.5} = \left(\frac{6 \times 26.7 \times 18.2^2}{2 \times 275}\right)^{0.5} = 9.8\text{mm}$$

采用底板300×300×15，强度为S275。

（10mm厚底板可以满足要求，但是不能有效抵抗腐蚀和不能满足安装时的强度要求）

<table>
<tr><td rowspan="4">The Steel Construction Institute
Silwood Park, Ascot,
Berks SL5 7QN
Telephone: (01344) 623345
Fax: (01344) 622944
CALCULATION SHEET</td><td>编 号</td><td></td><td>第1页</td><td colspan="2">备 注</td></tr>
<tr><td>名 称</td><td colspan="4">第29章</td></tr>
<tr><td>题 目</td><td colspan="4">例2：基础和锚固系统</td></tr>
<tr><td rowspan="2">客 户</td><td>编 制</td><td>GWO</td><td>日期</td><td></td></tr>
<tr><td></td><td></td><td>审 核</td><td>DGB</td><td>日期</td><td></td></tr>
</table>

为柱子 219×6.3CHS 设计一块简单柱脚的底板，设计荷载为 1010kN 轴力。

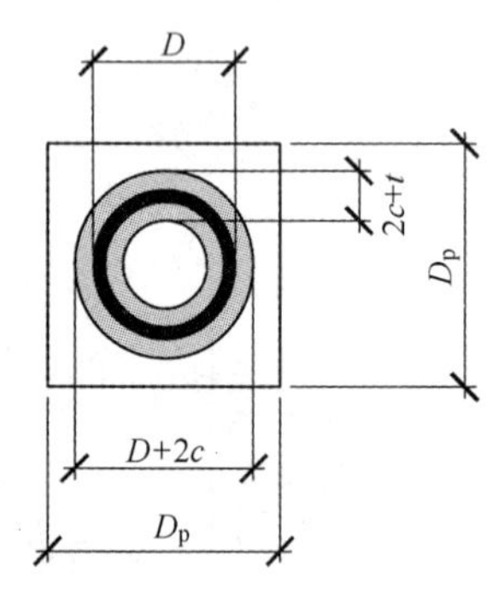

假设垫层材料 $f_{ck}=40$，承压强度 $f_{jd}=26.7\text{N/mm}^2$

需要的面积 $=1010\times10^3/26.7=37828\text{mm}^2$

阴影部分的圆环面积 $=(2c+t)(D-t)\pi=37828$

$(2c+6.3)(219-6.3)=37828/\pi=12041\text{mm}^2$

$c=25.1\text{mm}$

$$t_p=\left(\frac{6\times f_{jd}\times c^2}{2\times f_y}\right)^{0.5}=\left(\frac{6\times26.7\times25.1^2}{2\times275}\right)^{0.5}=13.5\text{mm}$$

底板采用 280×280×15，强度为 S275。

The Steel Construction Institute

Silwood Park, Ascot,
Berks SL5 7QN
Telephone: (01344) 623345
Fax: (01344) 622944

CALCULATION SHEET

编 号		第1页	备 注	
名 称	第29章			
题 目	例3：基础和锚固系统			
客 户	编 制	GWO	日期	
	审 核	DGB	日期	

为柱子 273×25CHS S355 设计一块简单柱脚的底板，设计荷载为 6340kN 轴力。

垫层材料强度，$f_{ck}=40$

承压强度 $=26.7\text{kN/m}^2$

需要的面积 $=6340\times10^3/26.7=237455\text{mm}^2$

试用简单有效面积法 $(2c+25)(273-25)\pi=237453$，得到 $c=139\text{mm}^2$

因为 $c>\dfrac{D-2t}{2}$，模型不满足条件

因此，考虑阴影部分的有效面积，承压面积等于直径为（$D+2c$）的圆面积。

则 $(D+2c)2\pi/4=237453\text{mm}^2$

得出 $c=139$

$$t_p=\left(\frac{6\times f_{jd}\times c^2}{2\times f_y}\right)^{0.5}=\left(\frac{6\times26.7\times139^2}{2\times255}\right)^{0.5}=77.9\text{mm}$$

底板采用 600×600×80，强度为 S275。

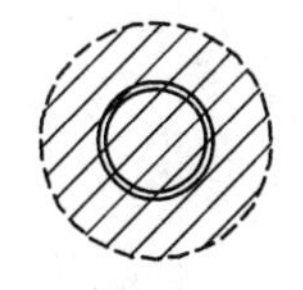

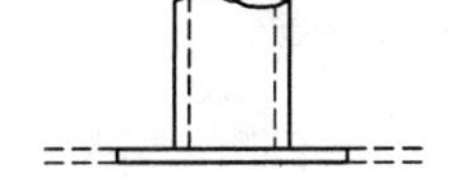

The Steel Construction Institute Silwood Park, Ascot, Berks SL5 7QN Telephone: (01344) 623345 Fax: (01344) 622944 **CALCULATION SHEET**	编　号		第1页	备　注
	名　称	第29章		
	题　目	例4：基础和锚固系统		
	客　户	编　制	GWO	日期
		审　核	DGB	日期

为下图所示的带吊车双开间库房的屋谷支柱设计一个底座。支柱为2根406×178UB组成的双支柱，每根支柱的设计轴力为239kN，整体弯矩为707kN·m。

基础混凝土为C25/30，$f_{jd}=16.7\text{N/mm}^2$

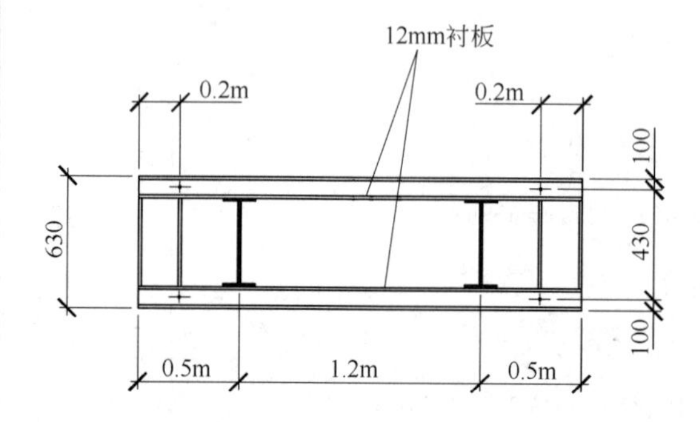

荷载

柱脚受力为：

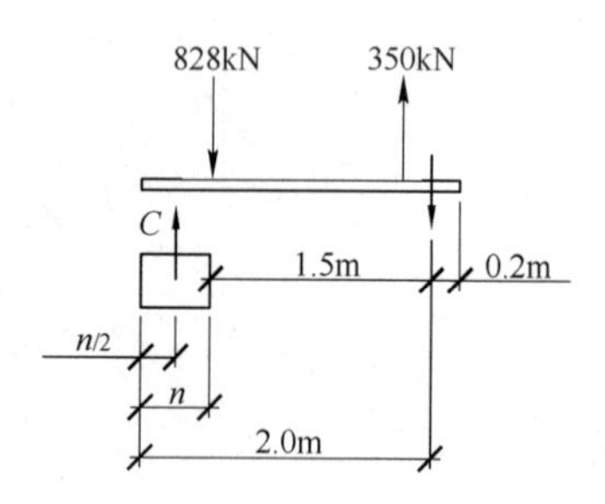

假定采用不同的计算模型

模型1：假定中性轴距底板受压区边缘的距离为0.4m。在弯矩作用下锚栓的拉力为：

$$828\times1.5-350\times0.3=C(2.0-0.2)$$

$$C=\frac{828\times1.5-350\times0.3}{1.8}=632\text{kN}$$

$$T=828-350-632=-154\text{kN}$$

例4：基础和锚固系统	第2页	备　注

可以给出整个底板的平均压应力：

$$\frac{632\times10^3}{400\times630}=2.5\text{N/mm}^2$$

其中f_{jd}为13.3N/mm²

（实际上，整个底板宽度范围内不会全部均匀受压）

模型2：假定中性轴高位为0.2m，a在弯矩作用下锚栓的拉力为：

$828\times1.5-350\times0.3=C(2.0-0.1)$

$C=598\text{kN}$

$T=598+350-828=120\text{kN}$

通过检查，模型1给出的承压值偏保守，因为如图所示的加劲肋对应的有效区域可能会分担一部分荷载。

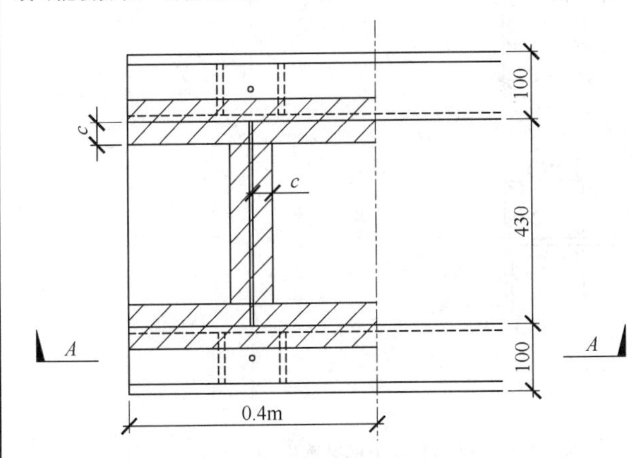

为简单起见，加劲肋及其重叠部分的承压贡献忽略不计，假定有效C形区域宽度及盖板厚度为10mm

$c(400\times4+430\times2)+10(400\times4+430)=63200/13.3$

$2460c+12300=37844$

$c=10.3\text{mm}$

最小$t=5.4\text{mm}$

根据实际情况，最小取15mm

C形加劲肋及盖板设计

$M=632\times0.3=189.6\text{kN}\cdot\text{m}$

采用两块230×90×32PFC（M_{cx}98kN·m）

上述构件是满足要求的，因为加劲肋和底板还可分担一部分荷载。

例 4：基础和锚固系统	第 3 页	备 注

锚栓和加劲肋设计

荷载/锚栓个数 = 77kN，采用 4.6 级，M24 锚栓

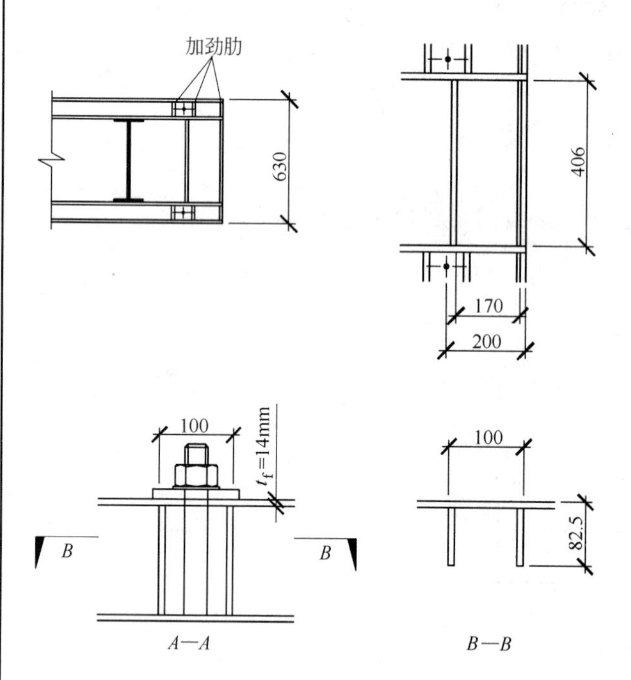

假定 C 形加劲肋翼缘板跨度为两加劲肋距离，不计 C 形加劲肋腹板上的开孔。

C 形加劲肋翼缘板在集中荷载下的承载力 W 为：

$$\frac{Wl^2}{8} = \frac{bd^2}{4} \times f_y$$

$$\frac{W \times 100^2}{8} = \frac{82.5 \times 14^2}{4} \times 0.275$$

$W = 44\text{kN}$

另采用螺帽垫板 120 × 90 × 15 以保证在拉力作用下的强度和刚度。

参考文献

[1] British Standards Institution (2005) BS EN 1993-1-8: 2005BS EN 1993-1-8: 2005 Eurocode 3. Design of steel structures. Design of joints. London, BSI.

[2] Access-steel Design model for simple column bases-axially loaded I section columns. www. access-steel. com

[3] Lesconarc'h, Y (1982) Pinned column bases. Paris, CTICM.

[4] Access-steel Design of simple column bases with shear nibs, www. access-steel. com.

[5] Access-steel Design of fixed column base joints, www. access-steel. com.

拓展与延伸阅读

1. British Constructional Steelwork Association, the Concrete Society and Constructional Steel Research and Development Council (1980) Holding-Down Systems for Steel Stanchions. London, BCSA.
2. British Standards Institution (1997) BS 8110 Structural use of concrete. Part 1: Code of practice for design and construction. London, BSI.
3. British Standards Institution (2000) BS 5950 Structural use of steelwork in building. Part 1: Code of practice for design-Rolled and welded sections. London, BSI.
4. Capper, P. L. and Cassie, W. F. (1976) The Mechanics of Engineering Soils, 6th edn. London, E. and F. N. Spon.
5. Capper, P. L., Cassie, W. F. and Geddes, J. W. (1980) Problems in Engineering Soils, 3rd edn. London, E. and F. N. Spon.
6. Lothers, J. E. (1972) Design in Structural Steel, 3rd edn. Engleword Cliffs, NJ, Prentice Hall.
7. Pounder, C. C. (1940) The Design of Flat Plates. Association of Engineering and Shipbuilding Draughtsmen.
8. Skempton, A. W. and McDonald, D. H. (1956) The allowable settlement of buildings. Proc. Instn Civ. Engrs, 5, Part 3, 727-68, 5 Dec.
9. Skempton, A. W. and Bjerrum, L. (1957) A contribution to the settlement analysis of foundations on clay. Géotechnique, 7, No. 4, 168-78.
10. Terzaghi, K., Peck, R. B. and Nesri, G. (1996) Soil Mechanics in Engineering Practice, 3rd edn. New York, Wiley.
11. The Steel Construction Institute/British Constructional Steelwork Association (2002) Joints in Steel Construction. Simple Connections. Ascot, SCI/BCSA.
12. Tomlinson, M. J. (2001) Foundation Design and Construction, 7th edn. Harlow, Prentice Hall.

30 钢桩和钢结构地下室*

Steel Piles and Steel Basements

ERICA WILCOX

30.1 引言

钢桩在建筑行业中得到了广泛应用，并且作为一种通用产品在临时和永久性的用途中，其经济效益相当明显。钢桩还经常用在港口码头的护墙和公路结构上。本章将重点介绍钢桩在建筑物中的应用，特别关注在地下室支护墙中的应用。近年来随着打桩机械和打桩技术的发展，钢板桩大大降低了施工时的噪声和振动，使得钢桩的适用性有了大幅度的提升。

20 世纪 90 年代以来，虽然在建筑物基础中把钢桩纯粹用做承载并不常见，但钢桩在永久的地下室挡土墙工程中的应用逐渐增加，并在一定程度上推广到地下停车场中，见图 30-1。本章将介绍钢结构在地下室基础中的使用，这方面的内容在 SCI 出版

图 30-1　布里斯托尔（Bristol）的永久钢板桩地下停车场

* 本章译者：李开原。

物《密集使用钢结构的地下建筑》(*Steelintensive Basements*)[1]中会有更深入的介绍。

30.2 钢桩的类型

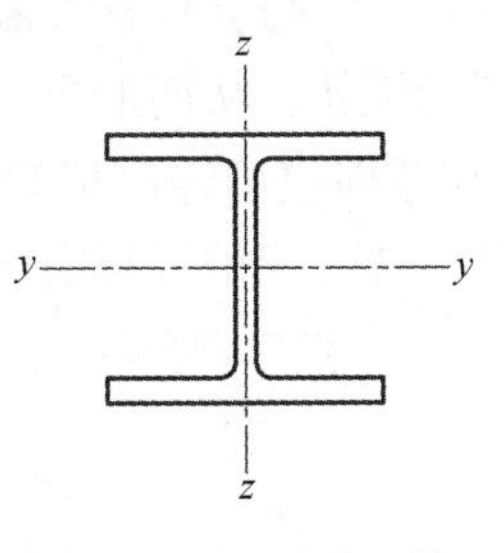

图 30-2 通用承压桩

钢端承桩（Steel bearing piles）一般为 H 形或工字形截面，但不同于其他的轧制型钢，其翼缘及腹板的厚度均匀，以便在锤击打桩的过程中，钢板桩不易损毁和变形，并且可以减少钢桩所受的腐蚀，如图 30-2 所示。也经常在地基工程中使用圆钢管作为钢桩。

如图 30-3 所示，适用于地下室外墙施工建造的钢板桩，有两种截面类型：U 形和 Z 形。这些钢板桩可通过焊接或连接件组合，形成箱形桩来做承压桩，见图 30-4。亦可使用钢板桩辅助承重桩来增加其刚度，或提高其承载力。

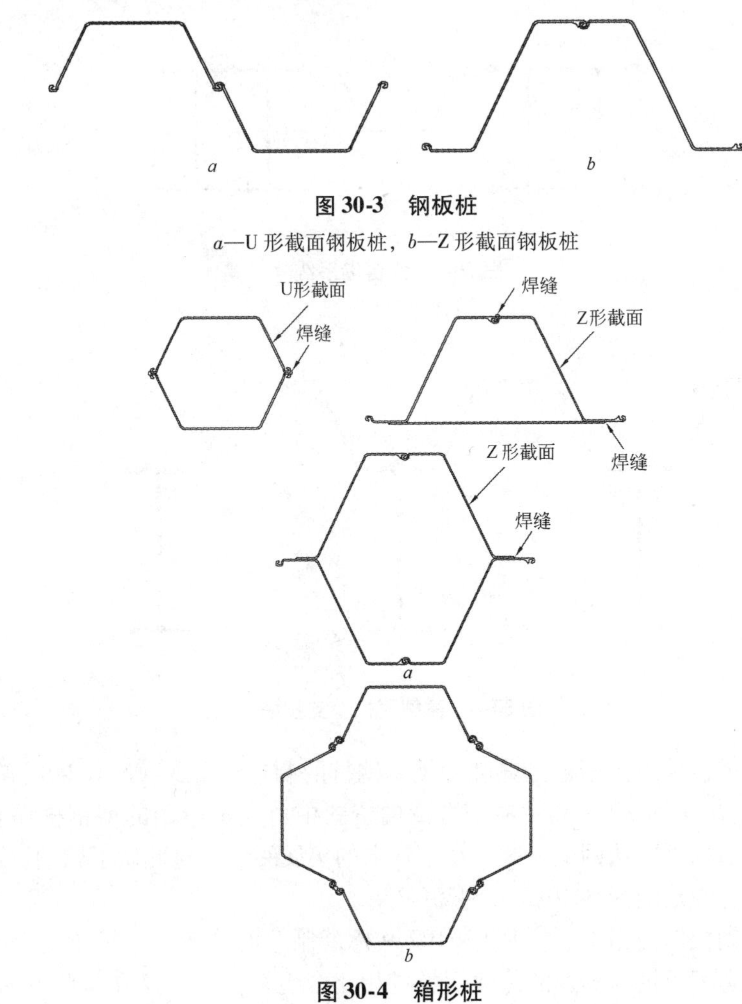

图 30-3 钢板桩

a—U 形截面钢板桩，*b*—Z 形截面钢板桩

图 30-4 箱形桩

a—焊接箱形桩；*b*—可打入式箱形桩及连接件

如图 30-5 所示，这些主桩（king pile）并加上钢板桩统称为组合支护墙。近年来一些工字形立柱桩专利产品，采用一种专门设计的热轧连接件，可以与 Z 形钢板桩互相锁扣，从而形成组合支护墙。另外，也可用相同几何形状的构件毗邻连接以形成“高截面模量”高抗变形的组合墙，如图 30-6 所示，例如使用工字形桩和 Z 形钢板桩结合，或钢管与钢管结合而形成“高截面模量”墙。

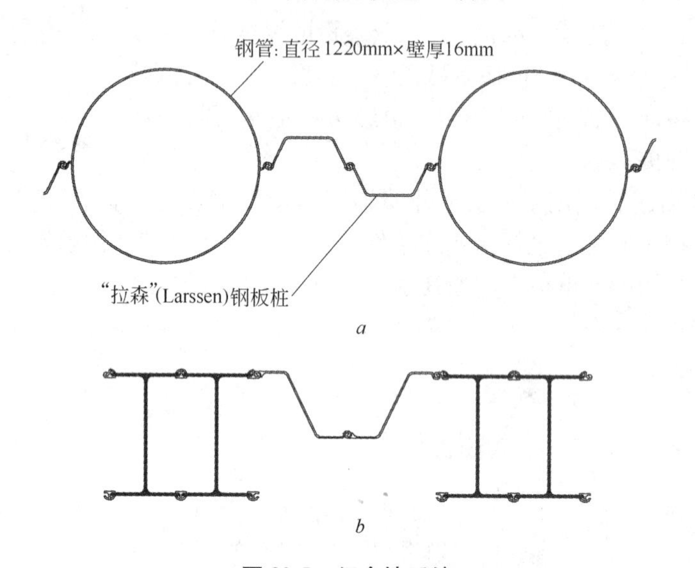

图 30-5 组合墙系统

a—钢管及 U 形板桩组合墙；*b*—HZ 墙体系统

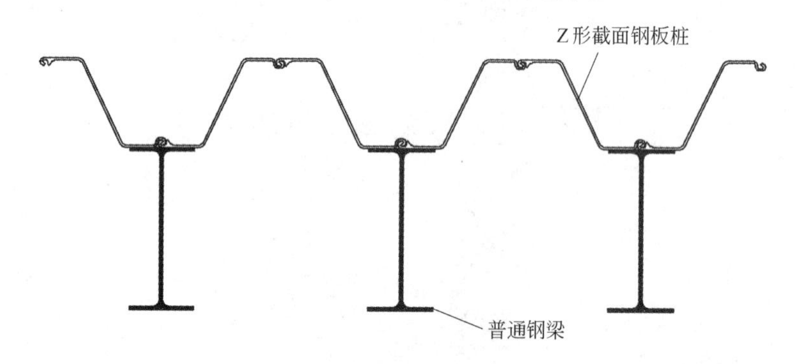

图 30-6 高截面模量支护墙

在英国，最常采用的钢桩是热轧型钢，钢桩的制造标准为 EN 10248，在《钢桩手册》（*Piling Handbook*）[2] 和一些制造商的资料中对大量应用的型钢桩均有很多介绍。一些主要数据可以从网上下载，在本章末的扩展阅读中对此做了归纳。适用于钢桩的钢材强度等级范围为 S240GP ~ S430GP。

在常用的钢板桩使用中，按照 EN 10249 标准制造的冷弯钢板桩正变得越来越普遍。通常，冷弯钢板桩与等效的热轧钢板桩相比会更轻更薄，这在某些方面是优点，但可能影响其耐久性。此外，采用冷弯加工而成的锁扣，其连接会比较容易变形（见

图 30-7)。这对支护墙体的整体刚度、防水性能以及在安装过程中的尺寸容许误差等会有一定的影响。因此，冷弯钢板桩在地下室支护墙的应用中有一定的局限性。

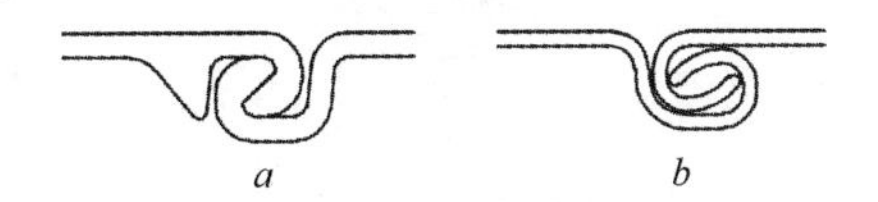

图 30-7　热轧钢板桩锁扣和冷弯钢板桩锁扣的比较

a—热轧钢板桩锁扣；*b*—冷弯钢板桩锁扣

欧洲规范 3 第 5 部分中[3]，涵盖了对上述两种类型钢板桩的设计内容。在本章第 30.8 节中亦对此有详细阐述。

30.3　岩土的不确定性

30.3.1　常见岩土工程的风险

在地下可能会存在许多危害，本节将讨论相关的因素对钢结构地下室工程的影响。其中大部分内容会在随后的章节中进行讨论。

30.3.1.1　土层

土体强度的高低会有两个方面的影响。大体来说，坚硬的土体会加大桩基施工的难度，而较松软的土体会引起较大的土压力，从而加大了围护桩的弯矩。

如果持力层埋深较浅就可为围护桩提供一个很好的嵌固点，但可能需要预先采用螺旋钻杆钻孔穿透至持力层。但是，可能在较松软的下卧层中钢板桩比较容易打入，但是，这样钢板桩就需要更大的埋置深度，并且会引起较大的土体变形。此外，对于埋置在非常松软下卧层中钢板桩，需要额外进行稳定验算 。

在有黏性土（clayey soils）的土质中，桩尖可以到达坚硬-极坚硬的黏土层，这种条件对于降低钢结构地下建筑的成本特别适合。这种类型土质有利于采用静压桩（silent vibration-free pressing）技术，由桩埋入部分的表面与土层的摩擦力提供桩的承载力。

还有一些类型的土，如不采用特别的措施，通常不适合于采用钢桩。白垩土（chalk）和含巨砾的黏土（clay-with-boulders）是两种特殊的土质，不适合于采用钢桩。当钢板桩在打桩过程通过白垩土层时，白垩土结构会受到破坏，并且立即在桩周围形成了一层细土，从而降低了桩表面与土层的摩擦力。含冰砾黏土，作为一种在黏土基中含有大量大块岩石的冰碛土，是含巨砾的黏土的一个特例。大块岩石会引起钢板桩产生侧移以致桩之间的锁扣松脱，或者如果在打入钢板桩过程中遇到大块岩石而无法打穿或偏向一侧时，就会导致钢板桩无法打入。

如果现场勘探中发现腐殖土，就要考虑土的侵蚀性对钢板桩的腐蚀作用，因为腐殖酸会使 pH 值变小。此外，还应考虑对桩的可打性的影响，因为土中的树根纤维会对某些打桩方法产生影响。

30.3.1.2　地下水

如果地下室位于地下水位以下，通常要求根据地下室空间的功能考虑一定的防水等级。如果地下室的作用类似堤坝对局部的地下水流产生阻碍时，还需要考虑地下水的流动方向，也要考虑地下水位改变的影响，局部降水或者附近工地停止降水都可能产生影响。应考虑地下水水位的季节性波动以及暴雨和洪水等紧急情况。

30.3.1.3　污染/化学环境

来自受污染场地和某些自然发生的条件的化学腐蚀性土或地下水，可能会导致腐蚀性而影响钢桩的耐久性。而土中含有的气体或水蒸气也可能会对地下空间的设计产生影响。另外，桩穿过被污染的土层时，可能需要进行特别的风险评估，以免地下的污染物在打桩的过程中被带到地面上。

30.3.1.4　建设场地历史

开发过的旧建设场地上经常会在土中留下旧基础、下水管道及其他设施等，这些会影响打桩施工，并且可能在打桩过程中引起过度噪声或振动。即使桩能顺利打入，但地下的障碍物可能仍会使桩受损或钢板桩脱扣。

建设场地处于在战争期间曾受过轰炸的区域，或由于其他原因埋藏过危险品，可通过专家勘察和论证来减轻因勘探和打桩过程中由未爆炸军火引起的危险。

30.3.1.5　建设位置的限制

当待建场地在建成的区域中时，可能对噪声会有限制，这就会影响桩的施工方法。与邻近建筑物的距离或者一些敏感的基础设施，包括地下通道或埋地管道等，可能要对土的允许变形或施工产生的振动进行限制。在受地震活动影响的地区，可能需要进行专门的考虑。

30.3.2　岩土工程的风险控制

在以往的任何地上或地下发生的设计和施工事故，与工厂或现场的制造的材料（如钢材和混凝土材料）相比，显然都涉及到土的很大不确定性。即使没有特别的危害存在，土质也几乎不可能均匀，并且在很近的距离内都可能会有很大的变化。

无法预料土质条件可能会给施工计划和工程费用带来极大的风险，甚至导致已建成的桩墙或基础出现破坏，因此对于任何工程项目完全有必要投入足够的资金来减轻

这种风险。采取过于保守的假定而不做适当的勘探就来处理土的不确定性，这会导致设计的浪费和低效，甚至会使项目的可建造性出现问题，因此，需要把风险控制在一个适当水平。控制岩土工程风险的工作应由经验丰富的岩土工程专家来进行。

通常，建议使用三个阶段的方法：

（1）案头研究；

（2）现场踏勘；

（3）场地地质勘探。

通过现场试验也可以对上述方法进行增强和补充。

30.3.3　案头研究和现场踏勘

对于确定可能发生的，而需要做进一步勘探工作的场地灾害，案头研究和场地踏勘是必不可少的。在任何工程项目开始时，通常需要根据对从各种途径所取得的现有资料进行分析研究，并编制一份报告。该报告应包括待建场地的历史上的地图、平面规划图、空中（航拍）照片、各种设施和埋地管线资料、地质数据、其他公共档案和所收集到的邻近场地资料。因建设场地的不同，资料的实用性会有很大变化，通常在发达城市地区可以获得大量的有用信息，而偏远地区的场地资料较少。案头研究工作结果应该通过场地踏勘来加以增强和补充，以对有明显迹象或特征的特别危险部位进行确认。

30.3.4　场地地质勘探

场地地质勘探应针对在案头研究阶段所确认的场地危险，提供适当的资料以减轻这些危险。场地地质勘探还应提供地下室或基础的类型、埋置深度和位置等相关的资料。对于场地地质勘探中所采用的各种方法和技术，本章不做探讨。在 BRE 文献 472 期“场地地质勘探的优化”[4]（*Optimising Ground Investigation*）中，对采用合理的场地地质勘探方法的重要性进行了总结。施工规范 BS 5930[5] 包含了场地地质勘探内容，该规范目前已由 BS EN 14688[6] 对其做了部分更新。

必须承认，在勘探过程中，只可能勘探场地中的一小部分。因此即使进行了合理的地质勘探，也不能绝对地确定场地土质的全部情况。在选择设计参数和安全系数时，要承认和考虑到这一点。这也就意味着在施工过程中，当大部分土体被开挖时，观察和记录场地的土质情况是十分必要的。

30.3.5　现场试验

通过打试验桩，荷载试验和验证等措施有可能进一步降低岩土工程的不确定性。现场试验对于以下各项可能特别有用：

（1）证明桩的特定截面形式和打入方法是可行的；

（2）测量在桩打入过程中的噪声和振动，以降低对邻里或一些敏感基础设施的业主的影响；

（3）收集资料以形成打桩合同；

（4）荷载试验。

然而，如果对试桩进行荷载试验，应注意到试验时一组钢板桩的性能，在地下室开挖前以及与实际使用中的地下室支护墙的钢板桩的性能都会有明显差异。

30.4　选用钢结构地下室

30.4.1　整体地下室的设计

地下空间的拓展对于优化土地的使用常常至关重要，可以用做停车场、仓库或一些不需要自然采光的空间。同时，地下室既可与上部建筑物相连，也可独立建在空地或其他基础设施之下。浅埋地下室往往地下为一层，而深埋地下室可以为多层。

地下室的预期用途和平面布置会对钢板桩的选择产生影响。地下室的埋深、层数和层高、地下室楼板用做钢板支护墙永久支撑的可能性、防水要求及美观等都是现有考虑的影响因素。一般情况下，浅埋地下室采用钢结构比较合适。而钢结构在多层地下室中的使用也正在得到推广和普及。

地下室设计包括了各类构件的协调与配合。通常要包括挡土墙、楼板和建筑物的基础，还可能包括建筑物的核心筒、给排水设施和建筑的构造设计等。虽然本章主要侧重于钢结构挡土墙的应用，但对于整体设计而言，充分考虑其他构件的作用和影响也必不可少。

30.4.2　一般影响要素

在选择合适的地下室外墙设计方案和施工材料时，有许多需要注意的问题。无论采用何种建筑材料，都应在建设场地范围内，保证所选用的墙体使得地下室的使用面积最大化。

使用钢板桩的优势如下：

（1）比任何形式的混凝土墙的施工进度快；

（2）在和钢筋混凝土墙承载力相同的情况下，该结构占用的空间较少并增大了地下室的使用面积；

（3）能够更靠近场地红线进行施工，增大了建筑物的可用空间；

（4）适用于任何类型的土质条件；

（5）钢板桩埋入土中，不需要开挖另作墙体基础；

（6）与现场制作的构件相比，工厂制作的钢板桩组件质量高；

（7）具有很高的延性，可以降低弯曲应力和土的反力；

（8）易于取得美观效果；

（9）可以在其他工序之前进行打桩；

（10）在大多数情况下，钢板桩可以立即达到其承载力，一旦钢板桩支护墙安装完成，就可以进行地下室开挖；

（11）在实施了钢板桩焊接或其他排水措施后，即可对钢板桩进行防水试验，并能在交付使用前得到业主确认。

然而，在做出选择前应考虑所有相关因素。还应包括对建设场地的特定限制、设计和施工事项以及可持续发展等。

表 30-1 比较了地下停车场两个方案设计，设计人员对采用钢结构围护比混凝土结构围护所具有的潜在优越性做了预测，如能允许较大的变形，钢结构围护方案是可以接受的。

表 30-1　两层地下停车场方案设计比较（以逆作施工法，场地为软黏土在砾石和泥岩上）

截　面	PU32 等效	800mm 厚钢筋混凝土地下连续墙
刚度/$kN \cdot m^2 \cdot m^{-1}$	0.15×10^6	1.5×10^6
截面厚度/mm	452	800
最大变位/mm	56	35
最大弯矩/kN·m	800	1200
预期工期/月	2.5	4.5

CIRIA C580[7] 对不同类型的埋入式挡土墙的典型用途做了归纳和总结，指出典型的钢板桩挡土墙的高度范围，在悬臂时为 5m，用做支撑墙（propped wall）时为 4～20m。当然，这些尺寸会根据不同场地的条件而有变化，本章稍后将对此进行讨论。

CIRIA C580 的报告中指出：当墙厚小于 650mm 时，如果作为永久性防水来考虑，钢板桩支护墙通常最为经济，造价比固定咬合桩（hard/firm secant pile）支护墙稍低，折合每平方米的造价为地下连续墙的一半。

30.4.3　场地的具体因素

一栋建筑物是选择钢材还是选择混凝土作为建造材料，有许多因素受到建设场地的实际情况的制约。

在特定的场地中采用钢板桩建造地下室的适用性，会受到许多因素的制约，这些因素和在初步设计阶段所考虑的因素是类似的，在本章第 30.3.3 节中已做了介绍。这些场地因素会对钢结构地下室的建造及维护产生重大影响，例如：

（1）桩的可打入性能；

（2）土的变形；

（3）防水性能；
（4）噪声和干扰；
（5）耐久性和耐腐蚀性能。

30.4.4 施工顺序

当采用永久性的钢板桩地下室时，首先需要进行拆除或清理场地工作，然后进行周边钢板桩的施工。假如在地下水位以下进行开挖，那么可能要着手准备降水。

在钢板桩施工完成后，有三种施工顺序可供选择，包括悬臂法施工、“自下而上”法施工和“逆作”法施工。

30.4.4.1 悬臂法施工（cantilever）

在开挖至要求深度时，钢板桩支护墙成为悬臂式结构。然后在内部的已开挖空间中建造永久的地下室结构。

这种方法提供了一个无任何障碍的开挖空间，但支护墙可能会出现无法接受的大变形，而其设计会很不经济，因此，这种方法一般只适用于浅埋地下室。

30.4.4.2 “自下而上”法施工（bottom-up）

采用该方法时，开挖过程中要设置临时支撑。临时支撑可采用水平支撑、锚杆、土护堤（soil berms）或斜撑柱（raking props）等。开挖完成后，在设临时支撑的开挖区内建造地下室的永久结构。

采用这种施工方法可降低钢板桩的截面尺寸，并能限制其侧移，然而大跨度地下室可能需要大量的临时支撑，这会造成施工现场的拥挤。

30.4.4.3 “逆作”法施工（top-down）

这种施工方法是先浅挖部分地面，然后浇筑地面层楼板混凝土，并在楼板中预留洞口。下一步是以永久的混凝土板为支撑，通过洞口向下进行地下室开挖。当开挖至下一层楼板标高时，在该相应位置浇筑混凝土，最后浇筑基础底板。

采用这种施工方法可以降低钢板桩的截面尺寸和限制钢板桩的侧移，并且因为上部结构和地下室可以同时进行施工，与柱子施工相配合来加快整体施工进度。然而在永久混凝土板的下部开挖会比较缓慢和困难，因此，必须充分考虑工作环境的健康和安全因素，包括足够的通风和逃生通道等。

上述施工顺序也可结合起来使用，以适应特定工程项目的具体条件。有关选择的施工顺序所产生的影响，在本章第30.5.1节会进一步加以讨论。

30.4.5 地下室的防水及等级

钢材本身具有不透水性，板桩墙只要加强锁扣的紧密及底板的连接构造，就可达到防水的效果。

对于不同防水等级的地下室，在 BS 8102[8] 中规定了水和蒸汽渗入地下室内的容许标准。另外，CIRIA 139 [9] 提供了关于地下室防水的设计指南，而 ICE❶ 提出了"减少地下结构渗漏：业主指导书"（Reducing the risk of leaking substructure：A Clients guide）[10]，其中提供了不同防水等级的地下室对业主方和设计方的要求、实际处理方法，以及在此过程中的风险和处理步骤。

BS 8102 已在 2009 年进行了修订，把防水等级由 4 种改为 3 种。考虑到设计指南中涉及有旧版本的标准内容，表 30-2 中对两种分类方法做了比较。

表 30-2 地下室防水等级

等级	BS 8102：1990 说明和用途	BS 8102：1990 性能水平	BS 8102：2009 典型用途	BS 8102：2009 性能水平
1 级	基本用途：停车场、非发电机房、车间	容许有少量渗透和小片潮湿斑块	停车场、非发电机房、车间	根据预期的用途，容许有少量渗透和小片潮湿斑块，要求采用局部排水来处理渗水
2 级	较佳用途：要求干燥环境的工厂和机房、零售及储藏区域	无渗水，但容许有少量湿气	要求干燥环境的工厂和机房、零售及储藏区域	无渗水，但容许有少量湿气，要求采取通风措施
3 级	居住用途：有通风的居住和工作区域，以及娱乐中心	干燥环境	有通风的居住及商业区域，包括办公室、餐厅等，不包括娱乐中心	不得有渗水，根据需要采取必要的通风、抽湿或空调措施
4 级	特别用途：要求有特殊环境的档案库和储藏空间	完全干燥环境	不适用	

指南中规定了以下三种基本措施以防止水和蒸汽的渗透：

（1）A 型：防水层防护；

（2）B 型：结构自防护；

（3）C 型：排水防护。

以焊接连接的钢板桩能够提供 B 型防护，并且通过采取其他措施（如在支护墙内设排水空腔）就可以达到 C 型防护。

❶ The Institution of Civil Engineers（译者注）。

30.4.6 支撑形式

在本章第30.4.4节中，介绍了根据不同的施工顺序，在施工中可以用永久性结构，也可以用临时支撑来支承钢板桩支护墙。

可以采用的支撑形式有下列几种：

（1）楼板（永久性的）；

（2）预应力锚杆，灌浆钢筋束（永久性的或临时的）；

（3）非预应力锚杆，包括灌浆锚定桩（dead man）或螺栓锚杆等（永久性的或临时的）；

（4）横跨基坑的横向撑杆（临时的）；

（5）斜撑杆（临时的）；

（6）护堤（临时的）。

当使用楼板作支撑时，其预留的开挖孔洞，通常要提供机电排水设备管道和人员通行楼梯或升降机等施工服务设施，因此必须注意楼板开孔位置对楼板支撑作用产生的影响。当孔洞开在楼板的周边位置时，可能需要设置局部的横向加强筋或转换梁。

锚杆为开挖提供了支撑，同时又能保持施工现场整洁有序。该方法需要占用地下室范围以外的空间，若在拥挤的地段用这种方法就无法实施。提供抗拔承载力的方法可以有所不同，包括灌浆锚具，锚定墙或其他专门的系统。使用锚杆会比使用楼板和横向支撑弹性更大一些，因此需要考虑支护墙在正常使用极限状态下的变位是否满足设计要求。

横跨基坑的临时横向撑杆通常采用钢管，虽然其截面可能会相当大，但其刚度却比锚杆大得多。一般来说，因为该方法是利用对面支护墙背后的土压力来提供支承反力，所以按照正确方法设计的斜撑杆是提供临时支承的最有效的形式。如果对施工过程进行仔细的组织，一旦安装了横向撑杆，在整个开挖过程中就无须对其移动。横向撑杆比较长时，有必要考虑相应的温度效应。如果两边支护墙背围挡土的高差很大时，需要考虑钢板桩的水平侧移。

如果从所开挖的地面标高上能获得足够的承载力，就可采用斜撑杆。这种方法可以在地下室中部位置留出开敞的空间来进行其他施工，并且当地下室非常大时可采用这种方法。然而斜撑杆比横向撑杆法的效率低，而且要有合适的支承基础。在开挖过程中，斜撑杆也有可能需要移动位置，而且斜撑杆可以和护堤的方法结合使用以优化支撑效果。

当地下室在中部开挖时，通过沿着其周边筑起一道楔形护堤，在其他临时的或永久性支护措施完成前，为支护墙提供临时支护。使用护堤取决于土质，通常最适合的是硬黏土，因为硬黏土具有较高的短期强度。需要对护堤的稳定性进行复核，以决定护堤放坡和形状。

在本章第30.7节和第30.8节中，会涉及到支撑设计的详细内容和参考资料。

30.4.7 耐火性

在规划阶段应认真考虑结构的耐火性能要求。与建筑物的任何其他部分一样，消防工程的设计规定与要求适用于钢结构地下室，包括火灾荷载、几何形状、结构的热工性能和通风条件等。

火灾荷载是对一栋建筑物内的可燃烧物体的度量。由于地下室多用于储物或车辆停放，故地下室的火灾荷载可能相对较高。

主动式消防系统，如自动喷淋及其他消防设施，用以防止火灾蔓延。

也可采用被动式消防系统来降低对结构构件的温度影响。对于建筑物的柱子可以使用膨胀型防火涂料，钢板桩的表面可以采用防火阻燃涂料保护。而在钢板桩挡土墙背后的岩土，对于降低温度和延缓温度提升速率，也会产生有利的影响。

30.5 地下室的详细设计：概述

30.5.1 整体设计方法

在施工过程中与建筑物建成使用后，地下室挡土墙墙上的荷载条件通常会有很大的不同。因此有时很难确定最不利的荷载工况，以及需要考虑对各种不同设计工况进行分析。目前有三种通用的设计方法，每一种方法的适用范围往往会受到业主采购策略的影响。

在多层地下室中，考虑永久荷载工况作用，设计得到的钢板桩截面通常会比较小，但是，这可能需要施工承包商进行烦琐和昂贵的临时工程，以确保在施工过程中支护桩墙的荷载不会大于正常使用条件下的荷载。

对施工阶段的设计进行优化，可以减少大量的、会引起施工场地拥挤的支撑或其他临时设施，从而加快施工进度。这就意味着按照施工中比较苛刻的条件来设计钢板桩支护墙，其截面就会比在正常使用条件下的截面大，因此造成钢板桩的长度和截面尺寸的浪费。

可以选择第三种设计方法，其中设计采用的土参数基于“可能值（概率值）”来代替比较保守的“标准值”。然后对钢板桩支护墙在施工过程中的性能进行监测，并对预定的性能容许要求进行复核。当监控中发现支护墙的性能超出容许要求时，应实施相应的应急措施。这种方法称为“监控方法”（observation method）。在 CIRIA 报告 R185“岩土工程中的监控方法：原理及应用”（*Observational method in ground engineering: principles and applications*）[11]和欧洲规范 7 第 1 部分的 第 2.7 节中[12]，提供了更详细的数据及资料。同时，这种方法可以节约大量的材料和施工费用，但它需要进行密切的施工监控，并且最终确定要采取应急措施时，就可能面临相应的工期和成本增加的风险。

当采用第二种或第三种方法时，通常要求承包商在项目的前期参与，承包商可以凭顾问的身份在设计阶段参加工作，或采用设计施工总承包（Design & Build）合同的模式。另外，需要认识到如果设计人员所假设的施工顺序与承包商首选的施工方案不一致时，承包商可能会在施工过程中要求进行设计变更。

30.5.2 按照欧洲规范设计

在欧洲规范颁布之前，挡土墙的岩土工程设计是根据 BS 8002 来进行的，并参考了 CIRIA 104：《嵌固在硬黏土中的挡土墙设计》（*Design of retaining walls embedded in stiff clay*）[13]。在 2003 年出版了一份最新的 CIRIA C580 指南：《嵌固式挡土墙——经济设计指南》（*Embedded retaining walls-guidance for economic design*）[7]。CIRIA C580 报告中所提出的设计方法是基于欧洲规范 7 的初稿，当时欧洲规范 7 还正在研发过程中。虽然两者的理念相近，但与在 2004 年颁布的欧洲规范 7 最终版本中所陈述的实际设计方法在具体细节上有所不同。

挡土墙的结构设计遵照欧洲规范 3：《钢结构设计（分册 5）——桩》[3]（*Design of Steel Structures Part 5 Piling*）的相关要求，该规范已取代了 BS 5950：《建筑物中的钢结构应用》（*Structural Use of Steelwork in Building*）。

综上所述，岩土工程设计实际上就是支护墙和土的相互作用分析，从而确定作用在挡土墙中的荷载、弯矩和变形，并对墙体稳定的几何形状做出限定，包括墙体的埋入深度。而挡土墙的结构设计则是确定尺寸和墙体构件的技术参数，即墙体截面、支撑和连接等。整个设计过程需要进行互动和迭代。

30.5.3 岩土工程极限状态

在欧洲规范 7 第 1 部分[12]第 9 章中，对挡土墙设计内容做了介绍。欧洲规范描述了极限状态设计方法，并要求至少应考虑以下极限状态：

（1）整体稳定；

（2）结构构件和构件的连接；

（3）土和结构构件同时失效；

（4）基坑底部在水压作用下隆起和管涌；

（5）过大的土变形引起附近建筑物或设施损坏或倒塌；

（6）渗漏超限；

（7）土体位移超限；

（8）地下水位变化超限。

相应的极限状态，见图 30-8。

上述极限状态中，前三种失效模式是普遍适用的，而后五种失效模式则更多的是根据实际场地条件而定。通常可以在工程的前期，根据初步案头研究、地质勘探和对

资料的研究及风险评估，来判断和说明形成后五种极限状态的充分性。

在设计中，首先要确定墙体上的作用。对于不同类型的挡土墙，欧洲规范7考虑了在各种可能情况下发生的作用。而与钢板桩支护墙直接相关的作用包括：

（1）回填物的自重；

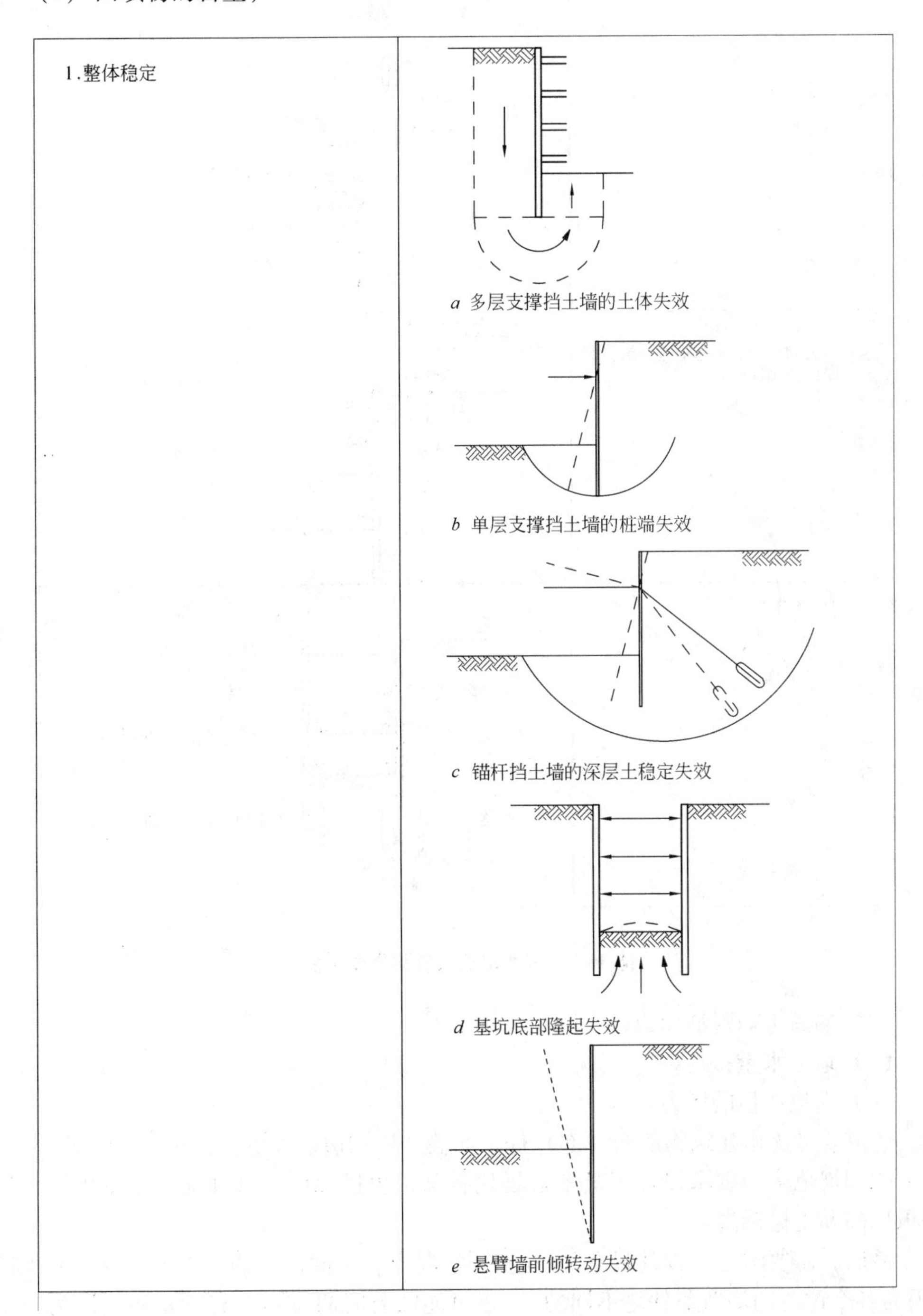

a 多层支撑挡土墙的土体失效

b 单层支撑挡土墙的桩端失效

c 锚杆挡土墙的深层土稳定失效

d 基坑底部隆起失效

e 悬臂墙前倾转动失效

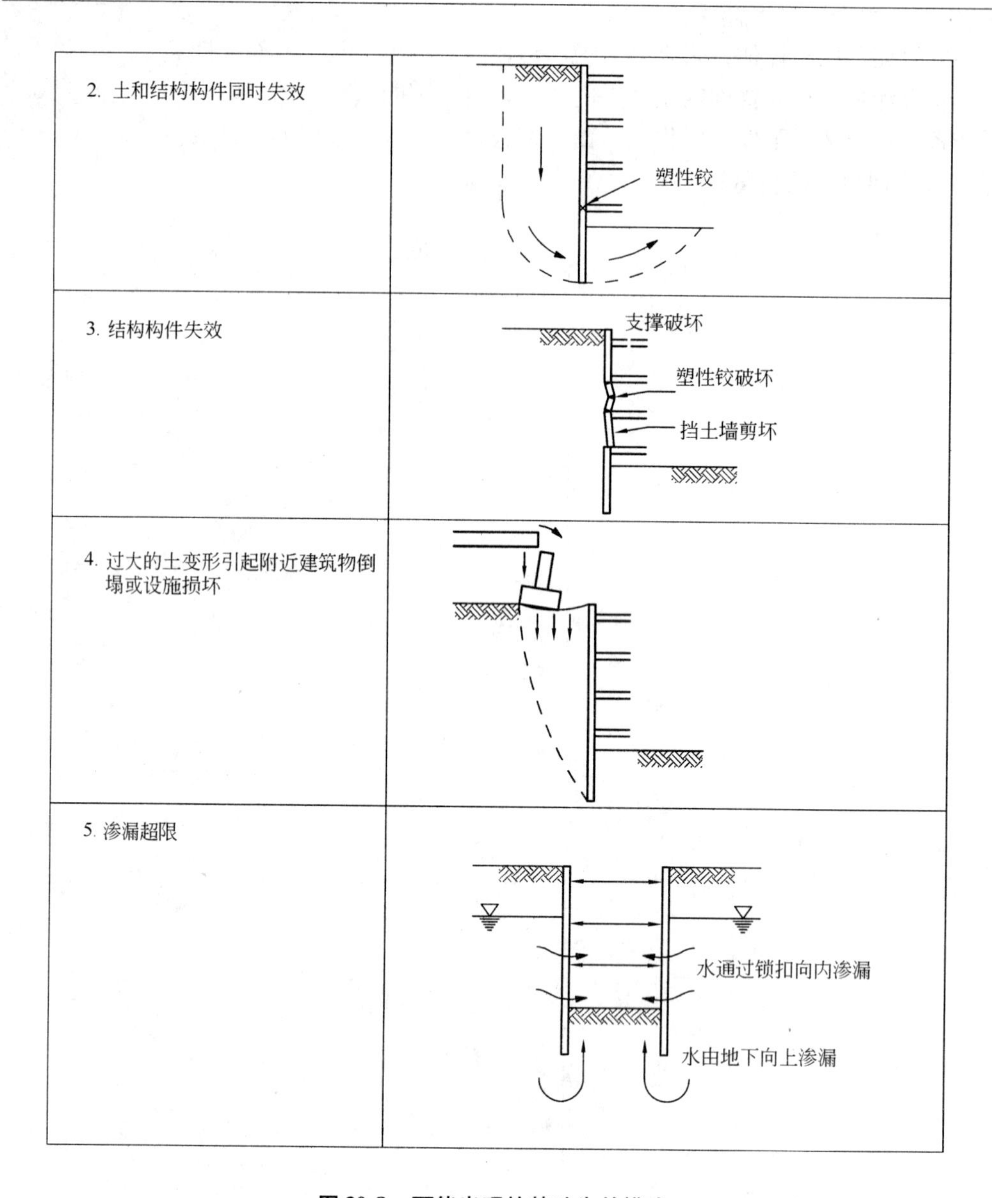

图 30-8　可能出现的基础失效模式

（2）墙后地面附加压力；

（3）地下水重；

（4）渗流产生的压力。

还需要考虑由建筑物的构（部）件，如墙、柱和楼板等所引起的竖向荷载。

欧洲规范 7[12] 要求设计人员考虑场地状况，包括地面标高和地下水水位，各层楼板标高和支撑标高。

最后，需要考虑“设计状态”。在实际情况下，不同位置的构件可能会有所不同（因为各个位置的场地条件是不同的），还可能随着时间不同而有所差异（因为在施

工过程中场地条件可能每天发生变化，也可能是长期的逐渐发生变化）。与钢结构地下室挡土墙相关的变化包括土质和土层的变化：

（1）地下水的变化；

（2）结构形式的变化；

（3）荷载作用的变化（包括地面附加压力和结构荷载）；

（4）由某些因素引起的土变形所产生的影响；

（5）由锈蚀引起的截面削弱。

30.5.4　分析工具

虽然简单的结构形式（如悬臂式或单支撑钢板桩墙）可以使用极限平衡分析法进行手算，但通常还是使用计算机软件进行计算分析。

要保持支护墙整体稳定，需要确保足够的嵌固深度。可以采用简单的方法，如固定端法（适用于悬臂式挡土墙），或自由端法（适用于支撑式挡土墙）。

可以采用土-结构相互作用分析软件，来确定支护墙中的弯矩和支撑内力，并对墙体的变形做出评估。通常可以使用基床反力或弹簧模型，也可以采用拟有限元法进行分析。

土-结构相互作用分析法可以估算出作用在墙体设计断面上的土压力分布。由于在分析中考虑了墙体和土体的相对刚度，使用这种方法来估算土压力分布，与在考虑整体稳定时所使用的简化方法相比，更接近实际的土压力分布情况。

图 30-9 给出了一个典型的锚杆挡土墙，采用土-结构相互作用分析方法得出的土压力分布。与简化的极限平衡分析法相比，土-结构相互作用分析法具有以下优点：

（1）可以估算土的变形；

（2）可以模拟施工顺序所产生的影响；

（3）可以模拟墙体的刚度和土的刚度所产生的影响。

对于更复杂的问题，例如在三维影响很明显，或者土的变形对邻近敏感结构的影

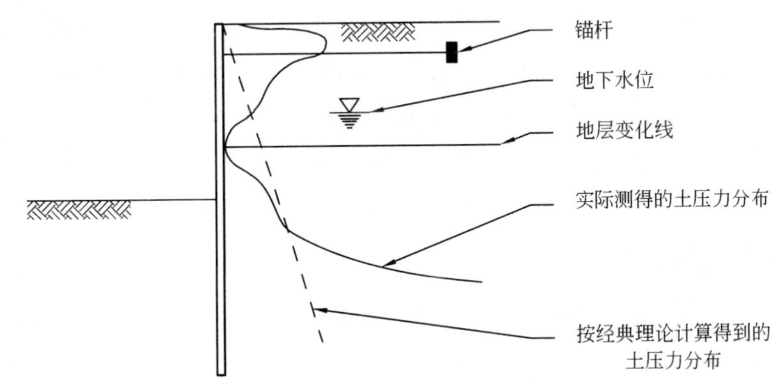

图 30-9　柔性钢板桩桥台的水平土压力实际分布

响相当大时，可以进行全面的2D或3D有限元分析。

对于嵌入式挡土墙分析，目前流行的计算机软件包括：

（1）Geocentric ReWaRD；

（2）Osays STAWAL；

（3）Oasys FREW；

（4）Gepsolve WALLAP；

（5）Plaxis（Finite Element）。

30.6　地下室的详细设计：岩土参数选择

30.6.1　概况

如本章第30.3节所述，不存在绝对固有的岩土参数可以用于挡土墙的设计。由于岩土特征的可变性，对于任何岩土参数都需要考虑在可能范围里的变化。如在欧洲规范7[12]指出："应该谨慎地选择岩土工程用设计参数的标准值，因为会对达到极限状态产生影响。"

在选择恰当的岩土参数时还应考虑所采用的分析方法的类型。在使用"监测法"设计时，不同的岩土参数会适用于不同的极限状态。土-结构相互作用分析中，黏性土的短期（排水）或长期（不排水）等不同阶段要使用不同的岩土参数。不同的应变范围也会影响岩土参数的选择。

岩土参数通常可以通过一些综合的方法来确定，包括：

（1）现场直接量测或实验室中量测；

（2）通过现场或实验室试验数据对比整理的间接量测；

（3）当地的经验；

（4）公开发布的数据；

（5）反演分析（back analysis）。

从这些有可能通过上述方法获得的大量数据中，欧洲规范7给出了所采用的"标准值"。一般而言，标准值通常会比平均值或"最可能值（最大概率值）"更保守。在欧洲规范7的第2.4.5.2条中详细说明了标准值的意义。

挡土墙设计中常用的土的特性，见本章以下各节所述。

30.6.2　剪切摩擦角

对于不同土质情况和不同的设计工况，需要选择适当的有效剪切摩擦角（φ'）。

针对一种特定的土可能会有三种不同的φ'值，按照由大到小顺序分别为峰值φ'_{peak}、临界状态值φ'_{crit}和残余值φ'_{r}。较常见的是在峰值φ'_{peak}和临界状态值φ'_{crit}之间进

行选择。一般而言，没有必要过于保守采用残余值 φ'_r，除非在墙体附近的土中已存在滑移面，而需要将其考虑为一种极限状态失效机制。

可以通过试验室测试来确定剪切摩擦角。但是，更常用的是采用与现场试验结果相关的经验公式，例如标准贯入试验（SPT）和其他实验室测试方法，如颗粒级别和类型分析（grading and index testing）。为了确定相应的剪切摩擦角，也经常采用按当地的现有资料和经验进行反演分析的方法。

BS 8002[14]给出了对于黏土（根据塑性测试）、沙土（根据颗粒测试）和弱破碎岩（根据岩石分类）的临界状态值 φ'_{crit}进行估算的一种保守方法。该标准还包括标准贯入试验（SPT）的锤击数“N”和沙土的 φ'_{peak} 值对应关系公式。在 CIRIA 报告 143[15]中，对与标准贯入试验（SPT）的相关性方面的资料做了更多的介绍。

30.6.3　土刚度

在土-结构相互作用的分析中，土的刚度是一个重要的组成部分，而且与土的应变是有关的。通常挡土墙是在土处于“小应变”的范围内工作的，其结果是土的刚度要比土处于“大应变”范围时大。土的刚度可通过现场测试方法直接得到，如采用自钻式旁压仪并结合实验室试验，以及与其他试验方法（如标准贯入试验和静力触探试验等）的相关性来求得。存在多种相关关系，在 SCI 出版物 第 187 号[16]的 4.6 节中和 CIRIA 报告第 143 号[15]中，对其中一部分相关关系做了归纳和总结。然而，某些相关关系的范围较大，需要根据预期的土的应变状况而慎重选择合适的数值。另外，土的刚度还可能随一个特定土层的深度而改变。

30.6.4　容重

容重 γ，即单位立方体的质量，用来计算覆盖承压力，并由此得出对墙体的土压力。虽然此数值可以在试验室通过测试取得，但是一旦土样受到扰动，就无法重现场地的实际数值，因此对颗粒状的材料很难取得有代表性的结果。

使用已公开发布的数据来确定土的容重是比较常用的方法。这些建议值基于现场原位容重的分级和定性评价，通常可以根据钻孔的描述和现场试验确定。

BS 8002 给出了各种土的容重的建议值，如表 30-3 所示。对于，当沙土分别在地下水位以下或在地下水位以上时，要考虑其饱和容重和体积容重的差异，因为水会代替空气充满土的空隙。黏性土的容重变化可以忽略不计。

表 30-3　土的容重

土 类 型	体积容重/kN · m^{-3}	饱和容重/kN · m^{-3}
松散砾石	16	20
坚实砾石	18	21

续表 30-3

土类型	体积容重/kN·m^{-3}	饱和容重/kN·m^{-3}
松散且均匀分布沙土和砾石	19	21.5
坚实且均匀分布沙土和砾石	21	23
松散的粗或中沙土	16.5	20
坚实的粗或中沙土	18.5	21.5
松散的细或粉沙	17	20
坚实的细或粉沙	19	21.5
软黏土	17	17
硬黏土	18	18
坚实黏土	19	19
很坚实黏土	20	20

30.7　地下室的详细设计：岩土分析

30.7.1　有效应力分析

在考虑长期效应时，要采用排水条件下的有效应力分析。在一个给定的深度处，主动土压力 σ'_a 和被动土压力 σ'_p，都是该深度处的有效竖向压力和所考虑土层的强度的函数。在任一特定的深度，有效水平主动和被动土压力的极限值由下式确定：

$$\sigma'_a = k_a\left(\int_0^z \gamma \mathrm{d}z - u + q\right) - 2c'\sqrt{k_a}$$

$$\sigma'_p = k_p\left(\int_0^z \gamma \mathrm{d}z - u + q\right) + 2c'\sqrt{k_p}$$

式中　σ'_a——作用在某一深度上的有效主动土压力；

σ'_p——作用在某一深度上的有效被动土压力；

γ——体积容重（当位于地下水位以下时，取饱和容重）；

z——地表面以下的深度；

u——孔隙水压力；

q——作用于地表面的均布附加荷载；

c'——土的有效抗剪强度；

k_a，k_p——土压力系数。

30.7.2　总应力分析

作用在挡土墙上的总水平主动和被动土压力按下式计算：

$$\sigma_a = \sigma'_a + u \quad 和 \quad \sigma_p = \sigma'_p + u$$

式中，u 为孔隙水压力。

当在施工过程中只考虑短期效应时，要考虑黏土在“不排水条件下”的性能。这对于只考虑在短期的、不排水条件下进行设计的临时工程可能是比较合适的。但是，对于永久性的钢板桩挡土墙要同时考虑短期和长期效应。

30.7.3 土压力系数

土压力系数 k_a 和 k_p 与土的有效剪切摩擦角 φ'、墙与土接触面的摩擦系数 δ，以及地表面夹角有关。

欧洲规范 7[12] 的附录 C 给出了确定土压力系数的图表和一种数值计算方法。

30.7.4 静止土压力

当挡土墙没有发生变形时，应采用“静止”土压力，对于常规固结土在地表面处的土压力系数 K_0 可按下式计算：

$$K_0 = 1 - \sin\varphi'$$

对于超固结土，K_0 会大于 1 并且可能随着深度而改变。对于一些特殊的土层，K_0 可以从一些已公开发布的历史文献中得到，或者通过现场测试得到 K_0 值。

通常，钢板桩都太柔而不能采用静止土压力来作为其设计荷载，当然也有个别特殊情况可以采用静止土压力。在钢板桩施工之前，进行土-结构相互作用的初步分析时可以采用静止土压力。

30.7.5 墙和土体之间的摩擦力

钢板桩墙和砂土之间的最大摩擦力通常取 $\delta = 2/3\varphi'$。然而，如果有降低摩擦力的因素存在，或者在钢板桩表面有减少摩擦力的涂层，就应该考虑对该值进行折减。

当墙体承受较大的竖向荷载时，墙体相对于邻近土体的沉降变位就会抵消墙和土之间摩擦力的有利影响，当计算土压力系数时，应假设 $\delta = 0$。同样，为了便于钢板桩的施打，采用了一些专门的辅助措施来降低土的摩擦力，这时应假设 $\delta = 0$。

对于在黏土中施打的钢板桩，在不排水条件下的分析中，不应该考虑短期效应中的墙和土之间的摩擦力和黏着力，因为在打桩过程中这些摩擦力和黏着力会受到破坏，并且只会随着时间变化才得以逐步形成。这可能会影响在模拟施工阶段所使用的参数。

30.7.6 水压力

静水压力 U，可以按下式计算：

$$u = \gamma_w Z_w$$

式中，Z_w 为水位以下的深度；γ_w 为水的密度。

在支护墙有渗漏或者支护墙背后的土中有地下（暗沟）排水时，需要考虑非静水位（动水位）分布的影响。在特定的施工阶段进行降水开挖时，非静水位（动水位）分布也会发生变化。

不同的地下水分布情况可能适用于不同的设计极限状态。如洪水或水管爆裂等一些极端情况，可能会在结构的使用期内发生，这就会导致地下水位要远远高于常规水位，这种情况应当作为一种极限状态适当加以考虑。

在正常使用极限状态设计中，应该考虑在正常情况下的最不利的水位，包括季节性的地下水位变动。

对于特定场地的地下水数据，建议收集多个季节的地下水资料。若缺乏这些资料时，可以采用 BS 8102[8] 的以下建议：

（1）当地下室深度不超过 4m 时，地下水的设计水头通常可取地下室地面以下高度的四分之三（但不少于 1m）；

（2）当地下室深度超过 4m 时，地下水位可取地面以下 1m。

当地下室底板标高普遍低于周边的地下水位时，要考虑上浮的影响。除了在设计地下室底板及其连接要考虑承受这一浮力外，还要考虑如何在土-结构相互作用模型中反映这种影响。

30.7.7 压实压力

当在挡土墙的迎土面进行回填时，要考虑压实压力（compaction pressures）。但是考虑到已打入钢板桩，在紧靠墙体部位应该使用小型机械进行夯实，而且回填深度通常会比较小，因此压实压力一般会小于设计中考虑的施工阶段的附加活荷载，并且压实压力几乎不会起控制作用。

30.7.8 结构单元的模拟

为了采用土-结构相互作用模型进行挡土墙分析，需要对结构构件的特性参数做出估计。由于分析是用来确定钢板桩墙构件的截面尺寸的，而墙和支撑的刚度会影响构件的变形、内力和弯矩，因此，整个分析过程经常是一个反复迭代的过程。

30.7.9 墙体的抗弯刚度

在大部分土-结构相互作用分析计算模型中，墙体的抗弯刚度（或其部件的抗弯刚度）以 EI 来表示，其中，E 为钢材的弹性模量；I 为截面惯性矩。

就钢板桩而言，以手算方式来计算 I 值是很复杂的，通常可以从钢板桩供应商的

数据表中得到。但是，这些公开发布的数据考虑需要按照欧洲规范 3 第 5 部分的第 6.4 节进行修正，该规范规定了钢板桩的有效抗弯刚度。其计算方法如下：

$$(EI)_{eff} = \beta_D(EI)$$

式中，β_D为考虑钢板桩锁扣不能完全传递剪力时的折减系数。对于 Z 形钢板桩不受这种影响，可取β_D为 1.0。而 U 形钢板桩的β_D值，可以根据欧洲规范 3 第 5 部分[3]的英国国别附录中表 NA-2 的规定来确定。该规范可以考虑不同的工况、水平支撑和约束的层数、钢板桩是单根安装还是组合后安装，以及场地土条件的不同等级等情况。

对于以单桩形式打入、无支撑的悬臂式支护墙，并处于非常不利的土体条件下时，β_D值最小可取 0.3。由于钢板桩的抗弯刚度对其使用的可行性会产生严重影响，因此需要采取各种措施来改善β_D值。对于在相同支撑条件和场地土条件下，通过打入采用扣紧或焊接连接的成对钢板桩，β_D值可以得到显著的加强。英国国别附录建议读者浏览“Steel Piling Group”[7]网页，了解β_D值选用的进一步要求。

因为钢板桩的刚度取决于截面大小，而截面又是根据分析确定的，当没有其他方法帮助确定初始刚度时，应该通过考虑桩的最小可打入截面（参见本章第 30.8.8 节）以及由于锈蚀而需要预留的截面厚度（参见本章第 30.8.9 节），来确定其最小截面。

30.7.10 支撑的刚度

永久性楼板、临时的或永久的支撑（通常为钢制的，可以是水平支撑或斜撑杆）、锚杆或护堤均可以用做支撑。在 CIRIA C580[7]报告的第 7.2 节中，对原位土护堤的不同模拟方法做了介绍。

在土-结构相互作用分析模型中，需要有结构支撑体系的轴向刚度 k，该刚度的常规表达形式为：

$$K = AE\cos^2\alpha/LS$$

式中 A——支撑的截面面积；

E——支撑材料的弹性模量；

L——支撑的有效长度；

S——支撑间距；

α——支撑的水平倾角。

如果支承是由一连续的水平板提供的，上述公式可简化为：

$$K = AE/L$$

然而，如果板内有较大的孔洞，刚度应该进行折减。

支撑的有效长度一般取开挖宽度的一半，即支撑跨度的一半。但对于锚杆或斜撑杆，支撑的适当的有效长度主要取决于锚杆/斜支撑的布置。在复核支撑的刚度对整体结果的影响时，应以较大和较小支撑刚度进行审慎的敏感度比较分析。

30.7.11 设计方法

欧洲规范 7 规定了三种不同的设计方法，涉及了作用、材料和抗力的分项系数的不同组合形式。各国的国别附录规定了确定在本国采用哪一种设计方法，在英国采用设计方法 1。对于其他地区，可参阅相应的国别附录。

设计方法 1 要求采用以下两种设计组合中的一种（受轴向荷载作用下的桩和锚杆等构件除外）：

组合 1：$A1+M1+R1$；

组合 2：$A2+M2+R1$。

其中，A、M 和 $R1$ 为欧洲规范 7 第 1 部分的国别附录中所确定的参数组。在表 30-4 和表 30-5 中给出了 A 值和 M 值。对于嵌入式挡土墙的 $R1$，可取为 1.0。

表 30-4 欧洲规范 7 第 1 部分的英国国别附录中的作用分项系数

系　数	$A1$ 组	$A2$ 组
作用：永久的、不利的	1.35	1.0
作用：永久的、有利的	1.0	1.0
作用：可变的、不利的	1.5	1.3

表 30-5 欧洲规范 7 第 1 部分的英国国别附录中的材料分项系数

系　数	$M1$ 组	$M2$ 组
土体：$\tan\varphi'$	1.0	1.25
土体：C'（有效黏滞力）	1.0	1.25
土体：C_u（不排水条件下的剪切强度）	1.0	1.4
土体：γ（容重）	1.0	1.0

如本章第 30.5.2 节指出的，在所使用的土参数和分项系数上，欧洲规范 7 第 1 部分的国别附录中给出的方法与 CIRIA C580 报告[7]所给出的设计方法 A ~ 设计方法 C 稍有不同。

在岩土工程中，通常“作用”会涉及到地面上附加荷载（如活荷载或邻近基础的荷载），以及由结构其他部分传来的荷载。然后，把岩土分析得到的弯矩和支撑力用于墙体构件结构设计的“作用”，这方面能力会在本章第 30.8.6 节予以详述。

对于受轴向荷载的桩和锚杆，设计方法 1 的组合如下：

组合 1：$A1+M1+R1$；

组合 2：$A2+(M1$ 或 $M2)+R4$。

在组合 2 中，$M1$ 用于计算桩或锚杆的承载力，$M2$ 用于计算桩上的不利作用，如表面的负摩擦力或横向荷载等。在欧洲规范 7 第 1 部分国别附录的附录 A[12] 中，给

出了不同设计工况下的 $R4$ 值。

30.7.12　超挖

在极限状态设计中，钢板桩前的土体对钢板桩的稳定是有帮助的，因此需要考虑超挖深度 Δa 的影响。一般情况下，超挖深度可取挡土高度的10%（或在设支撑的墙中，取最低支撑处至开挖面之间的距离），但不得大于0.5m。

对有永久性楼板的地下室，一般认为超挖的风险很小，可取 $\Delta a=0$。但是，在地下室底板完工前的临时施工阶段，应该对超挖有适当的限制。

30.7.13　分析顺序

如前所述，在设计中所采用的顺序通常是反复迭代，但大体顺序如下：

（1）确定：

1）形状；

2）土层分布；

3）地下水条件；

4）截面锈蚀量；

5）其他荷载。

（2）根据以下情况，规定设计工况：

1）极限状态；

2）形状的变化，包括超挖的允许值；

3）土层分布的变化；

4）正常和极端地下水条件；

5）荷载条件的变化；

6）按照欧洲规范7的设计方法和组合系数。

（3）采用极限平衡法确定在承载力极限状态时墙体需要的嵌入深度（注：某些土-结构相互作用分析软件可做此分析）。

（4）验算满足竖向荷载承载力的桩长（如需要）。

（5）验算桩的嵌入深度，以满足对桩长的限制要求（参阅本章第30.8.8节和30.9.1节）。

（6）规定假定的施工顺序。

（7）采用以上给定的参数，用土-结构相互作用模型进行分析。

（8）根据分析结果和适当的分项系数，确定最不利的作用（包括弯矩和支撑力）。

（9）确定结构所需截面。

（10）必要时重复以上顺序以优化结构构件。

30.8 地下室的详细设计：结构设计

30.8.1 欧洲规范3和其他设计资料的应用

在欧洲规范：结构设计基础（*Eurocode*：*Basis of Structural Design*）中包括了结构设计的一般规定；在欧洲规范3第1部分给出了钢结构设计的规定，而在欧洲规范3第5部分中，针对钢板桩设计则提供了相关的设计指导。

本节主要讨论钢板桩的结构设计问题。关于更多的用于常规设计的问题，可参阅本手册第14~19章的相关内容。

特殊钢板桩截面特性的相关数据，可参阅《桩基手册》（*The Piling Handbook*）[2]和供货商提供的资料。

30.8.2 术语及约定

锁扣连接件是钢板桩或其他板桩的组成部分。它采用如拇指和食指相扣（a thumb and finger）或类似的构造把相邻的钢板桩连接成连续的墙体。锁扣连接可分类为：

（1）自由连接（free）：不用压接和焊接的带法兰连接（threaded interlocks）；

（2）压接连接（crimped）：带法兰的单钢板桩通过在压接点进行机械连接；

（3）焊接连接（welded）：带法兰的单钢板桩通过连续焊或间断焊进行机械连接。

在欧洲规范3第5部分[3]的第1.9节中，规定了所采用的轴线约定，并指出该规定和欧洲规范3第1.1部分有所不同，在文献和资料的交叉引用中应予以注意。在欧洲规范3第5部分中，*Y-Y*轴是平行墙体而与截面无关。当然在大多数情况下，只会产生一个方向的弯矩，所以无须规定坐标轴的指向。

30.8.3 钢材强度

按照欧洲规范3第5部分[3]的要求，在表30-6和表30-7中给出了热轧和冷成形钢板桩的名义屈服强度。

表30-6 热轧钢板桩的屈服强度和抗拉强度（符合EN 10248-1）

钢材牌号（符合EN 10027）	屈服强度f_y/N · mm^{-2}	极限抗拉强度f_y/N · mm^{-2}
S240 GP	240	340
S270 GP	270	410
S320 GP	320	440
S355 GP	355	480
S390 GP	390	490
S430 GP	430	510

表 30-7　冷成形钢板桩的屈服强度和极限强度（符合 EN 10249）

钢材牌号（符合 EN 10027）	屈服强度 f_y/N·mm^{-2}	极限抗拉强度 f_y/N·mm^{-2}
S235 JRC	235	340
S275 JRC	275	410
S355 JOC	355	490

30.8.4　结构极限状态

在本章第 30.5.3 节中介绍了前三种承载力极限状态，欧洲规范 3 第 5 部分[3]对此再次做了说明，并列出了适用于钢板桩挡土墙的结构破坏模式：

（1）由弯曲和/或轴向力导致的失效；

（2）考虑所提供的土体约束，由整体弯曲屈曲导致的失效；

（3）由整体受弯引起的局部屈曲；

（4）在荷载作用点产生的局部失效（如腹板褶曲）；

（5）疲劳（注：施工过程中的冲击和振动影响可以忽略不计）。

对于挡土墙在正常使用极限状态下的设计要求，取决于具体工程项目对于墙体变形和周边土体变形的限制。

欧洲规范 3 第 5 部分要求在进行正常使用极限状态下的墙体分析时，应采用土-结构相互作用分析，使用结构线弹性模型进行，不允许有塑性变形发生。

30.8.5　截面分类和抗弯承载力设计值计算

与欧洲规范 3 第 1.1 部分类似，欧洲规范 3 第 5 部分把钢板桩截面分为四个类别。截面类别会对所采用的结构分析类型和抗弯承载力设计值的计算产生影响。欧洲规范 3 第 5 部分的表 5-1 中，根据截面的厚宽比和强度，规定了Ⅰ～Ⅲ类桩截面。在供货商的产品资料中所提供的桩截面特性表，通常按不同的钢材强度等级给出截面分类。

大部分热轧钢板桩截面属于第Ⅱ类或第Ⅲ类，只有一些较小的 U 形截面为第Ⅳ类。冷轧钢板桩截面通常为第Ⅳ类。应当指出的是，由于锈蚀的影响，截面类别可能会随着时间而改变（参阅本章第 30.8.9 节）。

表 30-8 归纳了对于不同截面类别桩的设计要求。

表 30-8　基于桩等级的分析要求和抗弯承载力设计值

桩截面类别	需要进行的分析类型	抗弯承载力设计值 $M_{c,Rd}$
第Ⅰ类截面	如有足够的转动能力（见附录 C），可进行塑性分析（包括弯矩重分布）来确定截面	$\beta_B W_{pl} f_y/\gamma_{M0}$
第Ⅱ类截面	必须进行弹性整体分析，但可取截面的塑性承载力来确定截面	$\beta_B W_{pl} f_y/\gamma_{M0}$

续表 30-8

桩截面类别	需要进行的分析类型	抗弯承载力设计值 M_c，R_d
第Ⅲ类截面	应采用弹性整体分析方法并按截面弹性应力分布来进行设计，允许截面边缘部分屈服	$\beta_B W_{el} f_y / \gamma_{M0}$
第Ⅳ类截面	要考虑局部屈曲对截面承载力的影响来确定截面	设计应符合附录 A

注：β_B为考虑锁扣连接可能无法传递剪力而设定的折减系数；W_{pl}为连续墙的塑性截面模量；W_{el}为连续墙的弹性截面模量；f_y为屈服强度，见本章参考文献［3］；γ_{M0}为分项系数，取 1.0，见欧洲规范 3 第 5 部分的英国国别附录。

与弯曲刚度系数β_D类似（见本章第 30.7.9 节），β_B主要适用于 U 形截面桩，对于 Z 形截面桩取为 1.0。在欧洲规范 3 第 5 部分[3]的英国国别附录的表 NA-2 中给出了不同情况下的β_B值，同时考虑了支撑/约束的层数、钢板桩是单根安装还是组合后安装、土体条件是否合适等。英国国别附录建议读者浏览“Steel Piling Group”网页，了解β_B值选用的进一步要求。

W_{el}和W_{pl}值可以在供货商的文件中得到，要考虑由锈蚀引起的厚度损失，有关内容详见本章第 30.8.9 节的介绍。

30.8.6　不受轴向荷载的截面

对于不受轴向荷载作用的截面，欧洲规范 3 第 5 部分要求：

$$M_{Ed} \leqslant M_{c,Rd}$$

式中，$M_{c,Rd}$为承载力设计值，见本章第 30.8.5 节；M_{Ed}为弯矩设计值，按照欧洲规范 7 第 1 部分[12]中的相关情况计算得到，见本章第 30.7.11 节。

30.8.7　受轴向荷载的截面

当钢板桩受轴向荷载时，根据欧洲规范 3 第 5 部分的第 5.2.3 节的要求，需要考虑屈曲失稳。

此外，还应考虑由于允许误差所产生偏心、预计产生的位移等导致的弯矩增加。

在上述欧洲规范 3 第 5 部分[3]的第 5.3 节中，还包括了端承桩承载力的相关内容。

30.8.8　桩的可打入性

在选择钢板桩截面时，还需要考虑桩的可打入性（drivability）。在《桩基手册》（*The Piling Handbook*）[2]中，以图表的形式给出了当对应于不同桩长和不同打桩方法

时，在“容易的”、“正常的”和“困难的”施打条件下的桩的最小截面。

在该章节中，还给出了许多表格，对“容易的”、“正常的”和“困难的”施打条件与沙土的标准贯入试验（SPT）的锤击数和黏性土的不排水条件下的剪切强度值之间的关系做了定义。

打桩时采取辅助措施可以改善桩的可打入性，从而增加桩的被打入深度，这方面内容会在本章第30.10.7节中做进一步的讨论。因为这些措施会影响所使用的土的设计参数，必须在设计阶段就要考虑有可能会使用喷水或预钻孔等技术。

由于打桩设备和打桩技术在不断改善，所以与专业承包商讨论并优化打桩施工方案是十分有益的。

当对桩的施打方法和所选择的桩截面是否能达到设计深度有疑问时，可以进行试打来确认建议方案的可实施性。

30.8.9 耐久性/耐腐蚀性

在欧洲规范3第5部分的第4章中，有钢板桩耐久性设计的相关介绍。有两种抗腐蚀的基本方法，第一种方法是允许材料受到腐蚀，在设计时根据计算确定的所需截面厚度上增加一个腐蚀损耗厚度。第二种方法是采取某些措施来保护钢板桩，如用涂层（油漆或镀锌）、包覆（混凝土或沙浆）或阴极保护等。对钢结构地下室，采用厚度补偿和涂层方法较多。

在设计中使用厚度补偿，需要对工程项目在设计寿命期内截面的腐蚀损耗进行估计。如果桩的设计寿命小于4年，就不需要考虑腐蚀的影响。但对于绝大部分地下室设计，还是需要考虑腐蚀作用的。

腐蚀速率取决于桩是否与土壤、空气、清水或咸水直接接触，并且还取决于土壤是否具有侵蚀性。桩的不同部位会处于不同的外部条件下，所以需要考虑作用在钢板桩上的所有相关组合和作用部位。

根据欧洲规范7第5部分[3]的建议，表30-9归纳了对于不同的墙体周边条件下，钢板桩每侧的腐蚀量。虽然淡水和海水条件更适合于河道和码头挡土墙，但是当用于建筑物的挡土墙时，就可能存在完全不一样的情况。因此，出于完整性的考虑，表中收录了所有可能的情况。

表30-9 钢板桩的腐蚀损耗（根据欧洲规范3第5部分） （mm）

条件	设计寿命/年					
	5	25	50	75	100	125
空气-一般大气环境（0.01mm/a）	0.05	0.25	0.5	0.75	1.0	1.25
空气-海洋环境（0.02mm/a）	0.1	0.5	1.0	1.5	2.0	2.50
清水	0.15	0.55	0.9	1.15	1.4	1.65
微咸或污染严重的清水	0.30	1.3	2.3	3.3	4.3	5.30

续表 30-9

条 件	设计寿命/年					
	5	25	50	75	100	125
海水①：低潮区和浪溅区②	0. 55	1. 90	3. 75	5. 6	7. 5	需作保护
海水①：潮汐带和完全浸没地带	0. 25	0. 90	1. 75	2. 6	3. 50	4. 40
未扰动的天然土壤	0. 00	0. 30	0. 60	0. 90	1. 20	1. 50
污染的天然土壤和工业场地	0. 15	0. 75	1. 50	2. 25	3. 00	3. 75
侵蚀性天然土壤	0. 20	1. 00	1. 75	2. 5	3. 25	4. 00
非侵蚀性填土（无压实）	0. 18	0. 70	1. 20	1. 70	2. 20	2. 70
非侵蚀性填土（压实）	0. 06	0. 35	0. 60	0. 85	1. 10	1. 35
侵蚀性填土（无压实）	0. 50	2. 00	3. 25	4. 5	5. 75	7. 00
侵蚀性填土（压实）	0. 25	1. 0	1. 66	2. 25	2. 88	3. 50

①专指温带气候；

②最大腐蚀通常会发生在低潮区和浪溅区，在设计中起控制作用的部位在最大弯矩处，这一般会位于长期浸没处。

实例：

一个预期设计寿命为50年的地下室，建设场地中有含侵蚀性的天然土层，总厚度损耗设计值包括钢板桩墙截面一侧在空气中的损耗，另一侧在侵蚀性的天然土中的损耗。总厚度损耗为：

0. 5mm + 1. 75mm = 2. 25mm

在供货商所提供的产品数据图表中，通常包括对于不同的截面分类，用于计算总厚度损耗的修正弹性截面模量。

由于截面类别是由宽厚比确定的，而截面的腐蚀损耗会加大宽厚比并改变截面类别。在相关的产品数据手册中，不一定会提供由于厚度损失而改变截面类别的数据。但供货商应提供相关的尺寸数据。

30. 8. 10 高模量组合墙设计

在欧洲规范 3 第 5 部分[3] 的第 5. 5 节中涉及到组合墙设计的内容。在设计过程中要明确墙体的各部件的功能。主要部件的功能是起挡土作用，而辅助部件则是填补主要部件之间的空隙并向主要部件传递荷载。

30. 8. 11 锚杆设计

在欧洲规范 7[12] 的第 8 章中涉及了锚杆设计的内容，在 EN 1537 ：1999[18] 中对锚杆设计和施工也做了介绍。

30.9 其他设计构造

30.9.1 桩长

在施打钢板桩的施工过程中会受到实施的限制，这些受到场地条件的影响和其他在噪声和振动方面的限制，这又反过来会对选择合适的打桩工艺和打桩辅助措施起控制作用。这方面内容会在本章第30.10节中进行介绍。使用辅助措施的好处是能增加桩的打入深度，需要充分考虑对设计和对邻近结构的影响。

典型的带导架的打桩机可以施打15～25m长的桩。当然，有一些多用途的打桩机械可以施打超过30m长的桩。用于钢板桩的压桩机可以压入不超出16m的钢板桩，这取决于桩的截面和打桩设备，但是成对的Z形钢板桩可达到20m。在日本，通过压桩机施工钢板桩已达到相当大的深度，而且打桩设备的能力还在不断提高。

钢板桩的最大供货长度可达31m。然而，实际交付桩的长度应该考虑建设场地的位置和道路的运输能力。

钢板桩长度不够时可以采用焊接桩，现场焊接的相关要求见EN 12063[19]。

30.9.2 封边

大部分地下室结构可以使用标准钢板桩构件，包括热轧的转角构件和其他标准的连接配件。但是，非标的转角构件和边连配件很可能需要特别订制以适合需要的形状。有关制作规定详见EN 12063[19]。

30.9.3 防水

当钢板桩在地下水位以下时需要进行防水。有许多方法可以满足防水要求：

（1）锁扣焊接；

（2）锁扣密封胶。

钢板桩焊接通常是形成密封来进行防水的最有效的方法，这也是在高地下水位环境下确保地下室的防水等级高于1级的唯一方法。对桩的锁扣连接之间的小间隙进行焊接可以采用简单的角焊缝；如果间隙太大而无法用角焊缝处理时，则可以用小直径的钢筋和钢板填补，并将其与两边的钢板桩焊接。当锁扣间有水流过而可能影响焊接质量时，也可采用后者来进行焊接。

可以在工厂里或施工现场使用锁扣密封胶。通常在工厂使用是比较理想的，因为其条件要优于现场操作，并且密封胶中的有些成分在其固化和失效前很可能有害。密封胶有两种基本的类型：压缩型和置换型。压缩型密封胶较坚实，并且当桩被锁扣连接时会将密封胶“压扁”而形成一条压缩密封缝。置换型密封胶比较柔软，呈糊状或凝胶状，用胶注入并填满桩锁扣间的任何空隙。密封胶会减小锁扣中的摩擦力，改善钢板桩的可打入性，并且有助于降低β_D和β_B值。没有密封胶时，β_D和β_B值会增加0.05。

还可以采用亲水型密封胶（hydrophilic sealants），当密封胶和水接触时会产生膨胀。亲水型密封胶仅可用于带后缘的锁扣（trailing interlock）（即不是那种在土中使用的锁扣），由于其亲水特性可能会过早凝固，从而造成后续的钢板桩打设极其困难。

使用密封胶，地下室的防水等级通常只可能达到1级，但是，密封胶可以作为临时的闭水措施，这样就可以在比较干燥的条件下进行焊接。

30.9.4 基础底板连接构造设计

防止水由钢板桩和地下室底板的交界处涌入，可能与防止钢板桩锁扣处的渗漏同样重要。需要进行适当的连接构造设计，因为混凝土的收缩，紧靠钢板桩直接浇筑混凝土并不能保证防水效果。

把楼板钢筋焊接到钢板桩上，或加上栓钉或水平焊接钢板，都是在结构上把两种构件相连接的方法。也可以在浇筑地下室底板混凝土前，采用在板内设置PVC止水棒（带）、防水膜及其他专门产品等方法进行防水。有些产品可以在底板完成后通过表面涂抹、浸渗或通过预留在板内的管子进行灌浆，这些称为“主动防水”系统。图30-10给出了许多不同的防水方法。更多的详细资料，可参阅SCI P275[1]和SCI P308[20]，在土木工程师学会（ICE）的《业主指南》（*Client Guide*）[10]中亦提供了更

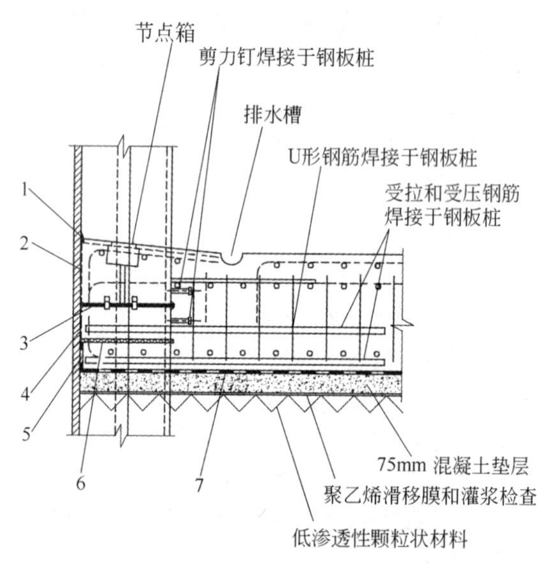

图30-10 采用主动注入形式的防水系统

1—10mm宽×10mm深，在板上表面，并有可灌注的密封胶；2—100mm宽黏合剂防水胶带膜，并与混凝土有永久性机械结合；3—管注入防水系统，并夹住钢板桩表面；4—双面自黏合胶防水膜黏结在钢板桩、防水栅栏和吸水条上；5—P. V. C防水栅栏125mm；6—20mm×5mm吸水阻水片黏结在钢板桩上；7—P. V. C防水栅栏与吸水组件共存于结构连接处

进一步的说明。

30.10 钢结构地下室施工：钢板桩施工工艺

30.10.1 概述

有两种基本的打桩方法：“单根打入（插打）法”（pitch and drive）和“屏风式打入法”（panel driving）。有三种桩的施打系统可以适用于这两种方法：

（1）冲击施打（impact driving）；

（2）振动施打（vibro driving）；

（3）压桩（pressing）。

这些施打方法和施打系统会在后续章节中做简要介绍。更详细的资料可参阅《桩基手册》（*Piling Handbook*）[2]和 SCI P308[20]。

30.10.2 单根打入（插打）法

该方法采用单桩逐根连续施打。除非在施打中有严格的垂直度控制，否则可能会导致钢板桩的倾斜和超出容许偏差。比较先进的打桩设备可以对此进行更好的控制。因为施打钢板桩时，只是依靠一侧的锁扣控制其摆动，所以也还存在桩绕其竖轴扭转的风险。

单根打入（插打）法最适合于短钢板桩，并且这是唯一可以采用“日本”的静压打桩的方法（“Japanese” silent pressing drive）。除了屏风式打入法通常使用日本的静压法打桩外，一部分桩采用单根打入（插打）法施打。

30.10.3 成排式打入（屏风式打入）法

因为在施打前把若干根钢板桩扣接在一起，所以用成排式打入（屏风式打入）法非常容易控制桩的垂直度。在该工作中，成排钢板桩由一个导架（guide frame）支承，然后分阶段按顺序进行施打。与单根打入法比较，这种方法可以在较差的土质条件中施打较长的钢板桩。近年所开发的多头压桩机（multi-ram presses）已经改善了通过压桩方法施打成排钢板桩的适用性。

30.10.4 冲击施打

冲击施打最常见的形式是冲击锤，利用重锤落下来产生冲击，并通过桩帽将冲击力传递到桩的至顶部。目前最常使用的冲锤是液压锤。以往则使用气锤和柴油锤，这些都是使用爆炸力来驱动重锤。但是，由于新的液压锤效率更高，并且比老式的柴油锤噪声更小，因此现在已不再经常使用柴油锤了。

30.10.5 振动施打

用夹桩器把振动器夹在钢板桩顶部，在桩上产生振动并减小沿桩两边的摩擦力，这样就可以施加不大的作用力而将桩沉入土体中。

30.10.6 压桩

压桩法是利用相邻的桩作为反力架，把钢板桩压入土体中。这是一种低噪声和低振动的沉桩方法，特别适合于对噪声和振动敏感的场地使用。有两种常用的压桩设备，如由 Giken 和 Tosa 研发的日本压桩机（Japanese rigs）和成排钢板桩（屏风式）压桩机（panel driving rigs）。为了使导架式打桩机适用于压桩法，还开发出许多相应的部件。

日本的压桩法是压桩机沿着桩的布置线前进，而不需要用起重机把压桩机提升至每块钢板桩位置，这就意味着减少了对施工空间的要求。所使用的设备通常只适用于特定的桩截面，因此沉桩方法和钢板桩截面的匹配是很重要的。

成排钢板桩（屏风式）压桩机主要适用于在高密度黏土中沉桩，并且需要起重机把压桩头放到各个桩的位置。在用老式的多头压桩机沉桩时，还需要用钢板把每根钢板桩连接起来，但由于近年来的技术进步，已不再有这种要求了。

30.10.7 打桩辅助方法

打桩辅助方法可以极大地改善钢板桩的可施工性。主要方法有喷水法或预钻孔法。

喷水法是把水喷射到钢板桩尖的土中，以减小摩擦力。

预钻孔法是沿钢板桩施打路线，用螺旋钻杆先钻松土体再施打钢板桩。采用这种方法时，只是把钢板桩施打部位的土体弄松但不会挖走。

这两种方法都改变了钢板桩附近土体的特性，因此设计时要考虑使用这些方法后所产生的影响。特别要注意的是，在不利的土体条件下，确定 β_D 和 β_B 值时，要考虑使用不同的打桩辅助方法的影响。因为这些方法会影响钢板桩表面和锁扣的摩擦力。上述方法是否适合，还要考虑土体变形和污染的流动路径等其他因素。

30.10.8 方法选择

某些土质条件，特别是砂土和黏土有明显分层（砂土层在黏土层之上或之下）时，采用多种打桩法相结合可能是最好的处理方法。某些特种设备可以提供一种以上

的打桩方法，但是通常会使用专用的打桩机械。

对于不同的地质条件，各种桩施打方法的适用性和不适用性，表 30-10 做了归纳和汇总。

表 30-10　各种打桩方法的适用性和不适用性

打桩方法	最适合于	不太适合于
冲击施打	（1）坚硬的和特殊的土质 （2）成排式（屏风式）施打	（1）对噪声敏感地区 （2）通行受限制的场地
振动施打	（1）松散至中密沙土、混合土、软黏土和饱和沙土 （2）端承桩和非钢板桩截面 （3）拔桩	（1）硬质黏土 （2）SPT > 50 的沙土
压桩：日本方法	（1）邻近有敏感的建筑物和难以进入的场地 （2）黏土和细沙土 （3）单根桩施打 （4）与喷水方法结合使用	（1）桩已采用其他方法施打 （2）桩施打条件困难的场地 （3）有可能存在障碍物 （4）以混合截面形成的组合墙
压桩：成排式（屏风式）施打	（1）高密度黏土（如伦敦黏土） （2）采用其他方法穿过沙土层后，再在黏土中施打	（1）沙土 （2）使用喷射水流 （3）以混合截面形成的组合墙

30.11　施工标准和现场控制

30.11.1　桩基工程施工技术规定

在土木工程师学会的《桩基和挡土墙技术规定》（*Specification for Piling and Retaining Walls*）[21] 中，有专门章节介绍钢板桩的问题，并且包括嵌固式挡土墙常规要求的相关内容。该资料可作为英国的钢板桩支护墙的基本技术规定要求。

EN 12063[19] 中还包括处理、制作和安装钢板桩和组合墙的内容，其中包括焊接要求和指南。该文献对于钢板桩支护墙的设计和标准化均有帮助。

30.11.2　施工误差

在 EN 12063[19] 的表 2 中给出了钢板桩施工时的允许误差。当桩在陆地上施工时（并非在水上），其允许误差如下：

（1）在垂直于墙的方向，桩顶的实际位置距其设计位置不大于 75mm；

（2）距桩顶部 1m 处，在任何方向，垂直偏差不大于 1%。

当钢板桩用于地下室支护墙时，上述第（2）条中的垂直偏差要求适用于钢板桩的全部外露部分。

在 EN 12063 [19] 的要求中，对于施打困难的钢板桩，如果没有严格要求时，允许钢板桩有部分地方的锁扣脱开。然而，对于绝大部分的永久性的挡土墙，是不允许锁扣脱开的。因为这会影响墙体的性能和防水效果，所以通常不会采用这种放宽的规定。

在地下室施工中，例如当柱荷载由挡土墙来支承时，或者施工现场强行规定了和其他结构构件或建筑物部件的间距时，间距可能要严格控制施工误差。值得注意的是，严格控制施工误差会影响施工成本和工期，因此只有在必需时才予以采用。

30.11.3 土体变形

当邻近的建筑物和/或基础设施对由施打钢板桩和地下室开挖所引起的土体变形非常敏感时，可以规定施工过程中土体的变形限值，并在施工中通过监测加以控制。

30.11.4 噪声和振动

以往，因为钢板桩在施工过程中产生太大的噪声，而限制在市区中使用。但是，随着新式的液压锤和一些非冲击式的打桩技术的发展，这种状况已有所改善。

在 BS 5228：2009 第一部分和第二部分[22]中，分别对建筑工地上噪声和振动的控制做了规定，BS 5228-1 的附录 A 中介绍了在英国的有关噪声控制的法规，附录 C 中给出了当前工业生产和建筑施工中（包括钢板桩的施工）的噪声水平指标。BS 5228-2 第 8.5 节讨论了降低打桩过程中产生振动的措施。

与实际上会引起建筑物损伤的振动水平相比，通常人们感到不适或引起惊恐的振动还是处在一个较低的水平。在 BS 7385-2 [23] 中包括因地面振动而引起建筑物受损的相关内容，而 BS 6472-1-2008 [24] 提供了对于建筑物中的振动，人们应采取的对策和措施。

如果确定有对噪声和振动敏感的人群和建筑物存在，就可能需要在施工期间进行噪声和振动监测。

30.12 位移和监控

当墙体按照监测法（Observational Method）进行设计时，现场监测是十分必要的。对于其他项目，至少应该实施某些监测措施，以确保设计工作按计划实施。这些内容应该在项目的技术说明中予以规定。

典型的监测措施如下：

（1）人工监测水平标高和位置定位；

（2）利用电子水准仪进行连续变形监测；

（3）墙体倾斜仪置入安装于钢板桩上的钢管中；

（4）土体测斜仪安装于墙体背后的土体中；

（5）荷载传感器安装在支撑和斜撑柱上；

（6）应变片安装在钢板桩上。

无论是否使用监测法进行设计，如果采用现场监测措施，重要的是要及时核查数据，设定警戒值，并预先计划好在达到限值时所要采取的措施。除非用于研究目的，否则在施工过程中大量收集数据通常会影响施工，在施工中很少会有时间去复核这些数据，如果数据量太大，会忽略一些重要的信息。

目前，采用网络手段进行远程实时监测及短信报警系统等已是很成熟的技术手段，并且已可保证报警不被丢失。但是必须注意，应将报警限值设定在一个合理的水平上，以避免不必要的报警或过早实施不必要的应急措施。

在施工期间的监测可能需要控制由预钻孔引起的土体变形，还需要对噪声和振动进行监测。如前文所述，十分重要的是，在施工开始之前要设置监测装置并确定监测报警限值的基准。

参考文献

[1] Yandzio, E. and Biddle, A. R. (2001) A R SCI P-275-Steel intensive basements. Ascot, SCI.

[2] ArcelorMittal (2005) Piling Handbook, 8th edn. London, ArcelorMittal.

[3] British Standards Institution (2007) BS EN 1993-5: 2007 Eurocode 3. Design of steel structures. Piling. London, BSI.

[4] Building Research Establishment (2002) BRE Digest 472-Optimising ground investigation. Watford, BRE.

[5] British Standards Institution (1999) BS 5930: 1999 Code of practice for site investigations. BSI 1999. London, BSI.

[6] British Standards Institution (2006) BS EN ISO 14688 Geotechnical investigation and testing. Identification and classification of soil. Part 1 Identification and description CEN 2002, Part 2 Principles for a classification. London, BSI.

[7] CIRIA (2003) C 580-Embedded retaining walls: Guidance for economic design. London, CIRIA.

[8] British Standards Institution (2009) BS 8102: 2009 Code of practice for protection of below ground structures against water from the ground. London, BSI.

[9] CIRIA (1995) Water-resisting basements Report 139. London, CIRIA.

[10] Maloney M. , Skinner H. , Vaziri M. and Jan Windle for The Institution of Structural Engineers (2009) Reducing the Risk of Leaking Substructure A Clients' Guide. London, ICE.

[11] CIRIA (1999) The Observational Method in ground engineering-Principles and applications Report 185. London, CIRIA.

[12] British Standards Institution (2007) BS EN 1997 Eurocode 7. Geotchnical design. Furt 1 General rules BSI 2004 and Part 2 Ground investigation and testing. London, BSI.

[13] CIRIA (1984) Design of retaining walls embedded in stiff clays Report 104. London, CIRIA.

[14] British Standards Institution (2007) BS EN 1997 Eurocode 7. Geotechnical design. Part 1 General rules BSI 2004 and Part 2 Ground investigation and testing. London, BSI.

[15] CIRIA (1995) The standard penetration test (SPT). Methods and Use Report 143. London, CIRIA.
[16] Yandzio E. (1998) Desing Guide for Steel Sheet Pile Bridge Abutments. SCI P-187. Ascot, SCI.
[17] The Steel Piling Group, www. steelpilinggroup. org.
[18] British Standards Institution (2000) BS EN 1537: 2000 Execution of special geotechnical work. Ground anchors. London, BSI.
[19] British Standards Institution (1999) BS EN 12063: 1999 Execution of special geotechnical work. Sheet pile walls. London, BSI.
[20] Yandzio E. and Biddle A. R. (2002) Specifiers' guide to steel piling. SCI P-308. Ascct, SCI.
[21] The Institution of Structural Engineers (1996) Specification for Piling and Embedded Retaining Walls-Specification, Contract Document and Measuremert, Guidance Notes, London, ICE.
[22] British Standards Institution (2008) BS 5228 Code of practice for noise and ribration control on construction and open sites. Part 1 Noise and Part 2 Vibration. London, BSI.
[23] British Standards Institution (1993) BS 7385-2: 1993 Evaluation and measurement for vibration in buildings. Guide to damage levels from ground borne vibration. London, BSI.
[24] British Standards Institution (2008) BS 6472-1: 2008 Guide to evaluation of buman exposure to vibration in buildings Vibration sources other than blasting. London, BSI.

拓展与延伸阅读

1. The Steel Construction Institute H-Pile Design Guide. SCI Publication P335. Ascot, SCI.
2. North American Steel Sheet Piling Association (2008) Steel Sheet Piling Installation Guide: Best Practices. Alexandria, VA, NASSPA.
3. Bond A. J. and Harris A. J. (2008), Decoding Eurocode 7. London, Taylor and Francis. Frank R., Bauduin C., Kavvadas M., Krebs Ovesen N., Orr T., and Schuppener B. (2004) Designers' Guide to EN 1997-1: Eurocode 7: Geotechnical Design-General Rules. London, Thomas Telford.
4. North American Steel Sheet Piling Association http://www. nasspa. org/
5. Arocelor Mittal http://www. arcelormittal. com/sheetpiling/
6. Corus http://www. corusconstruction. com/en/products/foundations/
7. Nippon Steel http://www. nsc. co. jp/en/product/construction/catalog. html
8. JFE Steel corporation http://www. jfe-steel. co. jp/en/products/list. html#Shapes
9. ThyssenKrupp Steelcom http://www. steelcom. com. au/sheet-pile. htm
10. EvrazVitkovice Steel http://www. vitkovicesteel. com/en/seznam-produktu/produkty/sheet-piles-8/
11. Gerdau Ameristeel http://www. sheet-piling. com/main
12. Hoesch Spundwand und Profil http://www. spundwand. com/e/
13. WALL-PROFILE (specifically connectors) http://www. wallprofile. com/
14. Nucor-Yamato Steel http://www. nucoryamato. com/
15. Independent directory of Geotechnical Software: http://www. ggsd. com/
16. Oasys (Stawal and Frew) http://www. oasys-software. com/
17. GeoCentrix (ReWaRd) http://www. geocentrix. co. uk/
18. GeoSolve (WALLAP) http://www. geosolve. co. uk/
19. Plaxis (FEA specifically for geotechnical purposes) http://www. plaxis. com/

31 结构中变形的设计考虑*

Design for Movement in Structures

COMPILED by GRAHAM OWENS

31.1 引言

31.1.1 变形

所有的结构都存在不同程度的变形。变形可能是永久的和不可逆的，也可能是短期的和可逆的。结构变形对结构性状、生命周期中的使用性能和建造材料的持续完整性均有显著影响。

变形可由多种原因引起：

(1) 温度变化和热膨胀；

(2) 基础的不均匀沉降；

(3) 混凝土硬化过程中产生的徐变和收缩；

(4) 振动。

很容易理解这些现象的影响机理，例如，图 31-1 所示的是在一个较长建筑物的两端设置支撑后的总体效果。但是，这种效果很难量化。

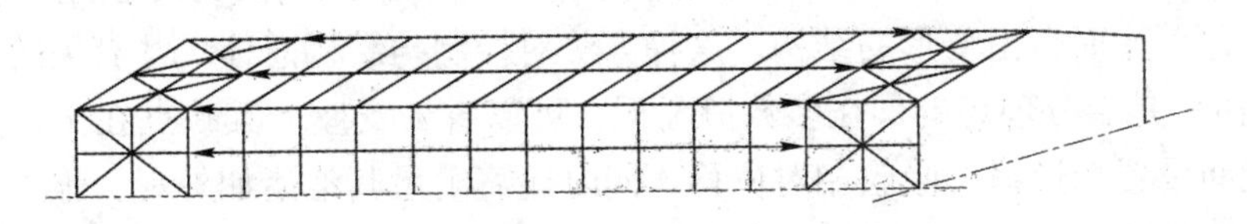

图 31-1 在较长建筑物中限制温度变形的影响（箭头为温度变形受限制时所产生的压应力）

31.1.2 设计原理

对于较小的建筑物与常规的结构，变形通常可以忽略不计。对于较大规模的建筑，或对于一些特殊情况，应采用下述的一种或多种结构形式，来适应结构不同部分

* 本章译者：张汉耀。

之间的相对变形：

（1）伸缩缝：允许产生变形以限制较长建筑物中因温度变化而产生的内力。其相关规定取决于温度变化范围和材料的热膨胀系数（见本章第31.2节）。

（2）施工缝：用以控制混凝土楼板和地板的干燥收缩。

（3）抗震缝：用以保证建筑物中不同高度和结构方向的各部分之间的独立性，见图31-2。

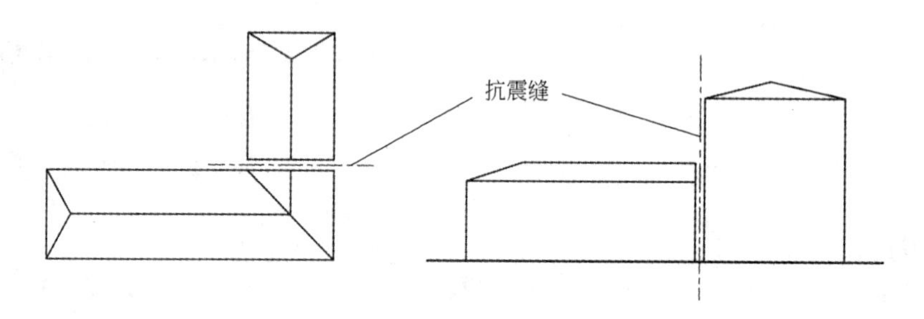

图31-2 将单个建筑分割为独立部分

（4）沉降缝：用以减轻建筑物地下土层变化所引起的不均匀沉降的影响。

伸缩缝和施工缝是最常见的变形缝类型，下面将对其进行更详细的讨论。其他类型的变形缝通常需要专门设计，其内容已超出了本手册的讨论范围。

不论这些相对变形是属于何种性质，均可采用以下四种方法来进行处理：

（1）根据以往对类似结构的成功处理经验，忽略结构中位移的影响。这种方法适用于小型建筑物。

（2）对结构可能产生的位移进行约束，将由此产生的所有作用力作为荷载，来进行结构设计。这种方法适用于更小型的结构（包括小跨度的桥梁）或相对较柔的结构（考虑门式刚架的平面外）。该方法可以不设变形缝，但材料可能耗费多。

（3）将结构分解为小的、结构稳定的单元，各个单元则成为可独立存在并且可独立于周边单元而自由变形的结构。这种方法对控制与结构总体尺寸有关的影响因素（如热位移）是十分理想的。在多数情况下，可以省去支座。其缺点在于，需要在各结构单元间设置变形缝来吸收相对位移，同时还需满足其他诸如外观、施工等各种条件的要求。然而，通常可以通过细分结构来获取平衡，使得各个单元间变形缝上的位移相对较小，其构造形式会比较简单、经济（但有可能要增加接缝的数量）。

（4）将结构分解为若干较大的部分，使得变形缝的数量减少但具有更大的位移的承受能力，因此这些变形缝可能比上述第3款中涉及的要复杂得多。例如，对于桥梁，要求减少桥面板变形缝的数量，这对提高道路的行驶质量和降低长期维护的成本是十分有效的。

建筑的总体设计必须考虑变形缝的位置，特别是其对整个结构性能和分析的影响。

对于每一个变形缝，都必须指定可以承受的预计的水平和/或垂直位移量。

垂直和水平支撑的布置以及支撑的设计必须与变形缝的位置保持协调。支撑的位

置不得妨碍变形缝所容许的位移。建筑物的每个独立部分都必须要有足够的、完整的支撑体系。

建筑物的所有其他组件及设备（如传送机），必须考虑变形缝的位置分布和它们预计的位移量。

31.2 温度变化的影响

BS EN 1991-1-5 给出了关于建筑物、桥梁和其他结构及结构部件的热作用计算原理和规定。

最大遮阳大气温度 T_{max} 和最小遮阳大气温度 T_{min} 可以由 BS EN 1991-1-5 的国别附录来确定[1]。

在钢结构中，钢材的线膨胀系数 a 取 12×10^{-6}/℃（在 BS EN 1993-1-1 的第 3.2.6 节中给出[2]），因此温度变化的影响是相当显著的。

在评估温度变化时，对内部钢结构和外部钢结构进行区分是十分重要的。后者承受的温度变化可能要远远大于前者。

相对于框架建造时的温度，框架外部的温度变化为 -23 ~ +35℃。建筑物每米长度的自由膨胀/收缩值为 -3 ~ +0.4mm。在实际工程中，一部分膨胀会受到限制，所以实际变形会明显变小。

建筑物内部的钢结构所承受的温度变化可能远小于外部，尤其是在有采热或空调的环境中。

热致变形可能会导致：

(1) 支座损坏，包括支承大跨梁或桁架的墙体的开裂，甚至发生失稳；

(2) 连接破坏；

(3) 在超静定结构中产生显著的内力。

31.3 伸缩缝间距

目前对伸缩缝的设置和间距有各种各样的建议，有些建议之间相互并不一致，表 31-1[3] 对其中常用的、较好的建议进行了归纳总结。

表 31-1 伸缩缝的最大间距

结构类型	说 明	伸缩缝间距/m
钢框架-工业建筑	一般情况	150①
	工业建筑物内部高温	125①
钢框架-商业建筑	简单型连接构造	100①
	连续型连接构造	50②

续表 31-1

结构类型	说　明	伸缩缝间距/m
金属屋面板	垂直于屋面斜坡方向 平行于屋面斜坡方向	20③ 不限制
砖墙或砌体墙	黏土砖 硅酸盐砖 混凝土砌块	15 9 6

①如果构件能承受对热膨胀施加约束而产生的应力，采用简单型连接构造时，伸缩缝间距可不限制。
②如果构件能承受对热膨胀施加约束而产生的应力，可以采用更大的伸缩缝间距。
③如果已考虑了膨胀变形，可以采用更大的伸缩缝间距。

31.4 典型单层钢结构工业建筑中位移的设计考虑

31.4.1 概述

在典型的钢结构工业建筑中，其横向稳定通过门式刚架作用来实现，纵向稳定则通过垂直支撑实现。

需要考虑以下两种设计工况：

（1）对于门式刚架而言，刚架平面内的膨胀变形需要通过计算来考虑；

（2）对于纵向的垂直支撑而言，需要考虑膨胀变形和垂直支撑设计之间的相互作用。

在建筑物的纵向，一般通过连接处的滑动能够吸收一部分结构构件的伸缩变形。

然而，当温差影响明显时（如外部结构或无保温的结构），或连接处的滑动无法吸收全部温度变形时，应采用伸缩缝。在实际工程中，建筑物需要使用伸缩缝的临界长度因国别不同而异。例如，在大陆性气候的法国中部地区，临界长度的建议值为50m，即一栋100m长的建筑物要在中间设支撑。在英国，气候更温暖一些，且建筑传统也有所不同，只有当建筑物长度为150m时才建议设置伸缩缝。行业意见甚至认为，当超过这个长度时，如果设计檐口梁和吊车梁等大型构件时，考虑构件可以承受因限制温度变形而产生的应力，则可以不设伸缩缝。

31.4.1.1 垂直支撑的位置

一般不推荐在建筑物的两端同时设置垂直支撑系统，除非在其间设有一道伸缩缝。这种支撑布置形式会限制纵向构件的膨胀变形，并且在建筑物长向的结构构件及它们的连接处产生较高的内力（见图 31-3）。

对于较长的建筑物，建议仅在建筑物长边的中点处设置一道垂直支撑，这样可以让建筑物向两端自由膨胀（见图 31-4）。

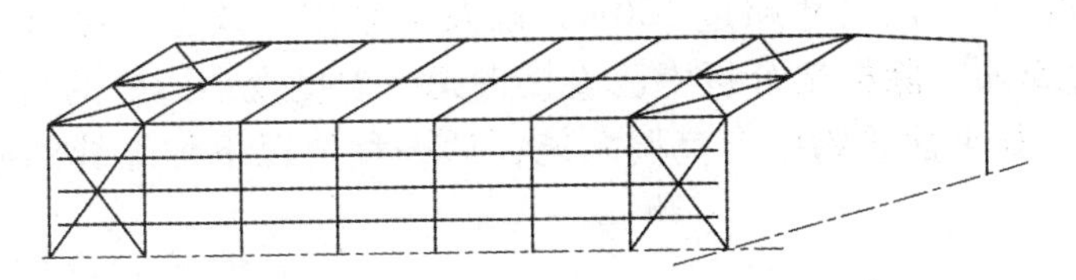

图 31-3　不推荐的支撑布置形式（建筑物长度超过 75m 时）

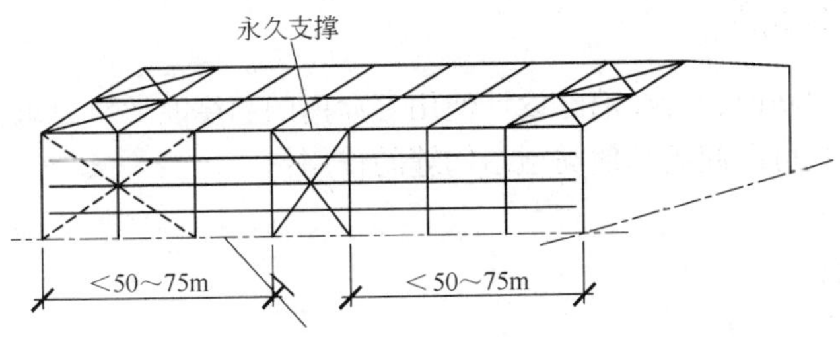

图 31-4　推荐的支撑布置形式

（若从建筑的一端开始进行结构安装，则需要设置临时支撑以保证已安装的两榀框架的稳定。之后临时支撑应拆除）

31.4.2　特殊情况

31.4.2.1　格构式组合构件

有时，格构式组合构件的各构（部）件之间温差很大，例如，格构式组合构件的一部分分肢位于建筑物的内部，而另一部分则位于建筑物的外部。

因此，在设计时要考虑缀条和缀板中因局部温差而产生的内力。

31.4.2.2　安装阶段

同样，如果在极热或极寒的气候条件下进行框架施工，为了使结构在常温时刻回到初始状态，应对各构（部）件进行调整。

31.4.2.3　火灾情况

为了使结构各构（部）件具有更好的稳定性，应保证在火灾发生时，钢结构能实现自由膨胀变形。

31.5　典型多层建筑中位移的设计考虑

如表 31-1 所示，关于多层建筑中伸缩缝的设置要求："当采用简单型连接时，其任一方向的平面尺寸超过100m，以及当采用连续型连接时其任一方向的平面尺寸超过50m，除框架分析中已直接考虑了温度变形影响的情况外，均需要设置伸缩缝”。如果建筑物中有空调系统，后一种情况下伸缩缝的间距限值可酌情考虑。

31.6 变形缝的处理

变形缝的主要功能，旨在消除设计使用寿命内的温度变形对建筑物的影响。然而若有必要，它们也可以起到其他类型结构缝的作用：

（1）施工缝；

（2）抗震缝；

（3）沉降缝。

进行变形缝设计，必须考虑以下各项要求：

（1）建筑物的建筑要求；

（2）建筑物的局部和整体几何形状；

（3）通过变形缝所传递的任何作用力和反作用力；

（4）在一个或多个方向上所指定的位移和转角。在大多数钢结构中，变形缝将建筑物分为两部分。在变形缝位置处，结构采取了不同的处理方法，下面将就此进行详细讨论。

31.6.1 伸缩缝处的双框架

单层建筑中，在伸缩缝两侧可设置双榀门式刚架；在多层建筑中，可设置双梁或双柱，如图31-5所示。

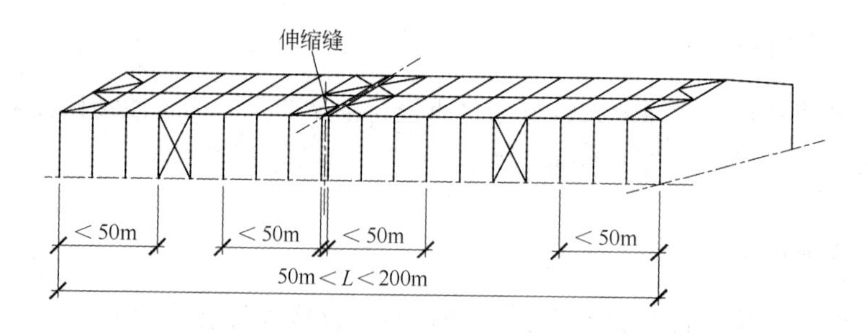

图31-5 较长建筑物中典型的支撑位置布置

（50m的变形缝区间长度适用于大陆性气候；75m的变形缝区间长度适用于英国更温暖的气候）

图31-6所示的是在伸缩缝处所设置双榀门式刚架的构造做法，檩条的端部带有悬臂，两侧檩条之间留有足够的间隙，以适应所指定的温度变形。

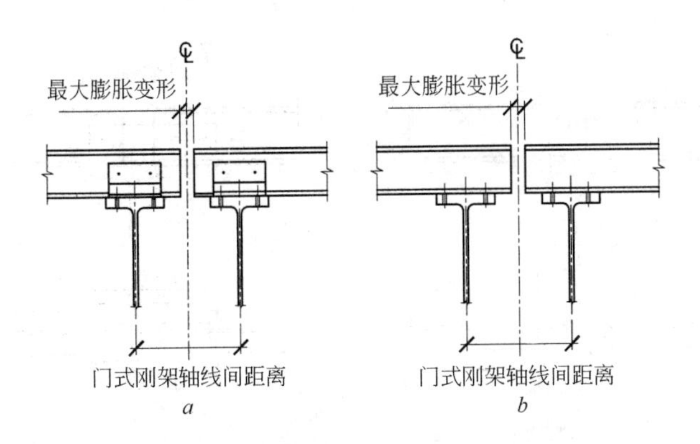

图 31-6 伸缩缝处的双榀门式刚架

a—带连接板；*b*—不带连接板

（采用连接板连接更适用于冷弯型钢檩条。若使用热轧型钢檩条则可不用连接板）

优点：

（1）可吸收大量水平和垂直位移。

（2）结构构件之间可采用常规的连接方法。

（3）可以对建筑物中由伸缩缝隔开的两部分，分别考虑其火灾设计极限状态下的性能。此时，可以在毗邻伸缩缝处设置防火墙。

（4）可作为抗震设防建筑的推荐方案（在这种情况下，变形缝的大小必须满足抗震设计规范中有关建筑物抗震缝缝宽的相关规定）。

缺点：

（1）需要修改建筑物的轴线。

（2）在伸缩缝处的结构基础施工工作量会加倍。

（3）需要增加一榀框架。

（4）围护墙面、屋面和防水密封构造的设计难度加大。

（5）成本高。

同所有的伸缩缝一样，做好围护墙面、屋面和防水密封的构造设计是十分重要的，要避免出现渗水并保持最大气密性。

31.6.2 槽形孔连接

图 31-7 所示为槽形孔连接形式，只适用于单层建筑。

优点：

（1）节约材料。

（2）安装简单。

（3）成本低。

（4）可以在两片 PTFE（聚四氟乙烯）板（如特氟龙）和两个结构构件之间插入

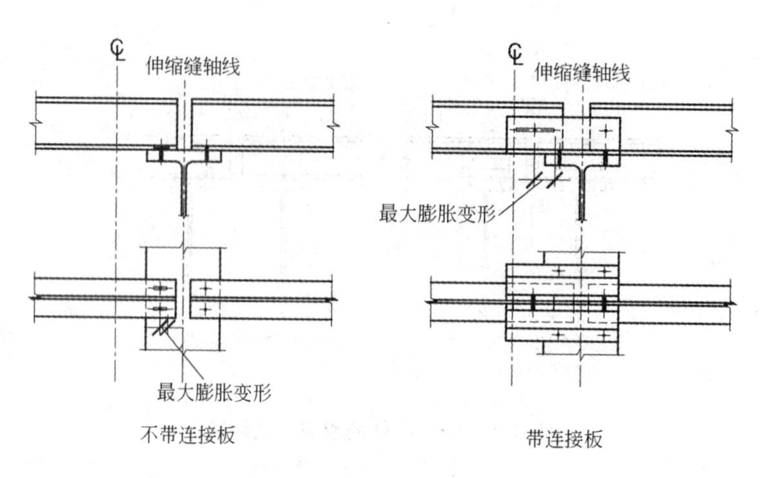

图 31-7 槽形孔连接

不锈钢钢板，以增强其滑移性能。

缺点：

（1）容许的位移量非常小。

（2）需要在施工现场对槽形孔中螺栓的初始位置进行仔细的调整。

（3）由于污垢进入滑移面并对其形成腐蚀，结构的长期使用性能无法满足。

31.7 特殊支座的使用

如果变形缝所传递的荷载非常大，则可使用几种特殊形式的结构支座。英国标准 BS EN 1337[4] 中包括了这些特殊支座的产品标准及相关规定。

下面介绍两种常用的支座。

31.7.1 橡胶支座

如图 31-8 所示，该支座系统由多层橡胶片与薄钢板镶嵌组成。通过橡胶层变形

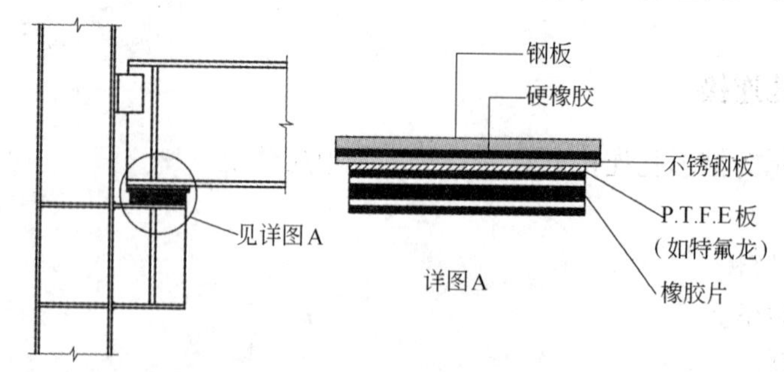

图 31-8 橡胶支座

成为一个平行四边形，橡胶支座能够承受水平位移。

可以根据竖向荷载的大小和对转动、水平位移量的要求，来计算橡胶层的厚度。

当水平位移非常大时，可以加入 PTFE 板（如特氟龙）和不锈钢钢板以增强其滑移性能。

优点：可以同时吸收梁支座处的转动和竖向位移（柱的不均匀沉降）。

缺点：

（1）支座柱的细部设计费用较高。

（2）设计和安装困难。

31.7.2　盆式支座

盆式支座如图 31-9 所示，主要用于桥梁的建造施工。此外，在建筑物中存在特殊荷载和位移的部位，也可采用这种支座。除可以承受温度变形外，盆式支座还可以起到阻尼器的作用，抑制建筑物内的振动。盆式支座可以承受单方向、多方向的滑移以及转动。根据具体的设计要求，盆式支座由一个下支座板（底盆）、缓冲减振垫（橡胶板）、活塞（若限制一个方向的位移，则带导引条）以及滑板组成。

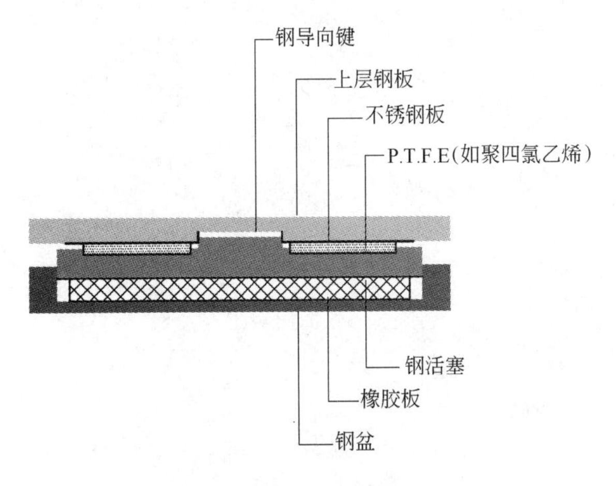

图 31-9　盆式支座

优点：适用于承受非常高荷载的桥梁结构和建筑物。

缺点：成本高。

参考文献

［1］British Standards Institution（1991）BS EN 1991-1-5：Eurocode 1：Actions on structures-Part 1.5：

General actions-Thermal actions. London, BSI.

[2] British Standards Institution (1993) BS EN 1993-1-1: Eurocode 3: Design of steel structures-Part 1.1: General rules and rules for buildings. London, BSI.

[3] Steel Construction Institute (2000) Steelwork Design Guide to BS 5950: Volume 4: Essential Data for Designers. Ascot, SCI.

[4] British Standards Institution (2004) BS EN 1337-6: 2004 Structural bearings (in 11 Parts). London, BSI.

32 容许偏差*

Tolerances

ROGER POPE and COLIN TAYLOR

32.1 引言

32.1.1 容许偏差的设定

与其他结构材料相比，加工制作钢（铝）结构可以较为经济地满足制作的偏差要求。当然，和加工机械零件相比，钢结构加工制作就很不经济，并且也没有必要去达到极高的精度。

为何在工程实践中要考虑容许偏差，会有很多原因。重要的是要弄清楚在某一种情况下实际所采用的容许偏差，尤其是当容许偏差值确定时，或者是在容许偏差取值不合适时所应该采取的措施。

在表 32-1 中概要介绍了规定容许偏差的各种原因。通常只需将容许偏差控制在预定的范围内，而额外地提高精度，通常会过分地增加制作成本。

32.1.2 术语

"容许偏差"是指偏差的允许范围。其他术语的定义见表 32-2。

32.1.3 容许偏差的种类

表 32-3 中给出了得到欧洲规范 3 和 BS EN 1090-2[1] 认可的容许偏差分类，以及支持欧洲规范 3 的施工技术规范（即加工制作和安装）等内容。

表 32-1 规定容许偏差的原因

名 称	释 义
结构安全性	与结构抗力和结构安全相关的尺寸（尤其是截面尺寸，垂直度等）
装配要求	保证各个构件能够顺利地组装在一起所必需的容许偏差

---

* 本章译者：贺明玄。

续表 32-1

名　称	释　　义
附件安装（fit-up）	安装非结构部件的要求，如外挂墙板等
冲　突	确保结构不与墙体、门窗洞或管道穿行等发生冲突所需的容许偏差
间　隙	结构和可移动部件，如桥式起重吊机，电梯等或轨道之间，留有必要的间隙，并且在结构与固定的或可移动的设备等之间留有间隙
场地边界	场地边界应遵守相关法规的规定。除了平面位置外，这些可能还包括对外立或高层建筑的倾斜的限制等
使用性能	楼面必须足够平整，要求吊车轨道等的定位必须精确，以确保结构能满足正常使用功能
外　观	在其他方面的容许偏差满足指定要求的前提下，建筑外观对垂直度、直线度、平整度和对齐等也有相应的要求

表 32-2　偏差和容许偏差的定义

名　称	释　　义
偏　差	指定值与实际测量值之间的差，用矢量表示（即可能为正值或负值）
容许偏差	对某一特定偏差指定的矢量限值
容许偏差范围	某一指定值每一边的容许偏差的绝对值之和
容许偏差限值	某一指定值每一边的容许偏差。例如：(a)　±3.5mm 或（b）　+5 ~ 0mm

表 32-3　容许偏差的种类

名　称	释　　义
常规容许偏差	通常为对于所有建筑结构所必需的容许偏差，它包括结构安全性所要求的容许偏差和装配容许偏差
特殊容许偏差	比常规容许偏差要求严格，但是仅适用于某些部件或某些尺寸。可能出于附件安装或冲突等特定的情况，或者为了满足间隙或场地边界等方面的要求而指定的容许偏差
专用容许偏差	比常规容许偏差要求严格，适用于整个结构或工程项目。可能出于使用性能或外观等特定的情况，或是出于某些特殊的结构原因（如受动力或循环荷载，及最严格的设计标准等）或专门的装配要求（如互换性和装配速度等）而指定的容许偏差

投标时要特别注意所有容许偏差的要求，因为这会直接影响到成本。如无特别说明，制造商通常会按常规容许偏差进行处理。

32.1.4　容许偏差的类型

对于钢结构而言，有三类尺寸容许偏差：

（1）材料生产容许偏差（manufacturing tolerances），如钢板的厚度和截面尺寸；

（2）加工制作容许偏差（fabrication tolerances），适用于车间加工的构件；

（3）安装容许偏差（erection tolerances），与施工现场有关。

材料生产容许偏差由材料标准指定，例如 BS4-1[2]、BS EN 10024[3]、BS EN 10029[4]、BS EN 10034[5]和 BS EN 10210-2[6]，这里只讨论加工制作容许偏差和安装容许偏差。

32.2 标准

32.2.1 相关文件

适用于房屋建筑钢结构的容许偏差的标准包括：

（1）BS EN 1090-2《钢结构及铝结构施工规范：第 2 部分：钢结构施工技术要求》(*Execution of steel structures and aluminium structures*：*Part* 2：*Technical requirements for the execution of steel structures*)；

（2）《英国钢结构工程施工规范》(*National structural steelwork specification for building construction NSSS*，*5th edition*)[7]；

（3）ISO 10721-2：《1999 钢结构：第 2 部分：制作与安装》(1999 *Steel structures*：*Part* 2：*Fabrication and erection*. 8)[8]；

（4）BS 5606[9]《建筑施工精度指南》(*Guide to accuracy in building*)。

32.2.2 BS EN 1090-2《钢结构及铝结构施工规范》

2008 年，在英国标准中首次引入了钢结构容许偏差的规定，其范围包括房屋建筑、桥梁和其他大多数非海洋类钢结构，本规范可以作为按欧洲规范 3 进行设计的配套技术规范。BS EN 1090-2 规定的“基本容许偏差”（essential tolerances）必须满足欧洲规范关于力学性能和稳定性的要求。

规范 BS EN 1090-1[10]第一部分给出了“关于结构部件的合格性评定要求”（*Requirements for conformity assessment of structural components*）及加工制作商工厂生产控制认证评级的要求，这些都是部件的 CE 认证所不可缺少的环节。

32.2.3 《英国钢结构工程施工规范》(National structural steelwork specification-NSSS)

英国钢结构工程施工规范（National structural steelwork specification for building construction）旨在支持钢结构行业中现代质量管理技术的应用。为了对钢结构的加工制作过程实施管控，就需要一个范围更加广泛的容许偏差。这是一本建立在可靠的工程实践上的行业标准，是一本普遍认可的技术文件，得到了英国建筑钢结构协会(BCSA)的宣传和推广，目前已发行了第五版。同时，该协会已制定了 CE 认证的第 5 版[7]，这些条文与 BS EN 1090 的两部分内容相配合，适用于一般房屋建筑钢结构。

32.2.4 ISO 10721-2《钢结构：第二部分：制作和安装》(Steel structures：Part2：Fabrication and erection)

该标准类似于 BS EN 1090-2，但不太可能作为 BSI 标准发布，但可以对其进行修订，在使用 BS EN 1090-2 的全球采购市场上作为一种参考标准。

32.2.5 BS 5606《建筑物精度指南》(Guide to accuracy in building)

BS 5606 通常涉及的内容是房屋建筑，而并不专门针对钢结构。由于其早期版本（1978 年版）被错误地以规范形式引用，从而引起了不少麻烦，现已将 1990 年版本改写为指南。

并不倾向于将 BS 5606 作为一个可以在合同技术规定中简单引用的文件。该标准主要告诉设计人员，要调整加工和安装的方法和手段，而不是苛求无法达到的施工精度。如果设计人员注意到了标准中的相关建议，那么就可以将“常规”精度要求列在技术规定中，除非这些精度要求与最重要的结构要求发生冲突。事实上这种冲突是有可能发生的，所以应该记住，BS EN 1090-2 必须优先于 BS 5606，即当两者发生冲突时必须以前者为准。

BS 5606 引入了特征精度（characteristic accuracy）的概念，即任何施工过程都不可避免地会导致偏离目标尺寸，其目的是，就如何采取恰当的构造处理措施来避免在施工现场出现问题，向设计人员提供建议。BS 5606 强调的重点在于通过精心施工和正确的现场监督管理，将偏差控制在指定范围内。这样一来，只有通过采用精度更高的技术才可能改善精度，这就很可能会增加更多的成本。这些会对附件安装、边界尺寸、装修和冲突等问题产生影响。在以下两个方面，BS 5606 中给出了常规容许偏差（供构造设计时采用）的取值：

（1）现场施工（BS 5606 中的表 1）；

（2）加工制作（BS 5606 中的表 2）。

遗憾的是，与钢结构有关的许多现场施工方面的数据都只是估计值。为满足结构设计过程中的假定条件所必须的尺寸容许偏差，在 BS 5606 中并没有给出专门的考虑，而实际上这种对与计算假定一致性的考虑可能会更加严格。但是，应该认识到对于特定的构造、节点和连接界面来说，可能会有特殊的精度要求。

在 BS 5606 中所提到的另一个关键点就是需要指定检测的标准，包括量测方法等。必须明白，量测方法本身也会产生偏差，考虑到现场监测的方法差异，与结构本身的容许偏差相比，事实上实测偏差可能会更有意义。

BS 5606 是在研发《英国钢结构工程施工规范》（NSSS）和 BS EN 1090-2 过程中

所采用的参考标准。因此，BS EN 1090-2 中规定了一系列“功能性的容许偏差”，即达到功能要求所必须满足的尺寸偏差，如外观或构件组装要求，而不是承载力和稳定的要求。在 BS EN 1090-2 中，对建筑钢结构所规定的容许偏差值是基于实际经验并结合《英国钢结构工程施工规范》（NSSS）的相关规定，在 BS EN 1090-2 中所规定的标准（默认）功能性容许偏差等级 1 级的取值，通常和 NSSS 的要求相同。

根据 BS 5606 的建议，BS EN 1090-2 规定了量测仪器的精度要求，例如，测量设备和测量体系，以及所采用的测量方法，测量方法应符合 ISO 4463-1《建筑物的放线及测量：第一部分 1：测量方法、计划、组织和验收标准》（*Building setting out and measurement*：*Part 1*：*Methods of measuring*，*planning and organisation and acceptance criteria*）。该 ISO 标准和 BS 5964-1[11]完全相同，是《英国钢结构工程施工规范》（NSSS）指定的参考标准。

32.3　容许偏差相关说明

32.3.1　构件尺寸

32.3.1.1　包覆层

无论是出于外观、防火还是结构方面的原因，当给钢柱或其他构件设包覆层时，都必须考虑横截面尺寸的容许偏差。应该明确，容许偏差值代表的是除了型号（serial size）与公称尺寸（nominal size）之间的差别之外的一个附加变化。

例如，一根 356×406×235 通用柱（UC）构件，公称尺寸为高 381mm、宽 395mm；但当符合 BS4 所给定的容许偏差要求条件下，其实际尺寸可能是宽 401mm，一侧高 387mm，而另一侧高 381mm。欧洲大陆的构件截面也同样如此。例如，一根 400×400×237HD 的构件，公称尺寸为高 381mm、宽 395mm；但当符合 BS EN 10034 所给定的容许偏差要求条件下，其实际尺寸可能是宽 398mm，一侧高 389mm，而另一侧高 380mm。

32.3.1.2　加工制作

为了避免在现场施工过程中出现问题，在绘制施工详图和加工制作过程中，有必要考虑截面尺寸的变化（在容许偏差范围内）。

最明显的例子就是两根公称尺寸相同的构件之间的拼接，这时在翼缘拼接板安放定位前需要采用垫片，同样，相邻的吊车梁或轨道梁之间的高度有偏差，也需要采用垫片，除非构件之间能匹配得很好。

其次，如果柱子的尺寸不同，即使柱子定位非常准确、梁的长度也很精确，也需要调整柱子之间梁的长度。

32.3.2　非结构构件的连接

最好保证附着在钢框架上的其他非结构部件，有足够的调整空间，以满足钢结构工程的容许偏差以及这些非结构构件本身的尺寸偏差。如有必要，还应该考虑结构在荷载作用和温度变化引起的不均匀膨胀所产生的变形。

在可能时，应将非结构构件的连接点的数量限制在3个或4个，其中一个连接点应该是固定点而其他连接点应采用槽形孔或其他方法以便于调整。

32.3.3　围护结构

安装偏差，包括现场定位轴线的偏差会对建筑物外围护墙相对于其他建筑或场地边界线的准确位置产生影响，有些必须遵守的法规限制，必须在规划和初步设计阶段加以考虑。

当将来有可能对建筑物进行扩建，或者建设项目是已有建筑物改建时，这时对新旧建筑界面处，必须考虑实际尺寸的偏差。

对于多高层建筑物来说，即使柱子垂直度的容许偏差通常会随着高度的增加而减小，但建筑围护结构的偏差也会逐渐增大。因此，有必要制定专门的柱子外侧位置的容许偏差限制，除非有收进或其他有相似效果的立面。

32.3.4　电梯井筒

一般来说，电梯导轨施工的垂直度容许偏差要求要比建筑施工中的要求更加严格。在低层建筑中只要留有一定的间隙，就可以间隙调整，而在高层建筑中必须对柱子垂直度指定“专门的”容许偏差，或对电梯井周边的柱子给出“特殊的”容许偏差。

除了要满足电梯供应商所要求的容许偏差要求之外，还应该注意建筑物在风荷载作用下的侧向位移对电梯垂直度的影响。

32.4　制作容许误差

32.4.1　制作容许偏差的范围

本章所涉及的“制作容许偏差”，是指除了焊接之外，所有常规的车间加工操作所对应的容许偏差，包括：

（1）截面尺寸，不包括轧制型钢；

（2）构件长度、平直度（straightness）和垂直度（squareness）；

(3) 腹板、加劲板和加劲肋；

(4) 孔洞、边缘和切口；

(5) 螺栓接头与拼接；

(6) 柱底板和盖板。

轧制型钢的截面容许偏差和普通钢板、扁钢的厚度容许偏差，一般都作为加工制作公差来对待；而焊接相关的容许偏差（包括坡口加工容许偏差和允许焊缝缺陷尺寸等）需另行处理。

32.4.2　安装容许偏差

对于加工精度而言，最重要的要求就是必须确保钢结构能够在指定的安装容许偏差范围内顺利安装。

由于钢结构的类型多种多样，其中涉及的构件更是种类繁多，所以构件的加工容许偏差必须以一种非常通用的形式给出。即使各个构（部）件的加工容许偏差累积起来（cumulative effects）有可能满足安装容许偏差，但要达到这个目标，在经济上也会存在不合理的情况。

幸运的是在大多数情况下，所有极端的偏差同时发生是不可能的。通常的做法是在认可的加工容许偏差值上增加一些裕量，以避免在施工现场出现偏差累积效应。经验证明，只要采取简单的调整手段是可行的，否则就可能出现偏差累积。例如，带有螺栓连接端板的梁，通常具有足够的调整空间，因为螺栓孔一般都留有一定的间隙，但是当一列梁都是端板连接时，一般宜每隔一段距离加设垫片，除非可以采取其他的措施来解决梁过长或过短的情况。其他的调节措施还包括采用带螺纹杆和槽形调节孔等。

由施工详图可知，加工容许偏差的累积容易影响安装的质量，应该考虑采取更小的容许偏差或调整方式，当然所有的极端偏差同时发生的可能性很小，并且应该对调整手段和调整范围进行判断。

32.4.3　端面承压

32.4.3.1　应用

要求通过“全接触承压”在连接的接触面上传递压力，可能要比加工制作规范中的其他条文会引起更多的麻烦，主要是对要达到什么目的使人产生误解。

首先，必须弄清应该采用端面承压的连接类型。图 32-1*a* 所示为常见的一些情况，要求构件与底板、盖板或隔板采用端面承压。接触面上的应力等于构件截面应力，所以端面承压即需要将构件应力传递到相应的板件上。其实只有板件与构件相接触的部分需要满足端面承压的要求，但实际上加工整个板件可能会更加容易一些。

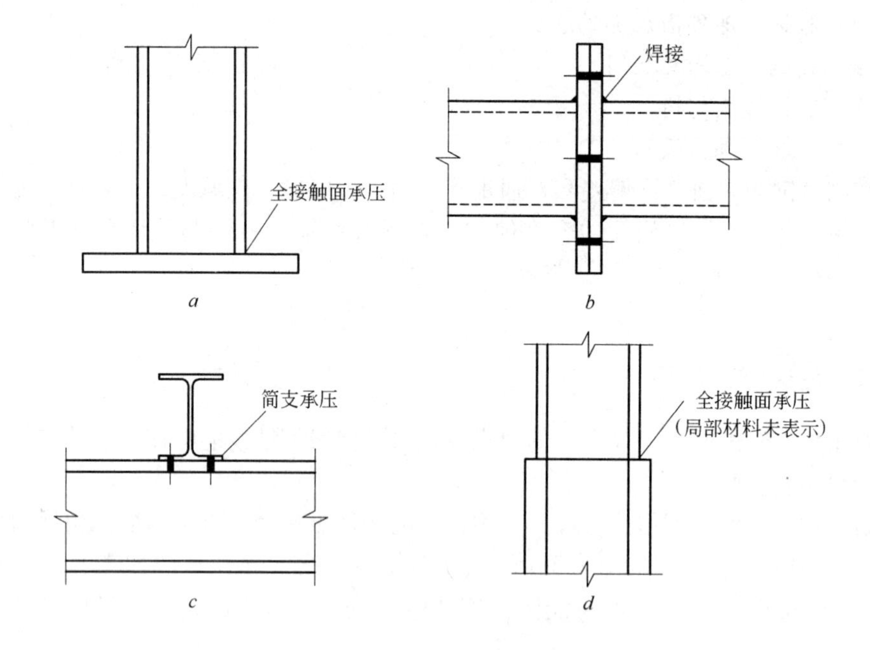

图 32-1 构件端面承压类型

a—型钢和板件的端面承压；*b*—板件和板件的端面承压；
c—翼缘和翼缘的端面承压；*d*—截面和截面的端面承压（精确对准）

图 32-1*b* 所示为两块端板的简单承压。端板之间可能的接触面积要远远大于构件的截面面积，所以没必要按端面承压制作。唯一的要求就是端板相对于构件的中轴线必须对正。图 32-1*c* 给出了另一种常用的简单承压连接。

相比之下，图 32-1*d* 所示的是，如果要求全接触承压，就有必要采取特别措施来保证两个构件的端面对齐密贴，否则接触面积可能明显小于传递荷载所需的面积。这时，需要指定特殊容许偏差，其具体数值应根据设计所确定的最大局部面积的折减值来确定；另外，可以在该处设置一块分隔板，当构件中截面应力很大时，这是一种最为实用的解决方案。

32.4.3.2 要求

端面承压的要求有以下三项：

（1）垂直度（squareness）；

（2）平面度（flatness）；

（3）表面光滑度（smoothness）。

32.4.3.3 垂直度

如果柱子的端部截面与其轴线不垂直，则安装之后会出现问题：要么是柱子不

处于竖直位置，要么是在连接部位出现锥形间隙，具体取决于周边的结构部件对防止柱子倾斜的约束程度。在荷载的作用下，这类间隙会趋向于闭合，在此过程中会对周边构件产生附加的作用力。另外，间隙或倾斜都会引起柱子的局部偏心。

实际安装偏差要求是关于柱子倾斜率不得超过 $1/x$（x 在《英国钢结构工程施工规范》（NSSS）中规定为 600，在 BS EN 1090-2 中规定为 500）。该斜率的测量基准线是一根连接柱子上下端截面中心的直线，即所谓的总体中心线（overall centreline）。还允许柱子的垂直度偏差为（在《英国钢结构工程施工规范》中规定为 $L/1000$，在 BS EN 1090-2 中为 $L/750$），这相当于端部斜率约为 1/300，见图 32-2*a*。因此，有必要指定相对于总体中心线（而非靠近端面的局部中心线）的端面垂直度安装偏差要求，见图 32-2*b*。

设计中的通常假定：柱子的外力作用线在承压端的方向改变量不会大于 1/

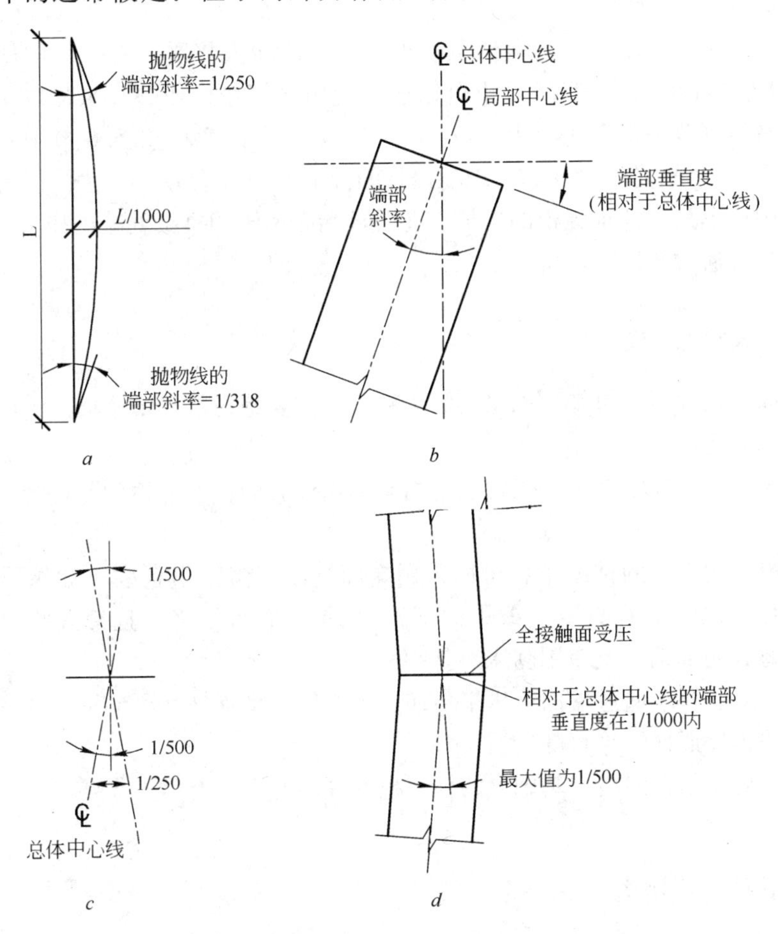

图 32-2　柱子的端面垂直度

a—1/1000 的侧向弯曲矢高相当于 1/300 的端面倾角；*b*—以总体中心线为基准测得的端面垂直度；*c*—承压端的外力作用线的方向变化；*d*—端面承压端的垂直度

250，这就要求在简单承压连接中的端部垂直度偏差不超过1/500（相对于构件的总体中心线），见图32-2*c*。但是，端面承压通常出现在柱子拼接处而非支承点，所以其端部垂直度容许偏差一般取为1/1000，对应的最大构件端部倾角斜率为1/500，见图32-2*d*。

当柱子安装就位后，再测量拼接部位的间隙更有实际意义。这些间隙值不仅与端部垂直度有关，还与平面度有关。

32.4.3.4 平面度

构件的端面应该保持平整（与呈弧面或严重凹凸不平完全不同），以保证荷载的顺利传递。关于平面度的规范争论不止，美国钢结构学会（American Institute of Steel Construction，简称AISC）委托有关方面进行了试验研究，这些试验结果形成了现行规范的基础。

人们发现了平面度偏差的数值虽然很大却可以让人接受；有时候即使超过限值（或为了补偿端部垂直度偏差），也可以通过使用局部垫板或垫片来加以调整。类似的规定在其他规范中也有所应用，包括EN规范（见本章第32.5.6节中安装容许偏差的相关介绍）。这是一种在施工现场修补间隙的简单和有效的方法。但将垫片塞入柱子接头中也不是一件很轻松的事情。在要求端面承压的拼接处减小加工制作偏差以避免塞垫片，通常会比较经济。

32.4.3.5 表面光滑度

由平面度试验结果可知，如果实际工程中不需要绝对的局部平面度，则也不需要绝对的表面光滑度。

采用现代化的高精度电锯正常加工出来的构件表面，就能达到非常光滑的表面光滑度。

在不能使用电锯的情况下，可以采用端面铣床来修正组合柱（如箱形柱或其他焊接组合柱）的端面垂直度（或平面度）。如果柱底板不平，且又太厚而不易压平时，则可将其局部铣平或使用刨床将其刨平。

但是，对于要求通过端面承压来传递压力的轧制型钢柱，不能过分强调采用电锯加工的方法来保证柱子垂直度。

当然，对支承在混凝土基础上的柱底板的底面的平面度可不作要求。

32.4.4 其他受压接头

对于通过端板以简单承压形式来传递压力的受压接头，同样也要保证构件端面与其轴线的垂直度。当构件连接就位后，如果有可能引起连接偏心的间隙存在，则应塞入垫片进行调整。

32.4.5　采用连接板的拼接接头

在拼接中，必要时应使用钢垫板将相邻拼接的间隙控制在2mm（普通螺栓连接）或1mm（摩擦型高强螺栓连接）以内，见图32-3。

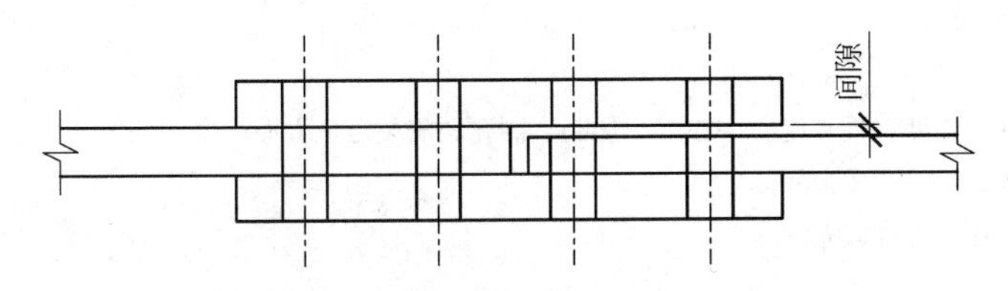

图32-3　相邻表面之间的最大间隙

32.4.6　梁端板

如果带有端板的梁因长度不够而无法安装在两边的支承柱（或其他的支承构件）上，则应加设垫板来弥补其间的差值。

如图32-4所示，有时候焊接引起的变形会使构件之间出现间隙，如果构件之间的连接很牢固，这种间隙一般不需要垫片来填补。但如果钢结构是外露的或处于腐蚀性的环境中，则需要填实或封闭这种间隙以避免结构受到侵蚀。

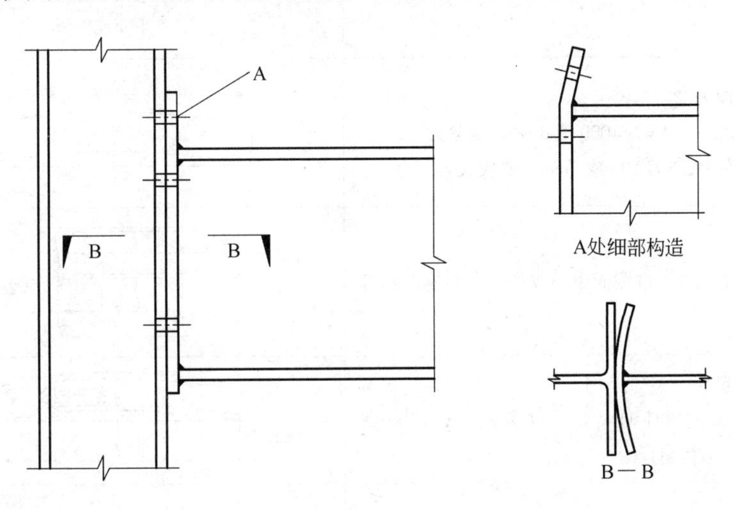

图32-4　焊接端板

32.4.7　加工容许偏差值

为简便起见，这里将NSSS中给出的加工容许偏差值列于表32-4中。工程师应分别考虑每项规定，且容许偏差的累积不能高于单项规定。

这些数值均摘自 NSSS 第4版，反映了目前的工程实践水平。表32-4 中的条目编号即 NSSS 中的原始编号，以后引用时也应采用该编号。

表 32-4 摘自《英国钢结构工程施工规范》第五版

第7章 制作工艺精度

7.1 容许偏差

截面外形尺寸、长度、垂直度、平面度、切割、制孔和安装定位方面的容许偏差。

应满足下列 7.2 ~ 7.5 节的要求。

7.2 热轧钢构件的加工容许偏差

（包括钢管）

7.2.1 加工后的截面外形尺寸	根据表 2-1 中给出的容许偏差
7.2.2 非端面承压构件端的垂直度 注：也可参见 4.3.3。	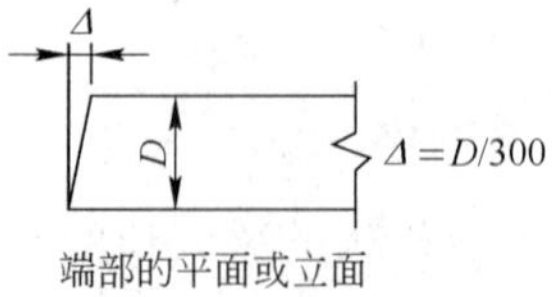 Δ D Δ=D/300 端部的平面或立面
7.2.3 端面承压构件端的垂直度 相对于构件纵向轴线的端部。 注：也可参见 4.3.3。	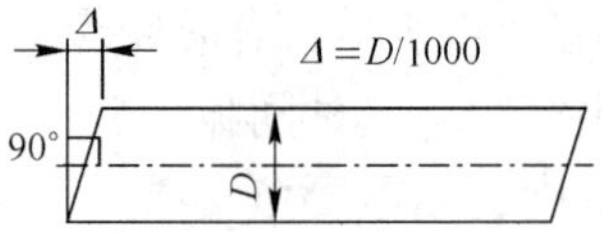 Δ Δ=D/1000 90° D 平面或立面
7.2.4 侧向弯曲矢高 一般情况下，Δ = L/1000 或 3mm，取较大者； 钢管构件，Δ = L/500 或 3mm，取较大者。	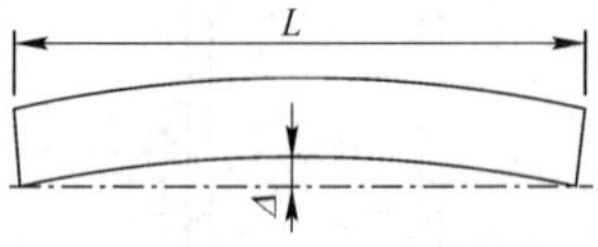 L Δ
7.2.5 长度 切割后的长度，取截面中心线位置，角钢取角部位置。	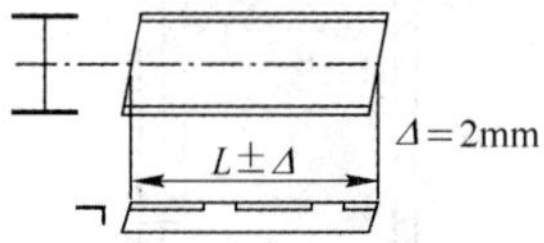 L±Δ Δ=2mm
7.2.6 弯曲或起拱 弯曲或起拱构件的矢高容许偏差 = L/1000 或 6mm，取较大者。	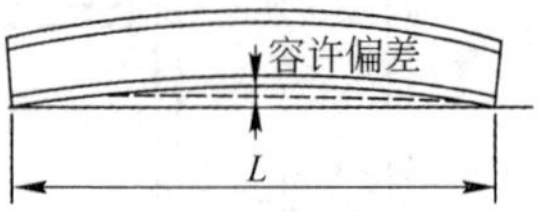 容许偏差 L
7.3 部件加工容许偏差（Δ） 7.3.1 连接件的位置 连接件错位不应超过 Δ。 当为主要传力连接件：Δ = 3mm； 其他连接件：Δ = 5mm。	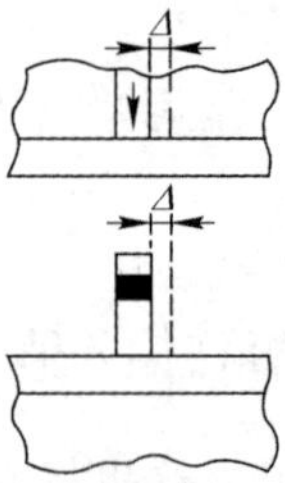 Δ Δ

续表 32-4

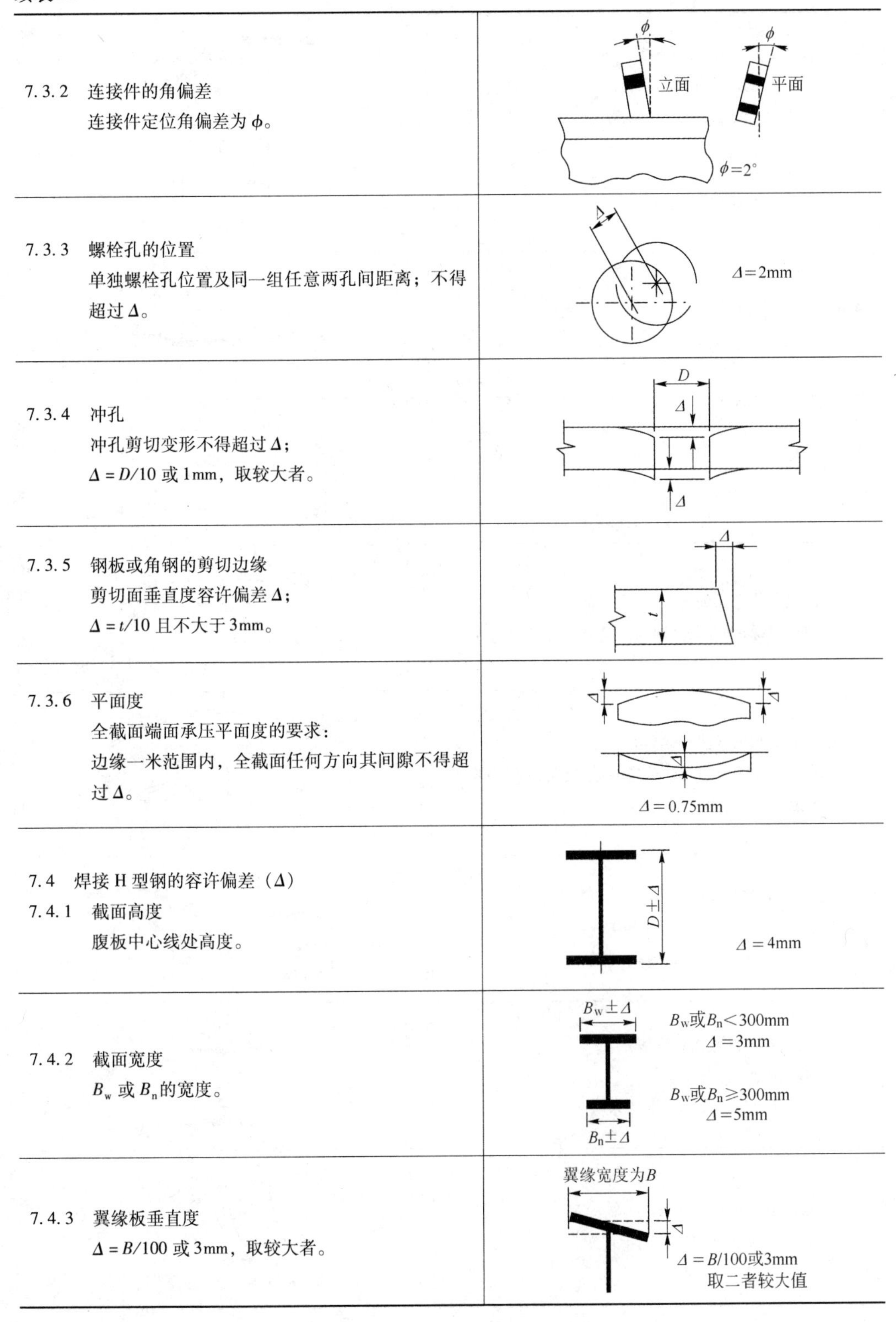

7.3.2　连接件的角偏差 连接件定位角偏差为 ϕ。	立面；平面；$\phi=2°$
7.3.3　螺栓孔的位置 单独螺栓孔位置及同一组任意两孔间距离；不得超过 Δ。	$\Delta=2mm$
7.3.4　冲孔 冲孔剪切变形不得超过 Δ； $\Delta=D/10$ 或 1mm，取较大者。	D；Δ
7.3.5　钢板或角钢的剪切边缘 剪切面垂直度容许偏差 Δ； $\Delta=t/10$ 且不大于 3mm。	Δ；t
7.3.6　平面度 全截面端面承压平面度的要求： 边缘一米范围内，全截面任何方向其间隙不得超过 Δ。	$\Delta=0.75mm$
7.4　焊接 H 型钢的容许偏差（Δ） 7.4.1　截面高度 腹板中心线处高度。	$D\pm\Delta$；$\Delta=4mm$
7.4.2　截面宽度 B_w 或 B_n 的宽度。	$B_w\pm\Delta$；$B_n\pm\Delta$ B_w或$B_n<300mm$　$\Delta=3mm$ B_w或$B_n\geq300mm$　$\Delta=5mm$
7.4.3　翼缘板垂直度 $\Delta=B/100$ 或 3mm，取较大者。	翼缘宽度为B $\Delta=B/100$或3mm 取二者较大值

续表 32-4

7.4.4 腹板中心偏移 腹板距翼缘板边缘的位置。	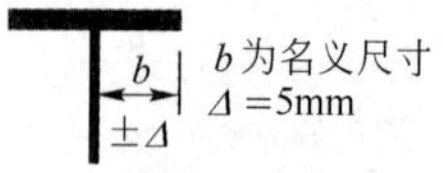 b为名义尺寸 $\Delta=5$mm
7.4.5 翼缘 翼缘板垂直度。	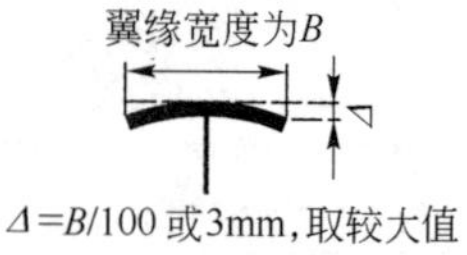 翼缘宽度为B $\Delta=B/100$或3mm，取较大值
7.4.6 吊车梁的上翼缘板 轨道部位的垂直度。	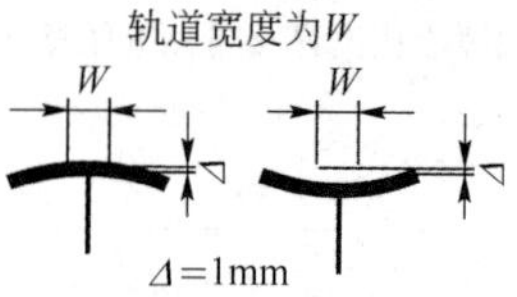 轨道宽度为W $\Delta=1$mm
7.4.7 长度 中心线处长度。	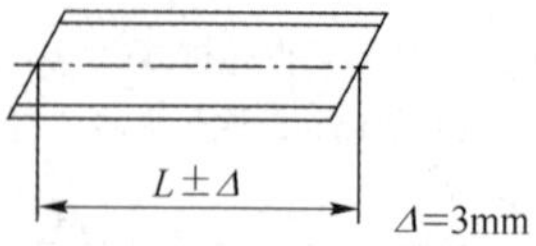 $L\pm\Delta$ $\Delta=3$mm
7.4.8 翼缘板的弯曲矢高 单件翼缘板的弯曲矢高。	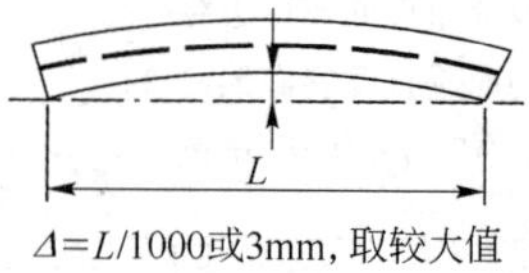 $\Delta=L/1000$或3mm，取较大值
7.4.9 弯曲或起拱（容许偏差） 弯曲或起拱构件的矢高容许偏差 = $L/1000$ 或 6mm，取较大值。	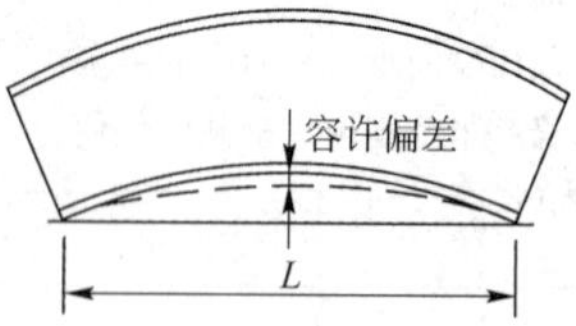 容许偏差 L
7.4.10 腹板局部平面度 腹板高度或长度方向的局部平面度。 $\Delta=d/150$ 或 3mm，取较大值。	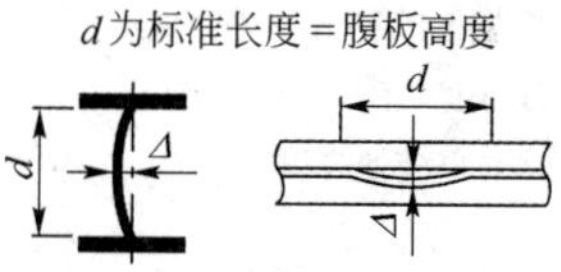 d为标准长度＝腹板高度
7.4.11 支座部位的截面容许偏差 腹板的垂直度。 $\Delta=D/300$ 或 3mm，取较大值。	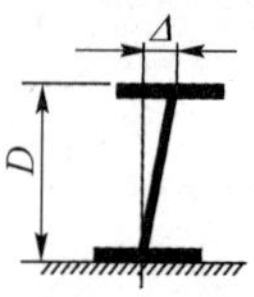
7.4.12 腹板加劲肋的垂直度 焊接后加劲肋平面外的垂直度。	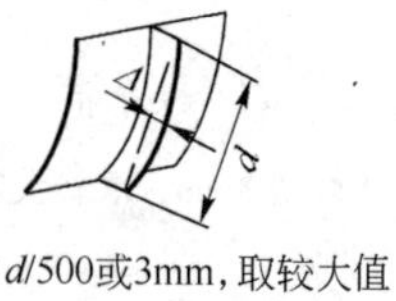 $\Delta=d/500$或3mm，取较大值

续表 32-4

7.4.13　腹板加劲肋的垂直度 焊接后加劲肋平面内的垂直度。	 $\Delta=d/250$或3mm，取较大值
7.5　箱形截面的容许偏差（Δ） 7.5.1　箱形截面尺寸	$B_f\pm\Delta$ $B_w\pm\Delta$ B_f或$B_w<300$mm $\Delta=3$mm B_f或$B_w\geqslant300$mm $\Delta=5$mm
7.5.2　箱形截面垂直度 隔板位置的垂直度。	$\Delta=D/300$ 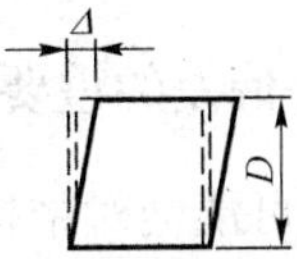
7.5.3　箱板的局部平面度 高度或长度方向的局部平面度。	W为标准长度＝截面高度 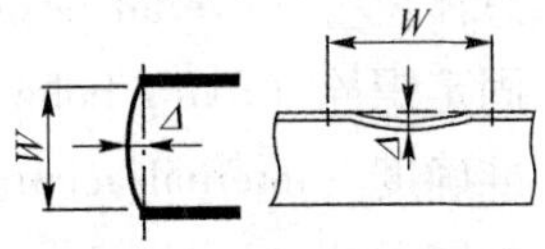 $\Delta=W/150$或3mm，取较大值
7.5.4　腹板或翼缘板的弯曲矢高 单件腹板或翼缘板的弯曲矢高。	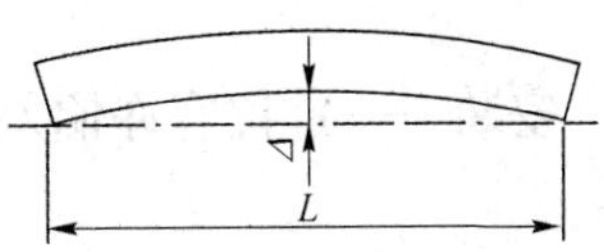 $\Delta=L/1000$或3mm，取较大值
7.5.5　腹板加劲肋的垂直度 焊接后加劲肋平面外的垂直度。	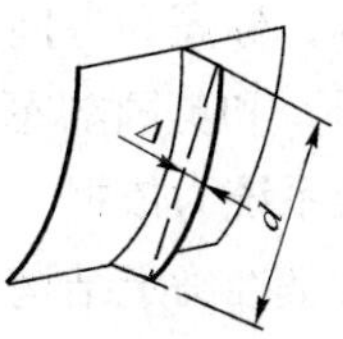 $\Delta=d/500$或3mm，取较大值
7.5.6　腹板加劲肋的垂直度 焊接后加劲肋平面内的垂直度。	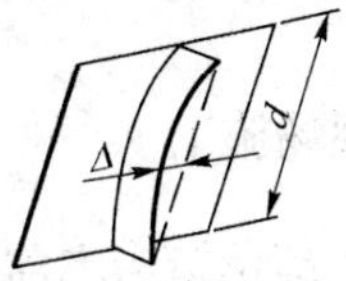 $\Delta=d/250$或3mm，取较大值

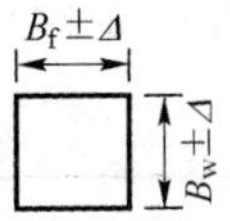

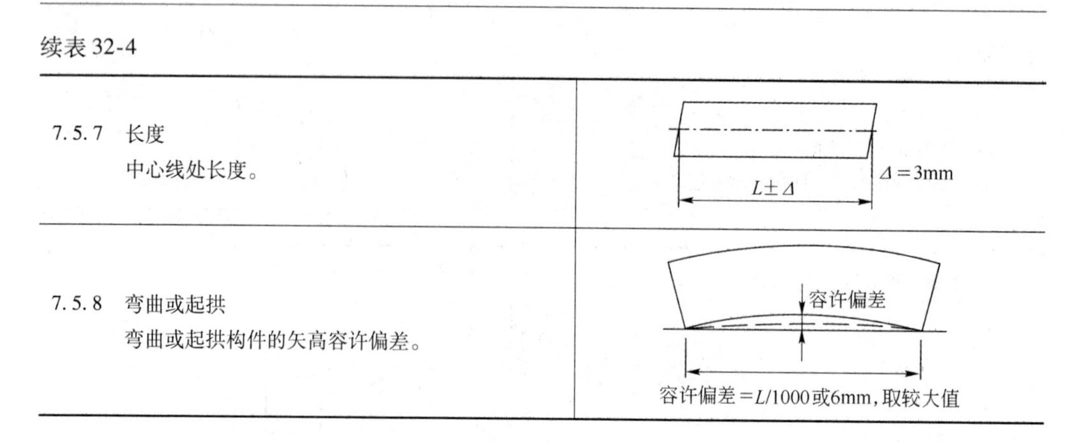

续表 32-4

7.5.7 长度 中心线处长度。	$\Delta=3\text{mm}$ $L\pm\Delta$
7.5.8 弯曲或起拱 弯曲或起拱构件的矢高容许偏差。	容许偏差 容许偏差$=L/1000$或6mm，取较大值

32.5 安装容许偏差

32.5.1 安装容许偏差的重要性

安装容许偏差可能会对结构性能产生显著影响。

可以考虑以下四个方面：

(1) 总体位置 (overall position)；

(2) 固定螺栓 (fixing bolts)；

(3) 准确度 (internal accuracy)；

(4) 外围尺寸 (external envelope)。

32.5.2 安装——定位容许偏差

32.5.2.1 放线

平面位置、标高和方向的定位只能根据某些确定的基准点参考，例如国家基准网 (National Grid) 和英国陆军测绘局标准零点 (Ordnance datum) 标高来确定。以这些国家级的基准系统为依据，通常可建立二级现场基准点和现场基准标高，然后再以这些二级系统为基准确定结构的相关精度。

强力建议在任何施工现场都要采用已建好的柱网和现场基准面；对于一个大型的施工现场，这几乎是不可缺少的。

32.5.2.2 现场施工

在安装上部钢结构之前，要为起支承作用的混凝土基础和其他支承结构的常规现场施工进行准备，该项工作通常不是由钢结构安装队来进行，而是由其他施工队负

责。根据所采用的地脚螺栓或其他锚定的形式，这包括在现浇混凝土中预埋地脚螺栓，在混凝土中设置埋设柱脚底板抗剪键的杯口，以及安装固定钢结构用混凝土表面处理等内容。

即使施工人员认真施工，最后可达到的精度也是很有限的，而且混凝土需要一段时间硬化，才能达到足够的强度来进行上部钢结构的安装。一旦安装上部钢结构的所有基础全部完成施工（或在大型施工现场上至少相当部分的基础完成施工），宜立即开展相关的测量工作以核定它们的精度。

32.5.2.3 已建立的柱轴线网格和现场水准

完成上述测量工作以后，就很容易引入柱子基础和其他支承结构所对应的柱轴线网格（established column lines，ECL）和已建立的现场水准（established site level，ESL），然后就可以以此为基准定出钢柱等主体结构构件的平面位置和标高。

已建立的柱轴线网格（ECL），可以定义为场地的网格线，能够最准确地描述基础和固定物的实际位置。同样，可以用已建立的现场水准（ESL）来准确描述基础的实际标高。当然，还是需要对 ECL 网格和 ESL 偏差是否在相应的容许偏差范围内进行验证。

当按照 ISO 4463-1（即 BS 5964-1）标准进行放样和测量时，ECL 和 ESL 的概念的是用来确定“定位点”的，该定位点标明了单根柱子吊装所应该在的位置和标高（注意，在实际上，现场上的实际基准点一般与定位点本身是偏离的）。在 ISO 4463-1 中，称已建立的柱轴线网格为“二级网”。BS EN 1090-2 要求二级网测量必须记录在案，并作为参考系统，用作确定钢结构放线及建立支承结构（包括柱基础和其他固定位置用的预埋件和地脚螺栓等）的安装偏差。

32.5.3 安装——固定螺栓

32.5.3.1 固定螺栓的类型

固定螺栓包括柱子的地脚螺栓和用来固定或支承其他构件，如梁、墙体或其他混凝土构件上的支架等所用的各类螺栓。

地脚螺栓还是其他固定螺栓，可分为以下两类：

（1）固定位置的螺栓；

（2）可调节的螺栓，装于套筒或凹槽内。

32.5.3.2 固定螺栓

固定螺栓通常会被牢固地埋入混凝土等支承体内，施工过程中须小心并采用夹具或模板来实现准确定位。如今，也经常在浇筑好的混凝土上钻孔，然后在钻孔中采用树脂灌浆锚固螺栓。也可以采用膨胀螺栓。

但无论以何种方式固定螺栓，都需要准确定位。唯一有可能的是对钢结构进行调整，所以通常需要指定相对严格的安装容许偏差。

32.5.3.3 可调节螺栓

可调节螺栓放置在套筒或混凝土中的锥状梯形（圆锥形）的孔内，螺栓的螺纹端具有一定的调节量，而另一端用钢垫圈或其他锚固装置嵌入在混凝土中。

这种替代的方法对于螺栓更容易达到安装容许偏差的要求，而对于钢结构则可以采用相对简单的构造。必须使可调螺栓的轴线与竖直位置有一定程度的偏离，这就要求钢结构上应有足够大螺栓孔，尤其是当柱底板比较厚的情况。如有必要的话，建议在加大的螺栓孔上采用平板垫圈。如果需要，还可在螺栓紧固后将垫圈焊死，但通常不必如此。针对每一情况，要根据具体的构造制定出“特殊的”容许偏差，包括螺栓长度，因为这会对螺栓的倾斜产生影响。

32.5.3.4 螺栓长度

要保证在吊装到位后能够合适地固定螺母，地脚螺栓顶部标高也是很重要的。为了给螺栓的安装固定留出必要的调节空间，实际的螺栓长度应比理论长度稍长一些，应有较长的螺纹段，且螺栓顶部的名义标高应高于理论标高。

对于水平方向的固定螺栓，也应有相似的要求。BS EN 1090-2 和英国钢结构工程施工规范（NSSS）对基础中的和其他支承位置的固定螺栓均规定了相关的要求。

32.5.4 安装——准确度（internal accuracy）

从对结构性能影响的角度而言，主要的安装偏差是柱子的垂直度偏差；另外，位于牛腿上的梁的位置等的偏差也很重要。梁的标高，尤其是梁两端的相对标高。或者两根梁之间的相对标高，对于结构的正常使用功能有重要的影响。

另外，结构中的一个部分相对于另一个部分的准确度，如果它们不会引起附件安装、冲突或间隙等方面的问题，在很大程度上可以归结为装配偏差的问题。当装配偏差导致的结构精度不满足相应的限制条件时，应该指定“专门的”容许偏差。

指定必要的容许偏差时必须以容易确定的定位点或标高作为安装基准点。对于柱子和其他的竖向构件，通常将已加工构件端截面的实际中心点作为安装基准点。对于梁和其他的水平构件，安装基准点宜取为两端上表面的实际中心点。对于其他类型的构件，可以利用柱体系和梁体系得到，且相应的体系都应该在安装图中标明。然后，根据这些安装基准点的容许偏差来确定安装容许偏差，而安装基准点的容许偏差是由对应于“二级测量网”所建立的定位点来确定的，这方面内容在本章第 32.5.2.3 节中已有所介绍。

已建立的楼层标高（EFL），可以最准确地描述已竣工楼面的实际标高。EFL 与楼面的指定标高（相对于已建立的现场水准（ESL））的偏差不得超过该层柱子高度的容许偏差。

每根梁的基准点与已建立的楼层标高（EFL）的偏差必须在容许偏差范围之内。此外，梁的两端以及相邻两根梁之间的高差必须也在容许偏差范围之内。

各层楼的柱子所容许的偏差会形成一条包络线，在所有标高上柱子都要位于这条包络线之内。此外，还应对一个楼层内的每根柱子的容许倾斜进行限制，除了单根柱子的高度为整层高时，通常总体包络线起控制作用。

32.5.5 安装——外围尺寸

一般情况下，结构中外柱和内柱的垂直度安装容许偏差是相同的。当结构外边缘的容许偏差从基础的底部起算（考虑从定位点到理论点的容许偏差以及从定位点到柱底的容许偏差）时，可能会出现超越现场边界或建筑红线的情况，尤其是较高的多层建筑。若出现这种情况，应指定专门的容许偏差。

如果在建筑物周边的相邻柱子与建筑物外表面的理论上的柱轴线之间，出现退进和突出的过大偏差，就会产生围护结构附件安装方面的问题，即使能克服附件安装问题，也可能影响外观。同样，如果有必要，也应指定“专门的”容许偏差。

32.5.6 垫板式端面承压

如同前面第 32.4.3.4 小节中所涉及的加工容许偏差那样，AISC 委托进行的试验，可以作为一些现代标准的基础，这些试验表明，对于端面承压接头，可以使用垫片来减小间隙以满足规定的制作容许偏差要求。由于经过试验验证的这种间隙最大尺寸可达 6.35mm，所以对于尺寸大于 6mm 的间隙不宜直接使用垫片，而应采用其他的方式来调整。

只有那些在构件最终定位以后，间隙尺寸仍不满足容许偏差要求时才应该采用垫片来进行调整。由于试验所用的是平垫片，所以在实际工程中也宜使用平垫片。另外，试验中所用的垫片材料为低碳钢，在 AISC 规范和 BS EN 1090-2 中允许使用这一类低碳钢材料。

垫片塞入间隙后，其剩余的间隙不得超过所规定的容许偏差。一般宜使用厚度不同且较短的垫片逐块塞入间隙。在任一个间隙中塞入的垫片不能超过三层，最好是一层或两层。也可采用部分熔透对接焊缝将垫片固定，见图 32-5*a*。

在螺栓连接的受压拼接接头中，可以采用“指形”垫片（其形状见图 32-5*b*）。

在某些情况下，可以将垫片打入缝隙，但这种垫片必须足够坚固（一般厚度应大于 2mm），所以接头部位要使用各种不同厚度的垫片。打入式垫片最好使用在竖向间隙中，例如梁端板与柱子之间的接头。更常见的做法是用千斤顶或楔形铁将接头顶

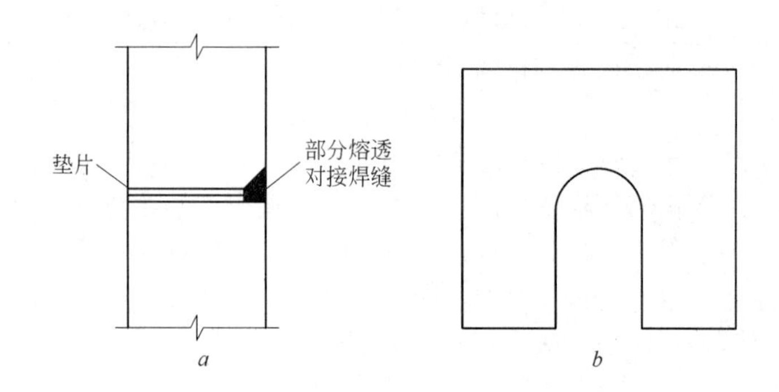

图 32-5 端面承压接头中的垫片

a—部分熔透对接焊缝与垫片同时使用；*b*—“指形”垫片

开（或用起重设备将上部工件吊起），这样就可以塞入垫片。塞入锥形垫片会特别困难，如果没有必要，最好避免使用。

32.5.7 安装容许偏差值

在表 32-5 中给出了安装容许偏差值。所规定要求中的每一项都应加以考虑并分别予以满足。容许偏差不能累计，除非它们的基准点或基准线本身也存在容许偏差。这些容许偏差数值均摘自《英国钢结构工程施工规范》（NSSS）第 5 版，代表了目前的工程实践水平。

表 32-5 中的条目编号是 NSSS 中的编号，以后引用时也应采用该编号。

表 32-5 摘自《英国钢结构工程施工规范》第 5 版
(National Structural Steelwork Specification 5th Edition)

第 9 章 安装工艺——钢结构安装精度

9.1 基础、墙体和基础地脚螺栓的容许偏差（Δ）

注：9.1.1 ~ 9.7.5 的容许偏差符合国家混凝土结构规范。

9.1.1 基础标高 指定标高的容许偏差。	$\Delta = \pm 15$mm
9.1.2 墙体 对钢结构支承点的容许偏差。 高度≤4m，$\Delta = \pm 15$mm； 高度 >4m，$\Delta = \pm 20$mm，每升高 1m 增加 1mm； 高度 >8m，最大 $\Delta = \pm 50$mm。	Δ 指定位置 梁

续表 32-5

9.1.3 需要调节的埋入式地脚螺栓或螺栓群对指定位置的容许偏差。	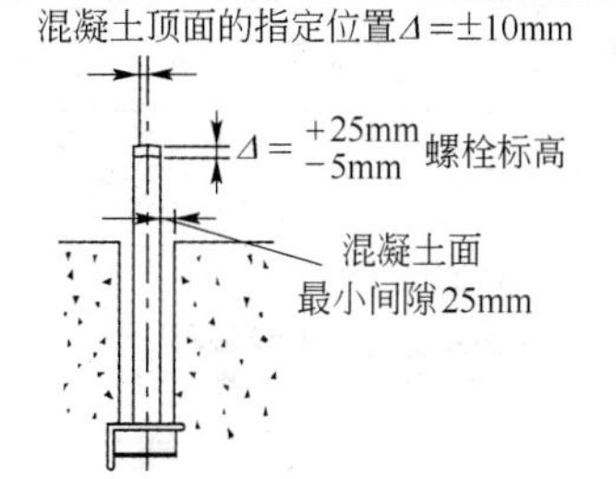 混凝土顶面的指定位置$\Delta=\pm10$mm $\Delta=\begin{smallmatrix}+25\text{mm}\\-5\text{mm}\end{smallmatrix}$ 螺栓标高 混凝土面 最小间隙25mm
9.1.4 不需要调节的埋入式地脚螺栓或螺栓群对指定位置的容许偏差。	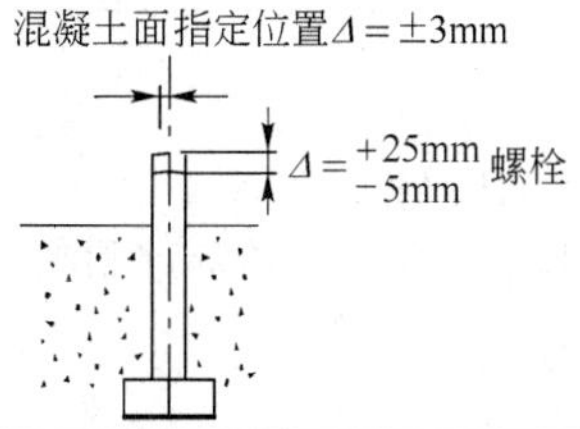 混凝土面指定位置$\Delta=\pm3$mm $\Delta=\begin{smallmatrix}+25\text{mm}\\-5\text{mm}\end{smallmatrix}$ 螺栓
9.1.5 不需要调节的墙内埋入式螺栓或螺栓群（平面和立面位置 $\Delta=\pm3$mm）对指定位置的容许偏差。 注：墙体应满足 9.1.2 条的规定。	$\Delta=\begin{smallmatrix}+40\text{mm}\\-5\text{mm}\end{smallmatrix}$ 平面和立面位置 $\Delta=\pm3$mm
9.1.6 预埋钢板 距指定中心线的容许偏差。	Δ 指定位置 $\Delta=10$mm Δ 实际位置

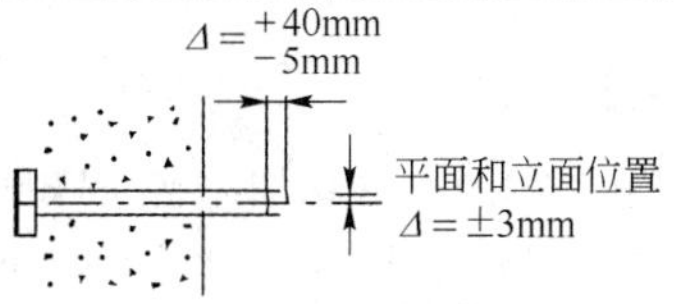

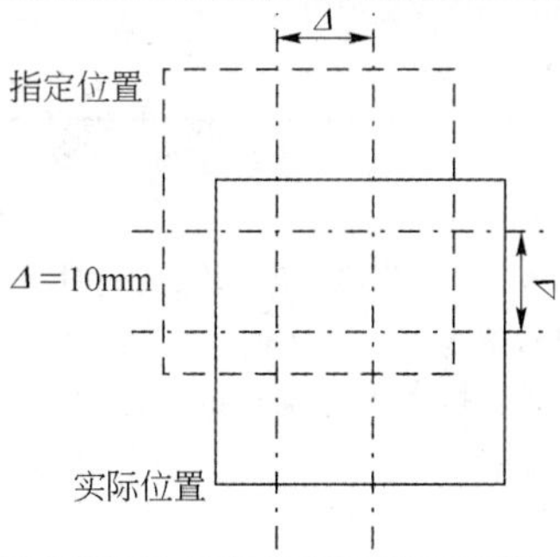

9.2 基础检测

钢结构承包商应在施工安装 7 天前，检查基础和地脚螺栓的位置及标高。如果发现有任何不符合 9.1 条规定的，应及时通报业主采取补救措施以满足安装要求。

9.3 钢结构

钢结构安装最大容许偏差应符合 9.6 条规定同时考虑以下两条：

所有测量工作在正常天气中进行，同时需要注意温度变化对结构的影响（见 8.6.2 条）。

空心截面的容许偏差也适用于箱形截面和管截面。

9.4 容许偏差

钢结构承包商应尽快将不符合 9.6 条规定有关情况通知结构工程师，对其影响进行评估，是否采取补救措施作出决定。

注：钢结构安装偏差的调查和评估见附件 A。

9.5 对其他承包商的信息

结构工程师应将有关加工与安装文件要求的容许偏差通知与钢结构相关的承包商，以确保安装所需的间隙与调整空间。

续表 32-5

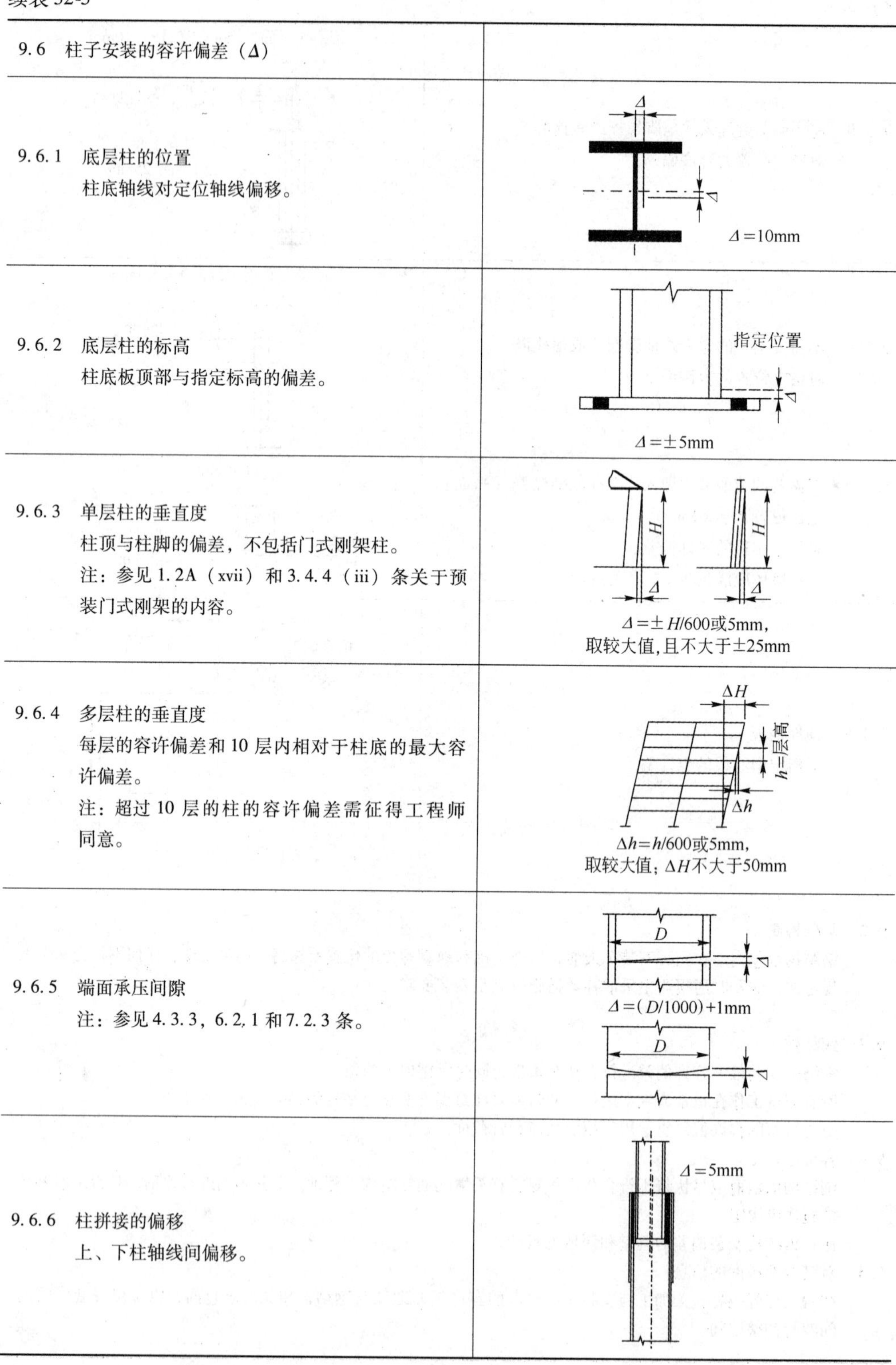

9.6 柱子安装的容许偏差（Δ）	
9.6.1 底层柱的位置 柱底轴线对定位轴线偏移。	Δ=10mm
9.6.2 底层柱的标高 柱底板顶部与指定标高的偏差。	指定位置 Δ=±5mm
9.6.3 单层柱的垂直度 柱顶与柱脚的偏差，不包括门式刚架柱。 注：参见 1.2A（xvii）和 3.4.4（iii）条关于预装门式刚架的内容。	Δ=± H/600或5mm， 取较大值，且不大于±25mm
9.6.4 多层柱的垂直度 每层的容许偏差和 10 层内相对于柱底的最大容许偏差。 注：超过 10 层的柱的容许偏差需征得工程师同意。	h=层高 Δh=h/600或5mm， 取较大值；ΔH不大于50mm
9.6.5 端面承压间隙 注：参见 4.3.3，6.2.1 和 7.2.3 条。	Δ=(D/1000)+1mm
9.6.6 柱拼接的偏移 上、下柱轴线间偏移。	Δ=5mm

续表 32-5

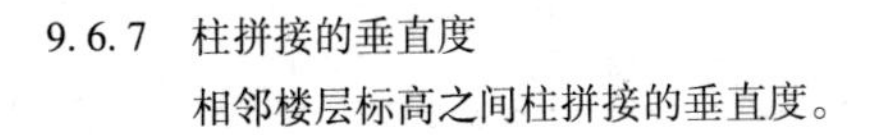 9.6.7 柱拼接的垂直度 相邻楼层标高之间柱拼接的垂直度。	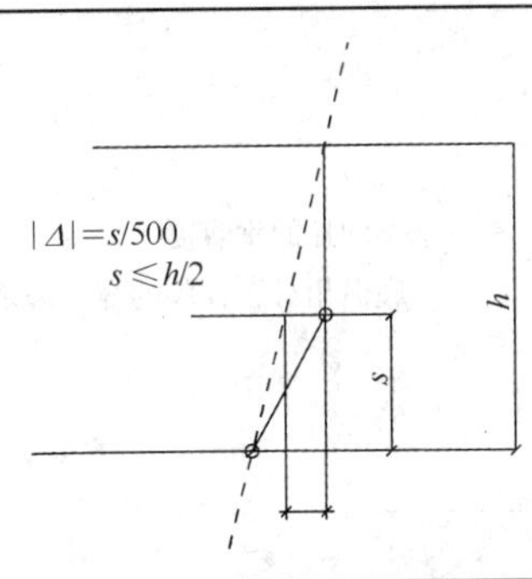
9.6.8 相邻外围柱之间的偏移 平行于柱定位轴线相邻柱脚或柱拼接处的容许偏差。	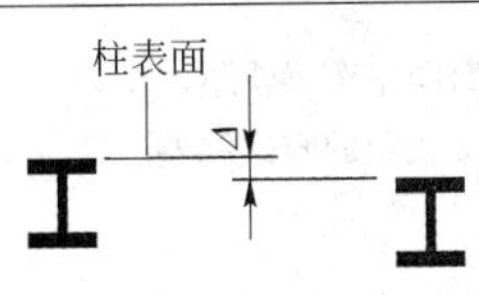 $\Delta=10\text{mm}$
9.6.9 梁的标高（楼面标高） 在支承柱处与指定标高的容许偏差。	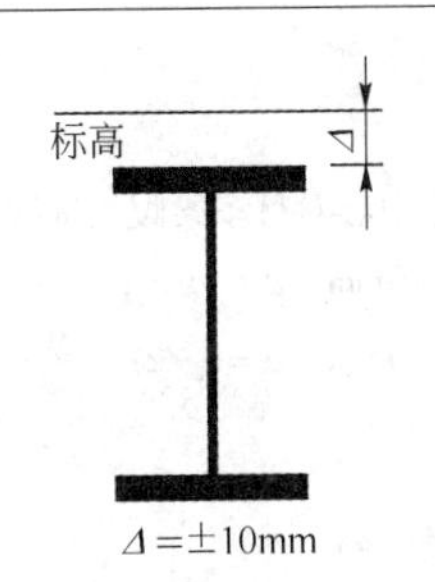 $\Delta=\pm10\text{mm}$
9.6.10 同一根梁两端顶面的高差 梁两端标高相对容许偏差。	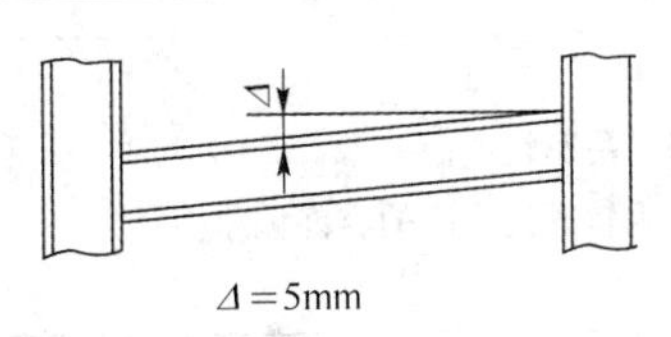 $\Delta=5\text{mm}$
9.6.11 5m 间距内相邻梁顶面的高差 相对标高间的容许偏差。 （取上翼缘中心线处标高）	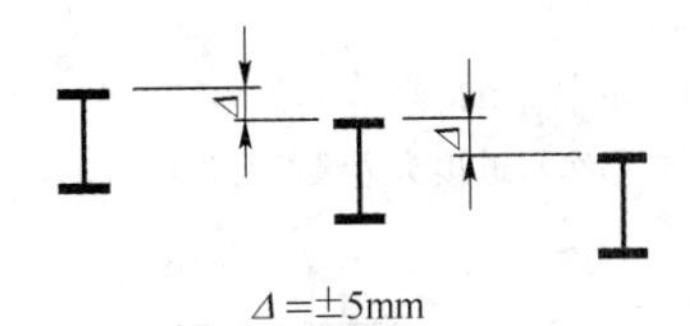 $\Delta=\pm5\text{mm}$
9.6.12 梁的偏移 同一定位轴线相邻上、下楼层梁水平方向的容许偏差。	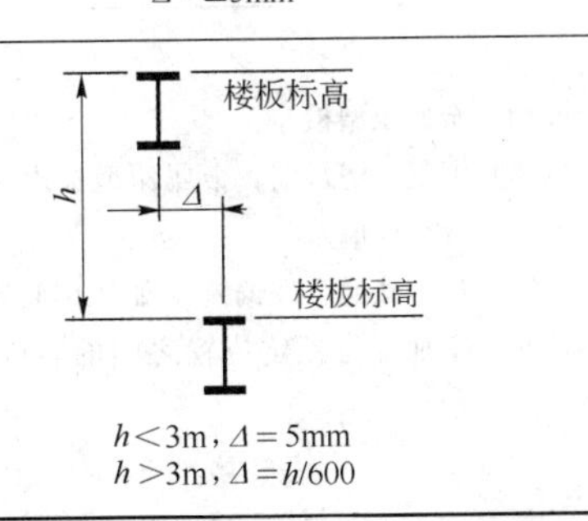 $h<3\text{m}$，$\Delta=5\text{mm}$ $h>3\text{m}$，$\Delta=h/600$

续表 32-5

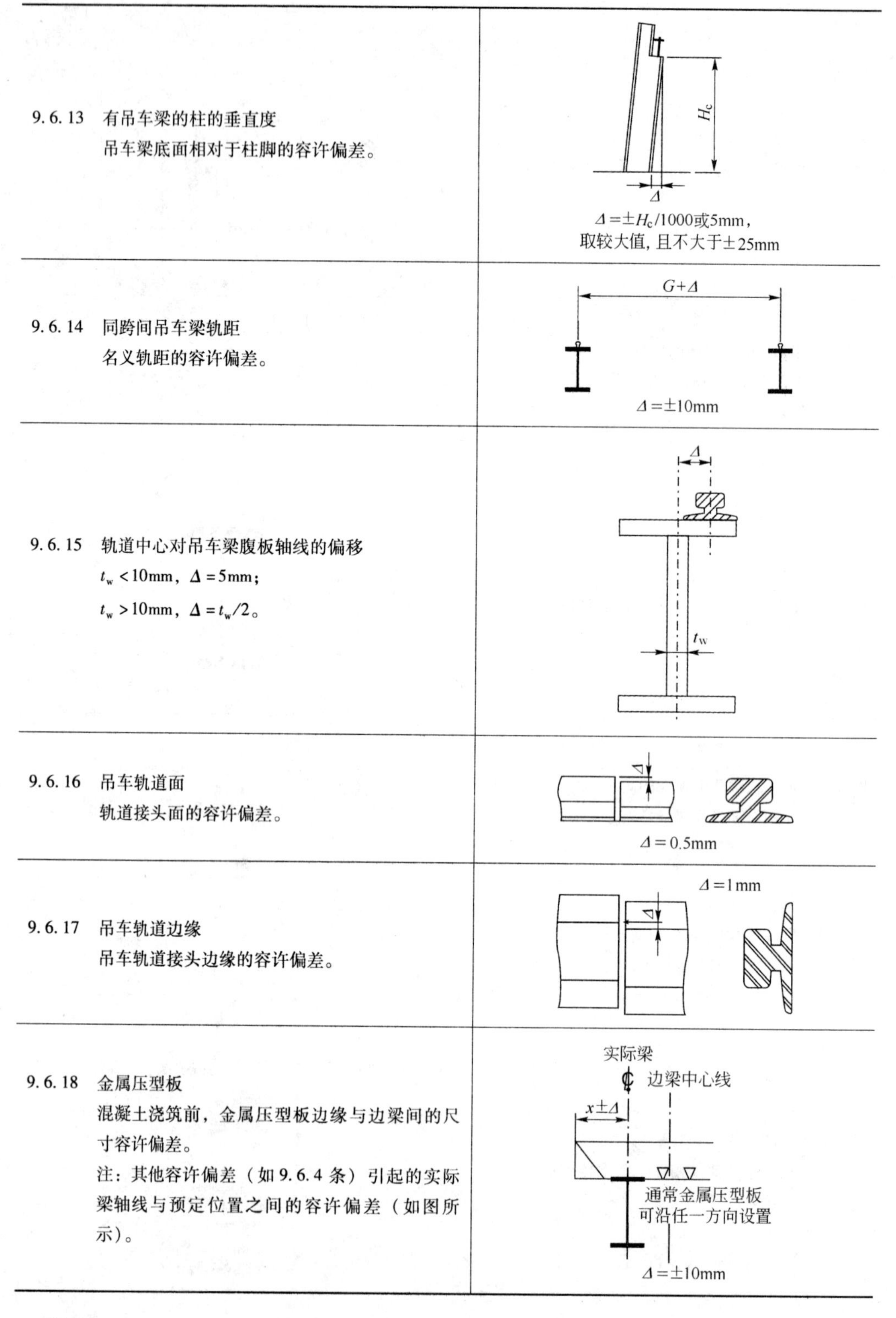

9.6.13　有吊车梁的柱的垂直度 吊车梁底面相对于柱脚的容许偏差。	$\Delta = \pm H_c/1000$或5mm，取较大值，且不大于±25mm
9.6.14　同跨间吊车梁轨距 名义轨距的容许偏差。	$\Delta = \pm 10$mm
9.6.15　轨道中心对吊车梁腹板轴线的偏移 $t_w < 10$mm，$\Delta = 5$mm； $t_w > 10$mm，$\Delta = t_w/2$。	
9.6.16　吊车轨道面 轨道接头面的容许偏差。	$\Delta = 0.5$mm
9.6.17　吊车轨道边缘 吊车轨道接头边缘的容许偏差。	$\Delta = 1$mm
9.6.18　金属压型板 混凝土浇筑前，金属压型板边缘与边梁间的尺寸容许偏差。 注：其他容许偏差（如9.6.4条）引起的实际梁轴线与预定位置之间的容许偏差（如图所示）。	$\Delta = \pm 10$mm

致谢：本章的部分内容直接或间接地摘自《英国钢结构工程施工规范》（National Structural Steelwork Specification）（第5版），承蒙英国建筑钢结构协会（British Constructional Steelwork Association）授权，在此致以衷心的感谢！

参考文献

[1] British Standards Institution（2008）BS EN 1090-2：2008 Execution of steel structures and aluminium structures：Part 2：Technical requirements for the execu-tion of steel structures. London，BSI.

[2] British Standards Institution（2005）BS 4-1：2005 Structural steel sections：Specification for hot-rolled sections. London，BSI.

[3] British Standards Institution（1995）BS EN 10024：1995 Hot rolled taper flange I sections：Tolerances on shape and dimensions. London，BSI.

[4] British Standards Institution（1991）BS EN 10029：1991 Specification for toler-ances and dimensions，shape and mass for hot rolled steel plates 3mm thick and above. London，BSI.

[5] British Standards Institution（1993）BS EN 10034：1993 Structural steel I and H sections：Tolerances on shape and dimensions. London，BSI.

[6] British Standards Institution（2006）BS EN 10210-2：2006 Hot finished structural hollow sections of non-alloy and fine grain steels：Part 2：Tolerances，dimensions and sectional properties. London，BSI.

[7] The British Constructional Steelwork Association（2010）National Structural Steelwork Specification，5th edn（CE Marking Version）. London，BCSA/SCI.

[8] International Organization for Standardization（1999）Steel structures：Part 2：Fabrication and erection. ISO 10721-2：1999. Geneva，ISO.

[9] British Standards Institution（1990）BS 5606：1990 Guide to accuracy in building.

[10] London，BSI.

[11] British Standards Institution（2009）BS EN 1090-1：2009 Execution of steel structures and aluminium structures：Part 1：Requirements for conformity assess-ment of structural components. London，BSI.

[12] British Standards Institution（1990）BS 5964-1（ISO 4463-1）Building setting out and measurement：Part 1：Methods of measuring，planning and organization and acceptance criteria. London，BSI.

拓展与延伸阅读

1. British Standards Institution（2005）BS 4-1：2005 Structural steel sections：Specification for hot-rolled sections. London，BSI.

2. British Standards Institution（1990）BS 5606：1990 Guide to accuracy in building. London，BSI.

3. British Standards Institution（1990）BS 5964-1（ISO 4463-1）Building setting out and measurement：Part 1：Methods of measuring，planning and organisation and accept-ance criteria. London，BSI.

4. British Standards Institution（2009）BS EN 1090-1：2009 Execution of steel structures and aluminium structures：Part 1：Requirements for conformity assessment of struc-tural components. London，BSI.

5. British Standards Institution（2008）BS EN 1090-2：2008 Execution of steel structures and aluminium

structures: Part 2: Technical requirements for the execution of steel structures. London, BSI.

6. British Standards Institution (1995) BS EN 10024: 1995 Hot rolled taper flange I sections: Tolerances on shape and dimensions. London, BSI.
7. British Standards Institution (1991) BS EN 10029: 1991 Specification for tolerances and dimensions, shape and mass for hot rolled steel plates 3mm thick and above. London, BSI.
8. British Standards Institution (1993) BS EN 10034: 1993 Structural steel I and H sec-tions: Tolerances on shape and dimensions. London, BSI.
9. British Standards Institution (2006) BS EN 10210-2: 2006 Hot finished structural hollow sections of non-alloy and fine grain steels: Part 2: Tolerances, dimensions and sectional properties. London, BSI.
10. The British Constructional Steelwork Association (2007) National structural steel-work specification, 5th edn. London, BCSA/SCI.
11. International Organization for Standardization (1999) ISO 10721-2: 1999 Steel struc-tures: Part 2: Fabrication and erection. Geneva, ISO.

33 加工制作*

Fabrication

DAVID DIBB-FULLER

33.1 引言

钢结构建筑的主要竞争优势来自构件的工厂制作及现场的快速拼装，而且设计人员可以通过优化设计、降低加工成本获得显著的经济效益。这是钢结构制品真正的“价值工程”之所在，也是钢结构从加工直至发运现场整个过程中，影响最为显著的部分。

本章揭示了钢结构的制作过程，并阐述了其与设计的联系。对设计人员而言，越来越重要的是，深入了解各加工厂的技术特点和优势，以便有针对性地降低整体造价。从制作角度，加工厂应具备对设计意图的领悟和执行的能力。让设计人员或者制作商在完全隔离的状态下进行加工详图设计是不合理的，二者之间必须通过持续的、充分的沟通来达到最终目标。应该充分重视制作、拼装与设计假定之间的相互影响，尤其是对预拼装以及容许偏差的影响。

为获得最佳的结构经济性，设计工作必须作为一个完整的过程来看待，包括强度、刚度及制作等环节。

33.2 加工的经济性

钢结构的形式对于钢结构工程的现场交付成本（delivered-to-site cost）有显著影响，这是因为除了原材料价格外，还有很多影响因素。某些结构形式在某些加工厂制作要比其他加工厂的费用更为经济。这些加工厂针对特定市场需求，通过调整生产设施来吸引客户。例如，门式刚架结构这种结构形式，很大程度上占据了工业建筑市场。某些加工厂一直专注于这一领域，从而在门式刚架的制作上更具竞争力。通过采用相关的标准，加工厂可以在设计和详图工作中，能够提高重复利用和减少输入：设

* 本章译者：贺明玄。

计和制作环节相结合的经典案例。还有一些钢结构工程承包商则专门从事管结构、轻钢结构和重型钢结构等领域。

33.2.1 制作成本考虑

图 33-1 ~ 图 33-4 给出了钢结构的加工成本和安装成本在总成本中的所占比例。之所以没有给出实际成本的具体数值，因为价格随着市场行情的变化而变化。通常，成本的构成比例不会因加工厂的不同而有较大差异，这里给出的是比较合理的平均值。

主要的成本项目：

（1）原材料（raw steel）；

（2）制作（fabrication）；

（3）油漆（painting）；

（4）运输（transport）；

（5）安装（erection）；

（6）现场涂装（site painting）。

原材料成本包括了热轧 S275 钢材运至钢结构加工厂的费用，不包括因使用甲供钢材（stockholders' steel）或构件截面有较大改变而引起的额外费用。

制作成本包括了不同工种和原材料的喷砂除锈、小件备料（如夹板以及连接部件等），也包括了部件组装成结构构件（以备车间涂装）的费用，同时考虑了材料损耗。

油漆成本包括了制作后立即喷涂的 75μm 的底漆，不包括对受焊接影响区域的喷砂清理费用。对热轧型钢梁和柱子而言，每吨构件表面积为 $28m^2$，大致每升油漆可涂刷 $3m^2$ 表面。根据不同的工件形式这个用量会有所调整，在相关的章节里将会予以介绍。

运输成本，按每车 20t 载重量，运输成品构件到施工现场，并考虑从加工厂出发的运输距离在 50km 以内。当单车载重不足 20t 或超尺寸构件运输而需要特殊护送或批准时，运输成本会上升。

安装成本是对于各种类型工程的平均值，并且包括对于多、高层结构前期的措施费用。已考虑了现场涂装成本，但只包括了底漆的修补费用，其他工地涂装体系的费用因其差异较大，在此没有考虑。

33.2.1.1 采用门式刚架的工业建筑

图 33-1 所示为基于上述基本假设的成本分解。因采用门式刚架的工业建筑符合上述假设，不必调整其工厂油漆或运输费用。可以看出，设计的经济性主要受结构重量以及制作过程的影响。

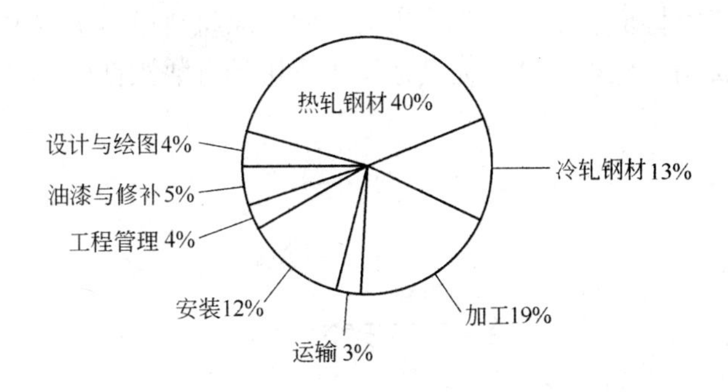

图 33-1 成本分解：采用门式刚架的工业建筑

33.2.1.2 简单梁柱式结构（Simple beam and column structures）

图 33-2 所示为该类结构的成本分解，但其限制条件如下：

（1）建筑最多为 3 层；

（2）采用设置在首层地坪上的移动式吊车进行吊装。

可以看出，结构重量和制作效率对成本起控制作用，83% 的成本来自于这些因素，而且此类结构重量的影响要较门式刚架的结构重量影响略微大一些。

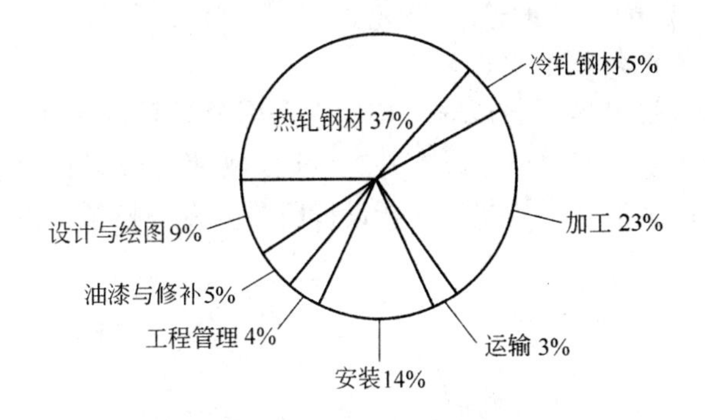

图 33-2 成本分解：简单梁柱式结构

33.2.1.3 多、高层建筑

图 33-3 所示的成本分解中考虑了以下调整：

（1）钢材采用了 S355，且考虑了预起拱；

（2）涂装系统通常为喷砂处理、75μm 厚底漆，并考虑有 10% 的钢材面积的底漆厚度为 100μm；

（3）不包括外包混凝土的梁或柱的费用；

（4）运输成本包括临时堆放、打包和捆绑以及非工作时间发运至现场（在市区的工地可能发生此项费用）。

这类结构的成本构成和前述两类有很大不同，原材料成本仍占主要部分，但安装费用超过了制作费用。此类钢结构尤其适用于采用带有数控钻床的自动化生产线进行加工。

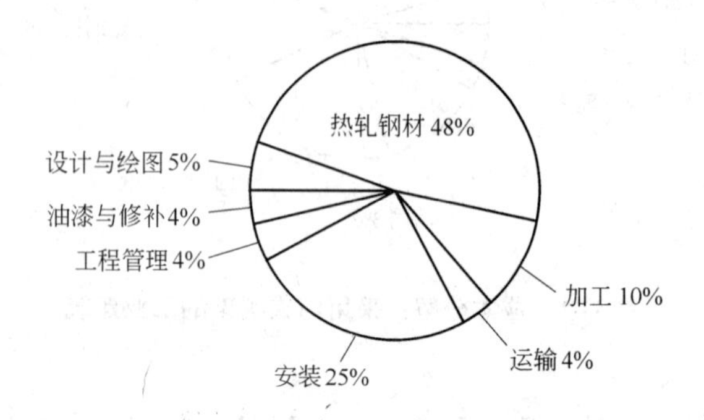

图 33-3　成本分解：多、高层结构

33. 2. 1. 4　网架结构

网架结构因其尺寸变化大、复杂性以及单元构成的不同，使得对其成本分析的难度非常大。图 33-4 所示的成本构成属于说明性质，其构成包括以下各项：

（1）角钢吊杆（angle booms）及缀条；

（2）不带节点板的焊接节点；

（3）考虑运输长度和宽度分段时，构件仅采用全截面高度拼接方式。

网架的加工制作成本与原材料成本基本接近。因此，设计人员应该与钢结构承包商紧密合作，来简化这类结构的装配，在设计阶段要专门校核节点承载能力。

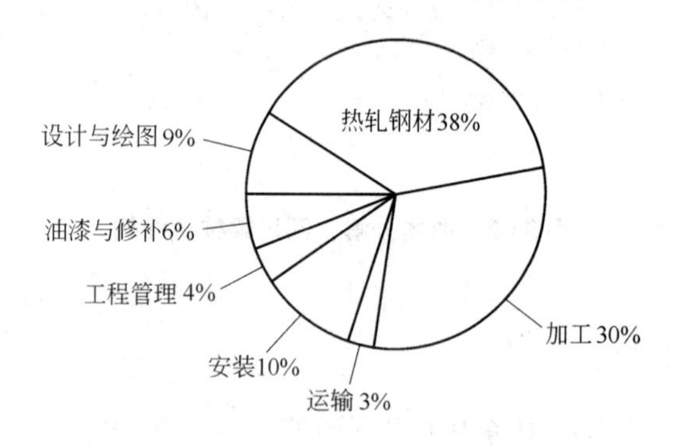

图 33-4　成本分解：网架结构

33. 2. 2　面向加工制作的设计（Design for production）

任何钢结构工程的深化设计都会对其制作成本有显著的影响。因此，设计人员应该就其设计对实际建造的影响有一个基本的了解，需要特别强调的关键问题是，所完

成的设计是否能够既经济又高效进行加工制作。在本章的参考文献［1］中，对这个重要问题有专门的介绍，其细则摘录如下。

33.2.2.1 加工制作工艺

（1）现代化的数控加工设备（CNC）可以高效完成以下功能：

1）单头切割，且切口垂直于构件长度方向；

2）在任一工件上采用一种孔径，避免钻头更换；

3）孔对齐并垂直于构件长度方向，腹板和翼缘上开孔要对齐而不交错，减少钻孔时移动工件；

4）腹板孔与翼缘之间有足够的净边距。

（2）配件加工时应考虑：

1）优化配件尺寸范围，如限定扁钢和角钢的使用规格；

2）尽可能采用冲孔与扩孔。

（3）如有可能，在任一工件上尽量不同时使用焊接和螺栓连接节点，避免在制作过程中对其进行二次搬运。

33.2.2.2 材料等级及截面的选择

（1）设计人员应该对一个结构中所使用的截面形式和材料等级进行优化，这样可以在全部加工、运输和安装阶段过程中，给采购和管理带来便利。

（2）除了截面选用是受挠度控制的之外，主要构件截面应选用 S355 等级钢材，其价格通常会比 S275 钢材高 8%，但强度却高出 30%。

（3）避免使用量小的特殊等级的钢材，尤其是当其可焊性不佳时。

（4）尽可能让加工厂确定配件材料等级。

（5）还应注意钢材的轧制长度限制。

33.2.2.3 节点连接设计考虑

（1）节点连接会直接影响整个框架结构成本的 40% ~60%，因此设计阶段必须予以重点关注。

（2）最小重量设计（Least-weight design）方案，并不是最低廉的设计方案，而增大构件厚度以避免节点加劲，通常为经济的处理方式。

（3）如果加工厂在招标阶段就能获得完整的信息资料，对结构和节点连接进行集成设计的成本优势就可以体现。必须在设计图纸中明确标明节点连接的形式和设计原则。

33.2.2.4 螺栓和螺栓连接

（1）现场连接优先考虑采用非预紧式螺栓。预紧（摩擦型）螺栓只适用于不允许接头滑移或者有疲劳危险的部位。

（2）应避免在同一个合同中使用相同直径而等级不同的螺栓。

（3）应允许在剪切面及承压区内有螺纹。

（4）只使用少量规格的标准螺栓，就能降低螺栓连接的直接和间接成本。

推荐的标准规格有：

1）M20，性能等级8.8级——抗剪连接；

2）M24，性能等级8.8级——抗弯连接。

力学性能满足BS 3692，尺寸满足BS 4190。

带全螺纹的螺杆最长为70mm。

（5）使用带全螺纹的螺栓是指有额外的螺纹外露；应指明这一点，对于不允许螺纹外露的部位，应在投标阶段予以说明。

（6）当在标准圆孔中采用非预紧式螺栓时，对垫圈的强度不作要求，但还是会规定要求提供一定的表面涂层防护。

（7）当钢结构有防腐要求时，所提供的螺栓、螺帽和垫圈都应有涂层，而不再需要进一步采取防护措施。

33.2.2.5 焊接和焊接检查

（1）加工制造中的焊接部分对总制作成本有重要的影响。

（2）在设计焊接节点时应考虑材料的可焊性、焊接和焊接检查的可达性，以及变形的影响。可达性（Access）是非常重要的因素——没有足够的可达性，就不是好的焊缝。

（3）与同等强度的对接焊相比，应优先采用角焊缝，焊脚高度最大可达12mm。一般来说，两条角焊缝，其组合的焊喉高度与所连接的板的厚度相等时，可以与全熔透对接焊缝同等强度来考虑。

（4）应规定焊缝缺陷检查及焊缝缺陷的验收标准。强烈推荐使用《英国建筑钢结构施工规范》（*National Structural Steelwork Specification*）中的相关要求。

33.2.2.6 腐蚀防护

（1）在选用腐蚀防护系统时，设计人员必须考虑钢结构所处的环境以及腐蚀防护系统的设计使用寿命。

若环境允许，则可不必考虑采用腐蚀防护系统。

（2）如果要求采用腐蚀防护系统时，在制作过程中采用单涂层防护系统有明显的优势，在可能的情况下应该予以规定。

（3）尽可能避免使用“指定的”产品标准；允许制造商使用其首选的供应商，甚至可以使用具有同等防护功能的其他涂层系统。

（4）表面状态的技术说明应针对马上要进行涂装前的条件，而与喷砂（丸）清

理施工所相隔的时间关系不大。

33.2.2.7　桁架和格构式梁

（1）对于中长跨度、主要以挠度控制时，采用桁架和格构式大梁（平行弦桁架）是十分有效的，并且可以在梁高范围内穿过设备管道，但应首先考虑使用普通的轧制型钢梁。

（2）大多数格构式框架设计是由节点连接所控制的。但在没有验算弦杆或腹杆是否能够有效连接前，不要进行选择，最好不要采用构件加劲的方法。

（3）在设计前要对运输方面的限制进行检查。

（4）注意在经销商处，通常只供应有限的标准尺寸的 SHS（方形管），因此需要长构件时要另外进行对接焊。

（5）对于腹杆，应尽量采用单斜面的端部切割，而角钢则采用垂直切割，以有利于使用自动切割工艺。

（6）在管结构中，当弦杆采用 RHS（矩形管）时，其腹杆的端头处理要比弦杆采用 CHS（圆管）更为简便。

（7）要考虑腹杆与弦杆焊接的操作空间。

（8）对于双角钢或双槽钢构件，有些部位很难油漆涂装；使用 SHS（方形管）可减少油漆涂装区域，并减少可能产生腐蚀的死角。

33.2.2.8　运输

当所运输的物件长度超过 18.3m，或者宽度大于 2.9m，或高度大于 3.175m 时，会受到警方的警告和相应的处罚。

33.3　焊接

钢结构的部件之间是通过焊接连接而成的。可以在车间也可以在现场进行焊接，但通常认为，现场焊接不应该是钢结构加工制作的主要形式。须经英国标准化协会或其他认证机构认证的焊工来进行焊接。在本手册的第 26 章中，对此有详细的介绍。

33.4　螺栓连接

工厂螺栓连接是钢结构加工制作过程的一个组成部分。为了保证不会造成成本提高，设计人员要重视采用工厂螺栓连接后对成本所产生的影响。

在工厂里采用螺栓和铆钉连接曾经是很通常的做法。但随着焊接的普及应用，由于采用螺栓连接的加工成本偏高，已经逐渐减少了这种做法。与简单的贴角焊缝不同，螺栓连接需要钻孔并穿入螺栓，这样就会增加总的工时和人工成本。在很多情况下，由于焊接的便易性，设计人员已很少在工厂中使用螺栓连接。当前，钢结构承包商正在提高自动化程度来降低成本，并且成功开发了能够大大加快螺栓连接制孔的机械设备。

33.4.1 工厂螺栓连接

由于所考虑构件的使用条件不同，仍会有一些结构构件要求使用螺栓连接而避免使用焊接。这种条件可能是构件在低温状态下工作，需要避免焊接应力，或者在使用过程中其组件需要机械拆卸（例如，用螺栓固定的吊车轨道）。对于网架结构来说，设计人员应注明螺栓连接方法，注意螺杆周围孔隙的影响。当采用摩擦型高强螺栓时，螺栓孔的间隙不会有影响，但其他类型的螺栓就可能在孔内产生“晃动”(shake-out)，从而在连接处出现明显的附加位移。通常，由于在有间隙的螺栓孔很难做到紧密配合，螺栓连接的桁架可能会产生较大的挠度，从而抵消了理论的起拱高度。采用摩擦型高强螺栓可以避免这种风险。

需要采用现场螺栓连接的大型复杂装配件可在工厂内预拼装。预拼装会增加制作成本，而且为确保钢构件现场的顺利安装，可能会进行多次试拼。建议对重复性高的组件或现场安装的关键组件，进行工厂预拼装。

33.4.2 螺栓类型

螺栓有三种基本类型：普通螺栓、摩擦型螺栓和精制螺栓。选择所用螺栓类型时不一定取决于其强度，也要考虑螺栓的实际使用情况，例如在防滑的连接上。

33.4.2.1 普通螺栓（Structural bolts）

过去一直把材料强度等级低和制造公差范围宽的螺栓，称作“粗制螺栓”。现在，一般称之为普通螺栓，通常有一层保护涂层，显得外表光亮，其可供选用的抗拉强度范围很广。

33.4.2.2 预紧（摩擦型）螺栓（Preloaded（friction-grip）bolts）

预紧（摩擦型）螺栓通常有保护涂层，并通过钢材强度等级区分。通过夹紧作用来承受剪力的连接上采用预紧螺栓，而结构螺栓则同时承受剪力和承压。当在制造过程中考虑使用摩擦型螺栓时，必须留有足够的操作空间，这样才能彻底地拴紧螺栓。

33.4.2.3 精制螺栓（Close-tolerance bolts）

精制螺栓与结构螺栓不同，具有更高的制造精度。为获得最佳效果，精制螺栓应

用在精制螺栓孔中，精制螺栓孔要通过镗孔（reaming）工艺来加工完成，从而大大增加了制作费用。当要求采用抗滑移连接时，精制螺栓的公称直径与螺栓孔直径相同，而且不用镗孔；采用精制螺栓所形成的滑移要远远小于采用普通螺栓的情况。

33.4.3　制孔

为了加工出高质量的成品，在生产线上采用了数控（CNC）机床。一条进料线，供应未经加工的钢材原料，一条出料线，将成品配送至发货区或发送至下一道制作工序，然后进入装配区。冲孔和钻孔机的进料传送装置，可以搬运角钢、扁钢、小型槽钢和格栅梁（joists），通常传送工件的长度为12m。传送装置上有一个做标记的装置，其中配有一套作标识用的颜色料，如有需要，可在钢材上标记符号。生产线上会有数台液压冲床，每台设备最多可以配三个冲孔工具，并且冲孔工具的夹具通常是可以快速更换的部件。常规的液压冲床的功率为1000kN。冲床可以冲出不同形状的孔，这样就可以加工出带有长槽孔的角钢。有些机器加工长槽孔是通过冲一串圆孔，而有些设备则是一次成孔。

当材料经过冲孔加工后，然后就是准备剪切。液压剪切机的最大功率在3000～5000kN之间。带有钻孔设施的设备可以紧靠着冲床，放在液压剪切机之前。机器冲孔可以高达每小时一千次。显然，这些加工设备可以有不同的生产能力，所以如果制作厂的工件截面范围较小，就没有必要购买大功率的设备。

对于大型的部件，当需要钻孔和切割时，可以采用两种基本的加工机械。一种是用于厚板的钻孔和剪板系统；另一种设备功率更大，可以在各种规格的轧制型钢上钻孔。先进的钻孔设备通常具有三维数控功能和空气冷却钻头。这些机械设备设有可检测腹板位置的传感器，以确保螺栓孔与腹板中心线对称。

当组件上只需要少量钻孔时，可以使用移动式钻孔机。通常有磁控钻（magnetic limpet drills）由工人手工操作。这些孔是有带旋转－绞孔的钻头制出，这种钻头是一个周圈为圆柱形刀具包围的中心导向钻。

制作工人总是先钻孔再进行其他加工，因为在一个工件上有任何加劲肋或杆件夹板都会对数控机床的输入产生严重影响。

33.5　切割

切割加工目前已经实现高度自动化。通用梁、柱构件、大型的角钢、T型钢和槽钢，通常采用电锯来切割至所要求的长度。空心型材一般也采用这种方法。可以采用剪切机来切割小型截面的格栅梁、槽钢、角钢和扁钢，这可作为一道独立的工序，也可作为冲孔、剪切工序（通常由计算机控制）的一个部分。大型的板式构件也可采用剪切的方式来加工，但需要使用特殊的设备。

33.5.1 切割及成型技术

33.5.1.1 火焰切割

火焰切割技术是通过切割炬来完成切割的，工艺过程既可用手工完成，也可由机器控制完成。手工切割得到的焰切边比较粗糙、参差不齐，需要做进一步处理来改善其外观。因此，手工切割的板件的孔边距要更大一些。不应采用手工切割来完成直角的切口或孔洞，除非在角部先钻一个孔倒出圆角，如图 33-5 所示。

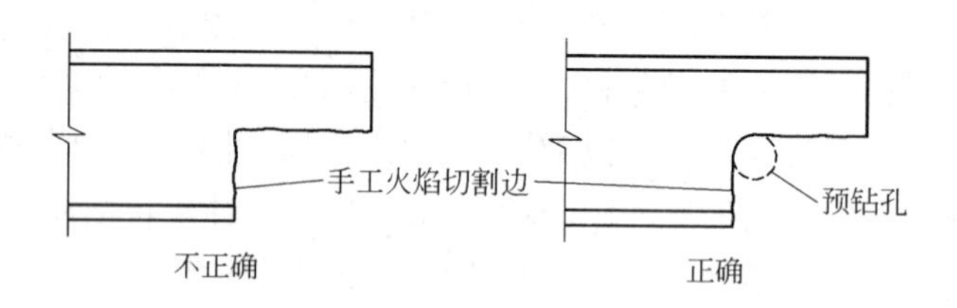

图 33-5 手工火焰切割

当采用机械控制进行火焰切割时，切割边比较光滑，因此对孔边距的限制可以放松。机械切割得到的切口需要通过预钻孔或对切割机械的控制来实现角部的倒角。应避免出现非圆角切口，因为这类切口很容易出现应力集中。梁端的切口可由数控机床来加工，首先将腹板切开并倒出圆角，然后把与腹板切除部分相对应的翼缘切除。数控机床可以同时加工梁顶部和底部的切口，而且这些切口的尺寸可以不同。

蜂窝梁的传统制作方法是将通用梁或通用柱型钢构件的腹板沿折线切开，然后将得到的两半重新排列并进行焊接。腹板切割通常是由机器控制，这样可以确保切割精度和切边质量以满足焊接的要求。

近年来成功开发出了一种二次切割加工工艺，利用它可以制作出带有圆孔的梁，即通常所说的蜂窝梁（Cellform beams）。这种梁很适合用于钢结构外露的大跨屋面结构，以及组合楼板中的主梁和次梁。用于主次梁加工时，还可将梁上部的 T 形部分切掉，从而进一步节约成本。

33.5.1.2 等离子电弧切割（Arc plasma cutting）

切割钢板也可以采用等离子电弧切割技术。在这种切割工艺中，切割能量是由在钨电极和工件之间产生的电弧加热气体所产生的，电弧使气体离子化，并使其能够导电。高速的等离子流熔化了工件的金属并把它吹走。切割表面非常干净，而且可以采用一直喷水等离子电弧切割炬来改善切割质量。等离子切割最大加工的钢板厚度可达 150mm 左右，但是钢板越厚，加工速度越慢。

33.5.1.3 剪切和裁切

使用液压剪切机可以将构件剪切成段。大型构件或较长的构件可通过特制的钢板切割机切割成形。这类机器一般很大，也比较贵，通常只有在一些专业的工厂车间里才能见到，如生产桥梁、电站用板梁的车间和其他一些重型钢结构加工厂中。对于广泛使用的较小型板件和型钢，有很多种切割、成形机械设备可供使用。这类机械设备一般配置多种剪切刀具，以适应不同的截面形状。加工时，剪切角度可以调整，特别适用于格构式结构中的缀条剪切。一种新的剪切方法是“切口机”(“notcher”)，能够切出符合形状要求的切口。实践中可以制作出与缺口尺寸吻合的专用模具，在空心型材端头进行相关线焊接准备时也可以采用模具。

33.5.1.4 冷锯

当构件由于规格或尺寸方面的原因，而不能采用切割或剪切的方法来达到要求长度时，通常可以采用锯切割。在结构施工中所使用的锯都是机械式的，而且以计算机控制为主。通常在经喷砂（丸）清理以后进行锯切割加工，因为很容易把锯切割设备整合在与喷砂（丸）设备相连的传送系统中。

机械锯有圆盘锯、带锯和弓锯三种形式：圆盘锯的刀片在竖直平面内转动，既可以向下锯切，也可以向上锯切，常见的是向下锯切。刀片是为一个约5mm厚的大铣削圆盘。锯片直径决定了锯的加工能力，即它所能加工的工件的最大尺寸。一般情况下，钢结构承包商都会有能够加工现有最大型钢的电锯。为了提高生产效率，可将构件嵌套或叠放在一起，同时进行锯切。有些圆盘锯允许其刀片在工件上横向移动，这对于宽钢板很有用。绝大多数圆盘锯都能够沿型钢截面的任意角度进行倾斜锯切，有些锯只能局限于单向运动。应优先考虑沿截面的 *Y-Y* 轴进行锯切。对于梁、槽钢和柱构件，就是腹板水平、翼缘脚朝上的位置。如果加工时控制得当，圆盘锯切出的端面的平面度和垂直度容许偏差可以满足构件端部承压的要求。

从可加工的构件截面尺寸来看，带锯的加工能力要比圆盘锯小。带锯的刀片为一条连续的、边缘带有锯齿的金属带，由马达驱动。带锯的加工速度可根据工件进行调整，它可以加工出斜切口，并且能够加工叠在一起的构件。加工精度取决于设备的设置，但其成品的质量应和圆盘锯相似。

顾名思义，弓锯是一种靠机械驱动的往复式锯。标准形式的刀片（锯条），安装在一个重型的弓锯架上。其加工能力远远小于带锯，但是它能加工出斜切口。

各种类型的锯都可以通过计算机控制定位而实现精确长度的切割，大多数还可以通过计算机控制切割角度。

33.5.1.5 刨削

刨削工艺就是清除对接焊缝背面的金属，即清根。此外，刨削技术还可以用来清除或修补有缺陷的材料或焊缝。其形式有火焰刨削、电弧气刨、氧弧气刨和金属电弧气刨等。

火焰刨削是一种含氧气体的切割加工工艺，它可以使用同一个焰炬，但更换不同的喷嘴。要根据具体的情况采用合适的喷嘴，这样才能得到符合要求的刨削面。

电弧气刨和手工金属电弧焊所用的设备相同。二者的差别是，这里的碳棒（electrode）采用镀铜的碳和石墨混合物实心棒，且在特制的刨钳中喷出高压空气流。加工过程中，这些高压空气流会吹走电弧下面的母材金属。

在氧弧气刨工艺中使用一种特殊的刨钳，一根特制的表面带有镀层的管状钢制电极来控制氧气送入。一旦电极与被刨削的金属之间产生电弧，就会送入氧气；当开始进行刨削时，氧气流量会增大到最大值。

金属电弧气刨采用的是普通的手工金属电弧焊设备，但所用的焊条（电极）是为切割或刨削专门设计的。这种加工工艺主要通过电弧从切割处向外挤出的金属，而与其他工艺不同，不会吹走这些被挤出的金属。

33.5.2 表面处理

从轧钢车间出厂的型材在加工和涂装之前可能需要进行表面清理。手工清理（如用钢丝刷清理）通常不能满足现代涂装工艺或表面防护系统的要求。

喷射清理是进行表面处理的通用方法。它是利用高速喷射的钢丸或磨料来清除干燥钢结构表面的铁锈、油污、油漆、氧化皮和其他一些表面杂质。喷射清理设备是一种专用设备，由给料运输机、干燥箱、喷射室、喷雾室和出料运输机等组成。

钢工件在给料运输机上可以单根排列，也可以并排放置，具体如何排列取决于喷砂室的通道口大小。然后把这些工件送入干燥箱，以确保在喷射清理之前清除工件表面的水分。构件进入喷射室后，将穿过台架，并从喷射叶轮（blasting turbines）之间穿过。从这些叶轮片的边缘喷出钢丸或磨料，并对钢工件进行喷射。叶轮的转速、位置和孔径将决定这些喷射介质的速度和方向。

喷射介质可以在喷射室里重复使用，并进行回收，直到耗尽。抛丸对于要进行涂装的钢结构构件来说是一种很好的介质，磨料容易对喷射室造成过大的磨损，且经处理后的构件表面会更粗糙一些。

工件离开喷射室后，立即进入喷雾室。然后，应根据技术文件规定的要求，在工件上喷上一层底漆，以防止其表面形成瞬间锈蚀（flash rusting）。在涂装工厂预涂底漆之前应和加工制作厂商及油漆供应商进行商议，因为具体要求有可能变化。对于绝大多数建筑物中的结构构件而言，一般没有必要在工厂预涂底漆。构件经过喷雾室以后，送上出料运输机，继续下一步加工操作。

另一种喷射清理形式为真空喷射清理（vacu blasting），在压缩空气的压力作用下，手持喷嘴中喷出喷射介质的一种人工清理方法。这种操作工艺一般是在一个专用的密闭小室内完成，操作人员要穿戴防护服，并佩戴供氧装置。这种工艺完全依赖于

操作人员的技能水平，其生产效率要比机械式喷射清理设备低得多。

因焊接造成的局部缺陷区域可采用真空喷射或针枪（needle gunning）来进行清理。针枪内带有一套经淬火的针头，可快速推出和缩回，这些针头可以有效的清除焊渣，并为涂装提供一个良好的表面条件。很大的面积或污染严重的表面不宜采用针枪清理。

表面处理的主要目的是为了给涂层施工提供一个均匀的基层。应特别注意板件的边缘，这部分的涂层厚度通常是比较小的。

33.5.3　预起拱、矫直和弯曲

预起拱、矫直和弯曲，每一项加工工艺的目的各不相同。预起拱是为了抵消梁或桁架在永久荷载、恒载或附加恒载（如饰面重量）作用下的预期挠度。矫直属于加工工艺的一部分，目的是将构件的平直度偏差减小至容许范围内。弯曲是将构件弯成超过常规弯曲限值的形状。

通常，由加工制作商购买轧制型钢，然后发往专业公司进行预起拱。加工时构件在轧辊之间通过，从而实现起拱。对每一个轧道，都要调整轧辊，直至得到所要求的起拱量。常见的预起拱形状要求有：

（1）圆形（指定半径）；

（2）抛物线形（指定曲线的表达式）；

（3）指定偏移量（坐标可按表格查找）；

（4）反向起拱（即向下弯）（圆形、抛物线形、偏移或它们的组合）。

弯曲加工也应由专业人员来完成，其加工过程与起拱大致相同。可沿 X-X 轴或 Y-Y 轴弯曲。

矫直加工可由加工制作人员或起拱专业人员来完成。在矫直过程中，加工制作人员常对翼缘或腹板采用局部加热的方法，这是一项需要技能才能达到令人满意结果的工作。

33.6　钢材搬运和运输路线

在构件的加工制作过程中，随着工序的变化，需要将钢材在车间内进行搬运移动。显然，对搬运移动应该事先进行科学的计划，从而提供生产效率并降低成本。即使现在有多种高度自动化的加工设备可供使用，加工计划也是一项极其重要的工作。因为可能会因某一加工车间工件堆积过多而耽误其他工序。在这种情况下，应该合理地调整流水生产线，使各个加工车间保持平衡。

钢结构构件在加工车间内的移动路线是基于工件所要经过的加工流程来规划的。工件一般由一个或几个主要组件组成，其中会有较小的零部件（如夹板、耳板和支架等）。通常主要组件从钢厂购得，当然有些加工厂也从经销商那里购买钢材。待加工的钢材可以临时存放在加工车间附近的仓库内，但最好是在临加工前从供应商那里运到加工车间。钢材库存量的控制是一项重要的管理工作，它可以平衡加工方的现金

流，还可以为钢材的可追溯性提供清晰的依据。库存控制系统通常是由计算机来处理的，并且加工制作人员对以下内容应有所了解：

(1) 已订购但尚未到货的钢材；

(2) 仓库内已有的钢材及其所在的位置；

(3) 对特定合同所配置的专用钢材；

(4) 未分配的钢材份额（可用库存（free stock））。

在进行构件加工之前，一般应对工件的加工工作量进行估算。可以根据吨位进行粗略的估算，或者更常用的是基于以前类似工作的工时定额数据进行估算。工作量的估计值是一个生产控制函数，据此可确定：

(1) 成品重量；

(2) 工件目录（零部件清单）；

(3) 所需的加工工序（锯切、钻孔、焊接等）；

(4) 劳动力数量；

(5) 需要用到的机器设备。

生产控制系统通常都是由计算机来处理，并且可以制作出一份工件及其部件在加工车间内移动的详细路线图。计算机可以确定任何潜在的加工车间超负荷情况，这样生产管理人员就可以及时地指定另一条替代路径。

一般情况下，加工工序的循环流程，见表33-1（具体的顺序可能因加工制作商而异）。

表33-1 加工车间内的工序

工　序	流　程
清理和切割成段	喷射清理 锯切
附件制作	准备：夹板支架 加劲板 端板 柱脚底板
主要组件加工	预装配：钻孔 冲孔 加盖板 剪裁 切口制作 开洞切割
工件装配	部件的分组 部件的放样 工厂螺栓连接 焊接 清理

续表 33-1

工　序	流　程
质量控制（装配）	检查验收：尺寸 无损检测（NDT） 目视检查 签收
表面处理	涂漆 金属喷镀 镀锌
质量控制（成品）	与技术文件要求核对 签收
运　输	装载 派送

33.6.1　加工车间的起吊设备

在加工车间内，并不是所有的钢材都能靠传送带运输的。这样做一般不太实际或者成本太高，而且会限制车间加工工序安排的灵活性。在加工车间内，大部分钢材都是通过各种形式的吊车来搬运的。

吊车的起吊能力往往会对加工制作商所能承担的工作产生限制。加工车间的净空限制了加工大型构件，尤其是在加工矢高特别大的屋面桁架时。

加工车间内常用的起重机有以下几种：

（1）电动桥式起重机；

（2）移动式大型起重机；

（3）半移动式起重机；

（4）移动式悬臂吊；

（5）龙门起重机。

电动桥式吊车是在大型加工车间内的主要起吊工具，其起吊能力根据不同的加工制作商会有所变化，但很少会超过 30t SWL（安全工作负荷）。EOT 吊车在吊车轨道上运行，轨道由吊车梁支承，而吊车梁布置在建筑物的主要立柱上，或者支承在独立的龙门架上；这种吊车的主要功能是在各个加工工序之间运送主要组件和成品工件。有的重型构件焊接时需要翻转，这也可以利用 EOT 吊车来实现。

移动式大型起重机和半移动式起重机都属于重型起重设备，一般应用于较大的加工车间。移动式大型起重机是一台由轨道支承的自立式龙门吊，轨道铺设在车间内的地面上。半移动式起重机的一侧由铺设在地面上的轨道支承，另一侧由龙门架支承。移动式大型起重机的起吊能力一般小于电动桥式吊车，然而在对一些电动桥式吊车的支承受到限制的车间中，其起吊能力也可以比较大，见图33-6。

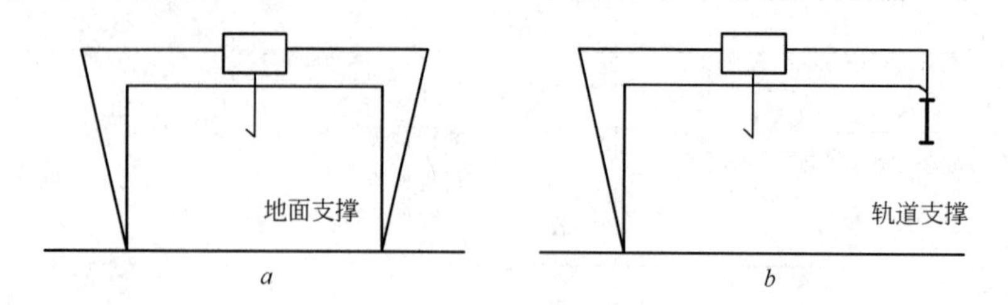

图 33-6　门式起重机

a—移动式大型起重机；*b*—半移动式起重机

移动式悬臂吊（Jib cranes）是一种固定在建筑物边柱上的轻型起重机（起吊能力为1～3t），它依靠一根悬臂工作，悬臂最长可达5m。这种起重机适用于起吊或翻转较轻的组件，见图33-7。

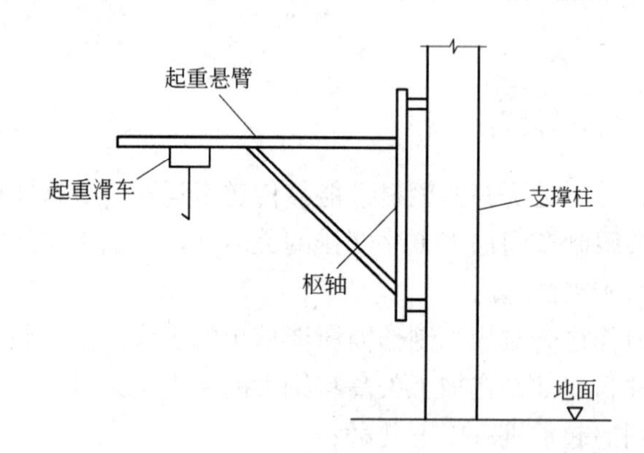

图 33-7　移动式悬臂吊

龙门起重机（Gantry cranes）是为特定目的建造的一种结构，其起吊能力一般为3～10t。龙门吊的起重滑车沿龙门架横梁运行，可以是悬挂式或上承式。在没有合适的结构来支承桥式吊车时，龙门吊是一种很有用的起重设备，而且有些龙门吊就是在龙门架轨道上行走的桥式吊车。仓库一般都使用龙门吊，见图33-8。

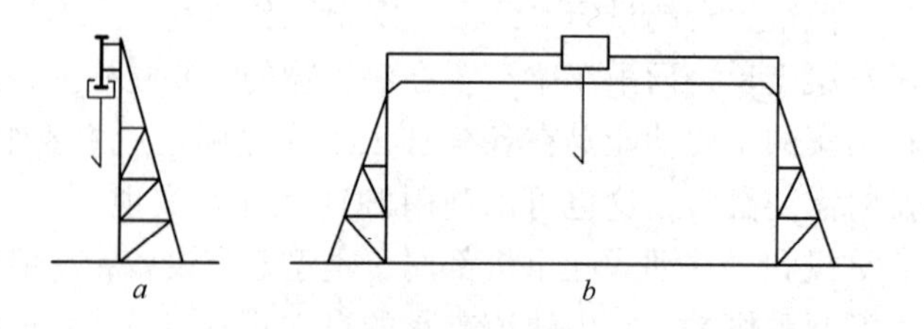

图 33-8　龙门起重机

a—单边悬吊式；*b*—桥式吊车

33.6.2　输送系统

工厂自动化程度的提高大大促进了辊式输送系统的运用。可以根据具体情况设计辊式输送机，输送机能够在各道加工工序间沿车间的横向或纵向自动传输工件。先进的输送系统都是由计算机控制的，可以将工件准确地输送到加工位置。图 33-9 所示为一个辊式输送系统的实例。

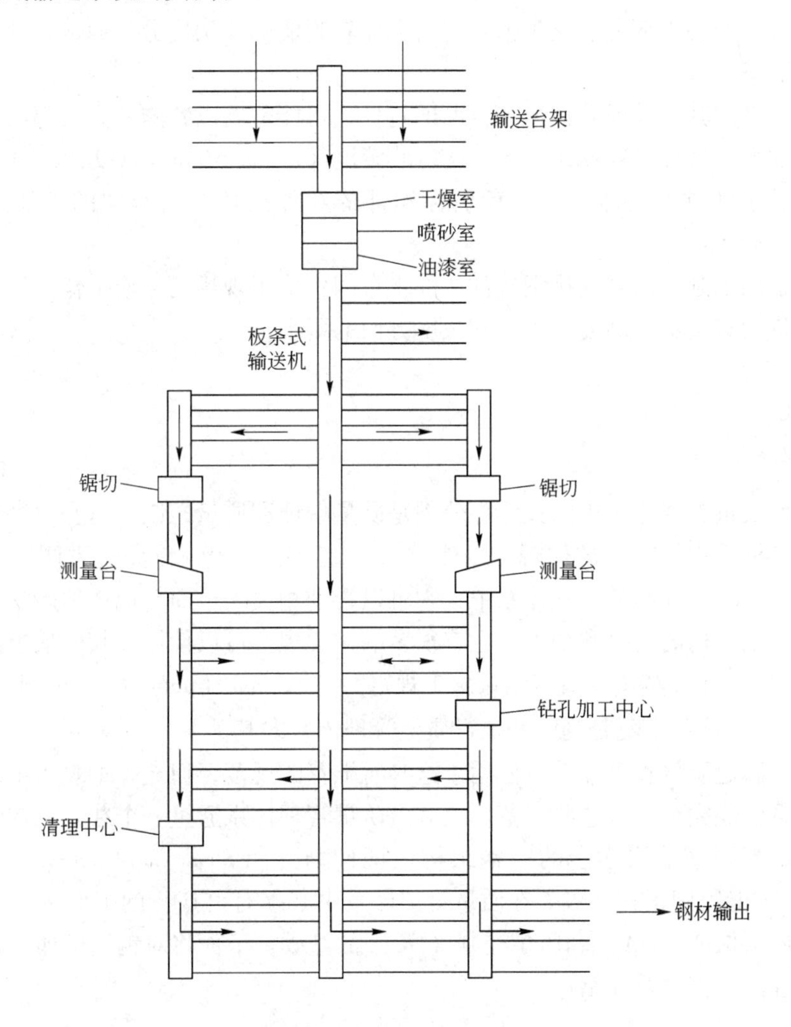

图 33-9　辊式输送系统

辊式输送机适用于不需要翻转且不带有很多夹板或支架等附件的工件。不会在输送设备上进行装配工作，但要用输送设备或吊车为装配工作台输送工件。也可以使用手推料车（Rolling buggies），这时可以在料车上对工件进行加工。

33.6.3 辅助装卸设备

大多数钢结构部件都很容易用链条或皮带等工具抬/吊起，但设计人员也应该考虑到某些特殊情况下可能需要提供临时起重支架。鉴于强度或稳定性方面的原因，某些构件需要以特殊的方式起吊时，这种支架就显得很有必要。

当支架需要焊接时，设计人员应特别小心，因为无论是在车间里、运输途中或施工现场，薄弱的突出部分会发生损坏。所以比较脆弱的支架应分开运输，到现场再用螺栓连接。

某些组件因其设计或几何形状方面的特性，可能需要以特殊的方式起吊，起吊时需要采用加强支撑杆（strongbacks）或起吊横担（lifting beams）。设计人员必须让加工制作人员了解这些要求，以避免引起构件的意外损坏或对车间的工作人员造成伤害。

通常，加工制作商会安排钢构件从加工车间到施工现场的运输工作。运输车辆一般对所运货物有重量、高度、宽度和长度方面的要求。

33.7 质量管理

在任何质量管理体系中的关键部分都是质量保证和质量控制。这些内容在许多工业界的质量标准中有充分的体现。虽然质量管理不是一个制作商资质认证的先决条件，但在一个基于标准的管理体系中，它可以帮助相关人员简单地评估产品的质量水准。具体到钢结构的设计和加工，也有很多的相关规范可以使用，其中最重要的就是BS EN 1090[1,2]和《英国建筑钢结构施工规范》(National structural Steelwork Specification-NSSS)[3]。这些规范是制定和执行质量管理体系的基础。

虽然在制定质量管理体系时使用了这些所推荐的规范，但这并不表明正式认可质量管理体系已经完全符合这些规范。只有当质量管理体系通过一个独立机构的应用评估以后，如英国钢结构学会的“钢结构认证计划” (Steel Construction Certification Scheme)，才能得到正式认可。在质量管理体系中必须有可执行的书面程序，这些程序将作为质量保证（QA）和质量控制（QC）的基础。下面将对钢结构加工制作相关的质量管理内容作简要介绍。

33.7.1 可追溯性

有必要证明，通过明确的检查追踪，材料或加工工艺过程都是可以追溯的[4]。这方面的质量管理应使得检查人员可以确定制作品的原材料来源和所经历的加工工艺，当在发现缺陷时这一点尤为重要。另一方面，钢厂应向加工制作商出具钢材的材

质证明文件，其他材料或耗材（如螺栓、焊条等）的供应商也必须提供列有相关参数的产品说明书。应妥善保存加工过程中所采用的工艺及相应的证明文件，以便于对每一个工件所采用的加工工艺进行追溯。

33.7.2 质量检验

质量检验是质量控制中的主要工作。质检员与车间的管理者互相独立是十分重要的：也就是说，他们必须向公司的更高管理层负责，并不需要涉及车间内的工件加工生产。质检员直接向质量管理经理汇报工作，部门经理随后向董事经理汇报。同样重要的是，对于一项要开展的加工制作工作，应预先制定质量计划，而所有质检工作是这个质量计划中的一部分。不应临时决定检验的级别和检测的范围，质量计划应对检验级别及进行检验的时间提出明确要求，通常包括：

（1）检验入厂材料或部件；

（2）检验正在加工和/或加工之后的组件；

（3）检验发货前的成品；

（4）校准测量仪器；

（5）焊工资格认证。

33.7.3 缺陷反馈

在构件检验过程中或在现场施工阶段，可能会发现一些和加工有关的缺陷，发现缺陷后应及时上报，质量管理体系必须予以干预。缺陷报告应为正式的书面文档，必须指明缺陷的具体位置和可能的缺陷成因。缺陷报告可用于采取必要的措施以避免类似缺陷再次出现。可追溯性的检查追踪和检验应重点突出缺陷的实际来源，通过规定的、有计划的措施可以更正这些问题。

33.7.4 纠正措施

发现缺陷以后，必须实施相应的纠正措施。这些措施可能只是加工方法上的修改，但更常见的是涉及到改变加工工艺。最重要的纠正措施就是加强培训，因为在生产过程中很多缺陷都是一部分加工人员对生产环节缺乏了解造成的。预防缺陷复发的重要措施就是进行趋势分析（trend analysis），即对出现的缺陷进行详细的记录，然后进行趋势研究，这种研究将有助于发现潜在问题。有时，成品不能完全满足业主的要求，所以需要找到一种方法来判断它是否合格。发现不合格产品后，应及时放入隔离区，以将其与那些符合要求的产品明显地区别开来。

参考文献

[1] British Standards Institution (2009) BS EN 1090-1. Execution of steel structures and aluminium structures. Requirements for conformity assessment of structural components. London, BSI.

[2] British Standards Institution (2008) BS EN 1090-3 Execution of steel structures and aluminium structures. Technical requirements for the execution of steel structures. London, BSI.

[3] British Constructional Steelwork Association (2010) National Structural Steelwork Specification for Building Construction. 5th edn. (CE Marking Version). London, BCSA/SCI.

[4] British Constructional Steelwork Association (2009) Inspection Documents. Steel Industry Guidance Notes SN39. London, BCSA/SCI.

拓展与延伸阅读

1. British Constructional Steelwork Association (2008) Guide to the CE Marking of Structural steelwork. BCSA publication No. 46/08. London, BCSA.
2. British Constructional Steelwork Association (2003) Steel Buildings. BCSA publication No. 35/03. London, BCSA.
3. British Constructional Steelwork Association Steel Industry Guidance Note SN17 (July 2007) CE marking of steel products. London, BCSA/SCI.
4. British Constructional Steelwork Association Steel Industry Guidance Note SN11 (January 2007) Factors influencing steelwork prices. London, BCSA/SCI.

34 安　装*

Erection

ALAN ROGAN

34.1　引言

制订结构的安装计划，在设计阶段就应要加以考虑。将结构的可建造性融入设计阶段，会大大有利于工程的建设。如果要求结构安装能快速完成，按计划进行，并且尽可能地节约成本，那么必须制订周密的现场施工计划。

一般来说，应尽量减少高空和现场施工的工作量，尤其是当这部分工作可以在工厂内的理想环境下完成时。设计刚架和结构构件，应尽可能按在工厂中制作或在较低的工作面上装配以供后续施工之用。这样就可以节省时间和成本，因为天气的变化不会影响工厂中的制作和装配工作，而且不需要使用昂贵的临时设施。工程管理人员应当：

（1）致力于提高重复率和标准化程度；

（2）尽量使得装配简单；

（3）尽量使安装操作简便；

（4）遵守交付日期和设计签核期限等要求；

（5）充分考虑各专业之间的接口和界面；

（6）批准切实可行的制作和安装计划；

（7）了解设计工作的复杂性；

（8）定期召开协调会议；

（9）确定并公平地分配风险；

（10）考虑与团队长期关系的稳定。

现场施工方法是设计时必须考虑的一项基本内容。《施工（设计与管理）条例》（The Construction（Design and Management）（CDM）Regulations）[1]旨在通过有效的计划和风险管控，以及在施工过程中的良好交流和团队合作，对施工现场的风险进行管理。结构设计人员必须考虑现场的通道、材料搬运、施工顺序等影响建设项目的因

---

* 本章译者：贺明玄。

素。在工程的早期阶段，利用专业承包商的专业技能可以大大提高施工速度，减少施工中的矛盾和冲突，并且可以为建筑物增加实际价值。

34.2 施工计划、施工管理规定和相关文件

施工计划提出了一整套材料交付、结构安装和竣工的施工安全保障体系，以保证施工的顺利进行，从而使设计团队有机会对这一施工计划进行评估，并做出适当的建议或修改。施工计划的详细程度取决于工程的规模和复杂性。BCSA 已发布了许多常用的出版物[2,3]，对设计人员在编制合适的施工计划时提供指导。有许多会影响钢结构工程现场安装的施工管理规定是必须遵守的。确保遵守相关规定的最实用方法，就是遵照现行施工规范以及相应的技术指南。除了上面提到的 BCSA 出版物以外，在本章结尾的扩展阅读部分中，有关于钢结构安装的相关规定。

关于钢（铝）结构的制作和安装方面的欧洲规范，主要有 BS EN 1090-2：2008[4]《钢结构和铝结构的施工——第 2 部分：钢结构施工的技术要求》（Execution of steel structures and aluminium structures Part 2：Technical requirements for the execution of steel structures）。施工被定义为“实际完成的钢结构，包括采购、制作、焊接、机械紧固、运输、安装、表面处理及检验和归档等所有环节”。它的应用范围非常广泛，并要求指定人员在执行制作和安装工作前，做出一系列决策。该规范引入了“施工等级”（Execution Class）的概念。施工等级分为四类，从第一类到第四类，质量要求的严格程度依次增加，每个施工等级包含了一系列制作和安装的要求，而这些要求可以适用于整体结构、单个构（部）件或构（部）件的构造做法等内容。加工制作文件的深度和检验的内容、焊接工艺和焊接人员的资质等这些项目，都将取决于施工等级的选择，其具体内容在 BS EN 1090-2 的附录 A.3 中有详细说明。

对结构、单个构（部）件或（部）件构造做法的施工等级的选择，是一种设计决策。给出四种施工等级分类的主要原因，旨在提供预防失效的可靠性水平，这种可靠性水平与结构、构件或构造做法的失效后果是相匹配的。施工等级分类在整个标准体系中得到广泛应用，并为质量、测试和资质级别的选择，提供了可靠性的分类方法。

BS EN 1090-2 附录 B 推荐的施工等级基于“使用状态等级”（Service Category-SC）（SC1-在准静态作用下使用，SC2-在疲劳作用下使用）和“加工制作等级”（production category-PC）（加工制作等级分为 PC1 和 PC2 两类，其中采用 PC2 的结构、构件或构造做法，会比采用 PC1 的加工要求更高）。在英国，大部分钢结构两类加工制作等级都会采用，而大部分钢结构的使用状态等级为 SC1 类（静力状态下使用），除非在疲劳状态下使用的结构则应归类为 SC2。因此，建筑物的结构、构件以及构造做法的施工等级都可以划归至第 2 类施工等级（EXC2）。

在 BS EN 1090-2 的第 9 节中有钢结构工程安装的详细内容，并应结合工程实践经验。具体可参见本章的相关介绍。

34.3 施工方案

34.3.1 设计信息

在项目初期，就应制定详细的施工方案，因为这一阶段的决策将会影响加工和安装工作的部署。现场安装质量取决于多种因素，而重要的是相关的工作都应得到规范的管理。现场施工过程比较复杂，涉及了众多领域的交叉作业，相关的流程图解见图 34-1。

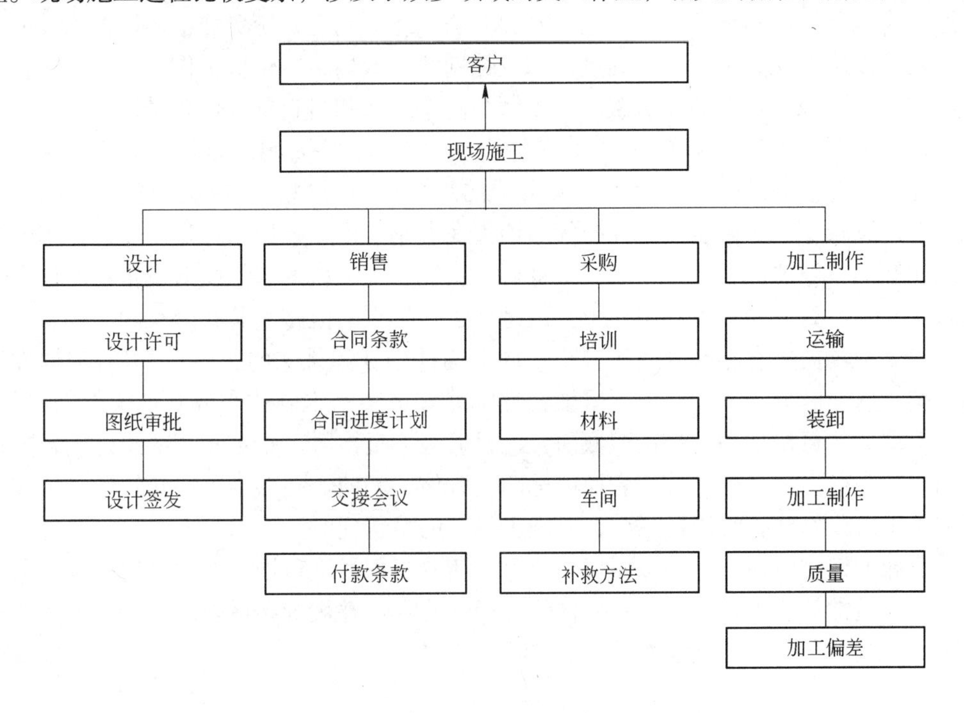

图 34-1　现场施工过程中各专业的相互关系

34.3.2 计划

如果能对交货和安装这两道工序进行详尽的计划，并遵循合理的顺序，就可实现资源的最佳配置。一般来说，土建工作和其他专业的施工，应在钢结构安装之前开展（最少提前一周），这样才能保证施工流水的正常运转。这样也为钢结构承包商提供了充足的时间，可以在对基础螺栓验收前对其进行检查和测量。土建承包商进行少量的修补工作也较为常见，如纠正地脚螺栓的定位，这部分工作结束之后，最好能为随后的交接工作留出足够的时间。基础必须定位准确，而且施工时应严格遵守相关规范和《英国建筑钢结构施工规范》(*National Structural Steelwork Specification* (*NSSS*))[5]关于容许偏差方面的规定。

通行限制（Access restrictions）和工程的分段（phasing of the works）常常会对安装的顺序起控制作用，安装顺序通常根据柱网的分布划分成若干区域。施工现场塔吊的位置也会影响施工的方式。一旦工序和分段获得批准，钢结构承包商就能够确定所需要的资源以满足规划的要求。

34.3.3　钢结构的交付和卸货

在任何施工材料运抵现场之前，就应确定施工方案，并根据此方案就可以形成交付进度表。此外，根据所采用的施工安装方法，还需制定一份更详细的逐根构件安装进度表，以确保现场工作的顺利进行。应特别注意做好材料供应工作，防止出现构件遗漏和缺失、现场材料的二次搬运、车辆利用率低下和材料堆放位置错误等。

通常采用载重 20t 的重型卡车来装运钢结构构件，常常将一批货再分成四捆，每捆 5 吨，以适应塔吊是吊装能力，采用“同步”交付顺序，可以缓和现场的拥挤情况，还可以减少二次搬运及构件损坏。构件在卡车上堆放要便于卸货，需要先用的构件应先卸。一般情况下，卡车的装载量可根据卸货起重机的起吊能力或货物的稳定性要求来确定，譬如通常先要用柱子，但是柱子比较重只能将其装在卡车的底部。

施工现场需要有临时堆放区（把不同钢构件分开和挑选的区域），以对钢构件进行分类。这一区域的地面必须很坚硬，且应铺有足够的木制枕木或其他类似的材料。在施工现场，每根钢构件将按照截面、钢材等级、批次号，指定唯一的识别码，这种识别码通常可标记在构件的上表面以标明其方位、朝向。在多、高层建筑中，可在不同的施工阶段修建临时周转平台，以减少吊车的吊钩耗时。

冷弯型钢的屋面构件和金属楼承板也应随着工程的进行堆放在适当的位置，因为吊车的通道常常会受到限制。每捆构件都应标明数量并放置在适当的位置，因为二次搬运不仅难以操作，而且成本昂贵。

34.3.4　施工速度和工地散件组装

钢结构的施工速度取决于起重机和连接类型及数量。安装费用根据所要吊装构件的重量、尺寸和位置也会产生变化。此外，起重机和吊钩之间距离常常会影响安装速度。因此，特别要强调构件的堆放位置尽量靠近安装面，并应提供临时周转平台。根据实际经验，一般认为经验丰富的安装队伍，在理想的、安装位置比较低的情况下，每天可以安装 40～60 个标准尺寸的部件/构件。

设计人员在设计钢构件时，构件的尺寸和重量可能会受到运输条件的限制，为此，像雨篷、屋面桁架和格构式梁这一类“小型”构件可以作为整体组件来进行吊装。一般有两种方案可供选择，可以在堆料场内专门划出一片区域来进行散件组装，或者在起重机的背面进行就地组装，起重机回转后就能直接起吊并吊至指定位置。

在起重机背面进行组装的最常见的构件是屋面桁架或格构梁，鉴于它们的尺寸，

一般都是将其部件按散件运送到现场。然而，当施工现场比较狭窄而无法实施散件现场组装是，可以选用前一种组装方案。

当可供使用的散件组装场地或堆料场距离施工现场很远时，在确定散件组装方案之前应进行仔细的调查研究。在前往安装地点的途中，当地关于构件运输尺寸的限制，可能会影响到组装方案的选择。

存在以下三方面因素，会对散件在地面上组装成一个结构单元这种方案的可操作性和经济性产生影响：

（1）最后组装形成的组件的重量，包括起重横梁在内；

（2）在不增加自重的前提下，对组装的结构单元构件可以采取一定的临时加强措施；

（3）组装的结构单元的体积，即在起吊至指定高度过程中，是否会与起重臂发生碰撞。

仅当结构单元能够顺利起吊，且连接安装就位时，才值得使用散件组装方法。也就是说，在地面上容易施工的，就要避免在高空中进行此类作业。

34.3.5　界面管理

为了减少施工现场的混乱，必须对各专业和各工种之间的衔接界面认真加以管理。由于技术要求不明确和各专业责任的不确定，而不了解其他专业和工种的要求，就会造成一些矛盾和冲突。

因此，各施工团队之间必须及时交流沟通，定期召开现场会议并在会议上明确近期工作目标，及时协调解决工种之间的重叠交叉问题，这样才能做好材料、设备和施工管理工作。一旦考虑不周，就会出现诸如围护结构连接件的缺失或安装位置不当、地脚螺栓定位错误、电梯井筒的容许偏差与主体结构不匹配等问题。因此，为确保提高施工效率，各施工方之间的合作是十分必要的。可以通过改进交流沟通的过程，明确合同条款和使用指定的供应商来达到这个目的。

34.3.6　结构的测量和放线

测量工作应依照规范 BS 5964[6]（1990）第 1 至第 3 部分：建筑放线与测量（Building setting out and measurement）中的相关规定，当测量时温度不在 5 ~ 15℃范围内，应对测量结果进行温度修正。在已完成部分安装和裸露的框架结构中，温度对框架结构的影响往往要超过风载的影响。当太阳从东向西逐渐移动时，高层框架结构将向背对太阳的一面倾斜：因此只能在阴天或者整个结构的温度比较均匀（如夜间）且达到/接近设计平均温度时检查建筑物的垂直度。如果结构的各个部分处于温度不均匀的情况，紧固支撑的连接螺栓可能会把结构锁定在一个错误位置，而且以后很难矫正。精确放线不仅对偏差的控制至关重要，而且会直接影响到所有的后续工序和各专业的施工。

关于容许偏差的详细介绍，见本手册第32章。

34.4　现场施工

34.4.1　安装顺序

柱子要按照施工计划规定的柱网/区域划分来进行安装，吊运柱子要使用道森棘轮（Dawson Ratchet）（见图34-2），尼龙吊索或链条等。

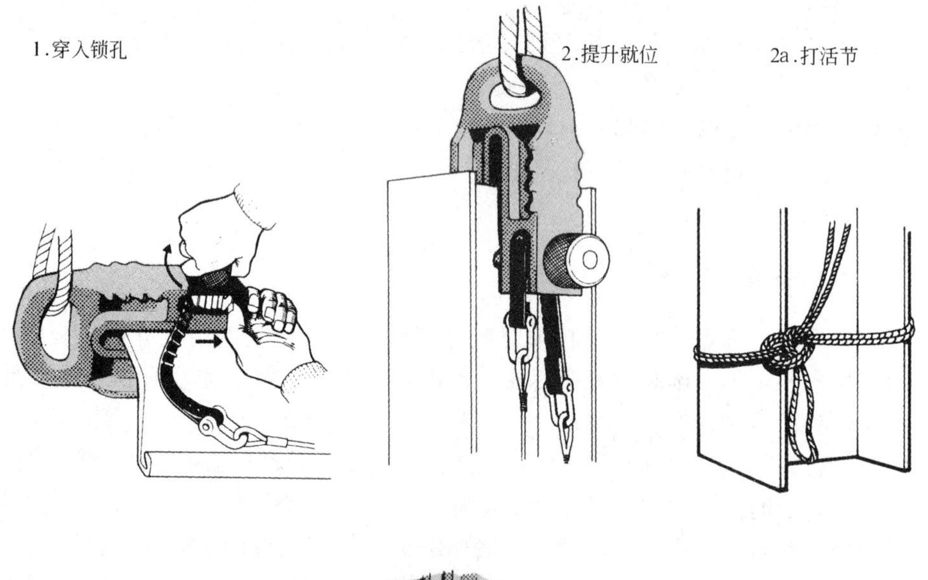

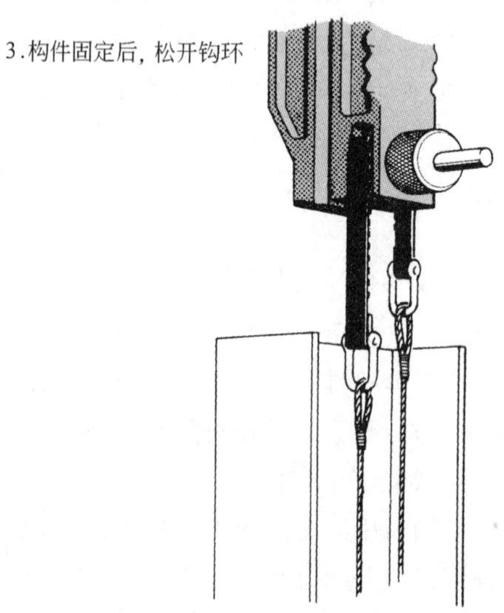

图34-2　道森棘轮（由 Dawson Construction Plant Ltd. 提供）

要注意尽量减少对柱子表面涂层的损坏，因为修复往往会很困难。柱子吊装就位后，应及时进行初步定位和垂直校正。在某些特殊情况下，在安装过程中可能需要用拉索固定柱子，以确保其稳定性。重复以上操作，直至形成一个柱网。然后安装梁，并且每根梁的端部要有两根安装螺栓，以确保整个安装区域的安全。当所有的梁都安装到位以后，再安装余下的螺栓。因为许多框架结构都采用组合楼板，铺设和固定钢楼承板是现场施工中一项相对复杂的工作。

按照施工计划划分的柱网体系吊装柱子，吊装队要确保不会妨碍节点连接，也不会使结构受到偏心荷载。然后用粗钢索定位柱子，完成上述工作后，吊装队可以到另一个区域进行吊装。负责对齐和找平的人员随即展开工作，将对齐结构柱子的位置。当此项工作完成后，即可紧固所有连接螺栓，然后铺设压型楼承板，并进行栓钉焊接。典型的安装流程图，见图34-3。

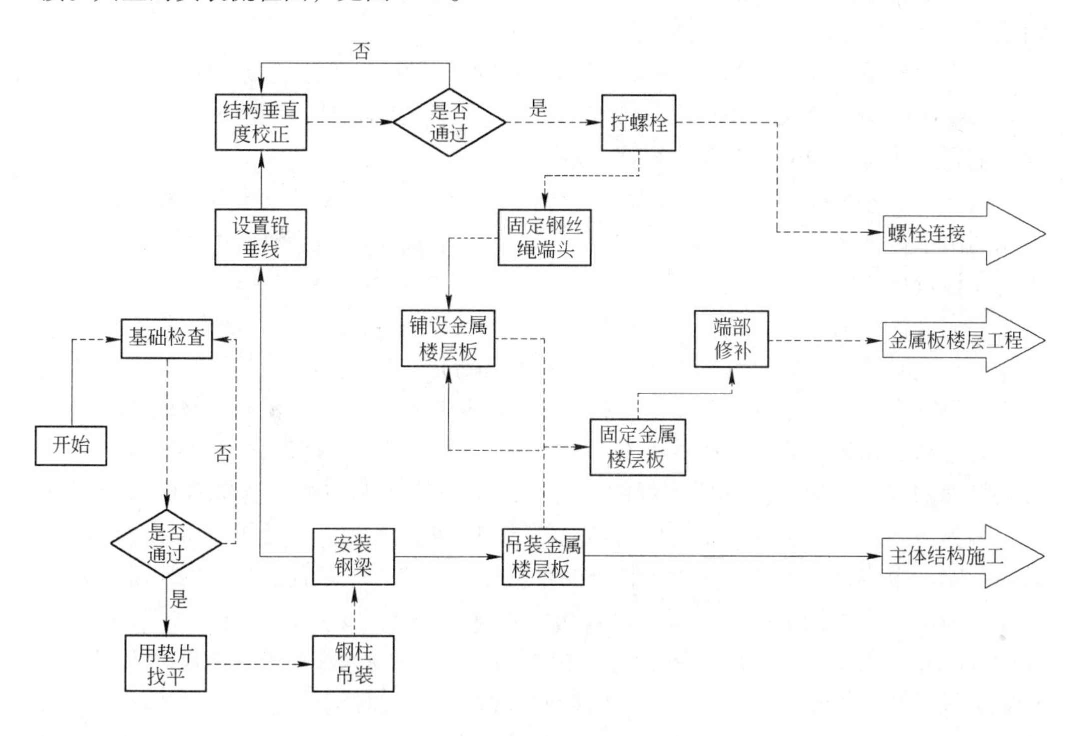

图34-3 施工流程图

34.4.2 对齐、找平与垂直度调整

尽管在柱子吊装时使用垫片来仔细找平，并在基础上放线仔细地安装柱脚底板，柱子还是需要在对齐、找平与垂直度调整的过程中进行一定的调整。首先应该检查的是柱子在安装中是否准确无误，然后需要检查图纸和加工制作是否存在纰漏，如果发现问题，应如实记录并及时通知相关人员。

在螺栓拧紧之前，有必要进行柱子的对齐和找平检查。这就意味着必须在柱子安装就位后立即进行检查工作，因为在螺栓拧紧之后发现问题再松开螺栓进行调整，将会严重影响工作效率。一般来说，要先对柱子进行找平与调直，再拧紧带支撑开间（braced bay）中的连接螺栓，然后才能开始其他构件的吊装。

可以采用钢制楔块和垫片来进行柱子找平。楔块和垫片必须成对设置，放在需要找平的柱脚底板的两侧。如果仅在一面设置楔块，则会导致柱出现偏心现象，而且楔块容易脱落，特别是当多根柱子都沿同一个方向加设楔块时。有时候也可以使用两个千斤顶（toe jacks）（可以在狭小空间中使用的千斤顶）抬起柱子。在施工时应建立一个临时的水准点，要征得业主代表的同意，并且在附近已就位的柱子不会妨碍水准测量的视线。然后用水准仪测量标高，并用塞入柱底的垫片来检查其最终设置，落下柱子并与地脚螺栓相连。然后可以在垫片上移动柱子，使其与相邻柱子对齐，并使柱间距达到规定的要求。

要消除柱子与其中心线的偏差，应标出和约定一条定位线。这条线可以拉一根细钢丝，也可以用经纬仪来进行观测检查。然后，根据经纬仪读出的数据来确定柱子的调整范围，使得结构的位置满足容许偏差要求。

量出与上一个柱子之间的偏差就可以确定柱子沿纵向需要移动多少。然而，应该考虑到由于偏差累计效应，在这个方向上柱子的垂直度偏差会有“增长”的趋势。因此应该量柱-柱之间的相对尺寸，而不是量与建筑物端部的尺寸。

在完成柱底的标高调整以后，应继续检查柱子的垂直度。如本章第34.3.6节中所述，检查时必须注意温度的影响，因为不在同温度下检查建筑物的垂直度，以及在狭长建筑物中不在一个标准温度下进行检查，这种检查实际上是没有意义的。

对于高层建筑而言，柱底板找平并不是说不再需要检查其各层楼板的标高。要从楼板平面的变化来检查任一层楼板的标高，而不是从建筑物基底测量楼板的竖向高度，因为该测量结果会受到温度以及当上部结构重量施加到下层柱子时所产生的压缩效应影响。很容易用经纬仪来检查柱子的垂直度，检查时一般使用仪器的竖轴，将刻度盘读数的起点为柱子的中轴线。这样可消除轧制偏差（rolling errors）的影响，而且检查时和加工车间中所用的基准线是相同的。如果现场无法使用经纬仪，可以用一根细钢丝吊一个重锤，同时提供一个简易的减振装置，如将重锤浸入一桶水中，这是另一种比较好的柱子垂直度检查方法。细钢丝与中心线之间的偏差测量可采用前述的相同方法。用铅垂线的缺点是所有操作人员必须爬到构件上然后读取数据。此外，还可以使用光学或激光垂直仪，这种仪器在多层框架结构的垂直度检查中特别有用。

通常，只有当框架不能自身维持稳定时，才需要对其进行定位调整，在极端情况下可能要采取固定措施。例如，如果一个结构的整体性取决于混凝土墙板的稳定，那么在结构设计阶段，就要考虑以下两种备选方案：混凝土墙板和钢框架同时安装；或是在施工方案中应提供必要的临时支撑。为了确保支撑充分发挥作用，必须将其布置在适当的位置，在混凝土墙板完全就位和固定好之后再将其拆除。

如果采用斜拉钢丝绳，应将钢丝绳系在框架的节点上，而不要系在梁的跨中，以

免造成构件弯曲。同时钢丝绳的端部应该用垫木固定，这与吊装构件的做法相同。可以用紧线器（turnbuckles）或手动绞盘（tirfor type pullers）来张拉钢丝绳。临时设施的安装、张拉和最后拆卸，其顺序应根据具体的情况而定。当建筑物中的构件经过校正到位后，即可拧紧螺栓。

在门式刚架的安装过程中，通常将刚架立柱预调至偏离竖直方向的位置，直到最终受荷时才使其恢复原位。设计人员应该计算相应的预设值，但通常会比较困难。此外，如果最终的位置还需要考虑结构的美观，则事先应留出适当的调整空间。

应保证对齐、标高调整工作与结构的安装同步进行，因为当楼板安装以后再想拉拽或移动构件会变得十分困难。根据经验，重型构件的对齐和找平应在完成吊装面的2～3个开间中进行，轻型构件则应在完成吊装面4～6个开间中进行。

34.4.3 容许偏差

在确定容许偏差之前，首先应明白为何有容许偏差存在，钢材的轧制公差和制作容许偏差是必须要考虑的。容许偏差必须和前面的各道工序和后续的建筑构（部）件安装相适应。容许偏差必须满足设计要求以及建筑和美观方面的要求，且应极大提高其可建造性。

容许偏差可分为三大类：结构容许偏差（保证结构完整性所必需的），建筑容许偏差（保证结构的建筑效果所必需的）和可建造性容许偏差（保证建筑物中全部构件可建造所必需的）。关于钢结构施工中容许偏差的内容，见本手册第32章的详细介绍。

当相关偏差超过指定数值时应及时通知设计人员，因为偏差过大往往会对整个结构及后续工作造成不利影响。

34.4.4 地脚螺栓

为了便于上部结构的安装，土建承包商通常会设置地脚螺栓。施工时必须为基础中的螺栓预留出一定的可调范围，以确保它们的准确定位，见图34-4。

圆锥形套筒（conical sleeves）可以在不减少锚固面积的前提下最大限度地提供可调节性，要将螺栓垂直且不受约束地置入套筒内。使用埋入式套筒螺栓的主要好处是，在进行对齐时结构人员移动，以满足安装容许偏差的要求。地脚螺栓在经过检查和确认满足设计要求之后，一般可在基础底座上设置尺寸为100mm×100mm的钢垫片（1～20mm厚）或相似的材料至指定标高。

34.4.5 现场螺栓连接

现场拼接应尽可能采用螺栓。与焊接相比，采用螺栓连接受恶劣天气的影响较小，而且所用的设备简单，对操作空间的要求较低，后续的检查工作也更简单一些。

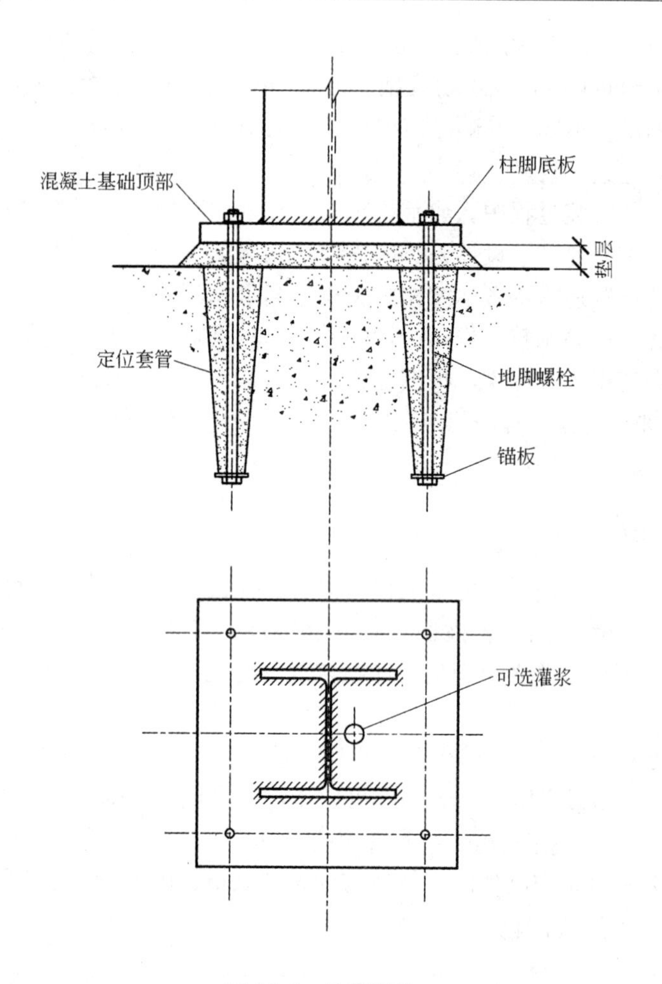

图 34-4　地脚螺栓

所用的螺栓规格应尽量少，且易于设计选用。对于螺栓选用，《施工设计》（Design of Construction）[7] 给出了以下建议。

（1）当所连接部件不允许有相对移动（滑移）或承受动力荷载时，可以采用预紧式螺栓。

（2）应避免在同一个工程中使用直径相同而强度等级不同的螺栓。

（3）应采用“即时交付”方式，螺栓供货清单应简单明了。如果条件允许，螺栓、螺母和垫圈应带有防腐涂层，这样现场施工时就不需要作进一步的防腐处理。

（4）螺栓长度取值应合理（大约 90% 的简单连接都可以采用 60mm 长的 M20 级螺栓）。

（5）尽可能采用全螺纹式螺栓。

（6）连接应尽量标准化。

冲击扳手和电动螺母扳手可提高螺栓的拧紧速度。如果只用少量的摩擦型螺栓采用手动扭矩扳手比较合适，但是当有大量螺栓需要拧紧时，就有必要采用冲击扳手。当拧

紧操作的空间受到限制时，可以先将螺母拧上，然后利用手动棘轮扳手最终拧紧螺栓。

摩擦型螺栓必须先拧至板件紧密结合，然后，可以通过把螺母再转动一个角度，或者采用标定过的扭矩扳手（可以指示已经达到所要求的扭矩值）来达到所需的预加荷载。使用手动扳手时，可用一个指示弹簧来控制操作：当扳手拧到极限状态时，弹簧会突然断开，这样就可以提醒及时停止操作，避免发生危险。也可以使用荷载指示垫圈（load-indicating washers）来标示螺栓的拧紧程度。

34.5 现场装配和修改

对于需要进行现场焊接的钢框架结构，在制定施工安装计划时必须予以特别的注意。现场焊接必须在合适的天气条件下进行，而且大多数情况下都会比车间施焊更困难，成本也更高。在车间内施焊时，可以让焊接件处于最有利的位置以利于熔敷焊缝金属，但现场焊接通常是定点操作，即焊工不能挑选焊接位置。大多数现场焊接都采用手工埋弧焊，而且所使用的焊条可以根据现场情况选用，比较灵活，这样就能在立焊、仰焊位置上确保焊缝质量。

在构件焊接前，必须采取措施把需要焊接的相邻部件对齐校正，并临时固定直至焊接完成。对齐校正时可能会带着构（部）件的重量，有时随着施工的进展，这种荷载会相当可观。必须为焊工及焊接设备提供安全的操作空间和工作环境。作业平台也应具备防风遮雨的功能，因为风、雨和寒冷天气都会对焊缝的质量产生不利影响。设计需要采用对接坡口焊时，必须考虑这些构（部）件在结构中的实际位置。对于对接焊缝必须使用引弧板，施焊完毕后应及时切除。引弧板的作用是使熔融的焊缝金属充满整条焊缝，从而保证焊缝质量，见图 34-5。在制定各个节点的施工方法和焊接顺序时必须考虑所有这些因素（参见本手册第 26 章）。

图 34-5　钢板对接焊用引弧板

由于焊接连接部位冷却时，会不可避免的引起焊缝收缩。为了使焊缝收缩不致引起节点尺寸偏差，在进行相应构件的最初安装和定位时应特别小心。

在进行焊接时，健康和安全问题显然是尤为重要。特别应该注意消防措施，防止眼部伤害（不仅是对焊工，还包括邻近的其他人员），以及焊接设备的状况。

34.6　钢楼承板和栓钉

34.6.1　钢楼承板和栓钉

目前，英国的许多钢结构商业建筑都采
用了组合楼板构造。因此在钢结构的安装过程中，钢楼承板[8]和栓钉起到一个不可或缺的作用。轻型钢楼承板的显著优势，就是它可以在各层楼面的施工过程中当作操作平台使用。这样不仅可以避免设置临时平台，而且降低了工人高空坠落的风险，这在多层结构施工中是一个关键性的安全事项。

当主体构件对齐、找平和螺栓紧固等环节完工以后，即可铺设钢楼承板（之前放置在适当位置的）。由于楼承板比较轻，施工时应注意防风问题。因为负责楼承板安装的工人通常不是结构的吊装人员，在铺设楼承板时应系上安全带。当楼承板铺开以后，应在相应的板边处增设安全防护设施，以防发生坠落事故。然后，再使用射钉将楼承板固定在主体钢结构上。完成后，用射钉固定封边板，接头用胶带封好以防止漏浆，然后移交焊工进行栓钉焊接。栓钉的布置和焊接通常由栓钉焊机自动完成。因此，在施工现场应提供大电流，或提供足够的空间用来安放便携式发电机。大多数栓钉尺寸为100mm(长)×19mm(直径)，交货时一般每箱为100kg。因此，施工时必须将栓钉和相关的设备吊运到各个楼层上。然后，由焊工逐排焊接并进行检查，直至每片区域可以提交验收并交付下道工序。

34.6.2　冷弯型钢

许多结构中的次要构件都采用冷弯型钢，包括屋顶围栏和围护结构中的檩条和墙梁等。由于屋面和墙体材料都属于轻质材料，适合于大批量供应，通常用20t的货车来运送冷弯型钢构件。冷弯型钢构件在出厂前应有清晰的标记并妥善打包，以免现场分类挑拣而浪费人力和工时。当卸货后，会将这些货料放在一个大致的位置。还需要在施工现场准备一块较大的材料周转区，以便于提高安装速度。在多、高层结构施工中，可将材料先提升到安装面以下的楼板上，进行布料筛选，随后吊运至指定位置。这样，可以节省大量的塔吊工时。通常，大多数制造商都会打包提供檩条、吊索和扣件。选用快速安装接头，可以大大加快现场施工速度，从而减少施工人力和工时。

34.7　吊车与吊车工时

34.7.1　概述

吊车类型选择和吊车布置取决于多种因素，但基本原则是保证工程进度。事实

上，吊车在指定区域内满负荷运行的吊车，其生产效率往往并不高。而位置恰当的吊车偶尔会出现空闲，能够加快吊装进度，来弥补因租金而增加的额外费用。

选择吊车时需要考虑以下主要事项[7]：

（1）现场位置，通道及附近的环境；

（2）施工工期；

（3）拟吊装构件的重量以及可能布置吊车位置的相对距离；

（4）拟吊装构件的尺寸；

（5）是否需要双机抬吊（tandem lifts）；

（6）最大起吊高度；

（7）每周需要吊装的构件数量；

（8）地面的土质条件；

（9）吊车是否需要带负载移动；

（10）是否需要考虑多个吊车位置时对吊车工进行调整；

（11）货物装卸组织及堆场区清理。

在大型的吊装任务中，应根据吊车的不同规格和吊装能力分别安排不同的任务，即重型吊车吊装主立柱，而轻型吊车则吊装次要构件。应根据在指定的工期内需要吊装构件的数量，来确定吊车数量，以达到所需的工作效率。在实际工程中，吊车类型和吊装能力的选择往往是一个折中的方案，总体目标是实现最优配置。

为了确定吊车的具体布置方案，应针对每一个关键的起吊位置绘制一份大比例的图纸，标明吊车的平面位置，吊钩的平面位置，起重臂和起吊物之间的间距，以及当构件吊运至最终位置时起重臂与已有结构之间的距离等。这些图纸有助于设计人员就以下各项内容进行检查，包括吊车与拟吊装的构件是否匹配，吊车下面的地基是否能够支承吊车及其吊重，以及起吊构件并将其放置就位的空间是否足够等。其中，重要的一点是必须保证吊车回转时其尾部有足够的回转空间。根据一套这样的图纸，就可以很快确定该吊车是否适用。如果某一批构件的重量非常大时，可以与设计人员商量，是否有可能修改拼接位置来减轻构件的重量。

34.7.2　吊车类型

34.7.2.1　行走式吊车

行走式吊车包括汽车吊、轮式吊及履带吊。可依靠汽车吊自身的动力在公路上行走，并且可将起重臂缩短收起。不允许履带吊（见图34-6）靠自有动力在公路上行走。

如果吊车在现场的工作时间比较短，一种很好的选择就是采用汽车吊，因为它来回移动相当方便。如果要求的工作时间较长，则可以考虑采用履带吊，但这种起重设备的运输成本很高。履带吊的主要优点在于其自重和吊重的反作用力可以通过自身的履带轨道分散到更宽的地面上。但它不能像汽车吊那样，可由支腿提供额外的稳定

图 34-6 履带吊（由 Baldwin Industrial Services/Chapman Brown 供稿）

性，见图 34-7。

大多数行走式吊车都归施工队所有，而施工队通常隶属于某家钢结构安装公司或设备租赁公司。一般情况下，从设备租赁公司租借起重设备通常要根据施工现场的地理位置来决定，例如需要考虑施工现场是靠近设备租赁公司还是靠近承包商自己的设备存放点，吊车是长期使用还是短期使用，所用吊车是起吊多个构件还是一次性等情况，行走式吊车的起重能力通常在 15 ~800t 之间。图 34-7 和图 34-8 分别列出了吨位为 25t 和 800t 吊车的性能参数。需要特别提醒读者注意的是：一台行走式吊车的额定起重能力和它能安全起吊的重量是两个不同的概念。施工前必须仔细参考吊车制造商所给出的在指定臂长和半径下吊车的安全起吊重量图表。行走式起重机必须在水平地面上使用，以保证起重臂结构不会受到侧向荷载的作用。

34.7.2.2 非行走式吊车的机动性

将非行走式吊车放在轨道上就可使其成为可移动式吊车。这样做有两个好处：可以更容易地控制吊车的位置，并且通过轨道可以将荷载传到一个准确的位置上。许多吊车倒塌事故都是由于吊车底部的支承能力不足而造成的。而大多数轨道式吊车事故

25 Tonne DEMAG AC 75 "CITY CLASS" Mobile Crane

Lifting Capacities Main Boom Extension

Telescopic Boom 20,7 - 25,0 m. On Fully Extended Outriggers 5,9 m. Working Range 360°

Radius m	Main Boom 20,7 m				Main Boom 25,0 m				Radius m
	7,1 m		13,0 m		7,1 m		13,0 m		
	0°	30°	0°	30°	0°	30°	0°	30°	
5	5,6	-	-	-	-	-	-	-	5
6	5,6	-	-	-	-	-	-	-	6
7	5,3	-	2,2	-	4,5	-	-	-	7
8	5,0	-	2,2	-	4,4	-	2,0	-	8
9	4,7	3,7	2,2	-	4,2	-	2,0	-	9
10	4,4	3,6	2,1	-	4,0	3,4	2,0	-	10
11	4,2	3,5	2,1	-	3,9	3,3	2,0	-	11
12	4,0	3,4	2,0	-	3,7	3,2	1,9	-	12
13	3,5	3,3	1,9	1,7	3,5	3,1	1,9	-	13
14	3,1	3,2	1,9	1,6	3,0	3,0	1,8	1,5	14
15	2,7	3,0	1,8	1,6	2,7	2,9	1,8	1,5	15
16	2,4	2,6	1,7	1,5	2,4	2,6	1,7	1,5	16
17	2,2	2,3	1,6	1,5	2,1	2,3	1,7	1,4	17
18	1,9	2,1	1,6	1,4	1,8	2,0	1,6	1,4	18
19	1,7	1,8	1,5	1,4	1,6	1,8	1,6	1,4	19
20	1,5	1,5	1,4	1,4	1,4	1,6	1,5	1,3	20
21	1,3	1,3	1,4	1,3	1,3	1,4	1,3	1,3	21
22	1,1	-	1,3	1,3	1,1	1,2	1,2	1,3	22
23	0,9	-	1,1	1,3	0,9	1,0	1,0	1,3	23
24	0,8	-	1,0	1,2	0,8	0,9	0,9	1,2	24
25	0,7	-	0,9	1,0	0,7	0,7	0,8	1,0	25
26	-	-	0,8	0,9	0,6	-	0,7	0,9	26
27	-	-	0,7	0,7	0,5	-	0,6	0,8	27
28	-	-	0,6	-	-	-	0,5	0,7	28
29	-	-	0,5	-	-	-	-	0,6	29

25 Tonne DEMAG AC 75 "CITY CLASS" Mobile Crane

Dimensions

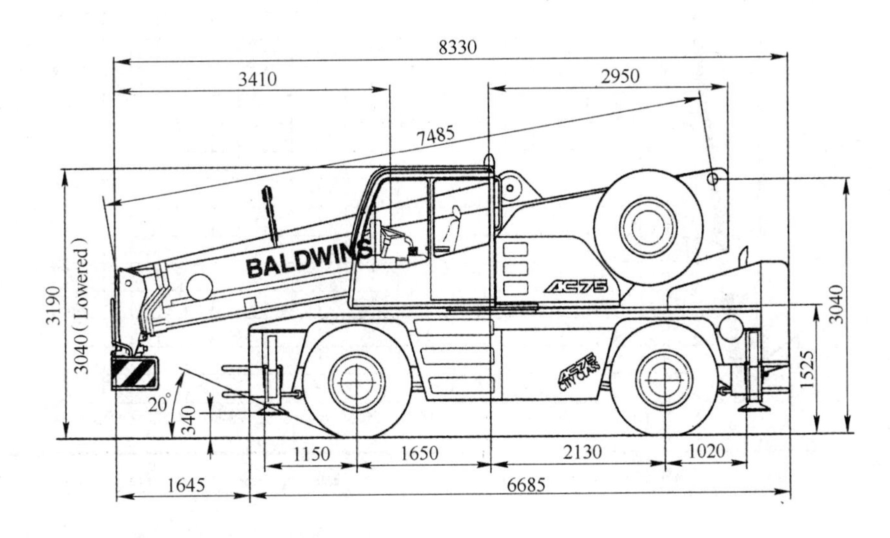

图 34-7 典型的行走式吊车（由 Baldwin Industrial Services 供稿）

800 Tonne LIEBHERR LTM 1800 Mobile Crane

Working Ranges Luffing Lattice Jib

Main Boom 83°. Luffing Lattice Jib 21,0 - 91,0 m. On Outriggers 13 m x 13 m. Working Range 360° Counterweight 153 t.

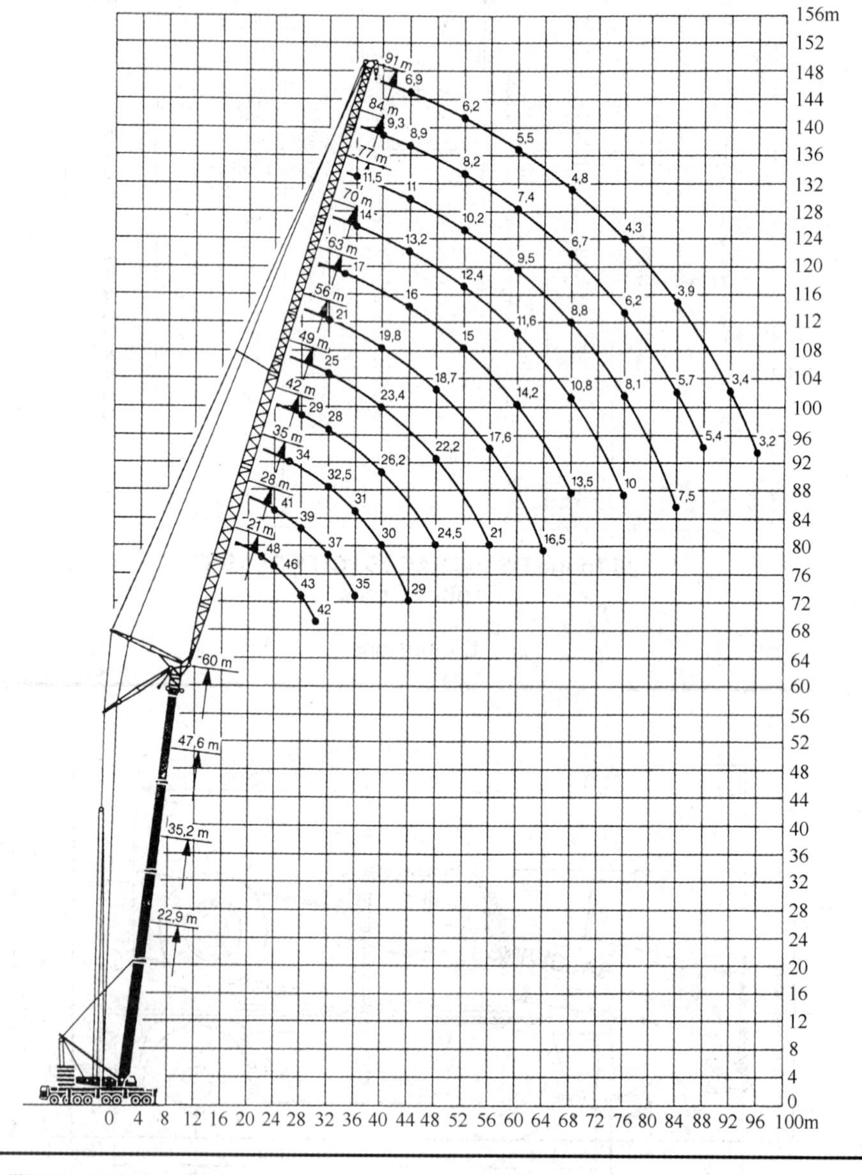

While every care has been taken in the preparation of the ratings given in this leaflet, and all reasonable steps have been taken to check the accuracy of the information, Baldwins cannot accept responsibility for any inaccuracy in respect of any matter arising out of, or in connection with the use of these tables.

图 34-8 800t 专用移动式吊车（由 Baldwin Industrial Services 提供）

则都是由于超载。当吊车需要跨过比较复杂的设备基础时，可将轨道安置在支承梁上，如有必要还可以专门打桩。如果吊车轨道只是支承在一根梁上，而梁安放在直接与地面接触的枕木上，那么吊车荷载就可以均匀分布至地面。无论哪一种情况，都必须充分考虑吊车的支承条件并仔细进行设计。当人们对支承行走式吊车及其外伸支腿的地面承载能力估计过高时，往往会出现工程事故。

34.7.2.3 非行走式吊车

非行走式吊车一般要有比较大的固定配重（non-mobile counterparts）。这种起重机的起重高度会更高，而且能在更大的起重半径内提升额定吊重。

非行走式起重设备有两种主要类型：塔吊和井架式起重机（现在已很少使用）。由于这种起重机的体型庞大，所以一般情况下必须将其拆成部件运抵施工现场。因此非行走式吊车缺点就是必须在现场组装。在装配好以后，正式投入使用之前还必须进行结构性能、卷扬机和稳定性方面的检查和测试。

具有足够高度和起吊能力的塔吊（见图34-9）具有以下优势：

（1）仅需两条轨道即可使其具备机动能力。虽然这两条轨道的轨距较宽，但它

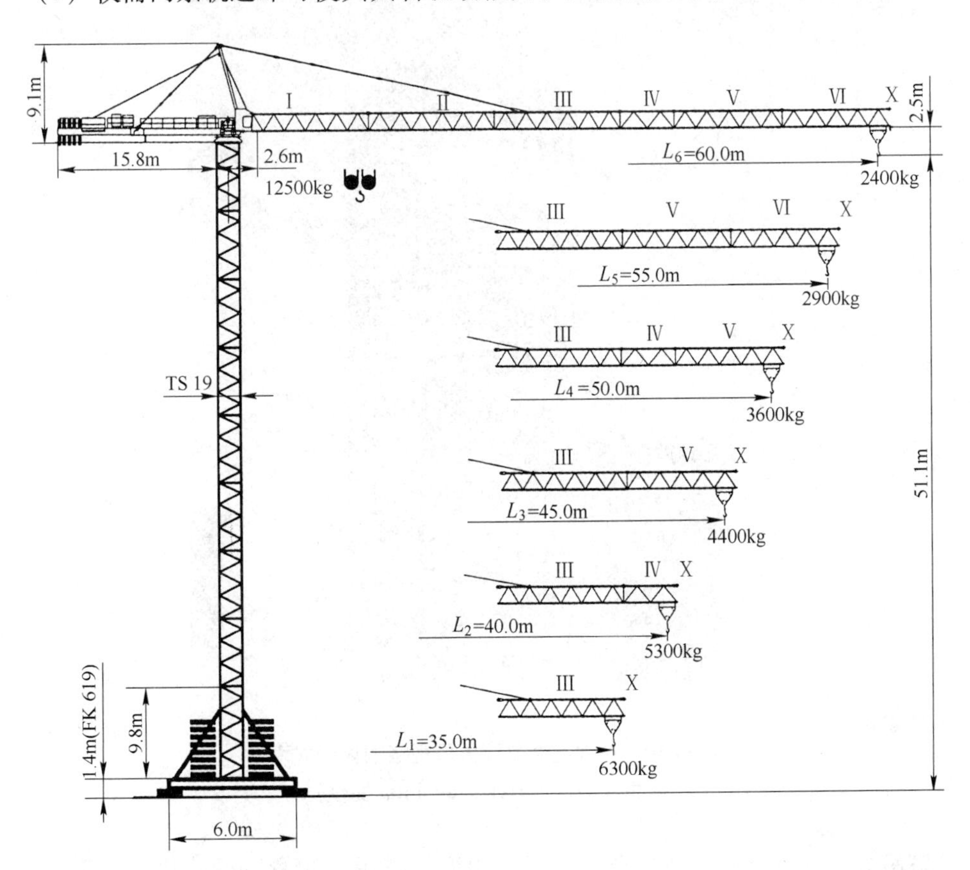

图34-9 塔吊（由 Delta Tower Cranes 提供图片）

们占用的地面面积比井架式起重机要小。

（2）它所携带的大部分配重（ballast）都位于其顶部的回转臂/平衡结构上面，所以在塔吊底部需要的配重极少。事实上，有些情况下无需在塔吊底部或入口处设置配重。

（3）由于塔吊的起重臂通常是水平的，并且移动的起重小车代替了井架式吊车起重臂的上下摆动，所以塔吊可在更接近结构的地方工作，而且可以到达井架式吊车无法接近的位置。

（4）塔吊是“自升式”（self-erecting）的，也就是说，在地面上或接近地面高度范围内安装好初始段后，塔吊就可以自行架设（或拆卸），而无需其他的起重机辅助。

（5）内爬式塔吊如图 34-10 所示，是一种安装在建筑物内部电梯井或楼梯间里的塔吊，可以随施工进程逐步向上爬升，其使用高度要超出其自由站立的能力。

图 34-10　伦敦花旗集团大厦现场的内爬式塔吊
（由 Victor Buyck Hollandia 提供）

塔吊分几种类型，如铰接臂式塔吊、俯仰式塔吊（也称动臂式塔吊或鹅头式伸臂起重机）（luffing and saddle cranes）等，见图 34-11。制定施工组织计划前一定要

详细咨询相关的起重机制造商或设备租赁商，以便选到最合适的起重机。

图 34-11　伦敦花旗集团大厦施工现场的塔吊
（由 Victor Buyck Hollandia 提供）

34.7.2.4　堆料场的起重设备

堆料场起重机的工作强度一般很大。因为每批货物先后要搬运两次，而且可用的起重机往往数量非常有限。因此，必须精心挑选和配置备料场起重机，以确保最大的生产效率。

34.7.3　其他解决方案

如果没有合适的起重机，或者在建筑物周边或内部没有合适的工作场地布置起重机，就必须考虑给常规的起重机加装特殊的固定装置，或者用特种的提升设备来完成起重机的工作，借助施工中的结构来支承起重机。无论是哪种情况，至关重要的是要加强设计人员、安装人员及管理团队之间的通力协作，反之，可能就会出现问题。一旦决定采用特种的提升设备，就意味着需要制定和实施新的施工方案。其中最重要的是要充分考虑先组装较大和较重部件的可能性，以减少高空作业的工时。使用特种提升设备的主要缺点是所用的设备往往都是特制的，很难再用于其他的场合。因此，特种设备的全部费用就应计入初次采用该设备的这一项工程中。

34.7.4　塔吊布置

在制定施工方案时应确定所需起重机的类型、规格和数量，并为每台起重机指定工作地点和覆盖范围。然后将这些工作区域协同布置到总平面图中，可以保证每台塔吊与邻近的塔吊不发生干扰，同时又能保证每台塔吊具有安全、足够的地基承载力（如图34-12所示）。该总平面布置图就是施工组织设计的基础。

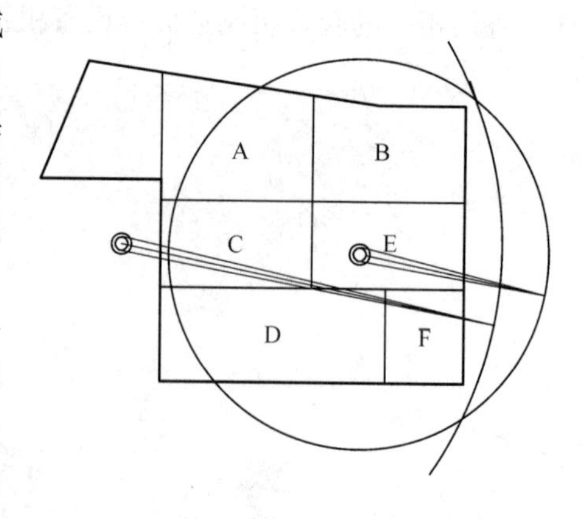

图34-12 典型的塔吊布置

在进行吊车工时计划时，应考虑的一个主要因素是确保吊车通道的畅通，且对所需要搬运构（部）件的数量和尺寸来说都是没有问题的。在开发大片的绿色地块❶时，材料和构件常常要沿着普通的公共道路搬运，而这些道路同时也供其他的承包商使用，并且还可能会有载重梁和尺寸的限制。对于市区中的施工现场，通道有可能只是一条狭窄的单行道，且容易发生交通堵塞。

34.7.5 起重机的安全使用

在英国法定条例（*UK Statutory Regulations*）中已经对起重机的安全使用问题有所规定，这些规定不仅对起重机安全行驶和安全运行提出了要求，而且对起重机和其他起重设备给出了一整套测试要求。管理部门应负责保证运到现场的设备具备完成指定吊装任务的能力，并且在整个项目实施过程中都处于较好的工作状态。吊环和吊索具必须有相应的检验合格证，证书上必须标明最近一次检验合格的时间。起重机在现场装配好以后，必须先进行超载测试，其目的是为了确保卷扬机的能力、起重机结构的整体性和抗倾覆性能满足要求。

虽然可能对起重机已经进行了测试，并且已经安全地在多个地方使用，其在一个特定施工场地上的安全性主要取决于在吊车轨道或支腿下具有足够的地基承载力。同样重要的是应将起重机设置在平地上，因为如果地面不平，就很容易由于起重臂直接或者侧扭而发生过载事故。

34.7.6 吊具和起吊

无论是在运输途中，还是在堆料场堆放时，都应将钢结构构件放置在垫木上。垫木应有足够的强度来支承它们上面构件重量，并有足够的厚度以保证吊索能从构件之间穿过。

当仅仅为了运送构件而起吊时，一般应水平悬吊构件。在起吊前必须有必要对构

❶ 绿色地块一般指不能用于开发和建造的、覆盖有绿色植物的土地（译者注）。

件的重心位置进行估计。很容易估计一根简单梁的重心，但对一个复杂构件来说，估计重心往往比较困难。一开始应该非常缓慢地起吊，以便检查构件的状态是否正常，以及吊具的绑扎是否恰当，见图34-13。

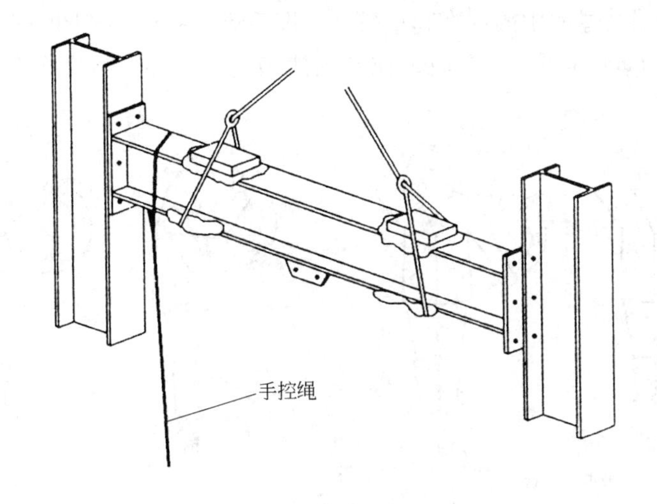

图34-13　典型的钢结构构件吊索

大多数钢结构构件在运抵施工现场之前都已经完成了部分或全部的表面涂装工作。由于起吊和搬运操作不可避免地会对构件的表面涂层造成一定的损坏，所以施工时应采取措施减轻损坏。另外，吊运过程中还应采取适当措施确保构件不会滑脱，并确保吊具（钢丝绳或铁链）本身不会损坏，因为吊具在钢结构构件的边角部位会产生急剧的弯折。所以在这些部位应设置软质垫木。

如果所吊运构件的最终不是安装在水平位置，则更有必要使用防滑垫块。吊装时应力求做到构件的起吊时与其最终就位时的姿态相同。在构件的吊运过程中，通常会通过一条系在构件一端的手拉绳索来进行控制。这根绳索只是用来控制构件在风中摆动，而不是将构件拉成水平。应尽可能地采用非金属材质的绳索，与钢丝绳和链索相比，绳索会减小对构件表面涂层的破坏和滑脱的可能性。

在某些极端情况下，可能需要用两台吊车抬吊构件。对于这种情况，技术人员应事先在施工工艺中加以说明，以免出现现场吊车不够或者缺少相应应急措施的情况。

如前所述，吊装时既要考虑从地面水平位置起吊的大型组装件（如屋面桁架）的刚度，也要考虑采用特制的夹具吊装大型组件（这些夹具的位置相当于主体结构中构件连接的实际部位）。如果需要吊装大量相似的构件，则特制的夹具将会非常有用：可以既对组件起到加强作用，又可以与结构组件的刚接点连接起来，同时可使起吊的结构组件处以正确的姿态。当然，在选用起重机时就应该考虑这些夹具及加强件的重量。

有时在开始起吊后，一些临时的加强系统就会发挥作用，直至完成永久性的连接。对这种情况也应有所预见，并应准备足够的加强构件和提升设备，以避免由于吊装设备的短缺而造成不必要的施工瓶颈。

在吊运异形或重型构件时，如果在构件加工时已设置了相应的吊耳，则构件的吊挂和起吊会更加安全快捷。在构件吊挂稳当之前，最好先试吊一次。应在图纸上标出构件重心的准确位置。

图 34-14 为吊装过程中的标准起重吊装指挥手势的详细示意图。当吊装现场由一名起重信号工（banksman）负责时，他必须使用这些手势信号来指挥吊钩的移动操

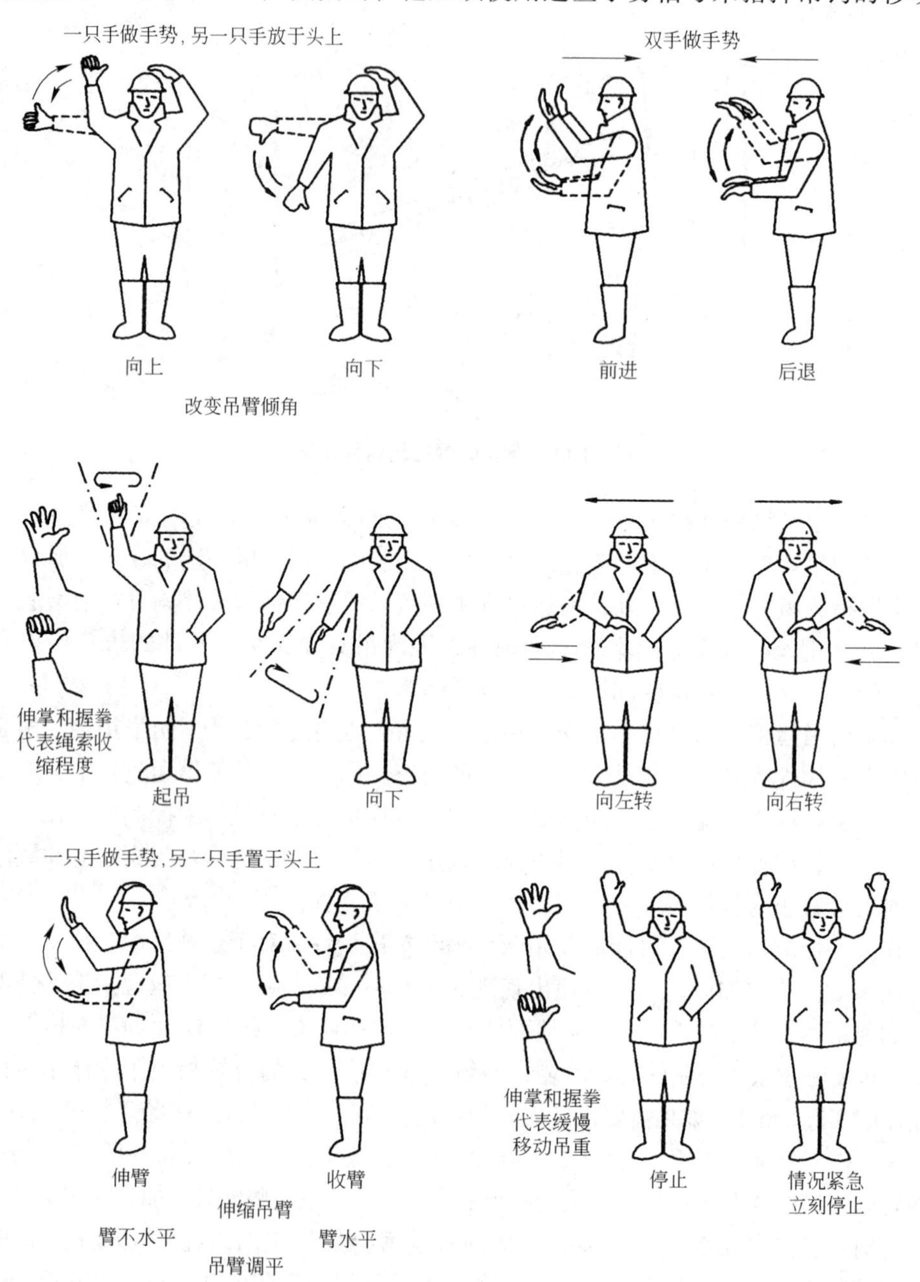

图 34-14　起重吊装指挥手势

作。如果直接指挥员的位置不在吊车司机的视线范围，则需要有一名起重信号工负责传递信号，地面上的工人和建筑物上负责卸货的工人必须使用同一套信号，以传达清楚的信息，这样才能确保起重机的安全工作。当吊车司机如果不能清楚地看到控制指令，还可能需要起重信号工到钢结构上面去进行指挥。

34.8 安全保障

钢结构安装时，其最主要的安全目标是：

（1）已安装的结构部分的稳定性；

（2）钢结构吊装单元在起吊和就位时，安全通行（safe access）和工作位置。

在结构安装过程中，出现的最严重的事故往往是在工作位置或者是前往工作位置途中，由高空坠落引起的。由于安装过程中结构丧失稳定，或者在材料搬运、吊运或者运输过程中也会引起其他严重事故。如果不能建立安全的安装顺序，或者通过有效的现场管理来确保安装顺序，就会引起不必要的风险并导致事故发生。本章第33.8节主要介绍钢结构的安全吊运和就位，在本章第33.9.1节和第33.9.2节中介绍了的吊装的安全通行问题和已安装的结构部分的稳定性。这些内容节选自BCSA的《多层建筑物施工规范》(Code of Practice for Erection of Multi-Storey Buildings)[9]。有关内容的详细解释，建议读者参考该规范的具体条文。

34.8.1 员工的安全保障

34.8.1.1 在施工期间的临时通道

钢结构承包商必须确保施工方案及与之相关的风险评估，能解决吊装的安全通行和工作位置的需求问题。安装永久或临时的爬梯系统能尽快地消除一些与临时通行相关的风险。

有相当一部分多层和高层结构，如果在钢结构上面不采用“跨梁式”（beam straddling）来移动或通过的话，要满足上述要求有时几乎是不可能的。如果可以采用下述方法时，应尽量避免采用跨梁式移动：

（1）使用有可伸缩式转动臂的移动式升降施工（操作）平台（MEWPs）（车载升降台），用于移动和进行吊装，这是一种首选方法，但它只能用在较低的楼层，最多20m，即大约在第一个柱拼接的位置。

（2）在某些情况下，有可能采用带小伸臂的移动式升降施工平台（MEWPs）或“伸缩臂式起重机”（spiders）用于移动和进行吊装：这些施工平台可以暂时放在结构上作为支撑构架，当高层建筑不断升高时，这些施工平台可以重新设置。在施工阶段，钢结构承包商必须安排一名工程师来对附加的作用荷载进行评估。

（3）在其他情况下，可以使用“伸缩臂式起重机”（spiders），另外也可以采用剪刀式升降施工（操作）平台（flying carpets），用于在楼板上移动和进行吊装，在最初进行楼板设计时，永久性设施的设计人员必须考虑这种施工荷载。

（4）在吊车上挂吊架或者采用“吊篮”。当没有吊车工时，或者无法安排吊车工的时候，这种方法的使用经常会受到限制。在高层建筑结构上面，吊篮的使用也经常受到风力条件的限制。

（5）在现场使用移动式升降施工平台或者吊篮时，承包商应确保该设施上的操作人员佩戴安全吊带或挂绳，并把它们挂在平台或者吊篮的安全挂钩上。需要指出的是，多数移动式升降施工（操作）平台的安全挂钩在设计时不考虑承受冲击荷载，因此挂绳只能起到防止坠落的作用。

（6）采用可移动式脚手架（MAT）：移动式脚手架必须具有适当的稳定性，而且只能用于坚实的基座上。只有在使用了适当的荷载扩散装置（或称“象脚”）的情况下，移动式脚手架才可以直接放置在金属楼承板上。如果脚手架有轮子，那么当有人在上面工作时，必须有安全措施防止滑动，而且脚手架只能在基座上移动。

（7）采用周边有保护的脚手架：对于钢结构安装这种方法已经基本不再使用了。但在某些特殊情况下，比如，采用从施工完成的楼板上悬挑出去的脚手架到达立面高处，或者需要工作平台进行后期现场焊接的部位，还是可以使用脚手架的。

（8）采用Spandek体系或者类似的金属楼承板平台：常用于有爬梯的多层建筑，楼承板平台可以起到楼梯平台的作用。可以将楼承板平台固定在钢结构上，随着施工进行，重新设置楼承板平台要比脚手架更加方便。

（9）采用爬梯作为到达钢结构工作位置的通道：当无法使用移动式升降施工平台和吊篮时，这是一种很常见的方法。爬梯要设置在合适的位置，固定牢固，端部要比支承钢结构高出1m左右。当需要使用爬梯的高度大于9m时，必须设置中间平台。当爬梯放置在金属楼承板上面时，要特别注意，因为钢板的表面摩擦系数很小，而且表面很难找到合适的固定位置或者支座。这时，使用爬梯时应该由另外一个工人在下面踩牢，或者设置一个防滑设施。

（10）采用爬梯作为工作位置：只有在完成时间少于30min的短时间工作并且允许使用者有至少三点的接触时，才允许这样做。只有梯子类型合适，长度、强度满足使用要求时，才能在梯子上进行操作。工作开始前，梯子顶部必须有效固定（如果顶部无法固定，则在所有工作时间内，梯脚必须有效固定，且梯子长度不得大于4.6米）。必须告知操作人员，在使用梯子到达工作位置时，开始工作以前，必须立刻爬到钢结构上一个合适的安全挂钩处。

34.8.1.2　跨梁式（Beam straddling）

当除了使用钢结构本身且没有其他可行的通道或到达工作位置的手段时，钢结构承包商可以使用跨梁式移动方法。必须提交特种专项施工方案（A Task Specific Method Statement），其内容包括：高空梁上作业方式，梁上跨坐移动的方法（在任何情况下，都不允许操作人员“在梁的上翼缘上走动”，只允许采用梁上跨坐移动的方法通

过梁，即：工人坐在上翼缘，两脚踩在下翼缘上，双手抓紧上翼缘，进行移动），在梁上移动时要使用防坠落安全网，并且操作人员在工作时要系上安全带。

34.8.1.3　禁区和安全通道

钢结构承包商应采取措施，确保无关人员不得进入正在进行钢结构吊装的危险区域。在合理可行的情况下，应该由总承包将危险区域划为禁入区域，除钢结构吊装施工人员外不得进入。

对于多高层建筑，在建筑物的规划平面上单独指定一块区域作为禁入区常常是不切实际的。那么，可以考虑沿建筑物的高度方向设立附加隔离区。如果有足够多的楼层可以在上部楼层吊装和下部楼层进行后续工序之间起到安全屏障的作用，那么就可以采用这种方法划分。至于较小型的坠物，通过预留两层结构安装完成的金属楼承板楼面（称为“防冲撞楼板”）进行保护，交错的施工顺序可以保证后续工序的进行。全混凝土楼板可以用来作为“防冲撞楼板”，并且可以允许移动式升降施工平台在楼板上进行工作。

34.8.1.4　坠落的预防和阻止

高空坠落是钢结构承包商必须关注的最危险的现场危害。如果人员从高空坠落，产生的撞击会产生严重的甚至致命的伤害。减少高空坠落风险的唯一有效的措施是采用坠落防护进行风险控制。防护可以采用以下措施：

（1）坠落预防（Fall prevention）——防止施工人员进入可能产生坠落的区域，例如，使用防护栏、挡板和周边防护措施。

（2）坠落限制（Fall restraint）——限制施工人员走得太远而可能发生坠落，比如，使用与钢丝绳连在一起的防坠落安全带。在钢结构施工中使用的名词“坠落限制”是 HSE（健康与安全执行局）术语中“工作限制”中的一种特定的应用。

（3）坠落终止（Fall arrest）——在施工人员发生坠落时，可以把坠落“终止”在一个规定的范围内。例如，使用安全网或者使用与安全挂钩连在一起终止坠落安全带。

有关细节，在 BCSA 的《多层建筑物施工规范》[9] 中有更详细的规定。

34.8.2　结构安全

34.8.2.1　支撑体系

在施工开始前，钢结构承包商必须确保主管结构工程师已经对施工方案中的施工顺序进行了审核，该工程师对在永久性结构中保证结构稳定的手段应有充分的了解。工程师还需要决定的必须采用临时支撑的范围，并按临时荷载工况对支撑进行设计。

关于如何确定永久支撑和临时支撑抵御风荷载的能力及安装中柱垂直度出现偏差的影响，BCSA 的《大风条件下的钢结构安装指南》(Guide to Steel Erection in Windy Conditions)[10] 给出了相关的建议，用来评估在所考虑风荷载作用下的永久或临时支撑的承载能力，以及在安装过程中柱子不垂直所产生的影响。当多层结构建成后，其风荷载对结构稳定性的影响尤其明显。在永久性结构中应设计抗侧力体系，可以将风荷载传递到基础。通常抗侧力体系将楼板作为水平隔板，把风荷载传到垂直支撑体系中。钢或者混凝土的楼梯间/电梯井筒往往用作抗侧力体系。对于楼板是否具有作为水平隔板的能力，需要仔细地加以评估，例如，在预制楼板铺好后，可能不会立即灌浆饱满，因此有可能会有一些不利的变形。在这种情况下，有必要设置临时的平面支撑体系或者增加几个开间的垂直支撑。

如果抗侧力体系是混凝土核心筒，在开始安装钢结构前，核心筒的施工需要达到必要的层数。问题的关键是确保尽快完成钢结构和混凝土之间的连接节点，使得核心筒能够承受已安装完成钢结构上的风荷载。如果最后的节点连接要采用现场焊接，可以在钢结构对齐调直前先设置一个“临时固定设施”。

如果抗侧力体系是垂直钢支撑，支撑安装只能与主体钢结构安装同步进行。问题的关键是确保尽快安装支撑，使得支撑能够承受已安装钢结构上的风荷载。这就是说，应该先安装垂直钢支撑核心区内的钢结构，这样它才能形成一个稳定的“筒”，为后续的安装工作提供侧向支承。需要所形成的稳定筒在两个正交的主轴方向提供抗侧力支承，但是如果垂直支撑开间分布在建筑物的周边而不是设置在核心区域时，就很难形成一个稳定的“筒”。这时，在永久性结构完成以前，另外需要设置临时的垂直或者水平支撑。

在采用永久性水平支撑时，通常楼盖会是预制混凝土楼板或者金属楼承板上浇筑混凝土。然而，在铺设混凝土楼板或者固定金属楼承板前，作用在梁柱上的风压力可以直接在已形成框架体系的构件之间传递。因此，问题往往出现在那些在两个方向都未形成框架的构件上，如框架柱的安装。如果需要使用临时支撑或者临时固定措施，则需要将这些临时固定措施一直保留至永久性结构全部完成为止，比如楼板混凝土浇筑完成，以确保框架稳定并避免在施工荷载作用下产生变形。

34.8.2.2　柱子的临时稳定性

在结构部分安装完成的条件下，钢结构承包商必须确保柱子在受风荷载作用时，以及柱子在未经垂直度调整时处于稳定状态。除非在施工方案中得到明确的允许，在一个工作班次内，需要在两个方向对柱子形成可靠拉结，且在此期间要对风载进行监控。也就是说，一根单独的“旗杆”式柱的稳定性可能会受其初始垂直度偏差的影响比较大，而且：

(1) 采用柱底起吊时，把柱子底板尺寸设计得足够大，使柱子能在用拉索拉结前，可以自行站稳；

(2) 柱子分段拼接时，有足够的设计措施保证，使柱子上段能在用拉索拉结前，

可以安全地进行吊装。

应该根据以下三个要求来确定拼接位置：

（1）确保吊装过程中的稳定性，宜采取较长的分段和较少的接头。通常可以每三层分一段。

（2）为了保证与梁连接，常常把柱子的分段长度限制在两层。这取决于安装梁是自下而上还是自上而下，是使用移动式升降施工平台还是使用爬梯，因为最长的梯子为9m，而高空设置的升降平台常常太小，无法超过两层的高度。

（3）为了方便在接头位置上紧螺栓，拼接接头的确切位置一般应设在楼面建筑标高以上1100mm处（即在金属楼承板以上约1300mm处）。

34.8.2.3　典型的安装顺序

遵循以下施工顺序，钢结构承包商通常就可以保证在吊装过程中结构的稳定性：

（1）安装工作应该始终从带支撑开间开始（或者是从一个合适的结构核心筒区开始）。

（2）应该安装一个钢结构施工段内的所有楼层构件（最大到一个柱子拼接段——通常为两到三层）和支撑，确保结构在两个方向都有支撑（使用永久支撑，若有必要应设置临时支撑）。

（3）在继续进行框架安装之前，应该对第一个施工段内的钢结构进行对齐、找平、垂直度校正并拧紧螺栓，以确保形成一个起到“稳定筒”作用的刚性结构。

（4）然后，应该安装整个结构区域内的其余部分的钢结构（安装一个柱子拼接段）。进行对齐、找平、垂直度校正并拧紧螺栓。

（5）完成以上安装工作后，在进行下一阶段施工之前，应进行柱底灌浆。

（6）确保已经安装所有的永久支撑和临时支撑。

（7）安装下一个水平的钢结构施工段，其安装顺序同前。

如果多层建筑的平面面积很大并且有多个核心区域时，则有可能在竖向分开的几个施工段上同时施工，特别是当这些施工段之间有伸缩缝时。安装工作可以采取“循环流水”作业，其他工种（如楼承板铺设、浇筑混凝土），可以按顺序循环进行施工。这种施工作业方法需要在各工序之间设置附加的保护措施。

34.8.2.4　临时支承结构和临时设施

虽然在结构设计时已经花费了很大的精力和时间，但是，对于在施工期间对于主体结构施工必不可少的临时设施，仍需予以特别地关注。从有记载的、由于在临时支承结构出现初始失效后引起垮塌事故的数量上就可说明，对此人们并没有引起足够的重视。比如，设计一个临时支承结构只是用来承担竖向荷载，而实际上，临时支承结构要承受由于温度变化和风荷载作用所可能产生的变形，因此要考虑相当大的附加水平荷载。

对基础要予以充分的重视。栈桥基础的沉降会在很大程度上影响其上部结构的应力分布。由于短暂作用荷载所引起的起重机支腿的下陷，就会导致起重机发生侧翻。BS 5975《脚手架施工规范》（Code of Practice for falsework）[11]（包括了所有的临时性设施、支架、拉索，以及与土方工程有关的临时设施）中介绍了多种类型的脚手架，应仔细阅读并参照执行。也应在沟通、协作和监督方面给予足够的重视，因为在这些方面出现问题都会导致脚手架出现垮塌。

34.9 事故

显然，在钢结构安装工作中所涉及的所有目标是在无事故、无伤害的情况下完成安装工作。按照本章所给出的指导原则及所引述的文件，可以大大降低安全风险。但是，钢结构承包商应该确保安全事故的记录和上报有明确的程序，这样才能保证紧急抢救、人员救护和补救措施有序进行。参考文献［9］给出了详细的指导。

在钢结构现场安装方面有许多相关规程，最重要的有：

(1)《施工(设计与管理)规程》(Construction(Design & Management) Regulations)(CDM)

(2)《施工(头部保护)规程》(Construction(Head Protection) Regulations)

(3)《施工(健康、安全及卫生)规程》(Construction(Health, Safety & Welfare) Regulations)(CHSW)

(4)《危害健康物质的控制规程》(Control of Substances Hazardous to Health Regulations)(COSHH)

(5)《施工振动的控制规程》(Control of Vibration at Work Regulations)

(6)《施工用电控制规程》(Electricity at Work Regulations)

(7)《健康与安全(紧救)规程》(Health and Safety(First Aid) Regulations)

(8)《起重操作与起重设备规程 1998》(Lifting Operations and Lifting Equipment Regulations 1998)

(9)《高易燃性液体与液化石油气管控规程》(Highly Flammable Liquids and Liquefied Petroleum Gases Regulations)

(10)《起重操作与起重设备规定》(Lifting Operations and Lifting Equipment Regulations)(LOLER)

(11)《施工中健康与安全管理规程》(Management of Health & Safety at Work Regulations)(MHSW)

(12)《人工搬运操作规程》(Manual Handling Operations Regulations)

(13)《施工噪声控制规程》(Noise at Work Regulations)

(14)《施工个人防护设备规程》(Personal Protective Equipment at Work Regulations)(PPE)

(15)《施工设备的准备及使用规程》(Provision and Use of Work Equipment Regulations)(PUWER)

(16)《伤害、疾病及危险事件的报告规程》(Reporting of Injuries, Diseases and Dangerous Occurrences Regulations)(RIDDOR)

(17)《工作场所(健康,安全及卫生)规程》(Workplace(Health, Safety & Welfare) Regulations)

(18)《高空施工规程》(Work at Height Regulations)

上述规程大部分都可以在 http://www.hse.gov.uk/或 http://www.opsi.gov.uk/网站上找到。

参考文献

[1] The Construction(Design & Management) Regulations 2007.

[2] British Constructional Steelwork Association (2004) *BCSA Code of Practice for Erection of Low Rise Buildings*, BCSA Publication No. 36/04, London, BCSA.

[3] British Constructional SteelworkAssociation(1999) *BCSA Guidance Notes on the Safer Erection of Steel-Framed Buildings*, Publication No. 11/99, London, BCSA.

[4] British Standards Institution(2008) *BS EN* 1090 *Execution of steel structures and aluminium structures Part* 2: *Technical requirements for the execution of steel structures*. London, BSI.

[5] British Constructional Steelwork Association(2010) *National Structural Steelwork Specification for Building Construction*, 5th edition(CE Marking Version) BCSA Publication No. 52/10. London, BCSA/SCI.

[6] British Standards Institution(1990) *BS* 5964 *Building setting out and measurements. Part* 3: *Methods of measuring, planning and organisation and acceptance criteria. Part* 2: *Measuring stations and targets. Part* 3: *Check-lists for the procure-ment of surveys and measurement surveys*. London, BSI.

[7] CIMSteel(1997) *Design for Construction*. © 2012 Steel Construction Institute.

[8] British Constructional Steelwork Association(2004) *BCSA Code of Practice for Metal Decking and Stud Welding*, Publication No. 37/04, London, BCSA.

[9] British Constructional Steelwork Association(2006) *BCSA Code of Practice for Erection of Multi-Storey Buildings*, BCSA Publication No. 42/06, London, BCSA.

[10] British Constructional Steelwork Association(2005) *BCSA Guide to Steel Erection in Windy Conditions*, BCSA Publication No. 39/05, London, BCSA.

[11] British Standards Institution(2008) *BS* 5975 *Code of practice for temporary works procedures and the permissible stress design of falsework*. London, BSI.

拓展与延伸阅读

1. British Standards Institution (2002) BS EN 1263 Safety nets. Part 1: Safety require-ments, test methods. London, BSI.

2. British Standards Institution(2002) BS EN 1263 Safety nets. Part 2: Safety require-ments for the positioning

limits. London, BSI.

3. British Standards Institution(2003) BS EN 12811-1 Temporary works equipment.
4. Scaffolds. Performance requirements and general design. London, BSI.
5. British Standards Institution(1990) BS 5974 Code of practice for temporarily installed suspended scaffolds and access equipment. London, BSI.
6. British Standards Institution (2006) BS 7121 Code of practice for safe use of cranes. Part 1: General. London, BSI.

35 防火保护和防火工程*

Fire Protection and Fire Engineering

IAN SIMMS

35.1 引言

在设计的初始阶段就考虑到建筑物的防火问题，可以大幅度减少后期的防火成本。但是也没有必要为满足防火要求而限制建筑师的创意和灵感。随着多种多样的防火措施出现，已能满足不同层次的防火需要。

被动的结构抗火只是防火工程中很小的一个组成部分。另外还有很多主动防火措施，如报警系统、烟气控制系统和自动喷水灭火系统，可以更有效地保证火灾下建筑物的安全，减少火灾损失。

随着温度的升高，几乎所有建筑材料的强度都会降低。因此火灾下受火构件的承载力随着温度的升高逐渐降低，并最终失去承载能力。结构抗火工程的目的是确定构件失效的温度或受火时间，并提供必要的解决方案来延长结构的耐火时间，或保证结构在合理时间内仍具有一定的承载力而不发生倒塌。

在进行结构抗火设计前，设计人员需首先确定构件温度随时间的变化，以及不同温度下构件的承载力。前者还需要设计人员进行火灾场景模拟，以确定结构构件所处的环境温度。这三个部分构成了结构防火工程的基本内容。

35.2 建筑法规

在英国，建筑物必须符合建筑法规的要求。在火灾安全方面，建筑法规主要保护人员的生命安全。

例如，英格兰和威尔士的相关法律条文[1]如下：

（1）建筑物的设计和建造，要有恰当的火灾早期预警和安全疏散路线。要随时保证从建筑物内部到室外的疏散路线安全畅通。

（2）要防止建筑物内部的火势蔓延。内墙表面装饰材料需避免火灾在其表面蔓

* 本章译者：李国强。

延；如果表面装饰材料发生燃烧，必须具有较低的热释放率。

（3）建筑物的设计和建造，要保证火灾发生后的合理时间内仍保持稳定。

（4）建筑物外墙的高度、用途和位置要防止火灾在建筑物之间蔓延[2]。

（5）建筑物的设计和建造，需提供必要设备满足消防人员救生需要。

英国政府第二号文件——批准文件 B（*A second document-Approved Document B*）（ADB）[3]，提供了满足“法定文件”（*the Statutory Instrument*（*SI*））的具体措施。对于大多数的建筑物而言，按 ADB 的建议即可做出经济合理的防火解决方案。然而，对于具备特定功能或审美要求的建筑，则需要进行高等防火工程分析。

苏格兰[4]和北爱尔兰[5]的《技术标准》（*Technical Standard*）[6]和《技术手册 E》（*Technical Booklet E*）[7]也给出了类似的防火解决方案。

ADB[3]给出了构件的抗火要求。根据建筑用途和高度，构件有不同的耐火时间，分别为 30min、60min、90min 或 120min。ADB 给出的耐火时间是构件在标准火灾下的耐火时间，可据此方便地对结构构件进行分级。但它与实际火灾场景中的构件受力性能无关，也不代表火灾下可供人员疏散的时间。

根据 ADB 的规定，并非所有结构构件都是结构的组成部分，如支撑屋盖的构件。因此，火灾下对空间分隔无要求时，单层建筑的外墙不需要采取防火措施。

35.3 防火工程设计规范

35.3.1 简介

欧洲规范为防火工程提供了一种全新的基于计算的抗火解决方案。

欧洲规范 1990[8]规定，防火设计应综合考虑火灾的发展、构件传热和结构受力等因素。可以通过结构整体分析、子结构分析或构件分析来确定结构承载力，还可以采用表格形式的数据及试验结果。

在确定火灾下结构的受力性能时，应考虑相应的火灾下的荷载组合及火灾温度作用。欧洲规范 BS EN 1990[8]给出了火灾下的荷载效应组合；欧洲规范 BS EN 1991-1-2[9]提出可以采用名义火灾曲线或火灾场景模拟计算火灾升温。

应根据相应材料的设计规范（BS EN 1992 至 BS EN 1996）中给出的高温条件下的材料热分析模型和结构模型，来评估火灾条件下的结构性状。在给定具体材料和分析方法的情况下，可基于温度沿构件的截面或长度方向均匀或非均匀分布的假定来建立热分析模型。结构模型可以局限于分析单个构件，也可考虑构件间的相互影响，但构件的力学特性模型应该是非线性的。

对于每一种结构材料，欧洲规范都包含了抗火工程设计的部分。在 BS EN 1993-1-2[10]和 BS EN 1994-1-2[11]中，分别给出了钢结构和钢-混凝土组合构件的抗火计算方法。

BS EN 1994 和 BS EN 1993 规定，结构构件的抗火性能可以按照耐火时间、临界温度或高温下构件承载力三个方面来进行评定。在大多数实际情况下，使用临界温度

来描述构件的抗火性能是最为方便的。因为对于有防火保护层或无防火保护层的钢构件，其临界温度与时间无关，通常可以避免计算构件中温度随时间的变化，从而简化了计算。当然，对于外包混凝土构件，需要使用热分析工具计算其横截面上的温度分布，欧洲规范中并没有提供此类热分析工具。

35.3.2 火灾温度

BS EN 1991-1-2[9]给出的名义火灾温度曲线是最简单的热作用形式。在建筑结构的抗火分析中，通常采用标准火灾温度曲线（standard temperature-time curve）。名义火灾温度曲线不一定能反映结构所经历的真实火灾场景，但提供了简单的方法，对结构构件进行分类以及对《建筑法规》(*Building Regulations*）中的抗火要求进行分级。关于名义火灾升温曲线的更多详细内容可参见“走进钢结构”（Access Steel)[12]网站中的介绍。

BS EN 1991-1-1 还提供了对局部的和全燃火灾的简化模型，可以通过对防火分区温度的模拟来确定火灾的热作用。该模型考虑了火灾荷载的大小、防火分区边界的热性能、防火分区的几何尺寸、火灾蔓延的速率及房间通风情况等。采用简化的火灾模型不是十分简单明了，因为在设计阶段，可能一些模拟火灾所需要的数据有不确定性，并且在选择设计火灾之前需要考虑各种可能的火灾场景。在 Access Steel[13]中给出了对于全燃火采用BS EN 1991-1-2[9]模型的计算实例。在 BS EN 1991-1-2[16]的英国国别附录中，不同意使用 EN 1991-1-2[9]附录 C 给出的局部火灾分析模型，而是建议使用一种烟羽模型（plume model）来予以替代。

35.3.3 热分析

BS EN 1993-1-2[10]和 BS EN 1994-1-2[11]提供了对有防火保护层或无防火保护层的钢构件进行热分析的简化方法。但对有保护层的构件进行分析的可靠性受到防火保护材料的热学性能数据有效性的限制。在英国，防火材料制造商对其防火材料产品提供了较完整的数据，可以根据临界温度的不同，来确定防火保护层的厚度，因此通常没有必要采用规范的方法进行计算。

对于无防火保护层的构件升温规律的计算方法很可能更有实用价值，并且无防火保护层的钢构件的升温规律经过了多种火灾场景的验证。

对于无防火保护层[14]和有防火保护层的构件[15]，在 Access Steel 的两项参考资料中以图表形式给出了欧洲规范中的热传导公式。

构件的热传导分析也可采用先进的分析模型进行，这部分内容将在本章第 35.6 节中进行讨论。

35.3.4 荷载组合

火灾是一种偶然设计工况，并且可以作为检查构件是否保留其临界承载力的一种极限状态。BS EN 1990 给出了火灾条件下的荷载作用组合为：

$$E_{d,fi} = G_{k,j} + \psi_{1,1}Q_{k,1} + \sum_{i>1}\psi_{2,1}Q_{k,i}$$

式中 $\psi_{1,1}$——主要可变荷载的频遇值组合系数；

$\psi_{2,1}$——主要可变荷载的准永久值组合系数。

在上式中，主要可变荷载组合系数 $\psi_{1,1}$ 或 $\psi_{2,1}$ 的选用要根据成员国国别确定参数（nationally determined parameter（NDP）），BS EN 1991-1-2[16] 的英国国别附录规定，在英国应采用频遇值组合系数 $\psi_{1,1}$。

为了简化上式，BS EN 1991-1-2 第 4. 3. 2(2) 条规定，火灾条件下的荷载效应可通过对常温下荷载效应的设计值进行折减来确定：

$$E_{d,fi,t} = \eta_{fi}E_d$$

式中 η_{fi}——火灾条件下荷载效应折减系数；

E_d——常温下的荷载效应设计值。

折减系数与常温下设计所采用的荷载效应组合有关。当采用 BS EN 1990 式（6. 10）规定的荷载组合进行常温下设计时，折减系数 η_{fi} 可表示为：

$$\eta_{fi} = \frac{G_k + \psi_{1,1}Q_{k,1}}{\gamma_G G_k + \gamma_{Q,i}Q_{k,i}}$$

另外，η_{fi} 也同作用于结构构件的永久荷载与可变荷载的比值有关，并且同建筑用途相关的组合系数 $\psi_{1,1}$ 有关，见图 35-1。

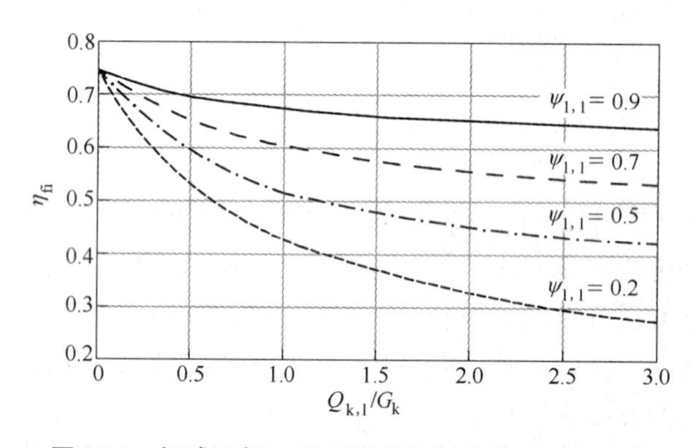

图 35-1 折减系数 η_{fi} 随活荷载与恒荷载比值的变化

为方便用图表表示，BS EN 1991-1-2 的式（4. 3. 3(1)）还规定了火灾条件下结构构件的荷载比为：

$$E_{d,fi,t} = \eta_{fi,t}R_d$$

式中 R_d——常温下构件承载力设计值；

$\eta_{fi,t}$——火灾条件下作用于结构构件的永久荷载与可变荷载的比值。

35. 3. 5 结构抗火试验

在两端简支的独立结构构件上进行抗火试验，目的是确定建筑构件的防火等级。

BS EN 1363-1[17]规定了抗火试验的一般要求。

结构抗火试验按标准火灾升温曲线进行。建筑构件需满足以下三个性能指标：

（1）承载力 R；

（2）完整性 E；

（3）绝热性 I。

对于梁、柱一类的结构构件，只需以其承载力来评估构件的抗火性能。对于分隔构件，如组合楼板，则三个性能指标均需满足。在 BS EN 1365[18]的各相应条款中，给出了具体结构构件的抗火试验方法。

BS EN 1365 规定了抗火试验结果对于每一种结构构件的适用范围。这被称为“直接应用”法（Direct Application），对于试件与实际结构构件之间的差别有严格的规定。

当然，也可以采用“扩展应用”法（Extended Application），该方法通过专家评估，就可以使所获得的抗火试验结果在更大的范围内应用。这个过程需要采用热传导和结构分析模型，这些模型需要经过抗火试验结果的校验。如果模型与抗火试验结果有足够的一致性，就可以用这个模型来得出对应于一系列荷载的抗火设计数据以及耐火极限，从而扩展“直接应用”法的适用范围。

抗火试验的扩展应用成为采用图表设计许多结构构（部）件产品的基础，如钢-混凝土组合楼板、“深肋组合楼盖”和钢管混凝土构件等。

35.4 火灾下的结构性能

35.4.1 材料特性

为了使用结构模型和热模型对结构抗火性能进行评估，需要确定钢材、混凝土和钢筋的力学性能和热性能参数 BS EN 1993-1-2 给出了钢材在高温下的材料性能，BS EN 1994-1-2 则给出了混凝土和钢筋相关数据。

35.4.1.1 钢材和混凝土的力学性能

BS EN 1993-1-2 给出的温度范围为 20 ~ 1200℃，适用于抗火设计的钢材力学性能和热参数。对于一个 2% 的弹性极限应变（proof strain），钢材屈服强度随温度升高而下降。图 35-2 所示为钢材屈服强度和弹性模量（即线弹性范围的斜率）随温度的变化关系。需要指出的是在高温下钢筋与钢材的力学性能是不同的。

BS EN1994-1-2 给出了组合结构中混凝土和钢筋在高温下的力学性能和热性能数据，如图 35-3[11]所示。

35.4.1.2 钢材和混凝土的热学性能

对于结构抗火设计而言，需要考虑的材料的主要热性能参数，包括热膨胀系数、

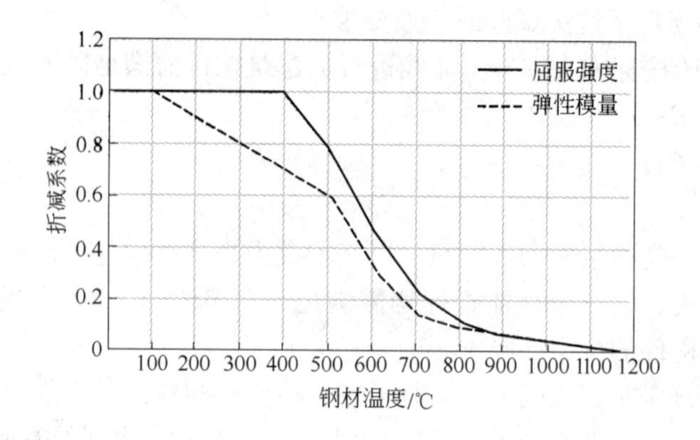

图 35-2 钢材力学性能随温度的变化（BS EN 1993-1-2）

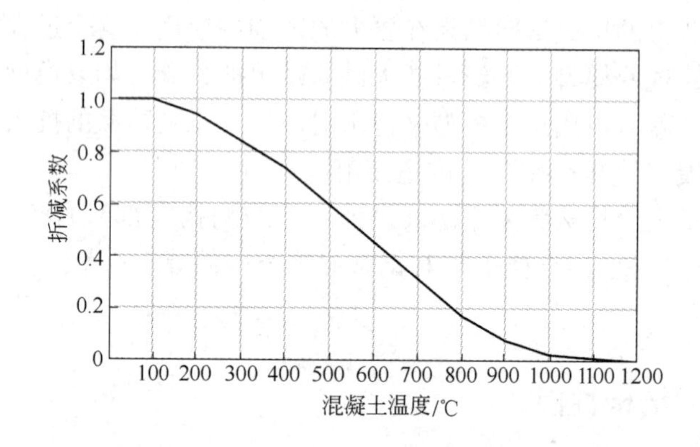

图 35-3 普通混凝土强度随温度的变化（BS EN 1994-1-2）

质量热容和热传导系数。

大多数材料的热性能有所不同，取决于量测时的温度。对于结构用材料，欧洲规范给出了与温度相关的材料性能参数。但是当采用简化模型时，常常忽略材料性能参数随温度的变化，而不会对计算结果产生很大的影响。

对于结构用钢材和钢筋，当采用简化分析模型时，建议使用下列参数：

线膨胀系数 $\alpha = 14 \times 10^{-6}$

质量热容 $c_a = 600\text{J}/(\text{kg} \cdot \text{K})$

导热系数 $\lambda_a = 45\text{W}/(\text{m} \cdot \text{K})$

混凝土的热性能与钢材相比会有更大的差异，并且与使用的骨料种类有关。对于普通混凝土，欧洲规范给出了导热系数的上、下限，允许成员国在该范围内进行选取。在 BS EN 1994-1-2[19] 的英国国别附录中，约定取 BS EN 1994-1-2 建议值的上限。

在简化分析模型中，建议使用下列设计值：

线膨胀系数 $\alpha = 18 \times 10^{-6}$

质量热容 $c_a = 1000\text{J}/(\text{kg} \cdot \text{K})$

导热系数 $\lambda_a = 1.60\text{W}/(\text{m} \cdot \text{K})$

由于混凝土中的水分在温度超过100℃时对提高混凝土表观热容（apparent specific heat capacity）会产生影响。这是因为混凝土中的水分转化为汽需要吸收能量，并通常会导致混凝土的温度在100℃时将稳定几分钟。因此重要的是，在热分析中不要高估混凝土的含水率，否则可能会得到不合理的计算结果。BS EN 1994-1-2 建议，在分析中考虑的含水率不应超过混凝土体积的4%。

35.4.2　钢梁

火灾条件下钢梁的性能取决于钢梁所受荷载的大小以及在火灾中钢梁升温的快慢。大截面构件或者所受荷载比较小时，不采用防火保护也可能达到30min的耐火极限，但在大多数实际情况下，必须采用防火保护材料来控制构件的升温速率，以提供足够的抗火性能。为了确定所需的防火层厚度，必须首先确定构件的临界温度。BS EN 1993-1-2[20]的英国国别附录提供了一些常用结构布置下受弯时两端固定钢梁的临界温度数据，这些数据已列于表35-2中。

当永久荷载与可变荷载的比为0.6时，大多数无防火保护层的热轧英国通用梁构件（UKB）的耐火极限可达到15min。因此其应用实例就是，在开敞式停车场结构中采用无防火保护层的钢构件。在《无防火保护钢框架建筑》[20]（*Design of Steel framed buildings without applied fire protection*-P186）中，详细介绍了耐火极限为15min的无防火保护层的型钢构件。

对沿构件全长有侧向约束的第Ⅰ类、Ⅱ类和Ⅲ类截面型钢构件，高温下的抗弯承载力可按BS EN 1993-1-2的下列公式简单地进行计算：

$$M_{fi,t,Rd} = k_{y,\theta} M_{Rd} \gamma_{M,0} / \gamma_{M,fi}$$

式中　M_{Rd}——第Ⅰ类和第Ⅱ类截面构件在常温下的截面塑性抗弯承载力，或第Ⅲ类截面构件在常温下的截面弹性抗弯承载力；

$k_{y,\theta}$——温度为θ_a时钢材的屈服强度折减系数；

$\gamma_{M,fi}$——火灾条件下材料强度的分项系数。

根据该公式计算的钢梁抗弯承载力与温度变化的关系如图35-4所示。

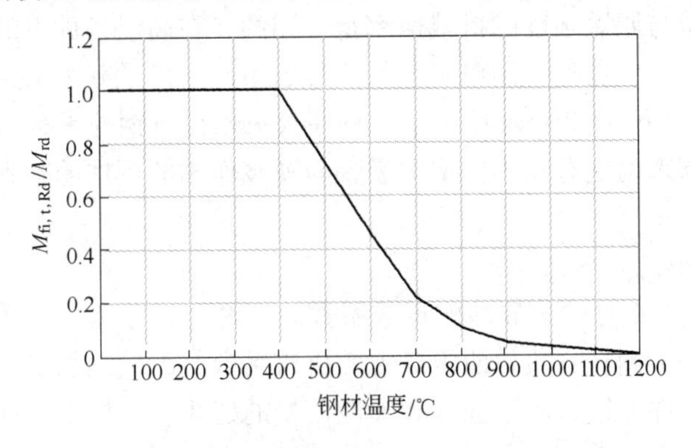

图35-4　侧向受约束钢梁抗弯承载力随温度变化

火灾条件下构件截面的分类与 BS EN 1993-1-1[22]给出的第Ⅰ类至第Ⅳ类截面划分规定相同，但引入了折减系数 ε，以考虑在升温环境下屈服强度和弹性模量之间关系的变化。ε 的真实值是随钢材的温度而改变的，但 BS EN 1993-1-2[22]给出了单一的折减系数值，如下式所示：

$$\varepsilon = 0.85[235/f_y]^{0.5}$$

式中　f_y——在常温下钢材的屈服强度。

支承混凝土楼板的钢梁具有一定的优势，混凝土楼板可以提供散热并且楼板对火灾还能起到部分屏蔽作用。这样就会导致温度分布不均匀，钢梁上翼缘的温度要低于截面的其他部分。BS EN 1993-1-2 给出了一个简单的计算方法，设计人员可以用这种方法来考虑温度的不均匀分布，而无须进行截面温度分布计算。

$$M_{fi,t,Rd} = M_{fi,\theta,Rd}/\kappa_1\kappa_2$$

式中　$M_{fi,\theta,Rd}$——均匀分布温度为 θ 时钢梁的抗弯承载力；

κ_1——考虑沿横截面方向温度不均匀分布时的修正系数；

κ_2——考虑沿长度方向温度不均匀分布时的修正系数。

简支梁的 κ_1 和 κ_2 值，见表 35-1。

表 35-1　简支钢梁抗弯承载力修正系数

受火条件	κ_1	κ_2
四面暴露钢梁	1.0	1.0
三面暴露，支承混凝土板的无防火保护层钢梁	0.7	1.0
三面暴露，支承混凝土板的有防火保护层钢梁	0.85	1.0

BS EN 1993-1-2 还给出了一个简化模型，用来计算火灾下侧向无约束钢梁的侧向扭转屈曲承载力。

35.4.3　柱

当计算钢柱的抗火性能时，必须考虑屈曲的影响。由于在火灾条件下随温度升高，钢材弹性模量与屈服强度的折减速率是不同的，在高温条件下的钢柱承载力，不能像受约束钢梁那样，通过采用单一系数从常温条件下的承载力来进行计算。

然而，BS EN 1993-1-2 仍然给出了一种在火灾条件下钢柱承载力的计算方法。可以用这个计算公式来确定有支撑框架中受轴向荷载作用的钢柱的临界温度随钢材温度的变化。

$$N_{b,fi,t,Rd} = \chi_{fi} A k_{y,\theta} f_y/\gamma_{M,fi}$$

式中　χ_{fi}——火灾下钢柱弯曲屈曲的折减系数。

火灾条件下用于钢柱弯曲屈曲承载力的折减系数与无量纲长细比有关，所进行的修正考虑了火灾条件下钢材屈服强度和弹性模量的变化，可按下式计算：

$$\lambda_\theta = \overline{\lambda}(k_{y,\theta}/k_{E,\theta})^{0.5}$$

通常，火灾条件下钢柱的计算长度可按常规设计进行计算。而对于在有支撑框架中的连续柱，BS EN 1993-1-2 规定中间楼层柱的计算长度可取实际长度的 0.5 倍，而顶层柱的计算长度则取实际长度的 0.7 倍。

图 35-5 所示为在有支撑框架中一根受轴向荷载作用的钢柱的承载力随温度的变化。临界温度随无量纲长细比和荷载比的变化见表 35-2。

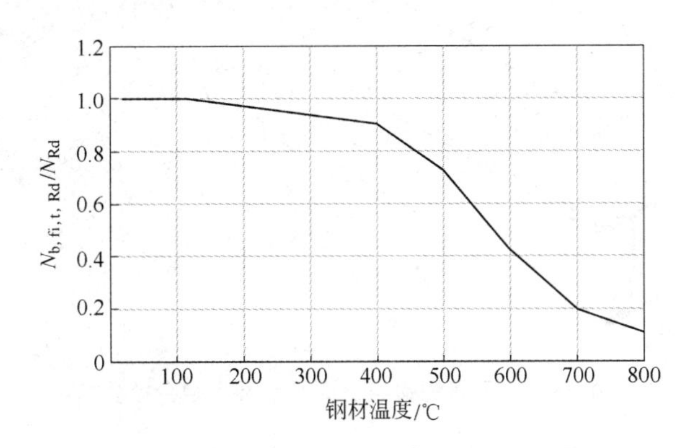

图 35-5　受压构件屈曲承载力随温度变化

表 35-2　BS EN 1993-1-2[20] 的英国国别附录给出的钢构件临界温度

构件类型		不同荷载比 μ_0 下的临界温度/℃					
		0.7	0.6	0.5	0.4	0.3	0.2
（1）受压构件							
无量纲长细比	$\lambda=0.4$	485	526	562	598	646	694
	$\lambda=0.6$	470	518	554	590	637	686
	$\lambda=0.8$	451	510	546	583	627	678
	$\lambda=1.0$	434	505	541	577	619	672
	$\lambda=1.2$	422	502	538	573	614	668
	$\lambda=1.4$	415	500	536	572	611	666
	$\lambda=1.6$	411	500	535	571	610	665
（2）支承混凝土板或组合楼板的有防火保护层钢梁		558	587	619	654	690	750
（3）支承混凝土板或组合楼板的无防火保护层钢梁		594	621	650	670	717	775
（4）钢梁或受拉构件		526	558	590	629	671	725

35.4.4　组合梁

在英国，绝大多数组合梁的形式是型钢梁置于混凝土组合楼板之下，其间采用抗剪连接件连接，如图 35-6 所示。无防火保护层组合梁的耐火极限与普通型钢相似，这种构造形式下，大多数英国通用梁（UKB）构件的耐火极限为 15min，但大截面尺寸型钢或承受荷载比较小的构件，其耐火极限可达到30min。

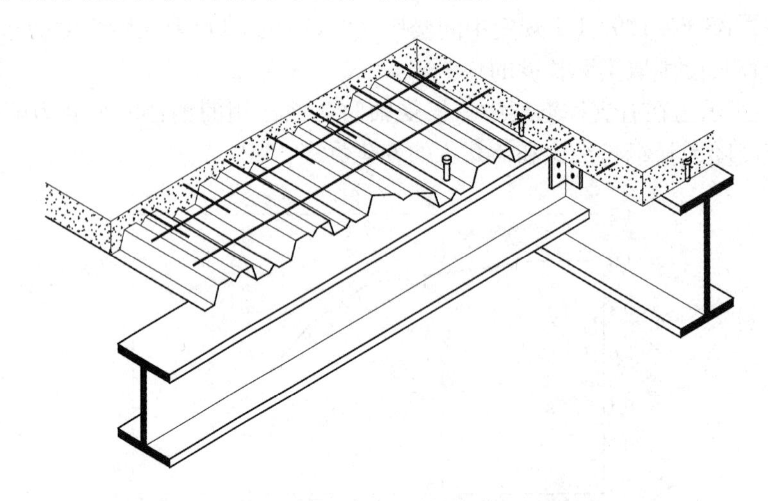

图 35-6 下置的钢组合梁和混凝土组合楼板

BS EN 1994-1-2 给出了钢-混凝土组合构件的抗火设计方法。对于钢梁置于混凝土组合楼板之下的组合梁，当型钢梁截面高度不大于500mm，其支承的混凝土楼板厚度不小于120mm时，规范给出了简化的临界温度计算方法。在火灾条件下，给定组合梁的荷载比，就可以通过以下公式对钢材屈服强度折减来计算其临界温度：

$R30 \quad 0.9\eta_{\mathrm{fi,t}} = f_{\mathrm{ay},\theta_{\mathrm{cr}}}/f_{\mathrm{ay}}$

$> R30 \quad 1.0\eta_{\mathrm{fi,t}} = f_{\mathrm{ay},\theta_{\mathrm{cr}}}/f_{\mathrm{ay}}$

BS EN 1994-1-2 还给出了火灾条件下组合钢梁抗弯承载力的计算方法。该方法是通过考虑钢材屈服强度的折减，采用与常温下计算钢梁截面塑性承载力相同的方法，来计算火灾条件下钢梁的截面塑性承载力。也可用 BS EN 1994-1-1 给出的公式，来计算钢梁和混凝土板之间的抗剪连接的承载力，并考虑高温下抗剪件和混凝土的强度降低。为了简化分析，BS EN 1994-1-2 假定抗剪件的温度设计值为钢梁上翼缘温度的80%，并且假定混凝土板的温度设计值为钢梁上翼缘温度的40%。

使用 BS EN 1994-1-2 的计算模型，得到组合梁临界温度的表格[23]，在表 35-3 中引用了这些临界温度数据，并给出了与常温下荷载比及抗剪连接程度的关系（详细的计算过程可参考本章后附的计算实例 1）。

表 35-3 组合梁的临界温度

构件类型			不同荷载比下的临界温度/℃					
			0.7	0.6	0.5	0.4	0.3	0.2
受弯组合梁	抗剪连接的程度/%	40	558	588	628	666	698	763
		60	556	586	619	655	691	752
		80	545	577	608	647	684	744
		100	536	567	598	639	679	738

BS EN 1994-1-2 中还包括了许多其他形式的全包覆或部分包覆混凝土的组合梁构造。图 35-7 所示为最常用的部分包覆混凝土组合梁形式之一。在英国这类组合梁的使用并不普遍，但其他欧洲国家应用较多，通常在无防火保护层时，其耐火极限可达到 60～120min。其缺点是降低施工速度，延长工期。把型钢包覆在混凝土中增大了构件的自重，增加了构件吊装难度[24]。

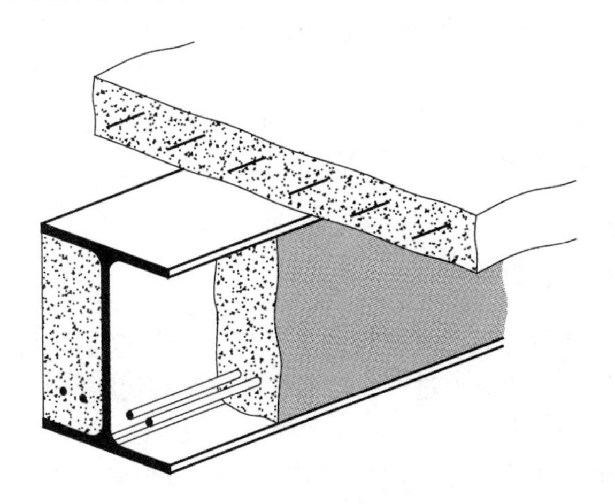

图 35-7 部分外包混凝土组合梁

35.4.5 集成梁

将钢梁集成在楼板内是一种提高耐火极限的有效方法，最高可达到 60min。图 35-8 所示的塔塔公司的深肋组合楼盖是这种类型构造的一个实例。当荷载比为 0.6 时，不必采用防火保护即可达 60min 的耐火极限。但是当荷载比更大或需要更长的耐火时间时，则需对钢梁采取防火保护。钢梁腹板支撑组合梁是集成梁的另一个例子，PCI 出版物 P186[21] 和本手册的附录中对这两种组合梁构造有进一步的详细介绍。

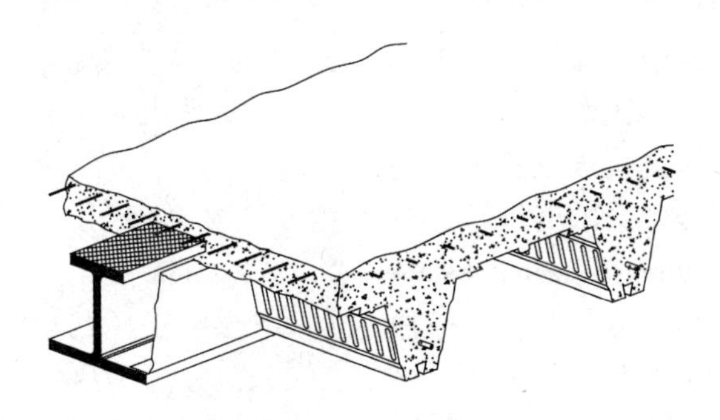

图 35-8 深肋组合楼盖

35.4.6 组合楼板

无防火保护层的组合楼盖的楼板，通常耐火时间可达 120min。英国的钢楼承板制造商，当采用其产品建造组合楼板时，通常都会向用户提供组合楼板承载力的相关资料。

BS EN 1994-1-2 的资料性附录 D(Informative Annex D) 还提供了一种在火灾条件下无防火保护的组合楼板的抗弯承载力计算方法。但是英国国别录不允许使用该方法，因为在英国所使用大多数楼承板板形超出了该附录规定的适用范围。当需要组合梁临界温度设计值资料时，可参考 BS 5950-8[25]，来替代资料性附录 D。欧洲规范还假定，压型钢板的板肋内配有钢筋，但英国所使用的组合楼板通常不配筋。英国的抗火试验结果表明，组合楼板内不配底部钢筋可以达到 120min 的耐火极限。

本手册附录的火灾数据表还提供了一个简单的设计表格。相对于厂商提供的表格，本表偏于保守。但在初步设计阶段还是适用的。

35.4.7 抗火设计的发展

1996 年 9 月，在英国建筑研究机构的卡丁顿试验室进行了整体结构抗火试验。试验在一栋 8 层组合钢框架建筑上进行，这栋建筑是按有代表性的办公楼来设计和施工的，如图 35-9 所示。试验目的是研究实际结构在真实火灾条件下的性状，并收集试验数据，这样就可以用计算机对火灾条件下的结构进行分析来予以验证。对框架结构进行的抗火试验的详细内容以及试验数据已发表在英国钢铁公司(British Steel)的刊物[26]上。

在卡丁顿的试验工作，以及来自其他建筑结构中实际火灾的灾后调查[27]表明，钢-混凝土组合结构在达到按通常方法计算的临界温度后，仍具有较高的承载力。简而言之，整体结构在火灾中的性能超过标准火灾试验中单独构件抗火性能的试验结果。卡丁顿试验表明，支承混凝土楼板的钢梁可以不进行防火保护。并着手研究由无防火保护层的钢梁来支承楼板的抗火设计模型。

随着卡丁顿[28,29]的抗火试验工作的进行，在英国钢结构学会的资助下，英国建筑研究所 (Building Research Establishment (BRE))的研究人员开发了一种钢-混凝土组合楼板的简化设计方法。该方法已经得到了卡丁顿足尺抗火试验结果和先前常温下试验结果的验证。

基于贝利(Bailey)和摩尔(Moore)所研发的组合楼板抗火设计方法，塔塔钢铁公司开发出了设计工具 TSLAB 软件，

图 35-9 卡丁顿试验框架

该程序可在塔塔钢铁公司网站免费下载。

英国钢结构学会（SCI）设计指南 P288[30] 对设计工具 TSLAB 及其在结构设计中的应用做了更详细的介绍。使用这种设计方法，在常规的组合楼板中钢梁的防火保护费用有可能减少 30% ~40%。

35.5 防火材料

防火材料的检验和测试方法需按 BS EN 13381 进行。对厚型防火涂料和防火板，即非活性防火保护材料，应按 BS EN 13381-4[31] 的方法进行测试和检验；对膨胀型防火涂料，即活性防火保护材料，应按 BS EN 13381-8[32] 方法进行测试和检验。

提供了一个评估表，该表针对每一个耐火极限和特定的钢材的温度（称为评估温度[33]），给出了相应的截面形状系数及与之相应的保护层厚度。通常需要进行多温度评估检验，也就是说，防火保护层厚度是通过一系列钢材温度推导而得到的，而不是仅靠单一温度计算。

当确定要采用防火保护时，应在技术说明中提供下列资料：

（1）结构构件的截面系数；

（2）根据“批准文件 B”（*Approved Document B*）规定的耐火极限；

（3）结构构件的临界温度。

更多防火材料的资料可从 PCI 出版物 P197[34] 和本手册附录的火灾数据表中查到。

35.5.1 工厂喷涂

在构件运送到现场之前，在车间完成喷涂膨胀型防火涂料的技术已经很成熟。并且目前已有多种涂料专门用于此种情况。ASFP TGD16[35] 给出了更多工厂喷涂膨胀型防火涂料的相关资料。

35.6 高等防火工程

高等防火工程[36] 通常与“批准文件 B”（*Approved Document B*）的规范性要求不同，是通过使用高等分析模型进行抗火设计，来满足法规文件（*the Statutory Instruments*）的性能要求。BS 7974[37] 给出了应如何将消防安全工程原理应用于建筑设计的实用指南（法规文件是构成建筑法规法律基础的立法文件）。下面简要说明抗火设计的过程。

35.6.1 设计过程

应该明确记录性能化抗火设计过程，以便第三方可以准确无误地理解其设计理念和设计假定。该设计流程通常包括以下主要步骤：

（1）审核建筑物的建筑设计；

（2）确定消防安全目标；

（3）确定火灾的危害及可能的后果；

（4）进行消防安全试设计；

（5）确定验收标准和分析方法；

（6）设定分析中使用的火灾场景。

35.6.1.1 审核建筑设计

建筑设计审核的目的应是确认对消防安全设计有关键影响的建筑上的或客户的需求。审核工作应考虑以下几个方面：

（1）在未来建筑物的用途；

（2）预计的建设功能；

（3）预计的永久荷载、可变荷载和热（火灾）作用；

（4）结构类型；

（5）建筑物的平面布置；

（6）现有的排烟系统或自动喷淋系统布置；

（7）建筑物中住户的特点；

（8）在建筑物中可能的居住人数及其分布情况；

（9）火灾探测和报警系统的类型；

（10）在整个使用期限内的建筑物的管理情况。

35.6.1.2 消防安全目标

在初步设计阶段就应该明确确定消防安全目标，并且就该目标与客户、监管机构和其他利益相关者进行充分协商，并达成一致。

主要消防安全目标应该包括保护生命安全、控制经济损失和保护环境。

保护生命安全的目标已经在规范性条款中有所阐述，但还应包括确保建筑物内人员安全撤离、消防人员安全作业以及建筑塌陷不危及附近人群安全等条款。

火灾对商业的持续经营能力会有很大的影响，应考虑尽量减少对结构和装饰的破坏，减少建筑内财产的损失，保证持续经营的能力并维护企业形象。在一栋特定建筑物中的消防安全等级会取决于其业务的规模和性质。在某些情况下，可以简单地将业务搬迁至临近没有受到火灾严重破坏的地方；另外一些情况可能是业务必须等到建筑完全修复才能继续。许多经历火灾的企业，可能因为无法坚持到重新营业而倒闭。

一场大火释放出的有害物质对环境有显著的影响，污染可能会通过空气或消防用水传播。

35.6.1.3　火灾危害及可能后果

对潜在火灾危害的检查包括确定火源，可燃物的数量和分布，建筑物内人员活动以及其他任何异常因素。在评估这些危害的严重性时，要考虑可能产生的后果以及这些后果对预期消防安全目标的影响。

35.6.1.4　消防安全试设计

为了对消防安全水平进行量化，对于建筑物应制定一个或多个试验性的消防安全策略，通常这将是满足消防安全目标的最为经济的安全策略。

在多层建筑设计中消防安全策略是综合性的措施，应考虑以下内容：

（1）采取自动灭火措施（如自动喷淋系统），以限制火灾和烟气的蔓延；

（2）设置自动探测系统，提供火灾早期报警；

（3）采用抗火构造对建筑物进行防火分区和使用抗火的结构构件，以保证结构稳定性；

（4）逃生手段：提供足够的逃生路线，确保合适的疏散距离及逃生通道宽度，使建筑物内可能的居住者在同一时间内疏散；

（5）自动化系统，如控制烟雾和火势蔓延的自闭式防火门或百叶窗；

（6）自动烟雾控制系统，确保逃生路线上无烟气；

（7）警报系统和警告系统，用于向建筑物内的居住者报警；

（8）疏散策略；

（9）急救和消防设备；

（10）消防设施；

（11）消防安全管理。

35.6.1.5　确定验收标准和分析方法

性能化消防设计是基于给定的消防策略进行整体分析。必须首先确立验收标准，这样才能对建筑物的性能进行评估。设计人员、监管机构和客户之间必须对验收标准达成一致。对建筑物消防性能的评估，可采用比较法、确定法或概率法。

比较法是将根据性能化设计得到的消防安全水平与规范性条款进行对比，确保其能取得同等的消防安全水平。确定法是旨在量化最不利的火灾场景的影响，并证明其影响将不超出所规定的验收标准。概率法的目的是表明消防安全策略使火灾导致大规模损失的可能性相当小。

35.6.1.6　设定火灾场景

在任何一个建筑物中可能发生的火灾场景的数目可能是非常大的，通常无法对所有场景进行分析。因此详细分析必须限于最严重的火灾场景或可能产生巨大影响的情况。

在火灾场景分析中，应考虑消防体系失效的影响。对于大多数建筑物而言，需要对一个以上的火灾场景进行详细分析。

35.6.2　高等分析模型的有效性和确定性

在模拟火灾作用以及建筑物的热响应与结构响应时，使用了许多先进的计算模型，对这些模型的有效性和确定性都需要进行确认，以确保最终能得到一个合理的解决方案。

有效性验证，是对为达到预期目的所采用的设计模型和设计方法适用性的证明，其中包括对火灾严重程度、热传导和结构响应的预测等。

确定性检验，是对设计模型是否得出正确结果进行评估，包括对输入数据的仔细检查，根据模型得到的结果与通过定性分析得到的预期结果之间的一致性，以及与可能出现错误相关联的风险程度。高等分析模型应通过相关试验结果或其他计算方法进行验证。并通过敏感性研究。对结果是否符合正常的工程原则进行校核。

关于模型的有效性验证和结果的确定性检验，ISO 16730：2008[38]提供了一套对作为消防安全工程所使用的各种抗火分析模型的评估、检验和验证的准则。这一国际标准不涉及具体的火灾模型，但同时适用于简化分析方法和高等分析方法。

35.6.3　监管部门批准

获得监管部门批准的复杂程度因国家不同而异。不过监管机构可能会要求设计人员呈交抗火设计，其形式应便于第三方检查，并且每个设计环节都要有文档说明（包括已经采用的任何设计假定和简化等）。还应给出一份审核清单，其中包括总体设计方法、火灾模型、热传导和结构响应等。

35.6.4　在结构抗火工程中高等分析模型的使用

抗火工程计算包括以下三个主要步骤：

（1）火灾形态模拟；

（2）热传导模拟；

（3）结构模拟。

对火灾形态进行模拟需要考虑最不利的火灾场景。火灾形态模型生成一组热作用（thermal actions），然后在热传导分析中用其来确定结构构件温度随时间的变化关系。与常温下永久荷载和可变荷载的标准值一起按偶然作用组合，就能确定作用于结构上的荷载设计值。并使用这些热作用和力学作用，来模拟结构性状。通常用于抗火设计的结构建模需采用有限元方法进行。模型的适用范围和复杂程度取决于所考虑问题的性质，通常包含一个楼层以及楼面面积的四分之一或二分之一，具体取决于建筑物的大小和建筑物是否对称。

35.6.4.1　火灾模拟

火灾形态模型可以考虑全燃火灾或局部火灾。局部火灾模型或轰燃前火灾模型（pre-flashover model），可用于在防火分区的大小和/或可燃物的分布不太可能导致轰燃发生的情况。全燃火灾或轰燃后火灾模型，是指在防火分区内的所有可燃物都在燃烧。火灾强度会受到可燃物的数量和新鲜空气向火焰中补充的控制。

局部火灾和全燃火灾均有简化分析模型。更高级的模型，如区域模型和计算流体动力学（CFD）模型等也可以用于火灾场景模拟。区域模型是基于计算机的模型，将防火分区分成独立的区域，假定在每个区域内的烟气条件是均匀的。依据防火分区中的质量和能量守恒原理，就可以确定烟气温度随时间的变化。防火分区可以是一个区域或两个区域，这取决于是全燃火灾还是局部火灾。

计算流体动力学（CFD）模型已成功用于模拟烟气的运动，并且目前正在应用于火灾的模拟。CFD 模型基于流体流动的基本原理，它们要求根据所需的输入数据和专业知识来对计算结果的适用性进行评估。

35.6.4.2　热传导模型

高等热传导模型通常是基于有限差分法和有限元法分析技术。火灾烟气主要通过辐射方式向结构构件传播。但传递到构件内的热通量通常包括热辐射和热对流。

35.6.4.3　结构模型

高等结构模型可以用于子结构或整体框架的抗火性能分析。使用高等结构分析模型的优点是可以得到火灾下结构更真实的响应，可以考虑超静定结构的内力重分布以及荷载传递路径的改变，得到更经济安全的抗火解决方案。

35.7　适用于特殊建筑物的防火保护和消防工程方法

对于任何项目，消防安全策略的选择主要取决于经济因素。对于普通的和可以按建筑法规要求进行处理的建筑物，很可能在设计中最经济的方法是使用已有的工程数据来得到防火保护解决方案。这通常会包括钢构件防火保护方法的应用，来满足消防厂家的要求。为了证明采用更先进的设计方法和更多的设计投入的正确性，通常需要节省建设成本。

对于大型的或综合性的建筑，按照建筑法规所要求的防火原则可能影响建筑物的使用功能或导致过高的建设成本。在这种情况下，为了达到建筑物所要求的功能，可能要进行更多的设计工作，来证明整个结构的消防安全性能并对不符合要求的部分进行解释。

有关相应的消防工程策略的选择和它们的最新进展，在 Access Steel 的文献［39，40］中提供了更多介绍。

35.8　设计实例

<table>
<tr><td rowspan="4">The Steel Construction Institute
Silwood Park, Ascot,
Berks SL5 7QN
Telephone: (01344) 623345
Fax: (01344) 622944
CALCULATION SHEET</td><td>编　号</td><td></td><td>第 1 页</td><td colspan="2">备　注</td></tr>
<tr><td>名　称</td><td colspan="4">钢结构设计手册</td></tr>
<tr><td>题　目</td><td colspan="4">抗火设计实例-组合梁</td></tr>
<tr><td rowspan="2">客　户</td><td>编　制</td><td>WIS</td><td>日期</td><td>2010</td></tr>
<tr><td></td><td>审　核</td><td></td><td>日期</td><td></td></tr>
</table>

本例介绍钢-混凝土组合梁抗火设计过程。常温下钢梁和混凝土楼板已按 EN 1994-1-1 给定方法进行了设计验算。部分设计参数取常温下的设计值。本例首先根据表 35-3 确定组合梁的临界温度，然后根据该临界温度，按 EN 1994-1-2 第 4.3.1 节的方法计算该组合梁的抗弯承载力。

组合梁如图 1 所示，钢梁支承混凝土楼板，并承受均布荷载。

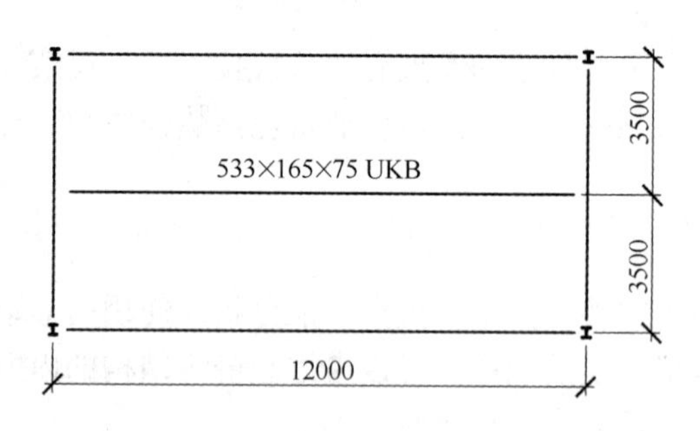

图 1　结构平面布置

构件尺寸

梁跨度　$L=12\mathrm{m}$

梁间距　$b=2.5\mathrm{m}$

混凝土厚度　$h_s=130\mathrm{mm}$

压型钢板　0.9m TATA CF60

压型钢板波峰以上混凝土板厚　$h_c=60\mathrm{mm}$

压型钢板高度　$h_p=60\mathrm{mm}$

截面特性

钢梁 UKB533×165×75　钢材强度等级 S275

截面高度　$h_a=829.1\mathrm{mm}$

翼缘宽度　$b=165.9\mathrm{mm}$

腹板厚度　$w=9.7\mathrm{mm}$

翼缘厚度　$t_f=13.6\mathrm{mm}$

抗火设计实例-组合梁	第2页	备　注
抗剪连接件 连接件直径　$d=19\text{mm}$ 连接件高度　$h_{sc}=100\text{mm}$ 极限抗拉强度　$f_u=450\text{N/mm}^2$ **混凝土** 普通混凝土 C25/30 圆柱体抗压强度　$f_{ck}=25\text{N/mm}^2$ 立方体抗压强度　$f_{cu}=30\text{N/mm}^2$ 割线模量　$E_{cm}=31\text{kN/mm}^2$ 钢筋 配筋等级 A252 钢筋网直径/间距　8mm @ 200mm 屈服强度　$f_{sj}=500\text{N/mm}^2$ **荷载** **永久荷载** 楼板自重　2.43kN/m^2 压型钢板　0.10kN/m^2 合计　$g_{k,1}=2.53\text{kN/m}^2$ 钢梁自重　$g_{k,2}=0.80\text{kN/m}^2$ 吊顶和设备　$g_{k,3}=0.70\text{kN/m}^2$ **可变荷载** 普通办公区 BS EN 1991-1-1（类别 B1） 使用荷载（B1）　$q_{k,1}=2.5\text{kN/m}^2$ 非固定式隔墙 BS EN 1991-1-1 6.3.1.2(8) 非固定式隔墙预留荷载　$q_{k,2}=0.9\text{kN/m}^2$ 常温下组合楼板设计依据 BS EN 1990 式（6.10*b*） **荷载组合** $\sum_{j\geqslant1}G_{k,j}+\psi_{1,1}Q_{k,1}$ $\psi_{1,1}=0.5$，普通办公区 $G_{k,j}=2.53+0.8+0.7=4.03\text{kN/m}^2$ $Q_{k,1}=3.4\text{kN/m}^2$ $F_d=(4.03+0.5\times3.4)\times3.5=20.06\text{kN/m}$ 火灾下组合梁的设计弯矩： $E_{fi,d,t}=\dfrac{20.06\times12^2}{8}=361\text{kN}\cdot\text{m}$		式（6-11*b*）

抗火设计实例-组合梁	第3页	备　注
火灾下组合梁荷载比		EN 1994-1-2 4.1(7)
$\eta_{fi,t} = \frac{E_{fi,d,t}}{R_d} = \frac{361}{715.7}$		
$\eta_{fi,t} = 0.50$		
R_d 为常温下钢梁抗弯承载力（$M_{Rd} = 715.7\text{kN} \cdot \text{m}$）		
$E_{fi,d,t}$为在 t 时刻作用于钢梁的弯矩		
抗剪连接程度		
假设组合板每板肋 1 个栓钉（$n_r = 1$）。常温下的抗剪连接程度为：		EN 1994-1-1
$\eta = \frac{N_c}{N_{c,f}}$		6.6.1.2(1)
N_c 为部分不完全抗剪连接时混凝土翼缘的压力		
$N_{c,f}$为完全抗剪连接时混凝土翼缘的压力		
常温下		
$N_c = 1242\text{kN}$		
$N_{c,f} = 2618\text{kN}$		
混凝土翼缘的有效宽度 b_{eff}		
$b_{eff} = 3.0\text{m}$		
$\eta = \frac{N_c}{N_{c,f}} = \frac{1242}{2618} = 0.47$		
临界温度		
根据组合梁的荷载比和抗剪连接程度，组合梁的临界温度可查表 35-3。		
抗剪连接程度　　$\eta = 0.47$		
荷载比　　$\eta_{fi,t} = 0.50$		
组合梁的临界温度（采用线性内插值确定）：		
临界温度　　$\theta_{cr} = 624℃$		
防火保护层厚度		
以下将耐火时间及临界温度提供给防火保护材料生产商，以确定防火保护层厚度。		
$t_{ti,reqd} = 60\text{min}$		
$\theta_{cr} = 624℃$		

抗火设计实例-组合梁	第4页	备　注
根据《钢结构建筑防火保护》[33]		
钢梁截面形状系数：$A_m V = 160\text{m}^{-1}$		
到此已完成组合梁的抗火设计。为了说明 EN 1994-1-2 第4.3.1 节中给出的抗火计算方法，并表明表35-3 给出的临界温度值偏保守，下面给出组合梁在该临界温度下的抗弯承载力。		
检验组合梁抗弯承载力		
根据 EN 1994-1-2 4.3.1 的方法，验证组合梁在温度为624℃时的抗弯承载力		
混凝土翼缘的有效宽度		
$b_{eff} = b_0 + \Sigma b_{e,i}$		
对于单排栓钉，$b_0 = 0$		
$b_{e,i} = \frac{L}{8} = \frac{12}{8} = 1.5\text{m}$		
$b_{eff} = 3.0\text{m}$		
混凝土翼缘抗压承载力		
常温下混凝土抗压强度		
$f_{cd} = \frac{f_{ck}}{\gamma_{ti,c}}$		
$\gamma_{fi,c} = 1.0$		EN 1992-1-2
$f_{cd} = \frac{25}{1.0} = 25.0\text{N/mm}^2$		
混凝土翼缘的温度		EN 1994-1-2 4.3.4.2.5
$\theta_c = 0.4\theta_a$		
$\theta_c = 250℃$		
高温下混凝土强度折减系数		EN 1994-1-2 3.2.2
$k_{c,\theta} = 0.9$		
火灾下混凝土翼缘受压承载力		EN 1994-1-2 4.3.1
$N_{c,fi,Rd} = 0.85 k_{c,\theta} f_{cd} b_{eff} h_c = 0.85 \times 0.9 \times 25.0 \times 3000 \times 70 \times 10^{-3}$		
$N_{c,fi,Rd} = 4016.3\text{kN}$		

抗火设计实例-组合梁	第5页	备 注
假设钢梁截面温度均匀，受拉承载力为		
$\theta_a = 624℃$		
$k_{y,\theta} = 0.41$		EN 1994-1-2 3.2.1
$N_{fi,pl,a} = Ak_{y,\theta}\left(\dfrac{f_y}{\gamma_{M,fi,a}}\right) = 1073.4\text{kN}$		
抗剪连接件		
火灾下抗剪连接件承载力采用 EN 1994-1-1 给出的常温下承载力的计算方法，但考虑高温下栓钉和混凝土强度的折减。		EN 1994-1-2 4.3.4.2.5
根据 EN 1994-1-1，带头栓钉的抗剪承载力为		EN 1994-1-1
$P_{Rd} = k_t \dfrac{0.8 \times f_u \times \pi \times d^2/4}{\gamma_{M,ft,v}}$		方程（6-18）
考虑高温下栓钉强度的折减，则栓钉抗剪强度为：		EN 1994-1-2 4.3.4.2.5
$P_{fi,Rd} = 0.8k_{u,\theta}P_{Rd}$		
根据栓钉周围混凝土破坏原则确定的带头栓钉火灾下的抗剪承载力为：		EN 1994-1-1
$P_{Rd} = k_t \dfrac{0.29 \times \alpha \times d^2 \sqrt{f_{ck}E_{cm}}}{\gamma_{M,fi,v}}$		方程（6-19）
考虑高温下混凝土强度的折减，则栓钉的抗剪承载力为		EN 1994-1-2 4.3.4.2.5
$P_{fi,Rd} = k_{u,\theta}P_{Rd}$		
式中：		
$\alpha = 1.0$，当 $h_{sc} < 4d$ 时		
对压型钢板板肋垂直于钢梁的组合梁：		
$K_t = 0.85$		EN 1994-1-1 6.6.4.2
常温下带头栓钉的抗剪承载力为		
$P_{Rd} = 0.85\dfrac{0.8 \times 450 \times \pi \times (19^2/4)}{1.0} \times 10^{-3} = 86.8\text{kN}$		

抗火设计实例-组合梁	第6页	备　注
火灾下栓钉的温度为 $$\frac{0.29\times1.0\times19^2\times\sqrt{25\times31\times1000}}{1.0}\times10^{-3}=78.4\text{kN}$$ $\theta_v=0.8\theta_a$ $\theta_v=500℃$ 该温度下栓钉强度折减系数为 $k_{u,\theta}=0.78$ 因此栓钉的抗剪承载力为 $P_{fi,Rd}=0.8\times0.78\times86.8=54.2\text{kN}$ 火灾下混凝土的温度 $\theta_c=0.4\theta_a$ $\theta_c=250℃$ 该温度下混凝土强度的折减系数为： $k_{c,\theta}=0.9$ 根据混凝土强度确定的火灾栓钉抗剪承载力为： $P_{fi,Rd}=0.9\times78.4=70.6\text{kN}$ 火灾系数、栓钉承载力取两者较小值： $P_{fi,Rd}=54.2\text{kN}$ 最大弯矩发生组合梁跨中。压型钢板板肋间距300mm，因此支座至钢梁跨中栓钉的数目为： $$n_r=\frac{6}{0.3}=20$$ 混凝土板的压力为 $N_c=20\times54.2=1084\text{kN}$ 大于火灾下钢梁的抗拉承载力，因此为完全剪切连接 **混凝土翼缘的压力** 混凝土翼缘的压力取钢梁的拉力 $N_{c,fi,Rd}=N_{fi,pl,a}=1073.4\text{kN}\cdot\text{m}$ 混凝土翼缘受压区高度 $$x_c=\frac{1073.4\times10^3}{0.85\times25.0\times3000}=16.8\text{mm}$$		EN 1994-1-2 4.3.4.2.5 EN 1994-1-2 表3-2 EN 1994-1-2 4.3.4.2.5 EN 1994-1-2 表3-3

抗火设计实例-组合梁	第7页	备 注

力臂

$z = h_s x_c/2 + h_a/2$

$z = 130 - 16.8/2 + 529.1/2 = 386.2\text{mm}$

高温下的抗弯承载力

$M_{fi,Rd} = N_{fi,pl,a} \times z$

$M_{fi,Rd} = 1073.4 \times 386.2 \times 10^{-3} = 414.5\text{kN} \cdot \text{m}$

远大于组合梁的火灾下的设计弯矩

$E_{fi,d,t} = 361\text{kN} \cdot \text{m}$

∴ 临界温度 $\theta_{cr} = 624℃$，偏于保守。

参考文献

[1] The Building Regulations 2000 (SI 2000/2531). London, The Stationery Office.

[2] The Steel Construction Institute (2002) Single storey steel framed buildings in fire boundary conditions, P313. Ascot, SCI.

[3] Department of the Environment and The Welsh Office (2006) The Building Regulations 2000, Approved Document B Fire Safety, Volume 2 Buildings other than dwelling houses. 2006 edition, London, The Stationery Office.

[4] Building Standards (Scotland) Regulations 1990, (Including amendments up to 2001). London, The Stationery Office.

[5] The Building Regulations (Northern Ireland) 2000 (SR 2000/389). London, The Stationery Office.

[6] Scottish Executive (2001) Technical Standards: For compliance with the Building Standards (Scotland) Regulations 2001. London, The Stationery Office.

[7] Department of the Environment for Northern Ireland. The Building Regulations (Northern Ireland) 2000, Technical Booklet E Fire Safety (as amended 2000). London, The Stationery Office.

[8] British Standards Institution (1990) BS EN 1990: 2002, Eurocode 0: Basis of structural design. London, BSI.

[9] British Standards Institution (2002) BS EN 1991-1-2: 2002, Eurocode 1: Actions on structures. Part 1-2: General actions-Actions on structures exposed to fire. London, BSI.

[10] British Standards Institution (2005) BS EN 1993-1-2: 2005, Eurocode 3: Design of steel structures. Part 1-2: General rules-structural fire design. London, BSI.

[11] British Standards Institution (2006) BS EN 1994-1-2: 2006, Eurocode 4: Design of composite steel and concrete structures. Part 1. 2: General rules. Structural fire design. London, BSI.

[12] Access Steel (2008) Nominal temperature-time curves, SD007a-EN-EU, www. access-steel. com

[13] Access Steel (2006) Parametric fire curve for a fire compartment, SX042a-EN-EU. www. access-steel. com.

[14] Access Steel (2008) Nomogram for unprotected members, SD004a-EN-EU.
www. access-steel. com.

[15] Access Steel (2008) Nomogram for protected members, SD005a-EN-EU.
www. access-steel. com.

[16] British Standards Institution (2002) NA to BS EN 1991-1-2, UK National Annex to Eurocode 1: Actions on structures, Part 1. 2 General actions-Actions on struc-tures exposed to fire. London, BSI.

[17] British Standards Institution (1999) BS EN 1363-1-Fire resistance tests-Part 1: General requirements. London, BSI.

[18] British Standards Institution (2000) BS EN 1365, Fire resistance tests for load-bearing elements. London, BSI.

[19] British Standards Institution (2005) NA to BS EN 1994-1-2, UK National Annex to Eurocode 4: Design of composite steel and concrete structures, Part 1. 2 General rules-Structural fire design. London, BSI.

[20] British Standards Institution (1993) NA to BS EN 1993-1-2, UK National Annex to Eurocode 3:

Design of steel structures, Part 1. 2 General rules-Structural fire design. London, BSI.

[21] The Steel Construction Institute (1999) Design of Steel framed buildings without applied fire protection, P186. Ascot, SCI.

[22] British Standards Institution (2005) BS EN 1993-1-1, Eurocode 3: Design of steel structures, Part 1. 1 General rules and rules for buildings. London, BSI.

[23] The Steel Construction Institute (2011) Steel building design: Composite Design, P359. Ascot, SCI.

[24] Wang Y. C. (2002) Steel and composite structures: Behaviour and design for fire safety. Abingdon, Spon Press.

[25] British Standards Institution (2003) BS5950-8: 2003, Structural use of steelwork in building: Code of practice for fire resistance design. London, BSI.

[26] British Steel (1999) The behaviour of multi-storey steel framed buildings in fire, A European joint research programme, Swinden Technology Centre.

[27] The Steel Construction Institute (1991) Investigation of Broadgate Phase 8 Fire. Ascot, SCI.

[28] Bailey C. G. and Moore D. B. (2000) The structural behaviour of steel frames with composite floor slabs subjected to fire: Part 1: Theory, The Structural Engineer, June 2000.

[29] Bailey C. G. and Moore D. B. (2000) The structural behaviour of steel frames with composite floor slabs subjected to fire: Part 2: Design, The Structural Engineer, June 2000.

[30] The Steel Construction Institute (2006) Fire Safe Design: A new approach to multi-storey steel framed buildings P288. Ascot, SCI.

[31] British Standards Institution (2010) BS EN 13381-4, Fire tests on elements of building construction. Method for determining the contribution to the fire resist-ance of structural members by applied fire protection to steel structural elements. London, BSI.

[32] British Standards Institution (2010) BS EN 13381-8 Fire tests on elements of building construction. Method for determining the contribution to the fire resist-ance of structural members by applied fire protection to steel structural elements. London, BSI.

[33] Association for Specialist Fire Protection (2009) Fire protection for structural steel in buildings, 4th edn. Bordon, Hampshire, ASFP.

[34] The Steel Construction Institute (1999) Structural fire safety: A handbook for engineers and architects, P197. Ascot, SCI.

[35] Association of Specialist Fire Protection (2010) Code of Practice for off-site applied thin film intumescent coatings, ASFP Technical Guidance Document 16. Bordon, Hampshire, ASFP.

[36] Institution of Structural Engineers (2007) Guide to the advanced fire safety engineering of structures. London, IStructE.

[37] British Standards Institution (2001) BS7974: 2001 Application of fire safety engi-neering principles to the design of buildings: Code of practice. London, BSI.

[38] International Organization for Standardization (2008) ISO 16730, Fire safety engineering-Assessment, verification and validation of calculation methods. Geneva, ISO.

[39] Access Steel (2008) Selection of appropriate fire engineering strategy for multi-storey commercial and apartment buildings, SS040a-EN-EU. www. access-steel. com.

[40] Access Steel (2008) Fire safety strategy for multi-storey buildings for commercial and residential use, SS008a-EN-EU. www. access-steel. com.

36 腐蚀和防护*

Corrosion and Corrosion Prevention

DAVID DEACON and ROGER HUDSON

36.1 引言

如果影响耐久性的因素得到充分重视，那么大多数情况下，编制经济有效的“钢结构防护说明书”并不是一个大问题。首先，应正确识别与定义钢结构所处环境的腐蚀性分类，以便在说明中确定合适的防护系统。很多钢结构处于低腐蚀风险的环境分类，因而仅需要很少的防护。相反，当钢结构处于不利环境时，就需要采用持久的防护体系，而且可能要进行保养与维护，以延长其使用寿命。

最优的防护体系，应结合良好的表面处理，涂料产品也应满足耐久性要求，并考虑最经济的成本。对于特定的钢结构，现代工程施工根据相应的行业标准，即可达到所期望的防护要求。有很多标准可用于协助起草防护系统说明书。其中最重要的一个是 ISO 12944《色漆和清漆-钢结构防腐涂层防护体系》(*Paints and Varnishes-Corrosion Protection of Steel Structures by Protective Paint Systems*)。该标准有 8 个部分，可供在编制钢结构防护说明书时参考。其中的第 5 部分“防护涂料体系”(*Protective paint systems*) 包含了多个系列的防护涂料产品及其体系，适用于在第 2 部分“环境分类”(*Classification of environments*) 中定义的不同类型的环境。然而，设计人员在考虑英国项目的防护说明书时，应注意并不是所有的涂料产品都符合国家现行环境法规，应从涂料生产商处获得进一步的建议。

36.2 一般腐蚀

大多数钢材的腐蚀，可以认为是一种按阶段发生的电化学过程。最初的侵蚀发生在表面的阳极区域，亚铁离子在此处溶入溶液中。阳极释放电子，通过钢材内部结构运动到钢材表面上相邻的阴极区域，在此处，电子结合氧和水，形成氢氧根离子。这些化学反应中，阴极处的亚铁离子形成氢氧化亚铁，并且在空气中进一步被氧化，形

---

* 本章译者:李国强。

成三氧化二铁水合物，即红锈，见图 36-1。

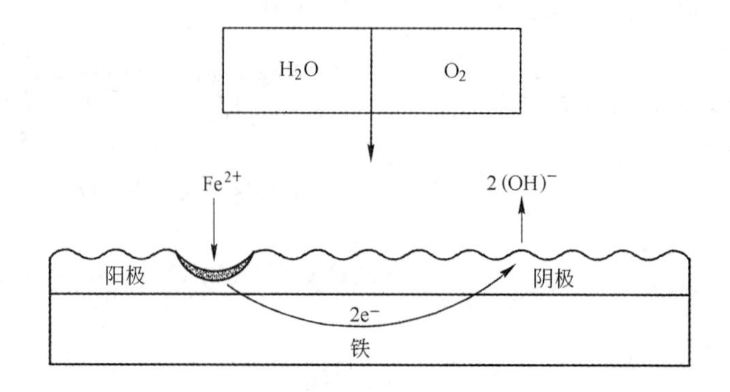

反应：

在 阳 极 $Fe \longrightarrow Fe^{2+} + 2e^-$

在 阴 极 $O_2 + 2H_2O + 4e^- \longrightarrow 4(OH)^-$

化 合 $Fe^{2+} + 2(OH)^- \longrightarrow Fe(OH)_2$

进一步氧化 $Fe(OH)_2 \longrightarrow Fe_2O_3 \cdot H_2O$

图 36-1 钢材腐蚀示意图

这些反应可以概括成以下化学方程式：

$$4Fe + 3O_2 + 2H_2O = 2Fe_2O_3 \cdot H_2O$$

（铁/钢材）+（氧气）+（水）══生锈

有两点很重要：

（1）铁或者钢材的腐蚀。水和氧的同时存在是必要的条件，两者缺一不可，否则腐蚀就很难发生。

（2）所有腐蚀都发生在阳极，没有腐蚀会发生在阴极。

然而，一段时间后，诸如表面的腐蚀产物等因素引起的极化效应等会导致腐蚀过程的终止。而后，新的活性阳极点可能会形成，因而导致进一步的腐蚀。经过一段时间后，金属表面的腐蚀损失是相当均匀的，因此这种情况通常被描述为一般腐蚀。

36.3 其他腐蚀形式

也可能发生不同类型的局部腐蚀：

（1）点蚀。在某些情况下，初始阳极区域的侵蚀未被终止，一直发展到钢材内部，形成腐蚀坑。通常在水中或埋地情况下的低碳钢会发生点蚀，而暴露在空气中的钢材一般出现点蚀。

（2）缝隙腐蚀。设计因素、焊接、表面杂物等因素可形成缝隙腐蚀。在缝隙中的氧气被腐蚀过程快速消耗，但由于进入的空气有限，参与反应的氧气无法被替换。

缝隙的入口处成为阴极，因为它可满足阴极反应所需的氧气。缝隙的前端成为阳极焦点，在此处发生快速的腐蚀。

（3）双金属腐蚀。当两种不同的金属连接在一起时，会形成电流通路，腐蚀会在阳极金属上发生。有些金属（如镍和铁）会导致铁首先发生腐蚀，而另一些金属会先于铁发生腐蚀，因而可保护钢材。不同金属发生双金属腐蚀的先后顺序取决于它们在电势电位中的排序（表 36-1）。其中离得越远的两种金属发生双金属腐蚀的趋势越大。

表 36-1　双金属腐蚀与钢结构

金　属		腐蚀程度
	↑	**阳极端（Anodic end）**
		（更容易发生腐蚀）
镁		趋向于抑制钢结构的腐蚀
锌		
铝		
镉		
碳素钢和低合金（结构钢）		
铸铁		
铅		
锡		
铜		
黄铜		趋向于加速钢结构的腐蚀
青铜		**阴极端（Cathodic end）**
镍（被动）		（不易腐蚀）
钛	↓	
不锈钢 430/304/316（被动）		

其他影响双金属腐蚀的因素还有电解质的特性，以及阳极金属与阴极金属的表面特性。双金属腐蚀对于浸没或掩埋环境中的钢结构影响较为严重，但对于低腐蚀环境，例如与低碳钢结构接触的不锈钢砖包角角钢，其对低碳钢的影响很小，并没有特别需要注意的事项。

为避免双金属腐蚀，进一步的指南，可参考标准 BS PD 6484《双金属接触腐蚀及其防护指南》（*Commentary on corrosion at bimetallic contacts and its alleviation*）。

36.4　腐蚀速率

决定钢材在空气中腐蚀速率的主要因素如下：

（1）潮湿的时间。由雨水、冷凝等因素引起的表面潮湿时间所占的比例。因而，对于干燥环境中无保护的钢材，如装有采热设备的建筑物内部，几乎遇不到水汽，故腐蚀很轻微。

（2）大气污染。与大气污染及其污染物的种类、数量有关，如二氧化硫、氯化物、灰尘等。

（3）硫酸盐。硫酸盐由二氧化硫气体生成，二氧化硫主要是含硫的油与煤等的燃烧产物。二氧化硫气体与大气中的水或湿气反应形成硫磺与硫酸。二氧化硫的主要来源是工业环境。

（4）氯化物。主要存在于海洋环境中。氯化物浓度最高的区域是沿海地区，当延伸至内陆地区时，氯化物浓度迅速降低（使用道路除冰盐的地区除外）。

在一个特定的环境中，腐蚀速率很大程度上受遮挡与主导风的影响。因此，钢结构所处的“小环境”将直接影响其腐蚀速率。

36.5 环境影响

不能笼统地谈论腐蚀速率数据，但是，可以将环境进行大致的分类，其相应的腐蚀速率就可以提供有用的指标。ISO 12944 第 2 部分给出了大气环境腐蚀性分类、钢材厚度损失及典型实例。在开始为合理的涂装体系起草技术说明时，应把环境类别定义为“C”类。

英国的环境类别及钢结构腐蚀速率的范围可考虑如下（注：腐蚀速率通常可表示为 μm/a，1μm = 0.001mm）：

（1）农村大气——基本上是内陆地区，未受污染的环境，钢材锈蚀率往往较低，通常小于 50μm/a。

（2）工业大气——内陆，污染环境，腐蚀速率通常为 40 ~ 80μm/a，这取决于 SO_2 浓度。

（3）海洋大气——在英国，海岸线内 2km 的陆地通常被认为是海洋环境，其腐蚀速率通常为 50 ~ 100μm/a，主要取决于靠近海的程度。

（4）海洋/工业大气——被污染的沿海环境的腐蚀速率最高，为 50 ~ 150μm/a。

（5）海水浸泡——在潮汐水域，通常分成 4 个区：

1）浪溅区。刚刚超过高潮位，通常腐蚀性最强，平均腐蚀速率约为 75μm/a。

2）潮汐区。介于高潮位和低潮位之间的区域，往往被海洋生物或杂物覆盖，腐蚀速率不高，为 35μm/a。

3）低水位区。在低潮位以下的区域，腐蚀性与飞溅区类似。

4）永久浸泡区。低水位以下直到海底的区域，腐蚀速率不高，为 35μm/a。

（6）淡水浸泡——在淡水中的腐蚀速率比在盐水中低，为 30 ~ 50μm/a。

（7）土壤——其腐蚀过程复杂且多变。可以采用多种方法评估土壤的腐蚀性：

1）电阻率。一般为高阻抗的土壤腐蚀性低。

2）氧化还原电位。用以评估土壤中厌氧细菌的腐蚀能力。

3）pH 值。高酸性土壤（如 pH 值小于 4.0），腐蚀性高。

4）含水量。腐蚀取决于土壤中的水分，地下水位的位置有着重要的影响。

长期埋地的钢结构，例如管道，最容易受到腐蚀。打入原状土的钢桩，由于其不易接触到氧，因此不太容易受到腐蚀。

36.6 设计与防腐

在室外或潮湿环境中，可能对钢结构腐蚀有很大影响。因此，在一个项目的设计阶段应考虑腐蚀防护问题，其要点如下：

（1）水分和污垢滞留：

1）避免形成空腔、缝隙等；

2）焊接接头优先于螺栓接头；

3）避免搭接接头或对搭接接头进行封闭；

4）对摩擦型高强螺栓（HSFG）接合面的边缘进行封闭；

5）在需要的部位设置排水孔；

6）除了要进行热浸镀锌部位外，箱形截面进行密封；

7）使结构周围的空气流通。

（2）与其他材料接触：

1）避免双金属连接，或将接触面绝缘；❶

2）保证混凝土保护层的足够厚度和质量；

3）使用涂料或塑料片，将钢材与木材隔开。

（3）涂层设计应确保所选择的防护涂料可以有效施工：

1）对于热浸镀锌的部件，要提供排气孔和排水孔；❷

2）为油漆喷涂或金属热喷涂提供足够的施工空间（见 BS 4479：第 7 部分），包括新建施工与使用中的维护。

（4）一般规定：

1）与较复杂的形状相比，大而平坦的表面则比较容易防护；

2）为后续维护提供作业空间；

3）在需要的部位设置吊耳或挂钩，以在搬运与安装过程中减少破坏；

ISO 12944-3 给出了腐蚀防护的设计指南。

36.7 表面处理

结构用钢材是一种热轧产品。型钢在离开最后一道轧制道次时，温度在 1000℃左右，并且在空气中冷却过程中，钢材表面与大气中的氧反应产生轧制氧化铁皮，一

---

❶ 参见 BS PD 6484《双金属接触部位的腐蚀及其缓解的条文说明》（译者注）。

❷ 参见 ISO 14713-2《锌涂层．建筑物中钢铁腐蚀防护指南和建议——热浸镀锌》（译者注）。

种呈现蓝灰色的鳞片状、完全覆盖在轧制型钢表面的复杂氧化物。但是，轧制氧化铁皮呈不稳定状态。在风雨里，水渗入龟裂的氧化铁皮中，钢材表面就会生锈。氧化铁皮会失去附着力，并开始脱落。因此，氧化铁皮不是一种令人满意的基材，在进行防护涂料施工前需将其清除掉。

氧化铁皮脱落后，钢材会进一步生锈。锈在常温环境下形成一种铁的水合氧化物，在表面产生一层覆盖物，它本身不是令人满意的基材，在进行防护涂料施工前也需将其清除。

因此，钢材的表面处理主要关注的是清除氧化铁皮和除锈，这是防腐处理中一个必不可少的过程。在 ISO 8501 系列标准中介绍了表面处理的各种方法，现归纳总结如下：

（1）手动和电动工具清理（St）

St2：彻底的手工和动力工具清理。

St3：非常彻底的手工和动力工具清理。

使用刮刀，钢丝刷等的手工和机械方法，可以清除约 30% ~50% 的铁锈和氧化铁皮。对于严重的点蚀区域，宜采用盘式或直柄砂轮（打磨）机。

（2）喷射清理（Sa）

Sa1：轻度喷砂清理。

Sa2：彻底喷砂清理。

Sa2½：非常彻底的喷砂清理。

Sa3：使钢材表观洁净的喷砂清理。

在合约签订前，确定钢材的表面锈蚀等级（A、B、C 或 D 级）是非常重要的。A 级或 B 级可采用长效涂层系统，因为这是两种新生产钢材的锈蚀等级，没有任何点蚀。C 级和 D 级存在点蚀。喷射清理是以压缩空气或高速离心叶轮将磨料颗粒（钢丸或钢砂）喷射至钢材表面。这个过程能全部除去铁锈和氧化铁皮。除锈后的表面形态和粗糙度取决于所用磨料的大小和形状。采用尖锐的钢砂会产生较大的粗糙度，而圆形钢丸所产生的粗糙度则会较小。上述表面处理方法的效果及其比较的照片，在相关标准中有介绍。

喷射的磨料可以是金属的（例如淬火的钢砂）也可以是非金属的（例如矿渣砂砾）。后者通常只使用一次，是消耗品，专门用于施工现场。金属磨料十分昂贵，只在可回收的场合使用。当采用热喷涂（金属）涂层时必须采用喷砂清理，涂层的附着力至少部分地取决于机械粘附力。对于某些油漆涂层也可采用喷砂清理，特别是对于施工现场和无法上底漆的情况（例如，硅酸锌油漆涂料和高无溶剂油漆涂料）。

喷丸的磨料总是采用金属，通常为铸钢丸，特别是用于抛丸车间，采用离心叶轮并进行磨料回收。对于大多数油漆涂料来说，优选的磨料是铸钢丸，特别是对于薄膜涂层（如车间底漆）。

喷砂处理后的表面，应按目视评定表面清洁度（ISO 8501）和表面粗糙度（ISO 8503），进行评价。此外，应注明可接受的可溶性盐（ISO 8502）程度和表面的粉尘

(ISO 8502/3) 的含量。

(3) 湿 (磨料) 喷射清理

一种改良的喷射式表面处理方法为湿喷射。在这个过程中，少量的水被夹带在磨料/压缩空气流中。这种方法对于清理表面的可溶性铁盐非常有用。这些盐分由风化过程中的大气污染物 (例如，氯化物和硫酸盐) 形成于铁锈中。这些盐分通常处于钢材表面的点蚀坑中，无法通过常规的干喷砂清理方法清除。对于海洋平台钢结构和对重腐蚀环境中的结构进行涂层维护之前，湿喷射清理是非常有用的。然而，对于坑洼不平的表面，该方法并不完全理想，在这些部位需要与打磨相结合。

(4) 酸洗

酸洗工艺是把钢材浸没在一个适合的酸洗液中，溶解或者去除氧化铁皮和铁锈，但不会对暴露的钢材表面形成明显的侵蚀。它可以100%有效。酸洗通常用于要进行热浸镀锌的钢结构上，但现在很少把它作为油漆前的预处理方法。

36.8 金属涂层

有四种常用的钢材表面的金属涂层施工方法：热浸镀锌、热喷涂 (金属)、电镀和粉末渗锌。在钢结构工程中不采用后两种工艺，但在配件、紧固件或其他小型零件上会采用这两种方法。

一般来说，金属涂层所提供的腐蚀防护效果很大程度上取决于涂覆金属的种类及其厚度，除了在本章第36.8.2节中所介绍的热喷涂金属方法外，施工方法的影响并不大。

36.8.1 热浸镀锌

最常用的在钢结构表面施以金属涂层的方法是热浸镀锌。

热浸镀锌工艺包括以下步骤：

(1) 采用适当的脱脂剂清除钢材表面的任何油污。

(2) 采用酸洗方法清除钢材的所有铁锈和氧化铁皮。可以先采用磨喷射清理除去氧化铁皮和形成粗糙表面，但之后还需要在酸洗液中对这些表面进行酸洗。

(3) 然后将清理后的钢材浸泡在一种稀释溶剂中，以确保在浸泡时锌和钢材能很好地接触。

(4) 把清理后的和经溶剂浸泡的工件浸入约450℃的熔融锌液中，钢材与熔融锌产生反应，在表面形成一系列的锌铁合金。

(5) 当钢材从锌池中取出时，一层相对纯的锌层会沉积在合金层的表面。

锌凝固后呈现出结晶的金属光泽，通常称为“锌晶”。镀锌层的厚度受到多种因素的影响，包括工件的尺寸和钢材的表面处理。较厚的钢材和经喷射清理的钢材往往会产生较厚的镀锌层。此外，钢材成分也会影响到镀锌层的形成。含有硅和磷的钢材会对镀锌层的厚度、结构和外观产生显著影响。镀锌层厚度的变化主要与钢的硅含量和锌池浸泡的时间有关。这些厚镀锌层有时会呈现出沉闷的暗灰色的外观，并且易受机械损伤。

由于热浸镀锌是一种浸涂工艺，显然对镀锌部件的尺寸会有限制。二次浸涂是先将工件的一端浸涂，然后二次再浸涂另一端，在工件的长度或宽度超过锌池时经常采用这种工艺。

对镀锌工艺设计的某些方面是需要予以考虑的，特别是灌充（filling）、排气（venting）、排放（draining）和变形（distortion）。为了获得令人满意的涂锌层，在空心制品（例如圆管和方矩空心管）上设置适当的排气工艺孔，可以使熔融的锌能接触到其内表面，排出热气以防止爆炸，以及之后的锌液排放。在镀锌过程中，由于热胀冷缩的差异和不平衡残余应力的释放会引起预制钢构件产生变形。关于热镀锌工艺设计方面问题的进一步指南，可以参考 ISO 14713-2。

ISO 1461 是用于钢结构工程的热浸镀锌标准。标准要求，对于厚度不小于 6mm 的截面，最小锌涂层重量为 $610g/m^2$，等同于最低平均涂层厚度为 85μm。

在许多实际工程中，使用了热浸镀锌后不再做进一步的防护。然而，为了提供额外的耐久性，特别是在某些大气环境中，或者有装饰要求时，会使用油漆涂层进行防护。通常把金属涂层和油漆涂层组合使用称为复合涂层。当在镀锌层上涂刷油漆时，需进行特殊的表面处理以确保良好的附着力，包括轻度的喷射清理使表面粗糙，以提供机械粘附力，或者采用特殊的磷化底漆或“T-Wash”[1] 后者是一种用于与表面产生反应的酸化解决方案，并提供一种可见的处理效果。

36.8.2 热喷涂（金属）涂层

在钢结构表面施工金属涂层的另一种方法是热喷涂（金属）锌或铝。金属以粉或金属丝的形式通过一个特殊的包含有热源的喷枪施工，热源可以是一个氧气焰或电弧焰。熔融的金属小球被压缩空气喷射至喷砂清理后的钢材表面。喷涂过程不会产生合金化，所形成的涂层由重叠的金属小片组成，呈多孔状。然后有必要把这些孔进行封闭。可以通过施工一道被吸收进入表面的、薄的有机涂层来进行封闭，也可以在不需要再做涂层的部位，通过金属涂层的风化，由腐蚀物来封闭孔隙。

可以认为，喷涂金属涂层在钢材表面的附着力基本上是属于机械性的。因此，必须在干净、粗糙的表面施工涂层，通常会规定采用粗钢砂进行喷射清理，一般使用淬火钢磨料，但若钢工件的硬度超过 360 HV，就有必要采用铝或硅的碳化合金磨料。

---

[1] T-Wash 是一种用于镀锌材料的表面处理工艺，可以加速表面镀锌层的自然固化过程，以便于后续涂层施工（译者注）。

涂层的典型厚度为热喷铝 150 ~ 200μm，热喷锌 100 ~ 150μm。

热喷涂（金属）涂层可在工厂或现场施工，与热浸镀锌不同，没有对工件尺寸的限制。由于钢材表面是冷的，所以没有变形的问题。关于热喷涂设计条款的指导意见可参考 BS 4479-7。当然，热喷涂与热浸镀锌相比是相当昂贵的。

在许多实际工程中，会在热喷涂涂层上再采用油漆进行保护。首先要采用封闭涂层来填充热喷涂金属涂层中的孔隙，并为涂层油漆提供一个光滑的表面。

热喷涂铝或热喷涂锌对大气环境下钢结构进行腐蚀防护，可参考 ISO 2063。

在选择金属喷涂作为主要的防护涂层时需要十分注意，因为对于某些特殊的结构形状和结构布置，金属喷涂施工工艺并不能保证形成均匀的涂层。

36.9 油漆涂料

涂料是保护钢结构免受腐蚀的主要方法。

36.9.1 油漆的组成和成膜

油漆由下列三种主要成分混合和调配而成：

（1）颜料：磨细的无机或有机粉末，提供颜色、遮盖力、漆膜凝聚力以及某些情况下提供屏障或缓蚀保护，如云母氧化铁（MIO）或片状铝粉。

（2）基料：通常是树脂或油类，但也可以是有机化学物质，如双组分环氧树脂，或无机化合物，如可溶性硅酸盐。基料是油漆中的成膜组分。

（3）溶剂：用于稀释基料以及便于油漆的施工。溶剂通常是有机液体或水。

在钢材表面施工油漆可以有许多方法，但在所有的情况下，它们都会产生湿膜。湿膜厚度在溶剂蒸发或油漆开始固化之前，可以通过使用梳状膜厚仪测量。

随着溶剂的蒸发，漆膜开始固化，基料和颜料留在表面形成干膜。通常可使用电磁检测仪测量干膜的厚度。

施工的湿膜厚度和最终的干膜厚度（d. f. t. ）之间的关系取决于油漆的固体体积百分比。

干膜厚度(d. f. t.) = 湿膜厚度 × 固体体积百分比（%）。

通常，漆膜所提供的腐蚀防护效果与漆膜的干膜厚度直接成正比。

36.9.2 油漆分类

从宽泛的意义上来讲，油漆是由特定的颜料组成，分散在特定的黏合剂中，溶解于特定的溶剂中，油漆的通用类型是有限的。油漆分类的最常用的方法是按照所用颜料或黏合剂的类型来进行分类。

用于钢材的底漆通常按照涂料配方中所使用的阻蚀性颜料来分类，例如磷酸锌、金属锌等。这些阻蚀性颜料中的每一种都可以和各种黏合剂树脂搭配，例如醇酸磷酸锌底漆或环氧磷酸锌底漆。

通常中间漆和面漆根据使用的黏合剂类型进行分类，如环氧树脂涂料、乙烯基面漆、聚氨酯饰面漆，或按照颜料的类型进行分类，如云母氧化铁（MIO）。

36.9.3 油漆系统

通常油漆施工分层进行，每一层具有特定的功能或目的。

底漆直接施工在清洁的钢材表面。其目的是润湿钢材表面，并为后续的油漆层提供良好的附着力。钢材表面的底漆一般还需要提供阻蚀保护。

中间漆（或底漆）是用来形成油漆系统的总膜厚。这可能需要施工多道油漆。

为抵抗环境腐蚀，面漆提供了第一道防线，同时面漆还对最终的外观（如光泽度、颜色等）有决定性的影响。

当然，在一个油漆系统中的各种重叠的油漆层需要彼此兼容。同样重要的是，在结构易受腐蚀的部位施以额外涂层以获得最小厚度。这些涂层称为接缝补涂。作为第一道防腐措施，建议同一系统内，所有油漆应来自同一制造商。

36.9.4 主要油漆类型及其性能

（1）空气干燥型油漆，例如油基涂料、醇酸树脂涂料。这些材料的干燥和漆膜形成通过吸收大气中的氧气完成氧化过程。因此，它们的漆膜厚度较低。一旦形成薄膜，它们具有有限的抗溶剂性和较差的耐化学性。

（2）单组分耐化学腐蚀油漆，例如丙烯酸酯橡胶涂料、乙烯类聚合物涂料。对于这些材料，漆膜的形成通过溶剂蒸发，并没有涉及氧化过程。它们可以施工于适当厚度，比如75μm，尽管在最高膜厚情况下漆膜的溶剂滞留仍是一大问题。形成的膜相对较软，具有较差的耐溶剂性，但有良好的耐化学腐蚀性能。

未改性的沥青涂料也由溶剂蒸发而干燥。它们基本上是沥青或煤焦油在有机溶剂中的溶液。

（3）双组分耐化学腐蚀油漆，例如环氧涂料、聚氨酯涂料。这些涂料包括两个单独的组分，通常称为基料和固化剂。当两种成分混合时，在使用前的化学反应就开始了。因此，这些涂料有一个有限制的“有效时间”，涂料必须在这个有效时间之前使用。在油漆涂装后会继续发生聚合反应，并且在溶剂蒸发后，产生一个致密的耦合漆膜，这种漆膜非常坚硬并具有良好的耐溶剂和耐化学腐蚀性能。

在配方中可以使用低黏度的液体树脂，而不再使用溶剂。这样的涂料被称为“无溶剂型（solventless）”涂料，并且可以施工很厚的漆膜。

常见主要油漆涂料类型及其特性的概要总结，见表36-2。

表 36-2 常见的主要油漆涂料类型及其特性

类型	成本	对不良表面处理的容忍性	耐化学品性能	耐溶剂性能	老化后复涂性能	备注
沥青涂料	低	好	中等	差	同种涂料覆涂性能好	热塑性涂料，仅黑色和灰色
醇酸涂料	低-中等	中等	差	差-中等	好	装饰性好
丙烯酸-橡胶涂料	中等	差	好	差	好	高膜厚漆膜较软，易于粘附
乙烯基涂料	高	差	好	差	好	
环氧涂料	中等-高	非常差	非常好	好	差	紫外光下易于粉化
聚氨酯涂料	高	非常差	非常好	好	差	比环氧更有装饰性
无机或有机硅酸盐涂料	高	非常差	中等	好	中等	很多需要特殊表面处理

36.9.5 预制底漆（也称喷砂底漆、车间底漆、可焊接底漆、临时防护底漆、临时底漆等）

在对钢结构表面进行喷射清理后，立即涂装底漆，以在涂装面漆之前使经喷射处理的表面保持无锈的条件。主要用于加工制作前的钢板和型钢。对喷砂底漆的主要要求如下：

（1）应能使用无气喷涂，产生一个非常薄的均匀底漆涂层。干膜厚度通常限制在 15 ~ 25μm。低于 15μm 时，喷砂的表面就无法得到保护，会在空气中发生“一下子出现大量锈斑”的情况。超过 25μm 时，喷砂底漆会影响焊接质量并产生过多的焊接烟尘。

（2）底漆必须快速干燥，不仅是要保护喷砂的表面，也是因为通常在自动喷砂清理车间的流水线上完成底漆涂装，流水线以 1 ~ 3m/min 的速度传输钢板或型钢。涂装和搬运的间隔通常为 1 ~ 10min，因此底漆必须在此段时间内干燥。

（3）涂层不得对正常的加工制作工序（例如焊接、气割等）产生明显的影响，因此底漆不能引起过多的焊接气孔。

（4）由底漆产生的焊接烟尘排放不得超过相应的职业暴露限制。需要对专用底漆进行“纽卡斯尔职业健康和卫生服务”（*Newcastle Occupational Health and Hygiene Service*）的测试和认证。

（5）底漆涂层应提供足够的保护。值得注意的是，制造商可能声称他们的预涂底漆可以提供更长的耐久性，并宣称其暴露时间可达到 6 ~ 12 个月。但实际上，除了在腐蚀性极小的场合（如室内），很少能达到这种耐久性。在恶劣环境下，耐久性可能只是几周而不是几个月。

目前，有很多专用的喷砂底漆，可以分为以下主要类型：

（1）磷化底漆：在聚乙烯醇缩丁醛树脂的基础上添加了酚醛树脂以增强耐水性。这些底漆可以在单组分或双组分形式提供，并含有铬酸锌颜料。

（2）环氧底漆：是双组分涂料，利用环氧树脂和聚酰胺或多胺固化剂。它们添加各种阻蚀性和非阻蚀性颜料。环氧磷酸锌底漆是该系列中最常用的，可以提供最好的耐久性。

（3）环氧锌粉底漆：可以细分为富锌类和含锌类。富锌底漆薄膜中含约80%（质量比）的金属锌粉末，含锌底漆中含有低至55%（质量比）的金属锌粉末。

暴露在海洋或高腐蚀性工业环境中，环氧锌粉底漆容易形成不溶于水的白色锌盐，下道涂层施工前必须将其除去。所有的环氧锌粉底漆在焊接和气割过程中均会产生危害健康的氧化锌烟雾，并会导致焊接气孔。

（4）硅酸锌底漆：提供与环氧富锌类底漆同样程度的保护，它们具有同样的缺点，例如：形成锌盐和焊接过程中产生氧化锌烟雾。而且更加昂贵，并且不便于使用。

目前，由于黏合剂类型（有机的或无机的）与锌含量的不同，有不同类别的硅酸盐底漆。人们研发低锌含量的该类油漆以改善可焊性，并尽量减少焊接气孔。然而，这会降低它们的耐久性。作为预涂底漆，有机硅酸盐底漆是最合适的。

36.10 涂装施工

36.10.1 施工方法

涂料的施工方法和施工条件对涂层的质量和耐久性有显著的影响。

钢结构标准的油漆施工方法有：刷涂、辊涂、常规的空气喷涂、无气喷涂。当然，其他方法（例如浸渍法）也可以使用。

（1）刷涂。这是最简单，也是最慢、最昂贵的涂装方法。但是，它与其他方法相比，具有一些优势，例如：表面润湿更好，适用于狭小的空间及小区域，损耗低，对周围造成污染较少。

（2）辊涂。这种涂装方法比刷涂要快得多，适用于大而平整的区域，但要求油漆具有合适的流平性。不应在底漆及单道厚膜油漆的施工中采用辊涂涂装方法，在许多防腐涂装说明书中，尤其是在英国高速公路局（UK Highways Agency）的桥梁防腐涂装说明书中，对外表面有装饰性要求的面漆，禁止使用这种方法。

（3）空气喷涂。涂料伴随压缩空气通过喷枪嘴雾化进行自动喷射；施工速度比刷涂或辊涂快；过喷会造成涂料的浪费，气流可能会导致漆膜有孔隙。

（4）无空气喷涂。涂料伴随液压非常高的压缩空气通过枪喷嘴雾化进行自动喷射；施工速度高于空气喷涂，过喷造成的损失也大大减小。

在条件可控的喷涂车间内，采用无空气喷涂对钢结构进行喷涂施工已成为最常用的方法。刷涂更常用于现场施工，当然喷涂施工方法也经常使用。

36.10.2 施工条件

影响涂料施工的主要环境条件是温度和湿度。这些环境条件在车间里比现场更容易进行控制。

（1）温度。空气温度和钢材温度影响溶剂挥发、刷涂和喷涂的性能、干燥和固化时间、双组分涂料的使用有效时间等，如果需要的话，需要通过间接方法加热。

（2）湿度。当在钢材表面有结露或者空气的相对湿度会影响涂装或涂层干燥时，不应进行涂料施工。通常是采用接触式温度计测量出钢材温度，确保钢材温度要至少高于露点3℃以上。

36.11 耐候钢

耐候钢是一种高强度的低合金可焊接的结构用钢材，在许多大气条件下具有良好的耐候性，而不需要防护涂层。耐候钢含有最高达2.5%的合金元素，例如铬，铜，镍和磷。当暴露在空气中时，合适的条件下，耐候钢会形成一个附着的锈层，这可以起到防护膜的作用，其腐蚀速率会随着时间推移而降低，直到它到达末期水平，这个过程通常需要2~3年。

常规的结构用钢形成锈层，最终会成为非粘附性的，并且会从钢材表面分离。腐蚀速率的发展是一条近似直线的一系列增量曲线，其斜率与环境的腐蚀性相关。耐候钢的生锈过程在开始时与此形式是一致的，但合金元素与环境的反应，形成了粘附性强、低孔隙率的锈层。随着时间的推移，锈层变成防护层并降低了腐蚀速率（如图36-2所示）。

BS EN 10025第5部分，对耐候钢做了详细的介绍，在这一类钢材中最知名的耐候钢是考顿钢（Corten steel）。这种钢材的力学性能相当于强度等级S355钢（符合BS EN 10025第2部分的要求）。

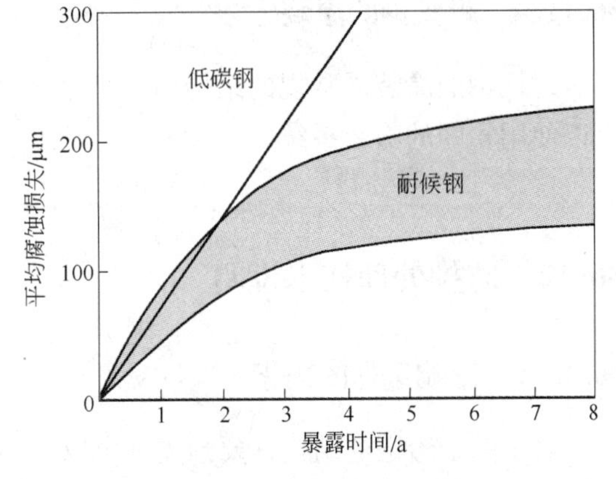

图36-2 英国结构用钢（低碳钢）和耐候钢的典型腐蚀损失

36.11.1 保护性氧化层的形成

耐候钢形成稳定的保护性锈层的时间取决于它的朝向、大气的污染的程度以及表面干湿交替的频率。在将钢材暴露之前，应当用磨料对其进行喷射清理，除去氧化铁皮，为形成氧化层提供一个坚实、均匀的表面。

36.11.2 注意事项和限制

应遵守以下几点，使得耐候钢的使用效益最大化。避免发生：

（1）与吸水性表面接触，例如混凝土和木材；

（2）长期潮湿的环境；

（3）埋置于土壤中；

（4）与不同种类的金属接触；

（5）置于强腐蚀环境中，例如海洋大气和雪天路上洒的盐。

在暴露于环境中的第一年，预料会出现腐蚀物，并且会污染相邻材料（如混凝土基墩）和使相邻材料出现条纹。应规定去除易损表面的腐蚀产物。一般情况下，建筑物的北向立面通常经历长时间的湿润，对保护性锈层的形成不利。

36.11.3 焊接和螺栓连接

可以用所有常规的方法对耐候钢进行焊接，例如手工电弧焊、气体保护焊、埋弧焊和电阻焊，还包括点焊。焊条应该与焊接工艺兼容。对于要求使用高强螺栓的结构连接部位，必须采用符合 ASTM A325，3 型螺栓（考顿钢 X）。[1] 要求的高强度螺栓。当强度较低的螺栓可以满足时，可以使用考顿钢 A 或不锈钢。镀锌的、粉末镀锌的或电镀锌的螺母和螺栓，不宜用于耐候钢的结构上，因为经过一段时间后涂层会被消耗掉，剩下一个不受保护的紧固件，与周围的耐候钢材相比，其耐腐蚀性要差。

36.11.4 耐候钢的涂装

耐候钢的涂装同常规的结构用钢材涂装没什么不同。它们需要相同的表面处理，可以使用相同的涂装系统。

36.12 防护处理技术说明

36.12.1 影响选择的因素

对于一个给定的结构，要预先确定以下各点：

[1] 3 型螺栓包括改进了耐大气腐蚀能力和耐候特性的螺栓（译者注）。

（1）结构的预期寿命和维护的可行性；

（2）钢结构所可能经受的（各种）环境；

（3）结构构件的尺寸和形状；

（4）钢结构制造商或涂料分包商所具备的车间处理设施；

（5）现场情况，这将决定是否可以在钢结构安装后进行处理；

（6）腐蚀防护成本。

必须在作出决定前考虑这些因素，以及其他可能的情况，例如：

1）所使用涂料的类型；

2）表面处理的方法；

3）涂装方法；

4）涂层道数和每一道涂层的厚度。

通常，每个个案都要根据其具体情况来定。但是，以下几点在作决定时可能会有所帮助：

（1）对于内部干燥、有供暖的建筑物，其腐蚀防护要求可以很低。这时，隐蔽的（非外露的）钢结构完全不需要防护。

（2）使用动力工具进行喷砂清理，与手工表面处理方法相比，其涂装系统的耐久性会增加好几倍。

（3）除了需要更高表面粗糙度的厚涂层涂料以外，对于大多数涂层系统来说，首选是采用抛丸表面处理。

（4）对于热（金属）喷涂和某些底漆（如硅酸锌底漆），必须采用喷砂表面清理。

（5）如果采用喷砂表面清理，有两种工艺流程可供选择，即：

1）喷砂清理/底漆涂装/加工制作/损坏处修补；

2）加工制作/喷砂清理/底漆涂装。

前者通常较便宜，但需要使用一种较薄的、可焊接的车间底漆。

（6）车间底漆必须直接涂装在喷砂清理后的表面，通常是很薄的一层，最大为25μm。因此，它们的耐用性是有限的，需要进行下一步的涂装。

（7）手工表面处理清除氧化铁皮，取决于氧化铁皮的风化程度。但这些方法通常不宜用于车间的表面清理。在施工现场，通常要经几个月的时间才能达到足够的风化程度，而清除所有氧化铁皮是十分重要的。

（8）许多现代的合成树脂底漆与手工清理的钢材表面不能兼容，因为这些底漆对于铁锈和氧化铁皮的容忍度很低。

（9）许多油基和醇酸基底漆不能被含强溶剂的面漆（如丙烯酸酯橡胶、环氧树脂、沥青涂料等）涂覆。

（10）双组分环氧树脂的抗紫外线能力差，容易“粉化”。有时，除非双组分环氧漆在前一层涂料完全固化前就进行涂覆，否则就会出现涂覆问题。当环氧漆一部分在车间涂装施工，一部分在现场涂装时，涂覆问题就会特别明显。通常完全固化需要

14～28天，这取决于环境温度和基材温度。

（11）混凝土包覆的钢结构通常并不需要任何其他的防护，只要混凝土保护层足够厚而且透水性低即可。

（12）隐藏在空心墙内的外围钢结构分为两类：

1）当钢结构和外侧砖石墙之间有空气隔层（最小40mm）时，可以采用相对简单的涂层系统来达到足够的防护要求；

2）当钢结构与外侧砖石直接接触或嵌入外侧砖石时，则钢结构需要进行热浸锌并涂装防水涂层，如沥青。

（13）当在钢结构上施工防火系统时，需要考虑防腐蚀系统和防火系统之间的兼容性。

（14）如果不在新的热浸镀锌的表面上涂装一道特殊的底漆，那么会出现附着力问题，而很难在上面涂装油漆。在涂装油漆前将其风化一段时间会减轻这个影响，但可能无法完全克服它。

（15）热喷涂会产生一个多孔的涂层表面，应当用一层薄的、低黏度的封闭涂层进行封闭，再进行下一步的涂装。

（16）要特别注意对焊接区域的处理。应在涂装之前清除焊渣和飞溅物。通常，焊缝区和一般表面一样，要达到相同的表面处理标准，方可再进行涂装。

（17）粗制螺栓连接接头的接触面需要防护。通常只限于使用底漆，它可以在车间或在现场组装前施工。

（18）对于摩擦型高强螺栓连接，接触面不能涂漆或有污染物，因为它们会降低接头处的抗滑移系数。可以使用某些金属喷涂涂层和无机硅酸锌底漆，但几乎所有的有机涂层都会对抗滑移系数产生不利影响。在这个部位使用任何涂层都需要仔细检查核实。

36.12.2 编制防腐技术说明书

技术说明书应该“说明它的要求，这些要求说明了什么”。其目的是给承包商提供一个清楚且精确的指导。指导他们要做什么，应该怎么做。它应该写得很有逻辑，从表面处理开始，然后每道涂层或者金属涂层的涂装，最后是对特殊区的处理，如焊缝。在提供必要信息的情况下，应该尽量精简。一份技术说明书最重要的内容为：

（1）表面处理的方法和所需要的标准，通常可以通过引用适当的标准，例如ISO 8501-1，A或B、Sa 2～3级，以及盐分或污染物的级别。

（2）表面处理和随后底漆施工之间的最大时间间隔。

（3）所使用涂料的类型，给出所遵循的现行标准。

（4）施工方法。

（5）施工涂层的道数以及涂层之间的涂装间隔，包括接缝补涂。

（6）每道涂层的干膜厚度和湿膜厚度。

（7）每道涂层施工的场地（车间或现场），以及所要求的施工条件，比如温度、湿度、露点等。

（8）焊缝、连接部位的处理细节。

（9）损坏区的修补程序。

36.12.3 涂层施工的质量

众所周知，防腐蚀涂层的优劣会受涂装施工质量的明显的影响。现代的涂装材料需要对它们的性能有着详细的认识，如施工准备（混合）、正确的施工条件、使用合适的设备。由于这些原因，所有涂料施工人员都有必要对施工材料进行全面的了解，以确保达到最大的涂层防护效果。针对这种情况，防腐蚀研究所（Institute of Corrosion）通过它的全资子公司 Correx Ltd. 建立了一个培训认证体系——工业涂料施工培训体系（Industrial Coating Applicator Training Scheme（ICATS）），用来对涂料施工人员进行培训并认证。公司和个人可在该培训体系进行注册。应确保所有涂料承包商和他们的工人是经过 ICATS 注册和认证的。

36.12.4 检查

检查是一项重要的活动，以确保符合技术说明书的要求。在理想情况下，检查应该贯穿整个施工过程，包括工作的每个阶段，即表面处理、底漆、中间漆等。有很多工具可用来评估经喷砂清理的钢材表面粗糙度、表面清洁度、涂料的湿膜厚度、涂料和金属涂料的干膜厚度及环境条件等。强烈建议雇佣一个经过认证的独立的涂装检查员，如通过防腐蚀研究所培训和认证的涂层检查员。

36.12.5 环境保护

除了防腐蚀保护要求外，通过立法施加了越来越多要求的压力，要求使用环境友好型和减轻对大气危害的油漆和涂料。已经鼓励使用不含大量溶剂和有毒或有害物质的涂料，并通过最近的工业指令强制实施。

继采用了《环境保护法案》（*The Environmental Protection Act*）（1990 年）后，另一个列出了不同类型涂料的挥发性有机化合物（VOCs）限制的法规也被引入，就是《国务大臣的工艺指南说明 PG6/23 金属和塑料涂料》（*the Secretary of State's Process Guidance Note PG6/23 Coating of Metal and Plastic*）。涂料和油漆制造商相应开发了符合这些要求的涂料，如低 VOCs、高固含量，或者水性涂料和无溶剂涂料。

自 2005 年 10 月以来，欧洲统一了各国法规，催生了下面的欧盟 VOC 指令：

（1）《VOC 溶剂排放指令（1999/13/EC）》（*The VOC Solvent Emission Directive*）（1999/13/EC），也称为设施 VOC 指令，适用于使用挥发性有机化合物的设施和设施

组件。

(2)《油漆指令(2004/42/EC)》(*The Paints Directive*)(2004/42/EC),也称为产品 VOC 指令,包括色漆和清漆中所含的挥发性有机化合物。

《溶剂排放指令(1999/13/EC)》(*Solvent Emissions Directive*)(SED),对于涂料最终用户与施工人员的责任限定很轻。因此技术说明书编制者需要注意涂料的类型和他们的施工工艺,以确保符合法规的要求,也需要注意和涂料行业人士进行磋商,还需要施工人员的协助。

相关标准:

表面处理

(1) 英国标准学会 BS 7079:2009 涂料和相关产品涂覆之前钢材基材制备标准的一般介绍。伦敦,BSI。(*British Standards Institution BS* 7079:2009 *General introduction to standards for preparation of steel substrates before application of paints and related products. London*, *BSI.*)

(2) 国际标准化委员会 BS EN ISO 8501 (4 部分) 涂料和相关产品使用前钢基材的处理。表面清洁度的目测评价。伦敦,BSI。(*International Organization for Standardization BS EN ISO* 8501 (4 *parts*) *Preparation of steel substrates before application of paints and related products. Visual assessment of surface cleanliness. London*, *BSI.*)

(3) 国际标准化委员会 BS EN ISO 8502 (9 部分) 涂料和相关产品使用前钢基材的处理。表面清洁度的评估试验。伦敦,BSI。(*International Organization for Standardization BS EN ISO* 8502 (9 *parts*) *Preparation of steel substrates before application of paints and related products. Tests for the assessment of surface cleanliness. London*, *BSI.*)

(4) 国际标准化委员会 BS EN ISO 8503 (5 部分) 涂料和相关产品使用前钢基材的处理。喷丸处理的钢基材的表面粗糙度。伦敦,BSI。(*International Organization for Standardization BS EN ISO* 8503 (5 *parts*) *Preparation of steel substrates before application of paints and related products. Surface roughness characteristics of blast-cleaned steel substrates. London*, *BSI.*)

(5) 国际标准化委员会 BS EN ISO 8504 (3 部分) 涂料和相关产品使用前钢基材的处理。表面处理方法。伦敦,BSI。(*International Organization for Standardization BS EN ISO* 8504 (3 *parts*) *Preparation of steel substrates before application of paints and related products. Surface preparation methods. London*, *BSI.*)

(6) 国际标准化委员会 BS EN ISO 11124 (4 部分) 涂料和相关产品使用前钢基材的处理。金属喷射清理磨料的要求。伦敦,BSI。 (*International Organization for Standardization BS EN ISO* 11124 (4 *parts*) *Preparation of steel substrates before application of paints and related products. Specifications for metallic blast-cleaning abrasives. London*, *BSI.*)

(7) 国际标准化委员会 BS EN ISO 11125 (7 部分) 涂料和相关产品使用前钢基

材的处理。金属喷射清理磨料的试验方法。伦敦，BSI。（*International Organization for Standardization BS EN ISO* 11125（7 *parts*）*Preparation of steel substrates before application of paints and related products. Test methods for metallic blast-cleaning abrasives. London*, *BSI.*）

（8）国际标准化委员会 BS EN ISO 11126（8 部分）涂料和相关产品使用前钢基材的处理。非金属喷射清理磨料规范。伦敦，BSI。（*International Organization for Standardization BS EN ISO* 11126（8 *parts*）*Preparation of steel substrates before application of paints and related products. Specifications for non-metallic blast cleaning abrasives. London*, *BSI.*）

（9）国际标准化委员会 BS EN ISO 11127（7 部分）涂料和相关产品使用前钢基材的处理。非金属喷射清理磨料的试验方法。伦敦，BSI。（*International Organization for Standardization BS EN ISO* 11127（7 *parts*）*Preparation of steel substrates before application of paints and related products. Test methods for non-metallic blast-cleaning abrasives. London*, *BSI.*）

油漆

（1）国际标准化委员会 BS EN ISO 12944（8 部分）色漆和清漆-防护涂料系统对钢结构的防腐蚀保护。伦敦，BSI。（*International Organization for Standardization BS EN ISO* 12944（8 *parts*）*Paints and varnishes-Corrosion protection of steel structures by protective paint systems. London*, *BSI.*）

（2）国际标准化委员会 BS EN ISO 4618：2006 色漆和清漆。术语和定义。伦敦，BSI。（*International Organization for Standardization BS EN ISO* 4618：2006 *Paints and Varnishes. Terms and definitions. London*, *BSI.*）

（3）英国标准学会 BS 1070：1993 黑色漆（焦油基）。伦敦，BSI。（*British Standards Institution BS* 1070：1993 *Black paint*（*tar based*）. *London*, *BSI.*）

（4）英国标准学会 BS 2015：1992 涂料词汇及相关术语。伦敦，BSI。（*British Standards Institution BS* 2015：1992 *Glossary of paint and related terms. London*, *BSI.*）

（5）英国标准学会 BS 3416：1991 适用于与饮用水接触的冷涂沥青基涂层标准。伦敦，BSI。（*British Standards Institution BS* 3416：1991 *Bitumen based coatings for cold application*, *suitable for use in contact with potable water. London*, *BSI.*）

（6）英国标准学会 BS EN 10300：2005 近岸和海上管道用钢管和配件。外涂层用沥青热涂材料。伦敦，BSI。（*British Standards Institution BS EN* 10300：2005 *Steel tubes and fittings for onshore and offshore pipelines. Bitumen hot applied materials for external coating. London*, *BSI.*）

（7）英国标准学会 BS 4164：2002 钢材防护用热涂煤焦油基层涂层材料（包括相应的底漆）。伦敦，BSI。（*British Standards Institution BS* 4164：2002 *Coal tar based hot applied coating materials for protecting iron and steel products*, *including suitable primers where required. London, BSI.*）

（8）英国标准学会 BS 4652：1995 富锌底漆（有机）。伦敦，BSI。（*British Standards Institution BS* 4652：1995 *Zinc rich priming paint* （*organic media*）. *London*, *BSI.*）

（9）英国标准学会 BS 6949：1991 适用于与非饮用水接触的冷涂沥青基涂层。伦敦，BSI。（*British Standards Institution BS* 6949：1991 *Bitumen based coatings for cold application excluding use in contact with potable water. London*, *BSI.*）

金属涂层

（1）国际标准化委员会 BS EN ISO 1461：2009 加工钢材制品的热镀锌层-规格和试验方法。伦敦，BSI。（*International Organization for Standardization BS EN ISO* 1461：2009 *Hot dip galvanized coatings on fabricated iron and steel articles-Specifications and test methods. London*, *BSI.*）

（2）国际标准化委员会 BS EN ISO 14713-1：2009 锌粉漆。铁和钢结构的防腐蚀保护的指导方针和建议。设计和耐腐蚀性的一般原则。伦敦，BSI。（*International Organization for Standardization BS EN ISO* 14713-1：2009 *Zinc coatings. Guidelines and recommendations for the protection against corrosion of iron and steel in structures. General principles of design and corrosion resistance. London*, *BSI.*）

（3）国际标准化委员会 BS EN ISO 14713-2：2009 锌粉漆。铁和钢结构的防腐蚀保护的指导方针和建议。热浸镀。伦敦，BSI。（*International Organization for Standardization BS EN ISO* 14713-2：2009 *Zinc coatings. Guidelines and recommendations for the protection against corrosion of iron and steel in structures. Hot dip galvanizing. London*, *BSI.*）

（4）国际标准化委员会 BS EN ISO 14713-3：2009 锌粉漆。铁和钢结构的防腐蚀保护的指导方针和建议。锌粉热镀。伦敦，BSI。（*International Organization for Standardization BS EN ISO* 14713-3：2009 *Zinc coatings Guidelines and recommendations for the protection against corrosion of iron and steel in structures. Sherardizing. London*, *BSI.*）

（5）英国标准学会（1988 年）BS 4921：1988 钢材件上的镀锌层规范。伦敦，BSI。（*British Standards Institution*（1988）*BS* 4921：1988 *Specification for sherardised coatings on iron or steel. London*, *BSI.*）

（6）国际标准化委员会 BS EN ISO 2081：2008 金属与其他无机涂层 镍 + 铬和铜 + 镍 + 铬电镀层。伦敦，BSI。（*International Organization for Standardization BS EN ISO* 2081：2008 *Metallic and other inorganic coatings. Electroplated coatings of zinc with supplementary treatments on iron or steel. London*, *BSI.*）

（7）国际标准化委员会 BS EN ISO 2082：2008 金属涂层、镉电镀层在铸铁与钢材上的补充处理。伦敦，BSI。（*International Organization for Standardization BS EN ISO* 2082：2008 *Metallic coatings. Electroplated coatings of cadmium with supplementary treatments on iron or steel. London*, *BSI.*）

（8）英国标准学会 BS 3083：1988 普通热浸涂锌和热浸涂铝/锌波纹薄钢板规范。伦敦，BSI。（*British Standards Institution BS* 3083：1988 *Hot dip zinc coated*，*hot dip aluminium/zinc coated corrugated steel sheets for general purposes. London*，*BSI.*）

（9）英国标准学会 BS EN 10346：2009 连续热浸涂覆钢扁平制品。技术交付条件。伦敦，BSI。（*British Standards Institution BS EN* 10346：2009 *Continuously hot-dip coated steel flat products. Technical delivery conditions. London*，*BSI.*）

（10）国际标准化委员会 BS EN ISO 2063：2005 热喷涂　金属和其他无机覆层　锌、铝及其合金。伦敦，BSI。（*International Organization for Standardization BS EN ISO* 2063：2005 *Thermal spraying. Metallic and other inorganic coatings. Zinc*，*aluminium and their alloys. London*，*BSI.*）

（11）英国标准学会（1990 年）BS 4479：第 7 部分：1990，涂层制品的设计　热喷涂涂层建议。伦敦，BSI。（*British Standards Institution*（1990）*BS* 4479：*Part* 7：1990 *Design of articles that are to be coated. Recommendations for thermally sprayed coatings. London*，*BSI.*）

（12）英国标准学会 BS 7371-12：2008 金属紧固件涂层　英制紧固件的要求。伦敦，BSI。（*British Standards Institution BS* 7371-12：2008 *Coatings on metal fasteners. Requirements for imperial fasteners. London*，*BSI.*）

（13）英国标准学会 BS PD 6484：1979 对于双金属接触的腐蚀及缓解的评注。伦敦，BSI。（*British Standards Institution BS PD* 6484：1979 *Commentary on corrosion at bime-tallic contacts and its alleviation. London*，*BSI.*）

附　　录*

钢材技术参数

设计理论

构件和连接设计

欧洲规范

楼盖

施工

---

* 附录译者：石永久。

标准

钢材技术参数

弹性参数

弹性模量（杨氏模量） $E=205\text{GPa}$
泊松比 $\nu=0.30$
线膨胀系数 $\alpha=12\times10^{-6}℃$

结构用钢材欧洲标准

引言

为了突破贸易技术壁垒，欧洲钢铁标准化委员会（ECISS）对结构用钢材制定了一系列欧洲钢材标准（ENs）。

自第六版《钢结构设计手册》出版后标准有如下改变：

BS EN 10025 中的以下部分取代了 BS EN10025：1993：

BS EN 10025-1：2004 结构钢材热轧产品：一般交货技术条件

BS EN 10025-2：2004 结构钢材热轧产品：非合金钢交货技术条件

BS EN 10025-3：2004 结构钢材热轧产品：正火/正火轧制的可焊接细晶粒结构钢交货技术条件

BS EN 10025-4：2004 结构钢材热轧产品：热机械轧制可焊接细晶粒结构钢交货技术条件

BS EN 10025-5：2004 结构钢材热轧产品：耐大气腐蚀结构钢交货技术条件

BS EN 10025-6：2004 + A1：2009 结构钢材热轧产品：淬火和回火高强度结构钢板交货技术条件

BS EN 10113-1：1993 标准名撤销，由 BS EN 10025 各部分替代；

BS EN 10137-1：1996 标准名撤销，由 BS EN 10025 各部分替代；

BS EN 10137-2：1996 标准名撤销，由 BS EN 10025 各部分替代；

BS EN 10137-3：1996 标准名于 2004 年 12 月 1 日撤销；

BS EN 10155：1993 标准名撤销，由 BS EN 10025 各部分替代；

BS EN 10210：1994 标准名，由 2006 年版取代（包括两部分）：即 BS EN 10210-1：2006 及 BS EN 10210-2：2006。

BS7668：1994 由 BS7668：2004“焊接结构钢、热成型耐候钢结构空心截面技术规范”替代。

表 1 总结了已经取代 BS 4360 的欧洲和英国标准。

牌号体系

欧洲 EN 标准中采用的钢材牌号体系与 EN 10027：第 1 和第 2 部分，以及 ECISS

信息通报 IC 10（BSI 按 DD 214 出版）一致。这些牌号体系与熟悉的 BS 4360 牌号完全不同。

表 2a ~ 2d 有助于相关人员理解钢材牌号。

表 1　替代 BS 4360 的欧洲标准和英国标准

标　准	被替代的 BS 4360 钢材等级
BS EN 10025：1993	40A，B，C，D；43A，B，C，D；50A，B，C，D，DD
BS EN 10113：第 1，2 和 3 部分：1993	40DD，E，EE；43DD，E，EE；50E，EE；55C，EE
BS EN 10137：第 1，2 和 3 部分：1996	50F 和 55F
BS EN 10155：1993	WR50A，B，C
BS EN 10210：第 1 部分：1994	热成型空心截面结构钢等级——不包括耐候钢等级
BS 7668：1994	热成型空心截面耐候钢等级

表 2a　EN10025 采用的符号

S...	结 构 钢 材
E...	工程用钢
.235...	16mm 厚最小屈服强度（R），单位 MPa
...JR..	+20℃V 形缺口夏比冲击韧性 27J，纵向取样
...J0..	0℃V 形缺口夏比冲击韧性 27J，纵向取样
...J2..	-20℃V 形缺口夏比冲击韧性 27J，纵向取样
...K2..	-20℃V 形缺口夏比冲击韧性 40J，纵向取样
....G1	沸腾钢（FU）
....G2	非沸腾钢（FN）
....G3	板材产品：供货条件“N”—正火或正火热轧
	带材产品：供货条件由供应商决定
....G4	所有产品：供货条件由供应商决定

例如：S235JRG1，S355K2G4。

表 2b　EN10155 采用的符号

S...	结 构 钢 材
.235...	16mm 厚最小屈服强度（R），单位 MPa
...J0..	0℃V 形缺口夏比冲击韧性 27J，纵向取样
...J2..	-20℃V 形缺口夏比冲击韧性 27J，纵向取样
...K2..	-20℃V 形缺口夏比冲击韧性 40J，纵向取样
....G1	板材产品：供货条件“N”—正火或正火热轧
	带材产品：供货条件由供应商决定
....G2	所有产品：供货条件由供应商决定
....W	耐候钢
....P	高磷钢等级

例如：S235J0WP，S355K2G2W。

表 2c　EN 10113 采用的符号

S...	结 构 钢 材
.275.	16mm 厚最小屈服强度（R），单位 MPa
...N..	正火或正火热轧
...M..	温控机械热轧
...L.	低至 -50℃的 V 形缺口夏比冲击功

例如：S275N，S355ML。

表 2d　EN 10137 采用的符号

S...	结 构 钢 材
.460..	16mm 厚最小屈服强度（R），单位 MPa
....Q..	淬火和回火
....L	低至 -40℃的 V 形缺口夏比冲击功
....L1	低至 -60℃的 V 形缺口夏比冲击功

例如：S460QL，S620QL1。

设 计 理 论

弯矩、剪力和挠度

悬 臂 梁

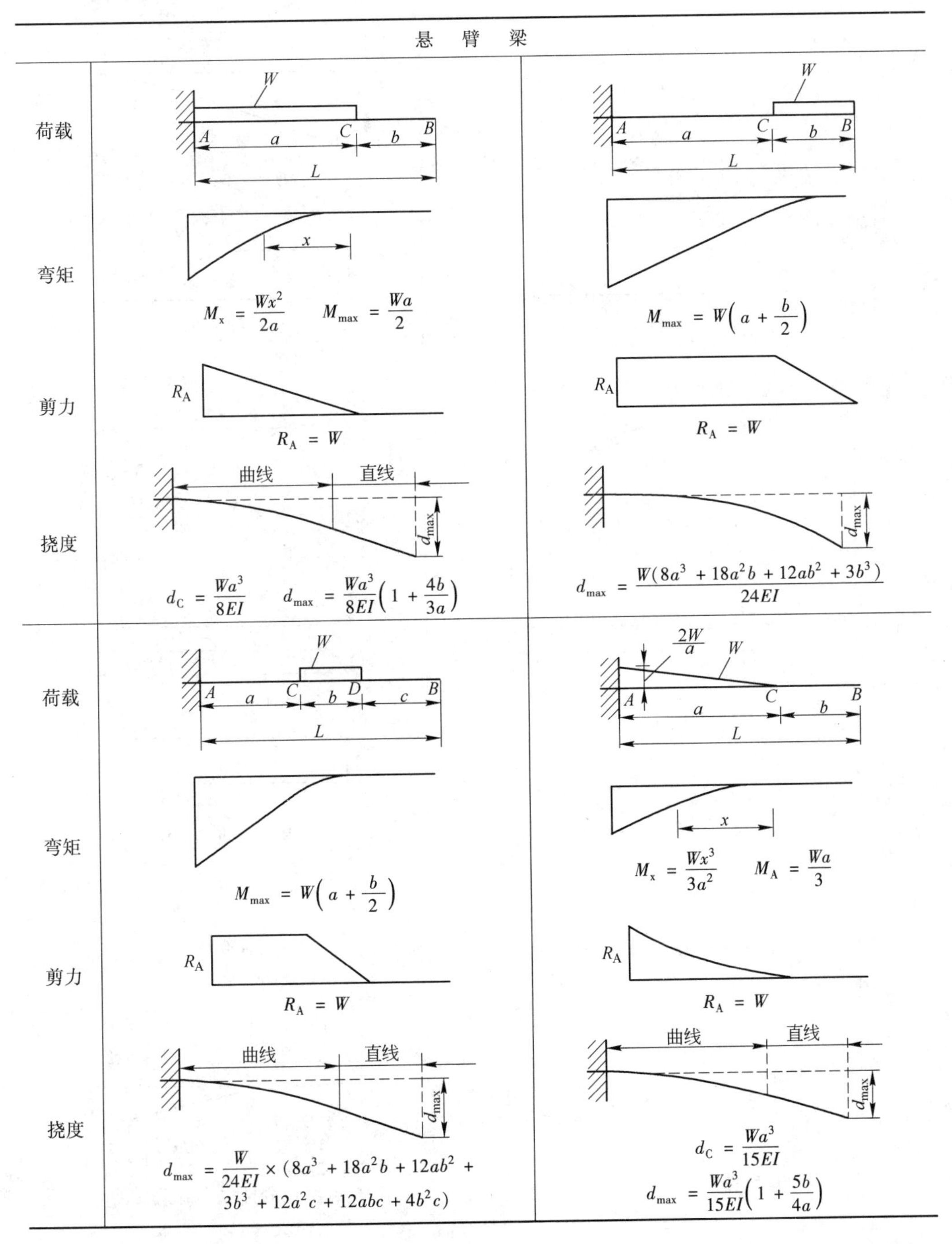

续表

悬臂梁		
荷载	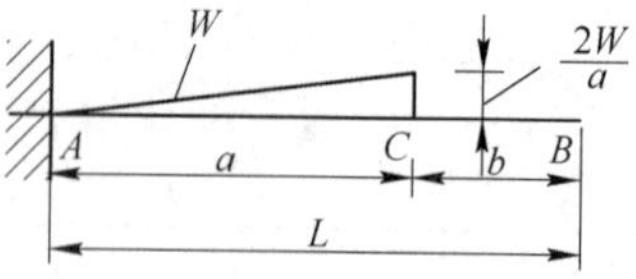 W, $\frac{2W}{a}$, A, C, B, a, b, L	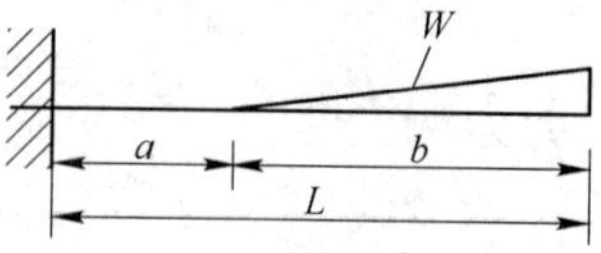 W, a, b, L
弯矩	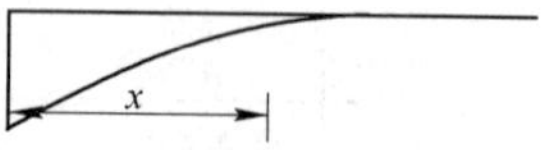 $M_x = \frac{Wa}{3}\left[\left(\frac{x}{a}\right)^3 - \frac{3x}{a} + 2\right]$　$M_A = \frac{2Wa}{3}$	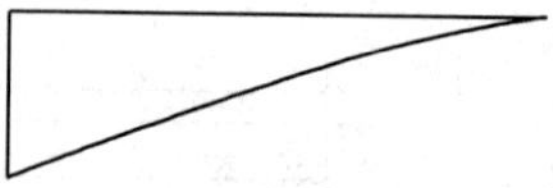 $M_{max} = W\left(a + \frac{2b}{3}\right)$
剪力	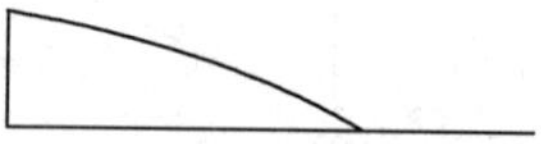 $R_A = W$	 R_A $R_A = W$
挠度	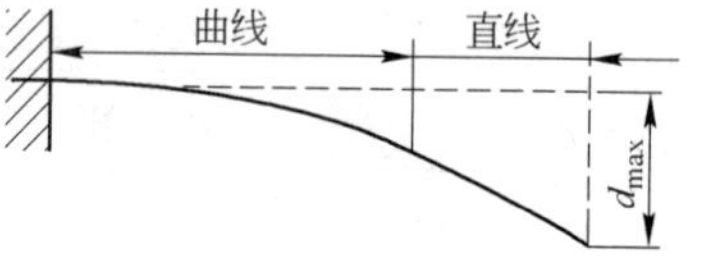 曲线　直线　d_{max} $d_C = \frac{11Wa^3}{60EI}$　$d_{max} = \frac{11Wa^3}{60EI}\left(1 + \frac{15b}{11a}\right)$	 d_{max} $d_{max} = \frac{W(20a^3 + 50a^2b + 40ab^2 + 11b^3)}{60EI}$
荷载	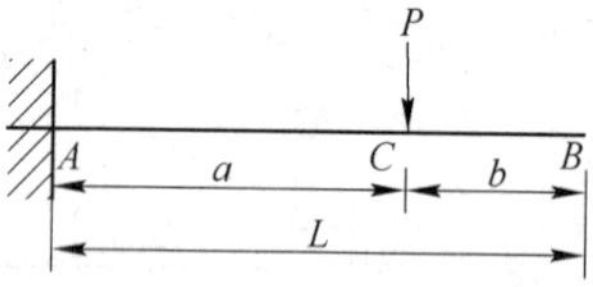 P, A, C, B, a, b, L	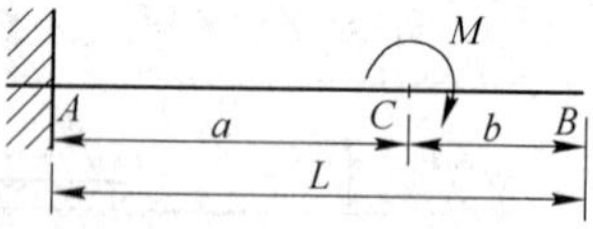 M, A, C, B, a, b, L
弯矩	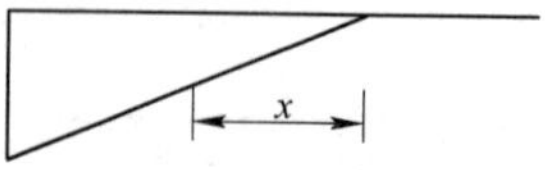 $M_x = Px$　$M_{max} = Pa$	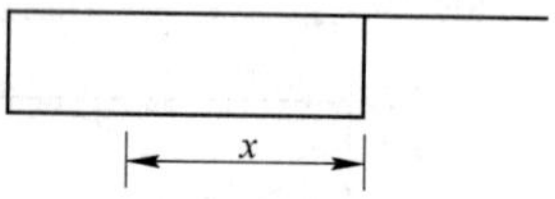 $M_{max} = M_x = M_C$
剪力	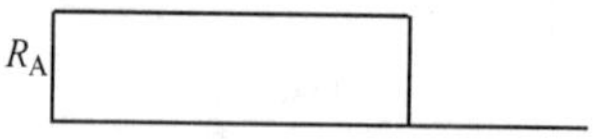 R_A $R_A = P$	无剪力
挠度	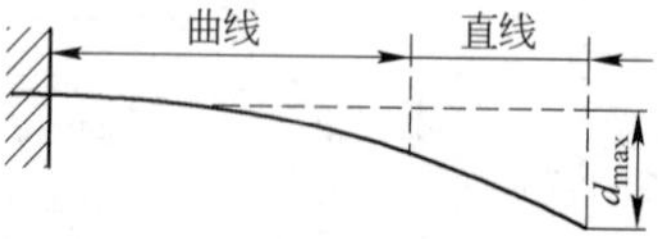 曲线　直线　d_{max} $d_C = \frac{Pa^3}{3EI}$　$d_{max} = \frac{Pa^3}{3EI}\left(1 + \frac{3b}{2a}\right)$	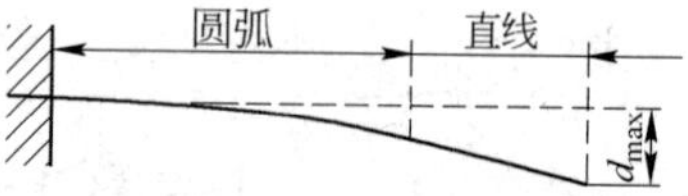 圆弧　直线　d_{max} $d_C = \frac{Ma^2}{2EI}$　$d_{max} = \frac{Ma^2}{2EI}\left(1 + \frac{2b}{a}\right)$ 注:弯矩为逆时针方向时,挠度向上

续表

简支梁		
荷载		
弯矩	$M_x = \frac{Wx}{2}\left(1 - \frac{x}{L}\right)$ $M_{max} = \frac{WL}{8}$	$M_{max} = \frac{Wa}{4}$
剪力	$R_A = R_B = \frac{W}{2}$	$R_A = R_B = \frac{W}{2}$
挠度	$d_{max} = \frac{5}{384} \cdot \frac{WL^3}{EI}$	$d_{max} = \frac{Wa(3L^2 - 2a^2)}{96EI}$
荷载		
弯矩	$M_{max} = \frac{W}{b}\left(\frac{x_1^2 - a^2}{2}\right)$ 当 $x_1 = a + \frac{R_A b}{W}$	$M_{max} = \frac{W}{2}a\left(1 - \frac{a}{2L}\right)^2$ 当 $x_1 = a\left(1 - \frac{a}{2L}\right)$
剪力	$R_A = \frac{W}{L}\left(\frac{b}{2} + c\right)$ $R_B = \frac{W}{L}\left(\frac{b}{2} + a\right)$	$R_A = W\left(1 - \frac{a}{2L}\right)$ $R_B = \frac{Wa}{2L}$
挠度	当 $a = c$ $d_{max} = \frac{W}{384EI}(8L^3 - 4Lb^2 + b^3)$	当 $x \leqslant a, d = \frac{WL^4}{24aEI}[m^4 - 2n(2 - n)m^3 + n^2(2 - n)^2 m]$ 当 $x \geqslant a, d = \frac{WL^4}{24aEI}n^2[2m^3 - 6m^2 + m(4 + n^2) - n^2]$ 式中 $m = x/L$, $n = a/L$

续表

	简　支　梁	
荷载	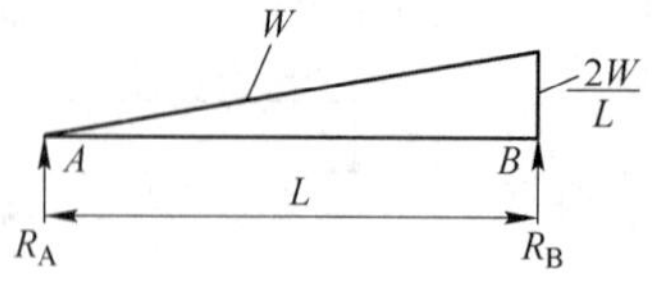W 2W/L A B L R_A R_B	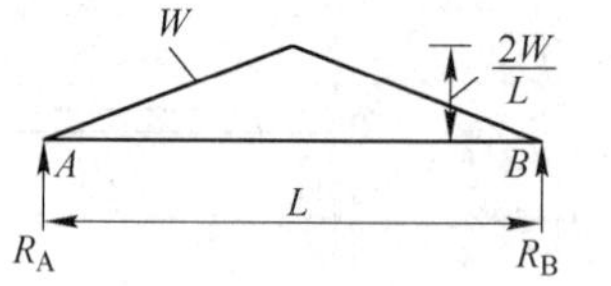W 2W/L A B L R_A R_B
弯矩	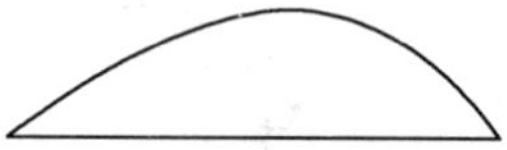 $M_x = \frac{Wx}{3}\left(1 - \frac{x^2}{L^2}\right)$ $M_{max} = 0.128WL$ 当 $x_1 = 0.5774L$	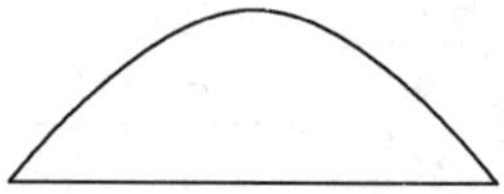 $M_x = Wx\left(\frac{1}{2} - \frac{2x^2}{3L^2}\right)$ $M_{max} = WL/6$
剪力	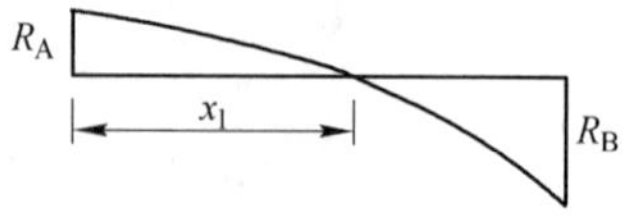R_A x_1 R_B $R_A = W/3$ $R_B = 2W/3$	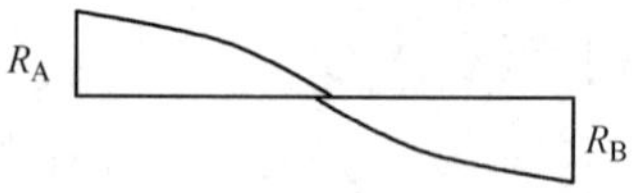R_A R_B $R_A = R_B = \frac{W}{2}$
挠度	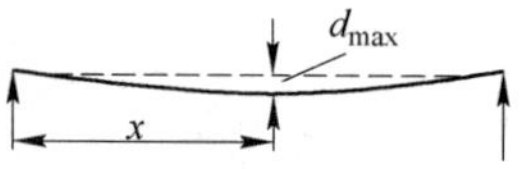d_{max} x $d_{max} = \frac{0.01304WL^3}{EI}$ 当 $x = 0.5193L$	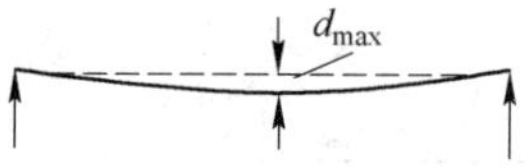d_{max} $d_{max} = \frac{WL^3}{60EI}$
荷载	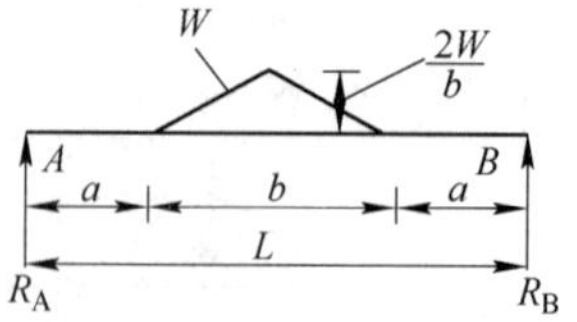W 2W/b A B a b a L R_A R_B	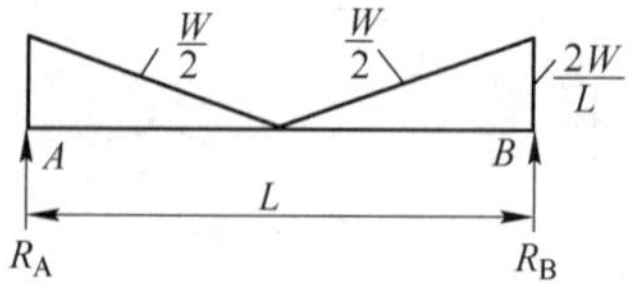W/2 W/2 2W/L A B L R_A R_B
弯矩	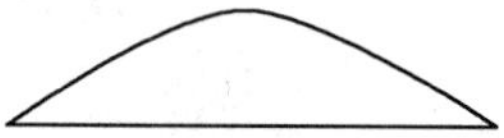 $M_{max} = \frac{W}{4}\left(L - \frac{b}{3}\right)$	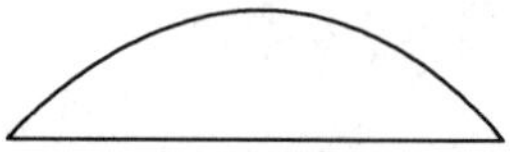 $M_x = Wx\left(\frac{1}{2} - \frac{x}{L} + \frac{2x^2}{3L^2}\right)$ $M_{max} = WL/12$
剪力	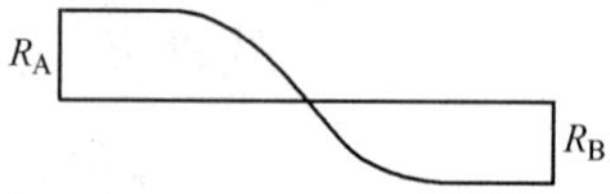R_A R_B $R_A = R_B = W/2$	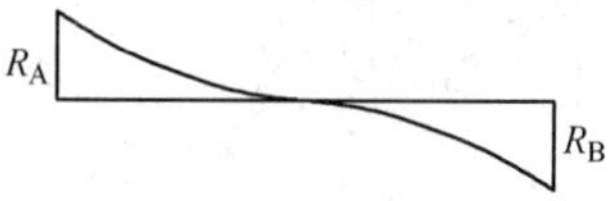R_A R_B $R_A = R_B = \frac{W}{2}$
挠度	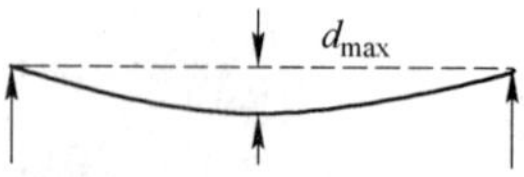d_{max} $d_{max} = \frac{W}{480EI}(8L^3 + 7aL^2 - 4a^2L - 4a^3)$	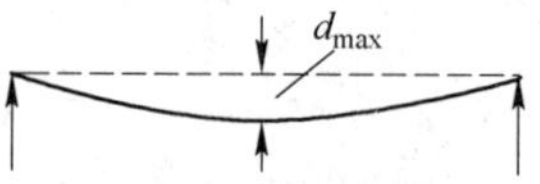d_{max} $d_{max} = \frac{3WL^3}{320EI}$

续表

简支梁		
荷载	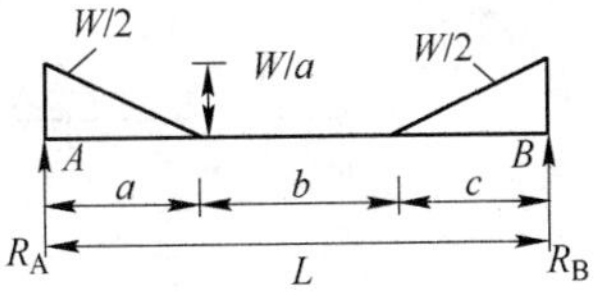 $W/2$ W/a $W/2$ A B a b c R_A L R_B	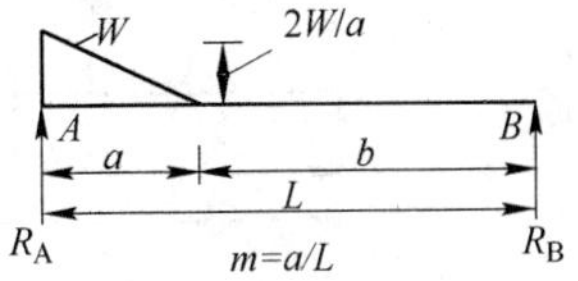 W $2W/a$ A B a b L R_A $m=a/L$ R_B
弯矩	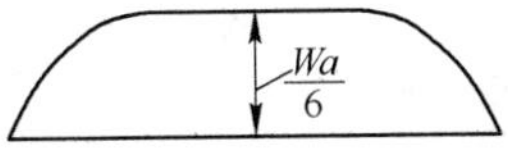 $\dfrac{Wa}{6}$ $M_{max}=\dfrac{Wa}{6}$	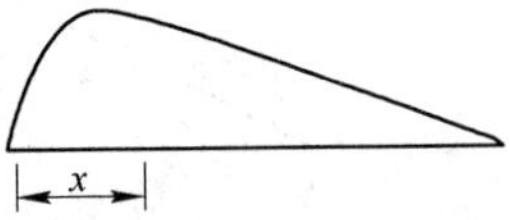 x $M_{max}=\dfrac{Wa}{3}\left(1-m+\dfrac{2m}{3}\sqrt{\dfrac{m}{3}}\right)$ 当 $x=a\left(1-\sqrt{\dfrac{m}{3}}\right)$
剪力	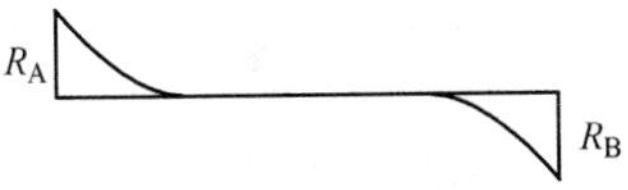 R_A R_B $R_A=R_B=W/2$	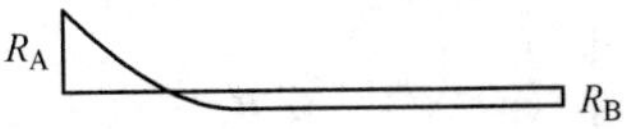 R_A R_B $R_A=W\left(1-\dfrac{m}{3}\right)$ $R_B=\dfrac{Wm}{3}$
挠度	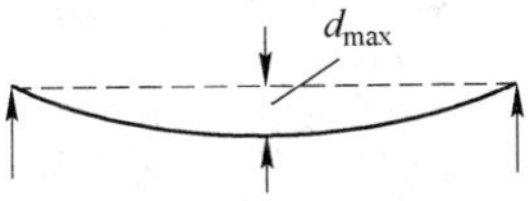 d_{max} $d_{max}=\dfrac{Wa}{240EI}(18a^2+20ab+5b^2)$	—
荷载	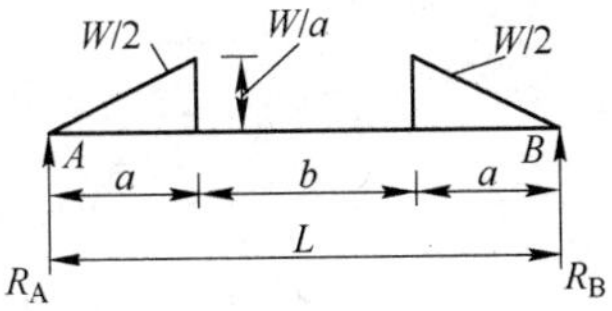 $W/2$ W/a $W/2$ A B a b a L R_A R_B	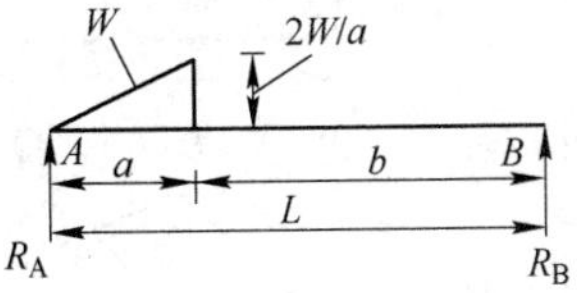 W $2W/a$ A B a b L R_A R_B
弯矩	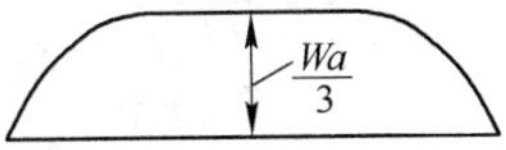 $\dfrac{Wa}{3}$ $M_{max}=\dfrac{Wa}{3}$	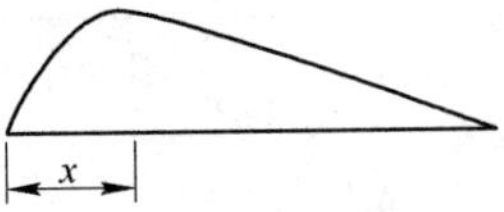 x $M_{max}=\dfrac{2Wa}{3}\left(1-\dfrac{2m}{3}\right)^{3/2}$ 当 $x=a\sqrt{1-\dfrac{2m}{3}}$
剪力	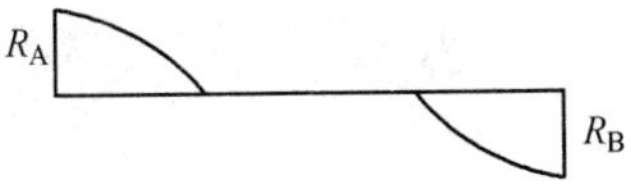 R_A R_B $R_A=R_B=W/2$	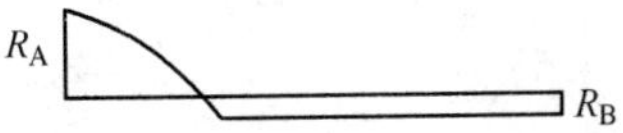 R_A R_B $R_A=W\left(1-\dfrac{2m}{3}\right)$ $R_B=\dfrac{2Wm}{3}$
挠度	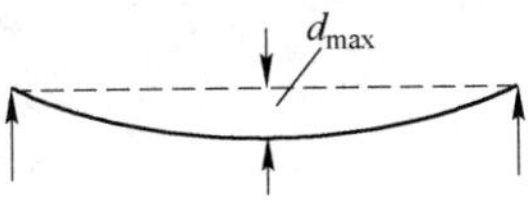 d_{max} $d_{max}=\dfrac{Wa}{120EI}(16a^2+20ab+5b^2)$	—

续表

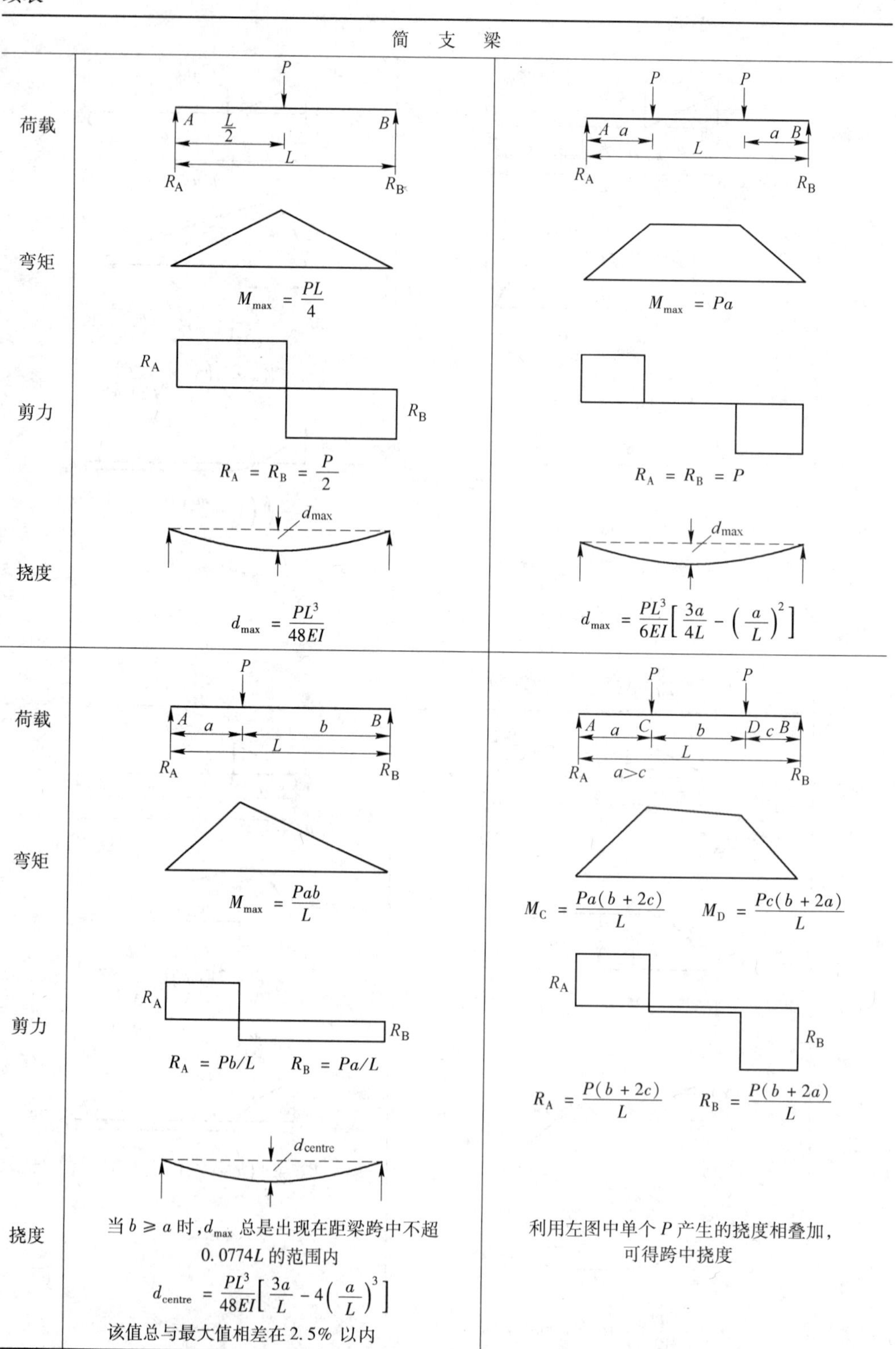
简　支　梁
荷载
弯矩
剪力
挠度
P
A
B
L/2
L
R_A
R_B
$M_{max} = \frac{PL}{4}$
$R_A = R_B = \frac{P}{2}$
d_{max}
$d_{max} = \frac{PL^3}{48EI}$
P
a
$M_{max} = Pa$
$R_A = R_B = P$
$d_{max} = \frac{PL^3}{6EI}\left[\frac{3a}{4L} - \left(\frac{a}{L}\right)^2\right]$
b
$M_{max} = \frac{Pab}{L}$
$R_A = Pb/L$　$R_B = Pa/L$
d_{centre}
当 $b \geqslant a$ 时，d_{max} 总是出现在距梁跨中不超 0.0774L 的范围内
$d_{centre} = \frac{PL^3}{48EI}\left[\frac{3a}{L} - 4\left(\frac{a}{L}\right)^3\right]$
该值总与最大值相差在 2.5% 以内
C
D
c
a>c
$M_C = \frac{Pa(b+2c)}{L}$　$M_D = \frac{Pc(b+2a)}{L}$
$R_A = \frac{P(b+2c)}{L}$　$R_B = \frac{P(b+2a)}{L}$
利用左图中单个 P 产生的挠度相叠加，可得跨中挠度

续表

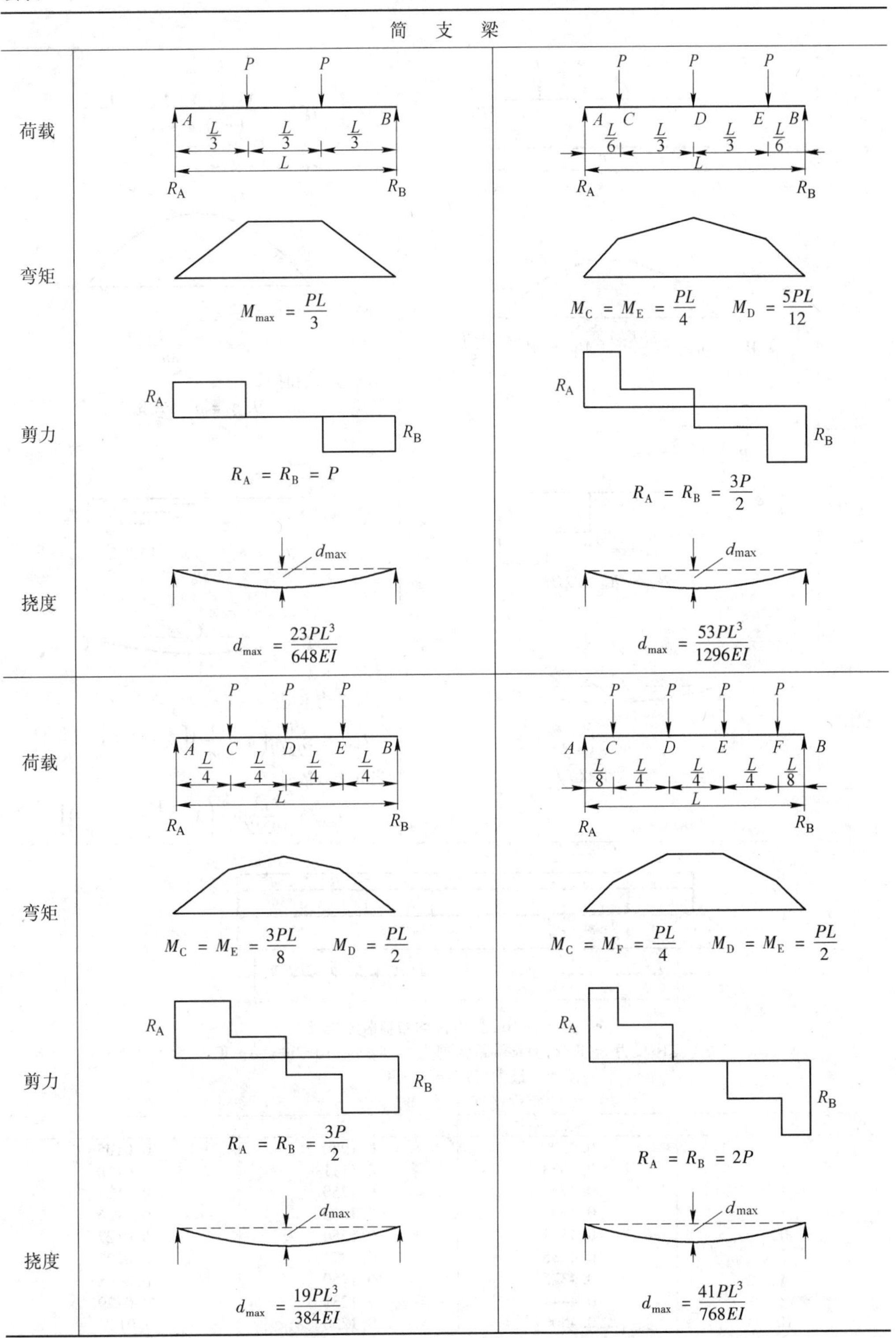
简 支 梁
荷载
弯矩
剪力
挠度
P P
A B
L/3 L/3 L/3
L
R_A R_B
$M_{max} = \frac{PL}{3}$
$R_A = R_B = P$
d_{max}
$d_{max} = \frac{23PL^3}{648EI}$
P P P
A C D E B
L/6 L/3 L/3 L/6
L
R_A R_B
$M_C = M_E = \frac{PL}{4}$ $M_D = \frac{5PL}{12}$
$R_A = R_B = \frac{3P}{2}$
$d_{max} = \frac{53PL^3}{1296EI}$
P P P
A C D E B
L/4 L/4 L/4 L/4
L
$M_C = M_E = \frac{3PL}{8}$ $M_D = \frac{PL}{2}$
$R_A = R_B = \frac{3P}{2}$
$d_{max} = \frac{19PL^3}{384EI}$
P P P P
A C D E F B
L/8 L/4 L/4 L/4 L/8
L
$M_C = M_F = \frac{PL}{4}$ $M_D = M_E = \frac{PL}{2}$
$R_A = R_B = 2P$
$d_{max} = \frac{41PL^3}{768EI}$

续表

简　支　梁

荷载

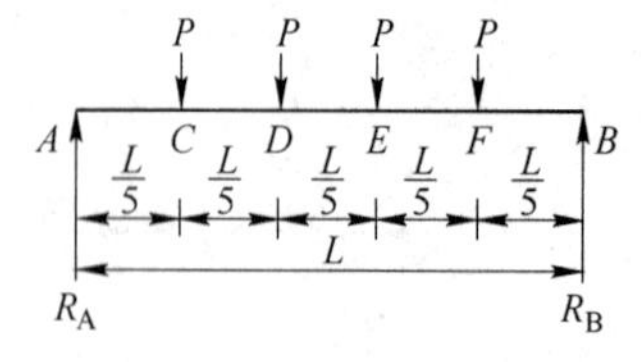

P P P P P P P
A (n−1) 集体力 B
L/n L/n L/n
R_A R_B

弯矩

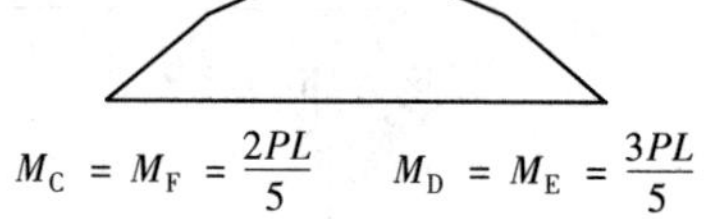

$M_C = M_F = \frac{2PL}{5}$　　$M_D = M_E = \frac{3PL}{5}$

当 n 为奇数时

$$M_{max} = \frac{(n^2-1)PL}{8n}$$

当 n 为偶数时

$$M_{max} = n \cdot PL/8$$

剪力

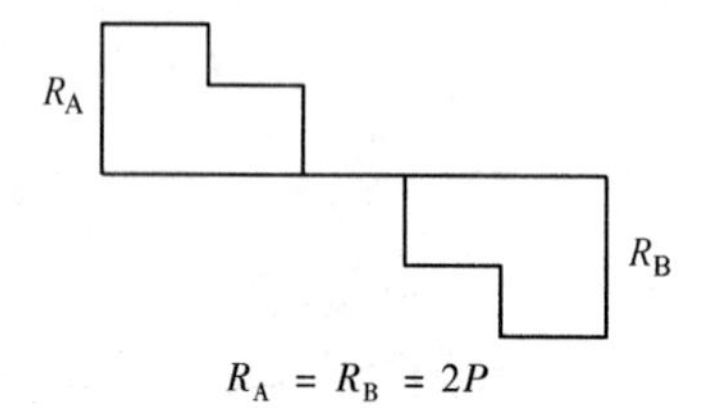

$R_A = R_B = 2P$

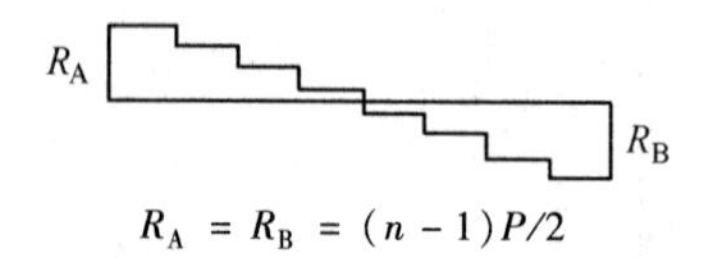

$R_A = R_B = (n-1)P/2$

挠度

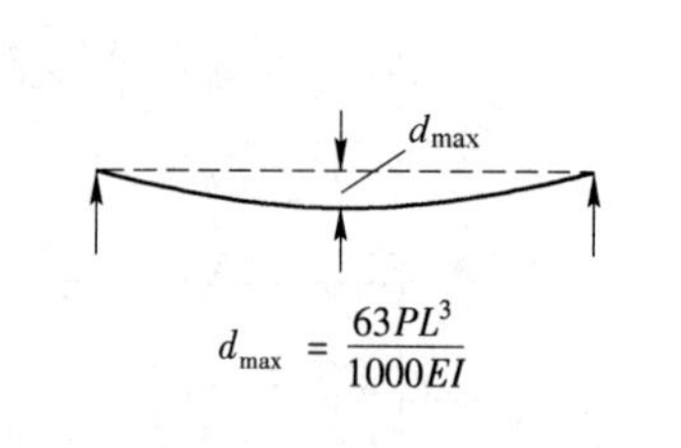

$$d_{max} = \frac{63PL^3}{1000EI}$$

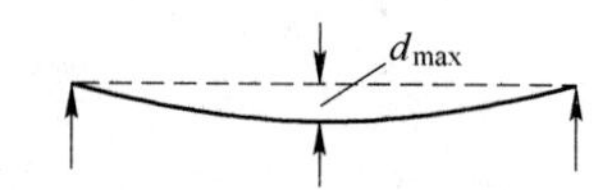

当 n 为奇数时

$$d_{max} = \frac{PL^3}{192EI}\left(n - \frac{1}{n}\right)\left[3 - \frac{1}{2}\left(1 - \frac{1}{n^2}\right)\right]$$

当 n 为偶数时

$$d_{max} = \frac{PL^3}{192EI} \cdot n\left[3 - \frac{1}{2}\left(1 + \frac{4}{n^2}\right)\right]$$

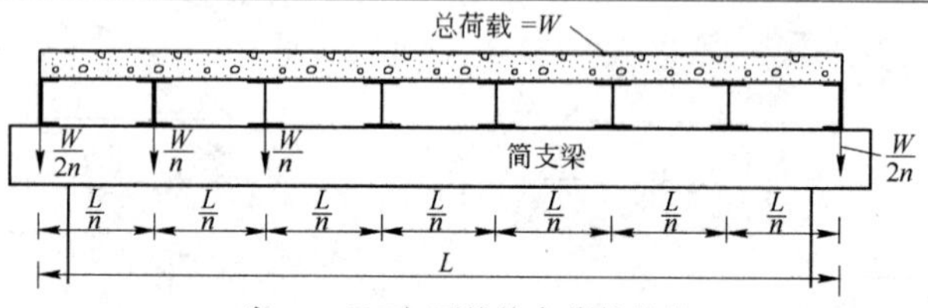

当 $n > 10$ 时，可按均布荷载考虑

支座反力 $= W/2$，但梁端最大剪力 $= W(n-1)/2n = A \cdot W$

最大弯矩 $= C \cdot WL$

跨中挠度 $= k \cdot WL^3/EI$

n 值	A	C	k
2	0.2500	0.1250	0.0105
3	0.3333	0.1111	0.0118
4	0.3750	0.1250	0.0124
5	0.4000	0.1200	0.0126
6	0.4167	0.1250	0.0127
7	0.4286	0.1224	0.0128
8	0.4375	0.1250	0.0128
9	0.4444	0.1236	0.0129
10	0.4500	0.1250	0.0129

SCI
Steel Knowledge

续表

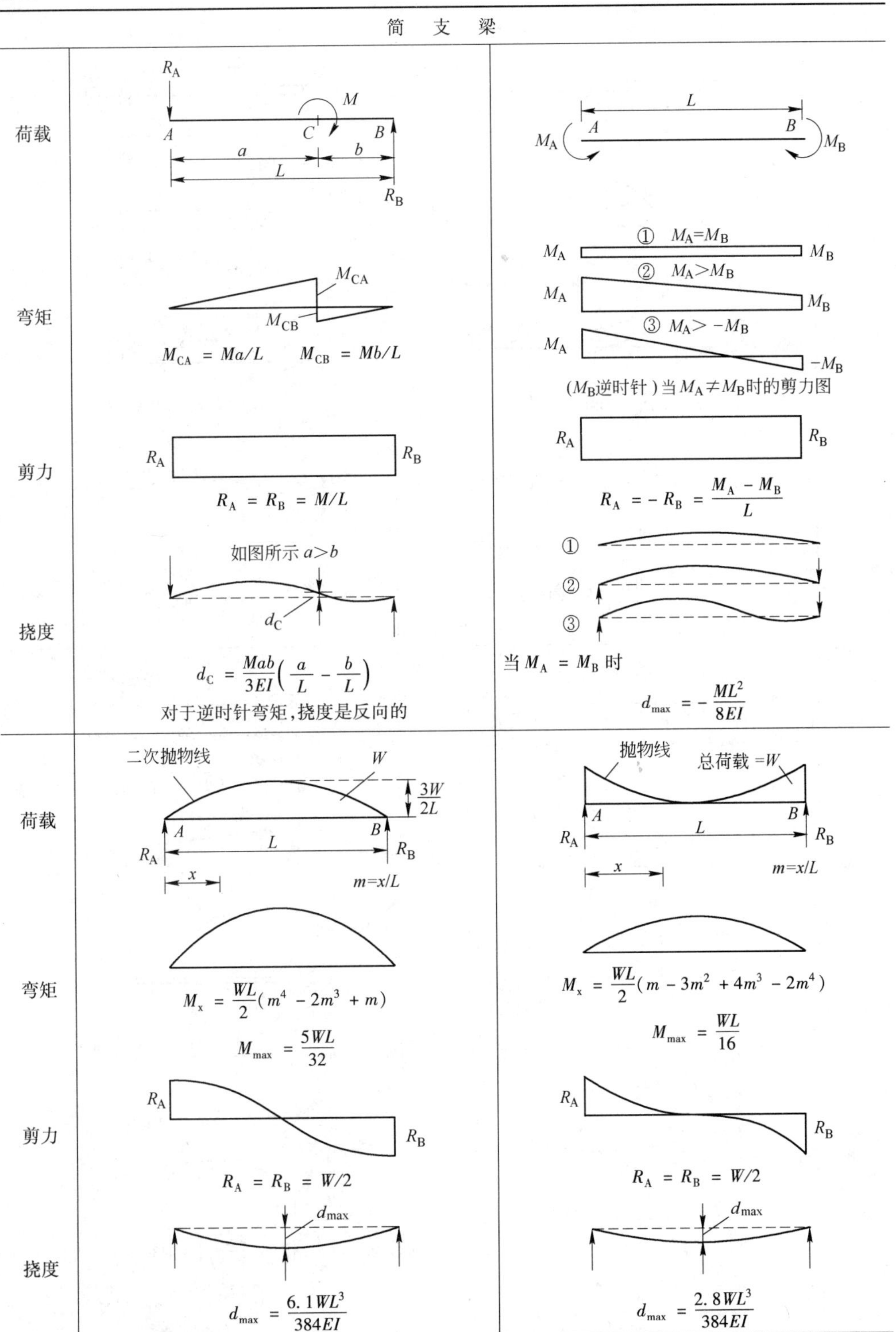
简 支 梁
荷载
弯矩
剪力
挠度
R_A
M
A C B
a b
L
R_B
M_{CA}
M_{CB}
$M_{CA}=Ma/L$ $M_{CB}=Mb/L$
$R_A=R_B=M/L$
如图所示 $a>b$
d_C
$d_C=\frac{Mab}{3EI}\left(\frac{a}{L}-\frac{b}{L}\right)$
对于逆时针弯矩,挠度是反向的
M_A M_B
① $M_A=M_B$
② $M_A>M_B$
③ $M_A>-M_B$
$-M_B$
(M_B逆时针)当$M_A\neq M_B$时的剪力图
$R_A=-R_B=\frac{M_A-M_B}{L}$
当 $M_A=M_B$ 时
$d_{max}=-\frac{ML^2}{8EI}$
二次抛物线
W
$\frac{3W}{2L}$
x
$m=x/L$
$M_x=\frac{WL}{2}(m^4-2m^3+m)$
$M_{max}=\frac{5WL}{32}$
$R_A=R_B=W/2$
d_{max}
$d_{max}=\frac{6.1WL^3}{384EI}$
抛物线
总荷载 $=W$
$M_x=\frac{WL}{2}(m-3m^2+4m^3-2m^4)$
$M_{max}=\frac{WL}{16}$
$R_A=R_B=W/2$
$d_{max}=\frac{2.8WL^3}{384EI}$

续表

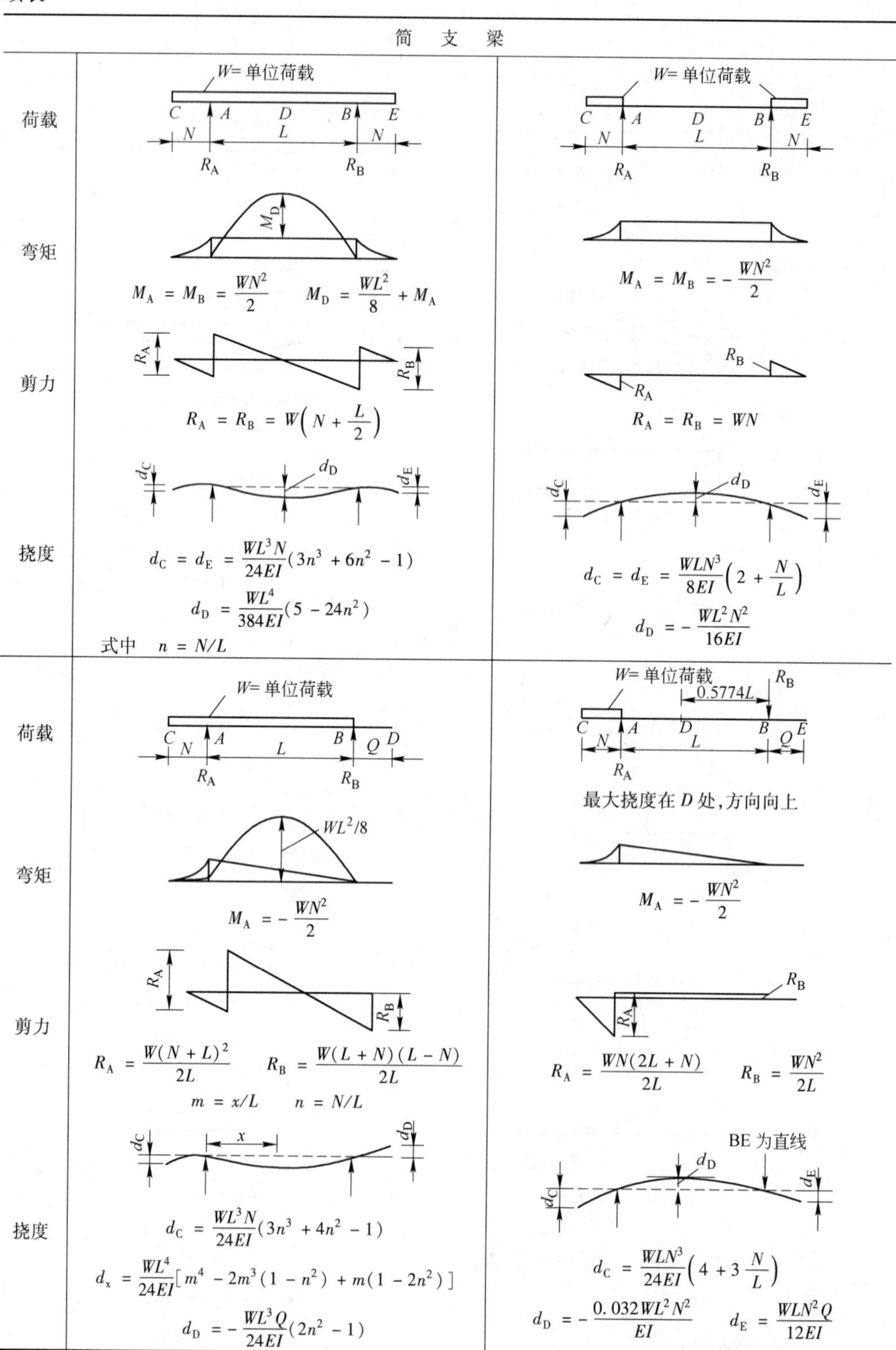

简支梁		
荷载	W= 单位荷载；C A D B E；N L N；R_A R_B	W= 单位荷载；C A D B E；N L N；R_A R_B
弯矩	M_D；$M_A = M_B = \frac{WN^2}{2}$　$M_D = \frac{WL^2}{8} + M_A$	$M_A = M_B = -\frac{WN^2}{2}$
剪力	R_A R_B；$R_A = R_B = W\left(N + \frac{L}{2}\right)$	R_B R_A；$R_A = R_B = WN$
挠度	d_C d_D d_E；$d_C = d_E = \frac{WL^3N}{24EI}(3n^3 + 6n^2 - 1)$；$d_D = \frac{WL^4}{384EI}(5 - 24n^2)$；式中　$n = N/L$	d_C d_D d_E；$d_C = d_E = \frac{WLN^3}{8EI}\left(2 + \frac{N}{L}\right)$；$d_D = -\frac{WL^2N^2}{16EI}$
荷载	W= 单位荷载；C A B D；N L Q；R_A R_B	W= 单位荷载；R_B；0.5774L；C A D B E；N L Q；R_A；最大挠度在 D 处，方向向上
弯矩	$WL^2/8$；$M_A = -\frac{WN^2}{2}$	$M_A = -\frac{WN^2}{2}$
剪力	R_A R_B；$R_A = \frac{W(N + L)^2}{2L}$　$R_B = \frac{W(L + N)(L - N)}{2L}$；$m = x/L$　$n = N/L$	R_B R_A；$R_A = \frac{WN(2L + N)}{2L}$　$R_B = \frac{WN^2}{2L}$
挠度	d_C x d_D；$d_C = \frac{WL^3N}{24EI}(3n^3 + 4n^2 - 1)$；$d_x = \frac{WL^4}{24EI}[m^4 - 2m^3(1 - n^2) + m(1 - 2n^2)]$；$d_D = -\frac{WL^3Q}{24EI}(2n^2 - 1)$	BE 为直线；d_C d_D d_E；$d_C = \frac{WLN^3}{24EI}\left(4 + 3\frac{N}{L}\right)$；$d_D = -\frac{0.032WL^2N^2}{EI}$　$d_E = \frac{WLN^2Q}{12EI}$

续表

	固端梁	
荷载	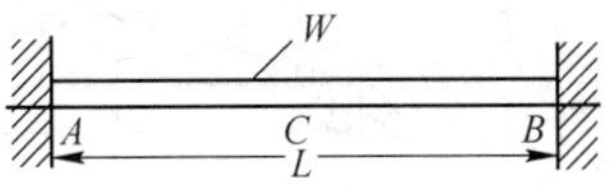 W; A C B; L	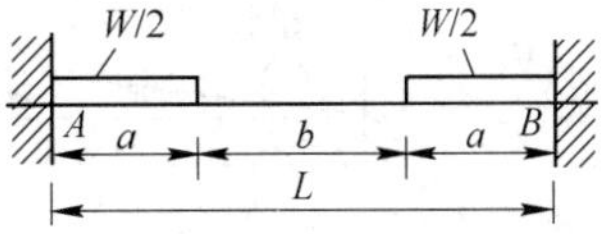 W/2, W/2; A a b a B; L
弯矩	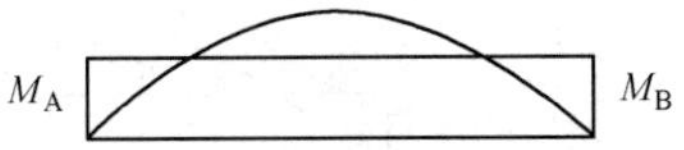 M_A, M_B $M_A = M_B = -\frac{WL}{12}$ $M_C = \frac{WL}{24}$	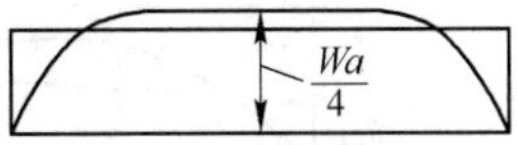 $\frac{Wa}{4}$ $M_A = M_B = -\frac{Wa}{12L}(3L - 2a)$
剪力	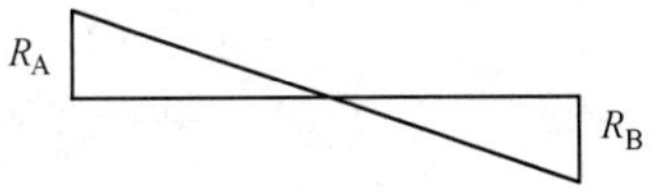 R_A, R_B $R_A = R_B = W/2$	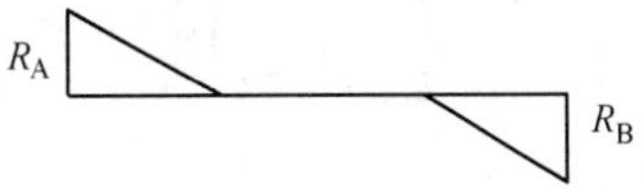 R_A, R_B $R_A = R_B = W/2$
挠度	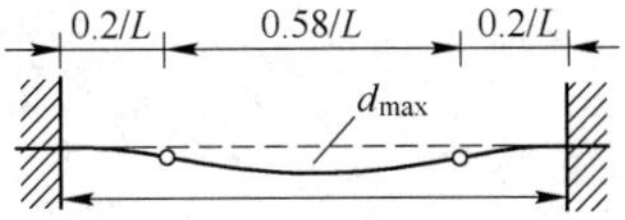 0.2/L, 0.58/L, 0.2/L; d_{max} $d_{max} = \frac{WL^3}{384EI}$	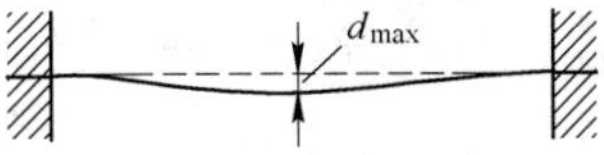 d_{max} $d_{max} = \frac{Wa^2}{48EI}(L - a)$
荷载	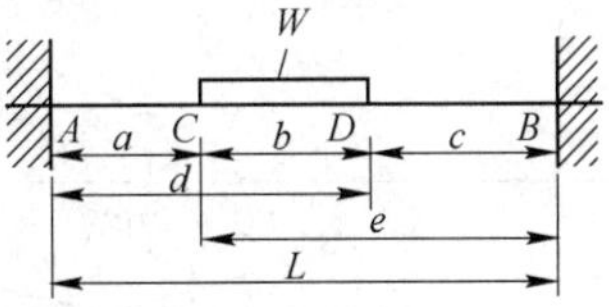 W; A a C b D c B; d; e; L	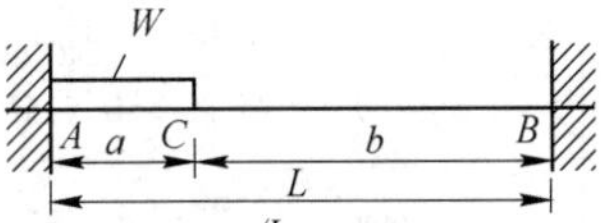 W; A a C b B; L; a/L=m
弯矩	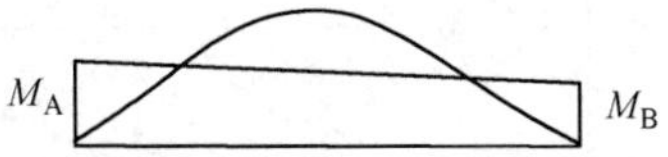 M_A, M_B $M_A = \frac{-W}{12L^2b}[e^3(4L-3e) - c^3(4L-3c)]$ $M_B = \frac{-W}{12L^2b}[d^3(4L-3d) - a^3(4L-3a)]$	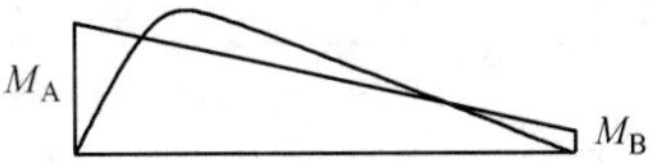 M_A, M_B $M_A = -\frac{WL}{12}\cdot m(3m^2 - 8m + 6)$ $M_B = -\frac{WL}{12}\cdot m^2(4 - 3m) + M_{max}$ $= \frac{WL}{12}m^2\left(-\frac{3}{2}m^3 + 6m^4 - 6m^3 - 6m^2 + 15m - 8\right)$
剪力	 R_A, R_B 当 r 为简支梁反力时， $R_A = r_A + \frac{M_A - M_B}{L}$ $R_B = r_B + \frac{M_B - M_A}{L}$	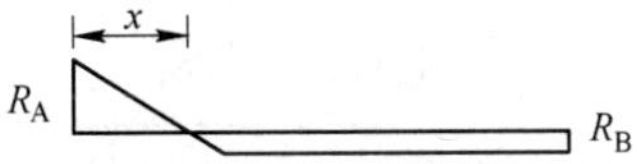 x; R_A, R_B 当 $x = \frac{a}{2}(m^3 - 2m^2 + 2)$ 时， $R_A = \frac{W(m^3 - 2m^2 + 2)}{2}$ $R_B = \frac{Wm^3(2 - m)}{2m}$
挠度	 当 $a = c$ 时， $d_{max} = \frac{W}{384EI}(L^3 + 2L^2a + 4La^2 - 8a^3)$	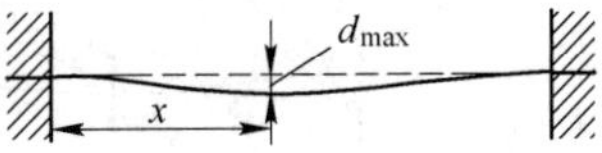 d_{max}; x 当 $a = L/2$ 和 $x_1 = 0.445L$ 时， $d_{max} = \frac{WL^3}{333EI}$ $d_C = \frac{WL^3}{384EI}$

续表

固　端　梁

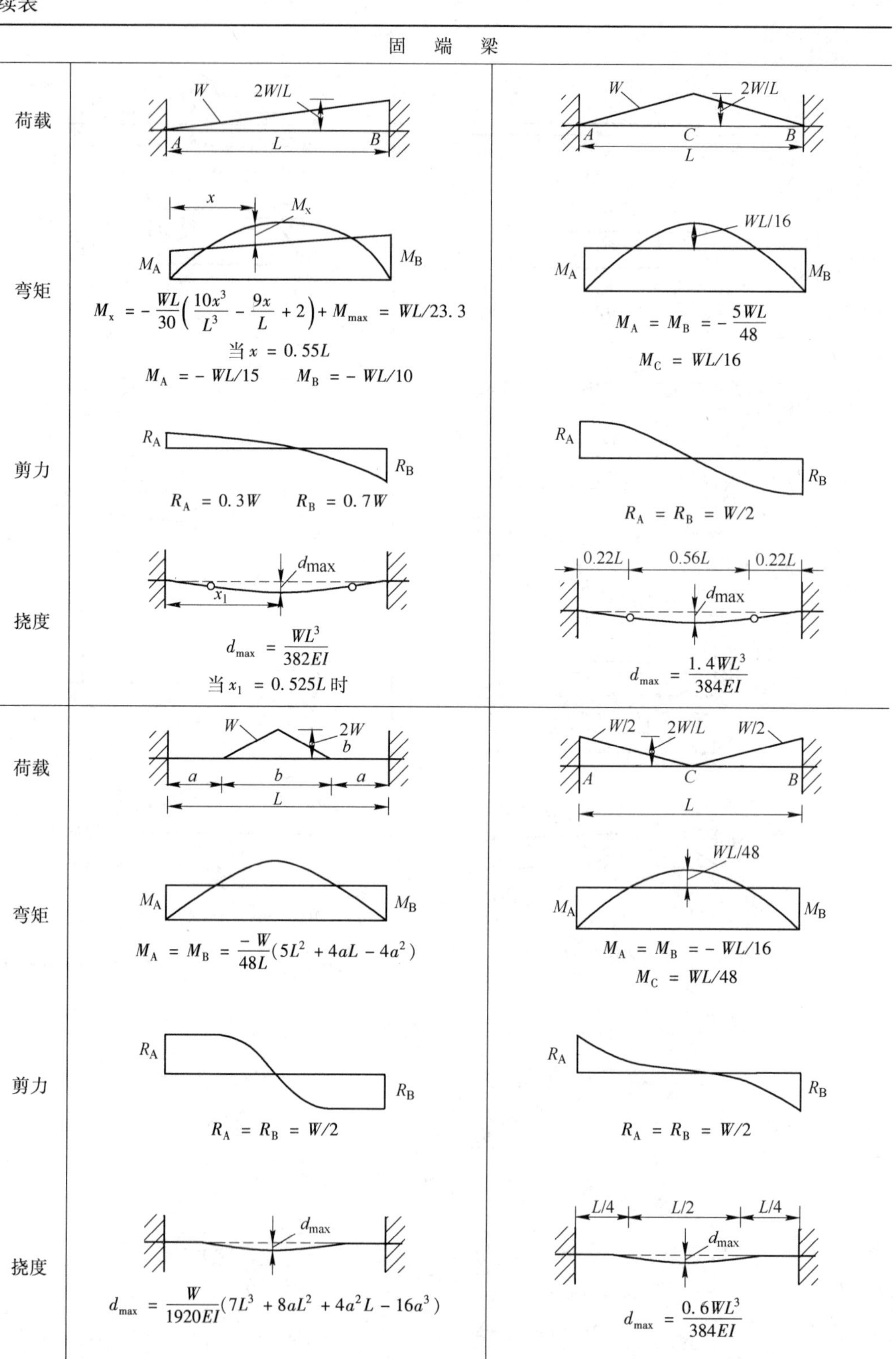
荷载
W
2W/L
A
L
B
W
2W/L
A
C
B
L
弯矩
x
M_x
M_A
M_B
M_x = - WL/30 (10x^3/L^3 - 9x/L + 2) + M_max = WL/23.3
当 x = 0.55L
M_A = - WL/15　M_B = - WL/10
WL/16
M_A
M_B
M_A = M_B = - 5WL/48
M_C = WL/16
剪力
R_A
R_B
R_A = 0.3W　R_B = 0.7W
R_A
R_B
R_A = R_B = W/2
挠度
d_max
x_1
d_max = WL^3/382EI
当 x_1 = 0.525L 时
0.22L
0.56L
0.22L
d_max
d_max = 1.4WL^3/384EI
荷载
W
2W/b
a
b
a
L
W/2
2W/L
W/2
A
C
B
L
弯矩
M_A
M_B
M_A = M_B = -W/48L (5L^2 + 4aL - 4a^2)
WL/48
M_A
M_B
M_A = M_B = - WL/16
M_C = WL/48
剪力
R_A
R_B
R_A = R_B = W/2
R_A
R_B
R_A = R_B = W/2
挠度
d_max
d_max = W/1920EI (7L^3 + 8aL^2 + 4a^2L - 16a^3)
L/4
L/2
L/4
d_max
d_max = 0.6WL^3/384EI

续表

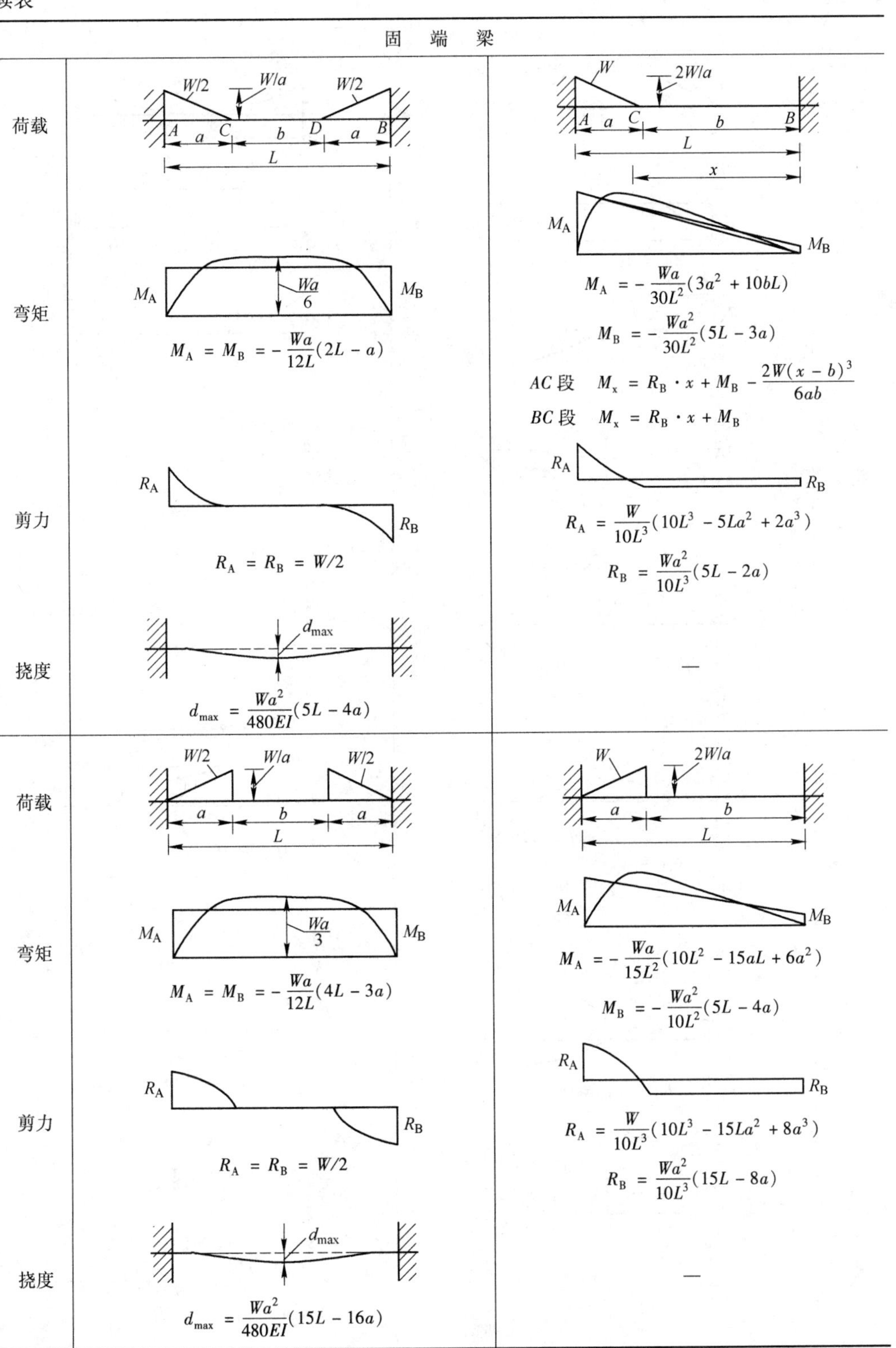

固端梁		
荷载	(图：W/2, W/a, W/2; A, C, D, B; a, b, a; L)	(图：W, 2W/a; A, C, B; a, b; L; x)
弯矩	$\frac{Wa}{6}$ $M_A = M_B = -\frac{Wa}{12L}(2L-a)$	$M_A = -\frac{Wa}{30L^2}(3a^2+10bL)$ $M_B = -\frac{Wa^2}{30L^2}(5L-3a)$ AC 段 $M_x = R_B \cdot x + M_B - \frac{2W(x-b)^3}{6ab}$ BC 段 $M_x = R_B \cdot x + M_B$
剪力	$R_A = R_B = W/2$	$R_A = \frac{W}{10L^3}(10L^3 - 5La^2 + 2a^3)$ $R_B = \frac{Wa^2}{10L^3}(5L-2a)$
挠度	$d_{max} = \frac{Wa^2}{480EI}(5L-4a)$	—
荷载	(图：W/2, W/a, W/2; a, b, a; L)	(图：W, 2W/a; a, b; L)
弯矩	$\frac{Wa}{3}$ $M_A = M_B = -\frac{Wa}{12L}(4L-3a)$	$M_A = -\frac{Wa}{15L^2}(10L^2 - 15aL + 6a^2)$ $M_B = -\frac{Wa^2}{10L^2}(5L-4a)$
剪力	$R_A = R_B = W/2$	$R_A = \frac{W}{10L^3}(10L^3 - 15La^2 + 8a^3)$ $R_B = \frac{Wa^2}{10L^3}(15L-8a)$
挠度	$d_{max} = \frac{Wa^2}{480EI}(15L-16a)$	—

续表

固端梁		
荷载	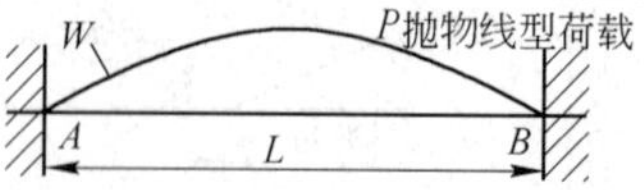 W P抛物线型荷载 A L B	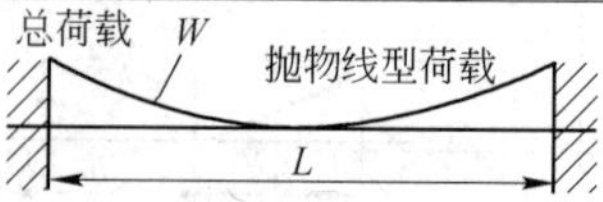 总荷载 W 抛物线型荷载 L
弯矩	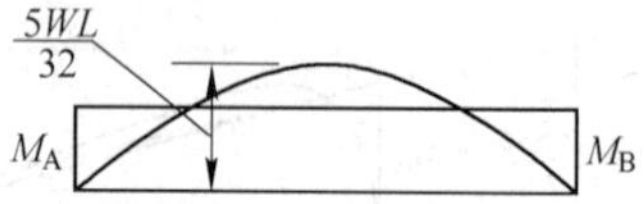 $\frac{5WL}{32}$ M_A M_B $M_A = M_B = -WL/10$	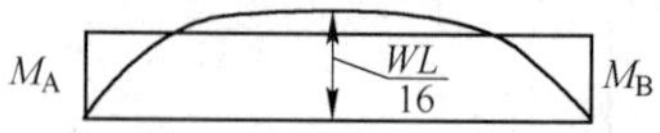 M_A $\frac{WL}{16}$ M_B $M_A = M_B = -WL/20$
剪力	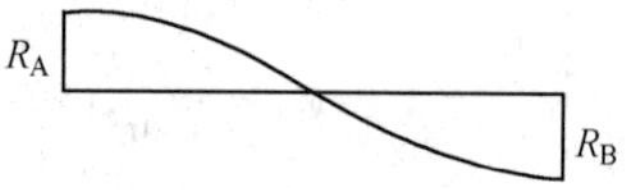 R_A R_B $R_A = R_B = W/2$	 R_A R_B $R_A = R_B = W/2$
挠度	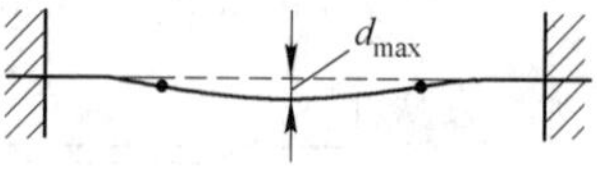 d_{max} $d_{max} = \frac{1.3WL^3}{384EI}$	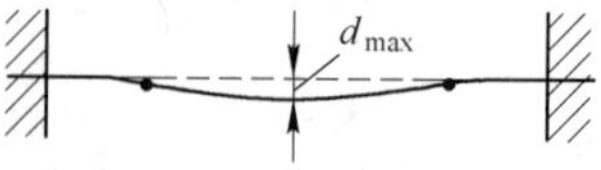 d_{max} $d_{max} = \frac{0.4WL^3}{384EI}$
荷载	任意对称荷载 W 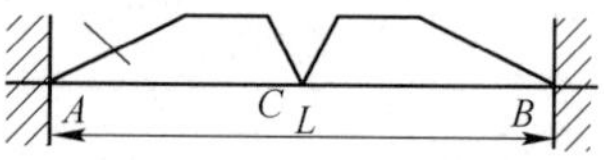 A C L B	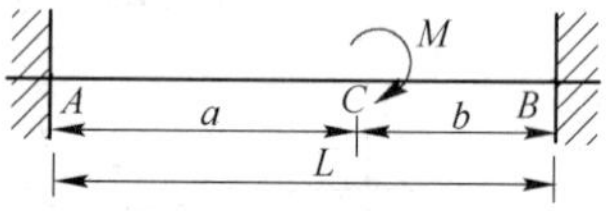 M A a C b B L
弯矩	对称图 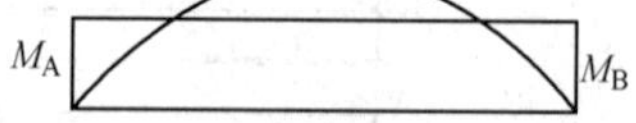 M_A M_B $M_A = M_B = -A_s/L$ 式中 A_s 是“简支边”弯矩图的面积	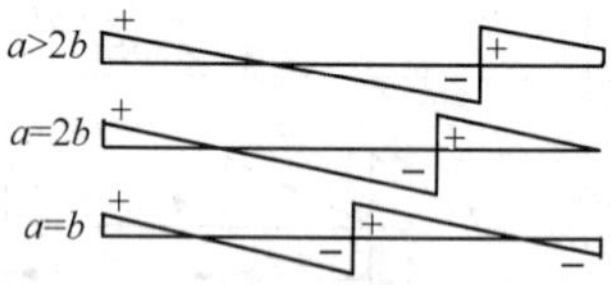 $a>2b$ + − + $a=2b$ + − + $a=b$ + − + − $M_{AC} = M \cdot \frac{b}{L^2}(3a - L)$ $M_{BC} = -M\frac{a}{L^2}(3b - L)$ 当 $a/L = m M_{CA} = -M(1 - m)(1 - 3m + 6m^2)$
剪力	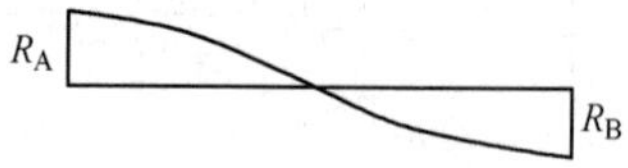 R_A R_B $R_A = R_B = W/2$	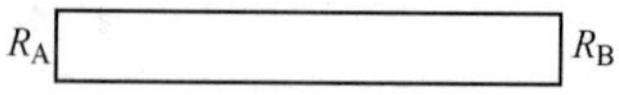 R_A R_B $R_A = R_B =$ 弯矩图斜率 $= \frac{M_{AC} + M_{CA}}{a} = \frac{M_{CB} + M_{BC}}{b}$
挠度	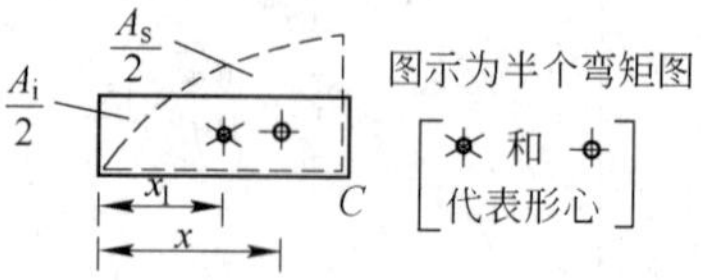 $\frac{A_s}{2}$ $\frac{A_i}{2}$ x_1 x C 图示为半个弯矩图 [✱ 和 ⌖ 代表形心] $d_{max}\ at\ C = \frac{A_s x - A_i x_i}{2EI}$ 式中 A_i 是“固定端”弯矩图的面积	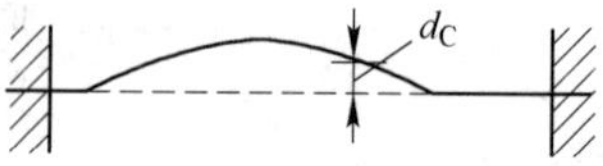 d_C 当 $a/L = m$ $d_C = \frac{M \cdot L^2 m^2 (1 - m)^2 (1 - 2m)}{2EI}$ 对于逆时针弯矩，挠度反向

续表

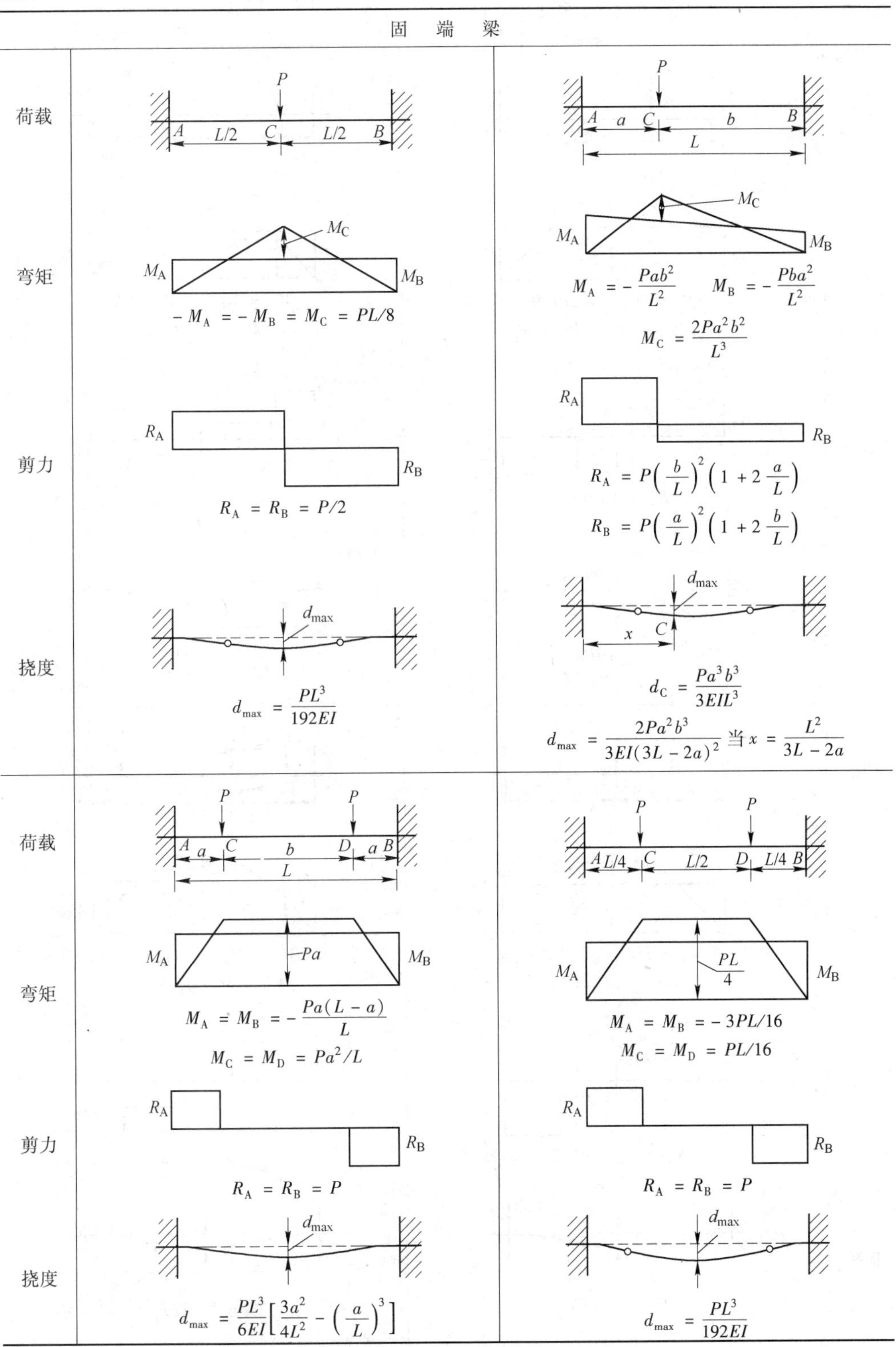
固端梁
荷载
弯矩
剪力
挠度
$-M_A = -M_B = M_C = PL/8$
$R_A = R_B = P/2$
$d_{max} = \frac{PL^3}{192EI}$
$M_A = -\frac{Pab^2}{L^2}$ $M_B = -\frac{Pba^2}{L^2}$
$M_C = \frac{2Pa^2b^2}{L^3}$
$R_A = P\left(\frac{b}{L}\right)^2\left(1+2\frac{a}{L}\right)$
$R_B = P\left(\frac{a}{L}\right)^2\left(1+2\frac{b}{L}\right)$
$d_C = \frac{Pa^3b^3}{3EIL^3}$
$d_{max} = \frac{2Pa^2b^3}{3EI(3L-2a)^2}$ 当 $x = \frac{L^2}{3L-2a}$
$M_A = M_B = -\frac{Pa(L-a)}{L}$
$M_C = M_D = Pa^2/L$
$R_A = R_B = P$
$d_{max} = \frac{PL^3}{6EI}\left[\frac{3a^2}{4L^2} - \left(\frac{a}{L}\right)^3\right]$
$M_A = M_B = -3PL/16$
$M_C = M_D = PL/16$
$R_A = R_B = P$
$d_{max} = \frac{PL^3}{192EI}$

续表

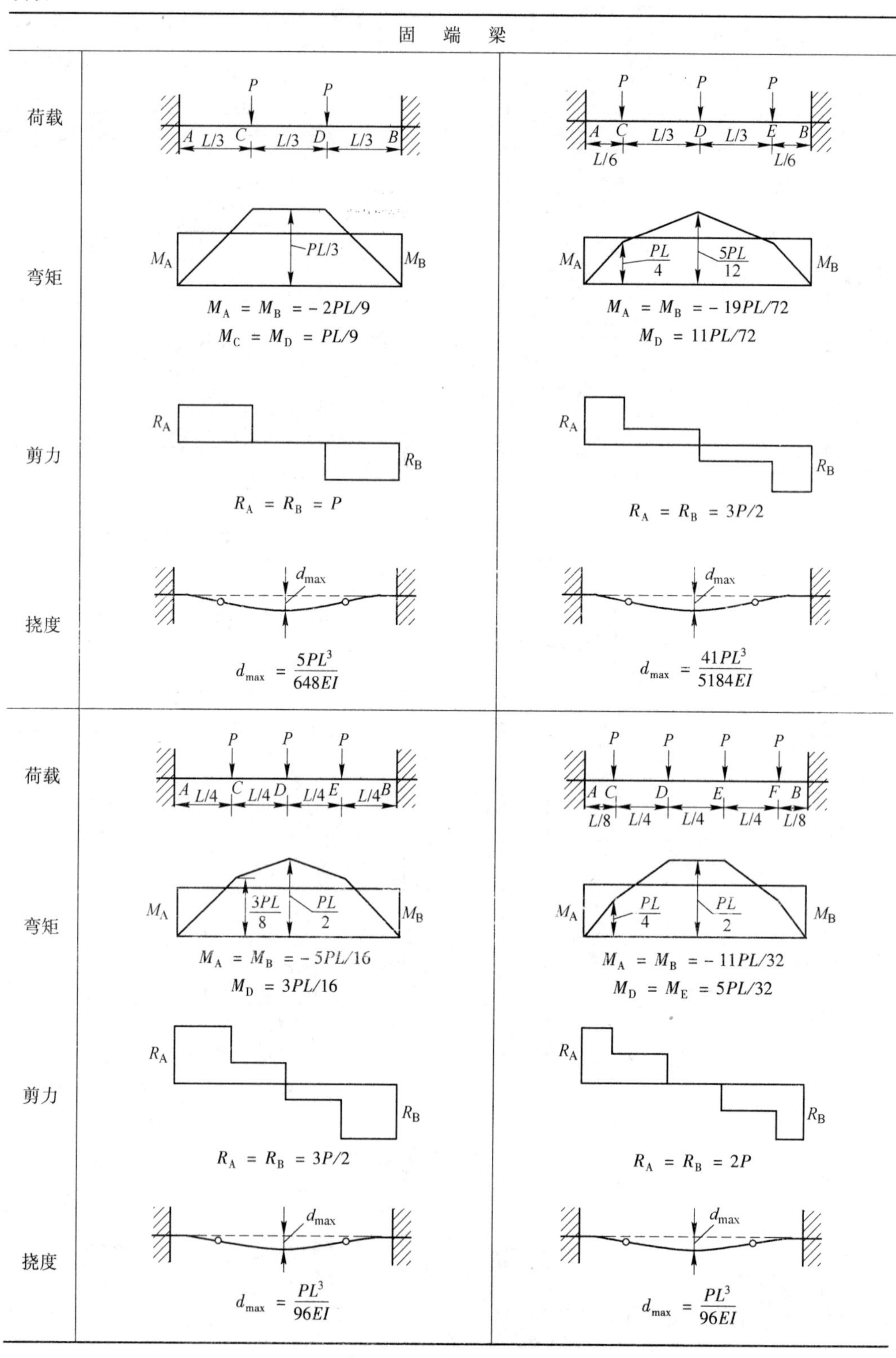
固　端　梁
荷载
弯矩
剪力
挠度
P
A L/3 C L/3 D L/3 B
M_A
M_B
PL/3
M_A = M_B = -2PL/9
M_C = M_D = PL/9
R_A
R_B
R_A = R_B = P
d_max
d_max = 5PL^3/648EI
A C L/3 D L/3 E B
L/6
PL/4
5PL/12
M_A = M_B = -19PL/72
M_D = 11PL/72
R_A = R_B = 3P/2
d_max = 41PL^3/5184EI
A L/4 C L/4 D L/4 E L/4 B
3PL/8
PL/2
M_A = M_B = -5PL/16
M_D = 3PL/16
R_A = R_B = 3P/2
d_max = PL^3/96EI
A C D E F B
L/8 L/4 L/4 L/4 L/8
PL/4
PL/2
M_A = M_B = -11PL/32
M_D = M_E = 5PL/32
R_A = R_B = 2P
d_max = PL^3/96EI

续表

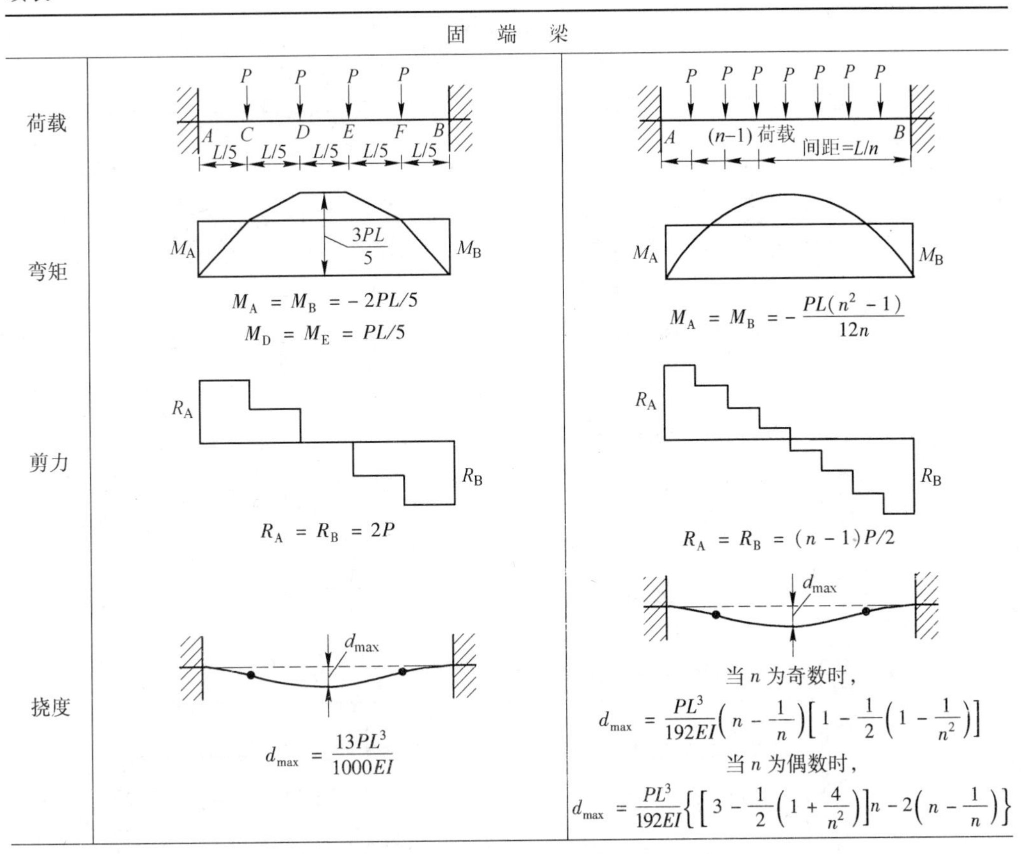

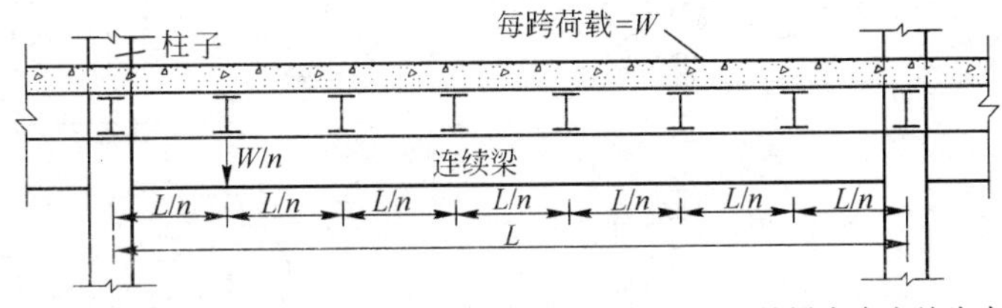

当 $n > 10$ 时，可按均布荷载考虑，纵梁外侧的荷载直接由支座承担，连续梁在支座处为水平，每跨支座反力为 $W/2$，但任意跨连续梁最大剪力为 $W(n-1)/2n = A \cdot W$，各支座固定弯矩为 $B \cdot WL$，各跨最大正弯矩值为 $C \cdot WL$，各跨最大挠度约为 $0.0026WL^3/EI$。

n 值	A	B	C
2	0.2500	0.0625	0.0625
3	0.3333	0.0741	0.0370
4	0.3750	0.0781	0.0469
5	0.4000	0.0800	0.0400
6	0.4167	0.0811	0.0439
7	0.4286	0.0816	0.0408
8	0.4375	0.0820	0.0430
9	0.4444	0.0823	0.0413
10	0.4500	0.0825	0.0425

续表

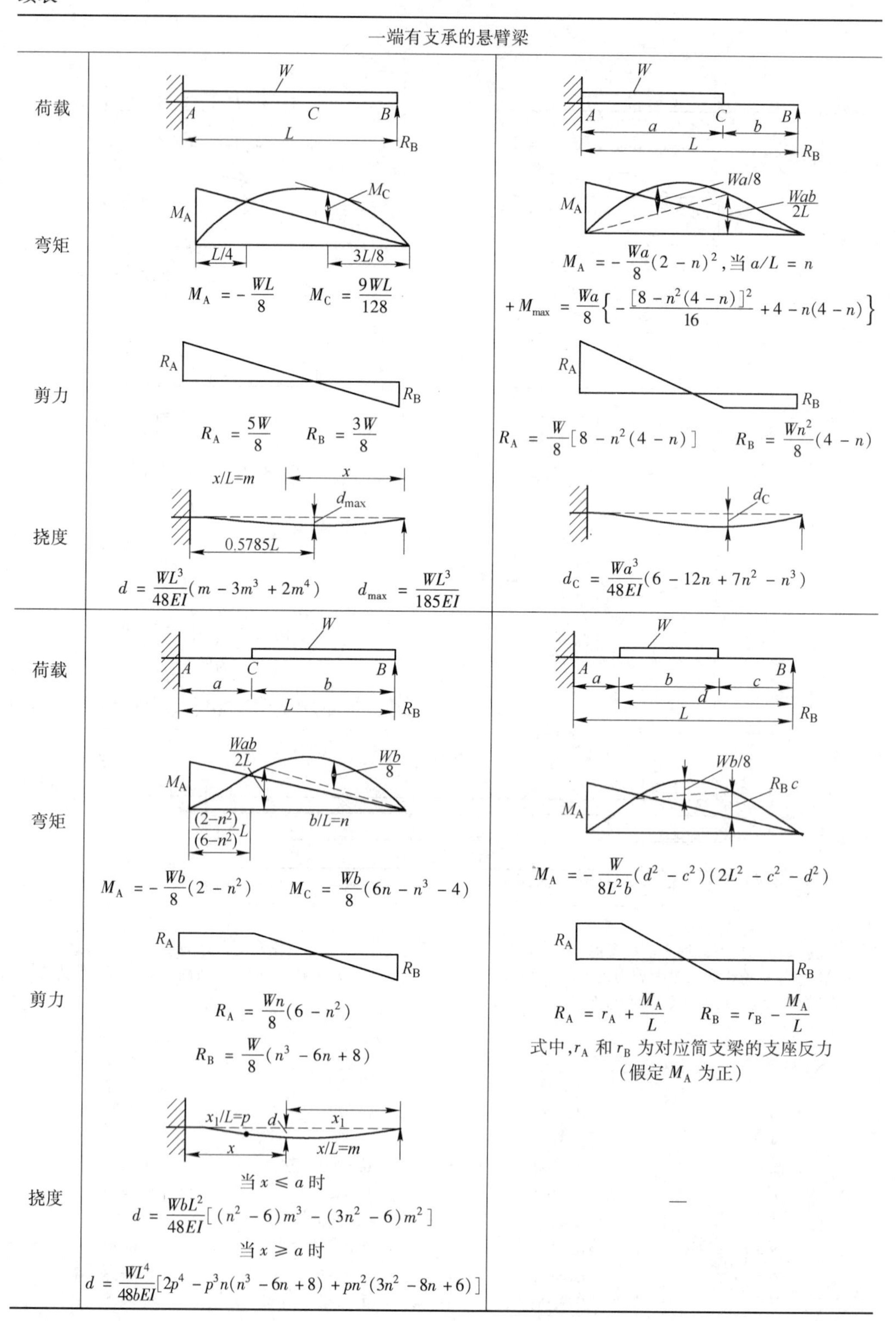
一端有支承的悬臂梁
荷载
W
A C B
L
RB
弯矩
MC
MA
L/4
3L/8
MA = - WL/8 MC = 9WL/128
剪力
RA
RB
RA = 5W/8 RB = 3W/8
挠度
x/L=m
x
dmax
0.5785L
d = WL³/48EI (m - 3m³ + 2m⁴) dmax = WL³/185EI
W
A C B
a b
L
RB
Wa/8
Wab/2L
MA
MA = - Wa/8 (2 - n)², 当 a/L = n
+ Mmax = Wa/8 { - [8 - n²(4 - n)]²/16 + 4 - n(4 - n) }
RA
RB
RA = W/8 [8 - n²(4 - n)] RB = Wn²/8 (4 - n)
dC
dC = Wa³/48EI (6 - 12n + 7n² - n³)
荷载
W
A C B
a b
L
RB
弯矩
Wab/2L
Wb/8
MA
(2-n²)/(6-n²) L
b/L=n
MA = - Wb/8 (2 - n²) MC = Wb/8 (6n - n³ - 4)
剪力
RA
RB
RA = Wn/8 (6 - n²)
RB = W/8 (n³ - 6n + 8)
挠度
x1/L=p
d
x1
x
x/L=m
当 x ≤ a 时
d = WbL²/48EI [(n² - 6)m³ - (3n² - 6)m²]
当 x ≥ a 时
d = WL⁴/48bEI [2p⁴ - p³n(n³ - 6n + 8) + pn²(3n² - 8n + 6)]
W
A B
a b c
d
L
RB
Wb/8
RB c
MA
MA = - W/8L²b (d² - c²)(2L² - c² - d²)
RA
RB
RA = rA + MA/L RB = rB - MA/L
式中, rA 和 rB 为对应简支梁的支座反力
(假定 MA 为正)
—

续表

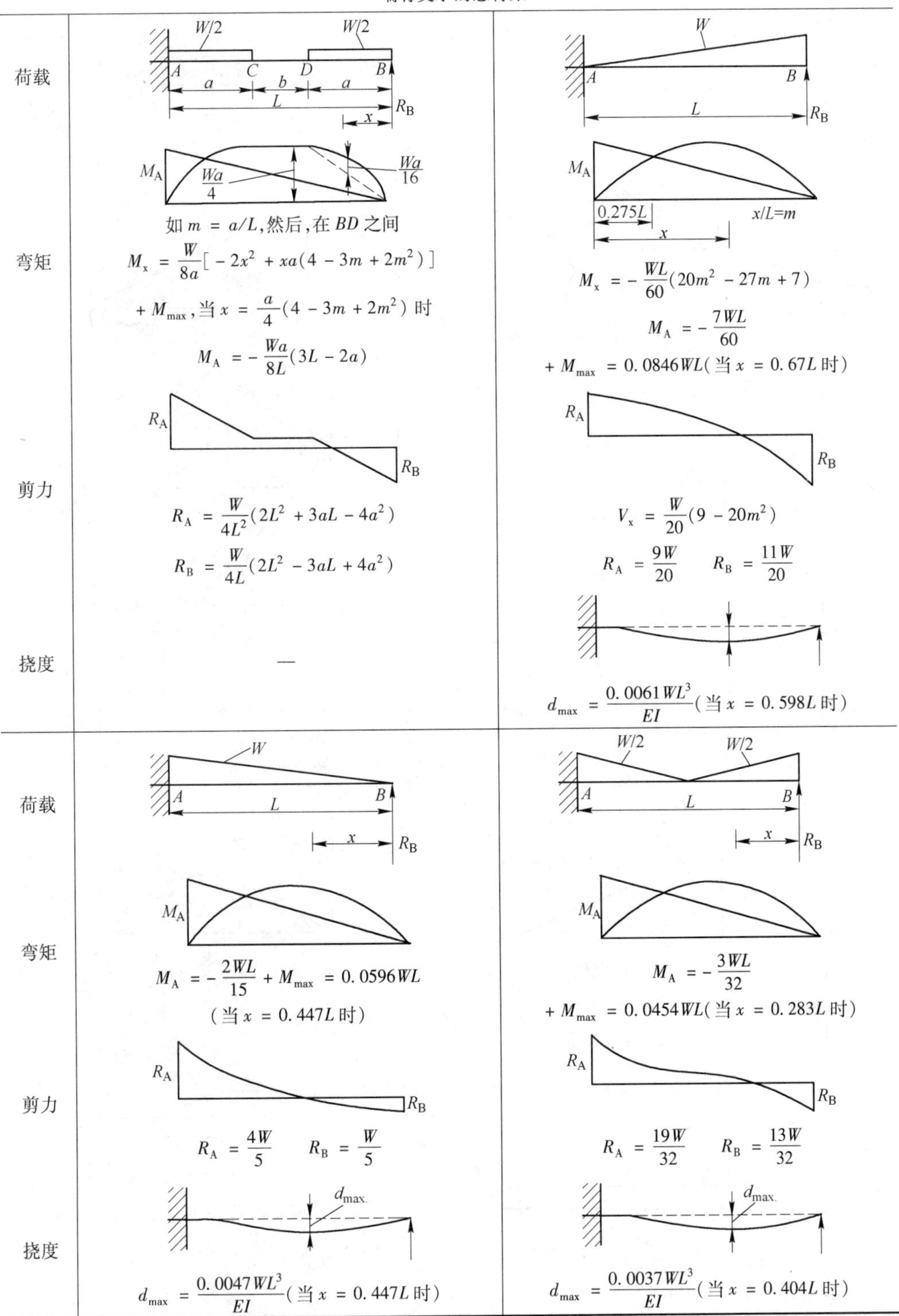

	一端有支承的悬臂梁	
荷载		
弯矩	如 $m = a/L$,然后,在 BD 之间 $M_x = \frac{W}{8a}[-2x^2 + xa(4-3m+2m^2)]$ $+M_{max}$,当 $x = \frac{a}{4}(4-3m+2m^2)$ 时 $M_A = -\frac{Wa}{8L}(3L-2a)$	$M_x = -\frac{WL}{60}(20m^2-27m+7)$ $M_A = -\frac{7WL}{60}$ $+M_{max} = 0.0846WL$(当 $x = 0.67L$ 时)
剪力	$R_A = \frac{W}{4L^2}(2L^2+3aL-4a^2)$ $R_B = \frac{W}{4L}(2L^2-3aL+4a^2)$	$V_x = \frac{W}{20}(9-20m^2)$ $R_A = \frac{9W}{20}$ $R_B = \frac{11W}{20}$
挠度	—	$d_{max} = \frac{0.0061WL^3}{EI}$(当 $x = 0.598L$ 时)
荷载		
弯矩	$M_A = -\frac{2WL}{15}$ $+M_{max} = 0.0596WL$ (当 $x = 0.447L$ 时)	$M_A = -\frac{3WL}{32}$ $+M_{max} = 0.0454WL$(当 $x = 0.283L$ 时)
剪力	$R_A = \frac{4W}{5}$ $R_B = \frac{W}{5}$	$R_A = \frac{19W}{32}$ $R_B = \frac{13W}{32}$
挠度	$d_{max} = \frac{0.0047WL^3}{EI}$(当 $x = 0.447L$ 时)	$d_{max} = \frac{0.0037WL^3}{EI}$(当 $x = 0.404L$ 时)

续表

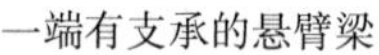

	一端有支承的悬臂梁	
荷载		
弯矩	AC 之间, $M_x = R_B x - \frac{W}{3a^2}(x-b)^3$ $M_A = -\frac{Wa}{60L^2}(3a^2 - 15aL + 20L^2)$ $+M_{max}$, 当 $x = b + \frac{a^2}{2L}\sqrt{1-\frac{a}{5L}}$ 时	$M_x = R_B x - \frac{Wx^3}{3b^2}$ $M_A = -\frac{Wb}{15L^2}(5L^2 - 3b^2)$
剪力	$R_B = \frac{Wa^2}{20L^3}(5L-a)$ $R_A = W - R_B$	$R_A = \frac{Wb}{5L^3}(5L^2 - b^2)$ $R_B = \frac{W}{5L^3}(b^3 + 5aL^2)$
荷载		
弯矩	当 $m = a/L$ 时 $M_A = -Wa\left(\frac{m^2}{5} - \frac{3m}{4} + \frac{2}{3}\right)$ $M_C = R_B \cdot b$	$M_x = R_A \cdot x + M_A - \frac{W}{3b^2}(x-a)^3$ $M_A = -\frac{Wb}{60L^2}(10L^2 - 3b^2)$
剪力	AC 之间 $V_x = R_A - Wx^2/a^2$ $R_B = \frac{Wa^2}{20L^3}(15L - 4a)$ $R_A = W - R_B$	BC 之间 $V_x = R_A - Wx^2/b^2$ $R_B = \frac{W}{20b^2L^3}[L^4(11L - 15a) + a^4(5L - a)]$ $R_A = W - R_B$

续表

一端有支承的悬臂梁

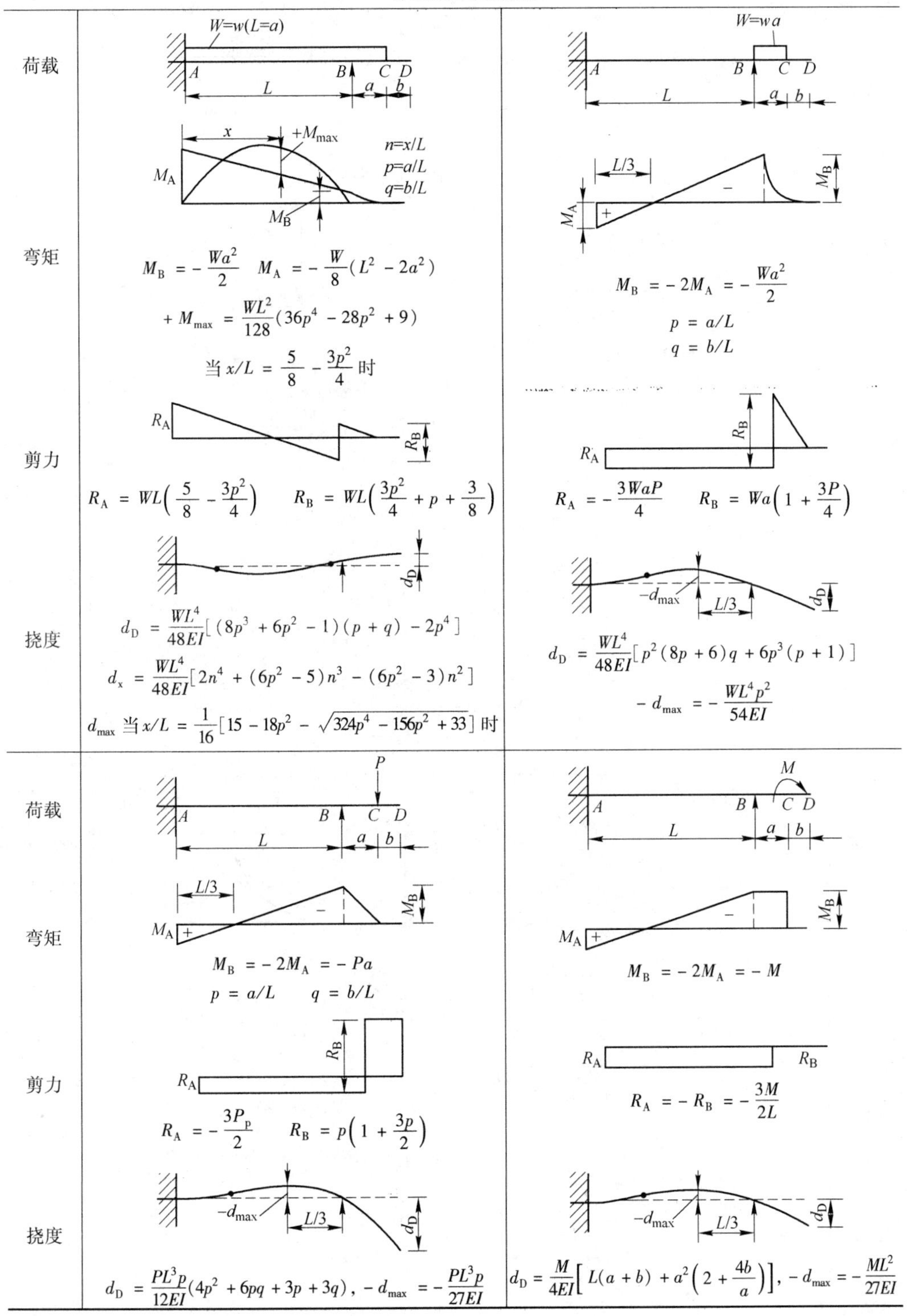
荷载
弯矩
剪力
挠度
$W=w(L=a)$
A B C D L a b
$+M_{max}$
M_A
M_B
x
$n=x/L$
$p=a/L$
$q=b/L$
$M_B = -\frac{Wa^2}{2}$ $M_A = -\frac{W}{8}(L^2 - 2a^2)$
$+M_{max} = \frac{WL^2}{128}(36p^4 - 28p^2 + 9)$
当 $x/L = \frac{5}{8} - \frac{3p^2}{4}$ 时
R_A R_B
$R_A = WL\left(\frac{5}{8} - \frac{3p^2}{4}\right)$ $R_B = WL\left(\frac{3p^2}{4} + p + \frac{3}{8}\right)$
d_D
$d_D = \frac{WL^4}{48EI}[(8p^3 + 6p^2 - 1)(p+q) - 2p^4]$
$d_x = \frac{WL^4}{48EI}[2n^4 + (6p^2 - 5)n^3 - (6p^2 - 3)n^2]$
d_{max} 当 $x/L = \frac{1}{16}[15 - 18p^2 - \sqrt{324p^4 - 156p^2 + 33}]$ 时
$W=wa$
A B C D L a b
L/3
M_B M_A + −
$M_B = -2M_A = -\frac{Wa^2}{2}$
$p = a/L$
$q = b/L$
R_A R_B
$R_A = -\frac{3WaP}{4}$ $R_B = Wa\left(1 + \frac{3P}{4}\right)$
$-d_{max}$ L/3 d_D
$d_D = \frac{WL^4}{48EI}[p^2(8p+6)q + 6p^3(p+1)]$
$-d_{max} = -\frac{WL^4p^2}{54EI}$
P
A B C D L a b
L/3
M_A M_B + −
$M_B = -2M_A = -Pa$
$p = a/L$ $q = b/L$
R_A R_B
$R_A = -\frac{3P_p}{2}$ $R_B = p\left(1 + \frac{3p}{2}\right)$
$-d_{max}$ L/3 d_D
$d_D = \frac{PL^3p}{12EI}(4p^2 + 6pq + 3p + 3q)$, $-d_{max} = -\frac{PL^3p}{27EI}$
M
A B C D L a b
M_A M_B + −
$M_B = -2M_A = -M$
R_A R_B
$R_A = -R_B = -\frac{3M}{2L}$
$-d_{max}$ L/3 d_D
$d_D = \frac{M}{4EI}\left[L(a+b) + a^2\left(2 + \frac{4b}{a}\right)\right]$, $-d_{max} = -\frac{ML^2}{27EI}$

续表

一端有支承的悬臂梁		
荷载	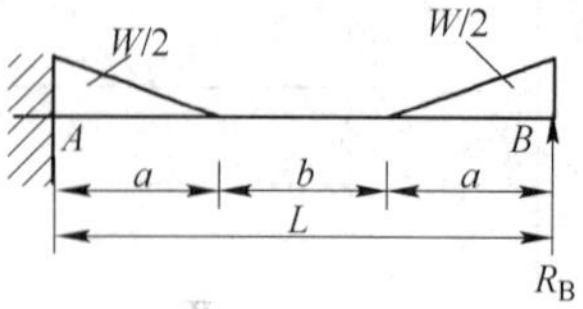 $W/2$，$W/2$；A，B；a，b，a；L；R_B	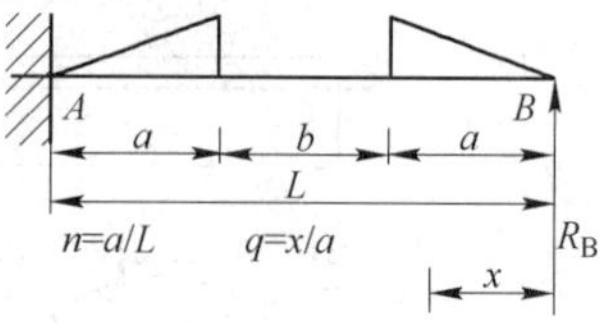 A，B；a，b，a；L；$n=a/L$　$q=x/a$；R_B；x
弯矩	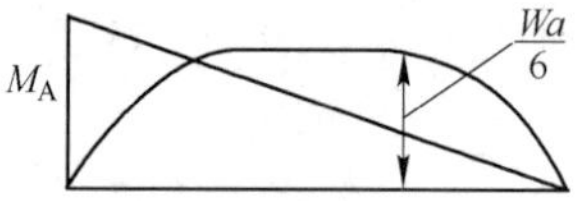 M_A；$\frac{Wa}{6}$ $M_A = -\frac{Wa}{8L}(2L-a)$	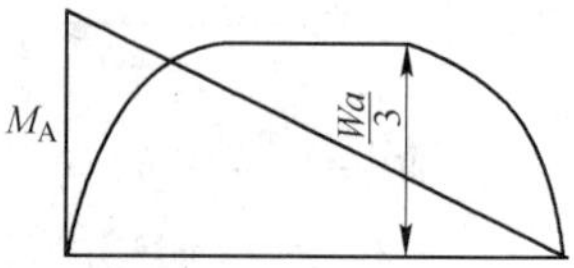 M_A；$\frac{Wa}{3}$ $M_A = -\frac{Wa}{8L}(4L-3a)$ 当 $x < a$ 时 $M_x = \frac{W}{24}(9n^2x - 12nx + 12x - 4xq^2)$ 当 $q = \sqrt{\frac{3n^2}{4} - n + 1}$ 时，出现最大 $+M_{max}$
剪力	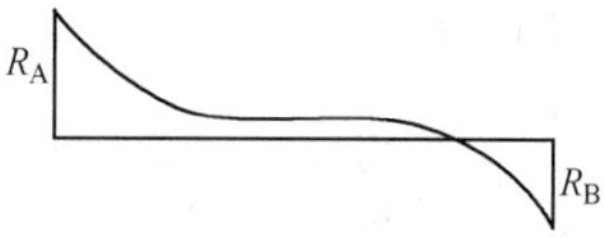 R_A；R_B $R_A = \frac{W}{8L^2}(4L^2 + 2aL - a^2)$ $R_B = W - R_A$	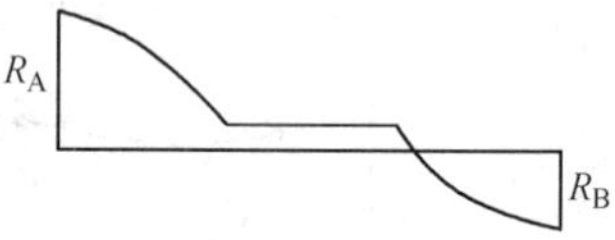 R_A；R_B $R_A = \frac{W}{8L^2}(4L^2 + 4aL - 3a^2)$ $R_B = W - R_A$
荷载	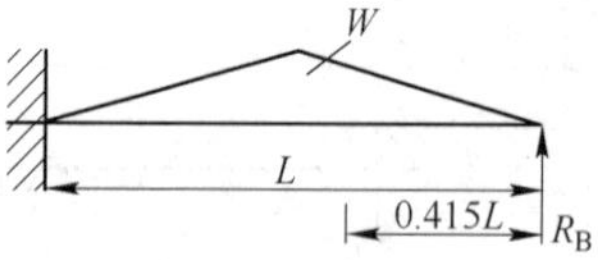 W；L；$0.415L$；R_B	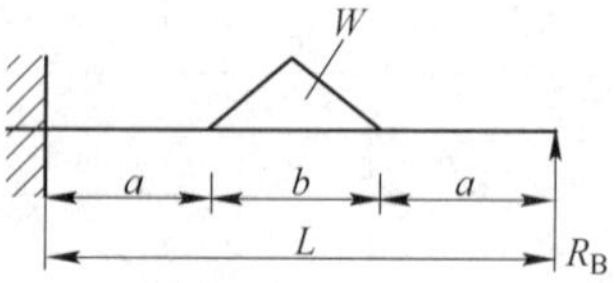 W；a，b，a；L；R_B
弯矩	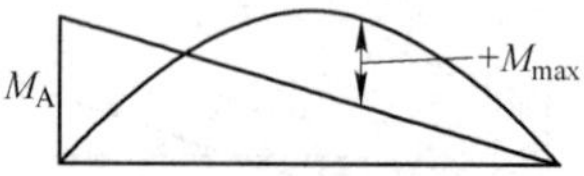 M_A；$+M_{max}$ $M_A = -\frac{5WL}{32}$，$+M_{max} = 0.0948WL$	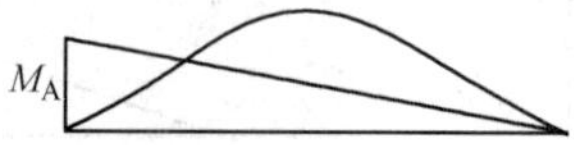 M_A $M_A = \frac{W}{32L}(5L^2 + 4aL - 4a^2)$
剪力	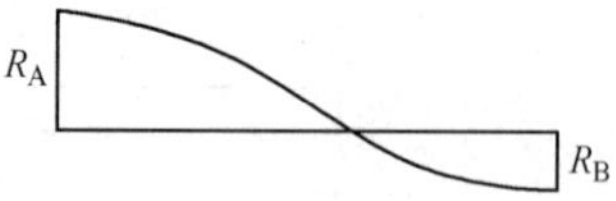 R_A；R_B $R_A = \frac{21W}{32}$　$R_B = \frac{11W}{32}$	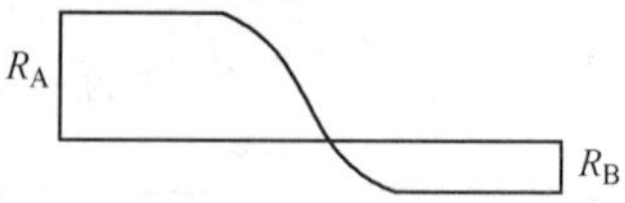 R_A；R_B $R_A = \frac{W}{32L^2}(21L^2 + 4aL - 4a^2)$ $R_B = W - R_A$
挠度	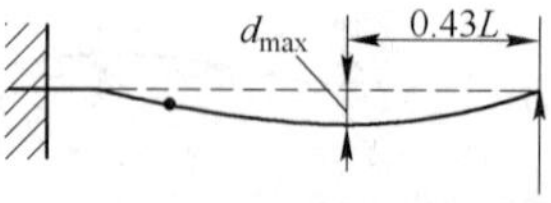 d_{max}；$0.43L$ $d_{max} = 0.00727\frac{WL^3}{EI}$	—

续表

一端有支承的悬臂梁		
荷载	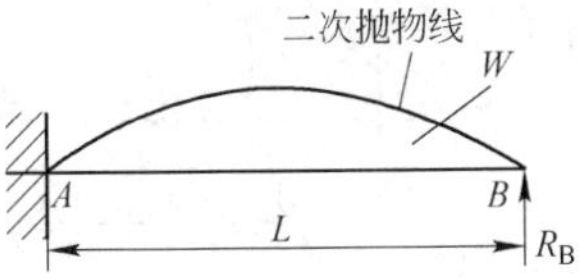 二次抛物线 W A B L R_B	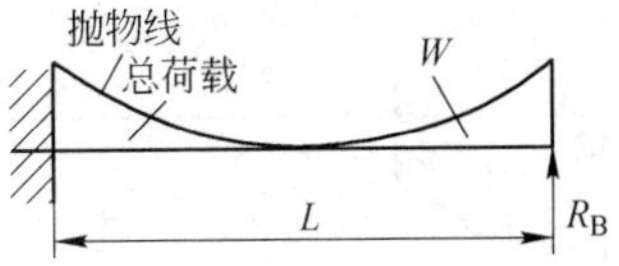 抛物线 总荷载 W L R_B
弯矩	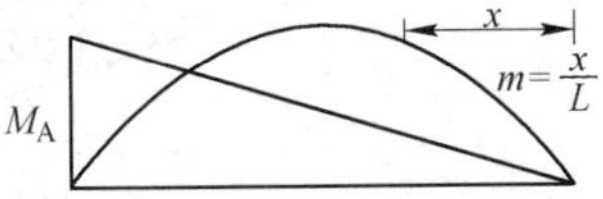 x $m=\frac{x}{L}$ M_A $M_A=-\frac{3WL}{20}$ $M_x=\frac{WL}{20}(10m^4-20m^3+7m)$ $+M_{max}=0.0888WL$，当 $x=0.3985L$ 时	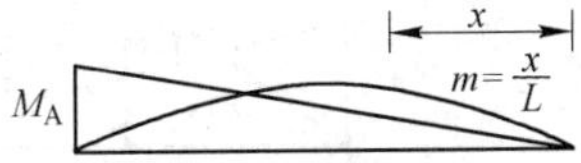 x $m=\frac{x}{L}$ M_A $M_A=-\frac{3WL}{40}$ $M_x=\frac{WL}{40}(-40m^4+80m^3-60m^2+17m)$ $+M_{max}=0.0399WL$，当 $x=0.2343L$ 时
剪力	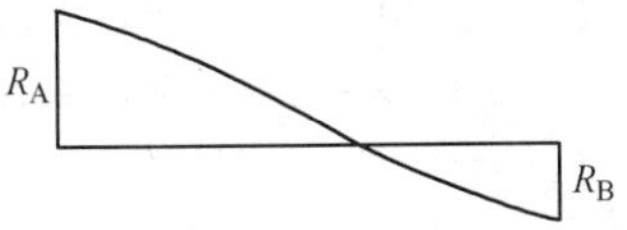 R_A R_B $R_A=\frac{13W}{20}$ $R_B=\frac{7W}{20}$	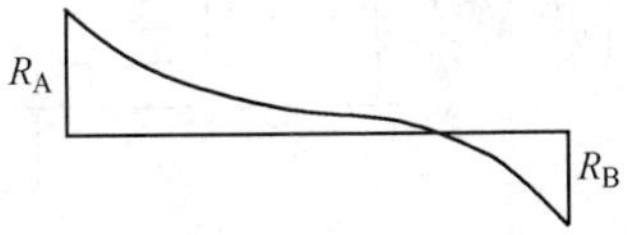 R_A R_B $R_A=\frac{23W}{40}$ $R_B=\frac{17W}{40}$
挠度	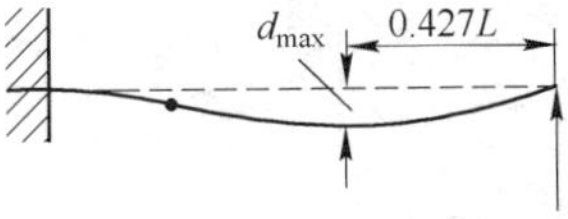 d_{max} $0.427L$ $d_{max}=0.00674\frac{WL^3}{EI}$	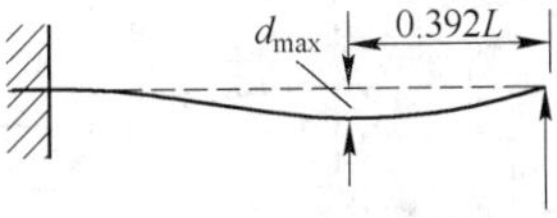 d_{max} $0.392L$ $d_{max}=0.00278\frac{WL^3}{EI}$
荷载	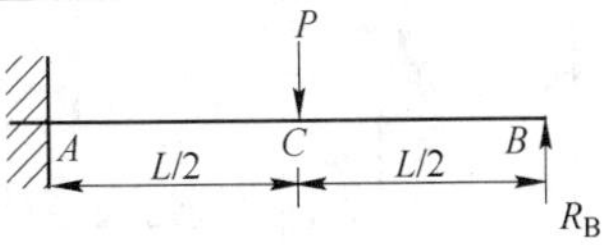 P A C B $L/2$ $L/2$ R_B	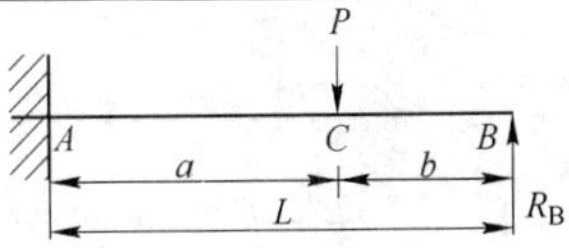 P A C B a b L R_B
弯矩	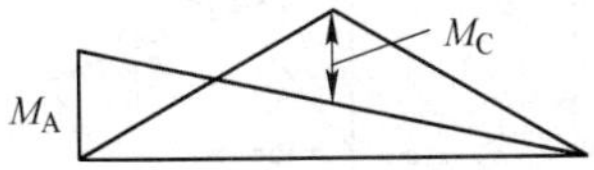 M_C M_A $M_A=-\frac{3PL}{16}$ $M_C=\frac{5PL}{32}$	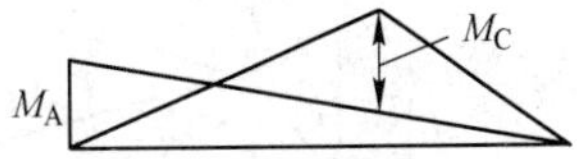 M_C M_A $M_A=-\frac{Pb(L^2-b^2)}{2L^2}$ 最大 $M_A=-0.193PL$，当 $b=0.577L$ 时 $M_C=\frac{Pb}{2}\left(2-\frac{3b}{L}+\frac{b^3}{L^3}\right)$ 最大 $M_C=0.174PL$，当 $b=0.366L$ 时
剪力	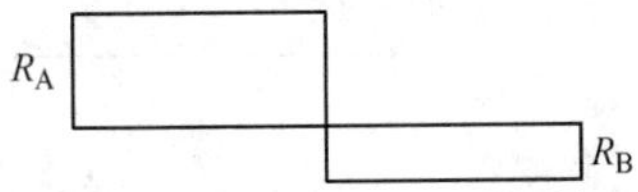 R_A R_B $R_A=11P/16$ $R_B=5P/16$	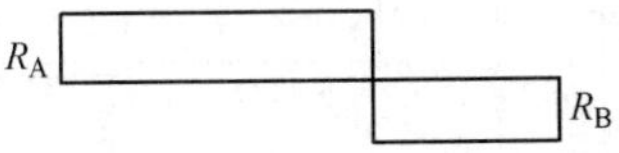 R_A R_B $R_B=\frac{Pa^2}{2L^3}(b+2L)$ $R_A=P-R_B$
挠度	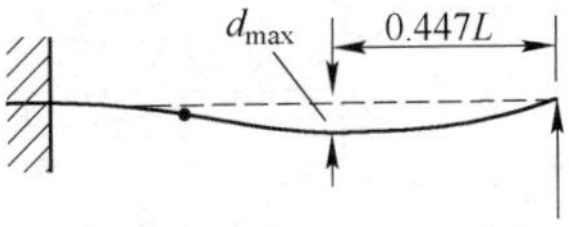 d_{max} $0.447L$ $d_C=\frac{7PL^3}{768EI}$ $d_{max}=0.00932\frac{PL^3}{EI}$	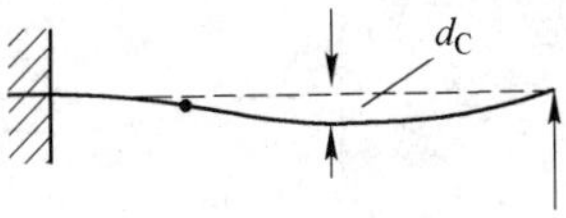 d_C $d_C=\frac{Pa^3b^2}{12EIL^3}(4L-a)$

续表

	一端有支承的悬臂梁	
荷载	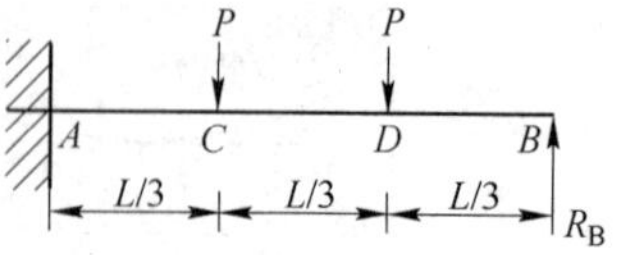 三个集中荷载 P：A—C—D—B，各段 L/3	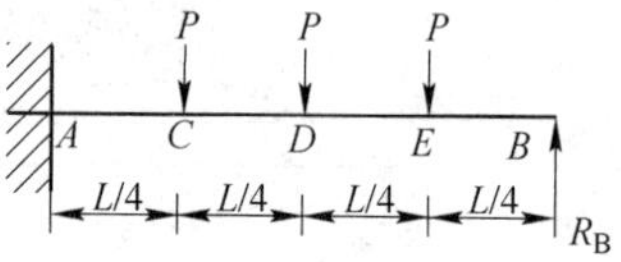 四个集中荷载 P：A—C—D—E—B，各段 L/4
弯矩	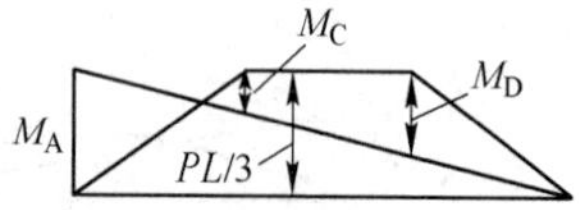 $M_A = -\frac{PL}{3}$ $M_C = \frac{PL}{9}$　$M_D = \frac{2PL}{9}$	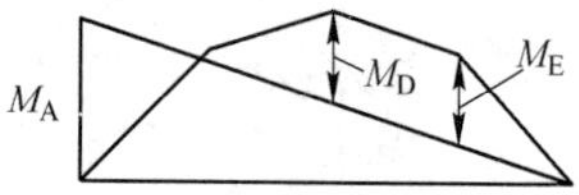 $M_A = -\frac{15PL}{32}$ $M_D = \frac{17PL}{64}$　$M_E = \frac{33PL}{128}$
剪力	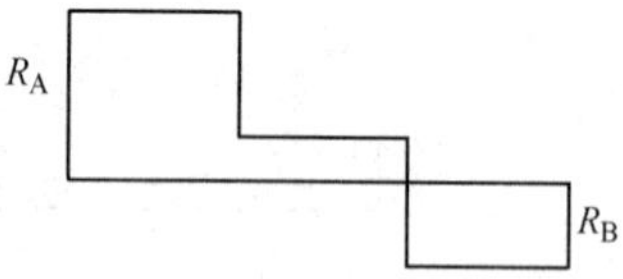 $R_A = \frac{4P}{3}$　$R_B = \frac{2P}{3}$	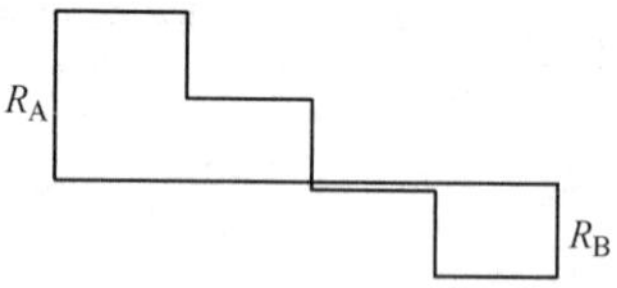 $R_A = \frac{63P}{32}$　$R_B = \frac{33P}{32}$
挠度	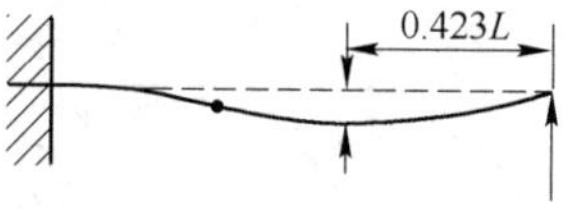 0.423L $d_{max} = 0.0152\frac{PL^3}{EI}$	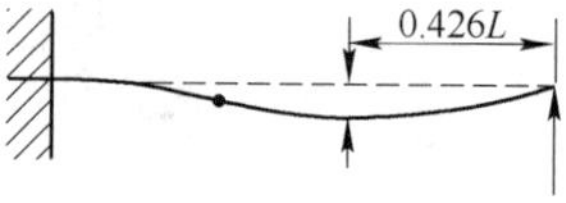 0.426L $d_{max} = 0.0209\frac{PL^3}{EI}$
荷载	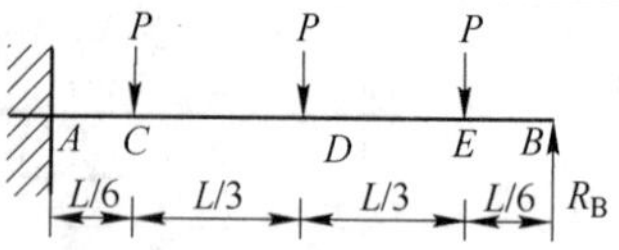 A—C—D—E—B，各段 L/6、L/3、L/3、L/6	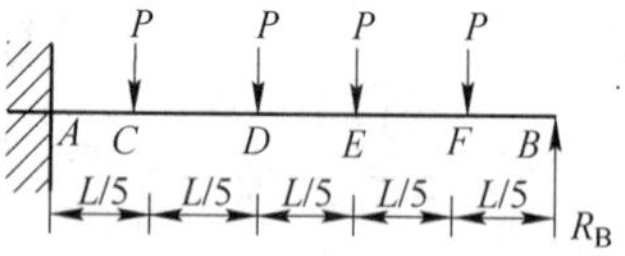 A—C—D—E—F—B，各段 L/5
弯矩	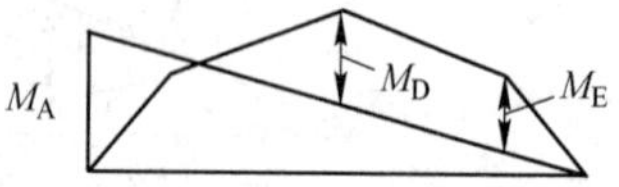 $M_A = -\frac{19PL}{48}$ $M_D = \frac{21PL}{96}$　$M_E = \frac{53PL}{288}$	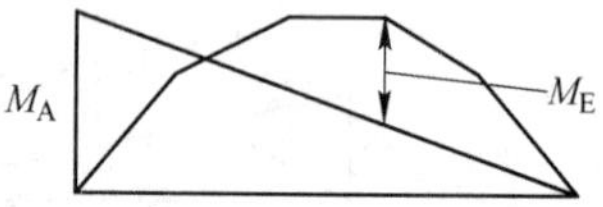 $M_A = -\frac{3PL}{5}$　$M_E = \frac{9PL}{25}$
剪力	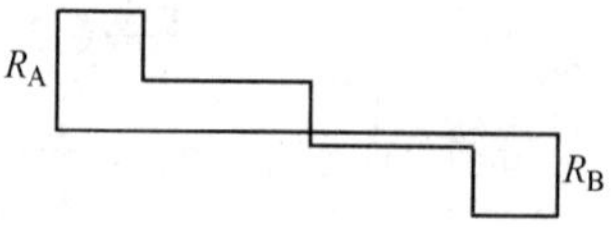 $R_A = \frac{91P}{48}$　$R_B = \frac{53P}{48}$	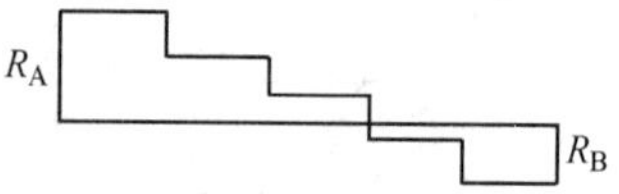 $R_A = \frac{13P}{5}$　$R_B = \frac{7P}{5}$
挠度	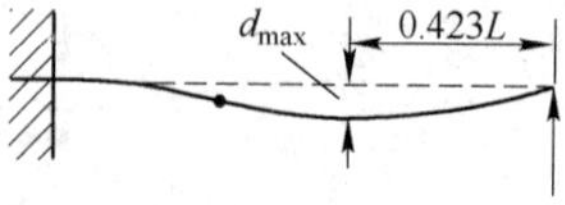 d_{max}，0.423L $d_{max} = 0.0169\frac{PL^3}{EI}$	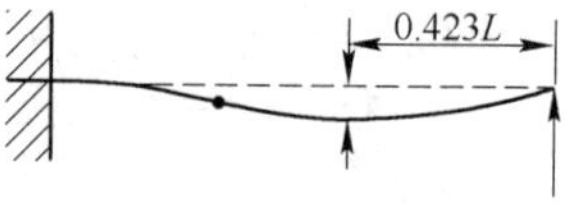 0.423L $d_{max} = 0.0265\frac{PL^3}{EI}$

续表

一端有支承的悬臂梁		
荷载	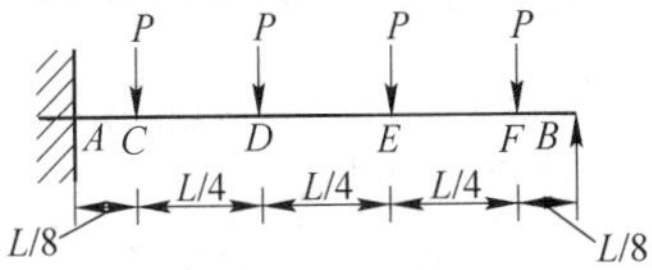 P P P P; A C D E F B; L/8, L/4, L/4, L/4, L/8	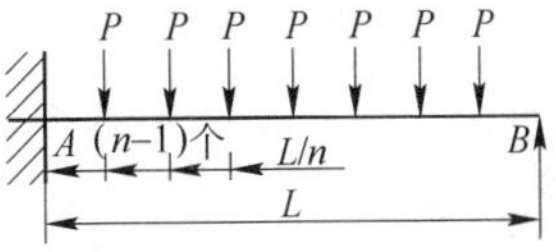 P P P P P P P; A (n−1)个 L/n B; L
弯矩	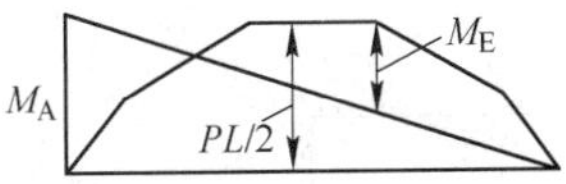 M_A, M_E, $PL/2$ $M_A = -\frac{33PL}{64}$ $M_E = \frac{157PL}{512}$	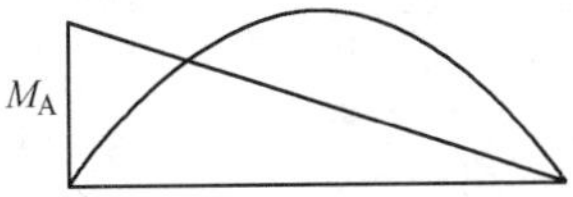 M_A $M_A = -\frac{PL(n^2-1)}{8n}$
剪力	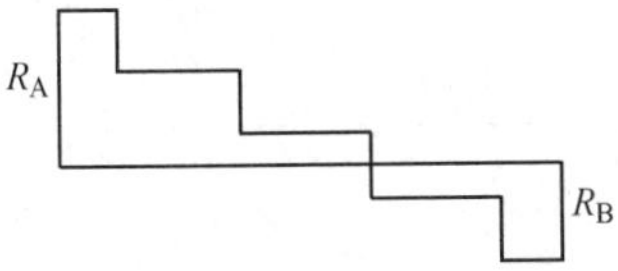 R_A, R_B $R_A = \frac{161P}{64}$ $R_B = \frac{95P}{64}$	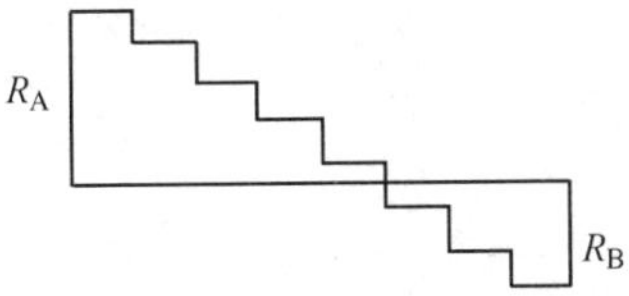 R_A, R_B $R_A = \frac{P}{8n}(5n^2-4n-1)$ $R_B = \frac{P}{8n}(3n^2-4n+1)$
挠度	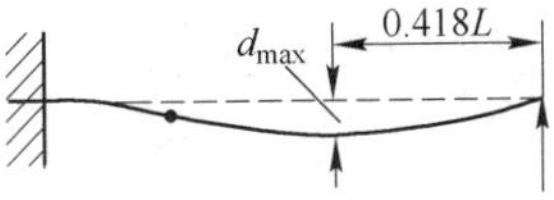 d_{max}, 0.418L $d_{max} = 0.0221\frac{PL^3}{EI}$	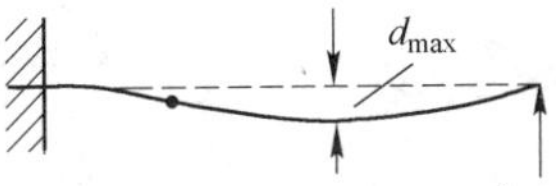 d_{max} 当 n 值较大时,$d_{max} \approx \frac{nPL^3}{185EI}$
荷载	任意对称荷载 W; 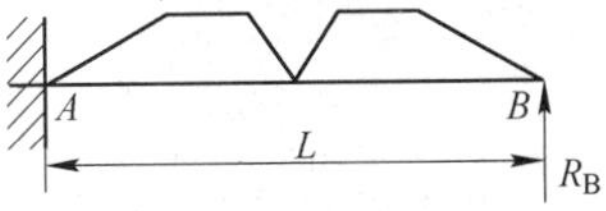 A B; L; R_B	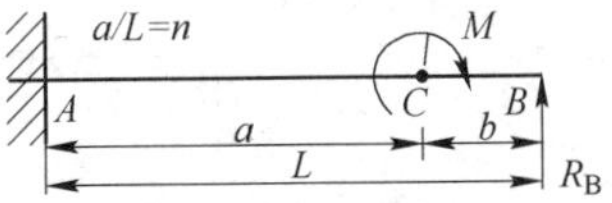 $a/L=n$; M; A C B; a, b; L; R_B
弯矩	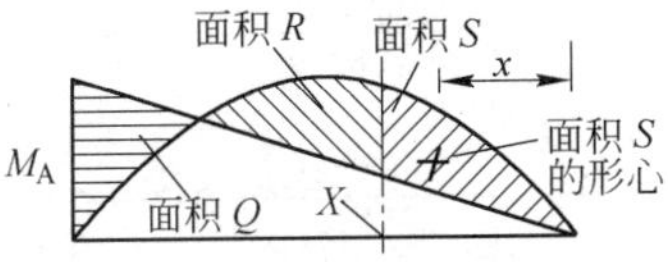 面积 R, 面积 S, x, M_A, 面积 S 的形心, 面积 Q, X 如果 A_s = 自由边弯矩图的面积 $M_A = \frac{3A_s}{2L}$	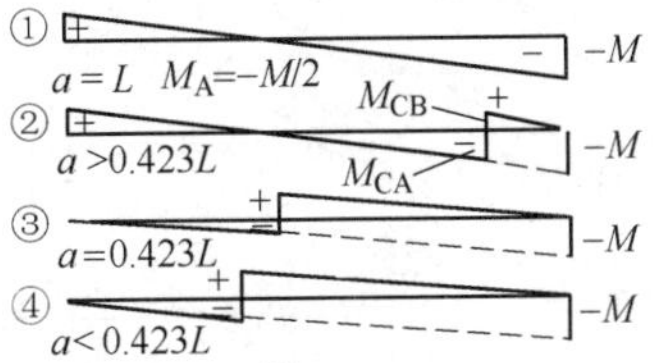 ① $a=L$ $M_A=-M/2$ −M ② $a>0.423L$ M_{CB} M_{CA} −M ③ $a=0.423L$ −M ④ $a<0.423L$ −M $M_A = \frac{-M}{2}(2-6n+3n^2)$ $M_{CA} = \frac{-M}{2}(2-6n+9n^2-3n^3)$ $M_{CB} = \frac{3Mn}{2}(2-3n+n^2)$
剪力	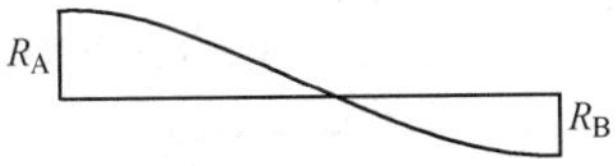 R_A, R_B $R_A = \frac{W}{2}+\frac{M_A}{L}$ $R_B = \frac{W}{2}-\frac{M_A}{L}$	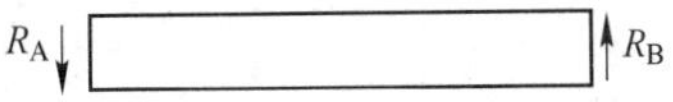 R_A, R_B $-R_A = R_B = \frac{M+M_A}{L}$ 工况1,$R = 3M/2L$ 工况3,$R = M/L$
挠度	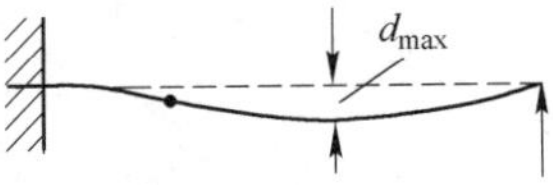 d_{max} 当 d_{max} 出现在弯矩图的 X 点处,面积 R 等于面积 Q。 $d_{max} = \frac{Area\ Sxx}{EI}$	—

续表

均布荷载作用下的等跨连续梁

弯矩 = 系数 × W × L

支座反力 = 系数 × W

式中，W 为单跨上的均布荷载，L 为单跨长度

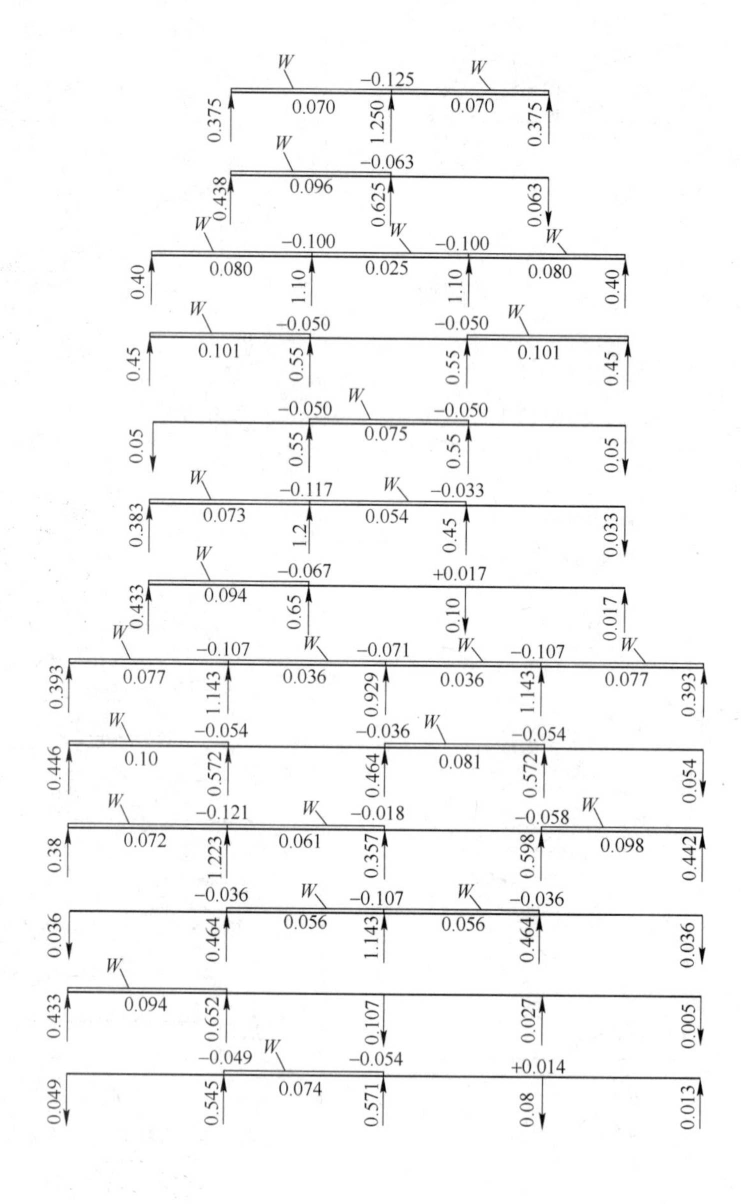

续表

跨中集中荷载作用下的等跨连续梁

弯矩 = 系数 × W × L

支座反力 = 系数 × W

式中，W 为单跨上的集中荷载，L 为单跨长度

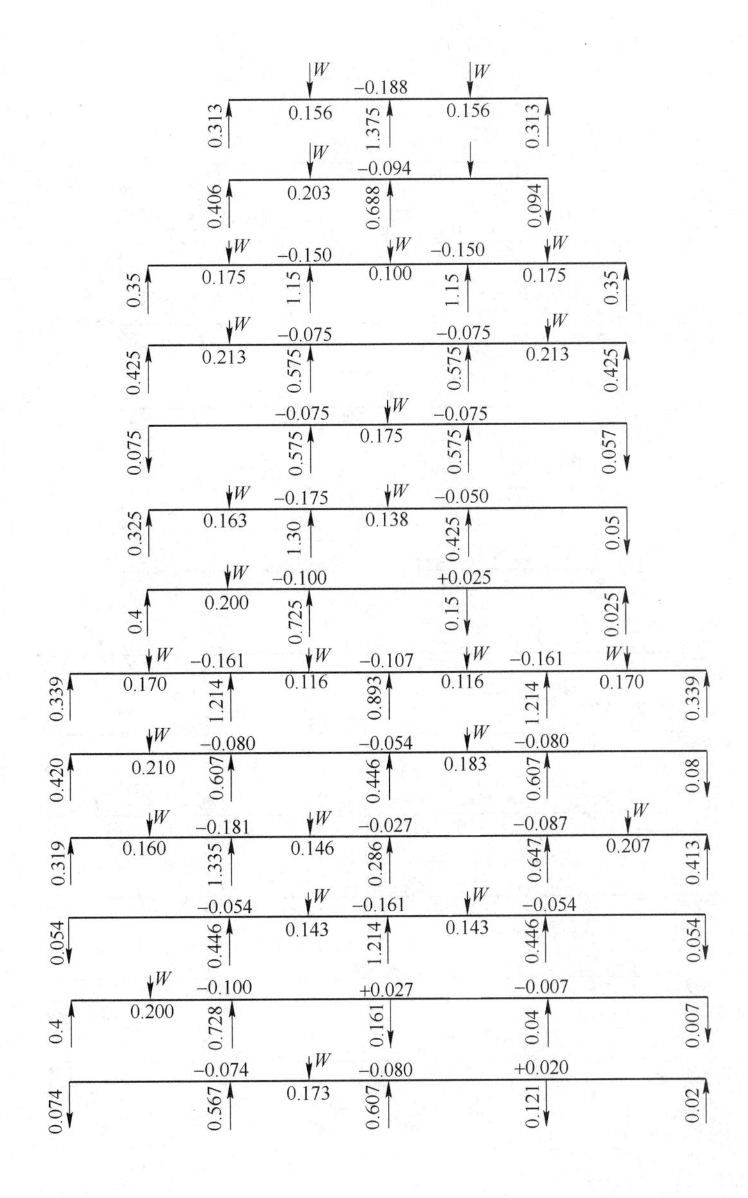

续表

1/3 跨处集中荷载作用下的等跨连续梁

弯矩 = 系数 × W × L

支座反力 = 系数 × W

式中，W 为单跨上的总荷载，L 为单跨长度

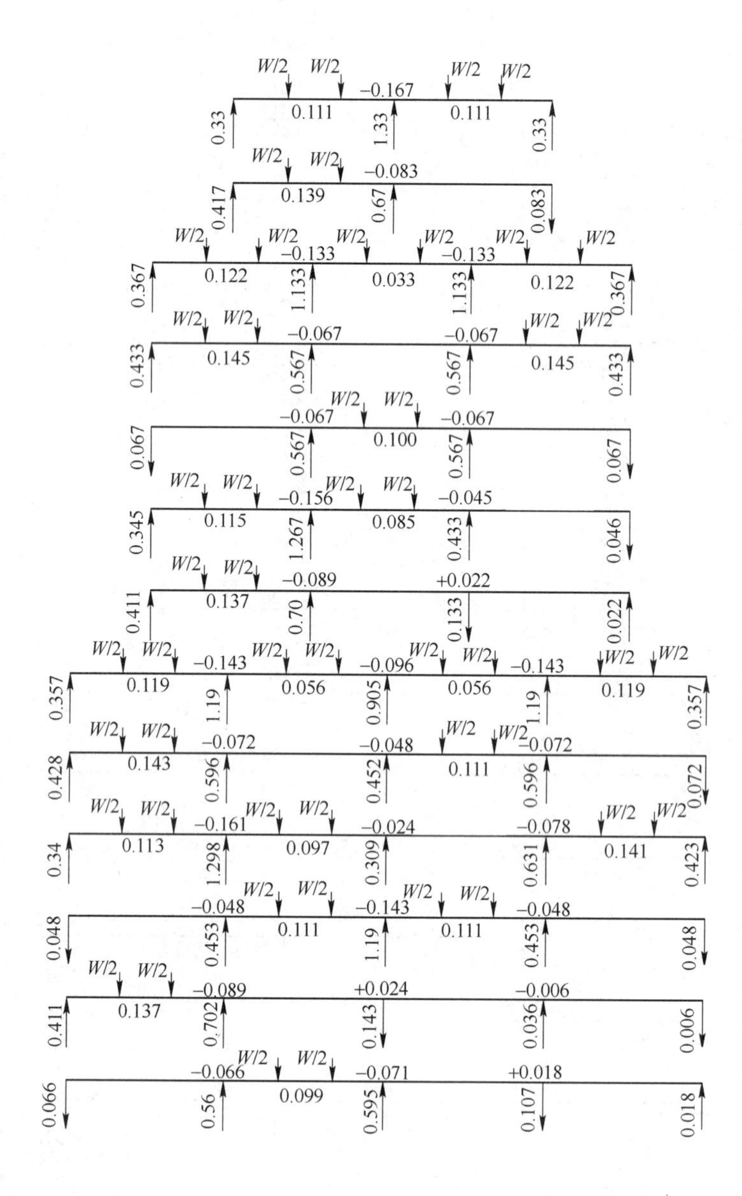

截面惯性矩

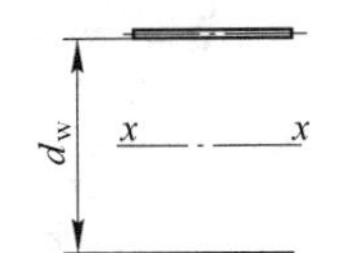

每单位宽度（mm）两个翼缘的截面惯性矩（cm^4）

间距 d_w /mm	每个翼缘的厚度/mm									
	10	12	15	18	20	22	25	28	30	32
1000	510. 1	614. 5	772. 7	932. 8	1041	1149	1314	1480	1592	1705
1100	616. 1	742. 0	932. 5	1125	1255	1385	1582	1782	1916	2051
1200	732. 1	881. 4	1107	1335	1489	1643	1876	2112	2270	2429
1300	858. 1	1033	1297	1564	1743	1923	2195	2469	2654	2839
1400	994. 1	1196	1502	1810	2017	2224	2539	2855	3068	3282
1500	1140	1372	1721	2074	2311	2548	2907	3269	3512	3756
1600	1296	1559	1956	2356	2625	2894	3301	3711	3986	4262
1700	1462	1759	2206	2656	2959	3262	3720	4181	4490	4800
1800	1638	1970	2471	2975	3313	3652	4164	4679	5024	5371
1900	1824	2193	2750	3311	3687	4064	4632	5204	5588	5973
2000	2020	2429	3045	3665	4081	4498	5126	5758	6182	6607
2100	2226	2676	3355	4037	4495	4953	5645	6340	6806	7273
2200	2442	2936	3680	4428	4929	5431	6189	6950	7460	7971
2300	2668	3207	4019	4836	5383	5931	6757	7588	8144	8702
2400	2904	3491	4374	5262	5857	6453	7351	8254	8858	9464
2500	3150	3786	4744	5706	6351	6997	7970	8947	9602	10258
2600	3406	4084	5129	6169	6865	7563	8614	9669	10376	11084
2700	3672	4413	5528	6649	7399	8150	9282	10419	11180	11943
2800	3948	4744	5943	7147	7953	8760	9976	11197	12014	12833
2900	4234	5088	6373	7663	8527	9392	10695	12003	12878	13755
3000	4530	5443	6818	8198	9121	10046	11439	12837	13772	14709
3100	4836	5811	7277	8750	9735	10722	12207	13699	14696	15696
3200	5152	6190	7752	9320	10369	11420	13001	14588	15650	16714
3300	5478	6582	8242	9908	11023	12139	13820	15506	16634	17764
3400	5814	6985	8747	10515	11697	12881	14664	16452	17648	18846
3500	6160	7401	9266	11139	12391	13645	15532	17426	18692	19961
3600	6516	7828	9801	11781	13105	14431	16426	18428	19766	21107
3700	6882	8267	10351	12441	13839	15239	17345	19458	20870	22285
3800	7258	8719	10916	13120	14593	16069	18289	20515	22004	23495
3900	7644	9182	11495	13816	15367	16920	19257	21601	23168	24738
4000	8040	9658	12090	14530	16161	17794	20251	22715	24362	26012
4100	8446	10145	12700	15262	16975	18690	21270	23857	25586	27318
4200	8862	10645	13325	16012	17809	19608	22314	25027	26840	28656
4300	9288	11156	13964	16781	18663	20548	23382	26225	28124	30027
4400	9724	11679	14619	17567	19537	21510	24476	27450	29438	31429
4500	10170	12215	15289	18371	20431	22494	25595	28704	30782	32863
4600	10626	12762	15974	19193	21345	23499	26739	29986	32156	34329
4700	11092	13322	16673	20034	22279	24527	27807	31296	33560	35827
4800	11568	13893	17386	20892	23233	25577	29101	32634	34994	37358
4900	12054	14477	18118	21768	24207	26649	30320	34000	36458	38920
5000	12550	15072	18863	22662	25201	27743	31564	35393	37952	40514

每单位宽度（mm）两个翼缘的截面惯性矩（cm^4）

每个翼缘的厚度/mm										间距 d_w /mm
35	38	40	45	50	55	60	65	70	75	
1875	2048	2164	2459	2758	3064	3374	3691	4013	4341	**1000**
2255	2461	2600	2951	3308	3671	4040	4416	4797	5184	**1100**
2670	2913	3076	3489	3908	4334	4766	5205	5651	6103	**1200**
3120	3402	3592	4072	4558	5052	5552	6060	6575	7097	**1300**
3604	3930	4148	4700	5258	5825	6398	6980	7569	8166	**1400**
4124	4495	4744	5372	6008	6652	7304	7965	8633	9309	**1500**
4679	5099	5380	6090	6808	7535	8270	9014	9767	10528	**1600**
5269	5740	6056	6853	7658	8473	9296	10129	10971	11822	**1700**
5893	6420	6772	7661	8558	9466	10382	11309	12245	13191	**1800**
6553	7137	7528	8513	9508	10513	11528	12554	13589	14634	**1900**
7248	7892	8324	9411	10508	11616	12734	13863	15003	16153	**2000**
7978	8686	9160	10354	11558	12774	14000	15238	16487	17747	**2100**
8742	9517	10036	11342	12658	13987	15326	16678	18041	19416	**2200**
9542	10387	10952	12374	13808	15254	16712	18183	19665	21159	**2300**
10377	11294	11908	13452	15008	16577	18158	19752	21359	22978	**2400**
11247	12240	12904	14575	16258	17955	19664	21387	23123	24872	**2500**
12151	13223	13940	15743	17558	19388	21230	23087	24957	26841	**2600**
13091	14245	15016	16955	18908	20875	22856	24852	26861	28884	**2700**
14066	15304	16132	18213	20308	22418	24542	26681	28835	31003	**2800**
15076	16401	17288	19516	21758	24016	26288	28576	30879	33197	**2900**
16120	17537	18484	20864	23258	25669	28094	30536	32993	35466	**3000**
17200	18710	19720	22256	24808	27376	29960	32561	35177	37809	**3100**
18315	19922	20996	23694	26408	29139	31886	34650	37431	40228	**3200**
19465	21171	22312	25177	28058	30957	33872	36805	39755	42722	**3300**
20649	22459	23668	26705	29758	32830	35918	39025	42149	45291	**3400**
21869	23784	25064	28277	31508	34757	38024	41310	44613	47934	**3500**
23124	25147	26500	29895	33308	36740	40190	43659	47147	50653	**3600**
24414	26549	27976	31558	35158	38778	42416	46074	49751	53447	**3700**
25738	27988	29492	33266	37058	40871	44702	48554	52425	56316	**3800**
27098	29466	31048	35018	39008	43018	47048	51099	55169	59259	**3900**
28493	30981	32644	36816	41008	45221	49454	53708	57983	62278	**4000**
29923	32535	34280	38659	43058	47479	51920	56383	60867	65372	**4100**
31387	34126	35956	40547	45158	49792	54446	59123	63821	68541	**4200**
32887	35756	37672	42479	47308	52159	57032	61928	66845	71784	**4300**
34422	37423	39428	44457	49508	54582	59678	64797	69939	75103	**4400**
35992	39128	41224	46480	51758	57060	62384	67732	73103	78497	**4500**
37596	40872	43060	48548	54058	59593	65150	70732	76337	81966	**4600**
39236	42653	44936	50660	56408	62180	67976	73797	79641	85509	**4700**
40911	44473	46852	52818	58808	64823	70862	76926	83015	89128	**4800**
42621	46330	48808	55021	61258	67521	73808	80121	86459	92822	**4900**
44365	48226	50804	57269	63758	70274	76814	83381	89973	96591	**5000**

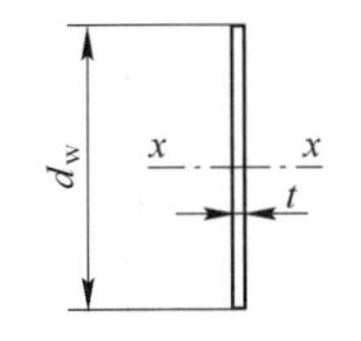

矩形板关于 *x-x* 轴的截面惯性矩（cm^4）

高度 d_w /mm	厚度 t/mm					
	3	**4**	**5**	**6**	**8**	**10**
25	391	521	651	781	1.04	1.30
50	3.13	4.17	5.21	6.25	8.33	10.4
75	10.5	14.1	17.6	21.1	28.1	35.2
100	25.0	33.3	41.7	50.0	66.7	83.3
125	48.8	65.1	81.4	97.7	130	163
150	84.4	113	141	169	225	281
175	134	179	223	268	357	447
200	200	267	333	400	533	667
225	285	380	475	570	759	949
250	391	521	651	781	1042	1302
275	520	693	867	1040	1386	1733
300	675	900	1125	1350	1800	2250
325	858	1144	1430	1716	2289	2861
350	1072	1429	1786	2144	2858	3573
375	1318	1758	2197	2637	3516	4395
400	1600	2133	2667	3200	4267	5333
425	1919	2559	3199	3838	5118	6397
450	2278	3038	3797	4556	6075	7594
475	2679	3572	4465	5359	7145	8931
500	3125	4167	5208	6250	8333	10417
525	3618	4823	6029	7235	9647	12059
550	4159	5546	6932	8319	11092	13865
575	4753	6337	7921	9505	12674	15842
600	5400	7200	9000	10800	14400	18000
625	6104	8138	10173	12207	16276	20345
650	6866	9154	11443	13731	18308	22885
675	7689	10252	12814	15377	20503	25629
700	8575	11433	14292	17150	22867	28583
725	9527	12703	15878	19054	25405	31757
750	10547	14063	17578	21094	28125	35156
775	11637	15516	19395	23274	31032	38790
800	12800	17067	21333	25600	34133	42667
825	14038	18717	23396	28076	37434	46793
850	15353	20471	25589	30706	40942	51177
875	16748	22331	27913	33496	44661	55827
900	18225	24300	30375	36450	48600	60750

矩形板关于 x-x 轴的截面惯性矩（cm^4）

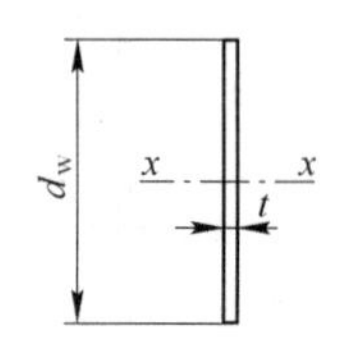

厚度 t/mm						高度 d_w
12	15	18	20	22	25	/mm
1.56	1.95	2.34	2.60	2.86	3.26	**25**
12.5	15.6	18.8	20.8	22.9	26.0	**50**
42.2	52.7	63.3	70.3	77.3	87.9	**75**
100	125	150	167	183	208	**100**
195	244	293	326	358	407	**125**
338	422	506	563	619	703	**150**
536	670	804	893	983	1117	**175**
800	1000	1200	1333	1467	1667	**200**
1139	1424	1709	1898	2088	2373	**225**
1563	1953	2344	2604	2865	3255	**250**
2080	2600	3120	3466	3813	4333	**275**
2700	3375	4050	4500	4950	5625	**300**
3433	4291	5149	5721	6293	7152	**325**
4288	5359	6431	7146	7860	8932	**350**
5273	6592	7910	8789	9668	10986	**375**
6400	8000	9600	10667	11733	13333	**400**
7677	9596	11515	12794	14074	15993	**425**
9113	11391	13669	15188	16706	18984	**450**
10717	13396	16076	17862	19648	22327	**475**
12500	15625	18750	20833	22917	26042	**500**
14470	18088	21705	24117	26529	30146	**525**
16638	20797	24956	27729	30502	34661	**550**
19011	23764	28516	31685	34853	39606	**575**
21600	27000	32400	36000	39600	45000	**600**
24414	30518	36621	40690	44759	50863	**625**
27463	34328	41194	45771	50348	57214	**650**
30755	38443	46132	51258	56384	64072	**675**
34300	42875	51450	57167	62883	71458	**700**
38108	47635	57162	63513	69864	79391	**725**
42188	52734	63281	70313	77344	87891	**750**
46548	58186	69823	77581	85339	96976	**775**
51200	64000	76800	85333	93867	106667	**800**
56152	70189	84227	93586	102945	116982	**825**
61413	76766	92119	102354	112590	127943	**850**
66992	83740	100488	111654	122819	139567	**875**
72900	91125	109350	121500	133650	151875	**900**

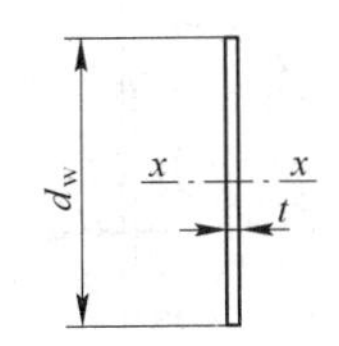

矩形板关于 ***x-x*** 轴的截面惯性矩（cm⁴）

高度 d_w /mm	厚度 t/mm					
	3	**4**	**5**	**6**	**8**	**10**
1000	25000	33333	41667	50000	66667	83333
1100	33275	44367	55458	66550	88733	110917
1200	43200	57600	72000	86400	115200	144000
1300	54925	73233	91542	109850	146467	183083
1400	68600	91467	114333	137200	182933	228667
1500	84375	112500	140625	168750	225000	281250
1600	102400	136533	170667	204800	273067	341333
1700	122825	163767	204708	245650	327533	409417
1800	145800	194400	243000	291600	388800	486000
1900	171475	228633	285792	342950	457267	571583
2000	200000	266667	333333	400000	533333	666667
2100	231525	308700	385875	463050	617400	771750
2200	266200	354933	443667	532400	709867	887333
2300	304175	405567	506958	608350	811133	1013917
2400	345600	460800	576000	691200	921600	1152000
2500	390625	520833	651042	781250	1041667	1302083
2600	439400	585867	732333	878800	1171733	1464667
2700	492075	656100	820125	984150	1312200	1640250
2800	548800	731733	914667	1097600	1463467	1829333
2900	609725	812967	1016208	1219450	1625933	2032417
3000	675000	900000	1125000	1350000	1800000	2250000
3100	744775	993033	1241292	1489550	1986067	2482583
3200	819200	1092267	1365333	1638400	2184533	2730667
3300	898425	1197900	1497375	1796850	2395800	2994750
3400	982600	1310133	1637667	1965200	2620267	3275333
3500	1071875	1429167	1786458	2143750	2858333	3572917
3600	1166400	1555200	1944000	2332800	3110400	3888000
3700	1266325	1688433	2110542	2532650	3376867	4221083
3800	1371800	1829067	2286333	2743600	3658133	4572667
3900	1482975	1977300	2471625	2965950	3954600	4943250
4000	1600000	2133333	2666667	3200000	4266667	5333333
4100	1723025	2297367	2871708	3446050	4594733	5743417
4200	1852200	2469600	3087000	3704400	4939200	6174000
4300	1987675	2650233	3312792	3975350	5300467	6625583
4400	2129600	2839467	3549333	4259200	5678933	7098667
4500	2278125	3037500	3796875	4556250	6075000	7593750
4600	2433400	3244533	4055667	4866800	6489067	8111333
4700	2595575	3460767	4325958	5191150	6921533	8651917
4800	2764800	3686400	4608000	5529600	7372800	9216000
4900	2941225	3921633	4902042	5882450	7843267	9804083
5000	3125000	4166667	5208333	6250000	8333333	10416667

矩形板关于 x-x 轴的截面惯性矩（cm^4）

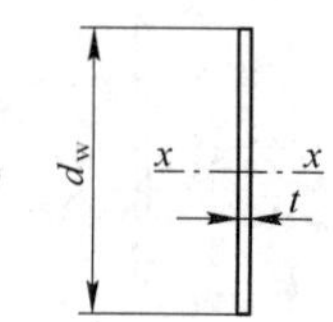

厚度 t/mm						高度 d_w /mm
12	15	18	20	22	25	
100000	125000	150000	166667	183333	208333	**1000**
133100	166375	199650	221833	244017	277292	**1100**
172800	216000	259200	288000	316800	360000	**1200**
219700	274625	329550	366167	402783	457708	**1300**
274400	343000	411600	457333	503067	571667	**1400**
337500	421875	506250	562500	618750	703125	**1500**
409600	512000	614400	682667	750933	853333	**1600**
491300	614125	736950	818833	900717	1023542	**1700**
583200	729000	874800	972000	1069200	1215000	**1800**
685900	857375	1028850	1143167	1257483	1428958	**1900**
800000	1000000	1200000	1333333	1466667	1666667	**2000**
926100	1157625	1389150	1543500	1697850	1929375	**2100**
1064800	1331000	1597200	1774667	1952133	2218333	**2200**
1216700	1520875	1825050	2027833	2230617	2534792	**2300**
1382400	1728000	2073600	2304000	2534400	2880000	**2400**
1562500	1953125	2343750	2604167	2864583	3255208	**2500**
1757600	2197000	2636400	2929333	3222267	3661667	**2600**
1968300	2460375	2952450	3280500	3608550	4100625	**2700**
2195200	2744000	3292800	3658667	4024533	4573333	**2800**
2438900	3048625	3658350	4064833	4471317	5081042	**2900**
2700000	3375000	4050000	4500000	4950000	5625000	**3000**
2979100	3723875	4468650	4965167	5461683	6206458	**3100**
3276800	4096000	4915200	5461333	6007467	6826667	**3200**
3593700	4492125	5390550	5989500	6588450	7486875	**3300**
3930400	4913000	5895600	6550667	7205733	8188333	**3400**
4287500	5359375	6431250	7145833	7860417	8932292	**3500**
4665600	5832000	6998400	7776000	8553600	9720000	**3600**
5065300	6331625	7597950	8442167	9286383	10552708	**3700**
5487200	6859000	8230800	9145333	10059867	11431667	**3800**
5931900	7414875	8897850	9886500	10875150	12358125	**3900**
6400000	8000000	9600000	10666667	11733333	13333333	**4000**
6892100	8615125	10338150	11486833	12635517	14358542	**4100**
7408800	9261000	11113200	12348000	13582800	15435000	**4200**
7950700	9938375	11926050	13251167	14576283	16563958	**4300**
8518400	10648000	12777600	14197333	15617067	17746667	**4400**
9112500	11390625	13668750	15187500	16706250	18984375	**4500**
9733600	12167000	14600400	16222667	17844933	20278333	**4600**
10382300	12977875	15573450	17303833	19034217	21629792	**4700**
11059200	13824000	16588800	18432000	20275200	23040000	**4800**
11764900	14706125	17647350	19608167	21568983	24510208	**4900**
12500000	15625000	18750000	20833333	22916667	26041667	**5000**

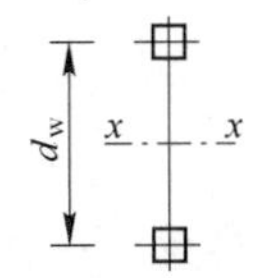

成对单位面积关于 x-x 轴的截面惯性矩（cm^4）

间距 d_w/mm	0	5	10	15	20	25	30	35	40	45
500	1250	1275	1301	1326	1352	1378	1405	1431	1458	1485
550	1513	1540	1568	1596	1625	1653	1682	1711	1741	1770
600	1800	1830	1861	1891	1922	1953	1985	2016	2048	2080
650	2113	2145	2178	2211	2245	2278	2312	2346	2381	2415
700	2450	2485	2521	2556	2592	2628	2665	2701	2738	2775
750	2813	2850	2888	2926	2965	3003	3042	3081	3121	3160
800	3200	3240	3281	3321	3362	3403	3445	3486	3528	3570
850	3613	3655	3698	3741	3785	3828	3872	3916	3961	4005
900	4050	4095	4141	4186	4232	4278	4325	4371	4418	4465
950	4513	4560	4608	4656	4705	4753	4802	4851	4901	4950
1000	5000	5050	5101	5151	5202	5253	5305	5356	5408	5460
1050	5513	5565	5618	5671	5725	5778	5832	5886	5941	5995
1100	6050	6105	6161	6216	6272	6328	6385	6441	6498	6555
1150	6613	6670	6728	6786	6845	6903	6962	7021	7081	7140
1200	7200	7260	7321	7381	7442	7503	7565	7626	7688	7750
1250	7813	7875	7938	8001	8065	8128	8192	8256	8321	8385
1300	8450	8515	8581	8646	8712	8778	8845	8911	8978	9045
1350	9113	9180	9248	9316	9385	9453	9522	9591	9661	9730
1400	9800	9870	9941	10011	10082	10153	10225	10296	10368	10440
1450	10513	10585	10658	10731	10805	10878	10952	11026	11101	11175
1500	11250	11325	11401	11476	11552	11628	11705	11781	11858	11935
1550	12013	12090	12168	12246	12325	12403	12482	12561	12641	12720
1600	12800	12880	12961	13041	13122	13203	13285	13366	13448	13530
1650	13613	13695	13778	13861	13945	14028	14112	14196	14281	14365
1700	14450	14535	14621	14706	14792	14878	14955	15051	15138	15225
1750	15313	15400	15488	15576	15665	15753	15842	15931	16021	16110
1800	16200	16290	16381	16471	16562	16653	16745	16836	16928	17020
1850	17113	17205	17298	17391	17485	17578	17672	17766	17861	17955
1900	18050	18145	18241	18336	18432	18528	18625	18721	18818	18915
1950	19013	19110	19208	19306	19405	19503	19602	19701	19801	19900
2000	20000	20100	20201	20301	20402	20503	20605	20706	20808	20910
2050	21013	21115	21218	21321	21425	21528	21632	21736	21841	21945
2100	22050	22155	22261	22366	22472	22578	22685	22791	22898	23005
2150	23113	23220	23328	23436	23545	23653	23762	23871	23981	24090
2200	24200	24310	24421	24531	24642	24753	24865	24976	25088	25200
2250	25313	25425	25538	25651	25765	25878	25992	26106	26221	26335
2300	26450	26565	26681	26796	26912	27028	27145	27261	27378	27495
2350	27613	27730	27848	27966	28085	28203	28322	28441	28561	28680
2400	28800	28020	29041	29161	29282	29403	29525	29646	29768	29890
2450	30013	30135	30258	30381	30505	30628	30752	30876	31001	31125
2500	31250	31375	31501	31626	31752	31878	32005	32131	32258	32385
2550	32513	32640	32768	32896	33025	33153	33282	33411	33541	33670
2600	33800	33930	34061	34191	34322	34453	34585	34716	34848	34980
2650	35113	35245	35378	35511	35645	35778	35912	36046	36181	36315
2700	36450	36585	36721	36856	36992	37128	37265	37401	37538	37675

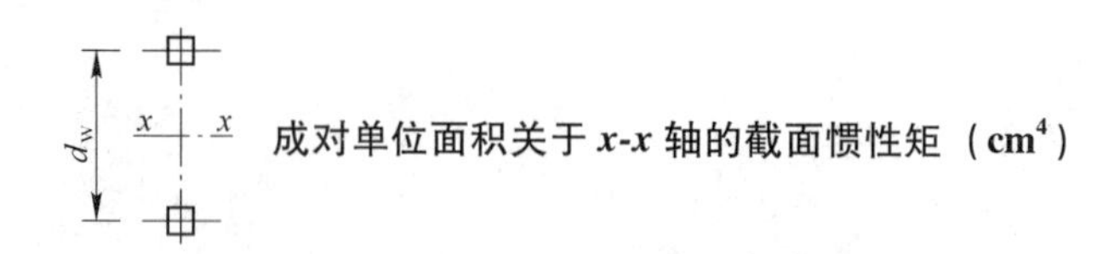

成对单位面积关于 x-x 轴的截面惯性矩（cm^4）

间距 d_w/mm	0	5	10	15	20	25	30	35	40	45
2750	37813	37950	38088	38226	38365	38503	38642	38781	38921	39060
2800	39200	39340	39481	39621	39762	39903	40045	40186	40328	40470
2850	40613	40755	40898	41041	41185	41328	41472	41616	41761	41905
2900	42050	42195	42341	42486	42632	42778	42925	43071	43218	43365
2950	43513	43660	43808	43956	44105	44253	44402	44551	44701	44850
3000	45000	45150	45301	45451	45602	45753	45905	46056	46208	46360
3050	46513	46665	46818	46971	47125	47278	47432	47586	47741	47895
3100	48050	48205	48361	48516	48672	48828	48985	49141	49298	49455
3150	49613	49770	49928	50086	50245	50403	50562	50721	50881	51040
3200	51200	51360	51521	51681	51842	52003	52165	52326	52488	52650
3250	52813	52975	53138	53301	53465	53628	53792	53956	54121	54285
3300	54450	54615	54781	54946	55112	55278	55445	55611	55778	55945
3350	56113	56280	56448	56616	56785	56953	57122	57291	57461	57630
3400	57800	57970	58141	58311	58482	58653	58825	58996	59168	59340
3450	59513	59685	59858	60031	60205	60378	60552	60726	60901	61075
3500	61250	61425	61601	61776	61952	62128	62305	62481	62658	62835
3550	63013	63190	63368	63546	63725	63903	64082	64261	64441	64620
3600	64800	64980	65161	65341	65522	65703	65885	66066	66248	66430
3650	66613	66795	66978	67161	67345	67528	67712	67896	68081	68265
3700	68450	68635	68821	69006	69192	69378	69565	69751	69938	70125
3750	70313	70500	70688	70876	71065	71253	71442	71631	71821	72010
3800	72200	72390	72581	72771	72962	73153	73345	73536	73728	73920
3850	74113	74305	74498	74691	74885	75078	75272	75466	75661	75855
3900	76050	76245	76441	76636	76832	77028	77225	77421	77618	77815
3950	78013	78210	78408	78606	78805	79003	79202	79401	79601	79800
4000	80000	80200	80401	80601	80802	81003	81205	81406	81608	81810
4050	82013	82215	82418	82621	82825	83028	83232	83436	83641	83845
4100	84050	84255	84461	84666	84872	85078	85285	85491	85698	85905
4150	86113	86320	86528	86736	86945	87153	87362	87571	87781	87990
4200	88200	88410	88621	88831	89042	89253	89465	89676	89888	90100
4250	90313	90525	90738	90951	91165	91378	91592	91806	92021	92235
4300	92450	92665	92881	93096	93312	93528	93745	93961	94178	94395
4350	94613	94830	95048	95266	95485	95703	95922	96141	96361	96580
4400	96800	97020	97241	97461	97682	97903	98125	98346	98568	98790
4450	99013	99235	99458	99681	99905	100128	100352	100576	100801	101025
4500	101250	101475	101701	101926	102152	102378	102605	102831	103058	103285
4550	103513	103740	103968	104196	104425	104653	104882	105111	105341	105570
4600	105800	106030	106261	106491	106722	106953	107185	107416	107648	107880
4650	108113	108345	108578	108811	109045	109278	109512	109746	109981	110215
4700	110450	110685	110921	111156	111392	111628	111865	112101	112338	112575
4750	112813	113050	113288	113526	113765	114003	114242	114481	114721	114960
4800	115200	115440	115681	115921	116162	116403	116645	116886	117128	117370
4850	117613	117855	118098	118341	118585	118828	119072	119316	119561	119805
4900	120050	120295	120541	120786	121032	121278	121525	121171	122018	122265
4950	122513	122760	123008	123256	123505	123753	124002	124251	124501	124750

注：表中对应的惯性矩单位为 cm^4，面积单位为 cm^2。

平面截面几何参数

平面截面几何特性

截面形状	面积	形心位置	惯性矩	截面模量
三角形	$A=\frac{bh}{2}$	$e_x=\frac{h}{3}$	$I_{XX}=bh^3/36$ $I_{YY}=hb^3/48$ $I_{aa}=bh^3/4$ $I_{bb}=bh^3/12$	Z_{XX} $base=bh^2/12$ $apex=bh^2/24$ $Z_{YY}=bh^2/24$
矩形	$A=bd$	$e_x=\frac{h}{2}$	$I_{XX}=bd^3/12$ $I_{YY}=db^3/12$ $I_{bb}=bd^3/3$	$Z_{XX}=bd^2/6$ $Z_{YY}=db^2/6$
矩形 以对角线为轴	$A=bd$	$e_x=\frac{bd}{\sqrt{b^2+d^2}}$	$I_{XX}=\frac{b^3d^3}{6(b^2+d^2)}$	$Z_{XX}=\frac{b^2d^2}{6\sqrt{b^2+d^2}}$
矩形 轴线通过形心	$A=bd$	$e_x=\frac{b\sin\theta+d\cos\theta}{2}$	$I_{XX}=$ $\frac{bd(b^2\sin^2\theta+d^2\cos^2\theta)}{12}$	$Z_{XX}=$ $\frac{bd(b^2\sin^2\theta+d^2\cos^2\theta)}{6(b\sin\theta+d\cos\theta)}$
正方形	$A=s^2$	$e_x=\frac{s}{2}$ $e_y=\frac{s}{\sqrt{2}}$	$I_{XX}=I_{YY}=s^4/12$ $I_{bb}=s^4/3$ $I_{VV}=s^4/12$	$Z_{XX}=Z_{YY}=\frac{s^3}{6}$ $Z_{VV}=\frac{s^3}{6\sqrt{2}}$
梯形	$A=\frac{d(a+b)}{2}$	$e_{x1}=\frac{d(2a+b)}{3(a+b)}$	$I_{XX}=\frac{d^3(a^2+4ab+b^2)}{36(a+b)}$ $I_{YY}=\frac{d(a^3+a^2b+ab^2+b^3)}{48}$	$Z_{XX}=\frac{I_{XX}}{d-e_x}$ $Z_{YY}=\frac{ZI_{YY}}{b}$
菱形	$A=\frac{bd}{2}$	$e_x=\frac{d}{2}$	$I_{XX}=\frac{bd^3}{48}$ $I_{YY}=\frac{db^3}{48}$	$Z_{XX}=\frac{bd^2}{24}$ $Z_{YY}=\frac{db^2}{24}$
六边形	$A=0.866d^2$	$e_x=0.866s$ $=d/2$	$I_{XX}=I_{YY}=I_{VV}$ $=0.0601d^4$	$Z_{XX}=0.1203d^3$ $Z_{YY}=Z_{VV}$ $=0.1042d^3$

续表

平面截面几何特性					
截面形状		面　积	形心位置	惯性矩	截面模量
八边形	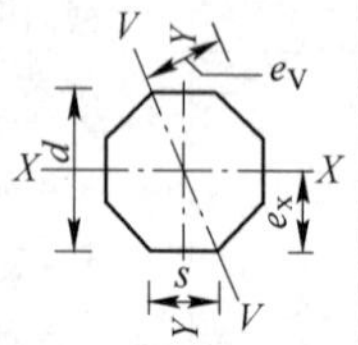	$A=0.8284d^2$ $e=0.4142d$	$e_x=\dfrac{d}{2}$ $e_V=0.541d$	$I_{XX}=I_{YY}=I_{VV}$ $=0.0547d^4$	$Z_{XX}=Z_{YY}$ $=0.1095d^3$ $Z_{VV}=0.1011d^3$
多边形	n 边形 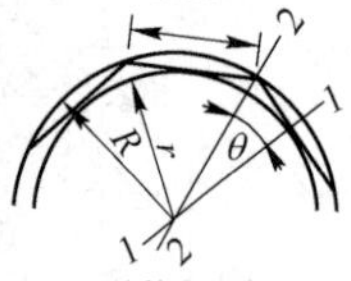 形状规则	$A=\dfrac{ns^2\cot\theta}{4}$ $A=nr^2\tan\theta$ $A=\dfrac{nR^2\sin2\theta}{2}$	$e=r$ 或 R 与轴线和 n 值有关	$I_1=I_2$ $=\dfrac{A(6R^2-s^2)}{24}$ $=\dfrac{A(12r^2+s^2)}{48}$	$Z=\dfrac{I}{e}$
圆形		$A=\pi r^2$ $A=0.7854d^2$	$e=r=\dfrac{d}{2}$	$I=\dfrac{\pi d^4}{64}$ $I=0.7854r^4$	$Z=\dfrac{\pi d^3}{32}$ $Z=0.7854r^3$
半圆形	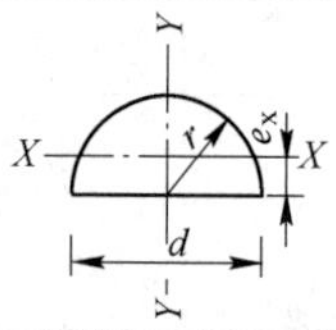	$A=1.5708r^2$	$e_x=0.424r$	$I_{XX}=0.1098r^4$ $I_{YY}=0.3927r^4$	Z_{XX} 底部 $=0.2587r^3$ 顶部 $=0.1907r^3$ $Z_{YY}=0.3927r^3$
弓形	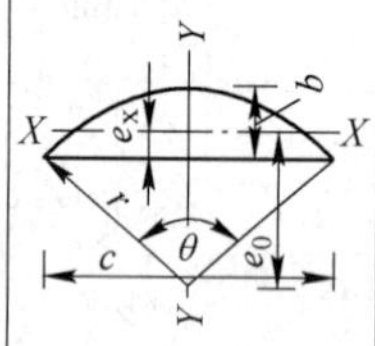	$A=$ $\dfrac{r^2}{2}\left(\dfrac{\pi\theta°}{180°}-\sin\theta\right)$	$e_0=\dfrac{c^3}{12A}$ $e_x=e_0-r\cos\dfrac{\theta}{2}$	$I_{XX}=\dfrac{r^4}{16}\left(\dfrac{\pi\theta°}{90°}-\sin2\theta\right)$ $-\dfrac{20r^4(1-\cos\theta)^3}{\pi\theta°-180°\sin\theta}$ $I_{YY}=\dfrac{r^4}{48}\Big(\dfrac{\pi\theta°}{30°}-$ $8\sin\theta+\sin2\theta\Big)$	Z_{XX} 底部 $=I_{XX}/e_x$ 顶部 $=\dfrac{I_{XX}}{b-e_x}$ $Z_{YY}=\dfrac{2I_{YY}}{c}$
扇形	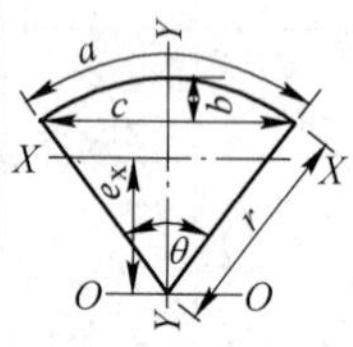	$A=\dfrac{\theta°}{360°}\pi r^2$	$e_x=\dfrac{2}{3}r\dfrac{c}{a}$ $e_x=\dfrac{r^2c}{3A}$	$I_{XX}=I_o-\dfrac{360°}{\theta°\pi}\sin\dfrac{2\theta}{2}\cdot\dfrac{4r^4}{7}$ $I_{YY}=\dfrac{r^4}{8}\left(\dfrac{\pi\theta°}{180°}-\sin\theta\right)$ $I_o=\dfrac{r^4}{8}\left(\dfrac{\pi\theta°}{180°}+\sin\theta\right)$	Z_{XX} 中部 $=I_{XX}/e_x$ 顶部 $=\dfrac{I_{XX}}{r-e_x}$ $Z_{YY}=\dfrac{ZI_{YY}}{c}$
1/4 圆形	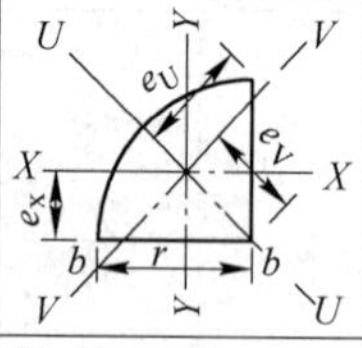	$A=\dfrac{\pi r^2}{4}$	$e_x=0.424r$ $e_V=0.6r$ $e_u=0.707r$	$I_{XX}=I_{YY}=0.0549r^4$ $I_{bb}=0.1963r^4$ $I_{UU}=0.0714r^4$ $I_{VV}=0.0384r^4$	最小值 $Z_{XX}=Z_{YY}$ $=0.0953r^3$ $Z_{UU}=0.1009r^3$ $Z_{VV}=0.064r^3$
1/4 圆补形	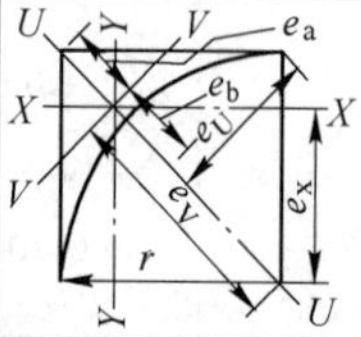	$A=0.2146r^2$	$e_x=0.777r$ $e_v=1.098r$ $e_u=0.707r$ $e_a=0.316r$ $e_b=0.391r$	$I_{XX}=I_{YY}=0.0076r^4$ $I_{UU}=0.012r^4$ $I_{VV}=0.0031r^4$	最小值 $Z_{XX}=Z_{YY}$ $=0.0097r^3$ $Z_{UU}=0.017r^3$ $Z_{VV}=0.0097r^3$

续表

截面形状		面积	形心位置	惯性矩	截面模量
平面截面几何特性					
椭圆形	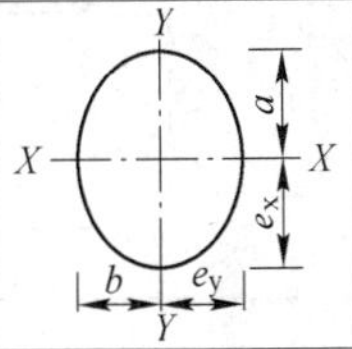	$A=\pi ab$	$e_x=a$ $e_y=b$	$I_{XX}=0.7854ba^3$ $I_{YY}=0.7854ab^3$	$Z_{XX}=0.7854ba^2$ $Z_{YY}=0.7854ab^2$
半椭圆形	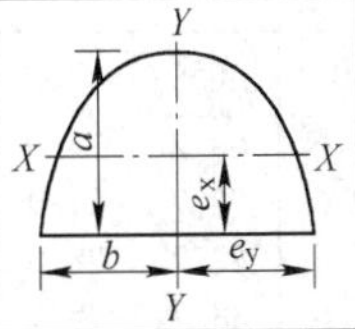	$A=\frac{\pi ab}{2}$	$e_x=0.424a$ $e_y=b$	$I_{XX}=0.1098ba^3$ $I_{YY}=0.3927ab^3$ $I_{base}=0.3927ba^3$	Z_{XX}－底部 $=0.2587ba^2$ Z_{XX}－顶部 $=0.1907ba^2$ $Z_{YY}=0.3927ab^2$
1/4椭圆形	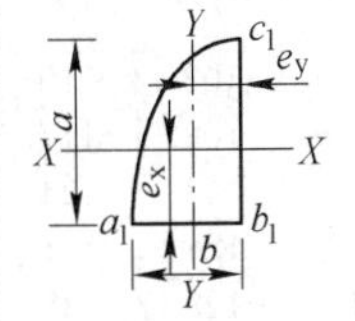	$A=0.7854ab$	$e_x=0.424a$ $e_y=0.424b$	$I_{XX}=0.0549ba^3$ $I_{YY}=0.0549ab^3$ $I_{b_1a_1}=0.1963ba^3$ $I_{b_1c_1}=0.1963ab^3$	Z_{XX}－底部 $=0.1293ba^2$ Z_{XX}－顶部 $=0.0953ba^2$ Z_{YY}－底部 $=0.1293ab^2$ Z_{YY}－顶部 $=0.0953ab^2$
1/4椭圆补形	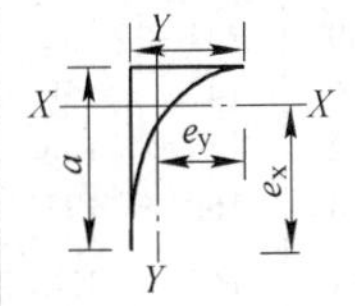	$A=0.2146ab$	$e_x=0.777a$ $e_y=0.777b$	$I_{XX}=0.0076ba^3$ $I_{YY}=0.0076ab^3$	Z_{XX}－底部 $=0.0338ba^2$ Z_{XX}－底部 $=0.0097ba^2$ Z_{YY}－底部 $=0.0338ab^2$ Z_{YY}－顶部 $=0.0097ab^2$
全抛物线形	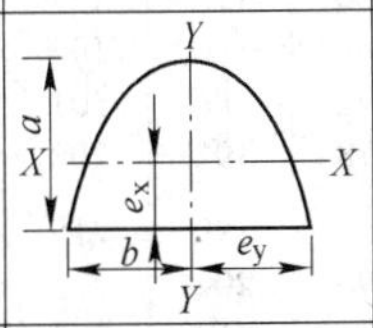	$A=\frac{4ab}{3}$	$e_x=\frac{2a}{5}$ $e_y=b$	$I_{XX}=0.0914ba^3$ $I_{YY}=0.2666ab^3$ $I_{base}=0.3048ba^3$	Z_{XX}－底部 $=0.2286ba^2$ Z_{XX}－顶部 $=0.1524ba^2$ $Z_{YY}=0.2666ab^2$
半抛物线形	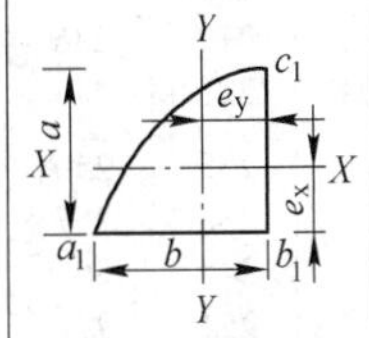	$A=\frac{2ab}{3}$	$e_x=\frac{2a}{5}$ $e_y=\frac{3b}{8}$	$I_{XX}=0.0457ba^3$ $I_{YY}=0.0396ab^3$ $I_{b_1a_1}=0.1524ba^3$ $I_{c_1c_6}=0.1333ab^3$	Z_{XX}－底部 $=0.1143ba^2$ Z_{XX}－顶部 $=0.076ba^2$ Z_{YY}－底部 $=0.1055ab^2$ Z_{YY}－顶部 $=0.0633ab^2$
半抛物线补形	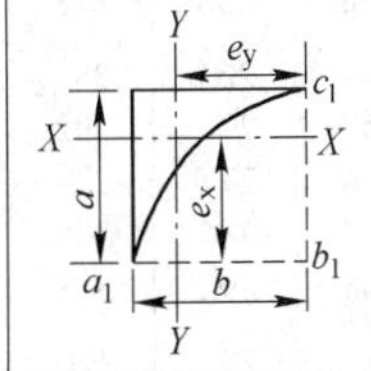	$A=\frac{ab}{3}$	$e_x=\frac{7a}{10}$ $e_y=\frac{3b}{4}$	$I_{XX}=0.0176ba^3$ $I_{YY}=0.0125ab^3$ $I_{a_1b_1}=0.181ba^3$ $I_{b_1c_1}=0.2ab^3$	Z_{XX}－底部 $=0.0587ba^2$ Z_{XX}－顶部 $=0.0252ba^2$ Z_{YY}－底部 $=0.05ab^2$ Z_{YY}－顶部 $=0.0167ab^2$
内圆角形	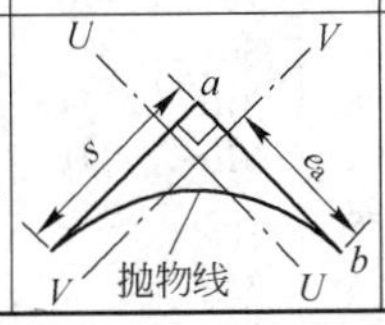 抛物线	$A=\frac{s^2}{6}$	$e_u=e_v=\frac{4s}{5}$	$I_{UU}=I_{VV}=0.00524s^4$ $I_{ab}=0.1119a^4$	$Z_{UU}=Z_{VV}$ 底部 $=0.0262a^3$ 顶部 $=0.0066a^3$

塑性截面模量

两个翼缘的塑性截面模量

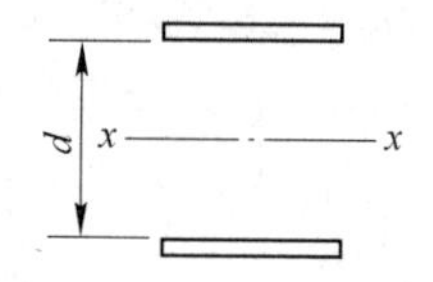

间距 d /mm	厚度 t(mm)的塑性截面模量 S_{xx}/cm³												
	15	20	25	30	35	40	45	50	55	60	65	70	75
1000	15.2	20.4	25.6	30.9	36.2	41.6	47.0	52.5	58.0	63.6	69.2	74.9	80.6
1100	16.7	22.4	28.1	33.9	39.7	45.6	51.5	57.5	63.5	69.6	75.7	81.9	88.1
1200	18.2	24.4	30.6	36.9	43.2	49.6	56.0	62.5	69.0	75.6	82.2	88.9	95.6
1300	19.7	26.4	33.1	39.9	46.7	53.6	60.5	67.5	74.5	81.6	88.7	95.9	103
1400	21.2	28.4	35.6	42.9	50.2	57.6	65.0	72.5	80.0	87.6	95.2	103	111
1500	22.7	30.4	38.1	45.9	53.7	61.6	69.5	77.5	85.5	93.6	102	110	118
1600	24.2	32.4	40.6	48.9	57.2	65.6	74.0	82.5	91.0	99.6	108	117	126
1700	25.7	34.4	43.1	51.9	60.7	69.6	78.5	87.5	96.5	106	115	124	133
1800	27.2	36.4	45.6	54.9	64.2	73.6	83.0	92.5	102	112	121	131	141
1900	28.7	38.4	48.1	57.9	67.7	77.6	87.5	97.5	108	118	128	138	148
2000	30.2	40.4	50.6	60.9	71.2	81.6	92.0	102	113	124	134	145	156
2100	31.7	42.4	53.1	63.9	74.7	85.6	96.5	107	119	130	141	152	163
2200	33.2	44.4	55.6	66.9	78.2	89.6	101	112	124	136	147	159	171
2300	34.7	46.4	58.1	69.9	81.7	93.6	106	117	130	142	154	166	178
2400	36.2	48.4	60.6	72.9	85.2	97.6	110	122	135	148	160	173	186
2500	37.7	50.4	63.1	75.9	88.7	102	115	127	141	154	167	180	193
2600	39.2	52.4	65.6	78.9	92.2	106	119	132	146	160	173	187	201
2700	40.7	54.4	68.1	81.9	95.7	110	124	137	152	166	180	194	208
2800	42.2	56.4	70.6	84.9	99.2	114	128	142	157	172	186	201	216
2900	43.7	58.4	73.1	87.9	103	118	133	147	163	178	193	208	223
3000	45.2	60.4	75.6	90.9	106	122	137	152	168	184	199	215	231
3100	46.7	62.4	78.1	93.9	110	126	142	157	174	190	206	222	238
3200	48.2	64.4	80.6	96.9	113	130	146	162	179	196	212	229	246
3300	49.7	66.4	83.1	99.9	117	134	151	167	185	202	219	236	253
3400	51.2	68.4	85.6	103	120	138	155	172	190	208	225	243	261
3500	52.7	70.4	88.1	106	124	142	160	177	196	214	232	250	268
3600	54.2	72.4	90.6	109	127	146	164	182	201	220	238	257	276
3700	55.7	74.4	93.1	112	131	150	169	187	207	226	245	264	283
3800	57.2	76.4	95.6	115	134	154	173	192	212	232	251	271	291
3900	58.7	78.4	98.1	118	138	158	178	197	218	238	258	278	298
4000	60.2	80.4	101	121	141	162	182	202	223	244	264	285	306
4100	61.7	82.4	103	124	145	166	187	207	229	250	271	292	313
4200	63.2	84.4	106	127	148	170	191	212	234	256	277	299	321
4300	64.7	86.4	108	130	152	174	196	217	240	262	284	306	328
4400	66.2	88.4	111	133	155	178	200	222	245	268	290	313	336
4500	67.7	90.4	113	136	159	182	205	227	251	274	297	320	343
4600	69.2	92.4	116	139	162	186	209	232	256	280	303	327	351
4700	70.7	94.4	118	142	166	190	214	237	262	286	310	334	358
4800	72.2	96.4	121	145	169	194	218	242	267	292	316	341	366
4900	73.7	98.4	123	148	173	198	223	247	273	298	323	348	373
5000	75.2	100.0	126	151	176	202	227	252	278	304	329	355	381

矩形截面塑性模量

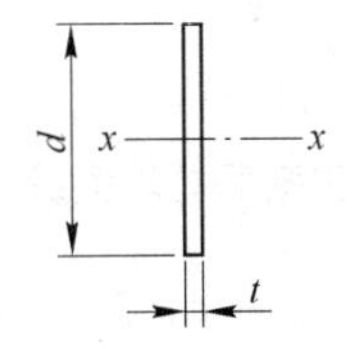

截面高度 d/mm	厚度 t(mm)的塑性截面模量 S_{xx}/cm^3									
	5	6	7	8	9	10	12.5	15	20	25
25	0.78	0.93	1.09	1.25	1.41	1.56	1.95	2.34	3.13	3.91
50	3.13	3.75	4.37	5.00	5.62	6.25	7.81	9.37	12.5	15.6
75	7.03	8.44	9.84	11.3	12.7	14.1	17.6	21.1	28.1	35.2
100	12.5	15.0	17.5	20.0	22.5	25.0	31.2	37.5	50.0	62.5
125	19.5	23.4	27.3	31.2	35.2	39.1	48.8	58.6	78.1	97.7
150	28.1	33.8	39.4	45.0	50.6	56.2	70.3	84.4	112	141
175	38.3	45.9	53.6	61.2	68.9	76.6	95.7	115	153	191
200	50.0	60.0	70.0	80.0	90.0	100.0	125	150	200	250
225	63.3	75.9	88.6	101	114	127	158	190	253	316
250	78.1	93.7	109	125	141	156	195	234	312	391
275	94.5	113	132	151	170	189	236	284	378	473
300	112	135	158	180	203	225	281	338	450	563
325	132	158	185	211	238	264	330	396	528	660
350	153	184	214	245	276	306	383	459	613	766
375	176	211	246	281	316	352	439	527	703	879
400	200	240	280	320	360	400	500	600	800	1000
425	226	271	316	361	406	452	564	677	903	1130
450	253	304	354	405	456	506	633	759	1010	1270
475	282	338	395	451	508	564	705	846	1130	1410
500	312	375	437	500	562	625	781	937	1250	1560
525	345	413	482	551	620	689	861	1030	1380	1720
550	378	454	529	605	681	756	945	1130	1510	1890
575	413	496	579	661	744	827	1030	1240	1650	2070
600	450	540	630	720	810	900	1130	1350	1800	2250
625	488	586	684	781	879	977	1220	1460	1950	2440
650	528	634	739	845	951	1060	1320	1580	2110	2640
675	570	683	797	911	1030	1140	1420	1710	2280	2850
700	613	735	858	980	1100	1230	1530	1840	2450	3060
725	657	788	920	1050	1180	1310	1640	1970	2630	3290
750	703	844	984	1120	1270	1410	1760	2110	2810	3520
775	751	901	1050	1200	1350	1500	1880	2250	3000	3750
800	800	960	1120	1280	1440	1600	2000	2400	3200	4000
825	851	1020	1190	1360	1530	1700	2130	2550	3400	4250
850	903	1080	1260	1440	1630	1810	2260	2710	3610	4520
875	957	1150	1340	1530	1720	1910	2390	2870	3830	4790
900	1010	1210	1420	1620	1820	2020	2530	3040	4050	5060

矩形截面塑性模量

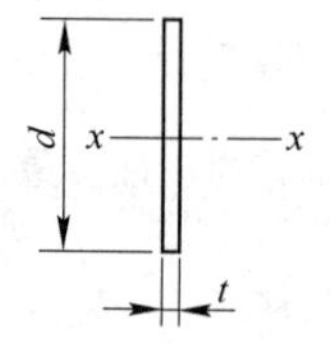

截面高度	厚度 t(mm)的塑性截面模量 S_{xx}/cm^3									
d/mm	5	6	7	8	9	10	12.5	15	20	25
1000	1250	1500	1750	2000	2250	2500	3120	3750	5000	6250
1100	1510	1810	2120	2420	2720	3020	3780	4540	6050	7560
1200	1800	2160	2520	2880	3240	3600	4500	5400	7200	9000
1300	2110	2530	2960	3380	3800	4220	5280	6340	8450	10600
1400	2450	2940	3430	3920	4410	4900	6130	7350	9800	12300
1500	2810	3370	3940	4500	5060	5620	7030	8440	11200	14100
1600	3200	3840	4480	5120	5760	6400	8000	9600	12800	16000
1700	3610	4330	5060	5780	6500	7220	9030	10800	14400	18100
1800	4050	4860	5670	6480	7290	8100	10100	12100	16200	20200
1900	4510	5410	6320	7220	8120	9020	11300	13500	18000	22600
2000	5000	6000	7000	8000	9000	10000	12500	15000	20000	25000
2100	5510	6620	7720	8820	9920	11000	13800	16500	22100	27600
2200	6050	7260	8470	9680	10900	12100	15100	18100	24200	30200
2300	6610	7930	9260	10600	11900	13200	16500	19800	26500	33100
2400	7200	8640	10100	11500	13000	14400	18000	21600	28800	36000
2500	7810	9370	10900	12500	14100	15600	19500	23400	31200	39100
2600	8450	10100	11800	13500	15200	16900	21100	25400	33800	42200
2700	9110	10900	12800	14600	16400	18200	22800	27300	36400	45600
2800	9800	11800	13700	15700	17600	19600	24500	29400	39200	49000
2900	10500	12600	14700	16800	18900	21000	26300	31500	42000	52600
3000	11200	13500	15700	18000	20200	22500	28100	33700	45000	56200
3100	12000	14400	16800	19200	21600	24000	30000	36000	48000	60100
3200	12800	15400	17900	20500	23000	25600	32000	38400	51200	64000
3300	13600	16300	19100	21800	24500	27200	34000	40800	54400	68100
3400	14400	17300	20200	23100	26000	28900	36100	43300	57800	72200
3500	15300	18400	21400	24500	27600	30600	38300	45900	61200	76600
3600	16200	19400	22700	25900	29200	32400	40500	48600	64800	81000
3700	17100	20500	24000	27400	30800	34200	42800	51300	68400	85600
3800	18000	21700	25300	28900	32500	36100	45100	54100	72200	90200
3900	19000	22800	26600	30400	34200	38000	47500	57000	76000	95100
4000	20000	24000	28000	32000	36000	40000	50000	60000	80000	100000
4100	21000	25200	29400	33600	37800	42000	52500	63000	84000	105000
4200	22100	26500	30900	35300	39700	44100	55100	66200	88200	110000
4300	23100	27700	32400	37000	41600	46200	57800	69300	92400	116000
4400	24200	29000	33900	38700	43600	48400	60500	72600	96800	121000
4500	25300	30400	35400	40500	45600	50600	63300	75900	101000	127000
4600	26500	31700	37000	42300	47600	52900	66100	79300	106000	132000
4700	27600	33100	38700	44200	49700	55200	69000	82800	110000	138000
4800	28800	34600	40300	46100	51800	57600	72000	86400	115000	144000
4900	30000	36000	42000	48000	54000	60000	75000	90000	120000	150000
5000	31200	37500	43700	50000	56200	62500	78100	93700	125000	156000

刚架计算

刚架 I

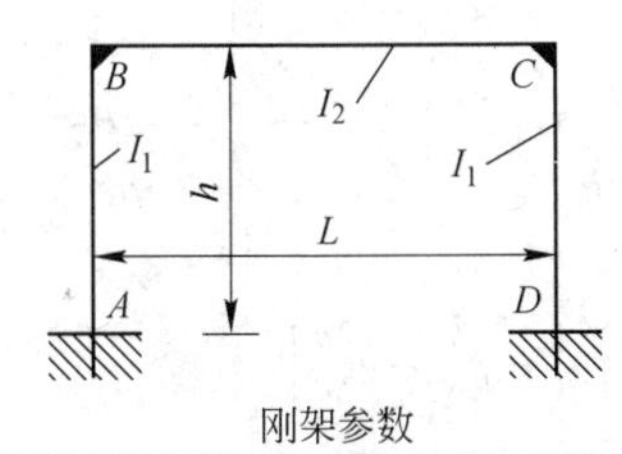

刚架参数

系数：

$$k = \frac{I_2}{I_1} \times \frac{h}{L}$$

$$N_1 = k + 2 \qquad N_2 = 6k + 1$$

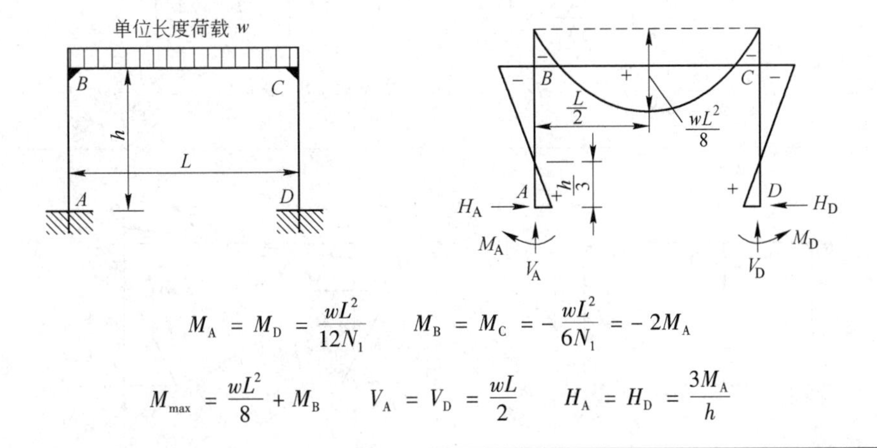

$$M_A = M_D = \frac{wL^2}{12N_1} \qquad M_B = M_C = -\frac{wL^2}{6N_1} = -2M_A$$

$$M_{max} = \frac{wL^2}{8} + M_B \qquad V_A = V_D = \frac{wL}{2} \qquad H_A = H_D = \frac{3M_A}{h}$$

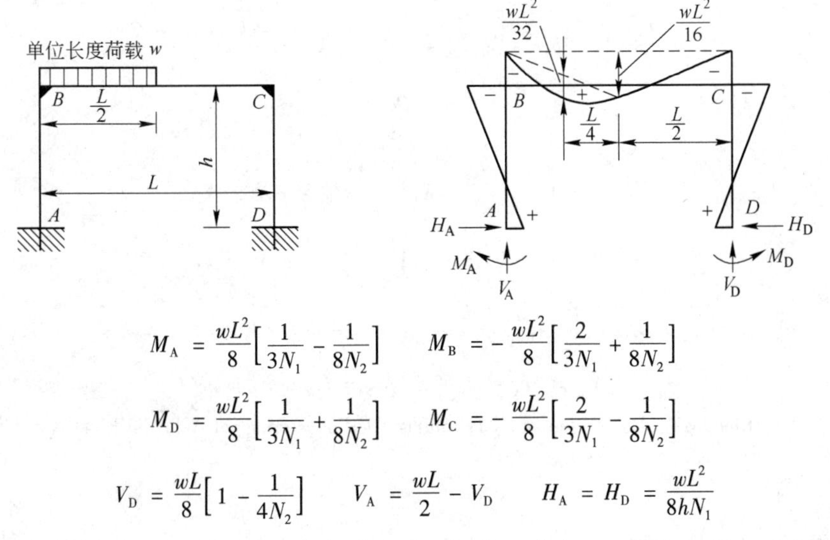

$$M_A = \frac{wL^2}{8}\left[\frac{1}{3N_1} - \frac{1}{8N_2}\right] \qquad M_B = -\frac{wL^2}{8}\left[\frac{2}{3N_1} + \frac{1}{8N_2}\right]$$

$$M_D = \frac{wL^2}{8}\left[\frac{1}{3N_1} + \frac{1}{8N_2}\right] \qquad M_C = -\frac{wL^2}{8}\left[\frac{2}{3N_1} - \frac{1}{8N_2}\right]$$

$$V_D = \frac{wL}{8}\left[1 - \frac{1}{4N_2}\right] \qquad V_A = \frac{wL}{2} - V_D \qquad H_A = H_D = \frac{wL^2}{8hN_1}$$

摘自：‘Kleinlogel，Rahmenformeln’ 11. Auflage Berlin—Verlag von Wilhelm Ernst & Sohn

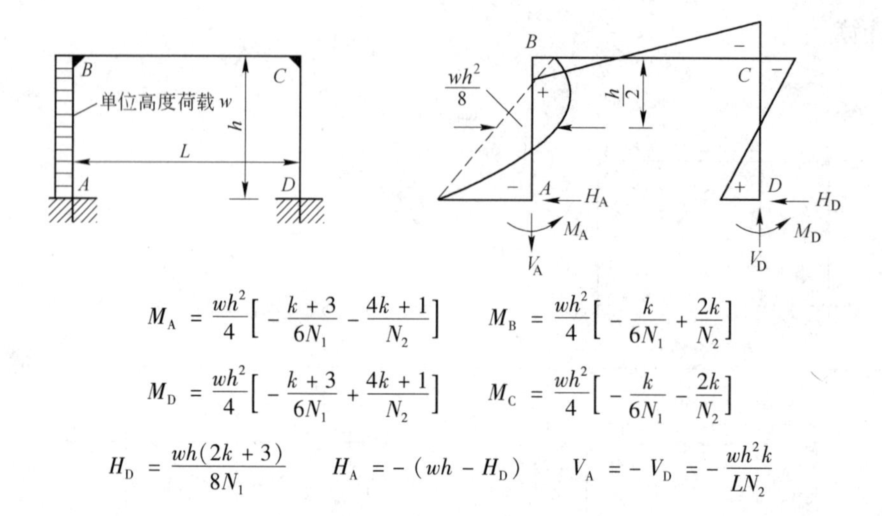

$$M_A = \frac{wh^2}{4}\left[-\frac{k+3}{6N_1}-\frac{4k+1}{N_2}\right] \qquad M_B = \frac{wh^2}{4}\left[-\frac{k}{6N_1}+\frac{2k}{N_2}\right]$$

$$M_D = \frac{wh^2}{4}\left[-\frac{k+3}{6N_1}+\frac{4k+1}{N_2}\right] \qquad M_C = \frac{wh^2}{4}\left[-\frac{k}{6N_1}-\frac{2k}{N_2}\right]$$

$$H_D = \frac{wh(2k+3)}{8N_1} \qquad H_A = -(wh - H_D) \qquad V_A = -V_D = -\frac{wh^2k}{LN_2}$$

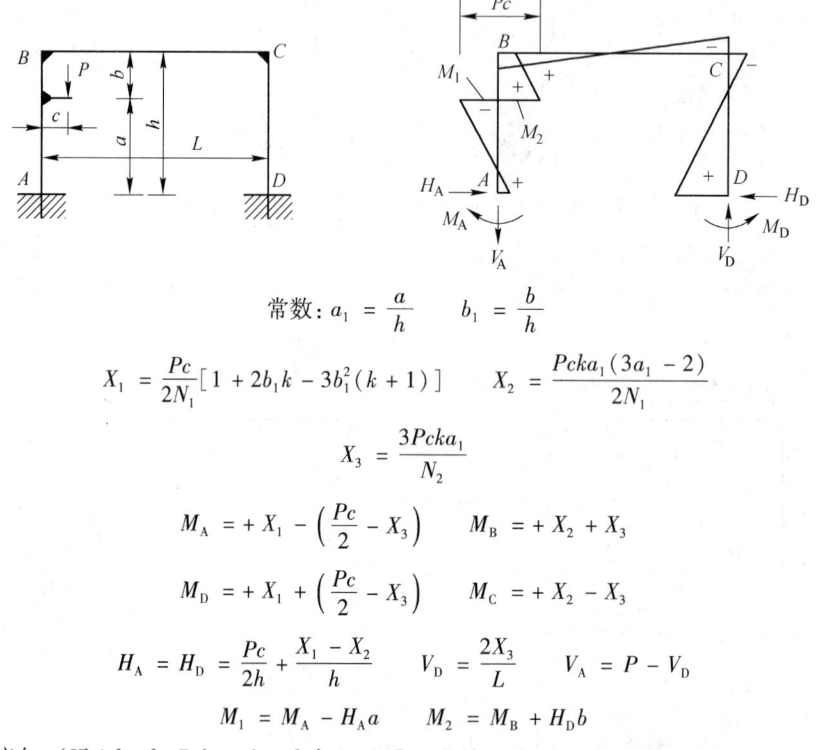

$$常数：a_1 = \frac{a}{h} \qquad b_1 = \frac{b}{h}$$

$$X_1 = \frac{Pc}{2N_1}[1 + 2b_1k - 3b_1^2(k+1)] \qquad X_2 = \frac{Pcka_1(3a_1-2)}{2N_1}$$

$$X_3 = \frac{3Pcka_1}{N_2}$$

$$M_A = +X_1 - \left(\frac{Pc}{2} - X_3\right) \qquad M_B = +X_2 + X_3$$

$$M_D = +X_1 + \left(\frac{Pc}{2} - X_3\right) \qquad M_C = +X_2 - X_3$$

$$H_A = H_D = \frac{Pc}{2h} + \frac{X_1 - X_2}{h} \qquad V_D = \frac{2X_3}{L} \qquad V_A = P - V_D$$

$$M_1 = M_A - H_Aa \qquad M_2 = M_B + H_Db$$

摘自：‘Kleinlogel, Rahmenformeln’ 11. Auflage Berlin—Verlag von Wilhelm Ernst & Sohn

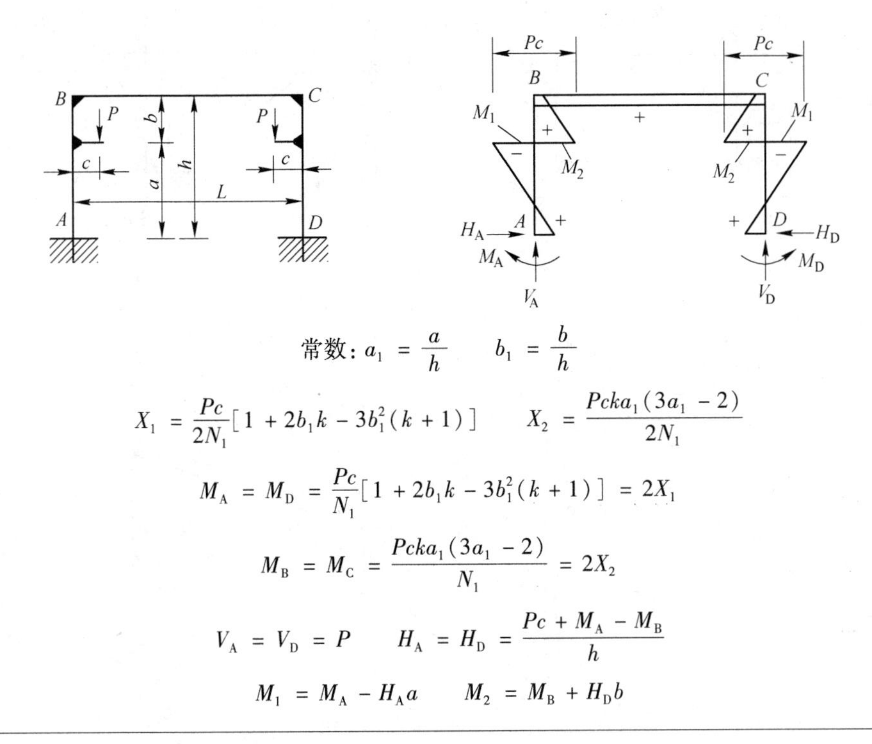

常数: $a_1 = \dfrac{a}{h} \qquad b_1 = \dfrac{b}{h}$

$$X_1 = \frac{Pc}{2N_1}[1 + 2b_1k - 3b_1^2(k+1)] \qquad X_2 = \frac{Pcka_1(3a_1 - 2)}{2N_1}$$

$$M_A = M_D = \frac{Pc}{N_1}[1 + 2b_1k - 3b_1^2(k+1)] = 2X_1$$

$$M_B = M_C = \frac{Pcka_1(3a_1 - 2)}{N_1} = 2X_2$$

$$V_A = V_D = P \qquad H_A = H_D = \frac{Pc + M_A - M_B}{h}$$

$$M_1 = M_A - H_Aa \qquad M_2 = M_B + H_Db$$

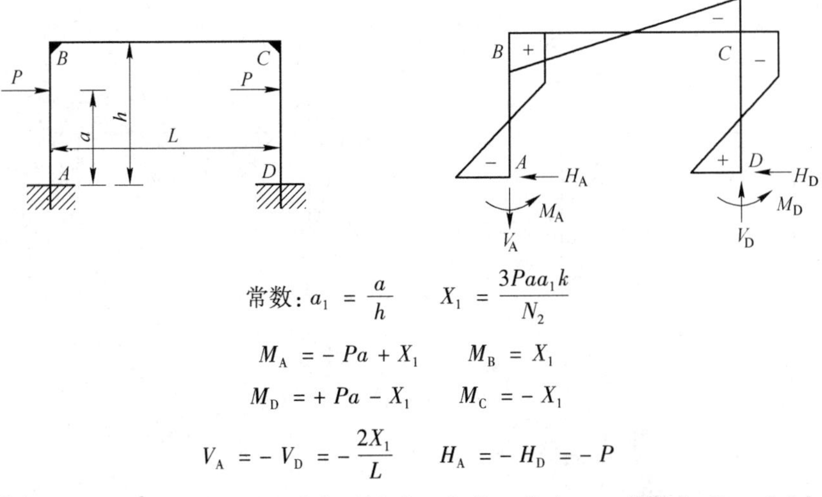

常数: $a_1 = \dfrac{a}{h} \qquad X_1 = \dfrac{3Paa_1k}{N_2}$

$$M_A = -Pa + X_1 \qquad M_B = X_1$$

$$M_D = +Pa - X_1 \qquad M_C = -X_1$$

$$V_A = -V_D = -\frac{2X_1}{L} \qquad H_A = -H_D = -P$$

摘自: ‘Kleinlogel, Rahmenformeln’ 11. Auflage Berlin—Verlag von Wilhelm Ernst & Sohn

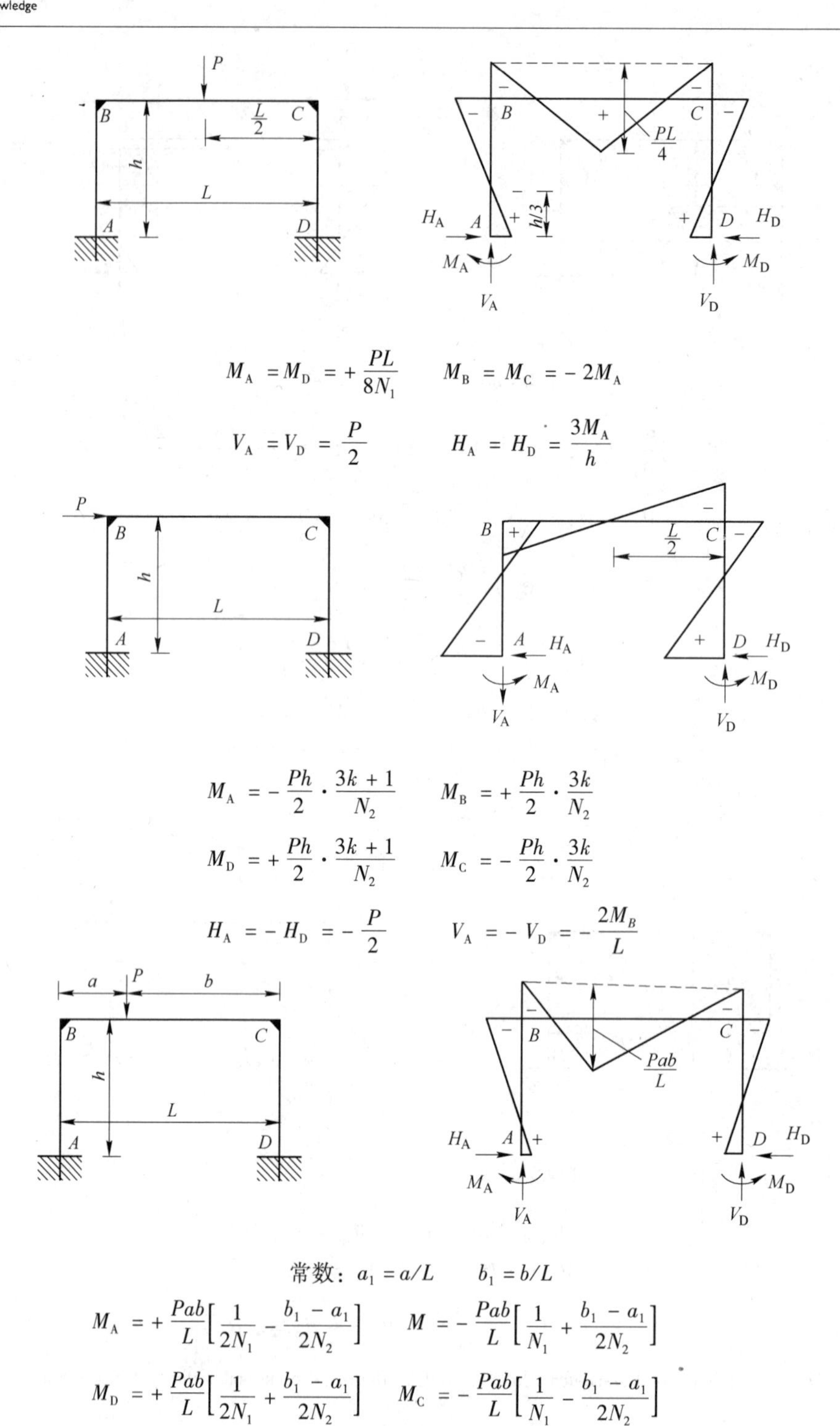

$$M_A = M_D = +\frac{PL}{8N_1} \qquad M_B = M_C = -2M_A$$

$$V_A = V_D = \frac{P}{2} \qquad H_A = H_D = \frac{3M_A}{h}$$

$$M_A = -\frac{Ph}{2}\cdot\frac{3k+1}{N_2} \qquad M_B = +\frac{Ph}{2}\cdot\frac{3k}{N_2}$$

$$M_D = +\frac{Ph}{2}\cdot\frac{3k+1}{N_2} \qquad M_C = -\frac{Ph}{2}\cdot\frac{3k}{N_2}$$

$$H_A = -H_D = -\frac{P}{2} \qquad V_A = -V_D = -\frac{2M_B}{L}$$

常数：$a_1 = a/L \qquad b_1 = b/L$

$$M_A = +\frac{Pab}{L}\left[\frac{1}{2N_1} - \frac{b_1 - a_1}{2N_2}\right] \qquad M = -\frac{Pab}{L}\left[\frac{1}{N_1} + \frac{b_1 - a_1}{2N_2}\right]$$

$$M_D = +\frac{Pab}{L}\left[\frac{1}{2N_1} + \frac{b_1 - a_1}{2N_2}\right] \qquad M_C = -\frac{Pab}{L}\left[\frac{1}{N_1} - \frac{b_1 - a_1}{2N_2}\right]$$

$$V_A = Pb_1\left[1 + \frac{a_1(b_1 - a_1)}{N_2}\right] \qquad V_D = P - V_A \qquad H_A = H_D = \frac{3Pab}{2LhN_1}$$

摘自：‘Kleinlogel，Rahmenformeln’ 11. Auflage Berlin—Verlag von Wilhelm Ernst & Sohn

刚架Ⅱ

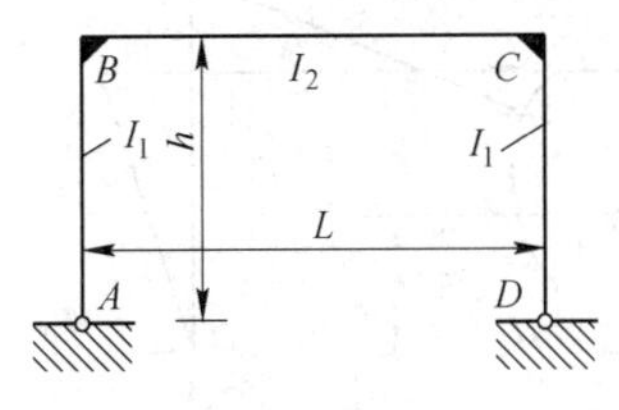

刚架参数

系数：

$$k = \frac{I_2}{I_1} \cdot \frac{h}{L}$$

$$N = 2k + 3$$

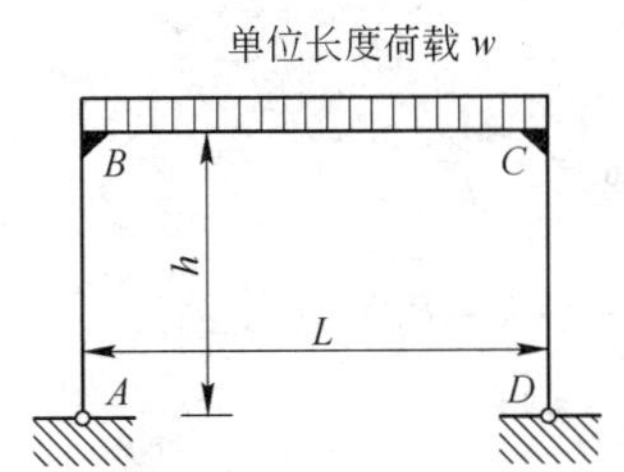

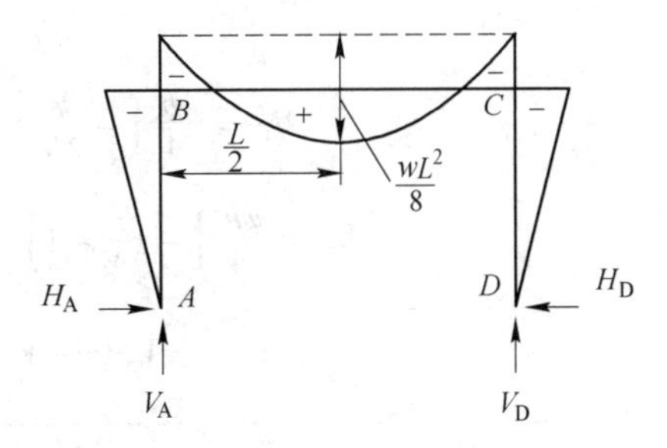

$$M_B = M_C = -\frac{wL^2}{4N} \qquad M_{max} = \frac{wL^2}{8} + M_B$$

$$V_A = V_D = \frac{wL}{2} \qquad H_A = H_D = -\frac{M_B}{h}$$

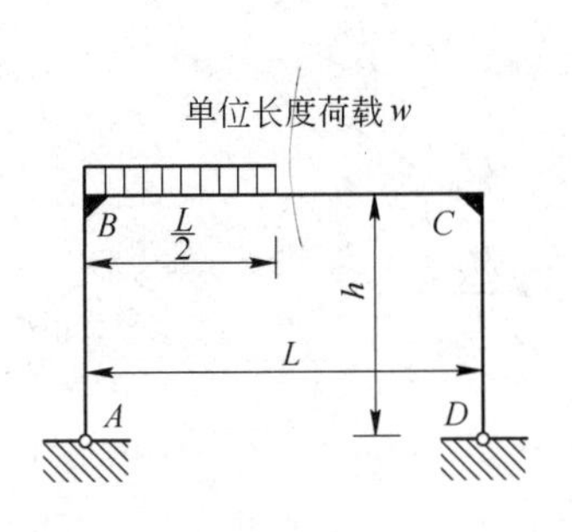

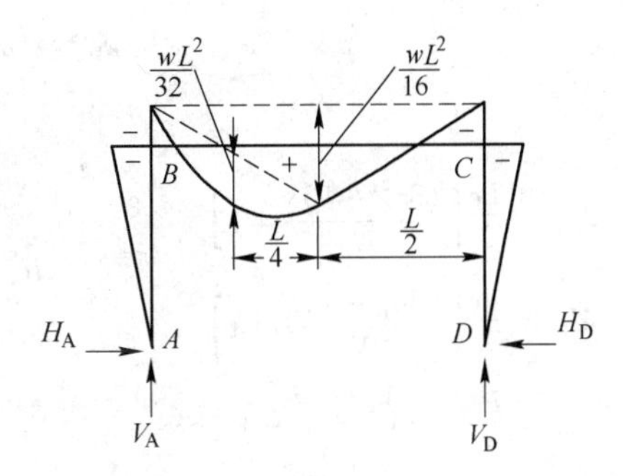

$$M_B = M_C = -\frac{wL^2}{8N}$$

$$V_A = \frac{3wL}{8} \qquad V_D = \frac{wL}{8} \qquad H_A = H_D = -\frac{M_B}{h}$$

摘自：‘Kleinlogel，Rahmenformeln’ 11. Auflage Berlin—Verlag von Wilhelm Ernst & Sohn

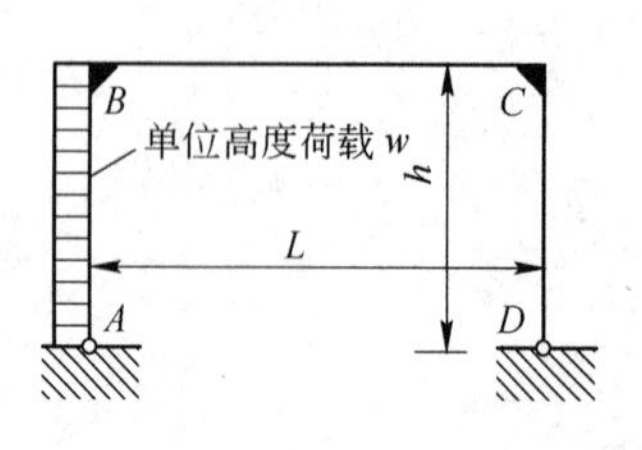

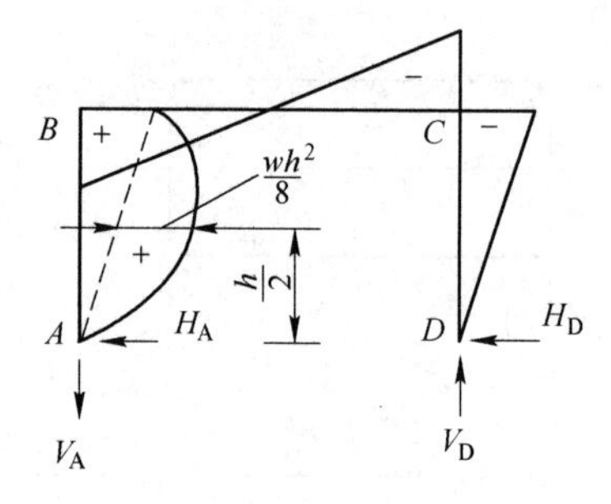

$$M_B = \frac{wh^2}{4}\left[-\frac{k}{2N}+1\right] \qquad H_D = -\frac{M_C}{h}$$

$$M_C = \frac{wh^2}{4}\left[-\frac{k}{2N}-1\right] \qquad H_A = -(wh - H_D)$$

$$V_A = -V_D = -\frac{wh^2}{2L}$$

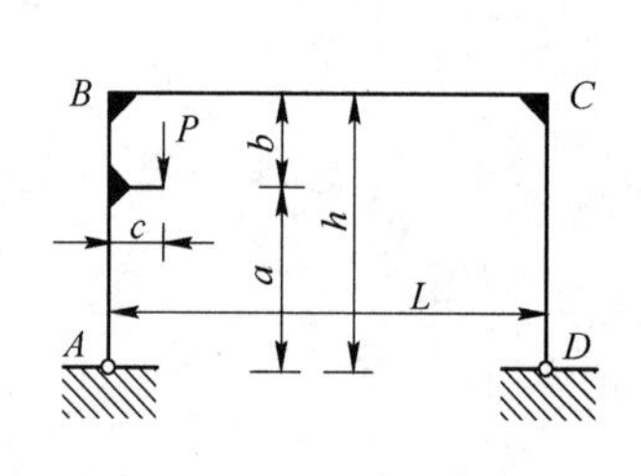

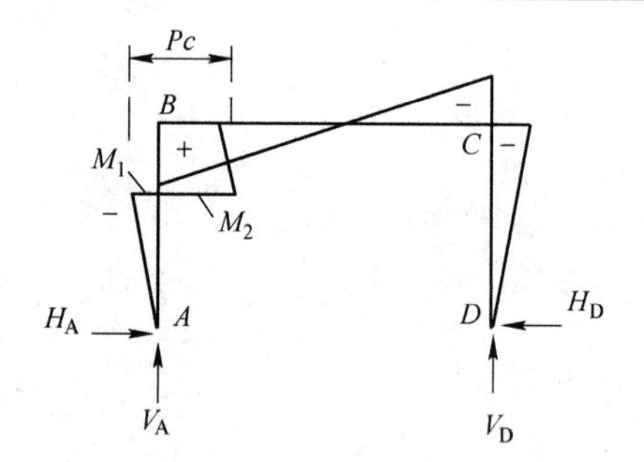

常数：$a_1 = \frac{a}{h}$

$$M_B = \frac{Pc}{2}\left[\frac{(3a_1^2-1)k}{N}+1\right]$$

$$M_C = \frac{Pc}{2}\left[\frac{(3a_1^2-1)k}{N}-1\right] \qquad H_A = H_D = -\frac{M_C}{h}$$

$$V_D = \frac{Pc}{L} \qquad V_A = P - V_D$$

$$M_1 = -H_A a \qquad M_2 = Pc - H_A a$$

摘自：'Kleinlogel，Rahmenformeln' 11. Auflage Berlin—Verlag von Wilhelm Ernst & Sohn

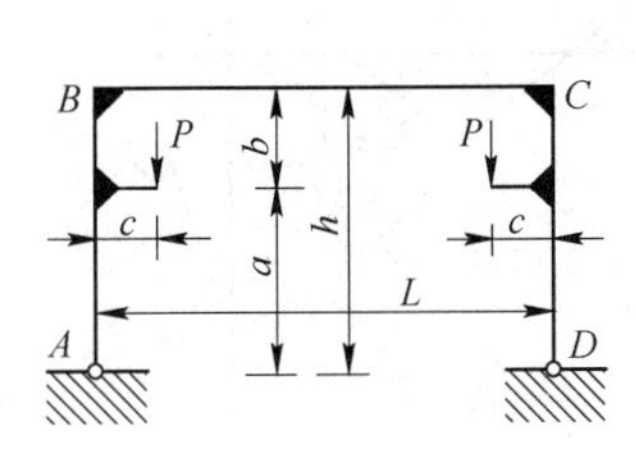

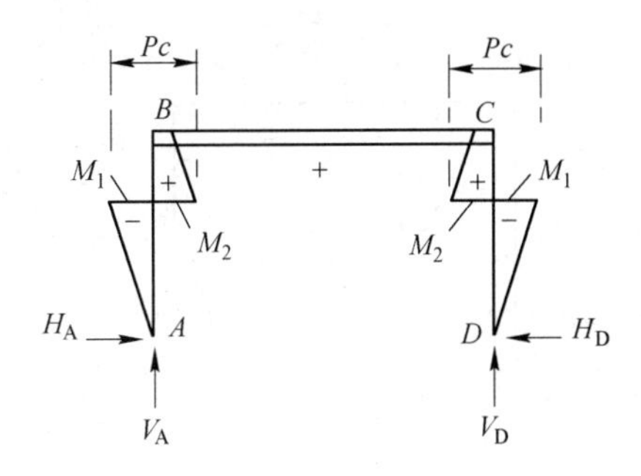

常数：$a_1 = \dfrac{a}{h}$

$$M_B = M_C = \frac{Pc(3a_1^2 - 1)k}{N}$$

$$H_A = H_D = \frac{Pc - M_B}{h} \qquad V_A = V_D = P$$

$$M_1 = -H_A a \qquad M_2 = Pc - H_A a$$

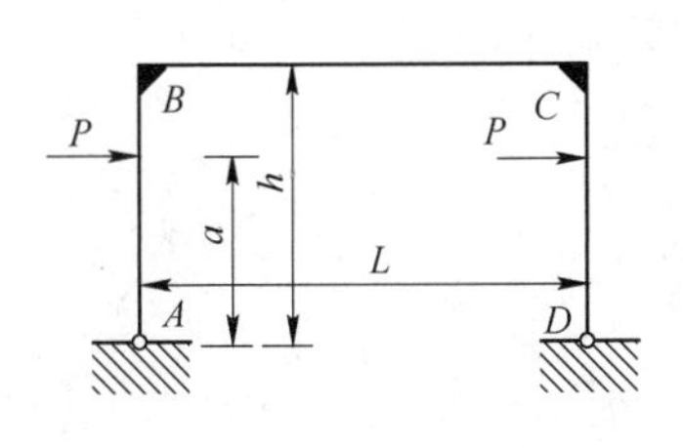

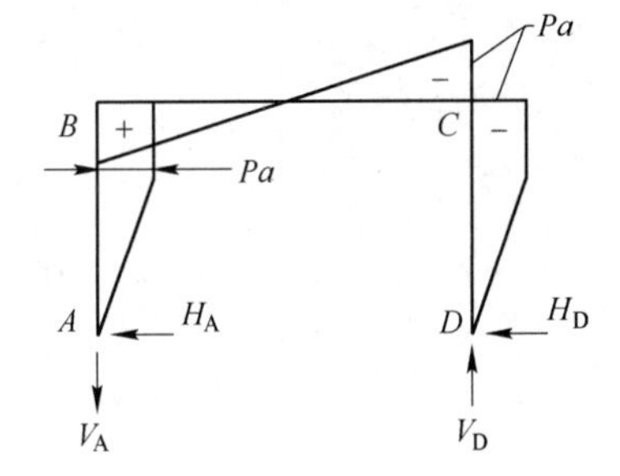

$$M_B = -M_C = Pa \qquad H_A = H_D = P$$

$$V_A = -V_D = -\frac{2Pa}{L}$$

荷载处弯矩 $= \pm Pa$

摘自：‘Kleinlogel, Rahmenformeln’ 11. Auflage Berlin—Verlag von Wilhelm Ernst & Sohn

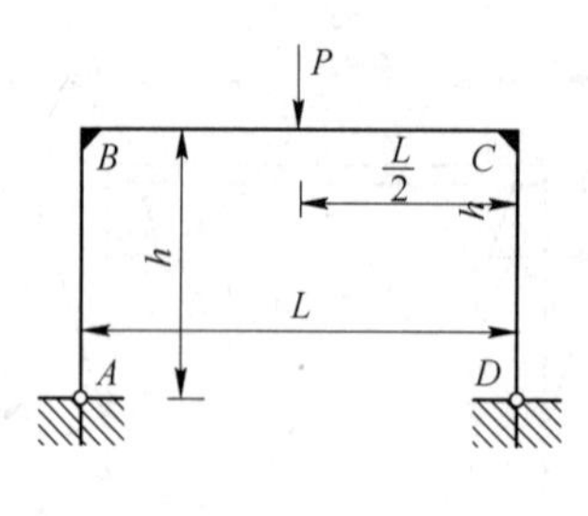

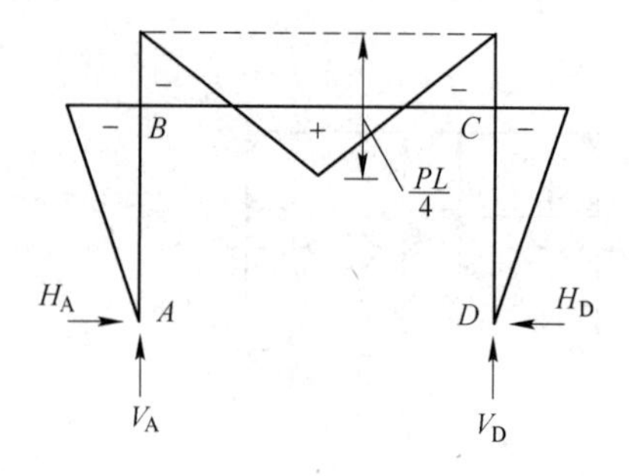

$$M_B = M_C = -\frac{3PL}{8N} \qquad V_A = V_D = \frac{P}{2} \qquad H_A = H_D = -\frac{M_B}{h}$$

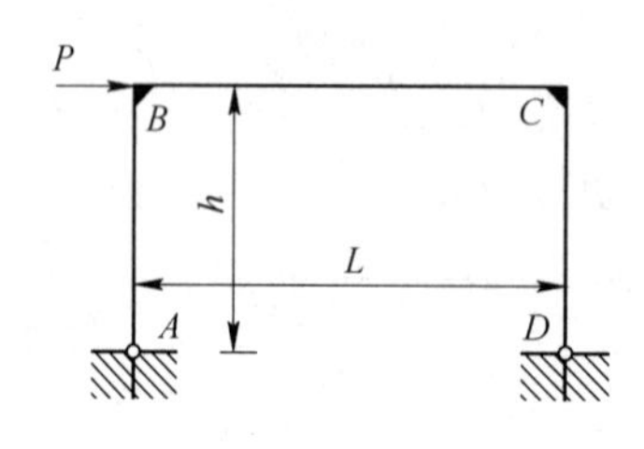

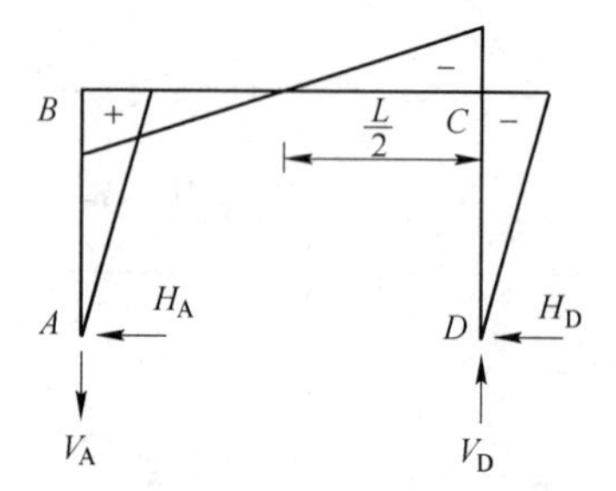

$$M_B = -M_C = +\frac{Ph}{2}$$

$$V_A = -V_D = -\frac{Ph}{L} \qquad H_A = -H_D = -\frac{P}{2}$$

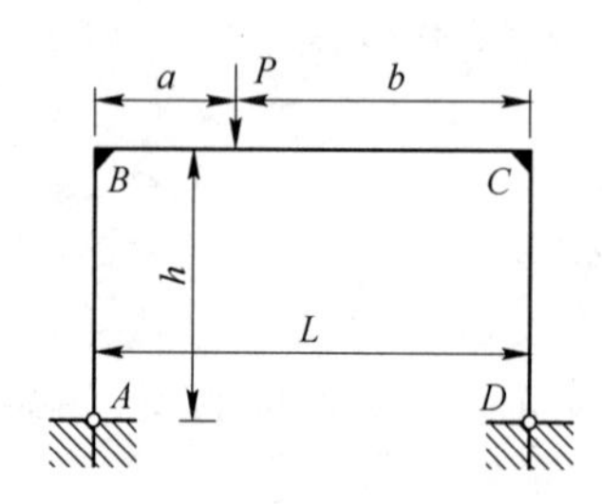

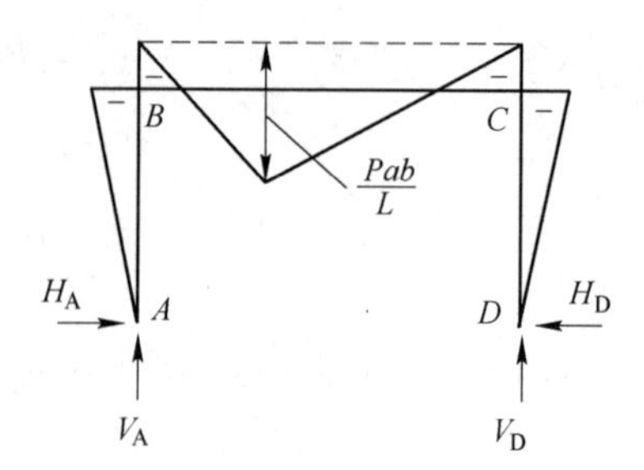

$$M_B = M_C = -\frac{Pab}{L} \cdot \frac{3}{2N}$$

$$V_A = \frac{Pb}{L} \qquad V_D = \frac{Pa}{L} \qquad H_A = H_D = -\frac{M_B}{h}$$

摘自：‘Kleinlogel，Rahmenformeln’ 11. Auflage Berlin—Verlag von Wilhelm Ernst & Sohn

刚架Ⅲ

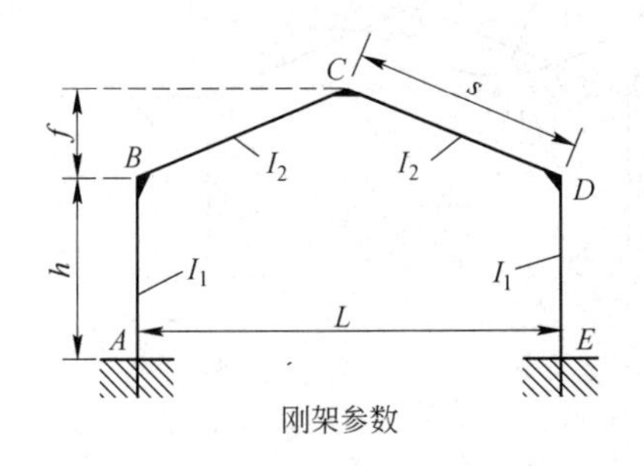

刚架参数

常数：

$$k = \frac{I_2}{I_1} \cdot \frac{h}{3} \qquad \phi = \frac{f}{h}$$

$$m = 1 + \phi$$

$$B = 3k + 2 \qquad C = 1 + 2m$$

$$k_1 = 2(k + 1 + m + m^2) \qquad k_2 = 2(k + \phi^2)$$

$$R = \phi C - k \qquad N_1 = K_1 K_2 - R^2 \qquad N_2 = 3k + B$$

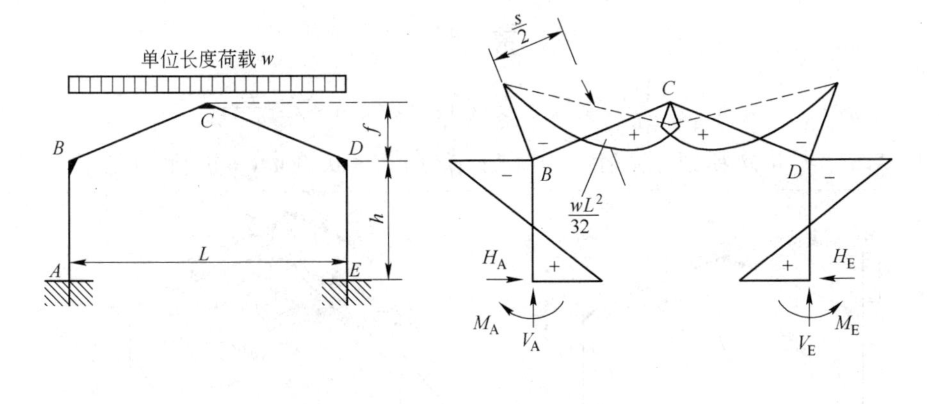

$$M_A = M_E = \frac{wL^2}{16} \cdot \frac{k(8 + 15\phi) + \phi(6 - \phi)}{N_1}$$

$$M_B = M_D = -\frac{wL^2}{16} \cdot \frac{k(16 + 15\phi) + \phi^2}{N_1}$$

$$M_C = \frac{wL^2}{8} - \phi M_A + m M_B$$

$$V_A = V_E = \frac{wL}{2} \qquad H_A = H_E = \frac{M_A - M_B}{h}$$

摘自：‘Kleinlogel, Rahmenformeln’ 11. Auflage Berlin—Verlag von Wilhelm Ernst & Sohn

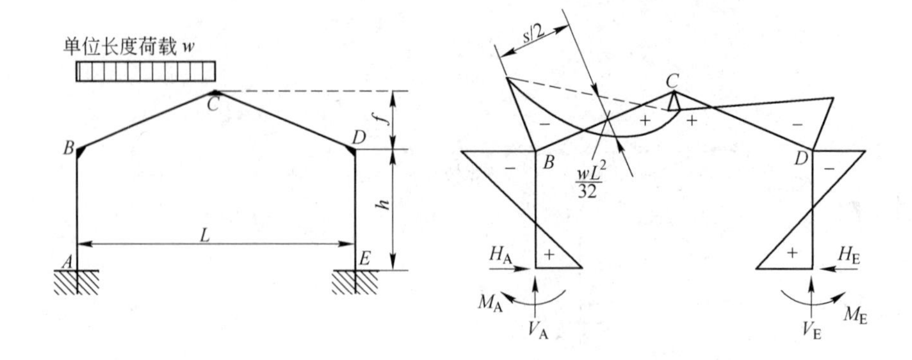

$$\text{常数:}{}^{*}X_1 = \frac{wL^2}{32} \cdot \frac{k(8+15\phi)+\phi(6-\phi)}{N_1}$$

$$ {}^{*}X_2 = \frac{wL^2}{32} \cdot \frac{k(16+15\phi)+\phi^2}{N_1} \qquad X_3 = \frac{wL^2}{32N_2}$$

$$M_A = +X_1 - X_3 \qquad M_B = -X_2 - X_3 \qquad M_E = +X_1 + X_3 \qquad M_D = -X_2 + X_3$$

$$ {}^{*}M_C = \frac{wL^2}{16} - \phi X_1 - mX_2$$

$$V_E = \frac{wL}{8} - \frac{2X_3}{L} \qquad V_A = \frac{wL}{2} - V_E \qquad H_A = H_E = \frac{X_1 + X_2}{h}$$

注：X_1、$-X_2$ 和 M_C 分别为前述按全跨荷载计算的 $M_A(=M_E)$、$M_B(=M_D)$ 和 M_C 值的一半。

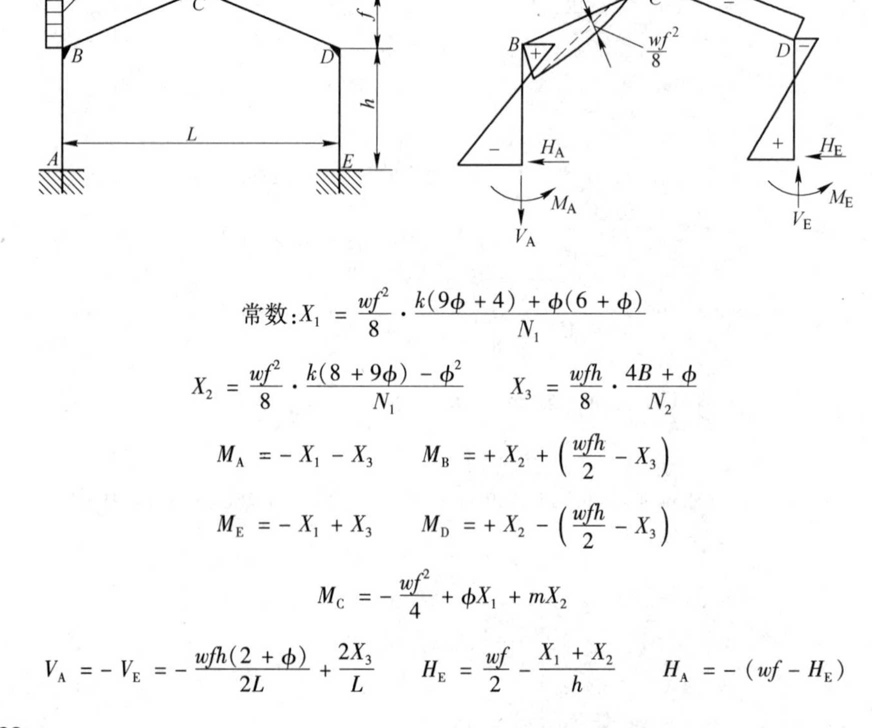

$$\text{常数:}X_1 = \frac{wf^2}{8} \cdot \frac{k(9\phi+4)+\phi(6+\phi)}{N_1}$$

$$X_2 = \frac{wf^2}{8} \cdot \frac{k(8+9\phi)-\phi^2}{N_1} \qquad X_3 = \frac{wfh}{8} \cdot \frac{4B+\phi}{N_2}$$

$$M_A = -X_1 - X_3 \qquad M_B = +X_2 + \left(\frac{wfh}{2} - X_3\right)$$

$$M_E = -X_1 + X_3 \qquad M_D = +X_2 - \left(\frac{wfh}{2} - X_3\right)$$

$$M_C = -\frac{wf^2}{4} + \phi X_1 + mX_2$$

$$V_A = -V_E = -\frac{wfh(2+\phi)}{2L} + \frac{2X_3}{L} \qquad H_E = \frac{wf}{2} - \frac{X_1 + X_2}{h} \qquad H_A = -(wf - H_E)$$

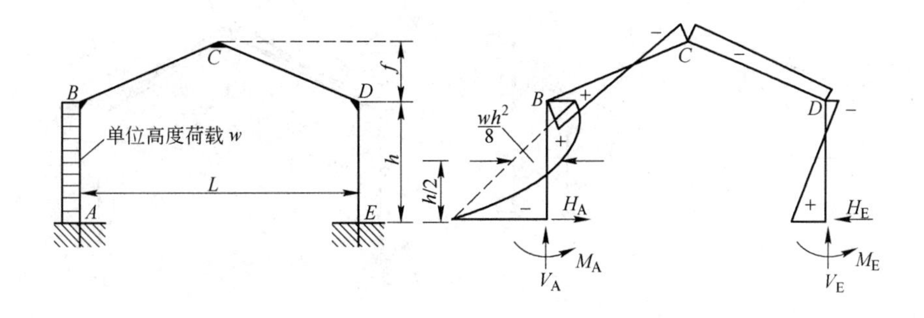

$$\text{常数}:X_1 = \frac{wh^2}{8} \cdot \frac{k(k+6)+k\phi(15+16\phi)+6\phi^2}{N_1}$$

$$X_2 = \frac{wh^2k(9\phi+8\phi^2-k)}{8N_1} \qquad X_3 = \frac{wh^2(2k+1)}{2N_2}$$

$$M_A = -X_1 - X_3 \qquad M_B = +X_2 + \left(\frac{wh^2}{4} - X_3\right)$$

$$M_E = -X_1 + X_3 \qquad X_D = +X_2 - \left(\frac{wh^2}{4} - X_3\right)$$

$$M_C = -\frac{whf}{4} + \phi X_1 + mX_2$$

$$V_A = -V_E = -\frac{wh^2}{2L} + \frac{2X_3}{L} \qquad H_E = \frac{wh}{4} - \frac{X_1+X_2}{h} \qquad H_A = -(wh - H_E)$$

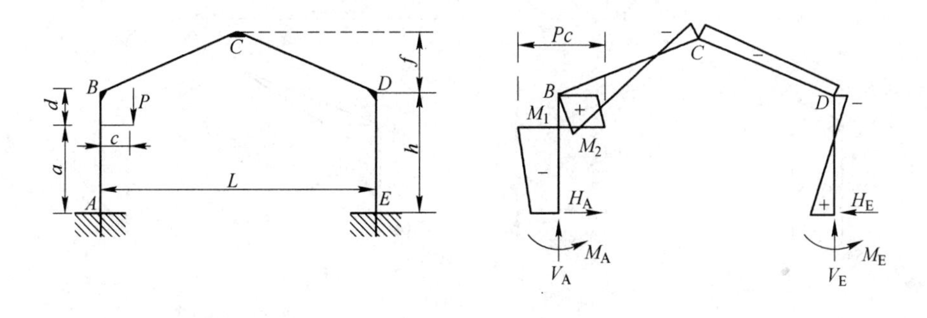

$$\text{系数}:a_1 = \frac{a}{h} \qquad b_1 = \frac{b}{h}$$

$$Y_1 = Pc[2\phi^2 - (1-3b_1^2)k] \qquad Y_2 = Pc[\phi C - (3a_1^2-1)k]$$

$$X_1 = \frac{Y_1K_1 - Y_2R}{2N_1} \qquad X_2 = \frac{Y_2K_2 - Y_1R}{2N_1} \qquad X_3 = \frac{Pc}{2} \cdot \frac{B - 3(a_1 - b_1)k}{N_2}$$

$$M_A = -X_1 - X_3 \qquad M_B = +X_2 + \left(\frac{Pc}{2} - X_3\right)$$

$$M_E = -X_1 + X_3 \qquad M_D = +X_2 - \left(\frac{Pc}{2} - X_3\right) \qquad M_C = -\frac{\phi Pc}{2} + \phi X_1 + mM_2$$

$$M_1 = M_A - H_A a \qquad M_2 = M_B + H_E b$$

$$V_E = \frac{Pc - 2X_3}{L} \qquad V_A = P - V_E \qquad H_A = H_E = \frac{Pc}{2h} - \frac{X_1 + X_2}{h}$$

摘自：‘Kleinlogel, Rahmenformeln’ 11. Auflage Berlin—Verlag von Wilhelm Ernst & Sohn

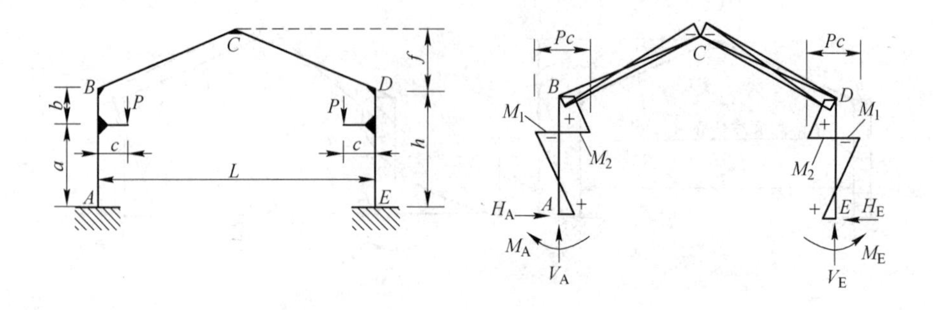

$$常数:a_1 = \frac{a}{h} \qquad b_1 = \frac{b}{h}$$

$$Y_1 = Pc[2\phi^2 - (1 - 3b_1^2)k]$$

$$Y_2 = Pc[\phi C + (3a_1^2 - 1)k]$$

$$M_A = M_E = \frac{Y_2 R - Y_1 K_1}{N_1} \qquad M_B = M_D = \frac{Y_2 K_2 - Y_1 R}{N_1}$$

$$M_C = -\phi(Pc + M_A) + mM_B$$

$$V_A = V_D = P \qquad H_A = H_E = \frac{Pc + M_A - M_B}{h}$$

$$M_1 = M_A - H_A a \qquad M_2 = M_B + H_E b$$

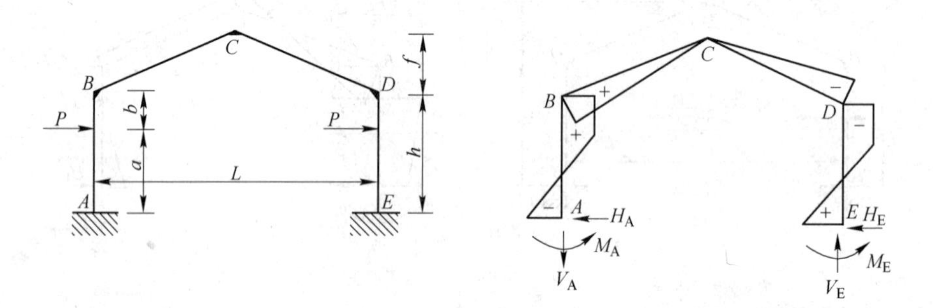

$$常数:X_1 = \frac{Pa(B + 3b_1 k)}{N_2}$$

$$M_A = -M_E = -X_1 \qquad M_B = -M_D = Pa - X_1 \qquad M_C = 0$$

$$V_A = -V_E = -2\left[\frac{Pa - X_1}{L}\right] \qquad H_A = -H_E = -P$$

摘自：‘Kleinlogel，Rahmenformeln’ 11. Auflage Berlin—Verlag von Wilhelm Ernst & Sohn

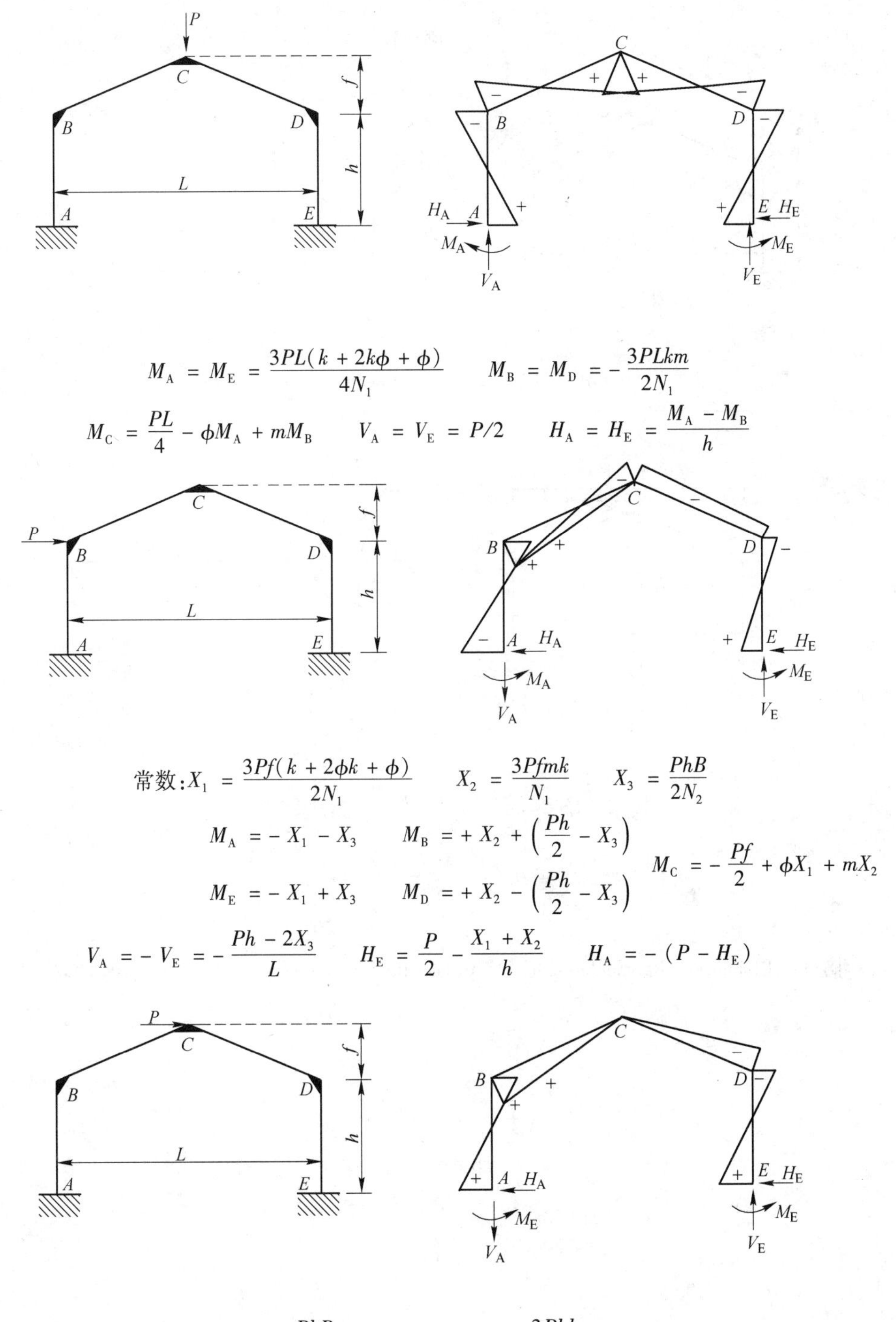

$$M_A = M_E = \frac{3PL(k + 2k\phi + \phi)}{4N_1} \qquad M_B = M_D = -\frac{3PLkm}{2N_1}$$

$$M_C = \frac{PL}{4} - \phi M_A + mM_B \qquad V_A = V_E = P/2 \qquad H_A = H_E = \frac{M_A - M_B}{h}$$

常数：$X_1 = \frac{3Pf(k + 2\phi k + \phi)}{2N_1} \qquad X_2 = \frac{3Pfmk}{N_1} \qquad X_3 = \frac{PhB}{2N_2}$

$$M_A = -X_1 - X_3 \qquad M_B = +X_2 + \left(\frac{Ph}{2} - X_3\right)$$

$$M_C = -\frac{Pf}{2} + \phi X_1 + mX_2$$

$$M_E = -X_1 + X_3 \qquad M_D = +X_2 - \left(\frac{Ph}{2} - X_3\right)$$

$$V_A = -V_E = -\frac{Ph - 2X_3}{L} \qquad H_E = \frac{P}{2} - \frac{X_1 + X_2}{h} \qquad H_A = -(P - H_E)$$

$$M_A = -M = -\frac{PhB}{2N_2} \qquad M_B = -M_D = +\frac{3Phk}{2N_2} \qquad M_C = 0$$

$$V_A = -V_E = -\frac{P(h + f) + 2M_A}{L} \qquad H_A = -H_E = -\frac{P}{2}$$

摘自：‘Kleinlogel，Rahmenformeln’ 11. Auflage Berlin—Verlag von Wilhelm Ernst & Sohn

刚架Ⅳ

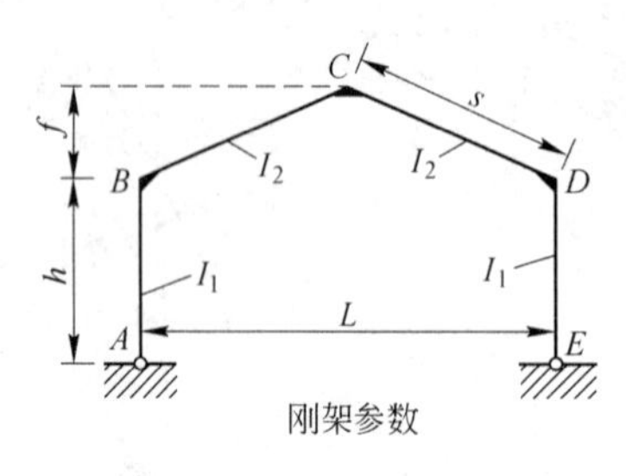

刚架参数

系数：$k = \dfrac{I_2}{I_1} \cdot \dfrac{h}{s}$

$\phi = \dfrac{f}{h}$

$m = 1 + \phi$

$$B = 2(k+1) + m \qquad C = 1 + 2m \qquad N = B + mC$$

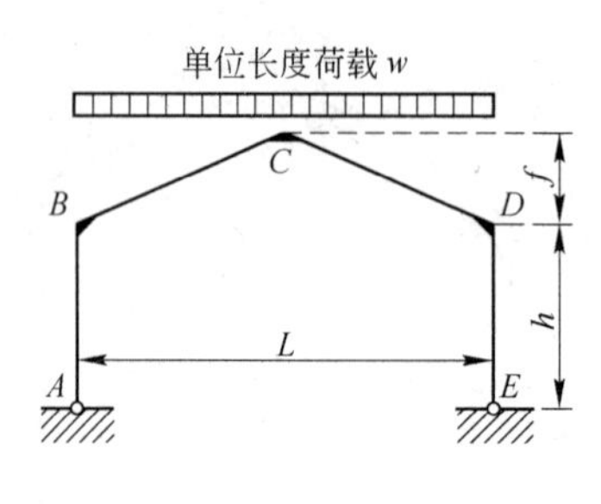

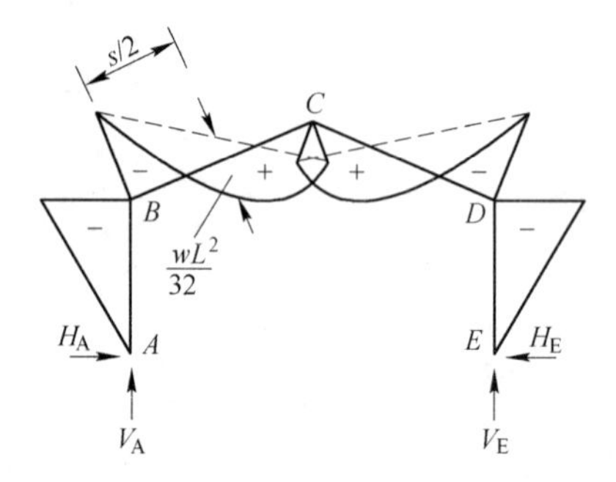

$$M_B = M_D = -\frac{wL^2(3+5m)}{16N} \qquad M_C = \frac{wL^2}{8} + mM_B$$

$$H_A = H_E = -\frac{M_B}{h} \qquad V_A = V_E = \frac{wL}{2}$$

摘自：'Kleinlogel, Rahmenformeln' 11. Auflage Berlin—Verlag von Wilhelm Ernst & Sohn

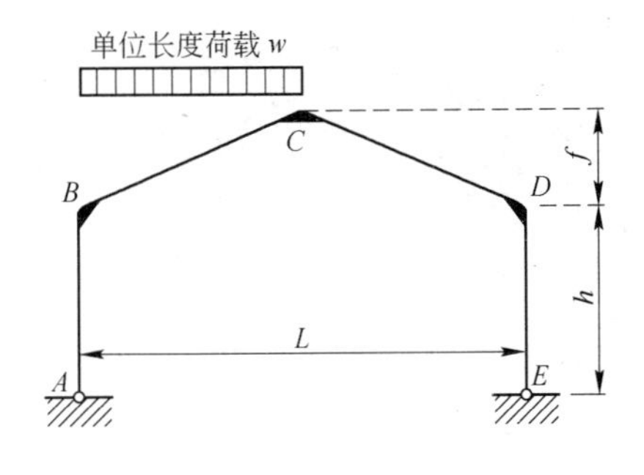

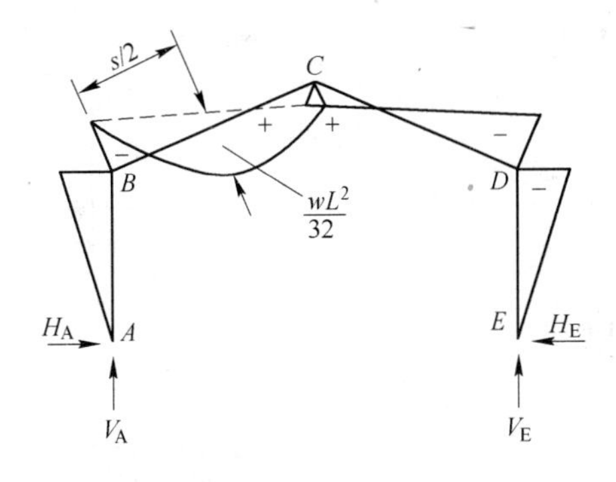

$$M_B = M_D = -\frac{wL^2(3+5m)}{32N} \qquad M_C = \frac{wL^2}{16} + mM_B$$

$$H_A = H_E = -\frac{M_B}{h} \qquad V_A = \frac{3wL}{8} \qquad V_E = \frac{wL}{8}$$

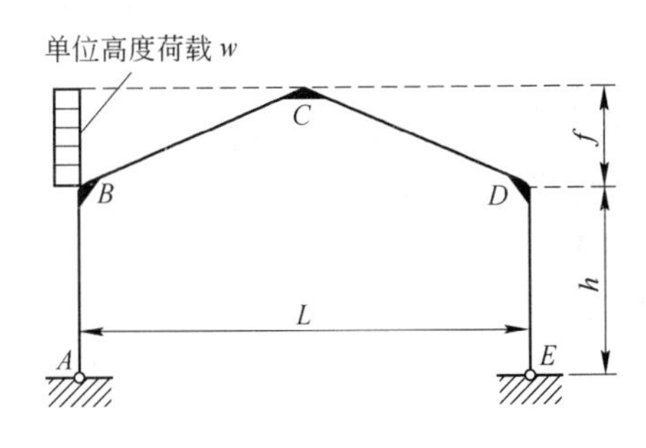

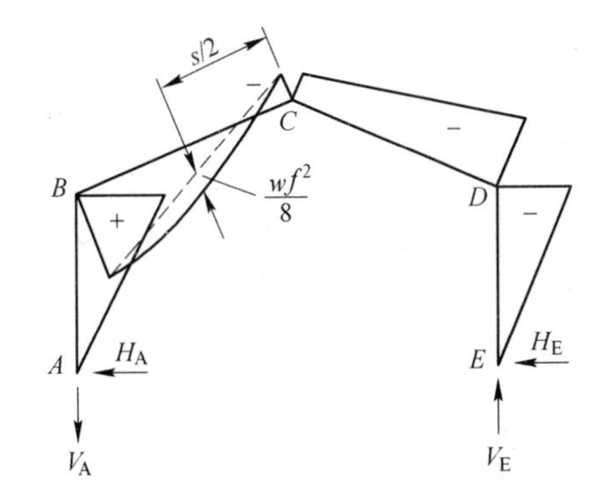

$$常数:X = \frac{wf^2(C+m)}{8N}$$

$$M_B = +X + \frac{wfh}{2} \qquad M_C = -\frac{wf^2}{4} + mX$$

$$M_D = +X - \frac{wfh}{2} \qquad V_A = -V_E = -\frac{wfh(1+m)}{2L}$$

$$H_A = -\frac{X}{h} - \frac{wf}{2} \qquad H_E = -\frac{X}{h} + \frac{wf}{2}$$

摘自：'Kleinlogel, Rahmenformeln' 11. Auflage Berlin—Verlag von Wilhelm Ernst & Sohn

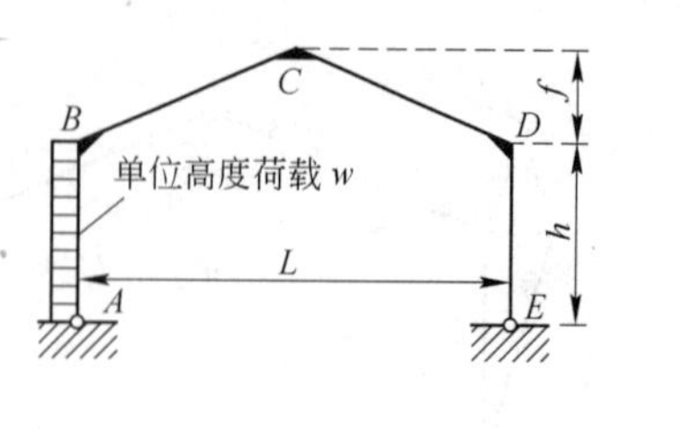

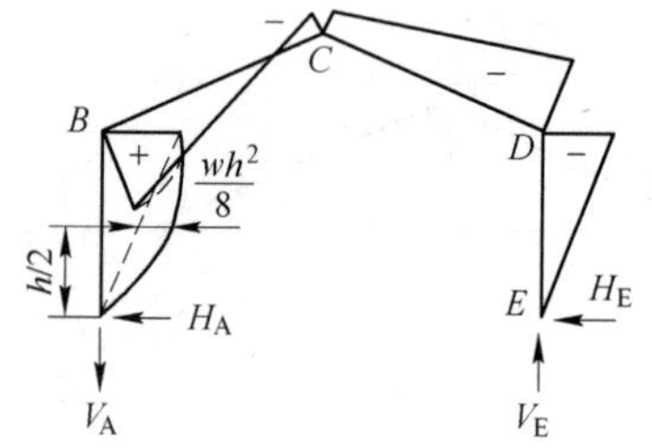

$$M_{\mathrm{D}}=-\frac{wh^{2}}{8}\times\frac{2(B+C)+k}{N}\qquad M_{\mathrm{B}}=\frac{wh^{2}}{2}+M_{\mathrm{D}}$$

$$M_{\mathrm{C}}=\frac{wh^{2}}{4}+mM_{\mathrm{D}}$$

$$V_{\mathrm{A}}=-V_{\mathrm{E}}=-\frac{wh^{2}}{2L}\qquad H_{\mathrm{E}}=-\frac{M_{\mathrm{D}}}{h}\qquad H_{\mathrm{A}}=-(wh-H_{\mathrm{E}})$$

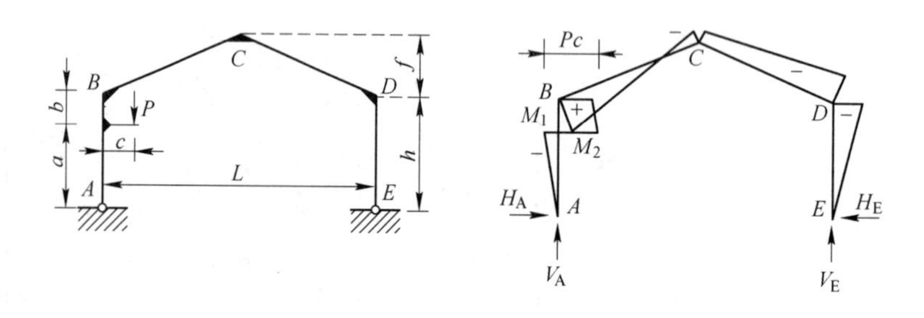

$$常数:a_{1}=\frac{a}{h}\qquad X=\frac{Pc}{2}\times\frac{B+C-k(3a_{1}^{2}-1)}{N}$$

$$M_{\mathrm{B}}=Pc-X\qquad M_{\mathrm{D}}=-X\qquad M_{\mathrm{C}}=\frac{Pc}{2}-mX$$

$$M_{1}=-a_{1}X\qquad M_{2}=Pc-a_{1}X$$

$$V_{\mathrm{E}}=\frac{Pc}{L}\qquad V_{\mathrm{A}}=P-V_{\mathrm{E}}\qquad H_{\mathrm{A}}=H_{\mathrm{E}}=\frac{X}{h}$$

摘自:‘Kleinlogel, Rahmenformeln’ 11. Auflage Berlin—Verlag von Wilhelm Ernst & Sohn

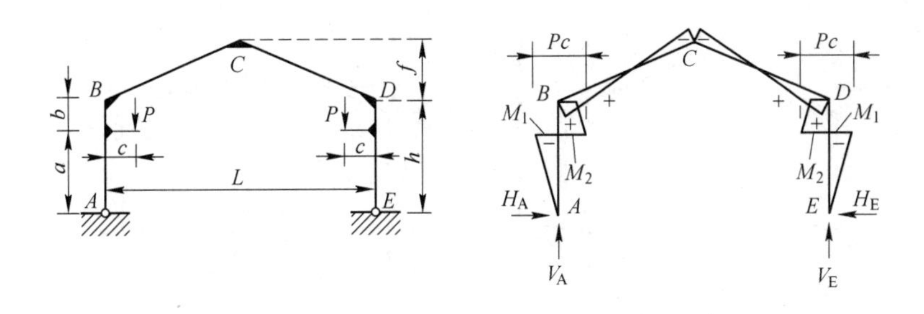

$$常数:a_1 = \frac{a}{h}$$

$$M_B = M_D = Pc \cdot \frac{\phi C + k(3a_1^2 - 1)}{N} \qquad M_C = -\phi Pc + mM_B$$

$$H_A = H_E = \frac{Pc - M_B}{h} \qquad V_A = V_E = P$$

$$M_1 = -a_1(Pc - M_B) \qquad M_2 = (1 - a_1)Pc + a_1 M_B$$

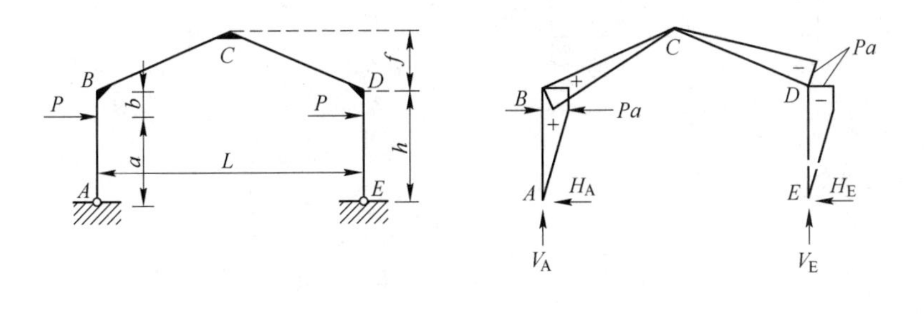

$$M_B = -M_D = Pa \qquad M_C = 0$$

$$H_A = -H_E = -P \qquad V_A = -V_E = -\frac{2Pa}{L}$$

荷载作用处弯矩 $= \pm Pa$

摘自:'Kleinlogel, Rahmenformeln' 11. Auflage Berlin—Verlag von Wilhelm Ernst & Sohn

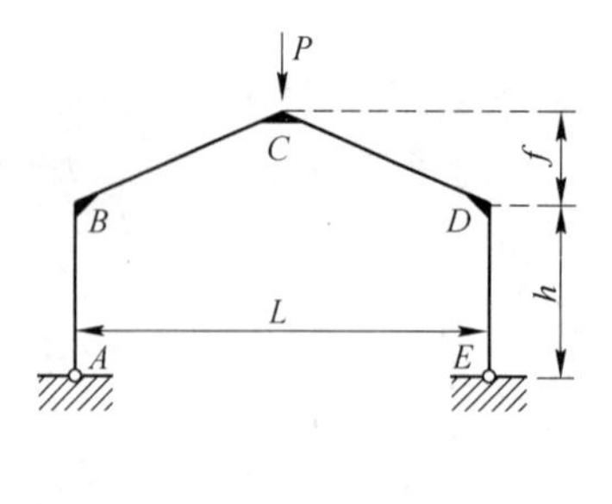

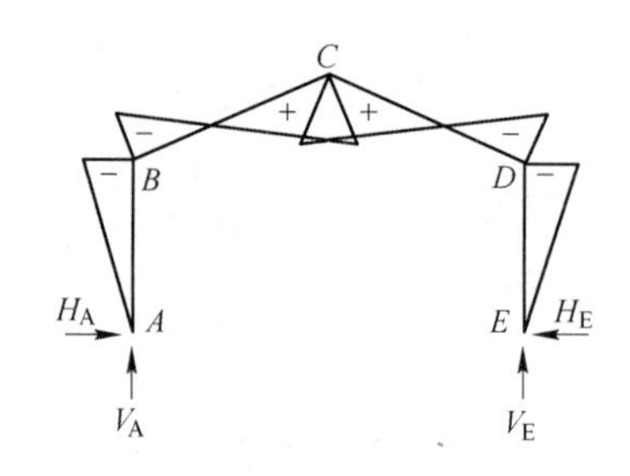

$$M_B = M_D = -\frac{PL}{4} \times \frac{C}{N} \qquad M_C = +\frac{PL}{4} \times \frac{B}{N}$$

$$V_A = V_E = \frac{P}{2} \qquad H_A = H_E = -\frac{M_B}{h}$$

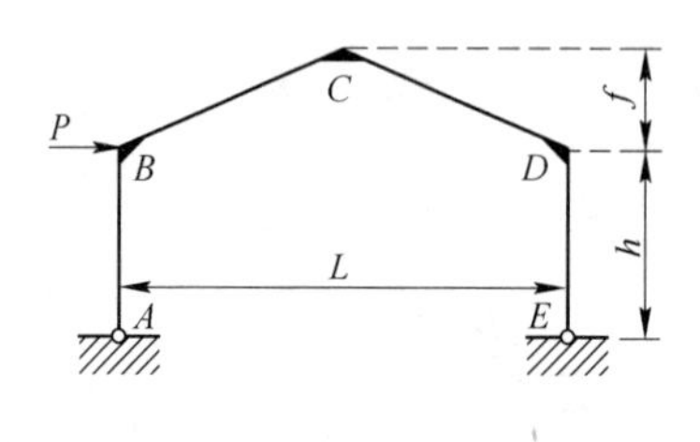

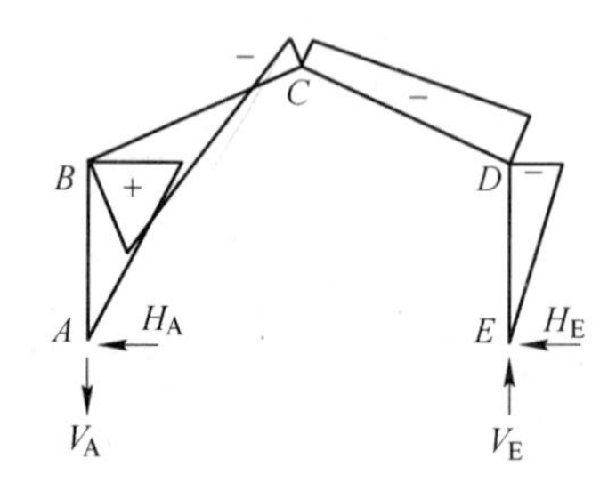

$$M_D = -\frac{Ph(B + C)}{2N} \qquad M_B = Ph + M_D \qquad M_C = \frac{Ph}{2} + mM_D$$

$$V_A = -V_E = -\frac{Ph}{L} \qquad H_E = -\frac{M_D}{h} \qquad H_A = -(P - H_E)$$

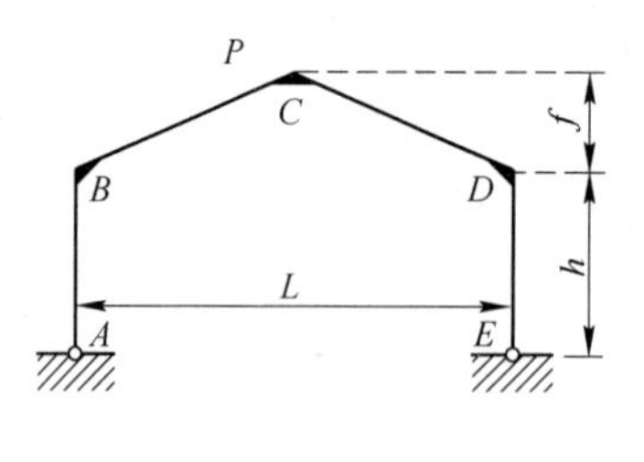

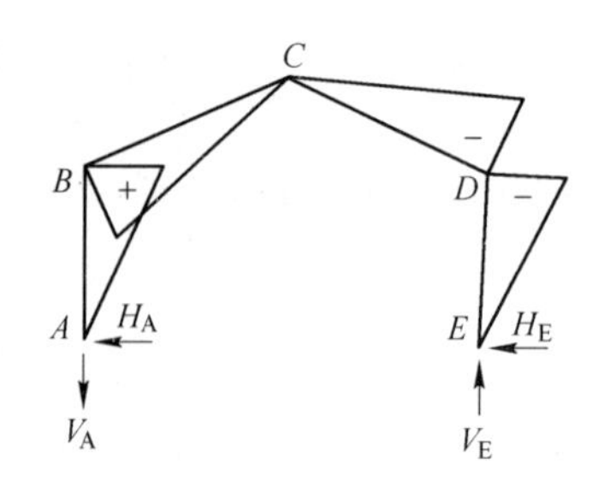

$$M_B = -M_D = +\frac{Ph}{2} \qquad M_C = 0 \qquad V_A = -V_E = -\frac{Phm}{L} \qquad H_A = -H_E = -\frac{P}{2}$$

摘自：'Kleinlogel, Rahmenformeln' 11. Auflage Berlin—Verlag von Wilhelm Ernst & Sohn

构件和连接设计

截面尺寸和参数说明

1 概述

本书以表格形式提供的设计数据，有助于工程师按 BS EN 1993-1-1：2005，BS EN 1993-1-5：2006，BS EN 1993-1-8：2005 规范以及相应的国别附录（National Annex）设计建筑物。如果这些标准中没有给出计算数据的公式，应参考其他公开发表的资料。

本书采用的符号一般与现行设计标准或产品标准相同。对于设计标准中没有的符号，尽可能按标准中的命名规则定义符号。

1.1 材料、截面尺寸和容许偏差

本设计指南采用的可焊接钢结构截面符合表 1.1 中列出的相关英国标准要求。

表 1.1 结构钢材产品

产 品	供货要求		尺 寸	容许偏差
	非合金钢	细粒晶钢		
通用梁，通用柱和通用承压桩	BS EN 10025-2	BS EN 10025-3 BS EN 10025-4	BS 4-1	BS EN 10034
工字钢			BS 4-1	BS 4-1 BS EN 10024
平行翼缘槽钢			BS 4-1	BS EN 10279
角钢			BS EN 10056-1	BS EN 10056-2
从通用梁和通用柱上切下的 T 型钢			BS 4-1	—
ASB（非对称梁）扁梁（Slimflor）	一般为 BS EN 10025，但也要参见注[b]		参见注[a]	一般为 BS EN 10034，但也要参见注[b]
热轧空心构件	BS EN 10210-1		BS EN 10210-2	BS EN 10210-2
冷弯空心构件	BS EN 10219-1		BS EN 10219-2	BS EN 10219-2

注：关于英国标准的详细内容参见附录中列出的参考文献。

a）参见 Tata 公司的出版物，《Advance™ Sections，获得欧共体认证的结构用型钢》；

b）详细信息联系 Tata 公司。

注意 EN 1993 是指欧洲标准化委员会（CEN）规定的产品标准，例如 EN 10025-2。英国标准协会（BSI）在英国出版 CEN 标准时在标准编号前加前缀，例如 BS EN 10025-2。

1.2 尺寸单位

尺寸单位为毫米（mm）。

1.3 截面特性单位

计算截面特性一般以厘米为单位（cm），但表面积和翘曲常数（I_w）分别采用米（m）和分米（dm）。

注：1dm = 0.1m = 100mm

$1dm^6 = 1 \times 10^{-6}m^6 = 1 \times 10^{12}mm^6$

1.4 质量和力的单位

采用的单位为公斤（kg），牛顿(N)和米秒平方(m/s^2)，所以 $1N = 1kg \times 1m/s^2$。重力加速度标准值采用 $9.80665m/s^2$，1kg 重力作用产生的力为 9.80665N，1 吨（1000kg）产生的作用力为 9.80665 千牛顿（kN）。

2 截面尺寸

2.1 质量

按钢材的密度为 $7850kg/m^3$ 计算每延米质量。

包括组合构件在内的所有情况，表中给出的质量只包括了型钢本身的质量，不包括连接材料和紧固件的质量。

2.2 考虑局部屈曲的板件高厚比

表中列出 I 形、H 形和槽形构件截面的外伸翼缘与厚度之比（c_f/t_f）、腹板高度与厚度之比（c_w/t_w）

$c_f = \frac{1}{2}[b - (t_w + 2r)]$　　I 形、H 形截面

$c_f = [b - (t_w + r)]$　　槽形截面

$c_w = d = [h - 2(t_f + r)]$　　I 形、H 形和槽形截面

表中列出了圆管截面外径与壁厚的比值（d/t）。

表中列出了方管和矩形管截面的（c_f/t_f）和（c_w/t_w）比值，其中 $c_f = b - 3t$，$c_w = h - 3t$。

方管截面的 c_f 和 c_w 相等。这些关系式同样适用于热成形和冷成形截面。

EN 1993-1-1 没有对尺寸 c 做严格定义，EN 10210-2 和 EN 10219-2 也没有规定内角圆弧的形状。上述公式对热成型和冷成型截面给出的比值是偏保守的。

2.3 细部尺寸

尺寸 C，N，n 的含义在表头的图中给出，并按下列公式计算，计算 C 和 N 时考

虑了轧制偏差，而计算 n 时未考虑轧制偏差。

2.3.1 通用型钢梁、适用型钢柱和承压桩

$N = (b - t_w)/2 + 10mm$　　（向上进至 2mm 的倍数）

$n = (h - d)/2$　　（增进至 2mm 倍数）

$C = t_w/2 + 2mm$　　（四舍五入至 mm 整数）

2.3.2 工字钢

$N = (b - t_w)/2 + 6mm$　　（向上进至 2mm 的倍数）

$n = (h - d)/2$　　（增进至 2mm 倍数）

$C = t_w/2 + 2mm$　　（四舍五入至 mm 整数）

注：BS 4-1 的工字钢翼缘存在 8°锥度。

2.3.3 平行翼缘槽钢

$N = (b - t_w) + 6mm$　　（向上进至 2mm 的倍数）

$n = (h - d)/2$　　（增进至 2mm 倍数）

$C = t_w + 2mm$　　（四舍五入至 mm 整数）

3 截面特性

3.1 概述

所有截面参数均经精确计算，四舍五入至 3 位有效数字，根据相关标准按公制单位计算（见 1.1 节）。对于角钢，BS EN 10056-1 假定趾尖圆角半径为趾根半径的一半。

3.2 实心截面

3.2.1 惯性矩（I）

惯性矩计算考虑了截面的倾斜及角圆弧半径，给出了对 y-y 轴和 z-z 轴的值。

3.2.2 回转半径（i）

回转半径是用于计算屈曲承载力的参数，其计算公式如下：

$$i = [I/A]^{1/2}$$

式中，I 为对相应轴的惯性矩；A 为截面面积。

3.2.3 弹性截面模量（W_{el}）

根据截面屈服强度和分项系数 γ_M，可用弹性截面模量计算弹性抗弯设计承载力，或计算弯矩产生的截面最外纤维应力，定义如下：

$W_{el,y}=I_y/z$

$W_{el,z}=I_z/y$

式中，z，y 分别为 y-y 和 z-z 弹性轴到截面最外纤维的距离。

对于平行翼缘槽钢，只给出了对弱轴（z-z）的翼缘尖最外纤维的弹性截面模量。

对于角钢，只给出了对应趾尖最外纤维的弹性截面模量。

对于非对称截面，给出了对应上下最外纤维，以及左右最外纤维的弹性截面模量。

3.2.4 塑性截面模量（W_{pl}）

表中列出了塑性截面对 y-y 轴和 z-z 轴的塑性截面模量，但不含角钢。

3.2.5 屈曲系数（U）和扭转指标（X）

通用型钢梁、适用型钢柱、工字钢和平行翼缘槽钢

屈曲系数（U）和扭转指数（X）用于计算弯曲屈曲承载力（参见 8.1 节），采用“走进钢结构”（Access Steel）技术文件 SN 002：“工字型和 H 型截面无量纲长细比的确定”中的公式计算。

$$U=\left(\frac{W_{pl,y}g}{A}\right)^{0.5}\times\left(\frac{I_z}{I_w}\right)^{0.25}$$

$$X=\sqrt{\frac{\pi^2 EAI_w}{20GI_TI_z}}$$

式中 $W_{pl,y}$——对强轴的塑性截面模量；

$g=\sqrt{1-\frac{I_z}{I_y}}$

I_y——对强轴的惯性矩；

I_z——对弱轴的惯性矩；

E——弹性模量，$E=210\text{GPa}$；

G——剪切模量，$G=\frac{E}{2(1+\nu)}$；

ν——泊松比，值为 0.3；

A——横截面积；

I_w——翘曲常数；

I_T——扭转常数。

T 形截面和 ASB 截面

用于计算抗弯屈曲承载力的屈曲系数（U）和扭转指数（X）按下式计算：

$U=[4W_{pl,y}^2 g/(A^2h^2)]^{1/4}$

$$X = 0.566h[A/I_T]^{1/2}$$

式中 $W_{pl,y}$——对强轴的塑性截面模量；

$$g = \sqrt{1 - \frac{I_z}{I_y}};$$

I_y——对强轴的惯性矩；

I_z——对弱轴的惯性矩；

A——横截面积；

h——翼缘剪切中心的间距(对于T形截面，h取剪切中心到腹板尖的距离)；

I_T——扭转常数。

3.2.6 翘曲常数（I_w）和扭转常数（I_T）

热轧I形截面

热轧I形截面的翘曲常数和圣维南扭转常数采用SCI出版物P057："弯扭构件设计"的公式计算，在欧洲规范3的术语中，I_w计算公式如下：

$$I_w = \frac{I_z h_s^2}{4}$$

式中 I_z——对弱轴的惯性矩；

h_s——翼缘剪切中心的间距（如，$h_s = h - t_f$）。

I_T计算公式如下：

$$I_T = \frac{2}{3}bt_f^3 + \frac{1}{3}(h - 2t_f)t_w^3 + 2\alpha_1 D_1^4 - 0.420t_f^4$$

式中 $$\alpha_1 = -0.042 + 0.2204\frac{t_w}{t_f} + 0.1355\frac{r}{t_f} - 0.0865\frac{rt_w}{t_f^2} - 0.0725\frac{t_w^2}{t_f^2}$$

$$D_1 = \frac{(t_f + r)^2 + (r + 0.25t_w)t_w}{2r + t_f}$$

b——截面宽度；

h——截面高度；

t_f——翼缘厚度；

t_w——腹板厚度；

r——圆弧半径。

T形截面

对于剖分自UB和UC截面的T形截面，翘曲常数（I_w）和扭转常数（I_T）计算如下：

$$I_w = \frac{1}{144}t_f^3 b^3 + \frac{1}{36}\left(h - \frac{t_f}{2}\right)^3 t_w^3$$

$$I_T = \frac{1}{3}bt_f^3 + \frac{1}{3}(h - t_f)t_w^3 + \alpha_1 D_1^4 - 0.21t_f^4 - 0.105t_w^4$$

式中，$\alpha_1 = -0.042 + 0.2204\frac{t_w}{t_f} + 0.1355\frac{r}{t_f} - 0.0865\frac{rt_w}{t_f^2} - 0.0725\frac{t_w^2}{t_f^2}$；$D_1$ 定义同上。

注：这些公式不适用于剖分自翼缘有斜度的工字钢的 T 形截面，其计算公式参见 SCI 出版物 P057。

平行翼缘槽钢

对于平行翼缘槽钢，翘曲常数（I_w）和扭转常数（I_T）计算公式如下：

$$I_w = \frac{(h - t_f)^2}{4}\left[I_z - A\left(c_z - \frac{t_w}{2}\right)^2\left(\frac{(h - t_f)^2 A}{4I_y} - 1\right)\right]$$

$$I_T = \frac{2}{3}bt_f^3 + \frac{1}{3}(h - t_f)t_w^3 + 2\alpha_3 D_3^4 - 0.42t_f^4$$

式中 c_z——腹板背到形心轴的距离；

$$\alpha_3 = -0.0908 + 0.2621\frac{t_w}{t_f} + 0.1231\frac{r}{t_f} - 0.0752\frac{t_w r}{t_f^2} - 0.0945\left(\frac{t_w}{t_f}\right)^2;$$

$$D_3 = 2[(3r + t_w + t_f) - \sqrt{2(2r + t_w)(2r + t_f)}]。$$

注：扭转常数（I_T）计算公式仅适用于平行翼缘槽钢，不适用于翼缘有斜度的槽钢。

角钢

角钢的扭转常数（I_T）计算如下：

$$I_T = \frac{1}{3}bt^3 + \frac{1}{3}(h - t)t^3 + \alpha_3 D_3^4 - 0.21t^4$$

式中 $\alpha_3 = 0.0768 + 0.0479\frac{r}{t}$；

$$D_3 = 2[(3r + 2t) - \sqrt{2(2r + t)^2}]。$$

ASB 截面

在 Tata 公司的手册“*Advance™ sections*”中，给出了 ASB 截面的翘曲常数（I_w）和扭转常数（I_T）。

3.2.7 等效长细比系数（θ）和单轴对称指标（ψ）

角钢

因角钢主要是用于受压和受拉构件，本手册的抗弯承载力表中不包括角钢的抗弯

屈曲承载力。如果设计人员希望用角钢截面受弯，可按 BS EN 1993-1-1 的6.3.2条计算角钢的抗弯屈曲承载力，规范给出了计算过程。

作为对 BS EN 1993-1-1 方法的补充，本手册提供的角钢截面特性表可使设计人员采用简化方法计算抗弯曲承载力。这种方法源于 BS 5950-1：2000 附录 B.2.9，采用等效长细比系数和单轴对称指标计算。

表中列出了等边角钢和不等边角钢的等效长细比系数（ϕ），不等边角钢有两个等效长细比系数值，较大值对应短趾尖对强轴的弹性截面模量（$W_{el,u}$），较小值对应长趾尖对强轴的弹性截面模量。

等效长细比系数（ϕ）计算如下：

$$\phi = \frac{W_{el,u} g}{\sqrt{A I_T}}$$

式中 $W_{el,u}$——对强轴 u-u 的弹性截面模量；

$g = \sqrt{1 - \frac{I_v}{I_u}}$；

I_v——对弱轴的惯性矩；

I_u——对强轴的惯性矩；

A——横截面积；

I_T——扭转常数。

单轴对称指标（ψ）按下式计算：

$$\psi = \left[2v_0 - \frac{\int v_1 (u_i^2 + v_i^2) \mathrm{d}A}{I_u}\right] \frac{1}{t}$$

式中 u_i，v_i——截面单元的坐标；

v_0——剪切中心以形心为原点沿 v-v 轴的坐标；

t——角钢的厚度。

T 形截面

表中列出了剖分自 UB 和 UC 的 T 形截面的单轴对称指标，计算如下：

$$\psi = \left[2z_0 - \frac{z_0 b^3 t_f/12 + b t_f z_0^3 + \frac{t_w}{4}[(c - t_f)^4 - (h - c)^4]}{I_y}\right] \frac{1}{h - t_f/2}$$

式中 $z_0 = c - t_f/2$；

c——翼缘外侧到截面形心的距离；

b——翼缘宽度；

t_f——翼缘厚度；

t_w——腹板厚度；

h——截面高度。

以上公式源于 BS 5950-1 附录 B.2.8.2。

ABS 截面

表中列出了 ABS 截面的单轴对称指标，采用 BS 5950-1 附录 B. 2. 4. 1 的公式计算，以 BS EN 1993-1-1 的符号表示方法重新表达如下：

$$\psi = \frac{1}{h_s}\left[\frac{2(I_{zc}h_c - I_{zt}h_t)}{(I_{zc} + I_{zt})} - \frac{(I_{zc}h_c - I_{zt}h_t) + (b_c t_c h_c^3 - b_t t_t h_t^3) + \frac{t}{4}(d_c^4 - d_t^4)}{I_y}\right]$$

式中　$h_s = h - \frac{t_c + t_t}{2}$;

$d_c = h_c - t_c/2$;

$d_t = h_t - t_t/2$;

$I_{zc} = b_c^3 t_c/12$;

$I_{zt} = b_t^3 t_t/12$;

h_c——受压翼缘中心到截面形心的距离；

h_t——受拉翼缘中心到截面形心的距离；

b_c——受压翼缘宽度；

b_t——受拉翼缘宽度；

t_c——受压翼缘厚度；

t_t——受拉翼缘厚度。

当 ASB 截面的 $t_c = t_t$ 时，表中示为 t_f。

3.3　空心截面

表中给出了热轧和冷成型空心截面的特性（不包括冷成型椭圆空心截面）。对于外形尺寸和壁厚相同的方管和矩形管截面，由于角部圆弧半径不同，冷成型和热轧的截面特性是有差异的。

3.3.1　通用截面特性

对于惯性矩、回转半径、弹性和塑性截面模量的一般论述见 3. 2. 1，3. 2. 2，3. 2. 3 和 3. 2. 4 节。

对于热轧方管和矩形管，截面特性按 BS EN 10210-2 规定的角部外圆弧半径 1. 5t、外圆弧半径 1. 0t 计算。

对于冷成型方管和矩形管，BS EN 10219-2 规定：当 $t \leqslant 6$mm 时，角部外圆弧半径取 2t，内圆弧半径取 1. 0t；$10 < t \leqslant 10$mm 时，外圆弧半径取 2. 5t，内圆弧半径取 1. 5t；$t > 10$mm 时，外圆弧半径取 3t，内圆弧半径取 2t，由此计算截面特性。

3.3.2　空心截面塑性截面模量（W_{pl}）

表中列出了对两个主轴的塑性截面模量（W_{pl}）。

3.3.3 扭转常数（I_T）

圆管：$I_T = 2I$

方管和矩形管：$I_T = \frac{4A_h^2 t}{p} + \frac{t^3 p}{3}$

椭圆管：$I_T = \frac{4A_m^2 t}{U} + \frac{t^3 U}{3}$

式中 I——圆管的惯性矩；

t——截面壁厚；

p——平均周长，$p = 2[(2b - t) + (2a - t)] - 2R_c(4 - \pi)$；

A_h——平均周长包围的面积，$A_h = (2b - t)(2a - t) - R_c^2(4 - \pi)$；

a——沿强轴方向截面轮廓尺寸的一半；

b——沿弱轴方向截面轮廓尺寸的一半；

R_c——角部内外圆弧半径的平均值；

A_m——椭圆管截面平均周长包围的面积，$A_m = \frac{\pi(2a - t)(2b - t)}{4}$；

$U = \frac{\pi}{2}(2a + 2b - 2t)\left[1 + 0.25\left(\frac{2a - 2b}{2a + 2b - 2t}\right)^2\right]$。

注：在截面特性和承载力表中，截面的高度和宽度有所不同。

3.3.4 扭转截面模量（W_t）

圆管：$W_t = 2W_{el}$

方管和矩形管：$W_t = \frac{I_T}{t + \frac{2A_h}{h}}$

椭圆管：$W_t = \frac{I_T}{t + \frac{2A_m}{2a}}$

式中，W_{el}为弹性截面模量，I_T，t，A_h，a 和 A_m 的定义见 3.3.3 节。

4 有效截面特性

4.1 概述

在 BS EN 1993-1-1：2005 中，对包含有第Ⅳ类截面的构件要求采用有效截面特性设计。本手册按截面受压和受弯分别给出了有效截面特性。有效截面特性与所采用的钢材的等级有关，表中分别给出了 S275 和 S355 级的热轧 I 形截面和角钢的特性值。因槽钢没有第Ⅳ类截面，不必提供有效截面特性。只给出了 S355 钢的热轧和冷成型空心截面的有效截面特性。

4.2 受压构件的有效截面特性

第Ⅳ类截面有效截面特性按受压区的有效宽度计算。第Ⅳ类截面受压时有效截面面积A_{eff}按 BS EN 1993-1-1 的第6.2.2.5 条、BS EN 1993-1-5：2006 的4.3 和4.4 节计算。

表中列出了可能为第Ⅳ类截面的有效截面特性，符号 W，F，WF 分别表示按腹板、翼缘或腹板及翼缘均为第Ⅳ类截面，有效截面面积计算如下：

UB，UC 和工字钢截面：$A_{eff} = A - 4t_f(1-\rho_f)c_f - t_w(1-\rho_w)c_w$

矩形管和方管截面：$A_{eff} = A - 2t_f(1-\rho_f)c_f - 2t_w(1-\rho_w)c_w$

平行翼缘槽钢：$A_{eff} = A - 2t_f(1-\rho_f)c_f - t_w(1-\rho_w)c_w$

等边角钢：$A_{eff} = A - 2t(1-\rho)h$

不等边角钢：$A_{eff} = A - t(1-\rho)(h+b)$

圆管：本书未列出圆管有效面积，BS EN 1993-1-1 的 6.2.2.5(5)条建议读者参考 BS EN 1993-1-6。

椭圆管：本书未列出椭圆管有效面积，可以按《Engineering Structures》，30(2)，2008，pp. 522-532 中 Chan，T. M. 和 Gardner，L 的论文中给出的方法计算。

式中 $A_{eff} = A\left(\dfrac{90t}{D_e} \times \dfrac{235}{f_y}\right)^{0.5}$；

D_e——等效直径，$2\dfrac{a^2}{b}$；

a——沿强轴方向截面轮廓尺寸的一半；

b——沿弱轴方向截面轮廓尺寸的一半。

折减系数ρ_f，ρ_w 和ρ 的计算公式见 BS EN 1993-1-5 的 4.4 节。

表中也列出了有效面积与毛截面积之比（A_{eff}/A），表明截面有效的程度。需要注意的是，有些截面按 BS EN 1993-1-1 划分为第Ⅳ类截面，但按 BS EN 1993-1-5 计算的有效面积等同于毛截面积。

4.3 受纯弯构件的有效截面特性

第Ⅳ类截面有效截面特性按受压区的有效宽度计算。第Ⅳ类截面受弯时有效截面面积A_{eff}按 BS EN 1993-1-1 的第6.2.2.5 条、BS EN 1993-1-5：2006 的4.3 和4.4 节计算。

截面特性按有效惯性矩I_{eff}、有效弹性截面模量$W_{el,eff}$给出。符号 W，F，WF 分别表示按腹板、翼缘，或腹板及翼缘均为第Ⅳ类截面。

这里未给出计算有效截面的公式，因为计算过程涉及到循环迭代，计算公式还与每个板件的分类有关。

在本书考虑的截面范围内，只有空心截面单独受弯时会成为第Ⅳ类截面。

对于腹板为第Ⅲ类，翼缘为第Ⅰ、Ⅱ类的截面，可按 BS EN 1993-1-1 的第

6.2.2.4(1)条推荐的方法计算有效塑性截面模量 $W_{pl,eff}$，这个条文也适用于开口截面（UB、UC、工字钢和槽钢）和空心截面。

在本书考虑的截面范围内，只有部分空心截面单独受弯时，可采用有效塑性截面模量 $W_{pl,eff}$。

5 螺栓和焊缝

5.1 螺栓承载力

螺栓类型包括：

• BS EN ISO 4014、BS EN ISO 4016、BS EN ISO 4017 和 BS EN ISO 4018 规定的 4.6 级、8.8 级和 10.9 级螺栓，配套使用的螺母符合 BS EN ISO 4032 或 BS EN ISO 4034 要求。螺栓连接副同时要符合 BS EN 15048 的要求；

• BS 4933 规定的无预拉力埋头螺栓，配套使用的螺母符合 BS EN ISO 4032 或 BS EN ISO 4034 要求。螺栓连接副同时要符合 BS EN 15048 的要求。8.8 级和 10.9 级螺栓的力学性能应符合 BS EN ISO 898-1 的要求；

• BS EN 14399 规定的有预拉力螺栓，在英国可采用符合 BS EN 14399-3 要求的 HR 螺栓，或采用符合 BS EN 14399-10 要求的 HRC 螺栓，并配备合适的螺帽和垫圈（必要时包括符合 BS EN 14399-3 要求的直接张力指示器），也可采用符合 BS EN 14399-7 要求的埋头螺栓，应按 BS EN 1090-2 的要求施加预拉力。

（a）无预拉力大六角头螺栓和埋头螺栓

对于每种钢材强度等级：

• 第 1 个表格列出了受拉应力面积、抗拉设计承载力、抗剪设计承载力，以及避免冲切破坏所需的最小连接板厚度；

• 第 2 个表格（也可能第 3 个表格）列出了按一定规则排布的螺栓承压设计承载力。

（1）受拉应力面积 A_s 为相关产品标准中给出的值；

（2）螺栓抗拉设计承载力为：

$$F_{t,Rd} = \frac{k_2 f_{ub} A_s}{\gamma_{M2}}$$

式中 k_2——埋头螺栓取 0.63，其他螺栓取 0.9；

f_{ub}——相关产品标准中给出的螺栓极限抗拉强度；

A_s——螺栓受拉应力面积；

γ_{M2}——螺栓材料分项系数（国别附录中规定，4.6 级螺栓 $\gamma_{M2}=1.25$，其他螺栓 $\gamma_{M2}=1.25$）。

（3）螺栓抗剪设计承载力为：

$$F_{v,Rd} = \frac{\alpha_v f_{ub} A_s}{\gamma_{M2}}$$

式中　α_v——系数，当为4.6和8.8级螺栓时，α_v 取0.6；当为10.9级螺栓时，α_v 取0.5；

f_{ub}——螺栓极限抗拉强度；

A_s——螺栓受拉应力面积。

（4）冲切抗剪设计承载力用连接板的最小厚度表示，冲切抗剪设计承载力应等于抗拉设计承载力，按BS EN 1993-1-8表3-4的公式计算，最小厚度取：

$$t_{min} = \frac{B_{p,Rd}\gamma_{M2}}{0.6\pi d_m f_u} \qquad B_{p,Rd} = F_{t,Rd}$$

式中　$F_{t,Rd}$——单个螺栓抗拉设计承载力；

$$d_m = \min\left(\left[\frac{e+s}{2}\right]_{head}, \left[\frac{e+s}{2}\right]_{nut}\right);$$

e——螺栓头或螺帽的对角宽度；

s——螺栓头或螺帽的对边宽度；

f_u——螺栓头或螺帽下连接板的极限抗拉强度。

（5）外排螺栓受垂直于板边缘荷载作用时，承压设计承载力为：

$$F_{b,Rd} = \frac{k_1 \alpha_b f_u \mathrm{d} t}{\gamma_{M2}}$$

式中　$k_1 = \min\left(\left(2.8\frac{e_2}{d_0} - 1.7\right); 2.5\right)$；

e_2——螺栓边距，取螺栓孔中心到板边缘的距离，沿与荷载作用垂直方向计量；

d_0——螺栓孔直径；

$$\alpha_b = \min\left(\alpha_d; \frac{f_{ub}}{f_u}; 1.0\right)$$

f_{ub}——螺栓极限抗拉强度；

f_u——连接板极限抗拉强度；

$$\alpha_d = \frac{e_1}{3d_0}。$$

e_1 为螺栓端距，取螺栓孔中心到板端的距离，沿荷载作用方向计量。

表中给出的 e_1，e_2，p_1，p_2 值为满足承压承载力要求的螺栓排布最小间距。第2个表中承载力按 $e_1 = 2d$ 计算，第3个表按 $e_1 = 3d$ 计算，e_1 四舍五入至5mm的倍数。

第2个表中给出的4.6级螺栓 e_1，e_2，p_1，p_2 值按英国典型连接形式得到，第2个表中给出的8.8级和10.9级螺栓的 e_1，e_2，p_1，p_2 值按英国典型连接形式得到，第3个表中给出的 e_1，e_2，p_1，p_2 值按螺栓间距实现最大承压承载力确定。

BS EN 1993-1-8的3.6.1(3)条规定：如果螺纹不符合EN1090的要求，相应的螺栓承载力应乘以0.85折减系数。BS EN 1993-1-8表3-4的附注1给出了采用大圆孔和槽孔时承压承载力的折减系数。

(b) 有预拉力大六角头螺栓和埋头螺栓的正常使用和承载力极限状态

(1) 受拉应力面积 A_s、抗拉承载力、抗剪承载力、冲切抗剪承载力和承压承载力按前述方法计算；

(2) 抗拉承载力计算与无预拉力螺栓相同；

(3) 承压承载力计算与无预拉力螺栓相同；

(4) 螺栓抗滑移承载力为：

正常使用极限状态时，$F_{s,Rd} = \dfrac{k_s n\mu}{\gamma_{M3}} F_{p,C}$

承载力极限状态时，$F_{s,Rd} = \dfrac{k_s n\mu}{\gamma_{M3}} F_{p,C}$

式中 k_s 取 1.0；

n——摩擦面数；

μ——抗滑移系数；

$F_{p,C} = 0.7 f_{ub} A_s$ 为预拉力；

γ_{M3}——抗滑移承载力分项系数（国别附录中规定，承载力极限状态 $\gamma_{M3} = 1.25$，正常使用极限状态 $\gamma_{M3} = 1.1$）。

对连接按正常使用极限状态不滑移和承载力极限状态不滑移分别编制了表格。按照 BS EN 1993-1-8 的 3.4.1 要求，两种状态都要验算承压承载力，表中给出了对应的承载力值。

需要注意的是，如果连接在正常使用极限状态不滑移，抗滑移承载力应等于或大于正常使用极限状态产生的设计荷载（不是承载力极限状态产生的设计荷载）；对于在正常使用极限状态不滑移的连接，计算承载力时抗滑移系数 μ 取 0.5。设计人员应确信紧固部位的表面条件符合要求，否则应修改承载力。

5.2 焊缝

表中给出了单位长度角焊缝的设计承载力。角焊缝如果符合下列两个条件，设计承载力满足要求：

$$\sqrt{\sigma_{\perp}^2 + 3(\tau_{\perp}^2 + \tau_{\parallel}^2)} \leqslant \frac{f_u}{\beta_w \gamma_{M2}} \text{ 和 } \sigma_{\perp} \leqslant 0.9 f_u / \gamma_{M2}$$

焊缝的各个应力分量以单位长度焊缝的纵向和横向承载力形式表示为：

$$\sigma_{\perp} = \frac{F_{w,T,Ed} \sin\theta}{a}$$

$$\tau_{\perp} = \frac{F_{w,T,Ed} \cos\theta}{a}$$

$$\tau_{\parallel} = \frac{F_{w,L,Ed}}{a}$$

因此

$$\sqrt{\left(\frac{F_{w,T,Ed}\sin\theta}{a}\right)^2 + 3\left[\left(\frac{F_{w,T,Ed}\cos\theta}{a}\right)^2 + \left(\frac{F_{w,L,Ed}}{a}\right)^2\right]} \leqslant \frac{f_u}{\beta_w \gamma_{M2}}$$

$$\frac{1}{a}\sqrt{F_{w,T,Ed}^2(\sin^2\theta + 3\cos^2\theta) + 3F_{w,L,Ed}^2} \leqslant \frac{f_u}{\beta_w \gamma_{M2}}$$

$$\frac{1}{a}\sqrt{F_{w,T,Ed}^2(1 + 2\cos^2\theta) + 3F_{w,L,Ed}^2} \leqslant \frac{f_u}{\beta_w \gamma_{M2}}$$

$$\frac{1}{a}\sqrt{\frac{F_{w,T,Ed}^2}{K} + F_{w,L,Ed}^2} \leqslant \frac{f_u}{\beta_w \gamma_{M2}} \text{ 且 } K = \sqrt{\frac{3}{1 + 2\cos^2\theta}}$$

将公式中每个分量依次取零，可以得到下列焊缝纵向和横向承载力公式：

焊缝纵向设计承载力：$F_{w,L,Rd} = f_{vw,d}a$

焊缝横向设计承载力：$F_{w,T,Rd} = KF_{w,L,Rd}$

式中 $f_{vw,d}$——焊缝设计抗剪强度，$f_{vw,d} = \dfrac{f_u}{\sqrt{3}\beta_w \gamma_{M2}}$；

对 S275 钢，$f_u = 410\text{MPa}$；对 S355 钢，$f_u = 470\text{MPa}$

（这些值适用于厚度不大于 100mm 的情况）

对 S275 钢，取 $\beta_w = 0.85$，对 S355 钢，取 $\beta_w = 0.9$；

γ_{M2}——焊缝承载力分项系数（国别附录规定，$\gamma_{M2} = 1.25$）；

a——角焊缝有效厚度；

$K = \sqrt{\dfrac{3}{(1 + 2\cos^2\theta)}}$。

上式适用于连接板相互垂直时焊缝横向承载力计算，取 $\theta = 45°$，$K = 1.225$。

截面尺寸和毛截面参数表

BS EN 1993-1-1：2005
BS 4-1：2005

通用梁
(UNIVERSAL BEAMS)
Advance UKB

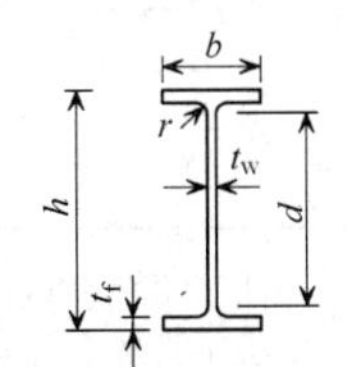

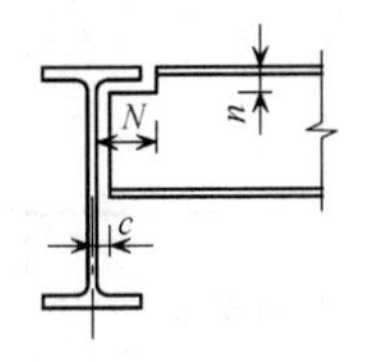

规格与参数

截面规格 /mm×mm×mm	每米质量 /kg·m^{-1}	截面高度 h/mm	截面宽度 b/mm	厚度 腹板 t_w/mm	厚度 翼缘 t_f/mm	内圆弧半径 r/mm	内圆角距离 d/mm	局部屈曲比值 翼缘 c_f/t_f	局部屈曲比值 腹板 c_w/t_w	细部尺寸 端部间隙 c/mm	细部尺寸 切口 N/mm	细部尺寸 切口 n/mm	表面积 每米 /m^2	表面积 每吨 /m^2
1016×305×487 +	486.7	1036.3	308.5	30.0	54.1	30.0	868.1	2.02	28.9	17	150	86	3.20	6.58
1016×305×437 +	437.0	1026.1	305.4	26.9	49.0	30.0	868.1	2.23	32.3	15	150	80	3.17	7.25
1016×305×393 +	392.7	1015.9	303.0	24.4	43.9	30.0	868.1	2.49	35.6	14	150	74	3.14	8.00
1016×305×349 +	349.4	1008.1	302.0	21.1	40.0	30.0	868.1	2.76	41.1	13	152	70	3.13	8.96
1016×305×314 +	314.3	999.9	300.0	19.1	35.9	30.0	868.1	3.08	45.5	12	152	66	3.11	9.89
1016×305×272 +	272.3	990.1	300.0	16.5	31.0	30.0	868.1	3.60	52.6	10	152	62	3.10	11.4
1016×305×249 +	248.7	980.1	300.0	16.5	26.0	30.0	868.1	4.30	52.6	10	152	56	3.08	12.4
1016×305×222 +	222.0	970.3	300.0	16.0	21.1	30.0	868.1	5.31	54.3	10	152	52	3.06	13.8
914×419×388	388.0	921.0	420.5	21.4	36.6	24.1	799.6	4.79	37.4	13	210	62	3.44	8.87
914×419×343	343.3	911.8	418.5	19.4	32.0	24.1	799.6	5.48	41.2	12	210	58	3.42	9.96
914×305×289	289.1	926.6	307.7	19.5	32.0	19.1	824.4	3.91	42.3	12	156	52	3.01	10.4
914×305×253	253.4	918.4	305.5	17.3	27.9	19.1	824.4	4.48	47.7	11	156	48	2.99	11.8
914×305×224	224.2	910.4	304.1	15.9	23.9	19.1	824.4	5.23	51.8	10	156	44	2.97	13.2
914×305×201	200.9	903.0	303.3	15.1	20.2	19.1	824.4	6.19	54.6	10	156	40	2.96	14.7
838×292×226	226.5	850.9	293.8	16.1	26.8	17.8	761.7	4.52	47.3	10	150	46	2.81	12.4
838×292×194	193.8	840.7	292.4	14.7	21.7	17.8	761.7	5.58	51.8	9	150	40	2.79	14.4
838×292×176	175.9	834.9	291.7	14.0	18.8	17.8	761.7	6.44	54.4	9	150	38	2.78	15.8
762×267×197	196.8	769.8	268.0	15.6	25.4	16.5	686.0	4.32	44.0	10	138	42	2.55	13.0
762×267×173	173.0	762.2	266.7	14.3	21.6	16.5	686.0	5.08	48.0	9	138	40	2.53	14.6
762×267×147	146.9	754.0	265.2	12.8	17.5	16.5	686.0	6.27	53.6	8	138	34	2.51	17.1
762×267×134	133.9	750.0	264.4	12.0	15.5	16.5	686.0	7.08	57.2	8	138	32	2.51	18.7
686×254×170	170.2	692.9	255.8	14.5	23.7	15.2	615.1	4.45	42.4	9	132	40	2.35	13.8
686×254×152	152.4	687.5	254.5	13.2	21.0	15.2	615.1	5.02	46.6	9	132	38	2.34	15.4
686×254×140	140.1	683.5	253.7	12.4	19.0	15.2	615.1	5.55	49.6	8	132	36	2.33	16.6
686×254×125	125.2	677.9	253.0	11.7	16.2	15.2	615.1	6.51	52.6	8	132	32	2.32	18.5
610×305×238	238.1	635.8	311.4	18.4	31.4	16.5	540.0	4.14	29.3	11	158	48	2.45	10.3
610×305×179	179.0	620.2	307.1	14.1	23.6	16.5	540.0	5.51	38.3	9	158	42	2.41	13.5
610×305×149	149.2	612.4	304.8	11.8	19.7	16.5	540.0	6.60	45.8	8	158	38	2.39	16.0
610×229×140	139.9	617.2	230.2	13.1	22.1	12.7	547.6	4.34	41.8	9	120	36	2.11	15.1
610×229×125	125.1	612.2	229.0	11.9	19.6	12.7	547.6	4.89	46.0	8	120	34	2.09	16.7
610×229×113	113.0	607.6	228.2	11.1	17.3	12.7	547.6	5.54	49.3	8	120	30	2.08	18.4
610×229×101	101.2	602.6	227.6	10.5	14.8	12.7	547.6	6.48	52.2	7	120	28	2.07	20.5
610×178×100 +	100.3	607.4	179.2	11.3	17.2	12.7	547.6	4.14	48.5	8	94	30	1.89	18.8
610×178×92 +	92.2	603.0	178.8	10.9	15.0	12.7	547.6	4.75	50.2	7	94	28	1.88	20.4
610×178×82 +	81.8	598.6	177.9	10.0	12.8	12.7	547.6	5.57	54.8	7	94	26	1.87	22.9
533×312×273 +	273.3	577.1	320.2	21.1	37.6	12.7	476.5	3.64	22.6	13	160	52	2.37	8.67
533×312×219 +	218.8	560.3	317.4	18.3	29.2	12.7	476.5	4.69	26.0	11	160	42	2.33	10.7
533×312×182 +	181.5	550.7	314.5	15.2	24.4	12.7	476.5	5.61	31.3	10	160	38	2.31	12.7
533×312×151 +	150.6	542.5	312.0	12.7	20.3	12.7	476.5	6.75	37.5	8	160	34	2.29	15.2

注：Advance 和 UKB 为 Tata 公司的注册商标。关于通用梁（UB）和 Tata 生产的 Advance 系列型钢之间关系的更完整的介绍可参见《钢结构建筑物设计：设计数据》（Steel Building Design：Design Date）中第 12 章的相关内容。

+ Advance 系列型钢中不包括 BS 4 系列的型钢。

关于本表格的解释见本附录“截面尺寸和参数说明”中第 2 节的相关内容。

BS EN 1993-1-1：2005
BS 4-1：2005

通用梁
(UNIVERSAL BEAMS)
Advance UKB

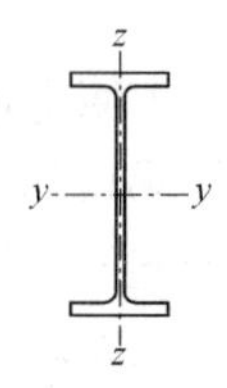

规格与参数

截面规格 /mm × mm × mm	截面惯性矩		回转半径		弹性模量		塑性模量		屈曲系数	扭转指标	翘曲常数	扭转常数	截面面积
	y-y 轴 /cm⁴	z-z 轴 /cm⁴	y-y 轴 /cm	z-z 轴 /cm	y-y 轴 /cm³	z-z 轴 /cm³	y-y 轴 /cm³	z-z 轴 /cm³	U	X	I_w/dm⁶	I_T/cm⁴	A/cm²
1016×305×487 +	1022000	26700	40.6	6.57	19700	1730	23200	2800	0.867	21.1	64.4	4300	620
1016×305×437 +	910000	23400	40.4	6.49	17700	1540	20800	2470	0.868	23.1	56.0	3190	557
1016×305×393 +	808000	20500	40.2	6.40	15900	1350	18500	2170	0.868	25.5	48.4	2330	500
1016×305×349 +	723000	18500	40.3	6.44	14300	1220	16600	1940	0.872	27.9	43.3	1720	445
1016×305×314 +	644000	16200	40.1	6.37	12900	1080	14800	1710	0.872	30.7	37.7	1260	400
1016×305×272 +	554000	14000	40.0	6.35	11200	934	12800	1470	0.872	35.0	32.2	835	347
1016×305×249 +	481000	11800	39.0	6.09	9820	784	11300	1240	0.861	39.9	26.8	582	317
1016×305×222 +	408000	9550	38.0	5.81	8410	636	9810	1020	0.850	45.7	21.5	390	283
914×419×388	720000	45400	38.2	9.59	15600	2160	17700	3340	0.885	26.7	88.9	1730	494
914×419×343	626000	39200	37.8	9.46	13700	1870	15500	2890	0.883	30.1	75.8	1190	437
914×305×289	504000	15600	37.0	6.51	10900	1010	12600	1600	0.867	31.9	31.2	926	368
914×305×253	436000	13300	36.8	6.42	9500	871	10900	1370	0.865	36.2	26.4	626	323
914×305×224	376000	11200	36.3	6.27	8270	739	9530	1160	0.860	41.3	22.1	422	286
914×305×201	325000	9420	35.7	6.07	7200	621	8350	982	0.853	46.9	18.4	291	256
838×292×226	340000	11400	34.3	6.27	7980	773	9160	1210	0.869	35.0	19.3	514	289
838×292×194	279000	9070	33.6	6.06	6640	620	7640	974	0.862	41.6	15.2	306	247
838×292×176	246000	7800	33.1	5.90	5890	535	6810	842	0.856	46.5	13.0	221	224
762×267×197	240000	8170	30.9	5.71	6230	610	7170	958	0.869	33.1	11.3	404	251
762×267×173	205000	6850	30.5	5.58	5390	514	6200	807	0.865	38.0	9.39	267	220
762×267×147	169000	5460	30.0	5.40	4470	411	5160	647	0.858	45.2	7.40	159	187
762×267×134	151000	4790	29.7	5.30	4020	362	4640	570	0.853	49.8	6.46	119	171
686×254×170	170000	6630	28.0	5.53	4920	518	5630	811	0.872	31.8	7.42	308	217
686×254×152	150000	5780	27.8	5.46	4370	455	5000	710	0.871	35.4	6.42	220	194
686×254×140	136000	5180	27.6	5.39	3990	409	4560	638	0.870	38.6	5.72	169	178
686×254×125	118000	4380	27.2	5.24	3480	346	3990	542	0.863	43.8	4.80	116	159
610×305×238	209000	15800	26.3	7.23	6590	1020	7490	1570	0.886	21.3	14.5	785	303
610×305×179	153000	11400	25.9	7.07	4930	743	5550	1140	0.885	27.7	10.2	340	228
610×305×149	126000	9310	25.7	7.00	4110	611	4590	937	0.886	32.7	8.17	200	190
610×229×140	112000	4510	25.0	5.03	3620	391	4140	611	0.875	30.6	3.99	216	178
610×229×125	98600	3930	24.9	4.97	3220	343	3680	535	0.875	34.0	3.45	154	159
610×229×113	87300	3430	24.6	4.88	2870	301	3280	469	0.870	38.0	2.99	111	144
610×229×101	75800	2910	24.2	4.75	2520	256	2880	400	0.863	43.0	2.52	77.0	129
610×178×100 +	72500	1660	23.8	3.60	2390	185	2790	296	0.854	38.7	1.44	95.0	128
610×178×92 +	64600	1440	23.4	3.50	2140	161	2510	258	0.850	42.7	1.24	71.0	117
610×178×82 +	55900	1210	23.2	3.40	1870	136	2190	218	0.843	48.5	1.04	48.8	104
533×312×273 +	199000	20600	23.9	7.69	6890	1290	7870	1990	0.891	15.9	15.0	1290	348
533×312×219 +	151000	15600	23.3	7.48	5400	982	6120	1510	0.884	19.8	11.0	642	279
533×312×182 +	123000	12700	23.1	7.40	4480	806	5040	1240	0.886	23.4	8.77	373	231
533×312×151 +	101000	10300	22.9	7.32	3710	659	4150	1010	0.885	27.8	7.01	216	192

注：Advance 和 UKB 为 Tata 公司的注册商标。关于通用梁（UB）和 Tata 生产的 Advance 系列型钢之间关系的更完整的介绍可参见《钢结构建筑物设计：设计数据》(Steel Building Design：Design Date) 中第 12 章的相关内容。

+ Advance 系列型钢中不包括 BS 4 系列的型钢。

关于本表格的解释见本附录“截面尺寸和参数说明”中第 3 节的相关内容。

BS EN 1993-1-1：2005
BS 4-1：2005

通用梁
(UNIVERSAL BEAMS)
Advance UKB

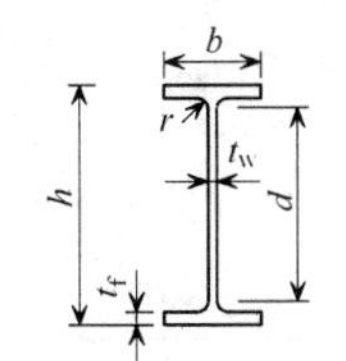

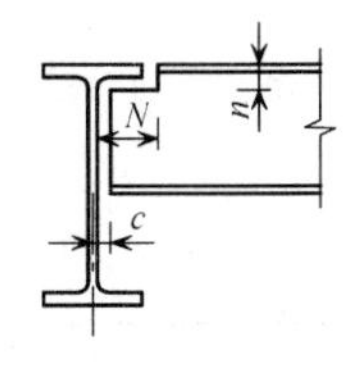

规格与参数

截面规格 /mm×mm×mm	每米质量 /kg·m^{-1}	截面高度 h/mm	截面宽度 b/mm	厚度 腹板 t_w/mm	厚度 翼缘 t_f/mm	内圆弧半径 r/mm	内圆角距离 d/mm	局部屈曲比值 翼缘 c_f/t_f	局部屈曲比值 腹板 c_w/t_w	细部尺寸 端部间隙 c/mm	细部尺寸 切口 N/mm	细部尺寸 切口 n/mm	表面积 每米 /m^2	表面积 每吨 /m^2
533×210×138 +	138.3	549.1	213.9	14.7	23.6	12.7	476.5	3.68	32.4	9	110	38	1.90	13.7
533×210×122	122.0	544.5	211.9	12.7	21.3	12.7	476.5	4.08	37.5	8	110	34	1.89	15.5
533×210×109	109.0	539.5	210.8	11.6	18.8	12.7	476.5	4.62	41.1	8	110	32	1.88	17.2
533×210×101	101.0	536.7	210.0	10.8	17.4	12.7	476.5	4.99	44.1	7	110	32	1.87	18.5
533×210×92	92.1	533.1	209.3	10.1	15.6	12.7	476.5	5.57	47.2	7	110	30	1.86	20.2
533×210×82	82.2	528.3	208.8	9.6	13.2	12.7	476.5	6.58	49.6	7	110	26	1.85	22.5
533×165×85 +	84.8	534.9	166.5	10.3	16.5	12.7	476.5	3.96	46.3	7	90	30	1.69	19.9
533×165×75 +	74.7	529.1	165.9	9.7	13.6	12.7	476.5	4.81	49.1	7	90	28	1.68	22.5
533×165×66 +	65.7	524.7	165.1	8.9	11.4	12.7	476.5	5.74	53.5	6	90	26	1.67	25.4
457×191×161 +	161.4	492.0	199.4	18.0	32.0	10.2	407.6	2.52	22.6	11	102	44	1.73	10.7
457×191×133 +	133.3	480.6	196.7	15.3	26.3	10.2	407.6	3.06	26.6	10	102	38	1.70	12.8
457×191×106 +	105.8	469.2	194.0	12.6	20.6	10.2	407.6	3.91	32.3	8	102	32	1.67	15.8
457×191×98	98.3	467.2	192.8	11.4	19.6	10.2	407.6	4.11	35.8	8	102	30	1.67	17.0
457×191×89	89.3	463.4	191.9	10.5	17.7	10.2	407.6	4.55	38.8	7	102	28	1.66	18.6
457×191×82	82.0	460.0	191.3	9.9	16.0	10.2	407.6	5.03	41.2	7	102	28	1.65	20.1
457×191×74	74.3	457.0	190.4	9.0	14.5	10.2	407.6	5.55	45.3	7	102	26	1.64	22.1
457×191×67	67.1	453.4	189.9	8.5	12.7	10.2	407.6	6.34	48.0	6	102	24	1.63	24.3
457×152×82	82.1	465.8	155.3	10.5	18.9	10.2	407.6	3.29	38.8	7	84	30	1.51	18.4
457×152×74	74.2	462.0	154.4	9.6	17.0	10.2	407.6	3.66	42.5	7	84	28	1.50	20.2
457×152×67	67.2	458.0	153.8	9.0	15.0	10.2	407.6	4.15	45.3	7	84	26	1.50	22.3
457×152×60	59.8	454.6	152.9	8.1	13.3	10.2	407.6	4.68	50.3	6	84	24	1.49	24.9
457×152×52	52.3	449.8	152.4	7.6	10.9	10.2	407.6	5.71	53.6	6	84	22	1.48	28.3
406×178×85 +	85.3	417.2	181.9	10.9	18.2	10.2	360.4	4.14	33.1	7	96	30	1.52	17.8
406×178×74	74.2	412.8	179.5	9.5	16.0	10.2	360.4	4.68	37.9	7	96	28	1.51	20.4
406×178×67	67.1	409.4	178.8	8.8	14.3	10.2	360.4	5.23	41.0	6	96	26	1.50	22.3
406×178×60	60.1	406.4	177.9	7.9	12.8	10.2	360.4	5.84	45.6	6	96	24	1.49	24.8
406×178×54	54.1	402.6	177.7	7.7	10.9	10.2	360.4	6.86	46.8	6	96	22	1.48	27.3
406×140×53 +	53.3	406.6	143.3	7.9	12.9	10.2	360.4	4.46	45.6	6	78	24	1.35	25.3
406×140×46	46.0	403.2	142.2	6.8	11.2	10.2	360.4	5.13	53.0	5	78	22	1.34	29.1
406×140×39	39.0	398.0	141.8	6.4	8.6	10.2	360.4	6.69	56.3	5	78	20	1.33	34.1
356×171×67	67.1	363.4	173.2	9.1	15.7	10.2	311.6	4.58	34.2	7	94	26	1.38	20.6
356×171×57	57.0	358.0	172.2	8.1	13.0	10.2	311.6	5.53	38.5	6	94	24	1.37	24.1
356×171×51	51.0	355.0	171.5	7.4	11.5	10.2	311.6	6.25	42.1	6	94	22	1.36	26.7
356×171×45	45.0	351.4	171.1	7.0	9.7	10.2	311.6	7.41	44.5	6	94	20	1.36	30.2
356×127×39	39.1	353.4	126.0	6.6	10.7	10.2	311.6	4.63	47.2	5	70	22	1.18	30.2
356×127×33	33.1	349.0	125.4	6.0	8.5	10.2	311.6	5.82	51.9	5	70	20	1.17	35.4
305×165×54	54.0	310.4	166.9	7.9	13.7	8.9	265.2	5.15	33.6	6	90	24	1.26	23.3
305×165×46	46.1	306.6	165.7	6.7	11.8	8.9	265.2	5.98	39.6	5	90	22	1.25	27.1
305×165×40	40.3	303.4	165.0	6.0	10.2	8.9	265.2	6.92	44.2	5	90	20	1.24	30.8

注：Advance 和 UKB 为 Tata 公司的注册商标。关于通用梁（UB）和 Tata 生产的 Advance 系列型钢之间关系的更完整的介绍可参见《钢结构建筑物设计：设计数据》（Steel Building Design：Design Date）中第 12 章的相关内容。
+ Advance 系列型钢中不包括 BS 4 系列的型钢。
关于本表格的解释见本附录“截面尺寸和参数说明”中第 2 节的相关内容。

BS EN 1993-1-1：2005
BS 4-1：2005

通用梁
(UNIVERSAL BEAMS)
Advance UKB

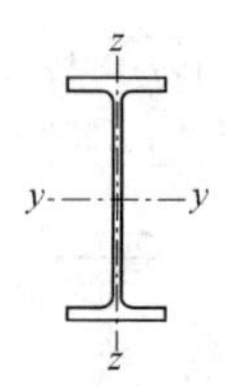

规格与参数

截面规格 /mm×mm×mm	截面惯性矩		回转半径		弹性模量		塑性模量		屈曲系数 U	扭转指标 X	翘曲常数 I_w/dm^6	扭转常数 I_T/cm^4	截面面积 A/cm^2
	y-y 轴 /cm^4	z-z 轴 /cm^4	y-y 轴 /cm	z-z 轴 /cm	y-y 轴 /cm^3	z-z 轴 /cm^3	y-y 轴 /cm^3	z-z 轴 /cm^3					
533×210×138 +	86100	3860	22.1	4.68	3140	361	3610	568	0.874	24.9	2.67	250	176
533×210×122	76000	3390	22.1	4.67	2790	320	3200	500	0.878	27.6	2.32	178	155
533×210×109	66800	2940	21.9	4.60	2480	279	2830	436	0.875	30.9	1.99	126	139
533×210×101	61500	2690	21.9	4.57	2290	256	2610	399	0.874	33.1	1.81	101	129
533×210×92	55200	2390	21.7	4.51	2070	228	2360	355	0.873	36.4	1.60	75.7	117
533×210×82	47500	2010	21.3	4.38	1800	192	2060	300	0.863	41.6	1.33	51.5	105
533×165×85 +	48500	1270	21.2	3.44	1820	153	2100	243	0.861	35.5	0.857	73.8	108
533×165×75 +	41100	1040	20.8	3.30	1550	125	1810	200	0.853	41.1	0.691	47.9	95.2
533×165×66 +	35000	859	20.5	3.20	1340	104	1560	166	0.847	47.0	0.566	32.0	83.7
457×191×161 +	79800	4250	19.7	4.55	3240	426	3780	672	0.881	16.5	2.25	515	206
457×191×133 +	63800	3350	19.4	4.44	2660	341	3070	535	0.879	19.6	1.73	292	170
457×191×106 +	48900	2510	19.0	4.32	2080	259	2390	405	0.876	24.4	1.27	146	135
457×191×98	45700	2350	19.1	4.33	1960	243	2230	379	0.881	25.8	1.18	121	125
457×191×89	41000	2090	19.0	4.29	1770	218	2010	338	0.878	28.3	1.04	90.7	114
457×191×82	37100	1870	18.8	4.23	1610	196	1830	304	0.879	30.8	0.922	69.2	104
457×191×74	33300	1670	18.8	4.20	1460	176	1650	272	0.877	33.8	0.818	51.8	94.6
457×191×67	29400	1450	18.5	4.12	1300	153	1470	237	0.873	37.8	0.705	37.1	85.5
457×152×82	36600	1180	18.7	3.37	1570	153	1810	240	0.872	27.4	0.591	89.2	105
457×152×74	32700	1050	18.6	3.33	1410	136	1630	213	0.872	30.1	0.518	65.9	94.5
457×152×67	28900	913	18.4	3.27	1260	119	1450	187	0.868	33.6	0.448	47.7	85.6
457×152×60	25500	795	18.3	3.23	1120	104	1290	163	0.868	37.5	0.387	33.8	76.2
457×152×52	21400	645	17.9	3.11	950	84.6	1100	133	0.859	43.8	0.311	21.4	66.6
406×178×85 +	31700	1830	17.1	4.11	1520	201	1730	313	0.880	24.4	0.728	93.0	109
406×178×74	27300	1550	17.0	4.04	1320	172	1500	267	0.882	27.5	0.608	62.8	94.5
406×178×67	24300	1360	16.9	3.99	1190	153	1350	237	0.880	30.4	0.533	46.1	85.5
406×178×60	21600	1200	16.8	3.97	1060	135	1200	209	0.880	33.7	0.466	33.3	76.5
406×178×54	18700	1020	16.5	3.85	930	115	1050	178	0.871	38.3	0.392	23.1	69.0
406×140×53 +	18300	635	16.4	3.06	899	88.6	1030	139	0.870	34.1	0.246	29.0	67.9
406×140×46	15700	538	16.4	3.03	778	75.7	888	118	0.871	39.0	0.207	19.0	58.6
406×140×39	12500	410	15.9	2.87	629	57.8	724	90.8	0.858	47.4	0.155	10.7	49.7
356×171×67	19500	1360	15.1	3.99	1070	157	1210	243	0.886	24.4	0.412	55.7	85.5
356×171×57	16000	1110	14.9	3.91	896	129	1010	199	0.882	28.8	0.330	33.4	72.6
356×171×51	14100	968	14.8	3.86	796	113	896	174	0.881	32.1	0.286	23.8	64.9
356×171×45	12100	811	14.5	3.76	687	94.8	775	147	0.874	36.8	0.237	15.8	57.3
356×127×39	10200	358	14.3	2.68	576	56.8	659	89.0	0.871	35.2	0.105	15.1	49.8
356×127×33	8250	280	14.0	2.58	473	44.7	543	70.2	0.863	42.1	0.081	8.79	42.1
305×165×54	11700	1060	13.0	3.93	754	127	846	196	0.889	23.6	0.234	34.8	68.8
305×165×46	9900	896	13.0	3.90	646	108	720	166	0.890	27.1	0.195	22.2	58.7
305×165×40	8500	764	12.9	3.86	560	92.6	623	142	0.889	31.0	0.164	14.7	51.3

注：Advance 和 UKB 为 Tata 公司的注册商标。关于通用梁（UB）和 Tata 生产的 Advance 系列型钢之间关系的更完整的介绍可参见《钢结构建筑物设计：设计数据》(Steel Building Design：Design Date) 中第 12 章的相关内容。

+Advance 系列型钢中不包括 BS 4 系列的型钢。

关于本表格的解释见本附录“截面尺寸和参数说明”中第 3 节的相关内容。

BS EN 1993-1-1：2005
BS 4-1：2005

通用梁
(UNIVERSAL BEAMS)
Advance UKB

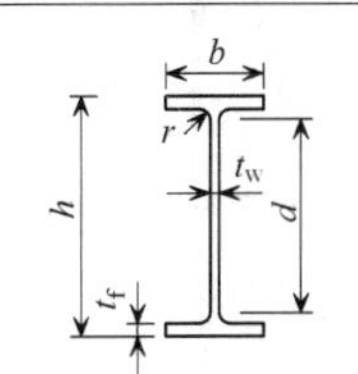

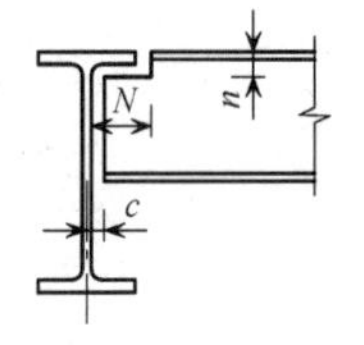

规格与参数

截面规格 /mm×mm×mm	每米质量 /kg·m^{-1}	截面高度 h/mm	截面宽度 b/mm	厚度		内圆弧半径 r/mm	内圆角距离 d/mm	局部屈曲比值		细部尺寸			表面积	
				腹板 t_w/mm	翼缘 t_f/mm			翼缘 c_f/t_f	腹板 c_w/t_w	端部间隙 c/mm	切口 N/mm	切口 n/mm	每米 /m^2	每吨 /m^2
305×127×48	48.1	311.0	125.3	9.0	14.0	8.9	265.2	3.52	29.5	7	70	24	1.09	22.7
305×127×42	41.9	307.2	124.3	8.0	12.1	8.9	265.2	4.07	33.2	6	70	22	1.08	25.8
305×127×37	37.0	304.4	123.4	7.1	10.7	8.9	265.2	4.60	37.4	6	70	20	1.07	28.9
305×102×33	32.8	312.7	102.4	6.6	10.8	7.6	275.9	3.73	41.8	5	58	20	1.01	30.8
305×102×28	28.2	308.7	101.8	6.0	8.8	7.6	275.9	4.58	46.0	5	58	18	1.00	35.5
305×102×25	24.8	305.1	101.6	5.8	7.0	7.6	275.9	5.76	47.6	5	58	16	0.992	40.0
254×146×43	43.0	259.6	147.3	7.2	12.7	7.6	219.0	4.92	30.4	6	82	22	1.08	25.1
254×146×37	37.0	256.0	146.4	6.3	10.9	7.6	219.0	5.73	34.8	5	82	20	1.07	28.9
254×146×31	31.1	251.4	146.1	6.0	8.6	7.6	219.0	7.26	36.5	5	82	18	1.06	34.0
254×102×28	28.3	260.4	102.2	6.3	10.0	7.6	225.2	4.04	35.7	5	58	18	0.904	31.9
254×102×25	25.2	257.2	101.9	6.0	8.4	7.6	225.2	4.80	37.5	5	58	16	0.897	35.7
254×102×22	22.0	254.0	101.6	5.7	6.8	7.6	225.2	5.93	39.5	5	58	16	0.890	40.5
203×133×30	30.0	206.8	133.9	6.4	9.6	7.6	172.4	5.85	26.9	5	74	18	0.923	30.8
203×133×25	25.1	203.2	133.2	5.7	7.8	7.6	172.4	7.20	30.2	5	74	16	0.915	36.5
203×102×23	23.1	203.2	101.8	5.4	9.3	7.6	169.4	4.37	31.4	5	60	18	0.790	34.2
178×102×19	19.0	177.8	101.2	4.8	7.9	7.6	146.8	5.14	30.6	4	60	16	0.738	38.7
152×89×16	16.0	152.4	88.7	4.5	7.7	7.6	121.8	4.48	27.1	4	54	16	0.638	40.0
127×76×13	13.0	127.0	76.0	4.0	7.6	7.6	96.6	3.74	24.2	4	46	16	0.537	41.4

注：Advance 和 UKB 为 Tata 公司的注册商标。关于通用梁（UB）和 Tata 生产的 Advance 系列型钢之间关系的更完整的介绍可参见《钢结构建筑物设计：设计数据》（Steel Building Design：Design Date）中第 12 章的相关内容。

关于本表格的解释见本附录“截面尺寸和参数说明”中第 2 节的相关内容。

BS EN 1993-1-1：2005
BS 4-1：2005

通用梁
(UNIVERSAL BEAMS)
Advance UKB

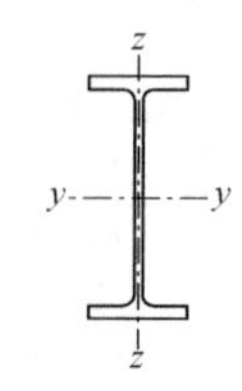

规格与参数

截面规格 /mm×mm×mm	截面惯性矩		回转半径		弹性模量		塑性模量		屈曲系数 U	扭转指标 X	翘曲常数 I_w/dm^6	扭转常数 I_T/cm^4	截面面积 A/cm^2
	y-y 轴 /cm^4	z-z 轴 /cm^4	y-y 轴 /cm	z-z 轴 /cm	y-y 轴 /cm^3	z-z 轴 /cm^3	y-y 轴 /cm^3	z-z 轴 /cm^3					
305×127×48	9570	461	12.5	2.74	616	73.6	711	116	0.873	23.3	0.102	31.8	61.2
305×127×42	8200	389	12.4	2.70	534	62.6	614	98.4	0.872	26.5	0.0846	21.1	53.4
305×127×37	7170	336	12.3	2.67	471	54.5	539	85.4	0.872	29.7	0.0725	14.8	47.2
305×102×33	6500	194	12.5	2.15	416	37.9	481	60.0	0.867	31.6	0.0442	12.2	41.8
305×102×28	5370	155	12.2	2.08	348	30.5	403	48.4	0.859	37.3	0.0349	7.40	35.9
305×102×25	4460	123	11.9	1.97	292	24.2	342	38.8	0.846	43.4	0.027	4.77	31.6
254×146×43	6540	677	10.9	3.52	504	92.0	566	141	0.891	21.1	0.103	23.9	54.8
254×146×37	5540	571	10.8	3.48	433	78.0	483	119	0.890	24.3	0.0857	15.3	47.2
254×146×31	4410	448	10.5	3.36	351	61.3	393	94.1	0.879	29.6	0.0660	8.55	39.7
254×102×28	4000	179	10.5	2.22	308	34.9	353	54.8	0.873	27.5	0.0280	9.57	36.1
254×102×25	3410	149	10.3	2.15	266	29.2	306	46.0	0.866	31.4	0.0230	6.42	32.0
254×102×22	2840	119	10.1	2.06	224	23.5	259	37.3	0.856	36.3	0.0182	4.15	28.0
203×133×30	2900	385	8.71	3.17	280	57.5	314	88.2	0.882	21.5	0.0374	10.3	38.2
203×133×25	2340	308	8.56	3.10	230	46.2	258	70.9	0.876	25.6	0.0294	5.96	32.0
203×102×23	2100	164	8.46	2.36	207	32.2	234	49.7	0.888	22.4	0.0154	7.02	29.4
178×102×19	1360	137	7.48	2.37	153	27.0	171	41.6	0.886	22.6	0.0099	4.41	24.3
152×89×16	834	89.8	6.41	2.10	109	20.2	123	31.2	0.890	19.5	0.00470	3.56	20.3
127×76×13	473	55.7	5.35	1.84	74.6	14.7	84.2	22.6	0.894	16.3	0.00200	2.85	16.5

注：Advance 和 UKB 为 Tata 公司的注册商标。关于通用梁（UB）和 Tata 生产的 Advance 系列型钢之间关系的更完整的介绍可参见《钢结构建筑物设计：设计数据》（Steel Building Design：Design Date）中第 12 章的相关内容。

关于本表格的解释见本附录“截面尺寸和参数说明”中第 3 节的相关内容。

BS EN 1993-1-1：2005
BS 4-1：2005

通用柱
(UNIVERSAL COLUMNS)
Advance UKC

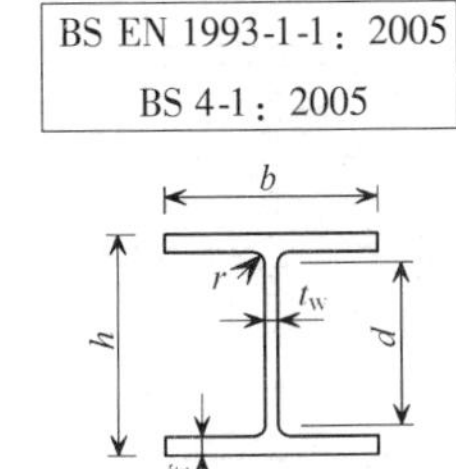

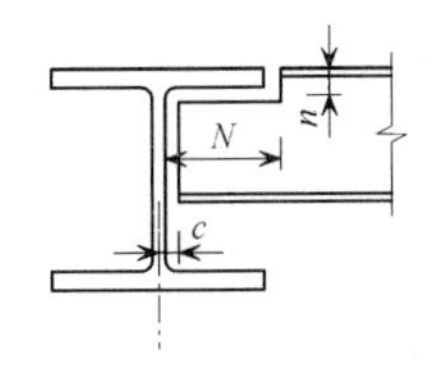

规格与参数

截面规格 /mm×mm×mm	每米质量 /kg·m^{-1}	截面高度 h/mm	截面宽度 b/mm	厚度 腹板 t_w/mm	厚度 翼缘 t_f/mm	内圆弧半径 r/mm	内圆角距离 d/mm	局部屈曲比值 翼缘 c_f/t_f	局部屈曲比值 腹板 c_w/t_w	细部尺寸 端部间隙 c/mm	细部尺寸 切口 N/mm	细部尺寸 切口 n/mm	表面积 每米 /m^2	表面积 每吨 /m^2
356×406×634	633.9	474.6	424.0	47.6	77.0	15.2	290.2	2.25	6.10	26	200	94	2.52	3.98
356×406×551	551.0	455.6	418.5	42.1	67.5	15.2	290.2	2.56	6.89	23	200	84	2.47	4.48
356×406×467	467.0	436.6	412.2	35.8	58.0	15.2	290.2	2.98	8.11	20	200	74	2.42	5.18
356×406×393	393.0	419.0	407.0	30.6	49.2	15.2	290.2	3.52	9.48	17	200	66	2.38	6.06
356×406×340	339.9	406.4	403.0	26.6	42.9	15.2	290.2	4.03	10.9	15	200	60	2.35	6.91
356×406×287	287.1	393.6	399.0	22.6	36.5	15.2	290.2	4.74	12.8	13	200	52	2.31	8.05
356×406×235	235.1	381.0	394.8	18.4	30.2	15.2	290.2	5.73	15.8	11	200	46	2.28	9.70
356×368×202	201.9	374.6	374.7	16.5	27.0	15.2	290.2	6.07	17.6	10	190	44	2.19	10.8
356×368×177	177.0	368.2	372.6	14.4	23.8	15.2	290.2	6.89	20.2	9	190	40	2.17	12.3
356×368×153	152.9	362.0	370.5	12.3	20.7	15.2	290.2	7.92	23.6	8	190	36	2.16	14.1
356×368×129	129.0	355.6	368.6	10.4	17.5	15.2	290.2	9.4	27.9	7	190	34	2.14	16.6
305×305×283	282.9	365.3	322.2	26.8	44.1	15.2	246.7	3.00	9.21	15	158	60	1.94	6.86
305×305×240	240.0	352.5	318.4	23.0	37.7	15.2	246.7	3.51	10.7	14	158	54	1.91	7.96
305×305×198	198.1	339.9	314.5	19.1	31.4	15.2	246.7	4.22	12.9	12	158	48	1.87	9.44
305×305×158	158.1	327.1	311.2	15.8	25.0	15.2	246.7	5.30	15.6	10	158	42	1.84	11.6
305×305×137	136.9	320.5	309.2	13.8	21.7	15.2	246.7	6.11	17.90	9	158	38	1.82	13.3
305×305×118	117.9	314.5	307.4	12.0	18.7	15.2	246.7	7.09	20.6	8	158	34	1.81	15.4
305×305×97	96.9	307.9	305.3	9.9	15.4	15.2	246.7	8.60	24.9	7	158	32	1.79	18.5
254×254×167	167.1	289.1	265.2	19.2	31.7	12.7	200.3	3.48	10.4	12	134	46	1.58	9.46
254×254×132	132.0	276.3	261.3	15.3	25.3	12.7	200.3	4.36	13.1	10	134	38	1.55	11.7
254×254×107	107.1	266.7	258.8	12.8	20.5	12.7	200.3	5.38	15.6	8	134	34	1.52	14.2
254×254×89	88.9	260.3	256.3	10.3	17.3	12.7	200.3	6.38	19.4	7	134	30	1.50	16.9
254×254×73	73.1	254.1	254.6	8.6	14.2	12.7	200.3	7.77	23.3	6	134	28	1.49	20.4
203×203×127 +	127.5	241.4	213.9	18.1	30.1	10.2	160.8	2.91	8.88	11	108	42	1.28	10.0
203×203×113 +	113.5	235.0	212.1	16.3	26.9	10.2	160.8	3.26	9.87	10	108	38	1.27	11.2
203×203×100 +	99.6	228.6	210.3	14.5	23.7	10.2	160.8	3.70	11.1	9	108	34	1.25	12.6
203×203×86	86.1	222.2	209.1	12.7	20.5	10.2	160.8	4.29	12.7	8	110	32	1.24	14.4
203×203×71	71.0	215.8	206.4	10.0	17.3	10.2	160.8	5.09	16.1	7	110	28	1.22	17.2
203×203×60	60.0	209.6	205.8	9.4	14.2	10.2	160.8	6.20	17.1	7	110	26	1.21	20.2
203×203×52	52.0	206.2	204.3	7.9	12.5	10.2	160.8	7.04	20.4	6	110	24	1.20	23.1
203×203×46	46.1	203.2	203.6	7.2	11.0	10.2	160.8	8.00	22.3	6	110	22	1.19	25.8
152×152×51 +	51.2	170.2	157.4	11.0	15.7	7.6	123.6	4.18	11.2	8	84	24	0.935	18.3
152×152×44 +	44.0	166.0	155.9	9.5	13.6	7.6	123.6	4.82	13.0	7	84	22	0.924	21.0
152×152×37	37.0	161.8	154.4	8.0	11.5	7.6	123.6	5.70	15.5	6	84	20	0.912	24.7
152×152×30	30.0	157.6	152.9	6.5	9.4	7.6	123.6	6.98	19.0	5	84	18	0.901	30.0
152×152×23	23.0	152.4	152.2	5.8	6.8	7.6	123.6	9.65	21.3	5	84	16	0.889	38.7

注：Advance 和 UKC 为 Tata 公司的注册商标。关于通用柱(UC)和 Tata 生产的 Advance 系列型钢之间关系的更完整的介绍可参见《钢结构建筑物设计:设计数据》(Steel Building Design：Design Date) 中第 12 章的相关内容。

+Advance 系列型钢中不包括 BS 4 系列的型钢。

关于本表格的解释见本附录“截面尺寸和参数说明”中第 2 节的相关内容。

BS EN 1993-1-1：2005
BS 4-1：2005

通用柱
(UNIVERSAL COLUMNS)
Advance UKC

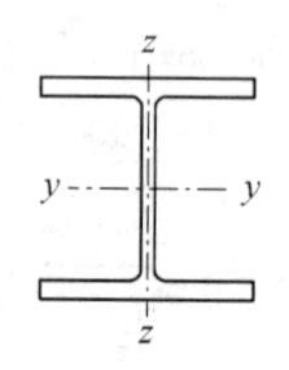

规格与参数

截面规格 /mm × mm × mm	截面惯性矩		回转半径		弹性模量		塑性模量		屈曲系数 U	扭转指标 X	翘曲常数 I_w/dm^6	扭转常数 I_T/cm^4	截面面积 A/cm^2
	y-y 轴 /cm^4	z-z 轴 /cm^4	y-y 轴 /cm	z-z 轴 /cm	y-y 轴 /cm^3	z-z 轴 /cm^3	y-y 轴 /cm^3	z-z 轴 /cm^3					
356×406×634	275000	98100	18.4	11.0	11600	4630	14200	7110	0.843	5.46	38.8	13700	808
356×406×551	227000	82700	18.0	10.9	9960	3950	12100	6060	0.841	6.05	31.1	9240	702
356×406×467	183000	67800	17.5	10.7	8380	3290	10000	5030	0.839	6.85	24.3	5810	595
356×406×393	147000	55400	17.1	10.5	7000	2720	8220	4150	0.837	7.86	18.9	3550	501
356×406×340	123000	46900	16.8	10.4	6030	2330	7000	3540	0.836	8.84	15.5	2340	433
356×406×287	99900	38700	16.5	10.3	5070	1940	5810	2950	0.835	10.17	12.3	1440	366
356×406×235	79100	31000	16.3	10.2	4150	1570	4690	2380	0.834	12.04	9.54	812	299
356×368×202	66300	23700	16.1	9.60	3540	1260	3970	1920	0.844	13.35	7.16	558	257
356×368×177	57100	20500	15.9	9.54	3100	1100	3460	1670	0.844	15.00	6.09	381	226
356×368×153	48600	17600	15.8	9.49	2680	948	2960	1430	0.844	17.01	5.11	251	195
356×368×129	40200	14600	15.6	9.43	2260	793	2480	1200	0.844	19.81	4.18	153	164
305×305×283	78900	24600	14.8	8.27	4320	1530	5110	2340	0.855	7.64	6.35	2030	360
305×305×240	64200	20300	14.5	8.15	3640	1280	4250	1950	0.854	8.73	5.03	1270	306
305×305×198	50900	16300	14.2	8.04	3000	1040	3440	1580	0.854	10.23	3.88	734	252
305×305×158	38700	12600	13.9	7.90	2370	808	2680	1230	0.851	12.46	2.87	378	201
305×305×137	32800	10700	13.7	7.83	2050	692	2300	1050	0.851	14.13	2.39	249	174
305×305×118	27700	9060	13.6	7.77	1760	589	1960	895	0.850	16.14	1.98	161	150
305×305×97	22200	7310	13.4	7.69	1450	479	1590	726	0.850	19.19	1.56	91.2	123
254×254×167	30000	9870	11.9	6.81	2080	744	2420	1140	0.851	8.48	1.63	626	213
254×254×132	22500	7530	11.6	6.69	1630	576	1870	878	0.850	10.32	1.19	319	168
254×254×107	17500	5930	11.3	6.59	1310	458	1480	697	0.848	12.38	0.898	172	136
254×254×89	14300	4860	11.2	6.55	1100	379	1220	575	0.850	14.46	0.717	102	113
254×254×73	11400	3910	11.1	6.48	898	307	992	465	0.849	17.24	0.562	57.6	93.1
203×203×127 +	15400	4920	9.75	5.50	1280	460	1520	704	0.854	7.38	0.549	427	162
203×203×113 +	13300	4290	9.59	5.45	1130	404	1330	618	0.853	8.11	0.464	305	145
203×203×100 +	11300	3680	9.44	5.39	988	350	1150	534	0.852	9.02	0.386	210	127
203×203×86	9450	3130	9.28	5.34	850	299	977	456	0.850	10.20	0.318	137	110
203×203×71	7620	2540	9.18	5.30	706	246	799	374	0.853	11.90	0.250	80.2	90.4
203×203×60	6120	2060	8.96	5.20	584	201	656	305	0.846	14.10	0.197	47.2	76.4
203×203×52	5260	1780	8.91	5.18	510	174	567	264	0.848	15.80	0.167	31.8	66.3
203×203×46	4570	1550	8.82	5.13	450	152	497	231	0.847	17.70	0.143	22.2	58.7
152×152×51 +	3230	1020	7.04	3.96	379	130	438	199	0.848	10.10	0.061	48.8	65.2
152×152×44 +	2700	860	6.94	3.92	326	110	372	169	0.848	11.50	0.050	31.7	56.1
152×152×37	2210	706	6.85	3.87	273	91.5	309	140	0.848	13.30	0.040	19.2	47.1
152×152×30	1750	560	6.76	3.83	222	73.3	248	112	0.849	16.00	0.031	10.5	38.3
152×152×23	1250	400	6.54	3.70	164	52.6	182	80.1	0.840	20.70	0.021	4.63	29.2

注：Advance 和 UKC 为 Tata 公司的注册商标。关于通用柱(UC)和 Tata 生产的 Advance 系列型钢之间关系的更完整的介绍可参见《钢结构建筑物设计：设计数据》(Steel Building Design：Design Date)中第 12 章的相关内容。

+ Advance 系列型钢中不包括 BS 4 系列的型钢。

关于本表格的解释见本附录“截面尺寸和参数说明”中第 3 节的相关内容。

BS EN 1993-1-1：2005
BS 4-1：2005

工字钢
(JOISTS)

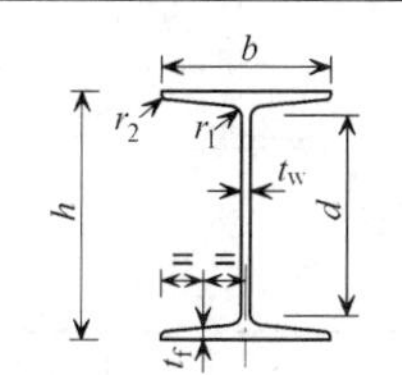

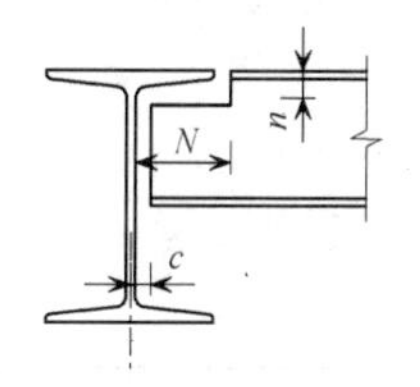

规格与参数

截面规格 /mm×mm×mm	每米质量 /kg·m⁻¹	截面高度 h/mm	截面宽度 b/mm	厚度		半径		内圆角间距 d/mm	局部屈曲比值		细部尺寸			表面积	
				腹板 t_w/mm	翼缘 t_f/mm	内圆弧 r_1/mm	边端圆弧 r_2/mm		翼缘 c_f/t_f	腹板 c_w/t_w	端部间距 c/mm	切口 N/mm	切口 n/mm	每米 /m²	每吨 /m²
254×203×82	82.0	254.0	203.2	10.2	19.9	19.6	9.7	166.6	3.86	16.3	7	104	44	1.21	14.8
254×114×37	37.2	254.0	114.3	7.6	12.8	12.4	6.1	199.3	3.20	26.2	6	60	28	0.899	24.2
203×152×52	52.3	203.2	152.4	8.9	16.5	15.5	7.6	133.2	3.41	15.0	6	78	36	0.932	17.8
152×127×37	37.3	152.4	127.0	10.4	13.2	13.5	6.6	94.3	3.39	9.07	7	66	30	0.737	19.8
127×114×29	29.3	127.0	114.3	10.2	11.5	9.9	4.8	79.5	3.67	7.79	7	60	24	0.646	22.0
127×114×27	26.9	127.0	114.3	7.4	11.4	9.9	5.0	79.5	3.82	10.7	6	60	24	0.650	24.2
127×76×16	16.5	127.0	76.2	5.6	9.6	9.4	4.6	86.5	2.70	15.4	5	42	22	0.512	31.0
114×114×27	27.1	114.3	114.3	9.5	10.7	14.2	3.2	60.8	3.57	6.40	7	60	28	0.618	22.8
102×102×23	23.0	101.6	101.6	9.5	10.3	11.1	3.2	55.2	3.39	5.81	7	54	24	0.549	23.9
102×44×7	7.5	101.6	44.5	4.3	6.1	6.9	3.3	74.6	2.16	17.3	4	28	14	0.350	46.6
89×89×19	19.5	88.9	88.9	9.5	9.9	11.1	3.2	44.2	2.89	4.65	7	46	24	0.476	24.4
76×76×15	15.0	76.2	80.0	8.9	8.4	9.4	4.6	38.1	3.11	4.28	6	42	20	0.419	27.9
76×76×13	12.8	76.2	76.2	5.1	8.4	9.4	4.6	38.1	3.11	7.47	5	42	20	0.411	32.1

注：关于本表格的解释见本附录“截面尺寸和参数说明”中第3节的相关内容。

BS EN 1993-1-1：2005
BS 4-1：2005

工字钢
(JOISTS)

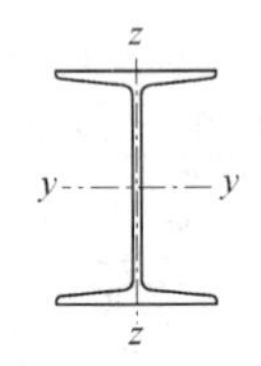

规格与参数

截面规格 /mm × mm × mm	截面惯性矩		半径回转半径		弹性模量		塑性模量		屈曲系数 U	扭转指标 X	翘曲常数 I_w/dm^6	扭转常数 I_T/cm^4	截面面积 A/cm^2
	y-y 轴 /cm^4	z-z 轴 /cm^4	y-y 轴 /cm	z-z 轴 /cm	y-y 轴 /cm^3	z-z 轴 /cm^3	y-y 轴 /cm^3	z-z 轴 /cm^3					
254×203×82	12000	2280	10.7	4.67	947	224	1080	371	0.888	11.0	0.312	152	105
254×114×37	5080	269	10.4	2.39	400	47.1	459	79.1	0.884	18.7	0.0392	25.2	47.3
203×152×52	4800	816	8.49	3.50	472	107	541	176	0.890	10.7	0.0711	64.8	66.6
152×127×37	1820	378	6.19	2.82	239	59.6	279	99.8	0.867	9.3	0.0183	33.9	47.5
127×114×29	979	242	5.12	2.54	154	42.3	181	70.8	0.853	8.8	0.00807	20.8	37.4
127×114×27	946	236	5.26	2.63	149	41.3	172	68.2	0.868	9.3	0.00788	16.9	34.2
127×76×16	571	60.8	5.21	1.70	90.0	16.0	104	26.4	0.890	11.8	0.00210	6.72	21.1
114×114×27	736	224	4.62	2.55	129	39.2	151	65.8	0.839	7.9	0.00601	18.9	34.5
102×102×23	486	154	4.07	2.29	95.6	30.3	113	50.6	0.836	7.4	0.00321	14.2	29.3
102×44×7	153	7.82	4.01	0.907	30.1	3.51	35.4	6.03	0.872	14.9	0.000178	1.25	9.50
89×89×19	307	101	3.51	2.02	69.0	22.8	82.7	38.0	0.829	6.6	0.00158	11.5	24.9
76×76×15	172	60.9	3.00	1.78	45.2	15.2	54.2	25.8	0.820	6.4	0.000700	6.83	19.1
76×76×13	158	51.8	3.12	1.79	41.5	13.6	48.7	22.4	0.853	7.2	0.000595	4.59	16.2

注：关于本表格的解释见本附录“截面尺寸和参数说明”中第3节的相关内容。

BS EN 1993-1-1：2005
BS 4-1：2005

通用承压桩
(UNIVERSAL BEARING PILES)
Advance UKBP

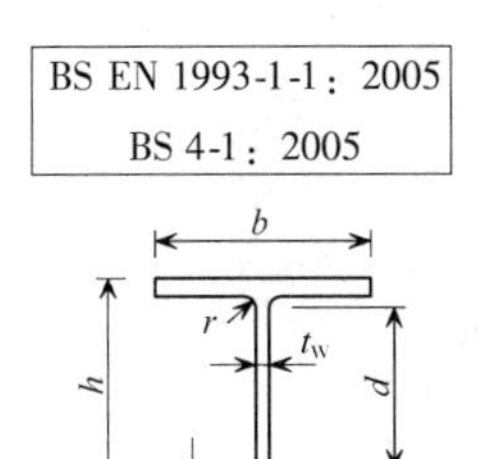

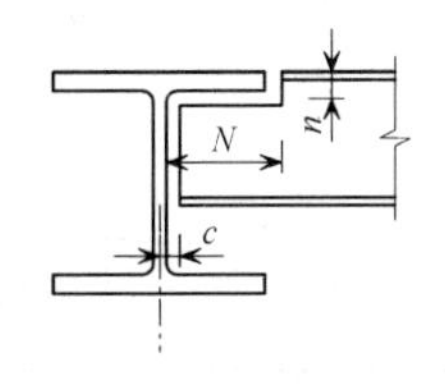

规格与参数

截面规格 /mm×mm×mm	每米质量 /kg·m^{-1}	截面高度 h/mm	截面宽度 b/mm	厚度		内圆弧半径 r/mm	内圆角距离 d/mm	局部屈曲比值		细部尺寸			表面积	
				腹板 t_w/mm	翼缘 t_f/mm			翼缘 c_f/t_f	腹板 c_w/t_w	端部间隙 c/mm	切口 N/mm	切口 n/mm	每米 /m^2	每吨 /m^2
356×368×174	173.9	361.4	378.5	20.3	20.4	15.2	290.2	8.03	14.3	12	190	36	2.17	12.5
356×368×152	152.0	356.4	376.0	17.8	17.9	15.2	290.2	9.16	16.3	11	190	34	2.16	14.2
356×368×133	133.0	352.0	373.8	15.6	15.7	15.2	290.2	10.44	18.6	10	190	32	2.14	16.1
356×368×109	108.9	346.4	371.0	12.8	12.9	15.2	290.2	12.71	22.7	8	190	30	2.13	19.5
305×305×223	222.9	337.9	325.7	30.3	30.4	15.2	246.7	4.36	8.14	17	158	46	1.89	8.49
305×305×186	186.0	328.3	320.9	25.5	25.6	15.2	246.7	5.18	9.67	15	158	42	1.86	10.0
305×305×149	149.1	318.5	316.0	20.6	20.7	15.2	246.7	6.40	12.0	12	158	36	1.83	12.3
305×305×126	126.1	312.3	312.9	17.5	17.6	15.2	246.7	7.53	14.1	11	158	34	1.82	14.4
305×305×110	110.0	307.9	310.7	15.3	15.4	15.2	246.7	8.60	16.1	10	158	32	1.80	16.4
305×305×95	94.9	303.7	308.7	13.3	13.3	15.2	246.7	9.96	18.5	9	158	30	1.79	18.9
305×305×88	88.0	301.7	307.8	12.4	12.3	15.2	246.7	10.77	19.9	8	158	28	1.78	20.3
305×305×79	78.9	299.3	306.4	11.0	11.1	15.2	246.7	11.94	22.4	8	158	28	1.78	22.5
254×254×85	85.1	254.3	260.4	14.4	14.3	12.7	200.3	7.71	13.9	9	134	28	1.50	17.6
254×254×71	71.0	249.7	258.0	12.0	12.0	12.7	200.3	9.19	16.7	8	134	26	1.49	20.9
254×254×63	63.0	247.1	256.6	10.6	10.7	12.7	200.3	10.31	18.9	7	134	24	1.48	23.5
203×203×54	53.9	204.0	207.7	11.3	11.4	10.2	160.8	7.72	14.2	8	110	22	1.20	22.2
203×203×45	44.9	200.2	205.9	9.5	9.5	10.2	160.8	9.26	16.9	7	110	20	1.19	26.4

注：Advance 和 UKBP 为 Tata 公司的注册商标。关于承压桩（UBP）和 Tata 生产的 Advance 系列型钢之间关系的更完整的介绍可参见《钢结构建筑物设计：设计数据》（Steel Building Design：Design Date）中第 12 章的相关内容。

关于本表格的解释见本附录“截面尺寸和参数说明”中第 3 节的相关内容。

BS EN 1993-1-1：2005
BS 4-1：2005

通用承压桩
(UNIVERSAL BEARING PILES)
Advance UKBP

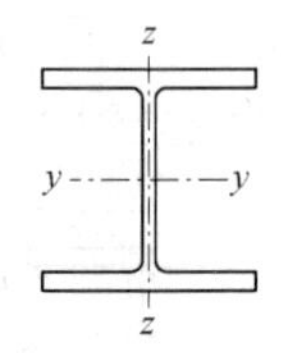

规格与参数

截面规格 /mm × mm × mm	截面惯性矩		半径回转半径		弹性模量		塑性模量		屈曲系数 U	扭转指标 X	翘曲常数 I_w/dm^6	扭转常数 I_T/cm^4	截面面积 A/cm^2
	y-y 轴 /cm^4	z-z 轴 /cm^4	y-y 轴 /cm	z-z 轴 /cm	y-y 轴 /cm^3	z-z 轴 /cm^3	y-y 轴 /cm^3	z-z 轴 /cm^3					
356×368×174	51000	18500	15. 2	9. 13	2820	976	3190	1500	0. 822	15. 8	5. 37	330	221
356×368×152	44000	15900	15. 1	9. 05	2470	845	2770	1290	0. 821	17. 9	4. 55	223	194
356×368×133	38000	13700	15. 0	8. 99	2160	732	2410	1120	0. 823	20. 1	3. 87	151	169
356×368×109	30600	11000	14. 9	8. 90	1770	592	1960	903	0. 822	24. 2	3. 05	84. 6	139
305×305×223	52700	17600	13. 6	7. 87	3120	1080	3650	1680	0. 827	9. 5	4. 15	943	284
305×305×186	42600	14100	13. 4	7. 73	2600	881	3000	1370	0. 827	11. 1	3. 24	560	237
305×305×149	33100	10900	13. 2	7. 58	2080	691	2370	1070	0. 828	13. 5	2. 42	295	190
305×305×126	27400	9000	13. 1	7. 49	1760	575	1990	885	0. 829	15. 7	1. 95	182	161
305×305×110	23600	7710	13. 0	7. 42	1530	496	1720	762	0. 830	17. 7	1. 65	122	140
305×305×95	20000	6530	12. 9	7. 35	1320	423	1470	648	0. 829	20. 2	1. 38	80. 0	121
305×305×88	18400	5980	12. 8	7. 31	1220	389	1360	595	0. 831	21. 6	1. 25	64. 2	112
305×305×79	16400	5330	12. 8	7. 28	1100	348	1220	531	0. 833	23. 8	1. 11	46. 9	100
254×254×85	12300	4220	10. 6	6. 24	966	324	1090	498	0. 826	15. 6	0. 607	81. 8	108
254×254×71	10100	3440	10. 6	6. 17	807	267	904	409	0. 826	18. 4	0. 486	48. 4	90. 4
254×254×63	8860	3020	10. 5	6. 13	717	235	799	360	0. 828	20. 4	0. 421	34. 3	80. 2
203×203×54	5030	1710	8. 55	4. 98	493	164	557	252	0. 827	15. 8	0. 158	32. 7	68. 7
203×203×45	4100	1380	8. 46	4. 92	410	134	459	206	0. 827	18. 6	0. 126	19. 2	57. 2

注：Advance 和 UKBP 为 Tata 公司的注册商标。关于承压桩（UBP）和 Tata 生产的 Advance 系列型钢之间关系的更完整的介绍可参见《钢结构建筑物设计：设计数据》（Steel Building Design：Design Date）中第 12 章的相关内容。

关于本表格的解释见本附录“截面尺寸和参数说明”中第 3 节的相关内容。

BS EN 1993-1-1：2005
BS EN 10210-2：2006

热成型圆管
(HOT-FINISHED CIRCULAR HOLLOW SECTIONS)
Celsius® CHS

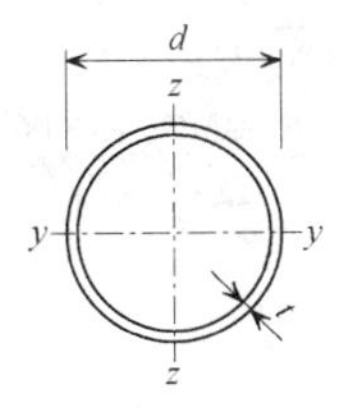

规格与参数

截面规格		每米质量 /kg·m^{-1}	截面面积 A/cm^2	局部曲屈比值 d/t	惯性矩 I/cm^4	回转半径 i/cm	弹性模量 W_{el}/cm^3	塑性模量 W_{pl}/cm^3	扭转常数		表面积	
外径 d/mm	壁厚 t/mm								I_T/cm^4	W_t/cm^3	每米 /m^2	每吨 /m^2
26.9	3.2	1.87	2.38	8.41	1.70	0.846	1.27	1.81	3.41	2.53	0.085	45.2
33.7	2.6	1.99	2.54	13.0	3.09	1.10	1.84	2.52	6.19	3.67	0.106	53.1
	3.2	2.41	3.07	10.5	3.60	1.08	2.14	2.99	7.21	4.28	0.106	44.0
	4.0	2.93	3.73	8.43	4.19	1.06	2.49	3.55	8.38	4.97	0.106	36.1
42.4	2.6	2.55	3.25	16.3	6.46	1.41	3.05	4.12	12.9	6.10	0.133	52.2
	3.2	3.09	3.94	13.3	7.62	1.39	3.59	4.93	15.2	7.19	0.133	43.1
	4.0	3.79	4.83	10.6	8.99	1.36	4.24	5.92	18.0	8.48	0.133	35.2
	5.0	4.61	5.87	8.48	10.5	1.33	4.93	7.04	20.9	9.86	0.133	28.9
48.3	3.2	3.56	4.53	15.1	11.6	1.60	4.80	6.52	23.2	9.59	0.152	42.6
	4.0	4.37	5.57	12.1	13.8	1.57	5.70	7.87	27.5	11.4	0.152	34.7
	5.0	5.34	6.80	9.66	16.2	1.54	6.69	9.42	32.3	13.4	0.152	28.4
60.3	3.2	4.51	5.74	18.8	23.5	2.02	7.78	10.4	46.9	15.6	0.189	42.0
	4.0	5.55	7.07	15.1	28.2	2.00	9.34	12.7	56.3	18.7	0.189	34.1
	5.0	6.82	8.69	12.1	33.5	1.96	11.1	15.3	67.0	22.2	0.189	27.8
76.1	2.9	5.24	6.67	26.2	44.7	2.59	11.8	15.5	89.5	23.5	0.239	45.7
	3.2	5.75	7.33	23.8	48.8	2.58	12.8	17.0	97.6	25.6	0.239	41.6
	4.0	7.11	9.06	19.0	59.1	2.55	15.5	20.8	118	31.0	0.239	33.6
	5.0	8.77	11.2	15.2	70.9	2.52	18.6	25.3	142	37.3	0.239	27.3
88.9	3.2	6.76	8.62	27.8	79.2	3.03	17.8	23.5	158	35.6	0.279	41.3
	4.0	8.38	10.7	22.2	96.3	3.00	21.7	28.9	193	43.3	0.279	33.3
	5.0	10.3	13.2	17.8	116	2.97	26.2	35.2	233	52.4	0.279	27.0
	6.3	12.8	16.3	14.1	140	2.93	31.5	43.1	280	63.1	0.279	21.8
114.3	3.2	8.77	11.2	35.7	172	3.93	30.2	39.5	345	60.4	0.359	41.0
	3.6	9.83	12.5	31.8	192	3.92	33.6	44.1	384	67.2	0.359	36.5
	4.0	10.9	13.9	28.6	211	3.90	36.9	48.7	422	73.9	0.359	33.0
	5.0	13.5	17.2	22.9	257	3.87	45.0	59.8	514	89.9	0.359	26.6
	6.3	16.8	21.4	18.1	313	3.82	54.7	73.6	625	109	0.359	21.4
139.7	5.0	16.6	21.2	27.9	481	4.77	68.8	90.8	961	138	0.439	26.4
	6.3	20.7	26.4	22.2	589	4.72	84.3	112	1180	169	0.439	21.2
	8.0	26.0	33.1	17.5	720	4.66	103	139	1440	206	0.439	16.9
	10.0 (shaded)	32.0	40.7	14.0	862	4.60	123	169	1720	247	0.439	13.7
168.3	5.0	20.1	25.7	33.7	856	5.78	102	133	1710	203	0.529	26.3
	6.3	25.2	32.1	26.7	1050	5.73	125	165	2110	250	0.529	21.0
	8.0	31.6	40.3	21.0	1300	5.67	154	206	2600	308	0.529	16.7
	10.0	39.0	49.7	16.8	1560	5.61	186	251	3130	372	0.529	13.5
	12.5	48.0	61.2	13.5	1870	5.53	222	304	3740	444	0.529	11.0
193.7	5.0	23.3	29.6	38.7	1320	6.67	136	178	2640	273	0.609	26.2
	6.3	29.1	37.1	30.7	1630	6.63	168	221	3260	337	0.609	20.9
	8.0	36.6	46.7	24.2	2020	6.57	208	276	4030	416	0.609	16.6
	10.0	45.3	57.7	19.4	2440	6.50	252	338	4880	504	0.609	13.4
	12.5	55.9	71.2	15.5	2930	6.42	303	411	5870	606	0.609	10.9

注：Celsius® 为Tata公司的注册商标。关于热轧圆管（HFCHS）和Tata生产的Celsius® 系列型钢之间关系的更完整的介绍可参见《钢结构建筑物设计：设计数据》（Steel Building Design：Design Date）中第12章的相关内容。

（阴影）需咨询供应商。

关于本表格的解释见本附录“截面尺寸和参数说明”中第2、第3节的相关内容。

BS EN 1993-1-1：2005
BS EN 10210-2：2006

热成型圆管
(HOT-FINISHED CIRCULAR HOLLOW SECTIONS)
Celsius ® CHS

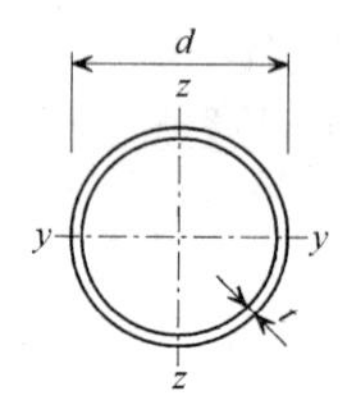

规格与参数

截面规格		每米质量	截面面积	局部屈曲比值	惯性矩	回转半径	弹性模量	塑性模量	扭转常数		表面积	
外径 d/mm	壁厚 t/mm	/kg·m^{-1}	A/cm^2	d/t	I/cm^4	i/cm	W_{el}/cm^3	W_{pl}/cm^3	I_T/cm^4	W_t/cm^3	每米 /m^2	每吨 /m^2
219. 1	5. 0	26. 4	33. 6	43. 8	1930	7. 57	176	229	3860	352	0. 688	26. 1
	6. 3	33. 1	42. 1	34. 8	2390	7. 53	218	285	4770	436	0. 688	20. 8
	8. 0	41. 6	53. 1	27. 4	2960	7. 47	270	357	5920	540	0. 688	16. 5
	10. 0	51. 6	65. 7	21. 9	3600	7. 40	328	438	7200	657	0. 688	13. 3
	12. 5	63. 7	81. 1	17. 5	4350	7. 32	397	534	8690	793	0. 688	10. 8
	14. 2	71. 8	91. 4	15. 4	4820	7. 26	440	597	9640	880	0. 688	9. 59
	16. 0	80. 1	102	13. 7	5300	7. 20	483	661	10600	967	0. 688	8. 59
244. 5	8. 0	46. 7	59. 4	30. 6	4160	8. 37	340	448	8320	681	0. 768	16. 5
	10. 0	57. 8	73. 7	24. 5	5070	8. 30	415	550	10100	830	0. 768	13. 3
	12. 5	71. 5	91. 1	19. 6	6150	8. 21	503	673	12300	1010	0. 768	10. 7
	14. 2	80. 6	103	17. 2	6840	8. 16	559	754	13700	1120	0. 768	9. 52
	16. 0	90. 2	115	15. 3	7530	8. 10	616	837	15100	1230	0. 768	8. 52
273. 0	6. 3	41. 4	52. 8	43. 3	4700	9. 43	344	448	9390	688	0. 858	20. 7
	8. 0	52. 3	66. 6	34. 1	5850	9. 37	429	562	11700	857	0. 858	16. 4
	10. 0	64. 9	82. 6	27. 3	7150	9. 31	524	692	14300	1050	0. 858	13. 2
	12. 5	80. 3	102	21. 8	8700	9. 22	637	849	17400	1270	0. 858	10. 7
	14. 2	90. 6	115	19. 2	9700	9. 16	710	952	19400	1420	0. 858	9. 46
	16. 0	101	129	17. 1	10700	9. 10	784	1060	21400	1570	0. 858	8. 46
323. 9	6. 3	49. 3	62. 9	51. 4	7930	11. 2	490	636	15900	979	1. 02	20. 6
	8. 0	62. 3	79. 4	40. 5	9910	11. 2	612	799	19800	1220	1. 02	16. 3
	10. 0	77. 4	98. 6	32. 4	12200	11. 1	751	986	24300	1500	1. 02	13. 1
	12. 5	96. 0	122	25. 9	14800	11. 0	917	1210	29700	1830	1. 02	10. 6
	14. 2	108	138	22. 8	16600	11. 0	1030	1360	33200	2050	1. 02	9. 38
	16. 0	121	155	20. 2	18400	10. 9	1140	1520	36800	2270	1. 02	8. 38
355. 6	14. 2	120	152	25. 0	22200	12. 1	1250	1660	44500	2500	1. 12	9. 34
	16. 0	134	171	22. 2	24700	12. 0	1390	1850	49300	2770	1. 12	8. 34
406. 4	6. 3	62. 2	79. 2	64. 5	15800	14. 1	780	1010	31700	1560	1. 28	20. 5
	8. 0	78. 6	100	50. 8	19900	14. 1	978	1270	39700	1960	1. 28	16. 2
	10. 0	97. 8	125	40. 6	24500	14. 0	1210	1570	49000	2410	1. 28	13. 1
	12. 5	121	155	32. 5	30000	13. 9	1480	1940	60100	2960	1. 28	10. 5
	14. 2	137	175	28. 6	33700	13. 9	1660	2190	67400	3320	1. 28	9. 30
	16. 0	154	196	25. 4	37400	13. 8	1840	2440	74900	3690	1. 28	8. 29
457. 0	8. 0	88. 6	113	57. 1	28400	15. 9	1250	1610	56900	2490	1. 44	16. 2
	10. 0	110	140	45. 7	35100	15. 8	1540	2000	70200	3070	1. 44	13. 0
	12. 5	137	175	36. 6	43100	15. 7	1890	2470	86300	3780	1. 44	10. 5
	14. 2	155	198	32. 2	48500	15. 7	2120	2790	96900	4240	1. 44	9. 26
	16. 0	174	222	28. 6	54000	15. 6	2360	3110	108000	4720	1. 44	8. 25
508. 0	10. 0	123	156	50. 8	48500	17. 6	1910	2480	97000	3820	1. 60	13. 0
	12. 5	153	195	40. 6	59800	17. 5	2350	3070	120000	4710	1. 60	10. 4
	14. 2	173	220	35. 8	67200	17. 5	2650	3460	134000	5290	1. 60	9. 23
	16. 0	194	247	31. 8	74900	17. 4	2950	3870	150000	5900	1. 60	8. 22

注：Celsius ® 为Tata公司的注册商标。关于热轧圆管（HFCHS）和Tata生产的Celsius ® 系列型钢之间关系的更完整的介绍可参见《钢结构建筑物设计：设计数据》（Steel Building Design：Design Date）中第12章的相关内容。

[阴影] 需咨询供应商。

关于本表格的解释见本附录“截面尺寸和参数说明”中第2、第3节的相关内容。

BS EN 1993-1-1：2005
BS EN 10210-2：2006

热成型方管
(HOT-FINISHED SQUARE HOLLOW SECTIONS)
Celsius® SHS

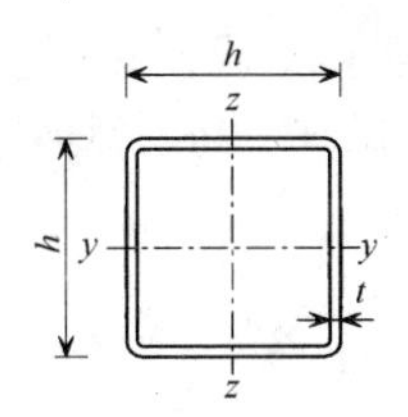

规格与参数

截面规格		每米质量	截面面积	局部屈曲比值	惯性矩	回转半径	弹性模量	塑性模量	扭转常数		表面积	
尺寸 $h\times h$ /mm×mm	壁厚 t/mm	/kg·m^{-1}	A/cm^2	c/t(1)	I/cm^4	i/cm	W_{el}/cm^3	W_{pl}/cm^3	I_T/cm^4	W_t/cm^3	每米 /m^2	每吨 /m^2
40×40	3.0	3.41	4.34	10.3	9.78	1.50	4.89	5.97	15.7	7.10	0.152	44.7
	3.2	3.61	4.60	9.50	10.2	1.49	5.11	6.28	16.5	7.42	0.152	42.0
	4.0	4.39	5.59	7.00	11.8	1.45	5.91	7.44	19.5	8.54	0.150	34.1
	5.0	5.28	6.73	5.00	13.4	1.41	6.68	8.66	22.5	9.60	0.147	27.8
50×50	3.0	4.35	5.54	13.7	20.2	1.91	8.08	9.70	32.1	11.8	0.192	44.2
	3.2	4.62	5.88	12.6	21.2	1.90	8.49	10.2	33.8	12.4	0.192	41.5
	4.0	5.64	7.19	9.50	25.0	1.86	9.99	12.3	40.4	14.5	0.190	33.6
	5.0	6.85	8.73	7.00	28.9	1.82	11.6	14.5	47.6	16.7	0.187	27.3
	6.3	8.31	10.6	4.94	32.8	1.76	13.1	17.0	55.2	18.8	0.184	22.1
60×60	3.0	5.29	6.74	17.0	36.2	2.32	12.1	14.3	56.9	17.7	0.232	43.9
	3.2	5.62	7.16	15.8	38.2	2.31	12.7	15.2	60.2	18.6	0.232	41.2
	4.0	6.90	8.79	12.0	45.4	2.27	15.1	18.3	72.5	22.0	0.230	33.3
	5.0	8.42	10.7	9.00	53.3	2.23	17.8	21.9	86.4	25.7	0.227	27.0
	6.3	10.3	13.1	6.52	61.6	2.17	20.5	26.0	102	29.6	0.224	21.7
	8.0	12.5	16.0	4.50	69.7	2.09	23.2	30.4	118	33.4	0.219	17.5
70×70	3.6	7.40	9.42	16.4	68.6	2.70	19.6	23.3	108	28.7	0.271	36.6
	5.0	9.99	12.7	11.0	88.5	2.64	25.3	30.8	142	36.8	0.267	26.7
	6.3	12.3	15.6	8.11	104	2.58	29.7	36.9	169	42.9	0.264	21.5
	8.0	15.0	19.2	5.75	120	2.50	34.2	43.8	200	49.2	0.259	17.3
80×80	3.6	8.53	10.9	19.2	105	3.11	26.2	31.0	164	38.5	0.311	36.4
	4.0	9.41	12.0	17.0	114	3.09	28.6	34.0	180	41.9	0.310	32.9
	5.0	11.6	14.7	13.0	137	3.05	34.2	41.1	217	49.8	0.307	26.6
	6.3	14.2	18.1	9.70	162	2.99	40.5	49.7	262	58.7	0.304	21.3
	8.0	17.5	22.4	7.00	189	2.91	47.3	59.5	312	68.3	0.299	17.1
90×90	3.6	9.66	12.3	22.0	152	3.52	33.8	39.7	237	49.7	0.351	36.3
	4.0	10.7	13.6	19.5	166	3.50	37.0	43.6	260	54.2	0.350	32.8
	5.0	13.1	16.7	15.0	200	3.45	44.4	53.0	316	64.8	0.347	26.4
	6.3	16.2	20.7	11.3	238	3.40	53.0	64.3	382	77.0	0.344	21.2
	8.0	20.1	25.6	8.25	281	3.32	62.6	77.6	459	90.5	0.339	16.9

注：Celsius® 为Tata公司的注册商标。关于热轧方管（HFSHS）和Tata生产的Celsius® 系列型钢之间关系的更完整的介绍可参见《钢结构建筑物设计：设计数据》（Steel Building Design：Design Date）中第12章的相关内容。

（1）计算局部屈曲时，$c=h-3t$。

关于本表格的解释见本附录“截面尺寸和参数说明”中第2、第3节的相关内容。

BS EN 1993-1-1：2005
BS EN 10210-2：2006

热成型方管
(HOT-FINISHED SQUARE HOLLOW SECTIONS)
Celsius ® SHS

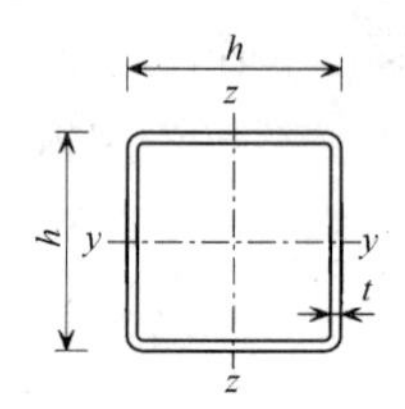

规格与参数

截面规格		每米质量	截面面积	局部屈曲比值	惯性矩	回转半径	弹性模量	塑性模量	扭转常数		表面积	
尺寸 $h \times h$ /mm×mm	壁厚 t/mm	/kg·m^{-1}	A/cm^2	$c/t^{(1)}$	I/cm^4	i/cm	W_{el}/cm^3	W_{pl}/cm^3	I_T/cm^4	W_t/cm^3	每米 /m^2	每吨 /m^2
	4.0	11.9	15.2	22.0	232	3.91	46.4	54.4	361	68.2	0.390	32.7
	5.0	14.7	18.7	17.0	279	3.86	55.9	66.4	439	81.8	0.387	26.3
100×100	6.3	18.2	23.2	12.9	336	3.80	67.1	80.9	534	97.8	0.384	21.1
	8.0	22.6	28.8	9.50	400	3.73	79.9	98.2	646	116	0.379	16.8
	10.0	27.4	34.9	7.00	462	3.64	92.4	116	761	133	0.374	13.6
	5.0	17.8	22.7	21.0	498	4.68	83.0	97.6	777	122	0.467	26.2
	6.3	22.2	28.2	16.0	603	4.62	100	120	950	147	0.464	20.9
120×120	8.0	27.6	35.2	12.0	726	4.55	121	146	1160	176	0.459	16.6
	10.0	33.7	42.9	9.00	852	4.46	142	175	1380	206	0.454	13.5
	12.5	40.9	52.1	6.60	982	4.34	164	207	1620	236	0.448	11.0
	5.0	21.0	26.7	25.0	807	5.50	115	135	1250	170	0.547	26.1
	6.3	26.1	33.3	19.2	984	5.44	141	166	1540	206	0.544	20.8
140×140	8.0	32.6	41.6	14.5	1200	5.36	171	204	1890	249	0.539	16.5
	10.0	40.0	50.9	11.0	1420	5.27	202	246	2270	294	0.534	13.4
	12.5	48.7	62.1	8.20	1650	5.16	236	293	2700	342	0.528	10.8
	5.0	22.6	28.7	27.0	1000	5.90	134	156	1550	197	0.587	26.0
	6.3	28.1	35.8	20.8	1220	5.85	163	192	1910	240	0.584	20.8
150×150	8.0	35.1	44.8	15.8	1490	5.77	199	237	2350	291	0.579	16.5
	10.0	43.1	54.9	12.0	1770	5.68	236	286	2830	344	0.574	13.3
	12.5	52.7	67.1	9.00	2080	5.57	277	342	3380	402	0.568	10.8
	5.0	24.1	30.7	29.0	1230	6.31	153	178	1890	226	0.627	26.0
	6.3	30.1	38.3	22.4	1500	6.26	187	220	2330	275	0.624	20.7
160×160	8.0	37.6	48.0	17.0	1830	6.18	229	272	2880	335	0.619	16.5
	10.0	46.3	58.9	13.0	2190	6.09	273	329	3480	398	0.614	13.3
	12.5	56.6	72.1	9.80	2580	5.98	322	395	4160	467	0.608	10.7
	14.2	63.3	80.7	8.27	2810	5.90	351	436	4580	508	0.603	9.53
	6.3	34.0	43.3	25.6	2170	7.07	241	281	3360	355	0.704	20.7
	8.0	42.7	54.4	19.5	2660	7.00	296	349	4160	434	0.699	16.4
180×180	10.0	52.5	66.9	15.0	3190	6.91	355	424	5050	518	0.694	13.2
	12.5	64.4	82.1	11.4	3790	6.80	421	511	6070	613	0.688	10.7
	14.2	72.2	92.0	9.68	4150	6.72	462	566	6710	670	0.683	9.46
	16.0	80.2	102	8.25	4500	6.64	500	621	7340	724	0.679	8.46
	5.0	30.4	38.7	37.0	2450	7.95	245	283	3760	362	0.787	25.9
	6.3	38.0	48.4	28.7	3010	7.89	301	350	4650	444	0.784	20.6
	8.0	47.7	60.8	22.0	3710	7.81	371	436	5780	545	0.779	16.3
200×200	10.0	58.8	74.9	17.0	4470	7.72	447	531	7030	655	0.774	13.2
	12.5	72.3	92.1	13.0	5340	7.61	534	643	8490	778	0.768	10.6
	14.2	81.1	103	11.1	5870	7.54	587	714	9420	854	0.763	9.41
	16.0	90.3	115	9.50	6390	7.46	639	785	10300	927	0.759	8.40

注：Celsius ® 为 Tata 公司的注册商标。关于热轧方管（HFSHS）和 Tata 生产的 Celsius ® 系列型钢之间关系的更完整的介绍可参见《钢结构建筑物设计：设计数据》（Steel Building Design：Design Date）中第12章的相关内容。

(1) 计算局部屈曲时，$c = h - 3t$。

（阴影）需咨询供应商。

关于本表格的解释见本附录“截面尺寸和参数说明”中第2、第3节的相关内容。

BS EN 1993-1-1：2005
BS EN 10210-2：2006

热成型方管
(HOT-FINISHED SQUARE HOLLOW SECTIONS)
Celsius® SHS

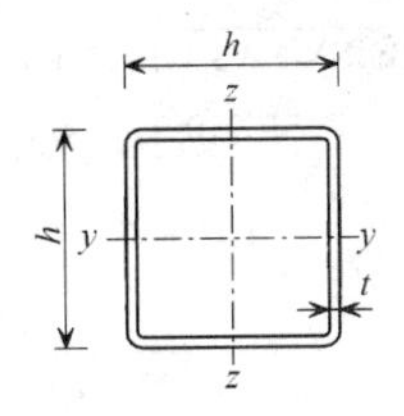

规格与参数

截面规格		每米质量	截面面积	局部屈曲比值	惯性矩	回转半径	弹性模量	塑性模量	扭转常数		表面积	
尺寸 $h\times h$ /mm×mm	壁厚 t/mm	/kg·m^{-1}	A/cm^2	c/t(1)	I/cm^4	i/cm	W_{el}/cm^3	W_{pl}/cm^3	I_T/cm^4	W_t/cm^3	每米 /m^2	每吨 /m^2
250×250	6.3	47.9	61.0	36.7	6010	9.93	481	556	9240	712	0.984	20.5
	8.0	60.3	76.8	28.3	7460	9.86	596	694	11500	880	0.979	16.3
	10.0	74.5	94.9	22.0	9060	9.77	724	851	14100	1070	0.974	13.1
	12.5	91.9	117	17.0	10900	9.66	873	1040	17200	1280	0.968	10.5
	14.2	103	132	14.6	12100	9.58	967	1160	19100	1410	0.963	9.31
	16.0	115	147	12.6	13300	9.50	1060	1280	21100	1550	0.959	8.31
260×260	6.3	49.9	63.5	38.3	6790	10.3	522	603	10400	773	1.02	20.5
	8.0	62.8	80.0	29.5	8420	10.3	648	753	13000	956	1.02	16.2
	10.0	77.7	98.9	23.0	10200	10.2	788	924	15900	1160	1.01	13.1
	12.5	95.8	122	17.8	12400	10.1	951	1130	19400	1390	1.01	10.5
	14.2	108	137	15.3	13700	9.99	1060	1260	21700	1540	1.00	9.30
	16.0	120	153	13.3	15100	9.91	1160	1390	23900	1690	0.999	8.29
300×300	6.3	57.8	73.6	44.6	10500	12.0	703	809	16100	1040	1.18	20.5
	8.0	72.8	92.8	34.5	13100	11.9	875	1010	20200	1290	1.18	16.2
	10.0	90.2	115	27.0	16000	11.8	1070	1250	24800	1580	1.17	13.0
	12.5	112	142	21.0	19400	11.7	1300	1530	30300	1900	1.17	10.5
	14.2	126	160	18.1	21600	11.6	1440	1710	33900	2110	1.16	9.25
	16.0	141	179	15.8	23900	11.5	1590	1900	37600	2330	1.16	8.25
350×350	8.0	85.4	109	40.8	21100	13.9	1210	1390	32400	1790	1.38	16.2
	10.0	106	135	32.0	25900	13.9	1480	1720	39900	2190	1.37	13.0
	12.5	131	167	25.0	31500	13.7	1800	2110	48900	2650	1.37	10.4
	14.2	148	189	21.6	35200	13.7	2010	2360	54900	2960	1.36	9.21
	16.0	166	211	18.9	38900	13.6	2230	2630	61000	3260	1.36	8.20
400×400	10.0	122	155	37.0	39100	15.9	1960	2260	60100	2900	1.57	12.9
	12.5	151	192	29.0	47800	15.8	2390	2780	73900	3530	1.57	10.4
	14.2	170	217	25.2	53500	15.7	2680	3130	83000	3940	1.56	9.18
	16.0	191	243	22.0	59300	15.6	2970	3480	92400	4360	1.56	8.17
	20.0^	235	300	17.0	71500	15.4	3580	4250	112000	5240	1.55	6.58

注：Celsius® 为Tata公司的注册商标。关于热轧方管（HFSHS）和Tata生产的Celsius® 系列型钢之间关系的更完整的介绍可参见《钢结构建筑物设计：设计数据》(Steel Building Design：Design Date）中第12章的相关内容。

(1) 计算局部屈曲时，$c = h - 3t$。

^埋弧焊工艺（单道纵缝焊接，焊缝稍突）。

（灰底）需咨询供应商。

关于本表格的解释见本附录“截面尺寸和参数说明”中第2、第3节的相关内容。

BS EN 1993-1-1：2005

BS EN 10210-2：2006

热成型矩形管

(HOT-FINISHED RECTANGULAR HOLLOW SECTIONS)

Celsius ® RHS

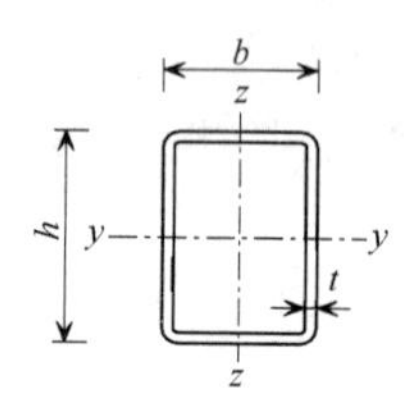

规格与参数

截面规格 尺寸 $h\times b$/mm×mm	截面规格 壁厚 t/mm	每米质量 /kg·m^{-1}	截面面积 A/cm^2	局部屈曲比值 c_w/t(1)	局部屈曲比值 c_f/t(1)	惯性矩 y-y 轴 /cm^4	惯性矩 z-z 轴 /cm^4	回转半径 y-y 轴 /cm	回转半径 z-z 轴 /cm	弹性模量 y-y 轴 /cm^3	弹性模量 z-z 轴 /cm^3	塑性模量 y-y 轴 /cm^3	塑性模量 z-z 轴 /cm^3	扭转常数 I_T /cm^4	扭转常数 W_t /cm^3	表面积 每米 /m^2	表面积 每吨 /m^2
50×30	3.2	3.61	4.60	12.6	6.38	14.2	6.20	1.76	1.16	5.68	4.13	7.25	5.00	14.2	6.80	0.152	42.1
60×40	3.0	4.35	5.54	17.0	10.3	26.5	13.9	2.18	1.58	8.82	6.95	10.9	8.19	29.2	11.2	0.192	44.1
	4.0	5.64	7.19	12.0	7.00	32.8	17.0	2.14	1.54	10.9	8.52	13.8	10.3	36.7	13.7	0.190	33.7
	5.0	6.85	8.73	9.00	5.00	38.1	19.5	2.09	1.50	12.7	9.77	16.4	12.2	43.0	15.7	0.187	27.3
80×40	3.2	5.62	7.16	22.0	9.50	57.2	18.9	2.83	1.63	14.3	9.46	18.0	11.0	46.2	16.1	0.232	41.3
	4.0	6.90	8.79	17.0	7.00	68.2	22.2	2.79	1.59	17.1	11.1	21.8	13.2	55.2	18.9	0.230	33.3
	5.0	8.42	10.7	13.0	5.00	80.3	25.7	2.74	1.55	20.1	12.9	26.1	15.7	65.1	21.9	0.227	27.0
	6.3	10.3	13.1	9.70	3.35	93.3	29.2	2.67	1.49	23.3	14.6	31.1	18.4	75.6	24.8	0.224	21.7
	8.0	12.5	16.0	7.00	2.00	106	32.1	2.58	1.42	26.5	16.1	36.5	21.2	85.8	27.4	0.219	17.5
90×50	3.6	7.40	9.42	22.0	10.9	98.3	38.7	3.23	2.03	21.8	15.5	27.2	18.0	89.4	25.9	0.271	36.6
	5.0	9.99	12.7	15.0	7.00	127	49.2	3.16	1.97	28.3	19.7	36.0	23.5	116	32.9	0.267	26.7
	6.3	12.3	15.6	11.3	4.94	150	57.0	3.10	1.91	33.3	22.8	43.2	28.0	138	38.1	0.264	21.5
100×50	3.0	6.71	8.54	30.3	13.7	110	36.8	3.58	2.08	21.9	14.7	27.3	16.8	88.4	25.0	0.292	43.5
	3.2	7.13	9.08	28.3	12.6	116	38.8	3.57	2.07	23.2	15.5	28.9	17.7	93.4	26.4	0.292	41.0
	4.0	8.78	11.2	22.0	9.50	140	46.2	3.53	2.03	27.9	18.5	35.2	21.5	113	31.4	0.290	33.0
	5.0	10.8	13.7	17.0	7.00	167	54.3	3.48	1.99	33.3	21.7	42.6	25.8	135	36.9	0.287	26.6
	6.3	13.3	16.9	12.9	4.94	197	63.0	3.42	1.93	39.4	25.2	51.3	30.8	160	42.9	0.284	21.4
	8.0	16.3	20.8	9.50	3.25	230	71.7	3.33	1.86	46.0	28.7	61.4	36.3	186	48.9	0.279	17.1
100×60	3.6	8.53	10.9	24.8	13.7	145	64.8	3.65	2.44	28.9	21.6	35.6	24.9	142	35.6	0.311	36.5
	5.0	11.6	14.7	17.0	9.00	189	83.6	3.58	2.38	37.8	27.9	47.4	32.9	188	45.9	0.307	26.5
	6.3	14.2	18.1	12.9	6.52	225	98.1	3.52	2.33	45.0	32.7	57.3	39.5	224	53.8	0.304	21.4
	8.0	17.5	22.4	9.50	4.50	264	113	3.44	2.25	52.8	37.8	68.7	47.1	265	62.2	0.299	17.1
120×60	3.6	9.66	12.3	30.3	13.7	227	76.3	4.30	2.49	37.9	25.4	47.2	28.9	183	43.3	0.351	36.3
	5.0	13.1	16.7	21.0	9.00	299	98.8	4.23	2.43	49.9	32.9	63.1	38.4	242	56.0	0.347	26.5
	6.3	16.2	20.7	16.0	6.52	358	116	4.16	2.37	59.7	38.8	76.7	46.3	290	65.9	0.344	21.2
	8.0	20.1	25.6	12.0	4.50	425	135	4.08	2.30	70.8	45.0	92.7	55.4	344	76.6	0.339	16.9
120×80	5.0	14.7	18.7	21.0	13.0	365	193	4.42	3.21	60.9	48.2	74.6	56.1	401	77.9	0.387	26.3
	6.3	18.2	23.2	16.0	9.70	440	230	4.36	3.15	73.3	57.6	91.0	68.2	487	92.9	0.384	21.1
	8.0	22.6	28.8	12.0	7.00	525	273	4.27	3.08	87.5	68.1	111	82.6	587	110	0.379	16.8
	10.0	27.4	34.9	9.00	5.00	609	313	4.18	2.99	102	78.1	131	97.3	688	126	0.374	13.6
150×100	5.0	18.6	23.7	27.0	17.0	739	392	5.58	4.07	98.5	78.5	119	90.1	807	127	0.487	26.2
	6.3	23.1	29.5	20.8	12.9	898	474	5.52	4.01	120	94.8	147	110	986	153	0.484	21.0
	8.0	28.9	36.8	15.8	9.50	1090	569	5.44	3.94	145	114	180	135	1200	183	0.479	16.6
	10.0	35.3	44.9	12.0	7.00	1280	665	5.34	3.85	171	133	216	161	1430	214	0.474	13.4
	12.5	42.8	54.6	9.00	5.00	1490	763	5.22	3.74	198	153	256	190	1680	246	0.468	10.9
150×125	4.0	16.6	21.2	34.5	28.3	714	539	5.80	5.04	95.2	86.3	112	98.9	949	133	0.540	32.5
	5.0	20.6	26.2	27.0	22.0	870	656	5.76	5.00	116	105	138	121	1160	162	0.537	26.1
	6.3	25.6	32.6	20.8	16.8	1060	798	5.70	4.94	141	128	169	149	1430	196	0.534	20.9
	8.0	32.0	40.8	15.8	12.6	1290	966	5.62	4.87	172	155	208	183	1750	237	0.529	16.5
	10.0	39.2	49.9	12.0	9.50	1530	1140	5.53	4.78	204	183	251	221	2100	279	0.524	13.4
	12.5	47.7	60.8	9.00	7.00	1780	1330	5.42	4.67	238	212	299	262	2490	324	0.518	10.9

注：Celsius ® 为 Tata 公司的注册商标。关于热轧矩形管（HFRHS）和 Tata 生产的 Celsius ® 系列型钢之间关系的更完整的介绍可参见《钢结构建筑物设计：设计数据》(Steel Building Design：Design Date) 中第 12 章的相关内容。

(1) 计算局部屈曲时，$c=h-3t$ 和 $c_f=b-3t$。

▒ 需咨询供应商。

关于本表格的解释见本附录“截面尺寸和参数说明”中第 2、第 3 节的相关内容。

BS EN 1993-1-1：2005
BS EN 10210-2：2006

热成型矩形管
(HOT-FINISHED RECTANGULAR HOLLOW SECTIONS)
Celsius ® RHS

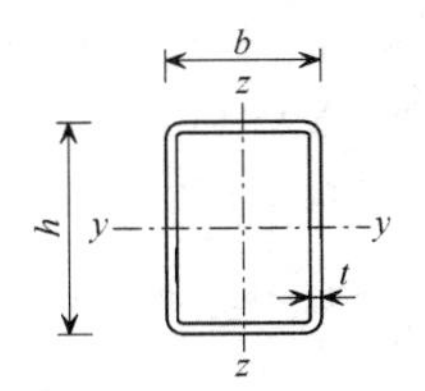

规格与参数

截面规格		每米质量	截面面积	局部屈曲比值		惯性矩		回转半径		弹性模量		塑性模量		扭转常数		表面积	
尺寸 $h \times b$/mm×mm	壁厚 t/mm	/kg·m^{-1}	A/cm^2	c_w/t (1)	c_f/t (1)	y-y 轴 /cm^4	z-z 轴 /cm^4	y-y 轴 /cm	z-z 轴 /cm	y-y 轴 /cm^3	z-z 轴 /cm^3	y-y 轴 /cm^3	z-z 轴 /cm^3	I_T /cm^4	W_t /cm^3	每米 /m^2	每吨 /m^2
160×80	4.0	14.4	18.4	37.0	17.0	612	207	5.77	3.35	76.5	51.7	94.7	58.3	493	88.1	0.470	32.6
	5.0	17.8	22.7	29.0	13.0	744	249	5.72	3.31	93.0	62.3	116	71.1	600	106	0.467	26.2
	6.3	22.2	28.2	22.4	9.70	903	299	5.66	3.26	113	74.8	142	86.8	730	127	0.464	20.9
	8.0	27.6	35.2	17.0	7.00	1090	356	5.57	3.18	136	89.0	175	106	883	151	0.459	16.6
	10.0	33.7	42.9	13.0	5.00	1280	411	5.47	3.10	161	103	209	125	1040	175	0.454	13.5
200×100	5.0	22.6	28.7	37.0	17.0	1500	505	7.21	4.19	149	101	185	114	1200	172	0.587	26.0
	6.3	28.1	35.8	28.7	12.9	1830	613	7.15	4.14	183	123	228	140	1480	208	0.584	20.8
	8.0	35.1	44.8	22.0	9.50	2230	739	7.06	4.06	223	148	282	172	1800	251	0.579	16.5
	10.0	43.1	54.9	17.0	7.00	2660	869	6.96	3.98	266	174	341	206	2160	295	0.574	13.3
	12.5	52.7	67.1	13.0	5.00	3140	1000	6.84	3.87	314	201	408	245	2540	341	0.568	10.8
200×120	5.0	24.1	30.7	37.0	21.0	1690	762	7.40	4.98	168	127	205	144	1650	210	0.627	26.0
	6.3	30.1	38.3	28.7	16.0	2070	929	7.34	4.92	207	155	253	177	2030	255	0.624	20.7
	8.0	37.6	48.0	22.0	12.0	2530	1130	7.26	4.85	253	188	313	218	2500	310	0.619	16.5
	10.0	46.3	58.9	17.0	9.00	3030	1340	7.17	4.76	303	223	379	263	3000	367	0.614	13.3
	14.2	63.3	80.7	11.1	5.45	3910	1690	6.96	4.58	391	282	503	346	3920	464	0.603	9.53
200×150	8.0	41.4	52.8	22.0	15.8	2970	1890	7.50	5.99	297	253	359	294	3640	398	0.679	16.4
	10.0	51.0	64.9	17.0	12.0	3570	2260	7.41	5.91	357	302	436	356	4410	475	0.674	13.2
250×120	10.0	54.1	68.9	22.0	9.00	5310	1640	8.78	4.88	425	273	539	318	4090	468	0.714	13.2
	12.5	66.4	84.6	17.0	6.60	6330	1930	8.65	4.77	506	321	651	381	4880	549	0.708	10.7
	14.2	74.5	94.9	14.6	5.45	6960	2090	8.56	4.70	556	349	722	421	5360	597	0.703	9.44
250×150	5.0	30.4	38.7	47.0	27.0	3360	1530	9.31	6.28	269	204	324	228	3280	337	0.787	25.9
	6.3	38.0	48.4	36.7	20.8	4140	1870	9.25	6.22	331	250	402	283	4050	413	0.784	20.6
	8.0	47.7	60.8	28.3	15.8	5110	2300	9.17	6.15	409	306	501	350	5020	506	0.779	16.3
	10.0	58.8	74.9	22.0	12.0	6170	2760	9.08	6.06	494	367	611	426	6090	605	0.774	13.2
	12.5	72.3	92.1	17.0	9.00	7390	3270	8.96	5.96	591	435	740	514	7330	717	0.768	10.6
	14.2	81.1	103	14.6	7.56	8140	3580	8.87	5.88	651	477	823	570	8100	784	0.763	9.41
	16.0	90.3	115	12.6	6.38	8880	3870	8.79	5.80	710	516	906	625	8870	849	0.759	8.41
250×200	10.0	66.7	84.9	22.0	17.0	7610	5370	9.47	7.95	609	537	731	626	9890	835	0.874	13.1
	12.5	82.1	105	17.0	13.0	9150	6440	9.35	7.85	732	644	888	760	12000	997	0.868	10.6
	14.2	92.3	118	14.6	11.1	10100	7100	9.28	7.77	809	710	990	846	13300	1100	0.863	9.35
260×140	5.0	30.4	38.7	49.0	25.0	3530	1350	9.55	5.91	272	193	331	216	3080	326	0.787	25.9
	6.3	38.0	48.4	38.3	19.2	4360	1660	9.49	5.86	335	237	411	267	3800	399	0.784	20.6
	8.0	47.7	60.8	29.5	14.5	5370	2030	9.40	5.78	413	290	511	331	4700	488	0.779	16.3
	10.0	58.8	74.9	23.0	11.0	6490	2430	9.31	5.70	499	347	624	402	5700	584	0.774	13.2
	12.5	72.3	92.1	17.8	8.20	7770	2880	9.18	5.59	597	411	756	485	6840	690	0.768	10.6
	14.2	81.1	103	15.3	6.86	8560	3140	9.10	5.52	658	449	840	537	7560	754	0.763	9.41
	16.0	90.3	115	13.3	5.75	9340	3400	9.01	5.44	718	486	925	588	8260	815	0.759	8.41
300×100	8.0	47.7	60.8	34.5	9.50	6310	1080	10.2	4.21	420	216	546	245	3070	387	0.779	16.3
	10.0	58.8	74.9	27.0	7.00	7610	1280	10.1	4.13	508	255	666	296	3680	458	0.774	13.2
	14.2	81.1	103	18.1	4.04	10000	1610	9.85	3.94	669	321	896	390	4760	578	0.763	9.41

注：Celsius ® 为 Tata 公司的注册商标。关于热轧矩形管（HFRHS）和 Tata 生产的 Celsius ® 系列型钢之间关系的更完整的介绍可参见《钢结构建筑物设计：设计数据》（Steel Building Design：Design Date）中第 12 章的相关内容。

(1) 计算局部屈曲时，$c = h - 3t$ 和 $c_f = b - 3t$。

▒ 需咨询供应商。

关于本表格的解释见本附录“截面尺寸和参数说明”中第 2、第 3 节的相关内容。

BS EN 1993-1-1：2005
BS EN 10210-2：2006

热成型矩形管
(HOT-FINISHED RECTANGULAR HOLLOW SECTIONS)
Celsius ® RHS

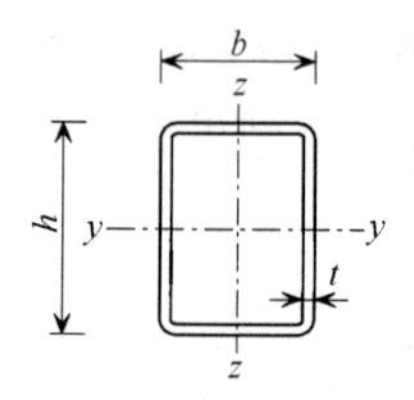

规格与参数

截面规格		每米质量	截面面积	局部屈曲比值		惯性矩		回转半径		弹性模量		塑性模量		扭转常数		表面积	
尺寸 $h \times b$/mm×mm	壁厚 t/mm	/kg·m^{-1}	A/cm^2	$c_w/t^{(1)}$	$c_f/t^{(1)}$	y-y 轴 /cm^4	z-z 轴 /cm^4	y-y 轴 /cm	z-z 轴 /cm	y-y 轴 /cm^3	z-z 轴 /cm^3	y-y 轴 /cm^3	z-z 轴 /cm^3	I_T /cm^4	W_t /cm^3	每米 /m^2	每吨 /m^2
300×150	8.0	54.0	68.8	34.5	15.8	8010	2700	10.8	6.27	534	360	663	407	6450	613	0.879	16.3
	10.0	66.7	84.9	27.0	12.0	9720	3250	10.7	6.18	648	433	811	496	7840	736	0.874	13.1
	12.5	82.1	105	21.0	9.00	11700	3860	10.6	6.07	779	514	986	600	9450	874	0.868	10.6
	14.2	92.3	118	18.1	7.56	12900	4230	10.5	6.00	862	564	1100	666	10500	959	0.863	9.35
	16.0	103	131	15.8	6.38	14200	4600	10.4	5.92	944	613	1210	732	11500	1040	0.859	8.34
300×200	6.3	47.9	61.0	44.6	28.7	7830	4190	11.3	8.29	522	419	624	472	8480	681	0.984	20.5
	8.0	60.3	76.8	34.5	22.0	9720	5180	11.3	8.22	648	518	779	589	10600	840	0.979	16.2
	10.0	74.5	94.9	27.0	17.0	11800	6280	11.2	8.13	788	628	956	721	12900	1020	0.974	13.1
	12.5	91.9	117	21.0	13.0	14300	7540	11.0	8.02	952	754	1170	877	15700	1220	0.968	10.5
	14.2	103	132	18.1	11.1	15800	8330	11.0	7.95	1060	833	1300	978	17500	1340	0.963	9.35
	16.0	115	147	15.8	9.50	17400	9110	10.9	7.87	1160	911	1440	1080	19300	1470	0.959	8.34
300×250	5.0	42.2	53.7	57.0	47.0	7410	5610	11.7	10.2	494	449	575	508	9770	697	1.09	25.8
	6.3	52.8	67.3	44.6	36.7	9190	6950	11.7	10.2	613	556	716	633	12200	862	1.08	20.5
	8.0	66.5	84.8	34.5	28.3	11400	8630	11.6	10.1	761	690	896	791	15200	1070	1.08	16.2
	10.0	82.4	105	27.0	22.0	13900	10500	11.5	10.0	928	840	1100	971	18600	1300	1.07	13.0
	12.5	102	130	21.0	17.0	16900	12700	11.4	9.89	1120	1010	1350	1190	22700	1560	1.07	10.5
	14.2	115	146	18.1	14.6	18700	14100	11.3	9.82	1250	1130	1510	1330	25400	1730	1.06	9.22
	16.0	128	163	15.8	12.6	20600	15500	11.2	9.74	1380	1240	1670	1470	28100	1900	1.06	8.28
350×150	5.0	38.3	48.7	67.0	27.0	7660	2050	12.5	6.49	437	274	543	301	5160	477	0.987	25.8
	6.3	47.9	61.0	52.6	20.8	9480	2530	12.5	6.43	542	337	676	373	6390	586	0.984	20.5
	8.0	60.3	76.8	40.8	15.8	11800	3110	12.4	6.36	673	414	844	464	7930	721	0.979	16.2
	10.0	74.5	94.9	32.0	12.0	14300	3740	12.3	6.27	818	498	1040	566	9630	867	0.974	13.1
	12.5	91.9	117	25.0	9.00	17300	4450	12.2	6.17	988	593	1260	686	11600	1030	0.968	10.5
	14.2	103	132	21.6	7.56	19200	4890	12.1	6.09	1100	652	1410	763	12900	1130	0.963	9.35
	16.0	115	147	18.9	6.38	21100	5320	12.0	6.01	1210	709	1560	840	14100	1230	0.959	8.34
350×250	5.0	46.1	58.7	67.0	47.0	10600	6360	13.5	10.4	607	509	716	569	12200	817	1.19	25.8
	6.3	57.8	73.6	52.6	36.7	13200	7890	13.4	10.4	754	631	892	709	15200	1010	1.18	20.4
	8.0	72.8	92.8	40.8	28.3	16400	9800	13.3	10.3	940	784	1120	888	19000	1250	1.18	16.2
	10.0	90.2	115	32.0	22.0	20100	11900	13.2	10.2	1150	955	1380	1090	23400	1530	1.17	13.0
	12.5	112	142	25.0	17.0	24400	14400	13.1	10.1	1400	1160	1690	1330	28500	1840	1.17	10.4
	14.2	126	160	21.6	14.6	27200	16000	13.0	10.0	1550	1280	1890	1490	31900	2040	1.16	9.21
	16.0	141	179	18.9	12.6	30000	17700	12.9	9.93	1720	1410	2100	1660	35300	2250	1.16	8.23
400×120	5.0	39.8	50.7	77.0	21.0	9520	1420	13.7	5.30	476	237	612	259	4090	430	1.03	25.9
	6.3	49.9	63.5	60.5	16.0	11800	1740	13.6	5.24	590	291	762	320	5040	527	1.02	20.4
	8.0	62.8	80.0	47.0	12.0	14600	2130	13.5	5.17	732	356	952	397	6220	645	1.02	16.2
	10.0	77.7	98.9	37.0	9.00	17800	2550	13.4	5.08	891	425	1170	483	7510	771	1.01	13.0
	12.5	95.8	122	29.0	6.60	21600	3010	13.3	4.97	1080	502	1430	583	8980	911	1.01	10.5
	14.2	108	137	25.2	5.45	23900	3290	13.2	4.89	1200	549	1590	646	9890	996	1.00	9.26
	16.0	120	153	22.0	4.50	26300	3560	13.1	4.82	1320	593	1760	709	10800	1080	0.999	8.33

注：Celsius ® 为Tata公司的注册商标。关于热轧矩形管（HFRHS）和Tata生产的Celsius ® 系列型钢之间关系的更完整的介绍可参见《钢结构建筑物设计：设计数据》（Steel Building Design：Design Date）中第12章的相关内容。

（1）计算局部屈曲时，$c = h - 3t$ 和 $c_f = b - 3t$。

需咨询供应商。

关于本表格的解释见本附录“截面尺寸和参数说明”中第2、第3节的相关内容。

BS EN 1993-1-1：2005
BS EN 10210-2：2006

热成型矩形管
(HOT-FINISHED RECTANGULAR HOLLOW SECTIONS)
Celsius® RHS

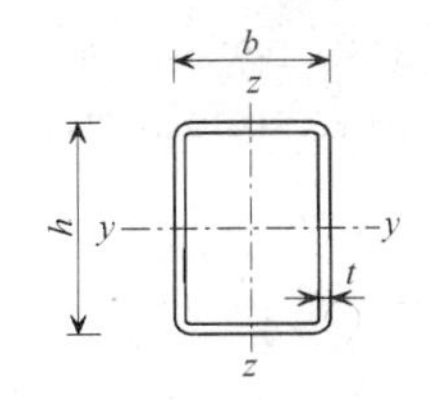

规格与参数

截面规格		每米质量	截面面积	局部屈曲比值		惯性矩		回转半径		弹性模量		塑性模量		扭转常数		表面积	
尺寸 $h \times b$/mm×mm	壁厚 t/mm	/kg·m^{-1}	A/cm^2	c_w/t(1)	c_f/t(1)	y-y 轴 /cm^4	z-z 轴 /cm^4	y-y 轴 /cm	z-z 轴 /cm	y-y 轴 /cm^3	z-z 轴 /cm^3	y-y 轴 /cm^3	z-z 轴 /cm^3	I_T /cm^4	W_t /cm^3	每米 /m^2	每吨 /m^2
400×150	5.0	42.2	53.7	77.0	27.0	10700	2320	14.1	6.57	534	309	671	337	6130	547	1.09	25.8
	6.3	52.8	67.3	60.5	20.8	13300	2850	14.0	6.51	663	380	836	418	7600	673	1.08	20.5
	8.0	66.5	84.8	47.0	15.8	16500	3510	13.9	6.43	824	468	1050	521	9420	828	1.08	16.2
	10.0	82.4	105	37.0	12.0	20100	4230	13.8	6.35	1010	564	1290	636	11500	998	1.07	13.0
	12.5	102	130	29.0	9.00	24400	5040	13.7	6.24	1220	672	1570	772	13800	1190	1.07	10.5
	14.2	115	146	25.2	7.56	27100	5550	13.6	6.16	1360	740	1760	859	15300	1310	1.06	9.22
	16.0	128	163	22.0	6.38	29800	6040	13.5	6.09	1490	805	1950	947	16800	1430	1.06	8.28
400×200	8.0	72.8	92.8	47.0	22.0	19600	6660	14.5	8.47	978	666	1200	743	15700	1140	1.18	16.2
	10.0	90.2	115	37.0	17.0	23900	8080	14.4	8.39	1200	808	1480	911	19300	1380	1.17	13.0
	12.5	112	142	29.0	13.0	29100	9740	14.3	8.28	1450	974	1810	1110	23400	1660	1.17	10.4
	14.2	126	160	25.2	11.1	32400	10800	14.2	8.21	1620	1080	2030	1240	26100	1830	1.16	9.21
	16.0	141	179	22.0	9.50	35700	11800	14.1	8.13	1790	1180	2260	1370	28900	2010	1.16	8.23
400×300	8.0	85.4	109	47.0	34.5	25700	16500	15.4	12.3	1290	1100	1520	1250	31000	1750	1.38	16.2
	10.0	106	135	37.0	27.0	31500	20200	15.3	12.2	1580	1350	1870	1540	38200	2140	1.37	12.9
	12.5	131	167	29.0	21.0	38500	24600	15.2	12.1	1920	1640	2300	1880	46800	2590	1.37	10.5
	14.2	148	189	25.2	18.1	43000	27400	15.1	12.1	2150	1830	2580	2110	52500	2890	1.36	9.19
	16.0	166	211	22.0	15.8	47500	30300	15.0	12.0	2380	2020	2870	2350	58300	3180	1.36	8.19
450×250	8.0	85.4	109	53.3	28.3	30100	12100	16.6	10.6	1340	971	1620	1080	27100	1630	1.38	16.2
	10.0	106	135	42.0	22.0	36900	14800	16.5	10.5	1640	1190	2000	1330	33300	1990	1.37	12.9
	12.5	131	167	33.0	17.0	45000	18000	16.4	10.4	2000	1440	2460	1630	40700	2410	1.37	10.5
	14.2	148	189	28.7	14.6	50300	20000	16.3	10.3	2240	1600	2760	1830	45600	2680	1.36	9.19
	16.0	166	211	25.1	12.6	55700	22000	16.2	10.2	2480	1760	3070	2030	50500	2950	1.36	8.19
500×200	8.0	85.4	109	59.5	22.0	34000	8140	17.7	8.65	1360	814	1710	896	21100	1430	1.38	16.2
	10.0	106	135	47.0	17.0	41800	9890	17.6	8.56	1670	989	2110	1100	25900	1740	1.37	12.9
	12.5	131	167	37.0	13.0	51000	11900	17.5	8.45	2040	1190	2590	1350	31500	2100	1.37	10.5
	14.2	148	189	32.2	11.1	56900	13200	17.4	8.38	2280	1320	2900	1510	35200	2320	1.36	9.19
	16.0	166	211	28.3	9.50	63000	14500	17.3	8.30	2520	1450	3230	1670	38900	2550	1.36	8.19
500×300	8.0	97.9	125	59.5	34.5	43700	20000	18.7	12.6	1750	1330	2100	1480	42600	2200	1.58	16.1
	10.0	122	155	47.0	27.0	53800	24400	18.6	12.6	2150	1630	2600	1830	52500	2700	1.57	12.9
	12.5	151	192	37.0	21.0	65800	29800	18.5	12.5	2630	1990	3200	2240	64400	3280	1.57	10.4
	14.2	170	217	32.2	18.1	73700	33200	18.4	12.4	2950	2220	3590	2520	72200	3660	1.56	9.18
	16.0	191	243	28.3	15.8	81800	36800	18.3	12.3	3270	2450	4010	2800	80300	4040	1.56	8.17
	20.0^	235	300	22.0	12.0	98800	44100	18.2	12.1	3950	2940	4890	3410	97400	4840	1.55	6.58

注：Celsius® 为 Tata 公司的注册商标。关于热轧矩形管（HFRHS）和 Tata 生产的 Celsius® 系列型钢之间关系的更完整的介绍可参见《钢结构建筑物设计：设计数据》（Steel Building Design：Design Date）中第 12 章的相关内容。

(1) 计算局部屈曲时，$c = h - 3t$ 和 $c_f = b - 3t$。

^埋弧焊工艺（单道纵缝焊接，焊缝稍突）。

需咨询供应商。

关于本表格的解释见本附录“截面尺寸和参数说明”中第2、第3节的相关内容。

BS EN 1993-1-1：2005
BS EN 10210-2：2006

热成型椭圆管
(HOT-FINISHED ELLIPTICAL HOLLOW SECTIONS)
Celsius ® OHS

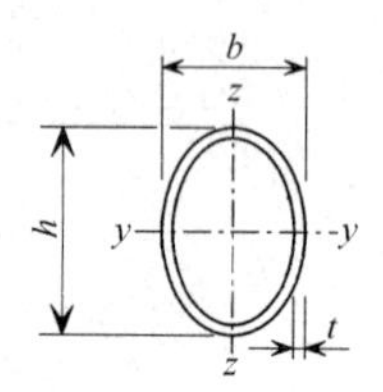

规格与参数

截面规格		每米质量	截面面积	惯性矩		回转半径		弹性模量		塑性模量		扭转常数		表面积	
尺寸 $h\times b$/mm×mm	壁厚 t/mm	/kg·m^{-1}	A/cm^2	y-y 轴 /cm^4	z-z 轴 /cm^4	y-y 轴 /cm	z-z 轴 /cm	y-y 轴 /cm^3	z-z 轴 /cm^3	y-y 轴 /cm^3	z-z 轴 /cm^3	I_T /cm^4	W_t /cm^3	每米 /m^2	每吨 /m^2
150×75	4.0	10.7	13.6	301	101	4.70	2.72	40.1	26.9	56.1	34.4	303	60.1	0.363	33.9
150×75	5.0	13.3	16.9	367	122	4.66	2.69	48.9	32.5	68.9	42.0	367	72.2	0.363	27.4
150×75	6.3	16.5	21.0	448	147	4.62	2.64	59.7	39.1	84.9	51.5	443	86.3	0.363	22.0
200×100	5.0	17.9	22.8	897	302	6.27	3.64	89.7	60.4	125	76.8	905	135	0.484	27.1
200×100	6.3	22.3	28.4	1100	368	6.23	3.60	110	73.5	155	94.7	1110	163	0.484	21.7
200×100	8.0	28.0	35.7	1360	446	6.17	3.54	136	89.3	193	117	1350	197	0.484	17.3
200×100	10.0	34.5	44.0	1640	529	6.10	3.47	164	106	235	141	1610	232	0.484	14.0
250×125	6.3	28.2	35.9	2210	742	7.84	4.55	176	119	246	151	2220	265	0.605	21.5
250×125	8.0	35.4	45.1	2730	909	7.78	4.49	219	145	307	188	2730	323	0.605	17.1
250×125	10.0	43.8	55.8	3320	1090	7.71	4.42	265	174	376	228	3290	385	0.605	13.8
250×125	12.5	53.9	68.7	4000	1290	7.63	4.34	320	207	458	276	3920	453	0.605	11.2
300×150	8.0	42.8	54.5	4810	1620	9.39	5.44	321	215	449	275	4850	481	0.726	17.0
300×150	10.0	53.0	67.5	5870	1950	9.32	5.37	391	260	551	336	5870	577	0.726	13.7
300×150	12.5	65.5	83.4	7120	2330	9.24	5.29	475	311	674	409	7050	686	0.726	11.1
300×150	16.0	82.5	105	8730	2810	9.12	5.17	582	374	837	503	8530	818	0.726	8.81
400×200	8.0	57.6	73.4	11700	3970	12.6	7.35	584	397	811	500	11900	890	0.969	16.8
400×200	10.0	71.5	91.1	14300	4830	12.5	7.28	717	483	1000	615	14500	1080	0.969	13.5
400×200	12.5	88.6	113	17500	5840	12.5	7.19	877	584	1230	753	17600	1300	0.969	10.9
400×200	16.0	112	143	21700	7140	12.3	7.07	1090	714	1540	936	21600	1580	0.969	8.64
500×250	10.0	90	115	28539	9682	15.8	9.2	1142	775	1585	976	28950	1739	1.21	13.5
500×250	12.5	112	142	35000	11800	15.7	9.10	1400	943	1960	1200	35300	2110	1.21	10.8
500×250	16.0	142	180	43700	14500	15.6	8.98	1750	1160	2460	1500	43700	2590	1.21	8.55

注：Celsius ® 为Tata公司的注册商标。关于热轧椭圆管（HFEHS）和Tata生产的Celsius ® 系列型钢之间关系的更完整的介绍可参见《钢结构建筑物设计：设计数据》（Steel Building Design：Design Date）中第12章的相关内容。

关于本表格的解释见本附录“截面尺寸和参数说明”中第2、第3节的相关内容。

BS EN 1993-1-1：2005
BS EN 10219-2：2006

冷成型圆管
(COLD-FORMED CIRCULAR HOLLOW SECTIONS)
Hybox ® CHS

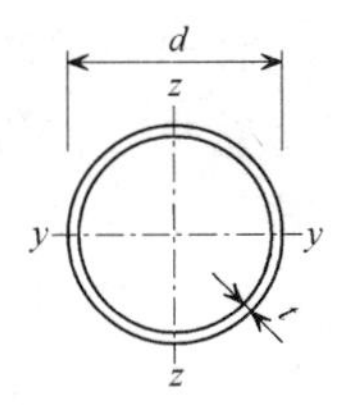

规格与参数

截面规格		每米质量	截面面积	局部屈曲比值	惯性矩	回转半径	弹性模量	塑性模量	扭转常数		表面积	
外径 d/mm	壁厚 t/mm	/kg · m^{-1}	A/cm^2	d/t	I/cm^4	i/cm	W_{el}/cm^3	W_{pl}/cm^3	I_T/cm^4	W_t/cm^3	每米 /m^2	每吨 /m^2
33. 7	3. 0	2. 27	2. 89	11. 2	3. 44	1. 09	2. 04	2. 84	6. 88	4. 08	0. 106	46. 6
42. 4	4. 0	3. 79	4. 83	10. 6	8. 99	1. 36	4. 24	5. 92	18. 0	8. 48	0. 133	35. 2
48. 3	3. 0	3. 35	4. 27	16. 1	11. 0	1. 61	4. 55	6. 17	22. 0	9. 11	0. 152	45. 3
48. 3	3. 5	3. 87	4. 93	13. 8	12. 4	1. 59	5. 15	7. 04	24. 9	10. 3	0. 152	39. 2
48. 3	4. 0	4. 37	5. 57	12. 1	13. 8	1. 57	5. 70	7. 87	27. 5	11. 4	0. 152	34. 7
60. 3	3. 0	4. 24	5. 40	20. 1	22. 2	2. 03	7. 37	9. 86	44. 4	14. 7	0. 189	44. 7
60. 3	4. 0	5. 55	7. 07	15. 1	28. 2	2. 00	9. 34	12. 7	56. 3	18. 7	0. 189	34. 1
76. 1	3. 0	5. 41	6. 89	25. 4	46. 1	2. 59	12. 1	16. 0	92. 2	24. 2	0. 239	44. 2
76. 1	4. 0	7. 11	9. 06	19. 0	59. 1	2. 55	15. 5	20. 8	118	31. 0	0. 239	33. 6
88. 9	3. 0	6. 36	8. 10	29. 6	74. 8	3. 04	16. 8	22. 1	150	33. 6	0. 279	43. 9
88. 9	3. 5	7. 37	9. 39	25. 4	85. 7	3. 02	19. 3	25. 5	171	38. 6	0. 279	37. 9
88. 9	4. 0	8. 38	10. 7	22. 2	96. 3	3. 00	21. 7	28. 9	193	43. 3	0. 279	33. 3
88. 9	5. 0	10. 3	13. 2	17. 8	116	2. 97	26. 2	35. 2	233	52. 4	0. 279	27. 0
88. 9	6. 3	12. 8	16. 3	14. 1	140	2. 93	31. 5	43. 1	280	63. 1	0. 279	21. 8
114. 3	3. 0	8. 23	10. 5	38. 1	163	3. 94	28. 4	37. 2	325	56. 9	0. 359	43. 6
114. 3	3. 5	9. 56	12. 2	32. 7	187	3. 92	32. 7	43. 0	374	65. 5	0. 359	37. 5
114. 3	4. 0	10. 9	13. 9	28. 6	211	3. 90	36. 9	48. 7	422	73. 9	0. 359	33. 0
114. 3	5. 0	13. 5	17. 2	22. 9	257	3. 87	45. 0	59. 8	514	89. 9	0. 359	26. 6
114. 3	6. 0	16. 0	20. 4	19. 1	300	3. 83	52. 5	70. 4	600	105	0. 359	22. 4
139. 7	4. 0	13. 4	17. 1	34. 9	393	4. 80	56. 2	73. 7	786	112	0. 439	32. 8
139. 7	5. 0	16. 6	21. 2	27. 9	481	4. 77	68. 8	90. 8	961	138	0. 439	26. 4
139. 7	6. 0	19. 8	25. 2	23. 3	564	4. 73	80. 8	107	1130	162	0. 439	22. 2
139. 7	8. 0	26. 0	33. 1	17. 5	720	4. 66	103	139	1440	206	0. 439	16. 9
139. 7	10. 0	32. 0	40. 7	14. 0	862	4. 60	123	169	1720	247	0. 439	13. 7
168. 3	4. 0	16. 2	20. 6	42. 1	697	5. 81	82. 8	108	1390	166	0. 529	32. 6
168. 3	5. 0	20. 1	25. 7	33. 7	856	5. 78	102	133	1710	203	0. 529	26. 3
168. 3	6. 0	24. 0	30. 6	28. 1	1010	5. 74	120	158	2020	240	0. 529	22. 0
168. 3	8. 0	31. 6	40. 3	21. 0	1300	5. 67	154	206	2600	308	0. 529	16. 7
168. 3	10. 0	39. 0	49. 7	16. 8	1560	5. 61	186	251	3130	372	0. 529	13. 5
168. 3	12. 5	48. 0	61. 2	13. 5	1870	5. 53	222	304	3740	444	0. 529	11. 0
193. 7	4. 0	18. 7	23. 8	48. 4	1070	6. 71	111	144	2150	222	0. 609	32. 5
193. 7	4. 5	21. 0	26. 7	43. 0	1200	6. 69	124	161	2400	247	0. 609	29. 0
193. 7	5. 0	23. 3	29. 6	38. 7	1320	6. 67	136	178	2640	273	0. 609	26. 2
193. 7	6. 0	27. 8	35. 4	32. 3	1560	6. 64	161	211	3120	322	0. 609	21. 9
193. 7	8. 0	36. 6	46. 7	24. 2	2020	6. 57	208	276	4030	416	0. 609	16. 6
193. 7	10. 0	45. 3	57. 7	19. 4	2440	6. 50	252	338	4880	504	0. 609	13. 4
193. 7	12. 5	55. 9	71. 2	15. 5	2930	6. 42	303	411	5870	606	0. 609	10. 9
219. 1	4. 5	23. 8	30. 3	48. 7	1750	7. 59	159	207	3490	319	0. 688	28. 9
219. 1	5. 0	26. 4	33. 6	43. 8	1930	7. 57	176	229	3860	352	0. 688	26. 1
219. 1	6. 0	31. 5	40. 2	36. 5	2280	7. 54	208	273	4560	417	0. 688	21. 8
219. 1	8. 0	41. 6	53. 1	27. 4	2960	7. 47	270	357	5920	540	0. 688	16. 5
219. 1	10. 0	51. 6	65. 7	21. 9	3600	7. 40	328	438	7200	657	0. 688	13. 3
219. 1	12. 0	61. 3	78. 1	18. 3	4200	7. 33	383	515	8400	767	0. 688	11. 2
219. 1	12. 5	63. 7	81. 1	17. 5	4350	7. 32	397	534	8690	793	0. 688	10. 8
219. 1	16. 0	80. 1	102	13. 7	5300	7. 20	483	661	10600	967	0. 688	8. 59

注：Hybox ® 为 Tata 公司的注册商标。关于冷成型圆管（CFCHS）和 Tata 生产的 Celsius ® 系列型钢之间关系的更完整的介绍可参见《钢结构建筑物设计：设计数据》(Steel Building Design：Design Date）中第 12 章的相关内容。
关于本表格的解释见本附录“截面尺寸和参数说明”中第 2、第 3 节的相关内容。

BS EN 1993-1-1：2005
BS EN 10219-2：2006

冷成型圆管
(COLD-FORMED CIRCULAR HOLLOW SECTIONS)
Hybox ® CHS

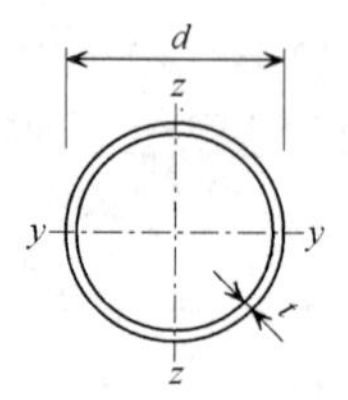

规格与参数

截面规格		每米质量	截面面积	局部屈曲比值	惯性矩	回转半径	弹性模量	塑性模量	扭转常数		表面积	
外径 d/mm	壁厚 t/mm	/kg·m^{-1}	A/cm^2	d/t	I/cm^4	i/cm	W_{el}/cm^3	W_{pl}/cm^3	I_T/cm^4	W_t/cm^3	每米 /m^2	每吨 /m^2
244.5	5.0	29.5	37.6	48.9	2700	8.47	221	287	5400	441	0.768	26.0
244.5	6.0	35.3	45.0	40.8	3200	8.43	262	341	6400	523	0.768	21.8
244.5	8.0	46.7	59.4	30.6	4160	8.37	340	448	8320	681	0.768	16.5
244.5	10.0	57.8	73.7	24.5	5070	8.30	415	550	10100	830	0.768	13.3
244.5	12.0	68.8	87.7	20.4	5940	8.23	486	649	11900	972	0.768	11.2
244.5	12.5	71.5	91.1	19.6	6150	8.21	503	673	12300	1010	0.768	10.7
244.5	16.0	90.2	115	15.3	7530	8.10	616	837	15100	1230	0.768	8.52
273.0	5.0	33.0	42.1	54.6	3780	9.48	277	359	7560	554	0.858	26.0
273.0	6.0	39.5	50.3	45.5	4490	9.44	329	428	8970	657	0.858	21.7
273.0	8.0	52.3	66.6	34.1	5850	9.37	429	562	11700	857	0.858	16.4
273.0	10.0	64.9	82.6	27.3	7150	9.31	524	692	14300	1050	0.858	13.2
273.0	12.0	77.2	98.4	22.8	8400	9.24	615	818	16800	1230	0.858	11.1
273.0	12.5	80.3	102	21.8	8700	9.22	637	849	17400	1270	0.858	10.7
273.0	16.0	101	129	17.1	10700	9.10	784	1060	21400	1570	0.858	8.46
323.9	5.0	39.3	50.1	64.8	6370	11.3	393	509	12700	787	1.02	25.9
323.9	6.0	47.0	59.9	54.0	7570	11.2	468	606	15100	935	1.02	21.6
323.9	8.0	62.3	79.4	40.5	9910	11.2	612	799	19800	1220	1.02	16.3
323.9	10.0	77.4	98.6	32.4	12200	11.1	751	986	24300	1500	1.02	13.1
323.9	12.0	92.3	118	27.0	14300	11.0	884	1170	28600	1770	1.02	11.0
323.9	12.5	96.0	122	25.9	14800	11.0	917	1210	29700	1830	1.02	10.6
323.9	16.0	121	155	20.2	18400	10.9	1140	1520	36800	2270	1.02	8.38
355.6	5.0	43.2	55.1	71.1	8460	12.4	476	615	16900	952	1.12	25.8
355.6	6.0	51.7	65.9	59.3	10100	12.4	566	733	20100	1130	1.12	21.6
355.6	8.0	68.6	87.4	44.5	13200	12.3	742	967	26400	1490	1.12	16.3
355.6	10.0	85.2	109	35.6	16200	12.2	912	1200	32400	1830	1.12	13.1
355.6	12.0	102	130	29.6	19100	12.2	1080	1420	38300	2150	1.12	11.0
355.6	12.5	106	135	28.4	19900	12.1	1120	1470	39700	2230	1.12	10.6
355.6	16.0	134	171	22.2	24700	12.0	1390	1850	49300	2770	1.12	8.34
406.4	6.0	59.2	75.5	67.7	15100	14.2	745	962	30300	1490	1.28	21.5
406.4	8.0	78.6	100	50.8	19900	14.1	978	1270	39700	1960	1.28	16.2
406.4	10.0	97.8	125	40.6	24500	14.0	1210	1570	49000	2410	1.28	13.1
406.4	12.0	117	149	33.9	28900	14.0	1420	1870	57900	2850	1.28	10.9
406.4	12.5	121	155	32.5	30000	13.9	1480	1940	60100	2960	1.28	10.5
406.4	16.0	154	196	25.4	37400	13.8	1840	2440	74900	3690	1.28	8.29
457.0	6.0	66.7	85.0	76.2	21600	15.9	946	1220	43200	1890	1.44	21.5
457.0	8.0	88.6	113	57.1	28400	15.9	1250	1610	56900	2490	1.44	16.2
457.0	10.0	110	140	45.7	35100	15.8	1540	2000	70200	3070	1.44	13.0
457.0	12.0	132	168	38.1	41600	15.7	1820	2380	83100	3640	1.44	10.9
457.0	12.5	137	175	36.6	43100	15.7	1890	2470	86300	3780	1.44	10.5
457.0	16.0	174	222	28.6	54000	15.6	2360	3110	108000	4720	1.44	8.25
508.0	6.0	74.3	94.6	84.7	29800	17.7	1170	1510	59600	2350	1.60	21.5
508.0	8.0	98.6	126	63.5	39300	17.7	1550	2000	78600	3090	1.60	16.2
508.0	10.0	123	156	50.8	48500	17.6	1910	2480	97000	3820	1.60	13.0
508.0	12.0	147	187	42.3	57500	17.5	2270	2950	115000	4530	1.60	10.9
508.0	12.5	153	195	40.6	59800	17.5	2350	3070	120000	4710	1.60	10.4
508.0	16.0	194	247	31.8	74900	17.4	2950	3870	150000	5900	1.60	8.22

注：Hybox ® 为Tata公司的注册商标。关于冷成型圆管（CFCHS）和Tata生产的Celsius ® 系列型钢之间关系的更完整的介绍可参见《钢结构建筑物设计：设计数据》(Steel Building Design：Design Date) 中第12章的相关内容。
关于本表格的解释见本附录"截面尺寸和参数说明"中第2、第3节的相关内容。

BS EN 1993-1-1：2005
BS EN 10219-2：2006

冷成型方管
(COLD-FORMED SQUARE HOLLOW SECTIONS)
Hybox® SHS

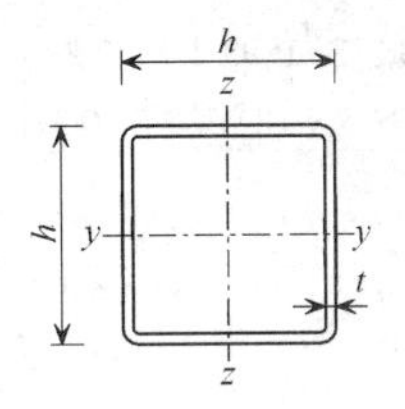

规格与参数

截面规格		每米质量	截面面积	局部屈曲比值	惯性矩	回转半径	弹性模量	塑性模量	扭转常数		表面积	
尺寸 $h\times h$ /mm×mm	壁厚 t/mm	/kg·m^{-1}	A/cm^2	c/t(1)	I/cm^4	i/cm	W_{el}/cm^3	W_{pl}/cm^3	I_T/cm^4	W_t/cm^3	每米 /m^2	每吨 /m^2
25×25	2.0	1.36	1.74	7.50	1.48	0.924	1.19	1.47	2.53	1.80	0.093	68.3
	2.5	1.64	2.09	5.00	1.69	0.899	1.35	1.71	2.97	2.07	0.091	55.7
	3.0	1.89	2.41	3.33	1.84	0.874	1.47	1.91	3.33	2.27	0.090	47.4
30×30	2.5	2.03	2.59	7.00	3.16	1.10	2.10	2.61	5.40	3.20	0.111	54.8
	3.0	2.36	3.01	5.00	3.50	1.08	2.34	2.96	6.15	3.58	0.110	46.5
40×40	2.0	2.31	2.94	15.0	6.94	1.54	3.47	4.13	11.3	5.23	0.153	66.4
	2.5	2.82	3.59	11.0	8.22	1.51	4.11	4.97	13.6	6.21	0.151	53.7
	3.0	3.30	4.21	8.33	9.32	1.49	4.66	5.72	15.8	7.07	0.150	45.3
	4.0	4.20	5.35	5.00	11.1	1.44	5.54	7.01	19.4	8.48	0.146	34.8
50×50	2.5	3.60	4.59	15.0	16.9	1.92	6.78	8.07	27.5	10.2	0.191	53.1
	3.0	4.25	5.41	11.7	19.5	1.90	7.79	9.39	32.1	11.8	0.190	44.7
	4.0	5.45	6.95	7.50	23.7	1.85	9.49	11.7	40.4	14.4	0.186	34.2
	5.0	6.56	8.36	5.00	27.0	1.80	10.8	13.7	47.5	16.6	0.183	27.9
60×60	3.0	5.19	6.61	15.0	35.1	2.31	11.7	14.0	57.1	17.7	0.230	44.3
	4.0	6.71	8.55	10.0	43.6	2.26	14.5	17.6	72.6	22.0	0.226	33.7
	5.0	8.13	10.4	7.00	50.5	2.21	16.8	20.9	86.4	25.6	0.223	27.4
70×70	2.5	5.17	6.59	23.0	49.4	2.74	14.1	16.5	78.5	21.2	0.271	52.5
	3.0	6.13	7.81	18.3	57.5	2.71	16.4	19.4	92.4	24.7	0.270	44.0
	3.5	7.06	8.99	15.0	65.1	2.69	18.6	22.2	106	28.0	0.268	38.0
	4.0	7.97	10.1	12.5	72.1	2.67	20.6	24.8	119	31.1	0.266	33.4
	5.0	9.70	12.4	9.00	84.6	2.62	24.2	29.6	142	36.7	0.263	27.1
80×80	3.0	7.07	9.01	21.7	87.8	3.12	22.0	25.8	140	33.0	0.310	43.8
	3.5	8.16	10.4	17.9	99.8	3.10	25.0	29.5	161	37.6	0.308	37.7
	4.0	9.22	11.7	15.0	111	3.07	27.8	33.1	180	41.8	0.306	33.2
	5.0	11.3	14.4	11.0	131	3.03	32.9	39.7	218	49.7	0.303	26.9
	6.0	13.2	16.8	8.33	149	2.98	37.3	45.8	252	56.6	0.299	22.7
90×90	3.0	8.01	10.2	25.0	127	3.53	28.3	33.0	201	42.5	0.350	43.6
	3.5	9.26	11.8	20.7	145	3.51	32.2	37.9	232	48.5	0.348	37.6
	4.0	10.5	13.3	17.5	162	3.48	36.0	42.6	261	54.2	0.346	33.0
	5.0	12.8	16.4	13.0	193	3.43	42.9	51.4	316	64.7	0.343	26.7
	6.0	15.1	19.2	10.0	220	3.39	49.0	59.5	368	74.2	0.339	22.5
100×100	3.0	8.96	11.4	28.3	177	3.94	35.4	41.2	279	53.2	0.390	43.5
	4.0	11.7	14.9	20.0	226	3.89	45.3	53.3	362	68.1	0.386	32.9
	5.0	14.4	18.4	15.0	271	3.84	54.2	64.6	441	81.7	0.383	26.6
	6.0	17.0	21.6	11.7	311	3.79	62.3	75.1	514	94.1	0.379	22.3
	8.0	21.4	27.2	7.50	366	3.67	73.2	91.1	645	114	0.366	17.1
120×120	4.0	14.2	18.1	25.0	402	4.71	67.0	78.3	637	101	0.466	32.7
	5.0	17.5	22.4	19.0	485	4.66	80.9	95.4	778	122	0.463	26.4
	6.0	20.7	26.4	15.0	562	4.61	93.7	112	913	141	0.459	22.1
	8.0	26.4	33.6	10.0	677	4.49	113	138	1160	175	0.446	16.9
	10.0	31.8	40.6	7.00	777	4.38	129	162	1380	203	0.437	13.7

注：Hybox® 为 Tata 公司的注册商标。关于冷成型方管（CFSHS）和 Tata 生产的 Celsius® 系列型钢之间关系的更完整的介绍可参见《钢结构建筑物设计：设计数据》（Steel Building Design：Design Date）中第 12 章的相关内容。

（1）计算局部屈曲时，$c=h-3t$。

关于本表格的解释见本附录“截面尺寸和参数说明”中第 2、第 3 节的相关内容。

BS EN 1993-1-1：2005
BS EN 10219-2：2006

冷成型方管 (COLD-FORMED SQUARE HOLLOW SECTIONS) Hybox ® SHS

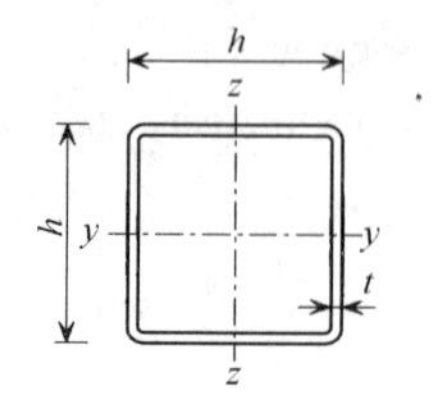

规格与参数

截面规格		每米质量	截面面积	局部屈曲比值	惯性矩	回转半径	弹性模量	塑性模量	扭转常数		表面积	
尺寸 $h\times h$ /mm×mm	壁厚 t/mm	/kg·m^{-1}	A/cm^2	$c/t^{(1)}$	I/cm^4	i/cm	W_{el}/cm^3	W_{pl}/cm^3	I_T/cm^4	W_t/cm^3	每米 /m^2	每吨 /m^2
140×140	4.0	16.8	21.3	30.0	652	5.52	93.1	108	1020	140	0.546	32.6
	5.0	20.7	26.4	23.0	791	5.48	113	132	1260	170	0.543	26.2
	6.0	24.5	31.2	18.3	920	5.43	131	155	1480	198	0.539	22.0
	8.0	31.4	40.0	12.5	1130	5.30	161	194	1900	248	0.526	16.7
	10.0	38.1	48.6	9.00	1310	5.20	187	230	2270	291	0.517	13.6
150×150	4.0	18.0	22.9	32.5	808	5.93	108	125	1270	162	0.586	32.5
	5.0	22.3	28.4	25.0	982	5.89	131	153	1550	197	0.583	26.2
	6.0	26.4	33.6	20.0	1150	5.84	153	180	1830	230	0.579	21.9
	8.0	33.9	43.2	13.8	1410	5.71	188	226	2360	289	0.566	16.7
	10.0	41.3	52.6	10.0	1650	5.61	220	269	2840	341	0.557	13.5
160×160	4.0	19.3	24.5	35.0	987	6.34	123	143	1540	185	0.626	32.5
	5.0	23.8	30.4	27.0	1200	6.29	150	175	1900	226	0.623	26.1
	6.0	28.3	36.0	21.7	1410	6.25	176	206	2240	264	0.619	21.9
	8.0	36.5	46.4	15.0	1740	6.12	218	260	2900	334	0.606	16.6
	10.0	44.4	56.6	11.0	2050	6.02	256	311	3490	395	0.597	13.4
180×180	5.0	27.0	34.4	31.0	1740	7.11	193	224	2720	290	0.703	26.1
	6.0	32.1	40.8	25.0	2040	7.06	226	264	3220	340	0.699	21.8
	8.0	41.5	52.8	17.5	2550	6.94	283	336	4190	432	0.686	16.5
	10.0	50.7	64.6	13.0	3020	6.84	335	404	5070	515	0.677	13.4
	12.0	58.5	74.5	10.0	3320	6.68	369	454	5870	584	0.658	11.3
	12.5	60.5	77.0	9.40	3410	6.65	378	467	6050	600	0.656	10.8
200×200	5.0	30.1	38.4	35.0	2410	7.93	241	279	3760	362	0.783	26.0
	6.0	35.8	45.6	28.3	2830	7.88	283	330	4460	426	0.779	21.8
	8.0	46.5	59.2	20.0	3570	7.76	357	421	5820	544	0.766	16.5
	10.0	57.0	72.6	15.0	4250	7.65	425	508	7070	651	0.757	13.3
	12.0	66.0	84.1	11.7	4730	7.50	473	576	8230	743	0.738	11.2
	12.5	68.3	87.0	11.0	4860	7.47	486	594	8500	765	0.736	10.8
250×250	6.0	45.2	57.6	36.7	5670	9.92	454	524	8840	681	0.979	21.6
	8.0	59.1	75.2	26.3	7230	9.80	578	676	11600	878	0.966	16.3
	10.0	72.7	92.6	20.0	8710	9.70	697	822	14200	1060	0.957	13.2
	12.0	84.8	108	15.8	9860	9.55	789	944	16700	1230	0.938	11.1
	12.5	88.0	112	15.0	10200	9.52	813	975	17300	1270	0.936	10.6
300×300	6.0	54.7	69.6	45.0	9960	12.0	664	764	15400	997	1.18	21.6
	8.0	71.6	91.2	32.5	12800	11.8	853	991	20300	1290	1.17	16.3
	10.0	88.4	113	25.0	15500	11.7	1040	1210	25000	1570	1.16	13.1
	12.0	104	132	20.0	17800	11.6	1180	1400	29500	1830	1.14	11.0
	12.5	108	137	19.0	18300	11.6	1220	1450	30600	1890	1.14	10.6
350×350	8.0	84.2	107	38.8	20700	13.9	1180	1370	32600	1790	1.37	16.2
	10.0	104	133	30.0	25200	13.8	1440	1680	40100	2180	1.36	13.0
	12.0	123	156	24.2	29100	13.6	1660	1950	47600	2550	1.34	10.9
	12.5	127	162	23.0	30000	13.6	1720	2020	49400	2640	1.34	10.5
400×400	8.0	96.7	123	45.0	31300	15.9	1560	1800	48900	2360	1.57	16.2
	10.0	120	153	35.0	38200	15.8	1910	2210	60400	2890	1.56	13.0
	12.0	141	180	28.3	44300	15.7	2220	2590	71800	3400	1.54	10.9
	12.5	147	187	27.0	45900	15.7	2290	2680	74600	3520	1.54	10.5

注：Hybox ® 为Tata公司的注册商标。关于冷成型方管（CFSHS）和Tata生产的Celsius ® 系列型钢之间关系的更完整的介绍可参见《钢结构建筑物设计：设计数据》（Steel Building Design：Design Date）中第12章的相关内容。
(1) 计算局部屈曲时，$c=h-3t$。
关于本表格的解释见本附录“截面尺寸和参数说明”中第2、第3节的相关内容。

BS EN 1993-1-1：2005
BS EN 10219-2：2006

冷成型矩形管
(COLD-FORMED RECTANGULAR HOLLOW SECTIONS)
Hybox ® RHS

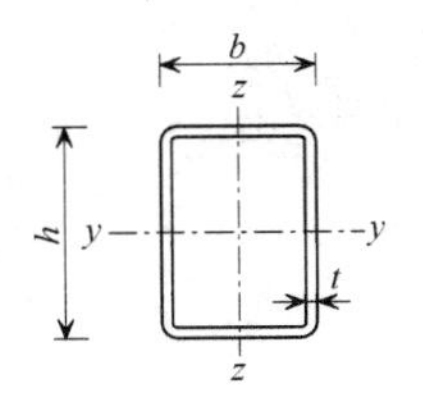

规格与参数

截面规格		每米质量 /kg·m⁻¹	截面面积 A/cm²	局部屈曲比值		惯性矩		回转半径		弹性模量		塑性模量		扭转常数		表面积	
尺寸 $h\times b$ /mm×mm	壁厚 t/mm			c_w/t(1)	c_f/t(1)	y-y 轴 /cm⁴	z-z 轴 /cm⁴	y-y 轴 /cm	z-z 轴 /cm	y-y 轴 /cm³	z-z 轴 /cm³	y-y 轴 /cm³	z-z 轴 /cm³	I_T /cm⁴	W_t /cm³	每米 /m²	每吨 /m²
50×25	2.0	2.15	2.74	20.0	7.50	8.38	2.81	1.75	1.01	3.35	2.25	4.26	2.62	7.06	3.92	0.143	66.6
50×25	3.0	3.07	3.91	11.7	3.33	11.2	3.67	1.69	0.969	4.47	2.93	5.86	3.56	9.64	5.18	0.140	45.5
50×30	2.5	2.82	3.59	15.0	7.00	11.3	5.05	1.77	1.19	4.52	3.37	5.70	3.98	11.7	5.72	0.151	53.7
	3.0	3.30	4.21	11.7	5.00	12.8	5.70	1.75	1.16	5.13	3.80	6.57	4.58	13.5	6.49	0.150	45.3
	4.0	4.20	5.35	7.50	2.50	15.3	6.69	1.69	1.12	6.10	4.46	8.05	5.58	16.5	7.71	0.146	34.8
60×30	3.0	3.77	4.81	15.0	5.00	20.5	6.80	2.06	1.19	6.83	4.53	8.82	5.39	17.5	7.95	0.170	45.0
	4.0	4.83	6.15	10.0	2.50	24.7	8.06	2.00	1.14	8.23	5.37	10.9	6.62	21.5	9.52	0.166	34.5
60×40	3.0	4.25	5.41	15.0	8.33	25.4	13.4	2.17	1.58	8.46	6.72	10.5	7.94	29.3	11.2	0.190	44.7
	4.0	5.45	6.95	10.0	5.00	31.0	16.3	2.11	1.53	10.3	8.14	13.2	9.89	36.7	13.7	0.186	34.2
	5.0	6.56	8.36	7.00	3.00	35.3	18.4	2.06	1.48	11.8	9.21	15.4	11.5	42.8	15.6	0.183	27.9
70×40	3.0	4.72	6.01	18.3	8.33	37.3	15.5	2.49	1.61	10.7	7.75	13.4	9.05	36.5	13.2	0.210	44.5
	4.0	6.08	7.75	12.5	5.00	46.0	18.9	2.44	1.56	13.1	9.44	16.8	11.3	45.8	16.2	0.206	33.9
70×50	3.0	5.19	6.61	18.3	11.7	44.1	26.1	2.58	1.99	12.6	10.4	15.4	12.2	53.6	17.1	0.230	44.3
	4.0	6.71	8.55	12.5	7.50	54.7	32.2	2.53	1.94	15.6	12.9	19.5	15.4	68.1	21.2	0.226	33.7
80×40	3.0	5.19	6.61	21.7	8.33	52.3	17.6	2.81	1.63	13.1	8.78	16.5	10.2	43.9	15.3	0.230	44.3
	4.0	6.71	8.55	15.0	5.00	64.8	21.5	2.75	1.59	16.2	10.7	20.9	12.8	55.2	18.8	0.226	33.7
	5.0	8.13	10.4	11.0	3.00	75.1	24.6	2.69	1.54	18.8	12.3	24.7	15.0	65.0	21.7	0.223	27.4
80×50	3.0	5.66	7.21	21.7	11.7	61.1	29.4	2.91	2.02	15.3	11.8	18.8	13.6	65.0	19.7	0.250	44.1
	4.0	7.34	9.35	15.0	7.50	76.4	36.5	2.86	1.98	19.1	14.6	24.0	17.2	82.7	24.6	0.246	33.6
	5.0	8.91	11.4	11.0	5.00	89.2	42.3	2.80	1.93	22.3	16.9	28.5	20.5	98.4	28.7	0.243	27.2
80×60	3.0	6.13	7.81	21.7	15.0	70.0	44.9	3.00	2.40	17.5	15.0	21.2	17.4	88.3	24.1	0.270	44.0
	4.0	7.97	10.1	15.0	10.0	87.9	56.1	2.94	2.35	22.0	18.7	27.0	22.1	113	30.3	0.266	33.4
	5.0	9.70	12.4	11.0	7.00	103	65.7	2.89	2.31	25.8	21.9	32.2	26.4	136	35.7	0.263	27.1
90×50	3.0	6.13	7.81	25.0	11.7	81.9	32.7	3.24	2.05	18.2	13.1	22.6	15.0	76.7	22.4	0.270	44.0
	4.0	7.97	10.1	17.5	7.50	103	40.7	3.18	2.00	22.8	16.3	28.8	19.1	97.7	28.0	0.266	33.4
	5.0	9.70	12.4	13.0	5.00	121	47.4	3.12	1.96	26.8	18.9	34.4	22.7	116	32.7	0.263	27.1
100×40	3.0	6.13	7.81	28.3	8.33	92.3	21.7	3.44	1.67	18.5	10.8	23.7	12.4	59.0	19.4	0.270	44.0
	4.0	7.97	10.1	20.0	5.00	116	26.7	3.38	1.62	23.1	13.3	30.3	15.7	74.5	24.0	0.266	33.4
	5.0	9.70	12.4	15.0	3.00	136	30.8	3.31	1.58	27.1	15.4	36.1	18.5	87.9	27.9	0.263	27.1
100×50	3.0	6.60	8.41	28.3	11.7	106	36.1	3.56	2.07	21.3	14.4	26.7	16.4	88.6	25.0	0.290	43.9
	4.0	8.59	10.9	20.0	7.50	134	44.9	3.50	2.03	26.8	18.0	34.1	20.9	113	31.3	0.286	33.3
	5.0	10.5	13.4	15.0	5.00	158	52.5	3.44	1.98	31.6	21.0	40.8	25.0	135	36.8	0.283	27.0
	6.0	12.3	15.6	11.7	3.33	179	58.7	3.38	1.94	35.8	23.5	46.9	28.5	154	41.4	0.279	22.8
100×60	3.0	7.07	9.01	28.3	15.0	121	54.6	3.66	2.46	24.1	18.2	29.6	20.8	122	30.6	0.310	43.8
	3.5	8.16	10.4	23.6	12.1	137	61.9	3.63	2.44	27.4	20.6	33.8	23.8	139	34.8	0.308	37.7
	4.0	9.22	11.7	20.0	10.0	153	68.7	3.60	2.42	30.5	22.9	37.9	26.6	156	38.7	0.306	33.2
	5.0	11.3	14.4	15.0	7.00	181	80.8	3.55	2.37	36.2	26.9	45.6	31.9	188	45.8	0.303	26.9
	6.0	13.2	16.8	11.7	5.00	205	91.2	3.49	2.33	41.1	30.4	52.5	36.6	216	51.9	0.299	22.7
100×80	3.0	8.01	10.2	28.3	21.7	149	106	3.82	3.22	29.8	26.4	35.4	30.4	196	41.9	0.350	43.6
	4.0	10.5	13.3	20.0	15.0	189	134	3.77	3.17	37.9	33.5	45.6	39.2	254	53.4	0.346	33.0
	5.0	12.8	16.4	15.0	11.0	226	160	3.72	3.12	45.2	39.9	55.1	47.2	308	63.7	0.343	26.7

注：Hybox ® 为 Tata 公司的注册商标。关于冷成型矩形管（CFRHS）和 Tata 生产的 Celsius ® 系列型钢之间关系的更完整的介绍可参见《钢结构建筑物设计：设计数据》(Steel Building Design：Design Date）中第 12 章的相关内容。

(1) 计算局部屈曲时，$c = h - 3t$ 和 $c_f = b - 3t$。

关于本表格的解释见本附录“截面尺寸和参数说明”中第 2、第 3 节的相关内容。

BS EN 1993-1-1：2005
BS EN 10219-2：2006

冷成型矩形管
(COLD-FORMED RECTANGULAR HOLLOW SECTIONS)
Hybox® RHS

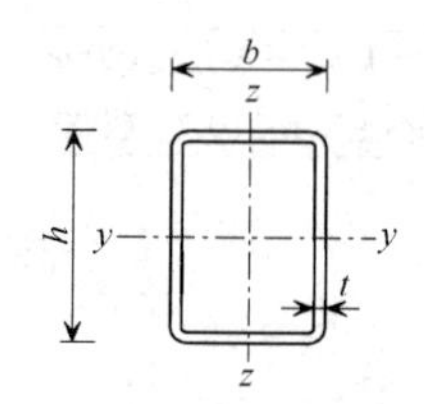

规格与参数

截面规格		每米质量	截面面积	局部屈曲比值		惯性矩		回转半径		弹性模量		塑性模量		扭转常数		表面积	
尺寸 $h\times b$ /mm×mm	壁厚 t/mm	/kg·m^{-1}	A/cm^2	c_w/t(1)	c_f/t(1)	y-y 轴 /cm^4	z-z 轴 /cm^4	y-y 轴 /cm	z-z 轴 /cm	y-y 轴 /cm^3	z-z 轴 /cm^3	y-y 轴 /cm^3	z-z 轴 /cm^3	I_T /cm^4	W_t /cm^3	每米 /m^2	每吨 /m^2
120×40	3.0	7.07	9.01	35.0	8.33	148	25.8	4.05	1.69	24.7	12.9	32.2	14.6	74.6	23.5	0.310	43.8
	4.0	9.22	11.7	25.0	5.00	187	31.9	3.99	1.65	31.1	15.9	41.2	18.5	94.2	29.2	0.306	33.2
	5.0	11.3	14.4	19.0	3.00	221	36.9	3.92	1.60	36.8	18.5	49.4	22.0	111	34.1	0.303	26.9
120×60	3.0	8.01	10.2	35.0	15.0	189	64.4	4.30	2.51	31.5	21.5	39.2	24.2	156	37.1	0.350	43.6
	3.5	9.26	11.8	29.3	12.1	216	73.1	4.28	2.49	35.9	24.4	44.9	27.7	179	42.2	0.348	37.6
	4.0	10.5	13.3	25.0	10.0	241	81.2	4.25	2.47	40.1	27.1	50.5	31.1	201	47.0	0.346	33.0
	5.0	12.8	16.4	19.0	7.00	287	96.0	4.19	2.42	47.8	32.0	60.9	37.4	242	55.8	0.343	26.7
	6.0	15.1	19.2	15.0	5.00	328	109	4.13	2.38	54.7	36.3	70.6	43.1	280	63.6	0.339	22.5
120×80	4.0	11.7	14.9	25.0	15.0	295	157	4.44	3.24	49.1	39.3	59.8	45.2	331	64.9	0.386	32.9
	5.0	14.4	18.4	19.0	11.0	353	188	4.39	3.20	58.9	46.9	72.4	54.7	402	77.8	0.383	26.6
	6.0	17.0	21.6	15.0	8.33	406	215	4.33	3.15	67.7	53.8	84.3	63.5	469	89.4	0.379	22.3
	8.0	21.4	27.2	10.0	5.00	476	252	4.18	3.04	79.3	62.9	102	76.9	584	108	0.366	17.1
140×80	3.0	9.90	12.6	41.7	21.7	334	141	5.15	3.35	47.8	35.3	58.2	39.6	317	59.7	0.430	43.4
	4.0	13.0	16.5	30.0	15.0	430	180	5.10	3.30	61.4	45.1	75.5	51.3	412	76.5	0.426	32.8
	5.0	16.0	20.4	23.0	11.0	517	216	5.04	3.26	73.9	54.0	91.8	62.2	501	91.8	0.423	26.5
	6.0	18.9	24.0	18.3	8.33	597	248	4.98	3.21	85.3	62.0	107	72.4	584	106	0.419	22.2
	8.0	23.9	30.4	12.5	5.00	708	293	4.82	3.10	101	73.3	131	88.4	731	129	0.406	17.0
	10.0	28.7	36.6	9.00	3.00	804	330	4.69	3.01	115	82.6	152	103	851	147	0.397	13.8
150×100	3.0	11.3	14.4	45.0	28.3	461	248	5.65	4.15	61.4	49.5	73.5	55.8	507	81.4	0.490	43.3
	4.0	14.9	18.9	32.5	20.0	595	319	5.60	4.10	79.3	63.7	95.7	72.5	662	105	0.486	32.7
	5.0	18.3	23.4	25.0	15.0	719	384	5.55	4.05	95.9	76.8	117	88.3	809	127	0.483	26.3
	6.0	21.7	27.6	20.0	11.7	835	444	5.50	4.01	111	88.8	137	103	948	147	0.479	22.1
	8.0	27.7	35.2	13.8	7.50	1010	536	5.35	3.90	134	107	169	128	1210	182	0.466	16.8
	10.0	33.4	42.6	10.0	5.00	1160	614	5.22	3.80	155	123	199	150	1430	211	0.457	13.7
160×80	4.0	14.2	18.1	35.0	15.0	598	204	5.74	3.35	74.7	50.9	92.9	57.4	494	88.0	0.466	32.7
	5.0	17.5	22.4	27.0	11.0	722	244	5.68	3.30	90.2	61.0	113	69.7	601	106	0.463	26.4
	6.0	20.7	26.4	21.7	8.33	836	281	5.62	3.26	105	70.2	132	81.3	702	122	0.459	22.1
	8.0	26.4	33.6	15.0	5.00	1000	335	5.46	3.16	125	83.7	163	100	882	150	0.446	16.9
180×80	4.0	15.5	19.7	40.0	15.0	802	227	6.37	3.39	89.1	56.7	112	63.5	578	99.6	0.506	32.7
	5.0	19.1	24.4	31.0	11.0	971	272	6.31	3.34	108	68.1	137	77.2	704	120	0.503	26.3
	6.0	22.6	28.8	25.0	8.33	1130	314	6.25	3.30	125	78.5	160	90.2	823	139	0.499	22.1
	8.0	28.9	36.8	17.5	5.00	1360	377	6.08	3.20	151	94.1	198	111	1040	170	0.486	16.8
	10.0	35.0	44.6	13.0	3.00	1570	429	5.94	3.10	174	107	234	131	1210	196	0.477	13.6
180×100	4.0	16.8	21.3	40.0	20.0	926	374	6.59	4.18	103	74.8	126	84.0	854	127	0.546	32.6
	5.0	20.7	26.4	31.0	15.0	1120	452	6.53	4.14	125	90.4	154	103	1050	154	0.543	26.2
	6.0	24.5	31.2	25.0	11.7	1310	524	6.48	4.10	146	105	181	120	1230	179	0.539	22.0
	8.0	31.4	40.0	17.5	7.50	1600	637	6.32	3.99	178	127	226	150	1570	222	0.526	16.7
	10.0	38.1	48.6	13.0	5.00	1860	736	6.19	3.89	207	147	268	177	1860	260	0.517	13.6

注：Hybox® 为 Tata 公司的注册商标。关于冷成型矩形管（CFRHS）和 Tata 生产的 Celsius® 系列型钢之间关系的更完整的介绍可参见《钢结构建筑物设计：设计数据》（Steel Building Design：Design Date）中第 12 章的相关内容。

（1）计算局部屈曲时，$c=h-3t$ 和 $c_f=b-3t$。

关于本表格的解释见本附录“截面尺寸和参数说明”中第 2、第 3 节的相关内容。

BS EN 1993-1-1：2005
BS EN 10219-2：2006

冷成型矩形管
(COLD-FORMED RECTANGULAR HOLLOW SECTIONS)
Hybox ® RHS

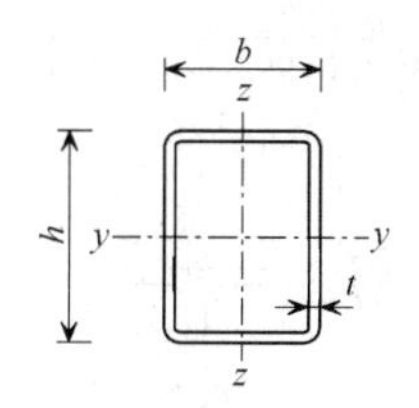

规格与参数

截面规格		每米质量 /kg·m^{-1}	截面面积 A/cm^2	局部屈曲比值		惯性矩		回转半径		弹性模量		塑性模量		扭转常数		表面积	
尺寸 $h \times b$ /mm×mm	厚度 t/mm			c_w/t(1)	c_f/t(1)	y-y 轴 /cm^4	z-z 轴 /cm^4	y-y 轴 /cm	z-z 轴 /cm	y-y 轴 /cm^3	z-z 轴 /cm^3	y-y 轴 /cm^3	z-z 轴 /cm^3	I_T /cm^4	W_t /cm^3	每米 /m^2	每吨 /m^2
200×100	4.0	18.0	22.9	45.0	20.0	1200	411	7.23	4.23	120	82.2	148	91.7	985	142	0.586	32.5
	5.0	22.3	28.4	35.0	15.0	1460	497	7.17	4.19	146	99.4	181	112	1210	172	0.583	26.2
	6.0	26.4	33.6	28.3	11.7	1700	577	7.12	4.14	170	115	213	132	1420	200	0.579	21.9
	8.0	33.9	43.2	20.0	7.50	2090	705	6.95	4.04	209	141	267	165	1810	250	0.566	16.7
	10.0	41.3	52.6	15.0	5.00	2440	818	6.82	3.94	244	164	318	195	2150	292	0.557	13.5
200×120	4.0	19.3	24.5	45.0	25.0	1350	618	7.43	5.02	135	103	164	115	1350	172	0.626	32.5
	5.0	23.8	30.4	35.0	19.0	1650	750	7.37	4.97	165	125	201	141	1650	210	0.623	26.1
	6.0	28.3	36.0	28.3	15.0	1930	874	7.32	4.93	193	146	237	166	1950	245	0.619	21.9
	8.0	36.5	46.4	20.0	10.0	2390	1080	7.17	4.82	239	180	298	209	2510	308	0.606	16.6
	10.0	44.4	56.6	15.0	7.00	2810	1260	7.04	4.72	281	210	356	250	3010	364	0.597	13.4
200×150	4.0	21.2	26.9	45.0	32.5	1580	1020	7.67	6.16	158	136	187	154	1940	219	0.686	32.4
	5.0	26.2	33.4	35.0	25.0	1940	1250	7.62	6.11	193	166	230	189	2390	267	0.683	26.1
	6.0	31.1	39.6	28.3	20.0	2270	1460	7.56	6.06	227	194	271	223	2830	313	0.679	21.8
	8.0	40.2	51.2	20.0	13.8	2830	1820	7.43	5.95	283	242	344	283	3670	396	0.666	16.5
	10.0	49.1	62.6	15.0	10.0	3350	2140	7.31	5.85	335	286	413	339	4430	471	0.657	13.4
250×150	5.0	30.1	38.4	45.0	25.0	3300	1510	9.28	6.27	264	201	320	225	3290	337	0.783	26.0
	6.0	35.8	45.6	36.7	20.0	3890	1770	9.23	6.23	311	236	378	266	3890	396	0.779	21.8
	8.0	46.5	59.2	26.3	13.8	4890	2220	9.08	6.12	391	296	482	340	5050	504	0.766	16.5
	10.0	57.0	72.6	20.0	10.0	5830	2630	8.96	6.02	466	351	582	409	6120	602	0.757	13.3
	12.0	66.0	84.1	15.8	7.50	6460	2930	8.77	5.90	517	390	658	463	7090	684	0.738	11.2
	12.5	68.3	87.0	15.0	7.00	6630	3000	8.73	5.87	531	400	678	477	7320	704	0.736	10.8
300×100	6.0	35.8	45.6	45.0	11.7	4780	842	10.2	4.30	318	168	411	188	2400	306	0.779	21.8
	8.0	46.5	59.2	32.5	7.50	5980	1050	10.0	4.20	399	209	523	238	3080	385	0.766	16.5
	10.0	57.0	72.6	25.0	5.00	7110	1220	9.90	4.11	474	245	631	285	3680	455	0.757	13.3
	12.5	68.3	87.0	19.0	3.00	8010	1370	9.59	3.97	534	275	732	330	4290	521	0.736	10.8
300×200	6.0	45.2	57.6	45.0	28.3	7370	3960	11.3	8.29	491	396	588	446	8120	651	0.979	21.6
	8.0	59.1	75.2	32.5	20.0	9390	5040	11.2	8.19	626	504	757	574	10600	838	0.966	16.3
	10.0	72.7	92.6	25.0	15.0	11300	6060	11.1	8.09	754	606	921	698	13000	1010	0.957	13.2
	12.0	84.8	108	20.0	11.7	12800	6850	10.9	7.96	853	685	1060	801	15200	1170	0.938	11.1
	12.5	88.0	112	19.0	11.0	13200	7060	10.8	7.94	879	706	1090	828	15800	1200	0.936	10.6
400×200	8.0	71.6	91.2	45.0	20.0	19000	6520	14.4	8.45	949	652	1170	728	15800	1130	1.17	16.3
	10.0	88.4	113	35.0	15.0	23000	7860	14.3	8.36	1150	786	1430	888	19400	1370	1.16	13.1
	12.0	104	132	28.3	11.7	26200	8980	14.1	8.24	1310	898	1660	1030	22800	1590	1.14	11.0
	12.5	108	137	27.0	11.0	27100	9260	14.1	8.22	1360	926	1710	1060	23600	1640	1.14	10.6
450×250	8.0	84.2	107	51.3	26.3	29300	11900	16.5	10.5	1300	953	1590	1060	27200	1630	1.37	16.2
	10.0	104	133	40.0	20.0	35700	14500	16.4	10.4	1590	1160	1950	1300	33500	1980	1.36	13.0
	12.0	123	156	32.5	15.8	41100	16700	16.2	10.3	1830	1330	2260	1520	39600	2310	1.34	10.9
	12.5	127	162	31.0	15.0	42500	17200	16.2	10.3	1890	1380	2350	1570	41100	2390	1.34	10.5
500×300	8.0	96.7	123	57.5	32.5	42800	19600	18.6	12.6	1710	1310	2060	1460	42800	2200	1.57	16.2
	10.0	120	153	45.0	25.0	52300	23900	18.5	12.5	2090	1600	2540	1790	52700	2690	1.56	13.0
	12.0	141	180	36.7	20.0	60600	27700	18.3	12.4	2420	1850	2960	2090	62600	3160	1.54	10.9
	12.5	147	187	35.0	19.0	62700	28700	18.3	12.4	2510	1910	3070	2170	65000	3270	1.54	10.5

注：Hybox ® 为 Tata 公司的注册商标。关于冷成型矩形管（CFRHS）和 Tata 生产的 Celsius ® 系列型钢之间关系的更完整的介绍可参见《钢结构建筑物设计：设计数据》（Steel Building Design：Design Date）中第 12 章的相关内容。

(1) 计算局部屈曲时，$c = h - 3t$ 和 $c_f = b - 3t$。

关于本表格的解释见本附录“截面尺寸和参数说明”中第 2、第 3 节的相关内容。

BS EN 1993-1-1：2005
Tata ASB

非对称梁（ASB）
（ASYMMETRIC BEAMS）

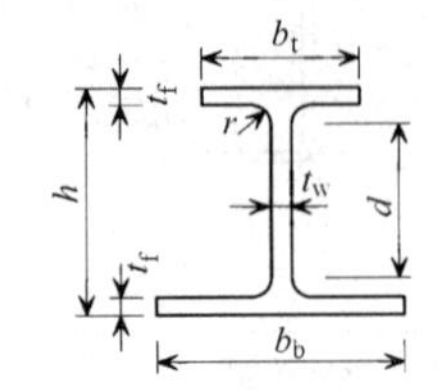

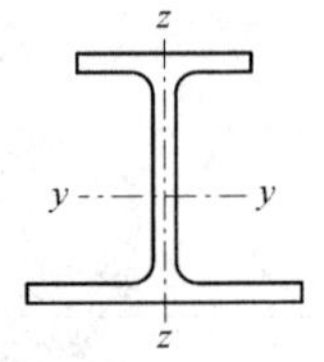

规格与参数

截面规格	每米质量 /kg·m⁻¹	截面高度 h/mm	翼缘宽度 上部 b_t/mm	翼缘宽度 下部 b_b/mm	厚度 腹板 t_w/mm	厚度 翼缘 t_f/mm	内圆弧半径 r/mm	内圆角间距 d/mm	局部屈曲比值 翼缘 c_{ft}/t_f	局部屈曲比值 翼缘 c_{fb}/t_f	局部屈曲比值 腹板 c_w/t_w	惯性矩 y-y 轴 /cm⁴	惯性矩 z-z 轴 /cm⁴	表面积 每米 /m²	表面积 每吨 /m²
300 ASB 249 ^	249	342	203	313	40.0	40.0	27.0	208	1.36	2.74	5.20	52900	13200	1.59	6.38
300 ASB 196	196	342	183	293	20.0	40.0	27.0	208	1.36	2.74	10.4	45900	10500	1.55	7.93
300 ASB 185 ^	185	320	195	305	32.0	29.0	27.0	208	1.88	3.78	6.50	35700	8750	1.53	8.29
300 ASB 155	155	326	179	289	16.0	32.0	27.0	208	1.70	3.42	13.0	34500	7990	1.51	9.71
300 ASB 153 ^	153	310	190	300	27.0	24.0	27.0	208	2.27	4.56	7.70	28400	6840	1.50	9.81
280 ASB 136 ^	136	288	190	300	25.0	22.0	24.0	196	2.66	5.16	7.84	22200	6260	1.46	10.7
280 ASB 124	124	296	178	288	13.0	26.0	24.0	196	2.25	4.37	15.1	23500	6410	1.46	11.8
280 ASB 105	105	288	176	286	11.0	22.0	24.0	196	2.66	5.16	17.8	19200	5300	1.44	13.7
280 ASB 100 ^	100	276	184	294	19.0	16.0	24.0	196	3.66	7.09	10.3	15500	4250	1.43	14.2
280 ASB 74	73.6	272	175	285	10.0	14.0	24.0	196	4.18	8.11	19.6	12200	3330	1.40	19.1

注：^型钢截面采用厚腹板是为了满足防火要求。

关于本表格的解释见本附录“截面尺寸和参数说明”中第2、第3节的相关内容。

非对称梁（ASB）
（ASYMMETRIC BEAMS）

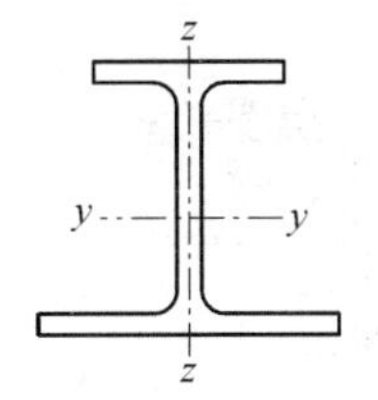

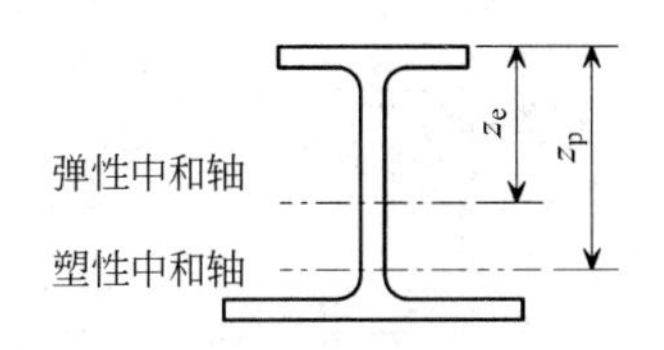

规格与参数

截面规格	回转半径		弹性模量			中和轴位置		塑性模量		屈曲系数 U	扭转指标 X	单轴对称指数*	翘曲常数 I_w/dm^6	扭转常数 I_T/cm^4	截面面积 A/cm^2
	y-y 轴 /cm	z-z 轴 /cm	y-y 轴上部 /cm^3	y-y 轴下部 /cm^3	z-z 轴 /cm^3	弹性 z_e/cm	塑性 z_p/cm	y-y 轴 /cm^3	z-z 轴 /cm^3						
300 ASB 249 ^	12.9	6.40	2760	3530	843	19.2	22.6	3760	1510	0.820	6.80	0.663	2.00	2000	318
300 ASB 196	13.6	6.48	2320	3180	714	19.8	28.1	3060	1230	0.840	7.86	0.895	1.50	1180	249
300 ASB 185 ^	12.3	6.10	1980	2540	574	18.0	21.0	2660	1030	0.820	8.56	0.662	1.20	871	235
300 ASB 155	13.2	6.35	1830	2520	553	18.9	27.3	2360	950	0.840	9.40	0.868	1.07	620	198
300 ASB 153 ^	12.1	5.93	1630	2090	456	17.4	20.4	2160	817	0.820	9.97	0.643	0.895	513	195
280 ASB 136 ^	11.3	6.00	1370	1770	417	16.3	19.2	1810	741	0.810	10.2	0.628	0.710	379	174
280 ASB 124	12.2	6.37	1360	1900	445	17.3	25.7	1730	761	0.830	10.5	0.807	0.721	332	158
280 ASB 105	12.0	6.30	1150	1610	370	16.8	25.3	1440	633	0.830	12.1	0.777	0.574	207	133
280 ASB 100 ^	11.0	5.76	995	1290	289	15.6	18.4	1290	511	0.810	13.2	0.616	0.451	160	128
280 ASB 74	11.4	5.96	776	1060	234	15.7	21.3	978	403	0.830	16.7	0.699	0.338	72.0	93.7

注：^型钢截面采用厚腹板是为了满足防火要求。

＊宽翼缘受压时单轴对称指数为正，窄翼缘受压时单轴对称指数为负。

关于本表格的解释见本附录“截面尺寸和参数说明”中第2、第3节的相关内容。

BS EN 1993-1-1：2005
BS 4-1：2005

平行翼缘槽钢
(PARALLEL FLANGE CHANNELS)
Advance UKPFC

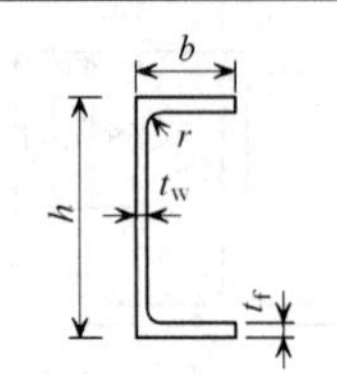

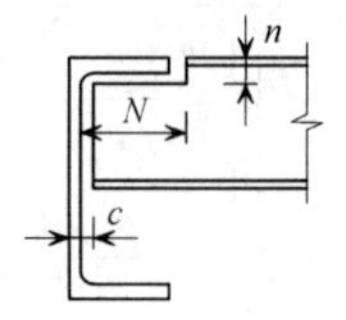

规格与参数

截面规格 /mm×mm×mm	每米质量 /kg·m⁻¹	截面高度 h/mm	截面宽度 b/mm	厚度 腹板 t_w/mm	厚度 翼缘 t_f/mm	内圆弧半径 r/mm	内圆角间距 d/mm	局部屈曲比值 翼缘 c_f/t_f	局部屈曲比值 腹板 c_w/t_w	间距 e_0/cm	细部尺寸 端部间隙 c/mm	细部尺寸 切口 N/mm	细部尺寸 切口 n/mm	表面积 每米 /m²	表面积 每吨 /m²
430×100×64	64.4	430	100	11.0	19.0	15	362	3.89	32.9	3.27	13	96	36	1.23	19.0
380×100×54	54.0	380	100	9.5	17.5	15	315	4.31	33.2	3.48	12	98	34	1.13	20.9
300×100×46	45.5	300	100	9.0	16.5	15	237	4.61	26.3	3.68	11	98	32	0.969	21.3
300×90×41	41.4	300	90	9.0	15.5	12	245	4.45	27.2	3.18	11	88	28	0.932	22.5
260×90×35	34.8	260	90	8.0	14.0	12	208	5.00	26.0	3.32	10	88	28	0.854	24.5
260×75×28	27.6	260	75	7.0	12.0	12	212	4.67	30.3	2.62	9	74	26	0.796	28.8
230×90×32	32.2	230	90	7.5	14.0	12	178	5.04	23.7	3.46	10	90	28	0.795	24.7
230×75×26	25.7	230	75	6.5	12.5	12	181	4.52	27.8	2.78	9	76	26	0.737	28.7
200×90×30	29.7	200	90	7.0	14.0	12	148	5.07	21.1	3.60	9	90	28	0.736	24.8
200×75×23	23.4	200	75	6.0	12.5	12	151	4.56	25.2	2.91	8	76	26	0.678	28.9
180×90×26	26.1	180	90	6.5	12.5	12	131	5.72	20.2	3.64	9	90	26	0.697	26.7
180×75×20	20.3	180	75	6.0	10.5	12	135	5.43	22.5	2.87	8	76	24	0.638	31.4
150×90×24	23.9	150	90	6.5	12.0	12	102	5.96	15.7	3.71	9	90	26	0.637	26.7
150×75×18	17.9	150	75	5.5	10.0	12	106	5.75	19.3	2.99	8	76	24	0.579	32.4
125×65×15	14.8	125	65	5.5	9.5	12	82.0	5.00	14.9	2.56	8	66	22	0.489	33.1
100×50×10	10.2	100	50	5.0	8.5	9	65.0	4.24	13.0	1.94	7	52	18	0.382	37.5

注：Advance 和 UKPFC 是 Tata 公司的注册商标。关于平行翼缘槽钢（PFC）和 Tata 生产的 Advance 系列型钢之间关系的更完整的介绍可参见（Steel Building Design Date）中第 12 章的相关内容。

e_0 是腹板中心与剪切中心的间距。

关于本表格的解释见本附录“截面尺寸和参数说明”中第 2 节的相关内容。

BS EN 1993-1-1：2005 BS 4-1：2005

平行翼缘槽钢
（PARALLEL FLANGE CHANNELS）
Advance UKPFC

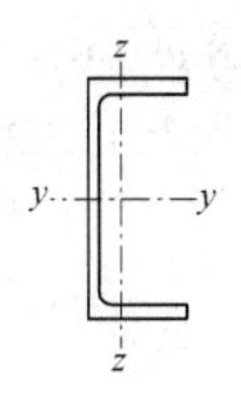

规格与参数

截面规格 /mm × mm × mm	惯性矩		回转半径		弹性模量		塑性模量		屈曲系数 U	扭转指标 X	翘曲常数 I_w/dm^6	扭转常数 I_T/cm^4	截面面积 A/cm^2
	y-y 轴 $/cm^4$	z-z 轴 $/cm^4$	y-y 轴 /cm	z-z 轴 /cm	y-y 轴 $/cm^3$	z-z 轴 $/cm^3$	y-y 轴 $/cm^3$	z-z 轴 $/cm^3$					
430×100×64	21900	722	16.3	2.97	1020	97.9	1220	176	0.917	22.5	0.219	63.0	82.1
380×100×54	15000	643	14.8	3.06	791	89.2	933	161	0.933	21.2	0.150	45.7	68.7
300×100×46	8230	568	11.9	3.13	549	81.7	641	148	0.944	17.0	0.0813	36.8	58.0
300×90×41	7220	404	11.7	2.77	481	63.1	568	114	0.934	18.3	0.0581	28.8	52.7
260×90×35	4730	353	10.3	2.82	364	56.3	425	102	0.943	17.2	0.0379	20.6	44.4
260×75×28	3620	185	10.1	2.30	278	34.4	328	62.0	0.932	20.5	0.0203	11.7	35.1
230×90×32	3520	334	9.27	2.86	306	55.0	355	98.9	0.949	15.1	0.0279	19.3	41.0
230×75×26	2750	181	9.17	2.35	239	34.8	278	63.2	0.945	17.3	0.0153	11.8	32.7
200×90×30	2520	314	8.16	2.88	252	53.4	291	94.5	0.952	12.9	0.0197	18.3	37.9
200×75×23	1960	170	8.11	2.39	196	33.8	227	60.6	0.956	14.7	0.0107	11.1	29.9
180×90×26	1820	277	7.40	2.89	202	47.4	232	83.5	0.950	12.8	0.0141	13.3	33.2
180×75×20	1370	146	7.27	2.38	152	28.8	176	51.8	0.945	15.3	0.00754	7.34	25.9
150×90×24	1160	253	6.18	2.89	155	44.4	179	76.9	0.937	10.8	0.00890	11.8	30.4
150×75×18	861	131	6.15	2.40	115	26.6	132	47.2	0.945	13.1	0,00467	6.10	22.8
125×65×15	483	80.0	5.07	2.06	77.3	18.8	89.9	33.2	0.942	11.1	0.00194	4.72	18.8
100×50×10	208	32.3	4.00	1.58	41.5	9.89	48.9	17.5	0.942	10.0	0.000491	2.53	13.0

注：Advance 和 UKPFC 是 Tata 公司的注册商标。关于平行翼缘槽钢（PFC）和 Tata 生产的 Advance 系列型钢之间关系的更完整的介绍可参见（Steel Building Design Date）中第 12 章的相关内容。

关于本表格的解释见本附录“截面尺寸和参数说明”中第 3 节的相关内容。

BS EN 1993-1-1：2005
BS 4-1：2005

缀材连双平行翼缘槽钢
(TWO PARALLEL FLANGE CHANNELS LACED)
TWO Advance UKPFC LACED

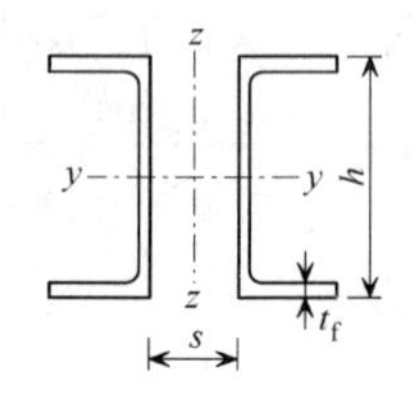

规格与参数

双槽钢组件的规格 /mm×mm×mm	每米质量 /kg·m^{-1}	总截面面积 /cm^2	腹板间距 s/mm	惯性矩		回转半径		弹性模量		塑性模量	
				y-y 轴 /cm^4	z-z 轴 /cm^4	y-y 轴 /cm	z-z 轴 /cm	y-y 轴 /cm^3	z-z 轴 /cm^3	y-y 轴 /cm^3	z-z 轴 /cm^3
430×100×64	129	164	270	43900	44100	16.3	16.4	2040	1880	2440	2650
380×100×54	108	137	235	30100	30400	14.8	14.9	1580	1400	1870	2000
300×100×46	91.1	116	170	16500	16600	11.9	12.0	1100	898	1280	1340
300×90×41	82.8	105	175	14400	14400	11.7	11.7	962	811	1140	1200
260×90×35	69.7	88.8	145	9460	9560	10.3	10.4	727	588	849	886
260×75×28	55.2	70.3	155	7240	7190	10.1	10.1	557	472	656	692
230×90×32	64.3	81.9	120	7040	7190	9.27	9.37	612	479	709	731
230×75×26	51.3	65.4	135	5500	5720	9.17	9.35	478	401	557	592
200×90×30	59.4	75.7	90.0	5050	5030	8.16	8.15	505	372	583	577
200×75×23	46.9	59.7	105	3930	3910	8.11	8.09	393	306	454	462
180×90×26	52.1	66.4	75.0	3640	3730	7.40	7.49	404	292	464	459
180×75×20	40.7	51.8	90.0	2740	2770	7.27	7.31	304	231	352	358
150×90×24	47.7	60.8	45.0	2320	2380	6.18	6.26	310	212	357	338
150×75×18	35.7	45.5	65.0	1720	1810	6.15	6.30	230	168	264	265
125×65×15	29.5	37.6	50.0	966	1010	5.07	5.18	155	112	180	178
100×50×10	20.4	26.0	40.0	415	427	4.00	4.05	83.1	61.0	97.7	97.1

注：Advance 和 UKPFC 是 Tata 公司的注册商标。关于平行翼缘槽钢（PFC）和 Tata 生产的 Advance 系列型钢之间关系的更完整的介绍可参见（Steel Building Design Date）中第 12 章的相关内容。
关于本表格的解释见本附录“截面尺寸和参数说明”中第 2、第 3 节的相关内容。

BS EN 1993-1-1：2005
BS 4-1：2005

背靠背双平行翼缘槽钢
(TWO PARALLEL FLANGE CHANNELS BACK TO BACK)
TWO Advance UKPFC BACK TO BACK

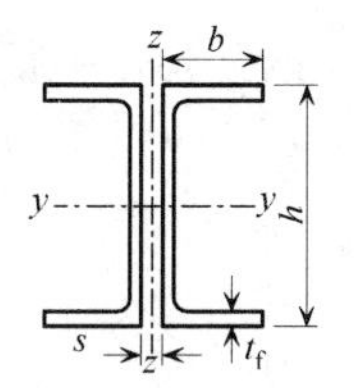

规格与参数

双槽钢组件的规格 /mm×mm×mm	每米质量 /kg·m^{-1}	总截面面积 /cm^2	关于 y-y 轴的参数				关于 z-z 轴的回转半径 i_z/cm				
			I_y/cm^4	i_y/cm	$W_{el,y}$/cm^3	$W_{pl,y}$/cm^3	腹板间距/mm				
							0	8	10	12	15
430×100×64	129	164	43900	16.3	2040	2440	3.96	4.23	4.31	4.38	4.49
380×100×54	108	137	30100	14.8	1580	1870	4.14	4.42	4.49	4.57	4.68
300×100×46	91.1	116	16500	11.9	1100	1280	4.37	4.66	4.73	4.81	4.92
300×90×41	82.8	105	14400	11.7	962	1140	3.80	4.08	4.16	4.23	4.35
260×90×35	69.7	88.8	9460	10.3	727	849	3.93	4.22	4.29	4.37	4.48
260×75×28	55.2	70.3	7240	10.1	557	656	3.11	3.40	3.47	3.55	3.66
230×90×32	64.3	81.9	7040	9.27	612	709	4.09	4.38	4.46	4.53	4.65
230×75×26	51.3	65.4	5500	9.17	478	557	3.29	3.58	3.66	3.73	3.85
200×90×30	59.4	75.7	5050	8.16	505	583	4.25	4.55	4.63	4.71	4.83
200×75×23	46.9	59.7	3930	8.11	393	454	3.44	3.74	3.82	3.89	4.01
180×90×26	52.1	66.4	3640	7.40	404	464	4.29	4.59	4.67	4.75	4.87
180×75×20	40.7	51.8	2740	7.27	304	352	3.39	3.68	3.76	3.84	3.95
150×90×24	47.7	60.8	2320	6.18	310	357	4.39	4.69	4.77	4.85	4.98
150×75×18	35.7	45.5	1720	6.15	230	264	3.52	3.82	3.90	3.98	4.10
125×65×15	29.5	37.6	966	5.07	155	180	3.05	3.36	3.44	3.52	3.64
100×50×10	20.4	26.0	415	4.00	83.1	97.7	2.34	2.65	2.73	2.82	2.94

注：Advance 和 UKPFC 是 Tata 公司的注册商标。关于平行翼缘槽钢（PFC）和 Tata 生产的 Advance 系列型钢之间关系的更完整的介绍可参见（Steel Building Design Date）中第 12 章的相关内容。

关于 y 轴的参数：

I_z =（总截面面积）×$(i_z)^2$

$W_{el,z}=I_z/(b+0.5s)$

式中，s 为腹板间距。

关于本表格的解释见本附录“截面尺寸和参数说明”中第 2、第 3 节的相关内容。

BS EN 1993-1-1：2005
BS EN 10056-1：1999

等边角钢
(EQUAL ANGLES)
Advance UKA-EQUAL ANGLES

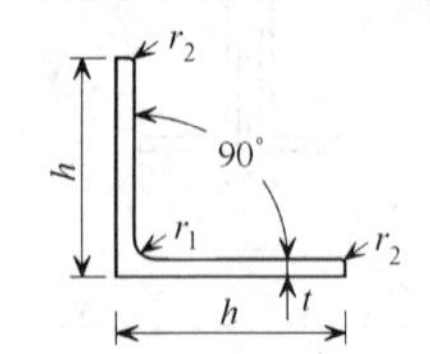

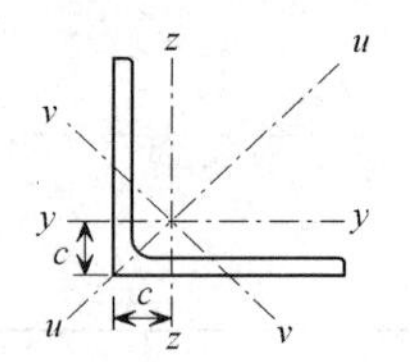

规格与参数

截面规格		每米质量/kg·m^{-1}	半径		截面面积/cm^2	到形心距离 c/cm	惯性矩			回转半径			弹性模量	扭转常数 I_T/cm^4	等效长细比系数 f_a
尺寸 $h\times h$ /mm×mm	厚度 t/mm		内圆弧 r_1/mm	边端内圆弧 r_2/mm			y-y, z-z轴 /cm^4	u-u轴 /cm^4	v-v轴 /cm^4	y-y, z-z轴 /cm	u-u轴 /cm	v-v轴 /cm	y-y, z-z轴 /cm^3		
200×200	24	71.1	18.0	9.00	90.6	5.84	3330	5280	1380	6.06	7.64	3.90	235	182	2.50
	20	59.9	18.0	9.00	76.3	5.68	2850	4530	1170	6.11	7.70	3.92	199	107	3.05
	18	54.3	18.0	9.00	69.1	5.60	2600	4150	1050	6.13	7.75	3.90	181	78.9	3.43
	16	48.5	18.0	9.00	61.8	5.52	2340	3720	960	6.16	7.76	3.94	162	56.1	3.85
150×150	18 +	40.1	16.0	8.00	51.2	4.38	1060	1680	440	4.55	5.73	2.93	99.8	58.6	2.48
	15	33.8	16.0	8.00	43.0	4.25	898	1430	370	4.57	5.76	2.93	83.5	34.6	3.01
	12	27.3	16.0	8.00	34.8	4.12	737	1170	303	4.60	5.80	2.95	67.7	18.2	3.77
	10	23.0	16.0	8.00	29.3	4.03	624	990	258	4.62	5.82	2.97	56.9	10.8	4.51
120×120	15 +	26.6	13.0	6.50	34.0	3.52	448	710	186	3.63	4.57	2.34	52.8	27.0	2.37
	12	21.6	13.0	6.50	27.5	3.40	368	584	152	3.65	4.60	2.35	42.7	14.2	2.99
	10	18.2	13.0	6.50	23.2	3.31	313	497	129	3.67	4.63	2.36	36.0	8.41	3.61
	8 +	14.7	13.0	6.50	18.8	3.24	259	411	107	3.71	4.67	2.38	29.5	4.44	4.56
100×100	15 +	21.9	12.0	6.00	28.0	3.02	250	395	105	2.99	3.76	1.94	35.8	22.3	1.92
	12	17.8	12.0	6.00	22.7	2.90	207	328	85.7	3.02	3.80	1.94	29.1	11.8	2.44
	10	15.0	12.0	6.00	19.2	2.82	177	280	73.0	3.04	3.83	1.95	24.6	6.97	2.94
	8	12.2	12.0	6.00	15.5	2.74	145	230	59.9	3.06	3.85	1.96	19.9	3.68	3.70
90×90	12 +	15.9	11.0	5.50	20.3	2.66	149	235	62.0	2.71	3.40	1.75	23.5	10.5	2.17
	10	13.4	11.0	5.50	17.1	2.58	127	201	52.6	2.72	3.42	1.75	19.8	6.20	2.64
	8	10.9	11.0	5.50	13.9	2.50	104	166	43.1	2.74	3.45	1.76	16.1	3.28	3.33
	7	9.61	11.0	5.50	12.2	2.45	92.6	147	38.3	2.75	3.46	1.77	14.1	2.24	3.80
80×80	10	11.9	10.0	5.00	15.1	2.34	87.5	139	36.4	2.41	3.03	1.55	15.4	5.45	2.33
	8	9.63	10.0	5.00	12.3	2.26	72.2	115	29.9	2.43	3.06	1.56	12.6	2.88	2.94
75×75	8	8.99	9.00	4.50	11.4	2.14	59.1	93.8	24.5	2.27	2.86	1.46	11.0	2.65	2.76
	6	6.85	9.00	4.50	8.73	2.05	45.8	72.7	18.9	2.29	2.89	1.47	8.41	1.17	3.70
70×70	7	7.38	9.00	4.50	9.40	1.97	42.3	67.1	17.5	2.12	2.67	1.36	8.41	1.69	2.92
	6	6.38	9.00	4.50	8.13	1.93	36.9	58.5	15.3	2.13	2.68	1.37	7.27	1.09	3.41
65×65	7	6.83	9.00	4.50	8.73	2.05	33.4	53.0	13.8	1.96	2.47	1.26	7.18	1.58	2.67
60×60	8	7.09	8.00	4.00	9.03	1.77	29.2	46.1	12.2	1.80	2.26	1.16	6.89	2.09	2.14
	6	5.42	8.00	4.00	6.91	1.69	22.8	36.1	9.44	1.82	2.29	1.17	5.29	0.922	2.90
	5	4.57	8.00	4.00	5.82	1.64	19.4	30.7	8.03	1.82	2.30	1.17	4.45	0.550	3.48
50×50	6	4.47	7.00	3.50	5.69	1.45	12.8	20.3	5.34	1.50	1.89	0.968	3.61	0.755	2.38
	5	3.77	7.00	3.50	4.80	1.40	11.0	17.4	4.55	1.51	1.90	0.973	3.05	0.450	2.88
	4	3.06	7.00	3.50	3.89	1.36	8.97	14.2	3.73	1.52	1.91	0.979	2.46	0.240	3.57
45×45	5	3.06	7.00	3.50	3.90	1.25	7.14	11.4	2.94	1.35	1.71	0.870	2.20	0.304	2.84
40×40	5	2.97	6.00	3.00	3.79	1.16	5.43	8.60	2.26	1.20	1.51	0.773	1.91	0.352	2.26
	4	2.42	6.00	3.00	3.08	1.12	4.47	7.09	1.86	1.21	1.52	0.777	1.55	0.188	2.83
35×35	4	2.09	5.00	2.50	2.67	1.00	2.95	4.68	1.23	1.05	1.32	0.678	1.18	0.158	2.50
30×30	4	1.78	5.00	2.50	2.27	0.878	1.80	2.85	0.754	0.892	1.12	0.577	0.850	0.137	2.07
	3	1.36	5.00	2.50	1.74	0.835	1.40	2.22	0.585	0.899	1.13	0.581	0.649	0.0613	2.75
25×25	4	1.45	3.50	1.75	1.85	0.762	1.02	1.61	0.430	0.741	0.931	0.482	0.586	0.1070	1.75
	3	1.12	3.50	1.75	1.42	0.723	0.803	1.27	0.334	0.751	0.945	0.484	0.452	0.0472	2.38
20×20	3	0.882	3.50	1.75	1.12	0.598	0.392	0.618	0.165	0.590	0.742	0.383	0.279	0.0382	1.81

注：Advance 和 UKA 是 Tata 公司的注册商标。关于角钢和 Tata 生产的 Advance 系列型钢之间关系的更完整的介绍可参见（Steel Building Design Date）中第 12 章的相关内容。

\+ BS EN 10056-1 的截面规格未包括此规格。

c 是角钢肢背到重心的距离。

关于本表格的解释见本附录“截面尺寸和参数说明”中第 2、第 3 节的相关内容。

不等边角钢
(UNEQUAL ANGLES)
Advance UKA-UNEQUAL ANGLES

BS EN 1993-1-1：2005
BS EN 10056-1：1999

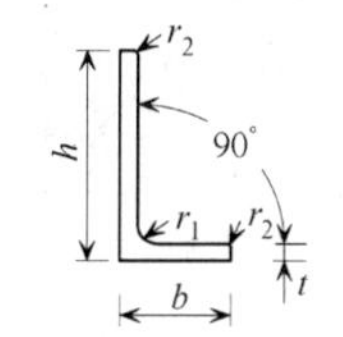

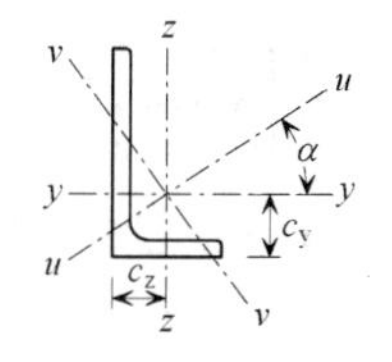

规格与参数

截面规格		每米质量 /kg·m^{-1}	半径		尺寸		惯性矩				回转半径			
尺寸 $h \times b$ /mm×mm	厚度 t/mm		内圆弧 r_1/mm	边端内圆弧 r_2/mm	c_y/cm	c_z/cm	y-y 轴 /cm^4	z-z 轴 /cm^4	u-u 轴 /cm^4	v-v 轴 /cm^4	y-y 轴 /cm	z-z 轴 /cm	u-u 轴 /cm	v-v 轴 /cm
200×150	18 +	47.1	15.0	7.50	6.33	3.85	2380	1150	2920	623	6.29	4.37	6.97	3.22
	15	39.6	15.0	7.50	6.21	3.73	2020	979	2480	526	6.33	4.40	7.00	3.23
	12	32.0	15.0	7.50	6.08	3.61	1650	803	2030	430	6.36	4.44	7.04	3.25
200×100	15	33.8	15.0	7.50	7.16	2.22	1760	299	1860	193	6.40	2.64	6.59	2.12
	12	27.3	15.0	7.50	7.03	2.10	1440	247	1530	159	6.43	2.67	6.63	2.14
	10	23.0	15.0	7.50	6.93	2.01	1220	210	1290	135	6.46	2.68	6.65	2.15
150×90	15	33.9	12.0	6.00	5.21	2.23	761	205	841	126	4.74	2.46	4.98	1.93
	12	21.6	12.0	6.00	5.08	2.12	627	171	694	104	4.77	2.49	5.02	1.94
	10	18.2	12.0	6.00	5.00	2.04	533	146	591	88.3	4.80	2.51	5.05	1.95
150×75	15	24.8	12.0	6.00	5.52	1.81	713	119	753	78.6	4.75	1.94	4.88	1.58
	12	20.2	12.0	6.00	5.40	1.69	588	99.6	623	64.7	4.78	1.97	4.92	1.59
	10	17.0	12.0	6.00	5.31	1.61	501	85.6	531	55.1	4.81	1.99	4.95	1.60
125×75	12	17.8	11.0	5.50	4.31	1.84	354	95.5	391	58.5	3.95	2.05	4.15	1.61
	10	15.0	11.0	5.50	4.23	1.76	302	82.1	334	49.9	3.97	2.07	4.18	1.61
	8	12.2	11.0	5.50	4.14	1.68	247	67.6	274	40.9	4.00	2.09	4.21	1.63
100×75	12	15.4	10.0	5.00	3.27	2.03	189	90.2	230	49.5	3.10	2.14	3.42	1.59
	10	13.0	10.0	5.00	3.19	1.95	162	77.6	197	42.2	3.12	2.16	3.45	1.59
	8	10.6	10.0	5.00	3.10	1.87	133	64.1	162	34.6	3.14	2.18	3.47	1.60
100×65	10 +	12.3	10.0	5.00	3.36	1.63	154	51.0	175	30.1	3.14	1.81	3.35	1.39
	8 +	9.94	10.0	5.00	3.27	1.55	127	42.2	144	24.8	3.16	1.83	3.37	1.40
	7 +	8.77	10.0	5.00	3.23	1.51	113	37.6	128	22.0	3.17	1.83	3.39	1.40
100×50	8 8.97		8.00	4.00	3.60	1.13	116	19.7	123	12.8	3.19	1.31	3.28	1.06
	6 6.84		8.00	4.00	3.51	1.05	89.9	15.4	95.4	9.92	3.21	1.33	3.31	1.07
80×60	7 7.36		8.00	4.00	2.51	1.52	59.0	28.4	72.0	15.4	2.51	1.74	2.77	1.28
80×40	8 7.07		7.00	3.50	2.94	0.963	57.6	9.61	60.9	6.34	2.53	1.03	2.60	0.838
	6 5.41		7.00	3.50	2.85	0.884	44.9	7.59	47.6	4.93	2.55	1.05	2.63	0.845
75×50	8 7.39		7.00	3.50	2.52	1.29	52.0	18.4	59.6	10.8	2.35	1.40	2.52	1.07
	6 5.65		7.00	3.50	2.44	1.21	40.5	14.4	46.6	8.36	2.37	1.42	2.55	1.08
70×50	6 5.41		7.00	3.50	2.23	1.25	33.4	14.2	39.7	7.92	2.20	1.43	2.40	1.07
65×50	5 4.35		6.00	3.00	1.99	1.25	23.2	11.9	28.8	6.32	2.05	1.47	2.28	1.07
60×40	6 4.46		6.00	3.00	2.00	1.01	20.1	7.12	23.1	4.16	1.88	1.12	2.02	0.855
	5 3.76		6.00	3.00	1.96	0.972	17.2	6.11	19.7	3.54	1.89	1.13	2.03	0.860
60×30	5 3.36		5.00	2.50	2.17	0.684	15.6	2.63	16.5	1.71	1.91	0.784	1.97	0.633
50×30	5 2.96		5.00	2.50	1.73	0.741	9.36	2.51	10.3	1.54	1.57	0.816	1.65	0.639
45×30	4 2.25		4.50	2.25	1.48	0.740	5.78	2.05	6.65	1.18	1.42	0.850	1.52	0.640
40×25	4 1.93		4.00	2.00	1.36	0.623	3.89	1.16	4.35	0.700	1.26	0.687	1.33	0.534
40×20	4 1.77		4.00	2.00	1.47	0.480	3.59	0.600	3.80	0.393	1.26	0.514	1.30	0.417
30×20	4 1.46		4.00	2.00	1.03	0.541	1.59	0.553	1.81	0.330	0.925	0.546	0.988	0.421
	3 1.12		4.00	2.00	0.990	0.502	1.25	0.437	1.43	0.256	0.935	0.553	1.00	0.424

注：Advance 和 UKA 是 Tata 公司的注册商标。关于角钢和 Tata 生产的 Advance 系列型钢之间关系的更完整的介绍可参见（Steel Building Design Date）中第 12 章的相关内容。

\+ BS EN 10056-1 的截面规格未包括此规格。

c_x 是短肢背到重心的距离。

c_y 是长肢背到重心的距离。

关于本表格的解释见本附录“截面尺寸和参数说明”中第 2、第 3 节的相关内容。

BS EN 1993-1-1：2005
BS EN 10056-1：1999

不等边角钢
(UNEQUAL ANGLES)
Advance UKA-UNEQUAL ANGLES

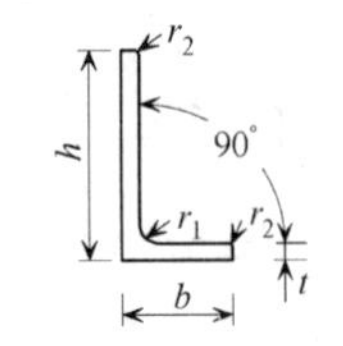

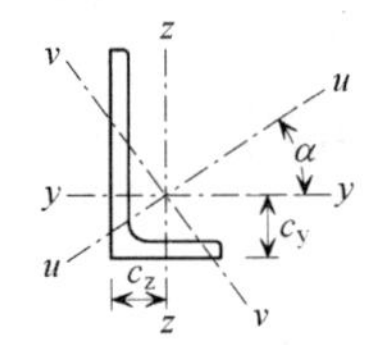

规格与参数

截面规格		弹性模量		y-y 到 u-u 轴间夹角正切值 tan α	扭转常数	等效长细比系数		单轴对称指数	截面面积
尺寸 $h \times b$ /mm × mm	厚度 t/mm	y-y 轴 /cm^3	z-z 轴 /cm^3		I_T/cm^4	最小 f_a	最大 f_a	y_a	/cm^2
200 × 150	18 +	174	103	0.549	67.9	2.93	3.72	4.60	60.0
	15	147	86.9	0.551	39.9	3.53	4.50	5.55	50.5
	12	119	70.5	0.552	20.9	4.43	5.70	6.97	40.8
200 × 100	15	137	38.5	0.260	34.3	3.54	5.17	9.19	43.0
	12	111	31.3	0.262	18.0	4.42	6.57	11.5	34.8
	10	93.2	26.3	0.263	10.66	5.26	7.92	13.9	29.2
150 × 90	15	77.7	30.4	0.354	26.8	2.58	3.59	5.96	33.9
	12	63.3	24.8	0.358	14.1	3.24	4.58	7.50	27.5
	10	53.3	21.0	0.360	8.30	3.89	5.56	9.03	23.2
150 × 75	15	75.2	21.0	0.253	25.1	2.62	3.74	6.84	31.7
	12	61.3	17.1	0.258	13.2	3.30	4.79	8.60	25.7
	10	51.6	14.5	0.261	7.80	3.95	5.83	10.4	21.7
125 × 75	12	43.2	16.9	0.354	11.6	2.66	3.73	6.23	22.7
	10	36.5	14.3	0.357	6.87	3.21	4.55	7.50	19.1
	8	29.6	11.6	0.360	3.62	4.00	5.75	9.43	15.5
100 × 75	12	28.0	16.5	0.540	10.05	2.10	2.64	3.46	19.7
	10	23.8	14.0	0.544	5.95	2.54	3.22	4.17	16.6
	8	19.3	11.4	0.547	3.13	3.18	4.08	5.24	13.5
100 × 65	10 +	23.2	10.5	0.410	5.61	2.52	3.43	5.45	15.6
	8 +	18.9	8.54	0.413	2.96	3.14	4.35	6.86	12.7
	7 +	16.6	7.53	0.415	2.02	3.58	5.00	7.85	11.2
100 × 50	8 18.2		5.08	0.258	2.61	3.30	4.80	8.61	11.4
	6 13.8		3.89	0.262	1.14	4.38	6.52	11.6	8.71
80 × 60	7 10.7		6.34	0.546	1.66	2.92	3.72	4.78	9.38
80 × 40	8 11.4		3.16	0.253	2.05	2.61	3.73	6.85	9.01
	6 8.73		2.44	0.258	0.899	3.48	5.12	9.22	6.89
75 × 50	8 10.4		4.95	0.430	2.14	2.36	3.18	4.92	9.41
	6 8.01		3.81	0.435	0.935	3.18	4.34	6.60	7.19
70 × 50	6 7.01		3.78	0.500	0.899	2.96	3.89	5.44	6.89
65 × 50	5 5.14		3.19	0.577	0.498	3.38	4.26	5.08	5.54
60 × 40	6 5.03		2.38	0.431	0.735	2.51	3.39	5.26	5.68
	5 4.25		2.02	0.434	0.435	3.02	4.11	6.34	4.79
60 × 30	5 4.07		1.14	0.257	0.382	3.15	4.56	8.26	4.28
50 × 30	5 2.86		1.11	0.352	0.340	2.51	3.52	5.99	3.78
45 × 30	4 1.91		0.910	0.436	0.166	2.85	3.87	5.92	2.87
40 × 25	4 1.47		0.619	0.380	0.142	2.51	3.48	5.75	2.46
40 × 20	4 1.42		0.393	0.252	0.131	2.57	3.68	6.86	2.26
30 × 20	4 0.807		0.379	0.421	0.1096	1.79	2.39	3.95	1.86
	3 0.621		0.292	0.427	0.0486	2.40	3.28	5.31	1.43

注：Advance 和 UKA 是 Tata 公司的注册商标。关于角钢和 Tata 生产的 Advance 系列型钢之间关系的更完整的介绍可参见（Steel Building Design Date）中第 12 章的相关内容。

\+ BS EN 10056-1 的截面规格未包括此规格。

关于本表格的解释见本附录“截面尺寸和参数说明”中第 2、第 3 节的相关内容。

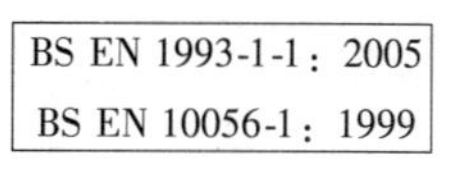

背靠背等边角钢
(EQUAL ANGLES BACK TO BACK)
Advance UKA-Equal Angles
BACK TO BACK

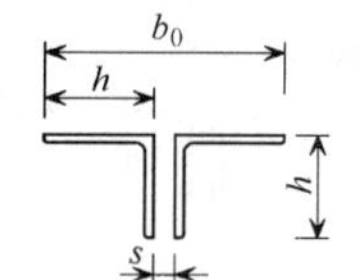

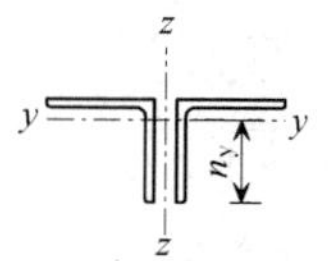

规格与参数

双角钢组件的规格		每米质量 /kg·m^{-1}	间距 n_y /cm	总截面面积 /cm^2	关于 y-y 轴的参数			关于 z-z 轴的回转半径 i_z/cm				
$h \times h$ /mm×mm	t /mm				I_y /cm^4	i_y /cm	$W_{el,y}$/cm^3	角钢间距 s /mm				
								0	8	10	12	15
200×200	24	142	14.2	181	6660	6.06	470	8.42	8.70	8.77	8.84	8.95
	20	120	14.3	153	5700	6.11	398	8.34	8.62	8.69	8.76	8.87
	18	109	14.4	138	5200	6.13	362	8.31	8.58	8.65	8.72	8.83
	16	97.0	14.5	124	4680	6.16	324	8.27	8.54	8.61	8.68	8.79
150×150	18 +	80.2	10.6	102	2120	4.55	200	6.32	6.60	6.67	6.75	6.86
	15	67.6	10.8	86.0	1800	4.57	167	6.24	6.52	6.59	6.66	6.77
	12	54.6	10.9	69.6	1470	4.60	135	6.18	6.45	6.52	6.59	6.70
	10	46.0	11.0	58.6	1250	4.62	114	6.13	6.40	6.47	6.54	6.64
120×120	15 +	53.2	8.48	68.0	896	3.63	106	5.06	5.34	5.42	5.49	5.60
	12	43.2	8.60	55.0	736	3.65	85.4	4.99	5.27	5.35	5.42	5.53
	10	36.4	8.69	46.4	626	3.67	72.0	4.94	5.22	5.29	5.36	5.47
	8 +	29.4	8.76	37.6	518	3.71	59.0	4.93	5.20	5.27	5.34	5.45
100×100	15 +	43.8	6.98	56.0	500	2.99	71.6	4.25	4.54	4.62	4.69	4.81
	12	35.6	7.10	45.4	414	3.02	58.2	4.19	4.47	4.55	4.62	4.74
	10	30.0	7.18	38.4	354	3.04	49.2	4.14	4.43	4.50	4.57	4.69
	8	24.4	7.26	31.0	290	3.06	39.8	4.11	4.38	4.46	4.53	4.64
90×90	12 +	31.8	6.34	40.6	298	2.71	47.0	3.80	4.09	4.16	4.24	4.36
	10	26.8	6.42	34.2	254	2.72	39.6	3.75	4.04	4.11	4.19	4.30
	8	21.8	6.50	27.8	208	2.74	32.2	3.71	3.99	4.06	4.13	4.25
	7	19.2	6.55	24.4	185	2.75	28.2	3.69	3.96	4.04	4.11	4.22
80×80	10	23.8	5.66	30.2	175	2.41	30.8	3.36	3.65	3.72	3.80	3.92
	8	19.3	5.74	24.6	144	2.43	25.2	3.31	3.60	3.67	3.75	3.86
75×75	8	18.0	5.36	22.8	118	2.27	22.0	3.12	3.41	3.49	3.56	3.68
	6	13.7	5.45	17.5	91.6	2.29	16.8	3.07	3.35	3.43	3.50	3.62
70×70	7	14.8	5.03	18.8	84.6	2.12	16.8	2.89	3.18	3.26	3.33	3.45
	6	12.8	5.07	16.3	73.8	2.13	14.5	2.87	3.16	3.23	3.31	3.42
65×65	7	13.7	4.45	17.5	66.8	1.96	14.4	2.83	3.14	3.21	3.29	3.42
60×60	8	14.2	4.23	18.1	58.4	1.80	13.8	2.52	2.82	2.90	2.97	3.10
	6	10.8	4.31	13.8	45.6	1.82	10.6	2.48	2.77	2.85	2.92	3.04
	5	9.14	4.36	11.6	38.8	1.82	8.90	2.45	2.74	2.81	2.89	3.01
50×50	6	8.94	3.55	11.4	25.6	1.50	7.22	2.09	2.38	2.46	2.54	2.66
	5	7.54	3.60	9.60	22.0	1.51	6.10	2.06	2.35	2.43	2.51	2.63
	4	6.12	3.64	7.78	17.9	1.52	4.92	2.04	2.32	2.40	2.48	2.60

注：Advance 和 UKA 是 Tata 公司的注册商标。关于角钢和 Tata 生产的 Advance 系列型钢之间关系的更完整的介绍可参见（Steel Building Design Date）中第 12 章的相关内容。

\+ BS EN 10056-1 的截面规格不包括此规格。

关于 y-y 轴的参数：

$I_z = (\text{总截面面积}) \times (i_z)^2$

$W_{el,z} = I_z/(0.5b_0)$

关于本表格的解释见本附录“截面尺寸和参数说明”中第 2、第 3 节的相关内容。

背靠背不等边角钢

BS EN 1993-1-1：2005
BS EN 10056-1：1999

(UNEQUAL ANGLES BACK TO BACK)

Advance UKA-Unequal Angles BACK TO BACK

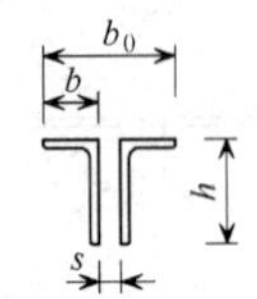

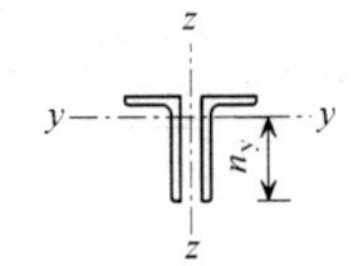

规格与参数

双角钢组件的规格		每米质量 /kg·m^{-1}	间距 n_y/cm	总截面面积 /cm^2	关于 y-y 轴的参数			关于 z-z 轴的回转半径 i_z/cm				
								角钢间距 s/mm				
h×b /mm×mm	t /mm				I_y/cm^4	i_y/cm	$W_{el,y}$/cm^3	0	8	10	12	15
200×150	18 +	94.2	13.7	120	4750	6.29	348	5.84	6.11	6.18	6.25	6.36
	15	79.2	13.8	101	4040	6.33	294	5.77	6.04	6.11	6.18	6.28
	12	64.0	13.9	81.6	3300	6.36	238	5.72	5.98	6.05	6.12	6.22
200×100	15	67.5	12.8	86.0	3520	6.40	274	3.45	3.72	3.79	3.86	3.97
	12	54.6	13.0	69.6	2880	6.43	222	3.39	3.65	3.72	3.79	3.90
	10	46.0	13.1	58.4	2440	6.46	186	3.35	3.61	3.67	3.74	3.85
150×90	15	53.2	9.79	67.8	1522	4.74	155	3.32	3.60	3.67	3.75	3.86
	12	43.2	9.92	55.0	1250	4.77	127	3.27	3.55	3.62	3.69	3.80
	10	36.4	10.0	46.4	1070	4.80	107	3.23	3.50	3.57	3.64	3.75
150×75	15	49.6	9.48	63.4	1430	4.75	150	2.65	2.94	3.01	3.09	3.21
	12	40.4	9.60	51.4	1180	4.78	123	2.59	2.87	2.94	3.02	3.14
	10	34.0	9.69	43.4	1000	4.81	103	2.56	2.83	2.90	2.97	3.08
125×75	12	35.6	8.19	45.4	708	3.95	86.4	2.76	3.04	3.11	3.19	3.30
	10	30.0	8.27	38.2	604	3.97	73.0	2.72	2.99	3.07	3.14	3.26
	8	24.4	8.36	31.0	494	4.00	59.2	2.68	2.95	3.02	3.09	3.20
100×75	12	30.8	6.73	39.4	378	3.10	56.0	2.95	3.24	3.31	3.39	3.51
	10	26.0	6.81	33.2	324	3.12	47.6	2.91	3.19	3.27	3.34	3.46
	8	21.2	6.90	27.0	266	3.14	38.6	2.87	3.15	3.22	3.29	3.41
100×65	10 +	24.6	6.64	31.2	308	3.14	46.4	2.43	2.72	2.79	2.87	2.99
	8 +	19.9	6.73	25.4	254	3.16	37.8	2.39	2.67	2.74	2.82	2.93
	7 +	17.5	6.77	22.4	226	3.17	33.2	2.37	2.65	2.72	2.79	2.91
100×50	8	17.9	6.40	22.8	232	3.19	36.4	1.73	2.02	2.09	2.17	2.29
	6	13.7	6.49	17.4	180	3.21	27.6	1.69	1.97	2.04	2.12	2.24
80×60	7	14.7	5.49	18.8	118	2.51	21.4	2.31	2.59	2.67	2.74	2.86
80×40	8	14.1	5.06	18.0	115	2.53	22.8	1.41	1.71	1.79	1.87	2.00
	6	10.8	5.15	13.8	89.8	2.55	17.5	1.37	1.66	1.74	1.82	1.94
75×50	8	14.8	4.98	18.8	104	2.35	20.8	1.90	2.19	2.27	2.35	2.47
	6	11.3	5.06	14.4	81.0	2.37	16.0	1.86	2.14	2.22	2.30	2.42
70×50	6	10.8	4.77	13.8	66.8	2.20	14.0	1.90	2.19	2.26	2.34	2.46
65×50	5	8.70	4.51	11.1	46.4	2.05	10.3	1.93	2.21	2.28	2.36	2.48
60×40	6	8.92	4.00	11.4	40.2	1.88	10.1	1.51	1.80	1.88	1.96	2.09
	5	7.52	4.04	9.58	34.4	1.89	8.50	1.49	1.78	1.86	1.94	2.06

注：Advance 和 UKA 是 Tata 公司的注册商标。关于角钢和 Tata 生产的 Advance 系列型钢之间关系的更完整的介绍可参见（Steel Building Design Date）中第 12 章的相关内容。

\+ BS EN 10056-1 的截面规格不包括此规格。

关于 y-y 轴的参数：

I_z =（总截面面积）×$(i_z)^2$

$W_{el,z} = I_z/(0.5b_0)$

关于本表格的解释见本附录“截面尺寸和参数说明”中第 2、第 3 节的相关内容。

BS EN 1993-1-1：2005
BS 4-1：2005

T 型钢（经通用梁切割）
（STRUCTURAL TEES CUT FROM UNIVERSAL BEAMS）
Advance UKT split from Advance UKB

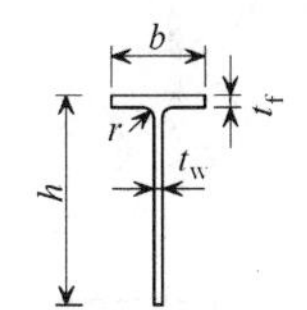

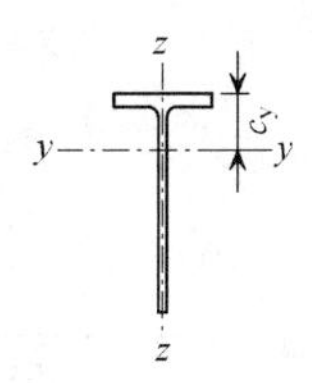

规格与参数

截面规格 /mm×mm×mm	原通用梁截面规格 /mm×mm×mm	每米质量 /kg·m^{-1}	截面宽度 b/mm	截面高度 h/mm	厚度		内圆弧半径 r/mm	局部屈曲比值		尺寸 c_y/cm	惯性矩	
					腹板 t_w/mm	翼缘 t_f/mm		翼缘 c_f/t_f	腹板 c_w/t_w		y-y 轴 /cm^4	z-z 轴 /cm^4
305×457×127	914×305×253	126.7	305.5	459.1	17.3	27.9	19.1	5.47	26.5	12.0	32700	6650
305×457×112	914×305×224	112.1	304.1	455.1	15.9	23.9	19.1	6.36	28.6	12.1	29100	5620
305×457×101	914×305×201	100.4	303.3	451.4	15.1	20.2	19.1	7.51	29.9	12.5	26400	4710
292×419×113	838×292×226	113.3	293.8	425.4	16.1	26.8	17.8	5.48	26.4	10.8	24600	5680
292×419×97	838×292×194	96.9	292.4	420.3	14.7	21.7	17.8	6.74	28.6	11.1	21300	4530
292×419×88	838×292×176	87.9	291.7	417.4	14.0	18.8	17.8	7.76	29.8	11.4	19600	3900
267×381×99	762×267×197	98.4	268.0	384.8	15.6	25.4	16.5	5.28	24.7	9.89	17500	4090
267×381×87	762×267×173	86.5	266.7	381.0	14.3	21.6	16.5	6.17	26.6	9.98	15500	3430
267×381×74	762×267×147	73.5	265.2	376.9	12.8	17.5	16.5	7.58	29.4	10.2	13200	2730
267×381×67	762×267×134	66.9	264.4	374.9	12.0	15.5	16.5	8.53	31.2	10.3	12100	2390
254×343×85	686×254×170	85.1	255.8	346.4	14.5	23.7	15.2	5.40	23.9	8.67	12100	3320
254×343×76	686×254×152	76.2	254.5	343.7	13.2	21.0	15.2	6.06	26.0	8.61	10800	2890
254×343×70	686×254×140	70.0	253.7	341.7	12.4	19.0	15.2	6.68	27.6	8.63	9910	2590
254×343×63	686×254×125	62.6	253.0	338.9	11.7	16.2	15.2	7.81	29.0	8.85	8980	2190
305×305×119	610×305×238	119.0	311.4	317.9	18.4	31.4	16.5	4.96	17.3	7.11	12400	7920
305×305×90	610×305×179	89.5	307.1	310.0	14.1	23.6	16.5	6.51	22.0	6.69	9040	5700
305×305×75	610×305×149	74.6	304.8	306.1	11.8	19.7	16.5	7.74	25.9	6.45	7410	4650
229×305×70	610×229×140	69.9	230.2	308.5	13.1	22.1	12.7	5.21	23.5	7.61	7740	2250
229×305×63	610×229×125	62.5	229.0	306.0	11.9	19.6	12.7	5.84	25.7	7.54	6900	1970
229×305×57	610×229×113	56.5	228.2	303.7	11.1	17.3	12.7	6.60	27.4	7.58	6270	1720
229×305×51	610×229×101	50.6	227.6	301.2	10.5	14.8	12.7	7.69	28.7	7.78	5690	1460
178×305×50 +	610×178×100	50.1	179.2	303.7	11.3	17.2	12.7	5.21	26.9	8.57	5890	829
178×305×46 +	610×178×92	46.1	178.8	301.5	10.9	15.0	12.7	5.96	27.7	8.78	5450	718
178×305×41 +	610×178×82	40.9	177.9	299.3	10.0	12.8	12.7	6.95	29.9	8.88	4840	603
312×267×136 +	533×312×272	136.6	320.2	288.8	21.1	37.6	12.7	4.26	13.7	6.28	10600	10300
312×267×110 +	533×312×219	109.4	317.4	280.4	18.3	29.2	12.7	5.43	15.3	6.09	8530	7790
312×267×91 +	533×312×182	90.7	314.5	275.6	15.2	24.4	12.7	6.44	18.1	5.78	6890	6330
312×267×75 +	533×312×151	75.3	312.0	271.5	12.7	20.3	12.7	7.68	21.4	5.54	5620	5140

注：Advance，UKT 和 UKB 是 Tata 公司的注册商标。关于 T 型钢和 Tata 生产的 Advance 系列型钢之间关系的更完整的介绍可参见（Steel Building Design Date）中第 12 章的相关内容。

+ BS 4 的截面规格未包括此规格。

关于本表格的解释见本附录“截面尺寸和参数说明”中第 2、第 3 节的相关内容。

BS EN 1993-1-1：2005 BS 4-1：2005

T 型钢（经通用梁切割）
(STRUCTURAL TEES CUT FROM UNIVERSAL BEAMS)
Advance UKT split from Advance UKB

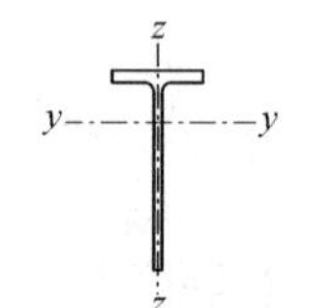

规格与参数

截面规格 /mm×mm×mm	回转半径		弹性模量			塑性模量		屈曲系数 U	扭转指标 X	单轴对称指标 Y	翘曲常数(*) I_w/cm^6	扭转常数 I_t/cm^4	截面面积 A/cm^2
	y-y 轴 /cm	z-z 轴 /cm	轴 y-y 翼缘/cm^3	轴 y-y 趾部/cm^3	z-z 轴 /cm^3	y-y 轴 /cm^3	z-z 轴 /cm^3						
305×457×127	14.2	6.42	2720	965	435	1730	685	0.656	18.1	0.749	17000	313	161
305×457×112	14.3	6.27	2400	871	369	1570	582	0.666	20.6	0.753	12400	211	143
305×457×101	14.4	6.07	2110	808	311	1460	491	0.685	23.4	0.759	9820	146	128
292×419×113	13.1	6.27	2280	776	387	1380	606	0.640	17.5	0.742	11500	257	144
292×419×97	13.1	6.06	1930	689	310	1240	487	0.660	20.8	0.747	7830	153	123
292×419×88	13.2	5.90	1720	644	267	1160	421	0.675	23.2	0.751	6320	111	112
267×381×99	11.8	5.71	1770	613	305	1090	479	0.641	16.6	0.741	7620	202	125
267×381×87	11.9	5.58	1550	550	257	986	404	0.654	19.0	0.745	5450	134	110
267×381×74	11.9	5.40	1300	481	206	867	324	0.670	22.6	0.749	3600	79.5	93.6
267×381×67	11.9	5.30	1180	445	181	806	285	0.679	24.9	0.753	2850	59.2	85.3
254×343×85	10.5	5.53	1390	464	259	826	406	0.624	15.9	0.731	4720	154	108
254×343×76	10.5	5.46	1250	417	227	743	355	0.627	17.7	0.732	3420	110	97.0
254×343×70	10.5	5.39	1150	388	204	691	319	0.633	19.3	0.734	2720	84.3	89.2
254×343×63	10.6	5.24	1010	358	173	643	271	0.651	21.9	0.740	2090	57.9	79.7
305×305×119	9.03	7.23	1740	501	509	894	787	0.483	10.6	0.662	11300	391	152
305×305×90	8.91	7.07	1350	372	371	656	572	0.484	13.8	0.664	4710	170	114
305×305×75	8.83	7.00	1150	307	305	538	469	0.483	16.4	0.666	2690	99.8	95.0
229×305×70	9.32	5.03	1020	333	196	592	306	0.613	15.3	0.727	2560	108	89.1
229×305×63	9.31	4.97	915	299	172	531	268	0.617	17.1	0.728	1840	76.9	79.7
229×305×57	9.33	4.88	826	275	150	489	235	0.626	19.0	0.731	1400	55.5	72.0
229×305×51	9.40	4.76	732	255	128	456	200	0.644	21.6	0.736	1080	38.3	64.4
178×305×50 +	9.60	3.60	688	270	92.5	490	148	0.694	19.4	0.768	1230	47.3	63.9
178×305×46 +	9.64	3.50	621	255	80.3	468	129	0.710	21.5	0.774	1050	35.3	58.7
178×305×41 +	9.64	3.40	545	230	67.8	425	109	0.722	24.3	0.778	780	24.3	52.1
312×267×136 +	7.81	7.69	1690	469	644	857	993	0.247	7.96	0.613	17300	642	174
312×267×110 +	7.82	7.48	1400	389	491	696	757	0.332	9.93	0.617	8730	320	139
312×267×91 +	7.72	7.40	1190	317	403	562	619	0.324	11.7	0.618	4920	186	116
312×267×75 +	7.65	7.32	1010	260	330	458	505	0.326	14.0	0.619	2780	108	95.9

注：Advance，UKT 和 UKB 是 Tata 公司的注册商标。关于 T 型钢和 Tata 生产的 Advance 系列型钢之间关系的更完整的介绍可参见（Steel Building Design Date）中第 12 章的相关内容。

+ BS 4 的截面规格未包括此规格。

(*) 注意单位是“cm^6”，不是“dm^6”。

关于本表格的解释见本附录“截面尺寸和参数说明”中第 2、第 3 节的相关内容。

BS EN 1993-1-1：2005
BS 4-1：2005

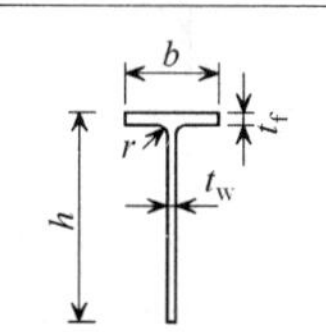

T 型钢（经通用梁切割）
(STRUCTURAL TEES CUT FROM UNIVERSAL BEAMS)
Advance UKT split from Advance UKB

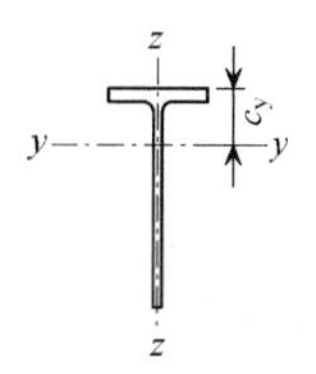

规格与参数

截面规格 /mm×mm×mm	原通用梁截面规格 /mm×mm×mm	每米质量 /kg·m^{-1}	截面宽度 b/mm	截面高度 h/mm	厚度		内圆弧半径 r/mm	局部屈曲比值		尺寸 c_y/cm	惯性矩	
					腹板 t_w/mm	翼缘 t_f/mm		翼缘 c_f/t_f	腹板 c_w/t_w		y-y 轴 /cm^4	z-z 轴 /cm^4
210×267×69+	533×210×138	69.1	213.9	274.5	14.7	23.6	12.7	4.53	18.7	6.94	5990	1930
210×267×61	533×210×122	61.0	211.9	272.2	12.7	21.3	12.7	4.97	21.4	6.66	5160	1690
210×267×55	533×210×109	54.5	210.8	269.7	11.6	18.8	12.7	5.61	23.3	6.61	4600	1470
210×267×51	533×210×101	50.5	210.0	268.3	10.8	17.4	12.7	6.03	24.8	6.53	4250	1350
210×267×46	533×210×92	46.0	209.3	266.5	10.1	15.6	12.7	6.71	26.4	6.55	3880	1190
210×267×41	533×210×82	41.1	208.8	264.1	9.6	13.2	12.7	7.91	27.5	6.75	3530	1000
165×267×43+	533×165×85	42.3	166.5	267.1	10.3	16.5	12.7	5.05	25.9	7.23	3750	637
165×267×37+	533×165×75	37.3	165.9	264.5	9.7	13.6	12.7	6.10	27.3	7.46	3350	520
165×267×33+	533×165×66	32.8	165.1	262.4	8.9	11.4	12.7	7.24	29.5	7.59	2960	429
191×229×81+	457×191×161	80.7	199.4	246.0	18.0	32.0	10.2	3.12	13.7	6.22	5160	2130
191×229×67+	457×191×133	66.6	196.7	240.3	15.3	26.3	10.2	3.74	15.7	5.96	4180	1670
191×229×53+	457×191×106	52.9	194.0	234.6	12.6	20.6	10.2	4.71	18.6	5.73	3260	1260
191×229×49	457×191×98	49.1	192.8	233.5	11.4	19.6	10.2	4.92	20.5	5.53	2970	1170
191×229×45	457×191×89	44.6	191.9	231.6	10.5	17.7	10.2	5.42	22.1	5.47	2680	1040
191×229×41	457×191×82	41.0	191.3	229.9	9.9	16.0	10.2	5.98	23.2	5.47	2470	935
191×229×37	457×191×74	37.1	190.4	228.4	9.0	14.5	10.2	6.57	25.4	5.38	2220	836
191×229×34	457×191×67	33.5	189.9	226.6	8.5	12.7	10.2	7.48	26.7	5.46	2030	726
152×229×41	457×152×82	41.0	155.3	232.8	10.5	18.9	10.2	4.11	22.2	5.96	2600	592
152×229×37	457×152×74	37.1	154.4	230.9	9.6	17.0	10.2	4.54	24.1	5.88	2330	523
152×229×34	457×152×67	33.6	153.8	228.9	9.0	15.0	10.2	5.13	25.4	5.91	2120	456
152×229×30	457×152×60	29.9	152.9	227.2	8.1	13.3	10.2	5.75	28.0	5.84	1880	397
152×229×26	457×152×52	26.1	152.4	224.8	7.6	10.9	10.2	6.99	29.6	6.04	1670	322
178×203×43+	406×178×85	42.6	181.9	208.6	10.9	18.2	10.2	5.00	19.1	4.91	2030	915
178×203×37	406×178×74	37.1	179.5	206.3	9.5	16.0	10.2	5.61	21.7	4.76	1740	773
178×203×34	406×178×67	33.5	178.8	204.6	8.8	14.3	10.2	6.25	23.3	4.73	1570	682
178×203×30	406×178×60	30.0	177.9	203.1	7.9	12.8	10.2	6.95	25.7	4.64	1400	602
178×203×27	406×178×54	27.0	177.7	201.2	7.7	10.9	10.2	8.15	26.1	4.83	1290	511
140×203×27+	406×140×53	26.6	143.3	203.3	7.9	12.9	10.2	5.55	25.7	5.16	1320	317
140×203×23	406×140×46	23.0	142.2	201.5	6.8	11.2	10.2	6.35	29.6	5.02	1120	269
140×203×20	406×140×39	19.5	141.8	198.9	6.4	8.6	10.2	8.24	31.1	5.32	979	205

注：Advance，UKT 和 UKB 是 Tata 公司的注册商标。关于 T 型钢和 Tata 生产的 Advance 系列型钢之间关系的更完整的介绍可参见（Steel Building Design Date）中第 12 章的相关内容。

+ BS 4 的截面规格未包括此规格。

关于本表格的解释见本附录“截面尺寸和参数说明”中第 2、第 3 节的相关内容。

BS EN 1993-1-1：2005
BS 4-1：2005

T 型钢（经通用梁切割）
（STRUCTURAL TEES CUT FROM UNIVERSAL BEAMS）
Advance UKT split from Advance UKB

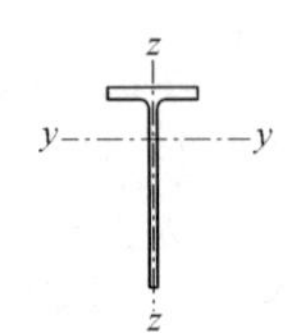

规格与参数

截面规格 /mm×mm×mm	回转半径		弹性模量			塑性模量		屈曲系数 U	扭转指标 X	单轴对称指数 Y	翘曲常数(*) I_w/cm^6	扭转常数 I_t/cm^4	截面面积 A/cm^2
	y-y 轴 /cm	z-z 轴 /cm	轴 y-y 翼缘/cm^3	轴 y-y 趾部/cm^3	z-z 轴 /cm^3	y-y 轴 /cm^3	z-z 轴 /cm^3						
210×267×69 +	8.24	4.68	862	292	181	520	284	0.609	12.5	0.719	2490	125	88.1
210×267×61	8.15	4.67	775	251	160	446	250	0.600	13.8	0.719	1660	88.9	77.7
210×267×55	8.14	4.60	697	226	140	401	218	0.605	15.5	0.721	1200	63.0	69.4
210×267×51	8.12	4.57	650	209	128	371	200	0.606	16.6	0.722	951	50.3	64.3
210×267×46	8.14	4.51	593	193	114	343	178	0.613	18.3	0.724	737	37.7	58.7
210×267×41	8.21	4.38	523	179	96.1	320	150	0.634	20.8	0.730	565	25.7	52.3
165×267×43 +	8.34	3.44	519	192	76.6	346	122	0.672	17.7	0.758	670	36.8	54.0
165×267×37 +	8.39	3.30	449	176	62.7	321	100	0.693	20.6	0.765	514	23.9	47.6
165×267×33 +	8.41	3.20	390	159	52.0	291	83.1	0.708	23.6	0.771	378	15.9	41.9
191×229×81 +	7.09	4.55	830	281	213	507	336	0.573	8.24	0.699	3780	256	103
191×229×67 +	7.01	4.44	702	231	170	414	267	0.576	9.82	0.702	2130	146	84.9
191×229×53 +	6.96	4.32	569	184	130	328	203	0.583	12.2	0.706	1070	72.6	67.4
191×229×49	6.88	4.33	536	167	122	296	189	0.573	12.9	0.705	835	60.5	62.6
191×229×45	6.87	4.29	491	152	109	269	169	0.576	14.1	0.706	628	45.2	56.9
191×229×41	6.88	4.23	452	141	97.8	250	152	0.583	15.5	0.709	494	34.5	52.2
191×229×37	6.86	4.20	413	127	87.8	225	136	0.583	16.9	0.709	365	25.8	47.3
191×229×34	6.90	4.12	372	118	76.5	209	119	0.597	18.9	0.713	280	18.5	42.7
152×229×41	7.05	3.37	436	150	76.3	267	120	0.634	13.7	0.740	534	44.5	52.3
152×229×37	7.03	3.33	397	135	67.8	242	107	0.636	15.1	0.742	396	32.9	47.2
152×229×34	7.04	3.27	359	125	59.3	223	93.3	0.646	16.8	0.745	305	23.8	42.8
152×229×30	7.02	3.23	322	111	52.0	199	81.5	0.648	18.8	0.746	217	16.9	38.1
152×229×26	7.08	3.11	276	102	42.3	183	66.6	0.671	22.0	0.753	161	10.7	33.3
178×203×43 +	6.11	4.11	413	127	101	226	157	0.556	12.2	0.694	538	46.3	54.3
178×203×37	6.06	4.04	365	109	86.1	194	133	0.555	13.8	0.696	350	31.3	47.2
178×203×34	6.07	3.99	332	100	76.3	177	118	0.561	15.2	0.698	262	23.0	42.8
178×203×30	6.04	3.97	301	89.0	67.6	157	104	0.561	16.9	0.699	186	16.6	38.3
178×203×27	6.13	3.85	268	84.6	57.5	150	89.1	0.588	19.2	0.705	146	11.5	34.5
140×203×27 +	6.23	3.06	256	87.0	44.3	155	69.5	0.636	17.1	0.739	148	14.4	34.0
140×203×23	6.19	3.03	224	74.2	37.8	132	59.0	0.633	19.5	0.740	93.7	9.49	29.3
140×203×20	6.28	2.87	184	67.2	28.9	121	45.4	0.668	23.8	0.750	66.3	5.33	24.8

注：Advance，UKT 和 UKB 是 Tata 公司的注册商标。关于 T 型钢和 Tata 生产的 Advance 系列型钢之间关系的更完整的介绍可参见（Steel Building Design Date）中第 12 章的相关内容。

+ BS 4 的截面规格未包括此规格。

（*）注意单位是“cm^6”，不是“dm^6”。

关于本表格的解释见本附录“截面尺寸和参数说明”中第 2、第 3 节的相关内容。

BS EN 1993-1-1：2005
BS 4-1：2005

T 型钢（经通用梁切割）
(STRUCTURAL TEES CUT FROM UNIVERSAL BEAMS)

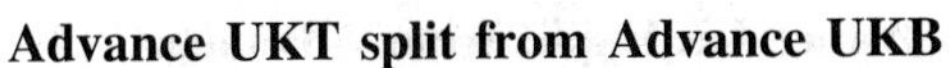
Advance UKT split from Advance UKB

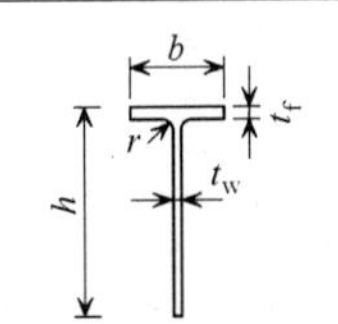

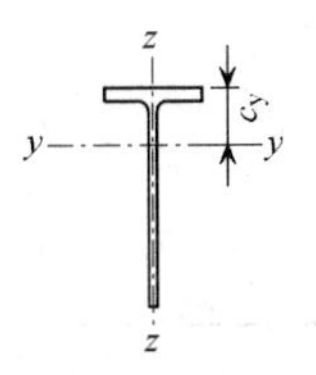

规格与参数

截面规格 /mm×mm×mm	原通用梁截面规格 /mm×mm×mm	每米质量 /kg·m^{-1}	截面宽度 b/mm	截面高度 h/mm	厚度 腹板 t_w/mm	厚度 翼缘 t_f/mm	内圆弧半径 r/mm	局部屈曲比值 翼缘 c_f/t_f	局部屈曲比值 腹板 c_w/t_w	尺寸 c_y/cm	惯性矩 y-y 轴 /cm^4	惯性矩 z-z 轴 /cm^4
171×178×34	356×171×67	33.5	173.2	181.6	9.1	15.7	10.2	5.52	20.0	4.00	1150	681
171×178×29	356×171×57	28.5	172.2	178.9	8.1	13.0	10.2	6.62	22.1	3.97	986	554
171×178×26	356×171×51	25.5	171.5	177.4	7.4	11.5	10.2	7.46	24.0	3.94	882	484
171×178×23	356×171×45	22.5	171.1	175.6	7.0	9.7	10.2	8.82	25.1	4.05	798	406
127×178×20	356×127×39	19.5	126.0	176.6	6.6	10.7	10.2	5.89	26.8	4.43	728	179
127×178×17	356×127×33	16.5	125.4	174.4	6.0	8.5	10.2	7.38	29.1	4.56	626	140
165×152×27	305×165×54	27.0	166.9	155.1	7.9	13.7	8.9	6.09	19.6	3.21	642	531
165×152×23	305×165×46	23.0	165.7	153.2	6.7	11.8	8.9	7.02	22.9	3.07	536	448
165×152×20	305×165×40	20.1	165.0	151.6	6.0	10.2	8.9	8.09	25.3	3.03	468	382
127×152×24	305×127×48	24.0	125.3	155.4	9.0	14.0	8.9	4.48	17.3	3.94	662	231
127×152×21	305×127×42	20.9	124.3	153.5	8.0	12.1	8.9	5.14	19.2	3.87	573	194
127×152×19	305×127×37	18.5	123.4	152.1	7.1	10.7	8.9	5.77	21.4	3.78	501	168
102×152×17	305×102×33	16.4	102.4	156.3	6.6	10.8	7.6	4.74	23.7	4.14	487	97.1
102×152×14	305×102×28	14.1	101.8	154.3	6.0	8.8	7.6	5.78	25.7	4.20	420	77.7
102×152×13	305×102×25	12.4	101.6	152.5	5.8	7.0	7.6	7.26	26.3	4.43	377	61.5
146×127×22	254×146×43	21.5	147.3	129.7	7.2	12.7	7.6	5.80	18.0	2.64	343	339
146×127×19	254×146×37	18.5	146.4	127.9	6.3	10.9	7.6	6.72	20.3	2.55	292	285
146×127×16	254×146×31	15.5	146.1	125.6	6.0	8.6	7.6	8.49	20.9	2.66	259	224
102×127×14	254×102×28	14.1	102.2	130.1	6.3	10.0	7.6	5.11	20.7	3.24	277	89.3
102×127×13	254×102×25	12.6	101.9	128.5	6.0	8.4	7.6	6.07	21.4	3.32	250	74.3
102×127×11	254×102×22	11.0	101.6	126.9	5.7	6.8	7.6	7.47	22.3	3.45	223	59.7
133×102×15	203×133×30	15.0	133.9	103.3	6.4	9.6	7.6	6.97	16.1	2.11	154	192
133×102×13	203×133×25	12.5	133.2	101.5	5.7	7.8	7.6	8.54	17.8	2.10	131	154

注：Advance，UKT 和 UKB 是 Tata 公司的注册商标。关于 T 型钢和 Tata 生产的 Advance 系列型钢之间关系的更完整的介绍可参见（Steel Building Design Date）中第 12 章的相关内容。

+ BS 4 的截面规格未包括此规格。

关于本表格的解释见本附录“截面尺寸和参数说明”中第 2、第 3 节的相关内容。

BS EN 1993-1-1：2005
BS 4-1：2005

T 型钢（经通用梁切割）
（STRUCTURAL TEES CUT FROM UNIVERSAL BEAMS）
Advance UKT split from Advance UKB

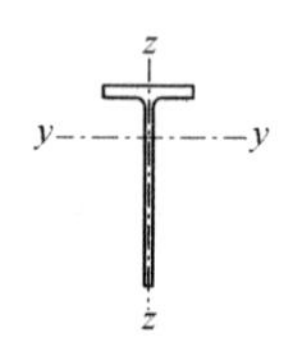

规格与参数

截面规格 /mm × mm × mm	回转半径		弹性模量			塑性模量		屈曲系数 U	扭转指标 X	单轴对称指数 Y	翘曲常数(*) I_w/cm^6	扭转常数 I_t/cm^4	截面面积 A/cm^2
	y-y 轴 /cm	z-z 轴 /cm	轴 y-y 翼缘/cm^3	y-y 趾部/cm^3	z-z 轴 /cm^3	y-y 轴 /cm^3	z-z 轴 /cm^3						
171 × 178 × 34	5.20	3.99	288	81.5	78.6	145	121	0.500	12.2	0.672	249	27.8	42.7
171 × 178 × 29	5.21	3.91	248	70.9	64.4	125	99.4	0.514	14.4	0.676	154	16.6	36.3
171 × 178 × 26	5.21	3.86	224	63.9	56.5	113	87.1	0.521	16.1	0.677	110	11.9	32.4
171 × 178 × 23	5.28	3.76	197	59.1	47.4	104	73.3	0.546	18.4	0.683	79.2	7.90	28.7
127 × 178 × 20	5.41	2.68	164	55.0	28.4	98.0	44.5	0.632	17.6	0.739	57.1	7.53	24.9
127 × 178 × 17	5.45	2.58	137	48.6	22.3	87.2	35.1	0.655	21.1	0.746	38.0	4.38	21.1
165 × 152 × 27	4.32	3.93	200	52.2	63.7	92.8	97.8	0.389	11.8	0.636	128	17.3	34.4
165 × 152 × 23	4.27	3.91	174	43.7	54.1	77.1	82.8	0.380	13.6	0.636	78.6	11.1	29.4
165 × 152 × 20	4.27	3.86	155	38.6	46.3	67.6	70.9	0.393	15.5	0.638	52.0	7.35	25.7
127 × 152 × 24	4.65	2.74	168	57.1	36.8	102	58.0	0.602	11.7	0.714	104	15.8	30.6
127 × 152 × 21	4.63	2.70	148	49.9	31.3	88.9	49.2	0.606	13.3	0.716	69.2	10.5	26.7
127 × 152 × 19	4.61	2.67	132	43.8	27.2	77.9	42.7	0.606	14.9	0.718	47.4	7.36	23.6
102 × 152 × 17	4.82	2.15	118	42.3	19.0	75.8	30.0	0.656	15.8	0.749	36.8	6.08	20.9
102 × 152 × 14	4.84	2.08	100.0	37.4	15.3	67.5	24.2	0.673	18.7	0.756	25.2	3.69	17.9
102 × 152 × 13	4.88	1.97	85.0	34.8	12.1	63.9	19.4	0.705	21.8	0.766	20.4	2.37	15.8
146 × 127 × 22	3.54	3.52	130	33.2	46.0	59.5	70.5	0.202	10.6	0.613	64.9	11.9	27.4
146 × 127 × 19	3.52	3.48	115	28.5	39.0	50.7	59.7	0.233	12.2	0.616	41.0	7.65	23.6
146 × 127 × 16	3.61	3.36	97.4	26.2	30.6	46.0	47.1	0.376	14.8	0.623	24.5	4.26	19.8
102 × 127 × 14	3.92	2.22	85.5	28.3	17.5	50.4	27.4	0.607	13.8	0.720	21.0	4.77	18.0
102 × 127 × 13	3.95	2.15	75.3	26.2	14.6	46.9	23.0	0.628	15.8	0.727	15.9	3.20	16.0
102 × 127 × 11	3.99	2.06	64.5	24.1	11.7	43.5	18.6	0.656	18.2	0.736	12.0	2.06	14.0
133 × 102 × 15	2.84	3.17	73.1	18.8	28.7	33.5	44.1	—	—	0.569	21.7	5.13	19.1
133 × 102 × 13	2.86	3.10	62.4	16.2	23.1	28.7	35.5	—	—	0.572	12.6	2.97	16.0

注：Advance，UKT 和 UKB 是 Tata 公司的注册商标。关于 T 型钢和 Tata 生产的 Advance 系列型钢之间关系的更完整的介绍可参见（Steel Building Design Date）中第 12 章的相关内容。

+ BS 4 的截面规格未包括此规格。

（*）注意单位是“cm^6”，不是“dm^6”。

—表示：U 和 x 值不存在，因为对 z-z 轴的惯性矩远大于对 y-y 轴的惯性矩，绕 x-x 轴作用的弯矩不会引起侧向扭转曲屈。

关于本表格的解释见本附录“截面尺寸和参数说明”中第 2、第 3 节的相关内容。

BS EN 1993-1-1：2005
BS 4-1：2005

T 型钢（经通用柱切割）
（STRUCTURAL TEES CUT FROM UNIVERSAL COLUMNS）

Advance UKT split from Advance UKC

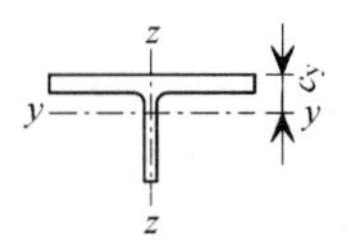

规格与参数

截面规格 /mm×mm×mm	原通用柱截面规格 /mm×mm×mm	每米质量 /kg·m^{-1}	截面宽度 b/mm	截面高度 h/mm	厚度		内圆弧半径 r/mm	考虑局部屈服的板件高厚比		尺寸 c_y/cm
					腹板 t_w/mm	翼缘 t_f/mm		翼缘 c_f/t_f	腹板 c_w/t_w	
406×178×118	356×406×235	117.5	394.8	190.4	18.4	30.2	15.2	6.54	10.3	3.40
368×178×101	356×368×202	100.9	374.7	187.2	16.5	27.0	15.2	6.94	11.3	3.29
368×178×89	356×368×177	88.5	372.6	184.0	14.4	23.8	15.2	7.83	12.8	3.09
368×178×77	356×368×153	76.5	370.5	180.9	12.3	20.7	15.2	8.95	14.7	2.88
368×178×65	356×368×129	64.5	368.6	177.7	10.4	17.5	15.2	10.5	17.1	2.69
305×152×79	305×305×158	79.0	311.2	163.5	15.8	25.0	15.2	6.22	10.3	3.04
305×152×69	305×305×137	68.4	309.2	160.2	13.8	21.7	15.2	7.12	11.6	2.86
305×152×59	305×305×118	58.9	307.4	157.2	12.0	18.7	15.2	8.22	13.1	2.69
305×152×49	305×305×97	48.4	305.3	153.9	9.9	15.4	15.2	9.91	15.5	2.50
254×127×84	254×254×167	83.5	265.2	144.5	19.2	31.7	12.7	4.18	7.53	3.07
254×127×66	254×254×132	66.0	261.3	138.1	15.3	25.3	12.7	5.16	9.03	2.70
254×127×54	254×254×107	53.5	258.8	133.3	12.8	20.5	12.7	6.31	10.4	2.45
254×127×45	254×254×89	44.4	256.3	130.1	10.3	17.3	12.7	7.41	12.6	2.21
254×127×37	254×254×73	36.5	254.6	127.0	8.6	14.2	12.7	8.96	14.8	2.05
203×102×64 +	203×203×127	63.7	213.9	120.7	18.1	30.1	10.2	3.55	6.67	2.73
203×102×57 +	203×203×113	56.7	212.1	117.5	16.3	26.9	10.2	3.94	7.21	2.56
203×102×50 +	203×203×100	49.8	210.3	114.3	14.5	23.7	10.2	4.44	7.88	2.38
203×102×43	203×203×86	43.0	209.1	111.0	12.7	20.5	10.2	5.10	8.74	2.20
203×102×36	203×203×71	35.5	206.4	107.8	10.0	17.3	10.2	5.97	10.8	1.95
203×102×30	203×203×60	30.0	205.8	104.7	9.4	14.2	10.2	7.25	11.1	1.89
203×102×26	203×203×52	26.0	204.3	103.0	7.9	12.5	10.2	8.17	13.0	1.75
203×102×23	203×203×46	23.0	203.6	101.5	7.2	11.0	10.2	9.25	14.1	1.69
152×76×26 +	152×152×51	25.6	157.4	85.1	11.0	15.7	7.6	5.01	7.74	1.79
152×76×22 +	152×152×44	22.0	155.9	83.0	9.5	13.6	7.6	5.73	8.74	1.66
152×76×19	152×152×37	18.5	154.4	80.8	8.0	11.5	7.6	6.71	10.1	1.53
152×76×15	152×152×30	15.0	152.9	78.7	6.5	9.4	7.6	8.13	12.1	1.41
152×76×12	152×152×23	11.5	152.2	76.1	5.8	6.8	7.6	11.2	13.1	1.39

注：Advance，UKT 和 UKC 是 Tata 公司的注册商标。关于 T 型钢和 Tata 生产的 Advance 系列型钢之间关系的更完整的介绍可参见（Steel Building Design Date）中第 12 章的相关内容。

\+ BS 4 的截面规格未包括此规格。

关于本表格的解释见本附录“截面尺寸和参数说明”中第 2、第 3 节的相关内容。

BS EN 1993-1-1：2005
BS 4-1：2005

T 型钢（经通用柱切割）
(STRUCTURAL TEES CUT FROM UNIVERSAL COLUMNS)
Advance UKT split from Advance UKC

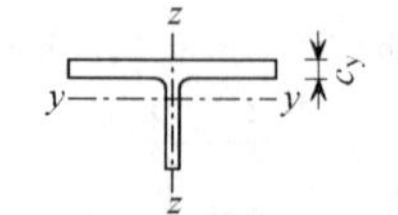

规格与参数

截面规格 /mm × mm × mm	惯性矩		回转半径		弹性模量			塑性模量		单轴对称指标	翘曲常数	扭转常数	截面面积
	y-y 轴 /cm^4	z-z 轴 /cm^4	y-y 轴 /cm	z-z 轴 /cm	y-y 轴翼缘/cm^3	y-y 轴趾部/cm^3	z-z 轴 /cm^3	y-y 轴 /cm^3	z-z 轴 /cm^3	ψ	I_w/cm^6	I_t/cm^4	A/cm^2
406 × 178 × 118	2860	15500	4. 37	10. 2	843	183	785	367	1190	0. 165	12700	405	150
368 × 178 × 101	2460	11800	4. 38	9. 60	749	160	632	312	960	0. 216	7840	278	129
368 × 178 × 89	2090	10300	4. 30	9. 54	676	136	551	263	835	0. 212	5270	190	113
368 × 178 × 77	1730	8780	4. 22	9. 49	601	114	474	216	717	0. 209	3390	125	97. 4
368 × 178 × 65	1420	7310	4. 16	9. 43	527	94. 1	396	175	600	0. 207	2010	76. 2	82. 2
305 × 152 × 79	1530	6280	3. 90	7. 90	503	115	404	225	615	0. 268	3650	188	101
305 × 152 × 69	1290	5350	3. 84	7. 83	450	97. 7	346	188	526	0. 263	2340	124	87. 2
305 × 152 × 59	1080	4530	3. 79	7. 77	401	82. 8	295	156	448	0. 262	1470	80. 3	75. 1
305 × 152 × 49	858	3650	3. 73	7. 69	343	66. 5	239	123	363	0. 258	806	45. 5	61. 7
254 × 127 × 84	1200	4930	3. 36	6. 81	391	105	372	220	569	0. 261	4540	312	106
254 × 127 × 66	871	3770	3. 22	6. 69	323	78. 3	288	159	439	0. 250	2200	159	84. 1
254 × 127 × 54	676	2960	3. 15	6. 59	276	62. 1	229	122	348	0. 245	1150	85. 9	68. 2
254 × 127 × 45	524	2430	3. 04	6. 55	237	48. 5	190	94. 0	288	0. 242	660	51. 1	56. 7
254 × 127 × 37	417	1950	2. 99	6. 48	204	39. 2	153	74. 0	233	0. 236	359	28. 8	46. 5
203 × 102 × 64 +	637	2460	2. 80	5. 50	233	68. 2	230	145	352	0. 279	2050	212	81. 2
203 × 102 × 57 +	540	2140	2. 73	5. 45	211	58. 8	202	123	309	0. 270	1430	152	72. 3
203 × 102 × 50 +	453	1840	2. 67	5. 39	190	50. 0	175	103	267	0. 266	951	104	63. 4
203 × 102 × 43	373	1560	2. 61	5. 34	169	41. 9	150	84. 6	228	0. 257	605	68. 1	54. 8
203 × 102 × 36	280	1270	2. 49	5. 30	143	31. 8	123	63. 6	187	0. 254	343	40. 0	45. 2
203 × 102 × 30	244	1030	2. 53	5. 20	129	28. 4	100	54. 3	153	0. 245	195	23. 5	38. 2
203 × 102 × 26	200	889	2. 46	5. 18	115	23. 4	87. 0	44. 5	132	0. 243	128	15. 8	33. 1
203 × 102 × 23	177	774	2. 45	5. 13	105	20. 9	76. 0	39. 0	115	0. 242	87. 2	11. 0	29. 4
152 × 76 × 26 +	141	511	2. 08	3. 96	79. 0	21. 0	64. 9	41. 4	99. 5	0. 281	122	24. 3	32. 6
152 × 76 × 22 +	116	430	2. 04	3. 92	70. 0	17. 5	55. 2	34. 0	84. 4	0. 281	76. 7	15. 8	28. 0
152 × 76 × 19	93. 1	353	1. 99	3. 87	60. 7	14. 2	45. 7	27. 1	69. 8	0. 277	44. 9	9. 54	23. 5
152 × 76 × 15	72. 2	280	1. 94	3. 83	51. 4	11. 2	36. 7	20. 9	55. 8	0. 269	23. 7	5. 24	19. 1
152 × 76 × 12	58. 5	200	2. 00	3. 70	41. 9	9. 41	26. 3	16. 9	40. 1	0. 278	9. 78	2. 30	14. 6

注：Advance，UKT 和 UKC 是 Tata 公司的注册商标。关于 T 型钢和 Tata 生产的 Advance 系列型钢之间关系的更完整的介绍可参见（Steel Building Design Date）中第 12 章的相关内容。

\+ BS 4 的截面规格未包括此规格。

关于本表格的解释见本附录“截面尺寸和参数说明”中第 2、第 3 节的相关内容。

BS EN 1993-1-1：2005
BS 4-1：2005

有效截面特性通用梁
(UNIVERSAL BEAMS)
Advance UKB

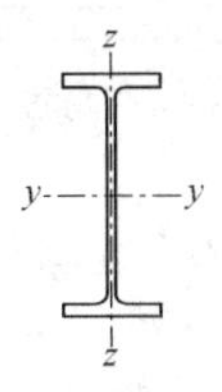

受轴向压力作用的截面分类和有效截面面积

截面规格 /mm×mm×mm	S275/Advance 275					S355/Advance 355				
	截面分类		毛截面面积 A/cm^2	有效截面面积 $A_{\mathrm{eff}}/\mathrm{cm}^2$	A_{eff}/A	截面分类		毛截面面积 A/cm^2	有效截面面积 $A_{\mathrm{eff}}/\mathrm{cm}^2$	A_{eff}/A
1016×305×393 +	非Ⅳ类		500	500	1.00	Ⅳ类	W	500	**488**	0.976
1016×305×349 +	Ⅳ类	W	445	**432**	0.970	Ⅳ类	W	445	**418**	0.940
1016×305×314 +	Ⅳ类	W	400	**379**	0.947	Ⅳ类	W	400	**366**	0.916
1016×305×272 +	Ⅳ类	W	347	**317**	0.913	Ⅳ类	W	347	**306**	0.883
1016×305×249 +	Ⅳ类	W	317	**287**	0.905	Ⅳ类	W	317	**276**	0.872
1016×305×222 +	Ⅳ类	W	283	**251**	0.888	Ⅳ类	W	283	**241**	0.853
914×419×388	非Ⅳ类		494	494	1.00	Ⅳ类	W	494	**478**	0.968
914×419×343	Ⅳ类	W	437	**426**	0.974	Ⅳ类	W	437	**414**	0.948
914×305×289	Ⅳ类	W	368	**354**	0.962	Ⅳ类	W	368	**342**	0.929
914×305×253	Ⅳ类	W	323	**301**	0.932	Ⅳ类	W	323	**290**	0.899
914×305×224	Ⅳ类	W	286	**259**	0.907	Ⅳ类	W	286	**250**	0.874
914×305×201	Ⅳ类	W	256	**227**	0.887	Ⅳ类	W	256	**218**	0.852
838×292×226	Ⅳ类	W	289	**271**	0.936	Ⅳ类	W	289	**261**	0.904
838×292×194	Ⅳ类	W	247	**224**	0.908	Ⅳ类	W	247	**216**	0.875
838×292×176	Ⅳ类	W	224	**200**	0.891	Ⅳ类	W	224	**192**	0.856
762×267×197	Ⅳ类	W	251	**239**	0.953	Ⅳ类	W	251	**231**	0.922
762×267×173	Ⅳ类	W	220	**204**	0.929	Ⅳ类	W	220	**197**	0.896
762×267×147	Ⅳ类	W	187	**168**	0.896	Ⅳ类	W	187	**161**	0.862
762×267×134	Ⅳ类	W	171	**149**	0.871	Ⅳ类	W	171	**143**	0.839
686×254×170	Ⅳ类	W	217	**209**	0.963	Ⅳ类	W	217	**202**	0.933
686×254×152	Ⅳ类	W	194	**182**	0.941	Ⅳ类	W	194	**176**	0.909
686×254×140	Ⅳ类	W	178	**164**	0.924	Ⅳ类	W	178	**159**	0.892
686×254×125	Ⅳ类	W	159	**144**	0.905	Ⅳ类	W	159	**139**	0.872
610×305×179	非Ⅳ类		228	228	1.00	Ⅳ类	W	228	**220**	0.965
610×305×149	Ⅳ类	W	190	**182**	0.956	Ⅳ类	W	190	**177**	0.931
610×229×140	Ⅳ类	W	178	**172**	0.968	Ⅳ类	W	178	**167**	0.937
610×229×125	Ⅳ类	W	159	**150**	0.945	Ⅳ类	W	159	**145**	0.914
610×229×113	Ⅳ类	W	144	**133**	0.926	Ⅳ类	W	144	**129**	0.895
610×229×101	Ⅳ类	W	129	**117**	0.904	Ⅳ类	W	129	**113**	0.872
610×178×100 +	Ⅳ类	W	128	**118**	0.921	Ⅳ类	W	128	**113**	0.885
610×178×92 +	Ⅳ类	W	117	**105**	0.900	Ⅳ类	W	117	**101**	0.864
610×178×82 +	Ⅳ类	W	104	**90.7**	0.872	Ⅳ类	W	104	**86.9**	0.835
533×312×150 +	非Ⅳ类		192	192	1.00	Ⅳ类	W	192	**186**	0.970
533×210×122	非 Ⅳ类		155	155	1.00	Ⅳ类	W	155	**149**	0.963
533×210×109	Ⅳ类	W	139	**135**	0.972	Ⅳ类	W	139	**131**	0.942
533×210×101	Ⅳ类	W	129	**123**	0.956	Ⅳ类	W	129	**119**	0.926
533×210×92	Ⅳ类	W	117	**109**	0.934	Ⅳ类	W	117	**106**	0.905
533×210×82	Ⅳ类	W	105	**96.4**	0.918	Ⅳ类	W	105	**93.1**	0.887

注：Advance 和 UKB 是 Tata 公司的注册商标。关于通用梁（UB）和 Tata 生产的 Advance 系列型钢之间关系的更完整的介绍可参见（Steel Building Design Date）中第 12 章的相关内容。
+ BS 4-1 的截面规格不包括此规格。
W 表示截面分类由腹板控制；非粗体字的 A_{eff}值与毛截面面积相同。
仅在轴向压力作用下的截面，方能归为Ⅳ类。
关于本表格的解释见本附录“截面尺寸和参数说明”中第 4 节的相关内容。

BS EN 1993-1-1：2005
BS 4-1：2005

有效截面特性通用梁
(UNIVERSAL BEAMS)
Advance UKB

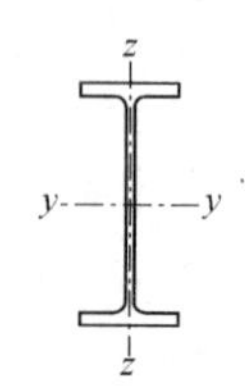

受轴向压力作用的截面分类和有效截面面积

截面规格 /mm × mm × mm	S275/Advance 275					S355/Advance 355				
	截面分类		毛截面面积 A/cm^2	有效截面面积 A_{eff}/cm^2	A_{eff}/A	截面分类		毛截面面积 A/cm^2	有效截面面积 A_{eff}/cm^2	A_{eff}/A
533 × 165 × 85 +	Ⅳ类	W	108	**101**	0.937	Ⅳ类	W	108	**97.6**	0.903
533 × 165 × 74 +	Ⅳ类	W	95.2	**86.8**	0.911	Ⅳ类	W	95.2	**83.5**	0.877
533 × 165 × 66 +	Ⅳ类	W	83.7	**73.9**	0.883	Ⅳ类	W	83.7	**70.9**	0.848
457 × 191 × 98	非Ⅳ类		125	125	1.00	Ⅳ类	W	125	**122**	0.975
457 × 191 × 89	非Ⅳ类		114	114	1.00	Ⅳ类	W	114	**109**	0.957
457 × 191 × 82	Ⅳ类	W	104	**101**	0.968	Ⅳ类	W	104	**97.8**	0.940
457 × 191 × 74	Ⅳ类	W	94.6	**89.6**	0.947	Ⅳ类	W	94.6	**86.9**	0.919
457 × 191 × 67	Ⅳ类	W	85.5	**79.7**	0.932	Ⅳ类	W	85.5	**77.2**	0.903
457 × 152 × 82	非Ⅳ类		105	105	1.00	Ⅳ类	W	105	**100**	0.954
457 × 152 × 74	Ⅳ类	W	94.5	**91.0**	0.963	Ⅳ类	W	94.5	**88.1**	0.932
457 × 152 × 67	Ⅳ类	W	85.6	**80.6**	0.942	Ⅳ类	W	85.6	**77.9**	0.911
457 × 152 × 60	Ⅳ类	W	76.2	**69.7**	0.915	Ⅳ类	W	76.2	**67.4**	0.884
457 × 152 × 52	Ⅳ类	W	66.6	**59.4**	0.892	Ⅳ类	W	66.6	**57.3**	0.860
406 × 178 × 74	非Ⅳ类		94.5	94.5	1.00	Ⅳ类	W	94.5	**90.8**	0.961
406 × 178 × 67	Ⅳ类	W	85.5	**83.0**	0.970	Ⅳ类	W	85.5	**80.7**	0.944
406 × 178 × 60	Ⅳ类	W	76.5	**72.5**	0.948	Ⅳ类	W	76.5	**70.4**	0.921
406 × 178 × 54	Ⅳ类	W	69.0	**64.7**	0.938	Ⅳ类	W	69.0	**62.7**	0.909
406 × 140 × 53 +	Ⅳ类	W	67.9	**63.9**	0.941	Ⅳ类	W	67.9	**61.8**	0.911
406 × 140 × 46	Ⅳ类	W	58.6	**53.1**	0.906	Ⅳ类	W	58.6	**51.4**	0.876
406 × 140 × 39	Ⅳ类	W	49.7	**43.7**	0.880	Ⅳ类	W	49.7	**42.1**	0.848
356 × 171 × 67	非Ⅳ类		85.5	85.5	1.00	Ⅳ类	W	85.5	**84.1**	0.983
356 × 171 × 57	非Ⅳ类		72.6	72.6	1.00	Ⅳ类	W	72.6	**69.7**	0.960
356 × 171 × 51	Ⅳ类	W	64.9	**62.7**	0.966	Ⅳ类	W	64.9	**61.0**	0.940
356 × 171 × 45	Ⅳ类	W	57.3	**54.5**	0.952	Ⅳ类	W	57.3	**53.0**	0.924
356 × 127 × 39	Ⅳ类	W	49.8	**46.5**	0.934	Ⅳ类	W	49.8	**45.0**	0.904
356 × 127 × 33	Ⅳ类	W	42.1	**38.1**	0.905	Ⅳ类	W	42.1	**36.8**	0.874
305 × 165 × 46	Ⅳ类	W	58.7	**57.6**	0.982	Ⅳ类	W	58.7	**56.3**	0.960
305 × 165 × 40	Ⅳ类	W	51.3	**49.4**	0.962	Ⅳ类	W	51.3	**48.2**	0.940
305 × 127 × 37	非Ⅳ类		47.2	47.2	1.00	Ⅳ类	W	47.2	**45.3**	0.960
305 × 102 × 33	Ⅳ类	W	41.8	**40.1**	0.960	Ⅳ类	W	41.8	**38.8**	0.929
305 × 102 × 28	Ⅳ类	W	35.9	**33.5**	0.933	Ⅳ类	W	35.9	**32.3**	0.900
305 × 102 × 25	Ⅳ类	W	31.6	**29.0**	0.917	Ⅳ类	W	31.6	**27.8**	0.880
254 × 146 × 37	非Ⅳ类		47.2	47.2	1.00	Ⅳ类	W	47.2	**46.4**	0.983
254 × 146 × 31	非Ⅳ类		39.7	39.7	1.00	Ⅳ类	W	39.7	**38.6**	0.971
254 × 102 × 28	非Ⅳ类		36.1	36.1	1.00	Ⅳ类	W	36.1	**35.0**	0.971
254 × 102 × 25	非Ⅳ类		32.0	32.0	1.00	Ⅳ类	W	32.0	**30.6**	0.957
254 × 102 × 22	Ⅳ类	W	28.0	**27.2**	0.973	Ⅳ类	W	28.0	**26.3**	0.940

注：Advance 和 UKB 是 Tata 公司的注册商标。关于通用梁（UB）和 Tata 生产的 Advance 系列型钢之间关系的更完整的介绍可参见（Steel Building Design Date）中第 12 章的相关内容。
+ BS 4-1 的截面规格不包括此规格。
W 表示截面分类由腹板控制；非粗体字的 A_{eff}值与毛截面面积相同。
表中列出的是仅在轴向压力作用下的Ⅳ类截面。
关于本表格的解释见本附录“截面尺寸和参数说明”中第 4 节的相关内容。

有效截面特性

受轴向压力作用的截面分类和有效截面特性。

空心截面-S275

热成型空心截面一般只有 S355 钢，所以有效截面特性表中没有相关 S275 的信息；

冷成型空心截面一般只有 S235 和 S355 钢，所以有效截面特性表中没有 S275 的信息。由于按 BS EN 10219-2：2006 生产，有些钢材截面不可用，所以有效截面特性表中没有相关 S235 截面信息。

BS EN 1993-1-1：2005
BS EN 10210-2：2005

有效截面特性
热成型方管截面
(HOT-FINISHED SQUARE HOLLOW SECTIONS)
Celsius ® SHS

S355/Celsius ® 355

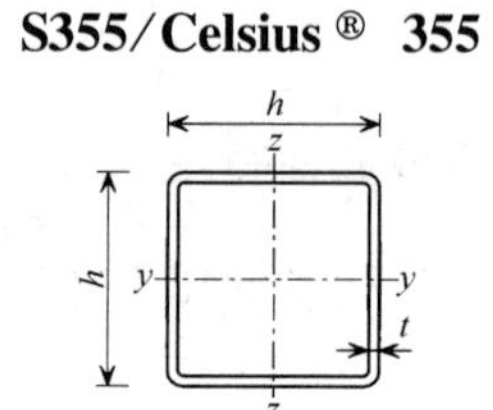

受轴向压力作用的截面分类和有效截面面积

规格		S355/Celsius ® 355			
尺寸 $h \times h$/mm × mm	壁厚 t/mm	分类	毛截面面积 A/cm²	有效截面面积 A_{eff}/cm²	A_{eff}/A
200 × 200	5.0	Ⅳ类	38.7	**35.2**	0.910
250 × 250	6.3	Ⅳ类	61.0	**55.8**	0.915
260 × 260	6.3	Ⅳ类	63.5	**56.6**	0.892
300 × 300	6.3	Ⅳ类	73.6	**59.4**	0.807
	8.0	Ⅳ类	92.8	**87.9**	0.947
350 × 350	8.0	Ⅳ类	109	**93.5**	0.858
400 × 400	10.0	Ⅳ类	155	**141**	0.910

注：Celsius ® 是 Tata 公司的注册商标。关于热成型矩形管截面（HFRHS）和 Tata 生产的 Celsius ® 系列型钢之间关系的更完整的介绍可参见（Steel Building Design Date）中第 12 章的相关内容。
非粗体字的 A_{eff} 值与毛截面面积相同。
仅在轴向压力作用下的截面，方能归为Ⅳ类。
关于本表格的解释见本附录“截面尺寸和参数说明”中第 4 节的相关内容。

BS EN 1993-1-1：2005
BS EN 10219-2：2005

有效截面特性
冷成型方管截面
(COLD-FORMED SQUARE HOLLOW
Hybox ® SHS

S355/Hybox ® 355

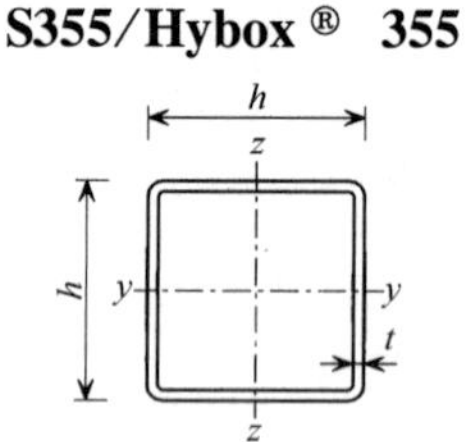

受轴向压力作用的截面分类和有效截面面积

规格		S355/Hybox ® 355			
尺寸 $h \times h$/mm × mm	壁厚 t/mm	分类	毛截面面积 A/cm²	有效截面面积 A_{eff}/cm²	A_{eff}/A
150 × 150	4.0	Ⅳ类	22.9	**21.7**	0.947
160 × 160	4.0	Ⅳ类	24.5	**22.3**	0.909
200 × 200	5.0	Ⅳ类	38.4	**34.9**	0.909
250 × 250	6.0	Ⅳ类	57.6	**51.0**	0.885
300 × 300	6.0	Ⅳ类	69.6	**54.1**	0.777
	8.0	Ⅳ类	91.2	**86.3**	0.947
350 × 350	8.0	Ⅳ类	107	**91.5**	0.855
400 × 400	8.0	Ⅳ类	123	**95.4**	0.776
	10.0	Ⅳ类	153	**139**	0.909

注：Hybox ® 是 Tata 公司的注册商标。关于冷成型方管（CFSHS）和 Tata 生产的 Hybox ® 系列型钢之间关系的更完整的介绍可参见（Steel Building Design Date）中第 12 章的相关内容。
非粗体字的 A_{eff} 值与毛截面面积相同。
仅在轴向压力作用下的截面，方能归为Ⅳ类。
关于本表格的解释见本附录“截面尺寸和参数说明”中第 4 节的相关内容。

BS EN 1993-1-1：2005
BS EN 10210-2：2005

有效截面特性
热成型矩形管截面
(HOT-FINISHED RECTANGULAR HOLLOW SECTIONS)
Celsius® RHS

S355/Celsius® 355

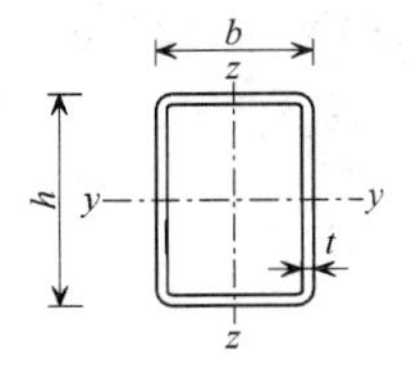

受轴向压力作用的截面分类和有效截面面积

规格		S355/Celsius® 355				
尺寸 $h\times b$/mm×mm	壁厚 t/mm	截面分类		毛截面面积 A/cm²	有效截面面积 A_{eff}/cm²	A_{eff}/A
150×125	4.0	Ⅳ类	W	21.2	**20.6**	0.971
160×80	4.0	Ⅳ类	W	18.4	**17.3**	0.939
200×100	5.0	Ⅳ类	W	28.7	**27.0**	0.939
200×120	5.0	Ⅳ类	W	30.7	**29.0**	0.943
250×150	5.0	Ⅳ类	W	38.7	**33.3**	0.861
	6.3	Ⅳ类	W	48.4	**45.8**	0.946
260×140	5.0	Ⅳ类	W	38.7	**32.5**	0.840
	6.3	Ⅳ类	W	48.4	**45.0**	0.929
300×100	8.0	Ⅳ类	W	60.8	**58.4**	0.960
300×150	8.0	Ⅳ类	W	68.8	**66.4**	0.965
300×200	6.3	Ⅳ类	W	61.0	**53.9**	0.884
	8.0	Ⅳ类	W	76.8	**74.4**	0.968
300×250	5.0	Ⅳ类	F，W	53.7	**38.8**	0.722
	6.3	Ⅳ类	F，W	67.3	**57.6**	0.856
	8.0	Ⅳ类	W	84.8	**82.4**	0.971
350×150	5.0	Ⅳ类	W	48.7	**34.8**	0.715
	6.3	Ⅳ类	W	61.0	**48.9**	0.801
	8.0	Ⅳ类	W	76.8	**69.0**	0.899
350×250	5.0	Ⅳ类	F，W	58.7	**39.4**	0.671
	6.3	Ⅳ类	F，W	73.6	**58.9**	0.800
	8.0	Ⅳ类	W	92.8	**85.0**	0.916
400×120	5.0	Ⅳ类	W	50.7	**32.3**	0.636
	6.3	Ⅳ类	W	63.5	**46.0**	0.724
	8.0	Ⅳ类	W	80.0	**66.2**	0.827
	10.0	Ⅳ类	W	98.9	**91.9**	0.930
400×150	5.0	Ⅳ类	W	53.7	**35.3**	0.657
	6.3	Ⅳ类	W	67.3	**49.8**	0.740
	8.0	Ⅳ类	W	84.8	**71.0**	0.837
	10.0	Ⅳ类	W	105	**98.0**	0.934

注：Celsius® 是 Tata 公司的注册商标。关于热成型矩形管截面（HFRHS）和 Tata 生产的 Celsius® 系列型钢之间关系的更完整的介绍可参见（Steel Building Design Date）中第 12 章的相关内容。
W 表示截面分类由腹板控制。
F 表示截面分类由翼缘控制。
F，W 表示截面分类由翼缘和腹板控制。
非粗体字的 A_{eff} 值与毛截面面积相同。
仅在轴向压力作用下的截面，方能归为Ⅳ类。
关于本表格的解释见本附录“截面尺寸和参数说明”中第 4 节的相关内容。

BS EN 1993-1-1：2005
BS EN 10210-2：2005

有效截面特性
热成型矩形管截面
(HOT-FINISHED RECTANGULAR HOLLOW SECTIONS)
Celsius® RHS

S355/Celsius® 355

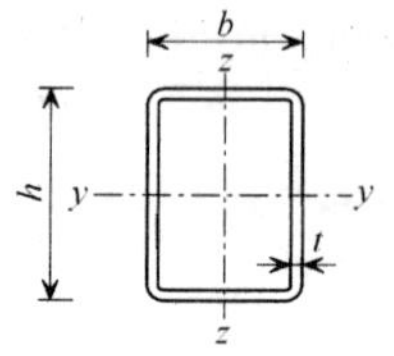

受轴向压力作用的截面分类和有效截面面积

规格		S355/Celsius® 355				
尺寸 $h\times b$/mm×mm	壁厚 t/mm	截面分类		毛截面面积 A/cm^2	有效截面面积 A_{eff}/cm^2	A_{eff}/A
400×200	8.0	Ⅳ类	W	92.8	79.0	0.851
	10.0	Ⅳ类	W	115	108	0.939
400×300	8.0	Ⅳ类	F，W	109	92.8	0.851
	10.0	Ⅳ类	W	135	128	0.948
450×250	8.0	Ⅳ类	W	109	88.7	0.814
	10.0	Ⅳ类	W	135	121	0.897
500×200	8.0	Ⅳ类	W	109	81.9	0.751
	10.0	Ⅳ类	W	135	113	0.840
	12.5	Ⅳ类	W	167	156	0.935
500×300	8.0	Ⅳ类	F，W	125	95.4	0.764
	10.0	Ⅳ类	W	155	133	0.861
	12.5	Ⅳ类	W	192	181	0.943

注：Celsius® 是 Tata 公司的注册商标。关于热成型矩形管截面（HFRHS）和 Tata 生产的 Celsius® 系列型钢之间关系的更完整的介绍可参见（Steel Building Design Date）中第 12 章的相关内容。
W 表示截面分类由腹板控制。
F 表示截面分类由翼缘控制。
F，W 表示截面分类由翼缘和腹板控制。
非粗体字的 A_{eff} 值与毛截面积相同。
仅在轴向压力作用下的截面，方能归为Ⅳ类。
关于本表格的解释见本附录“截面尺寸和参数说明”中第 4 节的相关内容。

BS EN 1993-1-1：2005
BS EN 10219-2：2005

有效截面特性
冷成型矩形管截面
(COLD-FORMED RECTANGULAR HOLLOW SECTIONS)
Hybox® RHS

S355/Hybox® 355

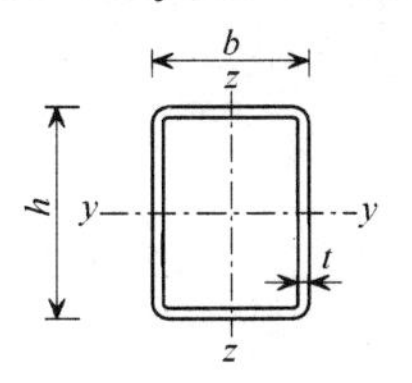

受轴向压力作用的截面分类和有效截面面积

规格		S355/Hybox® 355				
尺寸 $h \times b$/mm×mm	壁厚 t/mm	截面分类		毛截面面积 A/cm²	有效截面面积 A_{eff}/cm²	A_{eff}/A
120×40	3.0	Ⅳ类	W	9.01	**8.38**	0.930
120×60	3.0	Ⅳ类	W	10.2	**9.57**	0.938
140×80	3.0	Ⅳ类	W	12.6	**11.1**	0.883
150×100	3.0	Ⅳ类	W	14.4	**12.5**	0.865
	4.0	Ⅳ类	W	18.9	**18.3**	0.968
160×80	4.0	Ⅳ类	W	18.1	**17.0**	0.938
180×80	4.0	Ⅳ类	W	19.7	**17.5**	0.887
180×100	4.0	Ⅳ类	W	21.3	**19.1**	0.895
200×100	4.0	Ⅳ类	W	22.9	**19.4**	0.849
	5.0	Ⅳ类	W	28.4	**26.7**	0.939
200×120	4.0	Ⅳ类	W	24.5	**21.0**	0.859
	5.0	Ⅳ类	W	30.4	**28.7**	0.943
200×150	4.0	Ⅳ类	F，W	26.9	**22.8**	0.849
	5.0	Ⅳ类	W	33.4	**31.7**	0.948
250×150	5.0	Ⅳ类	W	38.4	**33.0**	0.860
	6.0	Ⅳ类	W	45.6	**42.3**	0.927
300×100	6.0	Ⅳ类	W	45.6	**37.8**	0.830
	8.0	Ⅳ类	W	59.2	**56.8**	0.959
300×200	6.0	Ⅳ类	W	57.6	**49.8**	0.865
	8.0	Ⅳ类	W	75.2	**72.8**	0.968
400×200	8.0	Ⅳ类	W	91.2	**77.4**	0.849
	10.0	Ⅳ类	W	113	**106**	0.938
450×250	8.0	Ⅳ类	W	107	**86.7**	0.810
	10.0	Ⅳ类	W	133	**119**	0.895
	12.0	Ⅳ类	W	156	**151**	0.965
500×300	8.0	Ⅳ类	F，W	123	**93.4**	0.760
	10.0	Ⅳ类	W	153	**131**	0.859
	12.0	Ⅳ类	W	180	**167**	0.926
	12.5	Ⅳ类	W	187	**176**	0.942

注：Hybox® 是 Tata 公司的注册商标。关于冷成型矩形管（CFRHS）和 Tata 生产的 Hybox® 系列型钢之间关系的更完整的介绍可参见（Steel Building Design Date）中第 12 章的相关内容。

W 表示截面分类由腹板控制。

F 表示截面分类由翼缘控制。

F，W 表示截面分类由翼缘和腹板控制。

非粗体字的 A_{eff} 值与毛截面面积相同。

仅在轴向压力作用下的截面，方能归为Ⅳ类。

关于本表格的解释见本附录“截面尺寸和参数说明”中第 4 节的相关内容。

BS EN 1993-1-1：2005
BS EN 10056-1：1999

有效截面特性
等边角钢
(EQUAL ANGLES)
Advance UKA-Equal Angles

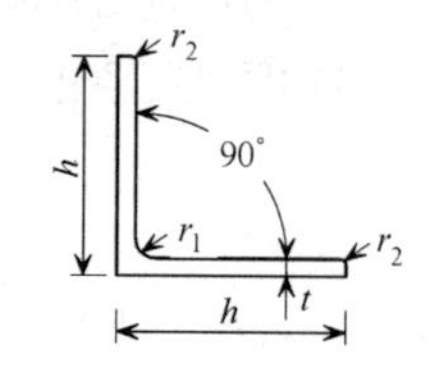

受轴向压力作用的截面分类和有效截面面积

规格		S275/优化 275				S355/优化 355			
尺寸 $h\times h$/mm×mm	厚度 t/mm	截面分类	毛截面面积 A/cm^2	有效截面面积 A_{eff}/cm^2	A_{eff}/A	截面分类	毛截面面积 A/cm^2	有效截面面积 A_{eff}/cm^2	A_{eff}/A
200×200	20.0	非Ⅳ类	76.3	76.3	1.00	Ⅳ类	76.3	76.3	1.00
	18.0	Ⅳ类	69.1	69.1	1.00	Ⅳ类	69.1	69.1	1.00
	16.0	Ⅳ类	61.8	61.8	1.00	Ⅳ类	61.8	**57.7**	0.934
150×150	15.0	非Ⅳ类	43.0	43.0	1.00	Ⅳ类	43.0	43.0	1.00
	12.0	Ⅳ类	34.8	34.8	1.00	Ⅳ类	34.8	**32.5**	0.934
	10.0	Ⅳ类	29.3	**26.3**	0.898	Ⅳ类	29.3	**23.8**	0.814
120×120	12.0	非Ⅳ类	27.5	27.5	1.00	Ⅳ类	27.5	27.5	1.00
	10.0	Ⅳ类	23.2	23.2	1.00	Ⅳ类	23.2	**22.3**	0.962
	8.0 +	Ⅳ类	18.8	16.9	0.898	Ⅳ类	18.8	**15.3**	0.814
100×100	10.0	非Ⅳ类	19.2	19.2	1.00	Ⅳ类	19.2	19.2	1.00
	8.0	Ⅳ类	15.5	15.5	1.00	Ⅳ类	15.5	**14.5**	0.934
90×90	8.0	Ⅳ类	13.9	13.9	1.00	Ⅳ类	13.9	13.9	1.00
	7.0	Ⅳ类	12.2	12.2	1.00	Ⅳ类	12.2	**11.2**	0.915
80×80	8.0	非Ⅳ类	12.3	12.3	1.00	Ⅳ类	12.3	12.3	1.00
75×75	8.0	非Ⅳ类	11.4	11.4	1.00	Ⅳ类	11.4	11.4	1.00
	6.0	Ⅳ类	8.73	8.73	1.00	Ⅳ类	8.73	**8.15**	0.934
70×70	7.0	非Ⅳ类	9.40	9.40	1.00	Ⅳ类	9.40	9.40	1.00
	6.0	Ⅳ类	8.13	8.13	1.00	Ⅳ类	8.13	**7.98**	0.981
60×60	6.0	非Ⅳ类	6.91	6.91	1.00	Ⅳ类	6.91	6.91	1.00
	5.0	Ⅳ类	5.82	5.82	1.00	Ⅳ类	5.82	**5.60**	0.962
50×50	5.0	非Ⅳ类	4.80	4.80	1.00	Ⅳ类	4.80	4.80	1.00
	4.0	Ⅳ类	3.89	3.89	1.00	Ⅳ类	3.89	**3.63**	0.934
45×45	4.5	非Ⅳ类	3.90	3.90	1.00	Ⅳ类	3.90	3.90	1.00
40×40	4.0	非Ⅳ类	3.08	3.08	1.00	Ⅳ类	3.08	3.08	1.00
30×30	3.0	非Ⅳ类	1.74	1.74	1.00	Ⅳ类	1.74	1.74	1.00

注：Advance 和 UKA 是 Tata 公司的注册商标。关于等边角钢和 Tata 生产的 Advance 系列型钢之间关系的更完整的介绍可参见（Steel Building Design Date）中第 12 章的相关内容。

+ BS EN 10056-1 的截面规格不包括此规格。

非粗体字的 A_{eff} 值与毛截面积相同。

仅在轴向压力作用下的截面，方能归为Ⅳ类。

关于本表格的解释见本附录“截面尺寸和参数说明”中第 4 节的相关内容。

BS EN 1993-1-1：2005
BS EN 10056-1：1999

有效截面特性
不等边角钢
(UNEQUAL ANGLES)
Advance UKA-Unequal Angles

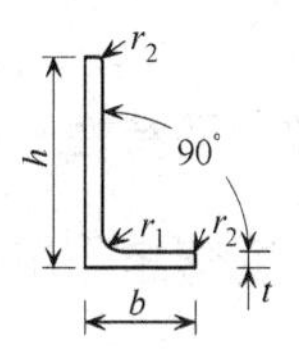

受轴向压力作用的截面分类和有效截面面积

规格		S275/Advance275				S355/Advance355			
尺寸 $h\times b$/mm × mm	厚度 t/mm	截面分类	毛截面面积 A/cm^2	有效截面面积 A_{eff}/cm^2	A_{eff}/A	截面分类	毛截面面积 A/cm^2	有效截面面积 A_{eff}/cm^2	A_{eff}/A
200 × 150	18. 0 +	非Ⅳ类	60. 1	60. 1	1. 00	Ⅳ类	60. 1	60. 1	1. 00
	15. 0	Ⅳ类	50. 5	**49. 3**	0. 977	Ⅳ类	50. 5	**44. 9**	0. 889
	12. 0	Ⅳ类	40. 8	**33. 8**	0. 827	Ⅳ类	40. 8	**30. 5**	0. 746
200 × 100	15. 0	非Ⅳ类	43. 0	43. 0	1. 00	Ⅳ类	43. 0	**38. 2**	0. 889
	12. 0	Ⅳ类	34. 8	**28. 8**	0. 827	Ⅳ类	34. 8	**25. 9**	0. 745
	10. 0	Ⅳ类	29. 2	**20. 8**	0. 714	Ⅳ类	29. 2	**18. 7**	0. 640
150 × 90	12. 0	非Ⅳ类	27. 5	27. 5	1. 00	Ⅳ类	27. 5	**25. 7**	0. 933
	10. 0	Ⅳ类	23. 2	**20. 8**	0. 897	Ⅳ类	23. 2	**18. 8**	0. 812
150 × 75	12. 0	非Ⅳ类	25. 7	25. 7	1. 00	Ⅳ类	25. 7	**24. 0**	0. 933
	10. 0	Ⅳ类	21. 7	19. 5	0. 896	Ⅳ类	21. 7	**17. 6**	0. 812
125 × 75	10. 0	非Ⅳ类	19. 1	19. 1	1. 00	Ⅳ类	19. 1	**17. 8**	0. 933
	8. 0	Ⅳ类	15. 5	13. 5	0. 869	Ⅳ类	15. 5	**12. 2**	0. 786
100 × 75	8. 0	Ⅳ类	13. 5	13. 5	1. 00	Ⅳ类	13. 5	**12. 6**	0. 934
100 × 65	8. 0 +	非Ⅳ类	12. 7	12. 7	1. 00	Ⅳ类	12. 7	**11. 9**	0. 933
	7. 0 +	Ⅳ类	11. 2	**10. 4**	0. 930	Ⅳ类	11. 2	**9. 46**	0. 844
100 × 50	8. 0	非Ⅳ类	11. 4	11. 4	1. 00	Ⅳ类	11. 4	**10. 6**	0. 933
	6. 0	Ⅳ类	8. 71	**7. 20**	0. 827	Ⅳ类	8. 71	**6. 49**	0. 746
80 × 60	7. 0	非Ⅳ类	9. 38	9. 38	1. 00	Ⅳ类	9. 38	**9. 33**	0. 995
80 × 40	6. 0	非Ⅳ类	6. 89	6. 89	1. 00	Ⅳ类	6. 89	**6. 12**	0. 889
75 × 50	6. 0	非Ⅳ类	7. 19	7. 19	1. 00	Ⅳ类	7. 19	**6. 71**	0. 933
70 × 50	6. 0	非Ⅳ类	6. 89	6. 89	1. 00	Ⅳ类	6. 89	**6. 76**	0. 981
65 × 50	5. 0	Ⅳ类	5. 54	**5. 51**	0. 994	Ⅳ类	5. 54	**5. 02**	0. 907
60 × 40	5. 0	非Ⅳ类	4. 79	4. 79	1. 00	Ⅳ类	4. 79	**4. 60**	0. 961
45 × 30	4. 0	非Ⅳ类	2. 87	2. 87	1. 00	Ⅳ类	2. 87	2. 87	1. 00

注：Advance 和 UKA 是 Tata 公司的注册商标。关于不等边角钢和 Tata 生产的 Advance 系列型钢之间关系的更完整的介绍可参见（Steel Building Design Date）中第 12 章的相关内容。

截面分类与承载能力有关。

\+ BS EN 10056-1 的截面规格不包括此规格。

非粗体字的 A_{eff}值与毛截面面积相同。

仅在轴向压力作用下的截面，方能归为Ⅳ类。

关于本表格的解释见本附录“截面尺寸和参数说明”中第 4 节的相关内容。

有效截面特性

受弯矩作用的截面分类和有效截面特性。

空心截面-S275

热成型空心截面一般只有 S355 钢，所以有效截面特性表中没有相关 S275 的信息；

冷成型空心截面一般只有 S235 和 S355 钢，所以有效截面特性表中没有 S275 的信息。由于按 BS EN 10219-2：2006 生产，有些钢材截面不可用，所以有效截面特性表中没有相关 S235 截面信息。

BS EN 1993-1-1：2005
BS EN 10210-2：2005

有效截面特性
热成型方管截面
(HOT-FINISHED SQUARE HOLLOW SECTIONS)
Celsius® SHS

S355/Celsius® 355

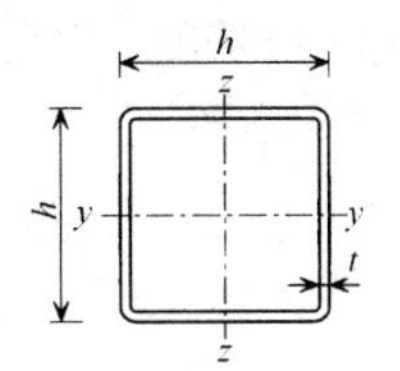

受 *y-y* 轴弯矩作用的截面分类和有效截面特性

规　格		S355/Celsius® 355				
尺寸 $h\times h$/mm × mm	壁厚 t/mm	截面分类		截面特性		
				$I_{eff,y}/cm^4$	$W_{el,eff,y}/cm^3$	$W_{pl,eff,y}/cm^3$
200 × 200	5.0	Ⅳ类	F	2360	231	*
250 × 250	6.3	Ⅳ类	F	5817	456	*
260 × 260	6.3	Ⅳ类	F	6503	487	*
300 × 300	6.3	Ⅳ类	F	9743	619	*
300 × 300	8.0	Ⅳ类	F	12865	847	*
350 × 350	8.0	Ⅳ类	F	19952	1100	*
400 × 400	10.0	Ⅳ类	F	37772	1847	*

注：Celsius® 是 Tata 公司的注册商标。关于热成型方管截面（HFSHS）和 Tata 生产的 Celsius® 系列型钢之间关系的更完整的介绍可参见（Steel Building Design Date）中第 12 章的相关内容。

F 表示截面分类由翼缘控制。

$W_{el,eff,y}$是Ⅳ类截面对 *y-y* 轴的有效弹性模量的最小值。

$W_{pl,eff,y}$是Ⅲ类截面对 *y-y* 轴的有效塑性模量。

* 表示参数对该截面不适用。

仅在纯弯曲作用的截面，方可归为Ⅲ类或Ⅳ类。

关于本表格的解释见本附录“截面尺寸和参数说明”中第 4 节的相关内容。

BS EN 1993-1-1：2005
BS EN 10219-2：2005

有效截面特性
冷成型方管截面
(COLD-FORMED SQUARE HOLLOW SECTIONS)
Hybox ® SHS

S355/Hybox ® 355

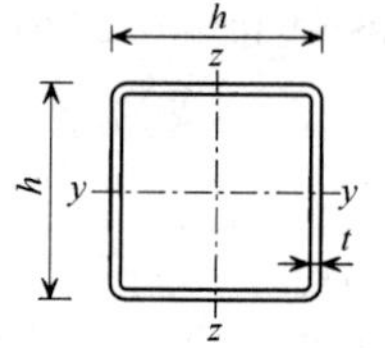

受 y-y 轴弯矩作用的截面分类和有效截面特性

规格		S355/Hybox ® 355				
尺寸 $h \times h$/mm × mm	壁厚 t/mm	截面分类		截面特性		
				$I_{\mathrm{eff,y}}$/cm^4	$W_{\mathrm{el,eff,y}}$/cm^3	$W_{\mathrm{pl,eff,y}}$/cm^3
150 × 150	4.0	Ⅳ类	F	792	104	*
160 × 160	4.0	Ⅳ类	F	952	116	*
200 × 200	5.0	Ⅳ类	F	2325	227	*
250 × 250	6.0	Ⅳ类	F	5418	421	*
300 × 300	6.0	Ⅳ类	F	9075	572	*
300 × 300	8.0	Ⅳ类	F	12537	825	*
350 × 350	8.0	Ⅳ类	F	19503	1075	*
400 × 400	8.0	Ⅳ类	F	28460	1345	*
400 × 400	10.0	Ⅳ类	F	36860	1802	*

注：Hybox ® 是 Tata 公司的注册商标。关于冷成型方管（CFSHS）和 Tata 生产的 Hybox ® 系列型钢之间关系的更完整的介绍可参见（Steel Building Design Date）中第 12 章的相关内容。

F 表示截面分类由翼缘控制。

$W_{\mathrm{el,eff,y}}$是Ⅳ类截面对 y-y 轴的有效弹性模量的最小值。

$W_{\mathrm{pl,eff,y}}$是Ⅲ类截面对 y-y 轴的有效塑性模量。

* 表示参数对该截面不适用。

仅在纯弯曲作用的截面，方可归为Ⅲ类或Ⅳ类。

关于本表格的解释见本附录“截面尺寸和参数说明”中第 4 节的相关内容。

BS EN 1993-1-1：2005
BS EN 10210-2：2005

有效截面特性
热成型矩形管截面
(HOT-FINISHED RECTANGULAR HOLLOW SECTIONS)
Celsius ® RHS

S355/Celsius ® 355

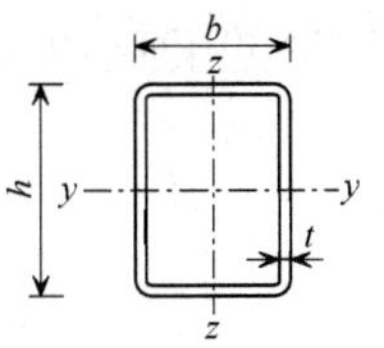

受 *y-y* 轴弯矩作用的截面分类和有效截面特性

规格		S355/Celsius ® 355				
尺寸 $h \times b$/mm × mm	壁厚 t/mm	截面分类		截面特性		
				$I_{eff,y}/cm^4$	$W_{el,eff,y}/cm^3$	$W_{pl,eff,y}/cm^3$
300 × 250	5.0	Ⅳ类	F	6792	430	*
300 × 250	6.3	Ⅳ类	F	8902	582	*
350 × 250	5.0	Ⅳ类	F	9790	534	*
350 × 250	6.3	Ⅳ类	F	12812	719	*
400 × 120	5.0	Ⅲ类	W	—	—	566
400 × 150	5.0	Ⅲ类	W	—	—	626
400 × 300	8.0	Ⅳ类	F	25235	1248	*
500 × 300	8.0	Ⅳ类	F	42983	1703	*

注：Celsius ® 是 Tata 公司的注册商标。关于热成型矩形管截面（HFRHS）和 Tata 生产的 Celsius ® 系列型钢之间关系的更完整的介绍可参见（Steel Building Design Date）中第 12 章的相关内容。

—表示该截面的分类不采用有效截面特性，而采用毛截面特性。

F 表示截面分类由翼缘控制。

$W_{el,eff,y}$是Ⅳ类截面对 *y-y* 轴的有效弹性模量的最小值。

$W_{pl,eff,y}$是Ⅲ类截面对 *y-y* 轴的有效塑性模量。

* 表示参数对该截面不适用。

（灰底）需咨询供应商。

仅在纯弯曲作用的截面，方可归为Ⅲ类或Ⅳ类。

关于本表格的解释见本附录“截面尺寸和参数说明”中第 4 节的相关内容。

BS EN 1993-1-1：2005
BS EN 10210-2：2005

有效截面特性
热成型矩形管截面
(HOT-FINISHED RECTANGULAR HOLLOW SECTIONS)
Celsius® RHS

S355/Celsius® 355

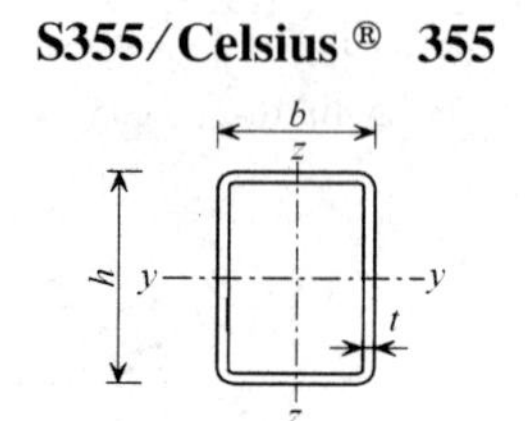

受 z-z 轴弯矩作用的截面分类和有效截面特性

规格		S355/Celsius® 355				
尺寸 $h\times b$/mm × mm	壁厚 t/mm	截面分类		截面特性		
				$I_{eff,z}/cm^4$	$W_{el,eff,z}/cm^3$	$W_{pl,eff,z}/cm^3$
300 × 250	5.0	Ⅳ类	F	4828	353	*
300 × 250	6.3	Ⅳ类	F	6394	485	*
350 × 250	5.0	Ⅳ类	F	5179	366	*
350 × 250	6.3	Ⅳ类	F	6903	508	*
400 × 120	5.0	Ⅳ类	F	1051	144	—
400 × 150	5.0	Ⅳ类	F	1731	192	—
400 × 300	8.0	Ⅳ类	F	14969	936	*
500 × 300	8.0	Ⅳ类	F	16709	996	*

注：Celsius® 是 Tata 公司的注册商标。关于热成型矩形管截面（HFRHS）和 Tata 生产的 Celsius® 系列型钢之间关系的更完整的介绍可参见（Steel Building Design Date）中第 12 章的相关内容。

—表示该截面的分类不采用有效截面特性，而采用毛截面特性。

F 表示截面分类由翼缘控制。

$W_{el,eff,z}$是Ⅳ类截面对 z-z 轴的有效弹性模量最小值。

$W_{pl,eff,z}$对矩形截面不适用。

仅在纯弯曲作用的截面，方可归为Ⅳ类。

* 表示参数对该截面不适用。

　　需咨询供应商。

关于本表格的解释见本附录“截面尺寸和参数说明”中第 4 节的相关内容。

BS EN 1993-1-1：2005
BS EN 10219-2：2005

有效截面特性
冷成型矩形管截面
(COLD-FORMED RECTANGULAR HOLLOW SECTIONS)
Hybox® RHS

S355/Hybox® 355

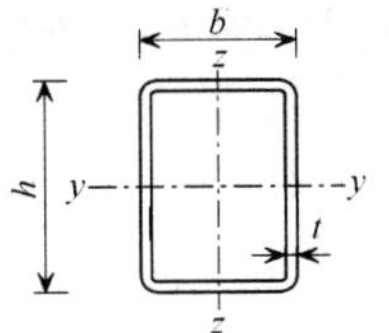

受 y-y 轴弯矩作用的截面分类和有效截面特性

规格		S355/Hybox® 355				
尺寸 $h \times b$/mm × mm	壁厚 t/mm	截面分类		截面特性		
				$I_{eff,y}$/cm^4	$W_{el,eff,y}$/cm^3	$W_{pl,eff,y}$/cm^3
200 × 150	4.0	Ⅳ类	F	1554	154	*
500 × 300	8.0	Ⅳ类	F	42060	1666	*

注：Hybox® 是 Tata 公司的注册商标。关于冷成型矩形管（CFRHS）和 Tata 生产的 Hybox® 系列型钢之间关系的更完整的介绍可参见（Steel Building Design Date）中第 12 章的相关内容。

F 表示截面分类由翼缘控制。

$W_{el,eff,y}$是Ⅳ类截面对 y-y 轴的有效弹性模量最小值。

$W_{pl,eff,y}$是Ⅲ类截面对 y-y 轴的有效塑性模量。

* 表示参数对该截面不适用。

仅在纯弯曲作用的截面，方可归为Ⅳ类。

关于本表格的解释见本附录“截面尺寸和参数说明”中第 4 节的相关内容。

BS EN 1993-1-1：2005
BS EN 10219-2：2005

S355/Hybox ® 355

有效截面特性
冷成型矩形管截面
(COLD-FORMED RECTANGULAR HOLLOW SECTIONS)
Hybox ® RHS

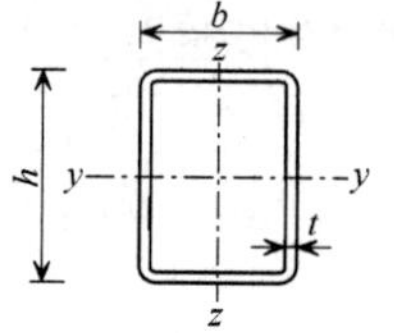

受 z-z 轴弯矩作用的截面分类和有效截面特性

规　格		S355/Hybox ® 355				
尺寸 $h \times b$/mm × mm	壁厚 t/mm	截面分类		截面特性		
				$I_{eff,z}/cm^4$	$W_{el,eff,z}/cm^3$	$W_{pl,eff,z}/cm^3$
200 × 150	4.0	Ⅳ类	F	923	115	*
500 × 300	8.0	Ⅳ类	F	16375	974	*

注：Hybox ® 是 Tata 公司的注册商标。关于冷成型矩形管（CFRHS）和 Tata 生产的 Hybox ® 系列型钢之间关系的更完整的介绍可参见（Steel Building Design Date）中第 12 章的相关内容。

F 表示截面分类由翼缘控制。

$W_{el,eff,z}$是Ⅳ类截面对 z-z 轴的有效弹性模量最小值。

$W_{pl,eff,z}$对矩形截面不适用。

* 表示参数对该截面不适用。

仅在纯弯曲作用的截面，方可归为Ⅳ类。

关于本表格的解释见本附录"截面尺寸和参数说明"中第 4 节的相关内容。

槽钢翼缘背部边距

RSC	名义翼缘宽度/mm	背距/mm	边距/mm	建议孔径/mm
	102	55	47	24
	89	55	34	20
	76	45	31	20
	64	35	29	16
	51	30	21	10
	38	22	—	—

角钢背部边距

名义肢腿长度/mm	S_1/mm	S_2/mm	S_3/mm	S_4/mm	S_5/mm	S_6/mm	名义肢腿长/mm	S_1/mm
250							75	45（20）
200		75（30）	75（30）	55（20）	55（20）	55（20）	70	40（20）
150		55（20）	55（20）				65	35（20）
125		45（20）	50（20）				60	35（16）
120		45（16）	50（16）				50	28（12）
100	55（24）						45	25
90	50（24）						40	23
80	45（20）						30	20
							25	15

注：括号中数字为建议的最大螺栓尺寸。

本表摘自 BCSA 出版物 No. 5/79，*Metric Practice for Structural Steelworks*（第三版，1979）。

翼缘上的螺栓孔间距

翼缘宽度 /mm	为保证安装所需的最小值 /mm	为保证边距所需的最大值 /mm	S_1 /mm	S_2 /mm	S_3 /mm	S_4 /mm
工字钢						
44	27（5）	30	30			
64	38（10）	39	40			
76	48（10）	51	48			
89	54（12）	59	56			
102	60（16）	62	60			
114	66（16）	74	70			
127	72（20）	77	75			
152	75（20）	102	90			
203	91（24）	143	140			
普通柱						
152	65（24）	92	90			
203	75（24）	143	140			
254	87（24）	194	140			
305	100（24）	245	140	120（24）	60（24）	240（24）
368	88（24）	308	140	140（24）	75（24）	290（24）
406	120（24）	346	140	140（24）	75（24）	290（24）
普通梁						
102	50（16）	62	54			
127	62（20）	77	70			
133	57（20）	83	70			
140	69（24）	80	70			
146	64（24）	86	70			
152	73（24）	92	90			
165	67（24）	105	90			
171	72（24）	111	90			
178	72（24）	118	90			
191	74（24）	131	90			
210	80（24）	150	140			
229	80（24）	169	140			
254	87（24）	194	140			
267	91（24）	207	140	90（20）	50（20）	190（20）
292	94（24）	232	140	100（24）	60（24）	220（24）
305	100（24）	245	140	120（24）	60（24）	240（24）
419	112（24）	359	140	140（24）	75（24）	290（24）

注：括号中数字为建议的最大螺栓尺寸。

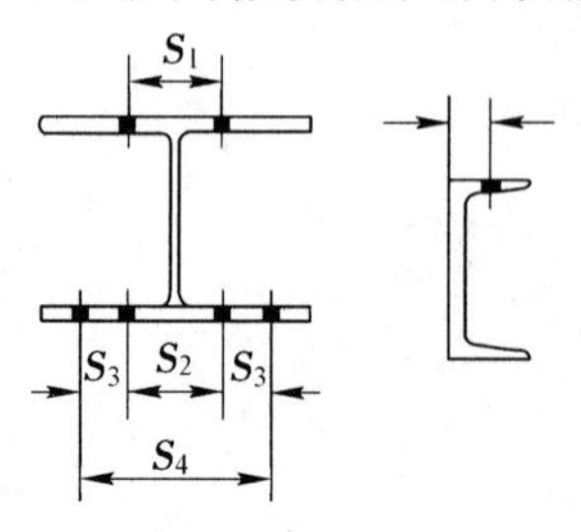

S275 钢的螺栓与焊缝参数

BS EN 1993-1-8：2005 BS EN ISO 4016 BS EN ISO 4018

螺栓承载力 S275
非预紧式螺栓

4.6 级六角头螺栓

螺栓直径 d/mm	拉应力面积 A_s/mm^2	抗拉承载力 $F_{t,Rd}$/kN	抗剪承载力 单剪 $F_{v,Rd}$/kN	抗剪承载力 双剪 $2\times F_{v,Rd}$/kN	螺栓受拉 冲剪最小厚度 t_{min}/mm
12	84.3	24.3	13.8	27.5	2.1
16	157	45.2	30.1	60.3	3.2
20	245	70.6	47.0	94.1	3.9
24	353	102	67.8	136	4.7
30	561	162	108	215	5.8

螺栓直径 d/mm	最小值				承压承载力/kN										
	边距 e_2/mm	端距 e_1/mm	行间距 p_1/mm	列间距 p_2/mm	连接板最小厚度 t/mm										
					5	6	7	8	9	10	12	15	20	25	30
12	20	25	35	40	25.9	*31.0*	*36.2*	*41.4*	*46.6*	*51.7*	*62.1*	*77.6*	*103*	*129*	*155*
16	25	35	50	50	34.0	40.8	47.7	54.5	*61.3*	*68.1*	*81.7*	*102*	*136*	*170*	*204*
20	30	40	60	60	**42.1**	50.5	58.9	67.4	75.8	84.2	*101*	*126*	*168*	*211*	*253*
24	35	50	70	70	**50.1**	**60.1**	70.2	80.2	90.2	100	120	*150*	*200*	*251*	*301*
30	45	60	85	90	**63.2**	**75.8**	**88.4**	**101**	114	126	152	189	*253*	*316*	*379*

注：对于 M12 螺栓，其抗剪承载力设计值 $F_{v,Rd}$取 BS EN 1993-1-8，表 3.4（3.6.1（5）条）中数值的 0.85 倍；
对于螺栓群设计承载力的计算，参见 BS EN 1993-1-8：2005 中 3.7（1）条；
当螺栓的螺纹不符合 EN 1090 的要求时，相应的抗拉和抗剪承载力应乘以 0.85；
粗体字部分的螺栓承压承载力小于对应螺栓的单剪抗剪承载力；
斜体字部分的螺栓承压承载力大于对应螺栓的双剪抗剪承载力；
承压承载力是按标准孔径计算的；
如果采用大圆孔或短槽孔，承压承载力值应乘以 0.8；
如果采用长槽孔或椭圆孔，承压承载力值应乘以 0.6；
采用单排螺栓的单面搭接接头，每个螺栓的承压承载力设计值应不大于 $1.5f_u dt/\gamma_{M2}$；
关于本表格的解释见本附录“截面尺寸和参数说明”中第 5 节的相关内容。

BS EN 1993-1-8：2005
BS EN ISO 4014
BS EN ISO 4017

螺栓承载力 非预紧式螺栓

S275

8.8 级六角头螺栓

螺栓直径 d/mm	拉应力面积 A_s/mm^2	抗拉承载力 $F_{t,Rd}$/kN	抗剪承载力		螺栓受拉
			单剪 $F_{v,Rd}$/kN	双剪 $2\times F_{v,Rd}$/kN	冲剪最小厚度 t_{min}/mm
12	84.3	48.6	27.5	55.0	4.3
16	157	90.4	60.3	121	6.3
20	245	141	94.1	188	7.8
24	353	203	136	271	9.4
30	561	323	215	431	11.6

螺栓直径 d/mm	最小值				承压承载力/kN										
	边距 e_2/mm	端距 e_1/mm	行间距 p_1/mm	列间距 p_2/mm	连接板最小厚度 t/mm										
					5	6	7	8	9	10	12	15	20	25	30
12	20	25	35	40	**25.9**	31.0	36.2	41.4	46.6	51.7	*62.1*	*77.6*	*103*	*129*	*155*
16	25	35	50	50	**34.0**	**40.8**	**47.7**	**54.5**	61.3	68.1	81.7	102	*136*	*170*	*204*
20	30	40	60	60	**42.1**	**50.5**	**58.9**	**67.4**	**75.8**	**84.2**	101	126	168	*211*	*253*
24	35	50	70	70	**50.1**	**60.1**	**70.2**	**80.2**	**90.2**	**100**		150	200	251	*301*
30	45	60	85	90	**63.2**	**75.8**	**88.4**	**101**	**114**	**126**	**152**	**89**	253	316	379

螺栓直径 d/mm	最小值				承压承载力/kN										
	边距 e_2/mm	端距 e_1/mm	行间距 p_1/mm	列间距 p_2/mm	连接板最小厚度 t/mm										
					5	6	7	8	9	10	12	15	20	25	30
12	25	40	50	45	42.2	50.6	**59.0**	**67.5**	**75.9**	**84.3**	**101**	**127**	**169**	**211**	**253**
16	30	50	65	55	*58.3*	70.0	81.6	93.3	105	117	**140**	**175**	**233**	**292**	**350**
20	35	60	80	70	*74.5*	*89.5*	104	119	134	149	179	**224**	**298**	**373**	**447**
24	40	75	95	80	*90.8*	*109*	*127*	145	163	182	218	**272**	**363**	**454**	**545**
30	50	90	115	100	*112*	*134*	*157*	*179*	*201*	224	268	335	**447**	**559**	**671**

注：对于 M12 螺栓，其抗剪承载力设计值 $F_{v,Rd}$取 BS EN 1993-1-8，表3.4（3.6.6（5）条）中数值的0.85 倍；
对于螺栓群设计承载力的计算，参见 BS EN 1993-1-8：2005 中 3.7（1）条；
当螺栓的螺纹不符合 EN 1090 的要求时，相应的抗拉和抗剪承载力应乘以 0.85；
粗体字部分的螺栓承压承载力小于对应螺栓的单剪抗剪承载力；
斜体字部分的螺栓承压承载力大于对应螺栓的双剪抗剪承载力；
承压承载力是按标准孔径计算的；
如果采用大圆孔或短槽孔，承压承载力值应乘以 0.8；
如果采用长槽孔或椭圆孔，承压承载力值应乘以 0.6；
采用单排螺栓的单面搭接接头，每个螺栓的承压承载力设计值应不大于 $1.5f_u dt/\gamma_{M2}$；
关于本表格的解释见本附录“截面尺寸和参数说明”中第 5 节的相关内容。

BS EN 1993-1-8：2005
BS EN ISO 4014
BS EN ISO 4017

螺栓承载力
非预紧式螺栓

S275

10.9 级六角头螺栓

螺栓直径 d/mm	拉应力面积 A_s/mm^2	抗拉承载力 $F_{t,Rd}$/kN	抗剪承载力 单剪 $F_{v,Rd}$/kN	抗剪承载力 双剪 $2 \times F_{v,Rd}$/kN	螺栓受拉 冲剪最小厚度 t_{min}/mm
12	84.3	60.7	28.7	57.3	5.3
16	157	113	62.8	126	7.9
20	245	176	98.0	196	9.8
24	353	254	141	282	11.7
30	561	404	224	449	14.5

螺栓直径 d/mm	最小值 边距 e_2/mm	最小值 端距 e_1/mm	最小值 行间距 p_1/mm	最小值 列间距 p_2/mm	承压承载力/kN 连接板最小厚度 t/mm 5	6	7	8	9	10	12	15	20	25	30
12	20	25	35	40	**25.9**	31.0	36.2	41.4	46.6	51.7	*62.1*	*77.6*	*103*	*129*	*155*
16	25	35	50	50	**34.0**	**40.8**	**47.7**	**54.5**	**61.3**	68.1	81.7	102	*136*	*170*	*204*
20	30	40	60	60	**42.1**	**50.5**	**58.9**	**67.4**	**75.8**	**84.2**	101	126	168	*211*	*253*
24	35	50	70	70	**50.1**	**60.1**	**70.2**	**80.2**	**90.2**	**100**	**120**	150	200	251	*301*
30	45	60	85	90	**63.2**	**75.8**	**88.4**	**101**	**114**	**126**	**152**	**89**	253	316	379

螺栓直径 d/mm	最小值 边距 e_2/mm	最小值 端距 e_1/mm	最小值 行间距 p_1/mm	最小值 列间距 p_2/mm	承压承载力/kN 连接板最小厚度 t/mm 5	6	7	8	9	10	12	15	20	25	30
12	25	40	50	45	42.2	50.6	**59.0**	**67.5**	**75.9**	**84.3**	**101**	**127**	**169**	**211**	**253**
16	30	50	65	55	*58.3*	70.0	81.6	93.3	105	117	**140**	**175**	**233**	**292**	**350**
20	35	60	80	70	*74.5*	*89.5*	104	119	134	149	179	**224**	**298**	**373**	**447**
24	40	75	95	80	*90.8*	*109*	*127*	145	163	182	218	272	**363**	**454**	**545**
30	50	90	115	100	*112*	*134*	*157*	*179*	*201*	*224*	268	335	447	**559**	**671**

注：对于 M12 螺栓，其抗剪承载力设计值 $F_{v,Rd}$ 取 BS EN 1993-1-8，表 3.4（3.6.6（5）条）中数值的 0.85 倍；
对于螺栓群设计承载力的计算，参见 BS EN 1993-1-8：2005 中 3.7（1）条；
当螺栓的螺纹不符合 EN 1090 的要求时，相应的抗拉和抗剪承载力应乘以 0.85；
粗体字部分的螺栓承压承载力小于对应螺栓的单剪抗剪承载力；
斜体字部分的螺栓承压承载力大于对应螺栓的双剪抗剪承载力；
承压承载力是按标准孔径计算的；
如果采用大圆孔或短槽孔，承压承载力值应乘以 0.8；
如果采用长槽孔或椭圆孔，承压承载力值应乘以 0.6；
采用单排螺栓的单面搭接接头，每个螺栓的承压承载力设计值应不大于 $1.5 f_u dt/\gamma_{M2}$；
关于本表格的解释见本附录“截面尺寸和参数说明”中第 5 节的相关内容。

BS EN 1993-1-8：2005
BS EN ISO 4016
BS EN ISO 4018

螺栓承载力 非预紧式螺栓

S275

4.6 级埋头螺栓

螺栓直径 d/mm	拉应力面积 A_s/mm^2	抗拉承载力 $F_{t,Rd}$/kN	抗剪承载力		螺栓受拉
			单剪 $F_{v,Rd}$/kN	双剪 $2\times F_{v,Rd}$/kN	冲剪最小厚度 t_{min}/mm
12	84.3	17.0	13.8	27.5	1.5
16	157	31.7	30.1	60.3	2.2
20	245	49.4	47.0	94.1	2.7
24	353	71.2	67.8	136	3.3
30	561	113	108	215	4.1

螺栓直径 d/mm	最小值				承压承载力/kN										
	边距 e_2/mm	端距 e_1/mm	行间距 p_1/mm	列间距 p_2/mm	连接板最小厚度 t/mm										
					5	6	7	8	9	10	12	15	20	25	30
12	20	25	35	40	**10.3**	15.5	20.7	25.9	*31.0*	*36.2*	*46.6*	*62.1*	*87.9*	*114*	*140*
16	25	35	50	50	**6.81**	**13.6**	**20.4**	**27.2**	34.0	40.8	54.5	*74.9*	*109*	*143*	*177*
20	30	40	60	60	**0**	**8.42**	**16.8**	**25.3**	**33.7**	**42.1**	58.9	84.2	*126*	*168*	*211*
24	35	50	70	70	**0**	**0**	**10.0**	**20.0**	**30.1**	**40.1**	**60.1**	90.2	140	*190*	*241*
30	45	60	85	90	**0**	**0**	**0**	**6.32**	**18.9**	**31.6**	**56.8**	**94.7**	158	221	284

注：对于 M12 螺栓，其抗剪承载力设计值 $F_{v,Rd}$取 BS EN 1993-1-8，表 3.4（3.6.1（5）条）中数值的 0.85 倍；
对于螺栓群设计承载力的计算，参见 BS EN 1993-1-8：2005 中 3.7（1）条；
当螺栓的螺纹不符合 EN 1090 的要求时，相应的抗拉和抗剪承载力应乘以 0.85；
粗体字部分的螺栓承压承载力小于对应螺栓的单剪抗剪承载力；
斜体字部分的螺栓承压承载力大于对应螺栓的双剪抗剪承载力；
承压承载力是按标准孔径计算的；
如果采用大圆孔或短槽孔，承压承载力值应乘以 0.8；
如果采用长槽孔或椭圆孔，承压承载力值应乘以 0.6；
采用单排螺栓的单面搭接接头，每个螺栓的承压承载力设计值应不大于 $1.5f_u dt/\gamma_{M2}$；
关于本表格的解释见本附录“截面尺寸和参数说明”中第 5 节的相关内容。

BS EN 1993-1-8：2005
BS EN ISO 4014
BS EN ISO 4017

螺栓承载力 非预紧式螺栓

S275

8.8 级埋头螺栓

螺栓直径 d/mm	拉应力面积 A_s/mm²	抗拉承载力 $F_{t,Rd}$/kN	抗剪承载力 单剪 $F_{v,Rd}$/kN	抗剪承载力 双剪 $2\times F_{v,Rd}$/kN	螺栓受拉冲剪最小厚度 t_{min}/mm
12	84.3	34.0	27.5	55.0	3.0
16	157	63.3	60.3	121	4.4
20	245	98.8	94.1	188	5.5
24	353	142	136	271	6.6
30	561	226	215	431	8.1

螺栓直径 d/mm	最小值 边距 e_2/mm	端距 e_1/mm	行间距 p_1/mm	列间距 p_2/mm	承压承载力/kN 连接板最小厚度 t/mm 5	6	7	8	9	10	12	15	20	25	30
12	20	25	35	40	**10.3**	**15.5**	**20.7**	**25.9**	31.0	36.2	46.6	*62.1*	*87.9*	*114*	*140*
16	25	35	50	50	**6.81**	**13.6**	**20.4**	**27.2**	**34.0**	**40.8**	**54.5**	74.9	109	*143*	*177*
20	30	40	60	60	**0**	**8.42**	**16.8**	**25.3**	**33.7**	**42.1**	**58.9**	**84.2**	126	168	*211*
24	35	50	70	70	**0**	**0**	**10.0**	**20.0**	**30.1**	**40.1**	**60.1**	**90.2**	140	190	241
30	45	60	85	90	**0**	**0**	**0**	**6.32**	**18.9**	**31.6**	**56.8**	**94.7**	**158**	221	284

螺栓直径 d/mm	最小值 边距 e_2/mm	端距 e_1/mm	行间距 p_1/mm	列间距 p_2/mm	承压承载力/kN 连接板最小厚度 t/mm 5	6	7	8	9	10	12	15	20	25	30
12	25	45	55	45	*19.7*	29.5	39.4	49.2	**59.0**	**68.9**	**88.6**	**118**	**167**	**216**	**266**
16	30	55	70	55	*13.1*	*26.2*	39.4	52.5	65.6	78.7	105	**144**	**210**	**276**	**341**
20	35	70	85	70	*0*	*16.4*	*32.8*	*49.2*	*65.6*	*82.0*	115	164	**246**	**328**	**410**
24	40	80	100	80	*0*	*0*	*19.7*	*39.4*	*59.0*	*78.7*	*118*	177	**276**	**374**	**472**
30	50	100	125	100	*0*	*0*	*0*	*12.3*	*36.9*	*61.5*	*111*	*185*	308	431	**554**

注：对于 M12 螺栓，其抗剪承载力设计值 $F_{v,Rd}$取 BS EN 1993-1-8，表 3.4（3.6.1（5）条）中数值的 0.85 倍；
对于螺栓群设计承载力的计算，参见 BS EN 1993-1-8：2005 中 3.7（1）条；
当螺栓的螺纹不符合 EN 1090 的要求时，相应的抗拉和抗剪承载力应乘以 0.85；
粗体字部分的螺栓承压承载力小于对应螺栓的单剪抗剪承载力；
斜体字部分的螺栓承压承载力大于对应螺栓的双剪抗剪承载力；
承压承载力是按标准孔径计算的；
如果采用大圆孔或短槽孔，承压承载力值应乘以 0.8；
如果采用长槽孔或椭圆孔，承压承载力值应乘以 0.6；
采用单排螺栓的单面搭接接头，每个螺栓的承压承载力设计值应不大于 $1.5f_u dt/\gamma_{M2}$；
关于本表格的解释见本附录“截面尺寸和参数说明”中第 5 节的相关内容。

BS EN 1993-1-8：2005 BS EN ISO 4014 BS EN ISO 4017

螺栓承载力 非预紧式螺栓

S275

10.9 级埋头螺栓

螺栓直径 d/mm	拉应力面积 A_s/mm^2	抗拉承载力 $F_{t,Rd}$/kN	抗剪承载力		螺栓受拉
			单剪 $F_{v,Rd}$/kN	双剪 $2\times F_{v,Rd}$/kN	冲剪最小厚度 t_{min}/mm
12	84.3	42.5	28.7	57.3	3.7
16	157	79.1	62.8	126	5.5
20	245	123	98.0	196	6.9
24	353	178	141	282	8.2
30	561	283	224	449	10.2

螺栓直径 d/mm	最小值				承压承载力/kN										
					连接板最小厚度 t/mm										
	边距 e_2/mm	端距 e_1/mm	行间距 p_1/mm	列间距 p_2/mm	5	6	7	8	9	10	12	15	20	25	30
12	20	25	35	40	**10.3**	**15.5**	**20.7**	**25.9**	31.0	36.2	46.6	*62.1*	*87.9*	*114*	*140*
16	25	35	50	50	**6.81**	**13.6**	**20.4**	**27.2**	**34.0**	**40.8**	**54.5**	74.9	109	*143*	*177*
20	30	40	60	60	**0**	**8.42**	**16.8**	**25.3**	**33.7**	**42.1**	**58.9**	**84.2**	126	168	*211*
24	35	50	70	70	**0**	**0**	**10.0**	**20.0**	**30.1**	**40.1**	**60.1**	**90.2**	**140**	190	241
30	45	60	85	90	**0**	**0**	**0**	**6.32**	**18.9**	**31.6**	**56.8**	**94.7**	**158**	**221**	284

螺栓直径 d/mm	最小值				承压承载力/kN										
					连接板最小厚度 t/mm										
	边距 e_2/mm	端距 e_1/mm	行间距 p_1/mm	列间距 p_2/mm	5	6	7	8	9	10	12	15	20	25	30
12	25	45	55	45	*19.7*	29.5	39.4	49.2	**59.0**	**68.9**	**88.6**	**118**	**167**	**216**	**266**
16	30	55	70	55	*13.1*	*26.2*	*39.4*	*52.5*	65.6	78.7	105	**144**	**210**	**276**	**341**
20	35	70	85	70	*0*	*16.4*	*32.8*	*49.2*	*65.6*	*82.0*	115	164	**246**	**328**	**410**
24	40	80	100	80	*0*	*0*	*19.7*	*39.4*	*59.0*	*78.7*	*118*	177	276	**374**	**472**
30	50	100	125	100	*0*	*0*	*0*	*12.3*	*36.9*	*61.5*	*111*	*185*	308	431	**554**

注：对于 M12 螺栓，其抗剪承载力设计值 $F_{v,Rd}$取 BS EN 1993-1-8，表 3.4（3.6.1（5）条）中数值的 0.85 倍；
对于螺栓群设计承载力的计算，参见 BS EN 1993-1-8：2005 中 3.7（1）条；
当螺栓的螺纹不符合 EN 1090 的要求时，相应的抗拉和抗剪承载力应乘以 0.85；
粗体字部分的螺栓承压承载力小于对应螺栓的单剪抗剪承载力；
斜体字部分的螺栓承压承载力大于对应螺栓的双剪抗剪承载力；
抗拉承载力、抗剪承载力、承压承载力应大于设计的极限荷载；
在正常使用阶段，抗滑动承载力应大于设计荷载；
采用单排螺栓的单面搭接接头，每个螺栓的承压承载力设计值应不大于 $1.5f_u dt/\gamma_{M2}$；
关于本表格的解释见本附录“截面尺寸和参数说明”中第 5 节的相关内容。

BS EN 1993-1-8：2005
BS EN 14399：2005
EN 1090：2008

螺栓承载力
正常使用极限状态下的预紧式螺栓

S275

8.8 级六角头螺栓

螺栓直径 d/mm	拉应力面积 A_s/mm^2	抗拉承载力 $F_{t,Rd}$/kN	抗剪承载力		螺栓受拉	抗滑移承载力	
			单剪 $F_{v,Rd}$/kN	双剪 $2\times F_{v,Rd}$/kN	冲剪最小厚度 t_{min}/mm	单剪/kN	双剪/kN
12	84.3	48.6	27.5	55.0	3.71	21.5	42.9
16	157	90.4	60.3	121	5.59	40.0	79.9
20	245	141	94.1	188	7.36	62.4	125
24	353	203	136	271	8.22	89.9	180
30	561	323	215	431	10.7	143	286

螺栓直径 d/mm	最小值				承压承载力/kN										
	边距 e_2/mm	端距 e_1/mm	行间距 p_1/mm	列间距 p_2/mm	连接板最小厚度 t/mm										
					5	6	7	8	9	10	12	15	20	25	30
12	20	40	50	40	38.8	46.6	54.3	*62.1*	*69.8*	*77.6*	*93.1*	*116*	*155*	*194*	*233*
16	25	50	65	50	**51.1**	61.3	71.5	81.7	91.9	102	*123*	*153*	*204*	*255*	*306*
20	30	60	80	60	**63.2**	**75.8**	**88.4**	101	114	126	152	*189*	*253*	*316*	*379*
24	35	75	95	70	**75.2**	**90.2**	**105**	**120**	**135**	150	180	226	*301*	*376*	*451*
30	45	90	115	90	**94.7**	**114**	**133**	**152**	**171**	**189**	227	284	379	*474*	*568*

注：对于 M12 螺栓，其抗剪承载力设计值 $F_{v,Rd}$取 BS EN 1993-1-8，表 3.4（3.6.1（5）条）中数值的 0.85 倍；
对于螺栓群设计承载力的计算，参见 BS EN 1993-1-8：2005 中 3.7（1）条；
当螺栓的螺纹不符合 EN 1090 的要求时，相应的抗拉和抗剪承载力应乘以 0.85；
粗体字部分的螺栓承压承载力小于对应螺栓的单剪抗剪承载力；
斜体字部分的螺栓承压承载力大于对应螺栓的双剪抗剪承载力；
抗拉承载力、抗剪承载力、承压承载力应大于设计的极限荷载；
在正常使用阶段，抗滑动承载力应大于设计荷载；
采用单排螺栓的单面搭接接头，每个螺栓的承压承载力设计值应不大于 $1.5f_u dt/\gamma_{M2}$；
计算表中值时，取 $k_s=1$，$\mu=0.5$，其他 k_s，μ 值参见 BS EN 1993-1-8 中 3.9 节；
关于本表格的解释见本附录“截面尺寸和参数说明”中第 5 节的相关内容。

BS EN 1993-1-8：2005 BS EN 14399：2005 EN 1090：2008

螺栓承载力
正常使用极限状态下的预紧式螺栓

S275

10.9 级六角头螺栓

螺栓直径 d/mm	拉应力面积 A_s/mm^2	抗拉承载力 $F_{t,Rd}$/kN	抗剪承载力		螺栓受拉	抗滑移承载力	
			单剪 $F_{v,Rd}$/kN	双剪 $2\times F_{v,Rd}$/kN	冲剪最小厚度 t_{min}/mm	单剪/kN	双剪/kN
16	157	113	62.8	126	6.99	50.0	99.9
20	245	176	98.0	196	9.20	78.0	156
24	353	254	141	282	10.3	112	225
30	561	404	224	449	13.3	179	357

螺栓直径 d/mm	最小值				承压承载力/kN										
	边距 e_2/mm	端距 e_1/mm	行间距 p_1/mm	列间距 p_2/mm	连接板最小厚度 t/mm										
					5	6	7	8	9	10	12	15	20	25	30
16	25	50	65	50	**51.1**	**61.3**	71.5	81.7	91.9	102	123	*153*	*204*	*255*	*306*
20	30	60	80	60	**63.2**	**75.8**	**88.4**	101	114	126	152	189	*253*	*316*	*379*
24	35	75	95	70	**75.2**	**90.2**	**105**	**120**	**135**	150	180	226	301	*376*	*451*
30	45	90	115	90	**94.7**	**114**	**133**	**152**	**171**	**189**	227	284	379	474	*568*

注：对于 M12 螺栓，其抗剪承载力设计值 $F_{v,Rd}$取 BS EN 1993-1-8，表 3.4（3.6.1（5）条）中数值的 0.85 倍；
对于螺栓群设计承载力的计算，参见 BS EN 1993-1-8：2005 中 3.7（1）条；
当螺栓的螺纹不符合 EN 1090 的要求时，相应的抗拉和抗剪承载力应乘以 0.85；
粗体字部分的螺栓承压承载力小于对应螺栓的单剪抗剪承载力；
斜体字部分的螺栓承压承载力大于对应螺栓的双剪抗剪承载力；
承压承载力是按标准孔径计算的；
如果采用大圆孔或短槽孔，承压承载力值应乘以 0.8；
如果采用长槽孔或椭圆孔，承压承载力值应乘以 0.6；
采用单排螺栓的单面搭接接头，每个螺栓的承压承载力设计值应不大于 $1.5f_u dt/\gamma_{M2}$；
计算表中值时，取 $k_s=1$，$\mu=0.5$，其他 k_s，μ 值参见 BS EN 1993-1-8 中 3.9 节；
关于本表格的解释见本附录“截面尺寸和参数说明”中第 5 节的相关内容。

BS EN 1993-1-8：2005
BS EN 14399：2005
EN 1090：2008

螺栓承载力 S275

承载力极限状态下的预紧式螺栓

8.8 级六角头螺栓

螺栓直径 d/mm	拉应力面积 A_s/mm²	螺栓受拉		抗滑移承载力							
		抗拉承载力 $F_{t,Rd}$/kN	冲剪最小厚度 t_{min}/mm	$\mu=0.2$		$\mu=0.3$		$\mu=0.4$		$\mu=0.5$	
				单剪 /kN	双剪 /kN	单剪 /kN	双剪 /kN	单剪 /kN	双剪 /kN	单剪 /kN	双剪 /kN
12	84.3	48.6	3.71	7.55	15.1	11.3	22.7	15.1	30.2	18.9	37.8
16	157	90.4	5.59	14.1	28.1	21.1	42.2	28.1	56.3	35.2	70.3
20	245	141	7.36	22.0	43.9	32.9	65.9	43.9	87.8	54.9	110
24	353	203	8.22	31.6	63.3	47.4	94.9	63.3	127	79.1	158
30	561	323	10.7	50.3	101	75.4	151	101	201	126	251

螺栓直径 d/mm	最小值				承压承载力/kN										
	边距 e_2/mm	端距 e_1/mm	行间距 p_1/mm	列间距 p_2/mm	连接板最小厚度 t/mm										
					5	6	7	8	9	10	12	15	20	25	30
12	20	40	50	40	38.8	46.6	54.3	*62.1*	*69.8*	*77.6*	*93.1*	*116*	*155*	*194*	*233*
16	25	50	65	50	**51.1**	61.3	71.5	81.7	91.9	102	*123*	*153*	*204*	*255*	*306*
20	30	60	80	60	**63.2**	**75.8**	**88.4**	101	114	126	152	*189*	*253*	*316*	*379*
24	35	75	95	70	**75.2**	**90.2**	**105**	**120**	**135**	150	180	226	*301*	*376*	*451*
30	45	90	115	90	**94.7**	**114**	**133**	**152**	**171**	**189**	227	284	379	*474*	*568*

注：当螺栓的螺纹不符合 EN 1090 的要求时，为了避免冲切破坏，相应的抗拉承载力和最小板厚均应乘以 0.85；
粗体字部分的螺栓承压承载力小于对应螺栓的单剪抗剪承载力；
斜体字部分的螺栓承压承载力大于对应螺栓的双剪抗剪承载力；
采用单排螺栓的单面搭接接头，每个螺栓的承压承载力设计值应不大于 $1.5f_u dt/\gamma_{M2}$；
关于本表格的解释见本附录“截面尺寸和参数说明”中第 5 节的相关内容。

BS EN 1993-1-8：2005
BS EN 14399：2005
EN 1090：2008

螺栓承载力
承载力极限状态下的预紧式螺栓

S275

10.9 级六角头螺栓

螺栓直径 d/mm	拉应力面积 A_s/mm^2	螺栓受拉		抗滑移承载力							
		抗拉承载力 $F_{t,Rd}$/kN	冲剪最小厚度 t_{min}/mm	$\mu=0.2$		$\mu=0.3$		$\mu=0.4$		$\mu=0.5$	
				单剪/kN	双剪/kN	单剪/kN	双剪/kN	单剪/kN	双剪/kN	单剪/kN	双剪/kN
16	157	113	6.99	17.6	35.2	26.4	52.8	35.2	70.3	44.0	87.9
20	245	176	9.20	27.4	54.9	41.2	82.3	54.9	110	68.6	137
24	353	254	10.3	39.5	79.1	59.3	119	79.1	158	98.8	198
30	561	404	13.3	62.8	126	94.2	188	126	251	157	314

螺栓直径 d/mm	最小值				承压承载力/kN										
	边距 e_2/mm	端距 e_1/mm	行间距 p_1/mm	列间距 p_2/mm	连接板最小厚度 t/mm										
					5	6	7	8	9	10	12	15	20	25	30
16	25	50	65	50	**51.1**	**61.3**	71.5	81.7	91.9	102	123	*153*	*204*	*255*	*306*
20	30	60	80	60	**63.2**	**75.8**	**88.4**	101	114	126	152	189	*253*	*316*	*379*
24	35	75	95	70	**75.2**	**90.2**	**105**	**120**	**135**	150	180	226	301	*376*	*451*
30	45	90	115	90	**94.7**	**114**	**133**	**152**	**171**	**189**	227	284	379	474	*568*

注：当螺栓的螺纹不符合 EN 1090 的要求时，为了避免冲切破坏，相应的抗拉承载力和最小板厚均应乘以 0.85；
粗体字部分的螺栓承压承载力小于对应螺栓的单剪抗剪承载力；
斜体字部分的螺栓承压承载力大于对应螺栓的双剪抗剪承载力；
采用单排螺栓的单面搭接接头，每个螺栓的承压承载力设计值应不大于 $1.5f_u dt/\gamma_{M2}$；
关于本表格的解释见本附录“截面尺寸和参数说明”中第 5 节的相关内容。

BS EN 1993-1-8：2005
BS EN 14399：2005
EN 1090：2008

螺栓承载力
正常使用极限状态下的预紧式螺栓

S275

8.8 级 埋头螺栓

螺栓直径 d/mm	拉应力面积 A_s/mm^2	抗拉承载力 $F_{t,Rd}$/kN	抗剪承载力		螺栓受拉	抗滑移承载力	
			单剪 $F_{v,Rd}$/kN	双剪 $2\times F_{v,Rd}$/kN	冲剪最小厚度 t_{min}/mm	单剪/kN	双剪/kN
12	84.3	34.0	27.5	55.0	2.60	21.5	42.9
16	157	63.3	60.3	121	3.91	40.0	79.9
20	245	98.8	94.1	188	5.15	62.4	125
24	353	142	136	271	5.76	89.9	180
30	561	226	215	431	7.47	143	286

螺栓直径 d/mm	最小值				承压承载力/kN										
	边距 e_2/mm	端距 e_1/mm	行间距 p_1/mm	列间距 p_2/mm	连接板最小厚度 t/mm										
					5	6	7	8	9	10	12	15	20	25	30
12	20	40	50	40	**15.5**	**23.3**	31.0	38.8	46.6	54.3	*69.8*	*93.1*	*132*	*171*	*210*
16	25	50	65	50	**10.2**	**20.4**	**30.6**	**40.8**	**51.1**	61.3	81.7	112	*163*	*214*	*265*
20	30	60	80	60	**0**	**12.6**	**25.3**	**37.9**	**50.5**	**63.2**	**88.4**	126	189	*253*	*316*
24	35	75	95	70	**0**	**0**	**15.0**	**30.1**	**45.1**	**60.1**	**90.2**	**135**	211	286	*361*
30	45	90	115	90	**0**	**0**	**0**	**9.47**	**28.4**	**47.4**	**85.3**	**142**	237	332	426

注：对于 M12 螺栓，其抗剪承载力设计值 $F_{v,Rd}$取 BS EN 1993-1-8，表 3.4（3.6.1（5）条）中数值的 0.85 倍；
对于螺栓群设计承载力的计算，参见 BS EN 1993-1-8：2005 中 3.7（1）条；
当螺栓的螺纹不符合 EN 1090 的要求时，相应的抗拉和抗剪承载力应乘以 0.85；
粗体字部分的螺栓承压承载力小于对应螺栓的单剪抗剪承载力；
斜体字部分的螺栓承压承载力大于对应螺栓的双剪抗剪承载力；
抗拉承载力、抗剪承载力、承压承载力应大于设计的极限荷载；
在正常使用阶段，抗滑动承载力应大于设计荷载；
采用单排螺栓的单面搭接接头，每个螺栓的承压承载力设计值应不大于 $1.5f_u dt/\gamma_{M2}$；
计算表中值时，取 $k_s=1$，$\mu=0.5$，其他 k_s，μ 值参见 BS EN 1993-1-8 中 3.9 节；
关于本表格的解释见本附录“截面尺寸和参数说明”中第 5 节的相关内容。

BS EN 1993-1-8：2005 BS EN 14399：2005 EN 1090：2008

螺栓承载力
正常使用极限状态下的预紧式螺栓

S275

10.9 级埋头螺栓

螺栓直径 d/mm	拉应力面积 A_s/mm^2	抗拉承载力 $F_{t,Rd}$/kN	抗剪承载力		螺栓受拉	抗滑移承载力	
			单剪 $F_{v,Rd}$/kN	双剪 $2\times F_{v,Rd}$/kN	冲剪最小厚度 t_{min}/mm	单剪/kN	双剪/kN
16	157	79.1	62.8	126	4.89	50.0	99.9
20	245	123	98.0	196	6.44	78.0	156
24	353	178	141	282	7.19	112	225
30	561	283	224	449	9.33	179	357

螺栓直径 d/mm	最小值				承压承载力/kN										
	边距 e_2/mm	端距 e_1/mm	行间距 p_1/mm	列间距 p_2/mm	连接板最小厚度 t/mm										
					5	6	7	8	9	10	12	15	20	25	30
16	25	50	65	50	**10.2**	**20.4**	**30.6**	**40.8**	**51.1**	**61.3**	81.7	112	*163*	*214*	*265*
20	30	60	80	60	**0**	**12.6**	**25.3**	**37.9**	**50.5**	**63.2**	**88.4**	126	189	*253*	*316*
24	35	75	95	70	**0**	**0**	**15.0**	**30.1**	**45.1**	**60.1**	**90.2**	**135**	211	*286*	*361*
30	45	90	115	90	**0**	**0**	**0**	**9.47**	**28.4**	**47.4**	**85.3**	**142**	237	332	426

注：对于 M12 螺栓，其抗剪承载力设计值 $F_{v,Rd}$ 取 BS EN 1993-1-8，表 3.4（3.6.1（5）条）中数值的 0.85 倍；
对于螺栓群设计承载力的计算，参见 BS EN 1993-1-8：2005 中 3.7（1）条；
当螺栓的螺纹不符合 EN 1090 的要求时，相应的抗拉和抗剪承载力应乘以 0.85；
粗体字部分的螺栓承压承载力小于对应螺栓的单剪抗剪承载力；
斜体字部分的螺栓承压承载力大于对应螺栓的双剪抗剪承载力；
抗拉承载力、抗剪承载力、承压承载力应大于设计的极限荷载；
在正常使用阶段，抗滑动承载力应大于设计荷载；
采用单排螺栓的单面搭接接头，每个螺栓的承压承载力设计值应不大于 $1.5f_u dt/\gamma_{M2}$；
计算表中值时，取 $k_s=1$，$\mu=0.5$，其他 k_s，μ 值参见 BS EN 1993-1-8 中 3.9 节；
关于本表格的解释见本附录“截面尺寸和参数说明”中第 5 节的相关内容。

BS EN 1993-1-8：2005
BS EN 14399：2005
EN 1090：2008

螺栓承载力

承载力极限状态下的预紧式螺栓

S275

8.8 级埋头螺栓

螺栓直径 d/mm	拉应力面积 A_s/mm²	螺栓受拉		抗滑移承载力							
		抗拉承载力 $F_{t,Rd}$/kN	冲剪最小厚度 t_{min}/mm	$\mu=0.2$		$\mu=0.3$		$\mu=0.4$		$\mu=0.5$	
				单剪/kN	双剪/kN	单剪/kN	双剪/kN	单剪/kN	双剪/kN	单剪/kN	双剪/kN
12	84.3	34.0	2.60	7.55	15.1	11.3	22.7	15.1	30.2	18.9	37.8
16	157	63.3	3.91	14.1	28.1	21.1	42.2	28.1	56.3	35.2	70.3
20	245	98.8	5.15	22.0	43.9	32.9	65.9	43.9	87.8	54.9	110
24	353	142	5.76	31.6	63.3	47.4	94.9	63.3	127	79.1	158
30	561	226	7.47	50.3	101	75.4	151	101	201	126	251

螺栓直径 d/mm	承压承载力/kN														
	边距 e_2/mm	端距 e_1/mm	行间距 p_1/mm	列间距 p_2/mm	连接板最小厚度 t/mm										
					5	6	7	8	9	10	12	15	20	25	30
12	20	40	50	40	**15.5**	**23.3**	31.0	38.8	46.6	54.3	*69.8*	*93.1*	*132*	*171*	*210*
16	25	50	65	50	**10.2**	**20.4**	**30.6**	**40.8**	**51.1**	61.3	81.7	112	*163*	*214*	*265*
20	30	60	80	60	**0**	**12.6**	**25.3**	**37.9**	**50.5**	**63.2**	**88.4**	126	*189*	*253*	*316*
24	35	75	95	70	**0**	**0**	**15.0**	**30.1**	**45.1**	**60.1**	**90.2**	**135**	211	*286*	*361*
30	45	90	115	90	**0**	**0**	**0**	**9.47**	**28.4**	**47.4**	**85.3**	**142**	237	332	426

注：当螺栓的螺纹不符合 EN 1090 的要求时，为了避免冲切破坏，相应的抗拉承载力和最小板厚应乘以 0.85；

粗体字部分的螺栓承压承载力小于对应螺栓的单剪抗剪承载力；

斜体字部分的螺栓承压承载力大于对应螺栓的双剪抗剪承载力；

采用单排螺栓的单面搭接接头，每个螺栓的承压承载力设计值应不大于 $1.5f_u dt/\gamma_{M2}$；

关于本表格的解释见本附录“截面尺寸和参数说明”中第 5 节的相关内容。

BS EN 1993-1-8：2005
BS EN 14399：2005
EN 1090：2008

螺栓承载力
承载力极限状态下的预紧式螺栓

S275

10.9 级埋头螺栓

螺栓直径 d/mm	拉应力面积 A_s/mm^2	螺栓受拉		抗滑移承载力							
		抗拉承载力 $F_{t,Rd}$/kN	冲剪最小厚度 t_{min}/mm	$\mu=0.2$		$\mu=0.3$		$\mu=0.4$		$\mu=0.5$	
				单剪/kN	双剪/kN	单剪/kN	双剪/kN	单剪/kN	双剪/kN	单剪/kN	双剪/kN
16	157	79.1	4.89	17.6	35.2	26.4	52.8	35.2	70.3	44.0	87.9
20	245	123	6.44	27.4	54.9	41.2	82.3	54.9	110	68.6	137
24	353	178	7.19	39.5	79.1	59.3	119	79.1	158	98.8	198
30	561	283	9.33	62.8	126	94.2	188	126	251	157	314

螺栓直径 d/mm	承压承载力/kN														
	边距 e_2/mm	端距 e_1/mm	行间距 p_1/mm	列间距 p_2/mm	连接板最小厚度 t/mm										
					5	6	7	8	9	10	12	15	20	25	30
16	25	50	65	50	**10.2**	**20.4**	**30.6**	**40.8**	**51.1**	**61.3**	81.7	112	*163*	*214*	*265*
20	30	60	80	60	**0**	**12.6**	**25.3**	**37.9**	**50.5**	**63.2**	**88.4**	126	189	*253*	*316*
24	35	75	95	70	**0**	**0**	**15.0**	**30.1**	**45.1**	**60.1**	**90.2**	**135**	211	*286*	*361*
30	45	90	115	90	**0**	**0**	**0**	**9.47**	**28.4**	**47.4**	**85.3**	**142**	237	332	426

注：当螺栓的螺纹不符合 EN 1090 的要求时，为了避免冲切破坏，相应的抗拉承载力和最小板厚应乘以 0.85；
粗体字部分的螺栓承压承载力小于对应螺栓的单剪抗剪承载力；
斜体字部分的螺栓承压承载力大于对应螺栓的双剪抗剪承载力；
采用单排螺栓的单面搭接接头，每个螺栓的承压承载力设计值应不大于 $1.5f_u dt/\gamma_{M2}$；
关于本表格的解释见本附录“截面尺寸和参数说明”中第 5 节的相关内容。

BS EN 1993-1-8

角焊缝

S275

焊缝设计承载力

焊脚尺寸 s/mm	有效厚度 a/mm	纵向承载力 $F_{w,L,Rd}$/kN · mm^{-1}	横向承载力 $F_{w,T,Rd}$/kN · mm^{-1}
3. 0	2. 1	0. 47	0. 57
4. 0	2. 8	0. 62	0. 76
5. 0	3. 5	0. 78	0. 96
6. 0	4. 2	0. 94	1. 15
8. 0	5. 6	1. 25	1. 53
10. 0	7. 0	1. 56	1. 91
12. 0	8. 4	1. 87	2. 29
15. 0	10. 5	2. 34	2. 87
18. 0	12. 6	2. 81	3. 44
20. 0	14. 0	3. 12	3. 82
22. 0	15. 4	3. 43	4. 20
25. 0	17. 5	3. 90	4. 78

注：关于本表格的解释见本附录“截面尺寸和参数说明”中第5节的相关内容。

S355 钢的螺栓与焊缝参数

BS EN 1993-1-8：2005
BS EN ISO 4016
BS EN ISO 4018

螺栓承载力 非预紧式螺栓

S355

4.6 级六角头螺栓

螺栓直径 d/mm	拉应力面积 A_s/mm^2	抗拉承载力 $F_{t,Rd}$/kN	抗剪承载力 单剪 $F_{v,Rd}$/kN	抗剪承载力 双剪 $2\times F_{v,Rd}$/kN	螺栓受拉 冲剪最小厚度 t_{min}/mm
12	84.3	24.3	13.8	27.5	1.9
16	157	45.2	30.1	60.3	2.8
20	245	70.6	47.0	94.1	3.4
24	353	102	67.8	136	4.1
30	561	162	108	215	5.1

螺栓直径 d/mm	最小值 边距 e_2/mm	端距 e_1/mm	行间距 p_1/mm	列间距 p_2/mm	承压承载力/kN 连接板最小厚度 t/mm 5	6	7	8	9	10	12	15	20	25	30
12	20	25	35	40	*29.7*	*35.6*	*41.5*	*47.4*	*53.4*	*59.3*	*71.2*	*89.0*	*119*	*148*	*178*
16	25	35	50	50	39.0	46.8	54.6	*62.4*	*70.2*	*78.0*	*93.6*	*117*	*156*	*195*	*234*
20	30	40	60	60	48.3	57.9	67.6	77.2	86.9	*96.5*	*116*	*145*	*193*	*241*	*290*
24	35	50	70	70	**57.5**	68.9	80.4	91.9	103	115	*138*	*172*	*230*	*287*	*345*
30	45	60	85	90	**72.4**	**86.9**	**101**	116	130	145	174	*217*	*290*	*362*	*434*

注：对于 M12 螺栓，其抗剪承载力设计值 $F_{v,Rd}$ 取 BS EN 1993-1-8，表 3.4（3.6.1（5）条）中数值的 0.85 倍；
对于螺栓群设计承载力的计算，参见 BS EN 1993-1-8：2005 中 3.7（1）条；
当螺栓的螺纹不符合 EN 1090 的要求时，相应的抗拉和抗剪承载力应乘以 0.85；
粗体字部分的螺栓承压承载力小于对应螺栓的单剪抗剪承载力；
斜体字部分的螺栓承压承载力大于对应螺栓的双剪抗剪承载力；
承压承载力是按标准孔径计算的；
如果采用大圆孔或短槽孔，承压承载力值应乘以 0.8；
如果采用长槽孔或椭圆孔，承压承载力值应乘以 0.6；
采用单排螺栓的单面搭接接头，每个螺栓的承压承载力设计值应不大于 $1.5f_u dt/\gamma_{M2}$；
关于本表格的解释见本附录“截面尺寸和参数说明”中第 5 节的相关内容。

BS EN 1993-1-8：2005
BS EN ISO 4014
BS EN ISO 4017

螺栓承载力
非预紧式螺栓

S355

8.8级六角头螺栓

螺栓直径 d/mm	拉应力面积 A_s/mm^2	抗拉承载力 $F_{t,Rd}$/kN	抗剪承载力 单剪 $F_{v,Rd}$/kN	抗剪承载力 双剪 $2\times F_{v,Rd}$/kN	螺栓受拉 冲剪最小厚度 t_{min}/mm
12	84.3	48.6	27.5	55.0	3.7
16	157	90.4	60.3	121	5.5
20	245	141	94.1	188	6.8
24	353	203	136	271	8.2
30	561	323	215	431	10.1

螺栓直径 d/mm	最小值 边距 e_2/mm	端距 e_1/mm	行间距 p_1/mm	列间距 p_2/mm	承压承载力/kN 连接板最小厚度 t/mm 5	6	7	8	9	10	12	15	20	25	30
12	20	25	35	40	29.7	35.6	41.5	47.4	53.4	*59.3*	*71.2*	*89.0*	*119*	*148*	*178*
16	25	35	50	50	**39.0**	**46.8**	**54.6**	62.4	70.2	78.0	93.6	117	*156*	*195*	*234*
20	30	40	60	60	**48.3**	**57.9**	**67.6**	**77.2**	**86.9**	96.5	116	145	*193*	*241*	*290*
24	35	50	70	70	**57.5**	**68.9**	**80.4**	**91.9**	**103**	**115**	138	172	230	*287*	*345*
30	45	60	85	90	**72.4**	**86.9**	**101**	**116**	**130**	**145**	**174**	217	290	362	*434*

螺栓直径 d/mm	最小值 边距 e_2/mm	端距 e_1/mm	行间距 p_1/mm	列间距 p_2/mm	承压承载力/kN 连接板最小厚度 t/mm 5	6	7	8	9	10	12	15	20	25	30
12	25	40	50	45	48.3	**58.0**	**67.7**	**77.3**	**87.0**	**96.7**	**116**	**145**	**193**	**242**	**290**
16	30	50	65	55	66.8	80.2	93.6	107	120	**134**	**160**	**201**	**267**	**334**	**401**
20	35	60	80	70	*85.5*	103	120	137	154	171	**205**	**256**	**342**	**427**	**513**
24	40	75	95	80	*104*	*125*	146	167	187	208	250	**312**	**416**	**521**	**625**
30	50	90	115	100	*128*	*154*	*179*	*205*	231	256	308	385	**513**	**641**	**769**

注：对于M12螺栓，其抗剪承载力设计值$F_{v,Rd}$取BS EN 1993-1-8，表3.4（3.6.1（5）条）中数值的0.85倍；

对于螺栓群设计承载力的计算，参见BS EN 1993-1-8：2005中3.7（1）条；

当螺栓的螺纹不符合EN 1090的要求时，相应的抗拉和抗剪承载力应乘以0.85；

粗体字部分的螺栓承压承载力小于对应螺栓的单剪抗剪承载力；

斜体字部分的螺栓承压承载力大于对应螺栓的双剪抗剪承载力；

承压承载力是按标准孔径计算的；

如果采用扩孔或短槽孔，承压承载力值应乘以0.8；

如果采用长槽孔或椭圆孔，承压承载力值应乘以0.6；

采用单排螺栓的单面搭接接头，每个螺栓的承压承载力设计值应不大于$1.5f_u dt/\gamma_{M2}$；

关于本表格的解释见本附录“截面尺寸和参数说明”中第5节的相关内容。

BS EN 1993-1-8：2005
BS EN ISO 4014
BS EN ISO 4017

螺栓承载力
非预紧式螺栓

S355

10.9 级六角头螺栓

螺栓直径 d/mm	拉应力面积 A_s/mm²	抗拉承载力 $F_{t,Rd}$/kN	抗剪承载力 单剪 $F_{v,Rd}$/kN	抗剪承载力 双剪 $2\times F_{v,Rd}$/kN	螺栓受拉冲剪最小厚度 t_{min}/mm
12	84.3	60.7	28.7	57.3	4.6
16	157	113	62.8	126	6.9
20	245	176	98.0	196	8.5
24	353	254	141	282	10.2
30	561	404	224	449	12.7

螺栓直径 d/mm	最小值 边距 e_2/mm	端距 e_1/mm	行间距 p_1/mm	列间距 p_2/mm	承压承载力/kN 连接板最小厚度 t/mm 5	6	7	8	9	10	12	15	20	25	30
12	20	25	35	40	29.7	35.6	41.5	47.4	53.4	*59.3*	*71.2*	*89.0*	*119*	*148*	*178*
16	25	35	50	50	**39.0**	**46.8**	**54.6**	**62.4**	70.2	78.0	93.6	117	*156*	*195*	*234*
20	30	40	60	60	**48.3**	**57.9**	**67.6**	**77.2**	**86.9**	**96.5**	116	145	193	*241*	*290*
24	35	50	70	70	**57.5**	**68.9**	**80.4**	**91.9**	**103**	**115**	**138**	172	230	*287*	*345*
30	45	60	85	90	**72.4**	**86.9**	**101**	**116**	**130**	**145**	**174**	**217**	290	362	434

螺栓直径 d/mm	最小值 边距 e_2/mm	端距 e_1/mm	行间距 p_1/mm	列间距 p_2/mm	承压承载力/kN 连接板最小厚度 t/mm 5	6	7	8	9	10	12	15	20	25	30
12	25	40	50	45	48.3	**58.0**	**67.7**	**77.3**	**87.0**	**96.7**	**116**	**145**	**193**	**242**	**290**
16	30	50	65	55	66.8	80.2	93.6	107	120	**134**	**160**	**201**	**267**	**334**	**401**
20	35	60	80	70	*85.5*	103	120	137	154	171	**205**	**256**	**342**	**427**	**513**
24	40	75	95	80	*104*	*125*	146	167	187	208	250	**312**	**416**	**521**	**625**
30	50	90	115	100	*128*	*154*	*179*	*205*	231	256	308	385	**513**	**641**	**769**

注：对于 M12 螺栓，其抗剪承载力设计值 $F_{v,Rd}$取 BS EN 1993-1-8，表 3.4（3.6.1（5）条）中数值的 0.85 倍；
对于螺栓群设计承载力的计算，参见 BS EN 1993-1-8：2005 中 3.7（1）条；
当螺栓的螺纹不符合 EN 1090 的要求时，相应的抗拉和抗剪承载力应乘以 0.85；
粗体字部分的螺栓承压承载力小于对应螺栓的单剪抗剪承载力；
斜体字部分的螺栓承压承载力大于对应螺栓的双剪抗剪承载力；
承压承载力是按标准孔径计算的；
如果采用大圆孔或短槽孔，承压承载力值应乘以 0.8；
如果采用长槽孔或椭圆孔，承压承载力值应乘以 0.6；
采用单排螺栓的单面搭接接头，每个螺栓的承压承载力设计值应不大于 $1.5f_u dt/\gamma_{M2}$；
关于本表格的解释见本附录“截面尺寸和参数说明”中第 5 节的相关内容。

BS EN 1993-1-8：2005
BS EN ISO 4016
BS EN ISO 4018

螺栓承载力
非预紧式螺栓

S355

4.6 级埋头螺栓

螺栓直径 d/mm	拉应力面积 A_s/mm^2	抗拉 承载力 $F_{t,Rd}$/kN	抗剪承载力		螺栓受拉
			单剪 $F_{v,Rd}$/kN	双剪 $2\times F_{v,Rd}$/kN	冲剪最小厚度 t_{min}/mm
12	84.3	17.0	13.8	27.5	1.3
16	157	31.7	30.1	60.3	1.9
20	245	49.4	47.0	94.1	2.4
24	353	71.2	67.8	136	2.9
30	561	113	108	215	3.6

螺栓直径 d/mm	最小值				承压承载力/kN										
	边距 e_2/mm	端距 e_1/mm	行间距 p_1/mm	列间距 p_2/mm	连接板最小厚度 t/mm										
					5	6	7	8	9	10	12	15	20	25	30
12	20	25	35	40	**11.9**	17.8	23.7	*29.7*	*35.6*	*41.5*	*53.4*	*71.2*	*101*	*130*	*160*
16	25	35	50	50	**7.80**	**15.6**	**23.4**	31.2	39.0	46.8	*62.4*	*85.8*	*125*	*164*	*203*
20	30	40	60	60	**0**	**9.65**	**19.3**	**29.0**	**38.6**	48.3	67.6	*96.5*	*145*	*193*	*241*
24	35	50	70	70	**0**	**0**	**11.5**	**23.0**	**34.5**	**46.0**	68.9	103	*161*	*218*	*276*
30	45	60	85	90	**0**	**0**	**0**	**7.24**	**21.7**	**36.2**	**65.2**	109	181	*253*	*326*

注：对于 M12 螺栓，其抗剪承载力设计值 $F_{v,Rd}$ 取 BS EN 1993-1-8，表 3.4（3.6.1（5）条）中数值的 0.85 倍；
对于螺栓群设计承载力的计算，参见 BS EN 1993-1-8：2005 中 3.7（1）条；
当螺栓的螺纹不符合 EN 1090 的要求时，相应的抗拉和抗剪承载力应乘以 0.85；
粗体字部分的螺栓承压承载力小于对应螺栓的单剪抗剪承载力；
斜体字部分的螺栓承压承载力大于对应螺栓的双剪抗剪承载力；
承压承载力是按标准孔径计算的；
如果采用大圆孔或短槽孔，承压承载力值应乘以 0.8；
如果采用长槽孔或椭圆孔，承压承载力值应乘以 0.6；
采用单排螺栓的单面搭接接头，每个螺栓的承压承载力设计值应不大于 $1.5f_u dt/\gamma_{M2}$；
关于本表格的解释见本附录“截面尺寸和参数说明”中第 5 节的相关内容。

BS EN 1993-1-8：2005 BS EN ISO 4014 BS EN ISO 4017

螺栓承载力
非预紧式螺栓

S355

8.8 级埋头螺栓

螺栓直径 d/mm	拉应力面积 A_s/mm^2	抗拉承载力 $F_{t,Rd}$/kN	抗剪承载力 单剪 $F_{v,Rd}$/kN	抗剪承载力 双剪 $2\times F_{v,Rd}$/kN	螺栓受拉冲剪最小厚度 t_{min}/mm
12	84.3	34.0	27.5	55.0	2.6
16	157	63.3	60.3	121	3.9
20	245	98.8	94.1	188	4.8
24	353	142	136	271	5.7
30	561	226	215	431	7.1

螺栓直径 d/mm	最小值 边距 e_2/mm	端距 e_1/mm	行间距 p_1/mm	列间距 p_2/mm	承压承载力/kN 连接板最小厚度 t/mm 5	6	7	8	9	10	12	15	20	25	30
12	20	25	35	40	**11.9**	**17.8**	**23.7**	29.7	35.6	41.5	53.4	*71.2*	*101*	*130*	*160*
16	25	35	50	50	**7.80**	**15.6**	**23.4**	**31.2**	**39.0**	**46.8**	62.4	85.8	*125*	*164*	*203*
20	30	40	60	60	**0**	**9.65**	**19.3**	**29.0**	**38.6**	**48.3**	**67.6**	96.5	145	*193*	*241*
24	35	50	70	70	**0**	**0**	**11.5**	**23.0**	**34.5**	**46.0**	**68.9**	**103**	161	218	*276*
30	45	60	85	90	**0**	**0**	**0**	**7.24**	**21.7**	**36.2**	**65.2**	**109**	**181**	253	326

螺栓直径 d/mm	最小值 边距 e_2/mm	端距 e_1/mm	行间距 p_1/mm	列间距 p_2/mm	承压承载力/kN 连接板最小厚度 t/mm 5	6	7	8	9	10	12	15	20	25	30
12	25	45	55	45	22.6	33.8	45.1	**56.4**	**67.7**	**79.0**	**102**	**135**	**192**	**248**	**305**
16	30	55	70	55	*15.0*	*30.1*	*45.1*	*60.2*	75.2	90.2	120	**165**	**241**	**316**	**391**
20	35	70	85	70	*0*	*18.8*	*37.6*	*56.4*	*75.2*	*94.0*	132	188	**282**	**376**	**470**
24	40	80	100	80	*0*	*0*	*22.6*	*45.1*	*67.7*	*90.2*	*135*	203	**316**	**429**	**541**
30	50	100	125	100	*0*	*0*	*0*	*14.1*	*42.3*	*70.5*	*127*	*212*	353	**494**	**635**

注：对于 M12 螺栓，其抗剪承载力设计值 $F_{v,Rd}$取 BS EN 1993-1-8，表 3.4（3.6.1（5）条）中数值的 0.85 倍；
对于螺栓群设计承载力的计算，参见 BS EN 1993-1-8：2005 中 3.7（1）条；
当螺栓的螺纹不符合 EN 1090 的要求时，相应的抗拉和抗剪承载力应乘以 0.85；
粗体字部分的螺栓承压承载力小于对应螺栓的单剪抗剪承载力；
斜体字部分的螺栓承压承载力大于对应螺栓的双剪抗剪承载力；
承压承载力是按标准孔径计算的；
如果采用大圆孔或短槽孔，承压承载力值应乘以 0.8；
如果采用长槽孔或椭圆孔，承压承载力值应乘以 0.6；
采用单排螺栓的单面搭接接头，每个螺栓的承压承载力设计值应不大于 $1.5f_u dt/\gamma_{M2}$；
关于本表格的解释见本附录“截面尺寸和参数说明”中第 5 节的相关内容。

BS EN 1993-1-8：2005
BS EN ISO 4014
BS EN ISO 4017

螺栓承载力
非预紧式螺栓

S355

10.9 级埋头螺栓

螺栓直径 d/mm	拉应力面积 A_s/mm²	抗拉承载力 $F_{t,Rd}$/kN	抗剪承载力 单剪 $F_{v,Rd}$/kN	抗剪承载力 双剪 $2\times F_{v,Rd}$/kN	螺栓受拉 冲剪最小厚度 t_{min}/mm
12	84.3	42.5	28.7	57.3	3.2
16	157	79.1	62.8	126	4.8
20	245	123	98.0	196	6.0
24	353	178	141	282	7.2
30	561	283	224	449	8.9

螺栓直径 d/mm	最小值 边距 e_2/mm	端距 e_1/mm	行间距 p_1/mm	列间距 p_2/mm	承压承载力/kN 连接板最小厚度 t/mm 5	6	7	8	9	10	12	15	20	25	30
12	20	25	35	40	**11.9**	**17.8**	**23.7**	29.7	35.6	41.5	53.4	*71.2*	*101*	*130*	*160*
16	25	35	50	50	**7.80**	**15.6**	**23.4**	**31.2**	**39.0**	**46.8**	**62.4**	85.8	125	*164*	*203*
20	30	40	60	60	**0**	**9.65**	**19.3**	**29.0**	**38.6**	**48.3**	**67.6**	**96.5**	145	193	*241*
24	35	50	70	70	**0**	**0**	**11.5**	**23.0**	**34.5**	**46.0**	**68.9**	**103**	161	218	276
30	45	60	85	90	**0**	**0**	**0**	**7.24**	**21.7**	**36.2**	**65.2**	**109**	**181**	253	326

螺栓直径 d/mm	最小值 边距 e_2/mm	端距 e_1/mm	行间距 p_1/mm	列间距 p_2/mm	承压承载力/kN 连接板最小厚度 t/mm 5	6	7	8	9	10	12	15	20	25	30
12	25	45	55	45	22.6	33.8	45.1	56.4	**67.7**	**79.0**	**102**	**135**	**192**	**248**	**305**
16	30	55	70	55	*15.0*	*30.1*	*45.1*	*60.2*	75.2	90.2	120	**165**	**241**	**316**	**391**
20	35	70	85	70	*0*	*18.8*	*37.6*	*56.4*	*75.2*	*94.0*	132	188	**282**	**376**	**470**
24	40	80	100	80	*0*	*0*	22.6	*45.1*	*67.7*	*90.2*	*135*	203	**316**	**429**	**541**
30	50	100	125	100	*0*	*0*	*0*	*14.1*	*42.3*	*70.5*	*127*	*212*	353	**494**	**635**

注：对于 M12 螺栓，其抗剪承载力设计值 $F_{v,Rd}$取 BS EN 1993-1-8，表 3.4（3.6.1（5）条）中数值的 0.85 倍；
对于螺栓群设计承载力的计算，参见 BS EN 1993-1-8：2005 中 3.7（1）条；
当螺栓的螺纹不符合 EN 1090 的要求时，相应的抗拉和抗剪承载力应乘以 0.85；
粗体字部分的螺栓承压承载力小于对应螺栓的单剪抗剪承载力；
斜体字部分的螺栓承压承载力大于对应螺栓的双剪抗剪承载力；
承压承载力是按标准孔径计算的；
如果采用大圆孔或短槽孔，承压承载力值应乘以 0.8；
如果采用长槽孔或椭圆孔，承压承载力值应乘以 0.6；
采用单排螺栓的单面搭接接头，每个螺栓的承压承载力设计值应不大于 $1.5f_u dt/\gamma_{M2}$；
关于本表格的解释见本附录“截面尺寸和参数说明”中第 5 节的相关内容。

BS EN 1993-1-8：2005 BS EN 14399：2005 EN 1090：2008

螺栓承载力
正常使用极限状态下的预紧式螺栓

S355

8.8 级六角头螺栓

螺栓直径 d/mm	拉应力面积 A_s/mm^2	抗拉承载力 $F_{t,Rd}$/kN	抗剪承载力		螺栓受拉	抗滑移承载力	
			单剪 $F_{v,Rd}$/kN	双剪 $2\times F_{v,Rd}$/kN	冲剪最小厚度 t_{min}/mm	单剪/kN	双剪/kN
12	84.3	48.6	27.5	55.0	3.24	21.5	42.9
16	157	90.4	60.3	121	4.88	40.0	79.9
20	245	141	94.1	188	6.42	62.4	125
24	353	203	136	271	7.17	89.9	180
30	561	323	215	431	9.30	143	286

螺栓直径 d/mm	最小值				承压承载力/kN										
	边距 e_2/mm	端距 e_1/mm	行间距 p_1/mm	列间距 p_2/mm	连接板最小厚度 t/mm										
					5	6	7	8	9	10	12	15	20	25	30
12	20	40	50	40	44.5	53.4	*62.3*	*71.2*	*80.1*	*89.0*	*107*	*133*	*178*	*222*	*267*
16	25	50	65	50	**58.5**	70.2	81.9	93.6	105	117	*140*	*176*	*234*	*293*	*351*
20	30	60	80	60	**72.4**	**86.9**	101	116	130	145	174	*217*	*290*	*362*	*434*
24	35	75	95	70	**86.2**	**103**	**121**	138	155	172	207	259	*345*	*431*	*517*
30	45	90	115	90	**109**	**130**	**152**	**174**	**195**	217	261	326	*434*	*543*	*652*

注：对于 M12 螺栓，其抗剪承载力设计值 $F_{v,Rd}$ 取 BS EN 1993-1-8，表 3.4（3.6.1（5）条）中数值的 0.85 倍；
对于螺栓群设计承载力的计算，参见 BS EN 1993-1-8：2005 中 3.7（1）条；
当螺栓的螺纹不符合 EN 1090 的要求时，相应的抗拉和抗剪承载力应乘以 0.85；
粗体字部分的螺栓承压承载力小于对应螺栓的单剪抗剪承载力；
斜体字部分的螺栓承压承载力大于对应螺栓的双剪抗剪承载力；
抗拉承载力、抗剪承载力、承压承载力应大于设计的极限荷载；
在正常使用阶段，抗滑动承载力应大于设计荷载；
采用单排螺栓的单面搭接接头，每个螺栓的承压承载力设计值应不大于 $1.5f_u dt/\gamma_{M2}$；
计算表中值时，取 $k_s=1$，$\mu=0.5$，其他 k_s，μ 值参见 BS EN 1993-1-8 中 3.9 节；
关于本表格的解释见本附录“截面尺寸和参数说明”中第 5 节的相关内容。

BS EN 1993-1-8：2005 BS EN 14399：2005 EN 1090：2008

螺栓承载力
正常使用极限状态下的预紧式螺栓

S355

10.9 级六角头螺栓

螺栓直径 d/mm	拉应力面积 A_s/mm^2	抗拉承载力 $F_{t,Rd}$/kN	抗剪承载力		螺栓受拉	抗滑移承载力	
			单剪 $F_{v,Rd}$/kN	双剪 $2\times F_{v,Rd}$/kN	冲剪最小厚度 t_{min}/mm	单剪/kN	双剪/kN
16	157	113	62.8	126	6.10	50.0	99.9
20	245	176	98.0	196	8.03	78.0	156
24	353	254	141	282	8.97	112	225
30	561	404	224	449	11.6	179	357

螺栓直径 d/mm	最小值				承压承载力/kN										
	边距 e_2/mm	端距 e_1/mm	行间距 p_1/mm	列间距 p_2/mm	连接板最小厚度 t/mm										
					5	6	7	8	9	10	12	15	20	25	30
16	25	50	65	50	**58.5**	70.2	81.9	93.6	105	117	*140*	*176*	*234*	*293*	*351*
20	30	60	80	60	**72.4**	**86.9**	101	116	130	145	174	*217*	*290*	*362*	*434*
24	35	75	95	70	**86.2**	**103**	**121**	**138**	155	172	207	259	*345*	*431*	*517*
30	45	90	115	90	**109**	**130**	**152**	**174**	**195**	**217**	261	326	434	*543*	*652*

注：对于 M12 螺栓，其抗剪承载力设计值 $F_{v,Rd}$取 BS EN 1993-1-8，表 3.4（3.6.1（5）条）中数值的 0.85 倍；
对于螺栓群设计承载力的计算，参见 BS EN 1993-1-8：2005 中 3.7（1）条；
当螺栓的螺纹不符合 EN 1090 的要求时，相应的抗拉和抗剪承载力应乘以 0.85；
粗体字部分的螺栓承压承载力小于对应螺栓的单剪抗剪承载力；
斜体字部分的螺栓承压承载力大于对应螺栓的双剪抗剪承载力；
抗拉承载力、抗剪承载力、承压承载力应大于设计的极限荷载；
在正常使用阶段，抗滑动承载力应大于设计荷载；
采用单排螺栓的单面搭接接头，每个螺栓的承压承载力设计值应不大于 $1.5f_u dt/\gamma_{M2}$；
计算表中值时，取 $k_s=1$，$\mu=0.5$，其他 k_s，μ 值参见 BS EN 1993-1-8 中 3.9 节；
关于本表格的解释见本附录“截面尺寸和参数说明”中第 5 节的相关内容。

BS EN 1993-1-8：2005
BS EN 14399：2005
EN 1090：2008

螺栓承载力

承载力极限状态下的预紧式螺栓

S355

8.8 级六角头螺栓

螺栓直径 d/mm	拉应力面积 A_s/mm²	螺栓受拉		抗滑移承载力							
		抗拉承载力 $F_{t,Rd}$/kN	冲剪最小厚度 t_{min}/mm	$\mu=0.2$		$\mu=0.3$		$\mu=0.4$		$\mu=0.5$	
				单剪/kN	双剪/kN	单剪/kN	双剪/kN	单剪/kN	双剪/kN	单剪/kN	双剪/kN
12	84.3	48.6	3.24	7.55	15.1	11.3	22.7	15.1	30.2	18.9	37.8
16	157	90.4	4.88	14.1	28.1	21.1	42.2	28.1	56.3	35.2	70.3
20	245	141	6.42	22.0	43.9	32.9	65.9	43.9	87.8	54.9	110
24	353	203	7.17	31.6	63.3	47.4	94.9	63.3	127	79.1	158
30	561	323	9.30	50.3	101	75.4	151	101	201	126	251

螺栓直径 d/mm	最小值				承压承载力/kN										
	边距 e_2/mm	端距 e_1/mm	行间距 p_1/mm	列间距 p_2/mm	连接板最小厚度 t/mm										
					5	6	7	8	9	10	12	15	20	25	30
12	20	40	50	40	44.5	53.4	*62.3*	*71.2*	*80.1*	*89.0*	*107*	*133*	*178*	*222*	*267*
16	25	50	65	50	**58.5**	70.2	81.9	93.6	105	117	*140*	*176*	*234*	*293*	*351*
20	30	60	80	60	**72.4**	**86.9**	101	116	130	145	174	*217*	*290*	*362*	*434*
24	35	75	95	70	**86.2**	**103**	**121**	138	155	172	207	259	*345*	*431*	*517*
30	45	90	115	90	**109**	**130**	**152**	**174**	**195**	217	261	326	*434*	*543*	*652*

注：当螺栓的螺纹不符合 EN 1090 的要求时，为了避免冲切破坏，相应的抗拉和抗剪承载力应乘以 0.85；

粗体字部分的螺栓承压承载力小于对应螺栓的单剪抗剪承载力；

斜体字部分的螺栓承压承载力大于对应螺栓的双剪抗剪承载力；

采用单排螺栓的单面搭接接头，每个螺栓的承压承载力设计值应不大于 $1.5f_u dt/\gamma_{M2}$；

关于本表格的解释见本附录“截面尺寸和参数说明”中第 5 节的相关内容。

BS EN 1993-1-8：2005
BS EN 14399：2005
EN 1090：2008

螺栓承载力
承载力极限状态下的预紧式螺栓

S355

10.9 级六角头螺栓

螺栓直径 d/mm	拉应力面积 A_s/mm^2	螺栓受拉		抗滑移承载力							
		抗拉承载力 $F_{t,Rd}$/kN	冲剪最小厚度 t_{min}/mm	$\mu=0.2$		$\mu=0.3$		$\mu=0.4$		$\mu=0.5$	
				单剪/kN	双剪/kN	单剪/kN	双剪/kN	单剪/kN	双剪/kN	单剪/kN	双剪/kN
16	157	113	6.10	17.6	35.2	26.4	52.8	35.2	70.3	44.0	87.9
20	245	176	8.03	27.4	54.9	41.2	82.3	54.9	110	68.6	137
24	353	254	8.97	39.5	79.1	59.3	119	79.1	158	98.8	198
30	561	404	11.6	62.8	126	94.2	188	126	251	157	314

螺栓直径 d/mm	最小值				承压承载力/kN										
	边距 e_2/mm	端距 e_1/mm	行间距 p_1/mm	列间距 p_2/mm	连接板最小厚度 t/mm										
					5	6	7	8	9	10	12	15	20	25	30
16	25	50	65	50	**58.5**	70.2	81.9	93.6	105	117	*140*	*176*	*234*	*293*	*351*
20	30	60	80	60	**72.4**	**86.9**	101	116	130	145	174	*217*	*290*	*362*	*434*
24	35	75	95	70	**86.2**	**103**	**121**	**138**	155	172	207	259	*345*	*431*	*517*
30	45	90	115	90	**109**	**130**	**152**	**174**	**195**	**217**	261	326	434	*543*	*652*

注：对于 M12 螺栓，其抗剪承载力设计值 $F_{v,Rd}$取 BS EN 1993-1-8，表3.4（3.6.1（5）条）中数值的0.85倍；
对于螺栓群设计承载力的计算，参见 BS EN 1993-1-8：2005 中3.7（1）条；
当螺栓的螺纹不符合 EN 1090 的要求时，相应的抗拉和抗剪承载力应乘以0.85；
粗体字部分的螺栓承压承载力小于对应螺栓的单剪抗剪承载力；
斜体字部分的螺栓承压承载力大于对应螺栓的双剪抗剪承载力；
抗拉承载力、抗剪承载力、承压承载力应大于设计的极限荷载；
在正常使用阶段，抗滑动承载力应大于设计荷载；
采用单排螺栓的单面搭接接头，每个螺栓的承压承载力设计值应不大于 $1.5f_u dt/\gamma_{M2}$；
计算表中值时，取 $k_s=1$，$\mu=0.5$，其他 k_s，μ 值参见 BS EN 1993-1-8 中3.9节；
关于本表格的解释见本附录“截面尺寸和参数说明”中第5节的相关内容。

BS EN 1993-1-8：2005 BS EN 14399：2005 EN 1090：2008

螺栓承载力 正常使用极限状态下的预紧式螺栓

S355

8.8 级埋头螺栓

螺栓直径 d/mm	拉应力面积 A_s/mm²	抗拉承载力 $F_{t,Rd}$/kN	抗剪承载力		螺栓受拉	抗滑移承载力	
			单剪 $F_{v,Rd}$/kN	双剪 $2\times F_{v,Rd}$/kN	冲剪最小厚度 t_{min}/mm	单剪/kN	双剪/kN
12	84.3	34.0	27.5	55.0	2.27	21.5	42.9
16	157	63.3	60.3	121	3.41	40.0	79.9
20	245	98.8	94.1	188	4.50	62.4	125
24	353	142	136	271	5.02	89.9	180
30	561	226	215	431	6.51	143	286

螺栓直径 d/mm	最小值				承压承载力/kN										
	边距 e_2/mm	端距 e_1/mm	行间距 p_1/mm	列间距 p_2/mm	连接板最小厚度 t/mm										
					5	6	7	8	9	10	12	15	20	25	30
12	20	40	50	40	**17.8**	**26.7**	35.6	44.5	53.4	*62.3*	*80.1*	*107*	*151*	*196*	*240*
16	25	50	65	50	**11.7**	**23.4**	**35.1**	**46.8**	**58.5**	70.2	93.6	*129*	*187*	*246*	*304*
20	30	60	80	60	**0**	**14.5**	**29.0**	**43.4**	**57.9**	**72.4**	101	145	*217*	*290*	*362*
24	35	75	95	70	**0**	**0**	**17.2**	**34.5**	**51.7**	**68.9**	**103**	155	241	*327*	*414*
30	45	90	115	90	**0**	**0**	**0**	**10.9**	**32.6**	**54.3**	**97.7**	**163**	272	380	*489*

注：对于 M12 螺栓，其抗剪承载力设计值 $F_{v,Rd}$ 取 BS EN 1993-1-8，表 3.4（3.6.1（5）条）中数值的 0.85 倍；
对于螺栓群设计承载力的计算，参见 BS EN 1993-1-8：2005 中 3.7（1）条；
当螺栓的螺纹不符合 EN 1090 的要求时，相应的抗拉和抗剪承载力应乘以 0.85；
粗体字部分的螺栓承压承载力小于对应螺栓的单剪抗剪承载力；
斜体字部分的螺栓承压承载力大于对应螺栓的双剪抗剪承载力；
抗拉承载力、抗剪承载力、承压承载力应大于设计的极限荷载；
在正常使用阶段，抗滑动承载力应大于设计荷载；
采用单排螺栓的单面搭接接头，每个螺栓的承压承载力设计值应不大于 $1.5f_u dt/\gamma_{M2}$；
计算表中值时，取 $k_s=1$，$\mu=0.5$，其他 k_s，μ 值参见 BS EN 1993-1-8 中 3.9 节；
关于本表格的解释见本附录“截面尺寸和参数说明”中第 5 节的相关内容。

BS EN 1993-1-8：2005
BS EN 14399：2005
EN 1090：2008

螺栓承载力
正常使用极限状态下的预紧式螺栓

S355

10.9 级埋头螺栓

螺栓直径 d/mm	拉应力面积 A_s/mm^2	抗拉承载力 $F_{t,Rd}$/kN	抗剪承载力		螺栓受拉冲剪最小厚度 t_{min}/mm	抗滑移承载力	
			单剪 $F_{v,Rd}$/kN	双剪 $2\times F_{v,Rd}$/kN		单剪/kN	双剪/kN
16	157	79.1	62.8	126	4.27	50.0	99.9
20	245	123	98.0	196	5.62	78.0	156
24	353	178	141	282	6.28	112	225
30	561	283	224	449	8.14	179	357

螺栓直径 d/mm	最小值				承压承载力/kN										
	边距 e_2/mm	端距 e_1/mm	行间距 p_1/mm	列间距 p_2/mm	连接板最小厚度 t/mm										
					5	6	7	8	9	10	12	15	20	25	30
16	25	50	65	50	**11.7**	**23.4**	**35.1**	**46.8**	**58.5**	70.2	93.6	*129*	*187*	*246*	*304*
20	30	60	80	60	**0**	**14.5**	**29.0**	**43.4**	**57.9**	**72.4**	101	145	*217*	*290*	*362*
24	35	75	95	70	**0**	**0**	**17.2**	**34.5**	**51.7**	**68.9**	**103**	155	241	*327*	*414*
30	45	90	115	90	**0**	**0**	**0**	**10.9**	**32.6**	**54.3**	**97.7**	**163**	272	380	*489*

注：当螺栓的螺纹不符合 EN 1090 的要求时，为了避免冲切破坏，相应的抗拉和抗剪承载力应乘以 0.85；
粗体字部分的螺栓承压承载力小于对应螺栓的单剪抗剪承载力；
斜体字部分的螺栓承压承载力大于对应螺栓的双剪抗剪承载力；
采用单排螺栓的单面搭接接头，每个螺栓的承压承载力设计值应不大于 $1.5f_u dt/\gamma_{M2}$；
关于本表格的解释见本附录“截面尺寸和参数说明”中第5 节的相关内容。

BS EN 1993-1-8：2005 BS EN 14399：2005 EN 1090：2008

螺栓承载力
承载力极限状态下的预紧式螺栓

S355

8.8 级埋头螺栓

螺栓直径 d/mm	拉应力面积 A_s/mm^2	螺栓受拉		抗滑移承载力							
		抗拉承载力 $F_{t,Rd}$/kN	冲剪最小厚度 t_{min}/mm	$\mu=0.2$		$\mu=0.3$		$\mu=0.4$		$\mu=0.5$	
				单剪/kN	双剪/kN	单剪/kN	双剪/kN	单剪/kN	双剪/kN	单剪/kN	双剪/kN
12	84.3	34.0	2.27	7.55	15.1	11.3	22.7	15.1	30.2	18.9	37.8
16	157	63.3	3.41	14.1	28.1	21.1	42.2	28.1	56.3	35.2	70.3
20	245	98.8	4.50	22.0	43.9	32.9	65.9	43.9	87.8	54.9	110
24	353	142	5.02	31.6	63.3	47.4	94.9	63.3	127	79.1	158
30	561	226	6.51	50.3	101	75.4	151	101	201	126	251

螺栓直径 d/mm	边距 e_2/mm	端距 e_1/mm	行间距 p_1/mm	列间距 p_2/mm	承压承载力/kN										
					连接板最小厚度 t/mm										
					5	6	7	8	9	10	12	15	20	25	30
12	20	40	50	40	**17.8**	**26.7**	35.6	44.5	53.4	*62.3*	*80.1*	*107*	*151*	*196*	*240*
16	25	50	65	50	**11.7**	**23.4**	**35.1**	**46.8**	**58.5**	70.2	93.6	*129*	*187*	*246*	*304*
20	30	60	80	60	**0**	**14.5**	**29.0**	**43.4**	**57.9**	**72.4**	101	145	*217*	*290*	*362*
24	35	75	95	70	**0**	**0**	**17.2**	**34.5**	**51.7**	**68.9**	**103**	155	241	*327*	*414*
30	45	90	115	90	**0**	**0**	**0**	**10.9**	**32.6**	**54.3**	**97.7**	**163**	272	380	*489*

注：当螺栓的螺纹不符合 EN 1090 的要求时，为了避免冲切破坏，相应的抗拉和抗剪承载力应乘以 0.85；

粗体字部分的螺栓承压承载力小于对应螺栓的单剪抗剪承载力；

斜体字部分的螺栓承压承载力大于对应螺栓的双剪抗剪承载力；

采用单排螺栓的单面搭接接头，每个螺栓的承压承载力设计值应不大于 $1.5 f_u dt/\gamma_{M2}$；

关于本表格的解释见本附录“截面尺寸和参数说明”中第 5 节的相关内容。

BS EN 1993-1-8：2005
BS EN 14399：2005
EN 1090：2008

螺栓承载力
承载力极限状态下的预紧式螺栓

S355

10.9 级埋头螺栓

螺栓直径 d/mm	拉应力面积 A_s/mm^2	螺栓受拉		抗滑移承载力							
		抗拉承载力 $F_{t,Rd}$/kN	冲剪最小厚度 t_{min}/mm	$\mu=0.2$		$\mu=0.3$		$\mu=0.4$		$\mu=0.5$	
				单剪/kN	双剪/kN	单剪/kN	双剪/kN	单剪/kN	双剪/kN	单剪/kN	双剪/kN
16	157	79.1	4.27	17.6	35.2	26.4	52.8	35.2	70.3	44.0	87.9
20	245	123	5.62	27.4	54.9	41.2	82.3	54.9	110	68.6	137
24	353	178	6.28	39.5	79.1	59.3	119	79.1	158	98.8	198
30	561	283	8.14	62.8	126	94.2	188	126	251	157	314

螺栓直径 d/mm	承压承载力/kN														
	边距 e_2/mm	端距 e_1/mm	行间距 p_1/mm	列间距 p_2/mm	连接板最小厚度 t/mm										
					5	6	7	8	9	10	12	15	20	25	30
16	25	50	65	50	**11.7**	**23.4**	**35.1**	**46.8**	**58.5**	70.2	93.6	*129*	*187*	*246*	*304*
20	30	60	80	60	**0**	**14.5**	**29.0**	**43.4**	**57.9**	**72.4**	101	145	*217*	*290*	*362*
24	35	75	95	70	**0**	**0**	**17.2**	**34.5**	**51.7**	**68.9**	**103**	155	241	*327*	*414*
30	45	90	115	90	**0**	**0**	**0**	**10.9**	**32.6**	**54.3**	**97.7**	**163**	272	380	*489*

注：当螺栓的螺纹不符合 EN 1090 的要求时，为了避免冲切破坏，相应的抗拉和抗剪承载力应乘以 0.85；
粗体字部分的螺栓承压承载力小于对应螺栓的单剪抗剪承载力；
斜体字部分的螺栓承压承载力大于对应螺栓的双剪抗剪承载力；
采用单排螺栓的单面搭接接头，每个螺栓的承压承载力设计值应不大于 $1.5f_u dt/\gamma_{M2}$；
关于本表格的解释见本附录“截面尺寸和参数说明”中第 5 节的相关内容。

BS EN 1993-1-8

角焊缝

S355

焊缝设计承载力

焊脚尺寸 s/mm	有效厚度 a/mm	纵向承载力 $F_{w,L,Rd}$/kN · mm^{-1}	横向承载力 $F_{w,T,Rd}$/kN · mm^{-1}
3. 0	2. 1	0. 51	0. 62
4. 0	2. 8	0. 68	0. 83
5. 0	3. 5	0. 84	1. 03
6. 0	4. 2	1. 01	1. 24
8. 0	5. 6	1. 35	1. 65
10. 0	7. 0	1. 69	2. 07
12. 0	8. 4	2. 03	2. 48
15. 0	10. 5	2. 53	3. 10
18. 0	12. 6	3. 04	3. 72
20. 0	14. 0	3. 38	4. 14
22. 0	15. 4	3. 71	4. 55
25. 0	17. 5	4. 22	5. 17

注：关于本表格的解释见本附录“截面尺寸和参数说明”中第 5 节的相关内容。

欧 洲 规 范

简明欧洲规范节选

重点说明：以下内容均出自《简明欧洲规范》，其内容源于 BS EN 1993-1-1：2000，重点摘录了关键部分。但相关内容为节选并不全面，使用时应参考相关文献，以确保完全符合设计标准。

节选的内容得到了英国标准协会（British Standards Institution）的许可。

英国标准可与 BSI 客户服务部联系取得（389 Chiswick High Road，London W4 4AL，United Kingdom，电话 +44(0)207 8996 9001）。

章节、图、表编号均源于《钢结构建筑物设计—简明欧洲规范》❶。

1.5 术语

欧洲规范使用的一些术语与英国规范略有不同，主要的变化如表 2-1 所示。

表 2-1 欧洲规范术语

欧洲规范术语	英国标准术语
作用	荷载
永久作用	恒荷载
可变作用	活荷载
作用设计值	极限荷载
验算	校核
效应	作用荷载产生的弯矩和内力
抗力	能力或承载力
变形的几何效应	二阶效应

2.3.3 对应永久或瞬时设计工况下承载力极限状态的作用组合

作用组合可表示为：

$$\sum_{j\geqslant 1}\gamma_{G,j}G_{k,j}+\gamma_{Q,1}Q_{k,1}+\sum_{i\geqslant 1}\gamma_{Q,i}\psi_{0,i}Q_{k,i}$$

❶ Brettle, M. E. and Brown, D. G. *Steel Building Design: Concise Eurocodes. P362* The Steel Construction Institute, 2009.

表 2-2　荷载分项系数（γ_F）

承载力极限状态	永久作用 $\gamma_{G,j}$		最重要的可变作用 $\gamma_{Q,1}$	其余的可变作用 $\gamma_{Q,i}$
	对结构不利时	对结构有利时		
EQU	1.1	0.9	1.5	1.5
STR	1.35	1.0	1.5	1.5

注：当可变作用对结构有利时，Q_k 值应取零。

表 2-3　建筑物 ψ 系数

作　　用	ψ_0	ψ_1	ψ_2
建筑物内的活荷载及类型（参见 EN 1991-1-1）			
类型 A：家庭、住宅区域	0.7	0.5	0.3
类型 B：办公区域	0.7	0.5	0.3
类型 C：人群密集区域	0.7	0.7	0.6
类型 D：商场区域	0.7	0.7	0.6
类型 E：贮藏区域	1.0	0.9	0.8
类型 H：屋面	0.7	0	0
建筑物上的雪荷载（参见 EN 1991-3）			
——适用于海拔高度 $H>1000$m 的场地	0.70	0.50	0.20
——适用于海拔高度 $H>1000$m 的场地	0.50	0.20	0
建筑物上的风荷载（参见 EN 1991-1-4）	0.5	0.2	0
建筑物内的温度（非火灾条件下）（参见 EN 1991-1-5）	0.6	0.5	0

注：屋面活荷载不与风荷载或雪荷载组合，参见 BS EN 1991-1-1 的 3.1(4)条。

2.5　节点设计一般规定

分项系数（γ_{Mi}）取值如下：

- 螺栓承载力　　γ_{M2}　　1.25
- 焊缝承载力　　γ_{M2}　　1.25
- 承压时板件的承载力　　γ_{M2}　　1.25
- 抗滑移承载力　承载力极限状态　　γ_{M3}　　1.25
  正常使用极限状态　　$\gamma_{M3,ser}$　　1.10
- 高强度预紧式螺栓　　γ_{M7}　　1.10

当检查结构整体性时，确定拉结承载力应采用以下分项系数（γ_{Mi}）

- 拉结承载力　　γ_{Mu}　　1.10

3.2 建筑材料密度

表 3-1 建筑材料密度

材　料	密度/$kN \cdot m^{-3}$
混凝土①	
普通混凝土	24
轻骨料混凝土，密度等级 LC 2.0	20
轻骨料混凝土，密度等级 LC 1.8	18
钢	77

① 有钢筋时增加 $1kN/m^3$，未硬化时增加 $1kN/m^3$。

3.3.2 活荷载特征值

1. 活荷载分类和楼面活荷载最小值，见表 3-2；
2. 屋面活荷载最小值，见表 3-3；雪荷载，见 3.4 节。

表 3-2 荷载作用区域分类和楼面活荷载最小值

类别	示　例	q_k/$kN \cdot m^{-2}$
A1	在独立式单一家庭住宅或模块化的学生宿舍内的全部区域① 公寓楼的公共区域（包括厨房），其层数不超过 3 层、每层只有 4 户，且共用一部楼梯	1.5
A2	卧室和集体宿舍，不包括 A1 和 A3 类	1.5
A3	酒店和汽车旅馆的卧房；医院病房；卫生间	2.0
B1	一般办公用途，不包括 B2 类及公寓楼层公共区域的	2.5
B2	地面层或低于地面的办公区域	3.0
C31	不受人群或轮式车辆影响的走廊、门厅、过道，以及 A1 类没有包括的公寓楼的公共区域	3.0
C51	人群易于密集的区域	5.0
C52	一般的零售商店和百货公司	7.5
D	酒店和汽车旅馆的卧房；医院病房；卫生间	4.0

① 每套公寓有单独户门，且不多于 6 个房间和 1 个户内过道。

A 到 D 类其他区域的活荷载最小值，见 BS EN 1991-1-1 表 NA-3，E 类荷载，见表 NA-5。

4.1.2　热轧钢材特性

表 4-1　名义屈服强度（f_y）和极限抗拉强度（f_u）

钢材牌号和等级	f_y(N/mm²) 板件名义厚度 t /mm				f_u(N/mm²) 名义厚度 t /mm
	$t \leqslant 16$	$16 < t \leqslant 40$	$40 < t \leqslant 63$	$63 < t \leqslant 80$	$3 \leqslant t \leqslant 100$
S275JR	275	265	255	245	410
S275J0					
S275J2					
S355JR	355	345	335	325	470
S355J0					
S355J2					
S355K2					
S355J0H	355	345	335	325	470
S355J2H					
S355K2H					

注：1. 如 BS EN 1993-1-1 国别附录 NA. 2. 4 所述，极限抗拉强度（f_u）应取（产品标准）波动范围的最低值，见表值；

2. 对于热轧型钢，虽然在欧洲规范中没有明确规定，名义厚度 t 可取翼缘厚度。

表 4-4　建筑物内部和外部钢结构的最大厚度①

构造类型		拉应力级别 $\sigma_{Ed}/f_y(t)$②									
描述	ΔT_{RD}	组合 1	组合 2	组合 3	组合 4	组合 5	组合 6	组合 7	组合 8	组合 9	组合 10
一般材料	+30°	≤0	0.15	0.3	≥0.5						
螺栓连接	+20°		≤0	0.15	0.3	≥0.5					
焊接	0°				≤0	0.15	0.3	≥0.5			
- 适度											
焊接	-20°						≤0	0.15	0.3	≥0.5	
- 重度											
焊接	-30°							≤0	0.15	0.3	≥0.5
- 过度											
钢材牌号	等级	与应力组合级别和构造类型相关的最大厚度									
		组合 1	组合 2	组合 3	组合 4	组合 5	组合 6	组合 7	组合 8	组合 9	组合 10
内部钢结构	$T_{md}=-5℃$										
S275	JR	122.5	102.5	85	70	60	50	40	32.5	27.5	**22.5**
	JO	192.5	172.5	147.5	122.5	102.5	85	70	60	50	**40**
	J2	200	200	192.5	172.5	147.5	122.5	102.5	85	70	**60**
	M，N	200	200	200	192.5	172.5	147.5	122.5	102.5	85	**70**
	ML，NL	200	200	200	200	200	192.5	172.5	147.5	122.5	**102.5**
S355	JR	82.5	67.5	55	45	37.5	30	22.5	17.5	15	**12.5**
	JO	142.5	120	100	82.5	67.5	55	45	37.5	30	**22.5**
	J2	190	167.5	142.5	120	100	82.5	67.5	55	45	**37.5**
	K2，M，N	200	190	167.5	142.5	120	100	82.5	67.5	55	**45**
	ML，NL	200	200	200	190	167.5	142.5	120	100	82.5	**67.5**
外部钢结构	$T_{md}=-15℃$										
S275	JR	70	60	50	40	32.5	27.5	22.5	17.5	12.5	**10**
	JO	172.5	147.5	122.5	102.5	85	70	60	50	40	**32.5**
	J2	200	192.5	172.5	147.5	122.5	102.5	85	70	60	**50**
	M，N	200	200	192.5	172.5	147.5	122.5	102.5	85	70	**60**
	ML，NL	200	200	200	200	192.5	172.5	147.5	122.5	102.5	**85**
S355	JR	45	37.5	30	22.5	17.5	15	12.5	10	7.5	**5**
	JO	120	100	82.5	67.5	55	45	37.5	30	22.5	**17.5**
	J2	167.5	142.5	120	100	82.5	67.5	55	45	37.5	**30**
	K2，M，N	190	167.5	142.5	120	100	82.5	67.5	55	45	**37.5**
	ML，NL	200	200	190	167.5	142.5	120	100	82.5	67.5	**55**

① 表中数值基于如下条件：

（1）$\Delta T_{Rg}=0$

（2）$\Delta T_{\varepsilon}=0$

如果以上两个条件都不满足，可参考 BS EN 1993-1-1 对表中右侧的数值进行调整；

② $f_y(t)$ 取值见 BS EN 1993-1-1 附录的 2.4 节。

4.4 混凝土

表 4-4　轻骨料混凝土特性

特　性	LC25/28	LC30/33	LC35/38
圆柱体强度 f_{ck}/MPa	25	30	35
立方体强度 $f_{ck,cube}$/MPa	28	33	38
割线弹性模量 E_{lcm}/GPa	$E_{lcm} = E_{cm}\eta_E$		

注：1. 表中的 E_{cm} 与 f_{ck} 对应；

2. $\eta_E = (\rho/2200)^2$，式中 ρ 表示按 BS EN 206-1 第 4 节得到的烘干密度。

表 4-6　普通混凝土特性

特　性	C25/30	C30/37	C35/45	C40/50
圆柱体强度 f_{ck}/MPa	25	30	35	40
立方体强度 $f_{ck,cube}$/MPa	30	37	45	50
割线弹性模量 E_{cm}/GPa	31	33	34	35

5.3.2 框架整体结构分析中的缺陷计算

初始侧移缺陷（见图 5-1）可按下式计算：

$$\phi = \phi_0 \alpha_h \alpha_m$$

式中　$\phi_0 = 1/200$；

α_h——高度 h 折减系数，对柱子，$\alpha_h = \frac{2}{\sqrt{h}}$，但 $\frac{2}{3} \leqslant \alpha_h \leqslant 1.0$；

h——结构高度，m；

α_m——每列柱中的柱子个数折减系数，$\alpha_m = \sqrt{0.5(1 + 1/m)}$；

m——支撑体系中承受水平力的竖向构件数量。

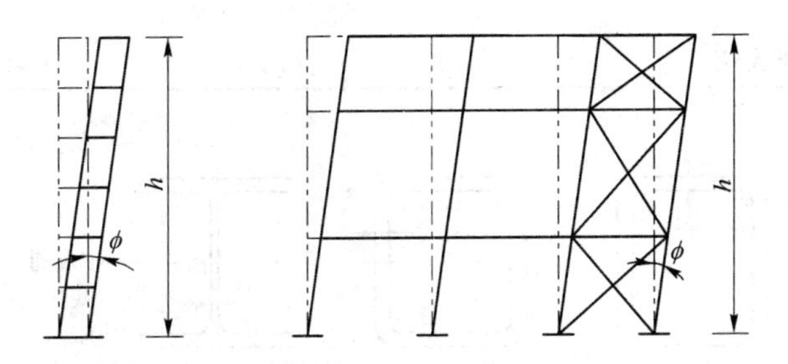

图 5-1 等效侧移缺陷

如果 $H_{Ed} \geqslant 0.15V_{Ed}$时，可不考虑侧移缺陷。

在计算楼层隔板效应承受的水平力时，缺陷应取图 5-2 所示的形状，图中 ϕ 是假设单层楼结构高度 h（m）按前式得到的侧移缺陷。

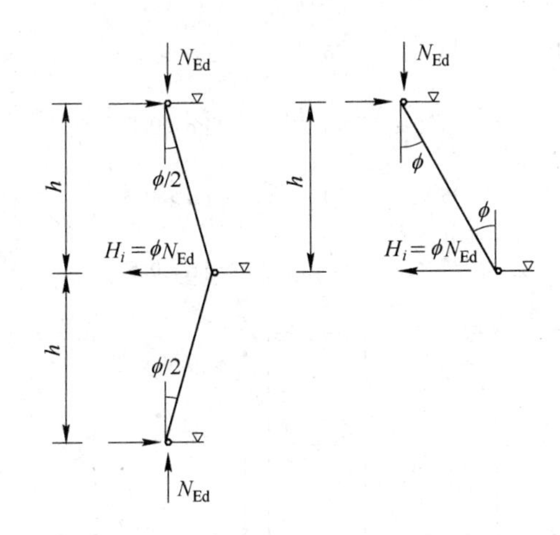

图 5-2 计算楼层隔板水平力下的侧移缺陷 ϕ

5.5 截面分类

表 5-1 受压区 c/t 最大值 （第1页，共2页）

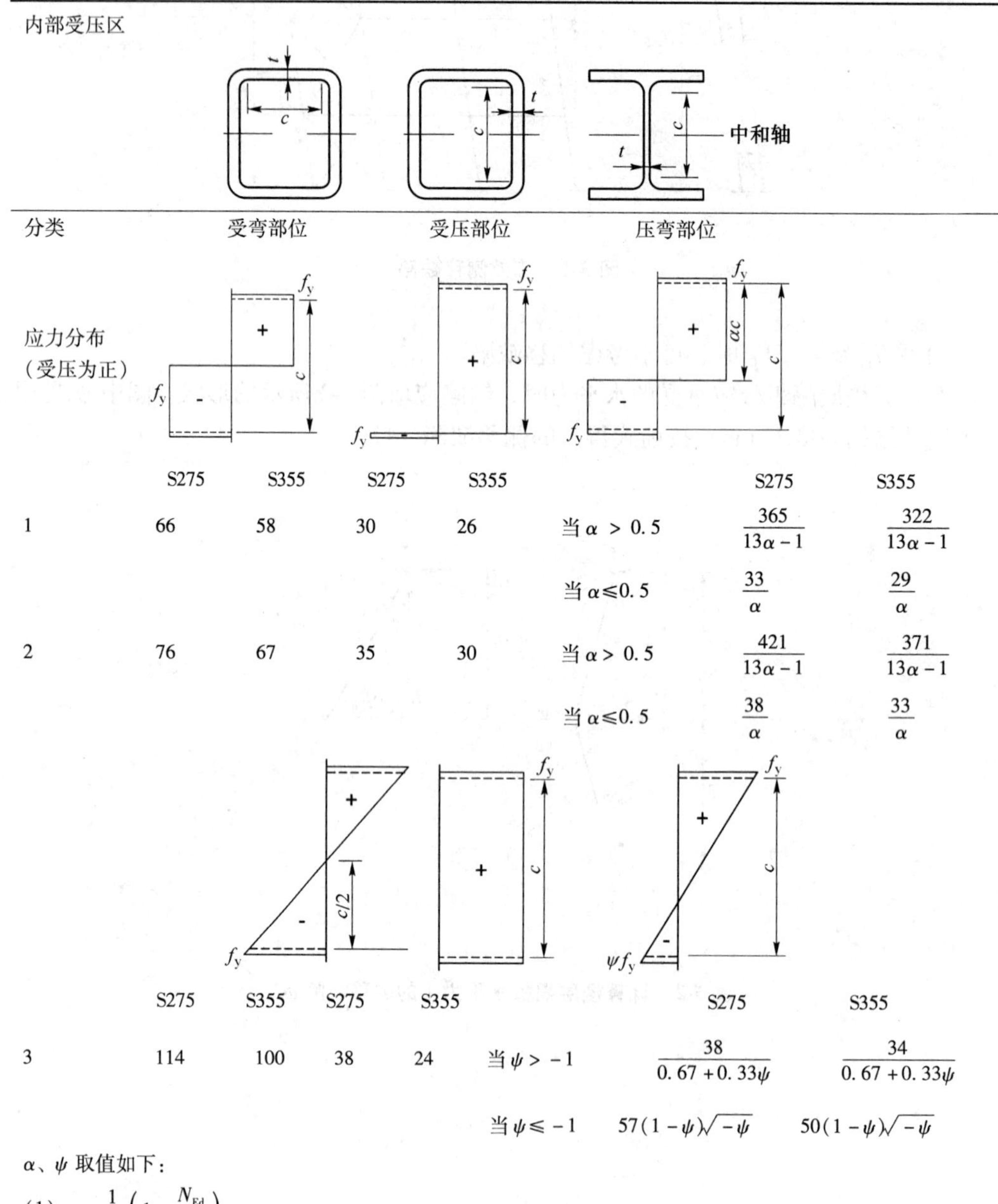

内部受压区

分类	受弯部位		受压部位		压弯部位		
	S275	S355	S275	S355		S275	S355
1	66	58	30	26	当 $\alpha > 0.5$	$\frac{365}{13\alpha-1}$	$\frac{322}{13\alpha-1}$
					当 $\alpha \leqslant 0.5$	$\frac{33}{\alpha}$	$\frac{29}{\alpha}$
2	76	67	35	30	当 $\alpha > 0.5$	$\frac{421}{13\alpha-1}$	$\frac{371}{13\alpha-1}$
					当 $\alpha \leqslant 0.5$	$\frac{38}{\alpha}$	$\frac{33}{\alpha}$
	S275	S355	S275	S355		S275	S355
3	114	100	38	24	当 $\psi > -1$	$\frac{38}{0.67+0.33\psi}$	$\frac{34}{0.67+0.33\psi}$
					当 $\psi \leqslant -1$	$57(1-\psi)\sqrt{-\psi}$	$50(1-\psi)\sqrt{-\psi}$

α、ψ 取值如下：

（1）$\alpha = \frac{1}{2}\left(1 + \frac{N_{Ed}}{f_y c t_w}\right)$

（2）$\psi = \frac{2N_{Ed}}{Af_y} - 1$

式中，N_{Ed}受压为正。

表 5-1　受压区 c/t 最大值　　（第 2 页，共 2 页）

外伸翼缘

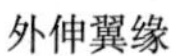

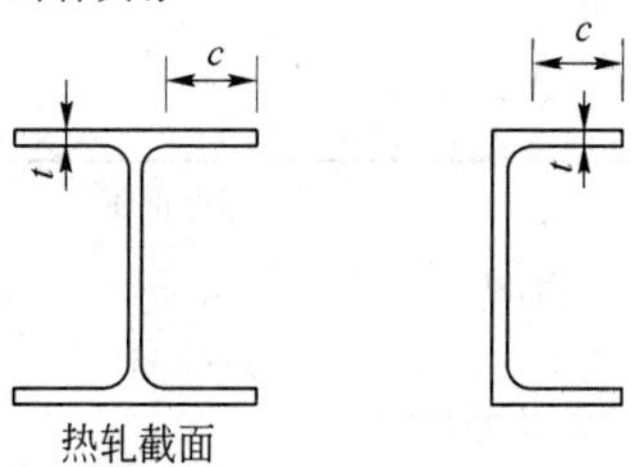

热轧截面

分类	受压部位	
应力分布（受压为正）	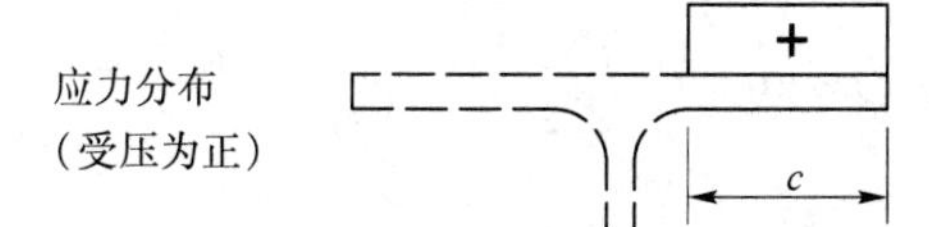	
	S275	S355
1	8	7
2	9	8
3	12	11

角钢

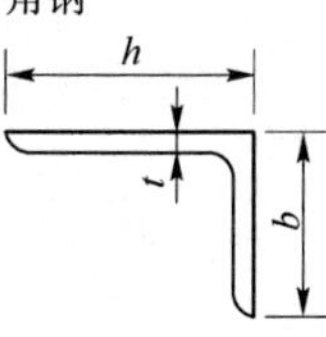

分类	截面受压区	
截面应力分布（受压为正）	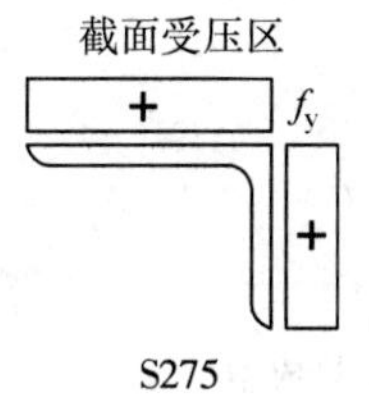	
3	S275	S355
	$h/t \leqslant 13$：$\dfrac{b+h}{2t} \leqslant 10$	$h/t \leqslant 12$ ：$\dfrac{b+h}{2t} \leqslant 9$

圆管截面

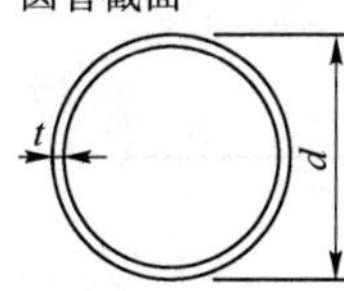

	截面受弯和/或受压
分类	S355
1	$d/t \leqslant 33$
2	$d/t \leqslant 46$
3	$d/t \leqslant 59$

6.3 构件屈曲承载力

表 6-1　截面受弯屈曲曲线

截面	容许值	屈曲轴	屈曲曲线 S 275 S 355
热轧型钢截面	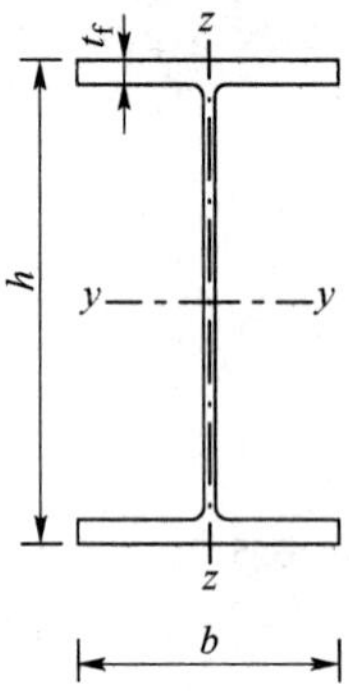 $h/b>1.2$　$t_f \leqslant 40mm$	$y-y$ $z-z$	a b
	$40mm < t_f \leqslant 100$	$y-y$ $z-z$	b c
	$h/b \leqslant 1.2$　$t_f \leqslant 100mm$	$y-y$ $z-z$	b c
	$t_f > 100mm$	$y-y$ $z-z$	d d
U-,T-及实腹截面		任意轴	c
L截面	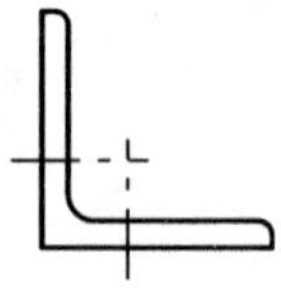	任意轴	b
空心截面	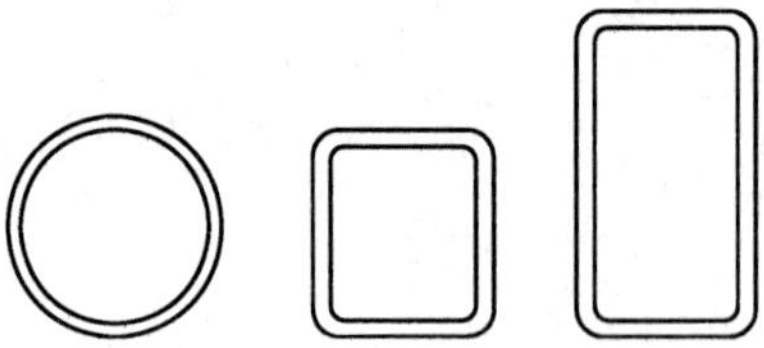 热成型 冷成型	任意轴 任意轴	a c

SCI
Steel Knowledge

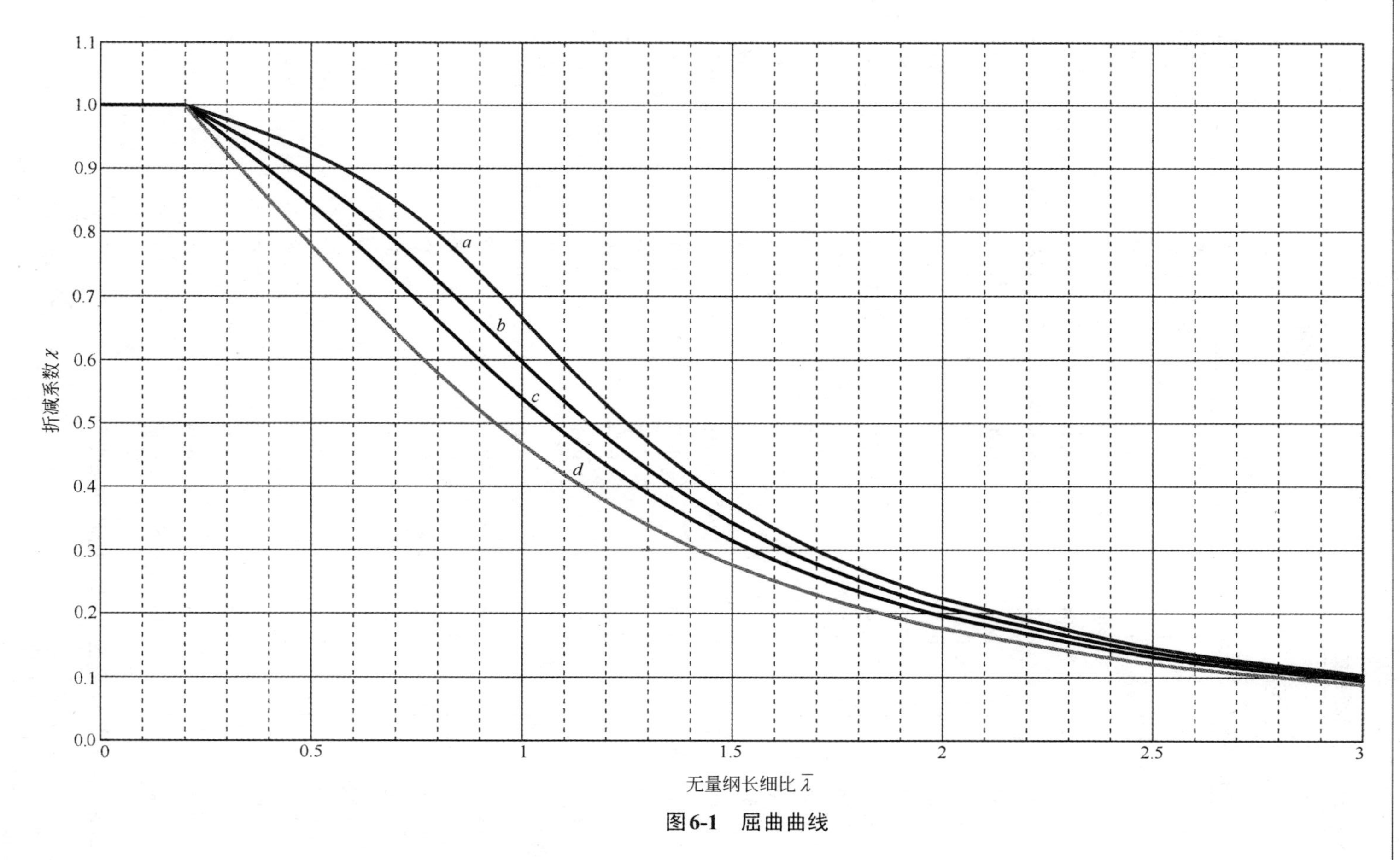
折减系数 χ
1.1
1.0
0.9
0.8
0.7
0.6
0.5
0.4
0.3
0.2
0.1
0.0
0
0.5
1
1.5
2
2.5
3
a
b
c
d
无量纲长细比 $\bar{\lambda}$

图 6-1　屈曲曲线

表 6-3 受弯屈曲折减系数 χ

$\bar{\lambda}$	屈曲曲线			
	a	*b*	*c*	*d*
0. 20	1. 00	1. 00	1. 00	1. 00
0. 25	0. 99	0. 98	0. 97	0. 96
0. 30	0. 98	0. 96	0. 95	0. 92
0. 35	0. 97	0. 95	0. 92	0. 89
0. 40	0. 95	0. 93	0. 90	0. 85
0. 45	0. 94	0. 91	0. 87	0. 81
0. 50	0. 92	0. 88	0. 84	0. 78
0. 55	0. 91	0. 86	0. 81	0. 74
0. 60	0. 89	0. 84	0. 79	0. 71
0. 65	0. 87	0. 81	0. 76	0. 68
0. 70	0. 85	0. 78	0. 72	0. 64
0. 75	0. 82	0. 75	0. 69	0. 61
0. 80	0. 80	0. 72	0. 66	0. 58
0. 85	0. 77	0. 69	0. 63	0. 55
0. 90	0. 73	0. 66	0. 60	0. 52
0. 95	0. 70	0. 63	0. 57	0. 49
1. 00	0. 67	0. 60	0. 54	0. 47
1. 05	0. 63	0. 57	0. 51	0. 44
1. 10	0. 60	0. 54	0. 48	0. 42
1. 15	0. 56	0. 51	0. 46	0. 40
1. 20	0. 53	0. 48	0. 43	0. 38
1. 25	0. 50	0. 45	0. 41	0. 36
1. 30	0. 47	0. 43	0. 39	0. 34
1. 35	0. 44	0. 40	0. 37	0. 32
1. 40	0. 42	0. 38	0. 35	0. 31
1. 45	0. 39	0. 36	0. 33	0. 29
1. 50	0. 37	0. 34	0. 31	0. 28
1. 60	0. 33	0. 31	0. 28	0. 25
1. 70	0. 30	0. 28	0. 26	0. 23
1. 80	0. 27	0. 25	0. 23	0. 21
1. 90	0. 24	0. 23	0. 21	0. 19
2. 00	0. 22	0. 21	0. 20	0. 18
2. 50	0. 15	0. 14	0. 13	0. 12
3. 00	0. 10	0. 10	0. 10	0. 09

6. 3. 2. 3 热轧型钢截面的侧向扭转屈曲曲线

$$M_{cr} = C_1 \frac{\pi^2 E I_z}{L^2} \sqrt{\frac{I_w}{I_z} + \frac{L^2 G I_t}{\pi^2 E I_z}}$$

表 6-4 不同弯矩情况的$\frac{1}{\sqrt{C_1}}$和 C_1 值（非失稳荷载作用）

端部弯矩荷载	ψ	$\frac{1}{\sqrt{C_1}}$	C_1
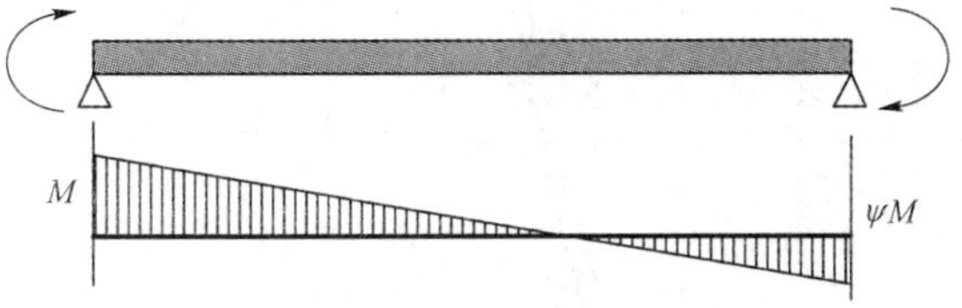 M　ψM　$-1\leqslant\psi\leqslant+1$	+1.00	1.00	1.00
	+0.75	0.92	1.17
	+0.50	0.86	1.36
	+0.25	0.80	1.56
	0.00	0.75	1.77
	−0.25	0.71	2.00
	−0.50	0.67	2.24
	−0.75	0.63	2.49
	−1.00	0.60	2.76
跨中均布荷载 		0.94	1.13
 1/3　2/3		0.62	2.60
		0.86	1.35
		0.77	1.69

表 6-6 关于侧向扭转屈曲曲线选取的建议

截　面	容许值	屈曲曲线
热轧双轴对称 I 和 H 截面，热成型空心截面	$h/b \leqslant 2$	b
	$2 < h/b \leqslant 3.1$	c
	$h/b > 3.1$	d
角钢（弯矩在强轴平面内）		D
其他热轧截面		D
冷成型空心截面	$h/b \leqslant 2$	c
	$h/b > 2$	d

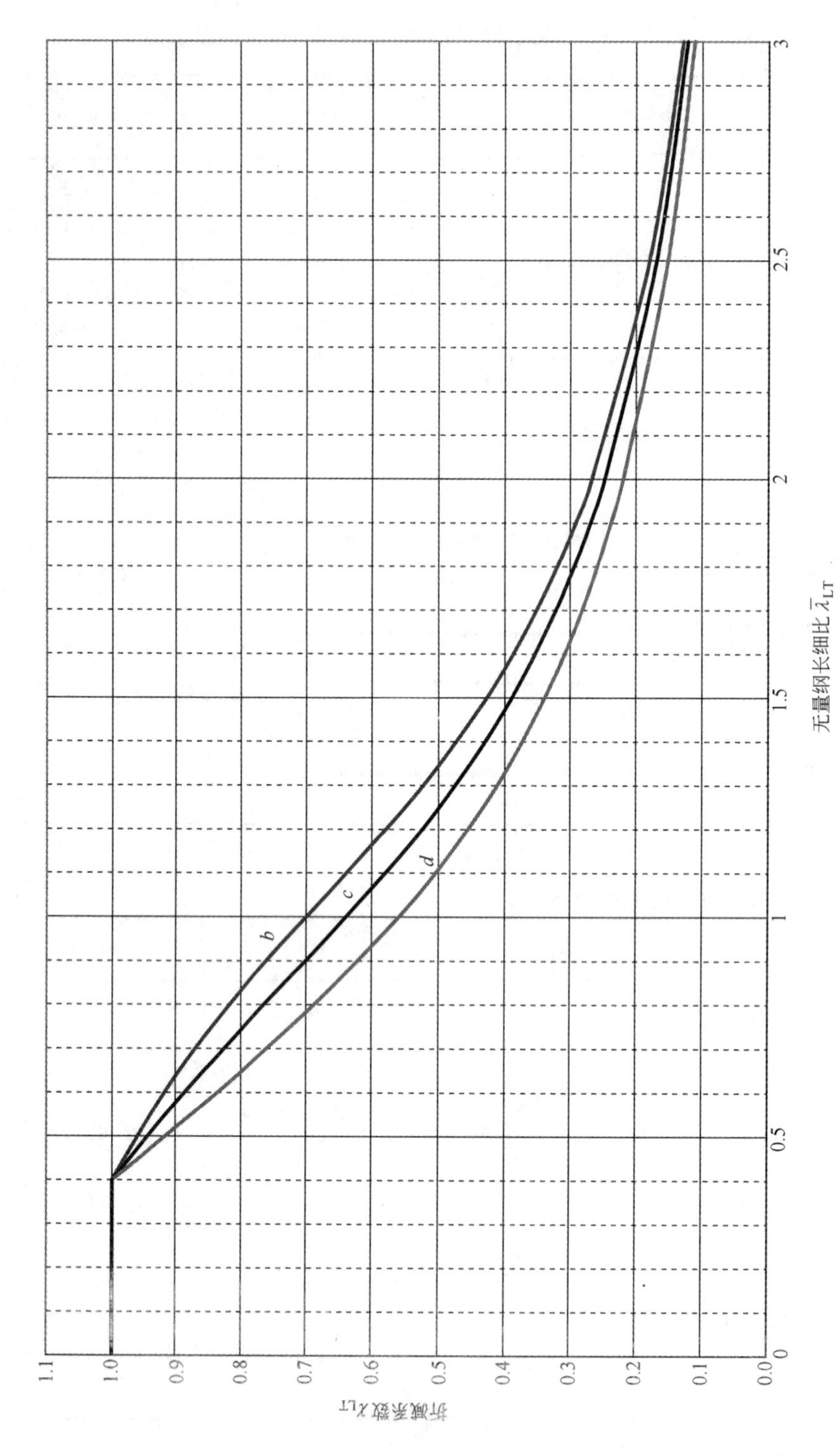

图6-2　热轧型钢截面的侧向扭转屈曲曲线

表 6-7　侧向扭转屈曲折减系数 χ_{LT}

$\bar{\lambda}_{LT}$	热轧 I、H 型截面		
	$h/b \leq 2$	$2 < h/b \leq 3.1$	$h/b > 3.1$
0.20	1.00	1.00	1.00
0.25	1.00	1.00	1.00
0.30	1.00	1.00	1.00
0.35	1.00	1.00	1.00
0.40	1.00	1.00	1.00
0.45	0.98	0.97	0.96
0.50	0.96	0.94	0.92
0.55	0.94	0.92	0.88
0.60	0.92	0.89	0.84
0.65	0.89	0.86	0.80
0.70	0.87	0.83	0.76
0.75	0.84	0.79	0.72
0.80	0.82	0.76	0.69
0.85	0.79	0.73	0.65
0.90	0.76	0.70	0.62
0.95	0.73	0.67	0.59
1.00	0.70	0.64	0.56
1.05	0.67	0.61	0.53
1.10	0.64	0.58	0.50
1.15	0.61	0.55	0.48
1.20	0.58	0.52	0.46
1.25	0.55	0.50	0.43
1.30	0.52	0.47	0.41
1.35	0.50	0.45	0.39
1.40	0.47	0.43	0.37
1.45	0.45	0.41	0.36
1.50	0.43	0.39	0.34
1.60	0.39	0.35	0.31
1.70	0.35	0.32	0.28
1.80	0.32	0.29	0.26
1.90	0.29	0.27	0.24
2.00	0.27	0.25	0.22
2.50	0.18	0.17	0.15
3.00	0.13	0.12	0.11

7.2　挠度

7.2.1　钢构件

表 7-1　特定荷载组合下建议的挠度容许值（仅可变荷载作用）

挠度	
悬臂梁	长度/180
承担石膏板及脆性板材的梁	跨度/360
其他梁（檩条和墙面板的轻钢龙骨除外）	跨度/200
檩条和墙面板的轻钢龙骨	要满足相应围护结构的要求

7.2.3　钢和混凝土组合楼盖

组合楼盖施工阶段的挠度限值取：

当不考虑积水效应时：有效跨度/180，但不大于 20mm

当考虑积水效应时：有效跨度/130，但不大于 30mm

正常使用阶段取截面在开裂和不开裂情况下惯性矩之和的平均值，以计算挠度，准永久荷载作用下的挠度容许值取有效跨度的 1/500（见 BS EN 1992-1-1 第 7.4.1（5）条）。

7.3　水平位移

表 7-2　建议的水平位移容许值

水平位移	
单层建筑的柱顶，门式刚架除外	高度/300
无吊车的门式刚架建筑的柱顶	满足特定围护结构的要求
建筑物多于一层时，其每一层	该层高度/300

8.2　螺栓连接

8.2.3　螺栓连接类型

表 8-2　螺栓连接类型

类　型	容许准则	说　明
受剪连接		
A	$F_{v,Ed} \leq F_{v,Rd}$	不要求有预紧力
承压型	$F_{v,Ed} \leq F_{b,Rd}$	4.6 级和 8.8 级螺栓
B	$F_{v,Ed,ser} \leq F_{s,Rd,ser}$	应采用 8.8 级预紧式螺栓
抗滑移-正常使用极限状态	$F_{v,Ed} \leq F_{v,Rd}$ $F_{v,Ed} \leq F_{b,Rd}$	正常使用状态抗滑移承载力计算见 BS EN 1993-1-8 第 8.2.8 节
C	$F_{v,Ed} \leq F_{s,Rd}$	应采用 8.8 级预紧式螺栓
抗滑移-承载力极限状态	$F_{v,Ed} \leq F_{b,Rd}$ $F_{v,Ed} \leq N_{net,Rd}$	正常使用状态抗滑移承载力计算见 BS EN 1993-1-8 第 8.2.8 节
受拉连接		见 BS EN 1993-1-8 第 5.2.1 节注释
D	$F_{t,Ed} \leq F_{t,Rd}$	不要求有预紧力
无预紧式	$F_{t,Ed} \leq B_{p,Rd}$	4.6 级和 8.8 级螺栓
E	$F_{t,Ed} \leq F_{t,Rd}$	应采用 8.8 级预紧式螺栓
预紧式	$F_{t,Ed} \leq B_{p,Rd}$	

拉力设计值$F_{t,Ed}$应考虑翘力作用的影响，见 BS EN 1993-1-8 第3.11节。

同时承受剪力、拉力作用的螺栓，应满足表8-4中的相关要求。

抗风和稳定支撑可以采用A类螺栓连接。

在常规风荷载作用下，可采用D类螺栓连接。

8.2.4 螺栓孔定位

表 8-3 最小和最大间距、端距、边距

距离和间距	最小值	最大值①②③	
		外露或受腐蚀环境影响的钢材	非外露或不受腐蚀环境影响的钢材
边距 e_1	$1.2d_0$	$4t+40$mm	
边距 e_2	$1.2d_0$	$4t+40$mm	
间距 p_1	$2.2d_0$	$14t$ 或 200mm 的较小值	$14t$ 或 200mm 的较小值
间距 p_2	$2.4d_0$	$14t$ 或 200mm 的较小值	$14t$ 或 200mm 的较小值

① 对最大间距、端距、边距没有限制，下列情况除外：
受压构件有防局部屈曲要求时，及外露构件有防腐要求时；
外露受拉构件有防腐要求时。

② 紧固件之间的受压板件的局部屈曲承载力应按 BS EN 1993-1-1 第6.3.1.1条计算，屈曲长度取$0.6p_1$；如果p_1/t小于9ε，无需计算紧固件之间的局部屈曲承载力。受压区构件的外伸部分，其边距要满足局部屈曲的要求，见表5-1。端距则不受本条规定的影响。

③ t是外层连接板的较小厚度。

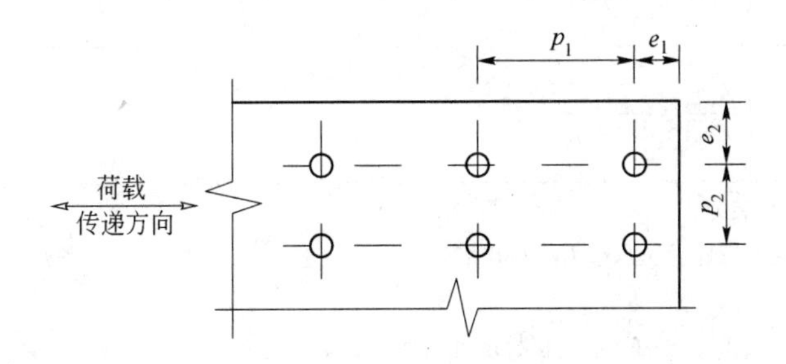

图 8-1 螺栓间距示意

8.2.5　单个螺栓承载力设计值

表 8-3　单个螺栓受剪和/或受拉承载力设计值

破坏模式	承载力设计值
每个剪切面的抗剪承载力	有螺纹部位受剪： $F_{v,Rd} = \frac{0.6 f_{ub} A_s}{\gamma_{M2}}$ A_s 是螺栓的受拉面积 无螺纹部分受剪： $F_{v,Rd} = \frac{0.6 f_{ub} A}{\gamma_{M2}}$ A 是螺栓的毛截面积
承压承载力①②③	$F_{b,Rd} = \frac{k_1 \alpha_b f_u d t}{\gamma_{M2}}$ 其中，d 是螺栓名义直径，α_b 是 α_d、f_{ub}/f_u 或 1.0 的较小值 对于端部螺栓：$\alpha_d = \frac{e_1}{3d_0}$ 对于内部螺栓：$\alpha_d = \frac{p_1}{3d_0} - \frac{1}{4}$ 对边缘螺栓，k_1 取 $2.8\frac{e_2}{d_0} - 1.7$ 和 2.5 中的较小值 对内部螺栓，k_1 取 $1.4\frac{p_2}{d_0} - 1.7$ 和 2.5 中的较小值
抗拉承载力②	$F_{t,Rd} = \frac{k_2 f_{ub} A_s}{\gamma_{M2}}$ 其中，埋头螺栓取 $k_2 = 0.63$，其他螺栓 $k_2 = 0.9$
抗冲切承载力	$B_{p,Rd} = \frac{0.6\pi d_m t_p f_u}{\gamma_{M2}}$
剪拉组合作用	$\frac{F_{v,Ed}}{F_{v,Rd}} + \frac{F_{t,Ed}}{1.4F_{t,Rd}} \leqslant 1.0$

① $F_{b,Rd}$ 螺栓承压承载力；

大圆孔螺栓是普通孔螺栓承压承载力的 0.8 倍。

② 埋头螺栓：

计算承压承载力 $F_{b,Rd}$ 时，板厚 t 取连接板厚度与埋头深度/2 之差；

计算抗拉承载力 $F_{b,Rd}$ 时，埋头的角度和深度应符合 BS EN 1993-1-8 第 1.2.4 条的要求，否则抗拉承载力 $F_{b,Rd}$ 应做相应的调整。

③ 如果螺栓所受荷载与板边不平行，可将荷载转化成平行和垂直于板边的两个分量，来分别验算螺栓的承压承载力。

8.3 焊缝连接

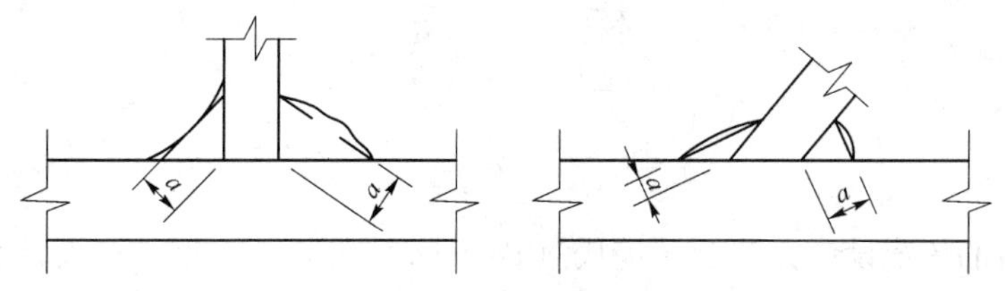

图 8-6 角焊缝有效厚度

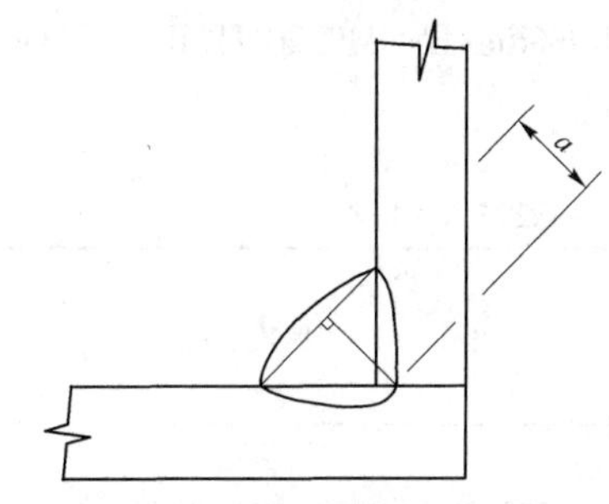

图 8-7 部分熔透角焊缝有效厚度

8.3.3.3 角焊缝设计承载力

沿焊缝长度方向上的任意点，如果单位长度角焊缝传递的荷载满足下列要求，可以认为其具有足够的设计承载力：

$$F_{w,Ed} \leqslant F_{w,Rd}$$

式中，$F_{w,Ed}$是单位长度焊缝的荷载设计值；$F_{w,Rd}$是单位长度焊缝的承载力设计值。

不考虑焊缝有效截面与作用力的夹角，单位长度焊缝的承载力设计值 $F_{w,Rd}$应按下式计算：

$$F_{w,Rd} = f_{vw,d}a$$

式中，$f_{vw,d}$是焊缝的抗剪强度设计值。

焊缝的抗剪强度设计值$f_{vw,d}$应按下式计算：

$$f_{vw,d} = \frac{f_u/\sqrt{3}}{\beta_w \gamma_{M2}}$$

式中，f_u 是连接强度较低部分的名义抗拉强度。

$\beta_w = 0.85$，S275 级钢

$\beta_w = 0.9$，S355 级钢

由式得表 8-4 如下。

表 8-4 角焊缝抗剪强度设计值（$f_{vw,d}$）

钢材级别	f_u/N·mm^{-2}	连接部位较弱部分的厚度	$f_{vw,d}$/N·mm^{-2}
S275	410	3mm≤t_p≤100mm	223
S355	470	3mm≤t_p≤100mm	241

楼 盖

钢楼板

关于楼板的传统设计方法源于庞氏（Pounder）公式，自钢结构设计手册的早期版本一直保留至今，并仍然适用于初始设计。关于庞氏公式的详细内容可访问：www. civl. port. ac. uk/britishsteel/media/BSCM%20HTML%20Docs/Notes%20 to%20durbar%20floor%20plate%20tables. html.

两边简支的楼面板的极限承载力——S275 钢材 （kN/m²）

厚度/mm	跨度/mm							
	600	800	1000	1200	1400	1600	1800	2000
4. 5	20. 48	11. 62	7. 45	5. 17	3. 80	2. 95	2. 28	1. 87
6. 0	36. 77	20. 68	13. 28	9. 20	6. 73	5. 20	4. 07	3. 30
8. 0	65. 40	36. 87	23. 48	16. 38	11. 97	9. 23	7. 23	5. 93
10. 0	102. 03	57. 42	36. 67	25. 55	18. 70	14. 45	11. 30	9. 25
12. 5	159. 70	89. 85	57. 40	39. 98	29. 27	22. 62	17. 68	14. 50

注：为避免过大挠度，当跨度大于 1100mm 时，应设置一定的加劲肋。

四边简支的楼面板的极限承载力——S275 钢材

（采用 Pounder 公式计算所得，计算时允许四角翘起）　　　　（kN/m²）

厚度 /mm	宽度 B /mm	长度/mm							
		600	800	1000	1200	1400	1600	1800	2000
4.5	600	34.9	25.5	22.7	21.7	21.2	21.0	20.8	20.8
	800		19.6	15.1	13.4	12.6	12.2	12.0	11.8
	1000			12.6	10.0	8.8	8.3	7.9	7.7
	1200				8.7	7.1	6.3	5.9	5.6
	1400					6.4	5.3	4.8	4.4
	1600						4.9	4.1	3.7
	1800							3.8	3.3
6.0	600	62.1	45.3	40.4	38.5	37.7	37.3	37.0	36.9
	800		34.9	26.8	23.7	22.3	21.7	21.3	21.1
	1000			22.4	17.8	15.8	14.8	14.2	13.9
	1200				15.5	12.7	11.3	10.6	10.1
	1400					11.4	9.5	8.5	7.9
	1600						8.7	7.4	6.7
	1800							6.9	5.9
8.0	600	110	80.6	71.1	68.4	67.0	66.2	65.8	65.6
	800		62.1	47.7	42.2	39.7	38.5	37.8	37.4
	1000			39.7	31.7	28.1	26.2	25.2	24.6
	1200				27.6	22.6	20.1	18.8	17.9
	1400					20.3	17.0	15.2	14.1
	1600						15.5	13.3	11.9
	1800							12.3	10.6
10.0	600	172*	126*	112*	107*	105*	103*	103*	103*
	800		97.0	74.5	65.9	62.1	60.1	59.1	58.5
	1000			62.1	49.5	43.9	41.0	39.4	38.5
	1200				43.1	35.4	31.5	29.3	28.0
	1400					31.7	26.6	23.8	22.1
	1600						24.3	20.7	18.6
	1800							19.2	16.6
12.5	600	269*	197*	175*	167*	163*	162*	161*	160*
	800		152	116*	103*	97.0*	94.0*	92.3*	91.4*
	1000			97.0	77.4	68.5	64.1	61.6	60.1
	1200				67.4	55.3	49.2	45.8	43.8
	1400					49.5	41.5	37.1	34.5
	1600						37.9	32.4	29.1
	1800							29.9	25.9

四边固定的楼面板的极限承载力——S275 钢材 (kN/m^2)

厚度 /mm	宽度 B /mm	长度/mm							
		600	800	1000	1200	1400	1600	1800	2000
4.5	600	47.7*	36.8*	33.5*	32.2*	31.6*	31.4*	31.2*	31.1*
	800		26.8	21.5*	19.5*	18.6*	18.1*	17.9*	17.7*
	1000			17.2*	14.2*	12.9*	12.2*	11.8*	11.6*
	1200				11.9*	10.1	9.1	8.6	8.3
	1400					8.7	7.5	6.9	6.5
	1600						6.7	5.8	5.3
	1800							5.3	4.7
6.0	600	84.8*	65.4*	59.5*	57.3*	56.2*	55.7*	55.5*	55.3*
	800		47.7*	38.3*	34.7*	33.1*	32.2*	31.7*	31.5*
	1000			30.5*	25.3*	22.9*	21.7*	21.0*	20.6*
	1200				21.2*	18.0*	16.3*	15.4*	14.9*
	1400					15.6*	13.4*	12.3*	11.6
	1600						11.9	10.4	9.5
	1800							9.4	8.3
8.0	600	151*	116*	106*	102*	100*	99.1*	98.6*	98.3*
	800		68.1*	61.7*	58.8*	57.3*	56.4*	55.9*	55.3
	1000			54.3*	44.9*	40.7*	38.6*	37.4*	36.7*
	1200				37.7*	31.9*	29.0*	27.4*	26.5*
	1400					27.7*	23.9*	21.8*	20.6*
	1600						21.2*	18.6*	17.0*
	1800							16.9*	14.8*
10.0	600	236*	182*	165*	159*	156*	155*	154*	154*
	800		132*	106*	96.4*	91.8*	89.5*	88.2*	87.4*
	1000			84.8*	70.2*	63.7*	60.3*	58.4*	57.3*
	1200				58.9*	49.9*	45.4*	42.9*	41.3*
	1400					43.3*	37.3*	34.1*	32.2*
	1600						33.1*	29.0*	26.6*
	1800							26.2*	23.2*
12.5	600	368*	284*	258*	249*	244*	242*	241*	240*
	800		207*	166*	151*	144*	140*	138*	137*
	1000			132*	110*	99.5*	94.2*	91.2*	89.5*
	1200				92.0*	77.9*	70.9*	67.0*	64.6*
	1400					67.6*	58.3*	53.3*	50.3*
	1600						51.8*	45.3*	41.6*
	1800							40.9*	36.2*

注：无“*”数值在正常使用状态的挠度大于 $B/100$，假设恒荷载只有自重。

施　工

抗火承载力

钢结构防火资料表 1

下列资料介绍钢结构抗火的一些方法，在使用这些方法时，要结合相关的设计指南。

防火喷涂保护

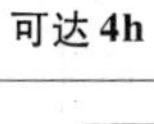
可达 4h

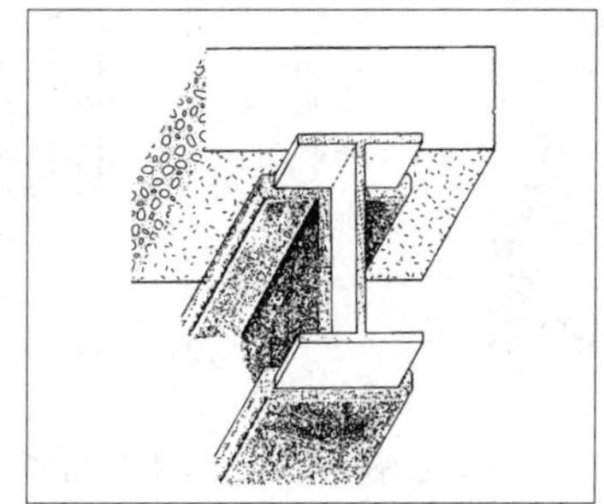

方法：

通过喷涂的方式，对所有钢构件进行防火隔热保护，大多数产品可达到 4h 耐火极限。

原理：

隔热层降低了钢构件的热导速率，在要求的耐火时间内控制温度，保护材料的厚度与构件截面系数（H_p/A）和要求的耐火等级有关。

优势：

（1）低成本；

（2）施工快；

（3）易于覆盖构造复杂的部位；

（4）常用于无底漆钢结构；

（5）部分产品适用于外露结构。

局限性（需与生产厂家核实）：

（1）对于外露构件外观效果不佳；

（2）超厚的喷涂需要覆盖或保护；

（3）如果使用底漆需要考虑相容性。

保护层厚度：

《建筑钢结构防火保护》推荐的保护层厚度，一般是通过传统的 H 或 I 形热轧截面火灾试验得到的。对于其他截面，已知截面系数和耐火等级时，保护层厚度和修正如下：

蜂窝截面：

蜂窝截面上的防火保护材料厚度应比它的原始切割截面增大 20%。

空心截面：

喷涂的防火保护材料厚度（t）应增加如下：

截面系数(H_p/A) <250 时，修正的厚度为 $t[1+(H_p/A)/1000]$；

截面系数(H_p/A) $\geqslant 250$ 时，修正的厚度为 $1.25t$。

更详细的信息参见：防火保护协会（ASFP）和钢结构协会（The Steel Construction Institute）联合出版的《建筑钢结构防火保护》。

表单编号：ISF/No. 01

1997 年 1 月

钢结构防火资料表 2

下列资料介绍钢结构抗火的一些方法，在使用这些方法时，要结合相关的设计指南。

防火板保护　　　　**可达到 4h**

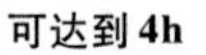

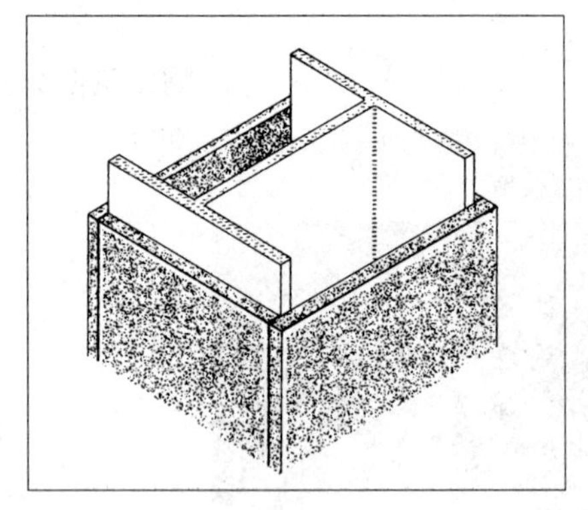

方法：

通过安装防火板，对所有钢构件进行防火隔热保护，大多数产品可达到4h 耐火极限，有多种安装方法。

原理：

隔热层减少了钢构件的传热速率，在要求的耐火时间内控制温度，保护材料的厚度与构件的截面系数（H_p/A）和要求的耐火等级有关。

优势：

（1）箱形外包方式适用于可见构件；

（2）干法施工；

（3）工厂生产，可保证厚度要求；

（4）常用于无底漆钢结构；

（5）部分产品可用于外露结构。

局限性（需与生产厂家核实）：

（1）对复杂构造细部需要调整；

（2）可能比喷涂成本高、施工慢。

保护层厚度：

《建筑钢结构防火保护》推荐的保护层厚度一般是通过传统的 H 或 I 形热轧截面火灾试验得到的。对于其他截面，已知截面系数和耐火等级时，保护层厚度和修正如下：

蜂窝截面：

蜂窝截面上的防火保护材料厚度应比它的原始切割截面增大 20%。

更详细的信息参见：防火保护协会（ASFP）和钢结构协会（The Steel Construction Institute）联合出版的《建筑钢结构防火保护》。

表单编号：ISF/No. 02

1997 年 1 月

钢结构防火资料表 3

下列资料介绍钢结构抗火的一些方法，在使用这些方法时，要结合相关的设计指南。

薄型膨胀防火涂料　　　　**可达到 2h**

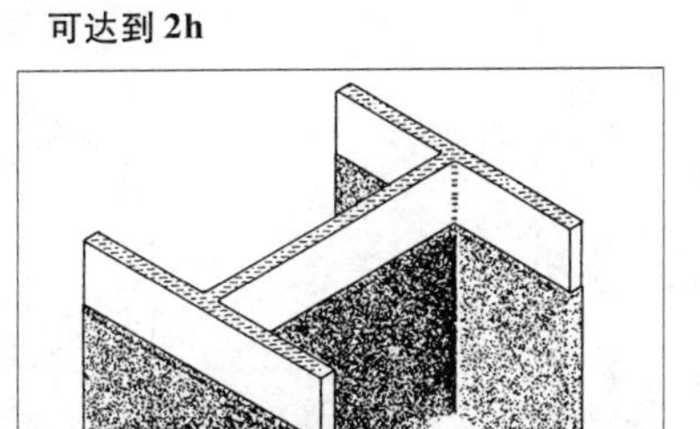

方法：

薄型膨胀防火涂料采用喷涂、刷涂、滚涂方式涂装，对全外露钢构件可实现 1h 耐火极限，部分产品可使某些截面达到 2h 耐火极限。

原理：

防火涂料在升温状态下膨胀形成泡沫实现隔热保护作用。隔热减少了钢构件的传热速率，在要求的耐火时间内控制温度，保护材料的厚度与构件的截面系数（H_p/A）和要求的耐火等级有关。

优势：

（1）装饰性面层；

（2）快速施工；

（3）易于覆盖构造复杂的部位；

（4）防火保护施工后还可在钢结构上固定其他部件，如设备支架。

局限性（需与生产厂家核实）：

（1）可能只适用于室内干燥环境；

（2）可能比防火喷涂成本高；

（3）可能要进行喷砂表面处理，要与底漆相容。

保护层厚度：

《建筑钢结构防火保护》推荐的保护层厚度一般是通过传统的 H 或 I 形热轧截面火灾试验得到的。对于其他截面，已知截面系数和耐火等级时，保护层厚度和修正如下：

蜂窝截面：

蜂窝截面上的防火保护材料厚度应比它的原始切割截面增大 20%。

空心截面：

生产厂家应对空心截面上涂刷的膨胀材料分别进行试验和评估。

更详细的信息参见：防火保护协会（ASFP）和钢结构协会（The Steel Construction Institute）联合出版的《建筑钢结构防火保护》。

表单编号：ISF/No. 03

1997 年 1 月

钢结构防火资料表 4

下列资料介绍钢结构抗火的一些方法，在使用这些方法时，要结合相关的设计指南。

柱内填充砌块　　　　**可达到 30min**

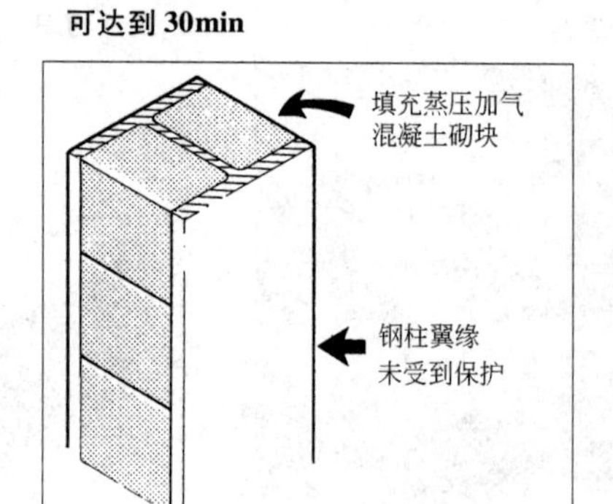

方法：

截面系数低于 $69m^{-1}$ 的通用截面在翼缘间填充蒸压加气混凝土砌块可实现 30min 耐火极限，每隔 1m 应与腹板拉结。

原理：

部分受火的钢构件在两方面影响耐火能力：

第一，减小外露的表面积可减少辐射传热，延长了达到失效温度的时间。

第二，如果受火的截面上形成冷热区，塑性屈服在热区出现，荷载传到强度高的冷区，因此，不均匀加热的截面比均匀加热的截面有更高的抗火能力。

优势：

(1) 与用隔热材料完全包裹相比可减少成本；

(2) 较细长的成品柱占用更少的楼层面积；

(3) 更好的耐久性，对撞击和磨损有更高的承载力。

局限性：

由于钢构件无保护，该办法能实现的耐火极限限制在 30min；

如果要求更高耐火等级，受火的钢构件应采用符合更高耐火等级要求的隔热层或膨胀防火涂料厚度。

当砌块用于形成隔断墙时，不能用这个方法进行防火保护。因为柱子会在一侧受热，温度产生的弯曲使墙体开裂或倒塌，这时应保护翼缘。另外，如果知道墙体变形，可以计算弯曲变形，避免整体破坏。

实现 30min 耐火等级的方法

轴心受压柱截面①		
截面尺寸/mm×mm	每米质量/kg	推荐的防火保护方法
305×406	393 及以上	不要求防火保护
356×406 305×305 254×254 203×203 203×203	340 及以下 所有质量 所有质量 52 及 46 以上 46②	填充蒸压加气混凝土砌块
152×203	所有质量	依照生产厂商的建议采用防火保护材料

续表

门式刚架梁截面①		
914×419 914×305 *610×305	所有质量 289 238	不要求防火保护
*914×305 838×292 762×267 686×254 *610×305 610×229 533×210 457×191 457×152 406×178 356×171 305×165 305×127 254×146	252 及以下 所有质量 所有质量 所有质量 179 及以下 所有质量 所有质量 所有质量 60 及以上 60 及以上 57 及以上 54 48 43	填充蒸压加气混凝土砌块
其他梁尺寸		依照生产厂商的建议采用防火保护材料

①本表适用于按 BS 5950：1990 第 1 部分设计的截面，且荷载系数（γ_f）不大于 1.5；

②要实现 30min 的耐火极限，203×203×46kg/m 柱用砌块填充腹板时，所受荷载不应超过 BS 449：1969 第 2 部分或 BS 5950：1990 第 1 部分规定的最大容许荷载的 80%；

* 按 BS 5950：1990 第 8 部分更改了 BRE 文摘 317（1986）本表数据。

更详细的信息参见：建筑研究院（BRE）的文献 317，建筑研究进展，Garston，Watford WD2 7SR。

表单编号：ISF/No. 04

1997 年 1 月

钢结构防火资料表 5

下列资料介绍钢结构抗火的一些方法，在使用这些方法时，要结合相关的设计指南。

钢管内浇注混凝土

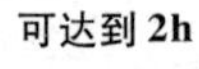

可达到 2h

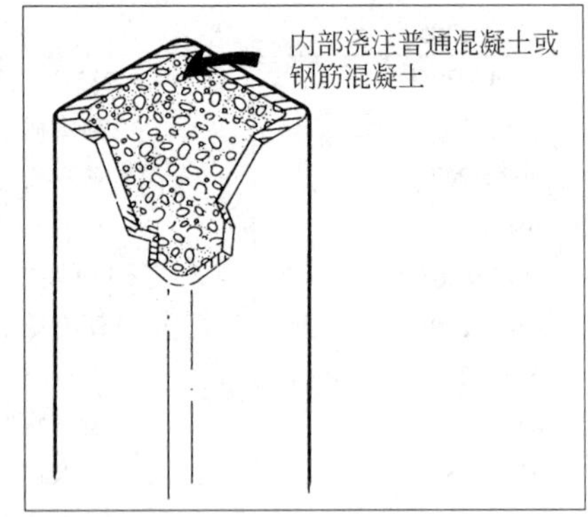

方法：

填充普通混凝土或钢筋混凝土可使方管或矩形管构件达到 120min 耐火极限。

原理：

热量由钢管壁传到不良导体的混凝土芯，使加热缓慢。

温度增加使钢材屈服强度降低，荷载逐步转移到混凝土芯。

钢材约束了混凝土，避免混凝土崩裂，抑制了混凝土的退化。

优势：

(1) 钢材用作永久模板；

(2) 完工的柱占据更少的楼层空间；

(3) 更好的耐久性，对撞击和磨损有更高的承载力。

局限性：

(1) 有钢筋截面要求的最小柱截面尺寸为 200mm × 200mm；

(2) 无钢筋截面只能实现 30min 耐火极限。

矩形钢管填充混凝土：

外侧无保护的空心钢管填充混凝土后，其耐火能力主要取决于 3 个因素：

(1) 混凝土强度；

(2) 轴向荷载和弯矩的比值；

(3) 纤维或钢筋的含量。

混凝土强度：

内部承载力及其耐火能力直接与混凝土强度有关。

轴向荷载和弯矩：

普通混凝土受拉性能差，在轴向荷载和弯矩同时作用下，会产生内部压应力。

综合保护：

混凝土填充的截面可采用乘系数荷载并加外侧防火保护进行设计，外侧防火保护层厚度可按无填充截面估计，考虑内芯的影响，保护层厚度可减少。

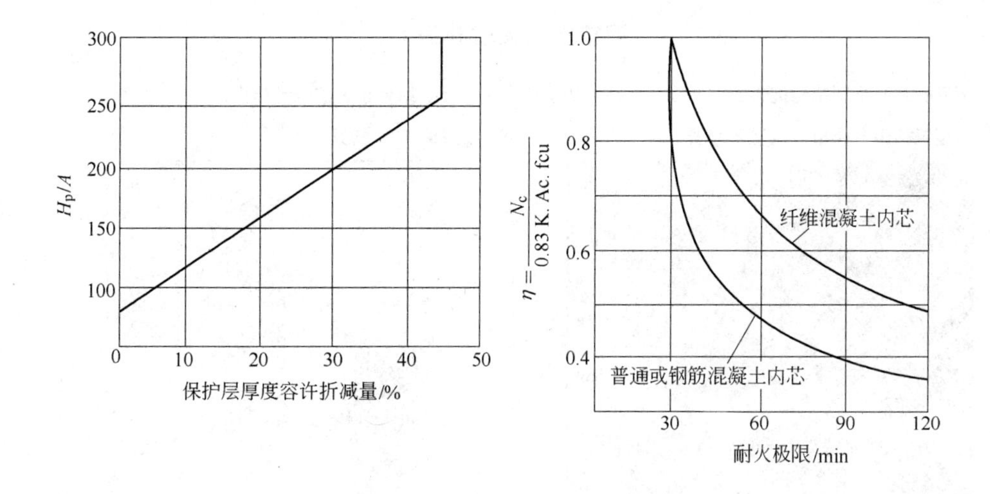

更详细的信息参见：BS EN 1994-1-2，“钢管混凝土抗火承载力，欧洲规范4”，技术报告，P259，2000。“受火作用空心截面柱设计指南”，设计指南4，CIDECT，1996。

表单编号：ISF/No. 05

1997年1月

钢结构防火资料表 6

下列资料介绍钢结构抗火的一些方法，在使用这些方法时，要结合相关的设计指南。

压型钢板组合楼板（空隙不填充）　　**可达到 2h**

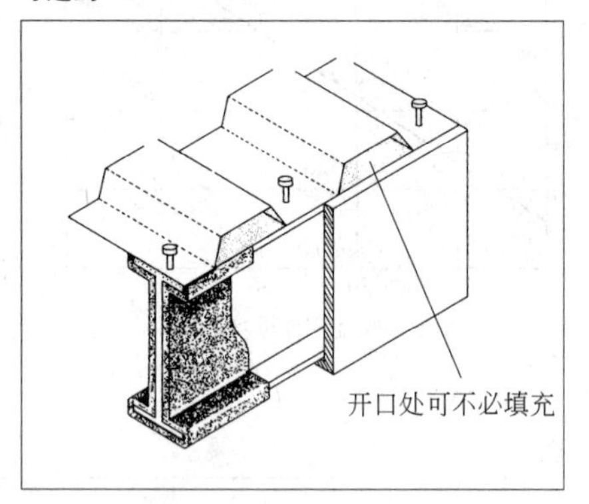

方法：

当采用闭口式压型钢板组合楼板时，位于梁上翼缘与压型钢板间的空隙可不必填充，即可满足任何耐火极限要求；当采用开口式压型板时，可实现 90min 耐火极限（见下页）。

原理：

组合梁/楼板式构件受弯时，中和轴接近梁的上翼缘，梁上翼缘对整个结构力学性能的贡献很小，在火灾中受到的影响不大。

优势：

（1）节省现场施工时间；

（2）节省填充空隙成本；

（3）上翼缘不必完全保护；

（4）采用闭口式压型板时不必填充空隙。

局限性：

必要时空隙应填充：

（1）采用开口式压型板时要求耐火极限 90min 以上；

（2）开口式压型板用于非组合结构；

（3）任何形式的压型板均需要穿过防火隔墙。

组合梁-下部不填充

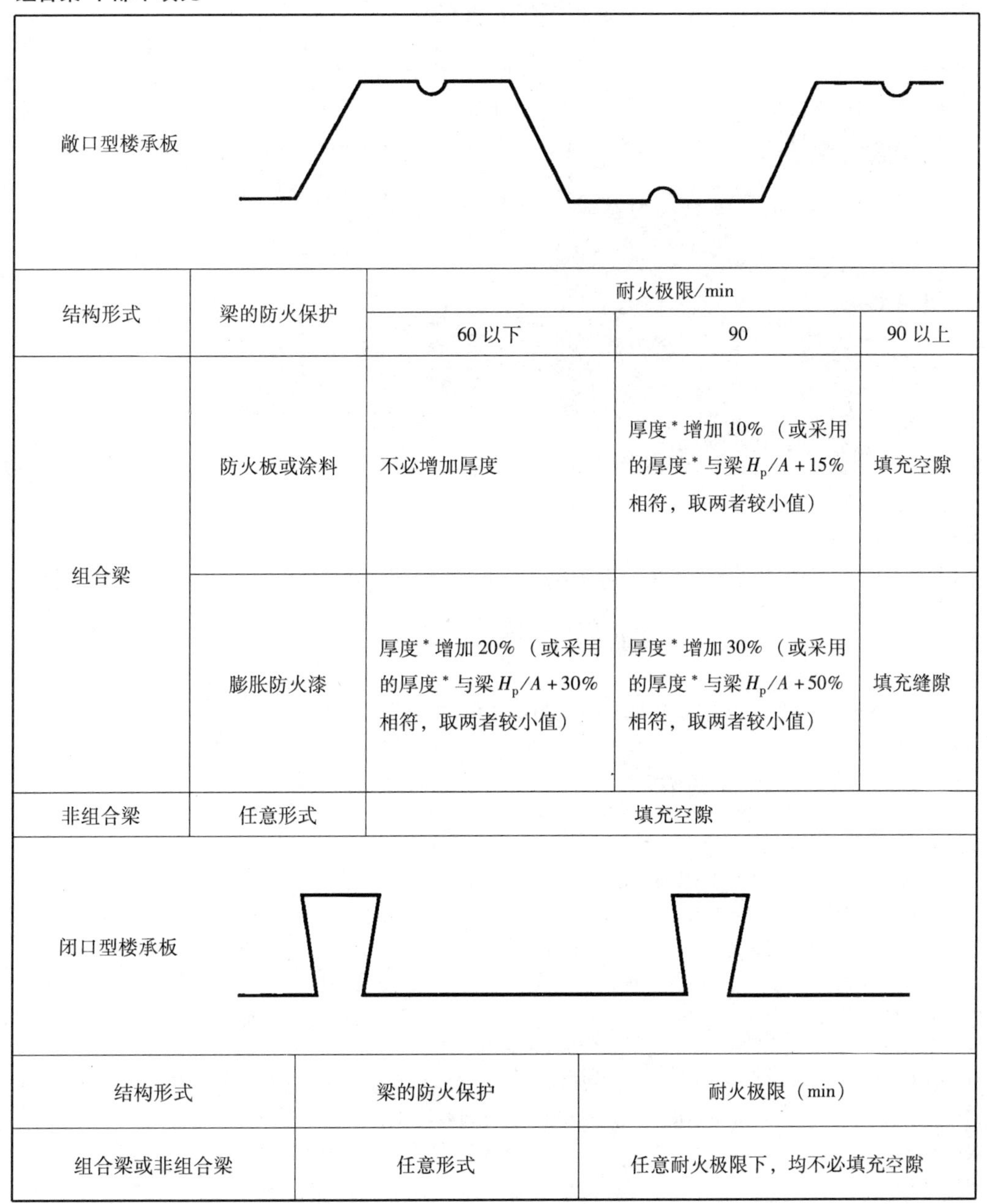

敞口型楼承板

结构形式	梁的防火保护	耐火极限/min		
		60 以下	90	90 以上
组合梁	防火板或涂料	不必增加厚度	厚度* 增加 10%（或采用的厚度* 与梁 $H_p/A+15\%$ 相符，取两者较小值）	填充空隙
	膨胀防火漆	厚度* 增加 20%（或采用的厚度* 与梁 $H_p/A+30\%$ 相符，取两者较小值）	厚度* 增加 30%（或采用的厚度* 与梁 $H_p/A+50\%$ 相符，取两者较小值）	填充缝隙
非组合梁	任意形式	填充空隙		

闭口型楼承板

结构形式	梁的防火保护	耐火极限（min）
组合梁或非组合梁	任意形式	任意耐火极限下，均不必填充空隙

＊30min、60min 或 90min 耐火极限对防火板、防火涂料或膨胀防火漆的厚度要求，见防火保护协会（ASFP）和钢结构协会（The Steel Construction Institute）联合出版的《建筑钢结构防火保护》。

更详细的信息参见：钢结构协会（The Steel Construction Institute）技术报告 109，《组合梁的抗火承载力》。
表单编号：ISF/No. 06
1997 年 1 月

钢结构防火资料表 7

下列资料介绍钢结构抗火的一些方法，在使用这些方法时，要结合相关的设计指南。

采用压型钢楼承板组合楼板 **可达到 2h**

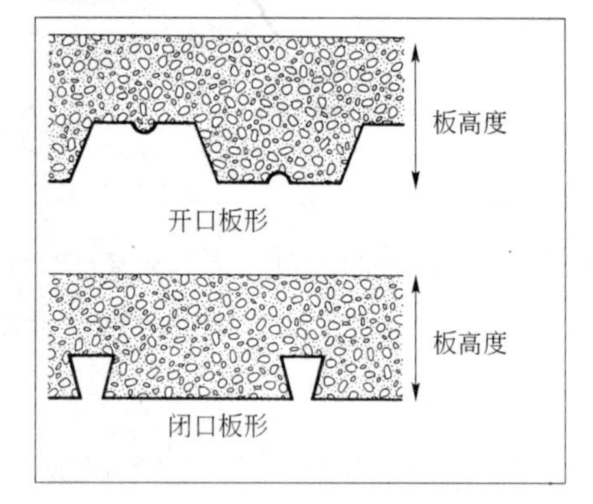

方法：

采用常规 A142 钢筋网的组合楼板可达到 90min 耐火极限。如果采用更重的钢筋网并增加楼板厚度可增加到 120min（见下页）。

其他的情况可按“消防工程方法”进行评估（见下页）。

原理：

在火灾中，钢筋网对结构的整体性发挥着重要的作用。

优势：

（1）采用标准钢筋网，无须附加钢筋；

（2）在楼承板底部无须防火保护。

局限性：

（1）只适用于按 BS 5950 第 4 部分设计的楼板；

（2）钢筋网搭接长度应在钢筋直径的 50 倍以上；

（3）受拉时钢筋延伸率应超过 12%（BS 4449）；

（4）钢筋网应搁置在距楼板上表面 20～45mm 范围内；

（5）活荷载不应超过 6.7kN/m^2（包括面层）。

更详细的信息参见：钢结构协会（SCI）技术报告 056，“压型钢板组合楼盖抗火承载力”；

钢结构协会（The Steel Construction Institute）和 CIRIA 的专刊 42CIRIA。

表单编号：ISF/No. 07

1997 年 1 月

组合楼板抗火

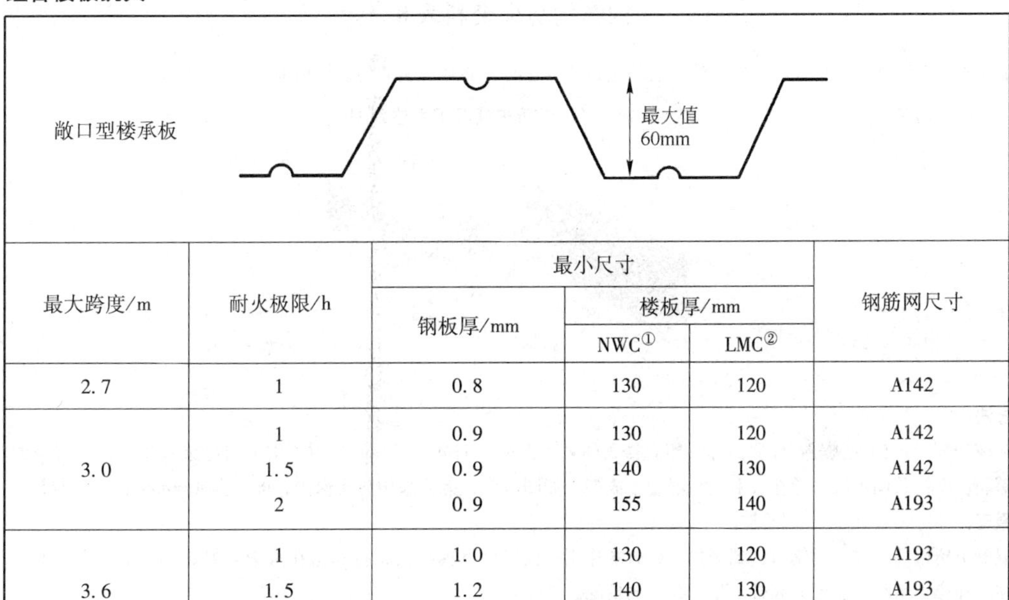

最大跨度/m	耐火极限/h	最小尺寸			钢筋网尺寸
		钢板厚/mm	楼板厚/mm		
			NWC①	LMC②	
2.7	1	0.8	130	120	A142
3.0	1	0.9	130	120	A142
	1.5	0.9	140	130	A142
	2	0.9	155	140	A193
3.6	1	1.0	130	120	A193
	1.5	1.2	140	130	A193
	2	1.2	155	140	A252

闭口型楼承板

最大值
51mm

最大跨度/m	耐火极限/h	最小尺寸			钢筋网尺寸
		钢板厚/mm	楼板厚/mm		
			NWC①	LMC②	
2.5	1	0.8	100	100	A142
	1.5	0.8	110	105	A142
3.0	1	0.9	120	110	A142
	1.5	0.9	130	120	A142
	2	0.9	140	130	A193
3.6	1	1.0	125	120	A193
	1.5	1.2	135	125	A193
	2	1.2	145	130	A252

注：1. 活荷载不应超过5kN/m^2（+1.7kN/m^2 吊顶和管线）。

2. BS 5950 第 8 部分规定的最小厚度，仅满足了隔热的安全要求。本表中数据在满足隔热要求的同时，还考虑了对强度的要求，因此，相关数值可能会大于规范中规定的最小值。

① NWC = 普通混凝土。

② LWC = 轻骨料混凝土。

钢结构防火资料表 8

下列资料介绍钢结构抗火的一些方法，在使用这些方法时，要结合相关的设计指南。

深肋扁梁　　**无防护情况下可达到 1h**

方法：

SLIMDEK（英国钢铁公司注册商标）组合楼盖体系由上窄、下宽（225mm）翼缘的非对称梁及搁置在下翼缘的深肋压型板共同组成，后在板上浇注混凝土成型，如图所示，无需采用防火保护，即可实现 60min 的耐火极限。

原理：

混凝土楼板的存在，对钢材起到隔热、防火的作用，仅钢梁下翼缘会直接暴露在火中。但是这种组合作用的存在，补偿了钢材因温度升高带来强度损失的情况。

优势：

（1）大多数情况下，可实现 60min 耐火极限，对楼面荷载没有限制；

（2）楼板结构平整，易于施工。

（3）更多管线的空间；

（4）减少结构和建筑高度；

（5）管线可穿越压型板肋处的预留洞口，进一步降低了楼板厚度。

局限性：

（1）当耐火极限超过 60min 时，外露的下翼缘应做防火保护；

（2）梁上需要开洞布置管线时，对应的外露下翼缘要做防火保护。

建议汇总

耐火极限/min	设计类型	
	无洞口或荷载	有管线洞口
30	无需保护	无需保护
60	通常情况无需保护（见下表）	下翼缘保护
>60	下翼缘保护	

ASB 梁 60min 耐火极限荷载表（C30 混凝土，S355 级钢）

截面	梁跨度/mm	楼板有效宽度/mm	极限抗弯承载力/kN·m	60min 耐火极限抗弯承载力/kN·m	最大承载力比值
280 ASB 100	5500	688	554	257	0.48
	6000	750	562	258	0.47
	6500	813	570	260	0.47
280 ASB 136	5500	688	726	376	0.52
	6000	750	736	378	0.51
	6500	813	745	381	0.51
	7000	875	754	383	0.51
300 ASB 153	6000	750	870	472	0.51
	6500	813	880	475	0.54
	7000	875	890	478	0.54
	7500	938	900	481	0.54
300 ASB 153（楼板与上翼缘平齐，采用轻骨料混凝土）	6000	750	835	440	0.53
	6500	813	842	442	0.53
	7000	875	849	443	0.52
	7500	938	856	445	0.52

更详细的信息参见：钢结构协会（The Steel Construction Institute）出版物 175，“深肋压型钢板非对称组合扁梁设计”。

表单编号：ISF/No. 08

1997 年 4 月

钢结构防火资料表 9

下列资料介绍钢结构抗火的一些方法，在使用这些方法时，要结合相关的设计指南。

角钢支承楼板梁体系

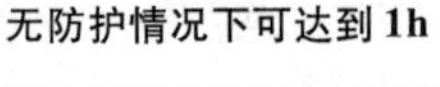
无防护情况下可达到 1h

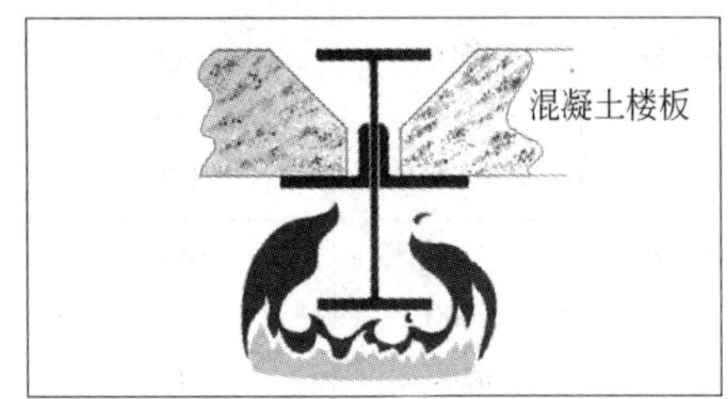

方法：

角钢支承楼板梁体系通过螺栓连接或焊接的方式，将角钢布置在普通钢梁的腹板上，然后将混凝土板布置在角钢上部。腹板和混凝土板间的空隙用砂浆或混凝土填充，保证截面周围形成有效吸热介质。这样的结构体系，可实现 30min 或 60min 耐火极限，无需采用防火保护。

原理：

利用混凝土楼板和内填充来隔热，有效的保护了型钢梁。但部分钢梁腹板和下翼缘会直接暴露在火中。在设计时不考虑角钢对附加抗火能力的贡献。角钢布置在腹板的下部，其围成的防火隔热区域，进一步提高了结构的抗火能力。当要求采用防火保护时，通过减少外露区域，以降低防火保护层厚度。

优势：

(1) 大多数情况可实现 30min 耐火极限，不需要对外露的腹板和下翼缘进行防火保护；

(2) 某些情况可实现 60min 耐火极限，取决于荷载和梁的外露面积；

(3) 减少结构和建筑高度；

(4) 当外露的钢结构需要防火保护时，可实现保护层厚度的降低。

局限性：

(1) 应采用 125×75×12 角钢，S355 钢材，并使角钢短肢部位与钢梁腹板相连；

(2) 要求 60min 耐火极限且上部荷载较大时，楼板厚度过大，且不经济；

(3) 耐火极限超过 60min 时，暴露部分必须做防火保护。

下表给出了钢结构协会出版物“角钢支承楼板梁体系的抗火承载力”的设计建议。这些信息，可以扩展到其他等级的钢材和耐火极限。此外，还应考虑角钢连接所能承载的容许荷载。

耐火极限	60min

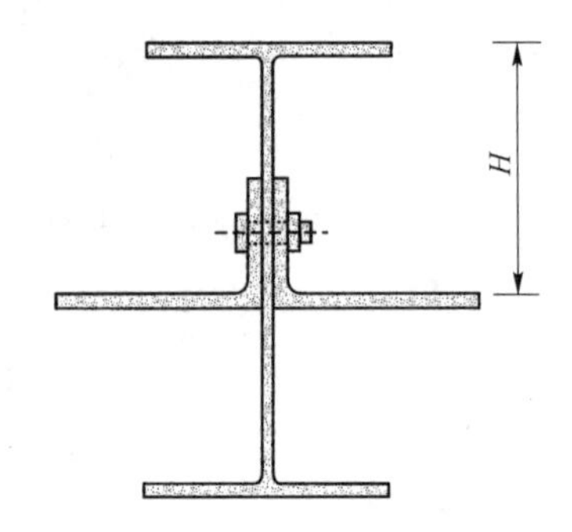

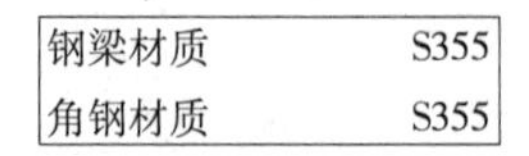

钢梁材质	S355
角钢材质	S355

不同荷载比值①的角钢与钢梁上翼缘距离 *H*　　(mm)

截面规格	M_p/kN·m	0.4	0.45	0.5	0.55	0.6	0.65	0.7
305×102×25 UB	120	129	144	158	172	184	196	208
305×102×28 UB	145	137	152	167	180	193	205	217
305×102×33 UB	170	144	159	174	188	201	214	227
305×127×37 UB	192	145	160	174	188	202	209	222
305×127×42 UB	217	150	166	181	196	207	216	230
305×127×48 UB	251	158	174	190	206	212	227	235

① BS 5950 第 8 部分定义的荷载比值，为耐火极限状态与正常极限状态下的截面承载力之比。

更详细的信息参见：钢结构协会（The Steel Construction Institute）出版物 126，“按 BS 5950 第 8 部分计算角钢支承楼板梁体系的抗火性能”。
表单编号：ISF/No. 09
1997 年 4 月

钢结构防火资料表 10

下列资料介绍钢结构抗火的一些方法，在使用这些方法时，要结合相关的设计指南。

钢柱腹板内填充体系　　　　**无防护情况下可达到 1h**

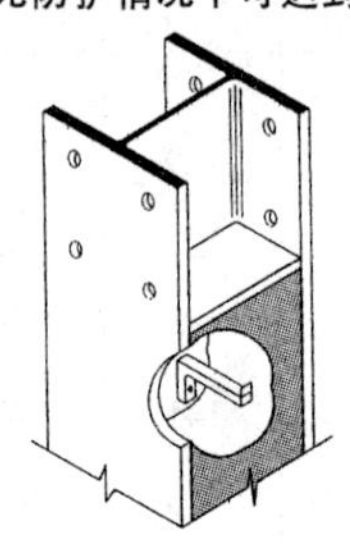

方法：

将剪力连接件焊到钢柱的腹板上，腹板加劲肋焊在节点连接区域下方。在加劲板、钢柱翼缘围成的封闭区域内，浇注混凝土。

原理：

在设计时，不考虑混凝土的有利作用，但随着火灾中钢材温度的升高，荷载通过剪力连接件和焊接加劲肋，传递到了混凝土区域。在没有浇注混凝土的钢柱和节点连接区域，要采用同样的保护措施。

优势：

(1) 大多数情况可实现 60min 耐火极限，不需要对外露翼缘进行防火保护；
(2) 较小的防火保护厚度就可实现更长的耐火极限；
(3) 钢柱可以异地拼装；
(4) 填充区域不会占据额外空间。

局限性：

(1) 柱截面外露，耐火极限要求高时不能用这个方法；
(2) 这种方法可用于弯矩较小的简单结构，不适合于抗弯钢架；
(3) 耐火极限超过 60min 时，暴露部分必须做防火保护；
(4) 这种方法仅适用于 203×203×46 UC 柱或更大截面。

下表给出了钢结构协会出版物“钢柱腹板内填充体系的抗火承载力”的设计建议。

钢柱材质 S275、耐火极限 60min

截面规格	抗弯承载力 /kN·m		荷载比值①	常规设计下不同有效柱长的抗压承载力/kN				
	M_{fx}	M_{fy}		2500mm	3000mm	3500mm	4000mm	4500mm
203×203×46	40.3	22.9	0.57	744	682	616	551	488
203×203×52	47.0	25.4	0.54	803	738	669	600	533
203×203×60	56.7	29.0	0.52	882	881	735	659	586
203×203×71	69.9	34.6	0.49	974	899	820	740	662

注：1. M_{fx} 为火灾下 x-x 轴抗弯承载力；
2. M_{fy} 为火灾下 y-y 轴抗弯承载力。
① BS 5950 第 8 部分定义的荷载比值，为耐火极限状态与正常极限状态下的截面承载力之比。

更详细的信息参见：钢结构协会（The Steel Construction Institute）出版物 124，“钢柱腹板填充体系的抗火承载力”。
表单编号：ISF/No. 10
1997 年 4 月

抗火设计截面参数

通用梁							截面系数 $\frac{A_m}{V}$			
							按截面轮廓		按箱形	
							3边	4边	3边	4边
规格		截面高度 D	截面宽度 B	厚度		截面面积				
尺寸	每米质量			腹板 t	翼缘 T					
mm×mm	kg	mm	mm	mm	mm	cm^2	m^{-1}	m^{-1}	m^{-1}	m^{-1}
914×419	388	920.5	420.5	21.5	36.6	494.4	60	70	45	55
	343	911.4	418.5	19.4	32.0	437.4	70	80	50	60
914×305	289	926.6	307.8	19.6	32.0	368.8	75	80	60	65
	253	918.5	305.5	17.3	27.9	322.8	85	95	65	75
	224	910.3	304.1	15.9	23.9	285.2	95	105	75	85
	201	903	303.4	15.2	20.2	256.4	105	115	80	95
838×292	226	850.9	293.8	16.1	26.8	288.7	85	95	70	80
	194	840.7	292.4	14.7	21.7	247.1	100	115	80	90
	176	834.9	291.6	14	18.8	224.1	110	125	90	100
762×267	197	769.6	268	15.6	25.4	250.7	90	100	70	85
	173	762	266.7	14.3	21.6	220.4	105	115	80	95
	147	753.9	265.3	12.9	17.5	188.0	120	135	95	110
686×254	170	692.9	255.8	14.5	23.7	216.5	95	110	75	90
	152	687.6	254.5	13.2	21.0	193.8	110	120	85	95
	140	683.5	253.7	12.4	19.0	178.6	115	130	90	105
	125	677.9	253	11.7	16.2	159.6	130	145	100	115
610×305	238	633	311.5	18.6	31.4	303.7	70	80	50	60
	179	617.5	307	14.1	23.6	227.9	90	105	70	80
	149	609.6	304.8	11.9	19.7	190.1	110	125	80	95
610×229	140	617	230.1	13.1	22.1	178.3	105	120	80	95
	125	611.9	229	11.9	19.6	159.5	115	130	90	105
	113	607.3	228.2	11.2	17.3	144.4	130	145	100	115
	101	602.2	227.6	10.6	14.8	129.1	145	160	110	130
533×210	122	544.6	211.9	12.8	21.3	155.7	110	120	85	95
	109	539.5	210.7	11.6	18.8	138.5	120	135	95	110
	101	536.7	210.1	10.9	17.4	129.7	130	145	100	115
	92	533.1	209.3	10.2	15.6	117.7	140	160	110	125
	82	528.3	208.7	9.6	13.2	104.4	155	175	120	140
457×191	98	467.4	192.8	11.4	19.6	125.2	120	135	90	105
	89	463.6	192	10.6	17.7	113.9	130	145	100	115
	82	460.2	191.3	9.9	16.0	104.5	140	160	105	125
	74	457.2	190.5	9.1	14.5	94.98	155	175	115	135
	67	453.6	189.9	8.5	12.7	85.44	170	190	130	150

续表

通用梁							截面系数 $\frac{A_m}{V}$			
							按截面轮廓		按箱形	
							3边	4边	3边	4边
规格		截面高度 D	截面宽度 B	厚度		截面面积				
尺寸	每米质量			腹板 t	翼缘 T					
mm×mm	kg	mm	mm	mm	mm	cm^2	m^{-1}	m^{-1}	m^{-1}	m^{-1}
457×152	82	465.1	153.5	10.7	18.9	104.4	130	145	105	120
	74	461.3	152.7	9.9	17.0	94.99	140	155	115	130
	67	457.2	151.9	9.1	15.0	85.41	155	175	125	145
	60	454.7	152.9	8.0	13.3	75.93	175	195	140	160
	52	449.8	152.4	7.6	10.9	66.49	200	220	160	180
406×178	74	412.8	179.7	9.7	16.0	94.95	140	160	105	125
	67	409.4	178.8	8.8	14.3	85.49	155	175	115	140
	60	406.4	177.8	7.8	12.8	76.01	175	195	130	155
	54	402.6	177.6	7.6	10.9	68.42	190	215	145	170
406×140	46	402.3	142.4	6.9	11.2	58.96	205	230	160	185
	39	397.3	141.8	6.3	8.6	49.40	240	270	190	220
356×171	67	364	173.2	9.1	15.7	85.42	140	160	105	125
	57	358.6	172.1	8	13.0	72.18	165	190	125	145
	51	355.6	171.5	7.3	11.5	64.58	185	210	135	165
	45	352	171	6.9	9.7	56.96	210	240	155	185
356×127	39	352.8	126	6.5	10.7	49.40	215	240	170	195
	33	248.5	125.4	5.9	8.5	41.83	250	280	195	225
305×165	54	310.9	166.8	7.7	13.7	68.38	160	185	115	140
	46	307.1	165.7	6.7	11.8	58.90	185	210	130	160
	40	303.8	165.1	6.1	10.2	51.50	210	240	150	180
305×127	48	310.4	125.2	9.9	14.0	60.83	160	180	125	145
	42	306.6	124.3	8	12.1	53.18	180	205	140	160
	37	303.8	123.5	7.2	10.7	47.47	200	225	155	180
305×102	33	312.7	102.4	6.6	10.8	41.77	215	240	175	200
	28	308.9	101.9	6.1	8.9	36.30	245	275	200	225
	25	304.8	101.6	5.8	6.8	31.39	285	315	225	260
254×146	43	259.6	147.3	7.3	12.7	55.10	170	195	120	150
	37	256	146.4	6.4	10.9	47.45	195	225	140	170
	31	251.5	146.1	6.1	8.6	40.00	230	265	160	200
254×102	28	260.4	102.1	6.4	10.0	36.19	220	250	170	200
	25	257	101.9	6.1	8.4	32.17	245	280	190	225
	22	254	101.6	5.8	6.8	28.42	275	315	215	250
203×133	30	206.8	133.8	6.3	9.6	38.00	210	245	145	180
	25	203.2	133.4	5.8	7.8	32.31	240	285	165	210
203×102	23	203.2	101.6	5.2	9.3	29	235	270	175	210
178×102	19	177.8	101.6	4.7	7.9	24.2	265	305	190	230
152×89	16	152.4	88.9	4.6	7.7	20.5	270	310	190	235
127×76	13	127	76.2	4.2	7.6	16.8	275	320	195	240

续表

通用柱							截面系数 $\frac{A_m}{V}$			
							按截面轮廓		按箱形	
							3 边	4 边	3 边	4 边
规格		截面高度 D	截面宽度 B	厚度		截面面积				
尺寸	每米质量			腹板 t	翼缘 T					
mm × mm	kg	mm	mm	mm	mm	cm^2	m^{-1}	m^{-1}	m^{-1}	m^{-1}
356 × 406	634	474.7	424.1	47.6	77.0	808.1	25	30	15	20
	551	455.7	418.5	42.0	67.5	701.8	30	35	20	25
	467	436.6	412.4	35.9	58.0	595.5	35	40	20	30
	393	419.1	407.0	30.6	49.2	500.9	40	45	25	35
	340	406.4	403.0	26.5	42.9	432.7	45	55	30	35
	287	393.7	399.0	22.6	36.5	366.0	50	65	30	45
	235	381.0	395.0	18.5	30.2	299.8	65	75	40	50
356 × 368	202	374.7	374.4	16.8	27.0	257.9	70	85	45	60
	177	368.3	372.1	14.5	23.8	225.7	80	95	50	65
	153	362.0	370.2	12.6	20.7	195.2	90	110	55	75
	129	355.6	368.3	10.7	17.5	164.9	105	130	65	90
305 × 305	283	365.3	321.8	26.9	44.1	360.4	45	55	30	40
	240	352.6	317.9	23.0	37.7	305.6	50	60	35	45
	198	339.9	314.1	19.2	31.4	252.3	60	75	40	50
	158	327.2	310.6	15.7	25.0	201.2	75	90	50	65
	137	320.5	308.7	13.8	21.7	174.6	85	105	55	70
	118	314.5	306.8	11.9	18.7	149.8	100	120	60	85
	97	307.8	304.8	9.9	15.4	123.3	120	145	75	100
254 × 254	167	289.1	264.5	19.2	31.7	212.4	60	75	40	50
	132	276.4	261.0	15.6	25.3	167.7	75	90	50	65
	107	266.7	258.3	13.0	20.5	136.6	90	110	60	75
	89	260.4	255.9	10.5	17.3	114.0	110	130	70	90
	73	254.0	254.0	8.6	14.2	92.9	130	160	80	110
203 × 203	86	222.3	208.8	13.0	20.5	110.1	95	110	60	80
	71	215.9	206.2	10.3	17.3	91.1	110	135	70	95
	60	209.6	205.2	9.3	14.2	75.8	130	160	80	110
	52	206.2	203.9	8.0	12.5	66.4	150	180	95	125
	46	203.2	203.2	7.3	11.0	58.8	165	200	105	140
152 × 152	37	161.8	154.4	8.1	11.5	47.4	160	190	100	135
	30	157.5	152.9	6.6	9.4	38.2	195	235	120	160
	23	152.4	152.4	6.1	6.8	29.8	245	300	155	205

圆钢管

规格 外径 D	规格 壁厚 t	每米质量	截面面积	截面系数 $\frac{A_m}{V}$ 按截面外形或箱形
mm	mm	kg	cm^2	m^{-1}
21. 3	3. 2	1. 43	1. 82	370
26. 9	3. 2	1. 87	2. 38	355
33. 7	2. 6	1. 99	2. 54	415
	3. 2	2. 41	3. 07	345
	4. 0	2. 93	3. 73	285
42. 4	2. 6	2. 55	3. 25	410
	3. 2	3. 09	3. 94	340
	4. 0	3. 79	4. 83	275
48. 3	3. 2	3. 56	4. 53	335
	4. 0	4. 37	5. 57	270
	5. 0	5. 34	6. 80	225
60. 3	3. 2	4. 51	5. 74	330
	4. 0	5. 55	7. 07	270
	5. 0	6. 82	8. 69	220
76. 1	3. 2	5. 75	7. 33	325
	4. 0	7. 11	9. 06	265
	5. 0	8. 77	11. 2	215
88. 9	3. 2	6. 76	8. 62	325
	4. 0	8. 38	10. 70	260
	5. 0	10. 3	13. 2	210
	3. 6	9. 83	12. 5	285
114. 3	5. 0	13. 5	17. 2	210
	6. 3	16. 8	21. 4	170
139. 7	5. 0	16. 6	21. 2	205
	6. 3	20. 7	26. 4	165
	8. 0	26. 0	33. 1	135
	10. 0	32. 0	40. 7	110
168. 3	5. 0	20. 1	25. 7	205
	6. 3	25. 2	37. 1	165
	8. 0	31. 6	40. 3	130
	10. 0	39. 0	49. 7	105
193. 7	5. 0	23. 3	29. 6	205
	6. 3	29. 1	37. 1	165
	8. 0	36. 6	46. 7	130
	10. 0	45. 3	57. 7	105
	12. 5	55. 9	71. 2	85
	16. 0	70. 1	89. 3	70
219. 1	5. 0	26. 4	33. 6	205
	6. 3	33. 1	42. 1	165
	8. 0	41. 6	53. 1	130
	10. 0	51. 6	65. 7	105
	12. 5	63. 7	81. 1	85
	16. 0	80. 1	102	65
	20. 0	98. 2	125	55
244. 5	6. 3	37. 0	47. 1	165
	8. 0	46. 7	59. 4	130
	10. 0	57. 8	73. 7	105
	12. 5	71. 5	91. 1	85
	16. 0	90. 2	115	65
	20. 0	111	141	55
273. 0	6. 3	41. 4	52. 8	160
	8. 0	52. 3	66. 6	130
	10. 0	64. 9	82. 6	105
	12. 5	80. 3	102	85
	16. 0	101	129	65
	20. 0	125	159	55
	25. 0	153	195	45
323. 9	6. 3	49. 3	62. 9	160
	8. 0	62. 3	79. 4	130
	10. 0	77. 4	98. 6	105
	12. 5	96. 0	122	85
	16. 0	121	155	65
	20. 0	150	191	55
	25. 0	184	235	45
355. 6	8. 0	68. 6	87. 4	130
	10. 0	85. 2	109	100
	12. 5	106	135	85
	16. 0	134	171	65
	20. 0	166	211	55
	25. 0	204	260	45
406. 4	10. 0	97. 8	125	100
	12. 5	121	155	80
	16. 0	154	196	65
	20. 0	191	243	55
	25. 0	235	300	45
	32. 0	295	376	35
457. 0	10. 0	110	140	105
	12. 5	137	175	80
	16. 0	174	222	65
	20. 0	216	275	50
	25. 0	266	339	40
	32. 0	335	427	35
	40. 0	411	524	25
508. 0	10. 0	123	156	100
	12. 5	153	195	80
	16. 0	194	247	65

矩形管				截面系数 $\frac{A_m}{V}$		
				3 边		4 边
规格		每米质量	截面面积			
尺寸 $D \times B$	壁厚 t					
mm × mm	mm	kg	cm^2	m^{-1}	m^{-1}	m^{-1}
50 × 25	2.5	2.72	3.47	360	290	430
	3.0	3.22	4.10	305	245	365
	3.2	3.41	4.34	290	230	345
50 × 30	2.5	2.92	3.72	350	295	430
	3.0	3.45	4.40	295	250	365
	3.2	3.66	4.66	280	235	345
	4.0	4.46	5.68	230	195	280
	5.0	5.40	6.88	190	160	235
60 × 40	2.5	3.71	4.72	340	295	425
	3.0	4.39	5.60	285	250	355
	3.2	4.66	5.94	270	235	335
	4.0	5.72	7.28	220	190	275
	5.0	6.97	8.88	180	160	225
	6.3	8.49	10.8	150	130	185
80 × 40	3.0	5.34	6.80	295	235	355
	3.2	5.67	7.22	275	220	330
	4.0	6.97	8.88	225	180	270
	5.0	8.54	10.9	185	145	220
	6.3	10.5	13.3	150	120	180
	8.0	12.8	16.3	125	100	145
90 × 50	3.0	6.28	8.00	290	240	350
	3.6	7.46	9.50	240	200	295
	5.0	10.1	12.9	180	145	215
	6.3	12.5	15.9	145	120	175
	8.0	15.3	19.5	120	95	145
100 × 50	3.0	6.75	8.60	290	235	350
	3.2	7.18	9.14	275	220	330
	4.0	8.86	11.3	220	175	265
	5.0	10.9	13.9	180	145	215
	6.3	13.4	17.1	145	115	175
	8.0	16.6	21.1	120	95	140
100 × 60	3.0	7.22	9.20	285	240	350
	3.6	8.59	10.9	240	200	295
	5.0	11.7	14.9	175	150	215
	6.3	14.4	18.4	140	120	175
	8.0	17.8	22.7	115	95	140
120 × 60	3.6	9.72	12.4	240	195	290
	5.0	13.3	16.9	180	140	215
	6.3	16.4	20.9	145	115	170
	8.0	20.4	25.9	115	95	140

续表

矩形管				截面系数 $\frac{A_m}{V}$		
				3 边		4 边
规格		每米质量	截面面积			
尺寸 $D \times B$	壁厚 t					
mm × mm	mm	kg	cm^2	m^{-1}	m^{-1}	m^{-1}
120 × 80	5.0	14.8	18.9	170	150	210
	6.3	18.4	23.4	135	120	170
	8.0	22.9	29.1	110	95	135
	10.0	27.9	35.5	90	80	115
150 × 100	5.0	18.7	23.9	165	145	210
	6.3	23.8	29.7	135	120	170
	8.0	29.1	37.1	110	95	135
	10.0	35.7	45.5	90	75	110
	12.5	43.6	55.5	70	65	90
160 × 80	5.0	18.0	22.9	175	140	210
	6.3	22.3	28.5	140	110	170
	8.0	27.9	35.5	115	90	135
	10.0	34.2	43.5	90	75	110
	12.5	41.6	53.0	75	60	90
200 × 100	5.0	22.7	28.9	175	140	210
	6.3	28.3	36.0	140	110	165
	8.0	35.4	45.1	110	90	135
	10.0	43.6	55.5	90	70	110
	12.5	53.4	68.0	75	60	90
	16.0	66.4	84.5	60	45	70
250 × 150	6.3	38.2	48.6	135	115	165
	8.0	48.0	61.1	105	90	130
	10.0	59.3	75.5	85	75	105
	12.5	73.0	93.0	70	60	85
	16.0	91.5	117	55	45	70
300 × 200	6.3	48.1	61.2	130	115	165
	8.0	60.5	77.1	105	90	130
	10.0	75.0	95.5	85	75	105
	12.5	92.6	118	70	60	85
	16.0	117	149	55	45	65
400 × 200	10.0	90.7	116	85	70	105
	12.5	112	143	70	55	85
	16.0	142	181	55	45	65
450 × 250	10.0	106	136	85	70	105
	12.5	132	168	70	55	85
	16.0	167	213	55	45	65

方管				截面系数 $\frac{A_m}{V}$ 3边	4边
规格 尺寸 $D\times D$	壁厚 t	每米质量	截面面积	3边	4边
mm×mm	mm	kg	cm^2	m^{-1}	m^{-1}
20×20	2.0	1.12	1.42	425	565
	2.5	1.35	1.72	350	465
25×25	2.0	1.43	1.82	410	550
	2.5	1.74	2.22	340	450
	3.0	2.04	2.60	290	385
	3.2	2.15	2.74	275	365
30×30	2.5	2.14	2.72	330	440
	3.0	2.51	3.20	280	375
	3.2	2.65	3.38	265	355
40×40	2.5	2.92	3.72	325	430
	3.0	3.45	4.40	275	365
	3.2	3.66	4.66	260	345
	4.0	4.46	5.68	210	280
	5.0	5.40	6.88	175	235
50×50	2.5	3.71	4.72	320	425
	3.0	4.39	5.60	270	355
	3.2	4.66	5.94	255	335
	4.0	5.72	7.28	205	275
	5.0	6.97	8.88	170	225
	6.3	8.49	10.8	140	185
60×60	3.0	5.34	6.80	265	355
	3.2	5.67	7.22	250	330
	4.0	6.97	8.88	205	270
	5.0	8.54	10.9	165	220
	6.3	10.5	13.3	135	180
	8.0	12.8	16.3	110	145
70×70	3.0	6.28	8.00	260	350
	3.6	7.46	9.50	220	295
	5.0	10.1	12.9	165	215
	6.3	12.5	15.9	130	175
	8.0	15.3	19.5	110	145
80×80	3.0	7.22	9.20	260	350
	3.6	8.59	10.9	220	295
	5.0	11.7	14.9	160	215
	6.3	14.4	18.4	130	175
	8.0	17.8	22.7	105	140
90×90	3.6	9.72	12.4	220	290
	5.0	13.3	16.9	160	215
	6.3	16.4	20.9	130	170
	8.0	20.4	25.9	105	140
100×100	4.0	12.0	15.3	195	260
	5.0	14.8	18.9	160	210
	6.3	18.4	23.4	130	170
	8.0	22.9	29.1	105	135
	10.0	27.9	35.5	85	115

方管				截面系数 $\frac{A_m}{V}$ 3边	4边
规格 尺寸 $D\times D$	壁厚 t	每米质量	截面面积	3边	4边
mm×mm	mm	kg	cm^2	m^{-1}	m^{-1}
120×120	5.0	18.0	22.9	155	210
	6.3	22.3	28.5	125	170
	8.0	27.9	35.5	100	135
	10.0	34.2	43.5	85	110
	12.5	41.6	53.0	70	90
140×140	5.0	21.1	26.9	155	210
	6.3	26.3	33.5	125	165
	8.0	32.9	41.9	100	135
	10.0	40.4	51.5	80	110
	12.5	49.5	63.0	65	90
150×150	5.0	22.7	28.9	155	210
	6.3	28.3	36.0	125	165
	8.0	35.4	45.1	100	135
	10.0	43.6	55.5	80	110
	12.5	53.4	68.0	65	90
	16.0	66.4	84.5	55	70
180×180	6.3	34.2	43.6	125	165
	8.0	43.0	54.7	100	130
	10.0	53.0	67.5	80	105
	12.5	65.2	83.0	65	85
	16.0	81.4	104	50	70
200×200	6.3	38.2	48.6	125	165
	8.0	48.0	61.1	100	130
	10.0	59.3	75.5	80	105
	12.5	73.0	93.0	65	85
	16.0	91.5	117	50	70
250×250	6.3	48.1	61.2	125	165
	8.0	60.5	77.1	95	130
	10.0	75.0	95.5	80	105
	12.5	92.6	118	65	85
	16.0	117	149	50	65
300×300	10.0	90.7	116	80	105
	12.5	112	143	65	85
	16.0	142	181	50	65
350×350	10.0	106	136	75	105
	12.5	132	168	65	85
	16.0	167	213	50	65
400×400	10.0	122	156	75	105
	12.5	152	193	60	85
	16.0	192	245	50	65

耐腐蚀参数

有关腐蚀的基本数据

大气腐蚀分类和典型环境实例（ISO 12944 第2部分）

腐蚀分类和危险度	单位面积质量损失/厚度损失（见注释1）	温和气候条件的典型环境实例（参考资料）	
	低碳钢厚度损失/μm	室　外	室　内
C1 非常低	≤1.3	—	空气清洁的采暖建筑，如办公室、商店、学校、旅馆
C2 低	>1.3~25	低污染大气，主要乡村地区	可能出现结露的非采暖建筑，如仓库、体育馆
C3 中等	>25~60	城市和工业大气，中等二氧化硫污染；低盐度海岸环境	高湿度和轻度污染厂房，如食品加工、洗衣房、酿造、乳品车间
C4 高	>50~80	中盐度工业区和海岸区	化工厂、游泳池、沿海船厂
C5-I 非常高 （工业环境）	>80~200	高湿度工业区和腐蚀性大气	长期结露和高污染建筑或区域
C5-M 非常高 （海洋环境）	>80~200	高盐度海岸和近海区	长期结露和高污染建筑或区域

注：1. 外露1年后的厚度损失量，后续各年损失会减少；
2. 腐蚀分类对应的损失量与 ISO 9223 规定值相同；
3. 在沿海地区湿热环境，厚度损失可能超过 C5-M 类的限值，在这些区域选用结构保护涂层系统时应特别考虑；
4. 1μm=0.001mm。

主要油漆类型及其特性

粘结剂	总体成本	表面粗糙度的容许偏差	耐化学性	耐溶解性	耐水性	老化后可覆盖性	说　明
黑涂料（沥青类）	低	好	中	差	好	很好（与同类涂料）	限于黑色或暗色，炎热条件会软化
醇酸树脂	低-中	中	差	差-中	中	好	装饰性好，高溶解性
丙烯酸橡胶	中-高	差	好	差	好	好	易成膜，软但易发黏
环氧树脂表面容差	中-高	好	好	好	好	好	适用于各种表面和涂层①
高性能	中-高	很差	很好	好	差	差	紫外线照射易粉化
氨基甲酸乙酯，聚氨基甲酸乙酯	高	很差	很好	好	差	差	比环氧树脂装饰性好
有机硅酸酯和无机硅酸酯	高	很差	中	好	中	中	可能需要进行特别表面处理

①广泛用于维护性涂装。

应注意构造设计，避免积水，以提高构件耐久性

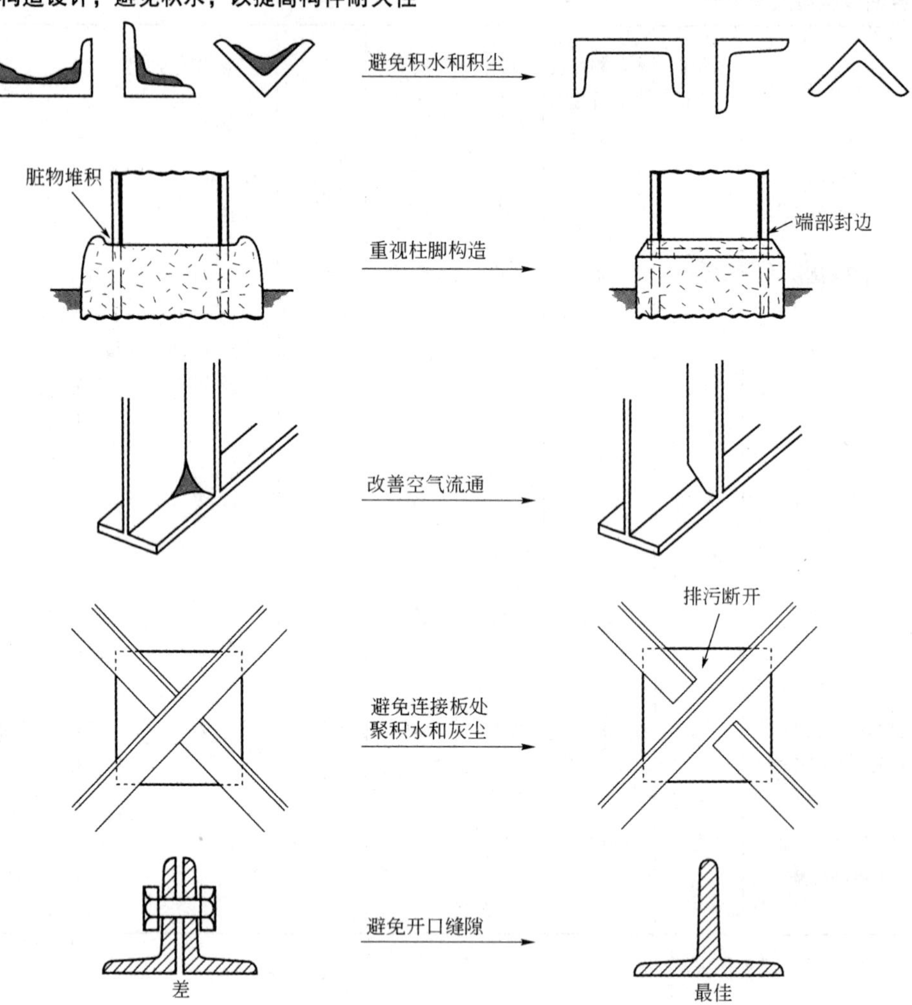

标　准

英国和欧洲钢结构标准

2010 年 3 月，BSI 撤回了所有与欧洲规范相冲突的英国标准。但只要满足英格兰、苏格兰和威尔士建筑规程的要求，在该地区英国标准仍可继续使用。

荷载：2003 年以来的变化

BS 5400-2 已被 BS EN 1991-1-7：2006，BS EN 1990：2002 + A1：2005（含英国国别附录）替代

BS 5400-6：1999 已被 BS EN 1090-2：2008 替代，但仍在使用

BS 6399-1：1996 已被 BS EN 1991-1-1：2002，BS EN 1991-1-7：2006（含英国国别附录）替代

BS 6399-2：1997 已被 BS EN 1991-1-4：2005（含英国国别附录）替代

BS 6399-3：1988 已被 BS EN 1991-1-3：2003（含英国国别附录）替代

荷载：现行标准

BS EN 1991 Eurocode 1：对结构的作用（Actions on structures）

BS EN 1991-1-2：2006 火灾下对结构的作用（Actions on structures exposed to fire）（含英国国别附录）

BS EN 1991-1-3：2003 一般作用：雪荷载（General actions. Snow loads）（含英国国别附录）

BS EN 1991-1-4：2005 一般作用：风荷载（General actions. Wind actions）（含英国国别附录）

BS EN 1991-1-5：2003 一般作用：温度荷载（General actions. Thermal actions）（含英国国别附录）

BS EN 1991-1-6：2005 一般作用：施工过程的荷载（General actions. Actions during execution）（含英国国别附录）

BS EN 1991-1-7：2006 偶然作用（Accidental actions）（含英国国别附录）

BS EN 1991-2：2003 桥上的交通荷载（Traffic loads on bridges）（含英国国别附录）

BS EN 1991-3：2006 起重机和机械产生的荷载（Actions induced by cranes and machines）（含英国国别附录）

BS EN 1991-4：2006 筒仓和罐体（Silos and tanks）（含英国国别附录）

设计：2003 年以来的变化

BS 5400-3：2000 已被 BS EN 1993-1-1：2005，BS EN 1993-1-8：2005 替代，并有部分被 BS EN 1993-2：2006 和 BS EN 1993-1-5：2006（含英国国别附录）替代

BS 5400-5：2005 已被 BS EN 1994-2：2005（含英国国别附录）替代

BS 5400-9：1983 已被 BS EN 1337-2：2004，BS EN 1337-7：2004，BS EN 1337-3：2005，BS EN 1337-5：2005 和 BS EN 1337-8：2007 替代

BS 5400-10：1980 已被 BS EN 1993-1-9：2005（含英国国别附录）替代

BS 5400-10C：1999 钢、混凝土和组合桥梁（Steel，concrete and composite bridges）——疲劳分类和构造图表被 BS EN 1993-1-9 中表 8.1 至 8.10 替代

BS 5427-1：1996 压型板建筑屋面和墙面围护系统应用规范：设计（Code of practice for the use of profiled sheet for roof and wall clad- ding on buildings. Design）

BS 5950-1：2000 已被 BS EN 1993-6：2007，BS EN 1993-1-1：2005，BS EN 1993-1-8：2005，BS EN 1993-5：2007 替代，并部分被 BS EN 1993-1-5：2006（含英国国别附录）替代

BS 5950-3.1：1990 已被 BS EN 1994-1-1：2004（含英国国别附录）替代

BS 5950-4：1994 已被 BS EN 1994-1-1：2004（含英国国别附录）替代

BS 5950-5：1998 已被 BS EN 1994-2：2005（含英国国别附录）替代

BS 5950-6：1995 已被 BS EN 1090-2：2008 替代

BS 5950-8：2003 已被 BS EN 1993-1-2：2005（含英国国别附录）替代

BS 5950-9：1994 部分已被 BS EN 1993-1-3：2006（含英国国别附录）替代

设计：现行标准

BS EN 1991 Eurocode 1：对结构的作用（Actions on structures）

BS EN 1991-3：2006 起重机和机械产生的荷载（Actions induced by cranes and machines）（含英国国别附录）

BS EN 1991-1-7：2006 一般作用：偶然作用（General actions. Accidental actions）（含英国国别附录）

BS EN 1993 Eurocode 3：钢结构设计（Design of steel structures）

BS EN 1993-1-1：2005 基本原则和建筑物一般规定（General rules and rules for buildings）（含英国国别附录）

BS EN 1993-1-2：2005 基本原则：结构防火设计（General rules. Structural fire design）（含英国国别附录）

BS EN 1993-1-3：2006 基本原则：冷成型构件和压型板的补充规定（General rules. Supplementary rules for cold-formed members and sheeting）（含英国国别附录）

BS EN 1993-1-6：2007 壳体结构的强度和稳定性（Strength and Stability of Shell Structures）（含英国国别附录）BS EN 1993-1-7：2007 受面外荷载的钢板结构

BS EN 1993-1-7：2007 平面外荷载作用下的板式结构（Plated structures subject to out of plane loading）

BS EN 1993-4-1：2007 筒仓（Silos）（含英国国别附录）

BS EN 1993-4-2：2007 罐体（Tanks）（含英国国别附录）

BS EN 1993-4-3：2007 管道（Pipelines）（含英国国别附录）

BS EN 1994 Eurocode 4：钢-混凝土组合结构设计（Design of composite steel and concrete structures）

BS EN 1994-1-1：2004 基本原则和建筑物一般规定（General rules and rules for buildings）（含英国国别附录）

BS EN 1998 Eurocode 8：结构抗震设计（Design of structures for earthquake resistance）

BS EN 1998-1：2004 基本原则、地震作用和建筑物一般规定（General rules, seismic actions and rules for buildings）（含英国国别附录）

BS EN 1998-2：2005 + A1：2009 桥梁（Bridge）（含英国国别附录）

BS EN 1998-3：2005 建筑物的评定与加固（Assessment and retrofitting of buildings）

BS EN 1998-4：2006 筒仓、罐体和管道（Silos, tanks and pipelines）（含英国国别附录）

BS EN 1998-5：2004 地基基础、挡土结构和岩土工程（Foundations, retaining structures and geotechnical aspects）（含英国国别附录）

BS EN 1998-6：2005 塔桅和烟囱（Towers, masts and chimneys）（含英国国别附录）

钢结构制作和安装：2003 年以来的变化

BS 4604-1：1970 已被 BS EN 1993-1-8：2005（含英国国别附录）替代

BS 4604-2：1970 已被 BS EN 1993-1-8：2005（含英国国别附录）替代

BS 5400-6：1999 已被 BS EN 1090-2：2008 替代，但仍在使用

BS 5950-2：2001 已被 BS EN 1090-2：2008 替代，但仍在使用

钢结构制作和安装：现行标准

BS EN 1090 钢结构和铝结构施工（Execution of steel structures and aluminium structures）

BS EN 1090-1：2009 结构部件质量评定要求（Requirements for conformity assessment of structural components）

BS EN 1090-2：2008 钢结构施工技术要求（Technical requirements for the execution of steel structures）

BS EN 1090-3：2008 铝结构技术要求（Technical requirements for aluminium structures）

地基基础和桩基础：2003 年以来的变化

BS 449-2：1969 已被 BS EN 1993-6：2007，BS EN 1993-1-1：2005，BS EN 1993-1-8：2005 和 BS EN 1993-5：2007 替代，且部分被 BS EN 1993-1-5：2006（含英国国别附录）替代

BS 5400-1：1988 已被 BS EN 1991-1-7：2006 和 BS EN 1990：2002 + A1：2005（含英国国别附录）替代

BS 5493：1977 部分被 BS EN ISO 12944 的部分 1 至 8 和 BS EN ISO 14713：1999 替代

BS 5950-1：2000 已被 BS EN 1993-6：2007，BS EN 1993-1-1：2005，BS EN 1993-1-8：2005 和 BS EN 1993-5：2007 替代，且部分被 BS EN 1993-1-5：2006（含英国国别附录）替代

BS 8002：1994 已被 BS EN 1997-1：2004（含英国国别附录）替代

BS 8004：1986 已被 BS EN 1997-1：2004（含英国国别附录）替代

BS 8081：1989 部分被 BS EN 1537：2000 替代

地基基础和桩基础：现行标准

BS 4-1：2005 结构用钢材截面：热轧型钢截面规格（Structural steel sections. Specification for hot-rolled sections）

BS EN 10248-1：1996 非合金热轧钢板桩：交货技术条件（Hot rolled sheet piling of non alloy steels. Technical delivery conditions）

BS EN 10248-2：1996 非合金热轧钢板桩：形状和尺寸容差（Hot rolled sheet piling of non alloy steels. Tolerances on shape and dimensions）

BS EN 12063：1999 特殊岩土工程的施工：钢板桩墙（Execution of special geotechnical work. Sheet pile walls）

结构钢材：现行标准

BS 7668：2004 焊接结构钢—热轧耐候钢空心型材截面：规格（Weldable structural steels. Hot finished structural hollow sections in weather resistant steels. Specification）

BS EN 10025 热轧结构钢制品（Hot rolled products of structural steels）

BS EN 10025-1：2004 一般交货技术条件（General technical delivery conditions）

BS EN 10025-3：2004 正火/正火轧制的可焊接细晶粒结构钢：交货技术条件（Technical delivery conditions for normalized/normalized rolled weldable fine grain structural steels）

BS EN 10025-4：2004 热机械轧制可焊接细晶粒结构钢：交货技术条件（Technical delivery conditions for thermomechanical rolled weldable fine grain structural steels）

BS EN 10025-5：2004 耐大气腐蚀结构钢：交货技术条件（Technical delivery conditions for structural steels with improved atmospheric corrosion resistance）

BS EN 10025-6：2004 + A1：2009 淬火和回火高强度结构钢板材：交货技术条件（Technical delivery conditions for flat products of high yield strength structural steels in the quenched and tempered condition）

BS EN 10029：1991 3mm 或以上厚度热轧钢板的尺寸、形状和质量的容差规定（Specification for tolerances on dimensions, shape and mass for hot rolled steel plates 3mm thick or above）

BS EN 10111：2008 冷成型用连续热轧低碳钢薄板和钢带：交货技术条件（Continuously hot rolled low carbon steel sheet and strip for cold forming. Technical delivery conditions）

BS EN 10130：2006 冷成型用冷轧低碳钢板：交货技术条件（Cold rolled low carbon steel flat products for cold forming. Technical delivery conditions）

BS EN 10139：1998 冷成型用无涂层冷轧窄带软钢：交货技术条件（Cold rolled uncoated mild steel narrow strip for cold forming. Technical delivery conditions）

BS EN 10164：2004 改进产品表面垂直变形特性的钢制品：交货技术条件（Steel products with improved deformation properties perpen-dicular to the surface of the product. Technical delivery conditions）

BS EN 10210 非合金及细晶粒结构钢热轧空心型材（Hot finished structural hollow sections of non-alloy and fine grain steels）

BS EN 10210-1：2006 交货技术要求（Technical delivery requirements）

BS EN 10210-2：2006 容差，尺寸和截面特性（Tolerances, dimensions and sectional properties）

BS EN 10219 非合金及细晶粒结构钢冷成型焊接空心型材（Cold formed welded structural hollow sections of non-alloy and fine grain steels）

BS EN 10219-1：2006 交货技术条件（Technical delivery requirements）

BS EN 10219-2：2006 容差、尺寸和截面特性（Tolerances, dimensions and sectional properties）

BS EN 10268：2006 冷成型用冷轧高强度钢板：交货技术条件（Cold rolled steel flat products with high yield strength for cold forming. Technical delivery conditions）

BS EN 10273：2007 用于压力容器并具有特定高温性能的热轧可焊接钢棒（Hot rolled weldable steel bars for pressure purposes with speci- fied elevated temperature properties）

钢制品：现行标准

BS 4-1：2005 结构用钢材截面：热轧型钢规格（Structural steel sections. Specification for hot-rolled sections）

BS EN 10029：1991 3mm 或以上厚度热轧钢板的尺寸、形状和质量的容差规定（Specification for tolerances on dimensions, shape and mass for hot rolled steel plates 3 mm thick or above）

BS EN 10051：1991 + A1：1997 非合金钢和合金钢连续热轧无涂层板、薄板和带材：尺寸和形状容差（Continuously hot-rolled uncoated plate, sheet and strip of non-alloy and alloy steels. Tolerances on dimensions and shape）

BS EN 10055：1996 热轧等边带圆弧根趾的 T 型钢：尺寸和形状容差（Hot rolled steel equal flange tees with radiused root and toes. Dimensions and tolerances on shape and dimensions）

BS EN 10056 等边角钢及非等边角钢规定（Specification for structural steel equal and unequal angles）

BS EN 10056-1：1999 尺寸（Dimensions）

BS EN 10056-2：1993 尺寸和形状容差（Tolerances on shape and dimensions）

BS EN 10067：1997 热轧球扁钢：尺寸及尺寸形状和质量容差（Hot rolled bulb flats. Dimensions and tolerances on shape, dimensions and mass）

BS EN 10163 热轧板材、宽板和型钢的表面质量交货要求（Delivery requirements for surface condition of hot-rolled steel plates, wide flats and sections）

BS EN 10163-1：2004 一般要求（General requirements）

BS EN 10163-2：2004 钢板和宽板（Plate and wide flats）

BS EN 10163-3：2004 型钢（Sections）

BS EN 10210-2：2006 非合金及细晶粒结构钢热轧空心型材：容差、尺寸和截面特性（Hot finished structural hollow sections of non-alloy and fine grain steels. Tolerances, dimensions and sectional properties）

BS EN 10219-2：2006 非合金及细晶粒结构钢冷成型焊接空心型材：容差、尺寸和截面特性（Cold formed welded structural hollow sections of non-alloy and fine grain steels. Tolerances, dimensions and sectional properties）

BS EN 10084：2008 表面硬化钢交货技术条件（Case hardening steels. Technical delivery conditions）

冷轧薄壁型钢及板材：2003 年以来的变化

BS 5950 建筑钢结构应用（Structural use of steelwork in building）

BS 5950-5：1998 已被 BS EN 1994-2：2005（含英国国别附录）替代

BS 5950-6：1995 已被 BS EN 1090-2：2008 替代

BS 5950-9：1994 部分被 BS EN 1993-1-3：2006（含英国国别附录）替代

冷轧薄壁型钢及板材：现行标准

BS EN 10031：2003 锻造用半成品：尺寸、形状和质量容差（Semi finished products for forging. Tolerances on dimensions shape and mass）

BS EN 10048：1997 热轧窄带钢：尺寸和形状的容差（Hot rolled narrow steel strip. Tolerances on dimensions and shape）

BS EN 10139：1998 冷成型用无涂层低碳钢冷轧窄带钢交货技术条件（Cold rolled uncoated mild steel narrow strip for cold forming. Technical delivery conditions）

BS EN 10140：2006 冷轧窄带钢：尺寸和形状容差（Cold rolled narrow steel strip. Tolerances on dimensions and shape）

BS EN 10143：2006 连续热镀锌薄钢板及钢带：尺寸和形状容差（Continuously hot-dip coated steel sheet and strip. Tolerances on dimensions and shape）

BS EN 10149 冷成型用热轧高强度钢板规定（Specification for hot-rolled flat products made of high yield strength steels for cold forming）

BS EN 10149-1：1996 一般交货技术条件（General delivery conditions）

BS EN 10149-2：1996 热机械轧制钢交货条件（Delivery conditions for thermomechanically rolled steels）

BS EN 10149-3：1996 正火/正火轧制钢材交货条件（Delivery conditions for normalized or normalized rolled steels）

BS EN 10162：2003 冷轧钢型材：交货技术条件、尺寸和横截面容差（Cold rolled steel sections. Technical delivery conditions. Dimensional and cross-sectional tolerances）

BS EN 10169-2：2006 连续有机涂层（卷材涂层）钢板：用于建筑外部的制品（Continuously organic coated（coil coated）steel flat products. Products for building exterior applications）

BS EN 10328：2005 铁和钢：表面加热后常规深度和硬度的确定（Iron and steel. Determination of the conventional depth and hardening after surface heating）

BS EN 10346：2009 连续热镀锌钢板交货技术条件（Continuously hot-dip coated steel flat products. Technical delivery conditions）

BS ISO 4997：2007 结构用冷轧碳素薄钢板（Cold-reduced carbon steel sheet of structural quality）

BS ISO 4999：2005 商用、冲压用和结构用连续热镀锡（铅合金）冷轧碳素薄钢板（Continuous hot-dip terne（lead alloy）coated cold-reduced carbon steel sheet of commercial, drawing and structural qualities）

ISO 4495：2008 结构用热轧薄钢板（Hot-rolled steel sheet of structural quality）

ISO 5951：2008 改进可成形性的高强度热轧薄钢板（Hot-rolled steel sheet of higher yield strength with improved formability）

ISO 6316：2008 结构用热轧钢带（Hot-rolled steel strip of structural quality）

ISO 16162：2005 连续冷轧钢薄板制品：尺寸和形状的容差（Continuously cold-rolled steel sheet products-Dimensional and shape tolerances）

ISO 16163：2005 连续热镀涂层钢薄板制品：尺寸和形状的容差（Continuously hot-dipped coated steel sheet products- Dimensional and shape tolerances）

不锈钢：现行标准

BS EN 1011-3：2000 焊接—金属材料的焊接建议：不锈钢的电弧焊接（Welding. Recommendations for welding of metallic materials. Arc welding of stainless steels）

BS EN 10088 不锈钢（Stainless steels）

BS EN 10088-1：2005 不锈钢列表（List of stainless steels）

BS EN 10088-2：2005 一般用途耐腐蚀钢板/薄板和带材交货技术条件（Technical delivery conditions for sheet/plate and strip of cor- rosion resisting steels for general purposes）

BS EN 10088-3：2005 一般用途耐腐蚀钢半成品、条、棒、线材、型材和光亮制品交货技术条件（Technical delivery conditions for semi-finished products, bars, rods, wire, sections and bright products of corrosion resisting steels for general purposes）

BS EN 10088-4：2009 建设用耐腐蚀钢板/薄板和带材的交货技术条件（Technical delivery conditions for sheet/plate and strip of cor- rosion resisting steels for construction purposes）

BS EN 10088-5：2009 建设用耐腐蚀钢半成品、条、棒、线材、型材和光亮制品交货技术条件（Technical delivery conditions for bars, rods, wire, sections and bright products of corrosion resisting steels for construction purposes）

BS EN ISO 3506 耐腐蚀不锈钢紧固件机械性能（Mechanical properties of corrosion-resistant stainless steel fasteners）

BS EN ISO 3506-1：2009 螺栓、螺钉和栓钉（Bolts, screws and studs）

BS EN ISO 3506-2：2009 螺母（Nuts）

BS EN ISO 3506-3：2009 不受拉伸应力的定位螺钉和类似紧固件（Set screws and similar fasteners not under tensile stress）

BS EN ISO 3506-4：2009 自攻螺钉（Tapping screws）

铸件和锻件：现行标准

BS EN 10293：2005 一般工程用钢铸件（Steel castings for general engineering uses）

BS EN 10088 不锈钢（Stainless steels）

BS EN 10088-1：2005 不锈钢列表（List of stainless steels）

BS EN 10088-2：2005 一般用途的耐腐蚀钢板、薄板和带材交货技术条件（Technical delivery conditions for sheet/plate and strip of cor- rosion resisting steels for general purposes）

BS EN 10088-3：2005 一般用途的耐腐蚀钢半成品、条、棒、线材、型材和光亮制品交货技术条件（Technical delivery conditions for semi-finished products, bars, rods, wire, sections and bright products of corrosion resisting steels for general purposes）

BS EN 10088-4：2009 建设用耐腐蚀钢板/薄板和带材的交货技术条件（Technical delivery conditions for sheet/plate and strip of cor- rosion resisting steels for construction purposes）

BS EN 10088-5：2009 建设用耐腐蚀钢的半成品、条棒、线材、型材和光亮制品交货技术条件（Technical delivery conditions for bars, rods, wire, sections and bright products of corrosion resisting steels for construction purposes）

BS EN 1560：1997 铸造：铸铁命名体系—材料符号和编号（Founding. Designation system for cast iron. Material symbols and material numbers）

BS EN 1561：1997 铸造：灰口铸铁（Founding. Grey cast irons）

BS EN 1563：1997 铸造：球墨铸铁（Founding. Spheroidal graphite cast iron）

钢构件：现行标准

BS EN 10162：2003 冷轧钢型材：交货技术条件、尺寸和横截面容差（Cold rolled steel sections. Technical delivery conditions. Dimensional and cross-sectional tolerances）

BS 5427-1：1996 建筑物屋面和墙面围护压型板应用规范：设计（Code of practice for the use of profiled sheet for roof and wall clad- ding on buildings. Design）

BS EN 1337 结构支座（相关部分）（Structural bearings（several parts））

BS EN 1462：2004 檐口天沟支架：要求和试验（Brackets for eaves gutters. Requirements and testing）

焊接材料和工艺：现行标准

BS 499 焊接术语与符号（Welding terms and symbols）

BS 499-1：2009 焊接，钎焊和热切割术语（Glossary for welding, brazing and thermal cutting）

BS 499-2C：1999 图表中的欧洲电弧焊符号（European arc welding symbols in chart form）

BS EN ISO 4063：2009 焊接和相关工艺：工艺和参考数命名（Welding and allied processes. Nomenclature of proces- ses and reference numbers）

BS EN ISO 9692 焊接和相关工艺：接头制备（Welding and allied processes. Joint preparation）

BS EN ISO 9692-1：2003 接头的制备建议：手工电弧焊、气体保护电弧焊、气体焊、氩弧焊及束焊（Recommen- dations for joint preparation. Manual metal-arc welding, gas-shielded metal-arc welding, gas welding, TIG welding and beam welding of steels）

BS EN ISO 9692-2：1998 钢结构埋弧焊（Submerged arc welding of steels）

工艺与耗材：目前的标准

BS EN 756：2004 焊接耗材。实芯焊丝、实芯焊丝-焊剂及非合金和细晶粒钢埋弧焊用管芯电极焊剂。分类（Welding consumables. Solid wires, solid wire-flux and tubular cored electrode-flux combinations for submerged arc weld- ing of non alloy and fine grain steels. Classification）

BS EN 757：1997 焊接耗材。高强度钢手工电弧焊用焊条。分类（Welding consumables. Covered electrodes for man- ual metal arc welding of high strength steels. Classification）

BS EN ISO 2560：2009 焊接耗材。非合金和细晶粒钢手工电弧焊用焊条。分类（Welding consumables. Covered electrodes for manual metal arc welding of non-alloy and fine grain steels. Classification）

BS EN ISO 14341：2008 焊接耗材。气体保护非合金钢和细晶粒钢的电弧焊用焊材。分类（Welding consumables. Wire electrodes and deposits for gas shielded metal arc welding of non alloy and fine grain steels. Classification）

BS EN ISO 17632：2008 焊接耗材。气体保护和非气体保护非合金和细晶粒钢的金属弧焊用管状芯焊条。分类（Welding consumables. Tubular cored electrodes for gas shielded and non-gas shielded metal arc welding of non-alloy and fine grain steels. Classification）

测试与检验：现行标准

BS EN 875：1995 金属焊缝破坏性试验：冲击试验。试样固定，开槽方向和检验方法（Destructive tests on welds in metallic materials. Impact tests. Test specimen location, notch orientation and examination)

BS EN 895：1995 金属焊缝破坏性试验：横向拉伸试验（Destructive tests on welds in metallic materials. Transverse tensile test）

BS EN 876：1995 金属焊缝破坏性试验：节点融透焊缝的纵向拉伸试验（Destructive tests on welds in metallic materials. Longitudinal tensile test on weld metal in fusion welded joints）

BS EN 910：1996 金属焊缝破坏性试验：抗弯试验（Destructive tests on welds in metallic materials. Bend tests）

BS EN 1320：1997 金属焊缝破坏性试验：断裂试验（Destructive tests on welds in metallic materials. Fracture tests）

BS EN 1321：1997 金属焊缝破坏性试验：焊缝的宏观与微观观测（Destructive test on welds in metallic materials. Macroscopic and microscopic examination of welds）

BS EN 1043-1：1996 金属焊缝破坏性试验：硬度测试。焊接节点电弧硬度测试（Destructive tests on welds in metallic materials. Hardness testing. Hardness test on arc welded joints）

BS EN 1043-2：1997 金属焊缝破坏性试验：硬度测试。焊接节点微硬度测试（Destructive tests on welds in metallic materials. Hardness testing. Micro hardness testing on welded joints）

BS EN 1435：1997 无损焊接检测：焊接接头的射线检测（Non-destructive examination of welds. Radiographic examination of welded joints）

BS EN 1713：1998 无损焊接检测：超声波检测。焊缝特征指导（Non-destructive testing of welds. Ultrasonic testing. Characterization of indications in welds）

BS EN 1714：1998 焊接接头的无损检测：焊接接头超声波检测（Non destructive testing of welded joints. Ultrasonic testing of welded joints）

BS EN 12062：1998 焊缝的无损检测：金属材料的一般规定（Non-destructive examination of welds. General rules for metallic materials）

BS EN ISO 5817：2007 焊接：钢、镍、钛及其合金的熔焊接头（束焊除外）—缺陷质量等级（Welding. Fusion-welded joints in steel, nickel, titanium and their alloys (beam welding excluded). Quality levels for imperfections）

BS EN ISO 9018：2003 金属材料焊缝有损检测：十字形和搭接接头拉伸试验（Destructive tests on welds in metallic materials. Tensile test on cruciform and lapped joints）

螺栓和紧固件：自 2003 年以来的变化

BS 4395-1：1969 和 BS 4395-2：1969 已被 Parts 1-8 和 10 of BS EN 14399 替代，但仍在使用

BS 4604-1：1970 和 BS 4604-2：1970 已被 BS EN 1993-1-8：2005 替代（含英国国别附录）

BS 7644-1：1993 和 BS 7644-2：1993 已被 BS EN 14399-9：2009 替代，但仍在使用

防火：现行标准

BS 476 建筑材料和结构的火灾试验：火灾试验的原则、选取、目的和应用指南（Fire tests on building materials and structures. Guide to the principles, selec- tion, role and application of fire testing and their outputs）

BS 476-20：1987 构件耐火能力的测定方法（一般原则）（Method for determination of the fire resistance of elements of con- struction (general principles)）

BS 476-21：1987 承重构件耐火能力的测定方法（Methods for determination of the fire resistance of loadbearing elements of construction）

BS 476-22：1987 非承重构件耐火能力的测定方法（Methods for determination of the fire resistance of non-loadbearing elements of construction）

BS 476-23：1987 构件对结构耐火能力贡献的测定方法（Methods for determination of the contribution of components to the fire resistance of a structure）

BS 9999：2008 建筑物设计，管理和使用中的消防安全实施规则（Code of practice for fire safety in the design, management and use of buildings）

BS 5950-8：2003 建筑中使用的钢结构防火设计守则（Structural use of steelwork in building. Code of practice for fire resistant design）

BS 8202 建筑构件的防火涂层（Coatings for fire protection of building elements）

BS 8202-1：1995 喷涂矿物涂料的选用和涂装技术规范（Code of practice for the selection and installation of sprayed mineral coatings）

BS 8202-2：1992 用于金属基层的膨胀防火涂层技术规范（Code of practice for the use of intumescent coating systems to metallic substrates for providing fire resistance）

防腐蚀和涂层：现行标准

BS 2569-2：1965 金属喷涂规程：温升条件钢铁腐蚀和氧化防护（Specification for sprayed metal coatings. Protection of iron and steel against corrosion and oxidation at elevated temperatures）

BS 4652：1995 富锌底漆（有机溶剂）规程（Specification for zinc-rich priming paint（organic media））

BS 4921：1988 钢铁件上的镀锌层规程（Specification for sherardized coatings on iron or steel）

BS 5493：1977 部分被 BS EN ISO 12944 第 1 到第 8 部分以及 BS EN ISO 14713：1999 替代（Partially replaced by Parts 1 to 8 of BS EN ISO 12944 and BS EN ISO 14713：1999）

BS 7079：2009 涂料和相关产品涂覆之前钢基层处理标准概要（General introduction to standards for preparation of steel substrates before application of paints and related products）

质量保证：现行标准

BS EN ISO 9000：2005 质量管理体系：基本原则和术语（Quality management systems. Fundamentals and vocabulary）

BS EN ISO 9001：2008 质量管理体系：要求（Quality management systems. Requirements）

环境：现行标准

BS 6187：2000 拆除技术规范（Code of practice for demolition）

BS EN ISO 14001：2004 环境管理体系：使用指南和要求（Environmental management systems. Requirements with guidance for use）

BS EN ISO 19011：2002 质量和/或环境管理体系审核指南（Guidelines for quality and/or environmental management systems auditing）

BS ISO 14004：2004 环境管理体系：原则、体系及技术支持的通用指南（Environmental management systems. General guidelines on principles，systems and supporting techniques）